中国林业 2018年鉴

CHINA FORESTRY YEARBOOK

国家林业和草原局 编纂

中国林业出版社
China Forestry Publishing House

图书在版编目（CIP）数据

中国林业年鉴.2018/国家林业和草原局编纂.
— 北京：中国林业出版社，2018.12
ISBN 978-7-5038-9840-2

Ⅰ.①中… Ⅱ.①国… Ⅲ.①林业—中国—2018—年鉴
Ⅳ.①F326.2-54

中国版本图书馆CIP数据核字（2018）第257863号

责任编辑：何 蕊 许 凯 易婷婷

出　版：中国林业出版社（100009 北京市西城区德内大街刘海胡同7号）
网　址：http://lycb.forestry.gov.cn
E-mail：cfybook@163.com　　　电　话：010-83143666
发　行：中国林业出版社
印　刷：北京中科印刷有限公司
版　次：2018年12月第1版
印　次：2018年12月第1次
开　本：880mm×1230mm 1/16
印　张：41.75
彩　插：52
字　数：1988千字
定　价：300.00元

《中国林业年鉴 2018》编辑委员会

CHINA FORESTRY YEARBOOK

名誉主任	张建龙	国家林业和草原局局长、党组书记
主　任	彭有冬	国家林业和草原局副局长、党组成员
副主任	谭光明	国家林业和草原局党组成员、人事司司长
	李金华	国家林业和草原局办公室主任
	闫　振	国家林业和草原局规划财务司司长
	黄采艺	国家林业和草原局宣传中心主任
	樊喜斌	中国林业出版社有限公司董事长、党委书记
委　员	赵良平	国家林业和草原局生态保护修复司（全国绿化委员会办公室）司长
	徐济德	国家林业和草原局森林资源管理司司长
	李伟方	国家林业和草原局草原管理司司长
	王志高	国家林业和草原局湿地管理司（中华人民共和国国际湿地公约履约办公室）司长
	孙国吉	国家林业和草原局荒漠化防治司司长
	吴志民	国家林业和草原局野生动植物保护司（中华人民共和国濒危物种进出口管理办公室）司长（常务副主任）
	杨　超	国家林业和草原局自然保护地管理司司长
	刘　拓	国家林业和草原局林业和草原改革发展司司长
	程　红	国家林业和草原局国有林场和种苗管理司司长
	王海忠	国家林业和草原局森林公安局局长、分党组书记

郝育军	国家林业和草原局科学技术司司长
孟宪林	国家林业和草原局国际合作司（港澳台办公室）司长
高红电	国家林业和草原局机关党委常务副书记
薛全福	国家林业和草原局离退休干部局局长、党委书记
周 瑄	国家林业和草原局机关服务局局长、党委书记
李世东	国家林业和草原局信息中心主任
潘世学	国家林业和草原局林业工作站管理总站总站长
张艳红	国家林业和草原局林业和草原基金管理总站总站长
金 旻	国家林业和草原局天然林保护工程管理中心主任
张 炜	国家林业和草原局西北华北东北防护林建设局局长、党组副书记
周鸿升	国家林业和草原局退耕还林（草）工程管理中心主任
丁立新	国家林业和草原局世界银行贷款项目管理中心主任
王永海	国家林业和草原局科技发展中心（植物新品种保护办公室）主任
李 冰	国家林业和草原局经济发展研究中心主任
樊 华	国家林业和草原局人才开发交流中心主任
王维胜	国家林业和草原局对外合作项目中心常务副主任
刘世荣	中国林业科学研究院院长、分党组副书记
刘国强	国家林业和草原局调查规划设计院院长、党委副书记
周 岩	国家林业和草原局林产工业规划设计院负责人
张利明	国家林业和草原局管理干部学院党委书记
张连友	中国绿色时报社社长、总编辑
费本华	国际竹藤中心常务副主任
鲁 德	国家林业和草原局亚太森林网络管理中心常务副主任
陈幸良	中国林学会副理事长兼秘书长
李青文	中国野生动物保护协会副会长兼秘书长
刘 红	中国花卉协会秘书长
陈 蓬	中国绿化基金会秘书长、办公室主任
王 满	中国林业产业联合会秘书长
邓 侃	中国绿色碳汇基金会秘书长
李国臣	国家林业和草原局驻内蒙古自治区森林资源监督专员办事处（中华人民共和国濒危物种进出口管理办公室内蒙古自治区办事处）专员（主任）、党组书记
赵 利	国家林业和草原局驻长春森林资源监督专员办事处（中华人民共和国濒危物种进出口管理办公室长春办事处）专员（主任）、党组书记，东北虎豹国家公园管理局局长

袁少青	国家林业和草原局驻黑龙江省森林资源监督专员办事处（中华人民共和国濒危物种进出口管理办公室黑龙江省办事处）专员（主任）、党组书记
陈　彤	国家林业和草原局驻大兴安岭森林资源监督专员办事处专员、党组书记
苏宗海	国家林业和草原局驻成都森林资源监督专员办事处（中华人民共和国濒危物种进出口管理办公室成都办事处）专员（主任）、党组书记
史永林	国家林业和草原局驻云南省森林资源监督专员办事处（中华人民共和国濒危物种进出口管理办公室云南省办事处）专员（主任）、党组书记
尹刚强	国家林业和草原局驻福州森林资源监督专员办事处（中华人民共和国濒危物种进出口管理办公室福州办事处）专员（主任）、党组书记
王洪波	国家林业和草原局驻西安森林资源监督专员办事处（中华人民共和国濒危物种进出口管理办公室西安办事处）专员（主任）、党组书记
周少舟	国家林业和草原局驻武汉森林资源监督专员办事处（中华人民共和国濒危物种进出口管理办公室武汉办事处）专员（主任）、党组书记
李天送	国家林业和草原局驻贵阳森林资源监督专员办事处（中华人民共和国濒危物种进出口管理办公室贵阳办事处）专员（主任）、党组书记
关进敏	国家林业和草原局驻广州森林资源监督专员办事处（中华人民共和国濒危物种进出口管理办公室广州办事处）专员（主任）、党组书记
向可文	国家林业和草原局驻合肥森林资源监督专员办事处（中华人民共和国濒危物种进出口管理办公室合肥办事处）专员（主任）、党组书记
郑　重	国家林业和草原局驻乌鲁木齐森林资源监督专员办事处（中华人民共和国濒危物种进出口管理办公室乌鲁木齐办事处）副专员（副主任）
王希玲	国家林业和草原局驻上海森林资源监督专员办事处（中华人民共和国濒危物种进出口管理办公室上海办事处）专员（主任）、党组书记
苏祖云	国家林业和草原局驻北京森林资源监督专员办事处（中华人民共和国濒危物种进出口管理办公室北京办事处）专员（主任）、党组书记
唐芳林	国家公园管理办公室副主任
张克江	国家林业和草原局森林和草原病虫害防治总站党委书记、副总站长
王邱文	南京森林警察学院党委书记
于　辉	国家林业和草原局华东调查规划设计院院长、党委副书记
彭长清	国家林业和草原局中南调查规划设计院院长、党委副书记
李谭宝	国家林业和草原局西北调查规划设计院院长、党委副书记
周红斌	国家林业和草原局昆明勘察设计院党委书记、副院长
张志忠	中国大熊猫保护研究中心党委书记、副主任

特约委员

邓乃平	北京市园林绿化局（首都绿化办）党组书记、局长（主任）	次成甲措	西藏自治区林业和草原局党组书记、副局长
张宗启	天津市林业局局长	薛建兴	陕西省林业局局长
刘凤庭	河北省林业和草原局局长	樊 辉	甘肃省林业和草原局副局长
张云龙	山西省林业和草原局党组书记、局长	赫万成	青海省林业和草原局局长
牧 远	内蒙古自治区林业和草原局党组书记、局长	徐 忠	宁夏回族自治区林业和草原局总工程师
金东海	辽宁省林业和草原局党组书记、局长	姜晓龙	新疆维吾尔自治区林业和草原局党委书记、副局长
金喜双	吉林省林业和草原局党组书记、局长		
王东旭	黑龙江省林业和草原局局长	陈佰山	内蒙古大兴安岭重点国有林管理局党委书记
邓建平	上海市林业局（上海市绿化和市容管理局）党组书记、局长	于海军	中国吉林森林工业集团有限责任公司董事长
沈建辉	江苏省林业局党组书记、局长		
胡 侠	浙江省林业局党组书记、局长	姜传军	黑龙江省森林工业总局副局长
牛向阳	安徽省林业局党组书记、局长	李大义	大兴安岭林业管理局局长
陈照瑜	福建省林业局党组书记、局长	陈 谦	新疆生产建设兵团林业局总农艺师
邱水文	江西省林业局党组书记、局长	安黎哲	北京林业大学校长
马福义	山东省林业局副局长	李 斌	东北林业大学校长、党委副书记
秦群立	河南省林业局党组书记、局长	王 浩	南京林业大学校长
刘新池	湖北省林业局党组书记、局长	廖小平	中南林业科技大学校长
胡长清	湖南省林业局党组书记、局长	郭辉军	西南林业大学校长
廖庆祥	广东省林业局副局长	郭小平	武警森林指挥部政治部主任
黄显阳	广西壮族自治区林业局党组书记、局长	王玉杰	中国水土保持学会秘书长
周绪梅	海南省林业局党组成员	骆有庆	中国林业教育学会秘书长
沈晓钟	重庆市林业局党组书记、局长	尹刚强	中国生态文化协会秘书长
刘宏葆	四川省林业和草原局党组书记、局长	李 鹏	中国林业工程建设协会监事长
黄永昌	贵州省林业局巡视员	柳维河	中国林业文联主席
任治忠	云南省林业和草原局党组书记、局长		

《中国林业年鉴2018》特约编辑

国家林业和草原局办公室	张　禹
国家林业和草原局生态保护修复司（全国绿化委员会办公室）	彭继平
国家林业和草原局森林资源管理司	郑思洁
国家林业和草原局草原管理司	李拥军
国家林业和草原局湿地管理司（中华人民共和国国际湿地公约履约办公室）	王隆富
国家林业和草原局荒漠化防治司	林　琼
国家林业和草原局野生动植物保护司（中华人民共和国濒危物种进出口管理办公室）	张　旗
国家林业和草原局自然保护地管理司	张云毅
国家林业和草原局林业和草原改革发展司	缪光平
国家林业和草原局国有林场和种苗管理司	李世峰
国家林业和草原局森林公安局	李新华
国家林业和草原局规划财务司	刘建杰　黄祥云
国家林业和草原局科学技术司	吴红军
国家林业和草原局国际合作司（港澳台办公室）	毛　锋
国家林业和草原局人事司	李建锋
国家林业和草原局机关党委	周　㦤
国家林业和草原局信息中心	张会华　罗俊强
国家林业和草原局林业工作站管理总站	唐　伟
国家林业和草原局林业和草原基金管理总站	刘文萍
国家林业和草原局宣传中心	郑　杨
国家林业和草原局天然林保护工程管理中心	徐　鹏
国家林业和草原局西北华北东北防护林建设局	刘　冰
国家林业和草原局退耕还林（草）工程管理中心	高立鹏
国家林业和草原局世界银行贷款项目管理中心	马　藜
国家林业和草原局科技发展中心（植物新品种保护办公室）	龚玉梅
国家林业和草原局经济发展研究中心	王亚明
国家林业和草原局人才开发交流中心	王尚慧
国家林业和草原局对外合作项目中心	汪国中
中国林业科学研究院	林泽攀
国家林业和草原局调查规划设计院	赵有贤
国家林业和草原局林产工业规划设计院	孙　靖
国家林业和草原局管理干部学院	赵同军
中国绿色时报社	杜艳玲
中国林业出版社	段植林
国家林业和草原局国际竹藤中心	王　刚
中国林学会	郭丽萍
中国野生动物保护协会	于永福
中国花卉协会	宿友民
中国绿化基金会	黄　红
中国林业产业联合会	白会学

中国绿色碳汇基金会	何 宇	江苏省林业局	吴小巧
国家林业和草原局驻内蒙古自治区专员办(濒管办)	夏宗林	浙江省林业局	谢 力
		安徽省林业局	吴 菊
国家林业和草原局驻长春专员办(濒管办)	陈晓才	福建省林业局	谢乐婢
国家林业和草原局驻黑龙江省专员办(濒管办)	沈庆宇	江西省林业局	俞长好 卢建红
		山东省林业局	王树军
国家林业和草原局驻大兴安岭专员办	艾笃亢	河南省林业局	张志阳
国家林业和草原局驻成都专员办(濒管办)	曹小其	湖北省林业局	彭锦云
国家林业和草原局驻云南省专员办(濒管办)	王子义	湖南省林业局	李邵平
		广东省林业局	曹仁福
国家林业和草原局驻福州专员办(濒管办)	宋师兰	广西壮族自治区林业局	李巧玉
国家林业和草原局驻西安专员办(濒管办)	潘自力	海南省林业局	李海权
国家林业和草原局驻武汉专员办(濒管办)	李建军	重庆市林业局	周登祥
国家林业和草原局驻贵阳专员办(濒管办)	陈学锋	四川省林业和草原局	张革成
国家林业和草原局驻广州专员办(濒管办)	李金鑫	贵州省林业局	何 章 吴晓悦
国家林业和草原局驻合肥专员办(濒管办)	夏 倩	云南省林业和草原局	秦洪锦
国家林业和草原局驻乌鲁木齐专员办(濒管办)	张彦刚	西藏自治区林业和草原局	陈 平
		陕西省林业局	吕旭东
国家林业和草原局驻上海专员办(濒管办)	叶 英	甘肃省林业和草原局	赵 俊
国家林业和草原局驻北京专员办(濒管办)	于伯康	青海省林业和草原局	宋晓英
国家林业和草原局森林和草原病虫害防治总站	柴守权	宁夏回族自治区林业和草原局	马永福
		新疆维吾尔自治区林业和草原局	主海峰
国家林业和草原局北方航空护林总站	石凤莉	内蒙古大兴安岭重点国有林管理局	杨建飞
国家林业和草原局南方航空护林总站	史 磊	中国吉林森林工业集团有限责任公司	吴在军
南京森林警察学院	刘佩佩	黑龙江省森林工业总局	姜东涛
国家林业和草原局华东调查规划设计院	刘 强	大兴安岭林业管理局	陈广辉
国家林业和草原局中南调查规划设计院	齐建文	新疆生产建设兵团林业局	贾寿珍
国家林业和草原局西北调查规划设计院	王义贵	北京林业大学	焦 隆
国家林业和草原局昆明勘察设计院	佘丽华	东北林业大学	雒文虎
中国大熊猫保护研究中心	李德生	南京林业大学	钱一群
北京市园林绿化局	齐庆栓	中南林业科技大学	陈鹤梅
天津市林业局	王 浩	西南林业大学	王 欢
河北省林业和草原局	袁 媛	武警森林指挥部	管黎丽
山西省林业和草原局	李翠红 李 颖	中国水土保持学会	张东宇
内蒙古自治区林业和草原局	牛喜山	中国林业教育学会	田 阳
辽宁省林业和草原局	董铁狮	中国生态文化协会	付佳琳
吉林省林业和草原局	耿伟刚	中国林业工程建设协会	牛京萍
黑龙江省林业和草原局	崔祥娟	中国林业文联	李润明
上海市林业局(上海市绿化和市容管理局)	王永文		

编辑说明

2018 中国林业年鉴

CHINA FORESTRY YEARBOOK

一、《中国林业年鉴》创刊于1986年，是一部综合反映中国林业建设重要活动、发展水平、基本成就与经验教训的大型资料性工具书。每年出版一卷，反映上年度情况。2018卷为第三十二卷，收录限2017年的资料，宣传彩页部分收录2017年和2018年资料。

二、《中国林业年鉴》的基本任务是为全国林业战线和有关部门的各级生产和管理人员、科技工作者、林业院校师生和广大社会读者全面、系统地提供中国森林资源消长、森林培育、森林资源保护、生态建设、森林资源管理与监督、森林防火、林业产业、林业经济、科学技术、专业理论研究、院校教育以及体制改革等方面的年度信息和相关资料。

三、第三十二卷编纂内容设28个栏目。统计资料除另有说明外，均不含香港特别行政区、澳门特别行政区、台湾省数据。

四、年鉴编写实行条目化，条目标题力求简洁、规范。长条目设黑体和楷体两级层次标题。全卷编排按内容分类。条头设【】。按分类栏目设书眉。

五、年鉴撰稿及资料收集由国家林业和草原局机关各司（局），各直属单位承担；其中"各省、自治区、直辖市林业"由各省（区、市）林业（和草原）局承担。

六、释文中的计量单位执行GB 3100—93《国际单位制及其应用》的规定。数字用法按GB/T 15835—2011《出版物上数字用法》的规定执行。

七、条目、文章一律署名。

中国林业年鉴编辑部
2018年12月

◎ 2017年12月7日，国家林业局局长张建龙在北京会见欧盟环境、海洋事务和渔业委员卡梅奴·维拉　　/蔡鸿摄/

◎ 2017年6月12日，国家林业局副局长张永利率团出访津巴布韦，在津巴布韦首都哈拉雷与津环境、水与气候部部长穆春古丽举行双边会谈　　/杨春　毛锋　供稿/

◎ 2017年4月24日,国家林业局副局长刘东生出访泰国时会见泰国皇家林业厅厅长查莱泰德·苏瓦第　　　　　　　　　　　　　　　　/尚明磊　刘薇　摄/

◎ 2017年4月27日,联合国大会审议通过了《联合国森林战略规划(2017～2030年)》,国家林业局副局长彭有冬应邀出席大会并发言　　　　　　　　　　　/郑重摄/

◎ 2017年6月19～20日，中国林业代表团参加了英国皇家国际事务研究所非法采伐治理进展及利益相关方意见征询会议。国家林业局副局长李树铭出席会议并作主旨发言

/王 骅 供稿/

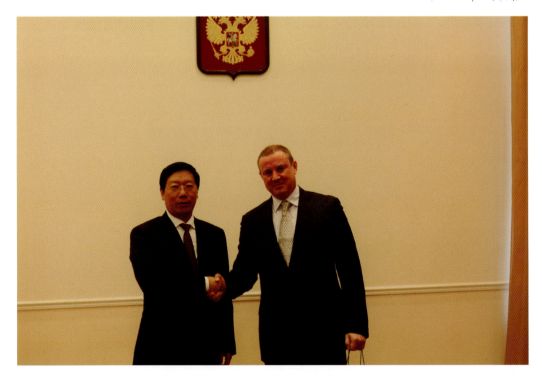

◎ 2017年8月26～30日，国家林业局副局长李春良率团访问俄罗斯，并与俄罗斯联邦自然资源和生态部副部长、俄罗斯林务局局长瓦连基克举行工作会谈 /许强兴 陈涤非 摄/

◎ 2017年9月1日，在汤加访问的国家林业局党组成员谭光明会见了汤加农业食品渔业林业部部长森米斯　　　　　　　　　　　　　　　　　　　　　　/孙伟娜　摄/

◎ 2017年11月6日，国家林业局总经济师张鸿文出席国际竹藤组织成立20周年志庆暨竹藤绿色发展与南南合作部长级高峰论坛　　　　　　　　　　　/中国林业网　供稿/

◎ 2017年7月18日,国家森林防火指挥部专职副总指挥马广仁参加"加强森林资源保护和灾害防控"集体学习研讨　　　　　　　　　　　　　　/中国林业网　供稿/

《联合国防治荒漠化公约》第十三次缔约方大会

▲ 张建龙局长致辞

2017年中国成功举办《联合国防治荒漠化公约》第十三次缔约方大会。习近平主席向大会高级别会议发来贺信，李克强总理多次关注大会筹备情况，汪洋副总理在大会高级别会议上作了主旨演讲。联合国秘书长古特雷斯发表视频致辞，荒漠化公约执行秘书长巴布发表致辞。国家林业局张建龙局长当选大会主席。来自190多个国家的2000多位代表出席了大会。大会期间，《中华人民共和国防沙治沙法》荣获"未来政策奖"银奖，张建龙局长获全球防治荒漠化杰出贡献奖，为中国荒漠化防治赢得了荣誉。

会议期间，中国切实履行大会主席国职责，深入参与大会议题磋商，全面做好后勤服务保障，多角度展示中国防治荒漠化成效和经验，积极协调各方高效完成议题审议，达成丰硕成果。一是推动大会通过了《公约2018～2030年战略框架》《鄂尔多斯宣言》《全球青年防治荒漠化倡议》等近40项决议成果文件，为荒漠化公约发展指引方向，在全球荒漠化履约进程中镌刻了中国里程碑。二是通过实地、实物展示和多角度、全方位宣传，充分展示了中国防治荒漠化成效、经验和举措，全面回顾了中国防治荒漠化历程，深刻阐述了中国生态文明理念，为实现全球目标增添信心。三是为全球荒漠化治理提出中国主张，体现了中国引领全球生态治理的软实力。四是利用大会平台广泛开展双边磋商，启动了"一带一路"防治荒漠化合作机制，赢得各方积极支持和热烈响应，为中国"一带一路"战略实施开启了专项合作的范例。五是大会期间举办边会、论坛和防治荒漠化成就与技术展，为全球荒漠化防治交流经验、拓展思路。实现了"履行公约职责，交流共享经验，讲好中国故事"的办会宗旨，彰显了中华文化魅力十足、国家发展成就巨大、人民自信友好的整体风貌。

▲ 《联合国防治荒漠化公约》第十三次缔约方大会

防沙治沙　中国故事

◆ 防沙治沙执法工作专项督查

为深入贯彻落实《中华人民共和国防沙治沙法》和中央有关文件精神，打击沙区各类违法违规行为，进一步加强沙区监督管理，国家林业局于2017年8~11月在全国范围内开展了防沙治沙执法工作专项督查，并专门制订了《2017年防沙治沙执法专项督查工作方案》。

专项督查采取上下联动、点面结合、地方自查与国家林业局派督查组重点检查相结合的方式进行。国家林业局治沙办组织政法司、专员办、规划院、西北院等有关单位组成5个督查组，对河北、山西、内蒙古、宁夏、甘肃、陕西、青海、新疆8个防沙治沙重点省（区）和新疆生产建设兵团开展了实地督查，并抽取25个重点县（市、区、团场）进行了现场检查。此次专项督查工作对沙区执法形成有力监督，对于推进依法治沙、强化防沙治沙监管具有重要意义。

▲ 执法工作督查座谈会

▲ 执法实地检查

◆ 全国防沙治沙表彰

2017年5月，人力资源和社会保障部、全国绿化委员会、国家林业局授予殷玉珍"全国防沙治沙英雄"荣誉称号（人社部发〔2017〕42号），授予北京市昌平区园林绿化局等97个单位"全国防沙治沙先进集体"、宋昌等10名同志"全国防沙治沙标兵"、任显辉等101名同志"全国防沙治沙先进个人"荣誉称号（人社部发〔2017〕43号），并且号召全国防沙治沙战线各单位和广大干部职工以及社会各界从事防沙治沙事业的单位和个人，要以受表彰的先进集体和个人为榜样，忠于职守，爱岗敬业，求真务实，开拓创新，锐意进取，为加快防沙治沙事业发展，推进生态文明建设作出新的重大贡献。

▲ 全国防沙治沙表彰文件

◆ 沙化土地封禁保护区试点建设

2017年，继续推进沙化土地封禁保护区试点建设工作，积极协调落实年度补助资金3亿元，新增沙化土地封禁保护区试点县19个，试点县总数达90个，封禁保护总面积154.38万公顷。实时跟踪沙化土地封禁保护区补贴试点建设进展情况和资金支付情况。组织开展了沙化土地封禁保护区建设情况抽查，对存在的问题下发了整改通知进行整改。组织举办了沙化土地封禁保护区政策技术培训班，对各有关省（区）林业部门和试点县的管理人员进行了专题培训并交流了经验。国家林业局制订了《贯彻落实〈沙化土地封禁保护修复制度方案〉实施意见》，提出了落实制度方案的总体要求、主要任务、步骤安排和组织实施措施。

▲ 封禁保护区管理制度

◆ 京津风沙源治理工程和石漠化综合治理工程全面推进

2017年，扎实推进京津风沙源治理工程和石漠化综合治理工程两大工程建设，下达中央投资41亿元，完成营造林任务46.73万公顷，组织开展两大工程春季造林督查工作，及时发现并解决问题，保质保量完成了两大工程全年建设任务。

▲ 杭锦后旗封禁保护区

▲ 山西省大同市南郊区京津工程治理成效初显（张兴元 摄）

◆ **第三次石漠化监测成果通过专家评审**

由国家林业局组织开展的岩溶地区第三次石漠化监测工作于2016年初启动，在有关省（区）及有关部门的共同努力下，采用现代技术和手段，通过4000多名技术人员历时一年半左右时间的紧张工作，监测各项工作基本完成，监测成果于2017年12月27日通过专家评审，监测结果将按程序报批后正式发布。

◆ **国家沙漠公园**

2017年，国家沙漠（石漠）公园建设工作有序推进。山西、内蒙古、辽宁、湖南、广西、四川、青海、宁夏、新疆9个省（区）和新疆生产建设兵团申报新增建设国家沙漠（石漠）公园。经严格把关，批复建设国家沙漠（石漠）公园33处（林沙发〔2017〕153号），建设面积6.9万公顷。截至2017年年底，中国已批复建设的国家沙漠（石漠）公园达103处，分布于河北、山西、内蒙古、辽宁等13个省（区）和新疆生产建设兵团，面积总计41万公顷。

▲ 青海贵南鲁仓国家沙漠公园

◆ **沙尘暴灾害及应急处置工作**

2017年春季（3月1日至5月31日，下同），中国北方地区共发生6次沙尘天气过程，影响范围涉及西北、华北、东北等地15个省（区、市）895个县（市），受影响土地面积约437万平方千米，受影响人口4.1亿。其中，按沙尘类型分，沙尘暴1次，扬沙5次；按月份分，3月、4月、5月均为2次；按影响范围分，影响范围超过200万平方千米的有1次，150万～200万平方千米的2次，100万～150万平方千米的2次，100万平方千米以下的1次。据不完全统计，2017年3～5月北方地区受大风和沙尘灾害影响，造成

▲ 5月4日北京沙尘天气

的直接经济损失约2.01亿元。总体而言，2017年春季沙尘天气次数较少，强度较弱，影响范围较小；次数少于2016年同期（8次），次数和强度均低于近16年（2001～2016年）同期均值。

2017年中国野生动植物保护十件大事

◆ **中办、国办通报祁连山保护区生态环境问题，七部委联合开展保护区督查行动**

2017年7月，中办、国办就甘肃祁连山国家级自然保护区生态环境问题发出通报，由于祁连山存在违法违规开矿、水电设施违建、偷排偷放、整改不力等行为，包括3名副省级官员在内的100多人因祁连山生态问题被问责。此次中央发出加强生态保护的最强音，引起各级党委、政府及全社会对生态保护工作的高度重视，也为野生动植物保护工作带来福音。

▲ "绿盾2017"国家级自然保护区监督检查专项行动巡查工作部署视频会议

为贯彻落实中共中央办公厅、国务院办公厅关于甘肃祁连山国家级自然保护区生态环境问题督查处理情况及其教训的通报精神，环保部、国家林业局等七部委联合组成10个"绿盾2017"国家级自然保护区监督检查专项行动巡查组，对130个自然保护区进行了实地巡查，有效促进了自然保护区内违法违规问题的查处整改，强化了自然保护区规范管理。

◆ **东北虎豹国家公园保护管理机构成立，祁连山国家公园体制试点正式启动**

2017年8月19日，东北虎豹国家公园国有自然资源资产管理局、东北虎豹国家公园管理局在长春正式挂牌成立。这两个管理局分别担负着国家公园内国有自然资源资产管理体制改革和东北虎豹国家公园体制改革的重任，这是中国第一个由中央直接管理的国家自然资源资产管理和国家公园管理机构，在国家公园体制、自然资源资产管理体制改革建设中有着重要的示范引领作用，对中国生态文明制度改革具有重大而深远的意义。

▲ 2017年8月19日，东北虎豹国家公园国有自然资源资产管理局、东北虎豹国家公园管理局在吉林省长春市正式成立（陈晓才 摄）

2017年9月1日，中办、国办印发《祁连山国家公园体制试点方案》，标志着继东北虎豹国家公园、大熊猫国家公园体制试点启动后，又一项跨省区的大型国家公园体制试点工作正式启动。方案明确了祁连山国家公园内的全民所有自然资源资产归中央政府所有，试点期间由国家林业局代为行使所有权。祁连山国家公园体制试点的启动，不仅有效解决了祁连山的生态问题，也为雪豹、白唇鹿、羚羊等一大批珍稀濒危野生动植物提供了安全可靠的家园。

◆ 《人工繁育国家重点保护陆生野生动物名录》发布

为贯彻落实《中华人民共和国野生动物保护法》，2017年6月28日，国家林业局对外发布《人工繁育国家重点保护陆生野生动物名录（第一批）》（以下简称"名录"），并于2017年7月1日正式实施，梅花鹿、马鹿、鸵鸟、美洲鸵、大东方龟、尼罗鳄、湾鳄、暹罗鳄、虎纹蛙9种野生动物被纳入名录。按照《野生动物保护法》相关规定，相关单位依法人工繁育的上述野生动物，将凭专用标识开展出售、购买和利用活动，避免非法来源野生动物产品流入合法渠道。这是《野生动物保护法》的一个重要配套规章制度，进一步规范了野生动物经营利用行为。

◆ 第19届国际植物学大会在中国召开

2017年7月23～29日，根据国际植物学与菌物学会联合会代表国际生物科学联合会授权，中国植物学会和深圳市政府共同举办的第19届国际植物学大会在中国广东深圳召开。国家主席习近平致信祝贺第19届国际植物学大会开幕，国务院总理李克强作出批示表示祝贺。大会主题为"绿色创造未来"，提出"关注植物　关注未来"的宣传口号，旨在呼吁人们通过关注植物科学研究和植物多样性保护来实现关注人类自身未来的目标，促进人类社会与自然的可持续发展。

▲ 第19届国际植物学大会

来自中国、美国、俄罗斯、英国、德国、法国等近百个国家和地区的约6000位代表参加会议。大会期间，还成功举办了"中国生物多样性保护成就展"。

◆ 大熊猫"落户"荷兰、德国、印尼，国际合作交流频现亮点

2017年是中国开展大熊猫保护研究国际合作20多年来成果丰硕的一年，国际合作交流亮点频现。在中国国家主席习近平与芬兰总统尼尼斯托、丹麦首相拉斯穆森、德国总理默克尔的见证下，中国国家林业局分别与芬兰农业和林业部、丹麦环境和食品部、德国柏林市政府签了中芬、中丹、中德共同推进大熊猫保护合作谅解备忘录。

2017年7月5日，德国柏林动物园举办了大熊猫馆开馆仪式，在中国国家主席习近平和德国总理默克尔的共同见证下，中国国家林业局局长张建龙向柏林动物园移交了大熊猫"梦梦"和"娇庆"的档案，中德大熊猫保护研究合作项目正式启动。2017年11月26日，印尼茂物野生动物园举办了"中国—印尼大熊猫保护合作研究启动仪式"，在中国国务院副总理刘延东见证下，中国国家林业局副局长李春良向印尼环境与林业部总司长维兰托移交了大熊猫

▲ 中国国家林业局局长张建龙向德国柏林动物园园长递交了大熊猫"梦梦"和"娇庆"的档案

"湖春"和"彩陶"的个体管理档案,中印尼大熊猫保护合作研究项目正式启动。2017年5月30日,荷兰欧维汉动物园举办了大熊猫开馆仪式,中国国家林业局总经济师张鸿文出席仪式并致辞,中荷大熊猫合作研究项目正式启动。2017年中法、中日合作大熊猫海外产崽并取名,法国总统夫人揭晓在法出生的大熊猫幼崽名字"圆梦",中国国家主席夫人彭丽媛发贺信祝贺;在日出生大熊猫幼崽取名"香香",借此在日本掀起熊猫热。

◆ 中国全面停止商业性加工销售象牙及制品活动

按照《国务院办公厅关于有序停止商业性加工销售象牙及制品活动的通知》精神,林业、文化、工商、公安等部门积极履职,协同推进停止商业性加工销售象牙及制品活动。国家林业局于2017年3月20日以公告形式发布了分期分批停止商业性加工销售象牙及制品活动的定点加工单位和销售场所名录,要求各有关从业单位分批于2017年3月31日和2017年12月31日前停止加工销售活动;文化部门开展象牙雕刻技艺的非物种文化保存和象牙雕刻技艺传承人的转型等工作;工商部门依法为停止商业性加工销售的企业办理注销登记,并停止办理新的象牙加工销售企业登记。林业、公安、工商等部门加强对加工销售场所的监管,依法严厉打击非法加工销售象牙及制品的活动。

▲ 停止象牙贸易——象牙销毁(杨华 摄影)

◆ 政府部门、社团组织与志愿者合力"护鸟飞"

2017年10月28日,中国野生动物保护协会组织的志愿者"护鸟飞"野外巡护宣传活动在河北北戴河启动,来自全国各地的100多名爱鸟护鸟志愿者分成两个小组,从秦皇岛出发,南到山东东营,北到辽宁大连,沿渤海湾候鸟栖息地开展保护候鸟宣传,协助野生鸟类保护管理部门在鸟类保护湿地、候鸟觅食地进行巡护清网,走进田间、街头、集市、饭店向民众发放资料,形成了浓厚的保护候鸟氛围。这标志着中国政府、社团组织与志愿者合力推进保护的良好局面开始形成。

▲ 志愿者宣誓(中动协尹峰 供图)

与此同时,中国野生动物保护协会还联合北京、天津等19个省(区、市)基层协会代表及志愿者代表,在全国范围内开展了"护飞行动",赴候鸟迁徙廊道及社区、学校,开展候鸟保护宣传活动,并通过志愿者清网、巡护、投食等工作的开展,形成了全社会共同保护鸟类的良好氛围。

◆ 人工繁育黑叶猴、林麝首次放归自然

2017年11月6日,5只人工繁育的黑叶猴在广西南宁大明山国家级自然保护区被放归山林。这是全球首次野化放归人工繁育的黑叶猴,也是中国第一次野化放归人工繁育的灵长类动物。黑叶猴是国家一级重点

保护野生动物，被列为《濒危野生动植物种国际贸易公约》附录I和IUCN濒危物种红色名录的"濒危"等级，主要分布在中国西南地区，野外种群稀少，面临灭绝风险。人工繁育的黑叶猴成功放归自然，标志着中国黑叶猴保护进入以人工繁育种群反哺野外种群的新阶段。

2017年6月29日，13只人工繁育的林麝在陕西省宁陕县境内的响潭沟被放归自然。这是人类历史上人工繁育林麝回归自然的首次尝试。林麝是国家Ⅰ级重点保护野生动物，与大熊猫、朱鹮、金丝猴、羚牛、金钱豹并称"秦岭六宝"。目前，由于栖息地破坏和人类乱捕滥猎，林麝野生种群极度濒危。人工繁育的麝类成功放归自然，对促进全球野外麝类种群的恢复发展具有重要意义。

▲ 黑叶猴顺利出笼放归自然
（广西林业信息宣传中心杨海健　摄）

◆ "打击网络野生动植物非法贸易"互联网企业联盟成立

2017年11月22日，在中国野生动物保护协会、世界自然基金会和国际野生物贸易研究组织的支持下，百度、阿里巴巴和腾讯联合其他8家互联网企业共同发起了中国第一个"打击网络野生动植物非法贸易"互联网企业联盟。

▲ "打击网络野生动植物非法贸易"互联网企业联盟成立大会

互联网几十亿的用户数量和当前网络非法野生物贸易的规模为打击网络野生物非法贸易带来了难以估量的挑战。作为互联网三大巨头的百度、阿里巴巴和腾讯，在开展多年打击网络非法野生动物贸易的基础上，超越一己之力，形成全行业伙伴关系，共同打击网络野生物犯罪，有力推动了全社会打击野生动植物非法贸易的氛围形成。

◆ 游客驱车追拍藏羚羊受到惩处

2017年10月4日，郝某某等7人乘坐两台白色越野车自驾游，途经西藏那曲地区申扎县雄梅镇8村附近时，离开公路进入色林错国家级自然保护区藏羚羊栖息地，追赶藏羚羊群拍照，时长1分多钟。西藏自治区林业厅森林公安部门依法对7名涉事人和两辆涉事车辆进行调查核实，确认涉事的7名人员，未经批准离开公路，擅自进入自然保护区，妨碍野生动物生息繁衍，破坏野生动物栖息地，违反了《中华人民共和国野生动物保护

▲ 目击者拍摄画面

法》《中华人民共和国陆生野生动物保护实施条例》和《中华人民共和国自然保护区条例》，依法对7名涉事人每人处以1.5万元罚款的行政处罚；同时对事发区域的色林错国家级自然保护区协议管护员及管理不力的相关部门进行了处理。此事件在社会引起广泛热议，有力教育了公众，提高了全社会的保护意识。

用心书写森林公安大作为

——黑龙江省东京城林业地区公安局曹玉友

曹玉友，1988年警校毕业后参加公安工作，中共党员，一级警督警衔，历任黑龙江省穆棱林业地区公安局法制办主任、穆棱林业地区公安局副局长、黑龙江省林业公安局森侦支队支队长等职务，2013年7月任黑龙江省东京城林业地区公安局党委书记、局长，曾荣立个人二等功3次、三等功2次，被授予全省优秀人民警察、全省政法系统先进个人、全国优秀人民警察、全国特级优秀人民警察等多项荣誉称号。任现职五年来，他带领班子成员和全体民警一步一个脚印，一年一个跨越，公安局先后荣获全国森林公安机关执法示范单位、全国森林公安严打工作先进单位、全国县级森林公安信息化建设应用示范单位、全省森工系统先进基层党组织、全省森工林区标兵公安局、全省森工林区公安机关"四项建设"典型示范公安局等荣誉称号。

◆ 忠诚担当，率先垂范，侦破全国罕见涉林大要案

曹玉友是黑龙江省林业公安局森林案件侦查专家组成员，先后被国家林业局抽调参与数十起全国涉林大要案或挂牌督办案件的侦办工作，积累了丰富的侦查经验。2018年4月，多方群众的视频和信件频频举报反映黑龙江省鹤立重点国有林管理局施业区内存在严重盗伐林木、毁林种参问题，黑龙江省林业公安局迅速成立专案组挂牌督办，指定曹玉友担任专案组组长，对该案件立案侦查。曹玉友面对异地办案、人生地疏、一些调查对象不配合侦查，一些职能部门及相关工作人员隐匿伪造毁灭证据、干扰办案等重重困难和阻力，披星戴月、钻林趟草，与犯罪分子斗智斗勇，带领31名精干警力，历经四个多月的缜密侦查，立案45起，其中重特大森林刑事案件41起；抓获涉案人员26人，成功破获了这起涉案盗伐林木194 579株、立木蓄积量33 285.3立方米、毁坏幼树81 210株、造成国家林木和林地植被经济损失5991万余元的全国罕见的涉林大要案，依法铲除了森林毒瘤。

▲ 现场办公

◆ 创新理念，抢抓机遇，推进数据警务建设大发展

作为公安局长，五年来，曹玉友聚焦数据警务建设，推动全局公安工作提档升级。一是购置了长航时油电混合多旋翼无人机，30倍高清变焦，远红外夜视成像，使森林资源保护、预警侦查能力跨越提升，辖区森林野生动物数量逐年增加。二是耗资400余万元升级改造了总面积500平方米的指挥中心大厅及综合研判室，创新视频图像信息综合应用平台建设，在可视化管理及视频巡逻、电子地图、猎鹰视频解析应用、人脸识别应用四大功能方面争创一流，精准打击效能凸显。三是加快立体化、信息化社会治安防控体系建设步伐，与周边市县开展治安卡口、治安视频连接工程，实现了林业、地方监控资源共享。四是监所升级

改造，启动了数字监控前沿管理模式，采用电子围栏等全省森工监管领域领先的信息技术，通过划定警戒区域、生活区域，实现了实时定位、越界报警、智能区域看防。

◆ 大胆改革，规范执法，构建公安法制建设大格局

严格执法是公安工作的生命线。近几年来，曹玉友围绕受立案改革和"两统一"机制，在全区率先组建了案管中心，自成立以来已审核各类案件1165起；加强受案大厅、案管中心及涉案财物保管中心建设，升级后的局址办案中心，执法办案、信息采集、信息查询、执法规范实现一站式服务，办案时间、投入警力相应缩短，节约30%左右；设立执法记录仪工作站10个、执法音视频管理系统网络云端服务器1台，执法记录仪配备率100%、涉案执法音视频上传率98.7%；建立完善了受立案制度和刑事案件"两统一"工作机制实施办法及流程，自行创新设计了集成式办案区使用登记台账；明确了"办案人自审、法制员初审、办案单位负责人复审、案管中心监审、主管局长定审"的五级流程监督制度，全面推行执法全流程记录和网上执法巡查机制，规范执法走在了全省森工林区公安机关前列。

▲ 实地办案

受案大厅24小时受立案，已接待群众报警及求助100余起，从源头上杜绝了有警不接、有案不立问题的发生。几年来，全局无冤假错案、国家赔偿案件、行政复议被撤销案件和涉法涉诉信访案件，在全区执法质量检查评比中连年名列前茅。

◆ 维稳创安，保护生态，用心书写森林公安大作为

只有护好了绿水青山，才能变成金山银山。几年来，曹玉友把保护森林资源、确保林区森林生态安全放在重中之重的突出位置，常年坚持开展巡山解套行动，对各类涉林违法犯罪严惩不贷。五年来，他带领全局民警共破获各类森林案件2662起，其中森林刑事案件155起、重特大案件29起，查处涉林行政案件2507起，打击处理各类违法犯罪人员2693人次，为国家挽回经济损失600余万元，森林案件破案数连续五年在全省森工公安局名列前茅。

◆ 严于律己，助企便民，做好优化营商环境大文章

对于荣誉他看得比生命都重要。对家人、亲属、民警约法三章，不准插手办案说情。家中老人去世、自己生病住院都假借出差的名义不让民警知晓、不准班子探望，以人格魅力赢得了民警的拥戴。

为了方便群众办事，他在局址中心地带新建了公安综合服务大厅，线下户政办理、交通违法处理、消防监督管理实现一窗式受理、一次性告知、一条龙服务，线上"互联网+公安政务"服务更快捷，"四零"承诺服务广受群众赞誉。

榜样的力量是无穷的，在他的带领下，全局上下警心凝聚，两年来查破各类刑事案件205起、各类行政案件15191起，刑事案件发案率逐年下降，犯罪分子不敢到林业辖区作案。两年来民警队伍持续稳定，无违纪违规违诺问题发生，15人次荣立个人二、三等功，他本人荣获"全国特级优秀人民警察"殊荣。多年来，曹玉友用忠诚锻造品格，以干净彰显本色，凭担当赢得信赖，成为龙江森工林区公安战线学习的榜样和一面旗帜。

大爱无声写忠诚

—— 河南省息县森林公安局卢峰

卢峰,中共党员,息县森林公安局局长,一级警督。1985年参加工作,1991年参加公安工作,先后在息县公安局杨店、曹黄林派出所、治安大队等单位工作,2009年7月调入息县森林公安分局,现任息县森林公安局局长。从一位普通民警到森林公安全局的指挥官,多年来,他与战友们一道出生入死,身经百战,与犯罪分子周旋于每一个日出日落。屡破大案要案,在本职岗位上取得了较大的成绩,多次荣立个人三等功,2014年因办理"11·23"专案,荣立个人二等功。他凭着对刑侦工作的热爱和对森林公安事业的执著追求,诠释着奉献者的给予与获得,展示了一个共产党人、人民警察的大爱情怀和崇高境界。在2017年侦破国家林业局森林公安局挂牌督办的"2·28"跨省系列非法收购贩卖野生动物案时,他踏实的工作作风、敏锐的侦查视角、正确无误的临阵指挥,淋漓尽致地展现了当代优秀森林公安指挥员的杰出风采。

◆ 案发

2017年2月13日15时许,息县森林公安局突然接到河南省森林公安局协查指令:有洛阳开往漳州的宇通大巴车在京港澳高速漯河服务区、大广高速息县服务区有装斑鸠、黑水鸡等野生动物行为,立即查处。

虽然警力不足,协查面临着许多困难,但卢峰立即命令副局长许强抓紧时间安排部署,抓住出警战机,迅速研究蹲守方案,当天下午17时民警前往大广高速息县服务区,拉开一张蹲守的大网。经过民警在寒风中14个日夜的蹲守,于2月27日晚在大广高速息县服务区将正在交易的犯罪嫌疑人符某抓获。在客运大巴车货仓内现场查获木笼3个、铁笼2个,木笼子内装有斑鸠220只、鸽子15只、野兔15只。

▲ 部署工作

◆ 突破

一连四次审讯、提讯,嫌疑人符某面对其手机上关于贩卖野生动物的交易记录信息拒不交代,一直避而不答。在第八次提讯时,符某才逐渐交待部分犯罪事实,而且避重就轻,搪塞讯问。一直到3月4日凌晨,符某终于交代出他卖给江西南昌一个叫孙某的老板49只猫头鹰。至此,案件才有了突破性的进展。鉴于该案案情重大,卢峰立即向省市局汇报,河南省森林公安局领导十分重视,于2017年3月7日对该案成立专案组,卢峰担任专案组组长,并从全省抽调精干警力20余人对此案进行调查。

为了尽快固定证据,卢峰与专案组研究决定,将符某的手机送到公安部物证鉴定中心,进行电子物证的确定和提取。一周后,鉴定结果显示出大批量野生动物收购信息,2015年至2017年2月27日,符某共计收购的野生动物有：斑鸠、黑水鸡、野鸡、野鸭、野兔、草鹭等国家"三有"野生动物5万余只，国家二级珍贵、濒危保护野生动物猫头鹰、游隼、苍鹰等70余只。面对铁的证据，符某依然遮遮掩掩。在民警的强力突审下，才像挤牙膏一样迫使符某供出淮滨县人邢某某等人收购野生鸟类转卖给他的犯罪事实。

专案组一边加大对符某的审讯力度，一边对符某的手机通讯录、微信、短信交易记录进行排查，到银行查询明细，到移动公司查询电话记录。最终，大海捞针般地从这些信息锁定了其他犯罪嫌疑人。由于省外抓捕需要投入大量的人力物力，而息县森林公安局财力有限，卢峰主动多次向县委县政府、县财政部门汇报协调专案资金，得到县委县政府的大力支持，解决了专案组省外抓捕的后勤资金保障。

◆ **擒魔**

锁定犯罪嫌疑人后，3月23日，专案组立即成立江西、福建两个抓捕小组分赴江西、福建等地进行抓捕。在江西南昌抓捕杨某某时蹲点布控一个星期，专案组认为抓捕时机成熟，3月31日10点，专案组迅速出击，成功将杨某某、孙某某抓捕归案。

抓捕陈某某时，民警在阴暗潮湿的屋角蹲守了七天七夜，专案组成员每天轮班蹲守，在其仓库内成功将陈某某抓获归案。4月24日，经过周密部署，在当地森林公安机关的配合下，成功将熊某某抓捕归案。5月13～18日，成功将金某某、丁某某、席某某、徐某某抓捕归案。

2017年10月，卢峰感觉双腿疼痛，但当时正直案件关键时期，他一直抽不出时间去检查，直至2018年7月双腿疼痛得无法正常

▲ 关心群众

行走，才到医院检查，检查发现双腿二期重度股骨头坏死，再拖下去后果不敢想象。

专案组辗转六省，历经一年，终于成功将这起跨省系列特别重大非法收购贩卖野生动物案件侦破，涉案犯罪嫌疑人相继落网。紧接着，专案组民警整理案卷，相互印证，固定证据，形成完整的证据链……移送起诉。为了将犯罪嫌疑人绳之以法，把案件办成铁案，卢峰多次与县公检法部门协调，多次召开协调会，以审判为中心，严把案件质量关，协调研究案件诉讼工作。2018年4～6月，该案分别被央视、河南电视台、《中国绿色时报》《河南法制报》《河南日报》等多家媒体进行专题报道。这个案件无论从数量还是范围讲都是特别大的，涉及6个省，涉案人员众多。案件对生态破坏非常严重，对生物链破坏非常严重。

卢峰坚定地说："这个案件还不算完结，还要继续深挖，我们森林公安一定要将这些破坏生态环境的涉案嫌疑人抓捕归案，绳之以法。"

专案组一边加大对符某的审讯力度，一边对符某的手机通讯录、微信、短信交易记录进行排查，到银行查询明细、到移动公司查询电话记录。最终，大海捞针般的从这些所能提到的信息锁定了其他犯罪嫌疑人。由于省外抓捕需要投入大量的人力物力，而息县森林公安局财力有限，卢峰主动多次向县委县政府、县财政部门汇报协调专案资金，得到县委县政府的大力支持，解决了专案组省外抓捕的后勤资金保障。

野生动植物卫士

——福建省森林公安局陈汝貌

陈汝貌，1985年8月参加森林公安工作，现任福建省森林公安局党委委员、直属支队支队长。他始终坚持在森林公安刑侦工作岗位上，牢固树立"打击犯罪是主业""侦查破案是硬道理"的理念，认真履职，依法办案，清正廉洁，先后组织指挥侦破了一系列在全国有影响的特大非法收购运输出售珍贵濒危野生动物及制品案件，涉及价值近亿元，仅象牙制品就达1000余千克。1991年12月被福建省委授予农村社会主义教育优秀工作队员，2006年11月被国家林业局森林公安局记个人二等功1次，2015年12月，被国家林业局授予"保护森林和野生动植物资源先进个人"的称号，2016年6月被中国绿色碳汇基金会、中国野生动物保护协会、国际野生生物保护学会授予"2016打击野生动植物非法贸易优秀卫士奖"。

▲ 分析案情

2017年8月以来，陈汝貌担任省森林公安局侦办非法加工销售象牙及制品刑事案件工作领导小组副组长，组织指挥"8·15"专案组，经过近3个月的侦查，在仙游县度尾镇帽山村开展打击象牙非法收购、运输、出售统一行动，抓获犯罪嫌疑人7名，缴获象牙、犀牛角、穿山甲等制品133.33千克，案值688万元。

◆ 牢记使命，积极谋划

打击象牙等野生动物及制品非法加工销售是每一名森林公安民警的职责使命。福建省仙游县是全国象牙走私目的地，更是非法加工销售象牙的集散地，区位十分特殊。他凭着多年刑侦工作经验，对象牙非法加工运输销售规律和福建省森林公安侦查能力和水平的把握，亲自起草制订《关于组织开展重点地区严厉打击非法加工销售象牙及制品行动方案》，成立了侦办非法加工销售象牙及制品刑事案件工作领导小组，领导小组下设联络组、侦查后勤保障组，并明确各小组主要职责，确定了莆田市及所属仙游县为重点地区。8月15日，他带领专案组正式进驻莆田市开展专案侦查工作。正是有了组织纪律保障，确保历时3个多月侦查工作做到不泄密。

◆ 亲历亲为，勇于担当

这次专案组一线6名侦查员，有5名是年轻人，没有接触过大要案件侦破，这是陈汝貌多年来所带的最年轻的一个专案组。虽然专案组的工作任务是明确的——打击非法加工销售象牙工作，但侦查具体对象、侦查切入点都不明确。陈汝貌召集专案组侦查员，集思广益，对2016年侦办的"5·16"专案有关线索进行了梳理，对仙游县历年侦办的涉及象牙、犀牛角等案件进行梳理；利用特情发现线索；主动对接海关缉私部门开展警务合作，发掘了5条线18名重点对象。围绕重点对象，组织侦

▲ 林中办案

查员多次往返三大通信运营商办公地、9家银行，调取了近半年来100多部手机的通话详单、120多个银行资金账户，利用现有工作条件，专案组侦查员加班加点，进行大数据比对分析研判。为确保专案侦查有序推进，陈汝貌先后3次前往莆田市公安局网安、技侦等部门进行沟通协调，5次与福州海关缉私部门进行协调交换情报信息，12次前往莆田、仙游，与专案组同志研究专案侦查工作。

◆ **创新战法，提升能力**

利用网络、物流、支付宝等便捷工具进行象牙等野生动物制品犯罪已成为常态。陈汝貌团结专案组人员，多方谋划，开拓创新，大胆在实战中应用侦查设备，积极主动协调网安、技侦、海关缉私等部门，运用网侦、技侦等技术，联合作战，创建了多警种联合作战技战法；通过对银行账号、手机话单、物流清单大数据分析研判，确定重点对象之间关联关系、活动轨迹，创建了综合情报研判技战法；利用网上所获信息，深入案发现场，开展调查摸排，蹲点守候，化妆侦查，落地查证，创建了网上网下同步技战法；利用无人机对案发现场进行航拍，在收网行动中进行空中监督，创建了空地一体化技战法。通过一系列侦查战法的综合应用，提高了侦查效率。

◆ **果断收网，成效显著**

10月28日，陈汝貌在莆田市召集专案组侦查员，研究抓捕工作方案。11月2日，赴莆田市组织抓捕行动。就在这个关键点上，莆田海关缉私分局同时在仙游县度尾镇开展打击走私行动，抓获3名犯罪嫌疑人，突如其来的行动，打乱了专案组整体工作部署，而这个时候省政府拟召开全省打击象牙走私和非法加工销售视频会议，压力突增，抓捕风险增加。陈汝貌与专案组侦查员齐心协力，顶住压力，认真细致梳理案情，细化抓捕行动方案，及时请示省局领导，把握战机果断采取行动。7日下午，经过专案组研判重点对象活动情况一切正常，并且在6日还向省外发货，经省局领导批准，决定于8日实施收网行动。在仙游县度尾镇帽山村抓获7名犯罪嫌疑人，缴获象牙、犀牛角、穿山甲鳞片等共计133.33千克。这时，陈汝貌与专案组侦查员已连续工作近40个小时。

从严治警实现"三个创建"
热血忠诚铸就平安林区

——吉林省森林公安局张慧华

张慧华,中共党员,三级警监警衔。1987参加公安工作,历任延边州公安局局长助理兼行财处长,珲春市市长助理、公安局长,延边州公安局政治部主任、副局长等职务。现任吉林省森林公安局政委、常务副局长,主持日常工作。曾荣立个人三等功6次,二等功3次,一等功1次,被公安部授予全国清剿火患先进个人、全国优秀人民警察、全国爱民模范等荣誉称号。

上任伊始,张慧华面对林业转型发展、改革创新的大势和全省森林公安机关科技基础落后、警务保障不足、队伍年龄老化等重重压力,主动作为,不等不靠,亲力亲为协调解决制约森林公安发展的瓶颈问题。他确立了以创建全国一流的森林公安机关、林区群众满意的公安队伍、人与自然和谐安宁的生态林区为核心的"三个创建"总体战略目标,团结带领全省各级森林公安机关和广大森林公安民警,在维护林区社会稳定、打

▲ 沟通案情

击各类刑事犯罪、保障林区边境安全、护航森林生态建设等方面深耕厚植,积极作为,各项工作在巩固中深化、在开拓中前进,走出了一条具有吉林特色的平安林区建设之路。

◆ 全力攻坚　确保林区社会稳定

吉林省林区人口众多,治安状况多元复杂。为确保林区社会平安稳定,张慧华组织开展"三打击一整治"、打击"盗抢骗"等专项行动。近三年来,共破获各类刑事案件1870起,刑事处理644人,抓获公安部和省公安厅督捕的命案逃犯8人,命案破案率达到了100%。

张慧华视林区人民为父母,想人民所想、急人民所急,高度重视林区日益突出的经济犯罪。他带领全省各级森林公安机关重拳出击,强化打击,取得了显著效果。共破获电信诈骗案件42起、打击处理27人、挽回经济损失6000万元。张慧华坚决贯彻落实扫黑除恶专项斗争的指示精神,多次组织召开全省各级森林公安机关主要领导会议进行部署和推进。行动开展以来,共打掉恶势力犯罪团伙4个,抓获犯罪成员22

人。为有效消除林区枪爆物品带来的治安隐患，张慧华将缉枪治爆作为平安林区建设的一项重要载体，持续加大打击力度。2017年4月21日，省局举办集中销毁枪爆物品成果展，共销毁各类枪支1897支、子弹22 427发、炸药157千克、导火索9500米。

◆ 清患固边　保障边境长治久安

吉林省林区与朝鲜、俄罗斯接壤，山高林密、边境线长，极易发生非法越境案件，地缘环境特殊敏感。张慧华牢固树立国防意识，全力维护森林边境秩序。2017年6月，张慧华按照省公安厅边境"三道防线"建设的工作部署，带领有建设任务的单位，跋山涉水踏查林区进行选址，在他的真抓实干下，克服重重困难，抢工期赶进度，提前完成林区"三道防线"建设任务，5个林区公安检查站全部建成投入使用。近三年来，共抓获"三非"越境人员119人，破获跨境盗窃、抢劫案件112起。

◆ 亮剑扬威　护航森林生态安全

吉林是全国重要林业省份之一，森林资源丰富、自然生态优越。为全面完成保护吉林生态大环境、拓展生态安全大通道的重任，牢记使命，忠诚履职，以打击促防范，先后组织开展了专项行动16次。近三年来，共破获各类涉林案件20 585起，查处违法犯罪嫌疑人28 325人，收回林地4103公顷，收缴木材6604立方米，收缴虎皮、紫貂皮等各种野生动物及其制品20 243只，挽回经济损失近2亿元。国家森林公安局挂牌督办的19起涉林案件全部告破。

◆ 科技支撑　提升警务实战能力

由于受历史因素制约，全省森林公安科技建设明显落后于地方公安机关。为扭转落后局面，张慧华多次召开专题会议研究部署科技强警战略和基础信息化、警务实战化长远发展规划。全省森林公安科技信息建设取得飞跃式发展，极大地提高了服务群众和社会管控的能力与水平，科技支撑警务实战的作用进一步彰显，通过现代信息技术手段破案率大幅提升。张慧华结合信息化的开展，将执法规范化建设置于核心位置。他狠抓"执法综合信息应用平台"建设，要求严格落实"四个一律"规定，使办案场所、涉案财物、执法视音频管理等执法基础工作得到进一步夯实。

◆ 严明纪律　打造森林铁军队伍

张慧华坚定政治方向，加大正风肃纪力度，全力打造吉林森林公安从严治警新生态。他创新后备干部培养途径，与地方公安机关建立良好的协作关系，将全部新招录的民警送到地方公安机关进行为期一年的学习锻炼。他以加强队伍正规化建设为着力点，主动提出与省公安厅各警种进行全面对接，提高深度融合，全省森林公安机关业务水平和队伍建设得到显著提高，进一步缩小了与地方公安机关的差距。张慧华以深化森林公安改革为契机，加强与省公安厅、省林业厅的沟通协调，森林公安改革迈出了具有里程碑意义的实质性步伐。2017年5月，吉林省森林公安局被纳入省公安厅机构序列，加挂"吉林省公安厅森林警察总队"牌子。他创新培训方式，要求教育训练紧贴实战、立足基层，切实解决一线民警应用所需。培训中突出实效和质量，通过聘请中国人民公安大学高水平的专家团队进行培训，为全省森林公安培养了一支坚实的警务实战教官队伍。

张慧华以自身高度的政治觉悟和过硬的工作作风，正带领全省各级森林公安机关砥砺奋进、矢志不渝地行进在实现"三个创建"的宏伟征程中，用热血忠诚书写着生态吉林、美丽中国的新篇章。

2017年中国林业信息化十件大事

◆ **第五届全国林业信息化工作会议成功召开**

2017年11月19~20日，第五届全国林业信息化工作会议在广西南宁召开，张建龙局长出席会议并作重要讲话。会议总结了党的十八大以来的林业信息化建设成就，谋划了新时代林业信息化工作。

◆ **中国林业云和移动互联网指导意见相继出台**

国家林业局出台了《关于促进中国林业云发展的指导意见》和《关于促进中国林业移动互联网发展的指导意见》，明确了中国林业云计算和移动互联网发展思路和具体任务，标志着林业信息化顶层设计日臻完善。

▲ 第五届全国林业信息化工作会议在广西南宁召开

◆ **金林工程等重大项目建设取得突破**

生态环境保护信息化工程（金林工程）初步设计和生态大数据基础平台体系建设项目获得国家发展改革委正式批复。中国林业数据开放共享平台荣获2017中国信息化（智慧政务领域）最佳实践奖，国家林业局网上行政审批平台、国家林业局生态大数据建设、四川省林业厅"互联网+"智慧森防被评为"电子政务优秀案例"。

▲ 2017年全国各级林业信息化率评测结果

◆ **全国林业信息化率首超70%**

2017年全国林业信息化率为70.35%，首次超过70%，较2016年提升了4.31个百分点，距2020年全国林业信息化率目标80%还有9.65个百分点差值。

◆ **国家生态大数据研究院成立**

2017年5月17日，国家生态大数据研究院在海南陵水正式挂牌。生态大数据研究院以加强顶层设计、战略实施为重点，开展生态大数据建设的理论与实践研究，推动形成生态大数据发展的创新动力和开放模式，力争建成国内一流的生态大数据人才培养、专题培训、咨询服务、科研创新和产业化平台，为国家宏观经济运行、林业现代化建设提供大数据服务支撑。

◆ 林业信息化示范建设形成体系

开展了第三批全国林业信息化示范市、示范县及第二批全国林业信息化示范基地建设，形成了12个示范省、47个示范市、78个示范县和41个示范基地组成的内容涵盖各业务领域的示范体系。

▲ 国家生态大数据研究院在海南陵水揭牌

◆ 中国林业网蝉联部委网站第二名

2017年中国政府网站绩效评估结果正式发布，中国林业网蝉联部委网站第二名并荣获"政务公开领先奖""创新发展领先奖"，荣列三大优秀部委网站，连续6年蝉联"中国最具影响力党务政务网站"，中国林业网微信荣获"最受网友欢迎中央政务机构"。

◆ 首批全国智慧林业最佳实践50强发布

中国智慧林业最佳实践50强涵盖了国家级、省区市、市县和示范基地四个层面。8个案例入选国家级案例，13个案例入选省（区、市）优秀案例，17个案例入选市县优秀案例，12个案例入选示范基地案例。

▲ 第五届林业CIO研修班期间，组织学员参观湖北楚天云中心

◆ 林业信息化标准培训工作取得重大进展

积极推进林业信息化国家标准和行业标准制定工作，发布《林业物联网第4部分：手持式智能终端通用规范》等3项国家标准、《林业数据采集规范》等13项行业标准。举办第五届林业CIO研修班等8个培训班，各省级林业主管部门累计培训次数超过430次，培训人数超过40 000人次，其中湖南培训超过5000人次。编写完成《智慧林业概论》等智慧林业系列培训教材，全力提升信息化人员综合素质。

◆ 第四届美丽中国大赛成功举办

国家林业局机关党委和信息办共同举办了"最美林业故事"——第四届美丽中国作品大赛。大赛共收到作品600余篇。经过评选，3篇作品荣获一等奖，5篇作品荣获二等奖，7篇作品荣获三等奖，35篇作品荣获优秀奖。北京市园林绿化局信息中心、四川省林业厅信息中心、云南省林业厅信息中心、吉林森工集团信息中心、中国大熊猫保护研究中心荣获优秀组织奖。

林业建设开路先锋　森林资源监测尖兵

——国家林业局中南林业调查规划设计院

国家林业局中南林业调查规划设计院（以下简称中南院）是国家林业局直属事业单位。1962年建院以来，中南院始终秉承"勤奋、求实、厚德、和谐"的理念，发扬"特别能吃苦、特别能战斗、特别能忍耐、特别能奉献"的森调精神，坚持走以林业调查规划设计为主业的发展之路，现已发展成为集资源监测、规划设计、工程咨询于一体的大型林业调查规划设计院。1989年成立的国家林业局中南森林资源监测中心，2011年成立的国家林业局石漠化监测中心、国家林业局中南林业碳汇计量监测中心、国家林业局中南生态监测评估中心，2017年成立的国家林业局森林城市监测评估中心，与中南院实行一套人员、六块牌子，统一领导。

▲ 院领导班子合影（从左至右为：周学武、吴海平、彭长清、刘金富、贺东北）

▲ 2017年8月1日，国家林业局党组成员、副局长彭有冬等有关领导、专家和嘉宾出席了国家林业局森林城市监测评估中心揭牌仪式

▼ 中南院荣获2017年"全国厂务公开民主管理先进单位"奖牌及证书

▲ 2017年9月29日，彭长清院长在湖南长沙参加了由全国厂务公开协调小组召开的"全国厂务公开民主管理工作经验交流暨先进单位表彰电视电话会议"

中国林学会——百年历史回顾

一百年风雨兼程，一百年励精图治，一百年辛勤耕耘，一百年春华秋实。

当历史走进2017年，中国林学会已经走过了整整一百年的发展历程，迎来了百岁华诞。

一百年，这是一份深厚的历史积淀。从最初的中华森林会到中华林学会，乃至新中国成立后的中国林学会，中国林学会实现了一个又一个的历史跨越。

从这里走出了中国林业的多个第一：中国第一份林业期刊《森林》及其后继者《林学》《林业科学》；第一个林学会奖励基金；第一个中国植树节；第一届梁希奖、劲松奖、陈嵘奖；第一届中国林业学术大会；第一届中国林业青年学术年会；第一届森林科学论坛……这个承载着光荣与梦想的学会不断开拓创新，艰苦创业，谱写了一篇篇绚丽多彩的时代华章，为促进林业科技事业的繁荣和进步，为加快中国林业的建设和发展作出了重要贡献。

◆ **风云时代　应运而生**

一百年前，中国森林自然生态如同深陷半殖民地半封建的中国社会一样，百般凋敝。

随着辛亥革命的兴起，随着西方民主进步思想的传入，以民主、科学精神相期许的各种学术团体

▲ 金陵大学林学会会员合影

▲ 1921年在日本北海道帝国大学中华森林会支部清明社会员合影

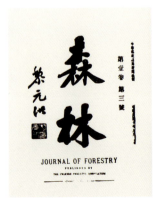
▲ 黎元洪题词的《森林》

▲ 金陵大学　　▲ 中华森林会成立记事

如雨后春笋般相继涌现。

中国近代林业的先驱凌道扬等人，深知"中国木荒"之痛，深知"林业之兴废，关系国家之兴废"，深知"振兴林业为中国今日之急务"，于1917年2月12日在上海成立中华森林会，自此，肩负着发展我国近代林业科学历史使命的首个社会团体诞生了。

《中华森林会章程》规定："本着集合同志共谋中国森林学术及事业之发达为宗旨。"

学会会务主要有四项：刊行杂志，编著书籍；实地调查，巡行演讲；促进森林事业及森林教育；答复或建议关于森林的事项。

1921年3月，中国第一份专业林业科学刊物《森林》诞生。这份最早的中国林业科技刊物留下了不少有价值的林业文献资料。后因经费问题，学会停止一切业务活动。

◆ 岁月动荡　奋勇前行

1928年，国民政府初立，在农矿部开设专门的林政司，植树造林被列为政府训导社会大众的一项重要工作。同年8月4日，经姚传法、金邦正、陈嵘等林学家积极推动和筹备，"中华林学会"在金陵大学成立。自此，中华森林会更名为中华林学会。

第一次国内革命战争到抗日战争，回首那段不堪的岁月，战争的纠缠与生活的苦难，这是中华儿女心头共同的伤痛。炮火硝烟中，中华森林会的先驱们仍在为中国林业事业的发展奔走呼号。召开多次理事会，创刊《林学》杂志，向社会宣传林业，参与国际学术交往活动，建立省级林学会，推动成立台湾省林学会，先辈们不畏艰险为理想而奋斗着。可以说，早期学会同仁的共同努力，为新中国林业事业的发展打下了坚实的基础。

▲1937年中华林学会会员合影

▲《林学》杂志

▲1930年3月在南京造林运动委员会上凌道扬（右）与姚传法（左）合影

◆ 国家新生　开写新篇

1949年，中华人民共和国成立，中央人民政府设林垦部。林垦部的成立，标志着新中国把林业放在了十分重要的地位。随之，有着30多年历史的林学会翻开了新的一页。

1951年2月，在林垦部召开会议决定恢复重建新中国的林学会，并定名为中国林学会。新中国第一任林垦部部长、著名林学家、林业教育家梁希先生当选为第一届理事长，从此，中华人民共和国的林业工作者有了自己的新家，梁希先生描绘的"黄河流碧水，赤地变青山"的壮美画卷，成为林学会会员的不懈追求和奋斗目标。

借助新中国林业发展之势，中国林学会工作全面展开：积极开展学术交流、科学普及与外事工作等活动；学术期刊《林业科学》很快创刊；组织机构逐步调整、扩展，会员人数大幅增加……

更让人难忘的是，这个时期召开了一次大规模的学术会议，即1962年12月17～27日在北京召开的学术年会。年会由张克侠理事长主持，国务院副总理谭震林出席了会议。这次学术会后还整理出《对当前林业工作的几项建议》，以33名林业科学家和林业工作者的名义上报给中国科协、林业部、国家科委，并分别报送聂荣臻副总理和谭震林副总理。这份建议引起了国家和社会对林业的重视，学会的地位得到提升。

与国家的命运休戚相关，正当中国林学会顺利发展的时候，1966年6月开始的"文化大革命"把中国人民带进了一场长达10年的浩劫中。中国林学会被迫停止一切活动长达11年之久。

▲ 1963年中国林学会木材水解学术研讨会

▲ 1963年中国林学会杨树学术会议

▲ 中央人民政府内务部1951年颁发的登记证书

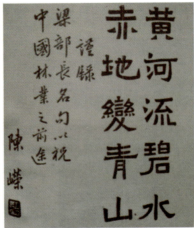
▲ 陈嵘题词梁希名句

▲ 《林业科学》杂志

中国林学会
YEARBOOK

◆ 创新引领　奋发图强

1976年10月结束了"文化大革命",中国进入了新的历史发展时期。以改革开放为核心的精神给中国林学会事业复兴带来了强大动力,国家全面推进现代林业建设的形势为中国林学会提供了广阔的舞台。不忘初心,把握机遇,奋发有为,中国林学会的事业获得了长足的发展。可以说,改革开放新时代是中国林学会自强不息的新历史,是中国林学会事业不断繁荣、壮大的新时期。

▲ 中国林学会第十一届理事长赵树丛与第十届理事长江泽慧在大会上亲切交谈

多年来,中国林业学术大会、中国林业青年学术年会、现代林业发展高层论坛、森林科学论坛等品牌学术活动如有源之水,焕发出旺盛的活力。由中国林学会命名的全国林业科普基地达110个,推荐命名的全国科普教育基地达14家。先后组织开展了木本粮油产业发展、木材安全问题等专家考察和调研,为有关部门决策提供了依据。与IUFRO、TNC等近10个国际组织合作密切,与美国林学会、加拿大林学会等近30个国(境)外林学会、高校及科研机构建立了密切的合作与联系。形成了比较完整的科技奖励体系,在院士候选人推选、全国优秀科技工作者评选推荐、青年托举工程实施等方面都

▲ 有关领导出席生态科普暨森林碳汇科普宣传活动

走在了前列。素有中国林业学术第一刊之称的《林业科学》,在全国科技期刊中也稳居核心期刊的地位。创新助力成效显著,有力推动了地方经济发展。

新时代,学会将坚持第十一届会员代表大会上提出的"继承、创新、改革、服务"工作方针,继续为中国林业发展贡献力量,谱写新一轮跨越腾飞的壮丽篇章。

▲ 赵树丛理事长会见国际林联主席迈克

▲ 刘延东等领导出席纪念梁希诞辰120周年暨梁希科教基金成立大会

中国林学会——百年系列纪念活动

2017年是学会成立的一百周年，学会召开了百年纪念大会，组织了百年专题展览，拍摄了专题片《百年林钟》，编辑出版了《中国林学会百年史》《梁希文选》，开设了百年纪念网站专栏，制作了《青少年林业科学营集萃》、百年纪念邮册，组织了百年纪念林植树活动等系列纪念活动，进一步提升了学会的知名度和影响力。

2017年5月6日，中共中央政治局委员、国务院副总理汪洋接见了梁希奖获奖代表。他指出，中国林学会成立100年来，始终坚持推动林业科技进步，大力开展学术交流和科技普及，为加快现代林业建设作出了积极贡献。尤其是组织开展的梁希奖评选活动，调动了广大林业科技工作者的积极性和创造性，有力推动了林业科技创新和成果转化。

2017年5月6日，学会在人民大会堂召开成立100周年纪念大会。全国政协副主席、民进中央常务副主席罗富和出席大会，全国政协副主席、中国科协主席、科技部部长万钢向大会发来贺信。会议颁发了第八届梁希林业科学技术奖和第六届梁希优秀学子奖。

▲ 中共中央政治局委员、国务院副总理汪洋接见梁希奖代表

▲ 百年纪念大会现场

▲ 全国政协副主席罗富和出席纪念大会

▲ 全国绿化委员会副主任、中国林学会理事长赵树丛主持纪念大会

▲ 国家林业局副局长彭有冬宣读张建龙局长讲话

2017年5月6日，学会在北京林业大学举办以"百年林业 创新引领"为主题的第五届中国林业学术大会。本次学术大会共设29个分会场，汇集2600余名林业科技专家学者，收到论文1390多篇，交流报告590余篇。

2017年4月1日，学会在北京百望山森林公园组织"百年纪念林"植树活动，以纪念中国林学会成立100周年。国家林业局局长张建龙、中国林学会理事长赵树丛、国家林业局副局长彭有冬、北京市人民政府党组成员夏占义为百年纪念林纪念石揭牌。

▲ 第五届中国林业学术大会现场

2017年，学会组织百年专题展览巡礼活动，以纪念中国林学会成立100周年。共分为"应运而生""不渝之志""道在人为"三部分，以图文并茂的方式集中展示学会百年历程。4月，学会百年专题展览在北京国林宾馆展出，张建龙、张永利等局领导全部前往参观展览，并对此予以高度评价。

2017年，学会拍摄了专题片——《百年林钟》，以纪念中国林学会成立100周年。专题片本着围绕"百年学会""百年人物""百年林业"三大元素，从历

▲ 百年纪念林纪念石揭牌

史的角度系统回顾了中国林学会一代一代薪火相传的光辉历程。

▲ 国家林业局领导参观学会百年专题展览

▲ 《百年林钟》专题片

2017年，学会组织编写了《中国林学会百年史》，以纪念中国林学会成立100周年。该书由赵树丛理事长亲笔题序，详细记述了学会百年历史。

2017年，学会设计制作了百年邮册，以纪念中国林学会成立100周年。邮册以"展示中国林学会百年成就与影响"为主题，在表现形式上以图片为主、文字为辅，并采用中英文对照，体现了一定的宣传价值和收藏价值。

▲ 《中国林学会百年史》　▲ 中国林学会成立百年邮册

江西省林业厅林业工程稽查办公室

江西省林业厅林业工程稽查办公室是江西省林业厅直属正处级参公单位，主要负责全省林业重点工程项目资金使用的稽查，全省育林基金、森林植被恢复费等林业专项资金征收管理，全省林业项目贴息贷款和省林业厅所属单位财务收支审计和领导干部离任经济责任审计等工作。在全国同行中，该单位成立最早、人员最多、职能最全，各项工作在全国具有引领作用。一是林业规费征管步入新常态。用足用好财政让利政策，仅统一规范木竹变价款收入核算这一项，十年累计为全省林业增加可用财力近10亿元。二是中央林业贴息贷款管理成全国样板。2011~2017年，全省实际落实贴息贷款105亿元，中央财政累计贴息2.89亿元。探索创新出的小额林业贴息贷款管理模式"安远经验"在全国推广。三是行业稽查和内部审计工作在保障林业资金安全运行中发挥了重要作用。十年累计检查林业项目资金超过百亿元。内部风险防控和预算绩效评价管理工作在全省率先步入常态化管理。单位先后荣获全国巾帼文明岗以及江西省三八红旗集体、省级文明单位、省直机关文明单位等称号。

▲ 江西省林业厅林业工程稽查办公室赴高公寨营林场捐赠善款、接受锦旗　　　　　　　　（邓勇 摄）

▲ 2017年全国林业贴息贷款管理和林业资金稽查工作会议暨小额贴息贷款现场会在安远县召开
　　　　　　　　　　　　　　　　（钟南清 摄）

▲ 江西省林业厅林业工程稽查办公室党员重温入党誓词
　　　　　　　　　　　　　　　　（廖莹 摄）

▲ 江西省林业厅林业工程稽查办公室所获省级以上荣誉称号（部分）　　　　　　　　　（刘晨 摄）

江西武夷山国家级自然保护区

江西武夷山国家级自然保护区位于武夷山脉主峰区域,最高山峰黄岗山海拔2160.8米,享有"大陆东南第一峰"之美誉。1981年建立省级保护区,2002年晋升为国家级,2017年列入世界自然与文化遗产名录。管护面积16 007公顷,其中核心区面积占30.2%。管理机构为江西省林业厅直属正处级,事业经费由江西省财政拨给。

该保护区属自然生态类型森林生态类别自然保护区,主要保护对象为中亚热带中山山地森林生态系统,及其国家重点保护植物原生地和国家重点保护动物栖息地。

截至2017年,区内未发生过森林火灾、森林病虫害疫情和重大林业刑事案件;已基本查清主要保护对象资源状况,记录有脊椎动物558种、高等植物2994种,其中:被誉为"黄岗三宝"的中国特有物种黑麂、黄腹角雉和南方铁杉,具有世界保护意义,已建立了较为完善的生态环境和资源监测体系;颁布实施了《江西武夷山国家级自然保护区条例》。

该保护区已初步建设成为资源安全有保障、科研监测有成效、社会公众有影响、依法管理有《条例》、综合运行信息化的现代自然保护区。

(撰稿人:程松林 徐新宇)

▲ 武夷大峡谷(程松林 摄)

▲ "黄岗三宝"之黑麂(程松林 摄)

▲ "黄岗三宝"之黄腹角雉(雄)(林剑声 摄)

▲ "黄岗三宝"之南方铁杉原始林(程松林 摄)

全国林业系统先进集体
——武汉林业集团有限公司

武汉林业集团有限公司成立于2009年，是一家集生态休闲旅游、花卉园艺生活、苗木种质培育、城市园林绿化四大产业及林业投融资平台于一体的国有林业产业平台公司。集团下辖9家公司，建有武湖花卉产业化基地、柏泉彩叶树种繁育基地（东西湖郁金香主题公园）、安山容器苗繁育基地等特色产业基地2000亩，建成现代化智能温室22.3万平方米。

武汉林业集团秉承"快乐、创新、诚信、开放"的发展宗旨，坚持"将专业专注作为办企之魂、将诚信至上作为立企之本、将改革创新作为强企之路、将以人为本作为兴企之基"的发展理念，践行"产业结构优化，人才科技强企，精细管理创效，稳健经营发展"的发展战略，树立"自己是本岗位的最高责任人和首席专家"的工作理念，逐步发展成为集投资、控股、管理三大职能于一体的大型经济实体，成为全国重点龙头企业和湖北省林业的一面旗帜。

武汉林业集团先后荣获"国家林业重点龙头企业""全国林业系统先进集体""全国花卉生产示范基地""全国优秀花木种植十强企业"和湖北省花卉龙头企业、林业产业化重点龙头企业、十强苗圃、"武汉五一劳动奖状"等多项国家、省、市级荣誉。

▲武汉林业集团有限公司党委书记、董事长彭成

武汉林业集团始终坚持推进现代都市林业的发展，坚持建设成为花卉苗木产业的旗帜，坚持成为现代林业企业的标杆，坚持林业产业人才的培养，逐步走上了快速发展的道路。武汉林业集团的龙头带动、先锋示范、品牌平台、科技创新等功能和作用逐步显现，成为建设"生态文明"、建设"美丽中国"、建设"现代化、国际化、生态化大武汉"的主力军。

▲武汉林业集团2018年第六届春季郁金香主题花展以"一带一路"主题吸引国内外众多游客

▲武汉林业集团花卉产业实现标准化、规模化生产

（湖北省林业局修志办　供稿）

全力建设森林城市
力促工业城市的生态文明转型升级
——佛山市创建国家森林城市纪实

近年来,佛山市委、市政府深入学习贯彻习近平总书记系列重要讲话精神和治国理政新理念新思想新战略,按照广东省委、省政府关于全面推进新一轮绿化广东大行动和建设珠三角国家森林城市群的战略部署,以创建国家森林城市为抓手,狠抓"大地植绿"和"心中播绿",努力开创了国土绿化新局面。2017年,全市市域森林覆盖率和建成区绿化覆盖率分别提高到36.3%、42.8%,成功创建为国家森林城市。

◆ **全面谋划,绘就绿色蓝图**

佛山把"创森"作为践行绿色发展理念的具体行动,由市委书

▲ 顺德区顺峰山森林公园(潘伟欣 摄)

记、市长亲自挂帅,搭建起市、区、镇(街)三级"创森"工作机构,市几套领导班子连续11年,在春节后首个工作日开展新春植树绿化活动,为"创森"添绿添彩添氛围。高标准编制实施《广东省佛山市国家森林城市建设总体规划》,累计投入"创森"资金86亿元,保障"创森"工程落地。

▲ 佛山一环小塘立交(潘庆基 摄)

▲ 美丽桂城(黎伟忠 摄)

▲ 三水区云东海湿地公园（三水区档案馆 供图）

◆ **突出特色，编织城乡绿网**

面对城市开发强度大、林地资源先天不足、生态用地相对紧张等多重压力，佛山聚焦山上造林和森林进城围城双向发力，以城乡一体、水绿一体为方向，实施带状森林建设、"公园化"战略、"绿城飞花"绿化景观项目、森林下乡与公园进村等具有佛山特色的生态工程。2013年以来，全市累计新增造林绿化面积7019.35公顷，建设生态景观带758.82千米，新建区级以上森林公园11个、区级以上湿地公园20个、乡村森林家园313个。

◆ **强化管护，筑牢绿色生态屏障**

牢固树立"生态红线"就是"高压线"的理念，围绕森林、绿地、湿地、农田等重点保护生态要素，将五成多的市域面积划入城市生态控制线，并编制完善林地、湿地及耕地、绿地等保护利用规划。从2013年起，佛山连续5年在广东省森林资源保护和发展目标责任制考核中被评为"优秀"。

◆ **文化引领，播种绿色理念**

把"创森"作为弘扬生态文化、提升生态文明的关键举措，成功打造"50公里徒步"、茶花节、桃花节、

▲ 高明鹭鸟天堂（区健星 摄）

百合花节等14项生态文化品牌活动，推动生态文化渗透到社区、乡村、校园、企业。以获得国家森林城市生态标识全国试点建设为契机，新建生态标识示范点45处和生态标识牌约8234块，有效提升了生态服务功能。

创建国家森林城市，只有起点，没有终点。站在新的起点上，佛山将深入贯彻落实党的十九大关于建设美丽中国的战略部署，启动建设粤港澳大湾区高品质森林城市，继续深化森林城市建设，提升绿色生态质量，用实际行动诠释"绿水青山就是金山银山"的理念，为建设美丽中国贡献佛山力量。

森林江门　美丽侨都

——广东省江门市创建国家森林城市纪实

广东省江门市一贯重视绿化建设工作，2013年，开启创建国家森林城市历程，经过五年的努力，市域森林覆盖率达46.29%，城区绿化覆盖率44.09%，人均公园绿地面积17.82平方米，初步建成具有侨乡特色的森林城市。2017年10月10日，江门市被授予"国家森林城市"称号。

▲ 圭峰山国家森林公园（陈立武　摄）

◆ 领导重视，高位推动

成立了以市长为组长的"创森"工作领导小组，市主要领导多次到各市（区）开展"创森"工作调研和督导。同时，出台了《森林江门绿化建设规划（2013~2020年）》，和《江门市国家森林城市建设总体规划（2015~2024年）》，并将规划实施任务细化落实到各市（区）党政一把手，把"创森"作为全市一号民生工程来抓，列入市委市政府督查项目，从而凝聚全市合力，高规格推动国家森林城市建设。

▲ 2017年10月10日，森林城市建设座谈会在河北承德召开，市长刘毅率队参会并代表江门市领取"国家森林城市"匾牌（唐达　摄）

◆ 突出重点，开展四大工程建设

结合新一轮绿化江门大行动，突出抓好生态景观林带、森林碳汇、森林进城围城、乡村绿化美化四大重点林业生态工程建设，增加林地和城市绿地的总量；以饮用水源水库第一重山商品林调整工作为突破点，开展生态公益林扩面工作。2013年以来，共营造林5.14万公顷、封山育林3033.33公顷，市域森林覆盖率从43.72%提升至46.29%；建成生态景观林带475.7千米、乡村绿化美化示范点783个、森林公园75个；省级以上生态公益林面积达16.4万公顷。

▶ 小鸟天堂国家湿地公园（试点）（莫振光 摄）

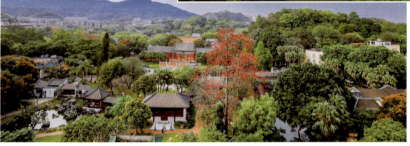

◀ 江门市新会学宫（林国强 摄）

◆ 以人为本，开展公园城市建设

建成各级各类公园1100多个，其中包括圭峰山、北峰山两个国家森林公园和小鸟天堂、孔雀湖、镇海湾红树林三个国家湿地公园（试点），以及圭峰山岭南儒学文化名山、中国农业公园等城市绿色生态名片，并在全省率先建设一批古树名木公园，初步构建起市域公园体系。同时建成各类绿道2000多千米，将大部分公园景点联通，形成覆盖全市的森林景观与廊道网络，基本实现城乡居民"出门300米见绿、500米见园"的目标。

▲ 外来务工人员示范林植树现场（尹烁哲 摄）

◆ 大力宣传，心中播绿

深入开展全民义务植树，每年超过100万人参与义务植树，年均植树300多万株。通过电视台、报社、微博、微信等媒体，宣传"创森"的意义做法和阶段性成果，大力营造"创森"氛围；在车站、广场、高速出入口、公园等设置"创森"宣传牌（栏），播放宣传片；开展绿道万人行、"市花送市民"、摄影、绘画等形式多样的主题宣传活动，形成立体交叉、多层次、多形式的"创森"宣传格局。

五年"创森"路，美了一座城！森林江门、美丽侨都的梦想，在江门人民绿色发展的科学实践中变成了现实。

▼ 江门市主城区远眺图（林素芬 摄）

践行新理念 推动新发展

——广西奋力谱写新时代现代林业强区建设新篇章

▲ 张建龙局长（右一）、张秀隆副主席（左一）在广西七坡林场国家储备林基地调研　　　　（雷超铭　摄）

2017年，习近平总书记视察广西时指出，广西生态优势金不换，要坚持把节约优先、保护优先、自然恢复作为基本方针，把人与自然和谐相处作为基本目标，使八桂大地青山常在、清水长流、空气常新，让良好生态环境成为人民生活质量的增长点，成为展现美丽形象的发力点。

2017年，广西林业系统深入贯彻落实习近平总书记关于生态文明建设的新理念新思想新战略，坚决贯彻落实广西壮族自治区党委、政府关于生态文明建设和林业改革发展的决策部署，牢固树立和践行"绿水青山就是金山银山"理念，全面加强森林生态系统保护修复，扎实推进林业供给侧结构性改革，深入实施"绿满八桂"造林绿化工程、"村屯绿化"专项行动以及林业"金山银山"工程，全区林业始终保持森林资源总量持续增长、森林生态功能稳步提升、林业生态经济快中向好的良好局面，取得了显著成绩，主要表现为"三增、三稳、三新、三好"。

◆ "三增"——森林覆盖率、森林植被碳储量、森林生态服务价值稳步增长

2017年，广西森林面积达1480万公顷，净增加21.53万公顷；森林覆盖率达62.31%，净增长0.91个百分点；森林植被碳储量超过3.9亿吨，净增长8000多万吨；活立木总蓄积量达7.75亿立方米，净增长1.35亿立

▲ 张建龙局长（前右三）、张鸿文总经济师（前左一）在龙胜龙脊镇金江村贫困户、生态护林员陈明居（右二）家中调研

▲ 张建龙局长（左二）在龙胜县生态护林员家中调研。左三为桂林市林业局局长彭志明

▲ 2017年7月13日，国家林业局副局长刘东生（左一）参观考察北海市金海湾红树林 （北海市林业局 供图）

▲ 2017年，国家林业局副局长李春良在桂林会仙国家湿地公园调研（前左一）

方米；森林生态服务价值超过1.43万亿元，净增长0.35万亿元，林业绿色家底更加殷实。

◆ "三稳"——林业经济增速稳、森林资源基础稳、林业改革步伐稳

2017年，广西林业产业总产值达到5200亿元，同比增长8.9%。林地保有量超过1600万公顷，位居全国前列；人工林面积约占全国的1/10，稳居全国第一位；人造板产量约占全国的1/9，居全国第三位；造纸与木材加工业产值近2000亿元，稳定形成千亿元产业。集体林权制度改革实现"山定权、树定根、人定心"，2017年国有林场主体改革完成率达88.5%，林业行政审批事项减少近1/3。

◆ "三新"——新动力不断激活、新主体不断涌现、新平台不断建成

林下经济、森林旅游"从小到大"，2017年林下经济产值达878亿元，比"十二五"初期增长了两倍多；森林旅游年接待游客超过8600万人次，总消

▲ 黄显阳厅长等领导触摸启动球启动项目

▲ 2017年5月25日，全国人大环资委副主任委员张宝顺（前排左二）、国家林业局湿地办巡视员程良等一行10人在自治区林业厅副厅长黄政康（前排左一）的陪同下到梧州市考察湿地生态保护，考察组听取梧州市林业局局长周炎坤（右一）进行湿地保护情况汇报 （陈晓聪 摄）

▼ 半城绿树半城楼——右江区迎龙山

▲ 邓建华副厅长（中）查看林场总场部规划图

▲ 陆志星副厅长（右二）调研七坡林场森林近自然改造的情况

费超过300亿元。2017年，林业专业合作社达1500个，经营收入达25.6亿元。投融资平台不断拓展，获得政策性银行授信额度600亿元，其中利用国开行贷款资金56.7亿元建设国家储备林；每年举办中国-东盟林木展，按照中国-东盟林业合作论坛达成了《南宁倡议》的要求，新建重点实验室8个，荣获广西科技进步一等奖4项，林业科技成果转化率超过50%。

◆ "三好"——森林经营质量稳中向好、林业经济结构进中趋好、林区基础民生持续向好

人工林面积、速生丰产林面积、油茶林单产位居全国前列；乡土树种、珍贵树种、经济林树种造林面积占造林总面积的60%以上，混交林比例提高到15.6%以上，乔木林单位面积蓄积量增加至60立方米/公顷。林业一二三产比例为32：55：13，林业产业结构进一步优化。累计投入20多亿元绿化村屯13.77万个；累计建成农村户用沼气池405.6万户，入户率全国第一；累计实施危旧房改造2984套，建成林区道路378千米。林业为农民年人均增收1600元以上。

2018年是全面贯彻落实党的十九大精神开局之年，是决胜全面建成小康社会、实施"十三五"规划承上启下的关键之年，是改革开放40周年，也是广西壮族自治区成立60周年，2018年的主要目标任务是：植

▲ 黄政康副厅长（中）、陈泽益组长（后右一）深入村屯调研

▲ 安家成院长（右三）在桉树人工林生态定位站调研

▲ 广西猫儿山国家级自然保护区发现珍稀濒危植物——独花兰

▲ 六万大山四季香海八角产业（核心）示范区

树造林18.67万公顷，森林抚育40万公顷，力争森林覆盖率达到62.35%，林业产业总产值达到5600亿元，木材产量3100万立方米，林下经济产值980亿元。要继续深入学习贯彻落实党的十九大精神，始终坚持以习近平新时代中国特色社会主义思想为指引，不忘初心，牢记使命，高举旗帜，勇立潮头，全面提升林业现代化建设水平，全面加快现代林业强区建设步伐，奋力谱写新时代现代林业强区建设新篇章，为广西持续营造"三大生态"、加快实现"两个建成"，不断满足人民群众对美好生活的向往而努力奋斗！

▲ 六万林场八角综合加工利用项目竣工投产现场会

▲ 六万山国家森林公园莲花山顶奇观

▲ 六万山国家森林公园莲花山顶云海

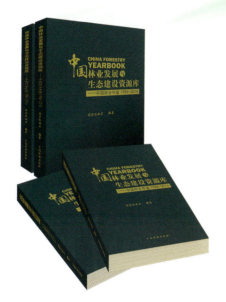

中国林业发展与生态建设资源库
——中国林业年鉴1986～2016

新中国成立以来中国林业发展最权威、最详尽的记录。

30年来（1986～2016年）国家林业局（原林业部）各司（局）、直属单位及林业大学、森警部队、学会（协会）近110个单位逐年情况记录。

30卷《中国林业年鉴》，4200余万字，2500余幅彩色插图，10万余词条的海量信息涵盖于8G容量的U盘之中。

盛世修史　以启未来　薪火相传　再创辉煌

◎一个收录全面、出版及时的电子工具书资料库
◎一个涵盖林业各行各业，系统反映国情资讯的信息资源库
◎一个政策研究、决策前瞻的辅助资源库
◎一个市场分析、项目投资的竞争情报库
◎一个科研学习、科技查新的权威资源库
◎一个海外了解中国林业的平台和窗口

其内容权威、检索便捷、携带方便、随时查阅。定价：1988元/盒

这里包含了

历年中国林业概述、林业重点工程建设轨迹、森林培育、生态建设、林业产业、森林资源保护、森林防火、森林公安、森林资源管理与监督、林业法制建设、集体林权制度改革、林业科学技术、林业信息化、林业教育与培训、林业对外开放、国有林场建设、林业计划统计、林业财务会计与资金稽查、林业精神文明建设、各省（自治区、直辖市）林业、林业人事劳动、国家林业局直属单位及驻各地专员办、林业社会团体工作情况、林业大事记与重要会议等，内容全面、权威。

《中国林业 2011～2015》（英文版）　　定价：280元/册

《中国林业》（英文版）自2000年起每五年出版一卷，至今已出版四卷。该书全面反映各时间段中国林业和生态建设的发展成就，全景展示中国林业发展历程及各地林业最新发展状况，具有知识性、实用性和权威性，是国外了解中国林业发展最准确、最全面的工具书。该书的出版扩大了中国与世界各国的林业信息交流，增进了国外对中国林业的了解，为引进国外资金、技术和智力创造了有利条件，是加强林业对外宣传的一个重要窗口和途径。

联系人：中国林业年鉴编辑部
　　　　何蕊　许凯

地　址：北京市西城区德胜门内大街刘海胡同7号　100009
电　话：010-83143580　83143666（传真）

栏目

1. 特辑 1
2. 中国林业概述 73
3. 林业重点工程 81
4. 森林培育 91
5. 生态建设 105
6. 林业产业 117
7. 森林资源保护 123
8. 森林防火 135
9. 森林公安 147
10. 森林资源管理与监督 155
11. 林业法制建设 171
12. 集体林权制度改革 175
13. 林业科学技术 179
14. 林业信息化 199
15. 林业教育与培训 207
16. 林业对外开放 245
17. 国有林场建设 255
18. 林业工作站建设 261
19. 林业计划统计 265
20. 林业财务会计 303
21. 林业资金稽查 315
22. 林业精神文明建设 319
23. 各省、自治区、直辖市林业 327
24. 林业人事劳动 473
25. 国家林业局直属单位 485
26. 国家林业局驻各地森林资源监督专员办事处工作 557
27. 林业社会团体 593
28. 林业大事记与重要会议 617

目　录

特　辑

林业专论 ……………………………………… 2
在全国深化集体林权制度改革经验交流座谈会上的
　讲话 ……………………………………………… 2
把握新形势　抓住新机遇　推动林业现代化建设上
　新水平——在全国林业厅局长会议上的讲话 …… 6
在国家林业局直属机关两建工作会议上的讲话 …… 12
坚定不移推进林业信息化建设——在国家林业局
　信息化工作领导小组会上的讲话 ……………… 14
紧盯重点任务　狠抓工作落实　扎实推进林业现代
　化建设——在全国林业厅局长电视电话会议上的
　讲话 ……………………………………………… 16
在推进深度贫困地区林业脱贫攻坚暨全国退耕还林
　突出问题专项整治工作总结电视电话会议上的
　讲话 ……………………………………………… 20
深入推进"五联"机制建设　全面提升森林防火综
　合应急能力——在2017全国军地联合灭火演习
　暨"五联"机制建设试点现场会上的讲话 …… 22
全面贯彻落实十九大精神　推进林业信息化建设迈
　向新台阶——在第五届全国林业信息化工作会议
　上的讲话 ………………………………………… 25

领导专论 ……………………………………… 30
做好山水这篇大文章　探索生态脱贫新路子 …… 30

规范性文件 …………………………………… 32
国家林业局关于印发《退化防护林修复技术规定
　（试行）》的通知 ………………………………… 32
国家林业局办公室关于进一步加强林业自然保护区
　监督管理工作的通知 …………………………… 36
国家林业局　财政部关于印发《国家级公益林区划界
　定办法》和《国家级公益林管理办法》的通知 …… 38
国家林业局办公室关于印发《全国森林旅游示范市
　县申报命名管理办法》的通知 ………………… 42
中华人民共和国濒危物种进出口管理办公室公告 … 44
国家林业局办公室关于印发《东北内蒙古重点国有
　林区森林经营方案审核认定办法（试行）》的通知
　…………………………………………………… 45
国家林业局办公室关于国家重点保护野生动物行政
　许可相关问题的复函 …………………………… 46
国家林业局关于加强"十三五"期间种用林木种子
　（苗）免税进口管理工作的通知 ………………… 46

国家林业局公告2017年第12号 ………………… 48
国家林业局关于印发《境外林木引种检疫审批风险评
　估管理规范》的通知 …………………………… 50
国家林业局关于印发《林业科技推广成果库管理办法》
　的通知 …………………………………………… 54
国家林业局关于印发《国家林业局林业资金稽查工作
　规定》的通知 …………………………………… 55
国家林业局办公室关于印发《国际湿地城市认证提名
　暂行办法》的通知 ……………………………… 58
国家林业局办公室关于印发《国家林业局重点实验室
　评估工作规则》的通知 ………………………… 59
国家林业局公告2017年第14号 ………………… 60
国家林业局关于印发《国家林业局林业社会组织管理
　办法》的通知 …………………………………… 60
国家林业局关于印发《国家沙漠公园管理办法》的通知
　…………………………………………………… 63
国家林业局公告2017年第16号 ………………… 64
国家林业局关于加强林业安全生产的意见 ……… 65
国家林业局公告2017年第19号 ………………… 66
国家林业局关于印发《国家湿地公园管理办法》的通知
　…………………………………………………… 68
国家林业局关于印发《国家林业局行政许可随机抽查
　检查办法》的通知 ……………………………… 70

中国林业概述

党的十八大以来的中国林业 ………………… 74
2017年的中国林业 …………………………… 76
生态建设 …………………………………………… 76
林业产业 …………………………………………… 76
林业改革 …………………………………………… 77
林业政策与法制 …………………………………… 77
林业保障 …………………………………………… 78
区域林业发展 ……………………………………… 79
林业开放合作 ……………………………………… 79
林产品进出口 ……………………………………… 80

林业重点工程

天然林资源保护工程 ………………………… 82
综述 ………………………………………………… 82
十八大以来天然林保护成效 ……………………… 82
天保工程综合管理培训班 ………………………… 83
天保工程宣传 ……………………………………… 84

退耕还林工程 …… 84
综述 …… 84
新一轮退耕还林政策与管理培训班 …… 85
年度退耕还林责任书 …… 85
退耕还林工程责任书执行情况通报 …… 85
退耕还林工程群众举报办理情况通报 …… 85
2016、2017年度计划任务进展督查 …… 85
退耕还林工程管理实绩核查 …… 85
全国退耕还林突出问题专项整治工作 …… 86
退耕还林工程生态效益监测技术培训班 …… 86
《退耕还林工程经济林发展报告2016》 …… 86
退耕还林工程信息宣传培训班 …… 86

京津风沙源治理二期工程 …… 86

三北防护林体系工程建设 …… 86
综述 …… 86
三北防护林站（局）长会议 …… 87
三北局与华润集团来宁青年开展文化交流活动 …… 88
三北工程提升森林质量技术与管理培训班 …… 88
外国驻华使节考察中国三北工程建设成就 …… 88
三北五期工程百万亩防护林基地现场会 …… 88
三北工程退化林分修复技术管理培训班 …… 88
三北局同国家林业局调查规划设计院、中国科学院座谈三北防护林体系建设40年总结评估工作 …… 88
三北工程精准治沙和灌木平茬复壮试点工作现场会 …… 89
三北局和场圃总站联合评审《三北地区林木良种》 …… 89
传达学习宁夏回族自治区实施生态立区战略推进会议精神 …… 89
三北工程数字图书馆正式上线运行 …… 89

长江流域等防护林工程建设 …… 89
综述 …… 89
退化防护林修复技术规定 …… 89
河北省张家口市坝上地区退化防护林改造试点 …… 89
全国沿海防护林体系建设工程规划（2016~2025年） …… 89
全国沿海防护林体系建设工程启动现场会 …… 90

速丰林基地工程建设 …… 90
2017年国家储备林基地建设 …… 90
2017年重点地区速生丰产用材林基地建设工程进展情况 …… 90

森林培育

林木种苗生产 …… 92
综述 …… 92
林木种质资源保护工程项目建设 …… 92
修订出台《主要林木品种审定办法》 …… 92
公布第三批国家重点林木良种基地名单 …… 92
批复第三批国家重点林木良种基地发展规划（2017~2020年） …… 93
国家重点林木良种基地考核工作 …… 93
林木种质资源普查情况 …… 93
完成国家林木种质资源库内保存种质资源的登记工作 …… 93
国家林木种质资源设施保存库建设进展 …… 93
国家林木种质资源设施保存库（主库）专题研讨会 …… 93
国家主库可研报告专家咨询论证会 …… 94
林木种质资源保护利用培训团 …… 94
主要林木品种审定 …… 94
出版《林木良种名录（2002~2015年）》 …… 94
良种基地技术协作组工作 …… 94
启动国家重点林木良种基地挂职试点 …… 94
国家林木种质资源库主任培训班 …… 94
国家重点林木良种基地技术人员高级研修班 …… 94
全国林木种质资源普查培训班 …… 95
林木种子苗木进出口 …… 95
木本油料产业发展情况调查 …… 95
油茶品种结构优化调整 …… 95
全国国有苗圃普查 …… 95
全国油茶良种优化调整和产业发展技术培训班 …… 95
编印《林木种苗行政执法手册》 …… 95
完成林木种子生产经营许可证调查和核发 …… 95
配合全国人大开展《种子法》执法检查 …… 95
2017年全国林木种苗质量监督抽查 …… 96
打击制售假冒伪劣林木种苗工作 …… 96
林木种子生产经营许可"双随机"抽查 …… 96
举办《种子法》知识竞赛 …… 96
全国林木种苗站站长培训班 …… 96
全国林木种苗行政执法和质量管理人员培训班 …… 96
全国林木种苗信息员培训班 …… 96
全国林木种苗许可证管理信息系统正式运行 …… 96
国家种苗网运营情况 …… 96
2017中国·合肥苗木花卉交易大会 …… 97

森林经营 …… 97
综述 …… 97
省级森林经营规划编制指南 …… 98
2016年度中央财政森林抚育补助国家级抽查 …… 98
森林经营标准制度建设 …… 98
森林经营人才培训 …… 98
全国森林经营样板基地建设 …… 98
森林经营国际合作 …… 98

森林培育工作 …… 99
综述 …… 99
全国绿化委员会办公室发布《2017年中国国土绿化

状况公报》……………………………… 100
全国绿化委员会印发《全民义务植树尽责形式管理
　　办法》…………………………………… 100
"互联网+全民义务植树"…………………… 100
中央财政造林补贴…………………………… 100
珍贵树种培育………………………………… 100

经济林建设 ………………………………… **100**
综　述………………………………………… 100
国家林业局造林司组织编制首部经济林产业发展蓝
　　皮书 ……………………………………… 102
国家林业局造林司部署首个竹藤产业管理平台 … 102
首批绿色安全经济林栽培技术标准发布实施 …… 102
全国竹产业发展情况综合调研报告 ………… 102
国家林业局造林司启动全国经济林产业区域特色品
　　牌试点建设工作 ………………………… 102
第三批国家级核桃示范基地认定工作 ……… 102
全国木本粮油等特色经济林产业建设培训班 …… 102
全国经济林标准化技术委员会召开2017年年会 … 102
第十七届中国·中原花木交易博览会 ……… 103
第九届中国花卉博览会 ……………………… 103
2019北京世界园艺博览会筹备工作 ………… 103

林业生物质能源 …………………………… **103**
综　述………………………………………… 103
顶层设计指导………………………………… 103
标准规范制定………………………………… 103
科技创新研究………………………………… 103

生态建设

造林绿化 …………………………………… **106**
综　述………………………………………… 106
中央领导义务植树活动……………………… 106
"国际森林日"植树纪念活动………………… 106
全国国土绿化和森林防火工作电视电话会议 … 106
共和国部长义务植树活动…………………… 107
全国人大机关义务植树活动………………… 107
全国政协机关义务植树活动………………… 107

古树名木保护 ……………………………… **107**
综　述………………………………………… 107
古树名木资源普查…………………………… 107
严禁移植天然大树进城……………………… 107

防沙治沙 …………………………………… **108**
综　述………………………………………… 108
沙化土地封禁保护区试点建设……………… 108
岩溶地区石漠化综合治理工程……………… 108
沙区行政执法、审批及监管………………… 109
国家沙漠(石漠)公园进展…………………… 109

沙尘暴灾害及应急处置工作………………… 109
荒漠化生态文件及宣传……………………… 110
荒漠化公约履约和国际合作………………… 111
《联合国防治荒漠化公约》第十三次缔约方大会 … 111
中国政府成功举办中国防治荒漠化成就展 … 111

森林公园建设与管理 ……………………… **112**
综　述………………………………………… 112
新建一批国家林木(花卉)公园和国家生态公园(试点)
　　…………………………………………… 112
印发《国家林业局关于加快推进城郊森林公园发展的
　　指导意见》……………………………… 112
国家级森林公园行政审批…………………… 112
森林公园业务培训…………………………… 113
实施国家级森林公园监督检查……………… 113
国家级森林公园总体规划管理……………… 113
国家级森林公园自然教育…………………… 113
公布第七批中国国家森林公园专用标志使用授权名单
　　…………………………………………… 113

林业应对气候变化 ………………………… **113**
综　述………………………………………… 113
宏观指导……………………………………… 113
资源培育……………………………………… 114
资源保护和灾害防控………………………… 114
应对气候变化研究…………………………… 114
碳汇计量监测体系建设……………………… 114
林业碳汇项目开发…………………………… 115
国际交流合作………………………………… 115
宣传普及……………………………………… 115
机关节能减排………………………………… 115

林业产业

林业产业发展 ……………………………… **118**
林业产业发展"十三五"规划………………… 118
森林生态标志产品建设工程………………… 118
林业产业发展投资基金……………………… 118
评定第三批国家林业重点龙头企业………… 118
创建特色农产品优势区……………………… 118
市场监管……………………………………… 118
2017年国家级林业重点展会新闻发布会 …… 118
第四届中国中部家具产业博览会…………… 118
第十四届中国林产品交易会………………… 118
第十届中国义乌国际森林产品博览会……… 119
第十三届海峡两岸林业博览会暨投资贸易洽谈会
　　…………………………………………… 119
2017中国–东盟博览会林产品及木制品展 …… 119

森林旅游 …………………………………… **119**
综　述………………………………………… 119

目录项	页码
2017 中国森林旅游节	119
第一批国家森林步道名单	120
2017 年全国森林旅游示范市县名单	120
森林旅游助推精准扶贫精准脱贫	120
2017 全国森林旅游产品推介会	120
规范森林体验和森林养生发展	120
《2016 中国森林等自然资源旅游发展报告》	120
完成全国森林风景资源调查与评价试点	120
2017 森林旅游风光摄影大赛	120
森林旅游标准化建设和基础研究	121
重点国有林区森林旅游发展	121
组织国家森林公园保护利用设施项目实施	121
对外交流与人才培训	121

森林资源保护

林业有害生物防治 124
- 综述 124
- 防治工作 124
- 贯彻落实国办《意见》 124
- 贯彻落实国务院领导批示精神 124
- 疫情灾情核查督办 124
- 有害生物灾害预防 124
- 审批管理 124
- 检疫执法 124
- 部门协作 124

野生动植物保护与自然保护区建设 125
- 综述 125

野生动物保护与繁育 126
- 中央一号文件对野生动植物保护提出具体要求 126
- "十一"假期游客追拍藏羚羊被处罚 126
- 全面停止象牙及制品商业活动 126
- 打击野生动植物非法贸易部际联席会议 126
- 黑叶猴放归自然 126
- 《人工繁育国家重点保护陆生野生动物名录》发布 126

野生植物保护管理 126
- 第 19 届国际植物学大会 126
- 全国野生植物救护繁育基地建设 127
- 第二次全国重点保护野生植物资源调查 127

自然保护区建设 127
- 全国林业自然保护区数量 127
- 自然保护区总体规划和可行性研究报告审查 127
- 林业系统国家级自然保护区晋升和调整评审 127
- 自然保护区管理培训 127
- 保护区监督检查 127
- 立法和制度建设 127
- 国际合作与国际履约 127

国家公园建设 128
- 《东北虎豹、大熊猫、祁连山 3 个国家公园体制试点方案》印发 128
- 《关于健全国家自然资源资产管理体制试点的意见》印发 128
- 《建立国家公园体制总体方案》印发 128
- 成立国家林业局国家公园筹备工作领导小组 128
- 编制实施方案和总体规划 128
- 设立东北虎豹国家公园国有自然资源资产管理局和东北虎豹国家公园局 128
- 举办培训班 128
- 国际交流与合作 128

野生动物疫源疫病监测与防控 128
- 印发防控紧急通知 128
- 值守抽查 129
- 督导检查 129
- 监测报告 129
- 主动预警 129
- 野生动物疫病发生趋势会商会 129
- 主动预警工作总结会 129
- 防控培训 129
- 启用监测防控信息管理系统 129

大熊猫保护管理 129
- 中芬签署大熊猫保护合作谅解备忘录 129
- 中国、丹麦签署大熊猫保护合作谅解备忘录 129
- 柏林动物园大熊猫馆开馆 129
- 欧维汉动物园大熊猫馆开馆 130
- 中国－印尼大熊猫保护合作研究启动 130
- 中法合作大熊猫产仔并取名 130
- 第五届海峡两岸暨香港澳门大熊猫保育教育研讨会 130
- 人工繁育数量稳增 130
- 再次同时放归两只大熊猫 130
- 野外引种成功 130

濒危野生动植物进出口管理和履约 130
- 综述 130
- 2018 年度《进出口野生动植物种商品目录》发布 131
- 《濒危野生动植物种国际贸易公约》第 29 届动物委员会会议 131
- 福建、天津和上海自贸试验区野生动植物进出口管理 131
- 野生植物进出行政许可政策 132
- 印度尼西亚 CITES 管理机构代表团来中国进行履约交流 132
- 国家旅游局加入部门间 CITES 执法工作协调小组 132

| 加州湾石首鱼和黄唇鱼保护与履约国际合作 ……… 132
| 濒危物种进出口管理培训基地挂牌 ……………… 132
| 中老CITES履约执法交流会 ……………………… 132
| 中越CITES履约执法交流会 ……………………… 132
| 引进出版濒危物种执法和识别等技术指南 ……… 132

湿地保护管理 …………………………………… 133
| 落实湿地保护修复制度方案 ……………………… 133
| 中央财政湿地补助政策 …………………………… 133
| 湿地保护重点工程建设 …………………………… 133
| 湿地调查监测评价 ………………………………… 133
| 湿地保护立法 ……………………………………… 133
| 湿地公园建设 ……………………………………… 133
| 国际重要湿地管理 ………………………………… 134
| 湿地公约履约 ……………………………………… 134
| 国际合作与交流 …………………………………… 134
| 宣传活动 …………………………………………… 134

森林防火

森林防火工作 …………………………………… 136
| 综　述 ……………………………………………… 136

森林火灾 ………………………………………… 137
| 全国森林火灾情况 ………………………………… 137
| 内蒙古毕拉河阿木珠苏林场"5·02"森林火灾 …… 137
| 内蒙古陈旗那吉林场"5·17"森林火灾 ………… 137
| 内蒙古满归高地林场"7·06"森林火灾 ………… 139
| 四川雅江木绒乡"3·12"森林火灾 ……………… 139
| 内蒙古乌玛林业局伊木河林场"4·30"森林火灾 … 139
| 内蒙古乌玛林业局阿尼亚林场"6·25"森林火灾 … 139
| 内蒙古奇乾林业局奇乾林场"7·02"森林火灾 … 139

森林防火重要会议及活动 ……………………… 139
| 全国国土绿化和森林防火工作电视电话会议 …… 139
| 军地联合灭火演习暨"五联"机制建设试点现场会 …………………………………………………… 139
| 全国秋冬季森林防火工作会议 …………………… 140
| 森林防火专项督查 ………………………………… 140

森林消防体系建设 ……………………………… 140
| 中央首次专项投资大型机械化装备 ……………… 140
| 大兴安岭"87·5·6"大火30周年系列活动 …… 140
| 队伍建设 …………………………………………… 140
| 总结国外森林火灾经验教训 ……………………… 141
| 森林防火指挥员培训 ……………………………… 141
| 调派武警森林部队赴塞罕坝林场驻防 …………… 141
| 军民融合 …………………………………………… 141
| 对外合作 …………………………………………… 141
| 国家森防指专家组换届 …………………………… 141
| 会商森林火险形势 ………………………………… 141

| 拓展森林火险预测预报和预警信息发布渠道 …… 142
| 组建全国森林火险预警系统建设专家咨询组 …… 142
| 全国森林火险预警培训班 ………………………… 142
| 卫星林火监测工作 ………………………………… 142
| 极轨卫星林火监测系统项目 ……………………… 142
| 修订《全国卫星林火监测工作管理办法》 ……… 142
| 静止卫星林火监测系统建设项目批复立项 ……… 142
| 应急值守情况 ……………………………………… 142
| 应急处置工作 ……………………………………… 142
| 制订森林火灾信息上报制度 ……………………… 142
| 国家森林防火综合调度指挥平台建设 …………… 143
| 升级完善赴火场工作组通信和保障设备 ………… 143

森林航空消防 …………………………………… 143
| 森林航空消防基本情况 …………………………… 143

武警森林部队 …………………………………… 143
| 综　述 ……………………………………………… 143
| 国家林业局领导到森林指挥部慰问 ……………… 144
| 扑救雅江县木绒乡重大森林火灾 ………………… 144
| 国家林业局领导、武警部队领导到毕拉河火场一线
　看望慰问参战官兵 ……………………………… 145
| 扑救内蒙古"4·30""5·2""5·17"三起重特大森
　林火灾 …………………………………………… 145
| 抢险救灾 …………………………………………… 145
| 中央代表团到内蒙古森林总队机关慰问 ………… 145
| 扑救内蒙古大兴安岭重特大森林火灾先进事迹报告
　团赴中央国家机关作专场报告 ………………… 145
| 第三次党代表大会 ………………………………… 145
| 概　况 ……………………………………………… 145
| 指挥部领导和指挥部各部门正职领导 …………… 145

森林公安

森林公安工作 …………………………………… 148
| 综　述 ……………………………………………… 148

森林公安重要活动 ……………………………… 149
| 全国森林公安深化改革工作会议 ………………… 149
| 全国森林公安深化改革推进会 …………………… 149

森林公安队伍建设 ……………………………… 149
| 森林公安机构及人员 ……………………………… 149
| 森林公安机关主要领导进班子 …………………… 149
| 森林公安警衔评授工作 …………………………… 150
| 森林公安教育训练 ………………………………… 150
| 森林公安立功创模 ………………………………… 150
| 森林公安招录体制改革 …………………………… 150
| 森林公安优抚工作 ………………………………… 150
| 十九大林区安保专项督察 ………………………… 150
| 泄漏公安工作信息问题专项治理 ………………… 150

"改革创新促发展，忠诚为民保平安"微视频比赛 …… …… 151
全国森林公安宣传文化培训班 …… 151

森林公安执法办案 …… 151
全国森林公安刑事案件情况 …… 151
森林公安办理行政案件情况 …… 151
专项行动 …… 151
十九大期间林区安保维稳工作 …… 151
公务用枪大检查和缉枪治爆专项行动 …… 151
林区禁毒工作 …… 152
执法资格等级考试 …… 152

森林公安警务保障 …… 152
森林公安经费和装备情况 …… 152
森林公安信息化建设应用总体情况 …… 152
印发《关于加快推进森林公安信息化建设应用的实施意见》 …… 152
"涉林案件现场勘查装备"研发工作 …… 152
森林公安警用无人机试点工作 …… 152
落实森林公安机关执法权限 …… 153
派出所等级评定 …… 153
森林公安区域警务合作 …… 153

森林资源管理与监督

森林资源与林政管理 …… 156
综　述 …… 156
全国森林资源管理工作会议 …… 157

林地林权管理 …… 157
全国林地年度变更调查 …… 157
全国林地"一张图"脱密处理与上网试运行 …… 157
增加"十三五"期间全国建设项目使用林地定额 …… 158
全国建设项目使用林地审核审批情况 …… 158
国家林业局建设项目使用林地行政许可被许可人监督检查 …… 159

林木采伐管理 …… 160
2016年度全国采伐限额执行情况 …… 160
全国林木采伐管理系统建设 …… 160
国家林业局2017年审核增加各地采伐限额情况 …… 160
全国木材运输情况 …… 161

森林可持续经营 …… 161
森林可持续经营试点工作 …… 161
蒙特利尔进程《延吉宣言》在纽约联合国大会发布 …… 161
中芬森林可持续经营示范基地建设启动会 …… 161
国家林业局印发《东北内蒙古重点国有林区森林经营方案审核认定办法（试行）》 …… 162

国家级森林抚育成效监测工作继续推进 …… 162

森林资源监测 …… 162
第九次全国森林资源清查工作 …… 162
国家林业局发布天津等6个省（市）的全国森林资源清查数据 …… 162
全国主要树种组的立木生物量调查建模 …… 162
全国森林资源宏观监测 …… 163
无人机技术在森林资源监测中的应用研究 …… 163
东北、内蒙古重点国有林区森林资源规划设计调查 …… 163
《国家级公益林管理办法》和《国家级公益林区划界定办法》修订颁布 …… 163
进一步加强国家级公益林落界工作 …… 164
综合核查和国家级公益林监测 …… 164
国家级公益林培训班 …… 164

林政执法 …… 164
全国林业行政案件统计分析 …… 164
举报林业行政案件办理情况 …… 165
重点国有林区森林资源管理情况检查结果 …… 165
全国林地和林木采伐管理情况检查结果 …… 165
全国森林资源案件管理培训班 …… 166

森林资源监督 …… 166
专员院长座谈会 …… 166
森林资源监督业务专题培训班 …… 166
创新完善森林资源监工作机制 …… 166
县级政府保护发展森林资源目标责任制 …… 167
国家林业局各派驻监督机构督查督办案件 …… 167

国有林区改革 …… 168
重点国有林区和国有林场改革推进会 …… 168
"内蒙古大兴安岭重点国有林管理局"挂牌成立 …… 168
国有林场和国有林区改革工作小组第五次会议 …… 168
国有林区改革工作协调会议 …… 168
重点国有林区改革督导调研 …… 169
国有林区改革研讨培训 …… 169

林业法制建设

林业政策法规 …… 172
规范性文件 …… 172
林业立法 …… 172
林业执法监督 …… 173
林业普法 …… 173
林业行政许可 …… 173

集体林权制度改革

集体林权制度改革 …… 176
综　述 …… 176

| 进展和成效 … 176
| 重大举措 … 176
| 表彰先进 … 176
| 试验示范 … 176
| 培育新型经营主体 … 176
| 林权抵押贷款 … 177
| 纠纷调处 … 177
| 林下经济 … 177

林业科学技术

林业科技 … 180
林业科技综合情况 … 180
国家林业局重点实验室管理 … 180
签署北京林业国际科技创新示范基地战略合作协议
　 … 180
3项成果获得国家科技进步二等奖 … 180

林业科学研究 … 180
国家重点研发计划 … 180
国家林业公益性行业科研专项项目 … 180
引进国际先进林业科学技术计划项目（"948"项目）
　和国家林业局重点项目 … 182
陆地生态系统定位观测研究网络建设 … 182

林业科技推广 … 182
全国林业科技推广工作交流会 … 182
林业科技推广顶层设计 … 182
2017年重点推广林业科技成果包 … 183
林业精准扶贫行动 … 183
中央财政林业科技推广示范资金专项 … 183
林业科技成果国家级推广项目 … 183
信息系统研建 … 184
林业科技成果转化平台 … 184
平台工作交流与示范 … 184

林业标准化 … 184
发布《林业标准体系》 … 184
新《标准化法》培训 … 184
林业品牌建设工作 … 184
2017年林业国家标准 … 184
2017年林业行业标准 … 186
2017年林业国家标准计划项目 … 189
2017年林业行业标准计划项目 … 189
2017年林业标准化示范区项目 … 191
2017年国家林业标准化示范企业 … 192
新成立4个国家林业局质量检验检测机构 … 192
林产品质量安全监测工作 … 193
2017年林业标准化培训班 … 193
2017年林产品质量监测及品牌建设培训班 … 193
2017年国际标准化工作 … 193

林业知识产权保护 … 193
实施加快建设知识产权强国林业推进计划 … 193
《国家知识产权战略纲要》实施十年林业评估 … 193
林业知识产权转化运用 … 193
林业专利荣获中国专利优秀奖 … 194
林业知识产权宣传培训 … 194
出版《2016中国林业知识产权年度报告》 … 194
编印《林业知识产权动态》 … 194

林业植物新品种保护 … 195
林业植物新品种申请和授权 … 195
完善林业植物新品种保护制度与政策 … 195
林业植物新品种权行政执法 … 195
完善林业植物新品种测试体系 … 195
出版《中国林业植物授权新品种（2016）》 … 195
植物新品种测试技术培训班 … 195
林业植物新品种保护培训班 … 195

林业生物安全管理 … 196
《开展林木转基因工程活动审批管理办法》修订 … 196
转基因林木安全行政许可 … 196
转基因林木安全监测 … 196
林业外来入侵物种调查与研究 … 196

林业遗传资源保护与管理 … 196
核桃遗传资源调查编目 … 196
全国核桃遗传资源调查编目培训班 … 196
开展林业遗传资源及相关传统知识调查 … 196

国际林业科技交流合作与履约 … 196
林业植物新品种履约 … 196
同欧盟植物新品种保护办公室签署合作协议 … 196
中美日植物新品种保护测试技术交流 … 196
东亚植物新品种保护论坛 … 197
自贸区谈判与涉外知识产权工作 … 197
林业植物新品种测试国际合作 … 197
林业生物安全和遗传资源管理国际履约 … 197
森林认证国际化 … 197

森林认证 … 197
森林认证制度建设 … 197
森林认证试点示范 … 197
森林认证能力建设 … 197

林业智力引进 … 197
引进专家 … 197
示范推广 … 197
出国培训 … 197
典型专家 … 198
能力建设 … 198

林业信息化

林业信息化建设 ……………………………… 200
综　述 ………………………………………… 200
总体进展 ……………………………………… 200

网站建设 …………………………………… 201
站群建设 ……………………………………… 201
信息发布 ……………………………………… 201
网站管理 ……………………………………… 201
项目建设 ……………………………………… 201
网络文化 ……………………………………… 201

网络安全 …………………………………… 201
网络安全保障 ………………………………… 201
日常运维服务 ………………………………… 202
网络基础建设 ………………………………… 202
网络设施升级 ………………………………… 202

项目建设 …………………………………… 202
重点工程 ……………………………………… 202
应用建设 ……………………………………… 202
战略合作 ……………………………………… 202
整合共享 ……………………………………… 202
示范推广 ……………………………………… 202

标准制定和技术合作 ……………………… 203
国家标准 ……………………………………… 203
行业标准 ……………………………………… 203
技术培训 ……………………………………… 203
战略研究 ……………………………………… 203
合作交流 ……………………………………… 203

办公自动化 ………………………………… 203
办公系统优化升级 …………………………… 203
办公系统运行维护 …………………………… 203
文印服务工作 ………………………………… 204

林业信息化率测评和网站绩效评估 ……… 204
2017 年全国林业信息化率测评 ……………… 204
2017 年全国林业网站绩效评估 ……………… 204
林业大事 ……………………………………… 204

林业教育与培训

林业教育与培训工作 ……………………… 208
培训制度和规划建设 ………………………… 208
公务员法定培训 ……………………………… 208
面向行业示范培训 …………………………… 208
林业援疆培训 ………………………………… 208
司局长专题研修和中网院培训 ……………… 208
培训课程教材等基础建设 …………………… 208
干部培训问卷调查 …………………………… 208
高校共建 ……………………………………… 208
林业教育名师遴选 …………………………… 208
林科毕业生就业 ……………………………… 208
职业技能大赛 ………………………………… 208
林科和专业建设 ……………………………… 209

林业教材管理 ……………………………… 209
综　述 ………………………………………… 209
教材会议 ……………………………………… 209

林业教育信息统计 ………………………… 209

北京林业大学 ……………………………… 228
概　述 ………………………………………… 228
田砚亭被评为全国"老有所为"先进人物 …… 229
第五届中国林业学术大会在北林大召开 …… 229
纪念关君蔚院士诞辰 100 周年系列活动 …… 229
王洪元当选北京高校党建研究会第十届理事会会长 …
 ……………………………………………… 229
北林大连续 7 年承办生态文明国际研讨会分论坛 …
 ……………………………………………… 229
北林大 23 名毕业生奔赴新疆、西藏地区工作 …… 229
北林大基层党组织和个人受北京市委教育工委表彰 …
 ……………………………………………… 230
教育部党组任命王涛为北京林业大学党委副书记、
　纪委书记 …………………………………… 230
纪念陈俊愉先生百年诞辰学术报告会举行 … 230
北京国际设计周主题展 ……………………… 230
2017 世界风景园林师高峰讲坛 ……………… 230
北林大师生参加"联合国防治荒漠化公约第 13 次缔
　约方大会" ………………………………… 230
宋维明出席世界人造板大会并作主题报告 … 230
北林大建校六十五周年纪念大会 …………… 230
万钢视察北京林业大学 ……………………… 230
两名教师荣获"宝钢优秀教师奖" …………… 230
林克庆来校作党的十九大精神宣讲报告 …… 230
"梁希实验班"创办十周年纪念暨总结表彰会 … 231
北林大在全国商务英语实践大赛总决赛中荣获一等奖
 ……………………………………………… 231
法国农业科学研究院院长一行到北林大访问 …… 231
《光明日报》整版报道北林大落实党的十九大精神
　各项工作 …………………………………… 231
《中国日报》：北林大致力于建设一个清洁美丽的世界
 ……………………………………………… 231
两课题获北京高校思想政治工作难点重点项目立项 …
 ……………………………………………… 231
北林大党课新模式在全国高校党支部书记培训班上
　作示范展示 ………………………………… 231

光明日报社总编辑来校宣讲党的十九大精神 ……… 231

东北林业大学 … 231
概　况 … 231
领导班子调整 … 232
领导视察 … 232
基层组织建设 … 232
教育教学 … 232
科学研究 … 232
学科建设 … 233
师资队伍建设 … 233
学生工作 … 233
国际交流与合作 … 233
定点扶贫工作 … 233
设立首个"林下经济"博士点学科 … 233
东北林大再次获"全国文明单位"称号 … 233
建立"中国野生动物保护协会培训中心" … 233
教师获奖 … 233
学生获奖 … 233

南京林业大学 … 234
综　述 … 234
1项成果获国家科技进步奖 … 234
南京林业大学淮安校区成立 … 234
中日木结构技术和规范研讨会 … 234
与上海市绿化和市容管理局合作 … 235
与中国林科院联合培养研究生 … 235
综合评价招生改革试点工作 … 235
南京林业大学领导班子调整 … 235
2位教授获全国林业教学名师 … 235
全国林业学科发展协作网成立 … 235
张齐生院士逝世 … 235
首届木本油料产业发展高峰论坛 … 235
青海省林业人才专题培训班 … 236
与南京白马国家农业科技园区签订协议 … 236
苑兆和教授研究团队破译石榴全基因组 … 236

中南林业科技大学 … 236
概　况 … 236
"再塑中南林"战略 … 236
教学工作 … 237
学科建设与科研工作 … 237
驻村帮扶工作 … 237
人才队伍建设工作 … 237
管理与改革工作 … 237
民生工作 … 237
党建与思想政治工作 … 238
国际交流与合作 … 238

西南林业大学 … 238
概　况 … 238

云南诗书画研究院举办首场报告会 … 238
杜凡教授团队在元江监测到消失60年的极度濒危植物——云南火焰兰 … 238
学校召开创建一流党建活动动员大会 … 238
"我国主要灌丛植物群落调查"2017年度项目工作会 … 239
校领导考察树木园推进落实"永椿"计划 … 239
学校举办首届"东南亚文化节" … 239
王邵军副教授在国际土壤学顶级SCI期刊刊发论文 … 239
一项目获云南省教学成果一等奖 … 239
西南林业大学石林校区奠基仪式 … 239
西南林业大学与普洱市人民政府签订战略合作协议 … 239
学校参加清华大学高校改革与创新高级研修班 … 239
3个云南省院士工作站落户学校 … 239
云南林业经济研究智库"智助"乡村旅游扶贫开发 … 239
学校启动"四回四创"专题教育实践活动 … 239
学校引进"千人计划"入选者、长江学者、海外杰出青年马奇英教授 … 239
学校承办第二届"中国湿地论坛" … 239
学校成立"习近平新时代中国特色社会主义思想"研究中心 … 239
"廉政文化与警示教育基地"落成并开放 … 239
学校2017年暑期"三下乡"社会实践工作获团中央表彰 … 240
学校获批2个云南省博士后科研流动站 … 240
马里代表团到访学校 … 240
学校中青年干部赴井冈山开展理想信念专题教育培训 … 240
学校与云南乌蒙山国家级自然保护区管护局签订长期战略合作协议 … 240
1个研究生项目入选国家旅游局2017年度万名旅游英才计划·研究型英才培养项目 … 240
"石漠化研究院院士工作站"揭牌 … 240
学校第二期高校改革与创新高级研修班在清华大学开班 … 240
马里孔子课堂获全球先进孔子课堂奖 … 240
2篇林业专硕学位论文获第二届全国林业硕士学位研究生优秀学位论文奖 … 240
校代表队在云南高校爱国主义野战运动大学生联赛中包揽冠亚军 … 240

南京森林警察学院 … 240
综　述 … 240
与海关总署缉私局签署合作备忘录 … 241
《南京森林警察学院章程》获教育部核准颁布 … 241
获全国公安机关改革创新大赛优秀奖 … 241
林火研究中心科研协作基地揭牌 … 241
警乐团、合唱团获荷兰2017国际音乐节金奖 … 241

"三个热爱"学习品牌获"国家林业局机关十大学习
　　品牌"……………………………………………… 241
中华人民共和国濒危物种进出口管理培训（南京）
　　基地落户 ……………………………………… 241
"2017世界野生动植物日"主题宣传活动 ………… 241
海关总署缉私局警务实战训练基地落户 ………… 241
李俊奇同学获十大"新青年志愿者之星"称号 …… 241
张运生和陈积敏分获国家林业局"十佳优秀青年工
　　作者"和"优秀青年" …………………………… 241
警务实战教研基地在汕头海关缉私局挂牌 ……… 241
参加首届"蓝帽杯"全国大学生网络安全技能大赛 ……
　　…………………………………………………… 241
"刀锋行动"在学院启动 …………………………… 241
学者论文获全国治安学专业实践教学研讨会一等奖 ……
　　…………………………………………………… 241
与北京林业大学签订研究生培养合作协议 ……… 242
3个专业顺利通过2017年学士学位授权专业增列审核
　　…………………………………………………… 242
"立德树人·同向同行"主题演讲比赛 …………… 242
森林部队扑救重特大森林火灾先进事迹宣讲会 … 242
散打队在全国大学生武术散打锦标赛获佳绩 …… 242
全国林业职业院校校（院）长培训班 …………… 242
召开教师干部大会宣布校领导任职决定 ………… 242
张高文率团赴俄罗斯学习交流 …………………… 242
2017年全国森林防火业务专题培训班 …………… 242
摔跤队在2017年中国大学生中国式摔跤锦标赛获
　　佳绩 …………………………………………… 242
国旗护卫队在第四届全国高校升旗手交流展示活动
　　中获佳绩 ……………………………………… 242
高等职业学校林业类专业教学标准评审会 ……… 242
2017年濒危野生物保护执法理论与实践研讨会 … 242
师生参加"美亚杯"第三届全国电子数据取证竞赛
　　获佳绩 ………………………………………… 242
与汕头海关缉私局签署大数据应用战略合作协议 ……
　　…………………………………………………… 243
"砺剑2017"全国海关缉私部门警务实战比武演练
　　暨总结活动举行 ……………………………… 243
学习贯彻党的十九大精神省委宣讲团报告会 …… 243
《芳草地》创刊十周年 …………………………… 243
教师吴育宝荣立个人一等功 ……………………… 243
在2016年度中国高校校报好新闻评选中获佳绩 … 243
全国森林公安执法资格等级考试培训座谈会 …… 243
合唱团成立十周年专场音乐会 …………………… 243
干部及师资队伍建设 ……………………………… 243
社会服务工作 ……………………………………… 243
招生就业工作 ……………………………………… 243

林业对外开放

林业重要外事活动 ……………………………… 246
CITES秘书长访华 ………………………………… 246
缅甸自然资源和环境保护部部长率团访华 ……… 246
美国鱼和野生动物管理局副局长率团访华 ……… 246
美国林务局副局长率团访华 ……………………… 246
国家林业局接待非洲、南亚和东南亚新闻媒体记者 ……
　　…………………………………………………… 246

林业对外交流与合作 …………………………… 246
与芬兰签署关于共同推进大熊猫保护合作的谅解备
　　忘录 …………………………………………… 246
与缅甸签署关于林业合作的谅解备忘录 ………… 246
与丹麦签署关于共同推进大熊猫保护合作的谅解备
　　忘录 …………………………………………… 246
与德国柏林市签署关于共同推进大熊猫保护合作的
　　谅解备忘录 …………………………………… 246
德国柏林动物园大熊猫馆开馆仪式 ……………… 247
中国-印度尼西亚大熊猫保护合作研究启动仪式 ……
　　…………………………………………………… 247
与埃塞俄比亚签署关于林业合作的谅解备忘录 … 247
与埃及签署关于林业合作的谅解备忘录 ………… 247
与以色列签署关于自然保护合作的谅解备忘录 … 247
与斯里兰卡签署关于自然资源保护合作的谅解备忘录
　　…………………………………………………… 247
"国际森林日"植树活动 …………………………… 247
赴纳米比亚、津巴布韦开展濒危物种保护和履约管
　　理宣讲 ………………………………………… 247
与老挝签署关于林业合作的谅解备忘录 ………… 247
中斯（洛文尼亚）林业工作组第一次会议 ……… 247
荷兰欧维汉动物园大熊猫馆开馆仪式 …………… 247
中欧森林执法与行政管理双边协调机制（BCM）第
　　八次会议 ……………………………………… 248
中国-中东欧国家林业合作协调机制联络小组第一
　　次会议 ………………………………………… 248
中韩野生动植物和生态系统保护工作组第二次会议 …
　　…………………………………………………… 248
中日野生动植物和生态系统保护工作组第一次会议 …
　　…………………………………………………… 248
中美林业工作组第七次会议 ……………………… 248
第十八次中日民间绿化合作委员会会议 ………… 248
第四次中日韩林业司局长会晤 …………………… 248
中奥林业工作组第三次会议 ……………………… 248
中德林业工作组第三次会议 ……………………… 248
中国-中东欧国家林业科研教育研讨会 ………… 248
"走近中国林业"系列活动 ………………………… 248

重要国际会议 …………………………………… 249
竹藤绿色发展与南南合作部长级高峰论坛 ……… 249
刘东生出席"一带一路"竹藤发展愿景对话会 …… 249
彭有冬出席第71届联合国大会会议 ……………… 249
彭有冬出席第四届APEC林业部长级会议 ……… 249
李春良出席全球雪豹峰会 ………………………… 249
张鸿文出席大森林论坛 …………………………… 249
马广仁出席联合国森林论坛（UNFF）第12届会议 ……
　　…………………………………………………… 250

中国–东盟林业合作 ………………………………… 250
APEC 打击非法采伐及相关贸易专家组第十一次会议…
　……………………………………………………… 250
APEC 打击非法采伐及相关贸易专家组第十二次会议
　……………………………………………………… 250
联合国粮农组织（FAO）亚太林委会第 27 届会议 … 250
国际热带木材组织（ITTO）第 53 届理事会会议 …… 250
《联合国气候变化公约》及《巴黎协定》下林业相关
　议题谈判 ………………………………………… 250

林业民间国际合作与交流 …………………………… **251**
综　述 …………………………………………………… 251
参与《联合国森林战略规划》制订 …………………… 251
参与全球森林治理体系构建 …………………………… 251
履行《联合国森林文书》示范单位建设……………… 251
国家林业局与湿地国际（WI）2017 年合作年会 …… 251
国家林业局与保护国际基金会（CI）2017 年合作年会
　……………………………………………………… 251
国家林业局与世界自然基金会（WWF）2017 年合作
　年会 ……………………………………………… 251
国家林业局与野生生物保护学会（WCS）2017 年合
　作年会 …………………………………………… 251
国家林业局与大自然保护协会（TNC）2017 年合作
　年会 ……………………………………………… 252
国家林业局与国际鹤类基金会（ICF）2017 年合作年
　会 ………………………………………………… 252
国家林业局与世界自然保护联盟（IUCN）2017 年
　合作年会 ………………………………………… 252
国家林业局涉林境外非政府组织管理座谈会 ………… 252
国家林业局与境外非政府组织 2017 年度合作管理
　座谈会暨联谊会 ………………………………… 252
国家林业局担任 7 家境外非政府组织在华业务主管
　单位 ……………………………………………… 252
中日民间绿化合作 2017 年工作年会 ………………… 252
中国林业青年代表团赴日开展林业治山访问交流 ……
　……………………………………………………… 252
中日绿化合作林业青年代表团赴日开展访问交流 ……
　……………………………………………………… 252
中日民间绿化合作 2017 新项目磋商会 ……………… 252
中日绿化合作项目管理工作会议 …………………… 253
组织参加俄罗斯国际青少年林业比赛 ………………… 253
深化中瑞家庭林主协会合作 …………………………… 253
2017 年度林业援外培训工作会议 …………………… 253

国际金融组织贷款项目 ……………………………… **253**
世行贷款"林业综合发展项目"竣工………………… 253
世行和欧投行联合融资"长江经济带珍稀树种保护
　与发展项目"进入准备阶段 …………………… 253
世行赠款基金"中国森林可持续经营与融资机制研
　究"按计划推进 ………………………………… 253
积极推进欧洲投资银行贷款林业打捆项目 …………… 253

继续推进亚行贷款西北三省（区）林业生态发展项
　目实施 …………………………………………… 254
启动实施全球环境基金"中国林业可持续管理提高
　森林应对气候变化能力项目" ………………… 254
国际金融组织贷赠款新项目申请工作有突破 ………… 254

国有林场建设

国有林场管理与发展 ………………………………… **256**
综　述 …………………………………………………… 256
贯彻落实习近平总书记关于塞罕坝林场建设重要批
　示指示精神 ……………………………………… 256
启动国家森林小镇试点建设工作 …………………… 257
国有林场 GEF 项目 …………………………………… 257
2017 年全国国有林场职业技能竞赛 ………………… 257
国有林场培训 …………………………………………… 257

国有林场改革 ………………………………………… **257**
综　述 …………………………………………………… 257
全国国有林场处（局）长座谈会……………………… 258
国家林业局开展向原山林场学习活动 ………………… 258
国家国有林场和国有林区改革工作小组第五次会议 …
　……………………………………………………… 258
国有林场管护站点用房试点启动 …………………… 258
《最美的青春》电视剧开机 …………………………… 258
国有林场改革重点督查 ………………………………… 258
全国国有林场和国有林区改革推进会 ………………… 259
一批有关国有林场的法律制度公布施行 …………… 259
刘云山会见河北塞罕坝林场先进事迹报告团 ………… 259

林业工作站建设

林业工作站建设工作 ………………………………… **262**
综　述 …………………………………………………… 262
全国林业工作站站（处）长座谈会…………………… 262
省级林业工作站重点工作质量效果跟踪调查 ………… 263
全国林业工作站本底调查关键数据 …………………… 263
标准化林业工作站建设 ………………………………… 263
乡镇林业工作站站长能力测试工作 …………………… 263
岗位培训在线学习平台工作 …………………………… 263
林业站宣传工作 ………………………………………… 264
出台《关于加强和改进林业工作站培训工作的指导
　意见》 …………………………………………… 264
森林保险工作 …………………………………………… 264

林业计划统计

全国林业统计分析 …………………………………… **266**
综　述 …………………………………………………… 266
国土绿化 ………………………………………………… 266
造林质量和森林质量 …………………………………… 266

野生动植物保护、湿地及自然保护区管理 ………… 266
林业投资 ………………………………………… 266
金融创新服务林业 ……………………………… 267
林业产业 ………………………………………… 267
主要林产品产量与价格 ………………………… 267
林业系统在岗职工收入 ………………………… 267
林业安全生产 …………………………………… 268
林产品贸易 ……………………………………… 268

林业规划 …………………………………… 268
全国湿地保护"十三五"实施规划 ……………… 268
全国沿海防护林体系建设工程规划（2016～2025年）…
 ………………………………………………… 269
林业产业发展"十三五"规划 …………………… 269
"十三五"森林质量精准提升工程规划 ………… 269

林业固定资产投资建设项目批复统计 …… 270
林业基础设施建设项目批复情况 ……………… 270
森林防火项目 …………………………………… 270
国家级自然保护区建设项目 …………………… 273
部门自身能力建设项目 ………………………… 274
国有林区社会性公益性基础设施建设项目 …… 275
林业科技类基础设施建设项目 ………………… 277
其他基础设施建设项目 ………………………… 277
林业建设项目审批监管平台情况 ……………… 277

林业基本建设投资 ………………………… 278
林业基本建设投资情况 ………………………… 278
国家公园建设情况及工作推进情况 …………… 278
森林质量精准提升工作进展 …………………… 278

林业区域发展 ……………………………… 278
林业对口援疆会议 ……………………………… 278
区域发展工作 …………………………………… 278

林业扶贫开发 ……………………………… 279
林业扶贫 ………………………………………… 279
农业综合开发 …………………………………… 279
木本油料 ………………………………………… 280

林业对外经济贸易合作 …………………… 280
林业生态建设合作进展 ………………………… 280
林业对外经贸合作进展 ………………………… 280
绿色人文交流合作进展 ………………………… 283

林业生产统计 ……………………………… 283

固定资产投资统计 ………………………… 297

劳动工资统计 ……………………………… 300

林业财务会计

林业财务和会计 …………………………… 304
综　述 …………………………………………… 304
部门预算 ………………………………………… 306
资产管理与会计 ………………………………… 307
林业金融 ………………………………………… 307
国有林区林场债务化解 ………………………… 308
森林保险 ………………………………………… 308
政府采购 ………………………………………… 308
全国林业行业财政资金收支状况 ……………… 308
全国国有森工企业财务状况 …………………… 310
全国国有林场财务状况 ………………………… 312
全国国有苗圃财务状况 ………………………… 313

林业资金稽查

基金总站（审计稽查办）建设与管理 ……… 316
综　述 …………………………………………… 316
全国林业贴息贷款管理和林业资金稽查工作会议 ……
 ………………………………………………… 316

林业资金稽查工作 ………………………… 317
建立健全林业资金稽查制度保障 ……………… 317
配合其他部门开展林业资金检查 ……………… 317
林业资金稽查监管信息系统建设 ……………… 317
林业资金稽查监管年度报告 …………………… 317

林业内部审计 ……………………………… 317
经济责任和预算执行审计 ……………………… 317
国家林业局内部审计工作联席会议 …………… 317
林业内审基础工作 ……………………………… 317
专项政治巡视和国家审计工作 ………………… 317
审计全覆盖工作调研 …………………………… 317
全国内部审计先进工作者 ……………………… 317

林业贴息贷款 ……………………………… 318
开展林业贷款贴息政策调研工作 ……………… 318
全国林业贴息贷款业务及管理信息系统培训班 …… 318
完善林业贴息贷款管理信息系统 ……………… 318

林业精神文明建设

国家林业局直属机关党的建设和机关建设 ……
 ………………………………………………… 320
综　述 …………………………………………… 320

林业宣传 …………………………………… 321
综　述 …………………………………………… 321
系列主题宣传活动 ……………………………… 321

推动森林城市发展 …… 322
强化舆情监测和微博管理 …… 322
弘扬生态文明理念 …… 322
凝聚社会各界力量关心支持林业 …… 322
加强林业系统宣传指导 …… 322

林业出版 …… 322
综 述 …… 322
中国林业国家级自然保护区（全3册） …… 323
中国鸟类图志 …… 323
中国果树地方品种图志丛书 …… 323
中国蒙古野驴研究 …… 323
梁希文选 …… 324
中国林产志 …… 324
多样性的中国荒漠 …… 324
中国鸟类识别手册 …… 324
国家公园理论与实践 …… 324
邮话竹子 …… 324
中国古代园林史 …… 324
国家林业局重点学科2016 …… 324
中国茶历 …… 324
中华榉卯 …… 324
木雕法式 …… 324
中国传统家具制作与鉴赏百科全书 …… 325
中国梅花品种图志（英文版） …… 325
张家口陆生野生动物 …… 325
生活要有花（花·视觉） …… 325
响古箐滇金丝猴纪事 …… 325
朱鹮的故事（绿野寻踪） …… 325

林业报刊 …… 325
综 述 …… 325

各省、自治区、直辖市林业

北京市林业 …… 328
概 述 …… 328
迎春年宵花展 …… 328
第五届森林文化节 …… 328
共和国部长义务植树活动 …… 328
党和国家领导人参加义务植树活动 …… 328
全国政协参加义务植树活动 …… 328
首都全民义务植树日 …… 328
第八届北京郁金香文化节 …… 329
中央军委领导参加义务植树活动 …… 329
爱鸟周暨保护野生动物宣传月活动 …… 329
全国人大参加义务植树活动 …… 329
北京市市直机关干部参加义务植树活动 …… 329
北京市领导参加义务植树活动 …… 329
国际友好林植树活动 …… 329
第九届月季文化节 …… 329

北京参展第九届中国花博会 …… 329
第九届北京菊花文化节 …… 329
拓展北京绿色空间 …… 330
平原地区绿化 …… 330
森林健康经营 …… 330
彩叶树种造林 …… 330
公路河道两侧绿化 …… 330
湿地保护恢复 …… 330
危险性病虫害防控 …… 330
京津冀林业有害生物联合防控 …… 330
林业病虫害监测测报基础设施建设 …… 330
北京城市副中心绿化美化建设 …… 330
京津冀生态水源保护林建设 …… 330
北京新机场绿化建设 …… 330
2019中国北京世界园艺博览会周边绿化项目 …… 330
永定河生态修复 …… 330
2017年京津二期工程林业项目 …… 330
公园绿地建设 …… 331
道路绿化景观提升 …… 331
实施居住区绿化 …… 331
实施屋顶绿化 …… 331
垂直绿化建设 …… 331
背街小巷老旧小区综合整治 …… 331
永定河下游河道播草治沙工程 …… 331
重大活动保障 …… 331
完成村庄绿化任务 …… 331
2019年中国北京世界园艺博览会筹备 …… 331
2019年中国北京世界园艺博览会百果园建设 …… 331
北京花田打造创建 …… 331
创建首都森林城市 …… 331
森林防火 …… 331
森林公安执法 …… 332
林木病虫害飞机防控 …… 332
林木绿地资源管理全面加强 …… 332
果品生产 …… 332
苗圃生产 …… 332
花卉生产 …… 332
蜂产业 …… 332
林下经济生产 …… 332
国有林场改革 …… 332
古树名木保护管理 …… 332
集体林权改革 …… 332
行政审批制度改革 …… 332
园林科技 …… 332
林业大事 …… 333

天津市林业 …… 335
概 述 …… 335
林业有害生物防治 …… 336
湿地自然保护区"1+4"规划 …… 336
森林资源连续清查 …… 337
林业大事 …… 337

河北省林业 … 340
概 述 … 340
习近平对河北塞罕坝林场建设者感人事迹作出重要指示 … 341
赵乐际到塞罕坝机械林场调研 … 341
刘云山到塞罕坝机械林场调研 … 341
刘奇葆到塞罕坝机械林场调研 … 341
齐续春率民革中央机关干部到崇礼植树 … 341
张建龙到河北省调研考察太行山绿化和森林防火工作 … 341
张建龙到塞罕坝机械林场调研 … 342
张永利一行慰问塞罕坝林场老职工 … 342
李树铭督导检查河北造林绿化和森林防火工作 … 342
塞罕坝机械林场总场荣膺全国文明单位称号 … 342
塞罕坝机械林场被命名为"生态文明建设范例" … 342
塞罕坝林场先进事迹报告会在人民大会堂举行 … 343
塞罕坝林场先进事迹报告会在石家庄举行 … 343
塞罕坝机械林场先进事迹巡回报告会 … 343
大型系列主题公益活动"绿色中国行——走进塞罕坝" … 343
塞罕坝展览馆改陈正式开馆 … 343
省领导参加义务植树活动 … 344
河北森林公安机关保持打击涉林违法犯罪高压态势 … 344
河北省建立野生动植物保护工作厅际联席会议制度 … 344
河北省参加第九届中国花卉博览会取得优异成绩 … 344
林业大事 … 344

山西省林业 … 345
概 述 … 345
省直林区建设 … 346
市县林业工作 … 346
山西省林业局长暨党风廉政建设会议 … 347
山西省林业科技创新大会 … 347
省领导义务植树 … 347
山西省扶贫攻坚造林专业合作社现场推进会 … 347
山西省林业自然保护区执法大检查 … 347
全国林业科技推广工作会 … 347
全国林业扶贫现场观摩会 … 347
山西省深化集体林权制度改革座谈会 … 348

内蒙古自治区林业 … 348
概 述 … 348
林业生态建设 … 348
森林资源管理 … 348
森林资源保护 … 348
林业改革 … 348
林业产业 … 349
落实惠民政策 … 349
支撑保障能力建设 … 349
生态文化建设 … 349
荣 誉 … 349
林业大事 … 349

内蒙古大兴安岭重点国有林管理局林业 … 351
概 述 … 351
生态建设 … 351
国有林区改革 … 352
产业发展 … 352
民生改善 … 352
党的建设 … 352
林业大事 … 353

辽宁省林业 … 353
概 述 … 353
全省林业工作会议 … 354
省领导参加义务植树活动 … 354
林业大事 … 355

吉林省林业 … 355
概 述 … 355
林业改革 … 355
生态建设 … 356
资源管理 … 356
森林防火 … 356
林业有害生物防治 … 356
林政稽查 … 356
野生动植物保护 … 356
湿地保护管理 … 356
林业重点生态工程 … 357
林木种苗 … 357
林业产业 … 357
智慧林业 … 357
林业扶贫 … 357
林业法治 … 357
林业投资 … 357
林业经济 … 357
林业科研与技术推广 … 358
林业大事 … 358

吉林森工集团林业 … 359
概 述 … 359
林业大事 … 360

黑龙江省林业 … 361
概 述 … 361
林业站建设 … 362
代号"2017利剑"专项行动 … 363

黑龙江森林工业 ... 363
概　述 ... 363
主要经济指标 ... 363
营林生产 ... 363
多种经营 ... 363
森林旅游 ... 364
林产工业 ... 364
资源保护和管理 ... 365
森林防火 ... 365
天然林保护工程 ... 366
招商引资与对外贸易 ... 366
公路建设 ... 366
民生工作 ... 366
党的建设 ... 367
林业大事 ... 367

大兴安岭林业集团公司 ... 369
概　述 ... 369
森林防火 ... 369
森林资源保护 ... 369
营林生产 ... 369
林地管理 ... 370
森林资源监督 ... 370
天然林保护工程 ... 370
森林管护 ... 370
林业碳汇 ... 370
招商引资 ... 370
生态旅游 ... 370
社会保障 ... 371
全民创业 ... 371
改革管理 ... 371
森林资源动态监测 ... 371
林业勘察设计 ... 371
野生动植物保护 ... 371
自然保护区建设 ... 372
林下资源管理 ... 372
农林科学研究 ... 372
神州北极木业有限公司经营 ... 372
林业大事 ... 372

上海市林业 ... 373
综　述 ... 373
绿化林业概述 ... 373
生态环境建设 ... 373
外环生态专项全面竣工 ... 373
部分郊野公园建成运行 ... 373
参与崇明生态岛建设 ... 373
绿道建设 ... 373
绿地建设 ... 373
林荫道创建 ... 373
打造绿化特色街区 ... 373
落叶景观道路增至29条 ... 374
景观花卉布置 ... 374
街心花园建设 ... 374
老公园改造 ... 374
新增城市公园26座 ... 374
园林街镇创建 ... 374
公园主题活动 ... 374
公园延长开放 ... 374
世博文化公园金点子征集活动 ... 374
园艺大讲堂 ... 374
古树名木监测管理 ... 374
古树名木保护管理 ... 374
植树造林 ... 374
造林项目规范建设 ... 375
林地管控 ... 375
林下种植试点建设 ... 375
林业市场化改革 ... 375
有害生物监控 ... 375
森林防火演练 ... 375
"安全优质信得过果园"创建 ... 375
乡镇林业站挂牌 ... 375
出台林地技术规程 ... 375
完善林地生态补偿机制 ... 375
保障城市生态安全 ... 375
第三届上海市民绿化节 ... 375
全民义务植树 ... 375
湿地保护 ... 375
湿地管理 ... 375
濒危物种管理工作 ... 375
野生动物栖息地建设 ... 375
野生鸟类常规专项监测工作 ... 376
第35届"爱鸟周"活动 ... 376
野生动物栖息地修复工程 ... 376
生态红线划设工作 ... 376
崇明禁猎区建设 ... 376
野生动植物专项专项行动 ... 376
违法犯罪打击 ... 376
"我最喜爱的鸟"评选活动 ... 376
大熊猫基地建设 ... 376
深化科技信息工作 ... 376
社会宣传动员 ... 376
时光辉副市长赴市绿化市容局调研 ... 376
时光辉副市长调研绿化市容景观工作 ... 377
国家林业局政策法规司来沪对接服务自贸区工作 ... 377
全国人大农委副主任江帆调研东滩保护区 ... 377
国家林业局副局长刘东生来崇明东滩保护区调研 ... 377
湿地公约秘书长考察崇明东滩保护区 ... 377

江苏省林业 ... 377
概　述 ... 377

省政府召开全省国土绿化工作会议 …………… 380
省领导参加义务植树活动 ………………………… 380
江苏现代农业科技大会专场推介林业科技 …… 380
林业大事 …………………………………………… 380

浙江省林业 381
概况 ………………………………………………… 381
林业生态建设 ……………………………………… 381
林业改革 …………………………………………… 381
林业产业 …………………………………………… 381
资源保护 …………………………………………… 382
"关注森林"活动 …………………………………… 382
林业支撑保障 ……………………………………… 382

安徽省林业 382
概述 ………………………………………………… 382
营林生产 …………………………………………… 382
林业改革 …………………………………………… 383
林业法治 …………………………………………… 383
森林和湿地资源保护 ……………………………… 383
森林防火 …………………………………………… 383
林业有害生物防治 ………………………………… 383
林业产业 …………………………………………… 384
主要林产品产量 …………………………………… 384
林业科技 …………………………………………… 384
林业对外合作 ……………………………………… 385
林业大事 …………………………………………… 385

福建省林业 386
概述 ………………………………………………… 386
省重要湿地名录发布 ……………………………… 388
基层林业站建设 …………………………………… 388
福建树王评选 ……………………………………… 388
国家湿地公园试点 ………………………………… 388
南平市林业 ………………………………………… 388
三明市林业 ………………………………………… 388
龙岩市林业 ………………………………………… 389
林业大事 …………………………………………… 389

江西省林业 390
概述 ………………………………………………… 390
出台改革创新林业生态建设体制机制八大措施 … 393
出台完善集体林权制度实施意见 ………………… 393
出台党政领导干部生态环境损害追究细则 …… 393
修订江西省林木种子条例 ………………………… 394
制定江西省森林防火规划 ………………………… 394
全国林业系统纪检组长(纪委书记)座谈会 …… 394
全省三项林业重点工作电视电话会 ……………… 394
全省林下经济暨造林绿化工作现场推进会 …… 394
国家生态文明试验区建设 ………………………… 394
赣南等原中央苏区生态建设 ……………………… 395

森林城市创建 ……………………………………… 395
林业精准扶贫 ……………………………………… 395
全国率先开展森林资源年度更新 ………………… 395
河北塞罕坝机械林场先进事迹报告会 ………… 395
首趟中欧双向班列启动 …………………………… 396
全国首届樟树论坛 ………………………………… 396
保护候鸟等野生动物清网行动 …………………… 396
打击破坏森林资源百日行动 ……………………… 396
安远经验——小额林业贴息贷款管理新模式 …… 396
森林旅游和生态文化建设凸显 …………………… 396
林业大事 …………………………………………… 396

山东省林业 398
概述 ………………………………………………… 398
出台《"绿满齐鲁·美丽山东"国土绿化行动的实施
　意见》 …………………………………………… 399
出台《关于推进湿地保护修复的实施意见》 …… 399
编制《山东省林业产业发展规划(2017～2020年)》……
　 …………………………………………………… 399
日照、莱芜两市获得国家森林城市称号 ……… 399
林业自然保护区突出问题整改 …………………… 399
全山东省林业科技创新大会 ……………………… 400
第十四届中国林产品交易会等重大会展活动亮点
　纷呈 ……………………………………………… 400
第四届世界人造板大会 …………………………… 400
"齐鲁放心果品"品牌创建活动 …………………… 400

河南省林业 401
概况 ………………………………………………… 401
国有林场改革 ……………………………………… 401
集体林权制度改革 ………………………………… 401
造林绿化 …………………………………………… 401
林业产业 …………………………………………… 401
资源保护 …………………………………………… 402
支撑保障能力 ……………………………………… 402
依法治林 …………………………………………… 402
林业扶贫 …………………………………………… 402
河南省林业生态建设和森林防火工作会议 …… 402
全省林业局长会议 ………………………………… 403
河南省委书记谢伏瞻、省长陈润儿参加义务植树活动
　 …………………………………………………… 403
野生动物救护中心首次为放归候鸟安装卫星跟踪器 …
　 …………………………………………………… 403
国家林业局督查河南省森林防火工作 ………… 403
第八届南阳月季花会开幕 ………………………… 403
平稳度过2016～2017年森林防火紧要期 …… 403
河南省国有林场改革推进会 ……………………… 403
推进太行山森林重点火险区综合治理建设项目 …… 404
中国林场协会会长到桐柏调研国有林场改革工作 …
　 …………………………………………………… 404
中共河南省林业厅直属单位第五次代表大会 …… 404

《森林河南生态建设规划(2018~2027年)》通过专家评审 ·········· 404
2017年河南片区林业局长培训班在国家林业局管理干部学院举办 ·········· 404
全国首例以地方法规保护白天鹅的条例正式实施 ·········· 404
第十七届中国·中原花木交易博览会 ·········· 404
刘金山任河南省林业厅党组书记 ·········· 405
重要表彰 ·········· 405
河南林业生态省建设收官 ·········· 405

湖北省林业 ········ 405
概 述 ·········· 405
人工造林与封山育林 ·········· 405
绿色扶贫 ·········· 406
集体林权制度改革 ·········· 406
木本油料 ·········· 406
林业碳汇工作 ·········· 406
国有林场改革与建设 ·········· 407
国家储备林基地建设 ·········· 407
义务植树 ·········· 407
天然林保护工程 ·········· 407
退耕还林工程 ·········· 408
长江防护林工程 ·········· 408
石漠化综合治理工程 ·········· 408
自然保护区建设 ·········· 408
湿地保护与管理 ·········· 408
野生动物疫源疫病监测与防控 ·········· 408
野生动植物保护与管理 ·········· 409
野生动物救护 ·········· 409
林产工业 ·········· 409
主要经济林产品 ·········· 410
苗木花卉 ·········· 410
森林公园和森林旅游 ·········· 410
野生动物驯养繁殖 ·········· 410
林下经济发展 ·········· 411
森林防火 ·········· 411
森林病虫害防治 ·········· 411
森林公安队伍建设 ·········· 411
森林采伐 ·········· 412
林地与森林资源管理 ·········· 412
林业工作站 ·········· 412
林业勘察设计 ·········· 412
林业法制建设 ·········· 412
林业科研 ·········· 413
科技推广 ·········· 413
教育与培训 ·········· 414
资金与计划管理 ·········· 414
林业贴息贷款与资金稽查管理 ·········· 414
种苗管理 ·········· 415
行政审批工作 ·········· 415
航空护林工作 ·········· 416
宣传和信息化管理 ·········· 416
林业大事 ·········· 416

湖南省林业 ········ 417
概 述 ·········· 417
开展洞庭湖生态环境综合治理 ·········· 418
探索湘江流域退耕还林还湿试点 ·········· 419
持续推进森林禁伐减伐三年行动 ·········· 419
出台《关于完善集体林权制度的实施意见》 ·········· 419
出台《湿地保护修复制度工作方案》 ·········· 419
第四届湖南家具博览会暨首届林业博览会 ·········· 419
中国(邵阳)油茶产业精准扶贫研讨会暨油茶互联网博览会 ·········· 419
张家界成为"国家森林城市" ·········· 419
全面启动省级森林城市创建工作 ·········· 419
湖南省林业厅与国家林业局国际合作司签署战略合作协议 ·········· 419
林业科技创新 ·········· 419
林业标准化建设 ·········· 420
生态护林员项目实现全覆盖 ·········· 420
"最美绿色通道"评选 ·········· 420
新增8处国家石漠公园 ·········· 420
破获"2016·12·3"双峰非法占用农用地案 ·········· 420
森林公安1个单位2名个人受到公安部表彰 ·········· 420
全省林木种质资源外业调查任务完成 ·········· 420
开展国有林场和森林公园质量管理评估 ·········· 420
南方天敌繁育与应用工程技术研究中心落户湖南 ·········· 420
湖南首个国家林业PPP试点项目获批 ·········· 420
湖南首批林业碳汇项目正式订购签约 ·········· 420
李昌珠研究员受聘为湖南省第一届科技创新战略咨询专家委员会委员 ·········· 421

广东省林业 ········ 421
概 况 ·········· 421
目标责任制考核 ·········· 421
林业改革 ·········· 421
林业重点生态工程建设 ·········· 421
资源林政管理 ·········· 422
森林灾害防治 ·········· 422
林业产业 ·········· 423
野生动植物保护 ·········· 423
湿地资源保护 ·········· 423
珠三角国家森林城市群建设 ·········· 423
林业大事 ·········· 424

广西壮族自治区林业 ········ 425
综 述 ·········· 425
生态林业发展 ·········· 425
森林资源培育 ·········· 426
森林经营 ·········· 426

国有林场	427
林业产业	428
森林和野生动植物保护	429
林业行业扶贫	430

海南省林业 … 430
概　述 … 430
国有林场改革 … 430
林业行政审批 … 431
造林绿化 … 431
林业生态修复 … 431
天然林管理保护 … 431
自然保护区建设 … 431
林下经济 … 432
森林防火 … 432
森林病虫害防治 … 432
森林旅游 … 432
花卉产业 … 432
油茶产业 … 432
木材经营加工 … 433
林木种苗 … 433
野生动物驯养 … 433
野生动物疫源疫病监测 … 433
林业精准扶贫 … 433
基础保障建设 … 433
机关党建 … 433

重庆市林业 … 434
概　述 … 434

四川省林业 … 435
概　述 … 435
绿化全川行动 … 436
生态治理修复 … 436
林业脱贫攻坚 … 436
林业产业发展 … 436
林业重点改革 … 436
林业依法管理 … 436
生态资源保护 … 437
林业发展基础 … 437
林业大事 … 437

贵州省林业 … 438
概　述 … 438
林业改革发展战略合作协议 … 439
"大战100天，全面完成2017年造林1000万亩"行动 … 439
2017年中国·贵州林业招商引资推介展示会 … 439
古茶树保护地方性法规 … 439
首次获得中国绿化博览会举办权 … 439
贵州省林业厅开设"新时代绿色大讲堂" … 439

林业大事 … 439

云南省林业 … 441
概　述 … 441
发布全省第四次森林资源规划设计调查成果 … 442
全省林业局长会议 … 443
总结集中打击整治破坏森林资源违法违规专项行动
　成效 … 443
"十三五"扶贫攻坚 … 443
《云南省木材运输管理规定》3月1日起施行 … 443
中国科学家首次命名长臂猿新种：高黎贡白眉长臂猿
　… 443
新增省级生态文明教育基地6个 … 443
出台《关于贯彻落实进一步促进全省经济持续平稳
　发展22条措施的实施意见》 … 443
云南·昆明核桃博览会评选出99个获奖产品 … 443
启动第九次全国森林资源清查 … 444
资源保护督查行动 … 444
启动滇金丝猴动态监测项目 … 444
云南省林业厅与中国铁塔股份有限公司云南省分公
　司签订战略合作框架协议 … 444
鼓励和引导社会资本推进新一轮退耕还林还草工程
　建设 … 444
林业大事 … 444

西藏自治区林业 … 445
概　述 … 445
国土绿化 … 445
生态保护与修复 … 445
生态补偿政策 … 445
林业改革 … 445
林业产业 … 445
精准脱贫 … 445
支持配合中央环保督察工作 … 445
党的建设 … 446
林业大事 … 446

陕西省林业 … 446
概　述 … 446
造林绿化 … 446
生态保护 … 446
生态产业 … 447
林业改革 … 447
生态文化 … 447
林业治污降霾工程 … 447
防沙治沙 … 447
国家公园 … 447
破解生态难题 … 447
生态脱贫 … 447
组织建设 … 448
主要成绩 … 448

林业大事 ················· 448

甘肃省林业 450
　　概　述 ··················· 450
　　林业投资 ················· 452
　　"三北"工程 ············· 452
　　退耕还林 ················· 453
　　防沙治沙 ················· 453
　　花椒产业 ················· 453
　　义务植树 ················· 453
　　林下经济 ················· 453
　　家庭林场 ················· 454
　　外资项目 ················· 454
　　合作交流 ················· 454
　　依法行政 ················· 454
　　林业大事 ················· 454

青海省林业 455
　　概　述 ··················· 455
　　国土绿化 ················· 455
　　林业重点工程 ············· 455
　　资源保护与管理 ··········· 456
　　林业改革 ················· 456
　　林业产业 ················· 457
　　科技兴林 ················· 457
　　工程项目 ················· 457
　　林业保障能力 ············· 457
　　生态扶贫 ················· 458
　　自身建设 ················· 458
　　林业大事 ················· 458

宁夏回族自治区林业 459
　　概　述 ··················· 459
　　造林绿化 ················· 459
　　湿地保护 ················· 459
　　科技扶贫 ················· 460
　　林业改革 ················· 460
　　资源管护 ················· 460
　　枸杞产业 ················· 460
　　支撑保障 ················· 460
　　荒漠化治理 ··············· 460
　　森林防火 ················· 461
　　林业宣传 ················· 461
　　林业有害生物防治 ········· 461
　　全区林业局长会议 ········· 461
　　义务植树宣传活动 ········· 461
　　自然保护区管理 ··········· 461
　　贺兰山自然保护区环境综合整治 462
　　林业大事 ················· 462

新疆维吾尔自治区林业 464
　　概　述 ··················· 464
　　生态保护 ················· 464
　　资源管理 ················· 464
　　生态建设 ················· 465
　　产业发展 ················· 465
　　行政审批 ················· 465
　　林业改革 ················· 465
　　林业科技 ················· 465
　　林业扶贫 ················· 465
　　林业援疆 ················· 465
　　林业宣传 ················· 465
　　"访惠聚"驻村工作 ······· 466
　　民族团结 ················· 466
　　自身建设 ················· 466

新疆生产建设兵团林业 466
　　概　述 ··················· 466
　　植树造林 ················· 467
　　退耕还林工程 ············· 467
　　兵团新增8个国家沙漠公园 · 467
　　古树名木资源普查工作 ····· 467
　　林业科技工作 ············· 467
　　中国林业网主站信息宣传工作 468
　　　　　　　　　　　　　　 468
　　森林资源管理 ············· 468
　　森林公安执法 ············· 468
　　兵团林业局局长会议 ······· 469
　　兵团林业管理干部培训班 ··· 469
　　承担"三北"五期工程2017年营造林科技示范林项目
　　　············· 469
　　承担林业行业标准制修订项目 469
　　林业长期科研试验基地情况调查 469
　　新疆尉犁荒漠生态系统国家定位站正式加入国家陆
　　　地生态系统定位观测研究站网 ············· 470
　　国家林业局三北局一行来兵团督查造林工作 ······ 470
　　林业科技扶贫先进典型 ····· 470
　　授予全国防沙治沙先进集体和先进个人 ·········· 471
　　荣获2017年度"三北"工程信息工作先进单位和优
　　　秀信息员 ··············· 471

林业人事劳动

国家林业局领导成员 474
新任全国绿化委员会办公室专职副主任 474
国家林业局机关各司（局）负责人 474
国家林业局直属单位负责人 475
各省（区、市）林业厅（局）负责人 479
干部人事工作 482
　　综　述 ··················· 482

人才劳资 ... 484
第四批"百千万人才工程"省部级人选 ... 484

国家林业局直属单位

国家林业局经济发展研究中心 ... 486
综　述 ... 486
林业重大问题调查研究 ... 487
三峡库区生态屏障区生态建设重大问题研究 ... 487
国有林区改革监测 ... 487
集体林权制度改革跟踪监测 ... 487
森林质量精准提升工程监测 ... 487
《中国林业产业与林产品年鉴》 ... 487
中国林业采购经理指数（FPMI） ... 488
农村林业理论与政策创新研究基地建设情况 ... 488
完成《联合国防治荒漠化公约》第十三次缔约方大会相关工作 ... 488
中德林业政策对话平台建设 ... 488
第十五届中国林业经济论坛 ... 488
《林业经济》期刊 ... 488
《绿色中国》杂志 ... 488
绿色中国网络电视和新媒体 ... 488
社会公益活动 ... 489

国家林业局人才开发交流中心 ... 489
综　述 ... 489
职称改革 ... 489
职称评审 ... 489
职称申报和评审电子化 ... 489
在京单位公开招聘毕业生 ... 489
局属京内外单位毕业生接收 ... 489
干部档案管理 ... 490
因公出国（境）和赴台湾备案 ... 490
人事代理工作 ... 490
国家林业局2017年国家公派出国留学选派和留学人员科技活动项目择优资助 ... 490
市县林业局长业务能力研修班 ... 490
2017年林业行业职业技能鉴定 ... 490
参与编制《国家职业资格目录》 ... 490
落实监管取消职业资格许可认定事项 ... 490
编制出版《森林消防员职业技能鉴定培训教材》 ... 490
2017年全国林业行业国有林场职业技能大赛 ... 490
全国职业院校林业职业技能竞赛 ... 491
考评员培训工作 ... 491
林业高技能人才调研 ... 491
林业就业创业工作推进会 ... 491
2018届全国林科十佳毕业生评选活动 ... 491
全国林科大学生创新创业成果展示活动 ... 491
林科大学生就业创业宣传 ... 491
2017年林业系统人才统计工作 ... 491
国家林业局高层次人才库正式开通 ... 491
国家林业局局属单位年度人事人才统计工作 ... 492
全国林业教学名师遴选活动 ... 492

中国林业科学研究院 ... 492
综　述 ... 492
3项成果获全国党建研究会奖 ... 492
木竹联盟与TD产业技术创新战略联盟跨界合作协议 ... 493
中国林科院2017年森林资源管护工作会议 ... 493
中国林科院2017年工作会议 ... 493
中国林科院第八届学位评定委员会第六次会议 ... 493
河北省任丘市与中国林科院合作框架协议 ... 493
中国林科院与天津市农委林业科研协同发展工作座谈会 ... 493
中国林科院领导班子调整宣布大会 ... 493
中国林科院研究生部南京分部揭牌 ... 493
中国林科院专利运营办公室成立 ... 494
中国林科院代表团访问澳大利亚邦德大学和新西兰林业研究院 ... 494
2017年中国林科院对外开放和科普惠民活动 ... 494
中国林科院与联众集团共建研究生创新实践基地 ... 494
中国林科院代表团到瑞典和芬兰开展学术交流 ... 494
《联合国防治荒漠化公约》第十三次缔约方大会"中国科技治沙"边会 ... 494
《联合国防治荒漠化公约》第十三次缔约方大会首次青年论坛 ... 494
中国林科院与新疆呼图壁县人民政府共建专家工作站协议 ... 495
中国林科院与国际热带木材组织谅解备忘录 ... 495
中国林科院2017级研究生开学典礼 ... 495
中国林科院与南京三乐集团科技合作协议 ... 495
全国桉树产业发展暨学术研讨会 ... 495
2017年发展中国家湿地保护与管理培训班 ... 495
中国林科院2017年领导干部能力建设培训班 ... 495
6家单位共建北京林业国际科技创新示范基地 ... 495
"林科精神碑"揭彩 ... 495
万钢到中国林科院调研林业科技创新工作 ... 496
中国林科院林化所、中国绿色时报社、中国林业出版社宣传出版合作战略协议 ... 496
国家林木种质资源设施保存库（主库）建设领导小组专题会、可研报告研讨会和专家咨询会 ... 496
中国林科院代表团访问巴西 ... 496
中国–中东欧林业科研教育合作国际研讨会 ... 496
中国林科院与斯洛文尼亚林业研究院林业科技合作谅解备忘录 ... 496
2017中美林业生物质科学与工程学术研讨会 ... 496
中国–东盟林业合作推进会 ... 497
国际竹藤培训基地揭牌 ... 497
中国林科院与天和胶业有限公司共建研究生创新实践基地 ... 497
林木遗传育种国家重点实验室第二届学术委员会第

一次会议 ………………………………………… 497
李树铭到竹子中心调研 ………………………… 497
2个国家林业局工程技术研究中心获批 ………… 497
与地方签订合作协议5项 ………………………… 497
竹子中心承办7期援外培训班 …………………… 497
《湿地北京》获国家科学技术进步奖二等奖 …… 498
木质复合材料抑烟低毒表面阻燃技术及应用获北京
　市科学技术进步三等奖 ……………………… 498
获第八届梁希林业科学技术奖7项 ……………… 498
获科普奖5项 ……………………………………… 498
评出2017年中国林科院重大科技成果奖5项 …… 498

国家林业局调查规划设计院 …………………… 498

综述 ………………………………………………… 498
春季沙尘天气趋势会商 …………………………… 500
全国第二次陆生野生动物资源调查技术培训班 … 500
无人机开展造林验收核查工作 …………………… 500
陆地生态系统碳监测卫星及卫星应用培训班 …… 500
《全国湿地碳储量建模与温室气体排放因子测定技
　术方案》专家咨询会 ………………………… 500
参与承办全国湿地保护工作座谈会 ……………… 500
《青海省生态系统服务价值及生态资产评估研究》
　项目 …………………………………………… 501
三峡工程森林资源监测重点站能力建设经费补助方
　案"专家评审会 ………………………………… 501
两个党支部被评选国家林业局优秀学习品牌称号
　………………………………………………… 501
与中国航天科工一院航天泰坦公司开展业务交流
　………………………………………………… 501
安徽肥西三河国家湿地公园修建性详细规划 …… 501
新疆兵团第七师金丝滩国家沙漠公园总体规划 … 501
森林资源清查技术培训 …………………………… 501
召开干部会议宣布国家林业局干部任命决定 …… 501
广东台山镇海湾红树林、珠海横琴国家湿地公园总
　体规划 ………………………………………… 501
《林地变更调查技术规程》通过评审 …………… 502
大光斑激光雷达机载系统挂飞综合试验 ………… 502
监测评估强沙尘天气 ……………………………… 502
赴新疆生产建设兵团开展湿地保护规划调研 …… 502
东北、内蒙古重点国有林区二类调查外业采集软件
　技术培训和服务 ……………………………… 502
全国森林资源标准化技术委员会召开2017年年会
　………………………………………………… 502
《内蒙古土默特左旗植物园修编性详细规划》通过
　专家评审 ……………………………………… 502
中美技术合作"陆地碳计量国际学术伙伴项目
　（TCAIAP）"利益相关方会议和项目工作研讨会
　………………………………………………… 502
全国林业碳汇计量监测体系建设培训班 ………… 503
国家林业局副局长李树铭到规划院检查指导工作
　………………………………………………… 503
国家林业局副局长李树铭到规划院调研指导全国林

地"一张图"建设工作 …………………………… 503
《辽宁省森林经营规划（2016～2050年）》通过专家论证
　………………………………………………… 503
到吉林省汪清林业局调研森林资源二类调查和国家
　公园体制试点建设情况 ……………………… 503
祁连山国家公园体制试点方案调研 ……………… 503
"加强中国湿地保护体系，保护生物多样性规划型
　项目"指导委员会第四次会议 ………………… 504
到黑龙江大兴安岭新林林业局检查指导二类调查工作
　………………………………………………… 504
《射阳县沿海生态防护林建设项目实施方案》通过
　专家评审 ……………………………………… 504
博鳌绿化专家组到博鳌地区调研 ………………… 504
参加2020年全球森林资源评估专家磋商会 ……… 504
《安徽肥东管湾国家湿地公园修建性详细规划》通
　过专家评审 …………………………………… 504
与非联控股集团签署"刚果（金）PCPCB项目及林业
　生态环境项目开发项目"合作备忘录 ………… 504
坦桑尼亚林务局来规划院访问交流 ……………… 505
赴山东聊城进行古漯河湿地调研 ………………… 505
《环巢湖湿地公园群总体规划》通过专家评审 … 505
2017年人工造林和公益林动态监测技术培训 …… 505
《博鳌生态建设及景观提升总体规划》等3项成果通
　过专家评审 …………………………………… 505
荣获"2016年土耳其安塔利亚世界园艺博览会中国
　参展工作先进单位"称号 ……………………… 505
2017年中央财政森林抚育补贴国家级抽查启动会
　暨现场技术培训 ……………………………… 506
《全国森林碳储量分布图遥感制作技术方案》通过
　专家评审 ……………………………………… 506
赴河北木兰围场国有林场开展《森林质量精准提升
　工程建设标准》调研 ………………………… 506
大熊猫国家公园（陕西园区）落界考察及总体规划
　前期调研 ……………………………………… 506
"关于自然保护区总体规划的思考"专题业务培训
　………………………………………………… 506
组织召开"三峡库区生态屏障区生态效益监测技术
　与评价方法研究"项目专家咨询会 …………… 506
《林下灌层生物量、死有机质和土壤碳库估算模型
　研制报告》 …………………………………… 506
《广东北峰山国家森林公园总体规划（修编）》通过
　评审 …………………………………………… 506
与非联控股集团签署"刚果（金）1.8万公顷碳汇造
　林作业设计"委托合同 ………………………… 507
西藏首个国家沙漠公园通过专家评审 …………… 507
《河北省塞罕坝机械林场总体规划（2017～2030
　年）》通过专家评审 …………………………… 507
全国重点省份泥炭沼泽碳库调查工作 …………… 507
《榆林市国家森林城市建设总体规划（2017～2026年）》
　………………………………………………… 507
分赴黑龙江大兴安岭地区新林林业局、韩家园林业
　局开展二类调查质量检查工作 ……………… 507

《崇义县国家森林城市建设规划(2017~2026年)》
　　通过评审 …………………………………………… 507
环首都国家公园体系发展规划编制工作正式启动 …… 507
《安阳市国家森林城市建设总体规划(2017~2026
　　年)》通过专家评审 ……………………………… 507
赴甘肃陇南开展大熊猫国家公园(甘肃园区)外业
　　调查及总体规划前期调研 ………………………… 508
《北京房山长沟泉水国家湿地公园总体规划(修编)》…
　　……………………………………………………… 508
与加拿大 MDA 公司开展技术交流 …………………… 508
参加《联合国防治荒漠化公约》第十三次缔约方大
　　会并举办专题展览 ………………………………… 508
《联合国防治荒漠化公约》第十三次缔约方大会边会 … 508
制作宣传片《防治荒漠化 中国在行动》 ……………… 508
到海南省东方市开展国家珍贵树种培育示范市建设
　　成效国家级考评工作 ……………………………… 508
天津市森林资源清查技术指导及外业调查质量检查
　　工作 ………………………………………………… 508
大熊猫国家公园四川片区总体规划第一阶段外业调研
　　……………………………………………………… 509
参展2017中国森林旅游节 …………………………… 509
林业调查新技术应用实验 ……………………………… 509
刚果(金)碳汇造林设计项目前期调研 ……………… 509
通过质量、环境和职业健康安全三项管理体系认证 … 509
《大同市全面推进国土绿化总体规划》通过评审 …… 509
《海南省森林防火规划(2017~2025年)》通过评审 …
　　……………………………………………………… 509
开展全国森林资源宏观监测内蒙古自治区无人机调
　　查试点工作 ………………………………………… 509
参加三北防护林体系建设40年总结评估调研 ……… 510
《森林质量精准提升工程典型技术模式调查表》填
　　报工作座谈会 ……………………………………… 510
承担《雄安新区9号地块一区造林项目》施工设计
　　任务 ………………………………………………… 510
参加防沙治沙法执法专项督查 ………………………… 510
全国森林资源标准化技术委员会举办森林资源标准
　　培训班 ……………………………………………… 510
赴福建农林大学调研 …………………………………… 511
祁连山国家公园总体规划补充调查工作 ……………… 511
法国马赛大学 Jean Sequeira 教授到规划院访问交流 …
　　……………………………………………………… 511
参加中俄森林资源开发和利用常设工作小组第15
　　次会议 ……………………………………………… 511
国家沙漠公园评审会 …………………………………… 511
湿地保护体系国际研讨会 ……………………………… 511
《北京市森林经营规划(2016~2050年)》通过评审 … 511
征求《东北虎豹国家公园总体规划》意见 …………… 511
《三峡库区生态屏障区生态效益监测技术与评价方

　　法研究》课题专家咨询会 ………………………… 512
国家级森林公园设立专家评审会 ……………………… 512
《县级森林经营规划编制规范》通过评审 …………… 512
第九次全国森林资源连续清查天津市清查主要结果
　　通过专家论证 ……………………………………… 512
新疆林业"青年科技英才"培养工作 ………………… 512
《东北虎豹国家公园总体规划》通过评审 …………… 512
全国营造林标准化技术委员会2017年营造林标准
　　宣贯培训班 ………………………………………… 512
《2017年国家林业局网络及视频会议系统等运维项目》
　　……………………………………………………… 513
《河北省塞罕坝机械林场防灾减灾体系建设专项规
　　划》通过评审 ……………………………………… 513
《三峡库区生态屏障区生态效益监测技术与评价方
　　法研究》项目通过验收 …………………………… 513
荣获第十八届北京科技声像作品"银河奖"和2017
　　年行业电视节目展评多个奖项 …………………… 513

国家林业局林产工业规划设计院 ……………… 513
综　述 …………………………………………………… 513
党建工作 ………………………………………………… 513
党风廉政建设和反腐败工作 …………………………… 514
生产经营情况 …………………………………………… 514
资质平台建设 …………………………………………… 514
质量管理情况 …………………………………………… 514
7个项目荣获全国林业优秀工程咨询奖 ……………… 514
民生保障持续加强 ……………………………………… 514
国家林业局副局长刘东生来设计院视察工作 ………… 514
宪法宣誓仪式 …………………………………………… 514
设计院与规划院、华东院就森林资源调查监测工作
　　进行深入探讨 ……………………………………… 514
《木麻黄沿海防护林营建技术规程》通过专家审定 … 514
《长江经济带森林和湿地生态系统保护与修复区域
　　协同发展体制与机制研究》课题通过验收 ……… 515
国家林业局国家公园筹备工作领导小组办公室来设
　　计院座谈交流 ……………………………………… 515
美国 TSI 公司来设计院进行干燥尾气处理技术交流 …
　　……………………………………………………… 515
设计院开展野生动物损害补偿调研评估相关工作 ……
　　……………………………………………………… 515
开展"五四"主题团日活动 …………………………… 515
林业大事 ………………………………………………… 515

国家林业局管理干部学院 ……………………… 515
综　述 …………………………………………………… 515
2017年学院工作会议 ………………………………… 517
2017年学院党建工作会议 …………………………… 517
与天津市蓟州区林业局合作共建工程造林现场教学
　　基地 ………………………………………………… 517
中共国家林业局党校第五十期党员干部进修班 ……… 517

地方党政领导干部森林城市建设专题研究班·········517
与山西省壶关县合作共建林业生态建设现场教学基地
　···517
第十一期生态文明大讲堂···517
"两学一做"学习教育常态化制度化工作部署会········518
纪念中国共产党成立九十六周年大会暨专题党课······
　···518
与浙江省安吉县林业局共建生态富民现场教学基地···
　···518
学院新学期工作会议···518
领导干部任职宣布会···518
李春良与第二十一期国家级自然保护区领导干部培
　训班学员进行座谈···518
中共国家林业局党校第五十一期党员干部进修班······
　···518
首次宪法宣誓仪式···519
第十二期生态文明大讲堂···519
合作办学工作座谈交流会···519
院省教育培训合作···519
中国共产党国家林业局管理干部学院第六次党员大会
　···519
与黑龙江省铁力林业局签署合作协议·····························519
ISO 9001 培训服务质量管理体系换版再认证审核······
　···519
学院培训教学部荣获"全国巾帼文明岗"称号·············519

国际竹藤中心···519
综　述···519
科学研究···521
机构和人才队伍建设···522
国际合作交流···522
技术培训···524
竹藤标准化···525
创新平台建设···525
党建和机关建设···526
重要会议和活动···526
中美共建中国园项目···527
林业大事···527

国家林业局森林病虫害防治总站·············529
概　述···529
林业有害生物发生···530
林业有害生物防治···531
疫源疫病监测···531
林业大事···532

国家林业局北方航空护林总站·············532
综　述···532
明确北航总站职能···532
党建工作···532
森林航空消防···532

森林防火协调···533
森林防火物资储备···533
卫星林火监测···533
春、夏、秋租机情况···533
应对突发森林火灾···533
东北航空护林气象台正式启用·····································533
北航总站举行"火场综合通信实战演练"·············533
完成全国军地联合灭火演习···534
应急能力建设···534
充分发挥站地军联合作战优势·····································534
组织建设···534
重建北航总站网站···534
东北、内蒙古重点林区森林防火应急装备项目落户
　总站···534
组织专家支援航站建设···534
业务培训···534
发挥总站专家组的决策指导作用·································534
健全总站领导班子···534
南京森林警察学院"警学研"基地在总站成立·············534
东北林业大学"教科研"基地在总站成立·············535
总站选派年轻干部到基层航站锻炼·····························535
北方航空护林系统航站规范化建设工作会议·············535
国家林业局副局长、党组成员李树铭到北航总站调研
　···535
直升机吊桶灭火实战演练···535
加大总站宣传力度···535
做好"十三五"规划落实前期工作·····························535
制订总站内控工作方案···535
完成职称认定工作···535
林业大事···535

国家林业局南方航空护林总站·············538
综　述···538
航空护林···538
森林防火协调···538
森林防火物资储备···538
卫星林火监测···538
森林航空消防培训···539
两建工作···539
航站建设···539
应急救援···540
重要会议···540
获奖与荣誉···541
林业大事···541

国家林业局华东林业调查规划设计院·········543
综　述···543
资源监测工作···543
技术咨询服务···543
思想政治建设···543
人才队伍建设与管理···544

财务管理 … 544	思想政治和党风廉政建设 … 549
科技创新工作 … 544	精神文明建设 … 550
质量管理体系成功转版 … 544	人才培养和队伍建设 … 550
华东院7项成果获全国林业优秀工程咨询成果奖 …… 544	获奖成果 … 550
后勤群团工作 … 544	林业大事 … 550
林业大事 … 544	

国家林业局中南林业调查规划设计院 …… 544

综　述 … 544
召开全院职工大会宣布国家林业局干部任免决定 …… 545
国家林业局森林城市监测评估中心揭牌仪式在中南院举办 … 545
国家林业局副局长李树铭到中南院调研视察 … 545
荣获"全国厂务公开民主管理工作先进单位"称号 …… 545
国家森林城市监测评估专题研讨会 … 545
做好广东省2017年森林资源清查与国家森林资源综合监测试点工作 … 546
推进广东省2017年森林资源清查暨大样地监测试点工作 … 546
做好广东省森林资源二类调查工作 … 546
完成首个国家森林城市生态标识规划设计工作 … 546
中南监测区森林资源管理情况检查联合工作协调会 … 547
完成2017年综合核查外业调查和内业汇总工作 … 547
承担完成的《湖南雪峰山国家森林公园总体规划》通过专家评审 … 547
承担完成的《湖南沅陵国家森林公园总体规划》（2017~2025年）通过专家评审 … 547
承担完成的第二次全国重点保护野生植物资源调查工作成果通过国家验收 … 547
承担完成的辽宁等五省区泥炭沼泽碳库调查成果通过专家评审 … 547
承担完成的西藏类乌齐马鹿国家级自然保护区总体规划通过国家林业局专家评审 … 548
承担完成的《广东省茂名市国家森林城市建设总体规划》通过专家评审 … 548
承担完成的广东省佛山市森林城市生态标识试点建设通过国家核查验收 … 548
承担完成的岩溶地区第三次石漠化监测成果通过专家评审 … 548
8个工程咨询项目荣获国家和全国林业优秀工程咨询成果奖 … 548

国家林业局西北林业调查规划设计院 …… 548

综　述 … 548
资源监测 … 548
服务地方林业建设 … 549
新技术研发 … 549

国家林业局昆明勘察设计院 …… 550

综　述 … 550
森林资源连续清查工作 … 551
森林资源监测（调查、核查、检查）工作 … 551
国家公园规划与研究 … 551
林业专项调查工作 … 551
湿地生态系统评价等工作 … 551
树种生物量建模数据采集工作 … 551
林业碳汇计量与监测工作 … 551
承担林业工程标准编制工作 … 551
《林业建设》期刊编辑出版发行工作 … 551
服务林业生态建设工作 … 551
服务社会工作 … 552
职工队伍建设 … 552
质量技术管理 … 552
学术交流及科研工作 … 552
思想政治工作 … 552
精神文明建设工作 … 552
林业大事 … 552

中国大熊猫保护研究中心 …… 553

综　述 … 553
首届"九寨"杯国际摄影大赛颁奖活动 … 554
旅美大熊猫"宝宝"平安回国 … 554
外国驻华使节团访问保护研究中心 … 554
大熊猫"星雅""武雯"赴荷兰参加科研合作 …… 554
熊猫爱心人士交流活动 … 555
扩充大熊猫精子库 … 555
保护研究中心与国际竹藤中心签署战略合作框架协议 … 555
发表《野生大熊猫种群动态的研究综述》 … 555
成功申请"大熊猫放归笼"专利 … 555
保护研究中心野外引种试验取得成功 … 555
"小熊猫人工巢穴"获外观设计专利 … 555
保护研究中心应邀参加中国动物园协会2017年年会 … 555
李春良调研中国大熊猫保护研究中心 … 555
大熊猫"彩陶""湖春"赴印度尼西亚 … 556
保护研究中心徽标成功申请版权 … 556
保护研究中心传达学习党的十九大精神 … 556
保护研究中心参加2017年国际学术年会 … 556
保护研究中心参加2017中国大熊猫繁育技术委员会年会 … 556
大熊猫"暖暖"回国 … 556
大熊猫"映雪""八喜"同时放归自然 … 556

保护研究中心参加第五届海峡两岸暨香港、澳门大熊猫保育教育研讨会 556

国家林业局驻各地森林资源监督专员办事处工作

内蒙古自治区专员办（濒管办）工作 558
综　述 558
督查督办案件 558
执法监督 558
重点地区治理 558
林地监管 558
林木采伐监管 558
航空护林和无人机技术应用试点 558
野生动植物进出口管理和履约工作 558
野生动植物监管 559
监督检查 559
监督问题整改 559
党建和机关建设 559
林业大事 559

长春专员办（濒管办）工作 560
综　述 560
加强"两项试点"领导 560
创新管理体制机制 561
落实所有权人和整合所有者职责 561
建立管理制度体系 561
保护生态资源和东北虎豹安全 561
布局公园建设项目 561
扩大社会参与 561
开展考察和调研 561
宣传培训 561
协助规划编制工作 561
查办林政案件 561
创新监督工作机制 562
林木采伐监督管理 562
森林资源管理情况检查 562
濒危物种进出口管理工作 562
机关"两建"工作 562
林业大事 562

黑龙江省专员办（濒管办）工作 565
综　述 565
督查督办毁林案件 565
强化资源保护监管 565
履约宣传 565
依法行政 565
学习培训 565
管理工作 565
党建工作 566
林业大事 566

大兴安岭专员办工作 566
综　述 566
森林资源监管 566
林地利用监管 566
设计质量核查 567
严格采伐审批 567
森林综合抚育监管 567
案件督查督办 567
资源管理问题督办 567
资源管理检查 567
野生植物监管 567
野生动物保护监督 567
湿地及自然保护区监督 567
完善监管办法 567
遥感技术培训 567
林业数据管理 567
资源监督报告 568
联合办案机制 568
监督管理业务培训 568
工作制度建设 568
思想组织建设 568
党风廉政建设 568
巡视整改工作 568
林业大事 568

成都专员办（濒管办）工作 569
综　述 569
森林资源监督 569
濒危物种进出口管理和履约执法 570
"两建"工作 570
林业大事 570

云南省专员办（濒管办）工作 571
综　述 571
督查督办涉林案件 571
森林资源监督报告 571
森林资源监督机制 571
林地管理督查试点 571
征占用林地项目初审 571
涉林执法检查 571
行政许可办证 571
证书建档管理 571
履约宣传活动 571
履约培训活动 571
重点敏感物种监测与评估 572
协助调研处理环保热点问题 572
党建工作 572
林业大事 572

福州专员办（濒管办）工作 … 573
综　述 … 573
监督机制创新 … 573
督查督办涉林违法案件 … 573
保护发展森林资源目标责任制检查 … 573
建设项目使用林地行政许可监督检查 … 573
濒危物种进出口行政许可 … 574
CITES 履约执法协调 … 574
履约执法宣传教育活动 … 574
国家林业局党组专项巡视 … 574
干部队伍素质培养 … 574
林业大事 … 574

西安专员办（濒管办）工作 … 575
综　述 … 575
全力督办案件 … 575
创新督查检查 … 575
注重协调服务 … 575
调研工作 … 575
履约监管服务工作 … 575
机关建设和党的建设 … 575
林业大事 … 576

武汉专员办（濒管办）工作 … 576
综　述 … 576
案件督查督办 … 576
专项督查整治 … 577
森林资源监督网格化管理 … 577
专项检查 … 577
"绿剑行动"整改验收 … 577
编制森林资源监督报告 … 577
濒危物种进出口管理 … 577
党建廉政建设 … 577
林业大事 … 578

贵阳专员办（濒管办）工作 … 578
综　述 … 578
2016 年度监督报告 … 578
监督机制创新 … 578
案件督查督办 … 578
专项检查督查 … 578
濒危物种进出口管理和野生物植物保护监督工作 …… 579
召开违法使用林地案件查办集体约谈会议 … 579
林业大事 … 579

广州专员办（濒管办）工作 … 580
综　述 … 580
提交 2016 年度森林资源监督通报 … 580
林地保护管理监督检查工作 … 580
森林资源管理情况检查 … 581
涉林违法案件督查督办工作 … 581
专项检查督查 … 581
完善监督手段和机制 … 581
濒危物种行政许可管理工作 … 582
履约宣传培训工作 … 582
履约执法协调与沟通工作 … 582
巡查和监测工作 … 582
林业大事 … 582

合肥专员办（濒管办）工作 … 583
综　述 … 583
案件督查督办 … 583
森林资源管理情况检查 … 583
建设项目使用林地行政许可检查 … 584
义务监督员 … 584
专项行动督查 … 584
野生动物保护执法 … 584
濒危物种进出口管理 … 584
加强执法协作平台建设 … 584
机关党建 … 584
林业大事 … 585

乌鲁木齐专员办（濒管办）工作 … 585
综　述 … 585
机关党的建设 … 585
森林资源监督 … 586
濒危物种进出口管理 … 586
访民情惠民生聚民心 … 587

上海专员办（濒管办）工作 … 587
综　述 … 587
机关党的建设 … 587
森林资源监督管理工作 … 587
濒危物种进出口管理工作 … 588
林业大事 … 588

北京专员办（濒管办）工作 … 589
综　述 … 589
森林资源监督工作 … 589
濒危物种进出口管理 … 590
机关两建 … 590
林业大事 … 590

林业社会团体

中国林学会 … 594
综　述 … 594
第五届中国林业学术大会 … 596
2017 现代林业发展高层论坛 … 596
创新驱动助力工程 … 596
2017 森林中国大型公益系列活动 … 596

全国科技助力精准扶贫实地督查 596
2017首届国际银杏峰会 596
科技社团改革发展理论研讨会 597
第34届青少年林业科学营 597
林业大事 597

中国野生动物保护协会 598

综述 598
"世界野生植物日"系列公益宣传活动 599
全国"爱鸟周"系列宣传活动 599
中芬签署大熊猫保护研究合作协议 599
中德大熊猫保护研究合作协议签署及合作项目正式启动 599
中荷大熊猫保护研究合作项目启动暨大熊猫馆开馆仪式 600
中印尼大熊猫保护研究项目启动仪式 600
2017年海峡两岸暨香港澳门黑脸琵鹭自然保育研讨会 600
全国林业科技活动周桂林分会场宣传活动暨"自然体验培训师"培训班 600
保护野生动物宣传月系列公益活动 600
秋季志愿者"护飞"行动 600
绘眼看自然——长隆杯第一届自然笔记大赛 600
中国野生动物保护协会野生动物园专业委员会成立大会 601

中国花卉协会 601

综述 601
第九届中国花卉博览会 601
第十一届中国花卉产业论坛 601
国家花卉种质资源库管理 601
发布《2017全国花卉产销形势分析报告》 601
出版《2015中国花卉产业发展报告》 601
国家重点花卉市场建设 601
推选典型发挥示范作用 601
2019北京世园会(A1类)筹备工作 601
做好2016土耳其安塔利亚世园会(A1类)中国参展工作总结 602
2017中国(萧山)花木节 602
2017上海国际月季展 602
第十九届中国国际花卉园艺展览会 602
2017广州国际盆栽植物及花园花店用品展览会 602
支持举办第十一届三亚国际热带兰花博览会 602

中国绿化基金会 602

综述 602
"互联网+全民义务植树"网络平台试运行 603
中国绿化基金会绿手帕专项基金荣获"搜索中国正能量·点赞2016年度公益奖" 603
2017年"幸福家园(宁夏)——全国志愿者生态扶贫植树交流公益活动" 603

绿色公益联盟"绿色思想荟"系列公益沙龙活动 603
联合福布斯中国举办"2017福布斯中国荒漠化治理绿色企业榜"活动 603
拓宽"互联网+"公益平台 603
组织、参与举办《联合国防治荒漠化公约》第十三次缔约方大会及相关边会工作 603
"熊猫守护者"公益项目启动 603
沙漠生态锁边造林行动 603
生态扶贫公益项目 603
生物多样性保护与区域可持续发展 603

中国林业产业联合会 604

综述 604
2017红博会在大涌红博城举行 605
第三届全国森林食品产销对接大会 605
《全国杜仲产业发展规划(2016~2030)》实施研讨会 605
首届森林生态药业与饮品酒业产业发展研讨会 605
中巴中秘签署林业产业合作协议 605
中国(安吉)森林康养产业发展创投峰会 606
衡阳油茶产业发展座谈会 606
首届"生态文明·绿色发展"论坛 606
首届中国木质林产品质量提升与品牌建设高峰论坛 606
中俄可持续林业产业发展论坛 606
"生态文明·绿色转型"论坛 607
中国(邵阳)油茶产业精准扶贫研讨会暨油茶互联网博览会 607
第四届中国(诸暨)香榧节 607
首届中国森林康养与乡村振兴论坛 607

中国林业工程建设协会 608

综述 608
资质管理 608
优秀设计和咨询成果评选 608
管理人员和技术人员培训 608
全国林业行业资深专家评选 608
行业标准编制与宣传贯彻 608
发挥专业委员会的作用 608
为修订《林业调查规划设计收费指导意见》开展调研 608
四届二次理事会召开 608

中国绿色碳汇基金会 609

概述 609
"绿化祖国·低碳行动"植树节 609
G20杭州峰会碳中和林建成仪式 609
中国绿公司年会碳中和项目 609
"一带一路"生态修复论坛 609
蔬食,我的新挑食主义发布会 609
"老牛冬奥碳汇林"全面启动发布会 609

联合国气候大会"中国角"边会 …………… 609
联合发起社会公益自然保护地联盟 ………… 609

中国水土保持学会 …………………………… 610
综　述 …………………………………………… 610
党建工作 ……………………………………… 610
学会建设 ……………………………………… 610
国际学术交流 ………………………………… 610
两岸学术交流 ………………………………… 610
国内学术交流 ………………………………… 610
学术期刊 ……………………………………… 611
科普工作 ……………………………………… 611
服务创新型国家和社会建设 ………………… 611
评优表彰与举荐人才 ………………………… 611

中国林业教育学会 …………………………… 611
概　述 …………………………………………… 611
组织工作 ……………………………………… 611
成立自然教育分会 …………………………… 612
课题研究 ……………………………………… 612
创新创业教育 ………………………………… 612
服务中心工作 ………………………………… 612
完成第一届全国林业教学名师遴选工作 …… 612
召开第一届全国林业院校校长论坛 ………… 612
主办联合国防治荒漠化公约第13次缔约方大会"荒漠资源保育与精准扶贫"边会 ………… 612
出版刊物 ……………………………………… 612
分会特色工作 ………………………………… 612
全国林科十佳毕业生评选 …………………… 613

中国林场协会 ………………………………… 614
综　述 …………………………………………… 614

中国生态文化协会 …………………………… 614

综　述 …………………………………………… 614
理论研究 ……………………………………… 614
品牌创建 ……………………………………… 615
自身建设 ……………………………………… 615
其他工作 ……………………………………… 615

中国林业文学艺术工作者联合会 …………… 616
综　述 …………………………………………… 616
组织建设 ……………………………………… 616
弘扬生态文化 ………………………………… 616

林业大事记与重要会议

2017年中国林业大事记 …………………… 618
2017年林业重要会议 ……………………… 624
全国国土绿化和森林防火工作电视电话会议 …… 624
2017年全国林业厅局长会议 ………………… 624
2017年全国林业厅局长电视电话会议 ……… 626

附　录

国家林业局各司（局）和直属单位等全称简称
　对照 ………………………………………… 627

书中部分单位、词汇全称简称对照 ………… 628

书中部分国际组织中英文对照 ……………… 628

附表索引

索　引

CONTENTS

Specials ·········· 1
Important Expositions of Forestry ·········· 2
Important Expositions of the Director of the State Forestry Administration ·········· 30
Regulatory Documents Related to Forestry ·········· 32

Overview of China's Forestry Sector ·········· 73
China's Forestry Sector since the 18th National Congress of the Communist Party of China ·········· 74
China's Forestry Sector in 2017 ·········· 76

Key Forestry Programs ·········· 81
The Natural Forest Resources Conservation Program ·········· 82
The Program for Conversion of Slope Farmland to Forests ·········· 84
The Program onSandification Control for Areas in the Vicinity of Beijing and Tianjin ·········· 86
The Three Key North Shelterbelt Development Program ·········· 86
Shelterbelt Development Program in the Yangtze River Basin and Other River Basins ·········· 89
Fast-growing and High-yield Forest Program for Key Regions ·········· 90

Forest Cultivation ·········· 91
Forest Seed and Seedling Production ·········· 92
Forest Management ·········· 97
Forest Tending Work ·········· 99
Management of Economic Forest ·········· 100
Forestry Biomass Energy ·········· 103

Ecological Development ·········· 105
Afforestation ·········· 106
Protection of Ancient and Famous Trees ·········· 107
Sandification Prevention and Control ·········· 108
Construction and Management of Forest Parks ·········· 112
Response of Forestry to Climatic Change ·········· 113

Forestry Industry ·········· 117
Development of Forestry Industry ·········· 118
Forest Tourism ·········· 119

Forest Resource Conservation ·········· 123
Forest Pest Prevention and Treatment ·········· 124
Wildlife Conservation and Nature Reserve Building ·········· 125
Conservation and Propagation of Wildlife ·········· 126
Conservation and Management of Wild Plants ·········· 126
Nature Reserve Building ·········· 127

National Park Building 128
Monitoring and Prevention and Control of Wildlife Epidemic Diseases 128
Conservation and Management of Giant Pandas 129
Import and Export Management of Endangered Wildlife and CITES Compliance 130
Wetland Conservation and Management 133

Forest Fire Prevention 135

Forest Fire Prevention Work 136
Forest Fire 137
Important Meetings and Events of Forest Fire Prevention and Control 139
Building of Forest Firefighting System 140
Aerial Forest Firefighting 143
Armed Forest Police Corps 143

Forest Public Security 147

Forest Public Security Work 148
Important Events of Forest Public Security 149
Forest Public Security Team Buildup 149
Law Enforcement and Case Investigation of Forest Police 151
Policing Logistics for Forest Public Security Bodies 152

Forest Resource Management and Supervision 155

Forest Resource Management and Supervision Work 156
Forestland and Forest Tenure Management 157
Forest Harvest Management 160
Sustainable Forest Management 161
Forest Resource Monitoring 162
Forest Administrative Enforcement 164
Forest Resource Supervision 166
Reform of State-owned Forest Regions 168

Improvement of Forestry Laws and Systems 171

Forestry Policies and Laws 172

Collective Forest Tenure Reform 175

Collective Forest Tenure Reform 176

Forestry Science and Technology 179

Forestry Science and Technology 180
Forestry Scientific Research 180
ForestrySci-tech Extension 182
Standardization of Forestry 184
Forestry Intellectual Property Protection 193
Protection of New Varieties of Plants 195
Forestry Bio-safety Management 196
Protection and Management of Forestry Genetic Resources 196

| CONTENTS | 2018

International Exchanges and Cooperation and Contractual Compliance ········· 196
Forest Certification ········· 197
Introduction of Forestry Intelligence ········· 197

Forestry Informatization ········· 199
Foresty Informatization Building ········· 200
Website Building ········· 201
Website Security ········· 201
Program Construction ········· 202
Standard Setting and Technological Cooperation ········· 243
Office Automation ········· 203
Foresty Informatization Rate Evaluation and Website Performance Evaluation ········· 204

Forestry Education and Training ········· 207
Forestry Education and Training Work ········· 208
Management of Forestry Educational Materials ········· 209
Statistic Information on Forestry Education ········· 209
Beijing Forestry University ········· 228
Northeast Forestry University ········· 231
Nanjing Forestry University ········· 234
Central South University of Forestry and Technology ········· 236
Southwest Forestry University ········· 238
Nanjing Forest Police College ········· 240

Forestry Opening-up ········· 245
Important Foreign Affair Events in Forestry Sector ········· 246
International Exchanges and Cooperation of Forestry ········· 246
Important International Conferences ········· 249
Non-governmental International Cooperation and Exchanges ········· 251
Loan Programs from International Financial Organizations ········· 253

Development of State-owned Forest Farms ········· 255
Management and Development of State-owned Forest Farms ········· 256
Reform of State-owned Forest Farms ········· 257

Development of Forestry Workstations ········· 261
Forestry Workstations Building ········· 262

Forestry Planning and Statistics ········· 265
National Statistical Analysis in Forestry Sector ········· 266
Forestry Planning ········· 268
Statistics on Official Approval of Forestry Fixed Assets Investment Construction Programs ········· 270
Investment in Forestry Basic Construction ········· 278
Regional Forestry Development ········· 278
Forestry for Poverty Alleviation ········· 279
International Exchanges and Cooperation of Economy and Trade in Forestry Sector ········· 280

Statistics of Forestry Production ……… 283
Statistics of Fixed Assets Investment ……… 297
Statistics of Labor Wages ……… 300

Forestry Financial Accounting ……… 303
Forestry Finance and Accounting ……… 304

Forestry Funds Auditing ……… 315
Building and Management of Forestry Funds Center ……… 316
Forestry Funds Auditing Work ……… 317
Internal Auditing of Forestry ……… 317
Forestry Discount Loan ……… 318

Forestry Spiritual Civilization Improvement ……… 319
Construction of the CPC and Departments of the State Forestry Administration ……… 320
Forestry Publicity ……… 321
Forestry Publications ……… 322
Forestry Newspaper and Magazines ……… 325

Forestry Development in Provinces, Autonomous Regions and Municipalities ……… 327
Beijing Municipality ……… 328
Tianjin Municipality ……… 335
Hebei Province ……… 340
Shanxi Province ……… 345
Inner Mongolia Autonomous Region ……… 348
Inner Mongolia Daxing'Anling Key National Forest Management Bureau ……… 351
Liaoning Province ……… 353
Jilin Province ……… 355
Jilin Forest Industry Group Corporation ……… 359
Heilongjiang Province ……… 361
Heilongjiang Forest Industry (Group) Corporation ……… 363
Daxing'Anling Forestry Group Corporation ……… 369
Shanghai Municipality ……… 373
Jiangsu Province ……… 377
Zhejiang Province ……… 381
Anhui Province ……… 382
Fujian Province ……… 386
Jiangxi Province ……… 390
Shandong Province ……… 398
Henan Province ……… 401
Hubei Province ……… 405
Hunan Province ……… 417
Guangdong Province ……… 421
GuangxiZhuang Autonomous Region ……… 425
Hainan Province ……… 430
Chongqing Municipality ……… 434

Sichuan Province ················ 435
Guizhou Province ················ 438
Yunnan Province ················ 441
Tibet Autonomous Region ················ 445
Shaanxi Province ················ 446
Gansu Province ················ 450
Qinghai Province ················ 455
NingxiaHui Autonomous Region ················ 459
Xinjiang Uyghur Autonomous Region ················ 464
Xinjiang Production and Construction Corps ················ 466

Forestry Human Resources ················ 473

Leadership Members of the State Forestry Administration ················ 474
New Executive Director of the Office of the National Greening Commission of China ················ 474
People in Charge of Departments (Bureaus) of the State Forestry Administration ················ 474
People in Charge of Institutions Directly under the State Forestry Administration ················ 475
People in Charge of Forestry Departments (Bureaus) of Provinces, Autonomous Regions and Municipalities ················ 479
Human Resource Work ················ 482
Talent Labor ················ 484

Institutions Directly under the State Forestry Administration ················ 485

Forestry Economics and Development Research Center ················ 486
The Center for Talent Development and Exchange ················ 489
Chinese Academy of Forestry ················ 492
Academy of Forest Inventory and Planning ················ 498
Planning and Design Institute of Forest Product Industry ················ 513
State Academy of Forestry Administration ················ 515
International Center for Bamboo and Rattan ················ 519
General Station of Forest Pests Management ················ 529
North General Station for Aerial Forest Protection ················ 532
South General Station for Aerial Forest Protection ················ 538
Institute of Forest Inventory Planning and Design for East China ················ 543
Institute of Forest Inventory Planning and Design for Central & South China ················ 544
Institute of Forestry Inventory Planning and Design for Northwest China ················ 548
China Forest Exploration & Design Institute in Kunming ················ 550
China Conservation and Research Center for the Giant Panda ················ 553

Commissioner's Offices for Forest Resources Supervision of SFA ················ 557

Commissioner's Office (Inner Mongolia Autonomous Region) for Forest Resources Supervision of SFA ················ 558
Commissioner's Office (Changchun) for Forest Resources Supervision of SFA ················ 560
Commissioner's Office (Heilongjiang) for Forest Resources Supervision of SFA ················ 565
Commissioner's Office (Daxing'Anling) for Forest Resources Supervision of SFA ················ 566
Commissioner's Office (Chengdu) for Forest Resources Supervision of SFA ················ 569
Commissioner's Office (Yunnan) for Forest Resources Supervision of SFA ················ 571
Commissioner's Office (Fuzhou) for Forest Resources Supervision of SFA ················ 573
Commissioner's Office (Xi'an) for Forest Resources Supervision of SFA ················ 575

Commissioner's Office (Wuhan) for Forest Resources Supervision of SFA ……… 576
Commissioner's Office (Guiyang) for Forest Resources Supervision of SFA ……… 578
Commissioner's Office (Guangzhou) for Forest Resources Supervision of SFA ……… 580
Commissioner's Office (Hefei) for Forest Resources Supervision of SFA ……… 583
Commissioner's Office (Urumqi) for Forest Resources Supervision of SFA ……… 585
Commissioner's Office (Shanghai) for Forest Resources Supervision of SFA ……… 587
Commissioner's Office (Beijing) for Forest Resources Supervision of SFA ……… 589

Forestry Social Organizations ……… 593

China Forestry Association ……… 594
China Wildlife Conservation Association ……… 598
China Flower Association ……… 601
China Green Foundation ……… 602
China Forestry Industry Federation ……… 604
China Forestry Engineering Association ……… 608
China Green Carbon Foundation ……… 609
Chinese Soil and Water Conservation Society ……… 610
China Education Association of Forestry ……… 611
China National Forest Farm Association ……… 614
China Ecological Culture Association ……… 614
China Forestry Literary and Art Federation ……… 616

Forestry Memorabilia and Important Meetings ……… 617

China Forestry Memorabilia in 2017 ……… 618
Important Meetings on Forestry in 2017 ……… 624

Appendixes ……… 627

Full Names and Abbreviations Referred to the Departments (Bureaus) of the State Forestry Administration and to the Institutions Directly under the State Forestry Administration ……… 627
Full Names and Abbreviations Referred to Some Institutions and Terms ……… 628
Chinese and English Names Referred to Some International Organizations ……… 628
Schedule Index ……… 629
Index ……… 631

特辑
01

林业专论

在全国深化集体林权制度改革经验交流座谈会上的讲话

汪 洋

（2017年7月27日）

党中央、国务院高度重视集体林权制度改革。习近平总书记多次亲自主持研究相关问题，多次深入基层检查指导工作，就加快集体林业改革发展作出一系列重要指示。今年5月23日，总书记又专门就福建集体林权制度改革作出重要批示，明确要求深入总结经验，不断开拓创新，继续深化集体林权改革，更好实现生态美百姓富的有机统一。李克强总理近日也对集体林权制度改革作出重要批示。今天我们召开这次会议，就是要深入学习贯彻习近平总书记重要指示精神，落实李克强总理批示要求，总结交流推广福建等地的经验和做法，研究部署下一步改革工作，以实际行动响应党中央"将改革进行到底"的号令。

武平县是我国集体林权制度改革的发源地，在改革的关键时期，是习近平总书记为改革定向把舵，撑腰打气，推进了改革不断深入，并形成燎原之势，实现了继农村家庭联产承包责任制后，引领农村集体产权制度变革上的又一重大突破。2002年，在这里，时任省长的习近平总书记明确提出："林改的方向是对的，要脚踏实地向前推进，让老百姓真正受益。"并要求："集体林权制度改革要像家庭联产承包责任制那样从山下转向山上。"15年来，福建始终以这些思想为指引，持续深化改革、不断努力探索，极大地解放和发展了林业生产力，既守护了绿水青山，又成就了金山银山。总书记推动福建林业改革发展的探索实践，不仅指引着福建集体林权制度改革走到全国前列，带动和促进了全国的集体林权制度改革，而且成为他林业发展和生态文明建设战略思想的重要起源之一。来到这里，重走总书记当年推动的集体林权制度改革之路，可以帮助我们更深刻、更系统、更全面地领会总书记的指示精神，为继续深化集体林权制度改革提供强大思想武器。

昨天，大家实地看了武平县的几个点。刚才，福建、浙江、广西三省区的负责同志作了交流发言，讲得都很有启发性，值得学习借鉴。国家发展改革委、财政部、林业局的负责同志介绍了相关安排，要抓好贯彻落实。下面，我结合学习习近平总书记重要指示精神，再讲几点意见。

一、深刻学习领会习近平总书记重要指示精神

习近平总书记在福建集体林权制度改革15周年之际作出的重要批示，与总书记十八大以来关于林业工作的系列重要指示精神，既一脉相承又有创新升华，是总书记林业建设发展重要战略思想的最新成果，是新形势下深化集体林权制度改革的根本遵循，对加快推进我国林业现代化、建设生态文明和全面建成小康社会具有重大而深远的意义。我们要认真学习领会，坚决贯彻落实。

一要深刻领会习近平总书记对集体林权制度改革的重要定位，进一步增强深化集体林权制度改革的责任感和使命感。改革是林业发展的动力之源，是绿山变金山的基本保障。习近平总书记早在宁德工作期间，就对林业改革发展有着深刻的认识，形成了一系列重要指导思想，他在当年撰写的《闽东的振兴在于"林"——试论闽东经济发展的一个战略问题》中就提出："森林是水库、钱库、粮库，在发展经济和满足人民生活需求等方面占有重要地位。我们应采取积极的方针，把林业置于闽东脱贫致富的战略地位来制定政策。首先要有一个明确的指导思想，这就是深化林业体制改革。"并强调："促进林业发展，必须稳妥、扎实地抓好两个关键环节，一是完善林业责任制，二是健全林业经营机制。"此后，在福建、浙江等地工作期间，总书记始终把推进林业改革发展放在重要位置，不断探索，不断深化。党的十八大以来，总书记更是从统筹推进"五位一体"总体布局和协调推进

"四个全面"战略布局出发，就生态文明建设提出了一系列新理念新思想新战略，将林业改革发展放到更加突出的位置，赋予新的重要使命。我们要从战略和全局高度，深刻认识加快林业改革发展的重大意义，切实把深化集体林权制度改革当作一件大事，摆在重要位置抓紧抓好。

二要深刻领会习近平总书记对集体林权制度改革的明确指向，进一步提高深化集体林权制度改革的攻坚意识。习近平总书记在批示中明确指出："望以建设国家生态文明试验区为契机，深入总结经验，不断开拓创新。"这一明确指向，是总书记对生态文明建设一以贯之的要求。总书记在2015年主持召开中央政治局会议审议《关于加快推进生态文明建设的意见》时强调："必须把制度建设作为推进生态文明建设的重中之重，着力破解制约生态文明建设的体制机制障碍。"在去年6月主持召开中央全面深化改革领导小组第二十五次会议、审议《国家生态文明试验区（福建）实施方案》时，总书记明确要求："福建等试验区要突出改革创新，聚焦重点难点问题，在体制机制创新上下功夫。"在上月底主持召开中央全面深化改革领导小组第三十六次会议研究国家生态文明试验区建设工作时，总书记再次强调："要注意总结借鉴有关经验做法，聚焦重点难点问题，在体制机制创新上下功夫，为完善生态文明制度体系探索路径、积累经验。"总书记之所以高度重视生态文明制度建设，是因为制度具有根本性和长远性，最能解决问题。一个大包干，就基本解决了13亿人口的温饱问题。福建的一个商品林赎买制度，就为化解生态保护与农民增收矛盾找到了突破口。我们要自觉按照总书记的要求，紧紧抓住体制机制这个重点，在制度创新上攻坚克难，在解决社会关注度高、涉及人民群众切身利益的问题上积极作为。

三要深刻领会习近平总书记对集体林权制度改革的充分肯定，进一步坚定深化集体林权制度改革的必胜信心。习近平总书记在批示中明确指出："福建集体林权制度改革起步早、力度大，历经15年的积极探索和接力奋斗，成就了今天的绿水青山，富裕了千万林农，也为全国集体林权制度改革树立了标杆。"这是总书记对福建集体林权制度改革工作的充分肯定，也体现了总书记对深化集体林权制度改革正确方向的高度自信。总书记在分析"两山论"的形成阶段时指出："第三个阶段是认识到绿水青山可以源源不断带来金山银山，绿水青山本身就是金山银山，我们种的常青树就是摇钱树，生态优势变成经济优势，形成了浑然一体、和谐统一的关系。"福建集体林权制度改革的实践证明，通过深化改革，绿水青山和金山银山这"两座山"是完全能够做到浑然一体的，我们追求的人与自然、经济与社会的和谐统一，是完全可以实现的。从全国的情况看，像福建这样的成功典型还有不少。我们要增强必胜信心，坚决按照总书记指明的方向，扎扎实实做好各项工作，更好实现生态美百姓富的有机统一。

二、准确把握深化集体林权制度改革的总体要求

关于下一步深化集体林权制度改革，习近平总书记的重要指示已经为我们指明了方向，国办去年底印发的《关于完善集体林权制度的意见》也作出了具体部署，我们要认真贯彻落实。要以新发展理念为指导，着力创新集体林业产权模式和国土绿化机制，拓展和完善集体林地经营权能，开发利用集体林业多种功能，为促进集体林区森林资源持续增长、农民林业收入显著增加、国家生态安全保障水平不断提高，注入强大动力。在推进过程中，要注意把握好以下几点。

首先是要明确改革目的。深化集体林权制度改革，目的是为了把林子越种越多、越种越好，为改善我国生态环境和促进农民增收致富提供坚实支撑。习近平总书记在对福建集体林权制度改革的批示中指出："继续深化集体林权制度改革，更好实现生态美百姓富的有机统一，在推动绿色发展、建设生态文明上取得更大成绩。"这一论述明确了集体林权制度改革的基本定位，改革不是目的，是手段，是为了实现生态美百姓富。我们不能把目的和手段混淆起来，更不能把手段当作目的，以为实现确权就大功告成了。要看到，确权只是多种树、种好树的一个基础条件，确权后林子是多了还是少了，林相是好了还是差了，效益是高了还是低了，对生态环境的贡献是大了还是小了，这才是衡量改革成不成功的标准。在林业发展上，我们不能再走先数量后质量的老路，必须既重数量又重质量，其中质量既要体现在经济效益上，更要体现到生态效益上。一些林区，片面追求经济效益，集中连片大面积种植特定单一树种，林是多了，短期经济效益也可能会上去，但也引发一些其他生态问题。这些都需要通过深化改革来解决。所以，深化集体林权制度改革，明确产权不是改革的结束而是开始，我们要以此为新的起点，加快推进集体林业转型升级，实现提质、增效和增绿的齐头

并进。

其次是政府要积极推动。深化集体林权制度改革，增强林业发展活力，要使市场在资源配置中起决定性作用。但这并不意味着政府可以放手不管，相反，政府需要更好、更积极地发挥作用。在林业发展、生态保护上，有些问题是市场解决不了、解决不好的。特别是集体林地属集体所有，改革涉及国家、集体、个人等多方利益，改革必须政府推动，相关的配套制度也需要政府来设计。促进市场发挥作用的各项改革举措，像明晰产权关系、规范市场交易、完善服务保障等，实际上都是由政府来推动的。刚才福建、浙江、广西等地介绍的经验中，共同的一条就是，各级党委政府高度重视、积极推动，主动为市场机制发挥作用创造良好条件。一般而言，在生态效益和经济效益二者不可兼得时，林农更看重经济效益，而政府则更看重生态效益。这也决定了政府必须在二者兼顾上有所作为。对于生态林，必须研究对农民的补偿机制和利益实现形式。从全局看，绿水青山就是金山银山，但在有些地方，对于具体的农民个体而言，虽然绿水青山是生态的金山银山，但不一定能变成经济的金山银山，如果没有相应的利益保证，农民也不会把绿水青山当作金山银山来经营。因此，改革要深入研究如何进一步调动农民积极性，要建立和完善生态补偿机制，各级政府都需要加大这方面的政策力度，特别是要加大财政投入的力度。不能因为搞了集体林权制度改革，政府就万事大吉、撒手不管。

再次是要守住改革底线。集体林权制度改革涉及亿万农民的切身利益，关系绿色发展和生态文明建设大局，在方向性问题上不能出大的偏差，不能犯颠覆性错误，必须牢牢守住三条底线。一是农村林地集体所有制的底线。这是农村基本经营制度的"魂"。集体林权制度无论怎么改，基本经营制度不能变，我们党农村政策的根本方针不能动摇，集体林地家庭承包基础性地位不能削弱。二是生态保护的底线。林地必须林用，不得随意改变用途，不得擅自改变公益林性质、范围和保护等级。集体林权制度无论怎么改，都不能以牺牲和破坏生态为代价。三是保护农民利益的底线。要依法维护农村集体经济组织成员的林地承包权，稳定集体林地承包关系并保持长久不变，改革的出发点必须是更好地发展林业、更好地保障和实现农民利益，而不能打农民林权的主意。要妥善处理改革中出现的矛盾和纠纷，对借改革之机强行流转山林、与民争利的行为要坚决纠正，对乱砍滥伐林木、乱占滥征林地的行为要坚决制止。

三、扎实做好深化集体林权制度改革的重点工作

深化集体林权制度改革，基本目标是要构建集体林业良性发展机制，让产权保护更加有力，承包权更加稳定，经营权更加灵活，林地流转和抵押贷款制度更加健全，管理服务体系更加完善。当前和今后一个时期，要围绕上述目标重点做好以下几项工作。

一是加快完善产权制度。这是集体林权制度改革最重要、最核心的内容。目前，明晰产权、承包到户的改革任务总体上已经完成，基本实现了"山定权、树定根、人定心"。但还存在着产权保护不严格、生产经营自主权落实不到位等问题，林权流转和林业经营的制度性障碍仍然很多。下一步，在继续做好确权登记颁证工作的同时，重点要探索建立集体林地所有权、承包权、经营权分置运行机制，切实巩固集体所有权、保障农户承包权、落实经营自主权，形成集体林地集体所有、家庭承包、多元经营的格局。要加快完善森林分类管理和采伐更新管理制度，进一步放活商品林经营权，依法保障权利人的合法权益，任何单位和个人不得禁止和限制依法开展的经营活动，生态保护有需要的，要通过市场化方式给予合理补偿。

二是积极引导适度规模经营。这是确保集体林权制度改革取得实效的重要举措。以前很多人对林改有顾虑，所担心的无外乎两个问题，一个是分林到户后会不会出现乱砍滥伐，再一个就是分林到户后经营水平会不会下降。现在看，乱砍滥伐没有出现，但提高经营水平还需更加努力。各地要从实际出发，因地制宜、因势利导地推进适度规模经营，并以此引领现代林业建设。要多途径提升集体林规模经营水平，鼓励农户采取转包、出租、入股等方式有序流转集体林权，引导各类生产经营主体开展联合、合作经营。要多元化培育壮大集体林规模经营主体，加强对广大林农和各类新型经营主体的培训，积极支持兴办适度规模的家庭林场、联营林场、股份合作制林场等新型经营主体，重视发展林业服务主体。要多形式建立健全利益联结机制，引导工商资本和新型经营主体带动更多农户参与规模经营，创新产业联结方式、完善利益分享机制，探索建立林业生产公益性政策红

利分享机制。要多渠道扩大造林规模，利用荒山荒地、路旁田边等植树增绿。中国的林子太少，过去是毁林开荒，现在要退耕还林。

三是大力发展涉林产业。把资源优势转化为经济优势，让种下的常青树真正变成摇钱树，需要产业发展作纽带。深化集体林权制度改革，必须把发展涉林产业摆在更加突出的位置，研究制定更加有力的产业支持政策，用涉林产业的大发展实现生态美百姓富的有机统一。要加快林业结构调整，以生产市场前景好的绿色生态林产品为导向，大力发展林下经济、特色经济林、木本粮油、竹藤花卉等特色产业。要充分发挥林业多种功能，大力发展新技术新材料、森林生物制药、森林旅游休闲康养等绿色新兴产业，加快推进农村一、二、三产业融合发展，带动农户受益。要加强林业品牌创建，大力实施森林生态标志产品建设工程，开展林特产品标准化生产示范，把林特小品种做成带动农民增收的大产业。

四是做好林业管理和服务。这是政府义不容辞的基本职责。加强林业管理和服务，不是去直接干预林权流转和生产经营，主要是提供良好的公共服务，比如，信息沟通、政策咨询，规范林权流转、调处经营纠纷，查处损害农民利益和破坏森林资源等违法违规行为等。近年来，一些地方通过加强林权管理服务中心建设，搭建林权流转市场监管和服务平台，有效维护了当事人的合法权益，减少了矛盾纠纷，有关部门要深入总结、加快推广这种做法。要顺应深化集体林权制度改革的新形势新要求，加快基层林业部门职能转变，强化公共服务，逐步将适合市场运作的服务事项交由社会化服务组织承担。同时，要引导村委会、集体经济组织等积极发挥作用，为农民提供撮合交易、托管等服务。

四、切实加强深化集体林权制度改革的组织保障

集体林权制度改革是继家庭联产承包责任制之后农村生产关系的又一次深刻调整，涉及面广、政策性强、矛盾问题多、攻坚难度大。各地区、各有关部门要按照党中央、国务院的部署要求，切实履行好相关职责，确保各项改革措施落地生根。

一要落实工作责任。深化集体林权制度改革，实行省级全面负责、县级组织实施的领导体制和工作机制。地方各级主要负责同志特别是重点林区的县乡主要负责同志，要切实按照习近平总书记在中央全面深化改革领导小组第三十七次会议上的指示要求，提高抓改革的站位，当好本地改革领头人。要亲自挂帅、亲自抓，承担好领导责任。要深入改革一线开展调查研究，及时解决改革过程中遇到的矛盾和问题，涉及重大政策调整的，要及时向上级请示汇报。

二要鼓励积极探索。尊重基层和农民的创造精神，放手让基层去实践、去创新，是集体林权制度改革的成功经验。怎样处理生态效益和经济效益的关系？怎样处理好政府和市场的关系？怎样处理好林地所有权、承包权、经营权的关系？怎样处理好数量和质量的关系？怎样处理好"盆景"和"风景"的关系？需要不断地深入探索。要充分利用各种改革试验示范平台，支持各类主体积极创新，形成典型和示范引领效应。要不断总结基层有普遍意义的经验和做法，及时进行交流推广或提炼上升为政策制度，在更大范围释放改革红利。要建立健全改革容错纠错机制，加强舆论宣传引导，形成改革允许有失误、但不允许不改革的鲜明导向和社会氛围。

三要精心组织实施。国家林业局作为集体林权制度改革的牵头部门，要加强统筹协调，梳理细化各项改革任务，推动各项改革政策措施落到实处。各有关部门要按照职责分工，继续完善相关政策，抓好任务落实，合力支持集体林业发展。要加强与其他相关改革的衔接，提高改革的综合效应。

四要强化监督考核。将集体林权制度改革成效作为地方各级领导班子及有关领导干部的考核内容，建立考核评价机制，层层传导压力。加强对改革实施情况的督促检查，建立第三方评估机制，提高督促检查的针对性和实效性。强化考核评估结果应用，建立激励约束机制，对搞得好的单位和个人予以表彰奖励，对搞得不好的要严肃问责。

同志们，深化集体林权制度改革，任务艰巨，使命光荣。让我们紧密团结在以习近平同志为核心的党中央周围，锐意进取，开拓创新，扎实做好深化集体林权制度改革各项工作，更好实现生态美百姓富的有机统一，为推动绿色发展、建设生态文明作出新的更大贡献！

把握新形势 抓住新机遇 推动林业现代化建设上新水平
——在全国林业厅局长会议上的讲话

张建龙

(2017年1月5日)

这次全国林业厅局长会议的主要任务是：深入学习领会习近平总书记系列重要讲话精神，认真贯彻落实党的十八大和十八届三中、四中、五中、六中全会，以及中央经济工作会议、中央农村工作会议精神，总结2016年林业工作，分析当前林业形势，部署2017年重点任务，切实用习近平总书记重大战略思想指导林业现代化建设，不断提升我国林业改革发展水平。

一、关于2016年工作完成情况

一年来，全国林业系统深入贯彻落实习近平总书记系列重要讲话精神，按照党中央、国务院的决策部署，自觉践行新发展理念，坚持紧盯大事要事，既注重整体谋划，又加强分类指导，出台了一批规划和文件，对"十三五"林业工作逐项安排并狠抓落实，实现了"十三五"良好开局。全年完成造林1.02亿亩*，超过三年滚动计划年均任务；完成森林抚育1.26亿亩，为年度计划任务的105%；林业产业总产值达到6.4万亿元，同比增长7.7%，林产品进出口贸易额达到1340亿美元。

（一）落实"四个着力"扎实有效。坚持将学习贯彻习近平总书记"四个着力"要求，作为推进林业现代化建设、维护森林生态安全的根本任务，逐项安排部署，全力抓好落实。着力推进国土绿化方面，在内蒙古自治区召开全国加快推进国土绿化现场会，出台《全国造林绿化规划纲要（2016～2020年）》，对国土绿化进行科学谋划和全面部署，明确了下一步工作的总体思路、目标任务和重点举措。着力提高森林质量方面，在江西省召开全国森林质量提升工作现场会，印发《全国森林经营规划（2016～2050年）》，着手实施森林质量精准提升工程，构建健康稳定优质高效的森林生态系统。着力开展森林城市建设方面，在陕西省召开森林城市建设座谈会，发布《关于着力开展森林城市建设的指导意见》，对森林城市建设进行安排部署。新授予22个城市"国家森林城市"称号，还有80多个城市正在积极创建。着力建设国家公园方面，会同有关部门完成了国家公园体制试点实施方案审查工作，东北虎豹、大熊猫国家公园体制试点方案获中央深改组审议通过，雪豹、亚洲象、环首都等国家公园筹建工作积极推进。

（二）服务"三大战略"取得突破。立足林业优势，认真谋划布局，在服务"一带一路"建设、京津冀协同发展、长江经济带发展上迈出实质性步伐。围绕"一带一路"建设，确定了防沙治沙和野生动植物保护两大重点，建立了中国—中东欧国家（16+1）、大中亚地区、中国—东盟等林业合作机制，成功举办世界防治荒漠化日全球纪念活动暨"一带一路"高级别对话，发布了《"一带一路"防治荒漠化共同行动倡议》。围绕京津冀协同发展，召开京津冀协同发展生态率先突破推进会，明确了准备重点突破的7个方面，建立了局省市共同推进工作机制。印发了《京津冀生态协同圈森林和自然生态保护与修复规划》，力争在林业生态建设方面率先实现突破。围绕长江经济带发展，召开首次长江经济带"共抓大保护"林业工作会议，确定抓好"3大行动、9项工作"，推动长江沿线各省市形成保护生态的合力。印发了《长江经济带森林和湿地生态系统保护与修复规划》，重点加强森林、湿地生态系统保护与恢复。

（三）林业改革全面实施。国有林区改革省级实施方案全部批复。260亿元金融债务清理完成，其中与木材停伐相关的130亿元，中央财政将从2017年起每年安排利息补助6.37亿元；分离企业办医院、学校、三供一业等工作扎实推进，多渠道安置富余职工9.7万人，87个林业局单列纳入国家重点生态功能区范围。国有林场改革完成了省级实施方案批复和试点省验收，近1/3市县实施方案已获批复，260个市县、634个国有林场完成改革任务。国务院办公厅出台了《关于完善集体林权制度的意见》。全国集体林权流转2.83亿亩，林权抵押贷款850多亿元，县级以上林权管理服务机构1800多个，家庭林场、农民专业合作社等新型经营主体18.4万个，森林保险参保面积21.74亿亩。同时，积极推进生态文明体制改革，认真做好涉林相关工作。《湿地保护修复制度方案》通过中央深改组审议并由国务院办公厅印发，《甘肃、宁夏等地湿地产权确权试点方案》正式出台，《沙化土地封禁保护修复制度方案》已经国务院批准发布。启动了国有森林资源有偿使用试点和林业自然资源资产负债表编制工作，参与起草了划定并严守生态保护红线的若干意见，提出了纳入红线的林地范围及管控措施。林业行政审批事项大幅减少，审批效率明显提高，审批行为更加规范，事中事后监管逐步加强。

（四）生态修复持续推进。林业重点工程深入实施，三北工程启动两个百万亩防护林基地建设；京津风沙源治理和长江、沿海等防护林体系建设工程完成年度任务；开展了退耕还林突出问题专项整治和工作督导，退耕还林进度明显加快，2015年度任务全部完成，2016年度任务进展顺利；组织了"十二五"省级政府防沙治沙目标责任考核，启动了新一轮石漠化综合治理工程，在重点沙区开展了灌木林平茬抚育试点，新增沙化土地封禁保护试点县10个。建设国家储备林1237万亩。发布了《造林技术规程》《旱区造林绿化技术指南》，新增5

---

* 1亩≈0.067公顷。

个全国森林经营样板基地，开展了森林可持续经营新一轮试点。全年生产林木种子4600万千克、苗木404亿株，满足了造林绿化苗木供应。湿地面积指标纳入国家"十三五"规划纲要，出台了《退耕还湿实施方案》，退耕还湿20万亩，恢复退化湿地30万亩。

（五）资源管护继续强化。天然林保护实现全覆盖，商业性采伐全面停止。加强了建设项目使用林地审核审批管理，林地变更调查试点有序推进，"林地一张图"日益完善。国务院批准建立了打击野生动植物非法贸易部际联席会议机制，临时禁止进口象牙及其制品的禁令延期实施3年，并扩大了禁止进口范围。新增林业国家级自然保护区16处、国家森林公园21处、国家沙漠公园15处、国家湿地公园134处。森林资源清查、野生动植物资源调查取得阶段性成果，启动了第三次石漠化监测工作。与公安部联合出台了《关于深化森林公安改革的指导意见》，积极推进森林公安正规化建设。健全了森林资源监督机制，开展了森林资源管理情况检查，对存在突出问题的自然保护区进行了督查整改。组织开展了"清网行动"、打击非法占用林地等涉林违法犯罪专项行动。全国共查处林业行政案件19.48万起、刑事案件近3万起。

（六）精准扶贫成效明显。根据林业特点和优势，确定了"四精准、三巩固"的林业扶贫工作思路。中央财政安排补助资金20亿元，全国落实生态护林员28.8万人，带动108万贫困人口脱贫。退耕还林、国家储备林建设等工程和项目重点向贫困地区倾斜，帮助贫困人口就业增收。通过统筹整合资金、落实银行贷款，对贫困地区发展木本油料、森林旅游、经济林、林下经济等绿色富民产业给予积极支持，35万户、110万贫困人口依托森林旅游实现增收。印发了《林业科技扶贫行动方案》，开展了送科技下乡等林业科技扶贫行动，一批贫困人口依靠科技实现精准脱贫。加强了定点扶贫、片区扶贫工作指导，4个定点扶贫县落实贷款15亿元。

（七）灾害防控总体平稳。国务院批复《全国森林防火规划（2016~2025年）》。各地认真落实森林防火责任制，全面加强森林防火能力建设，森林航空消防省份扩大到19个。全国共发生森林火灾2034起，受害森林面积9.32万亩，因灾伤亡36人，取得了多年来的最好成绩。开展了林业有害生物防治政府购买服务试点，强化了京津冀、长江经济带、黄山等重点区域重大外来有害生物防控。全国林业有害生物发生面积1.7亿亩，防治面积1.2亿亩。野生动物疫源疫病监测防控正式纳入国家生物安全保障体系，全年妥善处置野生动物疫情24起。有效应对8次沙尘天气过程，林业系统未发生大的安全生产事故。

（八）产业发展势头良好。召开了第三届全国林业产业大会，大力推动产业转型升级。电子商务、森林康养等新业态快速发展，产业质量和效益稳步提升。启动了森林体验基地、森林养生基地建设试点，各类森林旅游地接近9000处，年接待旅游人数12亿人次，较上年增长15%。全国林产品电子商务平台正式上线运行。开展了重点林产品质量安全监管和建材市场秩序专项整治，启动了林业企业信用等级评价和国家森林生态标志产品体系建设试点，认定了第二批国家级林业重点龙头企业。参加了2016土耳其安塔利亚世界园艺博览会并获最高奖项，成功举办唐山世园会、中国森林旅游节、中国竹文化节等节庆展会。

（九）科技和信息化支撑更为有力。召开了全国林业科技创新大会，出台了《林业科技创新"十三五"规划》《主要林木育种科技创新规划》和加强林业科技创新驱动发展的意见。启动了2个国家重点研发专项，竹子、杨树、落叶松、牡丹纳入国家转基因生物新品种培育重大科技专项"十三五"规划。3项成果获得国家科技进步二等奖，推广了一批先进实用技术。高分四号卫星投入使用，陆地生态系统碳监测卫星工程启动立项。全国生态定位站达到179个，新批建工程中心8个、质检机构3个。成立了国际标准化组织竹藤技术委员会，发布国家标准29项、行业标准215项。确定了第二批国家林木种质资源库、首批国家花卉种质资源库，公布了第六批林业植物新品种保护名录，授予新品种权196件。出台了《"十三五"林业信息化发展规划》，制定了林业大数据、物联网、电子商务等指导意见，开展了中国林业移动互联网发展战略研究。"金林工程"、电子政务内网等项目批准立项，启动了全国林业信息化率测评，国家林业局网上行政审批平台、濒危物种进出口审批与联网核销系统投入使用。与国家发展改革委开展了生态大数据应用与研究战略合作，建立了有关林业数据协同共享平台和机制。中国林业网站群超过4000个，访问总量突破20亿人次，在部委网站绩效排名中保持第二名。

（十）政策法治保障逐步完善。印发了《林业发展"十三五"规划》和30个专项规划。中央林业投入1133亿元，与2015年同口径相比增长19%。提高了天然林保护工程、造林投资补助标准，新增了物种国家公园、国有林区防火应急道路、国家森林公园等资金渠道。金融创新取得突破，发布了林业领域PPP项目指导意见，与国家开发银行、中国农业发展银行签署合作协议，40多个项目签订贷款合同755亿元，已经落实152亿元；与中国建设银行签署全面合作协议，拟设立1000亿元的林业产业发展投资基金，首期260亿元已开始对接项目。建立了林业贴息贷款多部门联合监管机制，落实贴息贷款240亿元。中国绿化基金会和中国绿色碳汇基金会募集资金超过1亿元，正在履行项目备案和交易程序的林业碳汇项目83个。出台了《关于全面推进林业法治建设的实施意见》，修订了野生动物保护法，制定和修改10件部门规章，湿地保护条例已上报国务院审查。林业综合行政执法改革、林业普法、行政复议和诉讼等工作扎实有效。

（十一）宣传出版和国际合作深入开展。围绕林业中心工作和重要时间节点，开展了系列主题宣传活动，各主要新闻单位和网站刊播林业报道1.2万条（次）。《中国绿色时报》发行量首次突破7万份。发布了《中国生态文化发展纲要（2016~2020年）》，出版了《中国湿地资源》等系列图书，《绿色发展与森林城市建设》入选2016年国家主题出版重点出版物。积极实施林业"走出去"战略，深化国际交流与合作，与11个国家签署了林业合作协议。深度参与了应对气候变化、中美战略与经济对话等国际谈判，成功完成了作为习近平主席特使出席中非共和国新任总统就职仪式等重大外交活动，有效化解了世界自然保护大会期间个别国家南海紧急动议危机。获得联合国防治荒漠化公约第13次缔约方大会举办权，在《濒危野生动植物种国际贸易公约》第17次缔约方大会上当选公约常委会副主席国。中美共建中国园项目正式开工。成功举办首届国际森林城市大会、第十届国际湿地大会等重要会议。国际竹藤组织和亚太森林组织国际影响力不断提升。林业利用外资、境外森林资源利用与培育合作、对外援助等工作取得新进展。

（十二）党的建设全面加强。认真学习贯彻十八届六中全会精神，按照全面从严治党的要求，狠抓主体责任和监督责任落实，健全党建工作责任制，扎实推进党风廉政建设和反腐败工作。加强了基层党组织建设和党内教育，开展了"两学一做"学习教育和"三强化两提升"学习实践，党员干部学习教育"灯下黑"问题专项整治、党员组织关系集中排查、党费专项检查等工作取得实效。严格落实中央八项规定精神，开展了集中整治"四风"问题专项检查。完成了中央巡视整改任务，加大了涉林案件查办、资金稽查审计和问题线索处理力度，林业资金不谋林、侵害林农利益等问题得到严肃查处，林业系统党风政风行风持续改进。加强了林业干部队伍建设和高层次人才引进培养，统战、群团、工青妇、机关后勤、老干部等工作都取得新成效。

二、关于当前林业形势与任务

党的十八大以来，以习近平同志为核心的党中央从坚持和发展中国特色社会主义全局出发，确立了"五位一体"总体布局和"四个全面"战略布局，提出了新发展理念，作出了经济发展进入新常态的重大判断，推进了供给侧结构性改革，打响了脱贫攻坚战，开展了农村产权制度改革，等等。这些新的治国理政方略和重大决策部署，正在推动我国经济社会转型升级，适应经济发展新常态的经济政策框架逐步形成，农业农村发展新旧动能加速转换，林业发展的内外部环境开始发生深刻变化。只有准确把握并积极适应这些新形势新变化，顺势而为，乘势而上，不断完善林业的制度体系、政策框架和工作举措，林业现代化建设才能抓住新机遇、培育新动能、实现新发展。

准确把握林业发展形势，核心要求是认真学习领会习近平总书记系列重要讲话精神，全面掌握总书记关于生态文明建设和林业改革发展的重大战略思想，深刻理解总书记对林业提出的新使命、新要求，切实增强推动林业改革发展的责任感和紧迫感。党的十八大以来，习近平总书记对林业工作高度重视，多次研究林业重大问题，多次视察林业林区工作，多次关心林业职工生活，多次参加义务植树活动，多次作出重要指示批示，对林业改革发展提出了许多新思想新观点新要求。据不完全统计，习近平总书记关于林业的重要批示、指示、讲话达100多次，涉及林业改革、造林绿化、生态保护、产业发展等各个方面。这些重大战略思想内涵丰富、博大精深、融为一体，既有对林业地位作用、发展战略、森林生态安全等重大问题的深刻阐述，又有对林业具体工作的指示要求；既有林业发展的方向、目标和任务，又有推动改革的制度、举措和办法，针对性、指导性和可操作性都很强。习近平总书记对林业的重视程度之高、批示指示之多、推动力度之大前所未有，这既是推进林业现代化建设的根本指针和基本遵循，又是加快林业改革发展的最新形势和最大机遇，需要各级林业部门认真学习领会，全面准确把握，积极主动作为。

准确把握林业发展形势，根本任务是用习近平总书记重大战略思想指导林业改革发展，认真贯彻总书记重视林业的战略意图，全面落实中央强林惠林的决策部署，扎实推进林业现代化建设上新水平。近几年我国林业之所以能够在深化改革、资源培育、生态保护、森林城市建设等方面实现突破，关键在于各级林业部门牢固树立"四个意识"特别是核心意识、看齐意识，深入学习领会习近平总书记系列重要讲话精神，自觉践行绿水青山就是金山银山、生态惠民、保护优先、尊重自然等重要理念，不断完善推进林业现代化建设的思路举措，以改革创新的精神，破解发展难题，推动林业发展。当前，我国林业现代化建设正处于攻坚克难、爬坡过坎的关键阶段，进则全胜，不进则退。各级林业部门要将深入学习贯彻习近平总书记系列重要讲话精神作为重大政治任务，着力在学深学透、真学真用上下功夫，真正做到学用一致、知行合一，不断提高推动林业现代化建设的能力和水平。

准确把握林业发展形势，基本方法是认真研究国家重大决策部署对林业现代化建设带来的深刻影响，在把握大局、服务大局中寻求林业发展新机遇，推动林业实现更大发展。总的看，在建设生态文明和美丽中国的大背景下，我国林业发展形势将会长期利好，林业发展态势会持续向好，大家对此要坚定信心，以功成不必在我的精神，持之以恒推动林业改革发展。同时我们也要看到，林业现代化建设既是一项艰巨的任务，又是一个漫长的过程，不同阶段有不同的发展机遇，也应有不同的措施办法，做到"明者因时而变，知者随事而制"。当前，就是要用中央最新精神分析研判林业的形势与任务，真正把思想和行动统一到习近平总书记系列重要讲话精神上来，统一到中央经济工作会议、中央农村工作会议决策部署上来，抢抓发展机遇，完善工作思路，创新工作举措，更好地指导林业改革发展，更好地服务国家大局。

（一）深化生态文明体制改革必将扩大林业发展红利。中央对生态文明体制改革高度重视，专门印发了《生态文明体制改革总体方案》。最近，习近平总书记又强调，要深化生态文明体制改革，尽快把生态文明制度的"四梁八柱"建立起来，把生态文明建设纳入制度化、法治化轨道。当前，中央正在夯基垒台、立柱架梁，稳步推进生态文明制度顶层设计，不断深化各领域改革，着力完善生态文明制度体系，林业改革发展将会迎来更为有利的制度环境。

林业作为生态文明制度改革的重要领域，既要完成好中央确定的改革任务，助力生态文明建设，又要抓住难得的改革机遇，创新林业体制机制，为林业现代化建设释放更大改革红利。一方面，可以借助深化生态文明体制改革的强劲东风，重点抓好国有林场、国有林区、集体林权制度3大改革，认真完成建立国家储备林制度、编制自然资源资产负债表、湿地产权确权试点等120多项改革任务，彻底解决多年想解决但难以解决的深层次问题，全面增强林业发展活力和动力，为林业长远发展提供制度保障。另一方面，可以借助中央和全社会高度重视生态文明建设的浓厚氛围，不断提升我国生态保护与修复水平。党的十八大以来，中央把加快林业发展作为生态文明建设的重要内容，坚持林业工作与生态文明建设同部署、同落实，许多文件和规划都专门对林业作出了安排，确定了林业发展的目标任务、主要措施和制度保障。特别是生态文明建设目标评价考核办法、生态环境损害责任追究办法出台后，中央关于林业的决策部署一定能得到全面落实，损害自然、破坏生态的行为必将受到严肃追究，我国林业发展必将迈上新的水平。

当前，我国林业改革正在全面推进，要按照中央深化生态文明体制改革的总要求，坚持稳中求进工作总基调，投入更大精力抓好改革落实，力争在关键领域、重点环节取得突破。在抓好林业三大改革的同时，要将国家公园体制试点、自然资源资产管理体制试点作为重要任务，充分发挥林业资源、机构、资金、专业等独特优势，会同有关部门和省份抓好试点方案落地，确保改革试点取得成功。要大力弘扬改革创新精神，把深化改革既当成任务又当成方法，坚持用改革的办法推动林业发展。要坚持以人民为中心的改革思想，始终维护好人民群众根本利益，让人民对改革有更多的获得感。

（二）推进供给侧结构性改革必将提高林业综合生产能力。推进供给侧结构性改革，就是要从提高供给质量出发，用改革的办法调整经济结构，实现要素最优配置，提升经济增长的质量和效益，最终扩大有效供给，更好满足人民群众的需求，促进经济社会持续健康发展。目前，我国生态状况堪忧，森林资源总量不足，生态产品和林产品严重短缺，林业综合生产能力难以适应经济社会发展的需要。习近平总书记在中央经济工作会议上，既从补短板的角度，要求加强生态保护，又从推进农业供给侧结构性改革的角度，要求把增加绿色优质农产品供给放在突出位置，让老百姓吃得安全、吃得放心。在这些方面，林业既责无旁贷、任务艰巨，又空间广阔、大有可为。

推进供给侧结构性改革，补上生态短板，就要加强生态文明建设，增加生态保护和修复投入力度，林业将是主要支持领域。这有利于实施好林业重点生态工程，推动生态状况逐步改善，生态产品生产能力持续增强。从推进农业供给侧结构性改革来看，全国有46.6亿亩林地、39亿亩沙地、8亿亩湿地和4万多种野生动植物种，利用丰富的土地和物种资源，大力发展木本粮油、森林食品等产业，是增加绿色优质农产品供给的优先选项。这有利于借助需求侧的强大拉动，优化林业产业产品结构，增强林产品生产能力。同时，推进供给侧结构性改革，还有利于发挥市场在资源配置中的决定性作用，完善生态产品和林产品价格形成机制，优化各类林业生产要素配置，提高劳动生产率和资源利用率，提升林业发展的质量和效益。

推进林业供给侧结构性改革，根本任务是提升林业综合生产能力，保障生态产品和林产品供给。要加强森林资源培育，扩大森林面积，增加资源总量，提高森林质量，为生产生态产品和林产品奠定坚实的物质基础。

要加大保护力度，严守生态红线，努力减少生态资源损失，防止生态退化和破坏。要加强城乡生态治理，改善人居环境，让人民群众更加便捷地享受优质生态服务。要科学利用林业资源，大力发展林业产业，加强林产品质量监管，提升绿色优质林产品生产能力，满足市场对林产品的巨大需求。

（三）打赢脱贫攻坚战必将促进绿色惠民。打赢脱贫攻坚战，确保2020年全国农村人口全部脱贫，如期全面建成小康社会，是党中央为实现第一个百年奋斗目标作出的重大决策部署。当前，各地区各部门正在深入学习贯彻习近平总书记关于扶贫开发的重要战略思想，采取有力有效措施，扎实推进精准扶贫、精准脱贫。这既为林业扶贫提出了新的要求，又为林业发展创造了新的机遇。

我国林区、山区、沙区集中了全国60%的贫困人口，既是发展林业的重点地区，又是脱贫攻坚的主战场。帮助这些地区的贫困人口脱贫，必须立足当地资源，发挥林业优势。早在20多年前，习近平总书记担任宁德地委书记时就指出，闽东的振兴在于林，森林是水库、钱库、粮库，这就是著名的"三库"理论。在贫困地区大力发展林业，不仅可以吸纳贫困人口就业增收，增加林产品有效供给，还有利于改善生态状况，扩大生态空间，促进贫困地区保护生态与脱贫增收协调发展。对于生态良好的贫困地区，通过科学利用森林资源，积极发展绿色富民产业，可以让贫困人口依托当地资源尽快摆脱贫困。

在脱贫攻坚实践中，国家和许多地方已将发展林业作为精准扶贫的重要选项，林业的工程、项目、资金重点向贫困地区倾斜，支持贫困人口通过保护生态、发展产业实现了就业增收。但是，林业精准扶贫的任务依然很重，空间和潜力也很大。今后，要更有力、更扎实地推进林业扶贫工作，全力打赢林业脱贫攻坚战。一方面，继续支持贫困地区开展生态保护和修复，积极发展绿色富民产业，帮助更多贫困地区和贫困人口长期稳定脱贫；另一方面，认真总结推广林业精准扶贫的模式和经验，完善政策措施，严格落实责任，不断提高林业发展质量和脱贫成效。各级林业部门要勇于承担生态脱贫、产业脱贫任务，支持贫困人口通过发展林业实现就业增收，提升林业对脱贫攻坚的贡献率。各地整合的涉农资金，要多安排贫困人口开展造林绿化和生态保护，既促进脱贫，又改善生态。

（四）加快农村金融创新必将吸引更多资金进入林业。近年来，国家在增加"三农"财政投入的同时，更加注重发挥财政资金的撬动作用，创新投融资机制，引导金融和社会资本进入"三农"领域。中央农村工作会议明确要求，加快农村金融创新，推动金融资本向农业农村倾斜，确保"三农"和扶贫信贷投放持续增长。这对林业来说是重大利好，长期制约林业发展的投入不足问题有望缓解，推动林业实现规模经营和集约经营，提高经营水平和质量效益。

经济发展新常态下，国家财政收入增速趋缓，大幅度增加林业投入的难度很大。推进林业现代化建设，既要积极争取各级政府加大投入，又要完善林业投融资体制，深化与各金融机构的合作，丰富涉林金融产品，引导更多金融资本流向林业。在农村金融创新方面，林业与农业相比更具优势、更有潜力。集体林权制度改革以来，各地积极创新林业投融资机制，赋予了集体林权抵押担保等权能，林权抵押贷款和政策性开发性贷款业务蓬勃发展，林业资金不足的问题有所缓解，但融资难、融资贵的问题依然存在。要抓住当前有利时机，充分发挥财政资金的杠杆作用，完善林业抵押担保贴息机制，破除金融资本流向林业的障碍，撬动金融和社会资本加快进入林业。要强化金融产品创新，推出更多符合林业特点的金融产品，更好地满足各类林业经营主体的需要。要深入研究国有森林资源、公益林的抵押担保权能问题，进一步增加林业抵押物。要加强林业抵押贷款监管，对倾向性苗头性问题做好预案，积极防范金融风险。

三、关于 2017 年重点工作安排

2017 年是实施"十三五"规划的重要一年，是供给侧结构性改革的深化之年。全国林业系统要全面贯彻党的十八大和十八届三中、四中、五中、六中全会精神，深入贯彻习近平总书记系列重要讲话精神，坚持稳中求进工作总基调，牢固树立和贯彻落实新发展理念，以推进林业供给侧结构性改革为主线，以维护国家森林生态安全为主攻方向，全面推进林业现代化建设，不断提升生态产品和林产品供给能力，为建设生态文明、增进民生福祉和推动经济社会发展作出更大贡献，以优异成绩迎接党的十九大胜利召开。力争全年完成造林 1 亿亩，森林抚育 1.2 亿亩，林业产业总产值达到 7 万亿元，林产品进出口贸易额达到 1380 亿美元，森林、湿地、沙区植被和野生动植物资源得到全面保护，全国生态状况持续改善。

（一）全面深化林业改革。国有林区改革要坚定"四分开"信心和决心，加快理顺国有林管理体制机制，高度重视剥离办企业办社会职能，妥善安置富余职工，有效化解金融债务，确保林区社会稳定。积极推进国有林场改革，重点解决定性定编定岗和活化激励机制等问题，开展改革中期评估和成效监测，着手研究解决改革遗留问题。全力落实国务院办公厅《关于完善集体林权制度的意见》，上半年召开全面深化集体林权制度改革工作会，进一步研究部署深化改革任务。没有出台深化改革文件的省份要抓紧出台实施意见，进一步明确任务、落实政策，充分调动新型经营主体和广大农民经营林业的积极性。同时，要认真完成中央深改办安排的其他改革任务，加快编制林业自然资源资产负债表，研究制定国有森林资源有偿使用方案，指导地方开展"多规合一"试点。推动制定部门权责清单，继续取消下放一批林业行政审批事项，加强事中事后监管，提高行政许可标准化水平。

（二）着力推进国土绿化。认真实施国土绿化工程，加快退耕还林进度，加强三北防护林、京津风沙源治理等重点工程建设。制定《全民义务植树尽责形式与统计管理办法》，推广"互联网＋义务植树"模式，深入开展义务植树活动和部门绿化。启动一批政府和社会资本合作造林项目。发布封山（沙）育林、飞播造林技术规程。出台《国家储备林建设规划（2016～2050 年）》，建设国家储备林 1000 万亩。出台《全国森林城市发展规划（2016～2030 年）》和《国家森林城市评价指标》，命名一批国家森林城市，推进森林城市群建设，启动乡村绿化示范建设。落实全国森林经营规划，完成省级森林经营规划编制，加快编制国有林场森林经营方案。启动森林质量精准提升工程，分 6 大片区实施 16 个区域工程和 48 个示范项目。抓好森林抚育和退化防护林修复，强化森林经营样板基地建设。加强林木种苗培育和质量监管，推广使用良种壮苗，公布第三批国家重点林木良种基地。完善林业碳汇计量监测体系，加快发展林业碳汇交易。

（三）严格管护森林资源。从严控制建设项目使用林地，修订《国家级公益林区划界定办法》和《国家级公益林管理办法》。落实好全面停止天然林商业性采伐政策，抓好人工商品林采伐管理改革试点。推进第九次全国森林资源清查，完成重点国有林区 45 个林业局二类调查和森林经营方案编制。强化森林资源监督执法，开展全国森林资源管理核查。深化森林公安改革，稳步推行由森林公安机关代行林业行政处罚职能的林业综合行政执法模式，抓好专员办和林业工作站协同监督试点，形成联防联查联打长效机制，严厉打击涉林违法犯罪行为。发布《全国城郊森林公园建设指导意见》，新建一批森林公园。强化古树名木保护管理，坚决制止移植天然大树进城。

（四）全力防控森林火灾。高度重视森林防火工作，层层落实森林防火责任制。认真实施全国森林防火规划，抓紧编制省级规划，实施一批重点项目，加快森林防火装备和基础设施建设，提高森林航空消防覆盖面。推进森林防火专业化建设，扩大军民联防、联训、联指、联战、联保试点，加强对武警森林部队建设的协调和指导，进一步提升防扑火能力。严格落实林火监测报告、24 小时带班值班等规定，加强重点时段、重点地区火灾隐患排查，强化预警响应分级管理，完善指挥通讯、信息报送、火情研判等工作机制。防火队伍坚持靠前驻防、跨区驻防，一旦发生火情，要靠前指挥、跨区增援、重兵扑救，实现打早打小打了，确保不发生重特大森林火灾，为党的十九大胜利召开营造稳定的林区环境。同时，加强林业有害生物防治目标责任管理，部署开展尽责情况自查。抓好重点地区重大林业有害生物防控，加大绿色防控力度，坚决遏制松材线虫、美国白蛾等蔓延扩散。积极做好沙尘暴监测和野生动物疫源疫病监测防控工作，全力抓好林业安全生产。

（五）切实加强湿地保护修复。认真落实《湿地保护修复制度方案》，制定湿地分级管理、国家重要湿地管理、湿地面积总量管控等制度，推进湿地保护政绩考核，抓好湿地产权确权试点，推动湿地从抢救性保护向全面保护转变。严格控制湿地开发和围垦强度，积极开展退化湿地修复，加强湿地保护项目建设，扩大湿地生态效益补偿试点，抓好退耕还湿试点。强化国家湿地公园建设指导和检查验收，新建一批国家湿地公园，实行国家湿地公园晋级制。开展《湿地公约》湿地城市认证，抓好国家重要湿地确认、国际重要湿地监测、重要湿地健康功能价值评价和内蒙古泥炭沼泽碳库调查。

（六）突出抓好防沙治沙。认真贯彻习近平总书记等中央领导同志批示精神，全面落实防沙治沙政府责

任,通报"十二五"省级政府防沙治沙目标责任考核结果,签订"十三五"责任书。落实《沙化土地封禁保护修复制度方案》,启动沙化土地封禁保护项目,强化沙区原生植被保护。加大防沙治沙投入力度,抓好京津风沙源治理、石漠化综合治理和全国防沙治沙综合示范区建设,推进沙区灌木林平茬抚育试点。加强国家沙漠(石漠)公园建设,发布岩溶地区第三次石漠化监测结果。

(七)严格保护野生动植物。认真落实《野生动物保护法》,抓紧制修订相关配套制度。启动东北虎豹、大熊猫国家公园体制试点,争取批准建立亚洲象等重点物种国家公园体制试点方案,开展东北虎豹国家公园自然资源产权制度改革试点。加强自然保护区建设与监管,改善和扩大野生动植物栖息地,维护好生物多样性。推进野生动植物救护繁育基地和基因库建设。落实打击野生动植物非法贸易部际合作联席会议机制,做好停止商业性加工销售象牙活动的相关工作。完善国家自贸区野生动植物种进出口管理便利服务措施。加快筹建大熊猫保护研究基地,开展大熊猫等珍稀濒危野生动物野化放归。发布第二次全国野生动植物资源调查阶段性成果。

(八)大力发展林业产业。发布《林业产业发展"十三五"规划》和《关于加快林业产业发展的若干意见》。深入推进林产品供给侧结构性改革,继续优化林业产业产品结构,加快发展森林旅游、木本油料、经济林、竹藤花卉、林下经济等绿色富民产业,推动林产品精深加工,增加绿色优质林产品供给。争取国务院办公厅出台加快发展森林旅游的指导意见。推动落实中国林业产业发展投资基金、林业战略性新兴产业发展基金。制定林业市场准入负面清单,着手建立中国林产品交易中心,启动森林生态标志产品建设工程,加快建设全国林产品市场监测预警体系,抓好重点林产品品牌建设和质量安全监管。认真筹备2019北京世园会,积极发展林业展会经济。

(九)稳步提升科技和信息化水平。认真落实全国林业科技创新大会精神,加快实施创新驱动发展战略,优化科技创新方向和重点,调动科技人员积极性,增强林业发展新动能。推动实施转基因生物新品种培育、种业创新等重大科技项目,完善科技创新平台、标准化和新品种测试体系,启动国家林木种质资源库主库建设,加强科技成果推广运用。抓好大气负离子监测试点。推进"互联网+"林业行动计划,实施碳卫星、金林工程、生态大数据等重点信息化项目,完成国家电子政务内网建设,抓好中国林业网运行维护。

(十)建立健全政策法治保障体系。争取各级财政加大投入力度,提高天然林保护工程、退耕还林工程种苗费补助标准,扩大生态护林员规模,落实停止天然林商业采伐、国有林区深山远山职工搬迁等补助资金,新增国有林场管护用房、林业有害生物防治和退化林分修复等投资,增加主体功能区转移支付资金用于林业的比例。发挥政府资金撬动作用,启动政府和社会资本合作林业项目试点,争取落实政策性开发性贷款300亿元以上。尽快报送《森林法》修订草案,积极推动湿地、天然林、国有林场、国有林区森林资源监督管理等立法。完善林业行政执法程序,依法办理行政复议诉讼案件,坚决纠正违法或者不当的林业行政行为。

(十一)注重提升宣传出版影响力。认真组织开展"喜迎十九大"等主题宣传活动,深入学习宣传习近平总书记关于林业和生态文明建设重大战略思想,以及党的十八大以来党中央、国务院关于林业的重大决策部署,为党的十九大胜利召开营造浓厚氛围。大力宣传近年来我国植树造林、森林防火、防沙治沙、野生动植物保护、应对气候变化等方面的伟大成就,主动向驻华国际机构和驻华使节宣传我国林业建设成果,讲好中国故事,传播林业声音,引导国际社会全面了解我国为维护全球生态安全作出的重要贡献,进一步树立负责任大国形象。认真解读林业重大政策和重点工作部署,注重总结推广基层先进经验和模范人物,用榜样的力量推动林业改革发展。抓好重大题材生态文学作品创作和出版,精心编纂《中国林业百科全书》,推出一批生态文化精品力作,为铸就中华民族伟大复兴时代的文艺高峰增添正能量。

(十二)深入开展国际合作。认真筹备召开联合国防治荒漠化公约第13次缔约方大会,推动落实《"一带一路"防治荒漠化共同行动倡议》,在荒漠化防治、野生动植物保护等方面加强与沿线国家合作。积极参加有关重要国际会议和第九轮中美战略与经济对话,精心筹划专项对口磋商工作,认真做好"一带一路"高峰论坛和金砖国家高层会晤中的林业活动。促进亚太森林组织发挥区域引领作用,推动在华设立全球森林资金网络。积极落实防沙治沙、野生动物保护、竹子加工利用等援外项目,继续开展大熊猫国际合作研究。深化境外森林资源利用与培育合作,抓好外资项目建设和管理,做好世行贷款新项目准备。

(十三)认真落实全面从严治党要求。深入贯彻落实十八届六中全会精神,进一步强化"四个意识",认真落实全面从严治党各项要求。巩固拓展"两学一做"学习教育和"三强化两提升"学习实践成果,坚定党员干部道路自信、理论自信、制度自信和文化自信。严格落实中央八项规定精神,始终保持反"四风"高压态势,坚决纠正行业不正之风,着力营造风清气正的发展环境。完善廉政风险防控机制,加强重点领域、关键环节检查监督,认真开展资金稽查和内部审计,严肃查处涉林违纪违法案件。加强干部队伍建设,稳定基层林业站所,充实专业技术人才,提升公共服务能力,为林业现代化建设提供坚实保障。

同志们,在新形势下推进林业改革发展任务艰巨、责任重大。让我们紧密团结在以习近平同志为核心的党中央周围,抢抓发展机遇,坚持改革创新,勇于尽责担当,狠抓任务落实,全面开创林业现代化建设新局面,以优异成绩迎接党的十九大胜利召开!

在国家林业局直属机关两建工作会议上的讲话

张建龙

（2017年2月10日）

经党组研究决定，今天我们召开局直属机关两建工作会议，主要任务是：深入学习贯彻党的十八届六中全会、中央纪委七次全会、全国组织部长会议和中央国家机关党的工作会议暨纪检工作会议精神，总结2016年局直属机关党的建设、干部人事工作、机关建设、党风廉政建设和反腐败工作，部署2017年工作。

2016年，我们按照党中央和中央组织部、中央国家机关工委、中央纪委驻农业部纪检组的部署要求，深入学习贯彻党的十八届三中、四中、五中、六中全会和习近平总书记系列重要讲话精神，认真落实全面从严治党要求，扎实组织开展"两学一做"学习教育和"三强化两提升"学习实践，局直属机关党的建设、干部人事工作、机关建设、党风廉政建设和反腐败工作成效明显，为林业现代化建设提供了重要保障。

2017年是实施"十三五"规划的重要一年，是供给侧结构性改革的深化之年，党的十九大将召开，做好局直属机关党的工作、干部人事工作、机关建设、党风廉政建设和反腐败工作意义十分重大。关于今年工作，刚才永利同志已经作了具体部署，宋组长提出了明确要求，希望大家认真抓好落实。下面，我再强调两个问题。

第一，以提高"四个意识"为引领，推动全面从严治党向纵深发展

去年以来，在全面从严治党进入新常态的关键节点，党中央首次提出并多次强调要增强政治意识、大局意识、核心意识、看齐意识，自觉在思想上政治上行动上同党中央保持高度一致。尤其是在党的十八届六中全会上，要求全党牢固树立"四个意识"，并确立了习近平总书记在全党的核心地位。这些重要论述和重大历史性贡献，既是党中央集中统一领导的具体体现，也是维护党的团结统一、推进全面从严治党的关键所在，具有重大的现实意义和深远的历史意义。我们要切实增强践行"四个意识"特别是核心意识、看齐意识的思想自觉和行动自觉，坚定不移推进全面从严治党。

一要坚决维护党中央权威。"四个意识"集中体现了根本的政治方向、政治立场、政治要求。要切实提高政治站位，坚持以党的旗帜为旗帜、以党的方向为方向、以党的意志为意志，坚决维护习总书记领导核心地位，坚决维护以习近平同志为核心的党中央权威，自觉在思想上政治上行动上同以习近平同志为核心的党中央保持高度一致，确保中央政令畅通。要坚定不移地贯彻和维护党的基本路线，将其作为检验自己政治素质、政治觉悟的根本尺度；始终自觉站在党和国家大局上想问题、办事情，做到党中央提倡的坚决响应、党中央决定的坚决执行、党中央禁止的坚决不做；始终不渝地以总书记对生态文明建设和林业工作的重要批示指示精神为根本遵循，认真落实"四个着力"要求，在服务"一带一路"建设、京津冀协同发展、长江经济带发展上，立足林业优势，认真谋划布局，全力抓好落实，扎实推进中央大政方针和决策部署在林业工作中落地生根、形成生动实践。

二要扛起全面从严治党责任。全面从严治党说到底是个责任问题，特别是落实主体责任更为关键。如果党委不能切实担负起管党治党的主体责任，从严治党只能是句空话。从巡视反馈的意见来看，我们在落实全面从严治党责任上还存在一些问题，有的单位主要负责同志对从严治党的重要性紧迫性认识不到位，不能真正做到把责任扛在肩上，抓在手上，讲起来重要，行动上没有具体措施。有的基层党组织习惯于"上传下达"，满足于"照抄照搬"，上级布置什么就完成什么，缺乏自觉性主动性创造性。有的单位压力传导不够，责任意识不强。党要管党，首先是党委要管，各级党组织要管。各单位的一把手要切实把管党治党的政治责任担当起来，切实从政治上深刻认识和把握全面从严治党要求，筑牢责任意识，强化政治担当。党组织书记要履行好"第一责任人"的责任，坚持党建工作与业务工作两手抓两手硬，实现两融合两促进。要层层传导压力，推动管党治党政治责任一级级延伸。班子成员要履行好"一岗双责"，把党的领导体现到日常监督管理中，体现到工作的方方面面。各级纪委要充分发挥职能作用，执行铁律，铁面无私，当好推进全面从严治党的"尖兵"和"利器"。要强化问责，倒逼各级党组织履行好管党治党责任。

三要严肃党内政治生活。全面从严治党，首先要从党内政治生活严起。《关于新形势下党内政治生活的若干准则》是新形势下加强和规范党内政治生活的根本遵循，要认真学习领会、全面贯彻落实。去年12月底，习近平总书记主持召开中央政治局民主生活会，发表了重要讲话。总书记的要求是对中央政治局的同志提出的，也是对各级领导干部的要求。我们要向总书记看齐，向党中央看齐，进一步加强和规范党内政治生活，切实解决党内政治生活中存在的突出问题，真正让党内政治生活全面严起来、实起来。"三会一课"、双重组织生活会、民主评议党员等，都是党内政治生活的好形式、好载体，必须坚持和完善。要把批评和自我批评这一武器用足用灵用好，抓早抓小抓苗头，警钟长鸣、防微杜渐。

四要重视和加强党内监督。习近平总书记指出，党要管党，从严治党，"管"和"治"都包含监督。全面从严治党，必须强化党内监督。修订后的《中国共产党党内监督条例》着力解决制度不健全、覆盖不到位、责任不明晰、执行不力的问题，是新形势下加强党内监督的根本遵循。各级党组织要负起党内监督的主体责任，书记是第一责任人，要敢抓敢管，勇于监督。对重大问题的决策、重要干部的任免、重大项目的安排、大额资金的使用等"三重一大"事项，必须集体研究讨论决定。

党员干部特别是领导干部要牢固树立"监督就是爱护"的理念,既积极参与监督,又主动接受监督,习惯在监督下开展工作。各级纪委是党内监督专职机关,要认真履行监督执纪问责职责。要加强对重点领域、重点岗位权力运行情况的监督,紧抓重点人、重点事、重点问题,把权力关进制度的笼子。

二、以严格落实中央八项规定精神为重点,扎实推进党风廉政建设和反腐败工作

刚才,宋组长从落实两个责任、贯彻中央八项规定精神、强化纪律规矩意识、加强权力监督制约、规范林业项目资金管理使用等5个方面,指出我局在党风廉政建设方面存在的问题,很客观、很中肯、很有针对性,我们一定要高度重视,认真予以解决,推进直属机关党风廉政建设和反腐败工作不断向纵深发展。

一要切实提高认识,增强反腐倡廉意识。习近平总书记在中央纪委七次全会上发表的重要讲话,站在实现党的历史使命的战略全局高度,充分肯定党的十八大以来全面从严治党取得的显著成效,全面分析当前党风廉政建设和反腐败斗争形势,深刻阐述事关党的建设重大理论和现实问题,明确提出当前和今后一个时期工作的总体要求和主要任务,具有重大而深远的意义。各级党组织要把学习宣传、贯彻落实中央纪委七次全会精神作为一项重要政治任务,准确把握当前和今后一个时期党风廉政建设和反腐败斗争的总体要求和主要任务,切实增强工作责任感和使命感,坚持标本兼治,继续深入推进林业系统反腐倡廉工作。要继续深化"两学一做"学习教育和"三强化两提升"学习实践,加强党章党规党纪学习,加强对《习近平关于严明党的纪律和规矩论述摘编》的学习,不断强化党员领导干部的遵章守纪意识,增强反腐倡廉的自觉性和坚定性。分析个别单位个别党员干部出现的问题,有主客观两方面原因,但归根结底还是主观上出了问题,就是纪律规矩意识不强。中央的纪律规定非常清楚,但有的同志就是我行我素、顶风违纪,最后受到党纪政纪处分。因此,大家一定要提高认识,不能有侥幸和麻痹的思想,不能用过去的惯性思维看待和处理问题的思想。要进一步强化反腐倡廉的意识,严格执行中央八项规定精神,坚决杜绝超标准接待、违规报销差旅费、公车私用等违反中央八项规定精神的行为发生。

二要扎紧制度笼子,规范权力运行。制度带有根本性,是管长远的,要把权力关进制度的笼子。当前我们在制度上存在的问题主要有两个方面,一是不健全不完善,有的制度缺乏配套和细化措施,不便于执行操作;有的制度已不适用形势任务要求,需要及时修订。二是制度执行不力、落实不好,不按制度规定办事,制度成了摆设。今年,要把建立健全不能腐的体制机制列入重点工作,形成内容科学、程序严密、配套完善、有效管用的反腐倡廉制度体系。要围绕执行中央八项规定精神,推动落实两个责任,强化风险防控,进一步规范行政审批、行政执法、干部人事管理等重点制度建设,最大限度减少权力寻租空间,做到用制度管权管人管事。

各单位负责同志要带头执行纪律和规矩,要坚持更高标准、更严要求,进一步增强政治纪律和政治规矩意识。要树立底线不能突破、红线不能越的思想,始终坚守政治信仰、站稳政治立场、把准政治方向,不折不扣地贯彻落实好党中央和局党组的各项决策部署。

三要不断强化监督,推进巡视全覆盖。严格落实党内监督条例,加强对各单位党组织履行全面从严治党主体责任的监督,推动管党治党从宽松软走向严紧实。要强化对"一把手"的监督,该提醒的提醒,该约谈的约谈,该向党组报告的报告,督促各级党组织书记强化责任担当,切实履职尽责。要通过个别谈话、廉政谈话、述责述廉、责任考核等多种方式,强化对党员干部的监督,推动监督细化实化具体化。要强化廉政风险防控,加强对关键岗位、关键关节、重点人、重点事的监督检查,强化对权力运行全过程监督。去年12月,局党组派出3个巡视组对出版社、西安专员办、北方航站3个单位党组织进行专项巡视,通报了发现的问题,收到明显成效。今年,局党组将按照《中国共产党党内监督条例》和中央巡视工作要求,派出6个巡视组,对机关司局和直属单位实现巡视全覆盖,这既是对林业事业负责,也是对各级领导干部负责。各单位党组织要从讲政治、讲大局的高度,深刻认识巡视工作的重要性,把支持和配合做好巡视工作作为当前的一项重大政治任务,切实统一思想,提高认识,增强接受巡视、支持巡视工作的自觉性和坚定性,努力完成好巡视任务。党组派出的各巡视组要始终牢记使命职责,坚持问题导向,推动问题整改,确保巡视工作取得实效。

四要严肃执纪,强化责任追究。坚持把纪律挺在前面,抓早抓小、动辄则咎,严肃查处各种违规违纪行为。对违反党的纪律规矩的,要发现一起查处一起,绝不姑息迁就,绝不护短。特别是对违反中央八项规定精神的问题,要从严从重处理,确保中央八项规定精神落地生根。要把握运用监督执纪"四种形态",以严明的纪律推进全面从严治党。要掌握好政策规定,做好"四种形态"的相互转化,用好、用准、用足第一种形态,使红脸出汗、咬耳扯袖成为常态。要强化责任追究,对党的领导弱化、党的建设缺失、"两个责任"落实不到位的,对维护党的纪律不力、推进党风廉政建设工作不坚决的,对"四风"问题多发频发、党员干部连续出现问题的各级党组织和党员领导干部特别是主要负责人要严肃追责。对不履职、不作为,该发现问题没有发现、发现问题不报告不处置的纪检组织和纪检干部,也要严肃问责。要根据《中国共产党问责条例》,研究制定具体实施办法,推动监督执纪问责制度化规范化。

同志们,做好今年局直属机关党建工作、干部人事工作、机关建设、党风廉政建设和反腐败工作意义重大、任务艰巨,让我们紧密团结在以习近平同志为核心的党中央周围,增强责任感和使命感,鼓足干劲、乘势而上、锐意进取,确保全面从严治党各项要求落到实处,为林业现代化建设和建设生态文明作出新的更大贡献,以优异成绩迎接党的十九大胜利召开!

坚定不移推进林业信息化建设
——在国家林业局信息化工作领导小组会上的讲话

张建龙

（2017年2月17日）

这次会议的主要任务是：深入学习领会习近平总书记系列重要讲话精神，认真贯彻落实党的十八大及历届全会以及全国林业厅局长会议精神，总结2016年林业信息化工作，听取"金林工程"项目进展情况汇报，研究部署2017年林业信息化重点工作，确保"金林工程"项目和林业信息化重点工作顺利实施，为林业现代化做出新贡献。刚才世东同志对2016年林业信息化工作和"金林工程"有关情况做了总结汇报，大家分别结合工作实际对2017年林业信息化工作进行了深入研究，并提出了很好的意见和建议，会后修改完善后尽快印发实施。下面，我讲三点意见。

一、2016年林业信息化工作再上新台阶，为"十三五"林业信息化发展打下坚实基础

2016年是"十三五"开局之年，林业信息化工作深入贯彻党中央、国务院关于建设网络强国、推进"互联网+政务服务"等战略部署，全面落实全国林业厅局长会议和第四届全国林业信息化工作会议精神，紧紧围绕林业改革发展工作大局，发挥信息化的创新优势，坚定不移推动林业现代化建设，各项建设任务圆满完成，取得多项成果和荣誉，为"十三五"林业信息化发展打下坚实基础。主要特点有：

（一）良好开局。2016年2月，我们就正式印发了《"互联网+"林业行动计划——全国林业信息化"十三五"规划》，并陆续发布林业大数据、物联网、电子商务等指导意见，基本完成了"十三五"林业信息化顶层设计。据了解，信息办早在2012年就着手开展智慧林业、云计算、物联网、移动互联网、大数据等前瞻性战略研究，超前谋划，走在了各部委前列。

（二）快速落实。2016年"两会"，李克强总理提出2016年政府信息化工作的重点是"互联网+政务服务"。局里确定了网上行政审批、国有林场林区综合监管等政务服务重点工作，都得到快速高效的落实。

（三）重点突破。积极协调国家发展改革委等部门，推动重点项目取得突破性进展。"金林工程"得到正式批复，这是林业系统首个亿元级信息化项目。"互联网+"、大数据、电子政务内网等项目也在积极推进。

（四）锐意创新。创新性地提出信息化率的概念，作为"十三五"林业建设的考核目标，开展全国林业信息化率测评工作。与国家发展改革委联合开展生态大数据建设，与吉林省政府开展国有林管理现代化示范建设。紧紧围绕国家"三大战略"，启动"一带一路"、京津冀协同、长江经济带林业数据共享建设。

（五）安全高效。建立了统一运维平台和智慧化运维体系，推进信息安全等级保护，强化网站和信息系统测评，实现网络信息安全零事故，圆满完成5处临时办公区的内外网布设。

（六）强化服务。中国林业网访问量突破20亿人次，再次荣获国家部委第二名和最具影响力政务网站，成为展示林业形象的重要阵地和提供公共服务的重要窗口。综合办公系统为全局提供高效便捷的工作和学习服务。通过在内外网开设专栏、发布信息、协办绿色大讲堂等方式，为局党建工作做出了重要贡献。

二、深入学习贯彻习近平总书记网络强国战略思想，坚定不移推进林业信息化建设

习近平总书记非常重视网络安全和信息化工作，十八大以来，就网络安全和信息化工作发表了一系列重要讲话，系统阐述了互联网发展与治理的重大理论问题和现实问题，提出了一系列新思想新观点新论断，为林业信息化建设指明了方向，各司局、各直属单位要深入学习领会，全面贯彻落实。

（一）深入学习贯彻习近平总书记网络强国战略思想，切实加强林业信息化组织领导。习近平总书记亲自担任中央网络安全和信息化领导小组组长，在2014年2月27日领导小组第一次会议上指出，网络安全和信息化是事关国家安全和国家发展、事关广大人民群众工作生活的重大战略问题，要努力把我国建设成为网络强国。他特别强调，建设网络强国的战略部署要与"两个一百年"奋斗目标同步推进。2016年10月9日，在中央政治局集体学习时，习近平总书记进一步指出，当今世界，网络信息技术日新月异，全面融入社会生产生活，深刻改变着全球经济格局、利益格局、安全格局，要朝着建设网络强国目标不懈努力。网络强国战略思想是习近平治国理政思想的重要组成部分，是全面建成小康社会、实现社会主义现代化的重要抓手，我们一定要深入学习领会其精神实质，结合工作实际认真贯彻落实，不断加强对林业信息化工作的组织领导，切实做好林业信息化工作。

（二）深入学习贯彻习近平总书记网络安全战略思想，切实提高网络信息安全意识。2013年11月15日，习近平总书记在《〈中共中央关于全面深化改革若干重大问题的决定〉的说明》中指出，网络和信息安全牵涉到国家安全和社会稳定，是我们面临的新的综合性挑战。在中央网络安全和信息化领导小组第一次会议上，他进一步强调，没有网络安全就没有国家安全。此后在多个场合，习近平总书记系统阐述了网络安全和国际互联网治理：2014年7月16日，在巴西国会的演讲中指出，互联网发展对国家主权、安全、发展利益提出了新的挑战，必须认真应对；2015年9月22日，在接受《华尔街日报》书面采访时指出，互联网作为20世纪最伟大的发明之一，把世界变成了"地球村"，但是，这块"新疆域"不是"法外之地"，同样要讲法治，同样要维护国家主权、安全、发展利益。我局的网络系统2016年遭受9000万次网络攻击，虽然没有发生事故，但网络信息安全不可掉以轻心，特别是2017年党中央要召开十九大，各单位一定要按照习近平总书记的要求，进一步提高安全意识，切实做好网络信息安全工作。

（三）深入学习贯彻习近平总书记没有信息化就没有现代化的战略思想，切实加快林业信息化带动林业现代化。在中央网络安全和信息化领导小组第一次会议上，习近平总书记指出：没有信息化就没有现代化。网络安全和信息化是一体之两翼、驱动之双轮，要处理好安全和发展的关系，以安全保发展、以发展促安全，努力建久安之势、成长治之业。在2016年10月9日中央政治局集体学习时，他进一步强调，世界经济加速向以网络信息技术产业为重要内容的经济活动转变，要把握这一历史契机，以信息化培育新动能，用新动能推动新发展，让互联网发展成果惠及13亿多中国人民。林业信息化这些年来成就斐然，多年位居国家部委前列，在"互联网＋"行动计划、大数据发展行动纲要、物联网示范等新一轮国家信息化战略中占有重要地位，"金林工程"刚刚获得批复。林业现代化首先是全面信息化，信息化是全面提升林业业务管理水平、尽早实现林业治理体系和治理能力现代化的关键手段。我们要珍惜来之不易的成果，把握好难得的发展机遇，提高认识、超前谋划，大力发展林业信息化，带动林业现代化。

（四）深入学习贯彻习近平总书记协同治理新思路，切实提高林业治理现代化水平。2016年4月19日，习近平总书记在网络安全和信息化工作座谈会上指出：领导干部要"通过网络走群众路线"。他说，网民来自老百姓，老百姓上了网，民意也就上了网。各级党政机关和领导干部要学会通过网络走群众路线，善于运用网络了解民意、开展工作。在2016年10月9日中央政治局集体学习时他进一步指出，随着互联网特别是移动互联网发展，社会治理模式正在从单向管理转向双向互动、从线下转向线上线下融合、从单纯的政府监管向更加注重社会协同治理转变。要深刻认识互联网在国家管理和社会治理中的作用，实现跨层级、跨地域、跨系统、跨部门、跨业务的协同管理和服务。要强化互联网思维，推进政府决策科学化、社会治理精准化、公共服务高效化，用信息手段更好感知社会态势、畅通沟通渠道、辅助决策施政。他强调，各级领导干部首先要学网、懂网、用网，积极谋划、推动、引导互联网发展。习近平关于通过互联网实现社会协同治理的新思路，对信息时代政府机关工作指明了努力方向，提出了明确要求。我们要坚决贯彻落实，切实加快转变政府职能，提高工作效能，提升治理现代化水平。

三、以"金林工程"为契机，全力推进林业信息化和林业现代化

2017年，随着"金林工程"的批复实施，林业信息化迎来了新的重大历史机遇。"金林工程"不仅仅是林业信息化建设的大事，也是林业现代化建设的大事，将大幅度提高林业现代化水平。刚才大家讨论通过的《2017年林业信息化工作要点》，内容很丰富，包含很多重大工程项目，工作任务很重，各单位都要高度重视、密切配合，力争高质量完成全年任务。

（一）团结协作，确保"金林工程"顺利实施。党的十八大以来，习近平总书记对林业改革发展做出了一系列重要论述，提出了许多重大战略思想。党中央、国务院出台许多重要文件和措施，包括国有林场国有林区改革、完善集体林权制度改革、划定并严守生态保护红线、建立自然资源资产产权制度、建立湿地保护修复制度，等等。贯彻落实好这些方针政策，我们必须加快林业信息化，实现对资源资产人员的全面建档、精确定位、精准管理、动态监管。"金林工程"统揽林业资源保护和生态系统监测，以林业信息资源开放共享为基础，构建现代化的资源保护监测网络。这不是信息办一家的事，是整个国家林业局的事情，是全林业行业的事情。"金林工程"来之不易，后续工作十分繁重，大家务必要把握好来之不易的机遇，把"金林工程"作为林业工作的一件大事，团结协作、密切配合、全力以赴，做好各项工作，确保顺利实施。刚才世东同志汇报了"金林工程"下一步工作计划，考虑得很周全，大家按照相关要求和计划抓紧落实。要特别注意做好需求调研和顶层设计，既要注重实用性，又要考虑超前性；要特别注意做好资源整合和信息共享，既要严格执行"四个一"原则，又要考虑发挥原有信息系统的功能；要特别注意做好项目管理和制度建设，既要高水平完成项目建设，又要避免违纪违规。

（二）狠抓落实，确保各项工作落到实处。2016年林业信息化实现了开门红，今年计划的各项工作也都很扎实、很全面、很有针对性，希望各单位都加大信息化建设力度，按照《2017年林业信息化工作要点》分工，各负其责、主动作为、狠抓落实，确保各项工作落在实处、取得实效。按计划，今年要召开第五届全国林业信息化工作会议，这次会议对推动"十三五"全国林业信息化工作十分关键，要提前谋划、做足功课，力争办成一届创新盛会。国有林管理现代化示范建设是一项开创性工作，各相关单位要毫无保留地全力支持信息办做好这项工作。

（三）以评促建，高度重视信息化率测评。《林业发展"十三五"规划》创新研究提出了综合反映信息化发展水平的"信息化率"这一量化测评指标，并将其列为全国林业发展五年规划目标，要求"十三五"末全国林业信息化率要从"十二五"的62%提高到80%。国家林业局编制印发了《全国林业信息化率评测工作实施方案》，2016年首次测评结果要尽快高标准发布，做到以评促建、以评促用，推动全国林业信息化整体进步。人事司等相关司局单位要认真研究，将"信息化率"纳入各地各单位绩效考核的重要内容。

（四）协同共享，深入推进林业大数据建设。习近平总书记指出，大数据就像工业社会的石油资源，谁掌握了数据，谁就掌握了主动权。李克强总理要求，运用大数据优化政府服务和监管，提高行政效能。国务院先后印发了《促进大数据发展行动纲要》《政务信息资源共享管理暂行办法》等，加快政府数据开放共享，推动资源整合，提升协同治理能力。林业大数据建设已经具备良好的基础，2016年更是取得突破性进展，顶层设计和建设框架已经形成，下一步要抓紧实施。各单位要按照中央精神和局统一部署，密切配合，做好"一带一路"、长江经济带、京津冀协同等林业大数据系列项目

建设，加强业务数据挖掘整理，实现数据开放共享，提高林业决策管理科学化、精细化水平。

（五）转变职能，扎实开展"互联网＋政务服务"。"互联网＋政务服务"是中央转变政府工作职能、提高政府服务效率和透明度、实施信息惠民的重要举措。国务院出台了《加快推进"互联网＋政务服务"工作的指导意见》，国务院办公厅印发了《"互联网＋政务服务"技术体系建设指南》，全面推进全国一体化的"互联网＋政务服务"。国家林业局网上行政审批平台已经建立，下一步要按国务院要求，根据业务需求调整审批事项，优化审批流程，完善审批功能，做好各项保障工作，提高审批效率和服务水平。尤其要做好"减法"，进一步减少审批事项、简化审批流程、简化审批手续。相关单位要认真学习贯彻国务院精神，扎实配合开展"互联网＋政务服务"建设，切实做到让信息多跑路，企业和群众少跑腿。

同志们，经过2016年全局上下奋力拼搏，林业信息化工作取得了突破性进展，迎来了重大发展机遇，站在了新的发展高度。林业信息化基础条件更加扎实，思想认识更加统一，协作共建更加紧密。今年是深入落实"十三五"规划的关键年，我们要切实提高思想认识，牢牢把握历史机遇，扎实落实每项工作。各司局、各直属单位负责同志要以习近平总书记网络强国战略思想为指引，按照"十三五"规划和2017年工作要点统一部署，主动作为，勇于突破，敢于担当，分工协作，坚定不移推动林业信息化建设，不断提高应用水平，以优异的成绩迎接党的十九大胜利召开。

紧盯重点任务　狠抓工作落实
扎实推进林业现代化建设
——在全国林业厅局长电视电话会议上的讲话

张建龙

（2017年7月3日）

这次会议的主要任务是：深入学习领会习近平总书记系列重要讲话精神，全面贯彻落实党的十八大和十八届三中、四中、五中、六中全会精神，认真总结上半年工作，精心部署下半年工作，确保全面完成全年任务，扎实推进林业现代化建设，以优异成绩迎接党的十九大胜利召开。刚才，5个省林业厅、武警内蒙古森林总队和国家林业局国家公园筹备工作领导小组办公室的负责同志作了交流发言，讲得都很好，希望大家认真学习借鉴。下面，我讲三个问题。

一、关于上半年工作进展情况

上半年，全国林业系统认真学习贯彻习近平总书记系列重要讲话精神，按照党中央、国务院的决策部署和年初全国林业厅局长会议安排，坚持改革创新，狠抓工作落实，全力推进林业现代化建设，各项工作取得明显成效。全国完成造林6578万亩，占年度计划的66%；完成森林抚育5859万亩，占年度计划的49%；林业产业总产值达2.77万亿元，同比增长7.4%；林产品进出口贸易额达709.7亿美元，同比增长10.8%。

（一）造林绿化进展顺利。成功举办一系列重大造林植树活动，开展了全国春季造林绿化工作督查。义务植树尽责形式不断丰富和规范，启动了"互联网＋义务植树"试点，"互联网＋义务植树"网络平台投入运行。发布了《退化防护林修复技术规定》。三北工程新启动3个百万亩防护林基地项目，完成年度造林计划的82%。印发了长江经济带森林和湿地生态保护与修复、全国沿海防护林工程建设等规划，长江、沿海等防护林工程年度造林任务基本完成。国务院批准核减基本农田保护面积，扩大陡坡耕地退耕还林还草3700万亩。2016年度退耕还林任务已完成92%，开展了退耕还林突出问题专项整治行动。京津风沙源治理、石漠化综合治理工程分别完成年度造林计划的66%、94%。开展了林木种苗质量监督抽查，造林绿化种苗供应充足。森林质量精准提升工程正式启动，第一批18个示范项目安排建设任务442万亩，中央投入8亿元，撬动金融等资本投入500多亿元。完成国家储备林建设592万亩。森林城市建设明显加快。

（二）林业改革全面实施。认真学习贯彻习近平总书记重要批示精神，总结推广福建集体林改经验，推动全国林改深入开展。多个省份出台了贯彻落实《国务院办公厅关于完善集体林权制度的意见》的具体措施，稳定集体林地承包关系、放活生产经营自主权、推动适度规模经营、完善社会化服务体系等改革进展明显。内蒙古大兴安岭重点国有林管理局挂牌成立，国有林区与木材停伐相关的金融债务利息补助资金落实到位。全国59%的国有林场县级改革方案完成审批，近期将向国务院上报重点国有林区林场债务化解意见。开展了国家公园体制试点督查，建立国家公园体制试点取得积极进展，《东北虎豹国家公园国有自然资源资产管理体制试点实施方案》《东北虎豹国家公园体制试点实施方案》已分别报中央编办、国家发展改革委审批，建立专门管理机构和组织管理体系已与相关部门达成基本共识；《祁连山国家公园体制试点方案》获中央深改组审议通过；大熊猫国家公园体制试点方案和总体规划编制工作全面启动。自然资源资产负债表试编、国有森林资源资产有偿使用试点、自贸区野生动植物进出口行政许可等改革稳步实施。建立了林业生态安全工作协调机制，加强了林业生态安全工作统筹协调。

（三）资源保护继续加强。严格审核管理征占用林地，全国共审核审批使用林地51.3万亩。修订了国家级公益林区划界定办法和管理办法，集体和个人所有的天然商品林停伐补助范围扩大到16个省份。发布了加快推进城郊森林公园发展的意见，新建国家级森林公园21处。8个部门联合印发《湿地保护修复制度方案》实施意见，20个省份基本完成配套文件制定。出台了《全国湿地保护"十三五"实施规划》。重要湿地纳入生态保护红线范围，湿地保护率成为中央对地方绿色发展年度评价重要指标。加强了防沙治沙综合示范区建设，通报了"十二五"省级政府防沙治沙目标责任期末综合考核结果。国务院决定分期分批停止商业性加工销售象牙及制品活动。建立了打击野生动植物非法贸易部际联席会议机制，公布了第一批人工繁育国家重点保护野生动物名录，实施了首次林麝放归自然活动。开展了森林资源管理检查、沙化土地封禁保护区抽查、自然保护区整改，以及打击破坏森林和野生动植物资源违法犯罪专项行动，部分专员办与监督区省级人民检察院建立了联合工作机制。全国共办理林业刑事案件9745起，涉案价值6.6亿余元；查处林业行政案件7.4万起，挽回经济损失9.2亿元。

（四）森林防火成效明显。中央高度重视森林防火工作，习近平总书记等中央领导同志作出重要批示20多次。国家森防指派出30个督查组对23个省区开展明察暗访38次，约谈了有关省份森防指领导，推进了军地协同防火"五联"机制建设试点。各地认真排查火灾隐患，加强火情监测预警，强化物资储备，完善应急预案，森林防扑火能力不断提升。成功扑灭内蒙古乌玛"4·30"、毕拉河"5·02"、陈巴尔虎旗"5·17"等重特大森林火灾，得到党中央、国务院的充分肯定和社会各界的广泛赞誉。1～6月，全国共发生森林火灾2727起，受害森林面积31.9万亩，因灾伤亡42人。同时，协调公安部明确了传播林业有害生物的刑事立案追诉标准，加强了重点区域重大林业有害生物防治，全国林业有害生物发生1.1亿亩。沙尘暴监测预警、野生动物疫源疫病监测防控、林业安全生产等取得明显成效。

（五）林业产业平稳发展。大力推进林业供给侧结构性改革，林业产业发展态势稳中有升，林产品贸易积极向好，产业结构逐步优化，林产品生产能力继续提高。特别是森林旅游保持强劲发展势头，游客量达7亿人次，同比增长16.7%，创造社会综合产值5500亿元。11个部门联合印发《林业产业发展"十三五"规划》。启动了中国林业战略性新兴产业发展私募基金设立工作。竹缠绕复合材料产业加速发展，油茶、杜仲等产业发展规划顺利实施。国家森林生态标志产品建设上升为国家工程，制度设计等工作稳步推进。林业产业诚信企业品牌推广活动深入开展。7大类40多种非木质林产品和纸制品贴标上市。开展了林木制品、经济林产品等质量安全监测。成功举办第四届中国中部家具产业博览会，启动了第四届中国绿化博览会筹备工作。

（六）宣传出版活动深入开展。以学习宣传贯彻习近平总书记系列重要讲话精神和"喜迎十九大"为主题，围绕天然林保护、防沙治沙、森林防火等林业重点工作，开展了系列采访和宣传报道活动。半年来，主要新闻媒体和网站共刊播报道8600多条（次）。主动回应并妥善应对了大熊猫饲养、穿山甲食用等热点敏感问题。完成了防沙治沙表彰奖励。推出了《天保故事》等影视作品，《大漠雄心》《山丹丹花儿开》等公益影片荣获国际奖项。《中国林业百科全书》编纂工作全面启动，发行了一批有影响的出版物。成功举办中国林学会成立100周年系列纪念活动和首届"生态文明·绿色发展论坛"。

（七）国际交流合作不断深化。《联合国防治荒漠化公约》第十三次缔约方大会筹备工作全面展开，圆满完成荒漠化公约及联合国有关机构3次来华评估。与6个国家签署林业合作协议，与德国、荷兰等国开展了大熊猫合作研究，完成部长级会晤磋商22次。印发了《"一带一路"建设林业合作规划》，完善了中国—中东欧国家、中国—东盟林业合作协调机制。出席了联合国大会、联合国森林论坛等重要国际会议，深度参与制定了《联合国森林战略规划（2017～2030年）》。开展了首届外国使节"走近中国林业·中国防治荒漠化成就"主题考察活动。国务院批准在华设立联合国全球森林资金网络。日本承诺对中日民间绿化合作注资90亿日元，新一轮欧投行气候变化项目1.5亿欧元林业项目获批，欧投行3.83亿欧元林业贷款项目正式落地。林业援外培训项目明显增加，中非荒漠化防治和竹子中心建设进展顺利。

（八）支撑保障水平稳步提高。落实中央林业投入1173亿元。天保工程森林管护费和社会保险补助标准再次提高，国有国家级公益林补偿标准由每亩8元提高到10元，退耕还林种苗投资补助由每亩300元提高到400元。新增国家公园建设、国有林区林场管护用房建设、林业有害生物防治等中央投资渠道。落实开发性政策性金融贷款150亿元，确定第一批12个林业政府与社会资本合作试点项目。森林法修改、湿地保护等立法工作稳步推进，野生动物保护法和种子法配套规章制度逐步完善，《植物新品种保护条例》启动修改。林业资源培育及高效利用技术创新等重点研发专项获批立项，经费达5.5亿元。印发了促进林业科技成果转移转化行动方案，推广了一批林业科技成果。批复建设6个林业工程技术中心和2个质检中心，成立了生态定位观测网络中心数据室。森林认证面积超过1.35亿亩，通过认证企业300家。编制完成《林业标准体系》，发布行业标准116项。中国林业网获得最具影响力党务政务网站等荣誉，发布了首份全国林业信息化率评测报告。生态大数据基础平台建设项目获批，国家生态大数据研究院挂牌，首颗林业卫星成功发射，林业大数据建设全面提速。

（九）机关和党的建设扎实有效。着力推进"两学一做"学习教育常态化制度化，开展学习教育"灯下黑"专项整治，大力弘扬原山林场精神，"三强化两提升"学习实践继续深化。完成了国家林业局直属机关党委、纪委换届。巡视工作配套制度不断完善，开展了三轮专项巡视。严格执行中央八项规定精神，林业系统行风政风持续好转。制定了《中共国家林业局党组理论学习中心组学习规则》。领导班子和干部人才队伍建设进一步加强，国家林业局所属事业单位分类意见获中央编办批复。23个省份开展了乡镇林业站长能力测试，基层林业站机构队伍总体稳定，履职能力逐步提高。

二、关于下半年重点工作安排

下半年，将召开党的十九大，各级林业主管部门要紧密团结在以习近平同志为核心的党中央周围，以迎接和贯彻党的十九大为主线，紧盯全年任务，突出重点难点，狠抓工作落实，确保全面完成今年工作任务。

（一）大规模推进国土绿化。扎实开展秋冬季植树造林，加强监督检查，确保完成任务。修订发布封山（沙）育林、飞播造林、低效林改造等技术规程，编制全国退化防护林修复规划和乡村绿化规划，下达2018～2020年营造林生产三年滚动计划。推进"互联网＋义务植树"试点，实施好三北等防护林体系建设、京津风沙源治理、石漠化综合治理等重点工程。全面完成2016年度退耕还林任务，将2017年度任务全部落实到地块，抓好退耕还林突出问题整改。进一步扩大新一轮退耕还林规模，组织编制全国和省级实施方案。出台《全国森林城市发展规划》，发布《国家森林城市评价指标》国家标准，创建一批森林城市。出台《"十三五"森林质量精准提升工程规划》，抓好示范项目建设和成效监测评估。加快编制省级森林经营规划，加强森林抚育质量监督检查，全面完成年度森林抚育任务。建立一批省级、县级森林经营样板基地和示范林。抓好沙区灌木林平茬复壮试点。出台国家储备林建设规划，印发国家储备林管理办法，实施一批新的国家储备林项目。公布第三批国家重点林木良种基地，加强林木种苗质量监管，修订《主要造林树种苗木质量分级》。

（二）继续深化林业改革。召开全国深化集体林权制度改革现场经验交流会。印发加快培育林业新型经营主体的指导意见，加强林地承包经营纠纷调处和考评，推进集体林业综合改革试验示范区建设。重点国有林区加快组建省级国有林管理机构，继续剥离森工企业社会管理职能，开展改革督查与专题调研。完成国有林场改革县级实施方案审批，抓好改革中期评估和效益监测，出台《国有林场(苗圃)财务制度》和《国有林场改革评估验收办法》。挂牌成立东北虎豹国家公园国有自然资源资产管理机构和东北虎豹国家公园管理机构，编制完成大熊猫、祁连山国家公园体制试点实施方案以及东北虎豹、大熊猫国家公园总体规划，推动组建祁连山、大熊猫国家公园管理机构。深化林业行政审批制度改革，推进行政许可标准化建设和"双随机、一公开"监管全覆盖，研究制定林业权责清单。指导有关省份编制省级空间规划，试编林业自然资源资产负债表，制定《国有森林资源有偿使用制度改革实施方案》，协助做好重点国有林区森林资源不动产登记工作。

（三）全面保护林业资源。严格落实林地用途管制，修订《建设项目使用林地审核审批管理规范》，更新全国林地"一张图"。完成天保工程二期中期评估，落实好天然林停伐补助政策，开展停伐专项督导。认真落实《湿地保护修复制度方案》，修订《湿地保护管理规定》和《国家湿地公园管理办法》，抓好湿地保护与恢复、湿地确权试点等工作，开展国际湿地城市认证提名。落实《沙化土地封禁保护修复制度方案》，与各沙区省份签订"十三五"省级政府防沙治沙目标责任书，修订《国家沙漠公园试点建设管理办法》。全面保护野生动植物，做好停止国内象牙商业性加工贸易相关工作。加强林业自然保护区建设和管理，建立健全保护区监督管理长效机制，重点保护国家公园试点范围内的生态资源。坚决贯彻落实习近平总书记关于祁连山生态环境保护的重要指示批示精神，按照中办、国办通报要求，认真汲取甘肃祁连山生态环境保护问题的深刻教训，坚持举一反三，对林业各类自然保护区开展专项督查整改，切实保护好野生动植物及其栖息地。对问题突出、整改不到位的，及时采取约谈等措施，确保老问题整改到位，新问题绝不发生。抓好森林资源、湿地、野生动植物、石漠化等调查监测工作。新建一批国家级森林公园、湿地公园、沙漠公园，指定一批国际重要湿地。推进专员办与林业站协同监管机制试点，组织开展系列专项行动，严厉打击破坏林业资源的行为。

（四）切实抓好林业灾害防控。下半年，全国森林防火形势十分严峻，必须采取超常规措施，高度戒备、科学布防、严阵以待，确保万无一失。全面落实森林防火地方政府行政首长负责制，健全一级督促一级、一级检查一级的问责机制。认真实施《全国森林防火规划（2016～2025年）》，推进重点项目建设。科学布防扑火队伍和航空消防飞机，推进高火险地区森林防火力量驻防常态化。及时开展火灾隐患大排查，关键时刻、关键部位必须封住山、看住人、管住火，尽可能减少火灾隐患。完善细化防扑火应急预案，组织开展实战训练演练，总结推广森林防火"五联"机制试点经验，提升森林防扑火整体能力。强化火灾应急处置，遇到火情投重兵、打小火，争取当日火、当日灭、不成灾。全面落实重大林业有害生物防治责任和措施，强化检查督办，最大限度遏制松材线虫病等快速蔓延态势。加强野生动物疫病防控和林业安全生产工作，妥善应对洪涝、泥石流等自然灾害。

（五）加快发展林业产业。加强林业产业监测预警，及时掌握产业发展态势，提高宏观指导和政策扶持的针对性与有效性。争取国办出台《加快林业产业发展的指导意见》，大力发展木本粮油、特色经济林、竹藤花卉、林下经济等绿色富民产业，努力增加绿色优质林产品供给。出台加快发展森林旅游与休闲服务业的指导意见，培育壮大森林旅游新业态。加快全国林业产业投资基金、中国林业新兴战略产业发展私募基金项目落地，推动建立中国林产品交易所。制定林业市场准入负面清单，启动国家森林生态标志产品建设工程，加强重点林产品品牌建设和质量监管。确定一批林业产业示范园区、重点龙头企业、标准化示范企业，创建一批林特产品优势区、森林旅游示范市县。办好中国森林旅游节、第九届中国花卉博览会等节庆展会，认真筹备2019北京世园会。

（六）深入推进国际交流合作。全力办好《联合国防治荒漠化公约》第十三次缔约方大会，讲好中国防沙治沙故事，弘扬生态文明理念。积极参与全球雪豹峰会、大森林论坛2017年年会和APEC林业部长级会议等重要国际会议。继续推进"一带一路"林业合作，推动召开中国—中东欧林业合作会议。与土耳其、莫桑比克等国商签林业合作协议。与印尼开展大熊猫合作研究。积极做好气候变化林业谈判工作，推进对非野生动植物保护与合作。正式启动中国园项目建设，协助开展国际竹藤组织成立20周年系列活动。抓好林业援外工作，推动一批援外项目立项。加快在华设立全球森林资金网络进程。认真实施国际组织贷款赠款项目，做好世界银行珍稀树种保护与发展项目准备工作。

（七）着力增强支撑保障能力。完善林业投融资体制机制，争取各级政府增加林业投入，加快推动国开行、农发行等贷款项目和林业政府与社会资本合作项目落地，争取出台《进一步推进森林保险工作的指导意见》。抓好林业生态、产业、科技等精准扶贫，争取扩大生态护林员规模及选聘、管护范围。加快修订《森林法》，继续完善《野生动物保护法》《种子法》配套规章制度，推动湿地、天然林保护等立法，配合修订《退耕还林条例》。推进林业综合执法，配合全国人大农委开展《种子法》执法检查。全面深化森林公安改革，推进森林公安队伍正规化建设。开展全国标准化林业站建设核查验收。加强林业科技创新、成果推广和标准化建设，实施好种业自主创新重大工程等重点专项，提高生态定位站、重点实验室、长期科研实验示范基地等平台建设水平，加快建设国家林木种质资源主库，落实新疆南疆林果业发展科技支撑行动，继续做好中国森林资源核算研究、大气负离子监测等工作，加强植物新品种保护。大力推进"互联网+"林业建设，抓好金林工程、生态大数据、林业电商平台等重点项目，加强林业网站群建设，强化网络信息安全，不断提升林业信息化水平。

（八）认真落实全面从严治党要求。深入推进"两学一做"学习教育常态化制度化，坚持学做结合、以学促做，始终在思想上政治上行动上同以习近平同志为核心的党中央保持高度一致。扎实开展"灯下黑"专项整治，认真落实党内学习制度、"三会一课"制度，严肃和规范党内政治生活。推进国家林业局专项巡视全覆盖，抓好党委（党组）理论学习中心组学习。加强纪检监督和审计稽查，严肃查处违反中央八项规定精神问题，驰而不息纠正"四风"。加强干部选拔任用、教育培训、考核监督，努力建设一支高素质林业干部队伍。合作办好高等林业院校，不断充实基层专业技术人才，为林业现代化建设提供强大的人力保障。

三、全力以赴抓好重点工作落实

天下大事必作于细，抓落实是一切工作成败的关键。要按照习近平总书记"一分部署，九分落实"的要求，以踏石留印、抓铁有痕的劲头，狠抓各项工作落实。

（一）认真学习抓落实。深入学习贯彻习近平总书记系列重要讲话精神，准确把握关于林业和生态文明建设的重大战略思想，切实增强"四个意识"特别是核心意识和看齐意识，着力提高指导林业工作的能力和水平，稳步推进林业现代化建设，确保把中央的决策部署落实到位。通过举办主题展览、学习研讨班、系列报告会等形式，深入学习贯彻党的十九大精神，用党的最新理论统一思想、武装头脑、指导工作。

（二）强化领导抓落实。加强组织领导，形成一级抓一级、层层抓落实的良好局面。各单位领导班子要增强凝聚力、战斗力和执行力，各级领导干部要坚持以上率下，主动担当作为，认真履职尽责，把工作抓实抓细、抓出成效。各地各单位要按照本次会议部署，把下半年各项工作任务分解落实到具体单位和人员，列出时间表和路线图，明确完成时限和质量要求，确保事事有人抓、件件能落实。

（三）转变作风抓落实。要强化责任意识，发扬"钉钉子"精神，不达目标绝不罢休。要善抓重点，敢抓难点，精准发力，以点带面推动工作。要加强沟通协调，主动向党委政府和相关部门请示汇报，为林业改革发展争取更多的政策和资金支持。要彻底改变布置靠开会、落实靠文件的简单做法，坚持深入林区调查研究，及时发现新情况，着力解决新问题，推动工作部署和政策措施落地见效。要敢于啃硬骨头，集中精力破解制约林业长远发展的关键性问题。

（四）加强宣传抓落实。围绕迎接党的十九大和推进林业重点工作，总结宣传党的十八大以来林业改革发展成就。积极做好林业英雄和全国林业系统劳模评选表彰工作，广泛宣传福建集体林改、山西右玉治理荒沙和塞罕坝林场、原山林场等重大先进典型，形成比学赶超、争当先进的生动局面。妥善应对林业热点敏感问题，加强舆情监测和舆论引导。推出一批林业生态文化精品力作，办好第九届中国生态文化高峰论坛、第六届库布其国际沙漠论坛，大力弘扬生态文明理念，为林业改革发展营造良好氛围。

（五）维护稳定抓落实。稳定在任何时候都是压倒一切的政治任务，下半年保持林区社会稳定尤为重要。林区经济社会发展滞后，职工群众生活水平较低，不稳定因素相对较多。随着林业改革不断深入，原有的体制性、机制性矛盾凸显，一些社会矛盾容易集中爆发。要正确处理改革、发展、稳定的关系，注意把握推进改革的力度、节奏和社会的承受程度，着力为民解忧、为民办事，尽最大可能化解社会矛盾。全面梳理涉林矛盾隐患，制定完善预案，妥善处置突发事件，确保林区社会和谐稳定。

同志们，做好下半年林业工作，任务十分繁重，责任更加重大。让我们紧密团结在以习近平同志为核心的党中央周围，高举中国特色社会主义伟大旗帜，振奋精神、开拓创新、狠抓落实，全面完成今年各项任务，不断提升林业现代化建设水平，以优异成绩迎接党的十九大胜利召开！

在推进深度贫困地区林业脱贫攻坚暨全国退耕还林突出问题专项整治工作总结电视电话会议上的讲话

张建龙

（2017年8月17日）

今年6月23日，习近平总书记在山西太原主持召开深度贫困地区脱贫攻坚座谈会，并发表重要讲话。7月3日，王岐山同志在扶贫领域监督执纪问责工作电视电话会议上作出重要指示。6月30日，汪洋副总理主持召开国务院扶贫开发领导小组第十八次会议，安排部署深度贫困地区脱贫攻坚及督查巡查等工作。今天，国家林业局和中央纪委驻农业部纪检组联合召开电视电话会议，主要任务是认真学习贯彻习近平总书记在深度贫困地区脱贫攻坚座谈会上的重要讲话精神，落实扶贫领域监督执纪问责工作部署，大力推进深度贫困地区林业脱贫攻坚，对强化退耕还林等林业扶贫资金项目监督管理进行再安排、再部署。

驻部纪检组对这项工作和本次会议高度重视，宋建朝组长给予了有力指导，并亲自出席今天的会议。刚才，刘柏林同志通报了全国退耕还林突出问题专项整治督查工作情况，各地一定要高度重视，引以为戒，认真抓好整改落实。山西、四川、湖北3省作了交流发言，分别介绍了林业精准扶贫、纪检监察执纪问责和退耕还林专项整治工作的经验和做法，希望大家认真借鉴。下面，我讲三点意见。

一、深入学习领会习近平总书记重要讲话精神，充分认识林业在深度贫困地区脱贫攻坚中的特殊作用

在扶贫开发工作进入啃硬骨头、攻坚拔寨的关键阶段，习近平总书记主持召开深度贫困地区脱贫攻坚座谈会，集中研究破解深度贫困之策，对推进脱贫攻坚、全面建成小康社会具有重大意义。习近平总书记的重要讲话，主题鲜明，内涵深刻，高屋建瓴，对深度贫困地区脱贫攻坚作出了科学阐述、基本判断和周密部署，提出了加快推进深度贫困地区脱贫攻坚的8条要求。这次重要讲话是习近平总书记扶贫开发重要战略思想的最新成果，是在关键时期对坚决打赢脱贫攻坚战的再动员再部署，为深入推进脱贫攻坚指明了前进方向、提供了根本遵循。

在山西考察期间，习近平总书记对生态脱贫给予了很高期望、提出了明确要求。他充分肯定了山西省联动实施退耕还林、荒山造林、森林管护、经济林提质增效、特色林产业五大项目，通过组建造林合作社等帮助深度贫困县贫困人口脱贫的实践成果和经验，并强调指出，生态环境脆弱的禁止开发区和限制开发区要增加护林员等公益岗位，生态保护项目要提高贫困人口参与度和受益水平。总书记的这些重要指示精神，赋予了林业在脱贫攻坚中新的历史使命。各级林业部门要深入学习贯彻习近平总书记的重要讲话精神，深刻认识推进深度贫困地区脱贫攻坚的重大意义，充分发挥林业推进深度贫困地区脱贫攻坚的优势和潜力，以更加集中的支持、更加有效的举措、更加扎实的工作，坚决打赢深度贫困地区脱贫攻坚战。

林业在推进深度贫困地区脱贫攻坚中具有天然优势和巨大潜力。对于深度贫困地区和贫困群众来说，脱贫的潜力在山，致富的希望在林。从地域分布上看，林业重点区域与深度贫困人口分布区高度叠加。我国山区、林区、沙区占国土面积近80%，这里分布着全国60%的贫困人口、80%的深度贫困人口、14个集中连片特困地区、592个国家扶贫开发重点县，也是我国边疆地区、民族地区、革命老区。对于深度贫困地区，林业生态扶贫措施进入门槛低，容易组织实施，收益持续稳定，最受贫困群众接受。从经济收入上看，集体林权制度改革、重点工程项目、特色产业、资金投入、政策扶持等林业措施，为深度贫困地区人民群众提供了就业创业的平台和机会，能有效增加贫困人口财产性收入和劳务性收入。发展林下经济，短则2~3年就可以进入收获期；发展木本油料，可受益80~100年，是农民持续增收的"铁杆庄稼"。从发展条件上看，林业的资源优势、物种优势、景观优势是深度贫困地区脱贫发展的潜力所在、优势所在。据初步统计，仅西藏、新疆南疆四地州、四省藏区、云南怒江州、四川凉山州、甘肃临夏州这些深度贫困地区，就有4465万公顷林地、2074万公顷湿地、5897万公顷沙化土地、1亿多公顷荒漠化土地。全国有2.5万个乡镇林业工作站、11万多职工，覆盖全国92%的乡镇，可以进山入村、到家到户，为广大贫困人口提供生产、科技、信息服务，支持他们发展林业产业。充分发挥林业的这些优势，可以为深度贫困地区农民持续增收、永久脱贫发挥独特作用。

二、认真履行脱贫攻坚职责，切实抓好深度贫困地区林业脱贫攻坚重点工作

习近平总书记强调指出，脱贫攻坚本来就是一场硬仗，深度贫困地区脱贫攻坚更是这场硬仗中的硬仗，攻克深度贫困堡垒，全党同志务必共同努力；要坚持专项扶贫、行业扶贫、社会扶贫等多方力量、多种举措有机结合和互为支撑的"三位一体"扶贫大格局；要加大中央单位对深度贫困地区的帮扶力度，强化帮扶责任。各级林业部门一定要牢固树立"四个意识"，切实增强做好深度贫困地区林业脱贫攻坚工作的责任感和紧迫感，坚持改革创新、统筹谋划、精准发力，全力推进深度贫困地区林业脱贫攻坚工作。

做好林业脱贫攻坚工作，关键是要认真学习贯彻习近平总书记扶贫开发重要战略思想，坚持精准扶贫精准脱贫基本方略，按照林业"四精准三巩固"的工作思路，以深度贫困地区为主攻方向，以提高精准度、覆盖面和贡献率为发力点，新增脱贫攻坚资金主要用于深度贫困地区,新增脱贫攻坚项目主要布局在深度贫困地区,新增脱贫攻坚举措主要集中在深度贫困地区,林业惠民项目重点向深度贫困地区倾斜,集中力量支持深度贫困地区早日脱贫。

一要全面深化集体林权制度改革。认真贯彻全国集体林权制度改革现场经验交流会精神,赋予林农更多权益,全面提升集体林业经营水平,更好实现生态美百姓富的有机统一。加快建立集体林地所有权、承包权、经营权分置运行机制,积极引导适度规模经营,培育新型林业经营主体,强化管理和服务,支持贫困人口通过经营山林增收脱贫。

二要支持组建造林扶贫专业合作社。山西省通过扶持农民林业专业合作社,有效带动了贫困农户参与林业生产、推进生态建设、实现精准脱贫。要积极推广山西省的做法,在造林任务重的深度贫困县推广组建6000个造林扶贫专业合作社,吸纳20万左右贫困人口参与造林、抚育、管护。各省要研究制定支持扶贫攻坚造林专业合作社的政策措施,将年度新增造林任务向深度贫困地区倾斜,主要由合作社采取村民自建的形式承担,合作社中建档立卡的贫困人口要达到60%以上,支持他们通过参与林业生态建设实现脱贫。

三要扩大生态护林员规模。生态护林员是一项重大惠林惠民政策,精准扶贫成效明显。要结合天然林资源保护、森林生态效益补偿、重点生态功能区转移支付等中央财政资金,吸纳更多的贫困人口参与生态管护,实现山上就业、家门口脱贫。要在目前28.8万名的基础上,继续扩大生态护林员选聘规模,将新增指标集中安排给"三区三州"、祁连山等深度贫困地区,将选聘范围扩大到重点生态功能区,管护范围扩大到湿地、沙地以及国家级森林公园、国有林场。西藏、云南、四川、重庆等省区市统筹利用省级资金拓展生态护林员选聘规模,贵州保监等部门免费为护林员上保险。这些经验做法值得各地学习借鉴,各级林业部门要不断探索完善生态护林员扶贫政策。

四要加大退耕还林等支持力度。要统筹治山治水与治贫治穷,在深度贫困地区深入实施新一轮退耕还林、防护林体系建设、湿地保护恢复等林业重点工程,让更多的贫困人口通过参与林业工程建设获得经济收入。特别是退耕还林工程,助推脱贫的作用十分显著,要进一步加大对深度贫困地区实施退耕还林的支持力度。2017年,国家安排西藏、新疆及四省藏区等深度贫困地区退耕还林任务389万亩,占总任务的35%。各省要将新增任务主要用于深度贫困地区,优先安排给有需求、符合条件的建档立卡贫困人口。要指导退耕农户,合理选择林种树种,确保退得下、有收入、不反弹。

五要推进生态产业扶贫。林业资源优势转化为经济优势,需要产业发展作纽带。要在保护优先的前提下,积极发展木本油料、储备林、森林旅游、林下经济等绿色富民产业,让绿水青山带来金山银山。统筹用好重点工程、农业综合开发等资金,支持建设一批特色经济林基地,提高组织化规模化水平。进一步支持深度贫困地区国家级自然保护区、国家公园、国家森林公园、国家湿地公园改善基础设施,推动发展森林旅游。在深度贫困地区打造100个"服务精准扶贫国家林下经济及绿色

产业示范基地"。各省要结合实际,找准帮扶发展的生态产业,制定完善扶持政策,精准带动贫困人口脱贫增收。

六要加强金融扶贫。资金不足是制约林业精准扶贫的瓶颈。要会同金融机构创新林业融资模式,推出一批适合深度贫困地区的金融产品。通过"林权抵押+政府增信""林业PPP项目"等融资模式,推进国家储备林项目和森林质量精准提升工程建设,遴选实施20个示范项目,尽量吸纳贫困人口参与,增加其财产性收入和劳务性收入。各地要积极探索运用有利于产业扶贫的融资模式和利益联结机制,将国家金融扶贫的优惠政策落实到位。

七要开展科技扶贫。深度贫困地区林业技术和人才短缺,严重影响了林业扶贫成效。要制定林业科技扶贫工作计划和实施方案,将林业适用技术纳入深度贫困地区帮扶措施,推广重大林业科技成果35项,扶持重大科技产业化项目10个,建立林业科技扶贫开发攻坚示范点100个,帮扶指导林业科技精准扶贫示范户1500个。各省要动员涉林大专院校、科研机构深入扶贫一线,加强对贫困地区技术人员和贫困人口的技术培训,帮助贫困人口掌握一技之长,不断增强自我发展意识,激发脱贫内生动力。

三、以专项整治行动为主要抓手,切实强化林业扶贫资金项目监管

抓好扶贫领域资金项目监管,是确保打赢脱贫攻坚战的重要保障,是维护贫困群众切身利益的有力手段。以习近平同志为核心的党中央态度十分鲜明,要求非常明确,措施极为严厉。王岐山同志在7月3日扶贫领域监督执纪问责工作电视电话会议上指出,要重点查处贯彻中央脱贫工作决策部署不坚决不到位、弄虚作假、阳奉阴违的行为,确保中央政令畅通;对胆敢向扶贫资金财物"动奶酪"的要严惩不贷。各级林业部门要按照全面从严治党的总要求,切实扛起林业扶贫资金项目监管的主体责任和监督责任,认真贯彻落实中央决策部署,对用于扶贫的林业资金项目监管实行"零容忍",确保贫困群众利益不受损失,为林业精准扶贫精准脱贫提供有力保障。

(一)健全完善林业扶贫资金项目监管机制。从制度机制上,切实强化资金项目监管。一要完善扶贫资金监督检查机制。重点整合中央、地方力量,推动林业扶贫资金项目检查督导工作常态化。在内容上,要聚焦突出问题,重点围绕中央巡视发现的套取用于林业扶贫的项目资金、擅自截留森林生态效益补偿资金、克扣迟付农民工工资等侵害农民群众切身利益的违法违纪问题,严肃查处,厉行整改。对生态护林员、造林专业合作社、退耕还林等生态扶贫项目,重点监督项目安排程序是否公开、公平,任务是否安排给有需求的建档立卡贫困人口,补助是否落实到户到人,等等。二要完善林业扶贫资金项目绩效考核机制。加强对监督检查和审计等监管结果的运用,实行奖优罚劣,对工作成效好的地方给予政策和资金倾斜支持,对主观上不作为、存在突出问题的地方,要调减资金项目安排规模,加大调控力度,推动林业扶贫资金项目管理从"宽松软"走向"严紧硬"。要加强通报和约谈,督促整改各种突出问题特别

是严重侵害林农利益的问题。三要完善扶贫资金违规使用追责机制。对贪污挪用、截留私分、虚报冒领林业扶贫资金等违法违纪行为，要发现一起，查处一起，对当事人依法严惩。同时，依照《中国共产党问责条例》，严肃追究主体责任、监督责任和领导责任，一追到底，通过层层追责，传导压力，确保林业扶贫资金项目安全。

（二）切实抓好林业重大工程专项整治。2016年，我局决定启动林业重大工程专项整治行动计划，用5年时间，每年一个重点，开展退耕还林、防沙治沙、林木种苗、野生动植物保护和湿地保护等专项整治行动。去年10月17日，我们和驻部纪检组联合召开电视电话会议，率先启动全国退耕还林突出问题专项整治工作。一年来，各级林业部门和派驻纪检机构精心组织、密切配合，聚焦难点、直面问题，真查真改，圆满完成各阶段任务。新一轮退耕还林21个省（含新疆兵团）累计完成省级入户调查3828户、核查退耕地块3226处，共发现违规资金问题430起、涉及资金1224万元，问题资金全部整改到位。为切实抓好专项整治工作，一方面，各地结合实际，采取了很多有效的检查措施。如：广西、贵州两省区林业厅与发改、财政、国土等部门联合开展专项整治工作；湖北省纪委利用"大数据比对"开展检查，监管精准度明显增强，清查出相关问题365起，涉及资金784万元。另一方面，切实强化问题整改，在追回资金、严肃追责的同时，积极完善新一轮退耕还林相关制度，建立加快工程实施进度、保障资金安全的长效机制。如：贵州省推广"先建后补"等营造林模式，内蒙古、河北等省区由县级财政部门将补助资金直接发放到退耕农户"一卡通"，甘肃、宁夏、四川等省区协调国土部门出台"先退后调"措施。总的看，新一轮退耕还林突出问题专项整治工作达到了预期目标，促进了信访举报案件的查实办理，加强了退耕还林资金使用管理，推动了新一轮退耕还林惠民政策的落实。

今年7月20日，中办、国办就甘肃祁连山国家级自然保护区生态环境问题发出通报，对加强自然保护区生态环境保护产生了强烈警示作用。为贯彻落实《通报》精神，进一步加强林业系统自然保护区保护和管理，局党组和驻部纪检组研究决定，从今年8月份开始，用一年时间开展野生动植物保护及自然保护区建设工程专项整治行动。这项整治行动，要突出三个方面内容：一是信访案件。重点检查是否按规定和程序受理、及时查处群众反映、媒体揭示曝光的信访案件，是否落实信访举报案件"一案双查"，是否依法依纪追究相关人员责任。二是资金使用。重点检查2015年以来野生动植物保护工程各级财政补助资金和基本建设投资使用情况，包括资金是否拨付到位和及时支付，是否按规定的用途和方向使用，是否存在骗取套取、截留侵占、贪污私分、挥霍浪费资金等问题。三是工程管理。重点检查项目建设是否达到预期目标，项目实施是否符合进度安排，项目建设内容、实际用途、实施效果等是否符合相关规定和标准，是否及时办理竣工验收，工程档案管理是否规范。

这次会后，国家林业局将针对退耕还林突出问题专项整治重点督查发现的问题下发整改通知，各省级林业部门要在2个月内完成问题整改，并上报整改报告。野生动植物保护及自然保护区建设工程专项整治行动也将进行专门部署，各地要按照相关要求及时制定具体实施方案，精心组织落实，认真抓好自查自纠、问题整改和总结报送等工作。2018年5月底前，我局将组织开展专项督导检查。

同志们，做好深度贫困地区林业脱贫攻坚工作，责任重大，任务艰巨。让我们紧密团结在以习近平同志为核心的党中央周围，迎难而上、攻坚克难，敢于担当、敢于碰硬，扎实做好林业精准扶贫精准脱贫工作，以优异成绩迎接党的十九大胜利召开！

深入推进"五联"机制建设
全面提升森林防火综合应急能力
——在2017全国军地联合灭火演习暨"五联"机制建设试点现场会上的讲话

张建龙

（2017年9月21日）

目前，东北内蒙古重点国有林区已经进入秋季森林防火的紧要时期。在这样一个关键时刻，国家森林防火指挥部专门组织召开这次"五联"机制建设现场会，主要任务是推广"五联"机制建设成果，部署全国秋冬季森林防火工作，以创新机制引领我国森林防火工作再上新台阶。会前，汪洋副总理专门听取相关工作汇报，并对这次会议作出重要批示：军地联防、联训、联指、联战、联保是防范处置森林火灾的有力举措，要认真总结经验，完善工作机制，进一步提升森林防火综合应急能力。秋冬季是森林火险高发季节，要以对党和人民高度负责的态度，落实责任，强化举措，坚决夺取今年森林防火工作的全面胜利。汪洋副总理的重要批示，充分肯定了"五联"机制建设取得的成效，对加强"五联"机制建设和做好秋冬防工作提出了明确要求，对于指导做好当前和今后一个时期森林防火工作具有十分重要的意义。大家一定要认真学习，深刻领会，全面落实。

今天上午，我们观摩了军地联合灭火演习和装备展示。刚才，大家观看了内蒙古自治区关于"五联"机制建设的示范录像片，听取了呼伦贝尔市、云南省、黑龙江省的经验介绍，徐平司令员作了发言。总的来看，

"五联"机制制度化、常态化、体系化都很强，符合我国森林防火工作实际，值得大力推广运用。下面，我就深入推进"五联"机制建设、提升森林防火整体水平，讲三点意见。

一、充分认识推进"五联"机制建设的重要意义

深入推进森林防火"五联"机制建设，是深入贯彻落实习近平总书记关于军民融合发展重要指示精神的具体举措，是军民融合理念在森林防火领域的生动实践，对于提升森林防火工作水平、维护森林生态安全、建设生态文明具有重要意义。

（一）推进"五联"机制建设，是贯彻军民融合战略的重要举措。习近平总书记对军民融合高度重视。他强调，把军民融合发展上升为国家战略，是我们长期探索经济建设和国防建设协调发展规律的重大成果，是从国家发展和安全全局出发作出的重大决策，是应对复杂安全威胁、赢得国家战略优势的重大举措；要加强集中统一领导，加快形成全要素、多领域、高效益的军民融合深度发展格局，逐步构建军民一体化的国家战略体系和能力。这些重要论述，深刻揭示了新形势下深入贯彻军民融合战略的重大意义和迫切要求。我们要深入学习贯彻习近平总书记重要指示精神，深入推进森林防火"五联"机制建设，对森林防火领域现有军地职能部门和各种优质资源力量进行有效整合，最大限度挖掘内在潜力，提升协作效益。

（二）推进"五联"机制建设，是维护森林生态安全的客观需要。森林火灾突发性强、破坏性大、危险性高、处置困难，严重威胁国家森林生态安全。近年来，各级各部门联动响应，军警民协同作战，联指联战联保，群策群力扑火救灾。特别是今年，在短时间内扑灭了四川甘孜雅江"3·12"、内蒙古大兴安岭毕拉河"5·02"、内蒙古呼伦贝尔陈巴尔虎旗"5·17"等重特大森林火灾，为维护国家森林生态安全作出了重要贡献。面对森林防火严峻形势和繁重任务，必须深入推进"五联"机制建设，加快构建森林防火工作科学高效运行机制，全面提升森林防火综合应急能力。

（三）推进"五联"机制建设，是解决森林防火现实问题的必然选择。近年来，我国森林防扑火能力不断提高，森林防火工作成效明显。但是，制约我国森林防火事业发展的现实问题还有很多，比如：各个行业、职能部门和防扑火力量间的能力建设缺乏统筹规划；很多新技术、新手段、新装备和新资源不能有效共享，发挥不出应有的作用；地方扑火队伍人员流失严重，年龄老化，扑火战斗力亟待加强；扑救指挥体系还不完善，现场指挥方式还不够科学，扑火力量协同保障还不到位。这些问题，都不同程度地影响和制约着森林防火事业发展。深入推进"五联"机制建设，不仅能够加强军民联合，还能把地方各相关职能部门的力量和资源纳入森林防火领域，规范工作，形成合力，推动森林防火工作整体提效、创新发展。

二、准确把握"五联"机制建设的基本要求

推进"五联"机制建设，关键是要明确建设内容、责任和措施，在预防、训练、指挥、作战、保障等五个方面开展全方位战略整合，切实增强军地部门协同配合，着力提升整体效能。

（一）明确内容。联防，就是构建军民联合、广泛发动、优势互补、责任明晰的森林火灾预防体系。联训，就是整合军地训练软硬件资源，合力培养防扑火专业人才，提升各类扑火力量的专业素质和能力。联指，就是以各级地方政府为主导，依托现代化指挥平台，构建军地各部门共同参与、运行高效、平战一体的联合指挥机制。联战，就是在扑火战斗中实现各参战力量科学协同，密切配合，合理搭配，不打乱仗，达到"1+1>2"的效果。联保，就是建立全方位、常态化的联合保障体系，军民双方在日常战备、队伍建设、装备技术等多方面协同发展，各方资源在统一的平台上实现充分共享。"五联"机制是一个完整的体系，相互联系、相辅相成，联防是关键，是体现联合效益、减少火灾隐患的有效手段；联训是基础，是提升协同能力、实现立体作战的根本途径；联指是前提，是有效统筹各个部门、各种力量的主要抓手；联战是核心，是发挥联合优势、增强扑火效率的集中体现；联保是支撑，是汇集各方资源、推动共同发展的基础保障。

（二）明确责任。"五联"涵盖森林防火战线上的所有单位、部门和力量，推进"五联"机制建设，必须明确各方面的职责。总体上，地方政府应担负起行政主体责任。我国森林防火工作实行地方行政首长负责制，地方政府作为森林防火的第一责任人，应该担负起牵头抓总、规划设计、统筹组织、督导落实的责任，全面动员军地各方力量共同承担森林防火任务，推动军民融合工作开展。林业主管部门应担负起行业主导责任。林业部门作为森林防火工作的行业主管部门，要具体谋划部署，下达工作任务，成为工作枢纽，指导和联系军地各方力量加强自身建设，开展业务往来，分工协作承担具体防扑火任务。武警森林部队应担负起专业引领责任。森林部队是森林防扑火的国家队、专业队、突击队，是装备最精良、训练最严格、作战最英勇的森林防火队伍，应当担负起带头示范、专业引领的责任，当好"五联"机制建设发展的主力，积极主动向地方政府提出需求和建议，并配合搞好其他力量的协调对接、专业培训、联训联演等工作，推动军民融合不断提质量、上台阶。其他力量应担负起协同共建责任。驻军、内卫、消防等军队单位，应在地方政府的统一组织下，在本地及周边地区武警森林部队的专业协助下，加强扑火能力建设，与森林防火部门共享装备、信息和技术资源，共同搞好装备技术开发和队伍建设，适时组织所属力量参加森林扑火联训联演。目前尚未驻防武警森林部队的省份，要充分发挥本地现有部队单位的作用，将他们纳入森林火灾应急力量体系，落实资金和扶持政策，在日常预防、技能训练等方面加强共建，切实发挥各方力量在森林防扑火工作中的重要作用。科研院所和相关企业应担负起技术支撑责任。专业科研院所和行业内的骨干企业应积极参与森林防火军民融合工作，为相关单位提供技术咨询、标准制定、装备手段研发论证、技术课题攻关等服务，不断提升森林防火工作的技术水平和装备水平。

（三）明确措施。一是以理顺指挥程序为重点，实施联合指挥。要突出抓好联合指挥平台和指挥机制建设，建立森林防火联席会议制度和常态化的信息沟通机制,定期会商火险形势,及时发布预警信息,加强联合作战值班。一旦发生火情,各成员单位要同步启动应急响应,实时共享信息资源,共同研判火情信息,统一作出扑火决策,同步展开扑火行动。要积极协调相关单位加大投入,完善森林防火信息专网,适时掌握水文气象、道路交通、遥感测绘、火场态势、舆情动态等信息,同步共享扑火力量分布情况和火场最新态势,为扑火救灾联合指挥提供强有力的技术支撑。二是以实现立体布控为重点,开展联合预防。各级森林防火指挥部要根据业务分工,赋予各成员单位相应的火灾预防职责和任务,建立防火常态机制,完善军民联合防火体系,加强防火宣传和隐患排查,构建设卡扼"点"、巡护查"线"、入山清"面"、瞭望管"片"的"大联防"格局,对重点火险区实施网状覆盖,最大限度消除火灾隐患。要按照中央和地方事权划分的原则,采取多种方式筹措资金,共同建设林区防火基础设施,不断夯实森林防火工作基础。三是以补齐能力短板为重点,组织联合训练。要整合军地训练资源,加强专业人才培养,提升各类扑火力量的专业素质和扑火能力。各级森林防火指挥部要统一制定培训计划,整合教学资源,军地互为依托建立培训基地,定期组织开展扑火指挥、安全避险、空中观察等专题业务培训。要分级建立专家库,共同建设大型综合扑火训练基地和野外战术训练场,组织森防指各成员单位、各扑火力量经常性开展军地联合扑火演习,磨合队伍,提高实战能力。四是以统筹参战力量为重点,实施联合作战。各级森林防火指挥部要细化森林火灾应急预案,制定本地区联合扑火作战方案,进一步明确指挥程序、任务分工和力量编成,构建责任清晰、分工具体的"打、烧、隔、清、守、供"联合作战体系,平时加强演练,战时联动响应。要按照专业为主、军民联合、专群结合的原则,科学分配作战任务,统筹使用武警森林部队、专业半专业森林消防队、航空护林部门、职工群众等扑火力量,明确分工,加强协作,高效处置各类突发火情。五是以优化资源配置为重点,开展联合保障。要合理配置资源,实现平时联合建、战时协同保,使各方优质资源在统一平台上得到最充分的共享。各级森林防火指挥部要牵头协调交通、铁路、民航等有关部门,健全军地一体的应急投送响应机制,完善"铁路、公路、航空"三位一体的运力保障体系,确保紧急情况下扑火力量能够远程快速投送到位。要从国家层面统一森林防火通信保障的技术标准,建设好用管用的应急通信系统,确保火场通信畅通。要完善应急保障机制,紧贴火场后勤保障需求,完善综合保障体系,为扑火救灾提供强有力的支持。要建立扑火装备信息共享和研发协作平台,积极与大型军工集团、优势民营企业开展战略合作,集中攻克技术难题,切实提高扑火装备的现代化水平。

三、着力提升"五联"机制建设成效

开展"五联"机制建设,推进森林防火领域军民融合发展,涉及单位多、领域广,是一项复杂的系统工程。各地、各级林业部门和武警森林部队要高度重视,从维护国家生态安全和发展战略全局的高度出发,牢固树立"一盘棋"的融合发展理念,形成共同推进的工作合力。

(一)整合力量资源。首先,要由单项融合向全面融合拓展。近年来,各地区、各部门之间通过召开联席会议、交流工作动态、联合督导检查、联合扑火救灾等方式,开展良性互动,互通工作打算,对接融合需求,为推广"五联"机制奠定了很好的基础。下一步,要大胆实践、敢于担当,全面拓展融合内容,积极创建融合载体,细化实化融合要求,通过全方位、立体式挖潜推进,既搞好工作层面的融合,又推进思想上的大融合和理念上的大融合,真正做到"指挥一体化、工作一盘棋、感情一家人"。其次,要由资源融合向发展融合延伸。目前,森林防火军民融合大多是围绕整合利用资源展开,还有很大提升的空间。今后,要向纵深推进融合,把军民融合的着力点从整合资源延伸到共同发展上来,既整合现有资源,又推动长远建设,充分调动各方积极性,聚合能量,挖掘潜力。要充分发挥森林部队武装加专业的特殊优势,积极参与国家森林防火理论研究、标准制定、装备研发等工作,主动承担相关单位人员的专业培训等任务。第三,要由条块融合向体系融合转变。要牢固树立"大融合观",围绕共同的职责使命,打破地区和行业壁垒,把相对独立的部门、系统和力量紧密联系起来,把重要资源、关键技术、急需平台纳入森林防火体系,实现规模化运作、体系化融合,更好地汇聚各方优势,提升整体效能。

(二)抓好工作落实。一要注重构建协作平台。要以各级森林防火指挥部为平台,建立各成员单位情况通报、定期会商、联席会议等长效机制,定期对"五联"机制建设情况进行系统梳理,及时提出需求,共同研究问题,制定解决方案,通过自上而下的统筹协调,形成立体推动态势。二要注重形成制度约束。要通过规章制度明确各单位的职责和任务,相关单位、部门、力量、企业之间要签订合作协议,明确各方工作程序和责任义务,保证"五联"机制建设在具体操作中有据可依。三要注重搞好项目引领。要着眼集中资源、财力办大事,对"五联"机制涉及的森林航空消防设施、火场应急通信系统、防火应急道路、林火阻隔系统、森林防火外站、物资储备库等大型工程的融合需求,要分层细化,明确项目实施主体,统筹纳入国家、行业、地区整体规划,共同申请资金,统一建设,最大限度提高资源的利用率。四要注重加强检查督导。要将"五联"机制建设纳入森林防火工作绩效评估,健全工作考核和责任追究机制,由森林防火指挥部牵头,结合各项具体工作,对相关单位推进"五联"机制建设的实际情况进行跟踪检查,加大考核力度,督导落实"五联"任务。

(三)解决现实问题。推进"五联"机制建设,必须坚持以问题为导向,从解决现实问题入手。当前,要突出解决好四个方面的问题:一是解决好工作方向的问题。推进军民深度融合,根本目的是使资源实现最佳配置,使国家利益得到最大体现。要始终站在全局高度来思考谋划,确保"五联"机制建设服务国家整体建设大局,符合社会发展需要。要坚持军民互利双赢,切实找准工作的结合点、利益的共同点,通过互帮互助、成果共享,提升融合效益,实现共同发展。二是解决好融合渠道的问题。森林防火扑火工作难度大、风险高,军民融合需求十分迫切。以往由于融合渠道不够畅通、信息

不对等，一些需求还对接不上，特别是在融合先进技术、共享优质资源上还有很多困难。比如，火场实时侦察、火灾趋势分析、跨频段应急通信、扑火安全防护等，在市场上很难找到直接适用的成熟产品，只有通过打通融合渠道，集成各方资源和技术，才能突破瓶颈，攻克难关。三是解决好协同模式的问题。军地在扑火救灾中的协同模式，是"五联"机制建设的一项重要内容。森林扑火参战力量多，森林部队、解放军、武警内卫机动部队、公安消防、地方专业队和人民群众广泛参与，专业化程度和能力水平参差不齐。从多年扑火实践看，最科学高效的协同模式是：森林部队负责打火头、攻险段；地方专业扑火队负责打火翼、扑火尾；解放军、内卫部队负责清火线、守火场；公安消防、地方干部职工和群众主要负责供水源、搞保障。只有这样，才能最大限度发挥森林部队的攻坚作用和其他力量的协同优势，提升扑火整体效率。推进"五联"机制建设，各地要着眼于扑火实战，积极推广科学、规范、高效的力量协同模式，明确军地力量的协作关系，各展所长，提升整体战斗力。四是解决好资源共享的问题。资源共享是"五联"的重要环节。由于保障渠道、建设标准不统一，军地各个部门、各种力量的扑火装备、指挥手段差别很大，不利于资源共享，更不利于有效协同。近几年，一些地方和部队积极推动装备标准对接、车辆涂装统一、机具配件通用、通信互联互通等，取得了很好的效果。下一步，要继续向全行业辐射，切实解决好森林防扑火资源共享的问题。

同志们，党的十九大召开在即，做好森林防火工作，维护森林资源安全和林区社会和谐稳定，是压倒一切的重大政治任务。我们要以"五联"机制建设为载体，共同努力，扎实工作，全面提升森林防火综合应急能力，全力夺取今年秋冬季森林防火工作胜利，以优异成绩向党的十九大献礼！

全面贯彻落实十九大精神
推进林业信息化建设迈向新台阶
——在第五届全国林业信息化工作会议上的讲话

张建龙

（2017年11月19日）

这次会议的主要任务是：贯彻落实党的十九大精神，总结林业信息化建设成就，以习近平新时代中国特色社会主义思想为指引，谋划新时代林业信息化工作，推动林业现代化建设不断迈上新台阶，为决胜全面建成小康社会、建设生态文明和美丽中国作出更大贡献。刚才通过观看视频短片、参观和发布建设成果，深刻感受到这几年全国林业信息化工作又有了很大进步，取得了更加突出的成绩，对林业现代化各项事业的支撑力度和效果更加显著。

下面，我讲四点意见。

一、十八大以来林业信息化取得了显著成绩

十八大以来，全国林业信息化工作深入贯彻落实党中央、国务院系列决策部署，紧紧围绕林业改革发展大局，全力推进智慧林业建设，取得一系列突出成绩，显著提升了林业现代化水平，成功探索出中国特色林业信息化发展之路。

（一）逐步确立了林业信息化发展思路。通过全行业共同探索，形成了以"加快林业信息化，带动林业现代化"为总遵循的林业信息化发展思路。一是确立了数字林业、智慧林业、泛在林业三步走的发展路径。智慧林业是在数字林业的基础上，应用物联网、大数据等新一代信息技术，实现林业工作的智慧化。泛在林业是林业信息化发展的高级阶段，高度发达的人工智能、全联网等下一代信息技术将渗入林业工作的方方面面，实现任何时间、任何地点、任何人、任何物都能顺畅通信，人们可以高效地工作、方便地学习、快乐地生活。二是明确了服务大局、服务周围、服务基层等三个服务的发展目标。服务大局，就是服务国家大局，服务林业大局，充分应用信息技术，为林业决策提供服务支撑。服务周围，就是服务左右各业务单位，全面支撑林业各项核心业务。服务基层就是服务基层单位和林农群众，为基层搭建各类信息平台，为林农提供方便快捷的信息服务。三是形成了林业信息化"五大重点"的工作格局。即通过互联网思维、大数据决策、智能型生产、协同化办公、云信息服务，支撑引领林业现代化发展。四是坚持"五个统一"的基本原则。就是坚持统一规划、统一标准、统一制式、统一平台、统一管理，实现互联互通、资源共享，减少管理和运维成本，提高信息化建设成效。五是确定了"五大技术"的基本支撑。创新运用云计算、物联网、移动互联网、大数据、智慧技术等新一代信息技术，为林业现代化提供支撑。

（二）成功实现了林业信息化五大突破。党的十八大以来，全国林业信息化建设上下齐心、高效推进、不断超越，短短几年间，信息化发展由探索起步到加快建设，再到深化应用，实现了五大突破。一是思想认识上实现了突破。五年来，我们通过不断强化顶层设计、动员部署、培训交流，全国林业系统对信息化建设达成共识，树立了林业信息化带动林业现代化的理念，形成了积极行动、主动参与、奋发有为的新氛围。现在，各级林业部门对信息化建设高度重视，将信息化工作列入中心工作，人财物力全面加强。特别是"信息化率"首次列入全国林业五年规划，成为综合反映林业现代化水平的重要指标。二是项目建设实现了突破。五年来，我们高度重视项目建设，千方百计争取重大项目。"金林工程"、生态大数据等一批国家级林业信息化重点项目相继立项，"互联网+"林业、物联网示范、三大战略数据共享、国产卫星应用、OA群、网上行政审批平台等一批智慧林业项目陆续建成，显著提高了林业辅助决策能力、政务服务水平、资源监管效率、灾害防控效果、林业执法透明度。涌现出广西林业数据中心、湖南林地测土配方、浙江林权监管平台、贵阳生态云计算、四川江油大数据、河南智慧果园、吉林森林眼、内蒙古鄂尔多斯大数据、山东林产品追溯、江苏有害生物智能防治等一批优秀成果。陆续开展了多批次的示范建设，示范单位达到178个，内容涵盖各业务领域，涌现出智慧林业最佳实践50强等可复制推广的优秀成果。三是业务应用实现了突破。五年来，我们通过大量细致的顶层指导、示范引导和交流督导，全方位拓展业务应用。现在，信息技术已经融合到林业行业的各级部门、各个领域、各项业务，形成全系统、全方位、全流程支撑林业改革发展的新局面。资源监管实现"一张图"，森林防火实现一体化联动，营造林管理实现精确化，林业行政执法实现全程"留痕"。从智慧苗圃到测土配方，从智慧监管到应急防火，从森林经营到加工利用，无不显示信息化魅力。四是政务服务实现了突破。五年来，我们大力加强智慧政务服务，现在，全国林业办公自动化系统已基本实现市级以上林业部门全覆盖，并逐步向移动化、智能化升级，办公用内网、办会开视频、办事上外网，已然成为务林人的新习惯。移动办公系统打破了传统办公方式的时空界限，实现了随时随地办公新方式。省级以上视频会议每年召开300多次，每年节约会议经费近亿元。林业网上行政审批系统上线运行，实现一个窗口办理、一站式服务。中国林业网不断超越，日均信息发布量和访问量均超100万，访问量突破20亿人次，综合排名稳居部委网站第二名，荣获中国最具影响力政务网站、中国政务网站领先奖、部委政府优秀网站等荣誉，成为全面展示现代林业的新窗口。五是发展水平实现了突破。五年来，我们积极争取重大项目，实现了多个"突破"，填补了多项空白。现在，林业信息化已成为国家信息化新亮点、林业现代化新名片，在中央部委中处于领先水平。相继被纳入"互联网+"行动、大数据战略、"十三五"政务信息化工程等国家重大工程规划。林业信息化多项成果成为国家信息化优秀案例，内网荣获全国电子政务实践最佳提名奖，"全国林业一张图"荣获全国电子政务创新应用奖，中国林业数据开放平台入选中国"互联网+"行动百佳实践，荣获2017中国信息化最佳实践奖，国家林业局网上行政审批平台、生态大数据建设被评为"2016电子政务优秀案例"，大大提升了林业行业的社会影响力。

（三）不断完善了林业信息化保障措施。经过多年的实践，逐步构建了以顶层设计、动员部署、机构队伍、标准制度、评测考核五大环节为核心，层层递进、环环相扣、互为依托的林业信息化建设保障措施。一是首抓顶层设计。以《全国林业信息化建设纲要》为指导，制定发布了《全国林业信息化"十三五"规划》，先后印发中国林业云计算、物联网、移动互联网、大数据、智慧林业、电子商务等系列配套指导意见。各地各单位按照国家林业局统一部署，也制定发布了发展规划、指导意见。二是及时动员部署。每两年召开一届全国林业信息化工作会议、每年召开全国林业信息办主任会议，及时进行动员部署。举办林业CIO培训班，并分层级开展规模化、规范化、体系化培训，仅2016年就培训2万多人次。三是完善机构队伍。不断充实完善全国林业信息化工作领导小组、国家林业局信息化工作领导小组、地方各级林业信息化领导小组及其工作机构，目前全国绝大部分省级单位和部分市县都成立了信息化工作领导小组和信息化管理办公室（中心），形成了国家、省、市、县各级完善的林业信息化管理机构，为推动全国林业信息化全面加速发展奠定了基础。四是制定标准制度。印发了《全国林业信息化工作管理办法》等10多项制度，制定了《林业信息化标准体系》，编制了《林业信息术语》等50多项林业信息化国家标准和行业标准。五是组织评测考核。连续多年开展全国林业信息化发展水平评测和全国林业网站绩效评估，特别是"信息化率"列入了全国林业发展"十三五"规划，从2016年开始，对国家林业局各司局各单位和各级林业主管部门进行了"信息化率"测评，成为推动林业现代化建设的重要抓手。

在全面推进林业信息化建设过程中，逐步凝聚形成了勇于担当、协同共建、敢为人先、坚持不懈的林业信息化文化，为今后进一步推动林业信息化，奠定了坚实基础。

二、深刻认识林业信息化建设面临的重大战略机遇

党的十九大开启了中国特色社会主义新时代，科学谋划了全面建设社会主义现代化强国、实现中华民族伟大复兴的百年大计，为党和国家各项事业发展指明了方向、明确了道路、确定了方针。生态文明和美丽中国建设被提上前所未有的高度，网络强国战略思想作为创新驱动贯穿于各项建设，林业信息化建设迎来新的重大发展机遇。我们要深入贯彻落实党的十九大精神，提高林业信息化建设的紧迫感和责任感，为林业现代化建设提供有力支撑。

（一）进入中国特色社会主义新时代迫切需要大力推进林业信息化。中国特色社会主义进入新时代，标志着我国进入了从站起来、富起来到强起来的新阶段，社会主要矛盾已经转化为人民日益增长的美好生活需要和不平衡不充分的发展之间的矛盾。习近平总书记指出，"既要创造更多物质财富和精神财富以满足人民日益增长的美好生活需要，也要提供更多优质生态产品以满足人民日益增长的优美生态环境需要。"在当前全球加速进入信息社会的背景下，解决林业发展不平衡不充分的问题迫切需要信息化来保障。我们要充分运用现代信息技术手段和理念，提高资源监管、生态修复和应急管理的效率，保护好宝贵的自然资源，筑牢筑强国家生态安全屏障；要充分发展电子商务、智慧生产、智慧旅游等，做强林业产业，提供更多优质生态产品，满足人民日益增长的美好生活的需要；要充分发挥信息化创新驱动作用，加快林业改革发展、林区小康建设，逐步消除林业发展不平衡、区域发展不充分的矛盾；要充分利用信息化手段，提高林业发展的效率，实现由量的增长到质的提升的转变。

（二）生态文明建设迫切需要大力推进林业信息化。十九大明确指出"建设生态文明是中华民族永续发展的千年大计"。回顾人类文明的发展历程，从原始文明，

到农业文明、工业文明、生态文明，人类文明进步的决定因素是社会生产力。从本质上看，每一次文明的更迭都是一次生产力的飞跃，而每一次生产力的飞跃，都缘于一场深刻的技术革命。当前，信息技术已成为新的最活跃的生产力，席卷全球的信息革命正在加速推进人类社会由以"高消耗、高污染、高产出"为特征的物质文明，向以信息资源和信息技术为基础，既不大规模消耗物质资源能源、破坏生态环境，又能促进经济社会大发展的生态文明加速演进，可以说，信息革命是打开生态文明大门的金钥匙。信息革命不但能引领生态环境文明建设，而且能引领生态物质文明、生态意识文明、生态行为文明发展。我们知道，生产力由劳动工具、劳动者、劳动资料组成，其中劳动工具是标志一个时代生产力水平的最重要因素。当今世界，网络生产工具正日益改变人们的生产方式、工作方式、学习方式、生活方式、思维方式，使人们从繁重劳动中解放出来，去从事创造性的工作与活动，人类不再与自然直接对抗，而是在更高层次上不断丰富完善对客观世界的整体性认识，寻求全面发展和身心解放。总之，信息革命使生产力发生质的飞跃，再次改变了人与自然的关系。

（三）乡村振兴战略迫切需要大力推进林业信息化。十九大作出实施乡村振兴战略的重大决策。乡村振兴战略是决胜全面建成小康社会、全面建设社会主义现代化强国的一项重大战略任务，对于有效解决林区、林业、林农问题具有重大意义。我国相对集中连片的林区多位于老少边穷地区，分布着400多个贫困县和许多贫困乡村，地理阻隔、信息闭塞、技术短缺是造成广大乡村和林区落后的重要原因。迫切需要大力推进林业信息化，用四通八达的信息高速公路，打破地理阻隔，加速林区融入社会；迫切需要把信息手段、信息平台和信息载体引入林区，建设智慧林区，消除数字鸿沟，推动信息惠林、富民、脱贫；迫切需要运用信息技术加强林区科技创新应用，扶持林区特色产业，加快林区转型；迫切需要以信息化推进城乡融合发展，实现乡村"产业兴旺、生态宜居、乡风文明、治理有效、生活富裕"为目标的乡村振兴战略。

（四）林业现代化建设迫切需要大力推进林业信息化。实现"两个百年"奋斗目标，林业现代化建设的紧迫性愈加强烈。信息化是全面提升林业业务管理水平、尽早实现林业治理体系和治理能力现代化的关键手段，实现林业现代化，首先是全面信息化，用信息化来推动林业现代化。当前，迫切需要大力推进林业信息化，以信息化推动形成功能多样化、经营科学化、管理信息化、装备机械化、服务优质化"五化"同步发展的林业现代化新格局；以信息化构建现代治理体系，提高林业治理智能化水平，推进决策科学化、治理精准化、服务高效化；将现代信息技术全面融合运用于林业建设，构建一体化应用支撑体系，加快构建集森林、湿地、荒漠和野生动植物于一体的监管平台和立体监测网络，对林业资源进行精确定位、精确保护和动态监管。

三、进一步明确新时代林业信息化建设的总体思路

进入中国特色社会主义新时代，林业信息化发展的总体思路是：深入贯彻党的十九大精神，以习近平新时代中国特色社会主义思想为引领，以提升林业现代化水平为目标，实施工程带动、智慧引领、共治共享、信息惠林四大战略，构建林业智慧治理体系，努力开创林业信息化发展新局面。到2020年，全国林业信息化率达到80%，基本建成智慧林业，实现信息感知立体化、业务管理高效化、公共服务便捷化，为林业现代化奠定基础；到2035年，林业信息化率达到95%，全面建成智慧林业，实现政务管理智能协同、业务支撑精准高效、公共服务便捷惠民、基础保障坚实有力，具备全面支撑林业现代化的能力；到2050年，林业信息化率达到100%，建成泛在林业，实现应用实时化、主客融合化、整体共生化，随时随地提供各项林业服务，支撑全面实现林业现代化。

（一）实施工程带动战略。大力实施林业信息化工程带动战略，是推动林业信息化发展的战略举措，是带动投资、优化结构、促进发展的重要力量，是推动林业信息化加快发展的重要抓手。一要超前谋划大工程。各地各单位要顺应信息社会发展潮流，深入研究国家信息化发展政策导向，超前谋划，主动衔接，积极争取"互联网+"、大数据、信息基础设施等事关林业发展全局和林业信息化长远发展的重大信息化工程，推动林业信息化应用向纵深发展。要高度重视项目前期工作，全力抓好项目库建设，论证储备一批符合国家信息化发展政策、近期能实施、长远有带动的大项目、好项目。二要确保重大工程项目取得实效。经过多年努力，林业信息化实施大工程的时机已经成熟，"金林工程"、生态大数据等一批亿元级重大工程项目先后获得批复，要加强对工程的组织领导，组建强有力的项目领导班子，统一思想，凝聚共识，形成推动项目建设合力。聚集和培养项目管理人才，提高项目管理能力和水平。强化项目监管力度，科学有效实施工程项目建设，注重管理规范和质量。促进成果应用和转化，确保项目建设取得实效。三要建立统筹联动共享机制。各级林业部门要树立全局视野，做好成果共享，引领林业信息化项目不断向基层延伸。鼓励和引导社会资本投资林业信息化，探索政府和社会资本合作的建设方式、合作模式，为林业信息化发展注入新的活力和动力。

（二）实施智慧引领战略。信息化代表新的生产力和新的发展方向，已经成为引领创新和驱动转型的先导力量。通过实施智慧引领战略，重塑林业管理机制，优化林业产业结构，提升林业创新能力，全面推动林业治理体系和治理能力向智慧化迈进。一是迅速开展人工智能在全行业的研究应用。各地各单位要高度重视，正确认识人工智能在引领智慧林业发展中的重要作用，积极开展林业人工智能相关工作，推动建立林业部门人工智能研究机构，立足人工智能在林业行业的长远发展目标，形成产学研一体化的林业人工智能智库平台。要促进语音识别、图像识别和机器人、无人机、虚拟现实、增强现实等技术在林业现代化建设中的应用，强化自主研发力度，助力林业智慧化发展。加强多部门横向协作和各级林业部门纵向协作，形成共同推动林业人工智能发展大格局。二是着力加强智慧林业新技术创新应用。全面加强林业云计算应用，逐步建立覆盖国家、省、市、县四级服务体系的"中国林业云"。大力开展林业物联网建设，打造天地空立体化监测林业物联网体系。

积极推动以移动政务、移动业务、移动服务为核心的林业移动互联网发展，开创林业服务管理新模式。构建林业大数据智慧治理体系，强化数据采集汇聚、深度挖掘分析、智慧数据应用，为林业重大决策提供精准科学依据。三是全面建立智慧化应用体系。各地各单位要加快新一代信息技术在林业的应用，形成集成化、智能化的智慧林业业务协同体系，形成智能决策、业务协同、便捷高效的智慧林业政务管理体系，实现信息化与林业治理的全面融合。要充分挖掘信息化建设的生态价值、经济价值、社会价值，力争让林业建设的每个层面、每个阶段、每个环节都置于智慧化支撑之上，为全面实现林业现代化奠定基础。

（三）实施共治共享战略。十九大明确要求"打造共建共治共享的社会治理格局"，为新时代林业信息化发展指明了战略方向。要认真贯彻落实国务院关于推进信息系统整合共享决策部署，建设"大平台"、融通"大数据"、构建"大系统"，彻底打破"各自为政"的种种弊端。一是互联左右。建立集森林、湿地、荒漠和野生动植物等于一体的智慧林业平台，实现造林绿化、资源管理、野生动植物保护、湿地保护、荒漠化治理、应急管理、林业产业等林业核心业务一体化协同，实现林业业务的归集共享共用。二是贯通上下。按照统一建设、分级应用，平台上移、应用下移的思路，形成覆盖全国、统筹利用、统一接入的共享大平台。要提升信息共享、业务协同和数据开放水平，共同提高辅助决策和管理信息化能力，促进林业综合管理和服务能力建设，实现国家、省、市、县多级数据联动。各级林业部门要协力配合、积极支持，强化责任落实，建立长效机制，形成推动林业数据共享发展的强大合力。三是融通内外。打通数据壁垒，加强与国土、农业、气象等业务相关部门的沟通协作，做到林业相关业务数据互联互通。面向社会公众做好数据开放，为社会公众提供最新、最全、最准的林业数据，实现林业政务智慧化服务。通过以上努力，国家林业局和各省级林业部门要形成"五个一"，即一个门户网站、一个业务系统、一个管理系统、一个中心机房、一个运维平台，充分发挥信息化在林业建设中的重要作用。

（四）实施信息惠林战略。乡村振兴离不开信息化支撑，信息化能够帮助林农快速融入现代社会，实现弯道超车。林业供给侧结构性改革，主要是化解信息不对称的问题，信息化让智慧乡村发展大有可为。要大力开展乡村振兴林业信息化行动，着力提升林业信息化公共服务水平，着力解决信息化"最后一公里"问题。一是推动林业电商平台建设。建设全国林业电子商务平台、生态产业创新林农服务平台、生态产品综合服务平台等林业产业培育服务平台，培育林业电商经营主体，加强林业产业大数据应用，完善林业电商基础环境，推进森林产品品牌建立、产品认证、精准营销、质量追溯等工作，为推进林企林农创业创新，实现林业转型升级提供强劲动力。二是开展智慧生态旅游。对森林公园、湿地公园、沙漠公园、自然保护区等进行智慧提升，实现生态旅游管理服务、生态旅游体验、生态旅游营销等的智能化，推动生态资源交互式体验等便民服务试点，全面提升生态旅游行业形象和综合效益。推广应用成熟的森林旅游物联网应用示范成果，建立景区查询系统和预警预测系统，为实现乡村振兴作出贡献。三是促进网络文化建设。应用现代信息技术，将生态文化培育成为生态文明建设的重要支撑。打造林业全新媒体，加强社会公众的参与互动。要提升林区生态文化交流能力，加强生态文化传播能力建设。搭建面向全国林业工作者的在线科技教育平台，创新生态文化业态和生态文化传播方式。四是加大林区信息基础设施建设。针对林区地处偏远、交通不便、信息不畅等现状，积极引导、鼓励社会资本参与林区信息基础设施建设。要像重视林区通路、通水、通电一样重视林区"通网"，搭建林区与外界沟通融合的桥梁。

四、扎实做好林业信息化重点工作

今后一个时期是完成"十三五"规划目标的关键阶段，要深入学习贯彻党的十九大和全国林业厅局长会议精神，按照《"互联网＋"林业行动计划》总体布局，加快落实林业信息化各项任务。

（一）抓住重大项目。一是加快落实金林工程。尽快完善项目设计，落实项目资金，推动项目落地实施。要明确分工，形成合力，高质量地完成项目各项任务。加强各单位间的业务协同和数据开放工作力度，确保项目建成后，形成支撑林业核心业务的基础平台。二是深入落实生态大数据建设。加快推进生态大数据基础平台体系建设，明确政府与社会投资方的义务和责任，防控风险。完善京津冀、长江经济带、一带一路林业数据资源协同共享平台项目，进一步加大推广力度，形成三大战略区域生态数据共享、管理协同的良好态势。三是推进国有林和国家公园监管现代化。全面推进国有林场林区智慧监管平台建设，按照职能分工，有关部门要加强协同协作，做好与本部门系统衔接，初步实现全国林场林区人员信息的集约化管理。加强东北虎豹、大熊猫、祁连山等国家公园信息化建设，强化整体设计，突出监测体系，同时考虑网站建设、资源监管、政务办公、智慧旅游等相应的信息化体系建立，形成功能完备的国家公园信息化体系。四是积极推进集体林改信息化。建立全国林权管理平台，推广林权一卡通，推动各林权交易平台的数据共享，实现全国林权流转交易服务和跨区域网上林权交易，做到林权依法有序流转和林权价值切实实现。五是推进电商扶贫。发挥林业电子商务在精准扶贫工作中的带动作用，打造权威高效的林业电商平台，着力培育特色产业，建立专家信息服务系统，积极探索优化林业电商扶贫机制，将林业电子商务作为精准扶贫的突破口。六是加快推进各地信息化建设。各省区市要紧跟国家部署，主动适应信息社会的发展要求，进一步加快本地区本部门的信息化建设，积极申报重大项目，抓好重点工程的实施。各示范单位要围绕示范主题，打造精品示范工程，积极推广示范成果，带动全国林业信息化发展。

（二）抓实整合共享。一是落实责任分工。国务院高度重视政务信息系统整合共享工作，将其作为当前推进信息化和现代化建设的重点工作，各地各单位要提高认识，加快推进，保质保量如期完成任务。要建立层层责任制，主要负责人为第一责任人，制定明确的时间表和路线图，分解任务，细化责任清单，签署责任状，确保按时完成既定工作。二是及时清理信息孤岛。对"僵尸"系统进行关停清理，回收或报废其硬件资源。将托管在外的网站、系统整合至国家级或省级统一门户，对于信息更新不及时、栏目内容重复的网站进行优化整改。三是加快整合统一平台。建立国家、省两级共享平台，司局单位的系统统一整合到国家级平台，各省级的系统统一到省级林业平台。各单位游离于统一平台之外的系统要归集部署，尽快完成业务流程梳理，现有功能单一或重复、使用频度较低的系统要进行统一设计、优化和整合，建立互联互通、业务协同、信息共享的大系统。四是抓紧接入全国平台。将整合后的国家林业局政务信息系统和数据资源按照程序审核和评测审批后，接入全国统一的数据共享交换平台。各地各单位依据本省区市要求，先接入省级政务网络后，再接入全国平台。五是尽早实现协同共享。依据共享数据清单，以中国林业数据开放共享平台为基础，各地各单位要补充可以共享交换的数据内容，使共享清单内的数据资源，都能通过统一的数据共享交换平台实现共享。

（三）抓紧智慧政务。一是建设智慧门户。完善以中国林业网主站为龙头、司局单位和各地林业网站为组成的站群体系，建成集智能感知、智慧建站、智慧推送、智慧评测和智慧决策于一体的智慧政务门户，实现行业全站群建设、信息全形式展现、服务全周期提供、内容全平台管理、资讯全媒体发布。二是升级办公系统。整合升级现有办公系统，打造新一代智慧办公大系统，将林业办公网向地方和基层延伸，逐步实现四级林业部门全覆盖。三是推动移动应用。推进林业移动办公、会议、办文、党务等林业移动政务建设，实现政务服务掌上办理。推进移动资源监管、营造林管理、灾害监控与应急管理、林权综合监管、林农信息服务等林业移动业务，实现林业业务的高效智慧管理。建立林业移动应用服务平台，提供移动林产品服务、森林旅游服务、社区服务、文化服务等。四是优化网上行政审批。推动林业行政审批跨地区远程办理、跨层级联动办理、跨部门协同办理，逐步形成全国一体化服务体系，实现全国林业各级各类行政审批100%网上运行。

（四）抓早战略谋划。一是推进前沿技术战略研究应用。开展林业人工智能战略研究，进一步优化智慧林业顶层设计。积极推进图像识别、人机交互、量子通讯、虚拟现实、3D、4D等技术在林业上的应用突破，培育林业智能经济，带动林业创新能力全面提升，引领林业信息化发展新进程。二是深化战略合作。深入推进生态大数据战略合作，加快生态大数据"一院一室一中心"建设。深入开展国有林现代化战略合作，积极开展集体林现代化战略谋划。优化各区域生态大数据共享机制，形成建设合力，实现共享交换。三是深化应用创新。在现有"互联网+"义务植树的基础上，以大数据决策分析为依据，探索涵盖林木种植、抚育、利用、管理全周期一体化智慧体系建设，打造管理科学、精准高效、可持续发展的现代化林业典型模式。综合运用虚拟现实、三维可视化等先进技术，建立珍稀植物生长模拟模型，开展仿真研究，为科学研究提供数据支撑和高精度的可视化展现。四是深化合作交流。充分发挥林业信息化培训教育基地的主渠道、主阵地优势，进一步加强与有关部门、科研院校、高新企业、学会协会等创新合作，引进国际先进技术和理念，汇聚各方力量推动林业信息化建设。

（五）抓好基础工作。一是完善基础网络设施。加快推进与国家电子政务外网的互联互通，并通过国家电子政务外网构建全国林业政务外网大平台，实现数据共享与交换。推进电子政务内网建设，实现与中央节点的互联互通。加快中国林业云建设，全面提升林业基础设施服务能力。二是强化网络安全。深入贯彻落实《网络安全法》，大力推动网络安全等级保护工作，加强信息系统及网站安全检测和监控，提升网络安全防范能力。按照"谁主管，谁负责""谁运营，谁负责"的原则，建立健全网络安全协调机制和工作程序，成立网络安全管理机构，安排专人负责网络安全管理与日常维护。三是推进一体运维。完善统一运维平台，优化运维流程，建立林业网络、网站和信息系统定期安全检查机制，强化运维人员技术、素质培训，提升信息网络安全整体防护能力。四是加快标准建设。在已发布的《林业信息化标准体系》的基础上，动态完善并形成以国家标准和行业标准为主体、地方标准和其他标准为补充的标准库。加快林业信息化标准制修订，提高标准的实用性。加强林业信息化标准解读和宣贯，着力构建标准宣贯和信息技术应用协同发展的良性机制。

（六）抓牢任务落实。一是加强组织领导。林业信息化是"一把手"工程，要强化领导力度，完善工作机制，明确工作责任，提高工作效率，健全奖惩制度。要把信息化率列为考核各地各单位工作业绩的重要指标，落实责任，强力推进，务求实效。二是强化机构队伍。要完善组织机构，理顺工作职能，以灵活的形式加快推进林业信息化专职管理机构向市县级覆盖。进一步扩充林业信息化队伍，配足配齐工作人员。按照《"十三五"林业信息化培训方案》，开展分层次、分类别的培训，切实提高林业干部职工信息化素质。三是强化协作机制。信息化部门要对林业信息化工作实行总牵头，负责统一组织、协调、指导、监督、管理，各业务部门要着眼林业现代化建设大局，加强协调配合。四是稳定资金保障。各级林业部门要将林业信息化资金列入年度预算，逐年加大投入比例。要建立多元化、多渠道、多层次的投融资体制，发挥政府投资的导向作用，积极引导社会资本投入，保障林业信息化顺利推进。

同志们，做好林业信息化工作责任重大，使命光荣。让我们紧密团结在以习近平同志为核心的党中央周围，齐心协力，奋勇拼搏，努力开创新时代林业信息化发展新局面，为推动林业改革发展、实现林业现代化和建设生态文明、美丽中国作出新的更大贡献！

做好山水这篇大文章　探索生态脱贫新路子

张建龙

习近平总书记高度重视林业精准扶贫工作，明确指出：许多贫困地区一说穷，就说穷在了山高沟深偏远；其实，这些地方要想富，恰恰要在山水上做文章。这个重要论述，充分肯定了林业扶贫的重要作用，为有效推动精准扶贫和精准脱贫提供了一条重要路径。各级林业部门要深刻领会习近平总书记关于生态扶贫重要讲话精神，深入挖掘林业精准扶贫的巨大潜力，充分发挥林业精准脱贫的特殊作用和持久作用，为打赢脱贫攻坚战作出应有的贡献。

一、林业精准扶贫具有巨大潜力

习近平总书记特别强调，贫困地区发展要宜农则农、宜林则林、宜牧则牧、宜开发生态旅游则搞生态旅游；让贫困地区的土地、劳动力、资产、自然风光等要素活起来，让资源变资产、资金变股金、农民变股东，让绿水青山变金山银山，带动贫困人口增收。我国90%的国家级贫困县分布在山区、林区和沙区，林业具有涵盖范围广、产业链条长、产品种类多、就业容量大等特点，在精准扶贫和精准脱贫中大有可为，也必将在巩固脱贫成果中大有作为。

林业扶贫是实现扶贫对象精准、措施精准、成效精准的有效途径。习近平总书记指出，扶贫要做到扶持对象精准、项目安排精准、资金使用精准、措施到户精准、因村派人精准、脱贫成效精准。林业发展的重点在山区、林区和沙区，林业干部职工与农牧民联系紧密，特别是在推进集体林权制度改革、实施退耕还林等林业重点工程中，他们通过走村入户、丈量退耕地、勘界确权等，摸清了贫困人口底数、贫困程度、致贫原因，摸清了林业市场状况等情况，在此基础上培育林业产业更容易让当地群众接受，项目安排更加适宜当地资源状况，扶贫措施更加符合地方实际，脱贫成效也将会更加精准。

林业扶贫是林农群众最易接受的就业手段。习近平总书记指出，一些贫困群众虽然生活艰难，但故土难离观念很重。要支持贫困地区农民在本地创业，这是短期内增收最直接见效的办法。林业是劳动密集型行业，资金、技术等就业门槛很低，可以为贫困林农提供大量的就业机会，让有劳动能力的贫困人口转成护林员等林业工人，实现就地就业。贫困林农长期生长生活在山区林区，对育苗、栽培、管护等林业生产，对林药、林果、林菜、林菌等林下种植业，对林蛙、林猪、林鸡、林兔等林下养殖业，都很熟悉。对他们来说，这种就业方式更容易、更直接、更可靠，不用背井离乡便能够实现就业创业。

林业扶贫是实现生态和脱贫双赢的根本之策。习近平总书记提出，要把生态补偿扶贫作为双赢之策，让有劳动能力的贫困人口实现生态就业，既加强生态环境建设，又增加贫困人口就业收入。贫困地区大多生态脆弱，生存条件较差，一方水土养不起一方人。在这些地区，大力发展林业，不仅可以生产更多更优质的无污染产品，不断增加林农收入，而且可以有效改善本地区生态环境，提升区域生态承载能力，推动贫困地区经济社会持续健康发展。近年来，中西部很多地区依靠当地自然资源，大力发展森林旅游、森林康养、沙漠旅游、沙区体育等，找到了一条建设生态文明和发展经济相得益彰的脱贫致富路子。

林业扶贫是持久巩固脱贫成果的平台载体。农村贫困人口如期全部脱贫，必须保持农民收入持续增长，否则可能导致重新返贫，甚至可能造成新的贫困人口。林地和林木是山区林区农民的重要资产和生产要素，是保持收入持续增长的源泉。自20世纪八九十年代以来，通过实施退耕还林、石漠化治理等工程，很多贫困地区种植了大面积的经济林果、木本粮油，发展了林下经济、竹藤花卉等适合当地的林业产业，甚至培育出了生物质能源和新材料等新业态。随着时间的推移，经济林果、木本粮油逐渐进入盛果期或高产期，林业新业态发展将会越来越精细。这是持久巩固脱贫成果的关键所在，也是增强贫困地区"造血功能"，确保不重新返贫的重要载体。

二、林业精准扶贫取得重大进展

党的十八大以来，各级林业部门深入践行习近平总书记林业扶贫思想，切实增强林业扶贫工作的政治责任，按照"生态护林员精准到人，退耕还林精准到户，金融扶持精准利益分配机制，定点县精准摘帽时限"的"四精准"策略，扎实做好林业精准扶贫工作，取得了实实在在的成效。

开展生态护林员扶贫，精准带动108万人脱贫。针对全国60%的贫困人口分布在山区，山区又是林业生态建设主战场的实际情况，我们大力推进林业生态保护向贫困地区和贫困户"双倾斜"，将营造林、森林抚育、森林管护等建设任务直接安排到贫困户，提高贫困户的劳务收入和受益水平。特别是以集中连片困难地区为重点，以具有一定劳动能力但又无业可扶、无力脱贫的贫困人口为对象，采取村民推荐、集中公示、县乡审核等选聘程序，在中西部21个省（区、市）的建档立卡贫困人口中，选聘了28.8万名生态护林员，既有效保护了地处贫困地区的大江大河源头和深山远山的天然林、公益林，大幅度降低了森林火险发生率，也帮助贫困人口实现了山上就业、家门口脱贫，精准带动108万人脱贫。

开展退耕还林扶贫，精准安排72.9万贫困户任务。我们协调国家发展改革委、财政部等有关部门，将2016年退耕还林任务1335万亩中的80%重点安排到可退面积大、建档立卡贫困人口多的贵州、甘肃、云南、新疆、重庆等省（区、市）。各省（区、市）将任务优先安排给建档立卡贫困户。县级财政第一年将每亩800元的补助直接打入贫困户一卡通，第三年、第五年验收合格后再分别打入300元、400元。据不完全统计，2016年全国共安排72.9万贫困户退耕还林任务414万亩。同时，我们还将造林与扶贫结合起来，大力推进造林劳务扶贫，有效增加了贫困人口收入。

开展木本油料产业扶贫，精准建立利益联结机制。为保障贫困人口真正从林业产业中受益，我们统筹安排林业资金，对油茶、核桃等木本油料产业发展给予大力支持，各地与建档立卡贫困户精准建立了各具特色、形式多样的利益联结机制。有的地方将林业补助资金作为贫困户的股份，投向龙头企业、合作社，贫困户参与劳务，按股分红、按劳取酬；有的地方以专业合作社为平台，对贫困户土地实行统一规划、统一整地、统一购苗、统一栽植，栽植后分户管理，自行收益；有的国有林场将适合种植油茶核桃的林地，按照一定标准委托给贫困人口种植，种植后采取自主经营或委托林场统一经营，按不同经营模式、比例分红，使得贫困户受益期可达30年。

开展定点扶贫，精准帮扶确保按期完成摘帽任务。我们制定了《国家林业局定点扶贫帮扶计划》《定点县"十三五"林业扶贫规划》，确定对贵州省独山县和荔波县、广西壮族自治区龙胜县和罗城县林业定点帮扶思路，提出了帮扶4个定点县按期摘帽、2020年之前巩固脱贫成果的重点任务。为确保完成摘帽任务，2016年我们加大政策资金扶持力度，4个定点县落实中央林业资金1.9亿元；协调国家开发银行、中国农业发展银行与4个定点县签署合作协议，为基础设施、易地搬迁等项目发放贷款17.83亿元。

三、扎实推进林业精准扶贫工作

林区沙区是扶贫的主战场，林业精准扶贫任务十分艰巨。我们将深入贯彻落实习近平总书记关于扶贫开发的重要战略思想，按照中央决策部署，聚焦目标、攻坚克难，以更加坚定的决心、更加精准的举措、更加务实的作风，扎实推进林业扶贫工作。力争到2020年，全面完成定点县林业扶贫任务，使林业对贫困地区经济社会发展的贡献率显著提高，让林业成为群众致富的重要产业。

扩大生态护林员规模。从调查摸底情况来看，各地对生态护林员需求规模远远大于目前护林员人数。下一步我们将积极协调增加中央财政资金，扩大护林员选聘规模，扩大护林员管护范围，将范围扩大到国有林场、森林公园、湿地、沙化土地封禁保护区等需要重点保护的生态区域。同时，强化对已上岗护林员管理，建立护林员培训管理、定期考核、工作保障、资金管理使用、督查考察制度，提高护林能力和效率。

扩大退耕还林贫困人口覆盖范围。加快退耕还林步伐，力争到2020年，将符合条件的25度以上坡耕地全部退耕还林。年度退耕还林任务继续重点安排到832个贫困县，由贫困县林业主管部门委托乡镇林业、国土部门确定可退耕地块，将地块涉及的贫困户优先纳入退耕计划，把退耕还林任务安排给更多贫困户。乡镇林业工作站技术人员将根据当地自然条件和市场需求，指导贫困户发展适宜种植的经济林，带动贫困人口就业增收。

加强林业金融创新扶贫。重点解决贫困人口发展木本油料、林下经济、森林旅游等绿色产业融资难、融资贵问题，协调国家开发银行、中国农业发展银行创新金融产品，积极落实还款期最长30年、宽限期8年、基准利率、中央财政贴息的优惠贷款政策，争取2017年落实林业扶贫贷款300亿元，启动实施林业PPP扶贫试点项目4～5个。

加大定点县帮扶力度。龙胜、罗城、荔波、独山是国家林业局的定点帮扶县，目前4个县约有贫困人口近20万人，精准脱贫任务十分艰巨。我们将对这4个县贫困人口进行林业扶贫情况建档，一户一户地摸情况、一户一户地制订方案、一户一户地采取措施，帮助实现精准脱贫。"十三五"期间，争取定点县中央林业投资翻一番，确保定点县贫困人口如期脱贫。

抓好林业科技扶贫。针对贫困地区林业发展缺技术、缺人才的现状，动员全国各级林业部门科技力量，通过开展推广实用技术、建立示范样板、选派扶贫专家、培养乡土能手、培育特色产业和构建服务平台等林业科技扶贫行动，推动技术定向推广、项目精准落地、专家精准对接，充分发挥科技在脱贫攻坚战中的优势和作用，实现生态保护脱贫、产业特色脱贫和科技精准脱贫。

切实巩固林业脱贫成果。深入实施天然林保护、防护林体系建设、湿地保护与恢复等重点生态工程，搞好易地扶贫搬迁迁出地生态恢复，吸纳更多的贫困人口参与国土绿化和林业重点工程建设，为他们提供更加稳定的就业岗位。加强国家森林公园、国家湿地公园和国家级自然保护区基础设施建设，吸纳贫困人口参与森林管护、防火和接待服务，增加劳务收入。指导贫困户发展适合贫困地区种植、市场需求旺盛的特色林果，通过林下种植、养殖等多种途径，促进贫困人口在多环节获得收益，巩固脱贫成果。

（刊发自《求是》2017年第9期）

国家林业局关于印发《退化防护林修复技术规定(试行)》的通知

林造发〔2017〕7号

各省、自治区、直辖市林业厅(局),内蒙古、吉林、龙江、大兴安岭、长白山森工(林业)集团公司,新疆生产建设兵团林业局,各计划单列市林业局:

为进一步规范退化防护林修复技术,科学指导退化防护林修复工作,提高修复质量和效益,我局研究制定了《退化防护林修复技术规定(试行)》(见附件),现印发给你们,请遵照执行。

附件:退化防护林修复技术规定(试行)

国家林业局
2017年1月24日

附件:

退化防护林修复技术规定(试行)

第一章 总则

第一条 为规范退化防护林修复技术,科学指导退化防护林修复工作,提高退化防护林修复成效,恢复退化防护林整体功能,特制定本规定。

第二条 本规定适用于全国范围内、人工起源退化防护林的修复活动。天然次生严重退化防护林的修复可参照执行。

本规定不适用于原始林、《生态公益林建设导则》(GB/T 18337.1)规定的特殊保护地区的退化防护林。

第三条 术语和定义。

本术语和定义仅适用于本规定。

(一)退化防护林

因环境变化、造林和经营不当、遭受自然灾害、林业有害生物危害等因素影响,林分提前或加速进入生理衰退阶段,出现林木枯死、濒死、生长不良等现象,稳定性降低,生态防护功能退化甚至丧失,难以通过自然能力更新恢复的防护林。

(二)退化防护林修复

对退化防护林采取人工干预措施,改善林分结构和生境,提高林分质量,恢复和提升生态防护功能的过程。

(三)枯死木

树体整体死亡的林木。

(四)濒死木

2/3以上的树冠或树干枯死,或整株萎靡而濒临死亡的林木。

(五)生长不良木

生长发育水平达不到正常生长状态,明显偏低或处于基本停滞状态的林木。

第四条 退化防护林修复应严格遵循以下原则。

(一)坚持尊重自然规律,因地制宜科学修复。遵循森林发展演替、林木生长、树种分布等规律,合理确定修复方式,科学设定林分密度,优先选择乡土树种,并配置形成混交林,优化林分结构,促进林分健康稳定。

(二)坚持严格生境保护,维护生物多样性。将生境保护理念贯穿于退化防护林修复全过程,合理确定采伐方式,采取低扰动整地、预留缓冲带、保留珍稀植物等保护措施,加强对修复林地生态和生物多样性的保护,避免对生态系统形成不可逆的影响。

(三)坚持先急后缓,突出改造重点。按照退化程度,先易后难开展修复活动。先行修复出现大面积枯死、濒死的成熟、过熟退化防护林及遭受严重灾害的退化防护林、粮食主产区的退化农田防护林、国家重点生态工程区区的退化防护林。

(四)坚持生态优先,多效益兼顾。在满足生态防护功能要求的前提下,充分考虑经营者意愿,合理配置部分生态和经济效益兼顾树种,实行生态保护和民生改善相结合;在适宜地区,合理配置景观效果好的树种,提升森林景观质量。

(五)坚持依靠科技进步,提升修复科技水平。学习借鉴国内外先进技术和管理经验,大力推广适用当地的成功修复模式和技术,鼓励各地积极开展修复技术的研究和创新,提升退化防护林修复的科学化水平。

(六)坚持依法依规开展修复,强化资源管理。在修复过程中,严格遵守林业相关法律、法规、规定和标准等,严格林木采伐管理,强化森林资源保护,确保修复工作依法依规开展。

第二章 标准与等级

第五条 界定标准。

符合下列条件之一的防护林可界定为退化防护林。

（一）林分衰败、林木生长衰竭、防护功能下降的成熟、过熟林。

（二）主林层枯死木、濒死木开始出现，且株数比例达单位面积株数5%（含）以上，难以自然更新恢复的衰败林分。

（三）林分衰败，因林木枯死、濒死，导致郁闭度持续下降至0.5（含）以下、林相残败、防护功能明显下降的林分。

（四）因衰败枯死，连续断带长度达到林带平均树高的2倍以上，且缺带总长度占整条林带长度比例达20%（含）以上，林相残败、防护功能差的林带。

（五）由于衰败枯死，防护功能持续下降，难以自然更新恢复或难以维持稳定状态的灌木林可界定为退化灌木林。

第六条 退化等级。

根据退化程度，将退化防护林分为重度退化、中度退化、轻度退化3个等级。

（一）重度退化应满足下列条件之一：

1. 防护功能严重下降，主林层枯死木、濒死木株数比例达单位面积株数40%以上。

2. 林相残败，郁闭度降至0.3（含）以下。

3. 连续断带长度在林带平均树高的2倍以上，且缺带比例达50%以上。

（二）中度退化应满足下列条件之一：

1. 防护功能明显下降，主林层枯死木、濒死木株数比例达单位面积株数11%~40%。

2. 林相残败，郁闭度降至0.3~0.5。

3. 连续断带长度在林带平均树高的2倍以上，且缺带比例为30%~49%。

（三）轻度退化应满足下列条件之一：

1. 防护功能出现下降，主林层枯死木、濒死木株数比例达单位面积株数5%~10%。

2. 连续断带长度在林带平均树高的2倍以上，且缺带比例为20%~29%。

（四）退化灌木林等级由各地根据当地实际情况自行确定。

第三章 修复方式与技术要求

第七条 退化防护林修复可采用更替、择伐、抚育、林带渐进、综合等方式。

第八条 更替修复。

（一）适用对象

适用于重度退化防护林。

（二）修复方法

采取小面积块状皆伐更新、带状采伐更新、林（冠）下造林更新、全面补植更新等方式进行修复。

（三）技术要求

1. 小面积块状皆伐更新、带状采伐更新

根据林分状况、坡度等情况，采用小面积块状、带状等采伐进行修复，采伐连续作业面积按表1（略）执行。小面积块状皆伐相邻作业区应保留不小于采伐面积的保留林地。带状采伐相邻作业区保留带宽度应不小于采伐宽度。

采伐后应及时更新，更新树种按防护林类型要求、兼顾与周围景观格局的协调性确定，原则上营造混交林，可采取块状混交、带状混交等方式。

根据更新幼树生长情况合理确定保留林地（带）修复间隔期，原则上更新成林后，再修复保留林地（带），间隔期一般不小于3年。

2. 林（冠）下造林更新

林（冠）下造林更新应选择幼苗耐庇荫的树种。造林前，先伐除枯死木、濒死木、林业有害生物危害的林木，然后进行林（冠）下造林。待更新树种生长稳定后，再对上层林木进行选择性伐除，注意保留优良木、有益木、珍贵树。

3. 全面补植更新

退化严重、林木稀疏、林中空地较多的退化防护林，可采用全面补植方式进行更新。先清除林分内枯死木、濒死木、生长不良木和林业有害生物危害的林木，然后选择适宜树种进行补植更新。

第九条 择伐修复。

（一）适用对象

适用于近熟、成熟和过熟的退化防护林。

（二）修复方法

可采取群状择伐、单株择伐等方式进行采伐，并根据林分实际情况进行补植补造。

（三）技术要求

1. 择伐

对修复小班内枯死木、濒死木和林业有害生物危害的林木，其群状分布特征明显的区域实行群状择伐；群状分布特征不明显且呈零散分布的区域实行单株择伐。

群状择伐、单株择伐强度根据实际情况而定，择伐株数强度应小于40%。

群状择伐每群面积应符合《生态公益林建设技术规程》（GB/T 18337.3）要求。

2. 补植补造

择伐后郁闭度大于0.5，且林木分布均匀的林分可不进行补植补造；择伐后郁闭度小于0.5的林分，或郁闭度大于0.5但林木分布不均匀的林分，应进行补植补造。

补植补造应尽量选择能与林分原有树种和谐共生的不同树种，并与原有林木形成混交林。

第十条 抚育修复。

（一）适用对象

适用于中（幼）龄阶段的退化防护林。

（二）修复方法

按照间密留匀、去劣留优和去弱留强的原则，采取疏伐、生长伐、卫生伐等方式进行修复，并根据林分实际情况进行补植补造。

（三）技术要求

1. 抚育采伐

对因密度过大而退化的防护林，采取疏伐、生长伐方法调整林分密度和结构，优先伐除枯死木、濒死木和生长不良木。

对遭受自然灾害、林业有害生物危害的林分，采取卫生伐，根据受害情况伐除受害林木，并彻底清除病(虫)源木。

2. 补植补造

符合《森林抚育规程》(GB/T 15781)中补植条件要求的林分，应进行补植补造。补植树种应尽量选择能与林分原有树种和谐共生的不同树种，并与原有林木形成混交林。

第十一条 林带渐进修复。

(一)适用对象

适用于农田防护林、牧场防护林、护岸林、护路林、城镇村屯周边等退化防护林带(网)。

(二)修复方法

在维护防护功能相对稳定的前提下，可采取隔带、隔株、半带、带外及分行等修复方式，有计划地分批改造更新，伐除枯死木、濒死木和林业有害生物危害的林木，并对林中空地和连续断带处加以补植补造。更新间隔期应不小于3年。

(三)技术要求

1. 隔株更新

按行每隔1~3株伐1~3株，采伐后在带间空地补植，待更新苗木生长稳定后，伐除剩余林木，视林带状况再进行补植。

2. 半带更新

根据更新树种生物学特性，将偏阳或偏阴一侧、宽度约为整条林带宽度一半的林带伐除，在迹地上更新造林，待更新林带生长稳定后，再伐除保留的另一半林带进行更新。

3. 带外更新

根据更新树种生物学特性，在林带偏阳或偏阴一侧按林带宽度设计整地，营造新林带，待新林带生长稳定后再伐除原有林带。

4. 隔带、分行更新

采伐要求按照《森林采伐作业规程》(LY/T 1646)规定执行，采伐后及时更新造林。

渐进修复的树种配置按多效益兼顾原则，可在道路、水系两侧和城镇村屯周边防护林带内，适当镶嵌乔木和灌木观赏树种，形成多树种混交的复层林。

第十二条 综合修复。

(一)适用对象

适用于林分结构不尽合理，枯死木、濒死木和林业有害生物危害林木分布特征一致性差的轻度、中度退化防护林。

(二)修复方法

综合运用抚育、补植补造、林下更新、调整、封育等措施，清除死亡、林业有害生物危害和无培育价值的林木，调整林分树种结构、层次结构和林分密度，增强林分稳定性，改善林分生境，提高林分生态防护功能。

(三)技术要求

1. 林分抚育

按照本规定第十条要求执行。

2. 补植补造

被修复的林分实施抚育后，郁闭度较低的，采取补植补造的方法，培育复层、异龄、混交林分。选择的补植补造树种应与林分现有树种在生物特性与生态习性方面共生相容，形成结构稳定的林分。

3. 林下更新

在修复的林分内，对非目的树种分布的地块(地段)及林中空地，采取林下更新、林中空地造林方法进行修复，培育林分更新层并促进演替形成为主林层。树种选择需考虑更替树种对现有林分生境的适宜性，考虑更替树种与主林层树种在林分营养空间层次的协调与互补，合理确定更替树种的成林目标与期望。

4. 调整树种

在修复的林分内，对需要调整树种和树种不适的地块(地段)，宜采取抽针(阔)补阔(针)、间针(阔)育阔(针)、栽针(阔)保阔(针)等方法进行调整，促进培育形成混交林。一次性间伐强度不应超过林分蓄积量的25%。

5. 封山育林

采取上述措施的林分，宜考虑辅以实施封山育林，划定适当的封育期，采取全封、半封等封育措施，促进退化防护林修复尽快达到预期成效。

第十三条 其他技术要求。

(一)退化灌木林修复宜根据林地立地条件，特别是水资源情况进行平茬或补植补造。空地面积较小、分布相对均匀的进行均匀补植；空地面积较大、分布不均匀的进行局部补植。适宜生长乔木的区域，可适量补植乔木，形成乔灌混交林。补植前，应先清除死亡和林业有害生物危害的灌木。

(二)凡涉及补植补造的林地，视现有株数和该类林分所处年龄阶段、立地条件等确定合理补植密度，补植后单位面积的新植苗木和现有林木株数之和，应达到该类林分合理密度的最低限以上。

(三)本规定未明确的造林整地、播种与栽植、造林密度、未成林抚育和管护等技术要求，按照《造林技术规程》(GB/T 15776)规定执行。

(四)森林保护、营林基础设施等林地基础设施建设可按照《生态公益林建设技术规程》(GB/T 18337.3)的规定执行。

第十四条 在修复过程中，各项方法的运用，应按照尊重自然规律原则，视林分退化状况和环境，因地制宜，合理选择。

第四章 生境保护

第十五条 限制修复区域。

(一)依据《生态公益林建设技术规程》(GB/T 18337.3)，禁止在特殊保护地区进行退化防护林修复，严格限制在重点保护地区进行退化防护林修复。

(二)以下重点保护地区禁止采用皆伐进行更替修复：

1. 生态脆弱性等级为2级区域(地段)。

2. 荒漠化、干热干旱河谷等自然条件极为恶劣地区。

3. 其他因素可能导致林地逆向发展而不宜改造的区域或地带。

第十六条 预留缓冲带。

修复区内分布有小型湿地、水库、湖泊、溪流，或在自然保护区、人文保留地、自然风景区、野生动物栖息地和科学试验地等临近区,应预留一定宽度的缓冲带。缓冲带宽度参见《森林采伐作业规程》(LY/T 1646)。

禁止向缓冲带内堆放采伐剩余物、其他杂物和垃圾。

第十七条 保护修复林地生态。

限制全面清林。在修复林地内,存在杂草灌木丛生、采伐剩余物堆积、林业有害生物发生严重等情况,不进行清理无法整地造林的,可进行林地清理。清理时,应充分保留原生植被,禁止砍山炼山。

造林整地尽量采用穴状、鱼鳞坑等对地表植被破坏少的整地方式,严格限制使用大型机械整地,减少施工机械对原生植被和土壤反复碾压产生的破坏;造林整地应尽量避免造成新的水土流失;水土流失严重地区的造林整地,应设置截水沟、植物篱、溢洪道、排水性截水沟等水土保护设施。

第十八条 保护生物多样性。

(一)现有植物保护

1. 保留国家、地方重点保护,以及列入珍稀濒危植物名录的树种和植物种类。

2. 小面积皆伐应注重保留具有一定经济价值和特殊作用,并能与更新树种形成混交的树种。

(二)保护野生动物生境

1. 修复区内树冠上有鸟巢的林木,以及动物巢穴、隐蔽地周围的林木,应注重保留。

2. 保护野生动物生活和迁移廊道,根据野生动物生活习性,合理安排修复时间,减少对野生动物产生的惊扰。

第十九条 林业有害生物防治和外来物种控制。

(一)严格控制林业有害生物传播途径。选择的伴生树种不应与主要树种存在共同的危险性有害生物;做好进入修复区的苗木检疫;按规定和相关技术标准处理修复区内感染有害生物的林木。

(二)严格控制外来物种,选用引进树种时,应选择引种试验后证明对当地物种和生态系统不造成负面影响的树种。

第五章 作业设计

第二十条 设计总体和单元。

作业设计以县、乡或林场为设计总体,以小班为基本单元编制。

第二十一条 基础调查。

包括拟修复区域的自然状况、社会经济状况、土地利用现状、森林资源状况与防护林现状、森林灾害情况、区域生态需求和农户意愿等。

第二十二条 小班调查。

(一)初步筛选

根据当地最新林地保护利用规划,结合最新森林资源"二类"调查和公益林区划界定成果,初步筛选出基本符合本规定第五条退化防护林标准要求的小班。

(二)现场踏查

通过现场踏查,剔除不符合本规定第五条要求的小班,并进一步确定出修复小班范围,以及小班内小型湿地、水库、湖泊、溪流分布情况和临近区内自然保护区、人文保留地、自然风景区、野生动物栖息地和科学试验地等位置情况。

(三)详细调查

内容包括地理位置、立地条件、植被类型、树种组成及龄组、郁闭度或灌木覆盖度、具有天然更新能力的树种与母树数量、幼树幼苗株数、生长指标、退化程度与成因、需要保护的对象和其分布或活动范围等。见附录A(略)。

林分因子调查,在林分内可采用方形或长方形标准地调查法,每个标准地面积一般不小于600m²,标准地数量每个小班不少于1块,标准地合计面积不小于拟修复小班面积的2%。林带可采用标准行或标准段调查法,调查株数一般不少于50株,且调查总株数不少于林带总株数的5%。

第二十三条 设计内容。

包括基本情况(自然环境、社会经济条件、森林资源历史情况与演替变化)、设计原则和依据、防护林现状调查与评价、退化程度与原因、范围与布局、修复方式与技术措施(包括采伐作业设计、造林作业设计、林地基础设施设计)、施工安排与人员组织、管护措施、工程量与投资预算、效益评价、保障措施等。

设计深度应达到满足施工作业的要求。

第二十四条 设计成果。

(一)作业设计说明书

详细说明本规定第二十三条内容。

(二)附图

1. 修复区防护林现状分布图和退化防护林现状分布图(1:10000~1:25000),反映防护林和退化防护林现状。

2. 以地形图或卫星遥感图像为底图的修复小班地理位置图(1:10000~1:25000),反映地理位置、地形地貌、交通状况。

3. 以地形图或卫星遥感图像为底图的修复作业设计图(1:5000或1:10000),反映修复方式、采伐、造林等方面的作业设计。

4. 造林模式示意图、林地基础设施施工设计图等。

(三)附表

包括修复小班现状调查表、小班作业设计表(见附录B)(略)、小班现状调查汇总表和作业设计汇总表、林地基础设施设计表、投资预算表等。

第六章 档案管理

第二十五条 档案文件。

包括项目前期立项决策、规划(实施方案)与作业设计、施工、监理、竣工验收、后评价文件,以及与工程有关的管理文件、财务文件、电子数据和改造前后及施工过程中的图像资料等。

第二十六条 归档要求。

归档要求参照《林业重点工程档案管理办法》(林办发〔2001〕540号)执行。

第七章 质量评价

第二十七条 评价依据。

国家和地方退化防护林修复的有关政策、规定和标准，退化防护林修复规划或实施方案，经批复的退化防护林修复计划任务和作业设计等文件资料。

第二十八条 评价内容。

包括退化防护林修复实施，实施成效，项目管理等情况。

（一）修复实施

包括修复面积、核实面积、合格面积等。

（二）实施效果

包括成效合格面积、幼苗长势与林分健康状况等。

（三）项目管理

包括作业设计、施工管理、林木管护、建档情况等。

第二十九条 主要评价指标与计算方法。

（一）修复面积核实率 = $\sum$ 检查修复小班核实面积 / $\sum$ 检查修复小班上报面积 × 100%。

（二）修复面积合格率 = $\sum$ 检查修复小班合格面积 / $\sum$ 检查修复小班上报面积 × 100%。

（三）修复成效面积合格率 = $\sum$ 成效合格的检查原修复小班面积 / $\sum$ 检查原修复小班上报面积 × 100%。

（四）作业设计率 = $\sum$ 有作业设计的检查修复小班面积 / $\sum$ 检查修复小班上报面积 × 100%。

（五）作业设计合格率 = $\sum$ 作业设计合格的检查修复小班面积 / $\sum$ 检查修复小班上报面积 × 100%。

（六）按设计施工率 = $\sum$ 施工符合设计要求的检查修复小班面积 / $\sum$ 检查修复小班上报面积 × 100%。

（七）建档率 = $\sum$ 建档的检查修复小班面积 / $\sum$ 检查修复小班上报面积 × 100%。

（八）管护率 = $\sum$ 有管护措施的检查修复小班面积 / $\sum$ 检查修复小班上报面积 × 100%。

以上八项指标均应达到95%（含）以上。

第三十条 合格（成效）标准。

（一）造林

更新造林、补植补造成活率达到《造林技术规程》（GB/T 15776）合格标准，且有补植补造的小班，补植补造点位配置在林中空地处，无剩余林中空地。

（二）成效

更替和林带渐进修复小班：年均降水量在400mm以上地区，株数保存率≥80%（年均降水量在400mm以下地区，热带亚热带岩溶地区、干热干旱河谷等生态环境脆弱地带，株数保存率≥65%），且更新苗木生长发育良好，树叶大小和色泽正常，无受损和病虫害现象。

择伐、抚育和综合修复小班：郁闭度>0.5，且有补植补造的修复小班，补植苗木生长发育良好，树叶大小和色泽正常，无受损和病虫害现象。

灌木林平茬和补植：覆盖度明显提高，且补植灌木生长发育良好，色泽正常，无受损和病虫害现象。

第八章 附 则

第三十一条 本规定自印发之日起实施，有效期至2019年12月30日。

国家林业局办公室关于进一步加强林业自然保护区监督管理工作的通知

办护字〔2017〕64号

各省、自治区、直辖市林业厅（局），内蒙古、吉林、龙江、大兴安岭、长白山森工（林业）集团公司，新疆生产建设兵团林业局：

我国自然保护区事业已走过60年历程，在党中央、国务院的正确领导下，在各级政府和相关部门的共同努力下，我国自然保护区建设管理工作取得了显著成效。但与此同时，由于保护意识淡薄、保护管理不到位等原因，一些地方自然保护区内违法违规情况仍然存在，我国自然保护区保护形势依然十分严峻。为进一步加强自然保护区监督管理，强化资源保护，提升保护管理水平，更好地发挥自然保护区在维护国土生态安全、保障中华民族永续发展中的作用，现就进一步加强自然保护区监督管理工作通知如下：

一、切实提高对自然保护区工作重要性的认识

建立自然保护区是保护生物多样性最直接、最有效的方式之一。截至2016年底，林业主管部门已建立2301处自然保护区，总面积125万平方公里，约占我国陆地国土面积的13.08%。通过建立这些自然保护区，将我国最重要的森林、湿地和荒漠生态系统、最珍贵、濒危野生动植物资源、最优美的自然景观保存下来，不仅在保护中国生物多样性方面具有重要意义，而且在培养民族自豪感、实现中华民族永续发展以及缓解全球气候变化等方面都发挥着重要作用。然而，在国家环境保护督察和我局"绿剑行动"中，都发现一些个别企业和单位在自然保护区内违法违规建设项目，使自然保护区受到威胁和影响有的甚至遭到破坏的问题，引起了党中央、国务院的高度重视和社会各界的广泛关注。各级林业主管部门必须高度重视发现的问题，进一步提高对自然保护区重要性的认识，全面贯彻党的十八大和十八届二中、三中、四中、五中、六中全会精神，坚决贯彻中央领导同志的重要批示精神，正确处理好发展与保护的关系，决不能先破坏后治理，切实守住生态保护红线。要大力加强对自然保护区工作的组织领导和监督管理，严格执法，勇于攻坚克难，着力改善自然保护区生态质量，真正将各级各类自然保护区保护好、管理好。

二、全面提高自然保护区监督管理水平

（一）严格执行建设项目审批制度。国家级自然保护区作为禁止开发区实施强制性生态保护，严格控制人为活动对自然生态原真性、完整性干扰，严禁不符合主体功能定位的各类开发活动。凡在国家级自然保护区内修筑设施，必须严格履行行政许可审批程序，并严格执行环境影响评价制度。对未经许可即擅自开工建设、建设过程中擅自做出重大变更等行为，要依法追究相关单位、人员责任。

为落实有关法律法规和国家政策，对在自然保护区内修筑设施提出如下要求：一是要严格落实新修订的《野生动物保护法》第十三条"机场、铁路、公路、水利水电、围堰、围填海等建设项目的选址选线，应当避让相关自然保护区域、野生动物迁徙洄游通道；无法避让的，应当采取修建野生动物通道、过鱼设施等措施，消除或者减少对野生动物的不利影响。"确实无法避免的，申请人需提供比选方案，以说明无法避免的原因，同时提出建立野生动物通道等补救措施的方案。二是按照《国务院办公厅关于印发湿地保护修复制度方案的通知》（国办发〔2016〕89号）精神，经批准征收、占用湿地并转为其他用途的，用地单位要按照"先补后占、占补平衡"的原则，负责恢复或重建与所占湿地面积和质量相当的湿地，确保湿地面积不减少。在自然保护区内修筑设施行政许可申请中需说明占用自然保护区湿地面积，并提供湿地的恢复或重建方案等材料。

（二）对自然保护区建设项目实行严格管制。自然保护区内原则上不允许新建与自然保护区功能定位不符的项目，包括但不限于以下项目：1.高尔夫球场开发、房地产开发、索道建设、会所建设等项目；2.光伏发电、风力发电建设项目；3.社会资金进行商业性探矿勘查，以及不属于国家紧缺矿种资源的基础地质调查和矿产远景调查等公益性工作的设施建设；4.野生动物驯养繁殖、展览基地建设项目；5.污染环境、破坏自然资源或自然景观的建设设施；6.对自然保护区主要保护对象产生重大影响、改变自然资源完整性、自然景观的设施；7.其他不符合自然保护区主体功能定位的设施。

（三）强化保护执法监管。各级林业主管部门要进一步加强各级各类自然保护区日常监管和监督检查，充分运用遥感等先进技术手段，确保违法违规问题及时发现。同时，要进一步强化自然保护区执法力量的配备，强化执法能力，依法严厉打击破坏自然保护区内森林和野生动植物资源的违法犯罪活动。要积极探索自然保护区所在地区综合行政执法改革，建立健全自然保护举报制度，公布举报电话，广泛实行信息公开，加强自然保护区的社会监督。

（四）建立健全约谈工作机制。要充分运用约谈机制的督查督办作用，对发生违法违规活动的自然保护区，由国家林业局约谈地方政府、林业主管部门、自然保护区管理局，并可邀请媒体报道，实现约谈工作的常态化、公开化。各级林业主管部门和自然保护区管理局（处）要签订保护管理目标责任书，实行目标责任制，避免破坏自然保护区资源的情况发生。

三、重点解决保护管理中的突出问题

（一）继续推进检查和整改工作。各地要根据国家林业局等十部委《关于进一步加强涉及自然保护区开发建设活动监督管理的通知》（环发〔2015〕57号）以及国家环境保护督察组向各省级党委、政府反馈的督察情况报告精神，结合"绿剑行动"检查结果，继续认真深入开展国家级自然保护区内违法活动检查，核查"绿剑行动"后整改措施落实情况，及时发现新问题。各级地林业主管部门对要实现对各级各类林业自然保护区监督检查工作要的常态化，其中各地对各级各类自然保护区监督检查工作要常态化，对国家级自然保护区、省级自然保护区每年要至少开展1次全面综合考核评估和监督检查，并于每年6月底前将检查结果报我局。

（二）全面完成各级各类自然保护区确界工作。要进一步加强自然保护区边界四至管理，并纳入空间规划。对一些尚未实地落界的自然保护区，要按照各级政府批准的范围组织实地勘界，标明区界，并告知相关权利人界址界限。对一些界限不清的自然保护区要全面清理，积极协调地方政府有关部门，一年内全面完成范围四至的界定工作。国家级自然保护区范围和功能区区划基础数据和有关情况要报我局。

（三）科学进行自然保护区范围和功能区调整。认真执行《国务院关于印发国家级自然保护区调整管理规定》（国函〔2013〕129号），从严控制自然保护区调整，不得随意改变自然保护区的性质、范围和功能区划。对存在违法违规活动的国家级自然保护区，须先行整改后再进行自然保护区调整。加大对省级及以下级别自然保护区范围和功能区调整建章立制工作，确保生态保护红线和生态底线。

（四）强化管理机构和人员设置。认真落实《中华人民共和国自然保护区条例》"有关自然保护区行政主管部门应当在自然保护区内设立专门的管理机构，配备专业技术人员，负责自然保护区的具体管理工作"的规定，对没有独立机构、没有专职负责人、管理和技术人员编制偏少、自然保护区管理局（处）主体管理地位丧失的自然保护区，各地要全面进行检查评估后推进管理机构的进一步完善。同时，加强自然保护区管理机构职工队伍建设，对关键岗位人员加强培训，培养一支高素质的自然保护区人员队伍，确保自然保护区事业长期健康发展。

本通知自2017年7月1日起实施，有效期至2020年6月30日。国家林业局2011年发布的《国家林业局关于进一步加强林业系统自然保护区管理工作的通知》（林护发〔2011〕187号）同时废止。

国家林业局办公室
2017年4月28日

国家林业局 财政部关于印发《国家级公益林区划界定办法》和《国家级公益林管理办法》的通知

林资发〔2017〕34号

各省、自治区、直辖市林业厅（局）、财政厅（局），内蒙古、吉林、龙江、大兴安岭、长白山森工（林业）集团公司，新疆生产建设兵团林业局、财务局：

为进一步规范和加强国家级公益林区划界定和保护管理工作，针对新时期国家级公益林区划界定和保护管理中出现的新情况和新问题，国家林业局、财政部对《国家级公益林管理办法》（林资发〔2013〕71号）和《国家级公益林区划界定办法》（林资发〔2009〕214号）进行了修订，现印发给你们，请遵照执行。

各单位要按照《国家级公益林区划界定办法》的要求，及时落实好国家级公益林保护等级，进一步做好国家级公益林区划落界工作，切实将国家级公益林落实到小班地块，并据此更新国家级公益林基础信息数据库等档案资料。在此过程中，不得擅自调整、变更国家级公益林的范围。国家级公益林区划落界的小班属性数据和矢量数据，应当与当地林地保护利用规划林地落界成果相衔接。要严格按照《国家级公益林管理办法》规定的要求和程序，规范开展国家级公益林动态调整和保护管理工作，严禁随意调整国家级公益林范围，违规使用国家级公益林林地。

更新后的国家级公益林基础信息数据库等数据资料，由各省级林业主管部门商财政部门同意后，于2017年12月31日前报送至国家林业局。

特此通知。

附件：1. 国家级公益林区划界定办法
　　　2. 国家级公益林管理办法

国家林业局
财政部
2017年4月28日

附件1

国家级公益林区划界定办法

第一章　总　则

第一条　为规范国家级公益林区划界定工作，加强对国家级公益林的保护和管理，根据《中华人民共和国森林法》、《中华人民共和国森林法实施条例》和《中共中央 国务院关于加快林业发展的决定》（中发〔2003〕9号）、《中共中央 国务院关于全面推进集体林权制度改革的意见》（中发〔2008〕10号）等规定，制定本办法。

第二条　国家级公益林是指生态区位极为重要或生态状况极为脆弱，对国土生态安全、生物多样性保护和经济社会可持续发展具有重要作用，以发挥森林生态和社会服务功能为主要经营目的的防护林和特种用途林。

第三条　全国国家级公益林的区划界定适用于本办法。

第四条　国家级公益林区划界定应遵循以下原则：

——生态优先、确保重点，因地制宜、因害设防，集中连片、合理布局，实现生态效益、社会效益和经济效益的和谐统一。

——尊重林权所有者和经营者的自主权，维护林权的稳定性，保证已确立承包关系的连续性。

第五条　国家级公益林应当在林地范围内进行区划，并将森林（包括乔木林、竹林和国家特别规定的灌木林）作为主要的区划对象。

第六条　国家级公益林范围依据本办法第七条的规定，参照《全国主体功能区规划》、《全国林业发展区划》等相关规划以及水利部关于大江大河、大型水库的行业标准和《土壤侵蚀分类分级标准》等相关标准划定。

第二章　区划范围和标准

第七条　国家级公益林的区划范围。

（一）江河源头——重要江河干流源头，自源头起向上以分水岭为界，向下延伸20公里、汇水区内江河两侧最大20公里以内的林地；流域面积在10 000平方公里以上的一级支流源头，自源头起向上以分水岭为界，向下延伸10公里、汇水区内江河两侧最大10公里以内的林地。其中，三江源区划范围为自然保护区核心区内的林地。

（二）江河两岸——重要江河干流两岸（界江（河）国境线水路接壤段以外）以及长江以北河长在150公里以上且流域面积在1000平方公里以上的一级支流两岸，长江以南（含长江）河长在300公里以上且流域面积在2000平方公里以上的一级支流两岸，干堤以外2公里以内从林缘起，为平地的向外延伸2公里、为山地的向外延伸至第一重山脊的林地。

重要江河干流包括：

1. 对国家生态安全具有重要意义的河流：长江（含通天河、金沙江）、黄河、淮河、松花江（含嫩江、第二松花江）、辽河、海河（含永定河、子牙河、漳卫南运河）、珠江（含西江、浔江、黔江、红水河）。

2. 生态环境极为脆弱地区的河流：额尔齐斯河、疏勒河、黑河（含弱水）、石羊河、塔里木河、渭河、大凌河、滦河。

3. 其他重要生态区域的河流：钱塘江（含富春江、新安江）、闽江（含金溪）、赣江、湘江、沅江、资水、沂河、沭河、泗河、南渡江、瓯江。

4. 流入或流出国界的重要河流：澜沧江、怒江、雅鲁藏布江、元江、伊犁河、狮泉河、绥芬河。

5. 界江、界河：黑龙江、乌苏里江、图们江、鸭绿江、额尔古纳河。

（三）森林和陆生野生动物类型的国家级自然保护区以及列入世界自然遗产名录的林地。

（四）湿地和水库——重要湿地和水库周围2公里以内从林缘起，为平地的向外延伸2公里、为山地的向外延伸至第一重山脊的林地。

1. 重要湿地是指同时符合以下标准的湿地：

——列入《中国湿地保护行动计划》重要湿地名录和湿地类型国家级自然保护区的湿地。

——长江以北地区面积在8万公顷以上、长江以南地区面积在5万公顷以上的湿地。

——有林地面积占该重要湿地陆地面积50%以上的湿地。

——流域、山体等类型除外的湿地。

具体包括：兴凯湖、五大连池、松花湖、查干湖、向海、白洋淀、衡水湖、南四湖、洪泽湖、高邮湖、太湖、巢湖、梁子湖群、洞庭湖、鄱阳湖、滇池、抚仙湖、洱海、泸沽湖、清澜港、乌梁素海、居延海、博斯腾湖、赛里木湖、艾比湖、喀纳斯湖、青海湖。

2. 重要水库：年均降雨量在400毫米以下（含400毫米）的地区库容0.5亿立方米以上的水库；年均降雨量在400~1000毫米（含1000毫米）的地区库容3亿立方米以上的水库；年均降雨量在1000毫米以上的地区库容6亿立方米以上的水库。

（五）边境地区陆路、水路接壤的国境线以内10公里的林地。

（六）荒漠化和水土流失严重地区——防风固沙林基干林带（含绿洲外围的防护林基干林带）；集中连片30公顷以上的有林地、疏林地、灌木林地。

荒漠化和水土流失严重地区包括：

1. 八大沙漠：塔克拉玛干、库姆塔格、古尔班通古特、巴丹吉林、腾格里、乌兰布和、库布齐、柴达木沙漠周边直接接壤的县(旗、市)。

2. 四大沙地：呼伦贝尔、科尔沁（含松嫩沙地）、浑善达克、毛乌素沙地分布的县(旗、市)。

3. 其他荒漠化或沙化严重地区：河北坝上地区、阴山北麓、黄河故道区。

4. 水土流失严重地区：

——黄河中上游黄土高原丘陵沟壑区，以乡级为单位，沟壑密度1公里/平方公里以上、沟蚀面积15%以上或土壤侵蚀强度为平均侵蚀模数5000吨/年·平方公里以上地区。

——长江上游西南高山峡谷和云贵高原区，山体坡度36度以上地区。

——四川盆地丘陵区，以乡级为单位，土壤侵蚀强度为平均流失厚度3.7毫米/年以上或土壤侵蚀强度为平均侵蚀模数5000吨/年·平方公里以上的地区。

——热带、亚热带岩溶地区基岩裸露率在35%至70%之间的石漠化山地。

本项中涉及的水土流失各项指标，以省级以上人民政府水土保持主管部门提供的数据为准。

（七）沿海防护林基干林带、红树林、台湾海峡西岸第一重山脊临海山体的林地。

（八）除前七款区划范围外，东北、内蒙古重点国有林区以禁伐区为主体，符合下列条件之一的。

1. 未开发利用的原始林。

2. 森林和陆生野生动物类型自然保护区。

3. 以列入国家重点保护野生植物名录树种为优势树种，以小班为单元，集中分布、连片面积30公顷以上的天然林。

第八条 凡符合多条区划界定标准的地块，按照本办法第七条的顺序区划界定，不得重复交叉。

第九条 按照本办法第七条标准和区划界定程序认定的国家级公益林，保护等级分为两级。

（一）属于林地保护等级一级范围内的国家级公益林，划为一级国家级公益林。林地保护等级一级划分标准执行《县级林地保护利用规划编制技术规程》（LY/T 1956）。

（二）一级国家级公益林以外的，划为二级国家级公益林。

第三章　区划界定

第十条 省级林业主管部门会同财政部门统一组织国家级公益林的区划界定和申报工作。县级区划界定必须在森林资源规划设计调查基础上，按照森林资源规划设计调查的要求和内容将国家级公益林落实到山头地块。要确保区划界定的国家级公益林权属明确、四至清楚、面积准确、集中连片。区划界定结果应当由县级林业主管部门按照公示程序和要求在国家级公益林所在村进行公示。

第十一条 国家级公益林区划界定成果，经省级人民政府审核同意后，由省级林业主管部门会同财政部门向国家林业局和财政部申报，并抄送财政部驻当地财政监察专员办事处（以下简称专员办）。东北、内蒙古重点国有林区由东北、内蒙古重点国有林区管理机构直接向国家林业局和财政部申报，并抄送当地专员办。

申报材料包括：申报函，全省土地资源、森林资源、水利资源等情况详细说明，林地权属情况，认定成果报告，国家级公益林基础信息数据库，以及省级区划界定统计汇总图表资料。

第十二条 区划界定国家级公益林应当兼顾生态保护需要和林权权利人的利益。在区划界定过程中，对非国有林，地方政府应当征得林权权利人的同意，并与林权权利人签订区划界定书。

第十三条 县级林业主管部门对申报材料的真实性、准确性负责。国家林业局会同财政部对省级申报材料进行审核，组织开展认定核查，并根据省级申报材料和审核、核查的结果，对区划的国家级公益林进行核准，核准的主要结果呈报国务院，由国家林业局分批公布。省级以下林业主管部门负责对相应的森林资源档案进行林种变更，并将变更情况告知不动产登记机关，按规定进行不动产登记。

第四章　附　则

第十四条 本办法由国家林业局会同财政部负责

解释。

第十五条 本办法自印发之日起施行，有效期至2025年12月31日。国家林业局、财政部2009年印发的《国家级公益林区划界定办法》（林资发〔2009〕214号）同时废止，但按照林资发〔2009〕214号文件区划界定的国家级公益林继续有效，纳入本办法管理。

附件2

国家级公益林管理办法

第一条 为了加强和规范国家级公益林的保护和管理，制定本办法。

第二条 本办法所称国家级公益林是指依据《国家级公益林区划界定办法》划定的防护林和特种用途林。

第三条 国家级公益林管理遵循"生态优先、严格保护，分类管理、责权统一，科学经营、合理利用"的原则。

第四条 国家级公益林的保护和管理，应当纳入国家和地方各级人民政府国民经济和社会发展规划、林地保护利用规划，并落实到现地，做到四至清楚、权属清晰、数据准确。

第五条 国家林业局负责全国国家级公益林管理的指导、协调和监督；地方各级林业主管部门负责辖区内国家级公益林的保护和管理。

第六条 中央财政安排资金，用于国家级公益林的保护和管理。

第七条 县级以上林业主管部门应当加强对国家级公益林保护管理相关法律法规、规章文件和政策的宣传工作。

县级以上地方林业主管部门应当组织设立国家级公益林标牌，标明国家级公益林的地点、四至范围、面积、权属、管护责任人，保护管理责任和要求、监管单位、监督举报电话等内容。

第八条 县级以上林业主管部门或者其委托单位应当与林权权利人签订管护责任书或管护协议，明确国家级公益林管护中各方的权利、义务，约定管护责任。

权属为国有的国家级公益林，管护责任单位为国有林业局（场）、自然保护区、森林公园及其他国有森林经营单位。

权属为集体所有的国家级公益林，管护责任单位主体为集体经济组织。

权属为个人所有的国家级公益林，管护责任由其所有者或者经营者承担。无管护能力、自愿委托管护或拒不履行管护责任的个人所有国家级公益林，可由县级林业主管部门或者其委托的单位，对其国家级公益林进行统一管护，代为履行管护责任。

在自愿原则下，鼓励管护责任单位采取购买服务的方式，向社会购买专业管护服务。

第九条 严格控制勘查、开采矿藏和工程建设使用国家级公益林地。确需使用的，严格按照《建设项目使用林地审核审批管理办法》有关规定办理使用林地手续。涉及林木采伐的，按相关规定依法办理林木采伐手续。

经审核审批同意使用的国家级公益林地，可按照本办法第十八条、第十九条的规定实行占补平衡，并按本办法第二十三条的规定报告国家林业局和财政部。

第十条 国家级公益林的经营管理以提高森林质量和生态服务功能为目标，通过科学经营，推进国家级公益林形成高效、稳定和可持续的森林生态系统。

第十一条 由地方人民政府编制的林地保护利用规划和林业主管部门编制的森林经营规划，应当将国家级公益林保护和管理作为重要内容。对国有国家级公益林，县级以上地方林业主管部门应当督促国有林场等森林经营单位，通过推进森林经营方案的编制和实施，将国家级公益林经营方向、经营模式、经营措施以及相关政策，落实到山头地块和经营主体；对集体和个人所有的国家级公益林，县级林业主管部门应当引导和鼓励其经营主体编制森林经营方案，明确国家级公益林经营方向、经营模式和经营措施。

第十二条 一级国家级公益林原则上不得开展生产经营活动，严禁打枝、采脂、割漆、剥树皮、掘根等行为。

国有一级国家级公益林，不得开展任何形式的生产经营活动。因教学科研等确需采伐林木，或者发生较为严重森林火灾、病虫害及其他自然灾害等特殊情况确需对受害林木进行清理的，应当组织森林经理学、森林保护学、生态学等领域林业专家进行生态影响评价，经县级以上林业主管部门依法审批后实施。

集体和个人所有的一级国家级公益林，以严格保护为原则。根据其生态状况需要开展抚育和更新采伐等经营活动，或适宜开展非木质资源培育利用的，应当符合《生态公益林建设导则》（GB/T 18337.1）、《生态公益林建设技术规程》（GB/T 18337.3）、《森林采伐作业规程》（LY/T 1646）、《低效林改造技术规程》（LY/T 1690）和《森林抚育规程》（GB/T 15781）等相关技术规程的规定，并按以下程序实施。

（一）林权权利人按程序向县级林业主管部门提出书面申请，并编制相应作业设计，在作业设计中要对经营活动的生态影响作出客观评价。

（二）县级林业主管部门审核同意的，按公示程序和要求在经营活动所在村进行公示。

（三）公示无异议后，按采伐管理权限由相应林业主管部门依法核发林木采伐许可证。

（四）县级林业主管部门应当根据需要，由其或者委托相关单位对林权权利人经营活动开展指导和验收。

第十三条 二级国家级公益林在不影响整体森林生态系统功能发挥的前提下，可以按照第十二条第三款相关技术规程的规定开展抚育和更新性质的采伐。在不破坏森林植被的前提下，可以合理利用其林地资源，适度开展林下种植养殖和森林游憩等非木质资源开发与利用，科学发展林下经济。

国有二级国家级公益林除执行前款规定外，需要开展抚育和更新采伐或者非木质资源培育利用的，还应当符合森林经营方案的规划，并编制采伐或非木质资源培育利用作业设计，经县级以上林业主管部门依法批准后实施。

第十四条 国家级公益林中的天然林，除执行上述规定外，还应当严格执行天然林资源保护的相关政策和要求。

第十五条 对国家级公益林实行"总量控制、区域稳定、动态管理、增减平衡"的管理机制。

第十六条 国家级公益林动态管理遵循责、权、利相统一的原则，申报补进、调出的县级林业主管部门对申报材料的真实性、准确性负责。

第十七条 国家级公益林的调出，以不影响整体生态功能、保持集中连片为原则，一经调出，不得再次申请补进。

（一）国有国家级公益林，原则上不得调出。

（二）集体和个人所有的一级国家级公益林，原则上不得调出。但对已确权到户的苗圃地、竹林地，以及平原农区的国家级公益林，其林权权利人要求调出的，可以按照本办法第十九条的规定调出。

（三）集体和个人所有的二级国家级公益林，林权权利人要求调出的，可以按照本办法第十九条的规定调出。

第十八条 除补进国家退耕还林工程中退耕地上营造的符合国家级公益林区划范围和标准的防护林和特种用途林外，在本省行政区域内，可以按照增减平衡的原则补进国家级公益林。补进的国家级公益林应当符合《国家级公益林区划界定办法》规定的区划范围和标准，应当属于对国家整体生态安全和生物多样性保护起关键作用的森林，特别是国家退耕还林工程中退耕地上营造的符合国家级公益林区划范围和标准的防护林和特种用途林。

第十九条 国家级公益林的调出和补进，由林权权利人征得林地所有权所属村民委员会同意后，向县级林业主管部门提出申请。县级林业主管部门对调出补进申请进行审核，并组织对调出国家级公益林开展生态影响评价，提供生态影响评价报告。县级林业主管部门审核材料和结果报经县级人民政府同意后，按程序上报省级林业主管部门。

上述调出、补进情况，应当由县级林业主管部门按照公示程序和要求在国家级公益林所在地进行公示。

按照管辖范围，省级林业主管部门会同财政部门负责对上报的调出、补进情况进行查验和审核，报经省级人民政府同意后，以正式文件进行批复。其中单次调出或者补进国家级公益林超过1万亩的，由省级林业主管部门会同财政部门在报经省级人民政府同意后，报国家林业局和财政部审定，并抄送财政部驻当地财政监察专员办事处（以下简称专员办）。

上述补进、调出结果，由省级林业主管部门会同财政部门按照本办法第二十三条的规定报告国家林业局和财政部，抄送当地专员办。

第二十条 国家级公益林监管过程中发现的区划错误情况，应当本着实事求是的原则，按管辖范围，由省级林业主管部门组织核定，并在查清原因、落实责任后，进行修正。修正结果和处理情况报告，由省级林业主管部门报告国家林业局，抄送当地专员办，并提交修正后的国家级公益林基础信息数据库。

第二十一条 省级林业主管部门负责组织做好国家级公益林的落界成图工作，按照《林地保护利用规划林地落界技术规程》（LY/T 1955），在全国林地"一张图"建设和更新中将国家级公益林落实到小班地块，做到落界准确规范、成果齐全。

省级林业主管部门定期组织开展国家级公益林本底资源调查，本底资源调查结果作为国家级公益林资源变化和生态状况变化监测的基础依据。

第二十二条 县级林业主管部门和国有林业局（场）、自然保护区、森林公园等森林经营单位，应当以国家级公益林本底资源调查和落界成图成果为基础，建立国家级公益林资源档案，并根据年度变化情况及时更新国家级公益林资源档案。国家级公益林档案更新情况及时上报省级林业主管部门，确保国家级公益林图面资料与现地一致、各级成果数据资料一致。

第二十三条 省级林业主管部门应当组织开展国家级公益林资源变化情况年度监测和生态状况定期定点监测评价，并依法向社会发布监测、评价结果。

省级林业主管部门会同财政部门于每年3月15日前向国家林业局和财政部报告上年度国家级公益林资源变化情况，提交涵盖国家级公益林林地使用、调出补进等方面内容的资源变化情况报告、资源变化情况汇总统计表，以及调出、补进和更新后的国家级公益林基础信息数据库。上述报告和统计表同时抄送当地专员办。

第二十四条 国家组织对国家级公益林数量、质量、功能和效益进行监测评价，并作为《生态文明建设考核目标体系》和《绿色发展指标体系》中森林覆盖率和森林蓄积量指标的重要组成部分实施考核评价。

第二十五条 本办法适用于全国范围内国家级公益林的保护和管理。法规规章另有规定的，从其规定。

第二十六条 本办法由国家林业局会同财政部解释。各省级林业主管部门会同财政部门，可依据本办法规定，结合本辖区实际，制定实施细则。

第二十七条 本办法自印发之日起施行，有效期至2025年12月31日。国家林业局和财政部2013年发布的《国家级公益林管理办法》（林资发〔2013〕71号）同时废止。

国家林业局办公室关于印发《全国森林旅游示范市县申报命名管理办法》的通知

办场字〔2017〕73号

各省、自治区、直辖市林业厅(局)，内蒙古、吉林、龙江、大兴安岭、长白山森工(林业)集团公司，新疆生产建设兵团林业局，国家林业局各司局、各直属单位：

为规范全国森林旅游示范市县申报命名工作，促进森林旅游全面、持续、健康发展，我局研究制定了《全国森林旅游示范市县申报命名管理办法》(见附件)，现印发给你们，请遵照执行。

特此通知。

附件：全国森林旅游示范市县申报命名管理办法

国家林业局办公室
2017年5月11日

附件

全国森林旅游示范市县申报命名管理办法

第一章　总　则

第一条　为推动森林旅游供给侧结构性改革，促进森林旅游全面、持续、健康发展，根据《国务院关于印发"十三五"旅游业发展规划的通知》(国发〔2016〕70号)精神，《国家林业局 国家旅游局关于加快发展森林旅游的意见》(林场发〔2011〕249号)以及国家林业局关于森林旅游发展和林业示范园区命名管理的相关要求，制定本办法。

第二条　本办法所称"全国森林旅游示范市县"，是指具备良好的森林风景资源，在森林旅游发展中取得了显著成绩，对各地森林旅游发展具有重要示范意义的地市级行政区、县区级行政区(含森工林业局)。

第三条　国家林业局负责"全国森林旅游示范市县"的命名和管理，具体工作由国家林业局国有林场和林木种苗工作总站(国家林业局森林旅游管理办公室)承担，简称"场圃总站"("森林旅游办")。

第四条　"全国森林旅游示范市县"的命名和管理，采取公开、公平、公正的方式，坚持优化布局、总量控制、动态管理的原则。

第二章　申报条件

第五条　森林风景资源优越。地(市)级行政区域范围内森林覆盖率不低于40%，县(区)级行政区域范围内森林覆盖率不低于50%，森林风景资源类型多，生态环境良好。内陆干旱地区适当放宽。

第六条　具有一定数量和面积的森林旅游地。申报"全国森林旅游示范市"的，区域内省级及以上森林旅游地数量不少于6处，且至少有2处国家级森林旅游地；申报"全国森林旅游示范县"的，区域内省级及以上森林旅游地数量不少于2处，且至少有1处国家级森林旅游地。

本办法所称"森林旅游地"，是指依托森林、湿地、荒漠和野生动植物资源，按规定程序设立，由林业主管部门指导、组织、监督并提供旅游服务的森林公园、湿地公园、林业自然保护区、沙漠公园以及国有林场、野生动物园等。"国家级森林旅游地"包括国家森林公园、国家湿地公园、国家沙漠公园以及林业系统国家级自然保护区。"省级森林旅游地"包括省级森林公园、省级湿地公园以及林业系统省级自然保护区等。

第七条　党委、政府高度重视森林旅游工作，扶持政策完善，森林旅游纳入地方经济社会发展规划，在机构设置、队伍建设、财政投入、部门合作等方面给予大力支持。

第八条　森林旅游基础服务设施条件较好。森林旅游地的可进入性强，基础服务设施比较完善，各旅游要素配置合理。

第九条　具有较大的年游客接待量。区域内森林旅游年游客量达到较大规模：申报"全国森林旅游示范市"的，东部地区400万人次以上，中部地区240万人次以上，西部地区160万人次以上；申报"全国森林旅游示范县"的，东部地区100万人次以上，中部地区60万人次以上，西部地区40万人次以上。

第十条　森林旅游地管理规范。管理机构设立、森林资源保护、总体规划编制、项目建设管理、经营权流转、安全管理等方面符合相关要求，无破坏资源、污染环境、盗伐滥伐林木、违法使用林地和欺诈游客等现象，最近3年无重大林业安全生产事故。

第十一条　示范作用突出。在以下方面具有突出优势和示范价值。

(一)在政府主导下形成了有利于森林旅游发展的体制机制。真正做到了将政府引导、部门联动、社会参与、市场运行相结合，管理得力，经营灵活，多方共赢。

(二)在处理保护与利用、生态与产业、休闲与科普关系方面成效突出。保护重点明确，措施得力，利用方式科学，真正实现了资源质量越来越高，环境质量越来越好，产业功能越来越强，生态教育功能越来越大。

(三)在推进生态文明建设中作用突出。通过加强生态文化建设、加强生态文明教育等，提高公众对森林重要性的认识，从而自觉培养公众尊重自然、顺应自然、保护自然的意识。

（四）产业优势突出。森林旅游成为区域经济支柱产业，主要指标在全省（自治区、直辖市）处于领先水平。

（五）在促进群众增收致富方面成效显著。通过发展森林旅游，创造大量就业机会，拓宽收入渠道，显著提高当地群众的收入水平，特别是对促进贫困人口脱贫发挥重要作用。

（六）通过发展森林旅游，采取有针对性的措施，有力地促进了国有林区和国有林场的转型发展。

（七）通过发展森林旅游，地域特色文化得到了更好的保护和传承。

（八）公益服务功能突出。森林旅游在改善当地居民精神文化生活中发挥突出作用，在教育、体验、养生等方面的功能得到充分发挥。

（九）在森林旅游产品开发、品牌建设、市场营销和休闲旅游服务等方面成效显著。

（十）其他。在培养队伍、社区共享、横向联合、新技术应用等方面成效显著。

第十二条　符合上述第五条至第十条，且至少满足第十一条6个方面要求的地（市）或县（区）即具备申报资格。

第三章　程　序

第十三条　由申报地人民政府（森工林业局）提出书面申请，填写《全国森林旅游示范市县申报书》，并附当地森林旅游发展情况说明以及相关图件、影像资料、规划等材料，按照程序逐级报上一级林业主管部门。

第十四条　省级林业主管部门审核筛选后形成本省（含自治区、直辖市、森工集团，下同）推荐名单报国家林业局。各省每年推荐数量不超过2个。

第十五条　国家林业局场圃总站（森林旅游办）负责受理各省申报材料，组织材料审核、现场核查和专家评审，按程序认真审核筛选后提出建议名单，会签国家林业局办公室、政法司后，签报国家林业局局长审核并提交国家林业局局务会议审定，审定通过后在中国林业网、中国森林旅游网向社会公示，公示期10个工作日。

第十六条　公示结束无异议的，由国家林业局公布命名。

第四章　管　理

第十七条　获得命名的"全国森林旅游示范市县"，须在18个月内完成编制或修编森林旅游发展规划，报省级林业主管部门和国家林业局备案。

第十八条　"全国森林旅游示范市县"须于每年年底前向国家林业局报送年度总结报告和下一年度工作计划。

第十九条　国家林业局对"全国森林旅游示范市县"实行动态管理。每5年开展一次全面核查，对核查不合格的提出整改意见，逾期未达到整改要求的，取消其"全国森林旅游示范市县"命名。期间根据实际情况进行抽查，对抽查达不到要求的提出整改意见，逾期未达到整改要求的，取消其"全国森林旅游示范市县"命名。

第二十条　对于违反相关法律法规和政策要求，致使森林风景资源遭到严重破坏、林业职工合法权益得不到保障、发生重大安全生产事故和严重损害游客合法权益等情形的，取消其"全国森林旅游示范市县"命名。

第二十一条　本办法公布实施前，由中国林业产业联合会命名的"全国森林旅游示范市县"继续有效（名单见附），纳入本办法管理。

第五章　附　则

第二十二条　本办法自2017年6月1日起实施，有效期至2022年6月30日。

附

2015年全国森林旅游示范市县名单

一、示范市名单（2）
浙江省温州市
江西省赣州市
二、示范县名单（7）
江苏省溧阳市
浙江省淳安县
湖北省武汉市黄陂区
湖北省罗田县
广西壮族自治区龙胜各族自治县
重庆市武隆县
贵州省贵定县

2016年全国森林旅游示范市县名单

一、示范市名单（1）
湖南省张家界市
二、示范县名单（35）
河北省兴隆县
山西省宁武县
内蒙古自治区克什克腾旗
辽宁省恒仁满族自治县
辽宁本溪满族自治县
吉林省集安市
吉林省抚松县
吉林省长白山保护开发区管委会池北区
黑龙江省伊春市汤旺河区
黑龙江省通河县
江苏省盱眙县
浙江省安吉县
安徽省潜山县
安徽省青阳县
安徽省歙县
福建省泰宁县
福建省建宁县
江西省南昌市湾里区
山东省邹城市
山东省枣庄市山亭区
湖北省神农架林区
湖北省宜昌市夷陵区

湖南省新化县
广东省平远县
重庆市江津区
四川省九寨沟县
贵州省施秉县
贵州省荔波县
贵州省习水县

云南省景洪市
陕西省眉县
宁夏回族自治区泾源县
新疆维吾尔自治区巴楚县
龙江森工集团大海林林业局
龙江森工集团亚布力滑雪旅游度假区

中华人民共和国濒危物种进出口管理办公室公告

2017年第5号

根据国务院推广中国（上海）自由贸易试验区（以下简称上海自贸试验区）可复制改革试点经验的决策部署，同时按照以简政放权、放管结合、优化服务为核心内容的推进政府职能转变的总体要求，国家濒管办决定将上海自贸试验区形成的野生动植物进出口行政许可改革试点经验在上海市行政区域范围内推广。现将有关事项通知如下：

一、适用条件

（一）申请人为在上海市注册的企业；

（二）在上海市行政区域内的口岸进出口野生动植物或其产品的。

二、推广内容

（一）简化许可程序

进一步扩大国家濒管办上海办事处直接受理并核发允许进出口证明书的范围。属于下列情形之一的，符合本公告第一条条件的申请人可以凭国务院野生动植物主管部门批准文件和其他申报材料，直接向国家濒管办上海办事处申办允许进出口证明书：

1. 出口

①非CITES附录的国家重点保护野生动植物及其产品；

②载有"野生动物专用标识"的CITES附录Ⅱ、Ⅲ爬行纲动物（REPTILIA spp.）的皮张及其产品；

③CITES附录Ⅱ灵长目动物（PRIMATES spp.）的生物学样品，如血（含血细胞、血浆、血清等）、组织、器官、细胞系和组织培养物、DNA、分泌物或排泄物等；

④CITES附录Ⅲ的乌龟（*Mauremys reevesii*）、花龟（*Mauremys sinensis*）、蓝孔雀（*Pavo cristatus*）、鼬亚科（Mustelinae）野生动物及其产品；

⑤CITES附录Ⅲ的日本红珊瑚（*Corallium japonicum*）、瘦长红珊瑚（*Corallium elatius*）、巧红珊瑚（*Corallium secundum*）、皮滑红珊瑚（*Corallium konjoi*）死体及其产品；

⑥人工培植所获的CITES附录Ⅱ兰科植物（ORCHIDACEAE spp.）、仙人掌科植物（CACTACEA spp.）、仙客来属植物（*Cyclamen* spp.）、芦荟属植物（*Aloe* spp.）、大戟属肉质植物（*Euphorbia* spp.）、棒锤树属植物（*Pachypodium* spp.）、猪笼草属植物（*Nepenthes* spp.）、瓶子草属植物（*Sarracenia* spp.）、捕蝇草（*Dionaea muscipula*）、火地亚属植物（*Hoodia* spp.）和西洋参（*Panax quinquefolius*）及其产品；

⑦人工培植所获的云木香（*Saussurea costus*）及其产品；

⑧酒瓶兰属所有种（*Beaucarnea* spp.）及其产品。

2. 进口或再出口

①来源于在秘书处注册的人工繁殖单位的CITES附录Ⅰ野生动物及其产品；

②CITES附录Ⅱ野生动物及其产品（活体除外；穿山甲属 *Manis* spp.、非洲象 *Loxodonta africana*、白犀指名亚种 *Ceratotherium simum simum*、犀鸟科 Bucerotidae spp.、砗磲科 Tridacnidae spp. 除外）；

③CITES附录Ⅲ野生动物及其产品；

④CITES附录Ⅰ、Ⅱ和Ⅲ野生植物及其产品。

（二）放宽许可条件

在办理本条（一）款第2项内容的允许进口证明书行政许可时，除存在疑问或者根据国家濒管办要求的情况外，不需要就境外CITES许可证或证明书进行核实确认。

（三）缩短许可时限

国家濒管办上海办事处应当在相关法律法规及规章要求的基础上，尽最缩短各类行政许可证件的办理时限，最大程度地提高工作效能。

三、承办单位

承办本公告所述允许进出口证明书行政许可业务的具体办理机构为中华人民共和国濒危物种进出口管理办公室上海办事处。联系方式如下：

地址：上海市外高桥保税区富特北路456号南楼二层

邮编：200131

电话：021-50477217/7215/7213

传真：021-50477250

四、其他事宜

（一）本公告自2017年6月1日起施行，有效期至2020年6月30日。

（二）本公告由国家濒管办负责解释。

（三）中华人民共和国濒危物种进出口管理办公室2015年第1号公告自本公告施行之日起废止。

特此公告。

国家濒管办

2017年5月11日

国家林业局办公室关于印发《东北内蒙古重点国有林区森林经营方案审核认定办法(试行)》的通知

办资字〔2017〕76号

吉林省林业厅，内蒙古、吉林、龙江、大兴安岭、长白山森工(林业)集团公司：

为规范东北内蒙古重点国有林区森林经营方案审核认定程序，提升科学性和可操作性，促进森林可持续经营，根据《森林法》、《森林法实施条例》以及相关政策规定，我局研究制定了《东北内蒙古重点国有林区森林经营方案审核认定办法(试行)》(见附件)，现印发给你们，请认真贯彻执行。

特此通知。

附件：东北内蒙古重点国有林区森林经营方案审核认定办法(试行)

国家林业局办公室
2017年5月12日

附件

东北内蒙古重点国有林区森林经营方案审核认定办法(试行)

第一条 为规范东北内蒙古重点国有林区森林经营方案审核认定程序，提升科学性和可操作性，促进森林可持续经营，根据《森林法》和《森林法实施条例》以及相关政策规定，制定本办法。

第二条 本办法适用于东北内蒙古重点国有林区林业局(以下简称"林业局")森林经营方案的审核认定。

第三条 林业局森林经营方案审核认定主要依据：

(一)《森林法》、《森林法实施条例》。

(二)《国有林区改革指导意见》(中发〔2015〕6号)。

(三)森林资源规划设计调查和专项调查最新成果。

(四)《东北内蒙古重点国有林区森林经营方案编制指南》(林资发〔2016〕181号)。

(五)《森林经营方案编制与实施纲要(试行)》(林资字〔2006〕227号)。

(六)天然林资源保护工程二期实施方案等工程规划和管理文件。

(七)全国"十三五"期间年森林采伐限额及相关规定(国函〔2016〕32号，林资发〔2016〕24号)。

(八)《造林技术规程》(GB/T 15776－2016)、《森林抚育规程》(GB/T 15781－2015)等标准规范。

第四条 国家林业局负责森林经营方案审核认定的组织和批准，省级重点国有林管理部门(以下简称"省级部门")负责森林经营方案的科学性和可操作性，林业局负责方案文本及其数据的真实性和准确性。

第五条 森林经营方案审核认定分为现地查验、征求意见、审查上报、专家评审和成果认定5个程序，前三项由省级部门负责。

第六条 现地查验。

(一)省级部门在收到林业局森林经营方案审核申请后，要成立由资源、营造林、监督等部门和相关专业技术人员(含国家林业局委派专家1—2名)组成的查验组，并提出由全体人员签字通过的方案。

(二)查验组要重点对森林经营方案中的森林经营目标和布局、任务和措施等进行查验，并抽取经营小班进行现地核实，抽查小班数原则上不少于50个。

(三)现地查验外业完成后，查验组要形成由全体查验人员签字确认的现地查验报告(包含查验方法、内容、结论建议等)。

第七条 征求意见。

(一)对现地查验合格的森林经营方案，省级部门要组织本单位资源、计财、营造林、防火、有害生物防治、天然林保护等处室，驻地森林资源监督专员办事处，以及有关技术人员(含国家林业局委派专家1名)，就森林经营方案主要内容征求意见。

(二)征求意见的重点为：森林经营方案与林业发展规划、林地保护利用规划、森林经营规划、相关重点工程规划等是否衔接。

(三)形成的书面意见要反馈给林业局，林业局要根据书面意见对森林经营方案进行完善。

第八条 审查上报。

(一)经过现地查验、征求意见并修改完善的森林经营方案，由省级部门审查后报国家林业局。

(二)上报材料包括：

1. 省级部门的审核认定申请文件；

2. 森林经营方案成果材料包括文本、附表、附图(纸质材料20份，电子文档)；

3. 现地查验组成员名单、工作方案和查验报告(纸质文件1份，电子文档)；

4. 征求意见的人员名单、书面意见或者会议纪要。

第九条 专家评审。

(一)国家林业局森林资源管理司(以下简称"资源司")负责组织上报材料的登记、规范性审查。

(二)专家评审采用专家评审会的形式。专家评审会由资源司组织，参加人员应当包括森林经理、森林培育、生态、保护等相关领域的专家，以及国家林业局各有关司局、各有关直属单位人员。

(三)专家评审的重点内容包括：

1. 森林经营方案编制的主要依据；

2. 森林经营方针与目标；
3. 森林经营组织和森林培育技术措施；
4. 年度森林经营任务安排；
5. 森林健康和生物多样性维护；
6. 投资估算和资金安排；
7. 森林经营方案效益分析评价等。

（四）专家评审应当形成评审意见。没有通过的，省级部门要督促林业局进一步修改完善，并按前述程序重新申报。

第十条 通过专家评审的森林经营方案，经国家林业局审核同意后发文批准。驻地森林资源监督专员办事处负责监督实施。

第十一条 本办法自2017年6月1日起施行，有效期至2022年12月30日。

国家林业局办公室关于国家重点保护野生动物行政许可相关问题的复函

办护字〔2017〕80号

北京市公安局森林公安分局：

你局《关于确认办理野生动物行政许可的函》（京公林刑确字〔2017〕14号）收悉。现就有关问题函复如下：

一、关于"其他鹰类"的范围。《最高人民法院关于审理破坏野生动物资源刑事案件具体应用法律若干问题的解释》（法释〔2000〕37号）附表所列"其他鹰类（Accipitridae）"与《国家重点保护野生动物名录》所列"其他鹰类（Accipitridae）"是一致的。同时，列入《濒危野生动植物种国际贸易公约》附录Ⅰ、Ⅱ非原产我国的鹰科所有种已经我局核准，按照国家一、二级重点保护野生动物予以管理。审理这类案件，应当按照法释〔2000〕37号文执行。

二、关于运输凭证。按照新修订的《野生动物保护法》第三十三条有关规定和《国家林业局关于贯彻实施〈野生动物保护法〉的通知》（林护发〔2016〕181号）要求，在2017年1月1日新法实施后，运输、携带、寄递国家重点保护野生动物及其制品出县境的，不再办理运输许可审批手续，根据不同情形，依法凭已经取得的相应批准文件、特许猎捕证、人工繁育许可证、专用标识等相关证明运输。对发现运输凭证与下列要求不相符的，应当依法进行调查处理。

（一）运输、携带、寄递依法猎捕的国家重点保护野生动物或其产品的，凭特许猎捕证；

（二）运输、携带、寄递经批准出售、购买、利用的国家重点保护野生动物或其制品且属于专用标识管理范围的，凭专用标识；不属于专用标识管理范围的，凭省级以上野生动物保护主管部门批准相应活动的行政许可决定文书；

（三）经批准进出口野生动物及其制品需要将野生动物及其制品运往出口口岸或进口目的地的，凭允许进出口证明书；

（四）人工繁育场所搬迁的，凭国家重点保护野生动物人工繁育许可证运往搬迁地点；

（五）救护和执法查没的国家重点保护野生动物的运输等特殊情况的，凭县级以上野生动物保护主管部门出具的救护、查扣证明或者公安、海关、工商、质检等执法部门出具的查扣证明。

三、关于人工繁育野生动物的管理。按照新修订的《野生动物保护法》第二十八条、第三十三条规定，野外来源和人工繁育所获国家重点保护野生动物均须按本文第二条所列情形凭相应的凭证运输。

特此复函。

国家林业局办公室
2017年5月18日

国家林业局关于加强"十三五"期间种用林木种子（苗）免税进口管理工作的通知

林场发〔2017〕52号

各省、自治区、直辖市林业厅（局），内蒙古、吉林、龙江、大兴安岭森工（林业）集团公司，新疆生产建设兵团林业局，各计划单列市林业局：

为贯彻执行"十三五"期间对进口种用林木种子（苗）免征进口环节增值税的政策，根据《财政部 海关总署 国家税务总局关于"十三五"期间进口种子种源税收政策管理办法的通知》（财关税〔2016〕64号，以下简称《"十三五"管理办法》）等规定，现将有关事项通知如下：

一、免税政策目标

种用林木种子（苗）进口免税政策，旨在支持引进和推广国外林木良种，加强国内物种资源保护，丰富我国林木、花卉及绿化草种的品种和数量，促进林木育种技术提高和林业产业发展，降低林业科研和生产成本，发展优质、高效林业。

二、免税进口林木种子（苗）的条件

（一）进口的林木种子（苗）要符合《"十三五"管理办法》规定的免税条件。

（二）进口林木种子（苗）具有下列情形之一的，不予免税。

1. 进口带花（含带花苞）的花卉，高度在2米以上或胸径在5厘米以上的苗木。
2. 进口的林木种子（苗）用于度假村、俱乐部、高尔夫球场、足球场等消费场所或运动场所的建设和服务的。
3. 超过财政部、海关总署和国家税务总局下达的该品种当年免税进口计划剩余额度的。
4. 未申报当年度林木种子（苗）免税进口计划的。
5. 有资格的进口单位代理其他用户申请免税进口《"十三五"管理办法》附件1："进口种子种源免税货品清单"（以下简称"进口货品清单"）中的第1—2项、第25—27项、第44项和第46—47项以外货品的。
6. 提供虚假申报材料的。

三、申请林木种子（苗）免税进口需提供的材料

（一）林木种子苗木（种用）进口申请表（见附件1）。

（二）进口合同复印件，包含林木种子（苗）的进口口岸、物种名称、规格、数量、质量等内容。

（三）种植、培育、繁殖林木种子（苗）的土地使用权证明复印件，土地的位置要与"林木种子苗木（种用）申请表"中的"种植地点"相符，土地的面积、用途等应与申请进口的林木种子（苗）相对应。

（四）当年首次申请免税进口林木种子（苗）时，应提交国家林业局核发的《林木种子生产经营许可证》（以下简称《生产经营许可证》）复印件；进口单位委托其他有资质的单位代理进口林木种子（苗）的，需提供代理单位的《生产经营许可证》及代理协议的复印件。

（五）申请进口"进口货品清单"中的第1—2项、第25—27项、第44项和第46—47项货品，且进口后直接进行转让和销售的，应提供转让或销售协议复印件；申请单位委托其他有进口代理资质的单位代理进口上述货品的，需提供委托代理进口协议。

（六）根据实际情况需要补充提供的与林木种子（苗）进口业务有关的其他材料。

四、林木种子（苗）免税进口计划的申报

申请免税进口林木种子（苗）的单位根据实际需要和免税进口计划执行情况，分别于当年11月10日和12月31日前向所在地省级林业主管部门林木种苗管理机构报送下一年度进口计划和当年免税进口执行情况（表格见附件2），对其中计划免税进口数量超过上一年度实际进口量10%以上的品种详细说明原因。省级林业主管部门林木种苗管理机构对本地区当年林木种子苗木免税进口执行情况进行总结，并根据本地区林业发展规划及实际需要，提出下一年度免税进口林木种子苗木计划，连同各申请单位所报的进口计划和免税进口执行情况，分别将计划和总结于当年11月20日和下一年1月10日前报国家林业局国有林场和林木种苗工作总站（以下简称"场圃总站"）。

五、免税进口林木种子（苗）的管理与监督

（一）免税标注确认原则。

林木种子（苗）免税进口的标注确认由国家林业局组织实施，具体工作由场圃总站负责。场圃总站根据进口单位申请情况，审核申请单位的资质、进口林木种子（苗）的用途以及申请免税数量合理性等事项，在财政部、海关总署和国家税务总局核定的年度免税进口计划内，结合进口单位上一年度实际进口总量、申报进口计划情况及计划进口时间等因素，在《国家林业局种子苗木（种用）进口许可表》（以下简称《许可表》）中，对进口单位申请进口的林木种子（苗）的品种和数量是否符合年度免税进口计划核定的免税品种、数量范围进行免税标注确认。

在财政部、海关总署和国家税务总局下达当年林木种子（苗）免税进口计划前，对于上一年度免税进口计划中已列名的品种，场圃总站可以在上一年度核定的免税进口计划数量的40%以内，提前进行免税进口标注确认。

已获得免税进口标注确认，但因生产计划变动等原因实际未进口的，申请单位应在《许可表》有效期到期之日起2周之内将《许可表》退还场圃总站，并说明原因。未按规定退还《许可表》且无正当理由的，将在下一年度扣减相应免税额度。

（二）免税进口后续管理。

免税进口的林木种子（苗），除场圃总站在《许可表》中"最终用途"栏内已标注为"可转让和销售"（仅限于"进口货品清单"中第1—2项、第25—27项、第44项和第46—47项货品）的以外，未经合理种植、培育，一律不得转让和销售。各类货品符合下列条件的，可确认为经过合理种植、培育。

1. 对于种子类货品（"进口货品清单"第2项、第4项、第5项、第8项、第32—35项、第38项、第42项、第44项、第46项），应经种植、培育后长出根、茎、叶。
2. 对于种球类货品（"进口货品清单"第25—27项、第44项），应经种植、培育后长出新的根、茎、叶（百合种球采用冷库预生根的，应长出新的须根）。
3. 对于无根插枝及接穗类货品（"进口货品清单"第1项），应经过扦插或嫁接后成活。
4. 对于种苗类货品（"进口货品清单"中第2项、第44项、第47项），应经种植、培育后长出新的叶、茎。

（三）监督检查。

国家林业局负责对从事林木种子（苗）进口活动的单位的监督管理，具体工作由场圃总站负责。林木种子（苗）免税进口后，进口单位所在地省级林业主管部门林木种苗管理机构应配合场圃总站加强管理和监督检查，确保进口单位和免税进口林木种子（苗）的最终用途符合《"十三五"管理办法》的相关规定，并配合有关部门做好免税进口林木种子（苗）的后续相关工作。

1. 监督检查内容包括：（1）进口单位的进口行为是否符合《种子法》、《"十三五"管理办法》及本通知的有关规定。（2）进口后林木种子（苗）的最终用途是否与《许可表》上标注的有关内容一致。（3）除场圃总站在《许可表》中"最终用途"栏内已标注为"可转让和销售"的以外，在转让和销售以前是否已按本通知规定进行了合理种植、培育。
2. 进口单位或个人违反《种子法》有关规定的，有关林业主管部门依法进行行政处罚，处罚结果在国家林业局网站进行公示；违反其他法律法规的，移交有关执法部门处理。

3. 免税进口的林木种子（苗）只能用于《许可表》限定的用途和地区，不得挪作他用。对违反政策规定的进口单位，一经查实，将暂停其1—3年免税进口资格；依法被追究刑事责任的，暂停3年免税资格。各级林业主管部门在工作中发现进口单位有违反政策和本通知规定行为的，所在地省级林业主管部门林木种苗管理机构应责成进口单位立即补缴在进口种子种源税收政策项下已免税进口有关货品的相应税款，并将有关情况通报企业所在地海关。

六、其他事项

（一）林木种子（苗）免税进口申请于每年12月15日截止。

（二）对于未按时如实报送年度免税进口执行情况的进口单位，暂停其下一年度免税进口资格。

（三）本通知有效期为2016年1月1日至2020年12月31日。

特此通知。

附件：1. 林木种子苗木（种用）进口申请表（略）
　　　2. 免税进口计划执行情况及次年进口计划（略）

国家林业局

2017年6月13日

国家林业局公告

2017年第12号

为进一步规范和完善行政许可实施工作，我局对国家林业局公告2016年第12号内容进行了部分修改。现将"国家级森林公园设立、撤销、改变经营范围或者变更隶属关系审批事项服务指南修改内容"和"建设项目使用林地及在林业部门管理的自然保护区、沙化土地封禁保护区建设审批（核）事项服务指南修改内容"（见附件1、2）予以公告。

本公告自发布之日起施行。

附件：1. 国家级森林公园设立、撤销、改变经营范围或者变更隶属关系审批事项服务指南修改内容
　　　2. 建设项目使用林地及在林业部门管理的自然保护区、沙化土地封禁保护区建设审批（核）事项服务指南修改内容

国家林业局

2017年6月9日

附件1

国家级森林公园设立、撤销、改变经营范围或者变更隶属关系审批事项服务指南修改内容

一、将"国家级森林公园设立审批的申请材料清单"中的"权属证明材料"修改为"拟设立国家级森林公园范围内资源权属情况表"。

二、将"国家级森林公园改变经营范围审批的申请材料清单"中的"说明理由的书面材料：1.（2）新增区域的权属证明材料"修改为"拟设立国家级森林公园范围内资源权属情况表"。

三、将"国家级森林公园设立审批的申请材料清单"中的"拟设立国家级森林公园可行性研究报告格式及要求"的"附件6：森林公园植物资源调查报告"内容要求修改为：内容包括：1、调查概况。开展植物资源调查的时间、地点、调查人员、调查方式。2、调查成果。包括森林公园植物物种组成（高等植物、维管束植物、种子植物、被子植物的数量、科属种组成等）；森林公园植被（包括植被群落组成、森林群落组成等）；森林公园主要植物名录（包括中文名、拉丁名、科属名、主要特征、实景照片，特有植物需填写标本采集地点、标本采集编号等）；森林公园内国家重点保护野生植物名录。

四、增加规定：国家级森林公园设立申请的受理原则上截至当年7月31日。

附件2

建设项目使用林地及在林业部门管理的自然保护区、沙化土地封禁保护区建设审批（核）事项服务指南修改内容

一、在"实施依据"中增加"《国家林业局办公室关于进一步加强林业自然保护区监督管理工作的通知》（办护字〔2017〕64号）"。

二、在子项2"林业部门管理的国家级自然保护区建立机构和修筑设施审批"的申请材料中增加"机场、铁路、公路、水利水电、围堰等建设项目，需提供比选方案说明无法避免的原因，同时提出建立野生动物通道等补救措施的方案"和"占用湿地，需提供占用湿地的面积、类型以及湿地占补平衡方案"。

拟设立国家级森林公园范围内权属情况表

一、申请人所有和使用的林地（或土地，含草地、水面等，未颁发权属证书的按资源名称填写）

序号	权属证书编号或资源名称	权利人名称	林地（或土地）面积	权属证书期限			
1			公顷				
……			公顷				
			合计： 公顷				

二、他人所有和使用的国有林地和土地（包括草地、水面等，未颁发权属证书的按资源名称填写）

序号	权属证书编号或资源名称	权利人名称	国有林地（或土地）面积	权属证书期限	与权利人签订协议日期	协议书期限	
1			公顷				
……			公顷				
			合计： 公顷				

三、其他集体使用的集体林地（或土地，含耕地、草地、水面等，未颁发权属证书的按资源名称填写）

序号	权属证书编号或资源名称	权利人名称	集体林地（或土地）面积	权属证书期限	召开村民大会日期	协议书期限	经济补偿方式
1			公顷				
……			公顷				
			合计： 公顷				

四、其他承包使用的集体林地（或土地，含耕地、草地、水面等，未颁发权属证书的按资源名称填写）

序号	权利证书编号或资源名称	承包人姓名	集体林地（或土地）面积	承包期限	与承包人签订协议日期	协议书期限	经济补偿方式
1			公顷				
……			公顷				
			合计： 公顷				

五、他人所有或使用的构筑物和建筑物（含文物、寺观、民居、酒店、水利设施等）

序号	历史遗迹或现代工程名称	权利人名称	与权利人签订协议日期	协议书期限	
1					
2					
……					

六、他人独立经营的景点和景区

序号	景点或景区名称	经营者名称	经营期限	与经营者签订协议日期	协议书期限
1					
2					
……					

本表格所填内容真实、准确，如存在欺瞒或错漏情形，自愿承担责任并接受相应处罚。

申请人：（加盖申请人公章，法人代表签字）

年　月　日

国家级森林公园新增区域范围内权属情况表

一、申请人所有和使用的林地(或土地,含草地、水面等,未颁发权属证书的按资源名称填写)							
序号	权属证书编号或资源名称	权利人名称	林地(或土地)面积	权属证书期限			
1			公顷				
……			公顷				
		合计:	公顷				
二、他人所有和使用的国有林地和土地(包括草地、水面等,未颁发权属证书的按资源名称填写)							
序号	权属证书编号或资源名称	权利人名称	国有林地(或土地)面积	权属证书期限	与权利人签订协议日期	协议书期限	
1			公顷				
……			公顷				
		合计:	公顷				
三、其他集体使用的集体林地(或土地,含耕地、草地、水面等,未颁发权属证书的按资源名称填写)							
序号	权属证书编号或资源名称	权利人名称	集体林地(或土地)面积	权属证书期限	召开村民大会日期	协议书期限	经济补偿方式
1			公顷				
……			公顷				
		合计:	公顷				
四、其他承包使用的集体林地(或土地,含耕地、草地、水面等,未颁发权属证书的按资源名称填写)							
序号	权利证书编号或资源名称	承包人姓名	集体林地(或土地)面积	承包期限	与承包人签订协议日期	协议书期限	经济补偿方式
1			公顷				
……			公顷				
		合计:	公顷				
五、他人所有或使用的构筑物和建筑物(含文物、寺观、民居、酒店、水利设施等)							
序号	历史遗迹或现代工程名称	权利人名称	与权利人签订协议日期	协议书期限			
1							
2							
……							
六、他人独立经营的景点和景区							
序号	景点或景区名称	经营者名称	经营期限	与经营者签订协议日期	协议书期限		
1							
2							
……							

本表格所填内容真实、准确,如存在欺瞒或错漏情形,自愿承担责任并接受相应处罚。

申请人:(加盖申请人公章,法人代表签字)

年 月 日

国家林业局关于印发《境外林木引种检疫审批风险评估管理规范》的通知

林造发〔2017〕49号

各省、自治区、直辖市林业厅(局),内蒙古、吉林、龙江、大兴安岭森工(林业)集团公司,新疆生产建设兵团林业局:

为贯彻落实《国务院办公厅关于进一步加强林业有害生物防治工作的意见》(国办发〔2014〕26号)精神,加强和规范境外林木引种检疫审批工作,有效提高林木引种检疫审批风险评估工作的科学性、统一性和规范性,降低外来有害生物入侵风险,保障国土生态安全,促进生态文明建设，我局组织研究制定了《境外林木引种检疫审批风险评估管理规范》（见附件），现印发给你们，请遵照执行。各地在执行中如有问题和建议，请及时反馈我局。

附件：境外林木引种检疫审批风险评估管理规范

国家林业局
2017年6月9日

附件

境外林木引种检疫审批风险评估管理规范

为贯彻落实国务院行政审批改革要求，全面规范境外林木引种检疫审批风险评估工作，提高检疫审批风险评估的科学性和统一性，有效防范外来有害生物入侵，保障我国的国土生态安全、经济贸易安全，特制定本规范。

一、总则

本规范所称林木种子、苗木，是指林业植物或者其繁殖材料，包括植株、籽粒、果实、根、茎、苗、芽、叶等，绿化、水土保持用的草种，以及省、自治区、直辖市人民政府已经规定由林业行政主管部门管理的种类。

本规范规定了境外引进林木种子、苗木（以下简称"林木引种"）的检疫审批风险评估程序和方法，适用于引进境外林木种子、苗木检疫风险程度的确定，不适用于科研、展览引种，以及政府、团体、科研、教学部门交流、交换引种等情形，也不适用于引进转基因类、带土类林木种子和苗木风险程度的确定。

二、评估程序和方法

（一）基本要求。

境外林木引种风险评估的承担单位（承担单位应具备的条件见附1），应当根据风险评估对象，选择3名以上专家独立进行风险评估。承担单位可根据需要，聘请外单位专家承担风险评估工作。承担单位应当形成风险评估报告，并对报告的真实性、准确性、科学性和可操作性负责。

实施风险评估的专家（以下简称"风险评估专家"）在开展风险评估时，应当依次开展预评估、评估、结果评定、建议提出和评估技术报告编写工作。

（二）预评估。

风险评估专家应当广泛收集相关资料、数据等信息，分析确定评估对象是否符合风险评估条件。出现以下情形的，应当停止风险评估。

1. 现有信息不足以支撑评估的，可停止风险评估，但需向委托风险评估的林木引种检疫审批机构反馈情况，由审批机构通知申请人，补充相关材料；若申请人能够补充相关材料并达到评估要求，在申请人提交补充材料后应当再按程序开展评估；若申请人不能够提供足以支撑评估的材料，可停止风险评估或者向林木引种检疫审批机构提出实施引种地风险查定等建议；

2. 经风险评估专家评估，拟引进种类为国际重大有害植物，或者可携带国际重大有害生物的，风险评估专家可停止风险评估，直接提出禁止引进的建议，并详细说明有关理由和依据；

3. 评估过程中发现存在拟引进种类不属于国家规定的林木引种检疫范围的、国家禁止引进的种类，以及已开展过风险评估且经评估专家审查有效等情形的；

4. 其他需停止风险评估的情形。

（三）风险评估。

针对某一种（类）引进的林木种子、苗木，采用定性方法分析评估对象，识别风险源，提出风险评估指标；采取定量方法量化各评估指标，并运用层次分析法，构建境外林木引种检疫风险评估指标体系，建立林木引种风险评估模型和综合评定方法，计算综合风险评估值（R），经评定后得出风险评估结果。境外林木引种风险评估指标体系及说明见附2。

（四）结果评定。

按照附2计算出拟引种林木的风险评估值（R）。根据R值将风险评估结果划分为4个风险等级，即特别危险、高度危险、中度危险、低度危险。

林木引种风险等级划分表

林木引种风险评估值（R）	风险等级
$2.5 \leq R \leq 3.0$	特别危险
$2.20 \leq R < 2.5$	高度危险
$1.0 \leq R < 2.20$	中度危险
$0 \leq R < 1.0$	低度危险

（五）建议提出。

风险评估专家应当根据风险评估结果得出的风险等级，提出境外林木种子、苗木的引进建议和相关管理建议。

1. 特别危险。

建议禁止引进。

2. 高度危险。

建议原则上不允许引进。若拟引进种类为生产上确需引进的，可向林木引种检疫审批机构提出以下2种以上的管理措施建议。

——引种地风险查定措施；

——少量引进（一般为10株或者相当于10株以内的数量）；

——实施不分散种植的隔离种植措施；

——林木种子、苗木引进种植地县级以上政府负责发生疫情的除治和根除的措施；

——林业主管部门实施全程监管的措施；

——其他建议。

3. 中度危险。

建议引进。可向林木引种检疫审批机构提出以下2种以上的管理措施建议。

——实施全部隔离试种措施；

——按照国家规定的隔离试种期限进行隔离试种，或者提出延长隔离试种的建议；

——林业植物检疫机构实施监管的措施，以及引进后一旦发生疫情的除治和根除措施；

——其他建议。

4. 低度危险。

建议引进。可向林木引种检疫审批机构提出以下2种以上的管理措施建议。

——按照国家规定的隔离试种期限进行隔离试种，或者提出延长隔离试种的建议；

——林业植物检疫机构实施监管的措施，以及引进后一旦发生疫情的除治和根除措施；

——其他建议。

（六）评估技术报告编写。

风险评估专家在完成上述评估工作后，需编写境外林木引种检疫风险评估技术报告。

三、评估结果处理

境外林木引种风险评估的承担单位在收到风险评估专家提交的风险评估技术报告后，应当对每个专家的技术报告进行综合分析研判，形成承担单位的最终风险评估报告，报委托开展风险评估的林木引种检疫审批机构，并附上风险评估专家的风险评估技术报告。风险评估报告内容应当包括摘要、基本情况介绍、预评估、风险评估、结论和参考文献等部分。风险评估报告格式参见附3。

四、附则

本规范自印发之日起施行，有效期至2019年3月31日。

附1

境外林木引种风险评估承担单位应具备的条件

境外林木引种风险评估承担单位应当具备以下条件：

一、境外林木引种检疫风险评估的承担单位应当为专门从事森林保护或者植物保护研究、教学等工作的单位。

二、境外林木引种检疫风险评估的承担单位应当具有5名以上从事森林昆虫学、森林病理学、植物学等研究（教学）方向的研究员（教授），并建立林木引种检疫审批风险评估专家库，专家库成员可聘请外单位专家。

三、境外林木引种检疫风险评估的承担单位应当配备有1—2名负责开展风险评估事宜的工作人员。

附2

境外林木引种风险评估指标体系及说明

一、境外林木引种风险评估指标体系

境外林木引种风险评估指标体系表

目标层	准则层	指标层	子指标层	赋分区间	赋分方式
林木引种风险（R）	拟引进种类成为有害植物风险（P_1）	适生能力（P_{11}）	高（P_{111}）	2~3	归类赋值
			中（P_{112}）	1~2	
			低（P_{113}）	0~1	
		繁殖能力（P_{12}）	高（P_{121}）	2~3	
			中（P_{122}）	1~2	
			低（P_{123}）	0~1	
		扩散能力（P_{13}）	高（P_{131}）	2~3	
			中（P_{132}）	1~2	
			低（P_{133}）	0~1	
		潜在危害性（P_{14}）	对动物或人类健康的危害性（P_{141}）	0~3	逐项赋值
			对生态环境的危害性（P_{142}）	0~3	
			对经济贸易的影响（P_{143}）	0~3	
	拟引进种类携带有害生物风险（P_2）	可携带国际检疫性有害生物情况（P_{21}）（包括列入其他国家或地区的进境检疫性有害生物）		2~3	逐项赋值
		可携带中国限定进境植物检疫性有害生物情况（P_{22}）		2~3	
		可携带非上述有害生物情况（P_{23}）		0~3	

目标层	准则层	指标层	子指标层		赋分区间	赋分方式
	拟引进种类引进状况风险（P_3）	引进数量（P_{31}）	小于国家确定的单次引进数量（P_{311}）		0~2	归类赋值
			大于国家确定的单次引进数量（P_{312}）		2~3	
		引进用途（P_{32}）	直接用于种植（P_{321}）		2~3	
			经室内培育后用于种植（P_{322}）		0~2	
		引进类型（P_{33}）	实生苗（P_{331}）	胸径5cm以上	3	
				胸径5cm以下	2~3	
			种子（P_{332}）		0~3	
			繁殖材料（如插条、接穗、砧木、种球以及植物器官等）（P_{333}）		0~3	
			营养繁殖苗（P_{334}）		0~3	
		引进种植地点（P_{34}）	室外种植（P_{341}）		2~3	
			室内（庭院）种植（P_{342}）		0~3	
	检疫管理状况风险（P_4）	拟引进种类原产地检疫管理状况（P_{41}）	原产地有害生物检疫管理状况（P_{411}）	好	0~1	归类赋值
				中	1~2	
				差	2~3	
			原产地所在国家（地区）出境检疫管理状况（P_{412}）	好	0~1	
				中	1~2	
				差	2~3	
		国内检疫隔离与监管状况（P_{42}）	拟隔离试种苗圃的养护和管理状况（P_{421}）	好	0~1	
				中	1~2	
				差	2~3	
			拟隔离试种地林业植物检疫机构监管能力（P_{422}）	高	0~1	
				中	1~2	
				低	2~3	

注：1. 国家确定的单次引进数量见国家林业局印发的《引进林木种子、苗木检疫审批与监管规定》中附件4确定的单次引进数量。

2. "归类赋值"指根据确定的类别进行赋值，如"高、中、低"三个等级，选取其中一个等级赋值。"逐项赋值"指对"子指标层"的每一项指标进行赋值。

3. 风险评估中，对于"拟引进种类携带有害生物风险（P_2）"中P_{21}、P_{22}和P_{23}值的判断，风险评估专家应根据拟引进种子、苗木可携带有害生物情况，采取定性或定量的方法，对这些有害生物的风险程度单独进行评估，经评估后给出P_{21}、P_{22}和P_{23}的值。

二、境外林木引种风险评估量化计算公式

境外林木引种风险评估量化计算公式

层级		计算公式	备注
准则层	拟引进种类成为有害植物风险（P_1）	$P_1 = \sqrt[4]{P_{11} * P_{12} * P_{13} * P_{14}}$	$P_{11} = P_{111}$ 或 P_{112} 或 P_{113} 的赋值 $P_{12} = P_{121}$ 或 P_{122} 或 P_{123} 的赋值 $P_{13} = P_{131}$ 或 P_{132} 或 P_{133} 的赋值 $P_{14} = \text{Max}(P_{141}, P_{142}, P_{143})$
	拟引进种类携带有害生物风险（P_2）	$P_2 = \text{Max}(P_{21}, P_{22}, P_{23})$	
	拟引进种类引进状况风险（P_3）	$P_3 = \sqrt[4]{P_{31} * P_{32} * P_{33} * P_{34}}$	$P_{31} = P_{311}$ 或 P_{312} 的赋值 $P_{32} = P_{321}$ 或 P_{322} 的赋值 $P_{33} = P_{331}$ 或 P_{332} 或 P_{333} 或 P_{334} 的赋值 $P_{34} = P_{341}$ 或 P_{342} 的赋值
	检疫管理状况风险（P_4）	$P_4 = \sqrt{P_{41} * P_{42}}$	$P_{41} = \sqrt{P_{411} * P_{412}}$ $P_{42} = \sqrt{P_{421} * P_{422}}$
目标层	林木引种风险评估值（R）	$R = \sqrt[3]{\text{Max}(P_1, P_2) * P_3 * P_4}$	

三、评估指标说明

境外林木引种风险评估指标体系的框架结构由目标层（R）、准则层（P_i）、指标层（P_{ij}）和子指标层（P_{ijk}）4个递阶层次组成。

（一）目标层（R）

引进某一种（类）林木种子、苗木的综合风险，为独立层。

（二）准则层（P_i）

由拟引进种类成为有害植物风险（P_1）、拟引进种类携带有害生物风险（P_2）、拟引进种类引进状况风险（P_3）、检疫管理状况风险（P_4）组成。其中：

1. 拟引进种类成为有害植物风险（P_1）。根据拟引进林木种子、苗木自身的适应能力、繁殖能力、扩散能力、潜在危害性，设定评估指标，判定拟引进种类成为有害植物的风险大小。

2. 拟引进种类携带有害生物风险（P_2）。从可携带国际检疫性有害生物（包括列入其他国家或地区的进境检疫性有害生物）、中国限定进境植物检疫性有害生物以及其他有害生物三个方面的风险，判定拟引进种类携带有害生物的风险大小。

3. 拟引进种类引进状况风险（P_3）。根据拟引进林木种子、苗木的引进数量、引进用途、引进类型、引进种植地等情况，设定评估指标，判定拟引进种类引进状况的风险大小。

4. 检疫管理状况风险（P_4）。根据拟引进林木种子、苗木原产地检疫管理和出境检疫管理状况，以及我国国内检疫隔离与监管状况，设定评估指标，判定检疫管理状况的风险大小。

（三）指标层（P_{ij}）与子指标层（P_{ijk}）

由各准则层（P_i）设立的13项具体评估指标组成，除P_{21}、P_{22}、P_{23}外，其他10项评估指标均具有子指标层（P_{ijk}）。

附3

境外林木引种风险评估报告格式

1 摘要

2 背景

需准确说明林木引种检疫审批申请人的申请情况，包括申请评估单位名称、联系人及方式，拟评估植物的中文名与拉丁学名、引进数量、引种地、输出国、引进类型、引进用途、入境口岸等情况。

3 预评估

在广泛收集相关信息、资料和数据基础上，分析确定评估对象是否符合风险评估条件。

4 风险评估

4.1 定性分析

4.1.1 拟引进种类成为有害植物的风险分析

4.1.2 拟引进种类携带有害生物的风险分析

根据收集和掌握拟引进种子、苗木可携带有害生物的情况，采取定性或定量的方法，对这些有害生物的风险程度单独进行评估，为"拟引进种类携带有害生物风险（P_2）"中P_{21}、P_{22}和P_{23}的赋值提供依据。

4.1.3 拟引进种类引进状况的风险分析

4.1.4 检疫管理状况风险分析

4.2 定量分析

根据境外林木引种风险评估指标体系表，进行量化赋分，并计算出林木引种检疫风险值（R），评定出风险等级。

5 结论与建议

提出引进及管理措施建议。

6 参考文献

国家林业局关于印发《林业科技推广成果库管理办法》的通知

林科发〔2017〕59号

各省、自治区、直辖市林业厅（局），内蒙古、吉林、龙江、大兴安岭森工（林业）集团公司，新疆生产建设兵团林业局，国家林业局各司局、各直属单位：

为加强林业科技成果管理，推动林业科技创新，促进科技成果转移转化，我局组织制订了《林业科技推广成果库管理办法》（见附件）。现印发给你们，请遵照执行。

特此通知。

附件：林业科技推广成果库管理办法

国家林业局

2017年6月21日

附件

林业科技推广成果库管理办法

第一章 总则

第一条 为加强林业科技成果科学管理，大力推动科技成果转移转化，提高科技成果转化效益，依据《中华人民共和国促进科技成果转化法》、《国务院办公厅关于印发促进科技成果转移转化行动方案的通知》（国办发〔2016〕28号)和《财政部 国家林业局关于印发〈林业改革发展资金管理办法〉的通知》(财农〔2016〕196号),制订本办法。

第二条 林业科技推广成果库(以下简称"成果库")是基于互联网平台构建的一套成果信息系统,其宗旨是面向林业生产单位以及社会公众提供便捷化的林业科技成果信息和成果查询检索服务平台。

第三条 林业科技推广成果主要是指通过地市级以上有关科技成果评价机构鉴定、认定、验收、评审、评估和登记的科技成果,以及经审(认)定的林木良种、有效发明专利等。

第二章 成果入库条件

第四条 入库成果需具备先进、适用、成熟、宜推广等特点,并符合下列条件:

(一)成果需有利于林业生态体系和产业体系建设,有利于提升林业生产建设科技水平,有利于促进地方经济发展和增加林农收入。

(二)成果应当符合国家相关政策和产业要求,必须对社会、资源、生态无危害和不良影响,应用范围广,辐射作用强,无知识产权纠纷。

(三)成果需通过有关科技成果评价机构鉴定、审定、认定、验收、评审、评估或登记。

第五条 成果填报内容包括:成果名称、成果形式、成果领域、成果单位、成果完成人、联系电话、成果获得时间、成果鉴定机构、成果关键词、成果简介以及成果适宜推广区域等。

第六条 成果填报需上传以下附件电子版材料:

(一)成果完成人清单和成果证书。

(二)成果鉴定、审定、认定、验收、评审、评估意见。

(三)其他相关文件(如成果适宜范围、获奖证书等)。

第三章 成果入库程序

第七条 国家林业局科技主管部门每年11月定期发布成果入库网上填报通知。

第八条 各省级林业主管部门,国家林业局有关直属单位,北京、东北、南京、西南林业大学,中南林业科技大学、西北农林科技大学(以下简称推荐单位)负责组织本地区(单位)成果的填报、审核和提交工作。

第九条 成果所属单位或者个人需在归属地省级林业科技主管部门指导下进行网上注册,使用填报账号登录系统进行成果填报。

第十条 推荐单位完成填报成果审核后,按时统一提交国家林业局。

第十一条 国家林业局科技主管部门组织专家对填报的成果进行网上评审,并将评审结果反馈各推荐单位。对林业生态建设和产业发展有重大促进作用的先进、适用、成熟科技成果通过评审进入成果库。

第四章 成果库管理

第十二条 国家林业局科技主管部门负责组织和管理成果库建设。

第十三条 成果库实行动态管理,国家林业局科技主管部门不定期组织专家对已入库成果的时效性和适用性进行审核,不适宜的成果退出成果库,并反馈推荐单位。

第十四条 成果库遵循公平、公正、公开原则,面向社会实行开放式管理,向公众提供查询与检索服务。

第十五条 成果所属单位或者个人对提交的入库成果真实性负责。对有争议或者信息虚假的成果,将从成果库中剔除。

第十六条 国家林业局根据生态建设、产业发展和林业扶贫等重点工作对科学技术的需求,定期发布重点推广林业科技成果包。

第十七条 组织实施林业科技推广示范补助项目所依托科技成果,必须来源于林业科技推广成果库。

第十八条 各级林业主管部门要重视成果库建设和管理工作,加强对成果库的社会宣传,依托成果库搭建技术交易平台,加快科技成果推广应用。

第五章 附 则

第十九条 本办法自发布之日起施行,有效期至2022年6月30日。

国家林业局关于印发《国家林业局林业资金稽查工作规定》的通知

林基发〔2017〕63号

各省、自治区、直辖市林业厅(局),内蒙古、吉林、龙江、大兴安岭森工(林业)集团公司,新疆生产建设兵团林业局,国家林业局各司局、各直属单位:

为进一步规范和加强林业资金的稽查监管工作,完善资金监督制约机制,确保资金安全,提高资金使用效益,保证林业工程项目顺利实施,促进林业投资目标的实现,根据国家有关法律、法规及部门规章的规定,我局研究制定了《国家林业局林业资金稽查工作规定》(见附件)。现印发给你们,请遵照执行。

特此通知。

附件:国家林业局林业资金稽查工作规定

国家林业局
2017年6月26日

附件

国家林业局林业资金稽查工作规定

第一章 总则

第一条 为加强对林业资金的监督管理，完善资金监督制约机制，确保资金安全，提高资金使用效益，保证林业项目顺利实施，促进林业投资目标实现，根据《中华人民共和国预算法》、《国务院办公厅关于创新投资管理方式建立协同监管机制的若干意见》（国办发〔2015〕12号）等有关规定，制定本规定。

第二条 本规定所称林业资金是指中央投入林业的各类资金，包括中央预算内安排的林业基本建设投资（含国债资金）、中央财政转移支付资金等。

第三条 国家林业局依法开展林业资金稽查，重点是稽查国家林业局审批的项目资金。国家林业局林业基金管理总站（审计稽查办公室，以下简称"局审计稽查办"）接受国家林业局委托，承担林业资金稽查工作，负责研究制定林业资金稽查工作规章制度和办法，具体组织实施林业资金稽查工作，负责指导各省（含自治区、直辖市，森工集团，生产建设兵团，计划单列市，下同）林业资金稽查管理机构的业务工作。地方各级林业主管部门应当成立或者明确承担林业资金稽查工作的专门机构，负责本行政区域内中央预算内林业资金稽查工作。

第四条 林业资金稽查工作应当坚持依法办事、客观公正、实事求是的原则，确保稽查结果的可靠性和真实性。

第五条 局审计稽查办加强与地方各级林业主管部门在林业资金稽查工作中的协同联动。重点稽查工作要自上而下，上下配合，形成"县级自查、市级复查、省级核查、国家抽查"的林业系统上下联动稽查机制，充分发挥全行业稽查队伍的整体作用。

第六条 建立横向联动工作机制。国家林业局各司局、各直属单位与局审计稽查办在制定年度监管工作计划、选择稽查项目、互通监管信息、督促落实问题整改、规范完善项目资金管理等方面，加强沟通协商，形成监管合力，提升监管水平。

第二章 稽查对象及内容

第七条 林业资金稽查对象为承担林业资金项目、使用管理的省级及以下林业主管部门、林业资金使用单位。

第八条 林业资金稽查主要对林业资金收支的真实、合法情况依法进行稽查监督。主要内容包括资金计划的申请、下达，资金的拨付、使用、管理及其他有关情况。具体包括：

（一）资金计划的申请情况。是否严格按项目申报书内容、限定条件等申请项目资金，是否真实提供项目申报材料，是否存在虚假套取资金行为等。

（二）任务分解、投资计划下达及资金拨付到位情况。是否及时将上级下达任务及投资计划分解落实到项目；资金是否按照上级下达的投资计划、项目实施情况及时拨付到位。有无擅自变更投资计划、截留、滞留、挪用、违规抵扣项目资金等现象。

（三）资金使用管理情况。包括财务制度完善程度及执行情况、资金落实情况、实际支出情况、概预算执行情况等。

（四）会计基础工作及会计核算情况。

（五）项目管理情况。包括基建项目执行基本建设程序情况，是否履行了项目审批手续（含可行性研究、初步设计及其变更等的审批手续），项目实施中执行项目法人责任制、招投标制、工程监理制及合同管理制情况，实行政府集中采购情况；项目阶段性验收、竣工验收情况，有关档案管理情况等。

（六）其他有关情况。

第三章 稽查方式

第九条 林业资金稽查可采取直接派出稽查工作组稽查、地方自查基础上国家抽查、在线监督等方式。

第十条 地方自查以省为单位开展。自查工作一般应包括县级自查、市级复查和省级核查，可根据地方资金管理体制进行适当调整归并。在地方自查的基础上，局审计稽查办选择一定范围或者比例进行抽查。

第十一条 加强林业资金稽查信息系统建设，对资金使用管理与任务执行等相关数据进行实时动态采集、分析和预警，运用信息化手段提高投资监管、查核问题、评价判断、综合分析等能力，规范项目管理，提高稽查效率。利用信息平台对各地林业资金稽查情况在线实施监督和指导。

第十二条 稽查人员开展稽查工作，可以采取下列方法：

（一）听取被稽查单位有关资金使用管理和项目管理等情况的汇报，并提出质询。

（二）查阅被稽查单位的有关财务报告、会计账簿、会计凭证等财务会计资料（包括电子资料）以及其他有关资料；

（三）调查、核实被稽查单位的资金使用管理和项目管理等情况，实地查看工作量和工程质量完成情况，并可以要求被稽查单位作出必要的说明。

（四）向被稽查单位的有关人员了解情况，听取意见。

（五）向有关部门调查了解被稽查单位的有关情况。

（六）在线监督。

第四章 稽查组织及程序

第十三条 局审计稽查办商国家林业局计财司后，每年一季度提出本年度林业资金稽查工作要点，并下发到各省级林业主管部门。省级林业主管部门要结合本辖区实际情况，制定林业资金稽查工作计划并自行组织开展本辖区林业资金稽查工作。局审计稽查办要求开展的林业资金稽查工作，应当将具体稽查内容、要求和期限及时通知省级林业主管部门，由其按要求组织开展自查，并将自查结果及时报告局审计稽查办。

第十四条　被稽查单位应当积极配合稽查工作组开展稽查工作，并按要求及时、完整提供有关资料和情况，不得拒绝提供或者隐匿、伪报资料，不得阻碍稽查工作。被稽查单位应当对所提供资料的真实性、完整性负责，并作出书面承诺。

第十五条　林业资金稽查工作组织程序一般包括：编制稽查工作方案、组成稽查工作组、稽查动员与培训、下发稽查通知、稽查作业实施、形成小组稽查报告、总结交流稽查情况、下发稽查报告（或整改通知）、跟踪整改、汇总上报项目稽查报告和年度稽查总报告、稽查资料归档等。

第十六条　局审计稽查办应当在稽查工作方案确定后，向被稽查单位下发稽查通知。稽查通知应当明确稽查的项目、目的、资金范围、内容和时间，同时告知稽查组组长及其成员名单，提出配合稽查工作的具体要求。

第十七条　林业资金稽查实施"双随机，一公开"，随机抽取稽查对象、随机选派稽查人员，及时公开稽查情况和处理结果。

第十八条　稽查具体作业主要步骤包括：

（一）召开座谈会。稽查工作组进入被稽查单位后召集相关人员进行座谈，传达稽查工作要点，听取被稽查单位汇报。

（二）了解被稽查单位的基本情况。包括：组织机构、人员分工、工程项目、资金管理和相关内部控制制度等情况。

（三）收集有关资料。包括：投资计划和资金预算等文件资料、相关会计资料、资金管理制度、内部控制制度、作业设计（实施方案和资金使用计划）、招投标文件、经济合同、工程监理、检查验收和会议纪要等资料。

（四）实施稽查技术程序。采取必要的稽查方法对相关经济业务事项（林业资金收支）的真实性、合法性和绩效性进行查证。做好稽查工作记录（工作底稿）和取证材料收集，稽查工作记录和取证材料应当由稽查人员和复核人员签字，并由被稽查单位的有关人员签字确认，必要时由被稽查单位相关人员对有关事项作出书面说明。

（五）情况反馈。稽查工作组每完成一个单位的稽查，应当及时整理汇总稽查成果，并向被稽查单位反馈。

第十九条　林业资金稽查报告分为小组稽查报告、项目稽查报告、年度稽查总报告。小组稽查报告是指每个稽查工作组完成一个稽查任务后形成的稽查情况报告。项目稽查报告是针对某一投资项目（或者财政专项），汇总各小组稽查报告后形成的专项稽查报告。年度稽查总报告是局审计稽查办开展年度稽查工作情况的总报告。

第二十条　稽查工作组应当在结束稽查任务后及时形成小组稽查报告，同时对发现的问题应当提出具体的处理意见或者建议。小组稽查报告应当由稽查工作组与被稽查省级林业主管部门进行沟通，征求意见。

第二十一条　局审计稽查办组织专人审核各小组稽查报告，汇总稽查中发现的问题，协商国家林业局计财司、相关业务主管单位后提出整改要求。根据审核通过的小组稽查报告和提出的整改要求，向相关省级林业主管部门下发稽查报告或者整改通知，限期整改。

第二十二条　局审计稽查办及时跟踪各地整改进度，督促整改措施落实并汇总整改情况；对各地上报的整改情况，可采取"回头看"方式进行抽查复核。

第二十三条　局审计稽查办汇总小组稽查报告和发现问题的整改情况，会同国家林业局计财司、相关业务主管单位形成项目稽查报告。

第二十四条　局审计稽查办汇总各项目稽查报告，并根据年度稽查工作开展情况，编撰形成年度稽查总报告。项目稽查报告和年度稽查总报告要及时向国家林业局分管局领导汇报。

第二十五条　稽查档案是指在稽查工作中形成的、具有查考利用价值的各种形式和载体的文件材料，包括稽查工作计划、稽查工作方案、稽查通知、稽查工作底稿、稽查工作报告、整改通知和被稽查单位上报的整改结果等材料。稽查工作中办理完毕的文件及相关材料应当按有关规定向档案管理部门移交归档，其他稽查档案保存期不少于2年。

第二十六条　实行林业资金稽查年度报告制度。省级林业主管部门应当于每年2月底前将上年度地方林业资金稽查工作报告上报局审计稽查办。地方林业资金稽查工作报告应当包括稽查职责履行情况、林业资金运行状况分析、主要做法和经验、对策建议及相关附表等内容。

第五章　稽查工作组

第二十七条　林业资金稽查实行稽查工作组组长负责制。

第二十八条　稽查工作组进入被稽查单位应当出示稽查通知文件，告知稽查事项。

第二十九条　稽查工作组对稽查过程中发现的问题，应当向被稽查单位指出并交换意见；被稽查单位提出异议的，稽查工作组根据具体情况进行复核。

第三十条　稽查工作组对其提交的小组稽查报告的真实性、准确性、完整性负责。

第六章　稽查结果运用

第三十一条　局审计稽查办针对林业资金稽查发现的问题，商相关业务主管单位提出整改要求，并共同督促资金使用单位或者管理单位落实整改。

第三十二条　资金使用或者管理单位应当根据林业资金稽查反馈意见及整改要求，认真分析总结资金使用管理中存在的问题，制定整改措施，认真整改，不断提高资金管理水平和资金使用绩效。

第三十三条　对林业资金使用管理和项目管理中发现又未能按要求整改的问题，根据情节轻重，分别采取通报批评、约谈、暂停资金使用单位项目建设和同类新项目的审批、调减资金安排、追究相关人员责任、移送相关部门等处理措施。

第七章　稽查纪律及要求

第三十四条　稽查人员在工作中必须严格遵守工作纪律和廉洁规定，做到坚持原则、实事求是、清正廉洁、秉公办事，忠实履行职责，自觉维护国家利益。

第三十五条　稽查人员应当对被稽查单位的相关数据资料等信息负有保密义务，未经批准，不得向其他人员透漏。

第三十六条　稽查工作组在稽查工作中，不得参与、干预被稽查单位的日常业务、生产经营和项目管理等活动。稽查人员不得对没有证据支持的、未经核实的和超越稽查职责范围的事项发表意见。

第三十七条　对违反工作纪律和廉洁要求的稽查人员，根据有关规定给予批评教育、行政处分或者纪律处分。

第八章　附　则

第三十八条　各省级林业主管部门可依据本规定，结合当地实际情况制定本地林业资金稽查规定，报局审计稽查办备案。

第三十九条　本规定自2017年7月1日起实施，有效期至2022年6月30日。其他有关林业资金稽查的规定与本规定不一致的，以本规定为准。

国家林业局办公室关于印发《国际湿地城市认证提名暂行办法》的通知

办湿字〔2017〕120号

各省、自治区、直辖市林业厅（局），内蒙古、吉林、龙江、大兴安岭森工（林业）集团公司，新疆生产建设兵团林业局，国家林业局各司局、各直属单位：

为更好地履行《关于特别是作为水禽栖息地的国际重要湿地公约》，贯彻落实国务院办公厅印发的《湿地保护修复制度方案》，进一步推动各级政府和社会各界强化湿地保护工作，对外宣传和展示我国生态文明建设取得的成就，积极推动和规范国际湿地城市认证提名，我局研究制订了《国际湿地城市认证提名暂行办法》（见附件），现印发给你们，请遵照执行。

特此通知。

附件：国际湿地城市认证提名暂行办法

国家林业局办公室
2017年7月11日

附件

国际湿地城市认证提名暂行办法

第一条　为履行《关于特别是作为水禽栖息地的国际重要湿地公约》（以下简称《湿地公约》），规范国际湿地城市认证提名，加强湿地保护管理工作，提高全社会湿地保护意识，促进人与自然和谐发展，依据《湿地公约》第十二届缔约方大会决议和有关法律法规，制订本办法。

第二条　国际湿地城市是指按照《湿地公约》决议规定的程序和要求，由中国政府提名，经《湿地公约》国际湿地城市认证独立咨询委员会批准，颁发"国际湿地城市"认证证书的城市。

第三条　国家林业局负责组织国际湿地城市认证提名相关工作，具体工作由国家林业局湿地保护管理中心（中华人民共和国国际湿地公约履约办公室）承担。

第四条　国际湿地城市的建设应当遵循生态文明的理念，在湿地生态保护上坚持全面保护、科学修复、合理利用、持续发展的原则。

第五条　提名为国际湿地城市的应当满足以下条件：

（一）行政区域内应当有一处（含以上）国家重要湿地（含国际重要湿地）或者国家级湿地自然保护区或者国家湿地公园等，并且湿地率在10%以上，湿地保护率不低于50%。

（二）已经把湿地保护纳入当地国民经济和社会发展规划，编制了湿地保护专项规划，基本保障了湿地保护修复投入需求。

（三）已经成立湿地保护管理的专门机构，配置专职的管理和专业技术人员，开展湿地保护管理工作。

（四）已经颁布湿地保护相关法规规章，并且将湿地面积、湿地保护率、湿地生态状况等保护成效指标纳入城市生态文明建设目标评价考核等制度体系。

（五）已经建立专门的湿地宣教场所，面向公众开展湿地科普宣传教育和培训。建立了湿地保护志愿者制度，组织公众积极参与湿地保护和相关知识传播活动。

（六）该城市针对第一款所列湿地开展了以下工作：

1. 已经采取湿地保护或者恢复措施并且取得较好成效。

2. 已经建立湿地生态预警机制，制定实施管理计划，开展动态监测和评估，在遇到突发性灾害事件时有防范和应对措施，以维持湿地生态特征稳定。

3. 湿地利用方式符合全面保护及可持续利用原则，同时综合考虑湿地保护及湿地生态、经济、文化等多种功能有效发挥。

第六条　国际湿地城市的认证提名工作原则上每三年组织一次，由城市所在省级人民政府向国家林业局提出。

第七条　参与认证提名的城市应当提交下列材料：

（一）城市所在地省级人民政府的推荐函。

（二）国际湿地城市推荐书（略）。

（三）上述第五条的逐项证明或者说明材料及附件。

第八条　国家林业局组织专家组对推荐材料进行初步审核。审核通过的城市，由专家组进行现场评估，并提交评估报告。组织召开专家评审会后，由国家林业局确定提名为国际湿地城市的名单，提交《湿地公约》秘书处。

第九条 提名为国际湿地城市的，当地人民政府应当建立由相关部门组成的国际湿地城市创建工作机构。

第十条 国际湿地城市认证证书有效期为六年。

第十一条 已获得认证的国际湿地城市有意愿继续保留命名的，须在证书有效期届满前一年，由城市所在省级人民政府向国家林业局提出。国家林业局组织专家组进行核查，并且根据专家组核查意见，作出是否将相关城市继续保留为国际湿地城市的决定，报《湿地公约》国际湿地城市认证独立咨询委员会审查。

第十二条 对推荐材料不实或者故意瞒报，以及其他严重影响推荐工作的情形，国家林业局将根据实际情况暂停其提名工作。

第十三条 省级人民政府负责对国际湿地城市的湿地保护管理工作进行监督，指导湿地保护管理机构维持湿地的生态特征。

第十四条 本办法自发布之日起实施，有效期至2020年12月31日。

国家林业局办公室关于印发《国家林业局重点实验室评估工作规则》的通知

办科字〔2017〕137号

各省、自治区、直辖市林业厅（局），内蒙古、吉林、龙江、大兴安岭森工（林业）集团公司，新疆生产建设兵团林业局，国家林业局各司局、各直属单位：

为加强国家林业局重点实验室（以下简称"局重点实验室"）的建设和管理，推动局重点实验室更好地实行"开放、流动、联合、竞争"的运行机制，促进局重点实验室的改革和发展，提升局重点实验室的创新能力和水平，我局研究制定了《国家林业局重点实验室评估工作规则》（见附件），现印发给你们，作为对局重点实验室开展评估工作的依据。

附件：国家林业局重点实验室评估工作规则

国家林业局办公室
2017年8月11日

附件

国家林业局重点实验室评估工作规则

第一章 总则

第一条 为了加强国家林业局重点实验室（以下简称"局重点实验室"）的建设和管理，规范局重点实验室评估工作，根据《国家林业局重点实验室管理办法》（林科发〔2015〕165号），制定本规则。

第二条 局重点实验室评估主要目的是：全面检查和了解局重点实验室运行情况，总结经验，发现问题，推动局重点实验室更好地实行"开放、流动、联合、竞争"的运行机制，促进局重点实验室的改革和发展。局重点实验室评估坚持实事求是、客观公正、公平合理、鼓励创新的原则，以引导局重点实验室产出重大成果为宗旨，对局重点实验室运行管理和学术水平进行综合评估。

第三条 国家林业局科技司（以下简称"科技司"）负责组织开展重点实验室综合评估工作，也可以根据情况选择并委托第三方评估机构承担具体评估工作。科技司主要职责：具体组织开展评估工作，根据学科领域成立专家组，接受评估申请，审核评估报告，按照程序公布评估结果。第三方评估机构应当按照要求拟定评估方案，成立专家组开展评估工作。

第四条 专家组由相关学科领域学术水平高、公平正派、熟悉实验室工作的一线科技专家和管理专家等组成。

第五条 局重点实验室评估每5年进行一次。局重点实验室应当根据主管部门要求参加评估，认真准备，准确真实地提供相关材料。

第二章 评估程序

第六条 评估程序包括材料审核、现场考察、综合评议、结果公布。

第七条 各个局重点实验室应当按时提交评估材料，材料重点包括局重点实验室五年工作总结、年度工作报告和主要佐证材料等。成果应当由局重点实验室人员完成，论文应当署名局重点实验室。评估材料中属于国家科学技术涉密范围的内容应当按照《国家科学技术保密规定》执行。

第八条 专家组对评估材料进行全面审核，形成初审意见，提出现场考察重点。

第九条 专家组进行现场考察，实地对局重点实验室整体运行情况进行考察评价。主要包括：听取局重点实验室主任对重点实验室五年工作汇报、代表性成果汇报，考察仪器设备管理和运行情况，核实科研成果和开放情况，了解人才队伍建设情况，抽查实验记录，召开座谈会和进行个别访谈等。

第十条 局重点实验室要对评估期限内局重点实验室运行情况进行全面、系统总结。代表性成果是指评估期限内以局重点实验室为研究基地、局重点实验室聘任人员为主产生的、符合局重点实验室研究方向的重大科研成果及重大国内外合作研究成果。

第十一条 专家组须根据评估指标体系完成局重点

实验室现场考察评分，经商议后形成评估意见，并指出存在的不足与改进建议。

第十二条 在完成全部现场考察后，采取集中开会评议的形式开展综合评估工作。综合评议依据现场评估意见和评分情况，听取专家组对现场考察情况介绍，形成评估分数，确定评估结果，并由专家组汇总结果，形成综合评估报告。

第十三条 评估结果经国家林业局审核后发布。

第三章 评估的内容和指标体系

第十四条 评估内容包括定量和定性两部分。定量评估主要对局重点实验室承担科研任务、科技产出、人才培养、开放交流、条件建设与运行管理等可量化内容进行评价；定性评估通过对局重点实验室主要研究目标与方向、研究成果与学术水平、团队建设与运行管理、实验条件与实验室管理等非量化内容进行评估。通过定量与定性评价考核评估局重点实验室的成绩与综合实力。

第十五条 局重点实验室评估具体指标及赋值见《国家林业局重点实验室考核评估指标体系》（见附）。

第十六条 局重点实验室评估定量与定性结果满分各100分，按7∶3权重计入综合评估结果，满分100分。

第四章 评估结果

第十七条 局重点实验室综合评估结果得分90分（含90）以上为优秀；75（含75）—90分为合格；60（含60）—75分为基本合格；60分以下为不合格。

第十八条 无正当理由不参加评估或者未按要求提交材料的局重点实验室，视为评估不合格。

第十九条 对被评估为优秀的局重点实验室，国家林业局在业务委托、人才培养、平台建设等方面给予支持。对评估不合格的局重点实验室，国家林业局进行通报并给予2年时间整改，并接受2年后的中期评估。整改后再次评估不合格的，国家林业局将其调整出局重点实验室目录。5年内不得再重新申报局重点实验室。

第五章 附 则

第二十条 局重点实验室评估实行回避制度。与被评估局重点实验室有直接利害关系的专家，不得参加对该局重点实验室的评估。被评估局重点实验室也可提出建议回避的专家名单并说明理由，与评估申报材料一并上报。

第二十一条 评估专家和相关人员应当严格遵守保密规定。

第二十二条 评估专家应当严格遵守国家法律、法规和政策，科学、公正、独立地行使评估专家的职责和权利。

第二十三条 参评局重点实验室的依托单位和主管部门应当积极支持、配合做好评估工作。

第二十四条 本规则自发布之日起实施，有效期至2021年12月31日。

附：国家林业局重点实验室考核评估指标体系（略）

国家林业局公告

2017年第14号

按照《中华人民共和国野生动物保护法》第二十五条和第二十七条有关规定，经国务院批准，大熊猫、朱鹮、虎、豹类、象类、金丝猴类、长臂猿类、犀牛类、猩猩类、鸨类共10种（类）国家重点保护陆生野生动物的人工繁育和出售、购买、利用其活体及制品活动的批准机关定为国家林业局；白鱀豚、长江江豚、中华鲟、中华白海豚、儒艮、红珊瑚、达氏鲟、白鲟、鼋共9种（类）国家重点保护水生野生动物的人工繁育和出售、购买、利用其活体及制品活动的批准机关定为农业部。

自本公告发布之日起，国家林业局和农业部按照规定分别受理相关行政许可事项。

特此公告。

国家林业局 农业部
2017年8月21日

国家林业局关于印发《国家林业局林业社会组织管理办法》的通知

林人发〔2017〕99号

国家林业局各司局、各直属单位，局业务主管和挂靠的各林业社会组织：

为进一步加强对林业社会组织的管理和服务，促进林业社会组织健康有序发展，经研究，我局对《国家林业局社会团体管理办法（试行）》（林人发〔2007〕162号）进行了修订，形成了《国家林业局林业社会组织管理办法》（见附件）。现印发给你们，请遵照执行。

特此通知。

附件：国家林业局林业社会组织管理办法

国家林业局
2017年9月21日

附件

国家林业局林业社会组织管理办法

第一章 总则

第一条 为切实加强对林业社会组织的管理、指导、监督和服务，激发林业社会组织活力，促进林业社会组织健康有序发展，更好地服务林业改革发展大局，根据《社会团体登记管理条例》、《基金会管理条例》等有关规定，制定本办法。

第二条 本办法所称林业社会组织，是指由国家林业局业务主管或者挂靠国家林业局的社会团体、基金会等非营利性社会组织。

第三条 林业社会组织应当遵守国家法律、法规，执行国家林业工作的方针、政策，在章程规定的业务范围内，紧紧围绕国家林业局中心工作来开展业务活动，积极为林业现代化建设服务。

第四条 林业社会组织应当根据《中国共产党章程》的规定，设立中国共产党的组织，发挥党组织政治核心作用，为党组织开展活动提供必要条件。

第五条 国家林业局管理林业社会组织，坚持管理与服务并重的原则，实行国家林业局人事司（以下简称"人事司"）归口管理，国家林业局各有关司局、各有关直属单位依照职能归口联系的分工负责、分类指导制度。

第二章 成立、变更及注销

第六条 申请成立林业社会组织，应当具备国家规定的相应条件。发起人应当按照《社会团体登记管理条例》、《基金会管理条例》等规定，提交相关材料，经国家林业局审查同意后，向登记管理机关申请登记。

发起人应当对林业社会组织登记材料的合法性、真实性、有效性、完整性负责，对林业社会组织登记之前的活动负责。主要发起人应当作为该林业社会组织首届负责人。

第七条 林业社会组织申请变更登记事项：包括名称、业务范围、业务主管单位、负责人、住所、注册资金等，应当经人事司审查通过，按照章程履行相关程序后，按照规定向登记管理机关提出申请。变更事项完成后，应当及时报人事司备案。

第八条 林业社会组织制定章程应当符合登记管理机关章程示范文本的格式和内容要求。

修改章程应当经人事司审查同意，按照要求履行登记管理机关规定的修改程序后，报登记管理机关核准。章程核准后，应当及时报人事司备案。

第九条 林业社会组织应当按照社会组织管理有关要求及章程规定，按时进行换届。换届应当制定换届方案，换届方案应当在届满前三个月由归口联系单位初审同意并出具书面说明，再报人事司审核。审核通过后，人事司出具换届批复，方可换届。换届完成后，应当及时按照有关规定变更相关事项，并报人事司备案。

因客观原因不能按时换届的，应当在届满前两个月作出书面说明，经归口联系单位同意后报人事司审核通过，并报请登记管理机关同意。延期换届最长不得超过一年。

第十条 林业社会组织出现《社会团体登记管理条例》、《基金会管理条例》规定的应予注销登记的情形之一的，应当报国家林业局审查同意，向登记管理机关申请注销登记。

第三章 管理与服务

第十一条 人事司是林业社会组织归口管理部门，负责林业社会组织的日常监管工作，协调国家林业局有关司局、有关直属单位对林业社会组织进行监督、指导和服务：

（一）负责拟定林业社会组织管理规章制度并监督实施；

（二）负责林业社会组织成立、变更、注销登记以及章程核准前的审查工作；

（三）负责指导和监督林业社会组织的换届工作；

（四）负责林业社会组织年度检查的初审工作；

（五）按照干部管理权限，负责国家林业局工作人员在社会组织任（兼）职的审批备案工作；

（六）监督、指导林业社会组织遵守国家法律法规和有关政策，依据章程开展活动，组织开展专项抽查工作；

（七）协助登记管理机关和其他有关部门查处林业社会组织的违法违规行为；

（八）会同有关部门指导林业社会组织的清算事宜；

（九）作为林业社会组织业务主管单位应当履行的其他职责。

第十二条 根据各林业社会组织的主要业务范围，建立林业社会组织与国家林业局各有关司局、各有关直属单位业务管理归口联系制度。

国家林业局各有关司局、各有关直属单位是林业社会组织归口联系单位，其主要职责是：

（一）在国家林业局的统一领导下，具体负责林业社会组织业务工作的管理、监督、指导和服务等工作；

（二）建立与林业社会组织的联系沟通机制，指导林业社会组织按照章程规定，合法、守规、有效地开展业务工作；

（三）负责林业社会组织重大活动、重大事项的备案工作；

（四）负责指导、监督林业社会组织承担政府购买服务、承接政府转移职能等相关工作；

（五）配合人事司组织开展专项检查工作；

（六）协助人事司做好林业社会组织其他相关工作。

林业社会组织的归口联系单位，由林业社会组织根据其章程规定的业务范围提出建议，经人事司研究并报国家林业局党组审定。

第十三条 国家林业局其他有关司局、有关直属单位按照职责分工，对林业社会组织以下主要事项进行监督、管理和服务。具体分工为：

（一）国家林业局机关党委负责指导林业社会组织的思想政治工作和党建工作；

（二）国家林业局计财司、审计稽查办负责对有财政拨款的林业社会组织的财务监管和预算执行审计工作，以及对林业社会组织的其他专项审计监督工作；

（三）国家林业局国际司、合作中心负责指导林业社会组织外事活动相关工作；

（四）国家林业局科技司负责指导涉及林业团体标准、品牌建设等方面工作；

（五）国家林业局办公室、服务局负责林业社会组织涉及办公用房清理腾退等相关工作。

第十四条 林业社会组织应当依照法规政策和章程建立健全法人治理结构和运行机制以及党组织参与社会组织重大问题决策等制度安排，完善会员大会（会员代表大会）、理事会、监事会制度，落实民主选举、民主决策和民主管理，健全内部监督机制，成为权责明确、运转协调、制衡有效的法人主体，独立承担法律责任。

第十五条 林业社会组织举办活动对外宣传要客观、真实、准确。不得擅自以国家林业局或其他政府部门的名义进行宣传。要规范使用本林业社会组织核定的名称，不得擅自冠以"国家林业局"、"国家林业局直属"等词汇。

第十六条 林业社会组织设立分支机构、代表机构、专项基金等应当符合章程所规定的宗旨和业务范围。不得设立地域性的分支机构。

分支机构、代表机构、专项基金等不具有法人资格，应当在该林业社会组织授权的范围内使用规范全称开展活动、发展会员。分支机构不得再设立分支机构。

第十七条 国家林业局工作人员到林业社会组织任（兼）职，应当严格执行中央关于国家工作人员到社会组织任（兼）职的相关规定和要求。

第十八条 林业社会组织的财产来源应当合法，任何单位和个人不得侵占、私分或者挪用。林业社会组织的财产，应当用于章程规定的业务活动。

林业社会组织接受捐赠、资助，应当符合章程规定的宗旨和业务范围，不得接受违反法律、行政法规以及违反社会公德的捐赠。

第十九条 林业社会组织应当执行国家规定的财务管理制度，严格财务管理，接受相关部门的监督。

林业社会组织在换届或者更换法定代表人之前，应当按照国家有关规定进行财务审计。

林业社会组织财务收支应当全部纳入其开立的银行账户，不得使用其他组织或者个人的银行账户。林业社会组织分支机构、代表机构不得开设银行账户。

第二十条 林业社会组织开展与其业务相关的评比达标表彰活动，应当坚持从严控制、按程序审批的原则，严格遵守《社会组织评比达标表彰管理暂行规定》（国评组发〔2012〕2号）等有关规定。举办研讨会、论坛等活动应当严格遵守《社会组织举办研讨会论坛活动管理办法》（民发〔2012〕57号）等有关规定。

第二十一条 林业社会组织开展外事活动应当严格遵守国家有关规定，在国家林业局国际司和合作中心的监管和指导下开展。

第二十二条 林业社会组织与香港、澳门和台湾地区民间组织交往，按照国家有关规定办理。与境外非政府组织开展合作活动，应严格遵照《中华人民共和国境外非政府组织境内活动管理法》有关规定，在国家林业局国际司和合作中心的监管和指导下开展。

第二十三条 林业社会组织申请慈善组织认定、开展慈善活动等，应当严格执行《中华人民共和国慈善法》等有关规定。

第二十四条 林业社会组织每年应当按时参加年度检查。未参加年度检查的，按照相关规定处理。林业社会组织应当按照有关规定积极参加社会组织等级评估工作。

第二十五条 林业社会组织应当按照有关规定做好信息公开工作。鼓励林业社会组织按照《民政部关于推动在全国性和省级社会组织中建立新闻发言人制度的通知》（民发〔2016〕80号）要求，建立新闻发言人制度。

第二十六条 林业社会组织应当于每年3月15日前向国家林业局业务归口联系单位和人事司报送上一年度工作报告和本年度工作计划，主要内容包括：遵守法律法规情况；业务开展情况；评比表彰活动开展情况；人员、机构基本情况；分支机构、代表机构、专项基金等设立、开展活动情况等。财务收支情况（包括接受捐赠、资助情况）应当专题报告。

第二十七条 林业社会组织违反《社会团体登记管理条例》、《基金会管理条例》以及本办法等有关规定的，由国家林业局及登记管理机关依法予以查处；触犯法律的，依法追究法律责任。

第二十八条 林业社会组织应当建立健全内部纠纷解决机制，推行社会组织人民调解制度，通过司法途径依法解决纠纷。

第二十九条 林业社会组织中的社会智库作为中国特色新型智库的重要组成部分，应当以服务党和政府决策为宗旨，强化政治责任和社会责任，不断加强自身建设，更好地服务党和国家工作大局，服务林业现代化建设。

第三十条 根据党建工作要求和林业社会组织实际情况，国家林业局机关党委通过向其派驻党建指导员等方式，指导林业社会组织党建工作。

第三十一条 鼓励林业社会组织承接政府购买服务。国家林业局各有关司局、各有关直属单位，应当通过政府转移职能、购买服务等形式，引导、培育和扶持林业社会组织健康有序发展，充分发挥林业社会组织的作用。

第三十二条 林业社会组织归口联系单位应当建立林业情况通报制度，定期向联系的林业社会组织通报林业重点工作。

第三十三条 人事司负责林业社会组织培训，积极搭建林业社会组织合作交流平台。

第四章 附　则

第三十四条 本办法未尽事宜，依照《社会团体登记管理条例》、《基金会管理条例》等国家有关规定执行。

第三十五条 本办法由国家林业局负责解释。

第三十六条 本办法自发布之日起实施，有效期至

2022年12月31日。2007年7月17日国家林业局发布的《国家林业局社会团体管理办法(试行)》(林人发〔2007〕162号)同时废止。

国家林业局关于印发《国家沙漠公园管理办法》的通知

林沙发〔2017〕104号

各省、自治区、直辖市林业厅(局),内蒙古、吉林、龙江、大兴安岭森工(林业)集团公司,新疆生产建设兵团林业局,国家林业局各司局、各直属单位：

为进一步加强和规范国家沙漠公园建设和管理,我局在总结各地试点建设经验基础上,研究制定了《国家沙漠公园管理办法》(见附件),现印发给你们,请遵照执行。在执行过程中的重要情况和建议,请及时反馈我局。

附件：国家沙漠公园管理办法

国家林业局
2017年9月27日

附件

国家沙漠公园管理办法

第一条 为规范国家沙漠公园(含石漠公园)建设和管理,根据《林业发展"十三五"规划》、《全国防沙治沙规划(2011—2020年)》和《沙化土地封禁保护修复制度方案》,制定本办法。

国家沙漠公园的建设和管理应当遵守本办法。

第二条 沙漠公园是以荒漠景观为主体,以保护荒漠生态系统和生态功能为核心,合理利用自然与人文景观资源,开展生态保护与植被恢复、科研监测、宣传教育、生态旅游等活动的特定区域。

第三条 国家沙漠公园建设和管理必须遵循"保护优先、科学规划、合理利用、持续发展"的基本原则,在地域上不得与国家已批准设立的其他保护区域重叠或者交叉。

第四条 国家沙漠公园建设是国家生态建设的重要组成部分,属社会公益事业。国家鼓励公民、法人和其他组织捐资或者志愿参与沙漠公园建设和保护工作。

第五条 国家林业局负责国家沙漠公园建设的指导、监督和管理,具体工作由国家林业局防沙治沙办公室承担。

国家沙漠公园原则上以县域为单位组织建设。县级以上地方人民政府林业主管部门负责本辖区内国家沙漠公园建设的指导和监督。跨县级及以上行政区域的国家沙漠公园建设应当由相应的上级人民政府林业主管部门负责指导和监督。

第六条 具备下列基本条件可申报国家沙漠公园：

(一)所在区域的荒漠生态系统具有典型性和代表性,或者防沙治沙生态区位重要。

(二)面积原则上不低于200公顷,公园中沙化土地面积一般应占公园总面积的60%以上。

(三)土地所有权、使用权权属无争议,四至清晰,相关权利人无不同意见。国家沙漠公园范围内土地原则上以国有土地为主。

(四)区域内水资源能够保证国家沙漠公园生态和其他用水需求。

(五)具有较高的科学价值和美学价值。

第七条 省级林业主管部门对于符合上述申报条件的地区,可以向国家林业局申请建立国家沙漠公园。申报材料包括以下内容：

(一)省级林业主管部门出具的申请文件和申报书(见附)。

(二)拟建国家沙漠公园的总体规划文本及专家评审意见。

(三)反映拟建国家沙漠公园现状的宣传画册和视频宣传片。

(四)所在地县级人民政府同意建设国家沙漠公园的批复文件;跨行政区域的,需提交其同属上级人民政府同意建设国家沙漠公园的批复文件。

(五)县级人民政府出具的拟建国家沙漠公园土地权属清晰、无争议的证明文件。

(六)县级人民政府出具的拟建国家沙漠公园相关利益主体无争议的证明材料。

第八条 国家林业局组建国家沙漠公园评审专家委员会,负责对申报材料进行审核,并根据需要组织专家进行实地评估。

国家林业局召开国家沙漠公园综合评审会,对国家沙漠公园建设资格进行综合评审。评审专家通过审查申请材料、听取实地考查评估意见、观看视频资料和综合评议等环节,形成综合评审意见。

第九条 根据综合评审意见和全国总体规划,国家林业局确定拟建国家沙漠公园名单,在国家林业局政府网站上进行公示,时间为10个工作日,公示无异议后由国家林业局复函同意建设国家沙漠公园。

第十条 国家沙漠公园建设单位实行滚动式管理,采取"准入—退出"机制。对有明显不良记录的,责令其限期整改;整改仍不合格的,停止国家沙漠公园建设,取消其称号。

第十一条 国家沙漠公园所在地县级以上地方人民政府应当设立或者指定专门的管理机构,统一负责国家沙漠公园的建设与管理工作。管理机构应当定期对辖区内的资源开展调查和动态监测，建立档案，并根据监测情况采取相应的管理措施。

第十二条 国家沙漠公园建设要合理进行功能分区，发挥保护、科研、宣教和游憩等生态公益功能。功能分区主要包括生态保育区、宣教展示区、沙漠体验区、管理服务区。

（一）生态保育区应当实行最严格的生态保护和管理，最大限度减少对生态环境的破坏和消极影响。生态保育区可利用现有人员和技术手段开展沙漠公园的植被保护工作，建立必要的保护设施，提高管理水平，巩固建设成果。对具有植被恢复条件和可能发生植被退化的区域，可采取以生物措施为主的综合治理措施，持续提高沙漠公园的生态功能。生态保育区面积原则上应不小于国家沙漠公园总面积的60%。

（二）宣教展示区主要开展与荒漠生态系统相关的科普宣教和自然人文景观的展示活动。可修建必要的基础设施，如道路、展示牌及科普教育设施等。

（三）沙漠体验区可在不损害荒漠生态系统功能的前提下开展生态旅游、文化、体育等活动，建设必要的旅游景点和配套设施。沙漠体验区面积原则上不超过国家沙漠公园总面积的20%。

（四）管理服务区主要开展管理、接待和服务等活动，可进行必要的基础设施建设，完善服务功能，提高服务水平。管理服务区面积应不超过国家沙漠公园总面积的5%。

第十三条 国家沙漠公园应当按照总体规划确定的范围进行建设，任何单位和个人不得擅自更改建设范围。建设范围的变更，须经国家林业局同意。

国家沙漠公园建设要与所在地主体功能区规划、防沙治沙规划和土地利用规划相衔接，与生态资源保护、利用等相关规划相协调。

第十四条 国家沙漠公园使用统一标识和命名，国家沙漠公园采取下列命名方式：省（自治区、直辖市）—地名—国家沙漠公园。

第十五条 国家沙漠公园建设应当着力提高公众防沙治沙和生态保护意识。鼓励国家沙漠公园定期向中小学生免费开放。

第十六条 除国家另有规定外，在国家沙漠公园范围内禁止下列行为：

（一）开展房地产、高尔夫球场、大型楼堂馆所、工业开发、农业开发等建设项目。

（二）直接排放或者堆放未经处理或者超标准的生活污水、废水、废渣、废物及其他污染物。

（三）其他破坏或者有损荒漠生态系统功能的活动。

第十七条 本办法自2017年10月1日起实施，有效期至2022年12月31日。《国家林业局关于做好国家沙漠公园建设试点工作的通知》（林沙发〔2013〕145号）和《国家沙漠公园试点建设管理办法》（林沙发〔2013〕232号）同时废止。

附："国家沙漠公园申报书"式样（略）

国家林业局公告

2017年第16号

根据《中华人民共和国行政许可法》、《中华人民共和国野生动物保护法》和《国家林业局委托实施野生动植物行政许可事项管理办法》（国家林业局令第30号）的有关规定，按照国家在行政许可工作中简政放权、放管结合、优化服务的改革精神，决定将国家林业局公告2014年第9号和国家林业局公告2015年第14号委托上海市林业局在上海自贸区范围内实施的野生动物行政许可事项复制推广到上海市行政区域。现将国家林业局进一步委托上海市林业局实施的野生动物行政许可事项公告如下：

一、适用范围

（一）进出口野生动物活体的申请人为野生动物人工繁育地点位于上海市行政区域内并在上海市注册的单位；

（二）进出口野生动物制品的申请人为在上海市注册的单位。

二、委托事项

"进出口国际公约限制进出口的陆生野生动物或其制品审批"和"出口国家重点保护陆生野生动物或其制品审批"事项中：

（一）进口除大熊猫、虎、豹、象、熊、犀牛、麝、穿山甲、赛加羚羊以外列入《濒危野生动植物种国际贸易公约》附录Ⅰ、附录Ⅱ、附录Ⅲ的陆生野生动物或其制品；

（二）出口人工繁育来源的虎纹蛙、鳄类、龟鳖类、梅花鹿、鸵鸟、马鹿以及列入《濒危野生动植物种国际贸易公约》附录Ⅰ、附录Ⅱ、附录Ⅲ的非原产我国的羊驼、犀鸟活体及其制品。

三、委托时间

委托时间为2017年11月1日至2020年6月30日。国家林业局对其委托的行政许可事项可进行变更、中止或终止，将及时向社会公告。

四、受委托机关名称、地址、联系方式

自2017年11月1日起，国家林业局不再受理本公告委托的行政许可事项，请符合本公告适用范围的申请人到受委托机关申办以上行政许可事项。

受委托机关名称：上海市林业局

地址：上海市静安区胶州路768号（邮编200040）

联系电话：021—52567788

五、国家林业局地址、联系方式

地址：北京市东城区和平里东街18号（邮编100714）

联系单位：国家林业局野生动植物保护与自然保护区管理司

联系电话：010—84238578

六、其他

以上委托实施后，国家林业局公告 2014 年第 9 号和国家林业局公告 2015 年第 14 号同时废止。

特此公告。

国家林业局

2017 年 10 月 24 号

国家林业局关于加强林业安全生产的意见

林改发〔2017〕120 号

各省、自治区、直辖市林业厅（局），内蒙古、吉林、龙江、大兴安岭、长白山森工（林业）集团公司，新疆生产建设兵团林业局，国家林业局各司局、各直属单位：

为认真贯彻落实《中共中央 国务院关于推进安全生产领域改革发展的意见》（中发〔2016〕32 号），进一步加强林业安全生产工作，坚决遏制和防范林业行业发生重特大生产安全事故，为林业现代化建设营造稳定的安全生产环境，现提出如下意见。

一、充分认识加强林业安全生产工作的重大意义

安全生产事关人民福祉，事关经济社会发展大局。林业安全生产作为重要组成部分，也是题中应有之义。《中共中央 国务院关于推进安全生产领域改革发展的意见》明确要求，各地各部门要严格实行领导干部安全生产工作责任制，确保各项改革举措和工作要求落实到位。各级林业主管部门要充分认识安全生产特别是林业安全生产的特殊重要性，积极按照本级政府安全生产委员会职责分工，真正把抓好林业安全生产工作作为一项重大政治任务，坚守发展决不能以牺牲安全为代价这条不可逾越的红线，认真落实好相关政策措施和工作要求，坚决防范遏制重特大林业生产安全事故的发生，进一步减少较大和一般事故，切实保护广大林业职工、林农群众和林业生产经营单位生命财产安全，营造更加稳定有序的环境，为我国林业改革发展和林业现代化建设全力保驾护航，也为全国安全生产大局做出林业行业的应有贡献。

二、加强对林业安全生产工作的组织领导

认真落实党中央、国务院的要求，坚持党政同责、一岗双责、齐抓共管、失职追责的原则，不断加强对林业安全生产工作的组织领导。各级林业主管部门要建立安全生产委员会或安全生产工作领导小组，不断健全"党政同责、一岗双责"机制，按照"分级负责、属地管理"的原则，坚持把林业安全生产工作与林业重点工作同部署、同落实、同检查。要按照有关法律法规和工作职责，明确承担林业安全生产工作的机构，建立健全安全生产工作机制，明确工作职责，落实专人负责林业安全生产工作，保障相应工作经费。

三、健全林业安全生产工作机制

各级林业主管部门安全生产工作机构要充分发挥统筹指导和综合协调作用，各有关业务单位结合各自职能职责做好本业务领域内的安全生产指导工作。要严格落实林业安全生产属地管理责任，按照同级党委政府的部署做好相关工作。县级以上地方林业主管部门应对属地林业生产经营单位依法实施林业安全生产监督检查、指导督促其排查治理生产安全隐患。省级林业主管部门定期向国家林业局提交本地区林业安全生产工作情况书面报告，国家林业局将适时通报各地报送情况，并汇总上报国务院安全生产委员会办公室。

四、严格落实林业生产经营单位主体责任

林业生产经营单位对本单位安全生产工作负主体责任，依法依规设置安全生产管理机构，配足安全生产管理人员，加大安全生产资金投入，提高装备设施安全性能，建立健全自我约束、持续改进的内生机制。应实行全员安全生产责任制度，细化并落实主要负责人、管理人员和每个岗位的责任。林业生产经营单位法定代表人和实际控制人为安全生产第一责任人，国有林业生产经营单位党政主要负责人同为安全生产第一责任人。建立全过程安全生产和职业健康管理制度，做到安全责任、管理、投入、培训和应急救援"五到位"。内蒙古、吉林、龙江、大兴安岭、长白山森工（林业）集团公司应发挥安全生产工作示范带头作用，自觉接受属地监管。

五、建立林业生产安全风险防控制度

林业生产经营单位应建立林业生产安全风险分级管控和隐患排查治理双预防机制，定期开展风险辨识评价，制定落实安全防护措施和安全操作规程；要建立完善林业生产安全隐患排查治理制度，建立事故隐患信息档案，定期进行排查，实行隐患自查自改自报；重大隐患排查治理情况向属地安全生产监督管理部门和林业主管部门报告。地方各级林业主管部门应建立与属地林业生产经营单位隐患排查治理系统联网的信息平台和重大隐患治理督办制度，督促林业生产经营单位消除重大隐患，对重大隐患整改和督办不力的实行约谈告诫、公开曝光，情节严重的依法依规追究相关人员责任。

六、健全林业安全生产应急工作机制

各级林业主管部门要加强林业安全生产应急管理机构建设，建立健全生产安全事故应急救援预案。要在同级党委政府的领导下，配合做好事故救援、调查处理和信息发布工作，主动回应社会关切，澄清不实信息，维护林区社会稳定。林业生产经营单位要建立生产安全事故应急预案演练制度，每年至少组织 1—2 次应急预案演练；要采取多种形式开展应急预案的宣传教育，普及生产安全事故预防、避险、自救和互救知识，提高从业人员安全意识和应急处置技能。

七、建立林业安全生产工作责任追究机制

各级林业主管部门要会同有关部门根据党内法规和国家有关法律法规建立林业安全生产工作责任追究机制。对于不重视林业安全生产工作、工作措施落实不及时、长期存在重大安全隐患不整改不治理等情况的单位和相关责任人，视实际情况采取约谈、通报、挂牌督办等方式追究责任，并视情节轻重移送有关部门依法依规追究责任。

八、夯实林业安全生产工作基础

各级林业主管部门应将安全生产管理纳入林业领导干部培训内容。支持林业安全生产科研项目，鼓励林业生产经营单位研发、推广、应用有利于保障生产安全的新技术、新工艺、新设备、新材料，提高生产经营的机械化、自动化和信息化水平。加强林业安全生产国际交流合作，学习借鉴国外林业安全生产先进经验。林业生产经营单位要按照国家有关规定落实安全生产费用提取管理使用制度，严格落实安全教育培训制度，切实做到先培训、后上岗。

本意见自发布之日起实施，有效期至2022年12月31日。

国家林业局

2017年10月27日

国家林业局公告

2017年第19号

根据《国务院关于取消一批行政许可事项的决定》（国发〔2017〕46号）的要求，现将国务院决定取消的我局实施行政许可事项、林业中央指定地方实施行政许可事项、前述事项取消后强化事中事后监管的具体措施、取消事项涉及的有关规范性文件修改或废止情况（见附件1—4）予以公布。

特此公告。

附件：1. 取消的国家林业局实施行政许可事项目录

2. 取消的林业中央指定地方实施行政许可事项目录

3. 取消事项强化事中事后监管的具体措施

4. 取消事项修改或废止的规范性文件目录

国家林业局

2017年10月30日

附件1

取消的国家林业局实施行政许可事项目录

序号	项目名称	审批部门	设定依据
1	在沙化土地封禁保护区范围内进行修建铁路、公路等建设活动审批	国家林业局	《中华人民共和国防沙治沙法》第二十二条："未经国务院或者国务院指定的部门同意，不得在沙化土地封禁保护区范围内进行修建铁路、公路等建设活动。"

附件2

取消的林业中央指定地方实施行政许可事项目录

序号	项目名称	审批部门	设定依据
1	在林区经营（含加工）木材审批	省、市、县级林业行政主管部门	《中华人民共和国森林法实施条例》第三十四条："在林区经营（含加工）木材，必须经县级以上人民政府林业主管部门批准。"
2	建立固定狩猎场所审批	省级林业行政主管部门	《中华人民共和国陆生野生动物保护实施条例》第十七条："在适合狩猎的区域建立固定狩猎场所的，必须经省、自治区、直辖市人民政府林业行政主管部门批准。"
3	出口国家重点保护的或进出口国际公约限制进出口的陆生野生动物或其产品初审	省级林业行政主管部门	《中华人民共和国陆生野生动物保护实施条例》第三十条："出口国家重点保护野生动物或者其产品的，以及进出口中国参加的国际公约所限制进出口的野生动物或者其产品的，必须经进出口单位或者个人所在地的省、自治区、直辖市人民政府林业行政主管部门审核，报国务院林业行政主管部门或者国务院批准；属于贸易性进出口活动的，必须由具有有关商品进出口权的单位承担。"《中华人民共和国濒危野生动植物进出口管理条例》第十条："进口或者出口濒危野生动植物及其产品的，申请人应当向其所在地的省、自治区、直辖市人民政府野生动植物主管部门提出申请，并提交下列材料：进口或者出口合同；濒危野生动植物及其产品的名称、种类、数量和用途；活体濒危野生动物装运设施的说明资料；国务院野生动植物主管部门公示的其他应当提交的材料。省、自治区、直辖市人民政府野生动植物主管部门应当自收到申请之日起10个工作日内签署意见，并将全部申请材料转报国务院野生动植物主管部门。"

(续)

序号	项目名称	审批部门	设定依据
4	外来陆生野生动物物种野外放生初审	省级林业行政主管部门	《中华人民共和国陆生野生动物保护实施条例》第二十三条："从国外或者外省、自治区、直辖市引进野生动物进行驯养繁殖的，应当采取适当措施，防止其逃至野外；需要将其放生于野外的，放生单位应当向所在省、自治区、直辖市人民政府林业行政主管部门提出申请，经省级以上人民政府林业行政主管部门指定的科研机构进行科学论证后，报国务院林业行政主管部门或者其授权的单位批准。"

附件3

取消事项强化事中事后监管的具体措施

一、关于"在沙化土地封禁保护区范围内进行修建铁路、公路等建设活动审批"事项

（一）制定有关标准，修建铁路、公路等建设项目审批部门按照标准进行审批，严格把关，并征求国家林业局意见，最大限度地减少建设项目对于荒漠生态系统的破坏。

（二）加强日常巡查检查。地方各级林业主管部门要结合本地实际，利用政府热线、网络等建立完善投诉举报平台，畅通投诉举报途径，探索有奖举报措施，强化社会监督，组织开展日常巡查检查。国家林业局不定期开展督查抽查。

（三）加大违法处罚力度。严厉打击违法违规占用封禁保护区进行修建铁路、公路、高压电线路，铺设石油煤气天然气管道，光伏、风电项目，通信工程，开采石油天然气及矿产资源等工程以及其他生产建设项目。处罚结果纳入国家信用平台，实行联合惩戒。对构成违法犯罪的行为，依法追究刑事责任。

二、关于"在林区经营（含加工）木材审批"事项

（一）从源头上加强管理，防止乱砍滥伐行为。结合每年开展的"全国森林资源管理情况检查"工作，对林业经营单位在林木采伐、运输环节的证书核发和执行情况进行抽查，检查结果全国通报，限期整改。

（二）各地工商部门及时将木材经营加工企业登记信息推送林业主管部门。

（三）县级林业主管部门对经工商登记的木材经营加工企业进行抽查，每年抽查比例不低于本地区木材经营加工企业总数的20%。抽查重点是企业原料和产品入库出库台账，核对企业库存和木材原料来源是否合法。

（四）鼓励木材经营加工企业参加以企业自愿为原则的诚信公约，推进木材加工企业开展企业标准自我公开声明，利用媒体进行监督。

（五）县级林业主管部门将抽查结果及时报送当地工商部门，由工商部门通过国家企业信用信息公示系统归集于企业名下。同时，通过官方网站及时公开抽查结果，实现监管过程和结果的可查询、可监督。

（六）各地林业主管部门受理的投诉、举报，属于职权范围的，应当受理并在法定期限内及时核实、处理、答复；不属于职权范围的，应当移交有权处理的部门并通知投诉、举报人。鼓励各地探索推进有奖举报措施。

（七）按照法律法规规定，加大对违规经营木材行为的查处力度。违法违规行为涉嫌犯罪的，各地林业主管部门按照规定将案件移送司法机关并配合司法机关开展调查处理。

（八）工商、环境保护、质检、物价、税务等市场监管部门要加强对木材经营加工企业的管理。

三、关于"建立固定狩猎场所审批"事项

（一）强化现行"狩猎证核发"和"特许猎捕证核发"审批。对猎捕非国家重点保护野生动物的，在县级以上地方人民政府林业主管部门核发狩猎证时，注明开展猎捕活动的场所、范围、时间、种类、数量等；对猎捕国家重点保护野生动物的，在省级以上人民政府林业主管部门核发特许猎捕证时，注明开展猎捕活动的场所、范围、时间、种类、数量等。

（二）加强野生动物资源监测工作，掌握区域野生动物资源状况。由林业主管部门按照规定组织开展资源调查，及时掌握拟猎捕野生动物资源状况，根据该物种的资源状况依法、规范、科学核发狩猎证、特许猎捕证。

（三）加强监督检查。开展猎捕活动后，实施猎捕活动的单位应当及时向林业主管部门提交猎捕活动报告。在实施省级以上林业主管部门批准的猎捕活动时，猎捕人超出规定的猎捕范围、时间、种类、数量的，县级林业主管部门应当及时报告省级以上林业主管部门，并视情况会同有关部门责令相关单位及责任人进行整改并依法追究法律责任。

（四）加强宣传教育和社会监督。提高科研教学单位依法开展野外考察和科学研究的法律意识。设立举报监督电话，让野外考察和科学研究活动接受社会监督。

四、关于"出口国家重点保护的或进出口国际公约限制进出口的陆生野生动物或其产品初审"和"外来陆生野生动物物种野外放生初审"事项

（一）加强引导和服务。取消省级林业主管部门初审后，申请人直接向国家林业局提交申请，国家林业局将及时更新服务指南，引导申请人严格按照服务指南公布的要求提交申请材料，发现有问题或不规范的，及时与其沟通，做好服务工作。

（二）加强监督检查。按照"双随机一公开"的要求，组织随机抽查，对依法获得许可的被许可人进行监督检查，发现问题及时纠正。同时，为做好服务，在监督检查过程中检查单位应当认真听取被许可人提出的意见和建议。

（三）针对确有必要的重要行政许可事项，国家林业局通过邀请省级林业主管部门共同参与专家评审等措施，加强信息沟通和联合监管。

（四）加强宣传教育和社会监督。提升申请人保护意识，提高其遵纪守法自觉性。设立举报监督电话，让违法从事野生动物进出口活动接受社会监督。

附件 4

取消事项修改或废止的规范性文件目录

序号	文件名	清理意见
1	《国家林业局关于印发〈国家沙化土地封禁保护区管理办法〉的通知》（林沙发〔2015〕66号）	修改。 第十五条修改为："确需在国家沙化土地封禁保护区范围内修建铁路、公路等建设活动的，应当征求国家林业局的意见。经过审批在国家沙化土地封禁保护区范围内进行建设活动的，实施单位要严格执行国家沙化土地封禁保护区建设和管理的有关规定，地方各级林业主管部门应当加强对建设活动的监督检查。"
2	《国家林业局关于对非法经营木材有关问题的复函》（林函策字〔2000〕275号）	废止
3	《国家林业局关于适用〈中华人民共和国森林法实施条例〉第四十条有关规定的函》（林函策字〔2003〕148号）	废止
4	《国家林业局关于木材经营（加工）单位或者个人异地采购木材如何处理的复函》（林策发〔2007〕102号）	废止
5	国家林业局公告（2016年第12号）	附件：国家林业局行政许可项目服务指南第九项"外来陆生野生动物物种野外放生审批事项服务指南"、第十一项"采集林业部门管理的国家一级保护野生植物审批事项服务指南"、第十六项"出口国家重点保护的或进出口国际公约限制进出口的陆生野生动物或其产品审批事项服务指南"、第十七项"出口国家重点保护野生植物或进出口中国参加的国际公约限制进出口的野生植物或其产品审批事项服务指南"和第十八项"采集或采伐国家重点保护林木天然种质资源审批事项服务指南"中涉及省级林业主管部门初审的规定停止执行。

国家林业局关于印发《国家湿地公园管理办法》的通知

林湿发〔2017〕150号

各省、自治区、直辖市林业厅（局），内蒙古、吉林、龙江、大兴安岭森工（林业）集团公司，新疆生产建设兵团林业局，国家林业局各司局、各直属单位：

为加强国家湿地公园建设和管理，促进国家湿地公园健康发展，有效保护湿地资源，根据《湿地保护管理规定》和《国务院办公厅关于印发湿地保护修复制度方案的通知》等文件精神以及国家湿地公园管理工作实际需要，我局对《国家湿地公园管理办法（试行）》进行了修改。现将修改后的《国家湿地公园管理办法》（见附件），现印发给你们，请遵照执行。执行中有何意见和建议，请及时反馈我局。

附件：国家湿地公园管理办法

国家林业局
2017年12月27日

附件

国家湿地公园管理办法

第一条 为加强国家湿地公园建设和管理，促进国家湿地公园健康发展，有效保护湿地资源，根据《湿地保护管理规定》及国家有关政策，制定本办法。

国家湿地公园的设立、建设、管理和撤销应遵守本办法。

第二条 国家湿地公园是指以保护湿地生态系统、合理利用湿地资源、开展湿地宣传教育和科学研究为目的，经国家林业局批准设立，按照有关规定予以保护和管理的特定区域。

国家湿地公园是自然保护体系的重要组成部分，属社会公益事业。国家鼓励公民、法人和其他组织捐资或者志愿参与国家湿地公园保护和建设工作。

第三条 县级以上林业主管部门负责国家湿地公园的指导、监督和管理。

第四条 国家湿地公园的建设和管理，应当遵循"全面保护、科学修复、合理利用、持续发展"的方针。

第五条 具备下列条件的，可申请设立国家湿地公园：

（一）湿地生态系统在全国或者区域范围内具有典型性；或者湿地区域生态地位重要；或者湿地主体生态功能具有典型示范性；或者湿地生物多样性丰富；或者集中分布有珍贵、濒危的野生生物物种。

（二）具有重要或者特殊科学研究、宣传教育和文化价值。

（三）成为省级湿地公园两年以上（含两年）。

（四）保护管理机构和制度健全。

（五）省级湿地公园总体规划实施良好。

（六）土地权属清晰，相关权利主体同意作为国家湿地公园。

（七）湿地保护、科研监测、科普宣传教育等工作取得显著成效。

第六条 申请晋升为国家湿地公园的，可由省级林业主管部门向国家林业局提出申请。

国家林业局对申请材料进行审查，组织专家实地考察，召开专家评审会，并在所在地进行公示，经审核后符合晋升条件的设立为国家湿地公园。

第七条 申请设立国家湿地公园的，应当提交如下材料：

（一）所在地省级林业主管部门提交的申请文件、申报书。

（二）设立省级湿地公园的批复文件。

（三）所在地县级以上地方人民政府同意晋升国家湿地公园的文件；跨行政区域的，需提交其共同上级地方人民政府同意晋升国家湿地公园的文件。

（四）县级以上机构编制管理部门设立湿地公园管理机构的文件；法人证书；近2年保护管理经费的证明材料。

（五）县级以上地方人民政府出具的湿地公园土地权属清晰和相关权利主体同意纳入湿地公园管理的证明文件。

（六）湿地公园总体规划及其范围、功能区边界矢量图。

（七）反映湿地公园资源现状和建设管理情况的报告及影像资料。

第八条 国家湿地公园的湿地面积原则上不低于100公顷，湿地率不低于30%。

国家湿地公园范围与自然保护区、森林公园不得重叠或者交叉。

第九条 国家湿地公园采取下列命名方式：

省级名称＋地市级或县级名称＋湿地名＋国家湿地公园。

第十条 国家湿地公园应当按照总体规划确定的范围进行标桩定界，任何单位和个人不得擅自改变和挪动界标。

第十一条 国家湿地公园应划定保育区。根据自然条件和管理需要，可划分恢复重建区、合理利用区，实行分区管理。

保育区除开展保护、监测、科学研究等必需的保护管理活动外，不得进行任何与湿地生态系统保护和管理无关的其他活动。恢复重建区应当开展培育和恢复湿地的相关活动。合理利用区应当开展以生态展示、科普教育为主的宣教活动，可开展不损害湿地生态系统功能的生态体验及管理服务等活动。

保育区、恢复重建区的面积之和及其湿地面积之和应分别大于湿地公园总面积、湿地公园湿地总面积的60%。

第十二条 国家湿地公园的撤销、更名、范围和功能区调整，须经国家林业局同意。

第十三条 国家湿地公园管理机构应当具体负责国家湿地公园的保护管理工作，制定并实施湿地公园总体规划和管理计划，完善保护管理制度。

第十四条 国家湿地公园应当设置宣教设施，建立和完善解说系统，宣传湿地功能和价值，普及湿地知识，提高公众湿地保护意识。

第十五条 国家湿地公园管理机构应当定期组织开展湿地资源调查和动态监测，建立档案，并根据监测情况采取相应的保护管理措施。

第十六条 国家湿地公园管理机构应当建立和谐的社区共管机制，优先吸收当地居民从事湿地资源管护和服务等活动。

第十七条 省级林业主管部门应当每年向国家林业局报送所在地国家湿地公园建设管理情况，并通过"中国湿地公园"信息管理系统报送湿地公园年度数据。

第十八条 禁止擅自征收、占用国家湿地公园的土地。确需征收、占用的，用地单位应当征求省级林业主管部门的意见后，方可依法办理相关手续。由省级林业主管部门报国家林业局备案。

第十九条 除国家另有规定外，国家湿地公园内禁止下列行为：

（一）开（围）垦、填埋或者排干湿地。

(二)截断湿地水源。

(三)挖沙、采矿。

(四)倾倒有毒有害物质、废弃物、垃圾。

(五)从事房地产、度假村、高尔夫球场、风力发电、光伏发电等任何不符合主体功能定位的建设项目和开发活动。

(六)破坏野生动物栖息地和迁徙通道、鱼类洄游通道，滥采滥捕野生动植物。

(七)引入外来物种。

(八)擅自放牧、捕捞、取土、取水、排污、放生。

(九)其他破坏湿地及其生态功能的活动。

第二十条 省级以上林业主管部门组织对国家湿地公园的建设和管理状况开展监督检查和评估工作，并根据评估结果提出整改意见。

监督评估的主要内容包括：

(一)准予设立国家湿地公园的本底条件是否发生变化。

(二)机构能力建设、规章制度的制定及执行等情况。

(三)总体规划实施情况。

(四)湿地资源的保护管理和合理利用等情况。

(五)宣传教育、科研监测和档案管理等情况。

(六)其他应当检查的内容。

第二十一条 因自然因素造成国家湿地公园生态特征退化的，省级林业主管部门应当进行调查，指导国家湿地公园管理机构制定实施补救方案，并向国家林业局报告。

经监督评估发现存在问题的国家湿地公园，省级以上林业主管部门通知其限期整改。限期整改的国家湿地公园应当在整改期满后15日内向下达整改通知的林业主管部门报送书面整改报告。

第二十二条 因管理不善导致国家湿地公园条件丧失的，或者对存在重大问题拒不整改或者整改不符合要求的，国家林业局撤销其国家湿地公园的命名，并向社会公布。

撤销国家湿地公园命名的县级行政区内，自撤销之日起两年内不得申请设立国家湿地公园。

第二十三条 本办法自2018年1月1日起实施，有效期至2022年12月31日，《国家湿地公园管理办法(试行)》(林湿发〔2010〕1号)同时废止。

国家林业局关于印发《国家林业局行政许可随机抽查检查办法》的通知

林策发〔2017〕152号

国家林业局各有关司局、各有关直属单位：

为进一步推动和落实我局行政许可随机抽查工作，实现行政许可随机抽查监管全覆盖，根据国务院有关要求，我局研究制定了《国家林业局行政许可随机抽查检查办法》(见附件)，现予印发，请遵照执行。

附件：国家林业局行政许可随机抽查检查办法

国家林业局
2017年12月28日

附件

国家林业局行政许可随机抽查检查办法

第一章 总 则

第一条 为加强对国家林业局实施的行政许可被许可人的事中事后监管，创新监管方式，提升监管效能，规范随机抽查，依据《中华人民共和国行政许可法》、《国务院办公厅关于推广随机抽查规范事中事后监管的通知》和《国家林业局行政许可工作管理办法》，制定本办法。

第二条 本办法所称国家林业局行政许可随机抽查，是指对国家林业局实施行政许可的被许可人进行随机性事中事后监督检查的活动。

第三条 随机抽查工作的全过程必须符合法律、法规的规定，确保事中事后监管依法有序进行、实现抽查工作公平公正。

第四条 国家林业局实施的行政许可被许可人均应当接受随机抽查，进行随机抽查的检查人员应当全部经随机方式选派。

第五条 随机抽查工作的依据、程序、内容、法律责任、抽查结果应当向全社会公开。

第六条 随机抽查工作应当尽可能减轻被许可人负担，方便被许可人接受随机抽查。

第二章 职责划分

第七条 国家林业局行政许可被许可人随机抽查的实施主体为各行政许可事项承办单位。

第八条 国家林业局机关党委(纪委)和法制工作机构分别负责对随机抽查工作进行纪检监督和法制监督。

第九条 根据工作需要，承担检查工作的单位可以请国家林业局派驻森林资源监督机构和省级林业主管部门予以协助，还可以聘请有关领域专家参与检查工作。

第三章 抽查内容和名录库

第十条 抽查内容为被许可人从事行政许可决定的情况，具体内容由各行政许可事项承办单位根据行政许可事项的审批情况和监管重点进行明确。

第十一条 国家林业局行政许可工作管理办公室负责统筹建立检查人员名录库，名录库由行政许可事项承办单位、省级林业主管部门及其他有关协助主体组成。

各行政许可事项承办单位可以根据行政许可事项的实际情况，建立具体的检查人员名录库，并报行政许可工作管理办公室备案。

第十二条 按照全面覆盖、动态管理的原则，分类建立行政许可被许可人名录库。名录库包括取得国家林业局行政许可决定的全部被许可人，依法需要保密的除外。

第四章 随机过程和结果

第十三条 行政许可工作管理办公室采取摇号、机选等方式，从检查对象名录库中随机抽取检查对象，从检查人员名录库随机选定检查单位。具体从事检查工作的人员由许可事项承办单位商已选定的检查单位确定。

已建立具体检查人员名录库并报行政许可工作管理办公室备案的行政许可事项承办单位，可以根据选定的检查对象，自行随机抽取检查人员。

第十四条 检查人员与检查对象有利害关系的，应当回避。

第十五条 在同一年度内对同一检查对象原则上不得由同一检查人员实施内容相同的检查。上一年度被检查的企业，如果上年度检查结果合格，在下一年度再次被抽中后，如无特殊情况可以免于检查。

第十六条 双随机抽取结果在实地检查工作开始前严格保密。

第十七条 检查单位应当制作《随机抽查通知书》，并于实地检查开始3天前告知检查对象。《随机抽查通知书》应当包括检查依据、检查时间、检查内容等。

第五章 抽查计划和频次

第十八条 每年5月底前，国家林业局行政许可工作管理办公室根据上一年度行政许可事项办理情况，会同有关行政许可事项承办单位制定本年度随机抽查工作计划；下一年度第1季度底前对上一年度检查工作完成情况进行总结。

第十九条 列入随机抽查工作计划的行政许可事项进行随机抽查的比例，原则上不低于检查对象的3%，不高于10%。

第二十条 法律、法规、规章对监督检查方式有特别规定，以及因投诉举报、上级机关交办、开展专项执法行动等已开展或者部署的检查工作，可以不受随机抽查计划和频次的限制。

第二十一条 探索建立黑名单管理制度，对存在违法违规记录列入黑名单的检查对象，可进行定向抽查。定向抽查的检查人员仍应当随机抽取。

第六章 抽查工作规范化

第二十二条 抽查单位应当就抽查内容制定检查单，按照检查单的内容开展检查工作。检查单内容包括抽查事项、抽查依据、具体检查事项、所需准备的材料和设备、检查程序、检查结果处理方式等。

第二十三条 检查人员在检查过程中应当填写检查单，如实记录检查情况并签字。检查单需由检查对象签字或者盖章确认，无法取得签字盖章的，检查人员应当注明原因，必要时可邀请有关人员现场见证。现场可以采取录音、录像、拍照等方式记录抽查过程。

第二十四条 检查单位根据抽查的需要，依法委托第三方开展检验、检测、鉴定、评估等产生的费用，按照"谁委托、谁付费"的原则，由委托机关支付。

第七章 抽查结果

第二十五条 抽查工作结束后，检查单位在20个工作日内形成包括抽查过程、抽查结果等内容的抽查工作报告，报国家林业局分管局领导审阅，并将抽查结果及时告知抽查对象。

抽查结果依法予以公开，并在有关信用信息平台上发布。

第二十六条 检查对象对检查工作不予配合的，检查人员要告知其履行法定义务，并做好记录和留取相关证据，并根据实际情况依法予以处理。检查对象有以下情形之一的，视为不予配合：

（一）拒绝检查人员进入生产经营场所进行现场检查的；

（二）拒绝检查人员对特定物品进行取样测试、试验或者检验的；

（三）拒绝检查人员查阅、复制有关合同、票据、账簿、生产经营档案及其他有关资料，或者不如实提供相关资料的；

（四）其他阻挠、妨碍检查工作正常进行的。

第二十七条 对检查过程中发现的违法违规行为，应当依法移送有关机关处理，并将其纳入国家规定的实施"联合惩戒机制"范围。

第二十八条 各行政许可事项承办单位应当建立健全随机抽查档案，档案应当包括相关文件、检查单、抽查工作报告和影音资料等。国家林业局法制工作机构和机关党委（纪委）可以依据抽查档案进行法制和纪律监督。

第八章 权利救济

第二十九条 检查对象对检查结果有异议的，可以向国家林业局申请复查。国家林业局应当自收到复查申请之日起20个工作日内书面答复申请人。

申请人对复查意见不服，仍然以同一事实和理由提出投诉请求的，国家林业局不再受理。

第三十条 复查工作由国家林业局行政许可工作管理办公室和机关党委（纪委）组织，根据需要可以重新随机抽取检查人员进行复查工作，但已参加初次检查工作的人员在复查时应当回避。

复查主要以书面审查的方式进行，必要时可以现场检查和听取被抽查人的意见。复查应当以初次检查时对客观事实的认定为依据。

第九章 附 则

第三十一条 森林资源管理、野生动植物保护、植物检疫类行政许可随机抽查检查工作，可以由其承办单位根据实际情况，于 2018 年 4 月底前另行制定具体的随机抽查工作细则，并根据细则组织随机抽查检查工作。随机抽查检查工作原则上应当于每年 11 月 30 日前完成，并在当年 12 月 30 日前将随机抽查检查工作报告提交国家林业局机关党委（纪委）和法制工作机构。

第三十二条 本办法由国家林业局负责解释。

第三十三条 本办法自印发之日起施行，有效期至 2022 年 11 月 30 日。

中国林业概述

02

党的十八大以来的中国林业

过去五年,习近平总书记高度重视林业工作,多次深入林区视察指导,多次研究林业重大问题,关于林业的批示指示讲话170多次,次数之多、分量之重、力度之大、范围之广,都前所未有,为林业改革发展提供了根本遵循。在习近平总书记的亲自指导和强力推动下,林业的地位作用全面提升,林业的顶层设计全面优化,林业的各项改革全面推进,林业的资源保护全面加强。各级党委政府、各部门和全社会高度关心重视林业,形成了推动林业改革发展的强大合力。五年来,全国林业系统深入学习贯彻习近平总书记生态文明思想,牢固树立"四个意识",自觉践行新发展理念,认真落实党中央、国务院决策部署,扎实推进各项林业改革,着力提升林业发展质量效益,努力满足社会对林业的多样化需求。坚持科学谋划、统筹推进、分类指导、精准发力,集中力量解决制约林业发展的突出问题,林业在许多方面发生深层次变革、取得历史性成就,为建设生态文明、增进民生福祉、促进经济社会发展作出了重要贡献。

全力维护森林生态安全,国土绿化稳步推进 坚持总体国家安全观,将培育森林资源作为维护生态安全的重大举措,积极创新国土绿化体制机制,科学实施营造林三年滚动计划,注重用财政存量放大金融增量,发挥市场机制作用,大规模推进国土绿化,全力筑牢国土生态安全屏障。坚持发挥重点生态工程在国土绿化和改善生态中的主体作用,深入实施三北防护林体系建设、新一轮退耕还林还草、京津风沙源治理等工程,启动建设11个百万亩防护林基地,累计安排新一轮退耕还林还草任务4240万亩。各地也实施了一批造林绿化工程,国土绿化步伐全面加快,生态状况持续改善。5年来,全国完成造林5.08亿亩,森林面积达到31.2亿亩,森林覆盖率达到21.66%,森林蓄积量达到151.37亿立方米,成为同期全球森林资源增长最多的国家。森林质量得到普遍重视,启动了国家储备林建设工程示范项目,建设和划定国家储备林4766万亩,国家储备林制度初步建立。出台了《全国森林经营规划(2016—2050年)》,修订了《造林技术规程》《森林抚育规程》《低效林改造技术规程》,完成森林抚育6.22亿亩,林木良种使用率由51%提高到61%。出台了《沙化土地封禁保护修复制度方案》,启动了沙化土地封禁保护区、国家沙漠公园建设、沙区灌木林平茬复壮等试点,封禁保护面积达2315万亩,国家沙漠公园达103个。五年累计治理沙化土地1.5亿多亩,绿进沙退的趋势进一步巩固。森林城市建设上升为国家战略,国家森林城市增加到137个。森林城市创建活动提升了林业社会影响力,增加了国土绿化资金投入。全国城市建成区绿地率36.4%,人均公园绿地面积13.5平方米,城乡人居生态环境明显改善。

实行最严格的生态保护制度,林业资源保护全面加强 全面停止天然林商业性采伐,天然林保护范围扩大到全国,19.44亿亩天然乔木林得到有效保护,每年减少资源消耗3400万立方米,天然林生态功能逐步恢复。林地林权管理更加规范,实现以规划管地、以图管地,建设项目使用林地实行差别化管控。国务院出台《湿地保护修复制度方案》,提出湿地保有量不低于8亿亩,28个省份出台湿地保护修复制度实施方案。修订了《湿地保护管理规定》。启动了湿地生态效益补偿、退耕还湿试点,共恢复湿地350万亩,安排退耕还湿76.5万亩。开展了国际湿地城市认证,新增国际重要湿地16处,国家湿地公园达898个。全国湿地保护率由43.51%提高到49.03%,部分重要湿地生态状况明显改善。建立了打击野生动植物非法贸易部际联席会议制度,全面停止商业性加工销售象牙及制品活动。对国家级林业自然保护区生态破坏问题进行了清理整顿,发布了保护区内建设项目禁止事项清单。全国林业自然保护区达2249处,总面积18.9亿亩,占国土面积的13.14%。其中,国家级自然保护区375处,占全国总数的84.1%,重点保护野生动植物种群和数量稳中有升。加强了古树名木保护和树木移植管理,天然大树进城之风得到遏制。全国森林公园超过3400处,其中国家级森林公园881处。森林公安改革不断深化,执法职能和队伍建设明显加强,一批典型案件得到严肃查处。党中央、国务院对森林防火工作高度重视,森林防火责任落实和处置措施不断强化,防扑火能力大幅提升,火灾受害率控制在1‰以下。特别是快速扑灭内蒙古乌玛"4·30"、毕拉河"5·2"、陈巴尔虎旗"5·17"等多起重特大森林火灾,受到党中央、国务院的充分肯定。林业有害生物防治继续加强,主要林业有害生物成灾率控制在4.5‰以下。沙尘暴和野生动物疫源疫病监测预警能力逐步提升,沙尘暴次数和强度明显降低,妥善处置大熊猫犬瘟热、候鸟禽流感等疫情。

积极完善生态文明制度体系,林业改革取得重大突破 2015年,党中央、国务院出台了《国有林场改革方案》《国有林区改革指导意见》,汪洋副总理专门召开电视电话会议安排部署。2016年,召开国有林场林区改革推进会,明确要求扎实有序推进改革。国有林场林区生态保护职责全面强化,相应的体制机制逐步建立,95%以上的国有林场定性为公益性事业单位,内蒙古大兴安岭重点国有林管理局挂牌成立。国有林区林场多渠道安置富余职工14万多人,金融债务处理意见获国务院批准,社会职能逐步移交,发展活力明显增强;完成棚户区改造174万户,惠及500万人,林区生产生活条件不断改善,职工收入水平明显提高。国务院办公厅印发《关于完善集体林权制度的意见》,集体林权制度改革全面深化,集体林业良性发展机制初步形成,经营管理水平不断提高。2017年,在福建武平召开了全国深化集体林权制度改革经验交流会,汪洋副总理出席会议并讲话。中央深改组批准4个国家公园体制试点方案,其中东北虎豹、大熊猫、祁连山国家公园由国家林业局具体负责，改革试点进入实质性阶段。东北虎豹国家公园管理机构挂牌成立，实施方案、总体规划编制和自然资源监测等稳步推进，重点物种国家公园成为改革试点的亮点。累计取消下放调整林业行政审批事项67项，削减比例达70%，双随机检查工作逐步推进，行政审批中介服务事项和工商登记前置审批事项全面取消，福建和天津两个自贸区实施野生动植物进出口行政许可新措施。开展了湿地产权确权、国有森林资源资产有偿使用、人工商品林采伐管理、林业自然资源资产负债表编制等改革试点，配合有关部门出台了一系列加强生态文明建设的制度办法。

认真践行绿水青山就是金山银山理念，绿色富民产业持续快速发展　2017年，全国林业产业总产值达到7万亿元，林产品进出口贸易额达到1500亿美元，继续保持林产品生产和贸易第一大国地位。林业一、二、三产业比例为32：48：20，第三产业比重较2012年提高8个百分点，林业主要产业带动5200多万人就业。开展了林业重点龙头企业认定和林业产业示范园区创建工作，启动了森林生态标志产品建设工程。森林康养、木本粮油、电子商务等新产业新业态蓬勃发展，2017年全国森林旅游总人数14亿人次，社会综合产值1.15万亿元。全国经济林面积6.2亿亩，年产量1.8亿吨，油茶、核桃、竹子、花卉面积快速增长，优质林产品供给能力稳步提升。林业精准扶贫成效显著，山区贫困人口纯收入20%左右来自林业，重点地区超过50%；选聘生态护林员37万人，精准带动130多万人增收和稳定脱贫；国家林业局帮扶的4个贫困县6.1万人脱贫，减贫率36%。

主动参与全球生态治理，积极贡献中国智慧和中国方案　认真落实习近平总书记关于构建人类命运共同体的重要思想，以"一带一路"建设等国家战略为平台，不断深化林业对外交流与合作，林业在国家外交中的地位不断提升。累计与33个国家签署40份林业合作协议，建立了中国—中东欧、中国—东盟、大中亚等多双边合作机制，为106个发展中国家培训林业人员3000人次。与7个国家启动大熊猫合作研究，大熊猫在国家外交中的影响力稳步提升。认真履行相关国际公约，深度参与全球林业事务。成功承办《联合国防治荒漠化公约》第十三次缔约方大会和库布其国际沙漠论坛，习近平主席两次发来贺信，充分肯定我国防沙治沙成就，汪洋副总理出席会议并发表主旨演讲，参加第十三次缔约方大会的1400多名外宾对我国治沙成就高度赞赏。成功主办第十届国际湿地大会。积极推动《联合国森林战略规划（2017—2030年）》《联合国防治荒漠化公约2018—2030年战略框架》制定和发布工作。习近平主席致信祝贺国际竹藤组织成立20周年，充分肯定国际竹藤组织发挥的积极作用。亚太森林组织国际化进程明显加快，影响和作用逐步增强。妥善应对打击木材非法采伐和相关贸易、打击野生动植物非法贸易、应对气候变化等热点问题，积极引进林业治山、森林康养等先进技术和理念。境外非政府组织管理进入法制化规范化新阶段。利用国际金融组织贷款18亿美元，海外森林资源培育开发规模稳步扩大，统筹运用国际国内两种资源、两个市场、两类规则的能力明显提升。

不断夯实林业发展基础，支撑保障能力稳步增强

林业法治建设全面加强，修订了《种子法》《野生动物保护法》，森林法修改、湿地立法工作有序推进，颁布部门规章16件、规范性文件110多件。林业行政执法更加规范，行政复议和行政应诉能力明显提高，社会公众林业法律意识进一步增强。建成林业行业首个国家重点实验室和一大批国家级科技创新平台，科技创新能力不断提升。累计取得重大科技成果5000多项，30多项成果获得国家科学技术奖励，发布林业标准1099项，森林认证体系实现国际互认，林业科技成果转化率达55%，科技进步贡献率达50%。林业新增3位中国工程院院士，两院院士达13人。开展了智慧林业建设，实施了一系列重大信息化项目，信息技术深度融入林业，全国林业信息化率达70.35%，中国林业网在各部委网站中排名稳定在前两位。加强战略谋划和规划指导，形成了覆盖各重点领域的林业规划体系。林业公共财政政策覆盖面不断扩大，补助标准逐步提高，构建了全面保护自然资源、重点领域改革和多元投入的林业支撑保障体系。中央林业投入累计达5386亿元，比前五年增加36%，其中，天然林保护1276亿元，退耕还林还草1433亿元，湿地保护82亿元。林业金融创新取得重大突破，与中国银监会联合出台了《关于林权抵押贷款的实施意见》，林业贴息贷款1160亿元；与国家开发银行、中国农业发展银行推出支持国家储备林等林业重点领域的长周期、低成本贷款，合同金额超过1100亿元，已放款384亿元，成为林业社会融资的重要渠道。中央财政森林保险保费补贴政策覆盖全国，保险面积达20.44亿亩。林业碳汇纳入国家碳排放权交易试点。林业资金审计稽查力度不断加大，资金项目监督约束机制逐步完善。各级林业机构和人员队伍保持稳定，全面从严治党深入推进，林业系统党风政风行风明显改善，干部队伍纪律和规矩意识显著增强，履职能力稳步提高，为林业改革发展提供了有力保障。

大力弘扬生态文明理念，林业社会影响力显著提升

习近平总书记对塞罕坝林场的感人事迹多次作出重要批示，明确指出塞罕坝林场是推进生态文明建设的生动范例，号召全党全社会坚持绿色发展理念，弘扬牢记使命、艰苦创业、绿色发展的塞罕坝精神，持之以恒推进生态文明建设。中央宣传部将塞罕坝林场作为生态文明建设重大典型，组织各大媒体集中开展了林业有史以来规格最高、规模最大、影响最广的宣传活动。塞罕坝精神宣讲团在人民大会堂及9个省市作了宣讲报告，全国上下掀起了学习宣传塞罕坝精神的热潮，全面彰显了林业在生态文明建设中的重要地位，有力提升了林业的社会影响力，广大林业干部职工深受鼓舞、倍感振奋。五年来，我们对林业进行了全方位、多角度、深层次的宣传报道，组织开展一系列主题宣传活动，推出一大批优秀生态文化作品，选树了杨善洲、余锦柱、孙建博、苏和等林业先进典型，为生态文明建设增添了正能量。实践证明，广泛深入的林业宣传活动，推动了生态文明理念深入人心，各级党委政府和相关部门对林业的认识不断深化，全社会关心林业、保护生态的自觉性明显增强，林业改革发展氛围越来越好。

2017年的中国林业

【生态建设】

造林绿化 2017年,全国共完成造林768.07万公顷,超额完成全年造林任务。《全民义务植树尽责形式管理办法(试行)》出台,义务植树进入全新发展模式。部门绿化成效显著,全国城市建成区绿地率达37.25%。林业重点生态工程完成造林面积299.12万公顷,占全部造林面积的38.94%,其中,天然林资源保护工程、退耕还林工程、京津风沙源治理工程、石漠化治理工程和"三北"及长江流域等防护林体系建设工程分别占工程造林面积的13.05%、40.56%、6.93%、7.77%、31.69%。完成国家储备林基地建设任务68.04万公顷。

森林经营 2017年,国家林业局印发《东北、内蒙古重点国有林区森林经营方案审核认定办法(试行)》,东北、内蒙古重点国有林区15个林业局完成森林经营方案编制工作,森林可持续经营试点单位扩大领域,探索形式多样的森林经营管理模式,5个东北、内蒙古重点国有林区的试点单位,共计开展森林抚育近1万公顷,建设森林可持续经营试验模式林、示范林20多处,试点单位的管理能力和森林质量显著提高。7个地方所属的试点单位取得了阶段性成果,得到了地方政府的认可。2017年,全国共完成森林抚育885.64万公顷,退化林修复面积128.10万公顷,与2016年相比,分别增长4.19%、29.25%。林种、树种结构进一步优化,新造和改造混交林面积155.58万公顷。启动了森林质量精准提升工程18个示范项目。加大乡土及珍稀树种培育,全国20个省(区、市)建设珍贵树种示范基地0.8万公顷。

防沙治沙 2017年,全国共完成沙化土地治理面积221.26万公顷。新增沙化土地封禁保护试点县19个,封禁保护总面积154.38万公顷,分别比2016年增长了26.76%和15.87%;新批复国家沙漠(石漠)公园33个,建设面积6.9万公顷。落实省级政府防沙治沙目标责任考核制度,"十二五"省级政府防沙治沙目标责任综合考核结果报送中央组织部作为对各有关省级政府领导班子和领导干部综合考核的重要依据,与有关省级政府签订"十三五"防沙治沙目标责任书。开展全国防沙治沙表彰工作,对全国1名防沙治沙英雄、10名防沙治沙标兵、97个防沙治沙先进集体和101名防沙治沙先进个人进行表彰奖励。

湿地保护 2017年,国家颁布《土地利用现状分类》国家标准,明确14个二级地类归类为湿地大类,首次明确了湿地在国土分类中的地位。《湿地保护修复制度方案》落实取得重要进展,印发了贯彻落实该方案的实施意见,成立了国家林业局等8部门组成的湿地保护修复工作协调领导小组,全国31个省(区、市)和新疆生产建设兵团全部出台了省级实施方案。完成中央财政投入19亿元,首次把湿地生态公益管护纳入2017年新增生态护林员范围,继续开展湿地补助,在7省(区)的9处重要湿地实施湿地保护修复重点工程,强化基层湿地保护设施设备建设,改善湿地生态状况。新批准建立国家湿地公园试点64处,新增国家湿地公园试点面积9.83万公顷,新增湿地保护面积6.94万公顷。全国湿地保护率由43.51%提高到49.03%。

生物多样性保护 2017年,林业系统新增国家级自然保护区17处,国家发展和改革委员会、国家林业局联合制定印发《全国动植物保护能力提升工程建设规划》。安排近30种珍稀濒危野生动物人工繁育项目,进一步稳定和扩大人工繁育种群。重点对红豆杉、秤锤树、银缕梅等20多种极小种群野生植物开展拯救保护及其生境的监测、恢复与改造工作,确保珍贵濒危野生动植物资源继续保持稳中有升、栖息地生境继续好转的良好态势。

国家公园体制试点 2017年,国家出台《建立国家公园体制总体方案》,新增东北虎豹、大熊猫、祁连山3个国家公园体制试点,推进10个国家公园体制试点工作,经中央编办批准,组建东北虎豹国家公园自然资源资产管理局,加挂东北虎豹国家公园管理局的牌子,行使中央事权。青海省成立三江源国家公园管理局作为省政府的派出机构。神农架、南山、钱江源、武夷山、普达措5个国家公园体制试点区组建了管理机构。《三江源国家公园条例(试行)》《武夷山国家公园条例(试行)》《神农架国家公园保护条例》相继出台,《东北虎豹国家公园国家自然资源资产管理体制试点实施方案》已获中央编办和国家发展改革委批复印发,国家林业局印发了东北虎豹、大熊猫、祁连山3个国家公园体制试点实施方案。三江源、钱江源2个国家公园总体规划通过批复。

【林业产业】

第三产业 2017年,林业产业总产值达到7.13万亿元(按现价计算),比2016年增长9.83%。其中,第三产业产值快速增长,较2016年提高3.93个百分点。中、西部地区林业产业增长势头强劲,增速分别达到14.45%和18.38%。林业三次产业的产值结构逐步优化。产业结构已由2008年的44:48:8调整为2017年的33:48:19,以旅游与休闲为主的林业服务业所占比重逐年增大。

林产品供给和服务 2017年,商品材总产量8398.17万立方米,比2016年增长8.00%;各类经济林产品产量继续增长,达到1.88亿吨,比2016年增长4.44%。人造板总产量29 485.87万立方米,比2016年减少1.85%;木竹地板产量8.26亿平方米,比2016年减少1.47%;木竹热解产品产量176.75万吨,比2016年增长0.05%;木质生物质成型燃料产量87.29万吨,比2016年增长7.73%。全国森林湿地旅游与休闲的人次达31.02亿人次,旅游收入10 676亿元,直接带动的其他产业产值11 050.05亿元。国家林业局与各地方人民政府联合举办了国家级林业重点展会5个，参观人数近100万人次，交易金额65亿元人民币。

生态服务 2017年，新增林业系统国家级自然保护区17处、国家森林公园54处、国家沙漠（石漠）公园33处、国家林木（花卉）公园4处、国家生态公园（试点）4处，新批准建立国家湿地公园试点64处。新增全国林业科普基地110家，新授予"中国森林体验基地"以及"中国森林养生基地和中国慢生活休闲体验区、村（镇）"共计99家。中国规模最大的野生鸟类博物馆黄河三角洲鸟类博物馆开馆。新授予19个城市"国家森林城市"称号。各地开展了形式多样的古树名木保护活动。中国第一个以林业、生态等领域的文化与自然遗产为研究对象的专门机构——北京林业大学文化与自然遗产研究院成立。国家林业局与中央电视台联合主办的《绿野寻踪》《绿色时空》电视栏目，共计播出林业专题节目104期。利用《人民日报》、新华社、中央电视台等中央主流媒体和地方媒体，新浪网、人民网官方微博等社交媒体，围绕林业的重大战略和中心工作，开展国土绿化、荒漠化防治等一系列主题宣传和深度报道，全面展示林业生态保护成就。各主要新闻单位和网站共刊播生态文明建设报道1.55万多条（次）。第九届中国花卉博览会等各类涉林展览会、文化节、论坛相继举办。青少年生态文明教育活动丰富多彩。社会公众生态文明教育普及增强。各类企业积极投身生态公益活动。

【林业改革】

国有林区改革 内蒙古、吉林、黑龙江三省（区）国有林区改革方案全部获批，重点国有林区改革进入全面推进阶段。停止天然林商业性采伐政策全面落实，每年减少木材产量373.4万立方米。富余职工基本得到安置，通过增加管护岗位、发展特色产业、劳务输出等方式，共转岗安置富余职工6.94万人，职工收入逐步提高，林区社会保持和谐稳定。社会管理职能逐步移交剥离，内蒙古森工集团承担的社会职能已全部移交，吉林、龙江、长白山森工集团完成了部分社会职能的移交。国有林管理机构组建积累了经验，内蒙古大兴安岭重点国有林管理局挂牌成立，吉林省在林业厅职能处室加挂牌子履行重点国有林区森林资源管理职责。2017年，天然林保护工程森林管护和社会保险补助标准进一步提高，对与木材停伐相关的金融机构债务每年安排贴息6.37亿元；社会性基础建设项目中央投资比例由80%提高到90%，国有林区道路按照道路属性类别纳入相关公路网规划，国有林区森林防火应急道路和管护用房建设试点启动，已安排投资5.4亿元。2017年中央共安排国有林区投入244亿元，比2014年改革启动前增加99亿元，增长了68%，有力地保障了国有林区天然林停伐政策落实和林区社会稳定。

国有林场改革 2017年，全国21个省（区、市）完成了市县改革方案审批，90%县（市）完成市县级改革方案审批，77%的国有林场基本完成了改革任务。2017年，中央安排改革补助资金24.26亿元。财政部、国家林业局联合印发国有林场（苗圃）财务制度。国有林场管护点用房建设试点启动，在内蒙古、江西和广西3省份展开，中央财政投入1.8亿元，这是推进国有林场基础设施建设的重大突破。

国有林场改革成效明显显现，国有林场属性实现合理界定，完成改革的国有林场中96.1%的林场被定为公益性事业单位。职工生产生活条件明显改善，改造完成国有林场职工危旧房54.4万户，完成改革的林场职工平均工资比改革前提高了80%左右，基本养老、医疗保险实现全覆盖，富余职工得到妥善安置。资源保护监管力度明显加大，全国国有林场全面停止天然林商业性采伐，每年减少天然林消耗556万立方米；一些省（区）采取措施加强了森林资源监管。国有林场发展活力明显增强，北京、浙江等省（区、市）初步建立了以岗位绩效为主的收入分配制度和以聘用制为主的新型用人制度。国有林场初步建立了社会化购买服务的机制。

集体林权制度改革 认真落实国办发〔2016〕83号文件，截至2017年，24个省（区、市）出台了深化集体林权制度改革的文件。探索推行了一系列改革举措，福建试点重要生态区位商品林赎买制度，浙江首创公益林补偿收益权确权登记制度等。集体林地承包经营纠纷调处继续纳入2017年综合治理工作（平安建设）考核范围，全国已成立各类新型林业经营主体25.42万个，经营林地面积0.35亿公顷。印发了《关于加快培育新型林业经营主体的指导意见》，一些地方采取有力措施，对新型林业经营主体建立奖补制度、加强政策扶持、优化管理服务等，扶持发展规模化、专业化、现代化经营。委托第三方对集体林业综合改革试验示范区工作进行总结评估，32个改革试验区基本完成阶段性任务，近100项改革试验成果转化为政策。人力资源和社会保障部、国家林业局联合下发《关于表彰全国集体林权制度改革先进集体和先进个人的决定》，对先进集体和个人予以全国通报表彰。

【林业政策与法制】

新政策 2017年，在生态保护方面，国家出台了《关于划定并严守生态保护红线的若干意见》和《生态保护红线划定指南》，明确了涉及林业纳入生态保护红线的范围；修订后的《国家级公益林界定办法》和《国家级公益林管理办法》印发执行；全国国有天然林都纳入了补助范围，并对有天然林资源分布的16个省（区、市）的部分集体和个人所有天然商品林实行停伐补助政策，国有林管护补助标准提高到每年每公顷150元，对集体和个人所有天然商品林停止商业性采伐每年每公顷给予225元管护费补助，天保工程职工社保补助标准提高到以2013年各地社会平均工资的80%为缴费基数。在生态修复方面，印发《贯彻落实湿地保护修复制度方案的实施意见》，国家将有关省（区）符合规定条件的246.67万公顷陡坡耕地基本农田调整为非基本农田，扩大新一轮退耕还林还草规模，将退耕还林种苗造林费补助标准从每公顷4500元提高到6000元。在自然保护地保护方面，中共中央办公厅、国务院办公厅印发《建立国家公园体制总体方案》，明确国家公园的定义和定位，明确国家公园准入条件，要求制定国家公园设立标准，建立统一事权，分级管理体制和资金保障制度。出台健全国家自然资源资产管理体制试点方案。制定了林业系统的自然保护区建设项目负面清单，严格禁止在珍稀濒危野生动物的活动区域内新批采矿权、探矿权，限期退出已审批的采矿权、探矿权。印发关于加快推进城郊森林公园发展的指导意见和国家沙漠公园管理办法。在集体林权管理方面，印发关于加快培育新型林业经营主体的指导意见，明确要培育林业专业大户、家庭林场、农民林业专业合作社、股份合作社和林业龙头企业五类新型林业经营主体，加大财税和金融保险等支持力度。中国银监会、国家林业局、国土资源部印发《关于推进林权抵押贷款有关工作的通知》，明确林权抵押贷款支持领域，建立林业规模经营主体名录库，帮助金融机构识别优质林业规模经营主体，建立林权收储机制，完善担保和处置方式，保护银行业金融机构的财产处置权和收益权。在财政税费方面，要进一步利用开发性和政策性金融推进林业生态建设，明确支持范围和支持政策。加强"十三五"期间种用种子（苗）免税进口管理，明确免税进口林木种子（苗）条件。

林业法制建设 加大《森林法》修订力度，将《森林法》修改列入2017年全国人大常委会立法计划。推动湿地立法工作，配合国务院法制办审查了《湿地保护条例（草案）》。制定和修改并颁布的部门规章5部，发布了规范性文件22件。全国共发生林业行政案件17.33万起，比2016年下降13.44%，违法使用林地案件是案件发生数量最多的类型。全国森林公安机关共立案侦查各类涉林和野生动植物刑事案件3.26万起，比2016年增长9.40%。打击处理违法犯罪人员2.99万人（次），收缴林木5.80万立方米、野生动物28.63万头（只），总涉案价值17.26亿元。组织开展"打击破坏森林和野生动植物资源违法犯罪专项打击行动"。2017年，国家林业局本级共依法办理林业行政许可事项7639件。其中，准予许可7596件，不予许可43件。国家林业局共办理行政复议案件33起，其中，受理26起，已全部办结；不予受理的7起；共办理行政诉讼应诉案件46起。其中，国家林业局单独应诉3起，与省级林业主管部门共同应诉43起，胜诉率为100%。国务院决定取消1项国家林业局行政许可事项、9项中央指定地方实施林业行政许可事项。

林业投资 在全国经济下行、财政收入增速放缓和中央对农业投入资金减少的严峻形势下，2017年中央财政对林业投入新增10.34亿元。全国林业资金投入稳步增长，累计完成4800.26亿元，与2016年相比增长6.45%。其中，中央和地方财政预算资金2259.23亿元，占全年完成投资的47.07%。用于生态建设与保护的投资为2016.29亿元，占全部林业投资完成额的42.00%；用于国有林区和国有林场改革补助、林木种苗、森林防火与森林公安、林业有害生物防治等林业支撑与保障的投资为614.35亿元，用于林业产业发展的资金为2007.76亿元，其他资金161.86亿元，在当年完成林业投资总额中占比依次为12.80%、41.83%及3.37%。

【林业保障】

森林资源管理 2017年，全国共审核审批建设项目使用林地3.37万项，使用林地面积17.89万公顷，收取植被恢复费274.76亿元。印发《国务院确定的重点林区内建设用地变更登记试点方案》，在重点林区8个林业局开展试点，对重点国有林区范围内建设用地实行属地登记。完成6省（区、市）的森林资源清查工作，清查面积129万平方千米。森林资源监督工作围绕10个方面机制创新，其中，监督与监测相结合机制、案件跟踪问效制度、案件报告和反馈制度实现15个专员办全覆盖。14个专员办实现约谈常态化，共约谈311次，问责2775人。12个专员办与监督区的省级人民检察院建立了联合工作机制。

林木种苗 2017年，中央预算内投资计划下达林木种质资源保护工程项目投资1亿元。林木种苗生产总量充足，满足造林绿化需求，全国苗圃新育面积19.2万公顷，可用于造林绿化苗木434亿株，比2016年增加15亿株，全国共采收林木种子2876万千克。确定第三批70处国家重点林木良种基地。全国共审（认）定林木良种488个，其中国家级林木良种审定委员会审（认）定32个。种苗质量合格率稳定在90%以上。成立"国家主库"项目筹建办公室。印发《国家林业局关于加强"十三五"期间种用林木种子（苗）免税进口管理工作的通知》。

森林火灾 2017年，印发《国家森防指森林防火工作约谈制度（试行）》。中央基本建设投资14亿元，启动实施各类防火建设项目103个，全国共发生森林火灾3223起，比2016年增加58.46%，其中，一般火灾2258起，较大火灾958起，重大火灾4起，特大森林火灾3起，由于处置及时果断，最大限度减少了灾害损失。

林业有害生物防控 2017年，全国主要林业有害生物发生面积1253.12万公顷，比2016年上升3.45%。防治面积962.17万公顷，主要林业有害生物成灾率控制在4.5‰以下，无公害防治率已达到85%以上。强化执法，指导各地依法查办"妨害动植物防疫、检疫罪"刑事案件4起。下发3份野生动物疫源疫病监测防控文件，加大国家级监测站督查力度，对686个站点野生动物疫源疫病应急值守情况进行抽查。妥善处置突发野生动物疫情，成功阻击了鸿雁、黑天鹅等高致病性禽流感、北山羊小反刍兽疫等疫情的扩散蔓延。

林业科技与教育 2017年，中央财政投入林业科技资金11亿元，3项成果获得国家科技进步二等奖。22项国家重点研发计划专项项目获批立项，65项林业公益性行业科研专项验收完成，87项引进国际先进林业科学技术计划项目到期验收。依托林业公益性行业科研专项，引进国际先进林业科学技术计划项目和国家林业局重点项目，共认定成果160项，申请获得专利98件，提交行业及地方标准18项。发布林业国家标准29项、行业标准163项。印发《2017年重点推广林业科技成果100项》《林业标准体系》《林业科技推广成果库管理办法》等。新批准成立了经济林产品质量、花卉产品质量检验检测中心4个，新批复9个工程中心，构建新的成果转化平台。全年受理林业植物新品种权申请623件，完成423个申请品种的特异性、一致性、稳定性DUS现场审查。授权160件，授权总数1358件。发布《2017年加快建设知识产权强国林业推进计划》。2017~2018学年，全国林业教育毕业研究生7529人、本科毕业生5.54万人、高职（专科）毕业生4.51万人，中职毕业生4.43万人。印发《全国林业教育培训"十三五"规划》。林业行业职业资格许可和认定进一步清理和规范，职业技能鉴定规模有所调整，全年林业行业职业技能鉴定2.08万人次。

林业信息化 2017年，召开第五届全国林业信息化工作会议，印发《国家林业局关于促进中国林业云发展的指导意见》和《中国林业移动互联网发展指导意见》。强化网络安全保障，近20个新系统进行安全渗透测试，完成46个系统的漏洞扫描和升级整改工作。开展全国林业信息化率评测工作，林业信息化率为70.35%。中国林业网新建各类子站300多个，发布3项林业信息化国家标准和13项林业信息化行业标准。完成京津冀、长江经济带、"一带一路"林业数据资源协同共享项目，开展东北虎豹国家公园监测数据平台和全国林业高清视频会议系统建设，完善鄂尔多斯"互联网+"义务植树物联网示范点等项目建设。成立国家生态大数据研究院。推进国家林业局政务信息系统整合共享相关工作。发布首批中国智慧林业最佳实践50强。中国林业网蝉联部委网站总分第二名并荣获"政务公开领先奖""创新发展领先奖"及"中国最具影响力政府网站"称号，荣列三大优秀部委网站，中国林业网微信获评网易"最受网友欢迎中央政务机构"。

林业工作站与森林公园 2017年，全国完成林业工作站基本建设投资3.63亿元。乡（镇）林业工作站减少476个。共有265个林业工作站新建了办公用房，632个站配备了通讯设备，478个站配备了机动交通工具，1353个站配备了计算机。修订印发《标准化林业工作站建设检查验收办法》。开展标准化林业工作站建设国家核查工作，确认2017年度全国共有477个林业工作站达到合格标准。全国有9593个林业工作站受委托行使林业行政执法权，全年受理林政案件近4.1万件，较2016年增加1254件。2017年，森林公园建设共投入建设资金573.89亿元，新建各级森林公园113处。第七批授权64处国家级森林公园使用中国国家森林公园专用标志。

【**区域林业发展**】 2017年"一带一路""长江经济带"和"京津冀区域"林业发展力度在原有基础上持续增强，传统的东、中、西和东北各区域间和区域内的林业发展更趋均衡。

国家发展战略下的区域林业 2017年，中国绿色碳汇基金会、甘肃省林业厅和世界自然基金会等联合举办"一带一路"生态修复论坛，联合国环境署举行"一带一路"绿色发展国际联盟高级别介绍会。《联合国防治荒漠化公约》第十三次缔约方大会期间，"一带一路"防治荒漠化合作机制在内蒙古鄂尔多斯正式启动。

共安排长江经济带中央投资334.4亿元，加快推进长江流域林业生态保护和修复，为长江经济带发展创造更好的生态条件。环境保护部、国家发展改革委、水利部会同有关部门编制了《长江经济带生态环境保护规划》，并颁发通知，全面贯彻落实党中央、国务院关于推动长江经济带发展的重大决策部署。

京津冀协同发展林业生态率先突破工作持续有效进行，5月，京津冀毗邻地区林业有害生物协同防控座谈会在天津市召开，会议决定三地林业部门将编制《京津冀林业有害生物图谱》。9月，京津冀协同发展林业检疫工作座谈会召开，会议主题包括京津冀三地将联合建立林业植物检疫追溯系统，开展无人机监测林业有害生物试验。截至2017年11月，北京、天津、河北3省（市），共完成国家储备林基地建设任务约1.73万公顷，利用政策性、开发性贷款61.69亿元。

传统区划下的区域林业 东部地区是中国重要的林产品生产基地，是中国重要的林业经济发展优势区域。2017年，区内林业产业总产值31 655.28亿元，比2016年增长5.05%，占全国林业产业总产值的44.42%。单位森林面积实现林业产业产值92 307.20元/公顷，远高于全国平均水平。该区用占全国14.99%的森林面积生产了占全国26.87%的商品材。江苏和浙江两省是木竹地板产量最大的省份。中部地区林业表现出较强的发展潜力。区内林业产业总产值18 014.17亿元，比2016年增长14.45%，占全国林业产业总产值的25.28%。木本油料和木本药材种植成为这一区域的特色和优势，木本油料和森林药材产品占全国总产量的32.67%和31.69%，在全国占有重要地位。西部地区是中国造林的主战场，区内共完成造林面积411.07万公顷，占全国造林总面积的53.52%。区内内蒙古的造林面积68.05万公顷，名列全国首位。西藏的自然保护区面积4206.74万公顷，名列全国第一。东北地区是国有林区的集中分布区域，国有林业经济比重较高。该区的商品材产量持续调减，区内商品材产量471.31万立方米，比2016年减少了3.55%。该区森林食品占全国总产量的22.65%，也是中国森林食品的主产区。2017年，区内完成林业投资320.34亿元，其中国家投资占91.75%。

【**林业开放合作**】 2017年，举办《联合国防治荒漠化公约》第十三次缔约方大会和国际竹藤组织成立20周年志庆，习近平主席分别致贺信。国家林业局领导应邀出席了71届联合国大会并致辞，参加了气候变化相关谈判工作。配合外交部共同在非洲举行了濒危物种保护与管理政策宣讲活动，出席了全球雪豹峰会。完成了部长级高层会晤30场，组织签署了政府部门间合作协议9个，组织召开中外机制性合作会议12个。围绕"中国防治荒漠化成就"主题举办了首届外国使节"走近中国林业"主题活动。实施了27期林业援外培训班，培训学员946人次，启动援蒙古戈壁熊保护项目。协助推动巴西加入了国际竹藤组织。完成了7家境外非政府组织在华代表机构登记设立工作。《濒危野生动植物种国际贸易公约》《联合国防治荒漠化公约》《湿地公约》《联合国气候变化框架公约》等公约履约工作取得积极进展。国外贷款项目成果丰富，截至2017年，亚洲开发银行贷款西北三省（区）林业生态发展项目项目已完成经济林造林5.7万公顷，生态林造林0.56万公顷，建成森林旅游和服务设施21076平方米。欧洲投资银行贷款林业打捆项目进展顺利，举办欧投行贷款"珍稀优质用材林可持续经营项目"启动暨项目实施管理培训班，15个省的项目人员参加了培训。世界银行贷款"林业综合发展项目"圆满结束。林业专项国际合作成果丰富。

【林产品进出口】 2017年,林产品出口734.06亿美元,比2016年增长1.00%,占全国商品出口额的3.24%;林产品进口749.84亿美元,比2016年增长20.12%,占全国商品进口额的4.07;林产品贸易逆差为15.78亿美元。

2017年,木材产品市场总供给为56 851.97万立方米,木质纤维板和刨花板折合木材(扣除与薪材供给的重复计算)14 820.76万立方米;农民自用材和烧柴产量为3040.03万立方米;进口原木及其他木质林产品折合木材30 593.01万立方米,其中,原木5539.83万立方米、锯材4866.44万立方米,分别比2016年增长13.70%和23.70%;胶合板、纤维板和刨花板进口量分别为18.55万立方米、22.95万立方米和109.40万立方米,与2016年相比,胶合板和纤维板进口量分别减少5.14%和4.77%,刨花板进口量增加21.14%;木家具进口1188.86万件,比2016年增长7.09%;纸浆和纸类产品进口中,木浆2365.22万吨、纸和纸制品(按木纤维浆比例折合值)487.41万吨、废纸2571.77万吨,分别比2016年增长12.53%、57.65%和9.76%。

2017年木材产品市场总需求为56 851.97万立方米,比2016年增长1.93%。其中,工业与建筑用材消耗量为43 433.77万立方米,农民自用材(扣除农民建房用材)和烧柴消耗量为2453.67万立方米,出口原木及其他木质林产品折合10 648.93万立方米。木质林产品出口中,原木9.25万立方米,比2016年减少2.22%,锯材(不包括特形材)28.56万立方米,比2016年增长9.01%;胶合板、纤维板和刨花板的出口量分别为1083.54万立方米、268.76万立方米和30.59万立方米,与2016年比,胶合板出口下降3.02%,纤维板和刨花板出口分别增长1.45%和30.59%;木家具出口3.67亿件,合226.91亿美元,分别比2016年增长10.21%和2.17%;纸和纸制品(按木纤维浆比例折合值)出口931.40万吨,比2016年下降1.15%;增加库存等形成的需求为315.60万立方米。

2017年,非木质林产品出口734.06亿美元,比2016年增长1.00%,占林产品出口额的25.53%;进口749.84亿美元,比2016年增长20.12%,占林产品进口额的32.28%。

(刘建杰供稿)

林业重点工程

03

天然林资源保护工程

【综　述】 2017年，紧紧围绕"把所有天然林都保护起来"总体目标，以"扩大天保范围，落实停伐政策，强化管理措施，广泛开展宣传"为重点工作，天然林保护各项工作不断迈上新台阶。

稳步推进扩大天然林保护范围，落实全面停止天然林商业性采伐政策措施　一是加强沟通协调，进一步扩大天然林保护范围，提高天然林保护有关补助标准。2017年，扩大天然林保护范围工作有重大进展，在继续实施天保工程二期的基础上，中央财政安排森林管护费补助和全面停止商业性采伐补助，全国国有天然商品林都纳入了保护范围，并对有天然林资源分布的16个省（区、市）的部分集体和个人所有商品林实行停伐奖补政策，基本实现天然林保护政策全覆盖。同时，天保工程二期有关补助标准进一步得到提高，森林管护费补助标准由120元/公顷提高到150元/公顷，社保补助测算基数由2011年当地社会平均工资的80%提高到2013年的80%。天保工程二期实现管护森林面积1.15亿公顷，实施全面停止天然林商业性采伐政策后，将新增天然林管护面积近0.13亿公顷。二是积极开展调研督导和培训工作，指导、督促各地落实好全面停伐相关政策措施。部署各地认真总结全面停伐落实情况，赴有关省开展督导调研，掌握情况、分析问题，对妥善解决难点问题提出了政策建议。

天然林管护、抚育、营造林等项目管理工作　针对天然林保护扩大到全国的新形势，着手研究修订天然林保护《森林管护管理办法》，赴有关省开展专题调研，召开座谈会，完成修订稿，拟下发各省（区、市）征求意见后进一步完善。积极开展管护相关研究工作，推进管护工作信息化、智能化，提升管护水平和成效。配合相关司局编制2017年度中央预算内投资计划、中央财政天保工程区中幼林抚育年度计划等。积极调度工程任务完成进度，实行季报、半年报和年报制度，完善天保工程业务管理信息系统的建设和应用，有针对性地开展技术、管理人员培训工作。

推进完善天然林保护制度　继续开展《天然林保护条例》制定工作。形成条例征求意见稿，征求了各省（区、市）林业主管部门和国家林业局相关司局意见，委托中南林业大学法学院承担立法研究等相关工作，拟定天保条例立法建议和说明等材料报送国家林业局政法司，力争立法工作有突破性进展。组织开展了天保工程（二期）中期评估工作，在对天保工程区20个实施单位自评估材料进行分析总结的基础上，会同有关部门开展了分片调研和研讨，形成评估报告并征求各相关司局单位的意见，进行修改完善，为进一步做好天保"二期怎么看"的科学评价工作打下了较好的基础。

以年度核查为重要抓手，提升监督管理水平　一是健全核查制度，完善核查机制。进一步修订天保工程《核查办法》《"四到省"考核办法》，形成讨论稿。编制天保工程《核查操作细则》《2017年核查人员工作手册》。进一步完善核查工作程序，明确责任追究机制、广泛监督机制、对象轮换机制、交流互鉴机制和成果核实机制。二是加强核查培训，有序推进工作。对承担核查工作的国家林业局规划院、西北院、中南院、华东院和昆明院进行全面、系统的内外业核查培训和政策讲解，提升业务能力，强调核查纪律要求。按计划安排完成核查外业、内业工作，完成省级意见的征询、全国数据汇总，并编制全国工程核查综合报告。三是完善成果发布，狠抓问题整改。以局办文下发天保工程《2016年"四到省"综合考核结果通报》，以局办文下发《关于2016年天保工程实施情况核查结果的通报》，督促各地认真抓好整改落实工作。

天然林保护宣传工作　启用中国天然林保护标识，下发了《中国天然林保护标识使用管理办法》。与局宣传办共同制订《关于联合开展2017天保记者行活动工作方案》，召开2017天保记者行媒体通气会。组织11家中央媒体分赴内蒙古、黑龙江等地开展了4次"记者行"活动，全方位宣传近20年来天保工程取得的巨大成就与变化。接受央视新闻直播间和中国网访谈栏目采访，详细解读天保政策和天保工程实施情况。"中国天然林保护"微信公众平台和网站全面更新，完成2017年全国林业厅局长会议特刊——天然林保护专版宣传工作。

天保工程人员社保档案管理　以局办文下发《做好天保工程人员信息管理系统数据更新工作的通知》，建立工作责任制和年度更新机制。对东北、内蒙古重点国有林区87家森工企业人员信息数据进行审核，对上传的在册职工身份证明材料进行专题讨论，形成初步审核意见。据初步统计，在册在岗国有全民职工数量与天保工程二期相比有较大幅度减少，基本摸清天保工程区职工人员数据信息，为研究制定提高天保工程社保补助政策，推进国有林区改革工作奠定良好基础。同时，结合信访条例和信访工作责任制实施办法，对涉及天保工程存在的信访事项进行了信访工作制度选编。

天然林保护效益监测和国际合作　完成2017年度生态效益监测标准申请和立项工作，推动天保工程效益监测体系、制度和技术规程建设。黄河流域生态效益监测数据测算和经济社会数据收集处理工作已基本完成。天保工程社会经济效益监测指标专家论证、数据获取、模型建立工作基本完成。召开天保工程栎类示范项目年会，完成联合国开发计划署巫溪天然林项目框架设定工作，完成天保工程区第一大树种栎类示范经营区建设，深入推进国际交流与合作。

【十八大以来天然林保护成效】 党的十八大以来，天然林商业性采伐全面停止，国有天然林全部纳入政策保护，集体和个人所有天然商品林停伐奖励补助试点不断扩大，管护和社保等补助标准逐年提高，基本实现把所有天然林都保护起来的目标。

基本实现把全国所有天然林都保护起来　一是补助

标准逐年提高。国有林管护补助标准从2014年的每年每公顷75元逐步提高到2017年150元,翻了一番。集体和个人所有的国家级公益林每年每公顷补助225元,并按照上述标准安排天然商品林停伐管护补助;社保补助标准从2008年各地社会平均工资80%为缴费基数,逐步提高到2011年和2013年社会平均工资的80%。公益林建设等造林补助标准也得到相应提高。二是停伐工作有序推进。2014年,在长江黄河上中游继续执行停伐基础上,率先在黑龙江省大兴安岭林业集团和龙江森工集团实施停伐试点;2015年停伐范围扩大到黑龙江、吉林、内蒙古、河北等省(区);2016年经国务院批准,"十三五"期间全面取消了天然林商业性采伐指标,全国天然林商业性采伐全面停止。三是扩面工作稳步推进。2016年,中央财政对国有林停伐按照每立方米补助1000元,对重点国有林区每个林业局安排社会运行支出补助1500万元,对集体和个人所有的天然商品林停伐按照每公顷225元给予补助,将全国所有国有天然林都纳入了停伐补助范围,涵盖了有天然林资源分布的26个省(区、市)和新疆兵团。2017年,针对集体和个人所有天然林停伐管护补助扩大到全国16个省(区)。

建设任务顺利推进 一是中央投资大幅增加。2012年国家投入天保资金为272.69亿元,2017年国家投入天保资金为533亿元,投资接近翻番。5年来,国家累计投入天保资金1976亿元,加上2011年投资,累计投资已接近二期规划总投资,预计二期中央投资将达到3800亿元。二是管护面积不断扩大。2016年将全国国有天然林纳入保护范围,并将部分集体和个人所有天然商品林停伐纳入奖励补助范围,截至2017年,管护面积达到12 880万公顷,较二期任务增加1333.3万公顷。三是公益林建设顺利推进。5年来天保工程区累计完成造林316.5万公顷,其中2017年完成造林38.15万公顷,造林任务按进度顺利推进。四是森林经营全面加强。5年来天保工程累计完成中幼林抚育1067万公顷,其中2017年完成中幼林抚育175万公顷。完成后备资源培育59万公顷,天然林质量有所提升。五是社会保障和民生不断改善。国有林区职工个人信息档案基本建立,65万人长期稳定就业。职工基本养老和医疗保险实现全覆盖,参保率达到95%。职工年平均工资性收入由2012年的24 984元提高到2015年的35 418元,增长41.8%,部分省区已与当地社会平均工资持平。棚户区改造、饮水安全等基础设施不断完善。

管理水平不断提升 一是着力推进天然林保护精细化管理工作。修订各项工程管理办法,启动森林抚育绩效考评、森林培育绩效考评工作,完善工程核查机制和"四到省"考核制度,加快工程信息化管理建设,开展工程效益监测工作,全面提升工程精细化管理水平。二是大力推进天然林保护制度研究工作。完成《天然林保护条例》草拟和意见征求,组织开展天保工程二期中期评估,提前谋划天保工程二期结束后相关政策研究。三是不断推进天保宣传和国际合作工作。启用天保工程宣传标识,推出微信公众平台,制作《天保故事》连续剧,开展"天然林保护工程宣传年"活动,广泛宣传天保工作。与联合国开发计划署等单位加强国际合作交流,积极开展桉类经营、景观恢复、巫溪天然林等项目,全力争取全球环境基金,加大引智和外援项目执行,进一步扩大天保工程在国际事务中的影响。四是扎实推进党的建设和机关建设。坚持党总支理论学习中心组学习,扎实推进党的群众路线、"两学一做"等专题活动,开展干部素质能力提升培训,严格落实党风廉政建设责任制、"一岗双责"和中央八项规定,不断加强党的建设和机关建设。

综合效益显著增强 一是生态屏障不断巩固。据全国森林资源清查结果显示,1998～2013年,工程区天然林面积增加600万公顷,蓄积量增加11.1亿立方米,增速明显高于全国平均水平。据天保工程50个样本县监测显示,2015年年底样本县水土流失面积401.8万公顷,比2011年减少191.2万公顷,森林碳汇达到3737.6万吨,提前五年完成了工程二期650万吨的目标。同时,珙桐、红豆杉、东北虎豹、大熊猫等国家重点保护野生动植物数量不断增多,森林涵养水源能力增强,水土流失减少,生物多样性保护明显加强,有效维护了中国淡水安全和国土安全。二是社会效益持续发挥。据监测显示,2015年第一产业就业人口比重已低于50%,第三产业就业人口每年上升1个百分点。2015年46个样本县农村居民人均纯收入9036元,比2011年4915元增加了4121元,增长了83.8%。棚户区改造和林区道路、给排水、供电、供暖等基础设施不断完善,林区职工的生活和居住环境不断优越。林区违法犯罪案件逐年减少,林区治安状况明显好转,民生福祉大幅增进。三是经济效益得到提升。据国家林业局对重点森工企业及其下属林场经济社会效益监测表明,一、二、三产业比例由2003年的86:3:11调整为2014年的43:27:30,第三产业产值上升近20个百分点,林业产值结构稳步调整。综合对比,木材采伐加工等传统林业产业已被种植与采集、森林旅游与休闲服务等产业替代。

【**天保工程综合管理培训班**】 2017年10月23～27日,国家林业局天保办在福建省厦门市举办了天保工程综合管理培训班。培训的主要内容是天然林保护工程综合管理业务知识、管护体系建设和智能化管护等内容,同时交流天然林保护管理经验,研探下一步天然林保护管理措施。全国相关省(区、市)、森工集团和新疆生产建设兵团等31家省级天然林保护实施单位天保办的负责同志、业务骨干及部分县局级单位有关人员共90余人参加了培训。

该培训班是在中国天然林保护实现全覆盖、国家林业局天保办新一届领导班子组成后举办的一次业务培训活动。在开班仪式上,天保办主任金旻以《完善天然林保护制度 开创全面保护天然林新局面》为主题带领全体学员深入学习了"十九大"报告和习近平总书记系列重要讲话精神,突出强调了天然林保护的极端重要性,并全面客观分析了新形势下天然林保护工作有利条件和面临的困难与问题。

国家林业局天保办邀请福建省林业厅和国家林业局驻福州专员办的有关同志分别介绍了福建生态省建设和国家生态文明试验区建设的情况,以及森林资源监督等方面的情况。在培训过程中,国家林业局资源司、计财司相关领导和科研院所专家学者以及相关省区天保办负责人,专题讲解了天然林保护工程财政、资源保护等政策,国内外天然林保护政策及法律措施、中国天然林保护理论与实践、天然林智能管护技术及应用等,交流探讨了新时代天然林保护工作面临的新形势、新任务,研究谋划了当前和今后一段时期天然林保护工作。

【天保工程宣传】 为喜迎党的"十九大"胜利召开,天保办将2017年确定为"天然林保护工程宣传年",启用中国天然林保护标识,与国家林业局宣传办共同制订《2017天然林保护宣传工作方案》和《关于联合开展2017天保记者行活动工作方案》,召开2017天保记者行媒体通气会,27家中央媒体的记者到会报道,国家林业局副局长李树铭莅临会议指导并作讲话。组织《人民日报》《光明日报》等11家中央媒体分赴内蒙古、黑龙江和贵州等重点国有林区开展4次"记者行"活动,形成50余篇新闻采访稿在全国各大主流媒体、微信、微博上刊发和转载,从天然林保护、国有林区改革、林业产业发展、富余人员安置、林农生产生活等方面全方位宣传了19年来天保工程取得的巨大成就与变化。接受央视《新闻直播间》和中国网访谈栏目采访,详细解读天保政策和天保工程实施情况。12集《天保故事》在央视"老故事"栏目中播出,《中国生态文明建设的壮举——天然林保护》纪录片筹备拍摄,"中国天然林保护"微信公众平台和网站全面更新。

(贾治国、徐鹏供稿)

退耕还林工程

【综　述】 2017年3月,国务院总理李克强在《政府工作报告》中要求:"完成退耕还林还草1200万亩以上。"按照党中央、国务院部署,有关部门密切配合,各级工程管理部门精心组织,扎实抓好退耕还林各项工作,全年新增退耕还林还草任务82万公顷,中央投入新一轮退耕还林还草补助资金137.57亿元和前一轮退耕还林完善政策补助资金118.96亿元,退耕还林成果得到进一步巩固和扩大。

退耕还林各项改革措施取得较大进展。①扩大新一轮退耕还林还草规模。根据《关于扩大新一轮退耕还林还草规模的通知》(财农〔2015〕258号)要求,国家发展改革委、国家林业局等5部门于2月向国务院上报了《关于核减基本农田保护面积　扩大新一轮退耕还林还草规模的请示》(发改西部〔2017〕262号),建议核减云南等18个省(区、市)246.67万公顷陡坡耕地基本农田用于退耕还林还草,5月初得到了国务院的批准,使新一轮退耕还林总规模扩大了近一倍,有效破解了制约退耕还林健康发展的难题。在此基础上,国家林业局退耕办积极督促、指导山西等15个省(区、市)按要求报送重要水源地15~25度坡耕地、陡坡耕地梯田及严重污染耕地退耕还林需求。②研究制定退耕还林长远发展战略。为贯彻落实十九大精神,积极谋划退耕还林长远战略,国家林业局退耕办研究制定了新时代退耕还林工作思路与"三步走"的发展战略。③提高种苗造林费补助标准。国家发展改革委等五部门在《关于下达2017年度退耕还林还草任务的通知》(发改西部〔2017〕262号)中将退耕还林种苗造林费补助标准从每公顷4500元提高到6000元。④研究建立巩固退耕还林成果长效机制。2017年中央一号文件明确:"上一轮退耕还林补助政策期满后,将符合条件的退耕还生态林分别纳入中央和地方森林生态效益补偿范围。"7月6日,国务院办公厅召集有关部门召开退耕还林协调会,专门研究建立巩固退耕还林成果长效机制事宜。按照协调会精神,国家林业局单独或联合国家发展改革委、财政部赴9个省(区)开展前一轮退耕还林补助到期后扶持政策调研,深入研究前一轮退耕还林补助到期后建立巩固成果长效机制的问题。

2016年度退耕还林计划任务全面完成。2月,国家发展改革委、国家林业局等部门联合向各工程省(区、市)人民政府下发《关于进一步落实责任　加快推进新一轮退耕还林还草工作的通知》(发改办西部〔2017〕220号),要求进一步落实省级政府负总责的要求,加快推进退耕还林各项工作。国家林业局退耕办对各工程省(区、市)提出明确要求,督促及时组织开展造林施工,并采取扎实有效的措施,加快新一轮退耕还林任务实施进度。①严格执行工程进展情况月报、周报制度,36次向各工程省(区、市)通报周报进展情况,并每个月向国家林业局领导报告进展情况。②督促各工程省(区、市)按照《退耕还林条例》的要求落实好"四到省"责任,对进展缓慢的工程省(区、市)经常进行电话督办,随时掌握情况、介绍经验、提出建议。③对造林进度滞后的陕西、甘肃、青海、宁夏等工程省(区、市)进行实地督导。④各工程省坚持省负总责、下沉县市、多措并举,确保工程进度。截至12月8日,各工程省(区、市)全面完成2016年度退耕还林计划任务89.3万公顷。

2017年度退耕还林任务进展顺利。①经过反复协调,6月9日有关部门联合下达2017年度计划任务,安排14个工程省(区、市)和新疆生产建设兵团退耕还林还草任务82万公顷(其中还林74万公顷,还草8万公顷)。②国家林业局与各工程省(区、市)和新疆生产建设兵团签订2017年度退耕还林责任书。③各地按要求认真完成地块落实、合同签订、作业设计、苗木准备、整地栽植及信息调度等工作,加快工程建设进度。截至2017年年底,各工程省(区、市)已将2017年度计划任务分解下达到县,并完成年度退耕还林计划任务的42.52%。

扶贫力度进一步加大。按照中央要求,国家林业局加大贫困地区的退耕还林力度,并利用新一轮退耕还林政策,探索一条生态脱贫与产业脱贫相结合的新路子。①指导各地在制订新一轮退耕还林实施方案时,将符合退耕还林条件的集中连片特困地区和重点贫困县纳入实施范围，做到应退尽退。②明确要求各地在年度任务安排上优先向贫困地区和贫困人口倾斜，使尽量多的建档立卡贫困人口尽快享受退耕还林政策。③坚持稳步推进与巩固成果并举，狠抓后续产业发展，并搞好各项配套措施建设，使退耕还林成为退耕地区农民脱贫致富的有效途径。据统计，2017年，全国共安排集中连片特殊困难地区有关县(市)和国家扶贫开发工作重点县退耕还林还草任务62.03万公顷，超过年度计划任务总量的3/4。湖北省恩施市采取"公司+合作社+基地+退耕户"的经营模式，引导退耕户以短养长，发展林药、林菌、林菜等产业基地0.8万公顷，年产值3亿元，带动2000多户贫困户户均增收4000元。贵州省毕节市累计实施新一轮退耕还林11.81万公顷，覆盖了92.5%的贫困乡镇、49.2%的贫困村和32.7%的贫困人口。

工程管理进一步强化。①举办多期新一轮退耕还林政策与管理、宣传等培训班，提高工程管理人员政策水平和队伍素质。②组织记者现场采访，在《中国绿色时报》开辟退耕还林模式创新系列报道，宣传推广各地涌现出来的新机制、新模式、新经验和新成效。③在各种媒体开展退耕还林专题报道，广泛宣传退耕还林好的经验做法。④组织编写退耕还林工程经济林发展年度报告，为各地发展后续产业提供指导。⑤通报各省2016年群众举报办理情况，并认真抓好2017年18件群众举报办理工作。⑥圆满完成全国退耕还林突出问题专项整治工作。在各工程省区全面自查的基础上，国家林业局和中纪委驻农业部纪检组联合对6个省(市)进行了重点督查。8月17日，国家林业局和中央纪委驻农业部纪检组联合召开深度贫困地区林业脱贫攻坚及全国退耕还林突出问题专项整治工作总结电视电话会议，总结专项整治工作情况并部署专项整治行动"回头看"。

工程检查验收扎实进行。①安排部署各地对2015年度退耕还林任务开展省级复查、对2016年度退耕还林任务开展县级自查。②研发检查验收管理与应用系统，编制推广使用国家、省、县三级数据采集标准并开展县级数据采集试点及人员培训。③组织开展2017年度退耕还林工程管理实绩核查，形成20个分省核查报告，分析汇总150多项核查因子、1万多个验收数据。

生态效益监测全面开展。①国家林业局退耕办组织编写《退耕还林工程生态效益监测国家报告(2016)》，首次实现所有工程省(区、市)生态监测全覆盖。②6月5～9日在北京举办退耕还林工程生态效益监测工作培训班，加强对退耕还林效益监测的工作指导。③组织协调国家统计局、国家林业局经济发展研究中心、中国林科院等单位分工协作，开展集中连片特困地区退耕还林工程的生态、经济与社会效益综合监测。　　（退耕办）

【新一轮退耕还林政策与管理培训班】　于7月19～21日在重庆市彭水苗族土家族自治县举办。全国各工程省（区、市）林业厅（局）退耕办负责人和重点工程县有关负责人100人参加了此次培训。培训班上，国家林业局退耕办主任周鸿升作讲话，重庆市林业局副局长王声斌作专题讲座；重庆彭水县、四川平昌县、贵州盘州市、陕西大荔县和甘肃庄浪县进行了典型经验交流发言。培训期间，学员们参观了彭水县高谷镇、岩东乡新一轮退耕还林现场和万足镇、鹿角镇前一轮退耕还林现场。通过培训，总结交流了新一轮退耕还林实施以来的经验做法，分析研究了退耕还林工作面临的新形势和存在的突出问题，安排部署了2017年的退耕还林工作，进一步提高了与会人员新一轮退耕还林政策及工程管理水平。《中国绿色时报》、"重庆新闻联播""微播彭水"等传统媒体及新媒体公众号对培训班进行了采访、报道，7月24日，新华社播发了相关消息。
　　　　　　　　　　　　　　　　　　　　（任晓彤）

【年度退耕还林责任书】　9月，国家林业局与各工程省（区、市）人民政府和新疆生产建设兵团签订了2017年度退耕还林责任书。主要内容有：①明确2017年国家下达的退耕还林建设任务；②明确省级人民政府责任，主要是巩固前一轮退耕还林成果、做好新一轮退耕还林实施、强化工程管理和监督等；③明确国家林业局责任，主要是研究政策、制定管理措施、组织检查监督等。
　　　　　　　　　　　　　　　　　　　　（吴转颖）

【退耕还林工程责任书执行情况通报】　国家林业局根据2017年组织的退耕还林工程管理实绩核查，结合2015年度工程实施情况的调度以及日常工作记录、统计情况，印发《国家林业局关于2015年度退耕还林工程责任书执行情况的通报》（林退发〔2017〕139号），对各工程省（区、市）和新疆生产建设兵团在前期工作准备、责任落实、计划任务落实和完成、造林质量、档案管理、政策兑现、确权发证、成果巩固、效益监测、信息报送和培训、群众举报办理情况进行了通报，并明确要求各工程省（区、市）要切实履行责任、进一步强化管理、做好政策兑现、依法护林，确保退耕还林工程建设成果得以巩固。
　　　　　　　　　　　　　　　　　　　　（吴转颖）

【退耕还林工程群众举报办理情况通报】　2017年6月，国家林业局退耕办印发《关于2016年度群众举报办理情况的通报》（退工字〔2017〕32号），对有关工程省（区、市）2016年办结的全部14件群众举报进行通报。
　　　　　　　　　　　　　　　　　　　　（吴转颖）

【2016、2017年度计划任务进展督查】　为加快推进新一轮退耕还林建设进度，确保按时完成计划任务，国家林业局退耕办于2017年针对2016年计划任务完成及2017年计划任务落地进展情况组织开展督查，督查工作纳入国家林业局2017年督查工作计划。2017年督查工作采取发布周报通报、月报通报、电话沟通、实地督导等措施，保证退耕还林年度计划任务按时完成。
　　　　　　　　　　　　　　　　　　　　（吴转颖）

【退耕还林工程管理实绩核查】　为进一步掌握退耕还林工程建设管理情况，更加有针对性地加强工程管理，2017年6月，国家林业局向各有关省（区、市）林业厅（局）和新疆生产建设兵团林业局印发《关于开展2017年度退耕还林工程管理实绩核查工作的通知》（林退发〔2017〕50号），并于6～9月开展2017年度退耕还林工程管理实绩核查，在各工程省（区、市）自查的基础上组织6个核查组分赴各工程省（区、市）进行实地核查，为工程管理决策和责任书执行情况通报提供了重要依据。
　　　　　　　　　　　　　　　　　　　　（文雯）

【全国退耕还林突出问题专项整治工作】 为贯彻落实全国退耕还林突出问题专项整治电视电话会议精神，按照《国家林业局关于开展全国退耕还林突出问题专项整治工作的通知》（林规发〔2016〕141号）要求，在2016年工作基础上，国家林业局圆满完成全国退耕还林突出问题专项整治工作。2017年在全国26个工程省（区、市）开展自查的基础上，国家林业局和中纪委驻农业部纪检组联合对湖北、重庆、四川、贵州、陕西、甘肃6个省（市）进行了重点督查。8月17日，国家林业局和中纪委驻农业部纪检组联合召开深度贫困地区林业脱贫攻坚及全国退耕还林突出问题专项整治工作总结电视电话会议，总结专项整治工作情况，并部署专项整治行动"回头看"。通过此次专项整治，进一步强化了退耕还林工程管理，维护了广大农民群众的切身利益，推动了退耕还林工程建设的健康发展。　（文 雯）

【退耕还林工程生态效益监测技术培训班】 为提高退耕还林工程生态效益监测队伍素质，国家林业局退耕办于6月5～9日，在北京举办了退耕还林生态效益监测技术培训班。25个工程省（区、市）和新疆生产建设兵团的退耕办工程管理人员和技术支撑单位技术人员近100人参加了培训。　（段　昆　郭希的）

【《退耕还林工程经济林发展报告2016》】 为引导各地退耕还林工程产业发展及精准扶贫工作，国家林业局退耕办委托国家林业局经济发展研究中心编写《退耕还林工程经济林发展报告2016》。《报告》分为工程篇、产业篇、模式创新篇三部分，集中反映18个工程省（区、市）2016年度退耕还林工程建设情况及经济林造林情况，挑选推荐了20个退耕还林常用经济林树种，并介绍了湖南、重庆、四川、贵州、甘肃5省（市）的8个模式创新典型。　（陈应发）

【退耕还林工程信息宣传培训班】 为了进一步提高退耕还林工程信息宣传管理水平，国家林业局退耕办于6月12～15日在内蒙古自治区呼伦贝尔市举办了退耕还林工程信息宣传培训班。来自全国22个工程省（区、市）和新疆生产建设兵团林业厅（局）的近60人参加了培训。国家林业局退耕办副主任李青松和内蒙古自治区林业厅总工程师东淑华出席开班式并讲话。（刘　青）

京津风沙源治理二期工程

【工程概况】 2012年，国务院通过了《京津风沙源治理二期工程规划（2013～2022年）》。工程建设范围包括北京、天津、河北、山西、陕西及内蒙古6省（区、市）138个县（旗、市、区），比一期工程增加了63个县（旗、市、区）。工程区总国土面积70.6万平方千米，沙化土地面积20.22万平方千米。工程规划建设任务为：现有林管护730.36万公顷，禁牧2016.87万公顷，退化、沙化草原围栏封育356.05万公顷。营造林586.68万公顷。工程固沙37.15万公顷。对25度以上陡坡耕地和严重沙化耕地，实施退耕还林还草。二期规划总投资为877.92亿元。

【工程进展情况】 2017年京津二期工程6省（区、市）全年共完成林业建设任务19.13万公顷，占年度计划任务的100%。其中，人工造林10.34万公顷，封山育林6.82万公顷，飞播造林1.3万公顷，工程固沙0.67万公顷。

2017年京津风沙源治理二期工程下达投资21亿元，其中林业建设项目投资9.75亿元。2017年加大了科技支撑力度，重点推广了"两行一带""草方格固沙""封造结合"等治理模式，强化了治沙适用技术推广和培训工作，举办了工程管理与技术培训班，对基层林业管理和技术人员进行了专门培训。结合工程建设，助力扶贫攻坚，实现脱贫致富。山西工程区17个贫困县2017年安排人工造林任务1.54万公顷，占全年造林总任务69.4%，组织建档立卡贫困人员参与造林，带动了4158户1.2万多贫困人口脱贫。

【工程管理与技术培训】 7月15～18日，在陕西省西安市举办京津风沙源和石漠化治理工程管理与技术培训班。来自北京、天津、河北、山西、陕西、内蒙古、湖北、湖南、广西、重庆、四川、贵州、云南13省（区、市）的80余名林业管理和技术人员参加培训。本次培训系统设计了国家政策、金融政策、科技（机械）治沙、地方经验交流及现场教学，通过听课、交流，学员开阔了视野，增长了知识，提高了管理和科技水平。

（刘　勇）

三北防护林体系工程建设

【综　述】 2017年三北各地认真践行新发展理念，坚持以增绿增质增效为重点，统筹推进造林与经营、兴林与富民协调发展，工程建设呈现出稳中有进的发展态势。据调度统计，全年共完成造林育林69.63万公顷，其中造林61.63万公顷，修复退化林分和平茬复壮灌木林8万公顷。北京、内蒙古、新疆、新疆兵团超额完成年度计划任务，其他省区均全面完成计划任务。

生态文明理念日益深入人心，党政高位推动正在成

为林业生态建设的新格局　各地牢固树立"绿水青山就是金山银山"的发展理念，各级党委、政府抓生态文明建设特别是林业生态建设的站位之高、决心之大、措施之硬呈现出持续加力的态势，林业建设由部门行为上升为党政之责。宁夏回族自治区作出了"生态立区"的战略部署，自治区党委、政府出台了《关于推进生态立区战略的实施意见》，召开了实施生态立区战略推进会，启动了新一轮国土绿化行动，力争到2022年，全区森林覆盖率由现在的13.3%提高到16%。青海省提出抓造林绿化就是抓发展、抓民生、抓形象的战略导向。山西省面对经济下行压力持续加大的形势，依然保证造林绿化资金只增不减，近五年，全省各级财政累计投入近200亿元用于造林绿化。

改革创新意识日渐浓厚，创新驱动正在成为工程建设的新引擎　各地坚持问题导向，以改革创新破解工程建设难题，培育工程发展新动能。河北省大力推行"政府主导、社会参与、市场化运作、专业化造林"机制，呈现出多主体参与、多渠道投资的新局面。沧州市2017年财政列支8000万元对造林绿化实行奖补；任丘市争取农行5.6亿元授信，打造出10个万亩造林基地；保定市吸引43家企业、投资4700多万元打造森林景观。天津市继续加强与国开行和农发行合作，已签约林业生态建设专项贷款179.3亿元，到位资金42.5亿元。吉林省启动森林碳汇项目试点，初步估算年碳减排交易潜力高达6亿~8亿元，开辟了林业生态建设投资新渠道。陕西、山西等省创新国土绿化机制，探索推行先造后补、赎买租赁等造林机制，既化解了苗木产能过剩，又增加了劳务收入。甘肃省政府出台《关于完善集体林权制度的实施意见》，鼓励和引导农户采取转包、出租、入股等方式流转林地经营权和林木所有权，涌现出了一大批家庭林场、专业合作社、龙头企业、造林大户等新型林业经营主体。

突出建设重点，规模化治理正在成为工程建设的新趋向　各地坚持生态建设一盘棋的思想，相继实施了一批规模宏大、集中连片的造林基地，有力地带动了工程全面发展。辽宁省先后实施了朝阳市500万亩荒山绿化、阜新市200万亩荒山荒坡造林绿化、青山工程"两退一围"、千万亩经济林等省级重点生态工程，点线面结合的生态建设新格局初步形成。河北省围绕构建京津冀生态环境支撑区的战略定位，大力推进京津保生态过渡带建设，已完成造林11.47万公顷，绿屏相连、绿廊相通的京津冀一体化生态格局初具雏形。其中廊坊市通过大力实施生态廊道绿化、重要交节点绿化、村庄绿化、城镇绿化等十大重点绿化工程，全市森林覆盖率已达30%。宁夏回族自治区启动实施"降水量400毫米以上区域造林绿化"和"引黄灌区平原绿洲生态区绿网提升"两大工程，全年完成营造林4.89万公顷，占全区造林任务的65%。内蒙古通辽市按流域、整沙带推进百万亩防护林基地建设，初步建成3个20万亩以上规模集中治理区。新疆兵团集中力量开展"防护林整团推进示范建设工程"，目前已有44个团场实现了"条田林网化、道路林荫化"的建设目标。甘肃省庄浪县坚持按流域、整山系规模化治理，近两年集中连片完成造林20多万亩。

坚持以人民为中心的发展思想，改善人居环境正在成为工程建设新亮点　各地顺应人民日益增长的优美生态环境需要，在抓好荒山荒地造林的同时，更加重视人居环境的改善。北京市突出造林与造景相结合，按照"宜绿则绿、见缝插绿、多元增绿"的工作思路，打造区域精品亮点。辽宁省加大各类矿山和破损山体生态治理力度，近5年来，省财政投资13.5亿元，完成矿山治理0.73万公顷，打造了一批集休闲、健身、娱乐为一体的绿色空间。陕西省在全国率先提出建设森林城市群构想，启动了关中盆地、秦巴山地、黄土高原三大森林城市群建设。西安市斥资3.5亿元改造提升绕城高速景观林带。青海省采取绿化美化彩化村庄、建设花园游园公园、环境综合整治等措施，建成1200多个生产生活生态同步改善的"高原美丽乡村"。吉林省通化市以创建国家森林城市为契机，高标准打造了近500个村在林中、家在绿中、户在花中的"绿美示范村屯"。

协同推进生态建设与民生改善，绿色惠民正在成为工程建设的新动能　各地因地制宜、精准施策，采取生态治理、生态保护、生态产业脱贫模式，实现了环境持续改善、农民稳定增收。山西省推行"扶贫攻坚造林专业合作社"新机制，贫困县所有造林任务全部由合作社实施，2016年2900多个合作社承担造林任务17.33万公顷，6.2万贫困劳力参与造林，带动15.5万人脱贫，实现了在"一个战场打赢生态治理和脱贫攻坚两场战役"的目标。宁夏回族自治区固原市本着"用当地的苗绿化家园，让当地的贫困户挣造林的钱"的原则，全年使用贫困户苗木1219.6万株、调用贫困户劳力6.2万人次，实现增收7461万元。新疆维吾尔自治区选聘1.1万名建档立卡贫困人口就地转变为生态护林员，带动近5万人实现稳定脱贫。黑龙江省深入挖掘独特生态资源，着力打造一批森林体验、森林养生基地和精品森林旅游线路，"十三五"期间规划建设森林公园75处。甘肃省大力推进苹果、花椒、核桃等优质林果基地建设，全省经济林面积达到145.35万公顷，产量680.4万吨，产值276.7亿元。内蒙古阿拉善盟大力推行"龙头企业+基地+农牧民+科研单位"的沙产业发展模式，肉苁蓉、锁阳、甘草已初步形成集种植、加工、生产、销售于一体的产业链，从事沙产业的农牧民人均增收3万~5万元。

【三北防护林站（局）长会议】　1月10日，三北局在宁夏银川召开三北防护林站（局）长会议。会议深入学习领会习近平总书记等中央领导同志对防沙治沙工作的重要批示精神，认真贯彻落实全国林业厅（局）长会议和三北防护林体系建设工作会议精神，总结交流2016年三北工程建设情况，通报百万亩防护林基地、黄土高原综合治理、退化林分修复三项建设重点督导检查情况，表彰奖励2016年度三北工程信息工作先进单位和先进个人，分析工程建设面临的形势和任务，安排部署2017年工程建设重点工作。

会议指出，2016年三北各地牢固树立新发展理念，坚持以增绿增质增效为主线，突出重点，规模治理，推进造林育林与修复提高协同发展，实现了"十三五"工程建设的良好开局。据调度统计，全年完成造林育林

66.67多万公顷,修复退化林分近5.67万公顷,均超额完成计划任务。工程建设整体呈现出稳中有进、内涵拓展、质量提升的良好态势。

会议认为,2017年是实施"十三五"规划的重要一年,是供给侧结构性改革的深化之年。要深入学习领会习近平总书记系列重要讲话精神,认真贯彻落实全国林业厅(局)长会议和三北防护林体系建设工作会议精神,以筑牢北方生态安全屏障为目标,坚持造林育林为本,加快增绿增质增效,着力抓好百万亩防护林基地、黄土高原综合治理、退化林分修复等重点建设项目,强化管理,加大宣传,依靠科技,力争全年完成造林育林1000万亩以上,修复退化林分100万亩以上。

会议要求,各级工程建设管理部门一定要准确把握当前的形势和任务,振奋精神,抢抓机遇,采取更加切实有力的措施,加快工程建设步伐,确保规划目标如期实现。一要加快工程发展。二要更深更细地抓好防沙治沙工作。三要统筹推进兴林与惠民协调发展。四要提升工程建设质量。五要深入做好改革创新。

【三北局与华润集团来宁青年开展文化交流活动】 5月14日,三北局与来自华润集团香港总部青年开展文化交流活动。此次活动是由中国野生植物保护协会、国家林业局三北局、宁夏回族自治区林业厅、宁夏回族自治区灵武市市委共同举办。来自国家林业局三北局、宁夏回族自治区林业厅、宁夏灵武白芨滩国家级自然保护区管理局与华润集团香港总部近50名青年,积极参与了各项集体活动,进行了广泛深入交流。通过学习交流,使两地青年了解了防沙治沙工程的组织、实施情况,聆听了三北工程建设者万众一心,众志成城的"三北故事",感受了三北工程建设者艰苦奋斗、无私奉献的"三北精神",营造了关心支持三北工程建设的良好氛围。

【三北工程提升森林质量技术与管理培训班】 3月27~31日,三北工程提升森林质量技术与管理培训班在北京举办。来自三北地区各省(区、市)林业厅(局)、新疆生产建设兵团林业局三北工程主管部门及三北工程建设重点县林业局等单位负责人90人参加了培训。学员认真学习了三北局副局长洪家宜、中央党校教授赵建军、国家林业局场圃总站副总站长王恩苓、山西省林业厅副厅长张云龙、中国林科院研究员雷相东、杨文斌、世界自然保护联盟中国代表处项目总监张琰、河北省木兰围场林管局副局长赵久宇等专家老师关于三北防护林体系建设的历史回顾和当前任务、解读新《造林技术规程》、山西省提升森林质量的理论与实践、走向生态文明新时代——习近平生态文明论述等课程,并听取了天津市武清区林业局副局长黄宝剑所作的专题交流发言。

【外国驻华使节考察中国三北工程建设成就】 6月18~23日,国家林业局举办"走近中国林业·防治荒漠化成就"考察活动,组织缅甸、老挝、埃塞俄比亚、斯里兰卡、巴基斯坦等17个国家的驻华使节,以及联合国防治荒漠化公约秘书处、粮食计划署、环境规划署等国际组织代表赴甘肃河西走廊考察我国三北工程建设和荒漠化防治成就。外国使节和国际组织代表们对中国在治理水土流失和防治荒漠化方面的应用技术和所取得的成就给予高度评价。

【三北五期工程百万亩防护林基地现场会】 于7月11~12日,在内蒙古通辽市召开。会议传达学习了习近平总书记等中央领导同志关于河北塞罕坝国有林场建设的重要批示精神以及全国林业厅局长电视电话会议精神,总结交流了百万亩防护林基地建设成效和经验,分析了面临的新形势和新任务。

会议认为,7年来,三北工程先后在辽宁、黑龙江、陕西、青海、宁夏、内蒙古、甘肃、山西等省(区)的70个县(市、区)启动了11个百万亩防护林基地,初步建成了一批成规模的防护林基地雏形,有力地促进了工程发展方式转变。

会议指出,当前和今后一个时期,推进百万亩防护林基地建设,要实行分类指导,对症下药,对在建项目要严格落实投资计划,加快建设进度,创新管理机制,确保按期完成。对即将竣工的项目,要抓好填空补缺,完善提高,竣工验收等工作。对新上项目,要科学论证,尤其要把生态区位重要性、水资源承载能力、宜林地资源是否集中连片等作为考量新上项目的先决条件,严把准入关,确保建一个、成一个。力争到五期工程结束时建成10个左右的百万亩防护林基地。

会议要求,各级工程建设和管理部门要进一步认清生态文明建设的发展趋向,准确把握百万亩防护林基地建设的基本原则、主攻方向、动力机制和根本目标,坚持问题导向,采取超常规的措施推进百万亩防护林基地建设持续健康发展,努力构筑祖国北方生态安全屏障:一要抓好任务资金落实。二要抓好项目管理。三要抓好组织实施。四要抓好建设质量。五要抓好监督检查。

【三北工程退化林分修复技术管理培训班】 于7月17~19日,在黑龙江省拜泉县举办。来自三北地区各省(区、市)林业厅(局)、新疆生产建设兵团林业局三北工程主管部门负责人和技术负责人,退化林分修复试点县林业局技术负责人等110余人参加了本次培训。学员认真聆听了国家林业局造林司森林经营管理处处长蒋三乃、国家林业局三北局造林处处长高森、中国生态学会东北循环经济研究所所长王树清等分别作的讲座,实地观摩了拜泉县多种退化林分修复的技术应用和项目管理,进行了退化林分修复技术的学习和交流。

【三北局同国家林业局调查规划设计院、中国科学院座谈三北防护林体系建设40年总结评估工作】 9月21日,三北局同国家林业局调查规划设计院、中国科学院在银川座谈三北防护林体系建设40年总结评估工作。会议听取了关于《三北防护林体系建设40年总结评估技术方案》的汇报,并就评估内容、主要指标和方法、评估层级和重点、工作安排等进行了讨论交流。

会议要求,三北防护林体系建设40年总结评估工作是三北工程40年纪念活动的关键,总结评估工作要着眼对工程建设成果的评价,回应社会关注,回答公众质疑;要瞄准三北防护林建设体系,对工程建设前景进行合理规划和展望。

【三北工程精准治沙和灌木平茬复壮试点工作现场会】 于10月10~11日，在宁夏灵武召开。国家林业局副局长刘东生、宁夏回族自治区政府副主席王和山出席。

会议指出，三北工程实施近40年，防沙治沙实现了由"沙逼人退"到"绿进沙退"的历史性转变。但三北地区沙化形势依然严峻，防沙治沙仍处在沙化治理与扩展相互博弈，进则胜、不进则退的关键阶段。要保持定力，振奋精神，决不能因为风沙小了、危害弱了而出现麻痹松懈思想，也决不能因为任务重、难度大就出现畏难情绪。要坚持问题导向，深刻总结经验教训，以改革创新精神推动三北工程向更高水平发展。要树立抓实抓细的思想，打破僵化的管理模式，以新的理念带动防沙治沙向纵深推进。

会议指出，要全面总结经验和教训，推进三北工程精准治沙，实现精准分类、精准方案、精准政策、精准技术、精准管理、精准考核，解决工程治沙的分区施策、建设重点、长效动力、可持续性、质量效益、主体责任等问题。经商国家发展改革委同意，国家林业局拟从2018年开始，在三北地区建设一批工程治沙示范样板基地。

会议指出，这次会议之所以放在宁夏召开，主要考虑到宁夏连续12年实现沙化、荒漠化土地"双缩减"，成为全国唯一的省级防沙治沙综合示范区，率先在全国实现了沙漠化逆转。同时，宁夏坚持防沙治沙用沙结合，以产业发展带动防沙治沙和区域经济发展，走出了一条精准治沙和精准扶贫双赢的路子，对全国防沙治沙具有示范引领作用。宁夏将以此次现场会为契机，坚定不移推进三北工程精准治沙和灌木平茬复壮工作落实，全力构建西北地区生态安全屏障。

此次会议由国家林业局三北局、防沙治沙办公室主办。与会代表参观了宁夏灵武市、盐池县的防沙治沙和灌木平茬复壮现场。黑龙江、内蒙古、新疆三省（区）林业厅，宁夏盐池县、陕西榆阳区、内蒙古杭锦旗、宁夏灵武市政府代表及陕西神木市生态建设保护协会作经验交流。

【三北局和场圃总站联合评审《三北地区林木良种》】 11月14日，国家林业局三北局、场圃总站邀请北京林业大学等科研单位专家对《三北地区林木良种》书稿及其移动应用系统（APP）进行了评审。

【传达学习宁夏回族自治区实施生态立区战略推进会议精神】 11月24日，三北局召开会议传达学习宁夏回族自治区实施生态立区战略推进会议精神。

会议要求，全体干部职工要认真学习贯彻宁夏回族自治区党委、政府落实生态立区战略的总体要求，结合三北局工作实际，进一步完善工作思路，明确目标任务，创新工作举措，落实工作责任，支持宁夏三北工程建设再上新台阶。

【三北工程数字图书馆正式上线运行】 12月13日，三北工程数字图书馆正式上线运行，三北工程数字图书馆包含97种电子期刊、106个博士论文授予单位和315个硕士论文授予单位的学术论文、664条林业国家标准和341条林业行业标准。通过引入成熟的数据管理系统和对数字图书馆的模块功能、页面设置、书目类别多方科学设定，构建了类型多样、使用便捷的数字资源体系，实现了传统图书馆和新兴图书馆业态的有效融合，标志着三北工程信息化建设迈上了一个新台阶。

（刘冰、樊迪柯供稿）

长江流域等防护林工程建设

【综　述】 2017年，长江流域、珠江流域、沿海防护林、太行山绿化四项工程共完成中央预算内投资13.72亿元，造林29.64万公顷。其中长江流域防护林建设工程完成中央投资6.73亿元，造林15.67万公顷；珠江流域防护林建设工程完成中央投资1.98亿元，造林4.75万公顷；全国沿海防护林建设工程完成中央投资3.22亿元，造林6.22万公顷；太行山绿化工程完成中央投资1.79亿元，造林3万公顷。长、珠江流域重点地区水土流失面积逐步减少；沿海防护林体系主体框架初步形成；太行山区生态环境明显改善，基本改变了"土易失、水易流"的状况。

【退化防护林修复技术规定】 2017年1月27日，国家林业局以局文出台了《退化防护林修复技术规定（试行）》（林造发〔2017〕7号），这是全国第一个关于退化防护林修复的技术规定。《规定》明确了退化防护林的界定标准、修复原则、修复方式、适用对象、技术要求、评价指标等，适用于全国范围内、人工起源退化防护林的修复活动，为加快推进全国退化防护林的修复工作提供了科学规范的技术标准。

【河北省张家口市坝上地区退化防护林改造试点】 2017年4月，国务院批复的《河北张家口坝上地区退化林分改造试点实施方案》121.57万亩改造任务全部完成。国家林业局委托国家林业局调查规划设计院，对实施退化防护林分改造试点的6个县区（张北县、康保县、沽源县、尚义县、察北区、赛北区）2014~2016年三个年度的试点项目开展了国家级核查工作，并完成了《河北张家口坝上地区退化林分改造试点项目国家级核查报告》。同时，指导河北省完成了省、市、县三级检查验收工作，并向国家发改委报送了河北张家口坝上地区退化林分改造试点完成情况报告。

【全国沿海防护林体系建设工程规划(2016~2025年)】 2017年5月4日，国家发改委和国家林业局联合批复下发了《全国沿海防护林体系建设工程规划(2016~2025年)》(林规发〔2017〕38号)，明确了今后10年全国沿海防护林工程建设的主要方向、内容、目标和保障等。规划建设范围包括沿海11个省(自治区、直辖市)、5个计划单列市的344个县(市、区)，土地总面积4276.99万公顷，其中林地1832.96万公顷，占土地总面积的42.86%，规划营造林面积147.59万公顷。《规划》提出，到2025年，我国沿海森林覆盖率达到40.8%，林木覆盖率达到43.5%，红树林面积恢复率达到95.0%，基干林带达标率达到90.0%，老化基干林带更新率达到95.0%，农田林网控制率达到95.0%，村镇绿化率达到28.5%。工程区内森林质量显著提升，防灾减灾能力明显提高，经济社会发展得到有效保障，城乡人居环境进一步改善。

【全国沿海防护林体系建设工程启动现场会】 2017年7月12~14日，在广西组织召开了"全国沿海防护林体系建设工程启动现场会"。刘东生副局长亲自出席并讲话；全国工程区内11个省(区)、5个计划单列市林业厅(局)主管工程建设的厅(局)长、处长；国家发改委、部队、武警部门领导；国家林业局相关司局、宣传部门的同志共80多人参加了会议。会议部署开展了新一期沿海防护林体系工程建设，明确了工程建设方向，即通过继续保护和恢复以红树林为主的一级基干林带，不断完善和拓展二、三级基干林带，持续开展纵深防护林建设，初步形成结构稳定、功能完备、多层次的综合防护林体系，使沿海地区生态承载能力和抵御台风、海啸、风暴潮等自然灾害的能力明显增强，为沿海经济社会发展和21世纪海上丝绸之路建设提供良好的生态条件。

(覃庆锋供稿)

速丰林基地工程建设

【2017年国家储备林基地建设】 2017年，国家储备林基地完成建设任务69.04万公顷，其中：中央投资建设国家储备林基地16.81万公顷，开发性、政策性银行贷款建设国家储备林15.53万公顷，速丰林基地36.7万公顷，协调落实中央资金5.2亿元。加大与有关金融机构协调力度，推进投融资机制创新，取得丰硕成果。与国家开发银行、中国农业发展银行等金融机构，召开"国家储备林建设机制创新研讨会"，促进广西、河南、河北等省(区、市)利用开发性和政策性贷款建设国家储备林基地。共签订国家开发性和农业政策性贷款授信合同230亿元，已发放贷款81.62亿元。编制《国家储备林建设规划(2018~2035年)》，制订《国家储备林管理办法》，争取国家储备林政策支持。

【2017年重点地区速生丰产用材林基地建设工程进展情况】 中国重点地区速丰林建设工程已初步形成了多主体投资、多形式建设、多功能利用的总体格局。截至2017年年底，累计完成速丰林基地建设1218.35万公顷，其中，2017年完成速丰林工程建设各类造林36.7万公顷，包括荒山荒地造林8万公顷，更新造林15.14万公顷，非林业用地造林1.86万公顷，完成改培面积11.7万公顷。速丰林工程建设对于缓解中国的木材供需矛盾，特别是珍稀大径材极其短缺的结构性矛盾发挥了重要作用。

(马藜供稿)

森林培育

04

林木种苗生产

【综　述】 2017年林木种苗生产总量充足，满足造林绿化需求。育苗面积、可供造林绿化苗木产量略有增加，但育苗总量略减；园林绿化、观赏、景观苗木生产数量增加势头明显，但市场选择更偏重传统乡土、珍贵用材、彩叶观花观果等类型苗木，标准化、精品化、大规格苗木，新优品种、特色高端工程用苗依然紧俏，仍不能满足市场日益增长的多样化与个性化需求。

林木种苗生产基地基本情况

苗圃　全国实有苗圃总数36.8万个，其中国有性质苗圃为4758个，占苗圃总数的1.3%；实际育苗面积142万公顷，其中国有苗圃育苗面积7.2万公顷，占总面积的5.1%；新育面积19.2万公顷，占育苗总面积的13.5%。同比2016年，全国苗圃总数增加2732个，其中国有苗圃减少105个。育苗面积增加1.27万公顷，其中国有苗圃育苗面积增加0.13万公顷。

良种基地　全国共有良种基地面积20.93万公顷。其中，国家重点良种基地294个，比上年增加70个，面积8.87万公顷。

采种基地　全国现有采种基地40.2万公顷，同比2016年增加2.67万公顷。年可采面积61.13万公顷，增加31.13万公顷；采集种子309万千克，同比2016年减少20万千克。

林木种苗库存情况　截至2017年种子采收前，库存种子351万千克，其中良种82万千克。同比2016年，库存种子减少31.6%，良种减少19.6%。

种苗生产情况

种子采收　全国共采收林木种子2876万千克。其中，良种1055万千克，穗条49.5亿株。同比2016年种子采收总量减少306万千克，减少9.6%。良种减少36万千克，减少3.3%；穗条减少16.5亿条（根），减少24.9%。其中，2017年全国生产良种穗条49.5亿条（根），同比减少16.8亿条（根），降低了25.3%。

苗木生产　①育苗面积。育苗总面积142万公顷，其中新育面积19.2万公顷，占育苗总面积13.5%。同比2016年，新育面积增加0.27万公顷。②苗木生产总量。总产苗量702亿株，其中1年生苗木259亿株，2年生苗木142亿株，3年生苗木119亿株，3年以上苗木183亿株。同比2016年，总产苗量减少2亿株，1年生苗与2年生苗木依次减少20亿株、6亿株，3年生以上苗木共增加25亿株。主要树种：油松、云杉、樟子松、杨树、侧柏、红叶石楠、杉木、核桃、国槐、杜鹃、白蜡、牡丹、柳树、银杏、桂花、红松、青海云杉、海棠、刺槐、白皮松、油茶、榆树、女贞、梭梭、栾树、华山松、花椒、沙棘等。③可供苗木数量（可用于造林绿化苗木）。可供2018年造林绿化苗木量434亿株，其中容器苗64亿株，良种苗115亿株。同比2016年，总量增加15亿株。主要树种：油松、樟子松、红叶石楠、杉木、杨树、云杉、侧柏、核桃、白蜡、杜鹃、国槐、牡丹、梭梭、柳树、海棠、桂花、华山松、银杏、油茶、白皮松、湿地松、刺槐、枸杞、榆树、青海云杉、龙柏等。

林木种苗使用情况

造林绿化实际用种　实际用种2385万千克，同比2016年减少73万千克。其中良种609万千克，增加286万千克，良种穗条62.5亿条（根），减少16.5万条。主要用于育苗、飞播造林。

造林绿化实际用苗　①除留圃苗木外，实际用苗木量为189亿株，同比2016年增加20亿株。其中使用容器苗29.6亿株，增加0.8亿株；良种苗64.3亿株，增加15.5亿株；②实际用于防护林、用材林、经济林和其他林分的苗木，依次占2017年造林绿化使用总量的23.1%、18.8%、16.3%、41.8%，同比2016年，用于营造防护林、用材林、经济林的苗木减少，占当年实际用苗总量比率分别减少5.4%、1.5%、3.2%，其他林分使用苗木增加10.1%。③数量居前的主要树种依次为：杨树、杉木、油松、核桃、梭梭、侧柏、樟子松、油茶、湿地松、红松、牡丹、云杉、白蜡、槐树、柳树、石楠、悬铃木、花椒、茶、榆、银杏、海棠、桉树、桃、枫香、红花檵木、马尾松、栾树、榉树、锦鸡儿、兴安落叶松、刺梨、山杏、女贞、柳杉、杜鹃、华山松、李、桂花、枸杞等。

（于滨丽）

【林木种质资源保护工程项目建设】 2017年林木种质资源保护工程项目下达中央预算内投资计划1亿元。建设河北、辽宁、黑龙江、湖南、四川、贵州、宁夏、新疆等8省区20个国家林木种质资源库项目，共计下达中央预算内投资7122万元；续建西藏林木种苗科技示范基地1处，下达中央预算内投资1608万元；续建甘肃岷县林木良种基地1处，下达中央预算内投资822万元，续建甘肃陇南县油橄榄良种育苗基地1处，下达中央预算内投资448万元。

（张超英）

【修订出台《主要林木品种审定办法》】 根据《中华人民共和国种子法》的有关要求，国家林业局修订了《主要林木品种审定办法》，并于12月1日起实施。修订后的《主要林木品种审定办法》增加了对品种及无性系特异性、一致性和稳定性的要求；规定了同一适宜生态区引种备案制度及撤销审定制度等。

（薛天婴）

【公布第三批国家重点林木良种基地名单】 为进一步增强林木良种生产供应能力，优化国家重点林木良种基地树种结构，满足生态建设和社会发展对林木良种的多样化需求，推进中国林木良种化进程，2017年8月，经过对省级重点林木良种基地进行调研、筛选、评定，公布了70处第三批国家重点林木良种基地名单。

（丁明明）

【批复第三批国家重点林木良种基地发展规划(2017～2020年)】 11月27～30日,国家林业局场圃总站召开国家重点林木良种基地发展规划评审会,组织专家对27个省(区、市)林业厅(局)及吉林、龙江、大兴安岭森工(林业)集团公司的69处第三批国家重点林木良种基地的发展规划进行了评审,并进行了批复。

(郝 明)

【国家重点林木良种基地考核工作】 按照《国家重点林木良种基地考核办法》的相关要求,国家林业局办公室下发了《关于开展国家重点林木良种基地及种苗工程项目考核工作的通知》(办场字〔2017〕81号),部署开展对第二批国家重点林木良种基地和种苗工程项目建设和管理情况的考核工作。国家林业局成立由场圃总站、林业基金管理总站组成的考核组,通过实地检查、查阅账目、座谈等形式对辽宁、安徽、河南、重庆、陕西、宁夏等6个省(区、市)的14个第二批国家重点林木良种基地进行了考核,并对6省(区、市)的部分第一批国家重点林木良种基地开展了"回头看",同时考核种苗工程项目的建设和管理情况。对考核中发现的问题及时向被考核省的省级林业主管部门进行了反馈,并要求进行整改。

考核结果显示:重点基地树种结构进一步优化,良种供应能力进一步提高,科技创新能力进一步增强,地方政府支持力度进一步加大。但是省级林业主管部门需要加强顶层设计,基地升级换代工作进展缓慢,经营管理精细化程度不高。同时对存在问题的国家良种基地提出警告,并要求其进行整改。

(丁明明)

【林木种质资源普查情况】 2017年,国家林业局场圃总站分别支持山西、辽宁、黑龙江、安徽、湖北、湖南、甘肃、新疆等8省区开展林木种质资源普查工作。山西省对管涔林局的青杆、白杆、照山白和桦树等树种开展种质资源调查,采集种质资源68份,制作标本40份;辽宁省对本溪县、建昌县和建平县开展种质资源调查,初步查明木本植物38科、87属的树木230种,古树名木97科,采集标本200余份;黑龙江省查明第一、二批国家重点林木良种基地保存了红松种质资源1000份,樟子松种质资源3500份,云杉和冷杉种质资源400份,兴安、长白及日本落叶松等树种种质资源6000份,杨树、黄波罗、胡桃楸、水曲柳、桦树等阔叶树种种质资源2000份;安徽省查明并登记合肥市的古树名木2504株,涉及麻栎、柿树、黄连木、朴树、银杏、桂花、马尾松三角槭、圆柏、枫香等57个树种,同时,对引进的22个平欧杂种榛品种、51个薄壳山核桃品种等优良种质资源进行了登记;湖北省完成了全省17个市州种质资源调查、验收,并开始对罗田、英山、郧西等重点县树木种类调查,基本完成全省内业汇总和资料收集;湖南省对宜章、涟源、新邵等20个县的种质资源进行了调查,发现并鉴定了衡山报春苣苔、保靖克纲虎耳草两个新物种,调查发现了长柄双花、雏果安息香的新居群,发现了南方红豆杉、香果树、花榈木等珍稀濒危植物的新分布点,以及高野山龙头草、光萼紫金牛、梓叶槭、白花过路黄等27个新记录种;甘肃省采集有效标本23 700份,涉及841个树种,拍摄有效树种照片24 600张,发现甘肃省植物新记录种3种,白水江保护区植物新记录种15种;新疆维吾尔自治区完成了对喀什地区的种质资源调查,查明喀什地区有木本植物56科、123属、258种、40个变种和69个园林品种。调查发现国家级珍稀保护树种8种,新疆珍稀保护树种12种。

(郝 明)

【完成国家林木种质资源库内保存种质资源的登记工作】 2017年国家林业局场圃总站部署开展了99个国家林木种质资源库保存资源登记工作。截至2017年10月,99个国家林木种质资源库共登记、保存林木种质资源4.2万余份,初步摸清了国家林木种质资源库内资源家底,为进一步开展评价利用工作奠定了基础。

(郝 明)

【国家林木种质资源设施保存库建设进展】 国家林业局于2015年决定开展国家林木种质资源设施保存库建设以来,筹备建设国家林木种质资源设施保存库(主库)(以下简称"国家主库"),建设地点在中国林科院华北林业实验中心。同时,规划在全国分区域建设6个国家分库,新疆分库作为先行试点,先期建设。2016年7月,成立了"国家主库"领导小组和专家咨询组。该领导小组通过组织开展大量调研工作,学习考察国内外先进经验,邀请国外专家来华交流等形式,多次召开专题研讨和各类专家咨询会,国家主库项目立项。

2017年3月15日,国家主库建设项目通过国家发展改革委的预审并获得国家林业局批复。该项目通过国家发改委"全国投资项目在线审批监督平台"预审(项目编号为2017-000052-05-01-000306),10月23日,国家林业局办公室批复《关于同意中国林科院建设国家林木种质资源设施保存库(主库)的请示》(办规字〔2017〕182号)。

2017年,修改完善"国家主库"项目可研报告。根据项目批复要求,已经完成"国家主库"项目建设地点的测绘、环境影响评价、地质灾害评估和勘察等工作。国家林木种质资源设施保存库分库建设同时也在有序开展,国家林木种质资源设施保存库新疆分库主体工程已完成招标并开工建设。

(马志华 刘 丹)

【国家林木种质资源设施保存库(主库)专题研讨会】 3月8日、7月28日和9月21日,先后3次就"国家主库"建设问题召开建设项目领导小组办公室会议,国家林业局保护司、计财司、科技司、人事司、场圃总站、科技发展中心以及中国林科院等单位和部门有关人员参加。决定以国家林业局办公室名义,在征求项目各成员单位意见的基础上,印发3月8日和7月28日会议纪要,成立"国家主库"项目筹建办公室,下设基建组、技术组、财务组。会议明确要求,"国家主库"设计要依据项目建设地点中国林科院华林中心地势,合理布局、依山而势、顺势而为,建筑格调和外观设计上要充分体现林业特色,结合现代元素和中国风,要达到五个目标统一,既是保存中心,也是研究中心、交流中心、科普中心以及展示中心,努力把"国家主库"打造成中国的林业种业创新的标志性建筑。

(马志华 刘 丹)

【国家主库可研报告专家咨询论证会】 10月23日组织召开项目专家咨询会,对《"国家主库"可研报告》进行咨询论证,专家组由中国工程院院士、北京林业大学尹伟伦教授,中国工程院院士、中国林科院张守攻研究员,东北林业大学杨传平教授,南京林业大学施季森教授等13位专家组成。专家组认为,该项目的实施将填补中国林业在种质资源设施保存方面的空白,实现中国林木种质资源的长期、安全保存,对防止中国林木种质资源丢失、推动林木种业科技进步、维护生物多样性、促进生态建设等方面具有重要意义。《"国家主库"项目可研报告》,充分论述了该项目的建设条件、建设地点、建设规模,提出了切实可行的建设目标、建设内容、建设方案及保障措施,并对该项目的环境影响评价、风险因素、地质灾害进行了预测和评估,对项目的建设进度、投资概述、项目组织管理及保存库建成后的运行提出了合理的安排,能够满足项目可研报告的基本要求。专家组一致同意通过该项目可研报告,建议修改完善后报国家有关部门批准立项。 (马志华 刘 丹)

【林木种质资源保护利用培训团】 为进一步加强中国林木种质资源调查、收集、保存和利用工作,提高中国林木种质资源保护和管理水平,经国家外专局和国家林业局批准,国家林业局发展规划与资金管理司协同国家林业局场圃总站组织林木种质资源保护利用培训团,并于2017年10月30日至11月12日赴美国进行培训。培训团由国家林业局有关司局、直属事业单位及安徽、山东、湖南、云南、甘肃、青海等省级林业部门从事计划资金管理、林木种质资源研究与管理的人员共23人组成。通过集中学习培训和实地考察,培训团成员开阔了视野,增长了见识,同时进一步强化了中国林木种质资源调查、收集、保存和利用工作的信心。 (马志华 刘 丹)

【主要林木品种审定】 2017年国家林业局林木品种审定委员会对通过形式审查的49个林木品种进行了审定,审(认)定通过32个林木良种。2017年,北京、河北、山西、内蒙古、辽宁、吉林、上海、江苏、浙江、安徽、福建、山东、河南、湖北、广西、海南、四川、重庆、云南、陕西、甘肃、青海、宁夏等23个省级林木品种审定委员会审(认)定通过包括用材树种、经济林树种及观赏品种在内的林木良种共456个。(薛天婴)

【出版《林木良种名录(2002~2015年)》】 国家林业局场圃总站组织编写《林木良种名录》一书,系统归纳了国家林业局林木品种审定委员会自2002年成立后审定通过的376个林木良种,详细介绍了审定通过良种的品种特性、栽培技术要点和适宜种植范围,图文并茂。这本书是对中国多年来林木育种成果的集中展示,是育种者辛勤劳动的研究成果,对于开展林木良种推广、指导生产者正确选择品种和开展科学种植具有重要作用。 (丁明明)

【良种基地技术协作组工作】 国家重点林木良种基地技术协作组通过技术培训、现场考察交流等形式,推动国家重点林木良种基地建设和发展。全国杉木良种基地技术协作组深入福建、四川、重庆、湖南、安徽等10个省的国家重点杉木良种基地,现场指导和培训杉木良种基地的建设管理和良种生产;全国落叶松良种基地技术协作组在辽宁举办了全国落叶松重点良种基地培训班,培训基地技术人员170多人;全国油松良种基地技术协作组为12个油松和樟子松良种基地提供了技术指导,并对每个基地提出了发展建议;全国马尾松良种基地技术协作组在广西南宁举办培训班,培训马尾松重点基地技术人员80多人;全国油茶良种基地技术协作组在海南举办全国油茶产业发展技术培训班,培训相关人员140多人,并调查提出了《全国油茶主推品种目录》。 (丁明明)

【启动国家重点林木良种基地挂职试点】 国家林业局场圃总站于3月启动国家重点林木良种基地挂职试点。湖南城步苗族自治县林木良种场国家马尾松良种基地的陈清新、四川富顺县林场国家马尾松良种基地的卢卷兵、广西南宁市林科所国家马尾松良种基地的陈新华、新疆林科院佳木试验站国家核桃、枣良种基地的王明,分别选派到广东信宜林科所国家马尾松良种基地、福建漳平五一林场国家马尾松良种基地、福建上杭白砂林场国家马尾松、杉木良种基地和河北沧县国家枣树良种基地挂职锻炼,挂职时间3个月。11月28日,国家林业局国有林场和林木种苗工作总站在北京举办2017年国家重点林木良种基地挂职试点工作总结会,3位挂职干部圆满完成任务。 (郝 明)

【国家林木种质资源库主任培训班】 于3月28~30日由国家林业局场圃总站在湖南省林业种苗中心举办。来自全国各省、区、市林业厅(局),内蒙古、吉林、龙江、大兴安岭森工(林业)集团和新疆生产建设兵团林业局种苗站(局、处)的分管负责人、种苗行业科室负责人,以及99处国家林木种质资源库的主要负责人等共计180余人参加了培训。期间邀请了种质资源领域相关专家,以及国家林业局有关司局的工作人员,就林木种质资源基础知识、种质资源保存利用体系、种质资源库的运行与管理以及林木良种补助资金和林木种质资源保护工程项目资金的使用与管理等方面为学员进行了全面的讲解、培训。培训中,99处国家林木种质资源库的负责人签署了承诺书,庄严承诺对库内的林木种质资源实施安全保存和有效利用。 (郝 明)

【国家重点林木良种基地技术人员高级研修班】 于9月19~24日由国家林业局场圃总站在北京举办。国家重点林木良种基地负责人、部分省(区、市)林木种苗管理机构行业科科长等90多人参加了培训。研修班围绕国家重点林木良种基地建设、发展和管理,对种子园集约经营、阔叶树良种选育、经济林良种基地建设、档案管理等专业技术知识,林木良种补助资金的使用和管理、良种基地发展规划编制和数据库使用等内容进行了培训。培训期间,全面总结了林木良种补贴政策实施后国家重点林木良种基地建设取得的成绩,深入分析存在的问题及面临的新形势和新任务,对下一步基地工作提出了具体要求。来自河北、福建和山东3省的重点基地代表作典型发言。 (薛天婴)

【全国林木种质资源普查培训班】 于6月20~22日由国家林业局场圃总站在北京举办，各省（区、市）林木种苗站负责人、行业科长和种质资源普查技术支撑专家等约90多人参加了培训。培训班讲解了林木种质资源普查基础知识，解读了《林木种质资源普查技术规程》《主要林木品种审定办法》，介绍了林木种质资源普查数据库使用方法并组织了现场实际操作。山东、湖南2省负责同志做了典型发言，分享了工作经验。

（薛天婴）

【林木种子苗木进出口】 根据《财政部 海关总署 国家税务总局关于"十三五"期间进口种子种源税收政策管理办法的通知》（财关税〔2016〕64号）的有关规定，国家林业局印发了《国家林业局关于加强"十三五"期间种用林木种子（苗）免税进口管理工作的通知》（林场发〔2017〕52号），进一步明确了申请林木种子（苗）免税进口的条件、程序以及监督管理的具体办法。截至12月31日，共办理林木种子（苗）免税许可审批1621件，涉及36家进口单位，审批从美国、加拿大、澳大利亚、荷兰、比利时、日本、丹麦等国家免税进口林木种子11 825.88吨、苗木1845.82万株、种球20 425.37万粒，进口总额为71 052.7万元，免税金额达8881.21万元。

（郝 明）

【木本油料产业发展情况调查】 为全面了解掌握全国木本油料产业发展情况，开展了木本油料产业发展情况调查工作。据统计，全国木本油料栽培总面积1369.8万公顷，其中油茶栽培面积428.9万公顷，核桃690.9万公顷，油用牡丹12.6万公顷，长柄扁桃9.7万公顷，杜仲2.47万公顷，油橄榄5.8万公顷，文冠果5.27万公顷，元宝枫1.2万公顷，光皮梾木0.27万公顷，其他212.7万公顷。油茶占木本油料总栽培面积的31.31%，核桃占总栽培面积的50.43%，油用牡丹、油橄榄、文冠果等其他木本油料占总面积的18.26%。2017年全国木本油料籽（果实）产量783 000万千克，其中油茶籽产量243 840万公斤，核桃产量350 620万公斤，油用牡丹籽产量5780万公斤，油橄榄果实产量1370万公斤，长柄扁桃9110万千克，其他172 230万千克。油茶籽产量占总木本油料总产量的31.14%，核桃产量占总产量的44.7%，油用牡丹籽产量占总产量的0.74%，其他木本油料占23.42%。可产食用油脂91 710万千克，其中茶油产量55 280万千克，占木本油脂总产量的60.27%。核桃油产量31 880万千克，占木本油脂总产量的34.76%；牡丹油产量1070万千克；橄榄油产量120万千克。除茶油、核桃油以外，其他木本植物油占木本油脂总产量的4.97%。

（张超英）

【油茶品种结构优化调整】 为全面提升油茶产业发展质量与效益，针对种苗市场上品种过多、群众难以选择的问题，从品种入手，优化调整油茶品种结构，全面提升油茶产业发展质量。在各省品种普查、优中选优、筛选推荐的基础上，4月14日，场圃总站和中国林科院亚热带林业研究所在浙江富阳共同组织召开油茶品种优化调整专家研讨会，会议对各省区推荐上报的149个主推品种进行了逐一审核讨论，确定121个品种作为全国油茶主推良种。同时就品种配置问题达成一致意见。根据专家意见，6月27日下发《国家林业局关于印发〈全国油茶主推品种目录〉的通知》（林场发〔2017〕64号），要求各地根据目录公布主推品种，结合实际，提出具体措施，切实抓好落实。同时按照"四定三清楚"组织好油茶种苗生产供应，确保油茶品种优化调整落到实处。

（张超英）

【全国国有苗圃普查】 为摸清全国国有苗圃发展状况，开展了国有苗圃普查，在各省区全面普查上报的基础上，对普查数据进一步审核汇总分析，编写了《全国国有苗圃专项信息普查报告》。据统计，全国共有独立法人国有苗圃1458处，其中全额拨款事业单位（含公益一类）318个，占国有苗圃总数的21.8%，差额拨款事业单位549个，占37.7%，自收自支事业单位591个，占40.5%。核定事业编制26 301人，实有在职职工25 946人。经营状况良好的国有苗圃228个，占15.6%，经营情况一般的苗圃692个，占47.5%，经营情况较差的480个，占32.9%，其他（未经营）58个，占4%。国有苗圃经营总面积8.8万公顷，可育苗面积3.33万公顷，苗木生产能力约为38亿株。报告还分析了国有苗圃存在的问题，提出了国有苗圃改革发展的意见和建议。

（张超英）

【全国油茶良种优化调整和产业发展技术培训班】 于10月16~19日在海南澄迈县举办。来自全国15个油茶产业发展省区林业部门主管油茶技术负责人、定点苗圃、采穗圃技术人员、种植大户和企业负责人等130余人参加培训。该培训班以油茶品种结构调整及配置为主题。培训内容包括油茶良种科学应用与配置技术、油茶主推品种推广应用及采穗圃改建技术要求、油茶丰产栽培技术、油茶低产林改造与持续丰产维护、油茶加工利用技术、木本油料产业发展进展及油脂标准化等。培训期间组织学员赴海南省澄迈县乐香生态农业开发有限公司油茶基地、澄迈县东山苗圃、海南省秀英区红旗镇良种示范林基地进行了现场参观实习。

（张超英）

【编印《林木种苗行政执法手册》】 委托北京林业大学组织编写《林木种苗行政执法手册》，印刷8000余册并免费发放各地。《手册》包含行政执法程序、典型案例分析、文书填写范例、相关法律文件等内容，对于指导基层种苗执法具有很强的实用性和指导性，有力地提升了基层一线种苗执法人员的理论水平和实际操作能力。

（苏琳琳）

【完成林木种子生产经营许可证调查和核发】 按照《林木种子生产经营许可证管理办法》规定，3月中旬对各地林木种子生产、经营许可证发放及管理情况进行调查。截至2016年年底，全国种苗生产者97 500余个，种苗经营者96 700余个，种苗生产经营者11 200余个，全国持证生产经营者13万余家。2017年场圃总站共办理林木种子生产经营许可事项76个，其中新申请32个，延续35个，变更8个，不予许可1个。截至2017年年底，持有国家林业局核发林木种子生产经营许可证企业共207家。

（苏琳琳）

【配合全国人大开展《种子法》执法检查】 2017年，全国人大常委会将《种子法》列入年度执法检查范围，检查内容为种质资源库、保护区或保护地建设和保护措施落实情况，种子生产经营许可分级审批制度和种子质量管理措施落实情况等。场圃总站积极配合全国人大制订林业检查方案，梳理提交了林业贯彻实施新《种子法》情况，汇编了林业出台的政策、法规、标准和规划，积极争取林木种苗发展政策。并陪同全国人大相关人员赴河北、江西、四川、海南4个省开展了执法检查。

（苏琳琳）

【2017年全国林木种苗质量监督抽查】 2017年委托国家级林木种苗质量检验机构对河北、湖南、四川、重庆、贵州、甘肃、山西、内蒙古、河南、海南、云南、西藏、陕西、宁夏14个省（区、市）及内蒙古森工集团、大兴安岭林业集团重点工程造林使用的种子苗木质量以及许可、标签、档案等项制度落实情况进行抽查。同时，安排部署其他省份进行自查。共抽查林木种子样品83个、苗木苗批465个，涉及118个县、266个单位。从抽查结果看，林木种子样品合格率为86.7%，同比提高0.7个百分点；苗圃地苗木苗批合格率为91.0%，与2016年持平；造林地苗木抽查合格率为91.0%，同比提高7个百分点。以局文件形式对抽查结果进行了通报，通报不合格企业75家。

（苏琳琳）

【打击制售假冒伪劣林木种苗工作】 2017年，组织全国31个省（区、市）、各森工（林业）集团和新疆生产建设兵团开展不同形式的执法检查，重点检查种苗集散地、交易市场等关键部位，严厉打击生产销售假冒伪劣林木种苗行为，始终保持打击假冒伪劣种苗的高压态势。2017年累计出动检查人员1.5万余人次，检查生产经营单位2万余家，共查处种苗违法典型案件71件，办结案件66件，罚没金额49.8万元，公开案件信息66件；移送司法机关案件1件，涉案金额198.7万元。进一步落实"两法衔接"平台建设，多渠道多形式对种苗行政处罚案件信息进行公开。向全国打假办按月统计报送打击侵权假冒种苗案件行政处罚情况。

（苏琳琳）

【林木种子生产经营许可"双随机"抽查】 按照年初工作计划和双随机抽查细则要求，会同政法司从检查人员名录库、被许可企业名录库中分别随机抽取了6名检查人员和6家领取国家林业局核发的林木种子生产经营许可证的企业，于12月4~9日实施了双随机抽查。通过检查，限期整改一家，注销许可证一家。检查结果向社会进行了公布，并录入企业信用系统。通过双随机抽查，及时掌握了被许可人生产经营状况，强化了对被许可人的监督，加强了对被许可人的指导和服务。

（苏琳琳）

【举办《种子法》知识竞赛】 5月15日至6月28日，在国家种苗网上组织开展"《种子法》知识竞赛"活动。全国参与人数达43 950多人，其中8000多人满分。按照比赛规则，抽取了一等奖20名、二等奖30名、三等奖100名，并授予福建、山东、黑龙江、重庆、山西、湖南和龙江森工"优秀组织奖"。

（苏琳琳）

【全国林木种苗站站长培训班】 于4月25~28日在海南省澄迈县举办。培训班上全面总结了2016年林木种苗工作，深入分析了当前林木种苗工作面临的新形势、新任务，安排部署了今后一个时期重点工作，圆满地完成了各项既定的任务，取得了预期培训效果。各省（区、市）种苗站（局），内蒙古、吉林、龙江、大兴安岭（林业）集团公司种苗站，新疆生产建设兵团种苗站，各计划单列市种苗站，山东省林木种质资源中心和国家级林木种苗质量检验检测机构等主要负责人共计70余人参加了培训。

（苏琳琳）

【全国林木种苗行政执法和质量管理人员培训班】 于7月4~7日在青海省互助县举办。培训内容包括讲解林木种苗行政执法和行政处罚程序，剖析典型案例，指导文书填写，讲解许可、标签、档案等制度及林木种苗许可证管理信息系统使用，通报2017年全国林木种苗质量抽查情况。各省（区、市），内蒙古、吉林、龙江、大兴安岭森工（林业集团），新疆兵团的种苗站（局）负责人、执法或质检人员，国家级林木种苗质量检验检测机构质检人员共计130余人参加了培训。

（苏琳琳）

【全国林木种苗信息员培训班】 于10月23~26日在黑龙江省哈尔滨市东北林业大学举办。培训班传达了国家林业局关于林业信息化的决策部署，科学分析了当前"互联网+种苗"的新形势，研究部署了2018年重点任务，讲解了国家种苗网信息报送、发布要求以及林木种苗信息数据库填报要求，并现场填报2017年种苗统计数据。各省（区、市），内蒙古、吉林、龙江、大兴安岭、长白山森工（林业）集团，新疆生产建设兵团，各计划单列市种苗站（局）负责人、种苗信息员共计70余人参加了培训。

（苏琳琳）

【全国林木种苗许可证管理信息系统正式运行】 完成"全国林木种苗许可证管理信息系统"软件开发和验收工作，正式运行并免费发给全国各地使用。系统功能包括"林木种子生产经营许可证"的信息录入、打印、查询、统计、到期提醒和二维码防伪等。省、地、县管理人员按照各自层级权限对本辖区的许可证发放活动进行管理和监督。实现了林木种子生产经营许可证核发全国统一联网管理，极大地提高了办公效率。 （苏琳琳）

【国家种苗网运营情况】 网站主要在网站底层数据建设和政务信息发布方面取得一定开创性进展，2017年，网站高级用户37个，发表作品10 728篇，点击量1128万次，日均3.1万次。主要在以下三方面取得一定成效：

网站建设继续完成网站底层数据建设及分发工作。进一步通过增加业内入网单位或企业成为集约平台成员，增加数据采集量。通过对数据管理，有序存放并展示。通过运营团队发挥移动互联网作用，推送政务信息和行业动态。

调整网站板块和结构，整合网站相关内容。首先按照国务院要求，对网站的技术架构、内容展示和运营模式进行改造。一是规范管理板块，完善了政务网四项功能。"关于我们"频道下增设"总站动态""解读回应""办事指南"及"互动交流"栏目，合理布置了政务信息。二是升级技术架构，让国家种苗网具有政务网、数据平台和集约平台三个组成部分，成为完整的政府网站。三是形成"合规·有用"提升活动方案，并依据方案对网站进行自查，对自查发现的问题进行整改。

开展"热点"与"亮点"栏目建设。将业内单位及从业者对林木种苗热点的看法及自身工作的好经验、好做法展示在"热点"及"亮点"中，为网站内容增色。通过该网站成功举办《种子法》知识竞赛。

（于滨丽）

【2017中国·合肥苗木花卉交易大会】 于10月20~22日由国家林业局和安徽省人民政府共同在中国中部花木城举办。该届"苗交会"主题为"苗迎四方客、花开幸福城"，有来自美国、荷兰、法国3个国家及国内浙江、山东、江苏、上海、安徽、北京、四川、河南等21个省的1500多家参展商、贸易商，约4.5万专业人士云集合肥，前来参展、参观、交流、交易、寻找合作伙伴，其中：1100家苗木花卉生产经营企业进场参展，设置特展展位22个，标准展位1495个。大会期间，总交易额23.9亿，其中：现场交易额8550万元，签订正式协议金额1.656亿元，达成意向协议金额21.39亿元。总交易额较上年增长2.1%。该次交易大会具有：主题时尚、寓意深远、理念新颖、突出实效，展品广泛、内容丰富，成果丰硕、影响广泛，活动精彩、亮点纷呈五大特点。

（于滨丽）

森林经营

【综　述】 2017年，各级林业部门认真贯彻落实党的十九大精神和习近平总书记关于"着力提高森林质量"重要指示，全面落实全国森林质量提升工作会议和全国林业厅局长会议部署，采取有效措施，着力推进森林经营，全国完成森林抚育面积885.64万公顷，退化林修复面积158.64万公顷，森林质量提升工作取得积极进展。

主要措施和成效 着力构建森林经营规划体系，完善森林经营相关制度。推进实施《全国森林经营规划（2016~2050）》，制定印发了《省级森林经营规划编制指南》，指导各地编制省级森林经营规划。按照建立全国、省、县三级森林经营规划体系总体思路，组织专家组研究制定《县级森林经营规划编制规范》，为各地编制县级规划提供指导和遵循。印发了《"十三五"森林质量精准提升工程规划》，启动实施了森林质量精准提升工程，结合中央财政造林、森林抚育补助项目和防护林体系建设工程等开展了18个示范项目建设，累计安排资金7.8亿元。出台了《国家林业局关于加快培育新型林业经营主体的指导意见》，会同中国银监会、国土资源部联合印发《关于推进林权抵押贷款有关工作的通知》，促进集体林适度规模经营。研究起草《关于进一步加强天然林保护工作的指导意见》，着手开展天然林保护红线划定工作。

全面完成森林经营年度任务，质量监管持续加强。加强督查指导和推进落实"十三五"林业发展规划、营造林三年滚动计划和年度计划任务。2017年，全国完成森林抚育面积830.2万公顷，为年度计划任务的103.8%。积极协调落实中央财政森林抚育补助资金，中央财政安排森林抚育面积361.53万公顷，补助资金59.98亿元。其中，天保工程区191.67万公顷，规模有所扩大，为保障东北、内蒙古重点国有林区改革提供支撑。组织开展2016年度中央财政森林抚育补助国家级抽查，通报了抽查结果，全国森林抚育补助面积核实率为98.2%，核实面积合格率为97%，作业设计合格率为90.2%，并对抚育质量不高的单位提出了整改要求。组织开展了对河北、山西、内蒙古、江西、河南、湖南、四川、贵州、云南、甘肃10省（区）及龙江森工集团2015~2016年中央财政森林抚育补助资金使用管理情况的稽查工作。针对稽查发现的问题，提出了有针对性的整改措施并督导落实。

组织编制国有林经营方案，推进建立森林经营方案制度。贯彻中共中央、国务院《国有林区改革指导意见》精神，印发了《关于做好东北内蒙古重点国有林区森林经营方案编制工作的通知》和《东北内蒙古重点国有林区森林经营方案编制指南》，指导15个国有林业局编制完成森林经营方案。出台《东北内蒙古重点国有林区森林经营方案审核认定办法》，制订了森林经营方案审核流程，并成立了森林经营方案审查专家组。稳步推进国有林场森林经营方案编制，在组织专家组开展专项调研的基础上，研究起草了《国有林场森林经营方案编制和实施评估指标表》，为国有林场编制实施森林经营方案提供遵循。积极推进森林经营方案实施示范林场建设，借鉴国内外先进森林经营理念和技术，指导河北省木兰围场国有林场管理局编制完成《森林经营方案（2015~2024年）》。以森林经营方案为基础、科学开展经营活动的理念，在国有林区、国有林场逐步树立，在全国森林经营示范建设单位中得到逐步贯彻。

持续加强科技支撑，森林经营标准建设、科研成果转化不断强化。发布了《低效林改造技术规程》《三北防护林退化林分修复技术规程》《平原绿化工程建设技术规程》以及部分树种培育技术规程等一系列行业标准，组织开展了《封山（沙）育林技术规程》《飞播造林技术规程》《森林抚育经营成效监测技术规程》等技术标准修订和编制。指导各地依据《森林抚育规程》国家标准，结合本地实际，编制完成森林抚育地方实施细则，并在督导检查过程中严格执行。组织编制了营造林标准体系框架和标准体系表，森林经营标准体系日臻完善。开展了多功能森林经营作业法体系、典型森林类型经营模式、林地立地质量评价、森林景观游憩资源调查与评价、森林经营方案编制辅助工具等领域的科学研究。依托全国森林经营样板基地构建了多功能森林经营作业法体系，并应用在全国、省级和县级森林经营规划中，为各级单位编制森林经营规划和开展样板基地建设提供了科技支撑。围绕森林质量精准提升科技创新主题，组织专家编制了"森林质量精准提升科技创新"实施方案，并报送科技部。批复中国林科院资源信息研究所和北京林业大学成立了国家林业局森林经营工程技术研究中心，为森林经营技术研究创新与成果转化提供有效平台。

深入推进森林经营样板示范建设，示范成果逐步显现。持续推进全国森林经营样板基地建设，指导新增的5个样板基地编制完成实施方案，修改完善了森林经营样板基地建设成效监测软件系统，开展了成效监测因子调查统计。总结提炼出50个森林质量精准提升技术模式和多功能全周期森林经营作业法，组织编制了技术模式汇编。指导各地建立了一批省级森林经营样板示范基地，进一步完善示范样板体系建设。森林经营方案实施示范林场建设取得阶段性进展，稳步推进各示范林场依据森林经营方案开展经营活动。联合美国林务局在浙江省建德市成功举办中美森林健康经营合作研讨会，分享森林经营政策、管理、技术与经验，启动了中美森林健康经营合作第二轮试点示范单位建设。加强蒙特利尔进程森林可持续经营标准和指标体系的推广应用，主导在美国纽约召开的联合国森林论坛第12届会议上发布《延吉宣言》，共同推动温带及北方乃至全球的森林可持续经营。在辽宁省清原县启动中芬森林可持续经营示范基地建设，从森林经营、林木引种等5个方面开展合作。

不断加大森林经营培训力度，人才队伍力量显著增强。落实《全国森林经营人才培训计划（2015～2020年）》，分南、北片区共举办4期森林经营研修暨师资培训班，培训学员400多人次。重点加强国有林业局、国有林场、林业重点县等基层管理技术人员培训，突出提高实际操作能力；加大省级森林经营师资培训力度，着力提高现场教学水平。创新培训形式，结合研修培训摄制现场教学视频，制作网上课程，扩大培训效果。举办了2017年中国技能大赛——全国国有林场职业技能竞赛，搭建了推动国家森林抚育任务实施、助推国有林场改革、培育新时期国有林场工人队伍的重要平台。全年完成乡镇林业工作站站长能力测试2945人，通过在线学习平台组织8.3万名基层林业站人员开展网络学习，组织开发了2016年版造林技术规程解读、我国多功能近自然森林经营的理论技术体系和应用案例等森林经营课程。
（蒋三乃）

【省级森林经营规划编制指南】 推进实施《全国森林经营规划（2016～2050年）》，制定印发《省级森林经营规划编制指南》，组织专家团队审查省级规划，指导30个省级单位编制完成省级森林经营规划初稿或征求意见稿。按照建立三级森林经营规划体系的总体思路，研究制定《县级森林经营规划编制规范》，为各地科学编制县级规划提供指导和遵循。
（蒋三乃）

【2016年度中央财政森林抚育补助国家级抽查】 根据财政部、国家林业局印发的《中央财政林业补助资金管理办法》以及《国家林业局规范检查核查工作规定》、《森林抚育检查验收办法》有关要求和相关规定，国家林业局组织开展了2016年度中央财政森林抚育补助国家级抽查。共抽查33个省级单位、187个县级单位、1864个抚育小班、37 967.69公顷（占计划任务的1.07%）的中央财政森林抚育补助任务，形成了国家级抽查报告，印发了抽查结果通报。
（蒋三乃）

【森林经营标准制度建设】 发布《低效林改造技术规程》《三北防护林退化林分修复技术规程》《平原绿化工程建设技术规程》以及部分树种培育技术规程等一系列森林经营相关技术标准，组织开展《封山（沙）育林技术规程》《飞播造林技术规程》《森林抚育经营成效监测技术规程》等国家和行业标准编制工作。依据《森林抚育规程》国家标准，组织各地编制了森林抚育地方实施细则，以全国性标准为指导、地方标准（实施细则）为补充的森林经营技术标准体系不断完善。
（刘 㫬）

【森林经营人才培训】 推进落实《全国森林经营人才培训计划（2015～2020年）》，2017年分南、北片区共举办4期森林经营研修暨师资培训班，培训学员400多人次。重点加强国有林业局、国有林场、林业重点县等基层管理技术人员培训，突出提高实际操作能力；加大省级森林经营师资培训力度，着力提高现场教学水平。创新培训形式，结合研修培训摄制现场教学视频，制作网上课程，扩大培训效果，进一步夯实森林经营专业管理和技术人才基础。
（刘 㫬）

【全国森林经营样板基地建设】 继续推进全国森林经营样板基地建设，指导新增的5个样板基地编制完成实施方案，修改完善了森林经营样板基地建设成效监测软件系统，开展了成效监测因子调查统计。总结提炼出50个森林质量精准提升技术模式和多功能近自然全周期森林经营作业法，组织编制了技术模式汇编。指导各地建立了一批省级森林经营样板示范基地，进一步完善示范样板体系建设，带动面上森林经营水平逐步提高。
（刘 㫬）

【森林经营国际合作】 中美、中德森林经营合作取得新进展，中国森林经营实践与国际先进森林经营理念进一步融合。参与中美林业工作组第七次会议相关议题磋商，联合举办了中美森林健康经营合作研讨培训会。启动了新一轮中美森林健康经营合作，确定了中方5个、美方2个森林健康经营合作试点示范单位和合作内容框架，纳入了中美林业工作组第七次会议纪要和合作计划。参加中德、中奥林业工作组会议以及联合国粮农组织亚太林委会第26届会议森林经营和植被恢复相关合作议题磋商，推动多功能森林经营、林地立地质量评价等交流合作。
（蒋三乃）

森林培育工作

【综　述】　2017年，各地、各部门（系统）全面贯彻党的十九大精神，以习近平新时代中国特色社会主义思想为指导，以建设美丽中国为总目标，以满足人民美好生态需求为总任务，认真践行新发展理念，坚持人与自然和谐共生基本方略，坚持以提高发展质量和效益为中心，组织动员全社会力量大力推进国土绿化行动，全国共完成造林736.2万公顷，森林抚育830.2万公顷，为建设生态文明和美丽中国做出了重要贡献。

各级领导率先垂范　3月29日，习近平、张德江、俞正声、刘云山、王岐山、张高丽等党和国家领导人，同首都群众一起参加义务植树活动。习近平总书记在植树时强调，参加义务植树是每个公民的法定义务，要创新义务植树尽责形式，让人民群众更好更方便地参与国土绿化，为人民群众提供更多优质生态产品，让人民群众共享生态文明建设成果。全国绿化委员会、国家林业局组织了"共和国部长植树"活动，中央和国家机关各部委、单位及北京市的150位省部级领导参加。举办了"全国人大机关义务植树""全国政协机关义务植树""将军义务植树""国际森林日"等活动。

创新丰富尽责形式　全国绿化委员会印发《全民义务植树尽责形式管理办法》，尽责形式拓展到造林绿化、抚育管护、自然保护、认种认养、设施修建、捐资捐物、志愿服务、其他形式8类，拓展了义务植树的内涵。批复北京、内蒙古、安徽、陕西4省（区、市）开展"互联网+全民义务植树"试点，北京市、内蒙古自治区建立了"互联网+全民义务植树"基地。吉林省网络直播"我为祖国栽棵树"等活动。上海市举办"园艺进家庭，绿化美生活"为主题的市民绿化节。江苏省组织栽植"教师林""幸福家庭林"等各类纪念林395个。浙江省开展"绿色出行，我为汽车种棵树""新植1亿株珍贵树赠苗"等活动。湖北省开展以"爱我千湖，绿满荆楚"为主题的植树活动，武汉市提供"一键报名、对点宣传、网状联动"一站式义务植树网络化服务。山西、辽宁、福建、山东、广西、海南、重庆、四川、贵州、甘肃、青海等省（区、市）创新机制，开展营建主题林、纪念林，绿地认建认养、捐赠奖金物资、参与宣传科普等多种形式的义务植树。

国土绿化行动　国务院召开了全国国土绿化和森林防火工作电视电话会议，深入学习贯彻习近平总书记系列重要讲话精神，研究部署国土绿化工作。李克强总理对会议作出重要批示，强调要着力推进国土绿化扩面提质，深入开展全民义务植树活动，加快补齐生态环境短板，进一步提升生态产品供给能力。国务院副总理汪洋出席会议并讲话，高位推动国土绿化。全国绿化委员会、国家林业局印发《关于做好2017年造林绿化工作的通知》，部署全年造林绿化工作。

国家林业局启动全国经济林产业区域特色品牌建设试点工作。建设名优经济林（含花卉）示范基地354个，面积3.4万公顷。2017年全国经济林产品产量达1.8亿吨，经济林种植与采集业实现产值1.3万亿元。国家林业局发布了《中国主要栽培珍贵树种参考名录（2017年版）》《林业生物质能源主要树种目录（第一批）》《2016年中国经济林发展报告》《林业生物质能源产业发展模式研究报告（2016年）》。

辽宁省将造林工作纳入省政府对各市政府绩效考核体系。重庆市印发《关于切实做好今年秋冬季造林绿化工作的通知》。安徽省出台《关于实施林业增绿增效行动的意见》和2017~2021年实施方案。西藏自治区出台《关于大力开展植树造林推进国土绿化的决定》。陕西省发布《关于继续实施重点区域绿化工程的意见》。青海省出台《关于创新造林机制激发国土绿化新动能的办法》《关于印发青海省国土绿化提速三年行动计划（2018~2020年）的通知》等。黑龙江、上海、河南、湖南、广东、重庆、甘肃、宁夏、新疆、大连、宁波、厦门等省（区、市、计划单列市）和龙江、大兴安岭等森工集团在报纸杂志、电视广播和网站，开设专栏专版、专题节目，发布倡议、公益广告等，形成全社会参与国土绿化的浓厚氛围。

林业生态工程　天然林资源保护工程完成造林26万公顷，中幼林抚育155.5万公顷，管护森林面积1.3亿公顷。实施全面停止天然林商业性采伐政策后，新增安排天然林管护补助资金面积近1333万公顷。退耕还林工程新增退耕还林还草任务82万公顷，完成造林91.2万公顷。京津风沙源治理工程完成造林18.5万公顷、工程固沙0.7万公顷。三北及长江流域等重点防护林体系工程完成造林99.1万公顷。完成国家储备林建设任务68万公顷。北京市启动新一轮百万亩平原造林工程。山西省实施吕梁山生态脆弱区综合治理等四大重点工程。内蒙古自治区完成重点区域绿化面积12.6万公顷。湖北省开展绿满荆楚行动，完成造林16.9万公顷。广东省新建生态景观林带693.7千米，新建森林公园165个、湿地公园34个。新疆实施伊犁河谷百万亩生态经济林建设和生态修复工程等。

国土绿化政策扶持和激励机制　国有林管护费和公益林补偿补助由2016年的120元/公顷提高到150元/公顷，中央财政安排补偿资金175.8亿元，用于0.9亿公顷国家级公益林管护。国家林业局与国家开发银行、中国农业发展银行共同推动项目评审落地实施，截至2017年年底，国家储备林等林业项目获得授信超过1100亿元，实现放款384亿元，其中2017年放款232亿元。全国森林保险签单面积1.4亿公顷，签单保费28.0亿元，提供风险保障1.1万亿元，中央财政保费补贴12.5亿元。退耕还林中央补助标准由22 500元/公顷提高到24 000元/公顷，安排新一轮退耕还林还草资金257.9亿元。国有国家级公益林生态效益补偿补助标准由2016年120元/公顷提高到150元/公顷，中央财政安排补偿资金175.8亿元,用于0.9亿公顷国家级公益林管护。

【全国绿化委员会办公室发布《2017年中国国土绿化状况公报》】 为大力宣传2017年各地区、各部门在造林绿化和林业生态建设上的重大举措和取得的显著成绩,进一步激发社会各界支持和参与造林绿化事业,推进生态林业、民生林业发展,建设生态文明和美丽中国,3月11日,全国绿化委员会办公室发布《2017年中国国土绿化状况公报》。公报全面反映全民义务植树、国家林业生态工程造林、部门绿化、防沙治沙、森林保护等实际进展、取得成绩和经验做法,指出了当前存在的困难和问题,提出了2018年造林绿化总体思路。新华社、《人民日报》《中国日报》《中国绿色时报》,以及中国网、央视网、人民网、中国林业网、凤凰网、新浪、网易等上百家新闻媒体全文登载或摘要登发公报,取得良好的宣传效果。

【全国绿化委员会印发《全民义务植树尽责形式管理办法》】 为贯彻落实习近平总书记关于"创新义务植树尽责形式"重要指示精神,根据《关于开展全民义务植树运动的决议》《关于开展全民义务植树运动的实施办法》,全国绿化委员会编制印发了《全民义务植树尽责形式管理办法》(以下简称《办法》)。

《办法》将尽责形式拓展到造林绿化、抚育管护、自然保护、认种认养、设施修建、捐资捐物、志愿服务、其他形式8类,创新了适龄公民尽责形式,拓展了义务植树的内涵,实现"造管并重"、多元保护的目标,调动社会各界力量,进一步推进义务植树走上公益性、义务性、法定性轨道。

【"互联网+全民义务植树"】 1月10日,全国绿化委员会办公室、中国绿化基金会联合在上海市召开"互联网+全民义务植树"座谈会,原中纪委驻局纪检组组长、中国绿化基金会主席陈述贤到会宣布全民义务植树网站试运行并现场捐款,标志着义务植树工作开启全新发展模式。截至2017年年底,网站总访问量达到了25万次,发布实体参与项目9个、网络参与项目15个,参与网络捐款人数达1200多人次,发放义务植树尽责证书221张。创建了全民义务植树微信公众号,每周发布信息。通过网站和公众号,宣传国土绿化最新动态,展示全绿委表彰的集体和个人风采,讲好绿色故事,传播绿色正能量。在《联合国防治荒漠化公约》第十三次缔约方大会期间,系统介绍了"互联网+全民义务植树"工作,宣传试点阶段性成果。开展"互联网+全民义务植树"试点工作,批复北京、内蒙古、安徽、陕西等4省(区、市)开展"互联网+全民义务植树"试点,北京市建设了全国首个"互联网+全民义务植树"基地,设立了4个市级义务植树尽责基地。

【中央财政造林补贴】 2017年,中央财政造林补贴安排福建、湖南等21个省(区、市)安排资金281 066.15万元,其中,直接补贴268 073.5万元,间接补贴12 992.65万元。

6月21日,国家林业局办公室印发《关于2014年中央财政造林补贴试点国家级核查结果的通报》(办造字〔2017〕100号),对2014年度中央财政造林补贴国家级核查结果进行通报。7月4日,国家林业局造林绿化管理司印发《关于组织开展2015年中央财政造林补贴省级验收工作的通知》(造造函〔2017〕48号),对2015年度中央财政造林补贴省级验收进行安排部署。9月4日,国家林业局造林绿化管理司印发《关于开展2015年中央财政造林补贴国家级核查的通知》(造造函〔2017〕58号),部署黑龙江、江苏、江西、山东、湖北、广东、广西、重庆、贵州、宁夏、新疆、甘肃12省(区、市),2015年度中央财政造林补贴国家级核查工作。

【珍贵树种培育】 中央预算内基本建设投资下达珍贵树种培育示范基地建设资金6000万元,安排全国20个省(区、市),建设珍贵树种示范基地0.8万公顷。国家林业局印发《中国主要栽培珍贵树种参考名录(2017年版)》,共有192种树种,兼顾了科学性、系统性和实践性,基本涵盖了当前主要栽培并具有推广价值的珍贵树种。

7月11日,国家林业局造林绿化管理司印发《关于组织开展2014年度国家珍贵树种培育示范基地建设成效省级考评通知》(造造函〔2017〕49号)、《关于组织开展国家珍贵树种培育示范县建设成效国家级考评通知》(造造函〔2017〕50号),对国家珍贵树种培育示范基地和示范县考评工作进行安排部署。12月20日,国家林业局办公室印发《关于2012、2013年度国家珍贵树种培育示范基地建设成效国家级级考评结果的通报》(办造字〔2017〕210号),通报了黑龙江、山东、河南、湖北、广东、重庆、甘肃等省(市)国家珍贵树种培育示范基地抽查考评结果,充分发挥核查和考评结果在年度资金和任务分配中的作用。

(牛牧供稿)

经济林建设

【综　述】 2017年,各地、各部门紧密围绕党中央、国务院的战略部署,认真贯彻中央1号文件精神,扎实落实全国林业厅局长会议确定的各项工作举措,加大经济林产业的扶持力度,取得显著成效。截至2017年年底,全国经济林总面积已达3800万公顷,各类经济林产品产量达1.8亿吨。干鲜果品、茶、中药材等经济林种植与采集业实现产值1.3万亿元。

政策扶持 各级党委、政府把发展经济林作为推进生态环境建设的重要措施,发展绿色产业富民的有效途径,不断给予高度重视,并持续加大扶持力度。国家层面推动力度不减，2017年中央1号文件强调，优化产业产品结构，推动提质增效，做大做强优势特色产业，大力发展木本粮油等特色经济林、珍贵树种用材林、花卉竹藤、森林食品等绿色产业，支持地方以优势企业和行业协会为依托打造区域特色品牌。要优化产业结构，大力发展特色经济林、木本油料、竹藤花卉、林下经济产业。国务院办公厅印发《关于加快推进农业供给侧结构性改革大力发展粮食产业经济的意见》（国办发〔2017〕78号），明确提出增加绿色优质粮油产品供给，加快发展木本油料等特色产品。国家林业局、国家发改委、科技部、工信部、财政部、人民银行、税务总局、食药监、证监会、保监会、扶贫办11部门联合印发《林业产业发展"十三五"规划》，强调要开展好经济林等绿色富民工程建设，新建和改扩建一批以枣、板栗、仁用杏、枸杞、巴旦木、花椒等为主的优势特色经济林良种苗木生产基地。国家林业局造林司编制《2016年中国经济林发展报告》，报告全面反映了核桃、油茶、苹果、茶、花椒、笋用竹、杜仲、漆树等百余种经济林木的面积、产量、产值等产业发展情况，以及各地的主要做法、存在困难与问题，为从国家层面及时研判产业势态，出台扶持措施，提供充足依据。地方层面扶持力度不减，福建省人民政府出台《关于加快农业七大优势特色产业发展的意见》（闽政〔2017〕31号），提出通过落实政策措施，优化营商环境，打造茶叶、水果、林竹、花木等7个全产业链产值超千亿元的优势特色产业。广西壮族自治区人民政府办公厅印发《关于营造山清水秀的自然生态实施金山银山工程的意见》（桂政办发〔2017〕29号），要大力发展油茶、核桃等特色经济林，打造一批产业示范县、示范乡和示范村。

资金投入 从中央到地方各级财政加大了经济林培育与产业建设投入。退耕、三北等生态修复工程投入经济林力度大，成果显著，其中，2017年退耕还林工程投入150亿元发展经济林，退耕还经济林50万公顷。农业综合开发资金投入大幅增加，利用农发资金，突出绿色生态、水肥一体化、矮化密植等现代栽培技术，在全国建设名优经济林（含花卉）示范基地354个，示范面积3.4万公顷，中央财政安排补助资金7.49亿元，与2016年相比增长38.7%。信贷支持经济林力度持续加大，作用突出。国家发改委、国家林业局、国家开发银行、中国农业发展银行联合印发《关于进一步利用开发性和政策性金融推进林业生态建设的通知》（发改农经〔2017〕140号），提出今后开发性和政策性金融贷款重点扶持经济林、竹藤花卉等林业产业。2017年共安排林业贷款投资发展经济林达379亿元，其中，贴息贷款115亿元，扶持全国各地通过新造、改培等方式营造经济林逾200万公顷。商业银行与林业合作取得实质进展，国家林业局与中国建设银行共同建立了1000亿元的林业产业基金，加大对各地发展经济林等林业产业的信贷支持。各地也积极增加经济林培育与产业建设投入，广西利用中央财政造林补贴等有关资金，加大对龙胜等重点扶贫县的扶持力度，支持当地发展油茶、铁皮石斛、草珊瑚等特色经济林，有效促进了建档立卡贫困户增加收益。贵州利用工程造林资金、造林补贴资金、林业贴息贷款等重点补助经济林，推进石漠化治理，并带动企业等社会资本投入，积极发展刺梨、火龙果、茶叶、花椒等特色经济林，2017年全省石漠化地区种植经济林1.1万公顷，经济林产业既成为石漠化生态治理的有效途径，也成为当地群众脱贫致富的根本出路。

发展机制 突出地方政府、龙头企业、科研机构、行业协会、农民专业合作社等产业相关部门、单位协同，国家林业局造林绿化管理司印发《关于推荐经济林产业区域特色品牌建设试点单位的通知》（造经函〔2017〕65号），启动全国经济林产业区域特色品牌建设试点工作。通过试点探索，积极打造一批不同树种、不同区域特色的经济林产业品牌建设样板，在不断总结完善的基础上，形成一套成功经验和可复制的模式，并广泛推行，大幅提升中国经济林产业的综合效益。并将经济林品牌建设作为重点举办木本粮油等经济林产业建设国家培训班，邀请品牌建设社会知名专家登台授课，促进各地更新观念，积极打造经济林产业区域特色品牌，促进供给侧结构性改革，引领产业提质增效。为更好地发挥国家级基地的示范引领作用，加快发展绿色富民产业，不断推进林业现代化建设，国家林业局办公室印发《关于开展第三批国家级核桃示范基地认定工作的通知》（办造字〔2017〕20号），启动第三批"国家级核桃示范基地"认定工作，要求各地在满足适地适树、使用良种、实现丰产、绿色栽培、采用先进管理措施和经营机制、带动农户增收等条件下择优推荐，确保基地有示范价值。深入推行"龙头企业＋合作组织＋农户＋基地"经营模式，并与贴息贷款扶持等相挂钩，强调龙头企业要在平等互利的基础上，与林农、专业合作社签订购销合同，带动农户增收。各地也积极创新发展机制，辽宁等地改革创新传统的森林经营模式，对一般防护功能的公益林在开展抚育时，因地制宜补种补植榛子、板栗等经济林，既丰富了林地树木，增加了林分密度，增强了防护功能，又增加了经济来源，增强了当地群众发展林业的动力，创新实现了在同一块林地不同林种的融合发展与效益叠加。云南等地推行"核桃＋丹参"等经济林立体种植、复合经营模式，既加大了水土保持力度，又增加了亩产收益，实现生态与经济双促进。新疆等地也积极改进产品营销方式，拓宽销售渠道，确保收益，在继续巩固并办好林果等林产品交易会，以及核桃节、葡萄节等有关特色经济林节庆会展的同时，积极开展网上销售。

科技支撑 特色经济林新品种研发和良种繁育步伐继续加快，2017年有98个经济林新品种通过国家林业局授权，占当年已授权林木新品种160个的61.2%。有25个经济林良种通过国家级审（认）定。截至2017年年底，已有281个经济林良种通过国家级审（认）定，占林木良种通过国家级审（认）定总数450个的62.4%。特色经济林工程技术研究继续推进，新挂牌成立国家林业局杏、榛子、小浆果3个工程技术研究中心，截至2017年年底，国家林业局已挂牌成立特色经济林工程技术研究中心27处。森林食品、森林药材等经济林产品质量与安全监管受到重视，突出农药残留与重金属含量等主要指标，国家林业局组织经济林产品质量检验检测中心开展核桃、大枣等产品质量抽检，并通报质检结果。经济林技术标准制订步伐加快，2017年经济林领域新颁布《树莓苗木质量分级》(GB/T 35240—2017)、《罗汉果质量等级》(GB/T 35476—2017)、《植物新品种特异性、一致性、稳定性测试指南 石榴属》(GB/T 35566—2017)等国家技术标准3项，以及《枣优质丰产栽培技术规程》(LY/T 1497—2017)、《板栗优质丰产栽培技术规程》(LY/T 1337—2017)、《仁用杏优质丰产栽培技术规程》(LY/T 1558—2017)等林业行业技术标准153项。截至2017年年底，已颁布经济林国家技术标准69项，占林业国家标准总数498的13.9%；已颁布经济林林业行业技术标准377项，占林业行业标准总数1919的19.7%。综合体技术标准制订也得到倾斜扶持，核桃、杜仲、油橄榄、薄壳山核桃、长柄扁桃等木本粮油经济林综合体技术标准，相继列入编制计划，发展态势良好。各地也普遍加强特色经济林发展的科技支撑，北京、山东、河南统筹油用与观赏价值，积极开展牡丹品种选育与产品系列研发；河北、陕西、新疆等地围绕提质增产，推广核桃、大枣、苹果矮化密植技术；浙江等地探索改进临安等山核桃品种，并推进产区实用剥皮技术设备研究。

（周力军）

【国家林业局造林司组织编制首部经济林产业发展蓝皮书】 依托全国经济林产业管理平台，在组织定期调度、统计、分析经济林发展情况基础上，结合国家海关、统计部门等有关大数据，对百余种经济林木产业发展情况进行系统梳理、深入分析，编撰印制了《2016年中国经济林发展报告》产业蓝皮书。这是第一部全面反映全国经济林主要品种产业发展规模与效益的翔实数据，以及各地推进经济林产业发展最新举措的产业发展报告，对全面了解中国经济林产业现状，准确研判当前经济林产业新势态，及时作出科学决策，加大产业发展扶持，具有重要价值。

（周力军）

【国家林业局造林司部署首个竹藤产业管理平台】 为充分运用"互联网+"提升竹藤培育与产业建设管理工作水平，及时、全面掌握各地竹藤培育与产业建设最新进展，在国家林业局信息办、竹藤中心、经研中心的支持与协助下，造林司开发、部署、上线运行了"全国竹藤培育与产业管理基础平台"。从2017年开始，通过管理平台造林司将定期组织调度统计、分析提报18个全国主产省区竹藤产业发展情况，并形成综合报告，彻底改变过去长期存在的全国竹藤产业数据不清、情况不明、问题不准等落后管理状况。这项举措对准确研判竹藤产业势态、摸清实际发展问题、精准制定竹藤产业扶持政策，具有重要意义。

（周力军）

【首批绿色安全经济林栽培技术标准发布实施】 为推动各地更新观念、创新经营模式，尽快改变只重视丰产而忽视质量与安全的落后状况，国家林业局造林绿化管理司先行突出木本粮油，组织制订，并由国家林业局公报发布实施了《枣优质丰产栽培技术规程》(LY/T 1497—2017)、《板栗优质丰产栽培技术规程》(LY/T 1337—2017)、《仁用杏优质丰产栽培技术规程》(LY/T 1558—2017)首批3个绿色安全经济林栽培技术标准。该三项标准从种植地选择，到引水灌溉、施肥防虫，提出一整套防范与杜绝重金属污染、化肥和农药超标的技术规范，从经济林栽培技术模式上为食品安全起到保障作用。

（周力军）

【全国竹产业发展情况综合调研报告】 在调研基础上，国家林业局造林绿化管理司组织起草了《全国竹产业发展情况综合调研报告》并提交局领导。该报告是首部全国竹产业发展情况的综合报告，既有翔实的基础数据、各地行之有效的工作举措，以及产业建设存在的困难与问题，报告还对下一步深入推进竹产业持续健康发展提出了一整套工作建议，为谋划出台中国竹产业发展指导意见奠定了基础。

（徐波）

【国家林业局造林司启动全国经济林产业区域特色品牌试点建设工作】 为落实中央一号文件精神，推动经济林产业区域特色品牌建设，发挥品牌对产业发展的引领作用，提高经济林产品综合效益和竞争力，落实林业供给侧结构性改革，实现经济林产业提质增效，国家林业局造林司在深入有关省区调查研究，组织有关单位认真讨论的基础上，提出坚持地方政府主导，加大政策扶持，整合各方力量等打造经济林产业区域特色品牌的相关要求，组织开展了全国经济林产业区域特色品牌试点建设工作。

（张伟通）

【第三批国家级核桃示范基地认定工作】 为更好地发挥核桃示范基地的带动作用，促进中国核桃产业健康发展，助力精准扶贫与农民增收，国家林业局发布通知，组织开展第三批国家级核桃示范基地认定工作。该项认定主要有自愿申报、省级核查、专家评审、审核公示等程序。认定过程中，使用适生良种、适度规模经营、经营水平和科技含量高、通过无公害、绿色或有机产品认证、带动农民增收效果好等条件将作为重要评判标准。

（徐波）

【全国木本粮油等特色经济林产业建设培训班】 7月11~15日，造林司在湖南长沙成功举办全国木本粮油等特色经济林产业建设培训班。此次培训班围绕新形势下中国经济林产业发展面临的新机遇、新挑战和新要求，突出对接"一带一路"、精准扶贫、"互联网+"等国家战略，就如何用足用好政策性与商业性贷款、打造经济林区域特色品牌，以及经济林标准化栽培、生态化经营等方面内容，作了系统培训，推动更新观念、创新发展机制，促进产业提质增效。来自全国30个省（区、市）林业厅（局），内蒙古、吉林、龙江、大兴安岭、长白山森工（林业）集团公司，新疆生产建设兵团林业局的经济林产业主管人员，全国首批"互联网+经济林产品"营销模式示范单位林业部门和龙头企业代表等共80余人参加了此次培训。

（徐波）

【全国经济林标准化技术委员会召开2017年年会】 全国经济林标准化技术委员会在长沙组织召开2017年年会，总结经济林技术标准制修订进展情况，谋划下步推进经济林标准化建设的工作意见，并审议《杜仲栽培技术综合体》《辣木栽培技术》《辣木籽质量等级》《黑木耳块及生产技术》《免洗红枣》等经济林技术标准。会议提出，今后要加大果材两用，以及体现绿色安全的优质高效经济林栽培技术标准制订力度。近年来，经济林标准制修订步伐加快，国家和林业行业有关技术标准接踵问世，核桃、杜仲、油橄榄、薄壳山核桃、长柄扁桃等木本粮油经济林综合体技术标准相继列入编制计划。截至2017年年底，已颁布经济林国家技术标准69项，占林业国家标准总数498项的13.9%；颁布经济林林业行业技术标准377项，占林业行业标准总数1919项的19.7%，所占比例较五年前大幅攀升。根据技术标准管理的新要求，有关经济林标准组织报送制修订计划，以及对相关技术标准组织审查、评审，今后主要由全国经济林标准化技术委员会承担。造林司为经济林标委会主任委员单位，秘书处设在中国林科院亚林所。

（周力军）

【第十七届中国·中原花木交易博览会】 国家林业局与河南省人民政府共同主办的第十七届"中国·中原花木交易博览会"于9月25～28日在河南省鄢陵县成功举办。国家林业局副局长刘东生出席开幕式并作讲话。本届花博会按照"政府统筹、企业参与、市场运作"的原则，努力实现"专业化、市场化、信息化、国际化"的办会水准，着力打造"永不落幕"的花博会，推动区域经济实现转型发展、绿色发展，彰显"中国花木之都"魅力。本届花博会包括开幕式、花木展销、宣传推介、产业论坛、花木文化等22项活动，据统计，花博会期间参会知名企业1500多家，各类花木产品线上线下交易额达53亿元，为历届之最，并通过花博会推动特色小镇、生态康养、"互联网+"花木产业平台建设等招商引资251亿元，效益可观。

（张伟通）

【第九届中国花卉博览会】 由国家林业局、中国花卉协会、宁夏回族自治区人民政府共同举办的第九届中国花卉博览会于2017年9月1日至10月7日在银川举办。国家林业局局长张建龙、副局长刘东生共同出席了开幕式，张建龙在开幕式上作讲话；刘东生出席了闭幕式，并宣布花博会闭幕。银川花博会是在中国西北地区首次举办的国家花事盛会。据统计，花博会期间，国内外参观人数达160万人次，吸引了10个国家、180多个企业参展和交流，带动宁夏花卉园艺、全域旅游等产业联动发展。

（张伟通）

【2019北京世界园艺博览会筹备工作】 国家林业局是2019北京世界园艺博览会（以下简称2019北京世园会）组委会和执委会成员单位。2017年，国家林业局将2019北京世园会筹备工作纳入年度重点工作，统一部署、积极配合、有序推进，各项筹备工作进展顺利。国家林业局有关领导高度重视，副局长张永利、副局长彭有冬、副局长李树铭、副局长李春良、总工程师张鸿文等分别出席2019北京世园会省区市参展第一次工作会、首位形象大使暨中国馆建筑方案发布活动、首批全球合作伙伴签约仪式、驻华使节吹风会、园区地下综合管廊工程开工仪式等活动。

（徐　波）

林业生物质能源

【综　述】 2017年，按照国家能源战略总体部署，立足新发展理念，将林业生物质能源建设与国土绿化、节能减排、精准扶贫相结合，采取一系列举措，扎实推进林业生物质能源各项工作。

【顶层设计指导】 联合国家发展改革委等14个部委印发《关于扩大生物燃料乙醇生产和推广使用车用乙醇汽油的实施方案》，促进林业剩余物资源化利用，推动林业生物质能源产业发展。

【标准规范制定】 印发《光皮树和盐肤木原料林可持续培育指南》，其包括总则、规划与方案、苗木生产、造林、经营管理与保护、收获与储运6个方面内容，适用于指导和规范地方林业主管部门培育光皮树和盐肤木原料林活动全过程。印发《林业生物质能源主要树种目录（第一批）》，《目录》包括油料、糖及淀粉、木质纤维等3个类型共102个能源树种（类）。截至2017年年底，共印发小桐子、无患子、文冠果、山桐子、刺槐、油棕、光皮树、盐肤木8个能源林树种可持续培育技术指南，指导能源林培育工作，不断完善林业生物质能源标准体系。

【科技创新研究】 依托国家林业局林产工业设计院和国家能源非粮生物质原料研发中心，开展相关技术研究攻关。开展林业生物质能源产业发展研究，为政府制定产业政策及规划提供依据，促进林业生物质能源产业尽快步入规模化、产业化的发展道路。开展林油一体化产业可持续发展模式及相关因素研究，针对生物质能转化效率等关键技术环节，大力推进林业生物质能源基础技术研发，构建"生物质气化发电联产炭、热、肥"的多种产品联合生产模式。

（高俊峰供稿）

生态建设

05

造林绿化

【综　述】 1月，全国绿化委员会召开部门绿化工作座谈会，全国绿化委员会委员、国家林业局副局长张永利出席会议并讲话。会议听取了全绿委成员单位和有关部门（系统）绿化工作情况汇报，对"十二五"以来部门绿化工作进行总结，对"十三五"时期部门绿化进行安排部署。一年来，各部门（系统）认真贯彻落实党的十九大会议精神及中央经济工作会议、中央农村工作会议精神，深入学习贯彻习近平总书记系列重要讲话精神，按照部门绿化工作座谈会的安排部署，进一步加快推进行业管理区域绿化，持续推进身边增绿，着力推进重点区域绿化，不断提升绿化质量，积极支持地方生态建设，部门绿化取得新的成绩。

中央直属机关新建、改建绿地15.7万平方米，开展庭院绿化改造补助苗木试点。中央国家机关开展古树名木现状调查，创建节约型庭院绿化美化单位。

住房城乡建设部门不断拓展城市绿色空间，推广林荫道路、立体绿化、绿道绿廊和郊野公园等建设，城市绿色空间全面拓展。

交通运输系统以推进绿色交通建设为契机，进一步加大公路绿化力度，全年投入公路绿化资金89.1亿元，新增公路绿化里程5万千米。截至2017年年底，全国公路绿化里程达264.4万千米，绿化率达63.7%。其中，国道绿化里程27.8万千米，绿化率为88%；省道绿化里程23.6万千米，绿化率为84%。

铁路系统进一步加强运营铁路沿线防护林带建设，创新绿化管护模式，提升站区、单位庭院绿化美化，新栽植防护林乔木163.8万株、灌木819.7万穴。截至2017年年底，运营铁路已绿化里程47080千米，绿化率为82.2%。

水利系统开展河渠湖库周边、水利工程沿线及单位庭院周边绿化。印发《关于做好水利绿化工作的通知》，明确水利绿化总体思路、工作要求，落实直属单位绿化职责。全年造林种草1229公顷。

农垦系统完善绿化管理制度，提高综合管理水平，推进生态垦区建设和小城镇绿化，投入绿化资金2.7亿元，新建农田林网865公顷，绿化垦区矿山158公顷、庭院3891公顷、道路3302千米、江河沿岸623千米。

中国人民解放军组织军委首长、军委机关、驻京大单位领导及驻京部队官兵参加支援北京城市副中心植树绿化活动。各大单位联合驻地政府参加成建制大规模义务植树活动，全年各级部队共植树约2000公顷。在营院开展植树绿化，采取见缝补绿、拆墙透绿、更新林木等措施，共栽种乔灌树木120余万株。

教育系统组织实施校园绿化工程，与同级林业部门联合行动，打造"园林式学校"。

共青团组织广泛动员青少年参与国土绿化和生态文明建设，各级团组织以保护母亲河行动为载体，开展主题植树、公益健步走、骑行等活动，多种方式倡导绿色发展理念。

全国妇联组织妇女开展"美丽家园"活动。江西、广东、重庆等省（市）妇联以"凝聚巾帼力量，共建绿色家园""绿化广东，巾帼行动""巾帼建功，共筑长江生态屏障"等为主题，引导广大妇女投身巾帼植树护绿活动之中，发展绿色经济、倡导绿色生活，为建设美丽中国贡献"半边天"力量。

中国石油系统以建设绿色生态防线、树立绿色环保企业形象为目标，开展矿区绿化，搭建中石油系统绿化区域合作共享平台，提升绿化科技含量，生产生活区环境明显改善。矿区现有绿地总面积2.9万公顷，绿化覆盖率为27.3%，其中生活基地绿化覆盖率达44%。

中国石化系统坚持打造绿色低碳企业，构建森林矿区、绿色工厂、花园社区，努力建成"美丽石化"。新增绿地230公顷，绿地总面积近2.3万公顷，绿化覆盖率达30%。

中国冶金系统继续实施造林绿化和矿山复垦工程，开展拆旧扩绿、拆墙透绿、工程建绿等活动，加大矿山绿化复垦力度，增加造林面积。全行业新增绿地317公顷，新增复垦造林263.6公顷。

（聂海平）

【中央领导义务植树活动】 3月29日，中共中央总书记、国家主席、中央军委主席习近平等中央领导在北京市朝阳区将台乡的植树点，同首都群众一起参加义务植树活动。习近平强调，植树造林，种下的既是绿色树苗，也是祖国的美好未来。要组织全社会特别是广大青少年通过参加植树活动，亲近自然、了解自然、保护自然，培养热爱自然、珍爱生命的生态意识，学习体验绿色发展理念，造林绿化是功在当代、利在千秋的事业，要一年接着一年干，一代接着一代干，撸起袖子加油干。在京中共中央政治局委员、中央书记处书记、国务委员等参加了植树活动。

（聂海平）

【"国际森林日"植树纪念活动】 2017年，联合国确定的"国际森林日"主题是"森林与能源"。3月21日，全国绿化委员会、国家林业局、首都绿化委员会在北京市大兴区榆垡镇举办了以"大力植树造林，促进绿色发展"为主题的2017年"国际森林日"植树纪念活动。全国绿化委员会副主任赵树丛、国家林业局副局长刘东生，斯洛文尼亚驻华全权公使普瑞泽、联合国粮农组织驻华代表马文森、国际竹藤组织总干事费翰思等参加植树。来自十多个国家和国际组织的代表，以及中央和北京市、大兴区相关部门的干部职工及当地群众240余人，共同种下白榆、金叶国槐、栾树、油松等树苗700余株，以实际行动倡导植树造林，推动绿色发展。

（聂海平）

【全国国土绿化和森林防火工作电视电话会议】 3月27日，全国国土绿化和森林防火工作电视电话会议在北京召开,中共中央政治局常委、国务院总理李克强作出重要批示。批示指出,国土绿化是生态文明建设的重要内容,是实现可持续发展的重要基石。党的十八大以来,各地区、各相关部门认真落实党中央、国务院决策部署,开拓进取,真抓实干,国土绿化和森林防火工作取得明显成效。要贯彻落实新发展理念,坚持以推进供给侧结构性改革为主线,创新体制机制,着力推进国土绿化扩面提质,深入开展全民义务植树活动,大力实施林业重点生态工程,加快补齐生态环境短板,进一步提升生态产品供给能力。要严格落实责任,加强应急能力建设,切实做好森林防火工作,筑牢国家绿色屏障,积累更多生态财富,为建设美丽中国、促进经济社会持续健康发展作出新贡献。国务院副总理、全国绿化委员会主任汪洋出席会议并讲话。他强调,要全面贯彻党中央、国务院决策部署,认真落实李克强总理重要批示,采取有力有效措施,扎实做好国土绿化和森林草原防火各项工作,加快筑牢国家生态安全屏障,为经济社会持续健康发展提供有力支撑。全国绿化委员会全体成员参加会议。 (聂海平)

【共和国部长义务植树活动】 3月25日,全国绿化委员会、中共中央直属机关绿化委员会、中央国家机关绿化委员会、首都绿化委员会在北京大兴新机场周边绿化礼贤镇西郑河地块,组织举办了以"着力推进国土绿化 携手共建美好家园"为主题的共和国部长义务植树活动。来自中直机关、中央国家机关各部委、单位和北京市的162名部级领导干部,身体力行参与国土绿化,共建美好家园,共栽植银杏、白蜡、国槐、栾树等苗木1450余株。自2002年开展此项活动以来,2017年已经是第16次,累计有省部级领导2769人次参加义务植树,共栽植苗木32 980余株。 (聂海平)

【全国人大机关义务植树活动】 4月10日,全国人大常委会副委员长陈昌智、沈跃跃、吉炳轩、张平、艾力更·依明巴海和全国人大常委会、全国人大专门委员会部分组成人员,在北京市丰台区北宫国家森林公园全国人大机关绿化基地参加义务植树活动,共新栽种红枫、元宝枫、油松、白皮松等树苗120棵。1981年第五届全国人大四次会议审议通过了关于开展全民义务植树运动的决议以来,全国人大机关持续在昌平、丰台等北京郊区组织开展义务植树活动。2005年以来,全国人大机关已在北宫国家森林公园累计种植、养护多种树木7800余棵,绿化面积达到16.67余公顷。 (聂海平)

【全国政协机关义务植树活动】 3月31日,全国政协副主席罗富和、张庆黎、陈元、王家瑞、马飚和全国政协机关工作人员约400人,在北京市海淀区参加义务植树活动,栽植银杏、元宝枫、白皮松、油松等树苗10余种、1600余株。全国政协历来重视生态环境和生态文明建设,已连续多年在春季组织开展义务植树活动。 (聂海平)

古树名木保护

【综　述】 2017年以来,全国绿化委员会办公室认真贯彻落实《全国绿化委员会关于进一步加强古树名木保护管理的意见》等文件精神,指导各地加强古树名木保护。在全国范围内开展了古树名木资源普查,要求全面摸清乡村古树名木资源底数,科学设置标牌和保护围栏;积极组织开展古树名木抢救复壮,对衰弱、濒危古树名木采取促进生长、增强树势措施;进一步建立健全古树名木保护管理体系,落实管理和养护责任,实现动态管理、全面保护;严厉查处破坏古树名木行为,严禁移植天然大树进城。积极推进古树名木保护制度化、法制化进程,组织制订了《古树名木保护三年行动计划(2018~2020年)》,通过申请将《古树名木保护条例》列入了国家林业局2018年立法调研计划。 (聂海平)

【古树名木资源普查】 在认真总结前3个批次、19个省份古树名木资源普查试点经验的基础上,3月下发了《全国绿化委员会关于开展全国古树名木资源普查的通知》,明确了古树名木资源普查目的任务、普查范围、责任主体、技术规范、时间安排和相关要求,将由试点向全国全面铺开,计划在2018年底前全面完成普查任务。 (聂海平)

【严禁移植天然大树进城】 5月,全国绿化委员会办公室在全国范围内组织开展规范树木移植管理和严禁移植天然大树进城贯彻落实情况督导检查,按县级自查自纠、省抽查、全绿委办组织督查3个层次推进,印发了《关于开展规范树木移植管理和严禁移植天然大树进城督查工作的通知》,要求发现问题及时整改,做到边督查、连整改、边保护。全绿委办结合乡村振兴战略绿化工程调研,派出了由司领导带队的3个督查调研组,对河南、广东等6个省份严禁移植天然大树进城工作进行了检查督导。 (聂海平)

防沙治沙

【综　述】　2017年，全国共完成沙化土地治理面积221.26万公顷。

全年防沙治沙各项工作有序开展，成效明显。一是成功举办联合国防治荒漠化公约第十三次缔约方大会。来自190多个国家的近百名部级高官、2000多位代表出席会议，习近平主席致贺信，汪洋副总理出席开幕式并作主旨演讲，联合国秘书长古特雷斯视频致辞。国家林业局局长张建龙当选大会主席。大会通过了《公约2018～2030战略框架》，发表了《鄂尔多斯宣言》和《全球青年防治荒漠化倡议》，启动建立"一带一路"防治荒漠化合作机制，这是中国在"一带一路"倡议框架下首个专业领域合作机制，113个国家在大会上承诺制定土地退化零增长国家自愿目标，通过举办这次大会，成功向世界讲述了中国防沙治沙故事，产生了积极而深远的影响。二是成功举办第六届库布其国际沙漠论坛。习近平主席致贺信，马凯副总理出席开幕式并作主旨演讲。国家林业局局长张建龙出席此次论坛并致辞。三是深入贯彻落实习近平总书记、李克强总理等中央领导同志对防沙治沙工作的重要批示精神。继续深化防沙治沙改革，完善防沙治沙制度，印发《国家林业局贯彻落实〈沙化土地封禁保护修复制度方案〉实施意见》，确定了到2020年完善制度体系的步骤安排。四是全面完成防沙治沙重点工程项目建设任务。京津风沙源治理工程全年完成造林18.5万公顷，完成工程固沙0.67万公顷。重点推广"两行一带""草方格固沙""封造结合"等治理模式。岩溶地区石漠化综合治理工程全年完成造林27.6万公顷。突出了石漠化治理与农民增收致富相结合，努力实现"治石"与"治贫"双赢。沙化土地封禁保护区试点建设，新增试点县19个，试点县总数已达90个，封禁保护面积154.38万公顷。组织编制沙区灌木平茬复壮实施方案，抓好平茬复壮试点工作。全国防沙治沙综合示范区安排中央预算内基建投资4300万元，在17个省区开展防沙治沙示范林建设，为推进全国防沙治沙工作探索政策机制与技术模式，提供样板，做出示范。五是完成"十二五"省级政府防沙治沙目标责任综合考核结果的报审工作。经国务院审定后，通报了考核结果，并报送中央组织部作为对各有关省级政府领导班子和领导干部综合考核的重要依据。与有关省级政府签订了"十三五"防沙治沙目标责任书。六是组织开展防沙治沙执法工作专项督查。对8个重点省区及新疆生产建设兵团进行现场检查。七是修订出台《国家沙漠公园管理办法》，进一步推动国家沙漠公园建设和管理逐步走上科学化、规范化的轨道。审议批复了33个国家沙漠（石漠）公园，国家沙漠（石漠）公园总数增至103个，范围覆盖13个省区及新疆生产建设兵团，总面积达41万公顷。八是完成岩溶地区第三次石漠化监测工作，对石漠化地区的生态状况进行监测和评价。九是通过加强监测与预警，及时发布了沙尘灾害信息，有效处置和应对2017年沙尘暴灾害，2017年，北方地区出现6次沙尘天气过程，少于2016年的8次，也明显少于近年均值。十是开展全国防沙治沙表彰和宣传工作。表彰防沙治沙英雄1名、标兵10名、先进集体97个和先进个人101名。全方位宣传了防沙治沙工作，重点突出宣传了防沙治沙成效与经验、第13次缔约方大会和内蒙古、甘肃、宁夏三省治理经验的宣传报道。

（蒋　立）

【沙化土地封禁保护区试点建设】　2017年，继续推进沙化土地封禁保护区试点建设工作，积极协调落实年度补助资金3亿元，新增沙化土地封禁保护区试点县19个，试点县总数已达90个，封禁保护面积154.38万公顷。实时跟踪沙化土地封禁保护区补贴试点建设进展情况和资金支付情况。组织开展沙化土地封禁保护区建设情况抽查，对存在的问题下发整改通知进行整改。组织举办沙化土地封禁保护区政策技术培训班，对各有关省区林业部门和试点县的管理人员进行了专题培训并交流经验。督促各试点县加快工程建设和资金支付进度，按时保质完成建设任务。

（蒋　立）

【岩溶地区石漠化综合治理工程】

工程概况　2016年3月，国家发展改革委、国家林业局、农业部、水利部联合印发了《岩溶地区石漠化综合治理工程"十三五"建设规划》（以下简称《规划》），规划期为5年，即2016～2020年。《规划》范围涉及贵州、云南、广西、湖南、湖北、重庆、四川、广东8省（区、市）的455个石漠化县（市、区），岩溶面积45.3万平方千米，其中石漠化面积12万平方千米。"十三五"期间，中央预算内专项资金每年将重点用于200个石漠化综合治理重点县。计划治理岩溶土地面积5万平方千米，治理石漠化面积2万平方千米，林草植被建设与保护面积195万公顷。

工程进展情况　2017年岩溶地区石漠化综合治理工程取得新进展。全年完成营造林任务27.6万公顷，占年度下达计划的100%。其中，人工造林4.96万公顷，封山育林22.64万公顷；完成森林抚育0.37万公顷。治理岩溶土地面积8055.9平方千米，治理石漠化土地3288平方千米。

2017年岩溶地区石漠化综合治理工程下达投资20亿元。通过工程建设，工程区林草植被覆盖度提高，区域水土流失量持续减少，岩溶生态系统逐步趋于稳定，土地利用结构和农业生产结构不断优化，工程区农民人均纯收入增加，生态环境稳步好转。工程建设突出了石漠化治理与农民增收致富相结合，努力实现"治石"与"治贫"双赢。广西都安县在石山地区大力发展核桃产业，核桃种植面积已达2.89万公顷，种植面积超过万亩的有9个乡镇，核桃达盛果期，预计年产值达11.52亿元，全县农民人均收入可增加1600多元。

（刘　勇）

【沙区行政执法、审批及监管】

防沙治沙执法工作专项督查　8～11月,以地方自查与实地督查相结合的方式在全国范围内开展专项督查。由国家林业局防沙治沙办公室和政法司、专员办、规划院、西北院等单位,联合组成5个督查组,赴河北、山西、内蒙古、陕西、甘肃、青海、宁夏、新疆8个省(区)及新疆生产建设兵团进行实地督查,重点抽取25个重点县(市、区、团场)进行了现场检查。此次专项督查工作对沙区执法形成有力监督,对于推进依法治沙、强化沙区监管有重要作用。

履行行政审批职责　9月前,按照建设项目使用沙化土地封禁保护区审批事项服务指南的要求,对各地报来的建设项目可行性研究报告、建设项目占用沙化土地封禁保护区方案等文件进行审查把关,并按规定定期向局行政许可服务大厅反馈执行情况。2017年共完成3件建设项目占用沙化土地封禁保护区的许可。

强化事中事后监管职能　根据2017年9月《国务院关于取消一批行政许可事项的决定》(国发〔2017〕46号)的要求,做好行政许可取消后的应对措施,积极制定管理政策,确保行政许可取消后沙化土地封禁保护区建设工作不受影响。

（王　帆）

【国家沙漠(石漠)公园进展】

国家沙漠(石漠)公园建设　国家林业局新批复建设国家沙漠(石漠)公园33处,建设面积6.9万公顷。2017年共收到来自山西、内蒙古、辽宁、湖南、广西、四川、青海、宁夏、新疆9个省(区)和新疆生产建设兵团的35份申报材料,通过初审、实地评估、专家评审、公示等流程,为建设更优质的国家沙漠公园严格把关。

截至2017年年底,共批复建设的国家沙漠(石漠)公园103处,涉及河北、山西、内蒙古、辽宁等13个省(区)和新疆生产建设兵团,面积总计41万公顷。

国家沙漠公园制度建设　建立健全沙漠公园建设和管理的各项规章制度,2017年修订出台新的《国家沙漠公园管理办法》,进一步推动国家沙漠公园建设和管理逐步走上科学化、规范化的轨道。经过前期认真调研,广泛征求各有关方面意见,组织专家论证,10月1日,《国家沙漠公园管理办法》正式施行。

国家沙漠公园管理人员队伍建设　12月18～21日,在广西壮族自治区南宁市举办国家沙漠(石漠)公园管理培训班。相关省份林业厅(局)分管国家沙漠公园工作的主管人员、国家沙漠公园的技术管理人员及相关设计单位人员,共计139人参加培训。此次培训有助于提升建设者的业务能力和管理水平,全方位推动国家沙漠公园建设发展。

（王　帆）

表5-1　2017年新增国家沙漠公园名单

序号	国家沙漠(石漠)公园(试点)名称
1	山西偏关林湖国家沙漠公园
2	内蒙古库伦银沙湾国家沙漠公园
3	内蒙古乌拉特后旗乌宝力格国家沙漠公园
4	内蒙古正蓝旗高格斯台国家沙漠公园
5	内蒙古鄂托克前旗大沙头国家沙漠公园

(续)

序号	国家沙漠(石漠)公园(试点)名称
6	辽宁彰武四合城国家沙漠公园
7	湖南耒阳五公仙国家石漠公园
8	湖南新宁国家石漠公园
9	湖南石门长梯隘国家石漠公园
10	湖南临澧刻木山国家石漠公园
11	湖南张家界红石林国家石漠公园
12	湖南宜章赤石国家石漠公园
13	湖南溆浦雷峰山国家石漠公园
14	湖南涟源伏口国家石漠公园
15	广西宾阳八仙岩国家石漠公园
16	广西环江国家石漠公园
17	四川兴文峰岩国家石漠公园
18	青海格尔木托拉海国家沙漠公园
19	青海冷湖雅丹国家沙漠公园
20	青海玛沁优云国家沙漠公园
21	青海贵南鲁仓国家沙漠公园
22	宁夏平罗庙庙湖国家沙漠公园
23	新疆轮台依明切克国家沙漠公园
24	新疆乌苏甘家湖国家沙漠公园
25	新疆沙湾铁门槛国家沙漠公园
26	新疆生产建设兵团阿拉尔睡胡杨国家沙漠公园
27	新疆生产建设兵团乌鲁克国家沙漠公园
28	新疆生产建设兵团子母河国家沙漠公园
29	新疆生产建设兵团醉胡杨国家沙漠公园
30	新疆生产建设兵团阿拉尔昆岗国家沙漠公园
31	新疆生产建设兵团可克达拉国家沙漠公园
32	新疆生产建设兵团丰盛堡国家沙漠公园
33	新疆生产建设兵团第七师金丝滩国家沙漠公园

【沙尘暴灾害及应急处置工作】　2017年春季(3月1日至5月31日,下同),中国北方地区共发生6次沙尘天气过程,影响范围涉及西北、华北、东北等15省(区、市)895个县市,受影响土地面积约437万平方千米,受影响人口40 927万人。其中,按沙尘类型分,沙尘暴1次,扬沙5次;按月份分,3月、4月、5月均为2次;按影响范围分,影响范围超过200万平方千米的有1次,150万～200万平方千米的2次,100万～150万平方千米的2次,100万平方千米以下的1次。据不完全统计,2017年3～5月北方地区受大风和沙尘灾害影响,造成的直接经济损失折合人民币约2.01亿元。总体而言,2017年春季沙尘天气次数较少,强度较弱,影响范围较小;次数少于2016年同期(8次),强度偏弱,次数和强度均低于近16年(2001～2016年)同期均值。

按照局领导批示精神和《重大沙尘暴灾害应急预案》要求，2017年主要采取以下应对措施。

认真做好沙尘暴灾害预警监测工作。一是元月6日联合中国气象局组织开展2017年春季沙尘天气趋势预测分析会商，并将预测结果上报国务院，指导有关部门和地方政府开展沙尘暴应急处置工作。二是在趋势会商的基础上，加强重点预警期滚动会商，特别是5月3～6日沙尘暴影响京津冀后，及时与气象局进行会商，分析后期沙尘天气趋势，并以专报信息及时上报中办、国办。三是充分发挥卫星遥感监测，沙尘暴地面监测站、短信平台、沙尘信息报送手机应用程序等现有监测设施和平台的作用，科学开展沙尘暴灾害监测工作，实时掌握沙尘天气发生、发展过程，为应急决策提供服务。

全面部署沙尘暴灾害应急处置工作。一是根据趋势会商综合意见，总结往年应急处置工作经验和成效，研究制定2017年春季沙尘暴灾害应急处置工作安排，报经局领导审定同意后实施。二是以局名义下发《关于认真做好2017年春季沙尘暴灾害应急处置工作的通知》（林沙发〔2017〕13号），全面分析春季沙尘天气趋势，部署应急处置工作。三是督促地方完善应急工作方案，检查应急措施和工作制度落实情况，确保人员上岗，监测设备到位。四是配合甘肃、北京等省市林业主管部门开展沙尘暴应急管理和监测技术培训，重点普及气象知识、地面站设备维护和观测技术、短信平台和沙尘信息报送手机客户端操作技巧，并适时开展应急演练，提高应急处置能力和水平。五是通过短信平台及时转发沙尘预警信息近300条，提醒并部署应急处置工作。

强化重点预警期应急值守。一是在3～5月沙尘暴重点预警期，国家林业局和北方地区各级林业主管部门均安排专人值守，双休日、重大节假日领导带班。二是要求值班人员认真履行职责，密切关注沙尘天气预警信息，及时监测和接收卫星遥感监测影像、地面监测站和信息员上报的信息，科学分析，及时、准确研判沙尘天气发生发展过程及其灾害情况，认真填写《值班信息表》。三是根据防灾减灾需要，提前向下游地区发出预警信息，指导地方及时调整工作方案，做好应急准备。据统计，国家林业局防沙治沙办公室会同局荒漠化监测中心填写《值班信息表》75份，撰写《沙尘暴监测与灾情评估简报》9份。

加强灾害信息报送管理。一是及时调整和优化信息员队伍，目前，在北方沙尘源区和路径区组建了一支近550人的信息员队伍。二是认真抓好沙尘暴灾害信息日报、周报、月报、季报和半年报和年报工作。据统计，2017年以来，通过应急平台及时定向发送沙尘天气和应急处置信息1万多条，北方12省（区、市）林业部门累计上报日报信息400多份，地面监测站上报监测信息200多份，信息员上报沙尘天气灾害信息600多条。三是及时通过局办公室向中办、国办上报2017年春季沙尘天气会商意见、5月3～6日沙尘暴灾害及处置情况等信息，得到国务院领导充分肯定。四是及时通报2016年度各省零报告执行情况，各沙尘暴地面站、信息员报送灾情信息情况，对报送信息及时、准确的信息员给予表扬。

加大沙尘暴灾害应急宣传力度。一是加强沙尘暴预警信息和应急处置措施宣传，广泛宣传国家林业局在沙尘暴应急方面所做的工作及采取的措施。二是5月3～6日沙尘暴发生后，第一时间通过中央电视台、人民网、央视网、中国新闻网、中国日报网、央广网、新华社、澎湃网、《人民日报》《北京日报》《北京晚报》、中国林业网、林业微信群等在京主要媒体发布沙尘暴灾情和处置措施，正确引导公众舆论。三是做好预防常识宣传，利用新闻媒体广泛宣传沙尘暴基本知识及应急避险知识，提高全社会防范灾害和开展自救互救的能力。四是利用5月12日防灾减灾日加强宣传，利用短信平台给应急处置管理人员、信息员发送短信近2000条，宣传防灾减灾主题和沙尘暴灾害预防常识。

加强沙尘暴应急能力建设。一是重点推广沙尘天气掌上报送系统应用程序的软件应用，筹建沙尘暴灾害处置综合管理平台，完善应急处置短信平台。二是按照《沙尘暴灾害地面监测站管理办法》要求，规范沙尘暴地面站管理，提高地面站监测预警能力。三是对地面监测站设备使用维护情况进行调研，强化监测技术人员培训，提高监测仪器使用和维护水平。

（潘红星）

【荒漠化生态文件及宣传】 全年有近60家中央媒体刊发防沙治沙宣传报道600多篇，网络及新媒体转载量3600多条。中央电视台《新闻联播》播发新闻5条、焦点访谈2期，央视纪录片2集各50分钟，《人民日报》头版头条消息4条。

一是围绕6月17日世界防治荒漠化和干旱日主题"防治荒漠化，建设绿色家园"，开展系列宣传活动，收到良好的效果，也为开好第十三次缔约方大会营造了良好的舆论氛围。6家中央媒体分别刊发了张建龙局长、刘东生副局长谈防沙治沙的署名文章和专访；刘东生副局长以媒体专访形式对《沙化土地封禁保护修复制度方案》进行的解读；《人民日报》刊发了"绿色焦点·防沙治沙"和"绿色家园·防沙治沙"两个专版；新华社用系列图片报道《世界防治荒漠化和干旱日——土地、家园和未来》；中央电视台新闻联播频道播发《治沙70年 内蒙古沙化面积减少》和《我国率先实现沙化土地零增长目标》的新闻报道，央视《朝闻天下》《新闻直播间》栏目播出多条报道介绍中国防沙治沙近期目标及内蒙古荒漠化治理的经验成果。5～6月，有30多家中央级媒体、157家网站参加采访报道，新闻232篇，微博转评410条，公益短信2亿条。系列宣传在国内外引起了强烈反响，取得了较好效果。

二是《联合国防治荒漠化公约》第十三次缔约方大会宣传。大会期间共有39家境内外媒体188名中外记者注册参与大会的宣传报道，30多家国际组织进行了网络报道，《地球谈判公报》连续10天全面报道会议谈判进展，成功举办了三场新闻发布会，对东道国各项活动和边会在国内外主要媒体进行了宣传报道。大会还特别架设中文官方网站、英文官方网站、官方"两微"，利用互联网及时宣传大会动态和权威信息。借助新华社客户端、人民日报中央厨房、新浪视频、腾讯视频、今日头条客户端、内蒙古日报融媒体、腾格里新闻应用程序等热门媒体平台全方位报道大会新闻信息，介绍中国防治荒漠化成就。大会期间，中央媒体累计发稿241

条,《新闻联播》两天播出3条关于大会的新闻,中央电视台财经、中文国际、新闻频道均作了集中报道,网络及新媒体转载量3610余条,对大会成果、议题谈判、领导活动、中方主张、中国经验技术和主办城市发展进行了全方位、全过程报道,扩大了会议影响。

(林 琼)

【荒漠化公约履约和国际合作】

荒漠化公约履约 组织完成国家自愿履约目标报告的编写,确定履约自愿目标。根据公约决议,按照科技委员会推荐的履约进展指标,组织相关部门和相关省区的专家,开展了国家履约目标设定专项研究,编制了中国土地退化零增长国家自愿目标报告,在缔约方大会期间对外宣布介绍经验和做法,为各国履约做出了表率。

公约第十三次缔约方大会期间,切实履行大会主席职责,深入参与大会议题磋商,多角度展示中国防治荒漠化成效和经验,积极协调各方高效完成议题审议,达成丰硕成果。推动大会通过了《〈防治荒漠化公约〉2018~2030年战略框架》《鄂尔多斯宣言》《全球青年防治荒漠化倡议》等38项决议,为荒漠化公约发展确定方向,在全球荒漠化履约进程中镌刻了中国里程碑。

国际合作 一是与科技部、内蒙古自治区联合主办第六届库布其国际沙漠论坛,共吸引中外35个国家和国际组织、政府间组织、非政府间组织的250多名前政要、官员、专家和企业家到会。论坛在国际社会,特别是"一带一路"沿线荒漠化重点国家和地区彰显并推广了中国典型经验和模式,会间,国家林业局防沙治沙办公室主任潘迎珍获得荒漠化公约2017年度土地生命奖。

二是倡导建立"一带一路"合作机制,并开展后续工作。经国务院批准,启动建立"一带一路"防治荒漠化合作机制。利用缔约方大会平台,召开机制启动会,30多个国家的200多位代表出席。12月召开了"一带一路"合作机制专家研讨活动,邀请11个沿线重点国家、3个国际组织和10个国内丝绸之路经济带省区商讨"一带一路"防治荒漠化合作需求,着手编制《"一带一路"防治荒漠化行动计划》及相关合作方案。

三是全面拓展交流合作。与犹太国家基金会进行双边交流,商签合作备忘录,在缔约方大会期间应邀进行了15次双边会谈,包括联合国环境署、欧盟代表团团长、沙特、伊朗、尼泊尔、土耳其、墨西哥、阿拉伯农业研究中心等国家和组织表达了开展双边合作意向;组织荒漠化公约秘书处及有关中资企业获得中国南南合作基金项目申请资质;组织赴阿根廷双边交流团组,系统考察阿根廷风蚀沙化状况,深度交流合作计划,为进一步开展实体项目合作奠定了基础。

(曲海华)

【《联合国防治荒漠化公约》第十三次缔约方大会】 2017年中国成功举办《联合国防治荒漠化公约》第十三次缔约方大会。习近平主席向大会高级别会议发来贺信,李克强总理多次关注大会筹备情况,汪洋副总理在大会高级别会议上作了主旨演讲。联合国秘书长古特雷斯发表视频致辞,荒漠化公约执秘巴布发表致辞。国家林业局局长张建龙当选大会主席。来自190多个国家的2000多位代表出席了大会。大会期间《中华人民共和国防沙治沙法》荣获世界未来委员会与联合国防治荒漠化公约联合颁布的"未来政策奖"银奖,张建龙局长获全球防治荒漠化杰出贡献奖,为中国荒漠化防治赢得了荣誉。

会议期间,中国切实履行大会主席职责,全面做好后勤服务保障,深入参与大会议题磋商,多角度展示中国防治荒漠化成效和经验,积极协调各方高效完成议题审议,达成丰硕成果。一是推动大会通过了《〈防治荒漠化公约〉2018~2030年战略框架》《鄂尔多斯宣言》《全球青年防治荒漠化倡议》等38项决议,为荒漠化公约发展确定方向,在全球荒漠化履约进程中镌刻了中国里程碑。二是通过实地展示和多角度、全方位宣传,充分展示了中国防治荒漠化成效和经验,全面回顾了中国防治荒漠化历程、经验和举措,深刻阐述了中国生态文明理念,为实现全球目标增添信心;三是为全球荒漠化治理提出中国主张,体现了中国引领全球生态治理的软实力,四是利用大会平台广泛开展双边磋商,启动建立了"一带一路"防治荒漠化合作机制,赢得各方积极支持和热烈响应,为中国"一带一路"战略实施开启了专项合作的范例。五是大会期间举办边会、论坛和全球防治荒漠化技术展,为做好中国生态建设拓展思路。实现了"履行公约职责,交流共享经验,讲好中国故事"的办会宗旨,彰显了中华文化魅力、国家发展成就、人民自信友好的整体风貌。

(王黎黎)

【中国政府成功举办中国防治荒漠化成就展】 在《联合国防治荒漠化公约》第十三次缔约方大会召开之际,中国政府在内蒙古自治区鄂尔多斯市会展中心成功举办了《筑起生态绿长城》——中国防治荒漠化成就展。9月6日,国家林业局、外交部、内蒙古自治区的领导和《联合国防治荒漠化公约》秘书处的官员共同见证展览开幕,9月17日闭展,历时12天。成就展占地2200平方米,共立展板40余块,展览内容总共分为10个部分,包括前言、中国的荒漠化概况、防治荒漠化的中国理念、中国防治荒漠化历程、中国防治荒漠化方案(我们的实践)、治理成效(中国沙区新面貌)、全球贡献、防治荒漠化与一带一路(丝路变迁)、展望与结语(我们共同的未来)和30个企业沙产业展区等。

展览以新中国68年防沙治沙历史为主线,分为4个阶段。一是20世纪50年代到70年代,中国政府组织广大人民和科技人员开展了大规模的防沙治沙行动,防沙治沙处于起步阶段。二是1978年以后,国家启动实施了三北防护林体系建设工程等一批以防沙治沙为主攻的生态工程,开启了工程推动阶段。期间,签署了《联合国防治荒漠化公约》,建立了荒漠化监测体系。三是进入新世纪,中国政府颁布了《中华人民共和国防沙治沙法》,颁发了《国务院关于进一步加强防沙治沙工作的决定》,建立了省级政府防沙治沙目标责任考核制度,批准了《全国防沙治沙规划》,防沙治沙步入快速发展阶段。四是2012年以来,以习近平同志为核心的党中央,确定"五位一体"总体战略布局,推进生态文明体制建设,防沙治沙顶层设计得到加强,新一轮退耕还林、沙化土地封禁保护、京津风沙源治理工程二期等重点工程相继启动,防治荒漠化进入全面推进阶段。

展览彰显了中国防治荒漠化成效,体现为4个

"双": 荒漠化和沙化面积"双缩减"、荒漠化和沙化程度"双减轻"、沙区植被盖度和固碳能力"双提高"、区域风蚀状况和风沙天气"双下降"。沙区经济发展，民生改善。中国提前实现了联合国提出的到2030年实现全球退化土地零增长目标。与此同时，中国防沙治沙工作取得长足进步，创新了各种防沙治沙成功技术和模式，不断完善政策机制，全民参与防沙治沙热情高涨，涌现出一批防沙治沙先进人物。此外，中国积极推动荒漠化防治的国际合作，开展与荒漠化防治相关的各类双边多边合作项目达90多个。

展览通过精美的图片、震撼的视频、高科技的光电系统，以及如散文诗般的中英文字，全面、系统地展示中国防沙治沙的突出成就和生态文明建设的伟大成果，对外展现中国倡导绿色发展的国际形象，凸显中国荒漠化防治世界领先地位，提升中国社会各界对防治荒漠化工作重要性的认识，增强推进全球荒漠化防治事业合作与发展的信心。此次展览参观人员级别高、外宾众多，成为中外嘉宾关注焦点，国务院副总理汪洋、《联合国防治荒漠化公约》秘书处执行秘书莫尼克·巴布，以及国务院有关部委局、内蒙古自治区政府、相关国际组织和各缔约国与会领导或代表参观此次展览，并对展览给予了高度评价。

(潘红星)

森林公园建设与管理

【综述】 2017年，中央环保督察实现了对31个省份的全覆盖，部分森林公园成为督察对象，初步统计4个省（自治区）的13处森林公园被要求整改，森林公园进入调整规范期，发展速度整体减缓。截至2017年年底，全国森林公园总数达3505处，其中国家级森林公园881处，国家级森林旅游区1处，省级森林公园1447处，市、县级森林公园1176处，规划总面积2028.19万公顷。2017年，全国森林公园共投入建设资金573.89亿元，其中用于生态建设的资金达60.38亿元，新营造风景林7.36万公顷，改造林相13.53万公顷，森林公园的游步道总长度达8.77万千米，旅游车船3.5万台（艘），接待床位105.68万张，餐位205.31万个，从事森林公园管理和服务的职工达17.63万人，其中导游1.59万人。

森林公园保护管理力度进一步加大。2017年2月，中共中央办公厅、国务院办公厅发布了《关于划定并严守生态保护红线的若干意见》，要求生态保护红线涵盖所有国家级、省级禁止开发区域。5月27日，环保部和国家发展改革委联合印发《生态保护红线划定指南》，明确森林公园的核心景观区和生态保育区划定为生态保护红线。

森林公园生态公共服务功能进一步增强。2017年，全国森林公园共接待游客9.62亿人次，直接旅游收入878.5亿元，带动社会综合收入据测算近8800亿元。其中1147处森林公园免费接待公众，年接待游客达2.83亿人次，生态公共服务效益显著。

【新建一批国家林木（花卉）公园和国家生态公园（试点）】 1月24日，国家林业局相继印发《关于同意建设河北行唐国家红枣公园、河北迁西国家板栗公园、山西稷山国家板枣公园、贵州水城国家杜鹃公园的函》（林场发〔2017〕8号）和《国家林业局关于同意建设河北围场湖泗汰、内蒙古卓资红石崖、江苏盐城龙冈、安徽肥西官亭国家生态公园（试点）的函》（林场发〔2017〕9号）。截至2017年年底，全国共批建12处国家林木（花卉）公园和18处国家生态公园（试点）。据不完全统计，2017年国家林木（花卉）公园共投入建设资金2.86亿元、接待游客1016.53万人次、综合收入达3.25亿元，国家生态公园（试点）共投入建设19.97亿元、接待游客691.67万人次、综合收入达1.55亿元，建设发展势头良好。

【印发《国家林业局关于加快推进城郊森林公园发展的指导意见》】 6月9日，印发《国家林业局关于加快推进城郊森林公园发展的指导意见》（林场发〔2017〕51号），进一步强调发展城郊森林公园的重要意义，并从把握城郊森林公园的建设发展理念、有序推进城郊森林公园建设与发展、构建共建共享的城郊森林公园发展新格局、提升城郊森林公园建设管理能力等方面提出了具体意见。各地及时转发国家林业局文件，湖南省林业厅还下发了《关于加快城郊森林公园建设的实施意见》，积极推动城郊森林公园的建设发展。山西省新批建了4处县级城郊森林公园，太原市东、西两山启动建设20处城郊型森林公园；广东省东莞市对纳入城郊森林公园内的林地在生态公益林效益补偿的基础上加每年每公顷1500元补助，佛山市对每个新建的市和区城郊森林公园分别补助300万元、50万元，梅州市梅县区对每个新建的县和镇城郊森林公园分别补助250万元、130万元，全省城郊森林公园（含镇级森林公园）总数超900处。城郊森林公园大多免收门票，成为城乡居民享受绿色生态福利的基地，山西全省82处城郊型森林公园日均接待游客40多万人次，广东免费开放的623处城郊森林公园年接待游客超1亿人次。同时，各地立足本地实际创新城郊森林公园发展模式，黑龙江省森林工业总局开展美丽林城公园建设活动，将24处城郊公园评选为森工系统美丽林城公园，宁夏全区建成了26处市民休闲森林公园，重庆市南川区批建了6处社区森林公园。

【国家级森林公园行政审批】 6月9日，国家林业局发布2017年第12号公告，将国家级森林公园行政审批申请所需的权属证明材料简化为资源权属情况表，进一步减轻申请人负担。2017年，国家林业局先后做出行政许可决定，准予设立山西太行洪谷等54处国家级森林公园,准予湖北潜山等16处国家级森林公园改变经营范围,准予新疆江布拉克等3处国家级森林公园变更面积,准予江西阳岭国家森林公园变更名称,准予四川西岭国家森林公园变更被许可人,不予设立云南明月湖国家森林公园。同时,依申请退回新疆头屯河等13份国家级森林公园行政审批的申请材料。截至2017年年底,全国共建立881处国家级森林公园,资源保护总面积达1278.62万公顷。

【森林公园业务培训】 2017年,根据国家林业局年度培训计划,先后举办了三期培训班。"国家级森林公园申报培训班"于4月8~12日在广州市举办,来自22个省级林业主管部门、55个国家级森林公园申报单位的相关负责人240余人参加。该培训班讲授了森林公园生物多样性保护、自然教育方面的专题内容,解读了国家级森林公园行政审批和建设管理的政策规定,分享了广东省森林公园建设管理以及江苏黄海海滨、山西太行洪谷国家森林公园申报的经验,开展了广东西樵山国家森林公园建设管理实践的现场教学。"国家级森林公园主任培训班"于11月5~11日在昆明市举办,来自19个省级林业主管部门、83个国家级森林公园的相关负责人参加。该培训班讲授了森林景观管理、林业文化遗产保护利用、规划理论和案例、游憩项目设计、森林旅游产品等专题内容,组织了自然教育体验活动,开展了云南金殿国家森林公园建设管理实践的现场教学。"森林公园建设与管理研讨班"于12月12~16日在广西良凤江国家森林公园举办,来自34个省级林业主管部门的森林公园、森林旅游业务处室负责人近70人参加。该培训班汇编了《党的十八大以来各地森林公园森林旅游管理工作》和《党的十八大以来各地森林公园森林旅游管理文件》,围绕新时代如何做好森林公园森林旅游管理工作进行主题研讨,开展了广西良凤江国家森林公园建设与管理实践的现场教学。山西、内蒙古、黑龙江、安徽、湖北、广西、四川、新疆、内蒙古森工等地区和单位也分别举办了全系统的森林公园管理培训班,参训人员超过1000人。

【实施国家级森林公园监督检查】 7月24~25日,国家林业局场圃总站召集2013年批建的15处国家级森林公园相关负责人,听取建设管理情况汇报,实施国家级森林公园监督检查。该次监督检查事先要求15处国家级森林公园填报建设管理情况调查表、提交建设管理书面报告、提供建设管理政策文件资料,并在此基础上进行了分析研究。在逐一听取国家级森林公园汇报后,对每个国家级森林公园的建设管理情况进行点评,明确指出存在的问题,并提出了具体的整改要求。

【国家级森林公园总体规划管理】 2017年,国家级森林公园总体规划管理进一步强化。继2016年发出首批国家级森林公园限期整改通知后,国家林业局场圃总站于3月17日向辽宁、吉林、黑龙江、山东、四川、云南省林业厅和黑龙江省森林工业总局下发通知,责令辽宁海棠山等120个国家级森林公园在18个月内完成国家级森林公园总体规划的编制和上报。同时,国家林业局严格国家级森林公园总体规划的审查审批,2017年共批复36个国家级森林公园总体规划。

【国家级森林公园自然教育】 2017年国家级森林公园自然教育工作持续推进。国家林业局场圃总站选择了河北塞罕坝、湖南北罗霄、四川北川、陕西黄龙山国家森林公园开展自然教育示范建设,国家级森林公园自然教育示范点总数21个,以此带动森林公园自然教育设施建设水平的整体提升。同时,国家林业局场圃总站委托中南林业科技大学举办了两期国家级森林公园森林解说员培训班,经过培训及严格考核,共有114名学员获得森林解说员资格,增强了森林公园组织开展自然教育活动的能力。

【公布第七批中国国家森林公园专用标志使用授权名单】 10月27日,国家林业局印发《关于公布第七批获得中国国家森林公园专用标志使用授权的国家级森林公园名单的通知》(林场发〔2017〕119号),同意授权山西太行洪谷等64处国家级森林公园使用中国国家森林公园专用标志,同时取消对福建龙湖山国家森林公园的专用标志使用授权。截至2017年年底,全国共有729处国家级森林公园拥有中国国家森林公园专用标志的使用授权。

(许晶供稿)

林业应对气候变化

【综　述】 按照党中央、国务院决策部署和国家林业局党组统一部署安排,2017年林业应对气候变化工作扎实推进,取得了新进展,为实现林业"双增"目标、积极应对气候变化、建设生态文明做出了重要贡献。

【宏观指导】 紧紧围绕《强化应对气候变化行动——中国国家自主贡献》《"十三五"控制温室气体排放工作方案》及《林业发展"十三五"规划》《林业应对气候变化"十三五"行动要点》和《林业适应气候变化行动方案(2016~2020年)》确定的应对气候变化行动目标,制订印发《2017年林业应对气候变化重点工作安排与分工方案》《省级林业应对气候变化2017~2018年工作计划》,细化任务安排和工作措施,狠抓目标任务落实。配合国家发改委,完成《"十三五"省级人民政府碳强度降低目标责任考核方法》修改和2016年度控制温室气体排放目标考核,有力促进了地方林业增汇减排工作。发布了《2016年林业应对气候变化政策与行动白皮书》。

【资源培育】 深入贯彻习近平总书记关于生态文明建设一系列重要指示精神，着力推进国土绿化，着力提升森林质量。加大中央政策扶持，加快实施《全国造林绿化规划纲要（2016～2020年）》，大力推进防沙治沙、石漠化治理、退耕还林还草、三北长江等防护林体系建设等林业重点工程，创新推动部门绿化和全民义务植树。深入实施《全国森林经营规划（2016～2050年）》，印发省级、县级森林经营规划编制指南，组织实施中央财政森林抚育补贴项目，深入推进森林经营样板示范建设。印发《"十三五"森林质量精准提升工程规划》，中央安排资金7.8亿元，启动了森林质量精准提升工程18个示范项目。2017年全国共完成造林733.33万公顷，完成抚育面积833.33万公顷，分别占全年计划的110.4%和103.8%，森林面积持续扩大，森林质量明显提升，森林碳汇功能不断增强，成为同期世界森林资源增长最多的国家。深入推进湿地全面保护，联合印发《贯彻落实〈湿地保护修复制度方案〉的实施意见》《全国湿地保护"十三五"实施规划》，成立了国家层面湿地保护修复领导小组及办公室，修订了《湿地保护管理规定》，建立完善了国家层面的7项具体制度。中央投资实施了一批湿地保护修复重点工程，新指定国际重要湿地8处，总数达到57处。新增国家湿地公园试点65处，全国试点总数达到898处。全国湿地保护率由43.51%提高到49.03%。荒漠化防治取得历史性的重大成果，荒漠化和沙化面积"双缩减"，荒漠化和沙化程度"双减轻"，沙区植被状况和固碳能力"双提高"，区域风蚀状况和风沙天气"双下降"，提前实现了联合国提出的到2030年实现退化土地零增长目标。

【资源保护和灾害防控】 加强林地保护管理，严格实施国家、省、县级林地保护利用规划，强化林地定额管理，严格核审审批建设项目使用林地。首次对东北、内蒙古重点国有林区87个林业局实施了全覆盖执法检查；对全国200个县林地、林木采伐和保护发展森林资源实施目标责任制检查，查处了一批违法占地、破坏林地案件。加强天然林保护，2017年，中央财政安排森林管护费补助和全面停止商业性采伐补助资金12.77亿元，比2016年增加7.3亿元，基本实现天然林保护政策全覆盖，新增天然林管护面积1333.33万公顷，全国1.296万公顷天然乔木林得到有效保护，每年减少资源消耗3400万立方米，天然林生态功能逐步恢复。面对2017年异常严峻的森林防火形势，认真贯彻落实习近平总书记、李克强总理等中央领导的重要批示，精心组织、周密部署，科学指导各地防控森林火灾。成功处置一系列有重大威胁和严重影响的森林火灾，最大限度地降低了灾害损失，受到党中央、国务院的充分肯定。推进《全国森林防火规划（2016～2025年）》实施，安排中央预算内投资14.8亿元，财政补助约6亿元，加强森林防火基础设施建设。认真贯彻落实《国务院办公厅关于进一步加强林业有害生物防治工作的意见》和李克强总理、汪洋副总理关于松材线虫病防治工作的重要批示精神，制订了松材线虫病等重大林业有害生物核查、督办问责办法，加强对重大危险性有害生物防治，主要林业有害生物成灾率控制在4.5‰以下。加强自然保护区建设，2017年，国家林业局共安排6.4亿元支持国家级自然保护区基础设施建设和能力建设。截至2017年年底，林业已建立各级各类自然保护区2249处，总面积12 613万公顷，约占陆地国土面积13.14%。森林等生态系统得到有效保护，有效减少因毁林和森林灾害等导致的碳排放，为确保如期实现2020年森林面积增长目标和2030年森林蓄积量增长目标打下了坚实基础。

【应对气候变化研究】 在政策研究方面，密切跟踪《联合国气候变化框架公约》及国际气候谈判进程，开展了中国森林可持续经营与融资分析、中国生态保护与修复体制机制创新、新时期大规模国土绿化研究暨"两屏三带、大江大河源头"地区工程造林、以国家公园为主体的自然保护地体系建设等项目研究。针对国内国际应对气候变化的新形势、新要求，部署了林业应对气候变化长期目标和对策、各国应对气候变化自主贡献（NDC）林业目标行动和政策研究。在科学研究方面，编制了《国家林业长期科研试验示范基地规划（2017～2035年）》，发布了《国家陆地生态系统定位观测研究网络中长期发展规划（2008～2020年）》（修编版），为开展气候变化等科学研究奠定了基础。编制了"森林质量精准提升科技创新"等重点专项实施方案，"林业资源培育及高效利用技术创新""典型脆弱生态修复与保护研究"等重点研发计划专项，并获得批准。"不同经营模式人工林土壤固碳增汇保水增肥过程与机制""气候变化对森林水碳平衡影响及适应性生态恢复""气候变化背景下大兴安岭林区火险期动态格局与趋势""西南高山林区树木生长对气候响应的分异及其驱动机制"等研究项目取得阶段性成果。《竹林生态系统碳汇监测与增汇减排关键技术及应用》获得2017年度国家科学技术进步奖二等奖。印发《国家林业局促进科技成果转移转化行动方案》，发布《2017年重点推广林业科技成果100项》，指导全国各地加快新技术、新成果的推广应用。

【碳汇计量监测体系建设】 组织国家林业局直属五大林业调查规划设计院和各省（区、市）规划院及有关科研单位力量，加快推进全国林业碳汇计量监测体系建设。制定印发《关于开展2017年全国林业碳汇计量监测体系建设工作的通知》《第二次全国土地利用、土地利用变化与林业（LULUCF）碳汇计量监测方案》，举办体系建设培训班，全面部署年度工作。将林业碳汇相关技术标准纳入《林业标准体系》，明确了到2020年林业碳汇相关技术标准建设的目标任务。编制《森林生态系统碳库调查技术规范》《全国优势树种木材基本密度标准》《林业碳汇计量监测术语》《林业碳汇监测技术指南》《林业碳汇计量监测指标体系》5项标准。启动了《竹林碳计量规程》《竹产品碳计量规程》标准制定。编写完成《全国林业碳汇计量监测体系建设报告（2016）》，全面总结2009年以来全国林业碳汇计量监测体系建设技术成果。完成首次全国LULUCF碳汇计量监测1.64万个监测样地的数据测算，编制了《首次全国LULUCF碳汇计量监测成果报告》，制作全国森林碳储量分布图。在山西等13个省（区、市）开展了第二次全国LULUCF碳汇计量监测。组织制定《全国湿地碳储量建模与温室气体排放因子测定技术方案》，整理相关研究和调查成果，建立了148个湿地碳储量测算参数。按照国家发改委要求，编制完成气候变化国家信息报告两年更新报告2012年林业温室气体清单，初步编制完成了2010年中国土地利用、土地利用变化与林业温室气体清单。

【林业碳汇项目开发】 举办第11期林业应对气候变化及碳汇计量监测培训班，邀请国家气候战略中心等单位专家，就全国碳市场建设政策及林业碳汇项目开发交易有关技术规定等重点内容进行深入解读，推广交流福建、湖南省和大兴安岭林业集团公司碳汇项目开发管理经验。选派专家对福建等7省林业碳汇项目开发交易工作进行指导和培训。截至2017年年底，正在履行项目备案和交易程序的林业碳汇项目已达98个。对国家发改委制订的《全国碳排放权市场建设方案（电力行业）》（征求意见稿），进行研究并提出修改意见。组织修订碳汇造林项目和森林经营碳汇项目两个方法学，梳理了存在的问题，制订了修订工作方案。

【国际交流合作】 参加联合国气候谈判会议，就《巴黎协定》特设工作组的工作计划和内容进行了磋商。印发《"一带一路"建设林业合作规划》，积极推进与沿线国家开展林业应对气候变化国际合作。积极推动《联合国森林战略规划（2017～2030年）》制定和发布工作。参与"中欧森林火灾应急管理合作项目"，深化中欧森林防火合作。积极推进中德森林经营合作。落实中俄第四次边境联防会议和中蒙第三次边境联防会议精神，强化边境地区森林火灾联防联扑工作。举办中国与东盟林产品国际贸易高峰论坛，引导在APEC机制下打击非法采伐的国际合作，积极推动区域木材合法性互认机制建立。参加APEC第四届林业部长级会议和APEC打击非法采伐第11次、12次会议，就打击非法采伐及相关贸易议题与各经济体进行了深入交流与探讨，展示中国加强国际合作打击非法采伐并致力于应对气候变化的积极态度、所做努力和取得的成果，得到了国际社会的赞赏。积极推动《联合国防治荒漠化公约2018～2030年战略框架》制定和发布工作。在内蒙古鄂尔多斯成功举办《联合国防治荒漠化公约》第十三次缔约方大会，为世界荒漠化防治提供了中国经验、中国技术、中国模式，为全球实现土地退化零增长目标作出了杰出贡献。发布《鄂尔多斯宣言》，启动了全球首个土地退化零增长基金，启动"一带一路"防治荒漠化合作机制。按照中国气象局的要求，积极参加联合国政府间气候变化专门委员会（IPCC）的工作，先后向IPCC第六次气候变化评估报告的有关专题推荐林业专家，参加《2006年国家温室气体清单指南》修订、气候变化与土地专题报告编写研讨会。积极推进中美林业应对气候变化合作，举办中美森林健康经营合作研讨会、中美森林碳库调查与碳汇估算技术培训班，深入交流技术成果和实践经验，取得丰硕成果。与保护国际基金会（CI）和大自然保护协会（TNC）合作，在四川、内蒙古、云南、青海等省（区）开展了5个林业应对气候变化项目。参加由印尼环境与林业部与世界自然保护联盟（IUCN）联合主办的首届"波恩挑战"亚洲区域高级别圆桌会议，展示了我国林业应对气候变化工作的进展和成效。

【宣传普及】 利用中国植树节、国际森林日等重要节点日，以及共和国部长植树、国际森林日植树等重要活动，组织媒体广泛开展报道，宣传中国在维护生态安全、推进全球应对气候变化中发挥的积极作用。9月4日，国家林业局局长张建龙在国家行政学院，专门为省部级干部生态文明建设和应对气候变化专题研讨班授课，高位推进林业应对气候变化知识要点的普及。在全国节能宣传周和全国低碳日活动期间，在《中国绿色时报》刊发"绿色节能周，数据告诉你中国林业的贡献"专版。编印《气候变化、生物多样性和荒漠化问题动态参考》10期，其中两期送报"中办"和"国办"。举办了"老牛冬奥碳汇林"全面启动发布会，与浙江省林业厅、杭州市政府联合举办2016年G20杭州峰会碳中和林建成揭牌仪式，与广东省林业厅和香港赛马会联合举办第四期香港赛马会东江源碳汇造林项目现场植树活动，与贵州省铜仁市政府联合举办第七届"绿化祖国 低碳行动"植树节活动。利用中国林业网、中国林业应对气候变化网、中国林业网微信、新浪网、人民网官方微博、"中国林业发布"微博，持续广泛宣传我国林业应对气候变化政策、行动和成效。协助中国气象局完成《应对气候变化——中国在行动》电视宣传片和画册（5种外语版）的制作。在德国波恩联合国气候大会"中国角"，中国绿色碳汇基金会、国际竹藤组织分别举办"生态服务价值的多元化探索促进绿色低碳发展""通过南南北合作助力竹产业应对气候变化行动"边会，提高了中国林业应对气候变化的影响力。

【机关节能减排】 按照中央国家机关节能工作总体规划和国家林业局节能领导小组要求，强化公共机构节约能源资源管理，抓好节能技术和产品推广、节能考核检查、节约型公共机构示范单位创建，积极推进能源资源节约循环利用，充分发挥公共机构的示范引领作用，取得良好的成效。

（王福祥供稿）

林业产业

06

林业产业发展

【林业产业发展"十三五"规划】 2017年5月26日,国家林业局与国家发展改革委、科技部、工业和信息化部、财政部、中国人民银行、国家税务总局、国家食品药品监管总局、中国证监会、中国保监会、国务院扶贫办联合印发《林业产业发展"十三五"规划》,明确林业产业在今后一段时间的发展目标、指导思想、发展思路、坚持原则、主要任务、重点领域和保障体系等一系列重大问题。《规划》提出,到2020年实现林业总产值达到8.7万亿元的总体目标,林业一、二、三产业结构比例调整到27:52:21,林业就业人数达6000万人。《规划》明确,"十三五"期间林业产业发展的主要任务有7项:着力供给侧结构性改革,强化林业产业创新发展,促进林业产业融合发展,推进林业产业集群发展,加强林业产业标准体系建设,加强林业产业品牌建设,扩大林业产业对外开放合作;重点领域有4方面:加快传统产业改造升级,着力发展特色富民产业,大力培育新兴产业,促进现代林业服务业快速发展。《规划》还提出完善产业发展保障体系、加大林业改革力度、完善投融资机制、加强科技支撑等政策措施。

【森林生态标志产品建设工程】 9月30日,印发《国家林业局关于实施森林生态标志产品建设工程的通知》《国家森林生态标志产品通用规则》,落实2017年中央一号文件工作部署,启动实施森林生态标志产品建设工程。《通知》提出,要全面建立森林生态标志产品的标准、标识、品牌、评价、监管等相关体系,健全相关管理规定和配套政策,增加森林生态标志产品有效供给,扩大森林生态标志产品市场认可度,提升森林生态产业规模、市场份额和质量效益,促进林业产业转型升级。《通知》明确了建立产品标准体系、完善产品评价体系、建立产品品牌体系、建设产品生产基地、建立产品营销流通体系、建立产品质量安全追溯和监控体系、建立全国森林生态标志产品数据服务平台7项主要任务以及建设工程的领导体制和工作机制。

【林业产业发展投资基金】 推动中国林业产业发展投资基金项目落地实施,国家林业局与中国建设银行成立了林业产业基金运行协调工作小组,负责沟通协调督促林业产业基金申报、投放和管理。印发《国家林业局 中国建设银行关于推动全国林业产业投资基金业务工作的通知》《2017年全国林业产业投资基金项目申报指南》,组织开展首批项目申报工作。

【评定第三批国家林业重点龙头企业】 组织开展第三批国家林业重点龙头企业评定工作,坚持公开、透明、规范、公正的原则,严格履行省级林业主管部门推荐、初审、专家评审、公示等程序,最终认定北京绿冠生态园林工程股份有限公司等124家企业为第三批国家林业重点龙头企业。印发《国家林业局关于公布第三批国家林业重点龙头企业名单的通知》,要求各地加强指导和服务,落实扶持政策,实行动态评价管理,推动国家林业重点龙头企业健康发展,不断提高龙头企业素质,增强辐射能力和带动能力。

【创建特色农产品优势区】 国家林业局与农业部、中央农办、国家发改委等9个部委联合印发《关于开展特色农产品优势区创建工作的通知》,国家林业局与国家发改委、农业部联合印发《关于组织开展"中国特色农产品优势区"申报认定工作的通知》《特色农产品优势区建设规划纲要》,组织编制《全国林特产品优势区建设规划(2017~2025)》,会同有关部门开展申报认定等相关工作。2017年评出的62个中国特色农产品优势区中,有30个涉及林业产业,林特产品类特优区有8个。

【市场监管】 强化木材经营加工事中事后监管,配合国务院审改办修改完善《取消"在林区经营(含加工)木材审批"后事中事后监管措施》,明确相关部门的管理职能重点转向制定行业标准规范,加强监管措施,惩处违法违规行为,维护市场秩序。

【2017年国家级林业重点展会新闻发布会】 于5月23日在北京召开。为进一步提高中国林产品的品牌形象,扩大生态产品有效供给,促进与"一带一路"沿线国家林业产业交流,国家林业局与相关省人民政府联合举办5个林产品交易博览会,分别是:第四届中国中部家具产业博览会、第十四届中国林产品交易会、第十届中国义乌国际森林产品博览会、第十三届海峡两岸林业博览会暨投资贸易洽谈会、2017中国-东盟博览会林产品及木制品展。

【第四届中国中部家具产业博览会】 于2017年6月1~3日在江西省赣州市南康区隆重举办。博览会以"中国实木家具,健康走向世界"为主题,展览总面积180万平方米,其中设在赣南汽车城的主展馆1.34万平方米。展会共吸引经销商和采购商33.2万人次,签约金额(含全年订单)30.58亿元。展会期间还举办了中国(赣州)家居产业发展高峰论坛、江西省对接"一带一路"首趟中欧双向班列启动仪式、中国家居制造2025论坛、江西赣州港临港经济区招商引资恳谈会、家博会答谢晚宴暨颁奖典礼等10项活动。

【第十四届中国林产品交易会】 于2017年9月19~22日在山东省菏泽市举办,国家林业局总工程师封加平、山东省副省长于国安出席开幕式。本届林交会参会人数达18.6万人次,交易总额17.9亿元,其中,签订销售合同及协议1121个、总金额13.6亿元,现场交易额

1.5 亿元，网上交易额 2.8 亿元。林交会期间共有 15 项配套活动，举办了"中国木艺之都"授牌仪式，召开中国林交会组委会座谈会，开展特色林产业参观考察活动，进行第十届中国林交会参展产品评奖，获奖产品 256 个，其中金奖 194 个，银奖 62 个。

【第十届中国义乌国际森林产品博览会】 于 2017 年 11 月 1~4 日在浙江省义乌市隆重举办。本届森博会以"绿色引领，共享发展"为主题，来自 32 个国家和地区的 1639 家企业参展，展品主打"绿色，低碳，环保"，涵盖家具及配件、木结构木建材、木竹工艺品、木竹日用品、森林食品、茶产品、花卉园艺、林业科技与装备八大类 10 万种以上。展会共布设国际标准展位 3723 个，展览面积 8.5 万平方米，吸引采购商等 31.85 万人次，实现成交额 48.66 亿元。

【第十三届海峡两岸林业博览会暨投资贸易洽谈会】 于 2017 年 11 月 6~9 日在福建省三明市隆重举办。本届林博会展馆面积 2 万平方米，241 名台湾嘉宾客商参会参展，签约台资项目 16 个，拟利用台资 1.87 亿美元，台湾 41 家参展商、300 多个特色产品参展。展会共布设 13 个展区，参展企业 558 家、展品 3195 种，评选金奖产品 56 个，实现现场销售总额 3610 万元，签约项目 111 个、总投资 164.7 亿元。

【2017 中国－东盟博览会林产品及木制品展】 于 2017 年 11 月 17~20 日在广西壮族自治区南宁市举办。本届林木展聚集中国与东盟林业科技和装备合作热点，充分发挥中国－东盟博览会的平台优势，通过展览和专业交流活动，大力推动中国与东盟林业合作，取得了丰硕成果。林木展现场专业观众达 4 万人次，现场签订采购订单和投资额超过 3 亿元。印度尼西亚、老挝、缅甸、越南等东盟国家的众多企业积极参展，共有东盟国家及区域外国家 70 家企业参展，重点展示了红木家具、木制手工艺品、森林食品等。林木展期间还在东兴市举办了 2017 东兴进口景观树产业发展研讨会，推动中国与东盟在景观树和种苗产业方面的合作。

（缪光平供稿）

森林旅游

【综　述】 2017 年，全国森林旅游实现了较快发展，组织机构进一步完善，发展环境进一步改善，产业规模进一步增长，社会影响进一步扩大，行业地位进一步提升，森林旅游在提高森林等自然资源多功能利用水平、促进林业转型发展、巩固林业改革成果、服务经济社会发展中发挥着越来越重要的作用。森林旅游创造社会综合产值首次突破万亿元大关，成为中国第三个产值突破万亿元的林业支柱产业。

基本情况 2017 年，全国森林旅游人数达 13.9 亿人次，同比增长 15.6%，占国内旅游人数的 28%；创造社会综合产值超过 11 500 亿元，同比增长 21.1%。在全国森林旅游人数中，森林公园接待的人数约占 70%，湿地公园和林业系统自然保护区接待的人数约占 20%。各类森林旅游地总数超过 9500 处。森林旅游管理和服务人员数量超过 27.9 万人，其中导游和解说人员数量约 4.6 万人。森林旅游接待床位总数 220 万张，接待餐位总数 460 万个。

工作进展 森林旅游各项工作稳步推进。①加强森林旅游组织领导。②加强森林旅游宣传和推介。国家林业局与上海市人民政府共同举办 2017 中国森林旅游节；出版发行《2016 中国森林等自然资源旅游发展报告》；组织开展 2017"中国纸业生态杯"森林旅游风光摄影大赛；举办 2017 年全国森林旅游产品推介会和全国森林旅游投资与服务洽谈会；依托传统媒体和新媒体加大森林旅游宣传。③开展森林旅游助推精准扶贫工作。国家旅游局、国务院扶贫办、国家林业局联合组织全国旅游精准扶贫示范项目，森林旅游成为推动旅游精准扶贫的重要力量。④加强森林旅游行业引导和示范。国家林业局公布 2017 年全国森林旅游示范市县名单；引导森林养生和森林体验发展，印发《全国森林体验基地和全国森林养生基地试点建设指导意见》；国家林业局公布第一批 5 条国家森林步道名单；国家林业局与贵州省人民政府在贵阳生态文明论坛上共同举办"大森林＋森林康养"研讨会。⑤落实国家森林公园中央预算内投资。启动 21 个国家森林公园的保护利用设施项目建设。⑥加强森林旅游标准化建设和基础研究。国家林业局将森林旅游作为独立板块纳入林业行业标准体系；组织启动多项行业标准的制修订工作；国家林业局发布 4 项森林旅游林业行业标准。⑦完成森林风景资源调查和评价试点，江西省作为全国森林风景资源调查与评价试点省份，完成调查报告并形成江西省森林风景资源保护目录。⑧强化森林旅游信息化建设。运行全国森林旅游精准统计系统，按月份和节假日统计报送森林旅游游客量，并及时向社会发布；加强中国森林旅游网及微信公众号的使用与管理。⑨促进森林旅游对外合作交流和人才培养。第四届亚太经合组织林业部长级会议首次将森林旅游作为重要议题之一；组织以森林旅游新业态、重点国有林区森林旅游发展、森林旅游示范市县建设等为主题的人才培训。

【2017 中国森林旅游节】 于 9 月 25~27 日由国家林业局、上海市人民政府在上海共同举办。活动主题是"绿水青山就是金山银山——走进森林，让城市生活更精彩！"全国政协副主席罗富和、国家林业局副局长张永利、上海市副市长时光辉出席，开幕式由上海市政府副秘书长黄融主持。旅游节主要内容包括开幕式、花车巡游、全国森林旅游风光展示、全国森林旅游产品展示、全国生态休闲产品展示、全国森林旅游产品推介会、全

国森林旅游投资与服务洽谈会暨合作签约仪式,以及各地组织的大型文艺表演和森林旅游地门票派送等。来自各级林业主管部门、各类森林旅游地、相关社团、企业、高校和媒体等代表及上海有关方面代表参加了相关活动。参加相关活动的还有生态休闲产品制造商、森林旅游投资商、旅行社等,近百家媒体参与报道。

【第一批国家森林步道名单】 于11月由国家林业局正式公布。国家森林步道包括秦岭、太行山、大兴安岭、罗霄山、武夷山共5条国家森林步道。步道全程超过10 000千米,最长的是大兴安岭国家森林步道,全程3045千米,最短的是武夷山国家森林步道,全程1160千米。5条步道途经12个省市、穿越100多个县市区、连接几百个国家级森林旅游地。名单的公布引起了强烈的社会反响,从各地党委政府、行业部门、专家学者到徒步爱好者,从投资商、社团组织到各大媒体,纷纷聚焦国家森林步道。

【2017年全国森林旅游示范市县名单】 于11月由国家林业局公布。全国森林旅游示范市包括:浙江省丽水市、安徽省池州市、安徽省六安市、福建省龙岩市、江西省鹰潭市、山东省威海市、湖南省永州市、广西壮族自治区贺州市、四川省广元市、云南省临沧市。全国森林旅游示范县包括:北京市延庆区、河北省平泉市、山西省壶关县、内蒙古自治区鄂尔多斯市东胜区、赤峰市喀喇沁旗、辽宁省北票市、抚顺县、吉林省临江市、敦化市、黑龙江省方正县、江苏省常熟市、宜兴市、浙江省磐安县、福建省武夷山市、江西省武宁县、河南省栾川县、湖北省钟祥市、通山县、湖南省浏阳市、广东省始兴县、阳山县、广西壮族自治区金秀瑶族自治县、海南省陵水黎族自治县、重庆市巫山县、南川区、四川省洪雅县、贵州省赤水市、都匀市、青海省互助土族自治县、新疆维吾尔自治区乌苏市、龙江森工山河屯林业局、柴河林业局、内蒙古森工根河林业局。国家林业局办公室印发《全国森林旅游示范市县申报命名管理办法》,进一步规范全国森林旅游示范市县申报命名工作。自2015年启动这项工作以来,全国森林旅游示范市县总数已达到88家。

【森林旅游助推精准扶贫精准脱贫】 10月,国家旅游局、国务院扶贫办、国家林业局联合下发了《关于开展旅游精准扶贫示范项目申报工作的通知》,共同开展旅游精准扶贫示范项目建设工作。三部门在北京联合举办全国旅游扶贫示范项目申报培训班,对申报项目进行了专家评审。森林旅游依托天然的地缘优势和强劲的带动功能,在扶贫工作中发挥了越来越重要的作用。通过国家林业局开展的森林旅游助推精准扶贫摸底调查,挖掘整理了一批森林旅游助力精准扶贫精准脱贫的典型案例。

【2017全国森林旅游产品推介会】 于9月25日由国家林业局森林旅游管理办公室和中国绿色时报社在上海市举办。推介会重点推介5条国家森林步道和15个冰雪旅游地,揭晓2017"中国纸业生态杯"森林旅游风光摄影大赛结果并颁奖,启动中国森林旅游美景推广计划,举行2017年中国最美林场推选活动颁奖仪式等。国家林业局副局长张永利出席并致辞。各地森林旅游推介主要包括:内蒙古森工森林风景资源、龙江森工森林旅游地、游美国际营地、浙江衢州大荫山飞越丛林探险乐园、呼伦贝尔林业集团的3个国家森林公园、云南西双版纳望天树景区、重庆市酉阳县桃花源、武隆喀斯特、彭水县森林旅游、江西羊狮幕和陡水湖、呼伦贝尔市旅游线路、特色小镇、森林食品、吉林森工国际狩猎场、红石国家森林公园、仙人桥温泉度假区等。

【规范森林体验和森林养生发展】 5月,国家林业局发布《森林体验基地质量评定》(LY/T 2788—2017)、《森林养生基地质量评定》(LY/T 2789—2017)林业行业标准。3月,在福建省福州市举办以基地试点建设为主题的森林旅游管理培训班,各省森林旅游主管处室负责人、森林体验和森林养生基地试点建设单位负责人和技术人员共180余人参加培训。8月,国家林业局森林旅游管理办公室出台《全国森林体验基地和全国森林养生基地试点建设工作指导意见》,要求试点建设要依托森林等自然资源及民俗文化资源,充分发挥其景观、文化、环境、空间等多种优势,以公众多样化需求为导向,以拓展森林多功能利用、提高资源的保护性利用水平为目标,努力打造各具特色的森林体验和森林养生产品。

【《2016中国森林等自然资源旅游发展报告》】 于9月正式出版。该报告全面反映了2016年中国森林等自然资源旅游发展的动态和主要热点,内容包括以下章节:组织管理与工作部署、政策与法制建设、规划与标准化建设、目的地建设、目的地保护与管理、产业发展、示范建设、人才培训、宣传推介、国(境)内外交流与合作。

【完成全国森林风景资源调查与评价试点】 12月,完成全国森林风景资源调查与评价试点工作。江西省作为2016年全国森林风景资源调查与评价工作试点省份,组织编写了《江西省森林风景资源调查与评价工作方案》《江西省森林风景资源调查与评价实施细则》,完成江西省森林风景资源的野外调查与论证工作,并形成《江西省风景资源调查与评价报告》《江西省森林风景资源保护目录》。

【2017森林旅游风光摄影大赛】 组织开展了以"自然天成·绿色瑰宝"为主题的2017"中国纸业生态杯"森林旅游风光摄影大赛。活动由国家林业局森林旅游管理办公室组织,中国绿色时报社主办,中国纸业投资有限公司和岳阳林纸股份有限公司协办,活动共收到摄影作品1000余组、10 000余张,共评出金奖2名、银奖3名、铜奖8名、优秀奖33名、入围奖91名。这些作品真实反映了全国各类森林旅游地的典型自然风光,从各个侧面展示了美丽中国的自然之美。2017年出版了以"中国森林美地"为主题的《森林与人类》专刊,全面展示"2015国家森林公园风光摄影大赛"获奖作品。

【森林旅游标准化建设和基础研究】 5月,国家林业局森林旅游管理办公室完成"森林旅游标准框架体系",启动《森林旅游术语》《林业自然教育导则》《森林小镇建设导则》等多项林业行业标准的起草工作。6月,国家林业局发布《森林体验基地质量评定》《森林养生基地质量评定》《国家森林步道建设规范》和《生态露营地建设与管理规范》4项林业行业标准。依托北京林业大学、东北林业大学、中南林业科技大学、中国林业科学院研究院等开展森林养生理论体系、重点国有林区森林旅游发展、林业文化遗产、世界森林养生发展分析等研究工作。

【重点国有林区森林旅游发展】 7月,国家林业局办公室下发《关于推介一批森林旅游典型单位的通知》(办场字〔2017〕112号),推介了第一批共15家全国冰雪旅游典型单位,其中9个位于东北地区。2017年7月,国家林业局森林旅游管理办公室在长白山召开东北重点国有林区森林旅游发展座谈会,内蒙古、吉林、龙江、大兴安岭、长白山森工(林业)集团相关负责人以及有关专家学者参加了座谈。同时,与国家林业局人才中心共同举办重点国有林区森林旅游管理培训班,5个森工(林业)集团的有关负责人以及所属各林业局、各森林旅游地相关管理人员和技术人员共160余人参加培训。

【组织国家森林公园保护利用设施项目实施】 中央投资继续支持国家森林公园基础服务设施建设,21处国家森林公园获得国家文化和自然遗产保护利用设施建设项目支持,中央投资1.8亿元。

【对外交流与人才培训】 10月,第四届亚太经合组织林业部长级会议在韩国举办,会议首次将森林旅游作为重要议题之一。国家林业局副局长彭有冬应邀担任"生态旅游和森林福祉"专题的专家组成员,介绍了中国开展森林旅游发展情况,特别是有关森林养生和提高森林福祉等方面开展的工作和成效。6月,国家林业局与贵州省人民政府在贵阳国际生态文明研讨会上共同举办"大生态+森林康养"专题研讨会,国家林业局副局长刘东生出席并作主旨演讲。3月和11月,分别在福建旗山和湖北宜昌举办以森林旅游新业态和全国森林旅游示范市县建设为主题的全国森林旅游管理培训班,相关高校、学会、社团等也组织了森林旅游发展的相关培训。11月,中国林业教育学会自然教育分会在中南林业科技大学成立,分会依托自然生态系统,力求通过多样化的教育手段,提升森林旅游教育功能,提高国民的生态素养。

(李奎供稿)

森林资源保护

07

林业有害生物防治

【综　述】　2017年，全国主要林业有害生物发生1253.12万公顷，比2016年上升3.45%。其中，虫害发生905.97万公顷，比2016年上升5.71%；病害发生133.09万公顷，比2016年下降4.18%；鼠（兔）害发生194.19万公顷，比2016年下降0.97%。据统计，全国林业有害生物防治面积962.17万公顷（累计防治作业面积1611.75万公顷次），主要林业有害生物成灾率控制在4.5‰以下，无公害防治率达到83%以上。

2017年，全国深入贯彻落实《国务院办公厅关于进一步加强林业有害生物防治工作的意见》和国务院领导同志重要批示精神，以松材线虫病等重大林业有害生物防治为重点，狠抓责任落实，强化行业管理，加强机制创新，林业有害生物防治工作得到进一步加强。

【防治工作】　举办了全国林业有害生物防治专题会议，全面总结了党的"十八大"以来林业有害生物防治工作，并就贯彻落实国务院领导同志关于加强松材线虫病防治工作批示精神进行了重点部署。印发《2017年全国林业有害生物防治工作要点》，全面部署了2017年防治工作。印发《林用农药安全使用综合治理实施方案》，在全国范围内部署开展林用农药安全治理工作。

【贯彻落实国办《意见》】　认真执行国办《意见》月报制度，每月及时向国办报告国家林业局及各地的重大措施和重要成果。在各省级人民政府印发了国办《意见》贯彻实施文件，积极落实各项措施要求的基础上，组织编印出版了《〈国办意见〉贯彻落实文件汇编》，并初步梳理和评估了国办《意见》三年贯彻落实成效。

【贯彻落实国务院领导批示精神】　落实李克强总理、汪洋副总理关于加强松材线虫病防治工作重要批示精神，组织召开局长办公会议，从落实防控责任、加大防控投入等八方面提出了落实措施，目前各项措施已取得了实质性进展。认真落实汪洋副总理关于黄山市黄山区松材线虫病疫情处置工作的批示精神，开展了实地调查和督导，向安徽省林业厅发送了督办函，对全面做好黄山及周边地区松材线虫病防治工作进行了部署和督导。落实汪洋副总理在"高度关注东北林区樟子松梢斑螟的严重危害"重要批示精神，组织调研了东北地区樟子松梢斑螟发生与防治情况，并向黑龙江省发送了督办函，提出了灾情应急处置要求。

【疫情灾情核查督办】　国家林业局启动了松材线虫病、美国白蛾、重要林果入侵害虫等重大林业有害生物的核查督办工作，对湖北、重庆、浙江等15个省（区、市）开展了松材线虫病等重大林业有害生物的核查、督导，并向12个省政府、林业主管部门及相关市县政府发送了督办函，分别就加强责任落实，严格规范疫情监测和报告，加大防治资金投入，抓好重点区域疫情预防和治理，科学开展疫情除治等方面进行重点督办，各地针对存在的问题进行认真整改，起到了良好的效果。

【有害生物灾害预防】　配合国家发改委印发了《全国动植物保护能力提升工程建设规划》，启动了国家级中心测报点基础设施建设。组织开展了国家级中心测报点布局优化调整工作，完成了第三次全国林业有害生物普查成果汇总工作。向社会发布了2017年全国松材线虫、美国白蛾疫区，起草印发了《警惕国际重大造瘿类林木害虫——松针鞘瘿蚊危害的警示通报》。积极组织开展重大林业有害生物发生趋势专家会商，向中共中央办公厅、国务院办公厅报送了2017年发生趋势与应对措施，并在央视气象栏目及时播报发生趋势预报预警信息。四川等多地探索运用了无人机、卫星遥感等先进监测技术，天空地一体化立体监测模式雏形基本形成。

【审批管理】　加强植物检疫审批管理，依法清理了114家需注销的松材线虫病疫木加工板材定点加工企业和普及型国外引种试种苗圃，并以国家林业局公告的形式向社会发布。印发《境外林木引种检疫审批风险评估管理规范》（林造发〔2017〕49号），提高了林木引种检疫审批风险评估工作的科学性、统一性和规范性。在全国推广运用了网络版全国林业植物检疫管理信息系统，实现检疫审批全网络化管理。

【检疫执法】　配合最高检、公安部出台了"妨害动植物防疫、检疫罪"刑事立案司法解释，为全国打击植物检疫违法犯罪行为提供了强有力的法律依据，组织开展了《林业有害生物防治检疫执法典型案例剖析》的编写工作，各地依法查办"妨害动植物防疫、检疫罪"刑事案件4起，为历年来最多。

【部门协作】　与中共中央直属机关绿化委员会办公室联合完成了北戴河联峰山及周边地区有害生物3年防治任务，并组织开展了防治效果评价，经3年持续治理，该地区生态系统已得到有效复壮。与国家质检总局联合印发《关于印发"服务林业供给侧结构性改革保障进出口林产品安全"联合专项行动工作方案的通知》（质检办动联〔2017〕999号），并在宁波联合启动了为期两年的"林安"专项执法行动。各省级林业主管部门与当地出入境检验检疫机构加强协作，紧紧围绕林产品"优进优出"、加强风险防控联合监管以及外来林业有害生物跨区域传播危害防控工作，联合制订专项行动方案，积极推进"林安"行动深入开展。

（赵宇翔供稿）

野生动植物保护与自然保护区建设

【综　述】　2017年是实施全国野生动植物保护及自然保护区建设工程的第17个年头，中央财政直接投入资金8亿多元，主要开展自然保护基础设施及能力建设、野生动植物重要栖息地恢复及野外巡查救护、野生动物疫源疫病监测防控、自然保护法规建设、监督检查及宣传教育等工作。

野生动植物保护、自然保护区配套法规制定　认真贯彻落实《野生动物保护法》，推动配套法规建设，出台《陆生野生动物收容救护管理规定》《陆生野生动物及其制品价值的评估标准和方法》；制定发布《人工繁育国家重点保护野生动物名录（第一批）》；研究起草《陆生野生动物重要栖息地评估认定规程》《人工繁育国家重点保护野生动物名录制定标准》等技术标准草案；提出了由国务院授权国家林业局审批的野生动物物种名单并获得批准实施；推动出台《黑熊养殖场规范》等行业标准，组织研究制定虎、象等凶猛野生动物养殖规范；审议修改《自然保护区生态旅游监督管理办法》《自然保护区监督检查办法》和《自然保护区修筑设施生物多样性评价报告编制指南》，制订完成《在林业部门管理的国家级自然保护区修筑筑设施管理办法》。

野生动物保护利用监督管理　加强野外濒危野生动植物资源巡护，着力改善恢复重要栖息地，开展野生动物资源调查；落实中央领导同志重要批示、指示精神，认真做好东北虎豹、象和雪豹调查、监测工作，开展红腹锦鸡、白颈长尾雉、黑叶猴放归自然活动，促进野外种群复壮。严厉打击乱捕滥采野生动植物和非法贸易活动，做好象牙商业性贸易管控，报请国务院发布了《国务院办公厅关于有序做好停止国内象牙商业性加工贸易的通知》，提出并公告了停止象牙商业性加工贸易的企业名单和停止时间表；联合22个部门召开了首次打击野生动物非法交易部级联席会议，制订了工作方案和任务分工，并联合工商、公安、海关、质检、网信等部门开展打击野生动物乱捕滥猎和非法交易监督检查工作，推动各地建立打击野生动物非法交易部门协调机制；牵头组织相关部门对广东和福建两省打击象牙走私和非法交易问题进行了调研督导，及时向党中央国务院提交了工作建议，并联合有关部门制订《综合治理走私和非法加工象牙等现象工作方案》；推动建立野生动植物制品存储中心建设，并与海关总署共同启动海关执法查没物品移交工作；首次建立中央转移支付林业补助资金项目对野生动植物保护的投资渠道，推动相关省区开展野生动植物救护繁育基地、基因库和存储库建设；强化野生动物园安全管理和规范展演工作，开展现场检查督导；提出完善行政许可改革的政策措施，出台向上海全境推广上海自贸区的行政许可政策的公告，加强对地方行政许可工作的监管和指导；对极小种群野生植物开展野外救护与繁育，对20多种极小种群野生植物开展拯救保护及其生境的监测、恢复与改造工作。

自然保护区督查、评审、宣传及培训　贯彻落实中共中央办公厅、国务院办公厅关于祁连山自然保护区的通报精神，下发了《国家林业局办公室关于进一步加强林业自然保护区监督管理的通知》，发布了保护区内建设项目禁止事项清单；国家林业局等七部门联合组成10个"绿盾2017"国家级自然保护区监督检查专项行动巡查组，对130个自然保护区进行实地巡查，促进了各地政府对保护区内违法违规问题的整改；组织专家实地检查6个重点国家级自然安全生产情况，会同驻地专员办对"绿剑行动"重点整改的4个自然保护区开展验收。经林业国家级自然保护区评审委员会评审，向国务院上报12处国家级自然保护区范围或功能区的调整，5处省级自然保护区晋升国家级自然保护区。17处自然保护区经国务院批准新晋升为国家级自然保护区，林业系统国家级自然保护区总数达到376处，各种类型的自然保护区总数达2249处。组织出版《中国林业国家级自然保护区（共3卷）》，合作出版了自然保护区60年专辑，举办了以"生态保护 砥砺前行"为主题的中国自然保护区向十九大献礼专题展览。举办"国家级自然保护区规范化建设"等3个培训班，共计240余人接受培训。

野生动物疫病监测与防控　印发《关于加强鸟类等野生动物疫源疫病监测防控和强化保护管理措施的紧急通知》《关于加强野猪非洲猪瘟监测防控工作的紧急通知》，开展野生动物疫病野外监测，及时发现并妥善处置了76起野生动物异常情况，组织专家赴湖北、天津、内蒙古等地区开展现场突发疫情处置，科学应对高致病性禽流感、北山羊小反刍兽疫等疫情。组织开展林业系统野生动物保护和疫源疫病防控督导检查工作，牵头完成联防联控机制组织对广西、江苏、四川、江西等重点省份的H7N9疫情防控督导检查工作。制订《2017年重要野生动物疫病主动预警工作实施方案》，累计采集样品10 349份，发现70余株H5N8等野鸟源禽流感病毒。编制修订《动物园疫病防控技术规范》，完成《野鸟H7N9禽流感病毒溯源与流行趋势研究》。开展突发野生动物疫源疫病应急处置管理引智培训和监测技能培训。

国际交流与合作　推动美、英等国家落实中美、中英领导人会晤成果文件，深入做好象等野生动物保护工作，推动中国野生动物保护协会与卡塔尔签署了加强猎隼保护的合作协议，与美国开展自然保护合作交流，推动四川九寨沟和韩国无等山国家公园建立姐妹自然保护区；参加"全球雪豹保护部长级会议"，初步完成《中国野生动植物保护白皮书》编写，配合做好野生动物保护对外宣传工作；开展与德国、荷兰、丹麦、芬兰等国大熊猫合作研究；会同世界自然基金会组织第二届自然保护区巡护员比赛；指导协助深圳市政府、中国植物学会在深圳举办第19届国际植物学大会。

（张云毅）

野生动物保护与繁育

【中央一号文件对野生动植物保护提出具体要求】 2月5日，新华社受权发布了题为《中共中央、国务院关于深入推进农业供给侧结构性改革加快培育农业农村发展新动能的若干意见》（以下简称《中央一号文件》），系21世纪以来指导"三农"工作的第14份《中央一号文件》。《中央一号文件》首次对野生动植物保护工作提出"加大野生动植物和珍稀种质资源保护力度，推进濒危野生动植物抢救性保护及自然保护区建设"的具体要求。

【"十一"假期游客追拍藏羚羊被处罚】 10月4日，西藏自治区森林公安局在西藏自治区色林错国家级自然保护区，抓获涉事人员郝某某等7人。这7人乘坐2台白色越野车，自驾游，途径那曲地区申扎县雄梅镇8村附近时，离开公路，进入色林错国家级自然保护区藏羚羊栖息地，追赶藏羚羊群拍照，时长1分多钟。西藏自治区林业厅森林公安部门依法对7名涉事人和2辆涉事车辆进行调查核实，确认涉事的7名人员，未经批准离开公路，擅自进入自然保护区，妨碍野生动物生息繁衍，破坏野生动物栖息地，违反了《中华人民共和国野生动物保护法》《中华人民共和国陆生野生动物保护实施条例》和《中华人民共和国自然保护区条例》，依法对7名涉事人每人处以15 000元罚款的行政处罚，共计105 000元。同时对事发区域的色林错国家级自然保护区协议管护员及管理不力的相关部门进行了处理。

【全面停止象牙及制品商业活动】 12月31日，国家林业局有序完成停止商业性加工销售象牙及制品活动的定点加工单位34家和定点销售场所143处。按照《国务院办公厅关于有序停止商业性加工销售象牙及制品活动的通知》（国办发〔2016〕103号）精神，林业、文化、工商、公安等部门积极履职，协同推进停止商业性加工销售象牙及制品活动。国家林业局于3月20日以《国家林业局公告（2017年第8号）》发布了分期分批停止商业性加工销售象牙及制品活动的定点加工单位和销售场所名录，要求各有关从业单位分批于2017年3月31日和2017年12月31日前停止加工销售活动；文化部门开展象牙雕刻技艺的非物种文化保存和象牙雕刻技艺传承人的转型等工作；工商部门依法为停止商业性加工销售的企业办理注销登记，并停止办理新的象牙加工销售企业登记。林业、公安、工商等部门加强对加工销售场所的监管，依法严厉打击非法加工销售象牙及制品的活动。

【打击野生动植物非法贸易部际联席会议】 4月11日，国家林业局等22个部门和单位在北京召开"打击野生动植物非法贸易部际联席会议第一次会议"，各成员部门派员参加会议。会议审议并原则通过了《打击野生动植物非法贸易工作进展》和《打击野生动植物非法贸易2017年工作要点》。打击野生动植物非法贸易部际联席会议制度开创了中国打击野生动植物非法贸易工作多环节、多部门综合整治，联防共管的新局面。

【黑叶猴放归自然】 11月6日，国家林业局与广西壮族自治区林业厅在广西南宁大明山国家级自然保护区将5只人工繁育的黑叶猴放归山林。这是全球首次野化放归人工繁育的黑叶猴，也是中国第一次野化放归人工繁育的灵长类动物，标志着中国黑叶猴保护进入以人工繁育种群反哺野外种群的新阶段。黑叶猴是国家一级重点保护野生动物，被列为《濒危野生动植物种国际贸易公约》附录I和IUCN濒危物种红色名录的"濒危"等级，主要分布在中国西南地区，野外种群稀少，面临灭绝风险。自2012年开始，在国家林业局的支持下，广西有关单位开展种群选定、大明山黑叶猴本底调查、黑叶猴野外适应性训练、放归地点确定等准备工作，经过共同努力，黑叶猴野化放归活动取得了阶段性成果。

【《人工繁育国家重点保护陆生野生动物名录》发布】 6月28日，国家林业局按照《中华人民共和国野生动物保护法》第二十八条规定，经科学论证，发布了《人工繁育国家重点保护陆生野生动物名录（第一批）》，将梅花鹿、马鹿、鸵鸟、美洲鸵、大东方龟、尼罗鳄、湾鳄、暹罗鳄、虎纹蛙9种野生动物纳入。按照《野生动物保护法》相关规定，相关单位依法人工繁育的上述野生动物将凭专用标识进行出售、购买和利用活动。

（杨亮亮供稿）

野生植物保护管理

【第19届国际植物学大会】 7月23～29日，根据国际植物学与菌物学会联合会代表国际生物科学联合会授权，中国植物学会和深圳市政府共同举办的第19届国际植物学大会在广东深圳召开。国家主席习近平致信祝贺第十九届国际植物学大会开幕，国务院总理李克强作出批示表示祝贺。大会主题为"绿色创造未来"，提出"关注植物 关注未来"的宣传口号，旨在呼吁人们通过关注植物科学研究和植物多样性保护来实现关注人类自身未来的目标，促进人类社会与自然的可持续发展。来自美国、俄罗斯、英国、德国、法国等近百个国家和地区的约6000位代表参加会议。大会期间，还成功举办了"中国生物多样性保护成就展"。

【全国野生植物救护繁育基地建设】 2017年，支持云南针对滇南苏铁、灰杆苏铁、多歧苏铁等濒危物种建立救护繁育基地，支持全国兰科植物种质资源保护中心在深圳加强兰科植物繁育基地建设。

【第二次全国重点保护野生植物资源调查】 截至2017年12月底，全国大部分省份基本完成外业调查，20多个省份通过了保护司组织的专家检查。

（王晓洁供稿）

自然保护区建设

【全国林业自然保护区数量】 截至2017年年底，中国已建立各级各类林业系统自然保护区2249处，总面积12 613万公顷，约占陆地国土面积13.14%，其中，国家级自然保护区达375处，总面积为8198.3万公顷。这些自然保护区的建立对维护生态和生物多样性、促进可持续发展具有重要作用。

【自然保护区总体规划和可行性研究报告审查】 组织专家对国家级自然保护区总体规划进行了实地考察和评估论证，批复了河南大别山、海南五指山等5处国家级自然保护区总体规划。河北驼梁、山西灵空山等23处国家级自然保护区基础设施项目建设可行性研究报告获得批准。

【林业系统国家级自然保护区晋升和调整评审】 3月，召开林业系统国家级自然保护区评审委员会会议。山西太宽河、吉林头道松花江上游、吉林甑峰岭、黑龙江细鳞河、贵州大沙河5处省级自然保护区晋升国家级自然保护区通过评审；林黄泥河、黑龙江兴凯湖、安徽天马、山东长岛、河南丹江湿地、贵州习水、甘肃民勤连古城、甘肃尕海-则岔等9处国家级自然保护区范围和功能区调整通过评审，于3月底上报国务院。7月，经国务院批准，17处林业自然保护区晋升为国家级自然保护区。9月，单独组织召开新疆卡拉麦里山有蹄类野生动物自然保护区晋升评审会，在新疆维吾尔自治区人民政府修改完善后，将申报材料上报国务院。9月，国家林业局正式批复了浙江乌岩岭和西藏色林错两处国家级自然保护区功能区调整。

【自然保护区管理培训】 6月，在重庆缙云山国家级自然保护区召开"全国林业国家级自然保护区规范化建设培训班"，从保护区的科研监测、生态旅游、舆情应对等方面对全国90多名省（市、区）保护处（站）工作人员和部分国家级自然保护区负责人进行培训；7月，在吉林长白山国家级自然保护区举办"林业系统自然保护区行政许可和保护执法培训班"，主要围绕祁连山自然保护区违法违规问题通报、国家级自然保护区整改验收情况、国家级自然保护区行政许可和保护执法管理进行培训。9月，在国家林业局管理干部学院举办了第二十一期国家级自然保护区一把手培训班，利用一周时间集中对80多名国家级自然保护区管理局局长、行政一把手进行了培训。

【保护区监督检查】 贯彻落实中共中央国务院办公厅关于祁连山自然保护区的通报精神，下发《国家林业局办公室关于进一步加强林业自然保护区监督管理的通知》，发布保护区内建设项目禁止事项清单，严格控制人为活动对自然保护区原真性和完整性的干扰；国家林业局等七部门联合组成10个"绿盾2017"国家级自然保护区监督检查专项行动巡查组，对130个自然保护区进行了实地巡查；组织专家实地检查了6个重点国家级自然保护区安全生产情况，会同驻地专员办对"绿剑行动"重点整改的4个自然保护区开展验收。

【立法和制度建设】 组织编写《自然保护区生态旅游监督管理办法》（征求意见稿）；完成《在林业部门管理的国家级自然保护区修筑设施管理办法》并已提交法规司；落实《野生动物保护法》《国务院办公厅关于印发湿地保护修复制度方案的通知》等有关法律法规，将"湿地占补平衡"、公路铁路比选方案作为自然保护区修筑设施行政许可申报材料要件。

【国际合作与国际履约】 接待美国鱼和野生动物管理局副局长一行并陪同赴广西自然保护区实地交流；执行中美自然保护议定书附件十二，赴美对野生动物避难所交流；会同世界自然基金会组织了第二届自然保护区巡护员比赛，来自中蒙俄国家一线巡护人员参加了比赛；赴韩国、日本参加中日野动植物和生态保护工作组会议。

（贾恒供稿）

国家公园建设

【《东北虎豹、大熊猫、祁连山3个国家公园体制试点方案》印发】 1月31日,中共中央办公厅、国务院办公厅印发《东北虎豹国家公园体制试点方案》《大熊猫国家公园体制试点方案》,明确开展大熊猫和东北虎豹国家公园体制试点的主要目标任务。3月13日,中央经济体制和生态文明体制改革专项小组召开会议,研究部署启动祁连山国家公园体制试点工作。6月26日,中央全面深化改革领导小组第36次会议审议通过《祁连山国家公园体制试点方案》。9月1日,中共中央办公厅、国务院办公厅印发《祁连山国家公园体制试点方案》,明确了祁连山国家公园试点区域全民所有自然资源资产所有权由国务院直接行使,试点期间,具体委托国家林业局代行。

【《关于健全国家自然资源资产管理体制试点的意见》印发】 2月18日,中共中央办公厅、国务院办公厅印发《关于健全国家自然资源资产管理体制试点的意见》,明确在东北虎豹国家公园试点区域同时开展自然资源资产管理体制改革试点,责任主体为国家林业局。

【《建立国家公园体制总体方案》印发】 7月19日,中央全面深化改革领导小组第37次会议审议通过《建立国家公园体制总体方案》。会议强调,建立国家公园体制,对相关自然保护地进行功能重组,理顺管理体制,创新运营机制,健全法律保障,强化监督管理,构建以国家公园为代表的自然保护地体系。9月26日,中共中央办公厅、国务院办公厅印发《建立国家公园体制总体方案》,明确了国家公园的概念、功能定位、建设任务、主要目标等。

【成立国家林业局国家公园筹备工作领导小组】 3月,国家林业局成立局长张建龙任组长、副局长李春良和会长陈凤学任副组长的国家公园筹备工作领导小组,下设办公室,在领导小组指导下开展国家公园体制试点工作。5月,国家林业局国家公园筹备工作领导小组第一次会议审议通过了《国家林业局落实国公园体制试点2017年重点任务工作方案》《东北虎豹国家公园试点实施方案(送审稿)》和《国家林业局国家公园筹备工作专家组名单》。

【编制实施方案和总体规划】 国家林业局会同试点省编制完成了东北虎豹国家公园健全国家自然资源资产管理体制试点实施方案以及东北虎豹、大熊猫、祁连山3个国家公园体制试点实施方案。7月31日,中央编办、国家发展改革委批复印发《东北虎豹国家公园健全国家自然资源资产管理体制试点实施方案》。11月21日,国家林业局印发《东北虎豹国家公园体制试点实施方案》,12月29日印发《大熊猫国家公园体制试点实施方案》。东北虎豹、大熊猫、祁连山3个国家公园总体规划形成初稿。

【设立东北虎豹国家公园国有自然资源资产管理局和东北虎豹国家公园局】 7月21日,中央编办印发《关于设立东北虎豹国家公园国有自然资源资产管理局有关问题的批复》,同意国家林业局组建东北虎豹国家公园国有自然资源资产管理局,加挂东北虎豹国家公园管理局牌子。8月19日,东北虎豹国家公园国有自然资源资产管理局、东北虎豹国家公园管理局成立座谈会在长春市召开,成立中国第一个由中央直接管理的国家公园管理机构。9月,东北虎豹国家公园国有自然资源资产管理局、东北虎豹国家公园管理局在吉林和黑龙江片区的10个分局完成挂牌。

【举办培训班】 4~10月,国家林业局在吉林省长春市举办了东北虎豹国家公园体制试点和国有自然资源资产管理体制试点培训班,在四川省成都市举办了大熊猫国家公园体制试点工作培训班,在青海省西宁市举办了祁连山国家公园试点工作培训班,300多人参加了培训。

【国际交流与合作】 组织开展与俄罗斯国家公园业务交流活动,学习借鉴俄罗斯在东北虎保护及国家公园建设管理方面的经验,与豹地国家公园探讨建立姊妹国家公园、促进开展虎豹跨境联合保护等事宜。参加国家发展改革委组织的赴美国"国家公园决策能力"引智培训,学习美国国家公园管理政策及措施。参与联合国开发计划署在中国开展的中国保护地改革项目"建立国家公园体系"的研究探讨。与国际自然保护联盟中国代表处合作翻译出版《IUCN自然保护地治理》一书。

(宋天宇供稿)

野生动物疫源疫病监测与防控

【印发防控紧急通知】 针对2017年初长三角、珠三角等多地暴发感染H7N9禽流感疫情,以及非洲猪瘟疫情经野猪传入中国的高风险隐患,国家林业局下发《关于加强鸟类等野生动物疫源疫病监测防控和强化保护管理措施的紧急通知》《关于加强野猪非洲猪瘟监测防控工作的紧急通知》《关于进一步加强秋冬季候鸟等野生动物保护执法和疫源疫病监测防控工作的紧急通知》，进一步强化各地监测防控职责，明确重点时期、重点区域、重点物种、重点疫病及相应的跟进措施和管理要求。

【值守抽查】 加大国家级监测站督查力度，利用节假日期间通过抽查、信息管理系统督促等方式，对686站（次）的应急值守情况进行抽查，强化了基层监测防控机构的风险意识和责任意识。

【督导检查】 派出督导组赴辽宁、江苏、湖北等15个省（区、市）开展野生动物疫源疫病监测防控督导工作，督促地方各级林业主管部门强化履职意识，研究改进提高监管手段和方式，切实做好重点时期野生动物疫源疫病监测防控工作；同时，由总工程师封加平带队配合国务院H7N9疫情联防联控机制领导小组对广西、江苏等重点省份进行了多部门联合督导。

【监测报告】 2017年，全国共监测、报告野生动物异常情况78起，死亡野生动物67种6791只（头），成功处置了鸿雁、黑天鹅等高致病性禽流感、北山羊小反刍兽疫等突发野生动物疫情。

【主动预警】 印发《2017年重要野生动物疫病主动预警工作实施方案》，在候鸟迁徙停歇地、繁殖地、越冬地和中俄、中蒙边境野猪活动地区等重点区域，继续开展禽流感、新城疫、非洲猪瘟等重点野生动物疫病主动监测、采样和预警工作。全年共计在野外采集野生鸟类样品40 807份、野猪样品594份、梅花鹿样品531份、蜱虫样品953份，实验室分离到13种HA亚型和9种NA亚型组合的禽流感病毒159株，部分驯养鹿结核病监测呈阳性，未监测到非洲猪瘟阳性，初步摸排了重点疫源野生动物携带病原体情况。

【野生动物疫病发生趋势会商会】 12月8日，国家林业局野生动植物保护与自然保护区管理司与野生动物疫源疫病监测总站在吉林省长春市组织召开2018年野生动物疫病发生趋势会商会。会议通报了2017年全国野生动物疫源疫病监测防控工作开展情况，20多位专家就各自领域的研究热点作了专题报告，分析研判了2018年重要野生动物疫病发生趋势，修改完善了2018年重要野生动物疫病趋势预测报告。

【主动预警工作总结会】 12月7日，国家林业局野生动植物保护与自然保护区管理司与野生动物疫源疫病监测总站在吉林省长春市组织召开了2017年重要野生动物疫病主动预警工作总结会，会议通报了2017年全国重要野生动物疫病主动预警工作任务完成情况、各单位绩效完成情况、主要工作经验和存在的问题，安排部署了2018年重要野生动物疫病主动预警工作任务。

【防控培训】 12月18～19日，国家林业局野生动植物保护与自然保护区管理司在福建省厦门市举办了全国野生动物疫源疫病监测防控培训班，通报了2017年全国野生动物疫源疫病监测防控工作情况，听取了各单位2017年工作总结、面临问题及下一步工作计划的汇报，对监测防控工作面临的形势和任务等内容作了分析。

【启用监测防控信息管理系统】 野生动物疫源疫病监测防控工作存在安全性低、时效性差、费用高、保密性差等缺点和隐患。为有效解决这些问题，国家林业局野生动物疫源疫病监测总站在深入调研的基础上，组织研发了"野生动物疫源疫病监测信息网络直报系统"。经过前期试运行，国家林业局于2017年3月1日在全国范围内正式启用该系统。

（罗颖供稿）

大熊猫保护管理

【中芬签署大熊猫保护合作谅解备忘录】 4月5日，在中国国家主席习近平和芬兰总统尼尼斯托的见证下，中国国家林业局与芬兰农业和林业部在赫尔辛基签署《中华人民共和国国家林业局与芬兰共和国农业和林业部关于共同推进大熊猫保护合作的谅解备忘录》。同日，中国野生动物保护协会与芬兰艾赫泰里动物园签署《中国野生动物保护协会与芬兰艾赫泰里动物园关于开展大熊猫保护研究合作的协议》。根据协议，来自中国大熊猫保护研究中心的一对圈养健康的大熊猫（一雄一雌）将赴芬兰，用于双方在艾赫泰里动物园实施为期15年的大熊猫保护科研和科普教育等方面的合作。

【中国、丹麦签署大熊猫保护合作谅解备忘录】 5月3日，在中国国家主席习近平和丹麦首相拉斯穆森的见证下，中国国家林业局与丹麦环境和食品部在北京签署《中华人民共和国国家林业局与丹麦王国环境和食品部关于共同推进大熊猫保护合作的谅解备忘录》。同日，中国动物园协会与丹麦哥本哈根动物园签署《关于开展大熊猫保护研究合作的协议》。根据协议，来自成都大熊猫繁育研究基地的一对圈养健康的大熊猫"和兴"和"毛二"将赴丹麦，用于双方在哥本哈根动物园实施为期15年的大熊猫保护科学研究和科普教育合作。

【柏林动物园大熊猫馆开馆】 7月5日，中国国家主席习近平同德国总理默克尔共同出席了柏林动物园大熊猫馆开馆仪式。中国国家林业局局长张建龙向德国柏林动物园园长递交了大熊猫"梦梦"和"娇庆"的档案，标志着中德大熊猫保护研究合作项目正式启动。当天，在两国领导人的共同见证下，张建龙与德国柏林市市长米夏埃尔·米勒签署了《共同推进大熊猫保护合作的谅解备忘录》。

【欧维汉动物园大熊猫馆开馆】 5月30日，国家林业局总经济师张鸿文在荷兰出席了欧维汉动物园大熊猫馆开馆仪式并致辞。荷兰前首相鲍青内德、农业大臣马丁·范达姆、中国驻荷兰大使吴恳等出席活动。自此来自中国大熊猫保护研究中心的一对大熊猫"武雯""星雅"正式与荷兰民众见面。仪式当天，中国国家林业局还与中国驻荷兰使馆合作，举办了《中国保护濒危野生动物成果图片展》。

【中国－印尼大熊猫保护合作研究启动】 11月26日，国家林业局副局长李春良出席在印度尼西亚茂物野生动物园举办的"中国－印尼大熊猫保护合作研究启动仪式"并致辞。在国务院副总理刘延东见证下，李春良向印度尼西亚环境与林业部总司长维兰托移交了大熊猫"湖春""彩陶"的个体管理档案，标志着中国－印尼大熊猫保护合作研究项目正式启动。来自中国大熊猫保护研究中心的一对大熊猫"湖春""彩陶"将在印度尼西亚开展10年的合作研究。

【中法合作大熊猫产仔并取名】 在双方科研专家的共同努力下，中法大熊猫合作项目取得了丰硕的繁育成果，大熊猫"欢欢"于8月4日在法国保瓦尔野生动物园顺利产下并成活一只大熊猫幼仔，动物园于12月4日举办了大熊猫幼仔命名仪式，法国第一夫人揭晓了幼仔命名"圆梦"，彭丽媛教授致贺信祝贺。

【第五届海峡两岸暨香港澳门大熊猫保育教育研讨会】 第五届海峡两岸暨香港、澳门大熊猫保育教育研讨会于11月26～29日在中国澳门举办，来自海峡两岸及香港、澳门地区近40个大熊猫保育机构、保护区、动物园及研究中心的100多位专家及学者代表就大熊猫科研、保育及公众教育等议题进行讨论，以加强各地区之间技术交流和促进大熊猫保育工作的发展。

【人工繁育数量稳增】 2017年，全国共人工繁育大熊猫63仔，成活58只（含境外），全国人工繁育大熊猫种群总数达到518只，已基本达到种群自我维持的状态。

【再次同时放归两只大熊猫】 11月23日，国家林业局和四川省政府在四川雅安栗子坪国家级自然保护区将人工繁育大熊猫"八喜""映雪"放归自然，这是中国第二次同时放归两只大熊猫。目前中国已实施人工繁育大熊猫放归自然活动7次，放归野外9只，追踪监测发现有7只成活，健康状况良好。

【野外引种成功】 为提升圈养大熊猫遗传多样性，实现圈养大熊猫种群持续和健康发展，中国大熊猫保护研究中心积极开展了圈养大熊猫野外引种的科研探索。通过一个月的跟踪监测，大熊猫"草草"（谱系号：581）在野外区域成功与野生雄性大熊猫实现自然交配，并于7月在核桃坪野化培训基地顺利产下一只雄性幼仔，标志着圈养大熊猫野外引种取得重大突破。 （张玲供稿）

濒危野生动植物进出口管理和履约

【综　述】 2017年，濒危野生动植物进出口管理和履行《濒危野生动植物种国际贸易公约》（以下简称《公约》或CITES）工作取得新进展。

野生动植物进出口管理 一是推进行政许可改革管理。与海关总署联合修订发布2017年《进出口野生动植物种商品目录》，研究修订了2018年《进出口野生动植物种商品目录》，联合发布公告开展野生动植物进出口证书通关作业无纸化试点；与农业部渔业局联合印发《关于规范养殖大鲵加工产品出口贸易管理工作的通知》并开展大鲵出口标识管理试点工作。向社会发布《公约》禁贸物种名录公告。推进两项行政许可野生动植物进出口证书样式改革，研究拟定6种证书的标准和样式。积极推进"放管服"改革，研究印发《关于授权办事处审批涉及野生动物允许进出口证明书有关事项的通知》。发布推进上海、福建、天津自贸区改革试点新政公告，支持自贸区建设发展。二是强化行政许可后续监管。下发"被许可人行政许可监督检查工作方案（2016年度）"，部署国家濒管办各办事处开展对被许可人实施进出口情况集中监督检查。对被许可人试点实施分级管理工作。举办两期进出口电子审批业务培训和一期行政许可监督检查暨分级管理总结培训班。组织检查组对9个国家濒管办办事处及其所管辖区内相关贸易单位、口岸等开展调研和检查活动，掌握各办事处工作情况，了解业界需求意见，指导督促工作。三是推进能力建设。印发《履行CITES公约"十三五"发展规划》。会同国家口岸办推进完善野生动植物进出口审批系统建设。开展大宗贸易和敏感物种监测评估工作，开展涉及珊瑚、中成药等进出口个人携带和家庭财产政策研究。举办"世界野生动植物日"主题宣传活动，在全国重点口岸、城市发放宣传品、张贴宣传材料、播放宣传视频。协助国家林业局竹子中心、国家林业局林业管理干部学院申请到对非洲、亚洲濒危物种履约培训班项目并组织开展培训。

2017年，共核发野生动植物进出口证书91 585份，涉及野生动植物出口贸易额84.33亿元人民币（动物22.80亿元，植物61.53亿元），进口贸易额170.38亿元人民币（动物25.87亿元，植物144.51亿元）。

履行《濒危野生动植物种国际贸易公约》 一是加强履约管理。组织编译、修订第17次《公约》缔约方大会形成的决议决定以及物种附录；根据新颁布的《野生动物保护法》发布《公约》野生动物名录，完成国际法向国内法的转换。会同外交、农业、林业、海关、国家濒科委等相关部门及行业协会对与中国密切相关的履约问题进行研究；制订《2017～2019中国履行公约第十七次缔约方大会有效决议决定行动方案》，分发各相关部门及行业协会参考落实。向社会发布有关木材等物种列入附录执行提示信息，下发相关实施落实指导意见。组织召开第15次"中央政府和港澳特区政府CITES管理机构履约协调会"。赴香港开展履约执法管理研讨培训。二是加强多双边履约交流合作。赴瑞士参加《公约》第29届动物委员会、第23届植物委员会和第69届《公约》常委会会议，就热点物种问题、专项政策议题等进行研究，就重大敏感问题在国内和国际协调立场，维护国家利益。赴尼泊尔、泰国、美国、韩国、日本等近十个国家参加国际濒危物种保护、打击非法贸易及开展履约执法交流，赴喀麦隆等非洲4国开展野生动植物保护和履约宣讲。接待《公约》秘书长及越南、美国、印度尼西亚、尼泊尔等国和国际刑警组织等代表团访华，完成《中美自然保护议定书》附件12中CITES履约互访交流项目。三是推进履约执法。会同CITES执法工作协调小组各成员单位总结2016年工作，研究制定2017年工作计划。组织召开"第13届敏感物种履约执法联席会议"和"部门间CITES履约执法协调小组第七次联席会议"。与农业部、国家工商总局联合下发通知在广东开展打击黄唇鱼和石首鱼非法销售专项整治行动，获得《公约》秘书处和墨西哥、美国有关部门肯定。协助公安部，推动公安治安、森林公安、海关缉私、检验检疫、海警、农业、林业等部门参与国际刑警组织的"雷鸟行动"。协调、参与和配合有关部门围绕虎、豹、犀、象、穿山甲、海龟、木材等重点关注物种开展专项执法行动，配合农业部渔业局、中国水产流通加工协会等单位开展《公约》新列鲨鱼蝠鲼物种的公约前所获库存核查工作；继续深化对网上非法交易濒危物种活动的管控。协调农业部、北京水生野生动物救护中心处理日本返还查没闭壳龟事宜。应香港方面要求，提请海关、公安、国务院港澳办加强香港土沉香入境管制。参与《刑法》有关野生动植物犯罪司法解释修订工作。收集汇总并向《公约》报送中国象牙和犀牛角库存数据。组织翻译完成国际打击野生动植物犯罪同盟的有关野生动植物和森林犯罪框架、工具包、象牙鉴定指南。　　　　（张　旗）

【2018年度《进出口野生动植物种商品目录》发布】　国家濒管办、海关总署监管司于2017年12月6～8日在北京召开2018年度《进出口野生动植物商品目录》工作组会议。会议结合CITES公约和中国有关动植物及其产品进出口管理要求和变动情况，对《进出口野生动植物商品目录》进行了修订，并发布《中华人民共和国濒危物种进出口管理办公室与海关总署2018年第1号公告》。　　　　　　　　　　　　　　　（巫忠泽）

【《濒危野生动植物种国际贸易公约》第29届动物委员会会议】　于2017年7月18～22日在瑞士日内瓦召开。国家濒管办、农业部长江办、国家濒科委（中科院动物所）、中国中药协会和香港渔护署分别派员参会。
此次会议涉及的综合性议题包括议事规则、各区域进展报告、CITES战略展望、动物委员会战略计划、大宗贸易回顾、附录物种的周期性回顾、非致危性判定、人工繁殖和捕养、命名事宜、鉴定识别等。重点物种议题涉及鲨鱼、鲟鳇鱼、淡水龟鳖、蛇类、珍贵珊瑚、鳗鱼、淡水缸、非洲灰鹦鹉、大凤螺、泗水玫瑰鱼等。其中，与中国关系较密切的有鲨鱼、鲟鳇鱼、淡水龟鳖、蛇类、珍贵珊瑚、鳗鱼等物种问题，以及大宗贸易回顾、人工繁殖和捕养等综合性议题。会议共设了11个工作组，包括蛇类、标准命名、鲨鱼、鲟鱼、大宗贸易回顾、淡水缸、周期性回顾、珍贵珊瑚、大凤螺、考氏鳍竺鲷（泗水玫瑰鱼）和人工繁殖及捕养。此次会议提出的意见和建议提供给11月召开的《公约》第69次常委会议进行讨论和做出进一步建议。
　　　　　　　　　　　　　　　　　　　　　　（巫忠泽）

【福建、天津和上海自贸试验区野生动植物进出口管理】　根据国务院推广自贸试验区可复制改革试点经验的决策部署，并按照以简政放权、放管结合、优化服务为核心内容的推进政府职能转变的总体要求，2017年，国家濒管办推进发布上海、福建和天津3个自贸试验区的野生动植物进出口行政许可改革措施。

上海自贸试验区改革措施的实施，形成野生动植物进出口行政许可改革试点经验，将原适用于"上海自贸试验区注册企业、在上海自贸试验区内口岸以自理或代理方式进出口野生动植物或其产品、货物进入上海自贸试验区"的简政放权改革政策，扩展到"上海市注册的企业、在上海市行政区域的口岸进出口野生动植物或其产品"，并在推广内容和实施时限上与国家林业局的简政放权政策保持了协同。上海自贸试验区注册企业办理相关野生动植物进出口行政许可的程序显著简化，时限大为缩短，审批效率明显提高，收到良好工作成效。受优惠政策吸引，在上海自贸试验区注册的从事野生动植物进出口业务的企业也从2014年的15家增长到2016年的66家。

为着力促进海峡两岸野生动植物进出口贸易便利化，深入推动与21世纪海上丝绸之路沿线国家和地区履约交流合作的具体举措，国家濒管办推进福建自贸试验区贸易管理制度改革，以突出重点、分类施策为指导，以改革行政许可措施、优化行政许可程序为抓手，紧密围绕扩大简政放权、减少许可环节和放宽许可条件、缩短许可时限做出政策安排，将政策应用范围明确为自贸区注册并在福建境内口岸实施进出口的企业，放宽适用对象的限制，提高政策实施的可操作性，同时突出便利对台贸易的自贸区特色，将对台湾地区贸易的允许进出口证明书行政许可权限大幅下放给国家濒管办福州办事处，以促进海峡两岸濒危野生动植物合法贸易。另外将进出口证明书行政许可法定办理时限缩短一半，以保障政策的有效实施。

天津自贸试验区行政许可改革，进一步突出便利东北亚次区域贸易的自贸试验区区位特点，将对日本、韩国贸易的允许进出口证明书行政许可权限大幅下放给北京办事处，同时整合以往推出的适用于全濒管办系统的其他简政放权举措，确保政策的统一性和连续性。并将允许进出口证明书行政许可办理时限缩短一半。

2017年度3个自贸试验区行政许可改革措施的实施，为国家濒管办进一步加强野生动植物保护提供了丰

富的经验和决策依据。　　　　　　　　（黄晓珍）

【野生植物进出口行政许可政策】　国家濒管办对近年来的简政放权事项进行了系统梳理和优化，并下发通知，再次增加授权审批事项，具体事项包括：一是含《公约》附录Ⅱ物种黄檀属、德米古夷苏木、佩莱古夷苏木、特氏古夷苏木成分的乐器、阔叶黄檀、蜡大戟、苏铁、石斛的进口；二是非《公约》附录的国家重点保护野生植物及其产品；石斛的干花的出口；三是黄檀属物种、德米古夷苏木、佩莱古夷苏木、特氏古夷苏木及其产品的再出口；四是以参展为目的的列入《公约》附录的野生植物及其产品；《公约》附录Ⅲ木材物种及其产品；刺猬紫檀及其产品（仅限福州、广州和上海办事处，且申请人及其委托人或者代理人的住所和经营场所登记地均在本辖区内）的进口或再出口；五是《公约》附录Ⅱ人工培植的云木香、蝴蝶兰属、大花蕙兰、卡特兰、文心兰、捕蝇草、肉质大戟属、棒锤树属、猪笼草属、瓶子草属、火地亚属、酒瓶兰属仙客来、天麻、西洋参、仙人掌、芦荟属物及其产品的进口、出口或再出口。　　　　　　　　　　　　　　　（黄晓珍）

【印度尼西亚CITES管理机构代表团来中国进行履约交流】　2017年12月11～13日，印度尼西亚CITES管理机构代表团一行4人来中国进行履约交流访问。双方举行会谈，就如何在备忘录的基础上继续开展合作项目和行动计划，切实有效地在CITES框架下进行履约合作进行了商讨，并就一些具体物种如沉香、热带木材、盔犀鸟和苏眉鱼的履约管理和联合执法进行了沟通与探讨。
　　　　　　　　　　　　　　　（黄晓珍）

【国家旅游局加入部门间CITES执法工作协调小组】　部门间CITES执法工作协调小组第六次联席会议于2016年12月15日在北京召开。公安部治安局、农业部渔业渔政管理局、海关总署监管司和缉私局、国家工商总局市场司、国家质检总局动植司、中国海警局司令部、国家林业局保护司和森林公安局、国家濒管办、国家邮政局市场监管司等协调小组成员单位领导及联络员出席会议，最高人民检察院法律政策研究室、外交部条法司、公安部边防局、司法部鉴定管理局、海关总署稽查司、国家旅游局监督管理司以及国家濒科委等单位，以及国家濒管办云南省、福州、西安、武汉、贵阳、合肥和北京办事处等单位代表列席会议，国家林业局副局长刘东生到会发表重要讲话。会议审议通过了2016年协调小组工作总结和2017年协调小组工作安排意见，交流了各部门单位和部分省级协调小组履约执法工作开展情况，就履约执法协调工作中存在的问题和挑战进行了广泛深入的讨论。会议一致同意接纳国家旅游局监督管理司为"部门间CITES执法工作协调小组"成员单位，至此，"协调小组"扩展为9个部门12个司局。
　　　　　　　　　　　　　　　（吴　倩）

【加州湾石首鱼和黄唇鱼保护与履约国际合作】　2016年12月1日，在自然资源保护协会和野生救援组织支持下，国家濒管办会同农业部渔业局、国家工商总局市场司，组织广东省渔政、工商、海关以及海警近百人在广州举办了加强加利福尼亚湾石首鱼贸易监管培训研讨会，并邀请墨西哥联邦环境检察署、美国鱼和野生动物管理局以及香港渔护署、海关代表参加。研讨会上，世界自然保护联盟石首鱼首席专家与中华人民共和国濒危物种科学委员会专家为执法一线人员讲授了石首鱼和黄唇鱼识别特征和技术，并推广开发了手机识别应用软件。交流分享了石首鱼保护管理和非法贸易以及墨西哥、美国和香港加强石首鱼非法贸易管控情况，探讨了进一步强化石首鱼走私管控措施，并筹划在广东开展非法销售石首鱼清理专项行动，以落实CITES第17次缔约国大会有关石首鱼决议和中美打击野生动植物非法交易成果，积极解决相关问题，提升国际影响。
　　　　　　　　　　　　　　　（吴　倩）

【濒危物种进出口管理培训基地挂牌】　为整合全国资源，发挥各自优势，合理开展培训，2016年，国家濒管办分别在东北林业大学野生动物资源学院、南京森林警察学院、国家林业局管理干部学院以及竹子研究中心设立濒危物种进出口管理培训基地，分别落实识别鉴定、执法技能、综合管理和对外宣教等培训活动，推动履约执法培训向专业化发展。　　　　（吴　倩）

【中老CITES履约执法交流会】　于2016年7月11～15日在云南西双版纳召开。来自老挝自然资源环境部、CITES管理机构、北方四省自然资源管理机构、海关稽查等部门和中国国家濒管办，国家林业局森林公安局，云南省林业厅，国家濒管办云南省办事处，云南边防、森林公安局，昆明海关，西双版纳州森林公安、林业、保护区等单位及国际野生生物保护学会、国际野生物贸易研究组织、国际爱护动物基金会等方面共50人参加了会议。这次交流会是为了进一步执行2015年9月中老签署的关于加强《濒危野生动植物种国际贸易公约》履约事务的谅解备忘录有关内容，特别是为了加强在边境一线开展宣教、非贸监控、执法互助等合作，规范合法、打击非法贸易，解决当前国际关注热点问题。
　　　　　　　　　　　　　　　（吴　倩）

【中越CITES履约执法交流会】　于2016年10月24～28日在广西桂林召开。由中越CITES履约管理机构组织两国林业、环境、海关、边防、森林公安和打私等执法监管部门以及有关非政府组织和科研机构代表参会。会议按照双方《关于加强CITES履约事务的谅解备忘录》，商讨了通过强化双方邻近省级保护管理和执法监管部门的直接沟通，加强两国间濒危物种跨境非法贸易管控，强化信息分享，开展执法协作，携手应对野生动植物犯罪，进一步推动CITES缔约方大会有关决议、决定和常委会有关要求的落实。
　　　　　　　　　　　　　　　（吴　倩）

【引进出版濒危种执法和识别等技术指南】　为进一步解决濒危物种执法专业性强、制品识别鉴定难等执法难题，国家濒管办推动翻译了《ICCWC野生动植物和森林犯罪工具包》《野生动植物和森林犯罪指标框架》和《象牙采样分析鉴定技术和程序指南》等国际推荐的CITES履约执法技术指南，并与相关大专院校合作出版了《常见贸易濒危物种识别手册》，发送各执法机关，进一步做好相关执法技术支撑服务。
　　　　　　　　　　　　　　　（吴　倩）

湿地保护管理

【落实湿地保护修复制度方案】 2017年，国家林业局采取硬措施狠抓《湿地保护修复制度方案》贯彻落实，取得进展。一是领导高度重视。5月18日，国家林业局局长张建龙听取《制度方案》贯彻落实情况汇报并研究部署重点工作。2月、6月和12月，分别在广州、南昌和昆明，召开全国贯彻落实《制度方案》推进会。二是出台国家层面配套文件。5月，国家林业局、国家发展改革委、财政部、国土资源部、环保部、水利部、农业部、海洋局八部门，联合印发贯彻落实《制度方案》的实施意见（林函湿字〔2017〕63号），要求各地扎实做好湿地保护修复制度工作，做到相关制度和政策措施到位、责任落实到位、监督检查和考核评估到位。三是建立部门协调机制。9月13日，专门成立了国家林业局等八部门组成的湿地保护修复工作协调领导小组，明确了工作规则。四是制定配套制度。提出落实《制度方案》的目标和任务，制定了配套制度建设计划，已完成国际湿地城市认定办法等7项配套制度。五是指导督促出台省级实施方案。国家林业局派出30多个督导组进行现地督导，编发专门的《工作简报》，开辟网上宣传专栏，及时交流好做法、好经验，全国31个省（区、市）和新疆生产建设兵团全部出台了省级实施方案。

（姬文元）

【中央财政湿地补助政策】 扎实推进中央财政湿地补助工作。安排中央财政资金159 400万元，资金数额与2016年持平，切块到各省（区、市）自行安排湿地补助项目实施地点。部署开展湿地补助监测评估，2014~2017年项目实施情况调度，举办项目管理培训班。2017年，安排资金86 700万元，实施湿地保护与恢复项目292个（河北、黑龙江、福建、海南、西藏、内蒙古森工尚未细化到具体项目）。安排资金30 000万元，在吉林、黑龙江、安徽、山东、湖北、湖南、贵州、云南、陕西、宁夏、新疆、内蒙古森工、龙江森工实施退耕还湿2万公顷。安排资金42 700万元，在河北、内蒙古、辽宁、吉林、黑龙江、江苏、安徽、福建、江西、山东、河南、湖北、湖南、广西、海南、四川、贵州、云南、西藏、甘肃、青海、宁夏、新疆23个省（区）开展湿地生态效益补偿试点。同时，首次把湿地生态公益管护纳入2017年新增生态护林员范围，从贫困县的建档立卡贫困户中，安排部分湿地管护人员，促进其稳定脱贫，切实保护好现有湿地。

（王福田）

【湿地保护重点工程建设】 一是3月28日，国家林业局、国家发展改革委、财政部联合印发《全国湿地保护"十三五"实施规划》。按照规划，到2020年，全国湿地面积不低于8亿亩，湿地保护率达50%以上，恢复退化湿地14万公顷，新增湿地面积20万公顷（含退耕还湿）。规划明确了"十三五"期间各省（区、市）湿地保有量任务表。规划总投入176.81亿元，主要建设内容包括：全面保护与恢复湿地、能力建设、可持续利用示范等。二是配合国家发展改革委下达中央预算内投资计划30 000万元，在内蒙古、黑龙江、湖南、贵州、云南、甘肃、青海7省（区）的9处重要湿地，实施湿地保护修复重点工程9个，强化了基层湿地保护设施设备建设，集中连片开展了湿地植被恢复、鸟类栖息地修复，改善了湿地生态状况。三是积极争取绿色专项资金，谋划在长江经济带省份的国家湿地公园，实施湿地保护和修复工程，取得一定进展。

（王福田）

【湿地调查监测评价】 一是首次明确了湿地在国土分类中的地位。11月1日，国家质检总局、国家标准化管理委员会发布实施的《土地利用现状分类》国家标准（GB/T21010—2017），以附录的形式，将14个二级地类归类为"湿地"。二是开展泥炭调查。安排内蒙古开展了泥炭沼泽碳库调查，召开了辽宁等5省调查成果专家评审会。三是进行年度监测试点。在宁夏开展了全国湿地年度监测试点，已形成全国湿地年度动态监测技术规程初稿。同时，组织完成国际重要湿地监测19处，湿地生态系统评价18处，国家重要湿地确认10处。

（姬文元）

【湿地保护立法】 配合并派员陪同全国人大环资委赴广西、黑龙江、河北等地开展湿地立法议案办理调研，举行座谈会，向环资委汇报湿地保护基本情况、湿地立法的理念。继续配合国务院法制办做好《湿地保护条例》研究论证工作，对法制办提出的八个方面的问题进行了书面回答，派员赴法制办沟通协调。依托北京林业大学的科研力量，组建湿地立法研究团队，对立法相关基础性问题展开研究。修改了《湿地保护管理规定》，11月3日经局务会议审议通过，以国家林业局令第48号公布，自2018年1月1日起实施。修改了《国家湿地公园管理办法》，以及《国家湿地公园评估评分表》《湿地公园总体规划导则》《申报国家湿地公园影像资料要求》等规范性文件。

（俞　楠）

【湿地公园建设】 2017年，新批准建立国家湿地公园试点64处，新增国家湿地公园试点面积9.83万公顷，新增湿地保护面积6.94万公顷。新增验收并正式授牌的国家湿地公园84处，限期整改国家湿地公园21处，取消国家湿地公园试点资格2处。举办国家湿地公园专项培训班4期，培训国家湿地公园管理人员500余人次。编制国家湿地公园建设指南，《国家湿地公园生态监测技术指南》《国家湿地公园湿地修复技术指南》《国家湿地公园宣教指南》正式出版。继续推进湿地公园信息系统平台的建设。倡导发起中国国家湿地公园创先联盟，加强国家湿地公园之间的交流，发挥先进示范引领作用。

（俞　楠）

【国际重要湿地管理】 新指定国际重要湿地8处。完成4处国际重要湿地的数据信息更新。举办国际重要湿地培训班，参训人员达90人。派员参加在韩国举办的东亚和东南亚区域湿地管理人员培训研讨会。

（胡昕欣）

【湿地公约履约】 率先推进国际湿地城市认证提名。制定认证提名办法和指标体系，组建两院院士牵头的考察评审小组，在现地考察评估的基础上，选出6个候选城市提交《湿地公约》秘书处。组织参加《湿地公约》第十三届缔约方大会预备会议暨亚洲区域会议、第53次常委会会议、科学技术工作组第21次会议、第七届亚洲湿地论坛。

（胡昕欣）

【国际合作与交流】 首次举办对发展中国家湿地管理培训，来自亚洲、非洲、欧洲和拉丁美洲15个国家的26名学员参加了培训。GEF5期湿地项目执行进展顺利。赠款金额1000万美元的GEF6期湿地项目申请取得进展。组织参加赴日本、俄罗斯、韩国等各类国际合作谈判。

（胡昕欣）

【宣传活动】 举办沿海区域、黄河流域湿地保护网络年会暨培训班。在广州海珠成功举办2018年世界湿地日中国主场宣传活动，湿地公约秘书长出席活动并讲话。

（胡昕欣）

森林防火

08

森林防火工作

【综 述】 2017年，全国共发生森林火灾3223起（其中一般火灾2258起、较大火灾958起、重大火灾4起、特大火灾3起），受害森林面积24 502.43公顷，因灾造成人员伤亡46人（其中死亡30人）。与2016年相比，分别上升58.46%、293.69%和27.78%（其中死亡人数上升50%）。面对突发火情，在党中央、国务院的坚强领导下，国家森防指科学决策，重兵投入，积极处置，第一时间派出火场工作组奔赴火场一线，及时调运扑火物资及各类飞机，跨省调动武警森林部队驰援支持，密切协调气象、通信等相关部门全力保障，实现了军民统一指挥、科学协同作战，形成前所未有的整体灭火作战格局，成功处置了四川雅江"3·12"、内蒙古乌玛"4·30"、毕拉河"5·2"和内蒙古陈巴尔虎旗"5·17"、满归"7·6"等有重大威胁和严重影响的森林火灾，最大限度地减少了灾害损失。

高度重视，提早部署全年工作 2017年以来，习近平总书记亲自对森林防火工作作出重要指示，李克强、汪洋、郭声琨等领导先后20多次对森林防火工作作出批示。3月27日，召开全国国土绿化和森林防火工作电视电话会议，中共中央政治局常委、国务院总理李克强作出批示，要求严格落实责任，加强应急能力建设，切实做好森林防火工作，筑牢国家绿色屏障，积累更多生态财富，为建设美丽中国、促进经济社会持续健康发展作出新贡献。国务院副总理、全国绿化委员会主任汪洋出席会议并讲话，强调要全面贯彻党中央、国务院决策部署，认真落实李克强总理重要批示，采取有力有效措施，扎实做好国土绿化和森林草原防火各项工作，加快筑牢国家生态安全屏障，为经济社会持续健康发展提供有力支撑。国家森防指、国家林业局坚决贯彻落实党中央、国务院部署要求，科学研判全国森林火险形势，及时妥善处置突发火情，为夺取全年森林防火工作胜利打下坚实基础。各级森林防火部门坚决贯彻落实党中央、国务院领导系列指示精神，全力以赴抓好火灾防控措施的落实，提早安排部署全国秋冬季、特别是党的十九大期间森林防火工作，提前制订工作方案，及时发布高火险警报及火险预警信号，提前做好防范，适时启动应急响应措施。

强化督查，压实各地防火责任 国家森防指密切协调各成员单位，群策群力，通力合作，充分发挥各部门在森林防扑火工作中的合力作用。春、秋防期间多次派出由国家森防指成员单位领导、国家林业局领导带队的全方位、多层次明察暗访工作组，强势督查森林防火工作。全年共派出40多个督查组对27个省（区、市）进行了明察暗访，其中4次由国家森防指成员单位（发展改革委、财政部、公安部、农业部）领导带队开展检查。督查中，各工作组综合运用明察暗访、通报、约谈、督办等多种形式，强化对有关省（区、市）森林火灾责任追究工作。先后以国家森防指名义通报北京、天津、山西、内蒙古、辽宁、山东、河南、湖北、广东、广西、四川、重庆等12省（区、市）森林防火工作情况；约谈山西、四川两省森防指领导，指出督查中发现的森林防火工作中存在的问题，提出了整改要求；针对四川省甘孜州、凉山州和内蒙古毕拉河森林火灾情况，对四川省森防指和内蒙古自治区党委、政府提出了督办要求，使防控措施落到实处。同时，召开森林防火专家组会议，新调整12位专家为国家森防指专家组成员，制定颁布《国家森防指森林防火工作约谈制度（试行）》，修订《国家森防指工作规则》。

高度戒备，提升火灾防控能力 在森林火险等级较高和重要敏感时段，全国各级森林防火部门始终保持高度戒备，积极采取措施应对突发火情。全年共租用航护飞机260余架次，在春防关键期，紧急调动武警森林部队10架（次）直-8直升机赴内蒙古、黑龙江和大兴安岭执行森林航空消防任务，在北京举办"一带一路"国际合作高峰论坛期间，协调两架直升机（贝尔-412、卡-32）进京执行森林航空消防备勤，确保首都稳定。组织专家会商森林火险形势，不断深化与气象部门在森林火险预警领域的合作，升级东北林区雷击森林火灾监测预警服务系统，积极拓展信息发布渠道，利用卫星直播中心和国家突发事件预警监测信息发布网等平台及时发布火险预警信息，不定期发布中短期气候和森林火险形势预测报告，全年累计发布高森林火险天气警报170余期，提供火场气象专报50余期。开拓卫星林火监测星源，升级监测系统设备软件，提升监测发现能力，全年共接收卫星轨道11 600条，共报告热点3466个，反馈为各类林内用火2765起，热点核查反馈率为99.86%，其中两小时反馈率为75.59%。开发森林火灾统计数据网上填报系统，提高数据上报的准确度和时效性。强化应急卫星通讯保障能力，升级日常办公和应急处置业务信息系统。进一步加大防火值班、火情调度力度，督促各级森林防火部门严格落实"有火必报""报扑同步""卫星监测热点核查零报告"等行之有效的工作制度，强化高森林火险期值班值守工作。内蒙古大兴安岭毕拉河"5·2"森林火灾发生后，国家森防指总指挥、国家林业局局长张建龙第一时间率领国务院工作组赶赴一线指导火灾扑救工作，先后调集各类飞机15架、扑火人员9000多名，明火5月5日12时扑灭，5月10日火场实现"三无"（无火、无烟、无气），扑火取得彻底胜利。

夯实基础，增强队伍作战能力 2017年，下达14亿元中央预算内森林防火基本建设投资计划，启动实施各类建设项目103个。协调发展改革委完成《东北、内蒙古国有林区全地形森林消防车购置方案》，争取到9582万元中央投资用于购置森林防火大型装备。发布《2017年林业固定资产投资建设项目申报指南》《加强森林防火视频监控系统建设管理的通知》。协调工业信息化部下发《国家森防指切实加强火场通信工作的通知》，进一步加强火场通信系统建设。调拨各类扑火装备物资40 000余件（台、套），有力支援了当地的防扑火工作。

积极协调财政部、国家税务总局办理 220 辆专用车免税手续。规范专业队、半专业队建设，全国现建有专业森林消防队伍 3260 支 12.1 万人，半专业森林消防队伍 1.9 万支 48 万人，举办 3 期森林防火高级指挥员培训班，培训学员 262 人（其中厅级干部 65 人）。落实习近平总书记关于开展军民融合的重要指示精神，举办全国军地联合灭火演习暨"五联"机制建设试点现场会，形成了"一个意见、五个办法、一个规范"等阶段性成果。强化扑火安全工作，组织专家对新中国成立以来的重特大典型火灾案例进行评析。

加强宣传，深化国际合作交流　在大兴安岭"5·6"大火 30 周年之际，邀请 14 家中央级新闻媒体记者赴大兴安岭实地采访，协调新华社、中央电视台等主要媒体播报信息，中国广播网、人民网、搜狐网、新浪网、网易等主要网络转发报道。在"中国森林防火网"设立"87·5·6 大火三十周年专题"栏目，发布专题报道 40 余篇。在《中国绿色时报》组织推出《大检阅："5·6"大火后中国森林 30 周年巨变》系列专题报道，营造良好氛围。武警森林部队扑火事迹报告团在中央国家机关和多个省区巡回报告，反响热烈。利用中国森林防火微信公众号及时发布森林防火权威信息、实时掌握全国森林防火动态，目前关注人数超过 17 万人。面向社会普及防火常识，全年发放《森林防火知识读本》2.2 万册，加强涉火网络舆情引导工作，及时发布舆情监测报告和火情信息，发布舆情监测报告 43 期，反馈林火 33 起，在中国森林防火网累计发布相关新闻 78 篇，电视新闻 181 条，编发手机报 365 期，发布国家森防办公室官方微博 133 条，对引导媒体舆论发挥了积极作用。深化森林火灾国际合作，积极参与"中欧森林火灾应急管理合作项目"、落实中俄第四次边境联防会议和中蒙第三次边境联防会议精神。总结美国、葡萄牙森林大火经验教训，为提升中国森林防火工作提供启示。（李新华）

森林火灾

【全国森林火灾情况】　2017 年森林火灾情况（见表 8-1）如下。

火灾次数　2017 年，全国共发生森林火灾 3223 起，比前三年（2014～2016 年，下同）均值上升 332 起，升幅达 11.48%。其中一般森林火灾 2258 起、较大森林火灾 958 起、重大森林火灾 4 起、特别重大森林火灾 3 起。一般火灾、重大火灾、特别重大火灾分别比前三年均值上升了 32.93%、33.33% 和 800%，较大火灾下降了 19.43%。与 2016 年相比，火灾次数上升 1189 起，升幅达 58.46%，其中一般火灾、较大火灾、重大火灾分别上升 68.51%、38.24% 和 300%。

火灾损失　2017 年，全国森林火灾受害森林面积 24 502 公顷，比前三年均值相比增加 11 744 公顷，增幅达 92.05%。与 2016 年相比，增加 18 278 公顷，增幅达 293.69%；2017 年因森林火灾造成人员伤亡 46 人，比前三年均值减少 12 人，降幅为 20.69%。与 2016 年相比，增加 10 人，增幅为 27.78%。其中，轻伤 8 人、重伤 8 人、死亡 30 人，分别比前三年均值下降 52%、14.29%、6.25%，轻伤人数比 2016 年下降 11.11%，重伤和死亡人数分别比 2016 年增加 14.29%、50%。因森林火灾死亡的 30 人中，湖南 5 人，山西、广西各 4 人，内蒙古、山东、重庆各 3 人，湖北、云南各 2 人、吉林、浙江、四川、海南各 1 人。

火灾扑救　2017 年，全国扑救森林火灾共出动 31.59 万扑火人员，出动车辆 4.1 万辆（台）、出动飞机 272 架、投入扑救森林火灾经费约 9259 万元。

火灾原因　2017 年发生的森林火灾中，已查明火源的森林火灾 2574 起，占全部森林火灾次数的 79.86%，未查明火源的森林火灾 649 起，占全部火灾次数的 20.14%。在已查明火源的森林火灾中，祭祀用火 1205 起、农事用火 618 起、雷击火 126 起、野外吸烟 108 起、其他原因 517 起，分别占已查明火源的森林火灾的 46.81%、24%、4.9%、4.2% 和 20.09%。

森林火灾"三率"　2017 年森林火灾发生率（起火灾/10 万公顷森林）为 1.55，森林火灾控制率（公顷受害森林面积/每起森林火灾）为 7.6，森林火灾受害率（受害森林面积/森林总面积）为 0.12‰（按全国森林面积 20 769 万公顷计算）。

【内蒙古毕拉河阿木珠苏林场"5·02"森林火灾】　5 月 2 日 12 时 15 分，内蒙古大兴安岭重点国有林管理局所属毕拉河林业局阿木珠苏林场因管护站司炉工朱某倾倒燃烧剩余物残渣引发森林火灾。火灾发生后，内蒙古自治区先后调集扑火兵力 9000 余人，调动飞机 15 架，采取"打、烧、隔、围、堵"等手段奋力扑救，截至 5 月 5 日 10 时 30 分，火场实现全线合围，外围明火全部扑灭，扑救工作取得决定性胜利（历时 4 天）；截至 5 月 10 日 12 时，清理守护 120 小时以上，火场达到"三无"，火灾实现彻底扑灭。据调查，此次草甸森林火灾过火面积 1.148 万公顷，受害森林面积 8281.6 公顷，受害较重的森林面积是 2862.5 公顷。在扑火过程中，致使 6 人不同程度被烧伤。

【内蒙古陈旗那吉林场"5·17"森林火灾】　5 月 17 日 11 时 50 分，内蒙古大兴安岭陈巴尔虎旗那吉林场发生森林火灾。经 8000 余人奋力扑救，5 月 20 日 11 时（历时 4 天），火场外围明火全部扑灭，火场得到有效控制，扑救工作取得决定性胜利。经过 8 天清理看守，5 月 28 日 12 时，火场实现"无烟""无火""无气"的"三无"标准，看守人员全部撤离，火灾彻底扑灭。经查，这次火灾受害森林面积 5050 公顷，起火原因为农事用火。

表 8-1 2017 年全国森林火灾分月统计

月份	森林火灾次数					火场总面积（公顷）	受害森林面积(公顷)			损失林木		人员伤亡（人）				其他损失折款（万元）	出动扑火人工（工日）	出动车辆（台）		出动飞机（架次）	扑火经费（万元）
	共计	一般火灾	较大火灾	重大火灾	特大火灾		共计	其中 原始林	其中 人工林	成林蓄积量（立方米）	幼林株数（万株）	共计	轻伤	重伤	死亡			共计	其中汽车		
全年累计	3223	2258	958	4	3	44 428.40	24 502.00	20 327.00	4175.60	911 836.42	5957.38	46	8	8	30	4624.06	315 934	40 955	17	55.8	169
一月	277	230	47	0	0	1025.99	295.20	223.60	71.63	3743.41	25.06	0	0	0	0	529.28	19 590	3561	1	2	9
二月	495	324	171	0	0	3409.06	1139.00	479.51	659.97	14 987.64	166.47	3	0	0	3	510.35	46 532	4646	0	0	9
三月	387	306	80	1	0	2719.35	1454.00	1160.30	293.80	112 654.23	144.62	1	0	0	1	287.06	27 152	6465	0	0	9
四月	1382	932	450	0	0	8530.70	3688.00	1313.40	2374.10	38 651.28	245.56	26	1	4	21	1590.35	98 410	13 300	0	0	34
五月	118	78	37	1	2	21 868.00	14 551.00	14 498.00	53.00	621 337.03	13.13	12	7	4	1	531.96	41 956	6474	16	53.8	49
六月	92	68	23	1	0	1502.32	250.80	123.77	127.00	5216.14	4.73	0	0	0	0	71.63	19 466	840	0	0	4
七月	73	52	19	1	1	2587.63	2041.00	2026.10	14.81	84 886.50	170.94	0	0	0	0	46.37	17 796	676	0	0	17
八月	31	26	5	0	0	64.59	26.09	9.56	16.53	782.23	1.98	2	0	0	2	18.56	3061	497	0	0	5
九月	21	12	9	0	0	96.25	63.02	25.02	38.00	929.70	5.67	0	0	0	0	72.35	2099	304	0	0	3
十月	87	56	31	0	0	858.56	314.90	182.99	131.87	13 692.90	4466.53	1	0	0	1	428.15	9927	1077	0	0	9
十一月	101	60	41	0	0	713.49	305.30	101.20	204.11	6107.78	22.79	1	0	0	0	160.31	14 585	1332	0	0	1
十二月	159	114	45	0	0	1052.48	373.90	183.10	190.77	8847.58	689.90	0	0	0	0	377.69	15 360	1783	0	0	20

【内蒙古满归高地林场"7·06"森林火灾】 7月6日11时，内蒙古大兴安岭满归高地林场发生森林火灾。由于火场内植被干枯，气温较高，加之风力较大且风向不定，偃松林树脂丰富且易燃，火发初期虽经奋力扑救，火势蔓延依然迅速。在扑救过程中，因地形陡要，植被茂密，飞火及火爆现象频发，扑救困难较大。前指指挥人员认真贯彻落实国家和自治区领导批示精神，审时度势，坚持"安全第一、积极扑救"的原则，科学指挥，有效部署兵力，组织专业扑火队和森警部队迅速扑打火头，其他扑火队员及时跟进，通过风力灭火机、油锯、割灌机、大型设备开设生土隔离带和飞机吊桶并用的方式，第一时间控制了林火再度蔓延。7月8日，火场周边降雨，大大缓解了火场压力。扑火前指抓住少量降雨的有利气象条件，根据火场兵力集结情况，及时发起总攻，向纵深推进，取得了扑火作战的全面胜利（历时2天）。经68小时清理看守，截至11日17时，火场已实现"无火、无烟、无气"，火灾彻底扑灭。这次扑救共投入4048名林业专业扑火队员和武警森林部队官兵（其中黑龙江大兴安岭2020人）。经查，这场火灾受害森林面积1395.2公顷，起火原因为雷击火。

【四川雅江木绒乡"3·12"森林火灾】 3月12日，四川省甘孜州雅江县木绒乡亚多村发生森林火灾，经2115名扑火人员（森林部队612人）奋力扑救，火灾于3月21日彻底扑灭。经查，这次火灾受害森林面积856.6公顷，起火原因为输电线路因大风与松树树梢接触，放电产生火花引燃林木导致。

【内蒙古乌玛林业局伊木河林场"4·30"森林火灾】 4月30日，内蒙古大兴安岭北部原始林区乌玛林业局伊木河林场发生森林火灾，经1345名扑火人员（森林部队524人）奋力扑救，火灾于5月6日彻底扑灭。经查，这次火灾受害森林面积796.5公顷，起火原因为俄罗斯入境火。

【内蒙古乌玛林业局阿尼亚林场"6·25"森林火灾】 6月25日，内蒙古大兴安岭北部原始林区乌玛林业局阿尼亚林场发生森林火灾，经533名扑火人员（森林部队428人）奋力扑救，火灾于当日彻底扑灭。经查，这次火灾的受害森林面积561公顷，起火原因为农事用火。

【内蒙古奇乾林业局奇乾林场"7·02"森林火灾】 7月2日，内蒙古大兴安岭北部原始林区奇乾林业局奇乾林场发生森林火灾，经305名森林部队官兵奋力扑救，火灾于7月5日彻底扑灭。经查，这次火灾受害森林面积176公顷，起火原因为农事用火。

（金博供稿）

森林防火重要会议及活动

【全国国土绿化和森林防火工作电视电话会议】 3月27日，全国国土绿化和森林防火工作电视电话会议在北京召开。中共中央政治局常委、国务院总理李克强作出重要批示。批示指出：国土绿化是生态文明建设的重要内容，是实现可持续发展的重要基石。党的十八大以来，各地区、各相关部门认真落实党中央、国务院决策部署，开拓进取，真抓实干，国土绿化和森林防火工作取得明显成效。要贯彻落实新发展理念，坚持以推进供给侧结构性改革为主线，创新体制机制，着力推进国土绿化扩面提质，深入开展全民义务植树活动，大力实施林业重点生态工程，加快补齐生态环境短板，进一步提升生态产品供给能力。要严格落实责任，加强应急能力建设，切实做好森林防火工作，筑牢国家绿色屏障，积累更多生态财富，为建设美丽中国、促进经济社会持续健康发展作出新贡献。国务院副总理、全国绿化委员会主任汪洋出席会议并讲话。他强调，要全面贯彻党中央、国务院决策部署，认真落实李克强总理重要批示，采取有力有效措施，扎实做好国土绿化和森林草原防火各项工作，加快筑牢国家生态安全屏障，为经济社会持续健康发展提供有力支撑。

（李新华）

【军地联合灭火演习暨"五联"机制建设试点现场会】 9月21~22日，全国军地联合灭火演习暨"五联"机制建设试点现场会在内蒙古自治区呼伦贝尔市举行。国家森林防火指挥部总指挥、国家林业局局长张建龙，国家森林防火指挥部副总指挥、国家林业局副局长李树铭，国家森林防火指挥部专职副总指挥马广仁，武警森林指挥部司令员徐平，内蒙古自治区人大常委会副主任王玉明等出席会议。会议主要内容是总结推广以"联防、联训、联指、联战、联保"为内容的军民融合机制建设试点成果，部署全国秋冬季森林防火工作。张建龙在会上指出，推进"五联"机制建设，是贯彻军民融合战略的重要举措，是维护森林生态安全的客观需要，是解决森林防火现实问题的必然选择。要充分认识推进"五联"机制建设的重要意义，准确把握"五联"机制建设的基本要求，明确内容、责任和措施，着力提升"五联"机制建设成效，整合力量资源，抓好工作落实，解决好现实问题。李树铭在会上专题部署了全国秋冬季森林防火工作。与会人员观看了内蒙古自治区"五联"机制建设专题片，内蒙古自治区、黑龙江省、云南省、四川省、呼伦贝尔市和武警森林指挥部作了交流发言。会前，内蒙古自治区军地双方在鄂温克旗锡尼河林场举行了联合灭火演习，武警森林部队官兵和地方专业森林消防队员共600余人参加了演习，演习出动各型飞机7架，动用车辆170余台，各类灭火装备1065余件套。此次演习是近年来规模最大、要素最全、运用灭火战法最多、参演装备最新、军地协同最紧密的一次联合灭火演习。国务院应急办、外交部、工信部、公安部、交通运输部、农业部、旅游局、气象局、解放军和武警部队等相关部门和单位参加会议并观摩灭火演习。

（李新华）

【全国秋冬季森林防火工作会议】 9月22日，全国秋冬季森林防火工作会议在内蒙古呼伦贝尔召开。国家森林防火指挥部副总指挥、国家林业局副局长李树铭出席会议并讲话。会议强调，全国秋冬季森林防火工作已经进入关键时期，各地要继续严格落实责任制，一级抓一级，纵向横向层层传导压力，层层夯实责任，确保森林防火工作不出任何纰漏，实现不发生重特大森林火灾、不发生群死群伤事故、不发生危及村屯和重要敏感目标的火灾"三个不发生"目标。要落实地方政府责任，层层签订责任状，明确目标，分解任务，细化责任。要落实林业主管部门责任，各级林业主管部门要把森林防火工作当作林区当前压倒一切的头等大事抓在手上，落实到行动上，主要领导和分管领导要深入重点火险区亲自督导检查，排查火灾隐患。要落实指挥部成员单位责任，各级森林防火指挥部成员单位要全面落实森林防火部门分工责任制，将森林防火工作列入重要议事议程，定期研究森林防火工作。要落实奖惩措施，对领导得力、防范到位、扑救及时、成效显著的地方、单位和个人，及时进行表彰奖励；对野外火源管理松懈、火灾多发高发的地方，进行约谈；对防火责任不落实、发现火灾隐患不作为、发生火情隐瞒不报、扑火组织不得力，并造成严重后果和恶劣影响的，要依法依纪严肃追究相关人员的责任。国家森林防火指挥部专职副总指挥马广仁主持会议，武警森林指挥部副司令员郭建雄出席。会议通报了全国秋冬季森林防火形势，内蒙古自治区、四川省在会上作典型发言。与会代表现场参观了呼伦贝尔市森林防火指挥中心。

(李新华)

【森林防火专项督查】 在2017年在防火紧要期以及全国"两会"、"一带一路"峰会、金砖国家高峰论坛、党的十九大等重要时段、重要节点，国家森林防火指挥部共派出43个督察组对全国27个省（区、市）进行明察暗访，督察森林防火工作，并对有关工作进行了通报、约谈和督办。国家森防指成员单位带队对东北重点国有林区及高火险地区进行重点督查，国家林业局全体领导分别带队对11个省（区、市）进行督查；国家森防指办公室及国家林业局森林防火预警监测信息中心领导带队对重点时段的重点地区进行明察暗访。

(王志友)

森林消防体系建设

【中央首次专项投资大型机械化装备】 5月2日，内蒙古大兴安岭毕拉河林业局发生森林火灾。因火灾发生在林区腹地，河流、湿地众多，水系发达，沼泽遍布，通行条件极差，兵力投送严重受阻，加之高温大风天气，火灾蔓延迅速、扑救困难，引起了党中央、国务院领导的高度关注。5月3日，李克强总理要求对进一步增调灭火力量和设施的，要特事特办，抓紧到位，集中力量尽快控制火势。5月12日，汪洋副总理作出重要批示，要求有关部门将毕拉河火灾扑救中暴露出的大型扑火装备数量少、通信基础薄弱、路网密度低、航空消防飞机短缺、地方森林消防队伍发展状况堪忧等问题摆上日程，抓紧研究解决，否则，将来可能悔之晚矣。为认真贯彻落实中央领导同志重要指示精神，切实改善东北、内蒙古重点林区缺乏大型机械化装备的现状，尽快提升重点林区控制森林大火能力，保障国家森林资源和人民生命财产安全，国家森防指积极向国家发改委沟通汇报，按照"统筹考虑，解决急需"的原则，结合东北、内蒙古国有林区实际需求，编制报批《东北、内蒙古重点林区森林防火应急装备实施方案》，争取到9582万元中央专项投资，用于购置30台全地形森林消防车。具体装备采购、管理工作由国家林业局北方航空护林总站负责。这是中央首次专项投资用于森林防火大型装备购置，方案实施将显著提高东北、内蒙古林区处置森林大火的能力和水平。

(李 杰)

【大兴安岭"87·5·6"大火30周年系列活动】 6月13日，国家森林防火指挥部在黑龙江省漠河县召开大兴安岭"5·6"大火30周年座谈会暨2017年全国春防工作总结会，全面回顾1987年以来中国森林防火工作取得的显著成就，总结2017年春季森林防火工作情况，分析森林防火形势，安排部署当前及今后一个时期森林防火工作。会议认真分析我国森林防火形势，深刻认识当前森林防火面临的新情况、新问题和面临的困难不足，按照"小题大做"的要求，坚持"预防为主、积极消灭"的工作方针，要求严格落实以地方行政首长负责制为核心的责任体系，不断加强预防、扑救、保障三大体系建设，全面提高综合防控能力，推进森林防火治理体系和治理能力现代化，坚决防止发生特大森林火灾。春防期间，组织《人民日报》《光明日报》、新华网等14家新闻媒体记者赴大兴安岭实地采访，对30年来大兴安岭森林防火生态建设取得成就进行实时报道；应新华网邀请对国家防火办主要领导、大兴安岭行署领导和漠河县县长在线访谈；在中国森林防火网设立"87·5·6大火三十周年"栏目专题报道40余篇；在《中国绿色时报》推出《大检阅："5·6"大火后中国森林30周年巨变》5块彩版从消防装备、队伍、航护、森警、应急指挥5个方面集中展示中国森林防火事业30年来发展与变化。

(刘 萌)

【队伍建设】 国家森防指积极推进森林消防专业队伍建设工作，在全国范围内开展队伍建设调研，对最新情况进行了梳理。2017年，全国新建专业森林消防队伍239支、8342人。2017年，各地队伍建设力度较大：吉林省在延边召开队伍建设现场会，全年完成新建了68支2040人的专业队伍；黑龙江重点开展"以水灭火中队达标建设"，新建全地形车灭火试点中队3支、以水灭火中队20支；辽宁省新建4支省级应急机动队，队伍建设投资翻一番；内蒙古自治区全年完成新建森林消防专业队伍43支1599人。截至2017年年底，全国共建

有专业森林消防队伍3260支12.1万人；半专业森林消防队伍1.9万支48万人。（王永坤）

【总结国外森林火灾经验教训】 2017年，美国、葡萄牙森林火灾发生后，国家森防指密切关注火灾发展态势和扑救进程，主动搜集资料，组织专家深入研究分析，形成《近期美国、葡萄牙森林火灾的启示》报中央领导同志。总结五个方面启示：一是顺应新时代中国特色社会主义建设需要，高度重视并加强森林防火工作；二是全面推进依法治火，充分发挥中国森林防火工作的制度优越性；三是大力加强武警森林部队建设；四是加强各级专业扑火力量建设，提升国家处置重特大森林火灾的应急能力；五是进一步提高森林防火工作现代化水平，适应新时达发展要求。（王永坤）

【森林防火指挥员培训】 8月29日至9月4日，国家森防指办公室在南京森林警察学院举办了1期森林防火业务专题培训班。2017年9月4至10日，在北京林业大学举办了1期全国地市级森林防火指挥员培训班；11月19至25日，联合国家行政学院举办了1期森林防火应急管理专题研讨班，各省（区、市）重点火险区地（市、州、盟）人民政府森林防火指挥部总指挥或副总指挥共40人参加研讨。据统计，2017年共培训学员262人，其中地市级森防指总指挥等厅级干部65人，林业局局长等正处级干部85人，地市级专职指挥、林业局副局长等副处级干部93人，有效提升了基层指挥员的能力素质，得到广泛认可。（王永坤）

【调派武警森林部队赴塞罕坝林场驻防】 为落实习近平总书记对塞罕坝精神的重要批示精神和张高丽副总理、汪洋副总理要求派驻武警森林部队加强该地区的森林资源保护工作的重要指示精神，国家森防指办公室于9月23日派出工作组，会同武警森林指挥部、河北省林业厅等单位赴塞罕坝机械林场现场办公，落实森林部队进驻的具体事宜。9月30日，武警森林指挥部机动支队30名官兵携装备进驻塞罕坝（驻地设在塞罕坝机械林场二道河口管护站），执行森林防扑火任务，11月30日下雪封山后撤离归建，确保塞罕坝地区的森林防火工作不出问题。（王永坤）

【军民融合】 按照国家林业局党组的部署，牵头协调武警森林部队和内蒙古自治区开展军民融合"五联"机制建设试点，总结探索军民联防、联训、联指、联战、联保方面的经验、机制和举措，密切军地联系，整合优势资源。5月25日，张建龙总指挥、李树铭副总指挥、马广仁专职副总指挥赴武警总部与王宁司令员、朱生岭政委座谈研讨武警森林部队改革发展事宜。6月22日，张建龙在《中国绿色时报》头版发表了专题理论文章《深入推进"五联"机制建设 全面开创军民协同森林防火新局面》，为"五联"机制建设提供了理论支撑。9月21~22日，在呼伦贝尔市举行了全国军地联合灭火演习暨"五联"机制建设试点现场会，汪洋副总理作出重要批示，张建龙总指挥、李树铭副总指挥、马广仁专职副总指挥、武警森林指挥部徐平司令员、内蒙古自治区相关领导以及国务院应急办、外交部、工信部、公安部、交通运输部、农业部、旅游局、气象局、解放军和武警总部的相关人员出席会议。会上，张建龙深入总结"五联"机制建设试点成果，并就提升"五联"机制建设成效，整合力量资源，抓好工作落实，解决好现实问题提出要求。全国军地联合灭火演习共有武警森林部队官兵和地方专业森林消防队员共600余人参加，出动各型飞机7架，动用车辆170余台，各类灭火装备1065余件套，是近年来规模最大、要素最全、运用灭火战法最多、参演装备最新、军地协同最紧密的一次联合灭火演习，得到参会人员的高度评价，中央、地方多家媒体全程报道。此外，还形成了"一个意见、五个办法、一个规范"的理论成果（即：《关于加强森林草原防火工作"五联"机制建设的指导意见》《森林草原防火工作联合预防办法》《森林草原防火工作联合指挥办法》《森林草原防火工作联合训练办法》《森林草原防火工作联合作战办法》《森林草原防火工作联合保障办法》《森林草原防火工作联合预警响应规范》）和《"五联"机制建设成果汇报片》《"五联"机制实施办法示范片》两部视频教学资料。"五联"机制试点的成效在2017年内蒙古"4·30""5·02""5·17"三场重特大森林火灾的应急处置上得到集中体现，武警森警部队大规模跨省机动，其中内蒙古大兴安岭乌玛林业局"4·30"重大森林火灾出动森警525人，内蒙古大兴安岭毕拉河"5·02"特大森林火灾出动森警3290人，内蒙古呼伦贝尔市陈旗"5·17"特大森林火灾出动森警4900人，军民统一指挥，科学协同，形成前所未有的整体合力，极大提升了应急处置效率，武警森林部队扑火事迹报告团在中央国家机关和多个省区巡回报告，反响十分热烈。（王永坤）

【对外合作】 2017年，国家森防指参与的中欧应急管理合作项目圆满收官，与法国内政部建立了全新的合作机制，建成了边境隔离带信息化管理平台和中俄蒙3国跨语言的边境火灾信息共享平台，加强了与国家边海防委的联动，协调外交部将森林防火工作纳入了中俄、中越陆界联委会的常设议题，提升了中国在边境火灾联防中的话语权。（王永坤）

【国家森防指专家组换届】 为充分发挥国家森防指森林防火专家组职能作用，5月24日，国家森防指在北京组织召开新调整森林防火专家组会议。国家森防指副总指挥、国家林业局副局长李树铭出席会议并讲话，国家森防指专职副总指挥马广仁宣读了调整专家组成员的文件，马福、沈金伦、焦德发、李文江、朴东赫、李全海、舒立福、王高潮、王立伟、丛静华、邸雪颖、姚展予12位专家为国家森防指专家组成员，专家审议了《专家组2017年度工作计划安排》，开展了相关学术交流。（王永坤）

【会商森林火险形势】 2017年，国家森防指办公室组织相关专家分别对元旦、春节、清明、"五一""十一"等高森林火险时段以及全国"两会"、"一带一路"高峰论坛、党的十九大等重点时段的森林火险形势进行会商，并召开春季、夏季、秋冬季三次全国森林火险形势会商会，对全国气候变化、森林火险形势进行综合分析、预测，形成全国中长期火险形势分析报告，为各地森林火灾预防、扑救工作提供科学依据。同时，根据扑火工作需要，及时与中国气象局等相关单位专家进行会商，并在国家林业局网站每日头条栏目、国家突发事件预警信息发布系统、卫星直播中心等平台发布高森林火险警报。2017年共制作发布了重点时段(节假日)森林火险情况研判报告14期、森林火险气象等级预报365期、高森林火险天气警报171期、未来一周全国森林火险预测52期、未来一月全国森林火险预测12期、内蒙古、四川等省区火场气象专报54期、高森林火险红色(橙色)警报9期。

（张英男）

【拓展森林火险预测预报和预警信息发布渠道】 为提升森林火险预测预报信息，特别是高森林火险预警信息在社会公众中的权威性和社会认知度，国家森防办公室每日在国家林业局网站、中国森林防火网、森林防火短彩信系统、微信、微博等林业媒体上发布森林火险信息，并与国务院应急办授权中国气象局负责管理的"国家预警信息发布中心"和"国家新闻出版广电总局广播电视卫星直播管理中心"建立了密切的联系，确定了规范的"全国森林火险预测预报信息"和"高森林火险预警信息"发布渠道和流程。2017年，多次通过"国家突发事件预警信息发布网"和"全国卫星直播节目平台"对社会公众发布森林火险信息，进一步提升森林火险预测预报信息的权威性和社会认知度，取得了较好效果。

（张英男）

【组建全国森林火险预警系统建设专家咨询组】 2017年，为高质量完成《全国森林防火规划(2016~2025年)》中全国森林火险预警系统建设工作，吸收、借鉴其他单位和部门系统建设的先进经验，充分发挥相关单位和专家的技术专业优势，国家森防指办公室下发《关于组建全国森林火险预警系统建设专家咨询组的通知》，组织国家林业局规划院等7个相关部门和20位专家成立了跨领域、跨学科、跨部门的专家咨询组，承担森林火险预警系统建设的研究和技术咨询工作。

（张英男）

【全国森林火险预警培训班】 11月21～23日，国家森防指办公室在浙江省杭州市举办了全国森林火险预警培训班。本次培训以突出重点、重在实效为目标，邀请了中国气象局公共服务中心、中国科学院上海微系统与信息技术研究所等单位的专家进行授课，并邀请在森林防火预警及响应方面做得比较好的省区介绍先进经验。深入研讨《全国森林防火规划(2016~2025年)》中林火险预警系统项目建设总体思路和架构、预警响应措施、森林火险基础理论研究、人工智能预警模型研发、系统建设构架、组织运行模式、林业数据应用等相关议题。分析了将物联网、大数据、人工智能、云平台、神经网络、传感器技术、可燃物分类、可燃物载量调查、设备标准、气象卫星资源应用等引入到系统中的可行性。

（张英男）

【卫星林火监测工作】 2017年，国家森防指办公室共接收过境轨道17 000余条，制作发布监测图像11 572幅，共报告热点3459个，反馈为各类林内用火1839起，热点核查反馈率为99.86%，其中两小时反馈率为76.32%。卫星林火监测工作在发现森林火灾和跟踪监测重特大森林火灾中发挥了重要作用，为科学指导森林火灾的扑救提供了有力技术支持，为各级领导和防火部门了解火情和科学组织扑救森林火灾提供了重要信息保障。

（王凤阁）

【极轨卫星林火监测系统项目】 为充分利用空间卫星资源，进一步提高卫星林火监测的准确度和监测的时效，为森林防火工作提供更加准确、及时和稳定的决策信息，1月13日，国家林业局计资司印发《关于极轨卫星林火监测系统建设项目可行性研究报告的批复》，同意实施极轨卫星林火监测系统项目建设。根据批复要求，国家森防指办公室完成《极轨卫星林火监测系统建设项目初步设计报告》的编制，并获国家林业局批复，项目资金已全部到位。按照国家林业局基本建设项目管理办法的规定，完成年度"极轨卫星林火监测系统建设项目"相关实施工作。

（王凤阁）

【修订《全国卫星林火监测工作管理办法》】 根据新时期森林防火工作要求，对2003年印发的《全国卫星林火监测工作管理办法》进行重新修订。新修订《全国卫星林火监测工作管理办法》的出台，对进一步规范全国卫星林火监测工作，提高卫星林火监测的能力和服务水平具有重要意义。

（王凤阁）

【静止卫星林火监测系统建设项目批复立项】 为充分利用空间静止轨道卫星资源，进一步提高卫星林火监测的准确度和监测的时效性，为森林防火工作提供更加准确、及时和稳定的决策信息，国家林业局预警监测信息中心开展静止卫星林火监测系统建设项目申报工作，经充分调研、论证，形成《静止卫星林火监测系统建设项目可行性研究报告》，并报送国家林业局审批。11月16日，国家林业局印发《静止卫星林火监测系统建设项目可行性研究报告的批复》，同意中心实施静止卫星林火监测系统建设项目。

（王凤阁）

【应急值守情况】 严格执行24小时在岗在位、"有火必报"和热点核查"零报告"制度，2017年共安排值班加班530余人次，先后跟踪热点3400余个，调度森林火灾300余起(其中重大森林火灾3起、特大森林火灾4起)，编报值班信息94期、明传电报70余期。

（胡海涛）

【应急处置工作】 2017年，先后4次紧急启动《国家森林火灾应急预案》Ⅲ级、Ⅱ级响应，及时、全面调度火情，多次派出工作组、协调飞机和森警部队跨省支援灭火的通知，全力做好前后方联络，妥善处置了多起领导关心、社会关切、舆论关注的重、特大火灾。

（胡海涛）

【制订森林火灾信息上报制度】 随着形势任务的发展变化，特别是新媒体等信息技术的广泛应用，森林火灾调度处置和信息报送工作暴露出了信息报告不及时、不准确、要素不全等问题和不足。针对这些问题和不足，国家森防指办公室会同国家林业局林业管理干部学院在江西省井冈山举办了全国森林防火应急值守和森林火灾信息报送培训班，制订森林火灾信息上报制度。各省（区、市）、内蒙古大兴安岭、黑龙江大兴安岭、黑龙江森工、新疆生产建设兵团，北方、南方航空护林总站分管森林防火应急值守和森林火灾信息报送的41名同志参加培训。

（胡海涛）

【国家森林防火综合调度指挥平台建设】 2015年12月，国家森林防火综合调度指挥平台项目初步设计得到批复。2017年，在森林防火专网平台建设方面，已完成招标和政府采购的所有软、硬件设备的采购；在高清视频调度系统建设方面，已完成硬件设备采购并送达37个初步设计规定的省（区、市）防火部门，除甘肃、江苏2省正在协调外，其余各单位均已完成安装调试。完成内蒙古、广东、江西3个重点省（区）70路林火监控视频实时接入；在综合信息管理系统建设方面，已完成系统开发、测试工作，完成黑龙江和广东的专题数据采集；在录播专线系统建设方面，已完成录播专线系统配套软件考察；在系统集成服务方面，因国家林业局办公大楼正在整体维修暂不具备施工条件，安装调试、系统集成等工作尚未开展。

（胡海涛）

【升级完善赴火场工作组通信和保障设备】 积极探索森林防火应急通信保障新模式、试验应急通信新技术。积极探索通过购买服务，提供火场应急通信保障的模式；开展试验利用5G网络进行火场组网，实现前后方宽带数据连接；对海事卫星第五代星进行了专题调研，对Ka波段应用进行初步探索，联合有关部门积极开展卫星通信新技术、新装备应用研究，取得了较好效果，圆满完成了四川雅江、内蒙古乌玛、毕拉河、陈巴尔虎旗等重特大森林火灾扑救的应急通信保障工作。

（杜建华）

森林航空消防

【森林航空消防基本情况】 2017年，在河北、内蒙古、辽宁、吉林、黑龙江、浙江、福建、江西、山东、河南、湖北、湖南、广东、广西、重庆、四川、云南、陕西、新疆等19个省（区、市）开展了森林航空消防工作，总航护面积达331.6万平方千米。在加大飞行费投入、增加飞机数量和提升灭火飞机直接灭火能力等方面取得了有效进展。一是飞行费投入略有增加。中央财政补助飞行费为55 206万元，同比增加12.2%。二是租用飞机数量有所增加。全国共租用飞机共租用飞机271架次，同比增加3.4%，其中直升机215架次，固定翼飞机56架次。三是灭火能力显著提高。主要执行巡逻报警、火场侦察、火场急救、空投空运、吊桶灭火、机（索）降灭火、化学灭火、防火宣传等任务。据统计，全年累计飞行7347架次、13 098小时，空中发现和参与处置火灾271起，其中吊桶灭火飞行826架次、984小时，洒水9317吨；化学灭火飞行140架次、269小时，喷洒化学药液396吨；机降飞行415架次、528小时，运送扑火队员15 942人；运送物资23.5吨；投撒防火宣传单6万份。参与处置四川雅江、内蒙古乌玛、毕拉河和陈巴尔虎旗等多起重特大森林火灾，为快速扑灭森林火灾发挥了重要作用，为保护国家森林资源和人民生命财产安全作出了积极贡献。特别是在内蒙古毕拉河林业局北大河林场特大森林火灾扑救过程中，紧急调动14架森林航空消防飞机赶赴火场，实施空中动态观察，报告火场即时态势为前指兵力部署提供依据；紧急开辟临时机降场，连续向火场投运兵力，为扑火赢得战机；直升机吊桶洒水、固定翼喷洒化灭药剂扑打火头火线，以遏制火场蔓延；运送扑火物资和给养，为前线提供保障。整个扑灭过程中，累计飞行131架次、189小时，洒水354吨、喷洒化灭药剂153吨，扑灭火线7千米，运兵2260人，空运物资给养12.5吨，为扑灭森林火灾发挥了不可替代的作用。

（刘国珍）

武警森林部队

【综　述】 2017年，中国人民武装警察部队森林指挥部各级坚持以习近平强军思想为指导，认真贯彻党中央、中央军委和武警部队党委决策部署，紧紧围绕工作主线和总目标，坚持稳中求进总基调，着力强化政治引领、练兵备战、强基固本、正风肃纪，部队保持平稳向上的发展势头，以防火灭火为中心的多样化任务完成出色，进一步扩大影响、展示了形象。

政治建设 深入贯彻古田全军政工会精神，紧紧围绕高举旗帜、维护核心大力加强政治建军。坚持用习近平新时代中国特色社会主义思想武装官兵，每季度三级联动同步开展党委中心组带机关理论学习，组织2期团以上干部网上理论集训，运用"七学"方法、"四必"载体抓实基层理论武装，原原本本学习《习近平论强军兴军》两个读本，跟进学习习近平主席最新重要讲话，突出十九大精神学习贯彻，广大官兵维护核心、听从指挥更加坚定自觉。坚持用"三个统住"开展各项教育，按规定内容程序抓严抓实"两项重大教育"，以强化改革担当精神为重点持续深化改革强军教育，突出解决现实问题，抓好干部队伍专题教育、基层月课教育和一人一事经常性思想工作，重视做好意识形态工作，部队保持思想稳定和纯洁巩固。严格政治纪律政治规矩，坚决贯彻军委主席负责制《意见》，制定落实《三十条》具体措施大抓政治能力训练，坚定不移维护党中央权威、维护习近平主席核心、维护和贯彻军委主席负责制的政治自觉和实际能力不断增强。

练兵备战 认真贯彻习近平主席练兵备战重大战略思想，大力加强党委对中心工作领导，严格落实议训议中心制度，召开"五联"机制建设现场会，深化防火灭火任务研究，抓中心谋打赢的导向更加鲜明。狠抓战备"三化"建设，组织试点规范，常态开展不打招呼战备突击检查，严密组织靠前驻防、跨区协防，分批派出直升机和官兵进驻执勤点靠前驻防，部队保持良好战备状态。坚持把军事训练作为经常性中心工作，持续开展单兵、建制班和中队军事比武，扎实抓好首长机关训练、新兵训练和冬季野营拉练，举办灭火指挥员、教练员集训，严格落实军事训练"一票否决"，大张旗鼓表彰奖励训练尖子，进一步掀起实战练兵热潮。直升机支队被评定为武警部队军事训练一级单位，福建森林总队接受武警总部年度军事训练考核取得良好成绩。突出问题导向，围绕内蒙古3场大火深入开展反思式总结，在弥补信息化、装备建设短板上拿出新举措。精心指导遂行任务，2017年扑火201起、防火执勤2852次、抢险救灾17次，特别是成功扑救内蒙古大兴安岭、四川雅江等重特大森林火灾，圆满完成参与十九大、"一带一路"国际合作高峰论坛、"金砖"会晤、内蒙古自治区成立70周年大庆、敦煌文博会安保备勤、防火执勤和抗震救灾、抗洪抢险等多样化任务，受到各级高度赞誉。

从严治军 坚持依法治军、从严治军，常态化开展"学法规、用法规、守法规"活动，官兵运用法治思维和法治方式开展工作的意识和能力不断增强。严格落实军委违规宴请喝酒"十一条"禁令和武警部队"八严"纪律规定，深入开展"强化条令意识、正规四个秩序"教育整顿活动，坚持按条令管、按大纲训、按制度办，部队正规化水平进一步提高。狠抓密切内部关系，广泛开展谈心活动，集中组织教育整顿，严肃查处反面典型，深入抓好剖析反思，下大力纠治发生在士兵身边的"微腐败"和不正之风。着力守牢安全底线，始终着眼十九大和调整改革大背景，提高政治站位抓安全，扎实开展安全大检查和暑期百日安全竞赛活动，加强网络舆情监控和引导处置，严密组织退役报废武器移交处理，部队总体保持安全稳定。内蒙古森林总队扑救3场大火2次成功避险，直升机支队及时排除尾桨锈蚀故障消除重大安全隐患。

后勤工作 加大应急保障力量建设力度，规范支队应急保障力量编携配装标准和靠前驻防后勤保障工作，积极协调解决靠前驻防分队保障难题，健全完善以区域性储备为支援、部队自储为支撑、市场储备为补充的物资储备模式，投入2900余万元购置更新炊事车，为基层大中队配发宿营、车辆维修、医疗救护等装备器材，进一步提升后勤装备保障效能。抓严行业清理整治，有力有效推进停偿工作，48个项目已停47个；严肃对待、认真配合军委和战区审计，开展军粮军油和被装、资产清理清查，提前自查自纠，对指出问题认账领账、立说立改；依据政策规定稳妥推进经济适用住房超面积处理工作。坚持依法保障管理，突出服务中心、服务基层，保障部队装备、信息化、人才建设和中心工作设施完善，投入9507万元用于解困项目建设，后勤综合保障效益不断提升。

抓建基层 坚持重心下移不动摇，制定调整改革期间确保基层全面稳定《意见》和运用"五种力量"按纲抓建《措施》，建立抓基层领导小组季度例会制度，盯紧落实"八件事"，组织三级党委机关联动蹲点帮建，做到起点高推进稳。突出"三个一线"固根本，扎实组织《纲要》学习培训、预任中队主官集训和干部骨干经常性应用性培训，强化一线带兵人动力能力活力；实施挂钩帮建责任制，提高支队面对面抓建、大队常抓常建、中队自主抓建作用，各级抓建基层能力素质不断增强。四川森林总队凉山支队被表彰为武警部队基层建设标兵支队。大力实施帮建、心理和暖心"三项工程"，狠抓精准帮建，加强心理工作骨干队伍建设，组织不孕不育官兵家庭疗养，救济特困官兵，办好10件实事，调动激发广大官兵建功基层的内在动力。大抓积极因素树导向，举办"身边好样子"事迹报告会，评选表彰"好军嫂"，大力宣扬扑救内蒙古3起重特大森林火灾先进事迹，巡回报告在军地引起强烈反响。

正风肃纪 从严抓思想，坚持不间断地用习近平主席重要决策指示统一思想，不断强化"三个永远在路上"的认识，各级思想和行动越跟越紧。从严抓制度，制定加强调整改革中党委班子建设《意见》，调整优化11个直管单位党委班子结构，严肃认真召开民主生活会，严格按政策按制度按程序选拔任用干部，从交党费、上党课、过党日抓起，严格党委机关组织生活制度落实，各级党组织凝聚力战斗力进一步增强。从严抓纪律，严格落实中央政治局贯彻落实中央八项规定《实施细则》，持续纠"四风"转作风，注重发挥巡视、审计、巡察"三把利剑"作用，狠抓问题核查整改，从严执纪问责，完成对四川森林总队和直升机支队首批巡察任务，进一步传导压力、压实责任。

【**国家林业局领导到森林指挥部慰问**】 1月5日，国家林业局副局长李树铭、森林公安局局长王海忠一行到森林指挥部机关走访慰问。李树铭代表国家林业局局长张建龙向广大官兵致以节日的问候和亲切的慰问，高度评价森林部队在保卫森林资源、维护生态安全方面作出的突出贡献，希望全体官兵要进一步牢记职责使命，继续坚持稳中求进工作总基调，坚持夺取森林防火灭火攻坚战的胜利，为十九大胜利召开提供生态屏障和绿色环境。指挥部司令员沈金伦、政委戴建国代表指挥部党委、机关和广大官兵向国家森防指、国家林业局领导表示衷心的感谢，要在总结防火灭火经验基础上，进一步深化"五联"机制研究，全面提高防火灭火效益，以优异成绩迎接党的十九大胜利召开。

【**扑救雅江县木绒乡重大森林火灾**】 3月12日，四川省雅江县木绒乡亚多村发生森林火灾，对川西高原脆弱的生态资源和人民群众生命财产安全构成严重威胁。四川省森林总队先后调集甘孜、阿坝支队和总队直属队共614名官兵与驻地多种参战力量密切协同，在天气条件极端不利、火场地形极为复杂的情况下，连续奋战9昼夜，累计扑灭火线6.3千米，扑打火头31个，清理火线13.4千米，开设隔离带800米，清理火点烟点950余处、站杆倒木130余根，紧急转移群众52户240余人，安全圆满高效地完成灭火作战任务。

【国家林业局领导、武警部队领导到毕拉河火场一线看望慰问参战官兵】 5月4日，国家林业局局长张建龙、武警部队副司令员杨光跃在森林指挥部后勤部副部长董立初陪同下，到内蒙古大兴安岭毕拉河林业局北大河火场一线，亲切看望慰问内蒙古森林总队参战官兵。张建龙指出，森林部队是一支特别讲政治、特别能战斗、特别能吃苦的英雄部队，在灭火作战中发挥关键性、决定性作用，要继续发扬好连续作战、不怕困苦的精神，力争最短时间把火扑灭。张建龙还到黑龙江总队大兴安岭地区支队进行视察指导、检查春防备战、看望慰问官兵。

【扑救内蒙古"4·30""5·2""5·17"三起重特大森林火灾】 4月30日、5月2日和5月17日，内蒙古大兴安岭林区乌玛林业局、毕拉河林业局北大河林场、呼伦贝尔陈巴尔虎旗那吉林场相继发生3起重特大森林火灾，严重威胁大兴安岭国有重点林区森林资源和人民群众生命财产安全。森林部队先后紧急调集内蒙古、吉林、黑龙江总队和直升机支队共8600余名兵力全力以赴投入灭火行动。累计扑灭火线220余千米、清理火线240余千米、清理火点烟点4200余处，点烧开挖隔离带35千米，创造完全依靠人力、短时间扑灭特大森林火灾的成功战例，取得政治效果、灭火效果、安全效果、社会效果的高度统一，受到国务院副总理汪洋充分肯定，得到国务院工作组、武警总部首长和内蒙古自治区党委、人民政府主要领导高度评价。

【抢险救灾】 7月13~28日，吉林省桦甸市横道河子乡、永吉县口前镇、丰满区前二道沟乡先后发生洪涝灾害。吉林省森林总队历时14个昼夜，累计出动兵力3160人次，遂行抗洪抢险救援任务。转移地方受灾群众81人、装运沙袋3600余袋、清理淤泥7360立方米、清理道路垃圾2400立方米、抢运家电等重要物资940余件，协助249家商铺、农户开展清淤和重建工作，清理永吉县医院办公室76间、库房24个、病房26间、大型医疗设备8套、搬运医疗器械90余件。

【中央代表团到内蒙古森林总队机关慰问】 8月7日，中共中央政治局常委、全国政协主席、中央代表团团长俞正声，中共中央政治局委员、国务院副总理、中央代表团副团长兼秘书长刘延东，中共中央政治局委员、中央统战部部长、中央代表团副团长孙春兰，全国人大常委会副委员长、中央代表团副团长张平，全国政协副主席、中央代表团副团长王正伟，以及国家林业局局长张建龙、武警部队副政委张瑞清和中央军委办公厅、北部战区有关领导人员，在内蒙古自治区党委书记、人大常委会主任李纪恒，自治区党委副书记、政府主席布小林及有关领导陪同下，来到内蒙古森林总队机关看望慰问官兵，与总队党委常委、机关全体官兵及部队模范代表合影留念，并即席发表讲话。

【扑救内蒙古大兴安岭重特大森林火灾先进事迹报告团赴中央国家机关作专场报告】 9月29日，森林部队扑救内蒙古大兴安岭重特大森林火灾先进事迹报告团赴中央国家机关作专场报告。报告会由中央国家机关工委副书记常大光主持，国家林业局局长张建龙、副局长李树铭，武警部队政治工作部主任颜晓东、副主任李吟，森林指挥部司令员徐平、政委戴建国和在京部门副职以上领导出席报告会。张建龙对官兵扑救大兴安岭重特大森林火灾做出的巨大贡献表示赞许和感谢。颜晓东代表武警部队党委首长，向报告团成员以及森林部队全体官兵表示亲切慰问。

【第三次党代表大会】 12月25~28日，武警森林指挥部第三次党代表大会在北京召开。出席会议代表291名，武警部队政治工作部组织局副局长李育军、党建处干事张昊波到会。徐平主持大会。戴建国代表指挥部第二届党的委员会作报告。聂增龙作纪委工作报告。会议选举产生第三届委员会和纪律检查委员会。

【概　况】 中国人民武装警察部队森林指挥部（简称森林指挥部），正军级。1999年2月，根据国务院、中央军委国发〔1999〕6号文件，武警森林部队实行武警总部和国家林业主管部门双重领导管理体制，组建森林指挥部，设司令部、政治部、后勤部，下辖内蒙古、吉林、黑龙江、云南4个森林总队和森林指挥学校。2002年9月，根据总参谋部〔2002〕第137号文件批复和武警总部〔2002〕武字第283号命令，森林部队落实新编制，调整4个森林总队机关编制序列名称，由处（室）改为科（室）建制。2002年10月10日，根据国务院、中央军委关于组建武警四川、西藏、新疆森林总队有关问题的批复（国函〔2001〕164、165、166号），成立武警四川、西藏、新疆3个森林总队。2006年9月，根据武警部队武司〔2006〕169号文件《关于院校和训练机构体制编制调整有关问题的通知》精神，黄金技术学校、森林指挥学校和水电技术学校合并组建为警种指挥学院，正师级，隶属森林指挥部领导管理。2007年11月，根据国务院、中央军委关于组建武警森林机动支队、福建省、甘肃省森林总队有关问题的批复（国函〔2007〕122、123号），组建森林指挥部机动支队（旅级）；组建福建省森林总队、甘肃省森林总队（正师级）。2008年6月，福建省、甘肃省森林总队，森林指挥部机动支队正式成立。2009年7月，森林指挥部直升机支队在黑龙江省大庆市正式成立。2011年7月，武警部队司令部下发《关于院校和训练机构体制编制调整改革有关问题》（武司〔2011〕210号）文件，10月1日，武警警种指挥学院移交武警部队领导管理。指挥部机关驻北京市海淀区紫竹院路118号

【指挥部领导和指挥部各部门正职领导】
　　司　令　员　沈金伦　少将（3月免职）
　　　　　　　　徐　平　少将（8月任，武警北京

市总队原副司令员）
第一政治委员　张建龙（国家林业局局长兼）
政 治 委 员　戴建国　少将
副 司 令 员　郭建雄　少将
副 政 治 委 员　聂增龙　少将
参 谋 长　彭小国　少将
政治部主任　郭小平　少将
后勤部部长　钱祖桥　大校

（武警森林部队由管黎丽、李主华供稿）

森林公安
09

森林公安工作

【综述】 2017年，全国森林公安机关以习近平总书记"四句话、十六字"总要求为指引，紧紧围绕平安林区建设，大力强化涉林违法犯罪打击能力，着力提升队伍正规化建设水平，努力深化森林公安改革，不断推进执法规范化建设，夯实基础保障，树立了森林公安机关打击有效、执法严格、廉洁自律良好形象。全年共办理各类涉林和野生动植物案件21.5万余起，其中刑事案件3.2万余起、行政案件18.3万余起，打击处理违法犯罪人员40万余人(次)，收缴林木木材19.3万立方米、野生动物46.9万头(只)，全部涉案价值约25.4亿元。

严打各类涉林犯罪 2月17日至4月30日，在全国范围内组织开展打击破坏森林和野生动植物资源违法犯罪专项打击行动(代号"2017利剑行动")。行动中共立刑事案件6190起，破4193起(其中破重大案件205起)；查处林政案件2.5万起，打击处理违法犯罪人员3.1万人、打掉犯罪团伙62个，收缴林地5233公顷、野生动物10万头(只)、林木3.6万立方米，涉案总值8000余万元，成效十分显著。组织全国森林公安机关开展"2017年缉枪治爆专项行动"，收缴各类枪支1811支、子弹3.6万余发。先后紧急处置四川省非法携带枪支事件、黑龙江省持刀砍人事件等多起突发事件。党的十九大召开前夕，专门派出十九大安保维稳工作组赴吉林、内蒙古等大面积国有林区督导检查，同时派出9个督查组分赴北京、天津、河北等27个省(区、市)、54个地(州、市)、80个县(市、区)开展安保维稳和森林防火督查。通过努力，林区全年未发生有重大影响的政治事件、暴恐案事件、重特大涉林案事件、重大影响的大规模群体性事件，影响恶劣的刑事案件和个人极端暴力事件，以及重大公共安全案事件等。

森林公安改革 2月14日，在北京召开全国森林公安深化改革工作会议。公安部副部长李伟、国家林业局副局长李树铭等领导到会并作讲话。10月10日，在内蒙古召开全国森林公安深化改革推进会，进一步明确改革目标任务，掀起深化森林公安改革新高潮。协调财政部，争取森林公安转移支付资金6.2亿多元。全年信息化建设投入1.25亿元，公安金盾网总体接入率达到98%，数字证书配发5.2万个，配备执法记录仪3.5万台，全国森林公安信息采集室建成率66%，执法场所视频监控建成率71%。派出所等级评定深入开展，基层基础工作明显加强。重新划分五大警务合作区，全国20余个省级、200余个地市级、1000余个区县级森林公安机关与周边地区协同建立了跨区域警务合作机制，森林公安警务合作能力及实战化水平大幅提升。

公安法制建设 启动《林业行政执法与刑事司法衔接工作办法》制订工作，积极协调最高人民检察院等单位加快推进文件出台，健全林业行政执法与刑事司法衔接工作机制。配合公安部法制局、禁毒局和国家林业局政策法规司等部门修订《中华人民共和国治安管理处罚法(修订送审稿)》《公安机关办理行政案件程序规定(修订草案)》等法规文件，明确森林公安职能作用。依法办理吉林省白山市大石人村徐某某等104位村民举报案件、廊坊市安次区孙某某行政复议申请、辽宁省阜新蒙古族自治县张某某行政复议事项等有影响案(事)件，依法妥善处置刑事国家赔偿复议申请案。召开全国森林公安机关落实执法权限座谈会和推进会，下发《关于加快推进执法权限落实的通知》，组织14个督导组对重点省区推进执法权限落实工作进行全面督导。2017年，浙江省、贵州省全面明确了森林公安机关执法权限，全国已有25个省区理顺并落实了刑事和治安执法权限，县级森林公安机关独立履行执法权限比例同比提高了10个百分点，达到65.1%，执法资格考试有序进行，民警法律素质明显提高。

全面从严治警 印发森林公安机关党风廉政建设和反腐败工作重点、警务督察工作要点，明确全面从严治党、从严治警要求，加强对敏感时段、主要节假日林区安保和森林公安机关及基层民警依法履职和遵守纪律情况的明察暗访。在中秋、国庆和党的十九大召开等关键敏感时期，对落实中央"八项规定"，查纠"四风"问题和加强安保监督问责进行重点部署。开展"内部人员泄漏公民个人信息问题专项治理"，通报曝光森林公安系统违法违纪案件，开展警示警育。强化对群众投诉事项的核查督办，及时转办群众投诉信173件，对反映问题性质恶劣、影响重大的群众投诉事项进行重点督办。开展涉警负面舆情监测核查工作，已发布《舆情监测》104期、督促各地森林公安机关快速核查了247条舆情信息，及时回应群众关切问题，避免了相关问题的发酵炒热。

队伍管理 落实森林公安"双重管理"制度，对领导干部的选拔任用、警衔晋升、表彰奖励等工作进行考察、公示和纪检核查。对12个省级森林公安局15位拟任领导干部进行考察。加强教育训练工作，举办16期、1847人各类培训，选派3名优秀骨干和教员赴新疆参与互助训练。推动"双千计划"稳步实施，南京森林警察学院和相关省区互派24人。指导各地抓好思想政治教育，举行荣誉仪式和公安英烈缅怀仪式。为203名民警记(追记)个人一、二等功，为86个集体记二等功；为9名英模母亲申报公安部"中国贫困英模母亲—建设银行资助计划"，为99名因公牺牲、病故民警家属发放特别补助金、一次性特别抚恤金203万元。积极推进从优待警政策落实，值勤津贴、加班补贴相关政策即将全面落实。举办森林公安宣传文化培训班，实施"文化强警"战略部署，以文化建设提振精气神、汇集正能量，加大在央视等主流媒体的宣传力度，利用"中国森林公安"微信公众号、官网等大力宣传森林公安在保护林业生态方面的作用，提高森林公安执法效果。组织开展"维护生态安全·森林公安在行动"征文、举办"改革创新促发展，忠诚为民保平安"主题微视频大赛，参与第二届生态文明主题微电影展示交流、第十三届"金盾文化工程"优秀作品评选和《2016年度公安文学精选》丛书编选等活动，多渠道、多角度宣传森林公安工作。

（李新华）

森林公安重要活动

【全国森林公安深化改革工作会议】 2月14日，全国森林公安深化改革工作会议在北京召开，会议对《关于深化森林公安改革的指导意见》进行解读学习。会前，国家林业局局长张建龙与公安部副部长李伟进行了座谈。张建龙指出，深化森林公安改革，事关森林公安队伍长远发展，事关生态文明建设成果保护，事关林区社会长治久安。各级林业部门和森林公安机关要认真贯彻落实中央深化公安改革"1+3"意见方案和深化森林公安改革指导意见精神，立足当前、放眼长远，扎实推进各项改革措施的落实，尽早把改革蓝图变为美好现实，在新的历史起点上进一步开创森林公安工作新局面，为林业现代化建设提供更加有力的法治保障。公安部副部长李伟、国家林业局副局长李树铭出席改革工作会议并讲话。李树铭指出，深化森林公安改革是国家林业局党组和公安部党委作出的一项重大决策部署，对进一步加强和改进新形势下森林公安工作和队伍建设，推动森林公安事业长远发展进步，具有重大现实意义和深远历史影响。要切实汇聚起深化森林公安改革的强大合力，做好宣传培训和权威解读，坚持在当地党委、政府的统一领导下，争取把关键性改革项目纳入各级党委政府改革之中，重大改革项目同林业、公安改革同步推进。要积极稳妥有序推进改革，围绕《指导意见》确定的目标任务，抓紧研究具体实施细则，推动出台配套政策法规，深入开展调查论证。要在重点改革任务上率先突破，2017年要力争在林业综合行政执法改革、森林公安主要领导进班子、省级统一招警、经费保障责任落实、民警职业保障制度建立、规范警务辅助人员管理、理顺执法权限等重点工作上取得突破。要全面落实森林公安改革各项任务，加强组织领导，逐级成立改革领导小组，"一把手"亲自担任组长，分管领导重点抓，签订责任状，建立问责机制，加强进展督查，对未能按期完成改革任务的要追究责任。公安部改革办、人事训练局和公安部消防局相关负责人到会指导。

（李新华）

【全国森林公安深化改革推进会】 10月10日，全国森林公安深化改革推进会在内蒙古呼和浩特召开。会议旨在全面研究谋划并强力推进森林公安深化改革，同时就做好党的十九大林区安保维稳等工作进行再动员、再部署、再落实。国家林业局副局长李树铭、内蒙古自治区副主席白向群、国家林业局森林公安局局长王海忠等出席会议。李树铭指出，深化森林公安改革，是顺应时代变革的大势之趋，是提升生态保护能力的必然选择，是维护林区稳定的迫切需要，更是队伍长远发展的根本出路。各级林业主管部门和森林公安机关要根据国家统一部署，强化组织领导，落实工作责任，明确任务书、时间表、路线图，加强协调沟通，形成深化森林公安改革的强大合力，确保改革举措落地见效。李树铭要求，作为林业执法主力军，深化森林公安改革要从严管理好森林公安队伍，守住底线，把好队伍"入口关"。要持续抓好改革，拓展森林公安的发展空间，要强化执法办案，建功立业，还要注重宣传，树立森林公安良好形象。当前，推进森林公安深化改革，一是要总结工作，肯定成效，进一步增强改革信心。二是要查找问题，分析形势，进一步凝聚改革共识。三是要着眼全局，突出重点，进一步推进改革前行。四是要加强领导，形成合力，进一步筑牢改革根基。具体抓改革落实时，要把握总体架构，全力攻坚，统筹安排，抓好细节，选育典型，并落实好主体责任，明确工作分工，加强跟踪评估，强化督导问责，各地要尽快出台本地区深化森林公安改革的实施意见。国家林业局森林公安局局长王海忠在会上通报了全国森林公安重点改革任务推进情况，并对下一步工作进行了安排部署。会议由国家林业局森林公安局副局长柳学军主持。会上，内蒙古自治区森林公安局等7个单位就深化改革作典型发言。江西省森林公安局等7个单位进行了经验交流。

（李新华）

森林公安队伍建设

【森林公安机构及人员】 截至2017年12月，除上海市外，全国30个省级行政区域（包括22个省，5个自治区、3个直辖市）共建立森林公安机构7152个。实有警力6.2万余人，同比增加0.24个百分点。30岁以下占18.16%、31～50岁占57.60%，51～60岁占24.24%。大专及以上文化程度占总警力的91.66%，同比增加0.99%。

（胡潇潇）

【森林公安机关主要领导进班子】 《森林公安机关领导干部实行双重管理暂行规定》要求"积极推进具备条件的森林公安机关主要领导进入同级林业主管部门领导班子或实行高配"。2017年年底，已有21个省级森林公安局局长进班子或高配，地（市、州）176位、县（区）级762位森林公安机关主要领导任林业部门副职或"进班子"。从省级层面看，辽宁、吉林、黑龙江大兴安岭、江苏、河南、海南、云南、陕西、甘肃、青海10个省级森林公安局局长为林业厅（局）党组成员，河北、山西、内蒙古、内蒙古大兴安岭、辽宁、吉林、黑龙江、江西、山东、河南、湖北、湖南、广东、广西、四川、云南、陕西、甘肃、青海19个省级森林公安局局长明确为副厅（长）级。

（胡潇潇）

【森林公安警衔评授工作】 2017年，共审核、上报森林公安人民警察警衔申报材料10 966人次（含退回），其中，首次授予警衔1904人次，清理迟报漏报人员861人次。根据《公安部关于做好制发公安机关人民警察证准备工作有关问题的通知》《公安机关人民警察证使用管理规定》的要求，为广西、辽宁等28个省（区、市）9256人的警察证进行了换发、补办。 （胡潇潇）

【森林公安教育训练】 2017年，全国森林公安机关共组织各类培训2000多期（次），培训民警53 000多人（次）。落实"三个必训"情况：国家林业局森林公安局在南京警官培训中心和长春林业公安培训中心举办司晋督训练班8期1169人，领导干部首任训练班3期386人。政工干部、政工信息系统和警务实战教育训练班各一期，共202人；省（区、市）新录用民警初任训练班70期1300多人；基层一线实战训练650期19 800多人（次）；警员、警司、警督晋升训练260多期6200多人。业务训练情况：省、市、县三级组织警种专业训练共740期23 700人（次）。积极推进森林公安政治工作信息系统，为各地培训100名业务骨干。从全国森林公安系统抽调100名警务实战技能教官在南京森林警察学院参加为期10天的集训。 （陈国保）

【森林公安立功创模】 2017年，全国森林公安系统共有786个集体受到奖励。"河南省森林公安机关侦破'12·27'非法收购、出售珍贵、濒危野生动物制品案"专案组荣立集体一等功、86个森林公安集体荣立二等功；353个森林公安集体荣立三等功，346个单位受到嘉奖。3668名民警受到奖励。20名民警荣立一等功，169名民警荣立二等功，1653名民警荣立三等功，1826名民警受到嘉奖。 （陈国保）

【森林公安招录体制改革】 认真贯彻落实人社部、公安部、国家公务员局《关于加强公安机关人民警察招录工作的意见》（人社部发〔2015〕97号）和中央编办、人社部、公安部、教育部、财政部、国家公务员局《关于公安院校公安专业人才招录培养制度改革的意见》（人社部发〔2015〕106号）精神，加强沟通协调，狠抓工作落实，积极推动公安民警招录培养机制改革政策落地，对森林公安招警和南京警院招生作出对接和部署，2017年全国森林公安机关面向公安院校招录毕业生870多人，南京警院毕业生入警率达到95％，均创历年新高。

（陈国保）

【森林公安优抚工作】 2017年，按照公安部、财政部《因公牺牲公安民警特别补助金和特别慰问金管理暂行规定》（公通字〔2004〕49号）等有关规定，对符合1980～2002年特别慰问金条件的208名因公牺牲民警的家属发放特别慰问金104万元，对符合2003年以来特别补助金发放条件的10名因公牺牲民警的家属发放了特别补助金100万元。根据公安部、民政部、财政部联合印发《关于发给公安机关作出特殊贡献的牺牲病故人民警察家属特别抚恤金的通知》规定，对1995年1月1日以来符合一次性特别抚恤金发放条件的89名牺牲病故民警家属发放了一次性特别抚恤金103万元。积极协调中国公安民警英烈基金会，争取并推荐1名英烈子女参加公安部英烈子女夏令营。1名英烈妻子参加公安部组织的2017年疗养活动。推荐9名森林公安英模母亲或妻子参加"中国贫困英模母亲建设银行资助计划"，接受资助金额2.5万元。为34名森林公安英模申报领取公安部报刊赠阅。推荐并申报广西等2省（区）先进派出所参加评选公安机关全国青年文明号并获奖。组织做好森林公安系统2017～2018年度全国青年文明号网络创建工作。推荐3名优秀心理健康服务民警参与到公安部组建的民警心理健康服务工作人才库中。推荐一名英模参加公安部举办的第九期全国公安英模培训班。推荐2名具有二级心理咨询师资格证书民警参加公安部组织的全国公安民警心理健康工作培训班。组织森林公安系统60名英模及家属赴北戴河休养。2017年共有3名森林公安民警因公牺牲，4名森林公安民警因公负伤，73名森林公安民警在职病故。

（张 卫）

【十九大林区安保专项督察】 为认真贯彻落实国家森防指、国家林业局领导的重要指示精神和公安部"迎接十九大 忠诚保平安"活动的部署要求，扎实推进党的十九大期间林区安保维稳和全国秋冬季森林防火工作，进一步深化森林公安改革，为党的十九大胜利召开营造安全、稳定、和谐的林区社会环境，经报请国家森防指、国家林业局领导同意，国家森防指和国家林业局森林公安局（防火办）、预警监测信息中心领导带队，分片包干，组成9个督导检查组，于8月24日至9月16日，对北京、天津、河北、山西、内蒙古等27个省（区、市）开展了一次大范围集中督导检查。紧紧围绕十九大林区安保维稳工作的总体部署和"三个不发生"的目标任务，深入54个地（州、市）、80个县（市、区）严督细查，高位推动十九大期间林区安保维稳和全国秋冬季森林防火工作，并重点针对督导检查中发现的隐患问题，采取全国通报、上报整改措施和"回头看"等方式，督促各地即时整改，同步加强十九大林区安保决战决胜阶段专项督察，确保十九大林区安保"三个不发生"和全国秋冬季森林防火工作万无一失目标的实现。

（张晓辉 郑璐璐）

【泄漏公安工作信息问题专项治理】 为严肃查处公安机关内部人员利用公安信息系统非法获取、泄露、倒卖信息问题，按照公安部统一部署，开展了内部人员泄漏信息问题专项治理，以网络管理、证书使用、信息泄露为重点，组织开展自查自纠和警示教育，清理回收了一批数字证书，排查治理了一批公安信息安全隐患，完善了网络安全制度体系，建立了覆盖全警的责任机制，增强了民警和辅警的保密意识，促进了信息化建设的健康发展，从源头上有效杜绝违规查询泄漏信息案事件的发生。

（张晓辉 郑璐璐）

【"改革创新促发展，忠诚为民保平安"微视频比赛】为迎接党的十九大胜利召开，创新丰富森林公安宣传形式，展现森林公安在保护生态、改善民生、建设美丽中国中发挥的作用，提升全社会关注、保护森林生态的意识，促进绿色发展和生态文明建设，国家林业局森林公安局在全国森林公安系统组织开展了以"改革创新促发展，忠诚为民保平安"为主题的微视频比赛。活动期间，共收到各级森林公安机关和南京森林警察学院选送作品49部。经专家评审，最终评选出获奖作品33部、优秀组织奖9个，其中一等奖作品3部、二等奖作品6部、三等奖作品12部、优秀奖作品12部。河北、山西、内蒙古、吉林、江西、湖北、湖南、广东、新疆等9个省（区）森林公安局荣获优秀组织奖。

（张晓辉　郑璐璐）

【全国森林公安宣传文化培训班】为深入学习贯彻党的十九大精神和习近平总书记系列重要讲话特别是关于宣传、文化、新闻舆论工作的重要讲话精神，进一步落实国家林业局、公安部关于公安宣传文化和新闻舆论工作的部署要求，加强森林公安宣传文化工作，提升森林公安宣传文化人员专业素养和业务能力，11月22～25日，国家林业局森林公安局与国家林业局管理干部学院在福建省厦门市联合举办了2017年全国森林公安宣传文化培训班，总结交流近年来森林公安宣传文化工作成效及经验，研究部署当前和今后一个时期森林公安宣传文化工作，并邀请人民网舆情监测室、中国林业出版社、厦门大学、陕西省森林公安局等单位有关专家领导，就"当前舆论生态和舆情应对、林业发展与生态文明建设林业发展、森林公安新闻的采访与写作、摄影技术"等内容进行了专题授课。各省、自治区、直辖市森林公安局宣传文化工作负责人，内蒙古大兴安岭、黑龙江森工、大兴安岭、新疆生产建设兵团森林公安局宣传文化工作负责人，计划单列市森林公安局宣传文化工作负责人，南京森林警察学院宣传文化工作负责人、森林公安舆情监测工作负责人，《森林公安》杂志社负责人、森林公安文化建设课题组负责人，以及部分森林公安宣传文化工作骨干参加了培训。

（张晓辉　郑璐璐）

森林公安执法办案

【全国森林公安刑事案件情况】2017年度，全国森林公安机关共立森林和野生动物刑事案件3.2万余起，打击处理违法犯罪人员40万余人（次），收缴林木木材19.3万立方米、野生动物46.9万头（只），全部涉案价值约25.4亿元。同时全年共督办大要案件165起，创历年新高。经初步统计，165起案件中已有146起对犯罪嫌疑人采取了强制措施，已结案122起，已判决74起，案件侦办的进度和质量有了明显提升。

（耿永平）

【森林公安办理行政案件情况】2017年，全国森林公安机关共查处行政案件17万余起（其中，查处森林和野生动物行政案件17万余起，治安案件5千余起），同比下降1.7%；共处理违法人员36万人次，收缴林木树木和木材13万立方米、野生动物18万头（只），涉案金额约8亿元。森林和野生动物行政案件呈现以下特点：一是森林行政案件持续呈下降态势，盗伐林木、违法运输木材、非法收购明知是盗伐滥伐的林木等违法行为得到初步遏制。二是森林行政案件仍以源头性违法案件为主，擅自改变或者占用林地类违法案件有所增加。三是野生动物行政案件总体数量有所增加，较2016年同期增幅超过10%。四是破坏野生动物资源案件类型较为集中，主要为违法出售运输携带野生动物及其制品案件、违法猎捕野生动物案件和非法狩猎案件三类案件，占案件总量的70.08%。

（冯沛涵）

【专项行动】为贯彻落实中央领导同志对森林和野生动物资源保护的重要指示批示精神，2017年以来，全国各级森林公安机关依法履职，严厉打击破坏森林和野生动植物资源违法犯罪活动，先后组织开展了"2017利剑"和"飓风1号"专项行动，成效显著。先后侦破了"山西省'6·20'盗挖大树系列案""广东省湛江市特大贩卖猎隼案""宁夏回族自治区贺兰山非法占用林地系列案"等一批社会影响重大的案件。十九大结束后，根据互联网上非法贩卖野生动物犯罪隐蔽性强、交易时间短、取证难等特点，组织发起了短平快的集群战役，在北京、河南、广西、福建等地侦破多起贩卖象牙制品的特大案件，两周内共查获象牙制品500余千克，案值近2500万元。

（耿永平）

【十九大期间林区安保维稳工作】按照公安部和国家林业局统一部署，结合林区实际，下发通知部署元旦、春节、"两会""五一"特别是十九大期间的林区安保维稳等工作。开展明察暗访等各类督导工作，全国"两会"期间派出工作组赴吉林、黑龙江森工等大面积国有林区开展督导检查，派员参加十九大林区安保维稳和森林防火专项督导检查，启动参加局机关十九大安保值班备勤。

（李荣华）

【公务用枪大检查和缉枪治爆专项行动】1～6月，组织全国森林公安机关开展公务用枪安全大检查，切实加强森林公安机关公务用枪管理，进一步规范公务用枪管理使用工作，确保全国森林公安机关枪支不发生问题。5～11月，组织全国森林公安机关深入开展2017年缉枪治爆专项行动，全国森林公安机关共收缴各类枪支1811支，子弹36 201发（军用子弹247发），导火索200米，雷管7680枚，黑火药774千克，枪支零部件64件，炮弹9枚，氰化钾7095克。由于成绩突出，森林公安系统1个集体、2名个人在2016年缉枪治爆专项行动中受到公安部通报表扬。

（李荣华）

【林区禁毒工作】 按照国家禁毒委员会的统一部署，国家林业局森林公安局组织各级林业主管部门和森林公安机关先后开展了"天目-17"铲毒行动、"5·14"毒品查缉等专项行动，林区禁毒工作取得扎实成效。全国林业系统共发现并铲除非法种植的罂粟19.16万株、大麻10.61万株，各级森林公安机关共破获非法种植毒品原植物等各类涉毒刑事案件57起，治安案件347起，共计抓获、处罚涉案人员591人，共缴获海洛因、冰毒、鸦片等毒品113.07千克。河北、内蒙古、甘肃等传统种植区域全年保持"零种植""零产量"。 （冯沛涵）

【执法资格等级考试】 2017年，组织全国森林公安系统3.7万余民警分三批参加全国执法资格考试，全国共设考点286个、考场1388个，并从各省（区、市）以及南京警院抽调监考、巡考人员近千人次，负责组织、协调各考点的监考工作。 （李荣华）

森林公安警务保障

【森林公安经费和装备情况】 2017年，全国森林公安全面汇总统计2016年度《森林公安经费统计表》和《森林公安装备统计表》。

2016年度全国森林公安经费收支和使用情况 全国森林公安经费总计441 809.4万元。按经费类别统计：公用经费307 534.2万元，业务装备购置经费46 536.9万元，基建经费41 116.5万元，其他经费46 621.8万元。按经费来源统计：同级财政预算298 113.6万元，同级林业部门投入30 360.3万元，上级机关拨款96 148.9万元，其他收入8777.4万元。2016年度经费决算支出378 149.3万元。

2016年度全国森林公安装备配备情况 配备各类信息化装备13.6万台、接处警系统平台736个、调度指挥平台278个，照相、摄像、勘查、信息采集等各类刑侦技术装备3.8万台套，单警装备、枪支警械等各类执法勤务装备28.2万支，警用交通装备9499辆（其中警车7685辆），各类反恐处突装备1841套，其他装备近9000套。 （敖孔华 贺 飞）

【森林公安信息化建设应用总体情况】 2017年，全国各级森林公安机关强化组织领导，狠抓工作落实，累计投入经费6.26亿元，全面推动信息化建设应用再上新台阶。全国森林公安机构公安网总体接入率稳定在98%。全国森林公安民警配发数字身份证书5.2万个，配备现场执法记录仪3.3万台，一线民警配备率达到100%。全国森林公安机关共建成信息采集室1788个，3831个执法场所完成视频监控系统建设。32个省级森林公安机关全面完成警综平台建设，其中29个单位全面应用。17个省级森林公安机关协调争取将森林公安纳入地方公安大情报平台。15个省级森林公安机关完成视频综合应用系统建设。全国森林公安刑事案件网上流转率达到92%，同比上升5个百分点。全国各级森林公安机关采集各类涉林警务信息5617万条，开展信息化培训近6.4万人次。 （敖孔华 贺 飞）

【印发《关于加快推进森林公安信息化建设应用的实施意见》】 为全面实施森林公安科技强警战略，进一步加强信息化建设应用，国家林业局森林公安局于2017年8月22日印发《关于加快推进森林公安信息化建设应用的实施意见》。该《意见》进一步明确了今后一个时期推进森林公安信息建设和应用的指导思想和基本原则，确立了"力争到2020年底，森林公安内部管理、信息采集、案件办理、警务督察、警务保障等主要业务工作实现信息化，95%以上刑事案件在信息网络上流转"的工作目标，并确定森林公安信息化基础建设、基础性支撑平台建设、相关业务系统研发应用等三个方面20项主要建设任务。《意见》是今后一个时期森林公安信息化工作的纲领性文件，对推动全国信息化工作具有重要的支撑和指导作用。 （敖孔华 贺 飞）

【"涉林案件现场勘查装备"研发工作】 2017年，国家林业局森林公安局会同南京森林警察学院组织研发模块式"涉林案件现场勘查装备"，在前期多方征求意见、反复修改完善、专家论证验收的基础上，全面进入试用阶段。7月10日，在陕西西安举办"FPCSI-Ⅰ型涉林案件现场勘查装备"技术指标、试用大纲专家评审会议，于8月2日向公安部警用装备定型委员会申报相关指标和大纲。同月，在陕西西安举办"FPCSI-Ⅰ型涉林案件现场勘查装备"试用技术培训班，对13个基层单位、43名刑侦骨干进行了技术培训，有关专家就装备性能、操作规程等进行讲解，并组织学员开展实地勘查和实地操作。8~12月，组织13个基层全面开展试用，跟踪试用情况，形成试用报告，待进一步完善后，向公安部定型委员会申请定型审查，争取尽快列装。 （敖孔华 贺 飞）

【森林公安警用无人机试点工作】 2017年，国家林业局森林公安局组织3个试点单位积极开展森林公安警用无人机试点工作。江西省德安县森林公安局装备5台无人机，开展机载模块研发、图传设备配备、地面站配套建设等工作，并在无人机日常巡查、面积测量、热感拍摄、灭火救援、联合执法等应用方面进行了全面探索。黑龙江省森林公安局研发"空中哨兵系统"（包括飞行平台、动力系统、控制系统、供电系统、载荷系统等），开展林区巡逻、禁毒踏查、林区维稳、应急处突、野外救援和防火宣传等工作，无人机在补充警力不足方面发挥出重要作用。内蒙古大兴安岭森林公安局在警用无人驾驶航空器的选型、系统研发、实战应用、驾驶员培训、日常管理等方面进行了探索，并举办警用无人机培训班，对局本级和21个基层森林公安局共26名学员进行驾驶技术、安防应用、视频图传、3D警务图制作等

方面培训。 （敖孔华　贺　飞）

【落实森林公安机关执法权限】　按照公安部、国家林业局对森林公安执法规范化建设的工作部署，组织召开森林公安落实执法权限推进会，下发《国家林业局森林公安局关于加快推进执法权限落实的通知》，派出6个督导组赴9省(区、市)开展督导工作，进一步推动了全国森林公安机关执法权限的落实。截至2017年年底，全国(不含东北、内蒙古大面积国有林区)已有北京、河北、山西、内蒙古、辽宁、吉林、黑龙江、浙江、安徽、江西、山东、河南、湖北、湖南、海南、重庆、四川、云南、贵州、西藏、甘肃、宁夏、青海、新疆、新疆生产建设兵团等25个省(区、市)通过省高级人民法院、人民检察院、公安厅、林业部门联合出台文件等方式，明确了县级以上森林公安机关刑事、治安执法权限。全国县级森林公安机关独立行使刑事、治安执法权限的比例提升至65.1%。　　　　　　　（陈　皓）

【派出所等级评定】　2017年，国家林业局森林公安局印发《关于做好2017年派出所等级评定工作的通知》(林公明发〔2017〕69号)，部署全年派出所等级评定工作。针对督导检查中发现的问题，撤销6个省(区)的二级公安派出所，撤销个别省(区)当年派出所等级评定资格。开展全国派出所等级评定材料审核，命名森林公安系统二级派出所53个，向公安部申报一级派出所4个。截至2017年年底，全国4604个森林公安派出所中，一级派出所总数为187个，占派出所比例4.1%；二级派出所总数为822个，占派出所比例17.9%。

（李荣华）

【森林公安区域警务合作】　按照公安部对区域警务合作的总体部署，国家林业局森林公安局指导全国森林公安机关深化合作、注重实效，森林公安整体防控能力不断提升。下发《关于加强森林公安区域警务合作工作的通知》(林公明发〔2017〕41号)，全面总结森林公安警务合作5年来各地的工作成效，并重新划分五大警务合作区。指导全国五大区域召开警务合作联席会议，完成轮值换届。推进"森林公安区域警务合作平台"上线试运行，指导有关人员进行功能、模块优化工作。截至2017年年底，全国20余个省级、200余个地市级、1000余个区县级森林公安机关与周边地区协同建立了跨区域警务合作机制，森林公安警务合作能力及实战化水平大幅提升。　　　　　　　　　　　　　（朱晓玉）

森林资源管理与监督

10

森林资源与林政管理

【综　述】 资源司（监督办）以习近平新时代中国特色社会主义思想为指导，认真学习贯彻党的十九大精神，坚决贯彻落实局党组部署，扎实推进森林资源管理监督工作，各项工作取得明显成效。

重点国有林区改革　坚持以改革促转型发展，以改革促资源保护，国有林区改革迈出关键一步。一是以内蒙古大兴安岭重点国有林管理局挂牌成立为标志，国有林区改革工作取得重大进展。天然林商业性采伐已全面停止，每年减少森林资源消耗630万立方米，妥善安置富余职工6.94万人，财政投入、金融债务和森林保险等配套政策不断完善，政事企和管办分开得到有序推进。二是向国务院副总理汪洋呈报了《重点国有林区改革有关情况的报告》，反映了存在的困难、问题和解决建议。加大调研力度，指导三省积极推进改革任务落实。三是12月，在北京召开了国有林区改革推进会，中央政治局常委、国务院副总理汪洋出席会议并作了重要讲话，国有林场和国有林区改革工作领导小组单位负责同志及相关省（区）分管负责同志参加了会议。会议要求以习近平新时代中国特色社会主义思想为指导，落实新发展理念，增强"四个意识"，按照党中央确定的改革方案，强化落实责任，确保改革扎实有序向前推进。

林地林权保护管理　坚决贯彻落实中央决策部署，不断强化林地林权管理。一是按照国家推进生态文明体制改革的整体要求，落实《省级空间规划试点方案》，指导海南、宁夏等9省林业部门开展省级空间规划编制工作，审核15个省（区、市）生态保护红线划定方案和成果。联合国土资源部做好国务院确定的重点国有林区不动产登记工作，安排在8个重点国有林业局开展了建设用地属地登记试点。落实国有森林资源资产产权制度改革任务，指导内蒙古阿尔山林业局开展有偿使用试点工作，研究制订《国有森林资源有偿使用制度改革实施方案》。二是严格执行《建设项目使用林地审核审批管理办法》，加强林地征占用审核管理，强化林地定额管理，规范整合后的建设项目使用林地及在林业部门管理的自然保护区、沙化土地封禁保护区建设审批（核）事项审批工作。据不完全统计，2017年全国共审核审批建设项目使用林地11.844万公顷。按照《林地变更调查工作规则》要求，推进全国林地年度变更调查工作，出台《林地变更调查技术规程》行业标准，基本完成全国林地"一张图"脱密处理工作，为进一步推广应用奠定了良好的基础。

林木采伐管理　一是围绕贯彻落实《国务院关于全国"十三五"期间年森林采伐限额的批复》（国函〔2016〕32号）文件精神，突出抓好全面停止天然林商业性采伐。加强调研指导和监督检查，及时了解停伐政策执行情况和存在问题，为进一步完善采伐管理政策和规范停伐资金补助对象和范围提供依据；及时发现和制止违法违规行为，确保"十三五"采伐限额和全面停止天然林商业性采伐政策有序实施，确保东北、内蒙古重点国有林区停止天然林商业性采伐"稳得住、不反弹"。二是按照"放管服"要求，积极探索高效、便捷、成本低、管得住的采伐管理方式和办法，重点指导浙江等省在非林地林木采伐、竹林采伐、短周期工业原料林采伐，以及征占用林地和病虫害等受害林木采伐等方面，减少审批事项，简化审批程序。明确在"十三五"限额执行中，采伐清理病虫害或自然灾害受害林木，可在县域范围统筹使用其采伐限额，不受分项限额限制。

森林可持续经营　大力推进森林可持续经营，加强国际交流合作，在国际舞台上展示中国林业发展成果。一是印发《东北内蒙古重点国有林区森林经营方案审核认定办法》《关于加快推进森林经营方案编制工作的通知》；指导已完成二类调查的15个国有林业局基本完成了森林经营方案编制；指导塞罕坝机械林场等12个试点单位在森林经营技术提炼和经营管理机制探索上进行总结。二是承担蒙特利尔进程主席国工作，倡导和推动森林可持续经营《延吉宣言》的出台和发布工作。编制出版《中国森林可持续经营状况（2016）》。牵头开展"中芬森林可持续经营示范项目"建设，在辽宁清原县组织召开了中芬森林可持续经营示范基地建设座谈会，参与完成《联合国森林文书》履约任务。三是编制完成首期中央财政补贴森林抚育成效监测技术报告，对森林抚育工作的成效进行了详细分析评价。

森林资源调查监测　一是扎实推动第九次全国森林资源清查工作。组织天津、山东、广东、重庆、四川、云南6省市完成清查任务，清查面积129万平方千米，样地39 180个。二是抓好东北、内蒙古重点国有林区二类调查和森林经营方案编制工作。加强技术指导和质量管理，推动55个森林经营单位启动二类调查和经营方案编制工作，调查范围1665万公顷。三是积极推进森林资源清查体系优化，组织开展全国森林资源宏观监测，研究制订了森林资源主要指标的年度更新出数初步方案。及时为国家开展自然资源资产负债表试点、生态文明建设目标评价考核提供了森林面积、覆盖率和蓄积量等主要数据。四是与财政部联合修订出台《国家级公益林区划界定办法》和《国家级公益林管理办法》，明确了按事权等级分级实施、分级负责，并依据所有制、起源和保护等级的不同，实施差别化政策，国家级公益林管理更加规范有效。

林政执法和森林资源监督　坚持以森林资源管理检查和案件督查督办为重点，不断创新监管手段，森林资源监督取得长足进步。一是加大创新力度，首次对东北、内蒙古重点国有林区87个林业局实施了全覆盖检查，并加强了对重点生态区域的检查力度，对全国200个县开展了林地、林采伐木和保护发展森林资源目标责任制检查。督促14个省对2016年中央预算执行和其他财政收支审计涉林问题的整改情况，并向国务院作了报告。配合国家发改委开展全国高尔夫清理督查"回头看"工作。各专员办以"督查督办案件"为第一职责，2017年共督查督办案件3341起，处理各类违法违纪人员4046人，收回林地0.3万公顷。二是各专员办认真贯彻落实《国家林业局进一步加强森林资源监督工作的意见》，推动森林资源监督机制和方式创新。北京专员办与北京市监察委建立了案件线索移交渠道；黑龙江、大兴安岭、成都、云南、福州、西安、贵阳、乌鲁木齐等10个专员办与监督区的省级人民检察院建立了联合工作机制；武汉、云南、上海、北京和乌鲁木齐专员办启动办站协同试点；云南、福州、贵阳、合肥、上海专员办聘请了义务监督员。指导各专员办加大了约谈力度，2016年以来各专员办共开展约谈311次，督促地方对2775人进行了行政问责，发挥了威慑作用。三是强化破坏森林资源重大案件的查处和整改，严厉打击违法占用林地、毁林开垦、乱砍滥伐等违法犯罪行为，重点对湖北随县毁林采石、宁夏六盘山国际休闲度假区及狩猎场项目建设等重大违法案件进行了督查督办。四是国家林业局与内蒙古自治区人民政府共同开展内蒙古大兴安岭国有林区毁林开垦专项整治行动，联合出台了《内蒙古大兴安岭国有林区毁林开垦专项整治行动方案》。9月22日，国家林业局副局长李树铭召开会议，督导毁林开垦专项整治行动。目前，呼伦贝尔市完成退耕4.29万公顷，还林1.95万公顷，内蒙古大兴安岭重点国有林管理局、兴安盟正在制定整改方案。　　（郑思洁）

【全国森林资源管理工作会议】 6月8日，在海南省海口市召开。国家林业局局长张建龙出席会议并讲话，国家林业局副局长李树铭主持会议并讲话。海南省副省长何西庆致辞，国家林业局总经济师张鸿文出席。海南省林业厅、浙江省林业厅、福建省林业厅、贵州省林业厅、内蒙古大兴安岭重点国有林管理局在会上作典型发言。

张建龙对全国森林资源管理工作提出六点明确要求。一是始终把学习贯彻习近平总书记重大战略思想，作为森林资源管理的根本遵循。深入学习贯彻习近平总书记系列重要讲话精神，充分认识加强森林资源保护管理的重大意义，严格保护林地资源，严禁天然林商业性采伐，严厉打击破坏森林资源违法行为，不断提升森林资源保护管理水平。二是始终把森林资源的总量增加、质量提高、功能改善，作为森林资源管理的最终目标。坚持因地制宜，科学修复生态，严格保护森林。加强对中幼林的抚育和管理，严格控制森林资源不合理消耗，坚决杜绝对中幼林进行主伐利用。要把可持续经营理念贯穿于森林资源管理始终，以国有林区、国有林场为重点，坚持以编制和实施森林经营方案为有效手段，精准提升森林资源质量，为建立健康稳定优质高效的森林生态系统奠定坚实基础。三是始终把遏止有林地逆转，作为森林资源管理的首要任务。严守林地红线，全面落实国务院批准的《林地保护利用规划纲要》，强化占用林地定额管理，坚决查处非法占用林地和毁林开垦问题。四是始终把全面保护天然林作为森林资源管理的重中之重。加快建立天然林保护法律制度，坚持保护优先、自然修复为主，努力增强天然林生态功能。加快国家储备林基地建设，加大对天然林保护的政策扶持力度，加快建立一套既有利于严格保护，又有利于改善林区民生的政策体系。五是始终把改革创新作为森林资源管理的不竭动力。稳步推进省级空间规划编制，不断完善领导责任制度，着力推进国有林区林场改革，继续深化采伐管理改革。六是始终把能力建设，作为强化森林资源管理的重要保障。切实强化作风建设，把全面从严治党落实到森林资源管理的行动上来，强化廉政纪律，严格遵守中央八项规定，努力建设忠诚干净的森林资源管理干部队伍。不断提升能力水平，加大对森林资源管理的投入力度，加强森林资源监督机构建设、基层森林资源管理队伍建设、调查规划和监测机构建设。

会议期间，国家林业局局长张建龙与海南省委书记刘赐贵、省长沈晓明座谈，就林地资源保护、沿海防护林建设、湿地修复及热带雨林的保护与研究等交换意见。与会代表现场参观了海南省规划展览馆——海南省域"多规合一"改革成果、海口美舍河湿地公园（凤翔公园段）。　　（郑思洁）

林地林权管理

【全国林地年度变更调查】 林地年度变更调查是《林地变更调查工作规则》的明确要求，是维护全国林地"一张图"现势性和时效性的基础调查工作，是林地和森林保护管理、乃至林业生态建设的基础支撑工作。国家林业局组织全国各省（区、市）在2013～2016年分批次开展第一轮林地变更调查的基础上，将各省林地"一张图"数据库时点统一调整到2016年底，并从2017年开始实施全国林地年度变更调查。林地年度变更调查以县级单位为基本调查单位，以上年度林地变更调查结果为基础，充分利用林地管理档案信息和遥感技术，结合必要的现地调查，查清本年度内林地利用变化情况，更新林地利用现状图件和林地数据库，逐级汇总形成全国林地变更调查成果。2017年林地年度变更调查将于2018年6月完成。　　（韩爱惠）

【全国林地"一张图"脱密处理与上网试运行】 为拓展全国林地"一张图"的共享和应用，切实发挥其在林业生态建设中的基础支撑和服务作用，国家林业局组织开展了林地"一张图"数据脱密处理技术研究，形成的脱密处理技术方案具有可行性和可操作性，采用该技术处理的成果数据，符合国家测绘成果公开使用的相关规定。经过近三年的研究和处理，已全面完成全国林地

"一张图"数据脱密处理，并通过了国家测绘地理信息局审查，获取了审图号，达到了在非涉密环境中使用的标准。研发了全国林地"一张图"数据服务平台，脱密处理后的全国林地"一张图"数据已通过该平台在国家林业局办公网试运行，可以浏览、查询、统计全国或区域的林地情况和分布。研发了全国林地变更调查工作平台，在公网上运行，不仅为林地年度变更调查工作提供管理功能，还可以查询和浏览全国林地"一张图"部分数据。两个平台上全国林地"一张图"的试运行，为全国林业系统共享和应用林地"一张图"提供了便利。

（韩爱惠）

【增加"十三五"期间全国建设项目使用林地定额】 国家林业局一直严格实施建设项目使用林地定额管理，坚持节约集约使用林地，优先保障省级以上重点建设项目、基础设施项目、民生建设项目。在国家和地方经济社会发展对林地刚性需求持续增大、各地林地定额严重不足的情况下，国家林业局组织深入分析和系统测算了"十三五"期间林地定额需求情况，向国务院报送了增加全国林地定额的申请报告，经国务院批准后，下发《国家林业局关于增加"十三五"期间建设项目使用林地定额和预下达2018年度建设项目使用林地定额的通知》（林资发〔2017〕147号），切实解决了部分省份经济发展建设林地定额严重不足的问题。

（韩爱惠）

【全国建设项目使用林地审核审批情况】 2017年，全国（不含台湾省，下同）共审核使用林地项目20 656项，审核同意面积135 164.5941公顷；批准临时占用林地和直接为林业生产服务的工程设施使用林地项目13 101项，批准面积43 729.783公顷；征收森林植被恢复费274.7618亿元。其中，国家林业局审核使用林地项目661项，审核同意面积53 027.2125公顷，征收森林植被恢复费84.4434亿元。各省（区、市、新疆生产建设兵团）林业主管部门审核使用林地项目19 995项，审核同意面积82 137.3816公顷；批准临时占用林地和直接为林业生产服务的工程设施使用林地项目13 101项，批准面积43 729.783公顷；征收森林植被恢复费190.3184亿元。

表10-1 2017年度国家林业局审核审批建设项目使用林地情况统计表

省（区、市）、集团、兵团	审核使用林地		
	项目数	面积（公顷）	森林植被恢复费（万元）
总　计	661	53 027.2125	844 434.7181
北　京	4	283.1557	69 255.8070
天　津	—	—	—
河　北	4	161.0672	1578.5059
山　西	10	345.4013	4226.9387
内蒙古	58	4713.2732	65 630.4823
辽　宁	17	1171.3402	21 858.9648

（续）

省（区、市）、集团、兵团	审核使用林地		
	项目数	面积（公顷）	森林植被恢复费（万元）
吉　林	35	1176.9300	24 092.8283
黑龙江	11	916.3661	20 857.2642
上　海	—	—	—
江　苏	6	372.3540	7236.8552
浙　江	12	1472.8292	31 593.4550
安　徽	7	803.7052	11 102.1532
福　建	33	2106.0809	51 793.9820
江　西	18	827.9012	11 220.9773
山　东	21	1585.1736	23 057.4837
河　南	13	1408.8648	19 849.0996
湖　北	22	1187.0286	14 457.1573
湖　南	16	1213.2011	18 165.9465
广　东	20	2994.4595	56 290.4147
广　西	26	3327.2119	37 414.9113
海　南	—	—	—
重　庆	9	857.5267	15 721.6033
四　川	26	8528.8289	113 163.4999
贵　州	24	1213.4121	18 958.9105
云　南	45	5473.3490	58 206.9064
西　藏	8	879.6825	14 097.4399
陕　西	22	1898.8072	36 611.3284
甘　肃	16	706.6370	10 937.2294
青　海	10	1682.0806	28 910.9188
宁　夏	4	625.2958	7256.6596
新　疆	32	2610.7140	19 963.0982
新疆兵团	18	530.7123	5711.2841
内蒙古森工	35	926.9258	12 806.4323
大兴安岭	18	293.4327	5060.9379
龙江森工	61	733.4642	7345.2424

表 10-2 2017 年度各省(区、市)、新疆生产建设兵团审核审批建设项目使用林地情况统计表

省(区、市)、集团、新疆兵团	审核使用林地			审批临时占用林地			审批直接为林业生产服务使用林地	
	项目数	面积(公顷)	森林植被恢复费(万元)	项目数	面积(公顷)	森林植被恢复费(万元)	项目数	面积(公顷)
总计	19 995	82 137.3816	1 413 309.536	6720	35 493.50824	489 874.4381	6381	8236.2748
北京	130	337.9464	92 681.8575	146	338.2609	91 312.4370	49	41.1462
天津	32	80.8764	1485.0594	10	31.8429	316.2440		
河北	433	2156.2982	22 955.0284	10	97.2434	961.1628	1	18.3967
山西	151	1065.2018	11 799.5443	43	746.5460	7762.9465	2	11.5347
内蒙古	681	3475.6010	46 444.2716	218	4223.7801	54118.8119	111	880.7708
辽宁	286	1362.0197	23 412.1535	77	842.8938	9015.7581	9	30.0095
吉林	162	385.3853	8164.5169	110	437.2814	6345.7821	31	126.2198
黑龙江	212	477.5075	8379.1759	112	299.1110	5324.2953	18	72.1601
上海								
江苏	166	763.4225	12 719.4105	33	161.5802	2722.1239	34	16.9526
浙江	1779	3780.7561	82 354.1126	213	508.2318	9374.8939	2055	1459.3783
安徽	479	2163.5767	37 907.9463	302	804.7706	10802.2316	626	370.2864
福建	1634	4571.4087	123 219.7545	229	955.3767	21 976.7595	287	256.8723
江西	1493	8755.8785	134 339.8319	565	1036.1190	10 015.0197	360	223.1802
山东	258	1343.9750	17 418.4277	59	582.2923	6571.3484	93	277.0499
河南	317	1543.1339	22 255.0728	76	1903.8704	12 446.3548	10	10.4372
湖北	1849	6076.6371	76 350.8853	356	1285.3636	11 174.3896	46	53.1630
湖南	2086	7140.1947	129 075.8300	638	1822.8337	21 793.9735	346	378.9072
广东	1011	6748.3208	139 591.4000	460	1629.1862	28 621.9956	75	101.8561
广西	938	4941.8967	68 494.9165	246	1897.6229	19 712.3810	126	374.4869
海南	109	574.6926	10 495.3685	54	58.7330	775.0868		
重庆	360	1751.1639	34 577.9064	201	552.6200	7437.2052	793	204.9218
四川	1181	5103.7120	98 730.0222	507	1791.6646	18 756.5411	802	872.1171
贵州	1041	4028.4020	59 791.8943	182	1420.9388	15 144.0869	20	47.6914
云南	1441	7394.2599	72 560.9789	1143	6144.2001	58 151.1534	266	774.6721
西藏	69	393.5549	3645.1722	15	486.8107	5341.7673		
陕西	533	1883.3140	33 116.0092	116	1071.8078	14 746.3998	19	56.0134
甘肃	140	520.0135	8088.2800	96	513.9458	6584.7200	40	102.9800
青海	99	231.9951	3218.0660	47	463.3064	4219.7254	8	6.5891
宁夏	177	643.6359	8644.2626	148	397.6140	4224.3087	3	0.4105
新疆	480	1878.6359	15 441.4971	160	1857.8846	12 035.9350	17	90.1573
新疆兵团	268	563.9649	5950.8834	39	131.2480	1057.9657		
内蒙古森工				6	291.3046	3469.6852	49	611.8655
大兴安岭				48	400.2117	5508.0538	31	332.2800
龙江森工				55	307.0112	2052.8947	54	433.7687

(胡长茹)

【国家林业局建设项目使用林地行政许可被许可人监督检查】 为落实《行政许可法》有关规定,2017 年,国家林业局继续组织 15 个派驻森林资源监督机构(以下统称专员办)开展了国家林业局建设项目使用林地行政许可被许可人监督检查工作。经统计,监督检查工作共投入 387 名检查人员,检查了 225 项国家林业局审核同意或批准的使用林地建设项目,涉及 256 个县级单位。检查的 225 项使用林地建设项目,实际使用林地面积 14 259.7119 公顷,其中,174 项依法使用林地;51 项存在超审核(批)范围使用、异地使用、未按用途使用等问题,违法使用林地面积 261.2092 公顷。有 22 项建设项目配套的附属工程存在未经批准违法使用林地情况,面积 51.08 公顷。

检查结果表明,大部分建设项目能够按照行政许可确定的地点、面积、范围、用途、期限依法依规使用林地,但也发现了一些建设项目或附属设施和辅助工程不

同程度地存在超审核(批)使用、异地使用、未按用途使用、未批先占林地的问题,部分建设项目还比较严重。

各专员办已对检查出的违法违规使用林地项目进行了督查整改,大部分项目已整改到位。下一步国家林业局将进一步改进和完善监督检查工作办法,加强对监督检查人员的培训,切实发挥各专员办监管职责,坚决依法打击违法违规使用林地行为。

(付长捷)

林木采伐管理

【2016年度全国采伐限额执行情况】 2016年是全国"十三五"期间年森林采伐限额执行的第一年。按照国家林业局林资发〔2016〕24号文件的要求,各省级林业(森工)主管部门上报了本省区市2016年度的采伐限额执行情况。经统计,2016年全国发证采伐量(扣除不纳入限额管理的数量后)为9551.75万立方米,占年采伐限额的37.6%。发证采伐量占采伐限额比率较高的是广东69.4%、广西59%、西藏54.3%、江苏50%,较低的是甘肃6.1%、上海9.9%、陕西10%、重庆14%、四川17.1%。从分项限额使用情况看,南方集体林区的主伐、其他采伐限额使用率较高,北方地区更新采伐和低产低效林改造限额使用较多。全国发证采伐量不足采伐限额的40%,究其原因:一是多数单位抚育采伐限额基本不用,全国年抚育采伐限额5378.2万立方米,使用率仅为8.3%,说明开展抚育间伐的积极性和主动性普遍不高。二是随着全国天然林保护力度的加大,天然林的非商业性采伐也很难获得审批,不少地方实际执行的是全面禁止天然林采伐的政策,使得全国天然林的非商业性采伐限额4950.1万立方米近乎虚设。三是采伐者不申请采伐证或者少办证多采伐,由于经营者凭证采伐意识不强和林业主管部门采伐监管力量薄弱等多种原因,乱砍滥伐在一些地方有不同程度存在。四是申请采伐的不符合审批条件,符合审批条件的因为没有进行伐区调查设计或采伐申请信息不准不能发证。五是采伐限额编制从森林科学经营的原则和森林资源现状、结构出发,而实际采伐需求从经济利益出发,使得限额需求与限额结构难以匹配,从而制约发证;一些单位的采伐限额确定本身就不尽科学、合理,特别是有的省凭经验或按惯例,钻政策空子,刻意加大或减少某一分项限额,或者本该核定的分项限额并未核定,限额执行时与实际需求的矛盾就更加突出;有的省二类调查数据不扎实、不合格,确定的分项限额自然无法与森林资源现状相匹配;有的省,不是按要求由编限单位自己测算合理年伐量,而是由省林业调查设计院统一测算确定各编限单位的采伐限额后再征求基层意见,导致最终确定的采伐限额与实际需求不符。总之,采伐限额使用率低,既有各地从严管林角度出发对采伐证发放控制偏严的问题,又有因各地监管力量薄弱、手段落后对乱砍滥伐监管不力的问题,亟待从多方面着手,采取得力措施,切实提高林木凭证采伐率。

(王鹤智 谢守鑫)

【全国林木采伐管理系统建设】 全国林木采伐管理系统是国家林业局为推进各地采伐审批制度改革和在线办事进程,提高森林资源监管效能和林业信息化管理水平,促进林木采伐管理进一步公开、透明、规范、高效,而在全国范围启动运行的集采伐限额分解落实、采伐申请审批、采伐证签发、采伐信息实时查询和统计分析等多种功能、可服务于国家、省、市、县各级林业主管部门和基层站所、林农个人的森林资源利用监管服务平台,是缓解采伐监管人员压力、方便林农采伐申请、简化监管程序、提高监管效率的重要手段和规范采伐监管行为、加强社会监督的重要举措。全国林木采伐管理系统自2015年1月1日起在全国范围启动运行以来,到2017年年底,安全稳定运行该系统的省(区、市)已达23个,覆盖率达74.2%。基层普遍反映,该系统设计先进、功能完整、性能稳定,为方便林农采伐申请审批、提高采伐监管效率和提升林业部门服务形象发挥了重要作用。部分市县还与当地的政务服务平台、政府监察系统实现数据对接,构建了全民监督森林资源利用的良好氛围,对依法治林、推进林业政务公开具有重要意义。存在的问题,一是因资金不到位、硬件条件不具备等原因,目前仍有河北、吉林、上海、西藏、陕西5个省(区、市)未部署安装全国林木采伐管理系统,黑龙江、江苏、青海3个省虽然安装了该系统,但至今尚未启用,需要进一步加大协调力度,争取早日实现全国林木采伐管理系统启动运行全覆盖;二是现有信息资源缺乏整合,聚集共享不足,系统价值尚未得到充分体现,需要建立国家数据中心统一存储全国林木采伐管理系统数据,利用大数据、云计算等新技术融合业务应用展示、分析全国采伐数据。

(蒋春颖 谢守鑫)

【国家林业局2017年审核增加各地采伐限额情况】 依据国务院国函〔2016〕32号文件要求,内蒙古、辽宁、安徽、福建、广西和河北6省(区)人民政府先后向国务院请示申请增加灾害木清理和重大工程项目建设所需采伐限额,由国务院办公厅批转国家林业局研究办理。2月,国家林业局以《关于内蒙古、福建、安徽、辽宁四省区增加采伐限额审核意见的请示》(林资字〔2017〕10号)报请国务院批准同意,增加了福建省2017年度采伐限额45.99万立方米,专项用于厦门市受灾林木的采伐清理;增加了安徽省2017年度采伐限额0.93万立方米,专项用于庐江县白湖农场受灾林木的采伐清理;增加了辽宁省2017年度采伐限额10.77万立方米,专项用于沈阳等5市受灾林木的采伐清理;而对于内蒙古自治区巴彦淖尔市磴口县水权转让工程建设所需的采伐限额2.16万立方米,由内蒙古自治区从备用采伐限额中自行解决。12月,经商发改委、财政部后,国家林业局以《关于广西、福建、河北三省区增加森林采伐限额审核意见的请示》（林资字〔2017〕55号）报请国务院批准同意，分别增加了广西壮族自治区和河北省2017～2020年省级备用年森林采伐限额30万立方米和14.7万立方米，由省区统筹管理，专项用于自然灾害、森林经营保护等特殊情况采伐林木之需；而对于福建省福州等5个市的10个编限单位因加强森林抚育、病虫害除治等所需的采伐限额10.9万立方米，同意福建省由省里收回省级备用采伐限额107.3万立方米，专项用于自然灾害、森林经营保护等特殊情况确需采伐林木之需。通过对内蒙古自治区和福建省增加采伐限额请示的审核，进一步明确了省级备用采伐限额的必要性和使用范围，恢复了省级备用采伐限额的作用和功能。

（王鹤智　谢守鑫）

【全国木材运输情况】　全国木材运输管理系统自2010年1月1日在全国启用以来，经过多次修改完善，功能不断优化升级，适应性、稳定性不断增强，现已全面升级为V3版，支持WIN7 64位操作系统。系统在全国范围的全覆盖应用，并与多个省的政务监管系统的对接等，不仅实现了跨省信息查询和手机查询木材运输证真伪，为社会监督提供便捷手段，根本解决了以往木材运输证假证突出和运输证核发监管不公开、不透明的问题，而且通过实时的统计分析，及时掌握木材的流量、流向和不同时段、区域木材各类产品市场的动态变化规律，为企业合理安排木材产品调运和国家宏观决策提供依据。根据全国木材运输管理系统的统计，2017年，全国31个省（区、市）使用全国木材运输管理系统办理木材运输证477.6万份，运输木材1.09亿立方米、竹材2254万根。与2016年木（竹）材运输量相比，木材运输量减少500万立方米，竹材运输量基本持平。

（蒋春颖　张厚武）

森林可持续经营

【森林可持续经营试点工作】　2017年，各试点单位在前期试点的基础上，扩大试点领域，大量探索形式多样的森林经营管理模式。林口等5个东北、内蒙古重点国有林区的试点单位，结合二类调查和森林经营方案编制，按照"保护优先、有效提高森林质量"的基本原则，紧紧围绕人工林开展不同森林类型、不同经营措施的试点工作，许多急需抚育的中幼龄人工林得以科学抚育，释放了生长空间。5个试点单位合计开展森林抚育近1万公顷，建设森林可持续经营试验模式林、示范林20多处，开展森林可持续经营试点培训3～5次。并依托科研和规划设计单位，出台了有关管理制度和技术规定，试点单位的管理能力和森林质量显著提高。研究开发了国有林业局森林经营决策支持信息系统1套。塞罕坝机械林场等7个地方所属的试点单位，按照各自的权属性质、政府要求和资源特点等，以培育健康稳定高效的森林生态系统为目标，在联户经营、人工林集约化经营、小班经营加沟系经营、近自然和目标树经营、森林经营方案编制、林区就业安排等方面，进行了不同的探索和试验，取得阶段性试点成绩，得到了地方政府的认可和表扬，成为地方森林经营管理的一面旗帜，产生了较好的社会效益和生态效益。

（靳爱仙）

【蒙特利尔进程《延吉宣言》在纽约联合国大会发布】　5月1日，在美国纽约召开的联合国森林论坛第12届会议上，蒙特利尔进程12个成员国发布《延吉宣言》，将继续共同推动温带及北方乃至全球的森林可持续经营。蒙特利尔进程是于1993年发起成立的政府间技术论坛，致力于通过制定和利用森林可持续经营标准与指标体系，监测、报告温带和北方森林状况，推动地区和全球森林可持续经营。此次发布的《延吉宣言》将作为各成员国推动森林可持续经营实践、开展技术交流和合作遵循的基本准则。承诺未来将最大限度地加大标准与指标体系的应用力度，为政策制定及相关讨论提供高效灵活的技术框架，积极应对实现森林可持续经营过程中的挑战和问题。通过提高监测、评估和报告森林对环境、经济和社会贡献的能力，以公开透明的方式满足多种国际报告的需求，在地方和全球层面不断加强标准与指标体系的应用，着力推动森林可持续经营的政策制定和实践探索。积极参加涉林国际进程，分享最佳实践、分析方法和新技术，利用蒙特利尔进程的标准与指标体系，提高森林权威信息和报告的一致性，实现森林可持续经营的最终目标。积极与其他区域和多边森林和非森林组织开展交流合作。

目前，蒙特利尔进程共有阿根廷、澳大利亚、加拿大、智利、中国、日本、韩国、墨西哥、新西兰、俄罗斯、美国、乌拉圭12个成员国，包含了全球60%的森林和90%的温带及北方森林，35%的人口、45%的全球木质林产品贸易。中国于1999年正式成为蒙特利尔进程成员国。

（靳爱仙）

【中芬森林可持续经营示范基地建设启动会】　2014年，中芬林业工作组第18次会议决定在中国建设一处森林可持续经营示范基地。为此，经过2年多的实地考察和工作研究，最终双方达成共识，确定辽宁省清原县为示范基地。2017年5月22～26日，中芬森林可持续经营项目示范基地建设启动会在辽宁省清原县召开。会议期间，双方专家围绕森林多功能复合经营技术、林木良种引种繁育、森林抚育采伐机械装备引进、集体林经营政策扶持与能力建设、森林认证技术培训与指导5个领域，进行了广泛深入地交流与沟通，形成了2017～2020年双方的合作内容。12月11～15日，芬兰方面的6位专家再次来华，与有关技术人员及清原县项目组成员进行了更深的交流，细化了2018年的具体合作内容与主要活动安排。

（靳爱仙）

【国家林业局印发《东北内蒙古重点国有林区森林经营方案审核认定办法（试行）》】 为规范东北、内蒙古重点国有林区森林经营方案审核认定程序，提升科学性和可操作性，促进森林可持续经营，国家林业局印发《东北内蒙古重点国有林区森林经营方案审核认定办法（试行）》(办资字〔2017〕76号，以下简称《办法》)。《办法》适用于东北、内蒙古重点国有林区林业局（以下简称"林业局"）森林经营方案的审核认定，自2017年6月1日起施行，有效期至2022年12月30日。《办法》规定，国家林业局负责森林经营方案审核认定的组织和批准，省级重点国有林管理部门（以下简称"省级部门"）负责森林经营方案的科学性和可操作性，林业局负责方案文本及其数据的真实性和准确性。森林经营方案审核认定分为现地查验、征求意见、审查上报、专家评审和成果认定5个程序，前三项由省级部门负责。经过现地查验、征求意见并修改完善的森林经营方案，由省级部门审查后报国家林业局。 （靳爱仙）

【国家级森林抚育成效监测工作继续推进】 森林抚育是森林资源经营管理的一项重要措施，抚育成效监测能够及时向森林经营者反馈抚育措施的效果，从而进行适当的改进以持续提高森林资源质量，将森林的综合效益最大化。2017年森林抚育成效监测工作主要包括：一是继续加大对建立监测样地的森林经营单位成效监测工作的指导力度，确保监测工作的科学、规范、有序开展；二是对2013年、2014年设置的部分样地进行了复测，形成了一批对下一步系统分析抚育成效有价值数据资料；三是继续完善森林抚育成效监测工作的体系化建设。完成了样地数据统计分析软件开发，实现了国家级用户、县级用户的分级管理和网上数据传输；四是不断完善拓展监测体系的监测内容，野外测定数据从林木测树因子拓展到径流变化、植被变化、土壤变化等，分析的项目从分析抚育措施对林木材积生长、林分生物量影响，拓展到分析对林分生物多样性、固碳释氧、径流变化的影响，以及土壤容积、毛管孔隙度、储水能力等物理性质的影响；五是充分利用各省建立的各类监测样地，在全面推进国家层面监测体系建立的同时，结合收集地方采集的中幼林抚育成效监测数据，初步形成了黑龙江、辽宁、福建、浙江等几个重点林区的中幼林抚育成效监测报告。 （靳爱仙）

森林资源监测

【第九次全国森林资源清查工作】 2017年是第九次全国森林资源清查的第四年。有天津、山东、广东、重庆、四川、云南6省（市）开展清查工作，清查面积129万平方千米，占全国的13.4%，清查样地数39 180个，占全国的9.6%。为了顺利完成2017年的清查任务，重点抓了以下几项工作：一是提前做好清查准备。针对四川、云南两个资源大省首次由国家林业局昆明院来负责指导和检查的新情况，国家林业局资源司提前与昆明院和四川、云南林业厅协调对接，并于2017年3月在昆明举办了全国森林资源连续清查高级研修班。二是认真制订清查方案。针对天津以平原为主、整体工作量较小的实际情况，国家林业局规划院与天津联合制订了提高平原区调查效率的优化改进方案；为有效预防因特殊对待引起固定样地偏估，中南院与广东共同完善了清查方案，以确保清查结果能客观反映近年来广东林业生态建设成效；华东院高度重视山东的清查方案，对平原地区森林资源变化的一些新特点给予了重点关注。三是积极督导工作进展。各直属院每半个月汇报一次工作进度，以及时掌握各省进展情况。四是最终抓好成果审核。督导各直属院严把清查成果质量关，尤其是充分发挥专家组的作用，对昆明院给予重点指导，特别是对四川、云南两省的清查结果进行了严格审核。通过采取以上措施，2017年6省市清查工作总体进展顺利，确保按计划于年底公布主要清查结果。 （闫宏伟 曾伟生）

【国家林业局发布天津等6个省（市）的全国森林资源清查数据】 按照第九次全国森林资源清查的总体部署，国家林业局于2017年组织完成了天津、山东、广东、重庆、四川、云南6省（市）的清查工作，并于12月发文公布了清查结果。主要结果如下。

天津市森林覆盖率为12.07%，提高2.20个百分点（与第八次全国森林资源清查本行政区域同一指标相比，下同）；森林面积14万公顷，增加3万公顷；森林蓄积460万立方米，增加86万立方米。山东省森林覆盖率为17.51%，提高0.78个百分点；森林面积267万公顷，增加12万公顷；森林蓄积量9162万立方米，增加242万立方米。广东省森林覆盖率为53.52%，提高2.26个百分点；森林面积946万公顷，增加40万公顷；森林蓄积量46 755万立方米，增加11 072万立方米。重庆市森林覆盖率为43.11%，提高4.68个百分点；森林面积355万公顷，增加39万公顷；森林蓄积量20 678万立方米，增加6026万立方米。四川省森林覆盖率为38.03%，提高2.81个百分点；森林面积1840万公顷，增加136万公顷；森林蓄积量186 099万立方米，增加18 099万立方米。云南省森林覆盖率为55.04%，提高5.01个百分点；森林面积2106万公顷，增加192万公顷；森林蓄积量197 266万立方米，增加27 957万立方米。 （曾伟生 闫宏伟）

【全国主要树种组的立木生物量调查建模】 为建立全国森林生物量和碳储量计量标准，增强中国对森林生态系统的综合监测能力，自第八次清查以来，国家林业局资源司着力推进中国主要树种的立木生物量调查建模工作。至2016年，已经分两批颁布实施了13个树种（组）的《立木生物量模型及碳计量参数》行业标准。2017年继续推进全国主要树种组的立木生物量调查建模工作，一是完成了2016年采集的西南地区山杨、东北地区人工杨树和西藏高山松3个树种（组）生物量样品的含水率、含碳率和储能系数测定及数据汇总整理；二是完成了杨树（含6个建模总体）立木生物量建模及行业标准的编制；三是完成了椴树、榆树、樟子松、思茅松和四川云南高山松5个树种（组）生物量建模样本采集任务，为下一步编制和颁布相关行业标准奠定了基础。

（曾伟生　闫宏伟）

【全国森林资源宏观监测】　为落实全国政协副主席罗富和关于改进和完善国家森林资源连续清查体系、适应领导干部任期目标考核需求的建议，从2015年开始，在全国范围内开展了森林资源宏观监测工作。2017年完成的主要工作包括：一是在完成2016年遥感大样地判读调查的基础上，通过外业实地验证和内业统计分析，完成了全国31个省（区、市）和东北5家森工集团的森林资源宏观监测报告；并对全国31个省（区、市）的森林资源宏观监测结果进行了汇总分析，完成了《全国森林资源宏观监测成果报告（2016年）》。二是完成了2017年度宏观监测的遥感数据处理和判读工作。从2月开始，国家林业局规划院组建了70人的遥感数据处理组，专门负责全国森林资源宏观监测项目遥感数据的购置、处理、裁切和分发工作，比往年提前2个月完成遥感数据处理任务。各院以此为基础开展了大样地判读和调查工作，调查成果预计2018年上半年形成。三是以全国森林资源清查为基础，打破5年清查期界线，首次采用最新年度清查省数据替代其5年前数据的方式（即滚动出数法），得出全国森林面积、森林覆盖率和森林蓄积量的年度数据，为生态文明建设目标评价考核、自然资源资产负债表编制试点等工作提供了数据支撑，从宏观层面实现了年度出数，及时反映了全国林业工作的状况，满足了重点工作的要求。（闫宏伟　曾伟生）

【无人机技术在森林资源监测中的应用研究】　2017年，重点组织开展了全国森林资源宏观监测无人机应用和无人机多载荷耦合数据森林结构参数反演研究和现地验证工作。一是组织国家林业局规划院，结合全国森林资源宏观监测工作，在内蒙古自治区全境完成了150余个遥感大样地无人机影像数据采集、生产和区划判读，编制了应用总结报告。二是组织国家林业局规划院、湖南省林勘院等单位在湖南省多地开展无人机空地综合实验，同步采集了样地的激光雷达点云和光学影像数据，完成了样地单木参数采集和定位，验证了无人机多载荷耦合数据森林结构参数反演结果。应用研究表明：无人机可有效弥补卫星影像不足、提高分类判读精度，激光雷达数据结合光学影像反演的森林结构参数精度满足林业调查要求。结果论证了无人机技术在森林资源调查监测中业务化应用的可行性，为完善森林资源调查监测体系提供了支撑。

（高显连　闫宏伟）

【东北、内蒙古重点国有林区森林资源规划设计调查】
　2017年，是东北、内蒙古重点国有林区森林资源规划设计调查（即二类调查）重点突破的一年，工作量是2016年的近三倍，占总量一半以上。共完成55个林业局（经营单位）49 824个林班区划和调查工作。外业自4月6日至11月5日，承担调查任务的7个森工规划院共投入外业人员2000人，其中调查队员1500人，组建外业调查工组580个，历时214天，调查小班140万个，调查面积1656万公顷。为促进调查进度、确保调查质量，资源司重点抓了以下几个方面工作。

提前组织，统筹调查工作　打破常规部署任务，春节前就与各单位对接，督促各省森工集团统筹调查力量。各省级规划院提前制订工作方案，组织调查队伍，提前培训考核；组织局规划院提前加工处理和分发遥感数据，组织各单位提前开展小班区划、角规点布设及外业准备作业。统筹调查技术，组织研究、制订补充调查技术方案，细化外业调查技术要求；下发《国家林业局森林资源管理司关于开展东北内蒙古重点国有林区2017年森林资源规划设计调查工作的通知》（资调函〔2017〕18号），明确了2017年工作任务、目标及工作要求。

建立制度、落实工作要求　针对外业工作量大，调查质量易出现滑坡的情况，将调查质量控制作为全年工作重点，调整了质量管理方式，建立了省院、省级主管部门、国家林业局的三级质量检查制度；下发了《东北内蒙古重点国有林区森林资源规划设计调查补充调查技术规定》和《2017年东北内蒙古重点国有林区森林资源规划设计调查国家级质量检查办法》，进一步明确调查各个环节的工作要求和质量标准，对小班区划和角规点布设等关键质量环节，要求三级检查必须全覆盖；建立调查质量责任体系，将质量责任落实到人。

把握工作动态，抓调查质量管理　继续完善外业调查协调调度制度，随时掌握调查进度、质量情况。组织了三级检查队伍，开展了质量检查工作，派出外业调查质量督导组，督导各级质量检查工作，指出存在的问题，提出整改要求。在外业中期，听取了各单位的工作情况汇报，并及时做出工作部署。为了确保调查作业安全，下发《国家林业局森林资源管理司关于加强东北内蒙古重点国有林区二类调查安全生产工作的通知》（资调函〔2017〕28号），外业期间未出现安全生产事故。11月，在龙江森工组织开展了一次外业调查验证工作，直接抽调龙江森工3个院和局规划院的业务骨干开展了30个林班150个小班的验证调查，并及时对调查结果进行了统计分析。从分析情况看，本次二类调查质量是可靠的，成果是客观的，达到了预期的目的。

开发应用系统，部署成果应用　组织开发二类调查管理系统，并下发各单位使用，提高了数据入库处理效率和质量，保障了外业数据标准一致性。完成了调查数据的审核入库工作。为调查成果应用，第一，开展调查数据脱密处理；第二，部署建立森林资源档案，加强森林资源档案管理工作；第三，开展以小班为森林生态状况分析的基本单位，进一步挖掘森林的生态服务功能，为重点国有林区建立生态效益补偿制度提供依据；第四，部署在重点国有林区率先实现由林地一张图转变森林资源一张图的工作。有效、完整地发挥二类调查优势和作用。

（闫宏伟　苏乙奇）

【《国家级公益林管理办法》和《国家级公益林区划界定办法》修订颁布】　为进一步规范和加强国家级公益林区划界定和保护管理工作，针对新时期出现的新情况和新问题，国家林业局、财政部对《国家级公益林管理办法》（林资发〔2013〕71号）和《国家级公益林区划界定办法》（林资发〔2009〕214号）进行了修订，于2017年4月28日下发了《国家林业局 财政部关于印发〈国家级公益林区划界定办法〉和〈国家级公益林管理办法〉的通知》（林资发〔2017〕34号）。　　　　（杨　净　闫宏伟）

【进一步加强国家级公益林落界工作】　为认真落实《国家林业局 财政部关于印发〈国家级公益林区划界定办法〉和〈国家级公益林管理办法〉的通知》（林资发〔2017〕34号）精神，不断规范和加强国家级公益林区划界定和保护管理工作，国家林业局办公室下发了《关于进一步加强国家级公益林落界工作的通知》（办资字〔2017〕143号）。

《通知》要求各地要提高认识，严格按照国家林业局、财政部本次修订印发的《国家级公益林区划界定办法》和《国家级公益林管理办法》，精心组织一次落界工作，确保国家级公益林档案资料更加符合实际，更能准确反映资源现状，并将国家级公益林落界成果与林地"一张图"等成果进行全面衔接，真正实现国家级公益林"一张图""一套数""一盘棋"，为规范管理奠定良好的基础。《通知》同时就加强部门协作、规范工作程序、全面纠正错误、对接相关资料、确保区划落界质量、报送成果资料等方面提出了具体要求。制定了统一的国家级公益林基础信息数据库结构和代码，随文印发了《国家级公益林区划成果落界技术要求》。确保国家级公益林区划落界成果和基础数据管理规范化，为强化国家级公益林管理打下扎实的基础。　　（杨　净　闫宏伟）

【综合核查和国家级公益林监测】　2017年，综合核查有两项任务：一是对6~10年前（2007~2011年）有中央投资的重点工程人工造林成林情况进行调查，二是对国家级公益林中的宜林地植被恢复情况和立地条件进行调查。核查监测共在30个省（区、市）和4个森工（林业）集团公司范围内抽取89个县级单位，实地调查面积共计12.67万公顷。主要结果如下。

重点工程造林的成林情况。结果显示，6~10年前（2007~2011年）全国重点工程造林成林面积比例51.3%，高于全国人工造林平均成林水平，但总体成林率仍然不高。其原因除放牧、林下耕作、造林后不抚育等主观原因和干旱、立地条件差等客观原因外，造林后不抚育等原因和干旱、立地条件差等因素带来的影响外，造林初植密度偏低，使得通常5~7年成林年限延长，有些甚至长时期难于郁闭成林。

国家级公益林中的宜林地植被恢复和立地质量情况。调查结果表明，2004年区划界定的国家级公益林中，约380万公顷宜林地，已恢复森林植被的面积比例为26.2%，目前有280万公顷仍然为宜林地，其中78.9%立地质量差。已经恢复森林植被的面积中53.1%是自然恢复成林的。这一结果表明，各地对国家级公益林植被恢复不够重视，通过人工造林等人为措施恢复植被的力度不够；国家级公益林中的宜林地大多分布在干旱、半干旱地区，不适于造林。

此外，调查还发现，国家级公益林管理中，还存在各级掌握数据资料不一致、基础工作不扎实、管理不到位等需要注意的情况。　　　　（闫宏伟　杨　净）

【国家级公益林培训班】　7月和9月，国家林业局森林资源管理司委托林业管理干部学院在北京分别举办了"国家级公益林管理政策培训班"（7月12~15日）和"国家级公益林管理（数据管理平台软件专题）培训班"（9月20~22日）。培训紧紧围绕国家林业局、财政部4月28日联合印发的通知要求（林资发〔2017〕34号），就贯彻落实好《国家级公益林管理办法》和《国家级公益林区划界定办法》，对相关的政策和技术方面进行了培训。各省林业厅（局）公益林管理部门负责人和森林资源管理部门人员以及调查规划部门负责人和技术骨干共计162人参加了学习。

培训班采取专题讲座、经验介绍、座谈交流和答疑解惑的授课方式。资源司副司长徐济德作了专题报告，就相关工作提出了要求；有关领导、专家对《国家级公益林管理办法》和《国家级公益林区划界定办法》等政策做了详细解读；就区划落界相关林地一张图使用及要求、国家级公益林管理平台建设框架与省级系统功能、国家级公益林管理平台软件安装以及软件应用进行了讲解和实际操作训练。　　（杨　净　闫宏伟）

林政执法

【全国林业行政案件统计分析】　2017年，全国共发现林业行政案件17.33万起，查处林业行政案件16.69万起，全国共恢复林地10 160.1公顷，恢复保护区或栖息地456.63公顷；没收木材16.37万立方米、种子2.03万千克、幼树或苗木396.94万株；没收野生动物21.74万只、野生植物26.21万株。涉案金额17.03亿元，其中，罚款16.6亿元、没收非法所得0.43亿元；责令补种树木860.43万株，被处罚人数17.09万人次。案件共造成损失林地9247.15公顷、保护区或栖息地470公顷、沙地1.24公顷，林木24.73万立方米、竹子92.48万根，幼树或苗木1725.64万株，种子7.38万千克，野生动物19.15万只，野生植物29.83万株。

2017年全国林业行政案件呈现五大特点：一是案件发现总量持续下降，类型占比发生改变。全国林业行政案件发现总量较2016年减少23 319起，下降11.86%，继续呈现下降趋势。从案件发现情况看，违法使用林地案件较非法运输木材案件多17 517起，成为2017年案件发现数量最多的林业行政案件类型，打破了非法运输木材案件连续19年占比居首的局面。二是林地案件数量持续增加，损失面积上升明显。全国共发现违法使用林地案件47 166起，较2016年增加10 449起，上升28.46%，连续5年呈现持续上升趋势。案件共造成损失林地9247.15公顷，较2016年增加1276.64公顷，上升16.02%。三是林木案件发现总量下降，损失数量出现反弹。在涉及林木案件中，非法运输木材案件降幅最大，高达40.28%；案件造成损失林木数量较2016年增加60 783.87立方米，上升32.60%，在连续5年下降后首次出现反弹现象。四是野生动物案件数量减少，损失情况同比下降。全国共发现违反野生动物保护法规案件5625起，造成损失野生动物191 452只，较2016年减少57 518万只，下降23.1%。五是涉案金额大幅增加，案件罚款增幅较大。全国林业行政案件涉案金额为17.03亿元，较2016年增加5.6亿元，上升48.99%。罚款金额中占比最大的林业行政案件类型为违法使用林地案件，涉案金额为11.63亿元，占罚款总额的68.29%，较2016年增加5.02亿元，上升幅度达75.95%。

（曹国强）

【举报林业行政案件办理情况】 1~12月，国家林业局森林资源行政案件稽查办公室共接听群众举报、咨询电话778个，接收举报信件8件。从行为主体看，举报法人违法案件91起，占11.7%，举报村组负责人违法案件97起，占12.47%，举报其他行为主体案件590起，占75.83%；从案件类型看，举报毁坏森林、林木案件274起，占35.22%，举报滥伐林木案件83起，占10.67%，举报违法使用林地案件54起，占6.94%，举报盗伐林木案件50起，占6.43%，举报非法经营加工木材案件4起，占0.51%，举报非法运输木材案件2起，占0.26%，举报其他林业行政案件311件，占39.97%。

案件特点和趋势 一是举报案件总体数量呈下降趋势。2017年接听群众举报、咨询电话与2016年同期相比减少了108个，下降12.19%，呈现持续下降趋势。二是公民违法是其他行为主体案件的主要组成部分。从举报的林业行政案件行为主体看，其他行为主体违法行为占全部违法行为的75.84%，且始终占据各行为主体违法行为的首位。三是毁坏森林、林木案件有所增加。统计结果显示，举报的毁坏森林、林木案件数量较2016年同比增加51起，上升22.87%，呈现上升态势。四是各区域举报案件数量不平衡。华北和东北地区举报案件较多，分别为194起和183起，占全部举报案件的24.94%和23.52%。西南和西北地区举报案件较少，分别为79起和42起，占全部举报案件的10.15%和5.40%。

（曹国强）

【重点国有林区森林资源管理情况检查结果】 2017年，国家林业局驻内蒙古、长春、黑龙江、大兴安岭森林资源监督专员办事处，联合各直属调查规划设计院组成的专家组，对东北、重点国有林区87个森工林业局、6个自然保护区和6个与森工相关的单位共99个单位，开展了森林资源管理情况检查。

检查涉及99个森工辖区单位，20个相邻地方市（县）辖区单位，从检查结果看，主要存在4个方面问题。一是毁林开垦。检查出违法开垦地块214个，违法开垦林地面积210.29公顷，损毁林木蓄积量1350立方米。二是违法占用林地。检查出违法占用林地地块364个，面积167.05公顷，损毁林木蓄积量365立方米。三是无证采伐。检查出无证采伐地块85个，采伐面积120.72公顷，蓄积量2648立方米。四是超证采伐问题。检查出超采地块3个，超采面积22.87公顷，蓄积量389立方米。

总体来看，东北、内蒙古重点国有林区在全面停止天然林商业性采伐后，林木采伐管理方面的问题基本得到遏制，但与重点国有林区交界处还存在比较严重的无证采伐和超证采伐问题。当前，重点国有林区仍然普遍存在毁林开垦、违法占地问题，究其原因。一是部分企业局停止天然林商业性采伐后，耕地收入、发展林下经济成为林业局重要经济来源，甚至成为部分林业局职工群众的主要收入和谋生手段，致使毁林开垦问题、违法占地等行为屡禁不止，各类涉林案件频发。二是有些地方招商引资项目、转型发展和林下经济开发政策错误导向，造成许多毁林开垦、占用林地问题发生。三是部分企业经营者缺乏法治意识，以罚代刑，以罚代管，从中获利。

针对存在的问题，国家林业局下发了通报，要求各省级林业（森工）主管部门负责本辖区各林业局存在问题的整改，加大问责力度，确保法律、行政问责到位。尤其对毁林开垦、违法占地等重点问题，除按通报要求依法依纪处理外，还应追究林业局领导的行政责任。对问题地块要逐块落实整改措施，违法开垦的要依法回收退耕还林、违法占地的要恢复原状，未查结的案件要加大查处力度尽快查结，工程占地项目中的违规问题要依法依规纠正处理到位，限期整改到位。

（柏建伟）

【全国林地和林木采伐管理情况检查结果】 2017年，国家林业局利用卫星遥感影像和实地查验相结合的方法，采取抽查和地方自查的分级负责形式，对30个省（含自治区、直辖市、新疆生产建设兵团，下同）的200个县（含市、区、旗、团，下同）的林地管理情况和其中36个县的林木采伐管理情况进行了检查。

检查的主要结果

林地管理情况 利用遥感影像判读疑似占用林地图斑23 482块，国家林业局抽查2057块，查出各类违法占用林地项目672起，面积2899.6公顷。其中，建设项目559起，面积2126.4公顷；土地整理17起，面积195.1公顷；违法开垦林地96起，面积578.1公顷。

移交地方自查疑似占用林地图斑21 425块，查出各类违法占用林地项目4283起，面积5292.9公顷。其中，建设项目3473起，面积2819.8公顷；土地整理71起，面积445.1公顷；违法开垦林地739起，面积2028公顷。

林木采伐管理情况 国家林业局抽查的359块有林木采伐许可证伐区中，62块伐区存在超量采伐，共超量采伐蓄积量8725立方米；抽查无林木采伐许可证采伐（下称"无证采伐"）地块331块，查出违法采伐蓄积量36 146立方米。移交地方自查疑似无证成片采伐图斑4267个，查出无证采伐地块1087块、蓄积量64 575立方米。

（王 鹏）

【全国森林资源案件管理培训班】 12月14～15日，国家林业局资源司（监督办）在湖北省武汉市举办2017年度全国森林资源案件管理培训班。各省（区、市）林业厅（局），内蒙古、龙江、大兴安岭森工集团，国家林业局各派驻森林资源监督机构，各直属林业调查规划设计院，均派出森林资源案件管理的主要负责同志参加了培训。

本次培训在充分调研与总结以往经验的基础上，精心选择了森林资源保护管理与执法形势、任务、案件查处要求，行政复议、诉讼情况与应对，破坏森林资源案件舆情监控与应对，破坏森林资源案件查处督办与监督机制等深受关注且应用性广的内容，邀请了资源司（监督办）常务副主任陈雪峰、驻武汉专员办专员周少舟、局宣传办副主任李天送等领导、专家进行培训授课。

本次培训班参加人员规格高，大多数为各相关单位的处级干部；培训纪律好，全体学员都能够认真、准时参加培训；培训效果好，大家学有所获，进一步提高了各地破坏森林资源案件办案水平，森林资源案件与执法管理工作的凝聚力进一步提升，达到了强化执法能力建设的培训目的。

（段秀廷）

森林资源监督

【专员院长座谈会】 3月24日，国家林业局各专员办和直属规划设计院座谈会在浙江杭州召开。国家林业局各专员办、直属规划设计院主管领导参加会议，国家林业局副局长刘东生、中纪委驻农业部纪检组正局级纪律检查员周若辉出席会议并讲话。

刘东生指出，近年来森林资源监督监测工作有亮点、有创新、成效显著。同时，森林资源监督监测仍面临林地保护形势严峻、林木资源破坏案件多发、监管手段落后、能力建设不足等诸多问题。加强森林资源监督监测，要努力推动监督监测的机制创新，以创新提升工作质量；要持续不断地加强技术能力建设，提升监督监测的实效。要持之以恒地加强队伍建设，严格落实全面从严治党责任，不断提升森林资源监督监测能力，努力打造一支积极有为、清正廉洁的干部队伍，推动森林资源监督监测工作再上新水平。

周若辉指出，森林资源监督和监测机构是捍卫祖国绿水青山的"守护神"和国家队，任务艰巨，使命光荣。多年来，国家林业局党组高度重视森林资源管理系统党风廉政建设，没有出现重大腐败案件或系统性风险问题。各有关单位要深刻认识、充分把握当前全面从严治党的各项要求和廉政建设形势，严肃对待中央巡视和督查检查中发现的问题，要加强森林资源管理系统党风廉政建设。

座谈会上，各专员办、直属规划设计院主管领导对当前森林资源监督监测工作好的做法、存在的问题及下一步建议作了发言。国家林业局各有关司局单位相关负责同志也出席了会议。

（张　敏　聂大仓）

【森林资源监督业务专题培训班】 6月20～22日，国家林业局资源司（监督办）在北京举办了森林资源监督业务专题培训班。国家林业局各派驻森林资源监督机构有关领导、业务处长和年轻业务骨干参加了培训。资源司（监督办）副司长徐济德出席培训班并讲话。资源司（监督办）副主任丁晓华主持培训班。

培训班结合当前森林资源监督工作实际和即将开展的森林资源管理情况检查工作，为进一步提高各专员办开展监督检查的技术水平，精心设置了课程。邀请了国家林业局驻西安专员办和国家林业局西北院有关专家对2017年森林资源管理情况检查方案进行了解读和讲解，西安专员办就在甘肃省庆阳开展的森林资源例行督查进行了详细介绍，相关专家还结合当前生态文明体制改革新要求与林地保护管理的主要任务进行了讲解。本次培训班还安排学员们到国家林业局调查规划设计院监测中心对森林资源遥感影像判读进行了上机操作演练。

（张　敏　聂大仓）

【创新完善森林资源监工作机制】 为切实加强森林资源监督工作，创新监督机制，增强监督效果，2016年1月，国家林业局下发了《关于进一步加强森林资源监督工作的意见》（林资发〔2016〕13号），创新和完善森林资源监督工作机制是局发《意见》的重要内容。文件下发两年来，资源司、监督办始终将全面贯彻落实《意见》作为重点工作紧抓不放，通过年度工作要点、召开专题会议、研讨培训、印发文件简报等多种形式，督促和支持15个专员办结合监督区实际，着力创新和完善监督工作机制，取得了明显成效，有力维护了森林资源和生态安全。

据统计，围绕10个方面的机制创新，各专员办开展试点工作共计120项。其中，监督与监测相结合机制、案件跟踪问效制度、案件报告和反馈制度已实现了15个专员办全覆盖。14个专员办实现约谈常态化，各专员办共约谈311次，通过约谈问责2775人。13个专员办开展了专项巡查、例行督查和专项行动，通过常态化的专项行动，扩大了督查覆盖面，提高了威慑力。长春、黑龙江、大兴安岭、成都、云南、福州、西安、贵阳、广州、合肥、乌鲁木齐、上海12个专员办与监督区的省级人民检察院等单位建立了联合工作机制，推动行政执法和刑事司法"两法衔接"，联合开展了数次执法专项行动。2016年以来，资源司、监督办将全国县级政府保护发展森林资源目标责任制检查和全国林地管理情况检查、林木采伐管理情况检查整合为全国森林资源管理情况检查，以专员办作为行政主导，充分发挥各直属院的技术优势，以院办合作的模式实施检查。两年来，15个专员办与5个直属院，共同对297个县级单位开展了全国森林资源管理情况检查，在监督与监测相结合工作机制的指导下，检查更趋规范，评分更加客观，结果更加真实。

（张　敏　李　磊）

【县级政府保护发展森林资源目标责任制】 根据全国森林资源管理情况检查的部署和要求，2017年国家林业局组织14个专员办（大兴安岭专员办无检查任务）与各直属院共同参加，历时3个多月，对全国149个县级人民政府保护发展森林资源目标责任制情况进行了检查。

在以往工作的基础上，本年度责任制检查体现以下几个特点：一是修订完善了检查方案，更趋于规范；二是总结经验，更好发挥院办协同优势。检查工作更加突出问题导向；三是把林地检查和林木采伐检查结果充分运用到目标责任制检查之中，把案件的发生和查处情况作为评分的最重要依据，使检查更加突出了对目标责任制实际运行的评价，更加突出了检查工作的实效；四是责任制检查与督促整改更加紧密结合，使责任制检查成为督促地方政府保护发展森林资源的"利器"。对检查中发现的问题，立即向受检单位和省级林业主管部门反馈，要求限时整改并上报结果。

经汇总分析，本年度检查主要结果：全国149个县责任制检查平均分数为79.53分。其中"优秀"评级31个，占被检数量的20.8%；"良好"评级81个，占被检数量的54.36%；"合格"评级32个，占被检数量的21.48%；"不合格"评级5个，占被检数量3.36%。从近三年的检查结果来看，"优秀"等次比例逐年下降，"合格"等次的比例大幅上升，"不合格"等次大致保持稳定。

（张 敏 李 磊）

【国家林业局各派驻监督机构督查督办案件】 2017年，各专员办始终把督查督办各类破坏森林资源案件作为"第一职责"，坚持严格督查督办、全程跟踪督办，实行动态管理，强化案件督办跟踪问效，动真格、敢碰硬、重效果，在案件督办过程中，坚持"问题不查清不放过，整改不到位不放过，相关责任单位、责任人不追究不放过"，确保各类破坏森林资源案件依法依规查处到位，切实维护国家森林资源和生态安全。

从严督办大案要案 各专员办始终贯彻落实国家林业局下发的有关文件要求和局领导指示精神，进一步加大重点案件督查查办工作力度，切实履行第一职责。内蒙古专员办以问题为导向督查指导呼伦贝尔市政府、乌兰察布市四子王旗、通辽市科尔沁区和开鲁县、赤峰市敖汉旗等开展森林资源保护管理问题专项整治，取得明显的成效。回收恢复林地148万亩。依法查处涉林案件812起，问责155名相关人员党纪政纪责任。福州专员办通过对福建清流县滥伐天然林、江西永新县大面积毁坏天然林等一批大案要案的查处，有力发挥了案件查处的震慑力，进一步树立了专员办的权威。广州专员办在把采石采矿、城市开发非法占用林地问题作为督查督办重点，在2017年发现并重点督办了英德市采石采矿严重破坏森林资源案件、韶关市翁源县大宝山矿业非法占用林地和中山市存在未报批林地手续开工建设高速公路等问题，达到督办一案影响一大片、震慑一大批、整治一大面的效果。

加强林地保护管理 2017年全年各地违规违法使用林地问题十分突出，各专员办认真履行职责，及时发现并遏制违法使用林地的倾向性问题，重点查处破坏林地案件，为加强林地管理工作提供有力保障。云南专员办在案件督察督办过程中，坚决落实"对经营性项目违法使用林地，在依法查处到位的基础上，注重收回林地"的监督理念。在对易门开展专项检查后，所有经营性项目违法使用林地已经全部收回并恢复了植被，共涉及林地11.31公顷。对植被恢复情况进行了核实，现场已全部恢复植被，造林成活率达到90%以上。在森林资源管理检查中发现的案件，要求经营性项目违法使用林地全部收回并恢复植被，仅在景洪市一个县级市，就收回林地并在两个月时间内完成造林85.71公顷，拆除了一座价值2000多万元的新建冰糖厂。广州专员办在林地保护管理情况开展监督共发现非法使用林地案件43起，面积317.2397公顷，对非法占用林地问题严重的百色市右江区和柳州市柳江区进行了约谈。贵阳专员办对黔湘两省10个县（市、区）的设工程使用林地巡查进行专门巡查，对巡查中发现的违法使用林地案件，已责成有关县（市、区）组织依法查处。西安专员办与陕西省厅联合发文、与宁夏回族自治区政府召开现场会、与甘肃省林业厅召开全省资源管理会议等，督促4省（区）全面整改祁连山、贺兰山、秦岭等重点区域生态破坏问题，已基本到位。

夯实工作基础 为推动案件督查督办工作的制度化、规范化，各专员办紧密结合自身实际，进一步建立和完善各项制度，为有效开展案件督查督办工作奠定坚实基础。黑龙江专员办在与黑龙江省林业厅、森工总局建立了多项联合工作机制，强化联防联查联打制度，2017年1月针对林区违规采伐天然林加工食用菌原料现象抬头，联合下发通知要求，合力制止，严肃查处。乌鲁木齐专员办建立和完善督办案件的档案管理，对督办案件按地区、发生时间等进行分类，对案件实行"销号"制度，对未办结的案件持续跟踪。截至2017年年底，长春、黑龙江、大兴安岭、成都、云南、福州、西安、贵阳、广州、合肥、乌鲁木齐、上海12个专员办与监督区的省级人民检察院等单位建立了联合工作机制。

强化各类检查中发现案件的查办整改 各专员办全力推进国家林业局安排部署的各项检查工作，并将案件督办工作和检查工作紧密结合。西安专员办结合2016年森林资源管理情况检查工作，共查出涉嫌违法使用林地、采伐林木的问题线索186个，四省（区）林业厅已经将违法案件整改到位并按期上报了处理结果。成都专员办追踪督办四川省2016年10起未结案件的查处整改，并采取回头看的形式，对有关林地使用项目现场进行督查督办，督促查办案件件件有结果。

完善监督手段 《国家林业局关于进一步加强森林资源监督工作的意见》（林资发〔2016〕13号）下发以来，各专员办认真落实，主动作为，并在案件督办中不断探索和创新监督手段。武汉专员办针对监督机构人手不足、信息不畅、反应不快、针对性不强等弊端，探索推行了以"分区到人、定点负责"的资源监督网格化管理模式，由全办每位干部包干一片监督区域，通过网格管理员搜集案件线索3条，督查督办案件11起，全部督办完结，取得了初步效果。上海专员办抓实"义务森林资源监督员制度"，吸收社会力量参与，完善监督网络体系，拓宽监督信息来源和案件线索。迄今，监督员总数达107人，其中市县党代表、人大代表、政协委员42人。11月21日，《中国绿色时报》刊发"上海专员办森林资源监督机制创新"专版。北京专员办与北京市纪检监察部门建立涉及公职人员破坏森林资源案件线索移送机制，将涉及公职人员的四类案件移送纪检监察机关，配合纪检监察机关开展调查，积极提供专业技术支持，监察机关将查处结果反馈，不定期召开联席会议，这一做法得到了驻农业部纪检组领导的肯定。

提升案件督查督办的主动性、科学性、时效性 内蒙古专员办开展了航空护林和无人机技术在森林资源监管工作中的应用试点。经对卫片判读出的40个疑似盗伐和开垦林地的地块，进行直升机空中观察拍照、地面核实，全部为违法开垦林地，面积76公顷。为实现卫片、航空遥感、实地核查"天、空、地"三位一体的森林资源监管常态化先行先试取得了突破，取得了经验。北京、合肥、乌鲁木齐等专员办积极探索运用卫片开展非法使用林地执法检查和林业管理全覆盖巡查，增强了监督工作的针对性、科学性和时效性。长春专员办为科学高效提高监督质量，在监督检查中，率先使用了"林调通"和"老木把"软件，缩短了监督检查时间，提高了工作质量。大兴安岭专员办采取卫星遥感判读、无人机勘测相结合的方法，对破坏森林资源问题易发、多发区域连续跟踪监督，累计收回林地101.21公顷，行政问责39人。

群众信访工作 长春专员办进一步畅通案源6个渠道，着力加强信访举报案件办理。现地督办了辽宁省清原县村民举报红河谷漂流公司破坏森林资源案件，对清原县政府、林业局提出督办意见，要求漂流公司停业整顿，配合调查。在积极督办下，该案得到依法处理。武汉专员办专门制订了《武汉专员办信访处理办法》，并明确监督一处为信访事项第一责任处室，负责受理、处理、督办信访事项；对于群众来访来信，认真填写《来信来访处理单》，并及时按程序报送领导签批，信访案件专案存档；信访案件受理后，按照网格化管理责任区域落实到责任人，由责任人负责案件的督办督查工作，要求确保案件落实到位。合肥专员办对于群众信访举报的案件，在处理完结后，还要求在案件发生地向群众公开案件办理的过程和结果，接受群众的监督。同时，借助舆论关注和宣传，有效增强全社会保护森林资源的法治意识和生态保护观念。

（张　敏　聂大仓）

国有林区改革

【**重点国有林区和国有林场改革推进会**】 为确保改革持续深入推进，12月11日，国务院组织召开了全国国有林场和国有林区改革推进会，中央政治局常委、国务院副总理汪洋出席会议并讲话。会议要求各地、各部门要切实提高思想认识、落实改革主体责任，确保如期完成改革任务。会上，国家林业局局长张建龙汇报了改革有关情况，改革工作小组有关单位、内蒙古、吉林、黑龙江、江苏、甘肃5省（区）政府有关负责同志进行了发言。国家林业局副局长刘东生、副局长李树铭，5省（区）政府负责同志，改革工作小组成员单位、中央改革办、中央农办、国研室有关负责同志，五大森工集团主要负责同志参加会议。

（沙永恒）

【**"内蒙古大兴安岭重点国有林管理局"挂牌成立**】 2月20日，"内蒙古大兴安岭重点国有林管理局"成立大会在牙克石隆重举行，标志着内蒙古自治区重点国有林区改革取得了重要阶段性成果。国家林业局局长张建龙、内蒙古自治区主席布小林出席挂牌仪式并讲话。张建龙局长充分肯定了内蒙古在推进改革进程中取得的成绩，对机构挂牌成立表示祝贺，对进一步做好改革和森林资源保护管理相关工作提出了要求。国家林业局副局长李树铭、张鸿文总工程师一同出席了活动。国家林业局及自治区政府相关部门负责同志，吉林省林业厅，吉林、龙江、大兴安岭、长白山森工（林业）集团公司主要负责同志参加了挂牌仪式。

（沙永恒）

【**国有林场和国有林区改革工作小组第五次会议**】 5月22日，组织召开了国有林场和国有林区改革工作小组第五次会议，副局长李树铭、发展改革委副主任连维良出席会议。国家林业局、发改委、财政部、银监会有关司局负责同志分别汇报了中发6号文件精神落实情况，讨论了《国有林场和国有林区改革工作小组2017年工作计划》和《重点国有林区改革推进会会议方案》，形成了有关意见。会议议定，针对当前改革中存在的有关问题，要开展专题改革调研活动，为改革推进会的顺利召开做好准备。改革工作小组成员单位相关司局负责同志参加了会议。

（沙永恒）

【**国有林区改革工作协调会议**】 8月17日，国务院组织召开国有林区改革协调会，专题研究解决大兴安岭在推进改革进程中存在的有关问题，国务院副秘书长江泽林出席会议。局长张建龙向会议报告了大兴安岭有关情况、存在的有关问题及相关建议，参会的有关部门进行了讨论。会议还对重点国有林区改革的其他有关问题进行了研究，形成了相关意见。发改委、民政部、财政部等部门有关司局负责同志参加了会议。11月20日，按照副总理汪洋对《关于召开重点国有林区和国有林场改革推进会的请示》的批示要求，国务院副秘书长江泽林组织召开重点国有林区和国有林场改革协调会议，研究重点国有林区和国有林场改革面临的有关问题。局长张建龙汇报了改革进展有关情况，与会同志就有关问题进行了讨论。中央编办、发改委、工业和信息化部、民政部、财政部、人社部、住建部、交通部、水利部、林业局和国家电网等单位负责同志参加了会议。

（沈祥记）

【重点国有林区改革督导调研】 6月，国家林业局副局长李树铭带队赴黑龙江省专题督导黑龙江省重点国有林区改革工作。7月，局长张建龙在与黑龙江省党政主要负责同志会谈时，对深入推进改革提出了明确要求。7月10~16日，由国家林业局副局长李树铭带队，与中央编办、发改委、财政部、民政部组成联合调研组，赴吉林、黑龙江重点国有林区，重点围绕剥离森工企业社会职能、建立重点国有林管理机构、大兴安岭政企合一及行政区划等情况进行了专题调研，准确掌握改革进展和问题，并对林区改革中存在的问题和难点提出了建议，建议有关部委予以协调解决。

（沈祥记）

【国有林区改革研讨培训】 为切实提高各地对改革工作认识，提高推进改革的能力，积极组织开展重点国有林区的教育培训工作。6月末、11月初，先后举办了2期重点国有林区改革培训班，共计240余人参加了培训，组织培训学员开展专题研讨4次，解读改革政策、交流改革经验，提升林区相关人员改革责任意识和推进改革工作的理论水平。7月，资源司派人参加了在加拿大举办的"国有林经营与体制改革研讨会"，拓展了视野，丰富了改革思路。

（沈祥记）

林业法制建设

11

林业政策法规

【规范性文件】

规范性文件管理工作 一是根据党中央国务院文件要求,对上报国务院的文件以及上报中央备案的党组文件进行合法性审查,2017年共审查6件上报中央和国务院的文件;二是加强了规范性文件的合法性审查工作,按照《国务院关于在市场体系建设中建立公平竞争审查制度的意见》(国发〔2016〕34号)要求,开展了公平竞争审查,重点对涉及市场准入和退出标准、商品和要素自由流动标准、影响生产经营成本标准、影响生产经营行为标准等开展审查,细化审查标准,明确审查程序;三是进一步明确了审查重点,重点对野生动物保护法配套政策文件、自然资源资产管理体制改革、重点国有林区改革、国家公园体制改革、湿地公园和沙漠公园管理、林业安全生产、涉林非政府组织管理等进行了研究,审查发布《国家林业局关于印发〈退化防护林修复技术规定(试行)〉的通知》等22件规范性文件,内容涉及林木种苗、森林公园、野生动物保护等方面。

规范性文件清理工作 一是按照国务院关于清理"放管服"改革涉及的规范性文件有关要求,对现有规范性文件中与国务院行政审批制度改革、商事制度改革、职业资格改革、投资体制改革、收费清理改革、价格改革和清理规范行政审批中介服务事项等改革决定不一致的,特别是与因上述改革而修改的有关法律、行政法规不一致的,进行了全面清理,集中废止了25件规范性文件,清理结果通过《国家林业局关于废止部分规范性文件的通知》(林策发〔2017〕129号)面向社会公开;二是配合国务院有关部门做好文件清理工作,对国家发展改革委等部门来函涉及林业方面的文件,进行了认真研究,同意废止了相关文件。

规范性文件发布查询系统 根据信息公开和信息安全等要求,委托第三方开展了安全等级测评,进一步优化丰富了查询功能,继续做好规范性文件权威发布平台建设维护工作。结合信息系统审计和现有的系统资源,及时将规范性文件全文纳入数据库,实现了规范性文件管理的动态化、信息化。截至2017年年底,数据库共收录规范性文件321件,其中现行有效的规范性文件为207件。

政策研究和改革工作 组织协调保护司、濒管办以及上海市林业局,在前期上海自贸区林业行政审批制度改革研究的基础上,发布了两项简政放权措施,将对上海自贸区的有关政策复制推广到上海市行政区域。一是国家林业局扩大委托上海市林业局实施的行政许可事项,适用对象由原来在上海自贸区注册的企业,扩大为在上海市注册的企业;二是国家濒危物种进出口管理办公室增加授权其上海办事处实施部分行政许可事项,适用对象由原来的在上海自贸区注册的企业、在上海自贸区内口岸以自理或代理方式进出口野生动植物或其产品的、货物进出上海自贸区的企业,扩大为在上海市注册的企业。通过总结上海自贸区林业行政审批改革经验,并将其推广复制到上海市行政区域,进一步促进了贸易的便利化。

防范和处置涉林非法集资工作 根据国务院部署,为全面贯彻落实《国务院关于进一步做好防范和处置非法集资工作的意见》(国发〔2015〕59号)精神,将防控林业领域非法集资作为履行监督管理职责的重要内容,加强日常监管,充分利用现有市场监管手段,强化综合监管,防范非法集资风险,进一步建立健全林业主管部门防范和处置非法集资机制。

(颜国强)

【林业立法】

推进法律法规的修改 加快推进森林法修改工作。一是完善森林法修改的提请审议程序,将森林法修改由国务院提请全国人大审议调整为由全国人大农委提请审议,并将森林法修改列入全国人大常委会2017年立法工作计划;二是研究森林法修改的工作内容,进一步明确森林法修改的目标、责任以及重点修改内容;三是继续开展专题调研活动,分别赴黑龙江、福建等地就木材运输、经营加工等进行专题调研;四是密切联系全国人大农委、全国人大常委会法工委,争取将森林法修改继续列入2018年立法工作计划。

推动湿地保护立法。一是配合国务院法制办审查《湿地保护条例》,积极研究论证湿地保护的重要制度;二是结合十二届全国人大五次会议有关湿地立法议案,研究推动湿地立法工作;三是不断完善湿地管理制度,对2013年发布的《湿地保护管理规定》进行了修改,并以2017年国家林业局第48号令颁布实施。

规章制定和审查工作 一是做好《野生动物保护法》配套规章制定工作,颁布《野生动物收容救护管理办法》和《野生动物及其制品价值评估方法》;二是继续推动《野生动物标识管理办法》《野生动物人工繁育许可证管理办法》等配套规章的研究制定工作;三是参与野生动物保护配套制度建设工作,重点研究野生动物经营利用管理、外来野生动物管理、野生动物保护相关名录制定等相关制度,为今后的规章制定和修改打好基础。

部门规章清理工作 为确保行政审批制度改革措施的有效落实,及时修改和制定了5部部门规章:《主要林木品种》(国家林业局令第44号)、《国家林业局委托实施林业行政许可事项管理办法》(国家林业局令第45号)、《野生动物及其制品价值评估方法》(国家林业局令第46号)、《野生动物收容救护管理办法》(国家林业局令第47号)、《湿地保护管理规定》(国家林业局令第48号)。

与林业立法有关的其他工作 一是制定并发布《国家林业局2017年立法工作计划》;二是配合全国人大农委完成农民专业合作社法修订工作,推进农村土地承包法修改工作；三是对全国人大、国务院法制办、国务院有关部委征求意见的法律法规草案，结合林业职能提出修改意见，在相关法律法规草案中体现林业的职能和职责，共办理征求意见的土壤污染防治法、土地管理法等80余件法律、行政法规和规章草案；四是办理全国"两会"建议提案以及全国人大环资委和全国人大农委转交国家林业局办理的议案，其中，农委、环资委转来议案19件，建议提案12件；五是指导地方林业立法工作，协助、指导《甘肃省实施〈中华人民共和国森林法〉办法》《甘肃省祁连山国家级自然保护区条例》《广东省种子条例》《宁夏回族自治区六盘山、贺兰山、罗山国家级自然保护区条例》等10部地方性法规的修改工作。

（法规处）

【林业执法监督】

林业行政复议工作 2017年，共办理行政复议案件33起，其中，受理26起，包括驳回4起，维持16起，确认违法4起，撤销1起，申请人主动撤回1起；不予受理7起。在复议案件办理过程中，完成了大量的行政复议案件材料及证据审查工作，并探索创新工作方式。一是吸纳律师提前介入复议案件审查工作，认真听取律师的意见；二是坚持严格依法审查，对于违法的或者不当的行政行为坚决予以纠正，并事前与被复议申请人进行沟通，确保确认违法判决做出后得到有效执行；三是对于重大疑难案件，采取多方共同会商的方式，共同对案件进行梳理和研商，确保案件审查的合法性和客观性。

完成行政复议裁决答辩及举证工作。2017年，共收到国务院行政复议裁决案1起，国务院法制办对此案作出最终裁决，维持国家林业局的行政复议决定和信息公开答复的具体行政行为。

林业行政诉讼工作 2017年，共办理行政诉讼应诉案件46起。其中，国家林业局单独应诉3起，与省级林业主管部门共同应诉43起，胜诉率为100%。上述行政诉讼案件涉及河北、河南、浙江、福建、广东、陕西、江西、辽宁等8个省。除完成大量的答辩文书起草、证据收集整理及相关材料提交工作外，积极采取有效措施，切实推进行政应诉工作。

复议诉讼其他相关工作 一是继续完善国家林业局法律顾问制度，积极探索法律顾问参与林业行政复议案件、行政诉讼案件的新模式，充分发挥法律顾问的参谋助手作用；二是加强对地方行政复议、应诉工作的指导，就地方行政复议、应诉工作出现的问题积极进行协调；三是配合最高人民法院做好行政诉讼有关情况的调研工作，起草完成了《国家林业局关于提升依法执政和加强行政审判工作的意见和建议》；四是初步完成涉林公益诉讼课题研究，并收集整理地方行政公益诉讼案例，为下一步调研奠定基础。

执法监督检查工作 一是加强法律法规在具体适用中的解释工作，对森林资源监管职责、野生植物执法等热点难点问题及时答复，对地方执法予以指导；二是按照国务院法制办的要求，梳理目前林业主管部门承担的林木、林地权属争议裁决和植物新品种强制认可使用费裁决等2项行政裁决职能，完成了林业行政裁决总体情况、法律依据以及存在的问题的梳理和上报工作；三是配合国务院法制办做好2017年依法行政督察工作，形成国家林业局关于贯彻实施《法治政府建设实施纲要（2015~2020）》情况的总报告，并上报国务院法制办；四是配合全国人大完成《种子法》贯彻实施情况执法检查工作，完成了国家林业局关于贯彻实施种子法有关情况报告起草、种子法配套规章汇总、种子法执法检查总报告的修改及报送工作；五是加强执法和执法监督制度研究，开展了涉林行政公益诉讼、行政执法全过程记录制度、行政执法公示制度等课题研究，为适时出台相应制度奠定基础；六是配合做好最高人民法院关于森林资源、野生动物资源、林地资源等具体应用解释的修改工作、有关行刑衔接文件的起草研究工作。 （吕 振）

【林业普法】

林业行政执法暨普法骨干人员培训班 培训班重点就行政复议、行政诉讼应诉，特别是林业行政公益诉讼、行政程序等热点内容进行了讲解，对提高行政机关复议、诉讼应诉能力起到了积极的促进作用。

普法考试 根据《中央宣传办、司法部、全国普法办公室关于开展2017年"12·4"国家宪法日集中宣传活动的通知》（司发通〔2017〕118号）的要求，起草下发《国家林业局普及法律常识办公室关于开展2017年全国林业系统"12·4"普法考试的通知》，在全系统开展以宣传"党的十九大精神和习近平总书记关于全面依法治国重要论述"为主题的普法考试，在林业干部队伍中形成尊法学法守法用法的良好氛围。 （吕 振）

【林业行政许可】

继续清理行政审批事项 在前期已取消下放调整67项国家林业局本级行政许可事项、11项中央指定地方实施行政许可事项的基础上，2017年，继续取消1项本级行政许可事项、9项中央指定地方实施行政许可事项。

继续推进建设项目报建行政许可事项改革工作 进一步缩减许可范围，在原有3项报建审批行政许可事项已合并为1项的基础上，进一步取消"在沙化土地封禁保护区范围内进行修建铁路、公路等建设活动审批"。同时，进一步优化审批流程，将审批时限严格限制在20个工作日内，并加强许可制度建设，研究制订《在国家自然保护建立设施行政许可审批管理办法》。

推进网上审批平台建设 为给申请人提供更加便捷和高效的服务，2017年进一步对照《全国互联网政务服务平台检查指标》，对网上审批平台的服务功能和服务事项进行了全面自查和优化。

完善行政许可随机抽查制度 按照国务院的要求，制订发布《国家林业局行政许可随机抽查检查办法》，对行政许可随机抽查检查工作的原则、实施主体、制度安排、结果公开等进行全面规范。2017年开展了林木种子生产经营许可随机抽查检查工作。

清理规范政府性基金和行政事业性收费 停征"植物新品种保护权收费""产品质量监督检验费"；降低林产工业协会、林业机械学会收取的"会议费"和"宣传费"标准；取消中国林科院下属企业收取的"野生动物标识制作费"、中国林学会收取的"会议注册费"和林产工业协会收取的"国际贸易壁垒费用"。

实行政府性基金和行政事业性收费清单管理。一是政府性基金1项，即森林植被恢复费，根据财政部和国家林业局印发的《森林植被恢复费征收使用管理暂行办法的通知》(财综〔2002〕73号)的规定，由国家林业局收取内蒙古森工、龙江森工、大兴安岭林业集团和吉林省林业厅上缴的森林植被恢复费，所收取的森林植被恢复费，实行"收支两条线"管理，由中央财政返还各单位安排相关支出。二是行政事业性收费1项，即南京森林警察学院和中国林业科学研究院收取的教育收费，纳入预算管理，收入全部通过财政专户及时上缴中央国库，中央财政审核后返还上缴单位安排有关预算支出。

行政许可日常程序审查工作 完成了行政许可的程序审查、许可决定统一送达和许可结果网上公示工作，2017年，办理行政许可7639件，其中准予7596件，不予许可43件。

（姚 萍）

集体林权制度改革

12

集体林权制度改革

【综述】 2017年,集体林权制度改革得到党中央、国务院高度重视,改革取得重要进展,成效进一步显现。习近平总书记对集体林权制度改革工作作出重要批示,全国深化集体林权制度改革经验交流座谈会召开,各项改革举措深入推进,集体林业治理机制不断完善,集体林业发展活力进一步释放,为加强生态建设、促进精准脱贫、推动农村经济社会可持续发展发挥了重要作用。

【进展和成效】 截至2017年,明晰产权、承包到户的改革任务已经基本完成,全国确权集体林地面积1.8亿公顷,占纳入集体林改林地面积的98.97%,发放林权证1.01亿本,发证面积1.76亿公顷,占已确权林地总面积的97.65%,实现了"山定权、树定根、人定心"。通过集体林改,盘活了森林资产,集体林地流转面积达0.19亿公顷,林地租金由林改前的每公顷15~30元提高到每公顷约300元,林权抵押贷款累计3000多亿元,贷款余额1300多亿元;提高了集体林业经营效益,新型林业经营主体达25万多个,经营林地面积达0.35亿公顷,集体林地年产出率由林改前的每公顷1260元提高到每公顷约4500元;增加了农民收入,农民户均获得森林资源资产约10万元,林区农民纯收入20%以上来自林业,重点林区达50%以上;维护了农村社会稳定,集体林地承包经营纠纷调处率达95%以上;33个改革试验示范区完成阶段性任务,近100项改革试验成果转化为政策,形成了一批成功经验和典型做法。各省(区、市)深化集体林权制度改革,均召开了推进集体林权制度改革工作会议,绝大部分省(区、市)出台了深化集体林权制度改革的文件,各地探索推行了一系列改革举措,如福建试点重要生态区位商品林赎买制度、浙江首创公益林补偿收益权确权登记制度、江西建立林地适度规模经营奖补制度、四川探索林业共营制等。

【重大举措】 2017年5月,习近平总书记对集体林权制度改革工作作出重要批示,要求深入总结经验,不断开拓创新,继续深化集体林权改革,更好实现生态美、百姓富的有机统一。国家林业局印发《关于深入学习贯彻习近平总书记重要指示精神 进一步深化集体林权制度改革的通知》,要求全国林业系统深刻领会指示精神,充分认识深化集体林权制度改革的重要意义;认真总结改革经验,广泛宣传集体林权制度改革的重大成果;准确把握形势任务,着力推进集体林权制度改革的深化完善;切实加强组织领导,确保集体林权制度改革各项任务落到实处。

7月26~27日,全国深化集体林权制度改革经验交流座谈会在福建武平召开,国务院副总理汪洋出席会议并讲话,13个集体林权制度改革任务较重的省(区)的分管副省长(副主席)、有关部委负责同志等参加会议。会议学习贯彻习近平总书记重要批示精神,系统总结2008年以来集体林权制度改革的经验和成效,研究部署当前和今后一个时期的集体林权制度改革工作。会议要求,深入总结推广福建集体林权制度改革的经验,推动林业改革再上新台阶;进一步理顺林业发展的体制机制,加大政策支持力度,全面提高林业生态效益、经济效益;逐步建立集体林地"三权分置"运行机制,积极引导适度规模经营,强化管理和服务,发展壮大涉林产业;紧紧围绕增绿、增质、增效,着力构建现代林业产权制度,创新国土绿化机制,开发利用集体林业多种功能,广泛调动农民和社会力量发展林业,更好地实现生态美、百姓富的有机统一。

【表彰先进】 为表彰先进,树立典型,进一步调动林业等部门干部职工以及农民群众发展林业的积极性和创造性,7月19日,国家林业局与人力资源和社会保障部联合印发《关于表彰全国集体林权制度改革先进集体和先进个人的决定》,授予北京市园林绿化局农村林业改革发展处等100个单位"全国集体林权制度改革先进集体"荣誉称号,授予刘士河等100名同志"全国集体林权制度改革先进个人"荣誉称号。《决定》强调,全国林业系统干部职工要以受表彰的先进集体和先进个人为榜样,以更加饱满的热情,更加昂扬的斗志,更加顽强的意志,推动集体林权制度改革不断深化,为推进生态文明建设,实现"两个一百年"奋斗目标和中华民族伟大复兴的"中国梦"作出新的更大贡献。

【试验示范】 对全国各集体林业综合改革试验示范区进行了全面总结、评估,各试验示范区基本完成阶段性任务,"三权分置"改革稳步推进,林权流转制度机制逐步完善,新型林业经营主体蓬勃发展,森林经营管理制度不断创新,财政扶持和金融支持持续加强,林业服务体系进一步优化,较好发挥了先行先试、投石问路、积累经验、典型示范、以点带面的作用。11月14~15日,集体林业综合改革试验示范工作推进会在四川崇州召开,总结交流工作经验,部署下一阶段的改革试验示范工作。会议要求各试验示范区紧扣实施乡村振兴战略,在放活林地经营权、引导适度规模经营、吸引社会资本进山入林等重点领域继续开展深入探索,推动改革不断取得新突破新成效。

【培育新型经营主体】 指导各地大力培育新型林业经营主体,进一步强化服务管理和加大扶持力度,促进适度规模经营,切实提高集体林业经营效益。7月18日,印发《国家林业局关于加快培育新型林业经营主体的指导意见》,指导和鼓励各地在林木采伐管理、林地使用、林业职业经营人培养、新型职业林农培训、林业社会化服务等方面加强探索创新,完善扶持政策,支持新型林业经营主体发展壮大,加快构建以家庭承包经营为基础,以林业专业大户、家庭林场、农民林业专业合作社、林业龙头企业和专业化服务组织为重点,集约化、专业化、组织化、社会化相结合的新型林业经营体系。

【林权抵押贷款】 12月19日,国家林业局与中国银监会、国土资源部联合印发《关于推进林权抵押贷款有关工作的通知》,要求各有关单位加大金融支持力度,推广绿色信贷,创新金融产品,积极推进林权抵押贷款工作,有力支持林业改革发展。《通知》明确,到2020年,在适合开展林权抵押贷款工作的地区,林权抵押贷款业务基本覆盖,金融服务优化,林权融资、评估、流转和收储机制健全。《通知》提出了建立风险分散机制、保护银行业金融机构的财产处置权和收益权、强化政银企对接、规范森林资源资产评估行为等政策措施,有利于进一步破除阻碍林权抵押贷款发展的制度性因素,释放林权抵押贷款的巨大潜能。

【纠纷调处】 印发《国家林业局关于印发〈2017年集体林地承包经营纠纷调处考评工作实施方案〉的通知》,扎实推进纠纷调处考评工作,以考评促调处,妥善化解林权纠纷,有力维护林区和谐稳定。

【林下经济】 加强林下经济示范基地建设,引导广大农户提升林下经济经营水平,提供更多绿色优质的林下经济产品。全国林下经济发展面积超0.3亿公顷,年产值超7000亿元,建设林下经济示范基地6381个,创建国家林下经济示范基地373家。完善国家林下经济示范基地管理制度,印发《国家林业局关于加强国家林下经济示范基地建设的通知》,要求各地加强对林下经济示范基地建设的指导,以生态保护、清洁生产、发展能力、科技支撑、内部控制、质量管理、品牌建设、利益联结机制为必备条件,创建一批产出规模大、管理水平高、产品质量优、带动能力强、扶贫效果好的国家林下经济示范基地。

(缪光平供稿)

林业科学技术

13

林业科技

【林业科技综合情况】 全年争取中央林业科技投资近11亿元，启动实施了450多项重大科技项目，3项成果获得国家科技进步二等奖，张守攻、蒋剑春两位同志当选中国工程院院士。组织开展林业现代化建设目标任务等新时代林业重大问题研究，批复成立京津冀生态率先突破、长江经济带生态保护、"一带一路"生态互联互惠三大区域协同科技创新中心。启动"转基因生物新品种培育"重大专项、"种业自主创新"重大工程、"主要经济作物优质高产与产业提质增效科技创新"重点专项。围绕实施"乡村振兴战略"，继续推进实施林业科技扶贫、林业科技成果转移转化、林业标准化提升三大行动，继续推进新一轮森林资源核算研究，加大负离子监测试点，顺利完成全年各项任务。 （科技司综合处）

【国家林业局重点实验室管理】 制定国家林业局重点实验室建设标准，印发《国家林业局重点实验室评估规则》，开展对34个局级重点实验室评估和新建重点实验室的组织申报、专家评审和现场考察工作。
（科技司综合处）

【签署北京林业国际科技创新示范基地战略合作协议】 2017年9月29日，国家林业局科技司与北京市园林绿化局、北京市科学技术委员会、北京林业大学、中国林业科学研究院、北京市房山区人民政府等6家单位签署北京林业国际科技创新示范基地战略合作协议。
（科技司综合处）

【3项成果获得国家科技进步二等奖】 在2017年国家科学技术奖励中，由国家林业局推荐的3项成果获得国家科技进步二等奖。

表13-1 获得国家科技进步奖项目名单

项目名称	主要完成单位	奖项
基于木材细胞修饰的材质改良与功能化关键技术	东北林业大学，中国林业科学研究院木材工业研究所，中国木材保护工业协会，河北爱美森木材加工有限公司，徐州盛和木业有限公司，德华兔宝宝装饰新材股份有限公司，北京楚之园环保科技有限责任公司	国家科技进步二等奖
竹林生态系统碳汇监测与增汇减排关键技术及应用	浙江农林大学，国际竹藤中心，中国林业科学研究院亚热带林业研究所，国家林业局竹子研究开发中心，浙江科技学院，中国绿色碳汇基金会，福建省林业科学研究院	国家科技进步二等奖
中国松材线虫病流行规律与防控新技术	南京林业大学，安徽省林业科学研究院，杭州优思达生物科技有限公司，南京生兴有害生物防治技术股份有限公司	国家科技进步二等奖

（科技司综合处）

林业科学研究

【国家重点研发计划】 2017年，国家重点研发专项"林业资源培育及高效利用技术创新""典型脆弱生态修复与保护研究""畜禽重大疫病防控与高效安全养殖综合技术研发"3个专项中的22个项目通过评审立项，总经费达5.46亿元。重点围绕马尾松、落叶松、油松及北方主要珍贵用材树种高效栽培与利用技术研究，人工林重大灾害的成灾机理和调控机制，黄土高原人工生态系统结构改善和功能提升技术，东北退化森林生态系统恢复和重建技术研究与示范，三峡库区面源污染控制与消落带生态恢复技术与示范，珍稀濒危野生动物重要疫病防控与驯养繁殖技术研发等方面开展集成关键技术创新研究和集成示范。 （科技司创新处）

【国家林业公益性行业科研专项项目】 完成2016年度到期行业专项项目的验收工作，通过验收86项。

表13-2 2017年度国家林业公益性行业科研专项验收项目认定成果一览表

序号	成果名称
1	CFJ-240伐木清林作业机
2	NiMo/Al2O3-Pd/C复合催化剂制备技术及其在生物燃油制备中的应用
3	白蜡虫抗冻蛋白功能鉴定及遗传转化研究
4	白蜡高效培育与产品深加工关键技术
5	百合体细胞多倍体高效诱导技术体系
6	板栗果实及花序综合深加工技术
7	板栗剩余物环境友好型综合利用技术
8	板栗修剪和施肥互作提质增效关键技术
9	滨海湿地基质异质性对植物种间关系的影响研究
10	滨海湿地生态系统植物凋落物对水质影响评估技术
11	大规格耐候性竹质重组结构材制造技术

(续)

序号	成果名称
12	大规格预应力竹材重组梁柱制造关键技术与设备
13	大规格竹重组材连续热压成型关键技术与装备
14	地板地暖一体化的木竹电热复合地板制造技术
15	滇牡丹、白芨良种繁育与栽培技术
16	多功能森林消防车
17	多穗柯种苗繁育技术
18	非承重结用高性能重组木制造技术
19	风光驱动大型光生物反应器微藻养殖系统
20	高抗速生白榆良种选育技术
21	高效环保微乳液型异噻唑啉酮(DCOIT)木材防腐剂制备及应用技术
22	戈壁分类体系与中国戈壁区划系统
23	功能肥料技术
24	广东红山茶优树选择及无性系选育技术
25	红壤强度侵蚀区耐性植物的筛选与应用技术
26	红松梢斑螟啮小蜂人工繁育及应用技术
27	火灾FBP模型计算系统V1.0
28	基于GIS的林木种质资源信息管理与决策支持系统
29	基于能值代数法的湿地生态系统服务评估去重复性计算方法
30	江南油杉育苗技术
31	降香黄檀人工林生物复合肥研制及应用技术
32	降香黄檀主要病虫害无公害防治技术
33	胶合木结构桥梁建造及应用技术
34	考虑空气颗粒物污染调控功能的城市道路防护林优化结构技术
35	颗粒增强木质功能材料成形技术
36	蓝莓标准化生产技术
37	梨蒴良种选育及种苗快繁技术
38	辽宁省宜林地营林决策技术
39	林地薇甘菊绿色防控及资源化利用
40	林木精准井式节水灌溉技术
41	林业生物质全溶及功能材料制备关键技术
42	林业资源多层次信息服务技术
43	林源食用叶类深加工技术
44	六个新疆特色果树新品种
45	落叶松八齿小蠹高效引诱剂及行为抑制剂
46	马尾松、栎混交林防火的林分调控技术
47	毛白杨优质速生新品种分子育种技术
48	毛红椿等4种珍贵濒危树种种质资源收集与评价利用
49	毛竹全基因组测序及数据库建立
50	美洲黑杨抗病虫性状遗传解析及分子标记辅助选择育种
51	米老排良种早期选育及高效培育关键技术
52	木本生物质绿色协同转化乙醇与材料新技术
53	木材低碳高效常规干燥装备与技术
54	木材低碳高效热空气高频供热干燥技术与装备
55	木材多功能改性干燥一体化技术与装备
56	木地板精准装卸载与模块化自动包装技术与装备

(续)

序号	成果名称
57	木质剩余物衍生绿色
58	南方特色浆果乌饭树繁育技术
59	南京椴树种质资源保护与高效繁育技术
60	泡桐墙壁板加工及优良品系选育技术
61	平欧杂种榛新品种1-7号选育及组培快繁产业化育苗技术
62	强耐久性人工林黄荆小径木户外家具材
63	人工林干扰、恢复及人工林生物量时空模式制图方法
64	人工林杨木改性用豆粕基胶黏剂制备技术
65	人工林杨木浸渍增强改性处理技术
66	森林对大气颗粒物调控的监测技术
67	森林植被对大气颗粒物的影响评价技术
68	山核桃主要有害生物的绿色防控技术体系
69	石榴薄膜包装气调贮藏保鲜技术
70	实木家具榫结构优化及疲劳强度测试技术
71	四川特色香料与油脂植物产业化关键技术
72	松材线虫病成灾的生物学机制
73	酸果加工专用品种选育
74	特色浆果系列产品加工技术
75	甜角新品种选育及高效嫁接技术
76	微波处理木材流体通道可控化技术
77	微生物防治黄山松蜘蛛关键技术
78	乌桕规模化繁育技术
79	无醛防火木基复合材热成型技术
80	五倍子高效培育和新产品研发技术
81	纤维模塑包装衬板材料制备技术
82	小径木双面连续纵向刨切技术
83	缬草、香茅高效利用集成技术
84	新疆特色林果提质增效关键技术
85	杨树溃疡病流行与防控的分子机制
86	杨树人工林连作障碍土壤微生物修复剂应用技术
87	野生观赏树种羽叶丁香和唐棣繁育技术体系
88	一种酶解木质素基酚醛树脂的制备技术
89	油楠树脂油全封闭采集技术
90	油桐抗枯萎高产品种选育技术
91	油桐良种集约经营技术
92	皂荚等25个重要树种种质资源收集保存与评价
93	沼泽小叶桦规模化繁殖技术
94	珍贵树种人工林林下植物经营模式及技术
95	珍稀濒危筇竹保护与退化竹林恢复关键技术
96	中国戈壁分布图
97	中国戈壁生态系统基础数据库及信息共享平台
98	重组方材四面连续热压机
99	皱皮木瓜乔化培育技术
100	紫胶产品深加工和优良紫胶高效培育关键技术
101	自然保护区天空地一体化监测评估技术
102	足尺人造板力学性能无损检测设备

(科技司创新处)

【引进国际先进林业科学技术计划项目("948"项目)和国家林业局重点项目】 完成2016年度到期"948"项目和国家林业局重点项目的验收工作,通过验收89项。依托"948"项目和国家林业局重点项目,认定成果58项,获得专利39件,发布行业及地方标准9项,发表论文373篇(其中51篇SCI/EI收录)。

表13-3 2017年度"948"项目、国家林业局重点验收项目认定成果一览表

序号	成果名称
1	MEGAN-WRF-CMAQ模式模拟天然源对SOA贡献技术
2	桉叶制备水果天然保鲜剂关键技术
3	白屈菜碱杀虫药剂制备技术
4	北方地区典型林分森林质量经营精准提升方案编制技术
5	便携式多功能采摘设备制造技术
6	捕食性天敌蠋蝽饲养质量控制技术
7	超级活性炭生产技术
8	车载式林木生物质快速热裂解液化技术与装备
9	达摩凤蝶新孵幼虫细胞系的建立及其蛋白表达特性
10	地被银桦组培与嫁接育技术
11	多釜药液置换/混合溶解浆制备装置
12	改性速生餐厅家具设计
13	高寒湿地温室气体排放核算技术
14	高温梯度法酶催化纤维原料水解技术
15	功能型核壳结构木塑复合材料制造技术
16	光肩星天牛信息素及其林间应用技术
17	黑皮油松球果早期性别控制技术
18	红外视频的火场边缘识别技术与坐标标定技术
19	猴面包树良种早期选择与繁育
20	荒漠化监测与评估系统构建与实时评估技术
21	基于机械力化学作用的酶法制备纳米纤维素
22	基于云计算森林生态系统规划管理技术
23	集成材用MUF共缩聚树脂应用生产技术
24	加拿大糖槭育苗技术
25	冷杉针叶三萜酸制备农作物生长促进剂
26	立木腐朽电阻断层成像系统
27	两性聚电解质制备与纸张增强应用技术
28	履带式林木障碍药带精准喷试车
29	木质液化物活性碳纤维制备技术

(续)

序号	成果名称
30	南方鲜食枣无性繁育技术
31	酿酒葡萄脱毒组培苗繁育与卷叶病检测技术创新
32	欧洲冬青优良种质资源筛选及繁殖技术
33	人造板热压板坯内部温度与压力监测技术
34	三倍体红叶卫矛微型快繁技术
35	森林游憩资源调查与评价技术
36	芍药远缘杂交育种与新品种高效繁殖技术
37	少球悬铃木苗木繁育技术
38	生物质水蒸气催化气化制取富氢燃气技术
39	湿地松遗传资源高产脂测评技术与定向育种
40	数控多功能曲线封边机制造技术
41	四照花属苗木繁殖技术体系
42	甜柿杂交胚拯救技术
43	脱硫活性竹炭制备应用技术
44	小干松无性繁殖技术
45	小型立盘式伐根技术
46	新型溶剂纤维素溶解及再生纤维素制备技术
47	熊果酸高效提取纯化技术
48	绣球花植物种质资源收集、繁育及推广应用
49	萱草和鸢尾的育种和繁育技术
50	一种促进白木香树叶片生长的技术
51	一种大伏革菌及其在防治中国针叶树根腐病上的应用技术
52	一种高浓度生化黄腐酸的制备方法
53	一种光肩星天牛引诱剂及其诱捕装置
54	油桐下胚轴高效再生及其遗传转化技术
55	早花露地小菊培育系列技术
56	榛子工厂化容器育苗技术
57	制浆用低等级木片材性特征快速检测技术
58	中国木材合法性供应链管理与尽职调查技术体系

(科技司创新处)

【陆地生态系统定位观测研究网络建设】 2017年入网生态站9个,其中森林生态站2个,湿地生态站2个,荒漠生态站2个,城市生态站3个,为开展生态效益考核与生态服务功能评估等搭建了重要的科技创新平台。

(科技司创新处)

林业科技推广

【全国林业科技推广工作交流会】 2017年8月24~25日,科技司在山西省晋中市组织召开了全国林业科技推广工作会议,国家林业局党组成员、副局长彭有冬出席会议并作了重要讲话,会议邀请了来自全国31个省(区、市)林业厅(局)、四大森工(林业)集团公司、新疆生产建设兵团林业局、六所林业高校、中国林科院、国际竹藤中心的主管领导和负责林业科技推广工作的处长或站长,以及国家林业局相关司局负责人参加了会议。

(科技司推广处)

【林业科技推广顶层设计】 为深入落实《中华人民共和国促进科技成果转化法》和《国务院办公厅关于印发促进科技成果转移转化行动方案的通知》(国办发〔2016〕28号),以及全国林业科技创新大会精神,国家林业局

下发了《国家林业局促进科技成果转移转化行动方案》(林科发〔2017〕46号)，组织制订《林业科技推广成果库管理办法》(林科发〔2017〕59号)，为深入推进林业科技成果实现转移转化奠定了顶层战略基础。

（科技司推广处）

【2017年重点推广林业科技成果包】 为促进林业科技成果转移转化，围绕生态建设、产业发展及林业扶贫等重点工作对技术的需求，遴选先进实用科技成果，发布《2017年重点推广林业科技成果100项》(办科字〔2017〕37号)，围绕国土绿化、生态建设、国有林权改革、产业发展以及扶贫富民等方面对科技成果的现实需求，重点示范推广用材林良种丰产栽培、经济林良种高效栽培、生态修复及植被恢复、森林经营、竹藤花卉及林下经济、木竹材加工与林特产品加工、森林灾害防控与林业装备等技术领域最新林业科技成果。

（科技司推广处）

【林业精准扶贫行动】 国家林业局、新疆维吾尔自治区政府、新疆生产建设兵团签署了战略合作协议，组建了新疆南疆林果业科技支撑专家组，印发《新疆南疆林果业科技支撑行动方案》(林科发〔2017〕60号)，编印了《新疆南疆林果业先进适用科技成果指南》。积极组织动员全国各级林业部门和科技力量，以林业精准脱贫为目标，以贫困人口脱贫为重点，积极开展林业科技扶贫行动，并在延川、晋中、贵阳、阿克苏4个地区举办林业科技扶贫培训班。此外，赴江苏溧水、苏州等地有关企业进行创新示范企业工作调研。为推动陕西延川红枣产业发展，联合国家林业局计财司、陕西林业厅等单位开展了实地调研，编制完成《延川红枣产业科技支撑调研报告》，提出了推动区域经济发展、保障林农脱贫致富的科技支撑方案。

（科技司推广处）

【中央财政林业科技推广示范资金专项】 2017年，共安排中央财政林业科技推广示范补贴资金4.6亿元，支持方向包括：木本粮油、林特资源、林木良种、生态修复、灾害防控、林业标准化示范区建设等六大类技术。在全国31个省(区、市)，推广应用林木优良品种繁育、特色经济林果丰产栽培、困难立地造林、生态修复与治理、林特资源开发与高效加工利用、林业剩余物加工利用、林下药用植物复合经营、重大林业有害生物防治等技术与先进林业装备机械、森林防火、"物联网+林业"等成果，大幅提升了林业科技新成果应用示范效应，强化了科技对林业创新发展的支撑。

（科技司推广处）

【林业科技成果国家级推广项目】 2017年，依托林业科技成果国家级推广项目资金，共组织实施各重点领域推广项目33项，重点推广用材林培育、经济林丰产栽培、生态修复、木材加工、林产化工等领域先进技术。项目主要由中国林科院、国际竹藤中心、北京林业大学、东北林业大学、南京林业大学、西北农林科技大学、中南林业科技大学、西南林业大学及其他国家林业局直属科研单位承担。

表13-4 2017年度林业科技成果国家级推广项目

项目名称	承担单位
林场废弃矿山生态修复综合技术推广与示范	北京林业大学
高效环保型土壤改良剂应用技术推广与示范	北京林业大学
花果兼用梅'玉龙红翡'和'玉龙绯雪'林木良种推广与示范	北京林业大学
杨树防护害虫高效安全持续控制技术推广	东北林业大学
玫瑰抗虫性诱导增强技术推广	东北林业大学
杂种落叶松种子园营建技术和优良家系推广与示范	东北林业大学
多功能高射程喷雾喷烟及病虫害防治技术推广一体机	南京林业大学
青钱柳苗木标准化生产及其叶用林定向培育技术示范	南京林业大学
户外重组竹材生产技术推广示范	南京林业大学
银杏叶等药用植物资源活性物质提取转化新技术的推广及应用	南京林业大学
棱枝山矾优良种源扩繁及高效栽培技术示范推广	南京林业大学
杉木人工林生态系统高效经营技术推广与应用	中南林业科技大学
多花黄精种苗繁育技术示范与推广	中南林业科技大学
木质剩余物转化高值化副产品技术应用示范	中南林业科技大学
甜龙竹优良品种生态栽培技术推广示范	西南林业大学
"金真栗"良种及栽培技术推广	西北农林科技大学
优质早熟酿酒葡萄新品种嘉年华及其配套栽培技术推广	西北农林科技大学
渭北旱塬花椒高效栽培及管理技术示范与推广	西北农林科技大学
'华仲10号'杜仲良种繁育与栽培技术推广	国家林业局泡桐中心
沙区植被恢复技术推广与示范	中国林科院荒漠化所
竹浆高浓废水高效低成本处理技术	中国林科院林化所
沙棘良种'白丘杂'与'黑棘6号'产业化示范	中国林科院林业所
热带兰花系列良种推广	中国林科院林业所
高性能多用途竹基纤维复合材料制造技术推广与示范	中国林科院木工所
实体木材层状压缩技术推广应用	中国林科院木工所
湿地公园与建设评估技术	中国林科院新技术所
夏季茶花新品种推广	中国林科院亚林所
森林经营单位水平森林调查新技术的示范推广	中国林科院资源所

(续)

项目名称	承担单位
竹束复合材双拼梁构件在木结构建筑中的应用	国际竹藤中心
便携式多级森林消防水泵技术示范与推广	南京森林警察学院
岩石边坡植被恢复客土基质与保水剂的双层喷播法推广示范	国家林业局林产工业规划设计院
草珊瑚种苗培育、林下规范化栽培模式及加工技术推广	国家林业局林产工业规划设计院
农林有机废弃物碳化处理装置推广示范	国家林业局林产工业规划设计院

（科技司推广处）

【信息系统研建】 为加强林业科技信息服务工作，提高科技管理工作效率，进一步加强研建和完善"国家林业科技推广成果库管理信息系统"和"国家林业科技推广项目库管理信息系统"，2017年入库成果1048项。利用"互联网+技术"，组织研建了"全国重要树种适地适树一张图信息系统"，完成油茶、杨树适地适树一张图信息查询应用系统，将为全社会提供更加快捷、专业的林业科技信息和成果应用服务。 （科技司推广处）

【林业科技成果转化平台】 按照《林业工程技术研究中心发展规划（2013~2020）》，2017年完成了油松、林浆纸一体化、绿洲林业、杏、榛子、华北乡土树种、森林经营、小浆果、南方天敌繁育与应用等9个工程中心批复工作。按照《国家林业生物产业基地认定办法》，2017年完成了新疆温宿国家红枣生物产业基地、浙江安吉国家毛竹生物产业基地的批复组建工作，完成了湖南永州、四川乐至两个国家林业科技示范园区的批复工作，实现两个产业链要素聚集，推动产业快速发展。

表13-5 2017年度批复的林业工程技术研究中心和生物产业基地

工程中心名称	依托单位
国家林业局油松工程技术研究中心	北京林业大学
国家林业局林浆纸一体化工程技术研究中心	中国纸业投资有限公司
国家林业局绿洲林业工程技术研究中心	新疆维吾尔自治区林科院
国家林业局杏工程技术研究中心	北京农林科学院
国家林业局榛子工程技术研究中心	中国林科院林业所、辽宁省经济林研究所
国家林业局华北乡土树种工程技术研究中心	山西省林科院
国家林业局森林经营工程技术研究中心	中国林科院资源所、北京林业大学
国家林业局小浆果工程技术研究中心	沈阳农业大学
国家林业局南方天敌繁育与应用工程技术研究中心	湖南省林业科学院
浙江安吉毛竹国家生物产业基地	浙江省安吉县人民政府
新疆温宿红枣国家生物产业基地	新疆维吾尔自治区温宿县人民政府

（科技司推广处）

【平台工作交流与示范】 为推动工程中心对相关领域的科技支撑作用，引导各工程中心根据各自技术领域特点和相关产业发展情况，进一步明确科技发展的目标、任务和方向，切实发挥好工程（技术）研究中心的支撑引领作用，为加强产业技术成果集成，提升行业科技进步水平，继续加大工程中心、生物产业基地和科技示范园区建设力度。2017年1月和9月，分别在湖南长沙和宁夏银川组织召开林业工程技术研究中心工作交流暨培训会，总结工程中心建设经验，交流研讨新形势林业工程技术研究中心工作目标和任务，与会人员就科技成果转化、人才培养、运行体制机制创新等问题展开了深入交流。 （科技司推广处）

林业标准化

【发布《林业标准体系》】 为贯彻落实《国家标准化体系建设发展规划（2016~2020年）》《林业发展"十三五"规划》和《林业标准化"十三五"发展规划》，2017年10月印发《林业标准体系》，包括：林业基础、森林培育与保护、湿地保护与修复、荒漠化防治、生物多样性保护、林业产业、行政管理与服务以及其他8类，已经发布、在编和拟制定等各类标准总计2433项。

（科技司标准处）

【新《标准化法》培训】 为适应国家标准化工作发展的新形势，加强林业领域各标准化技术委员会的管理，2017年在北京集中学习了新发布的《标准化法》和《全国专业标准化技术委员会管理办法》，科技司及全国林业领域各标委会秘书长等30多人参加了培训。

（科技司标准处）

【林业品牌建设工作】 为加强和推进林业品牌建设工作，促进林业产业转型升级和创新发展，2017年7月成立了林业品牌工作领导小组，负责指导和协调全国林业品牌工作，审议林业品牌发展战略、规划、政策和有关重要事项，协调解决林业品牌建设中的重大问题。为加强林业品牌建设和保护工作，2017年12月印发了《国家林业局关于加强林业品牌建设指导意见》和《林业品牌建设与保护行动计划》。引导林业企业实施品牌战略；鼓励行业协会、产业联盟、研究机构等制定高水平的团体标准，开展品牌咨询、质量评价等活动，为企业提供质量分析、检验检测、品牌价值评价等专业化服务；指导召开"林产品质量提升与品牌建设"高峰论坛，交流林产品质量提升与品牌建设的经验与成就。

（科技司标准处）

【2017年林业国家标准】 经国家质量监督检验检疫总局、中国国家标准化管理委员会批准，2017年发布林业国家标准59项。

表 13-6　2017 年发布的林业国家标准目录

序号	标准号	中文名称	代替标准号
1	GB/T 143—2017	锯切用原木	GB/T 143—2006
2	GB/T 155—2017	原木缺陷	GB/T 155—2006
3	GB/T 5051—2017	刨花铺装机	GB/T 5051—2000
4	GB/T 5392—2017	林业机械　便携手持式油锯	GB/T 5392—2004
5	GB/T 7909—2017	造纸木片	GB/T 7909—1999
6	GB/T 14074—2017	木材工业用胶粘剂及其树脂检验方法	GB/T 14074—2006
7	GB/T 14732—2017	木材工业胶粘剂用脲醛、酚醛、三聚氰胺甲醛树脂	GB/T 14732—2006
8	GB/T 15102—2017	浸渍胶膜纸饰面纤维板和刨花板	GB/T 15102—2006
9	GB/T 15106—2017	刨切单板用原木	GB/T 15106—2006
10	GB/T 15777—2017	木材顺纹抗压弹性模量测定方法	GB/T 15777—1995
11	GB/T 15779—2017	旋切单板用原木	GB/T 15779—2006
12	GB/T 15787—2017	原木检验术语	GB/T 15787—2006
13	GB/T 18107—2017	红木	GB/T 18107—2000
14	GB/T 18516—2017	便携式油锯　锯切效率和燃油消耗率试验方法　工程法	GB/T 18516—2001
15	GB 18580—2017	室内装饰装修材料 人造板及其制品中甲醛释放限量	GB 18580—2001
16	GB/T 20240—2017	竹集成材地板	GB/T 20240—2006
17	GB/T 20445—2017	刨光材	GB/T 20445—2006
18	GB/T 21140—2017	非结构用指接材	GB/T 21140—2007
19	GB/T 22350—2017	成型胶合板	GB/T 22350—2008
20	GB/T 33536—2017	防护服装　森林防火服	
21	GB/T 33568—2017	户外用木材涂饰表面老化等级与评价方法	
22	GB/T 33569—2017	户外用木材涂饰表面人工老化试验方法	
23	GB/T 33776.4—2017	林业物联网　第4部分：手持式智能终端通用规范	
24	GB/T 33776.602—2017	林业物联网　第602部分：传感器数据接口规范	
25	GB/T 33776.603—2017	林业物联网　第603部分：无线传感器网络组网设备通用规范	
26	GB/T 33890—2017	森林抚育　工程实施指南	
27	GB/T 33891—2017	绿化用有机基质	
28	GB/T 33892—2017	木材物流规划设计符号	
29	GB/T 34717—2017	挤压刨花板	
30	GB/T 34718—2017	野生动物饲养管理技术规程　蓝狐	
31	GB/T 34719—2017	结构用人造板均布荷载性能测试方法	
32	GB/T 34721—2017	板式家具板件加工生产线验收通则	
33	GB/T 34722—2017	浸渍胶膜纸饰面胶合板和细木工板	
34	GB/T 34723—2017	不饱和聚酯树脂装饰人造板残留苯乙烯单体含量测定　气相色谱法	
35	GB/T 34724—2017	接触防腐木材的金属腐蚀速率加速测定方法	
36	GB/T 34725—2017	结构用人造板集中荷载和冲击荷载性能测试方法	
37	GB/T 34726—2017	木材防腐剂对金属的腐蚀速率测定方法	
38	GB/T 34742—2017	木门窗用木材及人造板规范	
39	GB/T 34743—2017	栎木实木地板	
40	GB/T 34744—2017	规格材及齿板连接性能设计值确定方法	
41	GB/T 34749—2017	木材及木质复合材料耐火试验方法　锥形量热仪法	
42	GB/T 35214—2017	无机水载型木材防腐剂固着时间的确定方法	
43	GB/T 35215—2017	结构用人造板特征值的确定方法	
44	GB/T 35216—2017	结构胶合板	
45	GB/T 35217—2017	锯切薄板	
46	GB/T 35239—2017	人造板及其制品用甲醛清除剂清除能力的测试方法	
47	GB/T 35240—2017	树莓苗木质量分级	
48	GB/T 35241—2017	木质制品用紫外光固化涂料挥发物含量的检测方法	
49	GB/T 35242—2017	主要商品竹苗质量分级	

序号	标准号	中文名称	代替标准号
50	GB/T 35243—2017	人造板及其制品游离甲醛吸附材料吸附性能的测试方法	
51	GB/T 35377—2017	森林生态系统长期定位观测指标体系	
52	GB/T 35378—2017	植物单根短纤维拉伸力学性能测试方法	
53	GB/T 35379—2017	木门分类和通用技术要求	
54	GB/T 35380—2017	进境原木中废材的判定方法	
55	GB/T 35475—2017	红木制品用材规范	
56	GB/T 35476—2017	罗汉果质量等级	
57	GB/T 35565—2017	木质活性炭试验方法 甲醛吸附率的测定	
58	GB/T 35566—2017	植物新品种特异性、一致性、稳定性测试指南 石榴属	
59	GB/T 35601—2017	绿色产品评价 人造板和木质地板	

(科技司标准处)

【2017年林业行业标准】 经国家林业局批准，2017年共发布林业行业标准164项。

表13-7 2017年发布的林业行业标准目录

序号	标准编号	标准名称	代替标准号
1	LY/T 2786—2017	三北防护林退化林分修复技术规程	
2	LY/T 2787—2017	国家储备林改培技术规程	
3	LY/T 2788—2017	森林体验基地质量评定	
4	LY/T 2789—2017	森林养生基地质量评定	
5	LY/T 2790—2017	国家森林步道建设规范	
6	LY/T 2791—2017	生态露营地建设与管理规范	
7	LY/T 2792—2017	戈壁生态系统服务评估规范	
8	LY/T 2793—2017	戈壁生态系统定位观测指标体系	
9	LY/T 2794—2017	红树林湿地健康评价技术规程	
10	LY/T 2795—2017	森林防火指挥调度系统技术要求	
11	LY/T 2796—2017	森林消防指挥员业务培训规范	
12	LY/T 2797—2017	森林消防队员技能考核规范	
13	LY/T 2798—2017	森林防火宣传设施设置规范	
14	LY/T 2799—2017	东北、内蒙古林区改培型防火林带技术规程	
15	LY/T 2800—2017	经济林产品质量安全监测技术规程	
16	LY/T 2801—2017	植物新品种特异性、一致性、稳定性测试指南 榉属	
17	LY/T 2802—2017	植物新品种特异性、一致性、稳定性测试指南 白蜡树属	
18	LY/T 2803—2017	植物新品种特异性、一致性、稳定性测试指南 忍冬属	
19	LY/T 2804—2017	薄壳山核桃遗传资源调查编目技术规程	
20	LY/T 2805—2017	陆生野生动物及其产品处置规程	
21	LY/T 1783—2017	黑熊繁育利用技术规范	LY/T 1783—2008
22	LY/T 2806—2017	野生动物饲养从业人员要求	
23	LY/T 2807—2017	野生动物饲养管理技术规程 雁类	
24	LY/T 2808—2017	野生动物饲养场建设和管理规范 鸵鸟场	
25	LY/T 2809—2017	杉木大径材培育技术规程	
26	LY/T 2810—2017	结构化森林经营技术规程	
27	LY/T 2811—2017	结构化森林经营数据调查技术规程	
28	LY/T 2812—2017	森林木本植物功能性状测定方法	
29	LY/T 2813—2017	木荷防火林带造林技术规程	
30	LY/T 2814—2017	川山茶栽培技术规程	
31	LY/T 2815—2017	金槐栽培技术规程	
32	LY/T 2816—2017	山茱萸育苗技术规程	
33	LY/T 2817—2017	山桐子栽培技术规程	
34	LY/T 2818—2017	香桂栽培技术规程	
35	LY/T 2819—2017	塔拉育苗技术规程	
36	LY/T 2820—2017	齿瓣石斛培育技术规程	
37	LY/T 2821—2017	甜菜树培育技术规程	
38	LY/T 2822—2017	紫竹材用林丰产栽培技术规程	
39	LY/T 2823—2017	川滇桤木速生丰产林	
40	LY/T 2824—2017	杏栽培技术规程	
41	LY/T 2825—2017	枣栽培技术规程	
42	LY/T 2826—2017	李栽培技术规程	
43	LY/T 2827—2017	防护林体系规划技术规程	
44	LY/T 2828—2017	防护林体系设计技术规程	
45	LY/T 2829—2017	喀斯特石漠化山地经济林栽培技术规程	

(续)

序号	标准编号	标准名称	代替标准号
46	LY/T 2830—2017	燕山太行山森林培育技术规程	
47	LY/T 2831—2017	燕山山地油松人工林多功能经营技术规程	
48	LY/T 2832—2017	生态公益林多功能经营指南	
49	LY/T 2833—2017	南方地区幼林抚育技术规程	
50	LY/T 2834—2017	柏木用材林栽培技术规程	
51	LY/T 2835—2017	酒竹栽培技术规程	
52	LY/T 1497—2017	枣优质丰产栽培技术规程	LY/T 1497—1999
53	LY/T 1337—2017	板栗优质丰产栽培技术规程	LY/T 1337—1999
54	LY/T 1558—2017	仁用杏优质丰产栽培技术规程	LY/T 1558—2000
55	LY/T 2836—2017	赤皮青冈育苗技术规程	
56	LY/T 2837—2017	云南松抚育经营技术规程	
57	LY/T 2838—2017	刺梨培育技术规程	
58	LY/T 2839—2017	白蜡虫种虫	
59	LY/T 2840—2017	白蜡虫种虫繁育技术规程	
60	LY/T 2841—2017	黑木耳菌包生产技术规程	
61	LY/T 2842—2017	林业常用药剂合理使用准则（一）	
62	LY/T 2843—2017	落叶松叶蜂防治技术规程	
63	LY/T 2844—2017	针叶树苗木立枯病防治技术规程	
64	LY/T 2845—2017	蔗扁蛾防治技术规程	
65	LY/T 2846—2017	甲氨基阿维菌素苯甲酸盐微乳剂使用技术规程	
66	LY/T 2847—2017	噻虫啉微囊剂使用技术规程	
67	LY/T 2848—2017	蜀柏毒蛾防治技术规程	
68	LY/T 2849—2017	抗生育剂防治森林地上害鼠技术规程	
69	LY/T 2850—2017	蠋蝽人工繁育及应用技术规程	
70	LY/T 2851—2017	柏肤小蠹防治技术规程	
71	LY/T 2852—2017	山核桃有害生物防治技术指南	
72	LY/T 2853—2017	红树林主要食叶害虫防治技术规程	
73	LY/T 2854—2017	山茶花嫁接技术规程	
74	LY/T 2855—2017	三色堇盆花生产技术规程	
75	LY/T 2856—2017	马拉巴栗盆栽生产技术规程	

(续)

序号	标准编号	标准名称	代替标准号
76	LY/T 2857—2017	杜鹃花绿地栽培养护技术规程	
77	LY/T 2858—2017	花卉种质资源库建设导则	
78	LY/T 2859—2017	对伞花烃	
79	LY/T 2860—2017	双戊烯	
80	LY/T 2861—2017	松香树脂酸毛细管气相色谱分析方法	
81	LY/T 2862—2017	焦性没食子酸	
82	LY/T 2863—2017	3，4，5-三甲氧基苯甲酸	
83	LY/T 2864—2017	燃油蒸发排放控制碳罐用颗粒活性炭	
84	LY/T 2865—2017	桐油	
85	LY/T 2866—2017	余甘子粉	
86	LY/T 2867—2017	月桂烯	
87	LY/T 2868—2017	二氢月桂烯	
88	LY/T 2869—2017	合成香叶醇	
89	LY/T 2870—2017	绿色人造板及其制品技术要求	
90	LY/T 2871—2017	木（竹）质容器通用技术要求	
91	LY/T 2872—2017	木制珠串	
92	LY/T 2873—2017	铅笔板	
93	LY/T 2874—2017	陈列用木质挂板	
94	LY/T 2875—2017	难燃细木工板	
95	LY/T 1718—2017	低密度和超低密度纤维板	LY/T 1718—2007
96	LY/T 1697—2017	饰面木质墙板	LY/T 1697—2007
97	LY/T 2876—2017	人造板定制衣柜技术规范	
98	LY/T 2877—2017	木夹板门	
99	LY/T 2878—2017	木镶板门	
100	LY/T 2879—2017	装饰微薄木	
101	LY/T 2880—2017	浸渍纸层压定向刨花板地板	
102	LY/T 2881—2017	木塑复合材料氧化诱导时间和氧化诱导温度的测定方法	
103	LY/T 2882—2017	饰面模压纤维板	
104	LY/T 2883—2017	人造板及制品中甲醛含量的测定 高效液相色谱法	
105	LY/T 2884—2017	木栅栏	
106	LY/T 2885—2017	竹百叶窗帘	
107	LY/T 2886—2017	园林机械 高尔夫球场用半挂车	
108	LY/T 1621—2017	园林机械 产品型号编制方法	LY/T 1621—2004

(续)

序号	标准编号	标准名称	代替标准号
109	LY/T 1619—2017	园林机械 以汽油机为动力的手持式绿篱修剪机	LY/T 1619—2004
110	LY/T 1808—2017	园林机械 以汽油机为动力的便携杆式修枝锯	LY/T 1808—2008
111	LY/T 2568.2—2017	园林机械 以汽油机为动力的手持式吹吸机 第2部分：组合式	
112	LY/T 2887—2017	林业机械 以汽油机为动力的轴向振动钩式长杆采摘机	
113	LY/T 2888—2017	林业机械 步道松土除草机	
114	LY/T 2889—2017	林业机械 便携式油锯锯链润滑油性能评估测试方法	
115	LY/T 2890—2017	便携式油锯锯链制动器性能测试方法	
116	LY/T 1719—2017	林业机械 便携式风水两用灭火机	LY/T 1719—2007
117	LY/T 2891—2017	国家林业局重点实验室建设规范	
118	LY/T 2892—2017	平原绿化工程建设技术规范	
119	LY/T 1690—2017	低效林改造技术规程	LY/T 1690—2007
120	LY/T 2893—2017	林地变更调查技术规程	
121	LY/T 2894—2017	国有林场综合评价指标与方法	
122	LY/T 2895—2017	国有林场抚育间伐施工技能评估规范	
123	LY/T 2896—2017	大熊猫种群遗传档案建立技术规程	
124	LY/T 2897—2017	天然林保护工程生态效益评估数据获取方法	
125	LY/T 2898—2017	湿地生态系统定位观测技术规范	
126	LY/T 2899—2017	湿地生态系统服务评估规范	
127	LY/T 2900—2017	湿地生态系统定位观测研究站建设规程	
128	LY/T 2901—2017	湖泊湿地生态系统定位观测技术规范	
129	LY/T 2902—2017	岩溶石漠生态系统服务评估规范	
130	LY/T 2903—2017	荒漠生态系统观测场及长期固定样地的分类和编码	
131	LY/T 2904—2017	沉香	
132	LY/T 2905—2017	竹缠绕复合管	
133	LY/T 2906—2017	美国白蛾核型多角体病毒杀虫剂	
134	LY/T 2907—2017	血防林术语	

(续)

序号	标准编号	标准名称	代替标准号
135	LY/T 2908—2017	主要树种龄级与龄组划分	
136	LY/T 2909—2017	桉树大径材培育技术规程	
137	LY/T 2910—2017	南洋杉用材林培育技术规程	
138	LY/T 2911—2017	油松林近自然抚育经营技术规程	
139	LY/T 2912—2017	太子参培育技术规程	
140	LY/T 1327—2017	油桐林培育技术规程	LY/T 1327—2006 LY/T 2539—2015
141	LY/T 2913—2017	秀丽槭播种育苗技术规程	
142	LY/T 2914—2017	花椒栽培技术规程	
143	LY/T 2915—2017	长柄扁桃栽培技术规程	
144	LY/T 2916—2017	单板条层积材	
145	LY/T 2917—2017	结构用集成材力学性能特征值的确定方法	
146	LY/T 2918—2017	木框架墙体软重物撞击试验方法	
147	LY/T 1613—2017	挤出成型木塑复合板材	LY/T 1613—2015
148	LY/T 1062—2017	锯材生产综合能耗	LY/T 1062—2006
149	LY/T 1444—2017	林区木材生产综合能耗	LY/T 1444.1—2015 LY/T 1444.2—2015 LY/T 1444.3—2015 LY/T 1444.4—2015 LY/T 1444.5—2005 LY/T 1444.6—2015
150	LY/T 2919—2017	木塑地板生产综合能耗	
151	LY/T 1451—2017	纤维板生产综合能耗	LY/T 1451—2008
152	LY/T 2920—2017	林业信息交换格式	
153	LY/T 2671.2—2017	林业信息基础数据元标准 第2部分：基本属性	
154	LY/T 2921—2017	林业数据质量 基本要素	
155	LY/T 2922—2017	林业数据质量 评价方法	
156	LY/T 2923—2017	林业数据质量 数据一致性测试	
157	LY/T 2924—2017	林业数据质量 数据成果检查验收	
158	LY/T 2925—2017	林业信息系统质量规范	

序号	标准编号	标准名称	代替标准号
159	LY/T 2926—2017	林业应用软件质量控制规程	
160	LY/T 2927—2017	林业信息服务集成规范	
161	LY/T 2928—2017	林业信息系统运行维护管理指南	
162	LY/T 2929—2017	林业网络安全等级保护定级指南	
163	LY/T 2930—2017	林业数据采集规范	
164	LY/T 2931—2017	林业信息产品分类规则	

(科技司标准处)

【2017年林业国家标准计划项目】 经国家标准化管理委员会批准林业国家标准计划项目18项。

表13-8 2017年度林业国家标准计划项目汇总表

序号	计划编号	项目名称
1	20170305-T-432	宽带式砂光机
2	20170941-T-432	实木复合地板生产综合能耗
3	20171241-T-432	木结构销槽承压强度及钉连接承载力特征值确定方法
4	20171242-T-432	刨花板生产线验收通则
5	20171243-T-432	国家森林资源连续清查技术规程
6	20171613-T-432	油茶籽
7	20171614-T-432	浸渍纸层压板饰面多层实木复合地板
8	20171615-T-432	浸渍纸层压木质地板
9	20173372-T-432	竹复合压力管
10	20173672-T-432	空气负(氧)离子浓度观测技术规范
11	20173673-T-432	裸露坡面植被恢复技术规范
12	20173674-T-432	李贮藏技术规程
13	20173675-T-432	桃贮藏技术规程
14	20173676-T-432	难燃刨花板
15	20173677-T-432	难燃细木工板
16	20173678-T-432	中国森林认证 非木质林产品经营
17	20173679-T-432	封山(沙)育林技术规程
18	20173680-T-432	飞播造林技术规程

(科技司标准处)

【2017年林业行业标准计划项目】 2017年，国家林业局批准林业行业标准制修订计划项目191项。

表13-9 2017年度林业行业标准计划项目汇总表

序号	项目编号	项目名称
1	2017-LY-001	生态露营地建设与服务规范
2	2017-LY-002	国家公园绿道体系建设规范
3	2017-LY-003	森林抚育经营成效监测技术规程
4	2017-LY-004	森林康养基地建设技术规范
5	2017-LY-005	森林生态红线划定技术导则
6	2017-LY-006	林地分类
7	2017-LY-007	森林采伐作业规程
8	2017-LY-008	自然资源(湿地)资产评估技术规范
9	2017-LY-009	国家湿地公园总体规划制图规范
10	2017-LY-010	濒危物种进出口追溯编码应用规范
11	2017-LY-011	白芨种子鉴定技术规程
12	2017-LY-012	天保工程生态效益监测技术规程
13	2017-LY-013	天然林保护核查技术规范
14	2017-LY-014	植物新品种测试指南 丁香属
15	2017-LY-015	植物新品种测试指南 杜鹃花属映山红亚属和羊踯躅亚属
16	2017-LY-016	植物新品种测试指南 蔷薇属
17	2017-LY-017	植物新品种测试指南 一品红
18	2017-LY-018	植物新品种测试指南 杜鹃花属常绿杜鹃亚属和杜鹃花属
19	2017-LY-019	印度紫檀培育技术规程
20	2017-LY-020	南酸枣培育技术规程
21	2017-LY-021	林业植物产地检疫技术规程
22	2017-LY-022	松毛虫监测调查及预报技术规程
23	2017-LY-023	野生动物疫情评估与分级通则
24	2017-LY-024	藏羚羊传染性胸膜肺炎监测技术规程
25	2017-LY-025	森林火场通讯规范
26	2017-LY-026	罚没濒危野生动植物制品管理基础数据规范
27	2017-LY-027	南亚热带马尾松人工林碳增汇减排经营技术规程
28	2017-LY-028	西南亚高山退化森林恢复与可持续技术规程
29	2017-LY-029	湿地生态监测规范
30	2017-LY-030	退化湿地评估规范
31	2017-LY-031	林业信息化网络管理技术规范
32	2017-LY-032	林业门户网站建设技术规范
33	2017-LY-033	落叶松树皮原花青素
34	2017-LY-034	林业一张图建设技术规范
35	2017-LY-035	自然保护区综合监管信息系统技术规范
36	2017-LY-036	聚氯乙烯薄膜饰面人造板
37	2017-LY-037	沉香通用技术要求
38	2017-LY-038	森林氧吧自然资源等级评定规范
39	2017-LY-039	梅花培育技术规程
40	2017-LY-040	杨直角叶蜂防治技术规程
41	2017-LY-041	森林生态系统碳库调查技术指南
42	2017-LY-042	花卉术语
43	2017-LY-043	连翘栽培技术规程
44	2017-LY-044	皂荚皂苷
45	2017-LY-045	竹塑复合地板
46	2017-LY-046	竹席编织机
47	2017-LY-047	国家公园功能区划技术规程
48	2017-LY-048	林业行政许可评价规范

(续)

序号	项目编号	项目名称
49	2017-LY-049	林业行政许可监督规范
50	2017-LY-050	鲜切花产品质量等级
51	2017-LY-051	室外木结构材用涂料天然老化性能评价方法
52	2017-LY-052	涂胶机
53	2017-LY-053	真空覆膜机
54	2017-LY-054	野生动物救护和管理技术规程 水禽
55	2017-LY-055	室外用树脂改性木材产品分级方法
56	2017-LY-056	单板干燥机节能监测方法
57	2017-LY-057	圆竹家具通用技术条件
58	2017-LY-058	林木种苗标签
59	2017-LY-059	林木种苗生产经营档案
60	2017-LY-060	容器育苗技术规程
61	2017-LY-061	植物篱营建技术规程
62	2017-LY-062	主要针叶造林树种优树选择技术规程
63	2017-LY-063	重型包装用竹木复合单板层积材技术条件
64	2017-LY-064	竹材气蒸防腐处理工艺技术规程
65	2017-LY-065	柔性竹纤维复合材
66	2017-LY-066	桤木培育技术规程
67	2017-LY-067	油桐栽培技术规程
68	2017-LY-068	紫檀培育技术规程
69	2017-LY-069	森林养生基地质量评定规范
70	2017-LY-070	普及型国外引种试申苗圃建圃规范
71	2017-LY-071	大棚冬枣养护管理技术规程
72	2017-LY-072	安祖花盆花生产技术规程
73	2017-LY-073	滨海盐碱地树木栽植技术规程
74	2017-LY-074	华北落叶松人工林经营技术规程
75	2017-LY-075	林木种质资源原地保存库营建技术规程
76	2017-LY-076	锈色粒肩天牛检疫技术规程
77	2017-LY-077	沙区资源开采迹地人工植被恢复技术
78	2017-LY-078	绢蝶保护监测技术规程
79	2017-LY-079	扑火前指工作规范
80	2017-LY-080	专用竹片炭
81	2017-LY-081	实木衣架
82	2017-LY-082	地表覆盖用彩色木片
83	2017-LY-083	竹层积材
84	2017-LY-084	松材线虫病疫木加工板材定点加工企业建设规范
85	2017-LY-085	竹筒展平板
86	2017-LY-086	山核桃培育技术规程
87	2017-LY-087	林下种植白芨技术规程
88	2017-LY-088	木通扦插育苗技术规程
89	2017-LY-089	红掌品种鉴定技术规程——SRAP分子标记法
90	2017-LY-090	古树名木养护管理规范

(续)

序号	项目编号	项目名称
91	2017-LY-091	旱柳培育技术规程
92	2017-LY-092	枣良种选育培育技术规范
93	2017-LY-093	柳树培育技术规程
94	2017-LY-094	湿地松无性繁育技术规程
95	2017-LY-095	香樟培育技术规程
96	2017-LY-096	野生动物饲养场建设和管理技术规范 蛇类养殖场
97	2017-LY-097	马尾松采脂林培育技术规程
98	2017-LY-098	杉木容器育苗技术规程
99	2017-LY-099	接骨木培育技术规程
100	2017-LY-100	文冠果丰产栽培技术规程
101	2017-LY-101	主要观赏竹培育技术规程
102	2017-LY-102	经济林产地环境抽样检测抽样技术规范
103	2017-LY-103	麻疯树培育技术规程
104	2017-LY-104	林火视频监控图像烟火识别技术规范
105	2017-LY-105	林下种植淫羊藿技术规程
106	2017-LY-106	马尾松标准综合体
107	2017-LY-107	篌竹培育技术规程
108	2017-LY-108	重要林产品质量追溯技术规范
109	2017-LY-109	木地板生命周期评价技术规程
110	2017-LY-110	油橄榄标准综合体
111	2017-LY-111	密胡杨栽培技术规程
112	2017-LY-112	开心果生产技术规程
113	2017-LY-113	松口蘑须眉及保鲜技术规程
114	2017-LY-114	黑木耳培育技术规程
115	2017-LY-115	框架式实木复合地板
116	2017-LY-116	栈道木铺装技术规程
117	2017-LY-117	森林采伐工程作业施工实施指南
118	2017-LY-118	长白落叶松、兴安落叶松速生丰产林
119	2017-LY-119	中国森林认证 森林消防队
120	2017-LY-120	森林消防基本术语
121	2017-LY-121	林业标准数据库系统建设
122	2017-LY-122	林业能源管理通则
123	2017-LY-123	木浆生产综合能耗
124	2017-LY-124	细木工板生产线节能技术规程
125	2017-LY-125	胶合板生产线节能技术规程
126	2017-LY-126	陆生野生动物(鸟类)饲养场通用技术条件
127	2017-LY-127	陆生野生动物(兽类)饲养场通用技术条件
128	2017-LY-128	中国森林认证 野生动物人工繁育
129	2017-LY-129	野生动物救护和管理技术规程 猛禽
130	2017-LY-130	野生动物园动物说明牌设计规范
131	2017-LY-131	荒漠化防治工程效益监测与评价规范
132	2017-LY-132	荒漠生态系统健康评价指标
133	2017-LY-133	荒漠生态资产评估指标

(续)

序号	项目编号	项目名称
134	2017-LY-134	林木种质资源设施保存技术规程
135	2017-LY-135	林木种质资源原地保存、异地保存监测技术规程
136	2017-LY-136	杨树速生丰产用材林
137	2017-LY-137	榛培育技术规程
138	2017-LY-138	船用贴面刨花板
139	2017-LY-139	铁路客车用胶合板
140	2017-LY-140	仿古木质地板
141	2017-LY-141	木质集成家居安装、验收和使用规范
142	2017-LY-142	木质集成家居部件制造通用技术要求
143	2017-LY-143	轻型木结构 楼板振动性能测试方法
144	2017-LY-144	软木制品术语
145	2017-LY-145	室内装饰墙板用黄麻纤维复合基材
146	2017-LY-146	防腐木材产品标识
147	2017-LY-147	废弃木材循环利用规范
148	2017-LY-148	室内木质隔声门
149	2017-LY-149	木地板标准英文版
150	2017-LY-150	负离子功能人造板及其制品通用技术要求
151	2017-LY-151	鞋跟用软木
152	2017-LY-152	中国森林认证 标识
153	2017-LY-153	红椎人工林多目标经营技术规程
154	2017-LY-154	极小种群野生植物就地保护及生境修复技术规程
155	2017-LY-155	中国森林认证 技术规范通用要求
156	2017-LY-156	国有林场森林经营监测评估技术规范
157	2017-LY-157	可降解聚乳酸纤维沙袋沙障作业设计标准
158	2017-LY-158	3,4,5-三甲氧基苯甲酸甲酯
159	2017-LY-159	工业水处理用活性炭技术指标及试验方法
160	2017-LY-160	栲胶原料
161	2017-LY-161	山苍子苗木培育及质量等级
162	2017-LY-162	柿培育技术规程
163	2017-LY-163	喀斯特石漠化地区植被恢复技术规程
164	2017-LY-164	薄壳山核桃标准综合体
165	2017-LY-165	火力楠培育技术规程
166	2017-LY-166	木麻黄苗木及培育技术规程
167	2017-LY-167	桉树速生丰产林生产技术规程
168	2017-LY-168	虫白蜡生产技术规程
169	2017-LY-169	格木大径级目标树经营技术规程
170	2017-LY-170	南亚热带马尾松人工林近自然化改造技术规程
171	2017-LY-171	南方鲜食枣容器育苗技术规程
172	2017-LY-172	长柄扁桃标准综合体
173	2017-LY-173	软木纸
174	2017-LY-174	八月竹低山定向培育技术规程

(续)

序号	项目编号	项目名称
175	2017-LY-175	竹木染色材料性能测试方法
176	2017-LY-176	竹篾机
177	2017-LY-177	直线封边机
178	2017-LY-178	木质地板锯切机
179	2017-LY-179	门窗装饰线条组合加工机
180	2017-LY-180	林业机械 苗圃筑床机
181	2017-LY-181	履带式挖树机
182	2017-LY-182	园林机械 坐骑式果岭打药机
183	2017-LY-183	园林机械 以锂电池为动力的步进式草坪割草机
184	2017-LY-184	林业机械 以汽油机为动力的便携手持式割灌机 传动效率和燃油消耗率测试方法
185	2017-LY-185	园林机械 以锂电池为动力的手持式绿篱修剪机
186	2017-LY-186	园林机械 以锂电池为动力的手持式割灌机和割草机
187	2017-LY-187	园林机械 以锂电池为动力的手持式链锯
188	2017-LY-188	园林机械 以锂电池为动力的手持式吹风机
189	2017-LY-189	林业机械 便携式四脚防扭定位植树挖坑机
190	2017-LY-190	林业机械 多功能轮式森林消防车
191	2017-LY-191	文冠果良种选育技术规程

(科技司标准处)

【2017年林业标准化示范区项目】 加强林业标准化工作，积极推进林业标准化生产示范区建设工作，2017年建设23个林业标准化示范区建设项目。

表13-10 2017年林业标准化示范区项目汇总表

序号	省份	项目名称	项目承担单位
1	浙江	铁皮石斛林下生态栽培标准化示范区建设	乐清市林业良种科技中心
2	湖北	油茶标准化示范区建设项目	枣阳市林业技术推广站
3	贵州	观赏月季标准化示范区建设	贵州省植物园
4	贵州	刺梨标准化示范区建设	黔南州林业科学技术推广站
5	贵州	苹果标准化示范区建设	贵州省威宁彝族回族苗族自治县林业科学技术推广服务站
6	北京	北京城区行道树修剪标准化示范区建设	北京市林业碳汇工作办公室
7	北京	京津冀地区林业碳汇计量监测标准化示范区建设	北京市林业碳汇工作办公室
8	福建	红掌标准化示范区建设	福建省林业科学技术推广总站
9	福建	红豆杉紫杉醇原料林标准化栽培示范区建设	福建省林业科学研究院

（续）

序号	省份	项目名称	项目承担单位
10	福建	泰宁县油茶良种丰产栽培技术标准化示范区建设	福建农林大学
11	福建	顺昌县伯乐树青钱柳混交林标准化示范区建设	顺昌县林业科学技术中心
12	福建	松材线虫病防控技术标准化示范区建设	福建省国有南平市郊教学林场
13	山东	榛子标准化示范区建设	山东省经济林管理站
14	重庆	重庆市江津区四面山生态旅游标准化示范区建设项目	重庆市江津区四面山森林资源管理局
15	江西	江西省安福县油茶标准化示范区建设	江西省安福县林业技术推广站
16	江西	崇义县毛竹林丰产培育标准化示范区建设	崇义县林业技术推广站
17	江西	安远县低产毛竹材用林技术改造标准化示范区建设	江西省赣州市安远县林业技术推广站
18	江西	全南县油茶标准化示范区建设	江西省全南县林业技术推广站
19	广西	广西富川县天堂岭林场闽楠标准化栽培示范区建设	贺州市林业技术推广站
20	广西	广西东兰县板栗标准化示范区建设	东兰县退耕还林工作办公室
21	安徽	国外松速生丰产林培育标准化示范区建设	桐城市林业科技推广中心
22	安徽	油茶标准化示范区建设	太湖县林业科技中心
23	安徽	榉树标准化示范区建设	郎溪县林业技术推广服务中心

（科技司标准处）

【2017年国家林业标准化示范企业】 为推动林业企业标准化生产和管理，2017年，国家林业局联合国家标准化管理委员会，共同认定了46家国家林业标准化示范企业。

表13-11 2017年国家林业标准化示范企业汇总表

序号	企业名称	所在地区	类别
1	北京市温泉苗圃	北京	林木种苗
2	内蒙古和盛生态育林有限公司	内蒙古	林木种苗
3	鄂尔多斯市高原圣果生态建设开发有限公司	内蒙古	林木种苗
4	汪清东北红豆杉生物科技有限公司	吉林	林木种苗
5	吉林森工金桥地板集团有限公司	吉林	林木制品
6	书香门地（上海）新材料科技有限公司	上海	林木制品
7	浙江裕华木业有限公司	浙江	林木制品
8	浙江天振竹木开发有限公司	浙江	林木制品
9	浙江铁枫堂生物科技股份有限公司	浙江	林木制品
10	浙江香乡门业有限公司	浙江	林木制品
11	芜湖祥宽花木有限公司	安徽	林木种苗
12	安徽滕头园林苗木有限公司	安徽	林木种苗
13	阜阳市金木工艺品有限公司	安徽	林木制品
14	福建和其昌竹业股份有限公司	安徽	林木制品
15	寿光市鲁丽木业有限公司	山东	林木制品
16	东营正和木业有限公司	山东	林木制品
17	山东千森木业集团有限公司	山东	林木制品
18	山东京博木基材料有限公司	山东	林木制品
19	临沂优优木业股份有限公司	山东	林木制品
20	湖北宝源工业有限公司	湖北	林木制品
21	湖北黄袍山绿色产品有限公司	湖北	林木种苗
22	湖北枸杞珍酒业有限公司	湖北	林木种苗
23	湖南中集竹木业发展有限公司	湖南	林木制品
24	广东耀东华装饰材料科技有限公司	广东	林木制品
25	广东橘香农业开发有限公司	广东	林木种苗
26	广西枫林木业集团股份有限公司	广西	林木制品
27	广西国旭林业发展集团有限公司	广西	林木制品
28	广西三威林产工业有限公司	广西	林木制品
29	三亚柏盈热带兰化产业有限公司	海南	林木种苗
30	海南金华林业有限公司	海南	林木种苗
31	宜宾云辰乔木园林有限责任公司	四川	林木种苗
32	云南新泽兴人造板有限公司	云南	林木制品
33	云南云澳达坚果开发有限公司	云南	林木种苗
34	陕西天行健生物工程股份有限公司	陕西	林木种苗
35	宁夏沃福百瑞枸杞产业股份有限公司	宁夏	林木种苗
36	宁夏易捷庄园枸杞科技有限公司	宁夏	林木种苗
37	秦皇岛卡尔·凯旋木艺品有限公司	河北	林木制品
38	久盛地板有限公司	浙江	林木制品
39	浙江金迪控股集团有限公司	浙江	林木制品
40	绍兴市彬彬木业有限公司	浙江	林木制品
41	浙江森禾种业股份有限公司	浙江	林木种苗
42	浙江良友木业有限公司	浙江	林木制品
43	福建省漳平木村林产有限公司	福建	林木制品
44	云南云投生态环境科技股份有限公司	云南	林木种苗
45	陕西大统生态产业开发有限公司	陕西	林木种苗
46	宁夏农林科学院枸杞研究所（有限公司）	宁夏	林木种苗

（科技司标准处）

【新成立4个国家林业局质量检验检测机构】 2017年，根据《行政许可法》和《国家林业局产品质量检验检测机构管理办法》的要求，按照行政许可审批有关规定，国家林业局批准成立了4个国家林业局质量检验检测机构，授权开展林产品质量检验检测工作。分别为：依托安徽省林业高科技开发中心的"国家林业局经济林产品质量检验检测中心（合肥）"、依托云南省林业科学院成立的"国家林业局经济林产品质量检验检测中心（昆明）"、依托新疆林业科学院的"国家林业局经济林产品质量检验检测中心（乌鲁木齐）"、依托云南省林木种苗工作总站的"国家林业局花卉产品质量检验检测中心（昆明）"。

（科技司标准处）

【林产品质量安全监测工作】 召开林产品质量安全监测工作座谈会，对2016年林产品质量安全监测工作进行了总结，研究部署2017年林产品质量监测方案。印发《国家林业局关于开展2017年林产品质量安全检测工作的通知》，重点监测林木制品、经济林产品、林化产品、花卉等4大类林产品，共监测19个省2600多批次林产品。 （科技司标准处）

【2017年林业标准化培训班】 2017年4月，国家林业局科技司在重庆举办了2017年全国林业标准化培训班，来自2017年度新立项林业行业标准项目负责人、归口管理单位科技处负责人、各标委会秘书长等240余人参加了培训。会议系统学习了《林业标准化"十三五"规定》及其他林业标准化管理相关规定，分析了新形势下国家林业标准化工作的形势和任务，研讨了标准制定的注意事项、编写要求，并对今后林业标准化工作进行了部署座谈。会议邀请了国家标准技术评审中心的专家就标准编写要求以及新形势下标准化工作形势和任务进行了详细的解读。通过培训，进一步提高了林业标准编写人员的标准化水平，有助于提高标准的编写质量。
（科技司标准处）

【2017年林产品质量监测及品牌建设培训班】 为进一步加强国家林业局林产品质检机构建设，提高林产品质量检验检测人员业务能力，做好林产品质量检验检测，加快林业品牌建设和管理工作，国家林业局科技司于2017年9月在吉林举办了"2017年国家林业局林产品质量监测及品牌建设培训班"。会议学习了林产品质量监管相关管理规定；研讨和总结了当前国内林产品质量监管现状、林业品牌建设以及林产品质量所面临的形势，部署了下一步各省林产品质检工作任务。会议邀请了国家质检总局产品质量监督司的专家讲授国家产品质量监督管理的办法，邀请农业部果品及苗木质量监督检验中心专家讲授如何做好林产品质量安全监管工作，邀请国家人造板与木竹制品质量监督检验中心专家介绍中国木质林产品质量监测工作应关注的问题，邀请中国林产工业协会专家讲授如何推进林产品质量提升与品牌建设。各质检机构负责人和技术专家90余人参加了培训，通过培训提高了质检人员的业务水平，为下一步做好林产品质量监管工作打下基础。 （科技司标准处）

【2017年国际标准化工作】 2017年，中国组建代表团参加了木材（ISO/TC218）、人造板（ISO/TC）、竹藤（ISO/TC296）标准化技术委员会2017年年会。启动了《竹地板》《竹术语》《竹炭》3项由中国负责牵头的国际标准的研制工作，并成立了竹地板等3个标准工作组。加快推进了中国负责的ISO 13061《木材物理力学性质试验方法》等6项国际标准研制，开展《木制品术语和定义》国际标准提案工作。 （科技司标准处）

林业知识产权保护

【实施加快建设知识产权强国林业推进计划】 《2017年加快建设知识产权强国林业推进计划》以实施《国家知识产权战略纲要》为目标，重点围绕提高林业知识产权创造质量、提升林业知识产权运用效益、提高林业知识产权保护效果、提升林业知识产权管理和服务水平、提高林业知识产权基础能力、促进知识产权宣传和国际交流6个方面，提出了18项重点任务和工作措施，分别由国家林业局相关司局和直属单位牵头完成。
（龚玉梅）

【《国家知识产权战略纲要》实施十年林业评估】 根据《〈国家知识产权战略纲要〉实施十年评估工作方案》的具体部署，组织开展林业部门评估自查工作，向国家知识产权局提供了《〈国家知识产权战略纲要〉实施十年评估林业部门自查报告》，系统梳理和总结了林业行业贯彻执行《国家知识产权战略纲要》等系列政策措施的总体情况，总结取得的成效和主要经验，分析存在的问题，对下一步知识产权工作提出建议，为《纲要》实施十年总体评估报告的形成提供支撑与佐证。（龚玉梅）

【林业知识产权转化运用】 2017年组织实施了"针叶聚戊烯醇生产专利技术产业化""竹质淋水填料的产业化加工技术"和"天然冰片药源龙脑樟产业化推广"等22项林业知识产权转化运用项目。组织专家组分别对"湿地用竹基纤维复合材料制造技术与推广应用""PVC无酚热稳定剂制备关键技术开发与示范"和"竹束单板层积材制造轻质墙体技术产业化"等6个林业专利产业化项目进行了现场查定和验收。 （龚玉梅）

表13-12 2017年林业知识产权转化运用项目

序号	项目名称	承担单位
1	针叶聚戊烯醇生产专利技术产业化	中国林业科学研究院林产化学工业研究所
2	竹质淋水填料的产业化加工技术	国际竹藤中心
3	低粒径石蜡基乳液防水剂技术推广应用	北京林业大学
4	木本油料高效制油及其能源化利用关键技术示范	湖南省林业科学院
5	林木抗冻剂生产技术体系配套与完善	黑龙江省林业科学研究所
6	经济林PGPR生物肥料专利技术产业化	山东省林业科学研究院
7	叶用枸杞"宁杞9号"产业化示范	国家林业局枸杞工程技术研究中心 宁夏林业研究院股份有限公司
8	天敌昆虫赤眼蜂繁殖产业化示范	广西壮族自治区林业科学研究院

(续)

序号	项目名称	承担单位
9	降低发病率、提高收益的核桃棉花间作专利技术示范	新疆林业科学院经济林研究所
10	南京椴繁殖磁处理专利技术	南京林业大学
11	竹型材柱和弯拱与腹板梁层钉制造方法	国际竹藤中心
12	薄壳山核桃容器嫁接苗培育技术	云南省林业科学院
13	马尾松优良种群组培无性化育苗技术中试	广西壮族自治区林业科学研究院
14	浓香营养油茶籽油加工技术示范推广	中国林业科学研究院亚热带林业研究所
15	水飞蓟素提取及纯化技术产业化开发	大兴安岭林格贝寒带生物科技股份有限公司
16	榆林沙区煤矸石山快速复垦治理技术转化与示范	陕西省治沙研究所
17	一种快速获得鸢尾杂交优良无性系方法的转化运用	河北省林业科学研究院
18	山茶新品种'垂枝粉玉'的转化应用	上海植物园
19	白蜡新品种繁育专利技术产业化	山东省林业科学研究院
20	红花玉兰新品种'娇红1号'、'娇红2号'产业化示范与推广	北京林业大学
21	仰韶牛心柿的产业化推进与示范	河南省林业科学研究院
22	天然冰片药源龙脑樟产业化推广	江西林科龙脑科技股份有限公司

表13-13 2017年通过验收的林业专利技术产业化项目

序号	实施年份	项目名称	承担单位
1	2015	湿地用竹基纤维复合材料制造技术与推广应用	中国林业科学研究院木材工业研究所
2	2015	PVC无酚热稳定剂制备关键技术开发与示范	中国林业科学研究院林产化学工业研究所
3	2015	竹束单板层积材制造轻质墙体技术产业化	国际竹藤中心
4	2015	采用竹纤维原料制备超细级微晶纤维素技术开发	福建省林业科学研究院
5	2015	细木工板生产技术及产业化开发	湖南福湘木业有限责任公司
6	2012	红叶石楠扦插繁殖等专利技术的转化应用	浙江森禾种业股份有限公司

【**林业专利荣获中国专利优秀奖**】 2017年3项林业专利荣获第19届中国专利优秀奖,分别是北京林业大学的发明专利"自热式生物质快速热解液化装置"、浙江菱格木业有限公司的发明专利"将实木地板应用到地热环境的方法及实木地板铺装结构"和大亚(江苏)地板有限公司的发明专利"四层实木复合地热地板及其生产工艺"。中国专利奖是中国唯一专门对授予专利权的发明创造给予奖励的政府部门奖,得到联合国世界知识产权组织(WIPO)的认可。该奖在评价内容上突出了专利的质量导向,注重专利的技术先进性,强调专利运用的实际效益及其对经济社会发展的贡献和对行业发展的引领作用。

(龚玉梅)

表13-14 2017年中国专利优秀奖——林业项目

序号	专利号	专利名称	专利权人	发明人
1	ZL201210004739.0	自热式生物质快速热解液化装置	北京林业大学	常建民、任学勇、车颜喆、司慧、王文亮、杜洪双、李龙
2	ZL201210432056.5	将实木地板应用到地热环境的方法及实木地板铺装结构	浙江菱格木业有限公司	刘彬彬
3	ZL201310215713.5	四层实木复合地热地板及其生产工艺	大亚(江苏)地板有限公司	张翔伟、王俊、纪娟、蒋俊杰、温宝军、刘书武、高雅、李金玉、吴政坚

【**林业知识产权宣传培训**】 组织开展了2017年全国林业知识产权宣传周系列活动,在中国政府网、新华网、国家林业局网、国家知识产权网、中国林业植物新品种保护网等主要网站登载或转载有关林业知识产权的报道300多篇;在新华网、《中国绿色时报》和《中国知识产权报》上发表林业知识产权重点报道35篇。4月26日在《中国绿色时报》刊发《知识产权提升林业竞争力 全面创新助推林业转型》的专题文章。

(龚玉梅)

【**出版《2016中国林业知识产权年度报告》**】 为实施国家知识产权战略,推进林业知识产权工作,全面总结2016年林业知识产权工作的主要进展和成果,国家林业局科技发展中心和国家林业局知识产权研究中心编写的《2016中国林业知识产权年度报告》于2017年4月22日正式出版。报告全面总结了2016年林业知识产权工作的主要进展和成果。

(龚玉梅)

【**编印《林业知识产权动态》**】 为加强林业知识产权信息服务工作,跟踪国内外林业知识产权动态,实时监测和分析林业行业相关领域的专利动态变化,2017年编印了6期《林业知识产权动态》,全年发表动态信息37篇、政策探讨论文6篇、研究综述报告6篇、统计分析报告6篇。《林业知识产权动态》是国家林业局科技发展中心主办、国家林业局知识产权研究中心承办的内部刊物。

(龚玉梅)

林业植物新品种保护

【林业植物新品种申请和授权】 2017年，国家林业局植物新品种保护办公室共受理国内外品种权申请623件，授权植物新品种160件。全年共完成423个申请品种的特异性、一致性、稳定性DUS现场审查，完成了272件实审材料的补正工作。截至2017年年底，共受理国内外植物新品种申请2811件，授予植物新品种权1358件。

（王琦）

表13-15　1999~2017年林业植物新品种申请量和授权量

单位：件

年度	申请量			授权量		
	国内申请人	境外申请人	合计	国内品种权人	境外品种权人	合计
1999	181	1	182	6	0	6
2000	7	4	11	18	5	23
2001	8	2	10	19	0	19
2002	13	4	17	1	0	1
2003	14	35	49	7	0	7
2004	17	19	36	16	0	16
2005	41	32	73	19	22	41
2006	22	29	51	8	0	8
2007	35	26	61	33	45	78
2008	57	20	77	35	5	40
2009	62	5	67	42	13	55
2010	85	4	89	26	0	26
2011	123	16	139	11	0	11
2012	196	26	222	169	0	169
2013	169	8	177	115	43	158
2014	243	11	254	150	19	169
2015	208	65	273	164	12	176
2016	328	72	400	178	17	195
2017	516	107	623	153	7	160
合计	2325	486	2811	1170	188	1358

【完善林业植物新品种保护制度与政策】 开展《中华人民共和国植物新品种保护条例》的修订工作，多次参加条例修订工作的方案制订、修订内容研讨及实地调研；参与最高人民法院《关于审理植物新品种权纠纷案件具体应用法律问题的规定》的修订工作；发布《国家林业局植物新品种保护办公室关于停征植物新品种保护权收费的公告》（第201702号），自2017年4月1日起停止征收植物新品种保护权收费。

（王琦）

【林业植物新品种权行政执法】 2017年，参加了全国打击侵权假冒工作现场考核，分别对天津和内蒙古进行了检查。组织开展打击侵犯林业植物新品种权专项行动，指导品种权人积极维权，营造较好的市场氛围；对已开展行政执法试点的河北省、陕西省和山东省进行工作指导，稳步推进试点工作。继续完善月季品种DNA和牡丹品种DNA图谱数据库构建，为植物新品种权的行政执法取证提供技术支撑。

（周建仁）

【完善林业植物新品种测试体系】 2017年，共安排91个品种测试，完成了30个品种的测试工作，并提交测试报告，为植物品种授权提供了科学的审查依据。委托有关机构新增了杜鹃花、绣球、山茶、油茶等植物品种的田间测试，使林业新品种测试工作逐步向田间实测靠拢。颁布实施植物新品种测试指南国家标准1项，行业标准7项。

（周建仁）

【出版《中国林业植物授权新品种（2016）》】 为了方便生产单位和广大林农获取信息，更好地为发展生态林业、民生林业和建设美丽中国服务，国家林业局植物新品种保护办公室将2016年授权的195个林业植物新品种进行整理，编辑出版了《中国林业植物授权新品种（2016）》。

（王琦）

【植物新品种测试技术培训班】 2017年11月，在北京举办了"植物新品种测试技术培训班"。来自植物新品种测试指南制定任务的主要研究人员、测试机构项目有关人员和其他有关育种人员等共计60余人参加了培训。培训班重点讲授了"UPOV植物新品种测试技术""植物新品种分子测定技术""林木植物新品种测试指南编制""花卉植物新品种测试指南编制""已知品种数据库研制和在实际测试中的具体应用"等课程，并就植物新品种测试指南编制的经验与问题进行了交流研讨。

（周建仁）

【林业植物新品种保护培训班】 2017年12月，在云南举办了"林业植物新品种保护培训班"，来自各省（区、市）林业厅（局）植物新品种保护主管部门、部分省林科院、育种企业和育种者等共100余人参加了培训。培训班重点讲授了"林业植物新品种保护制度与现状""月季DUS田间测试""林业植物新品种权审批""实质性派生品种的说明与分析""林业植物新品种保护网站""林业植物新品种保护信息系统"和"林业植物新品种权申请常见错误"等课程。

（王琦）

林业生物安全管理

【《开展林木转基因工程活动审批管理办法》修订】 为适应新形势下行政审批工作的需要以及林业转基因安全管理需求，国家林业局科技发展中心在国家林业局政策法规司的支持下，对2006年开始施行的《开展林木转基因工程活动审批管理办法》启动修订工作，2017年4月，协同政法司，组织人员赴上海市林业局、中国科学院上海植物生理生态研究所、富优基尼公司等实地调查并座谈研讨。经过反复的讨论和修改，管理办法通过国家林业局政法司审查，12月26日国家林业局局务会议修订通过。
（李启岭）

【转基因林木安全行政许可】 2017年，共受理南京林业大学、北京林业大学和东北林业大学申请的转基因林木行政许可事项23项，组织专家分别在南京、北京、哈尔滨对三家单位申请的转基因杨树、百合、白桦和菊花等中间试验和环境释放进行了安全评审，并按程序进行了许可。在评审和审批过程中，严格按照《行政许可法》和《审批管理办法》的要求，认真执行《转基因森林植物及其产品安全性评价技术规程》，做到程序合规，客观公正，确保生态安全。
（李启岭）

【转基因林木安全监测】 2017年，组织实施转基因林木生物安全监测项目2项，分别为河北农业大学和北京林业大学的转基因杨树环境释放和生产性试验安全监测。自2007年以来，已组织了63批次的监测。
（李启岭）

【林业外来入侵物种调查与研究】 为了加强对林业外来物种的管理，在2016年北京、上海、江苏、浙江、广东、山东和黑龙江7个省市进行林业外来物种的调查与研究工作的基础上，2017年新增山西、安徽和湖北省进行调查研究。2017年，下达了10个省市调查研究任务。
（李启岭）

林业遗传资源保护与管理

【核桃遗传资源调查编目】 贯彻落实《中国林业遗传资源保护与可持续利用行动计划》，在23个省（区、市）开展核桃遗传资源调查编目工作，摸清了中国核桃遗传资源家底，新发现了一批特异、珍贵遗传材料。
（李启岭）

【全国核桃遗传资源调查编目培训班】 2017年9月，在西藏林芝举办"全国核桃遗传资源调查编目培训班"，通过经验交流、答疑讨论和现场培训教学等方式，就核桃遗传资源编目的调查范围、组织实施、技术路线、取得成效及下一步工作计划等方面进行讨论研究，对成果的运用进行了谋划。
（李启岭）

【开展林业遗传资源及相关传统知识调查】 为了更好地加强林业遗传资源及相关传统知识管理，2017年，在云南省开展林业遗传资源及相关传统知识调查工作。对在贵州省黔东南州进行的林业遗传资源及相关传统知识试点工作加强指导，对其进度、成果的运用提出具体要求，保证了项目的顺利实施，为林业遗传资源及相关传统知识管理提供依据，为履行国际公约提供支撑。
（李启岭）

国际林业科技交流合作与履约

【林业植物新品种履约】 2017年，派员参加了国际植物新品种保护联盟（UPOV）系列会议。依据会议的内容和国际发展趋势，结合国内情况，就了解UPOV发展动态、研究UPOV信息文件、应对新情况等方面提出了建议。
（王 琦）

【同欧盟植物新品种保护办公室签署合作协议】 2017年11月，国家林业局植物新品种保护办公室同欧盟植物新品种保护办公室在北京签署了合作协议，探讨了加强合作的领域和意愿，共同致力于加强在植物新品种管理和测试方面的技术交流，相互借鉴经验，提高管理和技术水平。
（王 琦）

【中美日植物新品种保护测试技术交流】 2017年5~6月，国家林业局植物新品种保护办公室组织人员赴美国专利商标局（PTO）、美国农业部植物新品种保护办公室（PVP）、日本农林水产省植物新品种保护办公室（PVP，MAFF）、日本国家种子和种苗中心（NCSS）开展植物新品种保护测试技术交流，了解了美国植物专利和植物新品种权的审查流程、美国蓝莓和观赏植物等现场测试情

况。 （王　琦）

【东亚植物新品种保护论坛】 2017年9月，派员参加了在缅甸内比都召开的第十届东亚植物新品种保护论坛会议和国际植物新品种保护研讨会，了解了UPOV的最新进展和欧盟一年来植物新品种保护的最新动态。
（王　琦）

【自贸区谈判与涉外知识产权工作】 2017年，提供了"中国-欧亚经济联盟经贸合作协议"植物新品种保护对案，参加了"中加自贸区联合可行性研究暨探索性讨论第一次会议"，提供了"中日韩自贸区第十二轮谈判"植物新品种保护对案。参加了中欧知识产权合作研究项目——促进中国加入UPOV91文本可行性研究（IPK项目）北京圆桌会议。 （王　琦）

【林业植物新品种测试国际合作】 启动拟争取承担UPOV测试指南目录研究工作，组织林业专家完成了4项UPOV测试指南，并正式公布。通过调查国内研究基础，分析中国优势，同时研究UPOV测试指南制定趋势，制定拟争取承担UPOV测试指南目录。参加了UPOV果树技术工作组会议。组织出版UPOV有关测试技术文件翻译材料。 （周建仁）

【林业生物安全和遗传资源管理国际履约】 履行《生物安全议定书》《名古屋议定书》，2017年1月，派员参加了在意大利罗马召开的粮食与农业遗传资源第16次例会，中国政府当选森林遗传资源政府间工作组成员。9月，由中国林科院、亚太森林遗传资源网络及中喜生态联合举办的第二届国际林木遗传资源培训在滨州举办，对亚太地区从事林木遗传资源保护与可持续利用工作的专业人员进行了培训。国家林业局科技发展中心派员全程参加培训。 （李启岭）

【森林认证国际化】 参加PEFC年会、国际林联组织的国际会议以及北美森林认证年会，通报中国森林认证体系所取得的最新进展。中国非木质林产品和森林生态环境服务所取得的成效得到了国际社会的广泛关注，创新的认证模式和管理体系得到了PEFC的高度认可。派员访问PEFC德国秘书处，学习成熟森林认证体系的管理、运作模式；积极推动在世行项目、中芬林业合作项目中增加森林认证的要求。 （于　玲）

森林认证

【森林认证制度建设】 2017年，积极与国家认证认可监督管理委员会协调，将《中国森林认证　生产经营性珍稀濒危植物经营》标准纳入了《森林认证规则》，为开展生产经营性珍稀濒危植物认证提供了依据。完善了森林认证审核员考试大纲，为开展审核员考试提供依据和指南。《中国森林认证　产销监管链》等2项国家标准制修订进展顺利，《中国森林认证　技术规范通用要求》等4项行业标准在标准归口管理部门正式立项，顺利完成了标委会换届以及评估任务。 （于　玲）

【森林认证试点示范】 2017年，组织专家对森林认证制度试点进行验收评估，全面总结森林认证制度试点工作。组织实施森林认证项目14项，依托中国林科院、北京林业大学、大兴安岭林业集团公司等科研院所、大专院校及林业企业在黑龙江、山东等十余个省（区、市）大力推进非木质林产品、竹林、自然保护区、野生动物等认证实践，并取得明显的生态及经济效益。在7个领域全面推进的森林认证实践帮助森林经营单位提高了可持续经营管理的水平。 （于　玲）

【森林认证能力建设】 组建了森林认证专家工作组，联合认证认可协会举办了森林认证审核员考试，近200人参加了考试，指导各认证机构开展相关能力建设工作。与人造板标委会合作，积极推进绿色产品标准采信森林认证结果。联合相关行业协会以及地方主管部门开展多项培训和森林认证推广活动，累计培训超2000人次。组织开展包括森林认证激励机制研究等在内的8项专题研究。 （于　玲）

林业智力引进

【引进专家】 组织实施引进国外技术、管理人才项目4项，共引进国外专家44人次，使用项目资金90万元，经费执行率达到100%。 （陈　光）

【示范推广】 承担国家外专局"欧洲荚蒾优良品种示范推广""日本花椒繁育及高效栽培基地建设示范"等示范推广项目2项，使用国家外专局项目资金40万元；国家林业局科技发展中心筛选7项引智成果，安排70万元项目经费进行示范推广。 （陈　光）

【出国培训】 2017年，执行出国（境）培训项目4项，培训林业管理、技术人员87人，使用国家外专局资助项目经费112万元。 （陈　光）

【典型专家】 推荐国际林业研究组织联盟（IUFRO）主席迈克尔·温菲尔德教授获得2017年度中国政府"友谊奖"。

（陈　光）

【能力建设】 11月，在四川举办"林业引进国外智力工作培训班"，对林业引智主要业务与项目申报工作开展培训，并组织与会人员赴基地现场学习，提升林业引智综合能力。

（陈　光）

林业信息化

14

林业信息化建设

【综述】 2017年,林业信息化深入贯彻落实中央和国家林业局系列决策部署,全面推进"互联网+林业"建设,以信息化带动林业现代化,推动林业高质量发展,取得一系列成绩,提升了新时代林业现代化水平。召开第五届全国林业信息化工作会议,全面谋划新时代林业信息化建设。印发《国家林业局关于促进中国林业云发展的指导意见》和《中国林业移动互联网发展指导意见》。积极推进国家林业局信息系统整合共享工作,稳步推进"金林工程"、生态大数据基础平台试点建设、国家林业局高清视频会议系统等重大项目。中国林业网站群总数达到4000多个,总访问量突破24亿。网络安全全年"零事故",运维服务全年"零投诉"。开展林业信息化率测评,发布3项国家标准、13项行业标准,举办第五届林业CIO研修班等8个培训班。

【总体进展】

林业站群 中国林业网新建国有林场、森林公园、自然保护区等各类子站300多个,推进科研站群、重点龙头企业站群建设,主站编发信息64 117条、图片5316张,开展16期在线访谈直播,设计制作19个热点专题信息。"中国林业发布"微博全年共发博文9460条,粉丝达到82万多人;"中国林业网"微信公众号发布信息1130条,粉丝数达52 351人;中国林业网移动客户端发布信息45 000多条;"中国林业网"网易号,共发布消息1737条,总订阅数5913人,总阅读317 000人。举办"最美林业故事"——第四届美丽中国作品大赛,评选出3个一等奖、5个二等奖、7个三等奖、35个优秀奖和5个优秀组织奖。国家林业局办公网采编加载信息16 550条,更新电子阅览室数据129 223篇,电子大讲堂数据68 284条,发布出国公示、回国公开信息246次。中国林业网蝉联部委网站总分第二名并获评"政务公开领先奖""中国最具影响力政府网站""创新发展领先奖",荣列三大优秀部委网站,中国林业网微信获评网易"最受网友欢迎中央机构"。

网络安全 强化网络安全保障,完成重大活动期间的网络安全保障工作,对近20个新系统全部进行安全渗透测试,完成46个系统的漏洞扫描和升级整改工作,举办两期网络安全培训班,宣传贯彻落实网络安全法,完成网络安全检查、网络保密大检查、软件正版化检查、互联网邮箱摸底检查等多项检查工作。做好日常运维服务,全年实行7×24小时值班,对中心机房服务器进行实时监控,及时处理各类服务器硬件故障1525次,处理各类应用系统故障1605次,处理解决林业专网设备故障14次。运维呼叫中心全年共计接听有效电话10 337个,上门服务5165次,完成全国性视频会议技术支持,安排重大节假日值班。完成国家林业局办公楼综合布线工程的总体方案编制、施工图纸设计和公开招标,推进全国林业高清视频会议系统建设,完成国家电子政务外网接入。

重大项目 重点工程稳步推进,完成"金林工程"初步设计及投资概算报告,总投资2.8亿元的生态大数据基础平台体系建设项目获得发改委正式批复,完成京津冀、长江经济带、"一带一路"林业数据资源协同共享项目系统完善、部署和安全测试工作,开展东北虎豹国家公园监测数据平台建设,完成鄂尔多斯"互联网+"义务植树物联网示范点建设。应用建设不断拓展,优化完善国家林业局网上行政审批平台,推进国有林场(林区)智慧监管平台、领导决策服务平台、智慧生态系统建设示范等项目建设。战略合作逐步深化,积极推进与国家发展改革委联合开展生态大数据应用与研究战略合作,成立国家生态大数据研究院,召开大数据服务首都生态建设专题研讨会;深化国有林管理现代化局省共建示范项目,加快推进省共建东北生态大数据中心建设。整合共享加速推进,按照国务院政务信息系统整合共享工作要求,完成国家林业局政务信息系统整合共享相关工作。示范推广形成体系,开展第三批全国林业信息化示范市、示范县及第二批全国林业信息化示范基地建设,形成由12个示范省、47个示范市、78个示范县和41个示范基地组成的林业信息化示范体系。发布首批全国智慧林业最佳实践50强。

标准培训 制定发布《林业物联网 第4部分:手持式智能终端通用规范》等首批3项林业信息化国家标准,制定发布《林业信息交换格式》等13项林业信息化行业标准。起草《林业信息化标准体系》,涵盖95项信息化标准制修订内容,基本能够满足当前林业管理和服务需求,已列入《林业标准体系》(2017版)。编写智慧林业培训丛书,举办第五届林业CIO高级研修班、林业信息化基础知识暨OA系统培训班、全国林业网站群建设培训班等各类培训,累计培训近千人。与人工智能产业技术创新战略联盟、清华大学、北京林业大学、中国林科院、北京理工大学等单位合作,成立"人工智能+生态"专业委员会,共同研究并推进人工智能技术和成果在林业生态领域的应用。

办公自动化 实施国家林业局公文传输系统升级改造,114家单位全部切换至新系统收发文件,增强电子文件交换的安全性。实施国家林业局移动办公系统升级改造,有效提高内部通讯的准确性、便利性。启动国家林业局身份认证系统算法升级,有效保证内外网系统身份认证的合法性、安全性、有效性。完成综合办公系统数据库优化,提升系统相应速度。完成内网个人邮箱扩容工作,对领导日程、联合发文、盖章提议、工资查询等功能进行优化完善。全年综合办公系统共进行了8万多件文件的办理,累计数据量超600GB,有效保障60余个单位日常办公的顺利开展。

评测评估 2017年全国林业信息化率测评结果显示:2017年全国林业信息化率为70.35%,较2016年的66.04%上升了4.31的百分点；与2016年比较，市级、县级分别提升4.91%和5.16%，国家级和省级分别提升3.88个和4.2个百分点；国家级单位已全面步入应用发展阶段，约有73%省级单位已步入应用发展阶段，市级约半数的单位达到应用发展阶段及以上，县级有54.92%的单位达到建设发展阶段及以上。

2017年全国林业网站绩效评估结果显示：全国林业各级网站整体绩效评估得分为67.7分，较2016年提升0.4分，各级网站发展水平全面提升。其中，国家林业局司局和直属单位网站整体绩效得分为73.9分；省级林业主管单位网站整体绩效得分为69.1分；市级林业网站整体绩效得分为64.5分；县级林业网站整体绩效得分为65.4分；乡镇子站2017年网站整体绩效得分为62.4分；专题子站网站整体绩效得分为69.2分。

网站建设

【站群建设】 按照国办政府网站发展指引最新要求，对中国林业网主站进行优化改版设计，将走进林业、信息发布、在线服务、互动交流、专题文化板块优化重组，新增政策解读板块。新建国有林场、森林公园、自然保护区等各类子站300多个，推进科研站群、重点龙头企业站群建设，集中对各站群进行漏洞扫描和信息内容检查，改版优化美丽中国网、CFTV、中国植树网，建成"16+1"中国中东欧国家林业合作网站中文版。

【信息发布】 中国林业网访问量突破24亿人次，编发信息64 117条，其中政府文件公开92条，视频1125部，图片5316张，网友留言494条、回复148条，征求意见9次，发布森林火灾信息60次，开展12期在线访谈，完成4次在线直播，设计制作5个热点专题和14个热点信息，编发《互联网要情》53期，其中国家林业局领导批示14期。国家林业局办公网采编加载信息16 550条，更新电子阅览室数据129 223篇，电子大讲堂数据68 284条，发布出国公示、回国公开信息246次，其他公示信息35次，新增加论文、期刊、学术报告等内容，丰富内网栏目内容，满足全局干部职工的信息需求和知识需要。"中国林业发布"微博全年共发博文9460条，粉丝达到82万多人；"中国林业网"微信公共号发布信息1130条，粉丝数达52 351人；中国林业网移动客户端发布信息45 000多条，通过腾讯视频客户端上传15条视频内容；"中国林业网"网易号自2017年3月30号开通至2017年年底，共发布消息1737条，总订阅数5913人，总阅读317 000人。

【网站管理】 按照国办要求，完成每季度中国林业网及相关网站抽查工作，对发现的问题及时进行整改，经国办抽查所有网站均为合格网站。及时回应"我为政府网站找错"网民留言及需求，累计处理网民留言31条。根据各地各单位全年信息报送情况、信息质量和网站建设情况，统计评选出2017年十佳信息报送单位、十佳信息员、十佳信息、十佳微博、十佳微信。按照国务院《政府网站发展指引》要求，结合林业实际，起草完成中国林业网站建设指引初稿。举办全国林业网站群建设培训班2期，中国林业网信息员能力提升培训班1期，全年累计培训人数616人，首次对林业科研单位、重点龙头企业信息员进行培训。组织各司局、各直属单位完成计算机信息、互联网门户网站等保密自查，印发《国家林业局办公室关于加强网站信息发布管理工作的通知》加强信息审核，对中国林业网站群各子站地图进行全面检查，将发现的问题地图全部整改删除，并重新发布国家测绘局审批通过的地图信息。对中国林业网主站和各子站的内容更新、正常访问、断错链等情况进行综合监测，及时根据监测情况和监测报告，整改网站问题，保障正常运行。

【项目建设】 与国家林业局保护司（国家公园办）合作开展东北虎豹国家公园监测数据平台建设，完成鄂尔多斯"互联网+"义务植树物联网示范点建设，开展"互联网+"生态旅游示范建设，实施中林智搜管理可视化项目建设，部署中国林业网信息发布系统2.0。与中新社舆情中心合作开展林业舆情监测，为领导决策提供参考。完成12个建设运维项目的验收。

【网络文化】 举办"最美林业故事"——第四届美丽中国作品大赛，迎接党的十九大胜利召开，进一步讲好林业故事、弘扬网络正能量，共收到作品600余篇，评选出3个一等奖、5个二等奖、7个三等奖、35个优秀奖和5个优秀组织奖。制作出版"古树之冠""名木之秀""异木之奇""国外之贵"等4个古树名木类别作品集。组织开展2017年全国林业信息化十件大事评选活动。

网络安全

【网络安全保障】 强化网络安全保障，圆满完成"一带一路"高峰论坛、金砖会晤、党的"十九大"等重大活动期间的网络安全保障工作。进一步加强网络测评工作，对林业数据资源管理平台试点建设项目、领导决策系统等近20个新系统全部进行安全渗透测试。加强日常监测和检查，完成中心机房外网门户、国有林场站群、网上行政审批平台等46个系统的漏洞扫描和升级整改工作。加强行业网络安全指导，完成各省（区、市）及森工集团网站漏洞扫描，提升林业网站的安全性。举办两期网络安全培训班，宣传贯彻落实网络安全法，推进网络安全等级保护工作，建立网络安全信息通报机制。加强检查和指导，完成网络安全检查、网络保密大检查、软件正版化检查、互联网邮箱摸底检查等多项检查工作。

【日常运维服务】 全年实行7×24小时值班，对中心机房264台服务器进行实时监控，及时处理各类服务器硬件故障1525次。对内外网8套数据库集群进行数据备份365次，其中全量备份52次，增量备份313次，保障数据安全。对中心机房应用系统备份334次，其中增量备份287次，全量备份47次。处理各类应用系统故障1605次，对服务器操作系统进行补丁更新70次，保障应用系统的安全稳定运行。对中心机房精密空调巡检12次，外机清洗23次，完成中心机房空调故障维修25次。处理解决林业专网设备故障14次，更换设备5台，解决线路故障152次。保障互联网出口畅通，完成大量网站域名解析工作。运维呼叫中心全年共计接听有效电话10 337个，上门服务5165次，有效保障国家林业局各项工作正常进行。克服办公大楼改造装修困难，完成全国性视频会议技术支持18次，全国联调28次，保证视频会议顺利召开。升级邮件服务器软件，增强邮件系统的安全性，处理外网邮箱38件，对1405个邮件用户进行日常维护。全年安排重大节假日值班122人次，保障节假日及重要时期网络和网站安全。

【网络基础建设】 完成国家林业局办公楼综合布线工程的总体方案编制、施工图纸设计和公开招标，全面开展现场施工，工程涉及办公大楼各房间、会议室等内网、外网、涉密网、电话线、有线电视，以及其他部门专网的布线、调试等。推进全国林业高清视频会议系统建设，编写实施方案，完成公开招标，展开项目建设，建设内容包括覆盖国家林业局机关、有关直属单位45个点的视频会议系统、网络设备改造，并与各省（区、市）林业厅（局）、新疆生产建设兵团、五大森工集团、各计划单列市林业局的高清视频会议系统有效连接，改造局机关视频会议室及视频会议监控室等。

【网络设施升级】 完成国家电子政务外网接入，实现与国家电子政务外网中心的网络联通。购置服务器、存储、虚拟带库、磁带库等设备，对内外网备份软件进行升级，实现虚拟带库、磁带库两套数据备份，解决数据备份隐患，同时提升中心机房服务和存储能力。升级扩容外网运维管理系统，实现外网设备资产的全方位监控和管理，提升运维服务水平。按照网络安全法要求，配置上网行为、日志审计、WEB漏扫和流量监测等设备，增加防火墙、IPS等安全设备，进一步提升网络安全防护能力。

项目建设

【重点工程】 按照国家发改委批复要求，完成"金林工程"初步设计及投资概算报告，编写报送资金申请函，调整"金林工程"领导小组成员。生态大数据基础平台体系建设项目获得国家发改委正式批复，项目总投资2.8亿元，其中中央预算内投资计划2000万已经正式下达，多次召开项目协调会，赴吉林开展专题调研，就项目合作协议、投资方式、建设形式、建设内容等进行研讨并达成初步一致。协调推进"三大战略"项目建设，完成京津冀、长江经济带、"一带一路"林业数据资源协同共享项目系统完善、部署和安全测试工作，5月12日组织召开"一带一路"林业数据资源协同共享平台上线试运行启动仪式，12月完成"三大战略"林业数据资源协同共享项目验收。

【应用建设】 优化完善国家林业局网上行政审批平台，制定行政审批系统规范，完成移动审批系统开发与应用。开展智能生态系统建设示范项目、中国林业网络博览会木本油料馆项目、全国竹藤资源培育与产业发展基础数据平台（二期）项目建设，支撑林业核心业务。推进国有林场（林区）智慧监管平台、领导决策服务平台建设，提供决策支持。

【战略合作】 积极推进与国家发展改革委联合开展生态大数据应用与研究战略合作，5月17日在海南陵水互联网创业园正式挂牌成立国家生态大数据研究院，8月召开了大数据服务首都生态建设专题研讨会。与国家信息中心共同开展生态大数据专项决策分析，实现退耕还林现状信息共享分析，给发改委报送三大战略数据共享情况。深化国有林管理现代化，完成《〈国家林业局 吉林省人民政府推进国有林管理现代化局省共建示范项目战略合作协议〉分工方案》（报审稿），编制《东北生态数据资源协同共享平台建设方案》，加快推进局省共建东北生态大数据中心建设。

【整合共享】 按照国务院政务信息系统整合共享工作要求，组织召开国家林业局政务信息系统整合共享推进会工作会议，印发《国家林业局关于加快推进政务信息系统整合共享工作的通知》（办信字〔2017〕178号），明确整合工作重点工作任务和工作要求，完成国家林业局政务信息系统整合共享一期项目招标工作，深入各司局、直属单位梳理问题，加速推进自查、编目、清理、整合、接入、共享、协同等方面工作。

【示范推广】 开展第三批全国林业信息化示范市、示范县及第二批全国林业信息化示范基地建设,形成由12个示范省、47个示范市、78个示范县和41个示范基地组成的林业信息化示范体系。发布首批全国智慧林业最佳实践50强,涵盖国家级、省区市、市县和示范基地四个层面,对全国智慧林业发展从方法上启发思路,从模式上提供借鉴,从实践上引导创新,适合面向全国推广。收集编撰全国林业信息化建设情况汇编,通过总结各省(区、市)"十三五"以来林业信息化建设的经验和成效,查找缺点和不足,因地制宜地为各省(区、市)的林业信息化下步发展谋思路、创发展。

标准制定和技术合作

【国家标准】 完成首批3项林业信息化国家标准的制定,5月31日发布《林业物联网 第4部分:手持式智能终端通用规范》《林业物联网 第603部分:无线传感器网络组网设备通用规范》2项林业信息化国家标准,7月31日发布《林业物联网 第602部分:传感器数据接口规范》1项林业信息化国家标准。积极推进第二批3项国家标准的编制,其中2项标准已经基本编制完成。完成全国林业信息数据标委会2014~2016年评估工作,提出有关国家标准编制意见。

【行业标准】 完成《林业信息交换格式》等13项林业信息化行业标准的审查、报批工作,10月27日正式发布。完成《林业信息分类与编码规范》等6项行业标准草案编写和修改完善工作,并形成征求意见稿征求各有关单位意见。完成《林业空间数据库建设规范》等4项行业标准的征求意见和修改完善工作,并形成送审稿。完成《自然保护区综合监管信息系统技术规范》等4项行业标准立项和草案编制工作,组织申报2018年度行业标准制修订任务,持续推动标准建设。制定了《林业信息化标准体系》(建议稿),涵盖95项信息化标准制修订内容,基本能够满足当前林业管理和服务需求,已列入《林业标准体系》(2017版)。按照国家关于标准化管理的有关规定和文件精神,组织制定行业急需和新技术标准,加强标准全过程管理,提高标准编制质量,督促和指导各项标准的实施。按照国标委的要求,开展全国林业信息数据标委会换届工作,完成标委会委员社会征集工作。

【技术培训】 举办第五届林业CIO高级研修班、林业信息化基础知识暨OA系统培训班、全国林业网站群建设培训班等各类培训,较好地完成了2017年培训任务,累计培训近千人,取得良好效果。编写智慧林业培训丛书——信息标准合作,印发《国家林业局信息中心培训工作管理制度》,开展培训需求调研和省级培训指导工作,持续推进国外智力引进工作。

【战略研究】 完成《中国林业移动互联网发展战略研究》,印发《中国林业移动互联网发展指导意见》。修改完善中国林业云框架设计,印发《国家林业局关于促进中国林业云发展的指导意见》。指导吉林长白山和江西井冈山物联网示范项目建设,完成物联网示范工程建设总结工作,起草《中国林业物联网:思路设计与实践探索》。编制《林业信息化知识读本》。

【合作交流】 与人工智能产业技术创新战略联盟、清华大学、北京林业大学、中国林科院、北京理工大学等单位合作,成立"人工智能+生态"专业委员会,共同研究并推进人工智能技术和成果在林业生态领域的应用,引领智慧林业发展。积极与国家林业局科技司、人事司和国际合作司等单位沟通,为林业信息化标准建设、课题研究、教育培训和对外合作等方面工作争取支持。参加全国林业标准化工作培训会、林业引进国外智力培训班、林业标准体系建设工作会等。

办公自动化

【办公系统优化升级】 实施国家林业局公文传输系统升级改造项目,114家单位全部切换至新系统收发文件,实现文件运转与收发的无缝衔接,提升系统响应速度,增强电子文件交换的安全性。实施国家林业局移动办公系统升级改造项目,加快林业移动政务发展,有效提高国家林业局内部通讯的准确性、便利性。启动国家林业局身份认证系统算法升级项目,有效保证内外网系统身份认证的合法性、安全性、有效性。

【办公系统运行维护】 完成综合办公系统数据库优化,提升系统相应速度。开展移动办公系统上门巡检、系统设备维修更换,有效保障移动办公系统全年顺利运行。完成内网个人邮箱扩容工作,对领导日程、联合发文、盖章提取、工资查询等功能进行优化完善。全年综合办公系统共进行了8万多件文件的办理,其中发文5524件、收文7.6万余件,累计数据量超600GB。完成统一用户、身份认证系统运维保障,完成日常人员信息变更295人次。全年上门服务480多次,电话支持960多个,有效保障60余个单位2200多位用户日常办公的顺利开展。举办"2017年林业信息化基础知识暨OA系统培训班",赴中国林业出版社举办OA系统应用培训班,应用户要求开展了18次的上门培训,提升用户操作水平。

【文印服务工作】 完成1533件局文、局办文，186件两会建议提案，239份局简报、30份办简报、35件党组文的制版、印制，以及全国林业厅局长会议等重大会议材料的印制。

林业信息化率测评和网站绩效评估

【2017年全国林业信息化率测评】 9月25日，国家林业局发出通知开展2017年全国林业信息化率测评工作，结果显示：2017年全国林业信息化率为70.35%，较2016年66.04%上升了4.31个百分点，其中，国家级林业信息化率为83.77%，省级林业信息化率为67.79%，市级林业信息化率为60%，县级林业信息化率为45%。与2016年比较，各级林业信息化率均有不同程度的提升，其中市级、县级林业信息化率分别提升4.91和5.16%。国家级和省级林业信息化率较2016年分别提升3.88个和4.2个百分点，国家级单位已全面步入应用发展阶段，约有73%省级单位已步入应用发展阶段。市县两级单位的林业信息化率分别提升4.91个和5.16个百分点，分别突破60%和40%，迈入应用发展阶段和建设发展阶段，市级约半数的单位达到应用发展阶段及以上，数量达到186家，县级有54.92%的单位达到建设发展阶段及以上，共计1032家，其中430家单位进入应用发展阶段。在整体水平提升的前提下，各级单位加快推进林业资源的整合，有效整合基础设施、服务资源、信息资源和品牌资源，盘活全国林业信息资源，提高基础设施利用率。各级林业主管部门加大专网建设力度，全面推进林业专网向市县乡三级部署，持续向实现"国家—省—市—县—乡镇"五级互联互通的林业信息化专网全面部署的目标迈进，截至2017年年底，省级单位已联通全国林业专网，省市两级专网部署率较高，70.27%的省份在市级部署林业专网，62.16%的省份在县区级部署林业专网，29.73%的省份在乡镇级部署林业专网。其中，北京、辽宁、福建、江西、湖北、湖南、广东、四川、贵州、甘肃、青海11个省份的林业专网均已覆盖到乡镇级。全国各地林业信息化发展态势良好，已从建设发展阶段进入到应用发展阶段，中东部地区处于总体领先阶段，建设发展阶段与建设起步阶段中西部地区占据数量居多。

【2017年全国林业网站绩效评估】 2017年全国林业网站绩效评估指标以引导性、发展性、政策性指标为主，结合了最新政策文件与行业要求，顺应新技术、新应用发展，保障林业行业政府网站的持续发展。评估结果显示，全国林业各级网站整体绩效评估得分为67.7分，较2016年提升0.4分，各级网站发展水平全面提升。其中，53家国家林业局司局和直属单位网站整体绩效得分为73.9分，处于较高的发展水平；41家省级林业主管单位网站整体绩效得分为69.1分，较2016年提升1分；市级林业网站整体绩效得分为64.5分，较2016年提升了0.3分；县级林业网站整体绩效得分为65.4分，较2016年提升了1分；乡镇子站2017年网站整体绩效得分为62.4分，还需进一步提升；专题子站网站整体绩效得分为69.2分，较2016年提升0.2分。从信息发布指标评估结果来看，司局和直属单位、省、市、县、专题子站信息发布平均得分率分别为71.7%、73.3%、75.8%、70.1%、71.1%，各级网站信息公开建设情况总体良好。省级林业网站在线服务指标得分率为63.6%，市级林业网站和县级林业网站在线服务指标得分率分别为66.7%、66.1%，各级网站在线服务方面整体建设明显提升。省、市、县三级林业网站互动回应指标得分率分别为73.6%、52.2%、58.0%。

【林业大事】 1月9日 全国第一颗林业卫星"吉林林业一号"在甘肃酒泉卫星发射中心成功发射。

1月25日 中国林业网（国家林业局政府网）(www.forestry.gov.cn) 发布"2016年全国林业信息化十件大事"网络评选结果。

1月26日 在国家发改委、工信部、国家网信办等联合主办的2016中国"互联网+"峰会上，国家林业局选送的"中国林业数据开放共享平台"入选大会发布的《中国"互联网+"行动百佳实践》，成为全国各行业各部门"互联网+"建设的经典实践案例，标志着"互联网+"林业建设取得新突破。

2月8日 中国林业网2016年建设保障情况评估结果揭晓，2016年度中国林业网十佳信息报送单位、十佳信息员、十佳信息和十佳微信公众号等被评出。

2月17日 国家林业局信息化工作领导小组会议在北京召开。总结2016年林业信息化工作，听取"金林工程"项目进展情况汇报，研究部署2017年林业信息化重点工作。国家林业局党组书记、局长张建龙出席并讲话，国家林业局总经济师张鸿文出席。

2月24日 国家林业局办公室正式印发《2017年林业信息化工作要点》。

2月26~27日 首届京陵大数据高峰论坛在海南陵水举行。论坛以"突破瓶颈，创新模式"为主题，中国信息协会电子政务专业委员会和南海大数据应用研究院主办，国家生态大数据研究院协办。国家林业局信息办主任李世东发表主旨演讲。

2月27日 浙江省林业政务移动办公平台——"浙江林业"APP上线试运行。全新改版的"浙江林业网"同时上线，实现在线服务、互动交流和移动服务等多功能于一体。

3月1日 中央网信办发布首部《国家电子政务发展报告》。全国林业电子政务发展情况被单章收录。

3月6日 中国首部完全基于大数据方法组织编撰的《2017中国大数据发展报告》正式发布。报告发布了2016年中央及部委大数据领域最受关注的十大政策，国家林业局组织制定的《关于加快中国林业大数据发展的指导意见》和《国家林业局落实〈促进大数据发展行动纲要〉的三年工作方案》位列其中。

3月14~17日 第五届林业CIO研修班在武汉大学举办。国家林业局信息化管理办公室主任李世东出席并作专题讲座，湖北省林业厅副厅长蔡静峰、武汉大学副校长李斐出席并致辞。该届培训班以"携手共建大数据，提升林业现代化"为主题，邀请了李德仁院士等多位知名专家进行专题授课。

3月15日 国家发展改革委正式启动促进大数据发展重大工程，生态大数据基础平台体系建设项目获得批复。

3月30日 由网易新闻主办、首都互联网协会协办的政务网易号大会在京召开。会议以"政·能量"为主题，中国林业网微信荣获"最具潜力政务网易号"。

5月8日 林业信息化标准专家审查会在北京召开，审查通过了《林业数据采集规范》等5项行业标准。

5月12日 "一带一路"林业数据资源协调共享平台上线暨2016年全国林业信息化率评测结果通报会在京召开。国家林业局总经济师张鸿文启动平台并讲话。

5月17日 国家生态大数据研究院在海南陵水正式挂牌。

5月27日 2017中国电子商务创新发展峰会品质电商论坛在贵阳召开。论坛由国家林业局信息中心承办，旨在加快品质电商发展，推进电商品牌建设。国家林业局信息办主任李世东出席并致辞。

5月31日 首批林业信息化国家标准——《林业物联网 第4部分：手持式智能终端通用规范》《林业物联网 第603部分：无线传感器网络组网设备通用规范》等3项标准正式发布。

6月6日 2017中国信息化融合发展创新大会在北京举行，中国林业数据开放共享平台荣获2017中国信息化（智慧政务领域）最佳实践奖。国家林业局信息办主任李世东受邀出席并作主题演讲。

7月18日 "2017新常态下电子政务建设经验交流大会"在甘肃兰州举行，"互联网+"林业政务服务多项建设成果参与大会交流并获奖。国家林业局网上行政审批平台、国家林业局生态大数据建设、四川省林业厅"互联网+"智慧森防被评为"2016电子政务优秀案例"。

8月4日 由国家生态大数据研究院、北京市园林绿化局联合主办的大数据服务首都生态建设专题研讨会在北京召开。研究院专家委员会名誉主任、中国工程院沈国舫院士，副主任委员、中国工程院李文华院士等专家出席会议并做交流发言。国家生态大数据研究院院长、国家林业局信息办主任李世东出席会议并作总结讲话。

9月7日 国家林业局副局长张永利、总经济师张鸿文一行检查指导"互联网+"义务植树鄂尔多斯物联网示范点建设情况并植树。

10月13日 国家林业局政务信息系统整合共享工作推进会在北京召开。

10月17日 2017政府网站精品栏目建设和管理经验交流大会在成都召开。中国林业网"一带一路"林业数据资源协调共享平台和行政审批平台分别荣获"2017政府网站特色栏目奖"和"2017政府网站网上办事精品栏目奖"。

10月27日 《林业信息交换格式》等13项林业信息化行业标准正式发布。

11月13日 生态环境信息化工程（金林工程）初步设计和投资概算获得国家发展改革委正式批复。

11月15日 国家林业局发出通知，开展第三批全国林业信息化示范市、县和第二批全国林业信息化示范基地建设工作，确定浙江绍兴市等11个单位为第三批全国林业信息化示范市、吉林敦化市等13个单位为第三批全国林业信息化示范县、北京市黄垡苗圃等16个单位为第二批全国林业信息化示范基地。

11月16日 上海森林资源管理APP系统通过专家组验收正式上线。该系统是"互联网+"理念在实际城市管理服务中的一种新尝试。

11月19~20日 第五届全国林业信息化工作会议在广西南宁召开。国家林业局党组书记、局长张建龙出席会议并作讲话，广西壮族自治区副主席张秀隆出席会议并致辞，国家林业局总经济师张鸿文主持会议。

11月19日 在第五届全国林业信息化工作会议上，"最美林业故事"——第四届美丽中国作品大赛结果出炉，50篇作品获奖，包括出一等奖3篇、二等奖5篇、三等奖7篇、优秀奖35篇；首批全国智慧林业最佳实践50强发布，包括8个国家级案例、13个省级案例、17个市县级案例、12个示范基地案例；国家林业局新版公文传输系统、林信通、领导决策服务系统、苏铁频道等系统上线运行。

11月23日 "2017互联网+智慧中国"年会在北京召开。会议发布了2017年中国政府网站绩效评估结果，中国林业网蝉联部委网站总分第二名，荣获"政务公开领先奖"和"创新发展领先奖"。

12月1日 "人工智能+生态专业委员会成立大会"在清华大学举行。20多位人工智能、生态保护领域的专家、学者、企业家汇聚一堂，共同谋划生态智能化的未来。

12月23日 "新时代的国家治理——改革创新与现代化之路论坛"在清华大学举办。论坛发布了《2017年中国政府网站绩效评估报告》，国家林业局与商务部、税务总局网站并列被评为优秀部委网站。

12月25日 2017年中国优秀政务平台推荐及综合影响力评估结果正式揭晓。中国林业网连续6年荣获"中国最具影响力党务政务网站"。

（张会华、罗俊强供稿）

林业教育与培训

15

林业教育与培训工作

【培训制度和规划建设】 制定《国家林业局干部教育培训工作实施细则》，印发《全国林业教育培训"十三五"规划》，为进一步做好林业教育培训工作，培养造就高素质林业从业人员队伍，更好地服务林业现代化建设提供制度保障。

【公务员法定培训】 按照《公务员法》等法律制度要求，全年组织开展公务员在职培训、处级领导干部任职培训、新录用人员初任培训4期，培训人员215名，有力地提升了局本级干部政治素养、业务水平和履职能力。

【面向行业示范培训】 受中组部委托，举办了地方党政领导干部森林城市建设专题研究班，培训地市级地方领导干部42名，国家林业局党组高度重视，局党组书记、局长张建龙亲自研究审定方案并作主题报告。国家林业局相关司局级领导上讲台授课或与学员座谈交流。专题研究班针对参加研究班领导干部的履职需要，合理设置课程，综合运用专题讲授、学员论坛、座谈交流、案例教学、情景模拟、现场教学、结构化研讨等教学方式，确保培训实效，达到预期目的。经人社部批准，纳入国家专业人才知识更新工程，由国家林业局人事司举办的"国家重点林木良种基地技术人员高级研修班"在北京举办，共培训第三批国家重点林木良种基地主任（技术负责人）及部分省（区、市）林木种苗管理机构行业科科长96人，达到了提升国家重点林木良种基地人员综合能力的目的。为充分发挥行业指导的作用，组织地县林业局长培训、基层实用人才培训、林业知识培训、培训管理者培训、大兴安岭重点国有林区改革专题培训5期，培训基层林业领导干部等350多名。

【林业援疆培训】 实施林业培训援疆计划，分别针对林业厅系统和兵团林业系统举办党政领导干部培训班2期，共培训学员103名。通过组织专家授课、开展现场教学培训等形式，有针对性地开展培训工作，教学内容涵盖林业政策法规、森林生态旅游、林业产业发展、湿地生态保护等林业专业知识，以及领导能力建设、个人素质提升等，为进一步提升新疆林业干部队伍整体素质作出了一定贡献。

【司局长专题研修和中网院培训】 根据中组部和国家机关工委要求，全年共组织国家林业局37名司局级干部参加中央组织部专题培训，专题研修课时1552个学时。中组部《关于举办"学习贯彻党的十九大精神"网上专题班的通知》要求，认真组织国家林业局全体司局级领导干部参加中国干部网络学院"学习贯彻党的十九大精神"专题培训活动。

【培训课程教材等基础建设】 积极推进干部培训课程建设。昆明设计院院长唐芳林的《建立国家公园体制构建国土生态安全屏障》、中国林科院分党组书记叶智的《森林城市建设是功在千秋的伟大事业》2门培训课程被中央组织部确定为全国干部教育培训好课程。组织编写全国林业干部学习培训系列教材，国家林业局局长张建龙为系列教材作序，《林业政策法规知识读本》《林业改革知识读本》2本教材已正式出版发行。组织开展高等院校创新创业课程系统教材及数字教材建设培训班1期，培训人员60名。继续推进全国党员干部现代远程教育林业专题教材制播工作，向中央组织部报送了林业专题教材课件128个、3120分钟。

【干部培训问卷调查】 参加中组部关于开展《2018～2022年全国干部教育培训规划》问卷调查专项工作，分配到91个名额的任务。根据领导批示，并按中组部有关调研人员身份等具体要求，专门下发通知，组织协调11个司局单位开展相关问卷填报工作，其间及时做好督促、监控及相关技术问题解答工作，确保如期保质完成任务。

【高校共建】 国家林业局与吉林省签署合作共建北华大学协议，国家林业局与教育部、有关省人民政府合作共建的普通高等院校已达17所。

【林业教育名师遴选】 开展首届全国林业教学名师遴选，遴选出首批30名全国林业教学名师。张建龙在接见教学名师时就努力培养更多更好的林业现代化建设人才发表讲话，引导和激励全国广大林业教师进一步增强职业荣誉感，着力提高人才培养质量。

【林科毕业生就业】 以国家林业局名义印发《关于进一步引导和鼓励高校林科毕业生到林业基层工作的意见》，为加强林业基层单位人才队伍建设，推动实施乡村振兴战略、科教兴林战略、就业优先战略，加快林业现代化建设和生态文明建设提供了政策支撑。

【职业技能大赛】 举办第二届全国职业院校林业技能大赛，共分中职、高职2个组别，设置礼仪插花（中职）、林木种子质量检测（中职/高职）、手工木工制作（高职）、园林景观设计（高职）、植物组织培养（高职）6个竞赛项目。来自全国24个省（区、市）50所职业院校的202名选手参加了比赛。《光明日报》《中国绿色时报》《中国青年报》、国家林业局官网、辽宁省林业厅新闻中心、《辽日报》《沈阳日报》《辽沈晚报》、东北新闻网、《绿色中国》杂志社、辽宁电视台等10余家新闻媒体参加了现场采访和报道。起到了很好的宣传、引领作用。

【林科和专业建设】 组织出版了《国家林业局重点学科 2016》。按照教育部有关要求，研究并组织完成了高职 7 个林业类专业国家教学标准的制订和林业类中职专业目录的修订调整，组织开展了中职新专业申报，均通过教育部专家验收，将在 2018 年发布。

（人事司教育培训处邹庆浩供稿）

林业教材管理

【综　述】 开展 2017 年度"国家林业局生态文明教材及林业高校教材建设项目"，完成《中国古代园林史》《新纪元汉英林业词汇》《国家林业局重点学科 2016》《植物生物学专题》等重点选题的出版，填补了空白。研究生教育的教材建设工作取得突破性进展。

发布国家林业局职业教育"十三五"规划教材选题目录（第 1 批），对本科和研究生教育"十三五"规划教材进行补充申报。

开展《大学生创新创业基础》《园林树木栽植养护学》（第 4 版）等重点、经典教材修订工作。

新闻出版改革发展项目库 2017 年度项目——"面向林业教育的教材众创出版与生态知识服务云平台"获批财政资金 300 万元资助。

【教材会议】 2017 年 10 月 26～29 日，全国高等农林院校教材建设战略联盟理事会议暨高等院校创新创业课程系列教材建设培训班在湖南衡阳召开。来自全国近 40 所农林院校及相关单位约 90 位代表参加了该次会议。

2017 年中国家具专业学科教育与发展研讨会于 2017 年 11 月 10～11 日在北京林业大学召开。该次会议由北京林业大学、中国林业出版社、国家林业局院校教材建设办公室主办，北京林业大学材料科学与技术学院承办，《家具与室内装饰》杂志社协办。北京林业大学、东北林业大学、南京林业大学等 30 多所高校木材科学与技术学科、家具与设计艺术学科所在院系的领导或学科带头人、专家，家具与室内装饰杂志社等单位有关人员 150 余人参加会议。

（杨长峰供稿）

林业教育信息统计

表 15-1　2017～2018 学年初普通高、中等林业院校和其他高、中等院校林科基本情况

单位：人

名　称	学校数（所、个）	毕业生数	招生数	在校学生数	毕业班学生数	教职工数 合计	其中：专任教师
总　计	—	153 594	157 059	520 814	179 712	29 422	14 795
一、研究生	90	7820	12 704	31 887	11 465	—	—
1. 普通高等林业院校	6	5272	8268	21 470	7876	19 253	7782
2. 其他高等院校（林科）	83	2257	4079	9319	3157	—	—
3. 林业科研单位	1	291	357	1098	432	—	—
二、本科生	228	56 399	57 314	230 290	65 831	—	—
1. 普通高等林业院校	7	27 047	28 864	111 586	27 624	19 253	7782
2. 其他普通高等院校（林科）	221	29 352	28 450	118 704	38 207	—	—
三、高职（专科）生	228	45 116	48 536	147 805	65 395	—	—
1. 高等林业（园林）职业学校	17	35 489	35 995	114 294	38 609	7699	5534
2. 其他高等职业学校（林科）	210	9089	11 977	31 798	26 227	—	—
3. 普通高等林业院校专科	1	538	564	1713	559	3814	1541
四、中职生	268	44 259	38 505	110 832	37 021	—	—
1. 中等林业（园林）职业学校	17	14 579	12 345	36 562	13 203	2470	1479
2. 其他中等职业学校（林科）	251	29 680	26 160	74 270	23 818	—	—

备注：统计一、二、三中普通高等林业院校教职工数以本科数为合计数。

表 15-2 2017～2018 学年初普通高等林业院校教职工情况

单位：人

学校名称	教职工数 合计	校本部教职工 计	专任教师 计	正高级	副高级	中级	初级	无职称者	行政人员	教辅人员	工勤人员	科研机构人员	校办企业职工	其他附设机构人员	另有其他人员 聘请校外教师	离退休人员	附属中小学幼儿园教职工	集体所有制人员
总　计	19 253	11 625	7782	1375	2841	2999	308	259	2011	1340	492	77	114	251	2067	5005	32	82
北京林业大学	3036	1779	1195	284	526	351	2	32	316	212	56	0	50	34	306	835	32	0
东北林业大学	4030	2251	1394	295	570	473	3	53	408	330	119	7	50	179	253	1208	0	82
南京林业大学	3421	1957	1346	270	463	567	45	1	359	166	86	36	14	28	301	1085	0	0
中南林业科技大学	3891	2359	1581	221	538	643	93	86	339	300	139	0	0	0	298	1234	0	0
西南林业大学	2180	1266	920	93	296	406	96	29	172	142	32	12	0	0	485	417	0	0
浙江农林大学	1950	1559	1058	180	349	444	27	58	288	163	50	17	0	10	346	18	0	0
南京森林警察学院	745	454	288	32	99	115	42	0	129	27	10	5	0	0	78	208	0	0

表 15-3 2017～2018 学年初普通高等林业院校资产情况

学校名称	占地面积（平方米） 总面积	其中 绿化用地	其中 运动场地	图书资料（万册）合计	其中：当年新增（万册）	拥有教学用计算机（台）	多媒体教室座位数（个）	固定资产总值（万元）合计	其中：教学、科研仪器设备资产
北京林业大学	463 739	124 750	56 505	188.10	1.87	4673	158	196 996.96	61 566.83
东北林业大学	1 287 559	526 424	100 291	226.18	6.81	8198	245	257 346.47	84 072.25
南京林业大学	3 798 066	2 915 600	53 726	214.70	31.30	6334	278	174 783.45	78 511.01
中南林业科技大学	876 445	429 458	63 995	209.30	10.50	7895	278	178 001.75	38 927.08
西南林业大学	793 754	343 593	68 605	170.30	2.07	6306	124	94 174.25	25 217.49
浙江农林大学	1 858 234	920 906	101 198	167.82	4.64	3983	288	155 818.86	32 917.33
南京森林警察学院	754 722	415 588	9451	65.80	2.57	2255	69	73 078.54	12 758.55

表 15-4 2017～2018 学年初普通高等林业院校和其他高等院校、科研院所林科研究生分单位情况

单位：人

学校名称	毕业生数	招生数	在校学生数	毕业班学生数
总　计	7820	12 704	31 887	11 465
一、博士生	739	1130	5466	3255
1. 高等林业院校	415	735	3756	2346
北京林业大学	203	287	1322	776
东北林业大学	127	205	1118	720
南京林业大学	49	142	900	623
浙江农林大学	3	9	21	3
中南林业科技大学	32	67	332	204
西南林业大学	1	25	63	20

(续)

学校名称	毕业生数	招生数	在校学生数	毕业班学生数
2. 林业科研单位	118	126	482	228
中国林业科学研究院	118	126	482	228
3. 其他高等院校（林业学科）	206	269	1228	681
二、硕士生	7081	11 574	26 421	8210
1. 高等林业院校	4857	7533	17 714	5530
北京林业大学	1267	1773	4395	1146
东北林业大学	1181	1558	3757	1336
南京林业大学	1038	1658	3561	1199
浙江农林大学	475	734	1885	574
中南林业科技大学	433	1013	2542	772
西南林业大学	463	797	1574	503
2. 林业科研单位	173	231	616	204
中国林业科学研究院	173	231	616	204
3. 其他院所（林科）	2051	3810	8091	2476

表15-5　2017～2018学年初普通高等林业院校和其他高等院校、科研院所林科研究生分学科情况

单位：人

学科名称	毕业生数	招生数	在校学生数	毕业班学生数
总　计	7820	12 704	31 887	11 465
一、博士生	739	1130	5466	3255
1. 林业学科小计	592	884	4246	2539
林木遗传育种	55	80	300	152
森林培育	56	70	410	264
森林保护学	44	59	226	123
森林经理学	30	34	195	134
野生动植物保护与利用	22	32	129	72
园林植物与观赏园艺	35	35	217	138
水土保持与荒漠化防治	53	84	401	233
经济林学	0	6	15	5
自然保护区	6	7	54	41
其他林学学科	11	49	137	52
森林工程	16	28	218	159
木材科学与技术	56	56	281	168
林产化学加工工程	38	60	233	113
家居设计与工程	6	5	52	40
生物质能源与材料	0	1	8	2
林业装备与信息化	3	7	45	29
林业经济管理	30	56	357	249
其他林业工程学科	28	43	180	111
风景园林学学科	17	40	173	97
土壤学（森林土壤学）	1	4	21	14
植物学（森林植物学）	27	25	122	73
生态学（森林生态学）	50	97	427	241
其他林科专业	8	6	45	29

(续)

学科名称	毕业生数	招生数	在校学生数	毕业班学生数
2. 草业学科小计	60	105	489	255
草原学	0	4	10	4
草学	47	93	414	209
草业科学	7	0	15	15
草地保护学	1	1	11	6
其他草业学科	5	7	39	21
3. 林业院校和科研单位其他学科	87	141	731	461
二、硕士	7081	11 574	26 421	8210
1. 林业学科小计	3812	6410	14 772	4637
林木遗传育种	122	178	490	160
森林培育	246	240	764	267
森林保护学	155	194	607	199
森林经理学	150	146	495	190
野生动植物保护与利用	104	142	376	128
园林植物与观赏园艺	289	227	844	333
水土保持与荒漠化防治	300	403	1217	396
森林工程	61	52	150	55
木材科学与技术	122	174	507	176
林产化学加工工程	68	108	315	106
家具与室内设计工程	4	0	14	7
生物质能源与材料工程	14	24	68	18
林业经济管理	49	50	137	49
其他林学学科	107	299	660	171
其他林业工程学科	99	222	462	126
土壤学（森林土壤学）	21	16	51	17
植物学（森林植物学）	71	80	260	95
生态学（森林生态学）	163	220	661	225
林业硕士	501	1110	1944	559
风景园林硕士	1165	2514	4734	1355
农业推广硕士（林业）	0	1	1	0
农业推广硕士（草业）	1	10	15	5
2. 草业学科小计	231	421	946	288
草原学	0	4	10	4
草业	56	140	229	75
草学	140	249	623	182
草地保护学	0	1	3	1
草地生物多样性	16	10	24	6
草地景观植物与绿地规划	1	0	1	1
草地资源利用与保护	3	0	6	3
草业科学	5	9	18	3
其他草业学科	10	8	32	13
3. 林业院校和科研单位其他学科	3038	4743	10 703	3285
材料加工工程	7	7	17	6
材料科学与工程学科	0	1	2	0
材料物理与化学	7	3	18	8
材料学	7	11	36	12
测试计量技术及仪器	4	0	10	4
茶学	1	1	2	0

(续)

学科名称	毕业生数	招生数	在校学生数	毕业班学生数
车辆工程	12	10	34	14
城乡规划学学科	41	41	144	59
道路与铁道工程	20	23	69	21
地理学学科	5	10	25	5
地图学与地理信息系统	42	40	128	46
电磁场与微波技术	0	3	3	0
电路与系统	0	4	4	0
动物学	27	25	79	22
动物遗传育种与繁殖	3	5	16	6
俄语语言文学	5	3	11	4
发酵工程	5	2	9	3
发育生物学	13	20	53	15
法律	6	44	80	23
法学理论	9	8	25	8
法学学科	22	30	91	31
翻译	71	114	250	73
防灾减灾工程及防护工程	1	0	0	0
概率论与数理统计	6	6	14	2
高分子化学与物理	9	8	29	11
工程	683	1145	2196	756
工程管理	1	34	47	12
工商管理	98	167	398	109
工商管理学科	33	14	87	41
公共管理	2	50	100	10
管理科学与工程学科	39	39	100	27
国际贸易学	10	13	45	17
国际商务	9	19	33	1
果树学	4	3	12	5
汉语言文字学	4	0	10	5
行政管理	27	20	71	24
化学工程	0	7	16	3
化学工程与技术学科	4	15	38	14
化学工艺	7	10	28	10
环境工程	13	15	49	19
环境科学	16	16	49	16
环境科学与工程学科	31	44	140	54
环境与资源保护法学	19	22	66	23
会计	54	245	302	26
会计学	32	23	68	17
机械电子工程	18	23	65	21
机械工程学科	14	12	35	12
机械设计及理论	23	19	61	24
机械制造及其自动化	20	18	56	17
计算机科学与技术学科	0	7	16	6
计算机软件与理论	13	5	30	13
计算机系统结构	3	4	14	6
计算机应用技术	27	19	75	33
技术经济及管理	3	5	11	1

(续)

学科名称	毕业生数	招生数	在校学生数	毕业班学生数
检测技术与自动化装置	8	6	18	7
建筑学学科	17	16	51	19
交通信息工程及控制	4	4	12	4
交通运输规划与管理	9	13	39	14
结构工程	18	26	75	26
金融	10	23	34	11
金融学	6	4	9	3
精密仪器及机械	4	0	4	2
科学技术哲学	0	2	5	1
控制理论与控制工程	21	24	66	19
伦理学	9	8	26	10
旅游管理	23	14	57	21
马克思主义发展史	7	2	7	2
马克思主义基本原理	8	17	29	7
马克思主义哲学	3	4	10	2
马克思主义中国化研究	18	19	53	17
美学	6	4	14	5
民商法学	11	10	28	11
模式识别与智能系统	5	4	14	5
农产品加工及贮藏工程	11	8	36	16
农业电气化与自动化	6	3	10	4
农业机械化工程	9	4	20	11
农业经济管理	12	7	27	9
农业生物环境与能源工程	2	0	1	0
农业推广	443	1040	1969	522
农业资源与环境学科	11	24	66	20
企业管理	28	28	96	31
桥梁与隧道工程	12	13	35	13
轻工技术与工程学科	2	4	9	0
人口、资源与环境经济学	8	4	20	9
人文地理学	3	8	16	4
软件工程学科	7	16	37	10
设计学学科	121	115	330	111
设计艺术学	0	0	4	4
生理学	8	15	39	13
生物工程学科	4	0	2	2
生物化工	8	13	35	8
生物化学与分子生物学	42	52	161	51
生物物理学	22	19	59	20
生物学学科	12	50	76	9
生药学	14	15	47	16
食品科学	10	9	24	6
食品科学与工程学科	19	17	49	21
市政工程	1	2	6	1
兽医	0	8	8	0
蔬菜学	1	1	1	0
数学学科	6	6	16	5
水生生物学	6	6	18	5

(续)

学科名称	毕业生数	招生数	在校学生数	毕业班学生数
思想政治教育	31	19	69	27
特种经济动物饲养	7	4	19	7
统计学	13	9	37	13
统计学学科	0	7	7	0
土木工程学科	39	26	86	36
外国语言学及应用语言学	27	16	57	24
微生物学	37	39	122	42
细胞生物学	16	26	73	22
宪法学与行政法学	13	6	24	13
心理学学科	10	13	39	10
新闻传播学学科	0	4	4	0
信息与通信工程学科	0	13	13	0
刑法学	0	4	16	6
岩土工程	9	12	37	11
药物化学	7	7	20	7
遗传学	17	23	77	26
艺术	112	203	401	100
艺术学理论学科	2	5	12	4
英语语言文学	14	17	51	15
应用化学	18	23	50	12
应用经济学学科	0	15	15	0
应用数学	8	7	19	5
应用统计	10	20	28	1
应用心理学	1	0	0	0
有机化学	8	6	18	6
载运工具运用工程	27	25	72	22
哲学学科	13	8	27	11
植物营养学	7	8	25	8
制浆造纸工程	17	19	62	25
资产评估	12	14	27	13
自然地理学	18	26	61	17

表15-6　2017～2018学年初普通高等林业院校和其他高等院校林科本科学生分学校情况

单位：人

学校名称	毕业生数	招生数	在校学生数	毕业班学生数
总　计	56 399	57 314	230 290	65 831
一、普通高等林业院校	27 047	28 864	111 586	27 624
北京林业大学	3235	3351	13 233	3282
东北林业大学	4510	4824	18 973	4472
南京林业大学	4285	6009	18 899	4325
浙江农林大学	3581	3650	14501	3776
中南林业科技大学	5848	5909	23 855	5969
西南林业大学	4130	3775	16 480	4408
南京森林警察学院	1458	1346	5645	1392
二、其他高等院校（林科）	29 352	28 450	118 704	38 207

表 15-7　2017～2018 学年初普通高等林业院校和其他高等院校林科本科学生分专业情况

单位：人

专业名称	毕业生数	招生数	在校学生数	毕业班学生数
总　计	56 399	57 314	230 290	65 831
一、林科专业	33 998	32 833	136 748	42 786
1. 林业工程类	2625	2759	10 176	2550
森林工程	313	288	1203	316
木材科学与工程	1815	1400	6470	1717
林产化工	497	426	1855	517
林业工程类专业	0	645	648	0
2. 森林资源类	4404	4805	18 142	6221
林学	3409	3748	13 937	5183
森林保护	687	676	2874	753
野生动物与自然保护区管理	308	381	1331	285
3. 环境生态类	21 057	19 789	85 778	27 185
园林	14 839	9995	48 055	19 361
水土保持与荒漠化防治	1007	1053	4166	1013
风景园林	5211	8741	33 557	6811
4. 农林经济管理类	4684	3903	17 243	5648
农林经济管理	4684	3903	17 243	5648
5、草原类	1228	1577	5409	1182
草学类专业	75	94	358	83
草业科学	1153	1483	5051	1099
二、林业院校非林科专业	22401	24 481	93 542	23 045
包装工程	180	146	612	171
保险学	57	73	258	58
材料成型及控制工程	84	64	258	74
材料化学	155	121	602	160
材料科学与工程	0	65	317	69
材料类专业	0	203	203	0
财务管理	156	48	337	143
测绘工程	201	174	684	206
测控技术与仪器	50	59	169	55
茶学	28	0	72	21
产品设计	256	281	1225	322
朝鲜语	28	32	138	27
车辆工程	323	235	1093	322
城市地下空间工程	61	70	245	68
城市管理	30	0	197	65
城乡规划	270	253	1194	278
地理科学	40	37	157	41
地理科学类专业	0	168	168	0
地理信息科学	243	213	958	236
电气工程及其自动化	202	123	750	239
电气类专业	0	192	568	0
电子科学与技术	112	108	427	117
电子商务	109	43	352	140
电子信息工程	372	262	1279	386
电子信息科学与技术	65	59	233	57
电子信息类专业	0	644	644	0
动画	79	62	308	68
动物科学	125	95	425	135

(续)

学科名称	毕业生数	招生数	在校学生数	毕业班学生数
动物医学	103	62	454	125
动物医学类专业	0	90	90	0
俄语	70	84	342	83
法学	400	333	1778	452
法学类专业	0	227	227	0
法语	79	73	348	93
翻译	0	35	98	0
服装与服饰设计	33	0	139	45
高分子材料与工程	239	154	911	219
给排水科学与工程	134	117	412	93
工程管理	283	247	1041	276
工程力学	47	33	136	39
工商管理	328	57	888	345
工商管理类专业	0	973	1815	0
工业工程	87	90	334	80
工业设计	330	350	1583	413
公安管理学	71	154	592	143
公安情报学	387	282	1241	319
公共事业管理	157	46	288	111
公共艺术	19	49	190	51
管理科学与工程类专业	0	57	113	0
广播电视学	42	59	154	32
广告学	192	122	764	212
轨道交通信号与控制	0	33	33	0
国际经济与贸易	593	399	1754	497
国际商务	87	70	315	93
过程装备与控制工程	41	0	98	56
汉语国际教育	41	60	241	57
汉语言文学	181	122	714	196
行政管理	46	39	246	61
化工与制药类专业	0	21	21	0
化学	51	0	86	37
化学工程与工艺	198	280	914	203
化学类专业	0	117	231	0
化学生物学	33	32	147	43
环境工程	275	209	1214	287
环境科学	275	168	868	225
环境科学与工程类专业	0	213	213	0
环境设计	775	622	3127	846
会计学	1128	484	3997	1150
会展经济与管理	0	0	111	36
机械电子工程	207	55	534	215
机械类专业	0	1121	1794	0
机械设计制造及其自动化	767	371	2250	785
计算机科学与技术	657	287	2116	622

(续)

学科名称	毕业生数	招生数	在校学生数	毕业班学生数
计算机类专业	0	580	777	0
建筑环境与能源应用工程	61	59	233	63
建筑类专业	0	122	122	0
建筑学	204	156	659	163
交通工程	100	92	382	117
交通运输	414	141	971	372
交通运输类专业	0	126	246	0
金融工程	73	62	482	109
金融学	325	300	1463	453
金融学类专业	0	293	293	0
经济统计学	61	0	136	56
经济学	75	71	293	80
经济学类专业	0	124	280	0
经济与贸易类专业	0	528	528	0
警务指挥与战术	156	159	599	130
酒店管理	58	29	261	67
粮食工程	34	0	70	23
旅游管理	509	229	1547	554
旅游管理类专业	0	209	209	0
能源与动力工程	186	175	649	166
农村区域发展	40	36	110	42
农学	102	36	367	112
农业资源与环境	61	104	287	61
汽车服务工程	149	93	492	164
轻化工程	159	188	625	149
人力资源管理	105	56	347	110
人文地理与城乡规划	103	38	387	102
日语	172	164	697	180
软件工程	134	130	907	221
商务英语	44	115	337	48
设计学类专业	0	768	769	0
社会工作	83	89	307	77
社会体育指导与管理	27	0	96	32
摄影	21	23	41	0
生物工程	105	157	473	97
生物技术	317	340	1563	406
生物科学	121	392	739	110
生物制药	31	29	119	31
食品科学与工程	386	589	1751	357
食品质量与安全	96	49	400	87
市场营销	347	89	773	311
视觉传达设计	302	180	992	257
数学与应用数学	105	105	421	92
数字媒体技术	0	0	111	57
数字媒体艺术	78	24	432	116

(续)

学科名称	毕业生数	招生数	在校学生数	毕业班学生数
泰语	44	37	151	40
体育教育	54	30	201	60
通信工程	177	123	731	216
统计学	29	156	252	32
土地资源管理	120	96	349	119
土木工程	944	937	3428	930
外国语言文学类专业	0	187	188	0
网络安全与执法	50	103	378	80
网络工程	31	0	54	28
文化产业管理	48	0	178	59
舞蹈学	0	20	65	0
物理学	55	52	193	37
物联网工程	0	60	304	57
物流工程	212	244	879	191
物流管理	200	135	619	154
物业管理	51	0	93	45
消防工程	165	146	629	152
新能源科学与工程	0	63	193	0
新闻传播学类专业	0	129	129	0
信息工程	43	34	218	56
信息管理与信息系统	379	115	1107	356
信息与计算科学	262	231	1096	274
刑事科学技术	230	214	908	223
音乐表演	44	60	283	77
音乐学	0	31	31	0
印刷工程	33	30	115	39
英语	538	379	1898	487
应用化学	185	54	482	172
应用生物科学	40	33	149	37
应用统计学	53	0	170	57
应用物理学	37	35	145	34
应用心理学	81	69	294	82
园艺	291	214	1122	335
越南语	40	30	88	29
侦查学	451	263	1290	402
政治学与行政学	51	59	229	59
植物保护	86	35	312	94
植物生产类专业	0	220	220	0
治安学	0	71	219	0
中药学	56	0	187	63
种子科学与工程	23	0	0	0
自动化	291	228	1057	308
自然地理与资源环境	81	82	330	91

表15-8　2017～2018学年初高等林业职业院校教职工情况

单位：人

学校名称	教职工数												另有其他人员			
	合计	校本部教职工									科研机构人员	校办企业职工	其他附设机构人员	聘请校外教师	离退休人员	附属中小学幼儿园教职工	集体所有制人员
		计	专任教师						行政人员	教辅人员	工勤人员						
			计	正高级	副高级	中级	初级	无职称者									
总　计	7699	7611	5534	309	1399	2009	1532	285	905	655	517	0	60	28	1950	2545	0	0
山西林业职业技术学院	281	281	182	5	46	66	62	3	68	19	12	0	0	0	48	83	0	0
辽宁林业职业技术学院	513	513	288	27	82	117	62	0	69	104	52	0	0	0	90	230	0	0
黑龙江林业职业技术学院	598	594	326	56	82	108	60	20	146	53	69	0	0	4	159	509	0	0
黑龙江农垦林业职业技术学院	481	481	351	38	79	155	79	0	34	46	50	0	0	0	14	247	0	0
黑龙江生态工程职业学院	485	485	249	36	81	100	24	8	71	96	69	0	0	0	228	215	0	0
安徽林业职业技术学院	135	135	103	2	27	38	31	5	9	9	14	0	0	0	110	66	0	0
福建林业职业技术学院	347	347	306	13	65	89	121	18	15	20	6	0	0	0	206	94	0	0
江西环境工程职业学院	812	812	616	35	107	163	249	62	68	50	78	0	0	0	107	105	0	0
河南林业职业学院	386	386	281	5	58	93	125	0	58	26	21	0	0	0	30	96	0	0
湖北生态工程职业技术学院	661	661	504	13	116	194	168	13	103	27	27	0	0	0	96	160	0	0
湖南环境生物职业技术学院	905	905	734	23	198	338	156	19	87	68	16	0	0	0	121	349	0	0
广东林业职业技术学院	325	325	255	3	81	54	93	24	26	17	27	0	0	0	47	0	0	0
广西生态工程职业技术学院	514	430	326	17	87	128	26	68	49	32	23	0	60	24	246	237	0	0
云南林业职业技术学院	447	447	377	11	112	129	125	0	24	16	30	0	0	0	231	106	0	0
甘肃林业职业技术学院	467	467	408	21	129	140	83	35	14	37	8	0	0	0	94	0	0	0
宁夏葡萄酒与防沙治沙职业技术学院	134	134	103	3	27	25	38	10	15	4	12	0	0	0	7	37	0	0
上海农林职业技术学院	208	208	125	1	22	72	30	0	49	31	3	0	0	0	116	11	0	0
江苏农林职业技术学院	760	754	550	43	136	222	126	23	65	114	25	18	0	6	0	388	109	0	0

表15-9　2017～2018学年高等林业职业教育及普通专科分学校情况

单位：人

学校名称	毕业生数	招生数	在校学生数	毕业班学生数
总　计	45 116	48 536	147 805	65 395
（一）高等林业职业学校	35 489	35 995	114 294	38 609
山西林业职业技术学院	1644	1010	3946	1618
辽宁林业职业技术学院	1849	2029	6480	2211
黑龙江林业职业技术学院	2131	2262	6750	2302
黑龙江生态工程职业学院	1457	1713	5684	1875
上海农林职业技术学院	1129	933	3495	1165
江苏农林职业技术学院	3779	3426	11 422	3966
安徽林业职业技术学院	1121	961	2985	1119
福建林业职业技术学院	1966	2132	6702	2332
江西环境工程职业学院	3611	2665	9801	3959
河南林业职业学院	483	1859	5257	1537
湖北生态工程职业技术学院	3411	2942	8744	2951
湖南环境生物职业技术学院	3766	3623	11 938	3997
广东林业职业技术学院	892	1936	5317	1391
广西生态工程职业技术学院	2441	2933	7954	2528
云南林业职业技术学院	2472	2952	8163	2605
甘肃林业职业技术学院	3082	2127	8304	2760
宁夏葡萄酒与防沙治沙职业技术学院	255	492	1352	293
（二）普通林业学校专科	538	564	1713	559
中南林业科技大学	538	564	1713	559
（三）其他高等学校（林科）	9089	11 977	31 798	26 227

表15-10 2017~2018学年高等林业（生态）职业技术学院和其他高等职业学院林科分专业情况

单位：人

专业名称	毕业生数	招生数	在校学生数	毕业班学生数
总　计	45 116	48 536	147 805	65 395
（一）林科专业	16 697	18 686	53 823	33 958
林业技术	2039	3341	9182	7489
园林技术	13 022	12 838	38 695	22 449
森林资源保护	241	446	933	205
经济林培育与利用	15	87	300	88
野生动物资源保护与利用	16	49	122	32
野生植物资源保护与利用	42	84	244	84
森林生态旅游	308	342	1407	476
森林防火指挥与通讯	10	7	35	14
自然保护区建设与管理	112	124	363	109
木材加工技术	129	116	437	181
林业调查与信息处理	62	22	113	52
林业信息技术与管理	162	122	396	114
其他林业类专业	539	1068	1484	2632
草业技术	0	40	112	33
（二）非林科专业	28 419	29 850	93 982	31 437
包装策划与设计	36	12	73	33
包装工程技术	7	0	7	7
表演艺术类专业	31	14	42	15
财务管理	472	481	1344	432
财务会计类专业	226	0	108	108
测绘地理信息技术	0	82	96	0
茶艺与茶叶营销	48	129	234	53
产品艺术设计	0	12	14	0
城市轨道交通车辆技术	0	26	26	0
城市轨道交通工程技术	0	184	267	38
城市轨道交通供配电技术	0	16	25	0
城市轨道交通运营管理	0	270	850	219
城乡规划	219	66	419	147
宠物养护与驯导	166	284	885	354
畜牧兽医	233	336	952	269
传播与策划	45	0	36	36
导游	23	1	84	41
道路桥梁工程技术	448	267	947	370
道路运输类专业	0	4	4	0
地图制图与数字传播技术	101	0	186	92
电气自动化技术	189	76	402	173
电子商务	552	1148	3860	1271
电子商务技术	0	295	427	0
电子商务类专业	0	17	38	0
电子信息工程技术	112	64	314	106
雕刻艺术设计	26	0	11	11
动漫设计	0	0	13	12
动漫制作技术	159	155	590	229
动物防疫与检疫	24	34	100	29
动物医学	222	219	630	102
房地产检测与估价	10	0	0	0
服装与服饰设计	36	104	226	64

(续)

学科名称	毕业生数	招生数	在校学生数	毕业班学生数
高尔夫球运动与管理	59	64	204	56
高速铁路客运乘务	0	218	318	0
给排水工程技术	53	9	102	46
工程测量技术	470	332	1296	481
工程造价	1409	867	3404	1420
工商企业管理	23	68	149	43
工业机器人技术	0	105	122	0
工业设计	6	25	28	1
供用电技术	0	29	98	42
广告设计与制作	179	387	1007	327
国际经济与贸易	0	89	206	0
国际邮轮乘务管理	0	280	464	0
国土资源调查与管理	0	0	15	0
焊接技术与自动化	11	0	4	4
互联网金融	0	0	12	0
护理	2372	1614	6118	2309
环境保护类专业	142	0	73	66
环境工程技术	259	404	1071	321
环境监测与控制技术	386	348	1033	395
环境评价与咨询服务	107	75	210	79
环境艺术设计	846	505	1856	728
会计	2776	2222	7607	2763
会计信息管理	0	55	116	0
会展策划与管理	89	66	269	95
婚庆服务与管理	0	51	136	0
机电设备维修与管理	5	0	25	12
机电一体化技术	845	646	1998	646
机械设计与制造	83	27	171	72
机械制造与自动化	49	62	127	31
计算机网络技术	431	1269	2965	752
计算机信息管理	112	68	216	57
计算机应用技术	485	1341	3113	666
家具设计与制造	373	795	1987	475
家具艺术设计	87	29	331	267
家政服务与管理	45	33	121	37
建设工程管理	107	113	338	124
建设工程监理	226	82	363	182
建筑工程技术	1713	677	2650	1048
建筑设备工程技术	0	10	33	0
建筑设计类专业	11	0	15	10
建筑室内设计	1391	1516	4565	1561
建筑智能化工程技术	2	0	0	0
建筑装饰工程技术	121	102	305	77
金融管理	95	74	290	86
金融类专业	112	0	144	144
经济信息管理	24	72	111	19
景区开发与管理	28	0	82	46
酒店管理	492	565	1860	695
康复治疗技术	25	45	154	29
空中乘务	2	160	517	153

(续)

学科名称	毕业生数	招生数	在校学生数	毕业班学生数
口腔医学技术	67	43	183	76
老年服务与管理	0	3	3	0
连锁经营管理	0	9	98	36
旅游管理	360	468	1323	463
旅游英语	37	29	72	21
绿色食品生产与检验	44	38	147	53
民航安全技术管理	0	28	64	0
模具设计与制造	71	17	118	65
酿酒技术	95	82	367	107
农产品加工与质量检测	59	83	299	108
农业经济管理	66	50	216	87
农业生物技术	105	91	345	81
农业装备应用技术	80	12	222	114
烹调工艺与营养	0	209	369	37
汽车电子技术	78	25	283	110
汽车检测与维修技术	412	775	2022	561
汽车营销与服务	311	146	853	414
汽车运用与维修技术	292	142	474	219
汽车制造类专业	76	55	278	95
汽车制造与装配技术	46	60	190	77
青少年工作与管理	0	19	35	0
软件技术	142	434	1137	302
商务管理	30	21	179	80
商务日语	49	35	151	48
商务英语	73	94	370	166
设施农业与装备	48	68	171	78
社区管理与服务	42	30	98	34
摄影测量与遥感技术	0	71	140	0
审计	0	86	307	108
生物技术类专业	129	0	131	127
食品加工技术	44	40	127	37
食品检测技术	20	0	0	0
食品生物技术	193	84	327	167
食品药品管理类专业	52	0	66	66
食品营养与检测	227	264	807	265
食品质量与安全	0	41	43	0
市场营销	687	751	2341	717
市场营销类专业	73	0	97	97
市政工程技术	103	63	353	136
视觉传播设计与制作	122	15	236	159
室内环境检测与控制技术	0	4	15	5
室内艺术设计	27	9	52	12
兽药制药技术	37	0	27	27
数控技术	133	83	474	188
数控设备应用与维护	11	0	51	24
数字媒体艺术设计	75	116	335	122
数字媒体应用技术	236	179	578	243
水产养殖技术	71	64	202	67
水利工程	73	42	205	55
水利水电工程技术	0	33	33	0

（续）

学科名称	毕业生数	招生数	在校学生数	毕业班学生数
水土保持技术	75	50	234	73
水文水资源类专业	0	0	28	28
水文与工程地质	0	0	23	0
通信技术	192	139	724	299
投资与理财	29	3	90	45
土建施工类专业	0	3	3	0
文秘	95	183	511	150
污染修复与生态工程技术	0	61	75	0
无人机应用技术	0	109	109	0
物联网应用技术	111	296	649	188
物流管理	546	514	1687	569
物业管理	28	0	0	0
西餐工艺	39	70	204	66
现代农业技术	145	303	550	142
新能源汽车技术	0	94	94	0
新闻采编与制作	15	17	17	0
信息安全与管理	0	69	135	4
休闲服务与管理	28	38	108	24
休闲农业	0	70	70	0
学前教育	206	98	915	336
药品经营与管理	0	20	90	31
药品生产技术	49	126	658	180
药品生物技术	119	136	410	120
药品制造类专业	45	0	69	69
药品质量与安全	0	66	131	0
药学	206	223	755	263
医学检验技术	170	214	591	180
移动互联应用技术	30	83	229	74
艺术设计	244	118	354	117
艺术设计类专业	45	0	62	60
影视动画	14	31	78	26
应用电子技术	117	64	386	121
应用韩语	18	0	0	0
应用化工技术	38	40	115	35
园艺技术	899	1117	3095	965
展示艺术设计	0	14	34	0
证券与期货	28	11	91	33
智能产品开发	0	9	19	0
中草药栽培技术	37	84	177	46
中药生产与加工	0	23	23	0
中药学	65	126	324	69
种子生产与经营	21	36	113	44
助产	205	221	630	214
资产评估与管理	105	74	315	124
资源综合利用与管理技术	0	0	2	0
自动化类专业	16	18	57	12
作物生产技术	107	73	325	100

表 15-11　2017～2018 学年初普通中等林业(园林)职业学校教职工情况

单位:人

学校名称	教职工数总计	校本部职工数										校办厂(场)职工	附设机构人员	兼任教师(不在教职工数中)
		合计	专任教师						教辅人员	行政人员	工勤人员			
			计	正高级	副高级	讲师	助理讲师	教员						
合　计	2470	2333	1479	6	471	507	287	208	276	307	271	0	2	135
北京市园林学校	93	93	60	2	12	29	17	0	13	8	12	0	0	0
天津市园林学校	59	55	37	0	12	15	10	0	7	4	7	0	0	4
涿鹿县宝峰寺林业中学	25	25	23	0	10	10	3	0	0	0	2	0	0	0
内蒙古大兴安岭林业学校	173	173	99	0	60	33	6	0	11	21	42	0	0	0
黑龙江省林业卫生学校	458	458	237	0	25	24	32	156	78	104	39	0	0	0
朗乡林业局职业中学	22	22	18	0	2	11	5	0	3	0	1	0	0	0
黑龙江省伊春林业学校	196	149	99	0	41	13	24	21	13	25	12	0	0	47
黑龙江省齐齐哈尔林业学校	166	166	119	0	54	57	6	2	4	5	38	0	0	0
上海市城市建设工程学校(上海市园林学校)	216	183	103	0	23	59	21	0	30	37	13	0	0	33
福建三明林业学校	211	165	126	2	42	44	32	6	16	17	6	0	0	46
河南省驻马店农业学校(汝南园林学校)	272	270	173	1	63	59	39	11	36	21	40	0	2	0
广西壮族自治区桂林林业学校	106	106	83	0	13	49	21	0	11	9	3	0	0	0
贵州省林业学校	218	213	129	1	41	33	42	12	38	22	24	0	0	5
普洱林业学校	80	80	61	0	24	18	19	0	5	1	13	0	0	0
陕西省榆林林业学校	175	175	112	0	49	53	10	0	11	33	19	0	0	0
甘肃省庆阳林业学校	121	121	97	1	30	42	24	0	7	10	7	0	0	0
新疆林业学校	162	162	109	0	40	44	25	0	22	12	19	0	0	0

表 15-12　2017～2018 学年初普通中等林业(园林)职业学校资产情况

学校名称	占地面积(平方米)			图书资料		拥有教学用计算机(台)	多媒体教室座位数(个)	固定资产总值(万元)	
	总面积	其中		合计(万册)	其中:当年新增(万册)			合计	其中:教学、科研仪器设备资产
		绿化用地	运动场地						
北京市园林学校	74 954	23 336	15 000	44 441	675	410	41	11 868	2211
天津市园林学校	32 695	8181	5398	30 000	0	150	2	872	470
涿鹿县宝峰寺林业中学	2000	200	500	12 160	0	32	2	105	40
内蒙古大兴安岭林业学校	134 124	82 428	17 452	80 030	0	200	25	2362	946
黑龙江省林业卫生学校	87 000	16 000	9000	82 924	0	565	128	11 193	2329
朗乡林业局职业中学	—	—	—	—	—	10	—	40	6
黑龙江省伊春林业学校	69 119	25 120	16 000	94 872	268	490	45	7468	3110
黑龙江省齐齐哈尔林业学校	123 342	78 390	29 112	112 000	0	586	31	6370	1282
上海市城市建设工程学校(上海市园林学校)	104 678	69 654	1800	54 817	1017	551	33	17 266	7953
福建三明林业学校	201 604	95 788	7337	143 226	0	1149	60	6624	2386
河南省驻马店农业学校(汝南园林学校)	180 000	70 000	23 000	10 200	3200	350	72	9463	1840
广西壮族自治区桂林林业学校	86 667	47 728	14 740	65 000	0	280	10	2238	1012
贵州省林业学校	240 375	180 281	17 113	132 000	0	770	48	7740	1660
普洱林业学校	266 668	25 304	5540	23 802	353	196	32	955	381
陕西省榆林林业学校	67 000	26 901	12 538	56 080	771	380	15	5161	2070
甘肃省庆阳林业学校	39 692	11 908	10 344	49 953	0	285	10	4473	481
新疆林业学校	62 852	15 713	11 000	9110	0	339	20	4684	1138

表 15-13 2017～2018 学年中等林业(园林)职业学校和其他中等职业学校林科分学校学生情况

单位：人

学 校 名 称	毕业生数	招生数	在校学生数	毕业班学生数
总　计	44 259	38 505	110 832	37 021
(一)中等林业(园林)职业学校	14 579	12 345	36 562	13 203
北京市园林学校	149	83	274	88
天津市园林学校	48	221	777	440
涿鹿县宝峰寺林业中学	50	68	196	56
内蒙古大兴安岭林业学校	48	109	302	56
黑龙江省林业卫生学校	2032	2640	8664	1983
朗乡林业局职业中学	11	0	14	9
黑龙江省伊春林业学校	1958	592	2802	1570
黑龙江省齐齐哈尔林业学校	796	574	1652	762
上海市城市建设工程学校(上海市园林学校)	433	433	1466	541
福建三明林业学校	1789	1455	4404	1814
河南省驻马店农业学校(汝南园林学校)	1230	1150	2380	566
广东省林业职业技术学校	756	315	1192	545
广西壮族自治区桂林业学校	735	652	1814	740
贵州省林业学校	1792	1196	2964	1661
普洱林业学校	39	313	621	72
陕西省榆林林业学校	36	423	456	18
甘肃省庆阳林业学校	285	297	896	263
新疆林业学校	212	497	1041	115
辽宁林业职业技术学院	62	59	164	50
黑龙江林业职业技术学院	153	144	445	180
福建林业职业技术学院	69	63	433	178
河南林业职业学院	686	44	1136	625
云南林业职业技术学院	1210	1017	2469	871
(二)高职院校及其他中等专业学校(林科)	29 680	26 160	74 270	23 818

表 15-14 2017～2018 学年初普通中等林业(园林)职业学校和其他中等职业学校林科分专业学生情况

单位：人

学 校 名 称	毕业生数	招生数	在校学生数	毕业班学生数
总　计	44 259	38 505	110 832	37 021
(一)林科专业	34 546	29 231	84 058	28 288
现代林业技术	4821	2957	9000	3911
森林资源保护与管理	845	815	1998	607
园林技术	22 538	17 992	53 799	17 488
园林绿化	4145	4147	11 419	3890
木材加工	2033	3182	7508	2299
生态环境保护	164	138	334	93
(二)非林科专业	9713	9274	26 774	8733
财经商贸类专业	0	0	65	36
城市轨道交通运营管理	69	45	179	69
宠物养护与经营	16	11	37	15
畜牧兽医	104	124	273	65
道路与桥梁工程施工	55	43	84	27
电气运行与控制	15	10	30	1
电子技术应用	45	1	46	42
电子商务	288	293	845	330
房地产营销与管理	2	0	0	0
服装设计与工艺	43	19	99	51
给排水工程施工与运行	32	0	42	0
工程测量	50	130	302	68
工程机械运用与维修	77	0	150	137
工程造价	277	243	421	82
工艺美术	12	1	4	1
古建筑修缮与仿建	0	6	11	0

（续）

学 校 名 称	毕业生数	招生数	在校学生数	毕业班学生数
果蔬花卉生产技术	49	105	244	5
焊接技术应用	2	0	0	0
航空服务	24	0	22	22
护理	3203	3016	9827	3162
化学工艺	0	267	267	0
会计	823	98	621	362
会计电算化	280	308	844	293
机电技术应用	140	41	178	79
机电设备安装与维修	21	0	25	10
机械加工技术	0	0	5	5
计算机动漫与游戏制作	92	28	135	47
计算机平面设计	193	523	1003	133
计算机网络技术	266	367	982	253
计算机应用	607	544	1387	506
计算机与数码产品维修	20	7	56	27
加工制造类专业	0	0	93	47
家具设计与制作	34	63	443	336
建筑工程施工	353	240	755	377
建筑装饰	104	19	90	43
景区服务与管理	11	7	27	6
酒店服务与管理	3	0	0	0
康复技术	11	57	132	24
客户信息服务	0	86	243	78
口腔修复工艺	92	212	561	158
楼宇智能化设备安装与运行	0	23	23	0
旅游服务类专业	7	0	17	10
旅游服务与管理	89	417	778	104
美发与形象设计	18	17	24	7
美术设计与制作	24	14	73	32
民族民居装饰	0	68	181	26
模具制造技术	71	7	40	31
农村经济综合管理	135	50	247	130
农村医学	30	56	149	41
农业机械使用与维护	81	41	80	2
汽车电子技术应用	0	0	26	26
汽车美容与装潢	11	109	156	0
汽车运用与维修	867	749	1801	522
汽车整车与配件营销	25	0	16	16
汽车制造与检修	103	16	204	110
轻纺食品类专业	3	0	0	0
市场营销	41	21	74	24
市政工程施工	115	82	360	153
数控技术应用	97	80	256	94
太阳能与沼气技术利用	120	0	0	0
通信技术	53	0	1	1
土建工程检测	0	0	12	12
土木水利类专业	29	210	494	79
文化艺术类专业	38	63	209	48
物流服务与管理	35	20	51	26
现代农艺技术	65	20	63	36
橡胶工艺	8	0	0	0
信息技术类专业	27	0	18	18
学前教育	142	64	363	148
眼视光与配镜	66	94	289	118
植物保护	0	0	12	12
中草药种植	0	23	33	10
助产	0	95	155	0
其他类专业	0	21	41	0

（人事司教育培训处供稿）

北京林业大学

【概　述】 2017年，北京林业大学校本部现有校园面积46.4公顷，学校实验林场占地面积832公顷，学校总占地面积878.4公顷。图书馆建筑面积23 400平方米，藏书188.1万册，电子图书140余万册，数据库68种。设有15个学院、60个本科专业及方向、26个一级学科硕士学位授权点、1个二级学科硕士学位授权点、12个专业硕士学位类别、9个一级学科博士学位授权点、7个博士后流动站，1个一级学科国家重点学科（含7个二级学科国家重点学科）、2个二级学科国家重点学科、1个国家重点（培育）学科、6个国家林业局重点学科（一级）、3个国家林业局重点培育学科、3个北京市重点学科（一级）（含重点培育学科）、4个北京市重点学科（二级）、1个北京市重点交叉学科。1个国家工程实验室、1个国家工程技术研究中心、1个国家级研发中心、2个国家科技示范园、1个国家野外台站、3个教育部重点实验室、3个教育部工程技术研究中心、2个教育部科技创新团队、5个国家林业局重点实验室、6个国家林业局定位观测站、1个国家林业局质检中心、2个国家林业局工程技术研究中心、1个北京实验室、8个北京市重点实验室、3个北京市工程技术研究中心。教职工1884人，其中专任教师1195人，包括教授310人、副教授555人；中国工程院院士3人，中组部"千人计划"入选者3人，"万人计划"领军人才入选者3人，青年拔尖人才入选者1人，国家特聘专家1人，教育部"长江学者奖励计划"入选者7人，国家"973"首席科学家1人，"863"首席专家1人，国家社科基金重大项目首席科学家1人，国家百千万人才工程（新世纪百千万人才工程）入选者10人，中宣部文化名家暨"四个一批"人才入选者1人，科技部"中青年科技创新领军人才"入选者1人，环保部"国家环境保护专业技术青年拔尖人才"入选者1人，"国家杰出青年科学基金"获得者5人，"国家优秀青年科学基金"获得者5人，"中国青年科技奖"获得者8人，"中国青年女科学家奖"获得者1人，"科技北京"百名领军人才入选者1人，北京市优秀青年人才入选者1人，北京市高创人才支持计划青年拔尖人才入选者1人，北京高校青年英才计划入选者50人，北京市优秀人才支持计划入选者25人，国家有突出贡献专家8人，省部级有突出贡献专家23人，享受政府特殊津贴专家140人，教育部"创新团队发展计划"3支。教师获奖众多，其中有1人获全国创新争先奖，1人获何梁何利科技进步奖，1人获国际环境突出贡献奖，3人获全国优秀科技工作者称号，2人获全国模范教师称号，3人获全国优秀教师称号，1人获全国高校思想政治理论课优秀教师称号，1人获北京市人民教师奖。其他获各类省部级以上奖励近300人次。毕业生7650人，其中，普通本科生3283人、研究生1430人、成人教育本专科生2937。招生7104人，其中，普通本科生3393人、研究生2060人、成人教育本专科生1651人。高考北京地区提档线文科610分、理科610分。在校生27 657人，其中本科生13 233人，全日制研究生5717人，在职攻读硕士学位908人，各类继续教育学生7799人。网址：www.bjfu.edu.cn。

2017年，学校正式成为世界一流学科建设高校，林学、风景园林学两个一流学科在全国第四轮学科评估中斩获"A+"，继续领跑全国。

学习宣传贯彻党的十九大精神　推动实施学习宣传"全覆盖"、主题教育"五个进"、研讨调研"转作风"、党建思政"提质量"、美丽中国"齐助力"五大行动计划。全体校领导为所在支部、联系支部宣讲党课。举办处级干部专题学习培训班，全校231名处级干部每人撰写1篇专题思想汇报，形成30余万字专题汇编。《人民日报》《光明日报》、人民网、北京电视台等多家主流媒体对学校的典型做法进行了宣传报道。

人才培养　召开第十一次教学工作会，研制学校本科教育教学综合改革总体方案。举办本科教育理念与人才培养创新论坛。系统总结"梁希实验班"创办十年来的经验成果。全年立项资助各级学生项目近400个。开办首期"创业教育大课堂"，获得北京市深化创新创业教育改革示范高校称号。实行"阳光长跑"体育锻炼计划。围绕"学生课程体验"探索构建新的学生评教指标体系。组建研究生培养指导委员会，出台章程。增加非全日制研究生课程和一带一路项目全英文留学研究生课程。资助62项"研究生国内外学术交流项目"，支持55名研究生参加国内外高水平国际学术会议，公派38名研究生出国留学。

学科建设　入选"双一流"建设高校，林学、风景园林学两学科入选一流学科建设名单。在第四轮全国学科评估中，林学、风景园林学排名位居"A+"档位。在QS世界大学农学林学科排名中，继续保持全球前51~100位。植物学与动物学、农业科学、环境科学与生态学3个学科领域进入ESI全球排名前1%。美国USnews世界大学排名889。

科学研究　科研经费到账2.7亿元，比2016年增长10%。国家重点研发计划项目取得突破，承担国家重点研发计划课题22项，其中学校牵头3项。首次获得北京市社科基金重大项目。学校作为第一完成单位获高等学校科学研究优秀成果奖2项，北京市科学技术奖1项，梁希林业科学技术奖7项，中国专利优秀奖1项。截至2017年年底，SCI论文709篇，EI论文100篇，SSCI论文31篇；获授权发明专利168件，实用新型专利44件，外观设计专利6件，软件著作权153项，植物新品种权10项。

人才引进　依托高精尖中心引进团队领军人才，引进美国科学院院士1人，荷兰皇家科学院院士1人，以及来自美国宾夕法尼亚大学、加拿大维多利亚大学、德国哥廷根大学等多所海外知名高校的教授专家6人，高精尖中心的研究团队达 32 人，围绕"林木生长发育性状形成的分子基础研究"等 6 个研究方向开展研究。坚持引育并举，2017 年新进教师 32 人，实施"新进教师科研启动基金项目"，开展青年教师导师制培养工作。各类公派出国研修 46 人。举办首届实践类教学基本功比赛。1 人获北京市人民教师奖，3 人当选北京市教学名师，2 人当选首届全国林业教学名师。

交流合作　与河北省保定市政府等 6 家地方政府、企业、高校建立战略合作关系，在河南新乡新增苗圃实验用地 13.34 万平方米。与 8 所海外高校、科研院所新签续签校际合作协议。实施引智项目 82 项，邀请 113 名境外专家来校从事教学、科研工作。执行国际科技合作项目 2 项。

办学特色　围绕生态文明建设需求，先后成立了美丽中国人居生态环境研究中心、森林康养研究中心、林业"一带一路"战略研究中心、城乡森林与环境综合治理工程研究中心、绿色发展与中国农村土地问题研究中心、木材无损检测国际合作研究所、生态文明教育研究中心等 8 个科研平台，与中国林科院联合成立了"京津冀生态率先突破科技协同中心"。积极抢占新兴特色专业领域，增设野生动物与自然保护区管理(森林康养方向)、林产化工(新能源科学与工程方向)和物联网工程 3 个专业和方向。依托继续教育学院开展林业培训，全年开班 21 期，受训 3100 余人，创历史新高。

产教融合　学校政产学研用的实践案例作为典型经验广泛宣传。先后和河南新乡市、南阳市、吉林白山市，贵州省林业厅等单位签署战略合作协议，与"中原花都"建立的校地合作"鄢陵模式"，获得河南省委书记谢伏瞻考察认可；学校与地方共建的中原研究院、西南生态环境研究院先后在新乡、贵阳落地生根；与雄安新区管委会的对接深入推进。与北京市园林绿化局共建房山国际林业合作发展项目。

国际化办学　学校共招收 93 名留学生，同比增长 30%，共有来自 49 个国家的 208 名留学生在校学习。高质量完成教育国际合作组织的相关工作，亚太地区林业教育协调机制完成"亚太地区可持续林业管理创新教育项目"一期建设；作为丝绸之路农业教育科技创新联盟的初创成员，学校参与组建"中俄农业教育科技创新联盟"，并与哈萨克斯坦塞弗林农业科技大学、埃及本哈大学、俄罗斯滨海边区国立农业科学院等"一带一路"重点高校建立机构间合作伙伴关系。做好商务部援外培训班，开办 2 期短期培训班，为 36 名发展中国家的林业装备和竹产业官员、技术人员提供培训。举办了"国际风景园林教育大会""大数据时代的林业研究——全球森林生物多样性国际学术研讨会"等多次高端国际学术会议，学术影响力显著增强。

文化传承　举办庆祝建校 65 周年纪念活动，弘扬北林精神，纪念关君蔚诞辰 100 周年，成立朱之悌教育基金，用北林故事感染人教育人。举办绿桥、绿色长征等大学生环保实践活动。组建研究生支教团赴内蒙古、河北等贫困县开展支教。组织一批志愿者赴张家口开展绿色冬奥志愿服务。

【田砚亭被评为全国"老有所为"先进人物】　2 月 20 日，全国老龄办印发《全国老龄办关于公布 2016 年全国"老有所为"先进典型人物推选结果的通知》。北林大离退休老教授、关心下一代工作委员会大学生村官工作组组长田砚亭被评为 2016 年"全国老有所为先进人物"。田砚亭教授是北京林业大学关工委委员、大学生村官工作组组长，"村官顾问团"团长、中国老教授协会会员、北京林业大学老教授协会理事。

【第五届中国林业学术大会在北林大召开】　5 月 6~8 日，为纪念中国林学会成立百年，以"百年林业　创新引领"为主题的第五届中国林业学术大会在北林大召开。来自全国各地的 2600 余名知名专家、学者开展学术交流，大会设森林培育、园林、林业经济、林木遗传育种、森林昆虫等 29 个分会场，回顾 100 年来的林业科技发展历程，交流展示林业最新研究成果，展望中国林业未来。

【纪念关君蔚院士诞辰 100 周年系列活动】　5 月 19 日，北京林业大学举行"缅怀先辈　传承精神　推动发展"——纪念关君蔚院士诞辰 100 周年座谈会，缅怀已故中国工程院院士、中国水土保持教育事业的奠基者和创始人关君蔚教授。会上播放了《碧水青山的印记》纪念视频，多位参会领导、嘉宾、校友、师生代表依次作精彩发言。会上还举行关君蔚基金捐赠仪式。关君蔚诞辰百年纪念回忆录《人生之旅　旅之人生》、教改文集《水土保持人才培育探索》同时出版发行。次日，北林大举办"水土保持·绿色发展·美丽中国"为主题的水土保持与荒漠化防治高峰论坛。来自全国各地水土保持领域的精英们相聚北林，弘扬关君蔚先生的博大学术思想，分享中国水土保持与荒漠化防治科学研究学术前沿与科技成果，深入研讨推进水土保持事业的新思路、新理念、新举措。

【王洪元当选北京高校党建研究会第十届理事会会长】　6 月 14 日，北京高校党建研究会第十次会员大会在清华大学召开。北林大党委书记王洪元当选为第十届理事会会长。大会产生了 14 名副会长，62 名理事，29 名常务理事。北林大党委组织部部长邹国辉当选为秘书长。北京高校党建研究会各成员单位理事、北京高校党委书记、副书记、组织部部长等 150 余人参加会议。

【北林大连续 7 年承办生态文明国际研讨会分论坛】　6 月 17 日，2017 年生态文明试验区贵阳国际研讨大会开幕。400 名政商领袖和专家学者齐聚贵阳，共同探讨生态文明试验区建设。大会期间，由北京林业大学与贵州省林业厅、贵阳市生态文明建设委员会、颂和文化传播(北京)有限责任公司联合承办的"大生态+森林康养专题研讨会"成功举行。北林大作为大会最早的发起单位之一，连续 7 年承办与林业生态环境相关主题的分论坛。

【北林大 23 名毕业生奔赴新疆、西藏地区工作】　6 月 27 日，北林大召开 2017 年赴新疆、西藏工作毕业生欢送会。北林大有 23 名毕业生奔赴新疆、西藏，充实新疆、西藏地区基层干部队伍，其中西藏定向生 9 名，西藏招录北京地区高校优秀毕业生 10 名，新疆招录北京地区高校优秀毕业生 4 名。

【北林大基层党组织和个人受北京市委教育工委表彰】 6 月 28 日，中共北京市教育工作委员会隆重召开纪念建党 96 周年表彰大会，对北京地区高校 2016～2017 年度涌现出的先进基层党组织、优秀党务工作者和优秀共产党员进行表彰。北林大水土保持学院党委被评为"高校基层先进党组织"，经济管理学院张颖、工学院陈来荣被评为"北京高校优秀共产党员"，园林学院党委书记张敬被评为"北京高校优秀党务工作者"。这次大会共表彰了 30 个"北京高校先进基层党组织"，99 名"北京高校优秀共产党员"和 30 名"北京高校优秀党务工作者"。

【教育部党组任命王涛为北京林业大学党委副书记、纪委书记】 7 月 18 日，北林大召开干部大会，宣布教育部党组干部任免决定，任命王涛为中共北京林业大学委员会委员、常委、副书记、纪律检查委员会书记，免去陈天全中共北京林业大学委员会副书记、常委、纪律检查委员会书记职务。

【纪念陈俊愉先生百年诞辰学术报告会举行】 9 月 21 日，是中国工程院院士、北京林业大学教授陈俊愉先生诞辰一百周年纪念日。纪念陈俊愉先生百年诞辰学术报告会举行。来自全国各地园林和观赏园艺教育、科研、生产实践和管理的企事业单位代表、陈俊愉先生家属和弟子代表、行业媒体代表以及学生代表 200 余人参会。这次大会由北京林业大学、中国风景园林学会、中国园艺学会和中国花卉协会主办，由北京林业大学园林学院等 17 家单位联合承办。大会发布了《中国梅花图志英文版》《纪念陈俊愉院士百年诞辰集》《中国乃世界花园之母》3 套图书。

【北京国际设计周主题展】 9 月 21 日，2017 北京国际设计周《国际视觉赛事中国设计师优秀作品展》在北林大开幕。这次展览由北京林业大学艺术学院、首都师范大学美术学院等专业美术学术机构联合承办，展览展出的作品包括国内外一流视觉设计专业大师及全国高校优秀师生的设计作品，北林大多件设计作品入选本次展览。据悉，"北京国际设计周"由中华人民共和国文化部与北京市政府联合主办，已成为亚洲规模最大、最具影响力的创意设计展示、推介、交流平台。

【2017 世界风景园林师高峰讲坛】 9 月 23～24 日，为期两天的"2017 世界风景园林师高峰讲坛"在北林大开幕，400 余位国内外风景园林高校和行业专家学者、园林学院师生和媒体代表参会。这次讲坛邀请来自美国、德国、西班牙、日本、加拿大、中国等国家风景园林业界知名专家学者 17 人和国内各大高校的青年风景园林师代表 12 人，以"城市中的自然"为议题进行共同探讨。讲坛由北京林业大学、中国风景园林学会教育工作委员会主办，北京林业大学国际交流合作处、北京林业大学园林学院和《风景园林》杂志社共同承办。

【北林大师生参加"联合国防治荒漠化公约第 13 次缔约方大会"】 9 月 6～16 日，《联合国防治荒漠化公约》（以下称《公约》）第 13 次缔约方大会在内蒙古鄂尔多斯市召开。北林大水保学院张克斌教授、青年教师赵媛媛博士、高广磊博士和研究生刘建康、赵森等作为中国国家代表团成员和中国青年代表参加了这次会议。在大会高级别会议期间，赵媛媛博士应国家林业局荒漠化防治管理中心邀请，为国务院副总理汪洋、国家林业局局长张建龙、《联合国防治荒漠化公约》秘书处执行秘书 Monique Barbu 女士以及《公约》缔约方各国领导人、嘉宾和代表讲解了中国荒漠化防治成就展，向世界展示了防治荒漠化的"中国态度""中国方案""中国智慧""中国成就"和"中国精神"。

【宋维明出席世界人造板大会并作主题报告】 9 月 22 日，第四届世界人造板大会暨第十六届全国人造板工业发展研讨会在山东临沂开幕。校长宋维明出席大会，并作主题报告。

【北林大建校六十五周年纪念大会】 10 月 15 日，北京林业大学建校六十五周年纪念大会举行。离退休同志代表、校友代表，与广大师生欢聚一堂，共同回顾了北林 65 年的办学历程，共叙师生之情、同窗之谊，共同展望学校发展的美好愿景。在纪念大会上，播放了《建校六十五周年宣传片》，进行了文艺表演。

【万钢视察北京林业大学】 10 月 19 日，全国政协副主席、致公党中央主席、科技部部长万钢到北林大视察并检查指导科技工作，科技部副部长徐南平及科技部有关司局负责人、国家林业局副局长彭有冬、教育部科技司副司长李楠、北京市科学技术委员会主任许强等陪同。万钢一行先后考察了林木育种国家工程实验室、森林培育与保护重点实验室和风景园林学科教学科研工作。现场考察后，万钢一行与在校院士、校领导、相关学院及职能部门负责人进行了座谈。校党委书记王洪元主持座谈会，校长宋维明就学校基本情况、科研创新情况和科技平台建设等作主要汇报，中国工程院院士沈国舫、院士尹伟伦就森林培育国家重点实验室建设作重点发言。

【两名教师荣获"宝钢优秀教师奖"】 11 月 11～12 日，2017 年度宝钢教育奖评审工作会暨颁奖典礼在上海举行。北林大自然保护区学院教授张志翔、材料科学与技术学院教授曹金珍荣获"宝钢优秀教师奖"。宝钢教育奖是 1990 年由宝钢集体出资设立，在全国高校具有较高知名度的教育奖项之一。

【林克庆来校作党的十九大精神宣讲报告】 11 月 17 日，市委常委、市委教工委书记林克庆到北林大为师生作党的十九大精神宣讲报告，并就师生关心的问题进行交流互动。在《不忘初心 牢记使命 做有理想有本领有担当的新时代青年》主题报告中，他从国家发展、民族复兴、国际社会主义运动发展、人类发展 4 个方面，阐释了党中央做出"新时代"判断的原因和背景；从领导核心、指导思想、目标方略、人才队伍、新时代新气象5个方面，阐释"新时代"的丰富要素和深刻内涵；从有理想、有本领、有担当3个方面，对青年学子在新时代勇做时代弄潮儿提出了希望。林克庆一行还观摩了北林大"我心中的十九大"学习宣讲党的十九大精神展示活动。

【"梁希实验班"创办十周年纪念暨总结表彰会】 于11月25日在北林大举行。会议围绕"匆匆十年碧连天"主题，回顾了"梁希实验班"创办十年来的发展历程和办学理念，全面总结了在教学科研、专业建设、师资队伍、实践教学、人才培养、创新创业、合作交流等各方面取得的成绩，并对优秀任课老师和优秀课程进行了表彰。

【北林大在全国商务英语实践大赛总决赛中荣获一等奖】 11月24日，2017"外研社杯"全国商务英语实践大赛总决赛在广东外语外贸大学举行。北林大外语学院iLIFO团队凭借出色的表现，从100多支参赛队伍中脱颖而出，荣获全国一等奖，实现历史性突破。

【法国农业科学研究院院长一行到北林大访问】 12月4日，法国农业科学研究院院长菲利浦·莫甘一行6人到北林大进行访问。双方就签订合作备忘录及联合实验室合作协议达成了共识，将共同推进相关工作，确保有关合作意向尽快得到落实。菲利浦·莫甘院长表示，他十分重视法国农业科学研究院对外交流合作，非常愿意与北京林业大学这样高水平的高等教育机构开展双边交流，推动中法乃至中欧在农林领域的务实合作。

【《光明日报》整版报道北林大落实党的十九大精神各项工作】 12月6日，《光明日报》学习贯彻习近平新时代中国特色社会主义思想特刊全版报道了北林大深入推进党的十九大精神进校园、进课堂的典型做法。校党委书记王洪元发表了题为《握紧建设世界一流林业大学的"奋进之笔"》的署名文章。

【《中国日报》：北林大致力于建设一个清洁美丽的世界】 《中国日报海外版》于12月6日在第四版刊登了题为《BFU determined to create a clean，beautiful world》(北京林业大学致力于建设一个清洁美丽的世界)的报道。文章指出，北京林业大学是一所拥有林业、风景园林、林业工程、农林经济等专业特色的国家重点大学，始终致力于和全球的高等院校一起为全球的绿色事业努力奋斗。

【两课题获北京高校思想政治工作难点重点项目立项】 12月7日，由北林大党委书记王洪元主持的《基于全程育人理念的课程思政体系建设研究与探索》课题获得2018年北京高校思想政治工作难点攻关计划立项；由北林大副校长、马克思主义学院院长张闯主持的《高校思想政治理论课学生获得感测度及提升路径研究》课题获得2018年北京高校思想政治工作社科基金暨首都大学生思想政治教育重点课题立项。

【北林大党课新模式在全国高校党支部书记培训班上作示范展示】 12月13日，在中组部、教育部组织的"全国高校党支部书记培训班"上，北林大"沙龙式党课""盲评式党课"和"朗读式党课"作了现场教学展示。教育部75所直属高校和教育部参与共建的78所高校的党支部书记代表共160余人参加党课观摩。

【光明日报社总编辑来校宣讲党的十九大精神】 12月28日，党的十九大代表、光明日报社总编辑张政到北林大为学校师生带来了一场题为《初心、民心、核心、信心、决心——十九大精神学习体会》的专题报告会。报告紧紧围绕习近平新时代中国特色社会主义思想，以中国共产党不忘初心、赢得民心、依靠核心、充满信心、坚定决心为主线展开，通过习近平新时代中国特色社会主义思想的"八个明确、十四个坚持"，回答了"中国共产党为什么能""习近平总书记为什么能"等问题。

（北京林业大学由焦隆供稿）

东北林业大学

【概　况】 2017年，东北林业大学（以下简称东北林大）被列入国家一流学科建设高校行列。设有研究生院、17个学院和1个教学部，有62个本科专业，9个博士后科研流动站，1个博士后科研工作站，8个一级学科博士点、38个二级学科博士点，19个一级学科硕士点、96个二级学科硕士点、11个种类32个领域的专业学位硕士点。拥有林学、林业工程两个一流学科，3个一级学科国家重点学科，11个二级学科国家重点学科、6个国家林业局重点学科、2个国家林业局重点（培育）学科、1个黑龙江省重点学科群、7个黑龙江省重点一级学科、4个黑龙江省领军人才梯队。有国家发改委和教育部联合批准的国家生命科学与技术人才培养基地、教育部批准的国家理科基础科学研究和教学人才培养基地（生物学），是国家教育体制改革试点学校，国家级卓越工程师和卓越农林人才教育培养计划项目试点学校。

学校拥有优良的教学科研基地和实践教学基地。有林木遗传育种国家重点实验室（东北林业大学）、黑龙江帽儿山森林生态系统国家野外科学观测研究站、生物资源生态利用国家地方联合工程实验室（黑龙江）；有森林植物生态学、生物质材料科学与技术、东北盐碱植被恢复与重建3个教育部重点实验室，4个国家林业局重点实验室，5个黑龙江省重点实验室；有1个教育部工程研究中心，3个国家林业局工程技术研究中心，1个高等学校学科创新引智基地，有林学、森林工程、野生动物3个国家级实验教学示范中心,森林工程、野生动物2个国家级虚拟仿真实验教学中心,6个省级实验教学示范中心;有3个国家林业局生态系统定位研究站,1个省生物质能技术中试基地,1个省哲学社会科学研究基地,3个省级普通高校人文社会科学重点研究基地,2个省中小企业共性技术研发推广中心,1个省级智库;另有国家林业局野生动植物检测中心、国家林业局木工机械检测站等60个研究检测机构;有帽儿山实验林场、凉水实验林场等7个校内实习基地和296个校外实习基地。

2017年,学校有教职员工2500余人,其中专任教师1394人,中国工程院院士2名,"长江学者"特聘教授3人,青年长江学者1人,国家杰出青年基金获得者1人,国家自然科学基金优秀青年科学基金获得者2人,全国"百千万人才工程"人选4人,"新世纪百千万工程"人选5人,"千人计划"青年项目入选者1人,"万人计划"青年拔尖人才入选者1人,"青年人才托举工程"入选者1人,新世纪优秀人才支持计划入选者35人;享受国务院政府特殊津贴专家33人,国家有突出贡献中青年专家3人,省部级有突出贡献中青年专家15人;龙江学者特聘教授11人,全国优秀博士学位论文获得者4人,有教育部"长江学者和创新团队发展计划"创新团队2个。近年来,有国家教学名师奖获得者2人,全国优秀教师5人,全国模范教师1人,省级教学名师奖获得者12人,省级优秀教师8人次,全国"五一"劳动奖章获得者2人,全国"五一"巾帼标兵1人。

2017年,毕业本科生4510人,全日制在校生23 899人,其中:博士研究生1118人,硕士研究生3549人,本科生18 973人,留学生259人。教学行政用房面积490 600平方米,学生宿舍面积205 679平方米,教学科研仪器设备总值8.41亿元,图书馆面积41 765平方米,电子图书和期刊1 215 489册。

【领导班子调整】 5月26日,教育部党组任命张志坤为中共东北林业大学委员会委员、常委、书记,李斌为中共东北林业大学委员会副书记、东北林业大学校长,蔺海波为中共东北林业大学纪律检查委员会书记,周宏力为中共东北林业大学委员会常委、东北林业大学副校长,免去吴国春的中共东北林业大学委员会书记、常委、杨传平的中共东北林业大学委员会常委、东北林业大学校长、陈文慧的中共东北林业大学纪律检查委员会书记职务。8月31日,教育部党组任命王玉琦任中共东北林业大学委员会委员、常委、副书记。

【领导视察】 8月3日,十二届全国政协副主席、致公党中央主席、科学技术部部长、中国科学技术协会主席、学校校友万钢来校调研。6月5日,教育部党组书记、部长陈宝生来校调研,了解学校教学科研等方面情况。12月7日,黑龙江省委书记、省人大常委会主任张庆伟到学校调研,宣讲党的十九大精神、研究碳汇经济工作。10月3日,教育部副部长孙尧到学校专题调研少数民族学生辅导员队伍建设等工作。学校党委书记张志坤、校长、党委副书记李斌作了工作汇报。

【基层组织建设】 建立基层党组织书记述党建、二级党组织书记工作例会、党员领导干部讲党课等制度,成功开展二级党组织书记抓基层党建工作述职评议考核工作。积极探索按学科、按专业、按学术团队建立师生联合党支部。设立党建专项经费,资助开展"主题党日"活动。严格党员身份管理,开展党员组织关系集中排查、基层党组织和党员基本信息采集、发展党员质量检查,平稳顺利完成了党费补缴工作。

【教育教学】 本科教学中心地位进一步巩固,修订2018年人才培养方案,将OBE教育理念、课程育人融入培养全过程。八大类23个专业实施了大类招生和大类培养(2018版人才培养将实现35个专业按14个大类进行招生)。62个本科专业全部纳入专业建设范畴。新增生态学本科专业。立项建设32门校级精品在线开放课程,25门在线开放课程入选黑龙江省优质课程平台并在全国平台上线。学校获批教育部深化创新创业教育改革示范高校、教育部全国高校实践育人创新创业基地、黑龙江省深化创新创业教育改革示范高校。立项各级大学生创新创业训练项目、科研训练项目490余项。学校与英国阿斯顿大学的合作办学项目获教育部批准,与西澳大学本科专业的双学历联合培养项目进展顺利。

完成林学、工程管理和交通运输3个专业的专业认证,另有7个专业获得认证受理。完成《本科教学审核评估整改工作方案》验收工作。编制完成总计6100余万元的实验室建设项目设备计划,整合实验设备购置管理。新增18个校外实践教学基地,拓宽学生实践技能培养途径。创新性开展"带薪-实习-就业"三位一体综合实习改革新模式,2017届本科毕业生就业率94.29%,就业率稳中有升。

改革研究生招生工作,将博士生导师绩效与招生计划挂钩。启动资助14个教学团队30门全英语授课课程,筹资100万元资助创新示范基地21个。2017年度学校博士、硕士论文抽检全部合格。2017届研究生就业率达到89.63%。1名研究生获评全国林科十佳毕业生,3名研究生获第六届梁希优秀学子奖。

留学生教育持续推进,新增"中国—东盟"奖学金项目(留学生数量增加),成功申请"丝绸之路"中国政府奖学金项目并开始招生。顺利通过教育部来华留学质量认证。积极推进与巴布亚新几内亚大学共建孔子学院。1名博士留学生获国家"优秀留学生奖学金"。继续教育严格规范,社会认可度较高。

【科学研究】 全年争取各类科研立项674项,签订合同经费2.04亿元。新增国家重点研发计划项目1项,国家自然科学基金等基础研究项目获批298项。李坚院士领衔的团队获得国家科学技术进步二等奖。1个教育部创新团队顺利通过教育部验收。1人入选国家"万人计划"中青年科技创新领军人才。4个国家林业局重点实验室全部顺利通过评估。新增2个国家林业局重点实验室、5个黑龙江省重点实验室。成立科技园并获评黑龙江省科技成果转移示范机构,14家科技型企业入驻孵化。

【学科建设】 教育部、财政部、国家发展改革委印发了《关于公布世界一流大学和一流学科建设高校及建设学科名单的通知》，经专家委员会遴选认定并报国务院批准，东北林大的林业工程、林学学科成为"双一流"建设学科。学校被列入黑龙江省国内高水平大学建设行列。学校《一流学科建设方案》《高水平大学建设方案》顺利通过专家评审并备案。新增学术型硕士学位点3个、专业硕士学位点2个。

【师资队伍建设】 进一步推进"5211"人才引进计划，全年引进人才27人。新增"长江学者"特聘教授1人、"龙江学者"特聘教授2人、"龙江学者"青年学者1人，新增享受黑龙江省政府特殊津贴专家2人。出台学校《中高级专业技术职务晋升办法（试行）》《博士后研究人员工作条例（修订）》等规章制度。修订《医疗补助基金实施办法》，落实国家和黑龙江省各项薪酬福利政策，保障各项涉及教职工切身利益和关乎福祉的措施落实到位。

【学生工作】 大力实施"树人工程"，确保全国高校思政会议精神落地生根。滋兰丛书《东林网事》等正式出版。1人获评黑龙江省"大学生年度人物"，1人获评黑龙江省"大学生道德模范人物"。学校征兵工作获得国务院副总理刘延东高度肯定。1人获得辅导员职业能力大赛黑龙江省赛二等奖、赛区一等奖、全国三等奖，1人获评2016年黑龙江省高校辅导员年度人物。全校累计4.7万人次本科生获得4900余万元奖励资助，获资助绩效奖励900万元，实现家庭经济困难学生保障型资助与发展型资助相融合。成功举办多期东林师说、成栋讲坛、东林文化大讲堂等活动。实施"大学生创业十百千计划"。在"挑战杯""TRIZ"杯等国赛省赛中，共获一等奖3项、二等奖12项、三等奖19项。深化共青团改革，"第二课堂成绩单"试点工作有序推进，青年志愿服务影响力显著增强。

【国际交流与合作】 成立国际化工作领导小组，顶层设计学校国际化工作。获批国家级引智项目10项，外专引智项目总经费828万元。新签或续签校际合作协议9份。邀请93位外国文教专家来校合作研究、学术交流和工作访问。全年共派出赴国（境）外交流学习学生157人。

【定点扶贫工作】 东北林大充分发挥基层党组织作用以及学校人才优势、教育优势、科技优势，继续加大对泰来县的定点扶贫力度，有针对性地实施精准扶贫。派驻泰来县挂职副县长1人，驻村第一书记1人。帮助建档立卡贫困人口脱贫112人。与泰来县签署协议，成立"东北林业大学泰来县苗木花卉繁育基地"，加快成果转化落地，推动泰来县现代林业产业经济发展。

【设立首个"林下经济"博士点学科】 1月13日，全国首个"林下经济"博士点学科在东北林大正式设立。该博士点为设在生物学一级博士点学科下的二级博士点学科。

【东北林大再次获"全国文明单位"称号】 11月17日，东北林大通过中央精神文明建设指导委员会的复查，继续保留"全国文明单位"荣誉称号。"全国文明单位"评选活动是由中央文明委组织的精神文明建设综合性评选活动，每3年评选表彰一次。该奖项是物质文明、政治文明、精神文明、社会文明、生态文明建设综合性评价的国家级最高荣誉称号。争创全国文明单位是一项综合性的系统工程，东北林大文明创建工作按照"6+1"工作模式，着力加强思想道德建设，扎实抓好领导班子建设，大力推进师德师风建设，深入推进校园文化建设，切实抓好优美环境建设，不断强化阵地建设管理，凝聚全校师生员工的智慧力量，鼓舞和调动广大师生的积极热情，师生文明素质和学校文明程度显著提高，为学校又好又快发展提供了强大的精神动力和智力支持。

【建立"中国野生动物保护协会培训中心"】 12月29日，东北林大与中国野生动物保护协会签署《中国野生动物保护协会与东北林业大学战略合作框架协议》，在学校挂牌建立"中国野生动物保护协会培训中心"，双方将在人才建设、能力培训、行业培训等方面加强合作。根据协议，中国野生动物保护协会每年出资10万元，在学校设立"熊猫"基金，建设"建章讲堂"，邀请国内专家进行野生动物保护的学术交流、科普宣传和环境教育以及资助品学兼优、家庭贫困的野生动物资源学院学生。

【教师获奖】 生物质材料创新研究团队获得黑龙江省"工人先锋号"荣誉称号，中国工程院院士、野生动物资源学院名誉院长马建章教授被评为黑龙江省劳动模范，林学院严善春教授同时获得黑龙江省"巾帼建功标兵"和全国"三八红旗手"称号，材料科学与工程学院牛晓霆副教授获得"龙江工匠"称号，材料科学与工程学院于海鹏教授获得黑龙江省高校教师年度人物并在龙江最美教师评选中获得提名奖。交通学院裴玉龙教授和材料科学与工程学院程瑞香教授获黑龙江省第九届高等学校教学名师奖。林学院迟德富教授和穆立蔷教授获国家林业局评选的第一批全国林业教学名师称号。赵雨森、杨传平、付玉杰、李玉花、谢延军、胡英成6位教师获第五届黑龙江省归国留学人员报国奖，李伟教授被评选为2017年优秀留学人员工作者。

【学生获奖】 学生和学生团队获得国际性、全国和省级竞赛二等奖以上奖励500余项，2012~2016年在全国高校学生竞赛排行中位居第71位。在全国大学生游泳锦标赛及体育舞蹈锦标赛中，获金牌6枚、银牌5枚、铜牌6枚。1月7日，材料学院冰雪艺术中心选送的雪雕作品《心静神凝，方担大任》在第九届国际大学生雪雕大赛中荣获三等奖。5月28日，经济管理学院学生代表队在第七届全国大学生市场调查与分析大赛中获得国家级一等奖2项、国家级二等奖1项、国家级三等奖4项，学校获得最佳赛区组织奖。9月16日，学校微孝协会获得"全国优秀大学生国学社团"荣誉称号。9月18日，学校40支学生代表队参加2017年全国大学生电子设计竞赛,获得全国二等奖3项,黑龙江赛区一等奖5项、二等奖11项、三等奖4项,成功参赛奖4项。10月18~22日,土木工程学院学生代表队在第十一届全国大学生结构设计竞赛上荣获全国一等奖,学校获得优秀组织奖。10月20~22日,交通学院学生代表队在2017全国大学生创业综合模拟大赛总决赛上荣获本科组二等奖。10月21~22日,学校学生代表队在ACM国际大学生程序设计竞赛亚洲赛中荣获2枚银牌和1枚铜牌。11月,学校校园网络通讯站获评教育部中国大学生在线"十佳校园网络通讯站"。11月5日,生命科学学院3支学生代表队在第一届全国大学生生命科学竞赛中全部获得一等奖。同日,学校学生代表队在中国教育机器人大赛中,获得全国特等奖1项、一等奖5项、二等奖3项,学校获得优秀组织奖。11月14日,学校学生代表队参加2017年国际遗传工程机器设计大赛(简称IGEM),获得金奖。12月1日,学校学生创作的微电影作品《传承》在第二届全国高校网络宣传思想教育优秀作品评选活动中荣获三等奖。

(东北林业大学由朱立明供稿)

南京林业大学

【综　述】　2017年,南京林业大学有22个学院(部),74个本科专业,在校生26 563人(含淮安校区,不含公有民办南方学院),其中本科生18 899人,研究生4461人,成人教育学生3203人。本年度招生9164人,毕业6765人。有8个博士后流动站、7个一级学科博士学位授权点、39个二级学科博士学位授权点、22个一级学科硕士学位授权点、93个二级学科硕士学位授权点和27个专业学位授权领域。有林业工程、生态学2个一级学科国家重点学科,林木遗传育种、林产化学加工工程、木材科学与技术、森林保护学等4个二级学科国家重点学科,1个江苏省一级学科国家重点学科培育点,4个江苏省高校优势学科,7个一级学科国家林业局重点学科,2个二级学科国家林业局重点(培育)学科,4个一级学科江苏省重点学科,2个一级学科江苏省重点(培育)学科,4个二级学科江苏省重点学科。有国家级特色专业建设点6个,国家级人才培养模式创新实验区1个,国家级实验教学示范中心2个。有教职工1957人,其中专任教师1346人,专任教师中,高级职称733人,博士生导师209人,中国工程院院士2人,长江学者特聘教授1人,国家杰出青年基金获得者1人,国家青年千人计划人选2人。

2017年,南京林业大学入选国家"双一流"建设高校名单,林业工程、林学、风景园林学3个学科全国第四轮学科评估进入A类,接受教育部本科教学工作审核评估等。曹福亮院士获2017年海峡两岸林业敬业奖,施季森教授获江苏省创新争先奖章,金永灿教授增选为国际木材科学院院士,翟华敏教授等完成的"木质纤维生物质生物炼制关键技术及应用"项目获教育部技术发明奖二等奖,戴红旗教授等完成的"造纸节水与清洁生产关键技术及应用"、李海涛副教授等完成的"新型竹集成材结构构件制造关键技术及其设计计算方法"、左宋林教授等完成的"磷酸法活性炭高效绿色生产关键技术"获教育部科技进步奖二等奖,王良桂教授等完成的"桂花种质资源收集评价创新与产业化关键技术"、翟华敏教授等完成的"农林废弃生物质生物炼制关键科学问题的研究"、李海涛副教授等完成的"高性能竹集成材结构创新与产业化"、祝遵凌教授等完成的"观赏鹅耳枥良种选育与培育关键技术"获梁希林业科学技术二等奖。南京林业大学技术转移中心武进分中心成立,承办全国农林生物质资源化学利用研究生学术创新论坛、全国农林高校学工部长论坛、城市景观规划与可持续发展培训班等,总建筑面积46 600平方米的图书馆竣工启用。

【1项成果获国家科技进步奖】　年内,南京林业大学叶建仁教授主持完成"中国松材线虫病流行动态与防控新技术"项目,获2017年度国家科技进步二等奖。该科研团队长期致力于松材线虫病的研究,围绕病原、流行规律、防控技术等难题开展科学研究并取得突破,首次从致病性和分子机理两方面实证松材线虫病原性,系统揭示松材线虫病在中国的流行规律,开展松树抗松材线虫病选育,首创松材线虫病系列防控新技术,解决中国松材线虫病防控中的一系列难题。该成果在全国17个省推广,建立56个检测中心,培训技术人员1823名,显著遏制病害快速蔓延,减少直接损失9.6亿元、间接损失31.8亿元。

【南京林业大学淮安校区成立】　1月17日,南京林业大学与淮安市人民政府在淮安市举行合作办学签约仪式,南京林业大学校长曹福亮与淮安市市长惠建林代表双方签署《淮安市人民政府、南京林业大学合作建设南京林业大学淮安校区的协议》。江苏省教育厅厅长沈健、副厅长王成斌,南京林业大学党委书记封超年,校领导赵茂程、王培君、王浩,淮安市委书记姚晓东,市领导唐道伦、李森参加签约仪式。2010年,江苏省教育厅、淮安市人民政府和南京林业大学合作建设南京林业大学南方学院淮安校区。2017年,在江苏省人民政府优化高校布局和支持苏北发展的新形势下,将南京林业大学南方学院淮安校区转型建设为南京林业大学淮安校区,办学性质为公办本科,学制四年,培养应用型人才,逐步发展研究生教育,在校生规模6000人。

【中日木结构技术和规范研讨会】　于3月8日在南京林业大学召开,研讨会由南京林业大学和日本木材出口协会联合主办。来自日本森林综合研究所、东京大学、南京大学、东南大学等数十所高校和科研院所的80余人参加会议，并就"装配式木结构建筑与框架剪力墙木结构技术"的主题进行交流。主题报告7场，涵盖装配式木结构建筑与框架剪力墙的技术与规范等研究领域。南京林业大学阙泽利教授介绍了在中国黔东南地区传统木构民居研究中取得的最新研究成果，剖析了该地区传统木构民居的现状，并对其未来发展提出建议。木结构建筑有节能、环保、低成本、高舒适度等特点，被称为绿色建筑。

【与上海市绿化和市容管理局合作】 4月18日，南京林业大学与上海市绿化和市容管理局战略合作协议签订仪式在上海市园林科学规划研究院举行。南京林业大学校长曹福亮、副校长王浩、副校长张红，上海市绿化和市容管理局(上海市林业局)局长陆月星、副局长顾晓君，上海市科委副主任秦文波，上海市科协副主席李虹鸣等领导出席签约仪式。副校长王浩与上海市绿化和市容管理局领导共同签署战略合作协议，副校长张红为上海市林业科学研究所揭牌。战略合作协议的签订，有利于双方资源优势互补，有效促进政、产、学、研、用结合。

【与中国林科院联合培养研究生】 4月20日，南京林业大学与中国林业科学研究院联合培养研究生签字仪式在南京林业大学举行。中国林科院院长张守攻、副院长孟平，南京林业大学校长曹福亮、副校长张金池等领导出席签字仪式。张金池与孟平代表双方签署联合培养研究生协议。根据协议，2017年9月起，中国林科院每年安排90余名博士和硕士研究生到南京林业大学学习研究生课程。

【综合评价招生改革试点工作】 4月，为深化考试招生制度改革，经教育部和江苏省教育厅批准，南京林业大学在江苏省内开展综合评价录取改革试点工作，招生计划不超过本科第一批次招生计划总数的5%，计划招生180人。综合评价招生专业中，理科类设置了林学、化学工程与工艺、机械类、木材科学与工程(木结构建筑)、园林、工业设计、食品科学与工程、交通工程、生物工程等24个专业，文科类设置了会计学、工商管理类、汉语言文学、园林等8个专业。综合评价录取招生考生高考成绩，高中学业水平测试成绩、综合素质评价，学校面试成绩以及与南京林业大学办学特色相适应的培养潜质等综合评价，择优录取。

【南京林业大学领导班子调整】 7月4日，南京林业大学召开全校干部大会，宣布江苏省委关于南京林业大学领导班子调整的决定：蒋建清任南京林业大学党委委员、常委、书记，免去封超年南京林业大学党委书记、常委、委员职务。王浩任校长，刘中亮、李维林、张红、张金池任副校长，聂永江、勇强同志任副校长(试用期一年)，周乃贵任总会计师(试用期一年)。免去曹福亮校长职务，免去赵茂程、王培君、叶建仁副校长职务。王浩、王培君、刘中亮同志任南京林业大学党委副书记，李维林、聂琦波、周乃贵任南京林业大学党委委员、常委，免去曹福亮、赵茂程南京林业大学党委副书记、常委、委员职务，免去叶建仁同志南京林业大学党委常委、委员职务。聂琦波任南京林业大学纪委书记。

【2位教授获全国林业教学名师】 9月8日，全国林业教学名师座谈会在北京召开。国家林业局局长张建龙、教育部教师工作司巡视员刘建同出席并讲话。南京林业大学周晓燕教授、田如男教授获"全国林业教学名师"称号。周晓燕，入选教育部新世纪优秀人才支持计划、江苏省"333工程"中青年科技领军人才、江苏省"青蓝工程"科技创新团队带头人、南京林业大学首届教学名师。长期从事木材科学与工程专业教育教学工作，主讲《人造板工艺学》等专业核心课程，获江苏省教学成果二等奖1项，主持建设国家级精品资源共享课程1门，主编教材2部，参编国家级规划教材1部。田如男，入选江苏省"六大人才高峰"高层次人才、江苏省高校"青蓝工程"中青年学术带头人、江苏省"青蓝工程"优秀教学团队带头人，南京林业大学首届教学名师。长期从事园林专业教育教学工作，曾获国家教学成果二等奖、江苏省教学成果一等奖。主编、副主编教材3部，参编教材5部。

【全国林业学科发展协作网成立】 9月16日，由中国学位与研究生教育学会农林学科工作委员会主办的全国林业学科发展协作网成立会议暨首届学术交流会在南京林业大学举行，校长王浩出席会议并致辞。会议决定，聘任南京林业大学研究生院院长杨平为第一届委员会主任委员，四川农业大学刘应高、北华大学王文祥、浙江农林大学黄坚钦等为副主任委员。特邀国务院学位办欧百钢作报告，来自全国27个开展涉林学科(林业工程、林学、林业硕士等)研究生培养单位的90余名代表出席会议。南京林业大学是第一届主任委员单位和秘书处挂靠单位。

【张齐生院士逝世】 9月25日，中国和世界竹材加工利用领域开拓者、中国工程院院士、南京林业大学教授张齐生，因突发心肌梗死医治无效，在南京逝世，享年78岁。张齐生，1939年1月18日出生于浙江省淳安县，1961年毕业于南京林学院，后任南京林业大学教授，1997年当选中国工程院院士，2000~2008年聘任浙江林学院院长。张齐生院士长期从事木材加工与人造板工艺以及生物质能源多联产技术的研究工作，在国内外学术界享有盛誉。发表学术论文300余篇，出版专(译)著9本，发明专利30余项。主持(参与)的科研项目获国家科技进步一等奖1项，二等奖4项，国家技术发明奖二等奖1项，国家发明三等奖1项，中国发明专利创造金奖1项，中国优秀专利奖3项，何梁何利基金科学与技术进步奖1项，林业部科技进步一等奖1项等。

【首届木本油料产业发展高峰论坛】 于9月27日在南京林业大学召开，中国老科学技术工作者协会会长陈至立、中国老科协林业分会会长杨继平、中国林业产业联合会副会长封加平等出席论坛。北京林业大学院士尹伟伦、中国油用牡丹专家委员会主任李育材、南京林业大学彭方仁教授等分别作"关于发展木本粮油的战略思考""倡导上乔下灌,助推扶贫攻坚""美国碧根果产业发展现状及对我国的启示"等报告。与会代表参观了南京绿宙薄壳山核桃科技有限公司和南京林业大学薄壳山核桃试验基地。来自山东、安徽、江西、湖南等14个省的老科协工作者以及浙江大学、中南林业科技大学、浙江农林大学、中国林科院亚林所等高校及科研机构的专家学者170余人出席论坛。

【青海省林业人才专题培训班】 11月7日,青海省林业系统公务员综合能力提升专题培训班在南京林业大学开班。青海省林业厅厅长党晓勇、南京林业大学副校长勇强出席开班典礼。培训为期8天,设专题讲座10场,现场教学2场。围绕生态文明内涵与现代林业发展、国内外古树木及其保护、国有林场改革案例分析、林业投资与项目管理、林政法规与依法行政、领导科学与艺术、突发事件与应急管理等设置课程。青海省林业系统37名领导干部参加培训。

【与南京白马国家农业科技园区签订协议】 12月2日,由江苏省科技厅、江苏省农委主办,南京市科委、南京市农委、溧水区人民政府、江苏农业科技园区协同创新战略联盟共同承办的江苏南京白马国家农业科技园区专题推介会在南京溧水白马镇举行。南京林业大学与白马园区签订了共建科技平台和科技产业园协议。根据协议,到2020年,南京林业大学在白马教学科研基地建成国家林业局银杏工程技术研究中心、国家林业局竹资源培育工程技术研究中心、长江三角洲城市森林生态系统定位研究站、江苏溧水桂花国家林木种质资源保护库、白马水土保持科技示范园5个科技平台分中心,共同打造南京白马国家农业科技产业园。

【苑兆和教授研究团队破译石榴全基因组】 12月,南京林业大学苑兆和教授主持的研究团队成功破译石榴全基因组,并组装出高质量基因组草图,成果在国际植物学科权威期刊《Plant Biotechnology Journal》发表。首次通过比较基因组分析,从分子层面确立了石榴分类学地位,支持石榴属划归为千屈菜科。通过古基因组学研究,发现石榴与近缘物种巨桉共有一次古四倍化事件和双子叶植物共有的古六倍化事件,系统阐释了石榴基因组重复序列的进化和功能,结合转录组学分析了石榴果实品质形成机理和胚珠发育生物学等问题,为石榴遗传与育种研究提供了参考基因组资源。

(南京林业大学由钱一群供稿)

中南林业科技大学

【概 况】 2017年,学校设有研究生院和24个教学单位。拥有5个博士后流动站、6个一级学科博士点、18个一级学科硕士点、10个专业硕士学位授权类别;有2个国家特色重点学科、3个国家重点(培育)学科、5个国家林业局重点(培育)学科、10个省部重点学科;设有76个本科专业,其中,7个国家管理专业、1个国家综合改革试点专业、4个国家级特色专业、4个国家"卓越农林人才教育培养计划"试点专业、15个省部级优势专业;有2门国家级精品课程,1门国家级精品资源共享课,15门湖南省精品课程。学校拥有1个国家野外科学观测研究站,2个国家工程实验室,2个国家级实验教学示范中心,1个国家级虚拟仿真实验教学中心,1个教育部重点实验室,5个国家林业局重点实验室、工程技术研究中心(检测中心)及观测研究站,1个国家林业局长沙国家科技特派员培训基地,3个湖南省2011协同创新中心,14个省级重点实验室,5个省级工程(工程技术)研究中心,3个省级产学研合作示范基地,1个湖南省工业设计中心,1个湖南绿色发展研究院,4个湖南省高校哲学社会科学研究基地(中心),6个湖南省实验教学中心。设有63个校级科研机构。

2017年,学校有全日制在校生26 729人。其中,本科生23 855人,硕士研究生2542人,博士研究生332人。有教职工2359人,其中专任教师1581人。其中,教授221人,副教授538人;博士生导师82人,硕士生导师535人。有"长江学者奖励计划"特聘教授1人、国家"千人计划"1人、国家"万人计划"领军人才2人、国家"百千万人才工程"人选3人、国家中青年科技创新领军人才2人、国家级有突出贡献的专家2人、全国杰出专业技术人才1人、入选全国农业科研杰出人才1人、国务院学位委员会学科评议组成员2人、"全国五一劳动奖章"获得者2人、享受国务院政府特殊津贴47人;有省部级有突出贡献的专家18人、省部级跨世纪学术、技术带头人重点培养对象22人、湖南省"芙蓉学者"特聘/讲座教授7人、湖南省"百人计划"7人、湖南省"新世纪121人才工程"31人,教育部"新世纪优秀人才培养计划"7人、"全国优秀教师"4人、中国青年科技奖2人、"霍英东教育基金奖"3人;国家创新研究团队1个。

【"再塑中南林"战略】 学校党委、行政在对历史和现状进行深入思考的基础上,提出"再塑中南林"战略任务,即守望"一个核心"、推进"两大建设"、再造"三大生态"、实施"四大保障"。

守望一个核心,这就是大学既不姓"官",也不姓"商",而必须姓"学"。要实现大学的回归,即回归到大学的本性和本质,这就是由学生、学者、学科、学术、学风有机构成的"高等学府"。推进"两大建设":切实推进以提高质量和学校综合实力为目标的内涵建设,分步推进以"精品化、园式式、有品位"为目标的校园建设。再造"三大生态":再造中南林的政治生态,再造中南林的学术生态,再造中南林的育人生态。实施"四大保障":制度保障、文化保障、人才保障、管理保障。

【教学工作】 完成办学定位和人才培养总目标的确立、评估方案设计、教学档案全面自查与整改、人才培养与课程教学大纲全面修订、专业评估、预评估、状态数据收集与填报、自评报告撰写、实验室调整等工作,完成教育部本科教学工作审核性评估,以"及时整改、对症整改、全力整改、持续整改"的工作方针深化本科教学改革。召开教学工作大会,对学校未来一段时期教学工作、人才培养和教育教学改革进行了顶层设计和统筹谋划。修订完善《2016版人才培养方案》,实施"卓越农林人才教育培养计划",开办"陶铸班",与大型企业共同发起"大国工匠"训练计划和"长江飞跃计划",拓展了ACCA(国际注册会计师)、CFA(特许金融分析师)实验班,12个专业试点大类招生。获得国家级大学生创新创业训练计划项目15个。成立创新创业学院,将创新创业教育纳入人才培养全过程。

录取本专科生6834名,研究生1099名,一本录取比例89.9%,较2016年提高4.2%,省内投档分数再次稳居新升格五所一本院校首位。2017届本专科毕业生,初次就业率94.73%,就业质量78.57%,研究生初次就业率94.3%,就业质量68%。

学校学生获全国大学生数学建模竞赛一等奖、第九届全国大学生广告艺术大赛一等奖、全国绿色建筑设计竞赛一等奖、第三届中国会展专业大学生主题演讲比赛一等奖、美国大学生数学建模竞赛二等奖、"外研社"杯全国英语阅读比赛湖南赛区复赛特等奖、全国大学生英语竞赛湖南赛区复赛特等奖等各类学科竞赛省部级以上奖励182项;在全国大学生运动会上实现奖牌零的突破;2017届法学专业毕业生国家司法考试通过率达到42.5%。

【学科建设与科研工作】 按照学校《一流学科建设实施方案》,"四级学科建设体系"(即:ESI学科、国内一流学科、省内一流学科和校内重点培育学科),推进一流学科建设。启动了学校ESI学术团队遴选工作,首批遴选出4个ESI学术团队。4个博士点和6个硕士点增列通过湖南省学位办评审。23个学位授权点开展诊断评估。制定完善了《学科带头人遴选与管理办法》,第一批遴选出8位一级学科带头人。

召开学校科研工作大会,提出今后特别是"十三五"时期科技工作"上高原攀高峰"的总体设想和工作部署。到账科研经费1.2亿元。新增国家级、省部级科研立项268项。获授权专利112项,鉴定成果27项,认定标准4个,SCI、EI等重要期刊论文309篇(自然科学273篇,社会科学36篇),学术专著20部,译著2部。吴义强教授获教育部高等学校科学研究优秀成果奖一等奖(科学技术),实现学校"教育部一等奖"的突破,获第八届梁希林业科学技术奖一等奖2项,湖南省科学技术奖励6项。"学术校园"建设取得初步成效,举办"树人讲坛"等各类学术讲座318次。承办第一届全国林业院校校长论坛、中国林业教育学会自然教育分会成立大会、校地"政产学研"对接等一系列重要会议和学术活动。

【驻村帮扶工作】 派强管好驻村帮扶工作队。充分发挥林业院校的产学研优势,开展产业扶贫,让昔日贫困缺水的千年苗寨大变样,完成三年驻村帮扶工作验收。作为省内为数不多的六所高校之一,获得承担湖南省贫困县摘帽退出第三方独立评估工作(一个县)的资格。创新扶贫工作新方式。首次将"雷锋超市"这一成熟资助模式引入扶贫工作,在学校驻村帮扶点凤凰县毛都塘村开设中南林业科技大学"雷锋超市"毛都塘分店,由村民代表进行自主运营,学校负责组织商品和提供定期管理指导支持。主持召开专题会研究部署暑期"情系脱贫攻坚"主题实践活动,共选派了162名师生组成的54个调研组奔赴凤凰县162个贫困村开展为期15天的主题实践活动,圆满完成既定工作任务。

2017年11月7日,《中国教育报》头版头条、中国新闻网首页及其内参长篇报道了学校精准扶贫的典型经验,12月9日,新华社、中新社、《光明日报》等主流媒体又先后对学校"雷锋超市"开进贫困村开创扶贫新模式进行了长篇报道,收到了较好的社会反响。学校"情系脱贫攻坚"主题实践活动在表彰大会上得到湖南省委副书记乌兰的点名表扬。

【人才队伍建设工作】 学校全职或柔性引进包括"双聘院士""千人计划"等在内的高层次人才及Ⅰ类博士35人。制定了师资与人才队伍"十三五"规划;出台了《树人学者培养和引进办法》《关于全面加强人才队伍建设的实施意见》《教学单位目标考核暂行办法》《管理部门作风效能考核暂行办法》等文件。积极组织申报国家和省部级各类人才项目,1人入选第三批国家"万人计划"领军人才,1人入选长江学者讲座教授。1人获首届全国创新争先奖,1人获评全国林业教学名师,1人获评湖南省优秀教师。举办2017年教师节表彰大会并重奖一线教师,评选卓越教授1人,教学名师8人,教学新秀10人,科研新秀5人,湖南省林业师德模范8人。

【管理与改革工作】 建章立制向纵深推进,系统完整的学校规章制度体系初具雏形,2018年上半年将汇编成册。开展管理部门作风效能考核,推进工作作风转变。以质量为导向突出教育教学过程管理;开展本科生学分清理和学业预警工作,帮扶、警示学生613人;开展"人机分离,拯救低头族""考试零舞弊工程""百分百到课率工程"等。在资金管理上,首次实现"分线预算",刚性执行,规范调整;实现总收入8.85亿元,较2016年增加8348万元,增长10.41%。建立预算执行动态分析制度,对校拨累计经费实施清零处理。全年化债2000万元左右。严格内控机制,从严控制招标和政府采购,全年新增实验设备4716台件,新增家具18 357台(件),完成各类采购招标项目219项,成交金额7188万元,节约资金1086万元,节资率为13%。切实加强审计工作,全年节省资金2420万元。荣获"2017年度全省优秀内部审计项目"奖励。全年完成各类采购招标项目219项,成交金额7187.8万元,节约资金1085.6万元,节资率为13.1%。

【民生工作】 推进"美丽校园建设""办公室革命""艺术品上墙""道路楼宇景观命名"工作。完成对国际楼前广场、音乐楼周边、生态站游憩道和陶铸路主干道两侧的绿化美化和车位改造。启动了工科实训大楼建设。对福邸雅苑附近的"夜宵一条街"进行了拆除和复绿，彻底解决"夜宵一条街""脏乱差"问题，清退校园到期门面租赁户，综合整治校园安全和交通环境，改善学生公寓住宿条件，"零成本"改善学生食堂就餐环境，推进飞线入地和电力增容改造，提高物业服务标准，校园秩序和环境美化得到明显改善，校园环境更美、品味更高。

【党建与思想政治工作】 严格按照全面从严治党的要求，认真履行"两个责任"。开展"两学一做"学习教育，召开全校思想政治工作大会、党风廉政建设和反腐败工作大会、党建工作推进会、暑假处级领导干部专题培训班、党支部书记培训班、专兼职纪检监察干部业务培训班等，出台《关于进一步加强和改进学校思想政治工作的实施意见》《学校基层党委书记履行党建工作责任考核办法》《关于落实党风廉政建设党委主体责任和纪委监督责任的实施意见》《科级干部年度考核办法》等规章制度，修订《学校处级领导班子和处级干部考核办法》《学校基层组织工作细则》《党风廉政建设责任制考核办法（试行）》《辅导员队伍建设规定》等文件。完成了范围和力度最大一次的干部交流聘任工作，共交流聘任处级干部116位，提任58位；交流聘任科级干部104位，提任43位。

开展月度重点工作、本科教学评估、实验室建设、"办公室革命"等专项督查督办100余次。办结"书记、校长信箱"等来信来电来访508件次，回复率99%，干群关系更加巩固和密切。打造廉洁型管理干部队伍，共查处违纪案18起，处理处分28人，收回和纠正违规报账资金131万余元。通过选取树立跳入嘉陵江勇救落水儿童并被授予"感动湖南十佳人物""湖南好人""最美共青团员"的学校学生黄伊琳，第六届全国道德模范提名奖的学校2010届毕业生、留美博士肖雅清两个典型，弘扬"榜样力量"。通过一系列措施，教育引导党员干部和师生员工进一步增强了政治意识、大局意识、核心意识和看齐意识。

【国际交流与合作】 参加第24届中东欧"一带一路"国际教育展。与英国班戈大学联合开展留学生招收工作取得成效。与意大利、捷克、匈牙利、奥地利等国家和地区多所大学建立了新型合作关系。与孟德尔大学、卡波什瓦大学签署了科研及博士生培养合作协议，联合开展欧盟项目研究。积极倡导和支持青年大学生参加国际交流与合作事务，共派出233名学生参加"一带一路"教育行动。学校代表接受了匈牙利等国家和地区新闻媒体的采访，树立了良好形象。

（中南林业科技大学由皮芳芳供稿）

西南林业大学

【概 况】 2017年，西南林业大学对学科结构和学院架构进行了调整，共有学院30个、博士点3个、一级学科硕士点13个、专业硕士学位点5个、本科专业74个、博士后流动站3个、国家林业局重点学科6个、国家林业局重点（培育）学科1个、云南省重点学科5个、云南省A类高峰学科1个、云南省B类高峰学科2个、云南省B类高峰学科特色研究方向1个、云南省A类高原学科1个。学校占地面积180.2公顷，图书馆建筑面积29 610平方米，馆藏纸质图书168.2万册。建有林业生物质资源高效利用技术国家地方联合工程研究中心、生物质材料国际联合研究中心、国家高原湿地研究中心、云南生物多样性研究院、云南省院士专家工作站等省部级以上科研平台26个，经上级主管部门认定的创新团队17个。有教职工1219人，其中高级职称教师477人，千人计划入选者、长江学者、海外杰出青年1人，国务院特殊津贴专家1人，国家百千万人才工程第一层次专家1人，教育部新世纪优秀人才4人，云岭学者1人，云岭产业技术领军人才3人，云南省有突出贡献优秀专业技术人才5人，云南省科学技术创新人才4人，云南省中青年学术和技术带头人17人、后备人才14人，享受云南省政府特殊津贴专家10人，全国高校黄大年式教师团队1个，全国优秀教师2人，国家林业局教学名师1人，云岭教学名师4人，云南省各类高层次教学名师26人，师德标兵4人。全日制在校生18 388人。招收学生5925人，其中普通本科生5084人、研究生841人。毕业学生5321人，其中普通本科生4831人、研究生490人。

【云南诗书画研究院举办首场报告会】 3月24日，西南林业大学与云南省南社研究会联合成立的云南诗书画研究院举办首场报告会。著名诗人、文学评论家晓雪带来题为《中国新诗百年的回顾与思考》的精彩报告。

【杜凡教授团队在元江监测到消失60年的极度濒危植物——云南火焰兰】 4月23日，西南林业大学杜凡教授团队在元江国家级自然保护区对消失60年后重新发现的极度濒危物种——云南火焰兰进行了监测。云南火焰兰是兰科附生草本，在中国仅分布于云南元江，国内仅20世纪50年代在元江县海拔500米的区域采到过标本。

【学校召开创建一流党建活动动员大会】 4月26日，校党委书记吴松传达了中共云南省委组织部、省委高校工委会议精神，对西南林业大学创建一流党建活动进行了动员部署，要求持之以恒抓好创建活动，以一流党建引领学校改革发展，用一流的党建成果推进一流学科和高水平大学建设。

【"我国主要灌丛植物群落调查"2017年度项目工作会】 5月12日,由中国科学院成都生物研究所等17家单位承担的国家科技基础性工作专项"我国主要灌丛植物群落调查"2017年度项目工作会在西南林业大学举办,副校长胥辉出席会议并致辞。会议在灌丛群落调查样地选择与样方布设、群落学指标测定手段等方面达成了共识,统一了全国范围的灌丛植物群落野外调查方法,为规范完成中国主要灌丛植物群落调查任务提供了技术保障。

【校领导考察树木园推进落实"永椿"计划】 5月27日,副校长赵龙庆带领教务处、国资处、园林学院及林学院一行考察了树木园,要求尽快落实树种与数量,确保满足第一轮"永椿"计划所需苗木。"永椿"计划是西南林业大学推进教学综合改革,突出优势,彰显学校特色的重要抓手,该计划通过"种下一棵树、留下一段情",培养学生"识林、知林、兴林、爱林、思林、传林"的情怀,树立学生"校兴我荣、校衰我耻"的观念。

【学校举办首届"东南亚文化节"】 6月2日,为服务国家"一带一路"战略和习近平总书记对云南提出的"建设面向南亚东南亚辐射中心"的定位,学校举办了首届"东南亚文化节",泰语、越南语2个专业的同学积极参加,展示了东南亚文化的异域风情,激发了学生学习东南亚国家语言的热情。

【王邵军副教授在国际土壤学顶级SCI期刊刊发论文】 6月7日,西南林业大学王邵军副教授在国际土壤学顶级SCI期刊《Soil Biology & Biochemistry》发表《Ants can exert a diverse effect on soil carbon and nitrogen pools in a Xishuangbanna tropical forest》(蚂蚁对西双版纳热带森林土壤碳氮库的影响),首次揭示了西双版纳热带雨林下不同捕食行为蚂蚁种类筑巢定居活动对土壤C/N库形成及分布格局的影响机制,得到了同行评审专家的高度认可。

【一项目获云南省教学成果一等奖】 6月,学校"'大数据'思维下高校本科专业评估体系构建与实践"项目荣获云南省教学成果一等奖。学校围绕"优化办学结构"这一目标,已连续4年开展本科专业评估,对促进学校教学管理、人才培养、专业建设起到了积极作用。

【西南林业大学石林校区奠基仪式】 于7月16日隆重举行,校领导及石林彝族自治县有关领导出席,奠基仪式由副校长刘正华主持。石林校区建设将解决学校办学空间不足的瓶颈难题,助推学校建设成为高水平大学,同时为建设"美丽石林、幸福彝乡"做出积极贡献。

【西南林业大学与普洱市人民政府签订战略合作协议】 8月15日,学校与普洱市人民政府在普洱签订战略合作框架协议,双方将在技术咨询与服务、成果研发与转化、平台建设与示范、人才培养与交流等方面加强合作,实现资源互补、互惠互利、共同发展。

【学校参加清华大学高校改革与创新高级研修班】 8月19日,西南林业大学高校改革与创新高级研修班开学典礼在清华大学举行,该培训班为期7天,50名干部参加了此次培训,主要学习了关于高校科研体制创新、人事管理改革、高校核心竞争力、高校教育发展与综合改革、基层党建等方面的课程。

【3个云南省院士工作站落户学校】 9月7日,经云南省院士专家工作站管理委员会审议,批准学校建立唐守正院士工作站、王思群院士工作站、王广兴专家工作站。3个院士工作站的落成,标志着学校在引进聚集高层次人才方面迈出了新步伐,对增强学校科研核心竞争力、推进学校科技成果转化应用将产生积极作用。

【云南林业经济研究智库"智助"乡村旅游扶贫开发】 9月8日,学校云南林业经济研究智库第17期咨询报告,提出要把中心城市特别是昆明市郊区作为乡村旅游开发的重点区域之一,鼓励农村集体与有实力的大户、企业、开发商股份联合开发乡村旅游,报告获云南省委书记陈豪、副省长张祖林批示,并转云南省林业厅、扶贫办、旅发委进行研究。

【学校启动"四回四创"专题教育实践活动】 9月12日,学校召开"四回四创"专题教育实践活动动员大会("四回四创"即"回归教育本原,创造良好教育生态;回归学术本质,创造良好学术生态;回归做人本真,创造良好文化生态;回归党建本位,创造良好政治生态")。活动为期1年,通过学习讨论、查找问题、整改提高3个步骤,使良好的教育生态、学术生态、文化生态、政治生态成为全体师生的行动自觉。

【学校引进"千人计划"入选者、长江学者、海外杰出青年马奇英教授】 10月12日,西南林业大学举行与马奇英教授签约仪式,马奇英教授长期致力于土壤生态研究,她的到来将对学校生态学学科建设起到重大、积极的推动和引领作用。

【学校承办第二届"中国湿地论坛"】 10月26日,第二届"中国湿地论坛"暨中国生态学会湿地生态专业委员会2017年会开幕式在学校举办,会议围绕"湿地与全球变化"主题展开为期2天的学术交流,分5个分会场,举行了110余场学术报告。

【学校成立"习近平新时代中国特色社会主义思想"研究中心】 10月29日,西南林业大学举行"习近平新时代中国特色社会主义思想"研究中心成立大会,中心将汇集省内外优质学术资源,深入开展相关课题研究,努力建设国内一流马克思主义中国化最新成果研究传播平台和基地。

【"廉政文化与警示教育基地"落成并开放】 10月31日,学校"廉政文化与警示教育基地"正式揭牌,基地以"源于心、行于规、成于常"为主线,致力于为全校师生提供一个廉政教育平台,着力营造风清气正的校园廉政文化氛围。

【学校2017年暑期"三下乡"社会实践工作获团中央表彰】 10月,学校2017年"三下乡"活动获得团中央表彰。其中,"助力上高桥彝族自治乡政府精准扶贫"活动获得千校千项项目评比"最具影响好项目","助力墨江县林下经济养殖脱贫攻坚实践活动"获评"深化改革行知录项目",毛祥忠被评为"优秀指导教师",赵署被评为"真情实感志愿者"。

【学校获批2个云南省博士后科研流动站】 11月6日,学校"林学""林业工程"2个一级学科成功获批云南省首批博士后科研流动站,这标志着学校林学、林业工程和风景园林学学科已经形成了从本科到硕士、博士、博士后的完整的人才培养体系,是学校在学科建设和高水平人才培养平台建设上的重大突破。

【马里代表团到访学校】 11月10日,马里共和国投资促进和私营部部长西迪贝、马里驻华大使科内率领马里外交和国际合作部、马里驻广州总领馆、高等教育和科研部相关负责人访问学校。双方就人才培养、文化交流、商贸往来等方面进行了广泛交流,表示今后将进一步扩大教育、商贸等领域的合作。

【学校中青年干部赴井冈山开展理想信念专题教育培训】 11月12~17日,校党委组织部组织中青年干部培训班学员走进井冈山,开展题为"不忘初心 筑梦西林"理想信念专题教育培训活动,通过培训活动,净化了心灵、砥砺了品质、坚定了信念、锻炼了队伍、增进了情感,强化了责任担当意识。

【学校与云南乌蒙山国家级自然保护区管护局签订长期战略合作协议】 11月14日,云南乌蒙山国家级自然保护区管护局与西南林业大学长期战略合作协议签约仪式正式举行,双方将密切合作,优势互补,以资源研究带动监测和保护工作,为昭通乃至云南生态安全做出应有的贡献。

【1个研究生项目入选国家旅游局2017年度万名旅游英才计划·研究型英才培养项目】 11月24日,学校生态旅游学院成海副教授指导、余婧同学负责的《中国田园诗视角下的全域旅游文化基础研究》成功入选研究型英才培养项目,云南省内仅有云南大学和西南林业大学获得资助。

【"石漠化研究院院士工作站"揭牌】 11月27日,西南林业大学"石漠化研究院院士工作站"揭牌仪式正式举行,工作站将致力于推动学校生态环境领域学科群的发展、提升学校科学研究与社会服务综合水平、促进学校知名度和影响力的不断提升。

【学校第二期高校改革与创新高级研修班在清华大学开班】 12月8日,学校40名干部参加了第二期高校改革与创新高级研修班开班仪式,该研修班为期7天,主要学习国内外形势分析、高校深化改革、党的十九大、学生管理与思想政治工作、现场教学等方面的内容。

【马里孔子课堂获全球先进孔子课堂奖】 12月12日,在第十二届全球孔子学院大会上,国务院副总理刘延东为学校与马里阿斯基亚中学合作举办的阿斯基亚中学孔子课堂授予"年度先进孔子课堂奖牌",在全球1113个孔子课堂中仅有5所获此殊荣,也是非洲唯一一所。

【2篇林业专硕学位论文获第二届全国林业硕士学位研究生优秀学位论文奖】 12月14~16日,在第四届全国林业专业学位研究生教育工作研讨会上,学校张大才、冯斌(校外指导教师)指导的研究生裴雯慧的论文《云南高原沼泽湿地区植物区系与多样性研究》,周军、宁德鲁(校外指导教师)指导的研究生石倩倩的论文《冬枣、黎枣木质化枣吊摘心对坐果及果实品质的影响》2篇论文荣获优秀学位论文。

【校代表队在云南高校爱国主义野战运动大学生联赛中包揽冠亚军】 12月16日,在"云南高校爱国主义野战运动大学生联赛"总决赛中,学校"西林狼"队斩获冠军、"八一杠"队斩获亚军,学校女选手孔佑娟获得"巾帼女英雄"荣誉称号。 (西南林业大学由王欢供稿)

南京森林警察学院

【综 述】 2017年,南京森林警察学院(以下简称学院)设有治安学院、侦查学院、刑事科学技术学院、管理学院、特警学院、信息技术学院、森林消防学院。国家林业局警官培训中心(国家林业局森林消防指挥培训中心)、国家林业局森林公安司法鉴定中心、中华人民共和国濒危物种进出口管理培训基地、国家林业局森林防火工程技术研究中心、国家林业局濒危野生动植物犯罪研究所、国家林业局森林公安法制研究中心、全国森林警察航空运动训练基地、国家林业局职业教育研究中心设置在学校。学校目前设置有治安学、消防工程、侦查学、刑事科学技术、公安管理学、网络安全与执法、公安情报学、警务指挥与战术8个本科专业,现在校普通本科生总数5628人。学校现有教职工472人,合同制教辅人员80人,专任教师284人,外聘教师75人;其中,专任教师中有高级职称教师128人(其中正高级职称29人),博士、硕士学位249人(其中,博士学位51人)。学校占地总面积75.46万平方米,校舍总建筑面积20余万平方米,由仙林校区、花园路校区以及北戴河校区3个校区组成。学校馆藏纸质图书65.4万册,固定资产7.25亿元。

【与海关总署缉私局签署合作备忘录】 1月11日,海关总署缉私局副局长兼政治部主任李云龙、政治部副主任邢耀辉一行到访学院。李云龙、张高文分别代表局校双方签署局校合作备忘录,商定在警务训练、专业建设、科学研究、人才培养等方面进行深度合作,构建"教、学、练、战"一体化的合作交流平台。

【《南京森林警察学院章程》获教育部核准颁布】 1月11日,教育部发布《中华人民共和国教育部高等学校章程核准书第112号》核准颁布《南京森林警察学院章程》。

【获全国公安机关改革创新大赛优秀奖】 1月13日,以"创新,别样的忠诚"为主题的全国公安机关改革创新大赛颁奖仪式在北京举行,由国家林业局森林公安局选送、学院信息技术系教师团队主创的"案件移动会诊系统"获大赛优秀奖。

【林火研究中心科研协作基地揭牌】 1月16日,国家林业局森林防火工程技术研究中心和山东省莱芜市林业局科研协作基地揭牌仪式在莱芜市举行,莱芜科研协作基地是林火中心第一个挂牌的校外基地。

【警乐团、合唱团获荷兰2017国际音乐节金奖】 2月3~14日,学院警乐团、合唱团84名同学在常务副校长张治平的带队下,赴欧参加荷兰2017国际音乐节荣获金奖和优秀组织奖,并与荷兰、比利时和奥地利等地的多家乐团开展了交流活动。

【"三个热爱"学习品牌获"国家林业局机关十大学习品牌"】 2017年国家林业局优秀学习品牌案例征集活动,学院"三个热爱学习品牌"获评"国家林业局机关十大学习品牌"。

【中华人民共和国濒危物种进出口管理培训(南京)基地落户】 3月3日,中华人民共和国濒危物种进出口管理培训(南京)基地揭牌仪式在学院举行。国家濒管办常务副主任孟宪林、国家林业局国际合作司副司长(主持工作)章红燕、国家林业局宣传办副主任李天送、江苏省林业局局长夏春胜、国家濒危物种科学委员会常务副主任蒋志刚、中国野生动物保护协会副秘书长郭立新、外交部条法司李鹏宇和学院领导、师生代表出席揭牌仪式。

【"2017世界野生动植物日"主题宣传活动】 3月3日,国家濒危物种进出口管理办公室、中国野生动物(植物)保护协会与学院共同主办的"2017世界野生动植物日"主题宣传活动在学院举行。国家濒管办常务副主任孟宪林、国家林业局国际合作司副司长(主持工作)章红燕、国家林业局宣传办副主任李天送、江苏省林业局局长夏春胜,国家林业局有关司和农业、外交、海关、公安、海警、工商、质检、旅游、共青团中央等部门代表,以及有关野生动植物保护组织、行业协会、各界青年、学院领导和师生代表300余人参加活动。活动期间,腾讯、百度、阿里巴巴三家互联网企业发表"网络抵制野生动植物非法贸易"倡议。

【海关总署缉私局警务实战训练基地落户】 4月7日,海关总署缉私局警务实战训练基地揭牌仪式暨首期警务实战训练班开班典礼在学院举行。海关总署缉私局党组书记、局长刘晓辉,海关总署缉私局副局长、政治部主任李云龙等相关领导出席仪式。刘晓辉与学院校长张高文为"海关总署缉私局(公安部二十四局)警务实战训练基地"揭牌。

【李俊奇同学获十大"新青年志愿者之星"称号】 5月4日,由中央综治办、中央网信办、公安部和共青团中央指导,互联网安全志愿者联盟主办的"新青年:与时代同行"表彰大会在北京召开。此次大会由公安部刑侦局副局长、志愿者联盟形象大使陈士渠主持,学院李俊奇同学获"新青年志愿者之星"的称号。

【张运生和陈积敏分获国家林业局"十佳优秀青年工作者"和"优秀青年"】 5月4日,国家林业局召开"五四"青年表彰座谈会,学院张运生被评为国家林业局"十佳优秀青年工作者",陈积敏被评为局直属机关"优秀青年"。

【警务实战教研基地在汕头海关缉私局挂牌】 5月10日,南京森林警察学院警务实战教研基地挂牌及校局合作共建启动仪式在汕头海关缉私局举行。汕头海关副关长、缉私局局长王彬,学院副书记陶珑、警务技战术系主任周波、系党总支书记赵京华等出席。

【参加首届"蓝帽杯"全国大学生网络安全技能大赛】 5月21日,中国人民公安大学牵头组织的首届"蓝帽杯"全国大学生网络安全技能大赛举行。本次大赛共有来自全国公安院校和部分地方高校组成的39支参赛队伍参与比赛,学院由2015级学生组成的森林狼一队、森林狼二队均获二等奖。

【"刀锋行动"在学院启动】 5月24日,由国家林业局森林公安局(公安部十六局)、共青团江苏省委、江苏省公安厅、南京市公安局指导,南京森林警察学院、互联网安全志愿者联盟、阿里巴巴安全部主办,南京大学等江苏省内17所高校共同协办的"中国青年好网民志愿服务行动"南京站启动仪式在学院举行。国家林业局森林公安局副局长王新凯,学院党委书记王邱文、党委副书记陶珑、副校长吉小林,团省委联络部部长汤江林,省公安厅刑侦局政委吴祖平,南京市公安局副局长蒋平,阿里巴巴集团副总裁助理许艳,南京市公安局刑侦局政委宋敏等领导、企业代表出席活动。学院近两千名学生参加活动。

【学者论文获全国治安学专业实践教学研讨会一等奖】

6月9~10日，由湖南警察学院和长沙县公安局共同主办的全国治安学专业实践教学研讨会在长沙召开，与会公安政法院校22所，代表70多人。学院治安系主任石向群教授出席会议，其合作论文《治安学实训中心建设路径探究——以南京森林警察学院为例》获一等奖。

【与北京林业大学签订研究生培养合作协议】 6月13日，北京林业大学校长宋维明一行来校，北林大与学院签订研究生培养合作协议，并举行校外导师聘任仪式，校党委书记王邱文、校长张高文，党委副书记林平、陶珑出席会议。

【3个专业顺利通过2017年学士学位授权专业增列审核】 江苏省学位委员会、江苏省教育厅发布《关于公布2017年学士学位授权审核结果的通知》，南京森林警察学院申请2017年学士学位授权审核的公安管理学、警务指挥与战术、网络安全与执法3个专业，顺利通过专家审核和省学位办复核，同意增列以上3个专业为学士学位授权专业。

【"立德树人·同向同行"主题演讲比赛】 于7月3日举行，党政领导王邱文、张高文、林平、吉小林、叶卫、冯斌出席。11位参赛老师围绕"立德树人，同向同行"这一主题，用身边人、身边事和自己的所思所想，诠释了对"立德树人，同向同行"的理解，充分展示了学院教师立足岗位、履职尽责、创先争优的良好精神风貌。

【森林部队扑救重特大森林火灾先进事迹宣讲会】 7月6日，森林部队扑救重特大森林火灾先进事迹巡回报告团一行来学院宣讲。校领导王邱文、张高文、林平、吉小林、冯斌出席报告会，全体中层干部，森林消防系、林火研究中心全体教师，部分学生代表聆听了报告会。来自武警内蒙古森林总队大兴安岭支队、武警内蒙古森林总队呼伦贝尔支队的7位扑火英模分别作了"4·30""5·02""5·17"三起重特大森林火灾扑救的先进事迹报告。

【散打队在全国大学生武术散打锦标赛获佳绩】 7月15日，全国大学生武术散打锦标赛在哈尔滨举办。中国人民公安大学、浙江警官学院、新疆警察学院、北京警察学院等公安院校在内的全国86所高校、近千名运动员参加比赛。学院代表队15名队员取得了1个冠军、7个季军、3个第五名、团体总分第三名的成绩，其中陈达兵同学获"优秀运动员"称号。

【全国林业职业院校校(院)长培训班】 7月17~21日，国家林业局职业教育研究中心在南京森林警察学院北戴河校区举办"全国林业职业院校校(院)长培训班"。培训班主要围绕中国林业职业教育现代化、质量保障、教育改革、院校治理与校长工作，以及中国林业发展形势等专题进行了授课和研讨。来自全国30余个单位的46名校领导、专家和相关人员参加了此次培训。

【召开教师干部大会宣布校领导任职决定】 8月1日，学院召开教师干部大会宣布校领导任职决定。国家林业局人事司副司长郝育军，江苏省委组织部干部五处调研员王荣才，国家林业局人事司冯珺等出席大会，学校党政领导和教师干部代表参加会议。冯珺宣读国家林业局任职决定：经党组研究，决定任命耿淑芬为南京森林警察学院副院长(副司局级，试用期一年)。

【张高文率团赴俄罗斯学习交流】 8月14~19日，受圣彼得堡市政府亚太地区合作中心邀请，学院校长张高文率招生就业处处长包学文、消防系副主任张运生、外事办主任张丽霞一行四人赴俄罗斯交流学习。

【2017年全国森林防火业务专题培训班】 于8月29日至9月4日在学院举办，国家森防指办公室副主任、国家林业局森林公安局局长王海忠，国家森防指办公室副主任、国家林业局森林公安局副局长柳学军，学院党委书记王邱文、副书记兼纪委书记陶珑及国家林业局森林消防指挥培训中心负责同志等领导出席开班和结业仪式。

【摔跤队在2017年中国大学生中国式摔跤锦标赛获佳绩】 8月6~10日，2017年中国大学生中国式摔跤锦标赛在上海举办，此次比赛共有24所高校代表队194名选手参赛，南京森林警察学院摔跤队获得团体赛第三名，个人赛1金、3银、7铜的成绩。

【国旗护卫队在第四届全国高校升旗手交流展示活动中获佳绩】 9月28日至10月1日，团中央学校部、全国学联秘书处主办的第四届全国高校升旗手交流展示系列活动于在北京举行。学院国旗护卫队在30余支参赛队伍中脱颖而出，获团体二等奖、优秀组织奖；倪叶波同学荣获"全国十佳高校升旗手"称号及"赵班长升旗奖"。

【高等职业学校林业类专业教学标准评审会】 于10月20~21日在学院举办，会议由职教中心常务副主任胡志东主持，国家林业局人事司教育培训处调研员邹庆浩以及学校党委副书记、纪委书记陶珑出席会议并发表讲话。

【2017年濒危野生物保护执法理论与实践研讨会】 于10月29日在学院召开，学院党委书记王邱文、国家林业局森林公安局副局长李华、公安部国合局国际刑警组织工作处处长武英、最高检察院法律政策研究室调研员杨建军、海关总署缉私局政治部副主任肖宏春等出席会议。来自中南财经政法大学、中国人民公安大学、湖北警官学院的专家学者，厦门、拱北、珲春、无锡等地海关缉私系统和吉林、湖南、广东、广西、云南、陕西等地森林公安机关的领导，及学院相关领域的教师50余人参加会议。

【师生参加"美亚杯"第三届全国电子数据取证竞赛获佳绩】 11月11~12日，"美亚杯"第三届全国电子数据取证竞赛暨网络安全执法新技术研讨会在厦门美亚柏科培训大楼举行。学院学生代表队在个人资格赛中获一等奖，团体赛中获一等奖，教师代表队获三等奖，学校获此次竞赛的优秀组织奖。自该项赛事举办三年以来学院已连续三次斩获个人、团体一等奖项。

【与汕头海关缉私局签署大数据应用战略合作协议】11月13日，汕头海关副关长王彬率队就警务大数据应用战略合作与学院签署协议。仪式由校长张高文主持，教务处、信息技术学院部分老师参加签约仪式。

【"砺剑2017"全国海关缉私部门警务实战比武演练暨总结活动举行】11月14~15日，由海关总署缉私局主办，学院和南京海关联合承办的"砺剑2017"全国海关缉私部门警务实战比武演练暨总结活动在学院举行。海关总署党组成员、副署长、政治部主任胡伟，海关总署缉私局局长刘晓辉，南京海关关长郑汉龙等有关领导，学院党委书记王邱文、校长张高文、副校长吉小林出席活动。大会对"砺剑2017"全国海关缉私部门警务实战比武中的获奖单位和个人进行表彰，并进行打击洋垃圾走私誓师仪式。

【学习贯彻党的十九大精神省委宣讲团报告会】11月15日，党的十九大代表、江苏省委宣讲团成员、江苏省司法厅党委书记、厅长柳玉祥来到学院宣讲党的十九大精神。党政领导王邱文、张高文、陶珑、吉小林、耿淑芬、冯斌与全校教职工党员、科级以上干部、2017年党员发展对象聆听了报告。

【《芳草地》创刊十周年】11月22日，学院召开《芳草地》创刊十周年座谈会及报告会。

【教师吴育宝荣立个人一等功】国家林业局森林公安局发文（林公奖字〔2017〕2号）对先进集体和先进个人进行表彰，学院信息技术学院副院长吴育宝在第二届全国公安院校教学技能大赛比赛中荣获个人一等奖，被记个人一等功。

【在2016年度中国高校校报好新闻评选中获佳绩】2016年度中国高校校报好新闻评选，学院《森林警院报》校报记者团成员殷姿的作品《湄公河行动之警种大揭秘》获版面类二等奖，这是《森林警院报》第一次获得中国高校校报好新闻版面类奖项。

【全国森林公安执法资格等级考试培训座谈会】12月7日，全国森林公安执法资格等级考试2017年第二次考试培训会议在学院召开。国家林业局森林公安局局长王海忠检查指导考试组织工作，与考务工作者座谈。学院校长张高文、常务副校长张治平、副校长叶卫、国家林业局森林公安局治安处副处长朱晓玉出席培训会议。

【合唱团成立十周年专场音乐会】12月20日，学院第七届校文化艺术节闭幕式暨合唱团成立十周年专场音乐会在警体馆举行。

【干部及师资队伍建设】成立教师教学发展中心，加强"导师制"建设；完成第二轮全员聘任工作；接收高校毕业生10人；选派干部到各级党校参加培训18人次，派出干部挂职2人；全年共有13人参加业务实践和进修；根据"双千计划"的安排，选派13名教学科研骨干赴公安机关挂职，接收15名来自公安机关的业务骨干担任兼职教官。

【社会服务工作】截至11月，已完成36期共3339人次各类培训计划。为各地公安机关完成司法鉴定2500余起；森林公安研究室年平均在线回复执法疑难问题2000余个。

【招生就业工作】2017年录取新生1348人，录取率为95.6%，报到1348人，报到率为100%。2017年毕业生1458人，截至11月底，就业率为93.76%，入警率为91.02%。　　　　（南京森林警察学院由刘佩佩供稿）

林业对外开放

16

林业重要外事活动

【CITES秘书长访华】 3月29日,国家林业局副局长刘东生在北京会见了来访的CITES秘书长约翰·斯甘伦一行。刘东生感谢斯甘伦给予中国CITES履约工作的关注和支持,向其通报了履约工作的最新进展,包括完善野生动植物保护管理和履约法规体系、加强栖息地保护建设、加强濒危物种贸易监管和执法、在象牙贸易管制方面采取重要措施、加强对亚洲和非洲欠发达国家的培训及援助等。刘东生表示,中方将继续为全球野生动植物保护做出应有贡献,并发挥积极作用,希望秘书处多方筹集资源,对欠发达国家履行CITES提供更多支持。斯甘伦回顾了其担任秘书长以来与中方富有成效的合作,高度评价中国在全球野生动植物保护方面发挥的领导作用,感谢中国为CITES第17届缔约方会议的成功举办做出的重要贡献及对秘书处的支持。 （廖菁）

【缅甸自然资源和环境保护部部长率团访华】 1月18~23日,应国家林业局邀请,缅甸自然资源和环境保护部部长吴翁温率代表团来华访问。国家林业局局长张建龙在北京会见了吴翁温一行。双方就推动中缅林业合作协议签署、加强林业投资和林产品贸易、森林可持续经营、森林防火、竹藤产业发展、教育科研等合作问题交换了意见,同意继续深化交流,推动合作。会后,国际竹藤组织联合董事会主席、国际竹藤中心主任江泽慧以及亚太森林组织主席赵树丛分别会见了吴翁温一行。在华期间,代表团赴福建、上海考察了木材加工企业。 （徐欣）

【美国鱼和野生动物管理局副局长率团访华】 1月2~7日,应国家林业局邀请,美国鱼和野生动物管理局副局长詹姆斯·库尔思率代表团来华访问。国家林业局副局长彭有冬在北京会见了库尔思一行。双方交流回顾了《中美自然保护议定书》附件12交流项目的执行情况,并探讨了附件13合作意向和优先领域。在华期间,代表团赴广西考察了崇左、弄岗自然保护区。 （王骅）

【美国林务局副局长率团访华】 6月11~17日,应国家林业局邀请,美国林务局副局长卡洛斯·弗兰克率代表团来华访问。国家林业局副局长彭有冬在北京会见了弗兰克一行。在华期间,代表团参加了中美林业工作组第七次会议和中美森林健康经营合作研讨培训会,并考察了北京八达岭林场、西山林场以及吉林汪清示范林。 （余跃）

【国家林业局接待非洲、南亚和东南亚新闻媒体记者】 2017年5月和9月,国家林业局接待了来自非洲、南亚和东南亚的60余名新闻媒体记者到国家林业局开展专题采访活动,了解中国野生动植物保护和履行《濒危野生动植物种国际贸易公约》（CITES公约）等方面的工作和取得的成果,以及中国与非洲、南亚和东南亚国家在上述领域的合作交流情况。国家林业局保护司、宣传办、濒管办和中国野生动物保护协会分别介绍了中国在野生动物保护立法和执法、履行CITES公约和开展野生动物保护公共宣传教育等方面采取的措施及取得的成效,并回答了记者的提问。 （廖菁）

林业对外交流与合作

【与芬兰签署关于共同推进大熊猫保护合作的谅解备忘录】 4月5日,在习近平主席和芬兰总统尼尼斯托的见证下,外交部部长王毅代表国家林业局与芬兰农业和林业部部长凯莫·蒂卡宁在芬兰赫尔辛基签署了《关于共同推进大熊猫保护合作的谅解备忘录》。同日,中国野生动物保护协会与芬兰艾赫泰里动物园在赫尔辛基签署了《关于开展大熊猫保护研究合作的协议》。根据协议,来自中国大熊猫保护研究中心的一对健康的圈养大熊猫（一雄一雌）将赴芬兰,用于双方在艾赫泰里动物园实施为期15年的大熊猫保护科研和科普教育等方面的合作。 （王骅）

【与缅甸签署关于林业合作的谅解备忘录】 4月10日,在习近平主席和缅甸总统吴廷觉见证下,国家林业局局长张建龙和缅甸驻华大使帝林翁在北京签署了《中华人民共和国国家林业局与缅甸联邦共和国自然资源和环境保护部关于林业合作的谅解备忘录》。根据协议,双方将在森林可持续经营、森林防火、对缅林业投资、开展竹藤资源可持续经营和加工利用科研等方面开展合作。 （徐欣）

【与丹麦签署关于共同推进大熊猫保护合作的谅解备忘录】 5月3日,在习近平主席和丹麦首相拉斯穆森的见证下,国家林业局副局长张永利和丹麦环境和食品大臣埃斯本·伦德·拉尔森在北京签署了《关于共同推进大熊猫保护合作的谅解备忘录》。同日,中国动物园协会与丹麦哥本哈根动物园签署了《关于开展大熊猫保护研究合作的协议》。根据协议,来自成都大熊猫繁育研究基地的一对健康的圈养大熊猫"和兴"和"毛二"将赴丹麦,用于双方在哥本哈根动物园实施为期15年的大熊猫保护科学研究和科普教育合作。 （王骅）

【与德国柏林市签署关于共同推进大熊猫保护合作的谅

解备忘录】 7月5日，在习近平主席和德国总理默克尔的见证下，国家林业局局长张建龙和德国柏林市市长米夏埃尔·米勒在德国柏林签署了《中华人民共和国国家林业局与德意志联邦共和国柏林市关于共同推进大熊猫保护合作的谅解忘录》。根据协议，双方将推动中德大熊猫保护研究合作项目按照项目协议顺利实施，并促进两国在包括大熊猫在内的野生动植物保护领域的交流与合作。
（王骅）

【德国柏林动物园大熊猫馆开馆仪式】 于7月5日在柏林举行。习近平主席和德国总理默克尔出席并致辞。习近平表示，"在建交45周年之际重启中德大熊猫保护研究合作，无疑具有十分重要的意义。国之交在于民相亲。希望'梦梦''娇庆'能够拉近中德两国距离，成为承载两国人民友好情谊的新使者"。在习近平和默克尔的共同见证下，国家林业局局长张建龙向柏林动物园园长克尼尔姆移交了大熊猫"梦梦""娇庆"的档案，标志着中德大熊猫保护研究合作项目的正式启动。开馆仪式后，来自中国四川成都的一对大熊猫"梦梦""娇庆"正式与德国民众见面。
（王骅）

【中国－印度尼西亚大熊猫保护合作研究启动仪式】 于11月26日在茂物举行。国务院副总理刘延东出席仪式并致辞。在刘延东见证下，国家林业局副局长李春良向印尼环境与林业部总司长维兰托移交了大熊猫"湖春""彩淘"的个体管理档案，标志着中国和印尼大熊猫保护研究合作项目正式启动。
（余跃）

【与埃塞俄比亚签署关于林业合作的谅解备忘录】 4月19日，国家林业局局长张建龙和埃塞俄比亚环境、林业与气候变化部部长葛梅多·戴勒在埃塞俄比亚首都亚的斯亚贝巴签署了《中华人民共和国国家林业局与埃塞俄比亚联邦民主共和国环境、森林与气候变化部关于林业合作的谅解备忘录》。根据协议，双方将在林业应对气候变化、生物质能源、森林资源调查、竹子经营和利用等方面加强合作。
（余跃）

【与埃及签署关于林业合作的谅解备忘录】 4月20日，国家林业局局长张建龙和埃及农业和农垦部部长阿布戴尔·莫内姆·艾尔班纳在埃及开罗签署了《中华人民共和国国家林业局与阿拉伯埃及共和国农业和农垦部关于林业合作的谅解备忘录》。根据协议，双方将在荒漠化防治，特别是积极推动技术示范合作项目，促进双方荒漠化防治技术推广和应用，生物多样性保护，植树造林技术，林业科研等领域开展合作。
（余跃）

【与以色列签署关于自然保护合作的谅解备忘录】 4月26日，国家林业局局长张建龙和以色列自然保护和国家公园管理局局长沙乌勒·戈德斯坦在以色列耶路撒冷签署了《中华人民共和国国家林业局和以色列自然保护和国家公园管理局关于自然保护合作的谅解备忘录》。根据协议，双方将在国家公园与自然保护区管理、野生动植物保护与研究、湿地保护、森林防火等领域加强合作。
（徐欣）

【与斯里兰卡签署关于自然资源保护合作的谅解备忘录】 6月16日，国家林业局局长张建龙和斯里兰卡可持续发展与野生动植物部部长加米尼·佩雷拉在北京签署了《中华人民共和国国家林业局和斯里兰卡可持续发展与野生动植物部关于自然资源保护合作的谅解备忘录》。根据协议，双方在自然资源保护、野生动植物保护、人力资源开发与培训、林业机械设备等领域加强合作。
（徐欣）

【"国际森林日"植树活动】 2017年3月，国家林业局举办了以"大力植树造林，促进绿色发展"为主题的"国际森林日"植树活动。全国绿化委员会副主任、亚太森林组织董事会主席赵树丛，国家林业局副局长刘东生和北京市领导出席活动。联合国粮农组织驻中国代表马文森，以及巴基斯坦、阿尔及利亚、捷克等外国驻华使领馆和国际组织代表等近20位外交官员应邀出席活动。该活动的举办向国际社会展现了中国积极响应联合国每年庆祝"国际森林日"的号召和高度重视植树造林的姿态。
（廖菁）

【赴纳米比亚、津巴布韦开展濒危物种保护和履约管理宣讲】 应纳米比亚环境与旅游部、津巴布韦环境、水及气候变化部邀请，国家林业局副局长张永利率团访问纳米比亚、津巴布韦，分别于6月9日在纳米比亚与中国驻纳米比亚大使馆、纳米比亚环境与旅游部，于6月11日在津巴布韦与中国驻津巴布韦大使馆、津巴布韦环境、水及气候变化部共同举办了濒危物种保护和履约管理宣讲会，中国驻纳米比亚使馆代办李南、驻津巴布韦大使黄屏、纳米比亚环境与旅游部副部长南巴胡、津巴布韦环境、水及气候部部长代表以及在纳米比亚、津巴布韦中资企业商会和华人华侨代表、媒体记者等近百人出席活动。
（毛锋）

【与老挝签署关于林业合作的谅解备忘录】 3月22日，国家林业局副局长彭有冬和老挝农林部副部长统帕·冯玛尼在老挝万象签署了《中华人民共和国国家林业局与老挝人民民主共和国农林部关于林业合作的谅解备忘录》。根据协议，双方将在森林可持续经营、社区林业、森林防火、野生动植物保护、森林执法、林业产业、林地确权等领域开展合作。
（余跃）

【中斯（洛文尼亚）林业工作组第一次会议】 于7月26日在北京举行。国家林业局副局长彭有冬和斯洛文尼亚农业、林业和食品部国务秘书马尔坚·波德哥斯克共同主持了会议。双方就林业政策、林业产业贸易发展、林业科研合作等交换了意见，同意在重点合作领域持续保持沟通，并共同努力推进中国－中东欧林业合作协调机制的发展。
（吴青）

【荷兰欧维汉动物园大熊猫馆开馆仪式】 于5月30日在荷兰雷纳举行。国家林业局总经济师张鸿文，荷兰前首相鲍肯内德、农业大臣马丁·范达姆，中国驻荷兰大使吴恳等出席活动。张鸿文在致辞中介绍了中国大熊猫保护事业取得的显著成效。开馆仪式后，来自中国四川卧龙的一对大熊猫"武雯""星雅"正式与荷兰民众见面。

（王 骅）

【中欧森林执法与行政管理双边协调机制（BCM）第八次会议】 于2月14日在比利时布鲁塞尔召开。中国国家林业局、欧盟委员会环境总司分别派代表团出席了会议。中国商务部、海关总署、驻欧盟使团以及企业代表，欧盟成员国法国、德国、马耳他、荷兰、斯洛伐克、斯洛文尼亚和英国政府部门代表参加。会议就木材合法性、林产品贸易政策、木材监督管理、FLEGT行动计划、私营部门参与等议题进行了交流，并审议通过了2017年BCM工作计划。

（王 骅）

【中国-中东欧国家林业合作协调机制联络小组第一次会议】 于2月16日在斯洛文尼亚卢布尔雅那召开。中国和中东欧国家林业主管部门代表作为"16+1"林业合作协调机制联络员参加了会议。会议审议通过了《执行协调机构和联络小组议事规则》和《2017/2018年度活动计划》。

（王 骅）

【中韩野生动植物和生态系统保护工作组第二次会议】 于5月15日在韩国首尔召开。中国国家林业局和韩国环境部分别派代表团参加会议。会议就濒危物种保护、自然保护区和国家公园、禽流感监测防治等议题开展了讨论，同意在相关领域加强信息沟通和人员交流，通过人员互访、培训和信息共享等形式加深合作。

（吴 青）

【中日野生动植物和生态系统保护工作组第一次会议】 于5月18日在日本东京召开。中国国家林业局和日本环境省分别派代表团参加了会议。会议就濒危物种（朱鹮）保护、候鸟和湿地保护、高致病性禽流感防控、自然保护区和国家公园、濒危物种进出口贸易等议题进行了讨论，同意开展信息沟通和人员交流，相互支持举办有关国际会议并交换了重点问题的联络信息。

（吴 青）

【中美林业工作组第七次会议】 于6月16日在北京召开。中国国家林业局和美国林务局分别派代表团参加了会议。双方回顾了2014年第六次工作组会议后所取得的合作进展，并就生物防治研究、气候变化、森林健康、打击非法采伐、林产品研究、研究站结对等议题讨论了新合作建议。

（余 跃）

【第十八次中日民间绿化合作委员会会议】 于6月26日在日本东京召开。中国国家林业局和日本外务省分别派代表团参加了会议。会议审议了上一年度的合作绩效，讨论确定了新年度的实施方针和重点领域，并就基金可持续发展问题交换了意见。

（吴 青）

【第四次中日韩林业司局长会晤】 于7月17日在中国青海西宁召开。中国国家林业局、韩国山林厅和日本林野厅分别派代表团参加了会议。会议就促进合法木材贸易、森林多功能利用、干旱地区植被恢复、林业应对气候变化、木建筑推广等议题交换了意见。三方确认将支持三方各自举办的相关国际会议并召开中日韩森林多功能利用、水土保持研讨会。会后，三方就木材合法性验证、中日韩林业词典召开了专家边会。

（吴 青）

【中奥林业工作组第三次会议】 于9月15日在奥地利奥西阿赫召开。中国国家林业局和奥地利农林环境与水利部分别派代表团出席了会议。双方交流了两国在林业政策、森林经营、自然灾害防控、林业教育培训、林业机械、安全生产等领域的发展现状和合作潜力，同意继续加强高层互访和政策交流。

（王 骅）

【中德林业工作组第三次会议】 于9月18日在德国柏林召开。中国国家林业局和德国食品和农业部分别派代表团出席了会议。会议围绕林业政策发展、森林经营、林业生物质能源利用、林业机械、林业科技合作等双方共同感兴趣的议题，回顾了以往合作成果和进展，探讨了未来合作前景和建议。会议着重研究了中德林业政策对话的发展方向和形式，决定围绕中国森林质量精准提升工程，启动实施中德林业政策对话项目，推动两国林业政策交流与对话，并同意选取山西作为双边合作试点区，开展多功能和可持续森林经营合作。

（王 骅）

【中国-中东欧国家林业科研教育研讨会】 10月30~31日在北京举行。中国国家林业局副局长刘东生、斯洛文尼亚农林食品部林业局局长兼中国-中东欧国家林业合作执行协调机构执行主任亚内兹·查弗兰、波兰环境部副部长安德烈·安东尼·柯尼兹尼等出席了会议。来自17个国家的政府部门、林业科研院所、林业高校、企业等近180位代表，就森林培育、森林生态、环境与保护、森林监测与评估、林业生物经济和林业教育与培训5个议题交流了科研成果及进展。会后，中东欧国家代表参观了第十届义乌森林产品博览会，与当地企业代表开展了现场交流。

（吴 青）

【"走近中国林业"系列活动】 国家林业局自2017年起组织"走近中国林业"系列活动。2017年的主题为"中国防治荒漠化成就"。来自缅甸、坦桑尼亚、澳大利亚、世界粮食署和荒漠化公约亚洲区域办事处等国家和国际组织的18名外宾于6月18~23日前往甘肃省河西走廊考察中国防沙治沙工作，并在敦煌与参加活动的外宾就此行的体会与建议进行座谈。该项活动让外交官深入中国林业建设前沿，亲身感受林业发展成就，对推进绿色丝绸之路建设、推动"一带一路"林业合作起到积极促进作用。

（廖 菁）

重要国际会议

【**竹藤绿色发展与南南合作部长级高峰论坛**】 11月6日，国际竹藤组织成立20周年志庆暨竹藤绿色发展与南南合作部长级高峰论坛在北京举行。中国国家主席习近平向国际竹藤组织致贺信，肯定国际竹藤组织成立20年来，为加快全球竹藤资源开发、促进竹藤产区脱贫减困、繁荣竹藤产品贸易、推动可持续发展发挥的积极作用。

在论坛开幕式上，埃塞俄比亚总统穆拉图·特肖梅、联合国副秘书长刘振民发来视频致辞，联合国粮农组织总干事若泽·格拉齐亚诺·达席尔瓦发来书面致辞，祝贺国际竹藤组织成立20周年。

国家林业局局长张建龙在开幕式上强调，中国政府始终高度重视生态文明建设和林业改革发展。竹藤是非常重要的战略资源，在改善生态环境、发展绿色经济、促进就业增收、传播生态文明理念等方面发挥着重要作用，希望各成员国以国际竹藤组织为平台，加强竹藤资源保育，深化竹藤领域合作，提升竹藤产业发展水平，让竹藤资源更好地造福人类。

来自30多个国家的部长、驻华大使和外交使节参加上述活动。中国外交部常务副部长李保东、全国政协环资委主任贾治邦、国家林业局副局长张永利、彭有冬、李树铭、亚太森林组织董事会主席赵树丛、国家林业局原局长王志宝、中科院院士李文华等出席论坛开幕式。

（肖望新）

【**刘东生出席"一带一路"竹藤发展愿景对话会**】 5月15日，"一带一路"竹藤发展愿景对话活动在北京举行。国家林业局副局长刘东生应邀出席并致辞。该活动由国际竹藤组织和联合国环境署世界保护监测中心共同举办，在推动中国与"一带一路"沿线国家加强合作，分享竹藤领域的政策、科技和文化成果，具有重要意义。国际竹藤组织成员国驻华使节和中国外交部、商务部、科技部、国家林业局等代表出席。联合国秘书长南南合作特使切迪克、全国政协人口资源环境委员会副主任、国际竹藤组织董事会联合主席江泽慧等出席活动。

（肖望新）

【**彭有冬出席第71届联合国大会会议**】 4月27日，第71届联合国大会会议在纽约联合国总部举行。国家林业局副局长彭有冬应邀出席了大会。会议全票通过了《联合国森林战略规划（2017～2030年）》。彭有冬指出，该《战略规划》是继《联合国森林文书》后联合国大会通过的又一个具有里程碑意义的林业决议。彭有冬介绍了中国生态文明建设理念和林业建设取得的成就，指出《战略规划》肩负着推动全球森林可持续发展的重大历史责任和光荣使命，建议国际社会进一步强化全球森林资金机制，为发展中国家履行《战略规划》提供新的、额外的资金支持；各国根据国情、林情尽早提出并公布国家自主贡献举措，为实现全球森林目标采取实质行动；联合国涉林机构、公约和其他国际组织加强协作，达到协同增效的目的。

（肖望新）

【**彭有冬出席第四届APEC林业部长级会议**】 10月30日至11月1日，第四届亚太经合组织（APEC）林业部长级会议在韩国首尔举行。国家林业局副局长彭有冬应邀出席。来自APEC经济体负责林业事务的部长、高级官员和林业国际组织的代表约100人出席会议。韩国总理李洛渊出席会议开幕式并致辞。联合国粮农组织、国际热带木材组织、联合国森林论坛负责人介绍了国际林业最新进展。

该届会议主要议题包括APEC悉尼林业目标进展、打击木材非法采伐和相关贸易、APEC林业未来合作等。会议通过了《首尔声明》。该声明进一步重申APEC各经济体将进一步加强合作，推动实现悉尼林业目标，打击木材非法采伐和相关贸易，推动合法林产品贸易，加强林业高层政策对话，推进亚太地区的森林可持续经营，充分发挥林业推动APEC可持续经济增长和应对气候变化中的作用。

彭有冬在会议期间发言指出，希望各经济体携手合作，在悉尼林业目标中期评估基础上，共同开展悉尼林业目标终期评估，进一步认清本区域森林恢复面临的机遇和挑战，总结提炼森林恢复和可持续管理经验及最佳实践，对加强APEC未来林业合作提出政策建议，为实现本区域2030年可持续议程中的林业目标及应对气候变化做出新贡献。

会议期间还举办了森林创造就业和生态旅游及森林福祉两个专题部长会议，强调森林在创造就业、增加林区收入和增加森林福祉方面的重要作用。彭有冬应邀担任了"生态旅游和森林福祉"专题的专家组成员，介绍了中国开展森林旅游、森林康养和提高森林福祉等方面开展的工作和成效。

会前，韩国总理李洛渊会见了出席会议的部长级官员和林业部门负责人。

（肖望新）

【**李春良出席全球雪豹峰会**】 8月24～25日，全球雪豹峰会在吉尔吉斯斯坦首都比什凯克举行。国家林业局副局长李春良应邀出席。来自全球12个雪豹分布国和相关国际组织代表参加了会议。会议主要回顾了12个雪豹分布国于2013年10月共同发布雪豹保护《比什凯克宣言》以及《全球雪豹及其生态系统保护计划》后，全球雪豹23块核心栖息地状况和各国制定和实施雪豹保护管理计划的进展情况，分析了实施中存在的障碍和机遇，探讨了如何筹措更多资金，以及进一步推进相关能力建设和打击跨境雪豹非法贸易行动。

（廖菁）

【**张鸿文出席大森林论坛**】 10月16～20日，大森林论坛2017年年会在加拿大温哥华召开。国家林业局总经济师张鸿文率中国林业代表团与会。会议讨论了土著与社区林业、林业产权制度、生物经济、气候变化、公共林业机构建设和大森林论坛机制下一步走向等议题。

会上，张鸿文介绍了近年来中国生态文明建设、集体林权制度改革、林下经济、森林旅游、林业生态扶贫、林业生物经济等有关方面的情况，分享了中国推动林业绿色发展的经验和做法。代表团还就大森林论坛的资金机制和下一步行动问题发表了意见。会议期间，张鸿文还与加拿大自然资源部林务局助理副部长格林·梅森会谈。

（肖望新）

【马广仁出席联合国森林论坛（UNFF）第12届会议】 5月1~5日，联合国森林论坛（UNFF）第12届会议在美国纽约联合国总部举行。会议重点讨论了落实《联合国森林战略规划（2017~2030年）》，建立监测、评估及报告机制，加强涉林国际机构间的协同增效。国家林业局森林防火专职副总指挥马广仁率团出席了会议，并在会议开幕式上发言，宣布2017年中国将向UNFF信托基金捐款35万美元，继续支持论坛相关工作。

此外，中国作为蒙特利尔进程轮值主席国，代表蒙特利尔进程12个成员国发布了蒙特利尔进程《延吉宣言》，得到了其他成员国的积极响应。成员国表示将继续共同致力于推动温带及北方乃至全球的森林可持续经营工作，并承诺未来将积极推动全球森林保护与森林可持续经营。

（肖望新）

【中国-东盟林业合作】 7月25~29日，应东盟秘书处邀请，国家林业局国际司和东盟林业合作研究中心应邀赴马来西亚出席了第20届东盟林业高官会，并向各东盟国家介绍了中国-东盟林业合作行动计划（2017~2020）有关内容，旨在落实2016年中国-东盟林业合作论坛达成的《南宁倡议》，务实推动中国与东盟国家的林业合作。

国家林业局国际司积极利用区域合作基金推动中国-东盟林业合作，组织申报的第一批澜湄合作基金项目也获批准。国家林业局东盟林业合作研究中心、国家林业局林业管理干部学院和西南林业大学将在2018年与澜湄国家在油茶良种选育、社区林业扶贫和木材贸易发展培训等方面开展合作。

（廖 菁）

【APEC打击非法采伐及相关贸易专家组第十一次会议】 于2月18~21日在越南芽庄召开。国家林业局派员参会。会议审议了专家组2017年工作计划，其中包括制定2018~2022年战略规划，中方是战略规划核心组成员。会议讨论如何推进木材合法性指南模板的上报工作，交流了在打击非法采伐及相关贸易方面的最新进展，分享了有关国际/区域组织在打击非法采伐及相关贸易方面的经验，审议了有关经济体提出的能力建设项目。中国代表团积极参加会议各项议题讨论，积极宣传中国开展打击木材非法采伐、推动公平贸易以及推动森林可持续经营与利用方面的立场和努力，积极支持韩国承办第四届APEC林业部长级会议。

【APEC打击非法采伐及相关贸易专家组第十二次会议】 于8月18~22日在越南胡志明市召开。会议审议了专家组2018~2022年工作战略，讨论了如何推进木材合法性指南模板的上报工作，交流了各经济体打击非法采伐及相关贸易方面的最新进展和相关经验，介绍了第四届APEC林业部长级会议的筹备情况。会前还召开了"鉴别非法木材和木制品海关最佳实践研讨会"。代表团团结发展中经济体，积极参加议题发言与讨论，维护中国合法木材贸易权益，促进贸易便利化，推进建立区域内木材合法性互认机制，预防和打击非法采伐及相关贸易，促进森林资源可持续经营为重点，支持秘鲁将"预防"放在与打击非法采伐同样重要的位置，推动悉尼林业目标列入专家组战略计划。

（肖望新）

【联合国粮农组织（FAO）亚太林委会第27届会议】 于2017年10月23~27日在斯里兰卡科伦坡召开，由国家林业局造林司、资源司、经研中心和中国林科院组成的中国林业代表团出席会议。该届会议主题是"新格局中的林业"。会议主题的确立与当前全球林业所面临的形势直接相关。与会代表们普遍认为，当前深刻影响林业的多种因素正在出现。在这些因素影响下，林业必将发生深刻变革，既面临着新的挑战，又迎来了新的机遇。与会代表围绕区域林业与景观恢复战略、森林与气候变化、森林资源评估、城市林业等议题进行了讨论。

（肖望新）

【国际热带木材组织（ITTO）第53届理事会会议】 应国际热带木材组织（ITTO）邀请，由国家林业局与商务部组成的中国政府代表团，赴秘鲁利马出席了ITTO第53届理事会。会议讨论了ITTO 2018~2019年成员国投票权分配、执行主任工作报告、执行主任轮流任职问题特设工作组报告、相关合作项目进展等议题。中国代表当选该次理事会副主席。

（肖望新）

【《联合国气候变化公约》及《巴黎协定》下林业相关议题谈判】 国家林业局国际司派员参加了5月8~18日在德国波恩召开的《巴黎协定》特设工作组第1次会议第3次续会、《联合国气候变化框架公约》（以下简称《公约》）附属科技机构（SBSTA）和附属执行机构（SBI）第46次会议，以及11月3~17日召开的《公约》缔约方大会。一是参加了《巴黎协定》特设工作组的相关谈判，主要是国家自主贡献特征和内容指南、透明度的模式、程序、指南和全球盘点谈判。二是参加了《公约》附属科技机构"土地利用、土地利用变化和林业"核算规则的谈判。此外，代表团还参加了中国角边会活动等。

（廖 菁）

林业民间国际合作与交流

【综　述】　2017年，林业民间国际合作与交流以服务生态文明建设、服务林业发展和国家外交大局为主体，以建设"绿色一带一路"为重点，取得了显著成效。参与举办"《联合国荒漠化公约》第13次缔约方大会"等重大外事任务，深化了中外林业高层往来和友好关系，提升了中国林业的国际影响力。深度参与《联合国森林战略规划（2017～2030年）》制订及通过全过程，国家林业局领导应邀出席第71届联大会议并发言支持规划通过；圆满完成出席联合国森林论坛第十二届会议任务，为全球森林治理贡献了中国智慧。依法建立健全涉林境外非政府组织合作与交流监管体系，协助世界自然基金会等7个境外非政府组织在北京市办理登记注册并担任其在华业务主管单位。全年共落实境外非政府组织合作项目及中日民间绿化合作项目280多个，累计资金近1亿元人民币。推动中日民间绿化交流合作可持续发展，促成日方以"中日民间绿化合作"的名义增加注资90亿日元（当年约计人民币5.27亿元），组织实施"小渊基金渠道"和"科技部樱花计划渠道"林业青年访日团，受到广泛赞誉。积极落实"一带一路"倡议，加强"一带一路"绿色人文及绿色产业交流，协调管理林业援外人力资源开发项目27个，培训对象重点向"一带一路"沿线国家倾斜，启动了商务部渠道学历教育援外项目；促进林业系统有关单位与瑞典、俄罗斯、澳大利亚、埃塞俄比亚、印度尼西亚、斯里兰卡等"一带一路"沿线国家开展绿色产业合作交流，支持成立"中俄木业联盟"，推进中国瑞典"林业合作组织"专题交流，组织中国林业大学生赴俄罗斯进行生态文化交流。　　（汪国中）

【参与《联合国森林战略规划》制订】　2017年第71届联合国大会审议通过了《联合国森林战略规划（2017～2030年）》，肯定了森林在落实《2030年可持续发展议程》、气候变化《巴黎协定》等国际进程中的重要作用，彰显了国际社会对林业发展的高度重视，为全球森林可持续发展提供了新的历史机遇。中方深度参与《战略规划》谈判，积极推动有关进程，并将中国林业发展理念和重点工作充分纳入其中。国家林业局副局长彭有冬应邀出席联大会议并发言。　　（毛　琪）

【参与全球森林治理体系构建】　一是圆满完成出席联合国森林论坛第十二届会议任务。2017年5月，国家林业局森林防火专职副总指挥马广仁率团赴美国出席会议，会议讨论了落实《战略规划》，建立监测、评估及报告机制，加强涉林国际机构间的协同增效等重要议题。国家林业局对外合作项目中心常务副主任吴志民当选会议主席团副主席，直接参与了会议规则制定和议程设置，并主持了部分核心议题讨论。二是积极推动在华设立联合国"全球森林资金网络"。三是2017年2月、7月、11月，国家林业局对外合作项目中心派员分别赴巴西、肯尼亚参加了联合国森林论坛专家会，讨论了执行《战略规划》和《联合国森林文书》国家进展报告的周期和模板，国家行动计划的制订，以及建立监测、评估和报告机制。四是经国家林业局公开选拔和联合国面试，推送中国林科院郎燕赴联合国森林论坛秘书处工作。　　（毛　琪）

【履行《联合国森林文书》示范单位建设】　2017年10月24～25日，履行《联合国森林文书》示范单位建设工作会议在浙江杭州召开，会议重点讨论了履行《联合国森林文书》示范单位建设的方案、总体思路和工作重点，交流了示范单位建设经验。国家林业局副局长彭有冬出席会议并讲话。国家林业局、相关省（区、市）林业厅（局）和示范单位的近百位代表出席了会议。
　　（蒋英文）

【国家林业局与湿地国际（WI）2017年合作年会】　于2017年4月14日在北京召开。国家林业局对外合作项目中心、湿地保护管理中心、黑龙江、河北等有关林业厅及湿地国际中国办事处的代表参加了会议。与会双方回顾了上一年度项目的执行情况，拟定了2017/2018年度合作项目计划，并形成了《国家林业局与湿地国际2017/2018年度合作备忘录》（草案）。根据《备忘录》，双方将在湿地保护、人员培训、合理利用等领域开展项目合作。　　（郑思贤）

【国家林业局与保护国际基金会（CI）2017年合作年会】　于2017年6月11日在北京召开。国家林业局造林司、保护司、对外合作项目中心，广东、重庆、四川、云南等有关林业厅（局）及保护国际基金会（CI）北京代表处的代表参加了会议。与会双方回顾了上一年度项目的执行情况，拟定了2017/2018年度合作项目计划，并形成了《国家林业局与保护国际基金会2017/2018年度合作备忘录》（草案）。根据《备忘录》，双方将在淡水资源保护、林业应对气候变化、保护地项目、生物多样性保护等领域开展项目合作。　　（郑思贤）

【国家林业局与世界自然基金会（WWF）2017年合作年会】　于6月29～30日在北京召开。国家林业局相关司局、直属单位以及相关省区林业厅（局）的代表及世界自然基金会各主要项目负责人参加了会议。双方在总结上一年度合作成果的基础上，对2017/2018年度的合作项目进行了磋商，并达成共识，形成了《国家林业局与世界自然基金会2017/2018年度合作备忘录》。根据《备忘录》，2017/2018年度，国家林业局将与世界自然基金会在湿地保护与管理、濒危野生动物保护、森林可持续经营等领域开展合作项目。　　（荣林云）

【国家林业局与野生生物保护学会（WCS）2017年合作年

会】 于 8 月 3 日在北京召开。国家林业局相关司局、直属单位以及相关省区林业厅（局）的代表及野生生物保护学会各主要项目负责人参加了会议。双方在总结上一年度合作成果的基础上，对 2017/2018 年度的合作项目进行了讨论，并达成共识，形成了《国家林业局与野生生物保护学会 2017/2018 年度合作备忘录》。根据《备忘录》，2017/2018 年度，国家林业局将与野生生物保护学会在野生东北虎豹及其栖息地保护、青藏高原野生动物及其栖息地保护、打击野生动物非法贸易控制管理等领域开展合作项目。 （荣林云）

【国家林业局与大自然保护协会（TNC）2017 年合作年会】 于 10 月 20 日在北京召开。国家林业局保护司、计财司、对外合作项目中心、湿地保护管理中心等相关司局单位和北京、内蒙古、云南、四川等有关省（区、市）林业厅（局）代表，以及大自然保护协会（美国）北京代表处的代表参加了会议。双方回顾了上一年度项目的执行情况，拟定了 2017/2018 年度合作项目计划，并形成了《国家林业局与大自然保护协会 2017/2018 年度合作备忘录》（草案）。根据《备忘录》，双方将在保护区建设、湿地保护、气候变化等领域开展项目合作。 （郑思贤）

【国家林业局与国际鹤类基金会（ICF）2017 年合作年会】 于 10 月 20 日在北京召开。国家林业局保护司、对外合作项目中心、湿地保护管理中心等相关司局单位和内蒙古、云南、四川等有关省（区）林业厅代表，以及国际鹤类基金会（美国）北京代表处的代表参加了会议。双方回顾了近年来项目的执行情况，拟定了 2017/2018 年度合作项目计划，并形成了《国家林业局与国际鹤类基金会 2017/2018 年度合作备忘录》（草案）。根据《备忘录》，双方将在鹤类及其栖息地保护等领域开展项目合作。 （郑思贤）

【国家林业局与世界自然保护联盟（IUCN）2017 年合作年会】 于 11 月 7 日在北京举行。国家林业局有关司局、直属单位、相关省（区）林业厅以及世界自然保护联盟驻华代表处的代表参加了会议。会议回顾了上一年度合作项目执行情况，商定了 2017/2018 年度合作项目，形成了《国家林业局与世界自然保护联盟 2017/2018 年度合作备忘录》。根据《备忘录》内容，2017/2018 年度，双方将在森林景观恢复、森林可持续经营、国家公园体制建设、国际林业热点研究等领域开展合作项目。 （荣林云）

【国家林业局涉林境外非政府组织管理座谈会】 于 2017 年 11 月 20 ~ 21 日在云南召开，来自 28 个省（区、市）林业厅（局）国际合作部门的负责人、北京市公安局境外非政府组织管理办公室负责人及相关研究机构人员 50 人出席了会议。会议对涉林境外非政府组织在境内发展历程、现状、现阶段监管体系及下一步工作方向进行了讲解和分析，交流了有关省份涉林境外非政府组织监管经验，并对《担任业务主管单位备忘录要点》《应急预案》及《联络员机制》等文件进行了讨论，对健全和完善监管机制起到了重要的推动作用。 （荣林云）

【国家林业局与境外非政府组织 2017 年度合作管理座谈会暨联谊会】 于 12 月 8 日在北京举行，来自国家林业局 22 个司局单位、北京市公安局及 18 个在华涉林境外非政府组织的代表共计 60 余人参加了该次会议。国家林业局副局长彭有冬出席联谊会并致辞，高度评价了国家林业局与涉林境外非政府组织的合作，并对未来的合作提出了建议。大自然保护协会主席特瑟克先生及国际鹤类基金会贝尔法斯先生代表境外非政府组织致辞。 （荣林云）

【国家林业局担任 7 家境外非政府组织在华业务主管单位】 截止到 2017 年 12 月 31 日，国家林业局先后担任世界自然基金会、保护国际基金会、大自然保护协会、野生生物保护学会、国际鹤类基金会、野生救援、自然资源保护协会 7 家境外非政府组织在华业务主管单位并协助其在华代表机构办理注册登记，对外合作项目中心作为窗口单位，代为履行业务主管单位监督和指导职责。 （荣林云）

【中日民间绿化合作 2017 年工作年会】 于 1 月 16 ~ 20 日在日本东京举行。国家林业局对外合作项目中心副主任刘立军与日本日中绿化交流基金事务局局长梶谷辰哉共同主持了工作年会。会议期间，双方就中日民间绿化合作委员会第十八次会议议题交换了意见，并就项目年度检查、森林档案编制等情况进行了沟通。年会就推动项目可持续发展，进一步深化中日民间绿化合作达成共识。 （徐映雪）

【中国林业青年代表团赴日开展林业治山访问交流】 应日本科学技术振兴机构（JST）的邀请，2 月 12 ~ 19 日，国家林业局相关司局和直属单位的 16 名青年干部赴日本开展青年访问交流活动，主题是林业治山。该次派送青年干部赴日访问交流，旨在了解日本林业治山的基本政策、理念和技术模式，拓展中国林业青年的国际视野。在日期间，访问团拜访了日本治山治水协会、森林科技企业和朝日航洋株式会社等企业，并赴群马县桐生市等实地调研了日本林业治山工程。 （徐映雪）

【中日绿化合作林业青年代表团赴日开展访问交流】 应日本日中友好会馆邀请，3 月 13 ~ 19 日，来自国家林业局相关司局和直属单位，河南省、山西省、内蒙古自治区林业厅和大兴安岭林管局的 30 名青年干部赴日本开展交流访问。代表团访问了日本东京、大阪和兵库县，与日本林野厅、日中绿化交流基金、森大厦株式会社等单位就中日林业政策、绿化技术、城市规划等进行了业务交流，了解体验了森林疗养，并在大阪箕面国有林开展了植树活动。 （吴青）

【中日民间绿化合作 2017 新项目磋商会】 应日中绿化交流基金事务局局长梶谷辰哉的邀请，国家林业局对外合作项目中心副主任刘立军一行于 7 月 23 ~ 27 日访问了日本。访日期间，刘立军和梶谷辰哉共同主持了中日民间绿化合作 2017 新项目磋商会。双方就 2017 年度新项目实施的有关情况交换了意见。会后，代表团还拜会

了日本林野厅森林技术研修所等机构。　（徐映雪）

【中日绿化合作项目管理工作会议】 于7月29~31日在湖南长沙召开。国家林业局国际合作司代司长章红燕、对外合作项目中心常务副主任吴志民、中国青年国际交流中心副主任洪桂梅、日中绿化交流基金事务局局长梶谷辰哉和来自全国相关省份林业、青联、环保、对外友协、工会等项目实施单位的负责人员共120名代表参加了该次会议。会议主题是中日民间绿化合作项目可持续发展。与会代表围绕主题总结了经验，研究了问题，探讨了对策。会议期间，与会代表参观了岳阳县项目建设情况。　（徐映雪）

【组织参加俄罗斯国际青少年林业比赛】 9月3~9日，第十四届国际青少年林业比赛在俄罗斯莫斯科市举行，由中国生态文化协会和国家林业局对外合作项目中心联合选派的中国参赛选手——北京林业大学木材科学专业三年级学生陈思危荣获三等奖，南京林业大学生态学专业四年级学生常雅荃获得专业单项奖。

国际青少年林业比赛是由俄罗斯联邦政府批准，在俄罗斯联邦自然资源部和生态部、俄罗斯联邦理事会、俄罗斯联邦国家杜马的支持下，由俄罗斯联邦林务局具体承办的一项国际性比赛，开始于2004年，每年举办一次。　（许强兴）

【深化中瑞家庭林主协会合作】 10月30日至11月3日，国家林业局对外合作项目中心副主任胡元辉等赴瑞典就"家庭林主协会"进行专题交流。代表团实地参观了瑞典北部NORRA地区的家庭林主协会、私有林全产业链经营情况、木结构建筑；访问了瑞典国家林科院，瑞典农大林科院；还特别访问了瑞典企业创新部和"瑞典家庭林主协会"总部，并就瑞典家庭林主协会与国家林业局对外合作项目中心的未来合作进行了友好协商。瑞典企业创新部农村事务大臣帕克特曼（Elisabeth Backteman）女士与瑞典家庭林主协会会长汉默（Sven-Erik Hammar）先生会见了访问团，并对中瑞林农合作组织交流寄予厚望。

双方一致认为，加强两个机构交流合作将对促进中国新型职业林农培养、两国林业产业发展与乡村振兴，助力"一带一路"绿色人文交流发挥重要作用。
　（汪国中）

【2017年度林业援外培训工作会议】 12月5~7日，由国家林业局对外合作项目中心主办、国家林业局竹子研究开发中心承办的2017年度林业援外培训工作会议在杭州召开，会议的主要任务是系统总结林业援外培训2017年工作，结合党的十九大精神和林业重点任务具体落实林业援外培训"十三五"规划。国家林业局国际司巡视员戴广翠、国家林业局对外合作项目中心副主任胡元辉出席并致辞。竹子中心、国际竹藤中心、国家林业局管理干部学院、北京林业大学、甘肃省治沙研究所五家单位的代表汇报了林业援外培训情况和工作计划。会议期间，与会代表赴安吉调研了竹子中心援外培训基地。来自国家林业局相关司局和单位、国家林业局归口管理和地方涉林援外培训实施机构以及有关专家代表共50人参加了会议。　（许强兴）

国际金融组织贷款项目

【世行贷款"林业综合发展项目"竣工】 世界银行给予项目"满意"的评价。编写完成了《世界银行贷款林业综合发展项目竣工文件》和《世界银行贷款林业综合发展项目机制与科技创新》两本书，由中国林业出版社正式出版发行。项目取得的主要成功经验有：通力协作谋发展，强大合力搞项目；自然恢复要重视，人工修复不可少；政府还要生态，群众造林有收益；阔叶树种多功能，混交造林创模型；生长潜力再挖掘，大力推行容器苗；学设计是关键，围绕目标做调整。

【世行和欧投行联合融资"长江经济带珍稀树种保护与发展项目"进入准备阶段】 3月14日，国家发展改革委和财政部正式发文通知，"长江经济带珍稀树种保护与发展项目"纳入"世界银行贷款2017~2019年备选项目规划清单"，建设内容为"珍稀树种混交林营造、改培和修复等，安排世界银行（世行）贷款1.5亿美元，欧洲投资银行（欧投行）联合融资2.0亿欧元"。按照世行结果导向型规划贷款的要求，安徽、江西和四川3个省，2017年7月，通过了世行的项目认定；11月，世行进行了技术评价，并完成了项目的财务、采购、环境和社会保障政策的评估报告草稿。

【世行赠款基金"中国森林可持续经营与融资机制研究"按计划推进】 专家组分别到广西、甘肃、山东等地开展调研工作，对各地经验进行梳理和分析，提炼了许多宝贵经验。

【积极推进欧洲投资银行贷款林业打捆项目】 2016年3月22日，"欧投行贷款林业专项框架打捆项目"法律文件正式生效，欧投行贷款1亿欧元，国内配套资金8.9亿元。项目涉及河南、广西、海南三省（区）。主要开展新造林4.5万公顷，现有林改造2.9万公顷，以及森林认证等项目活动。2017年9月在北京举办了欧投行贷款"珍稀优质用材林可持续经营项目"启动暨项目实施管理培训班，15个省105名项目人员参加了培训，全面安排部署了项目实施工作任务。按照欧投行项目协议要求，统一编制了项目年度进展报告大纲，编制和翻译了年度项目进展报告，更新了项目林班数据库，办理了广西壮族自治区项目县和建设任务调整事宜。会同欧投行对项目单位财务人员开展报账业务培训，加快项目提款报账。海南、广西林业项目管理部门已向同级财政部门提交了第一笔申请报账材料。

【**继续推进亚行贷款西北三省（区）林业生态发展项目实施**】 向亚洲开发银行报送了2017年上半年项目进展报告。经与亚行方面协商，报请财政部国际司同意，亚行2017年3月31日批准将"西北三省区林业生态发展项目"关账日期延长至2018年8月31日。项目已完成经济林造林5.7万公顷，生态林造林0.56万公顷，占计划任务的100%；建成森林旅游和服务设施21 076平方米、果品储藏库4座，分别占计划的93%和100%；架设高压线路45.84千米、修建道路310千米、滴灌管网6746.55千米，购置变压器44台、新建蓄水池2座、新建（更新）机井191眼；开展国家级培训10次、累计培训2077人，省级培训共开展1159期，参训人数142 807人次。项目贷款下签署合同总额84 419.68万元，累计提取贷款资金49 913.12万元（折合7861.35万美元），占贷款总额（1亿美元）的78.61%；全球环境基金赠款项下签署合同总额2275.98万元，累计提取赠款资金858.02万元（折合美元135.02万美元），占赠款总额（510万美元）的26.47%；共落实配套资金39 118.84万元，配套到位率75%。由于项目实施进展显著，经财政部推荐，该项目在亚行中国年会上进行了公开交流。

【**启动实施全球环境基金"中国林业可持续管理提高森林应对气候变化能力项目"**】 2016年9月，该项目签署转赠协议和项目执行协议，赠款715.3万美元，以世行中心为项目组织实施主体，项目在广西、海南、河南和福建4省（区）实施。2017年10月在北京举办了项目启动暨实施管理培训班。经与联合国粮农组织协商，同意该项目实行"统一管理、分级实施、各负其责、共担风险"的管理方式。组建项目指导委员会和项目办公室，开立项目专户，建立项目专用网站，启动项目专家招聘程序，修改完成项目启动报告和实施手册，编制了项目第一年工作计划和预算，项目各项工作有序展开。

【**国际金融组织贷赠款新项目申请工作有突破**】 亚洲开发银行贷款"丝绸之路沿线地区生态治理与保护项目"和"欧洲投资银行贷款森林资源发展和生态服务项目"已向国家发改委和财政部申报了申请文件，拟利用亚行、欧投行贷款4.2亿美元，开展国家储备林和生态恢复保护建设。为贯彻落实十九大提出的大力实施乡村振兴战略，拟申请利用欧洲投资银行贷款，实施一期"乡村振兴林业发展项目"，欧洲投资银行贷款2亿欧元，在山东、陕西和贵州3省农村重点地区，开展生态治理保护和恢复。 （马藜供稿）

国有林场建设 17

国有林场管理与发展

【综　述】　国有林场扶贫、森林经营、人才队伍培养等方面工作取得积极进展，特别是国有贫困林场扶贫工作成效显著。

国有贫困林场扶贫工作　印发《国家林业局关于进一步做好国有贫困林场扶贫工作的通知》（林场发〔2017〕25号），明确到2020年中国现行标准下国有贫困林场实现脱贫的指导思想和工作目标。落实2017年国有贫困林场扶贫资金5.5亿元，比2016年增加5000万元，用于支持765个国有贫困林场实施扶贫项目。中央财政扶贫资金对改善国有贫困林场基础设施、促进产业发展、增加职工收入发挥了重要引导和支持作用。①扶贫目标更加精准。大部分省份在深入研究分析本省国有贫困林场致贫原因的基础上，结合国有林场改革实际，制定了科学可行的扶贫规划、年度工作计划，确定了国有贫困林场名单，为实施精准扶贫打下了基础。吉林、新疆、广东3省（区）科学编制的国有贫困林场扶贫"十三五"实施方案已经省（区）人民政府批准，并报国家林业局备案。②省级财政投入不断加大。山东等8省（市）积极加大省级财政配套投入力度，重点支持发展特色产业，改善生产生活条件，着力解决基础设施建设滞后、自我发展能力弱等突出困难，国有林场扶贫资金的作用充分显现。8省（市）省级财政配套资金总量达到4279万元，其中山东1100万元、江苏888万元、四川651万元、重庆408万元、河南377万元、安徽335万元、贵州300万元、海南220万元。③脱贫进程明显加快。在国有林场改革全面推进中，各级人民政府对国有林场脱贫工作高度重视，各级林业主管部门积极推动，特别是中央国有贫困林场扶贫资金的有力撬动，国有贫困林场脱贫步伐明显加快。浙江、河北、山西、内蒙古、山东、湖南、重庆、陕西等省份已有204个国有贫困林场实现脱贫，其中浙江省实现国有贫困林场全面脱贫。④扶贫成效逐步显现。通过重点扶持、项目带动，国有贫困林场职工经济收入明显增加，带动了区域内非职工及代管乡村人口的就业增收。辽宁省积极扶持林场发展森林旅游、林下种植等特色产业，职工人均纯收入较上年度增加7700元。新疆、内蒙古2省份扶持林场通过发展森林旅游产业等，带动区域内非职工及代管乡村人口的收入较上年度增加超过2000元。广东、山西2省扶持林场通过聘请生态护林员、发展森林旅游产业等，带动新增就业人数超过8000人。

森林经营　①森林经营方案实施示范林场建设取得阶段性进展。河北省木兰围场国有林场管理局在充分学习借鉴国内外先进经验的基础上，编制《河北省木兰围场国有林场管理局森林经营方案（2015～2024年）》，并经中国林科院唐守正院士任评委会主任委员的专家评委会论证通过。②国有林场森林经营方案编制工作稳步推进。全国已有2566个国有林场完成森林经营方案的编制工作。研究起草《国有林场森林经营方案编制和实施评估指标表》。

国有林场人才队伍建设　通过组织举办职业技能竞赛、培训班等形式，进一步加强国有林场人才队伍建设，提升干部职工的综合素质和业务能力，为国有林场改革发展奠定坚实人才基础。①成功举办2017年中国技能大赛——全国国有林场职业技能竞赛。②举办了3期国有林场场长培训班和2期国有林场改革和信息员培训班，培训基层骨干460余名。

（杜书翰）

【贯彻落实习近平总书记关于塞罕坝林场建设重要批示指示精神】　2016年以来，习近平总书记多次对河北塞罕坝林场建设情况作出重要批示，明确要求把塞罕坝林场作为全国生态文明建设范例。2017年8月14日，习近平总书记又专门对塞罕坝林场建设作出重要指示。为贯彻落实习近平总书记重要批示精神，场圃总站高度重视、行动迅速、认真谋划、狠抓落实，取得了重要成果。

调研工作　6月27～30日，会同国家发改委组织16个部委和政策性银行组成调研组深入塞罕坝林场集中调研，完成了落实中央领导批示精神的部委联合调研报告《关于宣传推广塞罕坝林场建设经验有关情况的汇报》，并上报国务院。报告提出了五条贯彻落实建议。①继续由中宣部牵头，全面推进塞罕坝宣传工作方案中确定的各项举措；②指导支持河北省采取行政和市场相结合的方式扩大塞罕坝林场经营管理面积，建议由河北省专门制订方案上报国务院；③尽快编制《全国新建规模化林场规划》，2017年年底前上报国务院；④提出塞罕坝林场宜定性为公益性事业单位，并保持河北省林业厅直管模式；⑤请各部委加大对塞罕坝林场基础设施、教育、卫生等方面的支持。

塞罕坝精神宣传　会同中宣部制订了《生态文明建设范例塞罕坝林场宣传工作方案》，组织《人民日报》等14家中央媒体近百名记者，赴塞罕坝林场开展了现场集中采访和深入采访。8月起，中央电视台新闻联播、《人民日报》、新华社等权威媒体和栏目陆续推出重头报道，对塞罕坝精神的时代价值进行了深入挖掘，并掀起塞罕坝精神宣传热潮。国家林业局党组在《求是》杂志发表《一代接着一代干　终把荒山变青山》的署名理论文章，对塞罕坝林场的建设实践、精神实质和经验启示进行了深刻阐述和系统提炼。同时印发《国家林业局关于开展向河北省塞罕坝机械林场学习活动的决定》，向全国林业系统发出了学习塞罕坝先进事迹和精神的号召，提出了明确要求。8月28日，会同中宣部、中财办、国家发改委和河北省等部门召开学习宣传塞罕坝林场生态文明建设范例座谈会，刘奇葆主持会议并传达习近平总书记最新指示精神，张建龙在会上就落实塞罕坝精神作了重点发言。

组织开展重大活动　8月23日，国家林业局局长张建龙深入塞罕坝林场调研并看望塞罕坝林场第一代职工，研究部署大力弘扬塞罕坝精神、持续深入推进林业改革发展工作。8月30日，会同中宣部、国家发改委、河北省委在人民大会堂召开塞罕坝林场先进事迹报告会，来自中央有关部委、国家林业局有关司局和直属单位、河北省林业部门和有关市县领导700多人聆听报告。9月6~22日，会同中宣部、发改委、河北省委，带领塞罕坝林场先进事迹报告团，赴贵州、江西、福建、山西、青海、内蒙古、北京等7省(区、市)开展报告巡讲活动。　　　　　　　　　　(李世峰)

【启动国家森林小镇试点建设工作】 7月，印发《国家林业局办公室关于开展森林特色小镇建设试点工作的通知》(办场字[2017]110号，以下简称《通知》)，对森林小镇建设试点工作进行了部署。①明确了森林小镇概念；②试点原则为坚持生态导向、保护优先，科学规划、有序发展，试点先行、稳步推进，政府引导、林场主导、多元化运作；③试点内容为在全国国有林场和国有林区林业局范围内选择30个左右作为首批国家建设试点，可采取自建、合资合作和PPP合作等建设模式，在森林覆盖率60%以上、当地政府重视、主导产业定位准确、水电路讯等基础设施完备的国有林场开展建设，建设主要内容为改善接待条件、完善基础设施、培育产业新业态。

《通知》下发后，全国32个省(区、市、森工集团)积极推荐上报了一批涵盖森林旅游、森林康养、民俗文化等为主要特色的森林小镇。11月，国家林业局组织有关专家对申报单位进行了初审，待专家实地考查评审后将公布首批国家森林小镇建设试点单位。
　　　　　　　　　　　　　　　　　(刘 鹏)

【国有林场GEF项目】 2017年，"通过森林景观恢复和国有林场改革，增强中国人工林的生态系统服务功能"项目(简称"国有林场GEF项目")是由场圃总站会同世界自然保护联盟(IUCN)向全球环境基金(GEF)申请的项目。这是国有林场领域首次申请到GEF资金。项目将充分利用国有林场改革历史机遇，借鉴森林景观恢复等国际先进理念，探索形成一套有效提高国有林场治理能力，精准提升以国有林场为主体的中国人工林生态系统服务功能的机制体制和技术体系，为国有林场改革发展发挥示范引领作用。项目于2016年8月通过全球环境基金会议审议，总投资为6120万美元，其中GEF提供720万美元，中国配套5400万美元，由世界自然保护联盟(IUCN)担任国际执行机构，场圃总站为国内执行机构。项目于2017年正式启动，实施期为5年(2017~2021年)，主要实施地为河北承德市、江西赣州市、贵州毕节市。2017年完成项目实施方案编制。场圃总站会同世界自然保护联盟(IUCN)中国代表处在北京先后召开4次工作会议，明确2017年工作计划，对国有林场GEF项目推进工作进行安排部署，邀请有关专家对项目实施方案和调研方案进行研究。

2~5月，会同世界自然保护联盟(IUCN)中国代表处组织专家分别赴河北承德丰宁县和平泉县，江西赣州安远县、信丰县和浔乌县，贵州毕节七星关区和织金县进行调研考察，形成项目实施方案初稿。

6月，在北京召开国有林场GEF项目实施方案审议会，明确项目将要开展的活动及项目组织管理机构等事项，提出了进一步修改意见。12月底，项目实施方案正式报送全球环境基金(GEF)总部审批。(李世峰)

【2017年全国国有林场职业技能竞赛】 于9月19~21日在山西省黑茶山国有林管理局举办。该竞赛由国家林业局、中国就业培训技术指导中心和中国农林水利气象工会主办，山西省林业厅承办，山西省黑茶山国有林管理局协办。来自全国28个省(区、市)、四大森工集团和中国林科院的33支队伍共99名选手参加竞赛。竞赛以"弘扬工匠精神，助力改革攻坚"为主题，全面考核了林分调查、目标树培育、下层疏伐等森林培育的核心技能。竞赛分理论知识考试和技能操作考核两部分，经过激烈角逐，山西省黑茶山国有林管理局中寨林场的孙二文等36名选手分获个人一、二、三等奖，山西省等10个代表队分获团体一、二、三等奖，内蒙古自治区林业厅等单位获得优秀组织奖，河北省等12个代表队获得精神风尚奖，并授予山西省黑茶山国有林管理局特殊贡献奖。全国国有林场职业技能竞赛是林业行业规模最大的全国性技能大赛，已成功举办五届，已经成为提升新时期国有林场人才队伍职业技能，助推国有林场改革，提升森林质量的重要平台。(张 静)

【国有林场培训】 为加大国有林场人才培养力度，举办3期国有林场场长培训班和2期国有林场改革和信息员培训班，培训基层骨干460余名。培训内容包括国有林场改革新形势与任务、林业新法律法规制度解析、林业财政最新政策解读、现代林场建设与管理、国有林场森林小镇建设、经验交流等。采取引导式教学方式对如何完善国有林场内部绩效管理机制，增加职工收入，充分调动职工积极性进行研讨。采取学员论坛方式邀请改革先进林场就国有林场改革模式进行介绍与分析。组织学员分别赴山东省淄博市原山林场、河北省承德县、北京市西山试验林场进行现场教学，学习现代林场建设与管理、改革与实践等先进经验，并聆听孙建博改革创新事迹报告，开展现场座谈与交流。(张 静)

国有林场改革

【综　述】 2017年国有林场改革稳步推进。①75%的国有林场基本完成改革。北京、天津、山西、辽宁、上海、江苏、安徽、浙江、福建、江西、河南、湖北、湖南、广西、海南、重庆、贵州、陕西、青海、宁夏、新疆等21个省(区、市)完成了市县改革方案审批,占全国的68%,1702个县(市)已有80%完成市县级改革方案审批,3643个国有林场基本完成了改革任务,占全国4855个国有林场的75%。②改革配套政策顺利出台并逐步落实。中央改革补助政策已落实,总额160亿元的补助资金已安排133.8亿元。银监会、财政部、国家林业局出台了金融债务化解意见,总额约116亿元的金融债务有望化解。财政部、国家林业局出台了国有林场(苗圃)财务制度。国有林场管护点用房建设试点,已在内蒙古、江西和广西3省份展开,中央财政投入1.8亿元,这是推进国有林场基础设施建设的重大突破。③改革成效明显显现。通过国有林场改革,初步建立了功能定位明确、生态民生改善、资源监管有效、发展活力增强的新体制。首先,国有林场属性实现合理界定,完成改革的3643个林场中96.1%的林场被定为公益性事业单位。其次,职工生产生活条件明显改善。改造完成国有林场职工危旧房54.4万户,完成改革的林场职工平均工资达4.5万元左右,比改革前提高了80%左右。第三,资源保护监管力度明显加大。全国国有林场全面停止了天然林商业性采伐,每年减少天然林消耗556万立方米,占国有林场年采伐量的50%;一些省区采取立法、林地落界确权、出台监管办法、强化国有林场管理机构建设等措施加强了森林资源监管。第四,林场发展活力明显增强。北京、浙江、广东、宁夏等省(区、市)初步建立了以岗位绩效为主的收入分配制度和以聘用制为主的新型用人制度,调动了职工积极性。国有林场造林抚育和森林管护等环节初步建立了社会化购买服务的机制。

但在改革中,还存在总体进展不平衡、政策支持不到位、任务落实不全面、地方财政保障能力不足等问题,需加大改革督查,加强政策支持,完善法律制度体系,确保各项改革措施落实到位,于2020年顺利完成改革任务。

(张 志)

【全国国有林场处(局)长座谈会】 于4月17~19日在重庆召开。29个省(区、市)林业厅(局)国有林场处(局)负责人、国有林场改革工作负责人共50多人参加了会议。会议听取了29个省(区、市)、新疆兵团国有林场改革进展情况工作汇报和2017年重点工作安排。通报了全国国有林场改革进展情况、2016年度国有贫困林场扶贫工作成效考评结果,总结了改革取得的成绩、交流了典型经验、分析了存在的问题,部署了重点工作,达到了沟通情况、统一思想、完善部署的预期效果。

(郑欣民)

【国家林业局开展向原山林场学习活动】 5月11日,全国绿化委员会、国家林业局《关于开展向山东淄博市原山林场学习活动的决定》(林场发〔2017〕41号)印发,要求全国绿化、林业战线广泛开展向山东省淄博市原山林场学习,为加快推进林业改革发展和林业现代化建设、建设生态文明和美丽中国做出更大贡献。山东省淄博市原山林场成立于1957年,60年来特别是改革开放以来,林场艰苦奋斗,锐意改革,率先走出了一条保护和培育森林资源、实施林业产业化发展的新路,取得了生态建设和林业产业双赢。林场森林覆盖率增加到94.4%,活立木蓄积量达到19.7万立方米,从一个负债、亏欠职工工资到拥有固定资产10亿元、年收入过亿元、人均年工资近6万元的企业集团,实现了从荒山秃岭、穷山恶水到绿水青山、金山银山的美丽嬗变,创造了艰苦创业、改革创新、以德治场、只争一流的典型经验和使命至上、勇于担当、崇德兴仁、自强不息的时代精神,为全国林业系统树立了榜样。同日,国家林业局党组举行了"学习原山精神、做合格林业干部"主题联学活动。

(李幸辉)

【国家国有林场和国有林区改革工作小组第五次会议】5月22日,国家发展改革委副主任连维良、国家林业局副局长李树铭共同主持召开了国家国有林场和国有林区改革工作小组第五次会议。中央编办、国家发展改革委、民政部、财政部、人力资源和社会保障部、国土资源部、住房和城乡建设部、交通运输部、水利部、国家林业局、银监会、国务院法制办和国家能源局等13个部委参加。会议通报了国有林场和国有林区改革进展情况、基础设施建设支持政策落实情况、财政支持政策落实情况、不良金融债务化解政策进展情况。讨论并原则通过《国有林场和国有林区改革工作小组2017年工作安排(讨论稿)》和《重点国有林区改革工作推进会会议方案(讨论稿)》。会议要求加大改革督查力度,解决存在的问题,加强基础设施建设,坚定不移地将改革推向前进。

(张 志)

【国有林场管护站点用房试点启动】 7月6日,国家林业局印发《国有林区(林场)管护用房建设试点方案(2017~2019)的通知》(林规发〔2017〕78号),在内蒙古、江西、广西3省(自治区)启动国有林场管护用房建设试点,新建、加固和功能完善管护用房868个,建筑面积5.9万平方米,中央投资1.8亿元。方案明确了管护用房建设试点基本配备标准。这是国有林场基础设施建设的重大突破,将解决国有林场管护用房陈旧简陋、年久失修和林场职工生产条件艰苦的窘境。

(张 志)

【《最美的青春》电视剧开机】 8月30日,电视剧《最美的青春》在北京人民大会堂举行开机仪式。该剧由国家林业局、中共河北省委宣传部、中共承德市委市政府、河北广播电视台联合摄制,由导演郭靖宇担任监制和总编剧,导演巨兴茂执导。该剧以塞罕坝造林人的先进事迹为原型,艺术再现第一代塞罕坝人用青春和生命筑起绿色长城的感人故事,歌颂了他们"牢记使命、艰苦创业、绿色发展"的塞罕坝精神。

(宋知远)

【国有林场改革重点督查】 6~8月,根据《国家发展改革委办公厅 国家林业局办公室关于对国有林场改革进行督查的通知》(发改电〔2017〕352号),国家国有林场和国有林区改革工作小组组成联合督查组,先后对河北、黑龙江、云南、陕西、新疆5省(区)人民政府开展了督查,推动各省人民政府切实履行改革主体责任,加大改革推进力度。督查有效提高了省政府对国有林场改革的重视程度,强化了省政府对改革主体责任的履行意识和对改革牵头部门的督促意识，收到了直接传导压力、强化责任的良好效果。河北、陕西、新疆完成市县级改革方案审批，黑龙江、云南也即将完成市县级改革方案审批，新疆还增加安排区级改革补助 8585 万元。

（张　志）

【全国国有林场和国有林区改革推进会】 于 12 月 11 日在北京召开。中共中央政治局常委、国务院副总理汪洋出席会议并讲话。国家国有林场和国有林区改革工作小组成员单位负责人，内蒙古、吉林、黑龙江、江苏、甘肃 5 省区人民政府负责同志及发展改革委和林业厅主要负责同志，内蒙古、吉林、龙江、大兴安岭、长白山森工（林业）集团公司主要负责同志参加了会议。

（郑欣民）

【一批有关国有林场的法律制度公布施行】 7 月 4 日，财政部、国家林业局印发《国有林场（苗圃）财务制度》，进一步加强和规范国有林场（苗圃）财务管理和会计核算工作；3 月 1 日，《山西省永久性生态公益林保护条例》施行，对永久性生态公益林的规划划定、保护补偿、培育利用、监督管理等活动做了明确规定；10 月 30 日，《福建省国有林场管理办法》颁布，对国有林场所需经费列入同级财政预算，道路、水利、供电、通信等基础设施建设纳入当地行政区域建设规划统一组织实施，职工纳入所在地社会保障体系，强化森林资源保护和森林经营等作出了明确规定，自 2018 年 1 月 1 日起施行；一些省区相继出台了国有林场林地落界确权、森林资源监管、贫困林场扶贫和工资绩效考核等管理办法。这些法规、规章和规定的施行，奠定了国有林场管理法治化基础。

（郑欣民）

【刘云山会见河北塞罕坝林场先进事迹报告团】 8 月 30 日，中共中央政治局常委、中央书记处书记刘云山接见河北塞罕坝林场先进事迹报告团成员，代表习近平总书记，代表党中央，向报告团成员和塞罕坝林场干部职工表示亲切问候，对大力学习宣传塞罕坝林场先进事迹提出明确要求。中共中央政治局委员、中宣部部长刘奇葆参加会见。

（郑欣民）

林业工作站建设

18

林业工作站建设工作

【综　述】　2017年，国家林业局林业工作站管理总站（以下简称工作总站）与全国林业工作站一道，以服务林业改革发展大局为中心，以充分发挥职能作用为核心，以提高服务保障能力为重点，着力"稳机构、打基础、强管理、提素质、抓服务"，扎实推进"质量建站、素质强站、服务立站"，苦练内功，狠抓落实，在行业管理、体系建设上出台了新举措，在保障能力、公共服务上取得了新成效，在林政案件稽查、森林保险、生态护林员工作上实现了新进展。

行业管理　印发《2017年全国林业工作站工作要点》，编写《全国林业工作站本底调查关键数据年度更新分析报告》，出版《林业工作站文件资料汇编》（2000～2015年），在福建省厦门市召开全国林业工作站（处）长座谈会，开展省级林业工作站年度重点工作质量效果跟踪量化。指导各地稳定林业工作站机构队伍、理顺管理体制。截至2017年年底，全国乡镇林业工作站保持在2.3万个、9.4万人，省、市、县林业站机构稳定在0.2万个、2.5万人。

队伍培训　国家林业局印发《关于加强和改进林业工作站培训工作的指导意见》（林站发〔2017〕125号），重修了《林业工作站职工岗位培训丛书》，筹划了"全国基层林业站知识竞赛"活动，组织开展并测试乡镇林业工作站站长2945人。"乡镇林业站岗位人员在线学习平台"新增录4个省份的地方课，新开发了森林抚育课程，有8.3万名基层林业站人员开展了网络学习，学习总人次已达179万人次，学课总时长75.8万学时。

基础保障　新安排建设442个标准化林业站，编撰出版《筑牢林业基石　装点绿水青山——全国标准化林业工作站建设》图册，组织修订《标准化林业工作站建设检查验收办法（试行）》，分片区对承担2016年度标准站建设任务的核心人员进行了现场培训。组派19个核查组，在省级验收的基础上，对全国27个主要承担2015年度标准建设项目的省份近500个林业工作站开展了核查验收，合格率达95.48%。

稽查调纠　指导落实《林业行政案件类型规定》，启用新的《全国林业行政案件统计表》和"全国林业行政案件统计分析系统"，在系统中新增设专员办专用查询端口。赴海南等8省份开展林业行政案件查处工作专题调研，对2100多个10以内及"零"案件县（区）进行了情况核查。统计分析半年及全年全国林业行政案件情况，2017年全国共发现林业行政案件17.33万起，查处16.69万起，没收非法所得0.43亿元，罚款16.6亿元。摸底调查全国林权争议发生和存量情况，开展西北片区林权争议处理培训，完善浙闽赣湘粤桂6省林权争议联调机制，协调吉林森工集团与地方间有关林权争议。

森林保险　编撰并由国家林业局、中国保监会发布首部《中国森林保险发展报告》，拟制了《关于进一步推进森林保险工作的指导意见》，起草《森林保险查勘定损技术规程》，举办第八期全国森林保险培训班暨工作座谈会。会同有关部门赴新疆维吾尔自治区开展政策性森林保险工作调研，推动自治区和兵团纳入中央财政森林保险保费补贴范围。

生态护林员工作　配合有关部门以国家林业局办公室文件印发了《关于加强建档立卡贫困人口生态护林员管理工作的通知》（办规字〔2017〕123号），在江西省组织召开全国生态护林员管理工作座谈会，规范生态护林员管理。对13个省份的生态护林员工作开展指导调研，修订《建档立卡贫困人口生态护林员选聘办法》，起草《建档立卡贫困人口生态护林员管理办法（征求意见稿）》。协助有关部门开展了2017年度生态护林员选聘续聘工作。

公共服务　赴江西、陕西等省份进行了"林业站专业技术人才建设和强化公共服务职能情况"调查研究，在河北、湖北等10个省份实施"林业站服务能力提升"研究。组织开展全国林业站公共服务能力提升示范培训，现场学习推广了林业站"一站式、全程代理"服务的具体流程。全年，全国林业工作站共培训林农约900万人次。

（唐　伟）

【全国林业工作站站（处）长座谈会】　10月11日，在福建省厦门市组织召开全国林业工作站（处）长座谈会，学习贯彻党的十八大精神和习近平总书记系列重要讲话精神，组织开展工作研讨，总结交流工作经验，研究部署行业建设，扎实推进全国林业站事业健康发展，更好地为建设生态文明和林业现代化建设服务。会议指出，十八大以来，全国林业工作站干部职工深入学习贯彻习近平总书记系列重要讲话精神，贯彻执行各级党委政府和林业主管部门的重大部署，上下联动，步调一致，有力地推动了行业建设，促进了绿色发展，为林农脱贫致富和林业现代化建设作出了重要贡献。会议提出，要学习福建"敢为人先"的林改精神、"法治当先"的工作理念、"生态优先"的大局观念，以有为求有位，更好地展现林业工作站自身价值，努力赢得更多发展机会。会议强调，要坚持成果导向，牢牢把握党和国家要求，深入贯彻落实好"全国林业工作站工作会议"及《国家林业局关于进一步加强林业工作站建设的意见》《林业工作站管理办法》精神，始终把贯彻落实"一会议两文件"精神作为基本遵循；要坚持目标导向，致力内部协同、部门协同、上下协同，始终把协同发展作为重要推手；要坚持问题导向，强化管理能力、保障能力、履职能力，始终把能力建设作为核心任务；要坚持需求导向，当好深化林改的推动者、绿色发展的建设者、林农脱贫的助力者，始终把公共服务作为神圣职责；要坚持发展导向，作干事创业的表率，切实加强工作指导，着力解决现实问题，始终把事业发展作为责任担当。

（谢　娜）

【省级林业工作站重点工作质量效果跟踪调查】 2017年，在各地林业主管部门的正确领导下，各省级林业工作站管理机构紧紧围绕党和国家林业工作大局，以建设生态文明、服务林业大局为中心，以充分发挥林业工作站职能作用为核心，着力"稳机构、打基础、强管理、提素质、抓服务"，因地制宜地扎实推进林业工作站建设，为林农脱贫致富和林业现代化建设作出了重要贡献。按照《全国省级林业工作站年度重点工作质量效果跟踪调查办法》（林站办字〔2014〕3号）规定，经各地自我量化和工作总站综合量化、结果复核，2017年度全国林业工作站重点工作质量效果排名前十位的省份分别为：吉林、湖南、江西、福建、内蒙古、云南、上海、广西、河南、湖北。　　　　　　　　　　（谢　娜）

【全国林业工作站本底调查关键数据】 截至2017年年底，全国有地级林业站216个，管理人员2209人，有县级林业站1820个，管理人员21182人。与2016年相比，地级林业站增加5个，管理人员增加47人；县级林业站减少了204个，管理人员减少了1323人。全国现有乡镇林业站23 162个，其中，管理两个以上乡镇林业工作的片站2414个，在农业综合服务中心加挂林业站牌子的3440个。管理体制为县级林业主管部门派出机构的站有8456个，占总站数的36.5%；县、乡双重管理的站有3215个，占13.9%；乡镇管理的站11 491个，占49.6%。与2016年相比，全国乡镇林业站数量减少了476个，管理两个以上的片站减少45个，派出机构的比例增加了0.9个百分点，双重管理的比例减少了2.4个百分点，乡镇管理的比例增加了1.5个百分点。

全国乡镇林业站核定编制84 651人，年末在岗职工94 017人，其中，长期职工92 799人。与2016年相比，核定编制数增加了681人，在岗职工人数减少7349人，长期职工减少7037人。在岗职工中，经费渠道为财政全额的有81 942人，占87.2%，比2016年增加了4.1个百分点；财政差额3606人，占3.8%，比2016年减少1.1个百分点；林业经费4432人，占4.7%，比2016年减少2个百分点；自收自支4037人，占4.3%，比2016年年减少1个百分点。林业站长期职工中，35岁以下的19 461人，占21.0%；36岁至50岁的56 340人，占60.7%；51岁以上的16 998人，占18.3%。

在林业工作站长期职工中，大专以上学历55 961人，占60.3%，比2016年增加了2个百分点；中专、高中学历32 952人，占35.5%，比2016年减少1.7个百分点。林业站职工参加林业本（专）科班、中专班毕业生人数为1064人，在校生人数为752人，新入学人数为242人。

2017年，全国完成林业工作站基本建设投资36 263万元，比2016年下降21.2%。其中，中央投资9592万元，地方投入26 671万元。全国新建158个乡镇林业站。通过开展标准化林业站建设等措施，全国共有265个林业站新建了办公用房，632个站配备了通讯设备，478个站配备了机动交通工具，1353个站配备了计算机。

2017年，全国共有9593个林业工作站受上级林业主管部门的委托行使林业行政执法权，占总站数的41%，有6488个林业站加挂了野生动植物保护管理站的牌子，占总站数的28%；有3914个林业工作站加挂了科技推广站牌子，占总站数的16.9%；有5346个林业工作站加挂了公益林管护站牌子，占总站数的23.1%；有3003个林业工作站加挂了森林防火指挥部牌子，占总站数的13%；有3492个林业工作站加挂了病虫害防治站牌子，占总站数的15.1%；有412个林业工作站加挂了林业仲裁委员会牌子，占总站数的1.8%。全年受理4万余件林政案件，比2016年增加1253件。全国林业站管理指导近65万乡村护林员，其中专职护林员30万人，兼职35万人。此外，还指导建档立卡贫困生态护林员约37万人，指导、扶持11万个林业经济合作组织，带动273万农户。全国林业站加强了对全国近1.7万个集体林场、5961个联办林场和1.7万个户办林场的业务指导和管理。全国林业站共建立30.4万公顷站办示范基地，推广93.3万公顷面积，培训759.5万名林农。　　　　　　　　　　（程小玲）

【标准化林业工作站建设】 2017年上半年，分别在湖南长沙、上海、宁夏银川、黑龙江黑河举办了4期标准化林业工作站建设培训班，培训对象为2016年度中央预算内基本建设投资的458名基层林业站站长和部分省、市、县林业站管理机构负责标准站建设的共计675人。印发《关于开展2017年度标准化林业站建设核查工作的通知》，对2015年中央预算内投资的标准化林业工作站建设情况开展了国家核查。根据抽样核查结果及《标准化林业工作站建设检查验收办法》等有关规定和要求，确认2017年度全国共有477个林业站达到合格标准，并授予"全国标准化林业工作站"的名称。修订了《标准化林业工作站建设检查验收办法（试行）》（林站发〔2015〕39号）。组织编印出版了《筑牢林业基石 装点绿水青山——标准化林业工作站建设》图册。

　　　　　　　　　　（程小玲）

【乡镇林业工作站站长能力测试工作】 印发《关于做好2017年乡镇林业工作站站长能力测试工作安排的通知》（林站培字〔2017〕9号）。发布《"林业培训"项目任务书》，明确了测试工作的资金和任务。举办"林业关键岗位干部（基层林业站站长）岗位建设与能力提升培训班"，对部分测试规模较小的省，组织开展站长能力测试。制订了《乡镇林业站站长能力测试考前培训方案》，明确了开展测试考前培训的课程、师资等具体要求。继续组织开展年度林业工作站能力建设监督检查工作，组成24个督查小组，严格按要求开展工作，认真做好综合质量评估和培训授课质量评估等相关工作。全年共培训测试2945人，基本达到了"以测促培、以培促能"的目的，有效促进了林业站工作的发展。　（郭露平）

【岗位培训在线学习平台工作】 2017年，创新推动"全国乡镇林业工作站岗位培训在线学习平台"建设，累计上线各类课程300余门，课程总时长达到200小时以上，课程所占容量达到100GB。建立了含1000多道试题的自测试题题库，已上线128节地方课等特色课程。截至2017年年底，"平台"注册学习人数稳定在8.3万名左右，基层林业站人员开展网络学习、获得学课总时长近75.8万学时。"平台"2017年被国家林业局信息办选入"智慧林业优秀案例",并在第五届林业信息化工作会议上进行展示。

(郭露平)

【林业站宣传工作】 2017年,制定下发《关于做好2017年林业站行业宣传工作的通知》。中国林业网"工作总站"子站全年发布各地林业站站务信息3806条,同比增加了37%,再一次创下了林业站信息发布数量的新纪录,实现了"七连增"。"工作总站"子站共采用各地图片信息1426条,相比2016年增加了近110%。在各地上报站务信息及工作动态中择优编发《工作简报》,全年共刊发11期。在《中国绿色时报》开辟"守青山、促生态、助脱贫——讲好林业站故事""聚焦全国林业站建设"经验交流选编专栏,深入挖掘基层林业站先进典型,宣传乡镇林业站先进事迹及先进人物。组织记者先后赴河南、河北等省对林业工作站助力精准扶贫工作进行采访,总计发稿近3万字。据统计,全国林业站系统共有16个省(区、市)在省部级及中央级媒体开展了林业工作站的宣传报道。

(潘明哲)

【出台《关于加强和改进林业工作站培训工作的指导意见》】 11月7日,国家林业局印发《关于加强和改进林业工作站培训工作指导意见》(林站发〔2017〕125号,以下简称《意见》),明确了今后一个时期加强林业站培训工作的目标任务,丰富了培训内容,对完善培训体系提出了具体要求,并对培训工作提出了具体的保障措施。

《意见》明确了"十三五"期间每年乡镇林业站站长测试任务培训测试站长不少于2400人;重点地区林业站主要岗位人员培训人均年脱产培训学时不低于90学时;林业站远程教育和网络培训学习实现全员覆盖,人均网络培训36学时以上;加强林业站专家型人才培养;"十三五"期末高学历人员总数同比大幅增长,涉林专业比重明显增加;加强建档立卡贫困人口生态护林员队伍培训,提高生态护林员护林增收综合技能;提高强化林业站培训规划、计划的制订落实,建立和完善培训管理和督导机制,打造一支政治强、业务精、作风硬、素质高、能力强的基层林业工作队伍。

《意见》进一步明确丰富了4个方面的培训内容,即加强政策理论培训,提高思想政治素质;加强法律法规培训,提升依法行政能力;加强专业知识培训,提升综合业务能力;加强管理知识培训,提升科学管理能力。

《意见》对完善林业站培训体系提出了要重点抓好基层林业站站长能力提升;要集中抓好林业站主要岗位人员培训;要进一步强化基层林业站人才队伍培养;要大力加强生态护林员队伍培训;要积极推进林业站远程网络培训以及要稳妥开展林业站人员学历继续教育等6点要求。

《意见》就加强林业站培训工作,提出要加强组织领导;要健全工作机制;要加大经费投入;要强化培训手段以及要加强学习交流等5项保障措施。

(潘明哲)

【森林保险工作】 2017年,中央财政森林保险保费补贴范围仍然稳定覆盖24个省(区、市)、4个计划单列市和3个森工集团。全国森林保险总参保面积为1.49亿公顷,同比增加9.59%,其中公益林参保1.19亿公顷,商品林参保0.30亿公顷。总保险金额为13 011.42亿元,总保费为32.35亿元。中央财政补贴资金共计15.08亿元,地方财政补贴资金13.99亿元,林农和各类经营主体缴纳保费3.28亿元。全年完成灾害理赔1.56万起,总赔付金额为10.71亿元,简单赔付率为33.12%。

在青海省举办了第八期全国森林保险业务管理培训班。编写了《2016年森林保险统计分析报告》。整理编印了《2016年森林保险工作总结汇编》和《全国森林保险实施方案汇编》。联合中国保监会编撰出版了《2017中国森林保险发展报告》,并向有关部门、机构、相关高等院校和科研单位赠送700余册。联合保监会修改了《关于进一步推进森林保险工作的指导意见》,启动了森林保险查勘定损国家标准的研究编制工作。

(胡云辉)

林业计划统计

19

全国林业统计分析

【综　述】　2017年是"十三五"规划和全面建成小康社会决胜阶段的关键之年，也是林业改革与发展的攻坚之年。全国林业系统认真学习贯彻党的十九大精神和习近平新时代中国特色社会主义思想，按照党中央、国务院的决策部署，全面深化林业改革，着力提升林业发展质量效益，积极推进林业现代化建设，各项工作取得明显成效。

【国土绿化】
营造林情况　按照2016～2018年全国营造林生产滚动计划，2017年造林任务666.67万公顷（1亿亩），森林抚育任务800万公顷。2017年全国共完成造林（自2015年起造林面积包括人工造林、飞播造林、新封山育林、退化林修复和人工更新）面积768.07万公顷（1.15亿亩），完成森林抚育面积885.64万公顷（1.33亿亩），超额完成全年计划任务。全部造林面积中人工造林429.59万公顷，飞播造林14.12万公顷，新封山育林165.72万公顷，退化林修复128.10万公顷，人工更新30.54万公顷。

国家林业重点工程建设　2017年国家林业重点生态工程建设扎实推进，全年完成造林面积299.12万公顷，比2016年增长19.6%。国家林业重点生态工程造林面积占全部造林面积的38.9%。分工程看，天保工程、退耕还林工程、京津风沙源治理工程、石漠化综合治理工程、三北及长江流域等重点防护林体系工程造林面积分别为39.03万公顷、121.33万公顷、20.72万公顷、23.25万公顷、94.79万公顷，占全部造林面积的比重分别为5.1%、15.8%、2.7%、3.0%、12.3%。地方政府和社会造林等其他造林面积468.95万公顷，占全部造林面积的61.1%。

2015年东北、内蒙古重点国有林区全面停止了天然林商业性采伐，工程区木材产量逐年调减，2017年工程区木材产量为449.34万立方米，占全国木材总产量的5.4%。森林管护面积达到11 530万公顷。天保工程区项目实施单位年末人数为69.83万人，其中在岗职工47.89万人。

2017年，国家林业局联合国家发展改革委、财政部等5部委印发了《关于进一步落实责任　加快推进新一轮退耕还林还草工作的通知》，加强退耕还林工程实施进度督导工作。全年完成退耕地造林面积121.33万公顷。新一轮退耕还林任务重点向西部地区倾斜，西部12个省区（含新疆生产建设兵团）共完成退耕地造林107.99万公顷，占全部退耕地造林的89.0%。

2017年，京津风沙源治理二期工程加大科技支撑力度，强化治沙适用技术推广和培训。全年共完成造林面积20.72万公顷，完成草地治理3.90万公顷，完成工程固沙面积5451公顷。2017年石漠化综合治理工程突出石漠化治理与农民增收致富相结合，全年完成造林面积23.25万公顷。

2017年，三北防护林体系建设工程新启动3个百万亩防护林基地项目，全年完成造林面积62.64万公顷，其中退化林分修复3.28万公顷。2017年，长江防护林、珠江防护林、沿海防护林、太行山绿化等防护林工程共完成造林面积32.15万公顷，为构筑中国国家重点战略区域生态屏障做出积极贡献。

【造林质量和森林质量】　2017年，全年共完成森林抚育面积885.64万公顷，比2016年增长4.2%。全年完成退化林修复面积大幅增长，比2016年增长29.3%，面积达到128.10万公顷，其中低效林改造76.42万公顷，退化防护林改造面积51.68万公顷。在人工造林、退化林修复过程中注重优先营造混交林，全年新造和改造混交林面积155.58万公顷。人工造林按林种主导功能分，防护林所占比重最大，占全部人工造林面积的44.3%，面积达到190.49万公顷；经济林占全部人工造林面积的40.7%，面积达到174.79万公顷；用材林占全部人工造林面积的14.3%，面积达到61.48万公顷。

林木种苗　2017年，林木种质资源保护工作稳步推进，国家重点林木良种基地管理全面加强。全年林木种子采收量和在圃苗木产量分别为2.88万吨和702亿株，育苗面积142万公顷。良种使用率由51%提高到61%，种苗质量合格率稳定在90%以上，油茶全面实现良种化。

【野生动植物保护、湿地及自然保护区管理】　2017年，新批准建立国家湿地公园试点64处，截至2017年年底，全国林业部门批准建立不同类型、不同级别的湿地公园1699处，总面积约411万公顷，保护湿地面积269万公顷，其中国家湿地公园（含试点）898处，面积363万公顷，保护湿地239万公顷。

截至2017年年底，林业系统已建立各级各类自然保护区2249处，总面积12 613万公顷，约占陆地国土面积13.14%，其中，国家级自然保护区达375处，总面积为8198.3万公顷。

【林业投资】　2017年，全部林业投资完成额达到4800亿元，比2016年增长6.4%。按资金来源分，中央财政投资1108亿元，占全部林业投资完成额的23.1%；地方财政投资1151亿元，占全部林业投资完成额的24.0%；国内贷款467亿元，占全部林业投资完成额的9.7%；企业自筹等其他社会资金2074亿元，占全部林业投资完成额的43.2%。在全部林业投资完成额中，中央财政资金、地方财政资金和社会资金（含国内贷款、企业自筹等其他社会资金）的结构比约为1∶1∶2。国家资金（含中央资金和地方资金）占全部林业投资完成额的47.1%，社会资金占全部林业投资完成额的52.9%，社会资金超过国家资金，林业投资渠道更加广阔，投资结构进一步优化。

按建设内容分，用于生态建设与保护方面的投资为2016亿元，占全部林业投资完成额的42.0%；用于林业产业发展方面的资金为2008亿元，占全部林业投资完成额的41.8%；用于林木种苗、森林防火、有害生物防治、林业公共管理等林业支撑与保障方面的投资为614亿元，占全部林业投资完成额的12.8%；用于林业社会性基础设施建设等其他资金162亿元，占全部林业投资完成额的3.4%。

中央林业投入 2017年，中央林业资金投入达到1194亿元，规模再创新高，其中中央财政专项资金1018亿元、林业基本建设资金176亿元。全年中央财政资金实际完成投资1108亿元。

其他社会资金 2017年，国内贷款、企业自筹、利用外资等其他社会资金实际完成投资2541亿元，社会资金主要用于林业产业发展，占社会资金完成投资的74.1%，其中木竹制品加工制造、林下经济和林业旅游休闲康养是投资重点领域。2017年，中国吸收外资整体形势较为严峻，但林业利用外资规模大幅增长，林业实际利用外资金额3.27亿美元，比2016年增长34.2%，占全国实际使用外资（FDI）金额（1363亿美元）的0.2%。

【**金融创新服务林业**】 2017年，国家林业局深入贯彻落实全国金融工作会议确定的"服务实体经济、防控金融风险、深化金融改革"精神，积极创新机制模式，不断推动重点项目落地实施。截至2017年年底，112个项目获得授信1160亿元，累计实现放款384亿元，2017年当年放款金额232亿元，同比增长53%。国家储备林建设金融贷款额达到同期中央造林资金的2倍多，为大规模推进国土绿化和森林质量精准提升提供了强力支撑。

【**林业产业**】 2017年，中国林业产业总体保持中高速增长，以森林旅游为主的林业第三产业继续保持快速发展的势头，林业产业结构进一步优化。

林业产业规模 2017年林业产业总产值达到7.1万亿元（按现价计算），比2016年增长9.8%。自2010年以来，林业产业总产值的平均增速达到17.7%。

分地区看①，东部地区林业产业总产值为31 655亿元，中部地区林业产业总产值为18 014亿元，西部地区林业产业总产值为17 393亿元，东北地区林业产业总产值为4205亿元。中、西部地区林业产业增长势头强劲，增速分别达到14%和18%。东部地区林业产业总产值所占比重最大，占全部林业产业总产值的44.4%。受国有林区天然林商业性采伐全面停止和森工企业转型影响，东北地区林业产业总产值连续三年出现负增长。林业产业总产值超过4000亿元的省（区）共有8个，分别是广东、山东、广西、福建、浙江、江苏、湖南、江西，其中广东林业产业总产值遥遥领先，超过8000亿元。

林业产业结构 分产业看，第一产业产值23 365亿元，同比增长8.1%；第二产业产值33 953亿元，同比增长5.8%；第三产业产值13 949亿元，同比增长24.7%。林业三次产业的产值结构已由2010年的39:52:9，调整为2017年的33:48:19。超过万亿元的林业支柱产业分别是经济林产品种植与采集业、木材加工及木竹制品制造业和林业旅游与休闲服务业，产值分别达到1.4万亿元、1.3万亿元和1.1万亿元。林业旅游与休闲服务业产值首次突破万亿元，全年林业旅游和休闲的人数达到31亿人次，发展势头强劲。

【**主要林产品产量与价格**】

木材产量 2017年，全国商品材总产量为8398万立方米，比2016年增长8.0%。此外，全国农民自用材采伐量527万立方米，农民烧材采伐量1804万立方米。

竹材产量 2017年，大径竹产量为27.2亿根，比2016年增长8.5%，其中毛竹16.1亿根，其他直径在5厘米以上的大径竹11.1亿根。竹产业产值达2346亿元。

人造板产量 2017年，全国人造板总产量为29 486万立方米，比2016年减少1.9%。其中胶合板17 195万立方米，纤维板6297万立方米，刨花板产量2778万立方米，其他人造板3216万立方米（细木工板占53%）。

木竹地板产量 木竹地板产量为8.3亿平方米，比2016年减少1.5%，其中实木地板1.3亿平方米，实木复合地板2.1亿平方米，强化木地板（浸渍纸层压木质地板）3.6亿平方米，竹地板等其他地板1.3亿平方米。

林产化工产品产量 2017年，全国松香类产品产量166万吨，比2016年减少9.4%。松节油类产品产量28万吨，樟脑产量1.5万吨，栲胶类产品产量4667吨。木炭、竹炭等木竹热解产品产量177万吨。

各类经济林产品产量 2017年，全国松香类产品产量166万吨，比2016年减少9.4%。松节油类产品产量28万吨，樟脑产量1.5万吨，栲胶类产品产量4667吨。木炭、竹炭等木竹热解产品产量177万吨。

花卉生产 2017年，花卉种植面积145万公顷，花卉及观赏苗木产业产值2499亿元。观赏苗木120亿株，切花切叶194亿支，盆栽植物50亿盆。花卉4108个，花卉企业6万家。花卉产业从业人员568万人。

【**林业系统在岗职工收入**】 2017年林业系统单位个数共计41 285个，年末人数共计140.1万人，其中在岗职工106.0万人，其他从业人员10.3万人，离开本单位仍保留劳动关系人员23.8万人。林业系统年末实有离退休人员106.7万人。

林业系统在岗职工年平均工资达到53 060元，比

---

① 采用国家四大区域的分类方法，即将全国划分为东部、中部、西部和东北四大区域。东部地区包括：北京、天津、河北、上海、江苏、浙江、福建、山东、广东、海南10个省（直辖市）；中部地区包括：山西、安徽、江西、河南、湖北、湖南6个省；西部地区包括：内蒙古、广西、重庆、四川、贵州、云南、西藏、陕西、甘肃、青海、宁夏、新疆12个省（自治区、直辖市）；东北地区包括：辽宁、吉林、黑龙江3个省和大兴安岭地区。

2016年增长13.6%。分地区看，东部地区林业系统在岗职工年平均工资最高，增速也最快，分别达到78 790元和19.8%；中部地区林业系统在岗职工年平均工资49 744元；西部地区林业系统在岗职工年平均工资为61 596元；东北地区林业系统在岗职工年平均工资为37 700元，比2016年增长8.8%，不仅工资水平最低，增速也最慢。分行业看，林业工程技术与规划管理、林业公共管理、林业科技交流推广、野生动植物保护与自然保护区管理等林业服务业年平均工资最高，平均工资超过7万元；木竹采运、木材加工等林业制造业年平均工资未超过4万元，工资水平最低且增长缓慢。

【林业安全生产】 2017年，林业系统未发生大的安全生产事故，林业生产事故轻伤人数比2016年有所增加，为449人次，林业生产事故重伤和死亡人数比2016年有所减少，分别为36人次和34人。

【林产品贸易】 2017年，中国林产品贸易进出口总额继续保持稳定增长，其中进口贸易额增长尤为显著。据海关统计数据分析，2017年中国林产品进出口总值为1500.5亿美元，比2016年增长10.1%。其中，出口746.5亿美元，比2016年增长1.4%；进口754.0亿美元，比2016年增长20.1%。从商品结构看，2017年中国在传统林产品的进口方面均实现大幅增长，主要由原木、锯材、纸浆、纸制品、天然橡胶、棕榈油等带动。但是主要林产品的出口依然面临较大压力，人造板等传统优势产品的出口呈现下降趋势。

重点林产品进口 2017年原木进口量5539.8万立方米，金额99.2亿美元，分别比2016年增长13.7%和22.7%；锯材进口量3740.2万立方米，金额100.7亿美元，分别比2016年增长18.7%和23.7%；纸、纸板及纸制品进口量487.4万吨，金额49.8亿美元，分别比2016年增长57.6%和26.2%。

重点林产品出口 2017年中国林产品出口额略高于上年，木制品、木家具、干鲜菌菇等林产品的总体出口额增长抵消了纤维板、胶合板、干鲜水果与坚果等林产品的出口额减少。木制品出口额61.4亿美元，比2016年增长5.8%；木家具出口3.7亿件，金额226.9亿美元，分别比2016年增长10.4%和2.2%；纤维板出口209.0万吨，金额11.4亿美元，分别比2016年增长0.4%和减少7.1%；胶合板出口1083.5万立方米，金额51.0亿美元，分别比2016年减少2.4%和3.4%。

（注：林产品进出口贸易数据为海关初步统计数，其他数据为林业统计年报数据。）

（刘建杰　于百川　林　琳）

林业规划

【全国湿地保护"十三五"实施规划】 2017年3月28日，国家林业局、国家发展改革委、财政部以林函规字〔2017〕40号印发《全国湿地保护"十三五"实施规划》。

规划期限 2016～2020年。

规划目标 到2020年，全国湿地面积不低于8亿亩，湿地保护率达50%以上，恢复退化湿地14万公顷，新增湿地面积20万公顷（含退耕还湿）；建立比较完善的湿地保护体系、科普宣教体系和监测评估体系，明显提高湿地保护管理能力，增强湿地生态系统的自然性、完整性和稳定性。

规划主要任务 根据湿地全面保护的要求，划定并严守湿地生态红线，对湿地实行分级管理，实现湿地总量控制。根据湿地重要程度，对国际重要湿地、国家重要湿地、国家级湿地自然保护区和国家湿地公园等重要湿地实施严格保护，禁止擅自占用这部分湿地。按照湿地面临的威胁和问题，突出重点并分类施策。对江河源头和上游的湿地，要以封禁等保护为主，重点加强对水资源和野生动植物的保护。对于大江大河中下游和沿海地区等湿地，要在严格控制开发利用和围垦强度的基础上，积极开展退化湿地恢复和修复，扩大湿地面积，引导湿地可持续利用。对西北干旱半干旱地区的湿地，重点加强水资源调配与管理，合理确定生活、生产和生态用水，确保湿地生态用水需求。

规划包括全面保护与恢复湿地、湿地保护与恢复重点工程、可持续利用示范和能力建设四方面建设内容。

一是全面保护与恢复湿地。把所有湿地纳入保护范围，并进行系统修复，发挥中央财政资金的引导作用，在全国范围内的重要湿地，开展湿地保护与恢复、退耕还湿和湿地生态效益补偿等项目。"十三五"期间，中国湿地保护的根本任务是建立湿地保护修复制度，全面保护与恢复湿地，确保全国湿地面积不低于8亿亩；管护湿地面积2391万公顷，占全国湿地总面积的44.60%，修复退化湿地14万公顷，新增湿地面积4.32万公顷；开展退耕还湿15.68万公顷；继续开展湿地生态效益补偿试点，对候鸟迁飞路线上的林业系统管理的重要湿地因鸟类等野生动物保护造成损失给予补偿。二是湿地保护与恢复重点工程建设。在湿地全面保护的要求下，对中国湿地生态区位重要、集中连片和迫切需要重点保护的湿地开展湿地保护与修复的工程建设。拟在168处湿地范围内实施湿地保护与恢复重点工程项目。其中，建设内容包括30处国际重要湿地、51处国家级湿地自然保护区、22处国家重要湿地中省级自然保护区和65处国家湿地公园。三是可持续利用示范工程建设。为了更好地促进湿地保护管理，选取典型性和代表性的不同形式的湿地资源合理利用成功模式开展示范工程项目建设。拟在福建漳江口、海南东寨港和清澜港等区域，建立2个全国红树林生态利用示范区；在全国范围内，开展退还湿地可持续利用项目20个，总面积6.77万公顷；开展31项湿地文化遗产保护的传承利用和湿地文化遗产保护传承示范项目；新建和续建39处野生稻等野生湿地植物保护小区，抢救性保护其重要原生生境。四是能力建设。在加大湿地资源调查监测、科技支撑、科普宣教等建设基础上，建立健全中国湿地资源调查监测系统、科普宣教体系和教育培训体系等管理信息系统。

【全国沿海防护林体系建设工程规划（2016～2025年）】 2017年5月4日，国家林业局、国家发展改革委以林规发〔2017〕38号印发《全国沿海防护林体系建设工程规划（2016～2025年）》。

规划期限 2016～2025年，分前期和后期，前期为2016～2020年，后期为2021～2025年。

规划目标 通过继续保护和恢复以红树林为主的一级基干林带，不断完善和拓展二、三级基干林带，持续开展纵深防护林建设，初步形成结构稳定、功能完备、多层次的综合防护林体系，使工程区内森林质量显著提升，防灾减灾能力明显提高，经济社会发展得到有效保障，城乡人居环境进一步改善。到2020年，森林覆盖率达到39.8%，林木覆盖率达到42.7%，红树林面积恢复率达到55.0%，基干林带达标率达到75.0%，老化基干林带更新率达到55.0%，农田林网控制率达到90.0%，村镇绿化率达到27.0%。到2025年，森林覆盖率达到40.8%，林木覆盖率达到43.5%，红树林面积恢复率达到95.0%，基干林带达标率达到90.0%，老化基干林带更新率达到95.0%，农田林网控制率达到95.0%，村镇绿化率达到28.5%。

分区布局 以气候带、自然灾害特点、行政单元为分区布局主导因子，将工程区从北至南划分为4个建设类型区，在4个建设类型区，根据海岸地貌特征、基质类型的不同，划分为13个类型亚区。环渤海湾沿海地区共99个县，1377万公顷，占工程区土地总面积的32.14%，海岸线长6378千米，其中大陆海岸线长5021千米，包括辽东半岛沙质基岩海岸丘陵区、辽中泥质海岸平原区、辽西冀东沙砾质海岸低山丘陵区、渤海湾淤泥质海岸平原区、山东半岛沙质基岩海岸丘陵区5个亚区。长三角沿海地区56个县（市、区），土地面积588万公顷，占工程区土地总面积的13.73%，海岸线长2251千米，其中大陆海岸线长1784千米，类型亚区是长江三角洲淤泥质海岸平原区。东南沿海地区共79个县（市、区），土地面积836万公顷，占工程区土地总面积的19.51%，海岸线长11 980千米，其中大陆海岸线长4981千米，包括舟山基岩海岸岛屿区、浙东南闽东基岩海岸山地丘陵区、闽中南沙质淤泥质海岸丘陵台地区3个类型亚区。珠三角及西南沿海地区包括粤东沙质淤泥质海岸丘陵台地区、珠江三角洲淤泥质海岸平原、粤西桂南沙质淤泥质海岸丘陵台地区及海南沙质基岩海岸丘陵区4个类型亚区，共110个县（市、区），土地面积1483万公顷，占工程区土地总面积的34.62%，海岸线长9289千米，其中大陆海岸线长6554千米。

建设内容 一是沿海基干林带建设，规划期建设总面积587 999公顷。其中，人工造林面积344 488公顷，占建设任务的58.6%；灾损基干林带修复面积161 832公顷，占27.5%；老化基干林带更新面积81 679公顷，占13.9%。规划前期安排总任务的55%，后期安排总任务的45%。二是纵深防护林建设，规划期建设总面积887 970公顷，其中，人工造林面积411 287公顷，占建设任务的46.3%；封山育林190 400公顷，占21.5%；低效防护林改造286 283公顷，占32.2%。规划前期安排总任务的55%，后期安排总任务的45%。三是科技支撑体系建设，包括科技攻关、成果转化、实验示范、技术培训和监测体系建设等五个方面。四是基础设施建设，包括损毁海堤修复、护岸护坡设施建设、森林防火设施、宣教碑牌、护林站点建设等。

【林业产业发展"十三五"规划】 2017年5月22日，国家林业局、国家发展改革委、科技部、工业和信息化部、财政部、中国人民银行、国家税务总局、国家食品药品监管总局、中国证监会、中国保监会、国务院扶贫办以林规发〔2017〕43号印发《林业产业发展"十三五"规划》。

规划期限 2016～2020年。

规划目标 到2020年，实现林业总产值达到8.7万亿元的总体目标。林业产业结构进一步优化，第一、二、三产业结构比例调整到27∶52∶21。森林资源支撑能力显著增强，林产品产量平稳较快增长，产业集中度和创新能力大幅提升，林业产业促进农民和林区职工增收贡献率明显提高，建立起适应市场经济的林产品生产、销售和服务的现代产业体系，形成有利于产业持续健康发展的政策、法规、标准体系和市场环境，实现林业产业发展模式由资源主导型向自主创新型、经营方式由粗放型向集约型、产业升级由分散扩张向龙头引领转变。

主要任务 一是着力供给侧结构性改革。二是强化林业产业创新发展。三是促进林业产业融合发展。四是推进林业产业集群发展。五是加强林业产业标准体系建设。六是加强林业产业品牌建设。七是扩大林业产业对外开放合作。

【"十三五"森林质量精准提升工程规划】 2017年7月25日，国家林业局、国家发展改革委、财政部以林规发〔2017〕91号印发《"十三五"森林质量精准提升工程规划》。

规划期限 2016～2020年。

规划目标 通过建设森林质量精准提升的支撑体系，建立森林质量精准提升工程建设标准，实施精准作业、精准管理和精准监测，着力推进全国天然林保育、人工林经营和灌木林复壮。"十三五"期间，基本完成各级森林经营规划和森林经营方案编制，全国林木良种使用率达到75%以上，科技进步贡献率达到55%以上。完成森林抚育4000万公顷，退化林修复1000万公顷。

到2020年，全国森林覆盖率提高1.38个百分点，森林蓄积量增加14亿立方米。乔木林每公顷蓄积量达到95立方米以上，年均生长量达到4.8立方米以上。混交林面积比例达45%以上，珍贵树种和大径级用材林面积比例达15%以上。森林年生态服务价值达15万亿元以上，森林植被总碳储量达95亿吨以上。全国森林生态资源持续增加，国土生态安全屏障更加稳固，优质生态产品和林产品更加丰富，加速推进林业现代化建设，为全面建成小康社会提供更好的生态条件。

总体布局 按照自然条件、森林类型、质量状况和主体功能相似的原则，将全国森林质量提升划分为6个片区。在全面停止天然林商业性采伐的同时，分区施策，确定各片区森林质量提升的主攻方向和重点，全面实施森林质量精准提升。长江片区包括上海、江苏、浙江、安徽、江西、湖北、湖南、广西、重庆、四川、贵州、云南、西藏、青海、甘肃等省（自治区、直辖市）部分地区，主攻方向是严格保护亚热带天然常绿针阔混交林，科学开展天然次生林提质，全面加强中幼龄林抚育和国家储备林培育，持续提升森林质量，着力增强蓄水固土、生物多样性保护、调节气候、减少面源污染等生态功能，健全长江绿色廊道，增加生态环境容量，培育亚热带针阔大径材和大型竹资源，筑牢青藏高原江河源头和长江经济带绿色低碳循环发展的生态资源屏障，改善和提升长江流域生态系统生态环境质量，使黄金水道产生黄金效益。南方片区包括长江以南，横断山脉以东的浙江、福建、江西、广东、广西、海南、贵州、云南等省（自治区）部分地区，主攻方向是严格保护亚热带原始常绿阔叶林和针阔混交林、热带天然季雨林和雨林，严禁将天然林改造为人工林，深入推进中幼龄林抚育、低效林修复和国家储备林培育，全面提升森林质量和林地生产力，增加林地产出，增强森林保持水土、保护生物多样性和堤岸防护等生态功能，筑牢南方丘陵山地带生态屏障，着力培育亚热带、热带珍贵阔叶树种和大径材，加快森林经营增效，促进经济转型发展。中部片区包括江苏、安徽、河南、山东、湖北、四川、陕西、甘肃等省部分地区，主攻方向是严格保护亚热带天然常绿落叶针阔混交林，持续推进退化次生林修复、人工林抚育和珍贵树种培育，建设国家储备林，恢复和增加森林资源总量，显著增强水源涵养、水土保持、物种保护和减少面源污染等生态功能，增加生态产品供给，防治水土流失和山洪地质灾害，提升生态环境质量和应对气候变化能力，维护长江、淮河中下游和南水北调中线生态安全。京津冀片区包括北京、天津、河北三省市全部，以及内蒙古中段南部、山西东部、辽宁西南部、山东西北部等区域，主攻方向是严格封育保护暖温带天然落叶阔叶林，全面推进森林抚育、退化防护林修复和景观林美化，推进国家储备林建设，构建功能完备的环首都生态屏障，扩大环京津冀生态容量，提高生态承载力，拱卫京津冀协同发展。西北片区包括内蒙古、山西、陕西、甘肃、青海、宁夏、新疆等省（自治区）部分地区，主攻方向是严格封育保护天然荒漠植被，全面推进老化防护林更新和以平茬为主的灌木林抚育经营，增加森林保存量，建设针阔混交、乔灌结合、复层异龄的防风固沙林（网），恢复和增强森林防风固沙、绿洲防护、保持水土等生态功能，构建完善的防沙御沙带，维护黄河中下游地区生态安全，培育优质特色经济林果，促进沙区生态型经济发展。东北片区包括黑龙江、吉林、辽宁中东部以及内蒙古森工集团、吉林森工集团、龙江森工集团、大兴安岭林业集团公司和长白山森工集团所属87个国有森工局的浅山丘陵地区，主攻方向是严格保护寒温带天然针叶林、中温带天然针阔混交林，科学开展次生林抚育提质和农田防护林更新，建设国家储备林，全面提升森林质量，加快促进森林资源恢复性增长，修复和增强东北森林带涵养水源、调节气候等生态功能，构筑农田防护屏障，防护东北平原、华北平原生态安全，增加寒（中）温带木材战略资源储备。

（闫钰倩）

林业固定资产投资建设项目批复统计

【**林业基础设施建设项目批复情况**】 2017年，国家林业局共审批林业基础设施建设项目247个，批复总投资482 493.9万元，包括中央投资400 887.0万元，地方配套投资81 606.9万元。其中，审批森林防火项目91个，批复总投资202 995.0万元（中央投资155 961.0万元，地方配套投资47 034.0万元）；国家级自然保护区基础设施建设项目23个，批复总投资42 389.0万元（中央投资33 940.0万元，地方配套投资8449.0万元）；国家林业局直属事业单位基础设施能力建设项目19个（包括初步设计26个、可行性研究报告31个），批复总投资63 249.0万元（中央投资60 595.0万元，建设单位自筹资金2654.0万元）；国有林区社会性公益性基础设施建设项目46个，批复总投资85 812.0万元（中央投资76 376.0万元，地方配套投资9436.0万元）；林业科技类基础设施建设项目28个，批复总投资14 769.0万元，全部由中央投资安排解决；其他基础设施建设项目2个，包括1个竣工验收项目和1个其他投资渠道建设项目初步设计，初步设计批复总投资21 792.9万元（中央专项经费安排3000万元，国家林业局配套投资5000.0万元，地方配套投资13 792.9万元）。

【**森林防火项目**】 共审批森林防火项目91个，批复总投资202 995.0万元，其中中央投资155 961.0万元，地方配套投资47 034.0万元。

表 19-1 森林防火项目投资

序号	项目名称	批复投资（万元）			批复文号
		总投资	中央	地方	
	森林防火项目	**202 995.0**	**155 961.0**	**47 034.0**	
（一）	高危区、高风险区森林防火项目	112 991.0	89 640.0	23 351.0	
1	河北省塞罕坝林区森林火灾高风险区综合治理建设项目	2157.0	1290.0	867.0	林规批字〔2017〕186号
2	山西省五台山国有林区森林火灾高风险区综合治理项目	1798.0	1080.0	718.0	林规批字〔2017〕130号
3	大兴安岭呼中林业局森林火灾高危区综合治理建设项目	2712.0	2170.0	542.0	林规批字〔2017〕150号
4	大兴安岭加格达奇林业局森林火灾高危区综合治理建设项目	2182.0	1750.0	432.0	林规批字〔2017〕163号
5	大兴安岭塔河林业局森林火灾高危区综合治理建设项目	1782.0	1430.0	352.0	林规批字〔2017〕183号
6	大兴安岭新林林业局森林火灾高危区综合治理项目	1442.0	1150.0	292.0	林规批字〔2017〕184号
7	大兴安岭西林吉林业局森林火灾高危区综合治理建设项目	1831.0	1470.0	361.0	林规批字〔2017〕185号
8	内蒙古得耳布尔林业局森林火灾高危区综合治理建设项目	1538.0	1230.0	308.0	林规批字〔2017〕141号
9	内蒙古伊图里河林业局森林火灾高危区综合治理建设项目	2030.0	1620.0	410.0	林规批字〔2017〕152号
10	内蒙古图里河林业局森林火灾高危区综合治理建设项目	2149.0	1720.0	429.0	林规批字〔2017〕155号
11	内蒙古大杨树林业局森林火灾高危区综合治理建设项目	3104.0	2480.0	624.0	林规批字〔2017〕156号
12	内蒙古兴安盟、森林火灾高危区综合治理建设项目	1880.0	1500.0	380.0	林规批字〔2017〕157号
13	内蒙古包头市森林火灾高风险区综合治理项目	2060.0	1650.0	410.0	林规批字〔2017〕160号
14	内蒙古库都尔林业局森林火灾高危区综合治理建设项目	1690.0	1350.0	340.0	林规批字〔2017〕187号
15	内蒙古莫尔道嘎林业局森林火灾高危区综合治理建设项目	1775.0	1420.0	355.0	林规批字〔2017〕188号
16	辽宁省朝阳市森林火灾高风险区综合治理建设项目	1938.0	1550.0	388.0	林规批字〔2017〕120号
17	辽宁阜新市森林火灾高风险区综合治理建设项目	2175.0	1740.0	435.0	林规批字〔2017〕134号
18	吉林省白石山林业局森林火灾高危区综合治理建设项目	1785.0	1430.0	355.0	林规批字〔2017〕127号
19	吉林省露水河林业局森林火灾高危区综合治理建设项目	2401.0	1920.0	481.0	林规批字〔2017〕140号
20	吉林省临江林业局森林火灾高危区综合治理建设项目	2280.0	1820.0	460.0	林规批字〔2017〕164号
21	吉林省威虎岭片区森林火灾高危区综合治理建设项目	2238.0	1790.0	448.0	林规批字〔2017〕165号
22	吉林省浑江流域森林火灾高危区综合治理建设项目	2060.0	1650.0	410.0	林规批字〔2017〕177号
23	吉林省哈泥河流域森林火灾高危区综合治理建设项目	2077.0	1660.0	417.0	林规批字〔2017〕179号
24	龙江森工张广才岭西坡林区森林火灾高危区综合治理建设项目	1811.0	1450.0	361.0	林规批字〔2017〕119号
25	龙江森工张广才岭东坡林区森林火灾高危区综合治理建设项目	1996.0	1600.0	396.0	林规批字〔2017〕125号
26	龙江森工牡丹江边境林区森林火灾高危区综合治理建设项目	1936.0	1550.0	386.0	林规批字〔2017〕135号
27	龙江大森工大平台西部林区森林火灾高危区综合治理建设项目	1424.0	1140.0	284.0	林规批字〔2017〕106号
28	龙江森工大平台东部林区森林火灾高危区综合治理建设项目	2766.0	2210.0	556.0	林规批字〔2017〕161号
29	龙江森工沾河顶子东部林区森林火灾高危区综合治理建设项目	2090.0	1670.0	420.0	林规批字〔2017〕162号
30	龙江森工小兴安岭中部林区森林火灾高危区综合治理建设项目	2194.0	1760.0	434.0	林规批字〔2017〕175号
31	安徽省皖南重点林区森林火灾高风险区综合治理建设项目	1355.0	810.0	545.0	林规批字〔2017〕113号
32	福建省龙岩市汀江中下游流域森林重点火险区综合治理工程项目	1395.0	1120.0	275.0	林规批字〔2017〕193号
33	江西省鄱阳湖东岸森林火灾高风险区综合治理项目	1363.0	1090.0	273.0	林规批字〔2017〕110号
34	广东省河源片森林火灾高风险区综合治理建设项目	1860.0	1490.0	370.0	林规批字〔2017〕112号
35	广东省梅州西片森林火灾高风险区综合治理建设项目	1610.0	1290.0	320.0	林规批字〔2017〕124号
36	广西梧州市西江流域森林火灾高风险区综合治理建设项目	1922.0	1540.0	382.0	林规批字〔2017〕176号
37	广西崇左市珠江水源地森林火灾高风险区综合治理建设项目	2317.0	1850.0	467.0	林规批字〔2017〕192号
38	重庆市云阳县森林火灾高风险区综合治理建设项目	1515.0	1212.0	303.0	林规批字〔2017〕24号

(续)

序号	项目名称	批复投资(万元)			批复文号
		总投资	中央	地方	
39	重庆市开县森林火灾高风险区综合治理建设项目	1360.0	1088.0	272.0	林规批字[2017]27号
40	四川省广元市森林火灾高风险区综合治理建设项目	2026.0	1620.0	406.0	林规批字[2017]111号
41	四川省阿坝州小金县等森林火灾高危险区综合治理项目	1933.0	1550.0	383.0	林规批字[2017]145号
42	四川省甘孜藏族自治州炉霍县等森林火灾高风险区综合治理项目	2672.0	2140.0	532.0	林规批字[2017]146号
43	贵州省独山县森林火灾高风险区综合治理建设项目	1603.0	1280.0	323.0	林规批字[2017]121号
44	贵州省荔波县森林火灾高风险区综合治理建设项目	1700.0	1360.0	340.0	林规批字[2017]122号
45	云南省文山州森林火灾高风险区综合治理项目	1721.0	1380.0	341.0	林规批字[2017]143号
46	云南省怒江州森林火灾高危区综合治理项目	1321.0	1060.0	261.0	林规批字[2017]144号
47	云南省曲靖市森林火灾高风险区综合治理项目	2480.0	1980.0	500.0	林规批字[2017]174号
48	西藏昌都市类乌齐县等森林火灾高危区(风险区)综合治理建设项目	1470.0	1470.0	0.0	林规批字[2017]117号
49	陕西延安黄龙山林区森林火灾高风险区综合治理建设项目	1420.0	1140.0	280.0	林规批字[2017]128号
50	陕西渭北山区森林火灾高风险区综合治理建设项目	1690.0	1350.0	340.0	林规批字[2017]129号
51	陕西省宝鸡市千山森林火灾高风险区综合治理建设项目	2166.0	1730.0	436.0	林规批字[2017]133号
52	陕西省榆林北部森林火灾高风险区综合治理建设项目	2333.0	1870.0	463.0	林规批字[2017]172号
53	陕西省安康市秦岭南麓森林火灾高风险区综合治理建设项目	2072.0	1660.0	412.0	林规批字[2017]190号
54	陕西省汉中市中部森林火灾高风险区综合治理建设项目	1642.0	1310.0	332.0	林规批字[2017]194号
55	甘肃省黑河流域森林火灾高风险区综合治理建设项目	1560.0	1250.0	310.0	林规批字[2017]123号
56	新疆阿尔泰东片区森林火灾高风险区综合治理建设项目	1313.0	1050.0	263.0	林规批字[2017]114号
57	新疆阿勒泰地区乌伦古河流域森林火灾高风险区综合治理项目	1353.0	1080.0	273.0	林规批字[2017]115号
58	新疆昌吉天山博格达森林火灾高风险区综合治理建设项目	1720.0	1380.0	340.0	林规批字[2017]116号
59	新疆阿克苏地区森林火灾高风险区综合治理建设项目	2798.0	2240.0	558.0	林规批字[2017]195号
(二)	森林防火其他项目	90 004.0	66 321.0	23 683.0	
60	河北承德航空护林站建设项目	4882.0	2260.0	2622.0	林规批字[2017]170号
61	内蒙古自治区呼伦贝尔市森林防火数字通信系统建设项目	1858.0	1490.0	368.0	林规批字[2017]118号
62	内蒙古乌兰浩特五岔沟航空护林站改扩建项目	3002.0	2400.0	602.0	林规批字[2017]136号
63	内蒙古大兴安岭林区森林火灾高危区卫星通信、机动通信系统建设项目	2345.0	1880.0	465.0	林规批字[2017]151号
64	内蒙古大兴安岭中南部林区超短波森林防火通信系统建设项目	3252.0	2600.0	652.0	林规批字[2017]153号
65	内蒙古大兴安岭东北部超短波森林防火通信系统建设项目	3247.0	2600.0	647.0	林规批字[2017]154号
66	内蒙古兴安盟、锡林郭勒盟森林防火通信系统建设项目	1155.0	920.0	235.0	林规批字[2017]107号
67	内蒙古根河航空护林站改扩建项目	3030.0	2420.0	610.0	林规批字[2017]158号
68	内蒙古乌兰察布市凉城航空护林站建设项目	3302.0	2640.0	662.0	林规批字[2017]159号
69	吉林省龙岗山脉林火监控系统建设项目	1827.0	1460.0	367.0	林规批字[2017]108号
70	吉林省长白林区林火监控系统建设项目	1721.0	1380.0	341.0	林规批字[2017]126号
71	吉林省延边北部林火监测系统建设项目	2548.0	2040.0	508.0	林规批字[2017]178号
72	吉林省泉阳林业局、三岔子林业局林火监控系统建设项目	1728.0	1380.0	348.0	林规批字[2017]189号
73	黑龙江大兴安岭塔河航空护林站森林防火无人机建设项目购置方案(代初步设计)	2500.0	2000.0	500.0	林规批字[2017]49号
74	黑龙江大兴安岭中部地区综合扑火指挥基地建设项目	2586.0	2070.0	516.0	林规批字[2017]104号
75	黑龙江省哈尔滨航空护林站建设项目	3039.0	2431.0	608.0	林规批字[2017]105号
76	黑龙江省森林防火机械化灭火队建设项目	3110.0	2490.0	620.0	林规批字[2017]147号
77	黑龙江大兴安岭森林防火信息指挥系统建设项目	2410.0	1930.0	480.0	林规批字[2017]149号

(续)

序号	项目名称	批复投资(万元)			批复文号
		总投资	中央	地方	
78	黑龙江省森林防火指挥系统建设项目	3036.0	2430.0	606.0	林规批字〔2017〕148号
79	黑龙江省"三江"林区森林防火通信系统建设项目	3050.0	2440.0	610.0	林规批字〔2017〕181号
80	浙江省航空护林站建设项目	3562.0	2020.0	1542.0	林规批字〔2017〕180号
81	安徽省安庆市生物防火隔离带建设项目	2935.0	2350.0	585.0	林规批字〔2017〕138号
82	江西省航空护林直升机机场项目	4171.0	2130.0	2041.0	林规批字〔2017〕171号
83	山东省泰徂蒙山系无线通信指挥系统项目	3020.0	1810.0	1210.0	林规批字〔2017〕139号
84	湖北省幕阜山区生物防火隔离带建设项目	3055.0	1830.0	1225.0	林规批字〔2017〕191号
85	湖南省森林航空消防直升机机场建设项目	3960.0	2380.0	1580.0	林规批字〔2017〕137号
86	海南省森林防火通信系统建设项目	2845.0	2280.0	565.0	林规批字〔2017〕173号
87	云南省红河州生物防火隔离带建设项目	2576.0	2060.0	516.0	林规批字〔2017〕142号
88	陕西宝鸡航空护林站升级改造项目	2630.0	2100.0	530.0	林规批字〔2017〕131号
89	陕西省延安桥山航空护林站建设项目	2669.0	2140.0	529.0	林规批字〔2017〕132号
90	青海省森林防火指挥系统建设项目	2353.0	1880.0	473.0	林规批字〔2017〕109号
91	青海省西宁、海东、海北、海西地区森林防火通信系统建设项目	2600.0	2080.0	520.0	林规批字〔2017〕182号

【国家级自然保护区建设项目】 共审批国家级自然保护区基础设施建设项目23个，批复总投资42 389.0万元，其中中央投资33 940.0万元，地方配套投资8449.0万元。

表19-2 国家级自然保护区建设项目投资

序号	项目名称	批复投资(万元)			批复文号
		总投资	中央	地方	
	国家级自然保护区	**42 389.0**	**33 940.0**	**8449.0**	
1	河北驼梁国家级自然保护区基础设施项目	2042.0	1630.0	412.0	林规批字〔2017〕230号
2	河北大海陀国家级自然保护区保护与监测设施项目	1490.0	1190.0	300.0	林规批字〔2017〕231号
3	山西灵空山国家级自然保护区基础设施建设项目	1259.0	1010.0	249.0	林规批字〔2017〕242号
4	辽宁葫芦岛虹螺山国家级自然保护区基础设施建设项目	1975.0	1580.0	395.0	林规批字〔2017〕234号
5	吉林龙湾国家级自然保护区保护与监测设施建设项目	2611.0	2090.0	521.0	林规批字〔2017〕228号
6	吉林三湖国家级自然保护区科研监测设施建设项目	1277.0	1020.0	257.0	林规批字〔2017〕229号
7	黑龙江三环泡国家级自然保护区基础设施建设项目	1572.0	1260.0	312.0	林规批字〔2017〕226号
8	黑龙江中央站黑嘴松鸡国家级自然保护区基础设施建设项目	1521.0	1220.0	301.0	林规批字〔2017〕241号
9	黑龙江明水国家级自然保护区基础设施建设项目	2388.0	1910.0	478.0	林规批字〔2017〕222号
10	黑龙江茅兰沟国家级自然保护区基础设施建设项目	2011.0	1610.0	401.0	林规批字〔2017〕223号
11	黑龙江太平沟国家级自然保护区基础设施建设项目	1918.0	1530.0	388.0	林规批字〔2017〕225号
12	黑龙江碧水中华秋沙鸭国家级自然保护区基础设施建设项目	2399.0	1920.0	479.0	林规批字〔2017〕227号
13	黑龙江南瓮河国家级自然保护区监测工程建设项目	2007.0	1610.0	397.0	林规批字〔2017〕224号
14	浙江大盘山国家级自然保护区基础设施建设项目	1621.0	1300.0	321.0	林规批字〔2017〕239号
15	浙江天目山国家级自然保护区基础设施建设工程	1732.0	1390.0	342.0	林规批字〔2017〕235号
16	湖北十八里长峡国家级自然保护区基础设施建设项目	2162.0	1730.0	432.0	林规批字〔2017〕237号
17	湖南白云山国家级自然保护区基础设施建设项目	1719.0	1380.0	339.0	林规批字〔2017〕233号
18	湖南壶瓶山国家级自然保护区基础设施建设项目	1700.0	1360.0	340.0	林规批字〔2017〕232号
19	广西崇左白头叶猴国家级自然保护区基础设施建设项目	1989.0	1590.0	399.0	林规批字〔2017〕244号
20	重庆五里坡国家级自然保护区基础设施建设项目	1637.0	1310.0	327.0	林规批字〔2017〕238号
21	贵州宽阔水国家级自然保护区保护与监测工程建设项目	1558.0	1250.0	308.0	林规批字〔2017〕243号
22	陕西米仓山国家级自然保护区基础设施项目	1981.0	1590.0	391.0	林规批字〔2017〕236号
23	云南黄连山国家级自然保护区保护与监测工程建设项目	1820.0	1460.0	360.0	林规批字〔2017〕245号

【部门自身能力建设项目】 共审批国家林业局直属事业单位基础设施能力建设项目19个(包括初步设计26个、可行性研究报告31个),批复总投资63 249.0万元,其中中央投资60 595.0万元,建设单位自筹资金2654.0万元。

表19-3 部门自身能力建设项目投资

序号	项目名称	批复投资(万元)			批复文号
		总投资	中央	地方	
一	**直属单位初步设计(26个)**	**51 487.0**	**51 246.0**	**241.0**	
1	国家林业局管理干部学院院区地下管网维修改造工程初步设计	2681.0	2681.0	0.0	林规批字[2017]18号
2	中国林科院消防安全监控系统建设项目初步设计	2013.0	2013.0	0.0	林规批字[2017]19号
3	海南霸王岭森林生态系统国家定位观测研究站建设项目初步设计	501.0	501.0	0.0	林规批字[2017]25号
4	中国林科院京区大院锅炉改造建设项目初步设计	1530.0	1530.0	0.0	林规批字[2017]30号
5	国家林业局森林防火工程技术研究基地实验室建设项目初步设计	3235.0	2994.0	241.0	林规批字[2017]31号
6	南京森林警察学院泗渡池改造工程建设项目初步设计	2988.0	2988.0	0.0	林规批字[2017]41号
7	海南三亚竹藤伴生林生态系统国家定位观测研究站建设项目初步设计	614.0	614.0	0.0	林规批字[2017]50号
8	国家林业局自然保护区及野生动植物西南监测中心建设项目调整初步设计的批复	1755.0	1755.0	0.0	林规批字[2017]51号
9	极轨卫星林火监测系统建设项目初步设计	954.0	954.0	0.0	林规批字[2017]53号
10	国家林业局竹子中心实验室建设项目初步设计	2878.0	2878.0	0.0	林规批字[2017]54号
11	南京森林警察学院学生训练楼建设项目初步设计	2981.0	2981.0	0.0	林规批字[2017]55号
12	中国林科院亚林中心实验基地管护设施建设项目初步设计	2960.0	2960.0	0.0	林规批字[2017]56号
13	国家林业局调查规划设计院涉密数据处理中心电力增容工程初步设计	765.0	765.0	0.0	林规批字[2017]57号
14	国家林业局森林碳汇计量实验室建设项目初步设计	2939.0	2939.0	0.0	林规批字[2017]59号
15	国家林业局昆明勘察设计院监测检验实验室危房改造工程项目初步设计	2660.0	2660.0	0.0	林规批字[2017]60号
16	甘肃白水江大熊猫栖息地重点森林火险区综合治理工程初步设计	1896.0	1896.0	0.0	林规批字[2017]61号
17	陕西佛坪国家级自然保护区野生动物动态监测和森林群落监测工程建设项目初步设计	1336.0	1336.0	0.0	林规批字[2017]62号
18	国家林业局林化产品质量检验检测中心实验室建设项目初步设计	2044.0	2044.0	0.0	林规批字[2017]166号
19	中国林科院资源昆虫研究所森林防火基础设施建设项目初步设计	892.0	892.0	0.0	林规批字[2017]167号
20	南方国家级种苗示范基地森林防火工程建设项目初步设计	660.0	660.0	0.0	林规批字[2017]168号
21	四川卧龙自然保护区供排水设施恢复改造建设项目初步设计	2393.0	2393.0	0.0	林规批字[2017]169号
22	国家林业局热带珍贵树种繁育利用研究中心科研实验室建设项目初步设计	2325.0	2325.0	0.0	林规批字[2017]201号
23	中国林科院黄河三角洲综合试验中心野外试验站建设项目初步设计	1194.0	1194.0	0.0	林规批字[2017]202号
24	国家林业局滨海林业研究中心试验基地基础设施建设项目初步设计	2262.0	2262.0	0.0	林规批字[2017]203号
25	中国林科院辽东湾盐渍荒漠化综合试验基地建设项目初步设计	2177.0	2177.0	0.0	林规批字[2017]204号
26	国家林业局碳卫星海南试验站建设工程初步设计	2854.0	2854.0	0.0	林规批字[2017]205号
二	**直属单位可研批复(31个)**	**63 249.0**	**60 595.0**	**2654.0**	
1	国家林业局昆明勘察设计院监测检验实验室危房改造工程	2424.0	2424.0	0.0	林规批字[2017]1号
2	国家林业局碳卫星海南试验站建设工程	2854.0	2854.0	0.0	林规批字[2017]2号

(续)

序号	项目名称	批复投资(万元)			批复文号
		总投资	中央	地方	
3	国家林业局森林生态环境与森林保护学重点实验室科研仪器设备购置项目	933.0	933.0	0.0	林规批字〔2017〕20号
4	国家林业局热带珍贵树种繁育利用研究中心科研实验室建设工程	2425.0	2425.0	0.0	林规批字〔2017〕21号
5	中国林科院京区大院锅炉改造建设项目	1409.0	1409.0	0.0	林规批字〔2017〕22号
6	中国林科院辽东湾盐渍荒漠化综合试验基地建设项目	2417.0	2417.0	0.0	林规批字〔2017〕23号
7	中国林科院北京汉石桥湿地生态系统国家定位观测研究站建设项目	608.0	608.0	0.0	林规批字〔2017〕26号
8	国家林业局林化产品质量检验检测中心实验室建设项目	1942.0	1942.0	0.0	林规批字〔2017〕28号
9	中国林科院亚热林业中心实验基地管护设施建设项目	2918.0	2918.0	0.0	林规批字〔2017〕29号
10	卧龙自然保护区供排水设施恢复改造建设项目	2264.0	2264.0	0.0	林规批字〔2017〕32号
11	中国林科院黄河三角洲综合试验中心野外试验站建设项目	1194.0	1194.0	0.0	林规批字〔2017〕33号
12	国家林业局木材科学与技术重点实验室仪器设备更新购置项目	2506.0	2506.0	0.0	林规批字〔2017〕34号
13	国家林业局泡桐中心研究开发中心实验室改造工程	915.0	915.0	0.0	林规批字〔2017〕35号
14	国家林业局滨海林业研究中心试验基地基础设施建设项目	2199.0	2199.0	0.0	林规批字〔2017〕36号
15	国家林业局竹子研究开发中心实验室建设项目	2878.0	2878.0	0.0	林规批字〔2017〕37号
16	国家林业局昆明勘察设计院8号楼危房加固改造及院区配套工程建设项目	2654.0	0.0	2654.0	林规批字〔2017〕58号
17	甘肃白水江国家级自然保护区视频会议系统建设项目	1440.0	1440.0	0.0	林规批字〔2017〕91号
18	中国大熊猫保护研究中心都江堰青城山基地扩建项目	2361.0	2361.0	0.0	林规批字〔2017〕92号
19	国家林业局卫星林业应用中心业务用房改造工程项目	2652.0	2652.0	0.0	林规批字〔2017〕93号
20	中国林科院亚林中心科研基础设施改造项目	2619.0	2619.0	0.0	林规批字〔2017〕94号
21	寒温带林业研究中心科研仪器设备购置项目	1511.0	1511.0	0.0	林规批字〔2017〕95号
22	南方航空护林总站森林防火协调指挥中心设施设备更新改造项目	998.0	998.0	0.0	林规批字〔2017〕96号
23	北方航空护林飞行灭火信息管理系统设备购置项目	1844.0	1844.0	0.0	林规批字〔2017〕97号
24	中国大熊猫保护研究中心雅安碧峰峡基地改造升级项目	2406.0	2406.0	0.0	林规批字〔2017〕98号
25	中国林科院森林生态环境与保护研究所森林生态环境模拟实验室项目	1461.0	1461.0	0.0	林规批字〔2017〕100号
26	南京森林警察学院图书馆改造工程项目	2749.0	2749.0	0.0	林规批字〔2017〕101号
27	静止卫星林火监测系统建设项目	1799.0	1799.0	0.0	林规批字〔2017〕102号
28	国家林业局竹子中心竹建筑新材料试验基地建设项目	2685.0	2685.0	0.0	林规批字〔2017〕196号
29	国家林业局碳卫星海南试验站设备采购及集成项目	2782.0	2782.0	0.0	林规批字〔2017〕197号
30	华南极轨卫星林火监测系统建设项目	1642.0	1642.0	0.0	林规批字〔2017〕240号
31	热带竹藤花卉种质资源保存库建设项目	1760.0	1760.0	0.0	林规批字〔2017〕246号

【国有林区社会性公益性基础设施建设项目】 共审批国有林区社会性公益性基础设施建设项目46个，批复总投资85 812.0万元，其中中央投资76 376.0万元，地方配套投资9436.0万元。

表19-4 国有林区社会性公益性基础设施建设项目投资

序号	项目名称	批复投资(万元)			批复文号
		总投资	中央	地方	
	森工非经营性项目	85 812.0	76 376.0	9436.0	
1	内蒙古库都尔林业局局址基础设施建设项目	679.0	611.0	68.0	林规批字〔2017〕3号
2	吉林省林业温泉医院改扩建项目	1118.0	1006.0	112.0	林规批字〔2017〕4号
3	黑龙江省五营林业局职工医院改扩建项目	889.0	800.0	89.0	林规批字〔2017〕5号
4	内蒙古大兴安岭林区电子政务网络平台建设项目	1370.0	1233.0	137.0	林规批字〔2017〕6号

(续)

序号	项目名称	批复投资（万元）			批复文号
		总投资	中央	地方	
5	大兴安岭松岭林业局职工医院改扩建项目	2279.0	2051.0	228.0	林规批字〔2017〕7号
6	大兴安岭呼中林业局职工医院改扩建项目	2664.0	2398.0	266.0	林规批字〔2017〕8号
7	大兴安岭林业育才中学改扩建项目	1511.0	1360.0	151.0	林规批字〔2017〕9号
8	大兴安岭西林吉林业局局址排水管网工程	3100.0	2790.0	310.0	林规批字〔2017〕10号
9	黑龙江省绥棱林业局小学改扩建项目	1269.0	1142.0	127.0	林规批字〔2017〕11号
10	黑龙江省鹤立林业局医院改扩建项目	996.0	896.0	100.0	林规批字〔2017〕12号
11	黑龙江省苇河林业局中心幼儿园建设项目	1590.0	1431.0	159.0	林规批字〔2017〕13号
12	黑龙江省方正林业局医院改扩建项目	2360.0	2124.0	236.0	林规批字〔2017〕14号
13	黑龙江省朗乡林业局第一中学改扩建项目	2039.0	1835.0	204.0	林规批字〔2017〕15号
14	黑龙江省八面通林业局九年制学校改扩建项目	1072.0	965.0	107.0	林规批字〔2017〕16号
15	内蒙古吉文林业局局址基础设施建设项目	1174.0	1057.0	117.0	林规批字〔2017〕17号
16	吉林省红石林业局局址供水系统扩容工程建设项目	2850.0	2565.0	285.0	林规批字〔2017〕38号
17	大兴安岭阿木尔林业局局址排水设施建设项目	2249.0	2024.0	225.0	林规批字〔2017〕63号
18	新疆天山东部国有林管理局森工非经营性基础设施建设项目（西片区）	2063.0	1650.0	413.0	林规批字〔2017〕64号
19	新疆天山东部国有林管理局森工非经营性基础设施建设项目（中片区）	1122.0	898.0	224.0	林规批字〔2017〕65号
20	黑龙江省新青林业局职工医院建设项目	2984.0	2686.0	298.0	林规批字〔2017〕66号
21	黑龙江省南岔林业局局址给水改扩建工程	2495.0	2246.0	249.0	林规批字〔2017〕67号
22	黑龙江省兴隆林业局中心幼儿园建设项目	2199.0	1979.0	220.0	林规批字〔2017〕68号
23	黑龙江省苇河林业局水毁道路与涵洞恢复重建项目	2378.0	2140.0	238.0	林规批字〔2017〕69号
24	黑龙江省林口林业局中学改扩建项目	927.0	834.0	93.0	林规批字〔2017〕70号
25	黑龙江省桦南林业局东风小学改扩建设项目	2643.0	2379.0	264.0	林规批字〔2017〕71号
26	黑龙江省金山屯林业局高级中学建设工程	1961.0	1765.0	196.0	林规批字〔2017〕72号
27	黑龙江省乌马河林业局中心幼儿园项目	2089.0	1880.0	209.0	林规批字〔2017〕73号
28	黑龙江省海林林业局子弟小学教学楼改扩建项目	1956.0	1760.0	196.0	林规批字〔2017〕74号
29	黑龙江生态工程职业学院实习实训基地及风雨操场建设项目	3068.0	2761.0	307.0	林规批字〔2017〕75号
30	大兴安岭十八站林业局局址供水改扩建工程项目	2530.0	2277.0	253.0	林规批字〔2017〕76号
31	大兴安岭林业中心医院改扩建工程建设项目	1477.0	1329.0	148.0	林规批字〔2017〕77号
32	内蒙古乌尔旗汉林业局局址基础设施建设项目	2658.0	2392.0	266.0	林规批字〔2017〕78号
33	内蒙古满归林业局局址基础设施建设项目	2933.0	2640.0	293.0	林规批字〔2017〕79号
34	内蒙古绰尔林业局局址基础设施建设项目	1266.0	1139.0	127.0	林规批字〔2017〕80号
35	内蒙古伊图里河林业局局址基础设施建设项目	900.0	810.0	90.0	林规批字〔2017〕81号
36	吉林省汪清林业局中心林场排水设施建设项目	1854.0	1669.0	185.0	林规批字〔2017〕82号
37	吉林省湾沟林业局中心林场排水设施建设项目	1573.0	1416.0	157.0	林规批字〔2017〕83号
38	吉林省露水河林业局中心林场排水设施建设项目	833.0	750.0	83.0	林规批字〔2017〕84号
39	吉林省敦化林业局中心林场排水设施建设项目	1527.0	1374.0	153.0	林规批字〔2017〕85号
40	吉林省白石山林业局水毁道桥恢复重建工程	2833.0	2550.0	283.0	林规批字〔2017〕86号
41	吉林省天桥岭林业局中心林场排水设施建设项目	1416.0	1274.0	142.0	林规批字〔2017〕87号
42	吉林省珲春林业局中心林场排水设施建设项目	1667.0	1500.0	167.0	林规批字〔2017〕88号
43	新疆维吾尔自治区阿尔泰山国有林管理局东片区给排水等基础设施建设项目	1708.0	1366.0	342.0	林规批字〔2017〕89号
44	甘肃省白龙江林业管理局洮河林业局局场址基础设施建设项目	1919.0	1535.0	384.0	林规批字〔2017〕90号
45	云南省南盘江林业局等8家重点森工企业给排水及供电改造建设项目	1723.0	1378.0	345.0	林规批字〔2017〕99号
46	黑龙江省苇河林业局局址给水改扩建建设项目	1901.0	1711.0	190.0	林规批字〔2017〕199号

【林业科技类基础设施建设项目】 共审批林业科技类基础设施建设项目28个，批复总投资14 769.0万元，全部由中央投资安排解决。

表19-5 林业科技类基础设施建设项目投资

序号	项目名称	批复投资（万元）			批复文号
		总投资	中央	地方	
	林业科技基础设施	**14 769.0**	**14 769.0**	**0.0**	
1	内蒙古杭锦荒漠生态系统国家定位观测研究站建设项目	550.0	550.0	0.0	林规批字〔2017〕39号
2	国家林业局经济林产品质量检验检测中心（太原）建设项目	334.0	334.0	0.0	林规批字〔2017〕40号
3	广东深圳城市森林生态系统国家定位观测研究站建设项目	490.0	490.0	0.0	林规批字〔2017〕42号
4	宁夏银川城市森林生态系统国家定位观测研究站建设项目	541.0	541.0	0.0	林规批字〔2017〕43号
5	云南建水荒漠生态系统国家定位观测研究站建设项目	509.0	509.0	0.0	林规批字〔2017〕44号
6	甘肃河西走廊森林生态系统国家定位观测研究站建设项目	487.0	487.0	0.0	林规批字〔2017〕45号
7	宁夏黄河湿地生态系统国家定位观测研究站建设项目	542.0	542.0	0.0	林规批字〔2017〕46号
8	新疆西天山森林生态系统国家定位观测研究站建设项目	522.0	522.0	0.0	林规批字〔2017〕47号
9	国家林业局林产品质量检验检测中心（西安）改扩建项目	443.0	443.0	0.0	林规批字〔2017〕48号
10	国家林业局中南速生材繁育重点实验室设备购置项目	361.0	361.0	0.0	林规批字〔2017〕103号
11	国家林业局林产品质量检验检测中心（石家庄）改扩建项目	382.0	382.0	0.0	林规批字〔2017〕198号
12	国家林业局林产品质量检验检测中心（长春）经济林产品检验检测设施设备建设项目	389.0	389.0	0.0	林规批字〔2017〕200号
13	国家林业局经济林产品质量检验检测中心（昆明）改扩建项目	376.0	376.0	0.0	林规批字〔2017〕206号
14	辽宁白石砬子森林生态系统国家定位观测研究站扩建项目	549.0	549.0	0.0	林规批字〔2017〕207号
15	河北北戴河滨海湿地生态站建设项目	671.0	671.0	0.0	林规批字〔2017〕208号
16	新疆阿克苏森林生态系统国家定位观测研究站建设项目	523.0	523.0	0.0	林规批字〔2017〕209号
17	浙江杭嘉湖平原森林森林生态系统国家定位研究站建设项目	780.0	780.0	0.0	林规批字〔2017〕210号
18	河南原阳黄河故道沙地生态系统国家定位研究观测站建设项目	549.0	549.0	0.0	林规批字〔2017〕211号
19	青海祁连山南坡森林生态系统国家定位观测研究站建设项目	540.0	540.0	0.0	林规批字〔2017〕212号
20	河北衡水湖湿地生态系统定位观测研究站建设项目	713.0	713.0	0.0	林规批字〔2017〕213号
21	江苏扬州城市森林生态系统国家定位观测研究站建设项目	556.0	556.0	0.0	林规批字〔2017〕214号
22	重庆山地型城市森林生态系统国家定位观测研究站建设项目	560.0	560.0	0.0	林规批字〔2017〕215号
23	湖北幕阜山竹林生态系统国家定位观测研究站建设项目	571.0	571.0	0.0	林规批字〔2017〕216号
24	内蒙古赤峰森林生态系统定位观测研究站建设工程项目	577.0	577.0	0.0	林规批字〔2017〕217号
25	湖南慈利森林生态系统国家定位观测研究站建设项目	556.0	556.0	0.0	林规批字〔2017〕218号
26	新疆博斯腾湖湿地生态系统国家定位观测研究站建设项目	569.0	569.0	0.0	林规批字〔2017〕219号
27	江西庐山森林生态系统定位观测研究站建设项目	565.0	565.0	0.0	林规批字〔2017〕220号
28	甘肃白龙江森林生态系统国家定位观测研究站建设项目	564.0	564.0	0.0	林规批字〔2017〕221号

【其他基础设施建设项目】 共审批其他基础设施建设项目2个，包括1个竣工验收项目和1个其他投资渠道建设项目初步设计，初步设计批复总投资21 792.9万元，其中中央专项经费安排3000万元，国家林业局配套投资5000.0万元，地方配套投资13 792.9万元。

表19-6 其他基础设施建设项目投资

序号	项目名称	批复投资（万元）			批复文号
		总投资	中央	地方	
	其他	**21 792.9**	**8000.0**	**13 792.9**	
1	国家林业局关于高分辨率遥感影像在天然林保护业务中的应用项目竣工验收的批复	—	—	—	林规批字〔2017〕52号
2	林业生态建设与保护北斗示范应用系统工程初步设计	21 792.9	8000.0	13 792.9	林规批字〔2017〕247号

【林业建设项目审批监管平台情况】 为提升林业建设项目管理水平，进一步规范项目审批程序，提高审批效率，2016年国家林业局启动了林业建设项目网上审批监管平台（以下简称"平台"）建设。2017年5月，国家

林业局平台与国家发展改革委项目平台完成对接，对接后各省厅通过国家林业局平台申报项目，能够从国家发展改革委平台自动获取项目代码。

2107全年，林业建设项目网上审批监管平台共受理国家林业局各省区及局直属单位基本建设项目403个，申报总投资116.9亿元，其中申请中央投资94.4亿元。按照国家林业局林业基本建设项目审查程序和平台运转流程，截至11月底，符合国家投资储备要求的176个项目顺利完成了审批，批复项目总投资34.2亿元，其中中央投资28.1亿元。

（闫春丽　富玫妹）

林业基本建设投资

【**林业基本建设投资情况**】　营造林生产计划。按照2016～2018年营造林生产滚动计划，2017年安排营造林任务1466.67万公顷，其中：造林任务666.67万公顷、森林抚育任务800万公顷。

2017年全年共安排中央林业基本建设投资176.36亿元，其中：天保工程14亿元、京津风沙源工程8.9亿元、石漠化治理工程9.7亿元、防护林工程36亿元、退耕还林还草工程46.2亿元、林业棚户区改造工程3.4亿元、湿地保护与恢复工程3亿元、林木种质资源保护工程1亿元、林业有害生物防治能力提升建设1亿元、森林防火项目12亿元、东北、内蒙古重点国有林区防火应急道路试点2亿元、国家级自然保护区基础设施建设3亿元、部门自身建设2.6亿元、国有林区基础设施建设2亿元、特殊及珍稀林木培育等林业小专项6.84亿元、国家公园体制试点建设7.5亿元、国家森林公园保护利用设施建设2.42亿元、西藏生态屏障保护工程7亿元、三江源生态保护工程4亿元、国有林区（林场）管护用房建设试点2亿元、祁连山林地保护与建设1亿元、森林防火应急大型装备购置0.8亿元。

棚户区改造工作。2017年，安排林业棚户区（危旧房）改造任务2.2万户，其中：安排棚户区建设任务1.9万户、危旧房建设任务0.3万户，安排中央投资3.4亿元。

编制印发《国有林区（林场）管护用房建设试点方案（2017～2019）》，经积极争取，落实中央投资2亿元，在五大森工集团和内蒙古自治区、江西省、广西壮族自治区3省（区）启动实施国有林区（林场）管护用房建设试点，为国有林区、林场开展好森林资源管护工作提供基础保障。

【**国家公园建设情况及工作推进情况**】　2017年，国家开辟国家公园体制试点专项投资渠道，安排中央投资9亿元用于国家公园体制试点基础设施建设（含国家林业局牵头的东北虎豹、大熊猫等国家公园3.6亿元），其中，安排林业基础设施建设中央投资7.5亿元。

【**森林质量精准提升工作进展**】　2017年，国家林业局启动森林质量精准提升工程，实施森林质量精准提升工程示范项目12个，按照每亩500元的标准，安排退化林修复、集约人工林栽培76万亩，共安排中央投资3.8亿元。

（孙嘉伟　郭伟）

林业区域发展

【**林业对口援疆会议**】　国家林业局组织19个对口援疆省市于9月18～19日在新疆阿克苏市召开"2017年全国林业对口援疆工作会议"。会议期间，国家林业局分别与新疆维吾尔自治区人民政府、新疆生产建设兵团、中国农业发展银行签署了《支持南疆深度贫困地区林果业提质增效合作协议》和《南疆林果业科技支撑战略合作协议》，成立了"南疆林果业发展科技支撑专家组"；有关企业签订了《推进农业产业化"十城百店"战略合作框架协议》，国务院扶贫办、中国农业发展银行和浙江、广东省林业部门相关人员作了典型发言。同时，举办了第四届新疆特色果品（阿克苏）交易会，交易会首次邀请19个援疆省市林果企业参展。交易会期间达成购销协议138项，交易特色农产品37.8万吨、交易金额达57亿元，较上年增长11.2%。会议得到了国务院副总理汪洋的充分肯定，其给予了"卓有成效，继续努力"的批示。

【**区域发展工作**】　配合国家发改委、环保部、国家民委等部门完成了京津冀、长江经济带、东部振兴、西部开发、中部崛起、革命老区、民族地区、稳边固边等涉及林业的相关工作。编制完成《长江经济带森林和湿地生态系统保护与修复规划（2016～2020年）》《长江沿江重点湿地保护修复工程规划（2016～2020年）》，联合国家发展改革委印发《关于加强长江经济带造林绿化的指导意见》。

（陆诗雷　解炜炜）

林业扶贫开发

【林业扶贫】

开展生态护林员扶贫 安排2017年生态护林员计划。习近平总书记在山西深度贫困地区脱贫攻坚座谈会上再次强调:"对生态脆弱的禁止开发区和限制开发区群众增加护林员等公益岗位"。为深入贯彻落实习近平总书记扶贫开发重要思想和生态护林员脱贫的重要指示精神,2017年,国家林业局会同财政部、国务院扶贫办联合下发了《国家林业局办公室 财政部办公厅 国务院扶贫办综合司关于开展2017年度建档立卡贫困人口生态护林员选聘工作的通知》,安排15个省份的深度贫困地区生态护林员中央投资25亿元,比2016年增加5亿元。开展了2016年生态护林员督导检查工作。为督促检查生态护林员选聘工作落实情况,国家林业局会同国务院扶贫办于2017年2月下旬至3月上旬,组织7个调研组分别对河北、湖北、广西、重庆、贵州、云南、西藏、陕西8个省(区、市),采用随机抽样、调查问卷与座谈走访相结合的方式进行专题调研,详细了解了各地选聘具体情况。8个省份共利用中央生态护林员专项补助资金10.6亿元,实际选聘16.6万人,带动58.2万人脱贫。随机抽取的18个县、37个乡镇、117个村、318名生态护林员中,平均年龄47岁,其中40~60岁265人,占83.3%。残疾人16名,占5%。初中文化141人,占44.3%;小学文化135人,占42.5%。平均每户家庭人口4人,家庭人口3~4人的164户,占51.6%;家庭人口5以上111人,占34.9%。46人为务工返乡担任生态护林员,占14.5%。人均管护森林138.93公顷,每月巡山22天左右。调研结果已报财政部及有关领导。向中央领导报告。将截至2016年年底林业生态护林员选聘情况及相关工作报告国务院副总理汪洋,并以《林业要情》的方式报中央,得到了中央领导的高度肯定。

印发《国家林业局关于加快深度贫困地区生态脱贫工作的意见》 根据《中共中央办公厅 国务院办公厅印发〈关于支持深度贫困地区脱贫攻坚的实施意见〉的通知》要求,结合林业扶贫工作,研究出台《国家林业局关于加快深度贫困地区生态脱贫工作的意见》,提出到2020年在深度贫困地区,力争完成营造林面积80万公顷,组建6000个造林扶贫专业合作社,吸纳20万贫困人口参与生态工程建设,新增生态护林员指标的50%安排到深度贫困地区,通过大力发展生态产业,带动约600万贫困人口增收。

编制《生态脱贫工作方案》 根据国务院副总理汪洋指示,由国家发展改革委和国家林业局共同牵头,财政部、国务院扶贫办、农业部、水利部等有关部门参加,编制了《生态脱贫工作方案》,提出了到2020年,贫困人口通过参与生态保护、生态修复工程建设和发展生态产业,收入水平明显提升,生产生活条件明显改善。贫困地区生态环境有效改善,生态产品供给能力增强,生态保护补偿水平与经济社会发展状况相适应,可持续发展能力进一步提升。力争组建1.2万个生态建设扶贫专业合作社[其中造林合作社(队)1万个、草牧业合作社2000个],吸纳10万贫困人口参与生态工程建设;新增生态管护员岗位40万个(其中生态护林员30万个、草原管护员10万个);通过大力发展生态产业,带动约1500万贫困人口增收。

召开全国林业扶贫现场观摩会 根据国务院副总理汪洋关于开会总结推广山西林业扶贫攻坚造林合作社经验的有关批示精神,9月24日下午至26日上午,国家林业局会同国务院扶贫办在山西吕梁召开了全国林业扶贫现场观摩会。国家林业局局长张建龙和国务院扶贫办主任刘永富分别出席会议并作讲话。21个省林业厅、扶贫办参加了会议。会后,国家林业局会同国务院扶贫办将会议情况向汪洋进行了汇报。

召开了滇桂黔石漠化片区区域发展与扶贫攻坚现场推进会 3月28~29日,国家林业局会同水利部在广西河池共同召开了滇桂黔石漠化片区区域发展与扶贫攻坚现场推进会。国家林业局副局长李春良、水利部部长陈雷分别出席会议并作讲话。

林业扶贫调研工作 分别于1月、11月筹备张建龙、李春良、陈凤学到国家林业局定点县考察前期工作。10月中旬会同国务院扶贫办赴云南省怒江州开展深度贫困地区生态脱贫调研。7月底会同国家发展改革委赴陕西省开展生态脱贫调研。

蜂产业扶贫 根据国务院扶贫办关于发展蜂产业促进贫困人口脱贫的有关要求,组织北京市园林绿化局及其下属北京蜂业公司赴贵州省黔南州开展了养蜂脱贫调研工作。拟在荔波县、独山县开展试点,推广北京蜂业公司提供技术支撑和销售渠道,县财政利用扶贫资金购买蜂箱发放给贫困群众经营蜂产业的模式脱贫,可带动养蜂贫困户实现增收万元以上。

林业扶贫第三方评估 组织中国林科院、国家林业局设计院等有关单位以及民生智库于11月底赴定点县开展扶贫第三方评估,考核定点县扶贫工作。

林业扶贫宣传工作 会同国家林业局宣传办、中国绿色时报社、《紫光阁》杂志宣传林业精准扶贫,在中央国家机关工委组织的定点县扶贫展览中对林业扶贫工作进行了宣传。

配合有关部门做好林业扶贫工作 向交通、教育、卫计委、民政部等有关部委提供其他片区的林业精准扶贫情况并参加相关会议。

【农业综合开发】

农业综合开发项目支持PPP项目调研工作 分别于2月、3月调研了内蒙古杭锦旗灌木林平茬PPP项目,云南普洱思茅区国家储备林PPP项目,广西七坡林场、良凤江国家级森林公园国家储备林PPP项目。完成了内蒙古杭锦旗灌木林平茬PPP项目，广西七坡林场国家储备林PPP项目可研报告编制工作。多次赴国家农业综合开发办公室沟通汇报，做好项目前期工作。

2017年农业综合开发林业项目申报工作 下发《国家林业局计财司关于开展2017年农业综合开发林业项目编报工作的通知》，对2017年项目扶持重点、扶持内容、扶持对象、上报时间和编报程序等提出了具体要求。在各省上报项目的基础上，组织中国林科院、国家林业局规划院、国家林业局设计院等有关单位的专家开展了项目评审工作。专家对各省上报项目可行性研究报告进行审查，给出可行和不可行结论。

下放项目审批权限 根据国家农业综合开发办公室关于进一步简政放权的要求，下发《国家林业局办公室关于2017年农业综合开发林业项目中央财政资金分省安排意见的通知》（办规字〔2017〕63号）及《国家林业局计财司关于印发2017年农业综合开发林业项目专家评审意见的通知》（规山函〔2017〕104号），要求各省林业部门会同同级财政部门按照专家评审结果等要求，自行确定2017年拟立项项目，并报国家林业局和国家农发办备案。

《农业综合开发林业项目竣工验收管理规定》《农业综合开发林业项目专家库管理规定》以及《农业综合开发林业项目评审规定》等规章制度制定工作。

农业综合开发林业项目综合检查工作 下发了《关于开展2012~2015年农业综合开发林业项目综合检查工作的通知》，要求省级开展自查，国家林业局会同国家农发办进行抽查。

2018年项目资金安排工作 根据国家农业综合开发办公室要求，根据各省资源状况、产业结构、绩效管理及政策因素等方面，研究提出了2018年农业综合开发林业项目分省资金方案报国家农发办。在此基础上，与国家农发办联合下发了《国家林业局办公室 国家农业综合开发办公室关于下达2018年农业综合开发木本油料及示范项目中央财政资金指标和实施项目计划备案制等事项的通知》（办规字〔2018〕14号），部署各省开展2018年项目评审批复工作。

【木本油料】

组织调度全国核桃产业发展情况 特别是对已发展的面积、规划面积进行调度，对各省上报的数据进行研究分析，为做好全国核桃产业发展工作提供数据支撑。

油茶低产林改造调研 按照张建龙对《别让油茶产业毁在我们手上》一信的重要批示精神，国家林业局计财司会同场圃总站于11月15~17日，邀请中国林科院姚小华研究员和湖南林科院陈永忠研究员等油茶专家，赴江西省丰城市和樟树市开展专题调研。根据调研情况，起草了《关于油茶种植密度情况的汇报》报国家林业局领导。

（袁卫国 韩非）

林业对外经济贸易合作

【林业生态建设合作进展】 2017年，"一带一路"建设林业合作继续突出生态文明和绿色发展理念，根据沿线国家生态保护与修复的现状和需求，结合双方生态项目合作基础，在森林生态系统综合管理、沙尘暴和荒漠化综合治理、野生动植物保护、边境森林草原防火等方面开展深度合作，为推动沿线国家保护森林生态系统、生物多样性和治理荒漠化提供经验分享和技术支持，为中国推进"一带一路"建设提供更好的生态条件。

截至2017年，中国已与多个沿线国家合作开展了森林生态系统保护与修复项目。其中，与马来西亚、泰国、缅甸、越南等国合作开展了大湄公河次区域及马来西亚森林覆盖率及碳制图项目、面向森林可持续经营的区域森林观测项目、亚太林业应对气候变化项目，与韩国合作开展了向可持续森林经营转型比对分析项目，与斯里兰卡合作开展了人工松林补植项目。在沙尘暴和荒漠化综合治理方面，与阿拉伯联盟签署了《国家林业局与阿拉伯联盟（阿拉伯干旱地区和旱地研究中心）关于荒漠化监测与防治合作的谅解备忘录》，与南非签署了《中华人民共和国政府与南非共和国政府关于湿地与荒漠生态系统和野生动植物保护合作的谅解备忘录五年实施计划》，并于2016年6月与多个沿线国家和国际组织共同发布了《"一带一路"防治荒漠化共同行动倡议》，加快推进"一带一路"沿线荒漠化合作。在野生动植物保护方面，已与越南、韩国、南非签署了野生动植物保护合作备忘录，与新西兰签署了有关促进迁徙水鸟及栖息地保护的合作安排，与缅甸等国协商进一步推动双方在打击野生动植物非法贸易领域开展合作，并考虑签署《濒危野生动植物种国际贸易公约》框架下的双边合作备忘录。在边境森林防火方面，建立了中越、中俄、中蒙边境火灾联防机制，并积极推进与哈萨克斯坦、尼泊尔等邻国建立边境森防联防机制，加强与外事、海关、边防等部门协作，为跨境合作扑救火灾提供便利条件。

【林业对外经贸合作进展】 林产品贸易和林业对外投资是中国林业产业转型发展的新动力和新增长点。中国与沿线国家的林业产业关联度高、经贸合作潜力大，利用"一带一路"建设的发展契机，加强与沿线国家的经贸合作，科学布局林业国际贸易与投资，加速中国林业产业转型升级。截至"十二五"期末，中国已与46个国家签署81份林业双边合作协议。中国森林认证体系（CFCS）与森林认证体系认可计划（PEFC）实现互认，为中国林产品进入国际市场取得了"绿色通行证"，提高了中国在林业国际标准领域的话语权。

2017年，中国与"一带一路"沿线国家的林产品贸易额达504.9亿美元，同比增长10.4%，高于全国林产品贸易增速0.3个百分点；其中，出口221.2亿美元，与上一年度基本持平；进口283.7亿美元，同比增长20.6%。中国主要林产品出口前15位国家中，有6个属于"一带一路"沿线国家，分别是越南、马来西亚、泰国、新加坡、印度和菲律宾，其中越南是中国第四大林产品出口国。进口方面，"一带一路"沿线国家同样也是中国木材进口的主要来源国，其中俄罗斯是中国最大的木材供应国。2017年中国从俄罗斯进口原木1127万立方米，进口锯材1558万立方米。

在林业对外投资方面，中国林业企业已经在俄罗斯、缅甸、乌兹别克斯坦、哈萨克斯坦等19个"一带一路"沿线国家设立了589家境外林业企业，投资近32亿美元。境外林业投资合作租用林地规模达6000万公顷左右，大中型投资合作项目近200个，输出劳务人员1万多人，为东道国提供3万多个就业岗位。在俄罗斯、新西兰、加蓬等重点国家的森林可持续经营项目进展顺利，合作方式已从单一的木材贸易为主向投资、深加工、贸易并举转变，木材工业园区建设已成为合作新模式并快速推进。投资带动贸易的成效显著，林产品国际贸易额平稳发展，林业机械装备出口与产能合作能力不断增强，全球森林资源多元化战略布局基本形成。林业产业的对外直接投资，既有助于国内木材加工、林业机械制造等优质产能向外转移，推动中国林业产业转型升级，同时也带动沿线国家林业产业发展、扩大就业机会、改善民生福祉，实现合作共赢。

在打击非法采伐及相关贸易方面，中国作为负责任大国，顺应全球环境治理新趋势，积极倡导森林可持续经营利用，与国际社会共同努力、相互配合，加强全球森林资源的有效管理和合理开发，遏制和打击木材非法采伐及相关贸易。近年来，中国积极利用APEC非法采伐和相关贸易专家组、中欧森林执法与治理双边协调机制、中澳打击非法采伐工作组等多个双边和多边合作机制，加强打击非法采伐及相关贸易的国际合作。通过借鉴欧美等国制定和实施木材合法性法案的经验，充分了解木材供应国和消费国的诉求，结合中国林产品贸易和林业产业的发展现状及特点，积极开展木材合法性纳入法律法规的研究，继续推进中国木材合法性验证体系建设，进一步加强进口木材管理，规范中国进口木材贸易商行为，合作推动木材出口国加强森林资源源头管控。

表19-7　2017年1～12月全国主要林产品进口情况

金额单位：万美元

商品名称	单位	1～12月累计进口		累计同比（%）	
		数量	金额	数量	金额
木片	万吨	1144.8	190 604.4	-1.8	-1.5
木炭	万吨	17.1	5026.4	7.1	9.2
原木	万立方米	5539.8	992 068.3	13.7	22.7
红木原木	万立方米	98.1	90454.1	23.9	11.6
松木原木	万立方米	2817.9	363 504.8	—	—
针叶木原木	万立方米	1005.7	150 366.9	—	—
阔叶木原木	万立方米	1603.4	385 888.2	-8.5	7.1
锯材	万立方米	3740.2	1 006 706.6	18.7	23.7
松木锯材	万立方米	1386.6	263 868.0	—	—
针叶木锯材	万立方米	1118.1	223 827.0	—	—
阔叶木锯材	万立方米	1219.8	497 894.1	10.5	14.2
单板	万吨	55.4	15 689.2	-16.1	-0.6
可连接型材	万吨	1.9	3720.0	-30.1	-27.3
刨花板	万吨	71.1	24102.0	20.4	30.1
纤维板	万吨	17.6	13502.1	-4.9	7.6
胶合板	万立方米	18.5	15 085.1	-4.6	8.9
木制品	—	—	74 020.5	—	-2.7
软木及制品	万吨	1.2	4768.6	32.5	15.1
纸浆	万吨	2372.5	1 534 166.8	12.6	25.3
废纸	万吨	2571.8	587 465.2	-9.8	17.8
纸、纸板及纸制品	万吨	487.4	498 166.7	57.6	26.2
印刷品	万吨	5.5	5616.5	-10.0	-27.9
木家具	万件	1188.9	118 379.7	7.0	22.6
藤草苇及制品	—	—	614.4	—	10.7
苗木花卉	—	—	28 085.9	—	24.1
干鲜水果和坚果	万吨	317.8	560 136.7	12.1	9.5
竹	万吨	1.3	96.6	104.9	-0.1
藤	万吨	1.8	1851.3	32.2	29.7
木质活性炭	万吨	1.8	6744.2	2.6	7.4
松香及制品	万吨	6.7	10 441.3	19.5	13.3
天然橡胶	万吨	279.3	491 706.0	11.7	46.6
棕榈油	万吨	507.9	349 563.6	13.4	22.0

(续)

商品名称	单 位	1~12月累计进口		累计同比(%)	
		数量	金额	数量	金额
干鲜菌菇	吨	1083.4	297.7	170.0	-0.1
干鲜竹笋	吨	298.2	162.3	7.7	4.5
橄榄油	万吨	4.3	21 365.7	-6.3	9.1
椰子油	万吨	74.9	106 178.8	9.2	21.4
茶	万吨	3.0	14 924.9	31.1	33.9
其他	—	—	1 318 178.93	—	85.50
合计	—	—	7 540 125.87	—	20.08

表19-8 2017年1~12月全国主要林产品出口情况　　　　金额单位：万美元

商品名称	单 位	1~12月累计出口		累计同比(%)	
		数量	金额	数量	金额
木片	万吨	2.4	746.5	-45.8	-27.0
木炭	万吨	7.7	10 407.9	12.0	1.8
原木	万立方米	9.2	3015.5	-2.2	1.2
红木原木	万立方米	0.0	15.5	-84.8	-62.7
松木原木	万立方米	0.0	0.0	—	—
针叶木原木	万立方米	0.0	0.0	—	—
阔叶木原木	万立方米	9.2	3015.5	-7.0	-2.8
锯材	万立方米	28.6	20 444.5	9.0	5.3
松木锯材	万立方米	8.7	4983.0	—	—
针叶木锯材	万立方米	2.8	2120.8	—	—
阔叶木锯材	万立方米	16.7	13 102.2	7.9	5.7
单板	万吨	25.1	38 299.9	36.0	36.9
可连接型材	万吨	29.5	42 635.3	-9.7	-13.0
刨花板	万吨	20.3	9909.5	6.2	-19.1
纤维板	万吨	209.0	114 285.0	0.4	-7.1
胶合板	万立方米	1083.5	509 738.7	-2.4	-3.4
木制品	—	—	614 290.7	—	5.8
软木及制品	万吨	0.7	2115.7	-4.7	-0.6
纸浆	万吨	9.9	13 473.2	3.1	23.4
废纸	万吨	0.2	41.9	-34.9	-22.1
纸、纸板及纸制品	万吨	809.9	1 439 431.0	-1.2	2.0
印刷品	万吨	79.4	141 188.8	-0.6	2.6
木家具	万件	36 721.0	2 269 217.8	10.4	2.2
藤草苇及制品	—	—	81 724.3	—	3.8
苗木花卉	—	—	33 897.7	—	2.4
干鲜水果和坚果	万吨	334.1	495 908.3	-2.0	-3.0
竹	万吨	12.4	7484.5	7.8	7.1
藤	万吨	0.1	506.2	13.6	16.6
木质活性炭	万吨	5.8	9761.7	-1.1	7.5
松香及制品	万吨	13.6	28 203.4	-4.1	-3.5
天然橡胶	万吨	1.6	3074.8	9.2	42.2
棕榈油	万吨	1.8	1536.4	155.9	166.2
干鲜菌菇	万吨	52.6	367 495.3	12.4	19.4
干鲜竹笋	万吨	15.4	31 320.8	-2.0	-5.6
橄榄油	吨	118.0	78.3	-69.4	-35.5
椰子油	吨	148.6	47.9	16.2	29.0
茶	万吨	35.5	160 995.5	8.1	8.4
其他			983 768.92		18.19
合计			7 465 445.60		1.44

【绿色人文交流合作进展】 为配合"一带一路"建设，国家林业局积极组织开展林业援外培训，加强绿色互联互通，着力创新与沿线国家在林业生态、经贸、技术等领域的人文交流，传播人类命运共同体和生态文明理念。自十八大实施"一带一路"倡议以来，先后开展了森林资源保护与可持续经营、林业执法与施政、竹子栽培与加工利用、荒漠化防治、野生动植物保护、湿地保护等林业领域的援外培训班，为沿线国家培训林业管理和技术人员，积极宣传中国生态文明和生态建设成就，传播绿色发展理念，提升中国林业的国际影响力。2017年，国家林业局负责实施的援外培训项目首次实现翻番，增加到27个，首次启动了商务部渠道学历教育援外培训项目，培训对象重点向"一带一路"沿线国家倾斜，2018年商务部批准林业援外培训项目达28个，充分发挥林业援外培训在推进"一带一路"建设林业合作中的绿色纽带作用。

（付建全　田　禾）

林业生产统计

表19-9　全国营造林生产情况

指　标　名　称	单　位	2017年	2016年	2017年比2016年增减（%）
一、造林面积	公顷	7 680 711	7 203 509	6.62
1. 人工造林面积	公顷	4 295 890	3 823 656	12.35
其中：新造混交林面积	公顷	1 416 817	765 451	85.10
其中：新造灌木林面积	公顷	372 593	293 437	26.98
其中：新造竹林面积	公顷	27 319	31 334	-12.81
2. 飞播造林面积	公顷	141 220	162 322	-13.00
①荒山飞播面积	公顷	136 954	156 391	-12.43
②飞播营林面积	公顷	4266	5931	-28.07
3. 当年新封山（沙）育林面积	公顷	1 657 169	1 953 638	-15.18
①无林地和疏林地新封山育林面积	公顷	984 741	1 399 471	-29.63
②有林地和灌木林地新封山育林面积	公顷	672 428	554 167	21.34
4. 退化林修复面积	公顷	1 280 993	991 088	29.25
其中：纯林改造混交林面积	公顷	93 056	46 291	101.02
①低效林改造面积	公顷	764 190	718 305	6.39
②退化林防护林改造面积	公顷	516 803	272 783	89.46
5. 人工更新面积	公顷	305 439	272 805	11.96
其中：新造混交林面积	公顷	45 936	44 782	2.58
其中：人工促进天然更新面积	公顷	36 295	46 979	-22.74
二、森林抚育面积	公顷	8 856 398	8 500 443	4.19
三、年末实有封山（沙）育林面积	公顷	24 682 804	25 497 053	-3.19
四、四旁（零星）植树	万株	174 799	183 094	-4.53
五、林木种苗				
1. 林木种子采集量	吨	28 763	31 822	-9.61
2. 在圃苗木产量	万株	7 021 893	7 043 827	-0.31
3. 育苗面积	公顷	1 419 171	1 407 419	0.84
其中：国有育苗面积	公顷	72 002	70 415	2.25

注：森林抚育面积特指中、幼龄林抚育。

表 19-10　各地区营造林面积

单位：公顷

地 区	造林面积						森林抚育
	合　计	人工造林	飞播造林	新封山育林	退化林修复	人工更新	
全国合计	7 680 711	4 295 890	141 220	1 657 169	1 280 993	305 439	8 856 398
北　京	40 339	9280	—	12 666	18 333	60	101 914
天　津	12 224	9557	—	2667	—	—	51 759
河　北	481 271	371 770	20 239	84 790	1672	2800	403 688
山　西	311 968	279 968	—	32 000	—	—	63 619
内蒙古	680 453	346 309	68 313	138 068	125 597	2166	723 160
内蒙古森工集团	22 457	4424	—	—	18 033	—	391 796
辽　宁	144 223	56 929	—	55 330	25 014	6950	93 997
吉　林	153 038	80 840	—	—	62 495	9703	214 089
吉林森工集团	26 522	673	—	—	25476	373	73 838
长白山森工集团	30 182	1286	—	—	28 323	573	107 013
黑龙江	97 591	36 579	—	42 250	18 688	74	663 393
龙江森工集团	19 588	3380	—	—	16 208	—	541 344
上　海	2680	2680	—	—	—	—	23 508
江　苏	36 572	33 968	—	—	143	2461	74 138
浙　江	44 054	8450	—	2223	24 936	8445	101 983
安　徽	144 926	56 667	—	41 905	40 241	6113	616 556
福　建	233 585	8094	—	144 338	20 024	61 129	372 773
江　西	282 407	89 405	—	68 592	118 066	6344	381 459
山　东	142 195	92 306	—	534	17 882	31 473	230 031
河　南	180 929	126 281	13 733	19 836	21 079	—	300 746
湖　北	400 840	162 328	—	67 459	167 049	4004	405 782
湖　南	554 139	186 088	—	160 876	198 630	8545	466 932
广　东	270 588	80 739	—	89 007	66 025	34 817	509 687
广　西	176 081	54 578	—	26 095	2740	92 668	869 915
海　南	12 879	4626	—	—	200	8053	61 727
重　庆	228 052	100 792	—	63 263	63 364	633	160 000
四　川	658 370	483 900	—	61 548	107 986	4936	175 266
贵　州	678 300	584 549	—	82 151	11 600	—	400 000
云　南	387 158	277 716	—	72 461	36 972	9	143 332
西　藏	82 667	37 480	—	45 187	—	—	22 532
陕　西	334 786	163 099	34 002	58 403	75 057	4225	150 187
甘　肃	325 431	280 346	—	35 419	9666	—	175 962
青　海	198 809	56 631	—	138 844	3334	—	26 039
宁　夏	78 238	45 531	—	19 062	7198	6447	23 880
新　疆	282 384	165 737	4933	92 195	16 135	3384	617 744
新疆兵团	27 105	16 424	—	6334	3526	821	194 943
大兴安岭	23 534	2667	—	—	20 867	—	230 600

表 19-11 全国历年营造林面积

单位：万公顷

年 份	人工造林	飞播造林	新封山育林	更新造林	森林抚育
1981 年	368.10	42.91	—	44.26	—
1982 年	411.58	37.98	—	43.88	—
1983 年	560.31	72.13	—	50.88	—
1984 年	729.07	96.29	—	55.20	—
1985 年	694.88	138.80	—	63.83	—
1986 年	415.82	111.58	—	57.74	—
1987 年	420.73	120.69	—	70.35	—
1988 年	457.48	95.85	—	63.69	—
1989 年	410.95	91.38	—	71.91	—
1990 年	435.33	85.51	—	67.15	—
1991 年	475.18	84.27	—	66.41	262.27
1992 年	508.37	94.67	—	67.36	262.68
1993 年	504.44	85.90	—	73.92	297.59
1994 年	519.02	80.24	—	72.27	328.75
1995 年	462.94	58.53	—	75.10	366.60
1996 年	431.50	60.44	—	79.48	418.76
1997 年	373.78	61.72	—	79.84	432.04
1998 年	408.60	72.51	—	80.63	441.30
1999 年	427.69	62.39	—	104.28	612.01
2000 年	434.50	76.01	—	91.98	501.30
2001 年	397.73	97.57	—	51.53	457.44
2002 年	689.60	87.49	—	37.90	481.68
2003 年	843.25	68.64	—	28.60	457.77
2004 年	501.89	57.92	—	31.93	527.15
2005 年	322.13	41.64	—	40.75	501.06
2006 年	244.61	27.18	112.09	40.82	550.96
2007 年	273.85	11.87	105.05	39.09	649.76
2008 年	368.43	15.41	151.54	42.40	623.53
2009 年	415.63	22.63	187.97	34.43	636.26
2010 年	387.28	19.59	184.12	30.67	666.17
2011 年	406.57	19.69	173.40	32.66	733.45
2012 年	382.07	13.64	163.87	30.51	766.17
2013 年	420.97	15.44	173.60	30.31	784.72
2014 年	405.29	10.81	138.86	29.25	901.96
2015 年	436.18	12.84	215.29	29.96	781.26
2016 年	382.37	16.23	195.36	27.28	850.04
2017 年	429.59	14.12	165.72	30.54	885.64

注：1. 自 2015 年起新封山育林面积包含有林地和灌木林地封育，飞播造林面积包含飞播营林。

2. 森林抚育面积特指中、幼龄林抚育。

表 19-12 林业重点生态工程建设情况

单位：公顷，万元

指标	总计	天然林资源保护工程	退耕还林工程	京津风沙源治理工程	石漠化治理工程	三北及长江流域等重点防护林体系工程 合计	三北防护林工程	长江流域防护林体系工程	沿海防护林体系工程	珠江流域防护林体系工程	太行山绿化工程	野生动植物保护及自然保护区建设工程
一、造林面积	2 991 207	390 298	1 213 338	207 206	232 503	947 862	626 400	174 021	68 073	47 995	31 373	—
1. 人工造林	1 891 985	85 627	1 213 338	102 834	36 904	453 282	282 699	85 539	40 179	23 430	21 435	—
2. 飞播造林	107 914	73 847	—	11 333	—	22 734	20 734	—	—	—	2000	—
3. 新封山育林	808 755	108 571	—	74 706	195 599	429 879	289 452	83 706	24 663	24 120	7938	—
4. 退化林修复	176 858	122 253	—	18 333	—	36 272	32 775	2113	1262	122	—	—
5. 人工更新	5695	—	—	—	—	5695	740	2663	1969	323	—	—
二、森林抚育面积	2 014 011	1 890 718	—	633	5797	116 863	40 693	44 040	29 493	2637	—	—
三、年末实有封山育林面积	12 018 869	4 165 191	1 176 411	2 587 311	—	4 089 956	3 082 538	567 069	145 472	147 799	147 078	—
四、全部林业投资完成额	7 180 115	3 763 641	2 221 446	174 385	89 829	676 739	397 780	129 902	95 172	31 473	22 412	254 075
其中：中央投资	6 077 418	3 454 840	1 979 471	98 851	81 520	356 513	217 034	78 685	29 843	17 879	13 072	106 223
地方投资	624 628	160 827	75 846	60 111	7004	190 378	77 644	42 047	58 998	2732	8957	130 462

表 19-13　天然林资源保护工程建设情况

指　标	单位	总计	东北、内蒙古重点国有林区	长江上游、黄河上中游地区
一、工程区木材产量	立方米	4 493 388	402 379	4 091 009
其中：人工林木材产量	立方米	4 282 788	304 774	3 978 014
二、造林面积	公顷	390 298	127 662	262 636
1. 人工造林	公顷	85 627	13 851	71 776
其中：灌木林面积	公顷	14 781	33	14 748
2. 飞播造林	公顷	73 847	3866	69 981
3. 当年新封山（沙）育林	公顷	108 571	—	108 571
①无林地和疏林地新封山育林面积	公顷	68 774	—	68 774
②有林地和灌木林地新封山育林面积	公顷	39 797	—	39 797
4. 退化林修复面积	公顷	122 253	109 945	12 308
三、森林抚育面积	公顷	1 890 718	1474 598	416 120
四、年末实有封山（沙）育林面积	公顷	4 165 191	740 482	3 424 709
五、年末实有森林管护面积	公顷	115 302 657	39 164 670	76 137 987
1. 国有林	公顷	71 476 894	39 164 670	32 312 224
2. 集体和个人所有的国家级公益林	公顷	20 938 904	—	20 938 904
3. 集体和个人所有的地方公益林	公顷	22 886 859	—	22 886 859
六、工程区项目实施单位人员情况				
1. 年末人数	人	698 302	556 273	142 029
其中：混岗职工人数	人	89 764	81 761	8003
（1）在岗职工	人	478 904	357 055	121 849
（2）其他从业人员	人	19 434	541	18 893
（3）离开本单位保留劳动关系人员	人	199 964	198 677	1287
2. 在岗职工年平均人数	人	450 441	331 656	118 785
3. 在岗职工年工资总额	万元	1 941 440	1 303 598	637 842
4. 年末实有离退休人员	人	714 658	579 526	135 132
5. 当年离退休人员生活费	万元	2 012 137	1 614 103	398 034
6. 年末参加基本养老保险人数	人	627 684	485 094	142 590
其中：在岗职工	人	466 673	354 593	112 080
7. 年末参加基本医疗保险人数	人	796 783	599 903	196 880
其中：在岗职工	人	469 520	356 752	112 768
七、全部林业投资完成额	万元	3 763 641	2 197 457	1 566 184
其中：中央投资	万元	3 454 840	2 166 394	1 288 446
地方投资	万元	160 827	13 603	147 224
1. 营造林	万元	337 965	219 537	118 428
2. 森林管护	万元	1 276 036	721 331	554 705
3. 生态效益补偿	万元	773 275	145 800	627 475
4. 社会保险（养老、医疗、失业、工伤、生育）	万元	704 799	534 202	170 597
5. 政社性支出	万元	358 028	334 957	23 071
6. 其他	万元	313 538	241 630	71 908

表 19-14 退耕还林工程建设情况

指　标	单位	本年实际
一、造林情况		
1. 退耕地造林	公顷	1 213 267
其中：25°以上坡耕地退耕面积	公顷	977 922
15°~25°水源地耕地退耕面积	公顷	25 282
严重沙化耕地退耕面积	公顷	120 168
退耕地造林按林种主导功能分		
①用材林	公顷	103 682
②经济林	公顷	772 332
③防护林	公顷	332 540
④薪炭林	公顷	776
⑤特种用途林	公顷	3937
2. 荒山荒地造林	公顷	71
3. 当年新封山（沙）育林面积	公顷	—
①无林地和疏林地新封山育林面积	公顷	—
②有林地和灌木林地新封山育林面积	公顷	—
二、年末实有封山（沙）育林面积	公顷	**1 176 411**
三、全部林业投资完成额	万元	**2 221 446**
其中：中央投资	万元	1 979 471
地方投资	万元	75 846
1. 种苗费	万元	442 374
2. 完善政策补助资金	万元	971 362
3. 巩固退耕还林成果专项资金	万元	32 643
4. 新一轮退耕还林补助资金	万元	739 024
5. 其他	万元	36 043

表 19-15 京津风沙源治理与石漠化综合治理工程建设情况

指　标	单位	京津风沙源治理工程	石漠化综合治理工程
一、治理情况			
（一）造林面积	公顷	207 206	232 503
1. 人工造林	公顷	102 834	36 904
其中：灌木林面积	公顷	14 324	2234
2. 飞播造林	公顷	11 333	—
3. 当年新封山（沙）育林	公顷	74 706	195 599
①无林地和疏林地新封山育林面积	公顷	56 274	125 395
②有林地和灌木林地新封山育林面积	公顷	18 432	70 204
4. 退化林修复面积	公顷	18 333	—
（二）森林抚育面积	公顷	633	5797
（三）年末实有封山（沙）育林面积	公顷	2 587 311	—
（四）工程固沙面积	公顷	5451	—
（五）草地治理面积	公顷	38 965	56
（六）暖棚建设面积	平方米	911 502	—
（七）饲料机械台数	台	149	—
（八）小流域治理	公顷	28 707	—
（九）水利设施	处	3066	—
（十）易地搬迁人数	人	4359	—
（十一）易地搬迁户数	户	1425	—
二、全部投资完成额	**万元**	**210 603**	**113 757**
其中：林业投资完成额	万元	174 385	89 829
其中：中央投资	万元	98 851	81 520
地方投资	万元	60 111	7004
1. 营造林	万元	169 871	82 885
2. 科技费用	万元	24	565
3. 其他	万元	4490	6379

表 19-16 三北及长江流域等重点防护林体系工程建设情况

单位：公顷、万元

地 区	三北及长江流域等重点防护林体系工程					
	合 计	三北防护林工程	长江流域防护林体系工程	沿海防护林体系工程	珠江流域防护林体系工程	太行山绿化工程
一、造林面积	947 862	626 400	174 021	68 073	47 995	31 373
1. 人工造林	453 282	282 699	85 539	40 179	23 430	21 435
其中：灌木林面积	50 388	48 908	1299	141	40	—
2. 飞播造林	22 734	20 734	—	—	—	2000
3. 当年新封山（沙）育林	429 879	289 452	83 706	24 663	24 120	7938
①无林地和疏林地新封山育林	316 357	244 424	44 578	6618	13 199	7538
②有林地和灌木林地新封山育林	113 522	45 028	39 128	18 045	10 921	400
4. 退化林修复	36 272	32 775	2113	1262	122	—
①低效林改造	7609	6330	1180	44	55	—
②退化林防护林改造	28 663	26 445	933	1218	67	—
5. 人工更新	5695	740	2663	1969	323	—
二、森林抚育面积	116 863	40 693	44 040	29 493	2637	—
三、年末实有封山（沙）育林面积	4 089 956	3 082 538	567 069	145 472	147 799	147 078
四、全部林业投资完成额	676 739	397 780	129 902	95 172	31 473	22 412
其中：中央投资	356 513	217 034	78 685	29 843	17 879	13 072
地方投资	190 378	77 644	42 047	58 998	2732	8957
1. 营造林	595 470	341 461	114 977	91 594	25 026	22 412
2. 种苗	38 725	26 583	7714	1727	2701	—
3. 森林防火	3091	843	1190	62	996	—
4. 病虫害防治	5085	2811	1025	808	441	—
5. 科技费用	1497	471	889	13	124	—
6. 其他	32 871	25 611	4107	968	2185	—
五、群众投工投劳（折合资金）	109 796	54 377	25 780	7512	16 638	5489

表 19-17 濒危野生动植物抢救性保护及林业系统自然保护区工程建设情况

指　　标	单位	本年实际
一、年末实有自然保护区个数	个	2249
其中：国家级	个	375
二、年末实有自然保护区面积	万公顷	12 613
其中：国家级	万公顷	8198
三、国际重要湿地个数	个	49
国际重要湿地面积	万公顷	411
四、野生动植物保护管理站	个	1751
五、野生动物救护中心	个	250
六、野生动物繁育机构	个	6151
七、野生动物基因库	个	72
八、野生动物疫源疫病监测站个数	个	1547
九、从事野生动植物及自然保护区建设的职工人数	人	53 726
其中：各类专业技术人员	人	16 310
十、野生动植物及自然保护区建设投资完成额	万元	254 075
其中：中央投资	万元	106 223
地方投资	万元	130 462

表19-18 林业产业总产值（按现行价格计算）

单位：万元

指　标	总产值
总　　计	712 670 717
一、第一产业	233 654 654
（一）涉林产业合计	221 572 311
其中：湿地产业	1 676 017
1. 林木育种和育苗	21 446 273
（1）林木育种	1 490 877
（2）林木育苗	19 955 396
2. 营造林	19 200 776
3. 木材和竹材采运	11 102 736
（1）木材采运	7 620 209
（2）竹材采运	3 482 527
4. 经济林产品的种植与采集	139 225 741
（1）水果种植	69 343 392
（2）坚果、含油果和香料作物种植	22 617 489
（3）茶及其他饮料作物的种植	13 795 239
（4）森林药材种植	10 066 902
（5）森林食品种植	12 356 414
（6）林产品采集	11 046 305
5. 花卉及其他观赏植物种植	24 993 275
6. 陆生野生动物繁育与利用	5 603 510
（二）林业系统非林产业	12 082 343
二、第二产业	339 527 355
（一）涉林产业合计	332 106 920
其中：湿地产业	2 115 668
1. 木材加工和木、竹、藤、棕、苇制品制造	127 589 748
（1）木材加工	23 210 472
（2）人造板制造	66 167 742
（3）木制品制造	28 924 731
（4）竹、藤、棕、苇制品制造	9 286 803
2. 木、竹、藤家具制造	63 178 766
3. 木、竹、苇浆造纸和纸制品	61 793 223
（1）木、竹、苇浆制造	7 018 048
（2）造纸	31 535 382
（3）纸制品制造	23 239 793
4. 林产化学产品制造	6 700 999
5. 木质工艺品和木质文教体育用品制造	7 874 735
6. 非木质林产品加工制造业	53 229 921
（1）木本油料、果蔬、茶饮料等加工制造	40 417 075

（续）

指　标	总产值
（2）野生动物食品与毛皮革等加工制造	2 961 407
（3）森林药材加工制造	9 851 439
7. 其他	11 739 528
（二）林业系统非林产业	7 420 435
三、第三产业	**139 488 708**
（一）涉林产业合计	129 591 323
其中：湿地产业	3 644 692
1. 林业生产服务	5 191 562
2. 林业旅游与休闲服务	106 760 021
3. 林业生态服务	9 130 706
4. 林业专业技术服务	2 514 792
5. 林业公共管理及其他组织服务	5 994 242
（二）林业系统非林产业	9 897 385
补充资料：竹产业产值	23 460 965
油茶产业产值	9 118 051
林下经济产值	75 071 418

表19-19　全国主要林产工业产品产量2017年与2016年比较

主要指标	单位	2016年	2017年	2017年比2016年增减（％）
木材产量	万立方米	7775.87	8398.17	8.00
1. 原木	万立方米	7125.45	7670.40	7.65
2. 薪材	万立方米	650.41	727.76	11.89
竹材产量	万根	250 630.00	272 012.90	8.53
锯材产量	万立方米	7716.14	8602.37	11.49
人造板产量	万立方米	30 042.22	29 485.87	－1.85
1. 胶合板	万立方米	17 755.62	17 195.21	－3.16
2. 纤维板	万立方米	6651.22	6297.00	－5.33
3. 刨花板	万立方米	2650.10	2777.77	4.82
4. 其他人造板	万立方米	2985.29	3215.89	7.72
木竹地板产量	万平方米	83 798.66	82 568.31	－1.47
松香类产品产量	吨	1 838 691	1 664 982	－9.45
栲胶类产品产量	吨	4969	4667	－6.08
紫胶类产品产量	吨	4965	7098	42.96

表 19-20　各地区主要林产工业产品产量

单位：万立方米、万平方米、万根、吨

地区	木材	竹材	锯材	人造板 合计	胶合板	纤维板	刨花板	其他人造板	木竹地板
全国合计	8398.17	272 013	8602.37	29 485.87	17 195.21	6297.00	2777.77	3215.89	82 568.31
北　京	12.74	—	—	—	—	—	—	—	—
天　津	14.70	—	—	—	—	—	—	—	—
河　北	78.70	—	117.84	1658.61	676.90	468.73	282.22	230.77	—
山　西	21.81	—	16.41	36.10	2.18	20.17	4.56	9.19	—
内蒙古	83.52	—	1300.93	34.78	22.52	0.53	—	11.72	8.60
内蒙古森工集团	5.62	—	—	—	—	—	—	—	—
辽　宁	194.49	—	253.68	196.97	90.88	52.84	22.25	31.01	2771.18
吉　林	185.63	—	111.61	369.78	177.81	91.73	39.06	61.17	4048.78
吉林森工集团	19.63	—	0.19	131.61	0.07	91.73	37.92	1.89	389.79
长白山森工集团	12.09	—	0.44	0.93	0.93	—	—	—	192.70
黑龙江	91.18	—	565.12	335.78	257.49	15.52	39.49	23.28	382.72
龙江森工集团	5.98	—	10.18	9.92	1.07	0.08	1.63	7.13	36.17
上　海	—	—	—	—	—	—	—	—	—
江　苏	140.71	214	324.11	5433.38	3603.31	809.42	733.59	287.05	33 153.37
浙　江	95.99	20 826	349.49	550.58	209.11	80.50	9.26	251.72	11 108.05
安　徽	434.13	15 725	415.91	2425.71	1689.95	397.88	164.58	173.30	7727.33
福　建	524.06	84 883	213.94	992.45	541.78	187.97	33.40	229.32	3410.28
江　西	233.18	19 077	276.07	560.86	244.53	139.75	41.73	134.85	7051.50
山　东	421.79	—	1193.82	7639.82	5244.41	1344.81	621.21	429.39	4038.47
河　南	246.03	133	260.18	1714.83	791.18	383.58	129.12	410.95	991.94
湖　北	200.42	3826	221.78	773.14	230.93	415.31	77.05	49.85	3296.13
湖　南	327.62	16 258	396.96	675.24	431.32	59.02	31.33	153.57	1878.41
广　东	793.50	20 401	211.82	1056.88	316.70	513.74	208.89	17.55	1193.68
广　西	3059.21	52 332	1697.33	3700.64	2195.15	774.35	213.83	517.30	465.68
海　南	174.20	960	77.44	31.39	20.53	3.00	7.86	—	16.50
重　庆	51.75	10 544	75.87	149.77	57.40	46.63	29.83	15.91	16.25
四　川	223.56	9427	150.09	625.40	169.41	316.59	32.73	106.68	553.11
贵　州	248.55	4080	141.31	113.93	57.91	8.44	9.20	38.38	118.92
云　南	487.51	12 857	204.98	331.66	144.94	108.82	45.73	32.17	337.10
西　藏	0.60	—	2.02	—	—	—	—	—	—
陕　西	7.57	470	11.46	63.44	12.17	49.83	0.86	0.58	0.31
甘　肃	2.36	—	1.10	2.42	0.76	1.66	—	—	—
青　海	—	—	—	—	—	—	—	—	—
宁　夏	—	—	—	—	—	—	—	—	—
新　疆	42.67	—	11.07	12.30	5.92	6.20	—	0.17	—
新疆兵团	14.47	—	1.54	—	—	—	—	—	—
大兴安岭	—	—	0.01	—	—	—	—	—	—

表 19-21 全国主要木材、竹材产品产量

产品名称	单位	全部产量
木材及竹材采伐产品		
一、商品材	万立方米	8398.17
其中：热带木材	万立方米	1425.73
其中：针叶木材	万立方米	1486.22
1. 原木	万立方米	7670.40
2. 薪材	万立方米	727.76
按来源分：		
1. 天然林	万立方米	126.33
2. 人工林	万立方米	8271.84
按生产单位分：		
1. 系统内国有企业单位生产的木材	万立方米	325.11
2. 系统内国有林场、事业单位生产的木材	万立方米	999.41
3. 系统外企、事业单位采伐自营林地的木材	万立方米	366.07
4. 乡(镇)集体企业及单位生产的木材	万立方米	677.47
5. 村及村以下各级组织和农民个人生产的木材	万立方米	6030.12
二、非商品材	万立方米	2331.21
1. 农民自用材	万立方米	527.22
2. 农民烧材	万立方米	1803.99
三、竹材		
(一)大径竹	万根	272 012.90
其中：村及村以下各级组织和农民个人生产的大径竹	万根	156 592.91
1. 毛竹	万根	160 948.08
2. 其他	万根	111 064.82
(二)小杂竹	万吨	1980.57

注：大径竹一般指直径在5厘米以上，以根为计量单位的竹材。

表 19-22 全国主要林产工业产品产量

产品名称	单位	产　量
木竹加工制品		
一、锯材	万立方米	8602.37
1. 普通锯材	万立方米	8405.54
2. 特种锯材	万立方米	196.83
二、木片、木粒加工产品	万实积立方米	4438.15
三、人造板	万立方米	29 485.87
(一)胶合板	万立方米	17 195.21
1. 木胶合板	万立方米	15 692.57
2. 竹胶合板	万立方米	572.06
3. 其他胶合板	万立方米	930.59
(二)纤维板	万立方米	6297.00
1. 木质纤维板	万立方米	6002.24
(1)硬质纤维板	万立方米	349.29
(2)中密度纤维板	万立方米	5630.58
(3)软质纤维板	万立方米	22.37
2. 非木质纤维板	万立方米	294.76
(三)刨花板	万立方米	2777.77
1. 木质刨花板	万立方米	2750.60
其中：定向刨花板(OSB)	万立方米	134.26
2. 非木质刨花板	万立方米	27.16
(四)其他人造板	万立方米	3215.89
其中：细木工板	万立方米	1708.98

(续)

产品名称	单位	产量
四、其他加工材	万立方米	**1356.89**
其中：改性木材	万立方米	185.29
指接材	万立方米	400.08
五、木竹地板	万平方米	**82 568.31**
1. 实木地板	万平方米	12 934.03
2. 实木复合木地板	万平方米	20 996.54
3. 浸渍纸层压木质地板（强化木地板）	万平方米	36 115.95
4. 竹地板（含竹木复合地板）	万平方米	11 947.83
5. 其他木地板（含软木地板、集成材地板等）	万平方米	573.97
林产化学产品		
一、松香类产品	吨	**1 664 982**
1. 松香	吨	1 402 860
2. 松香深加工产品	吨	262 122
二、松节油类产品	吨	**278 226**
1. 松节油	吨	230 354
2. 松节油深加工产品	吨	47 872
三、樟脑	吨	**14 972**
其中：合成樟脑	吨	14 381
四、冰片	吨	**1098**
其中：合成冰片	吨	960
五、栲胶类产品	吨	**4667**
1. 栲胶	吨	3867
2. 栲胶深加工产品	吨	800
六、紫胶类产品	吨	**7098**
1. 紫胶	吨	6171
2. 紫胶深加工产品	吨	927
七、木竹热解产品	吨	**1 767 541**
八、木质生物质成型燃料	吨	**872 859**

表19-23　全国主要经济林产品生产情况

单位：吨

指　标	产　量
各类经济林产品总量	187 811 618
一、水果	157 378 578
1. 苹果	40 822 036
2. 柑橘	33 158 629
3. 梨	18 984 171
4. 葡萄	14 332 998
5. 桃	15 309 969
6. 杏	2 656 300
7. 荔枝	2 308 026
8. 龙眼	1 863 125
9. 猕猴桃	2 011 568
10. 其他水果	25 931 756
二、干果	11 160 441
1. 板栗	2 364 548
2. 枣（干重）	5 624 741
3. 柿子（干重）	1 054 526

（续）

指　　标	产　　量
4. 仁用杏（大扁杏等甜杏仁）	115 268
5. 榛子	128 994
6. 松子	119 588
7. 其他干果	1 752 776
三、林产饮料产品（干重）	**2 539 415**
1. 毛茶	2 272 439
2. 其他林产饮料产品	266 976
四、林产调料产品（干重）	**775 221**
1. 花椒	438 361
2. 八角	172 910
3. 桂皮	96 021
4. 其他林产调料产品	67 929
五、森林食品	**3 840 972**
1. 竹笋干	858 083
2. 食用菌（干重）	2 166 319
3. 山野菜（干重）	405 045
4. 其他森林食品（干重）	411 525
六、森林药材	**3 195 966**
1. 银杏（白果）	192 530
2. 山杏仁（苦杏仁）	80 825
3. 杜仲	217 666
4. 黄柏	61 797
5. 厚朴	234 531
6. 山茱萸	50 904
7. 枸杞	410 608
8. 沙棘	61 727
9. 五味子	34 829
10. 其他森林药材	1 850 549
七、木本油料	**6 974 034**
1. 油茶籽	2 431 647
2. 核桃	4 171 386
3. 油橄榄	61 879
4. 油用牡丹籽	35 016
5. 其他木本油料	274 106
八、林产工业原料	**1 946 991**
1. 生漆	18 145
2. 油桐籽	370 083
3. 乌桕籽	25 689
4. 五倍子	20 198
5. 棕片	61 429
6. 松脂	1 443 868
7. 紫胶（原胶）	7579

表19-24　全国木本油料与花卉产业发展情况

指　　标	单位	产　量
一、油茶产业发展情况		
1. 年末实有油茶林面积	公顷	4 071 799
当年新造面积	公顷	137 671
当年低改面积	公顷	141 882
2. 繁殖圃个数	个	425
繁殖圃面积	公顷	4347
3. 苗木产量	万株	76 059
其中：一年生苗木产量	万株	43 650
二年留床苗木产量	万株	24 575
4. 油茶籽产量	万吨	243
5. 油茶企业	个	2236
二、核桃产业发展情况		
1. 年末实有核桃种植面积	公顷	7 954 984
2. 定点苗圃个数	个	639
定点苗圃面积	公顷	9771
3. 苗木产量	万株	76 956
4. 核桃产量（干重）	万吨	417
三、花卉产业发展情况		
1. 年末实有花卉种植面积	公顷	1 448 852
2. 切花切叶产量	万支	1 938 033
3. 盆栽植物产量	万盆	504 369
4. 观赏苗木产量	万株	1 202 223
5. 草坪产量	万平方米	48 675
6. 花卉市场	个	4108
7. 花卉企业	个	59 989
其中：大中型企业	个	10 376
8. 花农	万户	149.56
9. 花卉从业人员	万人	567.52
其中：专业技术人员	万人	34.48
10. 控温温室面积	万平方米	5790
11. 日光温室面积	万平方米	20 651

固定资产投资统计

表 19-25 林业投资完成情况

单位：万元

指　　标	本年实际	其中：中央财政投资	其中：地方财政投资
自年初累计完成投资	**48 002 639**	**11 076 788**	**11 515 490**
1. 生态建设与保护	20 162 948	8 931 876	6 495 674
（1）造林抚育与森林质量提升	18 759 288	8 265 951	5 977 500
（2）湿地保护与恢复	806 558	344 480	308 490
（3）防沙治沙	221 492	155 135	48 737
（4）野生动植物保护及自然保护区	375 610	166 310	160 947
2. 林业产业发展	20 077 573	246 658	1 011 126
（1）工业原料林	1 464 765	10 279	35 079
（2）特色经济林（不含木本油料）	1 936 044	24 926	162 079
（3）木本油料	873 695	28 874	96 191
（4）花卉	1 098 336	607	40 968
（5）林下经济	2 609 753	11 593	66 278
（6）木竹制品加工制造	4 009 003	4102	4427
（7）木竹家具制造	1 621 803	760	7387
（8）木竹浆造纸	519 630	—	180
（9）非木质林产品加工制造	381 158	1854	1901
（10）林业旅游休闲康养	2 585 411	14 385	232 729
（11）其他	2 977 975	149 278	363 907
3. 林业支撑与保障	6 143 511	1 567 396	3 661 449
（1）林业改革补助	1 235 034	887 870	347 164
（2）林木种苗	841 016	74 427	102 069
（3）森林防火与森林公安	633 689	200 485	371 318
（4）林业有害生物防治	286 036	77 189	147 871
（5）林业科技、教育、法治、宣传等	207 460	46 800	67 598
（6）林业信息化	65 020	8954	21 844
（7）林业管理财政事业费	2 875 256	271 671	2 603 585
4. 林业基础设施建设	1 618 607	330 858	347 241
（1）棚户区（危旧房）改造	175 095	87 098	22 216
（2）林区公益性基础设施建设	416 230	105 343	109 655
（3）其他	1 027 282	138 417	215 370

表 19-26　各地区林业投资完成情况

单位：万元

地　区	总　计	其中：国家投资
全国合计	48 002 639	22 592 278
北　京	2 074 256	1 992 372
天　津	426 095	118 357
河　北	1 222 530	789 236
山　西	1 140 098	973 582
内蒙古	1 534 901	1504 157
内蒙古森工集团	399 384	378 407
辽　宁	395 110	369 429
吉　林	932 160	790 151
吉林森工集团	31 1551	195 923
长白山森工集团	281 282	258 325
黑龙江	1 527 454	1 435 680
龙江森工集团	1 147 829	1 062 561
上　海	180 560	180 560
江　苏	1 382 175	472 711
浙　江	846 310	586 854
安　徽	967 897	422 725
福　建	2 324 943	341 549
江　西	1 558 707	741 869
山　东	3 041 117	470 168
河　南	922 295	438 592
湖　北	1 974 281	556 254
湖　南	2 716 636	959 516
广　东	816 578	755 194
广　西	10 418 614	869 848
海　南	131 481	125 261
重　庆	606 762	440 326
四　川	2 757 320	1 161 500
贵　州	1 503 286	873 076
云　南	1 247 752	1 135 766
西　藏	360 247	360 247
陕　西	1 293 529	856 673
甘　肃	1 065 849	789 668
青　海	427 591	347 258
宁　夏	240 567	193 385
新　疆	1 177 899	757 422
新疆兵团	328 826	60 965
局直属单位	787 639	782 892
大兴安岭	348 659	343 912

表 19-27　全国历年林业投资完成情况

单位：万元

年　份	林业投资完成额	其中：国家投资
1950～1977 年	1 453 357	1 105 740
1978 年	108 360	65 604
1979 年	141 326	91 364
1980 年	144 954	68 481
1981 年	140 752	64 928
1982 年	168 725	70 986
1983 年	164 399	77 364
1984 年	180 111	85 604
1985 年	183 303	81 277
"六五"时期	837 291	380 159
1986 年	231 994	83 613
1987 年	247 834	97 348
1988 年	261 413	91 504
1989 年	237 553	90 604
1990 年	246 131	107 246
"七五"时期	1 224 925	470 315
1991 年	272 236	134 816
1992 年	329 800	138 679
1993 年	409 238	142 025
1994 年	476 997	141 198
1995 年	563 972	198 678
"八五"时期	2 052 243	755 396
1996 年	638 626	200 898
1997 年	741 802	198 908
1998 年	874 648	374 386
1999 年	1 084 077	594 921
2000 年	1 677 712	1 130 715
"九五"时期	5 016 865	2 499 828
2001 年	2 095 636	1 551 602
2002 年	3 152 374	2 538 071
2003 年	4 072 782	3 137 514
2004 年	4 118 669	3 226 063
2005 年	4 593 443	3 528 122
"十五"时期	18 032 904	13 981 372
2006 年	4 957 918	3 715 114
2007 年	6 457 517	4 486 119
2008 年	9 872 422	5 083 432
2009 年	13 513 349	7 104 764
2010 年	15 533 217	7 452 396
"十一五"时期	50 334 423	27 841 825
2011 年	26 326 068	11 065 990
2012 年	33 420 880	12 454 012
2013 年	37 822 690	13 942 080
2014 年	43 255 140	16 314 880
2015 年	42 901 420	16 298 683
"十二五"时期	183 726 198	70 075 645
2016 年	45 095 738	21 517 308
2017 年	48 002 639	22 592 278
总　　计	356 171 222	161 445 315

劳动工资统计

表 19-28 林业系统按行业分全部单位

地 区	单位数（个）	总计	年末人数			
			单位从业			
			合计	在岗职工		
				小计	其中：女性	其中：非全日制
总 计	41 285	1 400 720	1 162 382	1 059 881	292 055	53 230
一、企业	2667	675 865	470 346	449 272	127 280	14 524
二、事业	33 451	613 607	581 151	511 461	145 024	34 531
三、机关	5167	111 248	110 885	99 148	19 751	4175
按行业分：						
一、农林牧渔业	17 897	988 166	776 740	715 209	197 205	32 205
1. 林木育种育苗	2179	47 053	41 489	38 593	12 362	3364
2. 营造林	9459	605 855	481 513	433 287	115 615	21 241
3. 木竹采运	803	263 184	189 642	184 882	52 109	3226
4. 经济林产品种植与采集	247	4568	4357	4222	1507	216
5. 花卉及其他观赏植物种植	257	2412	2376	2357	725	207
6. 陆生野生动物繁育与利用	158	1153	1124	1016	283	55
7. 其他	4794	63 941	56 239	50 852	14 604	3896
二、制造业	567	41 749	36 187	33 050	11567	3041
1. 木材加工及木、竹、藤、棕、苇制品业	365	24 980	20 563	18 253	6941	1870
2. 木、竹、藤家具制造业	41	5046	4924	4743	1624	729
3. 木、竹、苇浆造纸业	22	1814	1706	1706	318	3
4. 林产化学产品制造	17	1035	844	829	329	67
5. 其他	122	8874	8150	7519	2355	372
三、服务业	22 515	338 998	334 829	298 054	76 698	16 931
1. 林业生产服务	5436	56 081	55 204	48 218	12 161	3483
2. 野生动植物保护和自然保护区管理	1260	28 302	27 994	24 612	7248	2847
3. 林业工程技术与规划管理	1064	17 049	16 906	16 256	5129	815
4. 林业科技交流和推广服务	2581	36 880	36 684	30 656	10 208	1505
5. 林业公共管理和社会组织	10 635	169 179	167 828	151 959	33473	6907
①林业行政管理、公安及监督检查机构	9610	156 318	155 107	140 143	29 696	6589
②林业专业性、行业性团体	1025	12 861	12 721	11 816	3777	318
6. 其他	1539	31 507	30 213	26 353	8479	1374
四、其他行业	306	31 807	14 626	13 568	6585	1053

个数、从业人员和劳动报酬情况

（人）

人员		离开本单位仍保留劳动关系人员	年末实有离退休人员（人）	在岗职工年平均人数（人）	在岗职工年工资总额（千元）	离退休人员年生活费（千元）	在岗职工年平均工资（元）
其中：专业技术人员	其他从业人员						
306 774	102 501	238 338	1 066 626	1 042 860	55 334 376	33 157 055	53 060
109 758	21 074	205 519	695 586	421 275	16 032 934	18 463 351	38 058
186 001	69 690	32 456	317 765	519 519	30 899 140	11 973 661	59 476
11 015	11 737	363	53 275	102 066	8 402 303	2 720 042	82 322
193 539	61 531	211 426	865 692	690 371	30 955 872	25 176 984	44 839
10 568	2896	5564	34 220	39 157	1 885 381	1 040 339	48 149
114 365	48 226	124 342	494 713	418 702	19 631 047	15 546 978	46 885
48 923	4760	73 542	299 397	174 993	6 118 403	7 288 793	34 964
1485	135	211	2491	4091	189 602	74 595	46 346
579	19	36	323	2213	83 021	8 780	37 515
532	108	29	253	1042	52 332	9 725	50 223
17087	5387	7702	34 295	50 173	2 996 085	1 207 775	59 715
7135	3137	5562	29 572	34 134	1 326 911	612 022	38 874
4436	2310	4417	14 854	18 963	701 135	299 579	36 974
538	181	122	341	4307	182 161	12 857	42 294
401	—	108	1209	1804	91 124	5039	50 512
174	15	191	253	834	32 551	3567	39 030
1586	631	724	12915	8226	319 939	290 980	38 894
98 450	36 775	4169	138 178	304 311	22 168 054	6 189 782	72 847
17 640	6986	877	17 821	48 848	2 916 366	677 895	59 703
8379	3382	308	10 170	25 061	1 635 282	368 996	65 252
10 384	650	143	7197	16 234	1 567 895	364 375	96 581
17 690	6028	196	15 452	30 819	2 267 177	757 267	73 564
34 334	15 869	1351	73 074	155 922	11 947 850	3 566 941	76 627
28 657	14 964	1211	67 900	143 886	11 094 694	3 361 349	77 108
5677	905	140	5174	12 036	853 156	205 592	70 884
10 023	3 860	1294	14 464	27 427	1 833 484	454 308	66 850
7650	1058	17 181	33 184	14 044	883 540	1 178 266	62 912

表 19-29 林业系统按行业分职工伤亡事故情况

指　标	轻伤（人次）	重伤（人次）	死亡（人）
事故合计	**449**	**36**	**34**
按行业分：			
1. 营造林	186	14	8
2. 木竹采运	41	1	1
3. 木竹加工制造	7	—	—
4. 森林防火	23	5	1
5. 其他	192	16	24
按事故类别分：			
1. 物体打击	105	2	—
2. 车辆伤害	87	12	13
3. 机械伤害	25	1	—
4. 触电	1	—	—
5. 火灾	5	2	1
6. 其他	226	19	20

林业财务会计

20

林业财务和会计

【综述】 2017年，在国家林业局党组的坚强领导下，林业计财部门坚持学习贯彻党的十八大、十九大精神，紧跟国家战略大局和林业发展全局，着力构建全面保护自然资源、重点领域改革和多元投入的林业支撑保障体系，对稳定预期、增添信心、凝聚各方力量发挥了重要作用，为推进新时代林业现代化高质量发展提供了有力保障。

规划计划和统计工作 一是调整优化了林业生产计划指标体系。积极回应各省和基层林业部门的诉求，根据林业发展阶段和国土绿化的实际情况，优化调整了营造林生产计划指标设置，将退化林修复及人工更新作为造林指标纳入营造林生产计划管理。实施营造林生产三年滚动计划，2017年完成造林733.33万公顷、森林抚育833.33万公顷。紧紧围绕森林质量精准提升和大规模推进国土绿化等重大战略，启动实施了18个森林质量精准提升示范项目，内蒙古、宁夏灌木林平茬试点和雄安新区绿化工程，制订了规模化林场建设试点方案，实施了张家口冬奥会赛区绿化和甘肃、内蒙古飞播造林试点。二是不断完善林业"十三五"规划体系。联合国家发展改革委、财政部等部门印发了《"十三五"森林质量精准提升工程规划》《全国沿海防护林体系建设工程规划(2016~2025年)》《全国湿地保护"十三五"实施规划》《林业产业发展"十三五"规划》等林业重大专项规划，参与洞庭湖水生态综合治理、大运河文化带建设、九寨沟地震恢复重建等规划编制工作。完成了新纳入国家重点生态功能区范围的重点国有林区87个林业局产业准入负面清单编制工作。组织制定了森林、湿地、荒漠、国家级自然保护区、国家森林公园等纳入生态保护红线区域的划定技术规范，指导各省做好划定生态保护红线工作。开展塞罕坝林场及新规模化林场、雄安新区林业建设、新时期大规模国土绿化等重大专题研究，制订《林业补短板营造林实施方案》。三是加强林业经济形势分析和林业统计工作。完成分季度全国林业经济运行分析报告，建立了林业统计年度公报制度，发布了《2016年全国林业经济发展统计公报》。推进绿色发展指标体系研究，涉及林业的2个约束性指标列入《生态文明建设考核目标体系》，4个指标列入《绿色发展指标体系》。出版《2017中国林业发展报告》《2016中国林业统计年鉴》等年度统计产品。印发《林业统计数据质量评分办法(试行)》，首次完成36个省级林业主管部门数据质量量化评价。围绕林业中心工作和"十三五"规划，修订完善林业统计综合报表制度，增加和调整了林业改革、储备林、林业投资等重要指标，将调查频率由月报调减为季度报。协调国家统计局修改完善第三次全国农业普查涉林部分调查表，增加了集体林权制度改革、经济林产品等相关指标。

资金政策争取工作 一是中央林业投入规模再创新高。面对经济下行、财政收入增速放缓、中央农口资金减少的严峻形势，切实加强沟通协调，着力创新投融资机制，充分发挥财政资金和开发性政策性金融资本合力，构建了林业多元投入的保障体系。2017年中央财政资金和新增储备林金融贷款规模达到1426亿元，同口径比2016年增加164亿元、增幅14.8%。其中，中央财政资金1194亿元、新增储备林金融贷款232亿元。二是重大工程重大项目重大政策争取亮点纷呈。党的十八大以来，着力实施5个超千亿的重大工程项目。完成林业棚户区(危旧房)改造174万户，中央投入252亿元，总投入达到1100亿元以上。全面保护天然林中央投入近1300亿元。退耕还林还草中央投入达到1400多亿元，其中2017年安排新一轮退耕还林还草任务82万公顷，《新一轮退耕还林还草总体方案》确定的282.67万公顷任务提前3年完成安排。森林生态效益补偿中央投入达到1001亿元，2017年国有国家级公益林生态效益补偿标准由每年每公顷120元提高到150元。贫困地区中央林业投入达到1900亿元。三是开辟了一批新的资金投入渠道。谋划启动了国有林区林场管护用房建设试点，编制印发《国有林区(林场)管护用房建设试点方案》，2017年安排中央投资2亿元。会同交通部编制《国有林场林区道路建设方案(2018~2020年)》，这3年中央投资补助将达到192亿元，也将成为棚户区改造结束后的重要承接项目。沟通协调国家发展改革委、财政部，实施了森林质量精准提升工程，未来5年中央财政资金和金融机构贷款规模将超过500亿元。启动了国家公园建设试点工程，2017年落实中央预算内投资林业资金7.5亿元，占国家公园年度总投资的83%。追加安排中央投资0.8亿元为东北、内蒙古重点国有林区配置全地形森林消防车25台。恢复了林业有害生物防治投资渠道，2017年安排中央投资1亿元。争取国家森林公园、国家湿地公园中央预算内投资2.42亿元，林业信息化资金0.33亿元、珍稀濒危野生动植物保护补助0.42亿元，安排甘肃祁连山林地保护与建设投资1亿元。碳卫星项目正式立项。

支撑保障工作 一是全力保障林业三大改革。国有林区林场生态保护职责全面强化，体制机制逐步建立，95%以上的国有林场定性为公益性事业单位，内蒙古大兴安岭重点国有林管理局挂牌成立。国有林区林场多渠道安置富余职工14万多人。国有林区职工工资性收入连续3年年增长10%以上；国有林场职工工资增长到4.5万元，基本养老、医疗保险实现全覆盖。2017年，中央安排国有林区投入244亿元。中央财政已累计落实国有林场改革补助133.8亿元，其中2017年24.26亿元；安排国有贫困林场扶贫资金5.5亿元。协调财政部将国有林管护费补助标准由2016年的每年每公顷120元提高到150元；将天保工程区职工社会保险补助缴费基数由2011年当地社会平均工资的80%提高到2013年当地社会平均工资的80%。二是不断完善林业改革支持政策。经国务院批准，中国银监会、财政部和国家林业局联合印发《关于重点国有林区森工企业和国有林场金融机构债务处理有关问题的意见》，对重点国有林区森工企业金融机构债务提出了分类化解意见，对国有林场债务处理做了政策安排。中央财政安排与木材停伐相关的130亿元金融机构债务贴息补助资金6.37亿元。安排天然林停伐补助123.77亿元，将天保工程区外国有天然林全部纳入停伐补助范围，将集体和个人所有天然林停伐管护补助范围由7个省份扩大到16个，补助面积达933.33万公顷。安排大兴安岭林业集团公司职工家属区"三供一业"分离移交补助资金11亿元。积极完善集体林权制度改革支持政策，中央财政森林保险保费补贴政策覆盖全国，保险面积达1.36亿公顷。配合交通运输部编制了《国有林场林区道路建设方案（2018～2020年）》，初步明确了已纳入交通运输部地方公路网规划的国有林区、林场及主要林下经济节点连接道路的投资支持政策。三是扎实做好生态文明体制改革林业领域改革工作。牵头组织编制东北虎豹、大熊猫、祁连山3个国家公园总体规划，东北虎豹国家公园总体规划已报国家发改委，大熊猫和祁连山国家公园总体规划形成初稿。积极配合国家统计局推进自然资源资产负债表编制。完成国务院第四次大督查林业自查工作。

林业扶贫工作 一是抓好生态护林员精准扶贫。向国务院副总理汪洋报告了林业生态护林员选聘情况及相关工作，并以《林业要情》方式上报中央。制订2017年生态护林员安排建议方案，安排生态护林员中央财政资金25亿元，比2016年增加5亿元，生态护林员选聘规模从28.8万人增加到37万人，精准带动130多万人增收和稳定脱贫，管护范围扩大到湿地、沙化土地。着手打造怒江傈僳族自治州生态脱贫示范区建设，将生态护林员脱贫政策覆盖独龙族。与财政部、国务院扶贫办联合印发《关于开展建档立卡贫困人口生态护林员选聘工作的通知》，印发《关于加强建档立卡贫困人口生态护林员管理工作的通知》《关于规范建档立卡贫困人口生态护林员续聘选聘工作的通知》，起草《生态护林员管理办法》。二是抓好合作造林扶贫模式推广。联合国务院扶贫办组织召开全国林业扶贫现场观摩会，与国务院扶贫办就山西扶贫攻坚造林合作社模式推广向国务院领导汇报。与国家发展改革委共同牵头，会同财政部、国务院扶贫办、农业部、水利部等部门编制了《生态脱贫工作方案》。三是抓好定点扶贫和片区扶贫。制订《国家林业局2017～2018年定点扶贫工作方案》，加大4个扶贫定点县指导和督查力度，组织中国林科院开展了定点县林业扶贫成效考核；安排定点县中央林业资金2.62亿元，比2016年增加38%；6.1万人脱贫，减贫率36%。与水利部共同召开了第5次滇桂黔石漠化片区区域发展与扶贫攻坚现场推进会。四是抓好新疆南疆地区精准脱贫。组织召开了林业援疆工作会议，分别和新疆维吾尔自治区、新疆生产建设兵团、中国农业发展银行签署了《支持南疆深度贫困地区林果业提质增效合作协议》《南疆林果业科技支撑战略合作协议》，有关企业签订了《推进农业产业化"十城百店"战略合作框架协议》，汪洋作出了"卓有成效，继续努力"的重要批示。

区域发展工作 一是京津冀协同发展生态率先突破取得新进展。组织启动了《环首都国家公园体系发展规划》编制工作。调度京津冀生态协同圈7省市已出台的有关林业生态建设支持政策，汇编出版了《京津冀协同发展林业生态支持政策》。配合国家发展改革委、水利部完成了《永定河流域治理与生态修复总体方案（2016～2030年）》编制审批工作，举办了"永定河流域治理与生态修复"开工启动仪式，落实了拟启动项目推进表。二是长江经济带"共抓大保护"林业建设取得新成效。推动长江经济带发展领导小组办公室审定同意了《长江经济带森林和湿地生态系统保护与修复规划》《长江经济带沿江重点湿地保护修复工程规划》。组织长江经济带11省市开展《长江经济带共抓大保护林业支持政策》汇编。部署开展了长江经济带林业资源保护专项行动。新一轮世界银行长江经济带珍稀树种保护与发展项目经国务院批准列入计划，安徽、四川、江西等3省由世界银行和欧投行联合融资，其中世界银行1.5亿美元，欧投行2亿欧元。三是"一带一路"建设林业合作开创新局面。印发《"一带一路"建设林业合作规划》，协调跟进托木斯克木材工业园区等重大项目建设进展，推动境外木材资源通过中欧班列直接回运江西、重庆等中西部地区。着力抓好对俄林业投资合作，召开第4届中俄林业投资圆桌会议等，编制完成《中俄森林资源开发和利用合作第5期规划》并提交俄方确认。满洲里等地进口木材加工交易基地建设进展顺利。策应"一带一路"高峰论坛，在《中国绿色时报》《21世纪经济导报》等媒体启动"一带一路"建设林业合作系列宣传报道活动。推进"一带一路"林业发展基金发起建立工作。新一轮欧投行气候变化项目1.5亿欧元林业项目得到国家发改委、财政部同意。欧投行3.05亿元林业贷款项目在青海等省份落地。丝绸之路沿线地区生态治理与保护项目列入新一轮亚行贷款规划新增项目清单。切实打击非法采伐，举行了中欧双边协调机制第8次会议，参加了APEC等打击非法采伐磋商会议、APEC第四届林业部长级会议。全球森林资源配置能力显著提升，中国企业境外林业投资大中型合作项目达200多个，境外租赁林地6000多万公顷。2017年中国林产品贸易额达到1500亿美元，比2016年增长11.9%。

内控制度建设工作 一是建立健全内控机制。按照深化简政放权、放管结合、优化服务改革要求，制订《计财工作监督约束工作方案》，强化工作约束，下放审批权限，加强协同配合，着力打造"1+3+N"计财司会商和工作监督约束机制。强化3个平台有效运行，将国家级自然保护区和国家级森林公园总体规划审批纳入资金项目会商平台；林业重大项目资金分配建议和审批均由资金项目会商平台会商后按程序上报国家林业局党组会议审议；林业建设项目在线审批监管平台5个子系统投入使用，实现全过程网上受理，并协调国家发改委与国家平台完成对接，2017年批复林业基建项目241个，批复总投资40亿元（中央投资34亿元）。建成全国林业财政资金信息管理系统并投入运行。选择10个直属单位、每个单位选择1～3项经济业务开展内部控制建设试点。二是组织开展林业重大工程专项整治行动。联合中央纪委驻农业部纪检组选取6个省区开展了退耕还林突出问题专项整治重点督查，部署了扶贫领域监督执纪问责工作。联合中央纪委驻农业部纪检组召开专项整治工作总结电视电话会议，对6个省区重点督查发现的问题予以通报，对强化退耕还林等林业扶贫资金项目监督管理进行了再安排、再部署，并部署开展野生动植物保护及自然保护区建设工程专项整治行动。三是进一步健全完善资金项目管理制度。印发《国有林场（苗圃）财务制度》《林业科技成果储备成果库管理办法》《国家林业局部门预算项目管理办法》《国家林业局项目预算评审管理暂行办法》，完善《国家林业局公费医疗管理办法》医事服务费和无偿献血有关规定，制订《林业改革发展资金项目库管理办法》《2017年全国林业行业会计决算报表制度》《国家林业局机关差旅费管理办法》《国家林业局机关项目资金使用管理暂行办法》，保护区、湿地保护等2项工程项目建设标准已报送住房和城乡建设部，完成森林防火通讯系统等6项建设标准编制工作。

预算保障工作 一是加强预算争取和保障。在财政部规定2017年中央部门项目预算统一按2016年预算压减5%，宣传、政策法规制定和重大问题研究3类项目按2016年预算的20%压缩的不利形势下，仍落实部门预算资金74.27亿元，比2016年增长5.8%，有力保障了机关全局性工作和重点工作需要。捋顺预算渠道，增加相关单位预算资金，保障重点支出和紧急性支出需求，安排解决了荒漠化公约缔约方大会等重点项目支出，追加解决了机关和在京参公单位第二步同城待遇资金、事业单位离退休人员养老金、驻外参公单位等工资性硬缺口、基金总站稽查专项工作等经费缺口，协调解决了机关党委学习贯彻党的十九大精神经费缺口，特别是协调财政部落实预算全力保障了机关大楼维修改造和国家林业局大院、国林宾馆、兴安宾馆、宝能大厦等办公区域顺利运行。组织完成部门预算批复和预算信息公开，2016~2017年国家林业局中央部门预算管理工作被财政部评为先进单位。编制完成国家林业局政府购买服务指导性目录。配合人事司开展了63家非参公事业单位津贴补贴清理规范。组织专家组赴湖北、湖南等省开展2017年绩效评价项目现场评价，首次完成部门预算绩效执行监控工作。国家林业局2016年度绩效管理工作已连续第5年被财政部评为一等奖，2016年部门决算在财政部组织的中央部门决算考核评比中连续第12年荣获一等奖。二是严格预算执行。严格控制一般性支出，实现机关资金压缩的目标要求，国家林业局机关"三公"经费、会议费和培训费比2016年略有减少。对重点项目和重大工程单独核算，绩效考评。完成财政部非税收入检查问题核实工作，得到了财政部的理解。完成国家林业局机关和直属单位财政资金国库支付工作。完成东北、内蒙古国有林区和直属单位非税收入上缴和申请工作。完成机关和直属单位银行账户和票据管理工作。根据财政部有关文件精神，出台《关于加强财政部门和预算单位资金存放管理的指导意见》，对直属单位资金存放提出了要求。推进会计全员报账系统和财务服务系统开发。三是加强国有资产管理，落实公车改革任务。完成国家林业局直属事业单位及其所办企业的产权登记工作。基本实现局本级财务的集中统一管理。完成局机关和参公单位公车改革任务，一般事业单位公车改革任务基本完成。四是清理规范涉企收费。自2017年4月1日起，取消向企业征收的植物新品种保护权、野生动物标识等收费项目。配合审计署农林水利审计局对国家林业局机关本级、直属事业单位、社团组织等开展涉企收费专项审计工作。

（黄祥云　马一博）

【部门预算】 2017年，国家林业局部门预算管理工作紧抓住资金争取"一个中心"，加强当年预算和结转经费"两个统筹"，做好制度建设、项目库建设和绩效管理"三种手段"，不断完善规章制度，规范支出管理，实施绩效管理，切实提高部门预算管理水平。

2017年部门预算争取 2017年年初财政部批复部门预算资金73.21亿元（不含中央预算内投资，下同），与2016年同口径年初预算68.87亿元相比，增加4.34亿元，增长6.3%。同时，根据国家政策和林业发展需要，积极申请财政追加预算1.19亿元，全年财政拨款74.27亿元，比2016年增加4.21亿元，增长6.01%。

预算信息公开 根据《财政部关于进一步做好预算信息公开工作的指导意见》，提前做好预算信息公开的准备工作，并报经国家林业局领导审核同意后及时通过国家林业局政府网站向社会公开，包括2017年部门预算、2017年"三公"经费财政拨款预算和2016年部门决算。

2018年部门预算编制 2018年部门预算编制，充分考虑机关事业单位的人员支出和正常运转支出需求，重点解决包括在职人员调资经费、离退休经费标准提高、京外参公事业单位医疗保险缴费等基本支出需求。经积极争取，财政部累计安排2018年初部门预算指标74.5亿元，相比2017年初预算数增加1.29亿元，增长1.76%。增加原因包括：一是基本支出增加了调整基本工资、离退休人员经费标准等需求，并相应增加了住房改革支出经费。二是项目支出预算重点增加了《中国林业百科全书》、国际竹藤产业与生态文化展示等项目765万元，以及大兴安岭林业集团公司调资经费22 337.65万元等。

2017年部门预算和2016年部门决算批复 按照"中央各部门应当自财政部批复本部门预算之日起15日内，批复所属各单位预算"的规定，国家林业局按时将部门预算正式批复下达到预算单位和项目承担单位，做到一个单位一本预算，保证了部门预算批复的及时和完整，为预算单位履行职能和开展专项业务工作创造了条件。同时，根据财政部批复国家林业局2015年部门决算，及时向各单位批复了部门决算。

财政项目支出预算绩效管理 根据《财政支出绩效评价管理暂行办法》（财预〔2011〕285号）要求，按时完成2016年确定的林业科技成果国家级项目推广等13个项目绩效评价工作，配合财政部完成湿地保护与管理一级项目的绩效评价工作；对国家林业局2017年部门预算的全部项目支出开展了执行监控工作，覆盖率达到100%；开展对中国林学会2017年整体支出绩效评价工作；首次引入社会第三方机构开展对林业改革工作经费项目的绩效评价工作；开展国家林业局部门预算项目支出绩效目标指标体系的建设工作；完成了2017年度项目支出绩效目标的全面自评工作，自评率100%。选择确定2018年绩效评价重点一级项目1个、二级项目12个，填报绩效评价目标，实现项目全覆盖，充分体现绩效目标在预算管理的前置作用。

部门预算评审 为适应预算制度改革，强化部门预算项目管理，制订并印发《国家林业局部门预算项目库管理暂行办法》《国家林业局部门预算项目评审管理暂行办法》（林规发〔2017〕101号），配合财政部完成了对《中国林业百科全书》、野生动物疫病监测预警系统维护等项目的评审工作，为规范国家林业局部门预算项目管理打下坚实基础。

预算管理日常工作 组织完成2016年部门决算的编制汇总上报工作和2015年度绩效管理自评工作；部署2017年度预算的清理核对和决算布置工作；完成事业单位绩效工资的测算审核工作；完成局机关因公出国（境）经费预算来源的审核确认工作，杜绝了超预算和无预算安排出国情况，严格控制因公出国（境）支出规模等。

（吴　昊）

【**资产管理与会计**】　**内部控制建设** 一是扩大内控试点单位范围。2017年，在2016年选择确定6个内控试点单位基础上，再新增加了10个试点单位，要求各单位围绕内控建设涉及的预算管理、收入支出管理、政府采购管理、资产管理、合同管理和基本建设管理等6项主要经济业务活动，每单位选择1~3项经济业务，2017年年底前完成内部控制建设工作。检查指导内控试点单位。针对10个内控建设试点单位，11~12月，组织有关专家分成3个组，采取集中汇报、现场检查等方式，开展了内部控制报告的监督检查机制，及时发现内控建设好的经验与做法，有效推动内控建设取得实效。二是加强内控培训工作。9月28~29日，在北京举办了直属单位国有资产及财务制度培训班，邀请财政部、高校、直属单位等专家教授培训讲解了包括国有资产管理、政府会计准则、内部审计监督、内部控制建设等内容。

专项整治 一是完成并总结退耕还林突出问题专项整治工作。8月，会同中央纪委驻农业部纪检组召开推进深度贫困地区林业脱贫攻坚暨全国退耕还林突出问题专项整治工作总结电视电话会议，对全国退耕还林突出问题专项整治工作进行全面总结，并对督查发现的问题予以通报。会后向6个省份下发了督查发现问题整改通知，12月底前6个省区按要求完成整改并报送了整改报告。二是启动部署野生动植物保护及自然保护区建设工程专项整治工作。向各省（区、市）下发了野生动植物保护及自然保护区建设工程专项整治工作通知，通过《中国纪检监察报》《中国绿色时报》、国家林业局门户网站等，对推进深度贫困地区林业脱贫攻坚暨全国退耕还林突出问题专项整治工作进行及时宣传报道。

涉企经营服务性收费清理规范 按照国务院办公厅部署要求，根据国家发展改革委、财政部、工信部、民政部《关于清理规范涉企经营服务性收费的通知》（发改价格〔2017〕790号），2017年7月底前，部署机关司局、直属单位以及尚未脱钩的行业协会等单位全面开展完成清理规范涉企经营服务性收费工作，分别向国务院办公厅、国家发展改革委和财政部等部门报送了清理规范结果，取消、停征4项行政事业性收费项目，降低1项行政事业性收费项目标准和2项协会收费项目标准，停止5个协会2项行政审批事项及收费行为，取消1个事业单位下属企业经营收费项目和2个协会收费项目。年底前，根据国家发展改革委部署要求，统一组织各协会将收费信息通过"信用中国"网站"行业协会商会收费情况公示系统"集中予以公示。

加强对大兴安岭指导 根据《财政部关于印发铁路、烟草、邮政及其他中央部门管理企业职工家属区"三供一业"分离移交中央财政补助资金管理办法的通知》（财资〔2016〕35号），中央财政补助50%和预拨90%，2017年申请中央财政国有资本预算安排"三供一业"分离移交补助资金11.97亿元，2017年已预拨资金10.77亿元。同时，根据《财政部关于编制2018年中央国有资本经营预算的通知》（财预〔2017〕132号）精神，指导大兴安岭做好2018年中央国有资本经营预算的编制申请工作。

（张　棚）

【**林业金融**】 一是推进国家储备林建设金融创新。2017年，国家储备林建设快速发展，成为弥补林业建设市场化机制缺失、引领社会资本进入林业领域、推动林业现代化建设高质量发展的成功实践，上升为国家战略。国家林业局和国家开发银行、中国农业发展银行分别与福建、黑龙江、新疆、贵州等省区签署了共同推进国家储备林等重点领域合作协议。与国家开发银行共同推动广西国家储备林二期（扶贫）、南平等项目评审落地，组织了山西、福建、河南、湖北等国家储备林贷款项目可研论证。截至2017年年底，与两行合作协议贷款突破3000亿元，112个项目获得授信1160亿元，实现放款384亿元，其中，2017年放款232亿元，比2016年增长53%。国家储备林建设金融贷款额达到同期中央造林资金的2倍多，为大规模推进国土绿化和森林质量精准提升提供了强力支撑。二是不断完善国家储备林支持政策。与国家发展改革委、国家开发银行、中国农业发展银行联合印发了《关于进一步利用开发性和政策性金融推进林业生态建设的通知》，中央预算内投资、中央财政林业改革发展资金重点支持两行贷款项目，对应任务的预算内投资可以作为项目资本金，财政按规定贴息，营造的储备林纳入中央财政森林保险保费补贴范围。认真贯彻落实中央金融会议"服务实体经济、防控金融风险、深化金融改革"精神，与国家开发银行和中国农业发展银行，创新了"林权抵押+政府增信"、林业PPP、"龙头企业+基地+新型经营主体+林农"等融资模式，推广以自身现金流还款，不增加政府债务的国家储备林等贷款项目。三是积极推广政府和社会资本合作（PPP）模式支持林业建设。按照与财政部、国家发展改革委在林业公共服务和传统基础设施领域出台的指导意见，积极组织开展林业PPP项目试点。协助国家发改委从各省上报的162个项目中筛选了12个重点项目在全国发布实施。四是举办国家储备林建设培训班。在福建南平举办国家储备林建设培训班，推广国家储备林建设PPP模式。2017年7月，国家林业局与国家开发银行、福建省签订了《共同推进深化福建省集体林权制度改革合作协议》，明确将南平市建设生态文明试验区——国家储备林项目作为三方合作的重点。南平市积极探索创新，成为全国首个国家储备林入选财政部第四批PPP项目库的示范项目。南平PPP项目融资严格防控金融风险，在不增加地方债务的原则下，创新金融、市场化运作，制订了以存量林木资源资产收益作为新增造林还款来源的建设方案，实现稳定的还款现金流，2017年末南平项目已经放款8亿元。

（吴　今　杨万利　张丽媛　姜喜麟　刘泽世）

【国有林区林场债务化解】　全面停止天然林商业性采伐后，国家林业局积极协调中国银监会、财政部等部门研究解决国有林区林场债务化解问题。在充分调查研究的基础上，向国务院上报《关于解决重点国有林区森工企业和国有林场金融机构债务的请示》，国务院审核通过。2017年7月印发《中国银监会 财政部 国家林业局关于重点国有林区森工企业和国有林场金融机构债务处理有关问题的意见》（银监发〔2017〕51号），对重点国有林区森工企业金融机构债务提出了分类化解意见，对国有林场债务处理做了政策安排。重点国有林区，天保一期剩余债务参照天保一期政策执行，债权债务双方协商予以减免；打包到资产管理公司的木材加工等存续债务，由木材加工企业与资产管理公司按不低于原始收购价协商处理；停伐时点与停伐相关的债务，财政部按照年利率4.9%从2017年开始给予利息补助到2020年，每年安排6.37亿元。国有林场，对于正常经营性债务到期依法偿还，营造公益林、政策性停伐形成的债务与金融机构协商减免，其他债务按照债务风险处理原则分别采取展期，减免利息、本金等方式进行债务重组。

（吴　今　杨万利　张丽媛　姜喜麟　刘泽世）

【森林保险】　2017年森林保险中央财政保费补贴范围仍然稳定覆盖24个省（区、市）、4个计划单列市和3个森工集团。全国森林保险总参保面积为1.49亿公顷，同比增加9.59%，其中公益林参保1.19亿公顷，商品林参保0.30亿公顷。森林保险总保险金额超过1.30万亿元，总保费32.35亿元，其中中央财政补贴资金15.08亿元，地方财政补贴资金13.99亿元，林农和各类经营主体缴纳保费3.28亿元。全年完成灾害理赔1.56万起，总赔付金额为10.71亿元，简单赔付率为33.12%。一是完善森林保险相关政策。联合中国保监会进一步对《关于进一步推进森林保险工作的指导意见》进行了修改，完善公益林保险和商品林保险的经营模式，解决开展森林保险的机制障碍。启动森林保险查勘定损的国家标准的研究编制工作，从政策层面强化管理、规范操作、提升服务。二是推动森林保险健康发展。编写出版《2017中国森林保险发展报告》，进一步展现和总结森林保险市场建设中的实践创新。发布森林保险年度统计分析报告，对2016年全国森林保险总面积下降、商品林保险面积呈现萎缩和公益林保险赔付率明显偏低等问题进行了深度分析和原因查找，加大工作力度，有针对性地指导各地完善政策措施，提升服务水平，实现公益林保险面积稳定增长，商品林保险面积止跌回升，森林保险保障程度再创新高。三是加强政策沟通和业务培训。及时与有关部门沟通森林保险工作开展情况，汇总编印了《2016年森林保险工作总结汇编》和《全国森林保险实施方案汇编》。在青海省举办了第8期全国森林保险业务管理培训班，培训各省（区、市）从事森林保险业务负责人员100余名，提高理论水平和实践能力，交流工作经验，推动森林保险工作稳定发展。

（吴　今　杨万利　张丽媛　姜喜麟　刘泽世）

【政府采购】　2017年国家林业局积极贯彻《政府采购法实施条例》《政府采购货物和服务招标投标管理办法》（财政部令第87号），强化政府采购内控管理，结合国家林业局机关及直属单位工作实际制订《国家林业局政府采购管理办法》，举办了局机关和直属单位政府采购业务培训班，详细讲解《政府采购法实施条例》等相关政策，布置政府采购计划及信息统计工作。同时组织局机关和直属单位政府采购相关人员参加了中央国家机关政府采购中心举办的集中采购业务培训班。2017年国家林业局政府采购预算34 337.75万元，实际完成政府采购30 584.94万元，节约资金3752.81万元，资金节约率10.92%。与2016年实际政府采购37 128.71万元相比，减少了6543.77万元。2017年实际完成的政府采购资金按项目类别分，货物类为17 472.40万元，占采购总规模的57.13%；工程类8494.86万元，占采购总规模的27.77%；服务类4617.68万元，占采购总规模的15.10%。

（吴　今　杨万利　张丽媛　姜喜麟　刘泽世）

【全国林业行业财政资金收支状况】　2017年全国林业行业会计决算报表汇总了31个省（区、市）、5个计划单列市、3个森工集团以及新疆生产建设兵团的财政资金收支情况。2017年全国林业预算投入2217.95亿元，其中：中央预算投入1149.37亿元（其中：林业行业投入1136.76亿元，其他投入12.61亿元），占预算总投入的51.82%；地方预算投入1068.58亿元，占预算总投入的48.18%。与上年相比增加171.20亿元，增长幅度为8.36%，其中：中央预算投入增加56.65亿元，增长幅度为5.18%；地方预算投入增加114.56亿元，增长幅度为12.01%。全年实际到位资金2316.87亿元，实际支出2259.75亿元。

中央预算投入（投资计划）　2017年中央林业预算投入（投资计划）汇总范围包括31个省（区、市），5个计划单列市，3个森工集团以及新疆生产建设兵团。2017年中央预算林业投入1149.37亿元，其中：基本建设投资168.71亿元，财政投入980.65亿元。中央预算林业行业投入1136.76亿元，其中：基本建设投资163.11亿元，财政投入973.65亿元。一是基本建设投资。2017年中央林业行业基本建设投资共计163.11亿元，主要包括：天然林保护工程14亿元，新一轮退耕还林工程45.8亿元，京津风沙源治理工程8.94亿元，"三北"、沿海等防护林建设工程35.25亿元，石漠化综合治理工程9.75亿元，野生动植物及自然保护区建设工程3.15亿元，湿地恢复保护3亿元，棚户区改造6.06亿元，森林防火13.44亿元，林业有害生物防治项目0.99亿元，森林非经营性项目2亿元。二是财政投入。2017年中央财政林业行业投入共计973.65亿元，主要包括：林业生态保护恢复资金426.06亿元（其中：天然林资源保护218.03亿元，退耕还林还草208.03亿元）；林业改革发展资金481.85亿元，包括：森林资源管护支出313.07亿元（其中：天然林保护管护补助

138.58亿元，森林生态效益补偿基金174.49亿元），森林资源培育支出95.56亿元（其中，森林抚育补贴60.32亿元，林木良种补助4.88亿元，造林补贴30.36亿元），生态保护体系建设支出36.74亿元，国有林场改革支出24.51亿元，林业产业发展支出11.96亿元，森林保险保费补贴5.18亿元，国有贫困林场扶贫资金5.5亿元，育林基金改革减收财政转移支付2.32亿元，农业综合开发资金7.42亿元，中央部门预算10.33亿元，生态护林员补助资金24.20亿元，大兴安岭"三供一业"移交补助10.78亿元。与2016年1067.86亿元相比，2017年中央预算林业行业投入增加68.9亿元（增加幅度为6.45%），其中：基本建设投资增加4.08亿元（增加幅度为2.57%），财政投入增加64.82亿元（增加幅度为7.13%）。2017基本建设投资变动情况主要包括：新一轮退耕还林增加6.07亿元，京津风沙源治理工程减少0.82亿元，"三北"、沿海等防护林工程建设减少0.75亿元，石漠化综合治理工程减少1.28亿元，野生动植物及自然保护区建设工程减少0.15亿元，湿地恢复保护增加0.69亿元，棚户区改造减少4.92亿元，森林防火增加0.3亿元。2013～2017年，中央预算林业行业投入的基本建设投资总量变化不大。其中，天然林保护和京津风沙源治理林业项目投入保持稳定，退耕还林（新一轮加上一轮）和"三北"、沿海等防护林工程建设投入有显著增长。财政投入变动情况：2013～2017年，天然林资源保护财政投入实现了较快增长，从2013年的140.83亿元增长到2017年的356.61亿元，五年累计增幅为153.22%；退耕还林财政投入（新一轮加上一轮）在实行新一轮退耕还林之后规模下降了1/3；森林资源培育财政投入五年来保持稳定；森林生态效益补偿有一定幅度的增长，从2013年的146.93亿元增长至2017年的174.49亿元，五年累计增幅为18.76%。为助力精准扶贫，加强贫困建档立卡护林员队伍建设，2017年中央投入生态护林员补助资金25亿元，主要投向中国西北、西南和中部重点生态功能区。其中补助较多的省份包括贵州2.95亿元，云南2.95亿元，甘肃2.1亿元，广西1.9亿元，河北1.55亿元，湖南1.4亿元，陕西1.25亿元，新疆1.1亿元，江西1.05亿元，河南、湖北和四川均为1亿元。

地方预算投入（投资计划） 2017年地方林业预算投入（投资计划）汇总范围包括31个省（区、市）、5个计划单列市、3个森工集团，不含新疆生产建设兵团。2017年地方各级财政投入1068.58亿元，比上年增加114.56亿元，增幅为12.01%。其中：省级445.92亿元，比上年增加52.14亿元，增幅为13.24%；地市级235.76亿元，比上年增加59.45亿元，增幅为33.71%；县级386.90亿元，比上年增加2.96亿元，增幅为0.77%。按项目分，包括：基本建设投资24.81亿元，比上年增加6.91亿元，增幅为38.60%；财政投入1043.77亿元，比上年增加107.65亿元，增幅为11.50%。财政投入包括：机构运行支出426.63亿元，比上年增加61.49亿元，财政专项资金617.14亿元，比上年增加46.16亿元。主要包括：一是林业生态保护恢复资金16.17亿元；二是林业改革发展资金409.84亿元（包括：森林资源管护支出105.17亿元，森林资源培育支出188.95亿元，生态保护体系建设支出68.73亿元，国有林场改革支出13.53亿元，林业产业发展支出33.46亿元）；三是森林保险保费补贴6.22亿元；四是国有贫困林场扶贫资金0.46亿元；五是育林基金改革减收财政转移支付4.06亿元；六是农业综合开发林业项目3.79亿元。2013～2017年，各级政府财政投入均稳定增长，地方政府（包括省、地市和县三级）和中央政府投入基本保持1∶1的比例。三级地方政府中，省级和县级投入相对较多，地市级较少。

资金到位与支出情况 2017年全国林业财政资金收支情况汇总范围包括31个省（区、市）、5个计划单列市、3个森工集团，不含新疆生产建设兵团。2017年，中央与地方林业行业财政资金到位2316.87亿元，实际支出2259.75亿元，上年初结余561.06亿元，年末结转和结余617.94亿元。一是基本建设投资。当年实际收到198.86亿元，实际支出193.86亿元，上年结转结余110.02亿元，年末结转结余115.02亿元。结转结余资金主要包括：新一轮退耕还林27.12亿元，京津风沙源治理林业项目7.76亿元，"三北"、沿海等防护林建设工程14.15亿元，石漠化综合治理工程7.59亿元，野生动植物及自然保护区建设工程2.51亿元，湿地恢复保护1.72亿元，棚户区改造6.51亿元，森林防火11.92亿元。2013～2017年，基本建设投资结转结余资金总体呈现缓慢增长的态势，其中2017年首次实现下降，在基建资金投入总量不断增加的前提下，结余控制效果较好。其中天然林保护结转结余资金保持相对稳定，京津风沙源治理林业项目，"三北"、沿海等防护林工程建设结转结余资金略有增长，退耕还林资金结转结余增长迅速。二是财政资金。当年实际收入2118.01亿元，实际支出2065.89亿元，上年末结余451.04亿元，年末结转结余502.92亿元。结转结余资金主要包括：林业生态保护恢复120.74亿元；林业改革发展资金245.36亿元，其中包括：森林资源管护支出82.08亿元，森林资源培育支出84.19亿元，生态保护体系建设支出34.3亿元，国有林场改革支出31.07亿元，林业产业发展支出13.71亿元；森林保险保费补贴1.12亿元；国有贫困林场扶贫资金2.11亿元；育林基金改革减收财政转移支付1.08亿元；大兴安岭"三供一业"移交补助10.78亿元。

结转结余情况 2017年，林业生态保护恢复资金年末结转结余较多的地区和单位有：贵州25.65亿元，内蒙古森工14.68亿元，云南12.36亿元，吉林10.66亿元，黑龙江9.29亿元，四川8.32亿元，内蒙古8.08亿元，新疆6.65亿元，甘肃5亿元，广西4.85亿元。2017年，林业改革发展资金年末结转结余较多的省份有：四川23.44亿元，内蒙古21.11亿元，云南18.21亿元，吉林17.08亿元，福建15.24亿元，广东14.6亿元，新疆13.73亿元，贵州13.26亿元，广西12.66亿元，北京12.46亿元。

贫困县涉农资金整合情况 全国贫困县财政资金涉农整合42.01亿元，其中中央28.51亿元、省级9.76亿元、地市级0.61亿元、县级2.98亿元。全国贫困县财政资金涉农整合较多的省区有：云南6.12亿元，湖南4.67亿元、河北4.31亿元、广西3.75亿元、湖北3.17

亿元。

财政资金统筹使用情况 部分省份根据实际情况，将部分财政专项资金进行统筹使用。福建统筹1.77亿元用于天然林停伐管护补助，新疆统筹0.19亿元用于天保工程区社会保险补助，海南统筹0.05亿元用于天然林保护管护补助，湖南统筹0.08亿元用于全面停止天然林商业性采伐补助。

有关财政资金收支状况

天然林资源保护财政专项资金 2017年全国天然林资源保护，财政资金实际收入349.78亿元（不含基本建设投资），比上年增加18.2亿元，具体是：中央财政补助320.49亿元，地方财政补助6.24亿元，其他收入3.93亿元，天保工程实施单位自筹19.12亿元。当年实际支出335.6亿元，年末结转和结余69.12亿元。分项收入与支出情况如下：

——天保工程管护补助。收入114.52亿元（比上年增加17.06亿元），其中：中央财政补助109.71亿元，地方财政补助3.9亿元，天保工程实施单位自筹0.26亿元，全年实际支出107.61亿元，年末结转和结余26.74亿元。

——社会保险补助费。当年收入79.51亿元（比上年增加14.84亿元），其中：中央财政补助77.61亿元，地方财政补助1.74亿元，天保工程实施单位自筹0.07亿元；全年实际支出71.21亿元。

——政策性社会性支出。当年收入55.59亿元（比上年减少4.83亿元），其中：中央财政补助34.07亿元，地方财政补助0.18亿元，天保工程实施单位自筹18.29亿元，其他收入0.3亿元；全年实际支出56亿元。

2017年天然林资源保护工程财政资金年末结余69.12亿元，主要是天保工程管护补助26.74亿元，社会保险费24.79亿元，政策性社会性支出3.39亿元，天保工程区停伐补助5.11亿元。从地区和单位来看，内蒙古森工和四川结余最多，分别结余19.13亿元、11.63亿元，其次为吉林、云南、内蒙古，分别结余8.07亿元、6.92亿元、5.44亿元。与2016年情况相比，宁夏退出年末结转结余前十名，大兴安岭林业集团公司新进入前十名。

造林补助 2017年造林补助当年收入112.89亿元，比上年增加32.78亿元，增幅为40.91%。其中中央财政补助26.84亿元，地方财政补助84.79亿元，年初结转和结余22.23亿元；当年实际发生支出102.84亿元，年末结转和结余32.27亿元（比上年增加11.31亿元）。2017年计划补助造林面积161.62万公顷，实际完成补贴造林面积134.37万公顷，占计划任务的83%，其中人工造林107.26万公顷、迹地人工更新6.14万公顷、低产低效林改造15.40万公顷。补贴造林范围涉及935个县（区），补贴林农43.16万户，补贴林农合作组织5475个，补贴承包经营国有林的林业职工9437人。

森林抚育补助 2017年森林抚育补助收入69.76亿元，比上年增加10.20亿元，增长幅度为17.13%。其中，中央财政补助58.18亿元，地方财政补助11.16亿元，年初结转和结余22.82亿元。当年发生支出71.51亿元，年末结转和结余21.06亿元。结余量较大的有吉林3.99亿元，广东2.09亿元，福建1.67亿元，云南1.66亿元，内蒙古1.49亿元，新疆1.25亿元。与2016年情况相比，龙江森工和海南退出前十名，黑龙江和浙江新进入前十名。2017年计划抚育面积359.76万公顷，实际完成抚育面积338.96万公顷，占当年计划任务的94%。参加抚育单位19 393个，参与抚育人数93.69万人，完成抚育工作日2706.63万个。

森林生态效益补偿 2017年森林生态效益补偿基金收入272.06亿元，比上年增加13.94亿元，增长幅度为5.4%。其中：国有公益林管护补助69.38亿元，集体和个人公益林管护补助189.59亿元；年初结转和结余41.43亿元。当年实际支出270.11亿元，其中：国有公益林管护补助66.45亿元，集体和个人公益林管护补助190.73亿元，年末结转和结余43.37亿元。2017年，省级补偿最多的为广东16.96亿元，其次为浙江11.58亿元，上海10.90亿元，云南6.76亿元，福建6.2亿元。中央补偿结转结余最多的为内蒙古6.15亿元，其次为新疆3.33亿元，广西2.75亿元，吉林2.36亿元，贵州2亿元，云南1.91亿元，甘肃1.81亿元，四川1.6亿元。2017年年末区划界定公益林面积1.59亿公顷，本年安排的补偿补助面积1.10亿公顷，其中国有公益林0.42亿公顷，集体和个人公益林0.68亿公顷。

森林植被恢复费 2017年全国征收森林植被恢复费106.45亿元，征收数额前6位的分别是：北京25.25亿元、江西16.26亿元、广东10.01亿元、云南9.24亿元、新疆6.18亿元、湖南5.41亿元。按收入级次分，中央级2.16亿元，省级74.60亿元，地市级10.27亿元，县级19.43亿元。当年增加征收58.41亿元。2017年林业部门实际收到各级财政拨入森林植被恢复费79.84亿元（比上年增加39.91亿元，增幅为99.95%），其中：中央级0.56亿元，省级61.02亿元，地市级6.28亿元，县级11.98亿元。

（张媛）

【**全国国有森工企业财务状况**】 2017年全国国有森工企业财务报表共汇总19个省区683户企业，经营面积6286.67万公顷，其中林地面积4720万公顷；年末职工126.76万人，其中：国有职工49.64万人，混岗职工8.35万人，离退休职工68.77万人；企业总资产1312.38亿元；全年营业总收入142.14亿元；实现净利润-13.64亿元。

资产负债情况 2017年末，全国国有森工企业总资产1312.38亿元（不含人工林资产1262.36亿元），其中流动资产600.83亿元（货币资金175.88亿元），非流动资产711.55亿元（固定资产净额408.03亿元）；总负债867.88亿元，其中：流动负债547.47亿元，非流动负债320.41亿元；所有者权益444.51亿元，其中：实收资本217.43亿元（国家资本199.14亿元），资本公积270.93亿元，专项储备1.91亿元，盈余公积13.87亿元，未分配利润-108.97亿元，少数股东权益49.34亿元。2017年末，含人工林资产的资产负债率66.13%，比上年下降了2.21个百分点；不含人工林资产的资产负债率68.75%，比上年下降了2.21个百分点。

损益情况 2017年全国森工企业营业总收入

142.14亿元，比上年减少14.47亿元，减少幅度为9.24%；营业总成本190.14亿元(其中：主营业务成本54.74亿元，管理费用61.72亿元，财务费用8.06亿元)，比上年减少21.19亿元，减少幅度为10.03%；营业外净收入33.47亿元，比上年增加2.21亿元，增加幅度为7.07%。2017年，盈利企业310户，亏损企业373户，亏损面54.61%，亏损企业亏损额30.78亿元，比上年亏损增加0.83亿元。2017年全国森工企业净利润-13.64亿元。此外，2017年森工企业政策性社会性支出共52.55亿元(比上年减少1.76亿元，减少幅度为3.47%)，其中主要有：教育13.75亿元，医疗卫生9.48亿元，公检法司4.85亿元，政府经费8.8亿元，环卫等其他15.67亿元。扣除各级财政补助31.02亿元和事业等收入2.33亿元后，企业损益实际负担政社性支出19.19亿元。2013~2017年，森工企业政社性支出均保持较高水平，年均负担53.2亿元。企业年均实际负担为20.8亿元，总体保持在政社性总支出的40%左右，且未见显著下降趋势。

收入和利润主要情况及分析 2017年全国森工企业营业总收入142.14亿元，比上年减少14.47亿元，减少幅度为9.24%；营业利润-45.75亿元(剔除营业总成本中管理费用、财务费用等期间费用后的产品或行业销售利润，下同)，比上年增加6.81亿元；净利润为-13.64亿元；与上年相比亏损额减少8.32亿元。

以木材采伐为主的种植业仍是森工企业营业收入与营业利润的主要组成部分。2017年，全国森工企业种植业营业收入20.5亿元，占总收入的14.68%；营业利润8.44亿元，其中原木营业收入7.6亿元，占种植业营业收入的37.07%。

主要产品产销情况及分析 一是原木。全年产量75.66万立方米，比上年增加9.31万立方米；销售量97.73万立方米，比上年增加4.92万立方米。木材销售收入7.6亿元，比上年增加0.14亿元。木材平均售价777.65元/立方米，比上年的803.97元/立方米减少26.32元/立方米。营业利润3亿元，比上年减少0.04亿元。原木产量比较集中的区域和单位有：福建26.49万立方米，吉林18.36万立方米，云南12.41万立方米，龙江森工7.53万立方米，湖南4.65万立方米，江西2.73万立方米，内蒙古森工2.16万立方米，贵州0.63万立方米，广东0.54万立方米。二是纤维板。全年产量3.28万立方米，比上年增加0.06万立方米；销售量3.23万立方米，比上年减少0.92万立方米；实现销售收入0.34亿元，比上年减少0.07亿元；平均售价1047.99元/立方米，比上年的986.29元/立方米增加61.7元/立方米；实现营业利润-0.02亿元。根据决算报表，2017年纤维板的产量全部在云南省。三是刨花板。根据决算报表，全年产量0立方米，比上年减少1.71万立方米；销售量0.005万立方米，比上年减少1.53万立方米；实现销售收入0.01亿元，比上年减少0.38亿元；平均售价2026.17元/立方米，比上年的2463.43元/立方米减少437.26元/立方米；实现营业利润-0.04亿元，比上年减少亏损0.03亿元。2013~2017年，森工企业的种植业、种养初加工产品和三剩物加工产品占总营业收入的比重逐年下降，且下降速度加快。其他收入占比较高且保持相对稳定的水平，到2017年，其他收入占森工企业总营业收入的83.16%。总体而言，其他收入包括其他商品和物资流通、建筑安装、森林旅游饮食服务业、林下经济、提供政社性公共品取得的收入，对于不同的森工企业，其他收入的构成有所不同，但是，总体而言，森工企业对森林资源采伐利用和木材及其产品的依赖程度正在下降，产业结构也在进一步调整，有利于天然林资源保护的新兴产业也在逐步形成。

缴纳税费 2017年全国森工企业上缴税费9.93亿元，比上年减少0.72亿元(减少幅度为6.76%)，其中主要包括：增值税5.44亿元，消费税0.05亿元，营业税0.17亿元，所得税1.24亿元。缴纳社会保险费45.1亿元，其中主要包括：基本养老保险25.95亿元，基本医疗保险16.33亿元，失业保险0.69亿元，工伤保险1.66亿元，生育保险0.46亿元。年末未交税费6.84亿元，其中：增值税2.21亿元，营业税0.45亿元，所得税1.35亿元。年末欠缴社会保险费3.00亿元，其中：基本养老保险2.02亿元，基本医疗保险0.72亿元。以前年度应返还增值税0.004亿元，当年实际返还0.01亿元。

社会保险与职工工资福利情况 一是参保情况。国有职工49.64万人，应参加基本养老保险人数46.67万人，实际参保45.78万人，参保率98.09%，比上年提高了0.01个百分点；应参加基本医疗保险人数49.19万人，实际参保48.87万人，参保率98.75%，比上年降低0.44个百分点；应参加失业保险人数48.35万人，实际参保47.71万人，参保率98.68%，比上年提高了0.47个百分点；应参加工伤保险人数48万人，实际参保47.45万人，参保率99.85%，比上年提高了0.32个百分点；实际参加生育保险人数46.62万人，比上年减少4.6万人。离退休职工68.77万人，比上年减少3.73万人，实际参加基本养老保险54.93万人，参保率79.87%，比上年提高了0.09个百分点；参加基本医疗保险57.92万人，参保率84.22%，比上年提高了6.66个百分点。二是工资福利情况。全年国有职工工资总额119.12亿元，人年均工资2.4万元，较上年的2.05万元增加了0.35万元；离退休职工养老金总额194.2亿元，其中企业负担4.19亿元，人年均养老金3.51万元，较上年的3.1万元增加了0.41万元。年末累计拖欠职工工资费用总额0.98亿元(较上年的1.1亿元减少了0.12亿元)，其中主要包括：职工工资7700.15万元，涉及2974人；拖欠医药费96.26万元；拖欠职工工资费用情况有所改善。拖欠离退休金1090.57万元(较上年的1072.12万元增加18.45万元)，涉及1144人。

新进职工情况 2017年新进职工2969人，其中：复员退伍军人381人、大中专毕业生1269人，工作调入236人，其他情况1083人。新进职工人数较多的单位为龙江森工2036人(其中伊春林管局企业1279人，合江林管局企业286人，松花江林管局企业233人，牡丹江林管局企业206人)，大兴安岭森工538人，吉林104人。

(张　媛)

【全国国有林场财务状况】 2017年全国国有林场财务报表共汇总31个省（区、市）以及内蒙古、黑龙江、大兴安岭林业（集团）公司4565个国有林场（纳入天保工程999个，比上年增加21个），比上年增加502个，其中变化较大的省区：青海增加63个，湖南增加58个，云南增加46个，贵州增加38个，甘肃增加38个，江苏增加36个，四川增加35个。

其中：生态公益型林场4209个，商品型林场356个，经营面积6966.67万公顷，其中林地面积5206.67万公顷，森林面积2753.33万公顷。年末职工62.04万人，比上年减少2.32万人，其中：国有职工32.07万人，混岗职工0.84万人，离退休职工29.13万人。年末总资产2019.1亿元，负债827.13亿元，所有者权益1191.97亿元。全年营业总收入135.34亿元，比上年减少26.61亿元，实现净利润2.34亿元，比上年减少5.5亿元。

资产负债情况 2017年末，全国国有林场总资产2019.1亿元，其中：流动资产581.49亿元（货币资金239.98亿元），非流动资产1437.61亿元（固定资产净值361.67亿元，林木资产792.86亿元）；总负债827.13亿元，其中：流动负债639.16亿元，非流动负债187.97亿元，2017年年末，含林木资产的资产负债率40.97%，比上年下降了0.11个百分点。不含林木资产的资产负债率67.45%，与上年持平。所有者权益1191.97亿元，其中：实收资本220.97亿元（国家资本94.04亿元），林木资本756.93亿元，资本公积197.5亿元，盈余公积29.48亿元，未分配利润-12.91亿元。

损益情况 2017年全国国有林场营业总收入135.34亿元，比上年减少26.61亿元，减少幅度为16.43%；营业总成本197.6亿元，比上年减少17.84亿元，减少幅度为8.28%；营业外收入19.02亿元，营业外支出12.48亿元，营业外净收入6.54亿元，比上年减少2.82亿元，减少幅度为30.13%。承包户上交净收入7.26亿元，比上年减少11.44亿元，减少幅度为61.18%。补贴收入48.32亿元，比上年增加7.08亿元，增加幅度为17.17%。2017年全国国有林场实现净利润2.34亿元，比上年减少5.5亿元，减少幅度为70.15%。2017年，在4565个国家林场中，盈利林场2818个，占林场总数的61.73%，亏损林场1747；亏损林场亏损额23.1亿元，比上年多亏损4.36亿元。2017年国有林场政策性社会性经费收入2.74亿元，其中：各级财政补助和事业等其他收入2.66亿元，林场自筹0.08亿元。全年共支出2.33亿元（比上年减少0.22亿元），其中：教育0.22亿元、医疗卫生0.2亿元、公检法司0.13亿元、政府经费1.12亿元、环卫等其他0.66亿元。2013~2017年，国有林场政社性支出总额从3.70亿元稳步下降至2.33亿元，其中林场实际负担的政社性支出从8653万元下降到844万元，表明国有林场改革在剥离林场政社性职能上取得了显著进展。政策性社会性支出较多的省区包括：湖南0.59亿元、甘肃0.29亿元、内蒙古0.24亿元、江西0.24亿元、吉林0.19亿元、江苏0.11亿元。

收入和利润主要情况及分析 2017年全国国有林场营业总收入135.34亿元，比上年减少26.61亿元；营业利润28.97亿元（剔除营业总成本中管理费用、财务费用等期间费用后的产品或行业销售利润，下同），比上年减少8.58亿元，减少幅度为22.96%；净利润2.34亿元，比上年减少5.5亿元，减少幅度为70.15%。国有林场营业收入与利润中倚重木材采伐为主的种植业的局面未实现根本扭转。2017年全国国有林场种植业营业收入61.25亿元，占总收入的45.2%；营业利润21.59亿元，占总营业利润的74.54%。按地区分，主营业收入最多的是广西50.34亿元，占全国44.01%。其他业务收入较多的是广西3.62亿元，浙江2.94亿元，江西1.64亿元，广东1.34亿元，辽宁1.01亿元。

主要产品产销情况及分析 一是原木。全年木材产量725.33万立方米，比上年减少183.29万立方米；销售量793.87万立方米，比上年减少195.9万立方米。原木产量主要集中在广西，产量为282.81万立方米，占全国总产量的38.99%。木材销售收入47.52亿元，比上年减少18.11亿元，减少幅度为27.59%。木材平均售价599元/立方米，比上年减少64.54元/立方米。销售利润18.15亿元，比上年减少8.07亿元，减少幅度为33.78%。木材销售利润占国有林场总营业利润的62.64%，占种植业营业利润的84.04%。二是纤维板。全年产量60.49万立方米，比上年增加9.22万立方米；销售量82.82万立方米，比上年增加16.15万立方米；根据决算报表统计，2017年全国纤维板产量全部来自广西。2017年实现销售收入10.25亿元，比上年增加2.18亿元；平均售价1238元/立方米，比上年增加27元/立方米；销售利润-0.75亿元，比上年增加亏损0.39亿元。三是刨花板。全年产量65.53万立方米，比上年增加2.81万立方米；销售量66.35万立方米，比上年增加4.26万立方米；根据决算报表统计，全国绝大多数刨花板产自广西，产量为65.20万立方米。2017年实现销售收入7.87亿元，比上年增加0.97亿元；平均售价1185元/立方米，销售利润0.9亿元，比上年减少0.04亿元，减少的幅度为4.26%。四是旅游服务业。2017年国有林场旅游服务业营业收入17.38亿元，比上年减少9.03亿元，减少的幅度为34.19%。营业利润0.59亿元，比上年减少0.03亿元，减少的幅度为4.84%。

缴纳税费 2017年全国国有林场上缴税费4.18亿元，比上年增加0.7亿元（增加的幅度为20.11%），其中：增值税2.38亿元、营业税0.06亿元、所得税0.53亿元。缴纳社会保险费49.18亿元，其中：基本养老保险31.26亿元，基本医疗保险11.58亿元，失业保险5.03亿元，工伤保险0.89亿元，生育保险0.42亿元。上缴利润1.15亿元。

职工参保与工资福利情况 一是参保情况。国有职工32.07万人，应参加基本养老保险人数30.07万人，实际参保27.59万人，参保率91.75%，比上年增加0.91%；应参加基本医疗保险人数30.39万人，实际参保27.64万人，参保率90.97%，比上年增加2.04%；应参加失业保险人数20.29万人，实际参保16.57万人，参保率81.67%，比上年增加1.66%；应参加工伤保险人数23.79万人，实际参保20.42万人，参保率

85.83%,比上年增加2.57%;实际参加生育保险人数17.84万人。离退休职工29.13万人,实际参加基本养老保险21.14万人,参保率72.57%,比上年下降了0.49个百分点;参加基本医疗保险22.31万人,参保率76.57%,比上年提高了0.20个百分点。二是工资福利情况。全年国有职工工资总额117.64亿元,人年均工资3.67万元,比上年增加0.47万元,增长幅度为14.69%。离退休职工养老金总额79.86亿元(其中林场负担15.2亿元),人年均养老金2.74万元,比上年增加0.18万元,增长幅度为0.7%。年末累计拖欠职工工资费用总额48.97亿元(较上年的67.59亿元减少了18.62亿元),主要包括:拖欠职工工资35.08亿元,涉及5.75万人;拖欠医药费0.23亿元;拖欠职工工资费用情况有所改善。拖欠离退休金7.27亿元(较上年的9.21亿元减少了1.94亿元),涉及2.33万人;拖欠离退休金情况有所改善。 (张 媛)

【全国国有苗圃财务状况】 2017年全国国有苗圃财务报表共汇总31个省(区、市)、内蒙古、龙江、大兴安岭林业(集团)公司1346个国有苗圃,比上年增加136家。苗圃总经营面积11.87万公顷,其中育苗面积2.82万公顷,有林地苗圃面积6.57万公顷;年末职工3.73万人,其中国有在册职工1.99万人,离退休职工1.74万人。

资产负债情况 2017年年末,全国国有苗圃总资产58.97亿元,比上年增加2.7亿元。其中:流动资产29.07亿元(其中:货币资金11.87亿元),非流动资产29.9亿元(固定资产净值17.2亿元,林木资产3.1亿元,其他非流动资产0.47亿元)。总负债27.67亿元,比上年增加1.10亿元。其中:流动负债23.51亿元、非流动负债4.16亿元。所有者权益31.30亿元,比上年增加1.6亿元。其中:实收资本14.58亿元(国家资本4.21亿元),林木资本4.05亿元,资本公积9亿元,盈余公积1.83亿元,未分配利润1.84亿元。2017年末,含林木资产的资产负债率46.93%,比上年下降1.53个百分点;不含林木资产的资产负债率49.53%,比上年下降了1.92个百分点。

损益情况 2017年国有苗圃营业总收入13.6亿元,与上年相比增加1.76亿元,增加幅度为14.86%。其中主营业务收入12.39亿元(主要是苗木收入9.05亿元),与上年相比增加1.88亿元;其他业务收入1.22亿元,与上年相比减少0.12亿元。营业总成本16.7亿元,比上年增加1.8亿元,增加幅度为12.08%。营业外收入1.17亿元,营业外支出0.53亿元,营业外净收入0.64亿元,与上年相比增加0.05亿元,增加幅度为8.47%。另外,承包户上交收入0.15亿元,与上年相比减少0.07亿元;补贴收入2.75亿元,比上年增加0.05亿元。2017年国有苗圃实现净利润0.42亿元,与上年相比增加0.08亿元,增加幅度为23.53%。年末未分配利润1.84亿元。2017年参与汇编的国有苗圃共1346个,比上年增加136个,国有苗圃盈利的有844个,占国有苗圃总数62.70%,国有苗圃亏损502个,占总数37.3%,比上年减少3.94%,亏损额为1.57亿元,比上年增加0.51亿元。

缴纳税费 2017年全国苗圃上缴税费2066.33万元(比上年增加571.74万元),主要包括:增值税1225.59万元、营业税46.22万元、所得税244.14万元。缴纳社会保险费2.92亿元,其中:基本养老保险2.42亿元,基本医疗保险0.43亿元,失业保险0.03亿元,工伤保险0.02亿元,生育保险0.02亿元。上缴利润85.56万元。年末未交税费259.85万元,主要包括:营业税61万元,所得税204.37万元。年末欠缴社会保险费9086.58万元,主要是基本养老保险费8386.57万元,基本医疗保险507.08万元,失业保险121.61万元。

职工参保与工资福利情况 一是参保情况。根据决算报表,年末苗圃国有在册职工1.99万人,参加基本养老保险人数1.49万人,参加基本医疗保险人数1.38万人,参加失业保险人数0.81万人,参加工伤保险人数0.89万人,参加生育保险人数0.81万人。离退休职工1.74万人,参加基本养老保险1.14万人,参保率65.52%;参加基本医疗保险1.15万人,参保率66.09%。二是工资福利情况。全年国有职工工资总额6.95亿元,人年均工资3.49万元;离退休职工养老金总额4.02亿元,其中苗圃负担0.62亿元,人年均养老金2.31万元。年末累计拖欠职工工资费用总额1.33亿元,其中主要包括:职工工资1.14亿元,涉及3.73万人;拖欠医药费61.75万元;拖欠离退休金0.18亿元,涉及992人。 (张 媛)

林业资金稽查

21

基金总站（审计稽查办）建设与管理

【综　述】　2017年，林业基金管理总站（审计稽查办公室）认真贯彻落实局党组的决策部署，紧紧围绕林业中心工作，坚持服务大局、开拓创新、部门协作，不断深化制度保障，加强能力建设，积极组织开展林业资金稽查、林业内部审计工作，切实加强林业贴息贷款管理工作，为林业现代化建设做出应有贡献。

林业资金稽查工作　积极探索创新稽查工作机制，在国家与省级层面、省市县层面实行了纵向联动机制，在局内相关司局间实施了横向联动机制，形成合力。不断提高稽查计划的针对性、稽查过程的科学性、稽查结果的应用性和稽查基础的保障性。重点组织开展了对河北、山西、内蒙古、江西、河南、湖南、云南、甘肃、四川、贵州10省（区）以及龙江森工集团公司2014～2015年国家级自然保护区中央预算内投资、2014～2016年森林公安补助、2015～2016年中央财政森林抚育补贴等3项资金的稽查工作。全年共派出11个稽查工作组，49人次，累计456个工作日（每人天），稽查资金总额76.35亿元，重点抽查资金5.33亿元，查出违规金额0.79亿元。

林业内部审计　继续以"全覆盖"为指引，立足领导干部经济责任审计，做好预算执行审计，强化审计问题整改，严格落实审计整改责任，高度重视内部审计规范化建设，认真贯彻落实局党组安排部署，全力支持配合专项政治巡视工作，为国家林业局全面从严治党和巡视全覆盖工作的实施提供了有力支持，充分发挥了内部审计的经济监督和服务职能。完成对12名局直属单位原主要负责人的离任经济责任审计工作，涉及审计资金总额44.2亿元；完成了4个局直属单位的预算执行审计工作，涉及资金总额0.54亿元。

林业贴息贷款管理　紧紧围绕林业建设大局，切实加强林业贷款贴息资金监督，充分发挥林业贷款贴息的导向作用，大力支持林业改革，充分体现林业贷款贴息政策"增绿、惠民、富民"的政策目标，积极促进生态林业、民生林业发展和林业现代化建设。

2017年，运用林业贴息贷款大力支持林业改革，推进重点国有林区和国有林场改革、巩固集体林权制度改革成果的多种经营贷款及农户和林业职工个人从事的营造林、林业资源开发贷款；积极支持林业生态建设，支持国家储备林和工业原料林贷款；发展林业特色产业，重点扶持木本油料经济林贷款；积极支持自然保护区、森林（湿地、沙漠）公园开展的生态旅游贷款；继续支持带动林农和林业职工增收致富的林业企业、林业专业合作社等以公司带基地、基地连农户（林业职工）的经营形式，立足于当地林业资源开发、带动林区和沙区经济发展的种植业以及林果等林产品加工业贷款。

2017年，中央财政对2016年1月1日至12月31日期间落实的林业贷款进行贴息，共安排贴息资金7.35亿元，扶持林业贴息贷款规模426亿元。在426亿元林业贴息贷款中，投向各类经济实体营造的生态林（含储备林）、木本油料经济林、工业原料林贷款项目建设105.4亿元，占当年度林业贴息贷款规模的25%，中央财政予以贴息1.75亿元；投向国有林场、重点国有林区为保护森林资源、缓解经济压力开展的多种经营贷款项目建设38.8亿元，占当年度林业贴息贷款规模的9%，中央财政予以贴息0.6亿元；投向自然保护区、森林（湿地、沙漠）公园开展的生态旅游贷款项目建设14.5亿元，占当年度林业贴息贷款规模的4%，中央财政予以贴息0.18亿元；投向林业企业、林业专业合作社等以公司带基地、基地连农户（林业职工）的经营形式，立足于当地林业资源开发、带动林区和沙区经济发展的种植业以及林果等林产品加工业贷款项目建设197.3亿元，占当年度林业贴息贷款规模的46%，中央财政予以贴息3.58亿元；投向农户和林业职工个人从事的营造林、林业资源开发贷款项目建设70亿元，占当年度林业贴息贷款规模的16%，中央财政予以贴息1.24亿元。

据统计，项目单位利用林业贴息贷款及其配套资金营造用材林22.08万公顷，抚育123.15万公顷·次，整地未造林1.15万公顷；新造改造经济林17.74万公顷，抚育210.63万公顷·次，整地未造林0.85万公顷；营造生态林15.55万公顷（其中国家储备林12.06万公顷），种植其他经济作物46.62万公顷。建设林产品加工等多种经营项目1165个，项目总投资近1300亿元，年度投资额596.56亿元，创产值569.64亿元，创利税61.65亿元，安置就业人员13.72万人，联结农户（林业职工）186.32万户，带动农民年增收58.58亿元。

【全国林业贴息贷款管理和林业资金稽查工作会议】　12月5～6日，全国林业贴息贷款管理和林业资金稽查工作会议暨小额贴息贷款现场会在江西省赣州市安远县召开。会议从新时代林业推进生态文明建设和美丽中国建设的角度，总结了近年来林业贴息贷款管理、林业资金稽查的工作成效，分析了面临的形势和存在的问题，对下一步工作作出部署。国家林业局副局长李春良出席会议。会议指出，近年来，林业贴息贷款和林业资金稽查工作始终坚持服务大局、坚持部门协作，锐意进取，开拓创新，取得优异成绩。多年的发展实践证明，林业贴息贷款政策在促进解决林业融资，实现增绿、惠民、富民方面发挥了重要作用，林业资金稽查通过资金合规性、安全性和绩效性稽查，保障了林业重大工程、重大政策的落地生根。会议强调，2018年是实施"十三五"规划的重要一年，是夯实林业现代化建设基础的关键时期。林业贴息贷款和林业资金稽查工作要牢固树立和贯彻落实新发展理念，以服务林业现代化建设为中心，积极争取扩大林业贴息贷款规模，着力完善稽查监管机制，不断加强能力建设，提高稽查效力，推进林业贴息贷款和林业资金稽查工作再上新台阶。吉林、浙江、福建、江西、云南、宁夏6省（区）林业厅，以及龙江森工集团和安远县等8个单位代表作经验交流发言。各省（区、市）林业厅（局）及内蒙古、吉林、龙江和大兴安岭森工（林业）集团、新疆建设兵团的主要领导和基金站、稽查办负责人，以及中国人民银行、中国银监会、中国农业银行、中国农业发展银行有关部门负责人共125人参加会议。会前，代表们先后到安远县林权管理服务中心及新龙乡、重石乡，实地了解了安远林业小额贴息贷款管理情况及建设成效。

林业资金稽查工作

【建立健全林业资金稽查制度保障】 积极开展林业资金稽查监管制度建设，2017年6月，印发《国家林业局林业资金稽查工作规定》（林基发〔2017〕63号），进一步明确和规范了林业资金稽查工作的目的、原则、内容、方式、组织、程序、结果运用等。

【配合其他部门开展林业资金检查】 配合国家林业局和中纪委驻农业部纪检组对四川、陕西、甘肃、贵州、湖北、重庆6个省开展退耕还林突出问题专项整治工作。配合局场圃总站对陕西、宁夏、河南、辽宁、重庆、安徽6个省市的国家重点林木良种基地及种苗工程项目进行核查。

【林业资金稽查监管信息系统建设】 为加强林业资金稽查能力建设，深入推进林业资金稽查监管信息系统运用试点工作，启动了在湖南省的信息系统试点工作，3月31日，召开了启动大会，开展了系统运用试点培训。继续抓好在吉林省的试点工作，同时，积极与吉林、湖南等试点省份协商研究，修改完善了信息系统内容及软件，完善了报表，扩充了应用功能，为林业资金稽查监管信息系统的推广打下良好基础。

【林业资金稽查监管年度报告】 编撰、印发了《2016年林业资金稽查监管报告》。

林业内部审计

【经济责任和预算执行审计】 完成对12名局直属单位原主要负责人的离任经济责任审计工作，涉及审计资金总额44.2亿元，为干部监督、考核、使用提供了依据。完成了4个局直属单位的预算执行审计工作，涉及资金总额0.54亿元，积极促进有关直属单位财务管理和资金使用工作的不断规范。

【国家林业局内部审计工作联席会议】 3月3日，召开2016年国家林业局内部审计工作联席会议。会上，汇报了2016年内部审计工作，提出了2017年内部审计工作重点，审议通过了《内部审计工作操作规范》。会后，以《林情通报》形式印发了国家林业局局长张建龙在内部审计联席会议上的讲话，并以局办名义印发了会议纪要。

【林业内审基础工作】 继续强化审计问题整改，结合实际细化审计发现问题的台账管理，加强对2016年审计发现问题整改落实情况的督办，并进一步强化了审计档案管理。12月，印发《内部审计工作操作规范》，为内部审计工作规范化操作提供了参考。

【专项政治巡视和国家审计工作】 按国家林业局巡视工作领导小组和局巡视办的安排，派出42人次分别参加了对31个单位的专项政治巡视工作，并按要求为巡视组提供近3年相关单位的内部审计情况。派出2人参与配合审计署对水利部本级及所属单位开展预算执行审计工作。

【审计全覆盖工作调研】 为进一步了解局属二级预算单位对三级预算单位的内部控制建设、项目资金监管和内部审计工作开展等情况，按照《国家林业局项目资金安全运行责任书》和《国家林业局关于进一步加强内部审计工作的通知》要求，对林科院及其所属的亚林所和南京林化所、大兴安岭林业集团公司进行了调研，为下一步更加有效开展内部审计工作形成了基本研判。

【全国内部审计先进工作者】 郝雁玲荣获2014～2016年全国内部审计先进工作者称号。

林业贴息贷款

【开展林业贷款贴息政策调研工作】 为了解、掌握《国家林业局 财政部 中国人民银行 中国银行业监督管理委员会关于加强林业贴息贷款监督管理的指导意见》(林规发〔2016〕79号)《林业改革发展资金管理办法》(财农〔2016〕196号)及《林业改革发展资金预算绩效管理暂行办法》(财农〔2016〕197号)有关贴息规定贯彻落实情况,组成调研组先后赴浙江省、广西壮族自治区、重庆市、黑龙江省、江西省开展林业贴息贷款管理调研工作。调研组现场考察了特色经济林种植基地、林业企业、国有林场等,组织召开省(区、市)、市(区、县)、县林业主管部门及部分贴息扶持单位参加的林业贴息贷款管理工作座谈会,重点听取了调研地林业贴息贷款管理工作情况,并就各单位实际工作中遇到的困难问题、需求建议等进行了深入探讨。调研组要求省级主管部门进一步突出扶持重点,实现贴息政策目标;完善管理机制,保障贴息资金安全;加强银林合作,推动林业金融创新,同时加强宣传培训,做好基层林业贴息贷款管理人员的业务培训工作,切实提高管理人员责任意识、管理意识和服务能力。调研结束后,分别形成了相关调研报告,并提报给局领导。

【全国林业贴息贷款业务及管理信息系统培训班】 为进一步做好林业贴息贷款管理工作,切实提高林业贴息贷款管理工作人员的业务能力和管理水平,9月20~22日,基金点站与国家林业局人才中心在国家林业局厦门培训中心联合举办了2017年全国林业贴息贷款业务及管理信息系统培训班。培训班上总结了"十二五"期间林业贴息贷款工作的成效,针对林业贴息贷款工作面临的新形势和目前工作中存在的主要问题提出了下一阶段的工作要求。同时,讲解了林业贴息贷款政策及管理要求,培训了林业贴息贷款管理信息系统操作,交流了林业贴息贷款工作情况。代表们围绕贯彻落实林业贷款中央贴息政策情况、工作中存在的问题、及进一步加强管理意见建议进行了交流探讨。各省和部分市县林业贴息贷款管理工作负责人、经办人近120人参加了培训。

【完善林业贴息贷款管理信息系统】 根据《林业改革发展资金管理办法》(财农〔2016〕196号)和《林业改革发展资金预算绩效管理暂行办法》(财农〔2016〕197号)有关贴息规定,结合当前林业贴息贷款管理工作面临的新形势、新要求以及各省主管部门的实际需求、意见建议,从规范业务管理和提升实际操作的角度出发,对林业贴息贷款管理信息系统中的计划申报、贴息申请、效益统计三大模块进行了认真研究,不断优化林业贴息贷款管理信息系统数据结构,简化操作程序和报表、指标,进一步增强系统的数据处理和应用能力,并会同国家林业局林业调查规划设计院对系统进行了修改完善,为进一步提高林业贴息贷款管理工作信息化水平提供了有力的技术支持。

(郑唯一供稿)

林业精神文明建设

22

国家林业局直属机关党的建设和机关建设

【综述】 2017年，根据中央国家机关工委和国家林业局党组的统一部署，直属机关党建工作牢牢把握服务中心、建设队伍核心任务，认真学习贯彻党的十九大精神和习近平新时代中国特色社会主义思想，严格落实全面从严治党要求，扎实推进"两学一做"学习教育常态化制度化，着力加强直属机关党的建设，努力提升机关党建工作科学化水平，取得了较好成效。

政治建设 一是深入学习宣传贯彻党的十九大精神。召开党员领导干部大会，印发学习安排意见，对学习宣传贯彻党的十九大精神作出专门部署。党的十九大代表、局党组书记、局长张建龙到局机关、离退休干部局、局党校作了专题党课，并以普通党员身份参加所在支部学习。其他局领导围绕学习宣传贯彻党的十九大精神，作了专题交流和辅导，并在所在支部或分管司局带头讲党课。开展专题学习，先后邀请中央宣讲团成员、中央财经领导小组办公室副主任杨伟民、中央纪委驻港澳办纪检组组长潘盛洲、中央党校党建教研部教授任铁缨，系统解读党的十九大精神。二是认真学习贯彻习近平新时代中国特色社会主义思想。组织开展以习近平同志为核心的党中央治国理政新理念新思想新战略重大主题宣传，深化党员干部对党的路线方针政策的理解，进一步增强"四个意识"特别是核心意识、看齐意识，坚决维护以习近平同志为核心的党中央权威。在中央国家机关举办学习武警森林部队扑救重特大森林火灾先进事迹报告会，深化爱国主义教育，推进机关文化建设和精神文明创建活动，不断推进社会主义核心价值观，积极营造学习先进、争当先进的氛围。三是严肃党内政治生活。强化党组政治核心作用，树立"抓好党建是最大的政绩"的理念，认真履行党建工作主体责任，坚持把落实党要管党、从严治党作为党组重大政治任务，坚持把党建工作同业务工作同研究、同部署、同检查、同落实。

思想建设 一是扎实推进"两学一做"学习教育常态化制度化。召开推进会，对"两学一做"学习教育常态化制度化工作作出专门部署。从机关、事业、企业和社团等4种类别党支部中选取10个单位作为试点，总结经验，宣传推广，以点带面。开展学习教育"灯下黑"专项整治，梳理问题清单，建立整改台账，深入整改落实。二是着力发挥党组中心组示范带动作用。制订局党组理论中心组学习计划，深化党组中心组学习，围绕学习贯彻党的十九大精神、习近平新时代中国特色社会主义思想和林业改革发展重点难点问题开展6次集中研讨。突出绿色大讲堂学习，围绕学习贯彻习近平新时代中国特色社会主义思想、十九大精神、支部工作、外交国防、野生动物保护等作了8期专题讲座。深化部委基层主题联学活动，分别与三北局和山东原山林场联合开展"推动林业'十三五'大发展 筑牢生态安全屏障""学习原山精神，做合格林业干部"主题联学活动。三是突出集中培训。举办全国林业系统党委书记、党政主要负责同志、司局级干部、纪检干部、入党积极分子等7个班次培训，坚持抓好林业系统党员干部习近平新时代中国特色社会主义思想学习教育，不断强化党员干部思想理论武装。

组织建设 一是贯彻落实新形势下党内政治生活准则。认真做好党的十九大代表候选人和中央国家机关工委党代会代表推选工作。从严从实落实"三会一课"等组织生活制度，坚持领导干部讲党课，党组主要负责同志围绕"两学一做"为机关和事业单位党员干部讲专题党课，党组成员在组织关系所在党支部或分管司局带头讲党课，落实领导干部参加双重组织生活会制度。二是加强基层党组织机构建设。召开国家林业局直属机关第九次党代会，选举产生局直属机关第九届党委和新一届纪委。认真贯彻落实《中国共产党党和国家机关基层组织工作条例》，指导13个单位完成换届选举，12个单位增补委员。强化社团组织党建工作，国家林业局业务主管的21家社会组织中，除2家没有正式党员且已完成脱钩工作外，其余19家全部实现"两个覆盖"。积极推进基层党委、纪委办事机构建设，整合资源，形成合力。三是创新党日活动。开展重温入党誓词、支部书记上党课、知识竞赛、评选表彰、走访慰问等系列党建活动，强化党性教育。与中纪委驻农业部纪检组和农业部直属机关党委3个党支部走进河北省塞罕坝机械林场，联合开展"弘扬塞罕坝精神"主题党日暨支部联学座谈会。

作风建设 一是严格落实中央八项规定精神。制定国家林业局贯彻落实中央八项规定实施细则精神的实施意见，从改进调查研究、精简会议活动、精简文件简报、规范出访活动、改进新闻报道、厉行勤俭节约、加强督促检查7个方面对国家林业局深入贯彻落实中央八项规定实施细则精神做出明确规范。制定关于加强领导班子自身建设的意见，局党组以身作则，带头示范。二是持之以恒纠"四风"。紧盯节假日等关键节点，通过下发通知、通报典型案例等方式，对严格自律、廉洁过节提出要求。开展违规公款购买消费高档白酒问题集中排查整治、一般公务用车使用管理情况统计工作，始终保持高压态势。

纪律建设 一是严明政治纪律和政治规矩。开展执行请示报告和个人重大事项报告制度专项检查。制定局党组贯彻落实《中国共产党问责条例》实施办法，强化党员党规党纪意识。二是对新提拔的司局级干部开展集体廉政谈话并举行宪法宣誓仪式，与新任"一把手"签订党风廉政建设责任书，强化法纪意识和责任意识。开展"两个责任"落实情况检查，推进各级纪委落实职责及任务，聚焦主责主业，强化监督执纪问责。三是严肃查处违纪违法案件。按照"四种形态"严格处置问题线索，严肃执纪问责。2017年，直属机关纪委共收到信访举报问题线索66件，属于受理范围的24件。24件问题线索中，谈话函询8件，初核6件，了结10件。对3名司局级干部党内警告或严重警告处分，2名处级干部进行诫勉谈话，1名处级干部给予党内严重警告处分。

制度建设　一是完善党建工作领导小组工作细则。2017年，党组召开会议专题听取党建工作汇报、研究党建工作达到23次。制定党建工作要点，细化责任分工，明确全年重点任务。召开机关两建工作会议，对全年机关党建工作进行专题部署。召开党建工作推进会，党组现场听取16个单位的党建工作汇报，推动责任落实。强化党建述职评议考核工作，完善述评制度，规范考核程序，细化考核指标，现场听取10个单位党建工作述职。落实工委机关党建工作经费管理使用办法，为机关党建工作开展提供经费保障。二是推动群团工作改革。制订局直属机关群团改革工作实施方案，规划改革的内容和路线图，明确推进改革的时间表。实施党员、职工帮扶制度，定期看望老党员、生活困难党员、职工。实施职工心理健康服务工程，加强人文关怀和心理疏导。组织开展劳模休假、送温暖、扶贫帮困、阳光助学和鹊桥工程，为干部职工办实事解难事。开展工会妇女干部专题培训，加大工会妇女干部培养。召开直属机关第四次团代会，选举产生第四届直属机关团委。开展青年"根在基层"调研实践活动、评先评优、义务植树和青年成长讲座，引导青年干部成长成才。举办统战干部智库论坛，加强与党外干部联系服务，不断提高党的统一战线工作水平。三是完善党内生活制度。修订《中共国家林业局党组理论学习中心组学习规则》，研究制定关于加强直属机关党支部建设的实施意见和五个配套办法，落实领导干部双重组织生活会制度，规范党内政治生活。

党风廉政和反腐败工作　一是加强警示教育。组织开展"以案释纪明纪，严守纪律规矩"主题警示教育月活动，局领导传阅学习《党的十八大以来中央纪委查处严重违纪违法中管干部忏悔录选编》，为全局72个单位购置中央国家机关警示教育录《警钟》，系统梳理选择党的十八大以来中央国家机关及林业系统违纪违规典型案例。强化机关及直属单位各级党组织和纪检组织全面从严治党责任意识，使全体党员干部思想上警醒、行为上自觉，进一步坚定理想信念，筑牢思想防线，严守纪律规矩。二是强化巡视工作。制定印发《国家林业局巡视工作流程》《国家林业局党组巡视组工作规则》《国家林业局巡视组组长人选库建设管理规定》等5项制度，任命3名巡视专员，整合巡视力量，推动巡视工作规范化、制度化，实现有章可循、有规可依、规范运行。2016年年底至2017年年底，局党组共开展6轮专项巡视，派出巡视组33批次，完成对57个直属单位的巡视工作，实现了对直属单位巡视全覆盖，有力推动全面从严治党主体责任的落实。三是开展专项检查。组织驻京43个单位开展党的十八大以来全面从严治党工作成效问卷调查，数据对比显示，对中央"全面从严治党"所取得成效的总体满意度好评的占比达到99.81%；对局党风廉政建设和反腐败工作的总体评价好评的占比达到99.25%，违反中央八项规定精神的问题排在所有选项的最后面(公车私用占1.7%、公款吃喝占1.5%、公款旅游占1.12%)，党员干部群众切实感受到了局全面从严治党所取得的实际成效。　　　　　（张华供稿）

林业宣传

【综　述】　2017年是"十三五"时期承前启后、也是党的十九大胜利召开的重要一年。在国家林业局党组的坚强领导下，宣传办公室认真学习宣传贯彻习近平总书记系列重要讲话精神和治国理政新理念新思想新战略，围绕局党组的决策部署和林业中心任务，策划推出一系列林业主题宣传活动，高质量完成全年各项工作。截至11月中旬，各主要新闻单位和网站共刊播报道15 500多条(次)，其中，《人民日报》320条(一版28条、专版7个)，新华社1700多条(次)，中央电视台《新闻联播》138条、《焦点访谈》11期。授予国家森林城市19个。

【系列主题宣传活动】　紧扣中央领导同志关于塞罕坝、荒漠化防治、福建林改批示精神，围绕林业重大战略主动策划、组织了生态文明建设范例、林业国际会议、集体林权改革、春季植树造林、天保记者行、世界野生动植物日、大兴安岭"5·6"大火30周年、林业扶贫30年等系列主题宣传活动。会同中宣部组织中央媒体开展塞罕坝生态文明建设范例专题宣传，形成报道及转载1600篇，视频报道点击量上亿次，其中，《人民日报》《新闻联播》22篇(条)，《焦点访谈》3期。在国新办召开防沙治沙新闻发布会上推出了一批综述评论、专题访谈和系列报道，特别是联合中央以及境外媒体在全球30多个国家全程报道缔约方大会，刊播习近平总书记致会贺信、摘编汪洋副总理和张建龙局长讲话内容，共发报道4866条，在海内外掀起了展示中国防沙治沙成就的舆论热潮。与中宣部共同策划福建林改宣传活动，组织重点媒体集中报道集体林改历程、举措、成效和经验，《新闻联播》头条播发"福建林改：生态美了·百姓富了"，《人民日报》等刊发报道655篇，参与报道网站300余家。推出张建龙等局领导在"部长通道"、植树节、世界防治荒漠化和干旱日的专访及署名文章，以及沙化土地封禁保护、湿地修复保护政策解读8次，报道100余篇。协调中央媒体围绕国家公园等推出内参报道10余篇，强化宣传服务功能。围绕国有林场林区改革、东北虎豹大熊猫国家公园等林业专题，协调央视采访基层典型和局领导在《朝闻天下》《新闻直播间》播出，收到很好效果。紧扣全国林业厅局长会、全国"两会"、大兴安岭"5·6"大火30周年、中国林学会百年诞辰等重要活动、纪念日，联合中央电视台等推出一批影响力强的系列报道，广泛展示林业建设新成就。会同中央电视台多个部门全程报道内蒙古毕拉河特大森林火灾,在《新闻直播间》《东方时空》等重点栏目播发新闻100多条(次),《新闻联播》播发的对国家森防指总指挥张建龙的采访,引起社会强烈反响。

【推动森林城市发展】 2017年,授予河北省承德市等19个城市"国家森林城市"称号,国家森林城市的总数达到137个。

举办2017森林城市建设座谈会,贾治邦、张建龙出席会议并作重要讲话。编制《全国森林城市发展规划(2017~2020年)》,制定《国家森林城市评价标准》国家标准和《国家森林城市称号批准办法》,对技术性和程序性问题作出了系统要求。

开展森林小镇、森林村庄和森林人家示范建设活动,推进实施乡村振兴战略。引导推动省级森林城市创建,协调省际创森经验交流。

协助中组部举办地方党政领导干部森林城市专题研究班,全国26个省(区、市)的41位城市市长参加培训。打造森林城市业务管理平台暨中国森林城市网,启动2012年、2013年获牌城市复查工作,进一步巩固了森林城市建设成果。

【强化舆情监测和微博管理】 一是充分做好新闻发布工作。围绕野生动物保护、森林旅游、天然林保护及林业产业发展,组织20次新闻发布会、媒体通气会和宣传策划会。二是完善舆情监测制度,加强涉林舆情的分析和研判,编发各类舆情快报50期,妥善应对广东野味交易链条、广西官员请吃穿山甲、西藏越野车追赶藏羚羊等涉林热点舆情,未形成舆论热点和大规模炒作。三是丰富国家林业局新浪网、人民网官方微博内容,凸显时效性。据统计,官方微博发布微博数近2万条,总粉丝450多万,已成为网友了解林业动态的第一窗口以及国家林业局推进政务公开的新抓手。联合央视新媒体部进行"春季候鸟迁徙"直播,与腾讯网围绕森林火灾等林业社会热点展开合作,两次活动首次采用手机视频直播的形式,探索了重大主题宣传的新模式。

【弘扬生态文明理念】 加强电视文化工程建设,制作官方宣传片《防治荒漠化·中国在行动》,拍摄了珍稀野生动物绿孔雀电视公益广告。优化了《绿色时空》《绿野寻踪》电视栏目,充分发挥了电视平台的积极作用。推动生态文化繁荣发展,参与《砥砺奋进的五年》成就展筹备布展工作,举办"森林城市·绿色家园""北京市百万亩造林"等生态摄影、文学主题创作活动,指导拍摄《大漠雄心》等影片,推进国家森林城市生态标识试点工程建设,组织、指导申报国家重大文化工程项目,不断丰富生态文化内涵,着力提高生态文化软实力。

【凝聚社会各界力量关心支持林业】 一是继续深化林业参政议政工作,争取将林业改革发展内容列入各民主党派中央以及全国工商联、中国农林水利工会2017年"两会"提议案重要议程。二是积极联络社会各界力量,特别是全国总工会和全国工商联两个联络的主渠道,开展了各种形式的宣传实践活动。三是继续抓好行业精神文明建设、社会主义核心价值观和林业意识形态工作,着力推进林业精神文明建设工作。四是向有关部门推送林业典型,展示林业良好形象。向中国农林水利气象工会报送了5个个人和单位"最美职工"和劳模先进典型事迹,被列为全国总工会2017年全国重点宣传先进集体和先进个人。向各地林业部门征集了林业重大典型人物素材,建立林业典型宣传储备库。向中央网信办推荐了辽宁省彰武县章古台阿尔乡护林员李东魁,云南文山壮族苗族自治州森林公安局党委委员、纪委书记石宏(因公牺牲),湖南省攸县黄丰桥国有林场森林消防队队长谢勇建为"中国人的故事"候选人。五是积极参与了"全国林业系统先进集体、先进工作者"和"林业英雄"以及中共中央、国务院授予塞罕坝机械林场为生态文明建设英模的组织、协调、考察和评选。

【加强林业系统宣传指导】 举办林业舆情暨关注森林网培训研讨班,完善《省级林业宣传工作评价办法》,指导各地认真做好林业宣传工作。筹划出版《绿色发展与森林城市建设》,举办第二届生态文明主题微电影展示交流活动。关注森林网新开"林海书香""林业博览"两个栏目以及"集体林权改革"等专题网页。强化对局属报刊出版的指导、服务功能,巩固林业宣传领域的主阵地。在北京地铁4号线和14号线开展"生态中国——自然影像展"主题宣传,历时两个月,受众人数超过1.14亿人次,扩大了林业社会影响力。

(林业宣传由郑杨供稿)

林业出版

【综述】 2017年,面对复杂的出版形势和社百善书库拆迁等全局性、突发性难题,在局党组领导和有关司局、单位支持下,全社在生产管理等方面取得较好成绩,保持了出版社持续发展的良好态势。

图书产销情况 全年策划选题900余个,出版图书688种,其中新书510种、重印书178种;新书字数17 059.3万字;总印数147万册;生产总码洋1.19亿元。出版电子出版物14种,内容容量约5.7GB,生产码洋53.4万元;全年发货码洋7026万元,实现销售回款3455万元,累计实现各项年度预算收入5445.8万元。

重大项目 一是分别向国家新闻出版广电总局和文化部推荐"面向林业教育的教材众创出版与生态知识服务云平台"及"以木材为载体的非遗传统手工艺数字文化产业创新平台"申报2017年度文化产业发展专项资金项目,其中"面向林业教育的教材众创出版与生态知识服务云平台"获批300万元资金资助;二是申报了两项国家文化艺术基金项目，其中独立申报了"绿水青山——中国森林摄影展"，与东北林业大学合作申报了"枘凿的艺术——榫卯结构技艺网络传播项目"，均通过项目初审并完成项目评审答辩；三是启动实施2016年度中央文化企业国有资本经营预算项目"生态文明电子书包"，申报了2017～2019年度中央文化企业国有资本经营预算支出，当年获批资金700万元，至此中国林业出版社注册资本达到7740万元；四是"中国林业数字出版转型升级"项目"数据加工"子项、"中国林业出版社网络安全建设"等一批项目通过验收，"中国林业数字资源库——木材科学字库及应用建设（一期）"项目、"中国林业出版版权资产管理系统建设"项目启动；五是《中国林业百科全书》各分卷全面启动编纂工作，分别成立了分卷编委会、完成了条目表初稿的编写，编辑部完成了条目表查重、编纂工作手册的编制项目预算的申报并召开了总编纂委员会全体会议。

重点工作

出版服务林业中心工作 先后策划出版系列林业专业图书，取得显著社会和经济效益。报送《长江经济带绿色发展（电子出版物）》《生态文明关键词》等5种出版物申请2017年主题出版项目；《中国林业国家级自然保护区》等共5个重大选题入选2017年度国家出版基金项目；推荐《中国主要树种造林技术（第二版）》等3个重大选题申报2018年度出版基金项目；推荐5种精品出版物参选2017年农家书屋重点出版物；推荐《生态文明建设文库》等4个选题申报"十三五"国家重点图书出版规划的增补项目；组织并申报2017年经典中国国际出版工程、丝路书香工程重点翻译资助项目3项。为国家林业局科技司建设的"林业科普微信公众服务平台"在全国林业科技周亮相，对推动林业科普发挥重要作用。同时，开展"林海书香全民阅读活动"，向广西南宁树木园、河北塞罕坝机械林场、山西黑茶山国有林管理局等8家基层林业单位赠送200万元码洋林业科技图书，努力为服务社会发展发挥更多更大的作用。

全面从严治党 一是扎实开展了一系列迎接党的十九大和贯彻落实党的十九大精神的重点工作；二是认真开展了"两学一做"学习教育常态化制度化试点工作；三是严肃开展了"三会一课"、局机关两委换届选举相关工作、社离退休支部换届选举、发展新党员和党费收缴、党内统计党内各项政治生活；四是全力落实"两个责任"，抓好党风廉政建设，以落实"两个责任"推动企业稳定发展，以强化党规党纪教育营创风清气正从业环境，以整改巡视和审计发现问题促进企业规范管理。

经营管理 一是认真开展中国林业出版社2018～2020年发展规划和选题规划的研究，进一步明确了强化图书出版主业的发展方向，提出了以"深入贯彻落实党的十九大精神——努力形成高水平生态文化服务供给能力"工作目标，形成专业出版、教育出版、大众出版三大出版方向，全面建成类型齐全的林业数字出版物产品体系；二是开展建立企业年金、调增离退休员工退休金、单身职工宿舍和职工食堂条件改善工程等一系列民生工程，获得了广大干部职工的一致好评；三是积极响应北京市疏解非首都功能政策完成了百善书库拆迁工作；四是平稳完成了新老领导班子的接替，原主要负责人交流到国家林业局主要业务部门担任主要负责人，新班子的两名主要负责人均从社内产生，充分体现了国家林业局党组对出版社班子的高度认可和信任。五是坚持狠抓人才培养，自主举办了林业科技编辑专业技能提升研修班，开展"百千万人才工程省部级人选""全国林业系统劳动模范"的推选工作，完成了北京市新闻出版广电行业领军人才的年度自查工作和培训工作，产生2名2016年度"全国新闻出版行业领军人才"。

【**中国林业国家级自然保护区（全3册）**】 国家林业局，2016年12月出版。

该书为国家出版资金资助项目。全书共3卷，由国家林业局保护司组织编写，包括了截至2015年年末林业部门管理的国家级保护区345处，共分6大篇，从各保护区的自然概况、保护价值、功能区划、科研协作等方面系统全面展示了保护区成就。

【**中国鸟类图志**】 段文科、张正旺，2017年3月出版。

该书列入"十二五"国家重点图书出版规划，为国家出版基金资助项目。全书分为雀形目和非雀形目两卷。全书以中国鸟类学专家郑作新院士（已故）和郑光美院士的鸟类学分类（1371种）系统为基准，参考了国内外鸟类分类学研究的最新进展，共收录中国鸟类1408种和603亚种，是迄今为止涵盖国内鸟种最全面的鸟类图书。书中对每种鸟类的科学名称、分类、形态特征、地理分布、种群和资源状态等进行科学的描述，以大量珍贵野外生态照片直观地展示鸟类不同的形态（雌、雄、成、幼、冬、夏等）。用摄影照片区别于过去出版的手绘标本图或合成图片类的图书。弥补了相关图书物种不全和内容年久未修订的缺憾。

【**中国果树地方品种图志丛书**】 曹尚银等，2017年12月出版。

该丛书列入"十三五"国家重点图书出版规划，为国家出版基金资助项目，一共14分册，共收集核桃、石榴、猕猴桃、枣、柿、梨、桃、苹果、葡萄、樱桃、李、杏、板栗、山楂14个树种共1700余份地方品种。该丛书中的种质资源的收集与整理，是由中国农业科学院郑州果树研究所牵头，全国22个研究所和大学、100多个科技人员同时参与，首次对中国地方品种进行较全面、系统调查研究的阶段性总结，工作量大，内容翔实。每一分册的主体内容分为总论和各论两部分。总论部分从各地方品种资源调查收集的重要性、品种种类与分布情况、调查和收集的思路和方法、果树产业的市场前景和发展现状以及资源遗传多样性分析等方面进行介绍。各论按照东部片区、西部片区、南部片区、北部片区、中部片区5个片区分别介绍了各树种资源分布情况；对每份资源，从基本信息（包括提供人、调查人、位置信息、地理数据、样本类型等）、生境信息、植物学信息、果实经济性状、生物学信息和品种评价等方面入手，切实展示该品种资源的特征特性，以便于育种工作者辨识并加以有效利用。

【**中国蒙古野驴研究**】 毕俊怀等，2017年1月出版。

该书列入"十二五"国家重点图书出版规划,是国家科学技术学术著作出版基金资助项目。全书从探究蒙古野驴种群现状的基础资料入手,对中国境内的蒙古野驴分布区即新疆维吾尔自治区卡拉麦里山有蹄类自然保护区、内蒙古自治区巴彦淖尔市乌拉特梭梭林蒙古野驴国家级自然保护区及内蒙古自治区中西部的中蒙边境地区,开展了多方面野外调查研究和统计分析,对该物种的分布和数量现状、栖息地类型及保护现状、制约其生存的自然和人为因素进行了研究;对蒙古野驴的群体组成和成幼结构进行了深入探察,系统地观察了蒙古野驴的繁殖行为和防御行为,获取了蒙古野驴的繁殖行为谱,对生殖激素与繁殖行为的关系开展了研究工作。此外,对蒙古野驴的摄食生态学,包括食物资源及食性特征进行了仔细的研究。该书对中国境内的蒙古野驴资源及生存现状的分析,以及可行性保护途径的探讨和保护措施的制定提供了科学依据。

【梁希文选】 中国林学会,2017年5月出版。

该书是在《梁希文集》(中国林业出版社,1983)中筛选部分对中国林业建设有重要价值的文章,其中包括梁希先生在政治、经济建设、科学技术等方面的论著以及林业科学论文、考察报告、诗词等。

【中国林产志】 端木忻,2017年11月出版。

该书是作者多年研究林产树木的成果,共收录179科1049属4616种149个变种,介绍了中国林产树木的主要化学成分、木材特性和经济价值等,填补了林业建设中林产资源利用专著空白,对开发森林资源和了解中国树种的利用价值具有重要的参考价值。

【多样性的中国荒漠】 陈建伟,2017年8月出版。

该书秉承了该系列摄影集的编写理念,图文并茂地从松辽平原半湿润半干旱区、内蒙古高原半干旱干旱区、阿拉善高原与河西走廊干旱极干旱区、北疆盆地干旱极干旱区、南疆盆地极干旱区、青藏高原北部高寒干旱极干旱区6个部分展示了中国荒漠生态系统(包括景观、植物、动物、人与自然的关系)。精美的摄影作品为全书的重要构成,摄影作品全部为作者原创,是作者几十年生态摄影理论探讨与实践的结晶。

【中国鸟类识别手册】 聂延秋,2017年12月出版。

该书介绍了中国1453种鸟的形态特征、生活习性、分布与种群状况。每种鸟配有识别图3~4幅,从不同角度展示了鸟类的形态,便于读者识别记忆。创新之处是每种鸟配有一副在中国的分布图,分布图中体现该种鸟在中国的居留类型。鸟的分类上以郑光美院士的《中国鸟类分类与分布名录(第二版)》为基础,另参考《中国观鸟年报——中国鸟类名录4.0(2016)》补充了最新的鸟种记录和发现。

【国家公园理论与实践】 唐芳林,2017年11月出版。

国家公园是世界各国保护自然的一种重要保护地类型。中国的国家公园体制起步于生态文明建设的新起点,科学建设具有中国特色的国家公园及保护地体系是改革的重要目标。该书从世界国家公园发展概况、中国国家公园理念与方向、国家公园资源调查与总体规划、国家公园专项规划、国家公园设施设计、国家公园管理、国家公园法律体系等方面系统梳理了国家公园建设管理的理论与实践。

【邮话竹子】 吴静和,2017年1月出版。

该书包括了作者收集的有关竹子的各种邮品,以邮票和明信片为主,包括普通邮票、个性化邮票、小型张、普通明信片、风光明信片、旅游门票明信片、纪念明信片等,另选了邮折2张。通过这些邮品,全书分22个专题展现竹子和竹林资源、经济实用价值和竹文化等方面的知识。

【中国古代园林史】 刘晓明等,2017年12月出版。

该书纵贯了从先秦到清代中国古代园林3000多年的发展历程。对于每个历史时期园林的阐述方法是先介绍相关的历史文化背景和城市格局与园林的关系,进而详细分析重要园林实例的沿革及特征,并配有启发读者兴趣的相关思考题。

【国家林业局重点学科2016】 国家林业局人事司,2017年10月出版。

该书比较全面地反映了中国林业学科建设的概貌,汇聚了当前林业发展的最新成果。主要包括59个国家林业局重点学科和15个国家重点(培育)学科名单。该书主要分为三个部分,第一部分收录国家林业局文件,第二部分为重点学科介绍,第三部分为2010—2014年重点(培育)学科介绍。

【中国茶历】 陈伟群,2017年11月出版。

中国茶历对日常饮茶、常见茶叶品种等内容进行了详细阐述,内容广泛涵盖茶经典著作介绍、茶相关的旅游地、茶与节气、茶与人文生活等内容。

【中华榫卯】 叶双陶,2017年5月出版。

榫卯是中国古典家具的基本结构和结合方式,是中国古典家具的灵魂。榫卯结构是家具艺术不可忽视的重要方面,是中华民族的民族智慧,在世界家具史中独树一帜,享有盛名。该书以中国明清家具上的榫卯结构作为研究对象,通过图文并茂的方式,以实物图、拆分图、CAD图和简练的文字对榫卯结构进行全方位的剖析,展示了榫卯结构的科学之美,同时通过家具实物图的方式,演示榫卯结构在家具上的运用,以更宏观的角度解析榫卯结构的构造。

【木雕法式】 路玉章等,2017年5月出版。

《木雕法式》是作者继《木工雕刻技术与传统图谱》一书出版后,为充实"木雕工艺技术"而撰写的。其内容侧重于传统木雕技术与木雕艺术创作,解读工艺雕刻、建筑雕刻、家具雕刻与工艺品雕刻的构图画样和制作形式。书中收集了各种优秀珍贵的雕刻图版,便于读者参考制作,实现木雕工艺与赏析制作的历史文化传承。

【中国传统家具制作与鉴赏百科全书】 该书编写委员会，2017年7月出版。

全书是传统家具制作与鉴赏的工具书，书中搜集整理各类型的传统家具案例，通过大量的实例图片展示传统家具的文化含义和艺术美感，并用CAD图的方式从细节处展示了制作方法。

【中国梅花品种图志（英文版）】 陈俊愉，2017年6月出版。

该书是《中国梅花品种图志》的英文翻译版，全书以梅花品种为中心，搜集、整理了上百个中国梅花品种，并将国外的好品种也收录进来。书中介绍了每个品种的形态、花期、花色、结果状况、生态习性、亲本、育成者及国际登录者等有关该品种的详细信息，并配有精美的彩色图片，向读者充分展示不同梅花品种的观赏特色。

【张家口陆生野生动物】 王海东，2017年6月出版。

该书根据河北省第一次野生动植物资源调查，第一、二次河北省湿地资源调查及有关自然保护区、森林公园和湿地公园资源综合考察报告，结合有关资料记载编成。全书共收录陆生野生动物417种，对所有物种从形态特征到生活习性进行了简洁的描述，每个物种至少配有1幅照片，可供读者加深了解。

【生活要有花（花·视觉）】 JOJO，2017年6月出版。

书名就是该书想传达的生活理念，用鲜花装点生活，让时光变得轻松闲适。书中介绍了餐桌、聚会、户外、旅行等场合中使用的80余款花艺设计，作品都来自全国优秀的新锐花艺师。

【响古菁滇金丝猴纪事】 于凤琴，2017年11月出版。

该书生动地记述了滇金丝猴的喜怒哀乐，描写了它们的家庭生活和情感，写出了它们的亲情友情，它们的仁爱之心和江湖义气，也写出了它们的烦恼、困惑、狂暴、激情、沉静、懦弱、沮丧等，有的情节感人至深。读者从该书中还可以看到动物保护工作者们的辛勤工作，为了滇金丝猴英勇献身的高尚情怀，为人类家园默默奉献的可贵精神。

【朱鹮的故事（绿野寻踪）】 雍严格等，2017年10月出版。

该书是"绿野寻踪"系列图书之一。该书延续了系列图书的风格，作者以生动、简洁的文字介绍了关于朱鹮繁殖、觅食、求偶等习性的趣味故事，让读者从故事中了解朱鹮，推广朱鹮文化，唤起读者保护自然珍爱动物的意识，书中还配有不少作者拍摄的珍贵照片，适合各层次读者。

（林业出版由段植林、王远供稿）

林业报刊

【综　述】 2017年，中国绿色时报社"一报两刊一网"围绕林业重大战略和中心任务开展宣传报道，完成了12项重点宣传任务，15件作品获得中国产经新闻奖，1件作品获中华环保世纪行新闻奖一等奖。

党的十九大系列宣传　在党的十九大召开之前，《中国绿色时报》推出"砥砺奋进的五年"专栏，全景式报道十八大以来林业改革发展新举措、新进展、新成就。十九大召开期间，报纸共推出20个整版的十九大报道，开设"十九大时光"等专栏，全景呈现大会成果。十九大闭幕后，通过开办专栏、代表访谈、专家解读、时事评论等开展宣传贯彻落实党的十九大精神系列报道，全面呈现林业行业学习贯彻落实情况。《中国绿色时报》十九大宣传报道分别受到中国记协和中国行业报协会的表扬。国家林业局领导张建龙、彭有冬对报社呈报的十九大宣传报道工作情况汇报作了批示。

实施国家战略林业行动宣传　围绕"一带一路"建设、京津冀协同发展、长江经济带建设等国家战略，深度宣传实施国家战略林业行动。配合《联合国防治荒漠化公约》第13次缔约方大会，开展防沙治沙宣传，向国内外展示防沙治沙的中国路径、中国智慧、中国经验。开设"精准扶贫看林业"专栏，宣传林业在精准扶贫中的特殊作用，侧重生态扶贫、产业扶贫两个方面，报道了各地林业扶贫做法、成效和经验。

林业建设成功实践宣传　推出全国林业厅局长会议特刊两期45个版，集中展示中国林业现代化建设成果经验。加强森林城市建设宣传，深度报道10个城市的"创森"工作，强化了国家森林城市群建设宣传，加大了美丽乡村、特色小镇模式和经验宣传力度。以特色经济林、林下经济、花卉苗木、竹藤产业、木本粮油为重点，开展绿色产业宣传，报道绿色惠民典型。

林业重大题材宣传　2017年，400多人次记者分赴基层一线，面上宣传与典型报道结合，宣传国有林区、国有林场、集体林权制度改革的进展、经验、成果，重点宣传了塞罕坝林场的典型经验和优秀事迹。加强森林防火宣传，用新媒体报道方式，策划推出了十多个防火专题。开展了国家公园体制、森林质量精准提升、国家储备林、天然林保护、新一轮退耕还林、三北防护林建设、野生动植物保护等方面的系列主题宣传。《中国绿色时报》开辟专题、《中国林业》《森林与人类》杂志推出专辑，宣传林区文化、森林文化、湿地文化等。

创新传播方式搭建新平台　《中国绿色时报》官方微博11月1日在新浪网开通，《中国绿色时报》手机报10月上线试运行。报社利用10个微信公众号、3个微博平台和中国林业新闻网，扩大了林业新闻传播覆盖面。在全国"两会"报道中，报社利用微信公众号同步推送新闻，形成了梯次、多次传播，并作为两会报道先进典型之一,在中国记协新闻通气会上介绍了经验。《中国绿色时报》正报从7月开始改成全彩版,报纸版式形成了新的设计风格,加大了图片尺寸和图片新闻报道量。报社举办的首届森林中国林业新闻摄影大赛开设了"森林中国"图片新闻专栏。

12月20日,《中国绿色时报》首届年度峰会与《中国绿色时报》创刊30周年纪念活动、2017中国森林氧吧论坛同期举办,搭建了思想交流、新闻发布和优秀资源推广的新平台。首届峰会当天及次日共推出特刊12个版及头版报道6篇,在《中国绿色时报》官方微博,实时发送图文消息19条,开创了报网互动、纸媒与新媒体同时传播的历史。当日《中国绿色时报》官微阅读量达53 662人次。在百度搜索引擎上搜索"中国最美森林"有538万条搜索结果,搜索"中国森林氧吧"有511万条搜索结果。

活动项目策划和业务培训 报社组织了第九届中国十大生态美文评选、2017"中国纸业生态杯"森林旅游风光摄影大赛等活动。生态文明三面翻宣传牌项目2017年完成46个园(区)73块宣传牌维修维护,新增7块宣传牌。2017年,"送报下乡"项目继续推进,全年向国有林场赠阅《中国绿色时报》1580份,向林业专业合作社赠阅10 615份。报社先后组织开展了5次编采能力系列培训,以调研、观看录像、专题讲座、交流座谈等多种形式提高编采人员业务素质。新成立了林业教育学会记者站,吉林、陕西、河南、江西、林业高校等多个记者站完成负责人新老更替,全国大多数省份已完成通讯员信息上报,先后举办了3期通讯员培训班。

多项管理制度完善出台 2017年,报社先后制订了《中国绿色时报社政府采购及设备管理办法》《中国绿色时报社记者站绩效考核奖励办法》《中国绿色时报社特殊岗位招聘及管理办法》《中国绿色时报社保密管理规定》《中国绿色时报社积分制管理办法(试行)》《中国绿色时报社职工福利制度》《中国绿色时报社公务接待管理办法》等管理制度。报社出台了《中国绿色时报稿件和版面等级评定办法》,成立了评报委员会,修改了《中国绿色时报社关于稿酬支付的规定》,完善稿酬分配机制,实现了优稿优酬。

党建工作 报社通过制作十九大精神宣传展板、设置学习体会展示栏,营造了学习贯彻十九大精神浓厚的学习氛围。全社55名党员、12名团员的学习体会分6期进行了集中展示。制订《报社推进"两学一做"学习教育常态化制度化实施方案》,报社党委与北京林业大学经管学院党委签订了"两学一做"结对子协议,双方组织交流学习2次。2017年,报社3个党支部进行了换届选举,报社党委研究制订《报社关于落实党风廉政建设党委主体责任纪委监督责任的实施办法》,党委书记与各支部书记签订《报社支部书记责任书》,纪委书记与各支部纪检委员签订《报社纪检委员责任书》。在全社开展了"干部讲党课"活动,有4位报社领导班子成员和8位处级干部进行了宣讲。创新党日活动,3个党支部分别到塞罕坝林场、《没有共产党就没有新中国》歌曲诞生地和中国化工报社、中国交通报社开展了主题党日活动。

(林业报刊由杜艳玲供稿)

各省、自治区、直辖市林业

23

北京市林业

【概　述】　2017年，北京市园林绿化系统圆满完成了市委、市政府和首都绿化委员会部署的各项任务。全年新增造林绿化面积1.19万公顷、新增城市绿地695公顷，恢复建设湿地2400公顷。全市森林覆盖率达到43%，城市绿化覆盖率达到48.2%，人均公共绿地面积达到16.2平方米。

绿化造林　全市共完成绿化造林1.19万公顷，实施森林健康经营4.67万公顷，建设森林经营示范区10处，完成低效林改造1.77万公顷，彩叶树种造林1420公顷。

义务植树　全市共有387万人次以各种形式参加义务植树，共植树242万株、抚育树木1100万株；社会力量认建认养绿地244块、面积534.7万平方米，认养树木6.4万株。

绿色产业　全市果园面积达13.6万公顷，全市果品产量达7.5亿千克、年收入43.5亿元，全市从业果农达28万户，户均收入突破1.5万元。新发展苗圃666.67公顷，全市累计建成规模化苗圃140余个，总面积达840公顷，吸引社会资金60亿元。蜂产业快速发展，全市蜜蜂饲养量达25.66万群，养蜂总产值1.85亿元，蜂产品加工产值超过12亿元，带动1.2万户农民增收致富，全年新发展林下经济0.29万公顷，累计达到3.83万公顷，1.05万农户增收1.76万元。

资源安全　防火期内共接报火警38起，形成一般森林火灾3起，实现了"两个确保"的工作目标。全年实施飞防作业1267架次，预防控制面积127万公顷；推广绿色防控1.02万公顷，实现了"有虫不成灾"的目标。共清理枯枝死树7000余株，清理各类垃圾2000余吨，补植补造6500余株，整形修剪7.3万余株，明显改善了林地环境。

重大活动保障　圆满完成了党的十九大、"一带一路"国际合作高峰论坛和"五一"、"十一"等重大活动、重要节日的景观环境服务保障任务。

【迎春年宵花展】　1月8日至2月12日，由北京市园林绿化局、北京花卉协会主办，北京花乡花木集团有限公司、世纪奥桥花卉园艺超市承办，北京顺义鲜花港、中蔬大森林花卉市场等17家花卉企业协办的迎春年宵花展。20余个花卉市场与企业精心筹备年宵花卉烘托节日气氛，共有上千万盆年宵花投放北京市场，其中北京自产花卉约450万盆，为满足市民个性化需求，年宵花市场主动调整供应品种，整体正在向小型化、多元化、个性化发展。以蝴蝶兰、多肉植物、迷你月季、丽格海棠及红掌等为主的盆栽花卉，占据市场65%以上。2017年，顺义区北郎中花木中心和北京良乡花卉庄园等花卉市场也加入年宵花展。年宵花期间，举办组合盆栽大赛、兰花、梅花、水仙花展等专项展览活动，为营造幸福美满、和谐宜居的节庆气氛和丰富首都居民文化生活做出积极贡献。

【第五届森林文化节】　3月18日至11月，第五届北京森林文化节在西山国家森林公园拉开帷幕，全市25家森林公园举办百余场各具特色的森林文化活动，第五届森林文化节以"走进森林、感知文化"为主题，共有"森林任我游""森林欢乐颂""森林文化超体验""森林教育DIY""森林疗愈行"和"森林文化高峰论坛"六大品牌活动，吸引首都市民走进森林的怀抱。文化节期间，西山国家森林公园内种植着占地五百亩，近两万株山桃、山杏。

【共和国部长义务植树活动】　3月25日，中直机关、中央国家机关各部委、单位和北京市的162位部级领导干部，到北京大兴新机场周边的礼贤镇西郑河地块参加"着力推进国土绿化，携手共建美好家园"为主题的共和国部长义务植树活动，新植银杏、白蜡、国槐、栾树1450余株。自2002年以来，共和国部长义务植树活动累计有2769人次参加，共栽下树木32 950株。

【党和国家领导人参加义务植树活动】　3月29日，党和国家领导人习近平、张德江、俞正声、刘云山、王岐山、张高丽等来到北京市朝阳区将台乡参加首都义务植树活动。习近平总书记发出了"培养热爱自然珍爱生命的生态意识、把造林绿化事业一代接着一代干下去"的号召，首都党政军学民参与首都绿化、美化家园的热情空前高涨。在京中共中央政治局委员、中央书记处书记、国务委员等参加了首都义务植树活动。

【全国政协参加义务植树活动】　3月31日，全国政协副主席罗富和、张庆黎、陈元、王家瑞、马飚带领机关400名工作人员，到海淀区东升镇双泉堡地块参加义务植树劳动。全国政协领导和机关工作人员，共植银杏、元宝枫、白皮松、油松等树苗近20种1600余株。

【首都全民义务植树日】　4月1日，全市党政军学民参与首都绿化、美化家园的全民义务植树活动。16个区都安排主题多样的区四套班子领导参加的义务植树活动。北京林业大学开展以"高擎团旗跟党走、美丽中国青年行"为主题的2017年绿桥、绿色长征活动推进会。全市有113万市民当天奔赴城乡各地，参加市、区、街乡重点绿化工程、单位庭院、住宅区的植树、种花、种草和挖坑、整地以及管理树木、养护绿地等绿化美化劳动，开展科技咨询和绿化美化宣传活动。共挖坑81.99万个，栽植各类树木77.53万余株，养护树木478万余株，清扫绿地1634.15万平方米，设咨询站1024个，发放宣传材料90.83万份。

【第八届北京郁金香文化节】 4月1日至5月10日第八届北京郁金香文化节在北京国际鲜花港举办。本届文化节以"赏郁金香美景，享国际风情"为主题，打造异国风情赏花之旅。室外展区以郁金香为基本元素，描绘出国际风情特色花海。花海总面积达10万平方米。除93个品种、400万株不同花期、颜色和斑块打造的绚丽郁金香花海之外，还新引进MOMO咖啡、国际商品等高档、时尚的商户入驻鲜花港，为园区增添新的活力。

【中央军委领导参加义务植树活动】 4月5日，中央军委领导范长龙、许其亮、赵克石、张又侠、吴胜利、马晓天、魏凤和以及中央军委和驻京部队的百余名将军，在通州区永顺镇刘庄村植树点参加义务植树劳动。共栽植白皮松、银杏、榆叶梅、油松、海棠等1500余株。北京市领导郭金龙、蔡奇等一同参加植树。

【爱鸟周暨保护野生动物宣传月活动】 4月8日至5月8日，北京市在野鸭湖湿地公园开展"爱鸟周"暨"保护野生动物宣传月"科普宣教活动。举办了主题为"依法保护候鸟，守护绿色家园"的第35届"爱鸟周"启动仪式。活动现场举行了北京野生动物保护协会标识的发布仪式，向野鸭湖、天坛公园、南海子麋鹿苑等"十佳生态旅游观鸟地"赠送了观鸟设备。本次活动还设置了14个咨询台，从生物多样性保护、野生动物保护和生态旅游等方面为大家提供帮助，向广大市民宣传生态旅游的理念。共计有200名志愿者、2000余名市民参加，发放宣传资料2万余份。活动现场放归了由北京市野生动物救护中心救护康复的国家二级保护动物苍鹰2只。活动期间，北京市共举办"爱鸟周"活动16次，举办科普知识讲座16次，科普展览5场，举办观鸟比赛5次，摆放展板200余块，参与科普宣教教育20余万人。

【全国人大参加义务植树活动】 4月10日，全国人大常委会副委员长陈昌智、沈跃跃、吉炳轩、张平、艾力更·依明巴海和全国人大常委会、全国人大专门委员会部分组成人员，在北京市丰台区北宫国家森林公园全国人大机关绿化基地参加义务植树活动，新植红枫、元宝枫、油松、白皮松等品种120株。北京市人大常委会主任李伟陪同。

【北京市市直机关干部参加义务植树活动】 4月10日，市直机关工委组织市委办公厅、市政府办公厅、市政协、市检察院、市委组织部、宣传部、统战部、市发改委、规划国土委等21家市直机关单位500余名机关党员干部，到通州区杨庄植树地块组织开展"建设副中心、描绘新蓝图"的主题植树活动。

【北京市领导参加义务植树活动】 4月15日，郭金龙、蔡奇、李伟、吉林北京市四大班子领导、机关干部和行政办公区工程建设者、办公区搬迁村村民代表200余人在北京城市副中心"千年守望林"参加义务植树活动。

【国际友好林植树活动】 4月15日，来自澳大利亚、俄罗斯、哈萨克斯坦、巴基斯坦等30多个国家的驻华使节、外国专家、在京国际组织及机构代表、留学生等400多人，在昌平区TBD科技运动公园举行以"拥抱地球拥抱绿色，共建和谐宜居之都"为主题的"北京国际友好林"植树活动，共同为建设天蓝、地绿、水清的和谐宜居之都而努力。

【第九届月季文化节】 5月18日至6月，由北京市园林绿化局、北京市公园管理中心、北京花卉协会、中国花卉协会月季分会、中国风景园林学会菊花分会、北京市大兴区人民政府6家单位主办，世界月季主题园、北京植物园、天坛公园、陶然亭公园、北京纳波湾园艺有限公司、繁花世姜玫瑰谷、蔡家洼玫瑰情园、妙峰山森林公园、北京国际鲜花港、北京园博园、中国古老月季文化园、北京爱情海玫瑰文化博览园、南海子郊野公园13家单位承办的第九届月季文化节在北京举办。文化节主题花是"绿野"，有8个区13家单位参加，2300余个月季品种，近千万株月季争奇斗艳。13大月季主题景点的50余项独具特色的相关活动服务首都市民。第九届北京月季文化节活动除去各色月季花海景观、花坛、小品以及科普展示之外，纪念性和参与性是该届月季文化节活动组织上的两大特色。组委会发行市花30周年系列月季·菊花主题邮票、明信片、首日封等纪念品。

【北京参展第九届中国花博会】 9月1日至10月7日，由国家林业局、中国花卉协会和宁夏回族自治区人民政府共同主办的第九届中国花卉博览会在银川市举行，北京室外展园占地4200平方米。在景观布局上汲取皇家园林的空间创造手法创造植物展示空间，突出打造"花海游赏区""滨水休憩观赏区""菊花台特色成果区"及"多彩园艺花卉展示区"4处核心植物景观区。北京室内展区占地500平方米，以"京花香韵漫丝路"为主题，整体布局将皇家园林、花卉文化与"一带一路"融为一体，选用见证丝绸之路的青花瓷盘为主景观，搭配象征着富贵吉祥的牡丹花、缀以北京市花月季和菊花，预示着新的丝绸之路将带来更大的繁荣。北京展团奋战37天超长展期，克服银川的极端天气，通过4次换花保持效果、4次组委会专家综合评审，共荣获376个奖项，取得全国排名第一的佳绩，圆满完成各项参展任务。

【第九届北京菊花文化节】 9月22日至11月中下旬。第九届菊花文化节由北京市园林绿化局、北京市公园管理中心、中国风景园林学会菊花分会、北京花卉协会、中国花卉协会月季分会5家单位联合主办。北京菊花协会、北海公园、天坛公园、北京植物园、北京国际鲜花港、世界花卉大观园、世界葡萄博览园、北京市花木公司园艺中心承办。北海公园举办"古都菊韵——北京·开封菊花文化节"，10月25日至11月20日的京津冀三地菊花联展。天坛公园将举办以"秋菊佳色竞重阳"为主题的第三十六届菊花展。北京国际鲜花港菊花展以"老北京·新京韵"为主题。2017年是月季和菊花被确定为北京市花的第30年，全市举办了主题为"月季菊花三十载，春花秋韵动京城"的系列纪念市花30周年活动。

【拓展北京绿色空间】 北京市委、市政府加大中心城疏解建设和留白增绿，新增绿地 695 公顷、改造绿地 1097 公顷，建成东城西革新里、西城莲花池东路等 10 个城市休闲公园，建设小微绿地 170 处，公园绿地 500 米服务半径覆盖率达到 77%。围绕提升城市绿化生态品质，对核心区 179 条胡同街巷实施绿化美化提升，完成居住区绿化 17 处、老旧小区绿化改造 21 处；实施西城区新街口、菜市口等 6 处城市森林建设试点，完成广渠路、通燕高速路等 67 条道路绿化。实施屋顶绿化 9.4 万平方米，垂直绿化 70 千米。

【平原地区绿化】 北京市园林绿化工作围绕城乡结合部、新机场、世园会和冬奥会周边以及京津冀生态廊道和京津保等重点区域，共实施拆迁腾退 800 万平方米，完成平原绿化建设 0.4 万公顷，启动将府（四期）、孙村、东小口、常营五里桥 4 个郊野公园建设。

【森林健康经营】 全市计划实施山区森林健康经营项目任务面积 4.67 万公顷（森林健康经营林木抚育 3.87 万公顷，国家级公益林管护抚育 0.8 万公顷），建设多功能森林经营示范区 10 处。

【彩叶树种造林】 全市计划营造彩叶景观林 1420 公顷，涉及怀柔、平谷、密云、昌平、门头沟、丰台、顺义、房山、海淀 9 个区已全面完成彩叶造林任务。

【公路河道两侧绿化】 北京市公路河道绿化建设 180 千米，主要分布在丰台区 10 千米、房山区 60 千米、平谷区 30 千米、怀柔 20 千米、密云区 30 千米和门头沟区 30 千米。

【湿地保护恢复】 北京市在密云水库周边、永定河沿线等重点区域恢复和新增湿地 2400 公顷，完成密云太师屯清水河、古北口汤河 2 处新建湿地保护小区示范建设。完成北京市湿地保护修复制度工作方案初稿，起草《〈北京市湿地保护条例〉解读》。

【危险性病虫害防控】 北京市全面组织开展三次以美国白蛾为主的危险性林业有害生物普防和普查工作。全年累计出动防控人员 32.25 万人次、防控车辆 10.02 万车次，投入防治设备 1.18 万台套次、药剂 457.24 吨，人工地面防治 52.6 万公顷次；普查面积 135.99 万公顷次，普查树木 43 821.1 万株次。启动美国白蛾巡查工作，与 9 家中标市级监测测报点政务购买服务的公司签订《美国白蛾发生区域及发生状况调查项目服务合同》，明确巡查范围、内容和要求。

【京津冀林业有害生物联合防控】 京津冀协同发展林业有害生物防控，召开联席会议和座谈会 6 次，组织开展京津冀 2017 年林业有害生物应急防控演练。完成《京冀林业有害生物防控区域合作项目》。北京市支援河北省环北京周边的廊坊市夏季飞防作业 67 架次，预防控制面积 0.67 万公顷，缓解周边县市美国白蛾等林业有害生物的防控压力。

【林业病虫害监测测报基础设施建设】 全市累计购置并发放各种林果有害生物诱芯 65 635 个，其中购置美国白蛾诱芯 2200 个，苹果蠹蛾诱芯 1200 个；购置各种林果有害生物诱液 666.24 千克，其中红脂大小蠹诱液 63.04 千克；购置各种林果有害生物诱捕器 7851 套，其中美国白蛾诱捕器 2000 套，红脂大小蠹诱捕器 500 套；购置粘虫胶 500 千克。启动葡萄蛀果蛾专项监测工作，累计投入葡萄蛀果蛾诱芯 250 个、诱捕器 200 套。

【北京城市副中心绿化美化建设】 北京市园林绿化系统完成副中心行政办公区园林绿化规划设计方案国际征集和先行启动区园林绿化景观方案编制工作。开展"两带一环"（两带：即通州区和河北之间的沿潮白河延伸生态绿带，通州区和北京城区之间建设的湿地公园群、森林湿地带。一环即：城市副中心将被一道周长 56 千米的"绿环"围绕）的规划研究，编制副中心园林绿化规划设计导则，配合相关部门完成 13 条河道园林绿化设计方案编制。2017 年实施的 25 个新建项目，22 个项目已完成设计招投标工作，23 个项目完成重点区域大树栽植工作，实施绿化面积 6.67 公顷。

【京津冀生态水源保护林建设】 北京市园林绿化继续实施京冀生态水源保护林建设合作项目，在张承地区的密云、官厅水库上游重点集水区内实施造林 0.67 万公顷；全面完成京津保地区 0.27 万公顷造林绿化合作试点项目。

【北京新机场绿化建设】 北京市园林绿化局会同大兴区园林绿化局，编制《新机场重要联络线绿化建设规划方案》，由区政府正式报请市政府审定该方案和相关政策意见。开展《北京新机场外围绿化建设规划》编制工作，结合平原绿化工程，在新机场外围和永定河流域安排造林绿化 0.17 万公顷。

【2019 中国北京世界园艺博览会周边绿化项目】 2017 年，北京市园林绿化局按照 2019 中国北京世界园艺博览会筹办工作的总体安排，2019 中国北京世界园艺博览会周边绿化项目总面积 709.87 公顷，总投资 5.24 亿元。完成绿化面积 512.93 公顷，栽植 20.5 万余株。

【永定河生态修复】 永定河综合治理与生态修复是推进京津冀协同发展生态领域的重大任务。北京市园林绿化局编制完成《北京市园林绿化局关于永定河综合治理与生态修复绿化建设实施方案》。全年在永定河流域新增造林绿化面积 0.26 万公顷，实施森林质量提升 0.22 万公顷，建设湿地公园 1 处。

【2017 年京津二期工程林业项目】 北京市京津风沙源治理二期工程林业建设总任务 3.4 万公顷。其中，人工造林 0.37 公顷、低效林改造 1.77 万公顷、封山育林 1.26 万公顷。全市共组织施工队 190 个，施工人员 6828 人，修建作业道 16.89 万米，铺设浇水管线 51.91 万米。

【公园绿地建设】 全市完成新建改建公园绿地50处，新增公园绿地250公顷、改造公园绿地300公顷，其中，利用朝阳官悦新村、海淀农大南路北侧绿地、房山燕房石化等21处代征绿地，建设公园绿地20公顷；通过疏解整治建设东城大通滨河公园、海淀双泉堡绿地、平谷大夏各庄滨水森林公园等6处公园绿地68公顷。实施西城区广阳谷等6处城市森林试点项目建设，总面积14.6公顷。全市完成西城京韵园、龙头井、朝阳枫竹园等微公园、小微绿地建设140处，新增绿化面积18公顷。

【道路绿化景观提升】 北京市重点实施广渠路、壁富路、通燕高速、京津公路等67条道路绿化建设，新增绿化面积130公顷，改造绿化面积530公顷。完成长安街、二、三、四环路、京承高速等多条道路绿化改造提升，改造面积532.8公顷。

【实施居住区绿化】 北京市完成海淀学清苑社区等17个新建居住区绿化建设，新增绿化面积33公顷，改造绿化面积10公顷。

【实施屋顶绿化】 北京市完成丰台区宛平福利院、长辛店街道办事处等屋顶绿化建设5.5万平方米。

【垂直绿化建设】 完成朝阳区三环路、四环路、怀柔区城区主街路等垂直绿化建设49.5千米。

【背街小巷老旧小区综合整治】 北京市印发《城六区背街小巷绿化美化工作指导意见》和相关技术导则。以东、西城为重点，共完成179条胡同、街巷绿化美化，其中东城57条，西城122条，其余各区正积极推进相关工作。完成东城和平里七区、海淀车南里小区、通州武夷花园等21处老旧小区绿化改造，改造面积10.3公顷。

【永定河下游河道播草治沙工程】 永定河下游河道播草治沙工程以治理明沙为主，项目区全长22千米，施工面积559.27公顷。3~7月施工任务全部完成，撒播草木樨、沙打旺、花棒、踏郎、小冠花、抱茎苦荬菜、蒙古荗等多种抗旱沙生草木本植物种子3.3万千克，种植沙地柏1万株，马鞭草1万株，施肥2.2万千克，铺设灌溉主管道978米，支管道3350米，整修作业道10 091米。通过播草压沙，使裸露沙地实现全面覆盖。

【重大活动保障】 北京市园林绿化圆满完成党的十九大、"一带一路"国际合作高峰论坛和"五一""十一"等重大活动、重要节日的景观环境服务保障任务。特别是国庆68周年期间，结合喜迎十九大，在天安门广场及长安街沿线布置以"祝福祖国、践行五大理念"为主题的各类立体花坛157余处，摆放容器花箱1万余组、地栽花卉2500余万株，营造隆重热烈、喜庆祥和的节日氛围，受到各级领导和社会各界的广泛赞誉。围绕服务保障"一带一路"国际合作高峰论坛，实施环境整治、景观提升和花卉布置，共新增绿化面积53.5万平方米，改造面积594万平方米，新增乔木57.4万株，灌木105万株，地被343万平方米，花卉布置38万平方米，打造二环路"彩叶大道"、三环路"月季大道"、四环路"林荫大道"。

【完成村庄绿化任务】 全市完成村庄"五边"（农村沟、路、河、渠、村边）绿化任务，对283个村进行五边绿化，建设美丽乡村，全年计划绿化美化面积280公顷。完成10个区346个村庄的五边绿化美化工作，绿化美化面积332公顷，占计划总任务的119%，共栽植乔木19.5万株、灌木33.9万株、地被植物20.4万平方米。

【2019年中国北京世界园艺博览会筹备】 2019年中国北京世界园艺博览会北京参展室内外展区规划设计工作。北京室外展区占地5375平方米，位于中华园艺展示区中心，与中国馆和国际馆遥相呼应。北京室内展区位于中国馆省区市展区（中国馆一层），面积150平方米。"2019北京世园会室外展北京园方案设计"项目，并与招标代理公司多次洽商，研究拟订招标方案及相关文件。

【2019年中国北京世界园艺博览会百果园建设】 北京市园林绿化局编制《百果园初步设计方案》。百果园工程设计已于6月完成招标。年内，完成0.67公顷实验园栽植工作，共栽植苹果、梨、桃、李子、杏、核桃6种果树400余株。

【北京花田打造创建】 北京实施全市花卉产业行动计划，重点打造顺义鲜花港郁金香花田、密云玫瑰情缘玫瑰花田、通州花仙子草花花田和延庆葡萄园百合花田等一批大尺度、有特色的北京花田，提升全市花卉综合效益。结合郁金香文化节，4月顺义鲜花港花田400万株郁金香竞相开放，扮靓北京最美春天；通州花仙子万花园草花花田，让游人赏花同时，每月开展花海荷兰风车节和"舌尖上的万花园"首届花餐节等主题活动吸引游人；66.67余公顷密云玫瑰情缘玫瑰花田结合月季文化节举办相关主题活动；7月延庆世界葡萄博览园展出6.67公顷百合花田。

【创建首都森林城市】 北京市印发《推进国家森林城市创建工作实施方案》，平谷、延庆、通州全面启动国家森林城市创建工作。房山大石窝、顺义北小营等6个镇开展首都森林城镇创建活动。

【森林防火】 北京市森林防火全面加强森林火灾应急处置体系建设，严格落实森林防火行政首长责任制和坚持"三长"负责制以及"两级包片"责任制，全市统一开展以"保护绿水青山，森林防火当先"为主题的森林防火宣传月，先后组织各类宣传活动500余次，在重点林区安装智能语音宣传杆620根，累计发放宣传品105余万份。全市森林防火经费投入1.82亿元，包括重大项目投资约9229万元。全市116支专业森林消防队2800人24小时备战备勤，防火期内共接报火警38起，形成一般森林火灾3起，同比分别下降29.6%和25.0%，实现"两个确保"的工作目标。

【森林公安执法】 全市共接报警情2358起，同比增加27%；立案826起，同比降低64%；其中，侦破刑事案件34起，包括重大案件6起，特别重大案件4起；共计抓获涉案人员59人，行政处罚1334人。

【林木病虫害飞机防控】 北京市森林灾害防控能力不断提升。林业有害生物绿色防控、应急防控、社会化防控水平不断提高，全年实施飞防作业1267架次，预防控制面积127万公顷次；推广绿色防控1.02万公顷次，减少使用化学农药4.64吨；建立4支市级应急防控队伍，实现"有虫不成灾"的目标。

【林木绿地资源管理全面加强】 2017年，北京市完善平原地区林木资源养护管理体系，开展五环路两侧绿化带景观环境整治，共清理枯枝死树7000余株，清理各类垃圾2000余吨，补植补造6500余株，整形修剪7.3万余株，明显改善林地环境。全面加强城市绿化和公园绿地精细化管理，广泛开展园林绿地"灭死角、除盲区"活动和公园景区"春季整治促提升专项行动"，累计清理死角和盲区1600余处，排查各类安全隐患985处，清理垃圾28万立方米。基本完成第二次全国古树名木资源调查北京地区外业调查，全面开展全市私家园林普查工作。建立林政资源档案数字化管理系统，加强卫星遥感监测监管工作。

【果品生产】 北京市果品生产突出绿色高效，果树产业加快转型升级。推广高效节水栽培技术，新建和更新果园面积1333.33公顷；利用果树发展基金投资2700余万元，支持一批龙头企业、合作社和家庭农场建设高效节水果园226.67余公顷。全市果品产量达到7.5亿千克、收入41.2亿元，28万户果农户均果品收入1.5万元。世园会百果园建设取得重要进展，编制"规划设计方案"，开展果树适应性栽植。启动果园土壤环境质量调查和果园大数据调查，加强食用林产品质量安全检测，抽检合格率达100%。

【苗圃生产】 北京市突出"圃林一体"，持续推进规模化苗圃建设。新发展苗圃666.67公顷，全市累计建成规模化苗圃140余个，总面积达0.84万公顷，吸引社会资金60亿元；提出休闲游憩型、生态景观型、科普教育型"圃林一体化"发展模式，建立106.67余公顷"生态景观型"发展模式示范区。

【花卉生产】 北京市加快花卉生产。实施全市花卉产业行动计划，拓展花卉休闲观光功能，圆满完成"两节一展"系列花事活动，打造顺义鲜花港郁金香、通州花仙子、密云玫瑰、延庆葡萄园百合等一批大尺度、有特色的北京花田，提升全市花卉综合效益，带动农民增收致富。

【蜂产业】 全市蜜蜂饲养总量为25.66万群，蜂蜜产量685万千克，蜂王浆产量6.18万千克，蜂花粉产量2.63万千克，蜂蜡产量26.07万千克，蜂授粉收入1253万元，养蜂总产值1.8亿元，与2016年同期持平。蜂产品加工产值超过12亿元，出口创汇超过1800万美元。带动1.2万户蜂农养蜂致富，精准扶贫2000户。

【林下经济生产】 北京市加快林下经济发展。全年新发展林下经济0.29万公顷，累计达到6.19万公顷，年产值达3.92亿元，1.05万农户户均增收1.86万元，带动就业1.54万人。

【国有林场改革】 北京市完成全市国有林场改革工作。全市34个国有林场全部理顺了管理体制，落实公益一类属性，发展重点从过去多种经营为主向保护生态资源、加强森林经营为主转变；全面完成京煤集团林场移交工作，正式成立全市面积最大的市属京西林场；国有林场事企分开工作顺利推进；编制完成全市国有林场发展规划和三年行动计划。

【古树名木保护管理】 北京市完成第二次全国古树名木资源调查北京地区调查外业调查工作。编制完成《全国古树名木资源普查北京地区普查工作方案》和《全国古树名木资源普查北京地区普查技术规范》，印发《北京市园林绿化局关于开展全国古树名木资源普查北京地区调查工作的通知》，对各区园林绿化局、中标调查单位等调查技术人员进行外业调查和内业数据处理的培训，完成了外业调查主体任务。古树名木隐患排查，应用超声波探测仪等先进仪器，对分布在十三陵特区、戒台寺、故宫博物院、中山公园、景山公园等区域的600株油松、国槐等易内部腐烂的古树进行安全隐患排查，确保古树名木和人身财产安全。开展古树名木认养工作。依据《首都古树名木认养管理暂行办法》，设立古树名木认养接待点30处，可认养侧柏、桧柏、国槐、银杏、楸树、白皮松、榆树、油松8种古树674株，动员社会力量参与古树名木保护管理。

【集体林权改革】 北京市继续深化集体林权制度改革。制定完善集体林权制度、促进首都林业发展的政策意见，提高山区生态林管护标准。开展房山区全国集体林业综合改革试验示范区建设和全市家庭林场试点建设的总结验收工作。持续开展森林保险工作，全市10个区和5个市属国有林场的75.8万公顷山区生态公益林统一纳入保险范围，实现全市统保，总保险金额达2719万元。

【行政审批制度改革】 北京市扎实推进行政审批制度改革。完成市、区两级行政职权事项的梳理，行政职权事项由297项调整为252项。按照"一会三函"要求，探索实行园林绿化审批告知承诺制，缩短报建审批时间。全面梳理和完善市、区园林绿化行业公共服务事项。大力推进网上审批，14项固定资产投资审批事项全部纳入网上办理。

【园林科技】 实施环首都国家公园体系建设关键技术研究等重大科技项目22项，推广园林绿化废弃物资源化利用等科技成果25项，制定并发布各类标准28项，建设园林绿化增彩延绿科技创新示范区4处，示范应用植物新品种 30 种。与国家林业局、北京林业大学等 6 家单位签署《北京林业国际科技创新示范基地建设战略合作协议》。实施杨柳飞絮治理示范工程，治理杨柳雌株 40 万株，公开向社会征集"杨柳飞絮综合治理技术解决方案"，得到广泛关注。林业碳汇工作积极推进，完成房山区平原造林碳汇项目碳汇交易，制订京冀跨区域林业碳汇志愿交易项目管理办法，开展低碳园林社区营建示范工作。

【林业大事】

1月8日至2月12日 举办由北京市园林绿化局、北京花卉协会主办，北京花乡花木集团有限公司、世纪奥桥花卉园艺超市承办，北京顺义鲜花港、中蔬大森林花卉市场等 17 家花卉企业协办的迎春牛宵花展。

1月23日 全市园林绿化工作会议召开。市政府副秘书长赵根武、园林绿化局（首都绿化办）领导邓乃平、高士武、戴明超、高大伟、朱国城、边伟芳、廉国钊、蔡宝军、贾权民、周庆生、王小平与各区政府主管区长、区园林绿化局、局机关各处室、中心站院、直属单位负责人以及新闻媒体记者共计 100 余人参加会议。

2月14日 北京市园林绿化局副巡视员周庆生组织召开 2017 年市政府折子工程和市重点工程项目落实预案工作部署会。会议梳理全市 2017 年 230 项重点工程中涉及北京市园林绿化局承担的 17 项重点任务。研究《2017 年市政府工作报告重点工作分工方案项目管理责任制》和《2017 年市政府工作报告重点工作分工方案落实预案》。明确各部门重点工作分工方案项目管理责任。

2月16日 廉国钊与城市副中心工程建设指挥部、通州区园林绿化局深度对接城市副中心园林绿化建设工作。

2月20日 全国绿化委员会办公室常务副秘书长赵良平一行到大兴区实地踏查春季重大义务植树活动筹备情况。

2月27日 北京市园林绿化局（首都绿化办）组织召开城市副中心行政办公区园林绿化规划设计方案国际征集专家评审会。会议邀请中国工程院院士孟兆祯等 9 位国内知名风景园林、城市规划、水务、艺术等多专业组成的专家团队，对 7 个应征单位编制的 7 个规划设计方案进行专家评审。

3月2日 北京市园林绿化局、通州区政府联合组织召开深入贯彻习近平总书记视察北京重要讲话精神，全力推进北京城市副中心园林绿化建设动员大会。

3月18日至11月 第五届北京森林文化节在西山国家森林公园拉开帷幕，全市 25 家森林公园、百余场各具特色的森林文化活动，第五届森林文化节以"走进森林、感知文化"为主题，吸引首都市民走进森林的怀抱。

3月20日 北京市园林绿化局（首都绿化办）党组书记、局长（主任）主持召开第十次党组会议。专题传达学习了市委十一届十三次全会以及首都生态文明和城乡环境建设动员大会精神并部署有关工作。

3月25日 中直机关、中央国家机关各部委、单位和北京市的 162 位部级领导干部，到北京大兴新机场周边的礼贤镇西郑河地块，参加了以"着力推进国土绿化、携手共建美好家园"为主题的 2017 年共和国部长义务植树活动，为新机场建设增绿添美。

3月29日 党和国家领导人习近平、张德江、俞正声、刘云山、王岐山、张高丽等来到北京市朝阳区将台乡参加首都义务植树活动。

3月31日 全国政协副主席罗富和、张庆黎、陈元、王家瑞、马飚带领机关 400 名工作人员，到海淀区东升镇双泉堡地块参加义务植树活动。

4月1日 永定河综合治理与生态修复总体方案实施动员会召开。国家发改委副主任张勇、水利部副部长叶建春、国家林业局副局长李春良与市委常委林克庆，天津市、河北省、山西省政府负责同志以及市园林绿化局局长邓乃平、副局长蔡宝军参加会议。

4月1日 全市党政军学民参与首都绿化、美化家园的全民义务植树活动。共挖坑 81.99 万个，栽植各类树木 77.53 万余株，养护树木 478 万余株，清扫绿地 1634.15 万平方米，设咨询站 1024 个，发放宣传材料 90.83 万份。

4月1日至5月10日 第八届北京郁金香文化节在北京国际鲜花港举办。本届文化节以"赏郁金香美景，享国际风情"为主题，花海总面积达 10 万平方米。

4月5日 中央军委领导范长龙、许其亮、赵克石、张又侠、吴胜利、马晓天、魏凤和以及中央军委和驻京部队的百余名将军，在通州区永顺镇刘庄村植树点参加义务植树劳动。

4月8日至5月8日 北京市举办了主题为"依法保护候鸟，守护绿色家园"的 2017 年第 35 届"爱鸟周"活动。

4月10日 全国人大常委会副委员长陈昌智、沈跃跃、吉炳轩、张平、艾力更·依明巴海和全国人大常委会、全国人大专门委员会部分组成人员，在北京丰台区北宫国家森林公园全国人大机关绿化基地参加义务植树活动。

4月10日 北京市直机关工委组织市委办公厅、市政府办公厅、市政协、市检察院、市委组织部、宣传部、统战部、市发改委、规划国土委等 21 家市直机关单位 500 余名机关党员干部，到通州区杨庄植树地块组织开展"建设副中心、描绘新蓝图"的主题植树活动。

4月15日 郭金龙、蔡奇、李伟、吉林等北京市四大班子领导、机关干部和行政办公区工程建设者、办公区搬迁村村民代表 200 余人在北京城市副中心"千年守望林"参加义务植树活动。

4月15日 来自澳大利亚、俄罗斯、哈萨克斯坦、巴基斯坦等 30 多个国家的驻华使节、外国专家、在京国际组织及机构代表、留学生等 400 多人，在昌平区 TBD 科技运动公园举行以"拥抱地球拥抱绿色，共建和谐宜居之都"为主题的北京国际友好林植树活动。

4月11日 北京市园林绿化局与国家林业局国际合作司签署《国际合作与交流战略合作协议》。国家林业局副局长彭有冬、市园林绿化局局长邓乃平以及国家林业局国际合作司代司长章红燕、巡视员戴广翠与市园林绿化局副巡视员王小平一同参加。

4月14日 北京市园林绿化局与国家林业局国际

合作司联合签署《共同推进国际合作与交流》战略合作协议。

4月23日 北京市园林绿化局执法监察大队联合森林公安局、野生动植物保护处及通州区园林绿化局等单位，在通州区上营运河花鸟鱼虫市场展开行动，严厉打击非法售卖野生鸟类等违法行为。

5月2日 北京市园林绿化局党组书记邓乃平专题调研大兴区园林绿化建设情况。大兴区区委书记谈绪祥、副区长杨彦光和市园林绿化局副巡视员廉国钊、蔡宝军一同参加。

5月3日 北京市园林绿化局党组书记邓乃平带队专题调研"一带一路"国际合作高峰论坛园林绿化景观提升工程。朝阳区副区长孙其军以及市园林绿化局副巡视员廉国钊一同参加。

5月6日 北京市副市长卢彦调研"一带一路"国际合作高峰论坛园林绿化景观环境保障和全市森林防火工作。实地检查长安街及延长线、东二环、机场高速、东北四环、京承高速及雁栖湖生态示范区等重点区域的园林绿化景观保障情况以及武警森林机动支队靠前驻防点和怀柔区森林防火大队。

5月8日 北京市副市长卢彦参加全市森林防火工作电视电话会议，对当前森林防火工作提出要求。

5月12日 北京市园林绿化局完成"一带一路"国际合作高峰论坛天安门地区绿化景观布置。

5月12日 北京市园林绿化局荣获2016年度全国林业信息化十佳单位称号。

5月18日至6月 由北京市园林绿化局、北京市公园管理中心、北京花卉协会、中国花卉协会月季分会、中国风景园林学会菊花分会、北京市大兴区人民政府6家单位主办以主题花是"绿野"的第九届月季文化节举办。

5月19日 北京市园林绿化局与京煤集团举行京煤林场交接活动，双方签订移交协议，北京市京西林场正式挂牌成立。

6月5日 北京市首单林业碳汇交易"顺义区碳汇造林一期项目"第一监测期产生的1197吨二氧化碳当量以36元/吨价格成交。

6月7日至12日 市园林绿化局、北京林学会、加拿大公园委员会共同签署"关于推动园林绿化科技创新的合作协议"。

6月8日 北京市政府党组成员夏占义调研北法海寺遗址保护工程。市园林绿化局局长邓乃平、市文物局局长舒小峰一同参加。

6月17日 《平原地区造林项目碳汇核算技术规程》通过北京市地方标准专家评审。

6月17日 联合国森林论坛秘书长索博拉到八达岭林场考察北京市森林文化建设及森林可持续经营情况。

6月18日 北京市人大常委会副主任柳纪纲到天坛公园实地检查《北京市公园条例》执法情况。

6月19日 UNDP亚太区域中心中国事务主管拉孜娜·比尔格拉米女士到密云区实地考察"UNDP－澳门政府合作发起的可持续森林经营碳汇项目"。

6月26日 房山、门头沟、大兴、延庆区(县)的5家林下经济基地被入选评为"国家林下经济示范基地"。

7月12日 北京市委副书记景俊海、市领导夏占义专题调研海淀区园林绿化规划。

7月12日 来自11个国家的43位林业官员到北京市参加"2017年发展中国家履行《联合国森林文书》及森林可持续经营官员研修班"，重点对"推动森林多功能经营"考察交流。

7月15日 第三届北京百合文化节在延庆世葡园开幕。

8月4日 "大数据服务首都生态建设专题研讨会"在北京召开，中国工程院院士沈国舫、李文华以及国家林业局、国家生态大数据研究院等有关专家建言首都生态大数据建设。

8月27日 首届京津冀果园机械推介会在北京举办。

8月31日 北京市园林绿化局发布征集书，面向全社会征集2019北京世园会北京室外展园创意方案。

9月4~6日 北京市委副书记景俊海对门头沟区百花山国家级自然保护区、通州区东郊森林公园、东六环西辅路带状公园和减河公园进行调研，重点察看了山区、浅山区植被覆盖现状，城市副中心园林绿化建设情况，并组织召开座谈会。

9月4日 生态保护国际机构座谈会在北京召开。

9月18日 鸟类栖息地保护国际合作座谈会在北京召开。

9月19日 北京市副市长卢彦对核心区城市微公园及城市森林建设情况进行调研，现场查看了东城区大通滨河公园、三里河公园，西城区京韵园、菜市口城市森林项目。

9月21日 北京市副市长卢彦到朝阳区孙河乡调研温榆河森林湿地公园建设情况，察看前苇沟组团棚户区改造项目住宅房屋腾退签约情况，通过沙盘了解农民选房安置情况，实地察看沙黄路区域疏解非首都功能情况，详细了解温榆河森林湿地公园示范段建设情况。

9月22日至11月中下旬 第九届菊花文化节由北京市园林绿化局、北京市公园管理中心、中国风景园林学会菊花分会、北京花卉协会、中国花卉协会月季分会5家单位联合主办。

9月24日 北京市委书记蔡奇专题调研大通滨河公园景观建设工程。代市长陈吉宁，市政协主席吉林，市委副书记景俊海，市委常委张工、杜飞进、崔述强，市人大常委会副主任牛有成，副市长张建东、隋振江、王宁、卢彦等市领导一同参加。

10月10日 北京市副市长卢彦副参加全市2018年度森林防火工作电视电话会议。

10月15日 天安门广场及长安街沿线所有立体花坛花卉更换工作全面完成并成功迎接党的十九大在北京胜利召开。

11月21日 北京市园林绿化局邀请亚洲开发银行特聘专家保罗．布尔森先生共同探讨城市污泥资源化林地利用的技术和管理模式。

11月28日 北京市园林绿化局组织召开全市新一轮百万亩造林绿化2018年度建设任务部署会。

11月 在北京延庆区发现了一个兰花新物种，被命名为"北京无喙兰"。

11月 延庆区被国家林业局评为"全国森林旅游示范市县"成为全市首个获此殊荣的地区。

12月1日 北京市黄垡苗圃与荷兰范登博克苗圃在北京签署缔结姊妹苗圃合作协议。

（北京市园林绿化局由齐庆栓供稿）

天津市林业

【概　述】

植树造林 美丽天津一号工程绿化美化行动进展顺利。一是造林绿化工作取得进展。2017年，全市重点围绕"两环三沿"开展大规模造林绿化，全年共完成造林3.42万公顷。二是组织了义务植树活动。3月20日，组织完成了天津市党政军领导同志在空港经济区京津塘—宁静高速立交周边参加义务植树活动，同时，组织全市16个区干部群众、驻津部队、武警官兵集中开展了义务植树活动，栽植各类树木63 000余株。3月25日，与市教委共同组织19所高校2000多名大学生分别在静海区梁头镇、东丽区东丽湖开展义务植树活动，共栽植各种树木26 000余株。4月12日，组织在津高层次外国专家及留学回国人员代表200余人在东丽湖开展"海外人才友谊林"集中植树活动，植树1200余株。这项活动已经连续组织了9年，收到了很好的社会效果。三是完成了基本农田造林用地调整工作。会同有关部门开展了造林用地范围内耕地、建设用地等各种地类利用现状调查工作，深入研究，摸清梳理了天津市生态建设对耕地保有量的调整需求，对"十三五"造林绿化范围反复研究并多次调整，最终将全市"十三五"用于植树造林的基本农田6.91万公顷分解至各区，并"落地上图"。

资源管理和保护 ①切实抓好森林防火工作。一是做好应急处置。按照森林火灾应急预案，及时派工作组赶赴蓟县"4·29"和"5·11"火灾现场进行协调指导，确保扑救工作的有序开展，由于发现及时，组织得力，扑救到位，没有出现人员伤亡事故。二是层层落实责任。落实森林防火地方政府首长负责制，完成防火责任书签订，同时督导区县落实"四级包保"责任制，确保防火责任落到实处。防火期内，各级森林防火部门严格执行24小时值班和领导带班制度，严格执行火情报告制度，确保信息畅通。三是在重要时期，及时下发通知，提出要求，确保措施落实到位。四是加大督查力度。市林业局多次在重点时期采取暗查暗访方式深入蓟州区督查森林防火工作并提出具体要求，市防火办也多次组成检查组对全市森林防火工作进行检查，对督查发现的隐患实行清单管理，明确整改责任单位、整改措施和时限，确保隐患及时消除。五是积极协调市财政，完成了1950万元的森林防火物资购置工作，及时补充市级森林防火物资储备，并及时从市级森林防火物资储备库中调拨一批防火物资，充实到森林防火重点乡镇，进一步改善一线扑火队员的扑火装备，提升了扑救能力。六是组织进行森林防火实战演练，进一步锻炼了消防队伍的快速反应和灭火能力。七是抓好京津冀防火联防联控工作。加强与北京、河北森防办的沟通协调，落实联防措施，做好边界区防火隔离带的清理工作，不断提高联防水平。②加强林政资源管理。一是加强征占用林地管理和行政审批工作。严格按照规定对征占用林地申请进行审核，全年共审批征占用林地项目36项，占用林地88.72公顷。二是按照《国务院关于完善集体林权制度的意见》（国办发〔2016〕83号）和市领导批示要求，结合天津市集体林业管理现状，起草了《天津市完善集体林权制度实施方案》，并已经市政府批准后印发实施。三是全面落实保护发展森林资源目标责任制。向有农业区人民政府下发了《关于开展"十二五"期间保护发展森林资源目标责任制建立和执行情况检查工作的通知》。四是全面开展林地数据更新调查和林地"一张图"工作。③做好野生动物保护工作。一是按照国家林业局森林公安局部署，认真组织开了"2017利剑行动""打击破坏野生动物资源违法犯罪行动"和"专项治理打击非法出售象牙的行动"。截至2017年年底，共出动警力628人次，巡查野生动物栖息地及交易场所24处，清理非法出售加工象牙等野生动物制品场所36处，配合公安机关侦破刑事案件57起，抓获违法犯罪嫌疑人59人，办理行政案件6起，行政处罚6人，救助国家二级保护动物14只，查获国家一、二级保护动物92只，收缴放飞"三有"鸟2万余只，查获象牙制品800余件。二是加强遗鸥保护工作，撰写《关于我市遗鸥栖息地保护现状及中华绿发会反馈问题的对策建议》，研究制定了《关于加强我市野生动物保护工作的意见》。三是建立天津市保护森林和野生动物资源联席会议制度，深化林业部门、检察机关、公安等部门间的协作。建立京津冀边界地区野生动物保护联席会议制度，强化京津冀边界地区野生动物保护联防联治联合打击。四是完成第三十六届"爱鸟周"宣传活动。五是开展鸟类肇事调研工作。与天津师范大学合作编制了《天津果业种植中鸟类肇事防控现状调研报告》，为今后科学决策和制定有效的防护措施提供了依据。六是制订《天津市野保站行政许可事项监督检查办法》，组织开展野生动物行政许可监督检查工作。④扎实做好森林病虫害防治工作。一是完成了以美国白蛾、春尺蠖为主的林业有害生物防治作业面积26.68万公顷（其中：美国白蛾19.79万公顷，春尺蠖2.37万公顷，其他林业有害生物防治4.52万公顷）。二是印发了《天津市2017年林业有害生物防治工作要点》，为各区林业有害生物防治工作的开展提供了基本遵循。三是加强监测预报工作，全年监测覆盖率为100%，测报准确率为92.43%，有效指导防治工作。四是加强京津冀协同发展林业有害生物防治工作。举办"京津冀2017年林业有害生物应急防控演练"；共召开5次京津冀联席会议。五是加强检疫工作。为进一步加强森林植物检疫基础设施建设，提高检疫御灾能力，建设实施了《天津市危险性林业有害生物预防体系建设项目》，其中检疫御灾体系包括市级检疫实验室、区县级检疫实验室、检疫除害处理设施、检疫执法装备、林业植物检疫检查站5部分建设内容。新建市级检疫实验室1处200平方米，并配备松材线虫检测仪、体式显微镜、标本柜、药品柜、恒温冰箱、超净工作台、纯水设备、灭菌锅等设备13套。为区县级检疫实验室配备体式显微镜、标本柜、药品柜设备45台（套）。新建检疫除害处理场2处共600平方米，配备固定和移动药剂喷洒除害设备4台套。新建林业植物检疫检查站2处共300平方米，配备移动除害设备83台套。为全市森林植物检疫员配备执法记录仪、检疫工具箱、便携式打印机、防护服等装备203套。2017年，全市共核发《植物检疫证书》1.4万单。实施产地检疫面积10余万亩；调运检疫苗木210余万株，木材140余万。种苗产地检疫率达到100%。⑤做好湿地保护各项工作。一是组织开展《天津市湿地自然保护区规划》及各湿地自然保护区规划的编制工作。湿地保护"1+4"保护规划经市政府同意印发。二是完成《天津市湿地保护与修复工作实施方案》编制工作。三是开展湿地保护与修复工程规划编制工作。四是组织开展《天津市重要湿地和一般湿地认定与管理办法》及拟定第一批天津市重要湿地名录编制工作。《第一批天津市重要湿地名录》和《认定与管理办法》已经市人民政府同意印发。五是组织开展《天津市湿地生态补偿办法》编制工作。按照《天津市湿地保护条例》和《天津市人民政府办公厅关于健全生态保护补偿机制的实施意见》（津政办发〔2017〕90号），编制《天津市湿地生态补偿办法（试行）》，正式上报市人民政府并通过市政府常务会议批准。六是先后启动了八仙山国家级自然保护区能力提升工程和北大港湿地自然保护区、团泊鸟类自然保护区、大黄堡湿地自然保护区等重要湿地的保护与修复工程。

党务纪检工作 ①加强党的建设，党委核心领导作用进一步增强。制定了《市林业局2017年度党建工作实施意见》，细化了工作责任和目标。认真组织召开了党委落实党风廉政建设主体责任报告会，并按要求开展群众评议工作，经市农委党委综合考核，位列农业系统第一名。制定了《市林业局关于加强党委会研究党建工作的意见》，党委会研究党建工作议题明显增加；完善了基层党支部建设，3月天津市林业局系统15个党支部全部进行了换届，新成立了预警中心党支部。②组织处级以上干部参加了农业系统学习党的十八届六中全会精神、牢固树立"四个意识"专题轮训班，不断提升党员干部政治站位，进一步强化政治担当，坚定全面从严治党决心。③组织开展"维护核心、铸就忠诚、担当作为、抓实支部"主题教育实践活动，推动"两学一做"学习教育常态化制度化，组织开展了不作为、不担当问题专项治理和作风纪律专项整治。认真组织党的十九大和市委第十一次党代会精神的学习，广泛开展十九大精神宣讲。④做好党委换届选举准备工作，加强教育宣传，集中开展换届选举工作纪律再学习，重申换届选举"九严禁"。⑤研究制定《市林业局2017年度党风廉政建设和反腐败工作实施意见》，细化了廉政建设工作指标，落实了局党委班子和班子成员廉政建设签字背书，所属10个单位主要负责人与局党委签订了廉政建设责任书，全体党员干部签订了廉政承诺书。⑥履行监督责任，加强对干部教育管理，认真落实了党委书记、纪委书记廉政谈话制度，先后与7名重点岗位人员进行了廉政谈话；春节前夕在发放廉政过节通知的基础上，给49名处级以上干部发放了廉政建设"提示函"；加强了对党的十九大和市十一次党代会代表选举工作监督，严格落实选举工作程序。⑦严肃执纪问责。结合未巡先查、未巡先改和市委巡视过程中发现的问题，以及巡视整改"回头看"新一轮自查自纠工作，对问题线索进行了认真梳理，对负有领导责任和直接责任的相关人员向市农委党委提出了处理建议意见。对3名干部给予了党纪处分，对12名干部按"第一种形态"进行组织处理。⑧加强对典型案例的学习和分析，集中进行了中央和市委关于部分纪检监察干部违纪案件及其教训警示文件的学习，认真进行研讨交流，从中汲取教训，增强防控自觉性；⑨巩固巡视整改工作成果，开展巡视整改落实工作"回头看"，天津市林业局系统自4月中旬开展自查自纠工作，认真排查清理问题存量，不留空白、不留死角，切实将存在问题查清楚、整改到位。

【**林业有害生物防治**】 全年美国白蛾发生面积2.274万公顷，其中轻度发生2.087万公顷，中度发生0.117万公顷，重度发生0.07万公顷。完成防治作业面积19.79万公顷，其中，采用地面喷洒灭幼脲、杀铃脲、苦参碱等高效低毒类仿生（生物）药剂防治15.527万公顷，飞机防治作业2.467万公顷，人工剪网作业1.662万公顷，释放周氏啮小蜂作业0.133万公顷。经检查验收，平均有虫株率为0.1%，叶片保存率达96.4%，总体防治效果良好，达到国家林业局与天津市人民政府签订的《2015~2017年美国白蛾等重大林业有害生物防治目标责任书》指标要求。其他林业有害生物防治作业面积6.887万公顷，其中杨扇舟蛾防治面积1.264万公顷，杨树病害防治面积1.259万公顷，春尺蠖防治面积2.373万公顷，杨小舟蛾防治面积0.567万公顷，光肩星天牛防治面积0.347万公顷，国槐尺蠖防治面积0.413万公顷，松梢螟防治面积0.15万公顷，零散发生林业有害生物防治作业0.515万公顷，经检查验收，均达到有虫不成灾的治理目标。组织开展了"京津冀2017年林业有害生物应急防控演练"，提升了三省市间指挥调度、协调联动和应急处置能力。全年监测覆盖率为100%，发布虫情动态134条，短期预报32条。全市共核发《植物检疫证书》1.4万单，印制《天津市主要林木食叶害虫识别及防治》简易手册1000份。

【**湿地自然保护区"1+4"规划**】 根据天津市政府第99次常务会议提出的编制和完善自然保护区规划的总体要求，7月，天津市林业局组织有关区人民政府开展了全市湿地自然保护区"1+4"规划编制工作，即天津市林业局编制《天津市湿地自然保护区规划》，组织有关区政府编制《七里海湿地生态保护修复规划》《天津市北大港湿地自然保护区总体规划》《天津市团泊鸟类自然保护区规划》和《天津市大黄堡湿地自然保护区规划》，在征求相关部门意见后进行多次修改完善。8月9日，市政府第108次常务会议和市委常委（扩大）会议审议并原则通过了以上规划。经进一步细化修改后，于8月25日由中共天津市委、天津市人民政府正式印发《天津市湿地自然保护区规划（2017~2025年）》（津党发〔2017〕36号）。9月30日，批复了《关于七里海湿地生态保护修复规划（2017~2025年）》（津党〔2017〕172号）等4个规划。提出在规划期内，七里海、北大港、大黄堡、团泊4个湿地自然保护区重点完成污染整治、湿地恢复与修复、生态移民、土地流转、护林保湿、宣教培训和资源合理开发利用等7项任务，推动湿地保护与恢复，实现生态环境保护与经济社会发展的共赢。市委、市政府印发《天津市湿地自然保护区规划（2017~2025年）》以及批复4个湿地类型自然保护区规划的实施必将提高全市各区、各部门生态文明建设和湿地保护思想意识，落实领导和保护责任，压实监管责任，强化监督问责，切实抓好湿地生态恢复与修复等重点工作，全面构建天津市"南北生态"安全格局，打造全市湿地建设升级版。

【森林资源连续清查】 按照《国家林业局办公室关于开展第九次全国森林资源清查2017年工作的通知》（办资字〔2017〕35号）要求，开展第九次全国森林资源连续清查（即一类清查）工作。天津清查工作在国家林业局调查规划设计院的具体指导下，研究制定了工作方案、技术方案和操作细则；组织全市技术培训，共培训145名技术人员；组建38个外业调查工组，120名调查队员参加了外业调查，历时5个多月完成了全市3209个固定样地和606条样线的调查工作；经市级指导检查和国家级检查验收，此次清查质量评定达到优级。清查结果显示，截至2017年年底，全市森林覆盖率为12.07%，较第八次连续清查提高2.2个百分点；森林面积14万公顷，增加3万公顷；森林蓄积量460万立方米，增加86万立方米。此次清查查清了天津市森林资源的数量、质量和消长动态，掌握森林生态状况及其变化趋势，客观评价森林资源与生态状况，为制定和调整林业方针政策、规划、计划，监督、检查森林资源消长任期目标责任制提供科学依据。

【林业大事】

1月13日 市政府召开全市造林绿化工作推动会，传达了市长、副市长在《关于全市今冬明春造林绿化工作进展情况的报告》（林业工作专报第34期）上的批示精神，通报了当前全市造林绿化工作进展情况，安排部署今春造林绿化工作。副市长李树起出席会议并讲话。会议由市政府副秘书长李森阳主持。

1月17日 市林业局副局长李果丰主持召开安全生产工作培训会，就《天津市安全生产条例》以及应急值守有关业务知识等内容进行培训。局机关办公楼内全体人员和环外直属单位的主要负责人参加了培训。

1月26日 副市长李树起在市农委主任沈欣，市农委副主任、市林业局局长张宗启陪同下赴蓟州区检查森林防火工作。李树起一行先后深入蓟州区盘山管理局指挥中心，官庄镇森林防火中队驻地，市、县两级森林防火物资储备库等点位，实地检查了森林防火设施建设、防火队伍建设、防火物资储备等情况，并慰问了坚守在森林防火一线的防火队员。

2月13日 副市长李树起率森阳副秘书长和市农委、市交通运输委、市林业局负责同志调研推动宁静高速两侧造林绿化工作。东丽区、西青区、津南区、北辰区、宁河区政府负责同志和林业主管部门负责同志，天津港保税区管委会分管负责同志和造林绿化主管部门负责同志陪同调研。

2月15日 市林业局召开林业贷款中央财政贴息申报工作布置会，市林业局副局长齐龙云主持会议并讲话，市发展计划处和机关有关部门负责同志、全市10个涉农区林业主管部门分管领导和负责贷款贴息工作的同志参加了会议。

2月24日 天津市保护森林和野生动物资源联席会议在天津市林业局召开。市林业局副局长李果丰、市公安刑事侦查局副局长路树强、市检察院侦查监督处处长于德贤、市公安局法制办副主任于彦杰出席会议并讲话，市林业局森林公安局政委赵利民主持会议。天津市公安刑事侦查局、天津市公安局交通管理局、天津市公安局法制总队、天津市公安局治安管理总队、天津市人民检察院侦查监督处、天津市林业局森林公安局、天津市野生动植物保护管理站、天津市野生动物救护驯养繁殖中心8个成员单位共22名代表参加会议。

3月1日 市政府召开全市春季造林绿化工作现场推动会，实地察看了静海区王口镇造林绿化现场，总结去冬造林绿化工作，安排部署今春全市林业工作，副市长李树起出席会议并讲话。会议由市林业局局长张宗启主持，市有关部门、单位负责同志，涉农区政府分管领导和林业主管部门主要负责同志参加会议。

3月7日 市政府副秘书长李森阳率市农委、市林业局、农发行天津分行负责同志调研春季造林绿化工作，察看了蓟汕高速东丽段和宁河段造林绿化现场，并在宁河区召开春季造林绿化工作座谈会。东丽区、宁河区有关负责同志陪同调研。

3月16日 市林业局组织召开了天津市2017年飞机防治春尺蠖工作会，专题对飞机防治春尺蠖工作进行研究和部署，市森检站站长尹鸿刚主持会议，西青区、宝坻区、武清区和蓟州区森防站站长参加会议。会议听取了各区关于春尺蠖成虫防治工作情况和监测情况的报告，对春尺蠖幼虫高峰期进行了分析和研判，确定了飞防作业时间和全市飞防作业任务，并对市和各区关于飞防工作的责任和分工进行了明确。

3月17~20日 市林业局党委委员李俊柱率市森检站相关人员视察了北辰区、宁河区、蓟州区和武清区的春尺蠖成虫防治工作。

3月21日 市政府召开全市高速公路两侧绿化带断带改造提升工作会议，传达了副市长李树起在《关于全市高速公路两侧绿化带断带情况的报告》上的批示，通报了全市高速公路两侧绿化带断带基本情况，安排部署了下一步主要工作。

3月23日 市农委副主任张宗启带队赴滨海新区大港、汉沽检查野生动物保护工作落实情况。市林业局党委委员李俊柱、市林业局森林公安局、市野保站、滨海新区农委、北大港湿地自然保护区管理中心负责人及有关同志参加了检查活动。

3月30日 "京津冀协同发展 林业有害生物防治座谈会"在天津市蓟州区召开,京津冀三省市森防部门负责同志和相关人员参加会议。

4月8~13日 天津市组织实施了春尺蠖飞机防治作业,截至4月13日飞机防治任务全部完成,此次防治作业面积0.973万公顷,作业73架次,涉及蓟州、宝坻、武清、西青和静海5个区。

4月20日 市政府召开2017年度全市造林绿化暨外环线外侧绿化带改造提升工作会议,通报了当前全市造林绿化工作进展情况,对年度造林绿化任务进行了进一步对接,部署了外环线外侧绿化带改造提升工作。

4月26日 市林业局党委书记、局长张宗启带队先后赴北大港湿地自然保护区、团泊鸟类自然保护区督导推动保护区内违规建设项目整改工作落实情况。市林业局党委委员李俊柱、市野保站、滨海新区农委、北大港湿地自然保护区管理中心、静海区林业发展服务中心、团泊鸟类自然保护区管理站相关负责同志参加了检查督导活动。

4月26~27日 市林业局在蓟州区举办了全市保护发展森林资源目标责任制暨永久性保护生态区域监督管理培训班。

4月27日 市林业局党委委员李俊柱带队赴大黄堡湿地自然保护区,对违规建设翠金湖美墅项目和违规开挖鱼塘整改情况进行现地督导检查。市野保站站长石会平、武清区林业局、大黄堡湿地自然保护区管理站相关负责同志参加了检查督导活动。

4月28日 市林业局党委委员李俊柱带队赴八仙山国家级自然保护区检查核实保护区内违规建设项目整改落实情况。

5月6日 按照市长王东峰的要求,副市长李树起带队调研推动春季造林绿化工作,实地察看了蓟州区塘承高速牡丹园和武清区京津高速两侧绿化现场。市农委、市国土房管局、市林业局负责同志,涉农区政府主要负责同志、分管负责同志和林业主管部门主要负责同志参加调研。

5月23日 京津冀2017年林业有害生物应急防控演练在天津市西青区举行。参加此次演练的有北京市林保站、河北省森防站、天津市森检站及有关市、区林业站。河北省林业厅副厅长刘振河,天津市林业局党委委员李俊柱及相关同志现场观摩了演练活动。

6月17日 按照《市环保局关于开展天津八仙山国家级自然保护区2015~2016年遥感监测实地核查和问题查处工作的通知》要求,市林业局组成检查组深入八仙山国家级自然保护区落实检查工作。蓟州区人民政府副区长刘海波、市林业局和八仙山国家级自然保护区管理局相关负责同志就保护区管理和遥感监测问题自查自纠工作进行了安排部署。

6月23日 全市深化环境保护突出问题整改落实工作推动会议后,市林业局及时召开会议学习贯彻落实会议精神。成立了由局长张宗启任组长的《天津市林业局环境保护工作责任领导小组》,其他局领导任副组长,领导小组办公室设在林政资源处,负责日常工作。

6月20日 市财政局会同市林业局在蓟州区组织召开天津市蓟州区森林防火项目(2014~2016)竣工验收工作会。专家组一致通过该项目竣工验收。

7月11日 市森防站召开全市森防工作会议,总结上半年林业有害生物防治工作,研究部署下半年重点工作。市林业局党委委员李俊柱出席并讲话,市森防站站长尹鸿刚主持会议。涉农区森防部门负责同志参加会议。

7月19日 京津冀协同发展·林业有害生物防治半年总结交流会在天津召开。北京林保站、河北森防站、天津森检站负责同志,京东、京南、京西、京北、津南、津北6个联动片区轮值指挥部分管领导和站长,保定市、廊坊市、张家口市、承德市、唐山市、沧州市森防站站长参加会议。

7月27日 为进一步贯彻落实《国务院办公厅关于有序停止商业性加工销售象牙及制品的通知》(国办发〔2016〕103号)和《国家林业局关于全面检查清理非法加工销售象牙及制品活动的紧急通知》(林护发〔2017〕75号)精神,市林业局协调有关成员单位,对天津市沈阳道、鼓楼、千里堤等易发生非法交易野生动物及产品(以象牙及制品为主)重点地区及润泽轩、大龙舟、商拓等定点加工、销售象牙及制品场所进行联合检查。

7月25日 国家林业局调查规划设计院副院长唐小平和国家林业局资源司处长闫宏伟一行6人,来天津座谈天津市森林资源连续清查指导检查情况。

8月1日 天津市林业局召开第九次森林资源连续清查前期检查情况通报会。会议由市林业局党委委员李俊柱主持召开,各区林业主管部门分管负责同志、负责森林资源连续清查工作的科(站)长和清查技术负责人参加。会议传达了国家林业局调查规划设计院对天津市森林资源连续清查前期指导检查情况,听取了各区清查进展情况的汇报,并就指导检查情况对下一步工作进行安排部署。

8月15日 市财政局、市林业局组织召开《蓟州区森林防火2017~2020年建设规划》(三期)专家论证会。

8月25日 市政府召开全市今冬明春造林绿化工作暨完善天津市集体林权制度工作推动会议。市政府副秘书长李森阳出席会议并讲话,市有关部门负责同志,滨海新区及涉农区政府分管林业负责同志,林业主管部门和国土主管部门负责同志参加会议。

8月28日 市林业局局长张宗启、农发行天津市分行行长刘文平、市林业局副局长齐龙云等一行8人赴静海区,就生态储备林建设工作进行调研。区委书记、区长蔺雪峰和副区长罗振胜、苏静及相关部门负责同志参加。

9月8日 市林业局局长张宗启、副局长齐龙云,农发行天津市分行副行长邢玉峰等一行8人赴宁河区,就生态储备林建设及今冬明春造林绿化准备工作进行调研。副区长王东军及相关部门负责同志参加。

9月20日 市林业局召开全市森林防火工作会议。市林业局副局长齐龙云出席会议并讲话。

9月15日 市林业局党委书记、局长张宗启带队赴北大港湿地自然保护区检查指导野生动物保护工作。市林业局分管领导、市野保站、北大港湿地自然保护区相关负责同志参加了检查指导活动。

9月19~25日 国家林业局检查组到天津市武清区、静海区检查保护发展森林资源目标责任制建立和执行情况及林地管理工作。9月20日,国家林业局驻北京森林资源监督专员办事处副专员钱能志、国家林业局调查规划设计院副院长唐小平等检查组一行在武清区召开了启动会,对国家林业局开展森林资源管理检查工作进行了安排部署;市林业局副局长李伍宝出席并主持会议,武清区副区长徐继珍、静海区副区长罗振胜分别汇报了本区森林资源管理工作。武清、静海、宁河区林业主管部门领导参加了会议。

9月22~23日 为推进行政审批"放管服"改革工作,落实"双随机、一公开"监管制度,市林业局在蓟州区举办了"林业行政审批与行政监管"培训会。相关区林业主管部门和区审批局有关领导及工作人员参加了培训。市林业局副局长李伍宝到会作了开班动员讲话。

9月27日 市林业局副局长崔绍丰率市林业局森林公安局相关负责同志对蓟州区八仙山国家级自然保护区、梨木台风景区、九龙山国家森林公园的森林防火情况进行了督查,听取了蓟州区关于中秋、国庆、十九大期间及秋冬季森林防火相关工作情况,随后查看了蓟州区森林防火物资库,并将督查情况向蓟州区林业局主要负责同志进行了通报。蓟州区森防办相关负责同志参加了督查。

9月30日 市政府召开全市今冬明春造林绿化工作动员会议。副市长李树起出席会议并讲话。涉农区政府向市政府递交了《天津市2018年度造林绿化目标任务管理责任书》。会议由市政府副秘书长李森阳主持,市有关部门、单位负责同志,涉农区政府分管领导和农业、林业、市容园林、交通、水务部门主要负责同志及重点乡镇政府主要负责同志参加会议。

10月10日 市林业局副局长齐龙云主持召开会议,传达学习市农委贯彻落实美丽天津一号工程指挥部第16次会议精神。局领导和各部门负责人参加了会议。

10月13日 天津市林业局组织召开全市野生动物保护工作会议,安排部署十九大会议及前后一段时期野生动物保护工作。局党委委员李俊柱主持会议,市野保站、森林公安局负责同志,10个涉农区林业部门分管领导和部门负责人参加会议。

10月16日 为进一步落实森林防火工作,确保十九大期间森林防火安全,市林业局副局长崔绍丰率市林业局森林公安局相关负责同志组成督查组对蓟州区森林防火工作进行了督查。蓟州区森防办相关负责同志陪同。

10月20日 为进一步加强天津市森林防火和造林绿化工作,2018年度森林防火指挥部会议和造林绿化工作督查会议在天津礼堂大剧场召开。市政府副秘书长李森阳,市农委副主任、市林业局局长张宗启出席会议并讲话。市森防指各成员单位负责同志,市造林绿化工作督查组全体成员,滨海新区和涉农区政府分管负责同志,林业主管部门主要负责同志参加会议。

10月24日 副市长李树起率副秘书长李森阳,市农委主任沈欣,市农委副主任、市林业局局长张宗启检查森林防火和造林绿化工作。蓟州区区长廉桂峰,蓟州区政府和市、区林业部门主要负责同志陪同检查。

10月30日 受副市长李树起委托,副秘书长李森阳主持召开全市国有农场造林绿化工作座谈会。市农委、市财政局、市林业局、市食品集团、静海区政府、宁河区政府、北京市清河农场、河北省芦台农场、河北省汉沽农场、大港油田团泊洼开发公司负责同志参加会议。

11月6~7日 由市林业工作站、市种苗站、市森林公安局组成联合检查组,对曹庄子、梨园头等花卉苗木市场进行突击检查,集中打击侵犯林业植物新品种权和制售假劣林木种苗的违法行为。

11月21日 为认真贯彻落实天津市人民政府办公厅印发《关于完善我市集体林权制度实施方案的通知》(津政办函〔2017〕40号),市林业局林组织召开完善天津市集体林权制度工作暨林木采伐管理培训班。各涉农区审批局分管领导和科长参加了会议。

11月23~24日 天津市林业局在蓟州区组织召开天津市涉林案件研讨会。市林业局副局长齐龙云出席会议并讲话,市林业局森林公安局局长高鹏远主持会议。蓟州区林业局,市公安刑事侦查局,市公安局法制总队,市公安局治安管理总队,市人民检察院侦查监督处,市公安局红桥、河北、蓟州、静海、宁河、北辰分局,市林业局森林公安局,市野生动植物保护管理站,市野生动物救护驯养繁殖中心,蓟州区林业局森林派出所等15个单位共60余人参加会议。

11月27~28日 市林业局组织召开完善天津市集体林权制度工作暨林政资源管理培训班,有农业的区林业局、农委(中心)负责林改工作和林政资源管理的分管领导、科长参加了培训班。

11月28~30日 市林业局在滨海新区举办天津市2017年林业有害生物监测预报技术培训班,各区测报技术骨干40余人参训。此次培训邀请国家森防总站测报处王玉玲教授,预警信息中心徐钰高级工程师和天津农学院王学利教授指导授课。

12月6日 市森林防火指挥部副总指挥、市森防办主任、市林业局局长张宗启率市林业局森林公安局负责同志对蓟州区森林防火工作情况进行督导检查。

12月8日 市林业局组织召开全市野生动物保护工作会议。市林业局党委委员李俊柱出席会议并讲话,市野保站、市林业局森林公安局负责同志参加会议并发言。市野保站、市林业局森林公安局有关工作人员,全市有农业区林业主管部门分管领导及野保机构负责同志共22人参加会议。

12月7日 市森检站召开2018年飞防工作协调会,涉及飞防工作的蓟州区、宝坻区、武清区、静海区、西青区森防站负责人和市森防站负责人及相关人员参加会议。

12月13~14日 为全面落实局党委关于开展安全隐患大排查大整治活动的精神,进一步抓好天津市森林防火工作,市林业局副局长赵运生率市林业局森林公安局相关负责同志,联合蓟州区防火办、蓟州区公安消防支队相关负责同志对蓟州区罗庄子镇、下营镇、孙各庄满族乡、八仙山国家级自然保护区、梨木台风景区、黄崖关长城风景区的森林防火应急预案、应急值守、隔离带清理、防火宣传等各项防火措施落实情况进行了全面的督查。

12月15日 市森防办与蓟州区森防办在蓟州区组织开展了森林防火实战演练。蓟州区森林防火专业队直属大队、别山镇、渔阳镇、五百户镇和西龙虎峪镇森林防火队伍共计130人参加此次演练。市农委应急办刘凤彪、殷剑辉,市林业局副局长赵运生,市林业局森林公安局主要负责同志,蓟州区林业局主要领导在现场观摩了实战演练。

(天津市林业由王浩供稿)

河北省林业

【概 述】 2017年,河北林业全年完成造林绿化37.18万公顷,全省林业总产值达到1577亿元,同比增长3.5%。全年果品产量1638万吨,同比增长3.5%。

国土绿化 全省各级党委、政府高度重视国土绿化工作,以"一山一带一区"为重点,大力实施绿色河北攻坚行动。一是强化工程带动。依托国家实施的京津风沙源治理、三北防护林建设、沿海防护林建设等重点工程和森林城市创建活动,全面推进宜林荒山荒地、城乡节点、沙化土地等重点地区生态治理。相关工作得到国家林业局充分肯定,河北省代表先后在全国林业厅局长会议、全国森林城市创建座谈会议、全国沿海防护林工程启动会上作了典型发言。二是突出绿化重点。突出抓好张家口冬奥会赛区、雄安新区及周边、太行山绿化,着力打造京津冀生态环境支撑区。其中,张家口冬奥会赛区及周边建成万亩以上工程片区31处;河北省林业厅牵头组织编制的《雄安新区森林城市专项规划》得到中央有关领导肯定;京津保平原生态过渡带完成造林绿化5.4万公顷;太行山完成造林绿化15.8万公顷。三是统筹城乡发展。以100个美丽乡村重点片区和廊道为重点,坚持高标准绿化,加快景观提升,打造了一批精品工程。省四大班子领导带头参加义务植树,全省义务植树1亿株。完成中幼林抚育31.66万公顷,进一步优化了林地、林种和树种结构。

林果产业 认真贯彻"绿水青山就是金山银山"的理念,林业生态效益、经济效益和社会效益显著提升。一是果品产业提质量。着力抓好省级质量安全示范区建设,新增高标准果品基地14.53万公顷,果树结构调整13.4万公顷;完成果品监测2156批次,抽检合格率达99.7%;积极组织参加国际果蔬展,河北果品知名度、外向度有了新提升。二是新兴产业扩规模。全省种苗面积达到9.2万公顷,新增中高档花卉种植面积1533.33公顷,林下经济、森林旅游产业发展势头良好,成为农民增收致富新支撑。三是生态扶贫提效益。河北省林业厅编制了《2017年生态扶贫专项推进方案》,林业生态工程和项目向深度贫困地区倾斜,安排省级以上资金19.99亿元。在贫困地区扶持建设了16个万亩优质果品基地、31个省级林果观光采摘示范园区,选聘护林员2.7万人,精准带动一批贫困人口脱贫。认真落实沽源县脱贫攻坚"五包一"牵头责任,协调各责任部门和帮扶单位,落实帮扶资金4.43亿元。

林业改革 坚持以改革促发展、以创新增活力,努力提高林业发展的质量和效益。一是完成国有林场定性、定编、定经费主体改革任务。全省143个国有林场明确为公益性事业单位,占97.3%。其中,公益一类林场由2个增加到61个;核定编制7716个,精简了12%。二是扎实推进集体林权制度配套改革。出台《河北省人民政府办公厅关于完善集体林权制度的实施意见》,对稳定承包关系、落实生产经营自主权提出明确要求。赞皇县国家集体林业综合改革试验示范区建设任务圆满完成,为开展集体林地"三权分置"探索积累了经验。三是加快"放管服"改革。取消下放行政审批事项15项,行政审批效率进一步提升,河北省林业厅行政许可大厅被评为省直机关四零服务承诺"十佳文明窗口"。

资源保护 认真落实保护优先原则,严格林地林木管理,在初步完成森林资源二类调查和野生动植物资源调查、摸清资源底数的基础上,突出抓好"两防、四保、一打",巩固生态建设成果。"两防",即森林防火和林业有害生物防控。出台《河北省森林防火预防工作基本规范(试行)》,全面强化封山禁火、隐患排查等预防措施,实现了"三个确保"目标,火灾次数连续三年实现下降。加强与周边省区市联防联治,林业有害生物监测预警、检疫御灾能力得到提高,成灾率远低于4‰的国家控制目标。"四保",即天然林、公益林、湿地和野生动植物保护。在全国率先实现天然商品林停伐保护全覆盖,落界核定、制度建设等工作走在全国前列;新增省级生态公益林5.53万公顷,总面积达到26.66万公顷;新增3处国家湿地公园,湿地保护率达到41.6%;建立了野生动植物保护厅际联席会议制度,河北省政府印发《关于划定野生动物禁猎区和规定禁猎期的通知》,野生动植物保护力度进一步加大。"一打",即依法打击涉林犯罪。开展了自然保护区违法违规建设专项整治和"金剑""金网""金盾""金钱"等专项行动,查处涉林案件4444起,有效保护了森林资源安全。

基础保障 规模化林场建设、航空护林站建设等一批项目获国家立项支持,湿地保护和造林贷款贴息首次列入省财政补助范围,全年落实省级以上林业无偿投资41亿元。河北林业生态建设投资有限公司投资1.6亿元,吸引1.7亿元社会资本参与太行山绿化。河北省人大颁布《河北省绿化条例》,在规范内容、支撑保障等方面实现突破,林业行政执法、行政复议和应诉等工作扎实有效。新上林业科研和技术推广项目60个,推广新品种新技术200多项次,新建1个国家级、3个省级标准化示范区,科技支撑能力得到增强。7种特色商品林纳入政策性森林保险范围,森林投保面积达342.2万公顷,同比增加32%。宣传工作在国家林业局综合排名中进入前三。

【习近平对河北塞罕坝林场建设者感人事迹作出重要指示】 据新华社北京8月28日电(报道),中共中央总书记、国家主席、中央军委主席习近平8月14日对河北塞罕坝林场建设者感人事迹作出重要指示指出,55年来,河北塞罕坝林场的建设者们听从党的召唤,在"黄沙遮天日,飞鸟无栖树"的荒漠沙地上艰苦奋斗、甘于奉献,创造了荒原变林海的人间奇迹,用实际行动诠释了"绿水青山就是金山银山"的理念,铸就了牢记使命、艰苦创业、绿色发展的塞罕坝精神。他们的事迹感人至深,是推进生态文明建设的一个生动范例。

习近平强调,全党全社会要坚持绿色发展理念,弘扬塞罕坝精神,持之以恒推进生态文明建设,一代接着一代干,驰而不息,久久为功,努力形成人与自然和谐发展新格局,把我们伟大的祖国建设得更加美丽,为子孙后代留下天更蓝、山更绿、水更清的优美环境。

学习宣传河北塞罕坝林场生态文明建设范例座谈会8月28日在北京召开。中共中央政治局委员、中宣部部长刘奇葆在会上传达了习近平的重要指示并讲话。他表示,塞罕坝林场建设实践是习近平总书记关于加强生态文明建设的重要战略思想的生动体现,要深刻领会习近平总书记关于加强生态文明建设的重要战略思想的丰富内涵和重大意义,总结推广塞罕坝林场建设的成功经验,大力弘扬塞罕坝精神,加强生态文明建设宣传,推动绿色发展理念深入人心,推动全社会形成绿色发展方式和生活方式,推动美丽中国建设,以生态文明建设的优异成绩迎接党的十九大胜利召开。

【赵乐际到塞罕坝机械林场调研】 8月13~15日,中共中央政治局委员、中央组织部部长赵乐际到围场满族蒙古族自治县和塞罕坝机械林场等地调研"两学一做"学习教育活动。赵乐际来到塞罕坝机械林场保护区,入户看望第一代老职工、老党员,详细询问林场创业、建设、发展和职工生活情况,认真听取他们的意见建议。他指出,林场组建50多年来,三代林场干部职工紧紧围绕构建京津生态屏障等功能定位,植树造林、苦干实干、久久为功,把塞罕坝这片荒漠变成百万亩茫茫林海,创造了艰苦奋斗、甘于奉献的宝贵精神财富。这是在社会主义制度的中国、在党的领导下,林场干部职工坚忍不拔、接力奋斗形成的;是林场党组织团结组织党员、群众,顽强拼搏、尊重规律、改造自然的实践结晶;是一代代林场建设者攻坚克难、劳动创造凝结起来的。开展"两学一做"学习教育,要与发扬党带领人民在不同历史时期孕育的伟大精神、先进文化、优良作风结合起来,汇聚起协调推进"四个全面"战略布局、决胜全面小康的磅礴力量。

【刘云山到塞罕坝机械林场调研】 9月3~4日,中共中央政治局常委、中央书记处书记刘云山深入塞罕坝机械林场、承德市农村,就学习塞罕坝先进事迹、加强基层党建工作进行调研。

刘云山参观了塞罕坝机械林场展览馆,了解半个多世纪以来林场艰苦创业历程,到白桦坪了解生态保护和发展生态经济情况。他说,塞罕坝先进事迹感人至深,几代建设者不仅创造了"荒原变林海"的人间奇迹,更创造了十分宝贵的精神财富,值得我们大力学习弘扬。在阴河林场,刘云山看望了驻守望海楼的护林员夫妇,关切询问他们工作和生活情况,称赞他们十年如一日坚持坚守、敬业奉献。在千层板林场,刘云山与干部职工深入交流基层党建工作,强调要发挥好党的政治优势,做好抓基层打基础工作,把群众紧紧团结凝聚在党的周围。要充分发挥塞罕坝等先进典型的示范作用,积极推进基层党建工作的理念思路、内容方式和制度机制创新,不断提高工作实效。

【刘奇葆到塞罕坝机械林场调研】 7月15~16日,中共中央政治局委员、中央书记处书记、中宣部部长刘奇葆在塞罕坝机械林场调研。

刘奇葆强调,要把塞罕坝林场作为站得住、推得开、叫得响的全国生态文明建设重大典型,广泛宣传学习,推动塞罕坝精神和绿色发展理念更加深入人心。要大力宣传塞罕坝精神,充分展现老一辈绿色先驱筚路蓝缕的创业历程和新一代林场人矢志不渝的接续传承,提炼总结其中蕴含的时代价值,为培育和践行社会主义核心价值观注入新能量。要大力宣传报道塞罕坝林场在高寒地区科学造林育林、改善生态环境的成功经验,发挥对全国生态文明建设的示范带动作用,使全国涌现更多的塞罕坝,努力建设天蓝地绿水净的美丽中国。

【齐续春率民革中央机关干部到崇礼植树】 5月4日,全国政协副主席、民革中央常务副主席齐续春率领民革中央机关干部职工,到张家口市崇礼区参加义务植树活动。民革中央副主席郑建邦,全国政协副秘书长、民革中央原副主席何丕洁,河北省政协副主席、民革河北省委主委卢晓光等陪同植树。

在位于崇礼区四台嘴乡古杨树村的植树点,齐续春带领民革中央的70多名干部职工与当地干部群众密切合作,培土栽树、提桶浇水,劳动场面热火朝天。在了解了张家口市和崇礼区经济社会发展、生态建设等情况后,齐续春指出,张家口要以京津冀协同发展和筹办冬奥会为契机,进一步转变观念,找准定位,推进经济发展与扶贫开发、生态涵养互促互进;要充分发挥资源优势,大力发展康养产业,努力将其培养成推进转型发展和供给侧结构性改革的新动力。植树活动结束后,齐续春还到冬奥会张家口赛区规划临时展馆,考察了冬奥会张家口赛区场馆及配套设施整体规划等情况。

【张建龙到河北省调研考察太行山绿化和森林防火工作】 2月26~27日,国家林业局局长张建龙在石家庄市平山县调研。调研期间,张建龙与河北省委书记赵克志、省长张庆伟会谈,并就京津保生态过渡带建设、冬奥会赛事核心区绿化、太行山绿化、森林防火、湿地保护等工作交换意见。

2月27日,张建龙调研了西柏坡镇太行山绿化工程现场。张建龙说,要在广大贫困山区,因地制宜发展核桃、板栗等林果产业,加强水、电、路等基础设施配套,引进精深加工企业拓展销售市场,帮助农民增收致富。要创新体制机制,采取"公司+合作社+农户"模式,探索建立农民与企业、大户之间"利益共享、风险共担"利益联结机制,带动贫困农户增收。要加快美丽村庄建设,依托山区良好生态资源培育发展生态旅游产业,让绿色的太行山成为美丽的太行山、富裕的太行山,让农民群众在生态改善中得到实实在在的实惠。

张建龙说,要克服麻痹大意思想,始终绷紧森林防火这根弦,强化责任意识,强化应急值守,确保不发生大的森林火灾。要创新理念手段,加大灭火装备的科技投入,强化大飞机和以水防灭火的应用,提升森林防扑火能力。要加强森林防火专业队建设,推进森林消防队伍建设标准化,强化培训演练,充实物资装备,一旦发生森林火灾,确保重兵投入,打早、打小、打了。

【张建龙到塞罕坝机械林场调研】 8月23~24日,国家林业局局长张建龙到塞罕坝机械林场考察调研,看望慰问老职工。

张建龙指出,老一辈塞罕坝人在极其恶劣的自然条件下建成了世界上面积最大的人工林,铸就了"牢记使命、艰苦创业、绿色发展"的塞罕坝精神,是推进全国林业系统改革发展的宝贵精神财富。新的历史时期,要更加注重传承弘扬塞罕坝精神,扎实推进林业改革发展,做到困难面前不低头、矛盾面前不退缩;更加注重森林生态保护,做好病虫害、森林火灾、气象灾害防治,在生态优先的前提下充分发挥森林的生态、经济和社会效益;更加注重森林质量提高,搞好森林经营,加强森林抚育,提升森林质量,进一步增加林木蓄积量;更加注重林区基础设施建设,进一步提高公共服务水平,切实满足林业现代化建设的需要。

【张永利一行慰问塞罕坝林场老职工】 10月12日,出席"绿色中国行——走进美丽塞罕坝"活动的国家林业局副局长张永利带领有关司局负责同志到塞罕坝机械林场出席国家林业局、全国总工会、中国农林水利气象工会慰问塞罕坝林场职工座谈会,慰问塞罕坝林场退休老职工代表。会议由河北省林业厅厅长周金中主持。中国农林水利气象工会副主席孙涛致辞。塞罕坝机械林场总场党委书记、场长刘海莹作工作汇报。老职工代表赵振宇、陈彦娴先后发言,回顾了塞罕坝人艰苦奋斗的历程。

张永利说,塞罕坝林场成为生态文明建设的范例,是林业系统前所未有的殊荣,这既是塞罕坝林场的骄傲,也是全国林业系统的骄傲,为全国林业系统增了光、添了彩。受张建龙局长的委托,代表国家林业局向塞罕坝林场所获得的殊荣表示祝贺,向为塞罕坝林场建设作出巨大贡献的老职工表示亲切慰问和良好祝愿。

张永利强调,塞罕坝林场作为生态文明建设范例,林场的建设与发展已经不再只是林业的事情,也不再只是河北的事情,已经成为在生态文明建设进程中,全党和全社会学习的榜样和典型。这份巨大的荣誉,既是肯定和鼓励,也是希望和鞭策,希望塞罕坝林场进一步提高认识,珍惜荣誉,抓住难得机遇,以更加饱满的热情和更为昂扬的精神状态,高举生态文明建设的旗帜,做好林场的各项工作。

【李树铭督导检查河北造林绿化和森林防火工作】 4月18~19日,国家林业局副局长李树铭一行6人到河北省督导检查造林绿化和森林防火工作。李树铭一行先后深入到定兴县生态创新试验区、易县绿泽农果品产业园、狼牙山景区防火检查站、赞皇县森林消防大队、棋盘山防火检查站、赞皇县大枣科技示范园区和龙堂院樱桃产业园等地进行督导检查。

李树铭指出,河北省区位特殊,造林任务繁重,要紧紧围绕构建京津冀生态环境支撑区的战略定位,重点做好四项工作。一是加强领导。通过宣传发动,争取各级领导对造林绿化工作的重视,坚持"主要领导亲自抓,分管领导具体抓"的工作格局。二是加大投入。进一步加大造林绿化投入力度,扩大生态建设成果。三是加强技术服务。从种苗培育、造林生产和森林抚育各个方面入手,不断地加大科技服务力度,始终坚持科学技术就是第一生产力,努力实现科技兴林,科学营林。四是创新机制体制。在原有融资机制的基础上,不断地探索多元化投入机制,特别是积极引入市场机制,确保"造的上,种的活,留得住"。

李树铭强调,做好森林防火必须抓好四个环节。一是抓好预防。坚持预防为主,重点加强火源管理,在关键时刻、关键部位,封住山、看住人、管住火,切实杜绝火隐患。二是重视"早"。做到早发现、早报告、早处置,实现打早、打小、打了。三是能打大火。要熟练掌握灭火作战的技术与战术,事先要有预案,做好队伍、装备等应对突发大火各项准备,一旦发生火情能够迅速反应,果断处置。四是要守住不发生重大人员伤亡和重要目标设施遭到破坏这个"底线"。

【塞罕坝机械林场总场荣膺全国文明单位称号】 11月17日,全国精神文明建设表彰大会在北京举行,河北省塞罕坝机械林场总场获"全国文明单位"荣誉称号。中共中央总书记、国家主席、中央军委主席习近平在人民大会堂会见参加大会的新一届全国文明城市、文明村镇、文明单位、文明校园、未成年人思想道德建设工作先进代表和全国道德模范代表,向全体代表表示热烈的祝贺,勉励他们再接再厉,在社会主义精神文明建设中再立新功、作出表率。塞罕坝机械林场总场党委书记、场长刘海莹出席表彰大会接受颁奖,并作为文明单位代表做了典型发言。刘海莹表示,将进一步落实习近平总书记对塞罕坝机械林场的重要批示精神,以此次获评全国文明单位为契机,不忘建场初心,强化使命担当,始终把塞罕坝精神作为一面旗帜代代相传,以塞罕坝机械林场建设发展的新成绩,迈向社会主义生态文明建设新时代。

【塞罕坝机械林场被命名为"生态文明建设范例"】 6月30日,召开的河北省庆祝中国共产党成立96周年座谈会上,宣读了《中共河北省委、河北省人民政府关于命名塞罕坝机械林场"生态文明建设范例"的决定》,授予塞罕坝机械林场"生态文明建设范例"荣誉称号。《决定》指出,全省各级党组织和广大党员干部群众要认真学习塞罕坝机械林场的先进事迹和崇高精神,扎扎实实推进生态文明建设,坚定走加快转型、绿色发展、跨越提升新路,为加快建设经济强省、美丽河北作出新的更大贡献。要牢记职责使命，筑牢对党绝对忠诚的思想根基；要坚持生态优先，切实增强绿色发展的坚定信心；要勇于直面困难，培养造就锐意进取的拼搏精神；要矢志艰苦奋斗，大力弘扬苦干实干的优良作风。省委、省政府号召，全省上下要紧密团结在以习近平同志为核心的党中央周围，认真学习塞罕坝事迹，大力弘扬塞罕坝精神，抢抓历史机遇，走好发展新路，以优异成绩迎接党的十九大胜利召开！省委书记、省人大常委会主任赵克志向塞罕坝机械林场党委主要负责人颁发牌匾。

【塞罕坝林场先进事迹报告会在人民大会堂举行】 8月30日，由中宣部、国家发展改革委、国家林业局和中共河北省委联合举办。国家林业局局长张建龙，河北省委书记赵克志，国家发展改革委党组成员孙霖，河北省委常委、宣传部部长田向利出席报告会。

河北省林业厅厅长周金中，塞罕坝林场退休职工陈彦娴，塞罕坝林场职工代表杨丽，承德市林业局干部封捷然，河北日报社记者赵书华，塞罕坝林场党委书记、场长刘海莹等6位报告团成员先后上台，讲述了塞罕坝林场建设者的感人事迹。

张建龙说，2016年以来，习近平总书记多次作出重要批示，明确要求把河北塞罕坝林场作为全国生态文明建设范例宣传推广，这既是对林业的充分肯定，也是对全国生态文明建设提出的最新要求。今天举行塞罕坝林场先进事迹报告会，就是落实习近平总书记重要指示精神的具体行动，号召全社会特别是林业系统向塞罕坝林场学习，充分发挥塞罕坝林场这一全国生态文明建设范例的典型引领作用。

张建龙说，塞罕坝林场是一个良好的生态文明教育范例，是一本生动的生态文明教育教材，是社会主义核心价值观的生动体现，是中华民族精神的宝贵财富。全国林业系统要深入学习贯彻习近平总书记重要指示精神，以塞罕坝林场为榜样，以塞罕坝精神为动力，积极响应党中央号召，牢记保护培育森林资源、维护国家生态安全的光荣使命，始终保持艰苦奋斗、甘于奉献的优良作风，牢固树立生态优先、绿色发展理念，持之以恒推进林业改革发展，把生态文明建设的美好蓝图转化为生动现实，决不辜负党中央、国务院和习近平总书记对林业的重视和关心，以优异成绩迎接党的十九大胜利召开。

【塞罕坝林场先进事迹报告会在石家庄举行】 8月31日，河北省委、省政府在河北会堂举行塞罕坝林场先进事迹报告会。

河北省委书记、省人大常委会主任赵克志出席报告会并讲话。河北省委副书记、省长许勤传达习近平总书记关于塞罕坝林场建设和塞罕坝精神的重要指示。省委常委、宣传部部长田向利主持报告会。其他省委常委、省人大常委会、省政府、省政协领导成员，省军区、武警河北省总队、省法院有关领导同志出席报告会。

报告会上，塞罕坝机械林场党委书记、场长刘海莹，塞罕坝机械林场退休职工陈彦娴，塞罕坝机械林场干部于士涛，塞罕坝机械林场职工杨丽，承德市林业局干部封捷然，河北日报社记者李巍，河北省林业厅党组书记、厅长周金中7位报告团成员，分别从使命责任、举家奉献、青春抉择、时代传承等不同角度，讲述了塞罕坝林场艰苦创业的历程和事迹，诠释了塞罕坝精神和绿色发展理念。

赵克志代表省委、省政府，向几代塞罕坝建设者表示诚挚的问候、致以崇高的敬意。他指出，习近平总书记对塞罕坝林场作出重要指示，充分肯定塞罕坝林场的先进事迹，高度赞扬了塞罕坝建设者创造的人间奇迹，明确提出了持之以恒推进生态文明建设的要求。塞罕坝是生态文明建设的一个生动范例，也是精神文明建设的生动范例，又是基层党组织建设的生动范例。全省各级党组织和广大党员干部要认真学习贯彻总书记重要指示和中央领导同志要求，在全省大力弘扬塞罕坝精神，激励各行各业奋发作为，夺取新的更大成绩。

【塞罕坝机械林场先进事迹巡回报告会】 9月6~22日，由中宣部、国家发改委、国家林业局、河北省委联合组建的塞罕坝机械林场先进事迹报告团，赴贵州、江西、福建、山西、青海、内蒙古、江苏、北京8省（市、区）举行巡回报告。报告团成员由河北省林业厅厅长周金中（副厅长刘凤庭、副厅长王忠）、塞罕坝机械林场党委书记、场长刘海莹（党委副书记安长明）、塞罕坝机械林场退休职工陈彦娴、塞罕坝机械林场职工杨丽、承德市林业局调研员封捷然、河北日报社记者赵书华（河北日报社记者李巍）等报告人，国家林业局、河北省委宣传部、河北省林业厅、河北广播电视台有关人员等共20人组成。报告团成员用生动的故事宣传了习近平总书记的重要指示精神，宣传了党的十八大以来河北生态文明建设的巨大成就，在大江南北唱响了塞罕坝好、河北好、祖国好的旋律。

【大型系列主题公益活动"绿色中国行——走进塞罕坝"】 10月13日，由全国绿化委员会、国家林业局、中国绿化基金会主办，国家林业局经济发展研究中心、国家林业局国有林场和林木种苗工作总站、国家林业局宣传办公室、河北省林业厅、绿色中国杂志社共同承办。国家林业局副局长张永利、河北省林业厅厅长周金中、塞罕坝林场场长刘海莹等在公益晚会前先后致辞。

艺术家们为塞罕坝林区职工献上了一台精彩纷呈的文艺晚会。晚会现场还进行了颁奖仪式，河北省塞罕坝机械林场被授予2017绿色中国特别贡献奖；锋电新能源投资有限公司、福建省永安林业（集团）股份有限公司被授予绿色中国行走进美丽塞罕坝特别贡献奖；第一代塞罕坝机械林场务林人代表陈彦娴，著名歌唱家布仁巴雅尔、梦鸽、摩尔根、徐茜、谭雪梅，舞蹈家金玉被授予2017绿色中国行推广大使。

【塞罕坝展览馆改陈正式开馆】 8月5日，塞罕坝展览馆举行改陈开馆仪式，重新向社会开放。河北省林业厅厅长周金中、河北省委宣传部副巡视员贾敬刚、省林业厅副厅长王绍军出席了开馆仪式。塞罕坝林场老中青三代职工代表200余人参加了开馆仪式。

塞罕坝展览馆始建于1987年，面积约500平方米。1992年林场对展览馆进行了第二次改扩建。2005年由国家投资进行第三次扩建，占地面积5900平方米，建筑面积1917平方米。为更好地弘扬塞罕坝精神，发挥生态文明建设的示范引领作用，从2016年9月开始，塞罕坝展览馆改陈升级正式启动。展览馆改陈升级围绕艰苦奋斗和生态文明建设这一主线，坚持"突出五大发展理念、突出塞罕坝精神、突出绿色生态、突出科技创新"四个突出，进一步丰富了展陈内容，改进了陈列形式，完善了服务设施，优化了参观环境。改陈升级后的塞罕坝展览馆，将成为宣传弘扬塞罕坝精神的重要阵地，贯彻落实习近平总书记新发展理念的重要窗口，集中展示林业生态建设成就的重要平台。

【省领导参加义务植树活动】 3月18日，河北省委书记、省人大常委会主任赵克志，省委副书记、省长张庆伟，中部战区陆军司令员张旭东，省委副书记李干杰等领导同志，来到石家庄市鹿泉区龙泉湖公园，与省会干部群众、驻石部队官兵一同参加义务植树活动，为省会再添新绿。当日在龙泉湖公园，河北省委、省政府、省人大、省政协办公厅，解放军、武警部队指战员，省绿化委员会办公室、省林业厅干部职工，石家庄及鹿泉区干部群众，近1200名干部群众植树6000余株。

【河北森林公安机关保持打击涉林违法犯罪高压态势】 河北森林公安机关针对涉林违法犯罪发生的特点和规律，先后组织开展了打击野外违法用火的"2017·1号金钺行动"，打击非法采挖、运输苗木及盗伐滥伐林木的"2017·1号金剑行动"，打击破坏野生动物资源违法犯罪的"2017·1号、2017·2号金网行动"，以及打击破坏林地资源违法犯罪的"2017·1号金盾行动"，集中森林公安和林业行政执法力量，全年保持严打高压态势，共计查处各类涉林案件4444起，处理4995人次。其中：刑事案件433起，抓获犯罪嫌疑人373人；治安案件537起，治安处罚416人次；林业行政案件3474起，行政处罚4206人次，罚款2648.88万元。侦破了唐山市系列非法狩猎、掩饰、隐瞒非法狩猎所得案，唐县系列盗伐林木案，非法占用小五台山国家级自然保护区林地案等一批大案，两轮"金网行动"摧毁了数个非法猎捕、收购、出售野生鸟类的产业链，收到良好执法效果。

【河北省建立野生动植物保护工作厅际联席会议制度】 为加强对野生动植物保护工作的组织领导，强化部门间协作配合，3月3日"世界野生动植物日"，经河北省政府研究确定，建立河北省野生动植物保护工作厅际联席会议制度。联席会议由河北省林业厅牵头，河北省委宣传部、省网信办、省发展改革委、省教育厅等25个部门和单位共同组成，主要职能是在省政府领导下，统筹协调全省野生动植物保护工作；组织研究野生动植物保护的工作方针政策；协调解决野生动植物保护工作中的重大问题；指导、督促、检查有关政策措施的落实；完成省政府交办的其他事项。联席会议办公室设在省林业厅，承担联席会议日常工作。

【河北省参加第九届中国花卉博览会取得优异成绩】 9月1日至10月7日在宁夏银川市举办的第九届中国花卉博览会上，河北省荣获"团体奖"银奖和"组织奖"特等奖。河北省共展出鲜切花、盆花、观叶植物、观赏苗木、盆景、插花花艺、压花、干花、植物景观、花坛花境、盆栽组合、观赏石、观赏鱼共15大类496项展品，共获奖228个，其中金奖13个，银奖42个，铜奖93个，优秀奖80个。河北省室内展厅和室外展园均荣获金奖。

【林业大事】
1月17日 河北省林业局长会议在石家庄召开，全面总结2016年林业工作，对2017年工作进行安排部署。

2月10日 河北省果品质量安全追溯系统开发完成。该系统面向消费者、行业管理部门、果品基地、质检机构、经销商等免费开放，消费者可以通过扫描果品二维码查询和追溯果品的产地环境、生产过程农事活动、质量检验和营销等信息，实现果品"生产有记录，信息可查询，流向可跟踪，质量有保证"的全过程质量安全追溯和监控。

3月29日 河北省政府召开全省春季农业生产暨森林草原防火工作电视电话会议，要求各地各有关部门趋利避害，抓早抓实，把春季农业生产的好基础转化成好收成。切实做好森林草原防火，全力打赢春防硬仗。

5月26日 《河北省绿化条例》经河北省第十二届人民代表大会常务委员会第二十九次会议通过，9月1日起施行。这是河北省第一部全面、系统规范城乡绿化规划、建设、保护与监督管理的地方性法规。

6月15日 保尔森基金会、世界自然基金会、河北省林业厅和河北省滦南县人民政府在滦南县成功签订《河北滦南南堡湿地保护合作备忘录》，旨在保护中国渤海湾最为重要的迁徙水鸟栖息地之一的南堡滨海湿地。

6月27~30日 由国家发展改革委、中宣部、中编办、财政部、国土资源部、国家林业局、国家开发银行等15个部门、单位组成的联合调研组到塞罕坝林场调研。

8月13~14日 河北省委常委、宣传部长田向利一行就塞罕坝机械林场文明创建工作进行调研。

9月10~15日 中国文联、中国美术家协会和中国摄影家协会组织知名美术家、摄影家50余人到塞罕坝林场开展"深入生活、扎根人民"采风创作活动。

9月21日 环保部在浙江省安吉县召开全国生态文明建设现场推进会，塞罕坝林场被授予全国首批"绿水青山就是金山银山"实践创新基地。

9月25~27日 在上海市举办的中国森林旅游节上，河北省获得"优秀组织奖""优秀协作奖""优秀宣传奖"等3个奖项，塞罕坝国家森林公园获"优秀参加单位"、石家庄市林业局获"优秀联动单位"等奖项。

9月26日 第二十一届中国（廊坊）农产品交易会在廊坊开幕，河北省林业厅党组书记、厅长周金中参加开幕式。河北新闻网讯和河北省林业厅共同举办"京津冀果王争霸赛暨十大林果品牌评选"，评选出55个果王、113个金奖。

10月10日 2017森林城市建设座谈会在承德市召开。河北省承德市等19个城市被授予"国家森林城市"称号。承德市是河北省继张家口(2014年入选)、石家庄(2015年入选)之后第三个被授予该称号的城市。

12月5日 在肯尼亚首都内罗毕举行的联合国第三届环境大会上,联合国环境署授予塞罕坝林场2017年联合国环境领域最高荣誉的奖项——"地球卫士奖"。

(河北省林业由袁媛供稿)

山西省林业

【概　述】 2017年,山西林业深入贯彻落实省委、省政府"一个指引、两手硬"重大思路和要求,统筹推进林业"六大工程",联动实施生态扶贫"五大项目",增绿增收实现互促双赢,林业发展内生动力有效激发,走好了生态建设的新征程、探索出了生态脱贫的新路径,开创了林业改革发展的新局面。

造林绿化 2017年,山西省实施国家和省级林业工程,全省完成营造林31.18万公顷。国土绿化工作以吕梁山生态脆弱区、环京津冀生态屏障区、重要水源地植被恢复区、交通沿线生态景观区"四大区域"为重点,完成森林抚育面积6.34万公顷,人工造林27.98万公顷,封山育林3.2万公顷。重点乡村园林绿化250个,6个村获评"全国生态文化村"。通道绿化1.1万公顷,义务植树5308.4万株。退耕还林采取提前一年启动实施的办法,省级配套提高补助标准,贫困县每公顷增加1.05万元,非贫困县每公顷增加0.6万元,全年完成退耕还林任务10.87万公顷,兑现资金10.6亿元,惠及26.74万户。出台《山西省新一轮退耕还林工程建设技术规定(试行)》《山西省三北防护林工程建设技术规定(试行)》和《山西省太行山绿化工程建设技术规定(试行)》。

资源保护 依法加强森林资源保护管理,颁布《山西省永久性生态公益林保护条例》,将373.3万公顷永久性生态公益林划入保护范围。全年共发生森林火灾7起,过火面积350.69公顷,受害面积69.11公顷,森林火灾受害率为0.02‰,森林火灾受害率明显低于省政府确定的0.5‰的年度控制目标。全省没有发生重特大森林火灾。全年共受理各类涉林案件3647起。查处3505起,查处率为96.1%。其中,立刑事案件288起,破案256起,破案率为88.89%,受理行政案件3359起,查处3249起,查处率为96.7%。收回林地372.3公顷,收缴木材579.7立方米,没收违法所得20.1万元,收缴罚款1440.02万元。全年共审核审批占地项目207项,其中,永久性使用林地162项,面积1411.2公顷;临时占用林地43项,面积746.54公顷,直接为林业生产服务2项,面积11.53公顷。

林业改革 深化集体林权制度改革,制定出台《关于完善集体林权制度改革的实施意见》《关于加快培育新型林业经营主体的指导意见》《关于开展集体公益林委托国有林场管理工作的指导意见》和《关于发展和规范扶贫攻坚造林专业合作社的若干意见》改革文件,进一步健全完善林权流转制度,建立林权流转服务机构5个,流转林地0.2万公顷,落实林权抵押贷款1.28亿元。开展森林保险工作,森林参保面积384万公顷。深化国有林场改革,编制完成《山西省国有林场中长期发展规划》,制定出台《山西省国有林场管理办法》《山西省国有森林资源监管办法》《山西省国有林场森林资源保护管理考核办法》《山西省国有林场森林经营制度》。印发《2017年国有林场改革工作要点》,建立了国有林场改革主要工作台账,完成资源资产移交、机构注册登记、人员分流安置等工作,国有林场改革主体任务全面完成。2017年,共取消行政职权事项17项,全部为审批类行政职权事项。根据法律法规修订情况调整行政职权事项11项,其中,调整审批类行政职权事项7项,调整行政给付、行政奖励类事项各1项,调整行政处罚事项2项。全年无下放行政职权事项。

产业发展 加快林木种苗、干果经济林、速生丰产林、种苗花卉、森林旅游和林下经济等林业产业发展,总产值达到555.78亿元。其中,全年全省林木育种和育苗总产值达到76.12亿元,育苗面积7.4公顷,占育苗计划6.7万公顷的111%,新育苗1.9公顷,占新育苗计划1.7万公顷的116%。苗木总产量约49.05亿株,全省共生产调剂各类林木种子约5万千克,其中省站贮备库调剂林木种子1.68万千克,占全省调剂总量的33.6%。全省95个县完成经济林提质增效13.33万公顷,其中58个贫困县经济林提质增效项目全覆盖,完成10万公顷,37个非贫困县完成3.33万公顷。全年完成经济林种植7.75万公顷,其中国家重点工程种植6.4万公顷,省级工程种植0.66万公顷,其他工程种植0.69万公顷。全年森林旅游人数约1838万人次,带动社会旅游总收入123亿多元,分别增长15.6%和15.2%的。2017年,山西省花卉生产面积7167.05公顷,全省花卉产值达到13.11亿元,销售额22.26亿元,山西省共有花卉生产经营企业301个;其中,营业额在500万元以上的大中型企业28个,从业人员5.74万人,花卉市场260个,花农1523户。第九届中国花卉博览会于2017年9月1日至10月7日在宁夏回族自治区银川市举办,山西省获得组织特等奖、室外展园"山西园"获设计布置金奖、室内展厅获设计布置银奖的好成绩。参展的花卉展品获得了金奖、银奖、铜奖、优秀奖及科技成果奖共计108个。

科技和信息化 投资175万元开展了连翘、大果榛子、无刺花椒等树种的引种和繁殖技术研究和核桃、红枣等传统经济林改良技术研究。投资140万元开展了辽东栎、皂荚等12个优良乡土树种的优良种质资源选择、栽培技术和繁育技术等技术研究。建成国家林业局沙棘工程技术研究中心、国家林业局经济林产品质量检验检测中心和国家级城市定位观测研究站3个国家科研平台。完成林业科学研究成果鉴定3项，荣获山西省科技进步奖项2项，其中"皂荚良种选育及野皂荚低效林改造技术研究"获省科技进步一等奖。成立山西省林业标准化技术委员会。第一届林业标准化技术委员会由39名委员组成，并根据需求确定林木种苗、营造林、森林经营、资源保护、林业产业和综合组6个专业组。审议并通过了《山西省林业标准化技术委员会章程》和《山西省林业标准化技术委员会第一届委员会任期工作计划》。颁布实施了《灌木林改造技术规程》《人工生态公益林经营技术规范》等11项地方标准。成立山西省林业厅网络安全和信息化领导小组。制定《山西省林业厅网络与信息安全管理应预案》。全年山西林业网共发布林业信息1423条，及时主动公开各类政府信息，全年公开各类文件182条。山西省林业厅办公自动化系统正式上线运行，系统覆盖厅机关、所有厅直单位和11个市林业局，系统共设置发文模板88类，公文流程92个，全年网上共办理公文1159件。

林业扶贫 2017年，山西省坚持把生态建设和脱贫攻坚紧密结合起来，改革群众参与林业生态建设方式，联动实施造林务工、退耕奖补、管护就业、经济林增效、林产业增收等林业生态扶贫"五大项目"，全年带动51.9万贫困人口，实现增收10.1亿元。58个贫困县共组建2257个扶贫合作社，吸纳贫困人口5.4万名，人均劳务收入8700元。7.7万贫困户退耕还林9.83万公顷，获得补助2.65亿元，户均增收3441元。国家生态护林员聘用贫困劳力10 781人，整合天保、公益林和未成林管护项目聘用12 062人，人均收入6700元。20万贫困户完成干果经济林提质增效3.93万公顷。在9个县9个省直林局开展林业资产性收益扶贫试点，吸纳贫困人口1900人，人均收益1520元。6月，中共中央总书记、国家主席习近平视察山西时，对山西联动实施"五大项目"，"在一个战场打赢生态治理和脱贫攻坚两场攻坚战"的做法给予充分肯定，要求坚持下去，不断取得实效。中央政治局常委、国务院副总理汪洋4次作出重要批示，要求推广山西做法。

林业有害生物防治 全年全省林业有害生物发生面积23.9万公顷，实施防治面积为18.1万公顷，林业有害生物成灾率为0.6‰，低于省政府4‰以下的考核控制目标。

生态文化建设 全年新建森林公园（林木花卉专类公园）7处，全省现有森林公园139处，其中国家级森林公园（林木花卉专类公园）22处，省级森林公园56处，县级（城郊）森林公园61处，59.16万公顷。2017年，新申报山西榆社漳河源和泽州丹河国家湿地公园（试点）2处，全省现有湿地公园59处，其中国家湿地公园5处，国家湿地公园试点14处，省级湿地公园40处。在全省15.19万公顷湿地面积中，43.97%的湿地纳入了自然保护区和湿地公园范围。2017年全省3处国家湿地公园已通过国家林业局验收，正式挂牌；新申报2处国家湿地公园（试点）；新建5处省级湿地公园。

【省直林区建设】 2017年，山西省直林局发挥林业建设排头兵和主力军作用，共完成营造林6万公顷。其中杨树丰产林实验局完成营造林0.73万公顷，建设杨树、沙棘、沙枣、杜梨、榆树5个种质资源库，实施小盐坊综合治理示范工程、金沙滩森林公园景观提升工程、九梁洼大洼防火综合示范区工程、上小河阔叶树基地工程四大工程。管涔山国有林管理局完成营造林0.38万公顷，在局属13个林场设立了抚育样板区，探索出人工单层同龄针叶纯林、天然单层针叶混交林、天然复层异龄针叶混交林、天然复层异龄针阔混交林、天然复层异龄阔叶混交林5种具有管涔特色的抚育经营新模式。五台山国有林管理局完成营造林0.92万公顷，11个林场和1个保护区建设了国有保障性苗圃。黑茶山国有林管理局完成营造林0.88万公顷，推广多种模式整地、高标准苗木栽植、因地制宜覆盖抗旱造林综合实用技术。关帝山国有林管理局完成营造林1.13万公顷，开展"森林管护责任落实年"活动，对全局管护责任区进行重新划分，把责任和任务层层分解落实到人头和地块。太行山国有林管理局完成营造林0.58万公顷，2017年所有的营造林工程建设，全部实行项目法人责任制、招投标制（议标制）、工程建设监理制和合同管理制管理，确保工程建设进度和质量。太岳山国有林管理局完成营造林0.44万公顷，以灭荒增绿为主攻方向，优先布局场内造林，见缝插绿，镶边补绿，加快林中林缘空地造林步伐；大南坪中心林场列入全国第三批森林康养基地试点基地。吕梁山国有林管理局完成营造林0.64万公顷，上庄林场开展辽东栎嫩枝扦插试验，培育经济价值较高的流苏苗。中条山国有林管理局完成营造林0.3万公顷，中德"森林可持续经营规划项目"正式落户中条山国有林管理局，"中德林业技术合作示范林场建设项目"正式写入中德两国政府合作备忘录。

6月24~25日，山西省林业厅在中条山国有林管理局召开省直林区党建工作会议，中共山西省林业厅党组书记、厅长任建中出席会议并讲话，会议印发《关于进一步加强省直林区党建工作的意见（试行）》，提出全面实行省直国有林场支部书记与党员场长"一肩挑"体制，要求省直林局党委和林场支部严格执行"三重一大"事项及重大事项报告制度，进一步加强省直林区党建工作。8月17日，由山西省林业厅、山西省人力资源和社会保障厅、山西省总工会联合主办，由山西省农林水工会委员会、山西省林业厅工会委员会、山西省国有林管理局和山西省黑茶山国有林管理局联合承办的"2017年中国技能大赛——山西省直国有林场职业技能竞赛"在黑茶林局河口林场举办。来自省直九大林局和林职院共10支代表队30名选手参加本届技能竞赛。9月19~21日，由国家林业局、中国就业培训技术指导中心和中国农林水利气象工会联合主办，山西省林业厅承办，山西省黑茶山国有林管理局协办的"2017年中国技能大赛——全国国有林场职业技能竞赛"在山西省黑茶山国有林管理局举办，来自全国28个省（区、市）及内蒙古森工、吉林森工、龙江森工、大兴安岭森工、中国林科院共33代表队99名选手参加了竞赛。

【市县林业工作】 2017年，山西省各市县积极开展林业工作，共完成营造林25.18万公顷。其中太原市完成营造林1.18万公顷，建立市级公益林补偿制度娄烦县引进企业建设万亩牡丹园。大同完成营造林1.88万公顷。朔州市完成营造林0.7万公顷，完成义务植树

200万株，启动实施朔城区南山生态环境综合治理工程。忻州市完成营造林5.7万公顷，11个贫困县共组建扶贫攻坚造林专业合作社550个。阳泉市完成营造林0.37万公顷，完成义务植树220万株，推进完成核桃提质增效0.13万公顷，总产量达607万千克，实现产值1.2亿元。长治市完成营造林1.07万公顷，开展1个森林县城、10个森林乡镇、100个森林村庄建设。晋城市完成营造林0.07万公顷，完成村庄绿化40个，丹河湿地公园入选国家级湿地公园试点。临汾市围绕"吕梁山生态脆弱区、太行山水源涵养区、百里汾河经济带湿地植被恢复区"三大生态屏障进行布局，完成营造林4.09万公顷，四旁植树完成1300万株。运城市完成营造林0.92万公顷，启动环盐池的荒山、荒滩、禁墙周边、盐池北坡、湿地等规划、立项、审批、造林绿化工作。晋中市完成营造林1.25万公顷。吕梁市完成营造林7.94万公顷，全市成立了1008个扶贫攻坚造林专业合作社，吸纳社员24 760人，其中贫困社员18 784人。

【山西省林业局长暨党风廉政建设会议】 2月8日，全省林业局长暨党风廉政建设工作会议在太原召开。会议总结了2016年林业生态建设和扶贫攻坚所取得的突出成效，分析了当前林业工作所面临的形势，并对2017年重点工作作了安排部署。山西省林业厅全体厅领导，各市林业局局长、纪检组长，各省直林局局长、常务副局长、纪检书记，厅机关各处室（中心）主要负责人，厅直驻并单位党政主要负责人、纪检书记参加会议。

【山西省林业科技创新大会】 3月9日，山西省林业厅在太原召开全省林业科技创新大会，中共山西省林业厅党组书记、厅长任建中出席会议并讲话。会议指出，"十二五"以来山西省林业科技工作紧紧围绕服务生态文明建设和林业改革发展大局，突出创新、强化应用，取得长足发展和进步。会议明确要求，今后山西林业科技工作要重点实施好科技支撑林业生态修复、科技助推森林质量提升、科技引领生态经济增效、科技助力林业扶贫、科技基础平台建设和科技人才队伍建设六大工程，整体提升山西林业科技的实力和水平。会议还对近年来在林业科技战线上做出突出贡献的40名科技标兵进行表彰。

【省领导义务植树】 4月6日，山西省委书记、省人大常委会主任骆惠宁等省领导和太原市机关干部，在晋阳湖畔参加义务植树。山西省委副书记、省长楼阳生，省政协主席薛延忠，省委副书记黄晓薇，省委常委高建民、任建华、罗清宇、吴汉圣、张吉福、廉毅敏参加。骆惠宁指出，山西生态地位重要，生态基础脆弱，生态使命光荣，必须坚持走绿色发展之路。全省人民要坚决响应习近平总书记提出的人人都做"种树者"的号召，广泛动员、全民参与，在全省营造爱绿植绿护绿的浓厚氛围。要把植树造林作为重大战略性工程，弘扬右玉精神，坚持久久为功，加快推进太行山、吕梁山生态修复等重大工程，努力建设美丽山西。骆惠宁强调，造林绿化是个系统工程，要坚持山水林田湖草综合治理，促进城乡绿化一体推进，不断扩大造林绿化成果。要深化林权改革，创新造林绿化、管护体制机制和义务植树尽责形式，充分调动人民群众的积极性。发动群众房前屋后种树，谁种谁有。既要种好树也要管好树，做到年年种树都见树。要引导全社会特别是青少年树立生态意识、担起生态责任，从小热爱自然、珍爱生命，积极参与植树造林，使绿色遍播三晋大地。骆惠宁强调，生态扶贫是山西的必然选择。要把植树造林与脱贫攻坚结合起来，优化林业种植结构，发展林下经济、森林旅游等新业态，依托造林合作社等方式，扩大贫困群众参与，使更多群众受益，实现增绿与增收双赢。

【山西省扶贫攻坚造林专业合作社现场推进会】 5月24~25日，山西省林业厅在临县召开山西省扶贫攻坚造林专业合作社现场推进会，总结2016年以来扶贫攻坚造林专业合作社造林取得的经验成效，深入分析存在的问题，进一步规范和完善了扶贫攻坚造林专业合作社运行管理，带动更多贫困群众增收脱贫。各市林业局局长、省直各林局局长、58个贫困县和阳泉市各县区林业局局长参加会议。

【山西省林业自然保护区执法大检查】 6月15日至7月31日，按照省委第27次常委会、省政府第152次常务会安排部署，在中央环保督查组到来之前，山西省组织开展了林业自然保护区执法大检查。重点对自然保护区内商业性的探矿权、采矿权、取水权等设置，及风（水）电、房地产、旅游开发及其他人类活动情况进行检查。针对发现问题，各市县按照中央环保督查组要求进行认真整改，进一步加强林业自然保护区的管理。

【全国林业科技推广工作会】 8月25日，国家林业局在山西省晋中市召开全国林业科技推广工作会，认真贯彻落实全国林业科技创新大会精神和《国家林业局关于实施科技创新驱动发展战略的指导意见》，系统总结林业科技推广工作的成效和经验，动员全国各级林业部门和科技力量，进一步做好新时期林业科技推广动作，全面提升林业现代化发展水平。国家林业局副局长彭有冬、山西省人民政府副省长郭迎光出席会议并作讲话。山西省林业厅、福建省林业厅、中国林业科学研究院等8个单位作发言。

【全国林业扶贫现场观摩会】 9月25~26日，国家林业局、国务院扶贫开发领导小组办公室在山西省吕梁市召开全国林业扶贫现场观摩会，深入贯彻落实中共中央总书记、国家主席习近平在深度贫困地区脱贫攻坚座谈会上的重要讲话精神，总结推广山西林业生态扶贫的典型经验。中西部22个省（区、市）林业、扶贫部门负责人参加会议。国家林业局局长张建龙指出，山西省探索出的造林合作社等生态扶贫机制，为全国林业扶贫工作提供了可复制可推广的生动样本。国务院扶贫办主任刘永富指出，山西在"一个战场两场战役"的实践，走出一条具有特色的社会、经济、生态共赢之路。山西省人民政府副省长郭迎光向全国介绍了山西省林业生态脱贫的经验和做法。

【山西省深化集体林权制度改革座谈会】 9月12日，全省深化集体林权制度改革座谈会在晋中市召开。会议按照省委省政府提出的把生态建设与脱贫攻坚紧密结合起来，"一个战场打赢两场战役"的要求，继续深化集体林权制度改革，围绕完善扶贫造林合作社运行机制，开展集体公益林托管，推动林业资产性收益改革、加快培育林业新型经营主体"四项改革"进行了交流座谈。左权县、岚县、隰县、黑茶山国有林管理局作了典型发言。各市分管副市长作表态发言。

（山西省林业由李翠红、李颖供稿）

内蒙古自治区林业

【概　述】 内蒙古自治区林业厅共设12个职能处室，20个直属单位。厅机关核定编制123名，均为行政编制，其中公安专项编制59名；直属单位核定编制3230名，其中公安专项编制2172名，参公事业编制177名，事业编制881名。2017年，内蒙古自治区各级林业部门以筑牢中国北方重要生态安全屏障为目标，认真贯彻习近平总书记关于防沙治沙重要批示精神，大力弘扬塞罕坝精神，积极开展规模化林场建设，深入推进国有林区改革，扎实开展中央环保督察反馈意见整改工作，各项林业工作扎实有效推进。全年争取落实中央基本建设和财政资金121.5亿元，自治区本级投资15.2亿元。完成营造林生产任务98.93万公顷，为年度任务的103%，其中新造林54.83万公顷，退化林修复10.97万公顷，森林抚育33.13万公顷。完成防沙治沙任务83.19万公顷，为年度任务的101.7%。

【林业生态建设】
林业重点工程 坚持山沙治理与身边增绿相结合，改善生态与美化宜居相统一，充分发挥国家重点生态工程在国土绿化和改善生态中的主体作用，深入实施天然林资源保护、三北防护林建设、新一轮退耕还林、京津风沙源治理等国家林业工程。完成天然林保护工程任务5.85万公顷，三北防护林建设12.64万公顷，退耕还林3.21万公顷，京津风沙源治理8.56万公顷。

重点区域绿化 持续推进重点区域绿化，突出抓好城镇绿化和村屯绿化美化，改善人居环境。完成重点区域绿化12.57万公顷，为年度任务的117.9%。完成防沙治沙任务83.19万公顷，为年度任务的101.7%。义务植树6108万株。

【森林资源管理】 严格落实《内蒙古自治区林地保护利用规划（2010～2020年）》，认真执行林地用途管制和使用林地定额管理制度，林地变更调查工作持续开展，林地"一张图"实现年度更新。强化林地使用管理，全年审核审批工程使用林地项目898项、面积1.28万公顷，收缴森林植被恢复费15.47亿元，其中国家和自治区重点项目、基础设施、公共事业和民生建设项目占80%。严格执行森林采伐限额，年采伐消耗林木蓄积量107.2万立方米，占"十三五"森林采伐限额的18%。全面落实停止天然林商业性采伐政策，年停伐木材产量151.2万立方米。开展森林资源二类调查、国家级公益林区划落界和动态调整、保护管理工作。内蒙古自治区林业厅联合政府督查室、国家林业局驻内蒙古森林资源监督专员办开展了旗县级人民政府建立健全保护发展森林资源目标责任制情况专项督查，并印发了督查专报。

【森林资源保护】
森林草原防火 全区发生森林草原火灾199起，火灾当日扑灭率达到97%，特别是快速扑灭乌玛"4·30"、毕拉河"5·02"、陈巴尔虎旗"5·17"等特大火灾，受到党中央、国务院充分肯定。成功堵截蒙古、俄罗斯境外火灾14次。森林火灾受灾率为0.702‰，草原火灾受灾率为0.024‰，全部在控制目标以内。

林业有害生物防治 科学开展光肩星天牛、美国白蛾等主要林业有害生物防治，完成各类林业有害生物防治面积41.87万公顷，成灾率为2.1‰，低于4.5‰的目标要求。

打击涉林违法犯罪行为 开展清理整治自然保护区违法违规开发建设、清理整治非法侵占国有林地、内蒙古大兴安岭国有林区毁林开垦、保护候鸟、"飓风行动"等专项行动。全年受理各类森林和野生动植物案件18928起，综合查处率为92.5%，挽回直接经济损失近1.57亿元。

野生动植物、湿地保护管理及自然保护区建设 继续开展野生动植物资源调查，启动全区泥炭沼泽碳库调查和自然保护区调查试点工作，印发实施《内蒙古自治区湿地保护修复制度实施方案》，制订《内蒙古自治区退耕还湿实施方案（2017～2020年）》。开展国家级森林公园申报指导工作，呼伦贝尔市图博勒、兴安盟神山获批国家级森林公园。积极应对野生动物疫源疫病，妥善处理3起突发事件。

【林业改革】
国有林区改革 内蒙古大兴安岭重点国有林管理局挂牌成立，计生、社保及住房公积金管理职能全部完成交接并正常运转，"三供一业"移交属地后运行平稳，森工集团全面停止企业经营行为，国有森林资源资产有偿使用试点进展顺利。

国有林场改革 国有林场剥离办社会职能基本实现，盟市国有林场改革《意见》全部印发，完成91个旗县（市、区）、满洲里市和6个盟市直属国有林场改革实施方案的批复工作。

集体林权制度改革 《内蒙古自治区人民政府办公厅关于完善集体林权制度的实施意见》印发实施，稳定了集体林地承包关系、放活了生产经营自主权。加大林权抵押贷款力度，全区新增抵押林地面积5186公顷，年末贷款余额5.7亿元。加快新型林业经营主体的培育，强化合作社建设管理，入社农牧户1.27万户，经营林地14.74万公顷。

森林、湿地资源资产负债表编制工作 编制完成了翁牛特旗3个国有林场2016年森林资源资产负债表。呼伦贝尔市免渡河林业局河南林场2015年森林资源资产负债表编制进入收尾阶段。呼伦贝尔市南木林业局2017年列入编制试点范围。

森林公安改革 积极落实森林公安民警津补贴和旗县级以下公务员职级并行政策，印发《2017年全区森林公安机关面向公安院校公安专业毕业生招录人民警察实施方案》。承办全国森林公安深化改革推进会。

【**林业产业**】 通过政策引导、项目扶持和资金支持，林业产业得到较快发展，基本形成以林木培育、特色经济林、灌木原料林、中蒙药材、森林食品、森林旅游、沙产业等产业为主导，以"企业+基地+合作社+农牧户"为利益联结机制的林业产业发展格局。2017年，全区完成经济林建设面积3.85万公顷。自治区财政安排经济林基地建设资金1000万元，用于全区31个经济林示范基地建设，示范面积近1866.7公顷。落实造林补贴木本药材种植项目3.3万公顷，开展种植、养殖、采集加工、景观利用等林下经济面积77.8万公顷，参与农户18.81万户。全年林业产业产值500.3亿元。

【**落实惠民政策**】 落实中央财政2017年国家级公益林森林生态效益补偿性资金20.55亿元，涉及300多个国有林业单位，为1.4万名国有林业职工提供转岗就业，44万农牧户、359万名农牧民直接受益。国有林管护补助标准由每公顷120元提高到每公顷150元，社会保险补助标准由每人1万元提高到1.23万元。落实退耕政策性补助资金15.86亿元，涉及597万人，退耕户人均累计获得钱粮补助4282元。各级财政投入森林保险保费补贴6.53亿元，已决赔付3.53亿元。落实林业贴息贷款1.45亿元，贴息374万元。召开了全区林业生态扶贫现场会暨脱贫攻坚存在问题整改工作会议，总结推广生态扶贫经验，深入推进林业扶贫工作。落实2017年中央财政国有贫困林场扶贫资金3224万元，扶持项目36个。国家新增内蒙古自治区建档立卡生态护林员3000人，总数达到8000人，每人每年获得补助资金1万元。

【**支撑保障能力建设**】

林业法治建设 林业厅主要负责人切实履行法治第一责任人职责，定期组织党组会议听取法治工作汇报，及时研究解决重大问题。将法治工作纳入林业厅系统年度考核内容。制定了《自治区林业厅系统普法依法治理工作制度》《自治区林业系统法治宣传教育第七个五年规划（2016~2020年）》等制度，认真执行《自治区林业厅重大决策法律咨询论证审核办法》《自治区林业厅工作规则》和《自治区林业厅公文处理办法》等制度，实现机关内部行政决策程序化。配合自治区人大开展了《内蒙古自治区大青山国家级自然保护区管理条例》和《中华人民共和国种子法》执法检查。修订了《内蒙古自治区林业厅行政处罚裁量适用规则》和《内蒙古自治区林业厅行政处罚裁量标准》。

科技支撑 组织引导科研院所和高等院校积极申报国家和自治区计划项目，重点开展了荒漠化防治、森林经营和经济林丰产栽培等技术研究。编制完成《内蒙古自治区林业科技创新"十三五"规划》。重点推广防沙治沙、经济林丰产栽培、节水智能滴灌等13项技术，推广示范面积3300余公顷，建立科技推广示范点16个，培养经济林科技示范户近百户。举办各类技术培训和讲座1000余次，培训10余万人次。立项林业行业标准1项，地方标准18项，编印了《内蒙古自治区林业地方标准汇编》，共收录近几年制修订的林业地方标准30项。成功承办2017年全国林业科技活动周活动。

【**生态文化建设**】 春季植树造林期间，在《中国绿色时报》《中国林业》《内蒙古日报》等报刊媒体上对内蒙古自治区党政军领导义务植树等活动进行全面报道。"6·17"世界防治荒漠化与干旱日前，围绕"防治荒漠化，建设绿色家园"这一主题，组织媒体记者开展"走沙区、看变化"主题宣传活动。自治区成立70周年庆祝活动前夕，协调中央和自治区媒体对70年来全区林业生态建设的进展、举措和成就进行全面报道。在联合国防治荒漠化公约第十三次缔约方大会召开前，深入阿拉善盟、巴彦淖尔市、鄂尔多斯市等地区，报道宣传防沙治沙成效，配合中央电视台完成纪录片《瀚海绿洲》拍摄任务。

【**荣　誉**】 内蒙古大兴安岭森林公安局荣获公安部颁发的"全国优秀公安局"称号。

大兴安岭毕拉河森林公安局、阿尔山森林公安局"8·19"专案组分别被国家林业局森林公安局记集体二等功一次。

牙克石森林公安局、大兴安岭森林公安局驻京维稳办和乌尔旗汉森林公安局分别被国家林业局森林公安局授予集体二等功。

【**林业大事**】

1月7日 内蒙古自治区党委第十巡视组向自治区林业厅党组反馈专项巡视情况。组长金华代表自治区党委巡视组向自治区林业厅党组领导班子进行了反馈，呼群主持会议并作了表态发言。自治区党委第十巡视组有关成员、自治区林业厅领导班子成员出席会议，林业厅有关部门负责同志和老干部代表列席了会议。

2月16~17日 全区林业局长会议在呼和浩特召开。内蒙古自治区林业厅厅长呼群、国家林业局驻内蒙古森林资源监督专员办专员李国臣出席并讲话，自治区林业厅领导，各处室、直属单位主要负责人，各盟市林业局局长参加会议。

2月20日 内蒙古大兴安岭重点国有林管理局正式成立，标志着全区重点国有林区改革取得重要阶段性成果。内蒙古自治区党委副书记、自治区主席布小林，国家林业局局长张建龙出席成立大会并讲话，自治区副主席王玉明主持成立大会。国家林业局相关局领导及司局负责人，吉林省林业厅和吉林、龙江、大兴安岭、长白山森工（林业）集团公司负责人，自治区国有林区改革工作领导小组成员单位负责人参加了大会，自治区林业厅厅长呼群代表改革工作领导小组办公室作了会议发言。

3月10日 内蒙古自治区党委常委、组织部部长曾一春到自治区林科院调研。曾一春考察了树木园和重点实验室，了解了林业科研、人才队伍建设等情况。自治区党委组织部部务委员李炯、林业厅厅长呼群等陪同调研。

4月12日 内蒙古自治区党委书记、人大常委会主任李纪恒，自治区党委副书记、自治区主席布小林，自治区政协主席任亚平，内蒙古军区司令员冷杰松，自治区党委副书记李佳等自治区党政军领导到呼和浩特市新城区保合少镇奎素行政村自治区党政军义务植树基地与各界群众一同参加义务植树。

4月17日 内蒙古自治区副主席张华一行到林业厅调研指导工作。张华一行到自治区防火指挥中心，通过森林草原防火信息管理系统检查了呼伦贝尔市的防火工作情况，并听取了林业厅的工作汇报。自治区林业厅厅长呼群，自治区防火指挥部专职副总指挥王才旺陪同调研。

5月2日 内蒙古自治区党委书记、人大常委会主任李纪恒到防火指挥部紧急部署内蒙古大兴安岭毕拉河林业局北大河林场火灾扑救工作。自治区党委副书记李佳、自治区常务副主席张建民、自治区党委秘书长罗永纲、自治区副主席马明等陪同。

5月18日 内蒙古自治区主席布小林在呼伦贝尔市防火指挥中心召开紧急会议，安排部署火灾扑救工作，自治区成立了"5·17"那吉火场总指挥部，布小林任总指挥，国家林业局扑火工作组到火场一线指导扑救工作。

7月7日 内蒙古自治区林业厅召开处级以上干部大会，宣布自治区党委关于林业厅主要领导调整的决定：牧远任自治区林业厅党组书记，提名任自治区林业厅厅长。呼群不再担任自治区林业厅党组书记职务。

7月19~20日 全区造林绿化现场会在内蒙古自治区锡林郭勒盟和兴安盟召开，自治区绿化委员会相关成员单位、各盟市分管副盟市长、林业局局长及发改、财政、交通、水利等部门负责人和自治区林业厅相关处室负责人共110余人参加会议。与会代表在锡林郭勒盟参观了锡林浩特市南山绿化、锡林湖周边绿化、西乌旗城镇周边绿化、乌拉盖河流域保护、宝格达山林场水源涵养林等项目工程建设情况，并在兴安盟阿尔山市召开总结会议。

7月22日 内蒙古自治区人大常委会第三十四次会议通过人事任免事项。任命牧远为自治区林业厅厅长。

7月28~30日 第六届库布其国际沙漠论坛在内蒙古鄂尔多斯市隆重举行。中共中央总书记、国家主席习近平向论坛发来贺信，中共中央政治局委员、国务院副总理马凯宣读了习近平的贺信并发表主旨演讲，全国政协副主席、科技部部长万钢，内蒙古自治区党委书记李纪恒，国家林业局局长张建龙，中国外交学会会长吴海龙及斯洛文尼亚前总统、波兰前总理、希腊前总理出席开幕式并致辞。论坛由科技部、国家林业局、内蒙古自治区人民政府以及联合国环境署和联合国荒漠化公约秘书处联合举办，中国人民外交学会协办，鄂尔多斯市人民政府和中国亿利公益基金会承办。35个国家和国际组织、政府间组织、非政府间组织250多名前政要、官员、科学家、企业家和商界领袖、青年学者以及新闻媒体人士参加了论坛。

9月6日 《联合国防治荒漠化公约》第十三次缔约方大会在鄂尔多斯市开幕，本次大会由联合国防治荒漠化公约秘书处主办，国家林业局、外交部、内蒙古自治区人民政府联合承办，主题是"携手防治荒漠，共谋人类福祉"。国家林业局局长张建龙任第十三次缔约方大会主席，内蒙古自治区主席布小林出席开幕式并致辞。会后，国家林业局、外交部、公约秘书处、自治区政府领导一同出席中国防治荒漠化成就展开展仪式。

9月9日 由中国绿化基金会牵头主办的"防治荒漠化，民间组织在行动"国际论坛在鄂尔多斯市召开。国家林业局副局长刘东生、中国绿化基金会主席陈述贤、联合国防治荒漠化公约秘书处副秘书执行秘书普拉迪普·孟噶、联合国防治荒漠化公约旱地大使刘芳菲、福布斯中国总裁吴文贵、蚂蚁金服集团首席战略官陈龙等领导嘉宾出席，世界自然保护联盟、全球环境研究所等20多个国际组织和国内近百家民间组织、企业界代表参会。

9月12日 国家林业局局长张建龙在出席《联合国防治荒漠化公约》第十三次缔约方大会期间，专程到鄂尔多斯市林业局看望慰问林业系统干部职工，并进行座谈。鄂尔多斯市市长龚明珠、自治区林业厅厅长牧远等陪同调研并参加座谈。

9月18日 全区林业局长座谈会在鄂尔多斯市召开。会议传达学习了习近平总书记关于河北塞罕坝林场建设重要指示精神和习近平总书记致《联合国防治荒漠化公约》第十三次缔约方大会高级别会议贺信和汪洋副总理主旨演讲精神，总结部署了全区林业工作。各盟市林业局局长、治造造林科长及林业厅有关处室、直属单位负责同志参加会议。

9月27日 自治区人民政府组织相关盟市、厅局主要负责同志及有关部门工作人员前往塞罕坝机械林场学习生态建设经验和塞罕坝精神。林业厅党组书记、厅长牧远带领有关处室负责人参加了考察活动。

10月24日 自治区林业生态扶贫现场会暨脱贫攻坚存在问题整改工作会议在赤峰市召开。会议总结部署林业生态扶贫工作，研究推动脱贫攻坚存在问题整改，落实精准扶贫精准脱贫。自治区林业厅厅长牧远总结部署全区林业生态扶贫工作，自治区政府副秘书长李阔主持会议，自治区有关厅局领导、盟市旗县政府分管领导、相关单位和林业厅有关处室负责人100多名代表参加会议。

（何泉玮）

内蒙古大兴安岭重点国有林管理局林业

【概　述】 2017年，内蒙古大兴安岭重点国有林管理局围绕国有林区改革任务，加快职能转变和经济转型，实现林业产业总产值57.1亿元，较2016年少完成7.3亿元，同比减少11.3%，其中第一产业产值完成25.06亿元，同比增长9.6%；第二产业产值完成2.97亿元，同比减少76.4%；第三产业产值完成29.07亿元，同比增加0.4%，三次产业结构比（产值比）由2016年的32:15:51调整到44:5:51。2017年，共申报项目43个，获得上级批复项目41个，批复总投资50 669万元，其中，国家投资41 941万元；获批的生态建设及基础设施类项目较2016年多22个，多争取中央投资20 834万元。2017年，政府投资下达项目投资计划9批次67个，总投资39 952.4万元，其中，中央预算内投资35 683.4万元，生态建设和基础设施类项目中央投资较2016年多争取8181万元。修订完善绩效考核体系，将各单位《2017年度绩效考核责任书》中生态、改革指标权重，分别由2016年的各25%提高到各35%。（杨建飞）

【生态建设】

森林资源管理　创新管护模式，对森林管护站、木材检查站和防火检查站进行功能整合，全林区511个森林管护站点中有144个实现了功能整合。407个管护站点纳入内蒙古自治区偏远农村牧区新能源升级工程实施计划，批复总投资1486万元。《国有林区管护用房建设试点实施方案（2017～2019年）》获得国家批复，规划管护用房建设总投资为11 215万元，其中争取中央投资9000万元，2017年新建和改造管护站点124个。完成林地"一张图"建设和26个规划单位的林地落界工作，开展林地变更调查和公益林区划调整，在阿尔山和满归林业局实施国有林区建设用地变更登记试点工作。构建三级森林资源监测网络体系，完成14个单位、513万公顷的森林资源二类调查任务。持续开展森林资源执法检查和专项整治行动，查处林业行政案件3441起。按照国家林业局、内蒙古自治区部署，开展毁林开垦专项整治行动，完成229 053.33公顷林权证内开垦林地的自然属性和社会属性调查工作，收回林地2014.6公顷。

（赵玉忠）

湿地保护　内蒙古满归贝尔茨河国家湿地公园经国家林业局批准开展试点建设。截至12月31日，内蒙古大兴安岭重点国有林区累计建立国家级湿地公园12家（含试点2家），总面积126 678.77公顷；组织划定湿地保护小区14处，面积199 393.21公顷，湿地保护率33.2%，较2016年提高16%。图里河国家湿地公园试点建设通过国家验收；汗马国家级自然保护区申请加入国际重要湿地通过国家批准，进入国际湿地公约组织审批程序。据2017年第二次全国陆生野生动物调查结果显示，内蒙古大兴安岭重点国有林区陆生野生动物资源达到375种，较1999年一期调查净增34种。

（王　冬）

森林经营　完成森林经营年度任务，其中人工造林完成2013.33公顷，补植补造完成18 033.33公顷，森林抚育完成391 666.67公顷，植被恢复完成2406.67公顷，育苗生产完成137.2公顷产苗7673万株，义务植树完成12.3万株。此外，投入资金1345万元，加强了15个苗圃的基础设施建设。

（王忠岩）

森林保护　加强防扑火硬件和基础设施建设，争取森林防火建设项目10个，批复总投资24 160万元；争取国家防火应急道路建设投资3600万元，升级改造防火道路120千米；自筹资金2796万元，对重点部位危旧桥涵进行了维修维护；自筹资金1659万元购置蟒式全地形运兵车、冲锋舟、无人机等防火设备47台套，并对原有防火设施设备进行了改造维修。组建航空特勤突击队。成功扑灭北部原始林区"4·30"、毕拉河"5·02"、满归高地"7·06"等多起火灾；支援呼伦贝尔市陈巴尔虎旗那吉林场扑灭"5·17"草原火灾，出动专业扑火队员2300人，车辆106辆，扑火机具2000余台套，投入扑火经费564万元。2017年，林区共发生森林火灾40起，过火总面积15 501.5公顷，受害森林面积11 783.5公顷，森林受害率为1.42‰。完成有害生物防治241 866.67公顷，林业有害生物成灾率控制在2.06‰，无公害防治率达到96.7%，测报准确率达到87.3%，苗木产地检疫率达到100%，全面完成"四率"指标。在阿尔山、库都尔林业局开展了中带齿舟蛾、梦尼夜蛾、模毒蛾的飞机防治工作，防治面积10.32万公顷，防治效果达到95%。强化科技支撑，模毒蛾综合防治等6个林业科技推广项目获得上级批复，争取资金500万元。

（毕书鹏）

毕拉河"5·02"森林草甸火灾　5月2日，内蒙古自治区大兴安岭重点国有林区毕拉河林业局阿木珠苏（北大河）林场发生草甸森林火灾，起火点坐标位于东经122°58′20″，北纬49°27′49″。受高温、大风、干旱等极端天气影响，火借风势、风助火威，火情迅速发展成为急进地表火、树冠火、飞火，并在极短时间内失去控制。火灾发生后，内蒙古自治区政府副主席张华、国家林业局副局长李树铭、武警森林指挥部副司令员郭建雄、内蒙古自治区林业厅党组书记呼群、国有林管理局党委书记陈佰山、国有林管理局局长闫宏光等领导同志紧急赶赴火场一线调度指挥，累计调集兵力9430人，其中，林业扑火队员6140人，森警部队3290人；调动飞机15架，累计飞行140架次197.54小时；调动各类运输通讯载具813辆；调动风力灭火机等各类扑火机具6570台套，在经历了紧急扑救、集中攻坚、决战决胜、巩固清理4个阶段扑火战斗后，至5月10日12时，火场清理工作全部完成，达到无明火状态，各参战队伍有序归建。此次毕拉河森林草甸火灾过火面积1.16万公顷，是内蒙古大兴安岭重点国有林区继2003年金河林业局"5·5"火灾后罕见的重特大森林火灾。在火灾扑救过程中，中共中央总书记习近平，国务院总理李克强，副总理汪洋，国务委员杨晶、郭声琨等领导同志先后对火灾扑救和受伤人员救护做出重要指示批示。国家林业局局长张建龙带领国家发改委、财政部、交通部、民航总局等部委人员组成的国务院工作组，紧急赶赴火场督导指挥。

（张 宏）

【国有林区改革】

国有林管理局成立 2月20日，内蒙古大兴安岭重点国有林管理局挂牌仪式在牙克石市内蒙古森工集团总部举行。国家林业局局长张建龙，内蒙古自治区党委副书记、自治区主席布小林等出席仪式并讲话。张建龙强调，内蒙古大兴安岭是中国面积最大的集中连片的国有林区，在维护国家生态安全、淡水安全、木材安全中具有不可替代的重要地位。内蒙古国有林区改革有3个特点：一是领导重视、高位推动。自治区党委、政府主要领导高度重视国有林区改革，亲自开展改革专题调研推动改革工作。内蒙古自治区是第一个印发《改革总体方案》并全面启动改革的省份。二是措施具体、保障有力。自治区、盟市地方政府为国有林区改革支付了巨大的改革成本，"三供一业"移交属地后，自治区财政对供暖企业亏损1.2亿元给予补贴，属地政府及时组织管网设施维修改造，保证了供暖等公共事业的正常运营。三是超前谋划、注重实效。在全面剥离社会管理职能和划转经营企业后，再挂牌成立国有林管理机构，改革步伐扎实稳健。内蒙古自治区的这种改革精神和经验做法，值得其他重点国有林区认真学习借鉴。内蒙古大兴安岭重点国有林管理局要认真贯彻落实习近平总书记的重要指示精神和党中央、国务院的决策部署，坚持改革方向不跑偏，紧盯改革目标不动摇，进一步加大推进力度，继续深化改革，加快转变职能；创新体制机制，强化资源保护；加快转型发展，不断改善民生；稳中求进，确保林区稳定，如期完成各项改革任务。内蒙古自治区党委副书记、自治区主席布小林在讲话中指出，内蒙古大兴安岭重点国有林管理局正式挂牌成立，是内蒙古国有林区改革的重要成果，对于内蒙古进一步推进国有林区改革以及生态文明建设都具有重要意义，标志着自治区国有林区改革进入了一个新的阶段。要全面贯彻落实党中央、国务院决策部署，按照"先行一步、做出表率"的要求，不断把改革向纵深推进。坚持保护和培育好森林资源放在首要位置，确保森林资源总量持续增加、质量持续提高、生态功能持续增强。坚持把改善民生作为基本前提，使林区职工得到妥善安置，使转岗人员基本生活有保障、生活水平不降低并逐步提高。坚持政事企分开，明晰森林资源所有权、管理权、经营权和处置权，形成职责清晰、精简高效的林区管理新体制。

内蒙古自治区副主席王玉明，自治区林业厅厅长呼群，重点国有林管理局党委书记陈佰山分别在挂牌仪式上发言。

（周 喆）

巩固政企分开改革成果 与呼伦贝尔市政府、兴安盟行政公署协调，按照地方政府、国有林管理局3∶7的比例，对2016年移交政府管理的4411名"三供一业"人员工资增长部分给予补发，国有林管理局出资1725万元。2017年，累计拨付"两供一业"人员费用20 331万元，维护了移交人员的权益，保证了公共服务职能正常运转。

（于泽洋）

创新森林资源监管体制和管护机制 研究制订了《内蒙古大兴安岭重点国有林管理局生态保护建设购买服务指导意见（试行）》《森林防火购买服务管理办法（试行）》《森林管护内部购买服务管理办法（试行）》《森林经营内部购买服务管理办法（试行）》等管理办法，选择绰尔、根河、吉文等7家林业局开展内部购买服务试点。配合国家林业局完成《阿尔山林业局国有森林资源资产有偿使用制度改革试点实施方案》编制并上报。启动生态保护红线划定和自然资源资产负债表编制工作。对大杨树、毕拉河林业局定权发证时划出的地方用地和大杨树林业局定权发证的图面材料重新进行了核实，进一步明晰了林权界限，明确了管护责任。

（赵玉忠）

【产业发展】 认真践行"绿水青山就是金山银山"的发展理念，探索人与自然和谐共生的发展模式。根河林业局从荷兰引进驯鹿115头，驯鹿总量达到145头，扩大了种群数量，丰富了旅游文化内容。6个碳汇试点项目建设有序推进，绰尔林业局与浙江华衍投资公司达成林区首笔碳汇交易，交易额40万元。成功举办中国（内蒙古大兴安岭）森林旅游节"三节一会"系列活动。9家森林公园、湿地公园入选中国森林康养基地。绰尔林业局成功申报慢生活休闲小镇。根河林业局被授予全国旅游示范县。根河源国家湿地公园被评为2017冰雪旅游典型单位。大兴安岭森林步道成功入选国家森林步道。

（张 亮）

【民生改善】 提高保障和改善民生水平，既尽力而为又量力而行。按照10%的增幅为在岗职工增加工资，在岗职工平均年工资达到50 003元，工资兑现率达100%。启动企业年金制度，人年均补充养老保险提高4000元。妥善解决混岗集体工养老保险问题，认定混岗集体工5.6万人，移交属地社保5.5万人，缴费参保4.9万人，为1.5万人办理了退休手续。完成天保工程一次性安置人员社保补贴发放工作，连续三年累计审批通过7.8万人，发放补贴资金9.01亿元，其中2017年审批1996人，发放社保补贴资金1950万元。深入开展扶贫帮困活动，元旦、春节期间共筹集送温暖资金1000余万元，走访慰问12 000多户困难职工群众和劳模。1660名党员干部与困难职工结成帮扶对子。筹集资金448万元开展金秋助学活动，救助困难职工子女1577名。坚持"输血"与"造血"并重，林业工会、各林业局共计发放家庭经济无息贷款2365万元，扶持家庭经济户952户。争取国家、自治区支持，将林区4611千米道路纳入五级交通路网规划；1979千米农村路及具有农村公路属性的道路纳入《内蒙古自治区大兴安岭国有林区"十三五"道路建设规划》，其中12条县乡公路将优先安排建设。

（金明举）

【党的建设】 深入学习宣传贯彻党的十九大精神。推进"两学一做"学习教育活动常态化、制度化，制订督查任务清单，共计整改44项。实施"北疆先锋"工程，强化了1331个党支部的政治功能和服务功能。建立了林地党建一体化工作机制，推行林业与属地干部双向挂职，13名林业处级干部到地方挂职锻炼。强化巡察工作，成立工作领导小组，对2个基层单位进行了巡察。深化平安林区建设，全面开展社会矛盾纠纷大排查大化解工作，积极推进事要解决，两级信访部门接待来访群众770批次4289人次，网上投诉及时受理率为98.31%、按期办结率为98.88%、满意率为96.91%。圆满完成党的十九大、"一带一路"国际合作高峰论坛、全国"两会"、内蒙古自治区成立70周年等重要会议、重大活动期间信访维稳任务，实现了无越级上访和零非法上访。

（朱显明）

【林业大事】

2月20日 内蒙古大兴安岭重点国有林管理局成立大会在牙克石市举行。国家林业局局长张建龙、内蒙古自治区党委副书记、自治区主席布小林出席会议并讲话。同日，国家林业副局长李树铭主持召开国有林区改革推进会。

4月30日 内蒙古大兴安岭北部原始林区乌玛林业局伊木河林场与俄罗斯交界处发生过境森林火灾。

5月2日 内蒙古大兴安岭毕拉河林业局北大河林场发生特大森林火灾。

5月13～14日 "中国梦·劳动美"内蒙古自治区苗木育苗工职业技能比赛在阿里河林业局举行。

5月17～20日 呼伦贝尔陈巴尔虎旗那吉林场发生森林火灾。

7月8日 内蒙古自治区党委书记、人大常委会主任李纪恒到内蒙古大兴安岭国有林区调研。

7月29日 "2017中国（内蒙古大兴安岭）森林旅游节——根河房车自驾车国际露营大会"在根河源国家湿地公园举行。

9月9日 "2017中国（内蒙古大兴安岭）森林旅游节——莫尔道嘎金秋赏山节"在莫尔道嘎国家森林公园开幕。

10月12日 内蒙古大兴安岭生态建设及产业发展国家级专家服务基地揭牌仪式在林业科研所举行。

12月20日 中国（内蒙古大兴安岭）森林旅游节——2017内蒙古大兴安岭冰雪节暨高寒森林摄影节在满归林业局开幕。

12月26日 内蒙古大兴安岭重点国有林管理局林海日报社在第五届中国新兴媒体产业融合发展大会上荣获十大创新策划奖。

（岳连鹏）

辽宁省林业

【概　述】 2017年，辽宁省林业系统全面完成国家下达的造林绿化任务；集体林权制度持续深化，国有林场改革率先完成主体改革任务；资源管护不断强化，森林防火和林业有害生物防治均控制在国家指标以内；林业供给侧结构性改革持续发力，生态产品和林产品供给能力不断提升。基层基础建设、林业宣传和生态文化建设取得新成效。

造林绿化 依托三北防护林、沿海防护林和中央财政造林补贴试点任务等国家重点生态工程建设，完成人工造林面积8.89万公顷、封山育林5.53万公顷、森林抚育9.4万公顷，均为年度计划的100%。完成全民义务植树6000万株。加强森林经营工作，在全国率先编制完成《辽宁省森林经营规划》（2016～2050年），被国家林业局作为编制范本，并启动了市县级规划编制工作。

国有林场改革 全省183个国有林场改革实施方案全部完成省级批复，各地按照批复方案要求全面推进。省国有林场改革领导小组印发了《辽宁省国有林场改革评估验收办法》，举办了全省国有林场改革验收培训班，指导各地开展自查验收工作。截至2017年年底，全省14个市55个县（区）183个国有林场全部完成主体改革任务。明确了国有林场的公益属性，科学核定了编制，实现了社保全覆盖，争取国家改革资金4.7亿元，一次性足额交拖欠社保费3.5亿元，解决了2.2万名职工老有所养的问题，化解了近亿元的巨额债务，88个贫困中小型林场解决了收入水平偏低的问题。8月30日，国家林业局局长张建龙作出批示：辽宁省的集体林权制度改革、国有林场改革起步早、效果好，特别是通过林业经济转型，新引擎、新业态、新动能不断涌现，探索出了许多好办法、好经验，值得广泛推广。9月18日和6日，时任省长陈求发和副省长赵化明也分别作出批示予以肯定。

集体林权制度改革 以省政府名义出台了《辽宁省森林资源流转办法》（辽宁省政府令第307号）和《辽宁省人民政府办公厅关于完善集体林权制度的实施意见》（辽政办发〔2017〕55号），进一步稳定了集体林承包关系，放活了林业经营自主权，推动林地经济发展。积极培育林业专业合作社、家庭林场等新型经营主体，新增90个，总数达到3677个，经营面积82.14万公顷，占集体林应改面积的15.6%。推进东北林业产权交易中心建设，实现全省50个林业重点县区的互联互通。全省以林抵押贷款余额达40亿元，总额达85亿元。森林保险参保面积349.99万公顷，参保率为62.2%。

护林员管理体制改革 出台《辽宁省护林员管理暂行办法》，规范了全省护林员队伍管理，提升了森林资源管护水平。依托森林公安警务信息综合应用系统，建立了全省护林员档案信息采集录入模块，逐步实现全省护林员信息网上建档、网上考核、网上管理。扎实开展护林员生态精准扶贫。选聘100名贫困人员作为生态护林员。

林业供给侧结构性改革 通过种养殖品种的优化改革，产业结构逐步优化。新增林下经济和特色经济林1.37万公顷。其中，中药材、山野菜等林下经济0.54万公顷；大枣、榛子等特色经济林0.83万公顷。大力开展龙头企业和特产之乡及名牌培育工作。开展2017年国家林业重点龙头企业申报推荐工作，1家企业被国家林业局认定为全国林业重点龙头企业。5个乡镇和1家企业产品获得"辽宁特产之乡"和"辽宁名牌农产品"称号。大力推进森林旅游，北票市、抚顺县被命名为全国森林旅游示范县，全省总数达到4个。全年接待森林旅游人数达到2313万人次，直接收入11.64亿元。

森林资源管护 强化天然林管理。省政府出台《关于继续加强天然林保护建设工作的通知》（辽政发〔2017〕1号），全面禁止天然林商业性采伐，促进天然林保护与发展。出台《辽宁省国家级公益林区划界定和管理实施细则》，明确国家级公益林的区划范围和经营措施，以及国家级公益林的调整程序。规范采伐限额管理。以省政府文件下达年森林采伐限额521.9万立方米。加强林地管理。扎实开展林地变更调查工作。完成302个建设项目占用征收林地的审核工作，依法审核使用林地2457公顷。湿地保护工作取得重大进展。以省政府办公厅名义出台了全省湿地保护的纲领性文件——《辽宁省湿地保护修复实施方案》（辽政办发〔2017〕125号），确定到2020年，全省湿地面积不低于139.46万公顷。辽中蒲河等8处国家湿地公园和湿地保护区项目建设稳步实施，新建和维护野外视频监测系统5套，恢复退化湿地81.23公顷，清淤疏浚39.3万立方米。新开展试点建设国家湿地公园1处。加强野生动植物保护与自然保护区管理。组织开展"世界野生动植物日""爱鸟周"等系列宣传活动。完成辽宁省分布的部分濒危鸟类卫星跟踪，摸清迁徙路线。完成全省林业自然保护区三年项目滚动计划编制及论证工作。严厉打击各种涉林违法犯罪。组织开展"2017利剑行动""飓风1号行动"等一系列打击破坏森林和野生动植物资源违法犯罪专项行动。全省各级森林公安机关共查处各类涉林案件2653起，打击处理3341人次。

林业灾害防控 认真落实防火责任制，从严监督检查，平稳渡过森林防火期。省政府与各市签订了《2017年森林草原防火责任书》，层层压实责任，明确目标任务。全省共发生森林火灾80起，过火面积801.56公顷，受害面积356.1公顷，受害率为0.06‰，低于国家0.9‰控制指标。全省未发生重特大森林火灾和人员伤亡事故，火灾24小时扑灭率达100％。森林火灾起数、过火面积、受害面积同2016年相比实现"三下降"。全省林业有害生物发生面积58.78万公顷，成灾面积0.24万公顷，成灾率为0.29‰，低于国家4.5‰的控制指标。林业重点有害生物防控工作成效显著。美国白蛾成灾面积为零，低于国家1％的控制指标。全力开展松材线虫和红脂大小蠹疫情防控除治工作。省政府召开全省松材线虫病、红脂大小蠹防控工作会议，对除治工作进行了全面部署。有效处置了大连、抚顺等地病虫害疫情。野生动物疫源疫病主动预警体系建设成效显著。初步形成以东港—庄河—营口—盘锦—朝阳为连线的带状主动预警体系，在鸟类迁徙通道横断面上，完成全省主动预警站点布局，建立陆生野生动物疫源疫病主动预警体系。扎实开展14个国家级监测站和30个省级监测站的巡回督导检查，全省没有发生重大野生动物疫源疫病。

科技信息支撑保障 强化科技和信息支撑。全省共申报科研项目49项，荣获林业科技成果奖励41项，其中省政府二、三等奖各1项；新获批国家林业局工程技术研究中心2个，全省工程技术研究中心、生态站等国家级林业科研平台达到11个。加快信息化建设步伐。完成厅门户网站等信息系统向省政府数据中心迁移整合工作。新增直通重点县的林业专网线路23条，省直通线路总数达到54条。辽宁省林业厅荣获2017年全国林业信息化建设"十佳单位"称号，并连续5年获此殊荣。

林业基层基础建设 强化资金保障。2017年，共争取省以上资金23.52亿元用于林业改革发展与生态建设。重点开展省以上林业重点工程项目资金专项稽查，稽查资金总额4.54亿元。林业项目贷款贴息工作稳步开展。落实林业项目贷款13.11亿元，申请中央贴息补助资金2293.7万元。扎实推进依法治林。出台《辽宁省森林资源流转办法》；修改《辽宁省生态公益林管理办法》《辽宁省森林和野生动物类型自然保护区管理实施细则》两部政府规章；《辽宁省林木种子管理条例》《辽宁省野生动物保护条例》《辽宁省森林公园管理条例》列入省人大五年立法规划。正式建立法律顾问制度，为依法治林和依法行政提供法治保障。有序推进林业"放、管、服"工作。编制全省林业系统省、市、县三级共49项政务服务事项目录及办事指南，增加权力透明度，方便群众办事。调整行政职权25项（取消10项、下放3项、新增12项）。全省完成育苗面积2.73万公顷，育苗数量19亿株。加强林业站建设和科技推广。完成建设全国标准化林业站24个；建立推广示范基地16处，示范面积533.3公顷。举办林业技术培训263期，培训林农3万人次。

林业宣传和生态文化建设 围绕全省生态建设和重要林业节点，组织各级新闻媒体，开展一系列专题宣传活动。在省级以上主流媒体刊发稿件985篇，其中国家级媒体发稿25篇，收到良好社会反响。以省政府新闻办名义召开新闻发布会2次，围绕《辽宁省森林资源流转办法》政策解读和《贯彻落实十九大精神，加快生态文明建设》等重点工作进行宣传报道。6个村被评为全国生态文化村，累计达到30个。有序推进国家森林城市建设。辽阳市全面启动森林城市创建活动，森林城市建设规划通过国家专家组审批；朝阳市创建申请得到国家林业局批复。有序推进省级森林城市建设，确定抚顺、丹东、辽阳、朝阳4市的11个县（市、区）为第三届省级森林城市创建单位。启动第三批古树名木普查工作。

【**全省林业工作会议**】 2月13日，全省林业工作电视电话会议在沈阳召开。辽宁省林业厅党组书记、厅长奚克路作报告。会议传达了全国林业厅局长会议精神和副省长赵化明对全省林业工作的批示，全面总结2016年重点林业工作。会议部署了2017年造林绿化、林业改革、森林资源管护、林业灾害防控、林业供给侧结构性改革、基层基础建设、林业服务保障和全面从严治党等方面重点工作。

【**省领导参加义务植树活动**】 4月22日，辽宁省委书记、省人大常委会主任李希，省长陈求发，省委副书记、沈阳市委书记王蒙徽等省领导同志，集体到沈阳五里河公园与省市机关干部、部队官兵、各界群众一起参加义务植树活动。李希指出，植树造林是实现天蓝、地绿、山青、水美的重要途径，是最普惠的民生工程，是功在当代、利在千秋的事业。我们要深入学习贯彻习近平总书记关于生态文明建设的重要指示精神，认真落实新发展理念，牢固树立"绿水青山就是金山银山"意识，创新体制机制，大力推进造林绿化，大力发展绿色产业，大力改善生态环境，着力建设美丽辽宁，不断提升人民群众的生活质量和水平。

【林业大事】

3月6日 省政府召开全省造林绿化暨森林防火工作电视电话会议。省政府副省长赵化明出席会议并讲话。会议还通报了2016年全省造林绿化和森林防火工作情况，并对2017年度造林绿化、森林防火等工作作具体安排。

3月7日 省林业厅召开党风廉政建设大会，会议传达学习十八届中央纪委七次全会和十二届省纪委二次全会主要精神，回顾总结全厅2016年度党风廉政建设工作，安排部署2017年度工作任务。厅党组书记、厅长奚克路出席并讲话。省纪委驻农委纪检组组长周尊安出席会议。

3月14日 省政府副省长赵化明代表省政府与各市市长签订2017年《辽宁省森林防火责任书》，各市、县、乡也层层签订责任状，全面构建四级森林防火责任体系。

3月23日 辽宁省地方标准《森林防火技术规程》由辽宁省质量技术监督局发布实施。《技术规程》明确，辽宁省森林防火期为每年的10月1日至翌年的5月31日。并对森林火灾的预防、扑救和火灾后期处置的技术方法进行规范。

4月18日 省政府副省长赵化明到省实验林场调研国有林场改革、林下经济、经济林建设和森林防火工作。

5月23日 中芬"森林可持续经营示范项目启动会"仪式在清原县国营城郊林场举行。国家林业局、芬兰农林部、辽宁省林业厅、抚顺市政府及当地林业部门有关人员参加启动仪式。中芬双方代表分别考察森林经营示范区，引种试验林，以及林冠下刺嫩芽（林－菜型模式林），红松、落叶松大径级林木示范林，浑河源水源涵养示范林等。并就2017~2020年项目活动安排进行研讨。

6月14~16日 国家林业局党组成员、副局长李春良带领农业部、海关总署、工商总局、质检总局等部门组成的联合督导调研组到大连、盘锦市督导调研打击野生动植物非法贸易工作。辽宁省政府副省长赵化明在盘锦会见了国家督导调研组一行。联合督导调研组听取了辽宁省林业、海洋与渔业、工商、海关、出入境检验检疫等部门的工作汇报，并就下一步工作提出了明确要求。

6月22日 全国营造林处长高级研修班在辽宁沈阳举办。国家林业局党组成员、副局长刘东生出席研修班并强调，把握新形势，抓住新机遇，全力推动国土绿化事业再上新台阶。研修班上，辽宁省副省长赵化明致辞，国家林业局通报了2014年中央财政造林补贴国家级核查情况，解读了林业财政政策。辽宁等5个省代表作重点发言。

6月27日 省林业厅举办纪念建党96周年重温入党誓词暨党课教育大会。会上观看全国优秀共产党员廖俊波同志先进事迹专题片，全体党员重温入党誓词。厅党组书记、厅长奚克路作了专题党课辅导。

8月23日 省委副书记、省长陈求发到抚顺市清原县浑河源省级自然保护区调研。

9月12日 省委副书记、省长陈求发到省固沙造林研究所调研。

9月26~27日 2017沿海湿地保护网络年会暨湿地保护培训班在盘锦市举办。沿海11个省（区、市）林业部门负责同志、湿地自然保护区、湿地公园、有关国际组织、科研单位代表及专家学者参加会议。英国、美国以及中国专家围绕"沿海湿地保护与生态修复"主题作主旨报告，辽宁省等6家单位在会上介绍湿地修复及保护管理经验。

11月16日 省政府组织召开全省松材线虫病、红脂大小蠹防控工作会议。副省长赵化明出席会议并讲话。会上，通报了全省松材线虫病和红脂大小蠹发生形势、全省防治工作进展情况，并就全省下一步防控工作进行部署。

（辽宁省林业由董铁狮供稿）

吉林省林业

【概　述】2017年，吉林省林业自觉践行新发展理念，牢固树立"四个意识"，增强"四个自信"，抢抓机遇，迎难而上，推进全省林业建设不断迈出新步伐、跃上新台阶。国有林场改革、国有林区改革、东北虎豹国家公园体制试点改革深入推进；全省林业生态系统性修复成效明显；森林资源保护全面加强，实现全省连续37年无重大森林火灾；林业科技创新和转型发展步伐加快，全省林业产业总产值达到1498亿元；智慧林业建设扎实推进；林业扶贫攻坚取得明显进展；基础能力保障逐步增强。

【林业改革】国有林场改革取得阶段性成果。明确了国有林场公益事业属性，国有林场总数由340个减少到88个，创新性地将西部18个政府管理林场收归林业部门管理；对事业编制实行全省统筹，核定事业编制1.3万名左右，3.3万名富余人员得到妥善安置；协调国家和省财政投入15.7亿元改革补助资金，基本保障7万名国有林场职工全员参加城镇职工养老保险和医疗保险；争取国家国有林场天然林停伐补助8.5亿元，协调省市县财政每年拿出4.8亿元将员额经费及公用经费纳入预算保障。全省61个县级改革方案已全部完成报批工作，林场改革稳步推进，干部职工队伍保持稳定。东北虎豹国家公园体制试点期建设任务顺利完成。积极配合国家林业局编制公园体制试点实施方案和自然资源资产管理体制试点实施方案，组织开展调查摸底，持续加大窗口期虎豹保护力度，严格加强试点区项目管控，全面夯实试点工作基础。7月21日，中央编办正式批复设立东北虎豹国家公园国有自然资源资产管理局和东北虎豹国家公园管理局，并在长春举行了揭牌仪式，9月12日，吉林省片区6个分局正式挂牌设立。国有林区改革取得实质性进展。研究设计改革实施方案，积极探索改革推进路径，进一步加大省级重点国有林管理机构组建步伐，12月25日，吉林省编办正式批复在省林业厅加挂"吉林省重点国有林管理局"牌子，初步完成了改革实施方案顶层设计。

【生态建设】 全年共完成林地清收还林7.82万公顷，农防林更新改造0.2万公顷，退化防护林修复0.4万公顷，沙化土地治理3.4万公顷，完成森林抚育21.07万公顷，完成义务植树3500万株，新建义务植树基地200个，建设绿美示范村屯50个。通化市被评为国家森林城市；安图县、九台区被评为省级森林城市，全省有4个村被评选为全国生态文化村。

【资源管理】 2017年，全面认真落实天然林停伐政策，严格执行限额采伐制度，开展国家级公益林、省级公益林区划落界工作。完成7个国有林业局的森林资源二类调查和4个国有林业局的森林经营方案编制报批工作。全面规范林地林权管理，扎实开展林地变更调查，加快推进"森林资源一张图"建设，森林资源信息已变更至2016年。充分利用林业卫星图片，排查疑似点位3万块，并将整改任务、责任落实分解到了基层，有力保护了森林资源。深入组织开展打击涉林违法犯罪、野生动物保护执法检查、清山清套等专项行动，共破获各类涉林案件21 912起，林业行政案件13 775起。持续加大野生动物保护力度，野生东北虎、豹种群数量分别稳定在27只和42只以上。组织开展湿地名录编制工作，加强湿地保护管理体系建设。成功扑救长白山双目峰"5·19"森林火灾和延边朝鲜族自治州"10·6"朝方越境森林火灾。全面完成国家下达全省的林业有害生物防治"四率"指标。认真接受中央环保督察政治检验，主动认领、全面整改反馈问题。抓住中央环保督察有利契机，强力推进林业自然保护区生态环境综合整治工作，全省国家级林业保护区排查问题点位1769处，完成整改问题625个。

【森林防火】 2017年，成功处置长白山"5·19"双目峰森林火灾和延边朝鲜族自治州和龙林业局"10·6"朝鲜越境森林火灾，全省顺利实现了连续37年无重大森林火灾。据统计，全年共发生森林火灾90起。其中，一般森林火灾80起，较大森林火灾10起。火灾过火总面积449.88公顷，受害森林面积173.68公顷，全年森林火灾控制率为4.99公顷/次，森林火灾受害率为0.021‰，森林火灾案件查处率为100%，森林火灾2小时扑灭率为94.4%。森林火灾24小时扑灭率为100%，总计出动扑救人员6671人，未出现扑救人员伤亡事故。

【林业有害生物防治】 2017年，全省应施调查监测的林业有害生物种类为71种，通过调查监测达到发生的种类为63种，全省应施调查监测面积为564.99万公顷，实施调查监测面积为553.16万公顷，全省平均调查监测覆盖率为97.91%。2017年全省林业有害生物预测发生面积为22.714万公顷，实际发生面积为24.28万公顷，测报准确率为93.55%；全省现有林地面积为823.73万公顷，全省林业有害生物成灾面积为0.35万公顷，成灾率为0.43‰；全省实施无公害防治面积23.27万公顷，无公害防治率为98.84%；全省应施种苗检疫9685万株，实施种苗产地检疫9685万株，种苗产地检疫率为100%。

【林政稽查】 2017年，全省共查结林业行政案件13 775起。其中，盗伐林木案5223起，滥伐林木案508起，毁坏森林林木案1192起，违法使用林地案5630起，非法运输木材案175起，非法经营加工木材案82起，违反野生动物保护法规案57起，违反森林防火法规案381起，违反林业有害生物防治检疫法规案12起，违反林木种苗及植物新品种管理法规案10起，违反自然保护区管理法规案198起，其他林业行政案件307起。行政处罚13 826人次，没收非法所得10.01万元，没收木材1424.85立方米，责令补种树木31.06万株。

【野生动植物保护】 坚持保护优先原则，认真贯彻执行《野生动物保护法》《野生植物保护条例》，野生动植物保护管理进一步强化。调整完善野生动物损害补偿政策，野生动物疫源疫病监测防控实现了由被动到主动的转变，组织开展重点保护野生动植物资源调查。编制自然保护区标准化技术规范文本，推进全省林业自然保护区规范化、标准化建设。按照中央环保督察要求，通过召开会议、下发文件、督办调度、一线督查、约谈问责等一系列举措，分自查整改、集中督察和整改巡查3个阶段，推进自然保护区环境综合整治，取得了阶段性成效。吉林老虎山省级森林公园晋升为吉林龙山湖国家级森林公园；新建大驾山、老梁山、五间房、汪清双龙泉4个省级森林公园。

【湿地保护管理】 2017年，吉林省政府办公厅印发《关于贯彻落实湿地保护与修复制度的实施意见》，标志着全省湿地保护工作由抢救性保护正式转向全面保护。编制了全省湿地名录，将全省100万公顷自然湿地全部纳入保护管理体系，建立湿地保护目标责任制并采取综合措施实行严格的总量管控。加强湿地保护体系建设，研究制定《吉林省湿地公园管理办法（试行）》。新晋升哈泥国际重要湿地1处。新建洮南四海湖国家湿地公园（试点）1处。为向海、莫莫格等11个国家级（省级）自然保护区和长白山碱水河、敦化秋梨沟等11个国家湿地公园申请湿地保护补助资金3600万元；为向海国家级自然保护区申请湿地生态效益补偿资金2000万元；为镇赉县、通榆县、大安市人民政府申请退耕还湿资金1000万元。修订《吉林省湿地保护条例》，增加"填埋湿地""盗挖泥炭资源""排放工业废水、生活污水"等违法行为种类，并加大"违规占用湿地、非法采砂取土、私搭滥建、向湿地排放有毒有害物质及危害湿地野生动物"等5项破坏湿地违法行为的行政处罚力度。

【林业重点生态工程】 2017年，"天保"工程区实有森林管护面积396.13万公顷，"天保"工程区年末在岗职工7.1万人，全员参加基本养老保险和基本医疗保险。工程全年完成投资45.5亿元，其中国家投资45.4亿元。"三北"防护林五期工程全年完成人工造林1.13万公顷。完成工程投资0.85亿元，其中国家投资0.85亿元。

【林木种苗】 2017年，林木良种苗生产供应能力稳步提升。建设露水河林业局、永吉县种子站等6家红松、落叶松二代园，面积达44.03公顷。白城市林木良种繁育场、红石林业局蒙古栎良种基地等4家单位晋升为国家级林木良种基地。临江林业局东北刺人参、百花花楸种质资源库等17处为新增省级林木种质资源库。审（认）定省级良种52个。目前，年生产良种10万千克，1973家苗圃，出圃苗木9亿余株。

【林业产业】 2017年，加快林业产业转型发展，启动实施百万公顷红松果林、百万亩绿化苗木、百万亩林下参、百万亩榛子果林、百万亩红豆杉、百万亩森林中药材、百万亩绿色菌菜、百个特色经济动物养殖小区、百佳森林旅游小镇等九大工程建设，初步形成林下经济、特色产业和森林旅游三足鼎立的林业产业发展格局。制订了林业电商普及提升计划，帮助引导企业积极开展林业电商与网络营销。着力推动林业产业集群化发展，新增国家级林业产业化龙头企业3户，组织各林业部门、国有林业企业依托林蛙、蓝莓、食药用菌等长白山林区特色资源，申报了6个特优区项目，扶持建设农业综合开发林业基地示范项目17个。加快培育和发展林业新型经济合作组织，全省各级林业产业协会及专业委员会、农民专业合作社等达到上千个，入社农民职工7.8万户，带动就业24万人。

【智慧林业】 2017年，积极开展吉林省智慧林业顶层设计，智慧林业局省共建示范项目进入实质性推动阶段。投资3990.9万元，进行东北虎豹国家公园体制试点区监测中心（暨省林业综合管理调度指挥中心）建设，在东北虎豹国家公园体制试点区构建自然资源和生态环境监测网络体系，全面掌握试点区野生种群动态、生境，有效地管控人为活动，充分体现"看得见虎、管得住人"的保护理念，促进人与自然和谐共生。

【林业扶贫】 2017年，按照"结合生态保护脱贫一批"的目标，争取中央林业投资近1.9亿元用于贫困地区建设，在8个国家级贫困县选聘2391人成为生态护林员，对贫困县中的18个村屯实施"绿美示范村屯"活动，安排贫困地区开展国家重点工程造林0.67万公顷，行业扶贫工作已覆盖全省15个贫困县、927个贫困村。帮助两个包保帮扶村协调各类资金共计973.3万元，在村内基础设施、基本公共服务、产业发展、安全住房、人居环境建设5个方面开展扶贫建设。开展脱贫攻坚爱心捐助活动筹集捐款11万多元，用于贫困群众改善生活条件、摆脱疾病困扰、完成学业梦想。

【林业法治】 3月，新修订的《吉林省森林防火条例》获得通过；9月，《吉林省湿地保护条例》修改实施；11月，《吉林省森林管理条例》修改实施。2017年，吉林省林业厅向省人大报送《吉林松花江三湖保护区管理条例》《吉林省野生植物保护条例》等10部法规开展立法程序，2018年3月省人大将10部法规纳入立法规划。行政执法改革全方位推进。所有行政许可事项全部入厅，全部上网，符合"一事一许可"要求。全部取消下放事项逐一完善了监管措施。服务窗口建立了首问负责制、一次性告知制、AB岗替代制、限时办结制和否定备查制等制度，规范了程序，严格了标准。推广林业新型监管模式，实现了"双随机一公开"抽查在本级行政执法领域全覆盖。行政执法监督方式更加丰富。积极推进行政公益诉讼试点，充分利用公益诉讼倒逼机制，有效保护了森林资源，工作经验在全国林业厅局长会议上作了交流。清理政府规章和规范性文件，对不再适用的79份规范性文件宣布失效，清理结果及时向社会公布，接受社会监督。认真办理吉林省"两会"代表建议和委员提案，办结率、面复率、满意率继续保持百分之百，吉林省林业厅法规处被评为办理工作先进部门。

【林业投资】 全年全省林业建设资金总额93.21亿元。其中，中央财政资金71.52亿元，占林业建设资金总额的76.73%。在林业完成投资中，用于生态建设与保护56.62亿元，占林业完成投资额的60.74%；用于林业产业发展16.13亿元，占林业完成投资额的17.31%；用于林业支撑与保障15.11亿元，占林业完成投资额的16.21%；用于林业基础设施建设5.35亿元，占林业完成投资额的5.74%。

【林业经济】 全年全省完成林业产业总产值1498.79亿元，比2016年下降67.09亿元，下降4.28%。其中，第一产业产值404.14亿元，比2016年下降0.39%，占总产值的26.97%；第二产业产值856.74亿元，比2016年下降9.18%，占总产值的57.16%；第三产业产值237.91亿元，比2016年增长9.76%，占总产值的15.87%。林业三次产业的产值结构为27:57:16，产业结构逐步优化。从地区看，东部地区林业产业总产值为1188.37亿元，占全部林业产业总产值的79.29%；中部地区林业产业总产值为220.31亿元；西部地区林业产业总产值为90.11亿元。全省林业产业总产值超过50亿元的县（市）有7个，分别是敦化市、抚松县、集安市、通化县、延吉市、通化市区、汪清县。

水果、干果、中药材以及森林食品等在内的经济林产品的种植与采集业产值达到252.21亿元，比2016年增长4.37%，占第一产业产值的62.41%。中药材加工、果酒果汁制造、坚果加工以及山野菜、食用菌加工在内的非木质林产品加工制造业产值达到409.92亿元，比2016年下降13.54%，占第二产业产值的47.85%。森林旅游及休闲服务业产值达到138.16亿元，比2016年增长10.61%，占第三产业产值的58.07%。

【林业科研与技术推广】 积极开展林业科技项目建设，全年完成各类林业科技立项107项，争取财政对吉林省林业科技支撑5000余万元。其中国家科技重点研发计划项目11项，中央财政林业科技推广示范资金项目28项，各类标准及示范区项目15项。2017年共取得林业科技成果53个，申报国家林业科技成果库入库成果96项。共获得省林业科技进步二等奖2项、省科技进步三等奖3项。完成8项新品种权的申报工作，有1项新品种通过国家林业局专家评审。在技术推广方面，全年围绕项目管理、体系建设、特派员管理三项职能开展工作，重点对依法推进技术推广体系建设问题进行研究，形成报告，草拟、修改并出台了《吉林省林业厅关于进一步加强林业技术推广体系建设的指导意见》和《吉林省林业科技特派员工作管理试行办法》，进一步规范和指导全省林业技术推广工作。推进项目管理的制度化和规范化，与项目承担单位、保证单位签订"双承诺书"。对项目负责人进行项目实施培训，开展项目绩效评价。全年监管项目40个，其中绩效考核16个，现场查验15个，变更处理3个，督导整改3个。

【林业大事】
1月9日 "吉林林业一号"卫星于12时11分12秒在酒泉卫星发射中心发射成功。20分钟后，星箭分离，卫星顺利入轨。这标志着吉林林业乃至中国林业管理开始进入了"空天地"一体化的新时代。

2月16日 全省林业工作会议在长春市召开。吉林省林业厅党组书记、厅长兰宏良作工作报告。

2月20日 霍岩任吉林省林业厅党组书记、厅长。

3月18日 吉林省国有林场和国有林区改革领导小组完成梅河口市、公主岭市等13个试点县（市）《国有林场改革实施方案》的批复。

3月24日 吉林省第十二届人民代表大会常务委员会第三十三次会议审议并通过了《吉林省森林防火条例》（修订草案），定于2017年4月1日起施行。

3月27日 吉林省森林草原防火指挥部和吉林省绿化委员会召开全省春季森林草原防火和造林绿化工作视频会议。吉林省副省长隋忠诚出席并讲话。

3月31日 吉林省林业厅2017年度廉政工作会议召开。厅党组书记、厅长霍岩出席会议并讲话。

4月19日 吉林省政府召开吉林省东北虎豹国家公园体制试点工作推进会议。省委常委、省政府党组副书记林武，省政府副省长隋忠诚参加会议。

4月25日 吉林省绿化委员会组织省领导、机关干部和部分长春市中小学生代表参加了义务植树活动。省委书记巴音朝鲁、省长刘国中、省政协主席黄燕明等参加。

4月28日 吉林省林业厅召开全省林业系统安全生产工作视频会议。厅党组书记、厅长霍岩在会上讲话。

5月5日 由吉林省林业厅、吉林省旅游发展委员会、通化市人民政府主办，辉南县人民政府、吉林龙湾国家级自然保护区管理局承办的"2017中国·吉林龙湾野生杜鹃花卉旅游节暨吉林龙湾群旅游有限责任公司成立仪式"在吉林龙湾国家级自然保护区开幕。活动主题为"绿色龙湾——与改革同行"。

5月10日 根据吉林省编办《关于省林业厅增设安全生产监督管理处的批复》（吉编行字〔2017〕115号）精神，林业厅增设安全生产监督管理处。

5月11日 吉林省国有林场改革工作推进视频会议在长春市召开。省国有林场和国有林区改革领导小组办公室主任、省林业厅厅长霍岩出席会议并讲话，全省国有林场改革工作全面启动实施。

6月7日 国家林业局办公室下发《国家林业局办公室关于2016年度天然林资源保护工程二期"四到省"综合考核结果的通报》（办天字〔2017〕92号），吉林省取得了第一名的好成绩。

6月15日 吉林省林业科技创新大会在长春召开。会议表彰了全省林业科技工作先进集体和先进个人，省林业厅党组书记、厅长霍岩出席会议并讲话。

7月16日 国家林业局、发改委、中编办、财政部、民政部组成的国有林区改革专题调研组到吉林省调研召开国有林区改革调研专题会议。国家林业局副局长李树铭对吉林省国有林区改革工作给予充分肯定，并对加快推进国有林区改革提出了明确要求和意见。

8月8日 吉林省林业厅、吉林省财政厅转发了《国家林业局 财政部关于印发〈国家级公益林区划界定办法〉和〈国家级公益林管理办法〉的通知》，在全省组织开展国际级公益林区划落界工作，计划于2019年4月完成。

9月15日 吉林省政府召开2017年全省秋季森林草原防火工作视频会议。副省长金育辉出席会议并讲话。

9月28日 吉林省林业系统维稳工作视频会议召开。省林业厅党组书记、厅长霍岩出席会议并讲话。

9月29日 吉林省第十二届人民代表大会常务委员会第三十七次会议通过了《吉林省人民代表大会常务委员会关于修改〈吉林省湿地保护条例〉的决定》。

10月9日 吉林省第二次全国重点保护野生植物资源调查通过国家林业局验收。

10月12~13日 吉林省委常委、常务副省长林武带领省直相关部门负责同志赴珲春市就深入贯彻中央深改组会议精神、全面完成东北虎豹国家公园体制试点任务进行督导和调研。

10月30日 吉林省林业厅召开传达学习贯彻党的十九大精神视频会议，省林业厅党组书记、厅长霍岩出席会议并讲话。

11月13日 吉林省森林公安局召开今冬明春打击破坏森林及野生动物资源违法犯罪专项行动部署电视电话会议。

12月1日 吉林省第十二届人民代表大会常务委员会第三十八次会议通过《吉林省人民代表大会常务委

员会关于修改和废止〈吉林省森林管理条例〉等9部地方性法规的决定》。

12月2日 吉林省国有林场和国有林区改革领导小组完成全省国有林场改革涉及的61个县县级改革实施方案批复，国有林场改革取得重大阶段性成果。

12月26日 吉林省政府办公厅印发《关于贯彻落实湿地保护与修复制度的实施意见》，标志着全省湿地保护工作由抢救性保护正式转向全面保护。

(吉林省林业由张玉昆供稿)

吉林森工集团林业

【概　述】 中国吉林森林工业集团有限责任公司（简称"吉林森工集团"）组建于1994年，是全国首批57户建立现代企业制度大型试点企业集团和全国五大森工集团之一，位列全国制造业500强。2006年经吉林省政府批准，吉林森工集团改制为国有控股企业，总股本5.0554亿元，其中，吉林省国资委代表省政府出资持股65%，吉林森工集团工会代表职工出资持股35%。吉林森工集团实行母子公司体制，由集团母公司、子公司和生产基地三个层级组成。现有全资和控股子公司32户，其中，8个林业局属公益类企业，其他为竞争类企业，包括一家上市公司和一家财务公司。在册职工3.7万人，离退休人员3.6万人。

2017年，实现营业收入70.2亿元。实现净利润-11.5亿元，同比减亏30.2%，遏制利润下滑趋势。年末资产总额339.4亿元，净资产60.6亿元，资产负债率82.1%，比年初降低了4.8个百分点。

产业转型 围绕优化产业、精干主业，以兴林强企富民为目标，坚持"死一块、活一块"，形成做强森林资源经营产业（以森林经营为主，森林康养旅游、森林食品和绿化苗木为辅），做大上市公司和财务公司平台，推进房地产、人造板和地板板块剥离重组，转型退出非主营业务、非控股和非盈利企业以及闲置资产的"一二三四"产业发展新思路。

一是夯实森林资源经营产业基础。完成中幼林抚育7.33万公顷、补植补造和改造培育2.53万公顷。完成更新造林2600公顷，其中，林地清收还林2266.67公顷，更新皆伐23.4公顷，更新择伐301.73公顷。完成森林生态修复工程1.35万公顷。完成天然中幼林抚育和人工林采伐以及风倒风折木拣集等生产任务16.5万立方米。制定加快绿化苗木产业发展意见，8个林业局新建绿化苗木基地371.27公顷，共建成3166.67公顷。使用国家储备林建设项目资金1500万元，在临江林业局、三岔子林业局和露水河林业局建设域内国家储备林2000公顷。湖南8万公顷储备林项目上报吉林省国资委备案。临江林业局设计人工林可持续经营试点伐区面积605.02公顷，采伐出材37 636.78立方米。全年未发生大面积森林病虫害，连续38年未发生重大森林火灾。制定实施加强林下经济管理指导意见，推行"林业局+合作社+职工"发展模式，林下经济发包实现收入1.89亿元，达到历史最高水平。利用林区停伐闲置土地等资源谋划24个森林康养旅游和森林食品转型项目，长白山原始森林观光小火车项目通过专家论证并批准实施。

二是发挥两个平台功能作用。上市公司通过发行1.79亿股份购买苏州园区园林绿化工程公司100%股权和泉阳泉饮品公司75.45%股权，做实主业，企业盈利能力进一步增强；财务公司协同集团相关部门搞好内部资金归集，适时增加信贷资金投放额度，全年内部发放贷款110笔、114.6亿元。

三是探索推进三大板块重组。房地产板块与多家国有和民营知名房地产企业对接，寻求通过市场化方式剥离。聘请广州证券公司对人造板板块开展深入调查，初步形成资本运作规划。研究通过资产整合分立对人造板和地板板块进行重组，着手做好捆绑或单独上市的前期准备。

四是盘活退出非主营业务资产股权。推进铜矿和石灰石矿产企业和小贷公司等非主营业务退出，清理非控股企业散小弱差股权19项，退出13户非盈利企业，通过盘活闲置资产活化资金5.5亿元。

保资金链 坚持"救急"和"活命"优先，通过吉林省国资委协调吉盛资产管理公司给予过桥资金支持，采取集中归集、统筹调度使用内部资金，缓发职工工资、缓缴社保和公积金费用等措施，化解多个资金链断裂危险点。全年完成倒贷132笔，接续资金172亿元。在国家林业局和中国银监会等大力支持下，吉林省政府组织召开森工集团脱危解困座谈会，推动成立吉林森工集团债权人委员会，争取各债权银行给予无还本续贷、固贷到期本金展期、贷款利率下浮10%等政策支持，有效缓解债务压力，为战略重组赢得时间、创造条件。

运行管控 围绕完成企业经营目标，强化督导和管控，狠抓责任落实，保持平稳运行的态势。

加强跟踪督导。坚持月分析、季通报，适时调度主要产品生产和销售，及时召开座谈会分析经营形势，派出6个专题调研组督导运营，约谈20户重点企业研究落实改进措施。

推进精益化管理。观摩学习东北工业集团经验，在重点加工企业推行作业现场精益化管理；内部与吉象公司开展全方位对标活动；人造板集团启动运行ERP和KPI系统，强化供应链、销售、财务和绩效管理。

实施集中管控。围绕健全管控体系，编制集团治理权责清单和母子公司权限界定表，修订"三重一大"决策制度实施办法和投资项目管理办法等制度规定，对投资决策、项目管理和资金使用实施穿透式管理。

抓好扭亏增盈工作。按照吉林省政府及省国资委的部署要求，从集团本级到二、三级企业逐级制订三年扭亏增盈攻坚实施方案，明确目标任务，层层压实责任，扭亏增盈攻坚工作有序推进。全年减亏4.96亿元，完成当期目标。

安全生产持续稳定。深入开展"安全生产责任深化年"活动，落实国家环保和安全生产专项督察要求，强化安全责任落实，夯实安全管理基础，抓好隐患排查整治，有效应对洪涝灾害，全年未发生安全生产重伤、死亡和工业火灾事故。

企业改革 股权重组迈出坚实步伐。报请吉林省政府及省国资委同意，吉林森工集团股东会通过，向中国青旅实业公司转让35%的职工股权，完成公司章程修订和工商登记变更。泉阳泉公司与中石化集团合作，实行长白山天泉矿泉水生产基地和营销公司交叉控股，探索混合所有制改革的新路子。

推进瘦身健体。制订出资企业组织机构调整方案和吉林森工集团机关机构及职能设置方案。清理散小弱差股权和"壳企业"32户。吉林森林工业股份有限公司、吉林森工金桥地板集团有限公司和人造板集团有限公司机关部门大幅压缩，管理人员精简50%以上。

推进市场化选聘经理人试点。制订出台市场化选聘经理人暂行办法，吉林森工人造板集团有限责任公司和开发建设集团有限公司选聘经营者和部门负责人31名，其中7人为市场化外部选聘，所聘人员在企业经营管理中发挥积极作用。

推进供给侧结构性改革。人造板去产能7.1万立方米。房地产去库存10.2万平方米，人造板和地板分别去库存12.5万立方米和12万平方米，提前一年完成任务。清回应收款项6.5亿元。争取吉林省国资委同意，23.3亿元营造林支出计入人工林资产，增加企业资本公积，资产负债率降低7个百分点。集团全口径期间费用同比减少3.32亿元，降低11.6%，其中，财务费用和管理费用在2016年同比下降7%和11%的基础上，分别下降4%和7%。

推进风险防控专项整治。围绕解决决策随意性、管理行政化、制度不健全、程序不规范等方面问题，结合监事会年度监督检查反馈意见，查出8类风险隐患、55项具体风险点，制定28项整治措施，完成违规超标准发放奖金清理和违规购置车辆处置等44项整治任务。

推进"三供一业"移交。11户企业23家"三供一业"单位与地方政府签订正式移交协议，财政资金补贴4.25亿元，企业承担费用6430万元。

党建工作 学习贯彻党的十九大精神。结合"两学一做"学习教育常态化制度化，通过集体学习、专家辅导、专题培训等形式，坚持用习近平新时代中国特色社会主义思想武装头脑，指导实践，广大党员干部政治站位明显提高，"四个意识"进一步增强，领导发展能力得到提升。

党组织政治核心作用有效发挥。坚持党对国有企业的领导，集团及所属14户二级企业完成党建工作要求进公司章程，党组织法定地位得到落实。坚持党委会前置研究讨论企业重大决策事项，充分发挥把关定向作用。加强基层党组织建设，在吉林森工森林康养发展集团有限责任公司等新建和重组企业及时成立党组织，实现全覆盖；三岔子林业局等4户企业完成党委换届；集团标准化党支部建设达到100%。

干部队伍建设不断加强。完善落实企业领导人员选拔任用管理办法，匡正选人用人风气，坚持按标准选人、按程序用人，全年集团选拔任用、调整交流63人。落实"531"人才培养工程，通过送学和办班方式，培训二级企业领导班子成员、中层管理人员和专业技术人员近千人次。

党风廉政建设成效突出。抓好中央和吉林省委巡视"回头看"以及省国资委专项巡察反馈问题整改落实，办结移交问题线索18件，清缴二级企业违规发放薪酬3547万元。对13户企业开展专项巡察，督察整改问题25个。全年查办案件22件，给予党政纪处分35人次。配合吉林省纪委做好柏广新违纪违法案件调查取证，深刻吸取教训，加强教育引导，干部职工队伍思想稳定，廉洁从业意识增强。

改善民生 5家停产半停产人造板厂1986名富余职工妥善安置到属地林业局。争取到域内储备林建设、森林生态修复、风倒风折木拣集等生产任务，增加林区职工收入。争取省信访救助资金298.8万元，解决信访积案4件，及时排查处置隐患75项，实现党的十九大等重要会事期间到省进京非正常访"零登记"目标。通过产业扶贫、健康扶贫和文化扶贫，包保帮扶和龙市龙坪村150户贫困户，预脱贫144户。发放吉林森工集团专项帮扶资金625万元，引导困难职工创业致富，预脱贫1212人，完成总任务的83%。

【林业大事】

1月18日 吉林森工集团召开2017年工作会议，总结2016年综合改革、转型发展工作，分析当前面临的形势，安排部署2017年工作。

1月22日、24日 吉林省省长刘国中、副省长李晋修在《吉林森工集团关于2016年工作情况和2017年工作安排的报告》上作出重要批示。

5月4日 吉林省政协副主席别胜学等一行领导到吉林森工集团露水河林业局调研指导旅游开发工作。

7月28日 吉林森工集团召开党委理论学习中心组学习扩大会议暨2017年年中工作会议，总结上半年经营运行工作情况，分析当前形势，部署下半年重点工作。

8月16日 中国证监会上市公司并购重组委员会召开会议，全票无条件通过吉林森林工业股份有限公司发行股份购买资产并募集配套资金暨关联交易事项，标志着吉林森工自2016年7月启动的重大资产重组获得成功。

9月25日 吉林省政协副主席别胜学一行到吉林森工金桥地板集团指导安全生产工作。

10月19~20日 吉林省国资委主任、党委书记林玉成一行到吉林森工集团调研督导。

11月22日 吉林省委宣讲团在吉林森工集团举行党的十九大精神报告会。省委宣讲团成员、吉林财经大学党委书记周知民教授在会上作宣讲报告。

12月15日 吉林森工集团举办领导干部暨集团机关党支部书记学习党的十九大精神轮训班。

12月29日 吉林森工集团与中国青旅实业公司签订股权合作协议。中国青旅实业公司常务副总裁周耀平，吉林森工集团党委书记、董事长于海军等出席仪式并讲话。

（吉林森工集团林业由吴在军供稿）

黑龙江省林业

【概　述】 2017年，全省共造林7.86万公顷（其中，人工造林完成2.91万公顷，封山育林完成4.95万公顷），是计划任务的100%。完成义务植树5540万株；完成三北工程建设任务5.43万公顷，是计划的100%，其中，人工造林2.07万公顷，封山育林3.36万公顷。采收林木种子19万千克，完成育苗面积0.97万公顷、生产苗木11.39亿株，提供造林绿化苗木约6亿株。发生森林火灾97起，其中一般森林火灾85起，较大森林火灾12起。林业有害生物发生面积为24.02万公顷。成灾面积266.67公顷，成灾率0.11‰。检疫苗木13.02亿株，种苗产地检疫率100%。

造林绿化 全省共完成营造林面积7.86万公顷（其中，人工造林2.91万公顷，封山育林4.95万公顷），占计划任务的100%。推进美丽乡村绿化，绿化村屯1708个、面积0.2万公顷；完成小流域治理95处，面积446.67公顷；治理侵蚀沟90余条，面积280公顷；新建、优化、改造农田防护林3000多条，面积3260公顷；完成义务植树5540万株，建立义务植树基地612处、面积1093.33公顷。

抓基础，做好各项造林前期准备工作。2016年秋2017年春，部署各地共完成造林整地2.01万公顷，占全省人工造林2.92万公顷的68.83%。为抢时节、高质量完成人工造林任务奠定了基础。为保障及时造林，各级人民政府和林业部门积极筹措资金2.167亿元。抓时节，及时指导各地进行适时造林。下发《关于做好2017年造林绿化工作的通知》《关于做好美丽乡村建设绿化工作的通知》《关于转发〈退化防护林修复技术规定（试行）〉的通知》《黑龙江省林业厅办公室关于印发〈2017年全省造林绿化和森林防火督导检查方案〉的通知》等文件，对春季造林绿化工作提出了明确要求。成立了由林业厅领导带队的7个督导组，深入全省各地对造林绿化工作进行督导检查，及时研究解决造林绿化工作中存在的问题。抓宣传，引领造林绿化的主攻方向。按照习近平总书记提出的"绿水青山就是金山银山"的理念，全省各地积极通过各类新闻媒体、通过简报信息、设立宣传板、发放宣传单，播放公益广告等多种形式宣传造林绿化、建设绿水青山的重要意义。抓队伍，努力提高业务素质。举办全省造林绿化暨古树名木资源普查技术培训班。对全省各市（地）、县（市、区）200余人（次）进行培训。

国有林场改革 明确推进国有林场改革工作思路。确定了黑龙江省林业厅推进国有林场改革"定位、定责、定目标"的改革方针，确立统筹布局，责任明确；分类指导，渐进实施；全力推进，保持稳定；总结经验，确保完成的指导思想，凝心聚力，督导各地要如期完成国有林场主体改革任务。筹备召开专题会议，协同推进国有林场改革。黑龙江省国有林场和国有林区改革领导小组召开了由省发改、林业、财政、编办、人社、教育、卫计委分管领导和业务部门负责同志参加的工作会议，通报了目前国有林场改革情况，明确各部门职责分工，建立国有林场改革协调机制和督导检查机制，对加速推进国有林场改革进行安排部署。针对个别市县上报改革实施方案缓慢问题，并会同省编办，对个别市县上报改革实施方案缓慢的政府和林业部门领导进行约谈，明确方案上报时间节点和要求。提请黑龙江省政府召开了由省林业厅和省机构编制部门有关负责同志参加的协调会议，研究解决编制未进入平台国有林场编制核定和转企林场改革认定以及庆安管局学校移交中的有关问题。明晰了国有林场改革相关政策。针对国有林场事业编制核定、职工社保衔接过渡等改革核心问题会同有关部门进行认真研究，以省林业厅、省卫计委、黑龙江银监局、省编办、省教育厅、省人社厅联合文件印发《关于进一步明确国有林场改革政策有关问题的通知》，进一步明晰黑龙江省国有林场改革相关政策，为各地改革提供政策支持。明确相关部门职责和工作要求。以省国有林场和国有林区改革领导小组文件下发《关于印发〈国有林场改革实施方案〉重点工作分工的通知》，对黑龙江省《方案》中重点工作进行分解，责任明确到有关部门。同时，建立国有林场改革协调机制和市县国有林场改革实施方案初审和审批程序，明确各地改革实施方案的审批流程，在从严质量前提下，加快审批速度。组织完成了黑龙江省林业厅直属国有林场改革实施方案的编制工作，积极协调省编办、财政厅解决厅直属林场的定性核编和资金保障问题。组织省国有林场改革办公室成员单位对市县国有林场改革实施方案进行初审和提请审批工作。目前完成了70个市县351个国有林场改革实施方案的审批工作，占应批准方案个数的83%，占预计改革林场个数的86%。

林业灾害防控 森林防火工作持续稳固，黑龙江省委省政府对全省森林防火工作高度重视，省委书记张庆伟、省长陆昊多次作出批示，4月3日，省委书记张庆伟、省长陆昊一行专程到省森防指检查指导森林防火工作，进一步强化全省森林防火各项措施；全省共发生森林火灾97起，秋防没有发生森林火灾，其中一般森林火灾85起，较大森林火灾12起。过火面积883公顷，其中有林地面积238.7公顷。火因多为农用火和雷击引发的森林火灾，其中农事用火15起，雷击火72起，其他火因10起，由于发现及时，处置得当，火灾均在当日扑灭。

全省林业有害生物发生面积为24.02万公顷。成灾面积266.67公顷，成灾率0.11‰；防治面积19.18万公顷，无公害防治面积17.12万公顷，无公害防治率89.3%；检疫苗木13.02亿株，种苗产地检疫率100%。印发《关于开展2017年重大林业有害生物防治督导工作的通知》，严把苗木调入调出关，切实加强疫情和检疫工作管理，向社会发布林业有害生物趋势预报92次、生产性预报55次，重点做好梢斑螟防治工作，有效控制了林业有害生物的危害。完成了省政府与国家林业局签订的《重大林业有害生物防控责任书》的各项任务指标。

森林资源保护　依法审核，强化占用征收林地管理。坚持现地核实，防止未批先占等问题的发生。共审核、审批占用林地项目212项，面积1322公顷，收缴森林植被恢复费2.65亿元。严格执行限额，加强林木采伐管理。面对"十三五"期间全面停止天然林商业性采伐、国有林场改革等新形势，严格执行国家规定，加大监督检查力度，防止无证采伐。受理6个单位行政许可申请37项，准予行政许可37项，发放林木采伐许可证255份，采伐蓄积68 542.96立方米。推动森林公安业务建设，打击涉林违法犯罪行为。全省各级森林公安机关继续把打击破坏森林资源违法犯罪行为作为森林公安工作重点，强化管理、周密部署，加大案件查处力度。全省森林公安机关受理森林和野生动物案件1028起，查处955起，其中刑事案件立案446起，查处382起，破案率为86%，抓获犯罪嫌疑人201人，收回林地80.91公顷，收缴林木684.37立方米；行政案件受案582起，查处573起，收缴野生动物850头（只），处罚3149人。

野生动植物保护　集各部门力量，持续开展野生动物保护，尤其是在春季候鸟迁徙关键时期，联合黑龙江省公安厅、省交通厅、省工商局、省网信办、省铁路集团有限公司，成立候鸟保护督导组，集中开展乱捕滥猎滥食和非法经营候鸟等野生动物违法犯罪活动综合整治工作。下发候鸟保护春秋季行动方案，会同省森林公安局、哈尔滨市林业局等单位，对哈尔滨市重点区域开展了联合执法检查。首次通过实物资助等形式，发动"让候鸟飞""东北野战军"等群众志愿组织，深入各地市候鸟迁飞重要停歇区域开展宣传教育工作，积极为当地森林公安提供案件线索，建成了覆盖面广、反应迅速、效果明显的管护组织体系。会同省工商局对哈尔滨市5处古玩市场36家商铺进行执法检查，有效规范哈市象牙市场。方正红宝星、虎林七虎林和宁安红旗山3处新建省级自然保护区。对外发布了黑龙江省地方林业自然保护品牌形象标志，并进行了注册。

森林公园和湿地建设　全省地方林业系统有森林公园65处，总面积56.48万公顷，国家级森林公园38处，省级27处，全年各地累计投入森林公园建设资金5亿元，年收入达6.4亿元。鸡西绿海、抚远华夏东极申报国家级森林公园，嫩江科洛火山为省级森林公园。加强湿地保护管理，出台《黑龙江省湿地保护修复工作实施方案》《黑龙江省湿地保护规划（2016～2020）》《黑龙江省重要湿地划分标准》。创新发展湿地保护管理模式。发布全省湿地名录，科学划分和界定湿地边界；确立湿地属地化管理的原则，地方各级政府对本行政区域内的湿地保护工作负总责；提出全省"一湖、两网、一带"湿地生态功能区建设，明确了湿地保护管理的总体布局等内容均已在《黑龙江省湿地保护修复制度方案》中明确。广泛寻求湿地保护管理国际合作，与河仁慈善基金会、美国保尔森基金会签署合作框架协议，在资金、技术上均得到大力支持。积极推进与河仁基金会—保尔森基金会合作，在4个主要合作领域的框架下开展8项拟先期开展的湿地项目。与世界自然基金会（WWF）合作。利用国际合作项目推动建立"哈尔滨湿地研究院"，在注重湿地保护管理培训的同时，保护管理的能力建设进一步加强。

林业科技　组织实施并完成国家林业公益性行业科研专项"东北乡土木本粮油树种良种选育及利用研究"和"948"项目的研究。组织实施省级林业科技研究应用项目22项；完成省林业厅种苗站"红松采穗圃与坚果林营造技术研究"项目、哈尔滨市林业局林科院"森林经营模式研究"项目。组织申报2017年黑龙江省科学技术奖8项，有6项获奖，其中"微囊悬浮剂的开发与应用"等3项成果获二等奖，"樟子松长白落叶松高世代种子园建立与经营技术研究"等3项成果获三等奖。

落实2017年中央财政林业科技推广示范资金项目19个，中央财政补助1900万元。16项林业科技推广成果获得黑龙江省林业科技奖。其中，获得黑龙江省林业科技一等奖8项，获得黑龙江省林业科技二等奖7项，获得林业科技三等奖1项。

林业产业　全力推进林业产业建设，组织召开第二届黑龙江省林业产业发展合作大会，编制形成《全省木材加工产业发展规划》《黑龙江省红松产业发展规划》《黑龙江省北药产业生态发展规划》等指导性文件。积极发展产业项目，将全省木材加工企业纳入技改补助范围，林业"两牛一猪"项目获专项补贴，林业年度六大展会纳入全省统一对外招商办展。遴选4处单位作为全国森林特色小镇建设试点；在2017年中国森林旅游节上获得国家奖励3项。统筹推进林业金融建设，省政府与国家林业局、国家开发银行签订黑龙江国家储备林融资200亿元开发性贷款项目，编制完成《黑龙江省利用国家开发银行贷款建设国家储备林基地项目总体规划》，规划五大重点基地建设，进一步形成产业后发优势。

林业支撑保障　林业法制不断加强，协调争取省政府、省人大将《黑龙江省野生动物保护条例》和《黑龙江省林木种子管理条例》纳入2017年立法计划预备项目，制定印发《黑龙江省林业厅关于全面推进全省林业法治建设的实施意见》，全面落实林业法治政府建设，开展林业行政执法人员资格清理和行政执法委托资格清理工作。林业宣传显著提升，通过新华社、《人民日报》《中国绿色时报》和《黑龙江日报》、黑龙江省电视台等媒体，多次集中开展林业系统宣传报道，营造林业发展良好舆论氛围。开展全省碳汇项目调查工作，编制《黑龙江省碳汇造林技术规程》和《黑龙江省碳汇计量监测技术规程》。积极推进林业信息化建设，探索"互联网+林业"模式，全省森林防火、林业资源监管等信息化水平进一步提升。林业项目资金支持能力显著提升，2017年共争取中央财政补助资金近33亿元，为全省林业事业发展提供了有力支撑。强化流程再造工作，制定《黑龙江省林业厅机关工作制度和流程》，梳理119项工作事项和制度，进一步规范林业工作高效运行。

【**林业站建设**】　标准化林业站建设。完成了2015年26个标准化林业站验收，落实指导2016年23个标准化林业站建设项目实施，对2017年23个标准化林业站建设实施方案进行评审，申报了 2018 年标准化林业站建设项目，组织指导林业站行业培训 1500 人次。生态护林员选聘。全面落实生态护林员选聘、培训和管理工作，对 2016 年度生态护林员进行了全面培训，完成了建档立卡贫困人口精准识别"回头看"，生态护林员变动情况调查，2017 年度生态护林员选聘工作。与齐齐哈尔、佳木斯、绥化三市签订生态护林员管理人员委托培训协议，计划委托培训 273 名市县乡三级生态护林员管理人员。乡镇林业站站长能力测试。与国家林业局签订林业站培训项目任务书，全省 140 名乡镇林业站站长参加 2017 年度全国乡镇林站站长能力测试。公共服务能力提升。与国家林业局签订了 2017 年度"林业站公共服务能力提升"委托协议，落实嘉荫县为实施单位。

【代号"2017 利剑"专项行动】 在全省范围内组织开展打击破坏森林资源和野生动物资源违法犯罪专项行动，代号"2017 利剑"。此次行动坚持主动出击，强化跨区域、跨部门协作，对涉林违法犯罪予以严厉打击，专项行动战果显著。据统计，在专项行动期间，收到群众举报线索 133 条，根据线索破获案件 64 起；全省各级森林公安机关共出动警力 9334 人，车辆 3277 台次；查处林业行政案件 100 起，刑事案件立案 114 起，破案 70 起，刑事处理 99 人，行政处罚 90 人；野生鸟类 1352 只、作案工具 98 件；清理非法征占用林地项目 8 个，检查野生动物活动区域 268 处，开展宣传教育活动 259 次。

（黑龙江省林业由崔祥娟供稿）

黑龙江森林工业

【概 述】 2017 年，黑龙江省森林工业总局党委团结带领全系统各级党组织和广大职工群众，深入贯彻党的十九大和省十二次党代会精神，转变思想观念，激发内生动力，转换发展动能，一心一意谋发展，聚精会神抓党建，在国家林业局和黑龙江省委、省政府的正确领导下，各项事业取得新进展、新成效。全林区产业总产值完成 587.5 亿元，比 2016 年增长 10.1%，完成全年计划的 102.9%；增加值完成 249.5 亿元，比 2016 年增长 10.2%，完成全年计划的 103.1%。

【主要经济指标】 2017 年，全省森工林区产业总产值完成 587.5 亿元，比 2016 年增加 53.8 亿元，增长 10.1%。全系统林业产业增加值完成 249.5 亿元，比 2016 年增长 10.2%

营林产值完成 19.1 亿元，比 2016 年同期增长 24%；林产工业产值完成 27.1 亿元，比 2016 年同期下降 3.9%；种植养殖业产值完成 119.9 亿元，比 2016 年同期增长 3.7%；森林食品业产值完成 78.6 亿元，比 2016 年同期增长 4.8%；旅游业产值完成 66 亿元，比 2016 年同期增长 14.6%；林药业产值完成 17.6 亿元，比 2016 年同期增长 14.3%。在岗职工年平均工资 34 070 元，比 2016 年增长 8.3%。

【营林生产】
主要指标 2017 年，造林面积 19 588 公顷，其中，人工造林 3380 公顷，退化林修复 16 208 公顷。森林抚育 537 174 公顷。2017 年末实有育苗 1246 公顷。参加义务植树 52.3 万人，完成 351.5 万株。计划 156.07 公顷，完成 504.4 公顷。森林病虫害发生面积 17.521 万公顷，其中鼠害发生面积 10.44 万公顷。防治面积 14.806 万公顷。完成了国家林业局下达的年度防治"四率"管理指标。新增一处小兴安岭红松国家森林公园。国家级森林公园总数达到 25 处，国家级森林公园面积 1 685 260.6 公顷。2017 年，森林公园门票收入 7979.61 万元。

主要工作 针对超坡耕地、荒山荒地、林间空地、沿路、沿河、沿江、沿湖两侧及林场（所）址周围、废弃料场建设用地、景区视野范围内需绿化的造林绿化用地规划退耕还林，造林密度适当降低 10%～20%。方正林业局开展营林体制改革试点工作，积极探讨营林产业化经营模式，2017 年年初正式成立方正林业局森林经营有限公司，实行公司化经营，探索森工林区营林体制改革、营林产业市场化新路。

创新森林抚育管理及作业。2017 年，在大海林、铁力、方正林业局的基础上又增加林口、东京城和绥阳 3 个林业局作为全区森林抚育示范基地。制订颁发了黑龙江省国有重点林区《森林抚育管理办法》《森林抚育绩效考核管理办法（试行）》和《森林抚育信息报送管理办法》。完成《黑龙江省国有重点林区森林经营规划（2016～2050 年）》送审稿编制工作。完成 2016 年度省级森林抚育检查工作，顺利通过 2016 年度国家级森林抚育抽查工作。

推进林业碳汇项目开发与交易。组建了黑龙江森工碳资产投资开发有限公司。启动了柴河、林口、绥阳、八面通、沾河、方正、亚布力、鹤北、桦南、鹤立、清河、金山屯等林业局为碳汇项目试点单位；确定中信碳资产管理有限公司、北京丛丰碳资产管理股份有限公司、广州市广碳碳排放开发投资有限公司为总局碳汇项目开发合作方；各试点林业局授权黑龙江森工碳资产投资开发有限公司与中信碳资产等三公司签订《林业碳汇开发服务意向性协议》。各试点单位完成了第一轮碳汇资源基础数据上报工作。

组织完成全省森工林区林业有害生物普查汇总。本次共普查出对林业植物可造成不同程度危害的本土林业有害生物 109 种，其中林业病原微生物 26 种，有害昆虫 69 种，有害植物 4 种，鼠类 8 种，鼠兔 2 种。未发现 2003 年以来从国（境）外或省外传入的林业有害生物。

【多种经营】 2017 年，森工林区多种经营总产值完成 216.1 亿元。其中，种植业养殖业产值 119.9 亿元，森林食品业产值 78.6 亿元，北药业产值 17.6 亿元。新建"两牛一猪"规模化标准化养殖场 12 个，其中肉牛养殖场 4 个，年出栏万头育肥猪养殖场 2 个，年出栏 3000 头育肥猪养殖场 6 个。养猪 72.2 万头，森林猪 4.6 万头，养牛 6.9 万头，养羊 17.7 万只，养禽 421 万只（森林鸡 22 万只、森林鹅 30.4 万只），养狐貉貂 19.1 万只，养蜂 18.9 万箱，水产养殖面积 3333.3 公顷，林蛙放养面积 140 万公顷。各类专业合作社达到 180 个，其中种植业 92 个、养殖业 35 个、食用菌 24 个、北药 15 个，社员总计超过 2200 人。

种植业结构调整 调减传统大田作物播种面积，重点扩大水稻、白瓜子、小麦等高产高效作物和经济作物种植面积。2017 年，牡丹江、松花江、合江江林区种植业播种面积 49.5 万公顷，其中，玉米 6.4 万公顷，比 2016 年减少 26.2%；小麦 7700 公顷，比 2016 年增加 5200 公顷；大豆 22.5 万公顷，比 2016 年增加 17.7%；水稻 1.6 万公顷，比 2016 年增加 7%；白瓜子 1.9 万公顷，紫苏 5666.7 公顷，杂粮杂豆 8000 公顷，鲜食玉米 200 公顷，油菜 260 公顷。积极开展"三减一加"行动，努力推进森工林区种植业绿色发展，2017 年农药购买量比 2016 年减少 2.2%，化肥购买量比 2016 年减少 1.8%。农业机械化水平不断提升，累计组建农机合作社 6 个。迎春、桦南、双鸭山、鹤北、沾河、鹤立、桦南等林业局粮食仓储能力达到 600 万吨。

森林食品业 2017 年牡丹江、松花江、合江江林区食用菌栽培规模 9 亿袋，其中黑木耳栽培规模 8.7 亿袋，浆果人工栽培 1733.3 公顷，坚果人工栽培 81.1 公顷，采集山野菜 1.6 万吨。积极开展"三品一标"认证，推进企业年检、企业标志使用检查、企业产品抽检、基地建设、新型营销、质量追溯体系建设等工作。有效使用产品标识由 2013 年的 39 个增加到 2017 年年底的 100 个，其中有机食品标识认证产品 28 个，绿色食品标识认证产品 41 个，无公害标识认证产品 31 个，认证面积共计达到 13.2 万公顷。争取农业综合开发项目 9 个，资金 5000 万元。争取耕地地力保护补贴 2.04 亿元，大豆种植者价格补贴 5.85 亿元，玉米种植者价格补贴 1.22 亿元。

北药产业 重点培育和壮大"两参"、平贝、天麻等现有优势品种栽培面积，逐步实现林下药材栽培基地化、规模化、产业化，加快推进林药复合生产模式。2017 年，牡丹江、松花江、合江江林区人工栽培北药面积 4913.3 公顷。其中五味子 1533.3 公顷，平贝 866.7 公顷，"两参"1200 公顷。

基地建设 截至 2017 年年底，建设了种植、食用菌、坚果、浆果、山野菜采集及改培、北药等 75 个规模大、效益好、带动力强的森林食品原料基地。10 个省级"互联网+农业"高标准种植示范基地及 2 个样板示范基地。

龙头企业 森林食品加工企业 55 家（不含矿泉水生产企业），其中粮食加工企业 18 家，食用菌生产加工企业 13 家，山野菜加工企业 2 家，坚果加工企业 6 家，浆果加工企业 3 家，蜂蜜加工企业 11 家，肉制品加工厂 1 家，桑叶鸡蛋生产企业 1 家。

市场营销体系 截至 2017 年年底，在全国大中城市建设黑森绿色食品旗舰店 26 家，加盟的连锁店、代理商已达到 200 余家；已搭建完成具有网上支付和移动支付功能的黑森绿色食品（集团）有限公司自有电子商务平台，在天猫、京东商城、黑森微店等第三方交易平台建立黑森旗舰店。基本实现了在省内主要城市、旅游景区，省外重点省、市等经济发达地区的销售网络布局。

【森林旅游】 2017 年，旅游业产值完成 66 亿元，比 2016 年同期增长 14.6%，增加值完成 28.3 亿元。其中，牡丹江林区产值完成 14.9 亿元，增加值完成 6.9 亿元；松花江林区产值完成 10.1 亿元，增加值完成 4.7 亿元；合江林区完成产值 4.1 亿元，增加值完成 9372 万元；伊春林区完成产值 28.6 亿元，增加值完成 12.7 亿元；总局直属单位完成产值 6.6 亿元，增加值完成 3.1 亿元。落实旅游环保厕所补助资金 196.6 万元，新评 A 级景区省级奖励资金 50 万元。

2017 年，以 4A 级景区复核检查为契机，提升景区经营管理水平，为景区晋升国家级度假区、A 级景区升级做好准备和指导工作。组织申报了国家林业局森林特色小镇、全国森林康养基地试点建设单位和省级乡村旅游示范点等工作，其中全国森林康养基地试点建设单位获评 7 家，省级乡村旅游示范点获评 4 家。国家旅游发展金项目组织申报旅游环保厕所 132 座，建设完成 101 座，完成省旅游委核复。与黑龙江省文化厅共同开展"旅游+文化"战略合作，组织 4 场森工专场文化产品对接演出活动，实现森工旅游景区首次与全省文化艺术院团和优秀文化产品的无缝对接，加速文化产品的落地，加快旅游产品供给侧改革。

联手新浪网对森工景区进行了多点位现场直播，实时点击量达 200 万次，话题阅读量达 2000 多万次；创建森工旅游品牌展示墙，在森工林区集中展示旅游整体形象和旅游品牌。组织重点景区参加国家林业局主办的第三届森林旅游节，柴河局荣获"森林旅游示范县"称号，柴河宏声林场、山河屯凤凰山森林经营所被授予"最美林场"称号，龙江森工获得森林旅游节优秀组织奖、优秀展示奖、优秀协作奖、优秀宣传奖、优秀产品推介奖共 5 个表彰奖项。实施"内部整合、外部融合、内部联盟、外部联动"，实现整合营销，形成合力宣传推介，召开森工林区首届冰雪旅游产品推介会暨"冰雪之冠"旅游联盟产品说明会，首次采取线上、线下、现场、直播联动推介的创新形式，旅行商社、OTA 及网络达人、中央省市 40 余家媒体等 500 余人参加了现场推介，各省上千家主力旅行社同步在线参加推介，在线直播点击量突破 173 万，《今日头条》定点推送 229 万人。

【林产工业】 2017 年，森工林产工业战线通过典型引领，深化改革，优化结构，强化管理，落实总局"486"发展战略，积极推进林区木材精深加工产业发展，推进城市院墙企业转型。林产工业产值完成 27.1 亿元。其中，牡丹江林区产值完成 9.1 亿元，增加值完成 3.1 亿元；松花江林区产值完成 4.8 亿元，增加值完成 1.6 亿元；合江林区完成产值 1.5 亿元，增加值完成 3835 万元；伊春林区完成产值 10.3 亿元，增加值完成 3.8 亿元；总局直属单位完成产值1.4亿元，增加值完成5080万元。

建立产业集群、布局结构优化。柴河、绥阳、通北等5个林业局通过依靠境外原料支撑，建设境内工业园区，打造"木材进口、产品出口、两头在外"的产业集群，形成"林业局建园区搭建产业平台，企业投资扩大生产经营，林区职工增加就业和收入"的产业发展模式，产值超过亿元，其中柴河局达到2.1亿元，绥阳局1.7亿元，通北1.2亿元。海林、大海林、穆棱、亚布力、苇河、方正、兴隆等10个林业局和柴河局林海纸业产值超过5000万元。

绥阳局拓展原料渠道，进口木材占原料利用的90%，源通木业从俄进口柞木板材生产实木地板，九山木业公司从俄罗斯进口椴树板材，生产百叶窗，全局产值1.7亿元。柴河局自主开发益智玩具产品近300款，采用线上与线下相结合的营销模式，做渠道、做电商，在淘宝、阿里巴巴导入产品200余种，"威虎山"牌玩具占国内立体拼图20%以上的市场份额。柴河局林海纸业扩大废纸利用，开发新型高档印花烧纸、水泥包装内衬纸等特种纸，产值接近亿元。

木材精深加工产业发展加快、高附加值产品比重增长，加工每立方米原木创造产值达到5270元。海林局在俄罗斯建立加工园区，进口木材，生产透气窗百叶窗、铅笔、胶合板、台面。绥阳局做强实木地板、木制百叶窗。柴河局发展木制玩具、工艺品。通北、大海林、鹤北局做强牙签、食品签、微薄木、松木脂和核桃壳工艺美术雕刻产品等精深加工产品。

院墙企业转型。牡丹江厂发挥场地优势，调整产业结构，由生产型企业转向服务企业，实现转型发展。发展"仓储园区"产业和租赁经营业，形成了以常温库、保温库为主的仓储集散中心。发展"物流园区"、东方宴酒店、宜居宾馆、宜世达宾馆等产业，形成牡丹江市区最大物流园区，汽运物流占牡丹江80%的市场份额。发展"石材加工园区"和"门窗木材彩钢大市场"，开创小车出租、林区山副特产经销、东宜冷库、装卸服务、长途物流等产业。借助阿里云网络创建"森擎"网电商平台，把仓储、物流等产业项目与互联网融合，2017年经营收入预计1700万元。

【资源保护和管理】 截至2017年年末，全省国有重点林区有林地面积为858.6万公顷，活立木总蓄积量为9.5亿立方米，森林覆盖率为85.1%。清理回收林地2503.42公顷。

林地林权管理 2017年，完成林地变更调查工作，对森工林区实施全覆盖的林地年度变更调查。将国家级公益林、自然保护区、森林公园、湿地公园等重点生态区域界线落实到林地保护利用规划"一张图"上，使二类调查区划成果与林地保护利用规划"一张图"保持一致，为实现"多规合一"奠定可靠基础。

资源监督 组织开展森工林区生态保护红线划定工作。科学开展生态保护红线划定工作，推进国土空间用途管制，促进森工林区生态文明建设。深入推进东京城、林口林业局森林可持续经营试点工作。完成了2016年森工林区森林资源档案更新统计及分析报告。

林政管理 黑龙江省国有重点林区2017年度共发现林政案件4020起，查办3978起，查处率为98.96%。行政处罚3994人次，挽回经济损失510.8万元。组织开展了冬季严厉打击破坏森林资源违法犯罪专项行动。

森林资源调查 完成了国家林业局下达23个林业局及7个直属林场的二类调查任务。经国家林业局、黑龙江省资源管理局以及各院质量检查组全面检查，达到规程规定标准，基础数据库资料已上报国家林业局。12月底，完成数据汇总与成果图制作。

执法监督 组织完成了全省国有重点林区森林资源、林政、监督人员、结构、工资待遇等调查摸底统计工作，并配合人事部门赴伊春进行人事核查。完成了全省国有重点林区2016年森林抚育补贴项目作业质量监督检查验收工作及2017年森林抚育补贴项目调查设计质量监督检查验收工作。组织完成了对林口林业局2016年四季度至2017年一季度森林资源可持续经营试点项目伐区作业质量检查验收工作。共检查作业小班69个，抚育伐61个小班，更新采伐8个小班。

森林管护 完成了全森工区管护站、检查站的建设上报工作，规划建设管护站1410个。国家投资2017年加固改造管护用房120个。制订了生态保护与建设实施方案和森林资源管护责任状责任目标，全林区到2020年落实管护面积954万公顷。绘制管护站点分布电子矢量图，完成森工区1410个管护站绘制了电子矢量图，上报国家林业局。

【森林防火】 黑龙江省森工总局党委、总局始终坚持把森林防火作为保障和维护国家生态安全的底线和生命线，全面落实责任主体和防控措施，着力在"防"上下工夫，在"早"上搞突破，在"实"上谋创新，在"严"上抓惩处，建立森林防火管控长效机制，取得了显著成效，实现了连续8年没有发生重大以上森林火灾。2017年春防，共发生2起一般森林火灾（其中1起为界外农事用火烧入），过火总面积26.57公顷（其中有林地1.64公顷），没有发生较大以上森林火灾。2017年秋防，没有发生森林火灾。

全省森工林区逐级落实524名副处级以上领导实行森林防火包片责任制，将责任和任务层层细化、分解，落实到岗、到人，做到了每一个山头、每一个地块都有森林防火承包责任人。各林管局、林业局、重点国有林管理局分别召开各种专题会议163次，深入传达贯彻落实上级森林防火工作会议精神。春、秋防两防期间，森工总局及所属各林管局、林业局、重点国有林管理局共派出由处级以上干部带队的春防督察组、蹲点包片组、流动巡查组、隐患排查组共806个（次），分别深入到各林区进行流动巡查、蹲点检查、全面督查，重点对防火责任和防范措施落实情况、防火人员上岗执勤情况、防火宣传工作开展情况、火灾隐患排查情况、应急处置和保障措施落实情况等进行检查和督查，通过明察暗访，确保春防各项措施落到实处。

坚持把火源管理作为防火工作的重中之重，对入山人员实名登记，普及防火知识，实行严格监控，严防火种入山。在进入林区的路边道口设立固定防火检查站653个，在重点地段增设临时哨卡1180处，派专人昼夜把守，依据"三不放过"规定从严检查入山人员和车辆。对农事用火进行疏堵结合、密切监管。四级以上大风天，实行封山防火。7000多名森林公安干警始终奋战在严管火源、排查火险隐患的一线，严格实施依法治火，对重点地段、重点时期增设巡查人员，加大布防力量。高火险期间，各林业局每天都有处级领导带队深入到山边林缘进行巡护和隐患排查；在重点火险区组成了由机关干部、森林公安干警、森林防火专业人员参加的多个流动巡查组，带着野营装备、食品和通讯工具分布在重点部位昼夜巡查，火险不除人员不撤。在林缘附近的479个林场（所）、623个村屯、179处重要设施周围开设了防火隔离带。

充分利用各种媒体在全林区全方位开展森林防火宣传教育活动，大造防火舆论氛围。在林区公路干线、要道口布设了9775块各种固定森林防火标语牌，签订森林防火公约12万余份，设立防火宣传一条街381条，出动各类森林防火宣传车3136台次，印发各类森林防火宣传品15万余份，构建起了全方位的森林防火宣传教育网络体系。

通过高山了瞭望塔、偏远山区流动巡逻队、沿湖（江）快艇巡查、空中飞机载人巡护、核查卫星热点信息等手段，实行全天候、全方位立体监测，做到有火及时发现、快速反馈、迅速处置。在重点火险区组建了8～10人一组的快速扑火队，携带扑火机具在林区腹地不间断往来巡查。全林区1.35万人的局、场两级防火专业队在防火期间全部进入临战状态；在远离林业局址、交通不便的关键部位，增加驻防执勤点，派驻7350名专业防火队员布防在森林防火最前沿。严格执行火情报告制度、卫星热点核查反馈制度。切实加强值班调度，实行24小时领导带班，随时掌握春防动态，确保信息畅通。

【天然林保护工程】 2017年，国家提高了天保管护、森林抚育和社保补助。森林管护费2017年每公顷提高30元，年增加27 034万元。实现2017年每公顷补助150元，全年补助资金为135 170万元；森林抚育补助2017年增加抚育任务2.33万公顷，年增加补助资金4200万元。2017年全年补助资金为97 440万元，抚育面积812万公顷；社会保险缴费补助。2017年社保补助基数提高到按2013年省社平工资80%补助，年增加补助资金63 334万元。2017年社保补助资金为29.29亿元。

完成了年度天保工程林业局级自查、省级复查工作。印发了《关于组织开展2016年度天然林资源保护工程二期实施情况林业局级自查和省级复查的通知》，制订了《黑龙江省森林工业总局2016年天保工程二期实施情况省级复查工作方案》《黑龙江省森林工业总局天然林资源保护工程2016年度考核办法》。完成了对年度国家级核查发现问题的整改工作。加强和规范了龙江森工天保工程档案管理工作，制定下发了《黑龙江省森工国有林区天然林资源保护工程档案管理细则》，提高档案管理的科学化、规范化和现代化水平。

【招商引资与对外贸易】 2017年，围绕森工"486"产业发展布局，全面树立创新求发展，开放办森工的理念，全省森工林区共计签约合同、意向、协议、在谈项目55个，签约总金额58.23亿元，到位资金11.18亿元，开工项目29个。其中，合同项目33个，总投资额38.56亿元，到位资金11.18亿元，已开工项目29个；签约超亿元合同项目10个。

全员营销。搭建了全员营销电子商务平台，依托电子商务平台，把黑龙江森工林区的资源产品、环境服务推荐给全国人民，让参与者享受到健康、环保、绿色无公害的优质服务，制定以"森林产品＋森林旅游"的形式为商城核心，设置合伙人考核模式。平台5月18日正式上线运行。产品数量已达471余款，累计做活动15次。平台上线至2017年末，累计成交金额3124万元，其中销量最好的单品是散装黑木耳，成交金额856万元。销量第二的单品是稻花香大米，累计成交金额378万元。销量第三的单品是混松茸，累计成交金额138万元。发展分销商18万人，来自全国34个省（区、市），其中15.3万人来自森工员工。

组织参加了第四届中俄博览会暨第二十八届哈洽会，主要展示森工种植养殖业、营林业、森林旅游业、森林食品业、木材精深加工业、绿色矿产业、林药业、建筑业等产业成果。森工展团共计签约合同、意向、在谈项目37个，项目总金额32.9亿元。其中，合同项目11个，签约金额6.24亿元；在谈、意向项目26个，项目金额26.66亿元。

【公路建设】 主要指标。省道建设计划71.52千米（两年工期），2017年完成投资12 500万元。边防公路建设。计划46.451千米（两年工期），2017年完成投资3786万元。危桥改造15座，119.75延长米，完成投资2936万元。安防工程处理隐患里程137.9千米，投资1273万元。省道大修18千米，投资1088万元。农村公路结转项目完成2项21千米，完成投资945万元。危桥改造续建项目完成7座156.12延长米，完成投资635万元。林区公路养护累计完成创建美丽农村公路150千米，完成公路整修3870千米，完成绿化5万株，完成林区公路养护投资6856.7万元。

林区交通运输安全。多次组织森工各级交通运输主管部门对本林区公路水运工程建设安全生产、通行保障安全等进行自检、互检、抽检。制订下发了《森工林区深入开展平安交通专项整治行动方案》《2017年黑龙江省森工林区交通运输安全生产月活动方案》《森工林区公路水路行业安全生产风险管理办法》《森工林区公路水路行业安全生产事故隐患治理办法》《森工交通2017～2018年遏制重特大生产安全事故实施方案》等方案，并组织林区交通运输战线开展相关工作。

【民生工作】 2017年，新增就业3.28万人，困难群体就业1.19万人；为2500名煤分流职工解决了基本工资，并给予创业补贴。企业职工年均增长工资2772元，在岗职工年均工资达到3.5万元。完成了厂办大集体改革工作，涉及11.42万人，支付经济补偿金12.2亿元。全面启动森工系统机关事业单位职工养老保险。完成21个局址总体规划、69个以上的《中心林场（所）建设规划》的编制。加大棚改力度，加强基础设施建设，2017年森工林区林业棚户区改造任务建设17 957套，其中："三江"林区5569套；伊春林区12 388套。截至2017年年底，森工林区林业棚户区改造建设进度情况为开工17 749套，开工率为98.84%，基本建成6415套，竣工率为35.72%。新建绿化35.2万平方米、完成投资3724.2万元，人均绿化面积达到7.5平方米，与2016年相比提升0.6个百分点，局址环卫工人总数达到5190人，街道机械化清扫率达到46%，职工居住条件、居住环境进一步改善。发放各类救助资金2.45亿元；林区养老床位增加至3266张。按照省委部署抓好绥棱县克音河乡四井村的对口帮扶。实施文化惠民工程，新建成一批文化基础设施，开展文化活动2000多场。综治基础建设、社会治安防控体系建设不断加强，林区社会和谐稳定。

【党的建设】 扎实推进"两学一做"学习教育常态化制度化，推动全面从严治党向纵深发展。坚持好干部标准，配齐配强各级领导班子。认真贯彻落实《准则》和《条例》，严格落实"三会一课"、民主评议党员等组织生活制度，党内政治生活进一步规范。开展了以"十个规范化"为主要内容的创建规范化基层党组织活动，党的基层组织基础得到夯实。强化党风政风监督，驰而不息整治"四风"，扎实开展机关作风整顿，党员干部精气神进一步提升。查处违反"八项规定"精神和"四风"案件11起，处理15人。坚持零容忍惩治腐败，认真实践监督执纪"四种形态"，运用"四种形态"处置677人次。建立了党风廉政建设和反腐败工作总局、林管局、林业局"三级联动"工作推进机制，实施了廉政风险防控等六大评价预警，共受理信访举报661件、立案272件、处分322人。加大省委巡视组移交问题线索办理力度，认真查办违纪问题。积极培育和践行社会主义核心价值观，深入开展思想道德和精神文明创建活动，开展了第三届"感动森工"人物评选宣传活动，朱彩芹当选党的十九大代表，周雅杰被评为"感动龙江"十大人物，涌现出一大批先进单位和集体。大力弘扬劳模精神、劳动精神、工匠精神，激发了广大职工立足岗位、建功立业热情。统战、群团等工作均得到加强并取得新成绩。

【林业大事】

1月22日 黑龙江省方正重点有国林管理局、黑龙江省柴河重点国有林管理局、黑龙江省清河重点国有林管理局、黑龙江省五营重点国有林管理局正式挂牌。

1月21日 总局党委书记李坤会见宁波天邦股份公司董事长张邦辉、总裁沈伟平一行。双方就生猪养殖项目进行洽谈。

1月25日 黑龙江省穆棱林业局杨木桥林场驻场医生周雅杰荣获2016"感动龙江"人物荣誉称号；黑龙江省鹤北林业局职工戴福军荣获2016"感动龙江"人物提名奖。

2月2~3日 中共黑龙江省委书记王宪魁深入亚布力滑雪旅游度假区就发展冰雪经济，推进亚布力旅游度假区改革发展进行调研。森工总局党委书记李坤、局长王敬先、副局长王东旭陪同调研。

2月6~8日 黑龙江省大兴安岭行署专员、林管局局长苏春雨一行到黑龙江森工林区就国有林区体制改革、森林资源经营管理和发展冰雪旅游产业、林产工业、森林生态食品产业等方面进行考察调研。总局党委书记李坤、局长王敬先会见了苏春雨一行。

2月13~14日 由黑龙江省人大常委会副主任孙永波带队的全国人大、省人大代表视察组到森工亚布力、雪乡对森工旅游产业发展情况进行调研视察。总局领导李坤、王敬先、王东旭陪同视察调研。

2月18日 全省森工工作会议在哈尔滨召开。黑龙江省副省长吕维峰作书面批示。总局党委书记李坤讲话。国家林业局驻黑龙江省森林资源监督专员袁少青出席会议并讲话。总局局长王敬先对贯彻落实会议精神提出具体要求。总局领导马建路、姜传军、姚猛、王东旭、张维铎、王春杰、赵宏宇、张雷出席会议。

2月24日 由国务院参事、国土资源部原总工程师、中国地质调查局原局长洪涛任组长的国务院参事室调研组一行9人到大海林雪乡，就"东北三省东部地区绿色发展"情况进行调研考察。森工总局副局长姜传军陪同调研。

3月16~17日 由国家环保部、交通运输部、国家林业局、黑龙江省环保厅和东北林业大学联合组成的调研组到森工林区林口林业局，调研指导新增国家重点生态功能区产业负面清单工作，并组织召开由森工所属40个林业局参加的关于重点生态功能区产业准入负面清单编制工作座谈会。黑龙江省森林工业总局副局长王东旭陪同调研。

3月23日 黑龙江省森林工业总局党委书记李坤分别会见了中国工商银行黑龙江省分行党委书记、行长张晓辛一行和中国农业发展银行黑龙江省分行党委书记、行长欧阳平一行，就银企战略性合作等事宜进行了洽谈。总局领导姚猛、王东旭参加洽谈。

3月31日 黑龙江省森林工业总局、中国龙江森林工业(集团)总公司与中国人民银行哈尔滨中心银行共同举办政银企融资对接座谈会。国家开发银行、中国进出口银行、中国银行、中国建设银行等23家金融机构，与黑龙江省森林工业总局、中国龙江森林工业(集团)总公司及所属各林业企业展开洽谈对接，现场签署了5个领域战略合作框架协议，授信额度达235亿元。

4月9日 森工总局局长王敬先陪同中国野生动物保护协会会长陈凤学一行到龙江森工绥阳林业局黑龙江省老爷岭东北虎国家级自然保护管理局，就虎豹国家公园建设和黑龙江老爷岭东北虎国家级自然保护区管理局各项工作开展调研。

4月18日 森工总局副局长姜传军陪同国家林业局党组成员、副局长彭有冬一行到黑龙江省沾河林业局就造林绿化和森林防火工作进行督查。

5月9日 黑龙江省高级人民法院党组书记、院长石时太一行先后到黑龙江省鹤北、双鸭山林区基层法院，就林区法院司法改革推进情况进行调研。

5月17日 中国农林水利气象工会和国家林业局在大海林林业局举行"全国五一劳动奖"授牌仪式。授牌仪式上宣读了《全国五一劳动奖状、奖章表彰决定》，并为大海林林业局颁发全国五一劳动奖状，为海林林业局李广喜颁发全国五一劳动奖章。

6月2日 森工总局副局长马建路率队赴吉林森工、内蒙古大兴安岭重点国有林管理局考察调研重点国有林区改革等方面的经验做法。

6月3~9日 森工总局局长王敬先率森工商务代表团访问瑞典和荷兰，期间分别参加了中国黑龙江—瑞典斯德哥尔摩经贸合作交流会和中国黑龙江-荷兰海牙经贸合作交流会，森工主要推介了亚布力滑雪场建设等10个项目。

6月7日 黑龙江省人大常委会党组书记、副主任符凤春带队到森工总局调研座谈《黑龙江省国有重点林区条例》的修订和森工改革情况。森工总局领导李坤、马建路、王春杰、赵宏宇、张雷参加座谈会。

6月18日 国家林业局森林公安局局长王海忠一行到黑龙江省林业公安局，就森林公安改革推进落实情况开展调研。森工总局副局长马建路陪同。

6月20日 黑龙江省委书记张庆伟到黑龙江省森林工业总局调研黑龙江省国有林区改革发展情况。省领导陆昊、陈海波、张雨浦、黄建盛、朱清文、吕维峰陪同调研座谈。总局领导李坤、王敬先、马建路、姜传军、陶金、王春杰、赵宏宇、张雷参加座谈。

7月19日 全省森工系统文化工作座谈会在黑龙江省绥棱林业局召开。黑龙江省委宣传部副部长、省政府新闻办主任刘红岩，省文化厅厅长张丽娜，省委《奋斗》杂志社总编辑彭大林，黑龙江日报社副总编、东北网总编临轩，省广播电台副台长李皎，中国作办会员、著名生态作家徐刚，李青松、彭程、杨晓升、吴宝三等全国、全省知名作家学者出席座谈会。森工总局领导李坤、马建路、许江、王春杰参加座谈。

8月17日 森工总局党委书记李坤、局长王敬先会见抚顺市委书记、市人大党委会主任高宏斌一行，双方就产业规划、生态保护、冬季旅游、项目建设和林产品加工等事宜进行了交流沟通。森工总局领导马建路、姜传军、许江参加会见座谈。

8月19日 东北虎豹国家公园国有自然资源资产管理局、东北虎豹国家公园管理局成立座谈会在长春召开。中央财办副主任杨伟民，中央编办副主任牛占华，国家林业局局长张建龙，黑龙江人民政府副秘书长田恃伟，国家林业局驻黑龙江省专员办专员袁少青，黑龙江省森林工业总局局长王敬先，总局党委委员、省林业工会主席张维铎参加成立大会。

8月24日 中央纪委驻农业部纪检组组长、农业部党组成员宋建朝，国家林业局副局长李树铭一行到森工总局，就国家林业局驻省专员办履职尽责及国有林区改革、国有林场和集体林权制度改革等情况进行调研并召开座谈会。黑龙江省林业厅党组书记王东旭、厅长杨国亭，黑龙江省森林工业总局党委书记李坤、党委副书记马建路、纪委书记陶金、副局长许江参加座谈。

8月28日 中国龙江森工（集团）总公司与中国农业发展银行黑龙江分行签订战略框架协议，全面支持服务龙江森工重点国有林区产业发展。中国农业发展银行黑龙江省分行党委书记、行长陆建新，森工总局领导李坤、王敬先、马建路、姜传军、张维铎、陶金、许江、马椿平、王春杰出席签约仪式。

8月29日至9月3日 黑龙江省森工系统第三批重点国有林区改革试点单位沾河、海林、鹤北、林口、绥棱、苇河、迎春、穆棱、亚布力、东方红、绥阳、八面通、桦南重点国有林管理正式挂牌，至此，黑龙江省森工系统"三江"林区23个林业局全部完成挂牌工作。

9月4日 中国龙江森工（集团）总公司与中国林业集团就加快发展旅游产业项目在北京举行了战略合作暨项目投资协议签订仪式。中林集团党委书记、董事长宋权礼，中国龙江森林工业（集团）总公司党委书记李坤、副经理马椿平出席签约仪式。

9月7日 中国龙江森林工业（集团）总公司与哈尔滨工业大学召开战略合作交流座谈会。双方就森工生态、森林防火、产业发展等领域开展对接洽谈，就增加森工产品的科技含量、加大市场占有率，推进森工经济产业转型发展进行座谈讨论。中国科学院院士、哈尔滨工业大学副校长韩杰才，龙江森工领导李坤、许江、王清文参加座谈。

9月12~14日 森工总局党委书记李坤赴俄罗斯参加黑龙江省与俄罗斯犹太自治州经贸洽谈活动，并到俄罗斯龙跃林业经贸合作区阿穆尔园区进行考察调研。

9月13日 东北虎豹国家公园国有自然资源资产管理局（东北虎豹国家公园管理局）绥阳、穆棱、东京城、东宁4个分局成立仪式在绥阳重点国有林管理局举行。国家林业局公园办主任严旬，东北虎豹国家公园国有自然资源资产管理局局长赵利，国家林业局驻省专员办专员袁少青，黑龙江省人民政府副秘书长马立新，黑龙江省编办副主任汪晓明，黑龙江省森林工业总局党委委员、省林业工会主席张维铎，牡丹江市副市长张维国出席成立仪式。

9月22日 黑龙江省省委副书记陈海波赴兴隆重点国有林管理局调研重点国有林区改革工作。省委副秘书长李三秋，森工总局领导李坤、许江陪同调研。

10月20日 森工总局局长王敬先、副局长马椿平与哈尔滨工业大学校企合作专项工作组座谈。

11月14日 森工总局党委书记李坤应邀在黑龙江省委党校就森工重点国有林区改革发展作专题讲座。

11月29日 黑龙江省编委办主任戴彤宇一行到森工就重点国有林区改革进行专题调研。森工总局领导李坤、马建路、姜传军、许江、赵宏宇参加座谈。

12月8日 黑龙江省森林工业总局与哈尔滨市香坊区、深圳宝能集团，就产业合作及香坊木材加工厂老工业基地改造举行会谈。香坊区委书记李四川，副书记、区长栾志成，宝能集团副总裁、宝能城市发展建设集团董事长邹明武，森工总局领导李坤、张维铎、许江、马椿平参加会见洽谈。

12月17日 森工总局党委书记会见大唐金控集团有限公司董事长任慧勇一行，双方就森林旅游、森林康养等方面事宜进行了深入洽谈。森工总局领导许江、马椿平参加会见。

（黑龙江森林工业由姜东涛供稿）

大兴安岭林业集团公司

【概　述】 2017年，大兴安岭林业集团公司贯彻落实国家林业局和省委、省政府决策部署，创新林区治理，加快转型发展，林区经济社会保持平稳发展态势。全年实现林业产值355 480万元，比2016年增长4.3%。完成中幼龄林抚育面积230 600公顷，补植补造20 867公顷，育苗56.77公顷，当年苗木产量7895万株，义务植树42.3万株，人工造林2666.67公顷。大兴安岭地区被确定为国家主体功能区建设试点示范单位和国家首批生态保护与建设示范区。加强森林资源保护，开展"十三五"专项行动，查处资源林政案件404起，收回林地221.6公顷。承办"5·6"大火30周年座谈会暨2017年全国春防工作总结会，全年未发生人为火，75起火灾全部于24小时内扑灭。塔河森林综合抚育试点得到国家林业局肯定。淘汰燃煤小锅炉30台、黄标车520台，投入运营新能源公交车50台。4个国家湿地公园试点通过验收。建立四级河长组织体系，全区505条河流确定河长1118人。编制全域旅游发展规划和实施意见，旅游新媒体营销经验在全省推广，大兴安岭地区被评为"2017中国十大最受欢迎旅游目的地"。举办"点赞兴安·八个十佳"评选和全区首届文化大集，漠河北极光节、呼玛开江节、加格达奇区国际冬泳邀请赛等活动影响力不断扩大。全年接待游客685万人次，实现旅游收入64亿元，同比分别增长22%和23%。组建绿色食品产业联盟，与国家绿色食品发展中心签订合作协议，"呼中偃松籽"成为国家地理标志保护产品，有机农作物种植2200公顷，绿色食品种植35 667公顷，北药种植4000公顷，中药材仓储物流基地开工建设，北天源公司建成全区首个GMP饮片加工车间。新林小柯勒河铜多金属矿成为全省两项重大找矿成果之一。新注册成立科技型企业67户，5家科技型企业在区域板块挂牌上市。推进精准脱贫，83%的农村贫困人口稳定脱贫，88.2%的城镇居民、林业职工贫困人口实现解困。全民创业人均收入3万元，增长8.1%，林业企业在岗职工工资连续4年增长，城乡居民收入超过GDP增速。社会事业健康发展，呼玛县义务教育均衡发展通过国家验收，全区通过率100%。启动公立医院改革，全部取消药品加成，让利群众2811万元。瓦西公路开工建设，加阿、漠满公路竣工验收。加格达奇区净水改造工程完成，呼中污水处理厂正式运行。59件网上梳理标注信访积案、7件省交办信访事项全部办结，来信来访件次、人次下降44.2%和63.3%，公众安全感位居全省前列。

【森林防火】 坚持森林防火责任、任务、措施"三明确三落实"，修订完善《大兴安岭地区森林防火布防方案》《大兴安岭地区集中爆发森林火灾应急预案》《大兴安岭地区火场通讯保障预案》，制订《森林火灾应急管理办法》，细化预案内容，落实具体责任人，提高预案的操作性和实用性。加大监督检查力度，地级包片领导反复到承包单位检查督导，帮助查找隐患，解决问题。调整地区火场督察队成员，成立扑火督察组10个。强化基础设施建设，编制全区森林防火年度设施设备更新计划，申请森林防火基础设施建设资金3370万元。强化预警响应，统一印发森林火险预警信号样品旗。防火期将天气预报、预警信息和气候趋势预测信息及时发布到大兴安岭森林防火网站，全年发布天气预报145期，森林火险预警信号86期，气候预测专报84期。加强森林防火宣传教育，开展"5·6"特大森林火灾30周年反思系列宣传教育活动。严格管理，构建设卡抓"点"、巡护查"线"、入山清"面"、瞭望管"片"的大联防格局，把火种火源堵在山下林外，实现防火与生产和谐发展。适时开展战略防火阻隔带点烧工作，全年点烧战略性防火隔离带6219.47千米，点烧农田剩余物6174.7公顷。强化林火扑救，树立"调精兵、用飞机、打小火、立大功"的理念。全区组建17支670人的快速扑火突击队，专业森林消防支队到高森林火险区驻防，加大巡护密度，延长瞭望时间，重点防控雷击火，实施精准扑火，确保小火不酿成大灾。2017年，全区发生森林火灾75起，其中一般森林火灾60起，较大森林火灾15起，过火总面积455.37公顷，林地过火率0.03‰，远低于1‰的省控指标，火灾当日扑灭率100%；未发生重特大森林火灾和烧毁林场、村屯现象，未发生人身伤亡事故。

【森林资源保护】 推进依法治林，组织开展保护森林资源"十三五"行动，严厉打击偷盗木材、违法运输、毁林种参、毁林开垦等违法行为，并将保护野生兴安杜鹃纳入专项行动。加大林业法律法规宣传力度，设立宣传台153处，在《大兴安岭日报》开辟普法宣传专栏33期，发放宣传单、图册31.8万份，悬挂宣传条幅759条。提升干部职工依法行政的意识和能力，举办林政执法人员和案件统计分析人员培训班4期。全年查处林政案件404起，收回林地221.62公顷，收缴木材18.34立方米，补种树木18 736株，没收野生动物93只，没收野生兴安杜鹃干枝条2.05万余枝，取缔非法收购野生兴安杜鹃点2家，处理违法人员416人。

【营林生产】 编印《大兴安岭林业集团公司2017年森林资源培育实施方案》，首次将森林培育生产成本下放到各林业局，按照实际发生费用列支资金科目，实现不同立地条件和作业强度的造林地块按实际发生进行设计，调查设计更符合造林现地。执行营林生产质量事故终身责任追究制，制发《大兴安岭林业集团公司2017年营造林核查工作方案》《全区营林系统"安全生产月"活动实施方案》，成立营林行业安全生产检查工作领导小组，开展行业安全生产检查及隐患排查8次。强化营林专业化队伍建设，制发《2017年全区营林队伍培训工作方案》，全年举办营林技术培训班103期，培训管理和作业人员19 101人次。推进塔河森林综合抚育试点工作，《塔河林业局十金公路（塔河段）森林综合抚育试点实施方案》获国家林业局批复，试点完成抚育面积1001.01公顷、大苗造林3324株。森林样板基地引种水曲柳、胡桃楸等4000株，归纳总结经营模式作业法8种，形成作业法技术体系。专项治理生态保护工程领域失职渎职行为，成立营林系统专项治理领导小组，全区排查虚假验收、任务转包及外委、失职渎职和安全生产4个方面案件25件，涉及人员87人。

【林地管理】 加强建设项目使用林地审核审批，执行全国林地保护利用规划、林地年度定额制度，统筹安排林地使用指标。争取国家林业局对大兴安岭地区重点产业项目和基础设施建设使用林地政策，对中俄原油管道二期工程、省政府推进的重点公益性探矿项目、水利项目、铁路道口平改立项目和地区重点建设项目等重点工程，开设绿色通道，保证项目进度。完成建设项目永久使用林地初审和上报24项，经国家林业局审核批复17项，使用林地定额268.43公顷，批复临时和直接为林业生产服务项目79个，占地732.49公顷。编制《大兴安岭地区建设项目使用林地审核审批申报指南》，组织开展年度林地变更调查，查清林地范围、林地保护利用状况以及林地管理属性变化情况，成果上报国家林业局。开展国有林区建设用地变更登记试点工作，组织塔河、加格达奇林业局开展建设用地变更登记试点前期准备工作。完善林地管理制度，规范工程建设项目临时使用林地期满回收工作，印发《关于加强临时占地回收工作的通知》。规范呼玛县域涉农林地管理，下发《关于进一步规范涉农林地承包合同的通知》，通过规范"涉农林地"承包合同等方式理顺呼玛县域"涉农林地"管理工作。

【森林资源监督】 坚守资源保护红线，全额控制森林资源消耗，严格采伐审批，全年核发林木采伐许可证14 637份，核发面积184 234.8公顷，核发蓄积量223 121.4立方米，核发占用林地出材27 378.5立方米。加强森林抚育调查设计质量监管，核查设计小班48个、面积818.6公顷，核查其他各类工程建设占用林地项目61个，检查地块252个、面积148.98公顷，作废不合格调查设计小班29个，检查地块调查设计合格率为88.5%。完善监管办法，明确资源管理问题约谈范围、条件、主体、方法、程序等事项，实现约谈工作制度化、规范化。全年约谈资源管理人员和相关责任人29人次。加强案件督查督办，全年查办案件184起，涉林地违法犯罪案件183起，涉林木案件1起，涉案林地154.2公顷，收回林地106.8公顷，办结148起，办结率为80.4%，行政处罚92人，刑事处罚22人。

【天然林保护工程】 规范天保工程管理，推进森林植被恢复、森林后备资源培育等生态环境建设保护工程。加强天保资金使用和运行管理，按工程实施进度及时拨付到各天保工程实施单位，并对资金使用情况跟踪检查。全年国家投入大兴安岭林区天然林保护工程资金322 364万元。其中，财政补助资金310 964万元，中央基本建设投资11 400万元。推进天保工程信息系统建设，采集森林管护、营造林信息数据，完成2016年人员机构和社保信息更新工作。强化天保工程实施管理，集团公司通过国家林业局2016年度天保工程二期实施情况综合考核。

【森林管护】 提高森林管护补助标准，森林管护费由120元/公顷提高到150元/公顷。因地制宜设置管护站点，签订管护合同，落实管护责任，实行专业队、直接管护人员、职工家庭承包等管护模式。发展管护区经济，以管护区（林场）为核心，以管护站为节点，发展林下种植、林下养殖、林下产品采集加工等特色产业，实现"绿富双赢"目标。

【林业碳汇】 加强碳汇资源管理组织机构建设，各林业局机构及人员编制全部到位。印发《大兴安岭林业集团公司林业碳汇项目监测管理制度》《大兴安岭林业集团公司林业碳汇项目开发建设管理制度》，成立林业碳汇产业专家咨询机构，组建由林学、营林资源、湿地管理、林业经济、森林经理、发改、计划统计等相关专家组成的大兴安岭地区林业碳汇产业专家库。开展数据库建设，完成《大兴安岭林业碳汇数据库建设方案》。图强林业局碳汇造林项目完成碳量核证报告，年均碳量41万吨。松岭林业局和西林吉林业局碳汇造林项目完成审定程序。截至2017年年末，全国审定公示的83个林业碳汇项目和备案的15个林业碳汇项目中，大兴安岭地区分别占有2个。

【招商引资】 延伸产业链条，壮大支柱产业，开展精准定向对接洽谈，重点引进产业关联度大、转型升级带动强、主业特色明显、推动经济社会发展的大项目。修改完善招商引资潜力分析报告、招商指南，更新招商引资项目库，编印《大兴安岭重点招商项目册》，谋划重点招商项目146个。开展"千企百展"专项工作，以长三角、珠三角、京津冀及友好城市等为重点区域，组织企业参加全球豫商龙江行、亚布力论坛、北京大兴安岭漠河特色小镇产业项目对接会、第二届林业产业发展合作大会、第四届中俄博览会暨第28届"哈洽会"等招商展洽活动。加强电商服务体系和平台建设，全区自建电子商务交易平台交易额7146万元，带动就业人数1857人，电子商务销售额3.64亿元，同比增长60.4%。2017年，全区招商引资到位资金33.7亿元，同比增长4.69%。

【生态旅游】 推进全域旅游，释放林区内生动力，依托大森林、大界江、大冰雪、大湿地等独特的资源优势，吸引游客体验大兴安岭林区的特色旅游。地区旅游产业发展被纳入国家和省级规划，漠河县和大兴安岭地区分别入选"国家全域旅游示范区"创建名录，大兴安岭地区被国务院纳入《"十三五"旅游业发展规划》，并被确定为首批"跨区域特色旅游功能区"和"国家旅游风景道"，被国家林业局纳入第一批"国家森林步道"，漠河被国家旅游局纳入首批"中国国际特色旅游目的地"

创建名单。"神州北极·找北之旅"和"冰雪之冠·北极圣诞"被纳入全省5条夏季和冬季精品线路,"哈尔滨—漠河极寒冰雪旅游带"被纳入全省冬季重点打造的"一区四带"总体布局,省政府重点打造的3条自驾游精品线路中大兴安岭地区涵盖2条。创新旅游营销方式,提升美誉度和吸引力,开展全网络推广营销和网络自媒体营销,借助微博话题营销,举办专题直播推介会,有效送达11.26亿人次。加强硬件和软件建设,突出旅游服务功能,改造和修建休憩节点6个,新建和完善旅游厕所39个,设立全景导览图22块,设立景区引导标识牌103块,在全省首家开发"兴安智慧游"应用程序手机终端,北极村景区实现无线网络全覆盖。各地成立或组建专兼职旅游管理机构,部分地区设立旅游发展资金。提升旅游从业人员的整体文明素质和服务水准,举办旅游安全、行政执法、导游员年审、宾馆饭店技能、旅游干部培训班,培训420余人。

【社会保障】 提高保障覆盖率和保障水平,为10.1万名企业退休人员人均提高养老金142.25元,城镇居民医保补助年人均增至450元。实施医疗保险改革,完成城镇居民与新农合医保整合,实现城乡居民医疗保险"六统一"(覆盖范围统一、筹资政策统一、保障待遇统一、两定机构统一、医保目录统一、基金管理统一)统筹模式。贫困人口大病保险起付线减半,封顶线由10万元增加到20万元。开展全国跨省异地就医直接结算试点工作,率先与全国7688家医院联网,区内住院持卡直接结算,省内转诊定点医院达29家。实施农村低保与扶贫工作衔接,将符合低保条件的困难家庭全部纳入低保范围。从2017年1月起,城市低保指导标准提高到540元/人·月,财政补助水平提高到344元/人·月,农村低保指导标准提高到3780元/人·年,财政补助提高到2021元/人·年。全年为一次性安置人员52 624人发放养老保险补贴31 847万元,50 487人发放医疗保险补贴13 488.38万元。发放城市低保资金10 418.6万元,发放农村低保资金772万元,发放特困供养资金415万元,发放医疗救助资金1617.7万元,发放临时救助资金239.4万元。

【全民创业】 依托资源和区位优势,采取宣传推介、优化结构、加强培训、完善服务、典型引路等措施助推全民创业重点产业,发展适合当地的特色产业,逐步建立"一村一品"产业发展格局。全区建成全民创业示范基地182个,合作社622户,建立工业加工型、龙头带动型等小企业创业孵化基地11个,"公司+基地+创业户"的发展格局逐步形成。为创业者解决资金难题,扶持具有示范引导作用的创业项目,发放扶持资金131.13万元,办理小额贷款1963万元。加强创业技能培训,编印《大兴安岭地区全民创业实用技术手册》,举办全民创业实用技术培训、食用菌技术培训、中草药技术交流、林下养殖技术培训暨森林猪养殖协会经验交流等培训班,培训3000余人次。设置微信技术服务平台,上传技术资料、政策信息等,方便创业者随时查询,并接受创业实时咨询。拓宽创业户营销渠道,组织创业户参加哈尔滨、义乌、菏泽展销会。利用新闻媒体宣传实绩显著、贡献突出的创业者,播发稿件200余篇(条),编发《全民创业简报》95期。2017年,全民创业人数7.5万人,增长1.7%;人均创业收入3万元,增长8.1%;实现增加值40.8亿元,增长10.3%,拉动GDP增长2.5个百分点。

【改革管理】 新林、呼中设县方案呈报国务院,漠河设市方案通过民政部评审论证。加格达奇林业局管办分开任务基本完成,韩家园林业局完成移交社会职能各项准备。企办教育改革方案上报国家林业局,经费缺口将纳入中央财政预算,"三供一业"补助资金到位10.78亿元。清理行政权力事项、中介服务事项29项,行政许可网上审批覆盖率100%。漠河口岸被中俄交通分委会纳入开通日程,洛古河建桥协定草案得到中俄省州层面确认,与广东省揭阳市签订对口合作框架协议。提前全部偿还7.8亿元企业债券本金,减少财务费用5971万元。争取与木材停伐相关的生产性贷款利息补助1.38亿元,财政转移支付、社保补助、管护费新增8095万元、2663万元、2.3亿元。审减固定资产投资1991万元,清收欠款3256万元。神州北极木业公司扭亏增盈,古莲河煤矿利润实现1.72亿元,税金增长180%,新林后贝加尔公司租赁经营年增收节支500万元。实行林下资源有偿使用,各林业局增加收入1524万元。集团公司效益止跌回升,减亏1.32亿元。

【森林资源动态监测】 完成2016年度大兴安岭林区森林资源动态监测,形成《2016年度森林资源统计表》。监测结果显示:2016年末,全区林地面积810.26万公顷,活立木总蓄积58 527.99万立方米,有林地面积703.29万公顷,森林覆盖率为84.21%,森林资源总消耗量为36.4万立方米,活立木总生长量为1155万立方米,消长比为1:32。有林地面积、森林覆盖率增加原因是火烧迹地恢复成林,变为有林地所致。

【林业勘察设计】 2017年,国家林业局大兴安岭林业勘察设计院推进"项目强院、科技立院、人才兴院、和谐建院"的发展理念,拓展勘察设计市场,提升生产经营能力,挖掘创收清欠潜能,实现职工队伍素质、勘察设计水平、服务质量整体提高。《新林区新林镇生活饮用水水源地改迁可行性研究报告》获省级优秀工程咨询二等奖。《塔河县古驿镇供水改扩建工程建设项目可行性研究报告》获省级优秀工程咨询二等奖。国道丹东至阿勒泰公路洛古河至黑蒙界段改扩建工程可行性研究报告获省级优秀工程咨询二等奖。黑洛公路(S209)十八站至塔河界段改扩建工程、大兴安岭高级中学艺体楼新建工程、金盾郦景花园小区、漠河县兴安镇路网改扩建工程为年度勘察设计精品。全年勘察设计项目164项,工业与民用建筑设计完成建筑面积4.2万平方米,道路设计488.2千米,工程与水文地质钻探7200米进尺,年产品合格率100%,优良品率85%。全年实现产值2065万元,回收款额1996万元。

【野生动植物保护】 提高全民野生动植物保护意识,依托第36届"爱鸟周""世界野生动植物日""世界湿地日"等开展主题宣传活动。全区出动宣传人员560人次、车辆79台次,设立宣传咨询台32处,制作专题宣传牌(板、图片)75块,悬挂宣传条幅98幅,散发宣传单、宣传画等2万余份,科普讲座、送法入社区57次。开展野生动物保护专项行动,出动人员3322人次、车辆1007台次,清理粘网、猎套(夹)749件,检查集贸市场、山珍礼品店、宾馆饭店、花鸟鱼店等经营场所420户次,放飞活鸟36只,收缴野鸟17只,野猪幼崽4只,破获非法猎捕野生动物行政案件4起,行政处罚7人。

【自然保护区建设】 《黑龙江南瓮河国家级自然保护区总体规划(2016~2025年)》《黑龙江双河国家级自然保护区总体规划(2018~2027年)》获国家林业局批复。绰纳河国家级自然保护区湿地修复项目和双河源国家湿地公园保护与恢复工程项目纳入《全国湿地保护"十三五"实施规划》。黑龙江盘中、岭峰自然保护区晋升为国家级自然保护区,新建黑龙江罕诺河、那都里河湿地级自然保护区2处。全区林业自然保护区增加至34处,总面积260.46万公顷,占全区总经营面积的31.19%。其中,国家级自然保护区8处,面积98.1万公顷,占全区总经营面积的11.75%。古里河、双河源、阿木尔和九曲十八弯4个国家湿地公园(试点)通过国家林业局验收,甘河湿地公园被国家林业局核准为国家湿地公园(试点)。

【林下资源管理】 强化林下资源保护与利用管理,及时发布采摘期预报,做好采集量统计上报。开展野生蓝莓、红豆、偃松采集监督检查,遏制滥采、掠青及掠夺性采摘现象。全年从事野生蓝莓、红豆、偃松采集人员9580人,采集产品鲜果5635.41吨,实现产值7673.19万元,人均收入8010元。

【农林科学研究】 全年承担国家、省部级项目6项,实施地级项目5项,开展合作项目6项。选育出马铃薯品种"兴佳3号",申请省种子管理局新品种登记。启动国家科技部"十三五"项目子课题《野生蓝莓种质资源优选及繁育技术研究与栽培示范推广》《野生蓝莓抚育恢复技术示范推广》。榛蘑(蜜环菌)4株菌株实现人工栽培棚内和自然林地内出菇。加强黑龙江嫩江源森林生态系统国家定位观测研究站、林业实验基地、综合实验室建设,服务科研生产。开展生态监测研究,举办嫩江源森林生态站第一届学术委员会会议暨国家级系列丛书《嫩江源森林生态站长期定位观测与研究》研讨会。开展北药研究,实施"丹参人工丰产栽培技术及有效成分研究",丹参有效成分原儿茶酸含量高于国家标准、丹参酮含量符合国家药典标准。国家林业局推广项目"西伯利亚红松引种造林技术推广"通过国家林业局现场查定。2017年,获国家知识产权局实用新型专利授权2项,科技人员发表论文18篇,成为中国种子协会第六届会员单位。

【神州北极木业有限公司经营】 全年实现销售收入8010.4万元,同比增长106.86%,实现销售利润1319.6万元,同比增长101.36%,实现利润19万元,同比增长101.36%,实现税金702万元。签合同订单37 336.52平方米,完成设计35 724.74平方米,清收应收款3123万元,存货变现3285万元。第一栋装配式建筑——体验式木屋在"哈洽会"展出获好评,展后木屋销往北京。2017年,公司被中国林业产业联合会评为首届生态文明·绿色发展领军企业,空心木柱液压拼圆机获国家发明专利。

【林业大事】
3月15日 武警大兴安岭地区森林支队举行2017年春防动员誓师大会暨千人防火大会宣传启动仪式。

3月29日 行署召开专题会议安排部署打击盗采野生兴安杜鹃行为相关事项,下发《关于严格保护野生兴安杜鹃的通知》。

3月30日 历时三年的全区林业有害生物普查工作结束,普查总面积7 350 380公顷,采集标本10 323号次,初步鉴定各类标本532种,森林昆虫鉴定出13目70科。

4月27日 地区绿化委员会在新世纪广场开展"树绿色发展理念,尽适龄公民义务,推进兴安生态文明建设"主题宣传活动。

5月6日 国家林业局党组书记、局长张建龙一行到大兴安岭地区就做好森林防火和重点国有林区改革等项工作开展调研。省委常委、地委书记贾玉梅,地委副书记、行署专员、林管局局长苏春雨陪同。

5月16日 地林直、中省直112家单位在加格达奇机场路西侧、机场油库甬道以南区域内开展春季义务植树活动,栽植樟子松树苗0.7公顷。

5月20日 国家林业局、黑龙江省林业厅检查组到新林区检查森林防火工作,并召开森林防火工作座谈会。

5月30日 大兴安岭神州北极木业有限公司设计部部长白伟东当选龙江"创新争先行动"优秀科技人物。

6月5日 地区森林防火瞭望员刘良松获第六届全省道德模范敬业奉献类道德模范。

6月13日 大兴安岭"1987·5·6"大火30周年座谈会暨2017年全国春防工作总结会议在漠河召开。国家森防指副总指挥、国家林业局副局长李树铭出席会议并讲话。

7月27~28日 中国林业职工思想政治工作研究会党建研究专业委员会成立大会暨第一次委员会议在漠河县召开。

9月15日 "中国最冷小镇·呼中"五花山户外森林穿越节在呼中白山景区开幕,来自全国60余家旅行社、自驾游协会、车友会、户外协会的400余名游客及100余名新闻媒体人、摄影爱好者参加开幕式。

12月8日 "呼中偃松籽"地理标志产品通过国家地理标志产品保护技术审查会专家审查,成为全区继"中国北极蓝莓"地理标志产品之后第二个获国家地理标志产品保护的名优产品。

(大兴安岭林业集团公司由张羽供稿)

上海市林业

【综　述】　2017年，上海市林业对照"国内领先，国际一流"行业发展目标，对标建设卓越的全球城市总体要求，攻坚克难，开拓进取，深入推进生态环境建设，圆满完成了全年各项任务。

生态环境　生态环境建设稳中有进。全年造林0.43万公顷，绿地建设1358.5公顷，其中公园绿地830.8公顷，完成绿道224千米，立体绿化40.9万平方米，森林覆盖率达16.2%，人均公园绿地面积达到8.02平方米，湿地保有量稳定在46.46万公顷。浦江郊野公园、嘉北郊野公园、广富林郊野公园先后开放，全市共有6个郊野公园建成运行。累计创建命名198条林荫道。完成8个绿化特色街区建设。建设街心花园47个。全市城市公园总数达到243座，公园分级分类管理成效明显，延长开放时间已达133座。市民绿化节组织绿化大篷车园区公益行31场、园艺大讲堂等活动300余场次。深化安全优质信得过果园创建，实现76家"安全优质信得过果园"果品追溯全覆盖。2017中国森林旅游节成功举办，被国家林业局授予特别贡献奖。

行业发展　以生态文明建设为龙头，坚持强基础、重管理、充分发挥规划引领、法治保障、科技信息等支撑保障作用，不断夯实行业发展基础。建立"城市绿化成果转化、柑橘产业研发和固废资源化利用"3个行业科技创新中心。成立"上海城市树木生态应用工程技术研究中心"。完成1项国家标准编制、3项行业标准编制和6项地方标准编制修订。"绿色上海"拓展深化，微信粉丝达8万人，网站建设、网上政务大厅、政务信息公开等名列全市前茅。市民认建认养的绿地160万平方米，树木60 881棵，古树名木249棵及各种果树13 100棵。全年受理信访诉求436件次，办结率达100%。市民诉求处置能力不断提高，受理处置各类投诉31 385件，先行联系率达97.67%，按时办结率达100%，满意度测评为75.04%。

【绿化林业概述】　全市加大绿化造林，新造林6.5万亩，绿地建设1358.5公顷（其中公园绿地830.8公顷）。完成绿道建设224千米，立体绿化建设40.9万平方米。森林覆盖率达到16.2%，人均公园绿地面积达8.02平方米，湿地保有量维持在46.46万公顷以上。

表23-1　2017年上海绿化林业基本情况

项　目	单　位	数　值
新建绿地	公顷	1358.5
新建公园绿地	公顷	830.8
人均公园绿地面积	平方米	8.02
立体绿化	万平方米	40.9
新增林地	万亩	6.5
森林覆盖率	%	16.2
湿地保有量	公顷	46.46

【生态环境建设】　出台《关于进一步推进本市生态廊道建设的若干意见》，确定配套政策和建设导则，建立造林质量监管机制。金山化工区周边、老港固废基地周边、吴淞江两岸、青东农场环境综合治理区域等造林工作加快推进。

【外环生态专项全面竣工】　外环生态专项全面竣工，完成腾地284公顷，建绿220公顷。桃浦中央绿地、三林、张家浜、康家村等一批楔形绿地建设推进有力。

【部分郊野公园建成运行】　浦江郊野公园、嘉北郊野公园、广富林郊野公园先后开放，目前全市共有6个郊野公园建成运行。

【参与崇明生态岛建设】　积极参与崇明生态岛建设，东滩生态修复项目主体工程全面完成，东平森林公园改扩建完成项目选址及建设方案编制，形成崇明三岛公共绿地发展规划、绿道规划和鸟类保护专项工作方案。

【绿道建设】　推进黄浦江两岸绿色公共空间绿廊绿道建设，积极构建黄浦滨江绿道、虹口北外滩滨江绿道、浦东东岸滨江绿道、普陀楼浦公园绿道、闵行郊野公园S32南核心区绿道、松江昆秀湖绿道、青浦环淀山湖生态带（西岑段）绿道、崇明长兴郊野公园绿道等多个项目，黄浦江两岸45千米绿色公共空间全面贯通。

【绿地建设】　绿地建设重点突出、亮点明显，呈现一批具景观特色的公园绿地。如结合黄浦江贯通工程共新增绿地70公顷，建成普陀桃浦智慧城中央绿地北片25公顷、静安彭越浦楔形绿地4.5公顷、浦东张家浜楔形绿地40公顷、川杨河生态廊道30公顷、徐汇油罐艺术公园一期3.2公顷、跑道公园一期4.58公顷、长宁1号公园8公顷、闵行轻轨站东侧绿地3.4公顷、宝山滨江上港14区绿地3.4公顷、青浦北极星广场绿化1.1公顷、奉贤南桥新城11单元两路一带绿地4.4公顷、浦星公路西侧绿地18.2公顷、嘉定菊园北水湾景观绿地5公顷、金山新城老红旗港滨水绿地7.6公顷、崇明团城公路绿地1.3公顷等。

【林荫道创建】　创建命名林荫道24条，累计创建命名198条林荫道。林荫景观精细化养护程度不断提升，如徐汇区百色路、嘉定区墅沟路。道路版式更加多样，部分区域林荫片区初现雏形。杨浦区江湾城路林荫道路至清波路成为全市首条日本晚樱为主角的林荫道。

【打造绿化特色街区】　积极推进8个绿化特色街区建设，在静安嘉里中心率先建成绿化特色街区的经验基础上，杨浦创智天地、长宁黄金城道、普陀曹杨社区、黄浦新天地等街区围绕各自主题定位和区域风格突出绿化资源整合和特色植物营建，并从养护标准、经费保障、管理措施等方面加强后续长效管理机制的研究。

【**落叶景观道路增至 29 条**】　申城的"落叶景观道路"将从原来的 18 条增至 29 条。此次新增的 11 条落叶景观道包括思南路、巨鹿路、光复路、运城路、安汾路、虹湾路、溧阳路、番禺路、愚园路、茅台路、虹古路，树种包括香樟树、银杏、北美枫香、梧桐。其中，北美枫香为首次被列入落叶景观道路的树种，届时虹湾路将有望铺起一道"红地毯"。2013 年起，徐汇区余庆路、武康路尝试对部分道路落叶不扫，成为申城一道独特风景，得到了市民的广泛认可。在徐汇区落叶景观道路的带动下，自 2014 年开始的 3 年来，全市落叶景观道路分别增至 6 条、12 条、18 条。

【**景观花卉布置**】　完成重点区域"五一""十一""十九大"期间花卉布置工作。同时，以北京"十九大"花卉保障工作为标准查找不足，研究上海重大活动及节庆期间城市花卉保障机制并形成初步工作方案。开展市级花卉配送监管，着重推广新优品种，有效保持全市良好的花卉景观面貌。

【**街心花园建设**】　完善街心花园建设，共完成街心花园 31 个，如徐汇建成东湖街心花园、普希金街心花园，普陀建成光复西路街心花园和松江建成文翔路街心花园等。

【**老公园改造**】　加快推进老公园改造，延长开放时间的公园达 133 座，占全市城市公园总数的 60% 以上。住建部充分肯定上海老公园改造工作，编印《实施公园改造，造福申城百姓》（建设工作简报第 8 期）下发全国，推广上海经验。

【**新增城市公园 26 座**】　加强分类分级管理，完成本年度城市公园名录调整工作并正式发文。新纳入城市公园 26 座，全市城市公园总数达到 243 座。

【**园林街镇创建**】　浦东新区浦兴路街道创建成为市级园林街镇。浦兴路街道以"大爱浦兴 美好家园"为主线，以"改善市政设施、加强城市管理、优化社区环境、提升生态文明"为创建目标，做实五大创建任务、六大平台建设，提升了街道的整体面貌，提高了小区居民的获得感。

【**公园主题活动**】　各大公园组织开展了丰富多彩的主题活动，园艺大讲堂、樱花节、梅花节、菊花节、植物园国际花展、共青森林音乐节、辰山植物园国际月季展、滨江森林公园建园十年、古猗园文化建设、动物园科普教育等活动受到市民广泛欢迎，参与人次逾千万。

【**公园延长开放**】　全市 133 座已实施延长开放公园（含 76 座全年延长开放，43 座全年全天开放）管理工作，加强实施延长开放公园的后续管理，协调各区化解延长开放引发的各种矛盾和问题，重点研究延长开放条件以及解决游园安全、噪音扰民和运营费用增加等突出问题。

【**世博文化公园金点子征集活动**】　成功组织"世博文化公园"建设市民金点子征集活动，共征集市民意愿调查表 22 377 份，金点子方案 1810 份，世博文化公园市民金点子征集活动受众面达 1841 万人次。

表 23-2　2017 年上海绿化市容行业基本情况

项　目	单位	数值
累计创建命名林荫道	条	198
中心城区建设绿化特色街区	个	8
延长开放时间的公园	座	133
占全市城市公园比例	%	60
新纳入城市公园	座	26
城市公园总数	座	243
建设街心花园	个	47
市民绿化节绿化大篷车园区公益行	场	31
安全优质信得过果园	家	76

【**园艺大讲堂**】　全年共开办园艺讲座 311 场，接受了园艺知识、技术、鉴赏等方面的普及与传授，充分发挥公园作为文化、生态阵地的积极作用，通过园艺讲座、观摩欣赏、实地辨认、现场制作、探访等形式，向广大市民传授养花、插花、多肉植物养护、植物病虫害防治以及家庭阳台布置等绿化知识，丰富市民的文化生活，提高群众的园艺水平。

【**古树名木监测管理**】　开展了古树名木标牌的置换工作，对 1417 株古树名木进行了标牌更换。开展古树名木日常监测工作，制订了实施方案，落实了监测指标以及仪器设备的选用，对全市 8 株千年古银杏开展了现场生长势监测。在安信农业保险公司为全市古树名木及古树后续资源进行了保险，2017 年已处理 7 起古树名木保险赔付。

【**古树名木保护管理**】　巡督查古树及古树后续资源 18 000 余株次，发现异常问题并协调落实养护措施 120 株次；结合 10 个区 21 个点的城维项目试点开展古银杏生长情况的监测，探索建立古树生长健康评价体系；配合地铁 14 号线等重点工程建设推进，加大对建设时期古树保护，下发保护函 12 次并跟进落实保护整改意见；更新开发古树名木信息管理系统微信二维平台，继续推进面向市民的古树科普宣传。

【**植树造林**】　2017 年全市造林计划 0.46 万公顷，到年底可完成造林面积 0.458 万公顷，其中生态公益林建设项目 120 个，面积 0.2 万公顷，生态廊道建设项目 32 个，面积 0.25 万公顷。实施金山化学工业区环境综合整治区域生态廊道建设项目 11 个，完成造林面积 0.096 万公顷。

【造林项目规范建设】 加强顶层设计，编制完成《上海市2016~2018年生态公益林建设项目和经济果林规模化标准化生产基地建设项目竣工验收办法》《上海市2016~2018年生态廊道建设项目竣工验收办法》以及《上海市造林项目植物检疫实施办法（试行）》《上海市造林项目苗木质量检查实施办法（试行）》等配套办法。同时根据造林检查工作的结果，形成了造林项目质量达标清单、造林项目备案清单、造林项目单位负面清单和造林项目清单4个清单。

【林地管控】 从严监管林地，建立林地占补平衡机制，规范公益林征占用行政审批，并实行100%事后监管，确保不发生公益林违法占用行为，确保乡镇范围内经济林总量不减少，把森林资源减量控制在最低限度。组织开展了非法侵占林地排查工作，对减少20亩以上林地地块进行了全面排查，共发现4个非法侵占林地案件，并对其中3起进行挂牌督办。

【林下种植试点建设】 完成松江区新浜镇、嘉定安亭等10个开放型休闲林地项目验收，启动奉贤区开放型休闲林地项示范点项目。建成奉贤区林下耐盐碱花灌木种植试点项目；拟定林下食用菌新品种栽培试验方案，在崇明建设镇菇林源、瑞华果园和前卫园艺公司三块基地林下种植羊肚菌、大球盖菇等经济价值高的食用菌新品种。

【林业市场化改革】 各区积极推进林业市场化工作，目前，松江、嘉定部分乡镇实行了家庭林场养护模式；崇明、金山、奉贤的新建林地推行林地市场化养护，各区探索有特色的、多元的林地市场化养护模式。

【有害生物监控】 加大林业重大有害生物监测防控力度，做好美国白蛾预警防控工作，全市共挂设诱捕器974个，实施疫情"零"报告和"即刻"报告制度。

【森林防火演练】 落实森林防火工作责任，层层签订保护发展森林资源目标责任书，森林防火责任全面落实。2017年全市共举行各层次森林防火演练20次，近2500人次参加。全市共新建森林消防道路、防火隔离网近160千米。

【"安全优质信得过果园"创建】 充分用好经济果林扶持政策，深化安全优质信得过果园创建，实现76家"安全优质信得过果园"果品追溯全覆盖。做好沪产优质果品宣传推介工作。充分发挥"三进""乡土有约"等活动的效应，继续做好沪产优质水果宣传，搭建营销平台。

【乡镇林业站挂牌】 继续推行乡镇林业站挂牌，建立与乡镇农业综合服务中心一套班子两块牌子的运行模式；完成7家市级标准化林业站建设验收工作，完成新一轮9家市级标准化乡镇林业站创建工作。举办了全国林业标准化林业站东部片区培训班，组织全市9个区的104名乡镇林业工作工作人员参加乡镇林业工作站站长业务培训和能力测试工作。

【出台林地技术规程】 出台《关于完善本市公益林管理制度的意见》《关于进一步加强本市森林资源管理工作的若干意见》及配套技术规程，编制造林项目标准化系列清单，健全公益林养护和林地抚育制度。

【完善林地生态补偿机制】 出台《市对区生态补偿转移支付办法》和《上海市林地生态补偿考核办法》，乔木类经济果林纳入林地生态补偿范围，湿地纳入生态补偿转移支付范围。

【保障城市生态安全】 启动年度造林核查监测，开展非法侵占林地排查，挂牌督办3起违法案件。完成森林防火规划编制，开展防火演练20次，近2500人次参加，新建森林消防道路、防火隔离网近160千米。加大美国白蛾等重大有害生物监测防控力度，实施疫情"零"报告和"即刻"报告制度，有效控制重大检疫性有害生物疫情蔓延。

【第三届上海市民绿化节】 3~10月，举办主题为"园艺进家庭，绿化美生活"的第三届上海市民绿化节，推出约40多项家庭园艺、绿色展示、体验互动、科普服务等市级活动，各区结合区域特点开展了3000多场次区级活动。在传统的活动中注入市民喜闻乐见的新内容，力求出新、出彩。推出"绿化大篷车园区公益行"31场、园艺大讲堂301场、电视园艺节目"绿色星梦想—花香艺境"21期、"2017博大园艺杯"市民插花大赛、"绿色上海 和你一起"系列活动、家庭园艺微视频等主要活动。

【全民义务植树】 市民认建认养的绿地160万平方米，树木60 881棵，古树名木249棵及各种果树13 100棵。

【湿地保护】 根据上海市第二次湿地资源调查，上海拥有46.46万公顷的湿地，约占全市陆域面积的55.54%，其中崇明区、浦东新区、青浦区3个区湿地面积为42.8万公顷，占全市湿地的92.24%。

【湿地管理】 贯彻落实国务院《湿地保护修复制度方案》，市政府办公厅印发《上海市湿地保护修复制度实施方案》。加强上海市重要湿地名录研究，崇明东滩、浦东九段沙、崇明北湖等一批重要湿地及嘉定浏岛、松江雪狼湖等一批野生动物重要栖息地列入上海市生态保护红线范围。上报《崇明禁猎区管理规定草案》，组织开展上海市湿地名录研究。

【濒危物种管理工作】 继续做好大熊猫、朱鹮、孟加拉虎等濒危物种的管理及相关工作。目前上海市共有10头大熊猫展出，其中上海动物园2头，上海野生动物园8头。津巴布韦赠送的2头非洲狮健康良好并已经生育幼狮1头；日本回国的4羽朱鹮健康状况良好，部分朱鹮已经开始尝试配对繁育；云南省赠送2头孟加拉虎健康状况良好。

【野生动物栖息地建设】 完成宝山陈行—宝钢、青浦大莲湖、青浦朱家角等3个野生动物重要栖息地和奉贤申亚(狗獾)重引入等1个极小种群引入等项目的市级验收工作。大力推进2016~2018年三年林业政策上海市野生动物重要栖息地建设管理项目，目前，闵行浦江郊野公园湿地修复项目已基本完工，华漕栖息地项目完成了项目审批工作，金山廊下、崇明西沙二期项目正在走投咨询程序，松江、嘉定、青浦等区的相关项目也正有序推进。

【野生鸟类常规专项监测工作】 截至2017年12月，先后组织人员开展了水鸟同步、绿(林)地鸟类监测、南汇东滩鸟类监测、崇明1%水鸟物种监测、横沙东滩野生鸟类监测等常规监测项目，共记录到鸟类309种719 522只次，其中国家一级重点保护动物3种340只次，国家二级重点保护动物36种3038只次；极危(CR)级别2种4只次，濒危(EN)级别6种852只次。

【第35届"爱鸟周"活动】 组织开展以"依法保护候鸟，守护绿色家园"为主题的"爱鸟周"活动，本届"爱鸟周"期间全市开展宣传活动62项，其中市级活动12项，区级及相关单位活动50项，参与公众3万余人。

【野生动物栖息地修复工程】 通过相关渠道加强与"桃花源基金会"沟通，引导社会资本和相关组织关注上海湿地和野生动物栖息地保护工作。参与南汇东滩、上海科技馆小湿地的社会舆论引导工作，协调引导相关主管部门加强湿地及野生动物保护工作。

【生态红线划设工作】 完善湿地野生动物栖息地的生态红线划设工作，崇明东滩、浦东九段沙、崇明北湖、南汇东滩、青草沙水库等一批重要湿地列入上海市生态保护红线范围。宝山宝钢边滩、松江雪浪湖、嘉定浏岛等野生动物重要栖息地纳入到生态红线范围，野生动物栖息地得到了有效保护。

【崇明禁猎区建设】 在2016年工作基础上，积极协调指导崇明区有关单位推进野生动物禁猎区建设。协调崇明区农委牵头公安、工商等部门，制订了《崇明区野生动物保护工作实施方案》，在区级层面建立了联合打击破坏野生动物资源的联合执法和联席会议制度。

【野生动植物专项专项行动】 加强野生动物重要栖息地的巡查巡护，严厉打击候鸟等野生动物资源的非法贸易，开展专项执法行动。据统计，截至11月底，全市野生动物保护部门共出动1015人次，其中检查绿林地307次，滩涂湿地46次，花鸟市场53次，农贸批发市场72次，餐厅饭店64次。开展法制宣传教育38次，与相关职能部门开展联合执法11次，拆除网具122张，收容救护国家重点保护动物活体3只，其他活体野生动物22只，查获非法运输蛇类3箱。

【违法犯罪打击】 依托CITES执法平台，建立本市野生动物保护联席会议制度，联合开展"2017年度本市范围内开展为非法交易野生动物等违法行为提供交易服务的双随机抽查工作"。截至11月底，本年度共出具《野生动植物物种鉴定证书》73份，其中公安部门送鉴70件，野生动物保护部门送鉴2件，工商部门送鉴1件；联合办理案件38件，其中刑事案件33件，行政案件1件，其他治安案件4件。此外，还联合工商部门，对"大众点评"等网络平台非法经营野生动物制品行为进行了约谈。

【"我最喜爱的鸟"评选活动】 利用新媒体开展"我最喜爱的鸟"评选活动，发动3000余名市民参加了投票，选出了5种"市民最喜爱的鸟"，获得了社会各界的高度关注。

【大熊猫基地建设】 继续推进大熊猫基地建设，将基地建设列入市政府目标考核项目，每季度定期召集上海市发改委、市规土局、市科委、浦东新区政府、申迪集团、上海野生动物园等单位召开工作例会，通报工作进展情况，讨论基地建设过程中存在的难点问题。明确了基地规划建设程序，初步解决了基地饲料保障问题，修改完善了基地建设方案，科研项目也进展顺利。

【深化科技信息工作】 建立城市绿化成果转化、柑橘产业研发、固废资源化利用3个行业科技创新中心。建设行业科技信息共享交换平台。成立"上海城市树木生态应用工程技术研究中心"。完成1项国家标准编制、3项行业标准编制和6项地方标准制修订，协助制定全国《园林绿化养护概算定额》，2项国家级标准化试点项目和1项市级标准化试点项目成功验收。初步确立湿垃圾和建筑垃圾资源化利用技术路线。荣获市科技进步二等奖、三等奖各1项，市科普教育创新奖科普贡献一等奖1项，科普成果二等奖1项。园林科学规划研究院成立院士工作站，主持了国家重点研发项目课题，上海辰山植物园SCI论文比2016年提高了23个百分点，上海动物园创开园以来物种繁殖新纪录。编制《上海市绿化市容行业人工智能发展规划纲要》，林业"三防"信息化项目全面启动。林业信息化被评为全国"十佳"省份。

【社会宣传动员】 提升"绿色上海"双微影响力，加强与"上海发布""乐游上海""青春上海"等政务微信合作，围绕2017中国森林旅游节、第三届上海市民绿化节等重大活动开展同步宣传。与《新民晚报》、安信农保合作《生态上海》宣传专版，增设全媒体展示，并组织市民体验活动和上海森林无人机摄影大赛，提升宣传效果。顺利建成行业发展展示中心。"绿色上海"建设不断拓展深化，微信粉丝达8万人。网站建设、网上政务大厅建设、政务信息公开等名列全市前茅。围绕行业重点，做好主动宣传发布，完成各类报刊专版及电台专栏合计122期。

【时光辉副市长赴市绿化市容局调研】 6月26日下午，副市长时光辉、副秘书长黄融赴市绿化市容局调研。市绿化市容局局长陆月星汇报了本市绿化市容工作的基本情况。时光辉副市长充分肯定了市绿化市容局为上海城市的安全、干净、有序做出的成绩，并对下一步绿化市容工作提出了明确要求。

【时光辉副市长调研绿化市容景观工作】 9月30日，副市长时光辉率队调研上海市绿化市容景观相关工作，市政府副秘书长黄融，市建设交通工作党委、市住房建设管理委、市绿化市容局相关人员，以及各区分管区长陪同调研。时光辉副市长主要视察了黄浦人民广场区域、外滩、肇嘉浜路沿线、静安嘉里中心绿化特色街区、浦东陆家嘴环岛、延安高架部分沿线的花卉布置、绿化养护、绿化建设情况，以及沿途各类广告设施、市容环卫保障情况。

【国家林业局政策法规司来沪对接服务自贸区工作】 1月6日，国家林业局政策法规司司长王洪杰来沪召开会议，专题听取上海市林业局下阶段对接服务自贸区建设工作情况汇报。上海市绿化市容局局长陆月星、副局长汤臣栋、国家濒管办上海办事处副专员万自明出席了此次会议。会上，上海市林业局从当前中央对自贸区建设的最新要求；三年来对接服务自贸区单一贸易窗口建设工作和最新相关 课题研究成果简介；课题成果转化为下阶段林产品贸易便利化改革举措的思路等三方面作了汇报。王洪杰在听取了上海市绿化和市容管理局的汇报后，充分肯定了三年来上海市绿化和市容管理局对接服务中国（上海）自贸试验区建设开展的工作，并对下阶段工作了具体安排。

【全国人大农委副主任江帆调研东滩保护区】 6月13日，全国人大农业与农村委员会副主任委员江帆，全国人大农委委员张作哈等一行来到上海崇明东滩鸟类国家级自然保护区进行调研，市绿化市容局副局长汤臣栋陪同调研。调研组一行深入崇明东滩生态修复项目实施现场、参观了东滩互花米草生态控制与鸟类栖息地优化示范项目二期，并在归去来栖自然中心重点听取了关于东滩自然保护区建设、外来物种清除和湿地保护修复等相关情况的介绍。江帆充分肯定了东滩保护区近些年来的工作成就，对崇明东滩生态修复项目所取得的阶段性成果予以高度评价，并要求东滩保护区要再接再厉，勇于创新，为世界级崇明生态岛的建设发挥更大作用。

【国家林业局副局长刘东生来崇明东滩保护区调研】 8月25日，国家林业局副局长刘东生一行4人在崇明区副区长郑益川、市绿化市容局副局长汤臣栋的陪同下，来到上海崇明东滩鸟类国家级自然保护区，深入调研崇明东滩互花米草生态控制与鸟类栖息地优化工程项目（崇明东滩生态修复项目）。

【湿地公约秘书长考察崇明东滩保护区】 12月15日，联合国湿地公约组织秘书长玛莎罗杰斯乌瑞格女士在国家林业局湿地保护管理中心主任王志高的陪同下来到上海崇明东滩鸟类国家级自然保护区开展国际重要湿地工作调研，上海市绿化和市容管理局副局长汤臣栋、野生动植物保护处处长张秩通等陪同调研。玛莎女士一行在副局长汤臣栋的陪同下参观了主题展2016年冬崇明东滩有了天鹅湖，并听取了东滩保护区近年湿地生态修复工作的有关介绍。玛莎女士肯定了东滩保护区在湿地生态保护方面所做的工作和所取得的成绩，保护无国界，湿地公约秘书处将持续关注东滩保护区在生态修复、环境教育等方面所开展的工作。中国自1992年加入湿地公约以来，现已指定国际重要湿地49块，总面积405万公顷。2002年，崇明东滩湿地被湿地公约秘书处列入国际重要湿地名录，编号1144。

（上海市林业由周海霞供稿）

江苏省林业

【概　述】 2017年，江苏省森林面积156万公顷，林木覆盖率22.9%，活立木总蓄积量9609万立方米。全省有国家森林城市6个（无锡市、扬州市、徐州市、南京市、镇江市、常州市），全国绿化模范城市5个（南京市、苏州市、宿迁市、盐城市、连云港市），全国绿化模范县（市、区）42个、全国绿化模范单位53个、全国生态文化村31个；有省级以上森林公园69处（含2个专类园、2个生态公园），其中国家级森林公园25处、省级森林公园44处；国际重要湿地2处、国家重要湿地5处，省级以上湿地公园64处，其中国家湿地公园及国家湿地公园（试点）26处、省级湿地公园38处。

造林绿化 2017年，全省植树造林3.64万公顷，新建"三化"（彩色化、珍贵化、效益化）示范村和绿化示范村651个，新栽珍贵用材树木3151万株。江苏省政府召开全省国土绿化工作会议，省政府办公厅印发全省珍贵树种培育行动方案，全面推进国土绿化与彩色化、珍贵化、效益化有机结合，"十百千万"示范基地建设全面启动，明确提出至2020年建设10个珍贵用材树种培育示范县、100个珍贵用材树种培育示范片、1000个珍贵用材树种培育示范村、10 000个珍贵用材树种培育示范单位。按照"三化"要求，编制全省铁路沿线生态景观廊道建设导则，实施新一轮村庄绿化五年行动计划。编制省级森林经营规划大纲和《江苏省森林抚育实施办法（试行）》，抚育森林面积6.71万公顷，在句容市林场、南京市溧水区林场和连云港市南云台林场开展森林经营抚育示范点建设。开展"广植珍贵树木、共建美丽江苏"义务植树系列活动，省领导以上率下亲自参加义务植树劳动，启动"互联网+全民义务植树"试点，组织义务植树4740场，参加植树劳动654万人，义务植树1400万株，营建各类纪念林395处。

森林资源管理 加强省级公益林管理，严格执行省级公益林占补平衡，重点公益林调整按规定程序及时报请省政府批准，共调出面积1186公顷、调入1216公顷，总面积稳定在38.6万公顷以上，其中国家级公益林6.92万公顷、省级公益林31.68万公顷。组织开展国家级公益林重新区划调整。完成县市区林地保护利用规划变更调查,全面更新国家、省、县三级规划数据库,全省林地"一张图"基础数据调整到位。全省共审核永久使用林地项目172件,面积1136公顷,共征收植被恢复费2亿元,植被恢复费征收率100%。重点公益林采伐审批手续进一步简化,印发《江苏省林业局关于简化重点生态公益林采伐更新论证工作的通知》,多项林木采伐更新审批权限下放至县级,全年省级审批林木采伐231件,面积0.213万公顷,蓄积量24万立方米。完成省市县三级林木覆盖率认定。全省共发生林政案件603起,查结570起,结案率为94.5%;共没收木材274.57立方米,处以罚款993.43万元,责令补种树木6.22万株,行政处罚人数593人次。

湿地及野生动植物资源保护 1月1日,《江苏省湿地保护条例》施行。8月16日,省政府办公厅印发《江苏省湿地名录管理办法(暂行)》,共六章二十二条,包括总则、湿地名录的内容、湿地名录的认定、湿地名录的调整、湿地名录的公布与备案、附则。9月1日,省政府办公厅印发《江苏省湿地保护修复制度实施方案》。经省政府同意,成立全省湿地保护专家委员会,建立湿地保护专家库。组织开展省级湿地名录认定,提出首批省级湿地名录建议名单,利用高清遥感开展省级重要湿地范围、边界划定,并启动湿地标识系统制定工作。10月30~31日,召开全省湿地保护工作会议,进一步加强湿地保护和修复工作。全省湿地总面积为282.2万公顷,其中自然湿地194.6万公顷,人工湿地87.6万公顷。2017年,修复湿地0.36万公顷,自然湿地保护率达48.2%。完成徐州九里湖、句容赤山湖、扬州凤凰岛3处国家湿地公园试点验收,新建启东圆陀角、宿豫杉荷园、扬州三江营、无锡宛山荡、昆山阳澄东湖5处省级湿地公园,新建南京滁河、宜兴丁蜀太湖、泗阳淮沭河等湿地保护小区35处。开展全省湿地管理与生态监测平台建设,建成2处国家级湿地生态定位站,建立湿地实时监测站点27处。加强野生动植物资源保护。开展野生动植物栖息地修复,组织实施地带性森林生态植被保护与恢复工程,对宜兴龙池山、连云港云台山、句容宝华山典型常绿、落叶针阔混交林地带性植被加以保护,加强基础设施建设,对重点保护目标物种采取清杂、保育、生境恢复、野外回归等针对性保护措施。保护拯救珍稀濒危野生动植物物种,对秤锤树、中华虎凤蝶、东方白鹳、金钱松、银缕梅、香果树、勺嘴鹬、南京椴8个珍稀濒危植物物种进行种群保护、原生境改造与野外种群恢复。开展江苏省湿地濒危鸟类种群动态监测,在宜兴龙池省级自然保护区设置地带性植被动态固定样地1个。加强自然保护区建设与管理,大丰麋鹿国家级自然保护区基础设施不断完善,麋鹿种群数量达4101头。

林业有害生物防治 2017年,全省林业有害生物发生情况稳中有降,危害程度中等偏轻,仅有少数林业有害生物在局部地区成灾。全省主要林业有害生物发生面积约10.26万公顷,同比下降3.2%,成灾率控制在1.8%以内。松材线虫病疫情发生面积0.68万公顷,同比下降7.7%,病死松树6.92万株,同比下降18.6%,连续13年实现发生面积与病死株数"双下降",常熟市综合治理成效显著,成功实现疫情发生零纪录;美国白蛾疫情发生面积7.05万公顷,同比下降8.17%,全年仅新增南京市栖霞区1个县级疫区;以舟蛾为主的杨树食叶害虫发生面积2.1万公顷,整体危害程度较轻,基本保持有虫无灾状态,主要风景区、交通要道两侧及重要窗口区域,树木叶片保存率达95%以上。草履蚧、桑天牛等杨树枝干害虫危害较重,并在局部地区造成成片林死亡。黑翅土白蚁、重阳木锦斑蛾、栎掌舟蛾等次要害虫种群上升趋势明显,危害有所加重。受极端气候影响,生理性病害同比危害严重。开展重大林业有害生物防治目标考核,联合江苏省出入境检验检疫局开展为期2年的"服务林业供给侧结构性改革,保障进出口林产品安全"联合执法专项行动,重点保障种质资源安全引进、促进优质林产品优进优出、开展国门生物安全宣传和建立联合协作长效机制。完成林业有害生物普查,全省林业有害生物2003种,其中外来有害生物20种,确定一批新记录种,编制有害生物名录和图谱,建成省级林业有害生物标本室,存放病、虫、植物标本近2000盒。

森林防火 2017年,全省共发生森林火灾11起,过火面积17.9公顷,受害森林面积1.8公顷,未发生重大森林火灾和人员伤亡事故,确保了春节、元宵节、清明节等紧要期和"一带一路"北京峰会、江苏发展大会等重点时段的森林资源安全。围绕省政府森林防火责任状目标任务,提升森林防火应急处置能力。全省森林公安开展为期2个月的"查隐患、破火案"专项行动,共排查出火灾隐患86处,当场制止违规用火42起,送达整改通知书21份。2017年,全省共开展森林火灾扑救应急演练(技能竞赛)活动21次,举办培训班24期,参加人员3500余人次;举办第八届全省森林消防技能竞赛和全省森林消防应急指挥通信演练。扎实推进森林防火现代化体系建设,2017年,各级财政投入森林防火的建设资金达3亿元,重点地区达到每公顷3000元,全省新(改)建防火通道80余千米、生物防火林带30余千米、工程阻隔带(网)40余千米,添置风力灭火机400余台、机动细水雾系统10套、各种水泵66台、储气式泡沫灭火枪20把、灭火弹5万余枚,新购森林消防水车4辆,新组建1支森林消防专业队。全省各地投资6000多万元,新建(改建)森林防火指挥中心5处,以加强森林防火指挥中心信息指挥系统及林火视频监控等项目建设。与新华日报社签订"森林防火宣传战略合作协议",加大森林防火公益宣传;全省共印发防火宣传资料20余万份,张贴、悬挂宣传标语、横幅5万多条,出动宣传车3万辆次,新增、翻新固定宣传牌4000多块,电台、电视台播放12万余次。各地与气象部门加强协作,强化森林火险天气预测预报与发布工作。

林业产业 2017年,全省林业总产值4527亿元,其中第一产业1148亿元,第二产业2786亿元,第三产业593亿元。人造板产量5433万立方米,木竹地板产量3.3亿平方米,分别列全国第二和第一位,绿色环保型产品份额加大。邳州市银杏产业获首批中国特色农产品优势区,6家企业获批第三批国家级林业龙头企业。开展"林业电子商务研究""江苏省林药高效栽培模式研究"软课题研究；完善产业扶持政策，重点扶持木竹加工业转型升级和节能、环保、绿色产品的生产。组织企业参加第十届义乌国际森博会和江苏现代农业科技大会，取得丰硕成果，支持华东森林产品电商城建设。东台黄海国家森林公园、盱眙铁山寺国家森林公园入选第一批全国森林体验和康养基地试点，常熟市和宜兴市被确定为森林旅游示范县。大丰麋鹿国家级自然保护区举办第五届麋鹿争霸赛，新增人与动物互动项目，人工驯养小麋鹿"首秀"迎来广泛好评，投入1500万元改善和新增旅游服务设施，年接待游客80万人次，旅游收入突破1000万元，比2016年增长15%。

林木种苗 2017年，全省有苗圃65 429处，林木种苗育苗面积19.61万公顷，苗木产量57.4亿株，林木种苗总产值357.7亿元，同比分别增长3.3%、6.3%、32.0%、24.5%。2017年，全省实际用苗量（含销售量）32.2亿株、用种量149万千克、良种穗条5813万条。加强林木良种选育推广，公告审认定林木良种28个。强化重点林木良种基地管理考核，考评26家省级以上林木良种基地，新增2个国家级良种基地，新认定林业保障性苗圃20处，启动省级良种基地和省级种质资源库认定工作。全省主要造林树种良种使用率达90%以上。推进林木种质资源清查和验收，淮安市、连云港市、苏州市、徐州市完成种质资源清查工作，对4个国家级林木种质资源库进行现场考评，4个资源库年度新增种质38份，审认定良种6个，申报植物新品种8个。

科技兴林 申报并落实中央财政林业科技推广示范资金项目9个共1000万元，立项下达省级林业科技创新与推广项目48个共2900万元。编印《江苏林业科技成果精选80项（2010~2015）》《江苏林业科技成果需求手册》，建成中央财政林业科技项目管理子系统、省林业科技成果库。江苏省林业科学研究院科研项目总经费3129万元，比2016年增长20%，科技成果获奖、论文产出、国家级新品种权数量、发明专利申报及授权量均创历史最佳。"杨树主要食叶害虫监测预警与可持续防控技术推广""江苏沿海防护林体系建设关键技术集成与推广"项目荣获第八届江苏省农业技术推广二等奖，"榉树等珍贵彩色树种品种创新与推广"荣获第八届江苏省农业技术推广三等奖。

依法治林 印发《2017年江苏省林业系统依法行政和普法工作要点》，举办林业执法实务培训班，普法考试参考率达100%、优秀率达90%以上。开展江苏省林业局规范性文件清理工作，其中废止21件、失效1件、现行有效37件，并汇编成册。开展打击林木种苗侵权假冒工作，在种苗市场进行执法检查，办结3件制售假劣林木种苗案件，对8个县市区开展种苗质量抽查和通报，重点抽查许可证、标签、档案等制度落实情况。举办全省林木种苗行政执法及植物新品种保护培训班。依据新的《中华人民共和国野生动物保护法》对部分行政许可事项进行调整，在苏州市开展行政许可工作流程简化试点，推行野生动物经营利用标识管理制度，抽查7个市野生动物行政审批管理工作情况，检查17处象牙及其制品商业性加工销售场所关停情况。行政审批制度改革不断深入，深化林业系统"放管服"改革，取消行政审批8项、委托行政审批事项2项；取消行政处罚1项，取消行政强制1项，取消行政确认1项，取消行政裁决1项。实现80%的审批服务事项"网上办"，行政审批（服务）事项共有48项，其中"不见面审批（服务）"事项有39项。全年完成行政审批事项712件，保持"红旗窗口"称号。

森林公安 加快森林公安深化改革，初步理顺涉林刑事案件侦查权，制定江苏森林公安林业行政案件案卷立卷规范及林业行政处罚案卷评查标准。全省评定二级森林公安派出所2个，三级20个。完成林区治安防控体系建设试点，在全省重点林区推广。组织林业执法培训和森林公安执法资格考试，全面清理林业规范性文件并汇编成册。开展"2017利剑行动"和"亮剑2017"专项行动。组织2次执法资格考试和3期执法培训班。

林业改革 督促国有林场改革实施方案编报工作，加强对国有林场改革进度和改革政策落地的督查指导。研究制定符合江苏实际的国有林场改革配套政策体系。全面完成改革实施方案审批，根据批复方案，全省纳入改革范围的73个国有林场整合为59个，其中42个国有林场定性为公益性事业单位，共核定事业编制1155个；其余17个保持企业性质不变，定性为公益性企业。为确保改革举措落实到位，依据各地国有林场改革进展情况，按照"先改先补、后改后补、不改不补"的原则，江苏省财政厅、省林业局下达中央财政支持江苏省国有林场改革补助资金4.28亿元，按每位林场职工2万元的补助标准分配下达，主要用于解决国有林场职工参加社会保险和分离林场办社会职能等问题，惠及全省1.2万多名国有林场职工。争取江苏省交通厅将林区公路纳入全省农村公路提档升级工程，计划建设林区公路16.28千米，补助602.4万元。

林业信息化 江苏林业网迁移至省政府统一平台，并同步改版，2017年更新信息4020条，公开政府信息186条。开设"江苏林业"微信公众号。江苏林业网与江苏政务服务网实现对接，改造内部审批运转流程。完成视频会议室和局中心机房改造建设项目，加快推进省市县三级林业部门与省电子政务外网的互联互通，开发江苏林业协同办公系统和移动办公平台，办理公文586件。举办全省林业信息化工作培训班，学习传达第五届全国林业信息化工作会议部署要求，总结近年来林业信息化工作，提高全省林业信息化工作人员业务水平。

生态文化 全省各级积极组织开展"3·12"广场绿化宣传活动，开展广场宣传1243场，发放宣传品10余万份。加强林业生态建设与保护宣传，开展植树节主题宣传和绿色江苏成就宣传，在《新华日报》发表"积极倡导珍贵化彩色化效益化 科学推进国土绿化提质增效添彩""扎实开展国土绿化彩色化珍贵化效益化示范创建"专版报道，在《中国绿色时报》发表"解难题 江苏林业改革创新求突破"专版报道，并发表十多篇文章。举办"我的绿色家园"手机摄影培训班，征集400余幅作品参加国家林业局摄影大赛。扬州市通过国家森林城市复查，南通市、盐城市创建国家森林城市工作扎实推进，宿迁市、连云港市通过国家林业局创建国家森林城市备案。完成《江苏绿化》杂志6期，编发林业工作简报31期。

【省政府召开全省国土绿化工作会议】 2月27日，江苏省政府召开全省国土绿化工作会议，回顾总结"十二五"以来国土绿化工作成效，部署落实2017年及"十三五"国土绿化工作任务。江苏省委书记李强、省长石泰峰作出批示，副省长陈震宁出席会议并讲话。李强在批示中强调，建设绿色家园是全社会的共同期盼，全省上下要牢固树立"绿水青山就是金山银山"的理念，按照习近平总书记关于保障国家生态安全"四个着力"的重要指示，坚持林业在维护生态安全中的基础地位，加快建设江河湖海防护林，开展森林城市建设，加强森林和湿地资源保护，使江苏天更蓝、地更绿、水更清、空气更清新。要推动国土绿化与彩色化、珍贵化、效益化有机结合，全面提升森林综合效应，让农民从林业发展中获得更多收入，为高水平全面建成小康社会、建设"强富美高"新江苏提供有力支撑。石泰峰在批示中指出，近年来全省上下深入推进绿色江苏建设，取得了显著成效，全省林木覆盖率有较大幅度提升，城乡生态条件和人居环境明显改善。"十三五"时期，全省各地各部门要深入学习领会习近平总书记关于国土绿化的重要指示精神，全面贯彻绿色发展理念，加快转变林业发展方式，创新林业发展体制机制，拓展国土绿化空间，强化林业重点工程建设，着力构建优质高效、景观优美、物种多样、结构稳定、功能强大的森林绿地系统，为改善城乡人居环境、促进经济社会发展提供坚实的生态基础。陈震宁说，国土绿化是生态文明建设的重要内容，2011至2016年全省林木覆盖率从20.6%提高到22.8%，绿色家园建设深入推进，生态保护力度显著加大。国土绿化要推进林业重点工程建设，全力增加森林资源总量，着力提高绿色资源质量；加快绿色富民产业发展，促进农民增收致富；深化国有林场改革，发挥对国土绿化的带动作用。到2020年，全省林木覆盖率要提高到24%，城市建成区绿化覆盖率保持在40%以上。

【省领导参加义务植树活动】 3月1日，江苏省委书记、省人大常委会主任李强，省委副书记、省长石泰峰，省政协主席蒋定之，省委副书记、南京市委书记吴政隆等领导同志，集体到南京江北新区青龙绿化带启龙亲江公园植树点，与省市机关干部一起参加义务植树活动。李强指出，植树造林不仅要重视绿化，还要积极适应人民群众需求，更加重视彩化、珍贵化、效益化。要通过彩化让植树造林为城乡建设增添更多色彩，让美丽风景随处可见。要通过珍贵化，慢慢积累一批珍贵树种，不断提高江苏林木的质量档次，为子孙后代留下宝贵财富。通过效益化，让植树造林产生更多经济效益，为百姓增收创造途径，让生态成为致富百姓的重要资源。在宁部分省委常委、省人大常委会副主任、副省长、省政协副主席和南京市领导同志，以及省绿化委员会成员参加了义务植树活动。

【江苏现代农业科技大会专场推介林业科技】 12月1日，江苏现代农业科技大会林业科技专场推介会在南京市举办。全国政协人口资源环境委员会副主任江泽慧，国家林业局副局长彭有冬，江苏省委常委、副省长杨岳出席推介会，推介会内容包括江苏林业发展情况通报、林业科技需求发布、林业科技合作项目协议签约和专家论坛，播放"科技兴林、灵秀江苏"专题片。江泽慧作了新时代森林城市发展战略思考的报告。会议强调，要围绕新时代中国林业现代化开展战略研究，聚焦新时代江苏林业面临的新使命新任务，开展重大问题研究，加强顶层设计和宏观谋划。围绕推进林业现代化建设的重点任务开展科技攻关，突破农田防护林及沿海防护林建设、困难立地造林、重要湿地保护与修复、生物多样性保育等关键技术瓶颈，深入开展生物能源、生物材料、生物医药、林产品精深加工等新品种、新技术、新工艺、新装备研究。围绕乡村振兴战略和扶贫攻坚加强科技推广和标准化示范，组织开展林业科技特派员科技创业行动，重点示范推广农村生态环境修复、绿化美化、名特优经济林果高效栽培、速生和珍贵树种定向培育加工、林特资源培育及加工等技术。

【林业大事】

2月27日 江苏省政府召开全省国土绿化工作会议，总结"十二五"以来国土绿化成效，部署2017年及"十三五"全省国土绿化工作任务。江苏省委书记李强、省长石泰峰作出批示，副省长陈震宁出席会议并讲话。

3月1日 江苏省委书记、省人大常委会主任李强，省委副书记、省长石泰峰，省政协主席蒋定之，省委副书记、南京市委书记吴政隆等领导同志，集体到南京江北新区青龙绿化带启龙亲江公园植树点，与省市机关干部一起参加义务植树活动。

4月14日 全省油用牡丹等木本油料产业发展现场观摩会在常州市召开。

4月20日 2017年江苏省暨南京市"爱鸟周"活动启动仪式在南京市举行。

5月12日 江苏省2017年美国白蛾发生趋势会商会在扬州市召开。

5月15~16日 苏南片绿化与"三化"结合现场推进会在句容市召开。

5月24日 全省林业有害生物普查专项调查成果分析会在南京市召开。

6月8~9日 苏中苏北片绿化与"三化"结合造林现场推进会在东台市召开。

6月26~27日 全省森林资源管理工作会议在镇江丹徒区召开。

9月1日 印发《江苏省湿地保护修复制度实施方案》。方案提出，到2020年，全省湿地总面积不低于282万公顷，自然湿地面积不少于61.33万公顷，自然湿地保护率达50%以上。

9月25~26日 全省国家级生态公益林补充区界定工作部署会议在南京市召开。

9月25~27日 全省野生动物保护暨疫源疫病监测防控培训班在南京市举办。

9月26日 全省森林公安座谈会在南京市召开。

10月12日 江苏省第八届森林消防技能竞赛活动在镇江市丹徒区召开。

10月13日 全省森林防火工作会议在镇江市召开。

10月31日 江苏省第十二次林木品种审定会议在南京市召开。

10月31日 全省湿地保护工作会议在常熟市召开。

11月23日 江苏省委常委、副省长杨岳到省林业局检查指导森林防火工作,听取森林防火工作情况汇报,考察浦口区老山森林防火指挥中心、防火通道、生物防火隔离带、检查站、物资储备库建设,并观看老山森林消防队演练。

11月23~24日 全省第二次林业碳汇计量监测工作动员部署会在南京市召开。

11月28日 滨海古黄河林场成立暨沿海防护林工程建设现场推进会在盐城滨海召开。

12月1日 江苏现代农业科技大会林业科技专场推介会在南京市召开。

12月12日 2017年江苏省林学会暨华东六省一市林学会学术年会在扬州市举办。

12月26日 全省林业有害生物发生趋势会商会在南京市召开。

12月29日 全省2017年度林木覆盖率监测工作部署会在盐城市召开。

(江苏省林业由江苏省林业局办公室提供)

浙江省林业

【概况】 2017年,浙江省认真学习贯彻党的十九大和省第十四次党代会精神,深入践行"绿水青山就是金山银山"科学论断,紧紧围绕省委、省政府中心工作和"五年绿化平原水乡、十年建成森林浙江"目标,以"全国深化林业综合改革试验示范区"和"全国现代林业经济发展试验区"为抓手,加快推进林业现代化建设。全省共完成造林更新28.7万公顷,参加义务植树2052.4万人次,加快实施"新植1亿株珍贵树"五年行动,累计新植珍贵树4544.7万株,实现林业行业总产值达5633亿元。

【林业生态建设】

"1818"平原绿化行动 浙江省委、省政府连续第八年召开全省平原绿化工作座谈会,时任省委书记夏宝龙亲自出席会议并作讲话,所有县(市、区)委书记均参加过会议并作表态发言。2017年,全省共完成平原绿化1.11万公顷,是年度任务的149.1%,全省平原林木覆盖率已达到20%以上。

新植1亿株珍贵树行动 加快实施"新植1亿株珍贵树"五年行动,全省完成珍贵彩色树种育苗2000多万株,全年新植珍贵树2445.4万株,是年度任务1800万株的111.1%。

绿色生态屏障建设 高水平推进珍贵彩色森林建设,实施森林抚育重点项目,完成珍贵彩色森林和木材战略储备林1.36万公顷,占年度任务的102.1%;完成中央财政森林抚育3.39万公顷,是计划的101.7%;完成森林通道建设3353千米、3266.7公顷;完成重点防护林建设2793.3公顷,是计划的102.1%;全年晋升国家级自然保护区1个,新建省级自然保护区1个、国家级森林公园2个、省级森林公园4个、省级湿地公园18个,省政府公布了第二批省重要湿地48块。

生态公益林建设 公益林优质林分面积达到246.67万公顷,省级以上公益林补偿标准提高到每公顷465元,其中大江大河源头县和省级以上自然保护区提高到每公顷600元,为全国各省区最高。

【林业改革】

林业"最多跑一次" 在厅本级80%许可事项委托市县的基础上,统一省市县三级"最多跑一次"事项,编制下发服务指南,实现林业系统群众和企业办事事项100%"最多跑一次"。改革省内森林植物及其制品检疫办法,检疫数量减少50%以上。完成林地、采伐、木材运输3个全国统建系统和1个省建系统与"一窗受理"平台、企业投资项目管理平台的数据对接。

林业金融 拓宽林业金融领域,重点推广林权抵押贷款,全年发放抵押贷款50亿元。联合省农信联印发《公益林补偿收益权质押贷款管理办法》,按补偿资金的15倍提供贷款,着力解决林农融资难题。同时,不断扩大林业政策性保险范围。

国有林场改革 在全国率先开展现代国有林场创建工作,新创建现代国有林场9个,已累计创建15个。

【林业产业】 2017年,浙江省林业产业总产值达75 633亿元,同比增长9.9%,位列全国前茅。

木本油料产业 木本油料基地稳步发展。全年新建油茶、香榧、山核桃等生产基地7133公顷,全省木本油料基地总面积达到28.6万公顷,经济效益不断提升。常山县被授予"全国木本油料特色区域示范县"称号。

林下经济 "一亩山万元钱"富民模式得到推广,年新建香榧高效生态栽培、林下套种三叶青、铁皮石斛仿生栽培等十大模式示范基地4733公顷,辐射推广9666公顷,累计建成基地5.47万公顷,总产值84亿元,实现亩产1万元提高至5万元的目标,为林农增收致富开辟了新途径。

森林休闲养生业 成功举办中国(温州)森林旅游节、磐安森林休闲养生节等活动,在永嘉等5个县开展森林休闲养生试点。公布了第二批森林特色小镇25个,命名森林人家58个,累计创建分别为52个和93个。加强森林公园保护与建设,全年新建国家级森林公园2个,省级森林公园4个。

第10届中国义乌国际森林产品博览会 11月1~4日在义乌市举办。为期4天的森博会有来自全球32个国家和地区的1639家企业参展,其中有境外参展企业317家,"一带一路"主题馆成展会热点。本届展会实现成交额48.66亿元,再创新高。

【资源保护】

林地管理 全省共办理各类长期占用林地项目1391项，使用林地定额面积4059公顷，同比增长31.74%，使用林地总面积7221公顷、同比增长22.4%。依法加强林木采伐管理，全年采伐林木总蓄积量147.51万立方米、占采伐限额的28.75%，采伐消耗逐年减少。组织开展"2017利剑1、2、3号""集中打击秋冬季破坏候鸟等野生动物资源违法犯"等系列专项行动，全省共侦破和查处2100起，其中大要案件15起，有力震慑涉林违法犯罪活动。

资源调查 全省各县（市、区）均完成森林资源二类调查，对淳安等26县和11个设区市进行了森林资源考核评价，编制了省市两级森林资源资产负债表。启动全省森林风景资源调查与评价工作。2016年度监测结果表明，全省林地面积660万公顷，森林面积605.91万公顷，森林覆盖率61%，活立木总蓄积量3.5亿立方米，森林蓄积量3.15亿立方米，居全国前列。

湿地管理 印发《关于加强湿地保护修复工作的实施意见》，新建18个省级湿地公园，公布第二批48处省重要湿地名录，累计列入名录湿地80处。

森林灾害防控 2017年，全省仅发生70起森林火灾，受害森林面积250.57公顷，森林火灾发生率为1.16次/10万公顷，受害率为0.04‰，同比下降15.66%和19.95%。加快航空护林站建设，开设16条巡护航线和一个报飞空域，全年累计安全飞行288架次584小时，发现并处置野外违章用火551起。印发《关于加强松材线虫病科学防治工作的通知》，完成松材线虫病清理面积11.79万公顷。

【"关注森林"活动】

林业"最美系列"评选活动 开展全省"最美赏花胜地""最美护林员"等林业最美系列媒体宣传活动，全省评选出最美赏花胜地100处，优秀护林员300名和最美护林员10名，吸引省内主要媒体参加报道，社会反响强烈。

生态文明主题植树活动 组织开展义务植树，全省各级党政军领导、机关干部、社会团体等共计2052.4万人次参加义务植树，植树6103.8万株，仅春节后上班第一天全省共有28个市、县（市、区）7.5万多人参加义务植树劳动。

森林系列创建 新创建省级森林城市7个，至此全省所有符合条件的市、县（市、区）均完成省级森林城市创建，实现省级森林城市全覆盖。创建森林城镇59个、森林村庄180个，另有15个县（市）正在创建国家森林城市并已获得国家林业局备案。

生态文化宣传 组织开展生态日、湿地日、野生动植物日、爱鸟周等宣传活动。首次组织评选优秀护林员，全省评选出300名优秀护林员和10名最美护林员。6个行政村被授予"全国生态文化村"称号，新增52个浙江省生态文化基地。

【林业支撑保障】

重大林业科技项目 新增国家重点林木良种基地3处、省级公共种质资源库14处，新建安吉国家毛竹生物产业基地。启动全省清新空气网络体系建设，开展负氧离子监测，并开始试发布。荣获国家科技进步二等奖3项、中国林学会梁希林业科学技术奖14项，荣获2016年省科技进步奖5项。主持和参与制修订国家标准12项、林业行业标准40项、省地方标准5项。9家企业获国家林业标准化示范企业，5个林产品获"浙江制造"标准。获得国家林业局林业植物新品种授权10个，完成省级林木品种审（认）定14个。建成食用林产品质量安全追溯平台，开展食用林产品质量监测，省本级共安排监测2345批次，合格率达99%。连续14年举办"林业科技周"活动，开展林业科普教育，2个项目获第六届梁希科普奖。

林木种苗 加强种质资源保育，制订《浙江省林木种质资源库管理办法》，公布首批14处省级公共林木种质资源库。完善种质资源信息系统管理和收集保存，录入各类种质资源信息17 054余份，保存各类种质资源2000余份，建设种质资源收集区46.67余公顷。保障"新植1亿株珍贵树"行动供苗，建成以容器育苗为主的林业保障性苗圃79家，全年完成珍贵彩色树种育苗2000多万株。

（浙江省林业由谢力供稿）

安徽省林业

【概　述】 全省现有林业用地面积449.3万公顷，森林面积395.9万公顷，森林覆盖率28.65%。活立木蓄积量2.6亿立方米，森林蓄积量2.2亿立方米。全省湿地总面积104.2万公顷，占国土总面积的7.47%。2017年，全省林业总产值达3611.87亿元。

2017年，全省林业系统深入学习宣传党的十九大精神，以习近平新时代中国特色社会主义思想为指引，认真落实省委、省政府和国家林业局决策部署，扎实推进林业供给侧结构性改革，探索建立林长制，启动林业增绿增效行动，全面提升全省森林资源总量和质量，林业各项工作取得显著成效。

【营林生产】 2017年是林业增绿增效行动的开局之年，安徽省政府出台了《关于实施林业增绿增效行动的意见》。省林业厅编制印发了林业增绿增效行动实施方案以及森林抚育、封山育林、退化林修复等技术导则，加强技术指导，强化督查调度。全省各地坚持质量效益优先，强化政策措施落地，大力推进生态保护修复、造林绿化攻坚、森林质量提升、绿色产业富民四大工程建设，实现了扩容增绿与提质增效并进、生态保护与经济发展双赢，林业"双增"行动开局顺利、成效明显。2017年，全省共完成造林9.896万公顷，占省政府下达计划任务的123.7%，其中人工造林5.694万公顷、封山育林4.202万公顷；完成森林抚育37.47万公顷、退化林修复4.03万公顷，均超额完成省政府下达的计划任务。铜陵市成功创建国家森林城市，各地还创建省级森林城市6个、省级森林城镇68个、省级森林村庄587个，建设森林长廊示范段978千米。

【林业改革】 一是在全国率先探索推行林长制改革。2017年3月28日，省委书记李锦斌在参加省暨合肥市机关干部群众义务植树活动时明确提出，要探索建立林长制，落实以党政领导负责制为核心的责任体系，确保一山一坡、一园一林都有专员专管、责任到人。为稳妥有序推进林长制改革，省委、省政府决定在合肥、安庆、宣城三市先行试点，并鼓励其他地方积极探索。在总结试点经验的基础上，省委、省政府于2017年9月正式出台《关于建立林长制的意见》，明确提出2018年在全省推开，建立省、市、县、乡、村五级林长制体系。省人大常委会将林长制写入《安徽省林业有害生物防治条例》和新修订的《安徽省环境保护条例》。截至2017年年底，全省16个省辖市和42个县（市、区）已出台林长制工作方案，各地共设立林长12 414名，竖立林长公示牌1913个。在全省范围内建立林长制，尚属全国首创。11月4日，中央电视台新闻频道《朝闻天下》栏目作专题报道。

二是国有林场改革如期完成。全省141个国有林场整合为100个，其中97个定性为公益性事业单位，3个为公益性企业；核定国有林场事业编制4500名，压减45%。国有林场富余职工得到妥善安置，林场职工工资收入较改革前人均增长1.5万元左右，职工养老保险和医疗保险实现全覆盖；相应的体制机制逐步建立，生态保护职责全面强化，"保生态、保民生"两大目标初步实现，国有林场改革顺利通过第三方评估和省级验收。根据国家统计局安徽调查总队第三方评估调查，国有林场职工对改革的支持度高达98.89%，对改革成效的满意度达到86.53%。

三是集体林权制度改革深入推进。省政府办公厅印发《关于完善集体林权制度的实施意见》，7个市出台实施方案。省林业厅召开全省集体林权制度改革工作推进会，确定18个村为联系点，加快推进集体林地"三权分置"和"三变"改革。与省邮储银行合作，开发"皖林邮贷通30万元以下、2年期、免评估、可循环、可享受贴息"的林权抵押小额贷款"一卡通"项目，为小额林权融资开辟新途径。政策性森林保险实现省域全覆盖，截至2017年年底，全省投保面积314.87万公顷，投保总额245.3亿元，保费合计8951万元。

【林业法治】 一是林业法制建设不断加强。《安徽省林业有害生物防治条例》正式发布，在全国率先将森林资源保护林长制写入地方性法规。完成《安徽省实施〈中华人民共和国森林法〉办法》修正工作。对省林业地方性法规、省政府规章、省政府规范性文件、省林业厅规范性文件进行了5次清理，宣布废止省林业厅规范性文件2件、修改1件。

二是林业依法行政积极推进。印发26部林业法律法规行政处罚自由裁量权基准表和《安徽省重大林业行政执法决定法制审核规定（试行）》《安徽省林业厅重大行政执法决定法制审核目录清单》，实行重大林业行政执法决定法制审核。在省直机关率先采用信息化手段实施林业专门法律知识考试，370人获得安徽省林业行政执法证。主动接受人大、政协和社会监督，办理省人大代表建议23件、省政协委员提案17件，荣获"省十二届人大代表优秀议案建议和代表建设办理工作先进单位"称号。办理政府信息依申请公开7件。加强省政务中心林业窗口建设，全年共受理各类办件620件，按时办结率100%，群众满意率100%。

三是林业行政案件查处力度加大。全省共发生林业行政案件6910起，查处6682起，案件办结率96.7%。与2016年相比，行政案件总数减少3923起。全省森林公安机关共立刑事案件599起，省森林公安局直接破获一起特大非法猎捕、收购、运输、出售珍贵濒危野生动物案件，抓获犯罪嫌疑人14人。

【森林和湿地资源保护】 一是加强森林资源管理。严格执行森林资源管理制度，共使用采伐限额242万立方米，办理永久使用林地项目490宗，使用林地定额3371公顷。进一步规范公益林管理，完成全省公益林区划落界工作，会同省财政厅出台公益林管理实施意见。严格执行天然林保护政策，全面停止天然林商业性采伐，落实国有天然林商业性停伐面积0.64万公顷、集体和个人所有的天然林停伐面积10.58万公顷。加快推进全省森林资源年度监测及森林资源一张图应用试点工作。

二是加强生物多样性保护。加快推进湿地保护修复制度建设，省政府办公厅印发《安徽省湿地保护修复制度实施方案》，省林业厅制订《安徽省湿地名录管理办法》，编制《湿地植被修复技术标准规程》《安徽省级湿地公园建设规范》，会同省农委等单位联合发布第一批省级重要湿地名录52处。全省新增国家湿地公园3处、省级湿地公园11处，全省湿地保护率达37.3%。进一步加强自然保护区管理，认真组织开展"绿盾2017"专项行动、全省林业重要生态区域开发建设活动清理排查工作，扎实推进中央环保督查反馈问题整改落实，全面加强自然保护区、湿地公园、森林公园的保护管理。

【森林防火】 省政府与各市政府签订《2017～2019年森林防火目标管理责任书》，成功举办2017安徽省森林火灾扑救演练。全年共发生森林火灾127次，森林火灾受害森林面积47.32公顷，森林火灾受害率0.01‰，24小时扑灭率达到100%，没有发生重大森林火灾和人员伤亡事故，至此安徽省已连续17年无重大森林火灾。

【林业有害生物防治】 省人大常委会颁布《安徽省林业有害生物防治条例》，自2018年1月1日起施行。着力完善监测预警体系，强化检疫执法，推进社会化、专业化防治，有效遏制松材线虫病、美国白蛾等重大林业有害生物疫情扩散蔓延。全省林业有害生物发生面积50.12万公顷，成灾率5.25‰，防治面积46.07万公顷，防治率91.9%，无公害防治率90.94%，测报准确率94%，种苗产地检疫率99.59%，均符合年度控制目标要求。

【林业产业】 一是林业产业加快发展。2017年，全省林业总产值达3611.87亿元，同比增长13.14%，三次产业结构比例为29:47:24，产业融合发展明显加快。加快建设林产品特色优势区，亳州市谯城区油用牡丹、潜山县油茶经中国林业产业联合会认定为特色产业示范区；新认定省级现代林业示范区14个。加大龙头企业培育力度，新增国家林业重点龙头企业10家、国家林业标准化示范企业3家，认定省级林业产业化龙头企业707家，其中产值超10亿元的企业3家。成功举办2017中国·合肥苗木花卉交易大会，来自美国、荷兰、法国及国内21个省（市）的1100多家企业参展，总交易额23.9亿元，平台影响力进一步提升。

二是林业精准扶贫持续推进。大力开展林业特色产业扶贫，省政府办公厅印发《关于支持油茶产业扶贫的意见》，加快将油茶产业打造成为贫困山区重点扶贫产业。向全省70个有扶贫开发任务县下达林业资金13.56亿元，占全省林业资金的80.1%，新建木本油料基地0.53万余公顷，新发展林下经济5.87万余公顷，森林旅游休闲康养达1518.3万人次。积极开展林业生态保护扶贫，出台《安徽省建档立卡贫困人口生态护林员选聘管理办法（试行）》，选聘的11 484名生态护林员全部上岗，下达中央财政补助资金7000万元。加快构建扶贫服务体系，实行厅机关处室和厅直单位定点帮扶贫困县（市、区）、厅级和处级干部联系帮扶贫困户制度，向牵头帮扶的界首市增派2名处级干部、3名处以下人员驻村扶贫，定点帮扶的刘寨村、三和村实现整村出列。

【主要林产品产量】 全年全省生产商品材434.13万立方米，与2016年相比略有下降；毛竹13471万根，比2016年增加503万根，小杂竹188万吨，比2016年增加66万吨。水果种植面积17万公顷，同比增长7.53%，产量384万吨，同比增长15.19%；干果种植面积9万公顷，同比增长28.57%，产量15万吨，同比增长12.78%；产饮品种植面积17.41万公顷，同比增长9.15%，产量13万吨，同比增长16.8%；森林食品产量12.26万吨，同比增长12.48%；木本药材种植面积1.9万公顷，同比增长21.79%，产量4.42万吨，同比增长41.21%。木本油料种植面积19.49万公顷，同比增长8.28%，产量11.91万吨，同比增长7.59%；林产工业原料产量2.15万吨，同比增长6.44%，其中松脂1.51万吨，占工业原料的70.23%，仍然是最主要的工业原料。

表23-3 安徽省主要经济林产品产量

产品名称	计量单位	产量
苹果	吨	416 657
柑橘	吨	34 381
梨	吨	1 275 371
葡萄	吨	624 418
桃	吨	1 116 899
杏	吨	35 075
猕猴桃	吨	26 281
核桃	吨	23 758
板栗	吨	101 839
枣（干重）	吨	15 857
柿子（干重）	吨	26 929
银杏（白果）	吨	460
毛茶（干重）	吨	122 585
竹笋干	吨	35 628
食用菌（干重）	吨	59 910
山野菜（干重）	吨	10 046
杜仲	吨	2 031
油茶籽	吨	85 763
油桐籽	吨	1894
棕片	吨	3981
松脂	吨	15 057

表23-4 安徽省主要木竹加工产品产量

产品名称	计量单位	产量
锯材	立方米	4 159 100
木片、木粒加工产品	实积立方米	1 877 760
人造板	立方米	24 257 115
1. 胶合板	立方米	16 899 466
2. 纤维板	立方米	3 978 799
3. 刨花板	立方米	1 645 804
4. 其他人造板	立方米	1 733 046
其中：细木工板	立方米	950 955
其他加工材		262 641
木竹地板	平方米	77 273 263
1. 实木地板	平方米	6 285 200
2. 实木复合木地板	平方米	7 516 518
3. 浸渍纸层压木质地板（强化木地板）	平方米	52 702 838
4. 竹地板（含竹木复合地板）	平方米	9 168 616
5. 其他木地板（含软木地板、集成材地板等）	平方米	1 600 091

表23-5 安徽省主要林产化工产品产量

产品名称	计量单位	产量
松香	吨	9160
松节油	吨	2396
木炭	吨	140 492
竹炭	吨	10 005
木质活性炭	吨	13 017

【林业科技】 一是林业科技创新步伐进一步加快。召开全省林业科技创新大会，出台《关于加快科技创新推

进林业现代化建设的意见》，编制《安徽省林业科技创新"十三五"规划》。组织开展科技专家服务林业增绿增效行动"112"活动。加强林业科技创新平台建设，组建81个省级林业科技创新攻关团队，取得重要科技成果18项，获得国家和省级科学技术奖励5项，制修订林业行业标准3项、省地方标准15项。

二是"互联网+"林业建设加快推进。初步建成"安徽智慧林业云平台"，实现了全省林业信息化建设一张图、一套数据、一个网络的建设构想。整合安徽林业信息网与政务信息公开网，扎实推进"互联网+"政务服务，行政许可、公共服务等24个事项全部上线运行。

【林业对外合作】 全年共组织7个因公出国(境)访问交流团组，接待来自联合国开发计划署等国际组织官员(专家、学者)计32人次，选派人员参加境内外国际学术会、研讨会等47人次。长江经济带珍稀树种保护与发展项目纳入"2017～2019年备选项目规划清单"，由世界银行和欧洲投资银行联合融资贷款。安徽GEF(全球环境基金)项目进展顺利，分别在合肥和安庆召开了第四次指导委员会会议、项目成果汇报会。

【林业大事】
1月2日 安徽省林业厅举办新修订的《中华人民共和国野生动物保护法》实施宣传活动。
1月5～25日 省森林公安局在全省范围内部署开展了"2017护鸟1号行动"。
1月13日 省森林防火指挥部副指挥长、省林业厅厅长程中才等赴黄山市看望慰问武警森林指挥部驻皖部队官兵。
1月19日 国家林业局正式批准设立塔川国家森林公园。
2月7日 省林业厅传达学习中纪委十八届七次全会和省纪委十届二次全会精神。
2月16日 省人大常委会副主任宋卫平专程到省林业厅调研指导工作。
2月17日 安徽全民义务植树网正式开通。
2月21日 省委办公厅、省政府办公厅发出通知，在全省组织开展2017年义务植树活动，由领导干部带头，发动全民积极参与，迅速掀起春季绿化造林和全民义务植树的新热潮。
3月1～3日 国家林业局党组成员、副局长李树铭一行5人来皖检查春季森林防火工作。
3月9日 省政府举行2016年全省国土绿化状况新闻发布会。
3月10日 全省春季植树造林暨集体林权制度改革推进会召开，副省长方春明出席会议并讲话。
3月10日 省林业厅召开全省林业科技创新大会。
3月17日 省林业厅召开党组(扩大)会议，传达学习全国"两会"精神，认真学习贯彻习近平总书记在"两会"期间的一系列重要讲话和李克强总理、汪洋副总理在参加安徽代表团审议时的重要讲话精神，以及省委书记李锦斌在省委传达全国"两会"精神大会上的讲话，并提出贯彻落实要求。
3月23日 省委办公厅、省政府办公厅印发《关于2016年度全省综治工作(平安建设)目标管理考评的通报》，省林业厅被评为2016年度全省综治工作(平安建设)优秀单位。
3月24日 省林业厅党组召开2017年落实全面从严治党和党风廉政建设责任工作会议。
3月27日 全国绿化委员会、国家森林防火指挥部召开全国国土绿化和森林防火工作电视电话会议，副省长方春明在安徽分会场参会。
3月28日 省暨合肥市党政军领导与干部群众义务植树活动，省委书记李锦斌、省长李国英、省委副书记信长星等参加。
3月28日 省委、省政府印发《安徽省国有林场改革实施方案》，标志着安徽省国有林场改革进入全面启动实施阶段。
3月29～30日 省林业厅厅长、省国有林场改革领导小组办公室主任程中才带领相关处室负责人，到池州、黄山等市调研督察国有林场改革、林业增绿增效行动和森林防火等工作。
4月8～10日 省林业厅会同省发展改革委、财政厅、住建厅组成联合调研组，开展"林长制"调研工作。
4月14日 省政协实地调研湿地保护修复情况，并召开加强湿地保护修复界别协商会。省政协副主席牛立文出席会议并讲话。
4月26日 省政府办公厅印发《关于完善集体林权制度的实施意见》。
4月27日 省政府印发《关于实施林业增绿增效行动的意见》。
4月30日 《安徽省湿地植被修复技术标准规程(DB34/T 2831-2017)》发布实施。
5月7～11日 欧洲投资银行亚洲贷款部副主管阿里·塔皮奥先生(Mr. Ari Tapio)一行7人在财政部财金合作司关秀珍调研员等陪同下来安徽省对"欧洲投资银行贷款大别山安徽片生物多样性保护与近自然森林经营项目"进行评估考察。
5月13日至6月12日 省林业厅在省直机关率先通过信息化手段举办专门法律知识考试。
5月17日 省林业厅开展贯彻落实习近平总书记视察安徽重要讲话精神一周年专题学习研讨。
6月7～10日 国家林业局原副局长、中国湿地保护协会会长孙扎根一行5人来皖调研指导湿地保护等工作。
6月29日 省林业厅党组书记、厅长程中才深入界首市代桥镇刘寨村调研脱贫攻坚工作。
7月10～12日 省人大常委会副主任宋卫平赴黄山、池州市开展古树名木保护情况调研，并就省十二届人大七次会议代表《关于将古树名木保护经费纳入财政预算的建议》进行督办。
7月15日 省长李国英赴金寨县调研油茶产业扶贫工作，要求加快把油茶产业打造成为产业扶贫的重要力量，助推贫困山区群众稳定脱贫、持续增收。
7月18日 省林业厅召开2017年中形势分析会。
7月25日 省林业厅组织处级以上干部赴合肥市预防职务犯罪警示教育基地参观，接受党性党风党纪教育。

8月3日 受副省长方春明委托,省政府副秘书长刘卫东主持召开会议,专题研究和部署安徽省参展2019年北京世界园艺博览会筹备工作。

8月18日 省林业厅召开全省林业精准扶贫暨重点工作推进会,总结分析上半年工作,深入查找存在问题和薄弱环节,安排部署下半年工作任务。

8月22~23日 省林业厅在合肥举办全省国有林场场长培训班暨国有林场改革推进会。

8月29日 省林业厅召开领导干部会议,认真学习贯彻习近平总书记对河北省塞罕坝林场建设者感人事迹作出的重要指示和国家林业局《关于开展向河北省塞罕坝机械林场学习活动的决定》精神。

9月7日 省林业厅举办学习原山精神、做合格林业干部主题巡展报告会。

9月8日 省林业厅厅长程中才赴宣城市督查中央环境保护督察组督察反馈意见整改落实情况,并调研深化集体林权制度改革工作。

9月12日 程中才参加指导省林检局领导班子"讲重作"专题警示教育专题民主生活会。

9月13日 省政府办公厅发布《关于支持油茶产业扶贫的意见》。

9月16日 经省政府同意,省政府办公厅印发《安徽省湿地保护修复制度实施方案》。

9月18日 《安徽省森林防火规划(2016~2025年)》经省政府批准印发。

9月18日 省委、省政府出台《关于建立林长制的意见》。

9月30日 省林业厅印发《安徽省建档立卡贫困人口生态护林员选聘管理办法(试行)》。

10月20日 2017中国·合肥苗木花卉交易大会在中国中部(肥西)花木城开幕。

10月22日 安徽省花卉协会第五次会员代表大会在合肥召开。

10月27日 厅党组书记、厅长程中才主持召开第17次厅党组(扩大)会议,传达学习党的十九大报告精神、十九届一中全会精神以及省委常委扩大会议精神,并研究贯彻落实意见。

11月4日 中央电视台新闻频道《朝闻天下》栏目专题报道安徽率先在全国出台林长制。

11月7日 全省林业有害生物防治工作会议在合肥市召开。

11月10日 厅党组书记、厅长程中才主持召开第18次厅党组会议,研究讨论学习贯彻党的十九大精神的实施意见。

11月26日 安徽省林木品种审定委员会审定通过"皖油栗1号"板栗、"皖油栗2号"板栗、"塔山软籽"石榴和"塔山大粒"石榴4个林木优良品种。

11月29日 省林业厅机关及直属各单位党员干部190余人,来到合肥蜀山烈士陵园,开展以"不忘初心、牢记使命"为主题的革命传统教育,深切缅怀革命先烈,重温入党誓词。

12月3~4日 省政府在颍上县召开全省造林绿化现场会。

12月7日 厅党组书记、厅长程中才主持召开第19次厅党组(扩大)会议,传达学习《中共安徽省委关于认真学习〈习近平谈治国理政〉第二卷的通知》和省委十届六次全会精神,并研究贯彻落实意见。

12月13日 2017安徽省森林火灾扑救演练在黄山市歙县举行,副省长、省森林防火指挥部指挥长方春明观摩演练并讲话。

12月19日 省林业厅、省公安厅联合印发《关于深化森林公安改革的实施意见》。

12月26日 厅党组书记、厅长程中才主持召开第21次厅党组(扩大)会议,传达学习中央、省委经济工作会议精神,并研究贯彻落实意见。

12月27日 厅党组书记、厅长程中才到安徽林业职业技术学院向师生代表作《深入学习贯彻党的十九大精神 奋力开创安徽林业现代化建设新局面》专题报告。

12月28日 省国有林场改革领导小组办公室发布国有林场改革进展情况第二十一次通报,全省国有林场改革任务如期完成,并达到预期目标。

(安徽省林业由聂海生供稿)

福建省林业

【概　述】 2017年,福建省林业按照"三保、两推进、两提升"(保发展、保覆盖率、保民生林业,推进依法治林、推进深化林改,提升林业生态文明水平、提升森林质量和综合保护能力)总体工作思路,进一步改革创新、锐意进取、扎实工作、加快发展,取得明显成效。

林业改革 5月,习近平总书记对福建林改工作作出重要指示,给予充分肯定。7月27日,全国深化集体林权制度改革现场经验交流会议在武平县召开,国务院副总理汪洋出席会议并作重要讲话,将福建经验推广到全国。福建省委、省政府出台《关于深化集体林权制度改革 加快国家生态文明试验区建设的意见》,进一步明确深化林改的目标和任务。全省培育林业专业合作社、股份林场、家庭林场等新型林业经营主体310家(累计4873家),新增林权收储机构6家(累计43家),森林综合保险参保率为87%,林下经济发展面积194万公顷。省政府出台《福建省国有林场管理办法》,基本完成国有林场属性界定、编制核定、整合优化、机制创新等主体改革任务。省属国有林场由106个整合为88个;福建省洋口国有林场与省国有来舟林业试验场、南平市郊教学林场整合升格为正处级,18个原为副科级的国有林场升格为正科级。33个有改革任务的县(市、区)县属国有林场由109个整合为45个,其中事业性质的林场15个。整合武夷山国家级自然保护区、武夷山国家级风景名胜区和九曲溪上游保护地带,面积9.83万公顷，组建武夷山国家公园管理局；建立联席会议制度，明确财政体制，省人大审议颁发《武夷山国家公园条例（试行）》。开展重点生态区位商品林赎买等改革，落实省财政补助资金1.44亿元，累计完成重点生态区位商品林赎买等改革试点面积1.57万公顷。继续开展林业碳汇项目交易试点，完成20个林业碳汇项目申报，面积8.13万公顷，碳汇量343万吨。

造林绿化 完成植树造林面积8.93万公顷，占任务的133.9%。其中，沿海基干林带、生物防火林带、森林生态景观带和重点生态区位林分修复等"三带一区"造林2.55万公顷，占任务的106.4%；完成省委、省政府为民办实事项目——沿海基干林带建设2.43万公顷，占任务的101.1%；珍贵用材树种造林0.85万公顷，占任务的121.9%。全省森林抚育21.37万公顷，占任务的106.8%；封山育林14.43万公顷，占任务的108.3%。编制《福建省森林质量精准提升示范项目实施方案（2017～2021年）》，在顺昌县等7个县（市、区）实施0.4万公顷森林质量精准提升示范项目，完成示范项目建设0.43万公顷、国家储备林基地建设0.87万公顷。新增福州、泉州2个国家森林城市（累计6个）。新增省级森林城市（县城）9个（累计43个）。新增林木良种27个（其中通过审定良种20个、通过认定良种7个）、国家重点林木良种基地3个；新建林木良种基地47.8公顷、珍贵和乡土阔叶树种采种基地109.73公顷；育苗总面积974.33公顷，苗木总产量2.45亿株，其中新育苗木1.93亿株、2年生及以上苗木0.52亿株；新育苗木中，容器苗和组培苗4500万株，乡土珍贵阔叶树种苗木4235万株。苗木产量前10名的树种：杉木、木荷、油茶、楠木、红豆杉、桉树、马尾松、樟树、枫香、山樱花。印发《福建省林木种质资源保护与利用规划（2016～2025年）》和《福建省林木种质资源普查技术规定》，召开全省林木种质资源普查电视电话会议，启动普查工作。

生态保护 编制《福建省2017～2019年松材线虫病除治总体方案》，集中资金和力量开展松材线虫病除治，筹措省级以上补助资金8601万元，完成松材线虫病防治采伐改造0.96万公顷，占任务的144%，全省消除原有疫情存量约0.51万公顷，减少乡镇疫点12个，国家公布撤销东山县疫区，有效遏制松材线虫病快速扩散蔓延势头。组织开展航空护林工作，实施空中灭火支援扑灭6起。全省发生森林火灾52起，受害面积318.6公顷，森林火灾发生率和受害率分别为0.58次/10万公顷和0.04‰，未发生重特大森林火灾和人员伤亡事故。组织做好中央环保督察和"绿盾2017"国家级自然保护区监督检查专项行动迎检工作，扎实推进相关问题的整改落实，制定下发《关于进一步加强自然保护区监督管理工作的通知》，全面加强自然保护区的监督管理。推进省级自然保护区视频监控体系建设，提升保护区管理水平。修订《福建省陆生野生动物行政许可及监督检查管理办法》，完成全省第二次国家重点保护野生植物资源调查，建立88种国家重点极小种群和重要种质资源野生植物资源档案。实施极小种群野生植物拯救保护项目6个。组织开展世界野生动植物日、爱鸟周、保护野生动物宣传月、第21个世界湿地日等主题宣传活动，汀江源等5个自然保护区被评为全省野生动植物科普教育基地。建立省级打击野生动植物非法贸易联席会议制度，会同有关部门全力打击走私和非法加工销售象牙及制品犯罪活动，取得明显成效。省政府办公厅印发《福建省湿地保护修复制度实施方案》，推动成立湿地保护工作联席会议制度，发布第一批省重要湿地名录，新增政和念山、建宁闽江源2处国家湿地公园试点（累计8处），长汀汀江国家湿地公园通过国家验收（累计2处）。组织开发福建省森林资源管理系统，完成二类样地外业调查工作，正式启动小班区划调查工作。

依法治林 省政府出台《福建省国有林场管理办法》，省人大常委会颁布施行《武夷山国家公园条例（试行）》，修订《福建省森林和野生动物类型自然保护区管理条例》。《福建省生态公益林条例（草案）》通过省人大常委会一审，《福建省湿地公园管理办法（草案）》上报省政府研究。印发《林业法治建设实施方案》，落实林业普法任务，推行政府法律顾问制度。推动森林公安改革，组织起草《福建省深化森林公安改革实施意见》。组织开展打击象牙走私和非法加工销售活动、"2017利剑行动"、第35届爱鸟周专项执法等专项行动，严厉打击破坏森林和野生动植物资源违法犯罪行为。开展"公开公平公正"执法主题教育年活动，修订《林业行政处罚裁量规则和基准》和《林业行政执法管理若干规定》，规范林业行政执法行为。深入开展"大排查、大化解、大整治"活动和"缉枪治爆""禁种铲毒"专项行动。调处林权争议171件，面积0.1万公顷；办理人民群众信访事项475件，其中复核信访事项22件；化解厦门金砖会晤安保维稳重大涉林风险隐患24起，稳控4起。

民生林业 全省林业产业总产值5002亿元，同比增长8.5%。其中，列入全省农业七大特色产业的林竹产业3334亿元，同比增长15%；花卉苗木产业643亿元，同比增长14.9%。继续实施好现代农业（竹业、花卉）和农业综合开发项目，全省新增花卉种植面积0.53万公顷，累计8.54万公顷；新造改造油茶等木本油料林3.11万公顷；16个笋竹精深加工示范县实施项目75个，总投资4.32亿元；新建竹山机耕道2734千米；新建丰产竹林2.79万公顷，累计47.1万公顷。加强科技攻关和成果转化，启动第三轮林业创新与产业化工程林业项目6个，实施省级及以上科技研究和推广项目65个，建设林业长期科研试验基地2个、省级科技示范园区5个，林业科研成果参与项目获国家科技进步二等奖1项，省科技进步一等奖1项、二等奖4项、三等奖7项，有22个植物新品种获得国家植物新品种权。制定《生物防火林带作业设计技术规程》等8项省地方标准。举办农村实用技术远程培训12期，108万人次。59个成果被纳入国家林业局林业科技推广成果储备库。落实林业扶贫工作八条措施，安排9.35亿元对23个省级扶贫开发县给予林业专项资金倾斜支持；安排2176万元专项补助资金，实施16个县属国有贫困林场19个精准扶贫项目；通过优先聘为护林员、扶持发展林下经济、森林旅游等措施，落实精准扶贫帮扶937个建档立卡贫困人员就业，实现户均增收4418元；做好驻村干部选派以及贫困县、少数民族乡挂钩帮扶工作。启动省重点项目福州植物园森林体验与森林养生示范区项目建设。

【**省重要湿地名录发布**】 4月12日，省政府新闻办召开新闻发布会，福建省林业厅公布长乐闽江河口湿地国家级自然保护区等50处湿地列为第一批省重要湿地名录。名录主要包括湿地类型自然保护区、国家湿地公园、国家城市湿地公园、国际重要湿地、国家重要湿地、水产种质资源保护区、海洋特别保护区、重要水库、重要江河源头等类型的湿地，面积约9.95万公顷，约占全省湿地总面积的11.4%。名录明确了湿地名称、湿地类型、湿地范围和地理位置、湿地面积、湿地管护责任单位和监管单位。

【**基层林业站建设**】 落实省政府办公厅《关于进一步加强乡镇林业工作站建设的意见》，理顺80个林业站的管理体制，全省908个乡镇林业工作站全部作为县级林业主管部门的派出机构。省林业厅、省委机构编制委员会办公室、省发展和改革委员会等五部门联合印发《关于开展福建省南平三明龙岩等设区市林业站林业专业技术人员定向培养工作的通知》，计划开展林业站专业人员定向招生、培养、就业工作。编制《福建省林业站"十三五"发展建设规划（2016～2020年）》，2017年争取林业站建设资金2190万元，安排标准化林业站建设33个、林业站服务能力建设47个。

【**福建树王评选**】 12月7日，省绿化委员会、省林业厅公布第五批福建树王评选结果，南平建瓯市夺取"少叶黄杞王"和"苦槠王"，延平区摘取"水青冈王"桂冠；三明永安市获得"金钱松王"，尤溪县夺得"秃杉王"；泉州德化县和安溪县分别获得"椤木石楠王"和"甜槠王"；龙岩漳平市夺取"栲树王"；漳州芗城区赢得"苏铁树王"桂冠；宁德寿宁县夺得"米槠王"。此外，2013年评选出的福建闽楠王因遭受自然灾害死亡，增补位于永安市的一株闽楠古树为福建闽楠王。对第五批福建树王的古树名木保护管理单位给予10万元专项保护资金。

【**国家湿地公园试点**】 12月27日，经国家林业局批准，政和念山、建宁闽江源2处获批国家湿地公园，开展试点工作。政和念山国家湿地公园是闽北首个国家湿地公园试点，位于星溪乡念山周边地区，以七星溪和梅龙溪的上游源头和念山梯田湿地为主体，涉及星溪、铁山、外屯3个乡镇，湿地面积731.9公顷，湿地率为40.45%。建宁闽江源国家湿地公园建设是国家级生态保护项目，建设地点位于建宁县均口镇黄岭村、修竹村、均口村、隆下村和龙头村等5个村，以金溪上游支流宁溪为主体，面积395.30公顷，其中湿地面积241.48公顷，湿地率为61.09%。

【**南平市林业**】

生态保护 完成造林绿化1.55万公顷，占任务的116.98%。完成森林抚育4.92万公顷，占任务的105.5%。新建各类示范林38片，面积343.73公顷，巩固提升原有各类示范林56片，面积900.73公顷。新增建瓯市"少叶黄杞王""苦槠王"和延平区"水青冈王"共3株"福建树王"。邵武市、顺昌县和松溪县3个县（市）成功创建省级森林城市。建阳区、邵武市、顺昌县、政和县列入全省林业碳汇试点县项目，其中建阳区新增碳汇量40.07万吨，在福州海峡股权交易中心全部达成交易，销售额508.96万元。实施国家储备林质量精准提升工程项目，计划面积31.26万公顷，投资215.3亿元；获国开行首批8亿元贷款，完成项目建设任务1.20万公顷。完成湿地保有量4.44万公顷的任务。新增政和念山国家湿地公园，光泽县、武夷山市、浦城县、建瓯市、松溪县5处湿地列入省首批重要湿地名录。完成山脚田边生物防火林带建设350.07公顷，新组建森林消防专业队伍4支。完成全国第三次林业有害生物普查工作，完成松材线虫病除治性和预防性林分改造592.47公顷。

民生林业 全市林业总产值764.88亿元，同比增长7.65%；大力发展现代竹业，投入各级财政资金1.02亿元，建设市级竹林丰产示范片22个，完成丰产竹林1.64万公顷，新建机耕路1589千米。新建林下经济示范基地（片）31个，林下经济产值170亿元，同比增长6.25%；新增"森林人家"12户。新增中国驰名商标2枚（政和祥福、建瓯锥栗），地理标志商标1枚（建阳漳墩锥栗）。邵武味家生活用品制造有限公司、福建祥福工艺有限公司和福建省政和茗匠工艺礼品有限公司3家企业分别获得全国"优秀林业电商平台""优秀供应商"称号。全市累计利用林下经济资金扶贫91.48万元，发展林下种植中药材、竹荪和林下养蜂等项目，扶持贫困家庭141户；聘用106户贫困户为生态公益林护林员；全市森林人家帮扶贫困户26户。

林业改革 新增林业专业合作组织66个。通过林权流转平台完成林地林木流转变更1479宗地，面积1.73万公顷。完成林权交易556宗地，面积0.65万公顷，交易金额2.92亿元。新增林权抵押360笔，732宗地，面积1.16万公顷，抵押金额4.07亿元。完成重点生态区位商品林赎买等改革试点面积0.64万公顷，占任务的185.92%，其中商品林赎买0.24万公顷、租赁等其他方式0.4万公顷。全市省属国有林场由18个优化整合为14个，林场机构规格确定为正科级。县属国有林场由52个整合组并为15个，其中事业性质3个、企业性质12个。

【**三明市林业**】

林业改革 推出普惠林业金融产品"福林贷"，2017年全市"福林贷"授信13.3亿元，发放贷款10.9亿元，覆盖1373个村，受益10 197户。推广大户经营、合伙经营、合作经营、股份经营、企业经营、委托经营6种新型林业经营主体，新建461家，累计2662家，经营面积63.87万公顷，占全市集体商品林地的56%。建宁县、明溪县形成直接赎买、改造提升、置换调整3种模式，完成赎买等改革0.11万公顷。永安在全国率先创新商品林停伐转保护方法学，实现全国首批、全省首单国际核证碳减排标准（VCS）碳汇交易，交易额50万元。13个省属国有林场完成年度森林资源双增目标，将乐国有林场被评为全国十佳林场。33个县国有林场合并整合为13个。

森林资源培育 完成植树造林1.55万公顷,完成率114%。其中,"两带一区"建设0.25万公顷(生物防火林带建设0.03万公顷、森林生态景观带建设0.03万公顷、重点生态区位林分修复0.19万公顷),其他人工造林更新1.3万公顷。完成"三个必造"(上年林木采伐迹地必须造上林,上年森林火灾、林业有害生物危害和盗砍滥伐迹地必须造上林,上年项目建设占用征收林地的必须通过等面积以上荒山或非规划林地造林予以补充,确保森林面积和覆盖率不下降)1.07万公顷,完成率为106%。完成森林抚育14.73万公顷、封山育林1.56万公顷,分别占计划的123%和102%。培育苗木6593万株。将乐国有林场杉木、枫香良种基地被评为国家重点林木良种基地。明溪青珩林场列入国家特殊及珍稀林木培育项目。实施科技项目45项,总投资4277万元。科技培训33期,科技下乡281次。福建金森林业股份有限公司与南京林业大学合作的《林木良种细胞工程繁育技术及产业化应用》项目获国家科技进步二等奖。三明市区城市绿道完成三期工程建设2.8千米,累计建成20千米。

森林管护 新建县级专业扑火队5支,发生森林火灾7起,发生率0.44次/10万公顷,受害率为0.05‰,无重大火灾和人员伤亡。林业有害生物发生2.35万公顷,成灾率为0.45‰,防治率为100%。执行生态公益林"占一补一",获批储备库367.47公顷。推进天然林停伐补助试点,签订责任书和管护补助协议3504份。林地征占用195起,975公顷,占定额98.8%。永安、尤溪2个全国林地"占补平衡"试点获批延期至2020年。林木采伐审批112万立方米,占限额22%。规范森林资源数据变更制度,完成县级固定样地调查11045个,小班区划调查18.83万公顷。

林业产业 林业产业总产值918亿元,同比增长8.1%。其中,第一产业产值142亿元,同比增长10%;第二产业产值759亿元,同比增长7.7%。笋竹产业新建丰产基地0.9万公顷,产值190.1亿元。油茶产业新建基地0.07万公顷,产值16.3亿元。尤溪县被评为全国木本油料特色区域示范县。苗木花卉产业新建基地300公顷,产值78.1亿元。森林康养产业接待游客240万人次,收入2.5亿元。将乐县被评为全国森林康养基地试点县,龙栖山国家级自然保护区被评为中国森林体验基地。承办上海中国森林旅游节福建馆,获优秀展示奖、宣传奖。提升天天林博会、林品汇"O2O"商城销售额6200万元。第十三届海峡两岸林业博览会签约项目111项,总投资164.7亿元,其中投资亿元以上55项。

【龙岩市林业】

深化林业改革 7月27日,全国深化集体林权制度改革现场经验交流会在武平县召开,全国推广武平改经验。龙岩市创新林权抵押贷款的模式被中国银监会、国家林业局、国土资源部作为可复制的经验全国推广。武平县被国家林业局列为"集体林业综合改革试验示范区"。推出并全面推广林权直接抵押贷款"惠林卡",市财政对推广期(三年)内的"惠林卡"贷款给予1%贴息补助。全市发放"惠林卡"615张,授信金额4487万元,用信金额1668.2万元。将天然商品林纳入统保,保费由天然林停伐管护补助资金支付。森林参保面积146.13万公顷,同比增长68.6%,森林保险理赔4786万元。推进国有林场改革,上杭白砂、永定仙紫国有林场机构升格为正科级。加大重点生态区位商品林赎买力度,完成赎买、租赁0.22万公顷,占任务的120.8%。

森林资源保护 完成植树造林1.28万公顷,占任务的155.8%。其中,完成电力走廊生物防火林带建设355.07公顷,完成龙岩市中心城区森林景观美化(2016~2018)三年行动计划2017年美化提升183.07公顷,完成县城一重山森林生态景观提升214.33公顷、乡村生态景观林建设144.53公顷、乡村森林公园建设17个。列入保护的生态林、天然林面积97.67万公顷,占全市有林地面积65.5%。累计建立生态公益林"占一补一"储备库0.17万公顷。应用多普勒雷达山火监测系统,全年发生森林火灾6起,同比下降53.8%,受害面积43.63公顷。林业有害生物发生面积2.27万公顷,同比下降25.9%;防治面积2.25万公顷,防治率99%。推进依法治林,持续开展打击毁林种果、非法占用林地等整治行动,专项开展打击破坏森林和野生动植物资源违法犯罪"2017利剑行动"。

生态富民产业 实现林业产业总产值351.6亿元,同比增长9.5%。林下经济经营面积62.31万公顷,产值169.4亿元,同比增长17.2%。安排落实花卉生产发展项目23个,大力发展兰花、杜鹃、富贵籽等特色花卉,花卉苗木种植面积1.43万公顷,产值60.1亿元,同比增长8.3%。举办第五届中国(冠豸山)兰花大会。森林旅游接待游客847.7万人次,同比增长35.8%;实现收入7.8亿元,同比增长10.2%。举办龙岩市首届森林休闲旅游文化节,开展龙岩市首届"十佳森林人家"评选活动。梁野山国家级自然保护区、永定仙紫森林公园获得第三届"中国森林氧吧"称号。生产商品材46.3万立方米,同比下降33.2%;竹材产量1.35亿根,同比增长12.5%;人造板材产量145.9万立方米,同比增长13.1%。开展建档立卡贫困户扶贫,95人被聘为生态护林员实现脱贫;538户获营林生产补助98.3万元;680户获林下经济补助85万元;201户获异地搬迁用林优惠面积1.7万平方米;1.4万户获生态林补助308.3万元。

【林业大事】

1月4~5日 全国林业厅局长会议在福建三明召开。国家林业局党组书记、局长张建龙出席并讲话,福建省人民政府副省长黄琪玉到会并讲话。

1月14日 全省林业局长会议在福州召开。会议要求,全面深化林业改革、着力提升森林质量、全力防控林业灾害、强化林业生态保护、大力发展绿色富民产业、夯实林业发展基础、提高林业服务水平。

1月23日 连城县、清流县、永安市、政和县4个县(市)获得全国首批"互联网+经济林、竹藤花卉产品营销模式示范单位"称号。

1月24日 福建省首次进口货值230万日元的日本带土罗汉松自厦门东渡口岸进境。

1月25日 副省长黄琪玉到省森林防火部办公室,通过视频连线慰问战斗在森林防火战线的广大干部职工、广大群众、森林消防员、护林员、森林武警部队官兵和森林公安民警，部署森林防火工作。

2月22日 海峡生物科技股份有限公司正式在新三板挂牌，成为漳州市首家挂牌新三板的国有企业。

2月28日 福建省林业厅、财政厅、人保财险公司联合印发《2017年森林综合保险方案》。

3月1日 福建省森林公安破获一起特大象牙非法制售案件，共缴获象牙制品61.6千克，价值240余万元，抓获团伙骨干成员9人。

3月1日 福建7个蝴蝶兰新品种获国家植物新品种权保护。

3月10日 漳州市水仙花协会、漳州市水仙花研究所联合主办的"漳州水仙花文化艺术展"亮相香港花卉展。

5月18日 沙县官庄国有林场护林班组、将乐国有林场扑火队、福建梅花山国家自然保护区管理局华南虎繁育研究所3个单位获"福建省五一先锋号"称号。

5月25日 福清市获"福建省森林城市"称号，连江县、罗源县、闽清县获"福建省森林县城"称号。

6~10月 福建在全省范围内开展松木及其制品检疫检查专项行动。

6月18日 福建省林业厅和省农业发展银行签订《全面支持林业发展战略合作框架协议》。

7月4日 武警森林部队扑救内蒙古大兴安岭重特大森林火灾先进事迹巡回报告团到福建作巡回报告。

7月19日 福建省6个单位获全国集体林权制度改革先进集体称号，6位同志获全国集体林权制度改革先进个人称号。

7月27日 全国深化集体林权制度改革经验交流座谈会在武平县召开，国务院副总理汪洋出席会议并讲话。

8月24~25日 福建省林业厅、省文化厅、省工商局、福建网信办、福州海关、福州濒管办组成联合督查组，赴莆田市开展全面检查清理非法加工销售象牙及制品活动的督查工作。

9月11日 塞罕坝林场先进事迹报告团在福州举行报告会。福建省委书记尤权、省长于伟国会见报告团全体成员。

10月17日 福建3个木本花卉品种——含笑"香妃"、桂花"永福紫绚"和桂花"朝阳金钻"获国家植物新品种权保护，为福建首批获得植物新品种权保护的木本花卉品种。

11月4日 武夷山市林业执法部门在宁上高速洋庄服务区截获一辆违规调运松木车辆，该案涉嫌妨害动植物防疫、检疫罪，为福建查获的首起跨省违法调运染疫松木案件。

12月27日 邵武市获"福建省森林城市"称号，仙游县、顺昌县、松溪县、连城县获"福建省森林县城"称号。

（福建省林业由厅宣传办供稿）

江西省林业

【概　述】 2017年，江西省坚持稳中求进工作总基调，紧紧围绕建设国家生态文明试验区、打造美丽中国"江西样板"、建设富裕美丽幸福现代化江西，加快推进国土绿化，积极深化林业改革，切实强化资源管理，大力发展林业产业，不断加强自身建设，各项林业工作取得新进展，为加快林业现代化建设，保持江西林业生态质量全国领先的目标任务奠定了坚实基础。

造林绿化 2017年度，全年人工造林9.47万公顷，任务完成率为118.42%；低产低效林改造5.17万公顷、森林抚育37.33万公顷、退化林修复10.67万公顷、封山育林6.67万公顷。全省人工造林合格率为98.42%，封山育林合格率达100%。完成乡村风景林示范点建设2145个，面积5776.38公顷，其中，保护型示范点1334个、面积3913.11公顷，完善型示范点665个、面积1415.56公顷，建设型示范点146个、面积447.71公顷。完成国家防护林工程造林4.33万公顷，其中"长防林"工程3.33万公顷、"珠防林"工程1.00万公顷、"血防林"工程0.67万公顷。完成国家储备林项目0.12万公顷、欧洲投资银行贷款江西生物质能源林示范基地项目0.42万公顷。亚洲开发银行江西林业发展项目造林0.096万公顷，累计完成项目造林4.76万公顷，占总计划的110%。全省森林覆盖率稳定在63.1%。对7个设区市下达"十三五"期间治沙任务。赣州市林业调查规划院被评为"全国防沙治沙先进集体"，鄱阳县林业局原局长吴义显被评为"全国防沙治沙先进个人"。

林下经济 2017年，全省林下经济规模达到253.3万公顷，年产值超过1500亿元；参与农户318万人，其中贫困人口40.45万人，建档贫困人口35.67万人、占全省建档立卡贫困人数的26.8%。全省油茶产业产值269亿元，增长16.11%。全年新造高产油茶林3.16万公顷，改造低产油茶林0.16万公顷。全省分布油茶遗传资源物种29种和5个栽培种及3个变种；主推"长林系列"等25个高产油茶优良无性系品种。高产油茶定点采穗圃17处，总面积203.4公顷，良种穗条年生产能力2350万根。省级投资3200多万元，新造油茶林补助标准提高至7500元/公顷，扶持面积0.44万公顷。全省油茶种植专业大户1128户、家庭林场145个、林业合作社185个、龙头企业55家，带动参与农户6万多户；全省油茶经营加工企业131家，注册商标160个，其中中国驰名商标5个、江西省著名商标19个。"赣南茶油"为国家地理标志产品，"袁州茶油"为中国地理标志证明商标。宜春市和赣州市被授予全国油茶产业发展示范市，宜春市袁州区、遂川县、上饶县、兴国县被授予"中国油茶之乡"称号，丰城市被授予"中国高产油茶之乡"称号，德兴市被授予"中国红花油茶之乡"称号。

12月16日，省政府印发《关于加快林下经济发展的行动计划》，提出重点打造油茶、竹类、香精香料、森林药材、苗木花卉、森林景观利用等六大林下经济产业；在新余、鹰潭、上饶等地召开了全省林下经济暨造林绿化工作现场推进会，明确要进一步加大资金投入，创新发展模式，突出区域特色。省林业厅及时调整完善林下经济发展政策，出台了《江西省森林中药材资源培育规划（2017~2020年）》，林下经济迎来了前所未有的发展机遇，为调整林业产业结构、加强林业生态保护、实施乡村振兴战略发挥着越来越重要的作用。

林政管理 省林业厅出台《江西省林业资源保护专题研究（2016~2030）》《江西省森林资源数据更新管理办法》。部署开展全省第七次森林资源二类调查。实现林木采伐网上办证，全省使用林木采伐限额268.7万立方米。完成森林资源"一张图"数据实时更新。成立全省天然林保护工作领导小组和江西省天然林保护工程管理中心。国家下达天然林停伐管护补助资金6.66亿元，同比增加10%；完成下拨补助资金1.52亿元。启动并基本完成24个县（市、区）100个生态公益林固定样地外业调查。国家级和省级公益林保险由省级"统保"，调整为由市、县（区）政府纳入当地农业（林业）保险一并参保，由中央和省级财政全额承担公益林保费。全省参加森林保险林地面积739.33万公顷，占有林地面积的80.95%；森林保险赔案869起，面积2.07万公顷，获赔0.93亿元；省级和中央财政补贴1.1亿元。完成4个县（市）申请调整260.01公顷省级公益林区位调整和纠错。开展年度公益林管护及资金使用情况检查，省级抽查6个县，发现35个问题。全省规范、收缴违规使用资金2985.77万元，对375名村、组干部追责。将重点生态功能区7个县纳入建档立卡贫困人口生态护林员实施范围，新增名额3500名；全省共落实10 500名，下达转移支付资金1.05亿元，人均补助标准每年1万元。开展全省林政资源管理综合检查，随机抽查10个县（市、区）保护发展森林资源目标责任制执行、林地保护管理、森林采伐管理和木材加工企业监管情况。国家下达使用林地定额9973.82公顷，审核审批使用林地1517起，实际使用林地9590.27公顷，节余383.55公顷。首次开展林地行政许可"双随机一公开"监督检查，共检查23个县（市、区）林地使用项目77起、面积411.97公顷，发现9个县（区）违法用地项目14起、面积7.87公顷，并限期整改。3县（区）首批开展重点生态区位非国有商品林赎买等改革试点，试点补助1200万元。稳定林业站管理体制，全省建有基层林业站933个，在岗4659人，2017年全国绩效考评第四名。

森林防火 省林业厅、省发改委、省财政厅联合印发《江西省森林防火规划（2017~2025年）》。省林业厅、省财政厅、省人社厅、省编办联合印发《关于推进全省专业森林消防队正规化建设的意见》。全省严格落实森林防火责任制，开展野外火源集中整治，强化森林火险预警和火情监测，推进专业森林消防队正规化建设，安排航空护林飞机靠前驻防，有效强化森林防火工作。全年共发生森林火灾66起，过火面积1732.82公顷，受害面积702.65公顷，森林火灾受害率、发生率、控制率、案件查处率均在国家下达的控制指标以内，没有发生重特大森林火灾和人员伤亡事故，春节等重点时段保持森林防火形势稳定。江西省航空护林直升机机场建设项目获国家林业局批复，项目选址宜春市靖安县，规划项目投资4171万元。

有害生物防治 省林业有害生物防控工作指挥部对各设区市和省直管县政府履行《松材线虫病等重大林业有害生物防控目标责任书》2016~2017年度职责情况进行全面检查考核并通报，对5个落后县区政府分管领导，以及林业有害生物防治基础设施建设项目进程滞后的2个设区市、1个县项目建设法人进行约谈。在松材线虫病疫情区推广政府购买服务，实行社会化、专业化防治。全年防治松林面积1.9万公顷，清理死亡松树32.95万株。江西省建立与实施松材线虫病防治的经验在全国林业有害生物监测预报高级研修班作典型介绍。开展松褐天牛综合治理，综合防治面积1.9万公顷；在环庐山周边6个县（市、区、局）开展2次飞防作业，防治作业面积1.97万公顷/次，飞防区松褐天牛数量下降44.37%。开展松毛虫防治，有效控制松毛虫在局部地区爆发的态势。划分全省美国白蛾监测特别危险区。对全省油茶病虫发生情况进行摸底调查。完成36个国家级中心测报点布局和主测对象调整。全省森林病虫灾害保险理赔案106件，赔付面积1.12万公顷，理赔金额0.13亿元。省林业厅、江西出入境检验检疫局部署开展为期两年的"林安"行动，并开展了第一次联合执法检查。全省林业有害生物防控"四率"全部达标，林业有害生物成灾率为0.53‰、无公害防治率为97.97%、测报准确率为88.9%、种苗产地检疫率为99.8%。开展2016年度全省林业有害生物灾害损失评估，全年经济损失约26.18亿元，其中，直接经济损失3.63亿元，生态服务价值损失22.55亿元。

"一区两园"建设 国务院批准晋升江西南风面国家级自然保护区，面积1.06万公顷。会昌湘江源、信丰金盆山、修水程坊3处县级自然保护区晋升为省级自然保护区。深入开展《"绿盾2017"江西省自然保护区监督检查专项行动》。马头山国家级自然保护区加入国际自然保护地联盟组织。官山国家级自然保护区被联合国教科文组织中国人与生物圈国家委员会批准为"中国生物圈保护区网络"成员。国家林业局批准贵溪森林公园、会昌山森林公园晋升为国家级森林公园，面积分别为0.3、0.34万公顷。批准设立罗霄山大峡谷国家森林公园，面积0.29万公顷。全省国家级森林公园总体规划编制率提升到90%，省级森林公园总体规划编制率提升到39%。命名6处省级示范森林公园。启动全省森林风景资源"一张图"数据库建设。国家林业局批准兴国潋江、赣州章江2处试点国家湿地公园正式成为国家湿地公园；同意瑞金绵江、吉水吉湖、峡江玉峡湖、抚州凤岗河、抚州廖坊、广昌抚河源6处湿地开展国家湿地公园试点。省政府批准设立12处省级湿地公园。省林业厅同意2处湿地开展省级湿地公园试点。全省自然保护区、森林公园、湿地公园总面积达到170.07万公顷，占国土面积的10.2%。

湿地管理 省政府办公厅印发《湿地保护修复制度实施方案》，实现到2020年全省湿地面积不低于91.01万公顷，其中自然湿地面积不低于71.01万公顷，湿地保护率、重要湿地保护率、重要江河湖泊水功能区水质达标率分别提高到52%、75%、90%以上。省质量技术监督局发布首个《江西省重要湿地确定指标》,规定全省重要湿地确定范围和8项确定指标,特别是将位于城市规划区内,面积≥8公顷的湿地作为一项重要指标。湿地面积、湿地保护率、湿地生态状况等保护成效指标纳入各级政府生态文明建设目标评价考核体系。建成"智慧湿地"综合信息平台,并被评为"中国智慧林业最佳实践案例50强"。实施中央财政湿地补贴项目16个,项目资金0.5亿元。启动为期5年的全球环境基金(GEF)江西省湿地保护区体系示范项目,获赠600万美元。开展2017"清河行动",对围垦破坏湿地、违法侵占湿地、违规临时占用湿地等行为进行查处。开展第21个"世界湿地日"宣教活动。

物种保护 召开鄱阳湖区越冬候鸟和湿地保护工作会议,明确地方政府主体责任,形成政府负责,林业部门牵头,公安、工商、渔政等部门配合,上下联动、内外统筹的越冬候鸟保护和湿地保护机制;逐级签订责任状,落实监管责任。开展打击乱捕滥猎候鸟等野生动物违法犯罪专项行动,鄱阳湖区基本实现"三无一杜绝"总体目标。通报表彰越冬候鸟和湿地保护先进县(市、区)11个、先进单位83个、先进民间组织8个、先进个人308名。开展环鄱阳湖区越冬水鸟同步调查,记录到水鸟102种、38.8万余只,其中白鹤2149只。完成全鄱阳湖区夏季水鸟调查,记录到水鸟60种,隶属6目15科。开展野生动物疫源疫病监测防控,未发生重大野生动物疫情。省野生动植物救护繁育中心与天津市野生动物救护驯养繁殖中心在鄱阳湖国家湿地公园联合开展野生鸟类放飞活动,共放飞野生鸟类24只。开展江西省第三十六届"爱鸟周"和"野生动物保护宣传月"活动。8所学校被评为"全国未成年人生态道德教育示范学校"。都昌县护鸟员李春如被让候鸟飞四周年护鸟英雄会授予"护鸟先驱"及"重要贡献"两项大奖。

执法整治 全省森林公安机关保持对破坏森林资源犯罪活动的严打高压态势,组织开展一系列专项整治行动,依法查处一批有影响的大案要案,同时健全立体化林区社会治安防控体系,特别在党的十九大林区安保维稳中,实现林区"四个零发生"(林区无群体性事件、无公共安全事件、无重大涉林案件、无民警违纪炒作事件)。省林业厅、省公安厅联合出台《关于深化森林公安改革的实施意见》,在全国率先开展森林公安对涉及生态环境案件相对集中管辖改革试点,经验在全国推进森林公安改革会上作典型介绍。全省森林公安机关组织开展"严打生态犯罪、护航美丽江西""2017利剑行动""保护鄱阳湖湿地候鸟""飓风1号""赣剑"、缉枪治爆、毒品查缉、整治涉枪违法犯罪、打击破坏野生动物资源违法犯罪等专项整治行动,挂牌督办大要案32起,上报全国挂牌督办7起,上报最高人民检察院挂牌督办2起,省检察院挂牌督办5起;成功侦破一批重特大森林刑事案件。全省森林公安机关全年共立森林案件2.62万起,其中刑事案件3100起,行政案件2.31万起;破案2.54万起,其中刑事案件2500起,行政案件2.29万起,处理违法犯罪人员3.49万人,其中逮捕955人、行政处罚2.12万人、补植复绿9100人、其他处罚1000人;收缴各类木材3.65万立方米、国家重点保护植物1700株、野生动物5408只(头),为国家挽回直接经济损失0.98亿元。全省木材检查站开展为期2个月的打击非法运输木材专项行动,查处违法运输木材案件917起,涉案木材0.32万立方米、野生苗木272株,为国家挽回直接经济损失281.73万元;没收非法运输木材962.8立方米,同比增长108%;处罚单价同比上升43%;非法运输木材发案率下降20%;非法运输野生苗木发案率下降25%。开展退耕还林突出问题专项整治,整改到位1213条,占问题总数93.6%,收缴违规资金0.32亿元,移送纪检和检察机关141人,已追责137人,其他处理18人。宜丰县森林公安局民警黄勇胜被评为全国优秀人民警察。

体制改革 集体林权制度和国有林场改革取得新进展,在全国率先出台国有林权和集体统一经营林权交易管理办法。全省累计流转山林171.47万公顷,占集体山林的18.9%;发放林地经营权流转证777本,涉及面积0.49万公顷。31个试点县488个乡镇有393个设立林权流转服务窗口,5132个村有4417个设立流转服务信息员,2000多个乡镇和村实现流转服务平台挂牌、人员上岗和制度上墙。全省林权抵押贷款规模累计突破160亿元,贷款余额60亿元。培育林业专业大户4229户、家庭林场739个、民营林场618个、农民专业合作社2637个,创建国家、省级示范社148家。5个集体、5位个人被评为全国集体林权制度改革先进集体、先进个人。省林业厅印发《关于创建江西省示范林场的实施意见》,力争到2020年,建成30个示范林场。全省上报备案国有林场101个。5家国有林场荣获2017"中国最美林场"称号,4家国有林场试点国家森林特色小镇建设。698户国有林场危旧房改造全面开工。下达国有贫困林场扶贫资金2683万元,落实到54个县(市、区)。

科技创新 林业科技创新助推林业发展。省林业厅印发《江西省森林质量提升科技创新与推广行动方案(2017~2020年)》《江西省林业科技扶贫行动实施方案》。召开全省林业科技创新大会。举办第一届樟树论坛。布局第四批省级林业科技创新项目13个。实施中央财政林业科技推广项目19项,新增项目资金1900万元。推广林业科技成果19个,建设标准化示范区5个。布局森林经营、低效林改造和新造林三类良种良法骨干示范基地31个。1个项目获省科技进步一等奖,1个项目获省科技进步二等奖,2个项目获省科技进步三等奖。2个项目获第八届梁希林业科学技术奖二等奖、1个项目获三等奖;2个科普作品获第六届梁希科普作品类三等奖;1项活动获第六届梁希活动类三等奖。评出第四届江西林业科技奖一等奖3项,二等奖6项,三等奖12项。制定完成江西省地方标准10项,修订8项。完成46家企业产地环境监测,不合格2家。2个林业植物新品种获得国家林业局授予的植物新品种权,全省增至18个。获批国家级生态站3个,批复省级生态站3个。开展打击侵犯林业植物新品种权专项行动,未发现侵权假冒情况。省林业科技实验中心被列为青冈、油桐国家重点良种基地。官山国家级自然保护区、宜春市自然博物馆入选第四批"全国林业科普基地"。九江市荣获"全国林业信息化建设十佳市级单位"称号。

天然林管护 成立全省天然林保护工作领导小组和江西省天然林保护工程管理中心。全省天然林面积629.85万公顷，占全省国土面积的37.7%；其中生态公益林259.68万公顷，天然商品林370.17万公顷。国家下达天然林停伐管护补助资金6.66亿元，完成下拨补助资金1.52亿元。国家下达天然商品林停伐管护补助面积152.72万公顷，全省签订天然商品林停伐、管护协议110.03万公顷，占总任务的72.05%。

产业发展 全年实现林业总产值4171亿元，同比增长19%，其中，第一产业1140亿元、第二产业1968亿元、第三产业1063亿元，分别增长7.39%、19.15%和34.29%；第一、二、三产业产值比重由上年的30:47:23调整到27:47:26，产业结构继续优化。全年生产商品材233万立方米、大径竹1.9亿根、小杂竹110万吨，生产木竹加工产品8114万立方米、林产化工产品37万吨、各类经济林产品568万吨。全省9家林业企业入选国家林业重点龙头企业，累计达到27家；省级林业龙头企业353家，龙头企业示范引领作用显著增强。获评国家林业标准化示范企业和首届国家生态文明·绿色发展模范企业各1家。监测油茶籽、竹笋、香菇、木耳、葛根、板栗、香榧籽7种林产品，完成600余批次林产品及其产地环境监测。随机检查冬笋企业19家、油茶籽企业43家，油茶籽和冬笋企业检查结果良好。

全省家具产业产值1100亿元，增长27.82%。成功举办第四届中国（赣州）家具产业博览会，参展商8500多家，经销商和采购商33.2万人次，签约30.6亿元，经销商和观展商增长18.4%，交易额增长41.7%，南康成为国内四大家具产业集群地之一。举办第四届中国中部（九江）红木家具博览会。全省香精香料产业产值38亿元。香料香精原料林基地建设纳入造林补贴范畴。金溪县樟科天然香料产量占全球产量80%以上，天然芳樟醇等4个产品产量居全球第一。吉水县拥有林产化工、药用香料两大系列、200多个品种，产品畅销国内外。全省野生动植物利用产业产值21亿元，增长107%。全年批准野生动物驯养繁殖单位700多家，野生动物经营利用单位400余家，养殖经济动物30余种。办理野生动植物行政许可审批538起，其中野生动物类型119起，涉及企业80余家；野生植物类型419起，涉及采集樟树等国家二级以上重点保护野生植物1.5万余株、进（出）口SCITES附录物种刺猬紫檀等0.5万立方米、木立芦荟3000千克。全省森林公园接待游客8354万人次，森林旅游与休闲产业产值834亿元，增长32%，直接带动其他产业产值5202亿元。传统木竹加工业转型升级步伐加快；油茶、竹产业、香精香料、森林药材、苗木花卉、森林景观利用等新兴产业成为林业产业发展新亮点。林业产业在促进林区经济发展、林农增收致富中的作用不断提升。

全省竹产业产值406亿元，增长17.8%。全省竹林98.6万公顷，立竹23亿株，雷竹等笋用竹规范化种植1万公顷。省级毛竹专项资金5000万元，实施毛竹低产林改造2.47万公顷，笋用林基地建设600公顷，建设竹林经营道路1300千米。1家竹企业成功登陆新三板；启动"江西竹产业互联网+电商基地"。全省林木种苗产业产值93亿元，减少11%。全年完成林木良种调剂4607千克，可产合格苗木6700万株，可供造林2.3万公顷。下达中央财政林木良种补贴资金2338万元；设立省级保障性苗圃47处。

资金投入 全年完成林业投资155.87亿元，其中，国家预算资金74.19亿元、国内贷款11.16亿元、利用外资1.45亿元、自筹资金30.24亿元、其他38.83亿元。全年林业固定资产完成投资2.47亿元。争取中央和省级林业项目资金38.4亿元，下达林业项目资金60亿元。省发改委、省扶贫和移民办、省林业厅联合出台《江西省推进生态保护扶贫实施方案》。安排25个国定贫困县和罗霄山特困片区中央和省级林业投资14亿元，占全省总量的36.5%。赣南等原中央苏区投入23亿元。落实贴息贷款16.6亿元，国家下达贴息补助资金0.33亿元，增长27%；87家林业企业、197个造林大户、3038名农户和林业职工获得贴息补助资金扶持。"财政惠农信贷通"累计发放贷款92.05亿元，新增受益户1.86万户。全国林业小额贴息贷款现场会推广"安远经验"。全省林业招商引资项目88个，签订协议资金184.99亿元，实际进资39.88亿元。实施林业利用外资贷款项目24个，协议利用外资2187万美元，实际利用外资2177万美元。全省森林植被恢复费征收16.53亿元，增长82.6%。完成7个林业项目、61个实施单位资金稽查，稽查资金总额1.51亿元。

【出台改革创新林业生态建设体制机制八大措施】 9月6日，省政府办公厅出台《关于改革创新林业生态建设体制机制加快推进国家生态文明试验区建设的意见》，从完善集体林权制度、优化森林资源培育制度、健全森林资源保护管理制度、构建湿地保护修复制度、改革国有林场管理机制、探索绿色共享机制、夯实生态扶贫机制、创新林业生态投入和扶持机制8个方面提出具体目标措施，是江西省深化林业生态建设体制机制改革创新，加快推进国家生态文明试验区建设、打造美丽中国"江西样板"的又一重大举措。

【出台完善集体林权制度实施意见】 9月18日，省政府办公厅印发《关于完善集体林权制度的实施意见》，提出以进一步巩固和完善农村基本经营制度、落实林权权益为核心，以加快新型林业经营体系建设、促进多种形式适度规模经营为重点，以推进林业供给侧结构性改革、培育发展新动能为动力，积极探索在生态保护前提下融合发展的新模式，到2020年，全省基本建立所有权明晰、承包权稳定、经营权放活，权益保护有力、管理服务完善、资源合理利用、功能多元开发的集体林权良性发展机制，全省集体林每亩平均蓄积量达到4立方米以上，新型林业经营主体突破2万家，林农涉林收入年均增长12%以上，实现生态美、百姓富的有机统一。

【出台党政领导干部生态环境损害追究细则】 3月23日，省委办公厅、省政府办公厅印发《江西省党政领导干部生态环境损害责任追究实施细则（试行）》，规定对损害生态环境的领导干部终身追责。《细则》明确各级党委和政府对本地生态环境和资源保护负总责，党委和政府主要领导承担主要责任，其他有关领导在职责范围内承担相应责任；各级党委和政府有关工作部门及其所属机构领导按照职责分别承担相应责任；责任追究坚持党政同责、一岗双责、联动追责、主体追责、终身追究和依法依规、客观公正、科学认定、权责一致的原则。

【修订江西省林木种子条例】 11月30日，省第十二届人大常委会第36次会议审议通过《江西省林木种子条例》。新修订的《条例》共9章55条，对林木种质资源保护、林木品种选育、新品种保护、林木种子生产经营和监督管理等进行了全面规范，并制定相关扶持措施，2018年1月1日起正式施行。

【制定江西省森林防火规划】 11月28日，经省政府同意，省林业厅、省发改委、省财政厅印发《江西省森林防火规划（2017～2025年）》。该规划范围涉及全省102个有森林防火任务的县级行政单位，涵盖省内所有国家级自然保护区、国家森林公园和国家风景名胜区；规划提出森林火险预警监测系统、防火通信和信息指挥系统、森林消防队伍、森林航空消防系统、林火阻隔系统、装备和基层防火能力六大重点建设任务，建立健全防火责任、森林消防队伍建设、经费保障、科学防火管理、依法治火五大长效机制，力争实现重点地区森林火灾预防、指挥和扑救能力大幅提高，森林防火长效机制基本形成，森林防火设施布局更加科学合理，森林火灾综合防控能力显著增强，规划期末森林火灾受害率控制在0.9‰以内，24小时火灾扑灭率达到95%以上的目标。规划总投资42亿元。

【全国林业系统纪检组长（纪委书记）座谈会】 11月23日，全国林业系统纪检组长（纪委书记）座谈会在江西南昌召开。中央纪委委员、中央纪委驻农业部纪检组组长吴清海，国家林业局党组成员、副局长张永利出席会议并讲话。全国31个省（区、市）林业厅（局）和5个森工集团、新疆生产建设兵团纪检组长（纪委书记）参加会议。江西、浙江、河南3省纪委驻厅纪检组，大兴安岭林业集团公司纪委，国家林业局直属机关纪委在会上作交流发言。

【全省三项林业重点工作电视电话会】 9月27日，省政府在南昌召开全省林业重点三项工作电视电话会议，总结全省森林防火、松材线虫病防控、湿地候鸟保护工作，表彰先进，部署今冬明春森林防火等林业重点工作。副省长吴晓军出席会议并讲话，省政府副秘书长宋雷鸣主持会议。会议要求各地各部门从贯彻落实习近平总书记生态文明思想、迎接党的十九大召开、营造安全稳定生态环境、建设国家生态文明试验区、打造美丽中国"江西样板"的高度，切实做好各项林业重点工作，并对每项工作提出具体目标和要求。会议通报了去冬以来全省森林防火、松材线虫病防控、湿地候鸟保护工作情况，表彰先进，下达《森林防火责任书》。各设区市政府分管领导、市林业局主要负责人、省政府森林防火总指挥部、省林业有害生物防控工作指挥部各成员单位分管领导、省委宣传部等4各部（委）有关领导、省林业厅领导、厅机关各处室、在昌厅属各单位主要负责人在主会场参加会议。

【全省林下经济暨造林绿化工作现场推进会】 10月13日，省政府在鹰潭召开全省林下经济暨造林绿化工作现场推进会。会议通报全省林下经济发展情况，部署当前林下经济和造林绿化工作。省政府副省长吴晓军出席并讲话，鹰潭市政府市长于秀明致辞，省政府副秘书长宋雷鸣主持会议。会议要求各地各部门围绕全省林下经济走在全国前列这个目标，重点发展油茶、竹笋、香精香料、森林药材、苗木花卉、森林景观利用六大产业，明确今冬明春造林各项工作重点和任务。会议通报全省林下经济发展情况，鹰潭等6个市（县）作了典型发言，与会代表参观了新余市仙女湖区凯光亚热带植物园森林休闲康养现场、樟树市阁山镇江枳壳种植示范基地、余江县杨溪乡山水林田湖综合治理项目造林整地现场、龙虎山天元仙斛公司铁皮石斛现场、弋阳县艺林公司雷竹基地、葛溪乡高产油茶造林现场。省发改委、省财政厅、省政府金融办、人行南昌中心支行、省农业厅、省扶贫和移民办、省卫计委、省林业厅有关领导，各设区市政府分管领导、市林业局主要负责人，省林业厅机关有关处室、厅属有关单位主要负责人，有关县（市、区）分管领导及林业局局长参加会议。

【国家生态文明试验区建设】 6月，中央深改组审议通过《国家生态文明试验区（江西）实施方案》。7月，省委十四届三次全体（扩大）会议专门研究部署推进，江西生态文明建设再上新台阶。一年来，5个试点地区基本完成自然资源统一确权登记试点任务，农村土地"三权分置"全面铺开，铜鼓、遂川等县非国有森林赎买试点工作启动实施。省域空间规划编制完成，市县"多规合一"试点形成规划成果。完成资源环境承载能力监测预警机制基础评价，重点生态功能区产业准入"负面清单"全部出台。环保机构监测监察执法垂管改革全面启动，赣江流域环境监管和行政执法机构试点、赣江新区城乡环境保护监管执法试点有序推进。健全生态环境保护领域行政执法和刑事司法衔接机制，初步建立覆盖省市县三级法院的环资审判体系。出台生态文明建设目标评价考核办法，首次开展全省绿色发展评价。正式实施自然资源资产离任审计制度。出台党政领导干部生态环境损害责任追究实施细则。强化河长巡河督导，实施清河提升、长江经济带突出问题整改等专项行动。实施鄱阳湖流域重点城镇环境治理项目，完成48个县市污水管网建设任务，推进2万个村组村容村貌整治，鹰潭等城乡环境第三方治理试点基本完成，全省90%的行政村纳入城乡生活垃圾收运处理体系。完成中央环保督察30项年度整改任务，问责106名相关责任人。查处环境污染类案件828起，批捕犯罪嫌疑人398人，提起公诉1449人。启动赣州国家山水林田湖草生态保护修复试点工程，28个项目全面开工。实施15条生态清洁型小流域建设，推动重点生态功能区、江河源头地区水土流失治理，治理面积840平方千米。实施森林质量提升工程，新增造林9.47万公顷，封山育林6.67万公顷，退化林修复10.67万公顷，森林抚育37.33万公顷。推动南岭山脉低产低效林改造，建设20个省级森林经营样板基地。实施矿山环境恢复治理工程，新增矿山复绿面积20平方千米。加大流域生态补偿，新增全省流域生态补偿资金6亿元、东江流域跨省生态补偿资金3亿元。加强生态文明教育，培训县处级以上领导干部1840人次，新编义务教育省情教材《美丽江西》，创建21所全国文明校园、195所省级文明校园，推进15个生态文明教育基地建设。加快全域旅游发展，创建4个国家级生态旅游示范区、41个国家水利风景区、4个中国天然氧吧，武夷山列入世界文化与自然双遗产名录。新确定22个省级生态文明示范县、46个省级生态文明乡镇、30个省级生态文明示范基地，10个设区市获评国家森林城市，全省森林覆盖率稳定在63.1%；全省国家考核断面水质优良率为92%，比国家考核目标值高12个百分点；全省PM10平均浓度72.6微克/立方米，达到国家考核目标，空气质量优良达83.9%。

【赣南等原中央苏区生态建设】 3月20日，省林业厅印发《省林业厅2017年支持赣南等原中央苏区加快林业发展任务分工方案》，落实林业资金23.61亿元，积极扶持赣南等原中央苏区生态建设。其中，下达防护林、造林补贴、森林抚育、低产低效林改造等营造林工程项目建设任务16.18万公顷，占全省总量的70.5%；下达营造林工程项目资金5.11亿元，占全省总量的75.6%。下达国家储备林建设任务0.09万公顷，项目资金2000万元，占全省总量的100%。下达森林防火类基建项目中央投资3870万元，占全省总量的63.5%，下达省级生物防火林带建设补助资金1935万元，占全省总量的48.4%。下达政府购买护林联防服务补助资金近2200万元，占全省总量的76.2%。下达生态公益林补偿资金6.36亿元，占全省总量的62.4%。下达天然林保护专项资金4.1亿元，占全省总量61.6的%。下达崇义齐云山国家级自然保护区中央基建国家级自然保护区基础设施建设项目专项资金1256万元，下达江西武夷山、九连山、阳际峰3个国家级自然保护区中央财政国家级自然保护区补助资金600万元，占全省总量的一半。下达省级自然保护区专项资金630万元，占全省总量近一半。下达中央财政湿地保护与恢复项目补贴资金2000万元，占全省总量的2/3。指导赣州章江、兴国潋江2处国家湿地公园顺利通过国家林业局验收。积极指导和帮助上饶市、赣州市创建国家森林城市，10月获国家正式授牌。下达林木良种培育补助和繁育资金1918万元，占全省总量的55.7%。支持林业产业贴息贷款，发放贷款贴息2829万元，占全省总量的85.8%。下达林业科技推广示范项目补贴900万元，支持林业产业科技推广，占全省总量的47.4%。下达农发油茶项目资金和省级油茶产业发展资金7323万元，支持油茶产业发展，占全省总量的62.6%。下达专项资金3102万元，支持竹类产业发展，占全省总量的63.3%。下达专项资金878万元，支持林下经济发展，占全省总量的41.3%。下达专项资金1714万元，用于改善贫困国有林场生产生活条件，占全省总量的63.9%。下达建档立卡贫困人口林业管护费补助9096万元，占全省总量的86.6%。

【森林城市创建】 9月29日，上饶市、赣州市、景德镇市被授予"国家森林城市"称号，全省国家森林城市增至10个。崇义县、武宁县申报"国家森林城市"总体规划通过国家林业局评审。浮梁、南城等28个县（市、区）获"江西省森林城市"称号，使获该称号的市、县增至69个。各地将创建森林城市作为城市基础设施建设的重要内容，创建经费纳入各级政府公共财政预算。省财政每年安排2000万元，用于创森以奖代补，获国家森林城市称号奖励500万元、获省级森林城市称号奖励80万元。各地财政也相应落实配套政策。森林城市创建工作有力推动江西省城乡生态建设步伐和人居环境改善，促进全民共享生态建设福祉。

【林业精准扶贫】 国家林业局出台《对口支援江西万安县2016~2017年工作分工方案》，从造林绿化、林业产业与生态脱贫等15个方面加大对万安县帮扶力度。省林业厅从生态产业、生态补偿和生态就业3个方面，扎实推进林业精准扶贫工作。安排25个国定贫困县和罗霄山特困片区县中央和省级林业投资14亿元，占全省总量的37%；争取国家建档立卡贫困人口生态护林员名额10 500名、项目资金1.05亿元；林下经济参与农户达318万人，其中贫困人口40.45万人，建档贫困人口35.67万人，占全省建档立卡贫困人数的26.8%。省林业厅定点帮扶兴国县龙口镇睦埠村发展林业产业和生态旅游产业，实现整村预脱贫；省森林公安局帮扶铜鼓县永丰村发展农村股份经济合作社，分别被省扶贫办、省委组织部、省委农工部授予省派单位定点帮扶贫困村工作优秀单位。截至2017年年底，江西省为打赢脱贫攻坚战贡献林业生态扶贫资金突破40亿元。

【全国率先开展森林资源年度更新】 12月27日，省林业厅修订出台《江西省森林资源数据更新管理办法》，推动林地变更调查暨森林资源数据更新常态化，在全国率先开展林地变更调查暨森林资源数据年度更新。森林资源动态监测体系的建立，为全省开展生态文明建设目标评价考核、编制自然资源资产负债表以及领导干部自然资源资产离任审计等提供科学数据和技术支撑，对推进江西省国家生态文明试验区建设具有重要意义。

【河北塞罕坝机械林场先进事迹报告会】 9月9日，河北塞罕坝机械林场先进事迹报告会在南昌举行。会前，省委书记鹿心社，省长刘奇，省委常委、省委秘书长刘捷，省委常委、省委宣传部部长赵力平，副省长吴晓军会见了报告团一行。省委常委、省委宣传部部长赵力平出席并讲话，省人大常委会副主任冯桃莲、副省长吴晓军、省政协副主席孙菊生出席报告会。在报告会现场，河北省林业厅党组副书记、副厅长刘凤庭，塞罕坝机械林场退休职工陈彦娴，塞罕坝机械林场职工杨丽，承德市林业局干部封捷然，河北日报社记者李巍，塞罕坝林场党委副书记安长明6名报告团成员多角度、多层次地讲述塞罕坝林场三代人55年坚持坚守、不负使命，让荒原变林海的感人故事。在昌省委各部门、省直各单位负责同志，省林业厅领导以及厅机关各处室、在昌厅属各单位副处以上干部、昌外单位主要领导，各设区市林业局局长共1000多名干部群众聆听报告会。

【首趟中欧双向班列启动】 6月1日，江西省在赣州港举行对接"一带一路"首趟中欧双向班列（俄罗斯—赣州港—吉尔吉斯斯坦）启动仪式。江西省政府副省长吴晓军，国家林业局党组成员、副局长李春良，赣州市委副书记、市长曾文明，省政府副秘书长宋雷鸣，省林业厅巡视员魏运华等领导出席启动仪式。赣州港中欧双向班列的开行，是江西省对接"一带一路"的一项重大成果，将有效推动国家"一带一路、互联互通"，为江西货物"走出去"和欧洲货物"运进来"提供更为便利的渠道，对进一步满足江西省出口货物资源和进口货物需求，实现中欧亚双向班列常态化运营，打造国际货物集散地和内陆双向开放新高地，推动构建全方位开放新格局产生重大深远影响。此次双向对开的俄罗斯—赣州港进口班列共装载37个集装箱进口木材，从俄罗斯巴扎伊哈经满洲里到达赣州港；赣州港—吉尔吉斯斯坦出口班列共装载47个集装箱的家具、布匹等货物。班列的双向对开，将江西与"陆上丝绸之路经济带"沿线国家连在一起，既将所需木材购回，又将制造的家具等产品卖出，打造"全国乃至世界的家具生产地和集散地"，成为江西省林业产业发展和境外拓展的新路径。

【全国首届樟树论坛】 6月23~25日，由江西省林业科学院主办，国家林业局樟树工程技术研究中心、江西农业大学、江西省科学院、南昌工程学院、吉安市林业科学研究所承办，江西思派思香料化工有限公司、江西林科龙脑科技有限公司协办的第一届樟树论坛在南昌举办。国家林业局科技司推广处处长宋红竹、省林业科学院党委书记黄小春、省林业厅副厅长罗勤、省科技厅副巡视员贺志胜、南昌工程学院院长金志农、江西农业大学副校长林小凡出席，省林科院院长俞东波主持会议，广东、福建、湖南、四川等各省从事樟树研究和产业发展相关的科技人员与企业代表出席开幕式。专家学者就樟树遗传改良、樟油高效分离、樟树基因组学、纯种芳樟的深度开发利用等内容进行了交流与讨论。省有关高校和科研院所、各设区市林业局科技科、推广站、林科所等从事樟树科研、教学和管理的人员、与樟树产业发展密切相关的企业代表共计150余人参加了活动。

【保护候鸟等野生动物清网行动】 2016年10月至2017年3月，全省开展打击乱捕滥猎候鸟等野生动物违法犯罪专项行动（清网行动），各地层层签订责任状，明确各级地方政府主体责任，落实候鸟保护监管责任。林业、公安、工商等有关部门相互联动、紧密配合、全面覆盖，对辖区内重点区域和线路进行巡护，对集市、餐饮店、农贸市场、经营、驯养场所等地进行检查、执法；共出动1.2万余人次，开展湖区联合巡查840次，检查清理各类经营场所8016余处，查获各类野生动物活体3028只、野生动物制品310千克，收缴非法猎具1017副，清除天网林网1195张、约3.5万米，平毁非法围堰8处、面积293.33公顷；侦破各类野生动物刑事案件37起，办理行政案件30起，行政处罚40余人；救治放飞野生鸟类483只。

【打击破坏森林资源百日行动】 4月15日至7月25日，全省开展严厉打击各类破坏森林资源专项行动（百日行动）。专项行动以"多破案、破大案"为主攻方向，集中力量侦破一批大案要案，惩治一批违法犯罪分子，整顿一批破坏严重、管理混乱的重点林区，起到良好的警示教育作用。全省查处破坏森林资源违法犯罪案件2343起，其中刑事案件338起、行政处罚案件1955起、其他处理50起；涉及林地面积2613公顷，林木蓄积量1.42万立方米，罚没收入1987万元；刑事处理359人，行政处罚2151人，行政问责10人。

【安远经验——小额林业贴息贷款管理新模式】 12月5日，全国林业贴息贷款管理和林业资金稽查工作会议暨小额贴息贷款现场会在安远县召开。国家林业局副局长李春良等出席，省林业厅厅长阎钢军致辞，副厅长罗勤作典型发言。李春良指出，安远县发放落实贷款贴息7227万元，受益林农约2.98万户，推动并深化了全县集体林权制度配套改革，拓宽了林业产业融资渠道，提升了森林质量，改善了生态环境，加快了林业产业发展，有力地促进了林农增收和地方经济发展，尤其是推进了当地林业精准扶贫工作，充分体现了"绿水青山就是金山银山"的理念。特别是在贴息贷款落实过程中，突出部门合作、平台建设、林业服务、林农实效等创新做法，值得各地学习。

【森林旅游和生态文化建设凸显】 江西荣获2017中国森林旅游节优秀组织奖、优秀展示奖、优秀协作奖、优秀宣传奖、优秀文艺节目组织奖、优秀产品推介奖、优秀洽谈签约奖7个奖项，6个单位获优秀参展单位。鹰潭市和武宁县分别被评为2017年"全国十佳森林旅游示范市"和"全国十佳森林旅游示范县"。3处森林公园（景区）被评定为国家5A景区。5个县（市、区）入选中国生态旅游投资与发展论坛"2017百佳深呼吸小城"榜单。5个村获评"2017年全国生态文化示范村"。16个县（市、区）入选"2017中国候鸟旅居小城"，其中武宁县入选"亲水琼台全国十佳"。4个县（区）获评2017年度"中国天然氧吧"。武宁县甫田乡外湖村等53个村庄列入全国第一批绿色村庄。46个乡（镇）和77个村分别被命名为第十批省级生态乡（镇）和第八批省级生态村。全省创建省级生态乡（镇）和省级生态村分别增至500个和811个。16个县（市、区）被评为"江西省第二批生态文明示范县（市、区）"。

【林业大事】

1月1日至4月30日 省森林防火总指挥部组织全省开展平安春季行动。78个县（市、区）荣获"2017年春季森林防火平安县（市、区）"称号，9个设区市森林防火指挥部荣获"2017年全省森林防火平安春季行动优秀组织奖"称号。

1月5日 新余市木材流通监督管理站增挂市林业工作站、市生态公益林管理办公室牌子，标志着该市正式成立林业工作站，自此江西省11个设区市全部成立市级林业工作站。

1月7日 2017竹产业发展项目省级核查启动会在弋阳召开，来自上饶、吉安、宜春和南北公司的专业技术人员50余人参加会议。会议详细讲解了核查的内容和要求，并实地核查了两个小班，统一标准。

1月13日 全省林业局长会议在南昌召开，会议总结了2016年林业工作，分析当前林业发展形势，部署2017年林业重点任务，加快推进江西省林业现代化建设。会上宣读了省委常委、政法委书记、副省长尹建业对会议的批示，省林业厅厅长阎钢军在会上作了主题报告，国家林业局华东林业调查规划设计院院长刘裕春、国家林业局福州专员办副专员吴满元应邀出席会议并讲话。

1月16日 省政府批准建立会昌湘江源、信丰金盆山、修水程坊3处省级自然保护区，总面积25 017.46公顷。

1月17～18日 省林业厅组织开展2016～2017年度越冬水鸟同步调查工作。调查共记录到水鸟102种（未识别鸟类涉及雁、鸭、鸻鹬、鹭、鸥、秧鸡六大类），388 031只，其中，白鹤2149只、白头鹤280只、白枕鹤550只、灰鹤1554只、东方白鹳3880只。

1月24日 省林业厅厅长阎钢军率在昌全体厅领导和厅机关有关处室及厅属有关单位主要负责人，到省林木育种中心永修林丰基地现场办公，专题研究省林木育种中心建设与发展问题，并为省级林木种子贮备库及国有林丰林场揭牌。

2月2日 省委常委、副省长尹建业在《江西日报》发表《湿地：人类抵御灾害的天然保护伞》，国际湿地公约组织将2017年的湿地日（即第21个世界湿地日）主题定为"湿地减少灾害风险"，旨在强调湿地作为人类极为重要的生存环境所发挥的无可替代的防灾减灾功效。

2月10日 省委书记鹿心社、省长刘奇等省委、省人大、省政府、省政协领导，与省市机关干部、各界群众一道到南昌市红谷滩新区高铁沿线义务植树。共栽苗木1000余株。

2月14日 省委常委、省政府常务副省长毛伟明到江西武夷山国家级自然保护区考察调研，省林业厅厅长阎钢军陪同。

3月1日 省委书记鹿心社对森林防火工作作出重要指示：近日火灾连发，防火形势严峻，要进一步采取有针对性举措，力避出现大的灾情。

4月11日 第四届花卉园艺博览会交易会在南昌市开幕，省委常委、南昌市委书记殷美根、省政府副省长吴晓军等省、市领导及省直有关单位负责人参观了由省林业厅承建的第四届省花博会林业主题展园。省林业厅巡视员魏运华陪同。

4月12日 省长刘奇在南昌市委书记殷美根等省市领导陪同下，到第四届省花博会林业厅主题展园视察指导。

5月3～5日 省人大常委会副主任龚建华带队，省人大法制委主任委员刘小华，环资委副主任委员屠永发，法制委副主任委员叶敏健，省人大常委会法工委副主任刘永亮，省人大法制委委员、南昌大学法学院教授涂书田，江西农业大学林学院院长杨光耀等人组成的立法质量评价调研组，到江西武夷山国家级自然保护区就《江西武夷山国家级自然保护区条例》开展立法质量评价，省林业厅巡视员詹春森等陪同。

5月10日 江西省林业厅连续第六年荣获"全国林业信息化建设十佳单位"称号。

5月15～17日 省林业厅厅长阎钢军率部分厅机关处室（单位）主要负责人到贵州省学习考察林业生态文明建设工作。

5月18～19日 国家林业局副局长彭有冬率队调研景德镇市国家森林城市创建工作。省政府副秘书长宋雷鸣，省林业厅厅长阎钢军、巡视员魏运华等陪同调研。

5月19日 宜丰县森林公安局局长黄勇胜被评为全国优秀人民警察。

6月1日 由国家林业局主办、赣州市人民政府和江西省林业厅承办的中国（赣州）第四届家具产业博览会在赣州市南康区开幕。省政府副省长吴晓军、国家林业局副局长李春良等出席。来自部分省市和全国家具行业有关专家、学者，各地家具协会、家具企业、重要客商代表和新闻媒体记者共1000余人参加开幕式。南康区被授予"中国实木家居之都"荣誉称号。

6月9日 省人大常委会党组副书记、副主任朱虹到江西九连山国家级自然保护区调研。

6月12日 全国首例按VCS标准开发的森林管理类林业碳汇项目-江西乐安VCS林业碳汇项目第一期减排量自愿购买签约仪式在南昌举行。

7月4日 省林业厅、省旅游集团在南昌举行《关于共同推进全省森林旅游和林业产业发展战略合作协议》签约仪式，省林业厅厅长阎钢军，省旅游集团董事长曾少雄出席。

同日 遂川南风面自然保护区晋升国家级自然保护区，江西省国家级自然保护区增至16个。

7月19日 省委常委、省委宣传部部长赵力平走访慰问江西森林武警部队，并赠送慰问金。省林业厅厅长阎钢军、副厅长胡跃进，省文化厅副厅长郎道先，省民政厅副巡视员李小荣，省森林公安局政委钟世富等陪同。

7月27～30日 省政协副主席汤建人率省政协常委、教科文卫体委员会主任龚林儿及部分文化艺术界别委员，到江西武夷山国家级自然保护区开展生态文化采风活动，省林业厅副厅长胡跃进陪同。

8月30日 省林业厅利用外资项目办公室、省碳排放权交易中心在南昌举行《战略合作框架协议》签约仪式，中国林科院副院长刘世荣、省林业厅巡视员魏运华出席，国家林业局速丰办、国家林业局规划院以及参加亚行CCF项目国际研讨会的国内外专家和代表63人见证签约仪式。

9月5日 安福县明月山林场、景德镇市枫树山林场、永丰县官山林场、信丰县金盆山林场、贵溪市双圳林场被授予"2017中国最美林场"称号。

9月7日 副省长吴晓军到省林业厅调研，视察了省森林防火指挥中心，听取了全省林业工作情况汇报。

9月9日 省委书记鹿心社、省长刘奇会见来赣巡讲的河北塞罕坝林场先进事迹巡讲报告团。省领导刘捷、赵力平、吴晓军参加会见。

9月25日 全国政协副主席罗富和亲临2017中国森林旅游节江西展馆参观指导，国家林业局副局长张永利、上海市副市长时光辉陪同。

同日 鹰潭市和武宁县分别被评为"2017年全国十佳森林旅游示范市"和"2017年全国十佳森林旅游示范县"。

9月29日 上饶市、赣州市、景德镇市被授予"国家森林城市"称号。

10月21日 副省长吴晓军到省林科院调研座谈，省政府副秘书长宋雷鸣，省林业厅厅长阎钢军随同。

10月23日 《江西省重要湿地确定指标》地方标准正式发布，于2018年1月1日正式实施。

10月25日 副省长吴晓军到江西九岭山国家级自然保护区调研，省林业厅厅长阎钢军等陪同。

同日 全国政协常委、省政协副主席郑小燕到官山国家级自然保护区调研政策法规落实及保护区在建设开放型绿色生态教育基地情况。省林业厅总工程师严成陪同。

11月13日 国家林业局公布第一批国家森林步道名单。其中，罗霄山国家森林步道、武夷山国家森林步道途经江西赣州、吉安、宜春、萍乡、上饶5市。

11月14日 省林业厅、省扶贫和移民办在南昌市联合召开了全省林业扶贫工作电视电话会议，省林业厅厅长阎钢军，省扶贫和移民办副主任饶振华出席会议并讲话。省林业厅副厅长邱水文主持会议。省纪委驻省林业厅纪检组组长赵国出席会议。

11月19~20日 省林业厅连续第7年荣获全国林业信息化率十佳省级单位，九江市获十佳市级单位、渝水区获十佳县级单位殊荣。省林业厅"智慧湿地"综合信息平台、靖安县林业局"互联网+"、森林公安被评为中国智慧林业最佳实践案例50强。

12月5日 全国林业贴息贷款管理和林业资金稽查工作会议暨小额贴息贷款现场会在安远县召开。国家林业局副局长李春良等出席，省林业厅厅长阎钢军致辞，副厅长罗勤作典型发言。

12月13日 省人大常委会召开贯彻实施《江西省林木种子条例》新闻发布会，省人大常委会党组副书记、副主任朱虹，省政府副省长吴晓军出席，省人大常委会副主任龚建华主持会议。省人大农委、法制委、法工委，以及公安、工商、海关、林业等厅局负责人参加会议。

12月16日 省政府出台《关于加快林下经济发展的行动计划》。

12月18日 江西（九江）森林防火综合实战演练在九江市濂溪区举行，省森林防火总指挥部副总指挥、省林业厅厅长阎钢军到场观摩并作总结讲话。

12月21日 江西举行"贯彻十九大开启新征程"之"建设美丽江西"专题新闻发布会，省林业厅等5家单位负责人分别介绍了学习贯彻十九大精神的具体思路和举措。

同日 崇义县上堡乡水南村、万安县高坡镇高陂村、遂川县五斗江乡五斗江村、婺源县赋春镇严田村、宜丰县潭山镇院前村被授予"全国生态文化村"，使江西省全国生态文化村增至18个。

12月27日 江西9家林业企业被认定为国家林业重点龙头企业，全省国家林业重点龙头企业累计27家。

（江西省林业由俞长好、卢建红供稿）

山东省林业

【概　述】 2017年，山东省委、省政府坚持以习近平新时代中国特色社会主义思想为指导，深入贯彻落实习近平总书记生态文明建设战略思想，牢固树立绿水青山就是金山银山理念，扎实推进城乡绿化，全面加强生态保护，大力发展林业产业，持续深化林业改革，加快林业科技创新，进一步增强人民群众的绿色获得感。

资源培育经营 深入组织开展"绿满齐鲁·美丽山东"国土绿化行动，加快推进城乡绿化一体化。全年完成造林12.2万公顷，抚育森林16.3万公顷。组织开展国家森林城市、省级森林城市和森林乡镇、森林村居"四级联创"活动，建成50个森林乡镇、500个森林村居，莱芜、日照2市成功创建国家森林城市，截至2017年，全省国家森林城市达到11个，数量居全国第二位。

林业改革 国有林场定性定编等主体改革任务基本完成。全省149处国有林场定性为公益一类事业单位，占国有林场总数的96%；85处林场完成定编工作，落实国有林场改革补助资金3亿元，林场职工的社会养老、医疗保险问题得到解决。集体林权制度改革不断深化，集体林地所有权、承包权、经营权分置改革有序推进，积极稳妥开展林地经营权流转、林权抵押贷款、森林保险，着力培育新型林业经营主体，发展适度规模经营。全省林权抵押贷款余额38.38亿元，政策性森林保险参保面积达到98.4万公顷，林业专业合作社等新型经营主体发展到23 755个，经营面积74.7万公顷。

林业产业转型升级 推进林业供给侧结构性改革，加快林业转型升级、提质增效。全省林业产业总产值达6887.5亿元，同比增长2.4%。组织实施木本油料、种苗、花卉等产业提质增效转型升级方案，特色经济林产业稳步推进。全省经济林产品产量1955.9万吨，年产值1351亿元；育苗面积19.2万公顷，种苗花卉产值813.4亿元。大力发展元宝枫、杜仲等特色新兴产业，积极推进林业与旅游、教育、文化、健康、养老等产业深度融合发展，发展集生产基地、文化体验、旅游观光为一体的现代田园综合体。

林业资源管护 组织开展林地变更调查和国家公益林区划落界工作，完成第九次全省森林资源清查，建成全省森林资源动态监测信息系统，提高森林资源监管水平。进一步加强森林防火能力建设和林业有害生物防控工作。2016~2017年森林防火期，全省发生森林火灾17起，过火总面积65.66公顷，受害森林面积48.36公顷，同比分别下降31.9%和13.3%，火灾受害率0.013‰，低于0.9‰的国家控制目标。全省林业有害生物发生面积47.87万公顷，防治作业面积244.5万公顷次，成灾率为1.7‰，处于较低水平。开展湿地保护与修复工程，新增保护和恢复湿地面积2万公顷，湿地保护率提高到45%。加强林业自然保护区突出问题整改工作，全省林业系统4个国家级自然保护区问题整改完成率达到79.9%。加强野生动植物资源保护管理，筹建山东省野生生物资源储藏库和国家林木种质资源设施保存库山东分库。组织开展"2017利剑"行动、"绿盾2017"等打击破坏森林资源专项治理行动，全省办理涉林案件3481起，查处2918起，查处率83.8%。

基础支撑保障 加强林业科技支撑，大力推进林业科技创新和成果转化，积极参与国家重点项目研发，组织开展送科技下乡活动，推进林业行业标准、地方标准的制修订，承担5项国家行业标准和24项地方标准制订任务。加强资金保障，积极拓宽融资渠道，省以上林业投入16.48亿元，吸引社会资本154亿元，为林业生态建设提供了有力保障。强化宣传引领，大力培育社会主义生态文明观。山东林业信息网访问量突破2000万人次，网上信息宣传取得全国第3名的好成绩；组织开展"寻找最美绿色乡村"活动，提高社会对林业关注度；评选命名"山东省生态文明教育基地"20处、国家和省级生态文化村35个、山东省"光彩事业国土绿化贡献奖"20人。

【出台《"绿满齐鲁·美丽山东"国土绿化行动的实施意见》】 11月14日，省政府印发《关于开展"绿满齐鲁·美丽山东"国土绿化行动的实施意见》(鲁政发〔2017〕36号)，对开展国土绿化行动提出总体要求，着力推进国土绿化，着力提高森林质量，着力开展森林城市建设，着力建设森林公园，构建布局合理、结构优化、功能完备、效益显著的森林生态安全体系。自2017年开始，利用4年时间统筹实施森林生态修复与保护、退耕还果还林、高标准农田防护林建设、森林生态廊道建设、森林质量精准提升、城乡绿化美化六大林业生态建设工程，完成新增、更新和低效林提升改造42.25万公顷、森林抚育26.67万公顷，全省林木绿化率达到27%。

【出台《关于推进湿地保护修复的实施意见》】 12月25日，省政府办公厅印发《关于推进湿地保护修复的实施意见》(鲁政办发〔2017〕85号)，《意见》根据国务院办公厅印发的《湿地保护修复制度方案》精神，明确了全省湿地保护修复的目标任务、总体要求。《意见》坚持生态优先、保护优先的原则，提出建立湿地保护修复制度，实行湿地面积总量管控，推进退化湿地修复，提升全社会湿地保护意识。完善湿地分级管理体系，严格湿地用途监管，确保湿地面积不减少，增强湿地生态功能，维护湿地生物多样性，全面提升湿地保护与修复水平。到2020年，全省湿地面积不低于173.33万公顷，其中自然湿地面积不低于110.33万公顷，新增湿地面积1.33万公顷，湿地保护率提高到70%以上。

【编制《山东省林业产业发展规划(2017~2020年)》】 为进一步推动林业产业转型升级、提质增效，根据《全国林业产业发展"十三五"规划》《全省林业发展"十三五"规划》，12月29日，山东省林业厅、省发展改革委等11个部门编制印发《山东省林业产业发展规划(2017~2020年)》。《规划》坚持生态优先和绿色发展基本原则，明确了全省"十三五"时期林业产业的指导思想、基本原则和主要目标，提出改造提升林业传统产业，大力发展特色富民产业，加快发展林业服务业，着力发展林业产业集群和林业"新六产"等6个方面的主要任务。到2020年，实现林业总产值7900亿元以上，形成4~5个千亿级产业集群，建成省级林业产业示范园区10处，国家级林业产业示范园区5处，打造50个领军企业、50个领军品牌、50个领军人物、50个特色产业小镇、10个科技创新型企业。

【日照、莱芜两市获得国家森林城市称号】 10月10日，2017年中国森林建设座谈会在河北省承德市召开，日照、莱芜两市在会上被国家林业部门授予"国家森林城市"称号。至此，全省建成11个国家森林城市，数量居全国第二位。

日照市创建国家森林城市三年来，以建设"阳光森林海岸、生态水韵之都"为目标，以开展林水会战为载体，坚持城乡一体、林水统筹，着力构建"城区园林化、城郊森林化、通道林荫化、水系生态化、环山景观化、农田林网化、镇村花园化"的城乡绿化新格局。到2017年年底，共完成林水会战投资26亿元，造林2.13万公顷，林木绿化率达42.5%，2018年计划投资26.9亿元，完成造林1万公顷，全市林木覆盖率达到并稳定在45%以上。

莱芜市自2014年创建国家森林城市以来，坚持生态优先发展战略，秉持"山水林田湖综合治理"理念，组织实施了城乡绿化、荒山绿化、郊野公园、平原绿化、水系绿化、道路绿化、村镇绿化七大生态工程，掀起了创建森林城市的热潮。到2016年年底，全市森林覆盖率达36.02%，城区绿化覆盖率达43.3%，人均公园绿地面积达18.47平方米，城市面貌和生态环境明显改善，空气质量综合指数逐步向好，基本形成了"森林围城、森林绿城"的城乡一体化绿化格局。

【林业自然保护区突出问题整改】 6~9月，山东省各级林业部门认真贯彻落实中央办公厅、国务院办公厅关于祁连山国家级自然保护区生态环境问题通报精神，以中央环保督查为契机，按照"深刻汲取教训、引以为戒、举一反三"的要求，扎实开展自然保护区问题整改工作。

6月12日，省政府办公厅印发《关于对全省林业系统自然保护区进行专项督导检查的通知》。按照省政府部署要求，6月15~23日，省林业厅联合省环保厅、国土资源厅、海洋与渔业厅组成7个检查督导组，对全省林业系统管理的4个国家级和16个省级自然保护区进行专项检查督导，查找存在的突出问题，提出具体整改意见。7月17日，省林业厅召开全省林业系统自然保护区清理排查问题整改推进会议，对保护区清理排查问题整改工作进行再动员、再部署。7月25~28日，对济南、青岛、淄博、枣庄、烟台、潍坊、济宁、泰安、威海、临沂等11市林业部门和黄河三角洲、荣成大天鹅、长岛、昆嵛山4个国家级自然保护区负责人进行公开约谈，并针对存在的突出问题，指导各保护区制订整改方案，明确整改时限。8月1~2日，山东省林业厅厅长刘均刚带队对荣成大天鹅国家级自然保护区问题整改工作进行现场检查督导，要求当地林业部门加强与有关部门单位沟通协调，确保按时完成整改任务。8月8日，省林业厅厅党组书记崔建海带队到东营市，对黄河三角洲国家级自然保护区突出问题整改工作进行专项督导。9月8~15日，省林业厅联合有关部门组织开展全省林业系统自然保护区突出问题整治情况"回头看"，在各市排查问题清单、前期检查督导的基础上，对存在的突出问题整改进度、整改效果和问责情况进行检查督导。到2017年12月，全省林业系统4个国家级自然保护区遥感监测和自查535个问题中，已整改完成302个。

【全山东省林业科技创新大会】 10月16日，全山东省林业科技创新大会在济南召开，会议深入贯彻落实全国林业科技创新大会和全省科技工作会议精神，总结回顾"十二五"以来全省林业科技工作成效，分析当前林业科技创新面临的新形势、新任务，安排部署下一步林业科技创新工作。山东省副省长于国安、国家林业局副局长彭有冬、省林业厅厅长刘均刚出席会议并讲话。省林业厅党组书记崔建海宣读了关于表彰全省林业科技工作先进集体和先进个人等有关文件。国家林业局科技司副司长杜纪山、省发改委副主任赵东、省科技厅巡视员徐茂波、省财政厅副厅长姜凝、省林业厅副厅长亓文辉出席会议。

会上印发《关于进一步加快林业科技创新工作的指导意见》，表彰一批林业科技先进集体、先进个人、优秀青年科技工作者、科技带头人和乡土专家。泰安市、滨州市、烟台市、日照市、省林业科学研究院作了典型发言。

大会明确了今后一个时期全省林业科技工作的总体思路：全面贯彻落实全国林业科技创新大会精神，坚持创新、协调、绿色、开放、共享发展理念，以实施创新驱动发展战略为主线，重点推进林业科技创新、科技成果转化、标准化提升、科技平台建设、科技服务保障和人才队伍培育六大工程，为"绿满齐鲁·美丽山东"国土绿化行动和林业现代化建设提供有力支撑。力争到2020年，打造提升省级以上研发平台50个、创新团队20个，建立示范基地100处、省级标准化示范园300处、省级林业科技示范县30个，科技进步贡献率提高到60%以上，科技成果转化率达到66%以上。

【第十四届中国林产品交易会等重大会展活动亮点纷呈】 9月19日，第十四届中国林产品交易会在菏泽市开幕。山东省副省长于国安、国家林业局总工程师封加平、省林业厅厅长刘均刚、菏泽市人民政府市长解维俊等出席开幕式并参观展馆。本届林交会以"互联网+特色林产品"为主题，创新推出"1+2+4+N"办会模式，展会规模进一步扩大，展会内容更加丰富。本次交易会历时4天，参展参会企业1562家，人员达18.6万人次，签订销售合同及协议1121个，交易总金额17.9亿元，现场交易额1.5亿元，网上交易额2.8亿元。本届林交会共评出获奖产品256个，其中金奖194个、银奖62个。

9月21日，由中国林学会、山东省林业厅、潍坊市人民政府、中国花卉报社主办的2017中国（昌邑）北方绿化苗木博览会暨第二十二届中国园林花木信息交流会在山东昌邑绿博园隆重开幕。国家林业局总工程师封加平，省政协副主席赵润田，省林业厅厅长刘均刚、潍坊市政协主席苏立科、潍坊市委副书记张小梅、中国花卉报社社长周金田出席开幕式。中国林学会副秘书长刘合胜宣读了中国林学会理事长赵树丛的贺词，潍坊市政府副市长马清民、省林业厅副巡视员董瑞忠出席开幕式并致辞。本次展会以"传播绿色文化 建设美丽中国"为主题，设置了绿博园、北方花木城两大展区，共600个展位，主要展出绿化种苗、观赏苗木、容器苗木、经济林种苗及园艺资材、园林机械、森保、园艺养护等产品，来自全国20多个省（区、市）的近600家企业参展，专业观众超过4万人。

9月29日，第17届中国（青州）花卉博览交易会暨第11届山东省花卉交易会在中国青州花卉苗木交易中心开幕。国家林业局造林绿化司副司长黄正秋，中国花卉协会副秘书长陈建武，山东省林业厅副巡视员董瑞忠、潍坊市副市长马清民等出席开幕式。本届花博会主题为"花彩青州"，由中国花卉协会盆栽植物分会、山东省花卉协会举办，组织开展了中国花卉电子商务峰会、东亚多肉植物产业发展论坛、中国租摆产业高峰论坛等10余项活动。本届花博会规划布展面积达42 000平方米，设有景观区、专题展区、特装展区、标准区、优惠购销区及休闲区，设有标准展位500个，特装展位50个，室内布展面积及展位数量为历届花博会之最。花博会规划设计了16个主题景观以及兰花、组合盆栽、多肉植物新品种等6个专题展示区，并邀请比利时德鲁仕、荷兰安祖等20多个国家和地区的企业参展。

【第四届世界人造板大会】 9月22日，第四届世界人造板大会暨第十六届全国人造板工业发展研讨会在临沂市举行，国家林业局总工程师封加平出席并讲话，中国林产工业协会副会长兼秘书长石峰主持，省林业厅副厅长马福义和临沂市委副书记、市长张术平分别致辞。

大会主题是"绿色制造是人造板发展的必由之路"，倡导绿色、品牌、创新的理念，大会邀请联合国粮农组织官员，欧美、东南亚相关木业组织，国内行业领导、学术机构专家学者以及大型木业企业总裁等近600名代表与会交流，为绿色发展、创新发展的中国人造板工业出谋划策，加快产业调整、转型、升级的节奏，进一步夯实中国在人造板产业的核心地位。

【"齐鲁放心果品"品牌创建活动】 12月21日，山东省首次发布"齐鲁放心果品"品牌，主要涉及梨、桃、苹果、核桃、葡萄、樱桃、猕猴桃、板栗、蓝莓、榛子、枣、树莓、柿子、山楂、冬枣15个树种，60家单位被评为2017年"齐鲁放心果品"品牌；30个示范园被评为"省级经济林标准化示范园"；25个果园被评为"十佳观光果园"。

开展"齐鲁放心果品"品牌创建活动，旨在贯彻落实《山东省人民政府关于加快推进品牌建设的意见》《山

河南省林业

【概　况】　2017年，河南省林业系统认真贯彻落实河南省委、省政府决策部署，深入贯彻落实全国林业厅长会议和河南省委经济工作会议、河南省委农村工作会议精神，加快推进现代林业建设步伐，各项工作取得了明显成效。全省有林业用地面积566.4万公顷，森林面积409.7万公顷，森林覆盖率24.53%，活立木蓄积量2.37亿立方米，其中森林蓄积量1.79亿立方米；全省湿地总面积62.8万公顷，受保护湿地面积28.3万公顷，湿地保护率45%；全省可治理沙化土地治理率99%；林业系统现有自然保护区25处（其中国家级11处，省级14处），总面积50.9万公顷；省级以上森林公园117处，省级以上湿地公园41处，总面积38.2万公顷；全省已有11个市成功创建国家森林城市；全省国有林场93个，经营面积45.6万公顷；完成林业总产值1966.30亿元。

【国有林场改革】　2017年，河南省继续大力推进国有林场改革。河南省机构编制委员会办公室出台《关于印发〈全省国有林场改革有关机构编制的指导意见〉的通知》（豫编办〔2017〕162号），坚持了公益性改革方向，将全省93个国有林场统一定性为公益一类事业单位，实行同级财政全额拨款。省级财政下达全省国有林场改革成本补助资金28 816.6万元（中央资金16 565万元、省级资金12 251.6万元），用于解决国有林场职工社会保险及国有林场改革相关支出。组织完成了全省93个国有林场的改革实施方案编制、审查及批复工作。其中15个省辖市、5个省直管县（市）所辖92个国有林场改革实施方案已经以当地党委文件印发实施。全省8353名国有林场职工已列入2018年地方财政预算全额供给，达到全部国有林场职工的80.3%。超额完成中央和省委国有林场改革目标要求。至此，河南省国有林场改革工作"大头落地"，在全国国有林场改革进度排名上名列前茅。

【集体林权制度改革】　认真落实《国务院办公厅关于完善集体林权制度的意见》，推进集体林权制度改革，深化林改政策培训，规范林权流转行为，加大集体林地承包经营纠纷调处力度，积极协调推进林权抵押贷款，大力发展林下经济，推进林业新型经营主体建设。一年来，全省集体林地承包经营纠纷调处率达90%以上，新增林权抵押贷款6亿元，新增家庭林场和林业合作社581家，林下经济发展面积达到170.3万公顷，产值达432.2亿元，较2016年增长14.3%。11月13日，《河南省人民政府办公厅关于完善集体林权制度的实施意见》（豫政办〔2017〕136号，以下简称《实施意见》）正式印发。《实施意见》指出，要进一步落实集体所有权，稳定农户承包权，放活林地经营权，探索集体林地所有权、承包权、经营权"三权分置"运行机制，承包权人对承包林地依法享有占有、使用、流转、抵押、经营和收益的权利。鼓励通过颁发林权流转证，形成承包流转合同网签管理系统，赋予林权流转证以林权抵押、担保、贷款，林木采伐和其他行政审批事项等凭证权能。《实施意见》明确，要建立公益林动态管理机制，允许对承包到户的公益林进行调整完善。对于商品林则要放活经营权，调动社会资本投入集体林开发利用，鼓励和引导农户采取转包、出租、入股等方式流转林地经营权，发展林业适度规模经营。《实施意见》明确提出，到2020年，全省集体林地权属明晰率达95%以上，集体林地流转合同格式文本使用率达90%以上，家庭林场、股份合作林场和涉林农民合作社1万家以上，农民年林业收入达1200元以上。《实施意见》的印发，为下一步完善河南省集体林权制度、推进全省集体林权制度改革奠定了基础。

【造林绿化】　组织实施长江淮河防护林、太行山绿化、中央财政补贴造林等项目，以山区为重点，加大困难地造林力度。以改善森林结构为目标，加强中幼林抚育和低质低效林改造，提高森林质量，构建健康稳定、优质高效的森林生态系统。全省完成造林面积16万公顷，完成森林抚育面积32.2万公顷，完成林业育苗2.3万公顷，圆满完成年度目标任务。全省适龄公民以各种尽责形式参加义务植树5100万人次，完成义务植树2亿株，义务植树尽责率90%以上。完成飞播造林1.37万公顷，涉及洛阳、新乡、鹤壁、安阳、焦作、三门峡、南阳、济源等8市14个县（市、区），累计飞行269架次。根据目前宜播区的实际和科技进步情况，创新飞播模式，连续两年在部分播区利用直升机飞播。开展了无人机飞播平台稳定性试验，节约了成本，提高了效率。开展的种子选择及丸粒化处理技术试验取得初步成效。4月，河南省绿化委员会、河南省林业厅印发《关于着力开展河南省森林城市建设的指导意见》及相关配套文件，河南省省级森林城市、省级森林小镇建设正式开始。至此，河南省形成了中原森林城市群、国家森林城市、省级森林城市、省级森林小镇建设齐头并进的局面。

【林业产业】　认真组织实施国家储备林项目建设。1月12日，河南省林业厅与国家开发银行河南省分行签订了共同推进河南省国家储备林等重点领域建设发展合作协议，到2020年双方合作规模达500亿元，力争建设国家储备林基地 62 万公顷以上。3 月 10 日，国家储备林（濮阳）项目落实国家开发银行首笔贷款 3.1 亿元，河南省国家储备林基地建设正式启动。目前，全省有 21 个市（县）编制了国家储备林建设方案，其中有 15 个市（县）的方案得到国家林业局批复。加快林业产业发展步伐。大力发展木本油料产业，全省以核桃、油茶、油用牡丹、杜仲、花椒等为主的木本油料种植面积达到 30.2 万公顷，其中核桃 20.5 万公顷、油茶 5.1 万公顷、油用牡丹 1.3 万公顷。初步形成了以豫南油茶、豫西北核桃以及豫西丘陵区油用牡丹为主的集中种植区。加快经济林基地建设，2017 年新发展优质林果 4.6 万公顷。认真落实《河南省花卉产业发展规划》，新发展花卉苗木 1.4 万公顷。推进林业产业化集群发展，省级林业产业化重点龙头企业达 400 家，其中国家级林业产业化重点龙头企业 14 家，龙头企业影响带动力不断增强。加快发展森林旅游，全省森林旅游接待游客达 4000 万人次。

【资源保护】 严格规范征占用林地审核审批，全年共组织审核（审批）各类征占用林地项目 326 宗，使用林地面积 3816.7 公顷，有效保障了国家和省级重点项目建设用地。全年全省查处各类林业行政案件 6482 起，行政处罚 6576 人次。全面启动实施新一轮退耕还林，6 月，国家首次下达河南省新一轮退耕还林计划 0.33 万公顷，河南省林业厅联合省有关部门及时下达任务，并向国家上报了全省 0.24 万公顷其他重要水源地 15~25 度非基本农田坡耕地退耕还林需求。精心组织实施天然林保护工程二期，实现了对工程区内 12.4 万公顷国有林、93.1 万公顷地方公益林的有效管护。启动实施国家级、省级公益林落界工作，做好公益林与全省林地"一张图"的全面衔接工作。完成了林地变更工作，完成了全省 2015 年和 2016 年度林地保护等级、森林资源分布图的编绘工作。加强对松材线虫病、美国白蛾、杨树食叶害虫、杨树病害等的防控力度，全省各类林业有害生物防治面积 50.7 万公顷，累计防治作业面积 98 万公顷。认真做好野生动物保护管理和疫源疫病防控，全省没有发生大规模疫病疫情。全省各级林业主管部门或野生动物专业救护机构共收容、救护野生动物 19627 只，其中国家一级保护动物梅花鹿、蟒蛇等 20 只，二级保护动物白天鹅、猕猴、红隼 592 只。认真开展"绿盾 2017"国家级自然保护区监督检查专项行动和省级自然保护区遥感监测实地核查处理，重点组织对黄河湿地违法项目进行了集中查处，沿黄 9 个省辖市、直管县共排查出 4 处国家级和省级湿地自然保护区内问题清单 340 处，目前已基本完成违法项目清理工作，生态恢复正在全面开展，局部破坏区域得到修复。编制《河南省森林防火规划（2017~2025 年）》，认真落实森林防火各项措施，全省全年共发生森林火灾 66 起，受害森林面积 14.2 公顷，森林火灾受害率远远低于国家下达的 0.9‰ 的控制目标。起草《河南省湿地保护修复制度实施方案》（河南省政府办公厅已于 2018 年 1 月印发）。

【支撑保障能力】 全省全年共完成中央和省级投资 26.15 亿元，较 2016 年增加 3.14 亿元。其中：中央财政投资 12.34 亿元，中央基建投资 1.92 亿元，省级财政投资 12.42 亿元。出台《河南林业科技创新行动计划》，明确了今后一个时期的科技创新总体思路、基本目标和重点科技攻关与示范、标准化体系和科研平台建设任务，强化了组织保障措施。全年组织实施国家科技攻关项目 3 项、省科技攻关项目 8 项、省科技兴林项目 33 项。11 项林业科技成果获得河南省科技进步奖，其中一等奖 1 项、二等奖 3 项。新建了 3 个省级工程技术中心和 1 个科技创新团队。目前，已建成 1 个国家级工程技术中心、9 个省级林业工程技术中心和 1 个省级重点实验室，建立了 1 个院士工作站和 2 个博士后工作站。配合国家林业局科技司完成了"皂荚栽培技术规程"等 9 项林业行业标准的审定工作，配合河南省质量技术监督局完成了"泡桐丛枝病植原体保存体系建立规范"等 24 项林业地方标准的审定工作。组织实施中央财政林业科技推广示范项目 17 个，省财政林业科技推广示范项目 11 个和社会化服务体系建设项目 71 个。全省森林保险参保面积 156.7 万公顷，中央财政和地方财政保费补贴 2363 万元。2017 年取消行政许可事项 3 项，取消行政许可事项子项 2 项。委托河南农业大学对全厅 40 余名非林业专业工作人员进行了全面系统的林业知识培训。委托国家林业局管理干部学院对 90 名市县林业站站长进行了培训。生态文化建设稳步发展。2017 年，河南省平顶山市郏县姚庄回族乡礼拜寺村、济源市承留镇花石村、安阳市林州市原康镇柏尖沟村、洛阳市栾川县石庙镇龙潭村等 4 单位被授予"全国生态文化村"称号，河南省"全国生态文化村"达到 28 个。

【依法治林】 加强服务型行政执法建设，扎实开展林业法制宣传教育和培训，提高执法人员业务素质。建立河南省林业厅重大行政执法决定法制审核制度，确保重大行政执法决定合法有效。认真贯彻《种子法》，组织开展种苗执法专项行动 76 次，维护林木种苗生产经营秩序。加大对涉林违法犯罪的打击力度，先后组织开展了"追逃行动""2017 利剑行动"和违法占用林地清理排查专项行动等一系列专项行动，全省共办理各类涉林案件 6938 起，刑事案件 1451 起，有效打击了破坏森林资源的违法犯罪行为。

【林业扶贫】 认真组织实施《河南省林业扶贫规划（2016~2020 年）》，出台《2017 年河南林业扶贫攻坚实施方案》《加强生态护林员管理工作通知》等文件 10 份，全年中央、省级共投入贫困县各类林业资金 12.1 亿元，保证贫困县林业补助资金覆盖面、资金投入、增幅三提高，项目工程的数量和投入双增长。全省选聘建档立卡贫困人口生态护林员 17 964 人，户均增收 5500 多元。全省贫困县建设生态林 12.6 万公顷，安排 7.6 万名贫困人口从事生态建设和生态保护务工就业，年均劳动报酬 4000 余元。贫困地区新发展经济林 1.04 万公顷、花卉和园林绿化苗木 0.77 万公顷，新建产业化集群 12 个。贫困地区依托森林旅游康养总收入 116 亿元，带动 5 万贫困户实现增收。

【河南省林业生态建设和森林防火工作会议】 2016 年 12 月 15 日，河南省林业生态建设和森林防火工作会议在济源市召开。副省长、省绿化委员会主任、省护林防火指挥部指挥长王铁出席会议并作重要讲话。省林业厅党组书记、厅长陈传进对全省林业生态建设和森林防火工作开展情况进行了通报。

会上，王铁对全省林业生态建设和森林防火工作的典型经验和做法给予了高度评价，并就2017年全省林业生态建设和森林防火工作提出明确要求：一要牢记使命，勇于担当，切实把宝贵经验推广到位。二要站位全局，明确重点，切实把建设任务完成到位。三要警钟长鸣，创新理念，切实把森林火灾防控到位。四要健全机制，凝聚合力，切实把保障措施落实到位。

陈传进在通报中指出，2017年全省林业生态建设，一要切实抓好造林绿化；二要着力实施森林质量精准提升工程；三要持续深化林业改革；四要抓好森林资源保护；五要力推绿色富民产业；六要组织编制全省新一轮林业生态建设规划。陈传进强调，今冬明春森林防火紧要期全省林业主管部门要继续围绕严抓火源管理、强化防火准备、突出节点部位、严格责任落实，不断增强预警监测、应急处置和现场扑救能力，减少一般森林火灾和较大森林火灾的发生频次，杜绝重特大森林火灾的发生和人员伤亡事故。

【全省林业局长会议】 1月17日，河南省林业厅在郑州组织召开全省林业局长电视电话会议。厅党组书记、厅长陈传进出席会议并讲话。陈传进总结了2016年全省林业工作情况，分析了当前林业发展内外部环境的变化，并对2017年重点工作进行了安排部署。一要全面深化林业改革。积极推进国有林场改革，确保国有林场改革按时完成。继续深化集体林权制度改革，出台《河南省完善集体林权制度实施方案》，推进集体林地"三权分置"工作的深入开展。二要着力推进造林绿化。要突出造林重点，强化森林经营，推进森林城市建设，全省计划安排造林15.8万公顷，森林抚育改造32.1万公顷。三要严格保护森林资源。严格林地、林木管理，加强天然林、自然保护区、湿地、野生动物等保护管理，严厉打击涉林违法犯罪行为。四要全力做好灾害防控。强化冬春季森林防火各项措施，加强林业有害生物防治目标责任管理和野生动物疫源疫病监测防控工作。五要大力发展林业产业。推进木本油料基地、花卉苗木基地、特色经济林等产业体系建设，发展森林旅游、林下经济等富民产业，加快林业产业转型升级。2017年，全省计划完成林业产值1935.87亿元。六要积极推进储备林项目建设。七要稳步提升支撑能力。八要积极做好新一轮林业生态建设规划编制。九要认真落实全面从严治党要求。会上，对2016年度林业工作优秀单位和先进单位进行了通报表彰。

【河南省委书记谢伏瞻、省长陈润儿参加义务植树活动】 2月23日，河南省委书记、省人大常委会主任谢伏瞻，省委副书记、省长陈润儿，省政协主席叶冬松等省领导，到新乡市原阳县韩董庄镇大董庄村的黄河防护林区参加义务植树，与省直机关、新乡市、原阳县干部群众一起栽下2100多棵栾树。谢伏瞻说，一年之计在于春，眼下正是种树的好时节。党员干部要组织带领广大群众，加强生态文明建设，在全省迅速掀起植树造林的高潮，绿化美化中原大地。有关部门要切实加强林木管护，提高树木成活率，确保树木成材，使其更好地发挥防风固沙、守护黄河大堤的作用。

【野生动物救护中心首次为放归候鸟安装卫星跟踪器】 3月1日，河南省野生动物救护中心在郑州黄河湿地自然保护区将近期救护的具备野外生存能力的9只野生动物（灰鹤、普通鵟、雉鸡、斑鸠等）放归自然，并首次为放归候鸟安装卫星跟踪器。该设备不影响鸟类飞翔和觅食，内置芯片能够向安装数据处理软件的终端设备传输信号，研究人员通过手机和电脑终端设备可随时查看鸟类飞行路线和确切位置，便于研究鸟类的迁徙规律和生活习性，掌握放归野生动物的即时信息，提高救护的时效性和成功率。

【国家林业局督查河南省森林防火工作】 为深入贯彻落实国务院领导同志重要批示指示精神和全国国土绿化和森林防火工作电视电话会议精神，4月20~22日，国家林业局党组成员谭光明带领督查组赴河南省督查春季造林绿化和森林防火工作，实地察看了济源市、洛阳市、郑州市等地的乡村绿化、荒山和困难地造林、平原林网、义务植树等情况，观看了防火专业队实战模拟演练和森林防火信息指挥系统操作演示，并召开座谈会，听取河南省春季造林绿化和森林防火工作汇报。督查组对河南省春季造林绿化和森林防火工作给予了充分肯定。

【第八届南阳月季花会开幕】 4月28日，第八届南阳月季花会在南阳月季公园开幕。河南省委常委、宣传部长赵素萍，省政协副主席靳克文，世界月季联合会主席凯文·特里姆普等出席开幕式。开幕式上，赵素萍、靳克文等共同为《花中皇后南阳月季》（第五组）个性化月季邮票发行揭幕。近年来，河南省南阳市把发展月季花卉产业作为推进农业供给侧结构性改革的重要内容，调结构、促转型，月季出口量占全国的七成、国内市场占有率达到八成，成为全国最大的月季苗木繁育基地，是名副其实的"中国月季之乡"。

【平稳度过2016~2017年森林防火紧要期】 4月30日，河南省正式结束为期6个月的冬春季森林防火紧要期。据统计，在整个森林防火紧要期内，全省共发生森林火灾66起，受害森林面积14.2公顷，森林火灾受害率控制在0.9‰以下，森林火灾24小时扑灭率达到100%，未发生重特大森林火灾及人员伤亡事故。与上一个森林防火紧要期相比，火灾起数下降了64.7%。"五一"小长假期间，全省未发生森林火灾。

【河南省国有林场改革推进会】 8月11日，河南省林业厅、省编办在郑州联合召开全省国有林场改革推进会，解读国有林场改革相关政策，部署改革下一步工作任务。会议指出，河南省全面启动国有林场改革以来，各级党委政府高度重视，各地改革实施方案已经编制完成，各类改革保障政策日益完善，改革推进取得了显著成效。会议要求，年底前完成全省国有林场改革主体任务，并就国有林场改革涉及的机构编制政策进行了解读。根据省编办出台的《全省国有林场改革有关机构编制的指导意见》，全省地方所属国有林场定性为公益一类事业单位，所需经费纳入同级财政，实行全额拨付；各地按照国有林场经营面积、管护难易程度，以及平原、山区、天保工程区等因素，以梯次精简的方式，分不同比例标准核定国有林场所需事业编制。国有林场事业编制主要用于聘用管理人员、专业技术人员和骨干林业技能人员。

【推进太行山森林重点火险区综合治理建设项目】 8月22日，河南省人民政府护林防火指挥部办公室在济源市组织召开了河南省太行山森林重点火险区综合治理建设项目推进会。会议对项目建设中森林防火物资储备库、入山检查站、瞭望塔等基础设施选址、建设进行了安排部署。会议强调，一是要专人负责，明确分工，责任到人。二是要加强与当地有关部门的沟通联络，着力破解项目建设中存在的困难，争取项目尽早落地完工。三是必须把好质量关，注重时间节点，按时保质完成。安阳、新乡、鹤壁、焦作、济源5个省辖市及其有建设任务的县（市）相关负责人参加了会议。

【中国林场协会会长到桐柏调研国有林场改革工作】 9月1日，中国林场协会会长、国家林业局原总工程师姚昌恬带队到桐柏县调研国有林场改革工作。调研组一行先后深入到国有毛集林场及高乐山国家级自然保护区、国家级马尾松良种繁育基地、国家储备林建设基地，以及国有陈庄林场及太白顶省级自然保护区、太阳城林区等，实地考察国有林场森林资源经营管理和资源状况。调研组分别听取了两个国有林场改革进展情况汇报，对国有林场发挥的重要作用、取得的成绩给予肯定。姚昌恬在调研中指出，桐柏是千里淮河的源头，生态区位十分重要。国有桐柏毛集林场、陈庄林场总面积达18 750.67公顷，分别挂靠高乐山国家级自然保护区和太白顶省级自然保护区、淮河源国家级森林公园，是国家级生态公益林区，是淮河源头重点生态森林资源。但当前面临着功能定位不清、管理体制不顺、经营机制不活、支持政策不健全等问题。要充分认识国有林场在生态文明建设中的重要作用，充分认识推动国有林场改革发展的重要性，认真贯彻落实党中央、国务院决策部署，扎实推进国有林场改革发展，加快改革工作力度，确保按时保质顺利完成国有林场改革各项任务，充分发挥国有林场在林业生态建设中的先锋队和主力军作用，推动生态文明建设不断取得新成绩。

【中共河南省林业厅直属单位第五次代表大会】 9月27~28日，河南省林业厅组织召开了中共河南省林业厅直属单位第五次代表大会。大会认真听取了第四届党委、纪委工作报告；按照《中国共产党基层组织选举工作暂行条例》，以及省委省直工委审查意见，选举产生了第五届党委、纪委委员；审议通过了第四届党委、纪委工作报告。河南省林业厅党组书记、厅长陈传进针对加强机关党建工作强调：一是要提高思想认识，进一步增强做好机关党建工作的责任感使命感。二是要服务中心大局，找准机关党建工作的出发点落脚点。三是要严明纪律，突出机关党建工作的政治性严肃性。四是要落实责任，促进机关党建工作的科学化制度化。

【《森林河南生态建设规划（2018~2027年）》通过专家评审】 10月14日，河南省政府在郑州组织举办《森林河南生态建设规划（2018~2027年）》（以下简称《规划》）评审会。副省长王铁出席评审会并致辞，省政府副秘书长朱良才主持会议，省林业厅厅长陈传进等参加评审。由中国工程院院士尹伟伦、中国科学院院士傅伯杰、唐守正等9名国内知名专家组成的评审委员会，经过审阅、质询和讨论，一致同意通过该《规划》。《规划》对未来十年河南省国土绿化、资源保护、森林质量提升、森林城市建设、绿色富民产业等方面进行了总体设计，提出了九大战略任务和十大重点工程，着力构建"一核一区三屏四带多廊道"总体布局。

【2017年河南片区林业局长培训班在国家林业局管理干部学院举办】 10月12~22日，2017年河南片区林业局长培训班在国家林业局管理干部学院举办。此次培训班由国家林业局管理干部学院主办，河南省林业厅机关、厅直单位及市县林业局共80余人参加了培训。培训班重点学习了习近平总书记发展生态林业的相关讲话精神，以及森林城市建设、森林资源管理、森林公园建设、湿地保护与管理、森林康养、森林防火、领导干部法治素养和创新能力建设等方面的内容。

【全国首例以地方法规保护白天鹅的条例正式实施】 11月1日起，《三门峡市白天鹅及其栖息地保护条例》（以下简称《条例》）正式实施，此《条例》为全国首例专门保护白天鹅的地方法规。《条例》共六章，39条。明确规定："市、县、乡级人民政府和村（居）民委员会是本区域白天鹅及栖息地保护工作的责任主体；白天鹅栖息地所在地的各级人民政府应当将白天鹅及其栖息地保护纳入本地区国民经济和社会发展规划，将保护工作纳入目标管理，将保护经费纳入财政预算；市、县两级人民政府应当组织同级有关行政主管部门，建立健全联席会议制度，研究、协调、解决白天鹅及栖息地保护重大问题"。《条例》还特别规定"每年10月至翌年3月为白天鹅越冬保护期。在此期间，禁止在白天鹅重点保护区内开展捕捞、狩猎、垂钓、捡拾鸟蛋、放飞低空飞行器、行船、燃放烟花爆竹、鸣笛、闪烁射灯、驱赶惊吓、制造高噪声、高震动、强光等影响白天鹅栖息越冬的生产生活等作业活动"。同时，《条例》还针对各类违法行为制定了相应的处罚标准。

【第十七届中国·中原花木交易博览会】 9月26日，第十七届中国·中原花木交易博览会在鄢陵国家花木博览园隆重开幕。国家林业局副局长刘东生、河南省政府副省长王铁、河南省政协副主席张亚忠、国家林业局造林绿化管理司司长王祝雄、北京林业大学校长宋维明、河南省花卉协会会长何东成、河南省政府副秘书长朱良才、河南省林业厅厅长陈传进等出席开幕式。本届花博会由国家林业局和河南省人民政府主办，省林业厅、省农业厅、省旅游局、许昌市人民政府、河南省花卉协会承办，以"全域花海·美丽花都"为主题，按照"政府统筹、企业参与、市场运作"的原则，致力打造"专业化、市场化、信息化、国际化"的花事盛会。本届花博会活动包括花事、招商推介、文化、旅游、康养活动5个板块22项活动，共邀请1500余家企业（国外企业27家）参展，参展客商5000余人，均为历届花博会之最。

【刘金山任河南省林业厅党组书记】 12月11日，河南省林业厅召开领导干部大会，河南省委组织部副部长修振环等同志出席会议并宣布省委决定，刘金山任河南省林业厅党组书记，陈传进不再担任河南省林业厅党组书记。

【重要表彰】 7月19日，人力资源和社会保障部、国家林业局联合印发《关于表彰全国集体林权制度改革先进集体和先进个人的决定》，在全国范围内评选出100家先进集体和100名先进个人。其中，河南省信阳市林业局、信阳市浉河区林业局、渑池县林业局、栾川县林业局等4家单位获得先进集体荣誉称号，河南省林业厅农村林业改革发展处调研员王理顺、南召县林业局局长吕永钧、舞阳县林业园艺局局长张幸福和栾川县林权服务中心主任李改伟等4人获得先进个人荣誉称号。

5月，人力资源社会保障部、公安部作出关于表彰全国特级优秀人民警察的决定，授予河南省禹州市森林公安局局长宋宏举等220名同志"全国特级优秀人民警察"荣誉称号；公安部发布关于表彰全国公安系统优秀单位优秀人民警察的命令，授予驻马店市林业局副局长、市森林公安局局长郑玉江等1100名同志"全国优秀人民警察"称号。5月25日，河南省委常委、政法委书记许甘露在《关于森林公安民警宋宏举、郑玉江分别获得"全国特级优秀人民警察""全国优秀人民警察"的报告》上作批示。

5月22日，人力资源和社会保障部、全国绿化委员会、国家林业局联合表彰近年来防沙治沙工作取得重要进展的先进集体和模范人物，河南省林业厅造林绿化管理处和商丘市林业局被评为"全国防沙治沙先进集体"。

【河南林业生态省建设收官】 2017年，受河南省林业厅、河南省财政厅委托，国家林业局华东林业调查规划设计院作为第三方，对《河南林业生态省建设规划（2008~2012年）》和《河南林业生态省建设提升工程规划（2013~2017年）》实施情况进行了绩效评估，评估报告充分肯定了10年来河南省林业生态建设的显著成效。森林资源持续增长。与2007年相比，2017年全省有林地面积净增86.4万公顷，森林覆盖率提高5.17个百分点，森林蓄积量增加4958.44万立方米，全省森林生态服务功能价值达2297.89亿元，增加995.74亿元，缺林少绿、生态脆弱的状况有所好转。生态保护能力不断增强。全省生态保护和生态文明意识明显增强，自觉"爱绿、植绿、护绿"、崇尚生态、崇尚自然的良好社会氛围初步形成，有力地推进生态文明建设进程。全省林业生态文明示范县达到11个，国家森林城市达到11个，全国绿化模范城市达到11个、全国绿化模范县30个，全国绿化模范单位达到20个。林业产业快速发展。全省林业产值由2007年的841亿元提高到2017年的1966亿元，经济林总面积达到108.1万公顷，林木种苗和花卉面积达19.8万公顷，种苗花卉生产规模居全国第三位，全省建成了豫西苹果、信阳茶叶、西峡猕猴桃、新郑内黄大枣、荥阳软籽石榴、林州花椒等一大批特色经济林生产基地，形成了许昌花木、洛阳牡丹、南阳月季、开封菊花等花卉苗木生产核心区。全省森林旅游蓬勃发展，年森林旅游休闲康养人数1.2亿人次，森林旅游年产值达到165.9亿元，直接带动相关产业产值119.6亿元。林业改革稳步推进。在完成集体林地分包到户、确权发证的基础上，进一步深化了林业专业合作社建设、林权流转、森林保险等改革措施。全省93个国有林场统一定性为公益一类事业单位，国有林场改革全力推进。综合效益更加凸显。一是推动产业结构调整，促进区域经济发展。全省各地将生态建设与地方经济发展、群众增收相结合，推动了农村产业结构的调整，带动了农村经济发展，培植了地方财源，增加了农民收入。全省农户来自林业的纯收入人均由469元提高到1021元，年均增长13%。二是增加农村就业，促进社会和谐稳定。工程的实施，扩大了林产品供给，促进了区域经济发展，拉长了林业产业链条，增加了就业容量，年均提供就业达4560万个工日。三是通过生态建设，城乡生态环境和人居环境明显改善，人民群众幸福指数明显提高，为招商引资创造了良好的环境条件。

（河南省林业由李灵军、孔令省、张志阳供稿）

湖北省林业

【概　述】 2017年，全省林业围绕"建成支点、走在前列"和"建设社会主义现代化强省"的战略部署，深化林业各项改革，强化生态资源管护，实施森林质量精准提升工程，开展国家、省级森林城市建设，加快产业转型升级，不断健全林业法治，加强社会治安综合治理，圆满完成三年绿满荆楚行动及年度各项目标任务。

【人工造林与封山育林】 2017年，全省完成营造林面积40.08万公顷，其中，人工造林总面积16.23万公顷、封山育林面积6.75万公顷、低效林及退化林改造面积16.7万公顷、新造混交林和人工促进更新面积4004公顷。在人工造林面积中，新造竹林面积1238公顷。按林种分，用材林7.09万公顷、经济林4.11万公顷、防护林4.52万公顷、薪炭林2300公顷、特种用途林2812公顷;按权属分,公有经济成分造林5.02万公顷,其中国有经济成分造林1.04万公顷,集体经济成分造林3.98万公顷,非公有经济成分造林11.22万公顷。在人工造林中,林业重点工程完成人工造林面积3.2万公顷,全省全年四旁零星植树1.46亿株。全年全省完成当年新封山育林面积6.75万公顷,其中,无林地和疏林地新封山育林面积3.75万公顷,有林地和灌木林地新封山育林面积3万公顷。全年全省共完成森林抚育面积40.58万公顷。年末实有封山育林面积115.14万公顷。绿满荆楚行动圆满收官、精准灭荒行动全面启动。全年有3个市创建国家森林城市,新授牌省级森林城市5个、森林城镇40个、绿色示范乡村1251个,延伸了城乡绿色版图,改善了人居环境,增加了群众绿色福利。

【绿色扶贫】 全年全省投入林业扶贫资金1.03亿元,其中,中央财政资金4259万元、地方财政资金5891亿元、自筹资金184万元。湖北省林业厅制订了全省林业2017年脱贫攻坚行动方案、2017年脱贫攻坚工作要点和责任清单,对2017年全省林业脱贫攻坚工作进行了全面部署和安排。针对国家对湖北省扶贫攻坚工作进行考核中存在的问题,结合林业部门职能提出了具体的整改措施,并及时督促有关单位将问题整改到位。认真履行鹤峰县定点帮扶牵头单位职责,积极开展定点扶贫工作。印发《关于做好鹤峰县区域扶贫协作有关工作的通知》,制订《省林业厅关于做好鹤峰县定点扶贫工作的实施方案》,编制2017年12家定点扶贫单位对口支持鹤峰县年度扶贫计划,组织召开鹤峰县定点扶贫年度协调会,督促各单位认真履行帮扶职责,落实帮扶措施。根据湖北省扶贫攻坚领导小组要求,收集报送了全省37个贫困县森林覆盖率增长情况和林业增加值增长率等两项扶贫成效考核数据。编制了省林业厅贯彻落实《关于支持深度贫困地区脱贫攻坚的实施意见》实施方案,制订了支持湖北大别山革命老区振兴发展政策措施。全省新增天然林补偿资金3.3亿元,国家级和省级国有公益林补偿标准从每公顷120元提高到每公顷150元,2.5万名生态护林员每年每人增加政策性收入4000元;以林禽、林药、林菌等为主的林下经济和以核桃、油茶、板栗等为主的特色经济林效益明显,有力促进精准扶贫精准脱贫。

【集体林权制度改革】 2017年,根据国务院办公厅印发的《关于完善集体林权制度的意见》(国办发〔2016〕83号),湖北省政府以省政府办公厅52号文印发了贯彻落实的实施意见,省林业厅以鄂林办改〔2017〕100号文印发了通知,要求各地结合实际制订实施方案,细化目标任务,强化工作措施,明确工作责任,确保《意见》精神落地生根。根据国家林业局印发的《集体林业综合改革试验示范区方案》的要求,组织开展深化集体林权制度综合改革试点示范工作,政策性森林保险扩面取得新进展。省林业厅加强了对襄阳、恩施两市试点工作的督查和指导。两市对照《实施方案》确定的目标任务,进行认真梳理,查漏补缺,按要求完成了改革试点任务。全省各地认真学习《国家林业局关于加快培育新型林业经营主体的指导意见》文件精神,扎实开展示范社监测工作,进一步规范全省合作社的发展。截至2017年年底,全省新型林业经营主体达12984个,其中家庭林场2711家,林业专业合作社5044家,各级示范社647个。由林业厅牵头,联合财政厅、保监局联合成立3个调研组对全省森林保险试点情况进行调研,形成调研报告,对森林保险实施方案进行修改完善,提出了森林保险扩面方案。积极开展林权抵押贷款,推广林业产业化龙头企业承贷模式,实行"公司+基地+林农"的运作方式,大力发展林业合作组织成员或者协会成员联保、互保方式发放贷款,并主动对接财政、省农担公司,筹备林权抵押收储担保试点工作。按照《湖北省林下经济发展规划(2013~2020年)》,鼓励各地把发展林下经济与精准扶贫、林业产业化建设相结合,积极推广适宜本地区发展的林下种、养模式,林下经济发展势头良好。全省已利用林地发展林下经济面积80万公顷,各级共建立林下经济示范基地629个,其中国家级示范基地16个,从事林下经济专业合作组织达到1300个。林下经济已涵盖种植、养殖、林下产品采集加工、餐饮服务、生态休闲旅游等行业。针对集体林权制度改革后出现的"林权主体多元化、经营主体分散化、林权交易市场化、产权变更经常化"的新特点,在全省共设立各级林权管理服务机构127个、森林资源资产评估机构67个,建立健全林权管理服务体系。为了加强林权流转监管,全年省林业厅投入资金100万元构建全省林权流转监管信息服务平台。全省林下经济发展省财政扶持资金实现了零的突破,每年省财政安排2000万元补助资金支持发展林下经济;开展集体林权抵押贷款收储担保试点工作,由省农担公司负责实施。9月12~15日,省林业厅组织林改重点县市区林业局局长及厅相关处室人员赴福建省武平县、三明市两地围绕林地流转、林下经济发展、林权抵押贷款及林权收储担保等内容进行了实地考察学习,并将福建省、武平县集体林改先进经验印发各市县学习借鉴。对标福建武平县,制订了《湖北省创建深化集体林权制度改革示范县实施方案》,以点带面推动全省深化集体林权制度改革工作向纵深发展。

【木本油料】 2017年,湖北省年末实有油茶林面积27.11万公顷,其中当年新造面积1.78万公顷、当年低产林改造的油茶面积1.08万公顷,年末实有油茶定点苗圃个数110个,全省定点苗圃面积1398公顷,油茶苗木产量9233.13万株,其中,一年生苗木产量4881.07万株、二年以上留床苗木产量3361.77万株。全省油茶籽产量14.69万吨。全省油茶产业企业212个、年产值135.63亿元。年末实有核桃种植面积18.80万公顷,年末实有核桃定点苗圃个数18个,全省定点核桃苗圃面积756公顷,新培育核桃嫁接苗993.22万株,全省核桃干重产量12.18万吨。年末实有油橄榄种植面积191公顷,年产量115吨。年末实有油用牡丹种植面积5297公顷,年产量2132吨。

【林业碳汇工作】 2017年,已完成湖北省嘉鱼、通山、崇阳3个碳汇造林项目开发,并在国家发展和改革委员会网站中国自愿减排交易信息平台进行了公示;2月,完成并上报了上年度全省林业碳汇计量监测成果。

【国有林场改革与建设】 2017年，全省国有林场定性定编和职工养老保险、医疗保险参保等重点任务基本完成，改革进度和质量均走在全国前列，湖北省在全国专题会议上作了2次经验交流发言。全省225个国有林场，其中有151个定为公益一类事业单位，占全省总数67%，有65个定为公益二类事业单位，占29%，有9个定为企业性质，占4%；定性为公益性质的国有林场都完成了定编，共核定事业编制数4904个、核定"以钱养事"等公益性岗位1599个，合计纳入财政供养人员6503人。推进了中小型国有林场整合重组。全省有24个市县的72个林场、单位进行了整合重组，整合重组后，全省国有林场个数由原来的251个减少到225个。落实了国有林场职工社会保障和就业安置。全省国有林场22 257名正式职工中，参加养老保险和医疗保险的人数分别为20 801人、20 699人，参保率分别为93.5%和92.9%；安置富余人员6514人，其中按政策提前退休退养985人、采取管护资源购买服务安置1057人、林特岗位就业680人、转岗就业860人、自愿买断劳动关系1139人、其他渠道就业1793人，安置率近90%。分离了国有林场办社会职能。按照政事分开的原则，全省国有林场所办的16所学校、34个医疗机构及卫生室和代管的106个村，已分别移交15个、32个和75个。建立了国有林场资源管护和经营机制。制订了《湖北省国有林场公益林购买服务管理办法（试行）》，建立了以林权证为基础的国有林场森林资源产权制度和以购买服务为主的森林资源保护制度及以森林经营方案为基础的国有林场森林经营制度。健全了国有林场监管职能。加强了国有林场基础设施建设和债务化解。解决国有林场安全饮水7143户、升级改造供电线路1316千米、新建或维修林区道路1347千米、新建通讯里程614千米，通过政策性豁免、呆账核销、挂账停息、贷款展期等方式化解各类债务8400余万元。

【国家储备林基地建设】 2017年，国家储备林总投资为1759万元，其中中央财政投资1359万元，地方财政配套240万元，社会投入资金160万元。全年完成年度营造林建设3874公顷，其中人工新造林200公顷，森林改培面积919公顷、森林抚育面积2755公顷。按树种分，珍稀树种648公顷、一般树种3226公顷。建立国家储备林三年滚动项目库。

【义务植树】 2月25日，湖北省委书记蒋超良、省长王晓东等省领导，在武汉市江夏区青龙山林场，与干部群众一道义务植树。全省17个市州党委政府主要领导积极响应，迅速掀起了绿满荆楚行动建设高潮。组织厅机关干部与孝感市、孝昌县"四大家"及干部群众一起义务植树，厅市合作模式为全省"局县合作"提供了借鉴和样板。联合团省委开展"保护母亲河 美丽中国梦——2017年度青少年植树行动"，共组织21万青少年，植树98万株；协助和参与省直机关团工委组织省直机关部分青年团员到团风县参加义务植树；支持省外侨办组织来自26个国家和地区的百余名在武汉的外国专家开展植树活动；联合省水利厅在金银湖国家城市湿地公园启动了"爱我千湖 绿满荆楚"大型公益植树活动。推广"互联网+义务植树"平台建设。国家造林司副司长许传德亲临湖北调研平台建设情况，绿满荆楚简讯专版编辑《创新形式 讲求实效 武汉市全民义务植树活动亮点纷呈》信息，供全省借鉴。省绿化委员会、湖北省林业厅印发《关于创建"湖北省森林城镇"工作的通知》（鄂绿发〔2017〕1号），要求各地按照建设标准的相关内容，加大森林城镇建设力度，确保森林城镇创建工作顺利推进。湖北省是全国绿化委员会古树名木普查第三批试点省份，从2017年开始历时两年完成，省绿委、省教育厅、团省委联合下发《关于继续开展"传播绿色文化 共建生态校园"活动的通知》，在中学、中职学校开展"生态文明征文活动"和"生态校园创建"活动。全省40余所学校参与绿色文化活动；湖北生态职业学院每年提供"绿色基金"2000元作为活动经费，共助建了39所学校的绿色社团；帮助12所校园进行了绿化规划，对18所校园进行了绿化苗木支持。联合省教育命名华中师范大学等7所高校为"生态园林式学校"。

【天然林保护工程】 2017年，全省天然林资源保护工程人工造林面积2000公顷，新封山育林面积7997公顷，森林抚育面积23 733公顷。年末全省实有封山育林面积23.42万公顷，年末全省实有森林管护面积332.25万公顷，其中，国有林78.2万公顷、集体和个人所有的国家级公益林150.59万公顷、集体和个人所有的地方公益林103.47万公顷。全年全部林业投资完成额76 840万元。其中，国家投资70 727万元，地方投资6113万元。用于公益林建设营造林2740万元，用于森林管护15 437万元，用于生态效益补偿37 542万元，社会保险6958万元，政策性支出2442万元、其他开支11 721万元。全年全省天保区实施单位人员8959人，其中，在岗职工8910人，其他从业人员49人。全省天保区35个实施单位继续停止天然林商品性采伐，非天保区天然林纳入扩大天然林保护范围，共建立森林管护站点1313个。1月4日，印发《省林业厅关于开展天然林保护、公益林补偿和退耕还林补助政策落实情况全面排查整改的紧急通知》（鄂林退〔2017〕4号），再次要求各地全面完成大数据录入工作，先后对巴东、五峰等24个县（市、区）进行了实地督办。3月13日，召开全省天然林保护和公益林补偿大数据录入工作督办电视电话会议，全省生态公益林补偿大数据录入全部完成，17个市州107个县级实施单位全部按时上报了生态公益林补偿大数据录入电子版成果。建成"全省重点林业工程监管系统"。制发《省林业厅办公室关于做好天然林保护扩面精准落地工作的通知》（鄂林办发〔2017〕72号），各有关县市按照要求对已经纳入和拟新增纳入天然林保护范围的天然林，做到精准落地、精确到户。根据各地建档立卡贫困人口数量和林业资源管护任务，按照每人每年4000元的标准，每人管护133.3公顷左右天然林和公益林，将管护费和护林员人数分解下达到各贫困县市。制发《省林业厅办公室关于加强和规范建档立卡贫困人口生态护林员管理工作的通知》，将天然林保护纳入省政府重要考核内容。将目标责任制的签订由原来的

5个市州扩大到14个市州，制订了各市州2017年天保工程建设目标责任状。开展全省国家级公益林数据库年度更新和分级调整工作。根据新修订后的《国家级公益林管理办法》和《国家级公益林区划界定办法》，举办两期国家级公益林数据库更新工作技术培训班，部署开展全省国家级公益林数据库更新工作。承办国家林业局天保中心在谷城县召开的森林管护联合调研座谈会，湖北、贵州、陕西、陕西、内蒙古大兴安岭森工集团天保办主要负责人参加调研。11月17日，湖北省人大常委会副主任王玲听取了天然林保护立法汇报，并为竞争立法项目提供了建设性意见。1月，组织开展全省生态公益林省级核查，制发《省林业厅关于开展全省公益林补偿突出问题专项整治工作的通知》（鄂林天〔2017〕96号），部署在全省开展公益林补偿突出问题专项整治工作，确保国家惠民政策落实。

【退耕还林工程】 2017年，全省退耕还林工程完成退耕地造林17 333公顷，其中，25度以上坡耕地退耕面积11 547公顷，15至25度水源地耕地退耕面积5786公顷。年末实有封山育林面积3.54万公顷。全年全部林业投资完成额6.67亿元，其中，国家投资5.36亿元，种苗费6109万元，完善政策补助资金3.95亿元，巩固退耕还林成果专项资金14万元，新一轮退耕还林补助资金2.03亿元、其他资金798万元。根据国家林业局安排部署，开展了退耕还林突出问题专项整治工作。全省共抽查检查57个乡镇、171个村，查看退耕还林现场253处，走访林农855户。共清查出相关问题365起，涉及违纪违规资金784.53万元，违纪违规资金已全部追缴到位，已发现的问题及时整改到位。全省共追责问责涉及退耕还林问题的相关责任人639人，其中，移送司法机关16人。在全省10个退耕还林生态效益监测点同步开展了生态效益监测工作，按时向国家林业局报送退耕还林生态效益监测相关数据与资料。7月20日，在新一轮退耕还林政策与管理培训班上，湖北省利川市就退耕还林工作作了经验交流。于8月17日，全国退耕还林突出问题专项整治工作总结大会上湖北省林业厅厅长刘新池作了典型发言。

【长江防护林工程】 2017年，全省76个县市区完成工程造林面积1.55万公顷，其中，人工造林8473公顷。完成当年新封山育林面积7067公顷。年末实有封山育林面积14.79万公顷。完成全部林业投资额12 264万元，其中，中央投资9074万元，地方投资1062万元。投资额按生产支出分类，其中，营造林费9106万元、种苗1989万元、森林防火418万元、病虫害防治112万元、科技费用46万元、其他593万元。

【石漠化综合治理工程】 2017年，完成石漠化综合治理工程造林2.91万公顷，其中，人工造林4180公顷，新封山育林面积2.49万公顷。

全年全部林业投资完成额1.5亿元，其中，国家投资1.22亿元，地方投资387万元，用于造林资金1.12亿元、科技费用5万元、其他资金1374万元。全年开展石漠化治理及监测，上半年完成石漠化外业调查和监测数据初审任务，在6月底报国家林业局中南院进行审查，11月经专家评审，《湖北省岩溶地区第三次石漠化监测报告》已上报国家林业局。

【自然保护区建设】 2017年，全省实有自然保护区个数59个、面积91.7万公顷，其中国家级自然保护区个数17个、面积47.9万公顷，林业国家级自然保护区总数达17个，跃居中部第二；全年有野生动植物保护管理站105个，从事野生动植物及自然保护区建设的职工人数2771人，全年野生动植物及自然保护区建设投资完成额8669万元，其中，中央投资4213万元、地方投资2693万元。全年开展了全省34个国家和省级自然保护区违规开发建设清理整顿，全省国家级自然保护区和国有林场视频监控系统加快推进。

【湿地保护与管理】 2017年，湖北省境内国际重要湿地洪湖、沉湖、大九湖、网湖4个，面积82 806公顷。国家级湿地公园66个，面积15.22万公顷，国家湿地公园总数居全国第三；省级湿地公园38个、面积3.9万公顷。督促拆除洪湖湿地养殖围网1.19万公顷，湖北省人民政府办公厅于7月18日印发《关于湿地保护修复制度实施方案的通知》（鄂政办发〔2017〕56号），省林业厅印发《关于开展湿地保护项目实施情况监督检查的通知》和《关于在全省湿地公园等重点湿地中开展破坏湿地问题排查及整改工作的通知》，全省共排查破坏湿地资源问题7大项196小项。全省共有荆州洪湖、黄梅龙感湖、蔡甸沉湖、神农架大九湖、咸安向阳湖、蕲春赤龙湖、麻城浮桥河、荆门漳河8个湿地保护修复项目纳入《全国湿地保护"十三五"实施规划》之中。按照《国家湿地公园管理办法（试行）》要求，先后两次组织专家，对本年到期验收的崇阳青山等11个国家湿地公园（试点）进行了省级初验工作，向国家林业局申报了龙感湖、网湖、天鹅洲长江故道3处国际重要湿地及老河口西排子河、随州淮河源、秭归九畹溪、丹江口沧浪州4处国家湿地公园。于4月27日，组织召开了洪湖、沉湖、大九湖、龙感湖4个湿地产权确权试点单位的推进会。加大了对洪湖拆围的督办工作。于1月13日向省政府报送了督办工作情况报告。已拆除洪湖围网1.19万公顷，原蓝田公司一期钢网已去功能化，拆围后水域残留的沉船、断桩、网片清理工作大规模展开。3月6~7日，在蔡甸区举办了国家湿地公园（试点）迎接国家验收工作推进会，23个国家湿地公园试点单位所在地方党委政府领导在会上作了发言。11月16~18日，在赤壁市举办全省国家湿地公园建设管理培训班，研讨全省湿地保护管理工作，解读《全省湿地保护修复制度实施方案》，实地参观学习陆水湖国家湿地公园。先后组织7次25人参加国家林业局组织的湿地培训，湿地确权试点有序推进，全省湿地保护工作管理水平有了提升。

【野生动物疫源疫病监测与防控】 2017年，全省野生动物疫源疫病监测站45个。全年健全全省监测网络体系。制订和实施湖北龙感湖国家级标准站建设方案、省级标准站建设标准，积极探索监测站绩效考核办法和升降动态管理机制。全面启动国家级、省级标准站创建活动，龙感湖国家级标准站建设推进迅速。各地争创省级标准站积极主动，省级标准站创建活动有序推进。湘鄂赣三省监测合作组织工作有序开展，完善组织成员，成立专家组，制订发展规划，创办《工作动态》，开展调研，联合采样检测及课题申报，密切了三省间关系，促进省际监测交流合作。省H7N9疫情联防联控工作积极主动，下发通知，组织检查督导，落实野外巡护、信息报告，野外巡护监测1.2万人次。主导编制实施《人与家禽家畜及野生动物疫病同步调查方案》。完成全省监测网报新旧系统更替，举办新系统技术培训2期126人，全年网报信息2446条。发现和指导汉阳动物园黑天鹅、阳新小天鹅、宜昌绿翅秋脚鸭、襄阳喜鹊等6起野生动物突发死亡应急处置，避免了野生动物疫情发生和蔓延。完成国家局主动预警采样任务，全年采集样本8351份，其中梅花鹿样本104份。检测出H5、H6、H7、H9等各种亚型组合禽流感病毒74株，根据采样结果及时发布预报，报告上级部门，为领导决策提供科学依据。向国家林业局申报11个科研项目工作，借助国家重大科技专项平台，做好《野生动物疫源疫病预警网络与示范课题》的组织、协调和实施工作；完成国家林业局《鹿科动物及其产品检疫规程》《野生动物样本采集、储存、运输规范》省级地方标准起草工作，开展湖北省迁徙鸟类活动及疫病传播规律的研究。

【野生动植物保护与管理】 2017年，全省野生动植物保护管理站105个，野生动物救护中心16个，野生动物繁育机构220个，从事野生动植物保护管理与自然保护区建设的人员2771人。全年完成投资总额8669万元，其中，中央投资4213万元、地方投资2693万元。2017年开展野生动植物资源调查监测。在神农架地区开展全面、系统的植物资源普查，经过一年的组织和部署，《神农架植物大全》已正式出版。组织开展春季水鸟同步调查，全省野生动植物两项调查顺利推进。贯彻实施新《野生动物保护法》，规范了野生动物保护行政许可行为。制订完善"双随机一公开"野生动植物保护行政许可实施细则和检查方案。分别联合共青团湖北省委等单位在仙桃、荆州和宣恩组织开展"世界野生动植物日""爱鸟周"和"保护野生动物宣传月"等主题宣传活动，全国政协常委、原省政协副主席郑心穗、中国动协副秘书长郭立新参加了主题宣传活动；组织指导举办京山县观鸟节，与省教育厅共同开展全省未成年人生态道德教育经验交流会；与省野生动植物保护协会联合制作了"世界野生动植物日""爱鸟周"、未成年人生态道德教育特别节目"童在蓝天下，共筑生态梦"等特别节目，在湖北电视生活频道播出。国务院正式批复大老岭、五道峡、长阳崩尖子晋升为国家级自然保护区；指导万朝山、中华山晋升国家级保护区；指导荆门长湖、武汉涨渡湖、大悟悟峰山申报省级保护区；上报湖北后河、南河、巴东金丝猴、洪湖和十八里长峡国家级自然保护区2018年林业固定资产投资建设项目。对中央环保督察反馈的龙感湖、网湖有关问题，切实强化责任担当，建立了整改联络机制，制订整改督办方案，向黄冈市和黄石市发送了整改督办函和联系函，并组成工作专班，多次实地核查督办；开展"绿盾"行动第5督察组对武汉、黄石、黄冈、随州的8个保护区开展督察，参加"绿盾2017"专项行动国家巡查组对龙感湖、网湖进行检查；派出10个工作组对全省34个林业自然保护区建设与管理情况进行专项调研；协调国家林业局对"绿剑行动"九宫山保护区整改工作进行验收；联合省环保厅组成核查组，指导督促大九湖保护区对卫星遥感监测情况进行核查及整改。协调七姊妹山、南河和洪湖国家级自然保护区对总规进行修改。组织专班到神农架林区就建设国家公园现场调研；认真研究《神农架国家公园总体规划（草案）》和《神农架国家公园管理条例（征求意见稿）》提出修改意见；参加了环保部对神农架国家公园体制试点工作的督促检查活动和国家公园试点工作联席单位工作会议。开展湘鄂赣野生动物疫病联防合作组织基础。发挥湘鄂赣合作组织的效能，联合起草合作组织年度计划，建立通讯名录，开展联合监测和科研攻关。

【野生动物救护】 2017年，共接到救护热线、省市长热线、"110"转接的救护电话及林业厅要求的救护任务379起，实地救护118次，电话指导261次。救护动物3354头/只，其中国家一级的3头/只，二级186头/只，三级的3165头/只。全年制订湖北省野生动物救护站建设标准，探索临时救护站建设方法、规范、程序，指导武汉、襄阳、荆门、京山等地设立野生动物救护站，进一步加强救护园区日常清洁卫生清洁、动物定期接种疫苗、科学饲养管理，做到层层压实责任、层层检查督办的精细化管理。改扩建了两栖馆、小兽馆和猴笼，新建了猛禽馆；对救护园区所有笼舍的水、电、通风设施进行全面修缮升级；进行动物笼舍丰容工作，提高动物福利。协调解决东湖新技术开发区九峰山猕猴伤人赔偿事件、武汉市天河机场鸟类撞网社会团体炒作事件，指导荆门、孝感等多地处置猕猴扰民事件，推进与华中农业大学动物医院深度合作，加大动物治疗、康复以及疑难病症诊治技术探索，加强与国内救护机构救护技术交流。

【林产工业】 2017年，全省林业产业年总产值3451.54亿元，其中第一产业产值1117.71亿元、第二产业产值1246.28亿元、第三产业产值1089.55亿元。全年全省商品木材产量200.42万立方米，其中原木174.02万立方米、薪材26.39万立方米。非商品材76.55万立方米，其中农民自用材采伐量32.66万立方米、农民烧材43.89万立方米。竹材产量3825.89万根，其中，毛竹3016.70万根、其他大径竹材809.19万根、小杂竹11.78万吨，竹产业年总产值48.37亿元。主要木竹加工产品包括锯材、木片、人造板、木竹地板及其他加工材等五大类林产品分别为：锯材年产量221.78万立方米；木片109.27万立方米；人造板产量773.14万立方米，其中胶合板230.93万立方米、纤维板415.31万立方米、刨花板77.05万立方米、细木工板等其他人造板49.85万立方米。木竹地板3296.13万平方米；改性材与指接材等其他加工材9.89万立方米。主要林产化工产品有松香类产品2.61万吨、松节油类产品1335吨、木竹热解产品545吨、木质生物质成型燃料10.62万吨。全年开展全省林业产业统计普查，制订工作方案，召开培训电视电话会、专题督办会议。采取抓工作专班,抓学习培训、抓责任落实、抓部门联动、抓检查督办的"五抓"工作机制,有序开展普查。全省5200人参与此项工作,掌握了产业发展基础情况,完成普查任务撰写产业普查工作报告,编印全省林业产业企业名录,全省新型林业经营主体发展到1.29万个,湖北宝源木业、黄袍山等3家企业被国家林业局评为全国林业标准化示范企业。印发《省林业厅关于加快推进林业供给侧结构性改革的指导意见》。举办第二届中国·武汉绿色产品交易会。展区面积达2.2万平方米。按商品类别分为林业新技术新成果及"互联网+森林文化产品"、木本粮油、森林旅游与康养等十大交易区。绿交会累计签订招商引资项目48个,其中现场经贸签约27.9亿,累计签约投资总额430.6亿元,其中协议和现场销售总额达26.3亿元。康欣新材料公司展出的集装箱底板定向结构板,破解了硬材短缺难题,系全球首创。举办全省林业产业工作推进会暨林业安全生产培训班。培育国家林业重点龙头企业。湖北省林业厅遴选推荐6家企业申报国家林业重点龙头企业,总数达到24家。新增省级重点龙头企业82家,总数达到523家,数量和质量都有新的提升。支持"第十四届中国苗木交易会"、第四届世界硒都硒产品博览会、第五届中国安陆银杏节等在湖北举办。支持指导福汉木业承办第五届中国木结构产业大会、利川山桐子产业发展论坛。组织40多家林业龙头企业参加全国林产品博览会、交易会和"一带一路"国家交流合作,全省林产品外销突破8亿美元。举办林业电子商务培训。省级财政扶持林产品加工、竹产业发展专项资金1500万元基本落实到位。省林业厅成立林业安全生产领导小组及4个安全生产督办检查专班,加大林业安全生产督办检查力度,重点落实省政府安全生产责任目标。加强林业安全生产监管,认真落实国家林业局、省委、省政府、省安委办、省食安办有关工作部署,先后制定《全省林业安全生产应急预案》和《湖北省林业安全生产专业小组工作规范》和《林业安全生产目标责任书》等18个文件。印发《湖北省森林食品质量安全示范企业标准》,在全省开展湖北省森林食品质量安全示范企业创建工作。

【主要经济林产品】 2017年,全省主要经济林产品总量年末实有种植面积175.63万公顷、产量944.79万吨。主要产品有水果、干果、林产饮料、林产调料、森林食品、木本药材、木本油料、林产工业原料八大类经济林产品生产情况分别为:水果产量771.52万吨,年末实有种植面积47.16万公顷,其中,苹果面积2209公顷、产量2.03万吨,柑橘面积26.53万公顷、产量532.57万吨,梨面积4.33万公顷、产量63.93万吨,葡萄面积1.97万公顷、产量40.4万吨,桃面积7.49万公顷、产量108.9万吨,杏面积818公顷、产量7489吨,猕猴桃面积1.43万公顷、产量5.09万吨,其他水果面积5.11万公顷、产量17.85万吨。全年全省干果产量49.52万吨,年末实有种植面积33.74万公顷,其中,板栗面积31.11万公顷、产量43.48万吨,枣面积8532公顷、产量1.97万吨,柿子面积9582公顷、产量3.26万吨,仁用杏面积510公顷、产量165吨,其他干果面积7634公顷、产量8063吨。林产饮料产品30.07万吨,年末实有种植面积31.67万公顷,其中,毛茶面积31.11万公顷、产量29.8万吨。其他林产饮料产品面积5649公顷、产量2760。林产调料产品2550吨,其中,花椒1916吨、八角59吨、桂皮8吨、其他调料产品567吨。森林食品30.02万吨,其中,竹笋干2.22万吨、食用菌18.39万吨、山野菜2.30万吨、其他森林食品7.11万吨。森林药材27.8万吨,年末实有种植面积16.61万公顷,其中,银杏面积2.57万公顷、产量3.28万吨,山杏仁面积22公顷、产量15吨,杜仲面积3.17万公顷、产量2.30万吨,黄柏面积7910公顷、产量2.64万吨,厚朴面积2.46万公顷、产量1.52万吨,枸杞面积1955公顷、产量1834吨,山茱萸面积288公顷、产量456吨,五味子面积555公顷、产量238吨,其他森林药材面积7.33万公顷、产量17.81万吨。木本油料27.09万吨,年末实有种植面积46.45万公顷,其中油茶籽14.69万吨、年末实有种植面积27.11万公顷,核桃12.18万吨、年末实有种植面积18.80万公顷,油用牡丹籽2132吨、年末实有种植面积5279公顷,油橄榄面积191公顷、产量115吨。林产工业原料8.5万吨,其中生漆3217吨、油桐籽2.16万吨、乌桕籽1.17万吨、五倍子2826吨、棕片3044吨、松脂4.27万吨。2017年全部经济林产品的种植与采集总产值670.2亿元,其中水果种植241.37亿元、坚果及含油果和香料作物种植66.12亿元、茶及其他饮料作物的种植产值163.28亿元、森林药材的种植58.15亿元、森林食品种植总产值109.2亿元。林产品的采集产值32.09亿元,油茶产业产值135.63亿元。

【苗木花卉】 2017年,林木种子采集量2754吨,育苗面积4.28万公顷,其中国有育苗面积2897公顷,全省当年苗木产量14.74亿株。当年林木育种与育苗总产值79.06亿元,其中林木育种6.19亿元、林木育苗72.86亿元。2017年末实有花卉种植面积10.71万公顷,切花切叶产量1.32亿支,盆栽植物产量1.72亿盆,观赏苗木产量4.06亿株,草坪产量1086.86万平方米,全省共有花卉市场315个,花卉企业1652个,其中大中型花卉企业241个,花卉从业人员25.29万人,其中专业技术人员2.02万人,花农7.12万户,控温温室面积101.69万平方米,日光温室面积226.94万平方米。全年花卉及其他观赏植物种植产值147.19亿元。

【森林公园和森林旅游】 2017年,全省森林公园96个,其中国家级森林公园37个,省级森林公园59个。全省林业旅游与休闲产业1.68亿人次,旅游收入740.90亿元,人均花费441元。林业旅游与休闲产业直接带动的其他产业产值1220.76亿元,其中全省林业旅游1.49亿人次,旅游收入645.42亿元,林业旅游直接带动的其他产业产值1116.75亿元;林业疗养与休闲1911.66万人次,疗养与休闲收入95.47亿元,直接带动的其他产业产值104.01亿元。

【野生动物驯养繁殖】 2017年,全省野生动物繁育机构220个。全年陆生野生动物繁育与利用总产值24.35

亿元。驯养繁殖的野生动物食品与毛皮革等加工制造产值27.18亿元。全年陆生野生动物繁育与利用单位9个，年末实有人数55人。

【林下经济发展】 2017年，全省林下经济总产值348.12亿元。全省林下经济面积已发展到80万公顷。共建立林下经济示范基地629个，其中国家级示范基地16个，从事林下经济专业合作组织达到1300个。林下经济已涵盖种植、养殖、林下产品采集加工、餐饮服务、生态休闲旅游等行业。

【森林防火】 2017年，全省共发生森林火灾447起，过火面积810公顷，受害森林面积212公顷，全省森林火灾受害率为0.02‰，均低于0.9‰国家控制指标。其中卫星林火热点86起，较2016年同期减少96起，降幅达52.7%。指挥调度447起森林火灾，当日扑灭率达99%，扎实开展森林火灾监测扑救，全年无重特大森林火灾发生，受到国家林业局森林防火指挥部和湖北省领导的肯定，湖北省委书记蒋超良、省长王晓东先后2次，常务副省长黄楚平先后6次对森林防火工作作出重要批示。全年首次编制《湖北省森林防火能力建设提质增效转型升级实施方案》。制订《湖北省森林防火工作考核评分办法》，在孝感举办了湖北省第二届森林消防队伍技能竞赛，在比武竞赛中首次开展空地联合扑火演练，调动直升机进行空中吊桶洒水、地面人员跟进扑火。制订《湖北省森林防火指挥部森林防火工作约谈制度（试行）》，编印《湖北省森林防火工作指南》。对已建成森林防火项目进行运行维护。开展森林防火预警、信息指挥、通信系统运行维护进行招标，组织专业的运行维护，确保全省已建成的森林防火预警、信息指挥、通信系统运行正常，作用发挥良好。分别于2月、3月、11月召开省森防指成员单位会议与全省森林防火电视电话会议，安排部署与落实森林防火各项要求和措施。在省内重要地段及高速路口、进入林区路口和林区内设立醒目的防火宣传牌；通过短信、微信、QQ群等群发森林火险信息100多万条，印发森林防火宣传画、《森林防火总动员》、森林防火条例解读本等2万多份，印发《致中小学生关于森林防火的公开信》等50多万份，出动宣传车100多辆，广泛发动干部挨家挨户发传单、讲政策，让森林防火进社区、进学校、进家庭，增强全民防火意识。加强重点时段、重点部位、重点人群进行管控，高火险期全省增设临时防火检查站1400余个，增加临时护林员1.6万余人，开展拉网式巡护，严控火源进山。组织协调省森林防火指挥部17个成员单位分赴各自责任区检查督办。春节、清明节等关键节点，由厅领导带队对重点防火区开展明察暗访，派出百名处级干部分赴各地全覆盖地检查督办，并将情况通报全省，督促抓好问题整改。对省领导的批示第一时间传达到防火一线，抓好贯彻落实。先后下发12个督办函，督促火灾多发区整改落实。执行《湖北省森林火灾应急预案》，全年全省先后对418名火灾肇事者进行处罚，对12名处置森林火灾不力的干部进行了问责。对每一起火灾，从火灾发现，到火灾扑灭，到责任追究，都建立完备的火灾档案，火灾建档率为100%，形成完善的痕迹管理体系。

【森林病虫害防治】 2017年，全省林业有害生物防治林业建设资金完成投资7519万元，其中，中央财政资金876万元、地方财政资金5435万元、地方自筹资金1208万元。全年林业有害生物发生39.77万公顷，完成防治面积39.62万公顷，其中无公害防治37.13万公顷，无公害防治率为93.7%，全省主要林业有害生物成灾面积比2016年下降21.5%，成灾率控制在2.7‰，测报准确率为94.2%，种苗产地检疫率达到100%，均实现了防治预期目标。美国白蛾、松材线虫病等重点灾情监控除治，全省有害生物成灾率为2.7‰，低于国家控制指标。

在宜昌市点军区、猇亭区2个松材线虫病疫区，开展防治去除工作，取得较好的防治效果。

【森林公安队伍建设】 2017年，全省森林公安机关开展了"2017利剑""森林火灾破案攻坚行动""天网行动""净网行动""清网行动""禁种铲毒""打击非法占用林地等违法犯罪专项行动""长江生态大保护林业专项行动""楚天冬季攻势"等一系列全省专项行动和21次区域性整治行动。全省共受理各类涉林案件8131起，处理各类违法犯罪人员11331人次，挽回直接经济损失8937.74万元。责令、督促涉案单位和个人补缴有关林业规费3910.6万元。印发《省林业厅 省公安厅关于贯彻〈国家林业局 公安部关于深化森林公安改革的指导意见〉的实施意见》，林业综合行政执法改革稳步推进，全面承担了省林业厅综合行政执法工作。全年共办结信访案件44起；组织开展缉枪治爆、禁种铲毒、毒品查缉专项行动。会同地方公安机关查获1起贩卖枪支案件，收缴改装枪141支、气枪20支、子弹等，有效预防林区重大枪爆犯罪案件发生。全省有26个市县森林公安机关获得优秀等次，74个市县森林公安机关获得良好等次；派出所规范化建设取得明显成效，全省共有一级派出所14个，二级派出所28个，三级派出所57个；执法资格等级考试取得优异成绩，全省有1520名、1397名、246名民警分别获得基本级、中级和高级执法资格，分别占民警总数的97.9%、90.1%、15.9%；法制培训实现了全覆盖，按鄂东南、鄂西北、鄂西、鄂中4个片区，分期分批对全部执法民警进行轮训；编发《每日警情》157期，快速有效交流了执法办案经验。全年举办全省森林公安新录用民警培训、综合执法业务培训、刑侦办案业务培训等，轮训民警300余人次。依托省警卫局训练基地建立警务技能训练基地，将军事训练、促进作风养成和课堂教学、提升业务能力结合起来，培训效果显著提升；加大新警招录力度，共公开招录56人，有力缓解了警力不足和人才匮乏问题；推进督察工作常态化，组织全省开展督察行动119次，出动督察人员255人次，发现和纠正各类问题29个，提出督察建议35条，有力推动了全省森林公安机关转变作风；全省有3个森林公安局荣立集体二等功，6名民警荣立个人二等功。在全国公安系统英雄模范立功集体表彰大会上，兴山县森林公安局昭君派出所所长陈兴林被授予"全国优秀人民警察"荣誉称号。全年完成中央预算内基建投资森林公安派出所项目30个，总投资3087万元。全省已建成业务用房项目56个、在建6个，在全国处领先位置；争取中央财政森林公安专项转移支付资金2批共计2524万元；组织升级建设新版警综平台，为基层民警打造业务贯通、采集规范的"一站式"工作平台，基本实现基础业务快速协同和信息资源深度共享。

【森林采伐】 2017年，全省网上办理林木采伐许可证7.35万份，林木采伐蓄积量243.98万立方米，网上办理木材运输证10.36万份。保障了国家和省级重点建设项目使用林地，守住了年度红线。

【林地与森林资源管理】 2017年，全省共办理永久占用征收林地1339宗，面积5202公顷，依法征收森林植被恢复费6.32亿元。其中，上报国家林业局审核审批19宗，面积910公顷。全年共办理破坏森林资源信访问题20起，其中党风政风热线2起投诉的调查处理结果，得到了群众的高度好评。建立健全森林资源监管制度。制定《省林业厅森林资源监管巡查报告制度》，督促各地建立和完善森林资源管理重大问题报告制度，及时报告森林资源保护管理情况。与省国土资源厅联合下发《关于进一步规范建设项目使用林地管理有关问题的通知》（鄂林资〔2017〕130号），对采石采矿项目使用林地从规划编制、实施到探矿及矿业权的出让都作出明确规定。制定印发《省林业厅关于进一步明确林地管理有关事项的通知》（鄂林资〔2017〕150号）文件，进一步规范临时占用林地申请材料，并对采石采矿项目使用林地存在的遗留问题，分不同类型、不同时间节点予以解决。

开展森林资源管理各项监督检查。配合国家林业局驻武汉专员办对国家林业局和省林业厅审核审批的14宗建设项目使用林地手续开展检查，加强事中事后监管，对发现的违法违规问题督促地方林业部门依法依规查处、整改到位。利用卫星影像遥感判读等新技术，对全省31个县（市、区）森林资源管理情况开展实地核查，对发现的违法违规问题督促地方林业部门依法依规查处、整改。配合省发改委、省环保厅将全省34个省级以上林业自然保护区、100个湿地公园的湿地保育区和恢复重建区、96个森林公园的生态保育区和核心景观区以及国家一级公益林地等林业生态敏感区、脆弱区域全部纳入生态保护红线区域。及时提供了各类保护地名录、面积等基本信息及矢量数据，确保全省具有重要生态功能区域、重要生态系统以及主要物种得到有效保护。启动了全省第五次森林资源二类调查工作。协助省政府印发开展第五次森林资源二类调查工作文件，开展调查人员技术培训等前期工作。及时向省委组织部、省委农工部、省经信委上报了市州领导班子考核、三农综合发展、县域经济考核等目标考核涉林指标数据。组建成立3个跨区域森林资源监督办事处，建立完善森林资源监管巡查报告制度，推进林地使用的全过程监管；全省林业资源动态监管体系基本建成，实现了资源管理的实时化、数字化，做到年年出数。林地林木管控严守红线。6月，湖北林业厅在全国林业厅局长半年座谈会上作了"构筑共抓大保护工作格局 打造长江经济带绿色廊道"的经验交流发言。

【林业工作站】 9月，国家林业局林业工作总站举办的"全国林业站公共服务能力提升示范培训班"上，省林业厅等5个省作了"强化管护职能、应用信息技术、提升精准服务能力"的典型经验发言。湖北在"全国林业标准站建设东部片、北部片区培训班"上为全国同行进行示范授课，得到好评。完成全省28个标准林业站建设项目的指导实施和检查验收工作。申报了21个全国标准化林业站建设项目，争取投资420万元。举办"2017年乡镇林业站站长能力测试培训班"，组织150名乡镇林业站站长参加培训测试，全员通过国家总站测试。完成了全省14试点县森林保险的调研工作，掌握了试点县工作进展情况。

【林业勘察设计】 2017年，圆满完成"绿满荆楚"行动省级核查工作，制订工作与技术方案，抽样小班约5万个，集中全院技术力量开展核查，战高温、保进度，全面掌握"绿满荆楚"行动实施情况，编制提交年度核查报告，为考核奖惩、项目资金兑现提供依据。组织开展全省第五次森林资源规划设计调查，摸清各地森林资源家底，为指导全省林业发展各项工作提供准确详实的依据。结合最新卫星影像及省测绘局提供的地理国情数据库开展调查工作前期区划判读，组织全省约150名技术人员区划培训，用时3个月完成全省约80万个变化小班的判读工作。选择蔡甸区、茅箭区、宜都市等10个县（市、区）为调查试点单位，完成试点县市技术培训，派专人实地技术指导。汇总分析全省森林资源动态监测数据，按要求完成上年度各项指标出数工作；制订2017年森林资源动态监测工作方案，补充完善技术规定，组织全省技术培训，积极推进区划判读工作。完成第三次石漠化调查省级检查工作，整理调查数据，配合中南林业勘察设计院完成国家级检查工作。开展全省古树名木资源普查工作，派出工作组分赴各地指导工作、督办进度。完成新一轮林地变更调查补充更新工作，通过国家级检查验收；开展随县采石毁林案件调查及整改督办工作。编制湖北省森林经营规划。配合中南林业勘察设计院完成"五项核查"工作。开展新一轮退耕还林、生态公益林、德贷项目省级核查工作。完成林地清理、采伐限额、迹地更新检查。开展林业生态示范县创建、森林城镇创建、绿色示范村达标检查。筹备中国北京世界园艺博览会湖北展区建设工作。全年完成代表性项目有府河绿楔机场二通道生态带设计项目、襄阳市樊城环形绿道及公园建设工程绿化设计项目、荆门至荆州铁路使用林地可行性报告、大棋路路面改造工程勘察设计项目、大悟县2017年"绿满荆楚"荒山造林及通道绿化工程等一批在省内外具有一定影响力的林业、路桥、建筑、园林景观项目，其中牛头山国家森林公园整体规划获中国工程咨询协会优秀工程三等奖，湖北公安崇湖国家湿地公园规划获中国林业工程建设协会优秀成果三等奖。

【林业法制建设】 2017年，严格执行《党政主要负责人履行推进法治建设第一责任人职责规定》，厅党组书记、厅长担任法治建设领导小组组长，厅党组全年研究有关林业法治工作11次。拟定《湖北省天然林保护条例》《湖北省湿地管理条例》《湖北省国有林场和森林公园管理条例》《湖北省森林防火条例》草案送审稿报省人大常委会列入立法计划。组织对10部林业地方性法规、5部省政府规章、24件省政府涉林规范性文件进行认真清理，分别提出了废止、宣告失效、修订、继续有效建议；对139件省林业厅规范性文件作出了清理处理决定，使林业法律法规和规范性文件更具时代性和科学性。对《湖北省神农架国家公园管理条例》《十堰市生态文明建设条例》《孝感市城市绿化条例》等7件地方性法规和9件规范性文件提出了修改意见；对《恩施土家族苗族自治州星斗山国家级自然保护区管理条例》《武汉市湿地自然保护区条例》提出了修改意见。依法参加了4起行政案件应诉，依法答复了2起行政复议案件和27起信访复核案件，推动了用法治思维和法治方式解决矛盾纠纷问题。组织编写《林业行政处罚案件规范》和《林业执法研究》，开设林业执法微信公众号和新浪网博客，原创林业执法论文33篇、近30万字。通过文件、电话、微信、QQ等方式答复基层执法疑难问题500余件。对40个重点林业市县进行了执法案件评查，促进了林业执法规范化。组织开展了为期3个月的林业执法清理排查，举办了涉林公益诉讼专题培训。组织开展"12·4"法制宣传日、"法律六进"、植树节、爱鸟周、地球日、湿地日、野生动物保护宣传月等主题活动，做到"广播有声、电视有影、报刊有文、网络有言"。全省林业系统共举办各类普法培训班200多期，受训人数达4万多人次，发放林业法律资料50万余份，接受群众咨询8万余人次。采取"互联网+林业法治宣传"的方式，通过微信、微视频、微电影、微课程等形式，在互联网上广泛快速传播，取得了良好的宣传效果。在全省湿地公园、森林公园、自然保护区设立林业法治文化宣示牌，在1320所中小学校开设森林防火课堂；在240个森林公安机构开设"以案说法"网络专栏，在全省林业法制部门开设"微论坛"；对重点林区群众和林业特行人员开通"微提示"，影响力不断提升。省林业厅将原来的155项权力，精简、取消、下放、合并为91项，比原来减少了64项，除森林法规定的森林植被恢复费外，所有行政事业性收费全部取消。向中国（湖北）自由贸易试验区下放行政权力工作。在全省林业系统开展了执法突出问题专项治理工作，共清查和整改执法问题216项，建立健全林业执法制度57项。按照"双随机、一公开"制度，对20个市县的行政许可和行政执法情况进行了监督检查，发现和纠正有关问题72项。全面推行以森林公安为主体的林业综合行政执法改革，省级层面已完成改革，市县两级改革正在进行之中。制订《湖北省林业厅全面推进林业法治建设实施方案（2017~2020年）》《省林业厅2017年法治建设工作要点》，组织申报《依法保护生态环境 打造美丽生态湖北》为2017年度法治惠民办实事项目，取得良好成效。

【林业科研】 2017年，共组织申报林业科技项目87项，其中国家项目47项，国家"十三五"重点研发专项5项，国家自然科学基金项目4项，国家林业局重点实验室1项，国家林业局中央部门预算项目7项，国家林业局科技发展中心中央部门预算项目9项，国家林业局林改司项目2项，中央引导地方科技发展专项资金项目1项，中央财政林业科技推广示范补助项目18项；申报省直有关单位项目、国际合作项目、联合申报项目等40项。目前已立项43项，立项经费2502万元。已发表科技论文196篇，其中SCI期刊4篇。全年林业科技项目经完成验收、组织鉴定共12项，其中登记"湖北林业信息化标准体系研究及应用"成果1项，认定油茶良种"长林40号"等成果5项；申报省科技成果进步奖2项，武汉市科技进步奖1项，获省科技进步三等奖2项，获科技成果推广一等奖、三等奖各1项；申报植物新品种"楚林保胜"1个；申报林业行业标准2项，省地方标准12项；"丹江口库区水源涵养林可持续经营技术"入选国家林业局2017年重点推广林业科技成果100项。全年累计推广林业优良品系、优良品种15个，推广新技术1项，完成示范造林2163.3公顷，建立苗木繁育基地29.47公顷，繁育各类苗木237万株，石漠化综合治理技术推广0.67万公顷；完成2017年中央财政林业推广示范补助项目18个。获国家林业局授予"国家林业局竹资源培育工程技术研究中心湖北中心"1个，申报"三峡及丹江口库区森林资源与环境重点实验室"1个，省林科院等单位与中国林业科学研究院、中南林业大学等单位搭建产学研平台，与省内8家林业龙头企业共建研发中心。

【科技推广】 2017年，省林业科技推广中心与省农科院中药材研究所等单位合作完成的"道地药材紫油厚朴标准化种植关键技术集成与应用"技术推广项目，获得湖北省政府2017年度科技推广一等奖。开展科技服务和科技支撑工作以林业专家服务团、科技推广项目、科技下乡和科技服务为平台和抓手，组织科技人员下基层服务、送技术下乡，开展各类技术培训。在黄陂、恩施、安陆、钟祥、阳新、孝昌和赤壁等地集中开展了技术培训服务和现场技术指导15期次，培训基层技术员、林农、大户和合作社人员1530多人次，发放各类培训资料2800份。开展全省科技周活动，在武汉植物园布置林业科技成果展台，发放资料1000多份，开展林业科普宣传。完成"核桃良种高效栽培技术示范""油茶高产良种繁育及高效栽培技术推广示范"中央财政林业科技推广示范项目，省级油茶良种补贴项目等6个项目申报获批。完成了1个在建中央财政林业科技推广示范项目绩效评价准备，5个其他在建项目的调查分析检测、营建良种采穗圃、丰产示范林建设等项目管理工作。完成省级地方标准《红花油茶容器育苗技术规程》编制工作，新申报立项省级地方标准《金叶银杏栽培技术规程》和《栾树栽培技术规程》2项。重点推广"红花油茶栽培技术""林药复合经营技术""杨树速生丰产栽培技术""核桃丰产栽培技术"和"厚朴快速繁育技术"5项实用技术，营建示范林40公顷，将实用技术应用到基层。新引种栽培樱桃、李、柑橘等经济林新品种3个，1500多株。繁育推广红花油茶、"长林40号"和"长林4号"等木本油料良种80万株和椪柑、杨梅、樱花等林木良种12个7000多株，发挥推广示范作用。

【教育与培训】 2017年，湖北省生态职业技术学院全年共录取大中专生4061人，其中大专生3441人，录取中职生(含一年制中专)620人。举办2017年信息化教学大赛省赛选拔赛，提升了教师信息化教学能力水平。承办第44届世界技能大赛花艺项目国家集训队第一阶段(十进五)选拔赛、第45届世界技能大赛花艺·园艺项目湖北省选拔赛、第45届世界技能大赛家具制造项目湖北省选拔赛，通过世界大赛带动了队伍。学生在各级各类技能竞赛中获奖奖项已超过了40项。

张华香老师主持申报的湖北省职业教育园林技术专业(花艺方向)工作室顺利获批湖北省"职业教育技能名师工作室"；婚庆服务与管理专业获批为"2017年立项建设的省级高等职业教育特色专业"；荣获"2017年度湖北省风景园林行业教育科研卓越成就奖"。与武汉生物工程学院的交流合作，联合开展了园林技术专业人才培养试点工作。从2017年开始面向全省林业行业开展定向委托培养，面向全省林业行业开展定向委托培养是湖北省首次开展。每年培养200名林业技术、森林生态旅游专业普通专科全日制学生，两个专业各100人，学制三年。定向培养学生毕业后，取得全日制普通专科毕业证书，按定向就业协议回原企业(单位)就业。2017年录取了首批65名定向委托培养学生。承办了"我选湖北·服务生态"大学生就业公益招聘会，招聘会的规模和质量均超过以往。招聘会邀请了武汉林业集团、武汉东方园林、湖北康欣、湖北九森林业等林业行业企业55家，省内各行各业企业154家，为学生提供了就业岗位7500余个，学校2017应届毕业生和即将参加顶岗实习学生约3500余人进场与招聘企业进行"双向选择"。推进了创业孵化中心平台建设。选送的创新创业项目"轩灵智能路灯系统"获得了省赛铜奖，园艺技术专业学子刘木清荣获"长江学子"创新奖，学校获批为"湖北省大学生创业示范基地"。在崇阳、麻城等地，开展了多场次雷竹、杨树等林业丰产栽培技术咨询与培训及抚育示范，培训林农达2000多人次。承接潜江市、洪湖市、江陵县等地森林城市建设总体规划编制工作，其中编制的潜江市、松滋市、洪湖、监利、江陵、云梦等地的森林城市建设总体规划通过评审，设计的国家森林城市标识获得国家林业局颁发的优秀奖。完成2017年中央财政林业科技推广示范补助项目工作两项。举办十堰市林业系统干部职工能力提升培训班、新洲区林业干部职工能力提升培训班、2017年全省森林资源管理培训班和吉林省水利厅全球环境基金(GEF)培训项目等，全年培训林业系统干部职工近4000人次。在白沙洲校区联合主办"武汉成丰国际学校"，开展营利性的幼儿园、小学、初中、高中层次的国民教育，后期与学校高职进行中澳国际交流，进行专升本、本升硕的预科班教学。合作共同组建申报"湖北林业大学"。2017年共组织林业各领域专家30余名对口支持全省实施精准灭荒工程的58个县市，通过科技特派员、林业专家服务团和"三区"科技人才等方式，提供林业生产各类技术服务60余次，举办培训班30期，培训林业科技带头人100余人次，林农7000余人次，发放技术资料10 000余份。

【资金与计划管理】 2017年，全年累计完成林业投资197.43亿元，其中，完成中央投资28.42亿元、地方财政资金27.2亿元、国内贷款16.11亿元、自筹资金99.58亿元、其他社会资金26.11亿元。在全部林业建设资金中，用于生态建设与保护的资金57.59亿元、林业支撑与保障19.81亿元、林业产业发展119.02亿元、林业基础设施建设1.02亿元。全年印发《省林业厅贯彻落实"十三五"生态环境保护规划措施和分工方案》《省林业厅贯彻落实湖北省汉江流域生态建设工程推进工作方案实施方案》《省林业厅贯彻落实〈湖北长江大保护九大行动方案〉实施方案》等实施方案。开展了全省"十三五"规划纲要林业部门指标任务监测评估和湖北省新型城镇化规划中期评估工作，及时将监测评估情况上报省发改委。对《湖北长江经济带生态保护与绿色发展融资规划》等15项涉及林业的专业规划提出修改意见，积极争取林业部门的应有地位和份额。参与长江经济带共抓大保护环保督查工作，督促落实林业部门整改方案和任务清单；开展湖北岷山国家森林公园、湖北九女峰国家森林公园总体规划(2016~2025年)、神农架国家级自然保护区总体规划(2017~2026年)的审查上报工作，通过国家林业局批复。开展2018年中央财政专项资金和中央预算内基本建设投资建议计划编报工作；印发《林业改革发展资金管理办法实施细则》《关于切实规范国有贫困林场扶贫资金使用管理的通知》《湖北省林业厅会议费管理办法》《湖北省林业厅培训费管理办法》和《省林业厅直属事业单位政府购买服务改革实施细则》等文件。2017年度省级林业产业发展补助资金(木本油料、林产品加工)竞争性分配工作考核获省财政厅通报表彰，获得奖励资金42万元。推进专项资金绩效管理，被省财政厅考核为"优秀"，获奖励激励性资金70万元。加强了厅直单位资金财务管理的指导和监督，开展了厅直单位内部审计和问题整改工作。编制《湖北省长江经济带生态保护与绿色发展林业政策性贷款项目建议书》，提出了重点项目清单。配合国家开发银行做好《湖北长江经济带生态保护和绿色发展融资规划》的编制工作，将森林生态体系建设作为生态保护3项重点建设内容之一，将湿地生态保护及湿地公园建设纳入水系生态保护和综合治理范围，在规划的452个项目、11 383亿元总投资中，林业类项目分别占31.19%和7.15%，"湖北国家储备林建设项目"被列为10个重大示范项目之一建议优先推进。编制《湖北省长江经济带国家储备林建设项目实施方案》，已通过了国家开发银行贷委会的审议和国家林业局批复，该项目已被国家开发银行列入湖北长江经济带生态保护和绿色发展首批重点项目清单。"湖北省府河生态绿楔示范工程"被国家发展改革委、国家林业局列入首批林业领域PPP试点项目清单重点推进；十堰市郧阳区3亿元林业生态建设项目已获得农业发展银行2亿元信贷支持。印发《湖北省林业统计工作及数据质量评价办法》。开展了新一轮退耕还林还草工程综合效益监测工作，新增了对照村和对照户，每个监测县增加调查表和调查问卷，完成了厅直系统资产清查结果确认、国有资产产权变更登记等工作；有序推进全省林业系统政府资产报告试点工作。

【林业贴息贷款与资金稽查管理】 全年完成了2017年

度林业贷款中央财政贴息贷款资金22.7328亿元申报工作，比2016年增长23.7%，实际落实中央财政贴息资金4253万元，比2016年度的3916万元增长8.6%，贴息资金量在中部六省排第一位，全国排第五位。该项补贴资金已于9月底全部拨付到位。完成了2017年度林业贷款省级财政资金贴息补贴工作。确定对湖北康欣科技开发有限公司"工业原料林建设"等24个项目给予贴息补贴，省财政厅已将1000万元补贴资金下拨到各项目单位，这个资金量在全国排第一位。印发《关于开展国家级自然保护区项目2014~2015年中央预算内投资使用管理稽查管理工作的通知》和《关于开展中央财政森林公安补助资金全面自查和专项重点稽查的通知》，召开专题会议，全面开展自查工作。组织人员对荆州、宜昌、荆门、随州、孝感及所辖9个县进行了重点抽查，对发现的问题，督促有关单位进行及时整改。完成了湖北省森林公园森林旅游管理中心、湖北省野生动物救护中心、湖北省林业科学研究院、湖北省森林病虫害防治检疫站和湖北省野生动植物保护总站清产核资及厅直单位5名领导干部离任经济责任审计工作。对洪湖市湖北新天地农林集团有限公司、枝江市龙源林业有限公司和同心竹海专业合作社、掇刀区湖北佳鼎农业股份有限公司、钟祥湖北农青园艺科技有限公司、广水湖北寿山生态农业有限公司、汉川市南河古渡景观园林工程有限责任公司，对林业贷款财政贴息管理工作进行调研。举办全省林业贴息贷款暨林业重点工程资金稽查工作培训班。重点对财政部国家林业局《林业改革发展资金管理办法》（财农〔2016〕196号）和《湖北省中央财政林业改革发展资金管理实施细则》（鄂财农规〔2017〕14号）进行宣传培训工作。完成了申报2018年中央财政贴息贷款计划20亿元，申报贴息资金计划6000万元。完成"全省天然林保护、退耕还林、生态公益林等林业重点工程监管系统项目""省森林防火物资采购项目"和"机关大楼维修项目"等10余项项目的招标评标工作。完成2016年度林业资金稽查工作年报编写工作、林业PPP项目推介工作。完成退耕还林工程突出问题专项整治督办工作。与财政联合印发《湖北省林业贷款中央财政贴息资金管理实施细则》。建立项目申报责任制、项目检查验收制度。全年支持木本油料经济林贷款6.86亿元，惠及25家企业；工业原料林贷款3.82亿元，惠及18家企业；国有林场（林区）多种经营贷款1000万元；林业产业化种植业项目贷款9.65亿元，惠及71家企业；林产品加工项目贷款5.5亿元，惠及24家企业；农户和林业职工个人贷款5944万元，惠及153户农户和林业职工，推动了林业多元化、规模化、集约化发展，使林地潜力和林改红利得到有效释放。

【种苗管理】 2017年，全省林木种子采集量2754吨，当年苗木产量14.74亿株，育苗面积4.28万公顷，其中，本年国有育苗面积2897公顷。全年投入林业种苗资金5.57亿元，其中，中央财政2728万元、地方财政3440万元、自筹资金1.46亿元、其他社会资金3.5亿元。全年全省从事育种育苗管理单位89个，从业人员1341人。全年印发《湖北省林木种苗"十三五"发展规划》《湖北省2017年林木种苗工作要点》，制定《开展林木种苗"双随机一公开"工作实施细则》，指导全省林木种苗健康发展。开展学习宣传贯彻新修订的《种子法》，共举办7期《种子法》学习培训班，培训人数500余人；开展全国《种子法》知识竞赛，湖北省代表队取得全国现场竞赛第三名并获得二等奖。会同湖北省人大常委会副主任王玲一行到潜江、宜昌等地检查《种子法》实施情况，实地检查了宜昌市长阳县高家堰和龙舟坪镇清江盆景园、板桥铺林业苗木基地。争取国家林木良种培育补贴1795万元、种质资源清查资金235万元、邓种苗投资约2030万元，省级林业专项资金1500万元，中央财政林业科技推广示范补助资金240万元，完成2018年林木良种补贴项目申报总金额2350万元申报工作。强化林木种苗行政执法和质量监管，组织专班全面开展自查，抽查了21个县23家单位的31个苗批，苗圃地苗木整体合格率为80.6%，造林地4个苗批全部合格；完成国家林业局对湖北省林业部门2016年工作的绩效考核验收，获得满分3名。推进全省林木种质资源调查工作，举办全省林木种苗站长会，完成对各市州外业调查验收并指导各地进行内业汇总和培训，完成16个市州的种质资源调查工作并验收合格，开展树种野外调查工作，组织召开国家种质资源库和国家良种基地科技支撑专家座谈会及作业设计评审会。申报湖北省第三批国家良种基地，罗田板栗、阳新油茶等4家单位被确认为国家良种基地并按要求编制、评审、上报基地规划。出台《湖北省主要林木品种审定办法》，发布2016年度林木良种公告，对湖北省农科院果茶所等单位申报的密斯蒂蓝莓等10个品种进行了形式审查，完成了山桐子树种旭舟1号等5个品种的现场查验。全省在国家种苗网发布信息570条，排名全国第四，受到国家林业局场圃总站领导的通报表扬。完成木本油料新造林面积油茶2.6万公顷，核桃0.47万公顷，油用牡丹0.2万公顷、油橄榄和山桐子0.1万公顷，新培育苗木油茶嫁接苗6783万株、核桃嫁接苗807万株、油用牡丹1.8亿株、油橄榄和山桐子29万株。推进乡土珍稀树种的选育体系建设，选择楠木、香椿、枫香、七叶树、苦楝、红果冬青和鹅掌楸7个树种的优良天然林分14处，已建对比试验林3处。推进种苗生产和科研基础设施项目建设，完成大田改造面积16公顷，基地苗木改造升级，种植更新各类适应市场需求苗木近20个品种2万多株，通过良种嫁接、扦插和实生繁殖等方式累计繁育油茶、亚美马褂木、油用牡丹、北美红杉及北美红栎等各类苗木360多万株，培育2年生油茶出圃率提高到了95%，比2016年提高了30%。开展的中国第九届花卉博览会湖北室外展区的工程施工荣获组委会"银奖"。

【行政审批工作】 2017年，取消各类行政许可和服务7项，审批事项全国各省份最少，行政审批按时办结率、合格率均达100%；开通审批"绿色通道"，全省198件易地扶贫搬迁项目均在48小时内完成。省林业厅"互联网+政务服务"经验做法被人民网和中国共产党新闻网作为典型案例向全国推荐，并入围全国"百优"政务服务大厅。全年共办理行政审批事项达16 851件（次）；网上行政审批平台受理省级林业行政审批事项1946件，受理群众咨询4500余次，现场答疑并解答群众问题

1300余次；主动向信用湖北双公示填报系统推送信息2300余条；向湖北省市场主体信用信息共享交换平推送信息479条；主动发布行政审批工作动态20次42条。召开行政审批会审会议12次，实行网上会审77次，共对77项行政审批事项进行了讨论会审。通过"湖北省行政审批中介服务管理平台"受理林业系统涉及林业勘察设计、资产评估、林业监理等中介服务机构填报的注册审核申请32个，审核通过18个。对省本级行政许可事项、公共服务事项、涉及行政审批的工商登记后置审批事项、后置审批事项监管职责、中介服务事项和中介机构、精减证明事项、证照事项等工作开展了15次清理，共向省审查制度改革办公室报送清理情况和工作汇报、请示21次，共20万字。衔接落实国务院取消的中央指定地方实施行政许可事项9项，取消2项行政审批中介服务事项，印发《省林业厅关于取消和下放部分行政审批项目、行政审批中介服务等事项的通知》（鄂林审〔2017〕93号）指导市、县林业部门做好衔接落实工作，主动提请省政府取消行政审批事项2项，下放1项，调整2项。建立2017年"双随机一公开"抽查对象名录库含7项随机抽查事项对应的1532个抽查对象和执法检查人员名录库含63名持有执法证的检查人员，并从中随机抽取出35个检查对象及25名执法检查人员。印发《省林业厅2017年推行"双随机一公开"工作实施方案》并向全省各市县林业局印发随机抽查实施细则。组织执法人员对7项事项进行执法检查并将检查结果公开公示。完成2017年省本级行政许可事项和公共服务事项"三项标准"编制工作。全省政务服务"一张网"系统对接工作进展顺利，已初步实现对接，部分事项实现了共享。

【航空护林工作】 2017年，依托咸宁和武当山两个航站在全省范围内安全高效实施航护作业，3架直升机共计完成161小时37分航护和救灾飞行，其中森林消防飞机共计完成飞行时间94小时10分。共计扑灭10起森林火灾。11月1日，召开了航空护林空域使用军民航协调会，武当山站、咸宁站驻防飞机顺利调达作业机场，按期展开秋冬航巡护作业，完成租用H-125型飞机招标工作与巡护作业。航站楼项目建设经选址变更获国家林业局重新批复。筹备咸宁森防直升机机场项目选址已获中部战区批复同意，于9月5日民航中南局赴咸宁进行了机场选址踏测并召开论证会，已正式批复同意。编制完成巡护区设施及移动保障系统建设项目可研报告，在全省范围内建设约23个野外停机坪和25处吊灭取水点，新增森林航空消防移动保障系统2套，有效强化航空护林持续作业能力和有效作业范围。

【宣传和信息化管理】 2017年，围绕绿满荆楚行动、林业重大改革等主题开展传统、网络和新媒体宣传。全年在省部级以上新闻媒体和重要网络刊发新闻报道1300多条（篇）。其中，在《湖北日报》《中国绿色时报》等头版刊发湖北林业新闻20余条（篇），《湖北日报》刊登林业专版11期，省政府网站发布林业新闻数量进入全省第一方阵。全年组织实施全省林业大数据建设，加快推进北斗导航的示范应用，完成了全省退耕还林、天保林保护和生态公益林等林业重点工程监管平台建设，信用信息建设不断完善。出台《湖北省林业行业信用信息管理办法》等4项规章制度，完成了林业行业信用信息汇集系统升级，省林业厅作为全省社会信用信息归集整理的3家省直示范单位之一，迎接了全国社会信用信息"双公示"检查。组织北斗导航建设情况汇报和系统演示及专家组赴襄阳市林业局和神农架林区林管局进行实地检查，完成北斗导航在湖北省林业中的示范应用项目技术验收。编制《全省林业重点工程监管信息系统建设方案》，对林业行业信用信息汇集系统进行升级部署，完成与行政审批系统数据对接，实现行政许可类信用数据向省信用平台自动推送。整合并升级全省林业协同办公平台和全省林业行政审批系统，完成对全省林业GIS公共服务平台、森林资源信息管理系统、营造林系统、防火预测预警系统、负氧离子系统整合接入，实现全省林业应用系统统一门户、统一用户认证，单点登录，实现各业务系统初步整合，形成全省林业业务系统综合门户，编制湖北林业移动办公项目建设方案，完成项目招标采购和系统部署准备工作。加强全省林业微信、微博建设管理，全省林业微信、微博审核严格、定期发布、内容丰富。全年来共发布微博118条，微信67条。组织厅机关操作系统和办公软件采购。协助国家林业局在武汉大学举办第五届全国林业信息化CIO培训班。全省林业专网畅通率达到99.8%，全年共保障视频会议国家林业局5次、全省林业系统3次，会议畅通率为100%。

【林业大事】

1月4日 湖北省副省长曹广晶带领省政府金融办、省林业厅、省环厅、省住建厅等省直部门有关负责同志一行到恩施土家族苗族自治州鹤峰县中营镇白鹿村、大路坪开展精准扶贫调研指导工作。省政府副秘书长王润涛，省林业厅副厅长洪石、恩施土家族苗族自治州委副书记、州长刘芳震等陪同调研。

2月25日 湖北省委书记蒋超良、省长王晓东等省领导来到武汉市江夏区青龙山林场，与干部群众一道参加义务植树。

3月27日 在收听收看全国国土绿化和森林防火工作电视电话会议后，湖北省接着套开全省国土绿化和森林防火工作电视电话会议。湖北省委常委、常务副省长黄楚平出席并讲话。

4月5日 神农架林区宋洛乡被授予"中华蜜蜂之乡"称号。这是继神农架获批建立国家级中蜂保护区后的又一殊荣。

4月20日 湖北联投集团福汉木业投资的中俄托木斯克州木材工贸合作区项目，已成功入围两国投资合作重点项目清单。

5月3日 由湖北省野生动植物保护总站、中国科学院武汉植物园、湖北大学等7家单位专家组成的第二次全国重点保护野生植物资源专项调查组，在襄阳市保康县五道峡自然保护区海拔1000米至1900米的山林中，多处发现大面积的珍稀物种垂丝紫荆群落。此次发现的垂丝紫荆数量有几千株之多，在鄂西北地区实属罕见。

6月10日 中国首个文化和自然遗产日在湖北省

神农架林区启动。国家住房和城乡建设部、中国联合国教科文组织全国委员会、湖北省人民政府共同主办的中国首个"文化和自然遗产日"活动启动暨中国世界自然遗产推进会，在湖北省神农架举行。会议发表了《中国世界遗产神农架宣言》。联合国教科文组织副总干事格塔丘·恩吉达向神农架授予了世界自然遗产牌匾，世界自然保护联盟主席章新胜、住房和城乡建设部副部长倪虹、湖北省政府副省长曹广晶等出席会议。中科院院士袁道先、加拿大原班夫国家公园园长吉姆·桑塞尔等7位专家分别作主题报告。

6月17~18日 由中国木材保护工业协会木结构产业分会、中国木结构产业联盟主办，湖北联投福汉木业集团发展有限公司承办的第五届中国木结构产业大会暨多高层木结构建筑高峰论坛在湖北省武汉市举行，来自全国木结构绿色建筑行业的近300位嘉宾共同探讨装配式木结构产业未来发展趋势。湖北省联投集团旗下的湖北福汉绿色建筑有限公司被授予"中国（湖北）木结构建筑生产基地"。福汉绿建已启动装配式木结构建筑智能加工中心项目，打造以预制化和装配式技术为核心的木结构建筑产业化和绿色建筑示范基地，同时，该项目也将成为华中地区最大的木结构建筑和欧式门窗生产加工基地。

6月27日 国家兰科植物原生境保护区项目落户湖北省随县。

6月28日 湖北省神农架国家公园管理局大九湖管护中心发现近40株野生成片国家一级保护植物光叶珙桐。

8月9日 湖北省副省长、省公安厅厅长曾欣，公安厅副厅长、警卫局局长秦治国一行突访广水市森林公安局大贵寺派出所。曾欣先后查看了派出所基础设施建设，详细了解了派出所警力配备、辖区治安、林业执法、警务运行机制等情况。

8月9~10日 湖北省委副书记、武汉市委书记陈一新赴神农架林区调研。

9月13日 湖北省神农架正式启动国家公园自然资源统一确权登记试点工作，用一年时间划清全民所有和集体所有之间的边界。

9月25日 由国家林业局主办的2017"全国森林旅游示范县"授牌仪式在上海世博展览馆举行，经过专家组实地调查、核实和终审，湖北省钟祥市、通山县荣获2017"全国森林旅游示范县"称号。

11月3日 湖北省政府召开全省森林防火工作电视电话会议，省委常委、常务副省长黄楚平出席并讲话。

11月10日 由中国林业产业联合会、湖北省林业厅、武汉市人民政府联合主办，以"生态产品，绿色生活"为主题的第二届"中国·武汉绿色产品交易会"在武汉开幕。国家林业局总工程师封加平、湖北省政协副主席许克振及湖北省林业厅、武汉市相关领导出席10日的开幕式。来自中部六省、新疆、台湾地区以及境外近800家知名涉林企业参展，参会市民达5万人次。

11月11日 以"湿地与城市"为主题的第四届湖北生态文化论坛在武汉园博园长江文明馆举行。国家林业局总工程师封加平、湖北省人大副主任王玲、湖北省林业厅厅长刘新池、武汉市人大副主任丁雨出席论坛，中国科学院院士曹文宣等6名国内知名专家学者作精彩演讲。封加平代表国家林业局对论坛的举办表示祝贺。

11月22~23日 湖北省委常委、宣传部部长王艳玲深入神农架林区温水林场宣讲党的十九大精神。

11月29日 湖北省《神农架国家公园保护条例》经湖北省十二届人大常委会第三十一次会议表决，高票通过。该条例自2018年5月1日起施行，这标志着湖北省唯一的国家公园保护正式步入法治轨道。

12月12日 湖北省政府启动了"四大生态工程"。这四大工程分别是全力推进精准灭荒、"厕所革命"、乡镇生活污水处理厂全覆盖、城乡垃圾无害化处理全达标等"四大生态工程"。全省决定用三年时间完成，简称四大工程，三年攻坚项目。

12月19日 由湖北省林业厅组织编写、湖北科学技术出版社出版的大型专业类丛书《神农架植物大全》公开发行。

（湖北省林业由彭锦云供稿）

湖南省林业

【概　述】 2017年，湖南省各级林业部门深入学习贯彻党的十九大精神，全面落实国家林业局和省委省政府工作部署，完成了各项林业建设任务。

主题建设 一是经营健康森林。围绕构筑"一湖三山四水"生态安全屏障，认真实施退耕还林、长（珠）江防护林、石漠化治理、林业血防等重点工程项目。全省完成人工造林18.75万公顷，封山育林16.08万公顷，森林抚育54.29万公顷，退化林修复19.58万公顷。新建国家储备林0.97万公顷，启动建设84个省级森林经营示范基地。持续推进森林禁伐减伐三年行动，全省禁伐面积达532.4万公顷，63个生态重点县同比减少采伐量35.9%。全省森林覆盖率达59.68%，较2016年增长0.04个百分点；活立木蓄积量达5.48亿立方米，较2016年增长2200万立方米。二是保护美丽湿地。洞庭湖综合治理迈出历史性步伐，提前25天完成自然保护区核心区0.53万公顷杨树清理任务，有效推进采桑湖、君山后湖生态治理。湘江流域8市积极开展退耕还林还湿试点，完成试点面积308.73公顷，试点区域内土壤、水质有效改善。省政府办公厅印发《湖南湿地保护修复制度工作方案》，湿地保护修复范围不断扩大。全省国家湿地公园总数达到70处，位居全国第一。全省湿地保护率达75.44%，较2016年增长1.31个百分点。三是建设生态城乡。张家界市获评国家森林城市，全省国家森林城市达7个。省级森林城市建设正式启动，长株潭森林城市群初具规模，长沙新三年造绿行动、湘潭全域绿化三年行动和株洲云峰森林植物园、韶山植物园建设加快推进。完成义务植树1.2亿株，省树、省花、树王评选活动影响广泛，古树名木保护取得新进展。完成裸露山地绿化5.22万公顷、石漠化综合治理1.63万公顷，实施"五边"（城边、路边、水边、村边、房边）造林6.4万公顷，改造提质绿色通道1.8万千米。四是发展绿色产业。全省林业产业总产值达4188亿元，较2016年增长12.1%。全省油茶林总面积达139.48万公顷，茶油年产量29.1万吨，年产值350亿元，三项指标继续位居全国第一。全省森林旅游接待游客5038万人次、实现综合收入500亿元，分别较2016年增长11.12%、13.31%。启动了首批20个森林康养试点示范基地建设，永州市、浏阳市分别被国家林业局评为全国森林旅游示范市、县。举办了第十四届中国杜鹃花展、第四届湖南家具博览会暨首届林博会，花卉苗木产业和木竹加工产业稳步发展。

资源管护 一是森林防火平安稳定。紧紧围绕完善"预防、扑救、保障"三大体系，深入推进森林防火"两大两强"建设（大规划、大宣传、强基础、强基层）。积极搭建湖南省森林防火信息平台，森林防火指挥中心、视频监控系统和"12119"森林火灾报警系统不断完善，航空护林和防火物资储备实现常态化管理。全省森林火灾受害率为0.085‰，远低于国家规定的0.9‰的标准；没有发生重特大森林火灾，24小时森林火灾扑灭率达100%。二是森林病虫害有效控制。以落实重大林业有害生物防控工作目标责任书（2016～2020年）为契机，增强了地方政府的责任意识。全省防治林业有害生物面积27.07万公顷，有效遏制了松毛虫、松材线虫病等病虫害蔓延的趋势。积极探索生物天敌防治模式，缓解了农药残留污染。全省林业有害生物成灾率为3.8‰，低于国家规定的4‰的标准。三是林业执法行动坚定有力。深化以森林公安为主体的林业行政综合执法改革，进一步理顺了林业执法体制机制。在全省范围开展了严厉打击涉林违法犯罪系列专项行动，共查处件12 318起，打击处理违法犯罪人员14 971人次，收缴木材34 687立方米、野生动物11 307头（只），挽回经济损失1.1亿元，有效保护了全省的生态资源安全。

产业发展 全省林业产业总产值4256亿元，同比增长12.2%。其中，一产业产值1384亿元，同比增长11.7%，二产业产值1468亿元，同比增长6.9%，三产业1404亿元，同比增长18.2%；一、二、三产业结构比为33:34:33。着力培育油茶、竹木加工、森林旅游、林下经济四大千亿级产业。全省油茶林总面积达到139.48万公顷，茶油年产量29.1万吨，产值350亿元，三项指标均居全国第一。全省竹木产业共建成中国驰名商标20个、湖南省著名商标125个、湖南省名牌产品51个。全省森林旅游接待游客5038万人次、实现综合收入500亿元，较2016年增长11.12%、13.31%；联合省发改委出台了《湖南省森林康养发展规划》，启动了首批20个森林康养试点示范基地建设，永州市、浏阳市分别被国家林业局评为全国森林旅游示范市、县。全省林下经济总产值达530亿元，较2016年增长10%。成功参展第九届中国花卉博览会，举办了第十四届中国杜鹃花展、第四届湖南家具博览会暨首届林博会，花卉苗木产业和木竹加工产业稳步发展。全省共建设现代林业特色产业园140个，涵盖油茶、楠竹、花卉苗木、林产加工、木本中药材等九大产业，覆盖14个市州100多个县市区（约40%为贫困地区）。

林业改革 一是全面深化集体林权制度改革。省政府办公厅印发《关于完善集体林权制度的实施意见》，怀化市、浏阳市积极推进国家级林业改革试验示范区试点，浏阳市、洪江市全面启动林地"三权分置"试点。省林业厅联合省国土厅、省财政厅印发了《关于做好森林、林木、林地不动产登记工作的通知》，全面推动林地确权发证与不动产统一登记平稳对接。二是切实巩固国有林场改革。省政府办公厅印发《关于深化国有林场改革推进秀美林场建设的通知》，全省评选秀美林场20个，涌现出省青羊湖国有林场聚焦森林康养、永州金洞林场培育楠木文化等改革典型。开展国有林场改革"回头看"，先后督察了14个市州，70个县市区，约谈相关负责单位，切实落实改革责任。三是协助推进国家公园体制改革。积极支持湖南南山国家公园试点建设，组织开展公益林保护机制创新和自然资源科学考察，编制《湖南南山国家公园生态公益林保护机制创新方案》和《湖南南山国家公园综合科学考察报告》。在城步县安排天然林管护补助资金1169.77万元和建档立卡贫困人口生态护林员资金512万元。

生态扶贫 汇聚林业项目扶贫，统筹林业资金22.52亿元落实到贫困县，其中生态公益林补助资金8亿元、退耕还林资金6.2亿元、天然林保护资金2.8亿元，选聘生态护林员1.48万名。推进林业科技扶贫，选派林业科技特派员396人，指导举办各类林业科技培训719期、培训林农7.18万人次。实施林业产业扶贫，邵阳县和常宁市的油茶、双牌县的酥脆枣、新宁县的铁皮石斛、石门县的板栗等成为林农就业增收的主要渠道。驻村帮扶点双牌县麻江镇廖家村顺利脱贫，联点督查的安仁县脱贫工作有序推进。

支撑保障 全省实施科研项目220项、标准化专项19项，获省科技进步奖8项、梁希林业科技奖1项，油茶全产业链提质增效关键技术、农林剩余物处理及高效利用技术列入省100个重大科技创新项目，南方天敌繁育与应用工程技术研究中心、永州国家林业科技示范园区获国家林业局批准成立。全省首个林业PPP试点项目落户桃江县。积极推进林业信息化深度运用，郴州市、湘潭市以及衡东县、新化县、洞口县分别荣获全国林业信息化建设十佳市、县级单位。《湖南省森林公园条例》顺利出台，林业法规体系不断完善。强化规划实施和预算管理、资金管理、项目管理，林业投入服务中心有力，项目资金使用安全高效。持续推进简政放权，取消行政许可4项。受理和办结行政审批4502件，办结率达100%，平均办结时限比规定时限提前5.8个工作日。

（李林山 李邵平 毕凯）

【开展洞庭湖生态环境综合治理】 2017年，按照湖南省委省政府部署和中央环保督查整改要求，扎实推进洞庭湖自然保护区核心区杨树清理，提前25天完成核心区0.53万公顷杨树清理任务。制定《洞庭湖水环境综合治理湿地保护三年行动计划（2018~2020年）》，实施洞庭湖保护区核心区杨树清理迹地生态修复工程，逐步恢复退化湿地。积极开展采桑湖、君山后湖生态治理，妥善保留大小西湖及丁字堤生态矮堤。搬迁自然保护区内84处砂石码头堆场，抓获非法采砂船只57艘，捣毁4艘非法采砂船机具，拆除黄盖湖自然保护区内的642.4公顷围栏、6800口网箱。洞庭湖湿地生物多样性保护有力推进，湖区越冬候鸟达348种22.64万只，较2016年度增加18.9%；湖区野生麋鹿达180余头，湖江豚数量达220余头，53种湖区常见鱼类种群数量逐步增加。

（王伟）

【探索湘江流域退耕还林还湿试点】 2017年，湘江流域8市共完成退耕还林还湿试点面积308.73公顷，为计划任务的106.9%。试点以水污染防治为核心，通过实施退耕还林还湿，利用人工森林、湿地生态系统水源涵养和污水净化功能，减少入河排污总量，改善湘江水质。试点区域都位于湘江干流或者一级支流，紧邻农田和村庄，面积都在20公顷以上。通过营造森林、湿地生态系统，整个试点区截流净化农业面源污染总面积1.33万公顷以上，年净化污水约8644万立方米，面源污染水质通过湿地净化后由近五类提升至四类，局部甚至达三类。试点区以较低的成本，有效减少了入河排污总量，改善了湘江水质、土质和生态环境。

（李婷婷）

【持续推进森林禁伐减伐三年行动】 2017年，继续实施森林禁伐减伐三年行动。对全省范围内的国家级公益林、省级公益林，铁路、高速公路、国（省）道两旁第一层山脊以内的森林实施禁伐；对纳入国家重点、省部级重点生态功能区的63个县市区，除禁伐范围之外还要采取减伐措施。截至2017年年底，全省森林禁伐面积达532.42万公顷，占林地面积的41.0%；63个减伐县较2016年度减少采伐量105万立方米，减幅达35.9%。

（朱昕）

【出台《关于完善集体林权制度的实施意见》】 11月14日，湖南省政府办公厅下发《关于完善集体林权制度的实施意见》。《实施意见》提出，到2020年，湖南基本形成集体林业的良性发展机制，实现森林资源持续增长、农民林业收入显著增加、国家生态安全得到保障的目标。全省新型林业经营主体要发展到2万家，林业规模化经营面积达到30%以上，山区农民林业综合收入年均增长10%以上。《实施意见》还明确了稳定林地承包关系、放活生产经营自主权、规范林权流转秩序、推进林业适度规模经营、推进林业多种经营、加大财政金融支持力度、加强林业管理和服务7个方面的主要任务，为全省深化集体林权制度改革提供了依据。

（罗琴）

【出台《湿地保护修复制度工作方案》】 11月10日，湖南省政府办公厅下发《湿地保护修复制度工作方案》。《工作方案》提出，到2020年，全省湿地面积不低于102万公顷，其中，自然湿地面积不低于80万公顷，修复湿地面积6.67万公顷，全省湿地保护率稳定在72%以上，湿地占补平衡率达到100%。建立和完善湿地保护修复相关制度体系，实施湿地分级分类动态管理，构建湿地监测评价与监管执法联动机制。

（李婷婷）

【第四届湖南家具博览会暨首届林业博览会】 11月8日，第四届湖南家具博览会暨首届林业博览会在浏阳市开幕。本届博览会展馆（区）总面积为17.5万平方米，为历届家博会展馆面积之最，设有开幕式暨招商签约仪式、领导巡馆、高峰论坛、综合论坛、颁奖仪式等五大主题活动，打造了"千家参展单位、万家订货客商、50万终端消费群体、50亿成交额"的产业盛会，有力推动了湖南家具品牌和湖南家具展销市场建设。

（甄国懿）

【中国（邵阳）油茶产业精准扶贫研讨会暨油茶互联网博览会】 10月28日，中国（邵阳）油茶产业精准扶贫研讨会暨油茶互联网博览会在邵阳县开幕。本次博览会发布了《邵阳油茶宣言》，表彰了油茶产业精准扶贫研讨会征文获奖人员，授予邵阳县南国油茶交易中心为"国家油茶示范交易中心"，启动"中国林业产业诚信企业品牌万里行"活动。展会期间，湖南广电联合京东商城开辟了京东"邵阳茶油特产馆"，"国民好油 邵阳茶油"十大网红在映客网站直播了会场盛况及茶油体验之旅。

（贺禹霖）

【张家界成为"国家森林城市"】 10月10日，在2017年全国森林城市座谈会上，张家界市等19个城市被授予"国家森林城市"。2003年，张家界市提出创建国家森林城市的工作目标。2014年，张家界市出台加快创建国家森林城市的决定，实施"创森"九大工程建设，打造一批普惠的民生工程、民心工程。3年来，张家界市共投入各类资金18.4亿元，新增城区绿地950余万平方米，完成荒山造林2.07万公顷，建设绿色通道1320余千米，绿化水岸520余千米，建成区绿化覆盖率达42%，人均公园绿地达11.5平方米，实现市民出门"500米见园、300米见绿"的目标。

（周建梅）

【全面启动省级森林城市创建工作】 8月29日，湖南省政府办公厅下发《关于开展湖南省森林城市创建工作的通知》，正式启动湖南省森林城市创建工作。9月1日，湖南省质量技术监督局颁布实施《湖南省森林城市评价指标》。10月18日，湖南省林业厅印发《湖南省森林城市管理办法》。截至2017年年底，新邵、宁远、双牌、汝城、韶山、湘潭6个县通过湖南省林业厅备案，正式启动省级森林城市创建工作。

（周建梅）

【湖南省林业厅与国家林业局国际合作司签署战略合作协议】 7月31日，湖南省林业厅与国家林业局国际合作司在长沙签署《关于共同推进林业国际合作与交流的战略合作协议》。双方将在开展对外合作与交流、执行林业国际合作协议、做好国际公约的履约与示范、实施"一带一路"战略林业行动、引进国际先进理念和技术、加强自然保护国际交流与合作、开展林业对外宣传、培养林业国际合作人才等方面深入合作，共同促进湖南林业科技国际合作与交流迈上新台阶。

（石华）

【林业科技创新】 2017年，湖南林业共组织实施科学研究220余项，参与国家重点研发项目11项，省重点研发项目 13 项,省自然基金项目 3 项,下达林业科技创新计划 58 项,完成科技成果评价 10 项,咨询验收 18 项,争取科研经费 6800 万元,争取生态站、种质基因库等创新平台资金 860 万元,获省科技进步奖 8 项,获梁希林业科技奖 1 项。湖南省林科院刘汝宽副研究员获省科技人才专项-湖湘青年英才资助,由福湘林业有限公司牵头的"速生人工林绿色产业链循环增效关键技术创新与应用"项目成功申请省科技重大专项。

(石 华)

【林业标准化建设】 2017 年,湖南林业大力实施"标准化+"战略,制定《湖南林业标准体系》,收录标准 2549 个;与湖南省质监局联合发布《森林康养基地建设标准综合体系》,启动 19 项标准制定工作;获批标准制修订项目 40 项,完成标准制定 18 项;获批国标委第九批国家农业标准化示范区项目 3 项;2 家企业获批国家林业标准化示范企业,国家林业标准化示范企业达到 9 家。

(石 华)

【生态护林员项目实现全覆盖】 2017 年,湖南争取中央财政专项资金 1.4 亿元,选聘生态护林员 1.4 万人,带动 4.2 万人脱贫,新增森林管护面积 191.33 万公顷。其中,在 11 个深度贫困县选聘生态护林员 5039 名。同时,湖南省财政安排补助资金 845 万元,在祁东等 3 个省级贫困县选聘生态护林员 845 人,实现了全省 51 个贫困县市区生态护林员项目的全覆盖。生态护林员项目实施后,林区森林火灾和破坏森林资源案件明显减少,取得了较好的生态效益和扶贫效益。

(谭 浩)

【"最美绿色通道"评选】 2017 年,湖南开展"最美绿色通道"评选工作,对全省已通车的 13 万多千米高速公路、高速铁路以及国、省、县、乡道沿线两旁山体的造林绿化和提质改造情况进行评比。经过现场考评、专家评选和网络投票等程序,G60 沪昆高速洞口县段等 27 个路段被评为"湖南省最美绿色通道"称号。

(田龙江)

【新增 8 处国家石漠公园】 2017 年,按照《国家沙漠公园规划(2016~2025)》有关要求,张家界红石林国家石漠公园、溆浦雷峰山国家石漠公园、宜章赤石国家石漠公园、临澧刻木山国家石漠公园、新宁国家石漠公园、石门长梯隘国家石漠公园、涟源伏口国家石漠公园、耒阳五公仙国家石漠公园 8 个石漠公园全部通过国家评审,成为国家石漠公园建设单位。

(田龙江)

【破获"2016·12·3"双峰非法占用农用地案】 2016 年 12 月 3 日,中央电视台对双峰县非法毁林开矿的现象进行了曝光。按照国家林业局和湖南省委省政府的部署,湖南省森林公安局组成专案组,于 2017 年 4 月成功侦破了双峰县系列非法占用林地、非法采矿案,将 4 个砖厂 14 名犯罪嫌疑人移送审查起诉,涉案林地 35.13 公顷。根据森林公安部门提供的线索,娄底市人民检察院对 9 名国家机关公职人员立案,娄底市纪检监察部门对市县两级 68 名工作人员予以纪律处分。

(丁 旺)

【森林公安 1 个单位 2 名个人受到公安部表彰】 5 月 19 日,全国公安系统英雄模范立功集体表彰大会在北京举行。湖南浏阳市森林公安局官渡派出所被评为全国优秀公安基层单位,临湘市森林公安局局长姚沫华、安化县森林公安局局长吴章爱两位同志被评为全国优秀人民警察,受到公安部表彰。

(丁 旺)

【全省林木种质资源外业调查任务完成】 湖南基本完成林木种质资源外业调查和数据汇总工作,共调查一类县 19 个,二类县 49 个,一般县 54 个,数据录入 10 000 余份。调查发现了皱果安息香、黄桑过路黄等 18 个疑似新物种,其中 7 个物种已通过鉴定,还发现了水丝梨、长叶石栎、青冈栎等 8 个新种群,长叶榧、黄山紫荆等 32 个省级新分布。

(韦里俊)

【开展国有林场和森林公园质量管理评估】 湖南省林业厅制定了《湖南省森林公园质量管理评估办法暨评价标准》《湖南省国有林场质量管理评估办法暨评价标准》,对全省国有林场和森林公园质量管理进行全面评估。通过林场公园自评、市州全面检查、省级抽查的方式,评选出张家界国家森林公园等 10 个单位为 2017 年度"森林公园质量管理十佳"单位,评选出攸县黄丰桥国有林场等 10 个单位为 2017 年度"国有林场质量管理十佳"单位。

(蔡 兵)

【南方天敌繁育与应用工程技术研究中心落户湖南】 11 月,国家林业局正式批复依托湖南省林业科学院组建南方天敌繁育与应用工程技术研究中心,这是国家林业局在中国南方地区设立的唯一一所天敌繁育与应用工程技术研究中心。中心主要承担天敌产业技术创新、产品创新和人才培养任务,将整合南方地区优势科技资源,开展天敌种质资源收集与筛选、天敌生产及释放装备研发、天敌野外应用等研究,带动天敌产业技术升级和科技进步,增强天敌产业技术创新能力和市场竞争力。

(刘 循)

【湖南首个国家林业 PPP 试点项目获批】 9 月,国家发改委、国家林业局下发《关于印发社会资本参与林业生态建设第一批试点项目的通知》,公布了首批 12 个社会资本参与林业生态建设试点项目,湖南桃花江国家森林公园 4A 旅游景区综合开发项目成功获批。通知要求,该试点项目要力争通过 2 年左右的时间,在政府和社会资本合作机制、投资经营主体选择方式等方面探索形成可复制、可推广的试点经验。

(谭 浩)

【湖南首批林业碳汇项目正式订购签约】 11 月,在第二届亚太低碳技术高峰论坛活动上,湖南首批林业碳汇项目(龙山县试点碳汇项目)正式交易签约。项目开发业主为中部林业产权服务(湖南)有限责任公司,项目咨询单位为湖南省林业调查规划设计院,审定单位为中国林科院科信所,订购方为"湖南松本林业科技股份有限公司"。双方协议标的总额 177.63 万吨二氧化碳核证当量,单价 40 元/吨、预计 20 年项目期内总金额 7105 万元。

(廖 科)

【李昌珠研究员受聘为湖南省第一届科技创新战略咨询专家委员会委员】 12月,湖南省政府办公厅下发《关于聘请曹健林等同志为湖南省第一届科技创新战略咨询专家委员会委员的通知》,明确湖南省林科院院长李昌珠研究员受聘为全省第一届科技创新战略咨询专家委员会委员。湖南省政府此次共聘请11位专家为全省第一届科技创新战略咨询专家委员会委员,旨在充分发挥各领域专家在科技决策和管理工作中的咨询智囊作用,以转变政府科技管理职能,促进政府决策科学化、民主化。

(湖南省林业由魏海林供稿)

广东省林业

【概 况】 2017年,广东省林业用地面积1092万公顷,有林地993.16万公顷,森林(含非林地上的森林)蓄积量5.83亿立方米,森林覆盖率59.08%。林业产业总产值8022.38亿元,位居全国前列,其中第一产业946.07亿元、第二产业5243.12亿元、第三产业1833.19亿元。全省参加义务植树4400多万人次,植树1.3亿株。全年落实中央和省级林业部门预算及专项资金57.11亿元(中央级专项资金8.92亿元,省级部门预算及专项资金48.19亿元),比上年增长1.95%。全省完成造林作业面积18.40万公顷,森林抚育67.64万公顷,封山育林9.48万公顷。全省已建立各种类型、不同级别的林业系统自然保护区290个,总面积130.17万公顷,其中国家级8个,省级50个,市、县级232个,占全省国土面积7.24%。

【目标责任制考核】 2017年,省林业厅根据《广东省森林资源保护和发展目标责任制考核办法》(粤府函〔2016〕317号),修订了《广东省森林资源保护和发展目标责任制考核评分操作细则》,进一步规范了地方自查、自评和省级抽查、核查。年底,省政府组织省林业厅、国土厅、住建厅、交通厅等相关部门,对各地级以上市、县(市、区)人民政府2017年度森林资源保护与发展目标责任制执行情况进行了严格考核与奖惩,对考核结果排名前五的广州、茂名、梅州、佛山、云浮市和重点生态工程建设任务重、完成好、质量高、成绩突出的大埔、南雄、揭西、梅县、和平、海丰、阳山、潮安、阳春、德庆10个县(市、区)给予通报表扬;对检查考核中存在问题较大的中山市、珠海市香洲区、怀集县3个市、县(区)给予点名通报并责令限期整改。

【林业改革】 2017年,广东继续深化集体林权制度改革,不断完善集体林地确权颁证工作,56个深化林改工作重点县自2014年以来共完善、细化集体林地面积75.05万公顷,其中自留山10.87万公顷,承包责任山12.3万公顷,集体统一经营林地51.88万公顷,发放林权证15.6万本。稳妥推进林权类不动产登记发证工作,至年底,全省完成宗地确权面积942.0万公顷,林地确权率为96.8%;发放集体林地所有权林权证面积940.0万公顷,占全省林改面积的96.6%;发放集体林地使用权林权证面积920.0万公顷,占全省林改面积的93.8%。发放集体山林股份权益证书823万本,涉及林地面积606.31万公顷。进一步规范林地林木流转行为,加快流转管理立法,2017年10月,省政府以第244号令印发了《广东省林地林木流转办法》,从政府规章层面强化林地林木流转监督管理。推行国家和省统一的林地承包和流转合同示范文本,全省共完善规范林地林木流转合同19.6万份,流转林地面积118.63万公顷。培育包括家庭林场、专业大户、龙头企业在内的新型林业经营主体,引导林农开展林业适度规模经营。至年底,全省建有各类农民林业合作组织1677个,经营林地面积达28.95万公顷,涉及农户45.6万户。2017年,全省国有林场改革稳步推进。年初,省委改革办、省林业厅、省发改委等部门组成联合督导组,对上报方案较慢的地市开展专项督导。8月底,全面完成各市改革方案审核批复工作,明确了林场定性定编、岗位设置、财政支持、职工保障、分离办社会职能等核心内容,督促各地根据审批意见修改完善并印发实施方案。至年底,全省217个国有林场的改革方案经批复并稳步实施,其中,广州、佛山、东莞、中山、惠州、梅州等市已基本完成主体改革任务。加快推进省属林场改革,全面完成对省属林场的资产清查,制订省属林场商品林发展规划、事企分开方案,推动省属林场分离办社会职能,做好林场整合和定员定岗等工作。2017年,广东积极推进森林公安改革。省林业厅、公安厅成立深化森林公安改革领导小组,认真落实国家林业局和公安部《关于深化森林公安改革的指导意见》(2016年10月)精神,制定了《关于深化全省森林公安改革的意见(征求意见稿)》,重点将解决执法权限受限、警力部署不科学、机构设置不规范、基础信息化建设滞后等突出问题,建立和完善具有林业特色、切合森林公安实际的现代警务和执法权力运行机制、人民警察管理制度和综合保障体制。省委全面深化改革领导小组还将"加快推进森林公安体制改革"列入《广东省推进实施重大改革任务工作要点》,由省委改革办统筹推进。

【林业重点生态工程建设】 2017年,广东继续以森林碳汇、生态景观林带、森林进城围城、乡村绿化美化四大林业重点生态工程建设为抓手,深入推进新一轮绿化广东大行动,全面构筑南粤生态安全体系。开展森林碳汇工程建设,提升森林质量和碳汇功能。完成森林碳汇工程6.35万公顷,累计完成113.5万公顷,有效地增加了以乡土阔叶树种为主的混交林面积。开展生态景观林带工程建设,构建城乡森林系统的绿色廊道。新建和完善提升生态景观林带693.7千米,累计完成12 812.01千米,基本实现了"三年初见成效,六年基本成带"的建设目标。开展森林进城围城工程建设,推进城市增绿、身边增绿。新增森林公园165个、新建湿地公园34个，至年底，全省森林公园总数达1516个，湿地公园总数达224个。开展乡村绿化美化工程建设，构建优美宜居生态家园。建设环村绿化带、入村景观路、村边水源林、公共休闲绿地，提高村庄绿化率，改善农村生产生活条件。绿化美化村庄1986个，其中省级乡村绿化美化示范点275个，进一步改善了农村人居生活环境。加大重点区域生态修复，稳步推进雷州半岛生态修复。全省完成沿海沿江防护林造林9346.67公顷、封山育林2.07万公顷，岩溶地区石漠化治理造林833.33公顷。继续完善生态公益林体系建设，做好国家级、省级生态公益林落界工作，推进生态公益林扩面提质，至年底，省级以上生态公益林面积达到480.83万公顷，占全省林业用地面积的44.03%。进一步提高生态公益林补偿标准，平均补偿标准由390元/公顷提高到420元/公顷，落实下达省级以上财政资金20.23亿元，市县财政相应投入资金4.52亿元。稳步推进生态公益林示范区建设，下达补助资金1400万元，新建生态公益林示范区16个、提升建设成效16个，全省累计生态公益林示范区达到145个。经省政府同意修订印发了《广东省创建林业生态市县工作方案》，强化林业生态市、县创建和动态管理。深入推进生态公益林法制建设，省人大已将《广东省生态公益林条例》列入"十三五"立法规划项目，深圳市、广州市已相继颁布了市级生态公益林条例，全省生态公益林建设管理逐步走上法治化轨道。

【资源林政管理】 2017年，广东继续推进林业生态保护线划定工作，贯彻执行中办、国办《关于划定并严守生态保护红线的若干意见》通知要求和省政府工作部署，及时组织调整有关林业生态红线的政策规定，将原"林业生态红线"更名为"林业生态保护线"，并制订了实施方案，组织省林业调查规划院对各市上报的林业生态保护线划定成果进行审核汇总，编制全省成果报告，于2017年12月18日正式上报省政府审批。全面开展新一轮森林资源二类调查工作，加强组织领导和技术指导，狠抓工作质量和进度，至年底，全省外业调查工作量已完成91%。同时全面完成广东省第九次连续清查和林地变更调查工作任务。严格执行占用征收林地定额管理，强化林地计划约束和规划管控，实行使用林地项目清单预报制度和会审制度，按照林地保护等级管理林地。严把项目使用林地审核审批关，优先保障国家和省重点项目使用林地，严格控制采石采矿、风电、房地产等经营性项目使用林地，从严从紧管理林地资源。加大"放管服"改革力度，将广州和深圳的省级使用林地审核审批权限下放两市林业主管部门，同时加强监管，组织开展全省建设项目使用林地专项检查。全年共审核审批使用林地项目1168宗，使用林地总面积10 524.49公顷，及时解决了汕湛高速、深圳外环高速、河惠莞高速、兴汕高速、阳江抽水蓄能电站、广州兴丰应急填埋场等一大批重大基础设施项目和供给侧结构性改革项目所需林地定额需求。严格实行采伐限额管理，全面停止天然林商业性采伐，实施林木采伐分类管理，商品林采伐限额直接分解下达到各编限单位；生态公益林采伐限额实行统一管理，不再分解下达。利用《全国林木采伐管理系统》全程实时跟踪管理全省采伐限额使用情况，确保全省森林资源消耗不突破限额总量。2017年，全省网上下达采伐限额总量为1535.8万立方米，其中生态林31.4万立方米，商品林1504.4万立方米，占"十三五"全省年采伐总限额1536万立方米的97.9%，全年实际林木采伐发证总消耗量为1132.8万立方米。严格省级（含省级）以上生态公益林更新改造采伐审批，组织开展生态公益林伐区检查，全面掌握生态公益林采伐更新情况。切实加强林业工作站和木材检查站能力建设，全年投入林业基层"两站"建设资金2800万元，用于林业工作站、木材检查站信息化、标准化建设。组织开展年度林业工作站本底调查，全省现有林业工作站817个，定编人员3628人，职工总人数3740人。稳步推进木材运输巡查工作，组织开展巡查执法8000多次，查验运输木材车辆2.5万辆，维护全省木材正常流通秩序。全省森林公安机关相继开展了"2017利剑行动""森网2017""2017红线行动"、打击走私象牙等野生动植物及其制品违法犯罪、"秋冬季打击破坏候鸟等野生动物资源违法犯罪""飓风1号"等一系列严打专项行动，共受理各类案件5698起，查处4212起，查处率为73.9%（其中立刑事案件1455起，立行政案件4243起），处理各类违法犯罪人员5615人（次），收缴野生保护动物25 088头（只），收缴木材27 090.6立方米，为国家挽回直接损失7245.4万元。

【森林灾害防治】 2017年，广东加快森林防火法制建设，6月2日，省人大常委会表决通过了《广东省森林防火条例》，于9月1日起施行。《条例》明确了由季节防火变为全年防火，森林防火全年禁止野外用火。组织编制《广东省森林防火规划（2017～2025年）》，《规划》总投资114.23亿元，重点在森林消防队伍、护林队伍、航空护林、防火信息化4个方面加强建设。落实森林防火责任制，各地党委、政府主要领导对森林防火工作亲自部署、亲自检查、亲自抓落实。强化预防措施，全省各地利用广播、电视、报刊和网络、微信、手机短信等形式，广泛开展森林防火宣传教育，及时发布森林火险预警信息。突出重点时段的监管，清明等节假日和党的十九大召开期间，省森林防火指挥部、省林业厅派出工作组赴重点林区检查督导森林防火工作，各地级以上市、县（市、区）林业主管部门加强值班带班工作，及时处置各类火情信息。全省2.6万名专职护林员明确管护区域，落实巡查责任，严格管控野外火源。各地森林消防队伍靠前驻防，一旦发现火情，做到早出动、早处置、早扑灭。加大防火设施建设力度，至年底，全省建成林火远程视频监控系统项目92个、前端视频监控点1261个。认真做好中央预算内投资森林防火项目建设，抓好护林员巡山护林网格化管理系统和生物防火林带网格化建设试点工作。扎实推进航空护林工作，2017年共投入航空护林经费6957万元，省航空护林站和省级森林防火物资储备库即将验收投入使用，惠东、清远、开平3个区域森林航空消防基地稳步推进。首次开展夏季森林航空消防工作，全年累计租用13架直升机共飞行352架次、664小时，扑救森林火灾41起，巡护里程约7.7万千米。2017年，全省共发生森林火灾302

起，过火面积1505公顷，其中受害森林面积733公顷，森林火灾受害率仅为0.07‰。没有发生重大森林火灾、人员伤亡。广东全面落实重大林业有害生物防治责任，将重大林业有害生物防治工作纳入新一轮绿化广东大行动、森林资源发展与保护、珠三角森林城市群建设等的重要考核内容，健全重大林业有害生物防治工作督导机制，对疫情除治工作实行"戴帽"制度，通报约谈灾害除治不力地区政府主要领导，进一步压实防治责任。加强联防联检协作，联合开展粤桂琼林业植物检疫执法专项行动，会同省出入境检验检疫局开展"林安"行动。防治体制建设取得新突破，深圳、梅州等地积极推进林业有害生物绩效承包机制，惠州等地采取重点区域专业防治与乡镇区域群防群治相结合的方式，实现灾害持续有效控制。全省建立松材线虫病综合防治、松突圆蚧生物防治、薇甘菊生物替代防治等防治示范区，实施飞机防治3.8万公顷。全省实施林业有害生物防治面积22.73万公顷，林业有害生物成灾率1.46‰，彻底根除了广州市天河区松材线虫病县级疫区，松材线虫病、薇甘菊等重大林业有害生物灾害得到有效控制，完成了国家林业局下达的年度防治任务。

【林业产业】 2017年，广东积极推进林业供给侧结构性改革，大力发展绿色惠民产业，加快林业产业转型升级，着力发展电子商务、森林康养等新业态，全省林业产业稳步发展，全年总产值8022.38亿元，其中，第一产业946.07亿元、第二产业5243.12亿元、第三产业1833.19亿元。加大林业产业发展扶持力度，积极推广"龙头企业+基地+农户"的发展模式，加快培育林业龙头企业，推动区域特色产业集群化发展。培育国家重点林业龙头企业5家（累计21家），认定省林业龙头企业29家（累计166家），形成了以中山大涌、台山大江、顺德乐从、东莞大岭山、梅州五华等为代表的现代家具制造园区和以电白沉香、肇庆珍贵树种植、顺德陈村花卉苗木等为代表的特色产业集聚区。落实资金扶持项目和税费优惠政策，开展林银合作，组织申报基金项目和投资项目49个，金额达到270亿元。实施"互联网+"现代林业产业行动，筹备建设集林产品展示、体验、销售电商运营、科技成果转化于一体的广东省林产品交易中心，引导全省林业企业创新林产品营销模式，推进"林业产业+互联网"电子商务发展。大力发展林下经济，省财政安排6000万元对林下经济扶贫示范县、省级林下经济示范基地和特色经济林项目予以补助，至年底，全省已建立林下经济扶贫示范县20个、国家级林下经济示范基地4个、省级林下经济示范基地70个。全省扶持发展铁皮石斛、巴戟、砂仁、肉桂、金线莲等林下经济面积199万公顷，受益农户192.4万户，产值489.4亿元。加快森林旅游发展，全省森林生态旅游示范基地达83家，2017年全省新增森林公园165个，累计1516个（其中：国家级27个、省级79个、市县级601个、镇级809个），总面积125.19万公顷，占全省国土面积7.0%。全省有623处城郊森林公园免费向市民开放，建成森林公园旅游步道6979千米，全省森林旅游实现旅游人数超3亿人次，旅游收入1837.2亿元。

【野生动植物保护】 2017年，广东加快野生动植物保护立法步伐，启动《广东省野生动物保护管理条例》修订工作，制定了一系列野生动物保护管理规范性文件，进一步完善出台了人工繁育、经营利用和运输管理以及扣留没收动物处理等管理办法，野生动植物保护管理法规体系日趋完善。深圳、汕头、河源、韶关、湛江、茂名等12个地级市人民政府先后发布了关于禁止猎捕陆生野生动物的通告，划定禁猎区，确定禁猎期。加强栖息地和野外资源保护，重点组织开展华南虎、鳄蜥等重点物种和丹霞梧桐、水松等极小种群野生植物拯救保护工程，野生动植物资源稳步增长。加强监测防控，至年底，全省已建立陆生野生动物疫源疫病监测站点129个，初步构建了陆生野生动物疫源疫病监测预警体系。规范人工繁育和经营利用活动，依法依规开展人工繁育审批，逐步建立"谁投入，谁拥有，谁受益"机制，推动野生动植物资源培育业健康发展。至年底，全省开展人工繁育野生动植物的企业已超过450家。强化执法检查，部署开展全省野生动植物保护专项行动，对非法猎捕（采挖）、经营野生动植物的多发地、多发环节，采取拉网式、地毯式的清理整治检查，保持严打高压态势，依法从严从重查处破坏野生动植物资源的案件。组织开展多部门、跨区域联合执法，严防野生动物非法流入广东境内，切实有效遏制破坏野生动植物资源的违法犯罪活动。利用"世界野生动植物日""世界湿地日""爱鸟周"和"野生动物宣传月"等重点时段，全省各地开展形式多样、丰富多彩的野生动物保护宣传活动，营造保护野生动植物良好氛围。成立国内首个野生动植物保护基金——长隆动植物保护基金会，提高公众与社会对野生动植物的保护意识。

【湿地资源保护】 积极开展湿地保护修复工作，出台《广东省湿地保护修复制度实施方案》和《珠江三角洲湿地生态保护规划（2017~2020年）》，明确湿地面积总量管控目标，分解落实湿地保护修复的建设任务和重点工程项目。加强湿地保护管理法制建设，印发实施《广东省湿地公园管理暂行办法》，进一步规范了广东省湿地公园分级体系、申报条件、报建程序和管理要求等内容；组织修订《广东省湿地保护条例》，增加湿地面积总量管控、湿地分级管理、湿地监测评价、湿地保护体系以及湿地保护修复保障机制等内容。加快推动珠三角绿色生态水网建设，探索"三厅一市"（省林业厅、省水利厅、省环保厅、惠州市）共建潼湖国家湿地公园新模式。2017年，全省新增各类湿地公园34个，至年底，全省已有国际重要湿地4处，湿地自然保护区94个（面积78.23万公顷），湿地公园224个（面积7.95万公顷），小型湿地1000个，进一步完善以湿地自然保护区为核心、湿地公园为网络、小型湿地等保护形式为补充的湿地保护体系。创新湿地保护宣教模式，积极打造湿地科普宣教基地，广州海珠、深圳华侨城等国家湿地公园的湿地自然学校成效显著，全民支持参与湿地保护的氛围不断浓厚。开展粤港澳湿地生态保育合作交流，共建粤港澳湿地保护网络。

【珠三角国家森林城市群建设】 按照2016年国家林业

局与广东省政府签署《关于率先建设全国绿色生态省的合作框架协议》和珠三角国家森林城市群建设工作会议的部署要求,全省各地大力实施森林进城、森林围城,至年底,全省已有14个市加入到建设森林城市的行列。珠三角国家森林城市群建设稳步推进,4月28日,经省政府同意,省林业厅正式印发《珠三角国家森林城市群建设规划》及相关实施方案,珠三角各市协力推进全国首个国家森林城市群建设。10月10日,佛山市、江门市被国家林业局授予"国家森林城市"称号,加上广州、惠州、东莞、珠海、肇庆市,珠三角已有7个城市成功创建国家森林城市。同时,按照"九年大跨越"工作方案,推动实施珠三角生态安全体系一体化规划,着力构建区域生态安全格局。全面启动森林小镇建设。6月1日,经省政府同意,省林业厅印发《关于大力推进森林小镇建设的意见》及相关评价标准和工作方案。全省各地积极响应,做好森林小镇规划,实施重点生态工程建设,努力建设具有休闲宜居、生态旅游、岭南水乡等生态特色的森林小镇。9月,经省级专家核验组审查核验,并征求省发改委、省财政厅和建设厅的意见后,省林业厅批准认定首批38个"广东省森林小镇"。

【林业大事】

2月20日 广东省委常委、省人大常委会副主任徐少华率调研组赴湛江开展《广东省森林防火条例》立法调研工作。

2月22日 国家林业局副局长李春良到广东专题调研新一轮绿化广东大行动,实地了解广东林业科技创新、湿地建设与野生动植物保护等情况。

3月1日 以"推进大规模国土绿化行动,建设全国绿色生态第一省"为主题的义务植树活动在广州大学城七万公园举行。中共中央政治局委员、广东省委书记胡春华,南部战区司令员袁誉柏、南部战区政治委员魏亮,广东省省长马兴瑞、省人大常委会主任李玉妹等领导同志参加植树活动。

3月12~14日 广东省副省长邓海光率省政府办公厅、林业厅、财政厅、农业厅、扶贫办等有关部门负责同志,赴江西调研考察林业生态建设等工作,实地了解江西国有林场改革、湿地保护管理情况。

3月26日 由中国野生动物保护协会、广东省林业厅、国家林业局驻广州专员办、广东省野生动植物保护协会、长隆动植物保护基金会联合举办的2017年全国"爱鸟周"活动暨全国飞鸟摄影大赛在广州长隆飞鸟乐园启动,国家林业局副局长陈凤学出席启动仪式。

3月26日 由国家林业局和广东省政府主办的2016年全国"爱鸟周"活动在广州长隆野生动物世界启动。国家林业局副局长陈凤学,广东省副省长邓海光,全国工商联副主席、长隆集团董事长苏志刚等出席启动仪式。

3月30日至4月1日 国家森林防火指挥部专职副总指挥马广仁率工作组到广东督查森林防火工作。

4月12日 广东省政府在广州召开深入推进新一轮绿化广东大行动工作电视电话会议,广东省省长马兴瑞发表讲话,副省长邓海光在会上讲话,省人大常委会副主任陈小川出席会议。会议还通报了2016年度广东省森林资源保护和发展目标责任制考核结果。

4月28日 经广东省政府审议通过,广东省林业厅印发《珠三角国家森林城市群建设规划(2016~2025年)》,这是中国首个国家森林城市群建设规划,标志着广东率先建设国家森林城市群取得突破性进展。

6月1日 经广东省政府审议通过,广东省林业厅印发《关于大力推进森林小镇建设的意见》,全省将重点建设休闲宜居型、生态旅游型、岭南水乡型三类森林小镇。按照《意见》,"十三五"期间,广东将建成200个森林小镇。

6月2日 广东省十二届人大常委会第三十三次会议审议通过《广东省森林防火条例》,并于2017年9月1日起施行。

7月24日 由中国植物学会和深圳市政府共同举办的第十九届国际植物学大会在广东省深圳市开幕,会上宣读了习近平总书记的贺信和李克强总理的批示,广东省省长马兴瑞,中国科协党组成员、书记处书记束为,中国植物学会理事长武维华,广东省委常委、深圳市委书记王伟中,国家林业局副局长李春良等出席开幕式,共有来自109个国家和地区的6953名植物学家和学者参加为期6天的大会,这是植物科学领域水平最高、规模最大的国际植物学大会首次来到中国。

9月10~12日 中共中央政治局委员、广东省委书记胡春华赴韶关、清远调研,强调要深入贯彻习近平总书记关于绿色发展的重要批示精神,保护好南岭自然生态,增强提供生态产品的功能,规划建设粤北生态特别保护区。省领导任学锋、江凌、许瑞生等陪同调研。

10月10日 广东省佛山市、江门市在2017年森林城市建设座谈会上被全国绿化委员会、国家林业局正式授予"国家森林城市"称号。至此,广东省已有广州、惠州、东莞、珠海、肇庆、佛山、江门7市先后成功创建国家森林城市。

10月30日至11月1日 国家森林防火指挥部副总指挥、国家林业局党组成员、副局长李树铭一行到广东开展森林防火和森林公安改革检查调研工作。

11月3日 经广东省政府同意,《广东省湿地保护修复制度实施方案》印发实施。

11月1~4日 第十九届中国生物圈保护区网络成员大会在广东省车八岭保护区召开,中国人与生物圈国家委员会主席许智宏以及来自全国105家单位的200多名代表参加了会议。

11月10日 2017年新疆林果产品(广州)交易会在广州琶洲展馆开幕,广东省副省长邓海光、新疆维吾尔自治区副主席张春林、国家林业局副局长刘东生出席开幕式并致辞。

11月15日 广州市举行湿地与生态座谈会,邀请沈国舫等国内外院士、专家为广州推进生态文明建设建言献策,共同推动广州生态城市建设理念。广州市市长温国辉、国家林业局总工程师封加平参加。

12月3日 广东省副省长邓海光就如何贯彻党的十九大精神,推动林业生态建设和国有林场改革发展情况到省龙眼洞林场进行专题调研。

12月19日 广东省林业厅、华南农业大学在丁颖礼堂联合举办广东森林经营高级研修班,全国政协副主席、民进中央第一副主席、华南农业大学罗富和教授出席并讲话。研修班上，广东省林业厅发布《广东省森林经营规划（2016～2050年）》，标志着广东林业生态建设正式进入提质增效新时代。

12月20日　湘粤桂第34次、湘粤赣（闽）第29次边界护林联防会议在广州召开。

12月26日　广东省政府在梅州市召开全省深化集体林权制度改革现场会，总结交流全省改革经验，全面部署深化集体林权制度改革工作，副省长邓海光出席会议并讲话。

12月29日　经广东省政府批准，广东省林业厅、发展改革委、财政厅联合印发《广东森林防火规划（2017～2025年）》。

（广东省林业由徐雪松供稿）

广西壮族自治区林业

【综　述】　2017年，广西林业系统牢固树立和践行"绿水青山就是金山银山"理念，加强森林生态系统保护修复，推进林业供给侧结构性改革，实施"绿满八桂"造林绿化工程、"村屯绿化"专项行动以及林业"金山银山"工程，广西林业保持森林资源总量持续增长、森林生态功能稳步提升、林业生态经济快中向好的良好局面。2017年，广西森林面积达1480万公顷，森林覆盖率达62.31%；林业产业总产值年达到5200亿元，同比增长8.85%；林业一二三产比例为32：55：13，林业产业结构进一步优化；林下经济产值达878亿元；森林旅游年接待游客超过8600万人次，总消费超过300亿元；林地保有量超过1600万公顷；人工林面积约占全国的1/10，稳居全国第一位；人造板产量约占全国的1/9，居全国第三位；造纸与木材加工业产值近2000亿元，稳定形成千亿元产业；森林植被碳储量超过3.9亿吨，活立木总蓄积量达7.75亿立方米，森林生态服务价值超过1.43万亿元，林业绿色家底更加殷实。

培育优质森林资源　实施珠江防护林、沿海防护林、退耕还林、石漠化综合治理、造林补贴5个国家重点造林工程。实施自治区党委、政府推动的"绿满八桂"造林绿化工程和"美丽广西·生态乡村"村屯绿化专项活动、林业"金山银山"工程等3个综合性工程，2017年造林23.6万公顷，占年度任务的126.4%，主要造林树种林木良种率提高到92.3%。抓好森林抚育补贴、公益林提质增效、通道森林景观改造提升3个森林经营项目，完成中幼龄林抚育262.6万公顷。建设国家储备林基地、全国亚热带珍贵树种培育基地和特色经济林三大基地。截止到2017年年底，共创建国家森林城市8个、"全国绿化模范单位"22个、"全国生态文化村"29个。

森林资源保护　建成全广西和县域林地"一张图"，利用遥感技术首次建立"天地空一体"森林资源监测系统。森林火灾受害率控制在0.8‰以下，林业有害生物成灾率控制在4.2‰以下，均远低于国家标准。全面停止天然林商业性采伐，以水源涵养为主的保护区集体生态公益林补偿标准提高到300元/公顷。建成林业自然保护区63处、森林公园65处、国家湿地公园24处。

林业生态经济发展　2017年，油茶、核桃等特色经济林发展面积达200多万公顷，产量达1300多万吨。木材产量达3050万立方米，占全国的45%以上。打造人造板企业"航母"国旭集团，带动全区人造板产业优化升级。推进林业"三区三园"建设，创建各级现代特色林业示范区123个，培育国家林业重点龙头企业16家、自治区级林业龙头企业140家。林下经济发展面积超过353万公顷，惠及林农1500多万人。组织实施森林旅游"510"工程，推进"环绿城南宁森林旅游圈项目"建设，5家森林康养基地列入国家建设试点。将50%以上的财政涉林资金倾斜安排到54个贫困县用于支持发展油茶、核桃、澳洲坚果等特色产业；争取国家和自治区3.64亿元专项资金用于选聘、续聘生态护林员，直接带动10万名以上贫困人口精准脱贫。广西林业厅对口帮扶隆林县6个贫困村均如期实现脱贫摘帽。

林业重点领域改革　出台《广西国有林场改革实施方案》，全广西175家国有林场优化整合为148家，公益类比例达到93.9%，纳入财政保障范畴的比例达到99.3%。以放活经营权为主体，深化集体林地林权证发放查缺补漏纠错，开展所有权、承包权、经营权"三权分置"试点，2017年全广西林权抵押贷款余额突破170亿元，涉林贷款达500多亿元，林业产权交易额达17亿元，政策性森林保险投保面积达820万公顷。深化行政审批制度改革，逐级编制行政权力运行流程，严格行政许可标准化管理；"林木种子生产经营许可证审批"成为广西首批正式上线运行的智能审批事项，群众评价满意率达到100%。

林业基础保障支撑建设　全面推进依法治林，《森林防火条例》《湿地保护条例》《古树名木保护条例》颁布实施，《广西实施〈森林法〉办法》完成修订。组建国控公司作为林业投融资平台，与建设银行广西分行共同发起100亿元的"广西林业产业发展投资基金"。广西首个林业PPP项目在七坡林场落地实施。积极融入"一带一路"建设，挂牌成立中国-东盟林业合作研究中心，形成中国-东盟林业交流合作长效机制。承担各级各类科技项目683项，荣获国家级、省部级科技奖40项，获得专利授权70多项。开展智慧林业建设，广西林业信息化率达到80.9%，居全国前10位。组织评选道德模范、先进典型开展巡回宣讲；组织开展"关注森林""喜迎十九大"等系列主题宣传26次，在中央和地方主流媒体发布林业新闻4000多条。

【生态林业发展】　广西林业系统深入实施"绿满八桂"造林绿化工程、"美丽广西·生态乡村"村屯绿化专项行动、"金山银山"工程等重点生态工程，截至2017年年底，共建成自治区级绿化示范村屯1万个，面上一般绿化村屯12.5万个,种植各类苗木2700多万株,新增绿化面积1.7万多公顷;创建"国家森林城市"8个、国家级"美丽乡村"37个,城乡人居生态环境得到明显改善。

全民义务植树 2017年,广西各地以春节、"3·12植树节"和"3·21国际森林日"等为载体,开展不同形式的义务植树活动,共植树8152.3万株,完成计划任务的101.9%。

古树名木普查 2017年,广西共组建古树名木外业调查队伍504个,参加调查人员1700人;共落实古树名木普查工作经费1544万元,其中自治区级425万元;自治区级落实古树名木保护经费1520万元。

2017年,古树名木普查工作结果显示:至12月底,广西古树名木通过审核140 708株,其中:特级古树405株,一级古树2215株,二级古树8847株,三级古树108 298株,准古树20 802株,名木141株,数量超过第一次普查数据10.9万多株(含准古树),成效明显。从古树名木生长状态看,广西古树名木生长势基本正常,其中生长势正常占91.8%,衰弱占7.3%,濒危占0.9%。从古树名木生长环境看,生长环境良好的占90.4%,差的占8.8%,较差的占0.8%;从树种分布看,数量最多的古树是樟树22 791株,占16.2%,其次是龙眼(9.5%)、枫香(9.3%)、榕树(8.7%)、荔枝(8.1%),这5个树种数量占全区古树名木总数的51.8%;从树龄大小来看,树龄最大的古树名木是蚬木(2300年)、嘿核桃(2000年)、樟树(1850年)、华南五针松(1800年)、格木(1750年);从古树名木地理分布看,普查数量最多的市是桂林、崇左、南宁市,普查数量最多的县(市、区)是凭祥市、陆川县、浦北县、桂林市临桂区、富川瑶族自治县、三江侗族自治县、龙胜各族自治县、灵山县、恭城瑶族自治县、资源县。

森林城市创建 9月29日,国家林业局下发《国家林业局关于授予河北承德市等19个城市"国家森林城市"称号的决定》(林宣发〔2017〕108号),百色市被授予"国家森林城市"称号。至此,广西共有8个市获得"国家森林城市"称号。

村屯绿化提升建设 在2015~2016年实施的自治区级绿化示范村屯建设的基础上,安排900万元开展村屯绿化提升建设,建设项目45个,重点围绕"一区两线三流域多点"区域,对具备发展乡村旅游条件的30户以上重点村屯进行绿化美化花化香化,推动乡村旅游业发展,实现生态产业富民。

"全国生态文化村"遴选 10月25日,中国生态文化协会下发《关于授予2017年度"全国生态文化示范基地"和"全国生态文化村"称号的决定》(中生协字〔2017〕28号),广西富川瑶族自治县朝东镇福溪村、广西桂林市灵川县海洋乡大桐木湾村、广西桂林市茶洞乡花岭村委褚村、广西港南区湛江镇平江村、广西贵港市覃塘区蒙公乡新岭村、广西南宁市横县六景镇利垌村6个村被授予"全国生态文化村",至此,广西共29村获此称号。

【森林资源培育】 至2017年年底,广西森林面积达1480万公顷,森林覆盖率达62.31%,活立木蓄积量达7.75亿立方米。2017年广西完成植树造林面积28.13万公顷,其中完成荒山造林5.46万公顷、迹地人工更新9.27万公顷、低效林改造造林2740公顷、封山育林2.67万公顷(其中无林地和疏林地封育9937公顷、有林地和灌木林地封育1.67万公顷)、桉树萌芽更新10.47万公顷。

珠防林工程 融安县、灵川县、全州县、那坡县、凌云县、乐业县、田林县、隆林县、钟山县、昭平县、八步区、平桂管理区、罗城县和雅长保护区管理局14个县(区、管理局)实施珠江流域防护林体系建设工程,完成人工造林8000公顷,占年度任务的100%。工程建设投入国家资金6000万元。组织编制了西江经济带森林质量精准提升工程示范项目实施方案,启动了森林质量精准提升示范项目。

海防林工程 完成荒山人工造林面积1066公顷,为计划任务的100%。工程建设投入国家资金800万元。

石漠化治理工程 2017年度石漠化综合治理工程林业项目主要实施2016年度计划任务,完成人工造林1794公顷、封山育林2.76万公顷,中幼林抚育40公顷,均100%完成计划要求。广西宾阳八仙岩和广西环江国家石漠公园成为广西首批通过国家林业局专家评审的国家石漠公园。

速丰林工程 新造速丰林4.85万公顷,占年度任务的121.2%。造林从桉树为主逐步向多树种转变,培育目标从中小径材为主向增加中大径材转变。松、杉、竹等乡土速生树种及中大径材造林面积大幅增加。

退耕还林工程 2017年度国家下达广西退耕地还林计划任务2000公顷,任务涉及3个市的10个县(区)。2017年国家下拨广西退耕还林财政资金5.23亿元,其中:前一轮退耕还林完善政策补助资金3.91亿元;新一轮退耕还林2017年度任务造林种苗补助资金1200万元、财政补助资金1500万元,2015年度任务财政补助资金1.05亿元。

造林补贴项目 完成造林2.15万公顷。

特色经济林发展 全广西完成特色经济林造林3.33万公顷,其中:新造油茶林高产示范林1.33万公顷,核桃、澳洲坚果等其他经济林2万公顷。

国家储备林基地 推进国开行贷款国家储备林一期项目,落地实施二期项目。2017年一期项目发放中长期贷款19.29亿元,信托贷款1.8亿元,完成项目营造林约2.3万公顷。二期项目于2017年4月通过国开行评贷委员会审核并授信200亿元,9月初发放巴马县首笔贷款5000万元。基本完成2016年国家下达广西中央基建国家储备林基地项目3800万元、5067公顷的建设任务,分布在广西30个国有林场(中直单位)实施,各项目建设单位基本完成建设任务。

珍贵树种 完成澳洲大花梨、红锥、楠木等造林5333公顷。崇左市以及大新县、龙州县、天等县、凭祥市等5个国家珍贵树种示范市县在2017年的国家级评估中获得好评。

【森林经营】 2017年广西完成中、幼龄林抚育面积86.99万公顷。完成中央财政森林抚育补贴项目12.35万公顷。

森林抚育补贴成效监测 制订了广西森林抚育补贴

政策成效监测工作方案，在年度部门预算中安排50万元，委托广西森林资源与生态环境监测中心组织实施监测工作，完成在17个县布设的50组100个监测样地复查工作和各项监测任务。

树种结构调整 通过将改造范围内现有桉树林皆伐后，改种乡土树种、珍贵树种、花化彩化树种纯林或混交林的措施，调整树种结构和林分结构，促进形成多树种、复层、异龄混交林，增加物种多样性，提高林分稳定性，增强森林的生态功能。2017年完成年度下达的公益林区和生态重要区域桉树纯林改造任务0.5万公顷。乡土树种、珍贵树种、经济林树种造林面积占造林总面积的60%以上，混交林比例提高到15.6%以上，乔木林单位面积蓄积量增加至60立方米/公顷。

全国森林经营样板基地建设 高峰林场、中国林科院热林中心是首批全国森林经营示范单位。高峰林场样板基地建设启动以来，重点建设实施5个森林经营技术模式共1060公顷。分别是：速生桉工业原料林经营类型、桉树大径材培育经营类型、杉木纯林近自然化经营类型、珍贵树种大径材经营类型、降香黄檀+杉木混交经营类型。中国林科院热林中心样板基地建设启动以来，重点建设打造7个森林经营技术模式共3520公顷。分别是：珍贵树种大径材经营类型、针叶人工纯林近自然化改造类型、马尾松脂材兼用林近自然化经营类型、速生桉-珍贵树种混交经营类型、松杉人工针叶纯林经营类型、速生阔叶树纯林经营类型、退化天然次生林改造经营类型。

【**国有林场**】 2017年，广西国有林场经营面积146.5万公顷，其中场内经营面积126.5万公顷，占广西林地面积的8%，场外经营面积20万公顷，森林蓄积量8165万立方米，占广西森林蓄积量的12%。广西国有林场实现经营收入65.5亿元，资产总额392.4亿元，森林蓄积量8600多万立方米，生产木材480万立方米。先后有8家国有林场名列"全国十强林场"，8家林场荣获"全国十佳林场"称号，4家林场被认定为"国家林业重点龙头企业"。2家林场获得"中国最美林场"称号。

2017年已完成国有林场改革任务，参与改革的175家林场整合为148家林场，公益类林场达到93.9%，减编率达到27.8%，富余职工安置率达84%，落实下拨改革补助资金10.322亿元，国有林场编制数24 593名，其中全额事业编制78名；差额事业编制12 349名，占51%；自收自支事业编制12 166名，占49%。干部职工5.59万人，其中：在编职工2.11万人、合同工0.76万人、离退休人员2.72万人。2017年年底林场总负债197.1亿元，其中：金融负债124.4亿元，拖欠社保缴费约15.7亿元，其他债务57亿元。

国有林场改革 2016年，全广西36家国有林场完成改革试点，2017年全面铺开国有林场改革，广西共有139家国有林场列入改革范畴，涵盖14个设区市、65个县(市、区)及11家自治区直属国有林场。截止到2017年年底，各项改革工作的具体完成情况如下：

定性定编定经费 改革后广西175家国有林场整合为148家，定性公益一类54家、公益二类85家、企业林场9家，公益类林场比例达到93.9%；国有林场核定事业编制数由24 593个精减到17 728个，减少编制6865个，减编率达到27.8%；改革后148家林场，98家财政全额保障，占66.2%，42家财政差额保障，占28.4%，其他保障方式8家，占5.4%。

安置富余职工 需要安置富余职工人数2831人，已安置2380人，完成率84%。其中提前退休24人，离岗退养519人、政府购买服务431人、转岗就业93人、解除劳动关系213人、从事森林旅游90人、林地承包221人，其他途径安置789人。

落实社会保障政策 已落实补助资金10.32亿元，其中国家补助资金9.02亿元；广西改革补助资金1.3亿元。下拨补助资金均已及时到位各市县国有林场，解决了大部分林场社会保险费清缴；对一时尚不能分期支付补缴的社会保险费以及改革前应缴未缴的社会保险费的国有林场实行1~3年期限分期缴付。

建立国有林场森林资源监管机制 严厉打击侵占国有林地行为，切实保障国有林场合法权益，将国有林场林地保护工作列入各设区市绩效考评内容；将国有林场被侵占林地回收工作列入广西林业厅落实广西壮族自治区党委巡视整改内容。

建立健全公益林管护机制 按照广西公益林建设和保护的要求，逐步调整林场桉树种植面积和区域，改种增种乡土树种、阔叶树种、珍贵树种，将生态区位重要、生态系统脆弱、生态功能突出的国有林场商品林划为公益林，明确各阶段确保的公益林比例，逐步通过政府购买服务实现公益林管护。目前涉及有关国有林场的全区公益林调整方案已呈报国家林业局审批。

处置化解林场债务 对国有林场欠缴的育林资金1.1亿元实行挂账处理。105家有债务的林场制订有债务化解方案，通过不良资产打包政府回购方式，已化解国有林场部分不良债务4.8亿元。

推动政事分开、事企分开 制定印发了国有林场事企分开意见，在林场内部推进事企分开，场办企业实行独立法人市场化运作。整合区直人造板企业和营造林项目，组建了广西国旭林业发展集团股份有限公司、广西国控林业投资股份有限公司。

加强基础设施建设 2017年，广西发展改革委、交通厅、水利厅、林业厅四部门联合印发《关于加强国有林场基础设施建设的通知》文件，部分市县安排了林场水电路等基础设施建设，如玉林市开工建设六万林场成均至六万山段道路项目，崇左市宁明县开工建设派阳山林场道路项目等。

剥离林场办社会职能 按照属地管理原则，国有林场停办原有学校4家、医院9家，妥善安置相关人员并依法处理相关资产。

国有林场森林经营 2017年，区直国有林场完成人工造林3.42万公顷，森林抚育7.6万公顷，生产木材288万立方米。进一步优化树种结构，共新种良种松杉2000公顷，楠木、红椎、香樟、格木等珍贵树种2066.67公顷。实施森林质量精准提升工程，推广良种壮苗、配方施肥、无节材等先进技术。派阳山林场推进以生长量为核心的营林精细化管理，将3万公顷林地全部承包到职工，营林成本由2013年的255元/立方米降低至2017年的220元/立方米，桉树年平均蓄积生长量由2013年的25.5立方米/公顷增至2017年的39立方米/公顷；七坡林场培育桉树无节材1.2万公顷，1733.33公顷精品林每公顷年生长量达45立方米以上，2万公顷达标林每公顷年生长量30立方米以上。成功创建产业核心示范区，六万林场"四季香海八角产业（核心）示范区"和派阳山林场"花山松涛桐棉松产业（核心）示范区"被自治区政府授予"广西现代特色农业（核心）示范区"称号。

国有林场森林旅游建设 2017年，区直国有林场重点开发森林旅游康养项目，推出康养养生和森林旅游有机结合的"新业态"。南宁3个区直林场继续推进"环绿城南宁森林旅游圈"建设项目，南宁树木园园部核心区、连山景区、坛里小镇等项目稳步推进，并获得"中国最美林场"称号，公园景区提升工程得到进一步落实；七坡林场立新站"森林人家"一期工程已投入运营，二期工程建设也正式开展，七彩森林PPP项目也同步启动；高峰林场积极推进高峰森林公园、森林特色小镇两个项目的建设工作，目前正在进行园区道路拓宽、景点打造等建设工作；六万林场和派阳山林场森林公园获得国家AAAA级旅游景区称号，博白林场的马子嶂森林公园、大桂山林场的国际森林康养小镇、黄冕林场的洛清江森林公园的筹建规划工作有序推进。

林下经济发展 2017年，区直林场投入3200万元利用林地积极发展林下经济。林下养猪、养牛、养鸡和种植金花茶、巴戟、白芨、铁皮石斛、金线莲等中草药，实现产值3.7亿元。多数林场根据自身实际情况，着手布局一批林下经济种养示范基地，如南宁树木园、七坡林场、高峰林场组织林下种植牛大力、白芨和鸡血藤，开展一批林下药食两用蔬菜试点试验；派阳山林场发展林下养鸡、养牛，种植草珊瑚、砂仁等。

国有林场工业企业发展 国旭集团2017年实现人造板产量81万立方米，同比增加9%；经营收入11亿元，同比增加27%。引进湖南绿达木质素无醛胶黏剂，在南宁和桂山公司开展木质素无醛纤维板试验，高林公司实施板坯微波加热技改；获南宁市高新区自主知识产权专利4项，获市、自治区级科研专项资金共计210万元，获广西工信委技改专项补助1000万元；参与电力交易，全年节省电费500万元左右。派阳山林场祥盛公司生产刨花板32.1万立方米，完成计划的103.5%，经营收入3.93亿元，完成年计划的104.5%，实现净利润4122万元，连续三年实现盈利。通过ISO质量管理体系的审核换证工作、绿色环保十环认证、绿居材3G认证、CARB认证、EAP认证。祥盛公司是广西首家通过美国EPA认证的企业。华沃特肥业公司近年来年均产品销售6万吨，营业收入超1.5亿元，营业利润700万元。六万林场帝旺村公司被自治区认定为2017年50家企业技术中心之一。

【**林业产业**】2017年，广西林业产业总产值达5200亿元，同比增长8.85%；年木材产量占全国木材产量的45%以上。特色经济林、林下经济发展迅速，特色经济林面积达200多万公顷，产量1300万吨，油茶"双高"示范基地建设全面推进；林下经济发展面积达到373.33万公顷；林产工业转型升级不断提速，整合资源打造了板业"航母"国旭集团，人造板年产能达110万立方米；规模以上林产加工企业350家，其中年产值亿元以上60家，造纸与木材加工业年产值2000亿元；重点林产加工园区建设成效显著，培育自治区级林业龙头企业140家，国家级林业龙头企业达16家；创建各级现代特色林业示范区123个。

现代特色林业示范区创建 印发了广西现代特色林业示范区建设参考标准，各级林业部门整合特色经济林、林下经济、村屯绿化、产业园区、花卉苗木、森林旅游等林业专项资金，支持各地示范区创建。截至2017年年底，广西各级现代特色林业示范区考评认定123个，其中，自治区级林业示范区32个（五星级4个，四星级5个，三星级15个，入围8个）；县级林业示范区43个（包括入围22个）；乡级林业示范区48个（包括入围20个），超额完成创建任务。

环绿城南宁森林旅游圈项目建设 组织赴广州、上海举办"环绿城南宁森林旅游圈"森林旅游精准招商项目推介会，现场签约意向投资金额达370亿元，共46家企业到广西考察项目。七坡林场与三立控股集团签订了总投资300亿元的合作框架协议，共同开发"森林七彩世界"一站式森林时尚旅游综合体，高峰林场森林特色小镇和七坡林场国家储备林PPP项目正式启动。

林业产业重大项目建设和行业管理 着力推进林业产业重大项目建设，在南宁、柳州、玉林举办了2017年广西林业产业重大项目启动会（竣工会），开竣工的林业产业重大项包括广西高峰林场森林特色小镇、三门江林场精制油茶籽油建设等9个项目，总投资18.6亿元。大力培育林业龙头企业，2017年新认定广西现代林业龙头企业17家，全广西达153家，推荐广西国有博白林场等6家企业为2017年广西申报国家林业重点龙头企业。与广西工信委共同研究推动和支持林产工业园区、林业系列技改项目、创新中心建设、产业基金建立等项目建设。与建行广西分行在南宁签订全面战略合作协议，共同发起设立总规模达100亿元的"广西林业产业发展投资基金"。推进行业协会和行政机关脱钩，9月底，取消了与广西香料香精行业协会等4个行业协会的业务主管关系，实现了行业协会与行政机关脱钩。

产业合作交流与招商引资 3月14日和3月25日，分别在广州、上海共举办了4场以"生态经济、绿色发展"为主题的林业产业精准招商项目推介活动，现场签约意向投资金额达370亿元。6月19～23日，分别在杭州、南京、济南、郑州市举办了4场投资合作项目交流洽谈活动。6月27日，与贵港市政府在广东佛山共同举办林产品交易会，签约项目3个，签约资金5亿元。7月5～9日，组织调研人员赴浙江、福建两省学习考察木竹材精深加工产业方面的先进经验，先后学习考察了浙江省安吉县优质竹加工示范基地，浙江省东阳中国木雕城，福建省仙游县重点红木家具生产基地和知名木雕根艺区。9月6～9日，组织参加2017年甘肃农业展览会，考察了兰州水性科天科技产业园。10月13～15日，组织参加第12届广西名特优农产品（西安）交易会，11月24～28日组织参加第13届广西名特优农产品（桂林）交易会，展示了广西林业的新面貌和特色林产品，促进了广西名特优林产品的销售。11月1～4日，组织参加第10届中国义乌森林产品博览会，促进了广西林业企业与义乌的交流合作。11月17~20日，在南宁国际会展中心隆重举办2017中国-东盟博览会林木展，展览面积达25 000平方米，现场专业观众达到4万人次，现场签订采购订单和投资额超过3亿元，特别是林业装备展区现场签单成交额超过3000万元。

花卉产业 重点做好财政资金扶持花卉项目的实施和监督检查工作，推动出台《加快广西花卉苗木产业发展的意见》。代表自治区政府积极做好第九届中国花卉博览会和2019北京世园会的筹备工作，广西本次共选送花卉园艺产品150多件，花卉科技成果20余项。经过组委会专家的四次评选，广西展团再次取得优异成绩：①组织奖：广西展团荣获金奖；②设计布置奖：室外展园设计布置获特等奖，室内展区设计布置获金奖；③展品奖：选送的奇石、盆景、花卉等展品获奖79个，其中金奖6个、银奖18个、铜奖36个、优秀奖19个；④科技成果奖：获奖6个，其中银奖1个、铜奖4个、优秀奖1个。北京世园会已选定广西室内展区和室外展园区块，完成了室外展园的设计方案评审工作。

森林旅游产业发展 重点推动林业与旅游产业融合发展，将"绿水青山"打造为"金山银山"。截至2017年年底，广西已建立森林公园65处（其中：国家级20处，自治区级36处，市县级9处），林业自然保护区63处，湿地公园24处。2017年，完成派阳山、钦州五皇山、昭平五指山3处自治区级森林公园总体规划评审工作，龙潭国家森林公园完成总体规划报国家林业局批复。组织完成全国森林旅游示范市县申报工作，贺州市和金秀瑶族自治县列入推荐名单。大明山国家级自然保护区森林康养基地、君武森林景区森林康养基地、贺州西溪森林温泉康养基地列入第二批全国森林养生基地建设试点单位名单。成立全国第一个省级森林康养协会，初步完成森林康养体系的编制。全广西森林旅游人数达8600万人次，森林旅游收入超过300亿元，直接带动其他产业产值285亿元。森林旅游已成为广西旅游业的重要组成部分。

【森林和野生动植物保护】

森林资源林政管理 2017年，广西森林覆盖率达到62.31%；活立木蓄积量达到7.75亿立方米，较2016年增长1300万立方米；采伐发证蓄积量3050万立方米；审核审批占用征收林地1339宗，面积1.05万公顷，使用林地定额8226.94公顷，其中自治区级统筹推进重大项目使用林地129宗，收取森林植被恢复费12.52亿元；林区社会保持和谐稳定，累计发生山林纠纷3861起调结3513起，调结率91%。

林地保护利用管理 截至2017年年底，广西可使用年度林地定额为1.03万公顷。

天然林和公益林保护管理 全面停止全区天然林商业性采伐，部署开展广西天然商品林核实落界及集体个人所有天然商品林协议停止商业性采伐试点工作。推进桂林、玉林、百色、贺州、河池5个试点市的集体和个人天然商品林协议停止商业性采伐政策落实。出台了《广西壮族自治区林业改革发展资金管理办法的通知》，规范了天然林停伐管护补助资金的管理和使用，进一步完善了天然林保护管理制度。推进自治区级以上公益林区划界线，在全广西部署开展了自治区级以上公益林进一步区划落界和国家级公益林动态调整工作，落实公益林保护等级，更新自治区级以上公益林基础信息数据库，建立国家级公益林储备库。

林政执法监督检查 开展非法侵占林地清理排查专项行动，各级林业行政主管部门共清理排查出违法图斑34 532个，涉及违法占用林地4729.2公顷，违法采伐林木51.05万立方米。

3~5月，对广西14个市、29个县（市、区）开展了林政资源管理综合检查。自查阶段下发38.13万个疑似图斑，广西各级林业部门共核查出3.45万个违法图斑。抽查阶段检查组共发现18起严重违法占用林地项目、8个采伐运输监管问题较多的县、307个违法占用林地案件、211个违法采伐案件、16个毁林开垦案件。8月，对林政资源管理综合检查自查开展情况和抽查发现案件进行通报，并要求14个市级林业主管部门及检查涉及的区直国有林场上报林政资源综合检查通报中提出问题的整改情况。

森林防火 2017年，广西境内共发现卫星热点441个，共发生森林火灾644起，过火总面积4379.7公顷，受害森林面积1350.5公顷，死亡4人。过火面积比2016年下降8.5%，火灾次数及受害森林面积同比上升60.5%及23.8%，森林火灾受害率0.09‰，90%的火灾持续时间在10小时以下，24小时扑灭率达100%，没有发生重大特大森林火灾，没有发生火烧连营，没有发生群死群伤事故，在有组织的扑火过程中没有发生人员伤亡。14个地市当中南宁、桂林、河池、百色4市发生森林火灾较多，分别为80起、69起、65起、64起，约占广西森林火灾总数的43%。2月、4月为森林火灾集中爆发月份，分别为116起和320起，约占2017年火灾总数的68%。

野生动植物保护 开展打击非法破坏野生动植物资源的活动和专项行动。2月8日至3月8日，开展打击破坏野生动植物资源违法犯罪专项行动。在3月"爱鸟周"和9月"野生动植物保护宣传月"期间，组织森林公安、工商等部门联合执法，重点对珠宝古玩、旅游商品市场等进行野生动物保护宣传和野生动物非法贸易排查。10月9日至12月20日，开展打击破坏森林和野生动物资源违法犯罪专项行动。12月18~31日，组织开展检查清理非法加工销售象牙及制品等陆生野生动物资源活动，重点清理南宁、北海、桂林、柳州等市非法经营、加工象牙等野生动物及其制品场所。2017年12月11日至2018年1月31日，组织开展代号为"飓风1号"的打击破坏森林和野生动植物资源违法犯罪专项行动，广西森林公安机关共出动警力8000多人次，缴获野生动物近300头（只），清理野生动物非法交易场所100多处。

推进白头叶猴、黑叶猴、冠斑犀鸟、鳄蜥、穿山甲等极度濒危野生动物和广西火桐、德保苏铁、元宝山冷杉、资源冷杉、海南风吹楠、金花茶、瑶山苣苔、观光木等极小种群野生植物的拯救保护和人工繁育工作。黑叶猴放归项目顺利实施并被评选为2017年中国野生动植物保护十件大事之一。成功处置"穿山甲公子"网络舆情事件，处置案例获自治区网信办优秀案例二等奖，编写的信息被中办采用。推进穿山甲、蜂猴等救护基地改造和凹甲陆龟、蟒等爬行动物救护人工种群培育。对穿山甲、蛤蚧、鳄类、蛇类等野生动物寄养救护情况进行督查，依法依规开展寄养救护。确立疫源疫病监测国家标准站1处和自治区标准站9处。

森林病虫害防治 2017年广西林业有害生物危害程度偏重，外来有害生物有发生，局部灾害较严重，经济和生态服务价值损失较大。广西发生并造成较严重危害的林业有害生物共有65种，其中病害16种，虫害47种，鼠害1种，有害植物1种，发生总面积40.97万公顷，比2017年上升5.67%。病害发生面积5.52万公顷，比2016年上升21.43%，占发生总面积的13.46%；虫害发生面积34.75万公顷，比2016年上升2.73%，占发生总面积的84.8%，鼠害发生面积173.33公顷，占总面积的0.04%，有害植物发生面积6926.67公顷，比2016年上升81.33%，占总面积1.69%。成灾面积3666.67公顷，成灾率为0.28‰，比2016年上升5.97%。主要种类有松材线虫病、杉木炭疽病、竹丛枝病、八角炭疽病、桉树叶斑病、桉树生理性病害、桉树枝枯病、松突圆蚧、湿地松粉蚧、马尾松毛虫、松茸毒蛾、萧氏松茎象、松墨天牛、云斑天牛、油桐尺蠖、桉蝙蛾、桉树枝瘿姬小蜂、八角叶甲、八角尺蠖、黄脊竹蝗、竹篦舟蛾、竹茎广肩小蜂、薇甘菊等。

【林业行业扶贫】 2017年，广西林业部门把50%以上的财政涉林资金倾斜安排到54个贫困县用于支持发展油茶、核桃、澳洲坚果等特色产业；争取国家和自治区3.64亿元专项资金用于选聘、续聘生态护林员，直接带动10万名以上贫困人口精准脱贫。广西林业厅对口帮扶隆林县6个贫困村均如期实现脱贫摘帽。

2017年，共安排54个贫困县中央和自治区涉林专项资金29.26亿元（其中中央财政资金21.93亿元、自治区财政资金7.3亿元），占2017年已下达广西涉林资金的60%。其中，将2017年新增退耕还林任务2000公顷的100%、石漠化综合治理资金的69%、湿地保护资金的52%等生态建设治理资金安排在贫困县；将自治区林业经营性产业发展（木本油料等特色经济林）项目资金的95%、中央农业综合开发林业项目资金近50%等产业发展培育资金安排到贫困县，并优先用于贫困村和建档立卡贫困户。2017年，受理易地扶贫搬迁建设项目使用林地31项，审核审批林地面积174.5公顷，占全年林地使用定额的2.5%。推动出台优惠政策支持脱贫攻坚，促成自治区人民政府明确，对特定用于扶贫的畜禽养殖、采后处理、初加工等设施占用林地的，于"十三五"期间免收森林植被恢复费。出台《广西林业行政许可裁量规定》并提出，在编限单位年森林采伐限额内，对农村建档立卡贫困户申请采伐的可优先安排。贫困县集体部分采伐限额不足或因扶贫工作需要采伐限额不足的，将优先追加自治区备用年森林采伐限额。

（广西壮族自治区林业由兰欣欣供稿）

海南省林业

【概　述】 2017年，海南林业自觉践行"绿水青山就是金山银山"的理念，凝心聚力，奋力拼搏，全面深化林业改革，强化生态修复治理，狠抓造林绿化工作，加强森林资源保护，加速培育特色产业，全省林业改革发展取得显著成效。截至2017年年底，全省森林面积213.6万公顷，森林覆盖率达62.1%。2017年林业总产值602.84亿元，其中：第一产业317.43亿元，第二产业248.63亿元，第三产业36.78亿元。全省有国有林场32个（其中省林业厅直属13个，市县管理19个），管理面积42.93万公顷；湿地总面积32万公顷，国家湿地公园7处；森林公园共计28处（其中国家级9处，省级17处，市县级2处），面积共计17万公顷；自然保护区共计30处（其中国家级7处，省级17处，市县级6处），面积共计23.4万公顷。海南省拥有全国保存最完整的热带天然林65.93万公顷，全国最大橡胶生产基地73.33万公顷，槟榔14.67万公顷，全国独有的椰子产业基地4.67万公顷，全国连片面积最大、种类最多的红树林（总面积4666.67公顷），全国唯一的滨海青皮林933.33公顷。

【国有林场改革】 ①领导重视，高位推动。海南省委书记刘赐贵、省长沈晓明、省委秘书长李军、副省长刘平治等省领导对国有林场改革高度重视，先后对国有林场改革工作作出重要批示和指示，多次到林场改革一线调研和检查指导改革工作。海南省委将林场改革工作列入省委第七次党代会内容进行部署，海南省政府与各市县政府签订国有林场改革工作责任书，印发《海南省国有林场改革实施方案重点工作责任分工的通知》，将改革任务落实到省直有关单位。②落实责任，强化督导。海南省林业厅成立7个改革督导组，分别由各厅领导带队，对各市县、省属国有林场改革工作进行分片包干，落实责任、明确任务。同时下发《关于加快推进国有林场改革工作的通知》（琼林〔2017〕114号），明确国有林场11大项40小项改革任务。③全面完成全省国有林场改革"四定"工作，即"定性、定编、定岗、定保"。将全省36个国有林场整合优化为32个林场，定性为公益一类或二类事业单位的达28个，占总数的87.5%；核定事业编制304个，是改革前的10.1倍，核定企业岗位2946个；将全省3558名在职职工全部纳入城镇职工社会保险范畴，将符合低保条件的林场职工及其家庭成员纳入当地城镇居民最低生活保障范围，做到应保尽保。同时推进国有林场职能分开、财务分开、资产分开、债务分开"四分开"，进一步完善公益林政府购买管护机制，建立权责明确、监管有效的森林资源监管体制，妥善安置职工，加强基础设施建设，职工生产生活条件得到全面改善。

【林业行政审批】 牢固树立"便民、高效、廉洁、规范"服务理念，全面做好林业行政审批服务工作。①简政放权，推进审批制度改革。进一步清理行政审批事项，2017年共取消"林木种子检验员考核评定"等7项行政许可事项，推行"多规合一"下最大限度简化审批，推广海南经济特区博鳌乐城国际医疗旅游先行区等3个园区"极简审批"模式，实施"五网"建设项目"以区域一次性林地审核审批取代单个项目审核审批"的审批改革。②主动服务，确保项目用林审批顺利推进。全面落实海南省委省政府关于建设项目审批工作部署要求，优先保障国家、省重大重点建设项目用地需求，保障全省基础设施和公共事业建设项目用地需求，严把经营性建设项目审批关，积极争取国家林业局备用定额，确保高效优质利用全省林地定额。③优化服务，营造良好审批环境。推行全流程互联网"不见面"审批事项，制订海南省林业厅《全流程互联网"不见面审批"改革工作方案》，2017年"不见面"审批事项和办件量达到所有事项和总办件量的50%。2017年，共受理办结许可事项11 480宗，承诺件平均办结天数为1.3天，比法定时限提速提前85.79%。

【造林绿化】 2017年全省完成造林绿化1.02万公顷，为海南省政府下达0.67万公顷造林任务的153%。①加强组织领导。实行厅领导包片、处室主要负责人蹲点包市县责任制，成立7个督导组督导各市县，全力抓好植树造林工作。②认真贯彻落实习近平总书记关于博鳌田园小镇建设的重要批示精神和省委书记刘赐贵在海南省服务与利用博鳌亚洲论坛2017年年会总结会暨2018年年会动员大会上的讲话精神，积极组织国家林业局调查规划设计院、北京林业大学、中国林业科学研究院、深圳北林苑景观及建筑规划设计院等单位组成博鳌绿化规划设计专家组，编制完成博鳌生态建设及景观提升总体规划、琼海市博鳌龙潭岭森林公园规划设计、琼海市博鳌湿地公园设计、博鳌国宾馆景观提升设计、机场路绿化美化景观提升设计、迎宾路绿化美化景观提升设计、动车站进出口绿化美化景观提升设计等1个总体规划和6个专项设计，由海南省政府审核交付琼海市政府进行施工；同时成立督导组，协调督导道路绿化美化彩化工作，指定省林业厅营林处、计资处主要负责人专门负责与琼海市督导组协调督导相关工作，并派专业技术人员进行技术指导，确保绿化工作顺利开展。③扎实组织开展义务植树活动，全年累计参加义务植树人次达到235万次，种植各类大中小苗木712万株。④启动森林城市创建工作，陵水黎族自治县申报创建国家森林城市并获得国家林业局同意备案；海口、保亭、陵水3个市县申报创建省级森林城市，海南省林业厅已备案。

【林业生态修复】 坚定践行"绿水青山就是金山银山"的理念，进一步巩固和提升造林绿化成果，全面保护修复林业自然生态系统。①大力实施林业生态修复与湿地保护专项行动。2017年全省计划完成生态修复4920公顷，实际完成生态修复6580公顷，占2017年全年总任务的133.74%，其中海口、文昌台风灾后恢复造林800公顷，全省桉树、橡胶等老残林更新3666.67公顷，"四边两区"造林复绿1000公顷，损毁山体修复286.67公顷，低质林林相提升513.33公顷，湿地生态修复313.33公顷（红树林造林66.67公顷、退塘还湿246.67公顷），大田国家级自然保护区、霸王岭国家级自然保护区内海南坡鹿及海南长臂猿栖息地恢复共93.33公顷。②加快推进湿地保护立法。海南省人民政府印发《海南省湿地保护修复制度实施方案》；省林业厅拟定的《海南省湿地保护条例》经省政府常务会审议通过，并报省人大常委会进行初审。③加快湿地公园建设，完善保护地管理体系。2017年，国家林业局批准海口美舍河国家湿地公园、海口五源河国家湿地公园、昌江海尾国家湿地公园、陵水红树林国家湿地公园4个国家湿地公园试点，批准扩建三亚东河国家湿地公园。海南省批准建立了海口三十六曲溪省级湿地公园、海口潭丰洋省级湿地公园、海口铁炉溪省级湿地公园、海口响水河省级湿地公园、海口三江红树林省级湿地公园5个省级湿地公园。2017年8月，海口市成立了湿地保护管理中心，编制10人。2017年11月，海口市获得国际湿地城市认证提名。

【天然林管理保护】 持续加大森林资源管护力度，全力维护海南省林业生态安全。①全面落实保护发展森林资源目标责任制。全省18个市县政府与各乡镇政府签订了保护发展森林资源目标责任状，将森林资源保护发展责任落实到基层。②加强天保工程建设管理。海南省林业厅分别与11个天保实施单位签订2017年天保工程森林资源保护目标管理责任书，科学合理划定森林管护责任区，各天保实施单位分别与基层单位和护林员签订森林管护合同，将森林管护责任落实到具体人员和山头地块，加强巡山护林，确保天保工程区森林资源安全。③加强生态公益林管护。2017年全省共投入森林生态效益补偿基金2.41亿元，国家级公益林森林生态效益补偿标准提高到420元/公顷，省级公益林森林生态效益补偿标准提高到345元/公顷。2017年海南省有9个市县44个乡镇和2个生态管理区开展生态直补，直补人口达27万，金额达1.47亿元。④制订下发《海南省省属林区林场开展美丽林区林场建设三年行动实施方案（2017~2019）》，开展生活垃圾、建筑材料清理和污水治理，打造以水清、岸绿、安全、宜人为目标的宜居环境。指导霸王岭林业局、黎母山林场等单位编制国家森林特色小镇规划，全面强化林区林场安全生产和综合整治。⑤深入开展打击非法占用林地专项行动。2017年全省各级森林公安机关共办理各类涉林案件1829起，查破1790起，抓获犯罪嫌疑人596人，移送起诉493人；受理林业行政、治安案件1168起，查处1147起，行政处罚1138人，罚款495万余元。

【自然保护区建设】 ①稳步推进自然保护区建设管理。认真抓好中央环保督查及"绿盾2017"巡查整改工作，先后3次组织开展全省林业系统自然保护区违法违规项目的自查与排查，核查点位达1500处，对303处存在违法违规问题的人类活动点位建立整改销号台账，扎实推进整改。②继续推进自然保护区新建及总体规划的编制工作。拟建俄贤岭省级自然保护区申报材料上报省政府；大田国家级自然保护区总体规划和邦溪、会山2处省级自然保护区总体规划编制完成；吊罗山、甘什岭、佳西、猴猕岭4处自然保护区的总体规划完成修编。③推进拟建国家公园论证方案的编制及范围的划定工作。以海南省现有自然保护区为主体，组织国家林业局昆明勘察设计院及北京林业大学等单位，完成海南省拟建的中部热带雨林、琼北红树林-火山岩2个国家公园论证方案编制工作，并通过专家评审会评审。编制完成"探索建设热带雨林国家公园、红树林湿地国家公园课题研究报告"。

【林下经济】 海南省委、省政府高度重视林下经济发展，将林下经济列入省委、省政府《关于打赢脱贫攻坚战的实施意见》《海南省"十三五"产业精准扶贫规划》的重点工作来抓，并纳入海南"十三五"统筹财政资金扶持的十二大重点产业内容，省财政每年安排1000万元支持林下经济发展。2017年全省林下经济新增面积1.06万公顷，产值10.68亿元，新增就业人数6812人。截至2017年年底，全省林下经济累计从业人数达60.26万人，面积15.9万公顷，产值137.49亿元。

【森林防火】 加强森林灾害防控，严格落实森林防火责任制，2017年全省共发生森林火灾15起，未发生重特大森林火灾，森林火灾受害面积低于0.3‰的国家控制目标。①强化组织领导。省委书记刘赐贵、省长沈晓明对森林防火工作多次作出重要批示，海南省林业厅及时召开全省森林防火工作会议，传达全国国土绿化和森林防火会议精神，要求各市县落实"人员、责任、资金、装备、措施"五到位，确保全省2017年不发生重特大森林火灾。各市县党政主要领导亲自动员部署，对森林防火工作进行早动员、早部署，为做好2017年森林防火工作奠定了基础。②落实工作责任。省森林防火指挥部与全省18个市县政府签订森林防火责任状，全省18个市县政府均与乡镇政府、村委会层层签订责任状，层层传导压力，增强责任意识和防范意识，做到山有人管、林有人护、责有人担，确保工作责任落到实处。③加强监督指导。海南省林业厅印发《关于开展森林高火险期森林防火工作督查的通知》，成立7个督查组，由厅领导带队，对全省18个市县及各林区林场森林防火重点区域进行督查。各市县党委、政府主要负责人深入森林防火一线，靠前指挥部署，强化火源管控，及时消除火灾隐患。④强化基础保障。全省18市县（不含三沙市）建立了总人数为314人的森林扑火专业消防队，省林业厅直属各林区林场及保护区和各市县乡镇组建半专业扑火队279支共7028人。全省建立了省级调度指挥中心和调度台，设立省级森林火险预警分中心1个，森林火险监测站68个、可燃物因子采集点14个，初步建立了海南省森林火险预警响应机制。2017年海南省级财政安排购置森林防火装备和设备保养维修资金422万元，各市县投入森林防火经费4500万元。

【森林病虫害防治】 海南省林业有害生物主要有椰心叶甲、椰子织蛾、红棕象甲、薇甘菊、金钟藤等。2017年，全省林业有害生物发生面积24 146.67公顷，比2016年下降6.63%。从发生程度来说，轻度发生18 066.67公顷，中度发生4600公顷，重度发生1480公顷；从发生种类来说，病害发生146.67公顷，虫害发生9780公顷，有害植物14 220公顷。①加强病虫害防治。坚持采用以释放寄生蜂为主、挂药包防治为辅的综合治理措施防治椰心叶甲，全省累计生产和释放椰心叶甲寄生蜂45 016万头（其中姬小蜂34 388万头，啮小蜂10 628万头），挂药包防治52.3万株。椰心叶甲虫口密度大幅降低，被害状十分轻微，基本上实现了"有虫不成灾"的可持续控制目标。薇甘菊防治4112公顷，椰子织蛾防治864.4公顷，有效控制了危害和扩散蔓延势头。②严防检疫对象入侵。在海口南港和新海港两大码头设立植物检疫检查点，开展"利剑2017"植物检疫联合执法专项行动，共计出动执法人员1530人次，检查外来车辆802车次，查扣违规无证调运153车次，假证10车次，对复检发现携带有椰心叶甲、炭疽病菌等危险性病虫害依法依规进行除害处理。③根据"双随机、一公开"制度，对全省苗圃进行全面检疫、建档，全面加强森林植物及产品进入海南省以及省内调运检疫监管工作，有效阻止红火蚁等检疫对象扩散蔓延。

【森林旅游】 ①积极推进霸王岭、吊罗山等森林公园的总体规划编制工作，编制"如何大力发展森林旅游和森林康养课题研究报告"，积极参加2017中国森林旅游节活动。霸王岭国家森林公园、热带天堂森林公园获全国森林康养示范基地建设单位称号。陵水县被国家林业局授予"全国森林旅游示范县"称号。②严抓安全生产，确保景区平安稳定。各森林公园认真落实安全生产责任制，层层签订责任状，并制订各类重大或突发事件应急预案，对重大节日或小长假组织开展安全隐患大排查大整治活动，对全省森林旅游景区景观、娱乐设施、消防等硬件设施进行实地检查，发现问题，及时整改，消除安全隐患，确保森林旅游景区生态、观光设备、游客人身和财产安全。2017年全省森林旅游总人数达600多万人次，总收入达8亿多元。

【花卉产业】 海南省政府印发《海南省推进热带花卉产业发展实施方案》。省林业厅会同省有关部门和重点花卉龙头企业等13个单位，开展花卉产业调研，撰写《海南省花卉产业发展情况调研报告》以及科技、市场、资源、政策、SWOT分析5篇专题报告报送省政府。截至2017年年底，全省花卉种植面积达8880公顷，比2016年增加346.67公顷，花卉总产值达41亿元，实现花卉销售额29.3亿元。花卉品质不断提高，出口创汇能力增强，签订出口的蝴蝶兰、菊花、金钱树等金额达到2100多万美元，神马白菊、多头彩菊、金钱树等走俏日韩市场。

【油茶产业】 海南省林业厅开展全省油茶产业调研，完成《海南省油茶产业发展规划》。海南本地油茶育种工作取得重要进展，发布油茶新品种9个，选育新的油茶良种品系11个，建设油茶良种采穗圃13.33公顷，良种苗木培育基地13.33公顷，新建油茶基地1200公顷。国家林业局场圃总站于10月在海南省举办全国油茶工作会议，进一步推进了海南省油茶产业发展。截至2017年年底，全省油茶种植面积达6000公顷。

【木材经营加工】 ①加强对各市县木材经营加工管理的指导工作，海南省林业厅下发《关于进一步加强木材经营加工管理工作的通知》（琼林〔2017〕60号），对小型加工企业长期停产、停业企业进行清理整顿，规范木材加工管理。②鼓励木材加工企业提高木材加工高新技术含量，延长产业链，提高木材加工增加值，2017年相继投产的儋州同森木业有限公司、日昌木业有限公司、海南永盛木业有限公司等几家大型木材加工企业，投资额将近2亿元；2017年，全省木材加工行业完成产值为92.2亿元。③加大检查指导各市县及林区林场查处违法运输木材工作，2017年全省共查处违法运输木材行政案件176起，行政处罚197人，没收非法木材367.9立方米，没收违法所得11230元，行政罚款259 907元。

【林木种苗】 举办全省林木种苗行政执法和质量管理人员培训班、2017年全省林木种苗生产经营档案管理培训班，协助国家林业局在海南举办全国林木种苗站站长培训班，进一步规范全省林木种苗生产经营管理，助推海南省林木种苗产业发展。成立了海南省林木品种审定委员会，认定油茶、沉香、兰花等良种18个。目前海南省共有苗圃664处，实际育苗面积为1359.4公顷。截至2017年年底，全省林木种苗产业产值约35亿元，其中2017年新增3亿元。

【野生动物驯养】 依法加强对陆生野生动物驯养繁殖产业的管理。①编制出台黄喉拟水龟、苏卡达陆龟、中华花龟、果子狸、星点水龟、钻纹龟和亚洲巨龟的人工养殖技术规程地方标准。委托沈阳师范大学两栖爬行动物研究所和海口久周龟类动物研究中心对海南省野生动物驯养繁殖场人工繁育情况进行调研。海南省琼南山地丘陵和琼北山地丘陵2个陆生野生动物资源调查项目通过国家林业局检查验收。②大力开展"爱鸟周"宣传教育活动。2017年3月24~25日在三亚市举办主题为"依法保护候鸟，守护绿色家园"的2017年全国"爱鸟周"启动活动。③加强对陆生野生动物驯养繁殖产业的管理。积极配合国家林业局对海南省野生动物繁育利用情况进行调研督导。全省人工繁育的野生动物主要物种有虎纹蛙、果子狸、蛇类（眼镜蛇、滑鼠蛇、灰鼠蛇、蟒蛇）、原鸡、豪猪、野猪、龟类等种类。2017年经海南省林业厅审批核发的野生动物人工繁育场42家，经营利用场所27家。

【野生动物疫源疫病监测】 扎实做好野生动物疫源疫病监测防控工作。①转发《国家林业局办公室关于进一步加强秋冬季候鸟等野生动物保护执法和疫源疫病监测防控工作的紧急通知》，要求各单位做好H7N9禽流感等野生动物疫源疫病监测防控及候鸟保护工作。②组织各市县林业部门和各疫源疫病监测站工作人员，举办2017年野生动物保护管理及疫源疫病监测防控工作培训班，提高工作人员对野生动物疫源疫病监测防控技术水平。③开展不间断的监测防控工作，全省33个陆生野生动物疫源疫病监测站实行24小时应急值守制度，每天通过专用网络系统上报疫情，确保海南无疫区安全。

【林业精准扶贫】 充分发挥林业在精准扶贫中的作用，加大对贫困地区和贫困群众的帮扶力度。①继续对省林业厅定点帮扶的保亭县南林乡东方村51户贫困户家庭实行"定点包户扶贫"。制订《2017年度海南省林业厅关于保亭南林乡东方村定点帮扶脱贫实施方案》，各帮扶责任人入户走访帮扶121次。以"党支部+公司+合作社+贫困户"的模式，引入林业龙头企业，整村推进，帮扶脱贫。②引进海南新绿神生物工程有限责任公司，协助保亭县南林乡打造特色热带兰花种植示范基地，以文心兰切花为主、石斛兰盆花为辅，带动东方村委会69户贫困户267人如期脱贫，并逐步建成地区特色热带兰花种植示范基地。③引进海南柏盈兰花产业开发有限公司，协助保亭县南林乡打造万如村扶贫项目热带兰花基地，以种植文心兰切花为主，盆花为辅，打造"南林乡兰花特色小镇"，为进一步建成"旅+农"美丽乡村奠定坚实基础。组织海南省林业科学研究所完成南林乡万如村美丽乡村总体规划，交由省旅游委统筹建设美丽乡村。截至2017年年底，省林业厅定点帮扶的51户贫困户已全部脱贫。

【基础保障建设】 ①协调海南省财政厅、海南省发改委及时下达各项林业建设资金。2017年，全省林业投入71 156.75万元，比2016年增加8.16%。其中：中央投入34 280万元，省财政投入36 876.75万元。②抓好资金项目审计稽查工作。完成2014~2016年中央财政林业补助资金稽查、天然林资源保护工程资金稽查和退耕还林工程专项整治行动自查工作，自查报告报送国家林业局。聘请会计师事务所对省森林公安局、省木管局、尖峰岭林业局、大田国家级保护区管理局、保梅岭林场、黎母山林场、邦溪省级自然保护区、毛瑞林场、通什林场、白马岭林场10家单位进行主要负责人离任经济责任审计。③加快林业标准制定引领林业产业转型升级。先后联合海南出入境检验检疫局、中国热带农业科学院、海南中科花海云商科技股份有限公司等单位起草了19项地方标准，并通过专家评审。④组织编写2018年省级科技计划项目申报书共36项；申报国家林业重点实验室1项、2017年林业固定资产投资建设项目1项、国家林业局森林认证项目1项。⑤大力加强林业立法，2017年，海南省林业厅按照海南省人大常委会和省政府年度立法工作安排，完成《海南经济特区林地管理条例(修改草案)》《海南省湿地保护条例(草案)》《海南省林木种苗管理条例(草案)》3项地方性法规草案的起草工作。

【机关党建】 ①深入学习贯彻党的十九大精神。制订《海南省林业厅关于认真学习宣传贯彻党的十九大精神的实施意见》《海南省林业厅党的十九大精神宣讲活动方案》和《海南省林业厅党的十九大精神专题培训方案》，组织处级干部和直属单位领导班子成员共105人进行了专题培训，实现了处级以上干部培训全覆盖。②制订海南省林业厅推进"两学一做"常态化制度化实施方案，邀请专家学者进行专题辅导12次，省林业厅各级党组织共组织学习253期（次），支部书记上党课220人次，党员干部撰写学习心得体会536篇。组织1088名林业党员干部参与"建功美好新海南、献礼党的十九大"实践活动理论知识测试。建立省林业厅党员领导干部基层党建工作联系点制度、机关纪委基层纪检工作联系点制度，广泛开展共产党员"戴党徽、亮身份、树形象"活动。2017年，海南省林业厅机关党委获得省直机关工委全面从严治党工作责任考核三等奖，全省机关党建理论研究成果一等奖。③加强党规党纪教育。印制《党风廉政建设宣传手册》1000本，发放《党员必须牢记的100条党规党纪　习近平治国理政100个金句》1000本，发放《学思践悟》书籍165本。组织厅机关全体干部和直属单位领导班子成员参观反腐倡廉警示教育基地。开展以"锤炼坚强党性，传承清廉家风"为主题的反腐倡廉警示教育活动。④强化日常监督。制定省林业厅直属单位干部考察工作规程，配合省委组织部对4名领导干部提拔任用全过程的倒查；全面完成领导干部违规在企业兼职的清理和规范工作。完成110名处级以上干部集中报告2017年度个人有关事项，完成5批次27名干部抽查核实工作。2017年厅党组约谈直属单位领导班子37人次、进行任前谈话26人次，直属机关党委对直属单位领导班子成员开展约谈135人次，对14人廉政情况进行审核。⑤主动开展内部巡察。省林业厅成立厅党组内部巡察工作领导小组，制定《中共海南省林业厅党组内部巡察工作制度（试行）》，从林业系统各单位遴选了18名同志组成了厅党组巡察办公室和两个巡察组，召开省林业厅党组内部巡察工作动员会，邀请省纪委、屯昌县和东方市纪委（巡察办）开展了为期一个月的系统培训，分别对尖峰岭林业局、吊罗山林业局和霸王岭林业局、黎母山林场开展了两轮巡察，对发现的问题立行立改，推动全面从严治党向基层延伸。⑥严格落实中央八项规定。开展全省森林公安系统违规购置车辆问题专项调查，在林业系统开展违规进人用人、违规购置车辆、违规购买住房和林业专项资金管理使用4个专项整治。2017年，省林业厅机关公务接待费支出2.69万元，同比下降32%；公务车辆运行费支出11万元，下降29%。

（海南省林业由慕立忠供稿）

重庆市林业

【概　述】 2017年，全市林业系统深学笃用习近平新时代中国特色社会主义思想，深入学习贯彻党的十九大精神，认真落实重庆市委五届三次全会、全市"两会"精神，牢固树立和践行绿水青山就是金山银山理念，紧紧围绕筑牢长江上游重要生态屏障，使重庆成为山清水秀美丽之地总目标，坚持生态优先、绿色发展，坚持生态产业化、产业生态化，扎实推进林业五大行动，全市林业改革发展各项工作取得新成效。全年完成造林15万公顷，其中人工造林10.7万公顷，封山育林4.3万公顷。

全市现有林地面积446.6万公顷，森林面积374.1万公顷，森林覆盖率45.4%，比直辖之初提高26.6个百分点，居全国第12位、西部第4位；林木蓄积量2.05亿立方米；人均林地面积0.15公顷，人均森林面积0.124公顷，人均林木蓄积量6.81立方米。

生态保护　坚持保护优先，严守420万公顷林地、373.3万公顷森林和20.67万公顷湿地红线。加强自然保护区、湿地保护区、森林公园、湿地公园、国有林场、主城"四山"等重点区域林地管控。严格林地征占用管理，全年共审核审批建设项目使用林地372宗、面积2368公顷，收取森林植被恢复费4.38亿元。严格森林采伐限额管理、许可管理和分类管理，全面停止天然林商业性采伐，落实300.3万公顷公益林管护责任。认真开展中央环保督查涉及自然保护区管理问题的整改工作，从严审批涉及自然保护区的建设活动。市政府办公厅印发《重庆市湿地保护修复制度实施方案》，重庆市成为全国第一个出台落实国务院湿地保护修复制度细化方案的省市。加强森林防火工作，全年共计发生12起森林火灾，过火面积32.8公顷，受害森林面积11.6公顷，森林火灾受害率仅为0.003‰，没有发生重特大森林火灾和人员伤亡事故。以松材线虫病为重点狠抓林业有害生物防控，主要林业有害生物发生面积30.2万公顷，防治29.3公顷。基本完成古树名木普查外业调查和数据录入。

生态修复　围绕建设长江上游重要生态屏障，深入实施林业重点工程。全面摸清全市国土绿化现状，研究分析提升森林覆盖率的潜力空间，起草《全市国土绿化提升行动实施方案》，市政府第192次常务会议审议通过，待市委常委会议审定后实施。2017年起启动编制方案，自2018年开始实施。加快实施新一轮退耕还林，完成2016年度6.67万公顷任务，发展经济林占比65%以上。强化石漠化综合治理，探索生态治理模式。巩固三峡后续植被恢复项目造林成果，积极开展补植补造。启动湿地生态效益补偿，制订《重庆市2017年湿地生态效益补偿试点方案》。印发《长江经济带重庆段森林和湿地生态系统保护与修复规划》，编制完成《重庆市森林质量精准提升工程总体规划》，启动长防林三期和森林质量精准提升工程。加快木材战略储备林基地建设。

生态富民　2017年，林业产值突破1000亿元，增幅在21.8%以上。推进林业供给侧结构性改革，着力延伸林产经济链条。完成《关于加快林业产业发展的意见》的起草，启动全市林业产业发展规划修编及森林旅游、林下经济、笋竹、森林康养、林产品加工贸易5个产业专项规划的编制。重点支持一批营造林项目、苗木花卉项目、笋竹项目、中药材栽培项目、经济林培育项目以及木竹加工、生物制药、蚕桑产业项目等建设。大力发展木本油料产业，与发改委联合印发《重庆市木本油料良种及示范基地建设实施方案（2018～2025年）》，加快建设木本油料高产示范园，开展核桃、油茶、油橄榄等技术服务，完成木本油料新造林任务0.35万公顷。结合退耕还林等项目，2017年共计栽植木本油料1.13万公顷，超出计划任务226.9%。在浙江大学举办全市林业产业发展培训班，现场学悟"绿水青山就是金山银山"重要思想。积极推进森林旅游、森林康养产业发展，召开全市森林康养发展大会和森林康养建设座谈会，启动10个市级森林康养试点基地建设。制定《深化林业脱贫攻坚实施意见》，联合市扶贫办、市工商局制定《关于支持18个深度贫困乡镇成立脱贫攻坚营造林专业合作社的指导意见（试行）》，明确对18个深度贫困乡镇的林业扶贫政策措施。扩大生态护林员数量，全部用于18个深度贫困乡镇，支持建档立卡贫困户转为生态护林员，14个贫困区县投资占全市林业总投资的75%以上，安排生态护林员和天然林管护人员公益性岗位2.83万个，人均年管护收入5000元以上。支持14个贫困区县纳入国家生态扶贫总体规划，涉及退耕还林、天然林保护、石漠化治理、长防林三期、湿地保护与恢复等林业重点工程31.3万公顷。完善"一对一""一包两挂"对口帮扶机制，巩固对口帮扶成果。完成欧投项目第一次提款8726万元，推进特色经济林、中药材等基地建设，营造经济林0.2万公顷，开展技术人员和林农的技术培训。

生态服务 编写《直辖20周年生态文明建设林业公报》，完善《筑牢长江上游（重庆）重要生态屏障对策研究》报告。坚持空气负氧离子日测日报，全市44个固定监测点实现所有区县全覆盖，在建81个点的空气负离子自动检测网络初步投入使用。实施退耕还林、天保工程、岩溶地区石漠化综合治理等林业重点工程生态效益监测和森林抚育项目生态效益监测。组织开展国际森林日、世界湿地日等主题宣传活动。向市民免费开放130处森林旅游地，举行观鸟、植物及森林生态系统认知、森林瑜伽等各类森林康养活动，参与公众近千人。积极将森林体验养生新理念落实到森林公园的场馆和步道建设中。

林业改革 承办全国国有林场改革工作经验交流会，召开全市国有林场改革推进会。完成全市37个区县和万盛经开区国有林场改革实施方案批复工作。起草《重庆市国有林场改革验收办法》《重庆市国有林场管理办法》并征求相关单位意见。启动国有林场森林经营方案编修订，编制《重庆市国有林场中长期发展规划》。推进国有林场森林管护社会购买服务，江津等23个区（县）国有林场森林资源管护实现社会购买服务。国有林场债务得到基本化解。国有森林资源面积增加0.53万公顷。制订《重庆市完善集体林权制度实施方案》，召开全市深化集体林权制度改革现场经验交流会和6个集体林业综合改革试验示范区局长座谈会。开展集体林地"三权分置"机制、林地退出机制、林地赎买机制改革，以及公益林互调流转机制、股份合作机制、林权抵押贷款机制、森林保险改革等改革。森林保险实现公益林全覆盖，参保森林面积占全市森林面积的77.1%，保险金额413亿元，林地价值有效提升。制订《重庆市2017年探索林业碳汇项目开发交易试点工作方案》。出台《重庆市全面深化森林公安改革实施意见》。

生态文化 深入开展全民义务植树活动，公布义务植树点52个，560万人次参加义务植树，累计植树4810万余株。组织开展市级领导植树活动，举办"2017年妇女春季义务植树活动""国际森林日"植树活动、乡村振兴绿化行动等特色鲜明的植树活动，丰富活动内容及形式。指导区县创建国家森林城市、绿色新村。开展全国生态文化村、第三届中国森林氧吧遴选。开展"念好山水经 做好林文章"金点子征集活动。与市委宣传部等部门共同主办第四届梦想课堂·自然笔记大赛。

林业可持续发展 深化"放管服"改革，全面清理林业行政审批事项和其他行政权力清单，厘清责任清单，实际保留审批事项18项，全部纳入市政府网审平台公开运行。加强行政审批标准化建设。组织修订《重庆市林业行政处罚裁量基准（试行）》和《重庆市林业行政处罚裁量实施标准（试行）》。深入开展"2017利剑行动"、检疫执法等专项行动，严厉打击破坏生态违法犯罪行为，全年共立各类森林和野生动物案件2815件，查破2745件，综合查处率为97.5%，打击处理违法犯罪嫌疑人3414人。召开全市林业科技创新大会，全面部署"十三五"林业科技创新发展重点任务。成立市林业局专家咨询委员会，启动林业科技扶贫行动。出台《关于深入实施创新驱动发展战略促进林业科学发展的实施意见》，印发《重庆市"十三五"林业科技创新发展实施方案》《重庆市林业科技扶贫实施方案（2017～2020年）》。积极推进种苗项目建设，实施完成《木本花卉收集与保存项目》《观赏牡丹项目》等项目共213个树种（品种）、24.61万株苗木的采购、栽植和配套基础设施建设。

（重庆市林业由周旭供稿）

四川省林业

【概　述】 2017年，四川省林业按照四川省委、省政府和国家林业局决策部署，自觉践行绿色发展理念，深化供给侧结构性改革，稳中求进推进林业发展，圆满完成年度目标任务。落实省级以上财政投入98亿元，完成营造林86.27万公顷，同比增长16%。森林蓄积量达到18.61亿立方米，森林覆盖率提高到38.03%。实现林业总产值3402亿元，同比增长11%。林业有害生物成灾率0.26‰，森林火灾受害率0.065‰，涉林案件综合查处率96.68%，林业生态服务价值达到1.72万亿元。

【绿化全川行动】 四川省委书记王东明、省长尹力等领导多次对绿化全川行动提出新要求，各级党政和绿委成员单位积极履职，造林绿化活动蓬勃开展。全年完成人工造林48.29万公顷，同比增长14%；义务植树1.38亿株。实施封山育林7.12万公顷，抚育中幼林18.15万公顷，改造低效林12.73万公顷，乐山市岷江大渡河森林质量精准提升项目纳入全国首批试点。巩固前一轮退耕还林成果89.09万公顷，完成新一轮退耕还林3.25万公顷，申报2018年任务2.63万公顷。省政府办公厅出台加快推进森林城市建设意见，省绿委、林业厅印发规划，成都平原、川南、川东北、攀西四大森林城市群启动建设，新创建国家森林城市3个。首批授牌生态文明教育基地65个、省级森林小镇32个，新增国家和省级森林公园13个。筹建成立省绿化基金会，社会各界广泛参与造林绿化。出台《龙泉山城市森林公园总体规划》，全球最大城市森林公园启动建设。林木种质资源普查全面启动，良种选育推广、种苗质量监管等切实加强。审（认）定林木品种9个，新增省级以上重点林木良种基地8处，生产苗木6.3亿株，主要造林树种良种使用率达到64%。

【生态治理修复】 四川省政府办公厅印发《四川省"十三五"生态保护与建设规划》，林业厅印发《四川省沙化土地封禁保护修复制度方案》《四川省干旱半干旱地区生态修复综合治理"十三五"规划》。完成沙化土地治理和巩固成果2.34万公顷，治理岩溶土地4万公顷。长江上游干旱河谷生态治理工程启动实施，治理干旱河谷3200公顷。川西高原生态脆弱区综合治理、20个生态屏障重点县启动建设。省政府出台《四川省湿地保护修复制度实施方案》，批建省级湿地公园7个，选择若尔盖、理塘等县启动了省级湿地生态补偿。九寨沟地震林业救灾及时有效，牵头完成灾区生态环境损失评估，牵头编制并经省政府办公厅印发《九寨沟地震灾后生态环境修复保护专项实施方案》，规划林业项目51个，估算投资5.31亿元。以林业自然保护区为重点，扎实做好迎接中央环保督察各项工作，锁定生态环境问题986个，分类建立问题清单，层层落实整改责任，完成整改900个，整改完成率91.3%。

【林业脱贫攻坚】 制订《林业厅扶贫工作考核办法（试行）》，印发《深度贫困县林业扶贫攻坚实施方案（2018~2020年）》，出台林业助推深度贫困县脱贫攻坚7条措施，召开全省林业科技与产业助推脱贫攻坚大会、林业生态扶贫现场会。牵头推进生态建设专项扶贫，制订贫困县和深度贫困县2017年度、2018年度具体实施方案，为贫困县安排2017年中央和省级林业财政资金65亿元，占全省66%。争取和统筹各类资金2.68亿元，为贫困群众提供生态护林员岗位5万余个，带动7.8万贫困人口稳定脱贫。创新林业生态建设扶贫机制，积极探索扶持发展脱贫攻坚造林合作社相关政策。贫困县新培育木质原料林、竹林、木本油料林等产业扶贫基地7.67万公顷，建设森林康养基地37处、森林康养人家97个。林业扶贫百千万科技春风行动深入推进，林业生态旅游扶贫千村万景行动有序实施。

【林业产业发展】 产业基地加快发展，现代林业基地达到180万公顷，"万亩林亿元钱"示范片超过6.67万公顷，林下种植基地达到73.33万公顷，林下畜禽养殖突破3000万头（只）。全年生产人造板800万立方米、木质家具600万件，加工转化率达到60%。森林旅游业持续向好，评定四川林业生态旅游示范县12个、星级森林人家512家，各地举办林业生态旅游节会90余场次。森林康养产业蓬勃发展，全省创建森林体验基地2个，新增森林康养基地84处（其中国家级示范基地19家），森林康养人家达到500家，社会资本投入森林康养产业突破1000亿元。命名森林自然教育实践示范基地32家，创建全国首家"森林图书馆"。40个新一轮现代林业重点县加快建设，首批25个木本油料重点县、30个重点培育现代林业产业园区建设顺利实施，申报国家级示范园区2个，新认定省级园区8个，新认定森林食品基地30个。国家级林业产业化重点龙头企业新增7家，省级林业专业示范合作社新增26个，林业新型经营主体突破1.5万个。

【林业重点改革】 成立四川省大熊猫国家公园体制试点咨询委员会，编制完成体制试点实施方案（2017~2020）。国家公园及功能区划勘界加快推进，暂停林地使用、林木采伐等项目建设行政许可，开展各类保护地管理机构清查，自然资源登记试点有序实施。80%的国有林场主体改革任务基本完成，初步实现精准定性核编，理顺了管理体制。省委省政府印发《国有林区改革实施方案》，省政府召开工作会议，全省国有林区改革全面推开。《完善和深化集体林权制度改革方案》主体任务基本完成，"两证一社"改革试点基本完成，省政府办公厅出台《关于进一步完善集体林权制度的实施意见》。新增林权交易网点23个，新颁发经济林木（果）权证2177本、林地经营权流转证555本，新增贷款12亿元，集体林业综合改革"成都经验""巴州做法"获国家林业局肯定。林业综合执法改革落地见效，《完善生态脆弱地区生态修复机制专项改革方案》主体任务基本完成，省政府办公厅《关于健全生态保护补偿机制的实施意见》加快落地。

【林业依法管理】 完善林业行政处罚裁量标准，制订了林业行政执法公示、执法全过程记录、重大行政执法决定法制审核等办法。《四川省集体林权流转管理条例》列入省政府立法计划调研论证项目。第九次森林资源清查全面完成，全省森林资源监测体系启动建设。省政府首次组织考核市州政府保护发展森林资源目标责任落实情况，14个市（州）获优秀等次。积极服务"项目年"建设，审核审批建设项目占用林地1206件，涉及林地1.33万公顷，白鹤滩水电站、李家岩水库、宜宾机场等重点项目林业用地得到保障。核发林木采伐许可证

15.63万份、木材运输证20余万份，批准消耗林木蓄积333.6万立方米。组织开展"守护绿川""全面保护长江经济带林业资源"等专项行动，办理行政案件8825起，查处8666起，行政处罚13 997人次；森林公安刑事立案1280件，侦破1103件。

【生态资源保护】 天然林资源保护二期工程扎实推进，有效管护森林1733.33万公顷，集体和个人所有的天然商品林停伐管护补助政策得到落实。野生动物保护继续加强，王朗等10个自然保护区启动大熊猫种群动态监测。编印《大熊猫遗传档案技术规程》，统一全省大熊猫个体识别技术。《中国熊猫》系列全球巡回展览正式启动，6只大熊猫分赴荷兰、德国、印度尼西亚交流。地方级自然保护区卫星遥感监测平台初步搭建。卧龙雪豹分布密度居全国首位。防灾减灾不断强化，重大林业有害生物监测预警和应急防控持续加强，防治面积45.31万公顷，无公害防治率95.96%，产地检疫实现全覆盖。森林防火责任有效落实，雅江县"3·12"等森林火灾得到及时处置。全年发生森林火灾171起，火灾次数下降35%，24小时扑灭率94%。金川直升机场等防火项目加快建设，直升机临时起降点和取水点选设工作有序开展。成功举办"中航安盟杯"全省首届森林消防技能竞赛。

【林业发展基础】 制订林业改革发展、生态保护恢复财政资金管理具体办法，开展专项资金绩效评价、退耕还林突出问题专项整治，稽查并督促整改10个县(市、区)林业项目资金。林业政策性贷款取得突破，泸州市古蔺县、遂宁市安居区与中国农业发展银行四川省分行签订贷款协议3.8亿元。培育重大科技创新成果20项，推荐进入国家林业成果库30项，林业科技成果转化率达到62%、标准采用率达到65%、科技进步贡献率达到49%。乐至县川中丘陵区林业科技园区升级为国家级林业科技示范园区。与国家林业局国际合作司、中科院成都分院等达成合作协议8项，德国贷款等双(多)边国际合作资金落地2849万元。国家标准化林业站和整县林业站建设加快推进，65.6%的县设立基层林业站。新建县级林业质检站4个。中央、省级媒体刊播四川林业新闻2000余篇(条、部)。省林业厅网站建设获省政府年度绩效考核省级部门第一名。省委编办批准设立省森林防火预警监测中心。全省评定副高级以上专业技术人员近400人。

【林业大事】

1月31日 中共中央办公厅、国务院办公厅印发《大熊猫国家公园体制试点方案》(厅字〔2017〕6号)，标志着大熊猫国家公园体制试点工作正式启动。

3月1日 四川省正式推行以森林公安为主的林业综合行政执法改革。

3月20日 四川省委书记王东明、省长尹力，西部战区副司令员刘小午等党政军领导，以及机关干部、部队官兵等，在成都市双流区东升镇接待寺社区江安河湿地规划绿地内，开展四川省和成都市党政军领导义务植树活动，栽植香樟、栾树、红豆杉、无患子、紫薇等优质苗木300余株。

3月22日 四川省绿化基金会成立，首批获捐260万元。

4月19日 四川省人民政府办公厅印发《四川省"十三五"生态保护与建设规划》(川办发〔2017〕33号)。

4月19日 四川省人民政府办公厅印发《关于2012~2016年保护发展森林资源目标考核结果的通报》(川办函〔2017〕72号)，14个市(州)人民政府被考核为优秀，7个市(州)人民政府被考核为良好。这是省政府首次开展保护发展森林资源目标责任制专项任期考核。

4月21日 经省委编制委员会办公室批复同意，林业厅设立产业处(安全生产管理处)，原信访处调整为办公室挂牌单位，撤销发展规划和资金管理处所挂的产业处牌子。

4月28日 国家发展改革委、国家林业局下达重点防护林工程中央预算内投资计划3000万元，在乐山市启动实施岷江大渡河森林质量精准提升示范项目。

4月 四川省林业厅分别与中国农业发展银行四川省分行、国家开发银行四川分行签订《全面支持林业发展战略合作框架协议》和《全面推进林业生态建设和林业精准扶贫合作协议》。

5月3日 四川省人民政府办公厅印发《关于开展森林草原湿地生态屏障重点县建设的通知》(川办函〔2017〕90号)。其后，林业厅、农业厅、省发展改革委、财政厅遴选平武县、青川县等20个县正式启动重点县建设。

7月14日 四川省人民政府办公厅印发《关于进一步完善集体林权制度的实施意见》(川办发〔2017〕68号)。

8月7日 中共四川省委办公厅、四川省人民政府办公厅印发《关于成立四川省大熊猫国家公园管理机构筹备委员会的通知》(川委厅字〔2017〕18号)。

8月14日 四川省大熊猫国家公园体制试点工作推进领导小组印发《大熊猫国家公园体制试点实施方案(2017~2020)》(川熊猫公园发〔2017〕2号)，明确试点期间23大项、56分项工作的路线图、时间表和责任单位。

9月3日 四川省财政厅、林业厅下达财政专项资金14 783万元，在红原、若尔盖、阿坝、壤塘、色达和炉霍6个县启动川西高原生态脆弱区综合治理项目，打造经验可复制、成果可展示的生态修复示范样板。

9月22日 四川省十二届人大常委会第三十六次会议第二次全体会议，决定任命省林业厅党组书记、厅长尧斯丹为四川省人民政府副省长。

9月25日 中共四川省机构编制委员会批准设立四川省森林防火预警监测中心，为林业厅直属正处级公益一类事业单位。

10月10日 国家林业局授予攀枝花、宜宾、巴中"国家森林城市"称号，为一次性授牌最多的一次。

10月11日 中共四川省委农村工作委员会办公室印发《四川省大力发展生态康养产业实施方案(2018~2022)》(川领农办〔2017〕12号)。

10月14日 四川省人民政府办公厅印发《四川省湿地保护修复制度实施方案》(川办发〔2017〕98号)。

10月19日 四川省绿化委员会、四川省林业厅首批授予成都市金堂县五凤镇等32个镇(乡、社区)为省级森林小镇。

11月14~15日 全国集体林业综合改革试验示范工作推进会在四川省崇州市召开,学习以"林业共营制"为主的集体林业改革"成都经验"。

11月15日 四川省人民政府在成都召开全省林业科技与产业助推脱贫攻坚会议。会上,四川省林业厅与中科院成都分院签订《创新驱动战略合作协议》,与中国建设银行四川省分行签订《战略合作协议》。

11月15日 四川省人民政府办公厅印发《关于成立四川省重大林业有害生物防控工作指挥部的通知》(川办函〔2017〕213号),省政府副省长尧斯丹为指挥长。

11月28日 四川省首个林业政策性贷款项目签订贷款协议,遂宁市安居区琼江流域林业开发与生态保护项目(一期)获得中国农业发展银行四川省分行林业资源开发与保护中期扶贫贷款2亿元。

12月8日 四川省人民政府办公厅印发《"8·8"九寨沟地震灾后恢复重建5个专项实施方案》(川办发〔2017〕101号),确定生态环境修复保护专项实施方案项目22个,规划总投资8.59亿元。

12月16日 中共四川省委、四川省人民政府出台《四川省国有林区改革实施方案》(川委发〔2017〕37号),正式启动全省国有林区改革工作。

12月25日 宜宾县宜宾油樟被农业部、国家发展改革委、财政部、国家林业局等9个部(委、局)认定为第一批中国特色农产品优势区。

12月29日 国家林业局公布四川省第九次森林资源清查主要结果,全省森林资源主要指标大幅度增长,森林面积达到1840万公顷,森林覆盖率达到38.03%,森林蓄积达到18.61亿立方米。

(四川省林业由张革成供稿)

贵州省林业

【概　述】 2017年,在中共贵州省委、贵州省人民政府的坚强领导下,在国家林业局的大力支持下,全省林业系统深入学习贯彻党的十九大精神和习近平总书记在贵州代表团的重要讲话精神,牢记嘱托,感恩奋进,全省林业工作取得了新进展,实现了新突破。

绿色贵州建设 实施新一轮退耕还林、石漠化综合治理、植被恢复费造林、长江经济带生态修复等重点生态工程,绿色面积不断扩大。植树造林活动高潮迭起,广泛开展社会造林、行业造林、团体造林、家庭造林,深入推进义务植树,中共贵州省委、贵州省人民政府连续三年在春节后上班第一天组织五级干部开展义务植树。大力建设绿色家园,广泛开展森林城市创建活动。贵州省人民政府于2017年12月7日召开绿色贵州建设三年行动计划总结暨全省今冬明春国土绿化观摩推进会,2015~2017年累计完成营造林131.67万公顷,森林覆盖率年均增长2个以上百分点,全省森林覆盖率达到55.3%,排名上升全国第八位。

资源保护 全面禁止天然林商品性采伐,完成全省第四次森林资源调查。开展森林生态系统服务功能价值评估,截至2017年年底,全省森林生态系统服务功能价值达7484.48亿元。深入推进"六个严禁"执法专项行动,强力抓好中央环境保护督察76个涉林问题整改,查处林业行政案件2889起,森林公安机关查结各类涉林案件8087起,百名民警破案率继续保持全国第一,严肃问责追究50名党政领导干部生态损害责任。严格落实森林防火和有害生物防治责任,全省9个市(州)新配备森林防火指挥车、88个县(区)配备森林防火通信车,未发生重特大森林火灾和人员伤亡事故,森林火灾受害率仅为0.0048‰,林业有害生物无公害防治率达99.6%。生物多样性保护网络不断加强,贵州省新增1个国家级自然保护区、2个省级自然保护区,新设立各级森林(生态)公园16处。

产业发展 贵州省林业厅规划建设刺梨、油茶、核桃、竹子、花卉苗木、木本中药材、国家储备林、工业原料林、生态精品水果、生态茶园"十大林业产业基地",启动"十百千林业产业科技示范基地"创建工作。贵州省林业厅出台《贵州省林产品品牌建设推进计划(2017~2020年)》,贵州省质量技术监督局发布1个行业标准和6个地方标准,中国林科院为"玛瑙红樱桃"构建指纹图谱,实现零的突破。大力发展森林生态旅游,在生态文明贵阳国际论坛期间,贵州省成功举办"大生态+森林康养"专题研讨会,发布全省首批森林康养试点单位12个、生态地标66个。2017年,贵州森林公园接待游客4000万人次、实现旅游综合收入600亿元。全省累计落实林业投资150亿元,截至2017年年底,全省林业总产值突破2000亿元。

综合改革 积极推进供给侧结构性改革,大力推广林业"三变"改革经验,完善集体林权制度改革,全省林权抵押贷款面积达9.49万公顷,森林保险投保面积达599.43万公顷。扎实推进国有林场改革,原有的110个各类企事业单位改制或撤并成105个公益一类事业单位,国有林场改革工作在全国作经验交流。深化森林公安改革,招录培养机制改革成为全国推广的"贵州模式",森林公安警务辅助人员纳入全省公安机关管理,厅直单位森林公安管理得到理顺,森林公安执法权限得到落实。

生态脱贫 贵州省人民政府切实加大林业生态治贫、绿色脱贫、精准扶贫工作力度,组织召开全省林业产业助推脱贫攻坚现场推进会,省林业厅简化全省农村"组组通"公路建设大决战使用林地的审核审批手续,全力支持脱贫攻坚四场硬仗。开展林业助推"六个小康"行动,支持贫困地区发展森林旅游、林家乐、绿色经济、林下经济，发展林菌、林药、林下种养殖等微小经济，重点生态修复工程及资金投入的82%以上安排在集中连片贫困地区，项目资金60%成为农民的劳务收入。2017年全省各类林业生态补偿（补助）使406.87万人次建档立卡贫困人口人均获得收益1191元；各类林业工程使建档立卡贫困人口125.96万人次人均增收2762元；林下经济使12.35万建档立卡贫困人口人均收入914元；森林旅游、森林康养使92.04万建档立卡贫困人口人均收入3241元。2017年共落实建档立卡贫困户生态护林员5万名（新增2.5万名），带动直接脱贫20万人。贵州省在全国率先为生态护林员办理意外伤害险及见义勇为险，保额达132.73亿元。贵州省林业厅扎实做好帮扶册亨县工作，全年实施项目49个，落实林业帮扶资金1.6亿元，驻村工作队为群众办实事办好事400多件。

对外开放合作　贵州省争取到欧洲投资银行林业项目贷款2000万欧元，贷款期限长达25年，利率仅为1.8%。贵州省林业厅与北京林业大学等3个单位签署战略合作框架协议，共同成立北京林业大学西南生态环境研究院并落户双龙经济区。贵州省林业厅分别与农发行贵州省分行等5家金融机构签订战略合作协议，组织100余名各界专家学者及媒体人参与的美丽中国跨界科考第三季——探秘梵天净土。贵州省林业厅与产投集团等20多个企业结成新型的亲清政商关系。贵州林业全年签约总金额达3400亿元，创历史新高。

机关建设　加强干部队伍建设，贵州省林业厅开展"林业有为有位"主题大讨论和"业务大普及、能力大提升"培训行动，组织开展林业业务培训30多期，培训达6000人次，邀请金融行业及省内外高校等的12名专家学者到厅机关开展专题讲座，林业系统干部学习能力、思维能力、法治能力、创新能力得到很大提升。组建4个工作团队和8个工作组，实行集团作战，开展大比武，集中研究重大问题，破解发展难题。全面传播林业好声音，中央、省级各类媒体正面宣传贵州省林业生态建设的新闻报道达2700余条，通过各种形式的公益广告，"林业让生命更美好"绿色意识广泛传播。贵州省林业厅被贵州省委、省政府授予"2015~2017年度全省文明单位"，省直机关目标绩效管理优秀奖"八连冠"。推进"两学一做"学习教育常态化制度化，贵州省林业厅党组率先组建宣讲团深入各市（州）和厅直单位宣讲党的十九大精神和省第十二次党代会精神。全面推进从严治党，严格遵守中央八项规定，持续纠正"四风"问题，全省林业系统党风政风行风明显好转。

【**林业改革发展战略合作协议**】　12月18日，贵州省人民政府与国家林业局、中国农业发展银行在北京签署《全面支持贵州林业改革发展战略合作协议》，开启了贵州林业向更高质量、更高平台、更深领域发展的新篇章。

【**"大战100天，全面完成2017年造林1000万亩"行动**】　9月23日至12月31日，在全省开展"大战100天，全面完成2017年造林1000万亩造林任务行动"，集中时间、集中人员、集中地点，打响全线出击、全域覆盖、全民参与的造林攻坚战，开发使用国土绿化挂图作战系统，实现了全省国土绿化进度调度工作标准化、流程规范化、决策科学化，造林过程"可视化"。抽调84名干部驻县督导，全年完成营造林68.47万公顷，森林抚育和林分改造96.77万公顷，创造了贵州省工程化造林年度之最，突破了全省国土绿化历史记录。

【**2017年中国·贵州林业招商引资推介展示会**】　12月8日，贵州省在北京首次举办2017年中国·贵州林业招商引资推介展示会。推介会由贵州省林业厅、贵州省投资促进局、贵州省工商联合会、贵州省人民政府驻京办共同主办。贵州省林业厅编制141个林业项目面向全国招商，总投资达733亿元。现场签约项目10个，签约金额160.49亿元，迈开了贵州林业招商第一步，开启了贵州林业项目建设新征程。

【**古茶树保护地方性法规**】　贵州省人大常委会颁布实施《贵州省古茶树保护条例》，填补了全国省级层面古茶树保护的法律空白，从法律上为全省近120万株古茶树提供了法治保障，茶产业走上了法治之路。

【**首次获得中国绿化博览会举办权**】　10月12日，全国绿化委员会、国家林业局向贵州省人民政府致函，确认第四届中国绿化博览会由贵州省黔南布依族苗族自治州承办。这是贵州首次获得该项博览会举办权。

【**贵州省林业厅开设"新时代绿色大讲堂"**】　2017年5月10日至2018年1月18日，贵州省林业厅举办第一轮"新时代绿色大讲堂"，在厅机关建立"30分钟早课"制度，坚持每个工作日早上安排30分钟讲课，厅领导班子成员带头开讲，机关干部全员轮讲，人人当老师、人人当学生，打造学习型机关。共举办讲座161场，154名干部参加轮讲，6名领导专家应邀授课。

【**林业大事**】

2月3日　贵州省省市县乡村五级共21万名干部职工上山开展义务植树，种植各类树苗80多万株。

2月24日　贵州省林业厅召开全省市（州）林业局长会议，总结2016年工作，安排部署2017年工作。

3月30日　贵州省人大常委会任命黎平为贵州省林业厅厅长。

4月11~12日　贵州省林业厅组织在贵阳召开全省林业系统绿色风暴行动研讨会，围绕"林业在国家生态文明试验区和大生态战略行动中有为有位"主题展开讨论。

5月10日　贵州省林业厅厅长黎平在全厅第一堂"绿色大讲堂"上作了题为《林业让生命更美好》的主旨报告，标志着为期一年的"绿色大讲堂"正式拉开序幕。

6月16日　北京林业大学、贵州省林业厅、贵州双龙航空港经济区管委会、贵州三阁园林生态股份有限公司，在贵州双龙航空港经济区展示中心，签署战略合作框架协议，共同成立北京林业大学西南生态环境研究院。

6月17日　"大生态+森林康养"专题研讨会作为

2017年"贵阳生态文明专题研讨会"的重要内容在贵阳举行,贵州省人民政府副省长刘远坤到会致辞,国家林业局副局长刘东生、北京林业大学校长宋维明等领导专家学者共300余人参加研讨会。会上,贵州省林业厅发布了全省首批12个省级森林康养试点基地名单,贵州66个生态地标。

6月 由贵州省林业厅牵头组织,国家林业局贵阳专员办、贵州省人民检察院、贵州省环保厅、贵州省工商局共同参与,在全省范围内开展为期一个月的严厉打击破坏野生动物资源违法犯罪专项行动(代号"黔金丝猴"行动)。

7月13日 中国林业年鉴工作会议在贵州省凯里市召开。中国林业出版社总编辑刘东黎,贵州省林业厅副厅长向守都、孟广芹,黔东南州政府副州长吴旦出席会议。国家林业局各司局、直属单位,各省(区、市)林业厅(局)中国林业年鉴特约编辑共80多人参加会议。

8月3日 贵州省第十二届人民代表大会常务委员会第二十九次会议审议通过《贵州省古茶树保护条例》,自2017年9月1日起施行。该《条例》共4章32条,对加强古茶树保护管理,促进古茶树资源合理开发利用起到积极作用。

8月14日 贵州省机构编制委员会印发《关于规范省林业厅直属单位森林公安机构管理体制的批复》(黔编办发〔2017〕231号)文件。

8月15日 贵州省人民政府与国家林业局签订2017年度退耕还林任务目标责任书。

8月18日 贵州省林业厅、贵州省森林防火中心在贵阳市清镇市举行森林防火通信车、指挥车发放仪式,向全省9个市、州及有关县、市、区森林防火指挥部办公室发放90辆森林防火通信车和9辆森林防火指挥车。

8月18日 人保财险贵州省分公司在贵阳举行捐赠仪式,为全省42个县(市、区)的25 045名护林员捐赠保额达132.73亿元的安全保障。

8月21日 贵州省机构编制委员会印发《关于调整贵州省扎佐林场机构编制事项的批复》(黔编办发〔2017〕239号),将贵州省扎佐林场更名为贵州省国有扎佐林场(贵州景阳森林公园),为省林业厅所属正县级财政全额预算管理公益一类事业单位。

8月21日 贵州省机构编制委员会印发《关于设立贵州省云关山国有林场(贵州云关山森林公园)的批复》(黔编办发〔2017〕240号),同意省林业厅直属单位林业科学研究院设立贵州省云关山国有林场(贵州云关山森林公园),为省林业科学研究院下属正科级财政全额预算管理公益一类事业单位。

8月24~25日 全国林业系统党委书记培训班在贵阳举办。贵州省副省长卢雍政、国家林业局副局长张永利出席会议并讲话。

9月5日 贵州省人民政府在盘州市召开全省林业产业助推脱贫攻坚现场推进会。贵州省人民政府副省长刘远坤出席会议并讲话,国家林业局林改司司长、产业办主任刘拓到会指导,贵州省林业厅厅长黎平作主题报告。

9月7日 贵州省人民政府办公厅印发《省人民政府办公厅关于印发贵州省森林火灾应急预案的通知》(黔府办函〔2017〕159号)。

9月7日 贵州省人民政府办公厅印发《省人民政府办公厅关于印发贵州省林业有害生物应急预案的通知》(黔府办函〔2017〕160号)。

9月7日 由中央宣传部、国家发展改革委、国家林业局、中共河北省委联合主办的塞罕坝机械林场先进事迹报告巡讲会在中共贵州省委大会堂举行。贵州成为报告团全国巡讲的首站。中共贵州省委书记孙志刚,省委常委、省委秘书长唐承沛,省委常委、省委宣传部部长慕德贵,贵州省人民政府副省长刘远坤在会前接见了报告团一行。

9月21~26日 《美丽中国·跨界科考》跨界科考第三季在江口县举行。

9月22日 贵州省"大战100天,全面完成2017年1000万亩造林任务"誓师动员大会在双龙航空港经济区举行。省林业厅厅长黎平宣读任务动员令。

10月12日 全国绿化委员会、国家林业局向贵州省人民政府发送《全国绿化委员会 国家林业局关于确定贵州省黔南布依族苗族自治州承办第四届中国绿化博览会的函》(全绿字〔2017〕8号),确定2020年第四届中国绿化博览会在黔南州举办。

10月25日 贵州省人民政府副省长陈鸣明主持召开会议审定,将贵州生态职业技术学院列入《贵州省"十三五"高等院校设置规划》。

11月8日 贵州省高级人民法院、贵州省人民检察院、贵州省公安厅、贵州省林业厅联合印发《关于森林公安机关办理涉林刑事案件治安案件有关问题的通知》(黔林公发〔2017〕191号),明确了省、市(州)、县(市、区)三级森林公安机关办理涉林刑事、治安案件执法权限,标志着全省深化森林公安改革工作取得重大突破。

11月 贵州省第一条动物生态廊道——梵净山国家级自然保护区龙门坳生态廊道建成。

12月1日 贵州省林业生态保护举报电话9610010正式开通。

12月7日 贵州省人民政府在铜仁市召开全省绿色贵州建设三年行动计划总结暨全省国土绿化观摩推进会,贵州省人民政府副省长刘远坤出席。会上,刘远坤代表贵州省人民政府与各市、自治州人民政府签订了2018年退耕还林责任状。

12月8日 贵州省林业厅、贵州省投资促进局、贵州省工商联在北京举办2017中国·贵州林业产业招商引资推介会,全国政协环境资源委员会主任委员、国家林业局原局长贾治邦出席会议并讲话,共推介项目141个,总投资达733亿元。现场签约项目共10个、签约金额共165.49亿元。

12月15日 《贵州省人民政府办公厅关于加强建档立卡贫困人口生态护林员选聘工作的通知》(黔府办函〔2017〕216号)新增下达有关县(市、区)2.05万名生态护林员指标。2017年,贵州省共安排生态护林员达到2.5万人(其中国家安排生态护林员指标0.45万人,在全国位列第一)。

12月17日 贵州省人民政府与国家林业局、中国农业发展银行在北京签署《全面支持贵州林业改革发展

云南省林业

【概 述】 2017年，云南省完成营造林41.4万公顷，低效林改造（含森林抚育）16.73万公顷，全民义务植树1.08亿株，森林管护1666.67万公顷（含天然商品林），退耕还林和陡坡地生态治理12万公顷，完成路域环境绿化优化12.95万公顷；推广太阳能热水器9万台、农村节柴改灶10万户；全省森林覆盖率增加0.4个百分点、达到59.7%，森林蓄积量增加3500万立方米、达到19.3亿立方米，实现"双增"；森林生态系统年服务功能价值1.68万亿元，生态保护指数75.79分。全省林业发展实现了生态建设与产业发展并重、生态改善与林农获益"双赢"的重大转变，为维护生态安全、促进农民增收、推动全省经济社会发展作出了积极贡献。

重点领域改革 针对重点领域和关键环节确立13个重大研究课题并开展深入调查研究。全面推进国有林场改革，落实中央和省级财政改革资金4.1亿元，145个国有林场改革实施方案通过审批、占148个参改林场的98%，147个国有林场定性为公益性事业单位，3个州市、17个县落实了国有林场管理机构和编制，全省国有林场职工基本养老和基本医疗保险参保率达到100%，国有林场管理林地面积由282.73万公顷增加到341.8万公顷。完善集体林权制度改革配套政策，报请省政府出台《关于完善集体林权制度的实施意见》，在昆明市宜良县开展公益林放活经营试点，示范带动相关政策措施在全省贯彻落实。推进国家公园体制试点，报请省政府批准成立省级国家公园体制试点领导小组，明确香格里拉普达措国家公园体制试点工作重点任务和分工，规范国家公园特许经营项目管理，编制上报并经省政府常务会议审定通过《亚洲象国家公园体制试点方案》。推进沙化土地治理改革，明确到2020年全省沙化土地治理的目标、任务、措施以及各级政府责任，推动沙化土地封禁保护制度在全省全面贯彻。推行林业"放管服"改革，全面清理和规范涉林中介服务事项，扎实开展"双随机一公开"监管工作，深入开展"减证便民"林业专项行动，省级行政许可事项从36项精简为24项，群众、企业办事创业申办材料和证明材料大幅精简，"红顶中介"得到杜绝。

林业投入 出台鼓励和引导社会资本参与林业建设的政策措施，建立林业政策性贷款项目和林业PPP示范项目清单。推进红河、楚雄、大理、保山、玉溪澄江、临沧凤庆国家政策性贷款项目和PPP项目落地实施，落实林业政策性贷款项目18个，获国开行、农发行审批贷款规模90.7亿元，发放贷款28.8亿元，实现利用中长期贷款开展林业生态修复"零"的突破。保山东山生态恢复工程列为国家发展改革委和国家林业局第一批社会资本参与林业生态建设PPP试点项目，抚仙湖径流区植被恢复治理工程纳入财政部第三批示范项目库。国家和省林业贴息贷款规模达64.6亿元，林权抵押贷款余额达147亿元，林木权证及观赏苗木抵押贷款余额达30亿元，落实中央和省级财政林业投资92.6亿元、同比增长8.2%。

森林资源保护 出台《云南省木材运输管理规定》。全面完成云南第九次森林资源清查、2016年度林地变更调查和全省第二次野生动植物资源野外调查。研究制订林业生态保护红线划定方案，有序停止全省商业性加工销售象牙及其制品活动，进一步规范和加强林地、森林采伐限额管理。全面停止天然林商业性采伐，非天保工程区57个县编制了天然林停伐保护县级实施方案，扩大了天然林保护范围。新增国家森林公园3处，编制10处国家森林公园总体规划；对全省自然保护区自然资源权属和管理机构建立情况进行调研和督查，完成自然保护区总体规划编制情况摸底调查；认真组织实施极小种群保护项目，提高野生动物肇事赔付补偿标准，在勐海县建成首个亚洲象监测预警平台，完成元江中上游绿孔雀种群现状调查评估活动。制订出台《关于贯彻落实湿地保护修复制度方案的实施意见》，出台《云南省湿地生态监测管理办法（试行）》，完成湿地资源年度变化核查和泥炭沼泽碳库调查，认定省级重要湿地16处，新增昆明捞鱼河和梁河南底河2处国家湿地公园，中央财政湿地补贴项目有序推进，重要湿地保护与修复得到全面加强。启用2016年土地遥感影像数据和2016年土地变更成果对森林和湿地资源实施精准监管，狠抓中央环保督察组反馈问题整改，开展"绿盾2017"自然保护区监督检查专项行动，严肃查处破坏森林资源违法违规行为，关停自然保护区内41个省级发证采矿点、拆除违规设施29处，查处各类违法破坏森林资源案件2.86万起，打击处理违法犯罪人员2.95万人，挽回经济损失2.8亿元，有效保护了林业资源。

林业灾害防控 坚持"防字当头、无火是功"的理念，强化行政首长负责制，特别是县、乡两级政府森林防火主体责任，进一步规范森林火灾保险，严管野外火源，严肃追究责任，有效阻止多起境外火入境，没有发生重大森林火灾和重大人员伤亡事故，全省累计火灾次数49起，受害森林面积395.1公顷，森林火灾受害率仅为0.017‰，远远低于0.9‰的国家控制指标，取得历史最好成绩。召开全省重大林业有害生物防控指挥部第一次全体成员会议，全面强化各级政府责任，对35个国家级中心测报点进行提升改造，及时处置疑似松材线虫病疫木事件，不断完善跨区域联防联控机制，林业有害生物测报准确率达 92.2%，种苗产地检疫率达 99.9%，无公害防治率达 95.5%，成灾率控制在 0.53‰以内，均控制在国家下达指标以内。

科技支撑 编制实施《云南林业科技创新与成果转化推广"十三五"规划》《云南林业科技扶贫实施方案》《云南省自然生态监测网络建设实施方案》；新建国家地方联合工程中心 2 个、生态定位站 1 个、省级创新团队 1 个、院士工作站 1 个、国家林业局林产品质量检验检测中心 2 个，与省科技厅共同建立林业科技协同创新机制，设立林业领域重点研发专项，省林科院被列为云南省科技创新及成果转化先行先试 3 家试点单位之一；申报国家重点研发计划、国家自然科学基金项目 30 余项，建立核桃专家库和核桃重大科研项目库，收集核桃种质资源 3 属 9 种 1327 份，3 项林业科技成果获得云南省科学技术进步奖；制定林业地方标准 6 项、林业行业标准 6 项，审认定林木品种 49 个，国家林业局授权林业植物新品种 13 件，注册登记园艺植物新品种 45 件；实施林业科技推广示范项目 24 个，举办科技培训 21 期、培训人数 13 万人次；林业技术院校办学条件不断改善，人才培养质量不断提高，培养林业技术人才 4011 名，云南林业职业技术学院获得云南省第八届高等教育教学成果奖一等奖 2 项；林业科技进步贡献率提高到 47%，科技服务林业发展的能力全面提升。

林业产业 着眼提升优质绿色林产品供给能力，大力推进林业供给侧结构性改革，加快发展木本油料、林下经济、观赏苗木、森林旅游等特色林产业。开展全省林业产业发展情况和林特产品优势区基本情况摸底调查工作。编制实施《云南省核桃产业发展行动方案》，完成木本油料基地建设 8.8 万公顷、核桃提质增效示范项目 7.4 万公顷。积极培育林业经营主体，新增国家林业重点龙头企业 3 户、省级林业龙头企业 60 户，认定省级示范家庭林场 5 户。启动核桃收储贷款贴息试点，成功举办"2017 云南·昆明核桃博览会"，签订意向性销售和合作合同 195 份，金额达 2.07 亿元，总成交额近 3 亿元。林业行业总产值 1955 亿元，同比增长 14.7%，林区群众来自林业的收入稳步提高。

林业扶贫和服务全省经济社会发展 制定出台了贯彻落实全省经济持续平稳发展实施意见 12 条林业政策措施，全力保障国家及省级重点基础设施、民生工程等建设项目使用林地，全年共审核审批各类建设项目使用林地申请 1337 件、林地面积 14 257 公顷，收取森林植被恢复费 18.3 亿元，项目使用林地申请办结率和重点项目批准率均为 100%，保障了 5209 亿元的固定资产投资项目顺利落地。印发实施《云南省林业"十三五"扶贫规划》，编制《全省林业生态扶贫实施方案》，投入林业扶贫资金 70.7 亿元，通过生态保护、生态治理、生态产业带动贫困人口增收脱贫。在 88 个贫困县实施营造林 27.11 万公顷、占全省总营造林面积的 87.7%，安排退耕还林还草任务 13.67 万公顷、占全省总任务的 89%，贫困地区森林覆盖率达 60%，生态状况明显改善；贫困群众在参与林业生态建设过程中获得收入，15.6 万户、57.9 万人建档立卡贫困人口仅参与退耕还林就获得现金补助 10.2 亿元，户均 6538 元、人均达 1762 元。新争取国家生态护林员指标 4500 名，居全国第一，全省共选聘生态护林员 4.53 万名，带动 18.3 万建档立卡贫困人口稳定增收脱贫。加大指导和支持怒江、迪庆等深度贫困地区深入推进生态扶贫工作力度，全力支持贫困地区易地扶贫搬迁、民俗农房建设用地用材，批准易地扶贫搬迁涉林项目 210 件、使用林地 947.5 公顷、免收森林植被恢复费 9212 万元。砚山县维摩乡"挂包帮""转走访"林业扶贫工作成效显著，经验得到总结推广。贫困地区群众来自林业的人均年收入突破 2000 元，林业助力脱贫攻坚的成效不断显现。

【**发布全省第四次森林资源规划设计调查成果**】 2 月 9 日，经省人民政府批准，云南省林业厅对外发布"云南省第四次森林资源调查成果"，这是新中国成立以来，云南第一次系统全面摸清全省森林资源家底。调查数据显示，全省林地面积 2607.11 万公顷，占国土总面积的 68%，活立木蓄积量 19.13 亿立方米、森林面积 2273.56 万公顷、森林蓄积量 18.95 亿立方米、森林覆盖率 59.30%、乔木林平均每公顷蓄积量 94.8 立方米。与 2003~2009 年完成的第三次调查数据相比，全省森林覆盖率提高 3.06 个百分点，活立木蓄积量增加 18.7%，森林蓄积量增加 18.3%，乔木林每公顷蓄积量增加 12.2%。数据全面、准确反映出森林资源呈现数量增加、质量提升的良性态势。

2014 年 9 月，根据云南实际情况，按照省政府统一部署，省林业厅组织开展了第四次森林调查工作，以县或独立经营单位为主体，以满足森林经营管理需要为目的，全面、科学、系统开展调查工作，第一次基本统一了全省各县（市、区）森林资源二类调查时间，并于 2016 年 12 月完成全省成果汇总，产出 200 多项调查成果，制作各种专题图、统计数表约 30 万份，产出历史上第一份全省森林资源普查报告，外业质量优良率 99.2%，顺利通过全国森林资源规划设计调查权威专家评审认定。

调查工作由云南省林业厅组织国家林业局中南林业调查规划设计院、国家林业局昆明勘察设计院、西南林业大学、云南省林业调查规划院、云南省林业科学院、云南林业职业技术学院、云南森林自然中心 7 家单位的专业调查队伍分片实施，3000 多名专业技术人员参加调查，配合调查的人员达 1.5 万人次，投入总工日约 110 万个，区划林班 13.1 万个，区划调查小班 418 万个，实测控制样地 7.5 万个，实现了真正意义上的全省森林资源普查，形成了省、州、县、乡、村、林班、小班 7 级系统完整的数据体系，为实现全省森林资源"一张图""一个库""一套数"管理奠定了基础。在调查工作开展过程中实现了 2 个"五统一"。一是组织管理上的"五统一"，即：统一方法、标准、协调、汇总、出数。二是技术管理上的"五统一"，即：统一行政界线、统一区划系统、统一调查时间、统一调查方法、统一技术标准。与其他省区开展的森林资源二类调查比较，云南的调查大量和创造性地使用 3S 技术，填补了 16 项云南森林资源普查省级成果空白。

云南省人民政府于 2017 年 1 月 24 日批复同意发布并推广和使用好此次全省森林资源调查成果。一是以调查成果为基础，建立省、州、县三级森林资源信息管理系统，推动全省森林资源"一张图""一个库""一套数"建设；二是组织开展森林资源年度出数，探索编制森林资源资产负债表，开展领导干部森林资源保护任期目标考核和离任审计；三是科学编制《森林经营规划》和《森林经营方案》；四是科学划定云南省生态保护红线；五是为科学制定林业发展政策和发展规划提供基础依据。

【全省林业局长会议】 2月10日，经省人民政府批准，全省林业局长会议在昆明召开。会议明确了2017年力争完成林业投资75亿元以上，完成营造林40万公顷，低效林改造（含森林抚育）13.33万公顷，木本油料基地建设6.67万公顷、提质增效示范基地建设6.67万公顷，森林管护1940万公顷（含天然商品林621.53万公顷），退耕还林和陡坡地生态治理12万公顷，全民义务植树1亿株以上，森林火灾受害率低于0.9‰，林业有害生物成灾率控制在5.5‰以内，森林覆盖率和森林蓄积量实现双增；争取国家林业贴息贷款计划30亿元以上；经济林木（果）权证抵押贷款超过20亿元，林权抵押贷款余额达175亿元，林业行业总产值力争达到1900亿元、同比增长11%左右的主要目标。

【总结集中打击整治破坏森林资源违法违规专项行动成效】 2月14日，云南集中打击整治破坏森林资源违法违规行为专项行动总结电视电话会在昆明召开，总结全省集中打击整治破坏森林资源违法违规专项行动成效，安排部署森林资源保护管理工作。

自2016年9月1日云南启动专项行动以来，全省共出动森林公安民警50 886人次，出动其他林业行政执法人员36 399人次，清理非法征占用林地项目3134个，排查木材、野生动物加工经营场所2560余处，检查野生动物活动区域1792处，刑事立案820起、破案率86.1%，查处林政案件8776起、查处率100%，打击处理违法犯罪人员9424人，行政处罚单位191个。云南专项行动战果处于全国前列，云南省林业厅荣获"全国严厉打击非法占用林地等涉林违法犯罪专项行动优秀组织单位"称号，昆明市林业局、保山市森林公安局荣获"全国严厉打击非法占用林地等涉林违法犯罪专项行动基层先进单位"称号。

【"十三五"扶贫攻坚】 4月，《云南省林业"十三五"扶贫攻坚规划》正式出台，从生态补偿扶贫、生态工程扶贫、特色林产业扶贫、支持易地扶贫搬迁和林业科技扶贫5个方面明确了20项重点任务，全面助推云南88个贫困县建档立卡的471万贫困人口脱贫摘帽。"十三五"时期，全省规划选聘生态护林员5万人，实施新一轮退耕还林53.2万公顷，陡坡地生态治理6.67万公顷，天保工程公益林建设7万公顷，农村能源推广建设70万台（户），木本油料种植23.47万公顷，提质增效33.33万公顷，特色经济林建设18万公顷，发展林农专业合作社495个，示范基地建设0.43万公顷，基础科技队伍培训4000人次以上，贫困地区林农技能培训4万人次以上，预计投资476.3亿元。

【《云南省木材运输管理规定》3月1日起施行】 这是云南首部规范木材运输管理的政府规章，旨在加强云南木材运输管理，合理利用森林资源，保护生态环境。《规定》明确，由省人民政府林业主管部门公布需要办证运输木材种类的具体名录，并实行动态管理；县级以上人民政府林业主管部门负责本行政区域内木材运输的监督管理工作；海关、公安、交通运输、商务、检验检疫等部门依照各自职责，做好木材运输的管理工作；县级以上人民政府林业主管部门以及省人民政府批准设立的木材检查站，依法对木材运输进行检查。

【中国科学家首次命名长臂猿新种：高黎贡白眉长臂猿】 1月12日，中科院昆明动物研究所、云南省林业厅、中山大学在昆明联合向社会发布：由中国科学家领衔的国际研究团队命名了一种新长臂猿种——高黎贡白眉长臂猿。这是截至发布日中国科学家命名的唯一一种类人猿。由中国科学家领衔，美国、德国、英国、澳大利亚等5个国家13个科研单位的15位科学家经过10年时间，针对分布于云南高黎贡山附近的一种长臂猿进行了大量对比，综合外部形态、牙齿和分子遗传学等证据，确定中国的白眉长臂猿是一个新物种，由于该物种主要分布于中国高黎贡山地区，命名为高黎贡白眉长臂猿。

【新增省级生态文明教育基地6个】 2月10日，省林业厅、省教育厅、共青团云南省委共同授予西南林业大学、昆明市西山林场、东川区汤丹镇小龙潭公园、陆良县花木山林场、临翔区五老山森林公园、永德大雪山国家级自然保护区6单位"云南省生态文明教育基地"称号并授牌，至此云南省共有省级生态文明教育基地12个。

【出台《关于贯彻落实进一步促进全省经济持续平稳发展22条措施的实施意见》】 为贯彻落实《云南省人民政府关于进一步促进全省经济持续平稳发展22条措施的意见》，2月9日，云南省林业厅印发《关于贯彻落实进一步促进全省经济持续平稳发展22条措施的实施意见》，从全面保障重点项目林地需求、提高使用林地审批效率、依法免征植被恢复费、深化林业重点环节改革、推进林业供给侧结构性改革、加快实施新一轮退耕还林工程、大力发展林业特色产业、着力培育林业新型经营主体、加快资金拨付和项目建设进度、加快推进林业投融资机制创新、强化森林资源保护管理、深入推进林业精准扶贫12个方面，出台了一揽子利好政策，着力服务全省经济社会发展大局。

【云南·昆明核桃博览会评选出99个获奖产品】 11月13日，云南昆明核桃博览会组委会向评选出的99件获奖参展商品颁发了证书和奖牌。至此，为期5天的"2017云南·昆明核桃博览会"顺利闭幕。为进一步推进云南核桃和坚果产业发展，增强企业品牌影响力和竞争力，博览会组委会按照公平、公正、公开以及鼓励新技术推广运用和引导科技创新的原则，举办了"2017云南·昆明核桃博览会"展品评选活动。组织来自云南省林业科学院、西南林业大学、云南农业大学等科研院所的专家根据有关国家、行业标准对170多家参展企业报送的282个核桃坚果、核桃仁、核桃乳、核桃油、澳洲坚果及新产品开展了现场查看、实物品鉴、会议讨论等方式的筛选,最终评选出16个金奖、28个银奖、55个铜奖。

【启动第九次全国森林资源清查】 清查工作于2月21日正式启动,完成全省国土面积范围内按6千米×8千米布设的7974个固定样地上森林资源的数量、质量、结构、分布及消长动态等62个国家规定的样地调查因子的清查,准确获取2017年全省森林资源现状及2012~2017年清查间隔期内森林资源的数量、质量消长动态及变化趋势,对森林资源与生态状况进行综合评价。并完成全国按20千米×20千米间隔系统抽取全省范围内955个固定样地的树种、植被专项生态状况调查。

【资源保护督查行动】 6月20日,云南省林业厅对全省范围内131个林业部门管理的各级各类自然保护区开展资源保护督查行动。6月20日至9月30日,省林业厅对照《中华人民共和国保护区条例》规定的禁止性条款对自然保护区开展全面排查。叫停在保护区范围内发现的采矿、探矿、开垦、采石、挖沙等破坏自然保护区的行为,核心区、缓冲区旅游活动,未经批准在实验区开展的建设。督查工作分为自查、督查打击整治、总结整改等3个阶段。6月20日至7月10日,各州(市)林业局结合辖区内自然保护区管理实际情况开展自查,对自然保护区人类活动问题进行全面排查;7月11日至9月2日,省林业厅组成督查组根据各州(市)上报自查情况,开展实地抽查;9月3~30日,各州(市)对省级督查中发现的案件查处、立案情况、违法违规项目以及各级自然保护区规范化管理长效机制建立等问题开展全面总结和整改。云南省森林公安机关也于6月15日启动"自然保护区执法检查违法打击专项行动",检查和打击在自然保护区内开展采矿、探矿、采石、挖沙、旅游开发、交通、水电、风电等开发建设行为;在自然保护区内毁林开垦、采药、盗伐、滥伐林木等违法行为;在自然保护区内狩猎、捕捞等违法行为;在自然保护区周边企业偷排偷放,导致自然保护区环境遭受破坏的行为。

【启动滇金丝猴动态监测项目】 11月18日,滇金丝猴动态监测项目启动会在昆明召开,旨在促进社会公众对滇金丝猴保护的关注,增进社会对滇金丝猴分布区域保护机构工作成效的了解,展示云南在生物多样性保护方面的努力和成效,更好地服务于云南省生态保育及生物多样性保护。由云南省林业厅组织,阿拉善SEE西南项目中心资助,联合中国林业科学研究院森林生态环境与保护研究所、云南大学云南生物资源保护与利用重点实验室、云南白马雪山国家级自然保护区管护局等8家专业机构实施的"滇金丝猴动态监测项目",是全国范围内首次开展的滇金丝猴种群数量全境同步动态监测。以期通过项目实施进一步摸清滇金丝猴种群数量、动态变化、生境状况、保护管理成效,以及受威胁因素、保护需求等情况,进而为评估滇金丝猴栖息地质量状况,制订滇金丝猴保护措施,促进滇金丝猴种群数量增长和栖息地改善以及社区发展提供科学依据。

【云南省林业厅与中国铁塔股份有限公司云南省分公司签订战略合作框架协议】 12月7日,云南省林业厅与中国铁塔股份有限公司云南省分公司签订了以灾害应急管理、应急通信保障为主要内容的战略合作框架协议,拟进一步加快云南林区信息通信基础设施建设,提高云南林区网络通信覆盖水平,提升林区信息化应用的网络通信保障能力。

【鼓励和引导社会资本推进新一轮退耕还林还草工程建设】 12月,《云南省人民政府办公厅关于完善政策鼓励和引导社会资本推进新一轮退耕还林还草工程建设的指导意见》正式出台,明确了鼓励和引导社会资本推进新一轮退耕还林还草工程建设的有关政策措施。《指导意见》指出:建立完善有利于新一轮退耕还林还草建设的投融资机制,鼓励和引导社会资本参与工程建设和运营管理,创新经营模式,加大投资力度,发展特色优势产业,助推脱贫攻坚,确保到2020年全省25度以上陡坡耕地应退尽退,15~25度坡耕地能退则退,实现生态建设和经济发展双赢。《指导意见》强调:在不违背承包农户意愿、不损害农民权益的前提下,依法采取转包、互换、转让、出租、入股等形式,将土地经营权向企业、专业合作社、大户等新型农业经营主体流转,集中零散土地,统一规划、统一整治、统一经营、统一管护,提高土地使用效率。对于集中整合的土地,按照新一轮退耕还林还草、陡坡地生态治理、现代农业生产发展、扶贫等项目的实施要求,分别纳入符合条件的项目统一实施,推进规模化发展、集约化经营,推动农业产业结构调整,带动农民发展产业,促进农民增收致富。

【林业大事】

2月9日 云南省林业厅发布《云南省林业厅关于贯彻落实进一步促进全省经济持续平稳发展22条措施的实施意见》。

2月9日 经云南省人民政府批准,云南省林业厅对外发布第四次森林资源二类调查成果。

2月10日 经云南省人民政府批准,全省林业局长会议在昆明召开,总结2016年全省林业工作,分析面临的形势和任务,安排2017年重点工作。

2月10日 云南省绿化委员会、云南省林业厅授予凤庆县"云南省森林县城"称号并授牌,标志着云南省第一个森林县城正式诞生。

2月28日 云南省林业厅、云南省人民政府法制办在昆明召开《云南省木材运输管理规定》新闻发布会。《云南省木材运输管理规定》通过省政府104次常务会议审议,于3月1日起正式施行。

5月15日 云南省党政军领导义务植树活动在昆明举行,省委书记陈豪、省长阮成发参加活动。

5月19日 云南省林业厅印发《云南省林业厅关于促进全省经济平稳健康发展的意见》。

6月20日 云南省林业厅对全省范围内131个林业部门管理的各级各类自然保护区开展资源保护督查行

动,并向社会公布督查行动举报电话。

6月28日 云南坚果行业协会专家委员会在昆明成立,旨在汇聚全球优质的核桃、澳洲坚果、碧根果等坚果资源和研究人才,助推云南坚果产业科学健康有序发展。

8月15日 云南省人民政府在大理召开全省森林资源保护与林业产业发展助力脱贫攻坚工作会议。

9月29日 云南省临沧市由国家林业局批准,获得"国家森林城市"称号。

11月9日 "2017云南核桃产业发展高峰论坛"在昆明举办。

(云南省林业由秦洪锦供稿)

西藏自治区林业

【概　述】 2017年,全区林业坚持以习近平新时代中国特色社会主义思想为指导,深入贯彻党的十九大和区党委九届三次全会精神,认真贯彻落实习近平总书记治边稳藏重要战略思想和加强民族团结、建设美丽西藏的重要指示,严格按照自治区党委、政府和国家林业局对林业工作的决策部署,坚定不移推进林业生态保护与建设,林业各项工作成效明显。全年落实林业生态保护与建设资金36.02亿元,同比增长5.90%;完成造林8.27万公顷,同比增长47.94%;林业促进农牧民增收20亿元,同比增长20.01%;实现林业产值30亿元,同比增长13.33%。

【国土绿化】 出台《西藏自治区人民政府关于大力开展植树造林推进国土绿化的决定》(藏政发〔2017〕16号)等规定。积极开展那曲高海拔城镇科学试种树木工作,参与亿利集团在那曲地区开展高海拔地区造林科技攻关,种植各类树木33.33公顷。与全区7市(地)人民政府(行署)签订责任书,开展"无树户""无树村"消除行动。编制《西藏自治区新一轮退耕还林还草工程实施方案》和《西藏自治区"十三五"时期防沙治沙追赶先进省区工作方案》。全年完成营造林8.27万公顷(含防沙治沙)、新一轮退耕还林0.8万公顷;消除无树户21683户、无树村113个。

西藏自治区植树绿化追求"五消除、五有、五看得见、五确保"。五消除:全区海拔4300米以下地区,大力消除无林乡镇、无林村组、无绿院落、无林农户;30个有林县1年消除无树村、无树户;19个宜林县1年消除无树村,2年消除无树户;25个高寒县尽力开展科学试种,消除种树空白。五有:实现城里有园林,面山有立林,道路有护林,水边有绿荫,荒滩有绿影。五看得见:力争农田看得见林网,路边看得见绿化带,城郊看得见片林,易地搬迁点看得见经济林,农贸市场看得见林业产品。五确保:确保天然林得到有效保护,确保森林固碳释氧和水土保持能力大幅提高,确保林木经济初具规模,确保绿色生态观念深入人心,确保国土绿化综合效益明显增强。

【生态保护与修复】 全面停止天然林商业性采伐,1066.67万公顷森林得到有效管护,落实停伐补助资金4.29亿元。公益林和天保工程年森林管护资金达17.26亿元。投资1.39亿元,完成麦地卡、雅尼等16个重要湿地保护与恢复项目建设,新增国家湿地公园(试点)4处。签订新一轮森林防火目标管理责任书,发布森林防火期"十不准"。完成7市(地)28个县(区)林业有害生物普查外业工作。建设野生动物疫源疫病监测站3个。

【生态补偿政策】 全区公益林补偿标准再次提高,从135元/(公顷·年)增至150元/(公顷·年),年资金增加1.5亿元。落实中央财政资金0.25亿元,实施羌塘国家级自然保护区重要湿地生态效益补偿试点,继续推进申扎、定结、浪卡子3县自治区级财政湿地生态效益补偿试点。野生动物肇事补偿商业保险试点稳步推开。

【林业改革】 创新羌塘国家级自然保护区管理体制机制,西藏自治区投资3亿多元,健全完善保护区管理机构,建立73个管理站、组建780个农牧民专业管护队伍,履行"十抓十防"职责。完成国有林场改革自评估和市(地)级国有林场改革实施方案审批。制定出台《关于做好集体林权制度改革与林业发展金融服务工作的意见》,首次发放林权不动产权证书35本,成功破题林权抵押贷款,发放贷款800万元。

【林业产业】 编制《西藏林业产业发展规划(2017~2025年)》和《西藏自治区林业厅小康示范村产业发展实施方案》。大力引进并积极支持市场主体参与林业产业发展,组建西藏国土生态绿化集团有限公司。亿利生态和蒙草抗旱集团甘草产业基地、林木种苗基地建设成效喜人。落实国有林场扶贫资金424万元,完成雪桃基地建设和苗圃改扩建。

【精准脱贫】 设立脱贫攻坚林业生态管护岗位27.69万个,落实林业生态补偿脱贫资金8.31亿元。争取国家林业局林业扶贫资金6500万元,较上年增加2500万元。整合资金8.35亿元用于支持其他部门脱贫攻坚工作。制订《支持西藏自治区深度贫困地区脱贫攻坚生态补偿脱贫实施方案》,出台《西藏自治区生态搬迁试点方案》,完成高海拔地区脱贫攻坚生态搬迁150户;完成15.42万名高海拔地区贫困人口精准识别工作。

【支持配合中央环保督察工作】 及时成立工作领导小组及督查组、整改组,组成工作专班。多次召开会议研究部署相关工作,印发工作方案。建立2013~2015年、2015~2016年两批1707个林业国家级自然保护区人类活动点存在问题整改工作台账,厅领导带队多次赴七市

(地)进行全面督查并要求逐项整改落实。提供调阅清单资料九大类共328件，累计报送资料601件。

【党的建设】 坚持把党建和党风廉政建设工作与业务工作同谋划、同部署、同推进，全面落实党建主体责任，按照自治区第九次党代会的部署，统筹推进"五位一体"总体布局和协调推进"四个全面"战略布局，坚持全面从严治党，切实推进"两学一做"学习教育常态化、制度化，认真贯彻落实习近平新时代中国特色社会主义思想和党的十九大精神，机关党建工作呈现出新气象、新局面。组织召开全厅党建和党风廉政建设工作会，并层层签订责任书，强化保密观念，落实保密责任，认真开展保密知识学习教育，厅主要领导与各处室负责人签订保密责任书，组织涉密人员签订保密承诺书，切实增强党员干部的保密意识。开展廉洁从政教育4次，召开党组理论学习中心组学习会23次、党员干部职工大会20余次，组织宣讲辅导专题会7次，党员领导干部讲党课21次，组织在职党员进社区报道服务群众356人次，给208户结对帮扶农牧民群众捐送慰问金9万余元。

【林业大事】
1月19日 全区林业工作会议在拉萨召开，西藏自治区副主席其美仁增出席会议并讲话。

2月9日 经国家林业局批准，同意西藏自治区昌都贡觉拉妥、那曲夯错、日喀则江萨、昌都边坝炯拉错4处湿地开展国家湿地公园试点工作。

2月15日 西藏自治区林业厅被西藏自治区人民政府评为"2016年度全区政务信息工作先进集体"。

3月16日 西藏自治区人民政府办公厅印发《西藏自治区集体林权制度改革实施方案》，这标志着西藏自治区集体林权制度改革工作全面启动。

3月30日 西藏自治区党委书记吴英杰等自治区领导与拉萨市干部群众、部队官兵、中小学师生一起到拉萨市城关区蔡公堂乡香嘎村参加义务植树活动。

4月1日 西藏自治区出台《西藏自治区人民政府关于大力开展植树造林 推进国土绿化的决定》，主要包括总体要求、主要目标、重点任务、协调保障4个方面的内容。

5月27日 西藏自治区林业厅召开座谈会，欢迎荣获"全国优秀人民警察"称号的林芝市巴宜区森林公安局长白玛乔载誉归来。全国森林公安系统仅5位同志获此殊荣，白玛乔在大会前作为全国森林公安系统代表受到习近平、李克强、刘云山等中央领导的接见。

6月7日 西藏自治区副主席其美仁增在西藏自治区林业厅厅长云丹、拉萨市林业局局长次达、曲水县县委书记彭飞跃和县长格桑邓珠及有关部门负责人陪同下，对西藏自治区林木良种繁育中心建设情况进行检查指导。

6月23日 西藏自治区林业厅召开人大代表建议和政协提案办理工作座谈会，邀请部分人大代表、政协委员和基层干部群众、涉林企业代表座谈，进一步征求对全区林业工作和建议提案办理工作的意见。西藏自治区人大选工委、政协提案委、政府督查室领导到会指导。

7月4日 国务院办公厅印发《关于公布黑龙江盘中等17处新建国家级自然保护区名单的通知》（国办发〔2017〕64号），批准西藏玛旁雍错湿地自治区级自然保护区晋升为国家级自然保护区，成为继麦地卡湿地国家级自然保护区之后的又一处集国际重要湿地、国家级自然保护区为一体的保护地。至此，西藏自治区林业系统国家级自然保护区数量增加到10个，面积增加到37.2万平方千米。

8月11日 全区林业工作会议在拉萨召开。

11月27日 西藏自治区林业厅党组书记次成甲措赴林芝市波密县八盖乡驻村点宣讲党的十九大精神，并看望慰问基层群众及工作队员，厅办公室、自治区林木科学研究院有关人员陪同。

12月2日 西藏自治区林业厅召开全厅副县级以上干部会议，认真传达学习西藏自治区党委书记吴英杰考察那曲高寒地区植树国家重点专项课题试验基地时的重要指示精神，并结合林业工作实际，研究具体的贯彻落实措施。

12月9日 西藏自治区林业厅被西藏自治区政协评为"全区提案办理工作先进集体"。

（西藏自治区林业由陈平供稿）

陕西省林业

【概　述】 2017年，陕西省林业深入践行"绿水青山就是金山银山"发展理念，认真实施"关中大地园林化、陕北高原大绿化、陕南山地森林化"生态建设战略，坚持以"追赶超越"为统领，凝心聚力，狠抓落实，全年完成营造林47.94万公顷。

【造林绿化】 继续推进林业重点生态工程建设，生态建设投入稳步增长，全省各类林业投资达到120.6亿元。全年完成营造林47.94万公顷，治理沙化土地面积7.03万公顷，分别超额79.7%和0.4%完成目标任务。组织开展天然林保护工程省级复查和国家级核查，推进工程信息化建设，完成公益林建设3.23万公顷；实施新一轮退耕还林工程建设任务，组织开展突出问题专项整治，规范工程管理，完成工程建设任务4万公顷；推进防护林工程建设，全面完成三北防护林工程3.43万公顷和京津风沙源治理二期工程1.3万公顷建设任务。

【生态保护】 加强森林资源管理，严格审批制度，全年审核征占用林地项目480起，使用林地0.24万公顷，未突破全省林地使用限额；严厉打击涉林违法犯罪活动，查处各类案件3666起，保障了生态资源安全，维护了林区社会稳定。加强湿地保护与恢复，新增5家湿地公园列入国家试点，全省国家湿地公园达到43个、面积5.66万公顷，湿地受保护率达39%；编制完成《陕西省湿地保护修复制度方案》，以陕西省政府文件印发。野生动植物保护取得新成果，"秦岭六宝"种群数量和栖息地面积呈现"双增长"，人工繁育大熊猫幼仔4只，新繁育朱鹮621只、林麝3867头；新发现国家Ⅱ级重点保护植物4种、省重点2种。加强森林防火，森林火灾受害率控制在0.016‰，低于省政府0.9‰的控制指标；实施林业有害生物防治，成灾率控制在3‰，低于4.8‰的控制指标。全省林业系统自然保护区体系基本形成，保护区总数达52个、面积110.47万公顷，占全省国土面积5.3%，国家级自然保护区数量和面积继续位居全国第一方阵。

【生态产业】 大力发展林业产业，全年实现林业产业总产值1213.7亿元，超额完成目标任务。推进精品林果示范园建设，核桃等经济林新建4.45万公顷、改造4.77万公顷，分别完成计划任务的142.4%和114.5%；林麝养殖发展迅速，人工养殖1.5万只，养殖数量和麝香产量占到全国70%；推进陕西地上木本食用油库建设，油用牡丹、核桃面积居全国第二，花椒产量居全国第一；加快苗木花卉产业发展，启动建设中国森博园秦都园区，开设"快林网"网上交易平台，基地建设已初具规模。发挥林业科技示范作用，实施"211"林业科技示范工程，建立示范点221个、科技示范县10个，完成各类适用技术推广示范面积7.41万公顷，全部超额完成全年目标任务。

【林业改革】 认真落实省委省政府《陕西省国有林场改革实施方案》，省、市、县三级改革方案全部完成报批；选取7个国有林场作为全省国有林场改革单项工作示范林场，交流和推介在改革中的经验和做法；全省90%的林场定性为公益一类事业单位，10%定性为公益性企业，人员工资财政全额负担；中央下达的改革补助资金全部拨付各市。深化集体林权制度改革，出台《全省关于完善集体林权制度的实施意见》，9.14亿元公益林生态效益补偿资金全部拨付到县；宁陕县集体林业综合改革有序推进，开展林权"三权分离"试点，累计流转林地5.4万公顷、交易金额9600万元，林权抵押、质押贷款6300余万元；创建评定省级林下经济示范基地40个、林业合作示范社28个；国家林业局专家组对陕西省宁陕县改革试点工作给予充分肯定。印发《陕西省中幼林抚育工程建设规划编制实施方案》，编制完成《陕西省中幼林抚育工程建设规划》。

【生态文化】 不断丰富和拓展森林体验活动，全省16处生态文明教育基地接待150多万人次，组织5000多名学生参加森林体验活动，"中小学生森林体验活动"荣获第六届梁希科普活动奖。启动关中盆地、秦巴山地、黄土高原三大森林城市群建设，陕西省国家和省级森林城市分别达到4个和8个。创新宣传模式，大力宣传陕西林业建设新亮点、新成效，全国百余家媒体参与陕西省林业宣传，媒体整体宣传报道数量同比增长10%。利用门户网站、微信微博平台及各大媒体，继续扩大陕西省森林体验及生态文明教育影响力。

【林业治污降霾工程】 按照陕西省政府"治污降霾 保卫蓝天"行动要求，实施全省新造和保护森林湿地200万公顷林业治污降霾工程，完成营造林47.94万公顷，保护恢复湿地3.21万公顷。组织申报咸阳渭河古渡等7处新建国家湿地公园试点，全省国家湿地公园达43处。中国林科院2017年评估结论：陕西森林湿地年固碳相当于1.5亿成人年二氧化碳呼出量，年释氧量相当于2.1亿成人年需氧量；年吸收二氧化硫量相当于97.5万辆汽车的排放量；年滞纳空气颗粒物体积相当于869千米的长城。

【防沙治沙】 第五次沙化土地监测显示，近5年，陕西沙化土地净减少5.93万公顷，年均减少1.19万公顷，为上次监测的2.8倍，沙区植被平均盖度达到60%。依托京津风沙源治理等重点工程，年均治理荒沙7万公顷，集中连片大规模流动沙地基本得到固定半固定，沙化土地治理进入了"整体好转、局部良性循环"的新阶段。2017年，陕西省再次被国家评定为防沙治沙突出省份。

【国家公园】 经多方征求意见，反复论证完善，编制完成《秦岭国家公园总体规划》，启动实施旬阳坝森林体验区建设。认真落实国家《大熊猫国家公园体制试点方案》，成立省试点工作领导小组，编制完成《实施方案》《机构设置方案》，率先在试点省份完成总体规划外业调查，落实建设资金5615万元，试点工作有序推进。秦岭国家植物园建成开放，10月1日正式运营。

【破解生态难题】 积极配合破解生态环境不优、农业不强、农民不富难题，以林业重点生态工程建设为依托，大力推进国土绿化，超额完成全年26.67万公顷的营造林任务。认真实施十年树木计划和森林质量精准提升工程，着力推进陕西省"全国森林经营样板"和"中美森林健康经营合作"等试点示范建设，实施森林抚育15.45万公顷，全省森林覆盖率达到43.06%，林木蓄积量达到5.10亿立方米，森林质量进一步提高，森林生态功能持续提升。支持引导广大农民和贫困户通过发展木本油料、苗木花卉、森林旅游、特色养殖等林业产业增收致富。近五年，全省林业产业总产值年均增长27%。国家专项调查显示：陕西林业产业占全省农民人均可支配收入的38%，占贫困人口的53%，已经成为全省农民增收致富、贫困群众增收脱贫的重要途径。

【生态脱贫】 认真落实《陕西省林业精准脱贫实施方案》，实施林业重点工程项目资金向贫困地区、贫困户"双倾斜"，下达林业资金30.55亿元，惠及贫困户17.65万户、53.88万人，实现增收15.42亿元，人均增收2862元。落实国家生态护林员政策，选聘2.3万名贫困人口就地转化为生态护林员，人均增收5302元，带动6.8万贫困人口脱贫，超额完成任务。实施生态效益补偿脱贫，惠及贫困户32.4万户、101.5万人。倾斜安排贫困地区退耕还林3.5万公顷，惠及贫困户10.73万户、33.54万人，户均受益5871元。推进林业产业扶贫，惠及贫困人口18.27万户、55.15万人，实现贫困人口增收9.51亿元，人均增收1724元。推进驻村联户结对帮扶，落实第一书记，选调215名干部与延长县268户贫困户结对帮扶，开展"我为贫困户办一件事情"活动；落实帮扶资金530万元，改善基础设施，建立扶贫产业。组织省林业厅森工医院、第四军医大学西京医院专家教授进村入户，对455名贫困人口和群众进行义务体检，反响良好。

坚持扶贫与扶志、扶智相结合，创办由专业电视频道开办的科普栏目《林业生态脱贫大讲堂》，陕西省委副书记毛万春和国务院扶贫办副主任洪天云对此给予充分肯定。举办全省贫困地区林业重点项目推介会，签约项目22个、485亿元。开发公益专岗实现贫困人口就业脱贫，在省森工医院等7家直属单位开发公益专岗30个；启动"五个一批"工程（向社会开放一批森林公园、国有林场、花木园、林业管护站、生态教育基地），工程全部实施后将提供1万个以上公益岗位。深入开展调查研究，形成了《秦岭山区生态脱贫调查》《陕西省林业产业发展促进脱贫攻坚调研报告》等多项调研报告，累计30多万字，为脱贫攻坚提供决策依据。央视《新闻联播》报道：陕西为贫困地区探索出一条以生态建设带动脱贫攻坚的绿色发展之路。

【组织建设】 坚持党组中心组学习制度和领导干部集体学习制度，党组中心组集中学习13次。组织召开厅党组专题学习研讨会，认真传达学习党的十九大及10月26日省委全会扩大会议精神，部署推进党的十九大精神学习贯彻工作。严格落实"三会一课"和双重组织生活制度，领导干部以普通党员身份接受监督。组织干部职工参加专题研修、自主选学、网络培训等形式多样的学习，累计培训干部3300多人次。将"两学一做"学习教育情况列为领导班子考核谈话的重要内容，林业厅在全省"两学一做"交流会议上作了典型发言。

组织开展了十八届六中全会精神专题培训，参训率100%；支部党员干部每月至少集中学习一次，每名党员至少撰写一篇学习体会。严格落实党建主体责任，层层签订《年度党建工作目标责任书》，传导压力；开展"对标定位，晋级争星"活动和"党员管理积分制"工作，规范程序，统一标准，使直属基层党组织开展"对标定位 晋级争星"活动更加准确，党员管理积分制更加真实，执行党支部工作制度更加规范，服务中心工作更加到位。严格执行组织生活会、民主评议党员等制度，推荐省直工委优秀党课课件4篇。"七一"前后，各基层党支部积极开展"提升党建工作，助力追赶超越"活动，有力增强了党支部的凝聚力。贯彻党章党规，28个机关党支部按期完成换届。

认真部署党风廉政建设工作，制定《省林业厅2017年落实党风廉政建设责任制措施》《反腐倡廉工作责任分工》和《厅党组（厅领导班子）党风廉政建设主体责任清单》，严格抓好党风廉政建设主体责任落实，层层签订目标责任书。严格落实党风廉政建设领导干部"五个一"制度，抓好厅领导及厅直系统处级领导干部党风廉政建设日常监管。认真落实中央巡视回头看整改和省委巡视重点问题整改工作。运用"四种形态"给予违纪党员干部党内严重警告处分1人次，提醒谈话10人次，职务交流调整1人次。全年收到群众举报信件32件，其中上级转来20件。分别按照管理权限，进行了调查处理，做到件件有着落、事事有回音。

【主要成绩】 2017年，陕西省林业工作得到了国家林业局、省委、省政府的表彰。陕西省林业厅在"十二五"省级政府防沙治沙目标责任期末综合考核中，超额完成了防沙治沙目标，位居全国第五，被国家评定为防沙治沙突出省份；在第二十四届农高会中获得优秀组织奖、优秀展示奖；在2016年度全省政务信息和督查工作中被陕西省政府办公厅评为先进单位；在2017丝绸之路国际博览会暨第21届中国东西部合作与投资贸易洽谈会中被陕西省政府表彰为投资促进活动优秀单位；在2015~2016年度全省党委系统信息工作中被省委办公厅表彰为先进集体；在省级机关节约能源资源工作中被省机关事务管理局通报表彰；在2017年中国技能大赛全国国有林场职业技能竞赛中获得优秀组织奖；在2016年度部门决算工作中被省财政厅通报表彰。经陕西省精神文明建设指导委员会综合检查考核决定，继续保留省林业厅"省级文明单位"荣誉称号。

【林业大事】
1月5日 陕西省十二届人大常委会第三十二次会议表决通过了《陕西省秦岭生态环境保护条例（修订草案）》。

2月10日 陕西省林业工作座谈会在西安召开。

2月13日 陕西省林业厅召开人大建议和政协提案交办会议，计资处、资源处、保护处、林改处、产业中心、公园办等单位主要负责人员参加。林业厅副厅长陈玉忠出席会议并作讲话。

2月15~16日 陕西省林业厅厅长李三原带领调研组一行，深入宁陕县筒车湾镇海棠园村、皇冠镇兴隆村调研林业生态脱贫工作。

2月20日至4月30日 全省范围内组织开展打击破坏森林和野生动植物资源违法犯罪专项打击行动，代号"2017利剑行动"。

2月20日 欧洲投资银行亚洲放款业务副主任阿里先生一行对韩城市欧洲投资银行贷款陕西韩城林业应对气候变化——森林城市绿化和生态防护林建设项目（简称欧投行贷款项目）进行评估谈判。

2月27~28日 国家林业局"全国林业行政案件统计分析系统"测试培训班在西安举办。

3月3日 由陕西省林业厅、汉中市林业局、陕西省野生动植物保护协会、陕西理工大学等单位联合举办的陕西省暨汉中市第四届"世界野生动植物日"宣传活动启动仪式在陕西理工大学校园（主会场）和汉中市滨河公园（分会场）同时举行。

3月7日 陕西省森林防火宣传月活动在秦岭林区的宁陕县旬阳坝小学正式启动。

3月9日 陕西省防护林建设工作站组织新版《造

林技术规程》的专题培训。

3月16日 陕西省发改委、省林业厅联合举办了《运用政府和社会资本合作模式推进林业建设》(PPP项目)培训班。130余人参加了培训。

3月17～19日 陕西省质量技术监督局、陕西省农业厅委派评审组,对陕西省林业工业产品质量监督检验站/国家林业局林产品质量检验检测中心(西安)进行资质认定复查与扩项评审及农产品质量安全检测机构扩项评审。

3月19～21日 陕西省防护林站在榆阳区举办防沙治沙技术培训班。

3月20日 陕西省林业厅在西安浐灞国家湿地公园组织开展了2017年陕西林业系统科技之春集中示范活动。

3月21日 黄帝手植柏、汉武帝挂甲柏、老子手植银杏珍稀古树实生苗、扦插克隆苗,入驻省南五台珍稀树种种质资源库。

3月21～22日 陕西省林业厅团委联合省直机关团工委在省委、省政协、省人大、省政府开展"绿色一平方、我们在行动"暨省树省花省鸟及最可爱野生动物推荐填问卷赠绿植活动。

3月22日 陕西省林业厅、陕西省测绘地理信息局合作框架协议在陕西省测绘地理信息局正式签约。

4月5～6日 国家林业局副局长彭有冬一行到陕西省榆林市调研林业建设工作,省林业厅厅长李三原、榆林市市长尉俊东等陪同调研。

4月7日 陕西省林业厅在西安召开了全省2017年度森林资源管理情况检查启动会。国家林业局驻西安专员办的有关领导、各市林业局主管局长及参与检查工作的全体人员参加了会议。

4月8日 全国政协委员、陕西省海外联谊会名誉会长、澳门繁荣促进会会长、澳门励骏创建集团主席周锦辉率领澳门工商界考察团在商洛考察中药产业发展情况。

4月14日 陕西省第36届"爱鸟周"暨陕西秦岭洋县华阳国际观鸟节活动在洋县华阳古镇船头广场正式启动。

4月28日 在"五一"国际劳动节暨表彰省劳动模范大会上,省森林资源管理局系统陈晓安、方永芳被授予2017年"陕西省劳动模范"光荣称号。

4月28日 陕西省林业厅召开大熊猫国家公园陕西秦岭区体制试点领导小组办公室第一次会议,贯彻落实中央财办、中央编办、国家发改委、财政部、国家林业局联合召开的大熊猫国家公园体制试点工作座谈会和大熊猫国家公园陕西秦岭区体制试点领导小组第一次会议精神,研究部署下一步工作。

5月2～3日 陕西省林业厅厅长李三原率领工作组到延安市延长县帮扶点,组织召开林业厅扶贫团工作会议,检查驻村联户扶贫、生态脱贫工作开展情况,对当前一个阶段帮扶工作进行再安排再部署。

5月16日 全省生态脱贫现场会在宁陕召开,对全省生态脱贫工作进行再安排、再部署,大力推进陕西省生态脱贫。

5月17～18日 中国科学院副院长张亚平院士,中国科学院动物研究所书记苗鸿研究员,副所长魏辅文研究员,中国科学院西安分院、陕西省科学院副院长李宝国教授等一行10人考察秦岭大熊猫野外研究基地。

5月26日 陕西省政府研究室主任杨三省一行6人到秦岭国家植物园周至园区调研并召开座谈会。秦岭国家植物园园长张秦岭、副园长赵辉远及相关部门负责人陪同。

6月1～7日 国家林业局基金管理总站副总站长李冰带队,对陕西省第二批国家重点林木良种基地进行考核。

6月4日 陕西快林信息科技有限公司与北京京东叁佰陆拾度电子商务有限公司签订《关于陕西省林业电商战略合作框架协议》,共同建立陕西快林网络交易平台,推进陕西省林业电商发展。

6月5日 2017丝绸之路国际博览会秦岭论坛在陕西眉县开幕。

6月17～18日 陕西省宁东林业局旬阳坝森林体验区森林康养基地、黑河国家森林公园森林康养基地成为陕西首批全国森林康养基地试点建设单位。

6月19～21日 晋冀豫陕蒙五省(区)重大林业有害生物联防联控暨松材线虫病防控应急演练现场会在陕西省商洛市柞水县召开。

6月19日 商洛市林业局与北京仟亿达集团股份有限公司林业碳汇项目合作框架协议签约。

6月23日 由陕西省林业厅、西北农林科技大学和商洛市人民政府共同主办的2017商洛核桃产业发展研讨会在商洛市召开。

6月29日 由国家林业局保护司、陕西省林业厅、陕西省科学院主办的"中国·陕西林麝首次野化放归"活动在宁陕县境内的宁东林业局响潭沟举行。陕西省委副书记毛万春、国家林业局副局长李春良等领导参加了该次放归活动。

7月10日 陕西省林业厅珍贵树木花卉工程技术研究中心成立大会在西安召开。

7月10日 长青国家级自然保护区管理局开展的"生命长青"科普教育活动荣获第六届"梁希科普活动类"奖。

7月13～14日 陕西省林业厅组织召开全省林业生态脱贫攻坚、苗木花卉推进和追赶超越点评大会,省林业厅领导班子、省委农工委、省农业厅、咸阳市委市政府负责人员,各设区市、杨凌示范区、韩城市、省直管县林业局主要负责人员和省财政厅、省国土厅相关人员参会。

7月22～23日 省林业厅副厅长唐周怀带领朱鹮专家组赴旬邑县考察朱鹮野化放飞工作。

8月8～13日 省委改革办副主任庞建荣带队,省发改委、省科技厅和省林业厅一行6人对延安、铜川和西安3市国有林场改革工作进行督察。

8月18～19日 全省林业产业发展转型升级现场会在韩城召开。80余人参加会议。

8月19日 中国经济林协会、中国食品科学技术学会、陕西省林业厅主办的"一带一路"双椒论坛暨2017第二届中国韩城国际花椒节在国家韩城花椒产业园区开幕。

9月5~9日　陕西省森林文化协会森林康养联盟成立并举办首届森林康养培训班。

9月8日　由省自然保护区和野生动物管理站（省林麝保护繁育中心）、省动物研究所发起，西北大学、北京林业大学、陕西中医药大学、北京同仁堂陕西麝业有限公司等26家单位参与组建的"陕西省林麝产业技术创新战略联盟启动大会"在西安举行。

9月13~14日　"首届陕西苗木产业高峰论坛暨秋季工程采购对接会"在西安举办。

9月13日　陕西省牡丹产业协会会员大会暨成立大会在西安举办，国家林业局原副局长、中国油用牡丹专家委员会主任李育材出席会议并讲话。

9月13日　来自浙江、甘肃、重庆、河北和新疆等地近400名全国园林、苗木、花卉行业的企业代表，20余位中外专家学者、园林行业优秀运营者齐聚西安，共话行业发展和"一带一路"生态建设。

9月14~15日　2017年度西部地区国有林场年会在西安市周至县黑河国家森林公园召开。150余人参加了会议。

9月19日　陕西省林木种苗行政执法推进会在西安召开，50余人参加会议。

9月21日　国家环保部评审通过的全国首批13个"绿水青山就是金山银山"实践创新基地正式授牌，陕西省留坝县成功入选。

9月21日　2017年秦岭大熊猫征（冠）名认养活动启动仪式在省林业科学院秦岭大熊猫繁育研究中心举行。

9月27日　秦岭国家植物园一期项目建成，园区举办了开园仪式。

9月28日　陕西第一期林业植物检疫执法案件查处培训班在韩城举办，70余人参加了培训。

10月9~12日　陕西省新版《野生动物保护法》解读暨野生动物保护管理培训班在西安举办，100余人参加了培训。

10月12日　宝鸡市眉县横渠镇豆家堡村、宝鸡市眉县汤峪镇闫家堡村、韩城市芝阳镇露沉村、铜川市印台区红土镇惠家沟村、榆林市榆阳区古塔镇余兴庄办事处赵家峁村5个村被授予"全国生态文化村"称号。

10月24~25日　陕西省集体林权制度改革业务培训班在宝鸡市召开，150余人参加培训学习。

10月24日　"行走三江三河，绿染三秦大地"系列活动之"行走汉江、嘉陵江"汉中段活动走进陕西汉中朱鹮国家级自然保护区进行访问。

11月1~4日　牛背梁自然保护区郑怀文获"中国生物圈网络绿色卫士奖"。

11月3日　省森林资源管理局与阿拉善SEE生态协会西北项目中心签订了"秦岭大熊猫栖息地保护项目"战略合作框架协议。

11月3日　陕西省贫困地区林业重点项目推介暨首批省级森林城市授牌大会在西安召开。

11月5日　在第二十四届农高会上，陕西林业以"发展绿色富民产业，推进生态精准脱贫"为主题，集中展示了全省特色干果经济林、木本油料、苗木花卉、林下种养殖等林产业在脱贫攻坚中所取得的成效。

11月11日　中国治沙暨沙业学会沙区植物资源保护与利用专业委员会第二次学术研讨会在西安召开。

11月12~14日　亚行贷款项目培训会在安康市石泉县召开，130余人参加培训。

12月1日　牛背梁国家级自然保护区与西安市航天中学青少年自然研学教育合作协议签约仪式在航天中学举行。

12月5日　陕西长青自然保护区"生命长青"科普宣传活动获得第六届梁希科普活动奖。

12月12日　西北五省（区）履行《濒危野生动植物种国际贸易公约》（CITES）宣传月活动暨重点口岸濒危野生动植物展柜启用仪式在陕西西安咸阳国际机场举行。

12月15日　陕西省2017年度"211"林业科技示范工程总结座谈会在西安召开。

12月20日　中国绿色时报社在北京发布2017首届"中国最美森林"榜单，陕西黄柏塬温性针叶林及针阔混交林榜上有名。

12月22日　首届陕西中蜂蜂蜜品质大赛和"我最喜爱的省树、省花、省鸟及最可爱野生动物"征文摄影大赛颁奖大会在西安召开。

12月27日　《陕西省家庭农场（林场）登记管理暂行办法》开始施行。

12月27日　陕西自然博物馆与牛背梁国家级自然保护区管理局签订自然生态教育合作协议。

12月27日　国家林业局驻西安专员办、陕西省检察院、陕西省林业厅2017年度三方联席会议在西安召开。

12月29日　西安市首批国有生态（实验）林场挂牌仪式在周至县厚畛子林场举行。

12月29日　陕西省野生动植物保护协会召开第六次会员代表大会暨第一次理事会在西安召开。

（陕西省林业由吕旭东供稿）

甘肃省林业

【概　述】　2017年，甘肃林业工作在省委、省政府的坚强领导下，深入贯彻党的十九大精神和习近平新时代中国特色社会主义思想，牢固树立新发展理念，立足构筑生态安全屏障和大地增绿、农民增收两大目标，以推进林业供给侧结构性改革为主线，以维护国家森林生态安全为主攻方向，全面推进林业现代化建设，党的建设和林业生态建设取得了新的成效。

生态环境整治　成立了由省林业厅党组书记、厅长宋尚有任组长的自然保护区生态环境整治工作协调推进领导小组,全面领导、部署整改落实工作。制订《省林业厅祁连山保护区生态环境问题整改实施方案》,一件一件抓整改,一项一项抓落实。截至2017年12月底,祁连山保护区内的346项生态环境问题,整改完成327项,整改完成率94.5%。建立了全省林业系统自然保护区管理工作领导责任体系和考核办法,切实抓好责任落实和目标考核。制订《省林业厅贯彻落实中央环境保护督察反馈意见整改实施方案》,对涉及省林业厅的10个方面问题和16项整改措施照单全收,全面完成整改并在网站进行公示。扎实开展"绿盾2017"专项行动。为认真汲取祁连山生态问题深刻教训,举一反三,制订《全省林业系统生态环境问题自查整改方案》,明确了整改责任,开展全省林业自然保护区整改工作,截至2017年12月底,除祁连山保护区外的其他林业系统自然保护区内的1100项生态环境问题,完成整改791项,整改完成率71.9%。其中国家级自然保护区完成整改469项,整改完成率73.39%;省级自然保护区完成整改322项,整改完成率69.8%。组织制订《全省林业自然保护区生态修复验收办法》,为下一步全省林业自然保护区各类环境问题整治生态修复的验收销号提供统一的方法和标准。向省政府提出了解决祁连山、连城、连古城、黄河首曲、多儿5个国家级自然保护区管理体制不顺问题的建议,与省编办联合下发《关于建立健全地方级自然保护区管理机构的通知》,省政府第176次常务会议通过了理顺甘肃祁连山、民勤连古城国家级自然保护区管理体制意见。

全省国土绿化 甘肃省依托新一轮退耕还林、天然林保护、"三北"五期等国家重点林业生态工程项目,抢抓春秋造林有利时机,完成人工造林和封山育林30.77万公顷,是年度目标任务23.33万公顷的1.32倍。大力开展全民义务植树活动,完成义务植树9719万株,新建义务植树基地611个。起草《关于加快推进大规模国土绿化的实施意见》,计划到2020年完成国土绿化100万公顷,基本建成层次多样、结构合理、功能完备、点线面相结合的国土绿化体系。同时,统筹安排森林植被恢复费3400万元,集中力量在全省重点生态区域建设6个国土绿化示范林基地,加快重点生态区域森林植被恢复,带动全省大规模国土绿化进程。全面贯彻落实习近平总书记对防沙治沙工作的重要批示和全省防沙治沙工作推进会精神,报请省委、省政府出台《关于加快推进防沙治沙工作的意见》。2017年全省新增沙漠化土地治理面积9.16万公顷,沙区8市(州)完成治沙造林面积0.24万公顷,封育面积1.94万公顷。落实沙化土地封禁保护区国家建设资金7000万元、封禁保护面积9.68万公顷。

林业特色产业 制订《甘肃省省级财政林业产业项目管理办法》,落实省财政林果标准化示范基地专项资金6000万元、木本油料发展资金1270万元。全省新建林果标准化示范基地5.33万公顷,是年度目标任务4.33万公顷的1.23倍。完成低产老果园提质增效9.33万公顷,是年度目标任务8万公顷的1.16倍。截至2017年年底,全省经济林果总面积达到157.67万公顷,总产值达到453亿元。认真组织开展全省林业龙头企业认定和管理工作。制订出台《甘肃省"十三五"林下经济发展规划》,2017年全省实现林下经济产值70.35亿元。森林公园建设和森林旅游发展水平不断提升,全省森林公园总数达到91个,其中国家级22个、省级69个,总经营面积93.33万公顷,旅游从业人员达到5445人。2017年全省森林旅游总人数972万人次,旅游收入1.3亿元,全年未出现森林旅游安全事故。林木种苗产业持续快速发展,全省育苗面积达到4.97万公顷,其中新育面积1.17万公顷,年苗木产量80.4亿株。顺利完成第九届中国花卉博览会和全省农业博览会的筹展布展参展工作。推进沙产业发展,编制完成《甘肃省沙产业开发规划(2017~2025年)》。

林业生态扶贫 编制《甘肃省深度贫困地区脱贫攻坚生态扶贫实施方案》和《甘肃省深度贫困地区脱贫攻坚林业扶贫实施方案》,明确未来三年全省生态扶贫、林业扶贫的工作目标、重点项目和具体措施。将生态护林员、退耕还林、天然林保护、三北防护林、生态效益补偿、林果产业等林业项目资金向深度贫困县(区)倾斜支持。2017年共安排35个深度贫困县(区)项目资金4.93亿元,其中生态护林员项目1.46亿元,退耕还林工程9067万元,天然林保护工程1425万元,三北防护林工程5100万元,森林生态效益补偿1.64亿元,省级林果产业项目2680万元。省林业厅作为帮扶组长单位,牵头省直9个单位帮扶秦安县脱贫攻坚工作。帮助秦安县编制《林果产业发展规划》《生态环境建设规划》《中山镇花椒产业建设规划》和《王铺镇产业发展规划》。承担帮扶中山镇12个深度贫困村的脱贫工作,在林业厅系统遴选12名年轻优秀的县处级后备干部任驻村工作队队长,自8月21日开始驻村帮扶,组织帮村单位、帮户干部进村入户对接,帮办实事,制订"一户一策"帮扶计划。立足中山镇缺少主导产业的实际,2017年秋季帮助该镇一次性栽植花椒2300公顷,实现了全镇花椒全覆盖,培植了脱贫增收的主导产业。

林业资源管理 在全国率先开展森林资源管理卫片执法工作,核实违法使用林地图斑6243个,建立违法使用林地数据库。对违法案件进行查处,其中查处结案459个,立案查处2577个,移交森林公安机关立案查处3207个。严厉打击破坏森林资源违法犯罪行为。全省共发生涉林案件2475起,查处2286起,查处率92.36%,切实保障全省重大项目建设使用林地,全年共办理292宗建设项目使用林地审核审批手续,许可使用林地1843.58公顷,收缴森林植被恢复费2.56亿元。坚持问题导向,严格按照上位法,完成对《甘肃祁连山国家级自然保护区管理条例》修订工作,对12部地方性法规和1部政府规章进行全面摸排。报请省政府发布《2018年森林防火命令》,落实了防火责任。2017年,全省发生森林火灾6起,其中:一般森林火灾4起,较大森林火灾2起,较好地保障了全省森林资源和林区群众生命财产安全。

深化林业改革 报请省政府办公厅出台《关于完善集体林权制度的实施意见》,明确全省深化农村林业改革的目标任务和工作举措。全力推进林权流转、林权抵押贷款、家庭林场培育和林业合作社建设等林改重点工作,走出了具有甘肃特色的改革路子,创新开展的家庭林场认定登记和果树经济林确权颁证是全国林改的典型。康县、临泽、麦积3个县（区）林业局和3名林改工作人员被评为全国林改先进集体和先进个人。会同省人社厅开展省级林改先进集体和先进个人评选表彰活动，表彰先进集体60个，先进个人100名。2017年，新增家庭林场264个，新增林业合作社212个，新增林权抵押贷款8.2亿元，超额完成年度目标任务，全省林业经营体制机制不断创新，发展活力持续增强。国有林场改革有序开展，全省纳入改革的12个市（州）改革实施方案已经批复实施，省属白龙江林业管理局和小陇山林业实验局国有林场改革实施方案已报省政府审批。报请省政府印发《甘肃省湿地保护修复制度实施方案》，秦王川和石羊河国家湿地公园顺利通过国家林业局验收，全省湿地确权登记试点工作稳步推进。制订放管服改革重点任务分工实施方案，合并取消5项行政许可事项，林业行政审批事项从2016年的16项减少到11项，精简幅度31.3%，全部实现联网审批、限时办结、网上公示。组织开展"减证便民"专项行动，对承办的11项行政许可事项，按照标准化管理要求，系统编制了业务手册和办事指南。

国家公园建设 成立由省林业厅主要领导任组长，主管副厅长任副组长的国家公园筹备工作协调推进领导小组，抽调专人成立省林业厅国家公园筹备办公室，具体负责国家公园建设日常工作。配合国家林业局在兰州召开了四次国家公园建设工作联席会议，对国家公园体制试点、森林资源管理、祁连山生态问题整改等工作进行衔接沟通和安排部署。厅主要领导带领相关处室负责人，分赴四川、吉林两省，调研学习大熊猫和东北虎豹国家公园体制试点工作经验。联合国家林业局西安专员办、西北院及甘肃省农牧厅、国土厅、生监局等单位，抽调专业技术骨干36名，组成4个联合工作组，分赴祁连山国家公园体制试点区域，认真开展本底数据调查。组织祁连山、大熊猫两个国家公园体制试点建设相关单位，上报国家公园体制试点工作经费计划，经省发改委、财政厅审校后分别上报国家发改委、财政部。配合省发改委起草《关于贯彻落实祁连山国家公园体制试点方案的实施意见》，组织编制《大熊猫国家公园白水江片区体制试点实施方案》，拟定各项试点任务的责任牵头单位和配合完成单位，提出完成时间节点和具体要求，提交省委、省政府研究审定印发。积极组织人员配合国家林业局调查规划院开展了祁连山、大熊猫两个国家公园范围功能区勘界和总体规划编制工作。

保障支撑能力 全年落实营造林建设任务13.04万公顷，落实并下达中央和省级林业建设资金52.3亿元，其中：中央投资46.14亿元，省级投资6.16亿元。祁连山生态环境保护与综合治理规划中央预算内追加支持1亿元；争取国家继续提高天保工程国有林管护补助标准，达到每公顷150元，有效解决了管护费标准过低的问题；建档立卡贫困人员聘用生态护林员项目纳入省政府为民办实事项目。根据省政府《关于2017年省级脱贫攻坚资金整合方案》精神，当年整合资金167909.4万元，全部下达到各贫困县（区），根据最新统计结果，各地已整合资金6508.5万元用于脱贫攻坚项目。与省农信社签订《全面支持林业发展战略合作框架协议》，联合印发《关于加强合作全面支持林业发展的意见》。编制了《甘肃省林业科技创新"十三五"规划（2016～2020）》《省林业厅关于深入实施创新驱动发展战略促进林业科学发展的实施意见》《甘肃省林业科技扶贫行动总体方案》。2017年，各类科研项目获批立项86项、经费3149万元。以"互联网+林业"数据共享为着力点，建成了全省森林资源管理信息系统、全省退耕还林管理信息系统、"一带一路"林业数据资源协同共享平台。省林业厅被国家林业局授予"全国林业信息化建设十佳省级单位"，甘肃林业网被授予"全国林业十佳网站"。

全面从严治党 层层签订全面从严治党目标责任书，实行图表式分责，将党风廉政建设工作任务细化分解，明确了责任领导、牵头处室（单位）和完成时限，形成了"人人肩上有担子、个个头上有责任"的工作格局。2017年召开厅党组会议58次，其中17次专题研究部署党建和党风廉政建设工作。厅党组书记对班子成员和43个厅直单位党政主要领导以及19个厅机关处室负责人进行约谈，班子成员对分管处室和直属单位党政负责人约谈、党支部书记对党员约谈，做到约谈全覆盖。安排21名厅管干部进行了第五轮、第六轮"三述"工作，做到"三述"工作全覆盖。强化监督执纪问责，对厅直43家单位2016年党风廉政建设工作进行考核。厅机关纪委与厅机关128名党员签订"机关党员廉洁从政责任承诺书"。以零容忍态度严肃查处各类违纪违法案件，对10名县处级党员干部违纪违法问题给予党纪处分，其中党内警告3人，党内严重警告4人，开除党籍3人。认真贯彻落实中央八项规定实施细则和省委实施办法精神，在厅系统大力开展反面典型警示教育。深入开展厅系统"三纠三促"专项行动，制订印发《实施方案》，建立了工作台账，自查问题20项，分别由厅机关10个处室牵头深入抓整改落实。及时与省委第六巡视组汇报衔接，成立联络组、召开动员会、安排102名党员干部个别谈话、提供各种材料及信访接待等，全力配合巡视组开展巡视工作。

【林业投资】 2017年甘肃省落实中央和省级林业资金52.30亿元。其中中央林业投资46.14亿元，完成营造林30.77万公顷，森林抚育17.60万公顷。重点争取生态护林员项目资金2.1亿元，涉及13个市（州），64个重点生态功能区转移支付补助县（市、区）、集中连片特殊困难地区、国家扶贫开发工作重点县，共选聘安排27383名生态护林员，精准带动2.7万多户建档立卡贫困人口脱贫，祁连山生态环境保护与综合治理规划中央预算内追加支持1亿元，国家继续提高天保工程国有林管护补助标准，达到每公顷150元，有效解决了管护费标准过低的问题；省级林业投资6.16亿元，森林植被恢复费由以前的7010万元增加到22539万元，油用牡丹发展专项资金由以前的1000万元增加到1270万元。资金计划安排更加规范高效，上半年下达的计划占到了全年计划的70%以上。

【"三北"工程】 2017年，全省"三北"五期工程建设认真践行新发展理念，坚持以扩绿提质增效为重点，统筹造林与经营、兴林与富民协调发展，全年完成营造林

4.72万公顷、退化林分修复0.97万公顷,呈现出稳中有进的发展态势。持续推进黄土高原综合治理林业示范建设,坚持整流域、整山系规模化治理,5年10个示范县(区)累计完成营造林5.79万公顷,建成一批黄土高原流域综合治理示范典型。稳妥推进退化林分修复工作,贯彻执行《"三北"工程退化林分修复技术规程》,在续建镇原、庆城、泾川、麦积、甘谷、陇西、庄浪、和政8个试点县(区)工作基础上,新增积石山试点县,合理确定修复对象、模式,加大技术培训和指导力度。启动实施平凉、天水黄土高原泾渭河流域"百万亩水土保持林基地"建设项目,使全省"百万亩防护林建设基地"增至2个,为全省"三北"工程建设转方式、提速度、增质量打下坚实基础。

【退耕还林】 2017年组织14个市(州)55个县(区)全面完成2016年14.67万公顷退耕还林工程计划任务,将2017年2.8万公顷任务分解下达到10个市(州)35个县(区),组织开展作业设计和地块落实。请示国家林业局退耕办同意后,组织编制《甘肃省河西地区退耕还林建设农田防护林总体方案》,争取将7560公顷田林网纳入退耕还林计划。组织调查后形成专题报告,由省政府先后两次向国家申报增加甘肃省新一轮退耕还林任务40.32万公顷。3月,组织对全省8个市(州)8个县(区)开展"退耕还林突出问题专项整治省级督查",并配合国家林业局完成全国退耕还林突出问题专项督查工作。从6月中旬开始,组织技术人员对2015年计划任务完成情况进行省市联合检查验收,分三个阶段、历时107天,共抽查9个市(州)的16个县(区),经查,面积核实率均达100%,合格率达97.5%。采用"3S"技术,以国土部门卫星图片为底片,组织开发并推广应用《甘肃省新一轮退耕还林信息管理系统》,在此基础上组织开发了网络版的《甘肃省退耕还林工程MCLOUD系统》,建成2014年和2015年省、市、县三级数据库,实现了甘肃省新一轮退耕还林地块精准到位、面积精准确定、退耕者精准到人的"三个精准",有效提高工程生产与管理水平。10月对全省30个退耕还林先进集体和111名先进个人进行了通报表彰。

【防沙治沙】 全面贯彻落实习近平总书记等中央领导同志对防沙治沙工作的重要批示和全省防沙治沙工作推进会精神,扎实做好防沙治沙工作。省委、省政府出台《关于加快推进防沙治沙工作的意见》,围绕沙化土地封禁保护区、国家级防沙治沙综合示范区和国家沙漠公园建设狠抓防沙治沙用沙。加强防沙治沙宣传,成功举办"金山银山祁连山"大型主题宣传、"防沙治沙生态文化大赛""全省防沙治沙·讲好甘肃故事"大型图片展、"大漠情绿色梦"大型文艺演出。推进沙产业发展,编制完成《甘肃省沙产业开发规划(2017~2025年)》。截至2017年年底,全省新增沙漠化土地治理面积9.16万公顷,沙区8市(州)完成治沙造林0.24万公顷、封育1.94万公顷。

【花椒产业】 花椒是甘肃省栽植历史悠久、也是最具市场潜力的经济林树种之一。在全省的主要经济林树种中,花椒栽植面积居第三,产值居第二。截至2017年年底,全省花椒栽植总面积达23.16万公顷,挂果面积13.21万公顷,2017年全省花椒产量61 955.65吨,实现产值73.31亿元。甘肃省花椒主要有三大栽植区,一是陇南大红袍栽植区,包括武都区、康县、文县、西和县、礼县、舟曲县,栽植面积13.59万公顷,主栽品种陇南大红袍系列;二是天水秦椒栽植区,主要包括秦安县、甘谷县、麦积区、清水县,栽植面积3.04万公顷,主栽品种秦安1号等秦椒系列;三是临夏花椒栽植区,主要包括临夏县、积石山县、东乡县、永靖县,栽植面积6.09万公顷,主栽品种大红袍和秦椒系列。甘肃省高度重视科技引领作用,注重科研成果转化,省林业科学研究院作为省级林业科研单位,下设经济林研究所,主要开展以花椒等区域名优特经济林品种引进和培育,经济林生产技术、产品储藏及深加工应用技术研究和开发工作。作为花椒主产区的陇南市成立了经济林研究院并下设花椒研究所,针对花椒品种老化、寿命短、管理粗放、病虫危害严重、采摘成本大、经济效益滑落等生产中急需解决的问题,在武都区马街镇官堆村建立集优良品种引进、种质资源收集、丰产技术栽培、苗木繁育等为一体的科研试验园,目前种质资源已达到51个,其中国内外无刺花椒品种(优系)12个,国内花椒品种(类型)26个。

【义务植树】 甘肃省围绕"3·12"植树节、"3·21"国际森林日和春造等重点时段,大力开展宣传咨询活动,深入宣传绿化、环保、生态保护等方面的知识,提升社会各界的生态文明理念和造林绿化意识。各级领导率先垂范、积极参加义务植树活动,引领社会各界积极投身全省林业生态建设和造林绿化事业,为建设幸福美好新甘肃贡献力量。2017年4月10日上午,甘肃省和兰州市四大班子在岗领导以及驻兰州各部队首长、省林业厅领导、林业干部职工、部队官兵在兰州新区参加义务植树劳动,共栽植各类苗木6000余株,为绿化陇原作出了贡献。各市(州)、县(市、区)主要领导也带头参加本地区义务植树活动,有力推动了义务植树活动的深入开展。据统计,2017年全省有义务植树适龄公民1604.9万人,实际参加义务植树的人数达到1454.6万人(次),尽责率达90.6%,完成义务植树9719万株,占计划任务的98%,人均植树6.7株,新建义务植树基地611个。

【林下经济】 随着集体林地确权到户,以林下种植、林下养殖、林产品采集加工和森林景观利用为主的林下经济快速发展,已成为广大林农增收致富的有效途径。认真贯彻落实国务院办公厅《关于加快林下经济发展的意见》精神,甘肃省委、省政府下发《关于加快林下经济发展的实施意见》,省政府办公厅转发省发改委、财政厅等16个部门《关于促进林下经济发展若干政策措施的意见》,提出了42条扶持林下经济发展的政策措施。省财政每年安排1000万元专项资金用于扶持林下经济发展。省林业厅逐年与市(州)林业部门签订林下经济发展目标责任书,强化林业部门推进林下经济发展工作责任。制订《甘肃省"十三五"林下经济发展规划》,各地也相继制定出台了林下经济五年发展规划，积极部署推进林下经济发展工作。2017年全省实现林下经济产值70.35亿元。省级林下经济示范典型不断涌现，泾川、康县等7个县和22个新型林业经营主体被国家林业局认定为全国林下经济示范基地。

【家庭林场】 家庭林场是林业行业最具活力的新型经营主体，在促进农村林业集约、规模、高效经营和繁荣农村经济中发挥着重要作用。甘肃省各级林业部门高度重视家庭林场培育发展工作，鼓励和支持大中专毕业生、新型职业农民、农村实用技术人才和返乡下乡创业人员兴办家庭林场，对有意愿、有基础、有潜力的林农、专业大户等帮助指导培育成家庭林场。按照《甘肃省家庭林场认定登记管理办法》和《关于做好家庭林场工商注册登记工作的通知》要求，在全国先行开展家庭林场认定登记，引导家庭林场办理工商注册，取得市场主体资格。截至2017年年底，全省已认定登记家庭林场896家。组织市县开展示范家庭林场创建，引导示范家庭林场积极申报承担各类林业项目，着力将家庭林场培育成林业生态建设和产业发展的带动主体、林业项目的承担主体、森林资源的管护主体和生态环境的保护主体。甘肃省的家庭林场培育是全国的典型，国家林业局组织的深化林改监测工作，安排甘肃农业大学对全省家庭林场发展情况进行专项监测。在2017年8月召开的全国深化林改（福建）现场经验交流会上，甘肃省介绍了培育发展家庭林场的典型经验做法。

【外资项目】 2017年甘肃省实施的林业外资项目共12个，其中：国际金融机构（亚行）贷款项目1个，全球环境基金赠款项目1个，小渊基金项目10个；项目总计利用外资1029万美元，其中贷款649万美元。亚行贷款甘肃林业生态发展项目共组织营造经济林19 600.84公顷、生态林3679公顷，已全部完成造林任务。4座年总储量为8250吨的果品贮藏库已建设完成并运行。全省各级外资项目举办培训班50期，受训人数1.2万人次。在10个小渊基金项目实施过程中，国家林业局及日本有关专家有21人次来甘实地检查指导，项目建设质量得到了日方专家的肯定。全球环境基金赠款"加强甘肃省保护区体系建设，保护具有全球意义的生物多样性项目"，于2017年5月、7月、11月分别在甘肃省召开了项目筹备启动会、项目保护区系统能力发展财务可持续性评估会和项目准备研讨会，计划于2018年启动实施。

【合作交流】 为了让外国友人更好地了解中国林业发展情况，讲好中国故事，国家林业局从2017年开始，创立了"走近中国林业"系列活动。这项活动主要是面向外国驻华使馆的外交官，请他们深入中国林业发展的最前沿，亲自了解林业发展历程，亲身感受林业发展带来的变化。2017年6月18~23日，国家林业局组织缅甸、埃塞俄比亚、老挝、斯里兰卡等国家和联合国环境署等国际组织的18名驻华使节和代表，从甘肃兰州出发，沿古丝绸之路，途经武威、张掖和敦煌行程2000多千米，了解甘肃省荒漠化治理和三北防护林建设成效。榆中县黄土高原水土流失治理工程、机械治沙示范基地、民勤老虎口防沙治沙示范区、临泽农田防护林网建设和有机红枣示范基地、莫高窟防沙治沙工程等给各国使节留下了深刻印象，代表团和国家林业局给予了高度评价。

【依法行政】 制订了《甘肃省林业厅推行重大执法决定法制审核制度试点工作实施方案》，细化工作目标和工作任务，明确工作步骤。根据林业行政执法实际和事权划分原则，明确4个审核主体，依据权责清单和行政执法自由裁量权基准，规定"重大法制审核范围"和"重大法制审核标准"，确定了11项行政许可、94项行政处罚、1项行政征收、5项行政强制的审核目录清单，梳理了各事项名称、法律依据、违法情节、处罚标准，编制了程序和流程图，细化了审核内容，编印了试点工作文件制度汇编。对林业厅系统54个行政执法主体和1568名行政执法人员行政执法证进行了全面清理，共有1536名执法人员符合《甘肃省行政执法证件管理办法》的相关要求，另有32名执法人员因多种原因，需要注销、换发或者补办行政执法证。规范林业行政处罚裁量权，对照法律修订情况，对2016年公布的《甘肃省林业行政处罚自由裁量权标准》进行了全面修订规范，细化、量化有较大裁量权空间行政行为的裁量标准，严格推行行政处罚自由裁量权基准制度。分两个阶段对1979年10月1日至今提请省政府、省政府办公厅下发的60份规范性文件进行了专项清理，完成了2007年1月1日至今省林业厅印发的93件规范性和政策性文件的清理工作，其中继续有效77件、宣布失效12件、提出修改完善4件。向省政府法制办报送审查规范性文件4件，报备率、报备规范率100%。

【林业大事】
1月21日 甘肃省林业局长会议在兰州召开，认真传达学习了中央农村、经济工作会议和全国林业厅局长会议精神，全面安排部署了甘肃省林业生态建设和生态环境保护工作。

4月10日 甘肃省党政军领导干部义务植树活动在兰州新区开展，甘肃省四大班子有关领导和兰州驻军有关负责同志参加了植树活动，为全省开展全民义务植树活动发挥了示范引领作用。

5月11日 西北五省（区）落实《国务院办公厅关于进一步加强林业有害生物防治工作的意见》主题演讲比赛暨陕甘毗邻区联防联控协议签订会议和第二届秦巴山区（甘肃省）重大林业有害生物联防联治会议在甘肃天水市举办。

6月18日 14个国家驻华使节以及联合国防治荒漠化公约秘书处、联合国世界粮食计划署、联合国环境署等国际组织代表18人，受邀考察甘肃省"三北"工程、防沙治沙和农田防护林建设成果，我省生态建设赢得了外宾的普遍赞誉。

7月1日 中共甘肃省委、甘肃省人民政府《关于加快推进防沙治沙工作的意见》正式颁布，甘肃省防沙治沙事业进入新的发展阶段。

9月1日 第九届中国花卉博览会在宁夏回族自治

区银川市成功举办。甘肃省以"飞天起舞、绚丽甘肃"为主题的室外展园和以"甘肃丝路文化、敦煌文化、长城文化及黄土高原特色文化"为主题的室内展馆荣获多个奖项。

10月25日 甘肃林业厅、甘肃省农村信用合作社印发《关于加强合作全面支持林业发展的意见》，就全面支持林业发展达成框架协议，为林业发展提供资金支持。

11月8日 《甘肃省退耕还林工程MC系统》推广使用网络版，实现甘肃新一轮退耕还林地块精准定位、面积精准求算、责任精准到人的"三个精准"，有效提高了工程监督、生产与管理水平。

11月8日 《甘肃省人民政府办公厅关于完善集体林权制度的实施意见》出台印发，明确了今后一个时期全省深化农村林业改革的目标任务和工作举措。

11月15日 国家林业局印发的《2017年全国林业信息化率评测报告》显示，甘肃林业信息化建设排名省级单位第9名，被授予"全国林业信息化建设十佳单位"称号。

11月17日 "甘肃森林资源信息管理系统""智慧祁连山大数据应用平台"被全国林业信息化工作领导小组授予"中国智慧林业最佳实践50强"称号。

12月27日 国家林业局发布《第三批国家林业重点龙头企业名单》，甘肃三鑫农林科技有限公司、陇西润源生态农牧科技开发有限公司、甘肃新一代食品有限公司、瓜州昊泰生物科技有限公司4家企业榜上有名。

（甘肃省林业由赵俊供稿）

青海省林业

【概 述】 2017年，在青海省委省政府的正确领导和国家林业局的关心支持下，青海林业坚持新发展理念，加强林业生态建设，强化森林资源保护，发展绿色富民产业，深化林业改革创新，弘扬森林生态文化，超额完成各项年度工作任务，用加快"四个转变"的实际行动，推动"四个扎扎实实"落地生根。

【国土绿化】 首次以省委省政府名义召开全省绿化动员大会，全面部署绿化工作。及时出台实施了《关于创新造林机制激发国土绿化新动能的办法》，针对全省国土绿化的造林、投入、管护、产权、科技、考核6个方面提出了创新造林机制的具体内容，并在多个方面实现了突破。充分激发各级政府、国有林场、企业、社团、个人等各类主体参与国土绿化的积极性，为推动国土绿化向纵深发展提供动力。印发《青海省国土绿化提速三年行动计划(2018~2020)年》，明确力争三年累计完成国土绿化80万公顷的建设目标。首次建立省市(州)县党政一把手任"双组长"的绿化工作领导新机制，构建了全省一体化的领导体系，形成了党政重视、部门推动、社会参与、合力推进的工作新格局。扎实开展国土绿化提速行动，全省营造林首次突破26万公顷大关，达到26.92万公顷(其中春季造林23万公顷，秋季造林3.92万公顷)，为历年平均任务量的2.5倍，创历史纪录。黄南藏族自治州尖扎县调动全县资源推进国土绿化，完成县城周边集中连片人工造林2800公顷，相当于前10年造林面积的总和，创造了牧区规模化、高标准造林的新纪录。

重点区域绿化 有效改善城乡生态环境，着力打造绿水青山、大美青海。坚持面上推进和重点突破相结合，新建绿色通道600千米。坚持统筹协调推进区域绿化，青南地区大规模造林实现新突破，完成营造林9.2万公顷，规模化造林明显提速。坚持营造生态林和景观林相结合，森林抚育面积较上年增加2.13万公顷，实现森林质量和景观"双提升"。

全民义务植树 全省干部群众学习发扬尕布龙精神，持续推动义务植树，人人参与、人人尽力、人人享有的全民绿化格局逐步形成。省委、省人大、省政府、省政协主要领导，西宁市委、政府领导，各厅局级单位的负责人和工作人员1200余人，在西宁市塔尔山义务植树基地参加了义务植树活动，为全省义务植树活动拉开序幕。各级党委、政府和广大干部群众积极参与义务植树活动，通过开展植树造林、认建认养、绿化宣传、生态保护、抚育管理等活动，不断丰富义务植树的内容和形式，新建成一批志愿者林、青年林、巾帼林、老干部林、援青林等义务植树基地。全省共完成义务植树1500万株，为计划任务的100%，参与义务植树人数达314万人次，尽责率达92%。

【林业重点工程】 坚持自然生态恢复与工程治理相结合，推进山水林田湖草综合治理，统筹实施三北防护林建设、天然林保护、新一轮退耕还林、三江源生态保护和建设二期工程、祁连山生态保护与建设综合治理工程、湿地保护与恢复、湟水流域百万亩林建设等林业生态重点工程。

三北防护林建设工程 完成三北防护林五期工程营造林2.53万公顷，其中，人工造林和封山(沙)育林各占一半。完成投资13 500万元。省财政新增1亿元，专项投资西宁南北山三期工程；安排预算内资金11.9亿元，重点支持16个美丽城镇和300个高原美丽乡村建设项目，努力实现城乡一体化发展。各市(州)县财政投入资金19.8亿元，着力推进"绿色城镇、绿色乡村、绿色庭院、绿色校园、绿色机关、绿色企业、绿色营区"创建活动。

退耕还林工程 完成退耕还林0.93万公顷。严格按照新一轮退耕还林还草总体方案精神，落实好各级政府部门、林业部门相关责任和退耕农户责任。按照《国家林业局办公室关于印发〈退耕还林合同范本〉的通知》要求，完成与退耕农户的退耕还林合同签订工作。严格执行《国家林业局关于印发〈退耕还林工程档案管理办法〉的通知》精神，落实责任，强化管理，专柜专存、专人管理。做好退耕还林群众举报办理工作，高度重视群众举报、上访工作，维护退耕农户合法权益。

防沙治沙工程 建设完成贵南、茫崖2个国家沙化土地封禁保护区，共和、贵南、都兰、格尔木和海晏县5个防沙治沙综合示范区。

天然林保护工程 完成乔木造林0.36万公顷，封山育林1.67万公顷，全省367.8万公顷天然林得到应管尽管。狠抓工程质量监管，按照《青海省天然林保护工程监理办法（试行）》《青海省天然林保护工程财政专项资金项目绩效考评管理办法》《青海省林地管护单位综合绩效考核评比办法（试行）》等相关规定，继续开展以省级巡视监理、绩效考评、资金稽查、国有林场考核评比、全省林业综合核查等多项监督考评相结合的多角度、全方位的质量监管措施，严格考核奖惩，通过奖优罚劣，有效激发发展活力，促进工程建设顺利实施。会同中国科学院制定出台《青海省森林三防智能管控系统建设导则》和《青海省森林智能管控系统建设指导方案》。森林智能管控系统在重点林区推广实施，并已初见成效。

野生动植物保护 开展野生动植物保护和濒危物种拯救行动，加强雪豹等珍稀濒危野生动物监测和保护宣传，强化陆生野生动物疫源疫病防控。扎实推进全省野生动物伤害补偿工作，为足额兑现2016年度全省野生动物伤害补偿损失，确保广大牧民群众的应得利益，积极向省政府汇报并与省财政沟通衔接，落实2016年补偿资金300万元。争取资金，积极推进第二次全国陆生野生动物资源调查青海剩余单元的调查工作。

自然保护区建设工程 自全省生态环保督察工作启动以来，会同省环保厅组成联合督察组对全省11个自然保护区开展了6次专项督察和执法检查，建立台账，提出整改要求和时限。特别要求各自然保护区将环保部卫星遥感人类活动点细化分类，逐一现场调查、核实、甄别，对已经发现的违法违规建设项目抓紧依法查处。同时，根据环保部对青海省8个自然保护区卫星遥感监测到的1308个疑似人类活动点位进行认真核查，结合各自然保护区自查和专项督察，对发现的问题进行认真梳理，建立问题清单。着力完善监管体系，提升管控能力，组织开展"绿盾2017"自然保护区专项检查等6次专项督察和执法检查，对26项问题列出清单，建立台账，限时完成整改，综合执法涉面之广、持续时间之长、整治力度之大超过往年，中央环保督察组给予积极肯定。

不断提升祁连山自然保护区能力和保护管理水平，充分发挥保护区绩效考核办法的目标导向作用，不断细化完善考核内容，签订年度工作目标责任书，从机构建设、巡护执法、宣传教育、社区共管、科研监测及经费保障6个方面、21项内容明确全年工作重点和目标任务，切实有效增强保护区整体工作的执行力和战斗力，着力提升保护区省、州、县、站四级管理体系运行效率。切实强化能力建设，加快推进保护区22个管护站规范化建设。

国家公园建设 扎实推进祁连山国家公园体制试点，加快编制总体规划和专项规划。本底资源调查、公园范围落界、管护人员培训全面完成。建立祁连山青海侧雪豹监测网络，监测范围覆盖祁连山地区2000平方千米，监测到雪豹、棕熊、白唇鹿等20余种野生动物栖息活动情况。实施祁连山国家公园智能监控系统建设试点，认真编制信息化网络监测体系规划方案。

【资源保护与管理】

森林资源管理 加强林地资源管理，严格执行林地定额管理制度，开展非法侵占林地清理排查，规范办理使用林地项目116项，有力地支持了地方经济建设。进一步强化市（州）级林业主管部门属地监管职能，建立森林资源管理"零报告、双月报"制度，督促8个市（州）林业主管部门建立了预防和惩处涉林违法犯罪行为协同工作机制，破除影响森林资源管理的体制机制弊端，形成上下联动、运转高效的森林资源管理机制。充分利用遥感监测手段，结合现地核实、档案管理，有序开展林地变更调查工作，确保调查成果客观反映林地保护利用现状和变化情况，强化林地"一张图"技术服务保障。组织开展野生柽柳和小叶杨资源普查工作。配合国家林业局、有关科研单位完成同德县然果村甘蒙柽柳林调研和科考工作。

湿地保护工作 根据省政府出台的贯彻湿地保护修复制度方案的实施意见，编制完成了全省湿地保护与修复工程规划。争取到了中央林业改革发展湿地补助资金4700万元，用于在隆宝开展湿地生态效益补偿试点；在祁连山自然保护区、西宁湟水国家湿地公园等13个项目点开展湿地保护与恢复项目。启动实施了总投资1.75亿元的青海湖、扎陵湖-鄂陵湖湿地保护和恢复项目。批复冷湖奎诺尔湖为青海省首个省级湿地公园。配合国家林业局华东院、昆明院、西北院完成了茶卡盐湖、哈拉湖湿地、尕斯库勒湖湿地等5处国家重要湿地的生态系统健康、功能和价值评价。启动了青海湿地资源再普查、调查和监测评价工作。

林业有害生物防治 提升林业有害生物防治效率，完成防治面积20.28万公顷，无公害防治率达到96.6%，全面完成年度防治任务，病害发生面积和受害程度实现"双下降"。

森林防火 加强森林防火，严格落实防火责任制，层层排查火灾隐患，加强火情预警监测，做到人防、技防全面到位，全省未发生森林重大火灾和人员伤亡事故。发生森林火灾16起，受害面积129.05公顷，比上年有明显下降。

严打专项行动 各级森林公安与地方警力密切配合，加大资源保护执法力度，组织开展专项执法行动，集中清理整顿了一批工程建设违法占用林地、湿地，乱砍滥伐林木案件。制定实施预防和惩处涉林违法犯罪专项行动方案，建立省市（州）林业部门预防和惩处涉林违法犯罪行为协同工作机制，组织开展"绿盾2017林业植物检疫执法检查"，共查处各类森林和野生动物案件1963起，依法处理违法犯罪人员3123人。

【林业改革】

集体林权制度改革 出台《青海省人民政府办公厅

关于完善集体林权制度的实施意见》，制订《青海省农民林业专业合作社省级示范社认定考核管理办法（试行）》，与中国人民银行西宁中心支行、青海省财政厅、青海省银监会等五部门联合印发《青海省集体林权抵押贷款管理办法》，通过完善政策、健全服务、规范管理、加强扶持，广泛调动农牧民和社会资本发展林业的积极性。通过规范集体林权流转、大力发展特色林下经济等方式逐步探索出适合青海省特点的完善集体林权制度改革道路。

国有林场改革 全面推进国有林场改革，实施《青海省国有林场改革实施方案》，在110个国有林场继续开展林地管护单位综合绩效考核，持续巩固提升绩效考核激励导向作用，全省国有林场改革任务基本完成。

规模化林场建设 根据国家发改委、财政部、国土资源部、国家林业局四部委联合下发的《关于开展新建规模化林场试点工作的通知》，将青海湟水林场列为全国3个规模化林场试点之一。

国家级公益林管护奖补考核试点 在110个国有林场和15个县开展国家级公益林管护奖补考核试点工作，切实落实管护责任，强化了公益林管护实效。

森林保险 积极稳妥推进政策性森林保险，投保190.33万公顷、4609.7万元，提高了林业抗灾减灾能力。

【**林业产业**】 着力提升产业发展质量和效益，开展"林业产业项目管理质量年"，投入8990万元，重点打造沙棘枸杞百亿元产业，支持有机枸杞基地、沙棘采摘基地、中藏药基地、杂果经济林基地建设，全省新增经济林0.57万公顷，为年度目标任务的297%。枸杞产业稳步发展，全省新增0.49万公顷，总面积突破4.67万公顷，其中0.47万公顷生产基地，16家企业获国家有机认证，生产规模、市场竞争力稳步提升。中藏药材种植扩面提质，当归、黄芪等大宗中藏药材种植总面积达0.97万公顷。藏茶产业加快发展，全省种植面积突破0.13万公顷，产加销能力同步提升。

积极推进森林生态旅游、林下种养、种苗繁育、野生动物繁育等特色产业，规模化、品牌化发展取得成效，全省林业产业总产值达51.37亿元，同比增长16%，优化产业结构，增加农牧民收入的作用进一步增强。

种苗产业 全省共储备各类林木种子17万千克，出圃各类苗木74 420.8万株。各地针对出圃苗木数量、规格，认真测算苗木供需，调剂余缺。继续稳定苗木价格，引导苗木市场健康发展，发布2017年春、秋季主要造林绿化树种苗木市场指导价，为林木种苗生产、经营、使用单位提供种苗信息服务。强化林木种苗质量自检和"两证一签"制度，各地对造林使用的种苗进行全面质量自检，自检率达到100%，并狠抓"两证一签"制度的落实，使造林使用的种苗"两证一签"齐全，进一步规范了种苗生产经营秩序。

【**科技兴林**】 坚持把科技支撑作为林业发展的重要保障，加大实用技术的引进、研究和推广，共完成林业科技成果30项，实施林业科技推广项目28项，"青海省生态系统服务价值与生态资产研究"项目荣获青海省科学技术进步二等奖、第八届梁希林业科学技术二等奖。强化林业标准化体系建设，完成2014~2017年共61项林业地方标准汇编，研究制定林业地方标准20项，开展枸杞、沙棘、杂果等特色经济林标准化生产基地、良种繁育标准化示范基地、丰产栽培示范基地、经济林果初加工示范区基地建设，提高了林业生态保护建设成效。加强陆地生态系统定位站规范化建设，森林、荒漠、湿地3个定位站为全省生态资源监测，生态服务价值评估提供了科学数据支撑。

【**工程项目**】 全面理清已编制规划的重大项目，共储备项目106项。组织编写了书籍《GEF三江源生物多样性保护的项目实践与探索》和环境教育读本《家住三江源》，并获评科技部"2017年全国优秀科普作品"。

祁连山生态保护与建设综合治理工程 共完成投资1.3亿元，其中农牧项目投资6411万元、林业项目投资6542万元、生态监测项目投资200万元。主要开展退化草地治理、草食畜牧业发展、草原鼠害防治、沙漠化土地治理、湿地和冰川保护、生态监测等7项建设内容。

三江源生态保护和建设二期工程林业项目 共完成投资8692万元，重点实施了封沙育草、人工造林、湿地保护、林木种苗基地建设、林业有害生物防控等项目。

招商引资 加强国际合作与交流，做好外资项目储备，充实合作平台，完成招商引资到位资金4847万元，为计划任务的103.1%。和国家林业局国际合作司签署了《共同推进青海省林业国际合作和交流协议》，确定将充分利用各自优势，加强双方合作。积极落实青洽会执委会分配的各项工作任务。

【**林业保障能力**】

林业投资 落实林业生态建设资金38亿元，为年度目标任务的127%。其中，中央资金26亿元，省级投资4.4亿元，林业贷款7.5亿元，是争取中央专项资金比例最多、国土绿化资金投入量最大的一年。各市州县进一步加大林业投资力度，用于国土绿化的自筹资金接近20亿元，是近年来地方自筹资金投入最多的一年。努力创新林业投融资机制，盘活金融资本，强化林业资金注入。主动与发改、财政及金融部门进行沟通和协调，联合省发改委分别与国家开发银行青海省分行、农业发展银行青海省分行签署了《利用开发性和政策性金融推进林业生态建设合作协议》，推进林业供给侧结构性改革，搭建银政交流合作平台、利用开发性和政策性金融推进林业生态建设。

工程质量监管 始终坚持"严管林"，严把造林绿化项目实施方案、作业设计方案编制、项目审批关口，高标准、高质量进行规划设计，同步落实造林地块管护措施，有序组织林木种子、苗木、网围栏等招投标工作。为了保证2017年造林任务的完成，提高造林质量，2017年春季造林开始后，继续把造林质量、种苗质量的检查、督查、督办及档案管理作为重中之重工作来抓，专门组织5个督查检查组，由厅领导带队，分3次对2市、6州所属各县春季人工造林进行督查检查，重点落实造林地块、实施方案、种苗准备、计划任务的落实、造林整地的质量、种苗质量、造林质量等工作，各检查组认真履行职责，深入山头地块，核对作业设计，检查造林整地质量，发现问题及时提出，限期整改。通过造林督查检查等工作的开展，提高了各项工程人工造林质量。

【生态扶贫】 在建档立卡贫困人口中新设置生态公益管护岗位5071个，三江源地区人均年收入达到2.16万元，全面完成两年设置的1.67万个生态公益管护岗位任务，累计直接带动近5万贫困人口稳定脱贫。开展林木种苗、生态旅游、林下种养等林业产业扶贫，带动16.32万户农牧户均增收9700元，惠及42.14万人。

【自身建设】 以深入学习贯彻落实习近平总书记系列重要讲话为主线，组织党员干部学原文、读原著、悟原理，增强党员队伍特别是领导干部"四个意识"，切实把思想统一到党中央的决策部署上来。围绕学习"7·26重要讲话"、党的十九大和省第十三次党代会精神等重点，组织处级以上干部开展专题学习辅导会、研讨会，从细从实制定贯彻意见，在学习入心入脑，在思想行动上始终和省委省政府保持一致。坚持把"两个责任"扛在肩上，抓在手上，"两学一做"学习教育做到了常态化制度化。

结合林业工作实际实施"12361"工程，制定实施林业系统的"710"工作制度落实措施，机关服务水平、工作效能明显提高。严格执行廉政各项纪律，召开处以上党员干部廉洁自律座谈会，签订廉政责任书，发送"廉政信"，认真开展林业重点工程项目资金使用管理督查，全面落实节假日期间廉政纪律执行情况监督检查通报制度，严格执行干部选拔任用制度，营造风清气正的政治生态。

林业宣传全年宣传工作范围广、力度大，呈现3个特点：一是宣传层次不断提高。打破常规的宣传思维式，加大在中央媒体层面上的宣传力度，积极扩大在新华社、《人民日报》、中新社、中央电视台、《中国绿色时报》上的宣传。特别是8月15日、16日，《人民日报》先后刊发的《从7.2%到75%——西宁坚持绿植高原改善生态的实践》《从绿色荒山到绿色发展——西宁坚持绿植高原改善生态的实践》上下两篇报道，受到汪洋等中央领导的关注和批示，在全国引起巨大反响，国家林业局专门派出调研组向国务院专报西宁两山造林绿化经验和做法。二是宣传范围不断扩大。2017年全省绿化动员大会召开后，积极联系《人民日报》、新华社青海分社、中国新闻社青海分社、《青海日报》、青海电视台、《西宁晚报》、《西海都市报》等媒体，通过开设专题栏目、组织系列报道，全方位、立体化、高密度地宣传青海林业生态建设，在全省营造了浓厚的舆论氛围，也进一步扩大了青海林业工作的社会影响力。这在青海省林业宣传工作中尚属首次。三是宣传方式不断创新。在借助媒体开展宣传的同时，不断创新思路方式，首次编印了《2016年度青海林业生态建设新闻报道集》；首次组织开展了"全省林业好新闻"评奖活动；首次开通了青海林业微信公众号，拓展了掌上林业宣传新渠道；举办了全省林业系统宣传培训班。在宣传工作上形成了"四个一"，即，一本新闻集、一组新闻奖、一个微信号、一次培训班。

【林业大事】
1月22日 青海省林业厅对全省8个市（州）的县级国有林场改革实施方案全部进行了批复，标志着青海省国有林场改革进入全面实施阶段。

2月27日 在青海省科学技术奖励大会上，由国家林业局生态监测评估中心、青海省林业厅、中国科学院地理科学与资源研究所、北京林业大学共同完成的"青海省生态系统服务价值与生态资产评估研究"项目，荣获2016年度青海省科学技术进步二等奖。

3月24日 首次以青海省委省政府名义召开全省绿化动员大会。

4月21日 在门源县成功开展高海拔飞机无公害防治林地鼠害作业，完成防治任务1000公顷。

4月25日 根据青海省目标责任考核领导小组对2016年度绩效考核结果，由省林业厅组织实施的"青海省生态系统服务价值与生态资产评估研究"项目荣获"2016年度绩效考核改革创新奖"，首次获得青海省年度绩效考核"改革创新奖"。

5月16日 青海省发展改革委、青海省林业厅分别与国家开发银行青海省分行、农业发展银行青海省分行签署《利用开发性和政策性金融推进林业生态建设合作协议》。标志着青海在搭建银政交流合作平台、利用开发性和政策性金融推进林业生态建设方面迈出了实质性的一步。

5月28日 顺利完成祁连山自然保护区及周边地区雪豹监测红外线相机野外布设工作，这是青海省首次在祁连山自然保护区及周边地区开展雪豹监测野外布设相机工作。

6月26日 中央全面深化改革领导小组第36次会议审议通过了《祁连山国家公园体制试点方案》。

7月14日 "中国普氏原羚之乡"授牌仪式在海北州西海镇举行。标志着青海省珍稀濒危野生动物的拯救保护工作迈开了新步伐。

9月1日 中共中央办公厅、国务院办公厅印发《祁连山国家公园体制试点方案》。

11月4日 由国家林业局主办的第十届国际森林产品博览会上，青海省林业厅荣获最佳组织奖、青海展厅被评为最佳展台奖、一名个人获得先进工作者荣誉称号。

（青海省林业由宋晓英供稿）

宁夏回族自治区林业

【概　述】 2017年，全区完成营造林6.49万公顷，占计划任务的97.3%，累计完成义务植树1000万株；共审核批准建设项目使用林地事项353件，面积2489.8公顷，收缴森林植被恢复费22 759.02万元；林业有害生物发生面积25.5万公顷，成灾面积0.87万公顷，成灾率5.49‰；向国家林业局申报湿地生态管护员907名，申请管护资金1088万元；争取落实林业项目资金17.2亿元（中央资金12.5亿元，自治区财政资金4.7亿元）。

【造林绿化】 2017年，全区共完成新造林面积7.17万公顷，完成率为107.6%，其中人工造林3.6万公顷，退耕还林0.95万公顷，封山育林1.91万公顷，退化林分改造0.71万公顷；完成未成林补植补造4.05万公顷，荒漠化治理3.33万公顷，全民义务植树1000万株。

组织实施六盘山重点生态功能区降水量400毫米以上区域造林绿化工程。在西吉县召开了六盘山400毫米降水线重点生态功能区造林工程启动会，组织工程所辖市县（区），依据区域内不同地理条件，按照"六个精准"的要求，合理确定栽植密度和配置方式，选用大苗壮苗有效提升林木成活率、转化率，带动南部山区绿岛生态建设；规划到2020年，新增森林面积10.67万公顷，为全区森林覆盖率贡献2个百分点，为实现"十三五"期末森林覆盖率达到15.8%的目标奠定基础。

组织实施引黄灌区平原绿网提升工程。在引黄灌区平原绿洲生态区，以建设引黄灌区农田防护林、黄河主河道护岸林、灌溉渠系防护林、贺兰山东麓葡萄长廊防护林为重点，坚持新造改造并举，树随路栽，绿随沟建，林随田织，以建设大网格、宽带幅、高标准防护林体系为原则，在平罗县召开了工程启动会，组织工程所辖市县（区），构建环城、环镇、环村、环路、环水、环田、环园区大林网，形成布局合理、功能完善、景观优美的引黄灌区平原绿洲生态系统。规划到2020年，完成营造林1.8公顷，为全区森林覆盖率贡献0.2个百分点。经检查验收核实2017年实际完成营造林0.55万公顷，其中新造林面积0.26万公顷，未成林补植0.13万公顷，退化林分改造0.16万公顷。

组织实施国家重点林业建设工程。紧紧依托国家重点林业建设工程，全年完成天然林保护工程0.8万公顷，三北防护林工程2.87万公顷，退耕还林工程1万公顷。对2017年全区中央财政造林补贴建设项目作业设计进行批复，配合国家林业局、自治区林调院对2015年中央财政造林补贴项目实施情况进行自查和核查，全区合格面积1.36万公顷，合格率达97.01%；对2017年全区中央财政森林抚育项目作业设计进行批复，配合国家西北院、自治区林调院对2016年森林抚育项目实施情况进行自查和核查，全区完成森林抚育2.29万公顷，占计划任务的95.67%；组织参加全国绿委办举办的全国古树名木资源普查和管护业务培训班，编制完成《宁夏回族自治区古树名木资源调查工作方案》。

组织实施中部干旱带荒漠化治理工程。积极参加在内蒙古鄂尔多斯市举办的《联合国防治荒漠化公约》第十三次缔约国大会，向国内外宣传介绍宁夏防沙治沙经验；配合国家林业局三北局在盐池、灵武召开三北工程精准治沙和灌木平茬复壮试点工作现场会，向三北地区展示盐池、灵武开展防沙治沙和灌木平茬的做法和经验；配合国家林业局专家检查组对全区5个沙化封禁保护项目进行了自查和核查。全年治理荒漠化土地3.33万公顷。

创新全民义务植树尽责形式，扎实推进国土绿化工作。组织开展自治区林业专家服务团走进固原活动，为固原市精准脱贫、生态立市建言献策；认真做好2019年北京世园会宁夏园建设各项筹备工作。发布《全民义务植树倡议书》，联合首府绿化委员会在银川光明广场等街道、社区组织开展"3·12植树节"宣传活动；全年累计完成义务植树1000万株。继续推进"互联网+全民义务植树"新模式，不断丰富义务植树尽责形式，逐步使义务植树成为全体公民的自觉行动，截止2017年年底，已有近千人为宁夏网络植树网捐款5万余元。

【湿地保护】 2017年共争取中央和自治区湿地保护恢复补助资金6200万元，其中：中央湿地保护恢复补助资金1200万元、湿地生态效益补偿补助资金2000万元、退耕还湿补助资金2000万元，自治区财政湿地补助资金1000万元。

湿地保护管理工作 为进一步加强湿地保护恢复和管理工作，一是积极协调，科学划定全区湿地保护红线，建议环保厅将各湿地公园的保育区、恢复区和湿地型自然保护区的核心区、缓冲区划入湿地保护红线；二是对全区湿地公园、湿地型自然保护区湿地保护情况进行中期检查，严格落实湿地保护制度，确保全区重点湿地安全；三是组织青铜峡鸟岛、天湖2家国家湿地公园试点单位，经国家林业局专家组复验，青铜峡鸟岛国家湿地公园顺利通过验收，并予以挂牌。四是向国家林业局申报湿地生态管护员907名，申请管护资金1088万元。

湿地监测宣教工作 指导各湿地公园开展湿地及动植物保护宣教工作，创新宣教形式，活化宣教内容，让游客、学生和广大群众通过参观、体验和感受，了解湿地的魅力，提高保护湿地、爱护动植物的意识；加大湿地保护宣传，出版发行《宁夏画报》湿地专刊，利用2月2日"世界湿地宣传日"和宁夏召开花博会之机，制作宁夏湿地保护短片，在宁夏电视台公共频道黄金时段播放3个月。并在"3·12"植树节宣传活动中，分发保护湿地、鸟类等宣传资料2000份。

湿地保护区保护 开展保护区"绿盾2017"行动，组织人员对保护区内人类活动进行排查，共调查人类活动116处，其中核心区10处、缓冲区11处、试验区95处，包括国家遥感监测报告中59处实地核查为45处，制订了清理整治工作方案，督促协调开展整治工作；对沙湖自然保护区的范围、功能区进行勘界；开展芦苇水生植被恢复工作，共采用种子、移植等措施恢复芦苇1.33公顷。

【科技扶贫】 充分利用中央财政和自治区财政林业科技推广示范项目，重点支持红枣、苹果、枸杞、鲜食葡萄、设施果树、花卉等林业特色优势产业，使其提质增效、优化升级，推动供给侧结构性改革，以此辐射带动全区林业特色优势产业快速健康发展。截至2017年年底，全区经济林面积20.7万公顷，其中，红枣5.33万公顷、苹果4.87万公顷、枸杞6万公顷、设施果树及花卉0.25万公顷、鲜食葡萄、红梅杏及其他经济林4.25万公顷，年综合产值超过55万亿元，直接带动34万农民从事林业产业，农民从林产品中获得收益。全区建立了以红枣、苹果、枸杞、葡萄、设施果树、花卉等林业特色优势产业示范园区和基地80多个。示范园区和基地的建设，让贫困户参与、分享产业链增值收益，实现稳定脱贫。一方面农民的土地得到了流转增加一部分收入，另一方面带来大量劳工的需求，拓宽了周边农民的就业渠道，又增加了农民收入。

积极引导社会公众知绿爱绿，创建自治区级生态文明教育基地4个，市、县级生态文明教育基地30多个，科普基地十几个。

【林业改革】 国有林场改革主体任务已基本完成，制定下发《宁夏国有林场改革中央财政林业补助资金管理实施细则（试行）》等配套政策。在深入调研、认真总结吴忠市湿地产权确权试点的基础上，制订了《宁夏回族自治区自然资源统一确权登记（湿地产权确权）试点实施方案》，并报请国土资源部批复，在银川、石嘴山、固原、中卫市全面启动湿地产权确权试点工作。深化集体林权制度改革，提请自治区出台《关于完善集体林权制度的实施方案》。大力发展以林下种植、林下养殖、林产品采集加工、森林景观利用为主的林下经济，总面积达到24.01万公顷，实现产值20.8亿元。积极配合自治区有关部门推进空间规划（多规合一）工作，划定森林、湿地两条生态保护红线。

【资源管护】 全力推进贺兰山国家级自然保护区生态环境综合整治工作，在自治区党委、政府壮士断腕、重拳出击、铁腕治理下取得阶段性成果，169处整治点中，正在拆除整治的40处，占23.7%；已完成拆除整治正开展生态修复的37处，占21.9%；已完成自查初验的47处，占27.8%；已通过阶段性验收的45处，占26.6%。加强自然保护区基础设施和能力建设，推进六盘山、罗山自然保护区功能区确界落界。认真开展"绿盾2017"清理整治专项行动，排查出人类活动77处，建立整治销号台账，逐项抓好整改落实。加强天然林资源和林木抚育管护。强化湿地保护与恢复，开展湿地保护及动植物监测，湿地保护面积达20.67万公顷，全区湿地保护率达到51%。加强林业有害生物防控，落实防控责任，有害生物成灾率控制在6.5‰以内。严格落实森林防火责任制，森林火灾受害率控制在8.9‰以下，全区连续57年没有发生重大以上森林火灾。积极申请使用国家林地备用定额1000公顷，有力保障了自治区重大项目建设。

【枸杞产业】 实施再造枸杞产业发展新优势工程，围绕枸杞产业近期和远期目标任务，推进枸杞质量安全体系建设，建立枸杞产区病虫害气象预测预报体系，发布了《食品安全地方标准——枸杞》，编制《枸杞干果中农药最大残留限量标准》，制订《宁夏枸杞品牌建设实施方案》《宁夏枸杞营销体系建设方案》。加强枸杞产区保护、品种选育和市场营销，组织开展6场枸杞境内外宣传推进活动。中宁枸杞以161.56亿元品牌价值进入全国农业区域品牌价值十强，"宁夏枸杞""中宁枸杞"被评为全国100个消费者最喜爱的优质农产品品牌。新建枸杞标准化基地3333.33万公顷，改造提升1200公顷。大力扶持苹果、红枣、文冠果等特色优势林产业发展，新建标准化基地0.34万公顷，改造提升0.21万公顷，培育建立标准化示范园13个。主动服务脱贫攻坚战略，积极争取国家林业局新增1500名建档立卡贫困户生态护林员指标，落实补助资金1500万元。结合林业重点工程，优先使用建档立卡贫困户的苗木并让其参与造林绿化，有效化解过剩苗木，累计使用当地苗圃良种壮苗近3亿株，苗农苗木收入达10亿元以上，劳务收入达10亿元。

【支撑保障】 加强项目资金管理，围绕国家和自治区重点工程建设，加大项目资金的争取力度，全年共落实项目资金18亿元，其中中央财政资金12.5亿元，自治区财政资金5.5亿元。组织申报中央财政项目11个，新储备中央财政林业科技项目10个，组织评审申报自治区财政林业科技项目20个。组织制定、审定《宁夏灌区农田防护林造林技术规程》等9项林业地方标准。组织引进杜仲、鲁蜡5号等9个优新树种，扩繁楸树优系、大金星山楂等3个树种，开展杂交构树等试验示范和核桃遗传资源调查编目工作。新建9个标准化林业站、5个科技推广站。加强林木种苗建设，良种使用率达到53.7%。突出枸杞产业、精准造林、荒漠化治理、特色林业发展等领域，重点推进林业共性关键技术攻关和吸收消化再创新，服务林业供给侧结构性改革。

【荒漠化治理】 认真贯彻落实习近平总书记等中央领导同志关于对宁甘蒙防沙治沙工作的重要批示精神，全面落实防沙治沙职责，坚持以沙化土地封禁保护项目为依托，以沙区原生植被保护为重点，以沙产业发展为补充，自然修复与人工措施并举，建设好全国防沙治沙综合示范区，全力构筑北方防沙带，维护黄河中下游和京津冀生态安全。积极参加在内蒙古鄂尔多斯市举办的《联合国防治荒漠化公约》第十三次缔约国大会，向国内外宣传介绍宁夏防沙治沙经验；配合国家林业局三北局在盐池、灵武召开了三北工程精准治沙和灌木平茬复壮试点工作现场会，向三北地区展示了盐池、灵武开展防沙治沙和灌木平茬的做法和经验；按照《国家沙化土地封禁保护区管理办法》的要求，配合国家林业局专家检查组对全区5个沙化封禁保护项目进行了自查和核查。以国家"三北"五期工程为依托，加快盐池、同心、沙坡头和灵武全国防沙治沙示范县建设，全年治理荒漠化土地3.33万公顷。配合中央电视台拍摄防沙治沙纪录片《瀚海绿洲》，协助人民日报社、中国绿色时报社报道撰写宁夏防沙治沙纪实文学。配合自治区党委宣传部、宁夏广电总局、北京世纪华纳影视文化传媒公司投资拍摄中国首部以防沙治沙用沙为题材的48集电视连续剧《沙漠绿洲》。大力开展防沙治沙国际合作，讲好防沙治沙的"宁夏故事"。

【森林防火】 2017年提请自治区政府完成《宁夏回族自治区森林防火办法》立法工作，并于7月12日经宁夏回族自治区人民政府令第84号公布；积极争取自治区财政森林防火专项补助资金500万元，先后5次召开视频调度会议、气象形势通报会和森林防火工作部署会，及时有效处置森林火灾19起，确保森林火灾受害率低于0.9‰的控制指标；发送预警短信120万条，播放电视公益广告90期，刊登宣传报道28篇，出动宣传车1000多台（次），督导各地设置防火检查站800处（个），有效管控了野外火源；制作发布高森林火险气象等级信息5期、森林火险预警信息62期，为预警响应提供科学决策依据；组织举办较大森林火灾应急处置演练和市县级森林防火指挥员培训班，强化应急处置机制建设，队伍扑火能力得到进一步提升。

【林业宣传】 2017年度，在各类媒体发表宁夏林业新闻宣传稿件1600多篇（条），其中新华社内部参考2篇；中央电视台、《人民日报》、新华社、《光明日报》《经济日报》《农民日报》等中央媒体报道42篇；宁夏电视台《宁夏新闻联播》播出林业新闻139条；宁夏广播电台《全区新闻联播》播出林业新闻102条；《宁夏日报》刊登林业新闻118条，其中1版45篇，专版2篇；《中国绿色时报》刊登宁夏林业报道42篇，其中头版19篇；新华网、人民网宁夏频道、《新消息报》等其他媒体报道林业新闻及活动800多篇（条）。《宁夏林业》官方微信公众平台发送林业政策、新闻、信息等525条，关注用户达到1800余人，联合宁夏林业产业发展中心就宁夏枸杞（台湾、上海、俄罗斯、法国）推介会做好宣传工作。采用"互联网＋植树"的模式，借助中国绿化基金会运营的"中国网络植树公益网"，开通"中国网络植树公益网——宁夏网"。

【林业有害生物防治】 全区应施监测的主要林业有害生物有森林鼠（兔）害、杨树蛀干害虫、食叶害虫、沙棘木蠹蛾、苹果蠹蛾、臭椿沟眶象等28种。林业有害生物发生面积27.20万公顷，成灾面积1.22公顷，成灾率6.49‰；无公害防治面积20.42万公顷次，无公害防治率为87.44%；预测2017年发生30万公顷，实际发生29.43万公顷，测报准确率为94.6%；苗木产地检疫率100%；全年采用打孔注药防治蛀干害虫126.44万株；鼠害防治9.8万公顷；苹果蠹蛾防治0.7万公顷；食叶害虫防治4.08万公顷；捕虫网防治沟眶象12万株；枣树无公害防治0.58万公顷；建设桃小食心虫、苹果蠹蛾等林业有害生物防治示范区0.4万公顷。

【全区林业局长会议】 1月18日，全区林业工作会议在银川召开，会议传达学习2017年全国林业厅局长会议和全区农村工作会议精神，表彰奖励2016年度全区林业建设先进集体。自治区副主席王和山出席会议并讲话。自治区林业厅党组书记、厅长马金元主持会议并作主题报告，回顾2016年林业工作，分析当前林业改革发展面临的形势，安排部署2017年全区林业工作。自治区有关部门领导同志，自治区林业厅领导班子成员，各市、县（区）人民政府分管领导，林业（园林）局局长，部分国有林场主要负责人，自治区林业厅机关及直属单位负责人，媒体记者等150余人参加会议。

【义务植树宣传活动】 3月12日，由自治区林业厅、自治区绿化委员会办公室、银川市首府绿化委员会办公室共同组织的"3·12"植树节宣传活动，在银川市光明广场、南门广场、宁园世纪广场、银川火车站广场等地分别开展。自治区林业厅领导杨珺、平学智、李安、王宁以及国家林业局三北局、自治区团委、银川市等相关部门同志参加了宣传活动。3月31日，由自治区绿化委员会办公室和首府绿化委员会办公室联合组织的全民义务植树活动在滨河新区举行。自治区党委书记李建华、自治区主席咸辉、自治区政协主席齐同生，自治区党委常委、银川市委书记徐广国等区市党政军领导与区市机关干部、各界群众共3000多人在银川市滨河新区黄河大桥生态景观项目区参加植树活动。

【自然保护区管理】 组织各类林业自然保护区认真学习汲取甘肃祁连山环境问题教训，深入开展保护区环境问题自查整改工作。配合国家林业局开展6个国家级自然保护区基本情况摸底清查工作，参与修改国家林业局自然保护区修筑建筑管理办法。加强保护区行政许可学习，派员参加全国林业自然保护区行政许可培训。强化保护区建设项目准入管理，启动白芨滩三期基础建设工程、银川河东机场东侧生态恢复工程、圆疙瘩湖湿地修复、哈巴湖保护区生态移民庄点建设、贺兰山保护区苏峪口国家森林公园相关项目准入及补办手续等工作。配合固原市推动六盘山国家级自然保护区和自治区级保护区落界工作，配合中卫市开展南华山国家级自然保护区整体移交工作。配合湿地管理中心开展青铜峡鸟岛湿地项目督查。配合国家环保部、国家林业局完成10个林业自然保护区"绿盾2017"专项行动清理整治工作，宁夏贺兰山、六盘山保护区绿盾行动整治工作受到第八巡查组表扬。配合计资处完成《三山保护区能力建设规划》《宁夏自然保护区信息化监测与管理平台系统设计方案》《宁夏生态文明教育展示中心建设项目》等项目编制工作，配合完成贺兰山、哈巴湖智慧保护区建设项目方案编制。争取自治区财政正式设立宁夏自然保护区能力建设专项，计划5年投入2亿元。2018年首批2000万元智能监测工程项目资金正式列项，首次建立全区林业自然保护区能力建设稳定投入机制。

【贺兰山自然保护区环境综合整治】 2017年5月11日，自治区全面打响贺兰山自然保护区生态保卫战。在自治区党委、政府的高位推进下，贺兰山环境综合整治取得压倒性攻势，取得阶段性胜利。截至2017年年底，中央第八环保督察组督察反馈、环境保护部约谈要求和管理局排查整治的169处整治点已全面开展生态环境综合整治，完成总任务量的80%以上（其中，正在拆除整治的23处，占总任务量的13.6%，完成拆除整治进入生态修复阶段的29处，占总任务量的17.2%；通过市级自查初验的27处，占总任务量的16%；通过自治区级阶段性验收的90处，占总任务量的53.2%）。自治区党委政府制定出的"1+8"政策配套体系，有效保障了整治工作顺利推进。自治区财政厅支付专项资金5亿元，各级财政累计支付专项资金逾9亿元，自治区发改委协调8处煤矿与14家煤炭企业签订指标交易协议，交易产能203万吨2.39亿元，另有10处煤矿已达成202万吨产能交易意向。自治区国土厅办结6家矿山企业提取1741.58万元保证金手续，正在办理10家矿山企业申请退还4276.47万元采矿权价款手续，初步审核通过12家企业采矿许可证注销申请。自治区人社厅稳妥安置职工2117人，落实800个公益性岗位，拨付就业补助资金3000万元。石嘴山市牵头对汝箕沟沟口、石炭井沟等位于保护区外围地带的93家储煤洗煤厂进行了全面拆除，223家生产生活服务设施完成前期拆除准备工作。建立联合执法机制，林业、国土、环保、公安、检察、法院等成员单位累计出动执法人员6000人（次）、执法车辆2600台（次），开展巡查700多次，查处破坏森林和矿产资源案件251起，立案侦查9起，抓获犯罪嫌疑人19人，治安拘留3人，刑事拘留5人，取保候审12人，扣押大型机械、车辆72台。

【林业大事】
1月18日 全区林业工作会议在银川召开，自治区副主席王和山出席会议并讲话。自治区林业厅党组书记、厅长马金元主持会议并作主题报告。

1月19日 自治区林业厅党组书记、厅长马金元一行，在固原市、泾源县、六盘山林业局有关负责同志的陪同下，深入六盘山国家级自然保护区开展节前森林防火和安全生产检查。

1月20日 自治区林业厅副巡视员王宁带领督查组一行三人在罗山管理局负责同志的陪同下，深入新庄集管理站、李毛地湾和路卡护林点，对保护区森林防火和安全生产工作进行专项督查检查。

2月4日 自治区林业厅党组书记、厅长马金元带领森林资源保护处、科技与野生动物保护处相关负责同志一行前往贺兰山自然保护区调研人类活动综合整治工作和春季森林防火工作。

2月8~9日 自治区林业厅厅长马金元带领相关单位、处室负责同志，专程赴内蒙古林业厅考察学习。内蒙古林业厅副厅长龚家栋及相关单位负责同志陪同考察。

2月13日 自治区副主席王和山主持召开贺兰山国家级自然保护区人类活动总体整治及调规工作专题会议，研究部署进一步深入开展专项整治工作。

2月23日 自治区林业厅厅长马金元、银川市副市长李鸿儒带领第九届花博会组织筹备办公室负责同志专程前往中国花卉协会对接协调筹备工作事宜。

2月24日 自治区林业厅机关党委组织厅机关、直属单位近20名"保护绿水青山"志愿者开展了以"破冰除雪，以人为本，消除安全隐患，建设文明城市"为主题的2017年第二个"爱国卫生日"活动。

2月24日 2017年全区苹果、红枣春季修剪现场培训班在利通区举办。自治区林业厅副巡视员王明忠，林权服务与产业发展中心主任朱斌、副主任刘鹏，设施果树首席专家张国庆参加了现场培训活动。

3月8日 宁夏旅游投资集团有限公司党委书记、董事长白建平一行到林业厅就森林旅游发展举行座谈，就相关事宜进行了沟通洽谈。林业厅厅长马金元出席座谈会，副厅长徐庆林及相关单位负责同志陪同座谈。

3月9~11日 由中国野生动物保护协会副秘书长王晓婷任组长，国家林业局野生动植物保护与自然保护区管理司、中国林业科学研究院、中国野生动物保护协会有关专家组成的国家林业局第六督导组到宁夏开展野生动物疫源疫病监测防控和保护管理工作督导。

3月12日 由自治区林业厅、自治区绿化委员会办公室、银川市首府绿化委员会办公室共同组织的"3·12"植树节宣传活动，在银川市光明广场等地分别开展。

3月24日 宁夏引黄灌区平原绿洲绿网提升工程在平罗县正式启动。

3月27日 全区春季植树造林和森林防火工作电视电话会议在银川召开。自治区副主席王和山出席会议并讲话。自治区政府副秘书长薛刚主持会议。自治区森防指常务副总指挥、自治区林业厅厅长马金元就全区春季植树造林和森林防火工作进行了安排部署。

3月28日 自治区林业厅厅长马金元、副厅长徐庆林带领厅办公室、计资处、场圃总站、湿地中心负责同志到沙湖自然保护区调研指导工作，并与宁夏农垦集团领导对接，共同研究解决沙湖保护和景区发展等有关事项。

3月31日 由自治区绿化委员会办公室和首府绿化委员会办公室联合组织的全民义务植树活动在滨河新区举行。

4月8日 由宁夏林业厅、科学技术协会、残疾人联合会主办，宁夏野生动物保护协会、宁夏林学会、宁夏阅海实业集团公司承办的宁夏第35届"爱鸟周"和野生动物保护系列活动暨首届"牵着蜗牛去散步"湿地科学体验公益活动在阅海国家湿地公园欢乐岛举行。

4月7日 宁夏国有林场改革工作领导小组办公室召开全区国有林场改革工作推进会。会议由宁夏林业厅副厅长金韶琴主持。自治区国有林场改革工作领导小组成员单位负责人、各有关市县（区）政府分管市县（区）长及林业局局长、自治区林业厅相关处室负责人及厅直属各国有林场负责人共计80余人参加了会议。

4月11日 南部山区国有林场改革工作推进会在固原市召开。自治区林业厅厅长马金元、副厅长金韶琴出席会议并讲话，固原市副市长周文贵主持推进会。固原市、原州区、西吉县、隆德县、泾源县、同心县、红寺堡区、海原县等南部山区林业局分别汇报了国有林场改革进展情况。自治区林业厅相关处室、单位负责同志参加会议。

4月11日 自治区林业厅副巡视员王明忠带领林权服务与产业发展中心主任朱斌、设施果树首席专家张国庆一行在红寺堡区区长谭文玲、副区长党玉龙及林业局局长虎志亮的陪同下，对红寺堡区经济林产业发展情况进行了调研指导。

4月12日 六盘山400毫米降水线造林绿化工程在固原市西吉县扫竹岭启动。林业厅党组书记、厅长马金元主持启动会并讲话，副厅长平学智就推进400毫米降雨线造林绿化工程建设及山区春季造林绿化工作进行安排部署。国家林业局三北局，自治区国土、农牧、水利、扶贫以及固原、中卫、吴忠等相关负责同志出席了启动会。

4月14日 第35届"爱鸟周"期间，自治区林业厅机关党委在贺兰山国家级森林公园组织开展以"关爱鸟类，保护鸟类，手拉手共创生态家园"为主题的"党建工作引领绿色发展——走进保护区"暨第三十五届"爱鸟周"活动，自治区林业厅机关党委、宁夏贺兰山国家级自然保护区管理局、兴庆教育局、兴庆区第二十二小学等单位有关处室和单位的负责同志参加了活动。

4月17日 自治区改革办副巡视员王泽庶带领自治区空间规划（多规合一）改革试点督察组到林业厅开展督查工作并召开座谈会。厅党组成员、副厅长、总工程师徐庆林出席座谈会并讲话，资源管理与政策法规处等相关部门负责人参加座谈会。

4月18~19日 副厅长平学智带领林业厅造林处、规划院、退耕与三北站的主要负责人，在石嘴山市、银川市、吴忠市及相关市县（区）林业（园林）负责人及部分县区的主管领导的陪同下，先后对惠农区、平罗县、贺兰县、兴庆区、灵武市、永宁县、青铜峡市、利通区8个市县（区）的绿网提升工程建设工作进行督导检查。

4月24~26日 国家森林防火指挥部专职副总指挥马广仁带领督查组对宁夏森林防火工作开展情况进行了专项督查。

4月24~27日 自治区林业厅副厅长平学智带领林业厅造林处、规划院、退耕与三北站的主要负责人，对六盘山400毫米降水线造林绿化工程建设工作进行督导检查。

4月25日 宁夏、甘肃、青海、陕西四省（区）森林公安打击非法猎捕蟾蜍违法犯罪联席会议在宁夏固原市召开，四省（区）森林公安局领导，刑侦部门负责同志和宁夏固原市、甘肃定西市、青海省互助县、陕西省周至县森林公安局办案单位有关同志参加了会议，共同磋商联合打击非法猎捕蟾蜍违法犯罪相关事宜。

4月26日 自治区林业厅副厅长金韶琴带领宁夏林业技术推广总站负责同志，到宁夏沙漠绿化与沙产业发展基金会防沙项目区——马鞍山荒滩区调研新树种引种驯化情况。

6月1~2日 中德财政合作中国北方荒漠化综合治理宁夏项目推广大会在宁夏举行。大会向北京、山西等13个荒漠化治理省（区、市）推广中德合作宁夏项目的成功经验和良好效果。国家林业局副局长彭有冬出席大会并致辞，宁夏回族自治区人大常委会副主任李锐致欢迎辞，德国复兴信贷银行宁夏项目首席专家库克·曼斯特出席会议并讲话。自治区林业厅党组书记、厅长马金元出席了大会。

6月5~7日 国家林业局林业工作站管理总站在银川举办全国标准化林业站建设西部片区培训班。来自内蒙古、宁夏、陕西、甘肃、青海、新疆及建设兵团的省级林业工作站负责人和乡（镇）林业站站长约160余人参加了培训。国家林业局林业工作站管理总站副总站长何美成，宁夏林业厅党组成员、副厅长金韶琴出席开班式并讲话。

6月22日 自治区主席咸辉主持召开自治区划定并严守生态保护红线工作领导小组会议，听取全区生态保护红线划定工作汇报，研究审议自治区生态保护红线划定方案。

6月22日 宁夏首次突发林业有害生物灾害应急演练活动在永宁县望远镇举行。林业厅党组成员、副厅长平学智出席了应急演练活动，并对当前宁夏林业有害生物防治工作进行了安排部署。各市、县（区）林业（园林）局、检疫防治站，林业厅相关处室、直属单位共计100多人观摩了应急演练。

7月20~21日 宁夏农林科学院与宁夏枸杞产业发展中心在中宁县举办全区枸杞病虫害安防控技术及现代农艺与农机配套技术培训班，并同期召开枸杞病虫害防治成果转化会、学术交流会和现场观摩会。

8月1日 全区森林资源管理工作会议在银川召开。国家林业局驻西安森林资源监督专员办事处专员王洪波，自治区林业厅党组书记、厅长马金元出席会议并讲话。

8月3日 自治区党委常委、自治区副主席马顺清在国家林业局三北局局长张炜，自治区林业厅党组书记、厅长马金元的陪同下调研永宁县、灵武市、银川市生态林业建设工作。自治区林业厅副厅长徐庆林、平学智分别陪同调研。

8月7日 贺兰山环境综合整治领导小组办公室主任、自治区林业厅党组书记、厅长马金元及副厅长徐庆林带领有关处室和贺兰山国家级自然保护区管理局负责同志，对贺兰山保护区环境综合整治工作进行督导检查。

8月28日 自治区推进枸杞产业发展提升工作领导小组办公室组织召开加强枸杞质量安全提升工作专题会议，自治区农牧厅、卫计委、林业厅、工商局、质监局、食药监局、检验检疫局、农科院相关领导、枸杞专家及中宁县枸杞产业主管部门负责人参加会议。

9月18~19日 宁夏召开全区林业特色优势产业现场培训班。全区各市、县（区）林业部门负责人及产业负责人，苹果、红枣等特色经济林种植大户、专业合作社、企业等经营主体代表以及农垦集团产业负责人、林业厅机关、直属有关单位相关人员，共计80余人参加培训。自治区林业厅党组成员、副厅长陈建华出席培训班并讲话。

9月12日 "宁夏涉林案件公益律师服务站"授牌

仪式在银川举行，宁夏森林公安局局长刘旭东代表自治区森林公安局与宁夏兴业律师事务所签订了涉林案件公益律师服务协议，并举行了授牌仪式。

9月27日 自治区森林草原防火指挥部召开全区秋冬季森林防火电视电话会议，安排部署全区秋冬季森林防火工作。自治区政府副秘书长、森防指副总指挥刘长青主持会议。自治区森防指常务副总指挥、林业厅厅长马金元、森防指成员单位领导，各市、县（区）分管防火的市、县（区）长、林业（园林）局局长、各国家级自然保护区管理局局长、各级防火办主任参加了会议。

10月7~8日 国家林业局副局长刘东生带领造林司、三北局负责人一行到宁夏中卫市调研指导造林绿化和防沙治沙工作。自治区林业厅党组成员、副厅长平学智带领造林处和中卫市相关领导陪同检查。

10月10~11日 三北工程精准治沙和灌木平茬复壮试点工作现场会在宁夏召开。国家林业局副局长刘东生，自治区副主席王和山，副秘书长刘长青，国家林业局三北局局长张炜、防沙治沙办公室主任潘迎珍，自治区林业厅党组书记、厅长马金元等领导出席现场会。

11月9~10日 自治区退耕还林与三北工作站、自治区林业厅植树造林与防沙治沙处联合举办2017年全区营造林质量暨三北工程管理培训班。自治区农垦集团公司相关技术人员，各市、县（区）及各自然保护区负责三北工程的主管局长、工程管理人员、业务技术人员等120人参加了培训班。

11月29~30日 由自治区枸杞产业发展中心和自治区林业厅人事与老干部处主办，中卫市林业局协办的全区枸杞栽培实用技术培训班在中卫市举办。培训班分为现场实操和室内授课两个部分。

11月30日 自治区十一届人大常委会第三十四次会议作出决定，修改《宁夏回族自治区六盘山贺兰山罗山国家级自然保护区条例》。

12月6号 自治区政府第108次常务会议审议通过《自治区生态文明建设目标评价考核办法》，建立起"绿色"政绩考核体系。

12月7日 自治区林业厅在银川市举办《宁夏回族自治区林业有害生物防治办法》学习解读培训班，邀请自治区人民政府法制办公室经济法规处处长刘连喜，为全区各市、县（区）林业局、森防站及自然保护区管理局相关工作人员对办法进行了解读、培训。

12月8日 自治区林业厅召开中共宁夏林业厅直属机关第五次代表大会，选举产生新一届直属机关委员会和纪律检查委员会委员。区直机关工委副书记蔡旭东、区直机关党校副校长苏吉礼应邀出席会议，自治区林业厅党组书记、厅长马金元及厅领导班子成员参加会议，金韶琴副厅长主持会议。

12月12日 宁夏林业厅和宁夏农科院举办枸杞农机农艺融合观摩会暨社会化服务签约仪式，各种枸杞专用机械以及来自全国各地枸杞主产区管理部门及龙头企业的300多名代表参加。

12月13~14日 宁夏枸杞产业发展中心在银川市举办2017年度枸杞提质增效技术培训班。全区各市、县（区）林业（园林、枸杞）局，合作社、家庭林场、企业等经营主体技术骨干160余人参加了培训。

12月20日 自治区召开推进枸杞产业健康发展专题会。自治区党委常委、副主席马顺清，副主席王和山出席会议，专题研究宁夏枸杞产业发展中存在的问题并就下一步工作进行安排部署。

（宁夏回族自治区林业由马永福供稿）

新疆维吾尔自治区林业

【概　述】 2017年，在自治区党委、人民政府的坚强领导下，在国家林业局的大力支持下，新疆林业以迎接党的十九大为动力，深入贯彻落实党的十八大、十八届三中、四中、五中、六中全会和中央经济工作会议、农村工作会议、全国林业厅局长会议精神，贯彻落实习近平总书记系列重要讲话精神，特别是在第二次中央新疆工作座谈会上的重要讲话、视察新疆时的重要讲话和关于林业生态文明建设的重要论述、批示、指示精神，牢固树立五大发展理念，以社会稳定和长治久安总目标为统领，以推进林业供给侧结构性改革为主线，以维护森林生态安全为方向，以提升生态产品和林产品供给能力为目标，加强生态文明建设，深化林业改革，强化基础保障，增进民生福祉，奋力开创新时代林业现代化建设新局面。

【生态保护】 实施天保工程327.87万公顷，完成天保工程区513.13万公顷林地的管护任务，工程区森林面积、蓄积量和覆盖率持续增长。国家级公益林760万公顷，享受国家生态效益补偿基金国家级公益林580.69万公顷，重点公益林区植被盖度平均提高5%~10%。积极开展国家级公益林区划调整和补充区划工作，继续推进塔里木胡杨林拯救和有害生物飞机防治专项行动。正式挂牌国家湿地公园6处。晋升国家级自然保护区2处。全力落实中央环保督察整改工作，撤销卡山保护区第4、5、6次调整，撤销喀木斯特工业园区，拆除9家企业违规建筑7.5万平方米、恢复矿区生态74万平方米，撤销探矿权、采矿权182个，将卡山保护区面积恢复至14856.48平方千米，超过1982年建立之初的1.4万平方千米。

【资源管理】 建立健全森林资源保护管理目标责任制，加强对县级人民政府保护和发展森林资源目标责任制执行情况的督导。林地年度变更调查常态化和"一张图""一套数""以图管地、以规划管地"工作逐步推进。全疆发生1公顷以上森林火灾7起，森林防火工作有序进行。顺利完成航空巡护任务，协调森警部队靠前驻防。

联合草原、气象、兵团、部队等森林防火指挥部成员单位，建立森林防火相互协作联防工作机制。加强林业有害生物防控，组织开展林果病虫疫情专项调查，强化重大检疫性有害生物疫情封锁和除治，加强苹果枝枯病、葡萄蛀果蛾、白蜡窄吉丁等病虫害防控工作督导，全年累计防治136.58万公顷，其中飞机作业防治45.93万公顷；无公害防治127.78万公顷，无公害防治率94.78%。全力推进"利剑行动""绿箭行动""绿盾行动"和"严厉打击非法占用林地""胡杨林拯救"等专项行动，共受理案件3468起，查处破获3336起，打击处理各类违法犯罪人员13 751人次，收缴林木590.73立方米，野生动物3158头（只）、野生动物制品2009件、皮张178张，收缴猎枪猎具459支(件)。

【生态建设】 完成造林25.53万公顷，其中：人工造林14.93万公顷、飞播造林0.49万公顷、新封山(沙)育林8.59万公顷、退化林修复1.26万公顷、人工更新0.25万公顷。完成2016年国家下达自治区退耕还林任务8.13万公顷。完成沙化土地综合治理31.08万公顷，安排沙化土地封禁保护项目试点17个县。全区森林覆盖率4.87%，绿洲森林覆盖率28%，活立木总蓄积量4.65亿立方米，其中森林蓄积量3.92亿立方米，森林面积、蓄积持续双增长。

【产业发展】 特色林果业提质增效加快推进，年末全疆特色林果种植面积123.79万公顷（不含兵团），果品产量748.4万吨，产值475.5亿元，全区农牧民人均林果业纯收入2200元，占农牧民人均纯收入的25%以上；红枣、核桃、葡萄、杏等果品产量居全国前列，产业区域化布局初步形成；共有果品保鲜加工企业515家，其中自治区级以上龙头企业81家，年加工能力突破300万吨；组建林果专业合作社1300余家，培育知名林果品牌143个。

年生产种苗20.6亿株、产值35.6亿元。花卉种植面积2万公顷，年产值15亿元。完成林下种植面积3.93万公顷。完成全疆林木种质资源调查。新疆国家林木种质资源保存库分库主体工程完成75%以上，配套工程完工。成功举办第六届新疆苗木花卉博览会，交易金额达15亿元。积极组织参加第九届中国花博会，共获得55个奖项。

【行政审批】 行政审批改革成效明显，主动服务自治区发展大局，研究制订国家和自治区重点建设项目实行先行使用林地审核办法；主动向相关单位发出商洽函，梳理需林业部门协办的重点建设项目及重要事务，建立联系协调机制。坚持双线并审、即报即办、事不过夜，提速提效、审不过周。2017年，审核审批建设项目使用林地区级事项657宗，面积3826.68公顷。国家审核批准32宗，面积2610.71公顷。核准国家和自治区重点建设项目先行使用林地46宗。

【林业改革】 坚持国有林场公益性改革方向，加快推进国有林场改革，完成全区107个国有林场改革实施方案批复，确定公益事业单位101个、企业6个，其中：公益一类事业单位由改革前83个增至96个，公益二类事业单位由改革前11个减少至5个，7个自收自支单位全部转为公益一类事业单位。集体林权制度改革加快推进，全区82.35万公顷集体林地明晰产权，占全区纳入林改集体林地面积98.28万公顷的83.79%，新型林业经营主体不断涌现。

【林业科技】 深入推进林业科技创新驱动，安排国家级科技项目33项，落实资金2393万元。安排自治区林业发展补助等科技项目87项，落实资金1113.5万元。完成国家及自治区林业科技项目现场查定36项。实施林业标准化推广项目9项。7项涉林科技成果获自治区科技进步表彰，1人获自治区科技进步突出贡献奖，授权国家专利18项，计算机软件著作权10项。组织召开《新疆森林湿地生态系统服务功能价值评估报告》新闻发布会，森林和湿地生态系统服务功能总价值7366.04亿元（2014年），相当于当年全疆GDP总量9273.46亿元的79.4%。

【林业扶贫】 把脱贫攻坚作为林业工作的重中之重。在项目资金上重点向南疆四地州、脱贫攻坚重点县、扶贫定点包村倾斜，共向南疆四地州深度贫困地区下达各类林业投资17.48亿元，占比40%，较上年提高10个百分点；在南疆四地州实施三北造林3.57万公顷、退耕还林3.39万公顷、沙化封禁保护项目11个，分别占全疆的56%、57%和63%；安排村级惠民生项目206个、1.03亿元；向33个特色小城镇安排绿化美化资金3300万元；下达2017年国有贫困林场扶贫项目37个、2271万元；对喀什、泽普、尼勒克等10个拟脱贫县（市）投资5.48亿元，较上年增加62.31%，均完成年初目标。编制《林业厅"访惠聚"驻村工作队包村联户推进脱贫攻坚实施方案》。在2016年选聘8145名建档立卡贫困人口转变为生态护林员的基础上，2017年又新增3000名，累计带动近47 000人精准脱贫。

【林业援疆】 筹办全国林业援疆工作会议，签署《支持南疆深度贫困地区林果业提质增效合作协议》《南疆林果业科技支撑战略合作协议》《推进农业产业化"十城百店"战略合作框架协议》，组织成立由12名国内顶尖林果技术专家组成的南疆林果业发展科技支撑专家组，印发《新疆林果业发展科技支撑行动方案》。举办第四届新疆特色果品（阿克苏）交易会，达成购销协议138项，交易特色农产品37.8万吨、金额57亿元，较上年增长11.2%。林业援疆投资进一步加大，2017年，19个对口省市共组织实施林业项目26个，投入援疆资金14 207.52万元。

【林业宣传】 积极与主流媒体合作，全面展示新时期新疆林业发展成效，在中央和自治区主流媒体发稿680篇，音视频播报460余条。在新疆电视台、访惠聚决策参考、"中国党史党建"等媒体刊播林业厅系统党员干部"发声亮剑"署名文章14篇、相关报道41条。以开展"3·12"植树节、"6·17"世界防治荒漠化日等纪念活动为契机，深入挖掘新疆特色生态文化，提高全社会生态文明保护意识。积极实施北斗卫星导航在新疆林业中示范应用项目，全面开展试点工作。森林防火、公益林管护、林业有害生物防控、林木种苗管理等信息化建设加快推进，信息化基础保障能力不断增强。

【"访惠聚"驻村工作】 选派123名干部职工、12个工作队开展"访惠聚"驻村工作。编制五年规划、2017年项目资金计划方案、包村联户推进脱贫攻坚实施方案等，确保工作连续性、有效性。组织开展林业厅"访惠聚"项目资金使用管理调研，对林业厅实施的自治区2017年度206个村级惠民生项目开展指导督查，完成2018年"访惠聚"驻村工作队及南疆22个深度贫困县第一书记人员选派、工作队组建等工作。天山西部国有林管理局被评为自治区"访惠聚"驻村工作2017年度优秀组织单位，徐洪星等34名同志被评为自治区"访惠聚"驻村工作2017年度先进工作者。

【民族团结】 制订详细实施方案，新疆林业厅机关干部职工1307人次分六批完成结对认亲、走访慰问。组织召开"民族团结一家亲"活动半年推进会，开展"民族团结一家亲"系列联谊活动及民族团结先进集体、先进个人评比推荐工作。谋划部署民族团结"结亲周"活动，全体干部职工与结对亲戚同吃、同住、同学习、同劳动，拉近了各族同胞之间的感情。厅政治部被评为自治区"民族团结一家亲"2017年度先进集体，吴圣华等6名同志被评为自治区"民族团结一家亲"2017年度先进个人。

【自身建设】 提高政治站位，以迎接党的十九大胜利召开和学习贯彻党的十九大精神为主线，扎实推进"两学一做"学习教育和"学转促"活动。召开林业厅机关第五次党员代表大会、机关工会第四次代表大会，组织厅机关23个党支部进行换届选举，选优配强基层党组织。建立完善各项规章制度50项。坚持正确的选人用人导向，加大轮岗交流力度，严格干部考察任用程序，精心做好民主推荐、酝酿考察等各环节工作，干部工作程序规范、组织有力，共提交厅党委会议研究干部事宜158人次，提拔使用64人，交流轮岗83人。组织全厅干部填报《领导干部个人有关事项报告表》734人次，对137名干部的个人有关事项进行了任前核查和抽查。加强干部教育培训，举办各级各类培训班37期，培训人员3600人次。深入推进"两项工作"和"发声亮剑"活动，收集问题线索113条，查处干部作风问题34件、问责干部87人。成立督查办，对中央、自治区重大决策部署落实情况进行督促检查，确保工作扎实有效落实。

（新疆维吾尔自治区林业由主海峰供稿）

新疆生产建设兵团林业

【概　述】 2017年，新疆生产建设兵团（以下简称兵团）林业工作在国家林业局的大力支持下，在兵团党委的正确领导下，认真学习贯彻习近平总书记系列重要讲话精神，以生态文明建设为指导，按照自治区党委第九次党代会和兵团党委七届二次全会的要求，围绕当好生态卫士，促进绿色发展，壮大南疆兵团，打好扶贫攻坚战的目标，坚持改革创新，狠抓落实，兵团林业事业得到较好发展。

生态建设治理　坚持新的发展理念，转变治理方式，生态自然修复与造林绿化相结合，取得良好成效。生态保护与封育面积达82万公顷，全年植树造林2.71万公顷，完成防沙治沙2.6万公顷，草原封禁5666.6公顷，新建立沙漠公园8处，绿洲外围的荒漠植被与防沙基干林及农田林网形成了良好的生态屏障。到2017年年底，兵团森林蓄积量达3668.3万立方米，森林覆盖率达19.06%。

林业产业　坚持绿色发展理念，产业结构不断优化，林业产业逐步升级。林果产业实力不断增强，已占兵团农业总产值42%，成为兵团农业支柱产业。森林、湿地、荒漠生态文化、休闲康养功能得到充分发挥，旅游产业快速发展，产业产值近4亿元。依托退耕还林工程，推进南疆林果业发展成效显著，新一轮退耕还林工程的实施，南疆师团新增经济林2.27万公顷，带动1.7万人就业。

林业脱贫攻坚　注重南疆师团发展，重点帮助兵团南疆贫困团场脱贫，在实施林业生态工程、安排造林绿化任务上向南疆师团倾斜，投入各类林业资金7亿元，扶持林业生态和产业发展；林业工程实施与建档立卡贫困职工挂钩，增加贫困职工收入。

科技创新　完成苹果病害调研，制订《苹果病害普查方案》和《苹果病害防控方案》，加大防控督导和资金投入，确保有害不成灾。推广生物有机新技术防治，防治面积36.6万公顷次，无公害防治率达97%以上，有害生物发生率控制在3‰以下。积极推广经济林主干型结果、葡萄"厂"字形修剪技术，加强标准园建设，果品产量和品质大幅提升。

资源管护　林业行政许可工作规范有序，社会满意度不断提升，审核审批使用林地项目237宗，面积896.52公顷。完成了2016年度林地变更调查，完善了"林地一张图"。监督检查落实到位，重大林业工程质量绩效检查考核形成机制；打击涉林违法犯罪，办理涉林案件392起，其中林业刑事案件96起，林业行政案件296起。利剑行动收回林地170公顷，特别是三师小海子垦区毁林开垦的查处，对加强森林资源保护，打击涉林违法行为起到了警示作用。

林业安全管理　林业安全宣传工作不断扩大，干部群众林业生产安全防范意识不断提高；林业生产规范有序，森林防火预警监测系统进一步完善；严格执行值班制度，开展森林防火检查100余次，排查50余起火灾隐患，开展森林防火应急演练4场次，查处森林火灾案件 54 起；森林防火培训及实战演练常态化，森林防火的组织领导和应急处置能力得到提高；林业安全综合治理能力显著提升，没有重大事故和火灾发生。

湿地和野生动植物保护 湿地自然保护区投入持续增加，4 个省（兵团）级湿地自然保护区累计投资 4177 万元，新建 3 个国家湿地公园，管护能力不断增强，湿地生态环境明显改善。建立野生动物救助机制，建立 5 个国家级野生动物疫源疫病监测站和 4 个林区救护中心，救助野生动物 500 余只。是年，对被重点保护野生动物为害造成损失的 343 户职工进行补偿，补偿 143.64 万元，保障受害职工正常生活，维护了社会稳定。

林业对口援疆 国家林业局在林业对口援疆上给予兵团大力支持。首批在兵团启动了新一轮退耕还林工程，累计下达 3 万公顷任务，有力地促进兵团农业产业结构调整和南疆就业。提高兵团中央生态效益补偿标准，促进了兵团国家级公益林管理到位和管护人员收入提高。为兵团举办 5 期专项培训班，培训 314 人，使林业管理人员开阔了视野，增强了责任感、使命感，丰富了知识面，提高了业务管理水平。对口援疆省市在科技发展、创新园区和基地平台等方面给予二师、三师和十三师大力支持。东莞市支持三师建设 333.3 公顷林木示范基地。辽宁省将八师"彩色苗木引进工程"列入 2018～2020 年援疆规划。第九次对口援疆会议上签订了《支持南疆深度贫困地区林果业提质增效合作协议》和《南疆林果业科技支撑战略合作协议》，对促进兵团南疆林果发展具有重大的现实意义。 （贾寿珍）

【**植树造林**】 截止到 2017 年 12 月底，兵团共完成造林面积 27 105 公顷，其中：完成"三北"工程人工造林 12 882 公顷，完成退耕还林工程造林 3775 公顷，完成封育 6334 公顷，完成中幼林抚育 194 943 公顷，育苗 4632 公顷，育苗量 7436.07 万株。全兵团参加义务植树的干部职工人数为 89.60 万人，全民义务植树尽责率为 95.6%，义务植树 4024.49 万株。 （滕晓宁）

【**退耕还林工程**】 全年，国家安排兵团退耕还林工程任务 6666.67 公顷（10 万亩），兵团 8 个师 26 个团场承担了退耕还林任务，其中，南疆 4 个师 15 个团场任务面积为 3426.67 公顷，北疆 4 个师 11 个团场任务面积为 3240 公顷。截至 12 月底，兵团完成当年退耕还林任务 3775 公顷。 （滕晓宁）

【**兵团新增 8 个国家沙漠公园**】 经国家沙漠（石漠）公园专家评审会审议，国家林业局同意建设山西偏关林湖等 33 个国家沙漠（石漠）公园，兵团新增 8 个国家沙漠公园。分别是：新疆生产建设兵团阿拉尔胡杨国家沙漠公园；新疆生产建设兵团乌鲁克国家沙漠公园；新疆生产建设兵团子母河国家沙漠公园；新疆生产建设兵团醉胡杨国家沙漠公园；新疆生产建设兵团阿拉尔昆岗国家沙漠公园；新疆生产建设兵团可克达拉国家沙漠公园；新疆生产建设兵团丰盛堡国家沙漠公园；新疆生产建设兵团第七师金丝滩国家沙漠公园。 （滕晓宁）

【**古树名木资源普查工作**】 按照《全国绿化委员会关于进一步加强古树名木保护管理的意见》（全绿字〔2016〕1 号）和《全国绿化委员会关于开展全国古树名木资源普查的通知》（全绿字〔2017〕2 号），兵团绿化委员会组织开展了兵团古树名木资源普查工作。一是印发了《关于开展古树名木资源普查登记的通知》（兵绿发〔2017〕1 号），要求各师绿委、林业局按照国家林业局 2017 年 1 月 1 日起实施的《古树名木鉴定规范（LY/T 2737—2016）》《古树名木普查技术规范（LY/T 2738—2016）》行业标准，对辖区内古树名木进行详查记录，并对其生长状况进行拍摄，通过查阅史志等历史资料对树龄进行查证和估测等；二是编制《新疆生产建设兵团古树名木资源普查工作实施方案》，确定兵团开展古树名木工作步骤、要求和采取措施；三是国家林业局与兵团林业局签订了《古树名木资源普查业务委托合同》，拨付专用补助资金 30 万元，主要用于完成古树名木普查工作的外业调查、专家审定、古树名木资源数据汇总、建档、保障器材和技术培训、保护管理、复壮以及系统录入等工作；四是各师绿委办、林业局认真组织，3 月开始对所在辖区内开展古树名木初步普查登记工作，据不完全统计，共上报古树名木 1213 株。五是兵团林调院组织 6 个调查小组完成了 8 个师的部分古树名木普查工作，有 122 株古树名木完成系统录入工作。 （滕晓宁）

【**林业科技工作**】 有重点开展林业生态扶贫工作。兵团林业局有重点地开展林业生态工程建设扶贫工作，并按照工程建设标准实施：一是以"三北"防护林建设重点工程为带动，改善贫困团场生态环境，有重点地安排南北疆贫困团场防护林建设专项资金用于开展防护林建设。二是以退耕还林重点工程为带动，有重点地安排南疆退耕还林任务，促进贫困团场林业产业的发展。

申报国家林业标准化示范企业 2 个。根据《国家林业局办公室关于开展 2017 年国家林业标准化示范企业申报工作的通知》（办科字〔2017〕79 号），组织各师林业局等林业相关企业开展了申报工作，并对照国家林业标准化示范企业申报条件，围绕企业开展经营管理工作的情况，筛选出符合条件企业 2 个（第七师新疆天北河川园林工程有限公司和第二师三十四团红枣加工厂）并征求兵团质量监督意见后报国家林业局。

申报 3 个陆地生态系统定位观测研究站，其中 1 个通过初审。按照《国家林业局野外科学观测研究平台网络体系的规划》和《新建生态站程序和要求》，组织兵团林业科学技术研究院与相关部门积极协作开展了陆地生态系统定位观测研究站申报工作，筛选出新疆头屯河城郊森林生态系统国家定位观测研究站、新疆尉犁荒漠生态系统定位观测研究站、新疆塔里木河湿地生态系统定位观测研究站 3 个陆地生态系统定位观测研究站。经协调国家林业局进行实地调查审核，新疆尉犁荒漠生态系统定位观测研究站通过初审。

积极指导公益林行业科研专项开展工作。协调国家林业局及兵团财务局及时落实兵团林业科学技术研究院承担的国家林业行业公益项目"新疆文冠果优系引选及繁育技术研究"资金的到位，指导和督促开展研究工作和研究进展情况上报工作。 （滕晓宁）

【中国林业网主站信息宣传工作】 围绕2017年国家林业局林业信息宣传工作的重点，通过各种形式积极宣传兵团义务植树造林工作，动员各师及时上报林业信息和宣传图片。是年，兵团林业局向中国林业网主站共报送林业信息460多条，图片178张。全国林业信息化工作领导小组通过对中国林业网主站信息采用的监管和统计通报中，兵团林业局在2017年国家林业局网上半年通报中，排名全国第26名，全年排第27名，兵团林业局滕晓宁被评为2017年中国林业网主站各地优秀信息员。

（滕晓宁）

【森林资源管理】 围绕十八大以来习近平新时代中国特色社会主义思想，按照兵团党委有关林业与生态文明建设要求，扎实开展森林资源管理和保护工作，森林资源管理工作在服务林业建设大局，推进兵团生态文明建设过程中发挥了积极作用。

森林资源保持持续增长。坚持生态环境可持续发展战略，以农田防护林建设为中心，造林与封禁保护相结合，进一步完善了生态防护林体系，形成了兵团四级生态防护网。经2016年度"森林增长"考核评价，截至2016年年底，森林资源面积133.64万公顷；活立木总蓄积量达3668.6万立方米，森林覆盖率达19.06%。

规范审核审批林地工作。全年审核审批使用林地项目237宗，面积896.52公顷。做好民生项目使用林地的摸底、汇总和申报工作，争取国家给兵团追加林地定额1203.1公顷，确保兵团及新重点工程使用林地的需要。

国家级公益林管护工作得到落实。完成投资14 725万元，落实管护任务98.16万公顷、管理人员469人、管护人员2181人。

天然林保护工程二期工程任务落实。全年完成投资2958万元，落实管护人员161人，森林管护任务10万公顷。天保工程的291名职工和离退休人员，全部纳入了五项参保范围，保障了职工的切身利益。

森林采伐工作规范有序。林木采伐管理工作审批规范，无超限额采伐现象发生。全兵团采伐林木13.78万立方米。

完成兵团林地变更调查工作。完成截至2016年年底林地成果数据的调查，经过国家林业局西北院现地复核，达到了相应的标准，并获得国家林业局资源司的确认。变更成果为兵团科学规范使用林地，进行森林资源不动产登记奠定基础。

林业有害生物防控工作有序开展。下发了《关于进一步加强兵团林业有害生物防治工作的实施意见》。指导开展果树病害防控工作，做好兵团林业有害生物监测预报，布置了今冬明春防治工作。

兵团国有林场和国有林区改革方案初步形成。依照中发6号文件精神，结合兵团实际，草拟和修改了《兵团国有林场和国有林区改革方案》，并上报兵团。

（贾寿珍）

【森林公安执法】 严厉打击各种涉林违法犯罪活动，确保林区资源安全。根据习近平总书记对公安工作"四句话、十六字"的要求，联合检察院等部门组织开展了"利剑行动""严厉打击破坏林地、湿地资源违法犯罪专项行动""打击破坏野生动物资源专项行动"等一系列专项行动，有效保护了森林及野生动植物资源。全年，兵团各级森林公安机关共办理案件392起，其中林业刑事案件96起，林业行政案件296起。

狠抓教育培训，扎实推进队伍建设。全年共组织各类培训班3次、执法资格考试3场次，培训森林公安民警180人次。一是举办了"兵团林业系统野生动物保护法培训班"，共培训90人次。二是举办了兵团森林公安信息化建设应用培训班，共培训业务骨干20余人。三是组织各师森林公安民警82人次进行法律知识培训并在兵团一中参加了全国公安系统执法资格考试。

加大森林公安装备配置力度，提高执法能力及工作效率。全年共投入90余万元资金为一线民警购置数模手持机130部，数模车载台20台，便携式中转台6台。第一师森林公安局对5团森林派出所进行功能区改造，完善基础设施建设。第三师森林公安局购置了林调通3部，北斗手持机4部等办案设备。

加强森林火灾的预防和扑救，确保林业生产工作安全有序开展。全年，兵团各师共查处森林火灾案件50余起，开展森林防火检查100余次，检查调试灭火机具240台次，确保防火机具随时可用。开展森林防火应急演练4场次，提高森林防火队伍的火灾扑救能力。组织开展森林防火宣传活动，发放宣传资料3000余份，挂标语50余条，在团场电视台播放宣传标语100余次，提高职工群众森林防火安全意识。五、八、十师购置10辆消防车，提高森林火灾扑救能力；四师森林公安局与森林、林木、林地的经营单位及个人签订森林防火责任书260份。

加强湿地保护工作，提高湿地保护管理水平。一是3个湿地公园获批国家级湿地公园试点。积极对接国家林业局湿地保护管理中心，组织申报国家湿地公园，二师玉昆仑国家湿地公园、四师木扎尔特国家湿地公园、十四师胡木旦国家湿地公园获批国家级湿地公园试点。二是认真配合开展中央环境保护督察及其整改工作。组织起草《新疆生产建设兵团农林系统环境保护履职情况自查报告》，收集、整理上报环保督察调阅材料6批次，配合中央环保督察组赴七师、八师、三师开展督察工作，通过走访、谈话问询及下沉督察，起草《兵团农业局落实中央环保督察问题整改方案》。三是针对中央环境保护第八督察组反馈的兵团4个湿地自然保护区存在的问题，督促各师立查立行立改。整理了《兵团农业局落实中央第八环境保护督察组督察反馈意见整改措施清单》，明确了整改具体措施、责任人和整改期限。下发了《关于对湿地自然保护区管护工作监督检查的通知》，组织督查组对青格达湖、奎屯河流域、玛纳斯河流域中上游三个湿地自然保护区进行专项自查，督促第三、六、七、八师认真落实保护区整改工作任务。三是组织专家组对奎屯河流域湿地省级（兵团）自然保护区和玛纳斯河中上游湿地省级（兵团）自然保护区进行了科学评估，形成评估报告和整改建议并上报兵团，经兵团第36次常委会议研究同意实施。四是印发了《兵团湿地保护修复制度工作方案》。按照《国务院办公厅关于印发湿地保护修复制度方案的通知》（国办发〔2016〕89号）要求，结合兵团实际，起草了《兵团湿地保护修复制度工作方案》，已报兵团印发实施。

全力配合做好防暴维稳工作。兵团各级森林公安机关在打击涉林违法犯罪，保护好森林资源的同时，积极协助师公安机关开展治安巡护及维稳工作，在"两会""十九大"等重要节点进行"网格化"巡逻，配合师公安局开展城区安全防控及团场的安全保卫工作，较好完成了各项任务。

（王　强）

【兵团林业局局长会议】 2月16日，在乌鲁木齐召开兵团林业局局长会议。兵团各师林业局局长、林业站站长，各师森林公安局局长，重点林区森林派出所所长等90多人参加了会议。会议传达2017年全国林业厅局长会议精神，总结兵团2016年林业工作，解读分析了兵团林业面临的新形势与新任务，研究部署2017年林业工作的重点任务。

会议传达学习2017年全国林业厅局长会议精神，结合兵团林业工作特点，要求不断深化林业改革，抓好重点工程、森林资源管护、防沙治沙、湿地修复、野生动植物保护、林业产业等各项工作。

安排了2017年林业重点工作。一是稳妥推进兵团国有林场国有林区改革。二是加大植树造林力度，着力推进国土绿化。三是突出抓好防沙治沙工作。四是重点支持南疆林业建设，吸引人口到南疆就业，促进兵团向南疆发展。五是扎实做好林业产业发展和林业扶贫工作。六是严格管护森林资源。七是抓好种苗基地及种质资源库建设。八是全力做好灾害防控和安全生产工作。九是切实加强湿地保护修复。十是做好深化森林公安改革工作。十一是加强林业科技支撑和信息化能力建设及宣传工作。十二是抓党建、促提升，加强林业干部队伍和基础设施建设。

通报了2016年受国家表彰的先进集体和个人。一是通报了兵团受全国绿化委员会、人力资源和社会保障部、国家林业局表彰的全国绿化先进集体2个、劳动模范2人和先进工作者1人。二是通报了兵团受全国绿化委表彰的全国绿化模范单位2个、全国绿化奖章获得者6人。三是通报了兵团受国家林业局表彰的全国生态建设突出贡献先进集体4个、先进个人5人。四是通报了兵团受国家林业局三北防护林建设局表彰的2016年三北防护林体系建设信息工作先进单位1个，优秀信息员3人。

（滕晓宁）

【兵团林业管理干部培训班】 9月12~26日，由国家林业局人事司和管理干部学院联合举办的兵团林业管理干部培训班在北京举办。兵团林业局、师林业部门、部分团场分管林业的领导及业务骨干共49人参加。培训班授课内容丰富、主题突出，教学组织严谨，课程设置针对性强，全面体现了国家战略、林业管理法律法规和体系制度设置及"十三五"林业发展建设重点等，达到了统一认识，扩展思维，学习和引进先进管理理念，提升队伍素质的预期目的，对于新形势下转变思想，促进兵团林业改革发展，强化林业队伍建设，服务兵团生态文明建设大局意义重大，影响深远。

培训内容主要是学习贯彻习近平总书记关于生态文明建设的重要思想、党的十八大以来中央关于生态文明建设的重要战略部署及中央6号、12号文件精神，围绕生态文明建设、林业管理体制改革、林业政策法规、林地资源管理、国家公园和森林城市建设、森林生态旅游、森林康养、湿地和野生动植物保护、智慧林业、森林防火应急决策与处置以及"一带一路"战略与国家安全问题等内容。培训纵贯林业管理和发展的各个环节和方方面面，从宏观到微观相互补充，从理论到实践相互结合，教学内容系统全面。

整个培训过程，除18个专题讲座外，还安排了研讨，针对兵团林业发展中存在的重点难点问题和对策建议，参加培训学员畅所欲言，以实际问题为导向进行了深入探讨，对于今后开展工作具有很强的指导性和实效性。安排了现场教学，到北京西山林场国家森林公园实地考察学习他们的森林经营、国家森林公园建设、体制改革等情况，参观了北京市造林绿化及有机梨标准果园建设。

（贾寿珍）

【承担"三北"五期工程2017年营造林科技示范林项目】 根据2017年5月，《国家林业局三北局关于"三北"五期工程2017年营造林科技示范林项目的批复》（林防计字〔2017〕10号），兵团林业局申报的"干旱区榛子优质高产栽培技术示范项目"获国家林业局三北局批准，该项目由新疆生产建设兵团第六师林业管理站承担，项目主要建设内容及规模为：采用榛子优质高产栽培技术，营造"新榛1、2、3、4号"等榛子良种高效栽示范园46.67公顷（700亩）。项目总投资85万元，其中：中央预算内投资65万元，地方配套20万元。主要用于种苗、整地、栽植、抚育和科技支撑费等。

（滕晓宁）

【承担林业行业标准制修订项目】 根据《国家林业局关于下达2017年林业行业标准制修订项目计划的通知》（林科发〔2017〕88号），新疆生产建设兵团石河子大学承担《开心果生产技术规程》制订项目，全年国家林业局已拨付经费10万元。该项目按照《林业标准管理办法》和《标准化工作导则第1部分：标准的结构和编写》（GB/T 1.1—2009）已于2017年开始阶段工作。

（滕晓宁）

【林业长期科研试验基地情况调查】 按照《国家林业局开展林业长期科研试验基地情况调查的函》（林科计便字〔2017〕09号），组织兵团科研院校对长期开展科研工作的试验基地建设情况进行摸底调查。

新疆兵团林业科学技术研究院石河子林木试验基地

科研基地主要任务 开展林木新技术、新品种、新设施设备试验，进行种质资源收集、繁育、示范推广，充分发挥现代林业新技术、新品种示范和带动作用，使该基地在加快成果转化，特别是在促进兵团林业的规模化、生态化、标准化上发挥更大效益和作用，具有重大现实意义。

承担科研项目 承担科技部、国家林业局、兵团各级各类项目10余项。

科研成果 "十二五"期间，审定林木新品种7个，出版学术专著3部，获发明专利11项，鉴定验收科技

成果11项，获省部级科技进步奖8项。

特色优势等内容　以多年来该基地生态经济型木本油料作物——文冠果、榛子为种质资源收集、保存及利用对象，以区内外丰富的文冠果、榛子种质资源为基础，以该基地成熟的林木种苗工程建设中积累的先进集成技术为手段，是资源较丰富、种类齐全、资料完备、管理科学的文冠果、榛子种质资源异地收集保存基地。收集、保存文冠果种质资源74份，榛子种质资源30份。

新疆兵团林业科学技术研究院南疆林果示范基地

科研基地主要任务　开展南疆经济林栽培新技术、新品种、新设施设备试验，进行经济林实用技术示范推广，充分发挥示范和带动作用，使该基地在加快成果转化，特别是在促进兵团林业产业的规模化、集约化、标准化上发挥更大效益和作用，具有重大现实意义。

承担科研项目　承担科技部、国家林业局、兵团各级各类项目7项。

科研成果　"十二五"期间，审定林木新品种3个，出版学术专著1部，获发明专利4项，鉴定验收科技成果5项，获省部级科技进步奖3项。

特色优势等内容　以多年来该基地优势经济林树种——枣、核桃、巴旦木等为试验对象，以研发优质高效经营技术为基础，以该基地当前成熟的先进集成技术为手段，在三师44团建有示范园50公顷。

新疆兵团石河子大学荒漠公益林基地

新疆生产建设兵团第六师103团和红旗农场、第五师83团三个荒漠公益林基地于2006年建立，均位于古尔班通古特沙漠腹地，基地主要任务是用于石河子大学梭梭种群动态、繁殖特性、生长习性、年轮与生物量及种间关系、种子库等研究，涉及的项目有："新疆生产建设兵团重点公益林抚育（生态）状况监测""古尔班通古特沙漠梭梭一年多轮形成机制与年龄多样性""梭梭繁育系统和花后生殖休眠对结实的影响""干旱地区造林高效保水剂技术应用与推广""准噶尔盆地公益林林分构型与生境监测研究""准噶尔盆地公益林低盖度信息监测技术研究""梭梭新类型的筛选及繁殖特征评价"。

（滕晓宁）

【**新疆尉犁荒漠生态系统国家定位站正式加入国家陆地生态系统定位观测研究站网**】　11月28日，国家林业局发布《关于发布2017年度加入国家陆地生态系统定位观测研究站网生态站名录的通知》（林科发〔2017〕138号），公布2017年度加入国家陆地生态系统定位观测研究站网生态站名录，至此，国家林业局已建立森林、荒漠、湿地等国家陆地生态系统定位观测研究站188个。新疆尉犁荒漠生态系统国家定位观测研究站名列其中。9月10～12日，国家林业局生态定位观测网络中心组织专家到第二师现场考察了拟建生态站现有设备、观测区布局、观测研究基础、科研队伍、能力条件、组织机构保障、建设及技术依托单位合作等基本情况。10月26～27日，国家林业局生态定位观测网络中心又组织专家对兵团申报的《新疆尉犁荒漠生态系统定位观测研究站》项目申请进行了评审，新疆尉犁荒漠生态系统定位观测研究站由兵团林科院作为建设单位和技术依托单位，按照专家提出的意见进行了修改完善，提交通过了审核。

（滕晓宁）

【**国家林业局三北局一行来兵团督查造林工作**】　5月16日，国家林业局三北局副局长王作谊一行在新疆生产建设兵团林业局副局长段华等人的陪同下来到兵团第六师五家渠市督导检查造林工作，督查组先后检查了六师（市）中心苗圃、一〇五团三北防护林体系建设、芳草湖农场三北造林、封育治沙、退耕还林和兵团防护林整团推进示范团场项目建设等工作，在芳草湖农场召开了座谈会。会上王作谊对兵团第六师（市）造林治沙、退耕还林、公益性苗圃建设等工作给予了好评，并建议将芳草湖农场纳入"三北防护林精准治沙示范团场"，争取给予项目资金支持。段华针对这次督查情况提出三点意见，一是探索解决防护林树种结构单一问题；二是积极发展经济林和林下经济，解决好后续深加工的问题；三是加强造林后期管护，做到"三分栽、七分管"。师市林业局、林管站等主管领导陪同检查，并对王作谊、段华提出的建议和意见进行落实安排，确保师市林业生态建设再上一个新台阶。

（滕晓宁　张立宇）

【**林业科技扶贫先进典型**】　按照国家林业局组织编印《林业科技扶贫实用技术汇编》要求，兵团遴选提供2个先进、成熟、实用的技术成果。

兵团林业科学技术研究院科技扶贫行动经验　灰枣标准化生产技术的引进与示范工作取得成效。截至2017年已建立灰枣标准示范园20公顷，引进标准化树形修剪技术、枣树花果管理技术、病虫害综合防治技术等进行示范推广，制订相关技术规程1个。建立科技扶贫示范户5个，带动进行灰枣高效生产技术示范2560公顷。44团连续两年枣产量增幅达15%以上。

主要做法。一是组织帮扶团队。根据生产实际需求，有重点有侧重地遴选有技术、有责任心的技术人员组成科技帮扶团队。由师林业局加强帮扶方与帮扶对象的沟通与协调，形成稳定和高效的科技扶贫服务、科技培训团队。利用在44团建立"科技特派员实施示范基地"，示范推广灰枣实用技术，扶贫服务团牵头负责灰枣栽培技术研究、方案设计、组织实施和跟踪管理。

二是采取现场讲解、亲自示范指导、入户面授交流、集中培训等形式提高帮扶对象的技术水平。举办灰枣整形修剪技术、枣树花期保花保果技术、枣树病虫害综合防治技术等培训班3期，召开现场会4次，培训人员达1200余人次，发挥了科技扶贫示范带动作用。印制发放《枣树花果管理技术手册》（维汉双语版）2000册，枣高产栽培图书350册。研发并推广枣树保花保果新产品1项，并示范应用533.33公顷。

十三师林业科技扶贫工作　十三师结合林业生产实际，充分发挥科技服务人员的作用，在全师范围内开展了科技扶贫行动，取得了一定的成效。

一是依托十三师农科所，全面开展林业科技扶贫工作。依托十三师农科所，在十三师各团场开展了技术培训活动，使职工的科技意识明显提高。针对十三师特色林果种植户的需求，先后集中举办培训班12期。培训专业技术人员50人次。开展技术指导20次，累计培训农业种植户2500余人次，培养设施大棚种植示范户66户，露地种植示范户24户。累计发放技术资料1000多份，普及推广了一批葡萄、大枣、核桃、设施等特色林果业的先进栽培实用技术，提升了团场职工的科技素质，提高了十三师农业种植水平。

二是深入团场开展调研，掌握农业生产情况。师农科所选派实践经验丰富、工作能力强的人员组成科技扶贫小组开展技术服务工作，产生了一批优秀的科技特派员。

三是开展科技特派员项目。围绕团场生产需要，采取科技特派员自带项目、有关部门安排项目、向上级部门争取项目等形式，积极组织实施各类科技特派员项目。承担了国家星火计划项目"吐哈盆地设施葡萄关键技术示范与推广"等项目，累计争取资金250万元。通过项目实施与辐射带动，在全师建立了5个樱桃示范棚、15个桃示范棚、11个葡萄示范棚、8个设施冬枣示范棚、2个高架草莓示范棚、5个设施葡萄示范棚、20个设施熊蜂授粉示范棚。制定了哈密地区设施樱桃、桃、葡萄生产关键技术及病虫害综合防治技术规程，并免费发放到了各种户手中。摸清每个贫困户的林地信息进行精准识别，制定贫困户林业产业脱贫规划和计划。通过科技特派员蹲点现场指导和室内理论培训的方式，对项目团场职工进行技术培训，抓好生产的全过程，促进职工增收。

四是积极引进特色林果种植品种和先进生产技术，实施林果种植产业扶贫。扶持职工积极发展林下种植、养殖，积极协调贴息贷款支持贫困户发展林下养殖和种植。

五是实施精准扶贫工作。红山农场抽调有关干部组成林业科技扶贫工作组，深入农场牧一连、牧二连和牧三连开展入户摸底调查、建档立卡，进一步核对贫困户情况，及时实施重点公益林管护和封山育林管护就业扶贫。优先安排贫困户管护防护林。利用林业管护资金，安排有工作能力和责任心的贫困户从事林地管护工作。

六是合力共抓。牵头相关单位落实专人做好精准扶贫工作的规划、实施，其他相关单位主动对接，密切配合，积极参与，形成合力共抓的工作格局。做到一对一结对帮扶。通过"一对一"结对挂钩帮扶贫困户，把林业技术、信息等短缺资源输送到贫困户手中，坚持不脱贫不脱钩。

（滕晓宁）

【授予全国防沙治沙先进集体和先进个人】 5月26日，人力资源和社会保障部、全国绿化委员会、国家林业局对近年来各地各部门在防沙治沙工作中做出突出成绩的全国防沙治沙先进集体、标兵和先进个人做出表彰决定，新疆生产建设兵团第一师十团、第二师三十一团和第三师四十六团林业工作站3个单位被授予"全国防沙治沙先进集体"荣誉称号；第五师八十三团林业工作站站长郭建新被授予"全国防沙治沙标兵"荣誉称号，第八师一二一团护林员余全、第二师三十七团林业工作站站长张涛2人被授予"全国防沙治沙先进个人"荣誉称号。

（滕晓宁）

【荣获2017年度"三北"工程信息工作先进单位和优秀信息员】 国家林业局三北防护林建设局下发表彰决定，对2017年度三北防护林体系建设信息工作中表现突出的单位和信息员进行表彰。兵团林业局被授予"2017年度三北防护林体系建设信息工作二等奖"；兵团林业局滕晓宁、第一师十团林业站吴燕和第八师一五零团林业站张丽红3人被授予"2017年度三北防护林体系建设信息工作优秀信息员"称号。

（滕晓宁）

林业人事劳动

24

国家林业局领导成员

局长、党组书记：张建龙
副局长、党组成员：张永利
副局长：刘东生
副局长、党组成员：彭有冬　李树铭　李春良
党组成员：谭光明
总工程师：封加平（2017年12月免职，退休）
总经济师：张鸿文
国家森林防火指挥部专职副总指挥：马广仁
全国绿化委员会办公室专职副主任：胡章翠（2017年12月任职）

新任全国绿化委员会办公室专职副主任

胡章翠　女，汉族，1962年12月出生，安徽合肥人，1985年2月加入中国共产党，在职研究生学历，博士学位，高级经济师。1985年7月安徽大学法律系法学专业毕业后在安徽省人大常委会法制工作委员会参加工作，曾在安徽省徽州地区人大工作联络处锻炼，1996年8月任安徽省人大常委会教科文卫工作委员会办公室副主任，1996年12月任林业部办公厅副处级秘书，1998年8月起历任国家林业局办公室正处级秘书、秘书室副主任，2001年6月任国家林业局科技发展中心副主任（副司局级），同年12月任国家林业局科学技术司副司长，2009年3月任国家林业局科技发展中心主任兼国家林业局科学技术司副司长（正司局级），2015年9月任国家林业局科学技术司司长，2017年12月任全国绿化委员会办公室专职副主任。

国家林业局机关各司（局）负责人

办公室
　　主任：张鸿文（2017年12月免职）　李金华（2017年12月任职）
　　副主任：朱新飞（2017年11月免职）　王福东　赵学志（2017年11月任职）
　　副巡视员：邹亚萍（2017年6月任职）

政策法规司
　　司长：王洪杰（2017年6月免职、退休）
　　　　　孙国吉（2017年6月任职）
　　副司长：祁　宏　袁继明
　　副巡视员：李淑新

造林绿化管理司（全国绿化委员会办公室）
　　司长（秘书长、主任）：王祝雄（2017年9月免职、退休）
　　司长（常务副秘书长）：赵良平（2017年9月任司长）
　　巡视员：刘树人
　　副司长：黄正秋　陈建武（2017年12月任职）
　　　　　　吴秀丽　许传德　王剑波
　　司长助理：黄海勇（2017年3月起挂职一年）

森林资源管理司
　　司长：郝燕湘（2017年9月免职、退休）　徐济德（2017年9月任职）
　　副司长：冯树清　张松丹（2017年9月任职）　李志宏（2017年9月免职）
　　副巡视员：李　达
　　副司长：丛　丽（2017年6月起挂职一年）
　　司长助理：田　剑（2017年3月起挂职一年）

野生动植物保护与自然保护区管理司
　　司长：杨　超（2017年9月任职）
　　巡视员：严　旬（2017年11月任职）
　　副司长：张志忠（2017年11月任职）　贾建生（2017年11月免职）　王维胜（2017年9月免职）　周志华（2017年11月任职）

农村林业改革发展司（全国木材行业管理办公室）
　　司长：刘拓
　　巡视员：刘家顺
　　副司长：李玉印　王俊中　吴　勇（2017年3月起挂职一年）

森林公安局（国家森林防火指挥部办公室）
　　局长（副主任）、分党组书记：王海忠
　　政委、副局长（副主任）、分党组成员：柳学军（2017年9月任政委，免副局长）
　　巡视员、分党组成员：曹真（2017年8月免职、退休）
　　副局长（副主任）、分党组成员：张　萍　王元法
　　副局长（副主任）、分党组成员、纪检组长：李　明
　　副巡视员（副主任）、分党组成员：王新凯

发展规划与资金管理司
　　司长：闫　振

巡视员：王前进（2017年8月免职、退休）
　　　　孔　明
副司长：张健民（2017年9月任职）　杨　冬（2017年9月免职）　刘金富（2017年3月免职）　刘克勇　陈嘉文（2017年9月任职）
副巡视员：张艳红

科学技术司
司长：胡章翠（2017年12月免职）
　　　郝育军（2017年12月任职）
巡视员：厉建祝
副司长：杜纪山（2017年11月免职）　黄发强

国际合作司（港澳台办公室）
司长：吴志民（2017年9月任职）
副司长：章红燕（主持工作，2017年9月免职、退休）　王春峰
巡视员：戴广翠

人事司
司长兼局党校副校长：谭光明
巡视员：丁立新（2017年12月任职）
副司长：郝育军（2017年12月免职）

　　　　路永斌（2017年12月任职）
副司长兼党校副校长：王　浩

直属机关党委（直属机关纪委）
党委书记兼党校校长：张永利
党委常务副书记：高红电
党委副书记：柏章良
纪委书记：吴兰香

直属机关工会
主席：蒋周明
副主席：孟庆芳

离退休干部局
局长、党委书记：薛全福
常务副书记、纪委书记：朱新飞（2017年11月任职）
巡视员：叶荣华（2017年5月任职）
副局长：马世魁　赵学志（2017年11月免职）　郑　飞（2017年11月任职）
副巡视员：张　瑞（2017年5月免职）
正司局级干部：黄建华
副司局级干部：宋云民（2017年1月任职）

国家林业局直属单位负责人

国家林业局机关服务局
局长、党委书记：周　瑄（2017年1月任局长）
副局长：王欲飞（2017年5月任职）　姚志斌　成　吉　周　明　张志刚（2017年6月任职）
正司局级干部：柳维河

国家林业局信息中心
主任：李世东
副主任：邹亚萍（2017年6月免职）　杨新民（2017年6月任职）　吕光辉（2017年6月任职）　梁永伟（2017年12月任职）

国家林业局国有林场和林木种苗工作总站（国家林业局森林公园保护与发展中心）
总站长：杨　超（2017年9月免职）、程　红（2017年9月任职）
副总站长：杨连清　刘春延（2017年11月免职）
总工程师：张耀恒
巡视员：刘　红（兼）
副巡视员：管长岭（2017年10月免职）

国家林业局林业工作站管理总站
总站长：潘世学
巡视员：杨　冬（2017年9月任职）
副总站长：何美成　陈雪峰（2017年9月免职）　汤晓文　周　洪
总工程师：伍步生（2017年11月免职、退休）
副巡视员：王恩苓（2017年3月免职、退休）　侯　艳（2017年11月任职）

国家林业局林业基金管理总站（国家林业局审计稽查办公室）
总站长：王连志
副总站长：王翠槐　李　冰（2017年12月免职）　郝雁玲
总会计师：刘文萍

国家林业局宣传中心
主任：程红（2017年11月免职）　黄采艺（2017年11月任职）
副主任：李天送（2017年11月免职）　马大轶　刘雄鹰（2017年11月任职）

国家林业局濒危物种进出口管理中心（中华人民共和国濒危物种进出口管理办公室）
主任：刘东生（兼，2017年6月免）　李春良（2017年6月兼任）
常务副主任：孟宪林
副主任：马爱国　周志华（2017年11月免职）　王维胜（2017年11月免职）　刘德望（2017年11月任职）
巡视员：严　旬（2017年11月免职）　贾建生（2017年11月任职）

国家林业局天然林保护工程管理中心
主任：孙国吉（2017年6月免职）　金　旻（2017年6月任职）
巡视员：叶荣华（2017年5月任职）
副主任：陈学军　文海忠　樊　华（2017年12月免职）
总工程师：闫光锋

副巡视员：张　瑞（2017年5月任职）

国家林业局退耕还林（草）工程管理中心
　　主任：周鸿升
　　副主任：李青松　吴礼军　敖安强
　　巡视员：张秀斌
　　总工程师：刘再清

国家林业局防治荒漠化管理中心
　　主任：潘迎珍
　　副主任：胡培兴　贾晓霞（2017年3月任职）　张德平（2017年11月任职）
　　巡视员：罗　斌
　　总工程师：屠志方

国家林业局世界银行贷款项目管理中心（速生丰产用材林基地建设工程管理办公室）
　　主任：丁立新
　　副主任：尹发权　黄采艺（2017年11月免职）
　　副主任：石　敏　杜　荣

国家林业局对外合作项目中心
　　主任：吴志民（2017年9月兼任）
　　常务副主任：王维胜（2017年9月任职）
　　副主任：刘立军（2017年8月免职、退休）　胡元辉　许强兴（2017年11月任职）

国家林业局科技发展中心（国家林业局植物新品种保护办公室）
　　主任：王焕良
　　巡视员：李明琪（2017年11月免职、退休）　杜纪山（2017年11月任职）
　　副主任：龙三群、田亚玲

国家林业局经济发展研究中心
　　党委书记：王永海（2017年1月任职）
　　主任：李金华（2017年12月免职）　李　冰（2017年12月任职）
　　副主任、纪委书记：张利明（2017年9月免职）
　　副主任：王月华
　　党委副书记：菅宁红

国家林业局人才开发交流中心
　　主任：郝育军（2017年12月免职）　樊　华（2017年12月任职）
　　副主任：路永斌（2017年12月免职）　文世峰　吴友苗（2017年12月任职）

国家林业局森林防火预警监测信息中心
　　主任：崔洪浩（2017年9月任职）
　　副主任：陈介平（2017年7月免职、退休）

国家林业局森林资源监督管理办公室
　　主任：郝燕湘（兼，2017年9月免职、退休）　徐济德（2017年9月兼任）
　　常务副主任：陈雪峰（2017年9月任职）
　　巡视员：张松丹（2017年9月免职）　李志宏（2017年9月任职）
　　副主任：王洪波（2017年3月免职）　丁晓华
　　副巡视员：邹连顺（挂任四川省林业厅副厅长）

国家林业局湿地保护管理中心（中华人民共和国国际湿地公约履约办公室）
　　主任：王志高
　　巡视员：程　良
　　副主任：严承高　李　琰
　　总工程师：鲍达明

中国林业科学研究院
　　院长、分党组副书记：张守攻
　　分党组书记、副院长、京区党委书记：叶　智
　　纪检组长、副院长、分党组成员：李岩泉
　　副院长、分党组成员：储富祥　孟　平　黄　坚　肖文发（2017年3月任职）
　　副院长：刘世荣（兼）

国家林业局调查规划设计院
　　院长、党委副书记：刘国强
　　党委书记、副院长：张煜星
　　副院长：蒋云安　唐小平
　　副书记、纪委书记：严晓凌
　　副院长：张　剑（2017年3月任职，挂任河北林业厅副厅长）
　　副院长、总工程师：马国青（2017年3月任职）
　　正司局级干部：张惠新（2017年1月任职）

国家林业局林产工业规划设计院
　　院长、党委副书记：郭青俊（2017年12月免职）
　　党委书记、副院长：李　鹏（2017年5月免职、退休）
　　负责人：周　岩（2017年5月主持工作）
　　常务副院长、副书记：张全洲
　　副院长：王欲飞（兼，2017年5月免职）
　　副院长、纪委书记：唐景全（2017年9月免纪委书记）
　　副院长：齐　联（2017年7月起挂任广西河池市委常委、副市长）　沈和定（2017年12月任职）
　　纪委书记：籍永刚（2017年9月任职）

国家林业局管理干部学院
　　院长：张建龙
　　党委书记：李向阳
　　常务副院长、党委副书记：张健民（2017年9月免职）　张利明（2017年9月任职）
　　副院长、党校常务副校长：陈道东
　　副院长：方怀龙　梁宝君
　　党委副书记、纪委书记：彭华福（2017年6月任职）

中国绿色时报社
　　党委书记、副社长：陈绍志
　　社长、总编辑：张连友
　　常务副书记、纪委书记：邵权熙（2017年3月任职）
　　副社长：刘　宁
　　副司局级干部：段　华（新疆兵团援派挂职至2017年7月）

中国林业出版社
　　社长、党委书记：金　旻（2017年6月免职）
　　党委书记：樊喜斌（2017年11月任职）
　　社长、总编辑：刘东黎（2017年11月任社长）
　　副总编辑、纪委书记：邵权熙（2017年3月免职）
　　副社长、纪委书记：王佳会（2017年3月任职）

国际竹藤中心
　　主任：江泽慧（兼）
　　常务副主任：费本华
　　党委书记：刘世荣
　　副主任：李凤波　沈　贵（2017年1月任职，4月免职、退休）　陈瑞国（2017年12月任职）
　　党委副书记：李晓华

国家林业局亚太森林网络管理中心
　　常务副主任：鲁　德
　　副主任：夏　军　张忠田（2017年3月任职）

中国林学会
　　秘书长：陈幸良
　　副秘书长：沈　贵（2017年1月免职）　李冬生（2017年1月任职）　刘合胜

中国野生动物保护协会
　　秘书长：李青文
　　副秘书长：赵胜利　郭立新　王晓婷

中国花卉协会
　　秘书长：刘　红
　　副秘书长：陈建武（2017年12月免职）　张引潮　杨淑艳（2017年12月任职）

中国绿化基金会
　　副秘书长兼办公室主任：陈　蓬
　　办公室副主任：杨旭东（2017年6月免职）　许新桥（2017年6月任职）　陈英歌（2017年5月免职、退休）

中国林业产业联合会
　　秘书长：王　满
　　副秘书长：石　峰　王欲飞（2017年5月免职）　陈圣林

中国绿色碳汇基金会
　　秘书长：邓　侃

国家林业局驻内蒙古自治区森林资源监督专员办事处（中华人民共和国濒危物种进出口管理办公室内蒙古自治区办事处）
　　专员（主任）、党组书记：李国臣（2017年3月任职）
　　巡视员、党组成员：高广文（2017年3月任职）
　　副专员（副主任）、党组成员：董　冶

国家林业局驻长春森林资源监督专员办事处（中华人民共和国濒危物种进出口管理办公室长春办事处）、东北虎豹国家公园国有自然资源资产管理局（东北虎豹国家公园管理局）
　　专员（主任、局长）、党组书记：赵　利（2017年3月任职，8月任局长）
　　常务副局长、党组副书记：刘春延（2017年11月任职）
　　副专员（副主任、副局长）、党组成员：李伟明　傅俊卿
　　副局长、党组成员：张陕宁（2017年11月任职）

国家林业局驻黑龙江省森林资源监督专员办事处（中华人民共和国濒危物种进出口管理办公室黑龙江省办事处）
　　专员（主任）、党组书记：袁少青
　　副专员（副主任）、党组成员：左焕玉
　　副巡视员、党组成员：武明录

国家林业局驻大兴安岭林业集团公司森林资源监督专员办事处
　　专员、党组书记：陈　彤
　　副专员、党组成员：杜晓明

国家林业局驻福州森林资源监督专员办事处（中华人民共和国濒危物种进出口管理办公室福州办事处）
　　专员（主任）、党组书记：尹刚强
　　副专员（副主任）、党组成员：李彦华（2017年6月任职）　吴满元
　　副巡视员、党组成员：彭华福（2017年6月免职）

国家林业局驻成都森林资源监督专员办事处（中华人民共和国濒危物种进出口管理办公室成都办事处）
　　专员（主任）、党组书记：苏宗海（2017年3月任职）
　　副专员（副主任）、党组成员：刘跃祥
　　副巡视员、党组成员：龚继恩

国家林业局驻云南省森林资源监督专员办事处（中华人民共和国濒危物种进出口管理办公室云南省办事处）
　　专员（主任）、党组书记：史永林（2017年9月任职）
　　负责人：张松丹（2017年9月不再主持工作）
　　副专员（副主任）、党组成员：连文海（2017年5月免职）
　　副巡视员、党组成员：李　鹏（2017年3月任副巡视员）
　　副专员（副主任）：陈学群（2017年6月任职）
　　正司局级干部：江机生

国家林业局驻合肥森林资源监督专员办事处（中华人民共和国濒危物种进出口管理办公室合肥办事处）
　　专员（主任）、党组书记：向可文
　　副专员（副主任）、党组成员：潘　虹

国家林业局驻武汉森林资源监督专员办事处（中华人民共和国濒危物种进出口管理办公室武汉办事处）
　　专员（主任）、党组书记：周少舟
　　副专员（副主任）、党组成员：孟广芹（挂任贵州林业厅副厅长）
　　副巡视员、党组成员：闫顺利（2017年2月免职、退休）

国家林业局驻广州森林资源监督专员办事处（中华人民共和国濒危物种进出口管理办公室广州办事处）
　　专员（主任）、党组书记：关进敏（2017年3月任职）
　　副专员（副主任）、党组成员：贾培峰
　　副巡视员、党组成员：侯　艳（2017年11月免职）　刘　义（2017年11月任职）

国家林业局驻贵阳森林资源监督专员办事处（中华人民共和国濒危物种进出口管理办公室贵阳办事处）
　　专员（主任）、党组书记：李天送（2017年11月任职）
　　副专员（副主任）、党组成员：喻泽龙
　　副巡视员、党组成员：宋云民（2017年2月免职）　龚立民（2017年3月任职）

国家林业局驻西安森林资源监督专员办事处（中华人民共和国濒危物种进出口管理办公室西安办事处）
　　专员（主任）、党组书记：侯　龙（2017年3月免职）　王洪波（2017年3月任职）
　　副专员（副主任）、党组成员：李彦华（2017年6月免职）
　　副巡视员、党组成员：王彦龙　何　熙（2017年11月任职）

国家林业局驻乌鲁木齐森林资源监督专员办事处（中华人民共和国濒危物种进出口管理办公室乌鲁木齐办事处）
　　专员（主任）、党组书记：张东升（2017年9月任职）
　　副专员（副主任）：郑　重（2017年11月任职）

国家林业局驻上海森林资源监督专员办事处（中华人民共和国濒危物种进出口管理办公室上海办事处）
　　专员（主任）、党组书记：王希玲
　　副专员（副主任）、党组成员：李　军
　　副巡视员、党组成员：万自明

国家林业局驻北京森林资源监督专员办事处（中华人民共和国濒危物种进出口管理办公室北京办事处）
　　专员（主任）、党组书记：苏祖云
　　副专员（副主任）、党组成员：钱能志
　　副巡视员、党组成员：戴晟懋（2017年3月任职）

国家林业局西北华北东北防护林建设局
　　局长、党组副书记：张　炜
　　党组书记、副局长：周　岩
　　副局长、党组成员：王作谊（2017年7月免职）　洪家宜　李冬生（2017年1月免职）　刘　冰（2017年11月任职）
　　纪检组长、党组成员：冯德乾
　　总工程师、党组成员：武爱民

国家林业局森林病虫害防治总站
　　党委书记、副总站长：张克江
　　总站长、党委副书记：宋玉双
　　副总站长：闫　峻
　　党委副书记、纪委书记：曲　苏

国家林业局北方航空护林总站
　　总站长、党委副书记：周俊亮
　　党委书记、副总站长：张惠新（2017年1月免职）
　　副总站长、党委副书记、纪委书记：李世奇（2017年3月免职、退休）
　　副总站长：张宝柱（2017年9月免职、退休）　吴建国（2017年6月任职）　范鲁安（2017年6月任职）
　　总工程师：张喜忠

国家林业局南方航空护林总站
　　总站长、党委书记：史永林（2017年6月免书记、9月免总站长）
　　党委书记：杨旭东（2017年6月任职）
　　总站长：吴　灵（2017年9月任职）
　　副总站长：袁俊杰　张立保（2017年6月任职）
　　总工程师：周万书

南京森林警察学院
　　党委书记：王邱文
　　院长、党委副书记：张高文
　　常务副院长：张治平
　　党委副书记、政治部主任：林　平
　　党委副书记、纪委书记：陶　珑
　　副院长：吉小林　叶　卫　耿淑芬（2017年6月任职）

国家林业局华东林业调查规划设计院
　　院长、党委副书记：刘裕春
　　党委书记、副院长：傅宾领
　　常务副院长：于　辉（2017年9月任职）
　　党委副书记、纪委书记、副院长：周　琪
　　副院长、总工程师：何时珍
　　副院长：丁文义　刘道平

国家林业局中南林业调查规划设计院
　　院长、党委副书记：周光辉（2017年3月免职、退休）　彭长清（2017年3月任职）
　　党委书记、副院长：彭长清（2017年3月免职）　刘金富（2017年3月任职）
　　常务副院长：吴海平（2017年3月任职，5月起挂任贵州黔南州常委、副州长）
　　副院长、总工程师：熊智平（2017年7月免职、退休）
　　副院长、党委副书记、纪委书记：周学武
　　副院长：刘德晶（2017年3月免职）
　　副院长、总工程师：贺东北（2017年3月任职）

国家林业局西北林业调查规划设计院
　　院长、党委书记：张　翼
　　常务副书记：许　辉
　　总工程师：李立球（2017年2月免职、退休）
　　副院长：吴海平（2017年3月免职）　连文海（2017年5月任职）　周欢水　李谭宝
　　副院长、总工程师：王吉斌（2017年3月任职）

国家林业局昆明勘察设计院
　　院长、党委副书记：唐芳林
　　党委书记、副院长：周红斌
　　副院长、总工程师：张敏琦
　　副院长：张光元　汪秀根　殷海琼（2017年3月任职，4月挂任云南楚雄副州长）
　　副院长、纪委书记：杨　菁

中国大熊猫保护研究中心
　　党委书记、副主任：张志忠
　　常务副主任：张和民
　　党委副书记、副主任：李　忠
　　副主任：张海清　朱　涛　巴连柱（2017年3月任职）　刘苇萍（2017年11月任职）
　　党委副书记：段兆刚（兼）

各省（区、市）林业厅（局）负责人

北京市园林绿化局（首都绿化办）
　　党组书记、局长、主任（兼北京世界园艺博览会事
　　　　务协调局党组书记）：邓乃平
　　党组成员、副局长：高士武　戴明超　高大伟
　　　　　　　　　　朱国城
　　党组成员、市纪委驻局纪检组组长：程海军
　　党组成员、副主任：廉国钊
　　党组成员、副局长：蔡宝军
　　副巡视员：贲权民　周庆生　王小平　刘　强
天津市林业局（绿化委员会办公室）
　　党委书记：王宜民（2017年1～3月）
　　　　　　张宗启（2017年4～12月）
　　局长（主任）：张宗启
　　党委副书记：张宗启（2017年1～3月）
　　　　　　　庞清顺（2017年1～5月）
　　副巡视员（二级巡视员）、副局长：齐龙云
　　二级巡视员、副局长：范树合（2017年12月）
　　副局长（副主任）：吴学东
　　　　　　　　　　李果丰（2017年1～4月）
　　　　　　　　　　崔绍丰（2017年5～11月）
　　　　　　　　　　李伍宝（2017年5～12月）
　　　　　　　　　　赵运生（2017年11～12月）
　　党委委员：李俊柱
河北省林业厅
　　厅长、党组书记：周金中
　　副厅长、党组副书记：刘凤庭
　　巡视员：王金品（2017年3月免职）
　　副厅长：王　忠
　　省纪委驻厅纪检组组长：刘春明
　　副厅长：王绍军（2017年4月任职）
　　副厅长（挂职）：张　剑（2017年8月任职）
　　副巡视员：刘振河（2017年4月任职）
山西省林业厅
　　党组书记、厅长：任建中
　　党组成员、副厅长：张云龙
　　党组成员、纪检组组长：赵　炜
　　党组成员、副厅长：尹福建
　　总规划师：黄守孝
　　副巡视员：李振龙
内蒙古自治区林业厅
　　党组书记、厅长：呼　群（2017年7月免职）
　　　　　　　　　牧　远（2017年7月任职）
　　党组成员、副厅长：龚家栋
　　党组成员、自治区纪委驻厅纪检组组长：汪治和
　　　　（2016年12月免职、退休）
　　党组成员、副厅长：阿勇嘎
　　副厅长：娄伯君
　　党组成员、自治区防火指挥部专职副总指挥：
　　　　王才旺
　　党组成员、总工程师：东淑华（2017年7月免职）
　　党组成员、自治区纪委驻厅纪检组组长：董虎胜
　　　　（2017年9月任职）
　　副巡视员：东淑华（2017年9月任职）　杨俊平
　　　　　　乔　云　姜德明（2017年1月任职）
辽宁省林业厅
　　厅长、党组书记：奚克路
　　副厅长、党组副书记：史凤友
　　副厅长、党组成员：武兰义
　　省森林防火指挥部专职副总指挥、党组成员：
　　　　陈　杰
　　党组成员：马双林
　　副巡视员：李宝德　胡崇富　王　珏
　　总工程师：李利国
吉林省林业厅
　　党组书记、厅长：霍　岩
　　副厅长：孙光芝
　　党组成员、副厅长：郭石林
　　党组成员、纪检组组长：闫　闯
　　党组成员、副厅长：王　伟　季　宁
　　党组成员、省森林防火指挥部专职副指挥：张　辉
　　总工程师：王百成
黑龙江省林业厅
　　党组书记：肖建春（2017年4月免职）
　　　　　　王东旭（2017年4月任职）
　　厅长：杨国亭
　　副厅长：张恒芳
　　副厅长、森林草原防火指挥部专职副指挥：郑怀玉
　　省纪委驻厅纪检组组长：姚　虹（2017年12月任职）
　　省绿化委员会专职副主任：张凤仙
　　副厅长：张学武
　　党组成员、总工程师：陶　金（任职至2017年5月）
　　副巡视员：侯绪珉
上海市绿化和市容管理局（上海市林业局）
　　党组书记、局长：陆月星
　　党组副书记：崔丽萍
　　副局长：方　岩　顾晓君　唐家富　汤臣栋
　　巡视员：夏颖彪　鲁建平
　　副巡视员：钱伯金
江苏省林业局
　　局长、党委书记：夏春胜
　　副局长、党委委员：卢兆庆　王德平　钟伟宏
　　　　　　　　　　徐　姝
　　副巡视员：葛明宏
　　党委委员、森林公安局局长：仲志勤

浙江省林业厅
　　厅长、党组书记：林云举
　　副厅长、党组成员（正厅长级）：胡　侠（2017年2月任职）
　　巡视员：吴　鸿
　　副厅长、党组成员：杨幼平　俞　坚　王章明
　　纪检监察组组长、党组成员：陈跃芳
　　总工程师：蓝晓光
　　党组成员：陆献峰
　　副巡视员：卢苗海

安徽省林业厅
　　厅长、党组书记：程中才
　　副厅长、党组成员：吴建国　齐　新　邱　辉（2017年2月任党组成员，2017年3月任副厅长、党组成员）
　　省纪委驻厅纪检组组长、党组成员：黄昕晖

福建省林业厅
　　党组书记、厅长：陈则生
　　党组副书记、副厅长（正厅级）：严金静
　　党组成员、副厅长：刘亚圣　谢再钟　王宜美　　欧阳德（2017年1月任职）　　林雅秋（2017年5月任职）
　　党组成员、福建省森林防火指挥部专职副指挥：林旭东（2017年9月任职）
　　党组成员、省纪委驻厅纪检组组长：张利生
　　副巡视员：张　平　唐　忠（2017年9月任职）

江西省林业厅
　　党组书记、厅长：阎钢军
　　巡视员：魏运华　詹春森（2017年4月任职）
　　党组成员：黄小春
　　党组成员、副厅长：罗　勤　邱水文　胡跃进
　　党组成员、省纪委驻厅纪检组组长：赵　国
　　总工程师：严　成（2017年2月任职）
　　副巡视员：王　琅（2017年7月任职）

山东省林业厅
　　厅长：刘均刚
　　党组书记：崔建海
　　副厅长、党组成员：刘建武　亓文辉　马福义　　王太明
　　省森林公安局局长（副厅级）：刘　得
　　二级巡视员：李成金　董瑞忠

河南省林业厅
　　厅长、党组书记：陈传进（2017年11月24日不再担任党组书记）
　　党组书记：刘金山（2017年11月24日任职）
　　副厅长、党组成员：李　军　秦群立
　　省纪委驻厅纪检组组长、党组成员：彭亚方（2017年2月27日调离）
　　副厅长、党组成员：师永全　杜清华（2017年3月19日任职）
　　党组成员、河南省人民政府护林防火指挥部专职副指挥长：徐　忠
　　党组成员、河南省森林公安局局长：朱延林
　　副巡视员：王学会（2017年11月退休）　李志锋

湖北省林业厅
　　厅长、党组书记：刘新池
　　省纪委驻厅纪检组组长、党组成员：高春海
　　副厅长、党组成员：蔡静峰　洪　石　陈毓安　　王昌友
　　副厅长：黄德华
　　总工程师、党组成员：夏志成
　　党组成员、森林公安局局长、森林公安警察总队总队长：郭成平

湖南省林业厅
　　党组书记：胡长清
　　厅长：邓三龙（2017年11月免职）　　胡长清（2017年11月任职）
　　党组副书记：邓三龙（2017年11月免职）
　　党组成员、副厅长：吴彦承　彭顺喜　李益荣　　吴剑波
　　纪检组长、党组成员：周杏武（2017年11月免职）　　梁志强（2017年11月任职）
　　总工程师：桂小杰（2017年4月任职）
　　巡视员：唐苗生（2017年6月退休）　柏方敏　　隆义华（2017年7月任职）
　　副巡视员：张凯锋　李志勇（2017年4月任职）

广东省林业厅
　　厅长、党组书记：陈俊光
　　党组成员、巡视员：陈俊勤
　　副厅长、党组成员：孟　帆　杨胜强　李克强（2017年3月任职）　吴晓谋（2017年6月任职）　廖庆祥
　　党组成员、省森林防火指挥部专职副总指挥：彭尚德
　　副巡视员：林俊钦

广西壮族自治区林业厅
　　厅长、党组书记：黄显阳
　　副厅长、巡视员：骆振严
　　副厅长、党组成员：邓建华　黄政康　陆志星
　　自治区纪委驻厅纪检组组长、党组成员：陈泽益
　　党组成员：安家成
　　副巡视员：蒋桂雄
　　自治区森林公安局局长（副厅级）：莫泰意
　　自治区森林公安局政委（副厅级）：李堂龙

海南省林业厅
　　党组书记、厅长：关进平
　　党组成员、副厅长：黄金城（2017年7月6日离职）
　　副厅长：刘艳玲（2017年6月8日离职）
　　党组成员、副厅长：王春东（2017年6月29日免去党组成员、副厅长职务；2017年6月29日任副巡视员）
　　党组成员、省纪委驻厅纪检组组长：雷　雨（2017年7月6日离职）
　　党组成员、省森林防火指挥部办公室主任（副厅级）：周绪梅
　　党组成员、总工程师（副厅级）：周亚东
　　党组成员、省森林公安局局长：李　斐

副巡视员：张其光(2017年12月29日任职)

四川省林业厅
  厅长、党组书记：尧斯丹(2017年9月同时任省政府副省长)
  副厅长、党组成员：马　平(正厅级)　刘　兵(2017年6月任巡视员)　宾军宜　包建华　邹连顺
  省纪委驻厅纪检组组长、党组成员：蒲晓虎
  机关党委书记、党组成员：李　剑
  总工程师、党组成员：骆建国
  党组成员(正厅级)：金德成
  省森林防火指挥部专职副指挥长、党组成员：毛德忠
  副巡视员：张绍荣(2017年9月去世)　唐代旭　赵　琛(2017年6月退休)
  省森林公安局局长(副厅级)：范成绪
  省森林公安局政委(副厅级)：李春洪

重庆市林业局
  局长：吴　亚
  副局长：张　洪、王声斌、唐　军
  巡视员：彭泽民(2017年2月任职，3月退休)
  副巡视员：谢志刚
  市森林防火指挥部专职副总指挥：昌定勇
  总工程师：王定富(2017年7月任职)
  副厅局级干部：戴栓友

贵州省林业厅
  党组书记、厅长：黎平(女)(2017年2月任党组书记，3月任厅长)
  巡视员：杨洪俊
  党组成员、副厅长：沈晓春　向守都　缪　杰　孟广芹
  党组成员、总工程师：聂朝俊
  党组成员、机关党委书记：黄永昌
  党组成员：张富杰(2017年6月任党组成员)
  党组成员、省纪委驻厅纪检组组长：王章权(2017年9月任职)
  副巡视员：李明晶

云南省林业厅
  党组书记、厅长：冷　华
  党组成员、副厅长：付　军(至2017年8月正厅级)　郭辉军(正厅级)　谢　晖　夏留常　万　勇　李凤波(至2017年5月，挂职)
  党组成员、省森林公安局局长：李　华
  党组成员、省纪委驻厅纪检组组长：刘云明(至2017年7月)
  党组成员、省森林防火指挥部专职副指挥长：文彬
  党组成员、武警云南省森林总队政委：赵振忠
  党组成员、厅长助理：孔忠东(至2017年11月，挂职)
      陈智勇(2017年11月任职)
  巡视员：刘一丹
  副巡视员：王　哲

西藏自治区林业厅
  党组书记、副厅长：次成甲措
  党组副书记、厅长：云　丹
  党组成员、巡视员：达娃次仁
  党组成员、副厅长：田建文　索朗旺堆　季新贵　宗　嘎
  副巡视员、机关党委书记：徐　跃

陕西省林业厅
  党组书记、厅长：李三原
  巡视员：陈玉忠(2017年3月退休)
  党组成员、副厅长：郭道忠
  党组成员：孙承骞(2017年2月退休)
  党组成员、副厅长：王建阳
  副厅长：唐周怀
  党组成员、秦岭国家植物园园长：彭　鸿(2017年3月调离)
  党组成员、秦岭国家植物园园长：张秦岭(2017年3月调任)
  党组成员、总工程师：范民康
  党组成员、副厅长：党双忍
  党组成员、森林公安局局长：马利民
  党组成员、森林资源管理局局长：王　心(2017年8月调离)
  党组成员、纪检组组长：雒凤翔
  党组成员、森林资源管理局局长：杨　林(2017年8月调任)
  副巡视员：白永庆　郝怀晓(2017年11月退休)　史世元(2017年11月退休)　王季民
  森林公安局政委：王卫国
  秦岭国家植物园副园长：崔　汛　赵辉远
  森林资源管理局副巡视员：郭正野

甘肃省林业厅
  党组书记、厅长：宋尚有
  党组成员、副厅长：樊　辉　张肃斌　张世虎
  党组成员、省森林公安局局长：张鹿鸣
  党组成员、省纪委驻厅纪检组组长：王建设
  党组成员、省森林防火指挥部专职副指挥：刘锡良
  党组成员、省绿化委员会办公室副主任：郭　平
  副巡视员：王小平

青海省林业厅
  党组书记、厅长：党晓勇(回族)
  党组成员、副厅长：邢小方　邓尔平　高静宇　杜海民
  纪检书记：韩河义
  巡视员：李若凡
  副巡视员：肖俄力(蒙古族)

宁夏回族自治区林业厅
  党组书记、厅长：马金元
  党组成员、副厅长：金韶琴　徐庆林　平学智　陈建华
  党组成员、自治区纪委驻厅纪检组组长：杨　珺
  副巡视员：李　安　王　宁　习和生

新疆维吾尔自治区林业厅
  党委书记、副厅长：曹志文(任职至2017年8月)
      李更生(2017年8月任职)

党委副书记、副厅长：艾山江·艾合买提（主持行政工作）
党委委员、副厅长：吾拉孜别克·索力坦（2017年9月免职）
　　　　　　　　木日扎别克·木哈什（2015年11月任职）
　　　　　　　　李东升（2012年8月任职）
　　　　　　　　杨锋伟（援疆干部、2017年8月挂职结束）
　　　　　　　　徐洪星（2017年8月任职）
党委委员、总工程师：谢　军（2017年9月被免职）
驻厅纪检组组长、党委委员：张兴堂（2015年1月任职）
党委委员、政治部主任：彭小明（2017年8月免职、另有任用）　燕伟（2017年8月任职）
巡　视　员：英　胜（2017年8月退休）
副巡视员：李秀明（2017年11月退休）
　　　　　米尔夏提·肉孜（2017年8月退休）
　　　　　艾买提别克·伊玛什（2017年8月任职）

干部人事工作

【综　述】2017年，国家林业局人事司认真学习党的十八大、十九大精神，以习近平新时代中国特色社会主义思想为指导，坚决贯彻中央关于干部人才工作要求，在国家林业局党组正确领导下，坚持服务林业中心工作，服务全局干部职工，完成了各项工作任务。

党建工作

一是不断强化政治学习。认真学习党的十九大精神和习近平新时代中国特色社会主义思想，坚持读原著、学原文、悟原理，用会议精神和讲话精神武装头脑、指导实践。二是扎实推进"两学一做"学习教育常态化、制度化。每月召开1次支部会议、1次支委会，1~2次党小组会。领导干部带头讲党课，国家林业局局长张建龙先后两次以普通党员身份参加支部学习，8位处级以上领导干部带头讲了专题党课。三是不断完善制度建设。制订了人事司党支部"三会一课"制度、学习制度和建言献策制度，编印了人事司党支部制度汇编，用制度规范党建工作，提升党建工作水平。四是不断强化党员意识。全司党员佩戴党徽，摆放党员桌签，按时交党费，时刻以优秀共产党员标准严格要求自己。五是开展丰富多彩的支部活动。赴辽宁沈阳与国家林业局森防总站开展联合党日活动，并参观学习毛丰美先进事迹。赴四川卧龙开展"走进基层"主题党日活动，走访慰问困难职工和贫困户。举办2期人事人才讲堂，邀请专家深入解读有关政策。

机构建设和社团管理

一是积极推进国家自然资源资产管理体制试点等重大改革。认真贯彻中央要求部署，切实承担东北虎豹国家公园国家自然资源资产管理体制试点主体责任，制订试点实施方案，组建东北虎豹国家公园国有自然资源资产管理局和东北虎豹国家公园管理局。积极推进组建大熊猫和祁连山国家公园管理机构。积极参与国有林区改革，推进组建省级国有林管理机构。事业单位分类改革稳步推进，中央编办正式批复国家林业局所属78家事业单位分类方案。二是进一步规范机构设置。对南京警院等单位内设机构进行了调整，根据工作需要，在服务局、经研中心增设人事处，在北方航站、林干院增设纪检机构，对北方航站、南方航站职能进行了重新明确，主动研究华东院、中南院、西北院、昆明院等几大院内设机构设置。积极推进成立国家林业局财会核算中心。三是不断加强社会组织管理服务。修订出台了《国家林业局林业社会组织管理办法》，为林业社会组织健康有序发展提供制度保障。召开社会组织工作座谈会，对2017年社会组织工作进行安排部署。举办2017年度林业社会组织培训班，国家林业局副局长张永利出席会议并讲话，邀请中央纪委驻农业部纪检组和民政部有关同志作专题辅导，深入解读中央有关政策。完成第二批脱钩试点协会中国长城绿化促进会脱钩试点工作，第三批试点协会中国经济林协会和中国林业机械协会脱钩实施方案已经民政部核准。继续做好社团换届工作，指导生态文化协会、野生植物保护协会召开换届大会，指导林业文联完成领导机构调整。启动开展社会组织动态网络监测。对我局领导干部在社会组织兼职情况全面摸底和梳理，进一步规范领导干部社会组织兼职行为。

干部管理

一是科学统筹干部选任。完成5批次81名司局级干部调整，完成110名处级干部交流任职，指导林科院等单位开展处级干部选拔任用工作。交流4名地方干部到国家林业局工作。二是切实加强选人用人监督。加强对直属事业单位干部选拔任用工作监督，结合局巡视工作，对部分京外单位选人用人情况进行了检查。联合中央纪委驻农业部纪检组和基金总站认真做好干部廉政建设征求意见和离任审计工作。加大对违纪违法干部查处力度。认真开展个人有关事项报告集中填报工作，严格出国(境)管理，加强因公出国(境)人员备案审查，集中管理因私出国(境)证照。整治超职数配备干部，加强"裸官"管理，对新报告的配偶移居人员按规定予以调整规范。推动领导干部对子女和身边工作人员严格管理。三是强化干部培养锻炼。启动新一轮援疆和滇桂黔石漠化片区等扶贫挂职干部选派工作，共选派4名处级干部援疆和16名处级以上干部到基层挂职，选派1名年轻干部到贵州任村第一书记。选派2名干部参加中组部第18批博士团到地方服务锻炼，接收中组部等3部委选派的4名地方干部到局机关挂职。通过公务员招录、毕业生接收、军转干部接收等渠道补充新鲜力量258人。切实规范应届毕业生招聘工作，召开座谈会对相关工作进行部署，起草了进一步规范直属单位公开招聘毕业生工作的通知。

干部教育培训

一是加强干部教育培训制度建设。实施领导干部上讲台制度，张建龙等10位局领导分别授课，讲解中央有关政策。印发了《国家林业局干部教育培训工作实施细则》，进一步规范局机关及直属单位干部教育培训工作。二是开展大规模培训。举办培训班222期，培训局干部职工20 854人次，组织37名司局级干部参加中组部举办的专题研修班。配合中组部完成"一校五院"学习人选推荐并积极争取逐年增加名额，2017年共选派7名局领导、32名司局级干部和5名处级干部参加学习研修。三是创新干部教育培训形式。推进干部教育培训信息化建设，开发了国家林业局干部培训项目管理系统，完善了国家林业局干部培训师资库，初步完成中国林业干部网络学院建设方案，继续推进全国党员干部现代远程教育林业专题教材制播工作，向中组部报送课件122个、2940分钟。四是干部培训基础能力继续提升。昆明院唐芳林的《建立国家公园体制 构建国土生态安全屏障》和林科院叶智的《森林城市建设是功在千秋的伟大事业》等2门培训课程被中组部确定为全国干部教育培训好课程向全国推荐。组织编写了全国林业干部学习培训系列教材，《林业政策法规知识读本》和《林业改革知识读本》2本教材正式出版发行。五是涉林学科专业、师资力量不断加强。出版了《国家林业局重点学科2016》。开展首届全国林业教学名师遴选，30名林业院校教师被授予"全国林业教学名师"称号。举办第二届全国职业院校林业职业技能大赛，来自50所中高等职业院校的202名选手参加了比赛。高校共建大力推进，与吉林省签署了合作共建北华大学协议。

高层次人才建设

一是继续实施人才培养工程。开展百千万人才工程国家级人选候选人和第四批省部级人选选拔工作，评选省部级人选20名，推荐国家级人选候选人2名，其中，崔丽娟研究员入选百千万人才工程国家级人选。接收9名西部之光访问学者和7名新疆林业青年科技骨干到国家林业局研修培养，引进3名海外高端科技人才来国家林业局工作。高层次人才建设取得重大突破，张守攻、蒋剑春当选2017届中国工程院院士。进一步完善局党组直接掌握联系专家工作，按照"高端权威、引领示范、以用为本、动态管理"的原则，建立了由300名高层次人才组成的国家林业局高层次人才库。二是进一步推进职称制度改革和国有企业负责人薪酬改革。与人社部多次沟通、全力争取，最终将林业专业纳入农业技术推广研究员系列进行评审，解决了多年来林业推广研究人员与农业推广研究人员职称不平衡问题，为基层专业技术人员职务晋升提升了空间。完成国有企业负责人薪酬改革相关工作，核定了中国林业出版社负责人基本年薪和绩效年薪。三是表彰奖励工作扎实开展。完成全国林业系统劳动模范表彰复审工作，完成对林业英雄人选孙建博的考察工作，全力协调中共中央、国务院给予河北省塞罕坝机械林场荣誉表彰工作。配合林改司开展集体林权改革表彰工作，向中国科协推荐了全国创新争先奖候选人和团体人选。

全局干部职工社会保障

一是努力提高职工工资收入。按照中央有关要求，积极配合开展机关事业单位养老保险、工资收入分配和事业单位绩效工资改革工作。完成局机关和在京38家参保单位养老保险参保登记工作，调整兑现机关公务员第二步同城待遇津补贴，完成老干部和参公单位人员津补贴以及在京单位离退休职工生活补贴调整审核，指导完成在京机关事业单位2017年基本养老金调整和规划院等4家单位野外地质工资标准调整。积极推进事业单位绩效工资改革，制订《国家林业局事业单位绩效工资实施方案》，对国家林业局事业单位2015年至2017年绩效工资总量进行测算。二是认真做好干部职工生活保障工作。为41名到龄干部办理了退休手续。联系定点医院、为符合条件的20名领导干部办理高干医疗证手续。积极配合机关服务局完成700余名干部职工分房资格审查。三是积极解决干部职工夫妻两地分居问题。按照人社部要求，在严格审核把关的基础上，解决了32名符和条件的干部职工夫妻两地分居问题，为其配偶办理了户口调京手续。

自身建设

一是坚持政治学习和业务学习相结合，不断提高自身综合素质。按照张建龙"五个聚焦"要求，认真学习党的十九大精神，坚持以习近平新时代中国特色社会主义思想为指导扎实开展工作。坚持业务学习不放松，认真学习全国组织部长会议、全国人才工作会议等干部人事人才重要会议精神，及时传达学习中央关于干部人事人才的最新文件要求，紧跟中央步伐，不断提高干部人事人才工作水平。及时传达学习中央关于生态文明建设和林业的最新指示要求以及局党组的决策部署，不断提高服务林业中心工作的能力。二是切实加强经验交流。全司干部轮流讲党课，让干部自选主题、搜集整理资料、撰写发言稿，其他干部进行点评并谈感想体会，为每位干部提供了锻炼机会。到四川卧龙开展党日活动期间，邀请原人事司综合处处长、现任卧龙特区党委书记段兆刚为全司干部讲党课，谈感想谈体会，拓宽了全司干部职工视野，加深了对林业基层的了解。三是多渠道加强干部锻炼培养。选派人才劳资处处长王常青到新疆林业厅挂职援派，积极参与各有关部门、局有关司局等举办的相关培训班，不断提升业务能力和水平。四是扎实开展工会工作。积极参加局直属机关工会联合会组织的各项活动。鼓励干部职工休假。与人才中心联合开展工会活动。利用周末时间联合组织了"揽绿水青山之胜 感绿色发展之美"登山活动；邀请知名妇幼保健专家为女性干部职工作健康保健专题讲座等。

（人事司李建锋、范晓棠供稿）

人才劳资

【第四批"百千万人才工程"省部级人选】 按照《国家林业局"百千万人才工程"省部级人选选拔实施方案》，2017年国家林业局开展了第四批"百千万人才工程"省部级人选选拔工作，在个人申报、单位推荐基础上，经专家评审、局党组会议审定，确定了20名国家林业局第四批"百千万人才工程"省部级人选，名单如下：

林科院王基夫、曾杰、乌云塔娜、王利兵、史作民、杨忠、杨晓辉；规划院部二虎；经研中心王亚明；设计院张忠涛；林干院玉宝；绿色时报康勇军；出版社杨长峰；竹藤中心余雁、高志民；森防总站柴守权；南京警院汪东；中南院郭克疾；昆明院孙鸿雁；大熊猫保护研究中心王承东。

（李建锋、范晓棠供稿）

国家林业局直属单位

25

国家林业局经济发展研究中心

【综述】 2017年,共开展各类重大研究项目70余项,参与局重点工作30余项,开展实地调研400余人次,组织召开或参加各类专业学术会议60余次,形成调研报告72篇,国内外发表论文21篇(其中,SCI收录3篇),提出政策建议100余条,刊发《动态参考》9期、《决策参考》8期。有1人入选省部级百千万人才工程、1人被评为民革全国参政议政先进个人、各有1人被评为国家林业局直属机关优秀青年和优秀工作者。

重大理论和政策问题研究

林业重大问题调查研究 继续聚焦林业改革发展重大理论和热点问题,围绕林业与国家发展战略、林业现代化建设、供给侧结构改革、乡村振兴战略、林业精准扶贫、林业改革等方面形成了15个选题。

生态安全研究 2017年,成立生态安全研究室,承担国家林业局生态安全组织协调和相关问题研究工作,取得了一定成效。先后建立起了国家林业局生态安全工作协调机制,将成员单位扩大到28个单位;对2017年度林业领域生态风险进行评估,对2018年度可能面临的主要风险点和小概率重大风险点进行分析预测;做好林业部门贯彻落实生态安全重点任务细化分工方案的协调工作,研究制订并印发林业部门生态安全重点任务细化分工方案;开展森林生态安全跟踪研究、生态安全指数研究。

林业改革研究 有序开展天然林保护制度、全国天保工程实施单位机构和人员专项核查、国有林场改革中期评估、集体林权制度改革相关政策问题等方面的专题研究。起草《国有林区改革绩效考核办法》,开展国有林区改革成效阶段性考核研究。

林业扶贫研究 围绕贯彻落实国家林业局党组扶贫开发决策部署工作主线,对国家林业局定点帮扶的滇桂黔三省区以及深度贫困地区开展针对性专题调研,完成了贵州、广西、四川、甘肃等15个县的调研工作,指导帮助当地制订林业扶贫规划,提供产业发展等政策咨询,提出林业精准扶贫政策建议。开展国外生态扶贫政策机制和典型案例研究。参与协助国家林业局计财司答复全国人大代表、政协委员有关林业精准扶贫、精准脱贫的提案或建议。协助组建国家林业局扶贫工作机制,中心纳入机制成员单位;编辑印发《林业精准扶贫手册》2000本。协助国家林业局人事司、计财司召开林业挂职干部培训班、全国林业扶贫现场观摩会、定点扶贫培训会。继续开展"信息化建设推进林业精准脱贫"研究,以期实现14个集中连片特困地区林业扶贫工作信息化。

湿地保护问题研究 组织专门力量按照湿地总量管控目标的要求,着手开展湿地总量管控当前面临的主要问题研究,制订《湿地总量管控细则》;开展"GEF湿地保护与修复制度""GEF中国湿地红线制度"两项研究,完成"国际湿地红线制度"研究,对美国、日本、澳大利亚及欧洲的湿地保护制度政策、条文进行梳理分析。

实证研究 在继续围绕国家林业重点工程、集体林权制度改革、林业产业发展、国有林区民生改善、中央财政补贴开展监测的基础上,针对森林质量精准提升工程、石漠化社会经济效益方面的政策执行情况实施了跟踪监测及实证研究,不断拓展监测范围和研究领域。截至2017年,中心已正式开展了7项监测类研究项目。

国际合作与交流 2017年,正式创建中德林业政策对话平台,与德方确定了双方合作的重点领域,并派员赴德国、奥地利参加中德、中奥第三次林业工作组会议,拟定双方合作共同声明。"一带一路"林业合作战略研究也取得新突破。在4个边境县、2个保护区开展了"一带一路"建设和林业跨境合作与保护定点监测及调研,深入探讨中国林业的生物多样性保护在"一带一路"建设中的定位和实现途径,为"一带一路"林业合作在南亚、东南亚的落地提供决策参考,研究结果得到局领导的充分肯定。

工作品牌建设与成果应用

"六份年度报告" 继续做好《中国林业发展报告》《林业重大问题调查研究报告》《林业重点工程社会经济效益监测报告》《中国林业产业监测报告》《集体林权制度改革监测报告》《中央财政林业补贴效益监测报告》的研究及出版发行工作,不断拓展研究的范围与深度,提升报告质量。

"两本杂志"《林业经济》成功加入《中国学术期刊(网络版)》(CAJ-N)。《绿色中国》杂志荣获由新华社中国品牌杂志社、新华社中国品牌监测中心颁发的"中国最具影响力公益类社群十强"大奖。同时,连续13年入选进入"全国两会"的十份期刊之一。

"两份参考" 认真抓好《决策参考》和《气候变化、生物多样性和荒漠化问题动态参考》的办刊工作。全年出版《决策参考》8期,出版《动态参考》9期(其中6篇被《中国绿色时报》全文转载)。

"一个年鉴"《中国林业产业与林产品年鉴》(2016卷)正式编印出版。

"一个论坛" 成功举办以"落实十九大精神,林业供给侧改革理论与实践"为主题的第十五届中国林业经济论坛,举行了2017年度中国林业经济学会优秀论文评选活动。召开了中国林业经济学会八届一次理事长办公会议。启动了《新中国林业经济思想史略》编纂工作。

"几项活动" "绿色中国行"相继走进塞罕坝、中江、衢江、钟山等地,对传播生态文化发挥了重要作用。成功举行了首届中国森林康养与乡村振兴战略论坛,推动森林康养产业跨界融合与创新发展。中心党委和绿色中国行活动组委会联合推出学习宣传贯彻党的十九大精神电视公益节目——"学习党的十九大,万人接力读报告"活动。

党建监察与干部队伍建设

党建监察 一是配齐配强中心党委班子。国家林业局党组高度重视中心领导班子建设，派王永海任中心党委书记，中心党建工作水平全面提升。二是狠抓"三会一课"制度，推进"两学一做"学习教育活动常态化制度化，深入学习党的十九大会议精神和习近平新时代中国特色社会主义思想，奠定干部职工政治思想基础。三是组织开展"感悟领袖成长故事学习塞罕坝精神立足本职创先争优"活动，加强干部职工思想素质，更加牢固地树立了"四个意识"。四是完善党建制度，树立党员干部的规矩意识，使全面从严治党和纪检监察工作有了可靠的制度保障。五是开展了为期两个半月的自查自纠工作，对中心内部各方面存在的问题进行全面自查，认真做好局巡视整改相关工作。

队伍建设　一是通过公开招考方式吸收7名优秀硕博研究生充实到中心一线岗位；二是完成一批处级干部选拔任用；三是继续加大司处两级干部学习培训和其他人员在职教育培训力度；四是严格组织推荐国家林业局"百千万人才工程"省部级人选和局职称评审委员会专家库委员人选等。

（综合管理处）

【林业重大问题调查研究】　2017年，全面围绕生态文明建设和林业改革发展的有关重大问题，深入有序地推进林业重大问题调查研究工作。安排并上报2017林业重大问题调研任务，选题上突出全局性、战略性、宏观性，制定了涉及生态文明体制改革、林业现代化建设、林业改革、林业与国家发展战略等领域共15项专题调研任务。此外，根据党的十九大精神，研究确定了第二批林业选题，题目准确把握十九大之后林业发展建设的新形势、新机遇。"关于林业如何适应我国社会主要矛盾变化问题研究""关于推进乡村振兴战略林业如何发挥作用问题研究"等选题不仅得到了科技司林业软科学课题的支持，还受到了国家林业局副局长张永利的肯定。

整理了2016年林业重大问题调研成果，形成年度调研报告。其中"'一带一路'建设与林业保护合作""林业PPP现状与进展""林业精准扶贫"等极具代表性的调研成果刊登在了《决策参考》《林业经济》等政策简报和核心期刊上。

（林业调查研究室）

【三峡库区生态屏障区生态建设重大问题研究】　完成《三峡库区生态屏障区生态建设重大问题研究综合报告》和4个专题报告。顺利完成项目验收结题，研究成果得到了重庆市林业局的肯定和采纳，研究技术成果得到了库区区县林业部门的应用，最终成果上报国务院三峡办，得到了有关领导的认可。项目研究成果还通过专报的形式，送国家林业局领导和有关司局，供决策参考。

（综合管理处）

【国有林区改革监测】　2017年，继续对东北、内蒙古重点国有林区改革开展跟踪监测。监测结果显示，2016年，重点国有林区改革进入了实质性推进阶段，全面停止天然林商业性采伐落实到位，森林管护与监管效果显著，森林质量明显提升；林区企业剥离政府和社会管理职能有序推进，纳入地方编制的人员在增加，关系逐步理顺，林场撤并和深远山区搬迁工作稳步进行；中央资金支持改革力度逐年加大，金融债务清理工作扎实开展；职工收入稳步上升，民生保障持续加强。改革依然面临诸多问题，政企社和管办分开等关键性改革进展缓慢，森林资源保护与林区经济社会发展之间矛盾突出，林区产业转型与发展滞后，地方政府对改革支持力度不够等。

（林业改革研究室）

【集体林权制度改革跟踪监测】　2017年，集体林权制度改革监测项目继续对辽宁、福建、江西、湖南、云南、陕西、甘肃7省的70个样本县、350个样本村、3500个样本户进行跟踪调查，并开展了林权流转、新型林业经营模式、农村普惠制林业金融、重点生态区位商品林赎买、农户承包造林履责、林业龙头企业经营效益、家庭林场发展、农民林业收入、完善集体林权制度第三方评估方案9个专题研究。

具体工作开展情况：组织召开2017年集体林权制度改革监测项目工作会议，围绕习近平总书记关于林改重要批示精神，明确了2017年监测研究重点专题。全面修订监测方案，紧密围绕深化改革的关键内容，重点关注集体林地"三权"分置、新型林业经营主体、多种形式的适度规模经营、农村林业金融发展等方面的发展动态。组织完成70县、350村、3500户监测数据的直接收集和入户调查工作，形成系统性数据库，为后续研究工作打好坚实基础。撰写2017年度监测总报告和林权流转、新型林业经营模式、农民林业收入等9个专题报告。组织专家对专题报告开展书面评审，召开年终座谈会，会后发布监测成果并正式出版《2017集体林权制度改革监测报告》。

监测结果显示，2017年样本地区林权管理制度不断规范，林业经营制度稳步发展，财政支持保护力度逐步增强，林业金融产品不断创新，林业社会化服务体系逐步完善。针对监测中发现的林农造林履责积极性不足、新型林业经营主体发展面临诸多瓶颈、林权抵押贷款增长乏力、林业产业化程度普遍较低、规模经营效果不足、社会化服务体系尚不完善等问题，监测项目组提出了相应建议。

（生态安全研究室）

【森林质量精准提升工程监测】　2017年启动了"森林质量精准提升工程"研究监测。编制监测指标体系。指标体系内容分为林木资源质量和外部环境两大部分。初步确定了监测合作单位，建立了与中科院植物所、国家林业局规划院、中国林科院、北京林业大学、内蒙古林科院、湖南省林科院、江西省林业规划院等研究单位的合作关系。选定湖南省环洞庭湖区、内蒙古鄂尔多斯造林总场、江西省崇义县、河北省木兰围场为监测研究试点。制订监测研究方案，从林地实地勘测、林上近地面层遥感监测、空中遥感监测三个空间层次，从样地、林分、工程区三个地面维度，展开监测研究工作。

（宏观战略研究室）

【《中国林业产业与林产品年鉴》】　2017年4月，在云南昆明召开全国林业产业年鉴工作会议，分析了当前林业产业发展形势和主要任务，总结了2016年林业产业年鉴编辑工作，部署了2017年年鉴编辑任务，并参观了云南省林业产业先进典型,交流了各省林业产业发展经验。2017年,《中国林业产业与林产品年鉴》(2016卷)正式出版。　　　　　　　　　（林业产业研究室）

【中国林业采购经理指数(FPMI)】 2017年全国林业采购经理调查指数(FPMI)综合平均指数51.73,高于荣枯线水平。林业制造业总体发展态势向好。2016年同期综合平均指数仅为48.96,低于荣枯线,这主要得益于生产量提升、订单量增加以及供货能力的提高,具体表现为2017年生产指数53.33,同比增长3.11%,订单指数53.27,同比增长3.26%,供货指数50.16,同比增长1.1%。同期由物流协会(代表国家统计局)发布的PMI指数为51.61,财新中国发布的PMI指数为50.93。
（林业产业研究室）

【农村林业理论与政策创新研究基地建设情况】 深化林业经济创新研究,调查样本扩展到7省(区)的16个县、219个行政村、3700个样本农户,更新了原有的长期、大样本、多层级数据库。研究成果发表在《Forest Policy and Economics》《Land Use Policy》《Ecological Economics》《International Forestry Review》等SCI/SSCI和国内重要学术期刊。

提升林业决策服务能力。直接或间接参与各级政府和相关部门的林业发展规划、政策设计和生态建设评估等方面的工作。核心研究人员接受了中央电视台、《中国绿色时报》和凤凰卫视等媒体的专访,对国家林业重大方针政策进行解读,扩大决策服务的影响力。

拓展对外合作交流。举办了"中日森林资源综合利用与政策研讨会",并联合财政部农业司和国家林业局计财司、办公室等有关人员组团赴美国和加拿大参加公共财政与国有林区和国有林场产业模式转型项目研讨会。　　　　　　　　　（农村林业研究室）

【完成《联合国防治荒漠化公约》第十三次缔约方大会相关工作】 承担大会材料组组长单位职责,由经研中心主任李金华担任组长,中心抽调业务骨干作为材料组成员,按照会议要求,圆满完成相关会议材料和领导讲话的准备和起草工作;承担"一带一路"防治荒漠化合作机制边会组织工作,经研中心副主任王月华任东道国活动组副组长,配备中心业务骨干,组织了边会、论坛等活动,得到了局领导的肯定。　　（综合管理处）

【中德林业政策对话平台建设】 2017年,正式启动"中德林业政策对话平台"建设。该平台从以下几个方面开展工作:一是政策研究。就中德双方选定的共同关心的林业政策议题进行交流探讨,旨在为推动两国林业发展、加强两国林业合作并提供决策服务。二是交流培训。德方为中方提供针对森林可持续经营领域的具体技术和管理层面的培训。三是示范项目点建设。在中国开展森林可持续经营(森林质量精准提升工程)示范试点项目建设,并重点关注这些项目的政策意义。
（宏观战略研究室）

【第十五届中国林业经济论坛】 2017年11月4~5日在山东农业大学召开。论坛由山东农业大学承办,主题为"林业供给侧改革与实践"。来自全国40多个院校、研究机构、政府机关的300多名专家、学者及师生代表参加了论坛。与会代表聚焦林业经济领域前沿问题,围绕论坛主题展开学术讨论和交流。论坛共收到论文193篇,评选出优秀论文26篇。
（林业经济学会秘书处办公室）

【《林业经济》期刊】 2017年,围绕党和国家关于生态文明建设和绿色发展有关政策,围绕国家林业局的中心工作和重点工作,重点组织了生态文明建设、习近平"绿水青山就是金山银山"理论、国家公园建设、绿色减贫精准扶贫、林业改革与发展等相关主题文章。组织了"生态文明建设"栏目,"绿色扶贫""精准扶贫"栏目,继续和东北林业大学经济管理学院合作开办"国有林区改革"栏目,继续和西北农林科技大学经济管理学院合作开办"西部生态建设"栏目,继续与福建外贸学院合作开办"福建自贸区与闽台林业"栏目,继续开办"深化集体林权制度改革"栏目。并开辟了重点栏目"国有林改革""国有林场改革""森林认证与产业发展""一带一路建设""森林碳汇"等。

2017年,共收到网上投稿及邮箱来稿568篇,刊登265篇。全年共发行正刊12期,增刊1期。2017年订阅511份,涉及66家单位。

另外,为切实提升杂志的学术影响力,积极开展相关问题研究。进行了"林业科技期刊影响力研究"的调研,主办了《林业行业期刊影响因子分析》座谈会。
（《林业经济》期刊社）

【《绿色中国》杂志】 继续做好全国林业厅局长会议的宣传贯彻,集中组织相关专题报道;宣扬党的十九大会议精神,邀请国内知名研究机构专家学者对党的十九大报告中生态文明建设的十大亮点和绿色发展、乡村振兴战略等进行系统解读,相关文章被人民网、新华网等多家媒体转载;积极配合局机关做好植树节、世界森林日、世界湿地日、防治荒漠化日等国内外纪念日的专题报道和宣传;组织力量深入山东博山林场、河北塞罕坝林场和大兴安岭林区对相关先进单位和先进个人的先进事迹进行系列报道。《绿色中国》杂志连续第13年进"两会","两会"专刊以其对两会精神的有效配合继续成为代表委员阅读的十本刊物之一。另外,杂志社也积极参与到国家林业局软科学研究项目之中。成立了《生态文明关键词》研究课题组,组织全国生态文明研究领域知名专家学者共同撰写了国家林业局软科学研究项目和国家生态文明建设电子出版平台核心项目——《生态文明关键词》一书,对党的十八大以来中国生态文明建设理论和实践中形成的诸多关键词进行了系统梳理和深入解读。2017年7月27日获得由新华社中国品牌杂志社、新华社中国品牌监测中心颁发的"中国最具影响力公益类社群十强"大奖。　　（绿色中国杂志社）

【绿色中国网络电视和新媒体】 组织网络电视和新媒体骨干参加国家互联网信息办公室、新闻出版广电总局相关会议和培训,提高管理人员、技术人员和编辑队伍的政治觉悟和技能水平；对绿色中国行活动和绿色中国十人谈节目进行直播；进一步丰富视频内容，录播各地生态建设实时新闻，设置新闻会客厅、人物访谈栏目，并在线播出；开通新媒体现场网络直播绿色中国行走进各地的大型活动，在线人数突破110万人次；利用微博、微信公众号等新媒体手段及时刊发生态领域内发生的重大事件和杂志社举行的绿色中国行、绿色中国十人谈、"两山思想"等活动，社会影响面广泛。

(绿色中国杂志社)

【社会公益活动】 2017年是"绿色中国行"系列公益活动连续举办的第9年。9年间，先后走进全国14个省（区、市）的32个城市，社会影响力和对外合作业务产生质的飞跃。2017年，活动得到进一步拓展，相继举行了"绿色中国行——走进美丽七台河""绿色中国行——走进美丽塞罕坝""绿色中国行——走进中江""绿色中国行——重走美丽钟山"等系列活动。举办绿色中国华夏绿色营地研学旅行公益行动"跟着明星去穿越"，主办了2017网评十大板材颁奖典礼，举行首届中国森林康养与乡村振兴战略论坛。与经研中心党委联合推出了学习宣传贯彻党的十九大精神电视公益节目——"学习党的十九大，万人接力读报告"活动，活动一经推出，刘劲、郭志坚、宋英杰等演艺界人士加入其中，以自身影响力号召党员学习十九大、宣传十九大、贯彻十九大。国家林业局对此给予了充分肯定。

(绿色中国杂志社)

国家林业局人才开发交流中心

【综　述】 2017年，人才中心在国家林业局党组的正确领导和人事司的具体指导下，认真贯彻全国林业厅局长会议精神，围绕局重点工作，加大林业行业人才开发力度，切实为局机关和局直属单位提供人事人才服务，各项工作成效显著。围绕林业重大改革和重点工程，承担机关司司局和部分直属单位的专项培训任务，累计培训6000多人次；强化职业技能鉴定工作，提高技能人才队伍素质，全年共鉴定20 830人次；参与组织国有林场职工职业技能竞赛活动，第一名由全国总工会授予"全国五一劳动奖章"，前三名获全国技术能手称号；参与组织全国职业院校林业职业技能竞赛活动。积极推进林业院校大学生就业创业工作，组织召开全国林业就业创业工作推进会，开展2018届全国林科十佳毕业生评选活动，组织林业院校参加了全国林业科技服务周系列活动；加强林业人才队伍建设基础数据的采集分析工作。扎实做好机关和直属单位人事人才服务工作，开展2017年度工程、会计、经济和新闻出版系列职称评审工作；完成国家林业局2017年高校毕业生接收工作，根据人事司的安排，完成了800卷干部档案二级分类及档案材料整理归档编目工作，对300多卷驻地方专员办干部档案进行了规范化整理；做好局属单位因公出国（境）备案和人事统计工作，完成了局机关和局直属单位享受政府特殊津贴人员基本信息采集工作，为享受政府特殊津贴人员及时发放了津贴；完成年度国家公派留学项目申报与受理工作。大力加强制度建设，切实依靠制度问责，实现靠制度管人管事。　　　　(王尚慧)

【职称改革】 根据中办、国办及人社部深化职称制度改革工作意见，结合国家林业局实际，对有关职称政策进行了调整。一是职称外语不作为申报职称评审的必备条件。二是论著不作为限制性条件。三是向特殊人才和基层一线倾斜，对确有重大贡献和突出业绩的专业技术人才、引进的海外高层次人才和急需紧缺人才可破格评审高级职称。对长期在艰苦边远地区和基层一线工作的专业技术人才，适当放宽学历和任职年限的要求。　　　(李　伟)

【职称评审】 2017年组织开展职称评审工作，共受理42个单位407人申报职称评审和认定。其中申报评审332人、申报认定75人。完成了资格审核、材料完善、意见反馈、论文送审。组织召开工程、会计、经济、新闻、出版系列职称评审会，评审通过213人，其中教授级高级工程师29人、高级工程师67人、工程师96人、助理工程师4人、高级会计师3人、高级经济师6人、主任编辑1人、副编审3人、记者3人、编辑1人。直接认定工程系列中初级职称73人。　　(李　伟)

【职称申报和评审电子化】 2017年，职称申报和评审全面实现电子化，经过近两年努力，申报系统实现了申报人信息的自动校验、线上反馈意见和交费，结束了搬运销毁纸质材料和人工审核申报人信息的历史。评审系统实现了每个评委均能查看每个申报人材料的功能，结束了以往大会评议时为查证一个材料，从成堆的纸质材料中翻找的历史；电子投票和计票，使投票结果"立等可出"，结束了人工划"正"字计票，2个评委唱票、计票，2个评委监票的历史。　　　　　(李　伟)

【在京单位公开招聘毕业生】 根据公开招聘相关规定，完成了局属在京单位集中组织的公开招聘毕业生工作。组织各单位拟定岗位需求，发布了23个岗位招聘公告，共有716名毕业生报名，审核通过293人，确认考试200人。组织落实笔试考场、监考、阅卷等考务工作；协调了复试、组织体检等工作，向社会公示了拟录用人员名单。　　　　　　　　　　　(李　伟)

【局属京内外单位毕业生接收】 2017年，向20个直属单位下达毕业生计划293名(在京单位156名，京外单位137名)。组织各单位填报计划与岗位对接方案；审核汇总各单位拟接收毕业生人选基本情况；根据人选情况调整计划与岗位对接方案；协助各单位办理接收手续；共接收毕业生230名(在京单位108名，京外单位122名)；严格审核毕业生学历学位、报到证、户口迁移等落户材料,为在京单位接收的84名京外生源毕业生办理落户手续;组织局属京内外单位申报2018年毕业生计划,核查局属在京单位2014~2016年接收毕业生计划的落实、人选及留存情况。为加强管理,首次将京外单位与在京单位一同纳入计划与岗位对接方案的审核范围。首次开展在京单位毕业生接收工作检查。采取抽查并实地走访方式检查毕业生劳动关系建立及毕业生在岗情况。 (李 伟)

【干部档案管理】 为进一步加强干部档案规范化管理,2017年完成了800卷干部档案二级分类及档案材料整理归档编目工作,并对驻地方专员办移交的300余卷档案进行规范化整理。同时,为加强对局离退休干部的管理和服务,掌握其干部档案的基本信息,逐卷筛选、查阅了944卷离退休干部档案,建立离退休干部档案基本信息库。 (李 伟)

【因公出国(境)和赴台湾备案】 按照中组部和国家林业局有关规定,进一步加强审核力度,规范管理,2017年共完成局管干部、公务员及无人事权单位500多人次的因公出国(境)和赴台湾备案工作。 (李 伟)

【人事代理工作】 代理非公林业企业接收毕业生工作。办理了2016年接收毕业生落户。对2016年接收京外生源毕业生的在岗情况进行检查。核查毕业生学历情况、报到手续、劳动合同和工资发放、社保及公积金缴费等材料,并分别进行了实地走访,了解毕业生报到上岗和发挥作用情况,并面向社会公示接收毕业生情况。对代理单位的接收资质和2014、2015年接收京外生源毕业生留存情况进行核查,向人社部申报并下达2017年毕业生接收计划,经审核报批人选,办理接收手续和实地走访检查。

为代理的局属单位完成人员和工资统计、法人年检、核定工资、工资统发、机关事业单位社保基数核定、首次参保登记、信息补采、缴费结算、人员增减、退休申请等工作。为林业企业管理人事档案、企业社保和公积金立户、基数核定、增减员、退休等工作。按要求查找联系流动党员中的失联党员,与1名失联党员取得联系,对2名多方查找仍未取得联系的失联党员作出停止党籍的组织处置。 (李 伟)

【国家林业局2017年国家公派出国留学选派和留学人员科技活动项目择优资助】 为培养一支具有国际视野、熟悉国际规则的高层次人才队伍,人才中心开展了国家留学基金资助出国留学申请受理工作,共37人申报国家公派留学项目,25人获得国家公派留学资格;开展了留学人员科技活动项目择优资助工作,共3人申报留学人员科技活动择优资助项目,2人获得资助。
(范俊峰)

【市县林业局局长业务能力研修班】 为提升市县林业局局长的业务能力,特别是帮助新任市县林业局局长适应专业岗位、熟悉业务工作,增强依法行政、改革创新及应对复杂局面等方面的能力,2017年人才中心举办1期地市林业局局长业务能力提升研修班、1期县林业局局长研修班,共87名学员参加了研修。研修班以习近平总书记系列重要讲话精神为统领,以中央关于林业工作的一系列大政方针和国家林业局工作部署为指导,深入学习林业政策规定,研究解决林业工作中的热点、难点问题,扎实推进林业现代化建设。研修内容涉及业务知识、依法行政、领导素养3个版块15个专题。有关司局和直属单位领导走上讲台,为学员系统讲解政策要求,邀请最高人民检察院反贪总局、新华社、北京科技大学的领导和专家,就依法履职、预防职务犯罪、网络舆情应对与突发事件处置、领导干部心理调适等专题进行讲座。 (范俊峰)

【2017年林业行业职业技能鉴定】 2017年,林业行业职业技能鉴定合格20 830人次,其中初级技能977人次,中级技能7943人次,高级技能9598人次,技师1621人次,高级技师691人次。 (图星哲)

【参与编制《国家职业资格目录》】 2017年9月12日,人力资源和社会保障部公布了《国家职业资格目录》,其中保留了林业行业技能鉴定机构实施的森林消防员和林业有害生物防治员2项技能人员水平评价类职业资格。 (关 震)

【落实监管取消职业资格许可认定事项】 按照《进一步减少和规范职业资格许可和认定事项的改革方案》《关于开展减少职业资格许可和认定工作"回头看"的通知》精神和要求,部署开展了减少职业资格许可和认定事项自查工作,组织林业行业鉴定机构,重点对2014年以来国务院先后取消的国家林业局实施的营林试验工等8项职业资格许可认定事项的发证情况进行全面自查。通过"回头看"发现,各鉴定机构严格按照人社部的相关要求开展各项职业技能鉴定工作,积极向考生学员宣传国家减少职业资格许可认定事项的相关政策,确保已经取消的职业资格许可和认定事项清理到位。
(关 震)

【编制出版《森林消防员职业技能鉴定培训教材》】 为加强森林消防员的培训工作,做好森林消防员的职业技能培训和鉴定工作,国家林业局人才开发交流中心组织全国森林防火专家历时2年编写了《森林消防员职业技能鉴定培训教材》。教材根据《森林防火员》国家职业标准中的相应规定,给出了初、中、高三个等级的森林消防员所需进行的培训要求和培训内容,其中既有基础理论培训,又有操作技能实训,可供全国各地森林消防员自学、培训用。 (关 震)

【2017年全国林业行业国有林场职业技能大赛】 2017年中国技能大赛——全国林业行业国有林场职业技能竞赛(国家级二类竞赛),于9月17~21日在山西省黑茶山国有林管理局举行。竞赛由国家林业局、中国就业培训技术指导中心、中国农林水利气象工会联合主办。来自全国的33支代表队99名选手参加该技能竞赛。竞赛以"弘扬工匠精神,助力改革攻坚"为主题。最终山西省代表队获得团体一等奖,黑龙江省、内蒙古森工集团、安徽省3支代表队获得团体二等奖,龙江森工、江苏省、湖北省、北京市、吉林森工、广西壮族自治区6

支代表队获得团体三等奖。荣获个人一等奖的是山西省黑茶山国有林管理局孙二文、湖北太子山林场管理局任国福、山西省黑茶山国有林管理局张永清,有12名参赛选手获得个人二等奖,15名参赛选手获得个人三等奖。本届竞赛第一名的选手孙二文由中华全国总工会授予"全国五一劳动奖章";竞赛获得前三名的选手孙二文、任国福、张永清由人力资源和社会保障部授予"全国技术能手"荣誉称号。国家林业局为参加决赛的30位选手颁发了《造林更新工》职业资格证书。 （吴秀平）

【全国职业院校林业职业技能竞赛】 2017年5月25日,由国家林业局人事司、中国就业培训技术指导中心、国家林业局人才开发交流中心主办,辽宁林业职业技术学院承办的以"展风采心系林业建设,练技能助力成才创业"为主题的全国职业院校林业职业技能竞赛在辽宁林业职业技术学院举办。来自全国24个省（区、市）的50所职业院校的202名选手分别参加了中职组的礼仪插花、林木种子质量检测2个竞赛项目和高职组的手工木工制作、园林景观设计、林木种子质量检测、植物组织培养4个竞赛项目的角逐。

经过参赛选手的激烈比拼和裁判组专家的认真评选,苏州旅游与财经高等职业技术学校陆云帆等3名选手获得"礼仪插花"（中职）竞赛项目一等奖;广东林业职业技术学校余汉铭等3名选手获得"林木种子质量检测"（中职）竞赛项目一等奖;辽宁林业职业技术学院高佳媛等3名选手获得"林木种子质量检测"（高职）竞赛项目一等奖;成都农业科技职业学院、甘肃林业职业技术学院、江苏农林职业技术学院的3组6名选手获得"园林景观设计"（高职）竞赛项目一等奖;江苏农林职业技术学院、辽宁林业职业技术学院的2组4名选手获得"手工木工制作"（高职）竞赛项目一等奖;江苏农林职业技术学院、山西林业职业技术学院、广西生态工程职业技术学院的3组6名选手获得"植物组织培养"（高职）竞赛项目一等奖。竞赛组织方为获奖选手颁发相应职业资格证书。苏州旅游与财经高等职业技术学校汤坚、辽宁林业职业技术学院李晓黎等23名教师获得"优秀指导教师奖";北京市园林学校、河北政法职业学院、山西林业职业技术学院等25所院校获得"优秀组织奖";辽宁林业职业技术学院获得"特殊贡献奖"。
 （吴秀平）

【考评员培训工作】 先后在衡阳、南平、延安、都江堰举办考评员培训班4期,共培训考评人员238人,其中考评员150人、高级考评员88人。在延安举办督导员培训班1期,培训督导员18人。 （李 斌）

【林业高技能人才调研】 赴湖南、福建、四川、山西等具有代表性的林业鉴定站开展林业高技能人才调研工作。重点对林业高级技能人才队伍的建设状况及存在问题进行调研,与部分鉴定站和省区林业厅主管部门开展座谈,掌握了林业高技能人才培养的现状和需求。据此提出相关政策建议,形成调研报告。 （李 斌）

【林业就业创业工作推进会】 12月组织召开全国林业就业创业工作推进会。国家林业局党组书记、局长张建龙出席会议并作讲话,教育部学生司副司长孙海波、人力资源和社会保障部市场司副司长孙晓丽出席会议并讲话。国家林业局副局长张永利主持会议,国家林业局党组成员、人事司司长谭光明宣布成立国家林业局大中专毕业生就业创业指导办公室和全国林业就业创业工作联盟。在北京国林宾馆主会场有200多人参加会议,同时在国家林业局各京外直属单位还设立了分会场,各单位领导班子成员和人事部门同志参加了会议。大会第二天召开了全国林业就业创业工作联盟第一次会员大会,通过了联盟议事规则,推选了联盟执委会成员单位,研究制订联盟2018年度重点工作计划。 （何乐观）

【2018届全国林科十佳毕业生评选活动】 活动历时半年,参加范围包括300多所涉林院校和研究生培养单位的9万多名林科毕业生。启动仪式于2017年5月在北华大学举办,全国各有关林业院校、媒体和林科学生代表300多人参加了启动仪式。2017年12月在西北农林科技大学举办了颁奖典礼,共有800多人参加。原林业部副部长、中国林业教育学会原理事长刘于鹤出席启动仪式和颁奖典礼。 （何乐观）

【全国林科大学生创新创业成果展示活动】 活动作为2017年全国林业科技活动周系列活动之一。来自四川农业大学、河北农业大学、云南林业职业技术学院及江苏农林职业技术学院4所院校的8支大学生绿色创业团队参加了现场互动。这是自2015年以来,人才中心连续第三年组织涉林院校大学生创新创业团队参与科技周活动。 （何乐观）

【林科大学生就业创业宣传】 创建了林科大学生就业创业微信公众号——"绿色人生·就业创业",及时收集林业系统相关就业和创业动态及信息,帮助林科大学生提高就业意识和就业能力,扩大就业创业渠道,增加林科大学生就业机会。该微信公众号吸引了大多数涉林院校积极参与,2017年年底固定用户数达到30多万人,在2017年11月开展全国林科十佳评选活动微信投票期间,关注用户最高达到上百万。

与中国绿色时报社共同设立了"林业院校创新创业"宣传专栏。积极组织林业院校推荐大学生创新创业典型成果和先进事迹,同时派出记者对大学生重点创新创业项目和团队进行专访,不定期刊发专栏文章,积极宣传林业院校创新创业成果和创新创业团队,吸引社会和林业系统对于大学生创新创业的关注,促进林科大学生就业和以创业带动就业。 （何乐观）

【2017年林业系统人才统计工作】 人才中心组织开展2017年林业系统人才情况统计工作。于5月上旬组织举办了林业系统人才统计软件培训班,对省级林业人才统计人员和部分地市骨干统计人员进行了专门培训。2017年林业系统人才情况统计工作历时一年,基本完成了统计任务。 （何乐观）

【国家林业局高层次人才库正式开通】 人才中心完成了国家林业局高层次人才库正式上线使用和系统完善等工作。2017年对首批入库专家信息进行了重新较核,确保信息及时更新,并对人才库系统部分界面和功能做了调整,使系统更加简便实用。

(何乐观)

【国家林业局局属单位年度人事人才统计工作】 国家林业局局属单位2017年人事人才统计工作继续取得新的成绩,上年度统计工作继续得到上级统计部门的好评,在150多家中央统计汇总上报单位排名中名列前茅。

(何乐观)

【全国林业教学名师遴选活动】 在国家林业局人事司的领导下,人才中心与中国林业教育学会共同做好首批全国林业教学名师遴选工作。经过各涉林院校和教学科研单位积极推荐申报,经专家函审初评和综合评审会议评审通过,首批确定了30名全国林业教学名师。9月4日组织召开全国林业教学名师座谈会,国家林业局党组书记、局长张建龙,党组成员、人事司司长谭光明参加了座谈会,接见首批30名全国林业教学名师。

(何乐观)

中国林业科学研究院

【综述】 2017年,中国林业科学研究院(简称中国林科院)配合国家重大战略部署,积极开展科技创新,各项工作取得显著成效。

服务全局 牵头编制了《国家林业长期科研试验基地规划(2017~2025年)》、"'一带一路'生态互联互惠"和"长江经济带生态保护"等创新行动方案,申请成立"一带一路"生态互联互惠协同创新中心和长江经济带生态保护协同创新中心。积极组织科研团队参与雄安新区林业规划。

争取科技资源 全面参与"种业自主创新工程"实施方案编制工作。组织编制"森林质量精准提升科技创新专项"实施方案。积极参与"转基因生物新品种培育"重大专项和"科技冬奥专项"、"大气重污染成因与治理攻关方案"等重点研发专项实施方案编制。积极参与"主要经济作物产业提质增效"重点研发专项实施方案和概算编制。新增各类纵向项目400项,2人获批国家自然科学基金委优秀青年基金项目。

科研成果产出 《湿地北京》获国家科学技术进步奖二等奖。"木质复合材料抑烟低毒表面阻燃技术及应用"获北京市科学技术进步三等奖。荣获第八届梁希林业科学技术奖一等奖1项、二等奖4项、三等奖2项,第六届梁希科普作品二等奖2项、活动奖1项。

科技推广 研究起草《中国林科院鼓励科研人员创新促进林业科技成果转移转化的实施办法(试行)》。与南京三乐集团等新签署4个院级合作协议,为2个共建单位授牌。组织参加地方大型科技对接和学术交流活动24次,宣传推广中国林科院科技成果200余项。积极推进精准扶贫工作,为红安县开发了"精准脱贫可视化管理系统"。组织专家28人次举办了15场培训班,共培训学员2900余人次。

人才队伍建设 中国林科院张守攻研究员、林化所蒋剑春研究员当选中国工程院院士;林化所蒋剑春研究员获全国创新争先奖;湿地所崔丽娟研究员入选第四批百千万工程国家级人选,7人入选省部级人选;1人入选"万人计划"青年拔尖人才计划。罗志斌、曾庆银入选中青年科技创新领军人才,5人获中国林业青年科技奖。引进高端人才2名。成立了中国林科院研究生部南京分部,提升了院研究生培养综合实力。组织完成了7个硕士点和3个博士点的自我评估工作;新增1个一级学科博士点,2个一级学科硕士点;自主设置了2个二级学科博士点。

条件平台建设 林木遗传育种国家重点实验室已接受科技部组织的评估,积极开展整改,从中国科学院聘请林木遗传育种学领域的国家杰出青年担任实验室主任,调整研究方向,从国家林业局和中国林科院层面加大支持力度,提高实验室人员待遇,完善运行机制。新建国家林业局榛子工程技术研究中心、国家林业局森林经营工程技术研究中心,2个生态系统国家定位观测研究站通过论证。

国际合作 主办中国-中东欧国家林业科研教育合作研讨会。与美国田纳西大学共同主办中美林业生物质科学与工程学术研讨会。积极参与《联合国防治荒漠化公约》第十三次缔约方大会筹备和成果文件起草工作,主办大会青年论坛和中国科技治沙边会,协办防沙治沙与精准扶贫边会。赴巴西举办竹产业发展研讨会和技术培训班。执行商务部援外培训班项目8项。推荐的1位专家获2017年"友谊奖"。

党建和精神文明建设 认真学习党的十九大精神,扎实推进"两学一做"学习教育常态化制度化试点工作。制定中国林科院分党组理论学习中心组学习制度和关于进一步加强党支部建设指导意见。指导完成基层党组织换届选举,积极稳妥推进失联党员的规范管理和组织处置工作。认真落实从严治党要求,积极配合国家林业局专项巡视,严格落实整改方案,对收到的举报信件全部核实了结。加强内部审计,实现了党员领导干部离任经济责任审计、基本科研业务项目审计全覆盖。中国林科院人造板与胶黏剂研究室被授予"全国工人先锋号"。2人分别获国家林业局2015~2017年度"优秀青年""优秀青年工作者"称号。中国林科院京区妇工委被评为"全国巾帼建功先进集体"。顺利通过复查,继续保持"全国文明单位"称号,再次被评为"首都文明单位标兵"。

【3项成果获全国党建研究会奖】 1月13日,全国党建研究会科研院所专委会二届四次全会会暨课题成果交流会在北京举行。会议总结了专委会2016年的工作,部署2017年工作,14家科研院所的代表汇报了2016年党建研究课题的成果。中国林科院3个研究课题获奖。中国林科院党群部完成的《新形势下加强科研院所党员教

育的实践与探索》荣获一等奖；中国林科院湿地所党总支完成的《一二三四支部工作法在科研院所基层支部党建工作中的应用研究》和中国林科院桉树中心党委完成的《科研院所党建工作薄弱环节与应对策略——以广东湛江地区农林系统科研院所基层党组织为例》分别荣获二等奖。

【木竹联盟与TD产业技术创新战略联盟跨界合作协议】 1月19日，在北京举行的TD联盟年度大会上，木竹产业技术创新战略联盟理事长、中国林科院副院长储富祥与TD产业技术创新战略联盟秘书长杨骅分别代表双方签署合作协议。国家试点联盟联络组、工业和信息化部相关部门负责人，以及100多位与会代表见证了签约仪式。合作协议的签订将推动双方资源共享、优势互补与业务创新，通过强强联合为促进木竹产业技术升级做出新的贡献。

【中国林科院2017年森林资源管护工作会议】 于2月13日在中国林科院召开。会议传达了国家森防指关于加强春季森林防火工作的重要精神，解读了《全国森林防火规划（2016～2025年）》，交流了进一步落实提升森林防火研究中心工作的意见。中国林科院各有关单位汇报交流了森林资源管护重点工作和存在的问题。中国林科院副院长黄坚主持会议，充分肯定了各单位在森林资源经营管理、森林防火和林木种质资源保存等有关工作中所取得的成绩，并对下一步工作提出了要求。中国林科院所属4个林业实验中心、亚林所、热林所、资昆所、桉树中心、哈尔滨林机所有关负责人和院资管处、计财处等有关人员参加会议。

【中国林科院2017年工作会议】 于2月13～14日在中国林科院举行。会议全面总结了2016年各项工作，部署了2017年重点工作任务。国家林业局党组成员、副局长彭有冬出席会议并在讲话中肯定了过去一年中国林科院在各方面取得的成绩，分析了当前林业发展所面临的新形势和新任务，对中国林科院在服务国家大局、创新发展等方面提出了希望，对2017年中国林科院重点工作提出了要求。中国林科院院长张守攻作工作报告，中国林科院分党组书记叶智作党建工作报告，中国林科院副院长储富祥作会议总结。会议还颁发了2016年度"中国林科院重大科技成果奖"和"十佳党群活动奖"，授予了"中国林科院杰出青年"称号。中国林科院副院长李岩泉、孟平、黄坚分别主持会议。科技部农村司，国家林业局科技司、直属机关党委、办公室、计财司相关负责人出席会议。中国林科院各所（中心），院各部门党政主要负责人以及京区副处以上干部、有关专家和获奖代表等100余人参加会议。会议期间，中国林科院各所（中心）党政主要负责人作述职报告，并进行民主评议。

【中国林科院第八届学位评定委员会第六次会议】 于2月14日在中国林科院召开。中国林科院院长张守攻主持会议，20名学位评定委员出席会议。会议审议并通过了"土壤学"和"风景园林学"2个硕士学位授权学科，以及"农业"硕士专业学位授权类别的撤销申请；审议并通过了在"林学"一级学科博士学位授权点下自主设置"森林土壤学"二级学科的申请；审议并通过了增列"林业"硕士专业学位授权类别的申请；审议了"农林经济管理""植物学""环境科学"3个硕士学位授权点的自我评估总结报告材料，并进行了投票表决。

【河北省任丘市与中国林科院合作框架协议】 3月1日，签约仪式在河北省任丘市举行。中国林科院副院长李岩泉、河北省任丘市市长宫建军分别代表双方签署协议并致辞。任丘市副市长何增强主持签约仪式。任丘市委书记张新华讲话。根据协议，双方将联合共建中国林科院任丘实验基地，合作建设1000亩的科研实验基地、2000平方米科研实验室，助力任丘开展京津冀生态环境支撑区建设，提升环首都区域生态质量。签约仪式上，林木遗传育种国家重点实验室与任丘市人民政府、京南梦有限公司签订了三方合作协议。河北省林业厅、河北省林科院，任丘市委、人大、政府、政协，中国林科院林业所等相关部门负责人参加有关活动。签约仪式前，召开了中国林科院任丘实验基地建设研讨会。

【中国林科院与天津市农委林业科研协同发展工作座谈会】 于3月9日在天津举行。会议介绍了中国林科院天津林业科学研究所前期规划设计、基础设施建设以及科研项目开展情况，运行管理中的组织架构、理事会章程等，深入探讨了该所建设及深化合作事宜。中国林科院分党组书记叶智、副院长李岩泉、副院长黄坚，天津市农委主任沈欣、副主任张宗启等出席座谈会，并要求天津林科所积极融入天津市科技创新体系，切实解决天津市生态、林业建设等问题，不断提升综合科研水平。天津市农委、中国林科院相关所、部门负责人参加座谈会。会前，中国林科院领导和专家察看了该所办公楼、实验室、组培室等建设情况，充分肯定了前期筹建工作，并对后期建设投入使用进行了指导。

【中国林科院领导班子调整宣布大会】 于4月1日在中国林科院召开。会议宣读了中共国家林业局党组、国家林业局任免文件。文件指出：肖文发任中共中国林业科学研究院分党组成员、中国林业科学研究院副院长（原级别不变），试用期一年。肖文发作任职发言。国家林业局人事司司长王浩出席会议，并代表国家林业局党组和人事司对中国林科院党政领导班子提出要求。中国林科院院长张守攻主持会议，并对新任领导提出了希望。中国林科院京区各所、中心、院各部门负责人参加会议。

【中国林科院研究生部南京分部揭牌】 4月20日，揭牌仪式在中国林科院林化所举行。仪式上，宣读了中国林科院《关于成立"中国林科院研究生部南京分部"的通知》，中国林科院院长张守攻研究员、中国工程院院士、中国林科院首席科学家宋湛谦研究员揭牌，中国林科院副院长孟平研究员主持仪式。该南京分部依托中国林科院林化所设立，由中国林科院林化所党政领导班子具体负责该分部研究生的教育管理工作，中国林科院研究生部负责业务指导。中国林科院京外各所、中心的研究生集中在"南京分部"完成课程学习阶段的学业。

【中国林科院专利运营办公室成立】 5月2日,由北京市知识产权局、海淀区政府主办,海淀区知识产权局承办的"知识产权强区工程战略合作协议签约仪式暨2017中关村知识产权论坛"在北京市中关村举行。仪式上,依托中国林科院知识产权办公室运行的"中国林业科学研究院专利运营办公室"授牌。

【中国林科院代表团访问澳大利亚邦德大学和新西兰林业研究院】 5月15日,中国林科院代表团应邀访问澳大利亚邦德大学,交流了双方在矿区植被恢复与可持续管理等方面开展的研究工作以及具体推进联合培养研究生工作,副院长储富祥与澳大利亚邦德大学校长Raoul Mortley教授分别代表双方签订合作谅解备忘录。双方将在环境管理与气候变化、生态系统价值核算、可持续旱地管理等领域加强科研合作和人才培养。期间,代表团与格里菲斯大学环境与未来研究所、昆士兰大学地球与环境科学学院的负责人和专家等就环境管理进行了学术交流,初步达成了合作意向。5月17日,代表团访问新西兰林业研究院,参观了该院的生物技术实验室、无人机和大数据课题组等,举行了合作讨论会,探讨了进一步深化双方合作的领域和方式并达成了初步的合作意向。中国林科院荒漠化所、研究生部、国际合作处负责人和专家参加了访问活动。

【2017年中国林科院对外开放和科普惠民活动】 5月23日,参与承办了在内蒙古自治区呼和浩特树木园举行的2017年全国林业科技活动周启动仪式。中国林科院副院长黄坚主持启动仪式,林业所、荒漠化所、沙林中心分别与青海、内蒙古相关单位签订4项科技合作协议。十多位专家开展咨询互动活动,两位专家分别做科普报告。5月23~25日,组织10名专家深入鄂尔多斯市达拉特旗,开展专题讲座和实地指导等。6月22~27日,组织林业专家参加科技列车西藏行活动,分赴西藏林科院、日喀则市、那曲新区苗圃基地等地开展调研和技术指导。另外,还分别举办了全国林业科技活动周北京分会场、内蒙古磴口分会场,林业科普知识中小学校巡展,研究生科普宣讲,湖北利川学子北京追梦之旅林科行等科普活动。中国林科院、华林中心、林木遗传育种国家重点实验室、热林所试验站被命名为第四批全国林业科普基地。

【中国林科院与联众集团共建研究生创新实践基地】 6月20日,共建协议签约仪式在内蒙古自治区满洲里市举行。中国林科院副院长孟平和联众集团总裁任昌植分别代表双方签署协议。根据协议,联众集团为基地设立专项基金,并在中国林科院设立奖励"木材科学与技术"和"木基复合材料科学与工程"等专业优秀研究生奖学金。联众集团董事长王秀权、满洲里市政府常务副市长刘桂清出席签约仪式并讲话。仪式上,与会领导为基地的导师组成员颁发聘书,为基地的正式落成揭牌。仪式后,与会人员参观了联众集团的木屋全自动化生产线、木屋博览园、木材干燥中心、进口木材交易中心等具有代表性的特色产业。中国林科院木工所、研究生部、联众集团负责人等参加签约仪式。

【中国林科院代表团到瑞典和芬兰开展学术交流】 7月16~23日,中国林科院分党组书记叶智率代表团应邀访问瑞典和芬兰,参观了瑞典农业大学生物质能源中试基地,与林学院专家回顾了双边合作协议的执行进展,探讨了林业研究合作和研究生联合培养工作。与芬兰自然资源研究院负责人等深入探讨了合作开展与林业相关的生物经济前沿领域研究,就研究人员的客观综合业绩评价机制交换了意见。访问了欧洲林业研究所北欧研究分所,考察了瑞典典型寒温带森林的可持续经营,与瑞典林业教育与培训中心主任探讨了林业教育与培训合作;与芬兰赫尔辛基大学农林学院林学系主任交流了林业科技合作、研究生联合培养等,与芬兰农林部林业事务部长级顾问和芬兰外交部林业高级顾问就中芬双边林业科技合作以及加强多边领域合作交换了意见。

【《联合国防治荒漠化公约》第十三次缔约方大会"中国科技治沙"边会】 9月7日,边会由中国林科院主办,在内蒙古鄂尔多斯市国际会展中心举行。国家林业局总经济师张鸿文和《联合国防治荒漠化公约》秘书处副执行秘书普拉蒂普·蒙雅出席开幕式并致辞。国家林业局治沙办主任潘迎珍、国际司司长吴志民、造林司司长赵良平、中国林科院副院长黄坚等出席会议。中国林科院副院长储富祥主持会议。张鸿文强调,要放眼国际、讲好中国故事,向国际社会展示和分享中国的治沙经验,推进全球荒漠化防治事业向前发展。开幕式后,来自政府、科研单位和教育机构的官员、学者以及科研专家围绕中国在荒漠化防治中的科研实践与发展作专题报告,内容有中国-全球环境基金土地退化防治伙伴关系、荒漠化治理——鄂尔多斯治沙模式、低覆盖度治沙技术、中国荒漠生态系统服务价值、中国公路治沙工程与技术等议题。并就沙区植物病虫害、低覆盖度治沙技术、聚酯纤维沙障等技术问题进行了互动交流。来自25个国家和十多个国际组织的200余名青年代表参加边会,中国林科院荒漠化所及研究生院30多位青年参加会议。

【《联合国防治荒漠化公约》第十三次缔约方大会首次青年论坛】 于9月8日在鄂尔多斯市国际会展中心召开。由国家林业局、《联合国防治荒漠化公约》秘书处、中华全国青年联合会、联合国环境署和中国绿化基金会共同主办,中国林科院承办。主题为"土地、青年和可持续发展"。国家林业局副局长张永利、《荒漠化公约》秘书处执行秘书莫妮卡·巴布、中华全国青年联合会书记处书记徐晓、联合国环境规划署法律司高级顾问吉瑞出席开幕式并分别致辞,共同希望广大青年在投身防治荒漠化事业当中,勇敢担当,做绿色家园的守护者、建设者和传播者。国家林业局总经济师张鸿文主持开幕式。中国林科院副院长黄坚出席闭幕式并致辞。论坛期间,青年代表分享各自在森林保护、荒漠化防治、大自然可持续利用等方面的治理经验,围绕青年人参与土地可持续管理相关工作的机遇和挑战、如何激励和发动青年人参加土地可持续管理或土地恢复进行圆桌讨论、分组讨论,通过了《全球青年防治荒漠化倡议——防治荒漠化,青年在行动》。来自非洲、亚洲、拉丁美洲、西欧、中东欧等25个国家的政府部门、非政府组织、科研机构、高等院校、企业以及个体等近200位代表参加。

【中国林科院与新疆呼图壁县人民政府共建专家工作站协议】 9月9日,在第六届新疆苗木花卉博览会开幕式上,举行了共建专家工作站合作协议签约暨授牌仪式。中国林科院副院长李岩泉、呼图壁县人民政府县长丁大明代表双方签署协议并授牌。根据协议内容,双方将在湿地景观营造与保护,高抗逆树种、高档用材林引进培育与示范推广,林下经济综合开发,防沙治沙、土壤沙化治理、沙产业开发,森林病虫害防治,特色有机林果业研究等领域开展合作。其间,中国林科院专家作专题讲座,考察呼图壁国家级苗木交易市场等,并讨论了专家工作站近期工作,针对呼图壁苗木花卉产业结构及呼图壁特色花卉的发展,提出了指导性意见和建议。

【中国林科院与国际热带木材组织谅解备忘录】 9月11日,国际热带木材组织(ITTO)新任执行主任格哈德·迪亚特尔(Gerhard Dieterle)一行访问中国林科院,与中国林科院院长张守攻代表双方续签谅解备忘录。共同希望通过续签谅解备忘录,双方进一步加强在技术培训等领域的密切合作。中国林科院副院长肖文发主持签字仪式。迪亚特尔听取了中国林科院概况及其与ITTO合作情况介绍,对中国林科院高质量执行32个ITTO项目以及开展的大量国际培训班表示赞赏,对双方合作进一步深化和开创新的模式充满信心。国际热带木材组织助理主任史蒂芬·约翰逊和市场分析员,以及中国林科院资源所、木工所、科信所负责人参加签字仪式。

【中国林科院2017级研究生开学典礼】 于9月13日在中国林科院举行。中国林科院分党组书记叶智为新生讲授入学教育第一课,副院长孟平发表讲话,副院长肖文发主持典礼。2017年,中国林科院共招收博士生128名、硕士生232名。国际竹藤中心、中国林科院相关部门以及各所、中心负责人和全体新生共300多人参加典礼。典礼后,开展了为期两天的新生入学教育及心理测试,介绍了全院概况、科研总体情况等,开展了弘扬和践行林科精神、消防安全、校园安全专家专题讲座,聘请心理咨询专业机构对全体研究生进行了心理测评。

【中国林科院与南京三乐集团科技合作协议】 9月14日,协议签约仪式在南京三乐集团举行。中国林科院分党组书记叶智、副院长储富祥,南京三乐集团总经理包正强出席签约仪式并讲话,共同希望双方找准切入点,拓展合作,建立长效合作机制、以项目促合作、为国家重大科研项目提供支撑。南京三乐集团党委书记施秋生主持签约仪式,储富祥、包正强分别代表双方签署协议。此次签约是中国林科院第一次与高新技术企业签订的跨产业领域的合作协议。中国林科院林化所、亚林所、资昆所、竹子中心负责人,以及南京三乐集团、微波公司负责人等参加签约仪式。

【全国桉树产业发展暨学术研讨会】 于9月14~15日在广西柳州召开。由中国林学会主办,中国林学会桉树专业委员会承办。中国林科院副院长李岩泉等到会并讲话,中国林学会副秘书长刘合胜致辞。会上,桉树中心、金光集团APP(中国)林务事业部的15位专家学者围绕"培育桉树中大径材,促进产业转型升级"作专题报告。广西高峰林场、金光集团APP(中国)、拜耳作物科学(中国)有限公司等11家企业展示了各自最新产品和技术。会议颁发了2017年中国桉树发展突出贡献奖,中国林科院桉树中心杨民胜研究员、科信所侯元兆研究员等获奖。会议评选了获奖论文。来自中国12个省区及国外的121家科研院所、林业管理部门、大专院校、企事业单位的275名代表参加会议。

【2017年发展中国家湿地保护与管理培训班】 于9月4日~24日在竹子中心举行。由商务部、国家林业局主办,国家林业局湿地保护管理中心、竹子中心共同承办。国家林业局副局长李春良、浙江省林业厅厅长林云举、马其顿湿地公约委员会主席布兰科·米舍维斯基出席开班仪式并致辞。中国林科院副院长肖文发主持开班仪式。李春良希望各位学员了解中国湿地保护的成果和经验,积极拓展合作领域和途径,为建立全球湿地保护合作机制,提升全球湿地保护管理水平共同努力。培训班为期3周,内容有湿地保护专家授课,湿地公园实地参观考察等。来自阿曼、埃塞俄比亚、津巴布韦、南非、南苏丹、赞比亚、马其顿、乌克兰、格鲁吉亚、安提瓜和巴布达、巴拿马、秘鲁、苏里南和哥斯达黎加14个国家24名学员参加。

【中国林科院2017年领导干部能力建设培训班】 于9月25~28日在国家林业局管理干部学院举行班。中国林科院分党组书记叶智出席开班仪式并讲话。培训围绕干部能力建设这一主题,通过专题讲座、情境教学以及学员论坛等方式进行授课、开展活动。近两年来中国林科院各所、中心的主(副)职、管理部门中层以及院部新提拔任用的处级干部参加培训。

【6家单位共建北京林业国际科技创新示范基地】 9月29日,国家林业局科学技术司、北京市科学技术委员会、北京市园林绿化局、北京林业大学、中国林业科学研究院、北京市房山区人民政府6家单位战略合作签约仪式在北京房山区举行。协议明确未来将把北京房山青龙湖示范基地打造成为北京园林绿化和森林城市建设的科技创新高地。林业国际科技创新示范基地将被打造成为北京园林绿化科技成果转化的平台和人才培养基地。中国林科院分党组书记叶智代表中国林科院签署战略合作协议,副院长肖文发介绍了中国林科院基本情况。

【"林科精神碑"揭彩】 9月30日,揭彩仪式在中国林科院西大门举行。中国林科院分党组书记叶智讲话,中国林科院分党组纪检组组长李岩泉主持仪式,中国林科院副院长孟平、黄坚等出席揭彩仪式。中国林科院京内所（中心）负责人代表、科研人员代表、青年职工代表、研究生代表先后在揭彩仪式上发言。中国林科院京区各单位、各部门职工和学生代表200多人参加揭彩仪式。

【万钢到中国林科院调研林业科技创新工作】 10月19日，全国政协副主席、科技部部长万钢，科技部副部长徐南平到中国林科院，考察了林木遗传育种国家重点实验室、珍贵木材标本馆，并与林业科技工作者座谈，听取了国家林业局副局长彭有冬关于"十三五"以来，全国林业科技创新工作的最新进展及林业现代化建设服务生态文明的重要举措的汇报、张守攻等关于中国林科院基本情况、当前林业科技创新工作面临的综合性研究项目短缺、人才队伍结构不平衡等发展难题的汇报。万钢和徐南平分别提出要求和希望。国家林业局副局长刘东生陪同调研。中国林科院分党组书记叶智，副院长储富祥、孟平、肖文发等参加座谈。科技部、国家林业局有关司局和北京市科委主要负责人及中国林科院院属有关单位负责人参加座谈。

【中国林科院林化所、中国绿色时报社、中国林业出版社宣传出版合作战略协议】 10月21日，协议签约仪式在南京举行。根据协议，三方将发挥各自专业优势，依托既有平台，持续新闻宣传、跟踪出版宣传、搭建合作平台，以更好地服务林业中心工作、更好地促进行业创新发展。中国林科院副院长储富祥主持座谈会并见证签字仪式。中国绿色时报社党委书记陈绍志、中国林业出版社副总编辑王佳会、中国林科院林化所所长周永红代表三方签字。中国绿色时报社常务副书记邵权熙以及中国绿色时报社要闻部、中国林科院林化所负责人出席。

【国家林木种质资源设施保存库（主库）建设领导小组专题会、可研报告研讨会和专家咨询会】 3月8日，领导小组专题会在中国林科院召开。会议汇报了国家林木种质资源设施保存库（主库）基础设施建设的完成情况，与会专家针对技术专家团队组建、遗传资源收集及评价等提出意见和建议。

7月28日，可研报告研讨会在中国林科院召开。会议听取了可研报告编制情况，各单位相关负责人、各领域专家分别就主库建设的科学依据、技术水准、楼层设计以及消防安全等问题进行研讨。会议充分肯定了各单位前期的调研、分析研究以及可研报告的编制等工作，并对主库建设项目的咨询顾问和专家提出了希望，对项目参加单位提出要求。

10月23日，可研报告专家咨询会在中国林科院召开。咨询专家听取了项目建设背景、必要性和主要内容、选址及建设条件、建设规模与目标、环境影响评价等汇报，对汇报内容给予肯定并提出了建议。国家林业局保护司、场圃总站、中国林科院及其相关所和部门，山东省林木种质资源中心、中国农科院国家作物种质库、中国西南野生生物种质资源库等相关单位负责人和专家参加会议。

【中国林科院代表团访问巴西】 10月8~23日，中国林科院副院长黄坚率中巴竹子项目代表团访问巴西，分别在巴西圣保罗地区的塔图伊市、伊塔佩瓦市、雷日斯特鲁市和阿克拉州的里奥布朗库市等地，为当地林农、林业技术人员和相关政府官员开展了竹子培育、竹材利用和笋用竹培育等技术培训，受到当地学员和政府官员的欢迎和赞许。塔图伊市市长Maria Jose Camargo对代表团开展的培训给予了高度评价和充分肯定，并希望与中国林科院在竹林资源培育、竹材加工利用、生态保护等方面加强合作。代表团在圣保罗大学伊塔佩瓦分校举办了竹子交流会并实地调研；拜会了中国驻巴西使馆科技处，汇报了中巴竹子项目的进展和实施，探讨了项目后期的延伸与拓展，受到使馆参赞的肯定和赞赏。访问期间，代表团共开展6场室内和实地培训，培训学员200余人。

【中国-中东欧林业科研教育合作国际研讨会】 于10月30~31日在北京召开。由中国林科院主办，国家林业局为支持单位。旨在增强中东欧16国与中国在林业科研与教育方面的交流与合作。国家林业局副局长刘东生，斯洛文尼亚农业、林业和食品部林业局局长、中国-中东欧国家林业合作执行协调机构执行主任亚内兹·查弗兰，波兰环境部副部长安德烈·安托尼·柯尼兹尼出席开幕式并致辞。刘东生表示，中国国家林业局愿同中东欧国家一道，继续稳定并开拓双边合作渠道，大力支持中国-中东欧国家林业合作协调机制发展，为推动"16+1"合作做出贡献。来自17个国家的政府部门、林业科研院所、林业高校、企业等近180位代表参加会议，并就森林培育、森林生态和环境与保护、森林监测与评估、林业生物经济和林业教育与培训5个议题交流了科研成果及进展，探讨了合作的内容、途径和方式，达成了相关合作共识。国家林业局国际合作司司长吴志民主持开幕式，国际司巡视员戴广翠、斯洛文尼亚卢布尔雅那大学生物技术学院院长Miha Humar在闭幕式上致辞。中国林科院副院长肖文发主持会议主题报告、闭幕式并发表总结讲话。

【中国林科院与斯洛文尼亚林业研究院林业科技合作谅解备忘录】 11月3日，斯洛文尼亚林业研究院院长普瑞莫西蒙斯到中国林科院交流座谈，并与中国林科院院长张守攻分别代表双方签署林业科技合作谅解备忘录。根据谅解备忘录，在中国-中东欧"16+1"林业合作框架下，双方将在森林可持续经营、森林应对气候变化、生物多样性保护、绿色经济等林业相关领域开展长期互利合作。斯洛文尼亚共和国驻中国大使馆副馆长、全权公使倪安雅和斯洛文尼亚农林食品部林业局局长亚内兹·扎弗兰见证谅解备忘录签署，中国林科院副院长肖文发等参加签字仪式。

【2017中美林业生物质科学与工程学术研讨会】 于11月6~7日，由中国林科院、美国田纳西大学在南京召开。中国林科院院长张守攻、美国田纳西大学农业分校校长Timothy Cross、国家林业局科学技术司巡视员厉建祝、国家林业局国际合作司副司长王春峰、美国田纳西大学农业学院院长Willian Brown等出席开幕式并致辞。

中国林科院副院长储富祥主持开幕式，并作新型木质素衍生高分子复合材料的制备与功能化主旨报告。张守攻、Timothy Cross 分别代表中国林科院与美国田纳西大学签署合作协议，并为共建的生物质科学与工程研究中心揭牌。来自美国田纳西大学、中国林科院、北京林业大学、南京林业大学、东北林业大学、西南林业大学、浙江农林大学、湖南省林科院、橡树岭国家实验室的专家学者100多人参加会议，并围绕木质纤维类生物质转化科技与产品创新发展进行了研讨。

【中国－东盟林业合作推进会】 于11月16～17日，在南宁市召开。由国家林业局东盟林业合作研究中心主办，广西林科院、中国林科院热林中心承办。国家林业局副局长彭有冬出席会议并在讲话中强调，推进中国－东盟林业合作，要着力做好人才引进和培养、资源配置等5项工作。中国林科院林化所和广西林科院签署了科技合作框架协议书。广西林科院、热林中心等6家单位就与东盟林业科技合作情况及成效进行了典型发言，与会代表就中国－东盟林业合作思路进行了专题交流，讨论了中国－东盟林业科技合作行动计划、重点领域。国家林业局相关司局及国际竹藤中心、亚太中心等直属机构，中国林科院有关直属单位，云南、广东、湖南等南方省区林科院，林业高等院校共80余人参加会议。

【国际竹藤培训基地揭牌】 12月4日，揭牌仪式在竹子中心举行。全国政协人口资源环境委员会副主任、国际竹藤组织董事会联合主席、国际竹藤中心主任江泽慧，国家林业局副局长彭有冬，浙江省政协副主席陈艳华，中国林科院分党组书记叶智，浙江省林业厅厅长林云举出席。江泽慧肯定了国际竹藤中心和竹子中心在促进国际竹藤事业的繁荣与发展方面取得的良好成绩。叶智总结了中国林科院援外培训发展历程，希望通过强强联合，不断提高培训工作水平和质量，共同推动国际竹藤事业的可持续发展。竹子中心负责人汇报了竹子中心改革发展、研究重点、国际合作、基地建设以及国际合作与援外培训等工作。国家林业局、浙江省政协、浙江省林业厅、国际竹藤组织、国际竹藤中心、中国林科院有关领导和专家参加揭牌仪式。

【中国林科院与天和胶业有限公司共建研究生创新实践基地】 12月13日，技术合作暨基地签约仪式在江苏省连云港市灌南县举行。中国林科院副院长李岩泉致辞，并向研究生创新实践基地聘请的首席导师颁发聘书，与连云港市副市长吴海云共同为研究生创新实践基地揭牌。中国林科院木工所与天和胶业有限公司负责人签订技术合作协议，共同研发无甲醛绿色生物质胶黏剂系列产品。天和公司出资在中国林科院设立"天和研究生奖学金"，中国林科院研究生部与天和胶业有限公司负责人签约。中国林科院、连云港市以及灌南县相关领导和当地部分木材加工企业负责人参加仪式。

【林木遗传育种国家重点实验室第二届学术委员会第一次会议】 于12月14日在中国林科院举行。学术委员会主任、中国农科院副院长万建民院士，副主任、中国林科院院长张守攻，12位委员及依托单位有关负责人等出席。中国林科院副院长储富祥介绍了新一届学术委员会的构成，张守攻为学术委员会委员颁发聘书。与会人员听取了实验室基本情况、近两年取得的研究进展及下一步整改方案的汇报，肯定了实验室近两年在人才引进、科研立项和科研成果等方面取得的进步，审议了实验室研究方向和研究内容的调整方案，并提出了建议。

【李树铭到竹子中心调研】 12月25日，国家林业局副局长、党组成员李树铭一行到浙江省考察调研，其间，参观了国家林业局竹家居工程技术研究中心展示厅，听取了中国林科院亚林所、竹子中心工作整体情况汇报，充分肯定了两单位在科研领域和科技成果转化方面取得的成果，并提出要求。国家林业局有关司局和直属单位负责人陪同调研。中国林科院亚林所、竹子中心负责人等参加座谈。

【2个国家林业局工程技术研究中心获批】 6月5日，国家林业局榛子工程技术研究中心获得国家林业局批准。该中心由中国林科院林业研究所和辽宁省经济林研究所联合建设，总体目标是不断完善科研技术平台、人才队伍、创新能力、科技服务体系建设，拓展国内外合作渠道，逐步建设成为具有国际一流科研设施、人才队伍和管理水平的研发基地。11月20日，国家林业局森林经营工程技术研究中心获批，该中心依托中国林科院资源信息研究所，联合北京林业大学组建。旨在聚集森林经营领域的研发优势，加强产学研合作，为提高技术创新能力提供支撑平台。

【与地方签订合作协议5项】 5月23日，中国林科院亚林中心与江西省新余市林业局签订科技合作协议。7月1日，中国林科院木工所与山东省林科院和京博控股签订战略合作协议暨泰山产业领军人才项目启动会在山东京博控股公司举行。9月15日，中国林科院木工所、桉树中心与广西鹿寨县人民政府合作协议签约仪式在鹿寨县举行。12月7～8日，中国林科院热林所、广东省韶关乐昌市龙山林场、杨东山十二度水省级自然保护区等，在龙山林场签订联合共建"粤北试验基地"框架协议。12月12日，中国林科院林业所与安徽农业大学林学与园林学院科技合作签约仪式在安徽农业大学林学与园林学院举行。

【竹子中心承办7期援外培训班】 2017年，国家林业局竹子研究开发中心在浙江杭州和哥斯达黎加承办了国家商务部主办的培训班。分别是：4月17日至6月11日，ITTO成员国竹产业发展培训班，来自秘鲁、哥伦比亚、多米尼克、巴拿马等7个发展中国家的31名学员参加；6月12日至8月6日，发展中国家竹业技术培训班，来自巴西、哥伦比亚、多米尼加、埃塞俄比亚等13个发展中国家的43名学员参加；6月21日至7月11日，亚洲野生动植物保护管理与履约官员研修班，中华人民共和国濒危物种进出口管理办公室参与承办，来自亚洲马来西亚、泰国、斯里兰卡、老挝等7个《濒临绝种野生动植物国际贸易公约》履约国的40名学员参加；

7月17日至8月6日，ITTO成员国高附加值林业产业发展研修班，来自巴拿马、秘鲁、多米尼克等10个ITTO成员国的41名学员参加；8月21日~10月15日，2017年非洲法语国家竹子种植与加工技术培训班，来自卢旺达、突尼斯、喀麦隆等9个国家的29名学员参加；8月9~29日，非洲野生动植物保护管理与履约官员研修班，来自乌干达、南苏丹等9个《濒临绝种野生动植物国际贸易公约》履约国的21名官员参加；8月28日至9月16日，哥斯达黎加竹子种植业的生产、加工、贸易及利用技术海外培训班在哥斯达黎加举行，来自哥斯达黎加的30名学员参加。

【《湿地北京》获国家科学技术进步奖二等奖】 该作品由中国林科院湿地所崔丽娟研究员领衔完成。作品通过湿地之城、湿地之用、湿地之行、湿地之恋、北京湿地之生5个部分，介绍了北京湿地变迁、北京湿地文化与湿地科技等。《湿地北京》和衍生创作的图书、新媒体传播材料、创意文创产品，以及开展的科普宣传活动共同形成了《湿地北京》系列融合科普作品，实现了跨媒体、线上线下相结合的科普传播，在推动北京湿地保护立法进程，提高湿地保护管理水平，提升全民湿地保护意识上发挥了重要作用。《湿地北京》的发布填补了中国湿地领域科普的空白，曾获第三届"中国科普作家协会优秀科普作品奖"金奖。

【木质复合材料抑烟低毒表面阻燃技术及应用获北京市科学技术进步三等奖】 该成果由中国林科院木工所吴玉章研究员主持完成。项目构建了集阻燃/胶合功能于一体的阻燃体系，发明了木质复合材料表面阻燃技术，集阻燃/装饰功能于一体的表面阻燃技术；建立了基于锥形量热仪的烟气毒性评价方法；设计合成了抑烟低毒的多层微胶囊阻燃剂，发明了抑烟低毒阻燃木质材料制备技术。在国内外核心期刊发表学术论文十多篇，国内专利授权10项，获鉴定成果2项。先后在北京、河北、广东、浙江等省市建成6条示范生产线，近3年累计生产、销售阻燃胶合板、阻燃细木工板、阻燃中密度纤维板等产品1.82亿元，项目销售利润450.05万元，上缴税金670.15万元，新增就业505人。

【获第八届梁希林业科学技术奖7项】 2017年中国林科院主持完成的成果获第八届梁希林业科学技术一等奖1项、二等奖4项，三等奖2项。分别是：资源所鞠洪波研究员主持的数字化森林资源监测技术获一等奖；林业所惠刚盈研究员主持的天然次生林结构化经营技术、亚林所顾小平研究员主持的基于农户脱贫的丛生竹资源开发及笋用林高效经营技术、热林所周光益研究员主持的冰灾对南岭森林生态系统的影响、森环森保所舒立福主持完成的县级森林火灾预警技术系统研发与应用获二等奖；林化所王成章研究员主持的油橄榄提取物高效加工及清洁循环利用关键技术、森环森保所王兵主持的东北林区天然林资源保护工程生态连清技术研究获三等奖。另有参与完成的成果获二等奖4项、三等奖4项。

【获科普奖5项】 2017年，获第六届梁希科普作品二等奖2项、活动奖1项，北京科普基地奖1项，集体奖1项。分别是：崔丽娟研究员主编的《认识湿地三部曲》、李伟副研究员主编的《中国湿地》获梁希科普作品类二等奖，黄坚高级工程师主持完成的中小学绿色教学模式探索活动获梁希科普活动类奖。王秋丽高级工程师主持完成的"走进中国林科院 赏花识木体验森林"获北京科普基地优秀项目三等奖。中国林科院荣获全国科技活动周组委会办公室颁发的2017年全国科技活动周"科研机构和大学向社会开放"活动组织奖荣誉证书。

【评出2017年中国林科院重大科技成果奖5项】 分别是：资源所李增元研究员主持的高分辨率遥感林业应用技术与服务平台，木工所于文吉研究员主持的新型木质定向重组材料制造技术与产业化示范，资源所鞠洪波研究员主持的数字化森林资源监测技术，林业所张建国研究员主持的杉木良种选育与高效培育技术研究，森环森保究所舒立福研究员主持的县级森林火灾预警技术系统研发与应用。

（中国林业科学研究院由王秋丽供稿）

国家林业局调查规划设计院

【综 述】

森林资源监测技术支撑和应用服务 完成2016、2017年度全国清查省的森林资源清查汇总分析，编写《第九次全国森林资源清查第三批6省（市）森林资源清查主要结果》；完成天津市森林资源清查指导检查、统计分析和主要结果报告；修改完善全国森林资源宏观监测技术方案和实施细则，完成东北监测区遥感样地的判读和核实；完成东北、内蒙古国有林区林地变化遥感判读和森林资源管理检查和林地变更调查检查验收；初步搭建全国林地一张图政务平台和全国林地变更调查工作平台；编制完成2016年度三峡库区森林资源与生态状况监测报告、森林资源监测重点站能力建设方案和项目实施方案

森林资源管理情况检查和服务 开展森林资源管理检查全覆盖试点工作，完成东北监测区森林资源管理情况检查、中央财政造林补贴试点检查验收、天保工程二期实施情况核查及"四到省"检查和中央财政森林抚育补贴国家级抽查工作；组织完成东北、内蒙古重点国有林区55个林业局森林资源二类调查质量检查和成果验收。开展森林可持续经营试点示范单位技术指导，完成中央财政补贴森林抚育成效监测，编制完成年度森林抚育成效监测报告；开展省级森林经营规划编制的技术指

导，编制完成《县级森林经营规划编制规范》。

野生动植物调查　做好第二次全国野生动植物资源调查技术支持，开展2016～2017年度野生动物调查项目立项评审及野生动物调查技术培训，制定了《全国陆生野生动物资源调查自动相机法调查技术细则（试行）》，完成各省冬季水鸟同步调查数据汇总工作，正式出版《全国野生动物调查区划》；组织举办植物调查省级成果汇总培训班，完成13个省份的野生植物资源调查的检查验收工作。

湿地资源调查监测　组织开展第三次全国湿地资源调查试点；做好泥炭沼泽碳库调查技术指导和支持工作，构建泥炭沼泽碳库调查数据库，完成内蒙古泥炭地调查技术方案和实施细则编制的指导和审查，完成了黑龙江、吉林、辽宁、贵州和云南5省泥炭沼泽碳库调查报告、数据库的检查工作；完善了国际重要湿地监测指标，完成了黑龙江省三江等7个国际重要湿地监测工作报告，编制完成宁夏湿地年度数据监测工作方案和技术方案；指导宁夏甘肃两省完成湿地产权确权登记工作方案编制，参与自然资源统一确权登记的督查工作。

荒漠化和沙化年度监测　继续开展沙尘暴高发期监测与灾情评估和植被长势、陆地干湿状况日常监测，完成各项监测简报96期；开展第六次全国荒漠化和沙化监测预研究和准备工作；编制完成《可治理沙化土地治理率调查工作方案》；参加荒漠化公约第十三次缔约方大会技术谈判，编制完成《中国土地退化零增长自愿目标国家报告》和《中国沙漠图集》；组织完成2017年度国家沙漠公园申报材料审查、专家评审等工作。

林业碳汇计量监测　完成2014～2016年全国LULUCF计量监测汇总分析，编制完成《2014～2016年全国土地利用变化与林业碳汇计量监测汇总分析方案》和《第一次全国林业碳汇计量监测报告》；构建完善森林碳储量遥感估算方法优化和业务化运行模块，形成了森林碳储量分布图和碳汇计量监测成果展示系统；开展第二次全国林业碳汇计量监测和湿地碳库调查试点工作，组织召开全国林业碳汇计量监测体系建设启动会，选择试点省推进《湿地碳储量建模和温室气体排放因子测定技术方案》；协助做好中国林业碳汇交易、REDD+政策制度等应对气候变化林业重大问题调研和政策研究。

生态评估和林业产业监测　完善负氧离子监测信息管理平台，编制完成《气象、林业局合作推进大气负离子观测业务工作方案》。组织开展2017年全国林业产业监测工作，联合开展全国林产品市场预警监测会商，编制完成《2016中国森林等自然资源旅游发展报告》；编制完成"全国森林旅游示范市县命名管理办法"，完成2017年全国森林旅游示范市县申报单位材料审查。

林业信息化服务　完成国家林业局政府网站、内部办公网络和各司局、各直属单位的信息系统与网站运维以及国家自然资源和地理空间基础信息库林业分中心系统运维与更新；编发网站信息6.4万条，组织在线访谈12次，制作网情专报79期，制播《绿色时空》《党员干部现代远程教育林业教材》104期，完成国家林业局重要活动、重点题材的宣传报道150余次，策划完成《防治荒漠化 中国在行动》等宣传片和专题在线访谈。

推进碳卫星项目　编制完成"林业卫星建设应用规划""陆地碳卫星工程应用系统实施方案"和"卫星天地一体化实施方案"，开展陆地生态系统碳监测卫星研制总要求指标论证优化，制定了卫星产品体系分级及其指标标准；分别在河北、湖南开展了星机地综合实验，初步研发了卫星激光雷达载荷数据模拟器，并开展了林业产品生产的技术实践。

林业科学研究和标准化工作　编制完成"林地变更调查技术规程""森林火情瞭望监测设施建设标准"等9项林业标准，新立项"林业领域敏捷卫星应用方案研究""森林质量精准提升工程建设标准"等17项科研和标准项目。推进《陆地碳计量国际合作伙伴项目(TCAICP)(2016～2020)》《东南亚国家森林资源合作监测技术》等国际合作项目，GEF六期"中国水鸟迁徙路线保护网络"项目即将得到批复。

国内外林业合作　积极开拓新兴产业、特色产业和绿色产业市场，主动服务地方林业建设，全年承揽各类项目620余项。践行林业"走出去"战略，编制完成《中俄森林资源开发和利用第六期规划》《"一带一路"建设林业产业加工园区规划》《援助坦桑尼亚野生动物保护管理和森林经营项目设计的研究》和《俄罗斯远东地区木材工业园区政策研究》等；承担中巴农林综合开发建设、刚果(金)赤道省22.9万公顷森林资源调查和资产评估、刚果(金)森林资源调查监测和恢复等森林资源开发利用合作项目。

承担林业重点专项规划任务　承担和完成《东北虎豹国家公园总体规划》《大熊猫国家公园总体规划》《祁连山国家公园总体规划》《"十三五"森林质量精准提升工程规划》《全国乡镇村屯造林绿化规划(2016～2020年)》《柴达木生态综合治理和绿色发展规划》《三北防护林工程建设40周年总结评估》《塞罕坝机械林场总体规划》和《内蒙古大兴安岭重点国有林区生态保护与绿色发展规划》等一批有重要影响的专项规划；积极参与"多规合一"试点工作，承担完成了"生态红线划定技术研究"。

服务国家重大战略实施　承担林业现代化发展目标任务、以国家公园为主体的保护地体系建设、构建生态廊道和生物多样性保护网络体系等新时代林业重大问题研究；承担雄安新区生态保护与修复规划、京津冀协同发展生态保护与建设规划、"一带一路"中国-中东欧(1+16)林业合作行动计划等国家重大生态建设和保护项目；服务国有林场改革，承担了《国有林场森林资源保护培育工程规划》和《2016年国有林场发展报告》编制工作。

国内外战略合作　健全对外合作机制，制定了《因公出国执行特定专业技术任务实施办法》《生产经营合作项目管理办法》《战略合作实施方案》等；搭建合作交流平台，成功举办第五届中国林业学术大会S4森林经理分会场；组织召开全球环境基金"加强中国湿地保护体系，保护生物多样性"规划型项目指导委员会第四次会议和湿地保护体系国际研讨会；参展《联合国防治荒漠化公约》第十三次缔约方大会边会和2017中国森林旅游节。

全面落实从严治党各项要求　持续推进"两学一做"学习教育常态化、制度化和"三强化两提升"学习实践活动；制定"三会一课"和党委理论中心组学习制度，组织召开第六次党员大会，完成党委、纪委换届，举办两期党员教育培训班和三期学习贯彻十九大精神干部培训班。贯彻落实中央八项规定精神，院处两级签订了《党风廉政建设责任书》，组织开展两次公务接待、业务接待、公车使用、会议费及差旅费补贴等专项检查，配合局巡视组全面完成对规划院的专项巡视。

机构队伍建设 制定颁布党委和行政议事规则等11项规章制度；完成干部档案专项审核和全员聘用合同签订，配合开展绩效工资实施的前期工作调研，完成养老保险的首次参保登记；制订干部教育培训、业务技术专题培训计划，选拔推荐百千万工程、全国创新争先奖、全国林业先进工作者和林业青年科技奖候选人人选；举办"陆地碳卫星及卫星应用"等6次业务技术专题讲座，全院干部职工参加各类培训、技术专题讲座累计760人次；坚持党建带群建，组织青年职工开展了革命传统教育、院史教育等活动和业务技能展示。

生产经营管理 完善责任制实施办法和生产经营重点环节管理程序规定等管理制度，组织申报市政工程监理甲级、互联网地图资质等新资质；加强重要项目的统筹调控和招投标管理，开通生产、科技项目信息管理应用程序服务。落实安全管理责任，完成院安全生产委员会组成人员调整，组织开展了两次安全生产大检查；定期通报财政资金执行进度，严格审查审批外拨资金，确保项目资金使用安全。

质量管理体系 加强项目质量过程监督检查，推动质量管理责任落实，强化技术质量管理，继续发放质量/服务满意度调查表，满意率为99.59%；完成院科委换届，制定《院高级专家咨询委员会章程》，启动专家聘任工作，邀请专家委专家参与项目咨询，有效提升了项目成果质量；顺利通过质量、环境和职业健康安全三项管理体系认证，规范项目成果文本格式，加强了对外宣传和形象展示。

基础设施建设项目实施 编制完成《陆地碳卫星应用系统林业中心业务楼建设项目建议书》《国家林业局卫星应用中心业务用房改造工程可行性研究报告》和《国家林业局碳卫星海南试验站建设工程初步设计》；组织实施"全国空气负氧离子监测试点建设""全国林地'一张图'暨年度变更调查专用设备购置"等基建项目；改善苻药居办公、业务、服务设施设备条件，卫星林业中心建设和国林宾馆改造可行性研究报告取得批复。

【春季沙尘天气趋势会商】 1月6日，国家林业局和中国气象局联合召开了2017年春季沙尘天气趋势预测会商会，来自中国气象局、国家气候中心、国家林业局规划院、内蒙古草勘院等有关单位的20多位专家，从各自专业角度对2017年春季中国北方地区沙尘天气趋势进行分析预测。

规划院技术人员在会上分别作了报告，分析了2016年北方地区植被生长状况、降水量、土壤墒情等影响沙尘天气的下垫面因子的特点及规律，为中国2017年春季沙尘天气趋势分析提供了重要的数据资料。

【全国第二次陆生野生动物资源调查技术培训班】 1月9~10日，举办全国第二次陆生野生动物资源调查技术培训班，来自全国各地的项目负责人及技术骨干约120人参加培训。

本次培训班的重点是关于调查任务书、合同书的编制。介绍了全国第二次陆生野生动物资源调查的背景、进展以及下一步工作计划，强调了编制任务书、合同书的重要意义。深入讲解了野生动物资源调查的基本原理、调查方法、模型应用、调查策略等野生动物资源调查的各个方面，对全国第二次陆生野生动物资源调查的进展、技术规定以及编制任务书、合同书的注意事项等进行了详细说明。

【无人机开展造林验收核查工作】 2月，规划院首次将无人机技术实际用于造林验收业务，完成了张家口怀来县和赤城县迎宾廊道绿化工程、国家储备储备林工程等工程项目验收核查工作。此次造林验收核查面积大、株数精度要求高、时间紧迫。规划院综合了无人机实验和平原造林验收检查工作经验，提出无人机应用方案，包括现场踏查抽样、无人机航测、正射影像生产、造林验收因子判读、现地核实与补充调查等内容。此次无人机应用重点解决了不规则混交造林株数清点费时费力、造林面积圈测难度大精度低、跨界或变更造林地核查难等难题，大大降低了山区复杂地形条件下造林核查工作的外业劳动强度，提高了整体工作效率和精度。

【陆地生态系统碳监测卫星及卫星应用培训班】 2月15日，规划院组织举办"绿色大讲堂规划院分讲堂——陆地生态系统碳监测卫星及卫星应用"培训班。全院近50人参加培训。

规划院徐泽鸿系统介绍了中国陆地生态系统碳监测卫星建设的进展和碳监测卫星的主要载荷与能力；重点分析了陆地生态系统碳监测卫星建设过程中的主要业务问题，并提出了解决方案；同时结合陆地碳卫星建设现状，指出了需要完成的重要基础工作。

【《全国湿地碳储量建模与温室气体排放因子测定技术方案》专家咨询会】 2月23日，规划院组织召开《全国湿地碳储量建模与温室气体排放因子测定技术方案》专家咨询会。

会上，方案编写组汇报了《技术方案》编制情况，介绍了湿地碳储量建模与温室气体排放因子测定的主要内容、技术要点和方法要求。与会专家对《技术方案》给予了充分肯定，认为编制《技术方案》、开展湿地碳储量建模和排放因子测定，是查清湿地碳汇资源状况、评价湿地保护修复成效的重要环节，对于科学编制中国林业温室气体清单，应对气候变化具有重要意义。专家就方案修改完善、加强试点应用等提出了宝贵的意见和建议。

【参与承办全国湿地保护工作座谈会】 2月23日，由国家林业局湿地保护管理中心主办的全国湿地保护工作座谈会在广州市召开，国家林业局副局长李春良出席会议并作讲话。此次会议由规划院实施的全球环境基金"中国湿地保护体系项目"支持召开，规划院参与会议承办相关工作。

李春良强调，贯彻落实制度方案要与党和国家工作大局、与生态文明体制改革相关重大举措落实和与推进解决湿地保护面临的最紧迫、最突出的问题相结合，提出抓紧建立湿地面积总量管控制度、制定国家重要湿地管理办法、湿地生态效益补偿制度和把各地探索的湿地保护经验及时上升为具体制度的要求，号召大家以习近平总书记系列重要讲话精神为指引，从继续推进湿地保护改革、推进湿地保护与恢复、推行国家湿地公园晋升制、完善湿地保护体系和启动国际湿地城市认证工作等方面，不断开拓全国湿地工作新局面。

【《青海省生态系统服务价值及生态资产评估研究》项目】 2月27日，规划院承担的《青海省生态系统服务价值及生态资产评估研究》获2016年度青海省科学技术进步二等奖。

本项目评估范围之大、生态系统之完整为国际、国内少有，率先在省域范围内同时完成了生态系统服务价值和生态资产评估。研究成果不仅为青海省政府贯彻落实十八大会议和习近平总书记关于生态建设系列讲话精神，实施生态立省战略、加强生态保护建设管理、完善生态补偿政策等提供科技支撑，也为其他省份的生态评估做出了示范。

【三峡工程森林资源监测重点站能力建设经费补助方案专家评审会】 2月27日，规划院组织召开《三峡工程森林资源监测重点站能力建设经费补助方案》专家评审会，院党委书记张煜星主持会议并发言。

与会专家听取了方案编写组的详细汇报，并对方案进行了认真审议，充分肯定了方案的可行性。专家组认为，方案编制针对运行期监测和管理的新要求，增加了森林涵养水源、保育土壤、固碳释氧等生态效益评价内容，方案编制结合实际，科学合理。

【两个党支部被评选国家林业局优秀学习品牌称号】 在国家林业局直属机关党委组织的优秀学习品牌征集评选活动中，规划院荒漠化监测党支部获得"国家林业局基层党组织十大学习品牌"称号，卫星遥感应用处党支部获得"国家林业局优秀学习品牌"称号。

【与中国航天科工一院航天泰坦公司开展业务交流】 3月10日，规划院副院长蒋云安带队，组织相关部门技术人员访问了中国航天科工一院航天泰坦公司，与该公司技术人员进行了现场交流座谈。

交流过程中，中国航天科工集团公司一院副院长王彦广就航天科工集团、科工一院、科工集团空间数据服务中心、航天泰坦公司的基本情况和业务能力等做了介绍。蒋云安介绍了规划院业务发展布局、信息技术应用等情况。

根据对航天技术在林业领域中应用的交流和讨论，双方一致认为非常有必要建立战略合作关系，进一步深化双方合作，特别是在商业航天、国际合作业务拓展、遥感技术、林业信息化等领域，共同开展航天技术与林业的深度融合发展的技术合作与推广。

【安徽肥西三河国家湿地公园修建性详细规划】 3月15日，规划院编制的《安徽肥西三河国家湿地公园修建性详细规划（2016~2020）》通过评审。

专家组认为，该《规划》在总体规划的基础上，提出"湿地针灸""点线联动"等规划策略，切实可行，充分反映了三河湿地的实际特征。《规划》从水系贯通、科普宣教设施建设、文化景观节点设计、植被恢复等方面对公园建设做出的设计，具有可行性和创新性。

安徽肥西三河国家湿地公园，包括杭埠河、丰乐河、小南河及杭埠河故道片区的湿地，对巢湖入湖总水量的贡献率达60%，对维护巢湖生态安全具有重要意义，也是环巢湖周边第一个国家湿地公园。

【新疆兵团第七师金丝滩国家沙漠公园总体规划】 3月18日，新疆生产建设兵团林业局在乌鲁木齐组织专家召开专家评审会，审议规划院编制完成的《新疆兵团第七师金丝滩国家沙漠公园总体规划》。

该《规划》符合相关法律法规及技术规范，遵循了"保护优先、适度开发、合理利用、持续发展"的建设原则；指导思想明确，目标切实可行，总体布局、功能区划符合实际，建设项目安排恰当，具有科学性和可操作性。专家组一致同意《规划》通过专家评审。

【森林资源清查技术培训】 3月21~23日，规划院举办森林资源清查技术培训班。培训班邀请规划院曾伟生和北京市林业勘察设计院薛康、杜鹏志和闫学强等专家授课。

培训班上，专家详细解读了森林资源抽样调查技术和清查技术规定，讲授了外业质量检查的关键技术环节，以及清查工作中常遇到的问题及应对措施。规划院处长丰庆荣就成果质量管理、科技创新等方面提出了具体要求。副院长张剑就生产安全与项目管理方面提出了指导建议。党委副书记严晓凌在党风廉政建设方面提出了具体要求。

【召开干部会议宣布国家林业局干部任命决定】 3月21日，规划院召开干部会议，宣布国家林业局关于规划院领导干部任职决定。国家林业局人事司副司长郝育军出席会议，院领导班子以及各处室主要负责人、副总工程师参加会议。

会议宣读了国家林业局关于任命张剑为规划院副院长，任命马国青为规划院副院长、总工程师的决定。

郝育军代表局党组发表了讲话。会上，张剑、马国青作了履职发言，院长刘国强代表规划院领导班子作了表态发言。

【广东台山镇海湾红树林、珠海横琴国家湿地公园总体规划】 3月27日，广东省林业厅组织召开专家评审会，审议规划院编制完成的《广东台山镇海湾红树林国家湿地公园总体规划》和《广东珠海横琴国家湿地公园总体规划》。

专家组一致认为，拟建广东台山镇海湾红树林国家湿地公园位于珠三角的重要滨海区域，是中国南亚热带海湾红树林湿地生态系统典型代表，而拟建的广东珠海横琴国家湿地公园毗邻澳港，是珠港澳湾区湿地重要组成部分，公园建设对于保护近海湿地生态系统、建设横琴"生态岛"、维护海洋生态安全及展示国家湿地公园建设具有重要意义。《规划》基础资料翔实，指导思想明确，设计依据充分，规划方法科学，功能分区合理，建设内容和投资估算符合实际，具有可操作性，达到国家有关规程规范要求。专家组一致同意两个《规划》通过评审，同意申报国家级湿地公园。

【《林地变更调查技术规程》通过评审】 3月28日，国家林业局科技司组织召开专家评审会，对资源司委托规划院牵头编制的《林地变更调查技术规程》进行审议。

与会专家听取了规划院关于《规程》编制情况的汇报，一致认为，林地变更调查的目的是及时掌握林地利用现状及其动态变化情况，保持林地调查数据和林地数据库的真实性、准确性和时效性，是林地管理的基础性工作，其成果是空间规划编制的重要支撑。《规程》将有效指导、规范全国林地年度变更调查工作。专家组一致同意《规程》通过评审。

【大光斑激光雷达机载系统挂飞综合试验】 为确保在陆地生态系统碳监测卫星发射前，基本掌握该星主载荷——大光斑激光雷达的数据处理应用技术方法，规划院联合中国航天电子技术研究院704所，在星载大光斑激光雷达载荷缩比部件的基础上，研制了大光斑激光雷达机载系统。该系统集成了航空相机、高敏航空惯导系统、高稳平台和控制存储单元，是继美国NASA的GLAS机载系统之后全球第二套同类型系统，具有较高的前沿性和创新性。

为验证大光斑激光雷达机载系统各性能指标，4月11~22日，规划院组织中国航天电子技术研究院704所、中国林科院、武汉大学、中航通飞公司，开展了多载荷的系统性挂飞综合试验。本次挂飞试验前，规划院技术人员根据大光斑激光雷达机载系统性能考核要求，结合历次飞行实验经验，先期编制完成了《大光斑激光雷达机载系统校飞试验方案》《大光斑激光雷达机载系统校飞试验外业工作方案》。试验中，规划院协调各有关单位人员部署了塔台指挥协调组、机上作业组、地面外业组，顺利采集了试验区200余平方千米的航飞数据和100余个地面控制点数据。塔台指挥协调组积极协调空管、机场、通航公司、气象等部门，为飞行的及时顺利开展争取了宝贵的时间和气象窗口；机上作业组克服高空气流颠簸、开放机舱低温缺氧等困难，获取了1500~3500米标高下的大光斑激光雷达数据、激光点云数据、航空相机数据、高光谱数据等；地面外业组也跋山涉水到达各控制点位，采集了各地形条件下的地面控制点和现地标志物照片。通过此次试验，规划院优化了大光斑激光雷达机载系统机上工作流程，完善了大光斑激光雷达载荷联合检校方法，积累了空地协同综合试验的宝贵经验。

【监测评估强沙尘天气】 5月3~4日，受较强冷空气和蒙古气旋影响，甘肃中西部、内蒙古大部、宁夏北部、陕西北部、华北北部、东北西部出现沙尘天气，内蒙古中西部局地有强沙尘暴，这是入春以来北方地区发生强度较大的一次沙尘天气过程，京津冀地区遭遇2017年以来第一次沙尘天气侵袭。

规划院组织技术人员，结合卫星影像和地面监测信息站点数据，对整个沙尘过程进行了监测评估。此次沙尘天气主要影响内蒙古、甘肃、宁夏、陕西、山西、河北、北京、天津、辽宁、吉林、黑龙江等380个县市，受影响土地面积约196万平方千米，人口约13 904万人，耕地面积约1920万公顷，草地面积约7938万公顷。

【赴新疆生产建设兵团开展湿地保护规划调研】 4月23~27日，规划院湿地监测评估处规划组一行赴新疆兵团第十二师、第四师、第二师开展湿地保护规划调研工作。

4月23~24日，规划组考察了团场作业区内的冰湖水库和柳城子水库。

4月25日，规划组对位于伊犁哈萨克自治州霍城县北侧的第四师64团湿地资源进行了调研。

4月26~27日，在兵团第二师驻地铁门关市，规划组针对国家湿地公园恰拉湖的下一步保护建设工作进行了探讨，并就相关团场的湿地公园申报和湿地保护区晋升工作进行了沟通。

【东北、内蒙古重点国有林区二类调查外业采集软件技术培训和服务】 4月，规划院技术人员分赴内蒙古森工规划院、吉林设计院开展为期三周的二类调查采集软件技术培训和外业采集软件上门服务工作。两家单位共计100余名外业技术人员接受了技术培训和软件实操技术服务。

东北、内蒙古重点国有林区二类调查外业采集软件直接关系调查单位二类调查数据采集工作成果。因此，在技术培训前规划院技术人员赴现场与多家单位调研，充分了解实际需求；培训中对外业采集软件的各项功能和注意事项以实例形式进行了生动形象的讲解；培训后与外业调查队伍一起赴调查区开展了以林场为单位的实战练习。

【全国森林资源标准化技术委员会召开2017年年会】 5月9日，第二届全国森林资源标准化技术委员会在北京召开成立大会暨2017年年会。

国家林业局森林资源监督管理办公室常务副主任、资源司副司长徐济德作工作报告，总结上一届技术委员会的工作，提出本届技术委员会的工作要求，并就换届情况进行了说明。会议审议通过《全国森林资源标准化技术委员会章程》《全国森林资源标准化技术委员会秘书处工作细则》《第二届全国森林资源标准化技术委员会工作计划》、标准体系框架表等文件；审定通过《国家森林资源连续清查固定样地测设标准》；就《林分断面积—蓄积量标准表编制技术规程》征求了各位委员的意见。

【《内蒙古土默特左旗植物园修编性详细规划》通过专家评审】 5月10日，内蒙古土默特左旗林业局召开专家评审会，审议规划院编制完成的《内蒙古土默特左旗植物园修编性详细规划》。

专家组一致认为，内蒙古土默特左旗植物园是呼包鄂协同发展战略中大青山前坡绿化项目的重要组成部分，是迁地保护生物多样性、提升区域景观品质、承载敕勒川文化的重要载体，其建设对于保存珍稀植物资源、完善呼和浩特市园林绿地框架体系、促进全区生态文明和生态产业发展、构建祖国北疆靓丽风景线具有重要意义。与会专家一致同意《详细规划》通过评审。

【中美技术合作"陆地碳计量国际学术伙伴项目（TCA-IAP）"利益相关方会议和项目工作研讨会】 5月17～20日，规划院在杭州开展为期4天的中美技术合作"陆地碳计量国际学术伙伴项目（TCAIAP）"利益相关方会议和项目工作研讨会。

会议期间，与会专家和项目人员就TCAIAP项目整体进展，陆地碳计量培训范围研究，陆地碳计量培训展望，陆地碳计量相关的政策背景、IPCC指南、GIS/遥感、统计、结果交流等课程开发进展以及项目组织管理交流等问题展开了互动交流。

TCAIAP项目由德国联邦环境、自然保护、建设和核安全部资助，由美国温室气体管理研究所牵头、中国和印度尼西亚参与，项目执行期为2016年3月至2020年2月。规划院是项目中方实施机构，主要利用美国温室气体研究所在陆地碳计量培训方面的先进经验，在中国开展陆地碳计量培训能力建设，并在中国开展两期培训示范。

【全国林业碳汇计量监测体系建设培训班】 5月16～17日，国家林业局造林司（气候办）在贵阳组织举办2017年体系建设培训班。

会上，规划院副院长、总工程师马国青主持技术培训，介绍了全国土地利用、土地利用变化及林业（LULUCF）碳汇计量监测工作进展和2017年计量监测工作安排。贵州、浙江两省介绍了本省碳汇计量监测工作经验。国家林业局林业碳汇计量监测中心的有关专家对LULUCF碳汇计量监测成果质量检查要点、数据核实技术要点、碳汇计量方法和模型参数等做了详细解读。会议还集中研究了第一次全国LULUCF碳汇计量监测汇总分析方案和重大问题。

国家林业局造林司司长、气候办主任王祝雄出席培训班并作讲话，全面总结了体系建设取得的重大阶段性成果，深入分析了抓好新形势下体系建设工作的重大意义，并就做好2017年体系建设工作提出了明确要求。造林司巡视员刘树人出席培训班并作会议总结，要求各省厅高度重视全国林业碳汇计量监测工作，稳定计量监测技术支撑单位，增强技术力量，重视人才引进和技术培训，保障工作经费，按期保质保量完成2017年计量监测工作。

【国家林业局副局长李树铭到规划院检查指导工作】 5月26日，国家林业局副局长李树铭到规划院检查指导工作，听取规划院工作情况汇报并做出指示。

规划院院长刘国强简要汇报了规划院的基本情况、工作任务以及取得的成绩，分析了规划院在职能定位、办公用房与职工住房、人才队伍建设、事业经费和业务建设等方面存在的问题和面临的困难。党委书记张煜星汇报了规划院建立健全党内各项制度、组织开展各项学习教育活动以及基层党支部建设等方面的党建工作情况。李树铭对规划院取得的成绩给予了充分肯定和高度评价。

【国家林业局副局长李树铭到规划院调研指导全国林地"一张图"建设工作】 6月2日，国家林业局副局长李树铭、国家发改委投资司副司长李明传等一行到规划院调研指导全国林地"一张图"及其变更调查项目建设与应用工作，听取了规划院汇报并观看了成果数据演示。

院党委书记张煜星从全国林地"一张图"及其变更调查项目建设的主要环节、重点内容以及成果数据在资源监管、生态文明建设、林业工程建设成效评价和政府公共信息服务等领域应用的可行性等方面做了汇报，分析了项目建设过程中存在的问题及下一步建设重点。大家就林地"一张图"应用方向进行了热烈的讨论。

李树铭和李明传对林地"一张图"数据库系统给予了充分肯定和高度评价。李明传就基于林地"一张图"在造林设计及林业工程规划等方面的应用提出了指导意见。李树铭强调，要高度重视林地"一张图"及其变更调查项目建设工作，加快成果数据的应用，并提出了具体的工作要求。

【《辽宁省森林经营规划（2016～2050年）》通过专家论证】 6月9日，辽宁省林业厅在北京组织召开《辽宁省森林经营规划（2016～2050年）》专家论证会。

专家一致同意通过《规划》，认为《规划》依据全国森林经营规划，遵循森林多功能全周期经营理念，科学布局经营亚区，合理划定森林经营分类，创新制定主要森林类型作业法，将经营任务落到具体县域，充分体现了分区、分类、因林、精准施策、多功能经营的思想，是编制市、县级森林经营规划，规范和引导全省各地科学开展森林经营，精准提升森林质量的纲领性文件。《规划》符合全省林业生态建设和森林生态保护修复的实际，具有一定的创新性，在全国具有一定的借鉴和示范作用。

【到吉林省汪清林业局调研森林资源二类调查和国家公园体制试点建设情况】 6月10～11日，规划院副院长唐小平到吉林省汪清林业局调研指导工作。

调研中，唐小平深入二类调查工作组驻地听取了吉林省规划院负责人对调查质量、进度以及面临困难等情况的汇报和林场职工对如何处理国家公园建设与林下经济发展等情况的汇报；在调查现场，与调查人员就小班区划、角规点布设、角规点绕测等技术问题进行了现场交流和探讨，对存在的问题进行了分析和指导。

【祁连山国家公园体制试点方案调研】 6月3～7日，受国家林业局国家公园筹备工作领导小组办公室委托，规划院副院长唐小平带队开展祁连山国家公园体制试点方案调研。

开展祁连山国家公园体制试点方案编制工作,是甘肃、青海省人民政府贯彻落实中央决策部署和习近平总书记关于祁连山生态环境保护重要指示精神的重要举措。规划院作为技术支撑单位协助甘肃、青海两省完成了试点方案编制,试点方案为"1+3"总体架构,包括1个体制试点方案,边界划定、人员和资产处置、机构设置方案3个附件。本次调研范围涉及甘肃盐池湾国家级自然保护区和甘肃祁连山国家级自然保护区,重点针对国家级自然保护区未纳入国家公园的范围开展调研。通过调研,专家组了解了区域的自然资源、生态保护、社会发展等情况,为指导和完善试点方案编制奠定了基础。

【"加强中国湿地保护体系,保护生物多样性规划型项目"指导委员会第四次会议】 6月15日,全球环境基金(GEF)"加强中国湿地保护体系,保护生物多样性规划型项目"指导委员会第四次会议在黑龙江省加格达奇召开。会议由指导委员会副主任刘国强主持。

会议回顾了2016年规划型项目总体进展,讨论了"6+1"项目的执行亮点、存在问题及应对措施,审议通过了2017~2018年项目工作计划,并对项目实施重大事项做出安排部署。

项目指导委员会充分肯定了规划型项目所取得的重要进展。由联合国开发计划署(UNDP)执行的6个项目已顺利通过中期评估,项目成效显著。由联合国粮食及农业组织(FAO)执行的江西项目已正式启动。

【到黑龙江大兴安岭新林林业局检查指导二类调查工作】 6月16日,规划院院长刘国强到黑龙江大兴安岭新林林业局检查指导二类调查工作。

检查过程中,刘国强查看了小班区划、角规点布设等内业完成情况,随机抽查了调查小班,对角规绕测情况和小班调查因子等进行了仔细检查,并对检查结果进行了现场打分。刘国强强调,二类调查是一项基础性工作,对于摸清中国东北内蒙古重点国有林区森林资源家底,保护和管理森林资源,编制森林经营方案具有重要意义。

【《射阳县沿海生态防护林建设项目实施方案》通过专家评审】 6月20日,国家林业局委托国家木材储备战略联盟在北京组织召开《射阳县沿海生态防护林建设项目实施方案》评审会。

与会专家一致认为,射阳县沿海生态防护林建设项目符合国家林业发展方向和当地林业发展需求,是创新林业投融资体制的重要举措,对构建沿海生态防护林绿色屏障,保障区域生态安全和落实木材储备战略具有重要意义。《方案》指导思想明确,依据充分,建设内容和规模切合实际,技术方案合理,具有较强的科学性和指导性。与会专家一致同意《方案》通过评审。

【博鳌绿化专家组到博鳌地区调研】 6月10~11日,由国家林业局计财司、规划院、中国林科院、北京林业大学等组成的国家林业局海南博鳌绿化美化专家组对博鳌地区进行调研,规划院副院长、总工程师马国青任专家组组长。

调研期间,海南省林业厅主持召开了博鳌绿化美化研讨会。专家组对国宾馆、虎头岭、博鳌机场、博鳌火车站、迎宾路、中远龙潭岭、沙美内海、嘉博路等重要路段和节点的自然资源和景观状况,以及当地生态建设的薄弱环节等进行了实地考察。

通过实地考察,专家组提出,博鳌地区绿化需以习近平总书记对博鳌的重要批示为指导,以生态修复为主,全面提升博鳌地区生态环境质量,构建一个以自然资源为依托,以专类公园为重点,以生态条带为特色的政商和谐舒适的平台。在博鳌地区充分展现习近平总书记倡导的"山水林田湖为一体"的生命共同体的良好生态环境构思。

【参加2020年全球森林资源评估专家磋商会】 6月12~16日,由联合国粮农组织主办、芬兰自然资源研究院协办的"2020年全球森林资源评估专家磋商会议"在芬兰约恩苏市召开,规划院曾伟生教授参加会议并发言。

全球森林资源评估是由联合国粮农组织(FAO)牵头组织、各成员国参与实施的全球周期性森林资源评估活动,其结果是考察森林可持续经营政府间进程,评估世界各国国际公约履约情况的重要依据。自1946年以来,FAO每5~10年组织开展一次全球森林资源评估。截至2017年年底,已经完成13次评估工作。在过去的30年间,FAO通过召开定期的专家磋商会,从各国和国际组织的专家们那里获得技术指导和支持。首次专家磋商会于1987年召开,随后在1993年、1996年、2002年、2006年、2012年又召开过5次。本次是第七次专家磋商会,是FAO为准备2020年全球森林资源评估而举办的一次国际性会议,其目的是要通过确定国家和国际层面的森林资源信息需求,提出全球森林资源评估的内容和工作步骤,在减轻各国报告负担的同时有助于保证报告的一致性和准确性,为下次的评估范围和报告框架提供指南。

【《安徽肥东管湾国家湿地公园修建性详细规划》通过专家评审】 6月20日,安徽省肥东县人民政府主持召开专家评审会,审议规划院编制的《安徽肥东管湾国家湿地公园修建性详细规划》。

专家组一致认为,该《详细规划》在《安徽肥东管湾国家湿地公园(试点)总体规划》基础上,提出了湿地公园"陂塘文化中心""研学旅行基地""湿地植物基因库"三大功能,准确的定位了公园未来的发展方向。《详细规划》充分体现了国家湿地公园建设的目的和意义,定位准确、内容全面、布局合理、重点突出,达到了国家湿地公园修建性详细规划的要求和深度。与会专家一致同意《详细规划》通过评审。

【与非联控股集团签署"刚果(金)PCPCB项目及林业生态环境项目开发项目"合作备忘录】 6月20日,规划院与非联控股集团举行《关于刚果(金)PCPCB项目及林业生态环境项目开发合作的备忘录》签字仪式。院长刘国强和James Ndambo主席代表双方在项目合作备忘上签字，副院长张剑、处长王志臣和刘洪志先生、Pascal 先生作为双方见证人在合作备忘录上签字。

非洲联合控股集团（AUH）是非洲撒哈拉沙漠以南地区多领域投资集团公司，与区域内相关非洲国家的政府部门建立了长期稳定的关系。集团与刚果（金）政府合作实施刚果（金）森林采伐利用监管项目（PCPCB），在全球范围内寻求 PCPCB 项目融资机构和具体实施单位。经 AUH 中国代表处与规划院接洽协商，拟与规划院合作完成 PCPCB 项目中的"森林采伐木材合法来源追溯标签打印设备、配件、装备和相关材料的购置及服务"和"利用无人机技术对 18 000 公顷已毁林地进行再造林试验"两项任务。为此，5 月初规划院派出专家组赴刚果（金）进行实地调研，并与（AUH）进行多次沟通，达成双方合作的初步意向。

【坦桑尼亚林务局来规划院访问交流】 6 月 24 日，坦桑尼亚自然资源和旅游部林务局局长 Dos Santos A. Silayo、坦桑尼亚驻华使馆全权公使 Saidi H. Massoro、局长助理 Somenli L. Mteleka 到规划院交流有关林业援助项目前期工作。

规划院副院长唐小平向来宾介绍了由规划院编制的《坦桑尼亚联合共和国森林资源调查和森林经营方案编制技术援助项目建议书》的简要情况，并解答了 Dos Santos A. Silayo 先生一行提出的项目建设内容相关问题。宾主双方进行了深入友好的交流。

【赴山东聊城进行古漯河湿地调研】 6 月 22～25 日，由规划院和北京林大林业科技股份有限公司组成的古漯河湿地保护恢复调研组，赴山东聊城开展实地调研。

经过实地考察，调研组提出应坚持"保护优先、科学修复、合理利用、持续发展"的基本原则，按照自然性、多样性、地域性、复合性和持续性的要求。不仅要充分考虑历史、现在和未来的关系，还要与聊城社会经济发展要求相适应，通过采取综合措施对古漯河湿地进行最大限度的保护和恢复，从而打造优美健康的湿地环境，带动周边绿色产业发展。

【《环巢湖湿地公园群总体规划》通过专家评审】 7 月 1 日，安徽省合肥市林业和园林局主持召开专家评审会，评审规划院编制的《环巢湖湿地公园群总体规划》。

与会专家认为，该《规划》立足现实，在分析流域湿地历史变迁的基础上，划定了环巢湖地区不同级别湿地公园的选址范围，区别了不同湿地公园的功能定位，构建了环巢湖湿地公园群的空间结构。《规划》中关于湿地的保护与恢复、水资源保护等专项研究，准确地指导了环巢湖地区湿地保护工作的开展。评审专家认为，该《规划》依据充分，目标清晰，措施有力，符合合肥市湿地保护的实际，为建设"巢湖流域生态文明先行示范区"提供了技术支撑。

环巢湖湿地公园群规划湿地总面积 96.64 平方千米，占整个环巢湖地区湿地面积的 44.06%。该规划作为中国第一个湿地公园群规划，对中国大区域、大尺度湿地保护工作具有引领和指导意义。

【2017 年人工造林和公益林动态监测技术培训】 为完成 2017 年人工造林和公益林动态监测工作，掌握全国人工造林和公益林动态情况，规划院组织开展人工造林和公益林动态监测技术培训。

核查人员系统地学习了人工造林和公益林动态监测工作所涉及的法律法规和政策文件，项目主管领导和技术负责人分别讲解了国家级重点公益林的历史现状、人工造林和公益林动态监测方法和技术规程、规范。为确保每位核查人员熟练掌握监测办法和技术方案，培训会上还进行了岗前考试测评。

【《博鳌生态建设及景观提升总体规划》等 3 项成果通过专家评审】 7 月 7～8 日，海南省林业厅、琼海市政协在琼海组织召开《博鳌生态建设及景观提升总体规划》《琼海市博鳌湿地公园设计》《琼海市博鳌龙潭岭森林公园设计》（以下简称《规划》《湿地公园设计》《森林公园设计》）评审会。

与会专家一致认为，海南博鳌是亚洲论坛会址永久所在地，区位十分重要，生态建设受到了党中央的高度重视。提升博鳌生态环境和景观品质对于构建一个舒适、轻松、和谐、自然的政商交流平台，打造国际会都，最大化发挥博鳌的综合功能具有重要意义。《规划》现状分析翔实，定位准确清晰，理念富有创意，目标具有前瞻性，布局科学合理，分区详规突出地域特色，是博鳌生态建设和景观提升的重要指导性文件。与会专家一致同意《规划》通过评审。

编制组分别介绍了《湿地公园设计》与《森林公园设计》的编制情况及主要内容。与会专家一致认为，博鳌湿地物种丰富，红树林景色优美，具有重要的生态价值，进一步加强该区域湿地生态系统的保护提升湿地生态系统的服务功能以及湿地景观质量具有重要意义。《湿地公园设计》方案理念富有创意，湿地保护恢复措施设计科学合理，湿地景观及节点设计地域特色突出，设计内容符合实际。《森林公园设计》基于对虎头岭重要区位及建设条件的充分调研，将森林公园、木本植物专类园和大熊猫园设计充分结合，设计思路和理念具有先进性；植物选择在充分利用本地树种的基础上，适当引进珍贵珍稀树种，具有科学性，设计深度能够指导。两个《设计》方案均与《规划》指导思想和布局相衔接，设计深度能够满足湿地恢复与景观提升以及森林公园的建设需求。与会专家一致同意两个《设计》通过评审。

【荣获"2016 年土耳其安塔利亚世界园艺博览会中国参展工作先进单位"称号】 7 月 5 日，中国花卉协会在北京召开 2016 土耳其安塔利亚世界园艺博览会中国参展工作总结会议。中国在安塔利亚世园会中参展的"中国华园"荣获国际园艺生产者协会大奖和 2016 土耳其安塔利亚世界园艺博览会组委会国际室外展园金奖。为表彰先进，激励有关单位和个人继续支持和推动中国花卉事业发展，中国花卉协会对相关单位和个人进行了表彰。规划院为"中国华园"的宣传工作做出了积极贡献，被授予"2016 年土耳其安塔利亚世界园艺博览会中国参展工作先进单位"称号。

【2017年中央财政森林抚育补贴国家级抽查启动会暨现场技术培训】 7月24~27日，规划院在北京林业大学鹫峰实验林场组织召开了2017年中央财政森林抚育补贴国家级抽查启动会暨现场技术培训。

会上，造林司副司长吴秀丽全面分析了当前中国森林经营及森林抚育工作的形势和主要任务，对2017年即将开展的中央财政森林抚育补贴国家级抽查工作提出了具体要求，并做了安排部署。作为该项工作的牵头单位，规划院副院长蒋云安就2017年森林抚育国家级抽查工作的前期组织开展情况和下一步计划进行了汇报和说明，其他各院也就各自工作开展情况和工作计划作了发言。林科院研究员雷相东结合室内理论讲解与现场实际操作，系统讲解和实践了《森林抚育规程》和《森林抚育检查验收办法》的技术要求和实际操作方法。

【《全国森林碳储量分布图遥感制作技术方案》通过专家评审】 7月26日，国家林业局造林司在北京召开《全国森林碳储量分布图遥感制作技术方案》论证会。

专家一致同意通过《方案》，认为依托全国林业碳汇计量监测体系，运用高分卫星遥感技术，制作全国及各省森林碳储量分布图，直观展示全国森林碳储量分布格局，是体系建设成果的重要内容，对于科学制定林业应对气候变化政策具有重要意义。《方案》以分辨率优于2米的卫星影像为支撑，系统应用遥感和地形等因子，研建遥感解译标志自动建立与提纯、森林植被信息提取方法和森林碳储量估测模型，开发业务化工具，基础工作扎实，总体思路清晰，技术方法科学，实用性和可操作性强，满足全国森林碳储量分布图制作的技术要求。

【赴河北木兰围场国有林场开展《森林质量精准提升工程建设标准》调研】 7月25~27日，由规划院和北京中林资产评估公司组成的《森林质量精准提升工程建设标准》项目编制组一行11人，赴河北木兰围场国有林场管理局开展实地调研。

项目组通过试验地调查、现场考察，对"区域经营、综合设计、集中作业"的近自然系统性森林经营新模式有了更深层次了解。经与木兰林管局相关机构、技术部门深入座谈研讨，分别就造林技术模式、森林抚育技术模式、退化修复技术模式和灌木林复壮更新技术模式进行了系统剖析，并在此基础上进一步完善了《标准》全国调查表。森林质量精准提升是以提高森林质量和林地生产力、培育健康稳定高效的森林生态系统为目标，被列入林业发展"十三五"重点工程。

【大熊猫国家公园（陕西园区）落界考察及总体规划前期调研】 7月27~8月10日，规划院副院长唐小平带领大熊猫国家公园总体规划（陕西园区）项目编制组赴陕西省西安市、宝鸡市、安康市、汉中市的8个县开展现地调研工作。

总体规划编制组根据川陕甘三省前期工作准备情况，先期开展了陕西园区的现地调查、勘界明界及现状调研。规划编制组根据陕西具体情况，分为关中、陕南2个调研组，调研组通过会议、座谈、现地定位考察和走访等形式，对陕西园区边界、功能区界和基本情况开展了详细摸底。

【"关于自然保护区总体规划的思考"专题业务培训】 8月9日，规划院开展"关于自然保护区总体规划的思考"业务技术专题培训，特邀北京林业大学标本馆馆长兼理科基地主任张志翔教授主讲。

张志翔围绕自然保护区定义、自然保护区管理对象、林业资源管理与自然保护区管理的本质区别、自然保护区总体规划注意要点四项核心内容，对自然保护区总体规划编制工作做了系统分析和深入讲解。

【组织召开"三峡库区生态屏障区生态效益监测技术与评价方法研究"项目专家咨询会】 8月4日，规划院组织召开了"三峡库区生态屏障区生态效益监测技术与评价方法研究"项目专家咨询会。

与会专家充分肯定了项目实施进展的可行性。认为项目中的生态屏障区森林植被时空变化快速提取技术、森林生态系统的生态效益监测技术和综合评价技术以及与库区社会经济发展影响评价技术等4个子课题研究进度符合项目要求，课题关键技术、考核指标、研究内容清晰，项目工作组织合理有序。建议进一步整合现阶段研究成果，将研究成果从示范区（小尺度）推向整个三峡库区屏障区（大尺度），最终形成一套适用于三峡库区森林生态效益监测与评估技术手段和评价方法。并按照项目合同目标要求完善总报告，为研究结果应用提出合理建议和科学依据。

【《林下灌层生物量、死有机质和土壤碳库估算模型研制报告》】 8月10日，国家林业局造林司在北京组织召开《林下灌层生物量、死有机质和土壤碳库估算模型研制报告》专家论证会。

专家组一致同意通过《报告》，认为系统构建林下灌层、枯死木、枯落物和土壤碳库估算模型，是全国林业碳汇计量监测体系建设的重要内容，也是一项填补国内空白的开创性工作。对编制国家林业温室气体清单、支撑国家控制温室气体排放目标责任考核、参与国家碳排放权交易和应对全球气候变化具有重要意义。建模数据覆盖面广、代表性强。模型研制总体思路清晰，技术方法科学，基础工作扎实，实用性和可操作性强。利用模型方法构建林下灌层、死有机质碳库估算模型，在国内尚属首次，达到世界先进水平。所研建模型为全国尺度连续测算森林生态系统全碳库碳储量和碳汇量奠定了基础。

【《广东北峰山国家森林公园总体规划（修编）》通过评审】 8月10~11日，广东省林业厅在台山市主持召开专家评审会，审议规划院编制完成的《广东北峰山国家森林公园总体规划（修编）》。

专家一致认为，在广东省积极建设首个国家森林城市群以及江门市大力推进国家森林城市建设的背景下，对北峰山国家森林公园提出了新的、更高的要求，原有的规划已经显示出诸多不适应，规划的修编迫在眉睫；《规划》在上期规划建设基础上，对公园的功能分区、基础设施、生态旅游、环境保护等方面进行了提升和优化，对森林公园今后的建设和可持续发展具有重要指导意义；《规划》充分考虑了森林公园的区位优势与资源特色，指导思想明确，内容全面，重点突出，保障措施到位，具有一定的前瞻性与可操作性，符合《国家级森林公园总体规划规范》的要求。专家一致同意通过《规划》。

【与非联控股集团签署"刚果（金）1.8万公顷碳汇造林作业设计"委托合同】 8月17日，规划院与非联控股集团举行《刚果（金）1.8万公顷碳汇造林作业设计委托合同》签字仪式。副院长唐小平和James Ndambo主席代表双方在项目委托合同上签字。标志着刚果（金）PCPCB项目进入实质性阶段，对规划院深入实施走出去战略，深化与国际相关集团公司（企业）的林业合作，拓展院业务格局和领域具有重要意义

【西藏首个国家沙漠公园通过专家评审】 8月19日，西藏自治区林业厅组织召开专家评审会，审议规划院编制完成的《西藏扎囊国家沙漠公园总体规划》。

与会专家一致认为，西藏扎囊国家沙漠公园位于雅鲁藏布江河谷风沙地貌区域，生态区位重要，该沙漠公园的建设将填补西藏国家沙漠公园的空白，对于推进生态文明建设、保护区域荒漠生态系统、合理利用资源、促进当地可持续发展，具有重要的意义。沙漠公园资源丰富，高原特色和景观特色明显，具有较高的科学研究保护价值，满足建设国家沙漠公园的条件。评审专家认为，该《规划》思路清晰，目标切实可行，总体布局、功能区划合理，具有较强的科学性和可操作性，符合国家沙漠公园建设的相关要求。与会专家一致同意《规划》通过评审。

【《河北省塞罕坝机械林场总体规划（2017～2030年）》通过专家评审】 8月21日，河北省林业厅在北京组织召开《河北省塞罕坝机械林场总体规划（2017～2030年）》专家评审会。

与会专家一致认为，河北省塞罕坝机械林场位于京津冀生态协同圈京北高原生态防护区，是一道横亘于内蒙古高原南缘的绿色屏障，浑善达克沙地南移的重要阻滞带，滦河和辽河两大河流的重要水源涵养区，对京津冀地区阻沙源、涵水源发挥着不可替代的重要作用。规划编制对践行国家生态文明建设，落实国家林业重大发展战略，实现京津冀协同发展生态率先突破，具有十分重要的意义。《规划》具有较强的科学性、先进性和可操作性。与会专家一致同意《规划》通过评审。

【全国重点省份泥炭沼泽碳库调查工作】 2014年起，国家林业局分年度组织开展了全国11个重点省份泥炭沼泽碳库调查工作，规划院是此项工作的技术支撑牵头单位。截至8月，规划院已开展了吉林、黑龙江、辽宁、云南和贵州5个省份的调查工作，吉林省、云南省和黑龙江（不含龙江森工）已完成了总报告的编写工作。

【《榆林市国家森林城市建设总体规划（2017～2026年）》】 8月26日，陕西省榆林市人民政府在北京组织召开《榆林市国家森林城市建设总体规划（2017～2026年）》专家评审会。

专家一致认为：榆林市位于毛乌素沙漠和黄土高原沟壑交汇区，生态脆弱和敏感，生态区位十分重要。榆林市创建国家森林城市对于构筑丝路生态安全屏障、践行绿色发展理念、提升森林生态福祉、落实陕西"三化"战略、开展干旱半干旱区森林城市建设示范具有十分重要的意义。《规划》深入分析了榆林市自然生态环境和森林城市建设成效，紧扣区域自然、经济和社会发展实际和生态文明建设总体要求，从问题导向出发，提出的规划指导思想、目标和定位符合榆林实际具有较强的前瞻性。与会专家一致同意《规划》通过评审。

【分赴黑龙江大兴安岭地区新林林业局、韩家园林业局开展二类调查质量检查工作】 8月4～28日，规划院抽调8名技术人员分赴黑龙江大兴安岭地区新林林业局、韩家园林业局开展二类调查质量检查工作，共检查小班419个，面积16 885公顷，已完成工作量约占检查总量的55%。

【《崇义县国家森林城市建设规划（2017～2026年）》通过评审】 9月2日，规划院编制的首个县一级国家森林城市建设规划——《崇义县国家森林城市建设规划（2017～2026年）》通过专家评审。

经过听取汇报、审阅文本、详细讨论后，评审组一致认为，《规划》系统分析了崇义森林城市建设的进展和成效，明确了森林城市建设主攻方向，提出的规划思路和措施符合崇义县实际，具有较强的前瞻性，对于建设县域国家森林城市具有示范意义。《规划》文本规范、内容全面、重点突出、措施可行，具有较强的针对性和操作性，特别是规划的森林主题小镇、森林村庄建设模式、森林经营样板基地、森林体验和康养、森林休闲活动等具有一定的特色和创新，一致同意《规划》通过评审。

【环首都国家公园体系发展规划编制工作正式启动】 国家林业局计财司组织召开《环首都国家公园体系发展规划》编制工作启动会。

规划院副院长、总工程师马国青代表规划编制组就规划前期工作进展情况、规划编制组织机构、技术方案等内容进行了详细说明。与会代表和专家充分肯定了项目实施的必要性，并围绕规划选定范围的合理性、创新性等展开了讨论，明确了《规划》编制的指导思想、基本原则和依据、时间安排、工作组织以及工作内容等。

【《安阳市国家森林城市建设总体规划（2017～2026年）》通过专家评审】 9月2日，河南省安阳市人民政府在北京组织召开《安阳市国家森林城市建设总体规划（2017～2026年）》专家评审会。

专家一致认为，《规划》从安阳市自然生态环境和建设基础条件分析入手，梳理出森林城市建设面临的难点和短板，紧扣问题导向，提出的规划思路和措施符合安阳实际，对安阳建设国家森林城市、推动绿色转型发

展、助力京津冀协同发展生态屏障建设、构建中原森林城市群等具有十分重要的意义。与会专家一致同意《规划》通过评审。

【赴甘肃陇南开展大熊猫国家公园（甘肃园区）外业调查及总体规划前期调研】 9月5～8日，规划院大熊猫国家公园总体规划（甘肃园区）编制组赴甘肃陇南武都区、文县开展现地调研工作。

调研组初步对大熊猫国家公园甘肃园区的边界和各功能区界进行了勘察，并对各界限区域地理、人文等基本信息进行了详细摸底。调查期间，调研组先后深入白水江国家级自然保护区和裕河省级自然保护区及周边乡镇、村屯，详细开展了外业调查、范围堪界、数据收集等工作。调研组还与保护区和周边社区召开座谈会，与相关利益相关者现场讨论了国家公园建立对大熊猫及其栖息地影响，对当地居民生产生活影响及对西秦岭生态系统功能的影响等，探讨了优化调整涉及的居住点、公路和河流的地块等。

【《北京房山长沟泉水国家湿地公园总体规划（修编）》】 9月5日，北京市园林绿化局组织召开专家评审会，审议规划院编制的《北京房山长沟泉水国家湿地公园总体规划（修编）》。

专家组一致认为：《总体规划（修编）》指导思想明确，调整范围和功能分区合理，内容全面，结构完整，具有可操作性，符合国家相关技术规范的要求。专家组一致同意《总体规划（修编）》通过评审，并建议根据专家意见做进一步修改完善。

【与加拿大MDA公司开展技术交流】 9月14日，加拿大MDA地理空间服务公司中国市场业务总监Dr. Henry Chen、业务开发处处长Mark Carmichael、技术应用处经理Jo Man等一行5人到规划院技术交流，重点讨论了雷达数据在森林资源动态变化监测的技术应用。与会双方围绕雷达监测的理论与实际应用进行了深入的交流，并就进一步开展项目与技术合作进行了探讨。

【参加《联合国防治荒漠化公约》第十三次缔约方大会并举办专题展览】 9月6～17日，《联合国防治荒漠化公约》第十三次缔约方大会在内蒙古自治区鄂尔多斯市举行。来自196个缔约方代表团和部分国家元首，以及相关国际组织、民间组织的代表和嘉宾约1400人出席大会，共商全球防治荒漠化大计。

院长刘国强以东道国嘉宾身份参加了高级别会议开幕式及高级别专题圆桌会。党委书记张煜星等2人代表中国治沙暨沙业学会参加了中外各方组织的边会等活动。副院长唐小平等4人受邀加入外交部组织的中国政府代表团，参加了大会开幕式、科学技术委员会、履约审查委员会等会议。此外，规划院其他18名同志以非政府组织观察员身份参与了大会期间的各类活动。

大会期间规划院在国际展区举办了专题展览，全面展示了规划院的业务范围、组织机构和取得荣誉等综合实力，详细介绍了规划院在森林资源监测、湿地监测、野生动植物监测、全国及区域性规划设计、卫星遥感及信息技术、国际合作、国际技术援助和交流等领域开展的工作，重点展示了在荒漠化和沙化土地监测方面所取得的成绩。展板紧扣大会主题，内容丰富、图文并茂，吸引了多个国家的参会代表前来咨询。据统计，参访规划院展台的各国政府、国际组织和民间组织的代表达900多人次，索取宣传材料830余份，回收名片和签名600多个。刘国强还应邀与津巴布韦环境、水和气候部部长Muchinguri女士正式会谈，就森林、湿地和野生动植物资源监测方面的援助和合作进行了交流。

【《联合国防治荒漠化公约》第十三次缔约方大会边会】 9月15日，规划院主办的主题为"一带一路"国家战略下的自然资源监测边会召开，来自缔约方政府、FAO等相关国际组织、民间组织的代表110多人参加了边会。院党委书记张煜星主持边会并作主旨报告，全面解读了"一带一路"国家战略下的林业作用，展示了各类资源调查监测和规划设计所取得的成果，报告了近十年来规划院开展的境外林业自然资源监测及规划设计的技术援助、技术合作的国别和领域，系统展示了规划院的技术优势和可输出的相关领域，全方位、多角度地展望了与"一带一路"沿线及其他国家的合作前景。会后，津巴布韦、孟加拉、赞比亚等10余个国家的政府代表还进一步与规划院的技术人员深入讨论，表达了获得技术援助或开展技术合作与交流的愿望。

【制作宣传片《防治荒漠化 中国在行动》】 规划院制作的宣传片《防治荒漠化中国在行动》在《联合国防治荒漠化公约》第十三次缔约方大会高级别会议开幕式上播放。该片用镜头讲述了中国68年来防治荒漠化的历程和成效，以及防沙治沙所面临的繁重任务。沙坡头、塞罕坝、焦裕禄、石光银等透过一个个治沙典型和人物，谱写出了艰苦卓绝、不屈不挠的治沙赞歌。

【到海南省东方市开展国家珍贵树种培育示范市建设成效国家级考评工作】 9月15～16日，规划院院长刘国强带队到海南省东方市开展珍贵树种培育示范市建设成效国家级考评工作。

考评组听取了东方市关于国家珍贵树种培育示范市建设情况的汇报，东方市副市长符高波详细介绍近年来东方市为建设示范市所采取的主要措施，取得的建设成效，并提出了当前存在的问题及下一步工作计划。

随后，考评组实地调研了东方市林科所、汇利黄花梨培育基地、南浪村、马龙村等珍贵树种培育情况，认真考评了东方市城市绿化、种质资源保护培育、基地建设、社会宣传教育等情况。

【天津市森林资源清查技术指导及外业调查质量检查工作】 根据国家林业局资源司的统一部署安排和《国家森林资源连续清查质量管理办法（试行）》的要求，规划院质量检查组赴天津市相继开展一类清查指导性检查和质量评定检查工作。

从5月开始，规划院先后开展了技术培训和前期指导性检查工作，共抽查固定样地28块，涉及天津市蓟州、武清、静海、宝坻、滨海新区等10个区，检查组人员现场认真解答调查队员存在的疑问，并对调查中的关键技术进行现地操作与讲解，后将指导性检查中发现的问题及处理意见进行全市通报。截至9月，规划院共检查固定样地65块，占天津市样地总数的2%，同时已将发现问题及时反馈到各工组，要求进行修改。

为提高清查成果的科学性和准确性，本次天津市一类清查新增了样线调查，此项工作是对全国森林资源连清体系优化完善的积极探索。规划院就调查方法进行了大量的论证与实验，形成了《天津市样线调查操作细则》，并派技术人员进行技术指导及外业检查工作。

【大熊猫国家公园四川片区总体规划第一阶段外业调研】 为加快推动大熊猫国家公园体制试点工作，规划院牵头开展了大熊猫国家公园四川片区总体规划的外业调查。本次外业调查从8月28日开始，规划院、北京林业大学等单位组织了30个技术人员分为4个组，先后赴绵阳、广元、成都、德阳、阿坝、雅安、眉山7市19县（区、市），分别与各县（区、市）政府进行座谈，开展了边界和功能区落界调查，进行了人为活动本底调查，对接了规划范围内的相关建设项目。截至9月23日，各调研组均顺利完成了第一阶段的外业调研任务。

【参展2017中国森林旅游节】 9月25~27日，由国家林业局和上海市人民政府联合主办，上海市林业局和上海市旅游局承办的2017中国森林旅游节在上海世博展览馆隆重开幕，活动主题为"绿水青山就是金山银山——走进森林，让城市生活更精彩"。全国31个省（区、市）和内蒙古、黑龙江、大兴安岭、长白山等森工（林业）集团集中展示全国各地的森林旅游风光。

规划院以森林旅游规划设计为主要内容参展，全面展示了规划院的主要业务范围和近年来在森林旅游政策技术研究和森林公园、湿地公园、森林康养基地、森林小镇、全域旅游等方面所取得的规划设计成果。此次中国森林旅游节开幕式上发布了新一批35个国家森林公园和第一批43个"全国森林旅游示范市县"名单，规划院负责申报技术服务的福建杨梅洲峡谷等5个森林公园和海南陵水黎族自治县榜上有名，陵水县县委、林业局领导受邀参加了授牌仪式。

【林业调查新技术应用实验】 9月，规划院有关技术人员赴天津蓟州区开展森林调查新技术应用实验，利用无人机、三维激光扫描仪、RTK定位测量仪和三维全景相机等高新设备对不同林分进行野外同步数据采集工作，探索研究通过现有先进的无人机、激光雷达扫描等技术手段和系统应用，可以实现对森林及林木资源进行自动判读、三维建模、GIS空间可视化数字测量、统计分析等功能，从而实现对森林资源的定量化和精准化评价，也为今后在林业调查工作中推广无人机倾斜测量和三维激光扫描技术等高新技术做好技术储备工作。

【刚果（金）碳汇造林设计项目前期调研】 9月27日至10月6日，规划院副院长唐小平率团一行5人赴刚果（金）执行了1.8万公顷碳汇造林作业设计前期调研任务。

访问期间，调研组先后拜访了刚果（金）环境部部长Amy Ambatobe Nyongolo先生、非联控股集团主席James Ndambo先生，分别与环境部园艺与造林部门、非洲联盟金融服务公司举行会谈。赴Bateke实地考察了林木采种、苗圃育苗和造林模式，召开技术研讨会，就刚果（金）主要造林树种、种苗供给、造林技术、育林成本和多种经营等进行了深入研讨，全面收集了中刚果省行政区划、植被、土壤、地形、毁林地块等方面数据，为下一步开展再造林作业设计奠定了基础。还赴卢本巴希与当地官员和企业家座谈，就PCPCB项目作了交流。与PCPCB项目执行经理Pascal先生进行洽谈，进一步商定了项目实施计划。

【通过质量、环境和职业健康安全三项管理体系认证】 规划院通过ISO 9001：2015质量、ISO 14004：2015环境和OHSAS 18001：2007职业健康安全三项管理体系认证，并获得了该三项管理体系认证证书。

【《大同市全面推进国土绿化总体规划》通过评审】 10月20日，山西省大同市林业局组织召开专家评审会，对规划院编制的《大同市全面推进国土绿化总体规划》进行评审。

专家一致认为，大同市地处京津冀的上风上水地带，是京津冀地区的重要生态屏障，启动实施全面推进国土绿化工程，是贯彻落实"绿水青山就是金山银山""四个着力"要求的重要载体，是积极践行全省在"一个战场"打好脱贫攻坚和生态治理"两个攻坚战"的战略部署，是全力建设美丽大同，着力打造天蓝、地绿、水清的宜居家园的重大举措，《总规》编制意义重大。与会专家一致同意《总规》通过评审。

【《海南省森林防火规划（2017~2025年）》通过评审】 10月27日，海南省林业厅组织召开《海南省森林防火规划（2017~2025年）》专家论证会。

与会专家一致认为，森林火灾突发性强、破坏性大、危险性高，是全球发生最频繁、处置最困难、危害最严重的自然灾害之一，是生态文明建设成果和森林资源安全最大威胁。加强海南省森林防火基础设施建设，提高森林火灾综合防控能力，对保护海南省珍稀独特的森林资源，巩固生态文明建设成果，建设美好新海南具有重要意义。与会专家一致同意《规划》通过评审。

【开展全国森林资源宏观监测内蒙古自治区无人机调查试点工作】 2017年，规划院承担了林业新技术应用——全国森林资源宏观监测内蒙古自治区无人机调查试点工作任务，此次试点工作是规划院首次将无人机技术应用于森林资源调查监测的生产性项目。根据项目工作要求，无人机验证调查工作的主要目标包括通过获取大比例尺无人机影像提高遥感大样地判读精度、补充无卫星影像区域遥感数据等内容。规划院高度重视该项工作，组织项目技术组在总结河北承德、内蒙古根河、西藏昌都、黑龙江苇河等地森林资源一、二类调查无人机应用研究经验的基础上，编制了《全国森林资源宏观监测内蒙古自治区无人机验证调查工作方案》和《技术细则》。

9月初至10月中旬，规划院组织5个外业工作组分赴内蒙古自治区各地，对技术组筛选的150个遥感大样地开展了无人机航测作业。上述150个遥感大样地涵盖各土地类型，均匀分布于自治区全境，并在东部国有重点林区做了加密。外业工作组克服交通不便、作业环境恶劣等诸多困难，严格按照院关于安全生产和护林防火的规定，保质保量地完成了所有遥感大样地的外业航飞工作。无人机影像生产和配准工作也在同步进行，目前在开展数据质量检查和整理入库工作。

【参加三北防护林体系建设40年总结评估调研】 10月26~29日，规划院联合中科院地理科学与资源研究所组建调研组，赴河北省唐山市开展三北防护林体系建设40年总结评估调研工作。南京林业大学原校长曹福亮院士担任调研组组长。

调研期间，听取了唐山市、迁西县和遵化市三北工程建设和林业发展情况的汇报。先后赴11个工程项目点，现地察看营造林工作进展，现场观摩工程建设科技创新、融资创新、立体经营的最新成果，全面了解三北工程在构筑水土保持和涵养水源屏障，推动田园综合治理，加快板栗等优势产业发展，打造生态旅游、全域旅游，促进区域生态改善、农民增收致富和乡村振兴发展中的突出作用。深入乡镇、村庄开展了入户问卷调查，全面收集了1986年以来唐山市和迁西县、遵化市三北工程建设情况资料。曹福亮对唐山市三北工程建设取得的巨大成就和生态、社会、经济效益给予了充分肯定和高度评价，同时就创新驱动、推动新时代三北工程建设，从基因库建设、强化水土保持、丰富名优品种、最优密度控制、抓好林下经济等提出了殷切希望。

10月27至11月1日，规划院联合中科院地理科学与资源研究所组建调研组，赴山西省临汾市、陕西省延安市开展三北防护林体系建设40年总结评估调研工作。规划院副院长、总工程师马国青担任调研组组长。

调研期间，听取了隰县、永和县、吉县、宜川县、宝塔区三北工程建设和林业发展情况的汇报。先后赴13个工程项目点，实地察看三北第一至三期生态防护林建设工程，以及三北第二期至五期生态经济型防护林体系建设工程的建设成效，全面了解三北工程在改善区域生态环境，推动区域经济发展，加快梨、枣、苹果、花椒等优势产业发展，增加农民就业，促进农民增收和治理水土流失方面的突出作用。调研组针对政府官员、工程管理人员、技术人员和群众等四类人群开展现场问卷调查，完成调查问卷共95份。全面收集了20世纪70年代末以来各调研县（区）三北工程建设情况资料，尤其是三北工程示范区、百万亩防护林基地、黄土高原综合治理林业示范项目、退化林修复试点建设进展情况。此次调研标志着三北防护林体系建设40年总结评估调研工作全面启动。

【《森林质量精准提升工程典型技术模式调查表》填报工作座谈会】 10月27日，在北京召开。

森林质量精准提升是党中央、国务院在新的历史时期提出的加强生态文明建设、确保森林生态安全的重大战略举措。为深入贯彻落实习近平总书记关于"实施森林质量精准提升工程"等系列重要指示精神，规范和加强森林质量精准提升工程建设管理，提高项目决策科学化水平，确保工程实施达到预期的生态、经济和社会效果，制定《森林质量精准提升工程建设标准》尤为重要。会议旨在归纳总结森林质量精准提升技术模式，以期准确填报森林质量精准提升技术模式与指标调查表，为进一步做好森林质量精准提升工程建设标准编制工作夯实基础。

会议就构建"森林质量精准提升工程典型技术模式"的总体思路，以及《森林质量精准提升工程典型技术模式调查表》设计路线和填报方法分别进行了阐述和分析，并对"森林质量精准提升工程典型技术模式"开展了填报案例演示和专题讨论，特别针对填报森林质量精准提升造林、抚育与更新、退化林修复、灌木林更新复壮等技术模式与指标调查表进行了指导。森林质量精准提升是以提高森林质量和林地生产力、培育健康稳定高效的森林生态系统为目标，被列入林业发展"十三五"重点工程。

【承担《雄安新区9号地块一区造林项目》施工设计任务】 10月30日，规划院参加雄安新区9号地块一区造林项目公开招标。在公开竞标中，规划院与中交天津航道局有限公司等单位组成的联合体中标雄安新区9号地块一区造林项目EPC总承包项目第四标段。

规划院自10月初投标报名以来，多次前往项目区进行外业调查，结合新区对九号地块的定位与项目区实际情况，设计以常绿（松柏类）、长寿树种为基调树种，营造"千年秀林"；采用混交、复层、异龄、大林班的复层自然群落栽植模式，营造以常绿树为主体的基础森林，建立华北平原地区稳定的近自然群落。项目计划于2017年秋季开始施工，至2018年完成全部施工任务。

【参加防沙治沙法执法专项督查】 10月25~26日、11月14~16日，按照国家林业局《关于开展防沙治沙执法工作专项督查的通知》（办沙字〔2017〕141号）要求，对重点省区开展实地督查工作。规划院副院长唐小平任第一组组长，分别对山西省、河北省的防沙治沙执法情况进行了专项督查。

督查组抽取了山西省大同县、平鲁区，河北省围场县、丰宁县等进行实地检查。为达到发现问题、解决问题、总结经验、推进执法的目标，督查组采取了现地走访、沟通交流、查阅相关资料的方式，对不同县市、不同类型的防沙治沙执法工作进行了有目的、有针对性的专项检查。为了更准确地掌握各地的沙区植被保护状况，督查组将抽取单位的前期和最近的卫星遥感数据进行了对比分析，提取了植被破坏的区域，并现场核查变化原因。

【全国森林资源标准化技术委员会举办森林资源标准培训班】 11月15~18日，全国森林资源标准化技术委员会在海口举办了《森林资源规划设计调查技术规程》等标准培训班。标委会委员兼副秘书长聂祥永讲解了《林种分类》《森林资源规划设计调查技术规程》《林地分类》等现行国家标准、行业标准，就标准编制背景、原则、主要内容和使用要点等进行了解读，并与参会学员们进行了研讨。

来自各有关林业调查（监测）规划设计单位和企业的 30 余名技术人员参加培训，标委会秘书处挂靠单位国家林业局调查规划设计院相关人员参会。

【赴福建农林大学调研】 11 月 16～18 日，规划院《森林火情瞭望监测设施建设标准》《森林防火物资储备库工程项目建设标准》两项标准修订编制组，赴福建农林大学林学院开展调研，林学院院长马祥庆，副院长余坤勇，森保学科副教授郭福涛等出席座谈交流会。

两项《标准》在指导森林火情瞭望监测设施和物资储备库建设发挥了重要作用，修订工作是为了更好地提高各地对森林火灾的综合预防能力和基础设施建设水平，提高各地应对突发森林火灾的保障能力，以适应现代化森林防火工作的需要。

【祁连山国家公园总体规划补充调查工作】 10 月 24 日至 11 月 25 日，由规划院牵头，联合甘肃省公园办、甘肃省民政厅、国土厅、测绘局、省林业规划院、祁连山国家级自然保护区管理局、盐池湾国家级自然保护区管理局、青海省林业厅、祁连山自然保护区管理局和试点区相关部门等多家单位对甘肃省酒泉市、张掖市、金昌市、武威市和青海省德令哈市、天峻县、祁连县、门源县开展本底调查、国家公园落界和功能区划、规划项目对接等调查工作。

本次调查共计 33 天，调查团队成员 70 余人，分为 3 个调查队深入祁连山腹地各市、县（区）、乡（镇）、村（屯），克服高原反应，驱车数千千米，召开县级政府及部门座谈会 11 次，完成外业点 40 余处，各地参与干部 500 余人，受访原住民牧户代表 12 户。按照《祁连山国家公园总体规划补充调查工作方案》和《祁连山国家公园边界落界及功能区划准则（征求意见稿）》，以国土二调数据、国土二调高清遥感数据、民政界等国家发布的权威数据为基础，采用现地室内分析、野外现场核查双轨制等方式，并充分听取试点区内 10 个市、县（区）、乡（镇）政府和部门及牧民代表意见，完成了国家公园边界落界和功能区及规划本底资料调查等工作。

【法国马赛大学 Jean Sequeira 教授到规划院访问交流】 法国马赛大学教授 Jean Sequeira 应邀来规划院访问交流，中科院遥感地球所占玉林研究员陪同访问。通过本次访问交流，双方都表示今后将在林业遥感应用领域加强交流合作，共同推进遥感技术、机器学习等最新研究成果的业务化应用。

【参加中俄森林资源开发和利用常设工作小组第 15 次会议】 11 月 22 日，商务部与俄罗斯工贸部在俄罗斯托木斯克州联合主持召开中俄森林资源开发和利用常设工作小组第 15 次会议。作为中俄森林资源合作开发利用各期规划的编制单位，规划院应邀派员参加会议。

会议重点讨论了由规划院编制完成的中俄森林资源开发和利用托木斯克州规划、犹太自治州规划、伊尔库茨克州规划、楚瓦什共和国规划等前四期规划的实施情况，听取了规划院项目人员关于布里亚特共和国规划修改完善情况的汇报。会上还讨论了阿玛扎尔林浆一体化项目、克拉斯诺亚尔斯克边疆区合作项目以及对俄罗斯投资的法律和融资问题等，商签了会议纪要。

【国家沙漠公园评审会】 11 月 29～30 日，在北京召开。来自山西、内蒙古、辽宁、湖南、广西、四川、青海、宁夏、新疆、新疆生产建设兵团等省（区）林业厅的代表分别汇报了拟建沙漠（石漠）公园的具体情况，专家组听取了汇报，审阅了相关资料，对每个申报的国家沙漠（石漠）公园开展了充分的质询和讨论，最终形成评审意见。作为国家沙漠公园专业委员会的挂靠单位，规划院组织专家对申报的部分国家沙漠公园进行了实地考察，并形成专家意见；承担了本次评审的材料初审、组织、协调和会议承办工作。

【湿地保护体系国际研讨会】 在全球环境基金"加强中国湿地保护体系、保护生物多样性"规划型项目的积极倡导和支持下，12 月 4～6 日，由国家林业局调查规划设计院、海南省林业厅、海口市人民政府、海南省发展和改革委员会和联合国开发计划署驻华代表处共同主办的"湿地保护体系国际研讨会"在海口召开。会议旨在展示中国湿地保护最新成果，分享国内外湿地保护体系建设的成功经验，共商新时代湿地保护的新方略。来自相关政府部门、国内外非政府组织、大专院校、科研院所和湿地保护管理机构的专家和管理者共 260 多人参加会议。

会议开幕式由规划院院长刘国强主持，国家森林防火指挥部专职副总指挥马广仁、海南省林业厅周绪梅主任、海口市市长倪强、中国科学院院士陈宜瑜、联合国开发计划署驻华代表处助理国别主任戈门（Carsten Germer）出席大会并致辞。

本次国际研讨会为期 3 天，包括 7 个大会报告和 39 个分会场报告，来自国内外湿地领域的专家分享国内外湿地保护政策与保护体系建设的经验；探讨湿地修复与模式、湿地可持续利用方面的良好实践；研究和探讨湿地监测与调查技术；搭建湿地大数据与公民参与的共享平台；展望湿地应对气候变化的影响和应对措施等。

【《北京市森林经营规划（2016～2050 年）》通过评审】 12 月 1 日，北京市园林绿化局组织召开专家评审会，审议由规划院编制完成的《北京市森林经营规划（2016～2050 年）》。

与会专家一致认为，《规划》符合《全国森林经营规划（2016～2050 年）》和《省级森林经营规划指南》的有关要求和北京市森林资源实际，对改善森林结构，提高森林质量，提升服务功能，建设国际一流和谐宜居之都具有十分重要的促进意义。与会专家一致同意《规划》通过评审。

【征求《东北虎豹国家公园总体规划》意见】 11 月 10 日、24 日，规划院副院长唐小平率院东北虎豹国家公园总体规划项目编制组分别赴黑龙江省、吉林省进一步征求《东北虎豹国家公园总体规划》意见，国家林业局计资司、国家公园筹备工作领导小组办公室也共同参与。

为更好地完善《规划》，在已书面征求意见的基础上，唐小平带队再次赴黑龙江省、吉林省召开征求意见会，要求2省要将规划的指导思想统一到党的十九大精神上来，将规划理念统一到建立国家公园总体方案的要求上来，将建设目标统一到保护东北虎豹，真正形成中国东北虎豹稳定繁衍种群的核心目标上来。

黑龙江省、吉林省各省直部门、涉及县（市）政府、森工局与会人员与规划组进行了深入交流探讨，表示将按照党中央、国务院统一部署要求，配合做好东北虎豹国家公园各项试点任务，形成中国可复制、能推广的自然生态系统保护新体制、新模式，为国家生态文明建设提供新样板，为全球生物多样性保护提供中国方案。

【《三峡库区生态屏障区生态效益监测技术与评价方法研究》课题专家咨询会】 12月3日，规划院组织召开《三峡库区生态屏障区生态效益监测技术与评价方法研究》课题专家咨询会。院党委书记张煜星作为课题负责人主持会议并发言。

与会专家一致认为，该课题实施过程严格按照课题任务合同书及实施工作方案执行，已完成的研究成果达到了合同书中的任务要求和考核指标，并对课题下一步工作安排提出了宝贵的意见和建议。

【国家级森林公园设立专家评审会】 12月3～5日，由国家林业局森林公园管理办公室委托规划院组织召开的国家级森林公园设立评审会在北京举行。来自中国森林风景资源评价委员会的专家对全国申报国家森林公园设立进行了评审。国家林业局森林公园管理办公室主任程红致开幕词，并就国家森林公园建设发展情况发表重要讲话。会议由森林公园办副主任杨连清主持。

会议首先播放了来自河北、山西、内蒙古、辽宁、黑龙江、江西、湖南、广东、广西、四川、云南、新疆、安徽等省（区）18家申报单位的申报视频；然后由考察专家代表分别汇报拟设立森林公园的具体情况，地方党政领导向专家组陈述森林公园建设现状和下一步工作安排；最后，专家组审议了相关申报材料，对每个拟设立国家森林公园展开了充分的质询和讨论，并形成评审意见。

规划院承担了本次评审的材料初审、组织、协调和会议承办等具体工作，圆满地完成了森林公园办委托的各项任务。

【《县级森林经营规划编制规范》通过评审】 12月7日，国家林业局造林司在北京组织召开《县级森林经营规划编制规范》专家评审会。会议由规划院副院长、总工程师马国青主持。国家林业局造林司副司长吴秀丽参加会议。

与会专家一致认为，《规范》是指导县级森林经营规划编制的重要依据，对于落实《全国森林经营规划（2016～2050年）》以及各省森林经营规划确定的各项指标和任务，推动森林经营全面持续开展，精准提升森林质量，建立稳定高效的森林生态系统，推动生态文明建设具有重要意义，专家一致同意《规范》通过评审。

【第九次全国森林资源连续清查天津市清查主要结果通过专家论证】 12月5日，规划院科技委在北京组织召开了天津市清查主要结果专家论证会。来自国家林业局资源司、中国林业科学研究院、北京林业大学、天津市林业局、北京市林业勘察设计院、河北省林业调查规划设计院等单位的专家参加论证会。会议由规划院副院长唐小平主持。专家一致通过天津市2017年清查主要结果论证，并建议进一步修改完善后，尽快上报。

【新疆林业"青年科技英才"培养工作】 12月5日，新疆林业厅政治部考察组到规划院考核2017年新疆林业"青年科技英才"培养工作。为期10个月的培养工作结束，来自天山西部国有林管理局昭苏分局的张翼和新疆林业规划院的张乐群顺利完成了学业。

考核会上，张翼、张乐群和各自的导师认真总结了学习和培养情况。规划院副院长蒋云安对此次新疆林业"青年科技英才"培养工作给予肯定。他指出，规划院高度重视新疆林业"青年科技英才"培养工作，认真筹划组织，保证了工作的顺利开展。今后规划院将继续抓好人才培养，加大开展技术交流力度，为新疆林业发展提供更有效的技术支持。

【《东北虎豹国家公园总体规划》通过评审】 12月18日，国家林业局在北京组织召开了《东北虎豹国家公园总体规划》专家评审会。来自中国科学院等单位的院士、专家以及国家林业局有关单位代表参加会议。会议由国家林业局原副局长、野生动物协会会长陈凤学主持，规划院副院长唐小平出席会议并向专家组汇报规划情况。

专家组一致认为，总体规划按照中央批准的《东北虎豹国家公园体制试点方案》和《国家自然资源资产管理体制改革试点方案》要求，遵循生态保护第一的理念，按照东北虎豹生存繁衍规律，对东北虎豹赖以生存的自然生态系统进行了功能区的划定，恢复东北虎豹的栖息地、疏通迁移扩散廊道，实现东北虎豹种群安全稳定繁育，构建了科研监测网络；建立了东北虎豹国家公园管理体制和自然资源资产管理体制，制定了资金保障长效机制和有效的保障措施；实现了最严格的保护恢复措施，确保了自然生态系统的完整性和原真性。通过加强对当地社区生产和生活活动的管理，工矿企业退出、人口搬迁、传统利用转型升级等措施，为解决人与虎豹和谐共生创造了有利条件，具有科学性和可操作性。

【全国营造林标准化技术委员会2017年营造林标准宣贯培训班】 12月24～26日，全国营造林标准化技术委员会秘书处在海口举办2017年全国营造林标准宣贯。国家林业局科技司、造林司、资源司和国家林业局规划院有关领导参加并致辞。

培训班邀请有关专家重点解读了《中华人民共和国标准化法》《造林技术规程》《森林抚育规程》《简明森林经营方案编制技术规程》《森林经营方案编制与实施规范》《东北内蒙古重点国有林区森林经营方案编制指南》

等，并与学员共同研讨了《营造林标准体系》《营造林标准制修订要点》，内蒙古自治区林业厅介绍了旱区营造林的工作经验。

各省市县级林业主管部门和林场的造（营）林处技术负责同志、专业技术人员和业务骨干近百人参加了培训。

【《2017年国家林业局网络及视频会议系统等运维项目》】 12月22日，国家林业局信息办组织召开《2017年国家林业局网络及视频会议系统等运维项目》验收会。专家组由来自北京林业大学、交通部运输管理局、中国林业产业协会等单位的专家组成，局信息办相关人员以及规划院项目组人员参加会议。

专家组认为规划院很好地完成了项目规定的所有任务，满足了项目提出的规范性、及时性、可用性和安全性，完成情况优良，达到合同指标要求，满足了国家林业局的工作需求。

【《河北省塞罕坝机械林场防灾减灾体系建设专项规划》通过评审】 12月29日，河北省林业厅在石家庄组织召开了《河北省塞罕坝机械林场防灾减灾体系建设专项规划》专家评审会，会议由河北省林业厅副厅长王忠主持，规划院副院长张剑出席会议。

评审专家一致认为，该《规划》指导思想明确，以国家生态文明建设和绿色发展的相关政策法规为依据，对保护塞罕坝这个"绿色奇迹"、传承塞罕坝精神、提升该地区森林生态功能具有重要意义；另外，《规划》编制组结合相关研究成果，按照"科学分区，差异政策"的原则，在不同区域，制定不同的治理措施，具有合理性和前瞻性。并且，该《规划》近期、远期目标明确，任务具体，重点突出，具有较强的可操作性。为今后该地区预防及应对灾害发生提供了有力的保障。

【《三峡库区生态屏障区生态效益监测技术与评价方法研究》项目通过验收】 12月24日，国务院三峡办规划司会同水库管理司在北京召开会议，组织专家对国家林业局调查规划设计院牵头承担的三峡后续工作科研项目《三峡库区生态屏障区生态效益监测技术与评价方法研究》进行验收。验收组由尹伟伦院士和来自北京林业大学、中国林业科学研究院、北京大学等单位的11位专家组成。会议由三峡办规划司司长罗元华主持，规划院党委书记张煜星作为项目负责人作了汇报。

与会专家一致认为项目按计划完成合同规定的研究内容，达到合同规定的技术指标，在森林植被时空变化快速提取技术、森林生态系统的生态效益监测技术、森林生态系统生态效益综合评价技术、森林生态系统与库区社会经济发展影响评价技术等研究方面有特色和进展。结合三峡库区的实际，建立了一套可用于三峡库区的生态效益监测与评价的指标体系、模型方法和技术规范，开展了以小班为评价单元的三峡库区森林生态系统生态效益监测与评估，为三峡库区生态效益监测与评价提供重要依据。项目组织管理良好，所提供的技术和成果资料齐全、规范。验收组一致同意通过项目验收。

【荣获第十八届北京科技声像作品"银河奖"和2017年行业电视节目展评多个奖项】 规划院在第十八届北京科技声像作品"银河奖"和2017年行业电视节目展评中获得多个奖项。北京科技声像作品"银河奖"每两年评选一次，是北京科技声像领域的最高奖项。

在评选中，规划院获得一等奖1项，二等奖2项，三等奖2项，其中《竹篮打水未必一场空》被评为优秀导演奖，《废物重生物尽其"财"》被评为优秀录音奖。《与金丝猴相伴过新年》获得2017年行业电视节目展评最佳作品，《竹海里的竹"趣"人生》和《竹篮打水未必一场空》获2017年行业电视节目展评好作品。

（规划院由赵有贤供稿）

国家林业局林产工业规划设计院

【综　述】 2017年，国家林业局林产工业规划设计院（以下简称设计院）全面贯彻落实党的十八大和十八届三中、四中、五中、六中、七中全会精神，紧密团结在以习近平同志为核心的党中央周围，深入学习宣传贯彻党的十九大精神和习近平新时代中国特色社会主义思想。充分发挥全院干部职工积极性，全面推进设计院各项工作的正规化、规范化、标准化，事业发展取得显著成绩。

【党建工作】 一是深入学习宣传贯彻党的十九大精神，按照局党组、局直属机关党委学习宣传贯彻党的十九大精神的统一部署，设计院第一时间行动起来。11月20～22日，组织召开了设计院学习宣传贯彻党的十九大精神暨党建纪检工作培训班，设计院共有100名领导干部参加了这次培训；二是落实"两学一做"学习教育常态化制度化。设计院印发《"佩戴党徽亮身份 树立旗帜强作风"——致设计院全体党员同志的倡议书》《关于进一步加强和改进组织生活会的指导意见》等，从制度上引导党员干部把"两学一做"作为常态；三是深入开展理论学习中心组学习。本年度设计院制定出台了《设计院党委理论学习中心组学习规则》，全年进行理论学习中心组集中学习7次，从制度上、理论上、基层党建上，抓牢思想建党、制度建党；四是严肃党内政治生活，开好党委会议。进一步完善健全《院党委会议规则》，认真贯彻执行民主集中制，创新党委工作方法，加强会前酝酿，聚焦中心工作，强化民主监督，提高工作效率；五是完善领导干部考核制度。将党建工作纳入领导干部年终考核的范畴，把党建工作的成效作为领导干部工作业绩的重要考量，层层传导压力，持续发力推进全面从严治党。

【党风廉政建设和反腐败工作】 一是巡视整改任务初步完成。根据局党组巡视组反馈巡视意见，把巡视整改任务细化分解为25条具体整改措施，制订立整立改、中长期目标和长期整改任务，分别落实责任单位和责任人。年底向局党组专项报告了巡视整改初步情况。

二是制度建设进一步加强。新建公务接待、公务用车、中心组学习、青工考核等制度11项，新修订党委会议规则、财务报销、因私出国证照管理审批等制度5项，正在研究起草的制度还有18项，完成了公车改革方案上报国家林业局。三是严肃执行党的纪律。2017年，设计院收到上级转来的信访举报和问题线索5件，开展初步核实4件，立案审查1件，给予党纪处分1人。信访核查结果全部上报机关纪委和驻农业部纪检组，做到"件件有着落，事事有回音"。四是纪委自身建设取得明显成效。完成了19个党支部纪检委员增补工作，初步构建起院纪委、纪检监察、党支部纪检委员三层监督体系。建立集体学习制度，坚持每月召集一次院纪委委员、纪检监察、各支部纪检委员开展集体学习。

【生产经营情况】 设计院以"人人创业"的经营文化为指导，艰苦奋斗，开拓市场，极大提高了经济效益。2017年，共评审合同918余份，其中生效的咨询设计合同620份，合同额27665万元。全年共完成合同收费818笔，金额达25150.5万元，是设计院生产经营收入（仅限生产经营收入，不包括租房等其他费用）第一次突破2亿元大关。

【资质平台建设】 设计院成功取得风景园林专项甲级资质，实现了资质平台建设的重大突破，为设计院创造了前所未有的市场机遇，使设计院拥有甲级资质达到了7项；中国园林工程公司取得了园林绿化施工二级资质和市政承包三级资质，实现了设计院工程咨询、设计、施工、监理全过程服务，"生态文明建设全产业链"布局已经初步成型，进一步加强了设计院的核心竞争力，极大提振了开拓市场的信心。

【质量管理情况】 设计院2017年顺利通过环境管理体系和职业安全健康管理体系2个重要认证。同时，编制《环境管理体系》和《职业安全健康管理体系》2个体系的管理手册、程序文件、作业文件及记录表格等管理体系全套文件，通过设计院各职能部门及部分生产部门的密切配合，使设计院的管理水平再上新台阶。一是完成了每年一度的质量体系内审工作，涉及19个业务及管理部门，抽查了23个项目，召开内审末次会和管理评审研讨会并形成了《2017年管理评审报告》。外审共抽查了10个管理、业务部门及管理者代表，并顺利通过。二是做好咨询设计文件的院级格式审查及技术审查工作，全年共进行格式审查、技术审查项目300余项。

【7个项目荣获全国林业优秀工程咨询奖】 设计院完成的《长江经济带森林和湿地生态系统保护与修复规划（2016～2020年）》《临沂国家林产工业科技示范园区总体规划》《中国东北野生动物保护景观方法项目环境与社会评估报告》《林业产业发展"十三五"规划》荣获一等奖；《北京市大兴区和北京经济技术开发区"十三五"时期园林绿化发展规划（2016～2020年）》《广西壮族自治区百色市国家森林城市建设总体规划（2014～2025）》荣获二等奖；《黑龙江八五八小穆棱河国家湿地公园总体规划（2017～2021）》荣获三等奖。

【民生保障持续加强】 2017年，设计院对离退休干部职工的津补贴在2016年的基础上新增600万元，年补贴金额已经达到1200余万元。院区改造南平房翻建、西平房厨房操作间及办公楼改造、院区居民自来水管线改造等一系列利民惠民工程已经正式上马。

【国家林业局副局长刘东生来设计院视察工作】 5月27日，国家林业局副局长刘东生来设计院视察工作并看望全院职工。刘东生先后参观了院内家属区、档案资料室、林产工业二所、风景园林一所等部门，并与设计院领导班子、管理部门主要负责同志及职工展开座谈。

刘东生强调，设计院面对新形势、新挑战、新要求、新机遇，要围绕林业中心工作，积极发挥自身优势，开拓进取，敢于创新。一是要树正气，创和谐机关。二是要抓班子，筑坚强堡垒。三是抓发展，拓生存空间。四是抓廉政，干净做人，廉洁做事。

刘东生最后表示，希望全院干部职工在今后的工作和生活中，能"以公心为重、以诚实为本、以履职为要、以廉洁为基"。设计院院长郭青俊和党委书记李鹏分别代表院班子、院党委进行了汇报。

【宪法宣誓仪式】 3月31日，设计院41名处级干部，面对着神圣的国旗、国徽庄严宣誓。国家林业局总工程师封加平监誓。设计院党委书记李鹏、副院长齐联参加仪式。代总工程师李春昶领誓。

【设计院与规划院、华东院就森林资源调查监测工作进行深入探讨】 为深入贯彻落实9月4日国家林业局党组会议关于将天津和山东省森林资源调查监测工作调整由设计院负责的决定，更好完成国家林业局资源司对设计院该项职能工作的具体部署。设计院党委书记周岩、院长郭青俊带队，全体院班子同行，分别于12月1日、11日前往规划院、华东院，与两院领导班子围绕森林资源调查监测工作进行了全面深入的交流研讨。此次森林资源调查监测职能调整，是国家林业局党组推动设计院事业单位改革的重要决策，也是国家林业局资源司对设计院业务工作能力的充分信任，规划院、华东院作为兄弟单位给予了鼎力帮助，确保工作平稳过渡、移交对接无缝隙。设计院在承接森林资源调查监测工作的过程中，高度重视队伍建设和机构设置，举全院之力确保森林资源调查监测工作有序地开展。

【《木麻黄沿海防护林营建技术规程》通过专家审定】 12月10日，国家林业局科技司在北京组织召开《木麻黄沿海防护林营建技术规程》（简称《规程》）专家审查会，对设计院林业一所编写的《规程》进行专家审定。

会议邀请了中国林业科学研究院、北京林业大学、内蒙古林业科学研究院、国家林业局调查规划设计院、国家林业局场圃总站、国家林业局基金总站等单位的专家组成专家组。国家林业局科技司处长冉东亚主持会议,会议推选中国林业科学研究院盛炜彤、国家林业局调查规划设计院唐小平分别担任主任委员和副主任委员。

专家委员会认为木麻黄是我国引种推广最成功的外来树种之一,该《规程》规范了木麻黄沿海防护林营造、抚育等技术要求,对沿海防护林工程建设具有重要指导意义;该《规程》是在总结各地多年来木麻黄沿海防护林营建技术基础上编制完成,广泛征求了有关省市和专家意见,提出的技术指标和营建方法科学合理,具有很强的实用性和可操作性;该《规程》文件齐全,结构合理,文本格式、结构层次和编写格式符合《标准化工作导则》(GB/T 1.1—2009)的编写要求。

专家委员会一致通过该《规程》的审定,并认为该《规程》达到了国内领先水平。专家委员会建议按照审定意见修改完善形成报批稿,并报国家林业局审批。

【《长江经济带森林和湿地生态系统保护与修复区域协同发展体制与机制研究》课题通过验收】 8月4日,由国家林业局委托设计院完成的国家林业局林业重大问题研究课题《长江经济带森林和湿地生态系统保护与修复区域协同发展体制与机制研究》(编号 Ly2016—155)通过验收,验收专家由来自国家林业局科技发展中心、中国绿色时报社、北京林业大学、中国林业科学研究院、国家林业局调查规划设计院的专家组成,验收专家认为:长江经济带森林和湿地生态系统保护与修复区域协同发展体制与机制研究是配合《长江经济带森林和湿地生态自然系统保护与修复规划》实施的一项重要研究课题,对规划的实施具有重要意义。课题组对长江经济带森林和湿地生态系统保护与修复区域协同发展的需求、发展体制与机制以及途径、方式和机制等进行了深入研究探索,提出明确的政策支持的切入点和支撑点,以及相关保障措施与政策建议,具有较强的针对性与可操作性。《研究报告》目标明确,依据充分,方法科学,内容全面,完成了下达课题的预期任务,与会专家一致同意课题通过验收。

【国家林业局国家公园筹备工作领导小组办公室来设计院座谈交流】 9月14日,国家林业局国家公园筹备工作领导小组办公室副主任褚卫东一行,到设计院就国家公园有关情况开展座谈交流。

会上,褚卫东指出,这次成立国家公园领导小组的宗旨就是保护自然生态系统的原真性和完整性。褚卫东希望设计院能充分发挥优势,进一步加强组织专业技术队伍,为国家公园建设提供支持。书记周岩代表设计院党委和领导班子感谢褚卫东一行到访。

【美国TSI公司来设计院进行干燥尾气处理技术交流】 8月9日,美国TSI公司首席工程师Jarrad Markley和公司驻北京首席代表汪晋毅到设计院就人造板行业干燥尾气处理技术开展技术交流。设计院原总工程师肖小兵,工业一所所长张忠涛、副所长胡广斌、主任张建辉及设计院工艺、林化、结构、暖通等专业的技术人员参与交流。

肖小兵代表设计院向TSI公司介绍了近期中国人造板行业对干燥尾气净化处理的要求,而后双方就美中两国人造板行业干燥尾气排放标准进行了充分交流,并就TSI公司"如何有针对性地对其技术、装备进行优化改进,更好地满足中国人造板行业的需求"等问题展开讨论。

【设计院开展野生动物损害补偿调研评估相关工作】 设计院受国家林业局保护司委托安排,对西藏自治区野生动物损害补偿情况开展调研评估相关工作。

9月28~30日,院长、党委副书记郭青俊等一行3人组成调研组赴林芝市林业局、林芝市巴宜区林业局开展调研相关工作。

调研组详细查阅了巴宜区林业局补偿申请表的基础材料,并与有关同志开展座谈,详细了解补偿资金发放情况。调研组还逐年查阅了林芝市林业局对2014年、2015年、2016年野生动物肇事补偿工作的汇编资料,收集了野生动物损害补偿的第一手资料,为设计院进一步开展野生动物损害补偿调研评估相关工作奠定良好基础。

【开展"五四"主题团日活动】 为纪念"五四"运动98周年,共青团组织成立95周年,设计院团委于5月10日与国家林业局基金总站、规划院、林干院共同举办"团旗漫舞 牵手夏初 拥抱绿色 林人同路"主题团日活动。

基金总站党支部副书记、副总站长李冰代表4家单位的主要领导讲话。李冰激励青年朋友们要自觉地锤炼品格、加强修养、升华道德情操,利用好活动的机会,加深了解、深化友情。规划院党群工作处处长高伟、林干院院办兼党办主任赵同军出席活动。设计院党办负责人、团委书记王拓主持活动。

【林业大事】

7月26日 国家林业局人事司副司长郝育军到设计院宣布任命周岩为国家林业局林产工业规划设计院党委书记并全面主持工作(正司局级)。

9月4日 国家林业局党组会议决定,任命籍永刚为国家林业局林产工业规划设计院纪委书记(副司局级)。

(设计院由孙靖供稿)

国家林业局管理干部学院

【综 述】 2017年,国家林业局管理干部学院(简称学院)按照"稳规模、提质量,补短板、增效益"的工作总基调,坚持围绕中心、服务大局,开拓创新、勤政务实,扎实开展工作,圆满完成既定目标任务,各项事业呈现蓬勃发展新局面。

培训工作 全年举办各类培训班235期，培训学员19 612人次，超额完成年度计划的30%。各类培训班学员综合满意率达96.9%，主体班次满意率均在95%以上，干部教育培训实现规模稳中有升、质量稳中向好的态势，为提升林业干部队伍素质能力，服务林业现代化建设作出了积极贡献。

干部培训 服务机关能力建设。围绕学习贯彻党的十九大精神和"两学一做"学习教育，坚持把学习贯彻习近平总书记系列重要讲话精神作为培训工作重点。党的十九大召开后，迅速调整培训教学计划，将十九大精神和习近平新时代中国特色社会主义思想纳入培训计划和课程安排，协助局直属机关党委组织开展3期国家林业局处级领导干部学习贯彻十九大精神集中轮训，490名处级干部参加培训。张建龙、张永利等国家林业局领导亲临学院作党的十九大精神解读专题党课。举办第十二期"生态文明大讲堂"，邀请国家行政学院汪玉凯教授作专题辅导报告。坚持把"党校姓党"原则贯穿和体现到党校办学全过程，认真执行中央党校和中央国家机关分校的教学计划，精心举办第50、51期党员干部进修班，培训学员78名。服务局机关领导干部素质能力提升，实施国家林业局司局级领导干部和处级干部任职、公务员在职、新录用人员初任职及林业知识培训，开展了有关直属单位委托干部能力提升培训。

服务林业中心工作。以打造专业化林业干部队伍为目标，围绕国有林场和国有林区改革等林业重大改革，林业产业、野生动物保护、林业信息化等林业建设重点工作，以及林业重点工程建设，面向领导干部和专业技术人才，分层分类组织开展富有针对性和实效性的业务专题培训，着力提升林业干部推动改革发展能力、依法治林能力、科学决策能力，为全面完成林业改革发展任务提供有力支撑。深入贯彻习近平总书记提出的"着力开展森林城市建设"指示，实施中组部7个重点班之一的"地方党政领导干部森林城市建设专题研究班"，来自25个省（市）41位地方党政领导干部参加培训，张建龙出席开班仪式并作主题报告。

服务基层林业发展。落实国家对口援助工作部署，精心实施6期援疆、援藏干部培训。加强与地方林业部门的培训合作，积极采取委托培训、送教上门、流动课堂等多种方式，面向14个省（区、市）林业部门和五大森工集团开展地方委托培训，为内蒙古大兴安岭重点国有林管理局组织5期森林防火专题送教上门系列培训，为推动基层林业发展提供人才支持。

院省合作 在天津冀州、山西壶关和习近平总书记"两山"思想发源地——浙江安吉建立3个现场教学基地，培训现场教学基地数量增至12个。召开院省合作工作座谈会，进一步巩固和深化国内培训合作。

国际合作 服务国家"一带一路"倡议和林业对外开放战略，充分发挥"商务部国家援外培训承办单位"职能，围绕"森林执法与施政""一带一路林业项目开发"等多个领域实施9期援外培训项目，来自"一带一路"沿线38个发展中国家338名学员参加培训。申报并获批外交部"社区林业推进澜沧江—湄公河区域国家农村减贫事业"合作基金项目。加强与亚太地区社区林业培训中心（RECOFTC）合作，派出出国团组2个，合作举办了社区林业能力建设国际研讨班。"中日合作中国西部地区林业人才培养项目"顺利通过期终评估。

远程教育 "全国乡镇林业站岗位人员在线学习平台""全国种苗质检人员网络培训平台""中国林业工程建设协会资质单位人员继续教育平台"三大关键岗位人员在线学习平台建成并运行良好，林业工作站在线学习平台得到国家局领导充分肯定。面向新疆和新疆生产建设兵团林业干部职工"林业援疆网络学习平台"建成并开通，林业援疆培训工作又上新台阶。建成开通"浙江非林背景干部在线学习平台"。截至2017年年底，全部平台在线注册人数近10万，年均访问量近800万次，累计学习时长达到369万学时。网络课程累计达到400部，部分课程获奖并入选中组部或地方党员远程教育平台。

研究咨询 出版《林业改革知识读本》《林业政策法规知识读本》2部教材，完成《森林防火知识读本》《林业信息化知识读本》初稿。启动《濒危野生动植物抢救性保护及自然保护区建设工作必读》等3部教材编写。稳步推进《林业企业高级经营管理人员培训需求及指导性培训方案研究》《林业教育培训信息化管理系统建设研究》等科研项目。

合作办学 加强与中南林业科技大学的沟通联系，召开2次合作办学工作座谈交流会，印发合作办学会议纪要，稳定合作办学基础。高度重视招生录取工作，加大招生宣传工作经费投入，积极建设招生网站，印制招生宣传册，狠抓生源基地建设，全年落实年度招生计划800人，报到新生人数567人，新生报到率71%。毕业553人，一次就业率达89.8%。

党建工作 不断强化思想建设。及时组织开展学习党的十九大精神系列活动，印发《院党委关于学习宣传贯彻党的十九大精神的意见》。充分发挥局党校教育和学院干部教育培训资源优势，组织全体党员干部聆听局领导十九大精神主题宣讲报告。举办处级干部、支部委员、工青妇干部学习贯彻十九大精神轮训班，切实将全体党员干部的思想统一到党的十九大精神上来，把力量凝聚到党的十九大确定的各项任务上来。深入开展"两学一做"学习教育，全年组织集中学习17次。举办2期"生态文明大讲堂"。创新党委理论学习中心组学习方式，组织开展干部教育培训专题学习会，邀请国家行政学院教授作《国内外现代培训变革趋势》辅导报告。

全面加强组织建设。召开学院第六次党员大会，选举产生了学院新一届党委、纪委。召开纪念中国共产党成立九十六周年大会，党委书记带头讲党课。学院被确定为国家林业局"两学一做"学习教育常态化制度化10个试点单位之一，扎实推进"两学一做"学习教育常态化制度化工作。开展"学原山精神，做合格党员干部""以案释纪明纪、严守纪律规矩"主题警示教育月和"灯下黑"问题专项整治等活动。

全力抓好巡视整改落实。根据局党组专项巡视工作组对学院巡视提出的意见和建议，成立整改工作领导小组，制订巡视反馈意见整改落实方案和《整改任务表》，明确整改时限、责任人员。强化制度建设，制定并落实"三会一课"、民主评议党员、组织生活、述职述评等党内生活制度，制修订并印发学院公务接待管理、差旅费、培训班财务管理等9项制度。

扎实做好离退休工作。院党委高度重视老干部工作，把按时发放"两费"作为做好学院离退休工作的重中之重，严格落实老同志的各项待遇，尽力为老同志们办实事、做好事，确保老有所养、老有所医、安度晚年。在"七一"前夕，组织开展走访慰问老党员、老同志活动。注重加强离退休工作的组织领导和服务保障，组织离退休教职工到北京野生动物园参观踏青和樱桃园采摘活动，丰富了离退休老同志的精神文化生活。

【2017年学院工作会议】 3月3日，学院召开2017年工作会议，总结2016年工作，部署2017年工作重点。学院党委书记李向阳代表党委作学院工作报告，党委副书记、常务副院长张健民主持会议。局党校常务副校长、学院副院长陈道东，副院长方怀龙，副院长梁宝君出席会议。

会议从干部教育培训实现新突破、发展空间得到新拓展、基础能力有了新提升、合作办学取得新成效、研究咨询获得新成果、党的建设呈现新局面等方面，全面总结了学院2016年改革发展取得的主要成绩。提出了以"稳规模、提质量、补短板、增效益"为总基调的2017年工作思路，部署了全力抓好干部教育培训、坚持不懈深化改革、努力提高教育培训质量、全面构建战略合作体系、切实稳定合作办学基础、大力提升基础发展能力、扎实推进学院效能建设、落实全面从严治党要求8项重点工作任务。

【2017年学院党建工作会议】 3月6日，院党委组织召开2017年党建工作会议，深入学习贯彻党的十八届六中全会、中央纪委七次全会、国家林业局直属机关两建工作会议精神，总结2016年党建工作，部署2017年工作。学院领导班子成员、党委委员、纪委委员、各支部委员、工会妇工委、青工委和团支部委员以及处级领导干部、部门负责人参加会议，党委副书记、常务副院长张健民主持会议。

会议传达了中央纪委七次全会精神和局直属机关两建工作会议精神，从思想政治建设、组织建设、党风廉政建设和群团工作4个方面，对2016年学院党建工作进行了总结。从继续抓好党的十八届六中全会精神和习近平总书记系列重要讲话精神学习贯彻、推动"两学一做"学习教育常态化制度化、做好迎接和学习宣传贯彻党的十九大各项工作、切实强化党的基层组织建设、持续抓好党风廉政建设和努力提高群团工作水平6个方面，对2017年工作进行了部署。

【与天津市蓟州区林业局合作共建工程造林现场教学基地】 3月24日，学院与天津市蓟州区林业局签署合作开展工程造林现场教学基地建设协议并揭牌。国家林业局直属机关党委常务副书记高红电出席并讲话，学院党委书记李向阳、天津市蓟州区林业局党委书记赵国明分别致辞并共同为现场教学基地揭牌。签字仪式上，赵国明介绍了蓟州区林业局工作情况，学院副院长方怀龙介绍了学院总体发展情况及现场教学基地建设情况。

【中共国家林业局党校第五十期党员干部进修班】 于4月6日举行开学典礼。国家林业局党组成员、副局长、机关党委书记、局党校校长张永利出席开学典礼并讲话。

张永利对自觉践行严肃党内政治生活提出四点要求。一是加强党性修养，始终保持共产主义理想信念。二是增强"四个意识"，坚决维护中央权威。三是强化党内监督，切实履行管党治党主体责任。四是提升道德境界，不断塑造共产党员高尚品格。同时，还要以坚强的党性意识、政治觉悟和组织观念要求自己，将党的纪律规矩内化于心、外化于行，不折不扣贯彻落实党的路线方针政策，真正把党的纪律和规矩挺在前面。

局直属机关党委常务副书记高红电主持开学典礼，学院党委书记、局党校副校长李向阳宣读中组部《关于在干部教育培训中进一步加强学员管理的规定》，局人事司副司长王浩宣读学员临时党支部支委会成员推荐名单，局党校常务副校长、学院副院长陈道东介绍该期进修班教学安排。

【地方党政领导干部森林城市建设专题研究班】 于5月8~17日在学院举办。研究班由中共中央组织部主办、国家林业局承办，是中组部精准化点名调训的7个重点班之一，共有来自25个省（区、市）分管林业工作的41位地方党政领导干部参加该期专题研究班。国家林业局党组书记、局长张建龙在开班式上作题为《我国林业的形势与任务》的主题报告。中组部干部教育局副局长程霜枫在开班式上讲话。国家林业局人事司副司长郝育军主持开班仪式。

张建龙在报告中指出，要以习近平总书记作出着力开展森林城市建设重要指示精神为指引，进一步明确森林城市建设思路，找准方向，突出重点，精准发力研究班开设基于生态文明建设的国家森林城市创建、林业发展"十三五"规划解读、国外森林城市的主要做法等专题讲座，以及森林城市建设PPP模式研究案例讨论课和媒体应对与舆论引导情景模拟课，并赴张家口市开展创建国家森林城市现场教学。研究班还举行了创建森林城市营造美丽家园市长论坛，开展了森林城市建设中的重点难点问题结构化研讨。此次森林城市建设专题研究班，是十八届五中全会中央作出建设森林城市部署以来，参训人数最多、范围最广、层次最高的一次森林城市工作培训。

【与山西省壶关县合作共建林业生态建设现场教学基地】 5月26日，学院与山西省壶关县签署合作协议共建林业生态建设现场教学基地，学院党委副书记、常务副院长张健民，副院长方怀龙，山西省林业厅副厅长尹福建，长治市林业局局长王建良，壶关县委副书记、县长崔江华共同为现场教学基地揭牌。

【第十一期生态文明大讲堂】 6月7日，在全党深入开展"两学一做"学习教育，扎实推进"两学一做"学习教育常态化制度化的重要阶段，在全国林业系统广泛开展向山东淄博原山林场学习活动的重要时刻，学院举办了第十一期生态文明大讲堂暨学习原山精神专题报告会。

党委书记李向阳主持报告会，第二十六期国有林场场长培训班全体学员、学院领导班子成员、处级干部和全体党员共计200余人参加报告会。

报告会上，原山林场党委书记孙建博以《不忘初心 矢志改革——铸就原山林场60年科学发展之路》为题，用切身经历和朴实的语言详细讲解了原山精神、原山理念、原山模式、原山经验。原山林场"爱心原山"团队作了题为《他以病残之躯撑起了绿色的希望》的报告，讲述了孙建博带领林场职工艰苦创业、锐意改革的感人事迹，介绍了原山林场改革发展的坚实历程和非同寻常的成就。

【"两学一做"学习教育常态化制度化工作部署会】 6月15日，为认真贯彻落实局党组"两学一做"学习教育常态化制度化工作推进部署会议精神，院党委组织召开了"两学一做"学习教育常态化制度化工作部署会，对学院"两学一做"学习教育常态化制度化工作以及开展"学原山精神，做合格党员干部"活动、"以案释纪明纪，严守纪律规矩"主题警示月活动和"灯下黑"问题专项整治等工作进行部署。院领导班子成员、处级干部支部委员参加会议，党委副书记、常务副院长张健民主持。

会上，党委书记李向阳从深刻认识推进"两学一做"学习教育常态化制度化的重大意义；努力在"学"这个基础上做到常态化制度化；努力在"做"这个关键上做到常态化制度化；抓实基层支部，保证广大党员以身作则发挥模范作用；加强组织领导，确保"两学一做"学习教育常态化制度化取得实效；抓好主题活动，切实把"两学一做"学习教育引向深入6个方面，对推进学院"两学一做"学习教育常态化制度化作出了全面部署，提出了明确要求。参会人员共同观看中央国家机关警示教育片《警钟》。

【纪念中国共产党成立九十六周年大会暨专题党课】 7月5日，为隆重纪念中国共产党成立九十六周年，学院召开纪念中国共产党成立九十六周年大会暨专题党课，组织全体党员重温入党誓词，党委书记李向阳以《深入学习习近平总书记系列重要讲话精神，为推动学院事业发展奠定坚实的思想基础》为题给全体党员讲党课。党委副书记、常务副院长张健民主持会议。

李向阳从习近平治国理政思想的基本内容及内在逻辑关系、习近平总书记关于林业和生态文明建设的战略思想、习近平总书记关于干部教育培训工作的重要论述3个方面详细论述了习近平总书记系列重要讲话的内涵，系统总结和深刻阐述了有关林业和生态文明建设以及干部教育培训的重要论述。

【与浙江省安吉县林业局共建生态富民现场教学基地】 7月19日，学院与浙江省安吉县林业局签署合作开展生态富民现场教学基地建设协议。学院党委书记李向阳，浙江省林业厅党组成员、副厅长俞坚和安吉县委副书记、政法委书记赵德清分别致辞并共同为现场教学基地揭牌。学院副院长方怀龙介绍了学院总体发展情况及现场教学基地工作情况。

【学院新学期工作会议】 9月1日，学院召开新学期工作会议，全面总结上学期工作，精心部署新学期工作。党委书记李向阳作学院工作报告，党委副书记、常务副院长张健民主持会议。学院领导班子全体成员、副处级以上干部及部门负责人参加会议。

李向阳从干部教育培训、国际合作培训与交流、合作办学、研究咨询、基础保障能力、党的建设和精神文明建设6个方面对上学期工作作了全面总结。李向阳对新学期工作重点作了部署，一是要立足提高领导干部思想政治和能力素质、立足服务林业发展战略和中心任务、立足支撑基层林业发展，全力抓好干部教育培训。二是要继续推动养老保险和收入分配制度、干部人事制度、培训体制机制改革，不断增强事业发展动力。三是要深化院省合作、国际合作及合作办学工作，全面构建战略合作体系。四是要增强培训核心能力、基础设施保障能力、管理服务能力，大力提升事业发展能力。五是要抓好"两学一做"学习教育常态化制度化、巡视反馈意见整改和组织建设3项工作，着力推进全面从严治党。李向阳要求，要加强领导班子和干部队伍建设，增强发展凝聚力；加强思想建设，强化理论武装；加强作风建设，强化责任担当。

【领导干部任职宣布会】 9月1日，学院召开领导干部任职宣布会，宣布国家林业局党组关于彭华福任学院党委副书记、纪委书记的决定。局人事司副司长王浩出席会议，院党委书记李向阳主持会议，党委副书记、常务副院长张健民，局党校常务副校长、学院副院长陈道东，副院长方怀龙、梁宝君以及学院副处级以上干部参加会议。

【李春良与第二十一期国家级自然保护区领导干部培训班学员进行座谈】 9月13~19日，第二十一期国家级自然保护区领导干部培训班在学院举办，66名国家级自然保护区管理机构负责人参加培训。

9月15日，培训班举行座谈会，国家林业局副局长李春良听取了学员代表学习中办、国办对祁连山国家级自然保护区生态环境破坏问题通报的情况，以及"绿盾2017"国家级自然保护区监督检查专项行动工作开展情况。

李春良要求，要准确把握习近平总书记关于林业改革发展和自然保护区建设的系列重要讲话精神，清醒认识林业自然保护区发展面临的严重形势和挑战，在薄弱环节、问题短板上聚焦发力，一以贯之毫不放松地抓好林业自然保护区工作，当前要全力抓好保护区管理重点工作，建立健全保护区监督管理长效机制，重点保护好国家公园试点单位的生态资源。

【中共国家林业局党校第五十一期党员干部进修班】 于10月11日开班。国家林业局党组成员、副局长、局直属机关党委书记、局党校校长张永利出席开学典礼并讲话。

张永利对切实用讲话精神武装头脑、指导实践、推动工作提出四点要求。一是坚定政治信仰，不断加强思想理论武装。二是提高政治站位，进一步增强"四个意识"。三是增强政治觉悟,主动接受党内政治生活锻炼。四是强化政治担当,全力落实林业改革发展任务。

局直属机关党委常务副书记高红电主持开学典礼,局人事司副司长王浩宣读学员临时党支部支委会成员推荐名单,学院党委书记、局党校副校长李向阳宣读中组部《关于在干部教育培训中进一步加强学员管理的规定》,局党校常务副校长、学院副院长陈道东介绍该期进修班教学安排。

【首次宪法宣誓仪式】 10月11日,学院举行首次宪法宣誓仪式,30名处级干部面对国旗、国徽庄严宣誓。国家林业局副局长张永利监誓并讲话。宣誓仪式由学院党委书记李向阳主持。

局党校常务副校长、副院长陈道东,副院长方怀龙,党委副书记、纪委书记彭华福参加宣誓仪式。学院办公室、党群工作部主任赵同军领誓。

【第十二期生态文明大讲堂】 10月25日,学院举办第十二期生态文明大讲堂,邀请国家行政学院教授汪玉凯作题为《十九大的历史方位与未来中国转型发展》专题辅导报告,及时组织院内培训班学员和干部职工学习领会党的十九大精神。副院长方怀龙主持,院领导班子成员出席。

汪玉凯分析了十九大的历史地位,讲解了新时代作为执政党所面临的各种国内外挑战,对新形势下中国的改革和转型发展趋势作了深度解读,内容详实、讲解透彻。中共国家林业局党校第五十一期党员干部进修班、国家林业局2017年度公务员在职培训班、第二十九期国有林场场长培训班学员,以及学院处级干部,共200余人参加报告会。

【合作办学工作座谈交流会】 11月16日,学院与中南林业科技大学召开合作办学工作座谈交流会。中南林业大学党委书记赵运林、校长廖小平、副校长朱道宏、正校级督导任湘郴,学院书记李向阳、党委书记、纪委书记彭华福等人出席会议。

座谈交流会听取了合作办学工作情况介绍,充分肯定了合作办学工作成效,双方同意在已有良好合作基础上,按照之前双方签订的合作办学协议内容继续开展合作办学,共同为推进林业现代化建设和教育现代化作出积极贡献。

【院省教育培训合作】 11月17日,学院在厦门召开2017年院省合作工作座谈会,总结过去5年院省教育培训合作的成绩和经验,分析当前面临的形势,探讨下一阶段的工作思路和重点,进一步推动林业干部教育培训事业发展,为实现林业现代化、建设生态文明提供更加有力的支持。与学院开展培训合作的有关司局、直属单位,省市林业厅(局)、森工集团、分院及现场教学基地分管干部教育培训的领导或负责培训工作的65名同志参加会议。其中5家合作单位代表在会上作了经验交流发言。

学院党委副书记、常务副院长张利明作主题报告。学院副院长方怀龙主持座谈会并作总结讲话。

【中国共产党国家林业局管理干部学院第六次党员大会】 于12月19日召开,国家林业局党组成员、副局长、直属机关党委书记、局党校校长张永利出席会议并讲话。局直属机关党委常务副书记高红电、局直属机关纪委书记吴兰香出席会议,学院领导班子成员、党委委员以及全体党员参加会议。

学院党委书记李向阳代表上届党委向大会作工作报告。党委副书记、纪委书记彭华福代表上届纪委向大会作工作报告。

大会以党支部为单位就上届党委、纪委工作报告开展分组讨论,审议通过了两个报告,并选举产生了学院新一届党的委员会和纪律检查委员会。

【与黑龙江省铁力林业局签署合作协议】 12月19日,学院与黑龙江省铁力林业局签署合作共建国有林区转型发展现场教学基地的协议,旨在通过干部教育培训,发扬铁力林业局深化改革、转型发展、惠民富民的示范作用,学习发扬马永顺精神,搞好林业现代化建设。

【ISO 9001培训服务质量管理体系换版再认证审核】 12月25~26日,北京中大华远认证中心对学院ISO 9001培训服务质量管理体系进行再认证审核。学院培训服务质量得到审核组专家的充分肯定和高度评价,一致认为学院培训服务符合新标准体系要求,可以获取新版认证证书。

学院自2014年通过ISO 9001培训服务质量管理体系认证以来,始终坚持"以人为本,规范管理,精细实施、服务学员"的质量方针,持续改进质量管理,努力构建更加完善的培训服务质量管理体系。

【学院培训教学部荣获"全国巾帼文明岗"称号】 全国妇联召开全国城乡妇女岗位建功先进集体、个人表彰大会,学院培训教学部荣获"全国巾帼文明岗"荣誉称号。此次会议共表彰了1980个全国巾帼文明岗,培训教学部是学院首个获此殊荣的团体。

(国家林业局管理干部学院由赵同军供稿)

国际竹藤中心

【综　述】 2017年,国际竹藤中心按照国家林业局总体工作部署要求,积极适应国家科技体制改革的大形势,不断完善制度体系、政策框架和工作举措,大力加强创新能力建设,竹藤科研创新取得明显成效。重大科研项目取得创新突破。"十二五"国家科技支撑计划项目总体进入攻坚和收尾阶段。其中"竹藤种质资源创新利用研究"首次提出竹子分类鉴定方法并构建数据库，"竹藤资源培育与高附加值加工利用技术研究"顺利通过验收。"十三五"国家重点研发计划项目"竹资源全产业链增值增效技术集成与示范"稳步推进，在竹种选育与组培快繁技术、高效培育和竹材缠绕管道等方面取得阶段性研究成果。林业公益性行业科研专项重大项目"毛竹基因组测序研究"顺利通过验收。全年，科研项目共立项25项，结题、验收6项，完成查定2项；发表重要学术论文123篇，出版专著2部，鉴定科技成果1项，申请专利36件并获授权10件，编制3项ISO标准项目，指导编制12项林业行业标准项目，修改2项国家强制性标准；获得梁希科学技术二等奖2项、三等奖1项，福建省科技进步三等奖1项，茅以升木材科学技术奖1项，林业青年科技奖1人，优秀论文奖3项，5项成果入选国家林业局2017年重点推广林业科技成果。

人才队伍建设和研究生教育水平不断提高。根据国际竹藤中心的实际需要，结合国家林业局批复的岗位设置方案，完成干部岗位设置和岗位聘任工作，共提任处级干部12名，平级交流干部6名。认真做好人才接收和培养工作，全年共接收应届毕业生3名，博士后调入2名，引进高端人才1名；选派3名青年科研管理人员挂职锻炼，积极组织干部职工参加各类政策、业务知识培训；完成各项人才评优工作，获批百千万人才工程人选2名、中国留学人员回国创业启动支持计划创新支持子项目1名。进一步加强博士后科研工作站的规范运行和在站博士后管理。

研究生教育工作扎实推进。进一步扩大培养规模和导师队伍，材料加工工程一级学科获得国家林业局"重点学科"授牌。全年新招收博、硕士研究生46名；24名博、硕士研究生顺利毕业，目前在读研究生125名。7名研究生获得"茅以升木材科技教育奖学金"、"中国林科院优秀研究生"和"北京市优秀毕业生"等奖励。新增博士生导师1人、硕士生导师3人。

国际合作交流深入开展。一是积极服务国际竹藤组织。联合筹备与举办了国际竹藤组织20周年志庆系列活动，习近平主席致信祝贺国际竹藤组织成立20周年。成功举办7期主要面向国际竹藤组织成员国的国际援外培训班。二是全面开展国际学术交流与合作，2017年中心派出22个团组55人次赴日本、美国、泰国、缅甸、加拿大、马来西亚、瑞典等国开展科研合作与交流；组团参加国际林联第五学部国际大会等重要学术会议；邀请美国西弗吉尼亚大学、美国林产品实验室、加拿大阿尔伯塔大学等多名专家学者来访交流。三是中美共建中国园项目积极推进，财政部胡静林副部长到中心调研指导中国园项目建设工作，完成招标采购程序确定中国建筑股份有限公司为项目施工潜在供应商。四是国际标准化组织竹藤技术委员会（ISO/TC 296）秘书处工作取得实质性进展，成功争取埃塞俄比亚和加纳2国加入，委员会现有正式成员国18个，观察员国16个；在印尼雅加达成功召开国际标准化组织竹藤技术委员会2017年年会；成功召开竹藤标准国际化工作专家指导委员会第一次会议，为ISO/TC 296的发展进行顶层设计。

技术培训和科技产业工作务实有效。继续着力落实习近平总书记的"六个精准"扶贫总体要求，结合国家林业局对口扶贫、"送科技下乡"和兴林富民工作部署，面向四川、广西、贵州、湖北等林业基层、贫困山区和林农共举办竹藤技术培训班5期，培训林业基层管理人员、乡镇干部、420余人。成功举办"2017年中亚5国荒漠化防治高级研修班"。由国际竹藤中心、国家林业局竹子研究开发中心和国际竹藤组织（INBAR）合作共建的国际竹藤培训基地顺利揭牌，援外培训工作迈上新台阶。广泛开展横向合作研究和技术服务，支持地方竹产业发展。与3家竹藤企业开展技术合作，并签订技术服务协议；充分利用中国竹产业协会平台，与竹藤企业进行技术合作，利用科技人才和技术优势为企业服务；就水上光伏发电站竹制漂浮架台、圆竹制品利用等方面与相关企业展开技术交流。彭有冬副局长和江泽慧主任为国家林业局竹缠绕复合材料工程技术研究中心成立挂牌。

科技创新平台建设不断完善。牵头申请组建的"国家竹产业科技创新中心"完成试点工作，并提交正式建设方案；初步建立"竹材专利联盟"；与上海市农业科学院、中国大熊猫保护研究中心、泸州市纳溪区人民政府签署科技合作协议，持续加快竹藤科技成果转化。竹藤科学与技术重点实验室管理更加规范，条件设施显著改善，完成20余台套、价值900多万大型仪器设备采购和安装，新增、调整和改建实验室面积共计800多平方米。实验室信息化管理系统主体建设完成并投入试运行。国家竹藤工程中心顺利通过科技部"国家工程技术研究中心第五次评估"。安徽太平试验中心南区基础设施、天然耐腐实验楼、种质资源保存试验站等5个建设项目有序实施和良好运行。热带森林植物研究所一期项目竣工验收工作持续推进，二期项目主体结构在10月如期封顶；甘什岭热带珍贵树种保存库、热带兰花种质资源库以及热带竹园、棕榈藤园建设稳步推进。国际竹藤组织青岛科技基地项目一期建设任务基本完成，积极筹备二期项目的申报工作，协助完成"十二五"课题科技示范房的建设并验收。竹林生态定位站建设工作取得积极进展，安徽太平和海南三亚生态定位站初步设计和建筑设计条件均获得批复。图书馆项目建设工作有序开展。固定资产管理取得新突破，国际竹藤大厦的房屋产权顺利变更为国际竹藤中心，国际竹藤中心科研综合楼顺利通过国家林业局组织的竣工验收。

党建和机关文化建设成效显著。一是扎实抓好党建工作。认真学习贯彻党的十九大、十八届六中、中央纪委六次全会精神及习近平总书记系列重要讲话精神，局两建工作会议等重要精神；深入开展"两学一做"和"三强化两提升"学习实践活动；组织参加司局长理论研修班、党委书记培训、纪检书记培训、党校进修班等学习培训；充分利用"支部工作APP"等信息化工具，加强学习交流。加强党的组织建设，认真做好国家林业局直属机关第九届"两委"委员候选人推选、中心参加第九次代表大会代表候选人推选、朝阳区人大代表换届选举等工作；修订《国际竹藤中心党委会议事规则》；完成社会组织"两个覆盖"工作；严格执行"三会一课"、组织生活会和民主评议党员等党内制度；做好聘岗轮岗后支部党员调整重组、入党积极分子培养、党员管理及党费收缴等日常工作。深入推进作风建设，签订纪委书记与党支部纪检委员纪检工作责任书，严格纪委学习和工作制度，规范和建立纪委工作机制；加强纪委对党员干部日常管理监督，进一步加强对基本建设、科研项目经费、政府采购、人事等重要工作的规范化管理，加大对贯彻落实中央"八项规定"、个人事项报告等专项检查和整改问责，全面落实监督执纪问责职责。制修订科研资金管理、规范公务用车、国内公务接待、外事接待等方面管理办法14项。积极开展纪念建党96周年暨庆祝香港回归20周年、参观庆祝建军90周年主题展览等丰富多彩的党员活动，加强党建创新引领。二是大力加强机关精神文明建设。认真做好国家林业局"中国五四青年奖章"候选人推选、国家林业局直属机关"优秀青年""优秀青年工作者"及国家林业局"十佳优秀青年""十佳优秀青年工作者"评选候选人推荐工作，中心2名青年干部获"十佳优秀青年工作者"和"优秀青年"称号；认真做好局直属机关第四次党代表大会代表推选工作；组织开展京剧学唱、体育比赛和妇女节、青年节等活动，组织开展中心"优秀青年"、"优秀共青团员"评选表彰活动。做好北京市委统战部、九三学社民主党派干部考察工作。认真做好困难党员帮扶、退休职工慰问、职工生活福利和年度体检工作。三是加强机关自身建设，认真做好综合管理、基础运行、后勤服务、安全保卫等工作，不断提高工作水平和服务能力，为事业发展提供坚实保障。

【科学研究】 "十三五"国家重点研发计划"竹材高值化加工关键技术创新研究"项目启动 9月15日，由国际竹藤中心牵头承担的国家重点研发计划"竹材高值化加工关键技术创新研究"项目在京启动。这是"十三五"期间竹藤研究领域启动的第二批国家重大科技项目。中国农村技术开发中心林业项目专员董文研究员、国家林业局科技司副司长杜纪山出席会议。国际竹藤中心副主任李凤波出席会议并介绍项目组织管理与实施情况。启动会上，项目负责人王戈研究员及各课题负责人介绍了项目与课题的具体实施方案，专家组对实施方案展开重点研讨，并讨论项目实施模式，同时就项目法人单位及课题法人单位应承担的责任等制度建设问题进行深入探讨。

最新《世界竹藤名录》发布 11月6日，在国际竹藤组织成立20周年志庆暨竹藤绿色发展与南南合作部长级高峰论坛上，全国政协人口资源环境委员会副主任、国际竹藤组织董事会联合主席、国际竹藤中心主任江泽慧正式发布《世界竹藤名录》。《世界竹藤名录》由国际竹藤中心与国际竹藤组织（INBAR）、英国皇家植物园丘园联合出版。该书展示了国际竹藤分类研究的最新成果，共收录了全球1642个竹子品种和660个藤品种，是在《竹谱》、《中国植物志》、《世界竹藤》、《中国棕榈藤》等研究成果基础上的集大成，是国际合作的重要成果，是竹藤分类研究领域的新里程碑，将为竹藤的分类命名，竹藤资源的清查评估、保护、培育与加工利用以及国际贸易等提供规范、系统、实用的技术指导与帮助。

"新一轮中国森林资源核算及绿色经济评价体系研究"项目推进会 为加快推进由国际竹藤中心牵头实施的"新一轮中国森林资源核算及绿色经济评价体系研究"项目，2月21日，国家林业局科技司组织召开项目秘书处会议。国家林业局科技司司长胡章翠、副司长杜纪山，中国林科院副院长储富祥，竹藤中心党委书记刘世荣，国际竹藤组织副总干事李智勇，以及局资源司、计财司和专题研究承担单位的相关人员参加会议。会上，相关单位汇报了项目启动以来各专题的研究进展及其下一步工作计划。项目秘书处针对每个专题开展了深入讨论，进一步完善和优化了调查方案、评价指标等。胡章翠就完善项目参研人员队伍、完成时间节点等方面提出了具体建议和要求。各专题将于会后分别针对数据搜集调查方案、核算评价方法和指标等方面开展咨询和专题讨论，同时报局科技司批准、国际竹藤中心备案。

5项成果入选国家林业局"2017年重点推广林业科技成果100项" 3月，国家林业局下发了《关于发布2017年重点推广林业科技成果100项的通知》，公布了7大领域重点推广林业科技成果100项，这些成果同时纳入国家林业科技推广成果库。国际竹藤中心的棕榈藤室内装饰材料制造技术、竹资源高效培育关键技术、连续长度竹束单板层积材及大跨度建筑构件制造技术、新型竹丝装饰材料绿色防护关键技术、竹基生物质固体燃料制备技术共5项成果入选。国际竹藤中心将按照《通知》要求，根据林业生产建设实际需求，加快推动5项重点科技成果的转化应用。

"竹藤资源培育与高附加值加工利用技术研究"项目所属课题通过验收 4月26日，国际竹藤中心承担的"十二五"国家科技支撑计划项目"竹藤资源培育与高附加值加工利用技术研究"中的"高效竹材制浆造纸及其剩余物综合利用新技术研究与示范"、"竹类资源天然产物化学利用关键技术研究与示范"、"竹藤资源高效培育技术研究与示范"和"竹子优良种质选育技术研究与示范"4个课题顺利通过验收。验收专家组听取了课题组的汇报，审阅了有关资料，经过质询和讨论，一致认为4个课题目标明确，内容设置科学，组织管理规范，经费使用基本合理，全面完成了任务书规定的经济技术指标，同意通过验收。国家林业科技支撑计划项目管理办公室副主任尹昌君主持验收会，国家林业局科技司调研员吴世军、竹藤中心常务副主任费本华以及4个课题的主持人和骨干人员参加会议。

"竹藤资源培育与高附加值加工利用技术研究"项目通过科技部验收 6月23日，由国际竹藤中心主任江泽慧主持的"十二五"国家科技支撑计划项目"竹藤资源培育与高附加值加工利用技术研究"通过科技部组织的专家验收。验收会上，竹藤中心常务副主任费本华代表项目组汇报了项目任务完成情况、取得的成果以及经费使用情况等。项目共发表论文216篇；申请国内专利76件，获得授权专利45件；研制技术标准14个；培养博士29名，硕士68名；建立中试线13条，建立试验基地、示范点共计22个，示范林699公顷，生物农药示范应用1.07万公顷；出版专著2部；获得省部级奖励8

项。达到了预期目标，取得丰硕成果。

科技部农村司到国际竹藤中心督查调研　10月24日，科技部农村司巡视员王喆一行到访国际竹藤中心，对重点专项执行进展情况及单位管理措施等进行督查调研。国家林业局科技司巡视员厉建祝，竹藤中心常务副主任费本华、党委书记刘世荣及相关处室负责人等参加座谈。会上，厉建祝简要介绍了林业科技创新工作"十二五"以来取得的成效、问题和挑战、形势与需求及今后的发展思路。费本华汇报了"十三五"重点研发计划项目执行进展情况及项目组织管理、保障服务措施等方面的经验及不足。各参会人员就重点专项实施过程中的问题、建议等进行了交流。王喆对国际竹藤中心能够在科技改革之后及时落实相关政策精神，积极探索全新管理模式等方面给予肯定，并指出，希望通过一系列调研，总结各单位在项目管理、资金管理、科研人员激励政策等方面措施及建议，探索一体化管理机制，有效推动科技自主创新。

"十三五"国家重点研发计划项目专题讨论会　12月10~11日，国际竹藤中心组织召开"十三五"国家重点研发计划项目专题讨论会。科技部农村中心刘作凯副主任、卢兵友处长、董文研究员，国家林业局科技司杜纪山副司长、宋红竹处长，竹藤中心费本华常务副主任等出席会议，来自30余家参与单位的课题骨干参加。会上，重点汇报了"竹资源全产业链增值增效技术集成与示范"和"竹材高值化加工关键技术创新研究"项目及课题的研究进展情况。与会咨询专家针对项目及课题开展过程中存在的问题给予了指导建议。

【机构和人才队伍建设】

2017年干部岗位聘任工作　为进一步深化国际竹藤中心人事制度改革，充分调动全体职工的积极性和创造性；建设培养一支结构优化、专兼结合的人才队伍，经国家林业局人事司批准，国际竹藤中心结合实际，研究制定了《2017年岗位设置和人员聘用方案》和《2017年处级干部竞争上岗工作实施方案》，成立岗位设置和人员聘用工作领导小组，本着稳定队伍、统筹推进、科学定岗、人岗相适的原则，严格程序，共聘任处级干部12名，平级交流干部6名，并组织召开聘岗演讲测评会，全面完成2017年竹藤中心干部岗位设置和岗位聘任工作。

9月29日，召开2017年处级干部任职谈话会议。会上，新提拔的12名处级干部就新岗位进行表态发言，竹藤中心领导班子对2017年新提拔和轮岗的处级干部进行任职集体谈话。竹藤中心主任江泽慧出席会议并讲话，竹藤中心常务副主任费本华主持，竹藤中心党委书记刘世荣、副书记李晓华及全体干部职工参加会议。江泽慧主任在讲话中对12名同志的个人能力、工作实绩表示肯定，并从加强理论学习，提高政治素养；加强人格修养，锻炼道德品质；尽快适应新岗位，切实履行职责；服务大局，勇于开拓创新；遵守纪律规矩，坚守廉洁从政五个方面提出了明确要求。

在聘岗演讲测评会上，竹藤中心申请专业技术岗4~13级、管理岗7~10级和工勤岗共66人参加申聘演讲，专家进行现场评议打分。江泽慧主任听取了研究员申聘汇报，启发和激励中心科研人员、年轻干部牢记使命、勇挑重担，瞄准国际前沿，努力做科技创新的引领者、成果转化的实践者、科学知识的传播者，希望科研和管理人员树立正确的政治立场、强化担当精神和责任意识、进一步明确研究方向和职责任务，弘扬团队协作精神和艰苦奋斗精神，加强青年科研人才培养，取得创新突破重大成果。

【国际合作交流】

缅甸自然资源与环境保护部部长率团访问国际竹藤中心　1月22日，缅甸自然资源与环境保护部部长吴翁温率团访问国际竹藤中心。国际竹藤组织董事会联合主席、竹藤中心主任江泽慧会见代表团一行，国家林业局国际司巡视员戴广翠，竹藤中心常务副主任费本华、党委书记刘世荣，国际竹藤组织副总干事李智勇等参加会见。江泽慧对代表团到访表示欢迎，介绍了缅甸与竹藤中心和国际竹藤组织在竹藤领域可以开展的合作，并邀请缅甸申请成为国际标准化组织竹藤技术委员会（ISO/TC 296）成员国。吴翁温表示中国在竹藤资源的加工利用方面有着巨大优势，希望能继续扩大与中国在竹藤资源管理及技术培训方面的合作，发展缅甸的竹藤产业，进一步发挥竹藤在环境保护中的重要作用。

出访泰国和马来西亚　3月24~30日，全国政协人口资源环境委员会副主任、国际竹藤中心主任江泽慧率中国林业科技代表团出访泰国和马来西亚。期间，代表团拜访了泰国自然资源与环境部部长苏拉萨克·肯亚那拉和皇家林业厅，考察了拉查帕皇家花园中的"中国唐园"。访问了马来西亚自然资源与环境部、马来西亚木材工业局和马来西亚林业研究所。代表团与两国相关政府部门就竹藤及花卉合作开展了富有成果的交流。

访问马来西亚博特拉大学林学院　3月27日，应马来西亚博特拉大学（UPM）林学院邀请，国际竹藤中心党委书记、生物资源利用科学研究院院长刘世荣研究员率团赴马来西亚访问UPM大学林学院。访问期间，UPM大学林学院院长穆罕默德·扎卡里亚·胡赛因（Mohamed Zakaria Hussin）博士会见了代表团，林学院副院长赛东·阿什亚力（Zaidon Ashaari）博士主持了交流会，介绍了UPM大学及林学院科研等相关情况。出席交流会的专家就森林流域生态水文学及竹藤领域未来潜在的合作方向等进行深入交流，双方均表达了深化合作与交流的愿望。刘世荣向参会专家介绍了国际竹藤中心的发展及学术研究等情况，并向UPM大学发出了参加2018年在中国举办的首届国际竹藤大会、第四届人工林大会的邀请。会谈中，双方就签署谅解备忘录达成了初步意向。

发展中国家竹产业科技创新与标准化研修班　5月5~25日，由中国商务部主办、国际竹藤中心承办的"2017年发展中国家竹产业科技创新与标准化研修班"在北京举办。竹藤中心常务副主任费本华和党委书记刘世荣、喀麦隆驻华使馆大使马丁·姆巴纳、国际竹藤组织总干事费翰思出席开班式并致辞。来自泰国、马来西亚、缅甸、斯里兰卡、喀麦隆、埃塞俄比亚等12个发展中国家的57名林业、农业、科技、标准、自然资源与环境等领域的高级官员参加研修。研修班安排了中国竹产业发展与规划、竹藤产品与标准、竹产业科技创新等专题课程，并与各级林业主管单位、龙头企业和国际组织开展座谈、研讨和交流，使学员充分认识到发展竹产业对促进贫困地区经济发展和改善生态环境的重大意义，以及科技创新和标准化对竹产业发展的推动作用。

江泽慧主任会见加拿大不列颠哥伦比亚大学林学院代表团 5月16日，国际竹藤中心主任江泽慧会见来访的加拿大不列颠哥伦比亚大学（UBC）林学院院长约翰·英尼斯教授一行，双方就共建中加联合实验室进行磋商。竹藤中心常务副主任费本华、党委书记刘世荣以及竹藤中心相关处室负责人参加会见。江泽慧主任在会谈中就中加竹藤联合实验室提出建议：一是双方尽快确定联合实验室的组织架构、主要工作领域和人员组成，签署正式合作协议；二是可以通过开展双方科研学术互访、联合主办学术会议等方式逐步开展合作。约翰·英尼斯院长表示，UBC林学院高度重视与国际竹藤中心的合作，此次访问的主要目的是促进联合实验室尽快进入实质性运行。会谈后召开中加学术交流会，刘世荣书记主持。约翰·英尼斯院长作了题为"林业和林产品全球发展"的综合性报告。竹藤中心相关科研人员介绍了中国竹材加工领域的科技创新以及竹林生态学研究的一些最新进展。

江泽慧主任率团出访日本 5月29~31日，全国政协人口资源环境委员会副主任、国家林业局科技委常务副主任、国际竹藤中心主任、国际木材科学院院士江泽慧率中国林业和竹藤科技代表团访问日本。5月29日，代表团访问了日本森林综合研究所。江泽慧主任与日本森林研究与管理组织主席、日本森林综合研究所理事长泽田治雄共同签署了《国际竹藤中心与日本森林综合研究所森林科技合作谅解备忘录》。双方围绕竹林经营管理、竹产业发展、竹木种质资源保存和高效利用等进行学术交流，并就率先在竹林管理、竹木复合材料研发等领域开展交流与合作达成共识。5月31日，代表团访问了日本京都大学。江泽慧主任与京都大学稻叶佳代理事兼副校长进行会谈，双方一致同意进一步加强林业、竹藤领域的研究合作。同日，代表团访问了日本京都大学生存圈研究所，与其所长兼副校长渡边隆司等开展了业务交流。双方介绍了彼此在科研领域的进展，一致同意进一步加强科技交流与人员交往，深化合作。

参加国际林联（IUFRO）第5学部国际学术大会 6月12~16日，国际林联（IUFRO）第5学部（林产品）国际学术大会暨美国木材科学技术（SWST）第60届年会在加拿大温哥华举行，国际竹藤中心常务副主任费本华研究员率竹藤生物质新材料研究所代表团9人参加会议。费本华研究员受邀作"中国竹产业发展模式"主题报告。余雁研究员主持竹藤材资源创新利用分会场，并代表中国参加国际林联第5学部未来林产品发展小组会议。大会期间，竹藤中心多位专家做口头学术报告，并通过墙报展示了中国在竹质工程材料方面的部分成果。费本华常务副主任还率团访问了加拿大不列颠哥伦比亚大学（UBC）林学院，与林学院院长约翰·英尼斯教授、副院长王光玉教授就强化双方合作，落实"中加竹藤联合实验室"等事宜进行交流。

2017年中亚国家荒漠化防治研修班 6月15日至7月5日，由中国商务部主办、国际竹藤中心承办、国家林业局防治荒漠化管理中心协办的"2017年中亚国家荒漠化防治研修班"在北京举办。来自乌兹别克斯坦和吉尔吉斯斯坦的共17名学员参加研修。研修班安排了专题讲座、交流座谈，竹藤中心常务副主任费本华主持多场专题讲座，特别邀请了全国政协人口资源环境委员会副主任、中国—全球环境基金干旱生态系统土地退化防治伙伴关系指导委员会主任、竹藤中心主任、国际木材科学院院士江泽慧教授，中国水利水电科学院王浩院士，国家林业局防治荒漠化管理中心潘迎珍主任，国家林业局政法司王洪杰司长等知名专家学者和高级官员授课。6月28日至7月3日，研修班深入甘肃省兰州、白银和武威等地进行了为期6天的野外实地参观考察，学员们亲身见证了中国防沙治沙工程建设情况和取得的突出成效。7月5日，研修班举行结业典礼，竹藤中心党委书记刘世荣、国家林业局防治荒漠化管理中心国际履约与合作处处长曲海华参加典礼并致辞。国际竹藤中心主任助理、计财处处长陈瑞国主持。

2017年埃塞俄比亚竹子手工艺加工技术培训班 6月15日至7月14日，由中国商务部主办、国际竹藤中心承办、国际竹藤组织和埃塞俄比亚工业部中小企业发展局协办的"2017年埃塞俄比亚竹子手工艺加工技术海外培训班"在埃塞俄比亚首都亚的斯亚贝巴举办。此次培训班是由竹藤中心承办的首个境外培训班，也是中国林业系统的第一个海外援外技术班。共有41名来自埃塞竹藤编织、竹藤家具、竹藤手工艺等领域的从业人员参加培训，3位来自列入中国国家非物质文化遗产名录的湖南益阳小郁竹艺传习所的高级竹艺技师为学员们传授了竹家具设计与制作、竹资源的可持续经营与管理、竹材防护处理等实用技术。培训期间，学员完成了竹餐桌、竹椅、竹沙发等80件竹家具产品的制作。7月14日，培训班举行结业典礼。中国驻埃塞俄比亚大使馆经商处参赞刘峪、埃塞俄比亚奥罗米亚州副州长、国际竹藤组织董事阿托·塞里希·盖塔宏，埃塞中小企业发展局局长阿斯法·阿贝贝，国际竹藤中心国际处副处长董杰等出席结业典礼。刘峪参赞表示中国政府将全力支持中非竹子中心的建设以及中国—埃塞的竹藤援外培训，并将选派本次培训班最优秀的10名学员于2018年赴华参加竹艺高级培训。在竹藤中心的协助下，埃塞俄比亚竹产业协会在结业典礼当天正式成立。

2017年厄瓜多尔灾后重建竹资源创新利用培训班 8月9日~9月7日，由商务部主办、国际竹藤中心承办、国际竹藤组织协办的"2017年厄瓜多尔灾后重建竹资源创新利用培训班"在京举行。8月9日，国家林业局对外合作项目中心副主任刘立军、厄瓜多尔驻华使馆何塞博尔哈大使、竹藤中心党委书记刘世荣、国际竹藤组织副总干事李智勇出席开班式并致辞。来自厄瓜多尔的29名从事竹建筑、竹工艺品的设计师、建筑师、工程师、手工艺人参加培训。培训班安排课堂授课、现场技术培训，组织学员前往"中国竹乡"浙江安吉、四川眉山市青神县实地考察中国抗震竹质示范房基地、竹加工企业，并与各级林业主管单位、龙头企业和国际组织开展交流研讨。9月7日，培训班在京结业。国家林业局对外合作项目中心副主任胡元辉、国际竹藤中心常务副主任费本华、国际竹藤组织（INBAR）总干事费翰思、厄瓜多尔驻华大使馆公使克劳德拉腊、中国商务部国际商务官员研修学院援外培训联络办公室处长徐凯等出席毕业典礼并致辞。结业典礼上，中国四川省眉山市政府与厄瓜多尔圣多明各—德洛斯查奇拉斯省签署友好合作框架协议。

江泽慧主任会见国际热带木材组织执行主任 9月13日，全国政协人口资源环境委员会副主任、国际竹藤组织（INBAR）董事会联合主席、国际竹藤中心主任江泽慧教授在北京会见了国际热带木材组织（ITTO）新任执行主任格哈德·迪特尔（Gerhard Dieterle）一行。江泽慧主任对迪特尔执行主任到访表示感谢，并回顾了中国林业部门与ITTO合作的历史，表示，INABR和ITTO宗旨都是为了推动森林资源的可持续经营，应对气候变化，双方有着良好的合作前景。迪特尔执行主任表示认同，指出ITTO认为，通过加强热带木材、竹藤等森林资源的可持续利用，可以助力全球可持续发展目标的实现。双方一致同意适时签署中长期合作框架协议。江泽慧主任表示希望ITTO与竹藤中心在竹藤资源利用领域开展合作，并邀请迪特尔执行主任率团参加2018年世界竹藤大会。

2017年一带一路国家竹藤资源可持续开发与管理研修班 10月11~31日，为配合"一带一路"倡议等国家外交战略，推动世界竹藤产业的可持续发展，由商务部主办、国际竹藤中心承办、国际竹藤组织协办的"2017年一带一路国家竹藤资源可持续开发与管理研修班"在京举办。此次研修班是竹藤中心举办的规模最大的援外培训班，共有来自一带一路沿线12个发展中国家的64名林业相关领域高级官员参加。10月11日，研修班举行开班仪式，竹藤中心党委书记刘世荣、国际竹藤组织总干事费翰思出席开班仪式并致辞。10月15~24日，竹藤中心副主任李凤波带队组织学员前往海南三亚、浙江安吉等地进行实地考察，并开展交流研讨。

巴西加入国际竹藤组织（INBAR）升旗仪式 11月6日，国际竹藤组织在北京总部举行巴西加入国际竹藤组织（INBAR）升旗仪式。中国全国政协人口资源环境委员会副主任、INBAR董事会联合主席、国际竹藤中心主任江泽慧，中国国家林业局副局长彭有冬，INBAR理事会主席国代表、牙买加驻华大使丘伟基，巴西国会参议院前副议长维亚纳，巴西驻华大使马尚，国际竹藤组织总干事费翰思、竹藤中心党委书记刘世荣等出席升旗仪式。江泽慧对巴西的加入表示热烈欢迎，指出巴西加入INBAR，将大大增强INBAR的代表性和影响力，也将有力促进南美洲地区竹藤产业可持续发展。彭有冬表示国家林业局作为国际竹藤组织在东道国的窗口单位，今后将继续与各成员国一道，为世界竹藤产业健康可持续发展作出积极贡献。维亚纳表示，巴西非常高兴成为国际竹藤组织大家庭的新成员，巴西愿加强与其他成员国的交流与合作，为促进全球竹藤事业可持续发展作出贡献。在与会嘉宾见证下，费翰思和马尚在INBAR总部广场共同升起巴西国旗。

2017年发展中国家竹藤产业可持续发展与南南合作高级别政策研讨班 11月5~14日，由商务部主办、国际竹藤中心承办、国际竹藤组织协办的"2017年发展中国家竹藤产业可持续发展与南南合作高级别政策研讨班"在京举办。此次研讨班是竹藤中心承办的级别最高的援外研讨班，来自亚非拉三大洲24个发展中国家的60余名林业领域官员参加，其中包括9名副部级官员。研修班安排了专题授课、座谈交流、实地考察和文化体验，使学员充分认识到竹产业促进经济发展和改善生态环境的重大意义。研修班举办期间是国际竹藤组织（INBAR）20周年志庆之际，11月6日，研修班举办了全球竹藤资源评估高级别对话会，并安排学员们参加了巴西加入国际竹藤组织升旗仪式和国际竹藤组织成立二十周年志庆暨竹藤绿色发展与南南合作部长级高峰论坛。11月8~10日，研修班组织学员赴杭州参加2017年国际竹资源高效创新利用论坛，进一步了解中国竹藤产业发展概况与政策、竹藤产品贸易、中国林权制度改革以及林业全球治理等情况。考察期间，浙江省及杭州市等相关领导会见了研修班各位部级参会代表。

【技术培训】

竹编技术扶贫培训班 10月19日至11月17日，国际竹藤中心在四川青神培训基地为来自广西壮族自治区、四川省和贵州省15个区县的35名学员举办了"2017年竹编技术扶贫培训班"。学员中，有22名来自8个国家级贫困县，17名少数民族学员。培训班针对学员年龄跨度大、学习能力差别大、文化程度普遍较低的特点，精心制订了教学方案，专门设置了"平面竹编1厘米6丝——12丝竹编字画的制作工艺"、"瓷胎竹家具的制作技艺"和"立体竹编的制作技艺"等专业实用技术课程，以满足学员们的个性化需求。经过为期30天的培训，所有学员都顺利通过了培训考核。本期培训班以扶贫为主题和出发点，以竹编实用技术为切入点，务实培训贫困林农，为促进贫困地区就业，带动产业发展提供了重要助力。

林业技术专项培训班 11月27日至12月1日，由国际竹藤中心主办，湖北省林业厅承办的"湖北省林业技术专项培训班"在荆门举办。来自湖北省17个市（州）70个县（市）林业部门及生产第一线管理人员、技术人员、企业相关人员共108人参加培训。培训班围绕湖北省林业重点工作和林业产业发展规划设置培训课程。针对湖北省精准灭荒工程、毛竹和油茶产业发展和实际工作需要，邀请湖北省林业厅及湖北省林科院专家解读精准灭荒工程相关政策，讲授精准灭荒实用技术；邀请中国林科院亚林所及湖北省林业技术推广中心专家讲授"笋用竹培育技术"、"茶油营养品质及加工质量控制技术"、"油茶丰产栽培技术"，以及"林业碳汇项目开发与实践"和"森林多功能经营技术和国有林场森林经营方案编制"等课程。培训班还安排了交流互动，内容丰富实用，针对性强，使学员们开阔了视野，学到了专业知识和先进技术。

林业定点扶贫培训班 12月18~28日，国际竹藤中心与国家林业局计财司为国家林业局4个定点扶贫县举办4期定点扶贫培训班，共计培训广西壮族自治区龙胜县、罗城县，贵州省荔波县、独山县林业部门管理和技术人员、乡镇和乡镇林业工作站负责人、致富带头人、农民专业合作社负责人等251人。培训班精心制定了培训方案，专门设置了国家林业宏观扶贫政策及案例、省（区）林业扶贫政策及成效、林业脱贫典型地区经验介绍、竹编技术扶贫应用实践、木本油料产业发展及政策、森林旅游与扶贫政策、林下经济政策与实务、企业助推林业扶贫攻坚实务等课程，邀请了国家林业局计财司、省（区）林业厅等相关部门、企业的专家和业务骨干授课。学员们表示，培训班课程安排丰富、实用、针对性强，收获很大，对于一线扶贫工作具有重要的指导作用。培训班期间，竹藤中心与当地政府及林业部门前往竹藤中心培训示范点——竹藤中心往期竹编培训班学员贾茜萍在广西融水县牵头创办的华融竹编工艺品专业合作社、姚优凤在贵州荔波县牵头创办的荔波茂兰喀斯特竹制工艺专业合作社，进行考察调研，了解学员返乡创业发展情况。

【竹藤标准化】

国际标准化组织竹藤技术委员会（ISO/TC 296）2017年年会 8月22～24日，国际标准化组织竹藤技术委员会（ISO/TC 296）在印度尼西亚雅加达召开2017年年会。会议由ISO/TC 296秘书处主办，印尼环境与林业部和印尼国家标准局承办。来自中国、哥伦比亚、埃塞俄比亚、印度尼西亚、马来西亚、荷兰、乌干达等11个成员国及国际竹藤组织的50余名代表参加会议。ISO/TC 296秘书处主席费本华、印尼环境与林业部标准化中心主任诺尔·瓦杜卓、印尼国家标准局副主席尼奥曼·苏普力亚纳出席开幕式并致辞。开幕式后，竹地板、竹产品术语及竹炭3个工作组依次召开工作组会议，与会专家就各工作组的在研标准草案展开充分讨论。8月24日，费本华主持召开ISO/TC 296 2017年全体会议。会上，秘书处总结了过去一年的工作情况，并通过15项决议，包括：与地板覆盖物技术委员会（ISO/TC 219）建立联络，通过藤材及藤产品术语、藤材分级2个新标准提案，建立藤工作组，将竹片物理力学性能测试方法纳入工作计划，商定2018年和2019年年会举办地点等。

【创新平台建设】

江泽慧主任考察指导安徽太平试验中心工作 5月19～20日，国际竹藤中心主任江泽慧视察安徽太平试验中心，国际竹藤中心常务副主任费本华、安徽太平试验中心顾问訾兴中陪同。江泽慧主任一行实地察看了国家竹藤工程技术研究中心、竹种质资源保存库、天然耐腐基地、试验中心信息化控制室等，听取了试验中心工作情况的汇报，并就修购项目申报方案、展示馆建设、南区项目建设等事项作了明确指示和部署，要求试验中心全体职工在政治上统一思想、管理上更上层次、业务上提升水平，团结进取，开拓思路，多出成果，多出效益。

张建龙局长调研指导热带森林植物研究所工作 6月9日，国家林业局局长张建龙一行到国际竹藤中心热带森林植物研究所调研指导，国家林业局总经济师张鸿文、计财司司长闫振、中国林科院分党组书记叶智、国家林业局规划院院长刘国强、驻广州专员办专员关进敏、海南省林业厅厅长关进平、三亚市副市长李劲松以及三亚市林业局局长陈斌等陪同调研。张建龙局长在竹藤中心党委书记刘世荣的陪同下，考察了科研综合楼的实验设施，听取了一、二期项目建设以及热带森林植物研究所机构设置、甘什岭热带植物种质资源收集保存、三亚竹藤生态站建设等情况汇报。张建龙局长对热带森林植物研究所的各项工作给予肯定，强调，要提高管理水平，为科学研究、技术培训、学术交流提供良好平台条件，加强与地方合作，加速科技成果转化、推广，为海南省生态建设和产业发展提供科学支撑。

国家林业局竹林生态站研讨会 11月28～30日，由国家林业局竹林生态站专业委员会和国际竹藤中心主办、海南三亚竹藤伴生林生态系统国家定位观测研究站承办的国家林业局竹林生态站研讨会在竹藤中心热带森林植物研究所召开。国家林业局生态定位观测网络中心办公室、已建竹林生态站站长和技术骨干、拟申请建立竹林生态站的单位代表和生态站管理专家30余人参加研讨会。会上，国家林业局生态定位观测网络中心办公室副处长段经华介绍了国家林业局关于生态定位观测网络规划布局及生态站相关建设运行管理办法，要求以竹藤中心为技术依托单位的8个已获国家林业局批复的竹林生态站结合现有条件，做好数据提交上报工作。参会专家对竹林生态站研究方法、必选和自选监测指标、监测方法等内容进行充分研讨，初步形成了竹林生态定位监测研究的标准体系。

"国家林业局竹缠绕复合材料工程技术研究中心"揭牌 12月4日，依托国际竹藤中心和浙江鑫宙竹基符合材料科技有限公司联合组建的"国家林业局竹缠绕复合材料工程技术研究中心"揭牌仪式在浙江省德清县举行。揭牌仪式由竹藤中心常务副主任费本华主持，全国政协人口资源环境委员会副主任、国际竹藤组织董事会联合主席、竹藤中心主任江泽慧，国家林业局副局长彭有冬共同为竹缠绕复合材料工程技术研究中心揭牌。全国人大环境资源委员会法案室主任、国际竹缠绕产业创新联盟专家智库副主任翟勇，水利部副总工程师庞进武等出席揭牌仪式。揭牌仪式标志着国家林业局竹缠绕复合材料工程技术研究中心建设即将进入建设新阶段。江泽慧对竹缠绕复合材料工程中心提出了要求并表示，竹质缠绕复合材料产业具有很强的市场竞争力，必将成为竹产业新的增长点，引领世界竹产业发展，为发展现代林业、建设生态文明、服务"三农"、推动创新驱动发展、建设美丽中国作出应有的贡献。

国际竹藤培训基地合作共建揭牌 12月4日，由国际竹藤中心、国家林业局竹子研究开发中心和国际竹藤组织（INBAR）合作共建的国际竹藤培训基地在国家林业局竹子研究开发中心揭牌。全国政协人口资源环境委员会副主任、国际竹藤组织董事会联合主席、竹藤中心主任江泽慧教授，国家林业局副局长彭有冬，浙江省政协副主席陈艳华，国际竹藤组织副总干事李智勇，浙江省林业厅厅长林云举，中国林科院分党组书记叶智，竹藤中心常务副主任费本华出席。江泽慧主任在总结讲话中指出，中国政府对竹藤绿色事业和援外工作高度重视。十八大以来，党和国家领导人在重大多双边活动中对外承诺了一系列人才培训举措。为呼应广大发展中国家的涉林培训需求，服务"南南合作"、"一带一路"、"中非合作"等国家战略，希望竹藤中心和竹子研究开发中心以共同创建"国际竹藤培训基地"为契机,紧密围绕联合国2030可持续发展议程,落实"林业援外人力资源开发合作十三五规划",弘扬中国绿色发展的新理念,分享中国林业在生态文明、可持续发展、应对气候变化、兴林富民等方面的实践经验,进一步提升国际竹藤科技培训质量和水平,将中国林业援外培训做大做强,扩大中国在国际林业合作与交流中的话语权和影响力。

【党建和机关建设】

江泽慧主任讲学习贯彻党的十九大精神专题党课 12月27日,国际竹藤中心举办学习贯彻党的十九大精神专题党课,江泽慧主任以"学习党的十九大精神及习近平主席致INBAR二十周年的贺信,谈谈对新时代林业现代化的理解与思考"为题作了专题授课。江泽慧主任亲自领学党的十九大和习近平主席贺信精神,强调一定要按照习近平主席的指示,以党的十九大精神为统领,紧紧围绕创新驱动发展战略,积极谋划国家竹藤科技创新战略、引领产业升级转型、致力精准扶贫,同国际社会一道,积极落实联合国2030年可持续发展议程,为构建人类命运共同体,共同建设更加美丽的世界做出积极贡献。江泽慧主任还带领大家学习了中央经济工作会议精神,重点解读了习近平新时代中国特色社会主义经济思想核心内涵,并强调,竹藤中心在当前及2018年要重点加快提升竹藤科技创新,完善创新平台建设,深化国际合作与交流,加强创新人才培养,积极协调国际竹藤组织,进一步提升中国在竹藤外交事务的国际影响力,进一步加强党建建设,切实把十九大精神落实到推动林业现代化建设、推动竹藤事业发展上来。

【重要会议和活动】

国际竹藤中心与上海市农业科学院举行科技合作签约仪式 于1月6日在上海举行。全国政协人口资源环境委员会副主任、国际竹藤组织董事会联合主席、国际竹藤中心主任江泽慧,上海市委农办、市农委主任张国坤出席签约仪式并讲话。上海市农业科学院党委书记、院长蔡友铭主持签约仪式。江泽慧在讲话中表示,合作协议的签署标志着双方合作交流迈上实质性的新阶段。双方将发挥各自优势,在竹藤与园林花卉、城市森林、生态修复、竹基复合材料研究等方面开展全面合作,共同建设好上海(奉贤)创新驱动绿色发展生态示范基地。张国坤表示上海市农科院将加强与竹藤中心在"产学研"各层面的对接,建立科学合理的合作机制,形成科学高效的工作体系,务实推进合作协议落地生根,为上海都市现代农业发展做贡献。竹藤中心常务副主任费本华和上海农业科学院副院长谭琦分别介绍双方情况并代表签署科技创新合作协议。签约仪式上,上海农业科学院聘请江泽慧为首席科学顾问。

2017年工作会议 1月16日,国际竹藤中心召开2017年工作会议。全国政协人口资源环境委员会副主任、国际竹藤中心主任江泽慧出席会议,国家林业局副局长彭有冬发表书面发言。国家林业局相关司局领导及国际竹藤组织副总干事李智勇,国际竹藤中心常务副主任费本华、党委书记刘世荣、党委副书记李晓华以及国际竹藤中心全体干部职工参加会议。刘世荣主持会议。会上,费本华作了国际竹藤中心2017年工作报告,李晓华作了国际竹藤中心党建工作报告。江泽慧在讲话中指出,2016年,国际竹藤中心在科技创新、学科建设、研究领域拓展、人才队伍培养、加强国内国际合作交流、加强国内外培训等方面取得丰硕成果。2017年,国际竹藤中心要瞄准建设世界一流科研院所方向,以科技创新引领转型发展,完善条件平台建设、打造高素质人才队伍、推进国际国内交流合作、在科技扶贫上精准发力、加强党建工作。彭有冬指出,竹藤事业要抓住发展机遇,着力提升竹藤科技创新水平,支撑引领竹藤产业创新发展,大力开展扶贫技术服务,提高竹林管理水平,完善科研团队,抓好培育基地和科技示范点建设,加大合作,开发国际市场,落实从严治党要求,加强党风廉政建设,持续改进工作作风。会上,刘世荣宣读了国际竹藤中心2016年度获奖情况,与会领导为获奖代表进行颁奖。

江泽慧主任与福建永安市市长陈文华一行座谈 10月16日,福建永安市市长陈文华、市林业局局长郑凌峰等一行到访国际竹藤中心。国际竹藤中心主任江泽慧、常务副主任费本华等与陈文华一行座谈。座谈中,江泽慧主任接受国际(永安)竹具博览会的邀请,建议永安市把"中国(永安)竹具城"这个平台打造好,竹藤中心愿给予推动支持。江泽慧主任还就竹藤中心牵头申请组建的"国家竹产业科技创新中心"、永安竹林生态定位站的建设与永安市交换了意见,并建议双方进一步加强合作,共同推动竹产业创新发展。陈文华市长表示愿意参与创新中心和生态站建设,可在永安市竹具城等现有基本条件基础上,根据建设方案要求进一步建设完善,打造一个竹产业科技创新平台。经商讨,双方同意下一步各自成立工作小组,细化工作方案和合作协议,明确对接机构和人员,密切开展合作,共同推动创新中心和生态站建设等工作的实施。

国际竹藤组织(INBAR)成立二十周年志庆 11月6日,国际竹藤组织(INBAR)成立二十周年志庆暨竹藤绿色发展与南南合作部长级高峰论坛在京举行。中国国家主席习近平为国际竹藤组织成立20周年发来贺信。论坛开幕式上,全国政协人口资源环境委员会副主任、国际竹藤组织董事会联合主席、国际竹藤中心主任江泽慧宣读习近平主席贺信。埃塞俄比亚总统穆拉图·特肖梅、联合国副秘书长刘振民发来视频致辞,联合国粮农组织总干事若泽·格拉齐亚诺·达席尔瓦发来书面致辞。全国政协人口资源环境委员会主任贾治邦、国家林业局局长张建龙、外交部副部长李保东、国际竹藤组织董事会主席安德鲁·贝纳特出席会议并致辞。国家林业局副局长张永利、彭有冬、李树铭,国家林业局总经济师张鸿文,亚太森林组织董事会主席赵树丛,国家林业局原局长王志宝,中科院院士李文华、全国政协人口资源环境委员会原副秘书长白煜章等出席论坛开幕式。国家林业局相关司局负责人,国际竹藤中心领导班子以及来自30多个国家的部长、驻华大使和外交使节参加。论坛上,发布了《世界竹藤名录》《南南合作报告》和《100个中国竹业人物故事集锦》。

江泽慧主任出席江苏·现代农业科技主题大会 12月1日,由农业部和江苏省政府共同主办的中国江苏·

现代农业科技大会在南京国际博览中心开幕。全国政协人口资源环境委员会副主任、国家林业局科技委常务副主任、国际竹藤组织董事会联合主席、国际木材科学院院士、国际竹藤中心主任、首席科学家江泽慧教授出席会议并作"携手推进新时期林业现代化建设"主旨报告。她在发言中指出,这次大会是贯彻落实党的十九大精神的重要会议,林业既要创造更多物质财富和精神财富以满足人民日益增长的美好生活需要,也要提供更多优质生态产品以满足人民日益增长的优美生态环境需要。对于推动全国林业现代化建设谈了构筑国家生态安全体系、完善科技创新体系、扩大国际合作交流、发挥江苏优势四方面体会。国家林业局副局长彭有冬,竹藤中心常务副主任费本华和党委书记刘世荣,国际竹藤组织副总干事李智勇等应邀出席开幕式。

12月1日下午,江苏省林业局主办"科技兴林、绿色富民"现代林业科技专场推介会,江泽慧主任,彭有冬副局长,江苏省委常委、副省长杨岳出席会议。江泽慧以"新时代森林城市发展战略思考"为题作主旨报告。她在报告中回顾了中国森林城市发展的历程,分析了中外城市林业和森林城市建设的先进理念,指出森林城市发展要紧跟新时代"三步走"重大战略来确定目标任务,希望江苏大力推进森林城市创建,着力构建森林城市群,努力推动新时代江苏林业现代化建设取得更大成效。彭有冬指出,江苏走出了一条特色鲜明的平原林业发展道路,为全国林业建设作出了重要贡献。他强调,江苏林业科技工作要围绕新时代中国特色社会主义建设重大需求开展战略研究、开展科技攻关、加强科技推广和标准化示范,不断提升科技兴林水平。

【中美共建中国园项目】

1月21日,全国政协人口资源环境委员会副主任、中国园项目中方总执行人、国际竹藤中心主任江泽慧会见中建美国公司总经理袁宁,商讨中国园项目建设事宜。

7月28日,中美共建中国园项目中方建设领导小组会议在江苏省扬州市召开。江泽慧主任主持会议。国家林业局副局长、中国园项目中方建设领导小组副组长彭有冬,扬州市副市长丁一出席会议并讲话。外交部、国家林业局、江苏省林业局、扬州市人民政府、扬州市林业局、中国园项目中方建设领导小组办公室等单位30余人参会。会议通报了中国园项目近期进展和开工前的各项准备工作筹备情况,讨论了项目签署施工合同、技术工人赴美签证、海外施工和工作协调机制等相关问题,部署了下一步工作。江泽慧主任指出,当前项目处在关键时期,各项工作正稳步推进,下一步要尽快完成施工图纸的审定、工程量核定、施工和管理总承包合同签署、相关审批手续办理等各项准备工作,争取在2017年10月底前正式动土施工。彭有冬副局长强调,要进一步做好项目的组织保障,充实领导小组力量,完善协调会商机制,不断细化每阶段工作流程,做好实施方案和预案设计。丁一副市长表示,将进一步提高政治站位思考,积极推动中国园项目工作,提高协调能力,一如既往把各项工作做好。

【林业大事】

1月19日 全国政协人口资源环境委员会副主任、国际竹藤中心主任江泽慧出席国家林业局2017年春节团拜会,并带头演唱了国粹京剧交响乐新曲《唱支山歌给党听》;国际竹藤中心常务副主任费本华、党委书记刘世荣担纲表演了现代京剧《智取威虎山》经典选段《共产党员时刻听从党召唤》,展示了国粹京剧的艺术魅力,展现了新时期共产党员所应具备的四种意识,展现了竹藤人团结一致、朝气蓬勃的精神风貌,彰显了国际竹藤中心浓厚的文化氛围,为各项工作注入了新的活力。

2月4~6日 国际竹藤中心党委书记刘世荣赴三亚热带森林植物研究所主持召开专题会议,研究部署了热带雨林仿生展示馆建设、甘什岭种质资源库建设和海南三亚竹藤生态站建设等问题。中国林科院、北京林业大学相关专家以及国际竹藤中心相关科研人员参加会议。

2月28日 国际竹藤中心召开干部任命会议,宣布中共国家林业局党组关于任命沈贵同志为国际竹藤中心副主任的决定。国际竹藤中心主任江泽慧、国家林业局人事司副司长王浩出席会议并讲话。国际竹藤中心常务副主任费本华主持,刘世荣书记、李晓华副书记及处级以上干部参加了会议。沈贵同志作表态发言。

4月13日 国家杰青获得者、华中农业大学生命科学技术学院罗杰教授应邀到国际竹藤中心开展学术交流,作了题为"植物代谢物多样性的遗传及生化基础解析"的学术报告。罗杰教授从代谢组和基因组层面,解析了农作物天然产物的生物合成途径、代谢物多样性的形成机理以及遗传进化规律,重点介绍了广泛靶向代谢组学在植物次生代谢物比较分析中的应用。会上就竹子代谢组学研究、关键基因筛选和重要次生代谢产物生物合成途径解析等问题展开讨论。

5月4~5日 国际竹藤中心举办"五四"青年节系列活动。组织参加国家林业局"五四"表彰和专题学习活动、召开"优秀青年""优秀共青团员"表彰会、举行健步走和接力跑比赛等系列活动,庆祝中国共产主义青年团成立95周年、"五四"运动胜利98周年。国际竹藤中心常务副主任费本华,党委书记刘世荣、副书记李晓华等干部职工和研究生60余人参加活动。

6月30日 为纪念建党96周年,深入推进"两学一做"学习教育常态化制度化,国际竹藤中心举办"纪念建党96周年暨庆祝香港回归20周年"主题党日活动。国际竹藤中心主任江泽慧出席活动并讲话,党委书记刘世荣讲专题党课,中国生态文化协会原副会长汪绚、中国花卉协会会长刘红、国际竹藤组织副总干事李智勇、竹藤京剧传承社成员及指导老师冯洪起、赵益华等著名表演艺术家应邀出席活动,全体党员、干部职工和研究生120余人参加活动。

7月10~16日 国际竹藤中心副主任李凤波带领竹藤资源化学利用研究所首席专家汤锋教授等一行4人赴中国保护大熊猫研究中心四川都江堰基地、卧龙基地,落实国际竹藤中心与中国大熊猫保护中心签署合作协议的研究内容,并在四川、陕西两省多家单位开展调研。在四川期间,调研组与大熊猫保护研究中心开展了座谈交流,双方就下一阶段开展合作研究进行深入探讨，并落实了具体合作研究计划。在陕西，调研组赴陕西省珍稀野生动物抢救饲养研究中心、楼观台实验林场调研，并参观了南竹北引竹种园，了解了竹种质资源在当地的保存情况。

7月22日 由国际竹藤中心和国家林业局竹缠绕复合材料工程技术研究中心共同主办的"竹缠绕复合管廊应用示范技术研讨会"在山东省泰安市召开。来自全国人大、国家发改委、科技部、工信部、住建部、水利部、国家质检总局、国家林业局、国际竹藤中心、清华大学等国家部委、科研院校及企业的50余位领导和专家，就竹缠绕复合管廊应用示范技术展开讨论，并为竹缠绕复合材料产业的发展献计献策。中国工程院院士张齐生、国际竹藤中心常务副主任费本华作主题报告。

7月31日 为深入贯彻落实党中央和国家林业局党组关于"两学一做"常态化制度化的部署要求，国际竹藤中心党委副书记、纪委书记李晓华以"全面从严治党 提高政治站位 加强纪律建设"为题，向全体党员干部讲主题党课。竹藤中心党委书记刘世荣主持党课，竹藤中心常务副主任费本华及干部职工、国际竹藤组织党支部和研究生党员共40余人参加党课学习。

8月 国家林业局人事司公布2016年年度考核结果，国际竹藤中心领导班子被评为2016年年度考核优秀班子。

9月25~26日 国家林业局科技司巡视员厉建祝一行到国际竹藤中心热带森林植物研究所调研指导工作。厉建祝巡视员一行听取了热带森林植物研究所基地建设、科研项目实施、固定资产运行管理、竹藤等热带森林植物种质资源收集保存以及发展规划等情况的汇报，并现场考察了研究所院区基础设施和二期建设情况，对热带森林植物研究所的各项工作予以肯定，并对今后的发展提出了明确要求。

10月9日 加拿大麦吉尔大学教授、威廉·道森学者、加拿大土壤学会主席乔安·K·惠伦女士应邀到国际竹藤中心进行学术交流，并作学术报告。国际竹藤中心常务副主任费本华研究员、党委书记刘世荣研究员会见了惠伦教授。刘世荣书记及国际竹藤中心、中国林科院的相关科研人员和研究生近20人参加学术交流。

10月13日 中国竹产业协会副秘书长刘广路一行参加中国高科技产业化研究会科普教育展览中心活动基地揭牌仪式。会后，中国高科技产业化研究会科普教育展览中心副主任张宇与刘广路就加强合作等事宜进行座谈。

10月15~17日 国际竹藤中心作为"中国科协第319次青年科学家论坛——基础研究驱动生物质高效利用创新"的协办单位，组派余雁研究员、覃道春研究员、马建峰博士、陈复明博士4名中青年科研人员参加论坛，并分别就"构建多尺度木材细胞壁模型促进生物质高效转化"、"防腐剂在竹材中渗透性的影响因素"、"生物质细胞壁显微化学成像研究进展"、"新型竹纤维复合材料的开发与几点科学问题"作报告。

10月16日 加拿大阿尔伯塔大学可再生资源系教授张小川博士应邀到国际竹藤中心进行学术交流，并作学术报告。国际竹藤中心常务副主任费本华、党委书记刘世荣、党委副书记李晓华会见了张小川教授。国际竹藤中心、中国林科院的研究人员和研究生近20人听取报告并参加学术交流。

10月27日 由国际竹藤组织、国际竹藤中心、中国竹产业协会主办的2017国际（永安）竹具博览会在福建省永安市召开。国际竹藤中心副主任李凤波出席博览会并致辞，科技处处长范少辉主持了第四届国际（永安）竹天下论坛暨2017年中国"互联网+"竹产业发展推进论坛，王戈研究员参加第四届国际（永安）竹天下论坛暨2017年中国"互联网+"竹产业发展推进论坛对话互动。

10月31日 国际竹藤中心召开全体党员和干部职工会议，集中学习贯彻党的十九大精神。竹藤中心党委书记刘世荣带领大家领学了十九大的主要内容和精神，并详细解读了《党章》修改情况，常务副主任费本华结合学习十九大精神对中心各方面工作进行了部署安排，副书记李晓华主持会议，中心副主任李凤波，党委委员、综合办公室主任陈瑞国及中心全体党员和干部职工70余人参加会议。

11月6日 国际竹藤组织成立20周年志庆暨竹藤绿色发展与南南合作部长级高峰论坛在北京举行。国家主席习近平向国际竹藤组织致贺信。习近平指出，国际竹藤组织成立20年来，为加快全球竹藤资源开发、促进竹藤产区脱贫减困、繁荣竹藤产品贸易、推动可持续发展发挥了积极作用。习近平强调，中国共产党第十九次全国代表大会提出，中国坚持人与自然和谐共生，致力于建设社会主义生态文明，走绿色发展之路，建设美丽中国。中国将继续支持国际竹藤组织工作，愿同国际社会一道，积极落实2030年可持续发展议程，推动全球生态文明建设，推动构建人类命运共同体，共同建设更加美丽的世界。

11月10日 中国竹产业协会赴浙江杭州参加了2017年国际竹资源高效利用创新论坛。论坛由商务部主办，国际竹藤组织、国家林业局林改司、浙江省林业厅支持，联合国绿色经济发展联盟组织、世界自然基金会、中国竹产业协会等单位协办。国家林业局副局长彭有冬出席开幕式并致辞，各行业领域专家学者、企业家、相关国际机构人员约300余人参加。

11月15日 国际竹藤中心组织2017年新提任和交流任职的处级干部参加由国家林业局组织的处级干部宪法宣誓仪式。竹藤中心常务副主任费本华参加观礼。竹藤中心参加宣誓的处级干部与国家林业局系统共89名处级干部，列队站立，面向国旗、国徽，进行了庄严的宪法宣誓。国家林业局副局长张永利出席宣誓仪式并对参加仪式的处级干部提出殷切希望和明确要求。

11月22日 国际竹藤中心举办学习贯彻党的十九大精神专题党课，竹藤中心副主任李凤波结合在云南省挂职期间的工作和实施精准扶贫讲党课。竹藤中心党委书记刘世荣主持会议，党委副书记李晓华及全体党员、干部职工50余人参加党课学习。

11月22日 国际竹藤中心与国家林业局经济发展研究中心联合举办了特邀专家报告会。邀请国家林业局昆明勘察设计院院长唐芳林教授，对十九大报告提出的"构建国土空间开发保护制度，完善主体功能区配套政策，建立以国家公园为主体的自然保护地体系"作深刻解读。竹藤中心党委书记刘世荣、党委副书记李晓华及全体党员、干部职工参加党课学习。

12月23日 "北美枫情杯"2018届全国林科十佳毕业生评选颁奖典礼在西北农林科技大学举行。大会表彰了"全国林科十佳毕业生"、"优秀毕业生",颁发了"优秀组织单位"奖和"优秀组织个人"奖。国际竹藤中心2名博士生分获研究生组"全国林科十佳毕业生"和"全国林科优秀毕业生"荣誉称号。国际竹藤中心荣获2018届全国林科十佳毕业生"优秀组织单位"奖,苏浩然荣获"优秀组织个人"奖。

12月29日 为深入贯彻落实党的十九大精神,积极调动中心广大职工参政议政,充分行使民主决策、管理和监督权力,国际竹藤中心职工代表大会成立,并召开一届一次会议。竹藤中心党委副书记、工会主席李晓华主持会议。

12月29日 国家林业局造林司在国际竹藤中心召开《国家林业局关于加快竹产业发展的指导意见(征求意见稿)》讨论会。会议邀请了竹藤中心副主任李凤波、浙江省林业厅产业处处长康志雄、国家林业局竹子研究开发中心副主任陈玉和等专家参会。专家们从各自的工作岗位、工作经验角度进行研究讨论,对征求意见稿提出了建设性修改意见。

(国际竹藤中心由王丹供稿)

国家林业局森林病虫害防治总站

【概　述】 2017年,国家林业局森林病虫害防治总站(以下简称"森防总站")围绕林业现代化建设大局,以提升森林质量、保护野生动物、维护生态安全为主线,以深化改革创新为动力,以抓党建促业务为抓手,完成松材线虫病等重大林业有害生物防治及H7N9禽流感防控督导,开展基于大数据融合的松材线虫病、美国白蛾时空测报等试点示范12项和新药剂产品登记的林间药效试验16个,编发《病虫快讯》10期和《野生动物疫源疫病监测信息报告》325期,举办松材线虫病监测鉴定和疫源疫病监测等专题培训班12期,制订修订党委议事规则等规章制度7项和科研经费等管理制度9项,"森防总站党建"微信公众平台获评国家林业局优秀学习品牌。

机构队伍建设 1月20日,森防总站授予办公室、测报处2016年度"先进处室标兵"荣誉称号,授予检疫处、监测处、计财处2016年度"先进处室"荣誉称号;授予董振辉、王云霞、白鸿岩2016年度"先进个人标兵"荣誉称号,授予方国飞、沈艳霞、孙贺廷、徐钰、邱立新、刘洁2016年度"先进个人"荣誉称号,授予缪凯2016年度"先进扶贫个人"荣誉称号。11月27日,经中共辽直工委同意,曲涛增补为中共森防总站委员会委员。柴守权入选国家林业局"百千万人才工程"省部级人选,方国飞荣获2015～2017年度国家林业局直属机关"十佳优秀青年"荣誉称号,孙贺廷获得辽宁省直机关"五一劳动奖章"荣誉称号。

科学技术成果 3月8日和3月13日,森防总站承担的国家级林业科技成果推广项目"2.8%木烟碱微囊悬浮剂防治森林食叶害虫技术推广"和"新型环形捕鼠夹防治害鼠技术推广"分别通过验收。7月3日,林业公益性行业科研专项"野鸟H7N9禽流感病毒溯源与流行病趋势研究"完成结题验收。10月11日,参与的国家重点研发计划项目"珍稀濒危野生动物重要疫病防控与驯养繁殖技术研发"顺利启动。

5月16日,"姬蜂亚科分类及系统发育研究"项目获辽宁林业科学技术一等奖,《林业有害生物风险分析准则》《云杉八齿小蠹防治技术规程》《侧柏蛀干害虫植物源引诱剂使用技术规程》《陆生野生动物疫病危害性等级划分》《陆生野生动物疫病分类与代码》5个标准获辽宁林业科学技术二等奖。7月4日,《H4N6亚型禽流感病毒分离与氨基酸序列测定》论文获辽宁省自然科学学术成果三等奖。4月10日,初冬担任辽宁省动物学会副理事长,柴守权担任辽宁省昆虫学会副理事长。8月17日,于海英当选为中国林学会青工委常委。

"两学一做" 2月16日,森防总站召开党风廉政建设推进会,深入贯彻落实中央纪委七次全会和国家林业局机关"两建"会议精神。6月23日,国家林业局造林司和森防总站、辽宁省林业厅造林处在森防总站召开党组织共建座谈会。6月30日至7月1日,国家林业局人才中心主任、人事司副司长郝育军率人事司党支部一行14人来到沈阳,与总站党委开展党组织共建活动,召开庆祝建党96周年暨党组织共建大会、举办"颂歌献给党"歌咏比赛、赴大梨树村开展学习毛丰美先进事迹活动。10月10日,召开"两学一做"学习教育常态化制度化暨干部作风转变推进会,举办"喜迎十九大　青春展风采"演讲比赛。

技术标准化建设 作为全国植物检疫标准化技术委员会林业检疫技术分委会秘书处、全国林业有害生物防治标准化技术委员会秘书处,森防总站分别于8月6日和11月13～14日在山西省大同市、湖南省浏阳市召开了2个标准化技术委员会年会,总结2017年度工作成绩,分析存在的问题,研究部署2018年工作计划,审查通过归口管理的《杨干象防治技术规程》《枣大球蚧防治技术规程》和《杨树烂皮病防治技术规程》《飞机释放赤眼蜂防治松毛虫技术规程》《落叶松鞘蛾防治技术规程》《大沙鼠防治技术规程》《松毛虫监测调查及预报技术规程》,并提出了2018年度拟申报的标准范围和重点。

信息化建设 1月1日,林业有害生物防治信息管理系统正式启用。3月1日,陆生野生动物疫源疫病监测防控信息管理系统正式启用。9月20～22日,森防总站在四川省成都市举办林业有害生物防治信息管理系统高级研修班,系统总结林业有害生物防治信息管理系统应用情况，分析讲解系统操作难点及常见问题，研讨征求系统优化完善意见建议并达成初步解决方案。11月23日，中国森防信息网微信公众号开发项目通过验收，并正式启用。

行业宣传培训 举办国家级中心测报点专职测报员、新药械药剂使用、松材线虫病监测鉴定、美国白蛾防治、野生动物疫源疫病监测等专题培训班12期，培训基层技术人员900多人次。组织开展"服务美丽中国 讲述森防故事"宣传报道活动，在《中国绿色时报》头版相继报道了重大林业有害生物趋势预报、社会化无公害防治等重要信息；举办"森防视觉"摄影比赛，收到参赛摄影作品759幅。中国森防信息网发布全国各地林业有害生物防治工作动态信息2万余条；陆生野生动物疫源疫病监测网更新国内外野生动物疫情动态、野生动物保护、最新科研动态等行业信息1000余条。出版《中国森林病虫》6期，编发《森防工作简报》12期，拍摄防治专题片8部。

【**林业有害生物发生**】 2017年中国林业生物灾害居高不下，呈现出传播扩散迅猛、发生范围广、危害程度重的显著特征。主要林业有害生物累计发生1253.06万公顷，同比上升3.44%。

发生特点 ①重大外来林业有害生物扩散蔓延迅猛，新发疫情数量大幅增加。②松材线虫病等重大危险性林业生物危害加重，对生态安全威胁加剧。③一些本土林业有害生物仍然危害严重，林业鼠(兔)害在西北、松树食叶害虫在南方、林木病害在东北、松树蛀干害虫在西南和东北偏重发生。④经济林病虫持续高发，东北红松球果损失巨大。⑤突发林业生物灾害频繁，局地暴发成灾。

成因分析 ①全球性气候变暖和极端天气事件增加。②日益频繁的物流、贸易、旅游和大量的苗木及林木制品跨区域调运，加速了林业有害生物的传播扩散。③中国区域性经济林人工纯林面积增长迅速，人工林固有的弱点开始凸现。④林业有害生物防控整体能力还不能完全满足生产需要，重救灾轻预防普遍存在。

松材线虫病 发生省(区、市)16个、县316个，发生面积8.49公顷，病死树122.93万株，同比分别上升25.10%和71.81%。新增18个市(地、州)、78个县级行政区，347个乡镇疫点，根除7个县级疫区。疫情北上风险陡增，疫情发生区向北推移400多千米，并发现新的寄主植物和媒介昆虫。

美国白蛾 发生省(区、市)11个、县572个，发生面积92.37万公顷，同比上升11.01%。疫情向南北两端扩散凶猛，在长江经济带苏皖江淮地区、河南东南部、湖北东北部由点块状向片状快速扩散，老疫区疫情有所反弹，京蒙吉鲁豫等地发生面积小幅上升。

森林鼠(兔)害 发生194.20万公顷，同比下降0.67%，在"三北"干旱半干旱地区仍偏重发生，局地成灾。鼢鼠类在甘肃和宁夏局部重度发生区内中幼林被害率高达20%以上，并在山西和陕西北部、甘肃东部、宁夏南部等局地成灾；沙鼠类整体发生平稳，但在甘肃河西五市、新疆准噶尔盆地等局部荒漠林地危害较重；兔害在河北坝上沿坝局部地区危害偏重；鼠类在吉林东部山区、龙江森工和内蒙古森工北部等局部地区新植林地内发生偏重。

有害植物 发生19.88万公顷，同比上升3.60%。薇甘菊发生5.85万公顷，同比上升11.04%，在珠三角沿海地区发生严重，新增10个县级疫区；金钟藤发生1.31万公顷，同比基本持平，在海南中部山区五指山、琼中、白沙等地危害严重。

竹类及经济林病虫害 发生220.70万公顷，同比上升17.41%。竹类病虫发生面积大幅下降，但局部危害加重，全年发生22.17万公顷，同比下降19.52%；板栗、枣、榛子等木本粮食病虫发生66.65万公顷，同比大幅上升；核桃、油茶等木本油料病虫发生67.22万公顷，同比上升明显；桉树病虫危害减轻，但以桉树叶斑病和桉树尺蠖为主的桉树多种病虫害在广西多地复合侵染，发生面积同比上升43.93%；椰心叶甲在海南省发生0.77万公顷，以轻度发生为主；红松球果螟在黑龙江省中东部山区发生2.74万公顷，牡丹江、七台河、鹤岗等地大量红松球果受害减产。

松树钻蛀害虫 发生117.65万公顷，同比上升19.34%，加重趋势明显。松褐天牛发生面积连续多年持续攀升，浙江(53.81%)、江西(49.56%)、湖北(17.05%)等地增幅明显，在赣北、鄂西北、皖西南、浙北、川东、渝西等局地危害严重；梢斑螟类在东北部分林区危害严重，局地成灾，严重发生区造成部分枝干或整株树木死亡；红脂大小蠹扩散危害趋势加重，首次传入内蒙古和辽宁，新增3个县级疫区，累计致死樟子松和油松2268株，在山西关帝山、陕西西部等局地危害偏重；切梢小蠹在川南、渝东、黔西北局部地区危害严重，四川盐源局部成灾；华山松大小蠹在陕西秦岭山区、甘肃南部等局地扩散明显。

松树食叶害虫 发生94.82万公顷，同比上升23.86%。马尾松毛虫在南方地区普遍大发生，在湘鄂赣发生面积和危害程度均为近年之最，并在湘西、湘中、湘南、鄂西北、鄂东、鄂西、赣北、赣东等多地暴发成灾，湖南部分严重发生区虫口密度最高达到400~500条/株；思茅松毛虫在安徽、湖南、江西、浙江等地呈暴发式增长，并与马尾松毛虫在湘西、湘中、赣中、皖南等地混合偏重发生，局地成灾；云南松毛虫与马尾松毛虫在湘西南、闽东、渝东南、浙西，与思茅松毛虫在滇南等地混合偏重发生；松茸毒蛾在湖南湘西土家族苗族自治州、松叶蜂类在黑龙江杜蒙等地严重发生；会泽新松叶蜂在贵州咸宁大面积暴发，损失严重；油松毛虫仅在辽东局部地区发生偏重。

松蚧虫 发生53.69万公顷，同比上升4.71%，中度以下发生占比达97.60%。松突圆蚧在广西、广东、福建、江西等地以轻度危害为主；湿地松粉蚧发生同比下降30.87%，主要分布在广东、广西、湖南、江西，整体以轻度发生为主；日本松干蚧在辽宁、吉林等地轻度发生，但在山东发生面积同比上升139.08%，在临沂、莱芜、济南等地危害严重，造成树木生长衰弱，甚至死亡。

杨树蛀干害虫 发生43.55万公顷，同比上升12.77%。光肩星天牛在内蒙古南部沿黄地区、山东南部、甘肃北部等局部地区扩散明显，在内蒙古巴彦淖尔、乌海，甘肃甘州、山丹、临泽等局地成灾；青杨天牛在藏南部分地区危害严重；桑天牛在安徽、河南、湖北、湖南、山东等地轻度发生；杨干象以轻度发生为主，但疫情呈跳跃式扩散，在河北唐山、承德等局部地区危害有所加重。

杨树食叶害虫 发生129.39万公顷，同比下降2.91%，多以轻度发生为主，但局部地区仍有成灾。春尺蠖在河北、河南、宁夏等地危害减轻，在新疆环塔河流域发生较重，在西藏南部、内蒙古中西部等地成灾，西藏部分严重区杨树失叶率达100%；杨树舟蛾在黑龙江呼兰、双城公路和农田防护林，江苏南京、扬州、淮安，湖南岳阳、益阳等局部地区发生偏重，河南南部局地零星成灾。

林木病害 发生131.79万公顷，同比下降1.74%。落叶松落叶病在吉林中东部、内蒙古森工北部局部地区危害偏重，在湖北建始、宣恩、恩施局部成灾；桦树黑斑病在内蒙古呼伦贝尔、乌奴耳、内蒙古森工乌尔旗汗、金河、满归等局地偏重发生；松针红斑病在内蒙古森工根河等大部地区偏重流行；杨树溃疡病和杨树腐烂病在西藏拉萨、日喀则、山南局部地区成灾严重，造成新植林地大量幼树死亡；杨树溃疡病和杨树黑斑病在山东局部、杨树黑斑病在河南局部、杨树烂皮病在湖北荆州局部地区危害偏重，河南局部危害严重区造成杨树早期落叶现象。

其他有害生物 红火蚁在浙江婺城、贵州罗甸出现新疫情；锈色棕榈象在上海闵行、浦东、青浦出现新疫情；柑橘长卷蛾在广西钦州、北海、防城港红树林分布区内首次发现危害；悬铃木方翅网蝽在主要发生区城区行道树发生偏重；中带齿舟蛾与梦尼夜蛾在内蒙古森工阿尔山、库都尔大部地区混合偏重发生，局地暴发成灾；栗山天牛在辽宁宽甸、吉林红石林业局危害严重，局地成灾；舞毒蛾在辽宁大连局部地区发生偏重；黑龟铁甲在呼和浩特、乌兰察布和包头等地危害较重。

【**林业有害生物防治**】 据统计，中国2017年共采取各种措施防治949.84万公顷，防治作业面积1611.55万公顷次，无公害防治率达93%，林业有害生物灾害减退率达70%，林业有害生物成灾率控制在4‰以下。全年根除8个松材线虫病县级疫区，基本实现了美国白蛾"有虫不成灾"。

防治督导 认真贯彻落实国务院总理李克强重要批示精神，全程指导辽宁松材线虫病疫情除治和吉林做好预防，防范疫情向北蔓延。与造林司组成联合督导组，以新发疫区、重点生态区、国家战略区等为重点，深入20多个省份近100个县区，督导松材线虫病、美国白蛾、鼠（兔）害、红脂大小蠹等重大林业有害生物防治，研究制订《松材线虫病等林业生态灾害核查、督办、问责办法》。

监测预报 注重林业有害生物短期生产性预报和信息服务，推进短期会商常态化、专业化，编发《病虫快讯》10期，通过央视《天气预报》栏目、《中国绿色时报》播报马尾松毛虫、美国白蛾预警信息3期。强化联系报告制度，共收集虫情动态信息6949条，短期预报信息2627条，及时报送林业生物灾害应急周报52份、月报12份、季报4份。分析提出全国主要林业有害生物2016年发生情况及2017年全年、半年发生趋势，通过《灾害与控制灾害咨询报告》白皮书上报国务院，国务院副总理汪洋和国家林业局领导对《报告》中林业有害生物内容分别作重要批示。

检疫监管 拟定2017年中国松材线虫病疫区和疫区撤销公告，分别以国家林业局第4号和第5号公告发布。拟定2017年中国美国白蛾疫区和疫区撤销公告，分别以国家林业局第2号和第3号公告发布。完成第三次全国林业有害生物普查汇总，确认有效种类信息6567种。整理编写《林业植物检疫证办证手册》，为基层开展林业植物检疫工作提供技术保障。补充、完善林业检疫性和危险性有害生物的分布、寄主等数据库并做好日常维护。

试点示范 开展基于大数据融合技术的松材线虫病和美国白蛾时空测报、松材线虫病与鼠（兔）害防治示范、华山松大小蠹"推拉"防治、"互联网+飞防"质量监管、新版信息管理系统应用等试点示范12多项。完成杀虫剂、除草剂登记林间药效试验16项。继续深入开展生物防治示范区建设，召开美国白蛾防治、鼠（兔）害防治等研讨会，加速推进新技术、新经验的应用。

【**疫源疫病监测**】 以《中华人民共和国野生动物保护法》最新要求为指导，以管理促发展、加强疫病监测防控，以会商为基础、强化疫情风险评估与管理，以系统为依托、加快监测防控管理信息化进程，以创新为驱动，提高监测防控工作水平。

监测信息管理 严格执行信息日报告制度，每日及时汇总、分析各地上报的监测信息，编发《野生动物疫源疫病监测信息报告》325期。加大对国家级监测站应急值守工作的督查力度，利用电话抽查、查看轨迹等方式，于2017年元旦、春节、清明等7个法定节假日期间，对686站（次）的应急值守情况进行电话抽查，平均在岗值守比率为89.9%。

发生趋势研判 密切跟踪国内外主要野生动物疫病发生动态，发挥专家智慧优势，会商月度、季度、半年和全年野生疫情发生趋势和措施建议，形成发生趋势和措施建议报告13份。制订印发《2017年重要野生动物疫病主动预警工作实施方案》，在候鸟迁徙停歇地、繁殖地、越冬地和中俄、中蒙边境野猪活动地区等重点区域，开展禽流感、新城疫、非洲猪瘟等重点野生动物疫病主动预警工作，累计采集野鸟样品40807份、野猪样品594份、梅花鹿样品531份、蜱虫样品953份，实验室分离到13种HA亚型和9种NA亚型组合的禽流感病毒159株，部分驯养鹿结核病监测呈阳性，未监测到非洲猪瘟阳性。

突发疫情应对 与多部委组成联合督导组，赴江西等5省（区）开展H7N9疫情联防联控工作督导。与保护司组成联合督导组，赴湖北等4省开展自然保护区建设管理与疫源疫病监测防控督查。积极组织有关专家，指导上海、新疆、湖南等20个省份妥善处置76起野生动物异常情况，科学应对黑天鹅H5N8高致病性禽流感、鸿雁H5N6高致病性禽流感等6起突发野生动物疫情，引导地方政府科学应对当地群众、媒体和舆论关注，在提高林业系统应急检测能力的同时，为下一步疫情防控奠定了基础。

基础能力建设 陆生野生动物疫源疫病监测防控信息管理系统经过先期测试、验收和推广应用，于3月1日正式在全国范围内启用。该系统以陆生野生动物疫源疫病监测防控工作的需求为前提，利用现有信息化技术，将"数据采集、信息报告、动态监管、分析预警、综合管理"等多种功能集于一体。系统启用以来，实现监测防控信息规范化传报和突发疫情实时应急响应，切实掌握陆生野生动物疫源疫病资源本底，进一步提升陆生野生动物疫源疫病监测防控工作的信息化水平。

【林业大事】

1月20日 召开2017年工作会议暨先优表彰大会。国家林业局人才中心主任、人事司副司长郝育军和造林司副司长王剑波出席会议。

3月31日 方国飞荣获国家林业局2015~2017年度"十佳优秀青年"荣誉称号。

6月22日 国家林业局副局长刘东生到森防总站调研指导工作。造林司副司长王剑波、辽宁省林业厅厅长奚克路陪同调研。

6月30日至7月1日 国家林业局人才中心主任、人事司副司长郝育军率人事司党支部，与森防总站党委开展党组织共建活动。

7月23日 中央电视台《天气预报》栏目播报《美国白蛾发生趋势预报——高温天气引发美国白蛾危害加重》。

7月25日 柴守权入选第四批国家林业局"百千万人才工程"省部级人选。

9月1日 成立中共国家林业局森防总站离退休人员总支委员会、森防总站离退休人员管理委员会。

11月13日 国家林业局副局长李树铭莅临森防总站调研指导工作。天保办主任金旻、森林公安局副局长（国家森防指办公室副主任）李明，辽宁省林业厅厅长奚克路陪同调研。

12月27~28日 在郑州组织召开2018年全国主要林业有害生物发生趋势会商会。

（森防总站由柴守权、程相称供稿）

国家林业局北方航空护林总站

【综　述】 2017年，国家林业局北方航空护林总站全面贯彻落实全国林业厅局长会议精神，认真学习十八届六中全会和十九大会议精神，全面贯彻习近平总书记系列重要讲话和习近平新时代中国特色社会主义思想，深入开展"两学一做"学习教育活动，以建设生态文明、维护国家生态安全为己任，大力加强森林航空消防能力建设，推进北方航空护林事业改革发展，认真完成森林航空消防、森防协调、卫星监测、物资储备以及赴火场等各项工作任务。在历次重大森林火灾扑救中，协调到位、处置到位，较好完成局党组交给的各项任务。

【明确北航总站职能】 3月13日，国家林业局办公室下发《国家林业局办公室关于国家林业局北方航空护林总站职能的批复》，明确北方航空护林总站在国家林业局和国家森林防火指挥部领导下，负责北京、天津、河北、山西、内蒙古、辽宁、吉林、黑龙江、陕西、甘肃、青海、宁夏、新疆等13个省（区、市）（以下简称北方省份）航空护林等工作。具体职能：一是组织、指导、协调北方省份开展航空护林工作，制定航空护林总体发展规划并监督实施；二是组织、指导北方省份航空护林项目建设，负责北方省份航空护林的飞机租用、调配，监督飞行经费的使用，指导和管理航空护林航行地面保障工作；三是指导北方省份航空护林新技术的研究和推广，制定航空护林技术标准并组织实施；四是承担东北森林防火物资储备库的日常管理工作；五是负责北方森林航空消防训练基地的日常管理以及北方省份森林航空消防业务技术人员培训和考核工作；六是负责有关省份卫星林火监测工作；七是完成国家林业局交办的其他工作。同意在总站挂牌成立"北方森林航空消防训练基地"。

【党建工作】 2017年，北航总站党委按照中央和国家林业局党组统一部署，以支部为单位，以"三会一课"等党的组织生活为基本形式，组织全体党员认真学习领会十八届六中全会精神，重点学习习近平总书记对林业工作的重要指示和要求。中心组先后23次开展集中学习。党的十九大胜利闭幕后，总站按照局党组的统一部署，及时组织全站干部职工认真学习领会十九大精神，并组织"学习十九大，助推中国梦——我和北航有个缘"演讲比赛、"党委班子、支部书记、各处处长"讲党课、谈学习十九大精神体会、"十九大报告应知应会"答题等一系列活动。同时，将党建工作的重要任务"两学一做"学习教育活动引向深入，使其形成常态化、制度化。

【森林航空消防】 2017年，北方林区气候异常，森林防火形势十分严峻，火灾集中发生，持续时间较长，灭火任务繁重。东北、内蒙古林区的航空护林飞行工作从3月12日开始至11月15日结束，历时249天。截至11月15日，共飞行4119架次、6571小时21分；空中发现火场73个，参与处置林火50起。其中，吊桶灭火596架次，飞行543小时24分，洒水4785吨；机降415架次，飞行528小时47分，机降15 942人次；化灭140架次，飞行269小时50分，喷洒化灭药剂396吨；空运24架次，飞行35小时59分，运送物资48.8吨。为预防和扑救北方森林火灾发挥了重要作用。

全年共接收、处理各类飞行计划5150条，其中临时计划636条，进入10千米的计划158条；安全指挥护林飞行6785架次，为东北航空护林飞行安全提供了强有力的保障。

【森林防火协调】 2017年，国家林业局将"国家林业局东北森林防火协调中心"更名为"国家林业局北方森林防火协调中心"，负责指导、协调北方省份森林防火工作。北方森林防火协调中心按照国家森防指的指示，及时派出赴火场工作组，先后到达内蒙古毕拉河林业局、陈巴尔虎旗那吉林场、满归高地林场等地，处置多起影响较大的森林火灾。在扑火过程中，认真执行飞行观察任务，为前指领导决策指挥提供了科学准确的第一手资料；充分发挥行业管理职能，现场协调有关省区及军、民航相关单位，调集足够的空中灭火力量，确保火场兵力投送、给养运输、空中灭火等工作的顺利开展；充分发挥综合通信指挥车功能，成为前指移动的通信、指挥与办公中心。

【森林防火物资储备】 按照国家林业局森防指示开展2017年度森林防火物资招标工作，与国家林业局扑救处共同调研招标代理公司，由代理公司起草招标文件，协助国家林业局扑救处共同修改招标文件，并于9月12日如期开标。按照国家林业局防火办调拨命令，先后调拨五批森林防火物资，共调拨侧挂式割灌机100台、北斗定位数字对讲机25部、双人帐篷140顶、背负式风力灭火机20台、便携式风力灭火机200台、防护大衣480件、LED强光手电200支、羽绒睡袋130件、扑火服460套、高压细水雾灭火机10台、组合工具50套、高压水泵8台、防火套装250套、粉剂灭火剂1000千克。

【卫星林火监测】 2017年，东北卫星林火监测分中心不断加强监测管理，完善监测制度，坚持24小时值班，认真接收和处理过境轨道，每天将热点信息及时发布到中国森林防火网，为地方扑救森林火灾提供了快速、准确的信息。据统计，全年共发布卫星林火监测图像1944幅，其中公众东北监测图像1512幅，原始图像432幅：黑龙江原始监测图像158幅、内蒙古原始监测图像212幅、吉林原始监测图像25幅、辽宁原始监测图像37幅。全年共发现热点586个，其中黑龙江380个、内蒙古116个、吉林34个、辽宁56个。热点反馈为林火35起、草原火1起、灌木火1起、境外火17起、农用火293起、计划烧除185起。并按照国家森林防火指挥部办公室要求，进行两次热点核查，提高判读准确性。

【春、夏、秋租机情况】 春、夏、秋开航前与北方各省（区、市）防火办联系，确定所需机型、数量、计划小时数、分配方案等具体事项，与各供机单位协商确定航期机源情况等，充分做好前期准备工作，满足北方各省（区、市）航空护林工作实际需要。2017年，北方省各（区、市）共租用航空护林飞机183架（其中直升机130架，固定翼53架）开展森林航空消防工作。签订《2017年北方航空护林直升机租机协议》《2017年北方航空护林固定翼租机协议》《2017年春季航空护林飞行安全责任协议》等，保障航空护林工作顺利开展。

【应对突发森林火灾】 5月2日，内蒙古毕拉河林业局突发森林火灾，按照国家森防指指示，北航总站第一时间赶赴火场支援扑救，积极协调有关单位，全力做好飞机增援火场任务。对火场进行了连续侦察、态势图绘制，为扑火指挥提供准确火场态势。发挥装备优势，应用综合通信指挥车，建立卫星通信链路，搭建多媒体办公指挥平台。在"5·02"大火扑救中，总站共调用14架飞机参加扑火工作，累计保障飞行131架次，完成机降2260人，洒水353.5吨，空运物资12.5吨，喷洒化灭药剂153吨。

5月17日，内蒙古陈巴尔虎旗那吉林场发生森林火灾，北航总站按照国家森防指要求立即赶赴火场一线协调指导火灾扑救工作，圆满完成火场侦察、扑火协调、飞机调度和通信保障工作。在扑救工作中，张建龙总指挥在北京通过总站综合通信指挥车视频会议系统，对前指扑火工作作出重要批示，并听取国家森防指李树铭副总指挥的重要汇报，有力保障火场前指决策指挥及通信畅通。在"5·17"大火扑救中，北航总站共投入飞机14架，累计飞行169架次，机降3102人，吊桶洒水615吨，空运物资8.8吨。

同时，在扑救"4·30""7·06"森林大火中，北航总站在兵力投送、遏制火势、给养运送等火灾扑救关键环节中也发挥了重要作用。

【东北航空护林气象台正式启用】 东北航空护林气象台于2016年年底建成，2017年春航正式启用。气象台的建成，解决了一直掣肘北航总站多年的气象保障问题。气象台为黑龙江、吉林、内蒙古林区21个林业自建机场（机降点）的护林作业提供气象预报，使执行航空护林飞行任务的机组、航行管制部门全面了解本场半径50千米范围内的风向、风速、云量、能见度、积冰、颠簸及未来9小时内的天气演变趋势，满足航空护林飞行对气象信息的需要，为航空护林飞行安全提供天气保障。气象台2017年共处理报文40 168份，其中接收、转发航站本场实况报33 686份，制作航站本场气象预报5036份，下载打印区域预告图1446份。

【北航总站举行"火场综合通信实战演练"】 为进一步展示森林防火通信和信息指挥系统建设的最新装备和技术成果的应用水平，按照总站春航工作的安排部署，3月16~20日，北航总站举行了"火场综合通信实战演练"。此次演练是火场侦察项目综合通信指挥车和通信车正式投入使用后首次实战演练，为使演练更加贴近实战，全面检验指挥车各集成功能运行情况，将演练地点选在小兴安岭林区，按进驻林业局、林场两种模式在伊春航空护林站、翠峦林业局解放经营所两个地点进行。演练中，演练人员按职责分工和操作程序，迅速建立起前指与国家森林防火指挥中心、全国林业专网、总站调度指挥室视频联系；利用北斗卫星跟踪系统和地理信息系统对指挥机进行定位；通过无线图像传输系统实时回传火场图像、语音。实现了多方视频会议会商、实时图像数据传输、飞机跟踪定位等功能,达到了演练预期效果。

【完成全国军地联合灭火演习】 接到国家森防指于9月21日举行军地联合灭火演习指示后,总站派出演习保障工作组提前进驻演习现场,积极配合演习总指挥部指导演习飞行任务实施,严把演习飞行安全关。演习中共调动7架直升机,保障飞行138架次,77小时03分,圆满完成火场侦察、装备及扑火队员机降、吊桶洒水灭火、索滑降等重要演习科目,充分展现航空护林在森林防火中的空中优势和不可替代的作用,受到国家森林防火指挥部、国家林业局、武警森林指挥部、各省(区、市)林业厅领导及全体参会人员的高度赞誉。

【应急能力建设】 根据国家森防指指示精神,以《国务院有关部门和单位制定和修订突发公共事件应急预案框架指南》《国家森林火灾应急预案》为依据,及时修订了2017年春、夏、秋三季度总站处置北方地区重、特大森林火灾应急预案。同时,为确保新投入的通信指挥车在森林防火通信和信息指挥系统中发挥出最大效用,总站赴火场第一工作组在伊春、沾河、漠河、黑河、塔河和加格达奇开展多次针对性演练,面对实景实地的实战演练,不仅提升了工作组面对突发火情的快速反应能力,更进一步检验了通讯指挥系统的战斗能力。并在防火紧要期组织飞行观察员深入林区腹地,靠前监测火险态势,随时了解飞行动态,积极参与热点核查及飞行巡护工作,做好随时赶赴火场一线的准备,强化了赴火场工作组应对重点林区火灾突发情况的应急反应能力。

【充分发挥站地军联合作战优势】 3月14日,北方航空护林总站党委副书记、总站长周俊亮,黑龙江省森防指专职副指挥郑怀玉,黑龙江省森警总队总队长韩亚民在黑龙江省林业厅共同签署《黑龙江省森防指、北航总站、省森警总队统一指挥、地空配合、协同作战森林防火工作机制》,即在国家森林防火指挥部、国家林业局和黑龙江省委、省政府的统一领导下,根据《国家处置重、特大森林火灾应急预案》和《黑龙江省森林火灾应急预案》有关规定,在黑龙江省森林防火工作中实现黑龙江省森防指、北航总站、黑龙江省森警总队地空协同、警地联合作战,进一步统筹现有扑火资源,构建统一指挥、地空配合、协同作战的森林防火新机制,不断提升服务护区能力。一年来,总站在北航系统部分航站本着有火实战、无火训练的方式开展"站队一体化"试点工作,构建"站队一体化"航空消防模式,提升"站队一体化"作战协调能力,使航站、地方森防指、森林消防大队各单位之间在发生森林火灾时进行实时沟通信息、密切配合、统一指挥、统一行动,最终达到高效、迅速扑灭林火的目的,体现了武警森林部队"空降兵"的特点和森林航空消防"行动快、灭在小"的优势。

【组织建设】 北航总站党委在完成中央、国家林业局党组和黑龙江省委各项安排部署的基础上,根据实际情况,成立纪检监察处,对原有12个党支部进行重新调整,划分为5个支部,通过对支部的整合优化进一步增强支部工作的号召力。并在此基础上,加强对群团工作的领导,选举成立新一届工会、团委、妇女委员会和青年联合会,各团体的相继成立,进一步提升党组织的凝聚力和向心力,从组织上保证北方航空护林事业的进一步发展。

【重建北航总站网站】 为充分发挥北方航空护林总站对外宣传优势与服务功能,提升北航系统对外整体形象,使总站网站更好地为外界服务,于5月对总站网站进行重新设计、制作,经过两个月的试用调试后投入使用。重新设计的网站结构更合理、栏目更全面、内容更丰富。总站各处(室)、各航站(中心)及时提供政务信息等相关材料,更新属于本部门负责的宣传阵地,加大森林航空消防工作的宣传力度。

【东北、内蒙古重点林区森林防火应急装备项目落户总站】 9月15日,根据《国家发展改革委关于下达东北、内蒙古重点林区森林防火应急装备项目2017年中央预算内投资计划的通知》,国家林业局向北方航空护林总站下达了东北、内蒙古重点林区森林防火应急装备项目2017年中央预算投资内计划8000万元,用于紧急购置全地形森林消防车25台,尽快提升东北、内蒙古重点林区森林火灾防控能力。

【组织专家支援航站建设】 根据陕西省航空护林站、辽宁省大连金普航空护林站请求,考虑到两个航站建设初始业务人员相对短缺的实际情况,北方航空护林总站在2017年春、秋、冬航继续派出工作组支援陕西、辽宁开展航空护林工作。专家支援航站有力保障了陕西省、辽宁省航空护林工作的顺利开展,促进其业务能力的进一步提高,支援人员获得航站同志的一致好评。

【业务培训】 2017年,总站组织举办北方航空护林系统文宣人员、林业调度人员和飞行观察员业务培训班,邀请国家森林防火专家组领导、森林公安局、中国绿色时报社、南京警院资深专家学者进行授课,进一步提升系统内专业技术人员的综合素质与业务水平。

【发挥总站专家组的决策指导作用】 充分发挥北航总站专家组在航空护林科学化、规范化、标准化发展中的决策咨询和技术指导作用。在飞行灭火信息管理系统项目的前期论证中,充分听取专家们的意见,对项目的可行性、必要性、功能需求、前沿技术应用等方面进行研讨和论证。在火场侦察项目综合通信指挥车投入使用后,由专家组成员参与实战演练,对演练中部分功能存在的问题提出改进意见,促进火场侦察能力的有效发挥。

【健全总站领导班子】 7月28日,国家林业局人事司副司长王浩到北方航空护林总站宣读国家林业局决定:任命吴建国、范鲁安为国家林业局北方航空护林总站副总站长。吴建国和范鲁安作表态发言。

【南京森林警察学院"警学研"基地在总站成立】 1月

11日，南京森林警察学院警学研基地在总站揭牌成立。与南京森林警察学院建立警学研基地，不仅搭建了双方合作交流的新平台，开启了人才培养的新模式，而且创造了人员培训、职能提升、资源共享、科研项目协作的新机制，更是提供了双方互惠共赢的新空间。2017年，总站共派出2名年轻干部到南京森林警察学院挂职锻炼。

【东北林业大学"教科研"基地在总站成立】 10月25日，东北林业大学"教科研"基地在总站揭牌成立，双方还签署了战略合作框架协议。双方将在人才培养、技术实践、基地实验、项目合作开发等方面进行长期合作，共同维护北方林区森林生态安全，进一步提升北方航空护林能力建设。

【总站选派年轻干部到基层航站锻炼】 按照《北航总站年轻干部下派基层锻炼工作管理办法》，2017年，总站派送8名年轻同志到伊春、根河、嫩江、幸福航空护林站锻炼学习，促使年轻干部掌握实践经验、丰富自身阅历、提升业务能力，培养造就一支优秀后备干部队伍。

【北方航空护林系统航站规范化建设工作会议】 8月3日，北航总站组织召开北航系统航站规范化建设工作会议。会议总结北方航空护林规范化建设的成效和经验，分析当前航空护林工作面临的形势和任务，就做好2017年秋冬季森林防火工作进行安排部署。会上，国家林业局副局长李树铭充分肯定了北方航空护林工作取得的成绩，深刻阐述了森林防火工作面临的新形势、新任务，从保护森林资源、维护生态安全、促进林业发展的高度，就进一步加强航空护林规范化建设提出具体要求。总站领导就现行北航系统行业管理体制进行深刻阐述分析，从进一步加强航站规范化管理的角度对各航站提出指导意见。

【国家林业局副局长、党组成员李树铭到北航总站调研】 8月28日，国家林业局副局长、党组成员李树铭到北方航空护林总站检查指导工作。李树铭到总调度室、航空护林处、卫星林火监测处等业务部门进行实地参观，详细了解业务开展情况和秋防准备情况，并看望慰问总站全体职工。李树铭充分肯定了北航总站多年来在保护生态安全中发挥的突出作用，并代表局党组向北航总站全体职工表示慰问。李树铭指出，总站新一届领导班子注重抓全面建设，视野更加宽阔，战斗力和凝聚力得到加强，思路有新变化、工作有新局面、事业有新起色，全体干部职工精神饱满、工作热情高涨。希望总站全体职工在新一届领导班子的带领下，推进北方航空护林事业更上一层楼。北航总站周俊亮总站长作了工作汇报。

【直升机吊桶灭火实战演练】 10月9日，北方航空护林总站在伊春上甘岭林业局组织开展直升机吊桶灭火实战演练，北航总站周俊亮总站长到现场观摩指导。此次演练任务由米-26、米-171、卡-32和贝尔-407四架直升机共同执行。四架直升机分别进行了野外起降、吊桶取水、编队飞行和定点洒水等灭火训练科目，达到预期效果。

【加大总站宣传力度】 自成立《中国绿色时报》驻北航总站记者站以来，总站以记者站为依托，大力宣传航空护林优势、作用和水平，实现新闻报道上的新突破，全年共有20篇报道在《中国绿色时报》上刊登，有多篇报道在中国森林防火网微信公众号发布。总站以成立65年为契机，组织开展《航空护林志》编撰工作，同时通过拍摄宣传片、微电影等形式，加大总站对外宣传力度，不断提升森林防火及航空护林的社会影响力和公众关注度。

【做好"十三五"规划落实前期工作】 完成西北、华北及东北部分省区"十三五"期间森林航空消防建设规划进一步落实的调研工作，在未开展森林航空消防的省区开展关于航空护林项目建设程序的交流。

【制订总站内控工作方案】 为提高防范风险的能力，总站根据内部控制相关文件要求，结合单位实际，及时制订内部控制工作方案，通过对总站业务层面的预算业务、经费收支、采购业务、资产管理等业务流程梳理，确定关键流程节点，建立健全内部控制体系，保证内部控制各项工作按要求、按计划有序进行。

【完成职称认定工作】 2017年，申报评职人员共有12人，其中被评为高级工程师1人，工程师10人。此项工作严格按照申办的要求审核材料、公示后呈报。

【林业大事】

1月13日 北方航空护林总站召开全体干部职工大会，传达全国林业厅局长会议和张建龙局长重要讲话精神。

2月16日 国家林业局党组第三巡视组组长严晓凌、副组长郝雁玲到北方航空护林总站召开会议，宣布对北方航空护林总站进行专项巡视的反馈意见。

2月19~22日 总站长周俊亮一行3人赴陕西省航空护林站、辽宁省大连金普航空护林站进行调研，先后与林业厅、防火办等单位领导进行座谈，并实地考察航空护林站。

3月2日 北方航空护林总站召开处级以上干部会议，部署《北方航空护林志》（1993~2017年）编纂工作，总站长周俊亮主持会议并讲话。

3月3日 北航总站总站长周俊亮、总工程师张喜忠、处长赵宏江、塔河航站站长吴鹏超一行到中国航天科技集团公司第十一研究院，考察调研彩虹系列无人机在森林防火中的应用，并与院领导及彩虹公司相关负责同志进行座谈交流。

3月9日 北方航空护林总站总站长、党委副书记周俊亮一行到黑龙江省林业厅，与林业厅领导就春防工作进行座谈交流。

3月9日 北航总站召开党委会议，修订完善《总站党委工作规则》和《总站行政工作规则》。

3月10日 第一架航空护林飞机（机型Bell-407）

进驻伊春航空护林站，启动东北、内蒙古林区 2017 年春季航空护林工作，6 月 30 日结束，历时 113 天。

国家林业局办公室批复北方航空护林总站，同意将设在北方航空护林总站的"国家林业局东北森林防火协调中心"更名为"国家林业局北方森林防火协调中心"，负责指导、协调北方省份森林防火工作，并同意在总站挂牌成立"北方森林航空消防训练基地"。

3 月 23 日　南京森林警察学院与北方航空护林总站互派挂职干部座谈会在哈尔滨召开。南京警院党委书记王邱文、教务处处长江林升、林火中心主任张思玉、北航总站党委班子成员及有关部门负责同志出席座谈会，双方互派的挂职干部何诚、李洪双参加座谈。

3 月 28 日、4 月 6 日　按照黑龙江省森防指统一安排，北方航空护林总站先后组织两批共 42 人赴漠河参观"5·6"大火纪念馆。

4 月 5 日　北方航空护林总站 2017 年春航赴陕支援工作结束。此次支援工作历时 61 天，累计飞行 91 架次 168 小时、提供航行及气象保障 90 多次、开展理论培训 18 学时、业务指导和带飞 45 余人次，圆满完成支援任务。

4 月 13~14 日　北航总站在伊春马永顺林场、桃山林场区域内进行了应急综合保障演练，总站协调处、服务处有关操作人员共计 8 人参加演练。

4 月 17~20 日　国家林业局副局长彭有冬率督查组赴黑龙江省沾河林业局督查春季造林绿化和森林防火工作。督查期间，彭有冬一行在北航总站总站长周俊亮的陪同下，对幸福航站、伊春航站及北航总站火场工作组靠前驻点工作进行检查指导。

4 月 21 日　北方航空护林总站、黑龙江省森防办与海直通用航空有限公司应急签订了 1 架 Ka-32 型、1 架 SA365N 型直升机租机协议。

4 月 30 日　俄罗斯森林火灾烧入内蒙古大兴安岭乌玛林业局伊木河林场。党中央、国务院对此高度重视，国务院总理李克强、副总理汪洋作出重要批示。国家森林防火指挥部总指挥、国家林业局局长张建龙就贯彻落实中央领导同志批示精神专门提出明确要求。面对当前严峻的森林防火形势，北航总站就进一步做好当前航空护林工作发出紧急通知。

5 月 3 日　国家森防指召开重点省（区）森林防火紧急电视电话会议，会议传达国务院总理李克强和副总理汪洋等中央领导的重要批示，通报了近期森林火情，对当前森林防火工作作了重要部署。会议结束后，北航总站立即召开总站领导和有关处室负责人参加的紧急会议，传达贯彻落实会议精神，要求各处室高度重视当前森林防火工作，要认清形势、严格要求、科学组织、确保安全，凝神聚力、全力以赴做好飞行灭火工作。

5 月 6 日　国务院赴火场工作组组长、国家森林防火指挥部总指挥、国家林业局局长张建龙到加格达奇航空护林站检查工作。

5 月 7 日　国家林业局副局长、国家森林防火指挥部副总指挥李树铭从毕拉河森林火灾扑火指挥部乘机到根河航站检查指导工作。国家林业局北方航空护林总站总站长周俊亮及武警森林指挥部副司令郭建雄、内蒙古林业厅副厅长阿勇嘎、内蒙古总队总队长曹龙及有关部门同志同行。

5 月 12 日　北方航空护林总站总站长周俊亮、协调处处长赵宏江及移动航站工作人员完成内蒙古毕拉河林业局北大河火场飞行扑火指挥和火场图传任务，乘车到加格达奇航站检查指导工作。

总站付东林荣获国家林业局直属机关优秀青年称号、张荣新荣获国家林业局直属机关优秀青年工作者称号。

为做好"一带一路"国际合作高峰论坛期间北京市扑救森林火灾的应急保障工作，及时处置可能发生的森林火情，确保"一带一路"国际合作高峰论坛期间森林防火工作不出问题。北方航空护林总站按照国家森林防火指挥部办公室的指示要求，协调正在河北省执行森林航空消防任务的 1 架 BEll-412 型直升机调往北京市沙河机场执行森林航空消防任务。

6 月 16 日　总站召开团支部成立大会。

6 月 26 日　由国家林业局北方航空护林总站与中国民航大学空中交通管理学院共同举办的"北方航空护林总站气象观测员培训班"在中国民航大学顺利开班。这是国家林业局北航总站第一次与中国民航大学共同举办航空护林气象观测员培训班，来自北航系统各航站及南航系统部分航站的 36 名准气象观测员参加培训。

7 月 7 日　由北方航空护林总站主办，南京森林警察学院承办的 2017 年度文秘宣传培训班在哈尔滨举办。来自北方航空护林系统 40 名文秘宣传人员参加此次培训。

7 月 13 日　总站召开妇女委员会选举大会。

7 月 13 日　总站召开机关工会选举大会。

7 月 25 日　中国林业科学研究院林业新技术研究所党委书记、副所长白建华到北方航空护林总站专题调研党建工作。北方航空护林总站总站长、党委副书记周俊亮，总工程师张喜忠，党委委员、财务处处长李长江，党委办公室主任齐德友及党委办公室相关工作人员参加座谈。

7 月 28 日　黑龙江省直属机关工会批复北方航空护林总站，同意北航总站成立机关工会，并同意张喜忠任国家林业局北方航空护林总站机关工会主席，段新军为机关工会副主席，石凤莉为女工委员，张林海为组织生活委员，庄宸为经审委员。

7 月 28 日　北方航空护林总站召开全体职工大会。按照国家林业局整体工作部署，受国家林业局党组委派，人事司副司长王浩到北方航空护林总站宣布总站领导班子调整决定：任命吴建国、范鲁安为国家林业局北方航空护林总站副总站长（副司局级）。

7 月 31 日　北方航空护林总站总站长、党委副书记周俊亮、副总站长范鲁安等一行 3 人，在中国民航大学空中交通管理学院院长戴福清、气象系主任傅宁的陪同下，到正在举办航空护林气象观测员培训班的授课教室，看望正在参加培训班学习的学员们，并与学员进行座谈。

7 月 31 日　北方航空护林总站总站长、党委副书记周俊亮、副总站长范鲁安等一行 3 人赴中国民航大学，与中国民航大学党委书记景一宏、中国民航大学空中交通管理学院院长戴福清、书记江平、副院长谷润平、继续教育学院副院长王健、气象系主任傅宁等领导就北方航空护林人才培训战略事宜进行洽谈。

8月3日 北方航空护林系统航站规范化建设工作会议在延吉市召开。国家森林防火指挥部副总指挥、国家林业局副局长李树铭出席会议并讲话。

8月22日 中央纪委驻农业部纪检组组长宋建朝主持召开国家林业局驻哈尔滨直属单位座谈会，听取北方航空护林总站、国家林业局驻黑龙江省森林资源监督专员办事处、哈尔滨林业机械研究所关于党风廉政的工作汇报。国家林业局副局长李树铭，中央纪委驻农业部纪检组副组长刘柏林，国家林业局资源司司长郝燕湘、副司长丛丽及调研组成员参加座谈会，北方航空护林总站全体班子成员参加座谈会。

8月18~27日 按照国家林业局2017年干部培训计划安排，北方航空护林总站在黑龙江省伊春市举办"北方森林航空消防林业调度员培训班"和"北方航空护林飞行观察员业务培训班"。28名调度员和70名飞行观察员（学员）参加培训。培训期间同时完成了26名飞行观察学员和观察员的放飞、晋级考核工作。

8月25日 国家林业局办公室同意北方航空护林总站内设机构调整的请示，同意撤销总站嫩江工作处并设立纪检监察处。调整后总站编制数和处级领导干部职数保持不变。

8月28日 国家林业局副局长、党组成员李树铭到北方航空护林总站视察指导工作。

9月1~5日 北航总站总站长周俊亮等一行3人对新疆维吾尔自治区2017年秋季航空护林工作开展情况进行检查。

9月8日 国家林业局北方航空护林总站在内蒙古呼伦贝尔市组织召开军地联合演习飞行保障协调会。内蒙古自治区林业厅、呼伦贝尔市防火办、武警内蒙古森林总队、海拉尔航空护林站、军航、民航航管部门、中航油内蒙古分公司和各供机单位有关负责同志参加会议。

9月14~17日 第四届中国天津国际直升机博览会（简称"直博会"）在天津举行，北方航空护林总站总站长周俊亮参加此次博览会。

9月21~22日 北方航空护林总站总站长周俊亮、副总站长范鲁安、森防协调处处长赵宏江在海拉尔参加"全国秋冬季森林防火工作会议"。李树铭副局长在会议上作讲话。

9月25~27日 北方航空护林总站总站长、党委副书记周俊亮、航护处相关人员一行3人，赴敦化航空护林中心调研指导工作。调研期间，《中国绿色时报》特策划"走进北方航空护林"系列报道，总站长周俊亮接受记者采访；并对秋航增补的2架航空护林飞机签署了租机协议。

9月25~30日 由总工程师张喜忠带队的秋防检查组分赴敦化、伊春、幸福、嫩江、根河5个航站对秋季航空护林工作开展情况进行检查。

9月25~30日 由副总站长吴建国带队的工作组对驻防在重点火险区的黑河、塔河和加格达奇航站的秋冬季森林防火工作进行督导检查并实施火场工作组靠前驻防任务。

10月9日 北方航空护林总站在伊春上甘岭林业局组织开展直升机吊桶灭火实战演练。北航总站总站长周俊亮、伊春林管局副局长张和清到现场观摩指导。黑龙江省防火办、伊春市防火办、伊春航站、幸福航站主要负责同志，以及青岛直升机公司、江苏华宇通航和北大荒通航负责人参加演练。

10月10~11日 北航总站总站长周俊亮到幸福航空护林站调研指导工作。

10月25日 东北林业大学教科研基地在北方航空护林总站揭牌成立。东北林业大学副校长周宏力等一行4人，北方航空护林总站总站长周俊亮、副总站长范鲁安、党委委员李长江及总站全体干部职工参加揭牌仪式。揭牌仪式后，北方航空护林总站、东北林业大学合作共建座谈会举行。周俊亮、周宏力共同签署《国家林业局北方航空护林总站东北林业大学战略合作框架协议》；总站长周俊亮向副院长孙龙颁发了北方航空护林总站专家组专家（秘书长）聘任证书。会上，双方就人才培养、技术实践、基地实验、项目合作开发等长期合作共同发展的事宜进行广泛交流，并达成多项共识。

10月25~30日 北航总站总工程师张喜忠带领人事处有关同志分别赴伊春、幸福、嫩江和根河航空护林站，对总站首批下派的8名干部进行考核。考核期间，分别与各航站中层以上干部进行座谈，下派锻炼干部进行述职汇报，各航站对每名下派锻炼干部做出评价与鉴定。

11月2日 北航总站特邀黑龙江省安监消防宣教中心主任侯博宇为总站开展消防安全知识讲座。

11月14日 国家林业局人事司副司长郝育军、干部处副处长孙志霞来到北方航空护林总站，就周俊亮总站长试用期满进行考核。总站全体干部职工参加会议。

11月14日 经国家林业局直属机关党委、青年联合会研究，同意在北航总站成立青年联合会，同意庄宸担任北航总站青年联合会主席，王梓桥、俞虹、刘凌波、王新航4名同志担任副主席。

11月15日 北方航空护林总站派出专家组支援陕西省今冬明春航空护林工作。第一批支援人员进驻陕西省航空护林站进行短期集结训练后，将分赴宝鸡、丹凤、黄陵3个基地执行任务。

11月15~16日 国家森林防火指挥部副总指挥、国家林业局党组成员、副局长李树铭到辽宁省开展有关检查调研工作，北航总站总站长周俊亮陪同调研。

11月23~24日 黑龙江省委在哈尔滨召开中国共产党黑龙江省第十二届委员会第二次全体会议，北航总站总站长周俊亮参加此次会议。

11月28~29日 为进一步做好当前森林航空消防工作，国家森林防火指挥部办公室决定组织有关人员在昆明集中修改《森林航空消防管理办法（试行）》，讨论解决《林业改革发展资金管理办法》执行过程中存在的问题和修改《森林航空消防管理办法（试行）》。北航总站总站长周俊亮、航护处处长侯振伟、森防协调处处长赵宏江参加此次会议。

12月1~3日 为认真落实全国秋冬季森林防火工作会议精神，北方航空护林总站派出有周俊亮总站长等一行3人组成的工作组赴陕西省开展航空护林有关检查、调研工作。

12月4~6日 在杭州召开"森林消防员、森林火场通信管理规范研讨会",北航总站总站长周俊亮、森防协调处处长赵宏江等人参加此次研讨会。

12月7日 中央纪委驻农业部纪检组局长周若辉到北方航空护林总站视察座谈。总站班子成员、副处级以上领导干部以及纪检监察处相关人员参加座谈会。会上,总站长、党委副书记周俊亮详细汇报北方航空护林总站党建廉政建设、以党建促业务工作开展情况以及下一步工作思路。

12月19日 国家林业局党组成员、副局长李树铭,国家森防指专职副总指挥马广仁在京听取北航总站总站长周俊亮对总站2017年工作情况及2018年工作安排汇报。听取汇报后,李树铭作讲话。

12月20~22日 北航总站总工程师张喜忠参加国家林业局人才交流中心召开的"全国林业就业创业工作推进会"。

12月22日 国家林业局经研究决定,同意周俊亮等7名同志试用期满干部正式任职,周俊亮任北方航空护林总站总站长(正司局级),任职时间自2016年10月14日起计算。

12月23日 北航总站总站长周俊亮应邀参加大型灭火/水上救援水陆两栖飞机AG600陆上首飞仪式,见证了国之重器首次成功翱翔蓝天的历史时刻。

12月26日 北航总站总站长周俊亮应邀参加在天津举办的东方通用航空有限责任公司战略重组划转交接仪式。

(北航总站由石凤莉、刘硕供稿)

国家林业局南方航空护林总站

【综述】 2017年,南方航空护林总站认真贯彻落实国家森林防火指挥部、国家林业局的部署要求,服务建设生态文明大局,大力推进林业现代化建设和林业改革发展,党建工作再上新台阶,航空护林取得新突破,机场建设项目取得新进展,内控管理、行政办公更加规范,信息化水平明显提升,航空护林工作平稳推进,各项工作任务圆满完成。

【航空护林】 截至2017年年底,南方省区经编办正式批复的航空护林机构有20个,各航站(局)开设的季节性航空护林基地达31个,已开航省份航护覆盖面积约267万平方千米,约占南方18个省(区、市)国土总面积的64%。2017年,总站在南方12个省(区、市)部署了87架(次)飞机,飞行2698架次5611小时55分钟;空中发现和参与处置林火132起,其中对101个火场实施空中扑救;吊桶洒水灭火飞行231架次115小时26分钟,洒水1820桶,约5401吨;投撒防火宣传单6.5万份。

航护站点增多、航护面积扩大 2017年,南方护区增设云南江川、山东威海、四川达州、湖南永州等基地,防火关键期靠前驻防云南临沧市、镇沅县、浙江新昌县、山东烟台、湖南江华等地,延伸了扑火半径,加强了航空直接灭火的控制能力。贵州省、永州市、烟台市等编办,相继批复了贵州省航空护林总站、永州市航空护林站、烟台市航空护林站等机构编制。

高高原灭火和机群作业取得突破 在四川雅江"3·12"森林火场扑救中,Bell-412指挥机飞行高度达4600米,K-32直升机机群灭火突破海拔4000米禁区;在云南香格里拉、泸沽湖林火扑救中,K-32直升机首次实现不关车加油,基本解决了该机在3000米以上海拔关车启动难的问题,为航空直接灭火提供了新手段、新思路,高高原林区航空直接灭火能力取得突破性进展;在四川雅江、木里,云南丽江泸沽湖,浙江建德,山东威海等火灾扑救中实现同一空域多机作业,突破了通航飞行管制中,一般同一空域只允许一架飞机作业的常规。

航空扑火力量加强 截至2017年年底,南方相继引进了M-26、M-171、K-32、K-MAX、Bell-412等适合南方开展吊桶洒水灭火的机型,国内保有量达34架。随着大中型直升机数量稳步增加,加之深度挖掘小型直升机灭火潜力,弥补了大中型直升机数量不足的问题,形成了"以大中型直升机为主、小型直升机为辅"的航空扑火力量,各航站均实现了有航空灭火飞机驻防的目标,南方整体航空直接灭火能力显著提升。

【森林防火协调】

火场应急处置 南方森林防火协调中心2017年按国家森林防火指挥部指令,组成火场工作组完成四川雅江"3·12"、木里"3·17"、稻城"3·19"三起火场指挥、协调及处置工作。

火场应急演练 协调中心组织赴火场工作组队员进行多次野外演练。演练中,工作组操作大型通信指挥车,通过卫星网络连线国家森防指的会议指挥系统,进行了三方视频通话和视频会议。

火场应急培训 10月10日,南方森林防火协调中心组织赴火场工作组成员到南方森林航空消防训练基地开展业务培训和体能测试工作,重点对火场大型通信指挥车使用、便携式卫星小站架设调试、火场态势图制作和火场火情报告撰写等进行培训,并邀请专业技术人员为工作组授课,讲解便携式移动卫星站的安装和使用。

【森林防火物资储备】 西南森林防火物资储备中心2017年先后向云南、四川、江西、广西等省区,调拨17批次油锯、灭火机、灭火剂、防护套装等各类防火物资,共9233件(套)。

【卫星林火监测】 西南卫星林火监测分中心2017年共监测南方11个省区2像素以上热点2081个,发布监测图像697幅，反馈为林火（草原火）的131个，平均反馈率为100%。

【森林航空消防培训】

航空消防演练 2017年，江西、河南、山东、浙江、湖南、重庆、百色、普洱、成都、咸宁等航空护林站（局）分别组织和参与17次森林防火空地联合演练，累计出动20架飞机，飞行41架次，洒水98桶，共有65名空勤人员和79名地面保障及调度人员参与演练。

航护业务考核与培训 3月9日，南方森林航空消防训练基地首次承办南方航空护林系统2016年度飞行观察员晋级考核工作，普洱、丽江、西昌、百色、重庆、浙江、湖北等各航空护林站及南航总站的11名申报晋级飞行观察员，分别参加了特级、一级、二级、三级等4个级别的晋级考核。

3月28日，南航总站飞行观察员资格评定委员会召开评审会议，对15个航空护林站的41名飞行观察员进行审议，有13名飞行观察员晋升级别，有24人被认定为具有见习飞行观察员资格。会议修订了《南方森林航空消防飞行观察员管理规定及晋级考核办法》。

9月4～18日，南航总站在云南丽江举办"2017年南方森林航空消防业务培训班"。业务培训分为航护调度和飞行观察两个专题，南方航空护林系统9个省属航站和3个直属航站的29名学员参加培训。

9月，南航总站组织南方10省（区、市）13个航空护林站（局）及总站机关的43名三级及以上级别飞行观察员进行疗养和培训，并为2017年新晋级飞行观察员颁发了证书。

11月28日至12月1日，南航总站在昆明举办首届南方森林航空消防航务管理培训班，总站业务处室、南方17个航站（局）的43名航务人员参加培训。

12月26日，南方航空护林系统2017年度飞行观察员晋级考核工作首次在湖南省森林消防航空护林站株洲基地举行，保山、成都、西昌、浙江、福建、江西、山东、湖南、广东、重庆、武当山等航空护林站（局）24名飞行观察员参加。

空中交通管制培训 7月，南航总站委托中国民航飞行学院培养的5名空管学员，完成一年期的空管理论知识脱产培训，顺利取得管制培训理论合格证及结业证。5名学员分别派往民航丽江三义国际机场、保山机场、西昌青山机场等单位一线空管部门见习空中管制业务。

通航气象观测培训 8月，南航总站参加"通用航空气象观测员培训班"的8名学员完成气象观测培训，并顺利取得由中国民航大学颁发的"通航气象观测培训结业证"。

【两建工作】

巡视整改 2017年，南航总站严格按照国家林业局巡视整改要求，深入开展巡视整改，并派出巡视检查组对直属航站进行整改落实督查。

脱贫攻坚 1月19～20日，袁俊杰带队赴怒江州泸水市走访、慰问腊斯底村挂钩贫困户，总站挂钩的10户贫困户中有4户于2016年底脱贫，退出建档立卡户；总站协调的10户人家参与生态护林员工作已落实到位，乡政府已和护林员签订了协议。期间，袁俊杰与怒江州副州长袁丽辉，州、市林业局相关负责人座谈磋商落实森林防火"十三五"规划相关项目。

青年联合会 4月11日，南航总站青年联合会召开全体会议，传达群团、青年工作相关文件精神，并投票选举国家林业局、南航总站"2015～2016年度优秀青年和优秀青年工作者"。

南航总站"林航青年讲坛"于2017年开讲，总站机关10个处（室）的青年职工以自身特长或所在部门特点为题材，为青年职工讲授相关知识，讲坛每月开设一期，旨在锻炼青年职工语言表达能力，培养青年职工综合能力，同时彰显林航青年好学、进步的精神面貌。

廉政教育 6月23日，南航总站全体干部职工到云南省反腐倡廉警示教育基地接受以案释法、以案示警教育。

【航站建设】

自建机场取得新成效 南航总站建设的林业机场相继启用，提高了航空护林飞机出勤率和应急快速反应能力，云南保山、丽江、江川3个自建机场航油加注由中国航油云南公司保障，并就近协调相关航油供应站保障野外应急扑救火灾航油加注，极大优化航油保障模式，大幅提升了防扑火效率。

内控建设取得进展 南航总站制定、试行了《内部控制制度管理手册》，财务、行政等工作得到系统性规范。

航护宣传 3月29～30日，中央电视台新闻频道新闻中心记者深入南航总站丽江站采访报道航空护林工作。采访以"清明节"为切入点，以春季森林防火为主题，对航空护林飞行观察员和白沙林业直升机场、直升机航空巡护、航护业务工作等现场采访和画面采集。云南电视台、丽江电视台相关工作人员协助完成采访拍摄工作。

职业病危害因素检测 5月3～4日，南航总站委托云南省昆明市疾病预防控制中心，到大理、丽江进行飞行观察作业场所职业病危害因素检测工作。疾控中心工作人员分别在大理、丽江与飞行观察员一同乘坐M-26和K-32直升机，在滇西高海拔林区进行模拟火场侦察、吊桶灭火飞行等作业，完成机舱内噪音、一氧化碳含量、高空气压变化、高空紫外线辐射等项目检测。此项检测，为飞行观察作业场所职业病危害因素评价及预防航空护林职业病相关保障措施提供科学依据。

森林航空消防飞行技术研讨 5月24～26日，森林航空消防飞行技术研讨会在云南省丽江市召开。会议进一步明确了机群灭火组织实施和直升机吊桶灭火飞行程序；对森林航空消防的安全规程和风险管控作进一步的规范；对合理选择机型和机组搭配、选择野外起降和加油点来提高灭火效率，提升森林航空消防效益达成了共识。

制定航空护林作业准入条件 南航总站为积极应对通航产业发展新形势，进一步适应飞行费投入机制改革要求，制定了《通航公司参与南方航空护林作业准入条件》。主要从公司资质、航空器、飞行机组、机载设备、任务装备、航管协调等方面，对参与南方航空护林作业的通航公司进行把关，其目的是选择具有优质机源、护林经验丰富、抢险救灾意识和服务意识强的通航公司，进一步提高南方航空护林系统应急、应变、应战能力。

南方航空护林总站保山站　保山站会同云南和谐通航公司及相关厂家在AS-350B3直升机上外挂光电观测系统（SkyEye3X），组织开展红外探火技术在航空护林领域的可行性技术研究。测试结果表明该系统在火场侦查工作中具有良好的适用性，对观察判断火源大小、燃烧区域、发展趋势有细化和促进作用；同时能够辅助飞行观察员对火灾现场进行准确有效评估，及时调整扑救方案，为实现"早发现、行动快、灭在小"的方针提供有力保障。

南方航空护林总站丽江站　5月4日，南航总站丽江站开展了细小可燃物高分子凝胶阻燃剂燃烧实验。实验结果显示，浸泡过凝胶的可燃物燃点明显高于用水浸泡的可燃物，高分子凝胶阻燃剂具有明显的阻燃效果。丽江站将继续探索直升机吊桶高分子凝胶阻燃剂加注方法，将试验成果应用到森林灭火实战中。

南方航空护林总站百色站　2017年秋冬航，百色站时隔5年重启柳州基地、延用梧州基地、开辟桂林兴安基地，形成了一个航期3个基地的分布联动作业模式，大大提高了航空护林覆盖面。同时，成功实践了在通航机场开展航空护林作业的模式。

江西省航空护林局　4月8日，江西航局与南昌市湾里区林业局在湾里举办了第一期防火树种示范推广应用培训班，邀请了江西省林业科技推广总站负责人就森林防火林带的建设与管理进行授课。湾里区及乡镇森林防火主管部门和森林防火专业（半专业）队相关人员100余人参加了培训。

11月20日，江西省航空护林局直升机场建设项目获国家林业局正式批复，核定该项目总投资估算为4171万元。江西局持续推进项目用地征地拆迁和初步设计及施工图进行招标前期准备工作。

浙江省航空护林管理站　3月27日至5月27日、9月11~28日，浙江航站建德飞行基地举办了浙江省"站队一体化"森林航空消防集训班，来自9个地级市的20支1000余名省级机降灭火队员分批次参加了集训。此集训是全力构建浙江省"站队一体化"森林航空消防模式的重要举措。

11月20日，"浙江省航空护林站建设项目（依托航站）"获国家林业局同意立项批复，将有力推动浙江省航空护林基础设施建设步伐。

2017年，《浙江省航空护林飞机使用管理办法（试行）》印发，明确了航空护林飞机业务范畴、使用原则和相关单位职责分工，规定了飞机申请、审核及派遣程序，对协调指挥、操作流程、飞行保障、安全管控、费用承担等相关内容进行了详细规定。《办法》的出台对于规范浙江省航空护林飞机使用与管理、确保森林航空消防工作的顺利组织实施、飞行安全、提升护航效益，以及推动浙江省航空护林事业的进一步发展具有重要意义。

福建省航空护林总站　10月，福建省林业无人机应用项目启动，福建省财政安排省航空护林总站林业无人机建设项目首期资金430万元。

湖北省武当山航空护林站　5月10日，以"道通天地，德贯古今"为主题的第四届国际道教论坛在武当山玉虚宫隆重开幕。论坛为期3天，共有来自30个国家和地区的600余名嘉宾会聚道教圣地湖北十堰武当山，交流思想，分享经验。武当山航空护林站担负起在武当山机场保障参加论坛领导和嘉宾的任务，24小时坚守武当山机场，共接送与会嘉宾80余批200余人次。

【**应急救援**】　航空搜救。1月27日，云南省腾冲市20名学生自发进入高黎贡山游玩，返回时有5名人员失联，保山市、腾冲市已组织13支搜救队约300多人进山，搜救未果。28日，南航总站保山站派出AS-350B3直升机协助搜救，直升机通过使用航空强声广播系统提示失联人员发出求救信号和空中观察搜寻，经过2小时的搜救，直升机锁定了失联人员位置，报地面搜救人员核实，最终失联的5名学生全部获救。

【**重要会议**】

工作会议　1月12日，"2017年南方航空护林总站工作会议"在云南省普洱市召开，总站长史永林传达了全国林业厅局长会议精神及国家林业局党组书记、局长张建龙的重要讲话精神，并安排部署2017年南方航空护林系统重点工作。会议表彰了南航总站2016年度先进集体和先进个人，签订了直属航站2017年党风廉政建设责任书及保密承诺书。

租机协调会　5月19日，南航总站组织召开2017年夏季南方森林航空消防租机协调会，浙江、山东、广东、重庆、四川、云南等省（市）森林防火指挥部办公室及相关航空护林站等单位负责人参加会议，并与相关通用航空公司主要负责人签订了租机协议。此次协调会共有6个省（市）签订夏季航空护林租机协议，租用8架直升机，其中K-32直升机5架、M-26直升机1架、M-171直升机1架、BELL-412直升机1架，8架直升机计划飞行时间为950小时。

9月20日，南航总站在昆明组织召开了"2017年秋冬季南方森林航空消防租机协调会"。国家森防指办公室航空消防处副处长刘国珍，南航总站总站长史永林、副总站长吴灵、副总站长袁俊杰、总工程师周万书、副总站长张立保等总站领导出席会议，福建、江西、河南、广东、广西5省（区）防火办、10个航空护林站（局）及6家通用航空公司负责人参加了会议。2017年秋冬季共租用M-26、M-171、M-8和K-32四种大重型直升机共计24架，计划飞行1922小时，分别部署在南方9省（区）10个航站的21个森林航空消防基地执行航空护林各项任务。

12月18日，总站长吴灵、总工程师周万书、副总站长张立保出席2018年春航租机协调会。国家森林防火指挥部办公室航空护林处处长张连生，南方12省（区、市）防火办、18个航站（局）及10家通航公司主要负责人和总站相关处室人员参加会议。2018年春季计划在南方12省（区、市）开展航空护林作业，共租用各类飞机52架（次），其中通过公开招标方式租赁9架（固定翼2架、小松鼠7架），共计划飞行5200小时。

春航总结会 6月27日，2017年南方春季森林航空消防总结会在昆明召开。国家林业局森林防火指挥部办公室航空消防处处长张连生出席会议，总站机关各处（室）和南方17个航空护林站（局）负责人参加会议。会议期间，举行了南方航空护林系统新任处级干部首次宪法宣誓仪式；表彰了2016～2017年度总站直属系统先进党支部、优秀党员、优秀党务工作者和优秀青年、优秀青年工作者，并向第五届林业学术大会论文获奖者颁发了奖状；南方各航站（局）负责人发言交流了上半年春季森林航空消防工作情况。

【获奖与荣誉】

2月13日，湖南省森林消防航空护林站被评为湖南省林业厅直属系统2016年"安全生产先进单位"。

5月3日，国家林业局以林办发〔2017〕33号文表彰了2015～2017年度国家林业局直属机关"优秀青年""优秀青年工作者"，南航总站马牧生和陈宏刚分别荣获2015～2017年度国家林业局直属机关"优秀青年"和"优秀青年工作者"称号。

5月6～8日，以"林学百年，创新引领"为主题的第五届中国林业学术大会在北京林业大学隆重召开，副总站长吴灵带队参加大会，并在学术大会上作专业学术交流报告。南方航空护林系统提交的27篇论文，有25篇论文喜获奖项。其中，一等奖2篇；二等奖2篇；另有21篇论文获得优秀论文奖。

6月30日，云南省丽江市林业局召开纪念中国共产党成立96周年暨"七一"表彰大会。南航总站丽江站党支部被评选为丽江市先进党支部，丽江站职工友桑被评为优秀共产党员、黄佳佳被评为优秀党务工作者。

2月20～24日，国家森林防火指挥部专职副总指挥马广仁赴四川、云南两省督查森林防火工作，史永林总站长为工作组成员陪同督查。

3月1～4日，国家森林防火指挥部专职副总指挥马广仁到四川省督查森林防火工作，史永林总站长为工作组成员陪同督查，期间，督查组到南航总站成都站、西昌站督查森林防火工作。

4月14日，国家林业局人事司副司长王浩率工作组对南航总站总工程师周万书进行试用期满考核。

4月19日，国家林业局计财司司长闫振在昆明勘察设计院党委书记周红斌等人员陪同下到南航总站调研检查指导工作，走访慰问总站职工，并召开座谈会。

4月21日，国家林业局机关工会联合会副主席孟庆芳一行到总站调研群团工作。

4月23日，国家林业局直属机关党委副书记章柏良到西南森林防火物资储备中心储备库检查指导工作，史永林总站长陪同检查。

6月28日，国家林业局副局长彭有冬到山东省航空护林站莱芜基地视察工作，山东省林业厅厅长刘均刚、副厅长刘建武、莱芜市政府副市长郑德庆等陪同。

7月17日，国家森林防火指挥部办公室副主任、国家林业局森林公安局副局长柳学军到南航总站检查指导工作。

7月17日，国家森防指办公室副主任、国家林业局森林公安局副局长柳学军到总站检查指导工作，总站党政领导班子、副处以上干部参加座谈。

7月21日，南航总站召开干部会议。会上，国家林业局人事司副司长郝育军宣布国家林业局任命杨旭东为国家林业局南方航空护林总站党委书记、副总站长（正司局级），任命张立保为副总站长（副司局级）。

7月24～28日，国家林业局计财司到广东省林业厅、云南省林业厅、南航总站调研森林航空消防资金，总工程师周万书陪同和参与调研。

8月1日，国家林业局森林防火试点项目专家组到总站调研，总站长史永林主持汇报会，副总站长吴灵、总工程师周万书及云南森防指专职副指挥文彬等出席汇报会。

8月26日，中纪委农业部纪检组副组长王会杰率调研组一行到昆明调研，并在南航总站召开国家林业局驻昆单位座谈会。

10月31日，国家森林防火指挥部副总指挥、国家林业局党组成员、副局长李树铭，国家林业局森林公安局副局长王元法一行到"广东省航空护林站、广州省级森林防火物资储备库"项目建设工地检查指导工作。

11月13～14日，国家森林防火指挥办公室副主任、国家林业局森林公安局局长王海忠到南航总站保山站调研。

12月1日，国家林业局党组成员、副局长李树铭代表国家林业局党组到南航总站宣布干部任职决定，任命史永林为国家林业局驻云南省森林资源监督专员办事处（中华人民共和国濒危物种进出口管理办公室云南省办事处）党组书记、专员（主任）；任命吴灵为国家林业局南航总站总站长、党委副书记（正司局级）。

12月3日，国家森林防火指挥部副总指挥、国家林业局党组成员、副局长李树铭，国家林业局资源司巡视员张松丹，云南省林业厅党组书记、厅长冷华，国家林业局驻云南专员办专员史永林在南航总站党委书记杨旭东陪同下，到普洱站检查指导工作。

12月11日，在国家森林防火指挥部办公室副主任、国家林业局森林公安局政委柳学军陪同下，法国驻华大使馆参赞罗菲航先生一行到南航总站考察交流航空护林工作。

12月13～15日，国家林业局党组书记、局长张建龙到山东省雪野航空护林基地调研。

12月14日，贵州省航空护林机构筹建工作协调推进会在贵州省林业厅召开，国家森林防火指挥部办公室副主任、国家林业局森林公安局副局长王元法，南航总站党委书记杨旭东、总站长吴灵出席，贵州省林业厅领导，省防火办、省森林公安局主要负责人参加会议。

【林业大事】

1月3～5日 史永林赴福建省三明市参加2017年全国林业厅局长会议。

1月19日 史永林、周万书赴北京参加国家防火办组织的长期租赁防火直升机会议。

2月15～17日 周万书带队赴湖南省检查春航工作，并调研永州市成立航空护林站等相关事宜。

3月5～14日 受国家森林防火指挥部办公室委派，史永林带队赴四川、重庆两省（市）暗访督查"两会"期间森林防火工作。

3月14日 周万书赴普洱处置开元通航M-8护林直升机迫降野外事件。

3月15~22日 受国家森林防火指挥部办公室委派，吴灵带队的火场工作组前往四川省雅安县协调指导木绒乡"3·12"森林火灾扑救，并组织协调航空护林工作；扑救工作结束后，工作组看望慰问了参加扑救火灾的4个机组及各航站工作人员。

3月19~23日 受国家森林防火指挥部办公室委派，袁俊杰带队的火场工作组前往四川省木里县协调指导博科乡"3·17"森林火灾扑救工作；扑救工作结束后，工作组看望慰问了参加扑救火灾的3个机组及西昌站职工。

3月29日 国家森林防火指挥部办公室在南航总站召开森林航空消防工作会，国家森防指办公室航护处处长张连生、调研员刘国珍，北方航空护林总站总工程师张喜忠等参加会议，总站长史永林、副总站长吴灵、总工程师周万书出席会议。

5月9~11日 吴灵带队赴北京参加首期"新管理政策下通用机场建设及运营管理高级研讨班"。

5月22日 吴灵赴浙江杭州参加《浙江省航空护林依托航站建设项目可行性研究报告》评审会。

5月23~25日 总站长史永林赴广东省调研航空护林工作，并与广东省森防指专职副总指挥彭尚德、省防火办主任曾伟才、省航空护林站站长张志鸿等座谈。

5月25~26日 史永林总站长赴山东省调研航空护林工作，并与山东省林业厅副厅长王太明、省航空护林站站长任方喜等座谈。

6月6日 史永林赴北京参加国家林业局专项巡视工作阶段性总结暨2017年第三轮专项巡视动员部署会议。

6月11~15日 史永林赴黑龙江漠河参加"1987·5·6"大火30周年座谈会暨2017年全国春防工作总结会。

8月21~22日 史永林、杨旭东、张立保到西昌站、成都站调研并与四川省、凉山州森防指领导座谈。

9月6日 中国航油集团公司、中国航油云南公司领导到总站座谈磋商直升机机场及野外应急救援航油保障相关事项，副总站长吴灵、总工程师周万书及项目办相关负责人参加会见并座谈。

9月11日 史永林、杨旭东、吴灵等参加总站组织召开的2017年森林防火储备物资采购合同会。

9月13~15日 杨旭东、张立保赴天津参加第四届中国天津国际直升机博览会。

9月14~17日 吴灵到四川省阿坝州金川县实地调研指导成都站金川直升机场项目建设。

9月20~22日 杨旭东、吴灵赴内蒙古自治区呼伦贝尔市参加"2017年全国军地联合灭火演习暨'五联'机制建设试点现场会"和"2017年全国秋季森林防火工作会议"。

9月23日 南航总站组织研讨直升机吊桶加注灭火剂技术方案，周万书出席研讨会。

9月28日 书记杨旭东、副总站长吴灵、总工程师周万书在总站会见中国航天科技集团公司第十一研究院副院长胡梅晓一行，双方就探索无人机在森林防火领域的应用进行座谈交流。

10月11日 中国航空油料集团公司与部分省市、企事业单位在北京人民大会堂举行通航事业战略合作协议签约仪式。杨旭东、吴灵、周万书等出席签约仪式，并与中国航空油料集团公司签订了战略合作框架协议。

10月18~19日 吴灵到江苏省宜兴市参加第八届中航国际通航发展论坛。

10月30日 周万书赴湖北省麻城市参加卡曼直升机首飞仪式及吊水桶飞行演示。

11月20日 周万书赴北京参加国家森林防火指挥部举办的2017年森林防火应急管理专题研讨班。

11月20~25日 总站长史永林陪同国家森林防火指挥部办公室副主任、国家林业局森林公安局副局长王元法到广西进行森林防火工作检查、调研。

11月28日 南航总站党政领导班子参加由国家森林防火指挥部办公室主办、南航总站承办的航空护林管理工作研讨会。国家林业局防火办航空消防处张连生处长，北航总站总站长周俊亮及来自内蒙古、黑龙江、江西和广东等省（自治区）防火办相关领导参加了会议。

11月28日 史永林、杨旭东、吴灵参加南航总站举办的2017年南方森林航空消防航务管理培训开班动员会。

12月1日 总站长史永林、书记杨旭东参加由国家林业局驻云南省森林资源监督专员办事处举办的"森林资源监管暨20周年座谈会"。

12月11日 法国驻华大使馆参赞罗菲航先生一行到南航总站考察交流航空护林工作，国家森林防火指挥部办公室副主任、国家林业局森林公安局政委柳学军、云南省森防指专职副指挥长文彬等陪同座谈交流，总站长吴灵、副总站长袁俊杰、总工程师周万书出席座谈会。

12月12~14日 总站长吴灵、副总站长张立保陪同国家森林防火指挥部办公室副主任、国家林业局森林公安局政委柳学军，法国驻华大使馆民事安全顾问罗菲航先生等到大理白族自治州、丽江市及丽江站白沙飞行保障基地考察、交流森林防火工作。

12月23日 杨旭东、吴灵赴珠海参加大型灭火/水上救援水陆两栖飞机AG600陆上首飞仪式。

12月27日 周万书带队的第四考核组到西昌站开展2017年航护工作检查及对领导班子进行年度考核。12月28日，与凉山州、攀枝花市森林防火指挥部相关负责人进行了工作交流。

（国家林业局南方航空护林总站由刘蕾供稿）

国家林业局华东林业调查规划设计院

【综　述】　2017年，国家林业局华东林业调查规划设计院（简称华东院）认真履行森林资源监测职责，扎实推进各项工作顺利开展，全年认真完成国家林业局指令性任务，同时继续对外提供技术服务，全面实现年度各项目标。

【资源监测工作】　承担并完成国家林业局资源司及相关司（局、办）安排部署的各项指令性任务近20项。

森林资源连续清查工作　顺利推进山东省森林资源连续清查工作，完成了工作方案和技术方案的审核、操作细则的审批、队伍组建方案的审核评估、技术培训、监督评估等前期工作和外业调查工作。共实地检查样地147个，检查全部内业资料9646份，并完成统计分析初步结果。

9月底《第九次全国森林资源清查汇总工作方案》下发后，华东院立即行动，成立了第九次全国森林资源清查汇总工作领导小组，并按要求及时上报了华东院承担的3个专题的技术方案、报告编写提纲，以及相关统计报表要求，起草了《森林资源连续清查生物量和碳储量计算技术思路》和《华东院第九次森林资源清查汇总工作实施方案》。

林地年度变更调查工作　积极推动华东监测区各省（市）按计划开展林地年度变更调查工作，及时发现、研究商榷和解决工作中出现的相关技术问题，专门就提交变更成果等事项函告监测区各省（市），督促其按时保质保量提交变更成果。上海、浙江、安徽、江西、福建、河南、山东等省（市）已经按时向国家林业局提交了2016年林地年度变更调查成果。

森林资源管理情况检查工作　承担并完成华东监测区森林资源管理情况检查工作。开展了江苏、浙江、安徽、福建、江西、山东和河南7省36个县2016年以来的林地管理情况检查，共抽取已审核（批）项目118项，涉及判读图斑157个，抽取到期临时使用林地项目42个，查验疑似使用林地图斑288个，移交地方自查图斑2452个。开展林木采伐管理情况检查工作，共抽取7省9个受检单位，检查遥感判读疑似采伐图斑2890个，核对林木采伐许可证11 772份，现地检查90个有证采伐伐区，伐区总面积398.7公顷，实测样地（带）面积19.4公顷，现地查验疑似无证采伐图斑69个。

全国人工造林及公益林动态监测工作　承担并完成江苏、浙江、安徽、福建、江西、山东和河南7个省19个县人工造林与公益林动态监测工作。共抽查乡级单位85个，调查小班1350个，面积8606.78公顷，编写完成监测成果报告40个。

森林资源清查信息系统优化完善工作　在2016年优化完善的基础上，根据国家林业局对全国九次清查及全国汇总的新要求，以及有关专家意见和统计需求，对涉及竹林资源分析、经济林资源分析、平原林业发展分析的数据统计需求，进行相应统计报表程序的扩充和完善。依据《立木生物量模型及碳计量参数》，借鉴《中国森林植被生物量和碳储量评估》的经验，提出《森林资源连续清查生物量和碳储量计算技术思路》，进行相应的程序编制和扩充。同时及时解答各院在使用过程中遇到的问题，保障"全国森林资源清查统计程序"在各院的正常运行。

全国湿地生态系统评价和监测评估工作　完成浙江、青海2省5个国家重要湿地生态系统评价工作和辽宁、湖北、山东、宁夏等4省（区）13个湿地的中央财政湿地保护补助资金项目监测评估工作。

中央财政森林抚育补贴国家级抽查工作　完成江苏、浙江、安徽、江西、四川5省及宁波市和内蒙古森工集团等7个单位中央财政森林抚育补贴国家级抽查任务，各单位计划任务合计70.02万公顷，抽查面积7000公顷。

碳汇计量监测工作　完成并向国家林业局碳汇计量监测中心提交了华东监测区各省（市）《LULUCF林业碳汇计量监测工作质量检查验收报告》和《华东区LULUCF林业碳汇计量监测工作质量检查验收报告》，并对华东监测区2014~2016年的LULUCF各项工作进行了总结，提交《华东区LULUCF林业碳汇计量监测体系建设工作总结报告》。同时协助国家林业局碳汇计量监测中心对华东监测区开展第二次LULUCF林业碳汇计量监测工作的各省（市）提供技术指导和服务。

全国森林资源宏观监测工作　承担并完成华东监测区8省（市）森林资源宏观监测工作。共遥感判读大样地15 428个，机械抽取189个大样地逐个群团地进行现地验证。此外，按照技术规程要求，对前后两期地类发生变化的群团样地全部进行了现地验证。

珍贵树种培育示范县建设成效国家级考核评价工作　完成河南、山东、安徽、浙江、福建、江西6省珍贵树种示范县建设国家级考评工作。共考评24县，抽取珍贵树种培育面积合计2666.37公顷进行现场调查。

其他工作　完成广西、福建、河北、湖南、江西5省10县的天然林保护实施情况核查。参加完成2017年东北内蒙古林区"三总量"检查。参与编制《中央财政湿地补助项目监测评估规范》《退化湿地评估规范》《生态廊道设计规范》等全国性的技术规范。

【技术咨询服务】　华东院注重对外技术服务，牢固树立"指令性任务是立院之本，创收是强院之路"的发展观念和"院荣我荣、院衰我辱"的思想意识，在完成好指令性任务的前提下，发挥专业优势，积极为地方林业发展提供技术服务。2017年，共签订对外技术服务合同368份，合同金额9306.34万元。

【思想政治建设】　2017年，华东院把学习宣传贯彻党的十九大精神作为重大政治任务，深刻领会党的十九大精神的重要内涵，以"两学一做"学习教育常态化制度化为有力抓手，努力巩固党的群众路线教育实践活动、"两转变两服务"活动、"三严三实"专题教育和"三强化两提升"学习实践成果，通过党委理论中心组学习、"三会一课"、主题党日活动等多种形式，扎实推进全面从严治党。全年精心组织，认真开展各类学习培训工作，重点学习贯彻党的十九大精神、习近平总书记系列重要讲话精神、社会主义核心价值观、新党章法规、党风廉政建设等重要内容。通过深入学习，引导全院干部职工用习近平新时代中国特色社会主义思想武装头脑、凝聚共识、指导实践。

【人才队伍建设与管理】 完成了对3名试用期满中层干部的考核考察测评工作。完成了华东院2017年度接收高校毕业生工作，聘用3名高校硕士毕业生。完成了华东院专业技术岗位聘任工作，新聘任教授级高工1名，高级工程师18名，工程师6名。完成了工作人员专业技术资格评审（认定）申报工作。完成了2017年度"百千万人才工程"省部级人选和"青年科技奖"人选的推荐工作。完成华东院咨询工程师的网络远程继续教育的安排和6名咨询工程师执业资格证的继续登记工作。

【财务管理】 2017年，华东院财务收入总计12 378万元，完成预算11 807万元的105%；财务支出总计11 755万元，完成预算11 807万元的99%，总体与华东院事业工作安排和业务项目进展保持一致，较好地完成全年财务收支任务。初步完成OA（A8 - V5.6）协同办公软件会计业务方面的试运行工作，实现网上提交财务报销申请，网上进行业务审核、审批的目标。结合华东院的年度工作任务和目标，完成2017年度国有资产清查工作。制订了2017年业务层面内控实施方案，有效防范和控制经济活动风险，完善事业单位治理结构。

【科技创新工作】 2017年，华东院与安徽省测绘局签署了《"互联网+"林业合作框架协议书》，更好地整合利用林业和测绘系统的优质资源，实现数据共享，推动华东监测区"互联网+"林业发展。如今电脑版和移动端的华东监测区县级林地"一张图"公网查询已经基本实现。

积极开展森林资源智慧监测平台研究，内容包括森林资源智慧监测系统、森林资源信息野外采集系统、保护区资源监管系统、森林智能巡护系统、智能化视频监控系统、林业行政执法系统、种质资源调查系统等，力争建成国内领先的智慧林业平台。

【质量管理体系成功转版】 2月下旬开始启动ISO 9001：2015转版工作，历经2个多月，质量管理体系成功实现了由ISO 9001：2008向ISO9001：2015的转版，并于4月27日顺利通过了北京中大华远认证中心的认证审核。

【华东院7项成果获全国林业优秀工程咨询成果奖】 在中国林业工程建设协会评选的2015~2016年度获全国林业优秀工程咨询成果中，华东院有7项成果获奖。其中《全国沿海防护林体系建设工程规划（2016~2025年）》《浙江杭州湾国家湿地公园总体规划（2016~2020）》《南通市国家森林城市建设总体规划（2016~2025年）》获一等奖；《2013年、2014年、2015年杭州市森林资源及生态状况动态监测与公告项目成果汇编》《浙江牛头山国家森林公园总体规划（2015~2024）》获二等奖；《遂昌县森林休闲养生建设发展规划（2016~2025）》《无锡市"十三五"林业发展规划》获三等奖。

【后勤群团工作】 2017年，完成华东院院区综合楼装修工程及北面地块绿化、围墙绿篱和篮球场塑胶铺装。加强群团工作，创办"林业大讲堂"。5个文体协会积极开展丰富多彩的活动，进一步增强干部职工的团队协作精神和凝聚力，其中华东院篮球队获得2017年杭林业系统"湿地杯"男子篮球赛的亚军。

【林业大事】
3月1日 浙江省副省长孙景淼一行到华东院视察指导工作。
3月23日 国家林业局专员办和直属院座谈会在杭州召开，国家林业局副局长刘东生到华东院视察指导工作。
9月6日 国家林业局副局长李春良到华东院院视察指导工作。
12月5日 第十一届全国政协委员、第十一届全国政协人口环境资源委员会副主任、国际竹藤组织董事会联合主席江泽慧一行到华东院视察指导工作。
12月25日 国家林业局直属院2017年工作汇报会在华东院召开，国家林业局副局长李树铭出席会议并作讲话。

（华东林业调查规划设计院由王涛供稿）

国家林业局中南林业调查规划设计院

【综述】 2017年，国家林业局中南林业调查规划设计院（以下简称中南院）全面贯彻落实全国林业厅局长会议、国家林业局"两建"工作会议等会议精神，深入开展"两学一做"学习教育常态化制度化及国家林业局直属单位"两学一做"学习教育常态化制度化试点工作，围绕中心工作，通过强化组织领导、强化质量管理、强化安全生产、强化工作创新等有效举措，切实履行森林资源监测、湿地监测、石漠化监测、森林城市监测评估等职能职责，承担完成国家林业局下达的广东省森林资源连续清查，湖南等6省（区）17个县（市、区）的营造林综合核查，湖北等6省（区）32个县（市、区）林地管理情况和7个县（市、区）林木采伐管理情况检查，中南监测区7省（区）林地变更调查和森林资源宏观监测，东北、内蒙古国有重点林区森林资源管理情况检查；甘肃、黑龙江省未成林地自然灾害受损核定，湖南等8省（区）第三次全国石漠化监测和技术指导工作，广东、江苏、福建三省7块国际重要湿地的监测，西藏等6省（区）36个县（市、区）森林抚育国家级抽查，新疆等4省（区、市）18个县级核查单位的天然林保护工程核查，湖北等6省区22个县级单位的国家级珍贵树种培育示范县建设成效考核评价等国家林业局下达的指令性任务和对外技术服务与指导等各类业务与科研项目232项，全面完成了2017年度各项工作目标。

【召开全院职工大会宣布国家林业局干部任免决定】 5月26日，中南院召开全院干部职工大会，宣布局党组对中南院领导班子干部任免决定。会议由中南院院长周光辉主持，局党组成员、局人事司司长谭光明出席会议并讲话，全院在职职工及离退休职工代表116人参加了此次会议。

会上，局人事司干部管理处处长程伟宣读了中共国家林业局党组、国家林业局任免决定：彭长清任中南院院长、党委副书记；刘金富任中南院党委书记、副院长；吴海平任中南院常务副院长；贺东北任中南院副院长；免去周光辉中南院院长、党委副书记职务，办理退休；免去刘德晶中南院副院长职务，另有任用。周光辉、彭长清、刘金富等6位同志分别作表态发言。

谭光明代表局党组和人事司讲话。他指出，此次对中南院领导班子的调整是按照中央和干部管理有关要求，局党组经过通盘考虑、充分酝酿、反复研究并经商湖南省委组织部同意做出的决定，充分体现了对中南院领导班子建设的高度重视。

【国家林业局森林城市监测评估中心揭牌仪式在中南院举办】 8月1日，国家林业局森林城市监测评估中心揭牌仪式在中南院举办。国家林业局党组成员、副局长彭有冬，国家林业局有关司、局、办，局直属林业调查规划设计院，湖南省林业厅，中南林业科技大学等单位的领导、专家和嘉宾应邀出席了此次活动。揭牌仪式由院党委书记刘金富主持，全院干部职工参加了此次活动。

会上，国家林业局人事司副司长王浩宣读了国家林业局关于成立"国家林业局森林城市监测评估中心"文件。中南院院长彭长清致辞。湖南省林业厅党组书记胡长清在致辞中对国家林业局森林城市监测评估中心在中南院揭牌成立表示热烈祝贺。局宣传办主任、局森林城市建设办公室主任程红在讲话中指出，国家林业局森林城市监测评估中心揭牌成立，既是国家森林城市建设的一件大事，更是中南院建设发展的一件喜事。中心揭牌成立，就是局党组切实加强国家森林城市建设的一个重大举措和具体行动，对进一步指导和推进森林城市建设快速发展、提升森林城市建设水平具有重要意义。他同时对中南院在森林城市建设中所做的工作、发挥的作用、取得的成绩给予了充分肯定，希望中南院以森林城市监测评估中心的成立为新的平台、新的起点，更加深入有效地参与森林城市建设，充分发挥森林城市监测评估在推进森林城市建设中不可替代的重要作用。最后，国家林业局党组成员、副局长彭有冬为国家林业局森林城市监测评估中心揭牌。

【国家林业局副局长李树铭到中南院调研视察】 9月7日，国家林业局副局长李树铭一行到中南院调研视察，看望和慰问全院干部职工。

视察期间，李树铭一行与院领导班子和各处室主要负责人进行了座谈。院长彭长清代表院领导班子从班子建设、党的建设、队伍建设、业务发展、科技进步、人才培养等方面向李树铭副局长一行作了汇报。

李树铭对中南院未来的发展提出三点具体要求，一是突出主业、围绕中心、服务大局，为林业建设、生态建设提供更好的技术支撑。在森林资源监测等各个领域深入研究、实时监测、长期跟踪、科学评估，为国家林业局科学决策提供优质服务。二是面向市场、开拓进取，为单位生存发展开拓空间。在市场竞争中，全面提升队伍能力和工作水平，抢抓机遇和市场增长点，立足长远、统筹谋划，努力创造出更大的社会效益和经济效益。三是解放思想、改革创新，在林业建设中争取更大作为。注重应用新技术新手段，努力培养高素质的林业技术人才，为生态文明和美丽中国建设做出新的更大贡献。

【荣获"全国厂务公开民主管理工作先进单位"称号】 9月29日，院长彭长清在湖南长沙参加了由全国厂务公开协调小组召开的"全国厂务公开民主管理工作经验交流暨先进单位表彰电视电话会议"。会上，中南院被授予"全国厂务公开民主管理工作先进单位"称号。

长期以来，中南院始终坚持"以人为本"的理念，自2002年推行院务公开民主管理工作以来，始终坚持以邓小平理论、"三个代表"重要思想和科学发展观为指导，全面贯彻党的十八大和十八届三中、四中、五中、六中全会精神，深入贯彻习近平总书记系列重要讲话精神和治国理政新理念新思想新战略，认真贯彻党的群团工作会议精神，抓住主线，服务大局，严字当头，稳中求进，坚持"党建带工建，工建服务党建，党工群团共建"的格局，始终将完善民主制度、推行院务公开、民主管理工作作为中南院民主政治建设的一项长期重点任务，把职工代表大会制度作为院务公开、民主管理的基本形式和主要载体，坚持突出重点，维护职工合法权益，建立和谐劳动关系，促进党风廉政建设，有力保障了中南院各项科研、生产和经营任务的顺利完成，实现了院务公开推行面达100%、规范率达100%。

【国家森林城市监测评估专题研讨会】 8月1日，中南院举办了国家森林城市监测评估专题研讨会，特邀国家林业局宣传办公室、森林城市建设办公室主任程红和国家林业局森林城市研究中心研究员王成进行森林城市建设专题讲座。会议由院党委书记刘金富主持，来自国家林业局相关司局办、直属单位的领导专家及在院干部职工参加了此次研讨。

会上，程红从如何看待森林城市建设、如何谋划森林城市建设、如何做好森林城市监测评估工作等三个方面对国家森林城市的内涵、建设成效和工作要求进行了全面细致的讲解。王成以中国城镇化与森林城市建设为题作了专题报告。

【做好广东省2017年森林资源清查与国家森林资源综合监测试点工作】 根据国家林业局关于做好第九次全国森林资源清查2017年清查准备工作的通知要求，2017年广东省开展第九次全国森林资源清查广东省森林资源清查，并继续开展国家森林资源综合监测试点工作。中南院负责承担广东省2017年森林资源清查的技术指导和质量检查以及成果编制工作。

为扎实推进广东省2017年森林资源清查工作，中南院精心组织，认真安排。一是及时制订了清查工作方案。二是协助广东省做好技术准备工作。三是做好两个方案的审核工作。四是积极探讨研究清查体系优化和国家森林资源综合监测试点方案。3月21～26日，按照2017年全国森林资源连续清查高级研修班会议精神要求，中南院森林生态处处长甘世书与相关技术人员赴广东与广东省林业厅有关领导和专家就清查体系优化、国家森林资源综合监测试点以及工作方案和技术方案的修改完善等进行了探讨和研究。4月10～11日，国家林业局资源司曾伟生教授、广东省林业厅副厅长杨胜强等一行6人到中南院再次就清查体系优化、国家森林资源综合监测试点方案的修改完善等进行了探讨和研究，进一步确定了清查体系优化、国家森林资源综合监测试点方案的修改完善思路和方法，为顺利推进广东省森林资源清查与国家森林资源综合监测试点工作奠定了坚实基础。

【推进广东省2017年森林资源清查暨大样地监测试点工作】 为切实加强广东省2017年森林资源清查外业调查工作质量管理，全面推进广东省2017年森林资源清查工作有序开展，8月6～11日，院长彭长清一行5人前往广东省开展了清查工作前期指导检查。广东省林业厅厅长陈俊光、副厅长杨胜强，广东省规划院院长邓鉴锋等广东省连清工作领导小组成员一同参加了指导检查。

8月6日，检查组听取了广东省清查工作开展情况介绍，对广东本次清查暨大样地监测试点工作的组织实施、工作进度、质量状况、工作中遇到并需要解决的主要技术问题以及下一步工作计划等方面情况进行了全面了解。8月7～8日，检查组深入从化区、乳源县，抽取了1496号、220号、222号等3个样地进行指导检查。8月9日，检查组到广东省林业调查规划院对连清地类异常变化样地调查工作开展专题调研，并提出了明确要求，一是要高度重视地类异常变化样地的调查工作；二是调查人员要严格按照《操作细则》要求，认真细致做好各项因子调查，并在当地加强采伐、人工造林等方面的访问调查；三是切实加强技术指导和质量检查；四是制订地类异常变化样地的调查确认要求和处理方法预案，报国家林业局资源司审核同意后执行。

【做好广东省森林资源二类调查工作】 广东省为摸清全省森林资源状况，加强森林资源管理，推进林业信息化建设，贯彻落实广东省委、省政府关于新一轮绿化广东大行动的决策部署，加快推进林业生态建设的重大举措。2017年，中南院承担广东省韶关、江门、清远、肇庆、湛江、阳江、惠州7个市20多个县（市、区）和经营单位的调查任务。为确保上述工作任务的圆满完成，中南院成立了"广东省森林资源二类调查领导小组"，制订了《广东省森林资源二类调查工作方案》，将广东省森林资源二类调查任务列入了中南院2017年度重要工作来安排。

5月16日，中南院组织召开了广东省森林资源二类调查动员会暨管理培训会议。会上，院长彭长清作了动员讲话。他要求，一是要加强组织领导，各调查任务承担处室要成立项目负责人团队，明确一名处室领导具体分管，选取协调能力强、经验丰富的技术人员担任项目负责人和技术负责人，各协作单位要抽调精干技术力量参加本次调查。二是要认真开展技术培训，全体调查人员必须参加技术培训考核合格后方能上岗。三是要统筹安排各项工作，制订详细的工作计划，在人员安排、时间衔接、质量把关等方面做好安排，扎实做好安全生产和保密管理工作。四是本次广东省森林资源二类调查工作参与部门和协作单位多，要精诚合作、齐心协力、严格管理、真抓实干，确保调查成果质量，按时完成调查任务。

副院长贺东北对加强项目管理、严格质量管理等有关举措和要求进行了布置与讲解，对相关管理责任与负责人员进行了分工与明确，对项目前期工作进行了总结，并对下阶段工作提出了具体要求。院副总工程师柯善新作了专题发言，介绍了近年来中南院承担的西藏自治区和云南省临沧市、德宏州的森林资源二类调查管理工作经验，剖析了广东省森林资源二类调查管理工作特点，并对下一步的质量控制工作提出了建议。

【完成首个国家森林城市生态标识规划设计工作】 2月，为贯彻落实《国家林业局关于着力开展森林城市建设的指导意见》，深入推进森林城市文化建设，进一步提高森林城市建设水平，丰富完善国家森林城市生态文化建设内容，以试点带动扎实推进生态标示在森林城市中的应用与推广提，局宣传办按照国家林业局的统一部署，决定在广东省佛山市、湖南省张家界市的"创森"城市试点建设森林城市生态标识系统，委托国家林业局森林城市监测评估中心（中南院）进行规划设计。以中南院森林城市规划处处长、教授级高级工程师但新球领衔的项目组，两次到湖南省张家界市、广东省佛山市进行实地调研与设计，三次到国家林业局宣传办公室进行汇报，经过多次修改完善，国家森林城市生态标识规划设计项目顺利完成。

6月3～4日，由国家林业局宣传办公室主办，国家林业局森林城市监测评估中心（中南院）承办的"国家森林城市生态标识试点建设"推进会在长沙召开。局宣传办公室副主任马大轶，文化处处长曹靖，中南院院长彭长清、副院长贺东北，森林城市规划处处长但新球参加了会议。第一批试点的湖南张家界市、广东佛山市的副市长，森林城市建设负责人，两省林业厅分管森林城市建设领导在会上作了表态发言。马大轶就国家森林城市生态标识试点建设工作作了部署和要求。但新球详细介绍了两市森林城市生态标识规划设计方案。会上，决定湖南省张家界市、广东省佛山市国家森林城市生态标识规划成果交付两市开展试点建设。

这是目前国内第一批系统的森林城市生态标识规划设计，项目的实施将有力推动国家森林城市的生态标识建设工作。

【中南监测区森林资源管理情况检查联合工作协调会】
6月16日，国家林业局中南监测区森林资源管理情况检查联合工作协调会在长沙举行。国家林业局驻武汉、贵阳、广州森林资源监督专员办事处和中南院领导以及相关单位业务处室负责同志共17人参加了此次会议。

会议讨论通过了《国家林业局中南监测区森林资源管理情况检查联合工作方案》和检查领导小组机构、成员名单，并就联合检查发文、同进同出、县级检查组组长安排等相关工作问题进行了深入讨论，达成了一致意见。此次会议取得了预期效果，为中南监测区森林资源管理情况检查联合工作顺利开展奠定了有力基础。

【完成2017年综合核查外业调查和内业汇总工作】 截至8月底，中南院2017年综合核查外业调查工作阶段结束，在为期两个多月的外业调查期间，调查人员分赴湖北、湖南、贵州、广东、广西、海南等6省（区）17个县（市、区）开展调查，共调查小班1172个、面积7600余万公顷，并掌握了丰富的第一手资料。

9月初，核查工作进入内业阶段，先后完成了逻辑检查、质量自查及成果报告处室初审、工作质量处室交叉检查等各项工作。9月27~29日，院生产技术处统一组织各项目负责人、处室主管领导集中会审，对成果报告实行层层审核，副院长周学武亲自审阅成果报告，提出修改意见。共编制完成核查省公益林监测报告6份、核查县人工造林监测报告12份，并按有关要求上报国家林业局，全面完成2017年综合核查外业调查和内业汇总各项工作。

【承担完成的《湖南雪峰山国家森林公园总体规划》通过专家评审】 1月16日，湖南省林业厅在长沙主持召开了由中南院承担完成的《湖南雪峰山国家森林公园总体规划》评审会议。参加会议的有来自湖南省政府办公厅、省林业厅、省发改委、省财政厅、省国土资源厅、省环保厅、省交通厅、省旅游局、中南林业科技大学、省农林工业勘察设计研究总院、省林业科学院、省森林植物园、湖南高新创投财富管理有限公司、怀化市林业局、洪江市人民政府和雪峰山国家森林公园等单位的有关专家和领导。

与会专家一致认为《湖南雪峰山国家森林公园总体规划》对森林公园的森林风景资源、社会经济状况及开发建设条件等各方面情况进行了充分的调查研究，分析深入，基础资料翔实，编制依据充分，公园性质与形象定位准确，旅游产品及游憩项目规划与分类科学，功能区划合理，规划内容与深度达到了《国家级森林公园总体规划规范》要求。评审专家组一致同意《湖南雪峰山国家森林公园总体规划》通过评审。

【承担完成的《湖南沅陵国家森林公园总体规划》（2017~2025年）通过专家评审】 7月20日，湖南省林业厅在长沙主持召开了由中南院承担完成的《湖南沅陵国家森林公园总体规划》（2017~2025年）专家评审会议。来自中南林业科技大学、湖南省农林工业勘察设计研究总院、湖南大学、湖南师范大学、怀化市林业局、沅陵县人民政府和林业局等单位的专家和领导及项目组人员参加了此次会议。

与会专家一致认为《湖南沅陵国家森林公园总体规划》（2017~2025年）对该森林公园的森林风景资源、社会经济及公园开发建设条件等方面进行了充分的调查研究，基础资料翔实、编制依据充分，公园性质与形象定位准确，规划内容与深度达到了《国家级森林公园总体规划规范》要求。评审专家组一致同意《湖南沅陵国家森林公园总体规划》（2017~2025年）通过评审。

【承担完成的第二次全国重点保护野生植物资源调查工作成果通过国家验收】 10月13~15日，由北京林业大学、局规划院等单位专家组成的国家级检查验收组，对第二次全国重点保护野生植物资源调查工作中由中南院承担的西藏察隅、波密等4县9个调查单元的工作成果进行了全面检查验收。

检查验收按照《第二次全国重点保护野生植物资源核查验收办法》相关要求，采取现场检查的方式进行。检查组听取了调查单位的工作汇报，并通过质询答疑、查阅档案及成果资料；对油麦吊云杉、喜马拉雅红豆杉、黄蝉兰、水青树4个调查物种的野外分布进行了调查点实地复核，涉及波密县和雅鲁藏布大峡谷国家级自然保护区2个调查单元及实测法、系统抽样法和典型抽样法等调查方法进行实地复核，对分布范围的确定、调查样地定位、调查物种识别、群落类型确定、调查记录表格填写、标本制作、照片典型情况等调查程序、方法和成果进行全面检查和质询。

通过检查验收，检查组对中南院在重点保护野生植物资源调查工作给予了充分肯定，并对后期资料整理汇总和调查报告编写工作提出了建议。

【承担完成的辽宁等五省区泥炭沼泽碳库调查成果通过专家评审】 11月14日，国家林业局湿地办在北京组织专家评审会对辽宁、吉林、黑龙江、贵州、云南5省泥炭沼泽碳库调查成果进行了专家评审，专家组由来自包括中国科学院东北地理与农业生态研究所的刘兴土院士、著名泥炭沼泽研究学者马学慧研究员等8名国内专家组成。国家林业局湿地办主任王志高、总工程师鲍达明，国家林业局规划院、中南院、西北院、清华大学等技术支撑单位，辽宁、吉林、黑龙江、贵州、云南5省调查单位的领导与技术人员参加会议。中南院副院长贺东北、但新球教授、吴照柏高级工程师参加了此次会议。

与会专家认为全国重点省份泥炭沼泽碳库调查是履行相关国际公约的重大举措，填补了中国泥炭沼泽碳库调查空白，在全球湿地碳库调查监测领域具有领先和创新性。调查成果将为加强中国湿地保护管理、履行国际公约等提供重要数据支撑，能够增加中国政府在应对全球气候变化等国际谈判中的话语权。专家组一致同意5省的泥炭沼泽碳库调查成果通过评审。

【承担完成的西藏类乌齐马鹿国家级自然保护区总体规划通过国家林业局专家评审】 12月1日，国家林业局计财司和保护司联合在北京组织召开了国家级自然保护区总体规划评审会。中南院受类乌齐县林业局委托编制完成的《西藏类乌齐马鹿国家级自然保护区总体规划》（以下简称《总体规划》）参与了此次评审。评审专家组由北京林业大学、国家林业局规划设计院、中国林科院、国家林业局计财司、保护司等单位的专家和领导组成。

与会专家一致认为《总体规划》基础调查详实可信，规划内容切合实际，针对性强，具有可操作性；规划目标兼顾了保护与发展的未来趋势，有利于保护区的有效管理与当地社区的持续发展；规划投资估算依据可靠，保障措施有力。评审专家组一致同意《西藏类乌齐马鹿国家级自然保护区总体规划》通过评审。

【承担完成的《广东省茂名市国家森林城市建设总体规划》通过专家评审】 12月12日，广东省茂名市人民政府召开专家评审会，对由中南院承担完成的《广东省茂名市国家森林城市建设总体规划》（以下简称《规划》）项目进行专家评审。专家组由中国林业科学研究院、国家林业局调查规划设计院、国家林业局城市森林研究中心、国家林业局林产工业规划设计院、北京林业大学、华南农业大学、广州市林业和园林局等单位的专家组成。国家林业局宣传办副主任马大轶出席会议，院长彭长清、规划设计处处长熊嘉武等一行4人参加了此次会议。

专家组一致同意《广东省茂名市国家森林城市建设总体规划》通过评审。

【承担完成的广东省佛山市森林城市生态标识试点建设通过国家核查验收】 按照国家林业局工作部署，在广东省佛山市、湖南省张家界市开展森林城市生态标识试点建设。中南院具体承担了《广东省佛山市、湖南省张家界市国家森林城市生态标识总体规划设计方案》（以下简称《设计方案》）相关工作，设计方案包括森林城市整体标志形象系统、森林城市生态文化科普宣教标识系统、森林城市生态导向标识系统等三大系统。自国家林业局下达试点任务后，佛山市政府按照《设计方案》全面开展了森林城市生态标识建设工作，圆满完成了国家林业局下达的各项建设任务。12月9~11日，国家林业局组织专家对广东省佛山市森林城市生态标识建设试点工作进行验收。专家组一致认为广东省佛山市森林城市生态标识试点达到了试点建设要求。

【承担完成的岩溶地区第三次石漠化监测成果通过专家评审】 12月27日，国家林业局在北京组织召开岩溶地区第三次石漠化监测成果评审会。专家评审组由来自中国科学院、中国工程院、中国林科院、中国地质科学院、北京林业大学及国家林业局有关司局等单位的13名专家组成。国家林业局防治荒漠化管理中心主任潘迎珍、总工屠志方和中南院院长彭长清、副院长贺东北等出席了评审会。

专家组一致同意岩溶地区第三次石漠化监测成果通过评审。

【8个工程咨询项目荣获国家和全国林业优秀工程咨询成果奖】 2017年度，中南院8个工程咨询项目荣获国家和全国林业优秀工程咨询成果奖。其中，《贵州都匀清水江国家湿地公园总体规划》获全国优秀工程咨询成果三等奖；《岩溶地区石漠化综合治理工程"十三五"建设规划》《海口市生态保护建设规划（2016~2020年）》《湖南安化云台山国家石漠化公园总体规划（2016~2025）》获全国林业优秀工程咨询成果奖一等奖；《西藏墨脱林业发展中长期发展规划》获全国林业优秀工程咨询成果奖二等奖；《新疆照壁山国家湿地公园总体规划（科学考察报告）》《海南三亚市"十三五"林业发展规划》《西藏日喀则江萨国家湿地公园总体规划（2017~2021年）》获全国林业优秀工程咨询成果奖三等奖。

（中南林业调查规划设计院由齐建文供稿）

国家林业局西北林业调查规划设计院

【综　述】 2017年，国家林业局西北林业调查规划设计院（以下简称西北院）认真学习贯彻党的十八大和十九大精神，以习近平新时代中国特色社会主义思想为指导，深入贯彻全国林业厅长会议精神和国家林业局各项决策部署，秉承"安全、和谐、高效"发展理念，深入实施"三大战略"，认真履行森林资源监测职责，全力服务现代林业和国家生态建设，顺利完成了各项年度工作任务，为林业改革发展和生态文明建设做出了积极贡献。

【资源监测】 完成国家林业局资源司及相关司（局、办）安排部署的指令性任务19项，截至2017年年底，所有任务均按计划完成。

森林资源清查 完成了重庆市第九次森林资源清查工作的指导检查。主要审核了森林资源清查工作方案和技术方案，审定操作细则，进行岗前技术培训、外业技术指导、质量验收、内业资料验收、数据逻辑检查、统计分析以及报告编写工作。共指导检查样地和核实样地488个，其中指导样地54个，检查样地114个，核实样地320个。

根据资源司《第九次全国森林资源清查汇总工作方案》的部署安排，启动了西北监测区第九次全国森林资源清查汇总工作，制订了《西北监测区第九次全国森林资源清查汇总工作方案》，成立了汇总工作领导小组，以及办公室、汇总技术组、后期保障组和汇总工作组等组织机构，如期完成了第九次全国森林资源清查汇总工作方案中明确的工作任务。

森林资源管理联合检查 2017年，西北院与4个专员办共同承担完成监测区8个省（区、市）和兵团45个县级单位的全国林地管理情况检查和全国汇总工作。共判读疑似林地变化图斑2029个，其中直接抽查验证358个图斑，发现各类违法违规占用林地项目共149项，面积920.48公顷。移交地方林业主管部门自查图斑1671个。另外，对11个非遥感判读的占用征收林地项目和24个到期临时占用林地项目进行现地检查。在监测区6个省（区、市）的7个县开展了林木采伐管理情况检查，处理卫星遥感数据49景，核对2016～2017年度的林木采伐许可证4975份，抽查有证片区69个，检查伐区面积206.65公顷，判读疑似采伐图斑744个，抽查疑似无证成片采伐区67个，面积132.79公顷，发现无证采伐伐区41个（包括林地管理情况检查发现伐区22个），无证采伐面积71.76公顷，蓄积2586.3立方米。

营造林综合核查 完成了西北监测区8个省级单位16个县级单位的人工造林核查和监测区汇总工作，以及8个省级单位22个县级单位的国家级公益林动态监测和监测区汇总工作。同时参与了全国人工造林及公益林动态监测办法、工作规范、技术方案的讨论和制定。

林地年度变更调查工作 承担并完成了监测区8个省级单位88个县级单位的林地年度变更调查工作督导，审查了各省（区）林地年度变更调查工作方案、技术方案和操作细则，为各省（区）提供了变更调查、遥感图像处理、内业统计分析等方面的技术培训。

重点工程检查验收 承担并完成了陕西、甘肃、内蒙古、宁夏、河南、青海、山西等黄河上中游地区46个县级单位天然林资源保护工程二期实施情况核查工作。会同规划院、中南院、昆明院完成了全国天保工程年度核查汇总工作，承担全国核查数据的汇总，起草全国核查报告的数据汇总部分章节。

荒漠化监测 承担并完成了全国沙化土地封禁保护区补贴试点抽查、《"十二五"省级政府防沙治沙目标责任期末考核结果》咨询评估，2017年防沙治沙执法专项督查，全国沙化典型地区定位监测数据审核汇总和报告编制，以及2017年全国定位站数据的收集、整理等重要监测任务。

湿地监测 立足于资源监测工作的技术优势，西北院在湿地监测方面已经从工作参与者逐步转变为标准制定者。2017年，先后编制完成了《湿地生态系统服务价值评估技术规程》《湿地生态系统服务价值评估技术手册》2个重要技术标准。此外，还完成了山东、湖南等省湿地保护与恢复工程建设项目监测评估，山东、贵州、青海等省湿地大项目调研，云南省、内蒙古大兴安岭沼泽泥炭地碳库调查质量检查，青海省湿地生态系统评价等湿地监测项目，为湿地生态系统保护与恢复做出了积极贡献。

【**服务地方林业建设**】 在全面完成各项指令性任务的同时，发挥技术优势，为地方林业发展和生态建设提供技术服务。

2017年，共签订技术服务合同453个，产值和到位资金均创历史新高，产生了良好的生态效益、社会效益和经济效益。服务领域涉及林地变更调查、森林资源规划设计调查、自然保护区规划、生态系统和环境影响评价、生态建设工程评估、使用林地可研报告编制、森林资源信息管理系统建设、森林湿地沙漠公园规划、造林及园林绿化设计、工程监理等生态建设的各个方面，为西北监测区生态林业和民生林业发展发挥了重要支撑作用。

坚持以服务项目为依托，加强基层林业单位的技术培训和人才培养。2017年，西北院自筹资金，组织举办了"西北监测区湿地保护与恢复工程建设管理培训班""西北监测区林地变更年度调查培训班""西北监测区国家级公益林管理监测培训班"，培训人员510人次，提高了基层林业人员的业务水平和管理能力，赢得了基层林业工作者的广泛赞誉和上级主管司局的高度赞扬，创收项目也为各地生态环境建设提供了强有力技术支撑。

【**新技术研发**】 技术创新又有新突破，2017年，西北院自主研发的智能终端森林资源调查系统、无人机遥感技术等在林地变更调查、公益林区划落界和森林资源规划设计调查工作中得到实际应用，极大地提高了工作效率和成果质量；基于人工智能技术自主研发的森林资源信息管理系统、林地资源信息管理平台、林地"一张图"更新应用系统等在青海、新疆、宁夏等得到推广应用，系统功能更加完善，智慧化水平进一步提高；技术合作有了明显推进，研究出台了对外技术合作管理办法，加快了与高校等科研院所横向联合，并取得一定成效。与"南方测绘"联合开展了无人机航拍、航测、地面控制、像控点测设、数据处理等应用研究，探索了无人机遥感技术在林业中的实际应用；与西安理工大学合作申报了国家林业局西北旱区生态水利国家重点实验室建设，项目审批顺利完成。

【**思想政治和党风廉政建设**】 按照新时代党的建设要求，2017年，西北院全面加强党的思想政治建设和党风廉政建设，认真落实主体责任和监督责任，扎实开展巡视整改，不断强化"四个意识"，全面推进从严治党，为各项工作顺利完成夯实基础保障。

坚持把政治建设摆在首位，强化理论武装，先后组织了《党章》《准则》《条例》等专题学习14次，开展了"习近平总书记治国理政新理念新思想新战略""学习贯彻党的十九大精神"等6个专题的学习研讨，通过不断丰富学习教育形式和内容，注重方法创新，增强学习教育效果，从根本上解决党员干部理想信念、党性修养、担当作为和工作作风等问题，保证了局党组决策部署在全院的贯彻落实；加强组织建设，深入开展"对标定位、晋级争星"活动，认真落实"三会一课"制度，全面推行党员管理积分制管理，各支部还就近就地组织党员开展丰富多彩的"弘扬革命传统，做合格党员"等主题教育活动，进一步增强了党支部的创造力、凝聚力、战斗力；强化责任落实，持续改进作风。深入贯彻执行中央八项规定，坚持"一岗双责"，做到业务工作与党风廉政建设工作同部署、同落实、同检查、同考核。抓住个人重大事项申报、廉政信息反馈、述职述廉、民主生活会等环节，紧盯重要节日节点，进一步规范管理，有效防范不廉洁行为和事件的发生；加强巡视整改，营造良好政治生态。2017年，国家林业局对西北院进行了为期2周的专项巡视，针对巡视反馈问题，西北院不折不扣、态度坚决、深入细致地进行了全面整改，共完成8个方面21个问题的整改落实，建立了15项长效制度机制，取得了明显的效果。

【精神文明建设】 深入推进精神文明建设，西北院先后组织开展了"道德讲堂"活动、经典诵读活动、爱心捐赠活动、"四优"文明处室创建活动、志愿者服务活动、"读好书、强素质、促发展"活动等各类活动30余次，在全院营造了勤于学习、乐于助人、敬业奉献、奋发向上的浓厚氛围。其中西北院"读好书、强素质、促发展"学习品牌被评为国家林业局十佳学习品牌；积极投身扶贫攻坚，扎实开展了"两联一包"、驻村扶贫和结对帮扶工作，通过单位捐助、职工捐款、党费专项资金等多渠道为贫困村捐助资金56万元，帮助韩家村产业贫困户发展苹果种植和养牛产业，实施村庄道路绿化等工作，提升了产业贫困户自我发展、自主造血能力，培育了职工扶贫济困的社会责任感和奉献精神；积极推进文化建设，建成了职工活动室和图书阅览室，支持工会团委开展青年读书分享会、全民健身、羽毛球比赛、迎春晚会等丰富多彩的文化生活，凝聚了正能量，营造了和谐发展的氛围。

【人才培养和队伍建设】 加强人才培养和队伍建设，2017年共组织开展院内外各类培训21批次，培训人员772人次；开展了处级干部轮岗和选拔工作，轮岗交流干部21人，选拔任用处级干部15人，优化了队伍结构，促进了干部队伍年轻化；加大了干部挂职锻炼力度，互派、选派挂职和扶贫干部4人；公开招聘接收了4名高校毕业生，加强了人才引进工作；2017年有27名专业技术人员获得职称晋升，15名专家进入国家局人才库，提升了干部队伍的素质和活力。

【获奖成果】 2017年，西北院承担完成的6项成果荣获全国林业优秀工程咨询设计奖，1项成果荣获中国风景园林学会西北风景园林优秀作品。其中，《宁夏生态保护与建设规划（2014~2020年）》《新疆林业生态红线专题研究报告》《兰州市"省门第一道"景观提升改造工程总体规划》荣获全国林业优秀工程咨询成果一等奖；《山西省京津风沙源治理工程区造林信息管理系统》《拉萨河流域造林绿化工程规划（2014~2030年）》荣获全国林业优秀工程咨询成果二等奖；《喀什地区四大生态屏障工程建设可行性研究报告》荣获全国林业优秀工程咨询成果三等奖；《西安南三环道路景观设计》荣获中国风景园林学会西北风景园林优秀作品。

【林业大事】
3月3日 国家林业局党组任命王吉斌为西北院副院长、总工程师；国家林业局党组任命吴海平为中南院副院长，调离西北院。

3月11日 在第39个植树节到来之际，西北院组织职工参加了2017年换树"1+1"美丽秦岭植树活动。

5月10日 西北院党委常务副书记许辉率领12名结对帮扶的处级干部赴西北院定点帮扶的延长县张家滩镇韩家村开展结对帮扶调研工作。

5月11日 国家林业局党组任命连文海为西北院副院长。

6月3~7日 2017年丝绸之路博览会暨第21届中国东西部合作贸易洽谈会在古城西安成功举办。西北院应邀在主会场绿色发展产业馆布展，向社会积极宣传林业、充分展示作用，传递生态保护与建设理念、努力扩大社会认知和影响。本次展会重点展示推介了附属合资公司——都兰绿源防沙治沙科技开发有限责任公司生产的有机产品——"丝路江源"牌枸杞产品。经组委会决定，西北院本次参展产品荣获2017年丝博会金奖。

6月17日 作为第二十三个"世界防治荒漠化与干旱日"，西北院围绕中国确定的"防治荒漠化，建设绿色家园"宣传主题，开展了一系列宣传活动。

8月25日 西北院与西安专员办共同举办了拟建祁连山国家公园自然保护专项督导检查技术培训班。

9月10日 《联合国防治荒漠化公约》第十三次缔约方大会边会——"一带一路"防治荒漠化合作机制启动仪式，在内蒙古自治区鄂尔多斯市举行，西北院院长张翼应邀参会。

9月11~12日 《联合国防治荒漠化公约》第十三次缔约方大会高级别会议在内蒙古自治区鄂尔多斯市举行，西北院院长张翼、副院长周欢水应邀参会。

10月13日 西北院组织党员干部赴陕西省历史博物馆参观了"砥砺奋进的五年—喜迎党的十九大，追赶超越在陕西"主题展览。

11月9日 国家西北荒漠化沙化实验监测基地科研楼主体最后一斗混凝土顺利浇筑，项目主体结构完成封顶。

（国家林业局西北林业调查规划设计院由李娜供稿）

国家林业局昆明勘察设计院

【综　述】 2017年，国家林业局昆明勘察设计院（以下简称昆明院）在迎接和学习贯彻党的十九大精神的浓厚氛围中，深入实施生态建设工作，认真履行"一院三个中心"的职能；坚持"立足林业、服务社会"的宗旨，发挥综合性勘察设计院的技术优势，认真履行职能，全方位为生态建设和地方经济建设提供一流的技术和服务；并在国家公园方面进行了规划和研究工作，深度参与了国家公园体制试点，积极推行和倡导国家公园正确发展理念，许多观点转化成为国家的政策行动，为国家公园体制建设做出了突出贡献。

【森林资源连续清查工作】 在资源司的指导下和兄弟院的帮助下，在云南省、四川省的密切配合下，昆明院连清队伍圆满完成全国森林资源清查——云南省、四川省清查的培训、指导和检查验收工作，工作得到国家林业局和两省的肯定。

【森林资源监测（调查、核查、检查）工作】 昆明院组织完成云南、四川监测区的森林资源情况管理检查；完成监测区林地"一张图"基础数据调整培训、指导和检查验收；完成监测区2017年度宏观监测前期数据处理工作；完成昆明市森林资源二类调查成果编制工作；承担云南、四川两省5个县的全国人工造林及公益林动态监测检查（综合核查）；完成四川省17县、湖北省4县的天然林保护工程核查任务；参与东北、内蒙古重点国有林区森林资源管理情况检查；配合云南省发改委完成文山、丽江、红河、玉溪等地州的石漠化综合治理工程年度验收任务；首次参与并完成中央财政补贴森林抚育国家级抽查工作等。

【国家公园规划与研究】 昆明院院长唐芳林带领国家公园规划与研究团队，在国家公园的定义、性质、功能定位、管理机制、经营方式、投入机制、法规体系建设以及实现国家公园健康发展的路径等方面开展了深入的思考和研究。

2017年，昆明院参与了国家层面"建立国家公园体制总体方案"的编写；参与了"大熊猫、东北虎豹两个国家公园体制试点方案建议""亚洲象国家公园体制试点方案"的编写；编制了《大熊猫国家公园（甘肃园区）体制试点实施方案》；"海南省拟建热带雨林国家公园论证方案"顺利通过评审并获得海南省各部门的高度好评；完成了拟建珠峰国家公园外业调研；中标并开展了"武夷山国家公园总体规划"编制工作。同时开展了"中国国家公园运行机制研究""国家公园资源调查评价及总体规划技术规程研究""国家公园生态教育规划研究""西双版纳国家公园建设管理案例研究"等科研工作；进行了《国家公园资源调查与评价规范》《国家公园总体规划技术规范》《国家公园建设工程技术规范》3个标准的编写工作。昆明院专家多次受国家林业局、中央党校、国务院发展研究中心等的邀请作国家公园专题讲座20余场，传播国家公园理念，其中《建立国家公园体制，构建生态安全屏障》被作为中组部干部"教育好课程"光盘发行，并作为国家公务员培训教程。编著出版了国家公园专著，在内参、《光明日报》《中国绿色时报》等主流媒体发表了《关于中国国家公园顶层设计有关问题的设想》等颇具影响力的文章50余篇，《国家公园理论与实践》专著正式出版，在全国产生了较大影响。

【林业专项调查工作】 首次完成西藏林业有害生物普查外业调查工作。跨西藏28个县，调查时间长达6个月，年平均投入5辆车20人的普查队，车路总行程达15万多千米，完成近1000条踏查线，5000多个踏查点，5000多个标准地，采集标本近3万份，野外初步识别调查虫害近400种、病害近300种、鼠兔害和有害植物近10种。

【湿地生态系统评价等工作】 完成上海、安徽、青海国家重要湿地生态系统健康、功能及价值评价；完成《国家湿地公园监测规范》《湿地保护修复模式总结》《湿地自然资源资产负债表绩效报告》《湿地资源环境损害责任追究实施细则》《生态文明建设目标评价考核湿地保护成效指标》的编制工作。

【树种生物量建模数据采集工作】 完成2017年度共200株思茅松和高山松生物量建模数据采集外业工作。工作中充分发挥综合设计院的优势，使林业技术与工程测量技术有机结合，大大提高了工作效率。

【林业碳汇计量与监测工作】 与国家林业局直属4个碳汇计量监测中心共同开展全国林业碳汇计量监测体系建设研究；开展土地利用、土地利用变化与林业碳汇计量监测第一轮数据汇总等工作。

【承担林业工程标准编制工作】 2017年，在编标准有《南方林区营林用火技术规程》《游览步道设计规范》《国家公园资源调查与评价规范》《国家公园总体规划技术规范》《国家公园建设工程技术规范》《生物质能源林造林工程建设标准》及《森林防火专业队伍设计规范》7个；组织并参与完成上级下达《全国林地变更调查技术规程》等4项标准的征求意见反馈工作；参与完成《云南省岩土工程勘察规范》的编制工作等。

【《林业建设》期刊编辑出版发行工作】 完成《林业建设》全年六期期刊的编辑和出版发行工作。

【服务林业生态建设工作】 充分发挥昆明院多专业、多资质综合设计院的特色和优势，在国家公园建设、自然保护地建设、湿地公园建设、生态治理、农业规划和园林规划设计方面提供了多元化、全方位的技术服务。

一是继续在国家公园领域积极发挥优势，做好相关技术服务工作。参与国家层面"建立国家公园体制总体方案"的编写，为国家发布的《建立国家公园体制总体方案》做出了贡献；参与多个国家公园体制试点方案的编写，中标并开展"武夷山国家公园总体规划"编制工作。同时，组织开展国家公园4个科研项目、3个标准的编写工作。

二是组织开展多个自然保护地规划项目。承担自然保护地相关的项目40余个，项目遍及云南、西藏、海南、江西等地，涉及自然保护区、森林公园总体规划，保护区可研及生物多样性影响评价。

三是湿地保护规划设计成效显著。湿地项目遍及全国十余个省，项目类型包括湿地公园总体规划、详细规划、湿地保护与恢复工程设计、湿地生态系统价值评价等。

四是生态治理工程项目成绩突出。昆明院获得了抚仙湖林业生态修复治理工程设计任务，是云南省首个入选国家林业局3P项目库的重点项目，涉及抚仙湖径流区生态修复实际面积0.69万公顷（其中石漠化面积达0.4万公顷、农业产业发展0.27万公顷），总投资为16.8亿元。

五是农业规划和园林规划设计亮点突出。在国家系列创新投融资机制引导金融和社会资本进入"三农"领域利好政策的引领下，先后承担完成了多个农业规划及可行性研究报告。在风景园林规划设计上，先后完成拉萨市东环线北线建设项目（绿化工程部分）施工图设计、国家林业局三亚碳卫星基地园区规划、拉萨市教育城5条市政道路绿化景观提升工程等项目。

【服务社会工作】 在积极为林业服务的同时，发挥多元化专业优势，跨行业积极开拓业务，在农业、交通、建筑、市政、水利等行业承担了大量的咨询、勘察设计、施工、监理业务，多元化、全方位服务社会。全年新签合同468个，合同产值2.08亿元（不含指令性项目），生产形势保持平稳增长。

昆明院通过以选派技术援藏干部的方式，先后向西藏交通运输厅、林业厅、拉萨市人民政府、那曲交通运输局、林芝交通运输局输送了共17名援藏干部，为西藏生态安全屏障和交通运输事业的发展做出了积极贡献。

【职工队伍建设】 加强人才队伍建设，充分发挥专业技术优势。在队伍建设上，坚持"干部能上能下、人员能进能出、收入能多能少"的管理模式，并形成昆明院独有的特色，坚持给优秀年轻人提供更多的平台和施展的空间。根据国家林业局下达计划，依照严格的程序，2017年昆明院公开招聘人员12人，其中博士研究生2人，硕士研究生8人，本科生2人，涉及9个专业，10个院校，至此全院在职职工313人，其中博士研究生28人，硕士研究生158人，95%左右的职工具有大学本科以上学历，享受国务院特殊津贴的专家2人，教授级高级工程师9人（在职），高级工程师70人，各类注册执业资格人员140余人，涵盖30多个专业。

【质量技术管理】 根据ISO 9001：2015质量管理体系，对各类项目进行全面的质量控制及管理，做好事前指导，实行全过程管理，及时解决规划设计中遇到的技术问题，抓好质量监督与检查指导工作，全年质量管理安全运行，没有发生质量事故。

【学术交流及科研工作】 邀请院外专家，组织了桥梁抗震设计及土木交通行业BIM的应用及研发、森林经理领域学术研讨会、移动GIS在资源监测中的应用研究等技术交流活动；开展了新员工论文交流绿色大讲堂活动。

2017年，昆明院获得《便携式电子测径仪》《便携式树木测高仪》《可穿戴式树木测高帽》《沥青路面再生旧料最佳掺配比例》4项国家专利；取得《便携式数字化测树仪数据管理系统》《便携式数字化测树仪数据分析系统》2项计算机软件著作权登记证书；成立了无人机应用和森林资源调查体系研究室，积极开展无人机新技术行业应用；多传感器低空无人机森林资源调查监测系统研发取得了初步成果；数字化多功能便携式测树仪在四川省第九次森林资源连续清查工作中得到推广应用，在四川省实验推广县达50余个，样地90余个，并获得了推广示范单位的认可。开展了"中国国家公园运行机制研究""国家公园资源调查评价及总体规划技术规程研究""国家公园生态教育规划研究""西双版纳国家公园建设管理案例研究"等科研工作。

【思想政治工作】 宣传贯彻落实十九大会议精神，开展"不忘初心 牢记使命"的主题教育活动。坚持中心组学习和"三会一课"制度；精心组织"两学一做"学习教育和"三强化，两提升"学习实践。

【精神文明建设工作】 昆明院方俊杰被评为国家林业局十佳优秀青年，成为青年职工的榜样和典范。在云南省"勘察设计杯"足球比赛中，昆明院荣获季军奖牌；在首届中国职工足球联赛总决赛中，受中国林业体协委托，由昆明院代表全国林业职工参赛，展示了林业职工风采；应国家林业局工会要求，昆明院专门编排的《绿水和青山的结婚照》舞台剧节目登上了国家林业局春节文艺演出晚会的舞台，并获得满堂喝彩。昆明院积极参加云南省直机关"红土地之歌"演讲比赛，充分展现了林业人的风采。

【林业大事】

1月 昆明院罗晓琴荣获第三届"中国林业产业突出贡献奖"。

2月 昆明院获得"云南省第四次森林资源二类调查先进集体"称号。

3月28日 国家林业局造林绿化管理司巡视员刘树人一行就林业应对气候变化、林业碳汇工作来昆明院开展相关调研并召开座谈会。

5月4日 昆明院青年职工方俊杰获国家林业局"十佳优秀青年"称号、李昕宇获国家林业局直属机关"优秀青年工作者"称号。

8月2日 国家林业局确定第四批"百千万人才工程"省部级人选20名，昆明院自然保护规划设计所所长孙鸿雁入选。

8月16日 昆明院赵明旭发现IUCN一极危新物种，获国际权威研究专家审核并发表。

8月24日 昆明院组织完成西藏首次林业有害生物普查外业工作。

9月6日 国家林业局直属机关党委常务副书记高红电、局直属机关党委张华一行到昆明院调研指导党建工作。

9月20日 国家林业局科技司副司长杜纪山一行到昆明院检查指导科技工作。

10月26日 中国科学院院士、中国林科院首席科学家唐守正一行莅临昆明院对森林资源监测与无人机应用技术研究进行咨询指导。

11月30日 国家林业局副局长李树铭一行到昆明院调研指导工作，听取昆明院工作汇报并作出指示。

12月 由昆明院院长唐芳林等著的《国家公园理论与实践》一书由中国林业出版社出版发行，国家林业局局长张建龙、中国工程院院士沈国舫为该书作序。

12月 国家林业局西南森林资源监测中心完成第九次全国森林资源清查云南省统计汇总工作。

（国家林业局昆明勘察设计院由佘丽华供稿）

中国大熊猫保护研究中心

【综述】 2017年，中国大熊猫保护研究中心认真贯彻落实习近平总书记系列重要讲话精神，紧密结合生态文明建设的总体要求，按照国家林业局总体部署，紧扣"开展大熊猫生态及种群动态研究，负责大熊猫人工饲养、繁育、遗传、疾病防控以及圈养大熊猫野化培训与放归，协助开展大熊猫国内外合作交流，推动大熊猫文化建设、科普教育和宣传工作"四个主要任务，以"四心"家风为抓手，以争创"五个一流基地"为目标，锐意进取，统筹推进，圆满地完成了各项工作任务，并取得突出成绩。截至2017年，中国大熊猫保护研究中心共有圈养大熊猫270余只，占全球圈养大熊猫总量的近60%，其中，在境外及国外的大熊猫达38只，占全球跨国（境）交流大熊猫总数的75%以上。

完成机构设置 选举产生保护研究中心党委和纪委，共有党委委员7名，其中书记1名，副书记2名，共有纪委委员5名，其中纪委书记1名，副书记1名。完成综合部、动管部等内设科室机构的设置，任命了31名处室（科室）负责人；成立团委、工会和妇委会并开展工作。派遣2名挂职干部参与支持地方精准扶贫工作。完成29人管理岗位聘用，40人专业技术同级聘用。党委书记、副主任张志忠作为党代表代表保护研究中心参加了四川省第十一次党代会。

党建工作 以党章为根本遵循，把党的政治建设摆在首位，思想建党和制度治党同向发力，统筹推进党的各项建设，把党的建设提升到前所未有的高度。紧紧围绕国家林业局党组的部署，认真贯彻落实习近平总书记系列重要讲话精神，紧密结合党的十九大精神，以"两学一做"教育常态化制度化为抓手，始终坚持抓政治建设，坚决履行管党治党责任。一是强化"四个意识""四讲四有"，不断提升党员干部政治素养，形成了"四心家风"，开展了4次集中研讨，全体党员干部和党员受到党的知识培训。二是抓组织建设，夯实党建基础。建立基层党支部13个，选好配强了34名党支部支委成员，开展6次党务培训，新增3名积极分子、3名发展对象、2名预备党员培养对象。三是抓制度建设，保障党建工作健康运行。制定并完善17项党建工作制度。四是抓纪律规矩，始终坚持把钢规铁纪挺在前面。分批次组织129人开展主题警示教育活动，收到心得体会129份，开展廉政教育专题讲座和专栏，制作党员干部纪律提醒卡。五是抓作风建设，树立良好形象。涌现出了以韦华为代表的"熊猫人"先进典型。六是抓群团组织建设，丰富党建文化。创办12期"熊猫大讲堂"，集中培训达1000余人次，开展了征文、篮球赛等文体活动，与卧龙特区1户精准帮扶贫困户签订帮扶协议。

建立"四心家风" 熊猫大家庭建立了"四心家风"即忠诚之心、关爱之心、进取之心、敬畏之心，实现了以家风带党风、促政风、正民风，团结一致，恪尽职守，做到思想先进，学习优秀，工作积极，生活热情，树立了"熊猫人"践行社会主义核心价值观的风向标，凝心聚力推动事业发展。2017年，党建工作、中心组理论学习等多项获奖，"熊猫人"的杰出代表韦华荣获新华社"中国网事·感动2017"年度网络人物等。

成功申请国家公园重点实验室 大熊猫国家公园建设是关系国家生态文明建设的战略性举措。对推动大熊猫栖息地整体保护和系统修复，促进栖息地板块间融合，对于增强大熊猫栖息地的联通性、协调性、完整性，合理调节种群密度，实现大熊猫种群稳定繁衍具有重要意义。保护研究中心成功申请了国家公园重点实验室。重点实验室依托保护研究中心在大熊猫研究领域饲养管理、人工育幼、小种群复壮、野外种群监测和遗传资源保护等方面具备技术优势，在生殖、生物学、遗传学、种群生态学和疾病防控等多个方向对大熊猫国家公园区域珍稀野生动物的致濒和解濒机制进行研究，并为大熊猫国家公园、全国的自然保护区、动物园、高校、部分国家的动物园和合作单位提供实验平台和教学研究基地，培养自然保护、饲养管理及科学研究等方面的专业人才，为大熊猫科研保护提供强有力的技术支撑。

大熊猫繁育 2017年，保护研究中心繁育大熊猫幼仔30胎45仔，存活42仔，新培育出种公兽3只，截至2017年，种公兽已达16只，创下了大熊猫繁育的历史最高。根据保护研究中心实现圈养种群自我维持需要500只以上大熊猫的实际，保护研究中心将通过加强圈养大熊猫种群间交流、促进野生大熊猫和圈养大熊猫的互动和交融不断提高圈养大熊猫种群质量，力争到2025年圈养大熊猫种群数量达到500只，从而达到理想的目标种群规模。

大熊猫野外引种科学研究 为增强大熊猫人工圈养种群的活力和遗传多样性，保护研究中心创新性地开展了大熊猫野外引种实验，即把人工繁殖的大熊猫放到野外去，通过与野生大熊猫交配，再把新的血缘带回到人工圈养种群当中。2017年，大熊猫"草草"与野生大熊猫实现自然交配并顺利产仔，科研人员证实了大熊猫野外引种这一方法的切实可行性，标志着全球范围内大熊猫首次野外引种试验取得初步成效，同时也是中国大熊猫繁育科研工作的一次重大突破。以前，中国大熊猫的保护研究主要借鉴了国内外放归大型哺乳动物的经验，遵循"就地保护"到"异地保护"再到"野化放归"的路子，但在当前禁止捕猎野生大熊猫补充圈养种群的状况下，仅靠根据谱系来优生优育以及不同单位不同地点的大熊猫相互交流等方式，圈养种群依然面临着遗传多样性下降的危险，而大熊猫引种试验恰好提供了一条新思路，弥补了大熊猫圈养的不足之处。创新了野生和圈养大熊猫的遗传交换方法，对进一步改善圈养大熊猫遗传结构有重要意义。

大熊猫野外放归自然工作 2017年11月，保护研究中心成功把圈养大熊猫"八喜""映雪"放归自然环境。从2006年起，保护研究中心累计将9只人工繁育的大熊猫放归了野外，存活7只，建立了大熊猫野化培训和放归的技术体系。可为其他大中型濒危兽类的放归提供经验参考。同时，通过大熊猫野外放归，构建了放归地域政府高度支持、社区保护意识和参与意识提升的良好局面，从而能充分发挥大熊猫旗舰种、伞护种的优势，有效推动中国野生动植物保护事业的发展。

科学研究 作为一所新设立的国家林业局直属单位，实现一流的科研水平是工作的核心。2017年，保护研究中心在长期积累的基础上创建了新的科研平台、拓展了学术空间，大幅提升了科研水平和实力，科研成果质量取得新突破：制定了《圈养大熊猫野化培训技术规程》；出版大熊猫野化放归培训方面专著1部，发表中英文科研论文14篇；获得国家专利8项，其中发明专利1项，是行业内无可争议的佼佼者。

全国布局"中华大熊猫苑" 充分发挥大熊猫对于提高公众的保护意识、普及保护知识、宣传生态文明理念的积极作用，着眼全国推进大熊猫保护研究事业。通过整合大熊猫品牌资源，全国布局"中华大熊猫苑"，吸引全世界大熊猫文化、旅游、野生动物保护的机构和单位参与、关注大熊猫保护研究事业，促进了大熊猫文化及文化产业的发展。保护研究中心与多个研究机构、企业签订了全国乃至全球性战略合作协议。同时，保护研究中心还协助兰州、重庆、北京动物园完成了4只大熊猫发情配种，协助北京、兰州动物园调理饲养5只大熊猫。

国际合作 2017年，是中国开展大熊猫保护研究国际合作20多年来成果丰硕的一年，国际合作交流亮点频现。国家林业局分别与芬兰农业和林业部、丹麦环境和食品部、德国柏林市政府签署了中芬、中丹、中德达成了共同推进大熊猫保护合作的共识。2017年，保护研究中心分别派送了1对大熊猫到印尼、荷兰，旅日大熊猫"仙女"产下1仔并成活。截至2017年，与美国、英国等13个国家的15个动物园开展了大熊猫合作与研究，为开展大熊猫国际合作做出了新的贡献。

大熊猫文化建设、科普教育和宣传工作 策划并组织了"熊猫宝宝集体亮相"等15次大型公众教育活动，协调并参与了"放眼绿水青山 喜迎十九大生态文化摄影展"等4次大熊猫文化宣传活动。建立了保护研究中心官网，搭建了政务网和官方微博账号。推进大熊猫认养工作的全球开展，截至2017年，终生认养人及企业共55人次。2017年共接待媒体170家510人次，分别从大熊猫种群管理、国际合作、公众教育等进行全面介绍和报道，完成12期舆情简报，监督发现并妥善处理6起负面事件，新闻报道1300余条，报送政务信息447条（刊发336条）。先后与东方园林、北京首旅集团等10家单位签订了战略合作协议，努力寻求大熊猫文创、教育、旅游及相关产业合作思路并探索发展方向。

接待任务 2017年完成非洲政党理事会、北欧部长理事会等来自26个国家和地区的300余人次重要外事接待，参观考察、培训学习的专家学者、国际政要达2000余人次，提高了保护研究中心对外形象。统筹资源，落实旅游规划，稳步推进产业发展。全年共计接待游客81.6万人次，安全无事故发生。

基础保障 加强财务管理，做好后勤保障。全年完成中央集中采购和自行采购项目97个，完成零星维修28项，绿化维护项目3个，小微建设项目14个。完成都江堰青城山、碧峰峡、神树坪基地优化升级工作；都江堰青城山扩建、雅安碧峰峡基地改造升级项目获国家林业局批复。

【**首届"九寨"杯国际摄影大赛颁奖活动**】 1月9日，以"关爱熊猫、呵护自然，拥抱熊猫、温暖世界"为主题的首届中国大熊猫保护研究"九寨"杯国际摄影大赛颁奖活动在四川都江堰市举行，在723位选手提交的4606幅作品中，20万元总奖金被159个奖项分享，五万元特等大奖花落高华康组图作品《野生熊猫进农家》。该次摄影大赛由中国大熊猫保护研究中心、九寨沟县人民政府联合主办，九寨沟景区管理局、阿坝州大九旅集团公司协办。该次大赛积极倡导"熊猫中国 走向世界；熊猫文化 世界共享；生态文明 世界共建"的理念，创新亮点是让"大熊猫"和"九寨沟"这两个世界顶级生态品牌叠加，携手亮相，讲好中国故事，传播好中国声音。

【**旅美大熊猫"宝宝"平安回国**】 2月22日，出生于美国华盛顿动物园的雌性大熊猫"宝宝"顺利回到中国大熊猫保护研究中心。随着"宝宝"回国，保护研究中心海归大熊猫种群已增至11只，形成最大的海归大熊猫明星种群。

【**外国驻华使节团访问保护研究中心**】 3月29日，由斯里兰卡、乌克兰、塔吉克斯坦、沙特阿拉伯、尼泊尔、以色列、白俄罗斯、意大利8个国家驻华使节，以及世界知识产权组织中国代表等高级别外交官组成的外国驻华使节团，到访中国大熊猫保护研究中心。访问团对保护研究中心科研人员的艰苦奋斗、默默奉献的精神给予了高度赞扬，同时对中国政府为大熊猫以及生态环境保护工作做出的不懈努力给予了高度评价。

【**大熊猫"星雅""武雯"赴荷兰参加科研合作**】 4月11日，大熊猫"星雅""武雯"赴荷兰参加科研合作。大熊猫"星雅"和"武雯"正式启程赴荷兰旅居，在大熊猫的世界分布地图上又多了一个新版块，大熊猫的国际合作交流又开启了一个新篇章，对促进两国国际交流、增进两国友谊方面起到积极的作用。此次大熊猫赴荷兰，是2008年汶川大地震后9年来，大熊猫首次从卧龙出发走向世界，也是大熊猫第一次前往荷兰。中荷大熊猫科研合作的开展，不仅有利于双方在大熊猫饲养繁殖、人工育幼、公众教育等方面开展合作交流，提升双方大熊猫科研技术水平，推动国际大熊猫保护事业的发展，并且成为中国大熊猫保护研究中心打造"一带一路"熊猫园的重要内涵之一。目前保护研究中心已经与美国、英国、奥地利、澳大利亚、日本、泰国、新加坡、马来西亚、比利时、韩国、荷兰11个国家13个动物园建立了大熊猫科研合作关系。先后有28只大熊猫出国旅居，在海外繁育成活大熊猫幼仔17只，截至2017年已有11只回到保护研究中心生活，形成世界上最大的海归大熊猫明星种群。

【熊猫爱心人士交流活动】 5月4日，保护研究中心举办第二届熊猫爱心人士交流活动。此次交流活动不仅让熊猫爱心人士学习了大熊猫的野培和丰容，同时他们也提出了自己平日面临的疑惑和不解，进一步拉近保护研究中心与社会各界熊猫爱心人士的距离。同时，保护研究中心的专业做法也得到了更多的理解与支持。

【扩充大熊猫精子库】 5月12日，保护研究中心顺利对残疾雄性大熊猫"戴立"进行了人工采精，成功采出正常精液4.5毫升并将其制成冷冻精液储存。"戴立"是世界首只截肢大熊猫。2001年初"戴立"因后肢被其他野生动物咬伤在四川宝兴县蜂桶寨自然保护区内被发现，因其左后肢严重感染被送往四川农业大学进行治疗，随后被高位截肢，康复后一直生活在中国大熊猫保护研究中心。"戴立"性发育成熟，但因缺失左后肢而无法进行自然交配，一直未能繁殖出后代。该次人工采精采集的精液质量中等，保护研究中心对"戴立"的遗传资源进行了长久保存，希望今后通过人工授精手段繁殖出具有"戴立"基因的后代，以此促进大熊猫圈养种群遗传结构的改善。

【保护研究中心与国际竹藤中心签署战略合作框架协议】 6月26日，保护研究中心与国际竹藤中心签署了战略合作框架协议。此次合作，可以全面提升大熊猫保护事业人才队伍的综合素质和科研水平，开创大熊猫科研、管理和文化建设的新模式，实现强强联合与优势互补的共赢目标。

【发表《野生大熊猫种群动态的研究综述》】 7月12日，保护研究中心发表了《野生大熊猫种群动态的研究综述》。该文根据调查范围、时间跨度、主导机构以及目标导向的不同，从种群生态学角度对野生大熊猫调查的类型与特点进行了科学的阐述，同时总结了野生大熊猫种群数量调查的理论依据，介绍了主要的大熊猫数量调查方法、数量计算方法和大熊猫种群数量动态分析与预测的方法等，对野生大熊猫的研究和保护工作具有较高参考价值。另外，文章对野生大熊猫自20世纪70年代以来种群数量的变化规律及其影响因素作了简要综述，使大熊猫爱好者也能较为系统地了解野生大熊猫生态生物学特征。

【成功申请"大熊猫放归笼"专利】 7月14日，保护研究中心成功向国家专利局申请"大熊猫放归笼"专利。截至2017年，中国大熊猫保护研究中心共成功获批专利6项，所提申请案例保持100%成功。

【保护研究中心野外引种试验取得成功】 7月31日，全球首只野外引种大熊猫"草草"在中国大熊猫保护研究中心卧龙核桃坪野化培训基地顺利产下一只幼仔，圈养大熊猫首次野外引种试验取得圆满成功。3月1日，雌性大熊猫"草草"从卧龙核桃坪基地转移到"五一棚"野外。3月27日，科研人员从"草草"身上取回安装在其项圈上的录音笔。经反复分析判断，"草草"在3月23日成功与野生雄性大熊猫完成自然交配，7月31日产下熊猫宝宝。为增加圈养大熊猫遗传多样性，提升圈养大熊猫种群活力，保护研究中心于2016年年底率先启动了圈养大熊猫野外引种研究工作。经过专家论证，来自野外并有多次野化培训经验的大熊猫"草草"成为圈养大熊猫野外引种的首例个体，引种地为卧龙"五一棚"区域。此次野外引种试验是中国大熊猫保护研究心的一个新突破。不仅可以实现圈养种群和野生种群的血缘交换，还将为野生大熊猫种群复壮以及大熊猫国家公园的建设起到积极作用，从而推动中国大熊猫保护工作的发展。"草草"顺利产仔，意味着首例野外引种试验取得成功。

【"小熊猫人工巢穴"获外观设计专利】 8月20日，国家知识产权局签发《授予专利权及办理登记手续通知书》授予中国大熊猫保护研究中心的"小熊猫人工巢穴"外观设计专利（申请号：2017301067018）。这是保护研究中心自2015年12月挂牌以来获批的第一个外观设计专利，标志着保护研究中心在知识产权保护工作方面又取得重大进展。保护研究中心不仅重视大熊猫的保护，同时积极开展小熊猫、黑熊、川金丝猴等大熊猫伴生动物的研究工作。

【保护研究中心应邀参加中国动物园协会2017年年会】 8月23日，应中国动物园协会的邀请，保护研究中心党委书记张志忠带队，出席了在内蒙古自治区鄂尔多斯举行的中国动物园2017年年会。会上，保护研究中心代表做了"大熊猫保护新纪元"的主题发言，主要介绍了保护研究中心的四大职能、科研成果、国际国内合作、社会效益和近期规划，与会代表们对保护研究中心在大熊猫科研保护领域所做出的杰出贡献给予一致好评。

【李春良调研中国大熊猫保护研究中心】 9月13日，国家林业局副局长李春良率领国家林业局计财司、成都专员办相关人员一行调研中国大熊猫保护研究中心，视察大熊猫科研保护工作。李春良一行看望慰问了保护研究中心员工，并主持召开了中层干部工作会议，听取了保护研究中心党委书记张志忠在党建、大熊猫繁育、科学研究、疫病防控、对外合作、公众教育等方面的工作汇报。李春良对保护研究中心领导班子圆满完成各项工作任务给予充分肯定，对每一位大熊猫科研保护工作者提出殷切希望。会后，李春良实地调研了保护研究中心实验室、兽医院与都江堰基地，对大熊猫科研、疾病防控、饲养管理进行了深入了解。

【大熊猫"彩陶""湖春"赴印度尼西亚】 9月27日，保护研究中心大熊猫"彩陶""湖春"赴印度尼西亚开展为期10年的科研合作，这也是中国大熊猫首次旅居该国。中国大熊猫保护研究中心是开展大熊猫国内外科研合作交流的重要平台。2015年新中心挂牌以来，为进一步发挥"立足四川、辐射全国，指导和服务于全国乃至全球的大熊猫保护和科研工作"的重大使命，保护研究中心加强"忠诚之心、敬畏之心、关爱之心、进取之心""四心"家风建设，力争把保护研究中心建设成为一流的大熊猫国际合作基地、一流的人工繁育基地、一流的疾病防控研究基地、一流的野化培训与放归基地、一流的科普教育基地，努力把大熊猫保护事业推向新阶段。

【保护研究中心徽标成功申请版权】 9月29日，保护研究中心徽标经中国版权保护中心审核，正式在国家版权局登记作品著作权。该徽标以环保的绿色为底，主体是圆形的世界地图图案，以陆地组成大熊猫的头像，白色的经纬线勾勒出立体的地球形状，保护研究中心的中英文名称环绕在图案外侧。整个头像的主要寓意为全球共同保护珍稀物种——大熊猫。

【保护研究中心传达学习党的十九大精神】 10月30日，保护研究中心党委召开学习贯彻落实党的十九大精神大会，传达学习党的十九大精神和党中央、国家林业局党组、四川省委关于学习贯彻落实十九大精神的要求，研究保护研究中心学习贯彻落实具体方案，强调保护研究中心各级党组织和广大党员干部职工要迅速掀起学习贯彻落实十九大精神的热潮。会议对十九大精神在保护研究中心的学习贯彻落实作了具体部署和要求。

【保护研究中心参加2017年国际学术年会】 11月7~8日，保护研究中心参加2017年国际学术年会。国家林业局野生动植物保护与自然保护区管理司司长杨超在会上充分肯定了各成员单位在大熊猫圈养繁育、科学研究、公众教育和大熊猫文化建设做出的成绩，并宣布全球圈养大熊猫种群数量已经突破500只，达到了520只（中国为518只，墨西哥有2只），2017年成功繁育大熊猫58只，其中，中国大熊猫保护研究中心成功繁殖30胎，存活42只，创造了历史最高繁殖记录。

【保护研究中心参加2017中国大熊猫繁育技术委员会年会】 11月6~8日，2017中国大熊猫繁育技术委员会年会由中国动物园协会和西华师范大学主办，由成都大熊猫繁育研究基地和西华师范大学生命科学学院承办。该次年会以"大熊猫迁地保护、就地保护与国家公园建设"为主题，会议内容包括特邀报告、大会报告、专题讨论三部分，就2017年度大熊猫就地保护与迁地保护方面的科学研究成果与管理经验进行交流，旨在推动大熊猫保护事业的发展。有来自国内外13个国家的69名境外专家代表及191名国内专家和相关保护区负责人参加会议。保护研究中心以"圈养大熊猫野外引种：促进遗传基因改良""人工圈养大熊猫野化放归工作启示——以'张想'为例""中国大熊猫保护研究中心圈养大熊猫繁殖进展"和"大熊猫，走向世界的友好大使"为题，在特邀报告和大会报告阶段做了4场演讲，并参加了圈养大熊猫谱系信息核实与2018年全球圈养大熊猫繁殖配对计划的专题讨论会。

【大熊猫"暖暖"回国】 11月15日，出生于马来西亚的大熊猫"暖暖"回到中国大熊猫保护研究中心。随着"暖暖"回国，中国大熊猫保护研究中心海归大熊猫种群已增至12只，形成最大的海归大熊猫明星种群。

【大熊猫"映雪""八喜"同时放归自然】 11月23日，由国家林业局和四川省人民政府主办，四川省林业厅、中国大熊猫保护研究中心、雅安市人民政府承办，石棉县人民政府协办的大熊猫"映雪""八喜"放归自然活动在四川雅安栗子坪国家级自然保护区举行。这是全球第二次同时放归两只大熊猫。国家林业局副局长李春良出席并作讲话。

两只大熊猫放归自然后，由中国大熊猫保护研究中心、石棉栗子坪国家级自然保护区科研人员组成的监测小组着手对它们进行跟踪监测，收集相关数据，开展野外研究，了解它们如何逐步适应新的野外环境，融入野生大熊猫种群。相关科研人员继续加强保护管理工作，并在不断增加大熊猫野化放归数量的同时，开展放归效果评估，总结放归经验和成果，不断推进大熊猫放归自然工作深入开展，努力实现大熊猫野外种群的可持续发展。

【保护研究中心参加第五届海峡两岸暨香港、澳门大熊猫保育教育研讨会】 11月26~29日，保护研究中心参加第五届海峡两岸暨香港、澳门大熊猫保育教育研讨会，保护研究中心书记张志忠作了《大熊猫与中国人的品质》的主题演讲。保护研究中心党委委员、党政办负责人李德生向大会作了题为《大熊猫野外引种》的报告，将保护研究中心为大熊猫野外引种优化基因上做出的科学尝试和与会代表分享。会后，张志忠代表筹委会一方的保护研究中心签署了《第五届海峡两岸暨香港、澳门大熊猫保育教育研讨会倡议书》。

（中国大熊猫保护研究中心由罗春涛供稿）

国家林业局驻各地森林资源监督专员办事处工作

26

内蒙古自治区专员办（濒管办）工作

【综　述】　2017年，国家林业局驻内蒙古森林资源监督专员办事处（以下简称内蒙古专员办）紧紧围绕林业中心工作，以严格督促地方政府切实落实保护发展森林资源主体责任为重点，坚持发现问题和解决问题并重，以督查督办森林案件为抓手，切实履行涉林案件督查督办职责，加强对森林资源和野生动植物进出口监管，通过直接督查督办案件、与当地政府及其林业主管部门、执法机关联合开展专项整治行动，建立约谈机制，落实整改责任，落实政府对重点地区问题整治责任，以问题为导向，强化林地警示监督等多种方式，督查督办森林案件3349起，打击处理3354人。

【督查督办案件】　按照派驻森林资源监督机构要切实担负起督查督办破坏森林资源案件第一职责要求，建立并完善执法监督机制，落实案件登记报告、办理和责任部门，加强群众举报案件线索搜集核实，明确案件处理要求，督查督办森林案件3349起，打击处理3354人。其中，直接督查督办案件299起，打击处理301人；与当地政府、林业主管部门、森林公安机关联合开展专项整治行动查处案件3050起，打击处理3053人。
　　约谈2个盟（市）、5个旗（县）、13个国有林业局，共追究党纪、政纪、经济责任人员256人。

【执法监督】　开展对森林公安机关涉林案件查处情况监督，依法提出监督意见，解决纠正了森林案件查处中存在的问题，解决了有关旗（县）森林公安局经费无保证问题，提高了执法水平；针对林业执法中存在的问题，通过依法向通辽市委提出监督建议，通辽市开鲁县检察院纠正了执法中存在的问题，有问题的森林案件得到纠正。

【重点地区治理】　依法督查内蒙古大兴安岭国有林区毁林开垦问题的专项整治。按照《国家林业局、内蒙古自治区人民政府关于印发〈内蒙古大兴安岭国有林区毁林开垦专项整治行动方案〉的通知》（林资发〔2017〕53号），深入国有林区、国有林场、山头地块开展对毁林开垦问题的专项整治督查指导，筹备召开了国家林业局组织的专题会议，专项整治工作取得阶段性成果，涉及林地被开垦面积81.3公顷；以问题为导向，督查指导呼伦贝尔市政府、乌兰察布市四子王旗、通辽市科尔沁区和开鲁县、赤峰市敖汉旗等开展森林资源保护管理问题专项整治。回收恢复林地9.86万公顷。依法查处森林案件812起，对155名相关人员进行问责和党纪政纪处分。扎兰屯市依法将到期的林权范围内的草原证收回废止，多年困扰林业建设发展的"一地两证"问题得到解决。

【林地监管】　年初向内蒙古自治区各盟（市）发函，详细调查了解2017年预占用林地项目及数量，为有针对性开展监管奠定基础。加强林地定额监管，严格审查占用林地项目材料。共审查项目94项，经现场查验发现存在问题项目15项，依法处罚104.3万元。针对内蒙古大兴安岭重点国有林区取料场临时占用林地问题，责令林业厅、国有林管理局资源部门停止报批，取缔项目占用林地，避免了320.3公顷林地（其中：有林地200公顷）和近2万立方米森林被破坏。开展工程项目占用林地检查，规范林地管理行为。针对乌兰察布市凉城县等5个旗（县）违法占用林地问题，下发《关于乌兰察布市林地管理的监督意见》，要求乌兰察布市查处整改。整改期间，暂停授理乌兰察布市工程项目占用林地审核审批。整改查处工作到位后解除了暂停调控。

【林木采伐监管】　加强森林抚育林木采伐调查设计和作业质量监管。审查内蒙古大兴安岭林区抚育伐区调查设计小班30 241个，废止虚假等不合格调查设计11 794份。检查抚育作业伐区241个。针对存在的问题，提出监督意见234条。内蒙古大兴安岭重点国有林管理局修正了有关规定；依法核发林木采伐许可证22 762个，面积24.8万公顷，蓄积量41.1万立方米，发证合格率100%；跟踪检查指导乌尔旗汉林业局森林资源可持续经营试点工作，向国家林业局实事求是地反映了存在的问题，为国家林业局决策提供依据；严格执行国家停止天然林商业性采伐政策，加强对内蒙古大兴安岭重点国有林区监管，做到"停得下、稳得住、不反弹"。

【航空护林和无人机技术应用试点】　4月28日至5月1日，与根河航空护林站合作开展内蒙古重点林区森林资源监督与航空护林相结合试点工作。经对卫片判读出的40个疑似盗伐和开垦地块进行直升机空中观察拍照、地面核实，确认这些地块全部为违法开垦林地，面积76公顷，为实现卫片、航空遥感、实地核查"天、空、地"三位一体的森林资源监管常态化先行先试取得了突破，取得了经验。

【野生动植物进出口管理和履约工作】　核发允许进出口证明书10份，总金额773.15万元；核发物种证明书5份，总金额34.27万元；办理允许进口证明书延期变更进口口岸证书2份；开展"一带一路"建设中如何做好内蒙古濒危野生动植物进出口管理的探索研究；积极推进濒危物种国家履约示范基地建设的准备工作和肉苁蓉物种监测评估项目；召开内蒙古自治区CITES履约执法协调小组联席会，举办濒危物种履约执法培训班，培训业务骨干100人；加强履约执法协调和宣传，发放宣传画册11 300多份，接待单位和个人咨询100余人次；开展行政许可执行情况监督检查。

【野生动植物监管】 2月2日"世界湿地保护日"期间，与内蒙古大兴安岭重点国有林管理局共同开展宣传教育活动。4月，与内蒙古大兴安岭重点国有林管理局、内蒙古大兴安岭森林公安局共同组织开展"打击破坏兴安杜鹃等野生动植物资源违法犯罪"专项行动。8月，参加国家林业局"绿箭行动"检查验收，对巴彦淖尔市哈腾套海国家级自然保护区进行整改验收，对没整改到位的问题，下发文件，责成巴彦淖尔市政府限期整改。巴彦淖尔市完成整改并列出清单，准备接受整改验收。11月下旬至12月上旬，对满洲里市、呼伦贝尔市、赤峰市、锡林郭勒盟、鄂尔多斯市开展了候鸟等野生动物保护执法和疫源疫病监测防控检查，及时指出存在的问题，提出整改意见，督促落实上级有关要求。

【监督检查】 8月25日至9月25日，对内蒙古自治区阿鲁科尔沁旗、克什克腾旗、开鲁县、突泉县、阿荣旗及扎兰屯市7个旗（县）保护发展森林资源目标责任制及森林资源管理情况进行检查。

7月至9月，对内蒙古自治区9个盟（市）的20个旗、县、区、市（局）和内蒙古大兴安岭重点国有林管理局所属的5个国有林业局2016年国家林业局行政许可的20个项目、2012～2015年国家林业局行政许可的4个指定竣工项目使用林地情况进行监督检查。

9月至11月上旬，对内蒙古大兴安岭林区大杨树、阿尔山、根河等22个林业局（单位）2015年1月1日至2016年12月31日期间的"森林资源管理情况"进行首次全覆盖检查。

【监督问题整改】 2017年9月，与国家林业局规划院组成联合检查组，对通辽市开鲁县、科尔沁区保护和发展森林资源目标责任制、森林资源保护管理情况进行了全面检查。经检查发现，开鲁县、科尔沁区生态环境意识淡漠，在建立和执行保护发展森林资源目标责任制、森林资源管理、林业执法等方面存在严重问题，森林资源破坏严重，土地沙化有反弹迹象。针对存在的问题，向通辽市人民政府下发了《关于通辽市开鲁县、科尔沁区保护发展森林资源有关问题的整改通知》（局内林监字〔2017〕83号）。11月2日，约谈了通辽市人民政府主要领导，内蒙古自治区林业厅领导参加约谈。以《关于通辽市开鲁县、科尔沁区保护发展森林资源有关问题的报告》（局内林监字〔2017〕85号）文件，向国家林业局报告了存在的问题和约谈情况。国家林业局局长张建龙和副局长李树铭先后作出重要批示。

11月13日，向内蒙古自治区党委、政府报告了张建龙的批示，并与自治区党委办公厅、政府办公厅协调，提出贯彻落实意见。

内蒙古自治区党委书记李纪恒，党委副书记、政府主席布小林，党委常委、秘书长罗永刚，政府副主席白向群等领导就落实张建龙批示精神，先后作出指示，明确落实意见。

通辽市委、政府积极开展整改工作，整改工作稳步推进。截至12月12日，整改工作取得阶段性成效。一是开鲁县、科尔沁区已经建立并完善森林资源保护发展目标责任制。两区（县）已清理恢复林地5.27万公顷，已落实到户3.07万公顷，涉及14 724户。编制造林作业设计，拟在2018年全部造林恢复森林植被。二是两区（县）共立案270起，处理涉案人员279人。其中：刑事案件110起，涉案人数115人。三是全面启动追责问责程序，两区（县）问责相关责任人95人。四是通辽市在全市范围内组织开展了森林资源清理整顿，严厉打击涉林违法犯罪活动。五是内蒙古自治区政府于2017年12月组织开展了对全区旗（县）级政府保护发展森林资源目标责任制全覆盖检查。

【党建和机关建设】 扎实推进"两学一做"学习教育常态化制度化。成立学习教育领导小组，制订"两学一做"学习教育实施方案和常态化制度化实施细则，明确基本目标和具体推进措施。开展学习教育"灯下黑"专项整治，梳理问题清单，建立整改台账，认真落实整改措施；制定下发《2017年党建工作要点》《党组中心组学习安排》。在学习教育、完善组织生活制度、党员培养发展、严格落实中央八项规定精神、严明政治纪律和政治规矩、理顺组织隶属关系等方面加强党建和机关建设。

【林业大事】
1月23日 与内蒙古自治区林业厅、呼伦贝尔市人民政府召开联席会议，传达贯彻落实国家林业局副局长刘东生在国家林业局驻内蒙古专员办《关于莫旗破坏森林资源问题整改情况的报告》上所作批示精神，研究部署莫力达瓦达斡尔族自治旗退耕还林还湿工作，明确责任，进一步加强森林资源保护管理工作。巡视员李国臣主持会议并讲话。内蒙古自治区林业厅副厅长龚家栋、呼伦贝尔市副市长李阔分别讲话。

2月2日 与内蒙古大兴安岭重点国有林管理局共同开展"世界湿地保护日"宣传教育活动。

2月21日 前来出席内蒙古大兴安岭重点国有林管理局挂牌仪式的国家林业局副局长李树铭在资源司司长郝燕湘、宣传办主任程红、天保办主任孙国吉、内蒙古自治区林业厅副厅长龚家栋、内蒙古大兴安岭重点国有林管理局局长闫宏光、宋德才副局长等陪同下，看望全体工作人员并讲话。

3月15日 专员李国臣参加内蒙古大兴安岭林区春季森林防火工作会议并讲话。

3月15日 副专员董冶参加内蒙古大兴安岭林区森林经营工作会议，回顾总结2016年林区森林经营工作，安排部署2017年森林经营的重点工作。对2016年度森林经营工作先进单位和先进个人进行了表彰并颁奖。

3月20日 巡视员李国臣主持召开"充分发挥航空巡护在森林资源保护管理中的重要作用"工作推进会。副专员董冶及相关处室同志、内蒙古大兴安岭重点国有林管理局资源林政处、防火处等部门负责同志参加会议。

3月21日 召开在"一带一路"建设中如何做好濒危野生动植物进出口管理经验座谈会。副主任高广文及有关处室负责同志，国家濒管办乌鲁木齐办事处、国家濒管办西安办事处有关处室负责同志，内蒙古自治区林业监测规划院领导以及司法鉴定中心、生态监测与评估室部门负责同志等21人参加了座谈会。

3月29～31日 副专员董冶参加内蒙古大兴安岭重点国有林管理局召开的林区森林经理会议并讲话。

4月1日 中共国家林业局党组印发《关于李国臣同志任职的通知》(林干任字〔2017〕9号),中共国家林业局党组2017年3月3日研究决定,李国臣同志任中共国家林业局驻内蒙古自治区森林资源监督专员办事处(中华人民共和国濒危物种进出口管理办公室内蒙古自治区办事处)党组书记(原级别不变),试用期一年。

4月1日 国家林业局印发《关于李国臣、高广文职务任免的通知》(林人任字〔2017〕13号),国家林业局2017年3月3日决定,任命李国臣为国家林业局驻内蒙古自治区森林资源监督专员办事处(中华人民共和国濒危物种进出口管理办公室内蒙古自治区办事处)专员(主任),原级别不变,试用期一年。任命高广文为国家林业局驻内蒙古自治区森林资源监督专员办事处(中华人民共和国濒危物种进出口管理办公室内蒙古自治区办事处)巡视员,正司局级。

4月8日 专员李国臣参加内蒙古大兴安岭重点国有林管理局2017年度工作会议,并发表讲话。

4月12日 国家林业局副局长刘东生在有关领导陪同下,到专员办看望全体工作人员并讲话。

4月13日 召开贯彻国家林业局局长张建龙关于开展森林资源航空监督和管护工作协调会。巡视员李国臣主持会议。东北航空护林总站总站长周俊亮、内蒙古自治区林业厅副厅长龚家栋、内蒙古大兴安岭重点国有林管理局副局长宋德才等参加会议。

4月24日 组织召开内蒙古大兴安岭林区监督工作座谈会,巡视员李国臣、副专员董冶、各处室负责同志以及内蒙古大兴安岭重点国有林管理局驻各林业局监督办监督员参加会议。

4月25日 专员李国臣、副专员董冶及各处负责同志应邀参加内蒙古大兴安岭重点国有林管理局森林资源管理监督工作会议。李国臣对做好森林资源监督管理工作提出明确要求。

4月28日至5月1日 与内蒙古根河航空护林站合作开展内蒙古重点林区森林资源监督与航空护林相结合试点工作。

5月24～27日 副专员董冶带队参加由中国老科协林业分会、国家林业局森林资源管理司、国家林业局调查规划设计院组成的调研组,对内蒙古阿拉善盟阿左旗和巴彦淖尔市磴口县林地管理情况进行专题调研。

7月10日 专员李国臣出席内蒙古大兴安岭重点国有林区毁林开垦专项整治行动电视电话会议并讲话。

7月20～27日 对内蒙古大兴安岭重点国有林区阿里河、绰尔、莫尔道嘎等林业局2016年天保二期工程后备资源培育人工造林、补植补造工作情况进行检查。

8月25日至9月25日 对内蒙古自治区阿鲁科尔沁旗、克什克腾旗、开鲁县、突泉县、阿荣旗及扎兰屯市7个旗(县)保护发展森林资源目标责任制及森林资源管理情况进行检查。

9月5日 主任李国臣在内蒙古阿拉善盟主持召开2017年度肉苁蓉物种监测评估工作座谈会。内蒙古林业科学研究院院长郭中及阿拉善盟、巴彦淖尔市、鄂尔多斯市、乌海市4个肉苁蓉分布区的林业局分管局长和负责人、肉苁蓉生产企业代表约20人参加会议。

7月至9月 对内蒙古自治区9个盟(市)的20个旗、县、区、市(局)和内蒙古大兴安岭重点国有林管理局所属的5个国有林业局使用林地情况进行监督检查。

10月29日至11月1日 与北京办事处共同举办野生动植物进出口管理培训班。

12月4日 内蒙古自治区直属机关工委批复同意,成立中共国家林业局驻内蒙古自治区森林资源监督专员办事处机关委员会,党组织关系隶属于内蒙古自治区直属机关工委。

(内蒙古专员办由夏宗林供稿)

长春专员办(濒管办)工作

【综　述】 2017年,长春专员办(东北虎豹国家公园管理局)坚持国家公园体制"两项试点"工作和森林资源监管工作两条主线,推进"两项试点"体制改革实现良好开局,开创森林资源监督管理工作新局面。全年,共督查督办各类破坏森林资源案件881起,依法问责1069人,其中,追究刑事责任100人,党纪处分87人,行政处分122人,其他处理111人,行政处罚649人。核发采伐证2385份,核发进出口证书5699份。监督检查征占用林地项目20个、目标责任制县13个、物种进出口企业8家、林场200余个。扎实开展机关两建和省级文明单位创建活动,连续5年在吉林省政府考核中被评为优秀。

【加强"两项试点"领导】 以历史的担当推进"两项试点",构建高效的领导格局和协调机制,稳妥顺畅推进各项任务。第一时间成立领导小组,举全局之力抓好试点工作;建立周例会、月分析等调度推进制度,召开60余次例会,快节奏、高效率推进试点工作;建立工作台账,明确工作内容、目标、责任、时限,确保如期完成各节点任务;将管理局承担的职责和任务,分解落实到专员办内设的五个处,根据工作需要,增设计划财务处,形成统一领导、职责明确、密切配合、有机融合的工作格局;制定32个字的四年工作规划纲要,确定工作的总思路;多方协作,构建合力,与两省编制、发改、林业、森工等部门及地方政府建立密切联系的工作机制,组织召开各类协调会议10余次,共同研究落实试点任务。总之,两项试点工作之初,迅速完成工作层面的顶层设计,在领导上、思路上、措施上、力量上建立了保障。

【创新管理体制机制】 8月19日,东北虎豹国家公园管理局成立,成为中国第一个中央直属的国家公园管理机构。9月12日和13日,在珲春和绥阳举行10个分局的成立仪式,建立了两级垂直管理工作机制,"两项试点"创新体制机制这一核心任务取得重大成果。9月26日,召集10个分局领导班子在长春召开管理局第一次工作会议,安排部署10项工作,签订保护虎豹责任状,同时明确试点期间管理局和各分局之间的工作机制,推进两项改革步入全面实施阶段。此外,管理局与各分局还建立了工作报告、督查、信息宣传、月报、联络员等制度,各分局也确定了主管领导和专门工作力量,进一步完善了试点期垂直管理体制机制。

【落实所有权人和整合所有者职责】 为回应吉林、黑龙江两省编办提出的关于所有者职责整合情况的征求意见,长春专员办组织与两省编办召开座谈会,经共同研究,初步形成拟划转的所有者职责清单。推进确权登记,与两省国土部门召开座谈会,建立工作联系机制,积极配合确权登记工作。部署10个分局在摸底调查的基础上开展精准核查,进一步摸清家底,做到心中有数。

【建立管理制度体系】 提前谋划建章立制,推进保护管理工作步入规范化、科学化、制度化轨道。制定管理局内部管理制度,并汇编成册。拟定《东北虎豹国家公园管理办法》(征求意见稿),并向10个分局征求意见。开展制定国有自然资源资产调查、监测、评估、台账管理和有偿使用等制度,以及生态管护员岗位、特许经营、项目投资、志愿者、国际合作交流等管理办法,初步建立了"两项试点"制度体系。同时对"两项试点"各级管理机构组织模式、运行机制、各类保护区整合、"三定"方案、绩效考核体系等进行研究设计,开展2轮调研和6轮论证,形成3个方面的成果,管理体制和运行机制创新迈进了一大步。

【保护生态资源和东北虎豹安全】 着力保护生态系统原真性和完整性,恢复东北虎豹栖息地生态环境。年初,下发文件停止项目占地林木采伐许可审批。春季,开展为期15天的野生动物保护专项督查。秋冬季,与吉、黑两省有关部门联合开展为期3个月的打击乱捕滥猎野生动物专项行动,开展清山清套清网700余次、清缴猎捕工具1000余件,始终保持严格保护、严厉打击的高压态势,净化虎豹栖息地环境。2017年入冬以来,野生东北虎豹身影在园区内频现。对试点区拟建项目严格管控,组织专家对丹阿公路改扩建工程等进行现地调查,要求制订生态保护修复和廊道建设方案,确保虎豹栖息地的完整。

【布局公园建设项目】 超前谋划东北虎豹国家公园软硬件体系。编制2018年项目清单,制订8大专项规划方案,邀请北京师范大学、东北林业大学、中科院野生动物研究所等的50余名专家开展研讨论证,形成了高标准、高起点、高水平的保护工程方案。按照"四个统一"的要求,与两省试点相关部门召开专门会议,明确管理局负责项目的申报、实施和监督管理工作,理顺项目资金渠道和组织管理模式。与吉林省林业厅、黑龙江省林业厅、黑龙江省森林工业总局召开2018年项目计划预安排会议,联合向10个分局印发项目申报指南,在两省各级发改部门支持下,组织开展监测体系、巡护装备、公园标识、巡护道路等项目的可研和申报工作。

【扩大社会参与】 筹建东北虎豹国家公园专家智库,吸收保护、规划、工程、资本等方面的国内外知名专家近100人,制定工作章程,在政策、技术、信息、智力等方面建立保障机制,推进管理局科学决策。与北京师范大学、东北林业大学、吉林省测绘局、吉林省气象局、黑龙江省测绘局、吉林、黑龙江两省国网公司、俄罗斯豹地国家公园、国家野生生物保护学会(WCS)、自然资源保护协会(NRDC)等达成合作意向,与吉林省气象局签订战略合作框架协议。

【开展考察和调研】 组成考察组到大熊猫、三江源国家公园体制试点区及俄罗斯豹地国家公园进行实地考察,学习掌握国家公园建设有关情况及成功经验。对珲春局、汪清局、大兴沟局、天桥岭局、珲春市局、汪清县局开展调研督导,深入了解面临的困难和问题,摸清共性问题和个性问题,分类施策。

【宣传培训】 强化宣传培训,努力营造群众主动保护、社会广泛参与、各方积极投入的改革氛围。组织召开新闻媒体座谈会,与主流媒体建立工作机制,对管理局重大活动进行报导,在央视《新闻调查》栏目做了一期专题,接受了东方卫视、吉林电视台等专题采访,取得良好社会效果。制订宣传工作方案,召开宣传工作会议。在珲春、汪清等地开展世界老虎日、守望同一片家园、王者归来3期专题宣传活动。建设开通东北虎豹国家公园国有自然资源资产管理局和东北虎豹国家公园两个网站,并开通微信公众号"虎豹新观察",开展标识征集活动,征集602幅作品,并委托中央美院进行最后设计。邀请专家、学者对108名一线管护人员进行全覆盖培训,进一步提升保护管理能力。

【协助规划编制工作】 抽调精干力量,全力协助国家林业局规划院开展东北虎豹国家公园总体规划编制工作,组织召开3次征求意见会,向吉林、黑龙江两省领导小组成员单位和管理局10个分局广泛征求意见。

【查办林政案件】 一是严查严办林政案件。严厉查办蛟河市滥伐林木系列案和长岭县滥伐国家重点公益林系列案,对涉事的领导干部共计85人追究了责任,其中14人被判处有期徒刑1~20年不等,处理人数之多、力度之大,在当地引起巨大反响,有效遏制了吉、辽两省破坏森林资源的违法犯罪行为。二是完成吉、辽两省2017年度建设项目使用林地行政许可监督检查项目20项,对国家林业局确定的16个建设项目和长春专员办抽取的4个建设项目使用林地情况进行监督检查。三是现地审核勘查、开采矿藏及其附属设施占用征收国有重点林区林地项目2项，出具审核意见，确保建设项目顺利实施。

【创新监督工作机制】 分别对辽宁大石桥市和吉林净月高新区森林资源管理情况进行例行督查，发现存在问题地块74个，并对相关问题开展督办。与吉林省人民检察院长春林区分院、吉林省人民检察院延边林区分院建立工作联席会议制度，探索了行业监督与司法监督合作的新机制，利用卫片判读先进技术手段开展专项检查，不断增强监督工作实效。

【林木采伐监督管理】 一是认真做好林木采伐许可证核发工作，制定印发《吉林省重点国有林区中幼林抚育出材技术细则》，与吉林省林业厅联合下发《关于切实加强吉林省重点国有林区中幼林抚育采伐管理及监督检查工作的通知》，对全部试点采伐申请小班实行3个100%审核。认真做好林木采伐许可证核发工作，审批林木采伐许可证2385份。二是完成2016年度重点国有林区中幼林抚育采伐管理、可持续经营试点林木采伐管理、吉林省重点县（市）林木采伐管理情况检查和辽宁省增加采伐限额现地核实工作，现地检查83个小班，面积287.7公顷，严格采伐监管。三是组成2个检查组，对吉林省江源区、抚松、和龙和安图4个县（市、区）采伐管理情况进行检查，针对发现的问题，下发了整改通知，依法依纪处理31人。四是提交吉、辽两省森林资源监督报告，分别向国家林业局和两省政府详细报告2016年吉林省森林资源保护管理情况，提出问题和建议。五是对辽宁省清原、新宾、铁岭、开原、西丰5个县（市）增加采伐限额有关情况进行核实，现地共核实33个小班，面积80.25公顷。

【森林资源管理情况检查】 一是开展县级人民政府保护发展森林资源目标责任制建立和执行情况监督检查。在国家林业局规划院遥感判读技术支持下，历时40多天，顺利完成了对吉林省敦化市、集安市等6个县（市）和辽宁省本溪县、宽甸县等5个县（市）政府保护发展森林资源目标责任制建立与执行情况检查，进一步规范了两省县级政府森林资源目标责任制工作。二是对两省森林防火进行专项督查。自3月份开始，三位专员亲自带队，深入林区一线，先后对辽宁省沈阳市、宽甸县、本溪等县（市）和吉林省部分县市、18个国有森工企业局调研督导森林防火工作，提出整改建议20余条，有效地促进地方政府强化森林防火工作。三是对2016年森林资源管理情况检查整改工作进行跟踪检查和督查，共检查9个森工局和1个地方政府，对两省整改工作进行督办，督促各单位共处理相关责任人739人，其中刑事处罚43人，行政问责190人。四是历时50天，对吉林省18个国有林业局的林地保护管理、林木采伐管理、树木采挖、林政案件查处等有关森林资源管理情况进行检查，共发现违法占地、盗伐林木等案件68起，向国家林业局上报了检查成果。

【濒危物种进出口管理工作】 一是按照审批要求，准确快捷地受理行政许可申请853件，完成5699份行政许可证明的打证、发证工作，规范行政许可审批程序。二是按照国家林业局要求，开展进出口企业分级管理工作，为野生动植物进出口做好保障。三是按时开展并完成行政许可专项监督检查工作，对辖区内8家进出口企业，开展2016年度行政许可事项专项监督检查工作。四是组织召开CITES执法协调小组联络员会议。五是联合CITES执法协调小组成员单位组织一次口岸行。六是与辽宁省野生动植物行政主管部门组织开展"世界野生动植物日"宣传活动，宣传《公约》和《条例》。七是针对濒管办网上办证系统开展企业专项业务培训，共培训企业申报员76人。

【机关"两建"工作】 一是加强理论武装，坚持理论学习中心组学习制度，系统学习党的十八大和十九大精神，全面学习习近平总书记系列重要讲话精神，深入学习全国林业厅局长会议精神，全面提高抓贯彻抓落实的本领和能力。二是推进"两学一做"学习教育常态化制度化，以"三会一课"为主阵地，常态化制度化开展两学一做，深入开展学习教育"灯下黑"问题专项整治活动，建立专项整治清单，完成16项整治任务。三是开展"不忘初心，担当实干"活动，教育党员干部学习原山精神，在改革实践中做排头兵，营造了浓厚的干事创业氛围。四是深入开展巡视整改，以巡视为契机，从严从细从实开展整改，进一步夯实基础、转变作风，打造了风清气正的干事创业环境。

【林业大事】

2月27日 长春专员办联合吉林省林业厅成立案件督查督办工作组，由副专员傅俊卿带队对吉林省蛟河市和长岭县森林资源管理存在问题的整改和落实情况进行现地督查督办。

4月6日 长春专员办召开全体会议，国家林业局人事司副司长郝育军宣布国家林业局党组任免通知，任命赵利为国家林业局驻长春专员办（濒管办）专员（主任）、党组书记，同时任命为东北虎豹国家公园国有自然资源资产管理机构、东北虎豹国家公园管理机构筹备组负责人，免去王志高国家林业局驻长春专员办（濒管办）专员（主任）、党组书记职务。

4月7日 东北虎豹国家公园体制试点座谈会在长春南湖宾馆召开，国家发改委副主任王晓涛主持会议，国家林业局副局长李春良、筹备工作领导小组副组长陈凤学，吉林省副省长隋忠诚，黑龙江省政府副秘书长赵万山，东北虎豹国家公园管理机构筹备组负责人赵利等参加会议。

4月8日 国家公园筹备工作领导小组副组长陈凤学带队，中编办二司副巡视员杨巍、国家林业局人事司副司长郝育军、东北虎豹国家公园管理机构筹备组负责人赵利等领导一行，赴吉林省长春市、延边朝鲜族自治州和黑龙江省牡丹江市、穆棱、绥阳等地调研"两项试点"改革工作。

4月12日 东北虎豹国家公园管理机构筹备组召开会议，研究部署"两项试点"工作，成立试点工作领导小组。

4月13日 长春专员办(东北虎豹国家公园管理机构筹备组)根据国家林业局授权,暂停东北虎豹国家公园范围内的一切林木采伐审批。

4月15日 东北虎豹国家公园管理机构筹备组在吉林省长春市承办"东北虎豹国家公园体制试点和国有自然资源资产管理体制试点培训班",组织基层干部和管理人员学习中央文件精神,掌握体制试点任务和要求。

4月19日 长春专员办专员赵利在副专员傅俊卿陪同下对沈阳市森林防火工作进行督查。

4月20日 长春专员办专员赵利率队对大连市林业生态建设开展调研,长春专员办副专员傅俊卿、辽宁省林业厅副厅长史凤友、大连市副市长郝明等陪同调研。

4月24~28日 东北虎豹国家公园管理机构筹备组派出2个督导组,对东北虎豹国家公园试点区野生动物资源保护和森林防火工作开展督查。

5月8~12日 东北虎豹国家公园管理机构筹备组组成调研组,赴四川大熊猫和青海三江源国家公园试点区,调研考察国家公园体制试点建设情况。

5月16~17日 长春专员办与吉林省林业厅监督管理中心有关人员一行5人组成联合检查组,对露水河林业局中幼龄林抚育采伐情况进行检查。

5月22日 长春专员办在吉林省林业调查规划院专业技术人员支持下,对吉林省长春净月高新技术产业开发区森林资源管理情况开展例行督查。

6月15~22日 长春专员办对辽宁省大石桥市人民政府保护发展森林资源目标责任制建立和执行情况、林地保护管理情况、森林防火及野生动物保护和疫源疫病防控情况开展例行督查。

6月27日 东北虎豹国家公园管理机构筹备组筹备设立东北虎豹国家公园专家智库。

6月28日 东北虎豹国家公园管理机构筹备组与吉林大学行政学院麻宝斌教授等开展座谈,就"两项试点"管理体制和运行机制进行研讨。

6月29日 长春专员办专员赵利、副专员傅俊卿听取蛟河滥伐林木案整改进展及相关人员追责情况汇报。

7月3日 长春专员办听取净月高新区森林资源管理情况例行督查整改进展情况汇报。

7月5日 长春专员办机关党总支全体党员干部参加吉林省直机关工委组织的迎接党的十九大成绩图片展。长春专员办"改革信访接待受理程序,多渠道反映和解决群众诉求"和"采用3S技术开展林政案件核查"两幅图片荣登此次优异成绩展。

7月7日 东北虎豹国家公园管理机构筹备组召开新闻媒体座谈会,安排部署试点期间新闻宣传工作。参加的媒体有《人民日报》、中央电视台、新华社、新华网、网易、搜狐、《中国绿色时报》、吉林网、《吉林日报》、吉林省电视台等多家新闻媒体。

7月24~28日 东北虎豹国家公园管理局副局长傅俊卿与国家林业局国家公园办相关人员一行,赴俄罗斯豹地国家公园考察。

7月29日 东北虎豹国家公园管理机构筹备组在珲春组织开展第七届"全球老虎日"活动,宣传东北虎豹保护和试点相关政策,提升社会保护意识,营造良好改革氛围。

8月19日 东北虎豹国家公园国有自然资源资产管理局、东北虎豹国家公园管理局成立座谈会在长春市召开。座谈会由国家林业局副局长李春良主持,国家林业局党组书记、局长张建龙,中央财办副主任杨伟民,中央编办副主任牛占华,吉林省副省长李晋修出席会议并发表讲话。同日,东北虎豹国家公园管理局、东北虎豹国家公园国有自然资源资产管理局成立,国家林业局任命赵利为局长,任命李伟明、傅俊卿为副局长,这标志着中国第一个由中央直接管理的国家公园正式成立。同日,东北虎豹国家公园国有自然资源资产管理局(东北虎豹国家公园管理局)网站正式上线运营并开通微信公众号平台。

8月20日 东北虎豹国家公园管理局面向全国开展了东北虎豹国家公园标识(logo)系统有奖征集活动,在作品征集期内(8月20日至10月15日),共收到近400位作者投来的606幅作品。经过初步评选、网络投票和专家组最终评审三个环节,确定一等奖1名,二等奖1名和三等奖3名。

8月30日 东北虎豹国家公园管理局与国家林业局猫科动物研究中心在东北林业大学联合组织召开"东北虎豹国家公园基本建设与管理能力提升项目方案(2018~2020)论证会",会议邀请20多位长期从事大型猫科动物科学研究与保护管理、国家公园与保护区建设、行政管理、林业经济预算等方面的领导和专家对项目进行研讨论证。

9月3日 长春专员办专员赵利、副专员李伟明深入吉林省白石山林业局开展森林资源管理与保护情况调研。

9月11日 东北虎豹国家公园管理局局长赵利带队赴延边朝鲜族自治州,就东北虎豹国家公园国有自然资源资产管理体制试点和东北虎豹国家公园体制试点工作与延边朝鲜族自治州政府州长金寿浩进行座谈,延边朝鲜族自治州林管局等相关单位负责人参加座谈。

9月12~13日 东北虎豹国家公园国有自然资源资产管理局、东北虎豹国家公园管理局在吉林和黑龙江片区的10个分局完成挂牌。

9月18~20日 东北虎豹国家公园管理局局长赵利分别与大兴沟局、珲春市局、汪清县局局长座谈,深入了解两项试点开展情况和存在的困难问题。

9月21日 甘肃省林业厅厅长、党组书记宋尚有一行到东北虎豹国家公园管理局考察学习"两项试点"经验,管理局局长赵利主持召开座谈会,介绍相关情况。

9月26日 东北虎豹国家公园国有自然资源资产管理局(东北虎豹国家公园管理局)组织10个分局,在长春召开工作会议,传达中央关于东北虎豹国家公园健全国家自然资源资产管理体制试点和东北虎豹国家公园体制试点有关精神,安排部署试点期间重点工作任务,签订并递交保护东北虎豹责任状。

10月12~13日 吉林省委常委、常务副省长林武带领省直相关部门负责同志赴珲春市就深入贯彻中央深改组会议精神、全面完成东北虎豹国家公园体制试点任务进行督导和调研,东北虎豹国家公园管理局副局长李伟明参加调研并汇报工作。

10月17日 东北虎豹国家公园管理局局长赵利向国家林业局副局长李春良汇报近期工作情况,重点汇报了东北虎豹国家公园国有自然资源资产管理局(东北虎豹国家公园管理局)"三定方案"、租赁办公地点、项目申报以及资金管理等工作。李春良对东北虎豹国家公园取得的工作成绩给予充分肯定,明确表示,国家林业局一定做东北虎豹国家公园建设的坚强后盾,大力支持东北虎豹国家公园的各项工作。

10月17日 国家林业局人事司召开会议专题研究东北虎豹国家公园国有自然资源资产管理相关事宜,赵利到会并就东北虎豹国家公园自然资源资产管理局关于两项试点工作开展情况、下步工作安排和工作建议进行了详细介绍。会议对东北虎豹国家公园自然资源资产管理体制试点任务分工方案进行了讨论。同日,国家林业局公园办在甘肃举办国家公园体制试点培训班,东北虎豹国家公园管理局副局长傅俊卿作交流发言。

10月19日 国家林业局人事司副司长郝育军带队,国家林业局公园办主任严钊和东北虎豹国家公园国有自然资源资产管理局局长赵利一同前往中央编办汇报东北虎豹国家公园国有自然资源资产管理局(东北虎豹国家公园管理局)体制试点"三定方案"等事宜。

10月20日 赵利出席由国家林业局国家公园筹备领导小组组织召开的东北虎豹国家公园国有自然资源资产管理体制试点工作推进协调会,会上介绍了"两项试点"工作开展情况并建议尽快明确试点的"三定方案"。中央编办、国家发改委、国土资源部以及吉林、黑龙江两省有关部门参加会议。与会各单位相继对各自承担的工作进展情况进行汇报。会议决定建立沟通协调机制,进一步明确分工、明确责任、明确时间节点。

10月23日 国家林业局计资司召开会议,专题研究部署落实东北虎豹国家公园国有自然资源资产管理局试点期间项目申报和资金管理有关事项。

10月30日 东北虎豹国家公园管理局组织召开由吉林省林业厅、黑龙江省林业厅、黑龙江省森林工业总局计划处、保护处处长和有关人员参加的东北虎豹国家公园2018年项目计划预安排会议,根据会议精神,4家单位联合印发了《关于报送东北虎豹国家公园建设项目申报材料的通知》,要求各分局组织申报2018年投资项目。

10月31日 东北虎豹国家公园管理局召开全体会议,对《东北虎豹国家公园总体规划》(征求意见稿)进行研究讨论,提出相关意见和建议。

11月1~3日 东北虎豹国家公园管理局副局长李伟明参加在吉林省珲春举行的由国家发展改革委、中编办组织的东北虎豹国家公园自然资源资产管理体制试点工作情况调研督导组座谈会,并针对试点批复后的国有自然资产管理机构组建情况、管理体制运行情况、基层政府对试点的态度等方面作了汇报。

11月2日 自然资源保护协会(NRDC)副总裁苏珊·莱夫克维茨、中国区主任钱京京等一行,在国家林业局对外项目合作中心有关人员陪同下到东北虎豹国家公园国有自然资源资产管理局开展洽谈合作,双方希望今后能在国家公园国有自然资源资产有效管理与有偿使用、提升公园建设效益、解决野生动物与社区冲突、建立多方参与的自然资源保护管理机制以及相关政策与法律的研究等方面开展合作。

11月6日 西安专员办一行到东北虎豹国家公园管理局调研"两项试点"情况,副局长李伟明主持召开座谈会并介绍工作。

11月8日 东北虎豹国家公园管理局组织召开东北虎豹标识征集获奖作品专家评审会,会议邀请国内相关领域的专家十余人,对获奖作品进行全方位的评审,确定一等奖1名,二等奖1名和三等奖3名。

11月8~9日 东北虎豹国家公园国有自然资源资产管理局(东北虎豹国家公园管理局)在汪清县举办东北虎豹国家公园国有自然资源资产管理体制试点和东北虎豹国家公园体制试点培训班,对东北虎豹国家公园自然资源监测体系、东北虎栖息地巡护管理与监督、东北虎保护的生物学需求、东北虎保护的实践与思考等内容进行培训。

11月10日 东北虎豹国家公园管理局在哈尔滨市组织召开《东北虎豹国家公园总体规划》征询意见会,国家林业局规划院反馈了第一次征询意见的修改情况并再次向黑龙江省有关部门征询意见。

11月11日 东北虎豹国家公园国有自然资源资产管理局局长赵利带领工作组,到珲春局和珲春市局,对东北虎豹国家公园国有自然资源资产管理体制试点和东北虎豹国家公园体制试点工作进行检查督导。

11月14~15日 赵利率员参加国家林业局计财司组织的东北虎豹国家公园2018年度中央预算内项目申报工作协调会。

11月15~17日 东北虎豹国家公园管理局委托吉林大学行政学院对"两项试点"管理机构编制和职能设置展开调研。

11月15~17日 东北虎豹国家公园管理局组织国家林业局猫科动物研究中心等部门的8位专家,就国道丹阿公路改扩建工程对东北虎豹国家公园虎豹保护的影响进行现地调查。

11月24日 东北虎豹国家公园管理局在长春市组织召开《东北虎豹国家公园总体规划》征询意见会,国家林业局规划院反馈了第一次征询意见的修改情况并再次向吉林省有关部门征询意见。

11月25日 东北虎豹国家公园管理局、吉林省林业厅、黑龙江省林业厅、黑龙江省森林工业总局联合印发《关于印发〈开展严厉打击乱捕滥猎野生动物专项行动实施方案〉的通知》,部署从11月1日至翌年1月31日开展集中打击乱捕滥猎野生动物违法犯罪活动。

12月5日 东北虎豹国家公园国有自然资源资产管理局局长赵利带领工作组,到天桥岭、汪清局、大兴沟局、汪清县局4个分局,对东北虎豹国家公园国有自然资源资产管理体制试点和东北虎豹国家公园体制试点工作进行检查督导。

12月13~14日 东北虎豹国家公园管理局派员参加吉林省发展改革委组织的东北虎豹国家公园体制试点2018年度中央预算内投资项目专家评审会。

12月20日 东北虎豹国家公园管理局与吉林、黑龙江两省国土部门就试点区自然资源资产确权登记工作

开展座谈研讨。　　（长春专员办由胡玉飞供稿）

黑龙江省专员办（濒管办）工作

【综　述】　2017年，黑龙江专员办（濒管办）坚持以党的十八大、十九大精神为统领，深入学习贯彻习近平总书记系列重要讲话精神，进一步解放思想、更新理念、扎实工作、勇于担当，不断创新工作方式方法，切实加大监督管理力度，认真履行职能职责，坚决打击破坏森林资源违法行为，为助推黑龙江省生态文明和林业现代化建设发挥了重要作用。

【督查督办毁林案件】　坚持把督查督办破坏森林资源案件作为"第一职责"，健全完善督查督办案件内部工作机制，建立督察督办案件联合工作机制，重点督查督办新闻媒体曝光的案件、国家林业局批转的案件、专员办在监督工作中发现的案件、群众来信来访举报的案件等。实行案件清单制度，办结一起，销号一起，坚决杜绝"半截号"案件。全年共督查督办案件663起，按照《党政领导干部生态环境损害责任追究办法（试行）》规定，督办处理相关责任人518人，约谈地市县政府、林业局领导39场次，所有案件均全部督查办结。

【强化资源保护监管】　全面加强对林地保护利用规划、林地用途管制、林地及湿地保护红线等制度执行情况的监督，全年共现地审查占用林地项目3项64.36公顷，全年检查使用林地建设项目20项、发现问题7个，督办处理相关责任人26人。扎实抓好全面停伐监管，对重点国有林区在2014年试点的基础上，坚持执行"五个严格"规定，森林抚育严禁出材，对地方林业切实加强对天然林保护的监督，严禁对天然林实施皆伐改造，严禁天然林商业性采伐，全省森林抚育消耗蓄积10.46万立方米。按期完成国有重点林区和地方林业森林资源管理情况检查、森林抚育作业和调查设计质量两个1%检查、地方人民政府保护发展森林资源目标责任制建立执行情况检查等重点监督检查任务，启动完成了全国森林资源管理全覆盖检查黑河试点工作，对黑河市爱辉区等6个县（市、区）进行现地核查。全年各项核查检查共下发《整改通知书》43份，发现问题450个。对驻在地区森林资源保护、利用和管理情况实施监督检查，向国家林业局、黑龙江省政府提交了《2016年森林资源监督报告》。

【履约宣传】　坚持把濒危物种履约管理作为重要职责之一，重点宣传展示濒危物种进出口管理的公约、法律法规和生物多样性保护知识，在抚远、同江2个口岸印发宣传资料4.5万份，实现了黑龙江省一类口岸履约宣传全覆盖。牵头召开黑龙江省部门间CITES执法协调工作小组联席会议，制订打击濒危物种非法贸易联合行动方案。举办黑龙江省进出口企业管理业务培训班，来自省内74家进出口企业的代表参加培训，组织干部参加国家林业局举办的各类学习培训班7期，培训16人（次），并在国家林业局濒管办举办的2017年濒危物种履约管理培训暨工作会议上作典型经验发言。组织开展进出口行政许可监督检查、联合执法专项行动。协调东北林业大学野生动植物检验检测中心为海关、缉私和工商等部门提供司法鉴定服务，签订司法鉴定协议。

【依法行政】　坚持以"法制化标准、阳光化办公、流程化操作、规范化管理、社会化监督"为原则，不断完善国家林业局委托专员办的林木采伐、濒危物种进出口行政许可流程，在依法合规的前提下，按照简便、快捷的要求，简化审批流程，压缩审批时限，明确责任人和办理人，保证快捷流程落实到位，尽力为申办企业和群众提供高效便捷服务。在绥芬河市行政服务中心设立办证室，按照国家林业局安排率先在全国开展网上办证试点，为进出口企业减少来往哈尔滨办证差旅费支出600多万元。全年共核发《林木采伐许可证》3999份，核发濒危物种进出口许可证书12 586份，涉及贸易额19.05亿元。

【学习培训】　坚持把加强理论学习作为一项重大的政治任务，深入学习贯彻习近平新时代中国特色社会主义思想和党的十九大精神，努力构建理论学习常态长效机制。不断夯实党组理论学习中心组学习制度，共开展党组中心组（扩大）学习11次，党支部集中学习13次，党小组学习25次；创新定期集体学习制度，开展为期两周的分散自学；注重推行全员轮训培训制度，45人（次）参加了国家林业局和有关部门举办的各类培训班，按照计划自办培训班2期、培训基层人员260多人（次）；打造"龙江监督学研讲坛"品牌，实行阶段性、有计划、分专题的重点学习，开展研讨式、互动式、调研式学习，全年举办论坛专题讲座9次。

【管理工作】　坚持把加强机关建设和作风建设摆上重要位置，把制度建设摆在突出位置，修订完善《黑龙江专员办（濒管办）工作制度汇编》，内容由39项增加到53项，切实做到用制度管人、管财、管物、管事，制度面前人人平等。严格遵守八项规定，积极开展"四风"问题整改整治，全年共形成正式文件59份，同比减少6%，严格"三公"经费管理，支出严格控制在预算核定标准以内。严格执行公务用车管理制度，杜绝公车私用；下基层监督检查必须携带"五书一卡"，做到"四个严禁""两个不许"，各类检查核查压缩20%，监督效果明显提升。办公用房均没有超过规定标准。全年共向国家林业局提供信息131条，信息化率评测成绩始终走在国家林业局直属单位前列。领导班子深入基层调研3个月左右，起草专题调研报告4篇，主要领导调研起草的

《黑龙江重点国有林区改革试点情况的调研报告》，为国家林业局领导和有关司局了解情况、科学决策提供了参考和依据。

【党建工作】 坚持思想建党、组织建党、制度治党紧密结合，全面落实党建主体责任，不断夯实党建基础工作，推动党的建设科学化、制度化、规范化。把学习宣传贯彻十九大精神作为首要政治任务，通过第一时间集中收听收看、领导干部带头撰写体会、购买学习辅导读本等方式掀起学习热潮。将国家林业局巡视发现问题整改工作作为一项重要政治任务，成立领导小组，制订整改方案，落实问题清单、整改清单和责任清单，集中时间、集中领导、集中力量于11月全面完成整改工作。扎实推进"两学一做"学习教育常态化、制度化，充分发挥支部主体作用，开展"喜迎十九大，做合格党员"主题征文，"弘扬艰苦奋斗精神，争做林业好干部"主题联学共建，"牢记使命、履职尽责、强化监督"创先争优竞赛，"以案释纪明纪，严守纪律规矩"警示教育月和深化党员干部学习教育"灯下黑"问题专项整治等活动，营造了风清气正的政治氛围，党组织的创造力、战斗力和凝聚力明显增强，为各项工作任务顺利完成提供了坚强保障。

【林业大事】
1月10日 传达贯彻全国林业厅局长会议精神，部署全年森林资源监督和濒危物种进出口管理工作。

1月12日 听取黑龙江省森林公安局对专员办移交的26起非法开垦破坏森林资源案件的初步查办情况的汇报。

2月18日 办党组书记、专员袁少青出席黑龙江省森工总局召开的全省森工工作会议并讲话。

2月23日 向黑龙江省人民政府提交《2016年黑龙江省森林资源监督报告》。

3月7日至4月14日 分别约谈相关林业局就2016年森林资源管理情况检查发现问题整改情况进行汇报。

3月20日 办党组书记、专员袁少青出席伊春市森林资源管理监督工作会议并讲话。

4月29日至5月3日 办党组书记、专员袁少青列席黑龙江省第十二次党代会。

4月17日至5月初 领导班子成员分别带队就国有重点林区改革工作进展情况、黑龙江省地方林业天然林停止商业性采伐后现状、林区转型发展和森林资源监管情况等问题进行专题调研。

6月15~29日 对40个龙江森工所属林业局开展森林抚育作业质量1%检查。

6月30日至7月中旬 与国家林业局调查规划设计院共同组成检查组对黑河市爱辉区、逊克县开展森林资源管理全覆盖检查试点工作。

7月10日至7月底 对黑龙江省森工总局所属的3个林业局和1个直属单位的4个建设项目永久使用林地行政许可、森工总局配套批复的临时使用林地行政许可实施情况进行全面检查。

7月24日至8月15日 听取森林资源管理全覆盖检查黑河市试点的相关区、县进行工作情况汇报。

9月11日 举办全省重点国有林区森林资源监督业务培训班，共102人参加培训。

9月13日至10月25日 完成龙江森工所属20个林业局和6个直属单位2016年森林资源管理情况全覆盖检查工作。

10月30日至11月15日 开展全省森工林业局森林抚育经营调查设计质量核查。

11月14日 办党组书记、专员袁少青出席黑龙江省国有重点林区森林资源管理工作视频会议并讲话。

12月30日 完成《黑龙江专员办（濒管办）制度汇编》修订工作，内容由39项增至53项。

（黑龙江省专员办由沈庆宇、叶强供稿）

大兴安岭专员办工作

【综　述】 2017年在国家林业局党组的正确领导和有关职能部门的指导下，按照全局的统一部署和资源司、监督办的总体工作安排，紧紧围绕森林资源监督的中心任务，切实转变作风，进一步加强机关党建工作，全面落实从严治党新要求，深入开展"两学一做"学习教育，强化资源监管、执法监督和林地保护，圆满完成各项森林资源监督工作任务，为促进大兴安岭生态建设发挥了积极作用。

【森林资源监管】 全额控制森林资源消耗，坚守资源保护红线，停伐工作未发生反弹。充分发挥林木采伐证的控制作用，严禁森林抚育出材，利用"两个1%"核查加强森林抚育调查设计和作业质量检查，对剩余物清捡等环节持续跟踪监督，实行采伐限额全额控制、精细化管理，严控森林抚育经营性消耗，将占用林地采伐、烧柴和养殖业用材、企业自用材等纳入了采伐限额全额控制管理，控制非经营性消耗，确保大兴安岭林区森林资源持续恢复性增长。

【林地利用监管】 加强林地定额执行情况及临时占用林地为林业生产服务占用林地审批的监督。开展建设项目使用林地现地审核工作，核查使用林地面积12.28公顷。对探矿项目使用林地情况及植被恢复情况进行调查。对大兴安岭林业集团公司林地范围内矿产资源开发等项目使用林地进行了现地核查。采取卫片判读和现地抽查的方式加强国家级保护区林地保护管理情况检查，提出了管理中的6个方面问题和监督建议。判读出各保护区林地利用图斑4456个，判读面积17 299.6公顷，对其中2015年以来有变化的26个图斑进行了现地检查。开展林地许可被许可人检查，检查国家林业局指定征占用林地项目12项，查出违法违规占地项目7项合计1.49公顷，下达整改通知书7份。

【设计质量核查】 进一步加强森林抚育调查设计质量监管，确保调查设计质量稳定，促进森林科学经营。强化新建和维修公路等占地建设项目工程调查设计质量核查，积极服务重点工程、林区经济转型和民生工程建设项目。核查森林抚育调查设计小班48个、面积818.6公顷；核查其他各类工程建设占用林地项目61个，检查地块252个、面积148.98公顷，作废不合格调查设计小班29个，检查地块调查设计合格率88.5%。

【严格采伐审批】 全年共核发林木采伐许可证14 637份，核发面积184 234.8公顷，核发蓄积量223 121.4立方米，核发占用林地出材27 378.5立方米。完善与采伐证核发相关的工作程序。特别是对伐区调查设计的外业作业、内业管理以及材料存档等方面进行了规范指导，规范了特殊情况采伐程序，确保林木采伐许可证核发质量和提高办证效率，为森林抚育经营和林区经济建设发展提供优质高效服务。

【森林综合抚育监管】 就森林综合抚育试点工作提出监督意见。即实行公示制度、伐区拨交验收制度、作业进度周报制度。明确要求驻林业局监督办对抚育生产各环节全程跟踪监督。特别对加强幼苗幼树和林下灌木等野生植物保护提出具体监督指导意见，在保证森林抚育质量基础上，突出加强森林生态系统的完整性和生物多样性保护。针对林区森林资源现状，按照有利于生态保护、有利于统一管理、有利于生产作业、有利于职工增收的原则，大力推行沟系经营的森林综合抚育理念。各局森林抚育调查设计面积达到总设计面积的20%以上。

【案件督查督办】 督查督办案件184起，涉林地违法犯罪案件183起，1起涉林木案件。涉案林地154.2公顷，收回林地106.8公顷。办结148起，未办结36起，办结率80.4%，行政处罚92人，刑事处罚22人。

【资源管理问题督办】 按照国家林业局《关于2016年东北内蒙古重点国有林区森林资源管理情况检查结果的通报》要求，通过下达督办意见、召开督办会议、审查督办材料等措施，紧密跟踪督办，全面推进大兴安岭林业集团公司和所属8个受检林业局资源管理问题整改工作，并取得实效。国家林业局通报154起案件，办结111起，未办结43起，处理违法犯罪直接责任人71人，罚款155万元，收回林地93.1公顷。整改工作共问责局场两级领导干部和管理、管护人员154人，进一步提高了各级领导干部的森林资源保护管理责任意识。

【资源管理检查】 检查组驱车里程达2.7万千米，步行踏查1971千米，共检查林业局10个和国家级自然保护区4个。检查林场等生产经营单位81个，涉及小班914个，共查出各类破坏森林资源案件地块112个。其中：违法占地93个、占地面积35.5公顷、采伐蓄积量264.31立方米；违法开垦5个、面积1.12公顷；无证采伐14个、面积5.69公顷、采伐蓄积量69立方米；检查已审核审批工程占地建设项目92个，查出少批多占、异地占用等违法占地地块25个、面积3.66公顷。针对存在问题提出监督意见和建议。

【野生植物监管】 要求大兴安岭林业集团公司严格控制割灌强度和加强幼树保护，建议针对林区天然林冻土森林生态系统特性，全面停止割灌。2月初在十八站林业局发现违法采集兴安杜鹃干枝苗头性问题后，立即界定为违法采集野生植物案件，随即制订了文件范本，督办各林业局发文规范管理，并加强案件查处指导工作，全面加强兴安杜鹃保护。对停止商业性加工销售象牙及制品进行了专项监督。针对森林资源利用工作中强化野生植物资源和生物多样性保护提出监督指导意见。

【野生动物保护监管】 加强对野生动物保护及保护区能力建设监督。元旦、春节期间与大兴安岭林业集团公司组成联合检查组，对违法经营野生动物情况和非法运输野生动物情况进行检查。5月上旬，与大兴安岭林业集团公司共同开展"爱鸟周"等宣传活动，营造严厉打击破坏野生动物资源违法犯罪行为的氛围。对野生动物疫源疫病监测与防控工作进行全面监督。

【湿地及自然保护区监督】 对国家级保护区进行监督检查。深入南翁河、多布库尔湿地调查保护情况，针对湿地数据不完善、缺少资金支撑等问题提出意见和建议。针对保护区存在历史遗留的种养殖户问题提出监督意见。

【完善监管办法】 制订《大兴安岭专员办森林资源监督工作约谈办法（试行）》，明确资源管理问题约谈范围、条件、主体、方法、程序等事项，实现了约谈工作制度化、规范化。全年约谈资源管理人员和相关责任人29人次。完善《林木采伐许可证核发程序》，明确防火阻隔带建设、军事设施占用林地建设项目、其他计划外增加的特殊采伐等林木采伐许可证申办程序，确保林木采伐许可行政行为的公开、公正、规范和透明化。制订《伐区调查设计和作业质量实施办法》，对核查工作材料准备、小班抽取、检查内容、问题整改等进行详细规定，规范核查工作程序和检查标准。

【遥感技术培训】 4月份举办为期一周的卫星遥感技术应用培训班，邀请资源管理工作经验丰富的卫星遥感技术专家对单位业务骨干进行集中学习培训。培训班坚持理论与实践相结合，注重资源管理实践技术操作应用，先后学习了森林抚育、工程占地等数字信息矢量化技术、卫星遥感技术及卫片判读实际操作技术等业务知识和技能，为其后在资源监管工作中普及应用卫星遥感技术、全面提升资源监管水平和实效打牢了技术基础。

【林业数据管理】 全面推进森林调查矢量化工作，为建立林业大数据和全面提升林区森林经营管理水平奠定技术基础。加强与大兴安岭林业调查规划设计院的联系，建立遥感数据管理中心，进一步规范对林业电子数据管理，有效防止泄密事件发生。

【资源监督报告】 向大兴安岭林业集团公司提交《2017年度森林资源监督通报》，通报肯定大兴安岭林业集团公司森林资源保护管理成效，停伐成果得到巩固，资源管理日趋规范，森林资源持续恢复增长，林区干部职工生态意识明显增强。同时，对"违法开垦历史问题亟待解决、工程建设项目存在违法情况、森林资源管护基础设施薄弱、生物多样性保护有待加强、林政执法力度有待提高"等问题，建议大兴安岭林业集团公司，继续巩固停伐成果，严格控制森林资源消耗。大力推进以直播、人促、补植为主，以修枝、卫生清理为辅的森林综合抚育模式。重点专项整治违法开垦，坚决维护林权证的法律地位。加强工程占地监管，加大林政执法力度，提高执法实效。进一步加大林下经济种植清理整顿力度。加强湿地保护管理和自然保护区体系建设。建立健全资源监督管理问责制度，促进监督办在资源保护管理一线积极作为，切实发挥监督职能作用。

【联合办案机制】 继续完善大兴安岭专员办、大兴安岭林业集团公司、大兴安岭检察分院联合办案机制，研究解决工作协作配合方面的重大问题。加强日常联系，具体工作中相互支持和帮助，并对一方所掌握的破坏森林资源违法犯罪案件线索，根据情况需要，共享给其他一方或多方。建立并实行督办查处破坏森林资源违法犯罪案件联席会议制度，联合督办查处领导关切、群众关心、社会关注的重大破坏森林资源犯罪案件。成员单位围绕国家有关法律法规贯彻落实情况、涉林违法犯罪案件查处等开展联合监督检查。

【监督管理业务培训】 11月7日，举办森林资源监督管理培训班。大兴安岭专员办各处处长及相关人员和大兴安岭林业集团公司资源、营林、野生动植物等主管部门、驻各林业局森林资源监督办、各林业局、各国家级自然保护区有关负责同志等50人参加培训。培训班结合大兴安岭森林资源监督管理工作实际，精心设置课程，邀请国家林业局资源司、规划院的专家开展专题讲座。为提升森林资源监督工作水平、提高监督实效和监管能力奠定了坚实基础。

【工作制度建设】 完善《大兴安岭专员办工作规则》《谈话提醒制度》《廉政意见反馈书》《公务接待办法》《车辆使用管理办法》等一系列内部控制管理制度。制订《督查督办破坏森林资源案件管理办法》《森林资源监督工作约谈办法》《林政案件接访管理制度》等，对监督业务工作程序、标准进行全面规范。

【思想组织建设】 在抓思想建设上从学习入手，积极营造浓厚的学习氛围。坚持以学习强认识、以学习提思想、以学习促行动。重点是在用习近平新时代中国特色社会主义理论武装头脑、指导实践、推动工作。全面落实《新形势下党内政治生活准则》《中国共产党党和国家机关基层组织工作条例》。借鉴和延续创先争优等多项活动的做法和经验，突出怎么建设，明确达到目标。办领导坚持以普通党员身份参加党小组的组织生活，坚持在重大执法监督检查前沿建立临时党支部。为加强党组织统筹、领导力量，办工会主席和党支部书记均由副专员担任，纪检委员由办党组秘书、综合处长担任，充分展现了党建工作在围绕中心、服务大局中的地位和作用。全年累计召开支部委员会13次，党员大会4次，党小组会30次，党小组开展活动7次，举办专题党课讲授4次。

【党风廉政建设】 党风廉政建设坚持做到突出重点、强化机制、教防并举。建立层层负责的党风廉政建设工作机制，形成了一把手负总责，分管领导具体抓，各处长具体负责的工作格局。有效增强制度约束和制度执行的实效性。组织开展八项规定执行情况自查自纠和"四风"问题集中检查，组织党员干部进行党规党纪必读知识学习。进一步完善"三重一大"议事规则，开展包括《廉政意见反馈意见书》等4项制度在内的内控制度建设，严格执行请示报告和个人重大事项报告制度。开展"以案释纪明纪严守纪律规矩"主题警示教育月活动。强化警示教育和风险防控，组织全体党员集体参观了大兴安岭地区警示教育基地，增强党员干部的纪律意识，筑牢拒腐防变的思想防线。

【巡视整改工作】 办党组站在讲政治、讲纪律、讲大局、讲责任、讲原则的高度正视存在的问题，对照巡视反馈意见进行深刻反思，把各项整改措施落到实处。将反馈意见中的问题和建议细化分解，建立问题清单、任务清单、责任清单，对每一个具体任务都分别提出整改目标、具体整改措施，明确分工、责任领导、整改完成时限和工作要求。做到事事有着落、件件有回音，完成巡视整改5方面10个问题。

【林业大事】
1月4日 专员陈彤参加在福建三明市召开的全国林业厅局长会议和全国严厉打击非法占用林地等涉林违法犯罪专项行动情况通报会。

2月16日 调研组到塔河林业局调研森林综合抚育项目有关情况。

3月3日 召开2016年度森林资源管理情况检查结果整改汇报会，听取8个林业局和大兴安岭林业集团公司整改情况汇报。

3月16日 专员陈彤参加2017年大兴安岭地区春季森林防火工作会议。

4月9日 召开专员办公会，专题听取集团公司关于违法采集兴安杜鹃的情况汇报，并提出督办意见。

4月11日 召开专员办公会，专题研究探矿临时占地监管问题。

4月15日 专员陈彤带队赴呼中林业局检查森林防火和资源管理工作。

6月28日 全体职工参加专员办党支部与加格达奇资源科党总支组织的"党员共建林"植树活动。

7月21日 召开专员办公会，研究探矿破坏林地的相关事宜，议定下一步工作重点。

8月17日 组成专项检查组对塔河、漠河两地开展林业安全生产进行督查。

9月13~20日　副专员杜晓明先后深入塔河等7个林业局进行调研。

11月6日　在山东淄博原山林场举办森林资源监督管理培训班暨工作会议。

11月14日　召开资源管理情况检查领导小组会议，专题听取资源管理情况检查情况。

（大兴安岭专员办由赵树森供稿）

成都专员办（濒管办）工作

【综　述】　2017年，成都专员办深入贯彻落实党的十九大精神和习近平新时代中国特色社会主义思想，在国家林业局党组领导下，牢固树立创新、协调、绿色、开放、共享的发展理念，紧紧围绕国家林业局和监督区内三省（区、市）党委、政府工作大局，认真履行岗位职责，大力推进全面从严治党向纵深发展，高度重视班子自身建设和干部队伍建设，努力开拓森林资源和濒危野生物种保护管理监督工作新局面。2017年，成都专员办"读书年"活动被评为国家林业局优秀学习品牌，综合处党支部被中共四川省直机关工委评为"五好党支部"。

【森林资源监督】　根据全国森林资源管理工作会议的部署安排，按照国家林业局统一部署和要求，着力推进森林资源监督工作，努力在建立健全监督机制、创新工作方法、增强监督能力、提高监督实效等方面下功夫，勇于突破"瓶颈"，补足"短板"，全面提高森林资源监督水平。

编写监督报告　分别向四川省、重庆市、西藏自治区人民政府提交了2016年度森林资源监督报告，肯定了森林资源保护发展所取得的成效，客观分析森林资源保护工作存在的问题，有针对性地提出了建议意见。报告得到高度重视，时任四川省副省长王铭晖、重庆市副市长刘强、西藏自治区副主席其美仁增高度重视并作出重要批示。

开展监督检查　一是完成15个建设项目使用林地行政许可监督检查，审核审批林地面积合计1810.93公顷，收取森林植被恢复费合计16 184.01万元，检查发现5个项目存在违法使用林地的情况。二是会同国家林业局昆明院对四川省旺苍等8个县（市）开展了森林资源管理情况检查，会同国家林业局西北院对重庆市彭水县开展了森林资源管理情况检查，对该9个县（市）政府保护发展森林资源目标责任制的建立和执行情况进行了考评，结果为：旺苍县、天全县、犍为县、理塘县、沐川县优秀；古蔺县、什邡市、洪雅县、彭水县良好。同时，抽取了四川省荥经县和重庆市南川区进行检查。三是对四川省2017年新开工重点项目中的15个项目使用林地情况进行了监督检查，督促各级林业主管部门对新开工项目开展事前监督服务工作，对使用林地的续建项目开展事中监督检查工作，对已获得使用林地行政许可的项目要求林业主管部门全面掌握项目使用林地情况。四是对四川省、重庆市全面保护长江经济带林业资源专项行动进行了督查督办，上报了督办报告。五是开展了大熊猫国家公园试点四川省市县森林资源管理情况的监督检查，组成3个片区工作组，办领导分别带队对试点范围内的7个市（州）中的7个县开展了森林资源监督管理检查。六是对四川省雅安市雨城区森林可持续经营试点工作进行了监督检查，向国家林业局资源司报送了监督检查报告。

督查督办涉林案件　以督查督办破坏森林资源案件作为第一职责，密切关注建设项目违法占用林地、自然保护区、大熊猫国家公园试点范围等重点领域问题，严肃督查督办了一批涉林案件。2017年，成都专员办监督区共受理各类涉林案件13 410起，查处完结12 999起，其中立刑事案件1600起，破刑事案件1359起；立特大刑事案件139起，查处123起；收缴野生动物及制品15 505只，木材19 246立方米。其中，成都专员办重点督查督办涉林案件75起，其中59起违法使用林地案件，涉及林地83.07公顷，16起违法违规采伐林木，涉及林木蓄积量761.67立方米。一是开展了四川盐源、重庆石柱等11个县（市）2016年森林资源管理问题查处整改的督办工作，对涉嫌违法使用林地的67个项目和涉嫌违法采伐林木的12个图斑逐一进行了检查。共刑事立案13起，行政处罚42起，处罚39人（单位），罚款253.42万余元。二是督查督办2017年建设项目使用林地行政许可监督检查中发现的7起案件，依法进行了处理。三是认真督查督办国家林业局批转和群众举报的案件，共收到上级批转、群众举报的涉林案件共6件，都已办结，相关责任人得到处理。四是追踪督办四川省2016年森林资源管理存在问题中未结案件的查处整改，结合中央环保督查组督查四川的行动，加大对违法使用林地案件的督办力度。五是在对四川省大熊猫国家公园体制试点市县的监督检查中，督查督办了中央环保督查移送林业部门的涉林案件33件，现地督查共发现9起涉林案件。

健全监督机制　一是与川渝藏林业厅（局）对进一步加强涉林案件信息交流、建立共享机制进行了研究，明确了资源管理部门、森林公安局与专员办定期交流涉林案件信息，形成合力共同打击破坏森林资源行为。二是完善了与国家林业局西北院、昆明院联合工作机制，充分运用国家林业局规划院监测成果，增强监督工作的针对性、科学性和时效性，特别是对重大案件的督查督办发挥直属院技术保障作用。三是完善了与监督区检察院联席机制，及时交流沟通林业案件查处情况，分析涉林案件趋势及防范措施，对一些重大、具有社会影响的涉林案件，建立了联合督办工作机制。

举办资源管理培训班　10月15日在四川省乐山犍为县举办了乐山片区森林资源监督管理培训班，培训人员89人次；11月28日在重庆举办了部分区县森林资源管理培训班，共计50人参加了培训。

【濒危物种进出口管理和履约执法】 以做好野生动植物进出口行政审批为重点，加强行政许可管理，认真开展行政许可检查，积极协调CITES履约执法，开展野生动植物保护和濒危种履约执法宣传，严防非法贸易，为合法经营的野生动植物进出口企业提供简便、快捷的服务。

行政审批 根据国家濒管办近年来对行政许可在电子政务、监督检查、分级管理等方面工作进行的改革，及时完善行政许可审批及监督检查流程，规范常规业务工作，提高工作效率。2017年全年共办理各类证书1777份，其中公约证211份，非公约证1359份，物种证明207份，涉及贸易总额39 331万元。

履约执法宣传教育 一是积极响应CITES秘书处和国家濒管办号召，大力加强"世界野生动植物日"的宣传，联合四川省林业厅、野保协会和绵阳市政府等多家单位于3月3日在绵阳市青年广场举办了2017年"世界野生动植物日"暨四川省第36届"爱鸟周"宣传活动。二是发挥CITES履约执法协调小组职能，及时对新信息进行通报，分别给重庆市林业局、西藏自治区林业厅、重庆渔政、成都市海关等单位和部门分送新版《濒危野生动植物种国际贸易公约》和履约执法工具书等。三是12月8日在都江堰市召开川渝两地CITES履约执法协调小组座谈会，交流信息，探讨履约执法。

行政许可检查 开展对眉山永信农林贸易有限公司、雅安普莱美生物科技有限公司、中国大熊猫保护研究中心等单位的实地监督检查，同时对2016年度行政许可进行了全面的核查、统计、分析，完成监督检查报告上报国家濒管办。

启动分级管理 3月开始启动管理辖区内各进出口企业分级管理工作，发布有关文件及要求，并做相关宣讲，耐心解答企业咨询，让企业充分了解分级管理的重要性和必要性

开展企业培训 4月24~25日，在四川省遂宁市举办川渝两地野生动植物进出口企业CITES履约执法培训班，川渝两地50多家重点野生动植物进出口企业代表参加了此次培训。12月6~8日在都江堰市开展了川渝两地野生动植物保护管理及履约执法培训班，来自川渝林业厅（局）、森林公安局及成都海关和重庆海关等单位的70余人参加。

【"两建"工作】 坚持"围绕中心抓党建，抓好党建促发展"的工作思路，进一步建立健全党建工作责任制，重点落实全面从严治党责任，深入推进"两学一做"学习教育常态化、制度化，全面推进机关党的政治、思想、组织、作风、制度、文化和反腐倡廉建设，党员干部队伍的凝聚力、创造力明显增强，领导班子的整体合力得到较好发挥，机关各项工作稳步推进。

党建工作 一是深入学习宣传贯彻党的十九大精神，大力加强思想政治建设；二是健全党建工作责任制，及时调整党建工作领导小组成员，坚持党建工作和中心工作两手抓两手硬；三是健全党风廉政建设责任制，明确党组书记是单位党风廉政建设第一责任人，与局党组签订党风廉政建设责任书，与2名班子成员签订责任书，并明确办党总支纪检委员对党风廉政建设的监督责任；四是加强廉政建设规章制度的学习，落实中央八项规定精神和反对"四风"的要求，深入学习《中国共产党廉洁自律准则》等党内法规和廉政文件、学习读本；五是认真组织推进"两学一做"学习教育常态化制度化，深化党员学习教育"灯下黑"专项整治；六是以高度的政治责任感，积极配合局巡视组完成了对成都专员办的专项巡视，认真抓好巡视反馈问题的整改落实。

机关建设 一是加强班子和干部队伍建设，认真贯彻执行民主集中制和"三重一大"事项集体决策制度，对班子成员进行明确的分工，进一步增强领导班子的凝聚力、战斗力。为不断充实完善干部队伍，2017年提拔了一名处长、两名副处长、两名处级非领导职务。二是进一步完善用制度管人、按制度办事、靠制度运行的有效管用机制，推动各项工作规范科学开展，组织新制订了《国家林业局驻成都专员办会议管理实施细则》《国家林业局驻成都专员办公务出行保障办法》，进一步完善了财务管理制度。三是组织开展严肃财经纪律重点检查工作发现问题整改、建立防治"吃空饷"问题长效机制自查、违规购买消费高档白酒问题自查自纠等专项自查工作。四是重视群团工作和工会工作，依法依规保障职工福利，鼓励职工参加各项文体活动，增强职工体质和集体荣誉感。关心职工生活，对职工有困难时能够及时组织人员进行关心慰问，送温暖。五是树立良好的机关工作风貌，不断改善机关工作条件和环境面貌，努力营造整洁、卫生、现代、文明的环境，树立文明机关形象。

【林业大事】

3月3日 成都专员办联合有关单位在四川省绵阳市青年广场举办了2017年"世界野生动植物日"暨四川省第36届"爱鸟周"宣传活动。

4月20日 国家林业局人事司和四川省委组织部组成的工作组到成都专员办召开全办大会，宣布任职决定：苏宗海任成都专员办党组书记、专员（主任）。

4月24~25日 成都专员办在四川遂宁市举办了川渝两地野生动植物进出口企业CITES履约执法培训班。

6月15~19日 国家林业局党组第三巡视组对成都专员办开展专项巡视。

9月15日 国家林业局党组第三巡视组到成都专员办反馈巡视意见。

10月15日 成都专员办在四川省乐山犍为县举办乐山片区森林资源监督管理培训班。

11月28日 成都专员办在重庆举办部分区县森林资源管理培训班。

12月6~8日 成都专员办在都江堰市举办川渝两地野生动植物保护管理及履约执法培训班。

12月11日 成都专员办在西藏林芝召开与四川省、重庆市、西藏自治区林业厅（局）第十一次联席会议，互相通报工作情况，研究提出下一步工作要求。

（成都专员办由周赞辉供稿）

云南省专员办（濒管办）工作

【综　述】　2017年，在国家林业局党组和云南省委省政府的领导下，在有关部门的支持下，云南专员办深入贯彻落实党的十八大、十九大精神，认真学习习近平总书记系列重要讲话精神和新时代中国特色社会主义思想，扎实开展"两学一做"学习教育常态化制度化活动，围绕国家林业局党组的中心工作和决策部署，结合云南省经济社会发展实际，突出机关党的建设和案件督办第一职责，认真强化"一岗双责"，全面落实国家林业局资源司（监督办）、濒管办的工作目标任务，深入开展热点问题的追踪和调研，积极加强与相关部门的沟通和协调，巩固完善森林资源监管新理念和新手段，不断加强履约执法协调和监督服务工作，为保护云南省的森林资源和野生动植物资源、履行国际公约、维护国家生态安全、促进可持续发展贡献了力量。

【督查督办涉林案件】　把督查督办破坏森林资源案件作为首要工作，专员负总责，分管领导主要负责，处室领导具体负责，通过发督办函、现场督办、电话督办、与云南省林业厅联合督办等多种方式，对国家林业局批转、媒体曝光、森林资源管理情况检查及日常监督中发现的案件进行督查督办，直接督办查处案件140起，罚款1328.62万元，收回林地251.44公顷，依法处理419人，其中刑事处罚74人，行政处罚345人；纪律处分260人。移交地方督办案件792起。突出巩固监督理念：公益性涉林违法项目注重执纪问责，经营性涉林违法项目注重收回林地。

【森林资源监督报告】　按照监督职责，完成并向国家林业局和云南省人民政府报送《2017年云南省森林资源监督报告》，对云南省各级政府、林业主管部门履行森林资源保护管理职责的情况，肯定成绩，指出问题，分析原因，有针对性地提出意见建议，引起云南省政府领导的重视，云南省林业厅对报告做出正面回应。

【森林资源监督机制】　深化专员办和基层林业工作站协同监督机制，将办、站协同扩展为办、厅、站协同，制订监督联络员管理办法，建立微信工作群和半年报告制度。继续深化与云南省人民检察院、云南省林业厅协作配合机制，召开三方联席会议，开展"两法"衔接工作调研，形成调研报告上报最高人民检察院和国家林业局。

【林地管理督查试点】　按照国家林业局专员院长座谈会精神，起草《国家林业局驻云南专员办林地管理督查方案》，确定玉溪市易门县为督查试点县。卫片判读后，开展为期1周的林地督查外业工作，通过案件督办和约谈，收回违法占用林地9.53公顷，并进行植树造林，经检查造林成活率达90%以上。

【征占用林地项目初审】　在审查报件过程中，按照《云南省林业厅　国家林业局驻云南专员办关于做好建设项目使用林地审核审批服务与监管工作的通知》要求，与省林业厅到现场对项目用地现状及材料真实性进行核查，发现问题及时指出，责成当地政府及林业部门依法查处、整改和问责，坚持原则，依法办事。

【涉林执法检查】　参加对云南省8个县（市、区）开展的森林资源管理情况检查，并对云南省林业厅组织开展2个县的林地管理情况检查进行抽查；主导完成对国家林业局和云南省林业厅审核（批）的24个使用林地项目的行政许可被许可人检查，对发现的违法使用林地案件进行督办查处，确保案件查处到位。

【行政许可办证】　实施受理、办证、审签三级分离、相互监督的办证制度；严格依照公约和有关法律法规的要求开展行政许可工作，在申请受理、审查决定、证书核发和监督检查等各个行政许可环节按照法定权限、范围、条件的程序履行职责，确保贸易活动合法。共办理三类有效证书1339份，其中：公约证289份，贸易额14 990.2万元；非公约证942份，贸易额22 159.1万元；物种证明108份，贸易额13 449.0万元。松茸出口多次性使用证书改革试点成效明显，办证数量降幅较大，受到企业普遍认同。

【证书建档管理】　严格按照法定条件、程序、法律法规和各类规范性文件的规定以及法定时限受理办证申请，证书打印规范。在档案管理方面，设立专门的档案室，建立文书档案库、证书档案库及档案电子检索表，严格分类管理，实行登记制度，对同一批文下分期分批申报允许进出口证明书建立了登记核销制度。同时，建立电子档案和纸质档案，为科学管理企业、行政许可的后续监管、评估企业信誉等提供有利条件。

【履约宣传活动】　一是与中国老挝磨憨－磨丁经济合作区管委会、勐腊海关协商，携手开展以"严禁非法贸易"为主题的履约宣传。二是更换中越边境口岸大型履约宣传广告内容。三是更新昆明长水机场国际候机厅和国际边检履约宣传展柜的内容。四是更新昆明动物研究所野生动物博物馆内设立的履约执法宣传展区内容，图文、影视、动物产品标本相结合开展宣传。五是在3月3日第四个"世界野生动植物日"期间，携手中科院昆明动物研究所博物馆、昆明动物园等单位，采用多种形式共同开展系列宣传活动。

【履约培训活动】　首次对援非医疗队开展履约培训工作，向援非医疗队介绍了CITES公约的基本概念和履约情况，对境外工作所涉及保护野生动植物的注意事项、敏感物种、相关案例进行分析和介绍。协助普洱市政府开展边境一线执法人员打击野生动植物犯罪履约执法能力评估工作，对普洱市打击野生动植物犯罪执法部门（森林公安、海关、公安边防以及交通、邮政、运输、检疫等）能力建设进行调研与评估，对相关部门一线执法人员进行履约培训，强化基层履约意识。

【重点敏感物种监测与评估】 根据国家濒管办对"2017年度大宗贸易及敏感物种监测评估项目实施计划"的安排，与长春办事处共同承担重点物种松茸的监测工作，共同编制实施方案，认真开展调查收集、数据统计、分析、网络系统输入等相关工作，并完成专题报告，为科学决策提供依据。

【协助调研处理环保热点问题】 三家环保组织联名向环保部、水利部、国家发改委发出紧急建议函，建议暂停红河流域水电项目，挽救绿孔雀最后的完整栖息地，引起社会各界广泛关注。云南专员办与云南省林业厅先后两次对绿孔雀栖息地保护情况进行调研和执法，并及时报告相关情况。

【党建工作】 参加国家林业局、云南省委、云南省直机关工委召开的"两学一做"学习教育常态化制度化工作座谈会，学习《关于推进"两学一做"学习教育常态化制度化的实施方案》精神，并展开讨论，印发《国家林业局驻云南专员办党组推进"两学一做"学习教育常态化制度化实施方案》，对活动进行安排部署。学习教育工作开展有序、推进顺利。

认真落实党风廉政建设主体责任和监督责任，开展经常性的党性党风党纪、宗旨意识和廉洁从政教育；在党组设置纪检专员，在党支部设置纪检委员，加大督查力度；积极开展廉政理论学习和实践教育，集中观看反腐题材影视作品，开展"以案释纪明纪 严守纪律规矩"主题警示教育月活动，发放廉政教育书籍，强化廉洁自律意识。

针对国家林业局党组第五巡视组的巡视意见。云南专员办高度重视，迅速组织开展整改工作，逐项研究整改内容，认真拟定整改方案，严格抓好整改工作，整改取得显著效果。巡视整改后，加大预防和追责工作力度，加强对重点部位和环节廉洁风险的监控管理和监督检查；规范财务管理，保证资金安全运行；深化业务工作与党风廉政建设同部署、同落实、同检查。

【林业大事】
1月12~15日 在国家林业局保护司的指导和参与下，派出工作组，到大围山、轿子山两个国家级自然保护区，对保护区违法占地、毁林开垦等问题的整改情况进行检查核实。

2月14日 参加云南省集中整治破坏森林资源违法违规行为专项行动总结电视电话会议。

2月27日 与云南省林业厅召开第一次联席会议。

3月3日 与中国科学院昆明动物研究所博物馆、昆明动物园共同开展多种形式的履约宣传活动。

3月27日 与中国老挝磨憨-磨丁经济合作区管委会、勐腊海关协商，在口岸开展以"严禁非法贸易"为主题的履约宣传。

3月31日 与云南省人民检察院、云南省林业厅召开第一次联席会议。

4月11~12日 由专员张松丹任组长、云南省人民检察院副检察长施建邦和云南省林业厅副厅长夏留常任副组长的调研组一行，到红河州开远市、蒙自市，针对涉林违法犯罪发展的趋势特点、预防涉林犯罪以及在基层建立健全协作配合机制等方面开展调研。

5月5日 与国家林业局昆明院、云南省林业厅检查指导国家森林资源连续清查云南省第九次复查工作。

5月15日 与国家林业局昆明院共同研究玉溪市易门县林地管理督查试点方案。

5月26日 根据云南专员办办问责情况，云南省林业厅向全省发出《关于部分高速公路项目违法占用林地查处情况的通报》。

6月28日至7月1日 到昭通市、曲靖市就森林资源管理、石漠化治理、生态公益林建设、生态文明建设等情况开展调研。

7月6日 与国家林业局昆明院和云南省林业厅联合举办2017年森林资源管理情况检查培训班，3个单位共30余人参加培训，云南专员办、国家林业局昆明院领导出席开班仪式并讲话。

8月18日 《国林业局人事司关于对2016年度考核优秀等次人员进行表彰奖励的通知》（人干函〔2017〕78号）发布，云南专员办孙燕记三等功，张松丹、李鹏、洪加晴荣获2016年度嘉奖。

8月20日 与国家林业局昆明院联合向云南省林业厅反馈森林资源管理检查情况。

8月22~27日 专员张松丹陪同以中央纪委驻农业部纪检组副组长王会杰为组长的履职尽责情况调研组，到德宏州、保山市及云南专员办进行调研，并与国家林业局驻昆单位领导班子及相关处室人员进行座谈。

8月29日 国家濒管办检查组到云南专员办检查工作。

9月7日 国家林业局巡视组向云南专员办反馈巡视情况。

9月22日 与云南省林业厅召开第二次联席会议。

11月2日 国家濒管办云南省办事处开展CITES履约业务培训。

12月1日上午 举办国家林业局驻云南专员办20周年座谈会暨森林资源监管培训班。国家林业局副局长李树铭、云南省副省长张祖林、国家林业局部分司局及直属单位领导、云南省林业厅领导、云南省16个州（市）人民政府领导及林业局长等参加座谈和培训。云南省林业厅、各州（市）林业局、国家林业局昆明院及云南专员办的相关干部职工参加了培训班。

12月18日 专员史永林一行到云南省政府向副省长张祖林汇报工作。

12月28日 与云南省林业厅召开第三次联席会议。

（云南专员办由王子义供稿）

福州专员办（濒管办）工作

【综　述】　2017年，国家林业局驻福州专员办（濒管办）在局党组和福建、江西省委省政府的正确领导下，求真务实，开拓创新，认真落实全面从严治党责任，扎实开展森林资源监督和濒危物种履约管理及协调工作，各方面工作都取得新成效。全年共督查督办案件306起，结案272起，涉案林地396.3公顷，涉案林木9219立方米。完成闽赣两省12个县级人民政府2016年度保护发展森林资源目标责任制检查；完成14个重点建设项目使用林地行政许可监督检查；开展使用林地情况巡查10次，涉及用地项目31个；对福建龙岩市经开区、江西金溪县开展了森林资源管理情况例行督查；对10个国家级自然保护区的建设及管理情况开展了监督检查。对在各项检查、巡查中发现的191个违法违规问题，及时反馈给地方政府并监督其进行查处或整改。共办理进出口公约证书、野生动植物进出口证明书2460份、物种证明434份，涉及企业116家，野生动植物进出口贸易额9亿元；率先在全濒管办系统实现了网上办证全覆盖，正式启动进出口企业信用分级管理工作；发放行政许可监督检查书面通知367份，实地检查通知书13份，对闽赣辖区内13家公司开展实地核查或调研；举办履约执法培训班5个，共培训履约协调小组成员单位骨干、企业申报员和快递企业有关从业人员330人次。

【监督机制创新】　强化约谈机制，全年约谈地方党委政府及部门人员16次；拓展与国家林业局华东院的交流合作、信息共享、执法联动机制，承办"一院四办"联席会议；强化与闽赣两省林业厅的协调沟通与联合工作机制，共同督办福建清流、江西永新和金溪破坏森林资源问题的查处和整改；强化与两省检察院、法院、公安等多部门案件查办合作机制，联合江西省检察院、驻林业厅纪检组开展涉林案件查处情况调研，联合福建森林公安开展多起案件的督查督办；加强与两省发改、国土、交通等部门的沟通交流；完善森林资源监督联络员制度；探索开展重点区域巡查检查，多层面提升监督工作的影响力。

【督查督办涉林违法案件】　加强对森林资源监督联络员的培训管理和使用，深化联合工作机制，采取电话督办、发函督办、现地督办、约谈督办等措施，全方位加大案件督办力度。全年共督查督办案件306起，结案272起，涉案林地396.3公顷，涉案林木9219立方米。其中：刑事案件56起，处罚80人；行政案件240起，罚款1796万元；其他案件7起；问责相关国家工作人员38人。

【保护发展森林资源目标责任制检查】　8~10月，根据国家林业局的统一部署，与国家林业局华东院组成联合检查组，通过听取被检查的县（市、区）人民政府及有关部门的汇报，查阅核对相关资料，对抽取的乡镇、行政村现地检查和对有关单位开展社会调查的基础上，完成对闽赣两省12个县（市、区）2016年度保护发展森林资源目标责任制的建立和执行情况的检查，结果为3个优秀，6个良好，3个合格，具体如下：

福建省		江西省	
县（市、区）	检查结果	县（市、区）	检查结果
延平区	合格	德兴县	合格
建阳区	良好	浮梁县	良好
永安市	优秀	分宜县	合格
沙　县	优秀	永新县	良好
漳平市	良好	崇义县	良好
平和县	良好	信丰县	优秀

【建设项目使用林地行政许可监督检查】　对国家林业局审核审批的闽赣两省14个建设项目使用林地情况进行检查。检查结束后，及时向两省林业厅通报检查发现的问题，并共同督促基层限期依法查处和整改到位。检查共发现非法占用林地面积101.45公顷，到2017年底大部分违法占用问题已处理到位。

福建省	
洛江区2015年度第十二批次城市建设用地项目	海西高速公路网古武线永定至上杭段公路（上杭段）
中共闽粤边区特委红色旅游经典景区（靖和浦）出口公路（漳浦段）	永泰抽水蓄能电站
新建浦城至梅州铁路建宁至冠豸山段（清流段、连城段）	海西高速公路网厦沙线安溪至永春（达埔）段工程（安溪段）
海西高速公路网屏南至古田联络线（屏南段、古田段）	

江西省	
S314樟排线明月山至黄芽岭（萍乡段）	江特电机年采选120万吨锂磁石高效综合利用项目（一期）
中电投寻乌基隆嶂风电场项目	江西铜业股份有限公司城门山铜矿马家沟尾矿库
S219沙龙线赣县梅街至枫树坳段公路改建工程	兴国县X460线高兴至茶园公路乡道改造工程
华能永丰灵华山风电场项目	

【濒危物种进出口行政许可】 全年共办理进出口公约证书、野生动植物进出口证明书2460份、物种证明434份,涉及企业116家,野生动植物进出口贸易额9亿元;发放行政许可监督检查书面通知367份,实地检查通知书13份,对闽赣辖区内13家公司开展实地核查或调研;顺利完成2016年度行政许可监督检查;两次为闽赣130多家(次)野生动植物进出口企业举办培训班。

【CITES履约执法协调】 召开2017年闽赣CITES履约执法联席会议,总结交流各部门履约执法工作并部署下一年度工作;利用各种渠道提供政策咨询、物种信息和案件线索等,强化信息共享,促进沟通交流;与福州海关重新签订合作备忘录;多次与闽赣两省相关部门联合开展商业性加工销售象牙及制品活动的定点加工单位和销售场所现场检查和专项执法检查,象牙市场暗访等活动,打击非法交易行为;与省市林业主管部门和森林公安等开展鸟类经营联合执法和疫源疫病监测防控检查,与海洋渔业主管部门联合开展水生野生动物执法检查等;联合福州海关、厦门海关和南昌海关举办濒危种履约执法培训班,联合国际野生物贸易研究组织(TRAFFIC)举办快递企业拒绝寄递非法野生动植物培训研讨会等,提升履约和执法水平。

【履约执法宣传教育活动】 深入社区开展第21届世界湿地日宣传活动;联合相关部门在福州、厦门、南昌机场以及福州3个对台港口设立大型濒危物种履约宣传牌;在南昌地铁1号线地铁播放履约公益宣传片;在第四个世界野生动植物日,联合海关、林业、保护协会共同在口岸举办公益宣传活动;联合开展闽赣两省爱鸟周宣传;联合开展水生野生动物保护宣传活动等。

【国家林业局党组专项巡视】 按照国家林业局党组的统一部署和专项巡视的具体要求,办党组研究制订自查自纠方案,深入细致开展全面自查自纠,并对查找出的问题即知即改、立行立改;全面接受巡视组的专项巡视和审计组的检查,主动配合并积极提供情况,如实汇报自查自纠发现的问题,保证巡视和审计工作的顺利开展;认真对待巡视和审计反馈的问题,多次开会逐条研究问题发生的深层次原因,制订方案、落实责任、细化措施,扎实推进整改工作。从自查自纠到巡视整改,累计新建9项、修订8项内部管理规章制度,健全和完善了内部管理的长效机制。

【干部队伍素质培养】 制订和修订《学习型单位创建实施办法》,支持干部职工参加各类培训学习,全年全办干部职工参加各类脱产培训学习达111人次;加强单位内部学习教育,全年开展办党组理论学习中心组学习(扩大)会13次,干部集中学习27次,党课学习6次,多形式开展以案释纪主题警示教育月活动,参观廉政教育基地1次,观看廉政教育专题片4次,签订廉政承诺书10份,发放并收回《廉政与作风建设反馈卡》35份,持续开展讲团结、讲学习、讲责任、讲纪律活动,有效促进了全办"两学一做"学习教育常态化制度化,培养提高干部综合素质;重视干部成长,配合局人事司完成3名处级干部、1名科级干部的提拔任用;积极开展"两优一先"创建活动,办党支部被福建省林业厅直属机关党委评为先进基层党组织,2名党员被评为优秀共产党员,1名党员被评为局直属机关优秀青年工作者。

【林业大事】
1月19日 国家林业局驻福州专员办与财政部驻福建专员办召开座谈会,两办领导和相关处室负责人参加会议。

3月3日 专员办(濒管办)与福州海关、福建省林业厅、福建省野生动植物保护协会在福建省连江黄岐港口联合开展纪念第四个世界野生动植物日公益宣传活动,为往来闽台的旅客发放折页、手册、环保袋等濒危野生动植物保护宣传品,并为旅客提供现场咨询服务。

3月7~9日 专员办专员尹刚强带队赴福建省浦城县、政和县开展天然林保护、国有林场改革等工作调研,了解福建省国有林场改革、天然林保护工作有关情况,收集基层林业单位的意见建议。

3月29日 专员办与江西省林业厅召开联席会议,商讨部署2017年江西省森林资源保护管理与监督、濒危物种进出口履约管理工作。

4月1日 专员办(濒管办)与江西省林业厅、江西省野生动植物保护协会在江西余干县联合举办江西省第36届"爱鸟周"宣传活动启动仪式。

4月17日 专员办(濒管办)与福建省林业厅野生动植物保护中心、福建省森林公安局、福州市林业局、福州市森林公安局等部门,对福州左海花鸟市场、仓山国艺花鸟工艺品市场进行联合执法检查。

4月26日 由福州专员办承办的"一院四办"(国家林业局驻福州、合肥、武汉和上海专员办与华东林业调查规划院)森林资源管理情况专题联席会议在江西省上饶市召开,进一步推动森林资源保护目标责任制和林地、采伐检查工作的有效开展。各专员办、华东院负责人和业务处室处长等参加会议。

4月27~28日和8月24~25日 专员办(濒管办)联合福建省林业厅、省工商局、省文化厅、省森林公安等单位,分别开展商业性加工销售象牙及制品活动的定点加工单位和销售场所现场检查、象牙走私及非法加工销售督查行动。

5月10日 专员办(濒管办)在厦门举办闽赣野生动植物进出口企业申报员培训班,来自福建、江西的110多家野生动植物进出口企业的代表参加了培训。

5月15~19日 专员办对龙岩市经济技术开发区林地保护管理情况开展检查。通过比对卫星图片,检查组共抽取61块重点图斑开展现场核查,涉及经济技术开发区全部6个乡镇,发现27块图斑存在违法使用林地问题,涉及林地面积11.7公顷。检查组现场指出存在的问题,并提出整改意见。

6月15日 专员办在福建省沙县举办2017年度闽赣两省森林资源监督联络员培训班。闽赣两省森林资源监督联络员和福州专员办共60多人参加此次培训。

8月29~30日 专员办(濒管办)联合江西省林业厅、省森林公安等相关单位赴南昌、井冈山等地开展象牙专项执法检查行动,同时发放宣传单,向商家普及大象等濒危野生动物保护知识。

9月15~18日 专员办专员尹刚强一行赴江西上犹、崇义、龙南等地调研森林资源保护情况及森林经营工作,江西省林业厅总工程师严成、赣州市林业局副局长肖厚华等参加调研。

10月23~25日 专员办(濒管办)在江西鹰潭举办2017年闽赣CITES履约执法培训研讨班,江西、福建两省林业、渔业、工商、海关和出入境检验检疫等履约小组成员及业务骨干人员共40余人参加了培训研讨。

10月25~27日 专员办(濒管办)在江西鹰潭举办海关履约执法培训班,福州海关、厦门海关、南昌海关各业务处室及一线贸管关员共计49人参加了培训。

11月24日 专员办(濒管办)和福州海关召开联席会议。

12月5~7日 专员办组织江西省靖安县学习考察团到福建省永安市现场学习考察、交流研讨森林可持续经营试点工作,共同提高森林可持续经营水平。

12月7~8日 专员办在福建霞浦召开2017年闽赣两省森林资源管理监督工作座谈会,闽赣两省林业厅和各设区市林业局分管领导等相关人员参加会议。

(福州专员办由宋师兰供稿)

西安专员办(濒管办)工作

【综述】 2017年,在国家林业局党组的正确领导、有关司局指导及四省(区)各级党委政府和林业主管部门的大力支持配合下,西安专员办认真学习贯彻党的十九大及十九届一中全会精神,深入学习领会习近平新时代中国特色社会主义思想,以开展"两学一做"学习教育制度化常态化为载体,以监督服务并重和涉林案件"全结案、双落实、双提高"为总要求,坚决落实"事前服务、事中监督、事后反馈"的督办机制,立足实际,勇于创新,较好地完成了全年工作任务。

业务工作 牢固树立督查督办破坏森林资源案件第一职责理念,强力督办涉林案件。监督陕、甘、青、宁四省(区)认真落实中央环保督察组提出的意见和要求,全面整改祁连山、贺兰山、秦岭等重点区域存在的生态破坏问题。会同国家林业局西北院全面完成陕、甘、青、宁四省(区)森林资源管理情况检查工作。督导四省(区)开展严厉打击非法占用林地等涉林违法犯罪专项行动。完成四省(区)占用征收林地项目行政许可被许可人监督检查任务和全国汇总工作。向国家林业局上报"绿剑"行动中查出问题的宁夏哈巴湖和白芨滩自然保护区整改情况验收报告。认真抓好森林火灾防控措施落实情况督查和野生动物保护及疫源疫病监测防控工作督查。全力做好四省(区)野生动植物保护宣传和进出口管理及履约执法工作。

党建和机关建设 扎实推进"两学一做"学习教育常态化制度化,开展"学习十九大,提升执行力"专题教育活动和"以案释纪明纪 严守纪律规矩"主题警示教育活动;完善《西安专员办廉政防控风险手册》;严格执行中央八项规定;完成办机关党总支换届选举工作,产生新一届机关党总支委员会。

【全力督办案件】 督办督查四省(区)破坏森林资源案件101起,结案100起,结案率99%。涉及违法采伐林木1278立方米,涉及违法占用破坏林地937公顷。行政处理违法责任人33人,刑事处理20人,共收缴行政罚款5365万元。

【创新督查检查】 结合林地变更调查,指导甘肃开展覆盖全省的卫片执法检查,发现违法图斑1万多个,提出整改要求。与陕西联合开展了10个县的森林资源管理情况检查,发现问题69起。通过联合检查,充分发挥了地方林业主管部门的职能作用,形成了监督合力,切实提高了监督实效。

【注重协调服务】 按时报送年度监督报告,提出加强森林资源保护工作的意见建议,四省(区)政府相关领导均作批示,要求全面落实。分别与四省(区)林业厅、检察院及市县政府召开座谈会议,主动沟通情况研究问题,密切工作关系。印发《青海省预防和惩处涉林违法犯罪行为协同工作机制运行规则(试行)》,为协同机制的建立和运行提供了制度保障。

【调研工作】 围绕青海、甘肃两省祁连山国家公园体制试点和"一地两证"、宁夏"多规合一"及生态移民使用林地、陕西秦岭保护等情况开展了专题调研。陪同中纪委驻农业部纪检组对陕西省2个市4个县的集体林权制度改革、国有林场改革及大流域治理工作情况深入调研,形成3篇调研报告。对甘肃兴隆山、崆峒山、松鸣岩、冶力关、麦积植物园等5个森林公园(景区)移交大景区管委会统一经营管理的问题进行了专题调研,向省政府提出关于甘肃省大景区体制改革有关问题监督的建议。与陕西动研所联合开展了林麝资源利用及贸易状况调研,提交调研报告。

【履约监管服务工作】 强化与公安、海关、工商等部门履约执法协调机制,坚持明察暗访和网络监测,积极拓宽邮寄、物流等敏感重点领域履约执法,统筹督导各部门开展联合执法工作。全面完成证书办理电子化,全年共核发证书397份,其中《公约证》和非《公约证》146份,物种证明251份,进出口贸易额2.51亿元,贸易额与证书数量均为历年最高。完成了濒危物种行政许可监督检查及业务交叉检查任务。督导各部门开展联合执法,查处1起象牙非法销售案,已移交检察院。

【机关建设和党的建设】 全面落实党风廉政建设责任

制和"一岗双责"制度。制订《西安专员办"以案释纪明纪 严守纪律规矩"主题警示教育活动实施方案》,扎实开展反腐倡廉警示教育活动。结合岗位实际,加强对重点领域和重要环节监督检查,严格审核把关,完善《西安专员办廉政防控风险手册》。深化"两学一做"学习教育常态化制度化,制订并严格落实《国家林业局驻西安专员办党组推进"两学一做"学习教育常态化制度化实施方案》。开展"对标定位、晋级争星"活动和落实党员管理积分制,两个支部均评为四星级支部。及时组织全办党员干部收看十九大报告开幕式,聆听报告,制订印发《关于"学习十九大、提高执行力"专题教育活动方案》。为提升党员干部的理论学习成效,开展人人讲党课活动,增强了党员学习的主动性,提高了党员理论学习的深度,为发挥党员先锋模范作用起到了积极的示范作用。两个党支部分别建立了党员微信群,增添了党员学习交流平台,增强了做合格党员的自觉性。

【林业大事】

1月 向国家林业局和陕西、宁夏、甘肃、青海四省(区)人民政府提交了2016年度森林资源监督报告。监督报告受到四省(区)人民政府的高度重视,陕西省副省长梁桂,宁夏回族自治区人民政府主席咸辉,甘肃省人民政府副省长杨子兴,青海省人民政府省委副书记、省长王建军、副省长严金海分别对本省(区)森林资源监督报告作了重要批示。

与青海省人民检察院、公安厅和林业厅在青海西宁召开青海省预防和惩处涉林违法犯罪协同工作机制领导小组会议暨森林资源监督管理联席会议,会议全面总结了2016协同工作和森林资源监督工作,分析了青海省森林资源管理监督工作的新形势和新任务,研究部署了2017年工作思路和重点工作,审议通过《青海省预防和惩处涉林违法犯罪行为协同工作运行规则(试行)》。

4月 与陕西省林业厅联合印发《关于迅速整改落实中央环保督察组反馈意见》的通知,要求切实抓好涉及违法违规使用林地问题的整改落实。

6~7月 办领导带队,围绕青海、甘肃两省森林资源保护管理情况、祁连山国家公园体制试点工作和"一地两证"问题开展了专题调研,围绕宁夏"多规合一"推进及生态移民使用林地问题开展调研,摸清了情况,提出了相关意见建议,形成调研报告,为上级工作决策提供参考。

派4名干部赴国家林业局调查规划设计院学习遥感数据判读技术应用。

7~9月 会同国家林业局西北院完成了四省(区)23个县(区)的森林资源管理情况检查;完成了16个占用征收林地项目行政许可检查,加强和规范了地方森林资源保护管理工作;完成了2017年征占用林地检查和县级政府保护发展森林资源目标责任制检查的全国汇总及报告编写工作。

分别与甘肃省林业厅、青海省政府及林业厅召开森林资源管理工作和森林资源监督工作联席会议,传达中央和国家林业局有关要求,并对祁连山区域破坏生态问题整治和当前森林资源保护监管方面的重点工作提出建议和要求,两省林业厅主要领导对森林资源保护监管工作进行了全面部署。

8月 与青海省林业厅联合制订印发《拟建连山国家公园青海范围自然资源保护专项监督检查行动》方案。

与宁夏回族自治区联合召开全区森林资源管理工作会议,贯彻落实全国森林资源管理工作会议精神,对自治区重点区域破坏生态问题整治及森林资源保护发展方面的重点工作提出了建议和要求。

11~12月 与国家林业局西北院共同对拟建祁连山国家公园涉及甘肃、青海13个县的自然资源保护管理情况进行了检查,并对公园边界外延2千米以内的区域进行了调查,圆满完成祁连山国家公园人类活动痕迹及自然资源本底调查。

与国家林业局西北院联合开展对四省区2017年林地变更调查工作的督查工作。

12月 与乌鲁木齐办事处在西安联合举办了西北地区履约联席会暨学习培训班,并在西安咸阳国际机场举行了西北地区保护濒危物种宣传月启动暨重点口岸实物展柜启用仪式,国家濒管办常务副主任孟宪林出席活动并为濒危动植物展柜启用揭幕,海关总署、国家工商总局、国家濒管办西安、乌鲁木齐、福州、武汉办事处、西安海关、陕西出入境检验检疫局、国际爱护动物基金会、国际野生物贸易研究组织等单位领导和嘉宾及青年大学生代表70多人参加活动。

全年 完成四省(区)涉林案件督办与登记工作;完成陕西、宁夏两省(区)野生动物保护执法及疫源疫病监测防控专项督查工作;完成四省(区)森林防火督查工作。

与地方有关部门联合开展"世界野生动植物日"纪念宣传活动,在宁夏银川火车站、公交站等开展户外灯箱宣传活动;完成丝绸之路经济带建设对西北濒危物种进出口管理的影响及对策调研项目评审和结题上报工作。

(西安专员办由潘自力供稿)

武汉专员办(濒管办)工作

【综 述】 2017年,武汉专员办深入学习贯彻党的十八大、十九大精神,习近平总书记系列重要讲话精神和全国林业厅局长会议精神,按照国家林业局总体部署,不断加强自身建设,切实发挥林业监管职能,森林资源监督和履约管理工作成效明显。

【案件督查督办】 2017年,调查督办各类涉林案件236起,结案208起,结案率88.1%。按照案件来源统计:国家林业局批转案件2起,监督检查发现案件229起,群众及信访举报案件5起。按照案件归属地统计:湖北省175起,河南省61起。按照案件类型统计:涉及林地案件228起，违法使用林地面积221.23公顷；涉及林木案件8起，非法采伐林木蓄积1313.73立方米。按照案件性质统计：刑事案件28起，行政案件208起；刑事处罚15人，实施行政处罚1312.28万元，党政问责53人次。

【专项督查整治】 突出抓好重点地区、重点领域专项整治，督办查处豫鄂两省开矿毁林、光伏项目违法占用林地等8起重点涉林违法案件。1月，中央领导和国家林业局领导就媒体曝光湖北省随县开矿毁林问题作出重要批示，武汉专员办贯彻落实各级领导批示要求和督查意见，强化全程监督，联合湖北省林业厅赴现场专题调查督办5次，与省、市、县相关部门召开阶段性督办会7次，在随县督查个案111起，督促纪检监察部门问责干部51人(次)，督促矿山生态修复近666.66公顷。8月，接国家林业局资源司转来"群众反映蕲春县开矿毁林问题"信访件，武汉专员办会同湖北省林业厅、中南林业调查规划设计院，组成联合调查组开展了使用林地审批办理和案卷审核等督办检查。督促政府及有关主管部门对违法主体进行行政处罚，补办临时占地手续，对监管履职不力人员进行责任追究，约谈3人，党内警告处分2人，行政警告处分1人。

【森林资源监督网格化管理】 深入推进以"监督区域网格化、监督责任具体化、监督内容全面化、监督方式多元化、监督绩效数量化、日常管理规范化"为主体的监督模式。一是加强组织领导，成立领导小组，制订《武汉专员办资源监督网格化实施方案》。二是分区到人，实行专人盯防。三是创建监督管理平台，实行规范化管理。

【专项检查】 一是建设项目使用林地行政许可监督检查。检查鄂豫两省24个项目，包括13个国家林业局审批项目和11个省林业厅审批项目，发现4个建设项目存在违法使用林地问题，督办查处8起违法侵占林地案件，面积1.14公顷，行政处罚23.33万元。二是森林资源管理情况检查。分别与国家林业局华东院、中南院联合对豫鄂两省10个县(市、区)开展森林资源管理情况检查。专员办侧重县级人民政府目标责任制情况监督检查，对检查中发现的违法占用林地、违法采伐等案件和行政执法不规范等问题进行督办，共督查督办案件54起。

【"绿剑行动"整改验收】 由武汉专员办牵头，分别于5月和10月，会同国家林业局保护司和有关专家，对河南省黄河湿地、太行山猕猴、伏牛山国家级自然保护区和湖北省九宫山国家级自然保护区存在的违法用地、违规人为活动等问题的整改情况开展验收评价，分省上报专题报告。

【编制森林资源监督报告】 在总结2016年森林资源监督工作的基础上，编制河南省、湖北省2016年年度森林资源监督报告，分别上报两省人民政府，呈送两省党委、人大、政协及有关部门。两省政府分管领导分别对专员办监督报告作出重要批示，两省林业厅制定整改方案，积极组织整改落实，进一步加强森林资源保护管理工作。

【濒危物种进出口管理】 一是完成濒管业务工作。办理各类进出口证书292份，进出口贸易额1.5亿元，强化行政许可管理。完成鄂豫两省进出口行政许可监督检查任务。武汉办事处牵头组织开展对长春办事处业务工作的调研检查工作。组织开展鲟鳇鱼、大鲵、猕猴、石斛、西洋参等大宗贸易及敏感物种监测评估工作，为科学管理濒危物种进出口提供依据。二是推进履约执法协作机制。积极争取鄂豫两省省级旅游行业管理部门加入履约执法协调小组。分赴海关、出入境检验检疫等部门调研学习。加强与履约执法协调小组各部门的联系，共同推进进出口监管和联合执法检查活动。积极联系协调教学科研单位，推进野生动物司法鉴定机构建设。安排人员参加西安办事处的履约联席会议，跨区域深入交流履约执法经验。三是加强业务学习与培训。3月，受国家濒科委、国家濒管办委托，武汉专员办在湖北省黄石市承办"大宗贸易及敏感物种监测评估交流会议"和"进出口行政许可监督检查培训会议"。4月，在河南省郑州市举办豫鄂两省野生动植物进出口管理系统培训班，对鄂豫两省43家进出口企业申办人员等开展办证业务知识培训。四是推进履约宣传活动。先后参加湖北省第三届"世界动植物日"、湖北省"爱鸟周"等宣传活动。在6月世界环境日，武汉办事处与农业部长江渔业管理办公室、白鱀豚基金会等单位联合举办"濒危物种履约进校园活动"，在武汉市大兴路小学开展"守护江豚学校"授牌仪式及"罚没濒危植物标本成果展"活动，现场展示象牙、犀角、鳄鱼、砗磲、紫檀等濒危植物制品30余件，为全体师生作"CITES履约管理"专题讲座，取得了良好社会宣传效果。

【党建廉政建设】 一是深化作风建设。组织开展"两学一做"常态化学习教育活动。采取多种形式，认真学习党的十九大精神、党章党规和习近平系列重要讲话，坚持领导干部带头讲党课，组织专题学习讨论和党章党规知识测试。开展贯彻执行中央八项规定精神自查自纠活动，巩固党的群众路线教育实践活动和"三严三实"专题教育活动成果，进一步推动形成机关作风建设新常态。二是加强基层组织建设。改选机关党支部，进一步充实和健全党建工作领导班子。加强干部队伍建设，完成2名处级干部选拔任用工作。开展创先争优活动，机关党支部被评为先进基层党组织。三是完善规章制度。修订《武汉专员办工作规则》，完善《机关财务管理制度》《党员干部学习制度》《公务接待制度》《公车管理制度》等。坚持"三会一课"制度，完善民主生活会制度，建立常抓不懈工作机制。四是加强党风廉政建设。认真落实党风廉政建设"一岗双责"。开展反腐倡廉警示教育，狠抓廉政风险防控，认真执行廉政信息反馈制度，积极落实湖北省纪委召开的对口联系单位纪检监察工作会议精神，做到干部清正廉洁、机关风清气正。

【林业大事】

1月18日 武汉专员办参加"中国江豚之乡"命名评审会。

3月6日 武汉专员办完成国家级自然保护区"绿剑行动"整改验收。

4月25日 武汉专员办举办野生动植物进出口证书管理系统暨进出口企业分级管理培训班。

6月9～14日 国家林业局第三巡视组对武汉专员办开展专项巡视。

6月25日 湖北省第十一次党代会在武汉召开,办党组书记、专员周少舟作为正式代表出席会议。

6月30日 武汉专员办第一党支部荣获红旗党支部光荣称号。

7月21日 武汉专员办参加湖北省2017年水生野生动物保护科普宣传月活动启动仪式。

7月26日 武汉专员办参加河南省2017年水生野生动物保护科普宣传月活动启动仪式。

8月30日 专员周少舟带队,对濒管办长春办事处进出口管理及履约等业务工作情况开展调研检查。

9月14日 武汉专员办与湖北省林业厅联合开展森林资源监督培训。培训对象为武汉专员办监督业务人员和湖北省林业厅派驻森林资源监督专员办全体人员。

12月14日 2017年度全国森林资源案件管理培训班在武汉举办,专员周少舟参加培训并为学员授课。

(武汉专员办由胡进供稿)

贵阳专员办(濒管办)工作

【综 述】 2017年,国家林业局驻贵阳森林资源监督专员办事处(国家濒危物种进出口管理办公室贵阳办事处)(以下简称贵阳专员办)紧紧围绕国家林业局总体工作部署,紧密结合贵州、湖南两省实际,强化以林地为核心的森林资源监督,认真履行森林资源案件查处督办"第一职责",积极开展国家林业局部署的"全面保护长江经济带林业资源"专项行动和贵州省委、省政府部署的森林保护"六个严禁"执法专项行动("六个严禁"指严禁盗伐滥伐林木,严禁掘根剥皮等毁林活动,严禁非法采集野生植物,严禁烧荒野炊等容易引发林区火灾行为,严禁擅自破坏植被从事采石取土等活动,严禁擅自改变林地用途造成生态系统逆向演替)。全年督办各类案件248起;扎实开展森林资源管理情况检查、建设工程占用征收林地被许可人监督检查、濒危物种进出口管理和野生动植物保护管理监督、湿地保护督查、森林防火督查等工作。

【2016年度监督报告】 2月中旬,分别向国家林业局、贵州省人民政府和湖南省人民政府呈报《2016年度森林资源监督报告》。黔湘两省人民政府主管领导审阅监督报告后,分别对本省监督报告作出批示,两省林业厅及有关部门按照省领导批示,积极抓好有关建议落实。对贵州省,贵阳专员办提出"加大力度促进违法使用林地刑事案件查处工作""着力推进贵州省森林航空护林站建设"两条建议。对湖南省,贵阳专员办提出"提高禁伐商品林补助标准""增加候鸟保护工作经费""加大林木采伐监管力度"三条建议。

【监督机制创新】 一是启动专员办与林业工作站协同监督试点。2016年,贵阳专员办启动了森林资源监督联络员制度,首批聘任21名联络员。经过一年多的实践,取得一定成效。2017年12月8日,贵阳专员办在贵州省遵义市播州区举办2017年森林资源监督联络员工作总结会议暨专员办与林业工作站协同监督试点启动会议,正式启动专员办与林业工作站协同监督试点,进一步推进森林资源监督制度机制创新。二是协调配合湖南省湘西土家族苗族自治州人民政府主办"湘桂黔边界地区第七届森林资源保护管理协作会议"。三省(区)林业厅和八市(州)人民政府、林业局交流了森林资源保护管理工作经验,贵阳专员办、广州专员办和中南林业调查规划设计院就进一步加强边界地区森林资源保护管理工作协作等提出了意见和建议。

【案件督查督办】 把督查督办破坏森林资源案件作为森林资源监督第一职责,以开展三个专项行动(国家林业局部署的"全面保护长江经济带林业资源"专项行动,贵州省委省政府部署开展的森林保护"六个严禁"专项行动,贵阳专员办与贵州省林业厅、省检察院、省公安厅、省工商局联合组织开展的"严厉打击破坏野生动植物资源违法犯罪"专项行动)为抓手,坚持"一案双查",全年共督查督办各类破坏森林资源案件248件,其中刑事案件118件,行政案件130件。查结246件、查结率99.2%,累计纪律处分29件、追究党纪政纪责任76人(其中地厅级干部1人、县处级干部5人)。实施行政处罚226人(单位),处罚款6427.2万元;追究刑事责任53人,为国家挽回经济损失4745万元(补缴森林植被恢复费等)。主要做法:一是现地督查督办常态化。全年共深入黔湘两省20个市(州)、44个县(市、区)、1个国有林场、3个国家级自然保护区开展现地督办案件。二是约谈常态化。共约谈13个案件发生较多(案件查处迟缓、领导重视不够)的县(市、区)人民政府及林业主管部门主要领导,充分借鉴执纪监督"四种形态"促进案件依法查处和责任人问责到位。三是开展专项行动常态化。积极支持配合监督区开展打击破坏森林资源专项行动,对13起重大案件采取挂牌跟踪督办。四是开展建设工程使用林地巡查常态化。先后对湖南省株洲市、贵州省瓮安县等10个县(市、区)进行专门巡查。

【专项检查督查】 一是林地许可监督检查。6～7月,对黔湘两省24个建设项目使用林地活动情况实施监督检查,按时向国家林业局上报检查结果,发现的10个项目违法使用林地案件于2017年年底前全部查结。二是森林资源管理情况检查。8～9月,与国家林业局中南院联合对贵州省黎平县、湖南省浏阳市等11个县（市）开展林地管理情况和保护发展森林资源目标责任制建立执行情况检查，并对其中2个县（贵州省黎平县、湖南省通道县）开展了林木采伐管理情况检查；对检查发现的130起未依法查处到位案件，督促相关县（市）整改、查处到位。三是森林采伐限额执行情况检查。11~12月，对贵州省播州区和湖南省沅江市等4个县（市、区）年森林采伐限额执行情况进行现地检查。四是湿地保护督查。对贵州省修文县、播州区等县（区）4个国家湿地公园（试点）建设情况进行现地督查。五是森林防火督查。单独或联合黔湘两省林业厅，对贵州省独山县、湖南省绥宁县等12个县森林防火工作情况进行现地督查，督促监督区各级政府切实落实森林防火行政首长负责制。

【濒危物种进出口管理和野生动植物保护监督工作】一是分别与贵州省林业厅、贵阳市生态文明建设委员会，湖南省林业厅联合举办2017年"爱鸟周"暨第四届"世界野生动植物日"宣传活动；二是与贵州省林业厅、省人民检察院、省公安厅、省工商行政管理局联合组织开展"严厉打击破坏野生动植物资源违法犯罪"专项行动；三是完成国家濒管办2017年濒危物种进出口管理业务调研检查；四是依法开展濒危野生动植物种进出口行政许可，核发公约证书和物种证明书151份，涉及贸易总金额2971万元。

【召开违法使用林地案件查办集体约谈会议】为深入推进贵州省森林保护"六个严禁"执法专项行动，督促依法查处破坏森林资源案件，2017年5月12日，贵阳专员办在贵阳市召开违法使用林地案件查办集体约谈会议。

此次被约谈的有遵义市新蒲新区管委会、区林业局，安顺市紫云县政府、县林业局和关岭县政府、县林业局主要领导。

遵义市检察院、遵义市汇川区检察院、紫云县检察院、县公安局，关岭县检察院、县公安局有关领导，贵州省林业厅森林资源管理处、省森林公安局负责人和遵义市、安顺市、两市林业局森林公安局主要领导参加会议。

在约谈中，贵阳专员办副专员喻泽龙通报了遵义市、安顺市和新蒲新区、紫云县、关岭县开展森林保护"六个严禁"执法专项行动案件查处情况，指出存在的问题，对未结案件查处提出具体查办意见。与会的新蒲新区管委会、紫云县政府、关岭县政府主要领导和与会各单位分别汇报专项行动有关案件查处情况，表示将按贵阳专员办要求，限期依法查结未结案件。

会议要求，一要进一步提高依法保护森林资源责任感和紧迫感。二要加强领导，成立专案组，集中力量"一案双查"。三要举一反三。四要做好督查。

【林业大事】

2月24日 贵州省林业厅在贵阳市召开市州林业局长会议。贵阳专员办副专员喻泽龙（主持工作，下同）出席会议并讲话。

2月26日 贵州省2017年"爱鸟周"宣传活动启动仪式暨仡佬族"敬雀节"活动在石阡县尧上民族文化村举行。贵阳专员办副专员喻泽龙出席活动并讲话。

3月9日 贵阳专员办副专员喻泽龙带队赴贵州省黔南州平塘县督查森林资源保护工作。黔南州林业局总工程师刘言生，平塘县委常委、副县长尹利生陪同检查。平塘县委副书记、县长莫君锋，副县长黄俊及相关部门主要负责同志参加汇报会。

3月26~29日 贵阳专员办副专员喻泽龙陪同国家林业局资源司副司长徐济德，调研贵州省林地执法和森林资源管理工作。

4月10日 贵阳专员办（濒管办）与贵州省人民检察院、省环境保护厅、省林业厅、省工商行政管理局联合下发《关于开展严厉打击破坏野生动物资源违法犯罪专项行动的通知》，部署在贵州全省开展为期60天（4月10日至6月10日）的严厉打击破坏野生动物资源违法犯罪专项行动。

4月10~14日 贵阳专员办副专员喻泽龙带队到贵州省遵义市播州区、绥阳县、习水县及宽阔水国家级自然保护区等，开展严厉打击非法占用林地等涉林违法犯罪专项行动和森林保护"六个严禁"执法专项行动案件督办及森林防火督查。

5月12日 贵阳专员办在贵阳市召开违法使用林地案件查办集体约谈会议。约谈对象为贵州省遵义市新蒲新区管委会，安顺市紫云县政府、关岭县政府和林业局主要领导。

6月17日 以"走向生态文明新时代 共享绿色红利"为主题的2017年生态文明试验区贵阳国际研讨会在贵阳市召开。贵阳专员办副专员喻泽龙、副巡视员龚立民陪同国家林业局副局长刘东生参加研讨会。

9月13~14日 贵阳专员办副专员喻泽龙带队到贵州省六盘水市开展森林保护"六个严禁"执法专项行动督查，并召开座谈会。六盘水市副市长付昭祥主持会议，各县（市、特区、区）人民政府主要或分管负责同志，市纪检监察、公安、检察、林业部门负责同志，各县（市、特区、区）公安、检察、林业部门负责同志参加会议。

10月31日 第七届湘桂黔边界地区森林资源保护管理协作会在湖南省湘西自治州召开。贵阳专员办副专员喻泽龙出席会议并讲话。

11月1~2日 贵阳专员办副专员喻泽龙率督查组到贵州省黔东南州开展森林保护"六个严禁"执法专项行动及重点案件督查督办。督查组先后深入镇远县、凯里市、凯里经济开发区、台江县及麻江县，查看项目违法使用林地现场并分别听取各县（市、开发区）专题工作汇报。督查期间，黔东南州州长冯仕文和副州长吴坦分别与督查组就森林资源保护及案件查处等有关工作交换意见。

12月8日 贵阳专员办在贵州省遵义市播州区举办2017年森林资源监督联络员工作会议暨专员办与林业工作站协同监督试点启动会议。会议由副巡视员龚立民主持，副专员喻泽龙作主题讲话。

（贵阳专员办由陈学锋供稿）

广州专员办（濒管办）工作

【综　述】　2017年，广州专员办在国家林业局党组的正确领导下，深入学习领会习近平总书记系列重要讲话精神，认真贯彻落实中央系列会议和全国林业厅局长会议精神，切实加强资源监督和物种管理工作，全面加强机关党的建设，圆满完成了各项工作任务。2017年，广州专员办共督查督办涉林违法案件421起，其中，刑事案件222起，行政案件199起。涉案林木9063.26立方米，涉案林地1213.76公顷。结案311起，办结率为73.9%。共处理违法违纪人员549人，其中刑事处理166人，行政处理168人，追究党政机关行政责任人215人。罚款(金)954.2万元，收回林地157.78公顷。

对广东、广西、海南三省(区)16个占用征收林地项目进行了检查，实际检查林地面积3295.55公顷，检查发现违法占用林地22宗，违法占用林地面积6.56公顷。与国家林业局中南林业调查规划设计院组成联合检查组，分批次对三省(区)15个县(区)森林资源管理情况进行检查。共核发进出口证书27 399份，进出口贸易总额达46.4亿元；对三省(区)66家企业进行了实地检查，对三省(区)34家重点进出口企业进行了开展行政许可监督检查及被许可人信用评估工作。开展履约执法培训，在三省(区)多地对海关、边防、工商等一线执法和工作人员开展培训，培训人员累计400余人次，培训野生动植物进出口企业和物流企业100多家。

【提交2016年度森林资源监督通报】　分别向广东、广西、海南三省(区)人民政府提交了2016年度森林资源监督通报，监督通报对三省(区)林业建设及资源保护管理情况进行了客观评价，指出了三省(区)当前森林资源及湿地和野生动植物保护管理中存在的困难和问题，提出了改进和完善的相关建议和意见。监督通报得到三省(区)人民政府的高度重视，三省(区)均以办公厅专函反馈了整改落实情况。

广东监督报告指出，一是湿地保护管理工作亟待加强，二是自然保护区内的集体林地问题日益凸显。监督报告建议，一是提高湿地保护管理水平，二是解决自然保护区集体林地权属问题。

广西监督报告指出，一是非法占用林地问题仍然突出，二是国有林场林地被侵占现象非常严重，三是自然保护区管理工作亟待强化。监督报告建议，一是建议进一步加强林地保护管理，二是尽快部署全区非法侵占国有林地回收工作，三是切实加强自然保护区建设和管理。

海南监督报告指出，一是省政府尚未与市县政府签订《保护发展森林资源目标责任制》，二是设施农业项目非法占用林地行为时有发生。监督报告建议，一是省政府与市县政府签订目标责任状，二是省政府引导设施农业项目依法依规使用林地。

【林地保护管理监督检查工作】　对三省(区)16个占用征收林地项目进行了检查，检查涉及23县(市、区)，实际检查林地面积3295.55公顷，发现违法使用林地案件22宗，面积6.56公顷。对于检查发现的问题，广州专员办及时向各省(区)林业厅发了整改通知，对整改工作提出了明确要求。案件查处和整改基本到位。

广东省检查情况。监督一处于6月6日至7月6日，对广东省获得国家林业局行政许可的8个占用征收林地建设项目行政许可执行情况进行了监督检查。8个建设项目共涉及8个县(市、区)，获得国家林业局征占用林地行政许可审核(批)的面积为2727.26公顷，涉及征占用林地小(细)班1821个。现地检查面积1272.59公顷，涉及占用征收林地小(细)班700个。截至检查结束时，7个建设项目主体工程实际使用林地面积932.25公顷，未出现超范围使用林地情况。其辅助工程、附属设施非法临时使用林地17宗，面积共计4.28公顷。从检查的情况看，8个受检建设项目实施征占用林地行政许可行为总体比较规范，申请办理占用征收林地行政许可所提供的材料真实，不存在弄虚作假骗取行政许可的行为；建设项目大部分主体工程能够按照行政许可的要求使用林地，基本能够按要求落实工程周边森林和野生动植物资源保护措施；已使用林地上的林木采伐已经办理了林木采伐许可证；森林植被恢复费足额缴纳，林地三项补偿费用也已按标准发放到村民小组(村民)。

广西区检查情况。监督二处于6月6日至7月7日对广西壮族自治区获得国家林业局行政许可的7个占用征收林地项目进行了监督检查。经统计，此次广西7个被检查的建设项目审核(批)面积共计1833.29公顷，项目共收取森林植被恢复费15025.32万元。现地检查审核(批)征占用林地面积1492.18公顷，实际使用林地面积1494.29公顷。7个项目永久占地未出现超范围使用林地情况，但其辅助工程非法临时使用林地4宗，面积共计2.12公顷。一是广西贵港至隆安公路项目因施工单位在施工过程修建混凝土搅拌站、修建施工便道，在贵港市港北区境内非法占用林地面积0.45公顷。二是东兴马路至峒中口岸公路项目，因施工单位在施工过程随意取土、弃土、建搅拌场，超审核(批)使用林地面积共计1.66公顷。针对上述问题，检查组当即向被许可人和县(市、区)林业主管部门提出批评，要求限期整改并责令施工单位停止违法使用林地。

海南省检查情况。监督三处于7月5~8日对"海南省万宁至洋浦公路"项目行政许可执行情况进行了监督检查，审核(批)面积共计870.97公顷，实际检查项目审核(批)征占用林地面积870.97公顷，建设项目实际使用林地面积871.13公顷，共收取森林植被恢复费8615.10万元。通过全线实地踏查和GPS实地测量，从检查的总体情况看，实施征占用林地行政许可行为总体比较规范。建设项目申请办理征占用林地行政许可时所提供的材料真实齐全、手续完备，不存在弄虚作假骗取行政许可的行为；建设项目基本能按照行政许可审批的地点、面积、范围、用途、期限使用林地；森林植被恢复费足额缴纳，林地三项补偿费用按标准发放到村民小组（村民）。检查具体情况如下：该项目路基基本贯通，批准使用的林地基本全部使用。通过检查，该项目主体工程没有违法占用林地的行为，但发现一处非法占用林地取土。发现问题后，广州专员办当场责令琼海市农林局立案查处。经过琼海市农林局核查，非法占用林地面积0.16公顷。对此，琼海市农林局对违法行为人给予每平方米20元的行政处罚，罚款3.22万元。整改基本到位。

【森林资源管理情况检查】 按照《国家林业局森林资源管理司关于开展2017年森林资源管理情况检查的通知》（资监函〔2017〕40号）、《保护发展森林资源目标责任制检查方案》以及《国家林业局资源司关于印发目标责任制检查中有关评分补充细则的通知》（资监函〔2017〕46号）等文件要求，广州专员办与国家林业局中南林业调查规划设计院（以下简称"中南院"）组成联合检查组，分别对广东省高要、怀集、台山、英德、清新、紫金，广西博白县、合浦县、横县、灵山县、钦南区、上思县、田林县，海南省文昌市和陵水县，三省（区）15个县（市、区）保护发展森林资源目标责任制的建立和执行情况进行了检查。15个县（市、区）均评定为合格及以上等次。

【涉林违法案件督查督办工作】 2017年，广州专员办共督查督办涉林违法案件421起，其中，刑事案件222起，行政案件199起。涉案林木9063.26立方米，涉案林地1213.76公顷。已结案311起，办结率为73.9%。共处理违法违纪人员549人，其中刑事处理166人，行政处理168人，追究党政机关行政责任人215人。罚款（金）954.2万元，收回林地157.78公顷。

案件按来源分，国家林业局批转和各项检查整改案件248起，监督检查发现和省厅要求协助督办168起，媒体、信访等途径5起。按监督区域分，广东省151起，广西壮族自治区222起，海南省48起。

共对三省（区）15个县（区）开展检查，检查共发现非法占用林地384.94公顷，非法采伐林木6993.1立方米。紧抓监督区的突出问题，主动出击，通过卫片判读，对广东6个县（市、区）、广西4个县（区）开展林地保护管理情况检查，检查共发现非法占用林地面积438.91公顷。

【专项检查督查】 一是对广东、广西林地保护管理情况开展专项检查。为贯彻落实《国家林业局关于进一步加强森林资源监督工作的意见》（林资发〔2016〕13号），广州专员办针对监督区的实际情况，分别与广东、广西林业厅联合开展了林地保护管理情况专项检查。检查选取了广西4个县（区）、广东省2个县（区），通过遥感影像技术，结合实地检查的方式进行。检查共发现违法占用林地案件73起，违法占用林地面积339.51公顷。二是与海南省林业厅联合对琼海市2015年以来采伐限额执行情况进行了检查。三是对海南省18个市县森林资源保护管理情况进行巡查，对市县森林资源管理工作进行了指导和督查。四是开展广东省临时用地管理情况监督检查。2017年上半年，广州专员办与广东省林业厅联合对全省2013~2016年临时用地管理情况进行了统计分析，并结合日常监督工作，对部分县（市、区）的临时用地行政许可执行情况、林地回收情况、复绿情况进行了监督检查。

【完善监督手段和机制】 在监督工作开展过程中，广州专员办针对三省（区）森林资源保护管理的不同情况，坚持推进办院结合、办站结合，日常督查与专项督查相结合、明察与暗访相结合、重点抽查与全面检查相结合的检查方式，不断改进监督手段，形成横向到底、纵向到边的监督模式，力争达到监督全覆盖，监督质量和效率得到有效提升。

改进监督手段。2017年，在与广东、广西两省（区）联合开展的林地保护管理检查中，广州专员办首次组织有关业务人员到两省（区）规划院进行卫片判读，并抽取部分图斑进行实地检查，改变了一直以来单纯依靠实地抽查的检查方式，使检查的针对性和可操作性更强，检查效果也更加明显。

压实政府主体责任。在案件督查督办过程中，广州专员办坚持尊重政府主体地位与压实主体责任相统一，通过报送森林资源监督报告、发监督建议书、发限期整改函、约谈、建议暂停占用征收林地审核审批、责成地方党委政府对相关责任人进行追责问责等有效手段，不断提升地方政府森林资源保护意识，推动各级政府在整改工作上由"要我改"向"我要改"转变。2017年广州专员办共给三省（区）市县政府发限期整改书24份，对21个市、县级政府市长或分管林业、国土副市长、县委书记、县长以及国土、林业等相关部门主要领导和1个省属企业（广西交通投资集团）主要领导进行了约谈；与省级林业主管部门协商，暂停4市占用征收林地审核审批，督促地方党委政府对215名公职人员（包括10名副处级领导干部）给予了党内警告、党内严重警告、行政撤职、行政记过等党纪政纪处分；通过约谈问责，促进当地党委政府落实保护森林资源的主体责任，强化党员干部的政治担当。

首次对国有大型企业进行约谈。针对检查发现广西交通投资集团下属公司在广西高速公路建设中存在严重违法使用林地问题，广州专员办和广西壮族自治区林业厅联合对广西交通投资集团进行约谈。约谈引起了广西交通投资集团高度重视，集团副总先后2次到广州专员办汇报案件整改情况。广西交投集团在积极配合森林公安整改的同时，对集团内部全部施工项目进行全面自查，并邀请林业主管部门对集团相关人员开展林地报批手续培训。截至2017年年底，广西森林公安已对该高速公路项目立刑事案件18起，移送起诉11人，取保候审1人，立行政案件9起。

开展"办站协同"监督试点调研。按照《国家林业局关于进一步加强森林资源监督工作的意见》（林资发〔2016〕13号）要求，广州专员办开展了与三省（区）林业工作站"办站合作"的前期调研工作。抽取广东省广州花都区等5个县（区）、海南省儋州等6个县（市）开展调研，并与广西林业厅对"办站协同"监督工作进行了初步沟通和商讨。

进一步加强对监督区域林业主管部门的宣传培训。5月，广州专员办派副专员为广西壮族自治区市县林业局长培训班授课，6月又派出业务骨干为梧州市森林资源管理培训班授课，进一步提升地方森林资源保护管理意识，增强林地保护管理的责任感和使命感。

【濒危物种行政许可管理工作】 按照国家林业局统一部署和要求，逐步启用了新的"野生动植物进出口证书管理系统"，认真、及时、准确开展行政许可证书核发工作，有力保障了野生动植物及其产品贸易活动的有序进行。2017年全年共核发进出口证书27 399份，进出口贸易总额达46.4亿元，行政许可检查企业数量66家。同时，广州专员办积极开展行政许可后续监管，及时开展行政许可监督检查及被许可人信用评估工作，对三省（区）34家重点进出口企业进行了实地监督检查，了解企业基本情况和相关产业状况，掌握企业行政许可事项实施情况。

【履约宣传培训工作】 一是开展履约执法培训，在三省（区）多地对海关、边防、工商等一线执法和工作人员开展培训，培训野生动植物进出口企业和物流企业100多家，培训人员累计达400余人次。二是利用开展"世界野生动植物日""爱鸟周""全民国家安全教育日""广西水生野生动物保护科普宣传月""野生动植物保护宣传月"、海南三亚兰花博览会等活动，通过举办摄影大赛、发放宣传手册、粘贴宣传画等方式，进一步普及野生动植物保护法律法规，提高公众履约意识。

【履约执法协调与沟通工作】 一是利用广州专员办与三省（区）CITES执法协调小组平台，通过会议和培训，进一步促进地区间、部门间的交流与合作，有效推动了濒危物种打私工作的深入开展。二是与海关总署广东分署缉私局签订《办案协作机制合作备忘录》，进一步推进双边合作。三是在南宁市组织召开广西部门间CITES执法工作协调小组联席会议，广西壮族自治区林业厅、水产畜牧兽医局、公安厅、工商行政管理局及南宁海关、广西出入境检验检疫局、武警广西边防总队、广西海警总队和广西旅游发展委员会的相关处室领导和业务人员20多人参加了会议。四是深化粤港澳履约交流，三方合作日趋紧密。五是全程监管巡查第14届中国-东盟博览会。在博览会期间，广州专员办专门成立濒管小组，密切配合林业、水产、海关、工商等联合执法组其他成员单位，全程开展濒危物种制品监管巡查工作，对发现的疑似大象皮、鳄鱼皮、蟒蛇皮和红珊瑚等非法展品，配合执法部门依法采取了警告、暂扣、没收等措施。六是开展中越履约执法交流活动。联合广西区打私办和野生生物保护学会（WCS）在广西凭祥市举办中越双边打击野生生物非法贸易执法合作研讨会。来自越南广宁省和谅山省的海关、边防和环境警察，广西边境市（县）打私办、海关、检验检疫、边防和森林公安等野生生物相关执法部门代表约50人参加了会议。会议就CITES公约履约执法形势、常见物种识别、边境打私活动常见问题和边境藏匿走私的管治方法等进行了讲解，中越双方执法部门代表就具体案例开展了讨论和交流，探讨了官方和非官方的双边沟通渠道。

【巡查和监测工作】 一是开展濒危物种市场清理整顿专项行动。2017年初，广州专员办联合广西相关部门，对广西北海市重点经营场所进行暗访巡查，共检查店铺28家，扣留玳瑁标本一只，玳瑁制品2.66千克，暂扣12.5千克活体玳瑁一只。进一步规范经营场所市场秩序，打击了非法出售野生动植物等违法犯罪行为。二是开展大宗贸易敏感物种监测评估工作。三是开展疫源疫病监测防控监督检查。在2017年春季候鸟迁飞季节，对广西钦州、北海、防城港市候鸟等野生动物保护和疫源疫病监测防控工作开展了监督检查。四是开展网上涉嫌非法交易濒危物种的监测工作。指派专人负责网络监测工作，及时掌握网上涉嫌非法交易濒危物种信息，并将监测发现的涉嫌非法交易网站信息及时通报给林业、工商和森林公安等部门，遏制了网络濒危物种非法贸易发展势头。

【林业大事】
1月 广州专员办对广西2个地级市打击非法占用林地等涉林违法犯罪专项行动开展情况进行督查。

4月11~20日 广州专员办联合广东省林业厅相关处室对广东省广州花都区、河源紫金县、韶关翁源县、肇庆广宁县、江门鹤山市5个"办站协同"监督试点行政县开展了前期调研。

4月20日至5月12日 广州专员办与广西林业厅组成联合检查组，由专员关进敏和副专员贾培峰分别带队，对广西巴马、柳江、融安、右江4县（区）林地保护管理情况进行监督检查。

5月4~5日 广州专员办组织广西壮族自治区林业厅、水产畜牧兽医局、工商行政管理局对北海市开展了市场联合巡查活动。

5月17日 广州专员办与广西壮族自治区林业厅联合对百色市、柳州市以及右江区、柳江区政府进行约谈。

5月22~26日 广州专员办联合广东省林业厅对清远市连南瑶族自治县、广州市花都区卫片判读发现的疑似违法使用林地变化图斑进行现地核查。

6月6~9日 广州专员办联合广东、广西、海南打私办及北京师范大学等单位在广州市举办了一期粤桂琼打私系统履约执法培训班。

6月6日至7月6日 广州专员办派出检查组分批次对广东获得国家林业局审核同意或批准使用林地的8个建设项目行政许可执行情况进行了监督检查。

6月6日至7月7日 广州专员办对广西获得国家林业局行政许可的7个占用征收林地项目抽取的9个县（区）进行了监督检查。

7月5~8日 广州专员办开展了海南省2017年度建设项目使用林地行政许可监督检查外业工作。

7月17日 广西百色市副市长古俊彦带队到广州专员办汇报百色市非法占用林地问题整改情况。

7月19日 广州专员办和广西林业厅联合在南宁就广西交通投资集团有限公司下属公司存在严重违法使用林地问题进行约谈。

7月25日 柳州市副市长张建国带领市林业局及柳江区委、政府、纪委、林业等相关部门人员到广州专员办汇报非法占用林地问题整改情况。

7月25~27日 广州专员办到桂林开展2016年度野生动植物进出口行政许可事项专项监督检查工作。

9月8日 广州专员办联合广东省林业厅对英德市存在破坏森林资源问题进行约谈。

9月12~15日 第14届中国-东盟博览会在南宁市举办,广州专员办作为博览会保知打假联合执法组成员单位,对博览会参展濒危物种制品开展了监管巡查。

9月21日 广西梧州市副市长黄恩、广西钦州市副市长李从佳分别带队到广州专员办汇报2017年森林资源保护管理工作情况及2016年度森林资源管理情况检查存在问题查办、整改、问责工作落实情况。

10月17~28日 广州专员办与广西林业厅组成联合督查组,对广西2017年森林资源管理检查存在问题的整改情况和移交疑似图斑自查情况进行督查。

10月18~20日 广州专员办会同广东省林业厅赴河源市对部分县区及建设项目存在非法侵占林地问题的整改情况进行督查。

10月31日至11月2日 广州专员办联合广西壮族自治区打击走私综合治理领导小组办公室和野生生物保护学会(WCS)在广西凭祥市举办中越双边打击野生生物非法贸易执法合作研讨会。

11月1日 国家林业局副局长李树铭在国家林业局森林公安局副局长王元法、广东省林业厅厅长陈俊光等陪同下,到广州专员办看望全体干部职工并检查指导工作。

11月4日 广州专员办联合广东省林业厅和广州市林业和园林局共同举办的广东省暨广州市第二十七届"野生动物宣传月"活动在广州市白云山鸣春谷启动。

11月7~8日 广州专员办联合广西壮族自治区打击走私综合治理领导小组办公室,到东兴市开展边境巡查和宣传调研活动。

11月29~30日 广州专员办专员关进敏带队赴广西六万林场就林地保护管理情况开展调研。

11月30日至12月2日 广州专员办与广东、广西、海南三省(区)林业厅在广西北海市召开第十二次联席会议。

12月6日 广东省紫金县副县长钟建政、县林业局局长孙伟兵,广东省东源县政府领导和林业主管部门有关人员分别就2017年度森林资源管理情况检查中发现的问题,专程到广州专员办汇报了整改情况。

12月12~13日 广州专员办会同广东省海防与打击走私办公室联合举办打击野生动植物走私业务培训班。

(广州专员办由李金鑫供稿)

合肥专员办(濒管办)工作

【综述】 2017年,在国家林业局的正确领导下,在资源司、监督办、国家濒管办的具体指导下,合肥专员办认真贯彻落实国家林业局2017年林业厅局长会议精神,以林地保护管理为重点,切实加大监督检查和破坏森林资源案件查办督办力度,创新监督方式、拓展监督领域、深化监督成果运用、提升监督效能。督促监督区各级政府高度重视森林资源保护管理工作,自觉履行法定职责,为监督区资源保护工作营造良好的政务环境;督促监督区各级林业主管部门认真贯彻落实国家林业局有关加强森林资源保护管理的方针、政策,建章立制、规范管理、依法行政、严格执法,切实提升保护管理森林资源水平。以濒危物种进出口行政许可为重点,规范行政许可秩序、加强行政许可执法检查、积极协调履约执法、夯实履约管理基础、提升履约管理能力,努力提高濒危物种进出口管理水平。以推进"两学一做"学习教育常态化制度化为抓手,切实加强专员办(濒管办合肥办事处)机关党的建设、干部队伍建设、思想政治建设、业务能力建设和机关自身建设,确保专员办(濒管办合肥办事处)以坚定的理想信念、良好的精神状态、务实的思想作风、过硬的监督本领,进一步提高履职能力和水平,为监督区生态文明建设做出贡献。

【案件督查督办】 2017年全年共督办各类破坏森林资源案件124起(其中国家林业局交办或批转案件21起,媒体曝光3起,合肥专员办监督发现100起),涉及破坏林地面积293.11公顷,乱砍滥伐林木蓄积3468.6立方米,行政处罚137人,罚款1751.86万元,收回林地6.67公顷,刑事立案11件,行政或纪律处分11人。在案件督办过程中,坚持案件督办月调度制度。坚持依靠地方党委政府,加强与地方党政领导的沟通联系,争取理解与支持,减少查办阻力。坚持开门办案,主动听取当事人和当地干部群众意见,自觉接受群众监督,维护法律尊严,坚决杜绝办关系案、人情案。通过坚持不懈地加大打击力度,两省森林资源管理秩序明显好转,大案要案的发案率明显下降。

【森林资源管理情况检查】 合肥专员办与华东林业调查设计院联合开展了森林资源管理情况检查,共检查了安徽、山东两省10个县级政府保护发展森林资源目标责任制的建立和执行情况,检查了10个县的林地管理和2个县的林木采伐管理情况。经检查,在目标责任制方面4个县评为优秀等级,3个县评为良好等级,3个县评为合格等级。通过检查,共发现违法使用林地和非法采伐林木案件82起,其中违法使用林地案件66起,涉及林地174.97公顷;违法采伐林木案件16起,涉及林木蓄积2142.8立方米。同时对两省林业厅自查的3

个县森林资源管理情况开展了专项督查，发现非法破坏森林资源案件53起。截至2017年年底，51起案件已办结，2起案件还在查办和整改之中。

【建设项目使用林地行政许可检查】 认真开展国家林业局委托的建设项目使用林地行政许可检查工作。按照国家林业局下达的任务，专员办2017年承担了国家林业局审核、审批的11个建设项目使用林地的检查任务。其中，山东省7个，安徽省4个，检查总面积1137.42公顷，涉及8个市13个县（市、区），通过检查共发现问题7起，涉及非法占用林地2.3公顷。同时，根据两省资源管理的实际，专员办同步检查了省级行政许可建设项目使用林地情况，两省共抽查了4个项目，每个省2个，通过检查，发现问题3个，涉及非法使用林地8.83公顷。专员办及时向两省林业厅反馈了检查结果，向国家林业局提交了检查报告。至2017年年底，检查发现的问题已全部依法整改到位。

【义务监督员】 专员办在监督区45个林业重点县聘请了45名义务监督员，由各级党代表、人大代表、政协委员和基层林业系统工作人员、林业经营大户组成。制订了《合肥专员办义务监督员管理办法》，对义务监督员的职责权利、工作方式、业绩考核、聘任辞退和纪律要求作出了明确规定，加强义务监督员管理。同时建立了义务监督员微信群，专人负责，加强了业务指导和信息沟通。通过聘请义务监督员，充实了森林资源监督管理队伍，拓宽了森林资源监督管理的途径，丰富了森林资源监督管理方法，扩大了森林资源保护和监管信息来源范围，调动了全社会共同保护发展森林资源的积极性。

【专项行动督查】 根据国家林业局《关于开展全面保护长江经济带林业资源专项行动的通知》精神，10月中旬，会同安徽省林业厅抽查了安庆、池州、马鞍山市等林业资源较为丰富、长江岸线较长的沿江地区，重点对林地、湿地、野生动植物等林业资源保护执法工作进行了督查，实地检查了全面保护长江经济带林业资源专项行动开展情况。行动期间，安徽省共发现破坏森林资源案件517起，截至2017年年底，已查处到位487起、行政处罚488.85万元，其余30起仍在办理之中。督查结束后，再次召开专题督办会，要求安徽省林业厅对前期统计的案件认真梳理，组织"回头看"，着力构建林地保护管理的长效机制，不断巩固扩大专项行动成果，有效遏制破坏林业资源违法犯罪行为，保障长江经济带林业生态建设和"共抓大保护"顺利进行。

【野生动物保护执法】 按照《国家林业局办公室关于进一步加强秋冬季候鸟等野生动物保护执法和疫源疫病监测防控工作的紧急通知》要求，认真开展秋冬季候鸟等野生动物保护执法和疫源疫病防控检查工作。10月中旬，会同安徽、山东两省林业厅，深入到国家级重要湿地安徽省安庆市桐城市嬉子湖、马鞍山市石臼湖、国家级自然保护区池州市升金湖等地和山东省的威海市、烟台市、东营市，对两省秋冬季候鸟等野生动物保护执法和疫源疫病监测防控工作开展情况进行了监督检查。督促要求两省各级林业主管部门要高度重视秋冬季候鸟等野生动物保护管理工作，进一步加强宣传教育，进一步加强对重点区域和重点时段的管理，进一步加大执法检查和违法打击力度，野生动物管理部门与森林公安要紧密衔接，形成合力，对发现乱捕滥猎、非法经营利用或走私野生动物及其产品的违法行为要严厉打击。

【濒危物种进出口管理】 一是认真组织开展行政许可办证工作。密切与林业、农业、水产等部门联系，做好行政审批与办证的有效衔接。全面梳理办证流程，全力做好业务咨询，做好对办证企业的主动服务工作。截止到2017年12月31日，专员办受理咨询3150次，受理申报3010件，办理野生动植物进出口证书2911份，其中《进出口证明书》2585份，《物种证明》326份。二是全面完成网上申报审批野生动植物进出口证书工作。开通了合肥濒管办与海关联网的网上通道，选择部分办证量大和不同种类的企业进行试点，完成了企业的网上备案、证书申请和审核工作，至2017年11月20日已全部实行网上办理证书。三是完成行政许可检查工作。在企业全面自查的基础上，对相关数据进行了对照分析，查找检查重点方向及存在问题，自6月份分三个片区陆续开展了行政许可检查，通过检查，规范了乐器企业的办证行为，加强了对乐器企业的后续服务，现场解决和受理了部分进出口单位遇到的问题，取得了很好的效果。

【加强执法协作平台建设】 一是切实加强信息沟通。发挥协调小组办公室的服务职能，积极编发新闻稿件，加强工作宣传。二是切实加强联合宣传。在2017年世界动植物日，专员办会同山东省林业厅在青岛滨海学院以2万名青年学生为主体，开展了专项宣传活动，积极宣传保护野生动植物的理念。在5月22日"国际生物多样性日"，专员办联合济南海关驻机场办事处开展"保护濒危野生物种，营造口岸文明环境"执法宣传活动。在中国亳州药交会开幕期间，联合安徽省农委、林业厅、工商行政管理局、亳州市政府及进出口中药饮片企业在亳州市开展了以"依法保护濒危野生动植物 促进中药材产业可持续发展"为主题的执法宣传周活动。三是切实加强履约能力建设。在国家濒管办、鲁皖CITES履约执法协调小组成员单位和相关进出口单位的支持和配合下，分别举办了皖鲁两省企业办证培训班和鲁皖两省一线执法人员培训班。

【机关党建】 一是扎实推进基层党组织标准化建设。成立了以专员向可文任组长，副专员潘虹任副组长，第一、二支部书记和党总支委员为成员的合肥专员办基层党组织标准化建设领导小组，制订合肥专员办《基层党组织标准化建设工作方案》，召开全办动员会议。党支部按要求制定了具体的工作方案，确保2019年全部达标。二是扎实开展党员干部学习教育"灯下黑"专项整治工作。查找落实党费收缴专项检查和机关党员干部学习教育等重点工作中存在的突出问题和不足，制订了问题清单和整改措施，及时报送国家林业局机关党委。三是顺利完成党总支换届选举。按照安徽省直机关工委要求，顺利完成了党总支的换届选举，调整充实了党总支委员。四是规范党费管理工作。对每位党员应缴党费进行了重新核算，研究制订合肥专员办《党费收缴、使用、管理实施办法》，进一步明确了党费的收缴标准、使用范围、日常管理工作。五是集中学习十九大精神。组织收看了十九大开幕式和闭幕式，组织全办党员干部集中学习十九大报告原文、新《党章》等，参加安徽省直机关工委和国家林业局组织的各类宣讲活动，印发《关于深入学习宣传贯彻党的十九大精神的实施意见》。六是不断完善长效机制。根据国家林业局第六巡视组反馈意见，不断加强党组织自身建设，切实加强党的领导，修订完善《合肥专员办党组议事规则》《合肥专员办党组中心组学习规范》和《合肥专员办党支部"三会一课"制度》。

【林业大事】

3月10日 合肥专员办向国家林业局和安徽、山东两省人民政府提交《2016年度森林资源监督报告》，指出了两省在森林资源保护管理中存在的突出问题，并提出了整改意见。进一步督促皖、鲁两省提高森林资源管理水平，强化地方政府保护发展森林资源的主体责任。

5月9~10日 首次在安徽歙县举办了"皖鲁两省保护森林资源义务监督员聘用仪式暨培训班"，对两省共45名保护森林资源义务监督员进行了业务培训，并颁发了聘用证书，落实了监督责任。

8月7日 合肥专员办在检查中发现"金寨县高铁站连接线项目"存在违法使用林地问题，专员向可文主持召开了专题督办会，并2次约谈了金寨县党政主要负责人，使金寨县委县政府对该起违法使用林地问题高度重视，依法对违法单位进行了行政处罚，行政问责4人。

9月20日 合肥专员办组织召开了2017年度以"提升案件督办查办能力"为主题的皖、鲁两省森林资源监督工作联席会议。会议邀请国家林业局资司和安徽省检察院相关同志，就近年来"打击破坏森林资源典型案例分析"和"涉林行政公益诉讼"作了专题讲座。合肥专员办、国家林业局华东规划调查设计院有关领导及相关处室负责人，安徽、山东两省林业厅、地方政府、重点林业市、县林业局相关领导和重点用地企业负责人，共计110余人参加了会议。

9月21日 合肥专员办会同山东省林业厅与5家重点用地单位以及淄博、烟台市政府签订了依法使用林地责任状，探索建立用地单位依法使用林地责任制。

9月22日 专员向可文会同山东省林业厅厅长刘均刚，特别邀请山东省纪委二室主任张月波，针对威海市火炬高技术开发区存在较为严重的非法占用林地问题，约谈了威海市政府市长张海波。

9月27~29日 濒管办合肥办事处与北京办事处联合召开CITES履约执法协调小组工作联席会议。来自京津冀晋鲁皖六省（市）林业、公安、农业、水利、渔业、海关、工商、检验检疫、自然博物馆等部门84名代表参加会议。国家濒管办常务副主任孟宪林到会指导并讲话。

11月中旬至12月底 合肥专员办根据安徽省人力资源和社会保障厅召开的中央驻皖单位养老保险参保登记培训会议精神，全力做好全办在职在编及退休人员养老保险参保信息采集、录入、审核和申报工作。

12月22日 合肥专员办印发《关于开展森林资源管理情况调研检查的通知》，结合安徽省林长制5个试点县——巢湖市、肥西县、潜山县、宿松县、泾县，启动对5县的森林资源管理情况调研检查。检查中督办各类破坏森林资源案件12起，违法使用林地面积6.07公顷，追究违法责任人13人。

（合肥专员办由夏倩供稿）

乌鲁木齐专员办（濒管办）工作

【综　述】　2017年，在国家林业局党组正确领导下，在国家林业局有关司和新疆维吾尔自治区林业厅、新疆生产建设兵团林业局的全力支持下，国家林业局驻乌鲁木齐森林资源监督专员办事处（国家林业局驻乌鲁木齐专员办）圆满完成森林资源监督、濒危物种进出口管理、"访民情惠民生聚民心""民族团结一家亲""发声亮剑"等任务，扎实有效开展机关党的建设和工会工作。

【机关党的建设】

理论学习　认真学习《党章》、学习党的十九大、十八大、十八届三中、四中、五中、六中全会精神和习近平总书记系列重要讲话精神，认真学习《关于新形势下党内政治生活的若干准则》《中国共产党党内监督条例》等，学习习近平同志关于森林生态安全重要讲话精神及有关生态文明建设的论述。

乌鲁木齐专员办加强党的领导，落实管党治党责任。成立专员办党建工作领导小组，制定党建工作要点。以"两学一做"学习教育常态化、制度化试点工作为抓手，从政治建设、思想建设、组织建设、作风建设、纪律建设、制度建设六个方面，全面推进机关党建工作。

政治建设　党的十九大召开以来，全体党员干部深刻学习领会党中央治国理政新理念、新思想、新战略，组织干部集中学习十九大精神11次，专员办领导讲专题党课2次，支部各小组集中学习讨论17次，党员干部"四个意识"得到进一步强化。十九大精神理论培训对专员办处级以上干部实现全覆盖。2017年度，乌鲁木齐专员办被国家林业局机关党委列为"两学一做"学习教育常态化制度化试点单位。

思想建设　全体党员干部以"两学一做"学习教育

常态化制度化试点工作为契机，以"三个创新"引领思想建设工作。一是方式创新。支部根据每位党员的党内职务、行政职务"量身定制"学习内容和学习计划，并定期交流学习心得。二是制度创新。建立职工书屋绿色大讲堂制度，成立3个学习小组，轮流进行讲课，通过以讲促学的方式，激发党员学习热情，提高学习效率。2017年度4位处级干部做了6场专题讲座。三是手段创新。专员办充分利用网站、微信、手机客户端等新形式开展学习。支部书记每天在单位微信学习群中刊发一篇《学习笔记》，对习近平论从严治党、治国理政等文章进行在线学习。

组织建设 2017年1月，在新疆维吾尔自治区直属机关工委的指导下完成党支部换届，选举产生第四届支部委员会，并成立3个党小组，配齐配强支委会；明确每月15日为支部主题党日，党员交纳党费，开展党内活动。开展"以案释纪明纪，严守纪律规矩"为主题的警示教育活动；分别赴专员办党建基层联系点新源国有林管理局、和田市林业局开展主题党日活动，慰问林场老党员和驻村干部；组织开展参观中共七大会址、延安革命纪念馆等活动。

作风建设 建立健全18项党内制度、8项工作制度，扭转"庸懒散"的工作作风，形成敢于碰硬、求真务实的新风气；以国家林业局"三强化两提升"和自治区"学转促"（学讲话、转作风、促落实）活动为契机，有效解决"灯下黑""四风""四气"等突出问题；通过开展民族团结一家亲，携少数民族亲戚发声亮剑等活动，践行党的群众路线，着力解决与人民群众"最后一公里"的问题。

纪律建设 组织全办党员干部深入学习《中国共产党廉洁自律准则》《中国共产党纪律处分条例》，严明业务工作纪律，严守中央八项规定、国家林业局十八条要求和森林资源监督十不准，规范日常监督和专项检查的流程，形成工作干事的"标准动作"；以"三会一课"为平台，以"两学一做"为引领，强化党员干部底线意识，营造风清气正的氛围。

制度建设 以巡视整改工作为契机，完善各项制度，切实用制度治党、管权、管人。完善支部工作三大类18项制度，涵盖党组织日常工作、纪律建设、党员学习等方面，形成一套制度体系，并将各项制度执行情况作为年终干部考核和民主评议党员的重要依据。

【森林资源监督】 以案件督办查处为重点，开展非法侵占林地清理补充排查和回头看，加强林地行政许可监督，保护发展森林资源目标责任制检查，卫片判读等工作。

森林资源案件督查督办 把督查督办破坏森林资源案件作为"第一职责"，对国家林业局转来和检查中发现的重大案件进行全程督办。全年共督办案件50余起，收回林地556公顷，罚款300余万元，补缴植被恢复费3000万元。

林地行政许可检查 对国家林业局审批的自治区和生产建设兵团范围内的10个征收占用林地行政许可项目进行检查。对未批先占项目进行督办。

森林资源管理检查 和国家林业局西北院联合对自治区5个县市、生产建设兵团2个团的森林资源管理情况进行检查，共检查、抽查疑似图斑210个，发现15起案件。其中13起建设项目违法使用林地，1起毁林开垦，1起退耕地复耕。专员办已全部严肃查处。

森林资源监督报告 在总结2017年监督工作的基础上，认真撰写并报送新疆维吾尔自治区和新疆生产建设兵团2017年度森林资源监督报告。

案卷管理制度 对自治区15个地州市和生产建设兵团14个师建立案卷，规范案件的受理、办理、销号归档程序。

监督与监测相结合的工作机制 加强与国家林业局西北院的合作，充分运用监测成果，支持监督检查工作。在开展行政许可监督检查工作中，请西北院对1个检查项目进行卫片判读。在森林资源管理情况检查中，对自治区林业厅自查的地块，由西北院对疑似图斑进行重点标注，重点抽查。加强对ArcGIS等现代技术的学习和应用，提高监督工作的能力。

监督与执法相结合的工作机制 2017年，与自治区检察院召开两次联席会议，就共同开展调研、联合督办案件，定期进行涉林案件信息通报等达成共识，形成会议纪要。加强与驻地林业主管部门的联系合作，要求凡涉刑事案件必须移交森林公安办理，杜绝以罚代刑，充分发挥森林公安机关的职能作用。

职能监督与社会监督相结合的工作机制 办领导在参加自治区两会期间，多次就生态文明建设发言，并接受凤凰网和新疆媒体的现场专访。2017年3月，与人民网新疆频道达成协议，双方就正面宣传、舆论监督、共同调研、互相支持等方面展开合作。召开3次协调会议，给6名记者颁发监督员聘书。

约谈工作机制 2017年以来共约谈7次，约谈对象20人，约谈制度常态化有效落实了专员办监督职责，强化了地方各级党政领导干部生态文明意识。

【濒危物种进出口管理】 完成濒危物种进出口管理、履约执法、口岸巡查、大宗贸易及敏感物种评估等工作。

网上登记备案和行政许可审批 与全国同步实现行政许可和进出口经营单位网上审批和登记备案。2017年完成对15家持卡企业的网上备案注册，核发进出口证明书250份。

大宗贸易及敏感物种评估工作 做好2017年度大宗贸易及敏感物种评估工作，组织相关部门和专家，赴和田地区开展肉苁蓉监测和调研工作。圆满完成2016年度许可事项检查工作，并将检查结果上报国家濒管办。

候鸟迁徙季节的专项监督检查工作 办领导牵头组成检查组赴阿勒泰地区福海县乌伦古河国家级湿地公园、"引额济克跨流域调水工程"总干渠、卡拉麦里山有蹄类自然保护区等多处湿地，开展秋冬季候鸟等野生动物保护执法专项监督检查工作。

各类宣传活动 组织新疆CITES协调小组各成员单位开展"世界野生动植物日"宣传活动；与自治区林业厅联合主办以"大美新疆·湿地最美"摄影大赛为主题的2017年新疆湿地保护宣传日活动。2017年度联合海关、检验检疫部门在各边关、口岸分发张贴宣传海报5000余份。

执法、巡查、培训活动 联合乌鲁木齐海关缉私局对阿勒泰市、吉木乃县、塔克什肯、红山嘴和吉木乃口岸等地的免税商店、边民互市摆卖象牙制品及其他濒危物种情况进行调研检查并对海关一线关员进行濒危物种知识培训。组织自治区林业厅、自治区森林公安局等相关部门，对2017（中国）亚欧商品贸易博览会摆卖濒危物种及制品情况进行检查，对发现的非法销售野生动物制品的商家进行惩处。

自然保护区调研活动 办领导带队赴卡拉麦里山有蹄类自然保护区对破坏生态环境问题整改情况进行督查。对保护区所在地政府、保护区管理中心和在保护区内施工的各企业在建设野生动物迁徙通道、开展野生动物迁徙规律和习性专项研究、拆迁整改企业、宣传教育和进一步加强保护区管理等方面提出要求，并对发现的问题责令严肃处理。针对保护区存在的问题提出建议并形成专题督查报告报自治区人民政府。

课题研究 在国家濒管办支持下，以新疆林科院为依托单位，组织新疆部门间CITES履约执法协调小组成员单位共同开展"丝绸之路经济带建设对新疆濒危野生动植物种进出口管理的影响及对策研究"项目二期。

【**访民情惠民生聚民心**】 积极贯彻落实中央治疆方略，参加自治区开展的"访惠聚""民族团结一家亲""发声亮剑"等活动，严格执行节假日和敏感时期24小时维稳值班任务，塑造了国家林业局在驻地的窗口形象。

通过"民族团结一家亲"活动，每名干部都与不同民族的困难群众结对认亲戚，2017年度全办人员走访80余次，住乡亲家50天，帮结对乡亲解决就业就医等实际问题。携结对乡亲开展发声亮剑活动，共同参与升国旗、唱国歌，为乡亲进行义诊，宣传党的惠民政策，加深民族情感，维护新疆社会稳定和长治久安。

（乌鲁木齐专员办由张彦刚供稿）

上海专员办（濒管办）工作

【**综　述**】 2017年，上海专员办在国家林业局党组和上海市委的领导下，在有关司局、单位的关心指导下，深入学习贯彻党的十八大、十八届中央历次全会、十九大精神和2017年全国林业厅局长会议、全国森林资源管理工作会议、全国濒危物种履约管理培训暨工作会议、国家林业局直属机关两建工作会议精神，全面贯彻落实局党组的各项决策部署，强化责任、敢于担当，务实创新、依法履职，团结带领全办同志完成了全年目标任务。

【**机关党的建设**】

深入学习贯彻党的十九大精神，着力提升政治站位和定力，始终坚持思想先行，把思想政治建设放在首位。深入学习贯彻党的十九大精神，用习近平新时代中国特色社会主义思想武装党员干部头脑、指导实践、推进工作。牢固树立"四个意识"，坚定"四个自信"，坚定维护党中央权威和集中统一领导，始终在思想上、政治上、行动上同以习近平同志为核心的党中央保持高度一致。坚持党组带头、率先垂范，领导干部带头上党课，为党员干部购置《共产党宣言》等书籍，组织开展"八个一"系列活动，引导党员干部进一步坚定理想信念。《中国绿色时报》登载了上海专员办的做法。局领导对上海专员办"以规范化建设固本强基，不断提升机关党建科学化水平"的做法给予了肯定。

【**森林资源监督管理工作**】 始终把森林资源保护管理作为生态文明建设的核心和首要任务，坚持把督查督办各类破坏林地等森林资源案件作为第一职责，扎实有效地推进森林资源监督管理。

督查督办涉林违规违法案件 贯彻落实《国家林业局关于进一步加强森林资源监督工作的意见》要求和局领导指示批示精神，严格督查督办各类破坏森林资源案件，动真格、敢碰硬、重效果，确保依法依规查处到位。全年共督查督办案件69起，涉案林地137.43公顷，林木291.9立方米；追究刑事责任2人，行政罚款158.2万元。其中局交办案件2起，群众信访举报和媒体曝光各1起，监督检查发现64起。均督办到位。

向苏浙沪人民政府提交森林资源监督报告 分别向国家林业局、苏浙沪三省（市）人民政府提交森林资源监督报告。总结森林资源管理的主要成效和存在的问题，提出下一步强化管理的建议。面对问题不回避、不遮掩，严肃指出，力求实事求是、客观准确。同时，结合实际，提出具有建设性、可操作性建议。三地分管省（市）长都作出批示，相关建议责成省（市）有关部门（单位）予以落实，一些重点难点问题有了新突破、新进展。浙江省副省长孙景淼批示："各级政府和林业部门要按照国家林业局上海专员办的有关要求……统筹保护发展，提升质量效益，强化基础保障，把绿水青山护得更美，把金山银山做得更大。"江苏省林业局按省领导指示，专门印发《江苏省林业局关于上海专员办2016年度森林资源监督报告有关问题的整改通知》，要求全省各地对加强采伐更新管理等8个方面进行认真整改。

常态化开展各项督查工作 一是开展保护发展森林资源目标责任制检查。完成对江苏、浙江9个县（市）目标责任制建立和执行情况的监督检查，总体情况良好。二是对2017年建设项目使用林地行政许可监督检查情况开展检查。完成苏浙二省10个建设项目使用林地的监督检查，共涉及12个县（市、区）。共检查林地1098.28公顷，发现违法违规使用林地案件12起，面积2.62公顷，均已督查督办到位。三是抓住重要时间节点，在重点地区，对苏浙沪三省（市）10个县（市、区）开展春、秋冬季森林防火、疫源疫病防控和野生动物保护执法情况专项检查，狠抓源头防控。

探索创新监督机制 一是制定出台《涉林违规违法案件督办约谈制度》《国家林业局驻上海专员办和上海市林业局关于抓好专员办和林业工作站协同监督试点工作方案》，进一步强化国家派驻地方森林资源监督机构权威和效能，确保森林资源监督工作进一步做实、做细、做强。二是与浙江衢州市检察院建立破坏森林资源违法案件督办查处联合工作机制，制定下发《强化衢州地区破坏森林资源违法案件督办查处工作的合作备忘录》，形成共同打击破坏森林资源案件违法犯罪行为的工作合力和强大震慑力。三是继续做好"义务森林资源监督员"提质扩面工作。年内新聘义务监督员10人，通报表扬"苏浙沪十佳森林资源义务监督员"和4家"优秀组织单位"。《中国绿色时报》刊发专版，局领导批示予以肯定。四是召开苏浙沪三省（市）森林资源管理工作联席会议、地市林业局局长座谈会。构建苏浙沪三省（市）野生动物保护信息共享平台。坚持重心下移，深入基层接地气，重大工程建设项目使用林地做到提前介入、主动服务。

【**濒危物种进出口管理工作**】 围绕"目标明确、制度完善、运行规范、管理高效、监督有力"的总体要求，内强管理，外树形象，确保濒管各项工作扎实推进。

行政许可办证工作 全面启用国家濒管办野生动植物进出口证书管理系统，实现办证新老系统无缝对接。全年共办理允许进出口证明书21 980份，涉及进出口商品贸易额53.4亿元；办理物种证明4355份，涉及进出口商品贸易额8.4亿元。推进行政许可督查，实地检查企业26家，查实2批次外方证书造假并报送相关部门处理。完成2016年办证档案归档，立卷105卷。

履约宣传培训 建成国内首家濒危野生动植物种国际贸易公约（CITES）宣教培训中心，接待访客800余人次。开展世界野生动植物日、野生动物保护月、爱鸟周主题宣传活动。会同国际爱护动物基金会（IFAW）在上海和苏州两地机场及重点地铁营运站点推出以滚动灯箱、传统灯箱和LED屏为载体，以"禁止走私、非法猎杀和非法买卖野生动物"为主题的三组公益宣传广告，投放量达到144块。举办办证新系统使用、野生动植物保护宣传教育和进出口企业业务等各类培训班6个，参训单位企业300余家、人数500余人。

部门间协作配合 分别组织召开苏浙沪三省（市）部门间CITES执法工作协调小组联席会议，举办苏浙沪多部门履约执法培训班，受训人员60余人。与上海市林业局合作推进上海自贸区林业政策课题研究；与浦东机场海关开展业务交流，共同推进对旅邮检货物快速监管；与浙江国检局签署合作备忘录。配合上海林业、海关做好执法查没物品移交工作，整理历年来物种鉴定记录表格供海关参考，配合落实相关物种现场鉴定等工作。与上海林业、海关和野生动植物鉴定中心合作研发查验野生动植物鉴定网络工作平台，协助14家海关完成涉嫌物种鉴定427批次，涉及物种247种；木材进口鉴定8批，品类7种。

【**林业大事**】

1月24日 向国家林业局和江苏省、浙江省、上海市人民政府提交2016年度森林资源监督报告。

1月25日 上海市人民检察院第三分院出版的《上海跨行政区划检察院改革工作机制汇编》，收录"上海专员办与上海市人民检察院第三分院开展配合协作工作备忘录"，构建上海市跨行政区域各类破坏森林资源案件的联合查办机制。

2月26日 组织相关单位召开上海口岸查验野生动植物鉴定网络工作平台设计论证会，敲定最终设计方案。

3月3日 与浙江省林业部门共同举办以"聆听青年人的声音、共同保护濒危物种"为主题的世界野生动植物日宣传活动。

3~4月 赴浙江省建德、江山、海盐、绍兴和江苏省句容、丹徒、武进等县（市、区），督查野生动物保护和疫源疫病防控监测、森林防火工作。

4月12日 赴江苏省林业局，就做好2017年森林资源监督工作召开座谈会，开展业务工作对接。

4月13日 与上海市野保站、上海动物园、国际野生物贸易研究组织（TRAFFIC）和世界自然基金会（WWF）协作，在上海动物园共同举办"运用新手段开展野生动植物保护宣传教育"培训班。

4月14日 联合杭州海关、浙江省义乌市农林局和中国小商品城集团等单位在义乌国际商贸城联合开展以"履行国际公约、保护濒危物种，依法保护鸟类，守护绿色家园"为主题的2017年野生动物保护暨"爱鸟周"宣传活动。该宣传活动已连续开展8年。

4月27日 在江苏省南京市组织召开2017年江苏省部门间CITES执法工作协调小组联席会议。

5月2日 党组书记、专员王希玲当选上海市第十一次党代会代表。

5月11日 在上海自贸区与浙江国检局签署合作备忘录，共同加强濒危动植物进出口管理和检验检疫工作。

5月18~23日 美国鱼和野生动物管理局管理机构处一行6人到上海和浙江就CITES履约和区域内野生动植物保护管理工作开展交流访问。国家濒管办副主任周志华陪同考察。

6月 对江苏省灌南、睢宁、广陵、邗江、句容，浙江省余杭、龙游、普陀、三门、黄岩、天台、庆元等地建设项目使用林地情况开展监督检查工作。

6月6日 组织召开上海自贸区野生动植物进出口贸易监管政策研究课题专家评审会。

6月8~9日 在海关总署苏州外事教育培训基地举办苏浙沪履约执法培训班。来自苏浙沪三省（市）林业、农业（渔业）、公安、工商、海关和出入境检验检疫部门一线执法人员70余人参加培训。

7~9月 赴江苏省泗阳、新沂、东台、东海和浙江省庆元、建德、龙泉、仙居、江山等地开展建立和执行保护发展森林资源目标责任制情况监督检查。

7月12日 和国家林业局华东院工作组一起，赴江苏省林业局对接2017年森林资源管理检查工作。

7月13~14日 在上海市崇明区召开2017年苏浙

沪三省（市）森林资源监督管理工作联席会议。

8月10～11日 在浙江杭州召开苏浙沪三省（市）森林资源监督管理联席会议分组讨论会。

8月11日 上海专员办就浙江省三门县风电项目非法占用林地和低丘缓坡开发项目存在的问题，约谈县政府和林业主管部门负责同志。

8月7～12日 对上海和浙江二省（市）进出口单位2016年度行政许可执行情况进行实地核查。

8月18～19日 赴浙江省金华市，与林业、环保、纪检、组织人事等部门座谈，磋商加强部门间密切协作，共同建立林业生态环境损害责任追究沟通协作机制。

9月6～8日 赴浙江省航空护林基地、建德市、桐庐县等地，检查指导森林防火工作。

9月14日 与浙江省衢州市人民检察院和衢州市林业局，共同签署《衢州地区破坏森林资源违法案件督办查处工作合作备忘录》。

10月9～11日 对浙江省天台、永嘉两县开展林地核查工作，对林地变化图斑自查结果进行抽查。

10月25日 国家林业局副局长彭有冬带领有关司局领导专程前往上海专员办上海自贸区（外高桥）办公区考察指导工作。

10月27日 在上海木文化馆举办2017年进出口企业业务培训班。

10月29日至11月3日 对浙江省木材、中药材、活体龟类和濒危木制乐器经营利用在内的5家进出口企业进行工作调研。

10月30～31日 在浙江省杭州市举办2017年苏浙沪义务森林资源监督员工作交流座谈暨培训班。

11月6日 在上海与国家林业局华东院召开森林资源协同管理工作座谈会。

11月16～17日 在江苏省镇江市召开苏浙沪三省（市）地市林业局长工作交流座谈会暨培训班。

11月28日 在浙江省杭州市召开2017年浙江省部门间CITES执法工作协调小组联席会议。

12月7～8日 赴上海市金山区开展冬季森林防火、野生动物保护执法与疫源疫病监测防控专项监督检查。

12月26日 在上海与浙江省衢州市检察院就强化办检协作问题开展座谈。

（上海专员办由沈影峰供稿）

北京专员办（濒管办）工作

【**综　述**】 2017年，北京专员办（濒管办）以不辜负国家林业局党组重托、不辜负职能和职责为己任，以不断提升履职能力和履职实效为目标，坚持全面从严治党，坚持问题导向，着力完善工作制度和协作机制，着力案件督察督办的整改追责落实，着力强化队伍建设，着力提升许可服务对象满意度，统筹推进森林资源监督和濒危物种进出口管理工作再上新台阶。

【**森林资源监督工作**】 贯彻落实全国林业厅局长会议和全国森林资源管理工作会议精神，坚持把督查督办破坏森林资源案件作为第一职责。2017年，共督查督办案件142起，办结97起，行政处罚当事人48人，采取刑事强制措施38人，罚款（金）449万元，党纪政纪处分54人，总计涉案林地276.87公顷，涉案林木1790立方米，收回林地55.87公顷。核发进出口许可证明书共计1781份。

森林资源管理检查 落实中央纪委及其驻农业部纪检组领导批示和国家林业局领导指示，由专员挂帅对北京市西山林场开展全覆盖督查，发现非法侵占林地案件16起。监督北京市制订一事一方案，办结15起，并启动问责程序，北京市园林绿化局及西山林场6名党员领导干部受到党纪政纪处分，形成监督震慑。督促北京市汲取教训，举一反三，对全市国有林场开展为期4个月的专项检查，查处一批破坏森林资源案件。

指令性检查 完成14个建设项目使用林地行政许可、15个县森林资源管理情况的监督检查，督查发现非法侵占林地案件67起，督办结62起。

专项巡查 制订《北京专员办专项巡查工作方案》（试行），三位办领导带队，对河北涉县、山西夏县开展全覆盖式的专项巡查，全面考量巡查县委、县政府对上级部门林业政策、法规、措施的落实程度。巡查发现14起违法侵占林地案件，均督办到位，直接责任人被依法处理，21名党员干部被给予党纪政纪处分。

监督约谈 结合实际，完善《森林资源监督约谈制度》，对监督区9类情形启动约谈机制。对省级林业主管部门和市、县政府及相关部门开展不同层级的约谈10次。在省级层面约谈河北省林业厅、北京市园林绿化局负责人；在市级层面约谈山西省长治市政府、河北省承德市林业局负责人；在区县级层面约谈了北京市密云、石景山、怀柔，山西壶关，河北省承德县、平泉、兴隆、易县等区县政府负责人，有力推进问题整改。

与纪检监察机关建立工作联系机制 深入贯彻落实《国家林业局关于进一步加强森林资源监督工作的意见》，与北京市和山西省纪检监察部门领导座谈，取得支持，同意建立涉及公职人员破坏森林资源案件线索移送机制。将涉及公职人员的四类案件移送纪检监察机关，配合纪检监察机关开展调查，积极提供专业技术支持，监察机关将查处结果反馈专员办，不定期召开联席会议。2017年12月，将北京市密云区政府在自然保护区核心区建设房屋、国土部门越权审批林地、区属国有企业采矿非法占用林地等案件线索移送北京市纪委、监察委查处。

监督与服务 一是向四省（市）人民政府呈报森林资源监督通报，坚持问题导向，客观指出四省（市）森林资源保护管理中存在的突出问题，提出改进建议。二是与四省（市）林业主管部门召开第五次联席会议，面对面分析研判森林资源管理中存在的问题，提出解决思路。三是举办第二期监督区地市和重点县林业局局长培训班，办领导亲自授课，强化基层林业局局长对加强森林资源保护管理工作的认识，提升履职能力。

【濒危物种进出口管理】 组织开展"笔墨与动物对话"宣传活动，对增强保护野生动物意识、普及保护野生动物知识起到了推进作用。编写《2015～2016年度大宗贸易及敏感物种监测评估报告总结》《2015～2016年度北极熊监测评估报告》。与合肥专员办召开六省（市）CITES履约执法协调小组联席会，加强沟通，形成工作合力。对110多家进出口企业开展培训，推进新系统备案审批。对10家进出口企业的进出口行政许可文件的执行完成情况进行监督检查。

【机关两建】 以学习宣传贯彻党的十九大精神为首要政治任务，以开展"两学一做"教育活动常态化制度化为抓手，以贯彻落实《国家林业局直属机关2017年党建工作要点》为主线，扎实推进党建工作。一是结合专员办实际，采取办党组中心组学习与总支学习相结合、党支部学习与个人自学相结合、讲党课听报告与讨论交流相结合等多种方式学习。班子成员以讲党课形式领学导读，在全办掀起了学习十九大精神的热潮。组织开展一系列喜迎党的十九大主题党日等活动。二是贯彻落实《党组工作条例》《中国共产党发展党员工作细则》，严把发展党员的程序标准，1名入党积极分子通过培训考核，1名聘用职工向组织递交入党志愿书。三是加强党风廉政建设，在每个党支部，配备一名兼职纪检员，进一步明确职责任务，加强纪检工作力量。办检查组每到检查地将贯彻党的"八项规定"和国家林业局检查"十项纪律"作为一项重要内容在启动会上予以宣布，制作廉政建设情况反馈意见书，请被检单位协助办党总支反馈检查组在开展检查工作期间的廉政纪律执行情况。四是按照局党组第六巡视组要求，制订《关于国家林业局党组第六巡视组专项巡视反馈意见整改方案》，将巡视组反馈的4个方面问题细化为11个具体问题进行整改，做到正视存在不足，坚持立行立改。

【林业大事】
2月13日 向京津冀晋四省（市）政府提交《2016年度森林资源监督通报》。

3月8日 专员苏祖云带队就山西壶关县破坏森林资源问题，约谈长治市人民政府、壶关县人民政府有关负责人。

3月9日 与山西省林业调查规划院开展《露天煤矿开采后生态修复途径与措施的研究》课题协作研讨会。

3月23日 副专员钱能志带队就河北省兴隆县专项巡查发现的破坏森林资源问题，约谈河北省兴隆县人民政府有关负责人。

3月28日 专员苏祖云带队督办河北省林业厅2016年以来未办结案件，并与有关负责人座谈。

3月31日 副专员钱能志带队在北京市延庆区调研办站协同森林资源监督试点工作。

4月5～11日 按照中央纪委党风室、中央纪委驻农业部纪检组和国家林业局领导指示，专员苏祖云带领工作组对北京市西山试验林场破坏森林资源问题开展专项巡查。

4月7日 专员苏祖云带队就森林资源管理问题约谈承德市、围场县林业局主要领导。

4月13日 专员苏祖云陪同中央纪委驻农业部纪检组正局级纪检员周若辉、国家林业局资源司副司长徐济德现地检查调研北京市西山林场破坏森林资源问题。

4月14日 针对巡查发现北京市西山试验林场破坏森林资源问题，专员苏祖云约谈北京市园林绿化局分管领导和相关处室负责人。

4月18日 联合《中国绿色时报》记者现场对北京市八大处公园内非法侵占林地建筑拆除工作进行监督并曝光。

4月24～26日 副专员钱能志带队巡查雄安新区森林资源管理和湿地保护情况。

4月27日 专员苏祖云带队向中央纪委驻农业部纪检组汇报北京西山试验林场专项巡查情况。纪检组组长宋建朝对案件督办工作作出指示，国家林业局副局长李树铭及资源司领导参加会议。

4月28日 苏祖云主持召开办党组（扩大）会，传达学习中央纪委驻农业部纪检组组长宋建朝指示精神，对北京西山林场案件进行专题研究。

5月2日 副专员钱能志出席北京市属国有林场森林资源专项检查工作会议。

5月4～9日 办班子成员分别带队对河北省涉县、山西省夏县开展森林资源专项巡查。

5月18日 听取北京市石景山区有关部门专题汇报非法侵占林地案件查处整改情况。

5月22日 向国家濒管办呈报《天津自贸区濒危野生动植物进出口贸易制度创新研究》课题报告。

5月24～26日 开展对北京市3个建设项目使用林地行政许可实施情况的检查。

5月26日 开展对河北省承德市丰宁县、张家口市沽源县建设项目使用林地行政许可监督检查。

6月5～14日 对太原市杏花岭区、灵丘县、浑源县、阳高县、大同县、神池县和交口县开展建设项目使用林地行政许可监督检查。

6月16日 专员苏祖云向中央纪委驻农业部纪检组、国家林业局资源司领导汇报北京市西山林场专项巡查16起破坏森林资源案件督办查处情况。

7月9日 会同中国林业书法家协会、四省（市）林业厅（局）举办"笔墨与动物的对话"公益书画活动启动仪式。

7月18日 在河北省青龙县召开2017年森林资源管理情况检查启动会。副专员钱能志、国家林业局规划院副院长唐小平、河北省林业厅副厅长王忠出席会议。

7月18～30日 开展对河北省青龙、隆化、蔚县、平泉等5县森林资源检查。

7月20日 专员苏祖云出席北京市园林绿化资源保护专项检查会议并讲话。

7月25日 专员苏祖云一行到北京市房山区调研森林资源保护管理工作。北京市园林绿化局副局长朱国城、房山区区长陈清等陪同调研。

8月16日 副专员钱能志带队听取山西省夏县县政府关于森林资源管理专项巡查整改情况汇报。

8月17日 召开2017年山西省森林资源管理情况检查启动会。副专员钱能志、西北院副院长周欢水、山西省林业厅总工程师黄守孝出席会议。

8月 国家濒管办北京办事处开展京津冀2016年度野生动植物进出口行政许可专项监督检查。

8月22~24日 副巡视员戴晟懋陪同国家濒管办检查组检查北京、天津两市濒危物种履约管理工作。

9月6日 苏祖云、钱能志、戴晟懋及国家林业局规划院院长刘国强出席2017年北京市森林资源管理情况检查启动会。

9月19~25日 开展天津市武清区、静海区森林资源管理检查。

9月25日 专员苏祖云带队现地督查北京市密云区古北口镇破坏森林资源问题。

9月27~29日 与合肥办事处联合召开CITES履约执法协调小组工作联席会议。国家濒管办常务副主任孟宪林到会指导,专员苏祖云出席会议并讲话,副巡视员戴晟懋主持会议。

10月16日 专员苏祖云带队与北京市园林绿化局局长邓乃平座谈督办破坏森林资源案件情况。

10月26日 与北京、天津、河北、山西四省(市)林业厅(局)召开第五次联席会。国家林业局监督办副主任丁晓华、林业工作站管理总站副总站长周洪出席会议并讲话。

10月30~31日 举办野生动植物进出口证书管理系统培训班。副巡视员戴晟懋出席开班式并讲话。

11月8日 专员苏祖云带队与北京市纪检委、市监察委,商谈建立破坏森林资源案件线索移送机制等事宜。

12月5日 专员苏祖云带队与山西省纪委、省监察委等有关负责人商谈破坏森林资源案件线索移送机制等事宜。

12月11日 向北京市纪委、市监察委移送4起破坏森林资源案件线索。

12月13日 北京市纪委、市监察委复函,同意与北京专员办建立破坏森林资源案件线索移送机制。

(北京专员办由于伯康供稿)

林业社会团体

27

中国林学会

【综　述】　2017年，是中国林学会成立100周年的喜庆之年。学会以成立百年历史节点为契机，成功举办系列纪念活动；创新驱动助力工程取得新实效，宁波服务站工作获国家副主席李源潮肯定；咨询决策成果显著，《林业专家建议》4次获国家林业局局长张建龙批示，中国科协九大代表调研项目获评为优秀；首次以第三方评价方式完成全国科技助力精准扶贫督查任务；荣获"全国科普工作先进集体"荣誉称号；主办期刊《林业科学》在全国核心科技期刊排名升至第7位，第15次被评为百种中国杰出学术期刊；学会总项目经费连续5年增长，2017年达到2610.85万元，比2016年增长11%，比5年前增长136%。学会"党建强会"计划被评为"国家林业局基层党组织十大学习品牌"活动。学会办公环境得到很大改善，能力提升取得重要进展。

百年学会　2017年，学会以成立百年历史节点为契机，成功举办了百年系列纪念活动。5月6日，学会在人民大会堂隆重召开学会成立百年纪念大会，国务院副总理汪洋接见梁希奖获奖代表，全国政协副主席、中国科协主席、科技部部长万钢向大会发来贺信，全国政协副主席、民进中央常务副主席罗富和出席大会。同期组织了百年专题展览，拍摄了专题片《百年林钟》，编辑出版《中国林学会百年史》《梁希文选》，开设了百年纪念网站专栏，制作了《青少年林业科学营集萃》、百年纪念邮册，组织了百年纪念林植树活动。新华社、中央电视台等近25家媒体对学会系列纪念活动进行了宣传报道，学会影响力与知名度显著提升。

学会建设　认真落实全面从严治党各项要求，党建工作全面提升。加强政治建设和思想建设，深入学习贯彻党的十九大精神和习近平新时代中国特色社会主义思想，全年集体学习12次，小组学习13次；加强组织建设，成立理事会层面功能型党委，完成党总支换届改选，实现党组织和党的工作"两个全覆盖"；加强作风建设、制度建设和党风廉政建设，严格遵守中央八项规定，严格财务管理制度；加强纪律建设，举行首次宪法宣誓仪式，开展党风廉政谈话，签订党风廉政责任书；加强队伍建设，召开迎新暨青年干部成长成才座谈会，组建林下经济、古树名木和天然栎类经营研究团队。

强化治理结构与治理方式改革。每年定期召开常务理事会、秘书长会。承办科技社团改革发展理论研讨会，探讨科技社团的功能定位与改革方向。加强分支机构管理，新成立园林分会、自然保护区与生物多样性分会两个二级机构。加强会员管理与服务，启动中国林学会会员发展与服务系统APP建设工作，自2017年3月启动会员系统线上注册缴费工作以来，截止到2017年12月底，注册缴费有效会员为1248个。其中，个人会员1241个，团体会员7个。继续实施前两期青年托举工程，完成第三期青年托举工程托举对象评审工作，托举对象达7人。

加强服务站建设。推进乡土专家网络平台建设，完成乡土专家考核与认定，启动乡土专家"实体店"计划。新成立大兴安岭、吉林两个服务站，服务科技创新能力显著提升。

推进日照现代林业科技示范园规划建设。与日照市政府签约共建现代林业科技示范园，推动林业科技成果转化与推广应用。先后召开10余次园区规划建设咨询会，并组织专家赴现场考察，规划建设初具雏形。

承接国家林业局重点实验室评估工作。修改完善国家林业局重点实验室评估办法与细则，对原有34个国家林业局重点实验室进行评估，57个新申报实验室进行评审，并组织专家分批实地评估实验室建设。

组织科技成果评价。制订科技成果评价管理办法（试行），应各地邀请，全年共组织开展了9次科技成果评价，分别涉及高校、科研院所和企业，科技评价工作受到好评，影响逐步扩大。

开展精准扶贫督查。首次以第三方评价方式完成中国科协2017全国科技助力精准扶贫督查任务。赴全国10个省份20个县40个村展开实地督查。与福建省科协，福建省柘荣县、建宁县，贵州省天柱县签订框架合作协议，推进林下经济与精准扶贫工作。

国内主要学术会议　学会及各分会共举办综合性和专题性国内学术交流50余次，参会人数达8000余人，交流论文2000余篇。

6月10日，学会与IUCN中国代表处联合主办的2017世界自然保护联盟（IUCN）中国会员夏日分享会在北京召开。IUCN的15家中国会员单位近30名代表参加会议。

6月13~15日，第四届中国林下经济发展高端论坛在浙江省乐清市召开。学会理事长赵树丛作了题为《森林疗养和森林价值新发现》的大会主旨报告。秘书长陈幸良主持大会开幕式并宣读了院士李文华的书面讲话，200余人参加会议。

7月5~7日，2017中国（上海）国际竹产业博览会暨竹产业发展学术研讨会在上海召开。240余人参加会议，70余家企业在博览中心布展60余个展位。会前，学会还组织开展了2017中国（上海）国际竹产业博览会优质产品评选活动。

7月26~27日，中国栎类天然林经营学术研讨会在山西省运城市召开，140余人参会。期间，学会邀请各参会企业举办了栎类企业分享会。

7月28~29日，学会与中国药学会等单位联合主办的"中药源头在行动"在贵州省凯里市举行。中国中药协会会长房书亭，中国林学会副理事长兼秘书长陈幸良，中国药文化研究会执行会长吴宪等出席开幕式并致辞。期间，学会还举办了2017林源中药产业发展研讨会，170多名代表参会。

8月16~18日，2017年中国林业青年学术研讨会暨中国林学会青年工作委员会换届大会在贵州省贵阳市召开，260余人参加会议。会议选举产生青工委第三届委员会，学会学术部主任曾祥谓任主任委员，中国林科院林业所研究员王军辉任秘书长。

9月8~11日，林木分子育种技术发展高端学术研讨会暨第十次全国杨树学术研讨会在河北省保定市召开，240余人参加会议。会议是中国科协2017年重点支持的小型高端前沿专题学术交流活动之一。

9月14~15日，2017年全国桉树产业发展暨学术研讨会在广西壮族自治区柳州市召开，来自澳大利亚、老挝以及中国12个省份的270多名代表参加了会议。会议主题为：培育桉树中大径材，促进产业转型升级。

9月26~28日，2017中国林业青年科学家论坛暨第五届宁波森林论坛在浙江省宁波市召开，200余人参加会议。论坛主题为：生态修复，生态安全保障。开幕式上，学会与宁波市林业局签署了合作共建中国林业乡土专家电子商务与运行平台协议。

10月15~17日，学会承办的中国科协第319次青年科学家论坛在湖南省长沙市召开，90余名青年专家学者参加论坛。论坛主题为：基础研究驱动生物质高效利用创新。

10月18~19日，中国林学会园林分会成立大会暨园林学术研讨会在四川省成都市举行，150余人参加会议。

10月30~31日，第三届中国珍贵树种学术研讨会在湖南省长沙市举行，200余人参加会议。会议主题为：发展珍贵树种，提升森林质量。

11月15~17日，第五届中国银杏节在湖北省安陆市举办，300余人参会。节会期间公布了寻找中国最美银杏村落活动的评选结果，11个银杏村落获得中国最美银杏村落称号。节会还开展了中国银杏科普园奠基仪式，举办了全国第二十三次银杏学术研讨会。

11月20~22日，中国林学会竹子分会第六次代表大会暨第十三届中国竹业学术大会在浙江省安吉县召开。学会理事长赵树丛出席开幕式并讲话，440余人参加会议。会议选举浙江省林业厅总工程师蓝晓光为主任委员，中国林科院亚林所副研究员谢锦忠为秘书长。

11月24~25日，2017现代人工林企业创新发展论坛在广西南宁召开。学会理事长赵树丛出席论坛，110人参加了会议。论坛主题为：理念突破、模式创新、推进人工林企业转型升级。

11月26~28日，第二届全国杉木学术研讨会在湖南省会同县召开，180余人参加会议。会议主题为：杉木人工林质量精确提升技术。会议期间还召开了杉木专业委员会一届二次常委会，审议通过了杉木专业委员会2017年度工作报告。

国际学术会议与交往 2017年，学会共完成德国、澳大利亚等3个出国(境)任务，接待美国、芬兰等7次国际专家(团队)来访。推进天然栎类资源经营与发展研究，引进国际专家，先后召开4次研讨会，并与德国专家达成初步合作框架。申请中国科协国际民间科技组织事务专项项目，资助3位国际组织任职人员开展相关活动。

8月14~17日，学会副秘书长李冬生率团赴澳大利亚凯恩斯参加2017热带林业大会，并探讨深化与澳大利亚林学会合作事宜。

9月18~24日，学会秘书长陈幸良率团赴德国弗赖堡参加国际林联成立125周年纪念大会。期间，学会理事长赵树丛会见国际林联董事会成员，就共同推动林业科技创新、促进全球森林问题的解决和可持续发展目标的实现进行深入交流。

10月14~16日，学会派员赴日本参加IUCN第二届中日韩三国会员会议，就中国栎类经营方面的工作进行研讨交流。

11月7日，学会秘书长陈幸良会见了芬兰机械协会董事会成员Finnmetko Oy总经理等一行7人，就加强学会与芬兰林业机械学会合作进行交流。

两岸交流 9月28日，学会在重庆举办2017两岸林业论坛。期间，台湾代表考察了重庆森林经营状况。

12月3~9日，学会组织"2017两岸林业基层交流项目"代表团赴台湾调研考察。

科普活动 组织开展第四批全国林业科普基地评审工作，全国林业科普基地总数量达到110家。推动林业科普试点项目，汇聚科普视频资源60部、科普图片2500幅、科普资源挂图100个、科普竞赛题库10个以及科普海报1000份。

联合中央电视台少儿频道录制并播出《活水密码》《红树林日记》等科普节目。汇集《科学之旅——尖峰岭》《红树林绿荫下》《我和秦岭有个约会》《走进神奇的磴口》等专题林业科普节目，制作《青少年林业科学营集萃》(共9集)。

举办第34届青少年林业科学营，推动人民网等众多媒体跟踪报道，总传播覆盖人群超过100万人次。联合中国林业科学研究院华北林业实验中心开展主题为"绿色伴我成长"的2017年林业科普日活动。

启动以"探秘森林"等4个模块为基本构架的林业科普公众微信号，推送科普文章近130篇5万余字，近千幅图片。"王康聊植物"微信平台阅读量达10万余次，2017年共刊登文章51篇，5万余字，百余幅图片。

决策咨询 完成5期《林业专家建议》编撰工作，其中关于林木良种、天然林分类分级保育、人工林经营、加强种质资源收集引进4篇建议得到了国家林业局局长张建龙批示。

开展大型生态公益活动。举办2017森林中国大型公益系列活动，推动"中国生态森林英雄"和"森林文化小镇"宣介工作，评选出20个"森林文化小镇"。

组织重大需求调研。组织国内楠木(桢楠)研究领域的知名专家赴重庆永川开展楠木天然林科学考察，首次发现国内楠木最大面积天然林。组织专家赴广西多家人工林经营企业，就人工林企业制度性交易成本问题进行深度调研。

承担中国科协项目。开展中国科协九大代表项目调研，提出以需求为导向的服务基层林业科技工作者的对策建议，在中国科协69个调研报告中排名第3，获得优秀。

学术期刊 主办期刊《林业科学》收稿1038篇，发稿220篇，比2016年下降3%和14%；退稿665篇，退稿率64%，比上年升高10个百分点；发表时滞14个月，比上年增加 1 个月。发稿量下降，符合预期目标。第 15 次被评为"百种中国杰出期刊"，在中国科技信息所全国核心科技期刊综合评价的排名由第 23 位升至第 7 位，获中国出版政府奖期刊类提名奖。

继续推进中国科协精品科技期刊工程项目，保持期刊质量稳定。强化对审稿专家和作者的激励措施，表彰优秀论文作者和审稿专家，推选 50 名优秀审稿专家。继续支持"幸福家园——西部绿化行动"生态公益项目。推进办刊数字化，由胶片印刷改为数码印刷。

学科发展研究 完成中国科协"推动绿色经济发展和生态保护的林学学科群创新协作项目"，强化林学各学科间的联动协作与交叉融合；完成中国科协"2016～2017 林业科学学科发展研究项目"，编辑出版《林业科学学科发展报告》，分阶段总结中国林业科学最新研究进展和成果。

表彰举荐优秀科技工作者 组织 2017 年两院院士候选人推选工作，推选了 2 名候选人分别申报中国工程院和中国科学院院士；积极选拔推荐全国创新争先奖候选人，及时遴选上报了 5 名科技工作者，张启翔和吴义强两名教授成功获得创新争先奖章；组织开展第十四届林业青年科技奖评选和第十五届中国青年科技奖候选人推选工作，评选出 20 名中国林业青年科技奖的获得者和 4 名中国青年科技奖候选人；组织开展第八届梁希科学技术奖、第六届梁希科普奖、第六届梁希优秀学子奖的评选工作，共表彰获奖项目 97 项，先进个人 52 名。

【**第五届中国林业学术大会**】 于 5 月 6～8 日在北京召开。全国绿化委员会副主任、中国林学会理事长赵树丛，国家林业局党组成员、副局长彭有冬出席大会并作讲话。中国工程院院士沈国舫、李文华、马建章、宋湛谦、尹伟伦、曹福亮、李坚，中国科学院院士唐守正、傅伯杰等参加会议。大会主题为：林学百年，创新引领。

中国工程院院士沈国舫、李文华、马建章、尹伟伦，中国科学院院士唐守正以及北京林业大学校长宋维明教授分别作了大会特邀报告。

学术大会共设 29 个分会场，汇集 2600 余名林业科技专家学者，收到论文 1390 多篇，交流报告 590 余篇。会议研讨内容涉及森林培育、林木遗传育种研究、林产化工、森林经理、园林、木材科学、森林保护、森林生态、林业史、水土保持、湿地保护、森林生态、林业经济等众多学科领域。

【**2017 现代林业发展高层论坛**】 于 12 月 5 日在北京举行。国家林业局党组书记、局长张建龙，全国政协环资委副主任、中国气候变化事务特别代表解振华，全国绿化委员会副主任、中国林学会理事长赵树丛，国家林业局党组成员、副局长彭有冬，国家林业局党组成员、人事司司长谭光明等领导出席论坛，200 多人参加了论坛。论坛的主题为：新时代：林业发展新机遇新使命新征程。

解振华从《巴黎协定》的主要内容和特点、《巴黎协定》达成之后全球气候治理新动向、2017 年中央气候变化大会的主要成果和挑战、2018 年应对气候变化多边任务以及如何应对 4 个方面介绍了全球应对气候变化的最新情况。

论坛开幕式上还颁发了第十四届林业青年科技奖和第六届梁希科普奖。

【**创新驱动助力工程**】 4 月 13～14 日，中国科协创新驱动助力工程总结交流会在浙江省宁波市举行。中共中央政治局委员、国家副主席李源潮出席开幕式并作讲话。全国政协副主席、中国科协主席、科技部部长万钢，浙江省委常委、宁波市委书记唐一军分别致辞。中国科学院院士、工程院院士李德仁，中国科学院院士龚昌德，中国工程院院士郑南宁、王玉明、俞建勇、谭述森等出席了大会开幕式。

学会副理事长兼秘书长陈幸良作为唯一的全国学会的代表，在大会上作了经验交流发言。

李源潮在讲话中充分肯定了中国林学会创新驱动助力工程取得的成绩。

【**2017 森林中国大型公益系列活动**】 于 5 月 6 日在北京人民大会堂正式启动。全国绿化委员会副主任、中国林学会理事长赵树丛，国家林业局党组成员、副局长彭有冬，共青团中央书记处书记傅振邦，光明日报社副总编辑张碧涌出席活动。《光明日报》《中国绿色时报》、人民网等 40 多家新闻媒体参加了启动仪式。

启动仪式上还宣布了"2016 森林中国·寻找中国生态英雄"和"2016 森林中国·发现森林文化小镇"遴选结果。随后，学会组织安徽径县查济古镇、福建省建宁县黄埠乡、云南省怒江州独龙乡等 10 家特色鲜明、森林文化突出的小镇在 2017 年 9 月的中国森林旅游节上进行了展览展示。

2017 年年底，学会新评选出 20 个森林文化小镇。

【**全国科技助力精准扶贫实地督查**】 8 月 8～24 日，学会首次以第三方评价方式承担中国科协的 2017 全国科技助力精准扶贫实地督查项目。

8 月 8 日，学会召开动员部署暨培训会，明确该项督查的任务目标和技术要点，并邀请中国科协有关领导培训讲课。

随后，督查人员组成 5 个督查小组，由 5 名司局级领导带队，每组配备管理专家、业务专家、财务专家，分赴各地开展实地督查。督查组总行程数万千米，调研 20 个贫困县、40 个贫困村，座谈走访贫困户、基层专家上千人，圆满完成了督查任务，为掌握科技助力精准扶贫工作的开展情况、存在问题和改进建议提供了大量的基础数据资料。

【**2017 首届国际银杏峰会**】 于 11 月 9～10 日在江苏省邳州市召开。中国林学会理事长赵树丛，中国工程院院士曹福亮，中国林学会副理事长兼秘书长陈幸良，中国林学会副秘书长刘合胜等有关领导以及 350 多位来自全国各地和美洲、欧洲、亚洲等十多个国家（地区）的银杏研究专家、学者和企业代表参加该峰会。

期间，陈幸良代表学会宣布将邳州市隆欣阁作为国际银杏峰会的永久会址。曹福亮与中共邳州市委书记陈静为江苏省银杏院士工作站揭牌。

【科技社团改革发展理论研讨会】 于11月3日在中国科技会堂召开。学会秘书长陈幸良在会上作主旨报告。

会议设置科技社团内部治理与外部环境、科技社团评价与能力建设、科技社团功能与定位3个专题分会场。与会代表分别围绕主题，分享科技社团改革发展理论成果和实践经验。来自科技社团研究领域、全国学会、地方科协、民政部社会组织管理局及相关单位的专家学者、领导和工作人员共230余人参加会议。

【第34届青少年林业科学营】 于7月20日在甘肃省小陇山林业实验局开营。来自北京10所学校近100名师生参加了活动，中国林学会副秘书长李冬生、甘肃省小陇山林业实验局副局长刘昌明等出席活动开营式。

活动围绕"山水林田湖是一个生命共同体"的主题，组织营员先后开展了蝴蝶标本识别与制作、室内手工创作、林海观鸟、森林资源调查、森林氧吧徒步、体验容器苗人工造林、植物调查、专题科普报告、营员分享会议等专题性体验与实践活动。

人民网、《中国绿色时报》《少年科学画报》、甘肃省电视台等媒体对活动进行了跟踪报道。活动总阅读量突破50万，总传播覆盖人群超过100万人。

【林业大事】

1月3日 学会应邀组织专家赴河北农业大学对刘孟军教授团队完成的"枣基因组测序及其应用"项目开展科技成果评价，尹伟伦院士任评价组组长。这是全国科技评价制度改革后，学会首次向社会开展科技成果评价。

3月1日 学会与山东省日照市人民政府签约共建现代林业科技示范园。赵树丛、彭有冬、齐家滨等领导出席签字仪式。陈幸良及徐淑利共同签署协议，刘星泰会见参加签约仪式的领导和嘉宾。

4月1日 学会在北京百望山森林公园组织"百年纪念林"植树活动，国家林业局局长张建龙、中国林学会理事长赵树丛、国家林业局副局长彭有冬、北京市人民政府党组成员夏占义为百年纪念林纪念石揭牌。国家林业局党组成员谭光明、总经济师张鸿文、中国工程院院士马建章，国家林业局机关和直属单位主要负责人，林业界知名专家代表，部分林业高校领导，北京市园林绿化局有关领导，部分省（区、市）林学会理事长和常务理事，学会在京分支机构主任委员、秘书长等约100人参加植树活动，共种植100棵白皮松和100棵毛梾。学会秘书长陈幸良主持纪念石揭牌仪式。学会副理事长张守攻、费本华，副秘书长李冬生、刘合胜及学会全体在职职工与离退休职工代表参加揭牌并植树。

5月6日 学会在人民大会堂举办中国林学会成立一百周年纪念大会。

5月6日 学会主办的"2017森林中国大型公益系列活动"在北京人民大会堂正式启动。

5月6~8日 学会主办的第五届中国林业学术大会在北京林业大学召开。大会以"林学百年 创新引领"为主题，回顾100年来的林业科学发展历程，展望中国林业未来。

5月25日 学会在湖南省长沙市组织召开2016~2018年度青年人才托举工程启动仪式暨座谈会。赵树丛出席启动仪式，并为5位青年人才托举工程托举对象颁发入选证书。陈幸良出席启动仪式并讲话，刘合胜主持启动仪式。

6月13~15日 学会主办的第四届中国林下经济发展高端论坛在浙江省乐清市召开。

6月19~21日 学会秘书长陈幸良带队赴重庆开展楠木天然林科学考察，首次认定永川区三教镇张家湾64余公顷楠木林是迄今为止在中国发现的现存面积最大的楠木（桢楠）天然次生林。

6月24~25日 学会主办的第十九届中国科协年会第六分会场——生态文明建设与绿色发展研讨会在吉林省长春市召开。学会秘书长陈幸良出席会议并作报告，150余人参加了研讨会。分会场开幕式前，陈幸良代表中国林学会与吉林省科协、吉林省林学会共同签署《关于共建中国林学会吉林省服务站合作协议》。

7月5~7日 由学会、国际竹藤中心等联合主办的2017中国（上海）国际竹产业博览会暨竹产业发展学术研讨会在上海召开。240余人参加了会议，70余家企业在上海博览中心布展60余个展位。博览会还颁发了40项本届博览会优质产品。学会副秘书长刘合胜出席博览会开幕式并讲话。

7月20日 学会主办的第34届青少年林业科学营活动在甘肃省小陇山林业实验局开营，近100名师生参加活动。本届科学营主题为"山水林田湖是一个生命共同体"，学会副秘书长李冬生出席活动开营式并讲话。

7月26~27日 由学会与天然林保护工程管理中心联合主办的中国栎类天然林经营学术研讨会在山西运城召开。140余人参加了会议，陈幸良出席并致辞，李冬生主持开幕式。

7月28~29日 学会与中国中药协会等单位在贵州省凯里市联合举办"中药源头在行动"大型活动及2017林源中药产业发展研讨会。全国23个省份的林源中药种植、生产、研究及加工领域的170多名代表参加会议。

8月8~24日 学会首次以第三方评价方式承担中国科协的全国科技助力精准扶贫督查项目。

8月16~18日 2017中国林业青年学术研讨会暨中国林学会青年工作委员会换届大会在贵阳市召开。

8月29日 学会与中国科学技术出版社联合主办的"穿越丛林·科普揭秘"网络评选颁奖典礼在北京举行，最终选出7个图文作品和7个视频作品，分别荣获最受欢迎科普文章和优秀科普视频的奖项。学会副秘书长李冬生出席颁奖典礼并讲话。

9月23~28日 学会与台湾中华林学会在重庆举办2017两岸林业论坛。论坛的主题为"森林经营"，陈幸良出席会议并致辞，李冬生主持论坛。

9月26~28日 学会与宁波市人才办等单位联合主办的2017中国林业青年科学家论坛暨第五届宁波森林论坛在浙江省宁波市召开。论坛以"生态修复 生态安全保障"为主题，围绕沿海防护林体系建设、森林城镇构建，提出适合宁波当地实际的森林生态建设路径方法。会上，学会与宁波市林业局签署"合作共建中国林业乡土专家电子商务与运行平台"协议，并为"中国林业青年科学家创新创业基地"授牌。

10月14～16日 学会派员出席世界自然保护联盟（IUCN）第二届中日韩三国会员会议并介绍学会栎类天然林保护经营项目的进展情况。

10月18～19日 学会园林分会成立大会暨园林学术研讨会在四川农业大学成都校区举行，陈幸良出席会议，北京林业大学副校长李雄被选举为首届园林分会主任委员，四川农业大学陈其兵教授为秘书长。

10月25日 学会组织专家在北京召开国家林业局重点实验室专家评审会，对57个新申报局重点实验室和34个原有局重点实验室进行评审，陈幸良出席会议并讲话。

11月9～10日 学会在江苏邳州举办2017首届国际银杏峰会，赵树丛、曹福亮等领导出席，英国伦敦大学客座教授雷蒙德·库珀、德国施瓦博集团高级顾问葛朗伟等国际及国内银杏研究领域的顶级专家学者作报告，全国350多人参加了会议。

11月15～17日 学会主办的第五届中国银杏节在湖北安陆举办，300人参会。

11月15日至12月20日 学会组织3个小组共12位专家分赴北京等19个省份进行为期1个月左右的国家林业局重点实验室现场考察，将进入现场考察的28个新、老实验室按地区划分为3个片区，每个片区设为一个小组进行现场考察。

11月21日 学会盐碱地分会成立大会暨首届盐碱地学术研讨会在天津召开。赵树丛、陈幸良、刘合胜出席会议开幕式，并为分会开幕式揭牌。

11月24～25日 学会举办以"理念突破、模式创新、推进人工林企业转型升级"为主题的现代人工林企业创新发展论坛。赵树丛、陈幸良等有关领导出席论坛，全国人工林经营企业负责人及相关专家学者共110人参加了会议。

12月1日 学会组织的第十四届中国林业青年科技奖名单揭晓，马明国等20名同志获"林业青年科技奖"荣誉称号。

12月1～2日 学会与国家林业局昆明勘察设计院主办的森林经营学术研讨及国际经验与技术培训会在昆明举行，200余人参加培训会。会议分室内研讨培训和林场实地教学两部分，主题为"森林生态系统经营与管理"。李冬生出席并致辞。

12月5日 学会主办的2017现代林业发展高层论坛在北京举行，200余人参加论坛。论坛的主题为：新时代：林业发展新机遇新使命新征程。

12月19日 学会召开"寻找最美树王"活动专家评审委员会会议，共评选出85棵最美树王。

12月20日 学会组织召开2017森林文化小镇评审会，最终选出20个小镇。

12月22～24日 学会在北京召开学科发展报告工作座谈会，对《2016～2017林业科学学科发展报告》进行修改完善，张守攻院士、杨传平教授、盛炜彤研究员、陈幸良研究员4位报告编写首席科学家出席会议。

（中国林学会由林昆仑供稿）

中国野生动物保护协会

【综　述】 2017年，在国家林业局党组和中国科协的正确领导下，中国野生动物保护协会紧紧围绕国家生态文明建设的总体部署和要求，以及国家野生动物保护的中心任务来谋划和开展工作，积极当好政府助手，发挥好政府联系社会的桥梁和纽带作用，着力深入开展保护科普宣传教育，最广泛动员社会各界参与支持野生动物保护工作，为中国野生动物保护事业做出了应有的贡献，树立了良好的社会公益形象。

学会建设 截至2017年12月底，新增会员55 567人，全国范围内个人会员总数达到41万多人，团体会员3902个，资深会员达302名。协会新成立分支机构2个，下设分支机构共13个。协会召开全体理事会1次，常务理事会议2次，全国野生动植物保护协会秘书长工作会议1次。

9月13日，协会在北京召开了中国野生动物保护协会保护与狩猎规范专业委员会成立大会。

11月24日，协会在上海召开了中国野生动物保护协会野生动物园专业委员会成立大会。会议审议通过了委员会的工作规则、主任委员、副主任委员、委员和秘书长提名方案。

学术交流 协会分支机构共举办国内学术交流活动1次，提交论文300余篇。与往年相比，参会人数、学术水平和社会影响力均显著提升。

10月27～30日，协会科技委员会与中国动物学会兽类委员会等组织在四川省成都市联合主办了第十三届全国野生动物生态与资源保护学术研讨会。来自国内外的专家学者600余人参加了会议。会议评选出5人为本届大会优秀生态工作者。

国际交往 在国家相关部门的部署安排下，积极做好大熊猫保护研究国际合作工作。与芬兰艾赫泰里动物园、德国柏林动物园签署了大熊猫保护研究合作协议，使协会与国外的大熊猫合作数量达到了14个国家、16家单位，占中国对外合作单位总数量的76%；圆满完成了习近平主席对芬兰、德国进行国事访问期间，签署"中芬大熊猫保护研究合作协议"、出席柏林动物园大熊猫馆开馆仪式活动，以及国务院副总理刘延东在印度尼西亚茂物野生动物园出席"中国-印尼大熊猫保护合作研究启动仪式"活动，为国家公共外交活动增添了亮丽色彩；以中荷建交45周年为契机，在荷兰欧维汉动物园举办了大熊猫馆开馆仪式，并与中国驻荷使馆联合举办了"中国濒危野生动物保护成果展"。

协会积极推动以社团组织名义加入国际狩猎和野生

动物保护理事会（CIC），与CIC签署了相关谅解备忘录，在国际保护事务中坚决维护一个中国原则，为正式加入该组织迈出关键的一步。

协会主动参加野生动植物保护联盟《白金汉宫声明》行动计划磋商和规则制定，认真履行承诺义务，并按照国务院打击野生动植物非法贸易部际联席会议确定的工作要点，面向国际航空货物运输、中远海运集运、中药、皮革、乐器等行业和野生动植物进出口重点企业，举办了打击野生动物非法贸易法规政策培训班。

协会与卡塔尔研究国际基金会签署了关于鸟类繁殖和野生动物保护领域的谅解备忘录。

科普宣传活动　协会组织了一年一度的全国"爱鸟周"系列宣传活动，向全国各省级野生动植物保护协会印发了《通知》，提出了全国"爱鸟周"活动要求；在海南省三亚市举办了全国"爱鸟周"启动仪式；联合组织开展了"第十届中国（京山）国际观鸟节"和"首届若尔盖高原湿地观鸟赛"，推动了观鸟活动的开展，搭建了爱鸟护鸟国际交流平台；推动全国各级协会开展形式多样的全国"爱鸟周"科普宣传，据不完全统计，2017年"爱鸟周"全国共有1000多个市、县开展活动4000多次，共计500余万人参与活动。

协会承办了"世界野生动植物日"大型科普宣传，国家林业局副局长刘东生出席，美国等8个国家驻华使节、联合国环境规划署等10个国内外组织的代表和社会各界等1000余人参加了活动；举行了野生动植物保护知识竞答、濒危物种图片展览和《野生动物保护法漫画解读》展；组织青年人进学校、社区和保护区等地进行科普宣传；在微信平台开展野生动植物知识有奖问答；在《中国绿色时报》刊出"保护野生动植物，聆听青年人的声音"专版；支持百度、阿里巴巴和腾讯在南京举办的"世界野生动植物日"活动上，发出"互联网企业抵制网络野生动植物非法贸易倡议书"。

公益活动　协会组织了"保护野生动物宣传月"系列公益活动，在广东省广州市举办了2017年全国暨广东省"保护野生动物宣传月"启动仪式。

协会扎实推进未成年人生态道德教育，在广西壮族自治区桂林市举办了"自然体验培训师"培训班，有60名学员参加了学习；命名了52所"未成年人生态道德教育示范学校"，使示范学校增至245所；组织开展了"长隆杯"全国青少年绘画大赛，收到22个省（区、市）作品近4000幅，评选出775幅获奖作品；组织开展了"花坪杯"全国青少年生态文明主题书画、摄影、征文邀请赛，收到参赛作品30 080幅，评选出4062幅获奖作品。

协会举办了系列摄影展览。协会科学考察委员会组织举办了"2017世界野生动植物摄影精品展"，共收到国内外摄影作品3000多件，收藏作品252件；在北京举办了"雪山之王——中国雪豹保护摄影展"，全国人大常委会原副委员长、中国关心下一代工作委员会主任顾秀莲，教育部原纪检组组长、中国关心下一代工作委员会副主任田淑兰，国家林业局副局长李春良，中国野生动物保护协会会长陈凤学等领导参加了摄影展开幕式，并同时举办雪豹保护论坛。

协会与政府主管部门和相关国际组织推出了象牙禁贸系列公益广告，引导公众自觉抵制象牙制品非法贸易行为，共建生态文明。

协会微信公众号及时准确发布相关信息，积极传递正能量，累计发布了591期，关注量达28 791人，保持在中国NGO绿色公众号周榜单前五名，协会微信公众号被中国新闻办公室列入主推送的"公众号"序列。

会员服务　协会编辑了《中国野生动植物保护通讯》，便于会员了解相关动态。通过微信公众平台、QQ群，向会员发布野生动物科普、保护、先进人物等相关信息。

【"世界野生动植物日"系列公益宣传活动】　2月26日，在北京举办了"世界野生动物植物日"系列宣传活动启动仪式。国家林业局副局长刘东生出席活动，美国等8个国家驻华使节、联合国环境规划署等10个国内外组织的代表和社会各界群众等1000余人参加了活动。启动仪式上，国内外NGO组织、动物园、优秀企业等33家协会合作伙伴开展了"世界野生动植物日"公益倡议活动及互动分享活动。中国少年儿童新闻出版总社、京东商城图书文娱业务部分别向协会捐赠了价值10万元的图书。活动同期还举行了保护知识竞答活动、濒危物种图片展览和《野生动物保护法漫画解读》展，来自国家动物博物馆等单位的5位青年现场分享了他们参与野生动植物保护实践和感受。同时，协会通过进学校、社区和保护区等地进行宣传，开展了多场形式多样的纪念"世界野生动植物日"活动。

【全国"爱鸟周"系列宣传活动】　3月24日，协会在海南省三亚市举办了全国"爱鸟周"活动启动仪式，国家林业局副局长李春良、海南省人大副主任康耀红和协会会长陈凤学出席。启动仪式上，协会启动了2017年春秋两季候鸟迁徙志愿者"护飞行动"。参会领导和协会公益形象大使六小龄童为"小小生态图书馆"授牌，并开展了"爱鸟护鸟绿色健步走活动"。全国各级协会也开展了观鸟、科普讲座和文化演出等内容丰富、形式多样的"爱鸟周"宣传活动。"爱鸟周"成为全国参与人数最多、最受欢迎的生态文化活动。同时，协会组织开展了"第十届中国（京山）国际观鸟节"和"首届若尔盖高原湿地观鸟赛"，推动了观鸟活动的开展，搭建了爱鸟护鸟国际交流平台。

【中芬签署大熊猫保护研究合作协议】　4月5日，在中国国家主席习近平对芬兰进行国事访问期间，在中国国家林业局和芬兰农林部代表的见证下，协会与芬兰艾赫泰里动物园代表在赫尔辛基签署了《中国野生动物保护协会与芬兰艾赫泰里动物园关于开展大熊猫保护研究合作的协议》。根据协议，一对来自中国大熊猫保护研究中心的圈养健康的大熊猫（一雄一雌）将赴芬兰，用于双方在艾赫泰里动物园实施为期15年的大熊猫保护科研和科普教育等方面的合作。该合作将推动和深化两国在濒危物种和生物多样性保护方面的交流与合作，并为两国人民之间加深了解、增进友谊发挥重要作用。

【中德大熊猫保护研究合作协议签署及合作项目正式启动】　4月26日，协会与柏林动物园在德国柏林签署了

《中国野生动物保护协会与柏林动物园关于开展大熊猫保护研究合作的协议》。根据协议，一对来自成都大熊猫繁育研究基地的圈养、健康的大熊猫"梦梦"（雌性）、"娇庆"（雄性）将赴德国，用于双方在柏林动物园实施为期15年的大熊猫保护科研和科普教育等方面的合作。

7月5日，中德双方在柏林动物园举行了大熊猫馆开馆仪式，国家主席习近平同德国总理默克尔共同出席并分别致辞。国家林业局局长张建龙向柏林动物园园长移交了大熊猫"梦梦""娇庆"的个体档案，标志着中德大熊猫保护研究合作项目的正式启动。开馆仪式后，两只大熊猫正式与德国民众见面。

【中荷大熊猫保护研究合作项目启动暨大熊猫馆开馆仪式】 根据《中国野生动物保护协会与欧维汉动物园关于开展大熊猫保护研究合作的协议》（2015年10月签署），经过中荷双方积极推动和精心准备，4月12日，一对来自中国大熊猫保护研究中心的圈养、健康的大熊猫"武雯"（雌性）、"星雅"（雄性）运往荷兰，用于双方在欧维汉动物园实施为期15年的大熊猫保护科研和科普教育等方面的合作。

5月30日，中荷双方在欧维汉动物园举办了大熊猫馆开馆仪式，中国国家林业局总经济师张鸿文、协会领导等前往荷兰出席仪式，驻荷兰大使吴恳携使馆工作人员，荷农业大臣马丁·范达姆、前首相鲍肯内德、动物园园主伯克侯恩等荷政、商、学、文化界人士、青少年儿童代表、中外媒体记者共500余人参加了开馆仪式。

开馆仪式后，大熊猫"武雯""星雅"正式与荷兰民众见面。当天，中国国家林业局、协会还与中国驻荷兰使馆、欧维汉动物园合作，举办了《中国大熊猫保护成果展》和《中国珍贵濒危野生动物生态摄影精品展》，全面介绍了中国大熊猫保护成效，展示了中国生物多样性之美。

【中印尼大熊猫保护研究项目启动仪式】 根据《中国野生动物保护协会与印尼茂物野生动物园关于开展大熊猫保护研究合作的协议》（2016年8月签署），经过中外双方积极推动和精心准备，9月28日，来自中国大熊猫保护研究中心的一对圈养、健康的大熊猫"彩陶"与"湖春"抵达印尼，中印尼双方将实施为期10年的大熊猫保护合作研究。

11月26日，中印尼大熊猫保护合作研究项目启动仪式在印尼茂物野生动物园举行，中国国务院副总理刘延东、国家林业局副局长李春良及协会领导、驻印尼使馆代表、印尼人类发展与文化统筹部部长巴古斯、印尼环境保护与林业部总司长维兰托以及相关部门高官、中印尼媒体代表出席活动。

【2017年海峡两岸暨香港澳门黑脸琵鹭自然保育研讨会】 5月10~12日，"2017年海峡两岸暨香港澳门黑脸琵鹭自然保育研讨会"在辽宁省庄河市举行，来自海峡两岸暨香港澳门地区黑脸琵鹭栖息地相关保护区、科研院所、保护团体等单位的近百名代表参加了会议。与会代表就"黑脸琵鹭保育""湿地及水鸟保护"作了专题报告，并就"野生动物保护公众教育""海峡两岸暨香港澳门地区保育合作"进行了主题讨论。代表们还对黑脸琵鹭在大陆的繁殖地进行了考察。与会代表认为2016年黑脸琵鹭的全球种群数量3941只，保护成效显著，并建议继续推动繁殖地和越冬地开展积极的保护措施。

【全国林业科技活动周桂林分会场宣传活动暨"自然体验培训师"培训班】 5月23~26日，2017全国林业科技活动周桂林分会场宣传活动暨"自然体验培训师"培训班在广西壮族自治区桂林市举行，来自部分保护区及中小学校的60名学员代表参加了培训学习。培训期间，授课老师分别讲授了《生态道德教育理论与实践》《观鸟》等课程，并开展了《观鸟》《笔记大自然》《自然体验》等实习活动。"自然体验培训师"培训为学员打开了自然环境教育的思路，受到学员代表的高度肯定，为全国自然环境教育的开展培养了骨干力量。

同时，为树立典型，表彰先进，继续推进未成年人生态道德教育工作，一是继续开展了"未成年人生态道德教育示范校"评审工作，2017年共命名了52所"未成年人生态道德示范学校"；二是组织开展了"长隆杯"全国青少年绘画大赛。共收到22个省（市、区）作品近4000幅，共评选出775幅获奖作品。三是组织开展了"花坪杯"全国青少年生态文明主题书画、摄影、征文邀请赛共收到参赛作品30 080幅，共评选出4062幅获奖作品。

【保护野生动物宣传月系列公益活动】 11月3日，在广东省广州市举办了2017年全国暨广东省"保护野生动物宣传月"启动仪式。在启动仪式上，志愿者介绍了协会2017年秋季候鸟迁徙志愿者"护飞行动"；向未成年人生态道德教育示范学校赠送了图书；启动了"绘眼看自然——长隆杯第一届全国自然笔记大赛"。

【秋季志愿者"护飞"行动】 9~11月，组织开展了2017年秋季候鸟迁徙志愿者"护飞行动"。协会联合北京、天津等19个省（区、市）基层协会及志愿者代表，赴候鸟迁徙廊道及社区、学校，开展候鸟保护宣传活动。特别是由协会直接组织的环渤海秋季志愿者护飞行动，志愿者分成南北两条线，历时一周，行程1000多千米。通过志愿者清网、巡护、投食等工作的开展，特别是动员广大的社会力量支持和参与保护鸟类工作，大力宣传新修订的《中华人民共和国野生动物保护法》，使得今秋候鸟保护工作开创了全社会共同保护的良好局面。中央电视台、《中国绿色时报》、人民网等30多家媒体对本次活动进行了报道和转发，超百万人持续关注活动动态。

【绘眼看自然——长隆杯第一届自然笔记大赛】 协会联合广东省野生动植物保护协会、长隆野生动物世界和广东省长隆动植物保护基金会举办了以"绘眼看自然"为主题的"长隆杯"第一届自然笔记大赛。在为期一个月的作品征集时间内，共收到来自全国31个省（区、市）112所学校的1257个作品，经专家评审，分小学组和中学组，分别评出一等奖2名、二等奖4名、三等奖6名，优秀奖若干。同时还评出了认真观察奖、奇妙发现奖、自然之家奖、妙笔如真奖各若干名。

【中国野生动物保护协会野生动物园专业委员会成立大会】 11月24日，协会野生动物园专业委员会成立大会在上海市召开，来自全国相关部门的领导、专家学者和从业人员等130余人参加了会议。大会审议通过了野生动物园专业委员会的工作规则，主任委员、副主任委员、委员、秘书长提名方案、徽标方案等重大事项。

（于永福）

中国花卉协会

【综　述】 2017年，在国家林业局及各有关部委和单位的大力支持下，中国花卉协会以习近平新时代中国特色社会主义思想为指导，以推进生态文明和建设美丽中国为目标，服务国家战略和花卉产业发展大局，齐心协力，圆满完成2018年工作任务。截至2016年年底，全国花卉种植面积133.04万公顷，销售额1389.7亿元，出口额6.17亿美元。

【第九届中国花卉博览会】 在全国绿化委员会、财政部、海关总署、国家质检总局的大力支持下，由国家林业局、中国花卉协会、宁夏回族自治区人民政府主办的第九届中国花卉博览会，于2017年9月1日至10月7日银川市举行。原国务委员、第十一届全国人大常委会副委员长、中国花卉协会名誉会长陈至立宣布开幕，宁夏回族自治区党委书记、自治区人大常委会主任石泰峰，全国绿化委员会副主任、国家林业局局长张建龙，全国政协人口资源环境委员会副主任、中国花卉协会会长江泽慧，国家财政部副部长胡静林，国家林业局副局长刘东生，宁夏回族自治区政府主席咸辉，宁夏回族自治区政协主席齐同生等领导同志出席，张建龙、江泽慧、咸辉分别致辞。陈至立、石泰峰、张建龙、江泽慧、胡静林、咸辉、齐同生用黄河水共同为第九届中国花卉博览会浇花启幕，共同为"丝绸之路生态文化万里行——银川生态文化地标"揭幕。宁夏回族自治区党副书记、银川市委书记姜志刚主持开幕式。全国31个省（区、市）政府代表团以及港澳台地区参展代表团参加开幕式。本届花博会展期较长，展示内容丰富，活动精彩纷呈，深受百姓欢迎，国内外参观人数达160万人次。

第九届中国花博会是在中国西北少数民族地区首次举办的国家级花事盛会，与2017年中阿博览会同期举行。花博会以"花儿绽放新丝路"为主题，集中展现了改革开放近40年来中国花卉产业发展成果和生态文明建设成就，集中展示了中国最高水平、最具精华、最富特色、最有代表性的花卉新品种、新技术、新成果和丰富的花文化内涵，促进了花卉业交流与合作，是贯彻落实党中央提出的"五位一体"总体战略、"一带一路"倡议和新发展理念，建设生态文明，建设美丽中国的生动实践；是推进花卉产业科技进步，加快现代花卉产业发展的重要举措；是传承中国花文化，引导花卉消费的重要载体；对于提升银川城市建设和管理水平，推进绿色发展，实现精准脱贫，全面建成小康社会具有重要意义。

【第十一届中国花卉产业论坛】 9月1~2日，在宁夏银川市举办了"第十一届中国花卉产业论坛"，年度主题为"花儿绽放新丝路"。中国花卉协会会长江泽慧作了主旨演讲，论坛期间发出了《花卉企业积极参与"一带一路"建设倡议书》，旨在"一带一路"背景下，共谋花卉产业的发展。

【国家花卉种质资源库管理】 组织举办了第一期国家花卉种质资源库培训班，对首批37个国家花卉种质资源库所在省（区、市）花协、种质资源库负责人和技术人员进行了培训，学习种质资源保护的法律规定、国家花卉种质资源库建设行业标准和相关技术要点。

【发布《2017全国花卉产销形势分析报告》】 通过全国面上调查、重点调查，组织召开"2017全国花卉产销形势分析会"，分别对鲜切花、绿化观赏苗木、盆栽、盆景等领域进行分析，提出对策措施，向社会发布；对花卉产业一、二、三产业融合发展和花卉特色小镇建设及花卉与精准扶贫等方面进行了研讨，指导全国花卉产业转型升级，健康发展。

【出版《2015中国花卉产业发展报告》】 统稿完成《2015中国花卉产业发展报告》。这是继2013年、2014年度报告后第三份年度报告，为全国花卉行业管理、协会组织、科研院校、重点产区、龙头企业提供重要参考。

【国家重点花卉市场建设】 为建立完善、高效的花卉市场体系，推动现代花卉产业发展，组织召开全国花卉市场建设工作座谈会，讨论形成《国家重点花卉市场管理办法》，在年度常务理事会上审议通过，印发各省（区、市）花协，有10个省（市）花协推荐提报了22份申报材料，待组织专家实地考察和评审。

【推选典型发挥示范作用】 继续推进国家重点花文化基地建设，初评出19家单位待组织实地考察确定；继续推选企业参与国际种植者评选。贵州苗夫都市园艺有限公司获"2017国际种植者"成品花木类金奖，北京纳波湾园艺有限公司获种苗类银奖；云南英茂花卉产业有限公司和云南为君开园林工程有限公司分获"2018国际种植者"种苗类银奖和成品花木类铜奖。

【2019北京世园会（A1类）筹备工作】 作为2019北京世园会组委会主要成员单位，中国花卉协会全程参与筹

备工作。在国际展览局（BIE）全体会议审议通过了2019北京世园会最后一批《特殊规章》；2017年12月9日，中国花卉协会会长江泽慧出席2019北京世园会首位形象大使暨中国馆建筑方案发布仪式，并向董卿颁发了首位形象大使聘书；12月26日，中国花卉协会会长江泽慧、北京市副市长卢彦、中国贸促会副会长王锦珍等出席在国务院新闻办公室举行的2019北京世园会第二次新闻发布会，向国内外通报筹备建设进展情况；指导制订并完善北京世园会园区室内外展览展示总体方案和国际竞赛总体方案；加快推进国内招展工作。组织召开各省（区、市）参展第一次工作会议，31个省（区、市）全部参展，中国香港、澳门特别行政区明确参展，组织专家对各地室外展园设计方案进行评审，中国台湾地区参展按照国台办要求正在有序推进；积极开展国际招展。赴澳大利亚、新西兰、斐济、法国、捷克、哈萨克斯坦宣传推介，取得明显成显。截至2017年年底，已有73个国家和国际组织确认参展。

【做好2016土耳其安塔利亚世园会（A1类）中国参展工作总结】 7月5日，2016土耳其安塔利亚世园会中国参展总结会议在北京举行。中国花卉协会、国家林业局领导，及外交部亚非司、国家林业局有关司局、中国贸促会贸促部等有关司负责同志出席。会议对中国参展工作进行了全面总结，对参展过程中表现突出的21个单位和154人进行表彰，编辑印发了《中国华园——精彩绽放土耳其》图文汇编，加大宣传力度，扩大了中国参展的社会影响。

【2017中国（萧山）花木节】 由中国花卉协会主办的2017中国（萧山）花木节暨第十二届中国园林绿化产业交易会于3月17~19日在浙江（中国）花木城成功举办，中国花卉协会副会长王晓方出席开幕式。本次花木节汇聚了国内外数百家花卉苗木相关企业，涵盖花卉苗木种植、园艺资材生产、园林设计施工、苗木销售和媒介电商等领域。展会同期举办了"第十一届中国园林绿化高峰论坛""浙江省风景园林学会学术沙龙"及相关企业产品推介、信息发布、技术交流等10多场活动，对于促进花卉行业交流和供需对接，起到了积极作用。

【2017上海国际月季展】 由中国花卉协会、上海市绿化和市容管理局共同主办的2017上海国际月季展于4月27日至5月20日在上海辰山植物园成功举办。主题是"月季花开共享和平"，中国花卉协会会长江泽慧、副会长乐爱妹出席开幕式，江泽慧会长在开幕式上致辞。世界月季联合会主席凯文·特里姆普先生出席开幕式。本次展会邀请德国、法国、加拿大、美国、英国和荷兰6个国家参与设计布展，通过月季这一主要植物材料，实现了异国风情和东方文化的融合。花展总面积5万多平方米，主游览路线2千米，布置了高雅花艺、新品月季和国际月季等八大月季展区。展会期间，举办了学术研讨会以及园艺大讲堂、月季花事征集、玫瑰创意坊等丰富多彩的主题活动。

【第十九届中国国际花卉园艺展览会】 由中国花卉协会主办的第十九届中国国际花卉园艺展览会于5月10~12日在上海新国际博览中心举办。中国花卉协会副会长王兆成出席开幕式并致辞。本届展会展出面积达4万平方米，有来自荷兰、德国、法国、意大利、英国、澳大利亚、比利时、丹麦、瑞典、美国、加拿大、厄瓜多尔、哥伦比亚、肯尼亚、日本、韩国、泰国等30个国家和地区的800家企业参展，专业观众达3万余人次。展会期间，举办了中荷可持续发展园艺研讨会、中国绿化苗木新品种新技术交流会、现代温室装备与技术创新论坛、大型插花艺术表演等10多项专题活动。

【2017广州国际盆栽植物及花园花店用品展览会】 由中国花卉协会主办的2017广州国际盆栽植物及花园花店用品展览会于11月21~23日在广州保利世贸博览馆举办。本届展会有来自中国、荷兰、德国、比利时、丹麦、以色列、韩国、新加坡、美国、意大利，以及中国台湾等11个国家和地区的160家企业参展。展览面积近10 000平方米，观众人数超过17 000人。展览内容包括盆栽、盆景、景观植物、运输及用具、栽培容器、花肥花药、保鲜技术与设备。展览期间，组织召开"中国红掌产业论坛""2017年高职院校农业类学生组合盆栽技能竞赛"等活动。

【支持举办第十一届三亚国际热带兰花博览会】 由中国花卉协会作为支持单位的第十一届中国（三亚）国际热带兰花博览会于1月6日至2月12日在海南省三亚市兰花世界文化旅游区举办。此次博览会共吸引了来自中国、美国、日本、荷兰、马来西亚、新加坡、泰国、澳大利亚、缅甸、越南及中国香港、澳门、台湾等19个国家和地区的156家参展商。三亚国际兰博会从2006年创办以来，已逐步发展成为具有世界影响的兰花专业博览会，为三亚乃至海南兰花产业的发展搭建平台，促进了国际兰花的交流合作。

（中国花卉协会由宿友民供稿）

中国绿化基金会

【综　述】 2017年，在国家林业局党组和基金会理事会正确领导下，中国绿化基金会深刻贯彻落实党的十九大精神，认真贯彻落实全国林业厅局长会议精神，确立新定位，积极创新募资机制，不断探索生态扶贫新思路，经过不懈努力，实现了筹集资金和提高公众参与度双发展。全年，募集善款约7500万元，通过网络、实体等方式参与绿化公益事业的人数达300多万人次，覆盖人群达到上亿人次，为促进林业现代化，建设生态文明作出积极贡献。

【"互联网+全民义务植树"网络平台试运行】 为探索创新义务植树便捷化、信息化、精准化新模式，研究部署新时代下的全民义务植树工作。1月10~11日，全国绿化委员会办公室、中国绿化基金会联合在上海市召开"互联网+全民义务植树"座谈会，中国绿化基金会主席陈述贤，全国绿化委员会办公室秘书长、国家林业局造林司司长、中国绿化基金会副主席王祝雄，中国绿化基金会副主席、秘书长陈蓬参加会议。会上讨论、修订了《全民义务植树网络平台管理办法（试行）》和《全民义务植树尽责形式与统计管理规定（试行）》，创新全民义务植树网络化管理，启动了北京、内蒙古、陕西、安徽为首批互联网务植树试点单位。

【中国绿化基金会绿手帕专项基金荣获"搜索中国正能量·点赞2016年度公益奖"】 2月16日，"搜索中国正能量·点赞2016"大型网络宣传活动颁奖盛典在北京隆重举行，中国绿化基金会绿手帕专项基金荣获"年度公益奖"。中央网信办网络新闻信息传播局副局长孙凯，新华社副社长兼秘书长刘正荣，中国记协党组书记、常务副主席胡孝汉，中国绿化基金会主席陈述贤，中国绿化基金会副主席兼秘书长陈蓬，中国搜索总裁周锡生等领导和嘉宾出席颁奖盛典。

【2017年"幸福家园（宁夏）——全国志愿者生态扶贫植树交流公益活动"】 5月13日，由中国绿化基金会、宁夏回族自治区林业厅共同主办的2017年"幸福家园（宁夏）——全国志愿者生态扶贫植树交流公益活动"在固原市原州区举办。幸福家园绿色固原项目的实施令原州区农民由过去的种玉米每公顷收入15000~18000元提高为种枸杞每公顷收入45000~120000元，增加了农民收入。此外，幸福家园绿色固原项目实施2年来，在原州区9个行政村栽植枸杞274公顷，对宁夏国土绿化事业作出了重要贡献。

【绿色公益联盟"绿色思想荟"系列公益沙龙活动】 2017年3月、7月，成功举办两场分别以胡杨林保护和自然影像为不同主题的公益沙龙活动。参与专家学者50余人次、参会观众300余人次、媒体报道150余家，得到了社会公众的广泛关注与认可，向社会公众普及了绿色知识、绿色公益理念，激励社会各界共建绿色家园，进而吸引更多的公众参与到生态保护行动中来。

【联合福布斯中国举办"2017福布斯中国荒漠化治理绿色企业榜"活动】 2017年9月9日，在《联合国防治荒漠化公约》第十三次缔约方大会边会上，"2017福布斯中国荒漠化治理绿色企业榜"推选活动正式启动。"2017福布斯中国荒漠化治理绿色企业榜"推选表下发至各省（区、市）林业部门，逐步开展填报推选工作。

【拓宽"互联网+"公益平台】 2017年，与蚂蚁金服集团合作，在支付宝平台开展了"蚂蚁森林"项目，在甘肃、内蒙古两省（区）累计栽植梭梭324.1万株，栽植樟子松3000株。随着蚂蚁森林项目开放平台的启动，基金会将进一步地拓展项目实施地域范围，获得更多的绿化资金支持。同时，对实施项目进一步扩大信息公开。

【组织、参与举办《联合国防治荒漠化公约》第十三次缔约方大会及相关边会工作】 《联合国防治荒漠化公约》第十三次缔约方大会于2017年9月6~17日在内蒙古自治区鄂尔多斯市举行，中国绿化基金会作为联合国防治荒漠化公约秘书处确定的东道国民间组织联络机构，高标准、高质量完成了大会的相关组织协调任务，并为大会专项募资560万元。组织举办"国土绿化公益项目座谈暨中国绿化基金会七届理事会二次（扩大）会议""沙区生态文明建设暨'一带一路'蒙元文化传承论坛""'全球防治荒漠化——文化艺术交流与社会责任'文化主题论坛""防治荒漠化，民间组织在行动""荒漠化治理与绿色经济峰会"5个边会，扩大了中国绿化基金会的国际交流与影响力。

【"熊猫守护者"公益项目启动】 2017年11月，新浪微博将公益目标与互联网产品深度结合，与中国绿化基金会联合发起了"熊猫守护者"公益行动，这是由"捐助型公益"升级为"产品型公益"的全新尝试。通过这样一款人人参与种竹，保护大熊猫及其栖息地生态环境的线上产品，大幅降低了全民公益的门槛，提升用户对于公益项目的兴趣，让每个人都可以轻松参与到公益项目之中。

【沙漠生态锁边林造林行动】 2017年，"百万森林计划"腾格里沙漠锁边生态林项目（一期），投入共计114万元，与当地牧民合作，在内蒙古阿拉善腾格里沙漠东缘种植了46.67公顷锁边生态林。二期投入108万元，在内蒙古阿拉善腾格里沙漠东缘种植锁边林160公顷。在民勤梭梭项目（春季）完成梭梭种植25.8公顷，民勤梭梭项目（秋季）投入49.5万元，压沙10.67公顷，完成梭梭种植36.33公顷，有效地保护了当地的生态安全。

【生态扶贫公益项目】 "幸福家园"生态扶贫（宁夏）项目，援助西海固地区原州区、海原县共1014户家庭种植333.33公顷宁杞7号良种枸杞，共计111万株枸杞树，有效地带动了当地村民脱贫致富。绿色扶"苹"项目在2017年栽植苹果苗近27 000株，造苹果经济林40多公顷，苗木成活率达97%以上，使永靖县刘家峡近318户群众参与并受益，加快了当地群众脱贫致富步伐。

【生物多样性保护与区域可持续发展】 2017年5月、6月分别启动了"云龙天池森林示范及自然教育"项目，成立了"绿孔雀濒危物种抢救专项基金"。通过加强企业引导，加大公众参与力度，有效促进了企业与社会公众共同参与中国生物多样性保护与区域可持续发展公益事业。

（中国绿化基金会由黄红供稿）

中国林业产业联合会

【综　述】　2017年，中国林业产业联合会（简称中产联）认真贯彻习近平总书记生态文明建设和绿色发展理念，紧密围绕国家林业局重点工作，顺应市场发展需求，抓大事，干实事，各项工作稳步推进。

国家森林生态标志产品建设工程　国家森林生态标志产品建设工程是实现党的十九大报告中"提供更多优质生态产品以满足人民日益增长的优美生态环境需要"和乡村振兴战略的有效措施，也是中产联几年来的重点工作。2017年，此项工作被纳入中央1号文件，上升为国家工程。2017年9月30日，国家林业局印发《国家林业局关于实施森林生态标志产品建设工程的通知》（林改发〔2017〕109号）；根据通知要求，中国林业产业联合会负责该项工程具体组织实施。截至2017年年底，中产联已完成重点工作分工实施方案；完善了《国家森林生态标志产品认定管理办法》，细化认定系列操作规程等相关文件；引导技术和经济实力强的公司加入森标体系建设并按国家商标局要求申请证明商标保护知识产权；制订了下年度工程实施计划。

首届"生态文明·绿色发展"论坛和"生态文明·绿色转型（中国·白山）"论坛　论坛以生态文明建设为主要内容，贯彻落实习近平总书记系列重要讲话精神，践行创新、协调、绿色、开放、共享五大发展新理念，在湖南益阳和吉林白山分别召开"生态文明·绿色发展"论坛和"生态文明·绿色转型（中国·白山）"论坛，来自政界、学界、商界的权威人士齐聚一堂，以"加快绿色转型，实现全面振兴，共享生态文明"为主题，深入探讨了加快生态文明建设的新路径、新模式，取得了丰硕的成果。

中国林业产业行业信用建设工作　围绕《中国林业产业信用体系建设规划纲要（2015～2020）》以及《中国林业诚信企业（单位）评定管理办法》，在重点企业中开展诚信推广和林业产业诚信企业品牌评定工作。除原有渠道外，尝试通过影像手段和新媒体平台进行诚信企业和品牌的传播，力争多渠道、多形式、多平台地对中国林业产业诚信企业和品牌进行传播；组织《2016～2017中国林业产业行业信用体系调查研究报告》的出版工作，并基本完成第一阶段组稿工作；组织"中国林业产业诚信万里行"活动，2017年已在上海、广东、四川、湖南、吉林、福建、浙江等省市开展推广工作，2017年5月份，此项活动首次走出国门，赴巴西、秘鲁两国开展活动。

促进杜仲产业发展　2016年12月24日，国家林业局发布了中产联编制的《全国杜仲产业发展规划（2016～2030年）》后，2017年，中产联分别在山西运城、河南巩义、山东潍坊、安徽蒙城和陕西略阳等地召开会议和论坛，分别就杜仲储备林、PPP项目、杜仲良种基地、杜仲产业化和杜仲橡胶等多个议题展开讨论，促进了杜仲产业的融合发展。此外，中产联组织编制了杜仲雄花茶、杜仲胶等6项社团标准。

中国林业产业新兴战略发展基金　为了全面贯彻《国务院关于加快培育和发展战略性新兴产业的决定》和国家林业局等部委联合发布的《林业产业"十三五"发展规划》等文件精神，推动林业新兴产业健康发展，遵循"市场化运作、专业化管理"的原则，筹备中国林业战略性新兴产业发展基金，重点投资于林业行业的战略性新兴产业方向。该项工作已进入实质性阶段，同时有6支子基金同步组建，总规模1000亿元，已经与8家林业龙头企业达成了一致意向，作为首批发起单位共同设立，并且与中国国有企业结构调整基金等国家级资本达成了合作意向。

分支机构工作　召开森林药材与饮品酒业促进会、香榧分会、山桐子产业发展促进会等分支机构的成立大会，成立中俄重点林业企业绿色发展联盟，举办中国（衡阳）油茶产业发展高峰会，举办首届生态文明绿色发展论坛，举办森林生态药业与森林酒业产业研讨会，举办第二届中国森林康养暨中国林业产业联合会森林医学与健康促进会年会，举办"2017互联网+林业新零售大会"，主办召开2017年第4届中国香榧节，主办召开第11届海峡两岸林业博览会，主办2017第11届中国（广州）国际食用油及橄榄油产业博览会，先后开展了第二批和第三批全国森林康养基地试点建设单位评选工作，开展2017"中国森林体验基地""中国森林养生基地""中国慢生活休闲体验区、村（镇）"申报工作，举办森林康养管理人才实训班、完成全国油茶专项信息普查工作、编制《长白山森林矿泉水保护开发总体规划》。

国际交流和国际维权　完成组团出访巴西、秘鲁、芬兰的出国计划；完成出访美国开展应对美国对从中国进口胶合板"双反"诉讼工作的相关手续；赴利比里亚驻华大使馆进行磋商，落实利比里亚总统瑟利夫访华期间与国务院总理李克强会谈精神，开发利比里亚橡胶木事宜；组织在满洲里成功召开中俄木业联盟成立大会；筹备策划中俄木业联盟对外联络工作，与俄罗斯远东发展部等机构会谈，并建立了联系机制；配合中国林科院开展的中国-中东欧国家"16+1"林业教育合作研讨会，组织部分企业参与交流；帮助会员企业与俄罗斯科米共和国达成进口新闻纸业务合作，该会员企业将有望每月从科米共和国进口3000吨新闻纸；与丹麦资欧家缘生态农业有限公司就开展中国乡村旅游合作进行洽谈，配合森林康养等分会活动，推动开展森林旅游国际合作。

其他工作

完成第一届中国林业产业创新奖（杜仲类、地板类、人造板类、红木类）评选工作。

配合国家林业局林改司开展了2017年全国林业重点龙头企业评审工作。

完成了国家林业局委托的中国林业产业重大问题调研报告和中国林业产业发展指南的编撰工作。

参与国家林业局人事司对国家林业局业务主管和挂靠的社会组织相关情况进行摸底、梳理情况表的报送。

以通讯方式召开2017年第一次和第二次理事会，汇报了联合会组织机构调整情况，审议中国林业战略性新兴产业发展基金建设工作筹备会情况和论证会情况，讨论下一步工作建议等相关事宜，审议了联合会组织机构、分支机构名单等。

参与武汉第二届绿色产品交易会、秦巴山区四川巴中绿色农林产品洽谈会的筹备方案研讨和复函的起草发文等工作。

完成第二批团体标准试点申报，组织成立中国林业产业联合会标准化技术委员会，并制订《中国林业产业联合会标准化技术委员会管理办法》和《中国林业产业联合会团体标准制修订管理办法》，团体标准工作启动并开始组织实施。

【2017红博会在大涌红博城举行】 3月13日，为期8天的2017中国（中山）红木家具文化博览会在中国（大涌）红木文化博览城拉开帷幕。广东省原常务副省长、孙中山基金会理事长汤炳权，中国林产工业协会执行会长王满，国家林业局直属机关工会联合会主席蒋周明，中国家具协会副秘书长屠祺，以及中山市领导陈如桂等参加了相关活动。

中山市副市长雷岳龙、中国林产工业协会执行会长王满分别致辞。

开幕式上，中国林业产业创新奖（红木类）评选暨中国林业产业诚信企业品牌万里行中山站启动，随后还进行了中山市红木家具知识产权快速维权中心成立揭牌仪式、广东省科学院企业工作站授牌仪式、中国红博城数字影视基地框架意向签约仪式。此外，红博城与古镇华裕广场签订了中式生活家居一体化采购与体验平台合作协议。

【第三届全国森林食品产销对接大会】 于3月22日在四川省成都市举办，此次对接大会以"互联互通 共融发展"为主题，旨在推进国家森林标志产品品牌体系建设，推动森林食品产业市场化发展，增强森林食品市场竞争力。国家林业局总工程师封加平出席大会。

中国林业产业联合会副会长兼秘书长王满作大会发言。

会上，四川省林业厅副厅长包建华就四川森林食品产业发展进行经验交流，宁夏回族自治区林业厅副厅长陈建华作了宁夏枸杞产业发展的主题推荐。与会专家就"互联网+"时代森林食品电商趋势解读、森林食品品牌建设、食品生产企业怎样构建信用体系、大数据时代森林食品营销方式变革等话题作主旨演讲。

会议现场，四川省首个省级林业电子商务平台——天府林产与成都零售商协会及成都美食文化协会签署三方战略协议。天府林产还与两家森林食品企业现场签约，共同推进森林食品产业市场化发展。此次产销对接大会增设了首届森林生态食材品鉴会，邀请中国烹饪大师以各类森林生态食材为原辅料，现场烹制原创菜品，并引入"赶紧看"即时影像传播平台进行现场直播和视频录制。同时搭配营养专家的菜品解析，共建森林健康饮食文化共享交流平台，为森林生态食材真正走上大众餐桌开拓新渠道。

【《全国杜仲产业发展规划（2016~2030）》实施研讨会】 4月16日，由中国林业产业联合会主办，由闻喜县人民政府、中国林业产业联合会杜仲产业发展促进会、国家林业局杜仲工程技术研究中心、中林九九杜仲产业研究院、湖南九九慢城杜仲产业集团有限公司承办的《全国杜仲产业发展规划（2016~2030）》实施研讨会暨30万亩新型良种杜仲种植示范基地签约仪式在山西省闻喜县召开。国家林业局总工程师封加平出席会议并讲话。中国林业产业联合会副会长兼秘书长王满主持会议。

全国政协委员、中国社科院学部委员、《全国杜仲产业发展规划（2016~2030）》编制组顾问李景源，山西省林业厅总工程师尉文龙出席会议并作了发言。中国林业产业联合会副秘书长陈圣林参加会议。国家林业局林改司司长刘拓，中国林业产业联合会秘书长助理、《全国杜仲产业发展规划（2016~2030）》编制组常务副组长李志伟，就《规划》编制以及下一步争取相关政策落地等作了说明。闻喜县委书记张汪尤，就闻喜县发展杜仲产业情况做了介绍。中国林业科学院杜仲工程研究中心副主任杜红岩，河南大学药学院院长李钦，中国林业科学院杜仲工程研究中心副主任乌云塔娜，中国林业产业联合会杜仲产业发展促进会副理事长兼秘书长滕小平，山西省林业科学院经济林所所长史敏华等与会专家、学者就杜仲产业的科学化发展、规模化发展、合理开发和新型化发展等多个方面展开讨论。国家林业局总工程师封加平等领导见证了30万亩新型良种杜仲种植示范基地签约仪式。签约方代表闻喜县人民政府县长黄亚平、湖南九九慢城杜仲产业集团有限公司董事长舒泽南和中国林业科学院经济林研究中心副主任杜红岩在三方协议上签字。这也标志着《全国杜仲产业发展规划》发布后，首个全国性杜仲新型良种种植示范基地正式建成。

【首届森林生态药业与饮品酒业产业发展研讨会】 于4月22日在贵州省茅台镇举办，会议同期，中国林业产业联合会森林药材与饮品酒业促进会成立。国家林业局总工程师封加平出席会议并向促进会颁牌、授旗。中国林业产业联合会副会长兼秘书长王满作会议发言。

会上，封加平向中国林业产业联合会森林药材与饮品酒业促进会理事长李明财授牌，并向促进会授予中国林业产业诚信企业品牌万里行活动诚信大旗。与会领导和嘉宾共同见证了中国林业产业联合会与贵州茅台集团、华润医药、南京同仁堂等国际品牌企业签署战略框架合作协议。

【中巴中秘签署林业产业合作协议】 5月3~10日，国家林业局总工程师、中国林业产业联合会副会长封加平率团赴巴西和秘鲁进行了林业产业合作交流。其间，代表团出席了中巴企业家座谈会、中秘林业企业家高峰论坛；中国林业产业联合会与巴西树业产业国际促进会、马瑙斯市林业产业协会和秘鲁林业产业联合会分别签署了林业产业战略合作协议。这是中巴两国和中秘两国全国性行业组织首次签署林业产业合作协议。

在巴西访问期间，代表团与巴西树业产业国际促进会主席伊丽莎白女士、马瑙斯市政府官员和产业协会负责人以及巴中企业合作协会企业家代表进行了交流。封加平介绍了中国林业产业发展情况。

在秘鲁访问期间，代表团会见了秘鲁国家林业和野生动物局局长约翰逊先生，参加了中秘林业企业家高峰论坛，与秘鲁国家和相关州林业部门官员、林业产业协会负责人和林业研究人员研讨了中秘林业产业合作的重点和前景，共同见证了中国林业产业联合会会员单位与秘鲁企业在木材深加工、绿色环保家居、非木质林产品开发、生物质能源和林业电子商务等方面签订的5项企业合作协议。

【中国（安吉）森林康养产业发展创投峰会】 于5月16日在安吉开幕。中国林业产业联合会森林医学与健康促进会理事长张蕾主持会议，国家林业局农村林业改革与发展司、国家林业局产业办公室巡视员刘家顺，国家林业局发展规划与资金管理司巡视员、中国林业产业联合会副会长付贵，浙江省林业厅总工程师蓝晓光，安吉县县长陈永华出席开幕式仪式并致辞。中国绿色时报社副社长刘宁，内蒙古自治区林业厅副厅长楼伯君等参加开幕式。刘家顺、蓝晓光分别作会议发言。

中国（安吉）森林康养产业发展创投峰会还深入解读金融机构对森林康养产业投资政策，探讨社会资本森林康养产业投资战略，剖析森林康养产业运营思路，考察"两山理论"发源地与森林康养特色小镇，充分发挥森林资源独特优势，大力拓展森林多重功能，主动融入大健康服务产业领域，将生态优势转化为经济优势，使美丽环境转变成实实在在的美丽经济。

【衡阳油茶产业发展座谈会】 2017年5月18日，由湖南省林业厅、中共衡阳市委市人民政府主办，由中国林业产业联合会、中国林学会支持，中国林业产业联合会木本油料分会、湖南省油茶协会、衡阳市林业局承办的衡阳油茶产业发展座谈会在衡阳举办。全国政协环资委主任、中国林业产业联合会会长贾治邦出席。中共衡阳市委书记、市人大常委会主任周农致欢迎词，湖南省林业厅厅长邓三龙、国家林业局总工程师封加平、湖南省人民政府副省长张剑飞分别讲话。封加平总结了十年来党中央、国务院对油茶产业发展的重要指示，国家林业局连续十年坚持不懈推动油茶产业发展的工作，不断完善财政资金支持。并就油茶产业发展的金融政策和当前还急需解决的五大难题（一是品种改良，二是改进种植模式，三是深度开发、综合利用，四是提升机械化水平，五是打造名牌产品）提请座谈会深入研讨，群策群力破解难题。

该次会议分为5个流程：开幕式、对话衡阳油茶、油茶产品嘉年华、油茶产业扶贫暨银企签约仪式、专家讲坛。在"对话衡阳油茶"活动中，邀请了中国林业产业联合会木本油料分会理事长杨超、国内著名经济学家王林、湖南省油茶办主任蓝成云、衡阳市副市长杨金龙、湖南大三湘茶油股份有限公司董事长周新平、湖南神农油茶科技发展有限公司董事长李万元共同为衡阳油茶献计献策，为衡阳的油茶品牌走向全国、走向世界梳理脉络，寻找路径，为产业发展注入新思想、新理念、新动力。

【首届"生态文明·绿色发展"论坛】 由中国林业产业联合会、湖南省林业厅、益阳市人民政府共同主办，被林业系统称为"林业达沃斯高峰论坛"的首届"生态文明·绿色发展"论坛6月17日在湖南益阳召开。论坛上，中国首支规模1000亿元的林业私募基金——中国林业战略性新兴产业发展基金筹备工作启动，并与10个融资项目达成合作意向。该基金由中国林业产业联合会协调，中国诚通集团所属的中国纸业投资有限公司联合十几家涉林上市和骨干企业共同发起，由深圳市创新投资集团管理运营，主要投向林业行业的战略性新兴产业方向。

当日，中国绿化基金会还启动了公益性公募基金"绿孔雀濒危物种抢救专项基金"，计划五年内筹款3000万元用于绿孔雀栖息地保护、迁地保护及文化挖掘保护。截至2017年，中国野生绿孔雀数量已不足100只，处于极度濒危状态，基金会希望以公益力量唤醒社会公众关注，进行生态建设。中国工程院院士尹伟伦，全国政协委员、华夏新供给经济学研究院首席经济学家贾康，中国社科院教授曹红辉，全国政协委员、中国人民解放军装备学院原副院长刘建少将等多位专家学者，围绕生态文明建设、林业PPP模式构建与创新、军民融合、"一带一路"等议题发表主旨演讲，共同推动形成绿色发展方式和生活方式。此外，以林业金融创新、林业精准扶贫和森林康养基地创建为主的3个平行论坛也同期举行。

【首届中国木质林产品质量提升与品牌建设高峰论坛】 于7月8日在广州举行，这标志着中国木质林产品产业品牌建设全面升级。国家林业局总工程师封加平、国家质检总局产品质量监督司副司长王军、国家林业局科技司副司长黄发强、中国林产工业协会执行会长王满、中国对外贸易广州展览总公司总经理李德颖、中国经济报刊协会副会长兼秘书长胡英暧，中国木质林产品产业龙头企业代表、2017年度"精品人造板（含饰面板）、精品装饰纸"获奖企业代表、媒体记者出席论坛。中国林产工业协会秘书长石峰主持论坛。封加平、王满分别致辞。王军、黄发强分别发表主旨演讲。

【中俄可持续林业产业发展论坛】 为推动中俄林业产业稳步健康发展，搭建中俄林业交流合作平台，探索运用金融创新支持林业合作的途径与方式，共谋中俄两国林业合作建设蓝图，由中国林业产业联合会、中国林业集团公司、黑龙江省贸促会、绥芬河市政府共同主办，以"绿色发展 互利共赢"为主题的中俄可持续林业产业发展论坛8月8日在黑龙江省绥芬河市举办。同日，"一带一路"林业发展基金座谈会在百年明星口岸绥芬河召开，座谈会由国家林业局有关部门和中国林业集团、中国林业产业联合会国际贸易促进会共同召集。中国林业产业联合会分支机构座谈会同期召开，会议表彰了2016年先进分支机构，部署了今后一个阶段全行业落实林业产业"十三五"规划中心工作。

此次论坛围绕"中俄林业产业可持续发展的政策与环境分析""金融创新支持中俄林业产业投资合作""企业无缝对接、促进中俄木材产业链优化升级""中俄企业负责任经营"4个议题展开讨论,意在为与会各方搭建平台,进一步加深理解,拓宽合作空间,谋求互利共赢,不断提高林业产业合作水平,共同推进区域经济一体化和林业可持续发展,助推中俄经济社会快速健康发展。论坛期间,中国林业产业联合会秘书长王满向绥芬河国林木业城授予"中国林业产业诚信企业品牌万里行"旗帜。树立绥芬河木业"诚"名远扬,并带动更多林农、林企参与诚信品牌建设,生产、销售诚信林产品,以引领林业诚信经营新风尚。

【"生态文明·绿色转型"论坛】 9月14日,由中国林业产业联合会、吉林省林业厅、中国吉林森林工业集团有限责任公司主办,白山市人民政府、中国林业产业联合会森林旅游分会承办的"生态文明·绿色转型(中国·白山)"论坛在吉林省白山市举行。国家林业局副局长刘东生、吉林省政协副主席刘丽娟等有关领导出席论坛并讲话,白山市委书记张志军致欢迎辞。论坛以"加快绿色转型,实现全面振兴,共享生态文明"为主题,来自政界、学界、商界的权威人士齐聚一堂,深入探讨加快生态文明建设的新路径、新模式。刘东生发表讲话。

在该次论坛上,中国林业产业联合会"中国绿色转型示范区"建设工作正式启动;国家林业局直属机关工会联合会、中国林业产业联合会相关领导宣读了《授予吉林省白山市"中国绿色转型示范区"的决定》,并向白山市人民政府授予"中国绿色转型示范区"牌匾;中国绿化基金会向白山市人民政府授"中国林业产业诚信企业品牌万里行"红旗;白山市政府分别与中国林业集团、北京林业大学签订战略合作协议。

全国政协委员、中国工程院院士尹伟伦,中国林业产业联合会森林旅游分会秘书长屈作新,中南林业科技大学林学院副院长李建安等著名学者和专家,围绕生态发展新理念和新思路、森林旅游模式创新、森林休闲和康养基地建设、绿色金融助推区域经济发展、东北地区经济林建设和林下经济开发利用等议题,结合各自的实践,从各自的领域做了思想和学术交流,并对白山市未来绿色转型的发展方向提出了相应的建议。

论坛期间,嘉宾们围绕"生态文明建设、绿色转型发展"主题进行了交流互动,以白山市为典型案例,深入探讨该市绿色转型、全面振兴的探索与实践,分析、分享白山市的成果与经验。进一步探究白山市发展的路径与策略,为加快白山市绿色转型、实现全面振兴建言献策。推动白山市坚持顺应自然、保护优先、绿色发展的理念,努力建设成为吉林省东部绿色转型发展先行区、国家生态文明建设示范区。

【中国(邵阳)油茶产业精准扶贫研讨会暨油茶互联网博览会】 由中国林业产业联合会、中国绿色时报社主办,邵阳县人民政府、邵阳市林业局、湖南省现代农业产业控股有限公司承办的2017中国(邵阳)油茶产业精准扶贫研讨会暨油茶互联网博览会10月28~29日在湖南省邵阳县开幕。来自全国各地的有关领导、专家学者、企业家及国家主流媒体记者近800余人齐聚一起,共同探讨中国、湖南油茶产业现状及未来发展趋势,大会以"弘扬油茶文化、发展油茶产业、拓宽销售渠道、开展精准扶贫、建设美好乡村"为主题,结合"中国茶油之都"邵阳县当地实际,突出美好乡村建设、突出地方特色、突出精准扶贫战略、突出油茶产业发展,充分展示美好乡村建设风貌,推动生态文明建设和油茶产业可持续发展。

该次大会涵盖三大主题活动,即中国(邵阳)油茶产业精准扶贫研讨会、油茶文化传播、2017中国(邵阳)油茶互联网博览会暨南国油茶交易中心启动仪式。研讨会上,来自各油茶典型省份的代表介绍了本省油茶产业精准扶贫成就,各品牌企业一起分享了油茶产业精准扶贫经验,权威专家们就油茶精准扶贫提出指导意见和建议并探讨中国油茶产业未来发展,并发布了2017年全国油茶年度报告及邵阳油茶宣言。

大会期间,湖南广电联合京东商城开辟了京东"邵阳茶油特产馆",启动首届邵阳茶油互联网博览会。"国民好油 邵阳茶油"十大网红在邵阳县进行体验之旅,映客直播全程直播网红宣传推介中国邵阳油茶、互动体验邵阳油茶民俗文化。在开幕仪式上,中国林业产业联合会和湖南省人民政府共同为邵阳油茶授牌,标志着中国国油网正式上线运行,南国油茶交易中心开启了茶油的线上线下交易。南国油茶交易中心将面向全国的油茶企业提供交易、金融、供应链管理、资讯等服务,旨在通过大量交易数据,形成自身产品的综合指数,从而打造产品全国影响力,获取油茶类产品定价权,形成油茶指数,服务于整个油茶行业。

【第四届中国(诸暨)香榧节】 于11月8日上午在耀江开元名都举行。全国政协人口环境资源委员会主任、中国林业产业联合会会长贾治邦,全国政协文史和学习委员会副主任、浙江生态文化协会会长周国富,国家林业局总工程师、中国林业产业联合会副会长封加平,中国绿化基金会主席、国家林业局原党组成员陈述贤,省林业厅副厅长杨幼平及诸暨市领导张晓强等出席。

周国富、封加平、杨幼平分别致辞。绍兴市委常委、诸暨市委书记张晓强发表讲话。

开幕式上还举行了中榧联股份有限公司成立签约仪式,中国香榧产业物联营销中心授牌仪式,中国林业产业诚信企业品牌万里行活动授旗仪式,中国林业产业联合会香榧分会授牌仪式。

【首届中国森林康养与乡村振兴论坛】 12月10日,首届中国森林康养与乡村振兴战略论坛暨第二届中国林业产业联合会森林康养促进会年会在浙江衢州举办。国家林业局总工程师封加平出席论坛开幕式。

该次论坛由中国林业产业联合会森林康养促进会、衢州市政府联合主办,衢州市衢江区政府、绿色中国杂志社、绿色中国网络电视中心、衢州市林业局承办。活动期间,还举办了大型电视系列访谈节目"'两山'路上看变迁,绿色中国十人谈",第三批全国森林康养基地试点单位、全国森林康养试点县、全国森林康养试验区获得授牌。 (中国林业产业联合会由白会学供稿)

中国林业工程建设协会

【综　述】　中国林业工程建设协会成立于1985年。第四届理事会是2016年7月经全体会员代表大会选举产生的,李忠平担任理事长。协会现有2个职能处室:秘书处和业务处,设置有工程项目咨询评估专家组,还有8个专业委员会分别挂靠在国家林业局调查规划设计院、国家林业局林产工业规划设计院和国家林业局昆明规划设计院等国家林业局直属事业单位。协会共有会员单位364家。协会按照要求,作为国家林业局下属协会,被确定为第一批脱钩单位并于2016年完成脱钩工作。协会脱钩后在民政部和中央国家机关工委领导下开展工作,按照"脱钩不脱管"的原则,也仍然接受国家林业局的领导。2017年,协会根据党中央国务院的决策和部署,深入贯彻党的十八大和十八届二中、三中、四中、五中全会精神,在逐步完成脱钩试点工作以后,按照民政部有关社团管理的新要求,积极稳妥地推进各项工作,不断创新服务方式,丰富服务内涵,努力开拓行业发展新空间。2017年的工作主要包括如下几个方面:林业调查规划设计资质管理工作、林业行业优秀工程设计和优秀工程咨询成果初选和推荐工作、林业调查规划设计资质单位管理人员和技术人员培训工作、全国林业行业资深专家推荐评选工作、行业标准编制与宣传贯彻工作、协会专业委员会管理工作和《林业调查规划设计收费指导意见》修订工作等。

【资质管理】　资质管理是协会的一项重要工作,2017年4月初至9月末,协会在网上共受理500余家单位申报,通过合规性审查、专家会议评审、网上公示等环节,共有329家申请单位被授予了不同等级的资质证书。

【优秀设计和咨询成果评选】　协会对全国林业行业优秀工程设计和工程咨询成果的初评工作每年一次,设计和咨询成果交替安排。在初评的基础上,协会代表林业行业向中国工程勘察设计协会和中国工程咨询协会推荐参加全国优秀成果评选的项目。2017年是评选优秀咨询成果,9月13日,协会在成都召开优秀咨询成果评审会,总计评选出一等奖36项,二等奖46项,三等奖48项。2017年协会向全国优秀工程咨询成果奖评选推荐的11个项目有2个获得1等奖,4个获得2等奖,5个获得3等奖。协会向全国优秀工程勘察设计奖评选推荐的项目有2个获得3等奖。

【管理人员和技术人员培训】　协会自2006年以来一直与国家林业局管理干部学院合作开展管理人员和技术人员在职培训工作,先后举办了有关监理、资质管理等方面的培训。2017年共举办10期培训班,来自全国的1395名学员参加培训。

【全国林业行业资深专家评选】　12月20日,协会在北京召开每两年一次的林业资深专家评选会。这是协会依据《全国林业工程建设领域资深专家评选办法》第二次组织评选活动,评选出31名林业行业资深专家。

【行业标准编制与宣传贯彻】　协会受国家林业局委托,继续组织完成了行业标准的编制和宣传贯彻培训工作,共计完成了9项建设标准与规范的大纲审查,5项标准送审稿的审核及评审,6项标准送审稿的复核及报批,6项标准的意见征询,3项标准的宣传贯彻。

【发挥专业委员会的作用】　截止到2017年年底,协会原有和新近成立的专业委员会(以下简称为专委会)共有8个,即:工程设计专委会,工程勘察、监理和施工专委会,调查监测专委会,工程标准化专委会,自然资源资产评估专委会,风景园林专委会,工程咨询专委会,信息技术与卫星应用专委会。为加强对专委会的规范管理,更好地发挥专委会的职能作用,协会制订了《中国林业工程建设协会分支机构管理办法》。协会专委会在行业交流、业务建设、新技术推广等诸多方面发挥了很好的作用。12月21日,协会在北京召开原有专委会换届和新批准专委会成立大会,理事长李忠平代表理事会就进一步做好专业委员会的工作做专题报告。会上有4个专业委员会进行换届,3个专业委员会成立。

【为修订《林业调查规划设计收费指导意见》开展调研】　协会利用每一期技术培训的机会安排座谈会,还到一些省份进行专题调研,为修订工作打下了基础。

【四届二次理事会召开】　10月12日,协会在甘肃省天水市召开了四届二次理事会,理事长李忠平做《创新服务方式　丰富服务内涵　努力开创行业发展新空间》的工作报告。报告总结了协会换届后所作的主要工作,提出了之后一个时期的各项主要任务,包括:继续组织好两年一次的资深专家评选活动,组织专业委员会开展换届工作,按照新的章程要求组建监事会,全力做好林业调查规划设计资质管理工作,进一步加大行业管理和队伍建设的力度,扎实推进行业技术人员的再教育工作,正式出台《林业调查规划设计行业收费指导意见》等。期间还举办了"一带一路"战略林业研讨会。

(中国林业工程建设协会由李鹏供稿)

中国绿色碳汇基金会

【概　述】 2017年，中国绿色碳汇基金会在新一届理事会的领导下，攻坚克难、团结一心、开拓创新，实现募捐资金到账逾3100万元，自有资金较2016年年底增加超过1000万元。各项林业应对气候变化公益项目和活动顺利开展。

机构建设 一是紧紧围绕国家林业局重点工作，加强与各司局合作。二是广开渠道，大力开展募捐工作。三是进一步加强秘书处建设，推动各项工作有序开展。制定并实施《非限定性净资产管理暂行办法》《秘书处内部机构调整方案》和工作审批、考勤管理、薪酬制度、接待制度等一系列强化内部治理、规范资产和项目管理的规章制度和决策机制。上述措施对于严格工作纪律，强化机构建设发挥了较好的作用。

募捐宣传 举办了"老牛冬奥碳汇林"全面启动发布会，北京冬奥组委会领导到会指导；与浙江省林业厅、杭州市政府联合举办2016年G20杭州峰会碳中和林建成揭牌仪式；与广东省林业厅和香港赛马会联合举办第四期香港赛马会东江源碳汇造林项目现场植树活动；与贵州省铜仁市政府联合举办第七届"绿化祖国·低碳行动"植树节启动暨授予江口县"碳汇城市"荣誉称号活动；在四川省绵阳市举办绵阳大熊猫碳汇专项基金成立仪式；与国家林业局造林司和机关服务局联合主办了2017节能宣传专版；印制了《中国绿色碳汇基金会募捐手册》，精心策划参加腾讯"99公益日"活动的项目，发布"带孩子们一起去种树""圆劳模王银吉治沙梦"等网络公开募捐项目，数千人次自愿捐款。

合作交流 与能源基金会启动了"中国气候传播调研与发展项目"合作；与野生救援联合举办了"蔬食，我的新挑食主义"大型应对气候变化公众传播活动，并建立了年度合作机制；承办了世界自然基金会甘肃考察并与兰州新区管理委员会联合举办了"一带一路"生态修复国际论坛；与世界自然基金会北京代表处合作实施了"绿动生活"项目；参加联合国波恩气候变化大会，与美国自然资源保护协会、森林管理委员会等国际机构联合主办2场研讨会。

【"绿化祖国·低碳行动"植树节】 2017年3月10日，由全国绿化委员会办公室指导，贵州省林业厅支持，中国绿色碳汇基金会第七届"绿化祖国低碳行动"植树节在贵州省铜仁市江口县启动。国家森林防火指挥部原专职副总指挥、中国绿色碳汇基金会理事长杜永胜出席并致辞。国家林业局造林绿化管理司司长赵良平，贵州省林业厅党组书记、厅长黎平，铜仁市人民政府副市长胡洪成，江口县委副书记、县人民政府县长杨云等出席启动仪式。

【G20杭州峰会碳中和林建成仪式】 2017年3月16日，2016年二十国集团（G20）杭州峰会碳中和林建成仪式在浙江省杭州临安市造林现场举行。杜永胜与来自相关部门、捐资企业、组织实施方、施工方等单位和媒体的代表近260人出席仪式，共同见证22.27公顷（334亩）G20杭州峰会碳中和林的诞生，以实现G20杭州峰会碳中和的目标。

【中国绿公司年会碳中和项目】 2017年4月22～24日，中国绿色碳汇基金会、老牛基金会与中国企业家俱乐部合作，在河南郑州组织实施中国绿公司年会碳中和项目。由老牛基金会捐资20.7万元，由中国绿色碳汇基金会组织在内蒙古和林格尔营造碳汇林4公顷，以实现2017中国绿公司年会的碳中和目标。杜永胜出席并致辞。

【"一带一路"生态修复论坛】 2017年5月8日，由中国绿色碳汇基金会、甘肃省林业厅和世界自然基金会（WWF）指导，兰州新区管理委员会在兰州新区举办了"一带一路"生态修复论坛。杜永胜等相关领导与来自英国、法国、芬兰、南非、巴西、葡萄牙、泰国、日本等国非政府组织、林纸浆企业代表以及国内科研机构、政府部门的代表近70人出席论坛，共同研讨植被修复、生态保护对实施"一带一路"战略的保障和支持作用以及相关政策支持和金融扶持措施。

【蔬食，我的新挑食主义发布会】 2017年8月4日，中国绿色碳汇基金会与国际环保组织野生救援（WildAid），在北京联合举行"蔬食，我的新挑食主义"发布会。"蔬食"是中国绿色碳汇基金会和WildAid合作的应对气候变化公益宣传项目。中国绿色碳汇基金会理事长杜永胜、秘书长邓侃出席发布会。

【"老牛冬奥碳汇林"全面启动发布会】 2017年9月29日，由国家林业局主办，北京冬奥组委指导，中国绿色碳汇基金会承办的"老牛冬奥碳汇林"全面启动发布会在北京举行。国家林业局副局长刘东生出席并讲话。发布会上，老牛基金会向中国绿色碳汇基金会捐款7438万元用于2000余公顷老牛冬奥碳汇林项目的筹备和实施。

【联合国气候大会"中国角"边会】 2017年11月8日，由中国绿色碳汇基金会、老牛基金会共同主办的联合国气候大会"中国角"边会——"生态服务价值的多元化探索促进绿色低碳发展"在德国波恩举办。边会吸引美国、德国、波兰、意大利、比利时、奥地利、俄罗斯等近20个国家及国际组织的约80名代表出席。中国绿色碳汇基金会副理事长兼秘书长邓侃出席并致辞。

【联合发起社会公益自然保护地联盟】 2017年11月24日，由中国绿色碳汇基金会等23家公益机构联合发起的社会公益自然保护地联盟大会在北京召开。中国绿色碳汇基金会副理事长兼秘书长邓侃，世界自然保护联盟（IUCN）中国首席代表朱春全，北京大学教授、北京山水自然保护中心创始人吕植，桃花源基金会联席主席马云、马化腾，阿拉善SEE生态协会会长钱晓华，中科院科技战略咨询研究院副院长王毅等嘉宾与200多名来自政府、企业、公益机构、保护一线的人员参加了大会。

（中国绿色碳汇基金会由高彩霞供稿）

中国水土保持学会

【综　述】　中国水土保持学会是由全国水土保持科技工作者自愿组成依法登记的全国性、学术性、科普性的非营利性社会法人团体。于1985年3月由国家经济体制改革委员会批准成立，并加入成为中国科学技术协会团体会员。

中国水土保持学会于1986年5月、1992年5月、2006年1月、2010年12月和2016年12月在北京分别召开了第一、第二、第三、第四、第五次全国会员代表大会，杨振怀任第一、第二届理事会理事长，鄂竟平任第三届理事会理事长，刘宁任第四届、第五届理事会理事长。

中国水土保持学会下设15个专业委员会，全国共有29个省级水土保持学会。

【党建工作】　4月6日，学会党委在北京召开第二次会议。会议传达学习《中国科协关于加强科技社团党建工作的若干意见》。会议决定成立学会党委办公室，承担党委交办的党务工作，党委办公室主任由秘书处党支部书记兼任。

学会印发《关于加强中国水土保持学会党委建设的意见》《中国水土保持学会党委贯彻落实中央八项规定精神实施细则》。

5月25日，学会党委在陕西延安举办"水保进党校，党员促水保"特色活动。

9月24日，学会党委印发《中国水土保持学会学习宣传贯彻党的十九大精神工作方案》，组织学会秘书处、各专业委员会、地方学会和广大会员学习宣传贯彻党的十九大精神。

【学会建设】　2017年，学会共召开三次常务理事会会议和一次理事会会议，审议通过了学会修订或制定的制度和其他重要事宜。

5月16～19日，学会在深圳召开2017年秘书长工作会议，62名代表参加会议。会议传达了有关文件精神，讨论了分支机构管理办法等文件。

5月24～27日，学会开展"全国科技工作者日"座谈会等系列活动庆祝第一届"全国科技工作者日"。

2017年，学会在北京分别召开了学术交流、期刊与科技奖励工作委员会会议、水平评价工作委员会会议、青年工作委员会会议、国际合作工作委员会会议和科普工作委员会会议，研讨各工作委员会的工作模式、各专项工作的工作思路和重点工作。

【国际学术交流】　6月11～18日，学会协办在西班牙召开的第一届全球变化条件下的世界水土保持科技研讨会。会议主题为："变化环境中的水土资源管理所面临的机遇与挑战"。来自欧洲、北美洲、南美洲、亚洲、非洲、大洋洲的230多名科学家出席了会议。会议共安排18个主题报告，85个分会场报告和100多个墙报展示。

9月11～18日，学会协办在加拿大召开的"第四届资源环境与生态保育国家研讨会"。会议主题为："Balancing Development And Conservation – Save Our Air, Soil And Water"，30余名专家、学者参加会议。

【两岸学术交流】
7月2～5日，学会协办在宁夏银川召开的第十八届海峡两岸三地环境资源与生态保育学术研讨会。会议主题为："高效利用水土资源、构建生态安全体系"。

8月21～24日，学会与台湾中华水土保持学会在四川成都共同主办2017年海峡两岸水土保持学术研讨会。会议主题为："水土保持与坡地灾害减灾"。200余名专家、学者参加会议。

【国内学术交流】　5月19日，学会和北京林业大学在京联合主办纪念关君蔚院士诞辰100周年座谈会，缅怀已故中国水土保持学会名誉理事长、中国工程院院士、我国水土保持教育事业的奠基者和创始人关君蔚先生。80余名各界代表参加座谈会。

5月20日，学会和北京林业大学在北京联合主办水土保持与荒漠化防治高峰论坛。论坛主题为："水土保持－绿色发展－美丽中国"。300余名专家、学者及社会各界人士参加论坛。

6月10日，学会和北京林业大学水土保持学院、北京市水务局、北京市园林绿化局、北京市环境保护局在北京联合召开"京津冀水源地保护与生态修复一体化"技术交流会。会议围绕京津冀水源地保护与生态修复一体化进行学术和技术交流，并对经济、管理、政策、资金、观念问题进行讨论，形成《京津冀水源地保护与生态修复一体化倡议书》。

9月12日，学会科技协作工作委员会2017年年会在宁夏银川召开。90多个委员单位的100余名代表参加会议。

10月23～24日，学会在陕西杨陵召开中国科协第324次青年科学家论坛。论坛主题为："多尺度水土流失过程与预报"，45家科研院所、高校的72位优秀青年代表和38位研究生参加了论坛。

10月25～27日，学会水土保持生态建设专业委员会在贵州省贵阳市召开第四次会议暨学术研讨会，120余名代表参加会议。会议共征集论文50多篇，并评选出优秀论文6篇。

11月4～6日，学会水土保持规划设计专业委员会在浙江杭州召开2017年年会暨学术研讨会，116家会员单位的200余名代表参加会议。会议通过了专委会2017年工作总结和2018年工作计划，对14家会员单位以及15名先进个人进行表彰。

11月23～24日，学会协办在湖南岳阳召开的第七届中国湖泊论坛。论坛主题为："湖泊生态环境保护修复与绿色发展"。论坛发表了《中国岳阳南湖共识（草案）》，并撰写了第七届中国湖泊论坛专家建议书《统筹湖泊流域管理，优化资金使用效率》。

12月24日，学会工程绿化专业委员会在北京召开第五届全国生态修复研究生论坛，16个科研院校和企事业单位的150余名代表参加论坛。

【学术期刊】 10月22日，学会在陕西杨凌召开《中国水土保持科学》第四届编委会第一次主编会议，会议审议通过了《〈中国水土保持科学〉第六届优秀论文评选方案》，研讨了期刊定位、学术质量提升、审稿流程优化和期刊未来发展方向等内容。

2017年，学会会刊《中国水土保持科学》出版正刊6期，刊出文章109篇（含全英文文章2篇），其中基础研究19篇，应用研究72篇，开发研究14篇，学术论坛2篇，研究综述2篇。

学会继续与中国知网签订优先出版协议，实现刊纸质版印刷前，电子版优先在线发表，缩短文章的发表周期。从第1期起，会刊官网在原PDF格式的基础上增加了超文本标注语言（HTML）格式全文下载，实现每篇文章的图片、图表和文献的超文本链接，提升阅读体验和用户点击率。从第3期起，会刊推出微信公众号，实现当期目录、精选论文及时更新和推送。

2017年，学会开展第6届《中国水土保持科学》优秀论文评选工作，评选范围涵盖期刊2013年1期至2015年6期，共计353篇。评选出优秀论文15篇。

【科普工作】 2017年，学会发布《关于申报中国水土保持学会科普教育基地的通知》，经专家现场考评与科普工作委员会评审，陕西省西安汉城湖国家级水土保持示范园等3家示范园区被评为首批"全国水土保持科普教育基地"。

2017年，《水土保持读本（小学版）》印刷发行25 000册。

5月26日，学会联合陕西水土保持学会在陕西西安组织开展2017年防灾减灾科普宣传活动。

【服务创新型国家和社会建设】 5月27日，学会印发《生产建设项目水土保持方案编制单位水平评价管理办法》和《生产建设项目水土保持监测单位水平评价管理办法》。

2017年，学会分2次开展了生产建设项目水土保持监测单位水平评价工作，共有762家监测单位提出申请进行水平评价。经学会咨询与评价工作委员会组织专家进行评审，643家单位满足基本条件，其中9家单位被评为5星级，29家单位被评为4星级，37家单位被评为3星级，130家单位被评为2星级，438家单位被评为1星级。

【评优表彰与举荐人才】 2017年，学会组织评选出第九届中国水土保持学会科学技术奖7项，其中一等奖1项、二等奖4项、三等奖2项。评选出第一届中国水土保持学会优秀设计奖18项，其中一等奖2项、二等奖4项、三等奖12项。

2017年，学会向中国科协举荐国家科学技术奖候选项目1项、第十四届中国青年女科学家奖候选人2人、第十五届中国青年科技奖候选人2人。

（中国水土保持学会由张东宇供稿）

中国林业教育学会

【概　述】 中国林业教育学会系国家一级学会，成立于1996年12月，是学术性、科普性、公益性、全国性的非盈利性社会团体。学会由教育部主管，业务挂靠国家林业局，秘书设在北京林业大学，专职工作人员3人。2010年被民政部评为全国先进社会组织。学会设有高等教育分会（挂靠北京林业大学）、成人教育分会（挂靠国家林业局管理干部学院）、职业教育分会（挂靠南京森林警察学院）、基础教育分会（挂靠黑龙江森工总局）、教育信息化研究分会（挂靠北京林业大学）、毕业生就业创业促进分会（挂靠国家林业局人才开发交流中心）、自然教育分会（挂靠中南林业科技大学）7个二级分会，同时设有组织、学术、学科建设与研究生教育、专业建设指导、教材与图书资源建设、交流与合作等6个内设工作委员会。团体会员单位规模210个，覆盖全国设有林科专业的本科院校、科研机构和高职高专院校。涵盖70余个各级政府主管部门、20家涉林企业、20个基层林业管理部门和部分林区中小学。学会会刊《中国林业教育》。

截至2017年年底，中国林业教育学会共有理事179人，常务理事57人。

【组织工作】 1月16日，中国林业教育学会召开五届二次常务理事会，审议学会2016年工作总结和2017年工作要点、设置学会内设工作委员会和增设自然教育分会等议题，确定了学会的重点工作。理事长彭有冬对做好全年工作提出具体要求。学会秘书处强化信息公开，坚持定期向理事长、副理事长、常务理事报告学会工作。学会于暑期在合肥召开学会秘书长工作研讨会，组织学会副秘书长、分会秘书长认真学习社团组织管理相关制度，集中研讨学会工作创新和规范管理的重点难点问题，推动学会"十三五"教育研究。

【成立自然教育分会】 11月，中国林业教育学会在中南林业科技大学举行自然教育分会成立大会暨第一届自然教育学术研讨会，来自国内20多所高校、科研院所、自然教育机构的200余名专家学者出席，选举产生了分会领导机构。理事长彭有冬出席成立大会，要求充分利用和发挥林业特有优势，推动林业院校自然教育创新、强化自然教育机构合作、推进林业院校自然教育规律性研究和实践创新，将分会打造成面向全体国民的自然教育研究与应用、人才培养与学术交流的全国性服务平台。

【课题研究】 组织会员单位开展《林业企业高级经营管理人员培训需求及指导性培训方案研究》课题（中国林业教育学会立项），研究成果顺利通过专家评审。

【创新创业教育】 学会全面参与全国林业就业创业工作联盟前期筹备工作。在国家林业局人事司领导下，与国家林业局人才开发交流中心、中国林业产业联合会等单位倡议成立全国林业就业创业工作联盟。并参与推动林科毕业生到基层就业创业工作意见起草修改、全国林业就业创业推进会议筹备等相关工作，为文件的出台和会议的召开提供了支撑。完成2018届全国林科十佳毕业生评选活动。学会组织北京林业大学、南京林业大学、浙江农林大学及杨凌职业技术学院的8项大学生绿色科普创业作品亮相2017年全国林业科技活动周。学会秘书处承办全国林业科技周总结策划会，申报的《林科学子绿色科普示范引领工程》项目入选2018年林业科普项目。职业教育分会评选林业职业学院招生与就业创业工作先进集体、先进个人，并召开会议深入研讨就业创业工作。

【服务中心工作】 参与国家林业局人事司发起的林科毕业生就业创业工作联盟建设，参与全国林业就业创业工作推进会筹备。申报林业科普项目。学会各分支机构联动支撑服务林业教育培训中心工作。加强林业教育新闻传播实践与研究。发布2017年林业教育大事综述。参与《中国林业百科全书综合卷》编撰，推进林科教材建设工作。举办林科院校创新创业教材建设研讨班。

【完成第一届全国林业教学名师遴选工作】 学会完成林业教学名师遴选工作方案的制订，并会同国家林业局人才开发交流中心完成遴选通知下发、资格审查、专家会评、表彰座谈会等全过程的组织工作，最终评选出30名全国林业教学名师（本科院校20名、职业院校和教育培训单位10名），并于9月8日举行林业教学名师座谈会，局长张建龙出席会议并对加强林业教师队伍建设发表讲话。

【召开第一届全国林业院校校长论坛】 11月17日，中国林业教育学会在湖南长沙召开第一届全国林业院校校长论坛，共有23所涉林高校、10余家国家林业局司局和林业科研教育培训单位的90多名代表与会，深入学习党的十九大精神，系统研讨产教融合背景下的林业人才培养和科技成果转化。理事长彭有冬出席论坛，并就学习贯彻党的十九大精神、推动林业教育改革创新发表讲话。论坛发布倡议，号召林业院校以习近平新时代中国特色社会主义思想为指引，以全面提高人才培养能力为核心，系统谋划内涵发展、质量提升的新举措，努力谱写林业高等教育发展的新篇章。论坛确定了轮值举办的长效机制，首届论坛由北京林业大学和中南林业科技大学共同承办，第二届论坛将由东北林业大学承办。

【主办联合国防治荒漠化公约第13次缔约方大会"荒漠资源保育与精准扶贫"边会】 学会主动开展与相关学会联合协同、拓展服务面的新探索。9月8日，中国治沙暨沙业学会联合中国林业教育学会召开"荒漠资源保育与精准扶贫"边会，成为缔约方大会的重要配套活动。学会编辑出版边会论文集，推介林业高校推动荒漠防治科技创新典型案例，赢得与会代表的高度评价。

【出版刊物】 学会编辑出版《中国林业教育》正刊6期，秘书处编辑发行《高等林业院校林业教育信息简讯》（电子版）2期，职教分会秘书处编辑、发行《林业职业教育动态》（纸质版）5期。

【分会特色工作】
　　高教分会　组织全国林业、风景园林专业学位教育指导委员会秘书处，北京林业大学，中国林科院、中国林业出版社等单位完成《深化学科综合改革　彰显林科育人特色》报告，入选《高等教育改革发展专题观察报告（2017）》。启动大家居行业大学生就业调研工作。加强与中国高等教育学会的沟通联系。向中国高等教育学会换届推荐常务理事、理事各1名。1名同志被评为高教学会优秀学会工作者。

　　成教分会　组织完成《林业改革知识读本》《林业政策法规知识读本》的出版发行。组织河北省林业干部培训中心、辽宁林业职业技术学院、江西省林业人才服务中心等会员单位，开展《林业教育培训信息化管理系统建设研究》课题（局科技司立项），已完成研究报告。承担国家林业局人才中心委托课题"基层单位非林专业在职人员继续教育示范点建设研究"。组织完成"国家林业局干部培训项目管理系统"开发。举办林业教育培训信息宣传能力提升培训班暨林业教育培训信息化系统推介会。

　　职教分会　组织高职林业类专业教学标准修（制）订工作；完成林业类《中职专业目录》修订工作；组织完成第二届全国职业院校林业技能大赛。举办全国林业职业院校校（院）长培训班、林业类专业建设研讨班。组织召开全国林业职业院校协作会2017年度会议开展林业职业教育活动周活动。举行林业职业院校招生与就业创业工作研讨。组织中国（南方、北方）现代林业职业教育集团工作委员会主任会议暨创新创业教育专题会议；协同教指委遴选并建立林业职业教育教学专家库。

基教分会 举办"森工系统生涯规划教育实施专题培训班""森工系统初中语文基于核心素养的阅读教学专题培训班";组织专业骨干深入学校开展教育科研基础理论专题讲座;围绕教育现代化战略与现代学校制度建设研究、课程、教学、评价改革研究等10个重点征集学术成果,积极引导广大教师关注教育发展的前沿问题。

教育信息化研究分会 适应"互联网+"和教育信息化发展的新形势,组织会员单位进行教育信息化专项课题申报工作。深入研究林业特色网络课程建设。协同北京林业大学等推进"生态E学人"计划,完善计划内容。

毕业生就业创业促进分会 召开专题会议,集体研讨交流就业创业工作。与中国绿色时报社共同筹划设立"林业院校创新创业"专栏,组织林业院校推荐大学生创新创业典型成果和先进事迹,同时派出记者对大学生重点创新创业项目和团队进行专访,拟不定期刊发专栏文章,积极宣传林业院校创新创业成果和创新创业团队,吸引社会和林业系统对于大学生创新创业的关注,促进林科大学生就业和以创业带动就业。12月21日,在全国林业就业创业工作推进会上,国家林业局正式宣布成立全国林业就业创业工作联盟。

自然教育分会 11月17日,在中南林业科技大学召开中国林业教育学会自然教育分会(以下简称自然教育分会)成立大会,同时举办首届自然教育分会学术研讨会。来自国内高校、科研院和自然教育机构的200余名专家和学者参加了本次研讨会。研讨会上,多位教授、专家作了相关学术报告。

【**全国林科十佳毕业生评选**】 完成2018届全国林科十佳毕业生评选。评选出30名全国林科十佳毕业生、120名全国林科优秀毕业生。其中,研究生组十佳毕业生10名,优秀毕业生40名;本科生组十佳毕业生10名,优秀毕业生40名;高职生组十佳毕业生10名,优秀毕业生40名。活动于5月24日在北华大学启动,9月发布评选正式通知,11月举行专家评审,评选出高职、本科、研究生"十佳"毕业生和优秀毕业生,12月23日,在西北农林科技大学举行颁奖仪式,学会原理事长刘于鹤等领导出席并颁奖。

活动由北美枫情(上海)商贸有限公司冠名,中国林业教育学会、国家林业局人才开发交流中心联合主办,43家参评单位的414名候选人参评。

"北美枫情杯"2018届全国林科十佳毕业生名单

研究生组十佳毕业生名单(按姓氏拼音排序)

姓名	性别	学校
邓思宇	女	福建农林大学
冯君锋	女	中国林业科学研究院
刘海琳	女	南京林业大学
罗锐钰	女	中南林业科技大学
万才超	男	东北林业大学
王葆	女	北京林业大学
王超	男	浙江农林大学
吴凯	男	西南林业大学
杨喜	女	国际竹藤中心
曾全超	男	西北农林科技大学

本科生组十佳毕业生名单(按姓氏拼音排序)

姓名	性别	学校
贾绿媛	女	北京林业大学
李美娜	女	福建农林大学
刘璐	女	南京林业大学
娄佳宁	女	西北农林科技大学
孙佳栩	女	南京森林警察学院
王思佳	女	华南农业大学
伍炫蓓	女	四川农业大学
徐雷涛	男	中南林业科技大学
杨松	男	河北农业大学
张成	男	东北林业大学

高职生组十佳毕业生名单(按姓氏拼音排序)

姓名	性别	学校
曹猛	男	辽宁林业职业技术学院
范叶誉	男	广西生态工程职业技术学院
高春云	女	江西环境工程职业学院
韩玉洁	女	湖北生态工程职业技术学院
黄峰云	男	福建林业职业技术学院
王锐	女	杨凌职业技术学院
王瑞瑞	男	山西林业职业技术学院
吴鑫慧	女	丽水职业技术学院
辛雅萱	女	云南林业职业技术学院
叶希珈	男	江苏农林职业技术学院

(中国林业教育学会由田阳、康娟供稿)

中国林场协会

【综　述】 2017年是全国深化国有林场改革的一年。中国林场协会认真贯彻落实党和国家的方针、政策、法律、法规和林业建设方针，深入学习领会十九大精神，积极开展各项工作，不断提高服务能力和水平，充分发挥桥梁纽带作用，全年为助推国有林场改革发展做出了一定成绩。

调查研究 2017年，协会秘书处调研小组及部分会员林场场长代表，先后赴河南、浙江、江西、陕西、吉林、安徽等省（区、市）开展专题调研，了解各地国有林场改革发展的现状，掌握各地改革动态，研究探讨改革后国有林场体制机制创新等问题。在地方国有林场培训班上作出专题报告，并通报改革信息、宣传典型做法、研究探讨改革中涉及的相关政策及实施方面的重点、难点问题，对指导地方国有林场改革起到了积极作用。

林场场级干部异地挂职工作 协会秘书处于2016年12月份就发函对2017年度的工作做出部署，顺利完成来自全国27个省（区、市）的96名场级干部挂职工作。经与省级林场主管部门、派出林场和接收林场及时进行沟通、协商与对接，对所有提出挂职的场级干部都一一做了妥善安排。

宣传工作 首先是继续做好《林场信息》的编印和发行工作。截至2017年年底，共编辑《林场信息》18期，每期720份。其次是切实加强信息员队伍建设。2017年在吉林省长春市举办了全国国有林场信息员座谈会，邀请有关专家作专题讲座，组建了160多人的信息员队伍，拓宽了信息来源，表彰优秀工作单位。再次是加强协会网站建设，多渠道进行信息宣传。官网上及时更新要闻时事、会员林场动态、地方改革工作的亮点，提供林场信息电子版下载。做好"中国林场协会——全国林场之家"的微信公众账号推送，做到资源共享、多点覆盖。

完善制度，统筹会议，表彰典型 一年来组织开展了4个国有林场片区年会及第四届会员代表大会暨四届一次理事会，审议并表决了协会分支机构管理办法和森林康养和森林经营两个专委会组建方案，通报了国有林场改革情况和2016年度国有贫困林场扶贫工作成效考评结果，为2016年度27家"全国十佳林场"表彰授牌。并在年底完成组建森林康养专业委员会工作，标志着中国林场协会在组织动员全国林场行业围绕生态文明建设和现代化林业发展，促进全民健康迈出了坚实的一步。

合作共赢，与有关单位联手开展国有林场改革宣传 2017年9月，林场协会和中国林业文联联合发文，开展了推选"2017中国最美林场"活动，共推选出35家最美林场；11月，与中国绿色时报社联合开展了推选国有林场改革风云人物活动，拟定了推选办法。多项合作举办的活动并行极大地促进了国有林场改革宣传。

扩大会员队伍建设 截至2017年12月，协会会员单位总数已达622家（其中2017年新发展会员67家），为协会的工作拓宽层面、夯实基础。

（付光华）

中国生态文化协会

【综　述】 2017年，在国家林业局的领导和协会副会长单位、协会分会、省级生态文化协会以及各位理事的支持下，中国生态文化协会深入贯彻落实党的十八大及十八届历次全会、十九大精神，秉承协会宗旨，扎实开展各项活动，在生态文化理论研究、各项品牌活动创建、科学普及、期刊编发等方面都取得重要进展和成效。

【理论研究】

生态文化体系研究系列丛书编撰工作 以《生态文明时代的主流文化——中国生态文化体系研究总论》为统领，系列丛书的研究和编撰工作深入推进。《中国海洋生态文化》已将书稿交由人民出版社进行编辑；《中国茶生态文化》完成高层专家评审会最后审定前的工作；《中国森林生态文化》已形成研究报告初稿，完成第一轮专家送审；《中国沙漠生态文化》已根据专家审稿意见形成第二稿；对《中国草原生态文化》《中国园林生态文化》等开展研究和撰写工作。

《森林的文化价值评估》研究项目 协会组织国家林业局规划院、中国林科院、北京林业大学、南京林业大学等单位开展"森林的文化价值评估研究"。各任务承担单位在2015～2016年研究基础上继续深入开展研究工作，项目组于2017年7月在成都召开第三阶段成果汇报总结会，总结形成第三阶段成果，安排部署下一阶段研究工作。

《华夏古村镇生态文化纪实》项目 项目以全国生态文化村为载体，以人与自然和谐发展、生态文化遗产与生态文化原生地一体保护，发掘中华民族生态文化哲学思想，延续中华民族伟大复兴、永续发展的生命活力为主导思想，在全面完成各省份古村镇材料收集梳理的基础上，依照文化类别实现分类整合，并以《生态文明世界》增刊形式编辑出版2期期刊。

【品牌创建】

设立"丝绸之路生态文化万里行——银川生态文化地标" 9月1日，在宁夏银川举行的第九届中国花卉博览会开幕式期间，"丝绸之路生态文化万里行——银川生态文化地标"在花博园内揭幕，这是继北京居庸关长城、西安长安塔世园会生态园、内蒙古鄂尔多斯七星岩、甘肃敦煌鸣沙山以及荷兰和土耳其等生态文化地标之后，在丝绸之路沿线地区设立的又一座生态文化地标。

遴选命名2017年度全国生态文化村 按照《全国生态文化村遴选命名管理办法》，认真履行程序，自下而上，开展年度全国生态文化村遴选工作。经各省（区、市）林业厅（局）、省级生态文化协会、中国生态文化协会各分会及协会会员推荐，并经协会秘书处审核、初评和专家组评审，最终从各地推荐的150个候选村中遴选出2017年度"全国生态文化村"116个，至此，全国生态文化村已累计达到678个。同时，经有关方面推荐和考察，命名宁夏银川森森农业科技创新园为"全国生态文化示范基地"，至此，全国生态文化示范基地已达13个。

生态文化进校园公益活动 10月9日，"生态文化进校园"活动在宁夏银川市西夏区实验小学举行。一是根据"生态文化小标兵"评选办法及标准，在银川市6个区（市、县）所属52所小学评选了100位"生态文化小标兵"，活动现场为西夏小学20名小标兵颁发了荣誉证书和奖品；二是向西夏小学捐赠价值6万元的电脑等教学设备；三是给部分同学作了生态文化知识及绿色生活理念的讲座；四是推动西夏小学与宁夏森森种业有限公司、银川市天地缘锦绣园林花卉有限公司建立合作关系，使两家企业成为学生开展生态文化实践活动的基地。同时，协会还特地在中国14个集中连片特困地区之一的固原市，为西吉县硝河乡新庄小学捐赠了价值10万元的教学设备及用具，评选了20名"生态文化小标兵"，并为小标兵赠送了专制小书包、学习机以及《十万个为什么》等科普图书。

组织参加国际青少年林业比赛 应俄罗斯联邦林务局的邀请，协会联合国家林业局对外合作项目中心精心选拔国内两名林业大学学生参加了9月3～9日在莫斯科举行的第14届国际青少年林业比赛，来自五大洲28个国家的45位选手展开激烈角逐，北京林业大学陈思危荣获三等奖，南京林业大学常雅荃获得专业单项奖。

完成《生态文明世界》期刊编辑出版 《生态文明世界》作为协会创办发行的会刊，秉承"感悟生态，对话文明，让生命更美好"的宗旨，坚持"纪实、探秘、趣味、科普"的办刊方针，着力于生态文化与生态文明领域的科学普及、学术繁荣、国际交流。回眸人类文明发展印迹，挖掘抢救生态文化资源，展示中华民族生态文化瑰宝。坚持高起点策划、高标准组稿、高质量编审，坚持重大稿件实地采编，编辑出版正刊4期、增刊2期。同时，顺利完成期刊年检、法人变更、邮局发行等工作，刊物订阅量节节攀升，影响力不断扩大。

第九届中国生态文化高峰论坛 12月21日，以"传承华夏古村镇生态文化，建设新时代美丽乡村"为主题的第九届中国生态文化高峰论坛在北京召开，国家林业局副局长彭有冬出席论坛并发表致辞。全国政协人口资源环境委员会副主任、中国生态文化协会专家指导委员会主任江泽慧教授作主旨报告，人民日报社原副总编辑陈俊宏、故宫博物院副院长任万平分别作专题报告。论坛上，中国生态文化协会授予北京市平谷区山东庄镇桃棚村等116个行政村全国生态文化村称号，授予宁夏林业研究院森森现代林业科技园全国生态文化示范基地称号。

【自身建设】

第二届会员代表大会 根据民政部的相关规定和协会章程，5月12日协会在北京召开第二届会员代表大会，审议通过《中国生态文化协会章程》修改草案，选举产生第二届理事会。随后召开第二届理事会第一次会议，选举产生常务理事、会长、副会长，确定了秘书长、副秘书长，确定分会设置以及分会会长、秘书长。同时，依据规定完成协会章程和负责人民政部备案。

加强协会党建工作 一是按照中央关于"基层党组织全覆盖"和全面从严治党的要求，完善基层党组织建设。根据协会秘书处人员组成情况，经与国际竹藤中心党委协调，协会秘书处专职人员与国际竹藤中心相关部门组建联合党支部；二是积极开展党建工作，落实党建工作责任，提升协会党建工作整体水平，特别是学习方面严格按要求及时进行。十九大以后，协会秘书处两次组织召开秘书长会议开展专门学习，深刻领会十九大精神，研究提出贯彻落实的思路和措施。

完善规章制度 为明确工作职责，规范工作程序，强化内部管理，协会秘书处加强制度建设，起草《中国生态文化协会会员管理条例》，制定了《秘书处工作规则》《财务管理规定》《财务报销操作指南》《文件管理与行文规则》《印章使用管理办法》5项规章制度。通过建立健全各项规章制度，做到有章可循、有据可依、有序而作。

协会宣传工作 一是加强协会网站建设，申请了ceca-china.com新域名，更加方便登录浏览和查询；二是申请微信公众号，扩大了生态文化知识和生态文明理念的宣传，提高了协会的影响力和知名度。

完成2016年度审计和年检工作 根据民政部《社会团体登记管理条例》和《民间非营利组织会计制度》中有关法人离任审计的规定，结合协会换届，配合审计部门完成了法人离任审计；按《全国性社会团体2016年年度检查事项公告》文件要求，认真准备相关材料，积极做好汇报工作，年检结果确定为合格。

【其他工作】

援藏活动 按照民政部民间组织管理局下发的《关于组织开展"情暖高原、大爱西藏——全国性社会组织援助西藏年活动"的通知》要求，秘书处积极筹备落实活动方案。经过联系，选择西藏那曲地区浙江中学作为援助对象，协会为学校捐赠了价值5万元的教学设备和文体用品。

加强横向联合，共同为生态文明建设做贡献 一是参加第34届青少年林业科学营活动。7月20日，作为承办单位之一,参加中国林学会在甘肃省小陇山林业局组织开展的第34届青少年林业科学营活动,这是集公益性、科普性、知识性、互动性、趣味性于一体的"线上线下"结合的林业科普活动;二是参与主办内蒙古大兴安岭生态旅游文化研讨会。9月9日,与内蒙古大兴安岭重点国有林管理局在内蒙古自治区莫尔道嘎共同主办"内蒙古大兴安岭生态旅游文化研讨会",国家林业局森林旅游管理办公室副主任、中国生态文化协会副会长杨连清作题为《建设森林生态文化 助力增收致富林兴》的主旨报告。

(中国生态文化协会由付佳琳供稿)

中国林业文学艺术工作者联合会

【综 述】 2017年,中国林业文学艺术工作者联合会(以下简称中国林业文联)加强组织建设,继续深入开展"放眼绿水青山"为主题的各类活动,进一步提升活动的层次和社会影响力,努力推进全国林业系统的生态文化建设。

【组织建设】 3月24日,在北京国际竹藤中心召开中国林业文联第四届全国会员代表大会暨2017年理事会会议,大会选举柳维河为中国林业文联主席,选举李青松、马大轶、李青文、樊喜斌、王满、白煜章、杨旭东、邵权熙为副主席。国家林业局副局长彭有冬出席会议并讲话。会后启动中国林业文联法定代表人更换程序,法定代表人由程红更换为柳维河。李润明为专职秘书长。

6月18日,中国林业书协换届会在北京召开。李润明当选为中国林业书协会长;刘广运、杨继平、尹成富、邵玉铮、卜希旸、王阔海、杨超、叶智、魏殿生、苏祖云、唐军当选为中国林业书协顾问;杨炳延、徐湛、严太平、孙传玉、刘春和、王琼、谈振中、许传德、陈英歌当选为中国林业书协副会长;王琼兼秘书长。

10月22日,中国林业生态作家协会首届代表大会在浙江衢州市召开。会议选举产生了125人组成的理事会,著名作家梁衡当选为名誉主席,生态文学作家李青松当选主席。截至2017年,中国林业生态作家协会拥有会员300余人,其中,中国作协会员30余人,省级作协会员50余人,会员创作活跃,成果丰硕。

【弘扬生态文化】 5月16~28日,在国家林业局国林宾馆一楼大厅成功举办"放眼绿水青山创作活动"书画作品和摄影作品展。展出作品是从参加"百花齐放 百家争鸣"放眼绿水青山创作活动的2120多份作品中遴选出的一、二、三等奖及中国书协、中国美协的艺术家和社会知名人士创作的书法、绘画和摄影作品。国家林业局局长张建龙、副局长彭有冬,中国书法家协会主席苏士澍观看了展览并对该展览给予肯定。

10月9~14日,在中国政协文史馆举办"放眼绿水青山 喜迎十九大"生态文化书画摄影展。展览旨在贯彻落实习近平总书记"绿水青山就是金山银山"重要思想,通过书法、美术和摄影等文艺表现形式,生动展现党的十八大以来中国推动林业改革发展、守卫绿水青山和建设美丽中国所取得的重要成就,为党的十九大献礼。展览为期6天,共展出反映生态主题的书画、摄影艺术作品500余幅。这些作品均由中国书协、中国美协、中国国家画院、中央国家机关书法家协会、中国书画收藏家协会和自然影像中国的艺术家们深入森林、湿地、沙漠和野生动植物保护一线采风所创。全国绿化委员会副主任、国家林业局局长张建龙在展览开幕式上致辞。

为加强两地交流,弘扬祖国生态文化,由中国林业文联、中国野生植物保护协会、香港华润集团连续开展"走进熊猫""走进森林""走进沙漠"和"走进湿地"的生态文化体验活动,于10月27~30日组织第四批香港华润青年赴四川都江堰、卧龙熊猫基地和自然保护区举办大熊猫科普讲座、熊猫饲养、原始森林徒步、体验心得分享、藏羌少数民族文化互动和两地青年文艺联谊晚会活动。

11月25日,在北京人大附中朝阳分校正式启动"放眼绿水青山 建设美丽中国"生态保护科普巡展暨书法进校园活动。展览旨在普及森林、湿地、荒漠、野生植物和野生动物科普知识,宣传濒危野生动植物保护相关国际公约,增强青少年对大自然的了解,树立绿水青山就是金山银山的理念,扩大由国家林业局主导的"放眼绿水青山 建设美丽中国"生态文化宣传的社会影响。邀请全国政协常委、中国书法家协会主席苏士澍专程到学校,为老师和同学们作"写好中国字 做好中国人"书法讲座。此项活动将贯穿2017~2018全年,在北京20所中小学巡展,同时组织书法家开展书法进校园活动。

(中国林业文学艺术工作者联合会由张世瑞供稿)

林业大事记与重要会议

28

2017年中国林业大事记

1月

1月4~5日 2017年全国林业厅局长会议在福建省三明市召开。国家林业局党组书记、局长张建龙作题为《把握新形势 抓住新机遇 推动林业现代化建设上新水平》的讲话。国家林业局党组成员、副局长张永利主持大会，局领导刘东生、李树铭、李春良、封加平、张鸿文、马广仁出席。福建省三明市、河北省张家口市、江苏省扬州市、浙江省湖州市、内蒙古森工集团、辽宁省桓仁县、贵州省荔波县、甘肃省民勤县作典型发言。

1月9日 国家林业局推荐的"农林生物质定向转化制备液体燃料多联产关键技术""三种特色木本花卉新品种培育与产业升级关键技术""林木良种细胞工程繁育技术及产业化应用"等4个涉林成果获国家科学技术奖二等奖。

同日 中国第一颗专为林业定制的卫星"吉林林业一号"在甘肃酒泉发射成功。

1月11日 国家林业局发布2017年第2号、第3号、第4号、第5号公告，公布2017年全国美国白蛾疫区、撤销的美国白蛾疫区、全国松材线虫病疫区、撤销的松材线虫病疫区。

1月12日 中国科学家首次命名长臂猿新物种——高黎贡白眉长臂猿。

1月19~20日 国家林业局副局长李春良率团出席在尼泊尔首都加德满都召开的全球雪豹及其生态系统保护计划指导委员会第二次会议。全球12个雪豹分布国和相关国际组织代表参加会议。访尼期间，李春良会见尼泊尔副总理兼内政部长尼迪、森林和土壤保护部部长班达里，双方就进一步推进中尼野生动物保护合作交换意见；会见巴基斯坦气候变化部部长哈米德，并就建立中巴林业合作关系、推进跨境野生动物保护等座谈。

1月21日 国务院公布第三批取消中央指定地方实施行政许可事项名单，5项由省级林业行政主管部门实施的行政许可事项被列入名单。至此，林业部门已累计取消14项由地方林业部门实施的行政许可事项。

1月22日 国家林业局局长张建龙会见缅甸自然资源和环境保护部部长吴翁温。双方就推动中缅林业合作协议签署、加强林业投资和林产品贸易、森林可持续经营、森林防火、竹藤产业发展、教育科研等合作事宜进行商谈。

同日 国务院新闻办公室举行中国荒漠化防治有关情况新闻发布会，国家林业局副局长张永利向媒体介绍中国荒漠化防治有关情况，张永利指出，中国已经为根治荒漠化这个"地球癌症"开出了"中国药方"，为实现世界土地退化零增长提供了"中国方案""中国模式"。

1月26日 在国家发展改革委、工业和信息化部、国家网信办等联合主办的2016中国"互联网+"峰会上，国家林业局选送的"中国林业数据开放共享平台"成功入选大会发布的《中国"互联网+"行动百佳实践》，成为全国各行业各部门"互联网+"建设的经典实践案例。

1月31日 中央办公厅、国务院办公厅印发《东北虎豹国家公园体制试点方案》《大熊猫国家公园体制试点方案》。

2月

2月14日 全国森林公安深化改革工作会议在北京召开，会议对《关于深化森林公安改革的指导意见》进行了解读学习。公安部副部长李伟、国家林业局副局长李树铭出席会议并讲话。

2月17日 国家林业局发布2017年第6号公告，对10项强制性林业行业标准进行整合精简。废止《木材生产机械产品命名及型号编制规则》等8项强制性林业行业标准。

2月20日 内蒙古大兴安岭重点国有林管理局在内蒙古呼伦贝尔市牙克石挂牌成立，这是中国第一个挂牌成立的重点国有林管理机构，标志着国有林区改革迈出了关键一步。

2月23日 全国湿地保护工作座谈会在广东省广州市召开。

2月26日 主题为"倾听青年人的声音，依法保护野生动植物"的2017年"世界野生动植物日"系列宣传活动在北京动物园启动。美、德、英、越等8国驻华使节，联合国环境规划署、世界自然基金会、世界自然保护联盟等国际组织代表参加活动。

3月

3月1日 武警森林指挥部党委二届十九次全体（扩大）会议在北京召开。国家森林防火指挥部总指挥、武警森林指挥部第一政委张建龙出席并讲话。张建龙要求，要深入学习贯彻习近平主席系列重要讲话精神，持续提升部队建设标准质量，争做党和人民的忠诚卫士、保卫森林资源的绿色卫士。武警森林指挥部党委书记、政委戴建国主持会议。武警森林指挥部司令员沈金伦、副司令员郭建雄等出席会议。

3月11日 全国绿化委员会办公室发布《2016年中国国土绿化状况公报》。

3月16日 国家林业局、黑龙江省人民政府、国家开发银行在北京签署合作协议，共同推进黑龙江国家储备林建设等林业重点领域发展，建设东北生态安全屏障和国家木材战略储备基地。

3月20日 国家林业局发布2017年第8号公告，发布《分期分批停止商业性加工销售象牙及制品活动的定点加工单位和定点销售场所名录》。

同日 国家林业局副局长彭有冬率团访问老挝，会见老挝副总理颂蒂·道昂蒂。双方探讨了高层交流、能力建设、林产业发展、林地利用等方面的合作，并与老挝农林部签署《关于林业合作的谅解备忘录》，推进双方在森林可持续经营、社区林业、森林防火、野生动植物保护、森林执法、林业产业、林地确权等领域的合作交流。

同日 国家林业局东北森林防火协调中心更名为"国家林业局北方森林防火协调中心",负责指导、协调北方省份森林防火工作,并成立北方森林航空消防训练基地。

3月25日 2017年共和国部长义务植树活动在北京市大兴区礼贤镇西郊河举行,此次植树活动以"着力推进国土绿化 携手共建美好家园"为主题,中央国家机关和北京市162名部级领导干部参加植树活动。

3月27日 全国国土绿化和森林防火工作电视电话会议在北京召开,国家林业局局长张建龙通报了党的十八大以来国土绿化和森林防火工作情况,部署2017年重点工作。张建龙要求,要全力做好国土绿化和森林防火工作,加快补齐生态修复短板,全面提升生态产品供给能力。

3月28日 国家林业局、国家发展改革委、财政部联合印发《全国湿地保护"十三五"实施规划》。

3月29日 习近平、张德江、俞正声、刘云山、王岐山、张高丽等党和国家领导人到北京市朝阳区将台乡植树点,同首都群众一起参加义务植树活动。习近平总书记在活动中强调,植树造林,种下的既是绿色树苗,也是祖国的美好未来。要组织全社会特别是广大青少年通过参加植树活动,亲近自然、了解自然、保护自然,培养热爱自然、珍爱生命的生态意识,学习体验绿色发展理念,造林绿化是功在当代、利在千秋的事业,要一年接着一年干,一代接着一代干,撸起袖子加油干。

4月

4月5日 在国家主席习近平和芬兰总统尼尼斯托的见证下,国家林业局局长张建龙与芬兰农业和林业部在荷兰赫尔辛基共同签署《中华人民共和国国家林业局与芬兰共和国农业和林业部关于共同推进大熊猫保护合作的谅解备忘录》。同日,中国野生动物保护协会与芬兰艾赫泰里动物园签署了《中国野生动物保护协会与芬兰艾赫泰里动物园关于开展大熊猫保护研究合作的协议》。

4月10日 在国家主席习近平和缅甸总统吴廷觉见证下,国家林业局局长张建龙与缅甸驻华大使帝林翁在北京签署了《中华人民共和国国家林业局与缅甸联邦共和国自然资源和环境部关于林业合作的谅解备忘录》。

4月11日 打击野生动植物非法贸易部际联席会议第一次会议在北京召开,标志着打击野生动植物非法贸易部门间联动机制正式运行。

4月14日 国家林业局局长张建龙在京会见甘肃省代省长唐仁健,双方就甘肃生态保护、祁连山国家公园建设等交换意见。

4月17日 中央纪委驻农业部纪检组到国家林业局座谈调研,听取相关司局单位部门关于行政权力清单管理、廉政风险防控、工作职能等情况的工作汇报。国家林业局副局长李树铭主持座谈会。

4月19～26日 国家林业局局长张建龙率团访问埃塞俄比亚、埃及、以色列三国。访问期间,张建龙分别会见埃塞俄比亚环境林业与气候变化部部长葛梅多·戴勒、国务部长科拜戴·伊纳姆、埃及农业和农垦部部长阿布戴尔·莫内姆·艾尔班纳、以色列自然保护和国家公园管理局局长沙乌勒·戈德斯坦等,并与埃塞俄比亚环境林业与气候变化部、埃及农业和农垦部分别签署林业合作谅解备忘录。

4月27日 国家森林防火指挥部召开全国森林防火工作视频会议。会议强调,一定要按照国务院的统一部署,上下一心,振奋精神,坚决打赢春季防火关键期这场硬仗,维护国家森林资源和人民生命财产安全。

5月

5月2日 中国共产党国家林业局直属机关第九次代表大会在北京召开。大会通过了《关于中国共产党国家林业局直属机关第八届委员会工作报告的决议》《关于中国共产党国家林业局直属机关纪律检查委员会工作报告的决议》,选举产生新一届中共国家林业局直属机关委员会和新一届直属机关纪律检查委员会。

同日 内蒙古大兴安岭毕拉河突发森林大火,国家森林防火指挥部紧急启动森林火灾Ⅱ级应急预案。习近平、李克强、汪洋等党和国家领导同志作出重要批示,并迅速派出以国家森林防火指挥部总指挥、国家林业局局长张建龙为组长的国务院赴火场工作组,赶赴毕拉河指导森林火灾扑救工作。

5月3日 在国家主席习近平和丹麦首相拉斯穆森的见证下,国家林业局副局长张永利与丹麦环境和食品部签署了《中华人民共和国国家林业局与丹麦王国环境和食品部关于共同推进大熊猫保护合作的谅解备忘录》。同日,中国动物园协会与丹麦哥本哈根动物园签署了《关于开展大熊猫保护研究合作的协议》。

5月4日 国家林业局、国家发展改革委联合印发实施《全国沿海防护林体系建设工程规划(2016～2025年)》。规划提出,中国将通过加强沿海防护林体系建设,加固万里海疆绿色生态屏障,到2025年,工程区森林覆盖率将达到40.8%,沿海地区生态承载能力和抵御台风、海啸、风暴潮等自然灾害的能力明显增强。

5月5日 内蒙古大兴安岭毕拉河森林火灾全部扑灭。火灾过火面积11 500公顷,受害森林面积8281.58公顷,9430人参与扑救工作。

5月6日 中国林学会成立100周年纪念大会在北京人民大会堂召开。会前,国务院副总理汪洋接见了中国林学会梁希科学技术奖获奖代表。全国政协副主席、民进中央常务副主席罗富和出席大会,全国政协副主席、中国科协主席、科技部部长万钢向大会发来贺信。全国绿化委员会副主任、中国林学会理事长赵树丛主持大会。

同日 国家林业局局长张建龙到黑龙江大兴安岭林区加格达奇检查森林防火工作。张建龙要求,牢记"1987·5·6"大火教训,克服麻痹大意思想,不断加强森林防扑火能力建设,确保不发生大的森林火灾,确保人民生命财产安全和森林资源安全。

5月10日 全国绿化委员会、国家林业局作出决定,在全国绿化、林业战线广泛开展向山东省淄博市原山林场学习活动,以深入学习贯彻习近平总书记关于林业工作的重要批示指示精神,推进"两学一做"学习教育常态化制度化,激发广大林业系统干部职工加快林业改革发展的工作热情。

5月11日 国家林业局、国家发展改革委、财政部、国土资源部、环境保护部、水利部、农业部、国家海洋局联合印发《贯彻落实〈湿地保护修复制度方案〉的实施意见》，提出确保到2020年，建立较为完善的湿地保护修复制度体系，为维护湿地生态系统健康提供制度保障。

5月15日 国家林业局局长张建龙在北京会见乌拉圭牧农渔业部部长塔瓦雷·阿格雷。双方同意在《中华人民共和国国家林业局和乌拉圭东岸共和国牧农渔业部关于林业合作的谅解备忘录》下进一步加强定期交流机制，推动在人工林培育和天然林保护、林业应对气候变化、林产品贸易和投资、木材加工与森林药用技术应用等方面的全方位交流与合作。

5月17日 国家林业局局长张建龙在北京会见斯洛文尼亚副总理兼农业、林业和食品部部长戴扬·日丹。双方充分肯定了中国-中东欧国家林业合作协调机制自2016年5月启动以来取得的积极进展和成果，希望继续通过网站建设、交流研讨、市场推广等活动，进一步加强中国与包括斯洛文尼亚在内的中东欧国家在林业领域的全方位交流与合作。

5月20日 国家林业局局长张建龙会见出席全国公安系统英雄模范立功集体表彰大会的森林公安英模代表，要求全国森林公安机关和广大森林公安民警以森林公安英模为榜样，做到对党忠诚、服务人民、执法公正、纪律严明，为保护森林资源安全、维护林区社会稳定作出新的更大贡献。

5月22日 国家林业局、国家发展和改革委员会、科学技术部、工业和信息化部、财政部、中国人民银行等11部委联合印发《林业产业发展"十三五"规划》。

5月23日 习近平总书记对福建集体林权制度改革工作作出重要指示，充分肯定福建集体林改取得的明显成效，明确要求继续深化集体林权制度改革，更好实现生态美、百姓富的有机统一，充分体现了对集体林改工作的高度重视，是继续深化改革的基本遵循。

5月26日 人力资源社会保障部、全国绿化委员会、国家林业局决定对全国防沙治沙先进集体和先进个人进行表彰，授予殷玉珍同志全国防沙治沙英雄称号，授予北京市昌平区园林绿化局等97个单位全国防沙治沙先进集体称号，授予宋昌等10名同志全国防沙治沙标兵称号，授予任星辉等101名同志全国防沙治沙先进个人称号。

5月30日 国家林业局总经济师张鸿文在荷兰出席欧维汉动物园大熊猫馆开馆仪式并致辞。荷兰前首相鲍肯内德、农业大臣马丁·范达姆等出席开馆仪式。

5月31日至6月1日 国家林业局局长张建龙赴福建省武平县就贯彻落实习近平总书记重要批示精神、全面深化集体林权制度改革进行专题调研。张建龙指出，福建是全国集体林权制度改革的发源地，改革推进15年来，为全国积累了宝贵经验、树立了典型标杆。要深入贯彻落实习近平总书记重要批示精神，以总书记重要批示精神为指引，继续深化集体林权制度改革，深入总结经验，不断开拓创新，更好实现生态美、百姓富的有机统一，为推动绿色发展、建设生态文明贡献力量。

6月

6月2日 中国首个国家公园管理条例——《三江源国家公园条例（试行）》经青海省第十二届人大常委会第三十四次会议审议通过。

6月5日 国家林业局发布《三北防护林退化林分修复技术规程》，新规程自2017年9月1日实施。

6月6日 国家林业局专项巡视工作阶段总结暨2017年第三轮巡视动员部署会在北京召开。会议系统总结国家林业局专项巡视工作取得的阶段性成果，并对2017年第三轮专项巡视进行授权，作出相关巡视安排。

6月8日 全国森林资源管理工作会议在海南省海口市召开。

6月9~12日 国家林业局副局长张永利率团赴纳米比亚、津巴布韦开展野生动物保护宣讲，宣讲团分别与中国驻纳米比亚大使馆、中国驻津巴布韦大使馆联合举办濒危野生动植物保护及履约管理宣讲会，展示中国野生动植物保护取得的巨大成效和负责任大国形象。期间，张永利与津巴布韦环境、水与气候部部长穆春古丽举行双边会谈，双方就野生动物保护、荒漠化防治、湿地保护及植树造林等工作交换意见，并取得广泛共识。

6月12日 人力资源和社会保障部、中国科协、科技部、国务院国资委联合表彰首届全国创新争先奖获奖者。中南林业科技大学吴义强、北京林业大学张启翔、中国林业科学研究院蒋剑春3名林业科技工作者获奖。

6月13日 大兴安岭"1987·5·6"大火30周年座谈会暨2017年全国春防工作总结会议在黑龙江漠河召开。会议全面回顾1987年以来中国森林防火工作取得的显著成就，总结2017年春季森林防火工作情况，分析森林火险形势，安排部署当前及今后一个时期森林防火工作。

同日 全国绿化委员会印发《全民义务植树尽责形式管理办法（试行）》，明确全民义务植树尽责形式分为造林绿化、抚育管护、自然保护、认种认养、设施修建、捐资捐物、志愿服务、其他形式8类。

6月16日 国家林业局局长张建龙在北京会见斯里兰卡可持续发展与野生动植物部部长加米尼·佩雷拉。双方签署《中华人民共和国国家林业局和斯里兰卡可持续发展与野生动植物部关于自然资源保护合作的谅解备忘录》，双方同意在新签署的备忘录框架下推动务实合作，加强在自然资源保护、野生动植物保护、人力资源开发与培训、林业机械设备等领域的交流与合作。

6月18~22日 国家林业局启动为期5天的"走近中国林业·中国防治荒漠化成就"考察活动，向国际社会宣讲中国林业故事。来自缅甸、老挝、埃塞俄比亚、日本、越南等14个国家和国际组织的代表参观考察中国荒漠化防治和"三北"工程建设成就。

6月26日 中央全面深化改革领导小组第36次会议审议通过《祁连山国家公园体制试点方案》，决定开展祁连山国家公园体制试点。

6月29日 国家林业局、陕西省人民政府在陕西省宁陕县响潭沟举行国内首次林麝野化放归活动。

7月

7月3日 2017年全国林业厅局长电视电话会议在北京召开。国家林业局党组书记、局长张建龙作题为《紧盯重点任务 狠抓工作落实 扎实推进林业现代化建设》的重要讲话。国家林业局党组成员、副局长张永利主持会议，局领导刘东生、彭有冬、李树铭、谭光明、封加平、张鸿文、马广仁，武警森林指挥部政委戴建国，中央纪委驻农业部纪检组副组长刘柏林出席会议。山西省、河南省、湖北省、海南省、青海省5个林业厅以及武警内蒙古森林总队、国家林业局国家公园筹备工作领导小组办公室作典型发言。

7月5日 在国家主席习近平和德国总理默克尔的共同见证下，国家林业局局长张建龙在德国柏林向柏林动物园园长克尼里姆移交了大熊猫"梦梦""娇庆"的档案，正式启动中德大熊猫保护研究合作项目。

7月7日 国家林业局局长张建龙在北京会见黑龙江省委书记张庆伟、省长陆昊，双方就加快推进国有林区改革等问题交换意见。

7月11日 国家林业局局长张建龙在北京会见马来西亚自然资源与环境部部长旺·朱乃迪。朱乃迪向张建龙递交了马来西亚政府关于返还大熊猫幼仔"暖暖"的信函。双方同意商签双边林业合作谅解备忘录，推动两国在森林可持续经营、生物多样性保护等方面的全方位合作。

同日 为贯彻落实《中央办公厅国务院办公厅关于甘肃祁连山国家级自然保护区生态环境问题督查处理情况及其教训的通报》精神，环境保护部、国家林业局等七部委联合开展"绿盾2017"国家级自然保护区监督检查专项行动。

同日 国家林业局、福建省人民政府、国家开发银行在北京签署《共同推进深化福建省集体林权制度改革合作协议》，进一步拓宽融资渠道，共同推进福建集体林权制度改革和生态文明试验区建设。

7月18日 国家林业局印发《关于加快培育新型林业经营主体的指导意见》，鼓励和引导社会资本积极参与林业建设，培育林业发展生力军，释放农村发展新动能，实现林业增效、农村增绿、农民增收。

7月19日 中央全面深化改革领导小组第37次会议审议通过《建立国家公园体制总体方案》。

同日 人力资源社会保障部、国家林业局对全国集体林权制度改革先进集体和先进个人进行表彰，授予北京市园林绿化局农村林业改革发展处等100个单位"全国集体林权制度改革先进集体"称号，授予刘士河等100名同志"全国集体林权制度改革先进个人"称号。

7月27日 全国深化集体林权制度改革经验交流会在福建省武平县召开，国务院副总理汪洋出席会议并讲话。汪洋指出，要深入学习贯彻习近平总书记关于深化集体林权制度改革的重要指示精神，按照党中央、国务院的决策部署，紧紧围绕增绿、增质、增效，着力构建现代林业产权制度，创新国土绿化机制，开发利用集体林业多种功能，广泛调动农民和社会力量发展林业，更好实现生态美、百姓富的有机统一。国家林业局局长张建龙主持会议。

7月28~30日 第六届库布其国际沙漠论坛在内蒙古举行。本届论坛以"绿色'一带一路'共享沙漠经济"为主题，中共中央总书记、国家主席习近平为论坛致信祝贺，国务院副总理马凯出席开幕式，宣读中国国家主席习近平致论坛的贺信并致辞。全国政协副主席、科技部部长万钢出席并致辞。内蒙古自治区党委书记李纪恒、国家林业局局长张建龙出席开幕式并致辞。

8月

8月3日 中国林科院木材工业研究所人造板与胶黏剂研究室获"全国工人先锋号"称号。

同日 为落实国务院领导关于加强松材线虫病防治工作重要批示精神，国家林业局、国家质量监督检验检疫总局在浙江宁波启动为期两年的"服务林业供给侧结构性改革 保障进出口林产品安全"联合专项行动。

8月8日 国家林业局印发《贯彻落实〈沙化土地封禁保护修复制度方案〉实施意见》。

8月17日 国家林业局和中央纪委驻农业部纪检组联合召开推进深度贫困地区林业脱贫攻坚暨全国退耕还林突出问题专项整治工作总结电视电话会议，落实扶贫领域监督执纪问责工作部署，大力推进深度贫困地区林业脱贫攻坚工作。国家林业局局长张建龙、中央纪委驻农业部纪检组组长宋建朝出席会议并讲话。

8月18日 首届中国绿色产业博览会在黑龙江省七台河市开幕。1000多家企业、5000多种绿色产品在为期5天的展会上参展洽谈。国家林业局副局长刘东生出席博览会开幕式并致辞。

8月19日 东北虎豹国家公园国有自然资源资产管理局、东北虎豹国家公园管理局成立座谈会在长春召开。这标志着中国第一个由中央直接管理的国家自然资源资产和国家公园管理机构正式建立。

8月21日 第十二届国际生态学大会在北京开幕，主题是：变化环境中的生态学与生态文明。全国政协副主席罗富和出席开幕式并致辞。国家林业局局长张建龙、国际生态学会主席肖娜·迈尔斯、中国科协书记处书记束为出席开幕式并致辞。

8月24~25日 国家林业局副局长李春良出席在吉尔吉斯斯坦首都比什凯克召开的全球雪豹及其生态系统保护论坛。全球12个雪豹分布国和国际组织代表500多人出席论坛。吉尔吉斯斯坦总统阿塔姆巴耶夫出席开幕式并致辞。论坛通过《比什凯克宣言》，呼吁各界继续加大对雪豹的保护支持。参会期间，李春良分别会见吉尔吉斯斯坦、尼泊尔、巴基斯坦等国林业及相关部门领导，并就推进林业、野生动物保护合作交换意见。

8月25日 国家林业局部署在全国范围内开展防沙治沙执法工作专项督查。

8月26~30日 国家林业局副局长李春良率团访问俄罗斯，并会见俄罗斯自然资源和生态部副部长、林务局局长瓦连基克。双方就落实2016年6月在中俄两国元首见证下新签署的《中俄两国林业合作谅解备忘录》交换意见，并表示将在"一带一路"倡议大背景下，加强林业全方位互利合作。

8月28日 新华社刊发习近平总书记对河北塞罕坝林场建设者感人事迹作出的重要指示。55年来，河北塞罕坝林场的建设者们听从党的召唤，在黄沙遮天日、飞鸟无栖树的荒漠沙地上艰苦奋斗、甘于奉献，创造了荒原变林海的人间奇迹，用实际行动诠释了绿水青山就是金山银山的理念，铸就了牢记使命、艰苦创业、绿色发展的塞罕坝精神。他们的事迹感人至深，是推进生态文明建设的一个生动范例。全党全社会要坚持绿色发展理念，弘扬塞罕坝精神，持之以恒推进生态文明建设，一代接着一代干，驰而不息，久久为功，努力形成人与自然和谐发展新格局，把我们伟大的祖国建设的更加美丽，为子孙后代留下天更蓝、山更绿、水更清的优美环境。

同日，学习宣传河北塞罕坝林场生态文明建设范例座谈会在北京召开。中央政治局委员、中宣部部长刘奇葆出席会议并讲话。刘奇葆传达了习近平总书记的重要指示并讲话。他表示，塞罕坝林场建设实践是习近平总书记关于加强生态文明建设的重要战略思想的生动体现，要深刻领会习近平总书记关于加强生态文明建设的重要战略思想的丰富内涵和重大意义，总结推广塞罕坝林场建设的成功经验，大力弘扬塞罕坝精神，加强生态文明建设宣传，推动绿色发展理念深入人心，推动全社会形成绿色发展方式和生活方式，推动美丽中国建设，以生态文明建设的优异成绩迎接党的十九大胜利召开。

8月30日　中央宣传部、国家发展改革委、国家林业局和河北省委在人民大会堂联合举办塞罕坝林场先进事迹报告会。刘云山会见塞罕坝林场先进事迹报告团成员，代表习近平总书记，代表党中央，向报告团成员和塞罕坝林场干部职工表示亲切问候，对学习宣传塞罕坝林场先进事迹提出要求。

8月31日　国家林业局党组召开理论中心组学习会议，认真学习习近平总书记对河北塞罕坝林场建设者感人事迹作出的重要指示精神，研究部署贯彻落实措施。国家林业局党组书记、局长张建龙要求，全国林业系统要迅速掀起贯彻落实习近平总书记重要指示精神的热潮，以塞罕坝林场为榜样，持之以恒，迎难而上，加快推进林业改革发展，为建设生态文明和美丽中国、全面建成小康社会贡献力量。国家林业局领导刘东生、彭有冬、李树铭、李春良、封加平、张鸿文、马广仁出席会议并发言。

9月

9月1日　中共中央办公厅、国务院办公厅印发《祁连山国家公园体制试点方案》。

同日　主题为"花儿绽放新丝路"的第九届中国花卉博览会在宁夏回族自治区银川市开幕。

9月6日　《联合国防治荒漠化公约》第十三次缔约方大会在内蒙古自治区鄂尔多斯市开幕。国家林业局局长张建龙在开幕式上致辞并当选为第十三次缔约方大会主席。联合国防治荒漠化公约秘书处执行秘书莫妮卡·巴布、内蒙古自治区政府主席布小林出席开幕式并致辞。大会期间，"一带一路"防治荒漠化合作机制在内蒙古鄂尔多斯正式启动。

9月11~12日　《联合国防治荒漠化公约》第十三次缔约方大会高级别会议在内蒙古鄂尔多斯市召开。中共中央总书记、国家主席习近平致信祝贺。中央政治局委员、国务院副总理汪洋在开幕式上宣读习近平的贺信并发表主旨演讲。大会达成了具有历史意义的成果《鄂尔多斯宣言》。中国因防沙治沙取得的巨大成就被世界未来委员会和联合国防治荒漠化公约联合授予2017年"未来政策奖"银奖，国家林业局局长张建龙被授予"全球荒漠化治理杰出贡献奖"。大会还批准加拿大重新成为《联合国防治荒漠化公约》缔约方成员。

9月13日　2017年濒危物种履约管理培训暨工作会议在四川省都江堰市召开。

9月19日　中共中央办公厅、国务院办公厅印发《建立国家公园体制总体方案》。《方案》将提出按照"科学定位、整体保护，合理布局、稳步推进，国家主导、共同参与"的原则，到2020年，基本建立完成国家公园体制试点，整合设立一批国家公园，分级统一的管理体制基本建立，初步形成国家公园的总体布局。

同日　全国林业援疆工作会议在新疆维吾尔自治区阿克苏地区召开。会议提出，实施生态屏障、林果业精准提升、生态扶贫三项工程，为建设社会主义新疆作出更大贡献。会议期间，国家林业局、新疆维吾尔自治区政府、新疆生产建设兵团、中国农业发展银行签署合作协议，国家林业局、新疆维吾尔自治区政府、新疆生产建设兵团签署战略合作协议，全面支持南疆深度贫困地区林果业提质增效，助力南疆深度贫困地区加快脱贫进程。

9月21日　2017年全国军地联合灭火演习暨"五联"机制建设试点现场会在内蒙古自治区呼伦贝尔市举行。国家林业局局长张建龙传达汪洋副总理重要批示精神，要求认真总结联防、联训、联指、联战、联保"五联"机制经验，深入推进"五联"机制建设，全面提升森林防火综合应急能力。

9月22日　全国秋冬季森林防火工作会议在内蒙古呼伦贝尔召开。国家林业局副局长李树铭出席会议并讲话。李树铭指出，一定要从讲政治的高度，坚决贯彻落实好中央领导同志的重要批示精神，坚决打好秋冬季森林防火工作攻坚战，确保党的十九大期间不发生大的森林火灾。

9月25日　2017中国森林旅游节在上海开幕，活动主题是"绿水青山就是金山银山——走进森林，让城市生活更精彩"。全国政协副主席罗富和出席开幕式并参观展馆。国家林业局副局长张永利出席开幕式。

9月25~26日　国家林业局与国务院扶贫办在山西省吕梁市联合召开全国林业扶贫现场观摩会，深入学习贯彻习近平总书记在深度贫困地区脱贫攻坚座谈会上的重要讲话精神，落实党中央、国务院关于脱贫攻坚的决策部署，总结推广山西林业扶贫经验，安排部署林业扶贫工作，为打赢脱贫攻坚战作出更大贡献。

9月28日　国家林业局印发《关于加强林下经济示范基地管理工作的通知》，要求各级林业主管部门加强林下经济示范基地培育和建设工作。

同日　中国野生植物保护协会第三次全国会员代表大会在北京召开，选举产生协会第三届理事会。

9月27日　国家林业局印发《国家沙漠公园管理办法》，该办法自2017年10月1日起实施，有效期至2022年12月31日。

10月

10月10日　2017森林城市建设座谈会在河北省承德市召开。河北省承德市、吉林省通化市、安徽省铜陵市等19个城市被授予"国家森林城市"称号。

10月24~25日 国家林业局在浙江杭州召开履行《联合国森林文书》示范单位建设工作会议。

10月25日 国家林业局局长张建龙签发第45号国家林业局令，公布《国家林业局委托实施林业行政许可事项管理办法》。《办法》自2017年12月1日起施行，2013年1月22日发布的《国家林业局委托实施野生动植物行政许可事项管理办法》（国家林业局令第30号）同时废止。

10月26日 国家林业局召开全局党员领导干部大会，传达学习党的十九大精神，张建龙、张永利、刘东生、彭有冬、李树铭、李春良、谭光明、封加平、张鸿文、马广仁出席。

10月30日 中国–中东欧林业科研教育合作国际研讨会在北京召开。中国国家林业局副局长刘东生，中国–中东欧国家林业合作执行协调机构执行主任、斯洛文尼亚农业林业和食品部林业局局长亚内兹·查弗兰，波兰环境部副部长安德烈·安托尼·柯尼兹尼出席开幕式。

10月30日至11月2日 国家林业局副局长彭有冬率团赴韩国首尔出席第四届亚太经合组织（APEC）林业部长级会议。

11月

11月1日 国家林业局局长张建龙签发第46号国家林业局令，公布《野生动物及其制品价值评估方法》，自2017年12月15日起施行。

11月3日 国家林业局党组理论中心组召开学习会议，传达学习《中共中央关于认真学习宣传贯彻党的十九大精神的决定》，对学习宣传贯彻党的十九大精神进行再安排再部署。国家林业局党组书记、局长张建龙强调，要以高度的政治责任感和历史使命感，深刻认识党的十九大召开的重大历史意义，迅速掀起学习宣传贯彻党的十九大精神热潮。局领导张永利、彭有冬、李树铭、李春良、谭光明、封加平、张鸿文、马广仁分别发言。

11月6日 国际竹藤组织成立20周年志庆暨竹藤绿色发展与南南合作部长级高峰论坛在北京举行。中共中央总书记、国家主席习近平发来贺信。全国政协人口资源环境委员会主任贾治邦、国家林业局局长张建龙、外交部副部长李保东等出席论坛开幕式并致辞。30多个国家的部长、驻华大使和外交使节参加志庆和高峰论坛。

11月10日 国家林业局印发《关于加快深度贫困地区生态脱贫工作的意见》，明确到2020年，在深度贫困地区，力争完成营造林面积80万公顷，组建6000个造林扶贫专业合作社，吸纳20万贫困人口参与生态工程建设，新增生态护林员指标的50%安排到深度贫困地区，通过大力发展生态产业，带动约600万贫困人口增收。

11月13日 国家林业局公布第一批国家森林步道名单，分别是秦岭、太行山、大兴安岭、罗霄山、武夷山5条国家森林步道。国家森林步道是指穿越生态系统完整性、原真性较好的自然区域，串联一系列重要的自然和文化点，为人们提供丰富的自然体验机会，并由国家相关部门负责管理的步行廊道系统。

同日 国家林业局废止《关于颁布〈林业部关于加强森林资源管理若干问题的规定〉的通知》（林资字〔1988〕297号）等25件规范性文件。2013年以来，国家林业局累计宣布失效或废止的规范性文件110余件，现行有效的规范性文件有203件。

11月13~15日 集体林业综合改革试验示范工作推进会在四川省崇州市召开。

11月14日 国家林业局副局长彭有冬在北京会见了保护国际基金会（CI）全球董事会主席彼得·瑟里格曼。双方围绕生态保护、国家公园体制建设、林业应对气候变化、大象保护及"一带一路"倡议下开展合作等有关事宜进行了交流，并同意就具体合作项目进行进一步磋商。

11月16日 中国–东盟林业合作推进会在广西南宁召开。

11月19~20日 第五届全国林业信息化工作会议在广西南宁市召开。

11月21日 国家林业局发布2017年第20号公告。公告宣布，自2017年12月1日起，国家林业局停止受理商业性加工销售象牙及制品活动的相关行政许可申请。

11月22日 百度、阿里巴巴和腾讯联合58集团等8家互联网企业共同发起成立中国首个打击网络野生动植物非法贸易互联网企业联盟。根据联盟章程，所有联盟成员公司承诺严格遵守《野生动物保护法》和《濒危野生动植物种国际贸易公约》等法律法规，对网络野生动植物及其制品非法交易行为采取"零容忍"，在各自平台上，严格审查非法贸易信息，防治违法信息在网络上散播，并积极支持配合执法部门工作。

11月23日 全国林业系统纪检组长（纪委书记）座谈会在江西南昌召开。国家林业局副局长张永利、中央纪委驻农业部纪检组组长吴清海出席会议并讲话。

11月24日 国家林业局印发《关于切实做好东北虎豹、大熊猫、雪豹等珍稀濒危野生动物和森林资源保护工作的通知》，要求迅速组织开展专项行动，严厉打击各种违法行为，切实做好国家公园试点区域内东北虎豹、大熊猫、雪豹等珍稀濒危野生动物和森林资源保护工作。

11月26日 国家林业局副局长李春良出席在印度尼西亚茂物野生动物园举办的"中国–印尼大熊猫保护合作研究启动仪式"并致辞。在国务院副总理刘延东见证下，李春良向印尼环境与林业部总司长维兰托移交了大熊猫"湖春""彩淘"的档案，正式启动中国–印尼大熊猫保护合作研究项目。

11月27日 中国林业科学研究院张守攻、蒋剑春当选中国工程院院士。目前，林业高等院校及研究院所共有中国工程院院士10名。

12月

12月1日 国家林业局局长张建龙签发第47号国家林业局令，公布《野生动物收容救护管理办法》。《办法》自2018年1月1日起施行。

12月5日 国家林业局局长张建龙签发第48号国家林业局令，公布《国家林业局关于修改〈湿地保护管理规定〉的决定》，自 2018 年 1 月 1 日起施行。

同日 2017 现代林业发展高层论坛在北京举行，主题是"新时代：林业发展新机遇新使命新征程"。

12 月 8 日 国家林业局公布 2017 年度加入国家陆地生态系统定位观测研究站网生态站名录，新增 9 个生态站。至此，国家林业局已建立森林、荒漠、湿地等国家陆地生态系统定位观测研究站 188 个。

12 月 8 日 中国第一个以林业、生态等领域文化与自然遗产为研究对象的专门机构——北京林业大学文化与自然遗产研究院成立。

12 月 8 日 国家林业局制定印发《国家林业局贯彻落实中央八项规定实施细则精神的实施意见》。《实施意见》从改进调查研究、精简会议活动、精简文件简报、规范出访活动、改进新闻报道、厉行勤俭节约、加强督促检查 7 个方面对国家林业局深入贯彻落实中央八项规定实施细则精神作出明规定。

12 月 11 日 全国国有林场和国有林区改革推进会在北京召开。中共中央政治局常委、国务院副总理汪洋出席会议并讲话。汪洋强调，要认真学习贯彻党的十九大精神，以习近平新时代中国特色社会主义思想为指导，落实新发展理念，增强"四个意识"，按照党中央确定的改革方案，强化落实责任，确保如期完成各项改革任务，为推动绿色发展、建设生态文明提供有力的制度保障。要勇于打好改革的攻坚战，加快推进国有林区林场政事企分开，完善森林资源监管体制，转变林区林场发展方式，全面加强森林保护，改善林区林场基本民生。国家林业局局长张建龙作工作汇报，副局长刘东生、副局长李树铭出席。

12 月 17 日 国家林业局、贵州省人民政府、中国农业发展银行签订《全面支持贵州林业改革发展战略合作协议》。

12 月 19 日 中国银监会、国家林业局、国土资源部联合印发《关于推进林权抵押贷款有关工作的通知》。

12 月 21 日 胡章翠任全国绿化委员会办公室专职副主任。

（韩建伟）

2017 年林业重要会议

【**全国国土绿化和森林防火工作电视电话会议**】 据新华社北京 3 月 27 日电，全国国土绿化和森林防火工作电视电话会议 3 月 27 日在北京召开。中共中央政治局常委、国务院总理李克强作出重要批示。批示指出：国土绿化是生态文明建设的重要内容，是实现可持续发展的重要基石。党的十八大以来，各地区、各相关部门认真落实党中央、国务院决策部署，开拓进取，真抓实干，国土绿化和森林防火工作取得明显成效。要贯彻落实新发展理念，坚持以推进供给侧结构性改革为主线，创新体制机制，着力推进国土绿化扩面提质，深入开展全民义务植树活动，大力实施林业重点生态工程，加快补齐生态环境短板，进一步提升生态产品供给能力。要严格落实责任，加强应急能力建设，切实做好森林防火工作，筑牢国家绿色屏障，积累更多生态财富，为建设美丽中国、促进经济社会持续健康发展作出新贡献。国务院副总理、全国绿化委员会主任汪洋出席会议并讲话。他强调，要全面贯彻党中央、国务院决策部署，认真落实李克强总理重要批示，采取有力有效措施，扎实做好国土绿化和森林草原防火各项工作，加快筑牢国家生态安全屏障，为经济社会持续健康发展提供有力支撑。

汪洋指出，加快推进国土绿化，要从统筹推进"五位一体"总体布局和协调推进"四个全面"战略布局出发，以新发展理念为引领，坚持建设和保护两手抓，坚持数量与质量并重、质量优先。要认真实施林业重点工程，搞好干旱、半干旱地区造林绿化和防沙治沙，创新全民义务植树方式，稳步推进部门系统绿化，多途径增加绿色资源。严守生态保护红线，推进国家公园建设，全面加强森林、草地、农田、湿地、荒漠等生态系统保护。深化国有林区、国有林场和集体林权制度改革，健全体制机制，大力发展绿色富民产业，调动各方面参与国土绿化的积极性。

汪洋强调，当前已进入春季森林草原防火关键期，各地区、各有关部门要迅速行动起来，完善工作举措，落实各项责任，确保不发生特大森林草原火灾和重大人员伤亡。要从严从细抓防范、"小题大做"抓救火，提前动员和部署森林草原消防力量，强化监测预警和应急值守，及时排查和整改存在的隐患，切实做到火情早发现、火灾早处置。要加大防火基础设施建设投入力度，推广先进适用防火技术和装备，加强专业扑救力量建设，不断提升防火科学化、机械化和信息化水平。

【**2017 年全国林业厅局长会议**】 1 月 4~5 日，全国林业厅局长会议在福建省三明市召开。国家林业局局长张建龙要求，紧密团结在以习近平同志为核心的党中央周围，抢抓发展机遇，坚持改革创新，勇于尽责担当，狠抓任务落实，全面开创林业现代化建设新局面，以优异成绩迎接党的十九大胜利召开。

张建龙说，2016 年，全国林业系统深入贯彻落实习近平总书记系列重要讲话精神，按照党中央、国务院的决策部署，自觉践行新发展理念，坚持紧盯大事要事，既注重整体谋划，又加强分类指导，出台了一批规划和文件，召开了系列会议，对"十三五"林业工作逐项安排并狠抓落实，实现了"十三五"良好开局。落实习近平总书记"四个着力"要求扎实有效，服务"一带一路"建设、京津冀协同发展、长江经济带发展"三大战略"取得突破，林业改革全面实施，生态修复持续推进，资源管护继续强化，林业精准扶贫成效明显，林业灾害防控总体平稳，产业发展势头良好，科技和信息化支撑更为有力，政策法治保障逐步完善，宣传出版和国际合作深入开展，党的建设全面加强。林业现代化建设取得的这些新成效，为建设生态文明和推动经济社会发展作出了积极贡献。

张建龙指出，党的十八大以来，以习近平同志为核心的党中央从坚持和发展中国特色社会主义全局出发，确立了"五位一体"总体布局和"四个全面"战略布局，提出了新发展理念，作出了经济发展进入新常态的重大判断，推进了供给侧结构性改革，打响了脱贫攻坚战，开展了农村产权制度改革。这些新的治国理政方略和重大决策部署，正在推动我国经济社会转型升级，适应经济发展新常态的经济政策框架逐步形成，农业农村发展新旧动能加速转换，林业发展的内外部环境开始发生深刻变化。只有准确把握并积极适应这些新形势新变化，顺势而为，乘势而上，不断完善林业的制度体系、政策框架和工作举措，林业现代化建设才能抓住新机遇、培育新动能、实现新发展。

张建龙强调，准确把握林业发展形势，核心要求是认真学习领会习近平总书记系列重要讲话精神，全面掌握和深刻理解习近平总书记关于生态文明建设和林业改革发展的重大战略思想，对林业提出的新使命、新要求，切实增强推动林业改革发展的责任感和紧迫感；根本任务是用习近平总书记重大战略思想指导林业改革发展，认真贯彻总书记重视林业的战略意图，全面落实中央强林惠林的决策部署，扎实推进林业现代化建设上新水平；基本方法是认真研究国家重大决策部署对林业现代化建设带来的深刻影响，在把握大局、服务大局中寻求林业发展新机遇，推动林业实现更大发展。

张建龙指出，深化生态文明体制改革必将扩大林业发展红利。中央对生态文明体制改革高度重视，专门印发了《生态文明体制改革总体方案》。林业作为生态文明制度改革的重要领域，既要完成好中央确定的改革任务，助力生态文明建设，又要抓住难得的改革机遇，创新林业体制机制，为林业现代化建设释放更大改革红利。要借助深化生态文明体制改革的强劲东风，重点抓好国有林场、国有林区、集体林权制度三大改革，认真完成建立国家储备林制度、编制自然资源资产负债表、湿地产权确权试点等120多项改革任务，彻底解决多年想解决但难以解决的深层次问题，全面增强林业发展活力和动力，为林业长远发展提供制度保障。要借助中央和全社会高度重视生态文明建设的浓厚氛围，按照中央深化生态文明体制改革的总要求，坚持稳中求进工作总基调，投入更大精力抓好改革落实，力争在关键领域、重点环节取得突破。要大力弘扬改革创新精神，把深化改革既当成任务又当成方法，坚持用改革的办法推动林业发展。要坚持以人民为中心的改革思想，始终维护好人民群众根本利益，让人民对改革有更多的获得感。

张建龙指出，推进供给侧结构性改革必将提高林业综合生产能力。当前，我国生态状况堪忧，森林资源总量不足，生态产品和林产品严重短缺，林业综合生产能力难以适应经济社会发展的需要。推进林业供给侧结构性改革，根本任务是提升林业综合生产能力，保障生态产品和林产品供给。要加强森林资源培育，扩大森林面积，增加资源总量，提高森林质量，为生产生态产品和林产品奠定坚实的物质基础。要加大保护力度，严守生态红线，努力减少生态资源损失，防止生态退化和破坏。要加强城乡生态治理，改善人居环境，让人民群众更加便捷地享受优质生态服务。要科学利用林业资源，大力发展林业产业，加强林产品质量监管，提升绿色优质林产品生产能力，满足市场对林产品的巨大需求。

张建龙指出，打赢脱贫攻坚战必将促进绿色惠民。打赢脱贫攻坚战，确保2020年全国农村人口全部脱贫，如期全面建成小康社会，是党中央为实现第一个百年奋斗目标作出的重大决策部署。这既为林业扶贫提出了新的要求，又为林业发展创造了新的机遇。要继续支持贫困地区开展生态保护和修复，积极发展绿色富民产业，帮助更多贫困地区和贫困人口长期稳定脱贫；要认真总结推广林业精准扶贫的模式和经验，完善政策措施，严格落实责任，不断提高林业发展质量和脱贫成效。各级林业部门要勇于承担生态脱贫、产业脱贫任务，支持贫困人口通过发展林业实现就业增收，提升林业对脱贫攻坚的贡献率。各地整合的涉农资金，要多安排贫困人口开展造林绿化和生态保护，既促进脱贫，又改善生态。

张建龙指出，加快农村金融创新必将吸引更多资金进入林业。近年来，国家在增加"三农"财政投入的同时，更加注重发挥财政资金的撬动作用，创新投融资机制，引导金融和社会资本进入"三农"领域。推进林业现代化建设，既要积极争取各级政府加大投入，也要完善林业投融资体制，深化与各金融机构的合作，丰富涉林金融产品，引导更多金融资本流向林业。要抓住当前有利时机，充分发挥财政资金的杠杆作用，完善林业抵押担保贴息机制，破除金融资本流向林业的障碍，撬动金融和社会资本加快进入林业。要强化金融产品创新，推出更多符合林业特点的金融产品，更好地满足各类林业经营主体的需要。要深入研究国有森林资源、公益林的抵押担保权能问题，进一步增加林业抵押物。要加强林业抵押贷款监管，对倾向性苗头性问题做好预案，积极防范金融风险。

张建龙强调，2017年是实施"十三五"规划的重要一年，是供给侧结构性改革的深化之年。全国林业系统要全面贯彻党的十八大和十八届三中、四中、五中、六中全会精神，深入贯彻习近平总书记系列重要讲话精神，坚持稳中求进工作总基调，牢固树立和贯彻落实新发展理念，以推进林业供给侧结构性改革为主线，以维护国家森林生态安全为主攻方向，全面推进林业现代化建设，不断提升生态产品和林产品供给能力，为建设生态文明、增进民生福祉和推动经济社会发展作出更大贡献，以优异成绩迎接党的十九大胜利召开。

张建龙指出，抓好2017年林业重点工作要全面深化林业改革，着力推进国土绿化，严格管护森林资源，全力防控森林火灾，切实加强湿地保护修复，突出抓好防沙治沙，严格保护野生动植物，大力发展林业产业，稳步提升科技和信息化水平，建立健全政策法治保障体系，注重提升宣传出版影响力，深入开展国际合作，认真落实全面从严治党要求。力争全年完成造林1亿亩，森林抚育1.2亿亩，林业产业总产值达到7万亿元，林产品进出口贸易额达到1380亿美元，森林、湿地、沙区植被和野生动植物资源得到全面保护，全国生态状况持续改善。

国家林业局副局长张永利主持，福建省副省长黄琪玉讲话。国家林业局副局长刘东生、李树铭、李春良，武警森林指挥部司令员沈金伦、国家林业局总工程师封加平、总经济师张鸿文、国家森林防火指挥部专职副总指挥马广仁出席会议。

会上,福建省三明市、河北省张家口市、江苏省扬州市、浙江省湖州市、内蒙古森工集团、辽宁省桓仁县、贵州省荔波县、甘肃省民勤县作典型发言。

与会代表考察了三明市万亩槠栲类阔叶林近自然高效经营、千亩国家储备林示范基地、砂蕉村普惠制林业金融及三明林业金融服务中心等现场。

【2017年全国林业厅局长电视电话会议】 7月3日,全国林业厅局长电视电话会议在浙江省安吉县召开。会议的主要任务是:深入学习领会习近平总书记系列重要讲话精神,全面贯彻落实党的十八大和十八届三中、四中、五中、六中全会精神,认真总结上半年工作,精心部署下半年工作,确保全面完成全年任务,不断提升林业现代化建设水平,以优异成绩迎接党的十九大胜利召开。国家林业局局长张建龙出席会议并讲话。

张建龙说,2017年上半年,全国林业系统认真学习贯彻习近平总书记系列重要讲话精神,按照党中央、国务院的决策部署和年初全国林业厅局长会议安排,坚持改革创新,狠抓工作落实,造林绿化进展顺利,林业改革全面实施,资源保护继续加强,森林防火成效明显,林业产业平稳发展,宣传出版活动深入开展,国际交流合作不断深化,支撑保障水平稳步提高,机关和党的建设扎实有效,林业现代化建设各项工作取得明显成效。根据统计,上半年,全国共完成造林6578万亩,占年度计划的66%;完成森林抚育5859万亩,占年度计划的49%;林业产业总产值达2.77万亿元,同比增长7.4%;林产品进出口贸易额达709.7亿美元,同比增长10.8%。

张建龙强调,2017年下半年,各级林业部门要紧密团结在以习近平同志为核心的党中央周围,以迎接和贯彻党的十九大为主线,紧盯全年任务,突出重点难点,狠抓工作落实,确保全面完成今年工作任务。一要大规模推进国土绿化,扎实开展秋冬季植树造林,推进"互联网+义务植树"试点,实施好三北等防护林体系建设、京津风沙源治理、石漠化综合治理等重点工程,进一步扩大新一轮退耕还林规模,全面完成年度森林抚育任务。二要继续深化林业改革,推进集体林业综合改革试验示范区建设,重点国有林区加快组建省级国有林管理机构,完成国有林场改革县级实施方案审批,挂牌成立东北虎豹国家公园国有自然资源资产管理机构和东北虎豹国家公园管理机构,推动组建祁连山、大熊猫国家公园管理机构。三要全面保护林业资源,严格落实林地用途管制,落实好天然林停伐补助政策,抓好湿地保护与恢复、湿地产权确权试点等工作,全面保护野生动植物,加强林业自然保护区建设和管理,组织开展系列专项行动严厉打击破坏林业资源行为。四要切实抓好林业灾害防控,森林防火工作要采取超常规措施,高度戒备、科学布防、严阵以待,确保万无一失,要强化火灾应急处置,遇到火情投重兵、打小火,争取当日火、当日灭、不成灾。全面落实重大林业有害生物防治责任和措施,加强野生动物疫病防控和林业安全生产工作,妥善应对洪涝、泥石流等自然灾害。五要加快发展林业产业,大力发展木本粮油、特色经济林、竹藤花卉、林下经济等绿色富民产业,培育壮大森林旅游新业态,启动国家森林生态标志产品建设工程,增加绿色优质林产品供给。六要深入推进国际交流合作,继续推进"一带一路"林业合作,全力办好《联合国防治荒漠化公约》第13次缔约方大会,积极参与全球雪豹峰会、大森林论坛2017年年会和APEC林业部长级会议等重要国际会议,推动召开中国-中东欧林业合作会议。七要着力增强支撑保障能力,完善林业投融资体制机制,加快推动国开行、农发行等贷款项目和林业政府与社会资本合作项目落地,抓好林业生态、产业、科技等精准扶贫,推进林业综合执法,开展全国标准化林业站建设核查验收,加强林业科技创新、成果推广和标准化建设,大力推进"互联网+"林业建设。八要认真落实全面从严治党要求,深入推进"两学一做"常态化制度化,坚持学做结合、以学促做,始终在思想上政治上行动上同以习近平同志为核心的党中央保持高度一致。扎实开展"灯下黑"专项整治,认真落实党内学习制度、"三会一课"制度,严肃和规范党内政治生活。推进国家林业局专项巡视全覆盖,抓好党委(党组)理论学习中心组学习。

张建龙要求,深入学习领会习近平总书记系列重要讲话精神,以踏石留印、抓铁有痕的劲头,狠抓各项工作落实,全面完成全年工作任务。一是认真学习抓落实。深入学习贯彻习近平总书记系列重要讲话精神,准确把握关于林业和生态文明建设的重大战略思想,切实增强"四个意识"特别是核心意识和看齐意识,着力提高指导林业工作的能力和水平。二是强化领导抓落实。各单位领导班子要增强凝聚力、战斗力和执行力,各级领导干部要坚持以上率下,主动担当作为,认真履职尽责,要把下半年各项工作任务分解落实到具体单位和人员,列出时间表和路线图,明确完成时限和质量要求,确保事事有人抓、件件能落实。三是转变作风抓落实。要强化责任意识,发扬"钉钉子"精神,不达目标绝不罢休,要善抓重点,敢抓难点,精准发力,集中精力破解制约林业长远发展的关键性问题。四是加强宣传抓落实。围绕迎接党的十九大和推进林业重点工作,总结宣传党的十八大以来林业改革发展成就,积极做好林业英雄和全国林业系统劳模评选表彰工作,广泛宣传福建集体林改、山西右玉治理荒沙和塞罕坝林场、原山林场等重大先进典型,形成比学赶超、争当先进的生动局面。五是维护稳定抓落实。要正确处理改革、发展、稳定的关系,注意把握推动改革的力度、节奏和社会的承受程度,着力为民解忧、为民办事,尽最大可能化解社会矛盾,确保林区社会和谐稳定。

国家林业局副局长张永利主持会议,副局长刘东生、彭有冬、李树铭,局党组成员谭光明,武警森林指挥部政委戴建国、国家林业局总工程师封加平、总经济师张鸿文,国家森林防火指挥部专职副总指挥马广仁,中央纪委驻农业部纪检组副组长刘柏林出席会议。

山西省林业厅、河南省林业厅、湖北省林业厅、海南省林业厅、青海省林业厅以及武警内蒙古森林总队、国家林业局国家公园筹备工作领导小组办公室有关负责人在会上作典型发言。

(韩建伟)

附 录

国家林业局各司（局）和直属单位等全称简称对照

1. 国家林业局办公室（办公室）
2. 政策法规司（政法司）
3. 造林绿化管理司（造林司）
   长江流域防护林体系设管理办公室（长防办）
4. 森林资源管理司（资源司）
5. 野生动植物保护与自然保护区管理司（保护司）
   野生动植物保护及自然保护区建设工程管理办公室（保护办）
6. 农村林业改革发展司（林改司）
7. 森林公安局（公安局）
   国家森林防火指挥部办公室（防火办）
8. 发展规划与资金管理司（计资司）
   全国木材行业管理办公室（行管办）
9. 科学技术司（科技司）
10. 国际合作司（国际司）
11. 人事司（人事司）
12. 直属机关党委（机关党委）
13. 离退休干部局（老干部局）
14. 机关服务局（服务局）
15. 国家林业局信息中心（信息中心）
16. 国有林场和林木种苗工作总站（场圃总站）
17. 林业工作站管理总站（工作总站）
    国家林业局森林资源行政案件稽查办公室（稽查办）
18. 林业基金管理总站（基金总站）
    审计稽查办公室
19. 宣传中心（宣传办）
20. 濒危物种进出口管理中心（濒管办）
21. 天然林保护工程管理中心（天保办）
22. 西北华东北防护林建设局（三北局）
23. 退耕还林（草）工程管理中心（退耕办）
24. 防治荒漠化管理中心（治沙办）
25. 世界银行贷款项目管理中心（世行中心）
    速生丰产用材林基地建设工程管理办公室（速丰办）
26. 科技发展中心（科技中心）
    植物新品种办公室（新品办）
27. 经济发展研究中心（经研中心）
28. 人才开发交流中心（人才中心）
29. 对外合作项目中心（合作中心）
30. 森林防火预警监测信息中心（预警中心）
31. 森林资源监督管理办公室（监督办）
32. 湿地保护管理中心（湿地办）
33. 中国林业科学研究院（林科院）
34. 调查规划设计院（规划院）
35. 林产工业规划设计院（设计院）
36. 管理干部学院（林干院）
37. 中国绿色时报社（报社）
38. 中国林业出版社（出版社）
39. 国际竹藤中心（竹藤中心）
40. 亚太森林网络管理中心（亚太中心）
41. 中国林学会（林学会）
42. 中国野生动物保护协会（中动协）
    中国植物保护协会（中植协）
43. 中国花卉协会（花协）
44. 中国绿化基金会（中绿基）
45. 中国林业产业联合会（中产联）
46. 驻内蒙古自治区森林资源监督专员办事处（内蒙古专员办）
47. 驻长春森林资源监督专员办事处（长春专员办）
48. 驻黑龙江省森林资源监督专员办事处（黑龙江专员办）
49. 驻大兴安岭森林资源监督专员办事处（大兴安岭专员办）
50. 驻成都森林资源监督专员办事处（成都专员办）
51. 驻云南省森林资源监督专员办事处（云南专员办）
52. 驻福州森林资源监督专员办事处（福州专员办）
53. 驻西安森林资源监督专员办事处（西安专员办）
54. 驻武汉森林资源监督专员办事处（武汉专员办）
55. 驻贵阳森林资源监督专员办事处（贵阳专员办）
56. 驻广州森林资源监督专员办事处（广州专员办）
57. 驻合肥森林资源监督专员办事处（合肥专员办）
58. 驻乌鲁木齐森林资源监督专员办事处（乌鲁木齐专员办）
59. 驻上海森林资源监督专员办事处（上海专员办）
60. 驻北京森林资源监督专员办事处（北京专员办）
61. 森林病虫害防治总站（森防总站）
62. 北方航空护林总站（北航总站）
63. 南方航空护林总站（南航总站）
64. 南京森林警察学院（南京警院）
65. 华东林业调查规划设计院（华东院）
66. 中南林业调查规划设计院（中南院）
67. 西北林业调查规划设计院（西北院）
68. 昆明勘察设计院（昆明院）

书中部分单位、词汇全称简称对照

北京林业大学（北林大）
长江流域防护林（长防林）
东北林业大学（东北林大）
国家发展和改革委员会（国家发展改革委）
国家工商行政管理总局（国家工商总局）
国家开发银行（国开行）
环境保护部（环保部）
国家森林防火指挥部（国家森防指）
国务院法制办公室（国务院法制办）
国有资产监督管理委员会（国资委）
林业工作站（林业站）
南京林业大学（南林大）
全国绿化委员会（全国绿委）
全国绿化委员会办公室（全国绿委办）
全国人大常委会法制工作委员会（全国人大常委会法工委）
全国人大环境与资源保护委员会（全国人大环资委）
全国人大农业与农村委员会（全国人大农委）
全国普及法律常识办公室（全国普法办）
全国政协人口资源环境委员会（全国政协人资环委）
森林病虫害防治（森防）
森林病虫害防治检疫站（森防站）
森林防火指挥部（森防指）
森林工业（森工）
世界银行（世行）
速生丰产林（速丰林）
天然林资源保护工程（天保工程）
西北、华北北部、东北西部风沙危害和水土流失严重地区防护林建设（三北防护林建设）
亚洲开发银行（亚行）
中国光彩事业促进会（中国光彩会）
中国吉林森林工业集团有限责任公司（吉林森工集团）
中国科学院（中科院）
中国龙江森林工业（集团）总公司（龙江森工集团）
中国内蒙古森林工业集团有限责任公司（内蒙古森工集团）
中国农业发展银行（中国农发行）
中国农业科学院（中国农科院）
中国银行业监督管理委员会（中国银监会）
中国证券监督管理委员会（中国证监会）
中央机构编制委员会办公室（中央编办）
珠江流域防护林（珠防林）

书中部分国际组织中英文对照

濒危野生动植物种国际贸易公约（CITES, Convention on International Trade in Endangered Species of Wild Fauna and Flora）
大自然保护协会（TNC, The Nature Conservancy）
泛欧森林认证体系（PEFC, Pan European Forest Certification）
国际热带木材组织（ITTO, International Tropical Timber Organization）
国际野生生物保护学会（WCS, Wildlife Conservation Society）
国际植物新品种保护联盟（UPOV, International Union For The Protection of New Varieties of Plants）
联合国防治荒漠化公约（UNCCD, United Nations Convention to Combat Desertification）
联合国粮食及农业组织（FAO, Food and Agriculture Organization of the United Nations）
欧洲投资银行（EIB, European Investment Bank）
全球环境基金（GEF, Global Environment Facility）
森林管理委员会（FSC, Forest Stewardship Council）
森林认证认可计划委员会（PEFC, Programme for the Endorsement of Forest Certification）
湿地国际（WI, Wetlands International）
世界自然保护联盟（IUCN, International Union for Conservation of Nature）
世界自然基金会（WWF, 旧称 World Wildlife Fund——世界野生动植物基金会，现在更名 World Wide Fund for Nature）
亚太经济合作组织（APEC, Asia-Pacific Economic Cooperation）
亚太森林恢复与可持续管理组织（APFNet, Asia-Pacific Network for Sustainable Forest Management and Rehabilitation）
亚洲开发银行（ADB, Asian Development Bank）

附表索引

表 5-1　2017年新增国家沙漠公园名单 …………… 109
表 8-1　2017年全国森林火灾分月统计 …………… 138
表 10-1　2017年度国家林业局审核审批建设项目使用林地情况统计表 …………… 158
表 10-2　2017年度各省（区、市）、新疆生产建设兵团审核审批建设项目使用林地情况统计表 …………… 159
表 13-1　获得国家科技进步奖项目名单 …………… 180
表 13-2　2017年度国家林业公益性行业科研专项验收项目认定成果一览表 …………… 180
表 13-3　2017年度"948"项目、国家林业局重点验收项目认定成果一览表 …………… 182
表 13-4　2017年度林业科技成果国家级推广项目 …………… 183
表 13-5　2017年度批复的林业工程技术研究中心和生物产业基地 …………… 184
表 13-6　2017年发布的林业国家标准目录 …………… 185
表 13-7　2017年发布的林业行业标准目录 …………… 186
表 13-8　2017年度林业国家标准计划项目汇总表 …………… 189
表 13-9　2017年度林业行业标准计划项目汇总表 …………… 189
表 13-10　2017年林业标准化示范区项目汇总表 …………… 191
表 13-11　2017年国家林业标准化示范企业汇总表 …………… 192
表 13-12　2017年林业知识产权转化运用项目 …… 193
表 13-13　2017年通过验收的林业专利技术产业化项目 …………… 194
表 13-14　2017年中国专利优秀奖——林业项目 …………… 194
表 13-15　1999~2017年林业植物新品种申请量和授权量 …………… 195
表 15-1　2017~2018学年初普通高、中等林业院校和其他高、中等院校林科基本情况 …………… 209
表 15-2　2017~2018学年初普通高等林业院校教职工情况 …………… 210
表 15-3　2017~2018学年初普通高等林业院校资产情况 …………… 210
表 15-4　2017~2018学年初普通高等林业院校和其他高等院校、科研院所林科研究生分单位情况 …………… 210
表 15-5　2017~2018学年初普通高等林业院校和其他高等院校、科研院所林科研究生分学科情况 …………… 211
表 15-6　2017~2018学年初普通高等林业院校和其他高等院校林科本科学生分学校情况 …… 215
表 15-7　2017~2018学年初普通高等林业院校和其他高等院校林科本科学生分专业情况 …… 216
表 15-8　2017~2018学年初高等林业职业院校教职工情况 …………… 220
表 15-9　2017~2018学年高等林业职业教育及普通专科分学校情况 …………… 220
表 15-10　2017~2018学年初高等林业（生态）职业技术学院和其他高等职业学院林科分专业情况 …………… 221
表 15-11　2017~2018学年初普通中等林业（园林）职业学校教职工情况 …………… 225
表 15-12　2017~2018学年初普通中等林业（园林）职业学校资产情况 …………… 225
表 15-13　2017~2018学年中等林业（园林）职业学校和其他中等职业学校林科分学校学生情况 …………… 226
表 15-14　2017~2018学年初普通中等林业（园林）职业学校和其他中等职业学校林科分专业学生情况 …………… 226
表 19-1　森林防火项目投资 …………… 271
表 19-2　国家级自然保护区建设项目投资 …………… 273
表 19-3　部门自身能力建设项目投资 …………… 274
表 19-4　国有林区社会性公益性基础设施建设项目投资 …………… 275
表 19-5　林业科技类基础设施建设项目投资 …… 277
表 19-6　其他基础设施建设项目投资 …………… 277
表 19-7　2017年1~12月全国主要林产品进口情况 …………… 281
表 19-8　2017年1~12月全国主要林产品出口情况 …………… 282
表 19-9　全国营造林生产情况 …………… 283
表 19-10　各地区营造林面积 …………… 284
表 19-11　全国历年营造林面积 …………… 285
表 19-12　林业重点生态工程建设情况 …………… 286
表 19-13　天然林资源保护工程建设情况 …………… 287
表 19-14　退耕还林工程建设情况 …………… 288
表 19-15　京津风沙源治理与石漠化综合治理工程建设情况 …………… 288
表 19-16　三北及长江流域等重点防护林体系工程建设情况 …………… 289
表 19-17　濒危野生动植物抢救性保护及林业系统自然保护区工程建设情况 …………… 289
表 19-18　林业产业总产值（按现行价格计算）…… 290

表 19-19	全国主要林产工业产品产量 2017 年与 2016 年比较 …………………… 291	表 19-27	全国历年林业投资完成情况 …………… 299
表 19-20	各地区主要林产工业产品产量 ………… 292	表 19-28	林业系统按行业分全部单位 …………… 300
表 19-21	全国主要木材、竹材产品产量 ………… 293	表 19-29	林业系统按行业分职工伤亡事故情况 … 302
表 19-22	全国主要林产工业产品产量 …………… 293	表 23-1	2017 年上海绿化林业基本情况 ………… 373
表 19-23	全国主要经济林产品生产情况 ………… 294	表 23-2	2017 年上海绿化市容行业基本情况 …… 374
表 19-24	全国木本油料与花卉产业发展情况 …… 296	表 23-3	安徽省主要经济林产品产量 …………… 384
表 19-25	林业投资完成情况 ……………………… 297	表 23-4	安徽省主要木竹加工产品产量 ………… 384
表 19-26	各地区林业投资完成情况 ……………… 298	表 23-5	安徽省主要林产化工产品产量 ………… 384

索 引

A

爱鸟周　329，376，599
安徽省　382

B

办公自动化　203
北京林业大学　228，242
北京市　328，511
濒危物种　44，132，241，375，562，570，574，577，582，584，586，588，590

C

长江流域等防护林　89

D

大兴安岭林业集团公司　369
大熊猫　128，129，246，506，553
东北虎豹　128，512，561
东北林业大学　231，535
对外经济贸易　280

F

防沙治沙　108，447，453，471，510
福建省　386

G

甘肃省　450
古树名木　107，332，374，467
固定资产投资　270，297
广东省　421，546
广西壮族自治区　425
规范性文件　32，174
贵州省　438
国际会议　249
国际交流　115，128，233，238
国际金融组织　253
国际竹藤　497，519，555

国家公园　128，278，324，447，503，506
国土绿化　100，106，139，266，380，399，445，455，624
国有林场　168，256，257，312，332
国有林区改革　168，258，352，487

H

海南省　430，508，509
河北省　89，340，493，507
河南省　401
黑龙江森林工业　363
黑龙江省　361，519，565
湖北省　405
湖南省　417
花木交易博览会　103，404

J

基本建设投资　278
吉林森工集体　359
吉林省　355
集体林权制度改革　2，176，348，401，406，487
江苏省　377
江西省　390
京津风沙源治理　86
经济林建设　100
精神文明　319
精准扶贫　120，183，395，419，433，596，612
加拿大　508

L

劳动工资　300
李春良　249，518，555
李树铭　342，497，503，535，545
辽宁省　353，503
林木采伐　160，165，558
林木种苗　92，357，433
林木种质资源　92，420，496

林下经济　177，233，332，394，411，432，453
林业报刊　325
林业标准化　184，420
林业产业　76，118，267，269，604
林业出版　322
林业扶贫开发　279
林业工作站　262
林业规划　268
林业教材　209
林业教育　208，209，611
林业经济　239，357，488
林业科技　180，196
林业科技推广　54，182，347
林业科学研究　180，492
林业区域发展　278
林业生产统计　283
林业生物质能源　103
林业统计　266
林业现代化　6，16
林业信息化　14，25，200，204
林业宣传　321，461，465
林业有害生物　124，330，530
林业政策法规　172
林业资金稽查　317
林政管理　156
林政执法　164
领导专论　30
刘东生　249，377，514
绿剑行动　577
绿色扶贫　406

M

苗木花卉　97，410
民间国际合作　251
美国　246，515

N

南京林业大学　234
南京森林警察学院　240
内部审计　317
内蒙古大兴安岭重点国有林管理局　168，351

内蒙古自治区　348
宁夏回族自治区　459

P

彭有冬　249

Q

气候变化　113，114，250，254
抢险救灾　145
青海省　455

R

人事劳动　473

S

塞罕坝　141，256，259，341，342，343，507
三北防护林　86，510
森林病虫害　411，432，529
森林产品博览会　119
森林防火　106，136，139，141，242，533，538
森林公安　148，243
森林公园　112，410，512
森林航空消防　143，532，539
森林火灾　137，145，533
森林经营　97，162
森林可持续经营　161，253
森林旅游　42，119
森林培育　91
森林认证　197

森林资源　123，156，162，166
森林资源监测　162，551
森林资源监督　166，557
沙漠公园　63，467，501，511
山东省　398
山西省　345
陕西省　446
上海市　373
生态建设　76，105，280
生态文明　229，322，342，394，606
生物安全　196
湿地保护　133，268，495
湿地公园　68，133
石漠化　108，240，408
世界自然基金会　251
四川省　435
速丰林　90

T

碳汇　114，115，370，406，503，609
天保工程　83，84
天津市　335
贴息贷款　316，318，396，414
退耕还林　20，84，408，453
退耕还林工程　84，408，467

W

外事活动　246
网络安全　201，241
网络建设　182

X

西藏自治区　445
西南林业大学　238
习近平　239，256，341
新疆生产建设兵团　466
新疆维吾尔自治区　464

Y

野生动植物保护　125，266
一带一路　249，609
遗传资源　196
义务植树　100，106，328，329，603
油茶　95，419，432，606，607
云南省　441

Z

造林绿化　106
张鸿文　249
张建龙　341，342
张永利　342
浙江省　381
知识产权　193，197
植树造林　374，467
植物新品种　195，197
智力引进　197
中国林业　74，76
中南林业科技大学　236
重庆市　434
自然保护区　125，127，266，273，323